中国观赏园艺研究进展
（2016）

Advances in Ornamental Horticulture of China, 2016

中国园艺学会观赏园艺专业委员会◎张启翔　主编

中国林业出版社

主　编：张启翔

副主编：沈守云　包满珠　葛　红　吕英民

编　委（以汉语拼音排序）：

包满珠　包志毅　车代弟　陈发棣　陈其兵　成仿云　程堂仁
戴思兰　董建文　董　丽　范燕萍　高俊平　高亦珂　葛　红
何松林　胡永红　黄敏玲　贾桂霞　金晓玲　靳晓白　兰思仁
刘红梅　刘青林　刘庆华　刘　燕　龙　熹　吕英民　穆　鼎
潘会堂　沈守云　石　雷　宿友民　孙红梅　孙振元　王彩云
王　佳　王亮生　王四清　王小菁　王　雁　王云山　文亚峰
吴桂昌　夏宜平　肖建忠　杨秋生　义鸣放　尹俊梅　于晓南
张福军　张金政　张启翔　张延龙　张佐双　赵梁军　赵世伟
周耘峰　朱根发

图书在版编目（CIP）数据

中国观赏园艺研究进展. 2016 / 张启翔主编. —北京：中国林业出版社，2016. 6
ISBN 978－7－5038－8596－9

Ⅰ. ①中…　Ⅱ. ①张…　Ⅲ. ①观赏园艺－研究进展－中国－2016　Ⅳ. ①S68

中国版本图书馆 CIP 数据核字（2016）第 145734 号

出版　中国林业出版社（100009　北京西城区刘海胡同 7 号）
网址　lycb. forestry. gov. cn　**电话**　83143562
发行　中国林业出版社
印刷　北京卡乐富印刷有限公司
版次　2016 年 7 月第 1 版
印次　2016 年 7 月第 1 次
开本　889mm × 1194mm　1/16
印张　52
字数　1718 千字
定价　150. 00 元

前　言

我国花卉产业已进入转型升级的关键期，面临着难得的发展机遇。从政策层面看，建设生态文明、建设美丽中国为花卉产业发展拓展了空间；从行业层面看，国家林业局把花卉产业列入林业十大绿色富民产业，农业部惠农政策积极扶持花卉产业发展，为花卉产业持续发展注入了动力；从区域层面看，在我国的主要花卉产区，地方政府把花卉列入当地农业或林业支柱产业，花卉在农民增收、农业增效、农村发展中的地位越来越突出，作用越来越显著；从需求层面看，全国13.7亿人口（不含香港、澳门和台湾地区），是一个巨大的花卉消费市场。

面对中国花卉产业面临的战略机遇和存在的诸多问题，如何响应构建生态文明、建设美丽中国的时代要求，需从战略层面做好顶层设计，明确发展定位、方向目标和任务，着力破解发展中面临的难题，科学谋划中国花卉产业创新发展的新思路。

如何创新发展，则是需要我们在产业中增加投入，建立长效机制，建立政产学研用多方互动协同创新的研发体系。从全产业链着手，加强各个环节的创新，引导生产方式由劳动密集型向技术密集型转变，只有推动整个行业的技术进步和产业升级，才能提升产业的整体竞争力。为此，我们需要从以下几个方面入手，实现花卉产业创新：

1. 品种创新。充分利用和发掘中国丰富的花卉基因资源，实施花卉种业创新工程，开展中国重要名花的基因组学等组学水平研究，挖掘重要性状的功能基因，为分子育种和聚合育种奠定基础，提高定向育种效率。

2. 技术创新。实施花卉生产技术创新工程，结合中国的自然地理条件、气候条件等实际情况，研发与品种相配套的种苗工厂化生产、水肥精准管理、环境精准调控、花期调控、容器苗标准化生产、病虫害防治等标准化生产关键技术，提升花卉产业的现代化水平。

3. 人才创新。实施花卉人才创新工程，有计划地培育有国际影响的大师级人才、对国内行业有重要影响的高级研发人才、高级技术企业管理人才和专业化技术骨干，提高行业从业人员整体素质。

4. 组织创新。实施花卉产业协同创新计划，以国家花卉工程技术研究中心、国家花卉产业技术创新战略联盟为依托，坚持共创共赢共享的发展理念，构建以政府为主导，企业为主体，研发为支撑的联合体。

5. 制度创新。建立健全完善的知识产权保护制度和成果转化体系；规范种质资源出口，良种评价认定和准入，规范国外引种程序和建立引种生态风险评价机制；制订向企业倾斜的研发政策，建立研发后补助制度，实施高新技术企业的土地税收优惠政策，鼓励企业开展自主创新；完善市场经营和交易规则建设，营建公开公平公正的发展环境，倡导有序竞争、合法竞争；建立健全企业信用制度等。

6. 服务创新。完善花卉信息网络建设，搭建花卉产业电子商务平台，推出花卉交易指数，为花卉生产和销售提供准确及时的市场供求信息，实现订单式生产。建立专业营销公司，创新销售模式，完善拍卖市场，鼓励网上交易连锁经营，建立花园中心，注重培育以文化为导向的消费市场，鼓励出口创汇。完善研发生产流通销售等各环节需求的配套产业和现代服务业。

2016年中国观赏园艺学术研讨会将于7月19~21日在湖南省有着岳麓神韵、湘水灵秀的省会城市长沙市隆重召开，本次大会的主题是“花卉创新与转型升级”。

湖南省自然资源得天独厚，花卉苗木产业历史悠久，誉满国内外的红花檵木就是20世纪在浏阳发现并繁育成功的。目前，全省花卉苗木种植面积超过100万亩，居全国前列，浏阳河花木产业带是中南地区绿化苗木最大的集散中心之一，浏阳市、长沙县跳马乡、株洲市石峰区云田乡是第一批“中国花木之乡”。全省主要花卉苗木品种约400种，年直接销售额过50亿元，并极大地带动了旅游休闲等第三产业快速发展。

为配合此次学术会议，组委会编撰并出版《中国观赏园艺研究进展2016》论文集，共收到论文稿件175篇，经评审录用142篇，其中种质资源14篇，引种与育种25篇，生理学研究37篇，繁殖技术27篇，分子生物学12篇，应用研究27篇。

本届年会由中国园艺学会观赏园艺专业委员会和国家花卉工程技术研究中心主办，中南林业科技大学风景园林学院承办，长沙市园林管理局、湖南森鑫环境景观园林工程有限公司、湖南省金凯园林景观建设有限公司、湖南汇智园林景观建设有限公司、湖南景然园林发展有限公司、湖南省城市园林实业有限公司、湖南金驰园林绿化有限公司、长沙跳马园林绿化有限公司、湖南省绿林市政景观工程有限公司协办，国家花卉产业技术创新战略联盟（北京国佳花卉产业技术创新战略联盟）为办会支持单位，期间得到中国园艺学会、中国花卉协会、北京林业大学、中国林业出版社、中国农业出版社、《中国花卉园艺》、《中国园林》、《现代园林》、《园艺学报》、《温室园艺》杂志社和《中国花卉报》报社等单位的大力支持，特此谢忱，同时本次会议得到了国内外同行专家的大力支持以及全国从事花卉教学、科研和生产的专家学者积极响应，在此深表感谢！

由于时间仓促，错误在所难免，敬请读者批评指正！

谨以此书献给为中国园艺学会观赏园艺专业委员会建设以及中国观赏园艺事业发展做出卓越贡献的人们！

中国园艺学会副理事长、观赏园艺专业委员会主任

2016年6月18日·北京

目　　录

种质资源

引种与育种

生理学研究

繁殖技术

分子生物学

应用研究

种质资源

泰山四种苔草属植物的耐寒性研究*

叶艳然[1] 付德静[1] 郑成淑[1] 朱翠英[1] 张艳敏[2] 王文莉[1]①
（[1]山东农业大学园艺科学与工程学院，泰安 271018；[2]山东农业大学生命科学学院，泰安 271018）

摘要 以白颖苔草、披针叶苔草、青绿苔草和低矮苔草等4种泰山野生苔草属植物为材料，通过自然降温条件下田间观察和测定人工低温胁迫下叶片的相对电导率，利用 Logistic 方程计算半致死温度（LT_{50}），结合低温下根系活力的大小，并在不同人工低温处理下测定叶片中丙二醛（MDA）、游离脯氨酸、可溶性蛋白含量和可溶性糖含量以及 SOD 活性，对几种苔草属植物的耐寒性及低温胁迫下的生理响应进行研究。结果表明，人工低温处理下，几种苔草的丙二醛、游离脯氨酸和可溶性蛋白含量整体呈先上升后下降的趋势，可溶性糖含量整体呈上升趋势，而 SOD 活性变化因苔草耐寒性不同而呈现差异；4 种苔草的半致死温度 LT_{50} 范围为 -11.74 ~ -18.65℃，耐寒性强弱依次为：披针叶苔草 > 青绿苔草 > 低矮苔草 > 白颖苔草，这与田间自然低温下田间观察几种苔草属植物的耐寒性强弱相一致；根系活力下降幅度因苔草种类而异，与半致死温度大小排序有所不同，依次为披针叶苔草 > 白颖苔草 > 青绿苔草 > 低矮苔草。
关键词 苔草属；相对电导率；半致死温度 LT_{50}；根系活力；耐寒性；生理响应

Research on Cold Tolerance of Four Species of Wild *Carex* Plants from Mount Tai

YE Yan-ran[1] FU De-jing[1] ZHENG Cheng-shu[1] ZHU Cui-ying[1] ZHANG Yan-min[2] WANG Wen-li[1]
（[1]*College of Horticulture Science and Engineering*，*Shandong Agricultural University*，*Taian* 271018；
[2]*College of Life Sciences*，*Shandong Agricultural University*，*Taian* 271018）

Abstract In order to evaluate the cold tolerance of *Carex rigescens*，*Carex lanceolata*，*Carex leucochlora* and *Carex humilis*，4 species of wild *Carex* from Mount tai，this experiment was conducted. On the basis of field observation，the relative electric conductivity（REC）and root vigor were determined in the leaves of *Carex* under the condition of artificial low temperature treatment. The logistic equation was constructed based on the relationship between REC and temperature，then the semi-lethal temperature was determined. Malondialdehyde（MDA）contents，free proline，soluble protein contents and SOD activity were analyzed. The results showed that：the leaf and root of *Carex* showed different tolerance to cold，which was no significant correlation between them. The contents of MDA，free proline and soluble protein increased firstly，then decreased. The activity of SOD enzyme showed differences due to various cultivars. The lethal temperature LT_{50} of four species of *Carex* was ranging from -11.74℃ to -18.65℃，the order of cold resistance from strong to weakness is：*Carex lanceolate* > *Carex leucochlora* > *Carex humilis* > *Carex rigescens*. According to the decline degree of root vigor，however，the order of cold resistance is：*Carex lanceolata* > *Carex rigescens* > *Carex leucochlora* > *Carex humilis*.
Key words *Carex*；Relative electric conductivity；Semi-lethal temperature；Root vigor；Cold tolerance；Physiological response

苔草属（*Carex*）植物为莎草科（Cyperaceae）多年生草本植物，分布范围广，种类繁多。全世界约有2000种，我国约有500种，其中山东有27种，3变种，是我国植物区系组成的主要大属之一（李法增，2004）。其中不少种类以其突出的抗逆性以及秋冬绿期长、春季萌发早、耐粗放管理等特点，在园林绿化中有着较高的开发利用价值（马万里 等，2001；王俊强 等，2006）。近年来有关苔草属植物的研究逐渐增多，主

* 基金项目：山东省自然科学基金（ZR2011CM048）。
① 通讯作者。Author for correspondence（E-mail：wangwenli169@163. com）。

要集中在种质资源的调查分布、收集与初步评价、基础生物学与生态学研究、适应性及驯化栽培、园林应用等方面（Reznicek，1990；薛红 等，2005；Marlena & Pawel，2011；Ning *et al.*，2014），关于该属植物耐寒性的深入研究未见报道。

近年来城市园林绿化对耐寒草本植物的需求不断增加，植物的耐寒能力成为绿化设计中植物选择的重要参考因素，耐寒植物的研究与资源开发对园林植物的合理应用和丰富城市园林景观有着重要的理论与实践指导意义。

本研究以源自泰山的白颖苔草（*Carex rigescens*）、披针叶苔草（*Carex lanceolata*）、青绿苔草（*Carex leucochlora*）和低矮苔草（*Carex humilis*）等4种野生苔草属植物为试验材料，通过田间耐寒性观测鉴定和人工低温处理下细胞膜透性测定、根系活力以及相关生理生化指标的测定，对其耐寒性进行综合评价，以期为系统研究苔草属植物抗寒性生理指标及机理提供科学基础，为苔草耐寒优秀种质的选育、园林推广应用以及向低温地区的引种提供试验依据。

1 材料与方法

1.1 试验材料与试验设计

试验于2014年4月~2015年3月在山东农业大学园艺试验站及中心实验室进行。供试材料为源自泰山的4种野生苔草属植物：白颖苔草（*Carex rigescens*）、披针叶苔草（*Carex lanceolata*）、青绿苔草（*Carex leucochlora*）和低矮苔草（*Carex humilis*），4月栽植于试验地，进行常规栽培管理。

试验地处于温带大陆性季风气候区，四季分明：冬季寒冷干燥，夏季炎热多雨。年最低温度在1月份，平均气温为－2.6℃，试验观测期间田间的旬平均温度变化见图1所示。

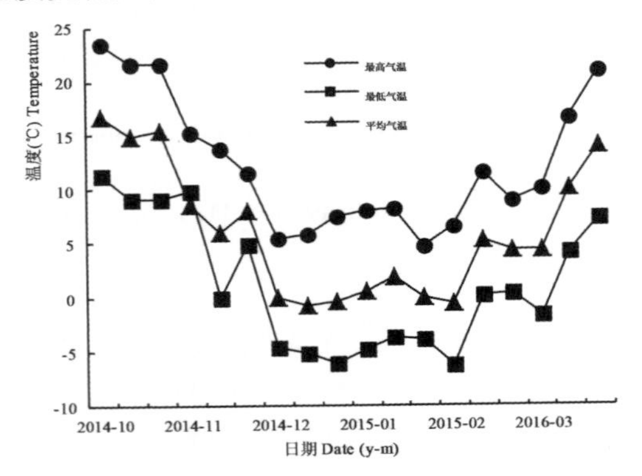

图1 试验期间田间旬气温变化

Fig. 1 Changes in air temperature during the experiment period

1.2 越冬期田间观测

参照李秋丽（2010）及李秀玲（2012）的方法，枯黄叶片的覆盖度达到50%即为枯黄期，返青时绿叶覆盖度达到50% 即为返青期，绿期即为返青期至枯黄期的时间；根据越冬期间50%以上出现干枯症状的叶片数与总叶片数的百分比计算枯叶率。

1.3 相对电导率和半致死温度（LT_{50}）

参照许瑛（2008）的人工低温处理方法，设置6个低温处理梯度，分别为0℃、－5℃、－10℃、－15℃、－20℃、－25℃。试验于2014年11月上旬进行，随机选取长势一致的成熟叶片，自来水冲洗干净，去离子水漂洗2次，用吸水纸吸干表面水分。每个草种取样重复3次，每一个重复用3株混合。每个草种按照6个处理分装于取样袋中，在YT－10C型低温循环仪中进行低温处理3h。先将试验材料置于8℃预冷12h，然后降温10min至0℃，于0℃停留3h取出第1组样品，再从0℃开始降温10min至－5℃，在－5℃停留3h后取出第2组样品，依此类推，直至降温到－25℃。低温处理后，放入4℃冰箱缓慢化冻12h待测。

选择功能叶的中间部分，用剪刀剪成约3cm长的叶段待测，每处理设3个重复，每个重复取0.5g放入离心管中，加入去离子水20ml。浸提4h后用DDS－12A型数显电导率仪测定各样品的初电导率S_1；然后沸水浴10min后冷却至室温，平衡10min后测定终电导率S_2，同时测定蒸馏水S_0。计算相对电导率$REC(\%)=100\times(S_1-S_0)/(S_2-S_0)$。

计算方法：利用SPSS软件将相对电导率根据Logistic曲线方程进行拟合，曲线的拐点温度即为半致死温度。

1.4 根系耐寒力的测定

参照齐曼等（2011）的方法，用TTC染色法测定低温胁迫下植株的根系活力。

1.5 低温胁迫下相关生理指标的测定方法

参照高俊凤（2006）的试验方法，硫代巴比妥酸比色法测定丙二醛（MDA）含量；氮蓝四唑（NBT）法测定超氧化物歧化酶（SOD）活性；考马斯亮蓝G－250法测定可溶性蛋白含量以及酸性茚三酮法比色测定游离脯氨酸含量。

1.6 数据处理

采用Microsoft Excel 2007对数据进行处理并作图，利用SPSS 17.0软件进行相关性分析和方差分析，并运用 Duncan 检验法对显著性差异进行多重比较。

2 结果与分析

2.1 4 种苔草的田间观察

经田间观察发现，4 种苔草属植物在自然低温条件下(当年冬季最低气温 -15.4℃)均能安全越冬，且第二年春季恢复生长良好。披针叶苔草和青绿苔草的地上部分耐寒性较强，仅部分植株的叶尖枯干焦黄，枯叶率分别为 16% 和 22%；低矮苔草的耐寒性中等，植株叶片的叶尖部分呈现红褐色干枯状；白颖苔草地上部分耐寒性较弱，植株叶片除基部 1/4 几乎全部呈焦枯状，枯叶率达到 95%，见表 1。

此外，4 种苔草的枯黄期和返青期也有所差异(表 1)：披针叶苔草枯黄期为 1 月上旬，返青期为 3 月上旬，其绿期最长为 310 天；低矮苔草的枯黄期为 12 月中旬，返青期为 3 月上旬，其绿期为 285 天；青绿苔草的枯黄期为 12 月中旬，返青期为 3 月初，其绿期为 280 天；白颖苔草的枯黄期为 12 月初，返青期为 3 月中旬，其绿期为 260 天。

表 1　4 种苔草的绿期和枯叶率

Table 1　The Percentage of withered leaves and green period result of *Carex* spp.

种类 Species	枯黄期 Wither stage	返青期 Green-up stage	绿期(d) Green period	枯叶率(%) Percentage of withered leaves
低矮苔草	2014/12/20	2015/03/05	285	58
青绿苔草	2014/12/12	2015/03/02	280	22
披针叶苔草	2015/01/15	2015/03/10	310	16
白颖苔草	2014/12/02	2015/03/12	260	95

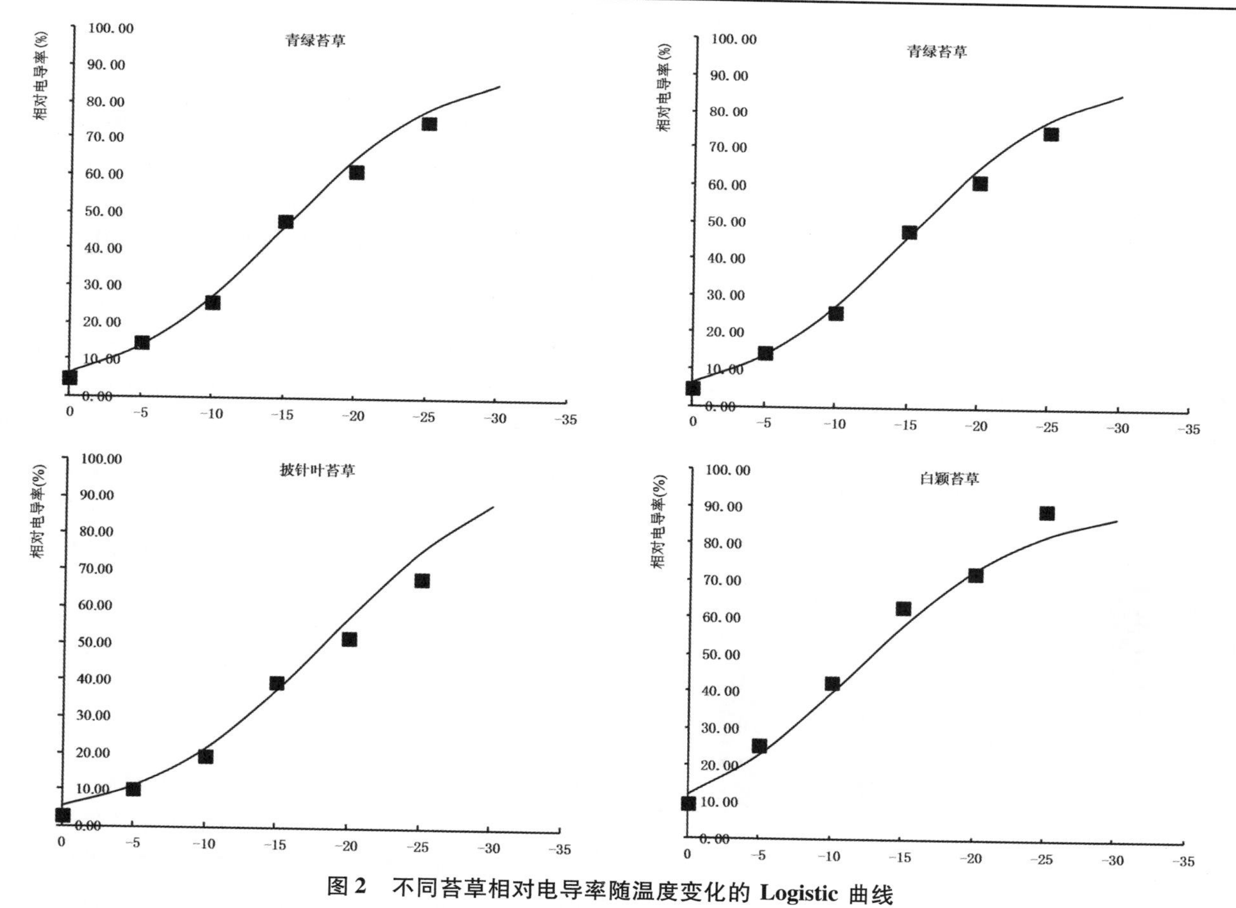

图 2　不同苔草相对电导率随温度变化的 Logistic 曲线

Fig. 2　Logistic curve of relative electric conductivity to low temperature of *Carex* spp.

2.2 叶片相对电导率及其半致死温度 LT_{50}

由图2可见，4种苔草属植物测得的相对电导率均随着处理温度的降低而上升，且呈明显的S型曲线，拟合度不同，“S”型曲线略有不同。根据Logistic曲线拟合的相关系数均达到0.95以上，说明低温胁迫后，4种苔草的相对电导率遵循Logistic曲线的变化规律，且拟合结果准确可靠(图2)。

植物在致死性伤害出现之前往往是一个从可逆性到不可逆性伤害的逐渐发展过程，在低温胁迫下相对电导率是呈“S”形曲线。通过测定电解质外渗率结合Logistic方程求出植物的半致死温度(LT_{50})，可以较为准确地比较植物地上部分的耐寒性(刘友良 等，1985)。以低温半致死温度高低反映植物耐低温能力的强弱，半致死温度越低，耐低温能力越强，反之，半致死温度越高，耐低温的能力就越弱。根据测定的半致死温度LT_{50}来确定几种苔草的耐寒性大小，耐寒性由强到弱的排列顺序依次为：披针叶苔草(-18.65℃)>青绿苔草(-14.99℃)>低矮苔草(-14.93℃)>白颖苔草(-11.74℃)(表2)。

表2 4种苔草在人工低温下相对电导率回归方程和半致死温度 LT_{50}

Table 2 Logistic equation of the relative electric conductivity of *Carex* and the semi-lethal temperature during cold stress

种类 Species	回归方程 Logistic equation	拟合度 R^2	半致死温度(℃) LT_{50}
披针叶苔草	$y=103.569/(1+18.002\ e^{0.155x})$	0.988*	-18.65
青绿苔草	$y=91.893/(1+13.586\ e^{0.174x})$	0.993**	-14.99
低矮苔草	$y=95.002/(1+12.094\ e^{0.167x})$	0.995**	-14.93
白颖苔草	$y=91.752/(1+6.780\ e^{0.163x})$	0.992**	-11.74

注：*和**分别表示拟合度R^2达到显著或极显著水平。

Note: * and ** indicate the significance of rata level of 0.05 and 0.01, respectively.

2.3 根系活力与耐寒性

植株经冷冻处理后，根系活力减弱，则四氮唑还原强度较未处理的田间株减小，减小的倍数越大，耐寒性越弱。图3表明，经-10℃的低温处理后，各个苔草的根系活力均减小，但减小的倍数不同。减小倍数从小到大依次为：披针叶苔草(14.5%)<白颖苔草(31.5%)<青绿苔草(34.3%)<低矮苔草(38.5%)，即根系耐寒性强弱依次为：披针叶苔草>白颖苔草>青绿苔草>低矮苔草。

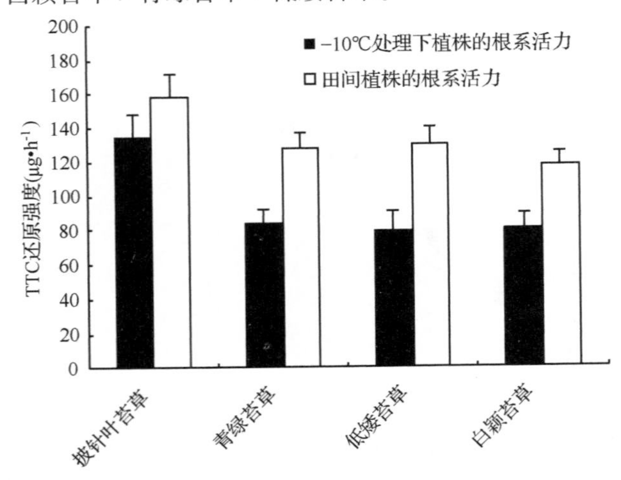

图3 低温处理下TTC法测定根系活力的变化

Fig. 3 The change of root activity under low temperature treatment using TTC method

2.4 人工低温处理后地上部分相关生理指标的变化

2.4.1 低温胁迫对丙二醛含量的影响

由图4可以看出，在低温胁迫范围内，4种苔草的叶片MDA含量随温度的降低均呈先上升后下降的趋势，但不同种类苔草其MDA含量达到峰值的胁迫温度有所不同。LT_{50}较低的披针叶苔草和青绿苔草品种在-20℃时达到最高峰，含量分别为24.87nmol·g^{-1} FW和31.66nmol·g^{-1} FW，LT_{50}中等的低矮苔草在-15℃时达到最高，为38.82nmol·g^{-1} FW，LT_{50}较高的白颖苔草在-5℃时达到最高，为44.04nmol·g^{-1}FW(图4)。在0～-15℃低温胁迫范围内，披针叶苔草、青绿苔草和低矮苔草叶片中的丙二醛含量水平接近，而白颖苔草叶片中丙二醛含量要始终显著高于其他3种苔草；在-20～-25℃低温胁迫下，4种苔草叶片中丙二醛含量无显著性差异。由此可知，LT_{50}低的苔草受低温胁迫后膜脂过氧化水平较低，而LT_{50}高的苔草膜脂过氧化水平较高。

2.4.2 低温胁迫对游离脯氨酸含量的影响

由表3可以看出，在不同低温处理条件下，各个苔草的游离脯氨酸含量均高于对照处理下的含量，不同苔草的含量消长动态亦有差异。披针叶苔草的游离脯氨酸含量呈缓慢增加的趋势；而青绿苔草、白颖苔草和低矮苔草的游离脯氨酸含量整体上呈单峰变化，且分别在-20℃、-5℃和-15℃时达到峰值，游离脯氨酸含量分别为 19.10μg・g^{-1} FW、22.39μg・g^{-1} FW 和 17.44μg・g^{-1} FW。同一低温处理下，不同苔草的游离脯氨酸含量均呈显著性差异。

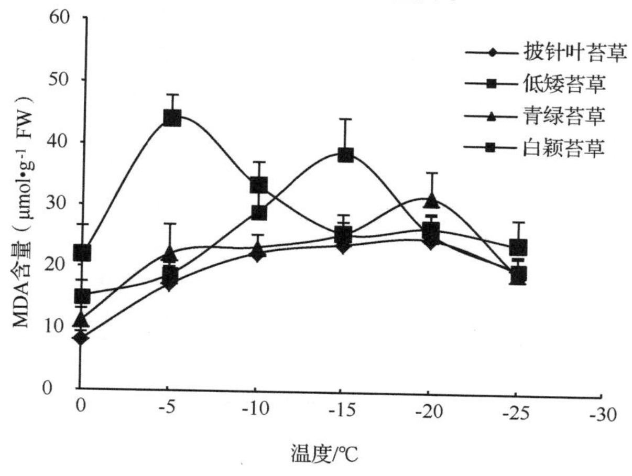

图 4 不同低温处理下叶片中丙二醛(MDA)含量的变化

Fig. 4 The change of malondialdehyde (MDA) content under low temperature treatments

2.4.3 低温胁迫对可溶性蛋白含量的影响

随着低温胁迫的不断加剧，4 种苔草的可溶性蛋白含量整体上呈双峰变化。披针叶苔草、低矮苔草和白颖苔草在 –20℃时可溶性蛋白含量均达到最大值，分别为 10.66mg・g^{-1} FW、12.44mg・g^{-1} FW 和 18.92mg・g^{-1}FW，分别是对照的 2.08 倍、1.79 倍和 1.06 倍；青绿苔草在 –15℃时达到峰值，为 13.98mg・g^{-1}FW，随后又急剧下降。对 4 种苔草的可溶性蛋白含量进行多重比较，结果显示：在不同低温下披针叶苔草的可溶性蛋白含量均显著低于其他 3 种苔草，而白颖苔草的可溶性蛋白含量则显著高于其他苔草的可溶性蛋白含量(表 3)。

2.4.4 低温胁迫对可溶性糖含量的影响

苔草叶片中的可溶性糖含量整体上均呈缓慢上升的趋势，但是 4 种苔草在不同低温下的可溶性糖含量不同，且增长幅度也不同。在相同低温下，青绿苔草的可溶性糖含量均显著高于其他 3 种苔草。在 –10℃时，披针叶苔草和低矮苔草的可溶性糖含量增幅最大，分别为 1.34% 和 0.76%；青绿苔草和白颖苔草分别在 –15℃和 –5℃时增幅最大，分别达到 1.22% 和 0.90%(表 3)。

2.4.5 低温胁迫叶片 SOD 活性的变化

在降温过程中，4 种苔草的 SOD 活性整体上呈先上升后下降的趋势，但达到峰值时的温度不同。从图 5 可以看出，披针叶苔草在 0℃时 SOD 活性最高为 322.52U・g^{-1}，此后 SOD 活性迅速下降，当温度低于 –10℃时，SOD 活性呈缓慢下降的趋势。青绿苔草和低矮苔草在 –5℃时 SOD 活性最高，分别达到 306.15 和 296.14U・g^{-1}，青绿苔草在 –25℃时叶片中 SOD 活性呈急剧下降的趋势，而低矮苔草在低于 –20℃时 SOD 活性急剧下降。白颖苔草在 –15℃时 SOD 活性最高，达到 267.42U・g^{-1}。

表 3 不同低温处理下 4 种苔草叶片游离脯氨酸、可溶性蛋白和可溶性糖含量的变化

Table 3 Changes of proline, soluble protein and soluble sugar in the leaves of *Carex* under low temperature treatments

温度(℃) Temperature	种类 Species	游离脯氨酸 (μg・g^{-1} FW) Proline	可溶性蛋白 (mg・g^{-1}FW) Soluble protein	可溶性糖 (%) soluble sugar
0 ℃	披针叶苔草	11.35 ±0.92 b	4.87 ±0.18 d	0.81 ±0.03 c
	青绿苔草	8.44 ±0.82 c	10.59 ±0.27 b	1.31 ±0.06 a
	低矮苔草	11.62 ±0.74 b	7.07 ±0.14 c	0.78 ±0.04 d
	白颖苔草	16.69 ±1.02 a	17.48 ±0.57 a	1.00 ±0.08 b
–5 ℃	披针叶苔草	17.72 ±0.39 b	6.71 ±0.18 d	1.46 ±0.06 c
	青绿苔草	11.70 ±0.79 c	9.58 ±0.67 c	1.99 ±0.02 a
	低矮苔草	10.20 ±0.39 d	12.54 ±0.79 b	1.35 ±0.05 d
	白颖苔草	22.39 ±0.60 a	18.32 ±0.32 a	1.90 ±0.02 ab
–10 ℃	披针叶苔草	18.49 ±0.94 b	7.93 ±0.90 d	2.80 ±0.06 a
	青绿苔草	14.73 ±1.17 c	10.16 ±0.29 c	2.32 ±0.07 b
	低矮苔草	14.68 ±0.70 c	13.24 ±1.06 b	2.11 ±0.08 c
	白颖苔草	21.79 ±0.61 a	16.56 ±0.98 a	2.08 ±0.03 c
–15 ℃	披针叶苔草	18.43 ±0.70 a	6.16 ±0.24 c	2.89 ±0.01 b
	青绿苔草	14.34 ±0.32 c	13.98 ±0.32 a	3.54 ±0.04 a
	低矮苔草	17.44 ±0.69 b	8.37 ±0.37 b	2.46 ±0.02 c
	白颖苔草	19.76 ±1.12 a	13.42 ±0.51 a	2.31 ±0.03 c

（续）

温度(℃) Temperature	种类 Species	游离脯氨酸 (μg·g^{-1} FW) Proline	可溶性蛋白 (mg·g^{-1}FW) Soluble protein	可溶性糖 (%) Soluble sugar
-20 ℃	披针叶苔草	18.05±0.24 b	10.66±0.68 c	3.12±0.04 b
	青绿苔草	19.10±0.66 a	11.52±0.76 bc	3.88±0.00 a
	低矮苔草	14.98±0.67 c	12.44±0.70 b	3.01±0.06 bc
	白颖苔草	18.41±0.54 ab	18.92±0.17 a	2.76±0.08 c
-25 ℃	披针叶苔草	20.88±0.48 a	7.19±0.41 d	3.35±0.02 c
	青绿苔草	17.61±1.00 b	9.87±0.36 c	3.97±0.08 a
	低矮苔草	12.23±0.88 c	6.89±0.54 b	3.39±0.06 b
	白颖苔草	18.20±0.84 b	11.78±0.33 a	3.09±0.04 d

注：表中同列数据后标注不同的小写字母表示不同品种在同一低温处理下在5%水平上差异显著。

Note: The data in the same column with different small letters represent different varieties under the same low temperature processing significant difference at 5% level.

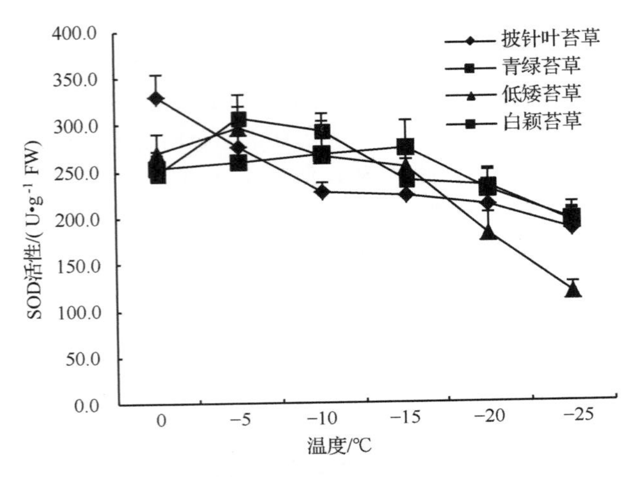

图5 不同低温处理下叶片中SOD活性的变化

Fig. 5 The change of SOD activity under low temperature treatments

3 讨论

本试验研究表明：4种苔草叶片的相对电导率均随着温度的降低呈"S"型曲线变化，且地上部分的半致死温度LT_{50}与几种苔草田间枯叶率呈显著性相关，说明半致死温度LT_{50}可以判断植物地上部分的耐寒性强弱。萧运峰等(1995)研究发现，青绿苔草地下芽在东北地区冬季极端低温-26℃条件下能顺利越冬，而气温在-8℃左右时叶片的顶部便会出现冻干，这与本试验中由相对电导率得出的半致死温度LT_{50}值相对一致。田间观察亦发现，披针叶苔草、青绿苔草、白颖苔草和低矮苔草均能安全越冬，且第二年春季恢复生长良好，绿期较长，达到260~310d，表现出较强的耐寒性。因此对这4种苔草的耐寒性研究，可以筛选出观赏价值高，几乎可以常绿过冬的品种，有利于苔草的园林应用与推广。

经低温处理后，各个苔草的根系活力均减弱，且根系活力减小的倍数越小其耐寒性越强(朱云华 等，2007)。由低温下测得的叶片细胞膜透性和根系活力数据综合分析可以看出：部分苔草的地上部分和地下部分的耐寒性存在一定性差异。这反映出在冷胁迫下植物的不同器官对低温的敏感度不同(龚明和刘良友，1988)。一般说来，根系的活力水平和生长状况会直接影响地上部分的生长量和营养状况等(宋广树 等，2012)。本研究中，由半致死温度LT_{50}和TTC法测定根系活力的数据综合分析可以看出，披针叶苔草、低矮苔草和青绿苔草的地上部分与地下部分耐寒性相对一致，白颖苔草的地上部分与地下部分的耐寒性有所差异。叶片的相对电导率与根系活力变化的相关性不显著($r=0.193$)。因此，评价植物的耐寒性强弱应结合地上部分和地下部分进行综合分析评价。

丙二醛(MDA)是膜脂过氧化的产物，MDA含量的变化不仅反映了植物细胞质膜损伤的程度，在一定程度上也反映了植物耐寒能力的差异(王瑞雪，2014)。在本研究中4种苔草的叶片MDA含量均呈先上升后下降的趋势，这与王玲(2012)、王冠群等(2014)的研究结果较为一致。说明植物在低温胁迫下，叶片受到一定程度的伤害，膜脂发生过氧化，MDA含量升高，并且苔草的耐寒性越强出现峰值时的温度越低。随着温度的继续降低，MDA含量上升达到峰值后又缓慢下降，这可能与脯氨酸含量和SOD活性等有关，脯氨酸和SOD等降低了膜脂的过氧化程度，从而影响了MDA的合成。

植物体内的游离脯氨酸在逆境环境下会异常积累，在正常情况下含量较少，脯氨酸含量的变化与耐寒性的关系较为密切(高灿红 等，2006)。脯氨酸是植物体重要的渗透调节物质，同时也具有稳定生物大分子、专一清除活性氧的作用(蒋明义 等，1997)。本试验研究结果表明，耐寒性相对较弱的苔草会过早积累大量的脯氨酸，从而保护植物组织免受低温伤害。苔草的耐寒性越强，脯氨酸含量高峰出现的越晚。

可溶性蛋白是一种亲水性很强的细胞保护物质，低温下植物可通过增加可溶性蛋白的含量降低渗透势来增强自身的抗寒能力(相昆 等，2011)。本试验结果表明，可溶性蛋白含量在低温初期表现出增加的趋势，从而提高抵御不良环境的能力；随着低温的加剧，可溶性蛋白的含量降低，说明酶系统受到损害，植物合成蛋白质的能力下降。随着低温胁迫程度的加剧，从不同苔草叶片可溶性蛋白含量变化趋势中可以看出，耐寒性较强的苔草在峰值处可溶性蛋白含量较高，但峰值出现的早晚与苔草的耐寒性强弱无显著相关。

可溶性糖可以提高植物细胞的渗透势，降低冰点保护原生质体，因此，可溶性糖的积累与植物的抗寒性密切相关(孟庆伟 等，2011)。植物体内的可溶性糖含量的多少不仅与低温有关，还与植物本身的特性有关。在本试验中，植株的可溶性糖含量变化趋势与越冬期的形态观察结果表明，在相同低温处理下，可溶性糖含量的增幅越大，植物的耐寒性越强。因此，可溶性糖的含量变化可以部分反映苔草对低温的抗性，可以作为耐寒性强弱的参考指标。

超氧化物歧化酶(SOD)在低温胁迫下的研究较为广泛，SOD对保护植物正常生理功能、增强植物抵御逆境等具有重要作用。在逆境条件下，SOD是植物细胞中最重要清除氧自由基的活性酶之一(周艳虹 等，2003)。本试验研究表明，随着温度的降低，大部分苔草的SOD活性呈先升高而后又缓慢降低的趋势，而披针叶苔草叶片中SOD活性则呈下降的趋势。这是因为SOD活性的变化不仅与植物的抗寒性有关，还与低温胁迫的时间以及温度有关(杨静 等，2007；李远发 等，2011；刘伟，2003)。

参考文献

1. 高灿红，胡晋，郑昀晔，等．2006. 玉米幼苗抗氧化酶活性、脯氨酸含量变化及与其耐寒性的关系[J]. 应用生态学报，17 (6)：1045－1050.
2. 高俊凤．2006. 植物生理学实验指导[M]. 北京：高等教育出版社.
3. 龚明，刘良友．1988. 稻苗低温下叶片、幼根的细胞学反应[J]. 上海农业学报，4 (1)：47－54.
4. 蒋明义，郭绍川，张学明．1997. 氧化胁迫下稻苗体内积累的脯氨酸的抗氧化作用[J]. 植物生理学报，23 (4)：347－352.
5. 李法增．2004. 山东植物精要[M]. 北京：科学出版社.
6. 李秋丽．2010. 4个狗牙根品种(系)的耐寒性评价[D]. 武汉：华中农业大学.
7. 李秀玲，刘开强，杨志民，等．2012. 干旱胁迫对4种观赏草枯叶率及生理指标的影响[J]. 草地学报，20 (1)：76－82.
8. 李远发，王凌晖，唐春红．2011. 不同种源麻风树幼苗对低温胁迫的生理响应[J]. 西北林学院学报，26 (5)：35－40.
9. 刘伟，艾希珍，梁文娟，等．低温弱光下水杨酸对黄瓜幼苗光合作用及抗氧化酶活性的影响[J]. 应用生态学报，2003，14 (6)：921－924.
10. 刘友良，朱根海，刘祖祺．1985. 植物抗冻性测定技术的原理和比较[J]. 植物生理学通讯，1 (40)：40－43.
11. 马万里，韩烈保，罗菊春．2001. 草坪植物的新资源——苔草属植物[J]. 草业科学，18 (2)：43－45+56.
12. Marlena L，Pawel O. 2011. Effect of mother plant age on germination and size of seeds and seedlings in the perennial sedge *Carex secalina* (Cyperaceae) [J]. Flora，206 (2)：158－163.
13. 孟庆伟，高辉远．2011. 植物生理学[M]. 北京：中国农业出版社.
14. Ning Hua，Wang Wen-li，Zheng Cheng-shu，Li Zhao-hui，Zhu Cui-ying，Zhang Qing-liang. 2014. Genetic diversity analysis of sedges (*Carex* spp.) in Shandong，China based on inter-simple sequence repeat [J]. Biochemical Systematics and Ecology，56：158－164.
15. 齐曼，尤努斯，塔衣尔．2011. 干旱胁迫下尖果沙枣幼苗的根系活力和光合特性[J]. 应用生态学报，22 (7)：1789－1795.
16. Reznicek AA. 1990. Evolution in sedges (*Carex*，Cyperaceae) [J]. Can. J. Bot.，68 (7)：1409－1432.
17. 宋广树，孙蕾，杨春刚，等．2012. 吉林省水稻幼苗期低温处理对根系活力的影响[J]. 中国农学通报，28 (3)：33－37.
18. 王冠群，李丹青，张佳平，等．2014. 德国鸢尾6个品种的耐寒性比较[J]. 园艺学报，41 (4)：773－780.
19. 王俊强，吕会刚，方唯，等．2006. 苔草属种质资源的研究与应用[J]. 北京园林，22 (2)：36－38.
20. 王玲，王春雷，马喜娟，等．2012. 锦带花新品种抗寒性[J]. 东北林业大学学报，40 (12)：43－46.

21. 王瑞雪. 2014. 低温对卷荚相思无性系耐寒生理特征的影响及综合评价[D]. 福州：福建农林大学.
22. 相昆，张美勇，徐颖，等. 2011. 不同核桃品种耐寒特性综合评价[J]. 应用生态学报，22 (9)：2325 – 2330.
23. 萧运峰，孙发政，高洁. 1995. 野生草坪植物——青绿苔草的研究[J]. 四川草原，2：29 – 32.
24. 许瑛，陈发棣. 2008. 菊花 8 个品种的低温半致死温度及其抗寒适应性[J]. 园艺学报，35 (4)：559 – 564.
25. 薛红，沙伟，倪红伟. 2005. 苔草属植物研究概况[J]. 齐齐哈尔大学学报，21 (4)：81 – 86.
26. 杨静，王华田，宋承东. 2007. 持续低温胁迫对红叶石楠抗寒性生理生化特性的影响[J]. 江西农业大学学报，29(6)：998 – 992.
27. 周艳虹，喻景权，钱琼秋，等. 2003. 低温弱光对黄瓜幼苗生长及抗氧化酶活性的影响[J]. 应用生态学报，14 (6)：921 – 924.
28. 朱云华，芦建国，徐友新. 2007. 南京地区冬绿地被植物耐寒性试验[J]. 中国园林，23 (8)：20 – 23.

10 个樱属种和品种抗寒性研究*

马祥宾[1]　徐大鹏[2]　周春玲[1]①
（[1]青岛农业大学园林与林学院，青岛 266109；[2]锡惠特色花木有限公司，无锡 214000）

摘要　以无锡鼋头渚 10 个樱属种和品种的一年生枝条为实验材料，进行人工梯度降温，进行抗寒性研究。在持续梯度降温下，种和品种生理指标变化趋势基本一致：相对电导率呈现持续增加趋势，MDA 含量、可溶性蛋白含量呈现先增加后降低再增加的趋势，SOD 活性呈现先增加后降低至稳定的趋势，POD 活性呈现先上升后下降再上升再下降的趋势。不同种和品种各生理指标峰值不同，出现的温度也不同。综合各项生理指标，采用模糊数学中隶属度对种和品种抗寒性进行综合评价：迎春樱 >'十月'樱 >'大寒'樱 >'染井吉野'樱 >'冬樱'>'小彼岸'樱 > 钟花樱 > 尾叶樱 >'椿寒'樱 >'河津'樱。

关键词　樱属；抗寒性；生理指标；综合评价

Studies on Cold Resistance of 10 *Cerasus* Species and Cultivars

MA Xiang-bin[1]　XU Da-peng[2]　ZHOU Chun-ling[1]
（[1]*College of Landscape Architecture and Forestry*，*Qingdao Agricultural University*，*Qingdao* 266109；
[2]*Xihui Characteristic Plants Limited Company*，*Wuxi* 214000）

Abstract　Using the annual branches of 10 Cerasus species and cultivars of Wuxi Yuantouzhu as experimental materials，studied on cold resistance by artificial gradient cooling. Under the condition of the continuous gradient cooling，changes of physiological index of cultivars were basically consistent：relative electical conductivity showed a increasing trend；MDA content，soluble protein contentshowed a trend first increased and then decreased then increased；SOD activity showed a trend first increased and then reduced to a stable，the POD activity showed a trend of increased，reduced and then increased，reduced. The species and cultivars' peak value of physiological indexes were different in the numeber and appearing temperature. Based on the physiological indexes，the membership grade of fuzzy mathematics was used to evaluate the cold resistance of species and cultivars：*C. discoidea* > *Cerasus* × *subhirtella* 'Autumnalis' > *Cerasus* × *kanzakura* 'Oh-kanzakura' > *C. yedoensis* 'Yedoensis' > *Cerasus* × *parvifolia* 'Fuyu-zakura' > *C. subhirtella* > *C. campanulata* > *C. dielsiana* > *C. pseudocerasus* 'Introrsa' > *Cerasus* × *kanzakura* 'Kawazu-zakura'.

Key words　*Cerasus* cultivars；Cold resistance；Physiological index；Comprehensive evaluation

樱属（*Cerasus*）植物隶属蔷薇科（Rosaceae）李亚科（Prunoideae），野生种、栽培品种繁多，形态各异，花开时如云似霞，花谢时落雨飘雪，是早春重要的观花植物。樱属植物除了春季繁花满树外，盛夏绿荫匝地，秋季叶色缤纷，抗逆性较强，广泛应用于各类园林绿地之中。近年来国内赏樱热潮不断升温，北京玉渊潭、青岛中山公园、无锡太湖鼋头渚、南京玄武湖樱洲（鸡鸣寺）、上海顾村、辰山植物园等都是春季游人汇集的赏樱胜地，创造了巨大的经济效益和社会效益。

低温是限制植物分布与生长的重要因素，植物对低温胁迫的响应是一种积极主动的应激过程，低温能够诱导相关基因表达，从而改变膜脂成分，活化氧化系统和积累渗透调节物质等，以缓解低温造成的机械伤害和生理伤害（张勇和汤浩茹，2006）。樱属植物抗寒性研究主要集中于樱桃、欧洲甜樱桃等栽培食用类品种上，多以休眠期内一年生枝条为试验材料进行人工梯度降温，以电导法，结合生长恢复法或配合 Lo-

*　项目来源：青岛市市内四区林木种质资源调查（N0. 2412032）。
①　通讯作者。Author for correspondence：周春玲，女，青岛农业大学副教授，E－mail：zhou-chl@163. com.

gistic 方程拟合各品种的半致死温度，对栽培品种或者嫁接砧木的抗寒性进行初步评价(李勃，2006；张春山和赵英，2012 年；闫鹏 等，2013)。而通过自然条件下以及实验室梯度降温相结合，测定多项生理生化指标并采用模糊隶属函数进行抗寒性综合评价的研究尚较少(陈新华，2009)。同时前人对观赏樱属品种的抗寒性研究较少，仅见采用电导法结合生长恢复法进行抗寒品种的筛选(马玉，2000)。

本研究在樱属品种调查基础上，基于丰富青岛地区樱花品种、延长整体花期的目的，考虑北方冬季低温对樱属品种露地自然越冬具有一定困难的现实情况，因此选用调查到的 10 种花期较早的樱属品种，开展人工低温处理实验，通过对电导率、SOD、POD、可溶性蛋白等生理指标的测定，进行抗寒性的比较以及樱属品种抗寒机理的研究，为筛选能够适应北方寒冷地区樱属品种奠定基础。

1 材料与方法

1.1 材料与取样

2016 年 1 月初，外界温度 0 ~ 5℃，于无锡鼋头渚随机采集‘大寒’樱(*Cerasus* × *kanzakura* ‘Oh-kanzakura’)、‘河津’樱(*Cerasus* × *kanzakura* ‘Kawa-zu-zakura’)、‘小彼岸’樱(*C. subhirtella*)、‘染井吉野’樱(*C. yedoensis* ‘Yedoensis’)、钟花樱(*C. campanulata*)、‘椿寒’樱(*C. pseudocerasus* ‘Introrsa’)、尾叶樱(*C. dielsiana*)、‘十月’樱(*Cerasus* × *subhirtella* ‘Autumnalis’)、迎春樱(*C. discoidea*)、‘冬樱’(*Cerasus* × *parvifolia* ‘Fuyu-zakura’)等 10 个樱属种和品种的长短、粗细一致的外围 1 年生枝条作为验材料，剪口蜡封后用聚乙烯袋包好，冰盒带回实验室，置于冰箱 0 ~ 4℃保存。

1.2 低温处理

本试验采取人工低温处理，2016 年 1 月 5 日开始试验，共设 5 个不同的处理温度梯度。以 0℃为对照，处理温度分别为：－5℃、－10℃、－15℃、－20℃、－25℃。温度处理在超低温冰箱中进行，降温速度为 1℃/h，每当降到所规定的温度后持续 24h，每个品种在相应梯度下随机取出一组，其余枝条则继续进行低温处理。枝条取出后在 4℃放置 24h 后，进行相关生理指标的测定，每次每品种 3 个重复。

1.3 实验方法

质膜透性通过测定相对电导率；超氧化物歧化酶(SOD)活性测定采用核黄素-NBT 光还原法；过氧化物酶(POD)活性测定采用愈创木酚法；丙二醛(MDA)含量测定采用硫代巴比妥酸显色法；可溶性蛋白含量测定采用考马斯亮蓝 G－250 法。

1.4 数据统计分析

采用 Microsoft Excel 软件、SPSS 22.0 软件进行数据的统计与分析，并采用隶属函数值法，对各项指标测定值用模糊数学隶属度公式进行定量转换，分别对所测的抗寒指标用下式求出每个品种各指标的具体隶属值(王小得，2005)：

$$U(X_i) = (X_{ij} - X_{jmin})/(X_{jmax} - X_{jmin}),$$

$$\Delta = 1/n \sum U(X_i)$$

如果某一指标与抗寒性为负相关，用反隶属函数计算其抗寒隶属函数值：

$$U(X_i) = 1 - (X_{ij} - X_{jmin})/(X_{jmax} - X_{jmin}),$$

$$\Delta = 1/n \sum U(X_i)$$

其中 X_{ij} 为第 i 个品种第 j 个测定指标；$U(X_i) \in [0, 1]$；Δ 为每个品种各项指标测定的综合评定结果；n 为测定指标总数；X_{jmax}，X_{jmin} 为所有品种第 j 项生理指标的最大值和最小值。然后通过各项生理测定指标的平均值计算出某一种或品种的抗寒性隶属函数平均值 Δ。

2 结果与分析

2.1 低温胁迫对不同品种膜透性的影响

由图 1 可知，10 个樱属种或品种相对电导率随温度的降低呈现逐步上升的总趋势：0℃时，各个品种(种)的相对电导率均较小，0 ~ －10℃之间，相对电导率的变化趋势均较小，且部分品种电导率在升高后有下降趋势，表明各个品种未受到严重的低温伤害；－10 ~ －15℃之间，‘河津’樱、‘椿寒’樱相对电导率数值变化最为明显，说明两个品种在该区域内开始受到明显的伤害，较其他品种抗寒性较弱；－15 ~ －20℃区间内大多数品种相对电导率开始迅速升高，表明该区域为大多数樱属植物膜系统开始明显受到伤害的温度范围，‘河津’樱、‘椿寒’樱、尾叶樱 3 个品种变化幅度最为明显，其他品种变化幅度稍小；－20 ~ －25℃区间内，各个品种(种)相对电导率持续上升，表明低温造成的膜透性伤害持续增大，‘河津’樱的相对电导率达到 84.95%，‘椿寒’樱的相对电导率达到 82.82%，进一步表明这两个品种抗寒性较弱；尾叶樱、钟花樱、‘小彼岸’樱、‘大寒’樱的相对电导率为 61.23% ~ 62.76%，增速极为明显，说明该温度区间为其受到极为严重的低温伤害；‘冬樱’、‘十月’樱、‘染井吉野’樱等 3 个品种虽上升但增速稍缓，最终相对电导率稳定在 53.18% ~ 56.87%。迎春樱在整个低温胁迫过程中，虽相对电导率总趋势呈上升趋势，但是增速缓慢，最终相对电导率仅为 44.38%，为所有参试品种中最低。

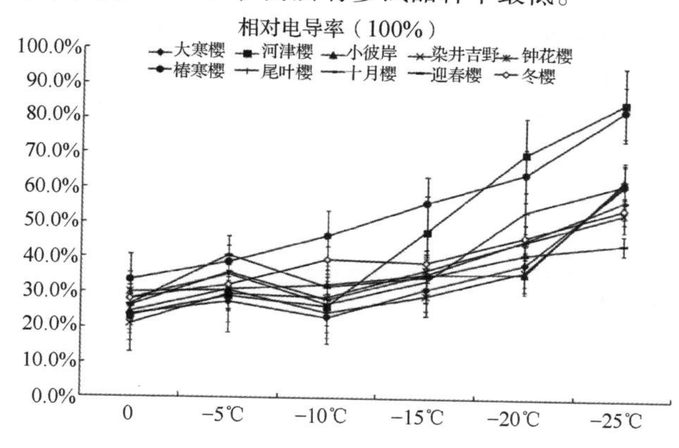

图 1　10 个樱属品种(种)相对电导率的变化

Fig. 1　Changes of relative electric conductivity of 10 *Cerasus* cultivars (species)

2.2　低温胁迫对 SOD 活性的影响

由图 2 可知，10 个樱属品种 SOD 活性均随着温度降低而增大，在某一低温条件下达到峰值，而后逐渐降低，品种(种)总体变化趋势相同。各个樱花品种(种)峰值出现的温度不同，峰值也不同，体现出品种(种)间抗寒能力的强弱。在 0℃ 时，各个品种(种)的 SOD 活性均较低，0 ~ -5℃，所有品种(种)的 SOD 活性均开始增加，尾叶樱和'冬樱'活性增加最快，在 -5℃时活性到达峰值，随即开始迅速下降；-5 ~ -10℃时，除尾叶樱及'冬樱'外，活性持续迅速升高，并达到峰值，'染井吉野'樱、迎春樱、'十月'樱、'大寒'樱、'小彼岸'樱的 SOD 活性较高，表明其抗寒性相对较强。上述变化表明，SOD 活性对低温敏感，植物通过升高 SOD 活性来清除自由基的积累，减弱低温带来的伤害。-5 ~ -10℃ 温度区间内，尾叶樱和'冬樱'两个品种的 SOD 活性由峰值迅速下降，表明这两个品种的 SOD 逐渐失去调节作用，抗寒性较弱；在 -10 ~ -15℃ 温度区间内，余下所有樱属品种(种)SOD 活性迅速降低，表明该低温区间内超出了 SOD 调节能力，对于 SOD 而言是敏感温度；-15 ~ -20℃时，酶活性持续降低，-20 ~ -25℃ 区间，SOD 活性逐渐稳定在相对较低的水平，表明此时的低温胁迫下，各个品种(种)通过调节 SOD 活性消除细胞内有害物质的能力基本丧失。

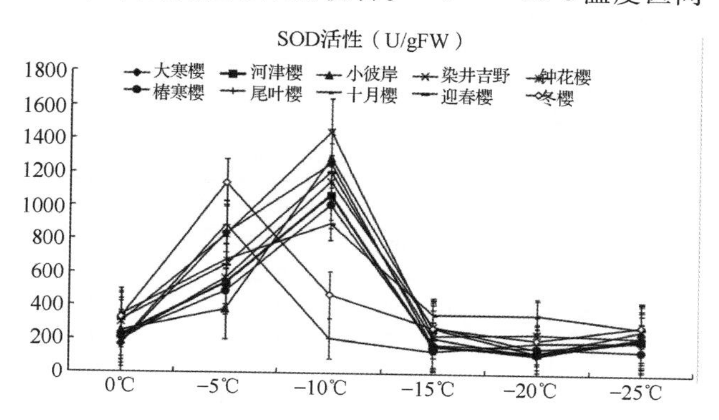

图 2　10 个樱属品种(种)SOD 活性的变化

Fig. 2　Changes of SOD activity of 10 *Cerasus* cultivars (species)

2.3　低温胁迫对 POD 活性的影响

由图 3 可以看出，POD 活性总变化趋势为：随着温度逐渐降低，逐渐升高，达到峰值之后下降，又上升，再下降，呈现"双峰"式。虽总趋势基本一致，但是在 POD 活性水平上品种(种)间差异显著。0℃ 时，大多数品种(种)POD 活性尚处在较低的水平，'椿寒'樱、迎春樱此时 POD 活性已经是某些品种活性的 5 倍之多。随着温度下降，POD 活性逐渐开始上升，'大寒'樱、钟花樱、'椿寒'樱、'河津'樱在 -5℃ 时达到峰值，后随温度降低开始下降；而其余品种(种)继续增加，迎春樱、尾叶樱、'十月'樱在 -10℃ 时达到最高值，而其余品种(种)则在此 POD 活性最低。其中迎春樱 POD 活性在 -10 ~ -15℃ 时，仍保持较高，表明其抗寒性相对较高。-15 ~ -20℃ 时，除迎春樱外，其余品种(种)的 POD 活性均有不同程度的上升趋势，-20℃ 时出现第二次活性高峰，其中'十月'樱与'椿寒'樱的活性较高；-20 ~ -25℃，所有品种(种)的 POD 活性均下降，数值基本均与 0℃ 时相近，表明此时的低温胁迫下，各个品种(种)通过调节 POD 活性消除细胞内有害物质的能力基本丧失。

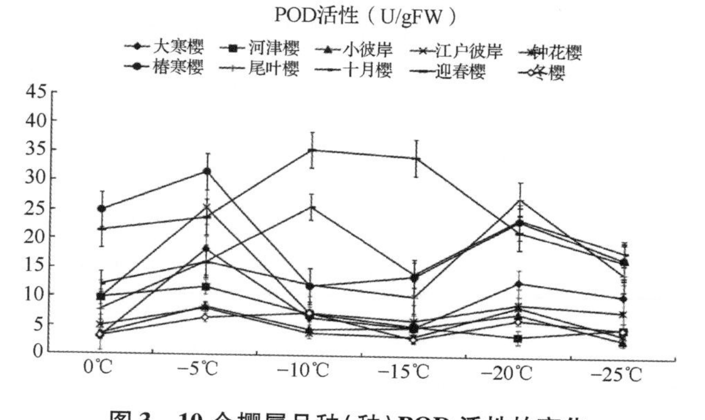

图 3　10 个樱属品种(种)POD 活性的变化

Fig. 3　Changes of POD activity of 10 *Cerasus* cultivars (species)

2.4　低温胁迫对可溶性蛋白的影响

由图 4 可以看出，10 个品种(种)的可溶性蛋白含量初始随着温度的下降迅速上升，达到最高值后逐渐下降，'椿寒'樱含量峰值出现在－5℃，'冬樱'、迎春樱、'十月'樱、钟花樱、尾叶樱含量峰值出现在－10℃，'大寒'樱、'染井吉野'樱、'河津'樱、'小彼岸'樱含量峰值出现在－15℃。可溶性蛋白的含量达到峰值之后，均迅速下降，在－20℃时含量达到最低值，在－20～－25℃过程中，基本上所有品种可溶性蛋白含量都出现了上升现象，达到一个新的峰值。总的呈现先上升后下降再上升的趋势。

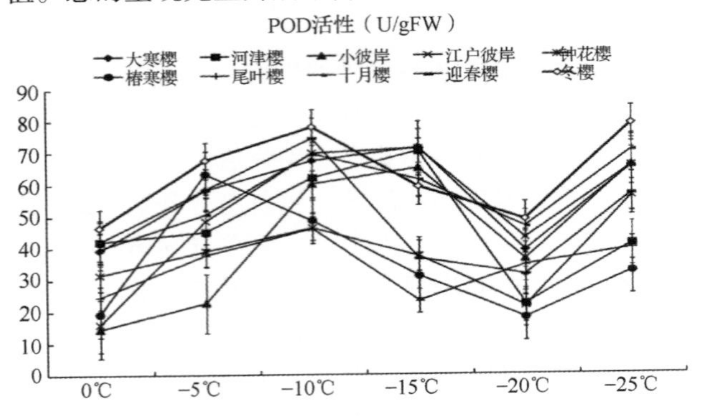

图4 10个樱属品种(种)可溶性蛋白含量的变化

Fig. 4 Changes of soluble protein content of 10 *Cerasus* cultivars (species)

2.5 低温胁迫对MDA含量的影响

由图5可以看出，在0℃时，各个品种(种)MDA含量均处在较低水平，随着温度逐渐降低，整体呈现先上升后下降再上升的总趋势。由0℃开始，MDA含量逐渐增加，但是变化幅度因种及品种不同，－5℃之后'河津'樱、'椿寒'樱、钟花樱3个品种含量迅速增加，在－10～－15℃时，钟花樱的MDA含量开始有所下降，而'椿寒'樱则迅速下降至低水平。其余品种在－10～－15℃时，含量迅速增加至较高水平；在－15～－20℃时，'小彼岸'樱、迎春樱、'十月'樱3个品种MDA含量出现大幅下降，钟花樱、'河津'樱、'大寒'樱含量下降，但是幅度较小，'冬樱'、'染井吉野'樱含量基本不变，而'椿寒'樱则呈现迅速上升趋势。－20～－25℃区间内，除'椿寒'樱MDA含量上升幅度较小，其他品种量均迅速增加，表明此时细胞膜过氧化程度加重，受到低温胁迫的伤害持续加深，植物体已经无法通过自己调控避免伤害。而在－15～－20℃区间含量出现下降或基本不变的原因可能是各种保护酶的协同作用，使得MDA含量迅速降低或维持一定水平，以减弱细胞受到的低温伤害。

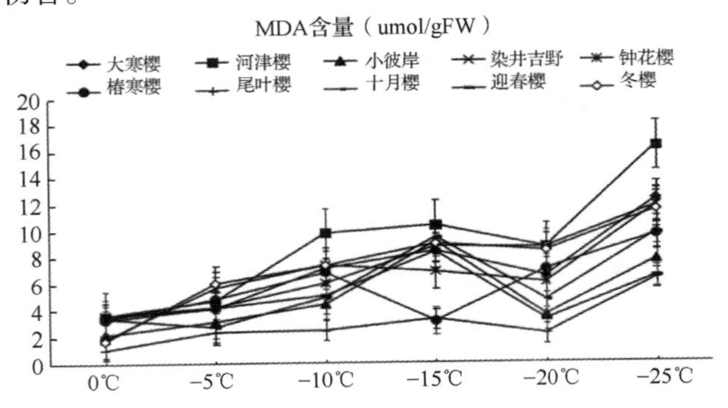

图5 10个樱属品种(种)MDA含量的变化

Fig. 5 Changes of MDA content of 10 *Cerasus* cultivars (species)

2.6 低温胁迫下抗寒能力综合评价

由于环境胁迫下的植物抗性反应过程复杂，且各种生理生化反应之间彼此影响、相互作用，抗寒性强弱很难采用单一指标进行客观评价(黄月华，2003；杨庆华，2006)。本研究采用目前应用比较广泛的隶属函数法，综合相对电导率、SOD活性、POD活性、MDA含量、可溶性蛋白含量5项指标，对10种樱属种或品种的抗寒性进行综合评价。如表1所示，从各指标隶属度平均值排名可得10个种或品种的抗寒性强弱：迎春樱＞'十月'樱＞'大寒'樱＞'染井吉野'樱＞'冬樱'＞'小彼岸'樱＞钟花樱＞尾叶樱＞'椿寒'樱＞'河津'樱。

表1 各指标隶属度平均值及抗寒性综合评价

Table 1 The membership average of all index and comprehensive evaluation of the cold resistance

品种	SOD	MDA	POD	电导率	可溶性蛋白	隶属度平均值	名次
'大寒'樱	0.6659	0.3187	0.2053	1	0.7805	0.5941	3
'河津'樱	0.3681	0	0.0932	0.3453	0.4452	0.2503	10
'小彼岸'樱	0.5346	0.6507	0.0044	0.8579	0.3390	0.4773	6
'染井吉野'樱	1	0.2897	0.0132	0.9211	0.6253	0.5698	4
钟花樱	0.5122	0.3861	0.2819	0.9338	0.1499	0.4528	7
'椿寒'樱	0.2659	0.5227	0.7500	0	0.0388	0.3155	9
尾叶樱	0	1	0.4682	0.7090	0	0.4354	8
'十月'樱	0.7553	0.5158	0.6462	0.8061	0.7661	0.6979	2
迎春樱	0.6271	0.6381	1	0.8776	0.5432	0.7372	1
'冬樱'	0.6185	0.2646	0	0.7048	1	0.5176	5

3 讨论

3.1 关于试验设计

自然界中，冬季气候复杂多变，持续低温往往伴随着干旱、雨雪、冰冻、寒风等不良的气候因素，而且植物受冻损伤程度通常受到降温速度、低温持续时间、解冻快慢等因素的共同影响(徐叶挺等，2008)。单纯地采用人工梯度降温，排除了其他干扰因素，这与外界自然环境下低温有所偏差。但是在人工模拟梯度降温的环境下，由于降温速度、持续时间、解冻快慢3个因素一致，其测定结果具有统计学意义(陈新华，2009)，对于品种间抗寒性强弱的比较，仍是可行且有效的。

3.2 生理生化指标与抗寒性评价方法

抗寒性是指抗寒越冬的植物所固有的遗传特性，目前，常用来衡量植物抗寒性的指标有很多，既包括生理生化指标，也包括一些定性的形态指标。由于试验条件以及时间限制，主要选择了相对电导率、SOD活性、POD活性、MDA含量、可溶性蛋白含量，涵盖了膜透性、保护酶活性、渗透调节物质三大方面，通过指标低温胁迫下的变化趋势，分析品种(种)的生理响应及抗寒性强弱。

通过对以往抗寒性试验的研究中发现，不少学者仅仅采取单一的形态或生理等指标对植物进行抗寒性的评定，但植物错综复杂的生理过程及抵抗寒冷的能力是受到多种因素制约的，单单用一个或几个指标很难揭示植物的抗性强弱。本研究采用最为常用的模糊隶属函数法，综合各项生理指标进行了抗寒性综合性评价，结果更加准确、客观。

3.3 樱属种系与抗寒性

由于所选用的樱属种或品种属于不同的种系，所具有的抗寒性在一定程度上反映了种系的遗传背景：尾叶樱原种与钟花樱种系(包括钟花樱原种、‘河津’樱、‘椿寒’樱)抗寒性最弱，豆樱种系的‘冬樱’抗寒性中等，大叶早樱种系(‘小彼岸’樱、‘十月’樱)及其与‘大岛’樱杂交种‘染井吉野’的抗寒性较强，迎春樱原种的抗寒性最高。种系内品种的抗寒性基本类似，但是不排除杂交来源的品种如‘大寒’樱与种系内其他品种不同，体现出较强的抗寒性。种系间抗寒性强弱的研究，将为樱属抗寒性新品种提供遗传基础。

此外樱属抗寒性的高低与当前栽培养护管理水平、抗寒锻炼、树龄、品种来源等均有潜在关系。目前樱属抗寒性研究较少且研究深度不足，尚需深入研究，从而更好地利用好我国丰富的樱属植物资源。

参考文献

1. 陈新华．甜樱桃不同品种抗寒性评价[D]．河北：河北农业大学，2009.
2. 黄月华．五种桉树苗期耐寒性能的初步研究 [D]．三亚：华南热带农业大学硕士学位论文，2003.
3. 李勃．樱桃砧木抗寒性鉴定[J]．果树学报，2006，23(2)96：1－199.
4. 马玉．北京地区樱花抗寒情况的初探[J]．中国园林，2001，2：74－76.
5. 王小得．浙皖地区柃木属植物抗逆性研究[D]．南京：南京林业大学博士学位论文，2005.
6. 徐叶挺，李疆，罗淑萍，等．低温胁迫下野生巴旦杏抗寒生理指标的测定[J]．新疆农业大学学报，2008，31(4)：1－4.
7. 杨庆华．桂花的地理分布及其抗冻性研究[D]．南京：南京林业大学硕士学位论文，2006.
8. 闫鹏，王继勋，马凯．中亚大樱桃与甜樱桃一年生枝条的抗寒性研究[J]．新疆农业学，2013，50(9)：1620－1625.
9. 张春山，赵英．持续低温胁迫下甜樱桃枝条电导率变化研究[J]．北方园艺，2012，(3)：11－13.
10. 张勇，汤浩茹．植物对低温胁迫的响应及其分子改良研究进展[J]．安徽农业科学，2006，34(14)：3268－3272.

山楂属植物新品种 DUS 测试指南研制*

马苏力娅　吕英民①
（花卉种质创新与分子育种北京市重点实验室，国家花卉工程技术研究中心，
城乡生态环境北京实验室，园林学院，北京林业大学，北京 100083）

摘要　植物新品种特异性、一致性和稳定性测试（DUS 测试）是新品种保护的基础和依据，为适应我国山楂的发展以及与国际接轨的需要，进而研制了山楂属植物新品种 DUS 测试指南。本文概述了山楂新品种 DUS 测试指南的编制方法、测试方法；说明了测试性状的选择，质量性状、数量性状和假质量性状的分级标准和级别界定，以及特异性、一致性、稳定性的判定标准；确定了山楂新品种 DUS 测试的 65 个测试性状，6 个分组性状，15 个必测性状，56 个标准品种。该测试指南的制定为我国山楂新品种选育及推广、品种权授予、新品种保护等方面奠定了理论基础，提供了科学依据。

关键词　山楂；新品种；DUS 测试；测试性状；标准品种

Guidelines for the Conduct of Tests for DUS of *Crataegus* L.

MA Su-li-ya　LÜ Ying-min
（*Beijing Key Laboratory of Ornamental Plants Germplasm Innovation & Molecular Breeding*，*National Engineering Research Center for Floriculture*，*Beijing Laboratory of Urban and Rural Ecological Environment and College of Landscape Architecture*，*Beijing Forestry University*，*Beijing* 100083）

Abstract　The test of distinctness，uniformity and stability（DUS）of new plant varieties was the foundation and basis of protection of new varieties. Guidelines for the DUS tests of hawthorn were studied in order to adapt to the development of hawthorn in China and gear to international standards. The principle of test guidelines，methods of examination，construction of table of characteristics，selection of standard varieties，classification of qualitative characteristics，quantitative characteristics and pseudo-qualitative characteristics and assessment of DUS tests were described in this paper. There were 65 standard characteristics，6 grouping characteristics，15 asterisked characteristics and 56 standard varieties in the guidelines for DUS tests. The establishment of it provided theoretical and scientific basis for breeding and extension of new varieties，grants of the plant variety rights and protection of new varieties.

Key words　*Cratargus* L.；New varieties；Guidelines for DUS tests；Standard characteristics；Standard varieties

1　引言

蔷薇科（Rosaceae）山楂属（*Crataegus* L.）的植物，广泛分布于北半球温带的亚、欧、美各洲，全球约有1000 余种，我国有 18 个种、6 个变种，其中大果山楂（*C. pinnatifida* var. *major* N. E. Br.）变种是我国特有的变种之一（赵焕谆和丰宝田，1996）。山楂在我国有着 3000 多年的栽培历史，品种资源十分丰富，它们大部分都是从大果山楂变种选育而来，少量由伏山楂、湖北山楂和云南山楂经过人工选育或自然变异而形成（董文轩，2015）。山楂树冠整齐、花繁叶茂，果实鲜红可爱，由于其兼具观花观果效果，集观赏、生态、生产功能于一身，在国内外园林中应用非常普遍。但目前，由于缺乏系统的调查研究，我国山楂资源底数不清，一些品种之间难以鉴别，同名异物和同物异名的现象十分普遍，有关品种分类学研究几乎未见报道。尤其是 UPOV 公布的山楂新品种 DUS 测试指南不能很好地适用于我国的山楂资源，为山楂新品

* 基金项目：林业行业标准制修订项目（2014-LY-020）。
作者简介：马苏力娅，在读研究生。
① 通讯作者。吕英民，教授，博士生导师。Email：Luyingmin@ bjfu. edu. cn。

种的登录和保护工作带来了不便。所以，随着新品种保护工作的深入展开，非常有必要建立我国的山楂新品种 DUS 测试指南，用以描述山楂新品种特征、特性，判定或鉴别山楂新品种的特异性、一致性和稳定性。这对于规范现有的山楂品种，有效地保护育种者权益，具有重要的指导意义和现实意义。

植物新品种保护是指对植物育种者权利的保护，是由政府授予植物育种者利用其品种排他的独占权利。植物新品种保护是知识产权的一种形式，又称"植物育种者权利"，保护的对象不是植物品种本身，而是植物育种者应当享有的权利。未经育种者的许可，任何人、任何组织都无权利用育种者培育的、已授予品种权的品种从事商业活动(戴思兰，2006)。为了使育种者权益得到充分的保护，1961 年，欧美一些国家在巴黎签订了《国际植物新品种保护公约》，在此基础上成立了"国际植物新品种保护联盟"，简称"UPOV"。我国于 1999 年加入 UPOV 公约 1978 文本，成为第 39 个成员国。目前，UPOV 共有 74 个成员国。其中，比利时受 1972 年公约文本的约束，包括中国在内有 17 个国家受 1978 年公约文本的约束，其余 56 个国家受 1991 年公约文本的约束。我国的新品种保护起步较晚，就现阶段而言，只选择了商业利用前景比较广、且研究的比较深透的植物种(属)进行了保护。受保护的植物新品种通过保护名录的形式向社会公布。截至目前，国家林业局共发布 5 批植物新品种保护名录，共 198 个种(国家林业局植物新品种保护办公室)；农业部共发布了 10 批植物新品种保护名录，涉及 138 个植物种(属)(农业部植物新品种保护办公室)。山楂属于 2012 年 12 月在《中华人民共和国植物新品种保护名录(林业部分)(第五批)》中被审议通过，并公示。

植物新品种的特异性(distinctness)、一致性(uniformity)和稳定性(stability)测试，简称 DUS 测试，是指导测试机构开展 DUS 测试工作的技术手册，还是审批机关审查新品种 DUS 的技术标准(张肖娟和孙振元，2011)，在新品种保护、品种审定和登记、执法打假中扮演着重要的角色。UPOV 目前已经发布了 315 个种(属)测试指南，其中我国专家参与的有 4 个：茶、山茶、牡丹和丁香。我国自 2002 年起，启动了花卉、林木新品种 DUS 测试指南的编写工作，已取得了阶段性成果。据统计，我国目前已完成了 186 种植物的 DUS 测试指南制定工作，包括山楂在内的一批植物新品种 DUS 测试指南正在陆续制订和出版中。北京林业大学园林学院先后承担了梅(*Prunus mume*)(杨果，2008)、蜡梅(*Chimonanthus praecox*)(范丽琨等，2008)、榆叶梅(*Prunus triloba*)(于君，2008)、紫薇(*Lagerstroemia indica*)(田苗，2008)等植物 DUS 测试指南的制订，对测试指南研制具有很好的工作基础。

2 材料与方法

2.1 研究材料和调研方法

本研究共涉及 121 个山楂品种。根据《中国果树志·山楂卷》(赵焕谆和丰宝田，1996)和《中国果树分类学》(俞德浚，1979)关于山楂品种系统和品种群的分类，调研品种涵盖了山楂品种系统下划分的红果皮、橙色果皮和黄果皮 3 个品种群的代表性品种以及少量伏山楂和湖北山楂的栽培品种及自然变异类型。还包括从国外引入的重瓣红花山楂资源——'猩红'平滑山楂('红保罗')。调研地点为国家果树种质沈阳山楂圃，北京市农林科学院林业果树研究所，中国科学院植物所北京植物园，奥林匹克森林公园和北京市植物园等。

实地调查之前，首先查阅有关文献资料，弄清已记录的山楂种、品种及其形态特征，确定初步调查重点，通过有代表性的山楂集中栽培地区的踏查，确定要调查的品种。选择立地条件、管理水平基本相似，树龄为 6 年左右处于盛果期，生长健壮，病虫害较少的正常植株进行详细调查，每个品种 1～2 株。然后，对被选定的植株，进行编号，以便长期进行观察、测定和核对。根据制定的性状调查表，对编号植株定株观察，对调查品种的植株、枝干、叶片、花和果实等性状进行调查记录，不同季节调查结果记录于同一表格中。

2.2 测试指南编制方法

以 UPOV 制定的总则(TG/1)、特异性审查(TGP/9)，一致性审查(TGP/10)，稳定性审查(TGP/11)，以及我国的《植物新品种特异性、一致性和稳定性测试指南：总则》(GB/T 19557.1)等文件为技术指导，主要参考《山楂种质资源描述规范和数据标准》(吕德国 等，2006)，并借鉴 UPOV 制定的山楂新品种 DUS 测试指南(TG/239/1)，研制与中国国情相符，并与国际接轨的山楂新品种 DUS 测试指南。

测试指南的编制依据是山楂品种的生物学特征和特异性、一致性和稳定性判别标准。通过大量文献资料的查阅和实地的调查，进行编制。测试指南包含了适用范围，规范性引用文件，术语和定义，DUS 测试技术要求，特异性、一致性和稳定性的评价，分组方法，性状特征和相关符号说明，性状特征表，性状特征表的图解，技术问卷等内容。

2.3 测试材料和测试方法

2.3.1 DUS 测试指南测试材料

提交的测试材料应该是通过无性繁殖的 1～3 年生植株(1 年生苗木不低于 100cm，距嫁接口 10cm 处的基径 1cm 以上)，无病虫害感染、生长正常的植株，供试数量不得少于 9 株。待测新品种测试地点应该在审批机构指定的测试基地和实验室中进行。测试应该在待测新品种相关特征能够完整表达的条件下进行，所选取的测试材料至少应在测试地点定植两年以上。每个测试必须建立在 9 株植株的基础上，待测新品种应与标准品种和相似品种种植在相同地点和环境条件下，设置 3 个重复，每重复 3 株。所有的观测必须针对 9 株植物或取自 9 株植物的相同部位上的材料进行。如果测试需要提取植株某些部位作为样品时，样品采集不得影响测试植株整个生长周期的观测。

2.3.2 DUS 测试指南测试方法

肉眼观测的典型性枝条、叶、花、果实和种核等同类特征的测试方法如下：①枝条：选取测试植株的当年生枝条的中上部(每株测试植株 3～4 个枝条)作为测试材料。②叶：选取测试植株树冠外围营养枝的中上部成熟叶片(每株测试植株 3～4 个单叶)作为测试材料。③花：进入盛花期后，选取测试植株树冠外围中上部枝条的花序(每株测试植株 3～4 个花序)作为测试材料。④果实和种核：果实成熟后，选取测试植株树冠外围中上部结果枝的果实(每株测试植株3～4 个果实，3～4 粒种核)作为测试材料。

色彩特征的观测应按照上述取样方法对所采集样品以英国皇家园艺协会(R. H. S)出版的比色卡(RHS colour chart)为标准。采样后尽快在可提供适当人工光源的橱柜中进行，或者在中午 11：00～13：00、没有阳光直射的朝南的房间中进行。颜色测试使用白色背景。

具体测试方法有以下 4 种：①MG：针对一组植株或植株部位进行单次测量得到单个记录；②MS：针对一定数量的植株或植株部位分别进行测量得到多个记录；③VG：针对一组植株或植株部位进行单次目测得到单个记录；④VS：针对一定数量的植株或植株部位分别进行目测得到多个记录。

3 结果与分析

3.1 测试性状的选择

DUS 测试指南的核心是测试性状的选择，由经过筛选的性状组成的性状表是判别申请品种是否具备特异性、一致性和稳定性的主要依据。性状选择的基本要求(王彦荣等，2002；陈和明等，2014)如下：该性状是基因型或综合基因型的结果，尽量不受环境的影响；在特定环境下，具有足够的一贯性和可重复性；为确定特异性，品种间表现出足够的差异；能够被准确定义和识别；对性状固有的商业价值或优势不做要求，但如果某些经济性状能达到上述规定的标准，也可以考虑作为 DUS 测试补充性状；并与 UPOV 测试指南相协调；与国内山楂育种水平及方向相结合等。最终构建的测试性状表(表 1)，共 65 个测试性状。其中，关于植株的性状 4 项、枝干性状 7 项、叶片性状 14 项、花部性状 12 项、果实性状 21 项、种核性状 5 项和物候期性状 2 项。

3.2 星号性状和加号性状的选择

星号性状(被标注‘ * ’的特征)为必测性状，是指新品种审查时为协调统一特征描述而采用的重要的品种特征，进行 DUS 测试时必须对所有星号特征进行测试。UPOV 公布的山楂属 DUS 测试指南(TG/239/1)中有星号性状 11 项，在综合分析国内外山楂属植物的性状特征、借鉴已有的其他相近属植物，如苹果属，等测试指南基础之上，本测试最终确定了 15 个星号性状。

加号性状(被标注‘ + ’的特征)是指在性状特征表中进行图解说明的特征，本测试指南采用线条图的方式对 18 个性状进行了图解说明。

3.3 分组性状的选择

分组性状是用于对已知品种进行分类管理的性状，可作为选择相似品种的依据，以便在进行特异性测试时将近似品种种植在一起，而将极不相关的已知品种排除在种植实验外(付俊秋和胡东燕，2009)。适合于分组的性状应在一个品种内不变异或变异极小，且不同的性状描述明显地、均匀地分布在已知品种中(杨果等，2010)。本测试指南的分组性状确定为以下 6 个：树性、树姿、叶片裂刻、花瓣类型、花瓣颜色和果皮颜色。

3.4 性状分级及代码的确定

质量性状(QL)是表现植物不连续变异状态的性状。质量性状的分级代码根据性状划分的级别数量而定，有几个类型就有几个级别，用连续的数字代码表示；在某一性状的“无/有”状态时，状态之间为非连续时，性状的状态则为无(1)和有(9)。如：枝刺有无这一性状，就采用 1/9 分级标准，代码 1 表示无枝刺，代码 9 表示有枝刺。本测试指南中共有质量性状 13 项。

数量性状(QN)是能以一维的、线性等级进行描述的性状，它显示性状从一个极端到另一个极端的连续变化，如叶片长度、花径大小、每花序花朵数等，本测试指南中共有数量性状 29 项。根据性状表达状态的差别和实际测量的数据，对数量性状进行级别划分。可采用 3 个等级的分级标准，如：叶片长度，可分为短(3)，中(5)和长(7)。也可采用 5 个等级的分级标准，如：果点多少，分为极少(1)，少(3)，中(5)，多(7)，和极多(9)。

假质量性状(PQ)的性状表达至少有部分是连续的，但其变化范围是多维的，所有单个表达状态要在性状描述范围内确定。假质量性状的不同表达状态是从代码“1”开始连续编号，而且经常没有上限。如：花瓣颜色，分为白色(1)，粉色(2)和红色(3)。本测试指南中共有假质量性状 23 项。

3.5 标准品种的选择

在植物新品种 DUS 测试中，标准品种是用于性状分级的参照标准、辅助判断试验可靠性的品种。通过实地调查建立山楂已知品种数据库，从中为每个性状的不同表达状态选择标准品种。标准品种要求容易获得，并且每个品种尽可能被用于多个特征，能够提供一个清楚的表达状态。本测试指南选择了 56 个标准品种，一些栽培应用广泛的品种被多次使用，如‘辽红’‘费县大绵球’和‘蒙阴大金星’等。

3.6 特异性、一致性、稳定性的判定

3.6.1 特异性判定

特异性鉴定是 DUS 的核心环节，是能否授予新品种权的重要条件。如果性状的差异满足差异恒定和差异显著，视为具有特异性。

差异恒定是指：如果待测新品种与相似品种间差异非常清楚，只需要一个生长周期的测试。在某些情况下因环境因素的影响，使待测新品种与相似品种间差异不清楚时，则至少需要两个或两个以上生长周期的测试。

质量性状、数量性状和价值量性状的差异显著有不同的判定标准。质量性状的特异性评价，要求待测新品种与相似品种只要有一个性状有差异。数量性状的特异性评价，要求待测新品种与相似品种至少有 2 个性状有差异，或者一个性状的两个代码的差异。假性质量性状的特异性评价，要求待测新品种与相似品种至少有 2 个性状有差异，或者一个性状的两个不连贯代码的差异(TG/1/3)。

3.6.2 一致性判定

一致性指经过繁殖，在可接受的变异范围内，其生物学特征及特性保持一致。一致性判断采用异型株法。根据 1% 群体标准和 95% 可靠性概率，15 株观测植株中异型株的最大允许值为 1。再者，群体性状分离较大的杂交或自交品种，其变异程度不能超过近似品种的变异程度，才能判定其一致性(TG/1/3)。

3.6.3 稳定性判定

稳定性指申请品种经过多代繁殖，其生物学特征、特性保持相对稳定。申请品种在测试中符合特异性和一致性要求，可认为该品种具备稳定性。特殊情况或存在疑问时，需要通过再次测试一个生长周期，或者由申请人提供新的测试材料，测试其是否与先前提供的测试材料表达出相同的特征，以此来判定其是否具备稳定性(TG/1/3)。

表 1 山楂属植物新品种 DUS 测试指南测状特征表

Table1 Table of characteristics of guidelines for DUS test of *Crataegus* L.

序号	测试方法	性状特征	性状特征描述	标准品种		代码
				中文名	学名	
1 PQ (*)(+)	VG (a) 图解 1	植株：树性	灌木	‘辽红’	*C. monogyna* ‘Compacta’	1
			乔木		*C. pinnatifida* var. *major* ‘Liaohong’	2
2 PQ (*)(+)	VG (a) 图解 2	植株：树姿	直立	‘伏里红’	*C. brettschnederi* ‘Fulihong’	1
			半直立	‘辽红’	*C. pinnatifida* var. *major* ‘Liaohong’	2
			开张	‘费县大绵球’	*C. pinnatifida* var. *major* ‘Feixiandamianqiu’	3
			下垂	‘垂枝山楂’	*C. nionogyna* ‘Pendula’	4
3 PQ (+)	VG (a) 图解 3	植株：冠形	半圆形	‘湖北 1 号’	*C. hupehensis* ‘Hubei－1’	1
			卵圆形	‘绛县山楂’	*C. pinnatifida* var. *major* ‘Jiangxianshanzha’	2
			椭圆形	‘左伏 1 号’	*C. brettschnederi* ‘Zuofu－1’	3
			圆形	‘792403’	*C. pinnatifida* var. *major* ‘792403’	4
			扁圆形	‘费县大绵球’	*C. pinnatifida* var. *major* ‘Feixiandamianqiu’	5
			倒卵形	‘磨盘山楂’	*C. pinnatifida* var. *major* ‘Mopanshanzha’	6

（续）

序号	测试方法	性状特征	性状特征描述	标准品种		代码
				中文名	学名	
4 QN	MG (c)	植株：株高	矮 中等 高	‘开原软籽’ ‘辽红’ ‘平邑甜红子’	*C. pinnatifida* ‘Kaiyuanruanzi’ *C. pinnatifida* var. *major* ‘Liaohong’ *C. pinnatifida* var. *major* ‘Pingyitianhongzi’	3 5 7
5 QN	MS (a)	一年生枝：长度	短 中等 长	‘粉里’ ‘辽红’ ‘磨盘山楂’	*C. pinnatifida* var. *major* ‘Fenli’ *C. pinnatifida* var. *major* ‘Liaohong’ *C. pinnatifida* var. *major* ‘Mopanshanzha’	3 5 7
6 QN	MS (a)	一年生枝：粗度	细 中等 粗	‘彰武山里红’ ‘辽红’ ‘磨盘山楂’	*C. pinnatifida* ‘Zhangwushanlihong’ *C. pinnatifida* var. *major* ‘Liaohong’ *C. pinnatifida* var. *major* ‘Mopanshanzha’	3 5 7
7 QN	MS (a)	一年生枝：节间长度	短 中等 长	‘粉里’ ‘辽红’ ‘磨盘山楂’	*C. pinnatifida* var. *major* ‘Fenli’ *C. pinnatifida* var. *major* ‘Liaohong’ *C. pinnatifida* var. *major* ‘Mopanshanzha’	3 5 7
8 PQ	VG (b)	一年生枝：颜色	灰白 黄褐 红褐 紫褐	‘寒丰’ ‘费县大绵球’ ‘磨盘山楂’ ‘白瓤绵’	*C. pinnatifida* var. *major* ‘Hanfeng’ *C. pinnatifida* var. *major* ‘Feixiandamianqiu’ *C. pinnatifida* var. *major* ‘Mopanshanzha’ *C. pinnatifida* var. *major* ‘Bairangmian’	1 2 3 4
9 PQ	VG (b)	二年生枝：颜色	灰白 黄褐	‘伏里红’ ‘兴隆紫肉’	*C. brettschnederi* ‘Fulihong’ *C. pinnatifida* var. *major* ‘Xinglongzirou’	1 2
10 QL (＊)	VG (a)	枝条：枝刺	无 有	‘辽红’ ‘化马湾山里红’	*C. pinnatifida* var. *major* ‘Liaohong’ *C. pinnatifida* ‘Huamawanshanlihong’	1 9
11 QL	VG (a)	枝条：生长类型	通直 之字形	‘辽红’ ‘彰武山里红’	*C. pinnatifida* var. *major* ‘Liaohong’ *C. pinnatifida* ‘Zhangwushanlihong’	1 9
12 QN	MS (a)	叶片：长度	短 中等 长	‘红保罗’ ‘辽红’ ‘蒙阴大金星’	*C. laevigata* ‘Paul's Scarlet’ *C. pinnatifida* var. *major* ‘Liaohong’ *C. pinnatifida* var. *major* ‘Mengyindajinxing’	3 5 7
13 QN	MS (a)	叶片：宽度	窄 中等 宽	‘红保罗’ ‘辽红’ ‘蒙阴大金星’	*C. laevigata* ‘Paul's Scarlet’ *C. pinnatifida* var. *major* ‘Liaohong’ *C. pinnatifida* var. *major* ‘Mengyindajinxing’	3 5 7
14 QN (＊)	MS (a)	叶片：叶形指数(长宽比)	小 中等 大	‘红保罗’ ‘辽红’ ‘鸡油云楂’	*C. laevigata* ‘Paul's Scarlet’ *C. pinnatifida* var. *major* ‘Liaohong’ *C. scabrifolia* ‘Jiyouyunzha’	3 5 7
15 PQ (＊)(＋)	VG (a) 图解 4	叶片：形状	卵形 广卵圆形 楔状卵形 三角状卵形 倒卵圆形 菱状卵形 长椭圆形	‘辽红’ ‘大旺’ 楔叶山楂 ‘北京灯笼红’ 陕西山楂 ‘雾灵红’ ‘鸡油云楂’	*C. pinnatifida* var. *major* ‘Liaohong’ *C. pinnatifida* var. *major* ‘Dawang’ *C. cuneata* *C. pinnatifida* var. *major* ‘Beijingdenglonghong’ *C. shensiensis* *C. pinnatifida* var. *major* ‘Wulinghong’ *C. scabrifolia* ‘Jiyouyunzha’	1 2 3 4 5 6 7
16 QN (＊)	VG (a)	叶片：叶片裂刻	无裂刻 浅裂 中裂 深裂	‘鸡油云楂’ ‘费县大绵球’ ‘辽红’ ‘秋金星’	*C. scabrifolia* ‘Jiyouyunzha’ *C. pinnatifida* var. *major* ‘Feixiandamianqiu’ *C. pinnatifida* var. *major* ‘Liaohong’ *C. pinnatifida* var. *major* ‘Qiujinxing’	1 3 5 7
17 PQ	VG (b)	叶片：颜色	淡绿 绿 浓绿 紫红	‘费县大绵球’ ‘辽红’ ‘伏里红’ —	*C. pinnatifida* var. *major* ‘Feixiandamianqiu’ *C. pinnatifida* var. *major* ‘Liaohong’ *C. brettschnederi* ‘Fulihong’ —	1 2 3 4

（续）

序号	测试方法	性状特征	性状特征描述	标准品种		代码
				中文名	学名	
18 PQ	VG (b)	叶片：幼叶颜色	淡绿	‘辽红’	*C. pinnatifida* var. *major* ‘Liaohong’	1
			淡红	‘湖北 1 号’	*C. hupehensis* ‘Hubei – 1’	2
			橙红	‘费县大绵球’	*C. pinnatifida* var. *major* ‘Feixiandamianqiu’	3
19 QN	VG (a)	叶片：光泽度	弱	‘伏里红’	*C. brettschnederi* ‘Fulihong’	3
			中	‘辽红’	*C. pinnatifida* var. *major* ‘Liaohong’	5
			强	‘费县大绵球’	*C. pinnatifida* var. *major* ‘Feixiandamianqiu’	7
20 QL	VG (a)	叶片：正面绒毛	无	‘辽红’	*C. pinnatifida* var. *major* ‘Liaohong’	1
			有	毛山楂	*C. maximowiczii*	9
21 QL	VG (a)	叶片：背面绒毛	无	‘辽红’	*C. pinnatifida* var. *major* ‘Liaohong’	1
			有	毛山楂	*C. maximowiczii*	9
22 PQ (+)	VG (a) 图解 5	叶片：叶缘锯齿	钝圆	‘红保罗’	*C. laevigata* ‘Paul’s Scarlet’	1
			粗锐	‘辽红’	*C. pinnatifida* ‘Liaohong’	2
			细锐	‘安泽大果’	*C. pinnatifida* ‘Anzedaguo’	3
			重锯齿	‘湖北 1 号’	*C. hupehensis* ‘Hubei – 1’	4
23 PQ (+)	VG (a) 图解 6	叶片：叶基形状	截形	‘北京灯笼红’	*C. pinnatifida* var. *major* ‘Beijingdenglonghong’	1
			近圆形	‘伏里红’	*C. brettschnederi* ‘Fulihong’	2
			宽楔形	‘辽红’	*C. pinnatifida* var. *major* ‘Liaohong’	3
			楔形	‘黄果’	*C. pinnatifida* var. *major* ‘Huangguo’	4
			楔形下沿	楔叶山楂	*C. cuneate*	5
			心形	华盛顿山楂	*C. phaenopyrum*	6
24 QN (*)	MS (a)	叶柄：长度	短	‘吉伏 2 号’	*C. brettschnederi* ‘Jifu – 2’	3
			中	‘秋金星’	*C. pinnatifida* var. *major* ‘Qiujinxing’	5
			长	‘蒙阴大金星’	*C. pinnatifida* var. *major* ‘Mengyindajinxing’	7
25 PQ	VG (a)	托叶：形状	阔镰刀形	‘益都敞口’	*C. pinnatifida* var. *major* ‘Yiduchangkou’	1
			窄镰刀形	‘辽红’	*C. pinnatifida* var. *major* ‘Liaohong’	2
26 QL (+)	VG (a) 图解 7	花：花序类型	单花或少花花序	欧楂	*C. mespilus*	1
			伞形花序	—	—	3
			伞房花序	—	—	5
			复伞房花序	阿尔泰山楂	*C. altaica*	7
			多副花序	‘秋金星’	*C. pinnatifida* var. *major* ‘Qiujinxing’	9
27 QL	VG (a)	花：副花序	有	‘辽红’	*C. pinnatifida* var. *major* ‘Liaohong’	1
			无	楔叶山楂	*C. cuneate*	9
28 QN	MS (d)	花：每花序花朵数	极少	欧楂	*C. mespilus*	1
			少	‘山西田生’	*C. pinnatifida* var. *major* ‘Shanxitiansheng’	3
			中	‘辽红’	*C. pinnatifida* var. *major* ‘Liaohong’	5
			多	‘开原软籽’	*C. pinnatifida* ‘Kaiyuanruanzi’	7
			极多	阿尔泰山楂	*C. altaica*	9
29 QL (*)(+)	VG (a) 图解 8	花：花瓣类型	单瓣	‘辽红’	*C. pinnatifida* var. *major* ‘Liaohong’	1
			重瓣	‘红保罗’	*C. laevigata* ‘Paul’s Scarlet’	9
30 QN (+)	VG (e) 图解 9	花：花瓣相对位置	分离	‘辽红’	*C. pinnatifida* var. *major* ‘Liaohong’	3
			接触	‘伏里红’	*C. brettschnederi* ‘Fulihong’	5
			重叠	‘歪把红’	*C. pinnatifida* var. *major* ‘Waibahong’	7
31 QN	MS (f)	花：花径	小	‘开原软籽’	*C. pinnatifida* ‘Kaiyuanruanzi’	3
			中	‘辽红’	*C. pinnatifida* var. *major* ‘Liaohong’	5
			大	‘磨盘山楂’	*C. pinnatifida* var. *major* ‘Mopanshanzha’	7

（续）

序号	测试方法	性状特征	性状特征描述	标准品种 中文名	标准品种 学名	代码
32 PQ （+）	VG （a） 图解 10	花：花瓣形状	圆形	‘辽红’	*C. pinnatifida* var. *major* ‘Liaohong’	1
			卵圆形	‘徐州大货’	*C. pinnatifida* var. *major* ‘Xuzhoudahuo’	2
			椭圆形	—	—	3
33 PQ （*）	VG （b）	花：花瓣颜色	白色	‘辽红’	*C. pinnatifida* var. *major* ‘Liaohong’	1
			粉色	‘重瓣玫粉色山楂’	*C. laevigata* ‘Rosea Flore Pleno’	2
			红色	‘红保罗’	*C. laevigata* ‘Paul’s Scarlet’	3
34 PQ	VG （b）	花：花药颜色	白色	‘彰武山里红’	*C. pinnatifida* ‘Zhangwushanlihong’	1
			黄色	‘北京灯笼红’	*C. pinnatifida* var. *major* ‘Beijingdenglonghong’	2
			粉红色	‘辽红’	*C. pinnatifida* var. *major* ‘Liaohong’	3
			紫红色	‘秋金星’	*C. pinnatifida* var. *major* ‘Qiujinxing’	4
35 QL （+）	VG （a） 图解 11	花：花蕾中心孔	无	‘辽红’	*C. pinnatifida* var. *major* ‘Liaohong’	1
			有	‘红保罗’	*C. laevigata* ‘Paul’s Scarlet’	2
36 QL	VG （a）	花：花梗绒毛	无	‘秋金星’	*C. pinnatifida* var. *major* ‘Qiujinxing’	1
			有	‘辽红’	*C. pinnatifida* var. *major* ‘Liaohong’	9
37 QN （*）	MS （a）	花：花梗长度	短	‘蒙阴大金星’	*C. pinnatifida* var. *major* ‘Mengyindajinxing’	3
			中	‘辽红’	*C. pinnatifida* var. *major* ‘Liaohong’	5
			长	‘秋金星’	*C. pinnatifida* var. *major* ‘Qiujinxing’	7
38 QN	MS （g）	果实：每花序坐果数	少	欧楂	*C. mespilus*	3
			中	‘辽红’	*C. pinnatifida* var. *major* ‘Liaohong’	5
			多	‘湖北 2 号’	*C. hupehensis* ‘Hubei－2’	7
39 QN	MS （a）	果实：横径	短	‘开原软籽’	*C. pinnatifida* ‘Kaiyuanruanzi’	3
			中等	‘辽红’	*C. pinnatifida* var. *major* ‘Liaohong’	5
			长	‘益都敞口’	*C. pinnatifida* var. *major* ‘Yiduchangkou’	7
40 QN	MS （a）	果实：纵径	窄	‘湖北 2 号’	*C. hupehensis* ‘Hubei-2’	3
			中等	‘辽红’	*C. pinnatifida* var. *major* ‘Liaohong’	5
			宽	‘蒙阴大金星’	*C. pinnatifida* var. *major* ‘Mengyindajinxing’	7
41 QN （*）	MS （a）	果实：果形指数（纵横比）	小	‘费县大绵球’	*C. pinnatifida* var. *major* ‘Feixiandamianqiu’	3
			中	‘辽红’	*C. pinnatifida* var. *major* ‘Liaohong’	5
			大	‘法库实生山楂’	*C. pinnatifida* ‘Fakushishengshanzha’	7
42 QN	VG （a）	果实：大小	极小	‘开原软籽’	*C. pinnatifida* ‘Kaiyuanruanzi’	1
			小	‘湖北 2 号’	*C. hupehensis* ‘Hubei－2’	3
			中	‘辽红’	*C. pinnatifida* var. *major* ‘Liaohong’	5
			大	‘费县大绵球’	*C. pinnatifida* var. *major* ‘Feixiandamianqiu’	7
			极大	‘蒙阴大金星’	*C. pinnatifida* var. *major* ‘Mengyindajinxing’	9
43 PQ （+）	VG （a） 图解 12	果实：形状	近圆形	‘金星’	*C. pinnatifida* var. *major* ‘Jinxing’	1
			扁圆形	‘益都敞口’	*C. pinnatifida* var. *major* ‘Yiduchangkou’	2
			卵圆形	‘大旺’	*C. pinnatifida* var. *major* ‘Dawang’	3
			倒卵圆形	‘寒露红’	*C. pinnatifida* var. *major* ‘Hanluhong’	4
			椭圆形	‘法库实生山楂’	*C. pinnatifida* ‘Fakushishengshanzha’	5
			近方形	‘银冶岭 1 号’	*C. pinnatifida* var. *major* ‘Yinyeling-1’	6
44 PQ （*）	VG （b）	果实：果皮颜色	黄色	‘黄果’	*C. pinnatifida* var. *major* ‘Huangguo’	1
			橙红色	‘费县大绵球’	*C. pinnatifida* var. *major* ‘Feixiandamianqiu’	2
			红色	‘辽红’	*C. pinnatifida* var. *major* ‘Liaohong’	3
			紫色	准噶尔山楂	*C. songarica*	4
			黑色	‘黑果绿肉’	*C. chlorosarca* ‘Heiguolvrou’	5

（续）

序号	测试方法	性状特征	性状特征描述	标准品种 中文名	标准品种 学名	代码
45 QN	VG (a)	果实：果点大小	小	‘吉伏2号’	*C. brettschnederi* ‘Jifu－2’	3
			中	‘燕瓤青’	*C. pinnatifida* var. *major* ‘Yanrangqing’	5
			大	‘秋金星’	*C. pinnatifida* var. *major* ‘Qiujinxing’	7
46 QN (＊)	MS (h)	果实：果点多少	极少	甘肃山楂	*C. kansuensis*	1
			少	‘双红’	*C. pinnatifida* var. *major* ‘Shuanghong’	3
			中	‘辽红’	*C. pinnatifida* var. *major* ‘Liaohong’	5
			多	‘蒙阴大金星’	*C. pinnatifida* var. *major* ‘Mengyindajinxing’	7
			极多	‘冯水山楂’	*C. pinnatifida* var. *major* ‘Fengshuishanzha’	9
47 PQ	VG (b)	果实：果点颜色	灰白	‘伏里红’	*C. brettschnederi* ‘Fulihong’	1
			金黄	‘辽红’	*C. pinnatifida* var. *major* ‘Liaohong’	2
			黄褐	‘蒙阴大金星’	*C. pinnatifida* var. *major* ‘Mengyindajinxing’	3
48 QL (＊)	VG (a)	果实：果面光泽	有	‘辽红’	*C. pinnatifida* var. *major* ‘Liaohong’	1
			无	—	—	9
49 QN	VG (i)	果实：表面纹理	光滑或稍粗糙	‘湖北1号’	*C. hupehensis* ‘Hubei－1’	3
			中等	‘辽红’	*C. pinnatifida* var. *major* ‘Liaohong’	5
			粗糙	‘蒙阴大金星’	*C. pinnatifida* var. *major* ‘Mengyindajinxing’	7
50 QL (＋)	VG (a) 图解13	果实：梗基形状	平滑	‘湖北1号’	*C. hupehensis* ‘Hubei-1’	3
			一侧瘤起	‘歪把红’	*C. pinnatifida* var. *major* ‘Waibahong’	5
			肉质膨大	‘平邑伏红子’	*C. pinnatifida* var. *major* ‘Pingyifuhongzi’	7
51 PQ (＋)	VG (a) 图解14	果实：梗洼形状	广浅	‘辽红’	*C. pinnatifida* var. *major* ‘Liaohong’	3
			平展	‘开原软籽’	*C. pinnatifida* ‘Kaiyuanruanzi’	5
			隆起	‘平邑伏红子’	*C. pinnatifida* var. *major* ‘Pingyifuhongzi’	7
52 QL (＋)	VG (a) 图解15	果实：萼洼	闭	‘秋金星’	*C. pinnatifida* var. *major* ‘Qiujinxing’	1
			开	‘益都敞口’	*C. pinnatifida* var. *major* ‘Yiduchangkou’	9
53 PQ (＋)	VG (a) 图解16	果实：萼筒形状	漏斗形	‘益都敞口’	*C. pinnatifida* var. *major* ‘Yiduchangkou’	1
			近圆形	‘磨盘山楂’	*C. pinnatifida* var. *major* ‘Mopanshanzha’	2
			圆锥形	‘辽红’	*C. pinnatifida* var. *major* ‘Liaohong’	3
			U形	‘鸡油云楂’	*C. scabrifolia* ‘Jiyouyunzha’	4
54 PQ (＋)	VG (a) 图解17	萼片：形状	三角形	‘湖北1号’	*C. hupehensis* ‘Hubei－1’	3
			披针形	‘开原软籽’	*C. pinnatifida* ‘Kaiyuanruanzi’	5
			舌形	‘大白果’	*C. scabrifolia* ‘Dabaiguo’	7
55 QN (＋)	VG (a) 图解18	萼片：姿态	开张直立	‘792403’	*C. pinnatifida* var. *major* ‘792403’	1
			开张平展	‘湖北1号’	*C. hupehensis* ‘Hubei－1’	3
			开张反卷	‘辽红’	*C. pinnatifida* var. *major* ‘Liaohong’	5
			聚合	‘秋金星’	*C. pinnatifida* var. *major* ‘Qiujinxing’	7
			聚合萼尖反卷	‘徐州大货’	*C. pinnatifida* var. *major* ‘Xuzhoudahuo’	9
56 PQ	MG (a)	果实：风味	甜	‘湖北1号’	*C. hupehensis* ‘Hubei－1’	1
			酸甜	‘秋金星’	*C. pinnatifida* var. *major* ‘Qiujinxing’	2
			酸	‘磨盘山楂’	*C. pinnatifida* var. *major* ‘Mopanshanzha’	3
			苦	‘丰收红’	*C. pinnatifida* var. *major* ‘Fengshouhong’	4
57 PQ	MG (a)	果实：果肉质地	面	‘小黄面楂’	*C. pinnatifida* var. *major* ‘Xiaohuangmianzha’	1
			软	‘湖北1号’	*C. hupehensis* ‘Hubei－1’	2
			致密	‘辽红’	*C. pinnatifida* var. *major* ‘Liaohong’	3
			硬	‘甜香玉’	*C. pinnatifida* var. *major* ‘Tianxiangyu’	4

（续）

序号	测试方法	性状特征	性状特征描述	标准品种		代码
				中文名	学名	
58 PQ	VG （a）	果实：果肉颜色	绿色	‘黑果绿肉’	*C. chlorosarca* ‘Heiguolvrou’	1
			白色	‘大白果’	*C. scabrifolia* ‘Dabaiguo’	2
			黄色	‘小黄面楂’	*C. pinnatifida* var. *major* ‘Xiaohuangmianzha’	3
			粉色	‘辽红’	*C. pinnatifida* var. *major* ‘Liaohong’	4
			红色	‘秋金星’	*C. pinnatifida* var. *major* ‘Qiujinxing’	5
			紫色	‘兴隆紫肉’	*C. pinnatifida* var. *major* ‘Xinglongzirou’	6
59 QN	MS （a）	种核：长度	短	‘开原软籽’	*C. pinnatifida* ‘Kaiyuanruanzi’	3
			中等	‘辽红’	*C. pinnatifida* var. *major* ‘Liaohong’	5
			长	‘蒙阴大金星’	*C. pinnatifida* var. *major* ‘Mengyindajinxing’	7
60 QN	MS （a）	种核：宽度	窄	‘开原软籽’	*C. pinnatifida* ‘Kaiyuanruanzi’	3
			中等	‘辽红’	*C. pinnatifida* var. *major* ‘Liaohong’	5
			宽	‘费县大绵球’	*C. pinnatifida* var. *major* ‘Feixiandamianqiu’	7
61 QN （*）	MS （a）	种核：宽长比	小	‘徐州大货’	*C. pinnatifida* var. *major* ‘Xuzhoudahuo’	3
			中	‘辽红’	*C. pinnatifida* var. *major* ‘Liaohong’	5
			大	‘湖北 1 号’	*C. hupehensis* ‘Hubei－1’	7
62 QN	MS （a）	种核：数量	少	单子山楂	*C. monogyna*	3
			中	‘红保罗’	*C. laevigata* ‘Paul’s Scarlet’	5
			多	‘辽红’	*C. pinnatifida* ‘Liaohong’	7
63 QL	VG （a）	种核：木质化程度	质软	‘开原软籽’	*C. pinnatifida* ‘Kaiyuanruanzi’	1
			坚硬	‘辽红’	*C. pinnatifida* var. *major* ‘Liaohong’	9
64 QN	VG （j）	物候期：盛花期	早	‘伏里红’	*C. brettschnederi* ‘Fulihong’	3
			中	‘辽红’	*C. pinnatifida* var. *major* ‘Liaohong’	5
			晚	‘东陵青口’	*C. pinnatifida* var. *major* ‘Donglingqingkou’	7
65 QN	VG （k）	物候期：果实成熟期	早	‘伏里红’	*C. brettschnederi* ‘Fulihong’	3
			中	‘秋金星’	*C. pinnatifida* var. *major* ‘Qiujinxing’	5
			晚	‘蒙阴大金星’	*C. pinnatifida* var. *major* ‘Mengyindajinxing’	7

4 结论与展望

通过两个生长期的观测，以大量实际观察与测量的数据为依据，利用统计学方法，对测试性状及性状表达状态进行了科学的选择和分级，最终完成了山楂属植物新品种 DUS 测试指南的制定。本测试指南，以 6 个特征性状作为分组性状，15 个重要性状作为必测性状，65 个基本性状作为测试性状，56 个常见品种作为标准品种。它的建立，既有利于育种者和测试者快速、准确地记录新品种的信息；又利于审批机构对新品种特异性、一致性、稳定性的审查，从而促进新品种的选育和新品种保护制度的完善。

近年来，我国的植物新品种 DUS 测试指南的研制取得了重要进展，但是与 UPOV 公布的 315 种 DUS 测试指南相比仍存在一定的差距，与 UPOV 测试指南的全面接轨还面临着艰巨的任务。借鉴 UPOV 及其他成员国已经使用的测试指南，加快研制真正适合我国新品种保护的 DUS 测试指南，对已经建立的指南及时进行修订，从而为 DUS 测试提供有效的技术指导。同时，我国应加速已知品种的植物学性状数据库的构建。通过已知品种数据库，可以较容易地筛选出申请品种的近似品种，为 DUS 测试审查提供可靠的依据。此外，DNA 分子标记技术已在品种鉴定和处理品种权侵权纠纷中得到了应用，将 DNA 指纹图谱数据库、分子身份证等技术引入测试指南是 DUS 测试发展的新趋势。

参考文献

1. 赵焕谆，丰宝田．1996. 中国果树志·山楂卷[M]. 北京：中国林业出版社．
2. 董文轩．2015. 中国果树科学与实践·山楂[M]. 西安：陕西科学技术出版社．
3. 戴思兰．2006. 园林植物育种学[M]. 北京：中国林业出版社．

4. 杨果. 2008. 梅花新品种 DUS 测试指南制定及已知品种数据库建立的研究[D]. 北京林业大学.
5. 范丽琨，吕英民，张启翔. 2008. 蜡梅 DUS 测试性状的选择和测试指南的初步制定[C]. 中国园艺学会观赏园艺专业委员会 2008 年学术年会论文集.
6. 于君. 2008. 榆叶梅新品种 DUS 测试指南及已知品种数据库的研究[D]. 北京林业大学.
7. 田苗. 2008. 我国紫薇新品种 DUS 测试指南及已知品种数据库的研究[D]. 北京林业大学.
8. 俞德浚. 1979. 中国果树分类学[M]. 北京：中国农业出版社.
9. 张肖娟，孙振元. 2011. 植物新品种保护与 DUS 测试的发展现状[J]. 林业科学研究，24(2)：247 - 252.
10. TG/1. 2002. General introduction to the Examination of Distinctness, Uniformity and Stability and the Development of Harmonized Descriptions of New Varieties of Plant. Geneva, Switzerland: UPOV.
11. TGP/9. 2004. Examining Distinctness. Geneva, Switzerland: UPOV.
12. TGP/10. 2004. Examining Uniformity. Geneva, Switzerland: UPOV.
13. TGP/11. 2004. Examining Stability. Geneva, Switzerland: UPOV.
14. GB/T 19557. 1. 2004. 植物新品种特异性、一致性和稳定性测试指南总则[M]. 北京：中国标准出版社.
15. 吕德国，李作轩，等. 2006. 山楂种质资源描述规范和数据标准[M]. 北京：中国农业出版社.
16. TG/239/1. 2008. Guidelines for the Conduct of Tests for Distinctness, Uniformity and Stability *Crataegus* L. Geneva, Switzerland: UPOV.
17. 王彦荣，崔野韩，南志标，等. 2002. 植物新品种测试指南中的性状选择与标样品种确定[J]. 草业科学，19(2)：44 - 47.
18. 陈和明，朱根发，吕复兵，等. 2014. 蝴蝶兰新品种 DUS 测试指南的研制[J]. 中国农学通报，30：182 - 185(10)：182 - 185.
19. 付俊秋，胡东燕. 2009. 观赏桃花新品种 DUS 测试指南研究[C]. 中国观赏园艺研究进展，2009.
20. 杨果，李彦，吕英民，等. 2010. 梅花新品种 DUS 测试指南的制定[J]. 北京林业大学学报，32(2)：52 - 59.
21. TG/1/3. 2002. International Union For The Protection Of New Varieties Of Plants. Geneva, Switzerland: UPOV.

女贞属植物新品种 DUS 测试指南研制*

李晓鹏　吕英民　董　丽①
（花卉种质创新与分子育种北京市重点实验室，国家花卉工程技术研究中心，
城乡生态环境北京实验室，园林学院，北京林业大学，北京 100083）

摘要　女贞属植物是园林中重要的绿化树种，近年来成为国内外育种的热点之一。DUS 测试指南作为植物新品种授予与保护的技术基础和科学依据，作用十分重要。而目前《国际植物新品种保护公约》中尚未有女贞属的 DUS 测试指南，为其新品种的研发和保护工作造成了不便。因此，在对国内外女贞品种文献资料进行搜集之上，本研究全面搜寻了我国园林中的 36 个女贞属植物种及品种，对这些种、品种的 107 个性状进行了长年的测试调查，同时搜集了 31 个未引种的国外品种，利用统计学方法、通过深入分析，最终确定了 DUS 测试指南中的测试性状 51 个，标准品种 29 个，并对每个测试性状进行了科学的分级、确定了每个表达状态的代码、规定了每个性状的测试方法，最终完成了适用于我国的女贞属 DUS 测试指南的制定和编写。

关键词　女贞属；DUS 测试指南；测试性状；标准品种

Guideline for the Tests of DUS for New Varieties of Genus *Ligustrum*

LI Xiao-peng　LÜ Ying-min　DONG Li
(Beijing Key Laboratory of Ornamental Plants Germplasm Innovation & Molecular Breeding, National Engineering Research Center for Floriculture, Beijing Laboratory of Urban and Rural Ecological Environment and College of Landscape Architecture, Beijing Forestry University, Beijing 100083)

Abstract　*Ligustrum* plants are important landscape greening tree species, which have become a hot topic in breeding at home and abroad in recent years. DUS test guidelines as a new plant variety protection and granted technical and scientific basis, plays a very important role. While there's no test guidelines of Ligustrum in《International Convention for the Protection of New Varieties of Plants》at present, causing inconvenience for the development and protection of the new varieties. Therefore, on the basis of studying on literature of domestic and foreign privet species, this study comprehensive collected 36 privet genus and species in country gardens, and 106 traits of these species and varieties were tested for many years survey. At the same time, 31 foreign varieties were also collected. Using statistical methods, through in-depth analysis, 49 test characteristics and 29 example varieties were finally determined for the DUS test guidelines. Each test characteristics was scientific classificated, the code of each expression were determined, and test method for each characteristics were provided as well. Eventually, the formulation and preparation of DUS test guidelines for new varieties of genus *Ligustrum* which will apply in China was completed.

Key words　*Ligustrum* L.; Guideline for DUS test; Test characteristic; Example varieties

植物新品种测试是指对申请保护新品种的特异性（distinctness）、一致性（uniformity）和稳定性（stability）（简称 DUS）进行栽培鉴定试验以及室内分析，从而判断该品种是否能被授予新品种权并获得法律保护的过程。DUS 测试指南是开展新品种测试的技术手册，是植物新品种审批授权的必需（荀守华 等，2013）。自 1999 年我国加入国际新品种保护联盟（简称 UPOV）以来，我国观赏植物属（种）的 DUS 测试指南编制工作已取得了阶段性的成果，据统计，在我国农业部和国家林业局的主持下，目前已完成了 100 多个植物新品种 DUS 测试指南的编写，包括丁香属（*Syringa*）、杜鹃花属（*Rhododendron*）、柳属（*Salix*）、核桃属（*Juglans*）、一品红（*Euphorbia pulcherrima*）、梅花（*Prunus mume*）、榆叶梅（*Prunus triloba*）、紫薇（*La-*

* 基金项目：林业行业标准制修订项目（2014-LY-028）、北京市共建项目专项资助（Special Fund for Beijing Common Construction Project）。
作者简介：李晓鹏，在读研究生。主要研究方向：园林植物应用。
① 通讯作者。董丽，教授，博士生导师。主要研究方向：园林植物生态与应用。Email：Dongli@bjfu.edu.cn。

gerstroemia indica)等[2]，但由于起步较晚，植物新品种保护名录中尚缺乏很多观赏植物的 DUS 测试指南（臧德奎 等，2011）。

女贞属(*Ligustrum*)是由 Linnaeus 于 1753 年建立，从当时仅发现的分布在欧洲的种 *Ligustrum vulgare* 经过不断研究探索到现在已发现更多的分类群，尤其是作为分布中心的中国，在《中国植物志》出版之后，属的组成逐渐明朗，目前全世界比较确定的种有 37 种(秦祥堃，2009)。女贞属植物可分为两类：高 3～15m 的小乔木和高 1～3m 的灌木，常绿或半常绿，已逐渐成为园林中重要的花灌木、绿篱植物和开花乔木，其栽培品种在苗木市场上颇受欢迎，近年来是国内外育种的热点之一。目前关于女贞属植物的研究相对较少，集中在个别种及品种栽培习性和生理特性的研究(张德舜 等，1994；王丽霞 等，2008；刘辉 & 张钢，2008；Gajic G *et al.*，2009；张立才 等，2010；郝明灼 等，2011；)、种质资源遗传多样性的研究(郑道君等，2008；梁远发 等，2008)，而植物品种分类学研究几乎未见报道，尤其是目前 UPOV 中尚无女贞属的 DUS 测试指南，为其新品种的登录和保护工作带来了不便。因此，通过搜集国内外已知品种、深入分析其形态特征，本研究研制了我国的女贞属植物新品种 DUS 测试指南，以期为我国植物新品种登录给予指导并为 UPOV 其他成员国女贞属测试指南的制订提供参考。

1 材料与方法

1.1 研究材料

Cultivars of woody plants 中记载了欧洲女贞、卵叶女贞、日本女贞等品种多达 130 个(Laurence C，2008)，如已经引入我国的品种‘得克萨’日本女贞(*L. japonicum* ‘Texanum’)、‘得克萨花叶’日本女贞(*L. japonicum* ‘Texan Variegata’)、‘金边’卵叶女贞(*L. ovalifolium* ‘Aureum’)、‘柠檬’卵叶女贞(*L. ovalifolium* ‘Lemon and Lime’)‘圆叶’日本女贞(*L. japonicum* ‘Rotundifolium’)、‘洛登’欧洲女贞(*L. vulgare* ‘Lodense’)等，我国部分植物园有栽培；尚未引入的品种如 *L. japonicum* ‘East Bay’、*L. japonicum* ‘Recurvifolium’、*L. lucidum* ‘Golden Wax’等。国内的女贞属品种近年来也较为丰富，各大花木公司苗圃有引种一些国外的品种并自主培育了部分优良新品种，如‘金森’女贞(*L japonicum* ‘Howardii’)、‘银姬’小蜡(*L sinense* ‘Variegatum’)等；此外，我国育种人也熟练掌握了女贞属的育种环节，自主培育出了多个品种，如‘金冠贞’小叶女贞(*L quihoui* ‘JinGuanZhen’)、‘花冠贞’小叶女贞(*L quihoui* ‘HuaGuanZhen’)等。

通过对国外文献记载以及国内园林中女贞属植物的调研和搜集，确定了本研究的国内植物材料 36 种，测试地点为北京林业大学校园、北京尚美苗木苗圃、浙江虹越花卉海宁苗圃基地、浙江森禾园艺苗圃、杭州植物园、绍兴潘常智苗圃、上海辰山植物园、沈阳宋氏苗圃等园圃地。未引进的国外植物材料 31 种，见表 1、表 2。

表 1 国内女贞属植物新品种 DUS 测试指南研究材料

Table1 Research materials of domestic cultivars for *Ligustrum* DUS test guidelines

序号	种、变种	变型、无性系和品种	拉丁名
1	女贞		*Ligustrum lucidum*
2		‘三色’女贞	*Ligustrum lucidum*‘Tricolor’
3		‘大叶花叶’女贞	*Ligustrum lucidum*‘Excelsum Superbum’
4	日本女贞		*Ligustrum japonicum*
5		‘金森’女贞	*Ligustrum japonicum*‘Howardii’
6		‘银森’女贞	*Ligustrum japonicum*‘Yinsen’
7		花叶女贞‘银霜’	*Ligustrum japonicum*‘Jack Frost’
8		‘德克萨’日本女贞	*Ligustrum japonicum*‘Texanum’
9		‘德克萨花叶’日本女贞	*Ligustrum japonicum*‘Texanum Variegata’
10		‘圆叶’日本女贞	*Ligustrum japonicum* ‘Rotundifolium’
11	小蜡		*Ligustrum sinense*
12		‘金姬’小蜡	*Ligustrum sinense*‘Ovalifolia’
13		‘银姬’小蜡	*Ligustrum sinense*‘Variegatum’
14		金叶女贞	*Ligustrum* × *Vicaryi*

（续）

序号	种、变种	变型、无性系和品种	拉丁名
15		金禾女贞	
16	小叶女贞		*Ligustrum quihoui*
17		‘金冠贞’小叶女贞	*Ligustrum quihoui*‘JinGaunZhen’
18		‘花冠贞’小叶女贞	*Ligustrum quihoui*‘HuaGaunZhen’
19		‘黄金贞’小叶女贞	*Ligustrum quihoui*‘JHuangJinZhen’
20		‘金枝贞’小叶女贞	*Ligustrum quihoui*‘JinZhiZhen’
21		‘红叶’女贞	*Ligustrum quihoui*‘Atropurea’
22		‘金边’卵叶女贞	*Ligustrum ovalifolium*‘Aureum’
23		‘银白’卵叶女贞	*Ligustrum ovalifolium*‘Argenteum’
24		‘柠檬’卵叶女贞	*Ligustrum ovalifolium*‘Lemon and Lime’
25		‘路灯斯’欧洲女贞	*Ligustrum vulgare*‘Lodeose’
26		‘夏安’欧洲女贞	*Ligustrum vulgare*‘Cheyenne’
27		‘墨绿’欧洲女贞	*Ligustrum vulgare*‘Atrovirens’
28		‘洛登’欧洲女贞	*Ligustrum vulgare*‘Lodense’
29	水蜡		*Ligustrum obtusifolium*
30		‘金叶’水蜡	
31		‘紫叶’水蜡	
32	华女贞		*Ligustrum lianum*
33	丽叶女贞		*Ligustrum henryi*
34	蜡子树		*Ligustrum leucanthum*
35	倒卵叶女贞		*Ligustrum obovatilimbum*
36	细女贞		*Ligustrum gracile*

表 2 未引进的国外女贞属植物材料

Table2 Research materials of non-introduced *Ligustrum* cultivars

序号	变种、品种名	序号	变种、品种名
1	*Ligustrum lucidum* ‘Alivonii’	17	*Ligustrum tschonoskii*‘Glimmer’
2	*Ligustrum lucidum*‘Golden Wax’	18	*Ligustrum obtusifolium*‘Constitution’
3	*Ligustrum lucidum* ‘Marble Magic’	19	*Ligustrum obtusifolium* var. *regelianum*
4	*Ligustrum lucidum*‘West Hatch Glory’	20	*Ligustrum ovalifolium* ‘Argenteum’
5	*Ligustrum japonicum* ‘East Bay’	21	*Ligustrum ovalifolium*‘Little Gold Star’
6	*Ligustrum japonicum*‘Recurvifolium’	22	*Ligustrum ovalifolium*‘Tricolor’
7	*Ligustrum japonicum* ‘Gold Spot’	23	*Ligustrum vulgare*‘Buxifolium’
8	*Ligustrum japonicum*‘Green Meatball’	24	*Ligustrum vulgare*‘Densiflorum’
9	*Ligustrum japonicum*‘Koryu’	25	*Ligustrum vulgare*‘Glaucum’
10	*Ligustrum japonicum* ‘Revolutum’	26	*Ligustrum vulgare* ‘Insulense’
11	*Ligustrum japonicum*‘Rotundifolium Albomarginatum’	27	*Ligustrum vulgare*‘Laurifolium’
12	*Ligustrum japonicum* ‘Silver Curls’	28	*Ligustrum vulgare*‘Pyramidale’
13	*Ligustrum japonicum*‘Suwanee River’	29	*Ligustrum vulgare*‘Xanthocarpum’
14	*Ligustrum sinense*‘Emerald Mop’	30	*Ligustrum* × *ibolium*‘Grey Pearl’
15	*Ligustrum sinensis*‘Sunshine’	31	*Ligustrum* × *ibolium*‘Midas’
16	*Ligustrum sinense*‘Variegatum’		

1.2 研制原则

以女贞属植物的生物学特征为依据，严格按照UPOV 的规定，针对测试材料的要求、测试方法等逐项进行说明。在 UPOV 相关测试指南技术文件的基础之上，以 General introduction to the examination of distinctness, uniformity and stability and the development of harmonized descriptions of new varieties of plants(TG/1)总则(UPOV, 2002)和我国的《植物新品种特异性、一致性和稳定性测试指南:总则》(王汝锋 等, 2004)为指导,进行女贞属植物新品种 DUS 测试指南的研制。

1.3 研制方法

通过文献查询法,借助《中国植物志》、园林植物相关书籍(张美珍等, 1992;刘与明 & 黄全能, 2011),明确女贞属植物的基本形态特征以及已知的需要调研的植物品种(包括国内引种栽培和自主培育的女贞属种、变种、变型、无性系和品种),进行长年跟踪测试。采用目测、计数和测量的方法,对所有种及品种的株高、株型、枝干、叶片、花序及果实的106个形态性状进行了逐项测试和记录,并为每个种类的每个性状拍摄照片,个别性状采集标本。利用 Excel 及 SPSS 等统计软件对所有品种数据进行分析和筛选,确定最终的测试性状和性状分级。

2 研究结果及指南的制定

2.1 测试性状的选择及类型

DUS 测试性状的筛选是指南的核心部分,也是判别品种是否具备特异性、一致性和稳定性的主要依据(杜淑辉 等, 2010)。选用的性状在满足总则要求基础上,对国内已知品种的107个性状的数据以及搜集到的未引种的国外品种性状描述信息运用统计方法进行了详细的分析,最终筛选出差异较明显的性状51个(表3第3列)。包括植株性状4个、枝干性状5个、叶片性状18个、花的性状19个、果实性状4个、抗性性状1个,其中10个为质量性状(QL)、19个为数量性状(QN)、22个为假质量性状(PQ)。

2.2 性状分级及代码的确定

质量性状用"否、是"或"无、有"、"内藏、伸出"等表达;18个数量性状中,通过测量得到的数据根据 SPSS 系统聚类结果,按以下标准分级。待测新品种的株高:很矮(≤1m)、矮(1~2m)、中等(2~3m)、高(3~5m)、很高(≥5m);叶片长度:短(≤5cm)、中(5~8cm)、长(≥8cm);叶片宽度:窄(≤1.6cm)、中(1.6~4cm)、宽(≥4cm);待测新品种的叶柄长度:短(≤4mm)、中(4~12mm)、长(≥12mm);花序长度:短(≤6cm)、中(6~10cm)、长(≥10cm);花梗长度:短(≤1.4mm)、中(1.4~2.0mm)、长(≥2.0mm);花冠直径:小(≤4.5mm)、中(4.5~7.0mm)、大(≥7.0mm);裂片长度:短(≤2.5mm)、中(2.5~4.0mm)、长(≥4.0mm);花冠筒长度:短(≤3mm)、中(3~5mm)、长(≥5mm);果实长度:短(≤7mm)、中(7~8mm)、长(≥8mm);果实数量以每花序坐果数计算:无(=0个)、少(1~30个)、中(30~90个)、多(≥90个)。假质量性状用"灰白、灰绿、灰褐、橙黄""圆形、卵圆形、不规则"等表达描述。见表3第4列。

为便于描述和使用,对测试指南中的每个性状的表达状态确定了1个数字代码,对于质量性状用"1、9"对应"无、有",数量性状用"1、3、5、7、9"或"1、2、3……"表示相应的性状特征,假质量性状从"1"开始连续编号(表3第7列)。

2.3 标准品种的选取

在 DUS 测试中,标准品种是用于性状分级的参照标准和辅助判断试验是否可靠的品种[1]。通过实地调查建立已知品种数据库,从而为每个性状选择标准品种。标准品种要求可以自由广泛的获得,并且每个品种尽可能被用于多个特征,能够提供一个清楚的表达状态。遵循这些原则,本测试指南从已知品种数据库中,为184个表达状态选择了29个标准品种,多个品种被多次使用(表3第5列)。

2.4 品种分组性状

测试品种需进行分组以便于评估特异性,适合于分组的性状应在一个品种内不变异或变异极小,且不同的性状描述明显地、均匀地分布在已知品种中(杨果 等, 2010)。参考准则要求,女贞属 DUS 测试指南的分组性状确定为以下4个:①植株:生长习性(表3性状特征序号1);②叶片:夏季混色类型(表3性状特征序号21);③叶片:夏季颜色(表3性状特征序号23);④花冠筒:与裂片长度比(表3性状特征序号40)。

2.5 星号性状和加号性状

星号性状为必测性状,是实现测试指南品种描述国际统一、所有 UPOV 成员国制定指南时都应纳入的重要性状。由于目前尚未有女贞属的 DUS 测试指南,因此在深入分析国内外女贞属植物的性状特征、借鉴已有的其他属植物测试指南基础之上,本研究最终确定了包括植株株高、叶片大小等10个星号性状。加号性状是具有图解或说明的性状,本测试指南采用线描图和实物照片两种方式对28个性状进行了图解说明(表3第9列)。

2.6 测试方法

提交的测试材料应是通过无性繁殖的3～5年生无病虫害感染、生长正常的植株，数量不得少于12株。在符合条件的情况下，至少测试一个生长周期，每个测试在12株植株的基础上，待测新品种应与标准品种和相似品种种植在相同地点和环境条件下，设置3个重复，每个重复4株。所有的观测必须针对12株植物或取自12株植物的相同部位上的材料进行。各个性状的测试方法见表3第2列，即MG：针对一组植株或植株部位进行单次测量得到单个记录；MS：针对一定数量的植株或植株部位分别进行测量得到多个记录；VG：针对一组植株或植株部位进行单次目测得到单个记录；VS：针对一定数量的植株或植株部位分别进行目测得到多个记录。

表3 女贞属植物新品种DUS测试指南性状特征表

Table3 Table of characteristics of DUS test guideline for *Ligustrum*

序号	测试方法	性状特征	性状特征描述	标准品种		代码	性状特征性质	性状特征类型
				中文名	学名			
1	VG	植株：生长习性	灌木	金叶女贞	*L.* × *Vicaryi*	1	QL	
			乔木	女贞	*L. lucidum*	9		
2	VG	植株：生长势	弱	‘路灯斯’欧洲女贞	*L. vulgare* ‘Lodeose’	3	QN	
			中	日本女贞	*L. japonicum*	5		
			强	‘金森’女贞	*L. japonicum* ‘Howardii’	7		
3	VG	植株：株型	柱形	‘金禾’女贞		1	PQ	(+)
			椭球形	‘三色’女贞	*L. lucidum* ‘Tricolor’	2		
			卵球形	‘金森’女贞	*L. japonicum* ‘Howardii’	3		
			阔卵球形	‘银白’卵叶女贞	*L. ovalifolium* ‘Argenteum’	4		
			圆球形	‘柠檬’卵叶女贞	*L. ovalifolium* ‘Lemon and Lime’	5		
			扁球形	小叶女贞	*L. quihoui*	6		
			匍匐形			7		
4	MG	植株：株高	很矮	‘圆叶’日本女贞	*L. japonicum* ‘Rotundifolium’	1	QN	(*)
			矮	‘金森’女贞	*L. japonicum* ‘Howardii’	2		
			中等	小叶女贞	*L. quihoui*	3		
			高	日本女贞	*L. japonicum*	5		
			很高	女贞	*L. lucidum*	7		
5	VG	枝干：颜色	灰白	‘三色’女贞	*L. lucidum* ‘Tricolor’	1	PQ	(+)
			灰褐	‘墨绿’欧洲女贞	*L. vulgare* ‘Atrovirens’	2		
			灰绿	‘洛登’欧洲女贞	*L. vulgare* ‘Lodense’	3		
			橙黄	‘金枝贞’小叶女贞	*L. quihoui* ‘JinZhiZhen’	4		
6	VG	枝干：皮孔形状	圆形	金叶女贞	*L.* × *Vicaryi*	1	PQ	(+)
			卵圆形	花叶女贞‘银霜’	*L. japonicum* ‘Jack Frost’	2		
			不规则	小蜡	*L. sinense*	3		
7	VG	枝干：皮孔颜色	灰白	‘德克萨花叶’日本女贞	*L. japonicum* ‘Texanum Variegata’	1	PQ	(+)
			灰褐	‘大叶花叶’女贞	*L. japonicum* ‘Excelsum Superbum’	2		
			黄褐	‘洛登’欧洲女贞	*L. vulgare* ‘Lodense’	3		
			深褐	‘金枝贞’小叶女贞	*L. quihoui* ‘JinZhiZhen’	4		
8	VG	当年生枝：颜色	嫩绿	‘夏安’欧洲女贞	*L. vulgare* ‘Cheyenne’	1	PQ	(+)
			黄绿	女贞	*L. lucidum*	2		
			绿褐	‘金边’卵叶女贞	*L. ovalifolium* ‘Aureum’	3		
			灰褐	小叶女贞	*L. quihoui*	4		
			红褐	‘银姬’小蜡	*L. sinense* ‘Variegatum’	5		
			紫红	‘柠檬’卵叶女贞	*L. ovalifolium* ‘Lemon and Lime’	6		
9	VG	当年生枝：毛被	无	‘金边’卵叶女贞	*L. ovalifolium* ‘Aureum’	1	QL	
			微柔毛	金叶女贞	*L.* × *Vicaryi*	2		
			柔毛	水蜡	*L. obtusifolium*	3		

（续）

序号	测试方法	性状特征	性状特征描述	标准品种 中文名	标准品种 学名	代码	性状特征性质	性状特征类型
10	VG	叶片：着生状态	上斜	金叶女贞	*L.* × *Vicaryi*	1	QL	（+）
			水平	‘花冠贞’小叶女贞	*L. quihoui* ‘HuaGaunZhen’	2		
			下垂	女贞	*L. lucidum*	3		
11	VG	叶片：叶序	交互对生			1	QL	
			三叶轮生			9		
12	MG	叶片：长度	短	‘银姬’小蜡	*L. sinense* ‘Variegatum’	3	QN	（*）
			中	‘金森’女贞	*L. japonicum* ‘Howardii’	5		
			长	女贞	*L. lucidum*	7		
13	MG	叶片：宽度	窄	细女贞	*L. gracile*	3	QN	
			中	‘金边’卵叶女贞	*L. ovalifolium* ‘Aureum’	5		
			宽	女贞	*L. lucidum*	7		
14	VS	叶片：截面形态	中脉内折	‘金禾’女贞		1	PQ	（+）
			平坦	‘银姬’小蜡	*L. sinense* ‘Variegatum’	2		
15	VG	叶片：形状	线状披针形	细女贞	*L. gracile*	1	PQ	（+）
			倒卵状披针形	倒卵叶女贞	*L. obovatilimbum*	2		
			卵状长圆形	蜡子树	*L. leucanthum*	3		
			倒卵形	小叶女贞	*L. quihoui*	4		
			卵形	‘银白’卵叶女贞	*L. ovalifolium* ‘Argenteum’	5		
			椭圆形	日本女贞	*L. japonicum*	6		
			近圆形	‘圆叶’日本女贞	*L. japonicum* ‘Rotundifolium’	7		
16	VG	叶片：叶尖形状	凹缺	‘圆叶’日本女贞	*L. japonicum* ‘Rotundifolium’	1	PQ	（+）
			微凹	‘夏安’欧洲女贞	*L. vulgare* ‘Cheyenne’	2		
			圆顿	‘银姬’小蜡	*L. sinense* ‘Variegatum’	3		
			凸尖	水蜡	*L. obtusifolium*	4		
			急尖	金叶女贞	*L.* × *Vicaryi*	5		
			渐尖	‘三色’女贞	*L. lucidum* ‘Tricolor’	6		
17	VG	叶片：叶基形状	楔形	小叶女贞	*L. quihoui*	1	PQ	（+）
			下延	‘银姬’小蜡	*L. sinense* ‘Variegatum’	2		
			偏斜	花叶女贞‘银霜’	*L. japonicum* ‘Jack Frost’	3		
			圆钝	‘得克萨’日本女贞	*L. japonicum* ‘Texanum’	4		
			圆形	‘圆叶’日本女贞	*L. japonicum* ‘Rotundifolium’	5		
18	VG	叶片：质地	纸质	小蜡	*L. sinense*	1	PQ	（+）
			薄革质	女贞	*L. lucidum*	2		
			中等革质	‘墨绿’欧洲女贞	*L. vulgare* ‘Atrovirens’	3		
			厚革质	‘金森’女贞	*L. japonicum* ‘Howardii’	4		
19	VG	叶片：褶皱程度	无	‘金边’卵叶女贞	*L. ovalifolium* ‘Aureum’	1	QN	（+）
			弱	‘柠檬’卵叶女贞	*L. ovalifolium* ‘Lemon and Lime’	3		
			中	花叶女贞‘银霜’	*L. japonicum* ‘Jack Frost’	5		
			强	‘圆叶’日本女贞	*L. japonicum* ‘Rotundifolium’	7		
			极强			9		
20	VG	叶片：叶背是否有毛	无	‘金禾’女贞		1	QL	（*）
			有	‘银姬’小蜡	*L. sinense* ‘Variegatum’	9		
21	VG	叶片：叶背是否有腺点	无	‘金禾’女贞		1	QL	
			有	‘金姬’小蜡	*L. sinense* ‘Ovalifolia’	9		
22	VG	叶片：叶面光泽	弱	‘洛登’欧洲女贞	*L. vulgare* ‘Lodense’	3	QN	（+）
			中	‘金森’女贞	*L. japonicum* ‘Howardii’	5		
			强	女贞	*L. lucidum*	7		

（续）

序号	测试方法	性状特征	性状特征描述	标准品种		代码	性状特征性质	性状特征类型
				中文名	学名			
]23	VG	叶片：夏季混色类型	单色	‘圆叶’日本女贞	*L. japonicum* ‘Rotundifolium’	1	PQ	（＊）（＋）
			黄、红嵌色	‘金冠贞’小叶女贞	*L. quihoui* ‘JinGaunZhen’	2		
			白、灰绿嵌色	‘银白’卵叶女贞	*L. ovalifolium* ‘Argenteum’	3		
			黄绿、绿嵌色	‘花冠贞’小叶女贞	*L. quihoui* ‘HuaGaunZhen’	4		
			黄、灰绿嵌色	‘金姬’小蜡	*L. sinense* ‘Ovalifolia’	5		
			红、黄、绿嵌色	‘三色’女贞	*L. lucidum* ‘Tricolor’	6		
24	VG	叶片：春季颜色	黄	‘金冠贞’小叶女贞	*L. quihoui* ‘JinGaunZhen’	1	PQ	（＋）
			鲜绿	‘柠檬’卵叶女贞	*L. ovalifolium* ‘Lemon and Lime’	2		
			绿	‘得克萨’日本女贞	*L. japonicum* ‘Texanum’	3		
			深绿	‘墨绿’欧洲女贞	*L. vulgare* ‘Atrovirens’	4		
			黄灰绿	‘金姬’小蜡	*L. sinense* ‘Ovalifolia’	5		
			黄绿	‘金边’卵叶女贞	*L. ovalifolium* ‘Aureum’	6		
			白灰绿	花叶女贞‘银霜’	*L. japonicum* ‘Jack Frost’	7		
			红黄绿	‘三色’女贞	*L. lucidum* ‘Tricolor’	8		
			紫红	‘红叶’女贞	*L. quihoui* ‘Atropurea’	9		
			紫	‘紫叶’水蜡		10		
25	VG	叶片：夏季颜色	黄	‘柠檬’卵叶女贞	*L. ovalifolium* ‘Lemon and Lime’	1	PQ	（＊）
			绿	‘得克萨’日本女贞	*L. japonicum* ‘Texanum’	2		
			深绿	‘墨绿’欧洲女贞	*L. vulgare* ‘Atrovirens’	3		
			黄灰绿	‘金姬’小蜡	*L. sinense* ‘Ovalifolia’	4		
			黄绿	‘金边’卵叶女贞	*L. ovalifolium* ‘Aureum’	5		
			白灰绿	‘银姬’小蜡	*L. sinense* ‘Variegatum’	6		
			紫红	‘红叶’女贞	*L. quihoui* ‘Atropurea’	7		
			紫	‘紫叶’水蜡		8		
26	VG	叶片：秋季颜色	黄	‘柠檬’卵叶女贞	*L. ovalifolium* ‘Lemon and Lime’	1	PQ	（＊）
			绿	‘得克萨’日本女贞	*L. japonicum* ‘Texanum’	2		
			深绿	‘墨绿’欧洲女贞	*L. vulgare* ‘Atrovirens’	3		
			黄灰绿	‘金姬’小蜡	*L. sinense* ‘Ovalifolia’	4		
			黄绿	‘金边’卵叶女贞	*L. ovalifolium* ‘Aureum’	5		
			白灰绿	‘银姬’小蜡	*L. sinense* ‘Variegatum’	6		
			黄红	‘金冠贞’小叶女贞	*L. quihoui* ‘JinGaunZhen’	7		
			紫	‘紫叶’水蜡		8		
27	MG	叶柄：长度	短	金叶女贞	*L.* × *Vicaryi*	1	QN	
			中	花叶女贞‘银霜’	*L. japonicum* ‘Jack Frost’	2		
			长	女贞	*L. lucidum*	3		
28	VG	花序：密度	无	‘柠檬’卵叶女贞	*L. ovalifolium* ‘Lemon and Lime’	1	QN	（＋）
			稀疏	‘洛登’欧洲女贞	*L. vulgare* ‘Lodense’	3		
			中等	‘圆叶’日本女贞	*L. japonicum* ‘Rotundifolium’	5		
			稠密	‘银姬’小蜡	*L. sinense* ‘Variegatum’	7		
29	MG	花序：长度	短	‘银姬’小蜡	*L. sinense* ‘Variegatum’	3	QN	（＊）
			中	‘金森’女贞	*L. japonicum* ‘Howardii’	5		
			长	女贞	*L. lucidum*	7		
30	VG	花序：长宽比	约为1	‘金森’女贞	*L. japonicum* ‘Howardii’	3	QN	（＋）
			1～2	‘金禾’女贞		5		
			2～5	‘圆叶’日本女贞	*L. japonicum* ‘Rotundifolium’	7		
31	VG	花序轴：毛被	无	‘金森’女贞	*L. japonicum* ‘Howardii’	1	QL	（＊）
			有	‘金姬’小蜡	*L. sinense* ‘Ovalifolia’	9		
32	VG	花序轴：皮孔	无	金叶女贞	*L.* × *Vicaryi*	1	QL	
			有	‘银姬’小蜡	*L. sinense* ‘Variegatum’	9		

（续）

序号	测试方法	性状特征	性状特征描述	标准品种		代码	性状特征性质	性状特征类型
				中文名	学名			
33	VG	花序轴：颜色	黄绿	‘金禾’女贞		1	PQ	（+）
			绿	‘墨绿’欧洲女贞	*L. vulgare* ‘Atrovirens’	2		
			黄褐	‘得克萨’日本女贞	*L. japonicum* ‘Texanum’	3		
			紫红	蜡子树	*L. leucanthum*	4		
34	VG	花梗：有无	无	小叶女贞	*L. quihoui*	1	QN	
			有	‘花冠贞’小叶女贞	*L. quihoui* ‘HuaGaunZhen’	9		
35	MG	花梗：长度	短	花叶女贞‘银霜’	*L. japonicum* ‘Jack Frost’	1	QN	
			中	‘金姬’小蜡	*L. sinense* ‘Ovalifolia’	2		
			长	‘花冠贞’小叶女贞	*L. quihoui* ‘HuaGaunZhen’	3		
36	VG	花萼：萼齿形状	4齿裂	‘金禾’女贞		1	PQ	（+）
			不规则裂	‘金森’女贞	*L. japonicum* ‘Howardii’	2		
			平截	金叶女贞	*L.* × *Vicaryi*	3		
37	MS	花冠：直径	小	蜡子树	*L. leucanthum*	3	QN	
			中	‘银姬’小蜡	*L. sinense* ‘Variegatum’	5		
			大	‘墨绿’欧洲女贞	*L. vulgare* ‘Atrovirens’	7		
38	VG	裂片：形状	披针形	‘金禾’女贞		1	PQ	（+）
			窄卵形	小蜡	*L. sinense*	2		
			卵形	‘得克萨’日本女贞	*L. japonicum* ‘Texanum’	3		
39	MS	裂片：长度	短	小叶女贞	*L. quihoui*	3	QN	
			中	花叶女贞‘银霜’	*L. japonicum* ‘Jack Frost’	5		
			长	‘花冠贞’小叶女贞	*L. quihoui* ‘HuaGaunZhen’	7		
40	VG	裂片：形态	近直立	水蜡	*L. obtusifolium*	1	PQ	（+）
			反折	‘银姬’小蜡	*L. sinense* ‘Variegatum’	2		
			反卷	‘金森’女贞	*L. japonicum* ‘Howardii’	3		
41	MS	花冠筒：长度	短	小蜡	*L. sinense*	3	QN	
			中	‘圆叶’日本女贞	*L. japonicum* ‘Rotundifolium’	5		
			长	水蜡	*L. obtusifolium*	7		
42	MS	花冠筒：与裂片长度比	短	‘金禾’女贞		3	QN	（*） （+）
			近等长	日本女贞	*L. japonicum*	5		
			长	‘金边’卵叶女贞	*L. ovalifolium* ‘Aureum’	7		
43	VG	花药：形状	披针形	‘金边’卵叶女贞	*L. ovalifolium* ‘Aureum’	1	PQ	（+）
			长圆形	‘金禾’女贞		2		
			近圆形	小叶女贞	*L. quihoui*	3		
44	VG	花药：颜色	黄	‘金森’女贞	*L. japonicum* ‘Howardii’	1	PQ	（+）
			紫红	‘金姬’小蜡	*L. sinense* ‘Ovalifolia’	2		
			黄褐	‘花冠贞’小叶女贞	*L. quihoui* ‘HuaGaunZhen’	3		
45	MS	雄蕊：与花冠筒关系	内藏	蜡子树	*L. leucanthum*	1	QL	（*） （+）
			伸出	‘银姬’小蜡	*L. sinense* ‘Variegatum’	9		
46	MS	柱头：与花冠筒关系	内藏	‘金森’女贞	*L. japonicum* ‘Howardii’	1	QL	（+）
			伸出	‘银姬’小蜡	*L. sinense* ‘Variegatum’	9		
47	VG	果实：形状	长圆形	‘金森’女贞	*L. japonicum* ‘Howardii’	1	PQ	（+）
			肾形	女贞	*L. lucidum*	2		
			圆球形	‘金禾’女贞		3		
48	VG	果实：长度	短	‘金冠贞’小叶女贞	*L. quihoui* ‘JinGaunZhen’	3	QN	
			中	‘大叶花叶’女贞	*L. japonicum* ‘Excelsum Superbum’	5		
			长	‘墨绿’欧洲女贞	*L. vulgare* ‘Atrovirens’	7		

（续）

序号	测试方法	性状特征	性状特征描述	标准品种 中文名	标准品种 学名	代码	性状特征性质	性状特征类型
49	VG	果实：鲜果皮色泽	黄			1	PQ	(*) (+)
			灰蓝			2		
			紫	‘大叶花叶’女贞	*L. japonicum* ‘Excelsum Superbum’	3		
			紫黑	金叶女贞	*L.* × *Vicaryi*	4		
			蓝黑	‘花冠贞’小叶女贞	*L. quihoui* ‘HuaGaunZhen’	5		
			黑	‘墨绿’欧洲女贞	*L. vulgare* ‘Atrovirens’	6		
50	VG	果实：数量	无	‘柠檬’卵叶女贞	*L. ovalifolium* ‘Lemon and Lime’	1	QN	
			少	‘墨绿’欧洲女贞	*L. vulgare* ‘Atrovirens’	3		
			中	花叶女贞‘银霜’	*L. japonicum* ‘Jack Frost’	5		
			多	‘大叶花叶’女贞	*L. japonicum* ‘Excelsum Superbum’	7		
51	VG	抗寒性：	极弱	‘银白’卵叶女贞	*L. ovalifolium* ‘Argenteum’	1	QN	
			弱	女贞	*L. lucidum*	3		
			中	‘银姬’小蜡	*L. sinense* ‘Variegatum’	5		
			强	水蜡	*L. obtusifolium*	7		

3 结论与讨论

经过长年测量，运用统计学方法深入分析，征求专家意见以及反复修改后，确定了测试性状 49 个、标准品种 29 个，对性状的表达状态进行了科学、统一、准确的分级，最终完成了女贞属 DUS 测试指南的编制，并建立了女贞属植物已知品种数据库。目前，国内园林中的女贞属植物种、变种、变型及品种约有 36 个，其中国外引进的品种 15 个，国内繁育的品种 9 个。在调研过程中发现女贞属品种记载尚比较混乱，个别中文名与学名有待规范和统一，这也反映出女贞属新品种的繁育在我国越来越热，因此新品种的审批、登录和保护工作就十分必要。目前，DNA 分子标记技术在女贞属植物的研究中十分欠缺，应加强并完善已知品种 DNA 指纹数据库的建设，作为女贞属植物新品种 DUS 测试的辅助参考依据。

参考文献

1. 杜淑辉，臧德奎，孙居文．我国观赏植物新品种保护与 DUS 测试研究进展[J]．中国园林，2010，09(04)：78－82.
3. Gajic G，Mitrovic M，Pavlovic P，et al. An assessment of the tolerance of Ligustrum ovalifolium Hassk. to traffic-generated Pb using physiological and biochemical markers[J]. Ecotoxicology and Environmental Safety，2009，72（4）：1090－1101.
3. 郝明灼，韩明慧，彭方仁，等．4 个女贞品种抗寒性比较[J]．江西农业大学学报，2011，33(6)：1094－1099.
4. Laurence C. Hatch. Cultivars of woody plants. Edition 2.0，VolumeⅡ. Split from woodyKL. pdf - June 2，2008：13－31.
5. 梁远发，郑道君，鄢东海，刘国民，令狐昌弟，田永辉．粗壮女贞(苦丁茶)不同种质材料遗传多样性的 RAPD 分析[J]．中国生物化学与分子生物学报，2008，24(09)：873－881.
6. 刘辉，张钢．短日照对金叶女贞茎抗寒性和电阻抗图谱参数的影响[J]．华北农学报，2008，23(2)：173－179.
7. 刘与明，黄全能．园林植物 1000 种[M]．福建：科学技术出版社，2011.
8. 秦祥堃．女贞属的新系统[J]．云南植物研究．2009，31(2)：97－116.
9. TG/1. General introduction to the Examination of Distinctness，Uniformity and Stability and the Development of Harmonized Descriptions of New Va-rieties of Plant[S]. Geneva，Switzerland：UPOV，2002.
10. WANG L X，ZHANG G，XUE M，et al. Response of *Ligustrum* vicaryi seedling to freezing temperature and duration during dehardening[J]. Northern Horticulture，2008，17(1)：112－114.
11. 王汝锋，崔野韩，吕波，等．GB/T19557.1—2004 植物新品种特异性、一致性和稳定性测试指南：总则[S]．北京：中国标准出版社，2004.
12. 荀守华，周建仁，黄发吉，等．刺槐属植物新品种 DUS 测试指南研究[J]．北京林业大学学报，2013，35(2)：135－140.
13. 杨果，李彦，吕英民，等．梅花新品种 DUS 测试指南的制定[J]．北京林业大学学报，2010，32(2)：52－59.
14. 臧德奎，马燕，杜淑辉，等．木瓜属植物新品种特异性、一致性和稳定性(DUS)测试指南的研制[J]．林业科学，2011，47(6)：64－69.
15. 张德舜，刘红权，陈玉梅．八种常绿阔叶树种抗寒性的研究[J]．园艺学报，1994，21(3)：283－287.
16. 张立才，臧德奎，韩瑞超．遮光处理对金森女贞生长和光合特性的影响[J]．北方园艺，2010，19：108－111.
17. 张美珍，等．中国植物志[M]．北京：科学出版社，1992. 第 61 卷：136－174.
18. 郑道君，梁远发，刘国民，等．木犀科苦丁茶种质资源的 RAPD 分析[J]．中国农业科学，2008，41(12)：4164－4172.

5 种柏科植物叶表面形态观察

刘 鹏[1] 吕志宁[2] 刘庆华[1①]
([1]青岛农业大学园林与林学院，青岛 266109；[2]乳山市农业局，乳山 264500)

摘要 应用扫描电子显微镜，观察了柏科 2 个属 5 种植物叶表皮特征。结果发现，实验所取的 5 种柏科植物鳞叶远轴面的气孔分布于两鳞形叶交界处，气孔形态特征相似，多个副卫细胞明显隆起于叶表面，保卫细胞下陷，气孔长轴与叶中脉或与其周围长条形的表皮细胞走向平行；表皮角质层均较厚。但不同种植物之间也存在差别：5 种柏科植物中，圆柏刺叶仅近轴面有气孔分布，其他植物叶片两面均有气孔分布。在所观察的样品中，只有翠蓝柏的气孔呈条带形排列，洒金千头柏的远轴面的气孔分布范围大于龙柏和圆柏。推测柏科植物叶的气孔的适应性分布规律有利于提高其抗旱性。

关键词 柏科植物；扫描电镜；叶表面超微观结构；气孔适应性分布

The Observation of Leaf Surface Structure of 5 Cupressaceae Trees

LIU Peng[1] LÜ Zhi-ning[2] LIU Qing-hua[1]
([1]*Gardening and Forestry College*, *Qingdao Agriculture University*, *Qingdao* 266109；
[2]*Rushan Agriculture Bureau*, *Rushan* 264500)

Abstract Observing the characteristics of leaf epidermis of 5 Cupressaceae trees in 2 genera by SEM. It turns out that in the 5 Cupressaceae trees, the stomata of abaxiall surface distributes in two scales at the junction. Stomatal morphological characteristics are similar in the 5 Cupressaceae trees. Stomatal long axis parallel to leaf midrib. Horny layer are all thick in the samples. But there are many differences in these Cupressaceae trees. In the 5 Cupressaceae trees, stomata only distribute on the adaxial surface of *Sabina chinensis* (L.) Ant. , but other plant leaves' stomata are on both sides. Only the *Sabina squamata*'s stomata arrangement is in strip shape. The Abaxial stomatic distribution range of *Platycladus spach* 'Aurea' Nanais greater than *Sabina chinensis* (L.) Ant. and *Sabina chinensis* (L.) Ant. 'Kaizuca'. We can figure out that the leaf stomatal distribution rule of Cupressaceae plants is helpful to improve the drought resistance.

Key words Cupressaceae plants；SEM；Leaf surface microstructure；Stomatal adaptation distribution rule

柏科植物是常绿树种，主要有鳞形和刺形两种叶形，其作为园林树种在园林植物景观构成，特别是北方园林中具有重要作用[1]。有关柏科植物的研究主要集中在分类、分布、发育、生理特性、药用价值等方面[2-8]。对于叶的研究，邵邻相和张均平(2008)相对浙江常见的日本花柏等 8 种柏科植物叶片表皮做了超微结构观察[9]；吴翰(1984)对油杉等的蜡叶标本进行了电镜扫描[10]；王佳卓(2007)对杉科、柏科 14 种植物茎叶做了解剖学研究[11]。近年来，应用扫描电镜对植物超微结构的研究愈来愈多[12-21]，但有关柏科植物叶表皮微形态的观察研究报道较少。本研究以青岛园林常见的 5 种柏科植物为材料，应用扫描电子显微镜，对其叶表面形态结构进行详细的观察，以期探讨叶片表面结构的异同。

1 材料与方法

1.1 材料

所用材料为青岛园林中常见的 5 种柏科植物(表 1)，选择健壮无病虫害、生长良好的植株取样。

刘鹏(1989—)，女，学生，硕士，从事园林树种叶表面结构观察的研究。Email：rsttl220@163.com Tel：13791842965。
① 通讯作者。刘庆华(1962—)，男，教授，博士，从事新品种培育等园林相关研究。Email：lqh6205@163.com Tel：0532－86080498。

表1 试验材料

Table1 The experimental samples

植物种	拉丁名	属
翠蓝柏	*Sabina squamata*	圆柏属
龙柏	*Sabina chinensis* ‘Kaizuca’	圆柏属
圆柏	*Sabina chinensis*	圆柏属
铺地柏	*Sabina procumbens*	圆柏属
洒金千头柏	*Platycladus spach* ‘Aurea Nana’	侧柏属

1.2 扫描电镜观察

实验室内，选取叶子中段附近，FAA 固定液中固定。采用冷冻干燥法，将样品取出用 0.2M 磷酸缓冲液冲洗 3 次，每次间隔 30min，梯度乙醇脱水，采用 70%、80%、95% 和 100% 4 个浓度梯度，每次间隔 30min，把样品放入乙醇、叔丁醇 1∶1 的溶液中浸泡 30min，再把样品放入叔丁醇溶液中，20min 后取出放入 1.5ml 的离心管里，倒入少量叔丁醇没过材料即可，立即放入 -20℃ 的冰箱冷冻过夜。用 JEOL JFD-320 干燥器干燥，待离心管中的冰晶挥发后取出粘台。

喷金观察，应用 JEOL JFC-1600 AUTO FINE COATER 镀膜仪喷金，JEOL JSM-7500F Field Emission SEM 型扫描电子显微镜观察。

2 结果与分析

根据电镜扫描和体视镜观察，5 种柏科植物的叶表面详细形态结构如下：

2.1 翠蓝柏[图1(1～3)]

叶为条状披针形。电镜下，角质层较厚，表面附有丝状蜡质和颗粒状突起。近轴面和远轴面均有气孔分布，近轴面和远轴面的气孔形态和排布相同。气孔排列呈条带形，但排列不整齐，气孔长轴与叶中脉平行。叶片在气孔带处下陷。4～6 个副卫细胞明显隆起于叶表面，围合成椭圆形的气孔器，保卫细胞下陷，气孔为长条形。

2.2 圆柏[图1(7～11)]

圆柏有鳞叶和刺叶两种叶形。电镜下，圆柏表皮角质层较厚，很多表皮细胞间界限不明显，表面有蜡质的颗粒状突起。鳞叶的近轴面和远轴面均有气孔分布，近轴面除叶缘和中轴处，整个面全部被气孔覆盖，气孔器由副卫细胞围绕成椭圆形，角质层较厚，观察不到副卫细胞个数，保卫细胞下陷，气孔形状为长条形，近轴面的气孔器排布与叶中脉近平行。远轴面的气孔分布于两鳞叶交接处，一部分气孔被上一片鳞叶覆盖，气孔长轴与其周围的表皮细胞走向平行，气孔保卫细胞下陷，周围有 5～8 个副卫细胞。

刺叶的气孔仅分布于近轴面。近轴面除叶缘和中轴处整个面全部被气孔覆盖，气孔间的细胞形状不规则，角质层较厚，细胞间界限不清晰，气孔器由副卫细胞围绕成椭圆形，角质层较厚，观察不到副卫细胞个数，保卫细胞下陷，气孔形状为长条形。远轴面角质层较厚，表面附有条形纹理和颗粒状突起，观察不到表皮细胞形态。

2.3 龙柏[图1(4～6)]

龙柏作为圆柏的栽培变型，不仅外部形态相似，在扫描电镜下的显微结构和亚显微结构也极其相似。龙柏表皮角质层较厚，很多表皮细胞间界限不明显，叶表面有蜡质的颗粒状突起。鳞叶的近轴面和远轴面均有气孔分布，近轴面除叶缘和中轴处，整个面全部被气孔覆盖，气孔器由副卫细胞围绕成椭圆形，角质层较厚，观察不到副卫细胞个数，保卫细胞下陷，气孔形状为长条形，近轴面的气孔器排布与叶中脉近平行。远轴面的气孔分布于两鳞叶交接处，一部分气孔被上一片鳞叶覆盖，气孔长轴与其周围的表皮细胞走向平行，气孔保卫细胞下陷，周围有 5～8 个副卫细胞。

2.4 铺地柏[图1(12～15)]

铺地柏为刺形叶。电镜下，刺叶的近轴面和远轴面均有气孔分布。近轴面除叶缘和中轴处整个面全部被气孔覆盖，大部分气孔长轴与叶中脉近平行，气孔之间的细胞形态不规则，呈圆形或长条形，气孔和表皮细胞覆盖较厚的角质层，附有颗粒状或疣状突起。远轴面的气孔分布在叶基部两侧，表皮细胞长条形，角质层较厚，附有颗粒状突起。近轴面和远轴面的气孔形态结构相似，5～7 个副卫细胞明显隆起于叶表面，围合成椭圆形的气孔器，保卫细胞下陷，气孔为长条形。

2.5 洒金千头柏[图1(16～18)]

洒金千头柏为鳞形叶。电镜下，鳞叶角质层较厚，表皮细胞间界限不明显，表面有蜡质的颗粒状突起。叶片气孔所在位置下陷。近轴面和远轴面均有气孔分布，近轴面的气孔散生分布。远轴面的大部分气孔长轴与其周围长条形的表皮细胞走向平行，主要分布于鳞片叶的两侧和两鳞叶交接处。5～8 个副卫细胞明显隆起于叶表面，围合成椭圆形的气孔器，保卫细胞下陷，气孔为长条形或椭圆形。

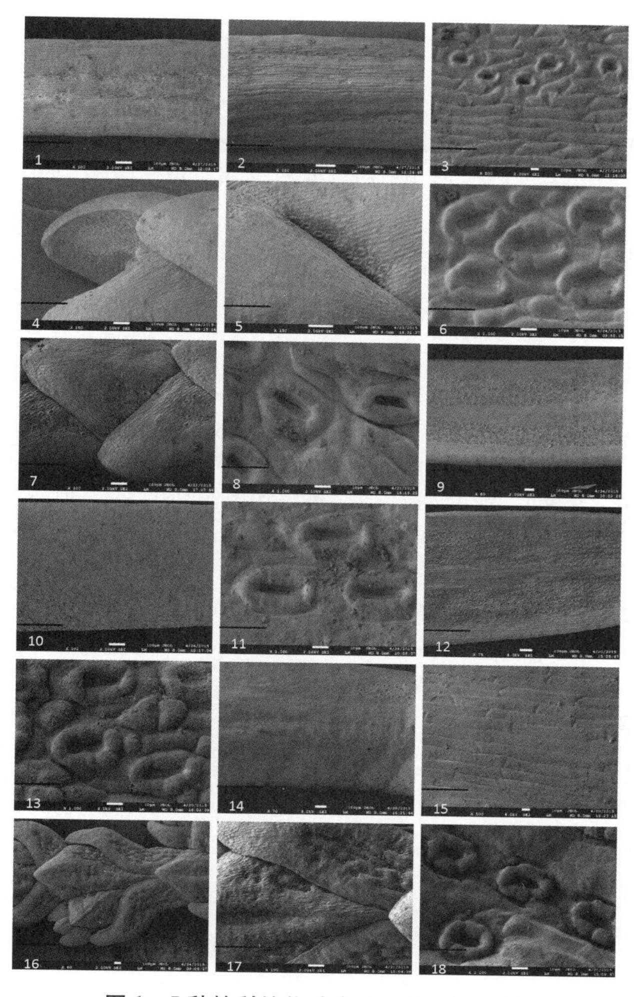

图1　5 种柏科植物叶表面电镜观察结果

Fig. 1　The SEM observations of Leaf surface of 5 species beckwell plants

注：1. 翠蓝柏近轴面(×100)2. 翠蓝柏远轴面(×120)3. 翠蓝柏(示气孔)(×500)4. 龙柏鳞形叶(示近轴面)(×100)5 . 龙柏鳞形叶(示两鳞形叶交界处)(×150)6. 龙柏鳞形叶(示气孔)(×1000) 7. 圆柏鳞形叶(×100)8. 圆柏鳞形叶(示气孔)(×1000)9. 圆柏刺叶近轴面(×60)10. 圆柏刺叶远轴面(×100)11. 圆柏刺叶(示气孔)(×1000)12. 铺地柏刺叶近轴面(×75)13. 铺地柏刺叶近轴面(示气孔)(×1000)14. 铺地柏刺叶远轴面(×70)15. 铺地柏刺叶远轴面(×500)16. 洒金千头柏(×40)17. 洒金千头柏(×100)18. 洒金千头柏(示气孔)(×1000)

3　讨论

从以上观察可以看出，不同树种间叶片的形态结构有较大差异，这种形态结构的差异与种类和其生态适应性有着密切关系。

3.1　5 种柏科植物叶的微结构的异同

实验所研究的 5 种柏科植物的气孔形态特征相似，多个副卫细胞明显隆起于叶表面，围合成椭圆形的气孔器，保卫细胞下陷，气孔为长条形或椭圆形。远轴面的气孔分布于两鳞形叶交界处。气孔长轴与叶中脉或与其周围长条形的表皮细胞走向平。圆柏、龙柏、洒金千头柏的鳞形叶近轴面和远轴面均有气孔分布。5 种植物角质层均较厚，表面附有条形纹理、蜡质的丝状或颗粒状突起。

不同种植物之间微结构上的差别：本试验所研究的这 5 种柏科植物只有翠蓝柏的气孔呈条带形排列；铺地柏刺叶的近轴面和远轴面均有气孔分布，而圆柏仅在刺叶的近轴面有气孔分布，关于铺地柏刺叶远轴面的气孔分布至今还未见报道；圆柏和龙柏的鳞形叶近轴面气孔长轴与叶中脉近平行，洒金千头柏的近轴面气孔散生分布；洒金千头柏的远轴面的气孔分布范围大于龙柏和圆柏；圆柏和龙柏刺叶近轴面气孔间的细胞间界限不清晰，铺地柏的近轴面气孔间的细胞间界限非常明显。

3.2　柏科植物叶的气孔的适应性分布规律

实验所观察的 5 种柏科植物叶型主要为刺形叶和鳞形叶，这两种叶型的远轴面比近轴面更多地暴露于空气中和阳光下，而气孔主要分布于近轴面和两鳞形叶交界处(气孔被上一片鳞叶覆盖)，推测气孔的这种分布有效抑制了叶内的蒸腾，降低了水分的蒸发，提高了叶子的抗旱性。

参考文献

1. 中国植物志编委会．中国植物志[M]．第三十七卷．北京：科学出版社，1985.
2. 江泽平，王豁然．柏科分类和分布：亚科、族和属[J]．植物分类学报，1997，03：236－248.
3. 高静，单鸣秋，丁安伟，等．柏科药用植物研究进展[J]．中药材，2008，11：1765－1769.
4. 郑洁．3 个柏科植物品种抗旱生理特性比较研究[D]．内蒙古农业大学，2012.
5. 姚红．四个柏科植物品种抗寒性生理生化研究[D]．内蒙古农业大学，2012.
6. 李春香，杨群．杉科、柏科的系统发生分析——来自 28SrDNA 序列分析的证据[J]．遗传，2003，02：177－180.
7. 扶巧梅．五种柏科植物精油对蚊虫的生物活性[D]．中南林业科技大学，2012.
8. 张泉．柏科植物雌球果发育的研究[D]．中国科学院植物研究所，2001.

9. 邵邻相，张均平，刘艳．8 种柏科植物叶表皮的扫描电镜观察[J]．浙江师范大学学报(自然科学版)，2008，02：195 –200.
10. 吴翰．几种松柏植物叶片的扫描电镜观察[J]．Journal of Integrative Plant Biology，1984，04：376 –380 +471.
11. 王佳卓．杉科、柏科 14 种植物茎叶的解剖学研究[D]．广西大学，2007.
12. Robson C. Oliveira，Peter Hammer，Eric Guibal，Jean-Marie Taulemesse，Oswaldo Garcia. Characterization of metal – biomass interactions in the lanthanum(III) biosorption on *Sargassum* sp. using SEM/EDX，FTIR，and XPS：Preliminary studies [J]．Chemical Engineering Journal，2014，239：.
13. K. Vos，N. Vandenberghe，J. Elsen. Surface textural analysis of quartz grains by scanning electron microscopy (SEM)：From sample preparation to environmental interpretation[J]．Earth-Science Reviews，2014，128：.
14. Takeshi Nakagawa，Jean-Louis Edouard，Jacques-Louis de Beaulieu. A scanning electron microscopy (SEM) study of sediments from Lake Cristol，southern French Alps，with special reference to the identification of Pinus cembra and other Alpine Pinus species based on SEM pollen morphology [J]．Review of Palaeobotany and Palynology，2000，1081：.
15. 刘璐，管东生，陈永勤．广州市常见行道树种叶片表面形态与滞尘能力[J]．生态学报，2013，08：2604 –2614.
16. 肖媛，刘伟，汪艳，左艳霞，等．生物样品的扫描电镜制样干燥方法[J]．实验室研究与探索，2013，05：45 –53 +172.
17. 汤雪明，戴书文．生物样品的环境扫描电镜观察[J]．电子显微学报，2001，20(3)：217 –223.
18. 张明明，高瑞馨．针叶植物叶片比较解剖及生态解剖研究综述[J]．森林程，2012，02：9 –13.
19. 万和文，沈吉，唐领余，等．中国西北地区松科和柏科气孔器形态[J]．微体古生物学报 2007，24(3)：309 –319.
20. Edinburgh. Leaf Micromorphology in Agathis and its Taxonomic Implications[J]．the Royal Botanic Garden，Edinburgh，U. K. 1980，135：71 –79.
21. 苏应娟．红豆杉科、三尖杉科和罗汉松科植物叶片结构的比较观察[J]．武汉植物学研究，1997，04：307 –316.

蓝花丹染色体制片优化及核型分析

雷 霆 赵晨宇 李 帆 高素萍①
（风景园林学院园林研究所，四川农业大学，成都 611130）

摘要 本研究使用蓝花丹种子萌发的初生根尖，运用染色体常规压片技术，分析了蓝花丹的染色体核型。通过比较不同的预处理和分离时间对染色体的影响，找出适合蓝花丹的制片技术。结果表明，用0.05%秋水仙素溶液在0～4℃条件预处理2h，然后以1mol/L HCl作为解离液，60℃条件解离6min，制片效果最好。蓝花丹染色体数目为2n＝12，核型公式为2n＝2x＝12＝8m（4sat）＋4sm。核型分类为2B型，核不对称系数为59.41%。全组染色体平均长度为0.4μm，平均臂比值为1.54，属于微小染色体，含有1对SAT染色体。
关键词 蓝花丹；核型分析；SAT-染色体；微小染色体

Research on Chromosome Karyotype Analysis of *Plumbago auriculata*

LEI Ting ZHAO Chen-yu LI Fan GAO Su-ping
（*College of Landscape Architecture*，*Institute of Garden*，*Sichuan Agricultural University*，*Chengdu* 61130）

Abstract In this study，the chromosome karyotype of *Plumbago auriculata* was analyzed by using a chromosome mounting technique with the primary root tip of seed germination. The aim was to find out the most suitable method for *P. auriculata* by comparing the effect of different pretreatment and dissociation time on chromosome. The results showed that the best pretreatment was 0.05% colchicine solution under 0～4℃ for 2 h and then 1 mol/L HCl under 60℃ water for 6min. Karyotype analysis of *P. auriculata* showed that the chromosome number was 12 and the karyotype formula was 2n＝2x＝12＝8m（4 sat）＋4 sm. The karyotype belonged to 2B and the karyotype asymmetry coefficient was 59.41%. The absolute average length of chromosome was 0.40 μm and the average arm ratio was 1.54. The chromosome of *P. auriculata* belonged to mini chromosome，including a couple of SAT-chromosomes.
Key words *Plumbago auriculata*；Karyotype Analysis；SAT-Chromosomes；Minichromosome

蓝花丹（*Plumbago auriculata*），俗称蓝雪花，白花丹科白花丹属多年生常绿攀缘性亚灌木。原产非洲南部，现广泛分布于热带和亚热带地区。在我国主要分布于云南、贵州、四川、广东、广西及福建和台湾等地（彭泽祥，1987）。播种当年可开花，花期长，适宜环境中可周年开花，且具有密集的淡蓝色花朵。这种蓝色并不多见，常给人独特的清爽和宁静感。它极大地丰富了我国西南地区花卉的色系，在四川地区的应用逐年上升，具有广阔的应用前景。因此，对蓝花丹的识别、分类、栽培和新品种培育研究重要而迫切。目前，对蓝雪花的报道还集中在园林栽培技术和观赏特性的介绍（秦贺兰，2007；叶剑秋，2008），在科研领域属于尚未被充分认知的物种之一，其细胞分类学依据——染色体数目和结构特征还是一个空白。本研究以蓝花丹种子萌发的初生根根尖为试验材料，分析其染色体核型，并针对该物种进行了常规染色体制片方法优化。从而为进一步深入研究该物种的系统进化、遗传趋势、育种等问题提供了一定理论基础。

1 材料和方法

1.1 材料

蓝花丹种子采自四川农业大学科研教学基地，选择颗粒饱满、无病虫害的蓝花丹种子置于铺有双层滤纸的培养皿中，将培养皿置于GXZ智能型光照培养箱中，昼/夜为14h/10h，28℃恒温培养生根，期间注意保持滤纸湿润。

① 通讯作者。

1.2 方法

1.2.1 预处理

当种子萌发出种皮2～3min时，用刀片将初生根连同部分子叶一同切下。将根尖置于0.05%的秋水仙素溶液在0～4℃低温下分别处理2h、4h、6h。

1.2.2 固定

将经过预处理的根尖用双蒸水洗净，用卡诺固定液Ⅰ($V_{无水乙醇}$:$V_{冰醋酸}$=3:1)于4℃冰箱内固定24h。

1.2.3 低渗与解离

洗净根尖上的固定液置于盛有双蒸水的培养皿中，低渗3～5min；将处理后的根尖置于1mol/L HCl中60℃水浴中，分别解离3min、6min、10min。解离后将根尖取出后反复冲洗数次，放入双蒸水中低渗8min，中间换水1～2次。

1.2.4 染色与压片

将根尖置于载玻片上，用解剖针轻轻划下根尖部分的细胞，然后用解剖针将组织捣碎，使用胶头滴管吸取卡宝品红染液，滴下一至两滴于根尖细胞上，染色3min，盖上盖玻片，用滤纸吸去多余染液，用解剖针将根尖细胞均匀敲散开，压片时应平衡施力，尽量让细胞处于同一水平面。

1.2.5 镜检

使用奥林巴斯电子显微镜(10×100倍)对细胞进行镜检，利用数码照相机，对清晰成像的染色体组进行拍照，并对单位视野面积内处于分裂中期的细胞进行计数。

1.3 染色体数目与核型分析

蓝花丹染色体属于微小染色体，所以从最优制片方法中选取50个染色体分散良好的细胞，进行染色体数目的统计。85%以上的细胞具有相同染色体数时，可确定蓝花丹染色体数目(李懋学和陈瑞阳，1985)。选择染色体均匀分散、着丝粒清晰的5个细胞，使用图像处理软件Photoshop CS进行辅助分析(周洲和顾曙余，2010)。使用Image ProPIus测量染色体的长臂值、短臂值，计算臂比值，根据李懋学和陈瑞阳等人提出的标准进行核型分析。根据Levan(1964)命名法确认染色体的着丝粒的位置。根据Stebbins(1971)方法进行核型分类和臂比计算，依据Kuo(1972)的方法计算染色体相对长度(I.R.L)，核型不对称系数(As·K)计算参照Arano(1965)的方法。

2 结果与分析

2.1 染色体制片技术优化

2.1.1 材料

植物中具有分生能力的部位都可用来染色体制片(刘永安 等，2006)，如植物根尖(王芳和周兰英，2011；王胜 等，2010)、茎尖(武欣 等，2007)、幼芽(杨宁 等，2012)、嫩叶(张健 等，2012)、组织培养的愈伤组织(王海燕，2008)及花粉母细胞(刘传虎 等，2007)等。蓝花丹属于多年生木本植物，成熟植株新根虽然细嫩，但作为研究染色体核型分析材料却并不适合。通过试验观察发现：新生的幼嫩根尖在镜检视野下，出现较多已经分化的纤维细胞，不利于染色体的观察。

结果表明：蓝花丹初生根在上午9:00～9:30取材进行制片，超过80%的制片中均有中期分裂相。其次，蓝花丹初生根萌发长度不应过长，一般控制在2～3min为宜，届时连同部分子叶一同剪下备用，这样便于后期解离时，不会因操作不当导致初生根根尖受损，影响染色体的观察。

2.1.2 预处理

0.05%的秋水仙素溶液在0～4℃低温下处理2h效果最好，可以得到分散性好，染色体形态清晰的中期分裂相。处理4h和6h观察到的中期分裂相，其染色体分散性较差，且收缩过度，长短臂不易测量(表1)。

2.1.3 解离

1.0mol/L HCl在6℃水浴条件下解离6min，细胞壁完全脱落，压片时细胞分散性最好；解离3min根尖软化程度不够，细胞排列较紧密，压片时不易于使细胞处于同一平面上，给后期镜检带来困难；而解离l0min的细胞，过度软化，不易染色，且细胞染色体分散过度不利于统计，影响核型分析的精确度。

表1 不同处理时间比较

Table1 Comparison of different pretreatment time

预处理时间 Pretreatment time	染色体形态清晰的中期分裂相数目(观察50个细胞) Number of clear chromosomes of metaphase cells (in 50 cells) Dispersity Contractility	分散性 Dispersity	收缩性 Contractility
2h	43	良好	良好
4h	38	良好	收缩过度
6h	37	较差(呈团状)	收缩过度(呈点状)

表 2 不同处理时间比较

Table2 Comparison of different pretreatment time

解离时间 Dissociation time	根尖细胞软化程度 Root tip soften degree	染色效果 Dyeing effect	分辨效果 Resolving effect
3min	细胞排列紧密	胞壁残留染色痕迹，染色体染色较淡	细胞不在同一平面，观察困难
6min	良好	染色体染色较好	胞壁脱落，效果清晰
10min	过度软化，细胞分散	染色体染色较差	染色体着色较浅或不着色，观测困难

2.2 蓝花丹染色体核型分析

2.2.1 蓝花丹染色体数目

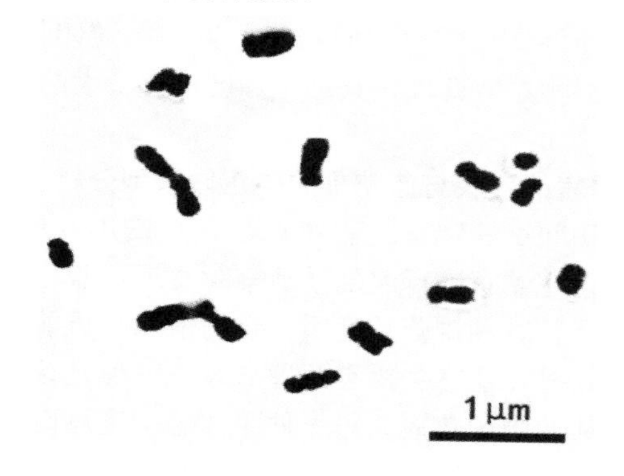

图 1 蓝花丹中期染色体形态

Fig. 1 The chromosome morphology in *P. auriculata*

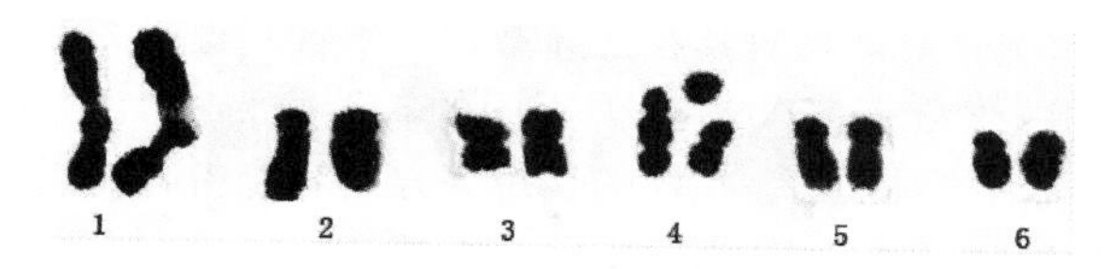

图 2 蓝花丹染色体的核型图

Fig. 2 Karyotype of chromosome in *P. auriculata*

注：数字 1 ~6 代表染色体序号。

Note: The numbers are chromosomes serial number

选择 50 个分散良好的中期染色体(图 1)，统计结果显示：其中有 44 个细胞染色体数目为 12 条，占计数细胞的 88%，4 个细胞染色体为 13 条，占计数细胞的 8%，2 个细胞染色体为 14 条，占计数细胞的 4%。根据李懋学等(1985)的标准，85% 以上的细胞具有恒定一致的染色体数目时，即可认为是该植物的染色体数目，故此确定蓝花丹体细胞染色体数目为 2n = 12 条(图 2)。

2.2.2 核型分析

由表 3 可见，蓝花丹染色体绝对长度范围 0.26 ~ 0.56μm，全组染色体平均长度为 0.40μm，根据李懋学等提出的植物核型分析标准体细胞绝对长度小于 1μm，属于微小染色体。染色体相对长度变化范围为 10.88% ~23.43%，相对长度组成为 2n = 12 = 4L + 6M1 +2S，结果表明蓝花丹染色体为同源二倍体植物。着丝粒指数变化范围为 30.36% ~48.72%。臂比值范围在 1.05 ~2.29 之间，最长染色体与最短染色体的比值(Lt/St)为 2.15，大于 2∶1 的比值而小于 4∶1 的比值，臂比值大于 2 的染色体占总染色体的 33.33%。按照 Stebbins(1971)核型分类标准可以判定该核型属 2B 型，为较对称型。染色体核型不对称系数 As · K% =59.41，核型公式为 2n = 2x = 8m(4sat) +4sm，其中第 2、5 对为中着丝粒染色体，第 1、3、

表 3 蓝花丹染色体核型分析参数

Table3 Karyotype parameters of chromosome of *P. auriculata*

染色体序号 Chromosome serial number	染色体绝对长度(长臂 + 短臂)(μm) Absolute length of chromosome (long arm + short arm) (μm)	染色体相对长度(长臂 + 短臂)(%) Relative length of chromosome (long arm + short arm) (%)	着丝粒指数(%) Centromere index (%)	臂比值(长臂/短臂) Arm ratio (long arm/ short arm)	类型 Type
1*	0.30 +0.26 =0.56	12.55 +10.88 =23.43	46.43	1.15	m(sat)
2	0.39 +0.17 =0.56	16.32 +7.11 =23.43	30.36	2.29	sm
3	0.20 +0.19 =0.39	8.37 +7.95 =16.32	48.72	1.05	m
4*	0.16 +0.15 =0.31	6.69 +6.28 =12.97	48.39	1.07	m(sat)
5	0.21 +0.10 =0.31	8.79 +4.18 –12.97	32.36	2.10	sm
6	0.16 +0.10 =0.26	6.69 +4.18 =10.88	38.46	1.60	m

注：*. 具随体的染色体(随体长度未计入在内)；m. 中着丝粒染色体；sm. 近中着丝粒染色体。

Note: * means the chromosomes that had satellites (the length of satellite was not included.); m means metacentric chromosome; sm means sub-metacentric chromosome.

4、6 对为正中着丝粒染色体，随体位于第 1、4 对染色体上，其中第 1 对染色体不仅短臂上有端部随体，而且存在居间随体(图 3)。

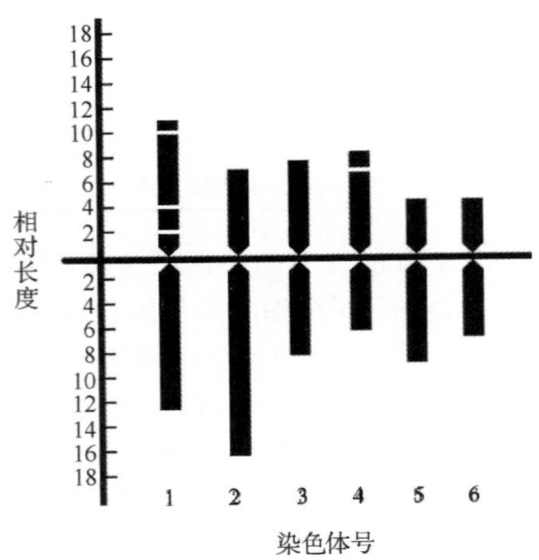

图 3　蓝花丹染色体的核型模式图

Fig. 3　Karyotype pattern of chromosome in *P. auriculata*

3　讨论

3.1　蓝花丹的分类、染色体数目与进化

蓝花丹属于白花丹科白花丹族白花丹属植物，在四川地区俗称“蓝雪花”。实际上，蓝花丹(*Plumbago auriculata* Lam)和蓝雪花(*Ceratostigma plumbaginoides* Bunge)是同族不同属的两种植物。最主要的区别在于花萼有无腺体，蓝花丹花萼表面密被腺体，蓝雪花则没有(彭泽祥，1987)，但仅以形态学方法难以提供可靠的分类依据。本研究表明，蓝花丹染色体数目为 2n = 12，与《中国植物志》(1987)中有关白花丹属染色体基数 x = 7 或 x = 8 的说法不一致，原因可能是与蓝花丹染色体形态和结构有关。

试验中我们发现，蓝花丹不仅染色体体量微小，而且形态结构复杂，有的甚至在同一染色体上同时出现端部随体和居间随体，给现有常规条件下镜检和测量工作带来很大的困难，这也是造成蓝花丹有关细胞遗传学方面研究进展缓慢的原因之一。操作过程中，若染色体不能完全展开或在缢痕区发生断裂易被误认成染色体数目 2n = 14，产生假象，不过这些“假象”资料，都不具备染色体特征的重复性，镜检过程中我们多次观察到染色体数目为 13 或 14 条的细胞中期相。

蓝花丹第 1 对染色体同时具有端部和居间随体，核不再将随体长度计入染色体总长时，最长与最短的染色体比值由 2.15∶1 增加到 3.35∶1，这说明在考虑随体长度时，蓝花丹的核不对称性有变大的趋势。整个植物界的核型进化的基本趋势是从对称向不对称发展的，系统演化处于较古老或原始的植物大都具有较对称的核型，而不对称核型常见于衍生的或进化级别较高的植物中(戴思兰，2005)。这说明蓝花丹的进化趋势目前尚处于比较原始的状态，当考虑随体长度时，其核不对称系数变大，其进化程度也有变大的趋势。

3.2　器官的形状与蓝花丹的染色体核型分析

据田间试验观察，蓝花丹存在自交不育的现象。对蓝花丹花器官进行解剖学观察时发现：蓝花丹的确存在花柱长度和雄蕊长度不一致的情况，目前试验表明，蓝花丹花器官主要有两种形态，一种是花柱长于花冠而雄蕊短于花冠，另一种花柱短于花冠而雄蕊长于花冠，两种花器官单独进行自交时均出现败育的情况，这印证了《中国植物志》记载未见成熟果实的说法。在对蓝花丹不同花器官的混交试验中，蓝花丹结实情况良好。在对其花柱异型和传粉者调查研究的基础上，Ferrero(2009)认为不同的花器官形态，例如：不同花排列方式、花柱的长短等方面对传粉者的觅食路径产生影响，从而决定了最终的交配结果，而这种形态结构是与植物的基因型有关。

染色体核型分析发现在第一染色体存在居间随体。通常，若染色体带有居间随体会导致植物出现不育现象(刘永安 等，2006)。王红霞(2008)在香水百合研究中阐释了同源染色体时常发生的结构变异，是由次缢痕与着丝粒之间存在居间随体造成的，可以推测蓝花丹自交不育的现象可能与染色体形态结构有关。为了准确反映基因组和染色体结构的差异，具体的遗传机制还需要结合不同长短花柱样本的染色体、基因分析、花粉活力以及柱头可授性等方面更广泛和深入的研究。

参考文献

1. Arano H. 1965. The Karyotypes and the Speciations in Subfamily Carduoideae of Japan[J]. Japanese Journal of Botany, 19: 31 – 67.

2. Ferrero V, Vega C D, Stafford G I, et al. 2009. Heterostyly and pollinators in *Plumbago auriculata* (Plumbaginaceae)[J]. South African Journal of Botany, 75(4): 778 – 784.

3. Kuo S R, Wang T T, and Huang C T. 1972. Karyotype Analysis of some Formosan Gymnosperms[J]. Taiwania, 17:

66 – 80.

4. Levan A, Fredga K, and Sandberg A. 1964. Nomenclature for Centromeric Position on Chromosomes [J]. Hereditas, 52: 201 – 220.
5. Stebbins, G. L. 1971. Chromosomal evolution in higher plants [J]. Chromosomal Evolution in Higher Plants, 87 – 89.
6. 戴思兰. 2005. 园林植物遗传学[M]. 北京: 中国林业出版社.
7. 李懋学, 陈瑞阳. 1985. 关于植物核型分析的标准化问题[J]. 植物科学学报, 3: 297 – 302.
8. 刘传虎, 张秋平, 姚家玲, 等. 2007. 龙须草核型分析和花粉母细胞减数分裂的细胞学研究[J]. 中国农业科学, 40: 27 – 33.
9. 刘永安, 冯海生, 陈志国, 等. 2006. 植物染色体核型分析常用方法概述[J]. 贵州农业科学, 34: 98 – 102.
10. 彭泽祥(中国植物志编辑委员会). 1987. 中国植物志(第六卷)[M]. 北京: 科学出版社.
11. 秦贺兰. 2007. 园林新秀蓝雪花[J]. 中国花卉园艺, 16: 24 – 25.
12. 王芳, 周兰英. 2011. 高山榕染色体制片优化及核型分析[J]. 西北植物学报, 31: 1573 – 1576.
13. 王海燕. 2008. 速生杨愈伤组织染色体制片技术[J]. 安徽农业科学, 36: 10895 – 10896.
14. 王红霞, 张光谋. 2008. 香水百合的核型变异研究[J]. 安徽农业科学, 36: 9019 – 9019.
15. 王胜, 张春发, 邓柳红, 等. 2010. 紫万年青的核型分析[J]. 基因组学与应用生物学, 29: 327 – 331.
16. 武欣, 梅树模, 郑丽, 等. 2007. 红白忍冬的染色体及核型分析[J]. 怀化医专学报, 09: 416 – 419.
17. 杨宁, 谈永霞, 李巧峡, 等. 2012. 百里香染色体制片优化及核型分析[J]. 草业学报, 21: 184 – 189.
18. 叶剑秋. 2008. 小庭园植物推荐蓝雪花[J]. 园林, 5: 51.
19. 张健, 郭军辉, 陈雄庭, 等. 2012. 木薯叶片染色体制片技术研究[J]. 热带作物学报, 33: 20 – 23.
20. 周洲, 顾曙余. 2010. 核型分析实验中的图像处理[J]. 生物学杂志, 27: 95 – 96.

耐冬山茶染色体核型分析*

王 翔[1]　孙太元[1]　王奎玲[3]　刘庆华[3]①　王爱毅[2]
（[1]烟台市林业科学研究所，[2]龙口市环保局，烟台 264000；[3]青岛农业大学园林与林学院，青岛 266109）

摘要　耐冬山茶［*Camellia japonica*（Naidong）］作为山茶属最北缘分布种群，具有极强的耐寒性，是园林中不可多得的花卉种质资源。本文以耐冬山茶根尖为试材，用染色体常规压片法对耐冬山茶进行了核型分析，并对其染色体制片技术的取样时间、解离时间进行了研究，结果表明：耐冬山茶根尖取样时间以上午 11：00～12：00 为佳，在 1mol/L 盐酸 60℃恒温水浴中解离 12min，改良石炭酸品红染色液染色 10min，制片效果最好。耐冬山茶染色体数目为 2n＝2x＝30，其核型公式为 2n＝2x＝30＝20m（2sat）＋ 6sm（2sat）＋4st，最长与最短染色体长度比为 2.25，平均臂比值为 1.72，臂比值大于 2∶1 的染色体占全部染色体的比例为 20%，属于 2B 型，核型不对称系数（As. K. %）为 60.73%。

关键词　耐冬山茶；染色体；核型分析

Studies on Karotype Analysis of *Camellia jaoponica* L.

WANG Xiang[1]　SUN Tai-yuan[1]　WANG Kui-ling[3]　LIU Qing-hua[3]①　WANG Ai-yi[2]
（[1]*Yantai Institute of Forestry Science*；[2]*Longkou Environmental Protection Agency*，*Yantai* 264000；
[3]*Qingdao Agricultural University*，*Qingdao* 266109）

Abstract　*Camellia japonica*（Naidong） as the northern margin of the distribution of *Camellia*， has extremely cold-resistance. It is a rare flower germplasm resources in the garden. The roots of *Camellia japonica*（Naidong） were used as experimental materials to study the karotypes analysis with conventional pressed disc method. And the sampling time and hydrolysing time on the chromosome squashing techique were also studied. The main results were as follows：The optimal sampling time of roots was 11：00－12：00am， and the roottips were hydrolysed with 1mol/L HCL for 12min at 60℃ and stained with modified phenol fuchsin solution，With this method a very good effect could be obtained. The chromosome number of *Camellia japonica*（Naidong） was 2n＝2x＝30，and the karotype formulae was 2n＝2x＝30＝20m（2sat）＋6sm（2sat）＋4st. The ratio of the longest chromosome to the shortest one was 2.25，the mean ratio of arm was 1.72，and the arm ratio of chromosome more than 2∶1 accounted for approximately 20% of all arm ratio of chromosomes. The type of the karotype belonged to 2B. The asymmetrical karyotype coefficient was（As. K. %）was 60.73%.

Key words　*Camellia japonica*（Naidong）；Chromosome；Karotype analysis

耐冬山茶［*Camellia japonica*（Naidong）］是分布于青岛崂山及附近岛屿上的野生山茶种群以及由其衍生的栽培群体。作为中国山茶属植物最北缘分布及第三纪的残遗植物种群，耐冬山茶是北方地区唯一室外冬季开花的常绿植物，具有重要的生态价值和丰富的遗传多样性，以耐冬山茶为亲本进行杂交育种是培育山茶抗寒新品种的重要途径[1-3]。与杂交能否成功关系密切的部位是细胞核，而染色体是细胞核中的主要成分，对生物繁殖和遗传信息的传递具有重要意义。笔者对耐冬山茶的染色体进行核型分析，旨在了解其起源、演化，以期为耐冬山茶育种工作及品种分类提供理论参考。

* 基金项目：山东省农业良种工程项目（鲁科农字［2006］90 号）；山东省农业良种工程项目“胶东珍稀乡土树种良种繁育基地建设 2013lz097”。

① 通讯作者。Author for correspondence：刘庆华，男，青岛农业大学教授，E-mail：lqh6205@163.com。

1 材料与方法

1.1 试验材料

耐冬山茶种子采集于青岛市植物园，5月份将种子置于25℃恒温培养箱中培养，待耐冬山茶根尖长至2~3cm左右时，选取生长旺盛的根尖作试验材料，从上午9：00~12：00，每隔1h取1次根尖。每个取样时间设3次重复，以确定最佳取样时间。

1.2 试验方法

1.2.1 预处理

先将取下的根尖置于盛有0.05%秋水仙碱溶液的小烧杯中，常温浸泡处理4~6h。然后在卡诺式固定液（无水乙醇:冰醋酸=3:1 现用现配）中固定24h。最后转入70%的酒精中，置于4℃冰箱中保存备用。

1.2.2 解离

倒去70%的酒精，先用蒸馏水漂洗预处理好的根尖2~3次，再放入预热好的1mol/L盐酸中，在60℃恒温水浴中解离。解离时间设5个处理，分别为5min、8min、10min、12min和15min，然后再用蒸馏水漂洗2~3次。每个解离时间设3次重复，以确定适宜的解离时间。

1.2.3 染色压片

将漂洗好的根尖放在载玻片上，用吸水纸吸干水分，然后用刀片切下根尖顶端乳白色分生组织1~2mm，滴加1滴改良石炭酸品红染色液染色5min左右。盖上玻璃片，覆一层吸水纸，用镊子柄垂直敲打盖玻片，乳白色分生组织细胞即可铺成薄薄一层；然后用滤纸吸取多余的染色液，用铅笔的橡皮头轻轻敲打，使细胞和染色体分散开，以便于观察。

1.2.4 镜检摄影

在Olympus显微镜下仔细观察，选取30个左右分散较好的细胞进行染色体计数，以确定染色体数目。然后在Nikon显微镜下，寻找染色体轮廓清晰、染色适中、分散而不重叠的分裂中期相，用油镜进行显微摄影。

1.2.5 染色体核型分析

选取5个分散良好的细胞中期分裂相进行测定分析。核型分析按照李懋学、陈瑞阳的方法[4]得出核型数据。核型类型根据Stebbins的分类标准[5]划分。核型不对称系数（As. K. % =长臂总长/全组染色体总长×100%）计算，按Arano[6]的方法，比值越大，越不对称。染色体的相对长度系数（I. R. L.）的计算按Kuo[7]的方法。本试验着丝粒位置的命名方法，以Levan1964年着丝粒位置的确定的标准为准。利用Photoshop软件对耐冬山茶染色体进行配对和排列，绘制中期染色体形态图和核型图；利用Excel绘制核型模式图[8]。

2 结果与分析

2.1 取材时间

试验结果表明上午11：00~12：00是观察耐冬山茶根尖染色体数目的最佳取材时期，观察到的中期分裂相细胞所占比例较大，且分散良好，便于观察。分析原因：该时间段是耐冬山茶根尖细胞处于分裂高峰期，所以该时间段观察到的染色体分裂中期相较多。

2.2 解离时间

耐冬山茶解离10~12min时，根尖软化程度较好，其中以解离12min时，根尖软化程度最好，压片时细胞容易分离，染色体分散效果良好，分散背景清晰。分析原因：酸解液在解离12min时，较好地软化了细胞壁的纤维素和果胶质；解离5min、8min时，耐冬山茶根尖软化程度较差，细胞难以压散，观察时杂质较多，给观察造成了一定的困难；当解离时间15min时，观察细胞碎散，染色体过于分散，分析是由于解离时间过长，根尖软化过度，造成染色体丢失，给计数造成了困难。

2.3 染色体核型分析

按照染色体核型分析标准，通过计算得出耐冬山茶的染色体参数（详见表1），利用Photoshop软件对耐冬山茶染色体进行配对和排列，绘制出核型模式图和核型图。中期染色体形态图、核型模式图和核型图（详见图1至图3）。

表1 耐冬山茶染色体参数表

Table1 The chromosome parameters of *Camellia japonica* L.

染色体编号 No. of chromosome	染色体相对长度(%)（长臂+短臂=全长）Relative length(L+S=T)	臂比值 Arm ratio	类型 Type
1	6.02+3.81=9.83	1.58	m
2	5.89+2.24+1.05*=9.18	1.79	sm(sat)
3	5.22+3.64=8.86	1.43	m
4	4.43+4.15=8.58	1.07	m
5	4.35+3.70=8.15	1.18	m
6	4.05+3.82=7.87	1.06	m
7	5.21+2.27=7.48	2.30	sm
8	5.45+1.63=7.08	3.34	st

（续）

染色体编号 No. of chromosome	染色体相对长度(%)（长臂+短臂=全长）Relative length(L+S=T)	臂比值 Arm ratio	类型 Type
9	3.78+3.05=6.83	1.24	m
10	3.56+1.90+1.13*=6.59	1.17	m(sat)
11	4.78+1.36=6.14	3.51	st
12	3.21+2.34=5.55	1.37	m
13	3.03+2.15=5.18	1.41	m
14	2.95+1.56=4.51	1.89	sm
15	2.55+1.82=4.37	1.40	m

注：随体长度计入（* 表示两条染色体都为随体染色体）。

Note: the length of satellite nicluded in arms (* is chromosome with satellite).

根据耐冬山茶染色体参数表，可以得出：耐冬山茶染色体核型公式为 2n = 2x = 30 = 20m(2sat) + 6sm (2sat) + 4st。最长与最短染色体的长度比值为 2.25，臂比值大于 2∶1 的染色体占全部染色体的比例为 20%，因此，耐冬山茶的核型类型属于 2B 型。通过计算得出：耐冬山茶的核型不对称系数 As. K%（即核型中所有染色体的长臂总长与染色体组总长的百分比）为 60.73%，染色体相对长度变化范围在 4.37% ~9.83% 之间，平均臂比值为 1.72。

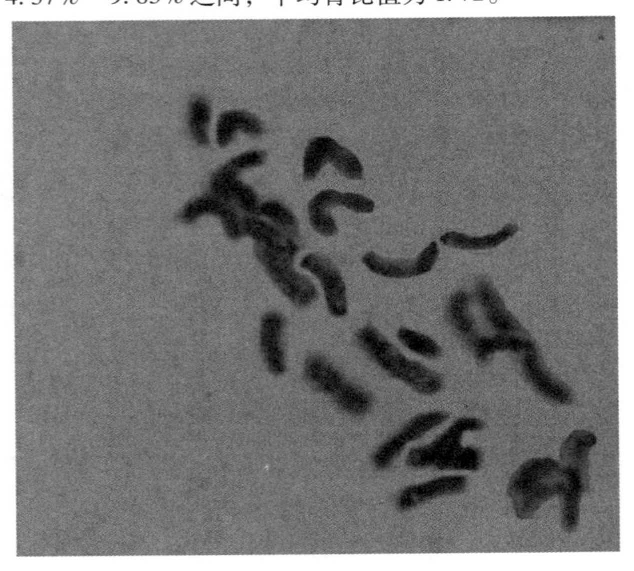

图 1　耐冬山茶中期染色体形态图

Fig. 1　The chromosome morphology in metaphase of *Camellia japocica* L.

从图 1 和图 2 中可以看出，耐冬山茶有两个染色体组，属二倍体类型，共有染色体 30 条，其中第 1、3、4、5、6、9、10、12、13、15 对，共计 9 对为中着丝点染色体；第 2、7、14 对，共计 3 对为近中着丝点染色体；第 8、11 对，共计 2 对为近端着丝点染色体。另外第 2、10 对染色体还具有随体。

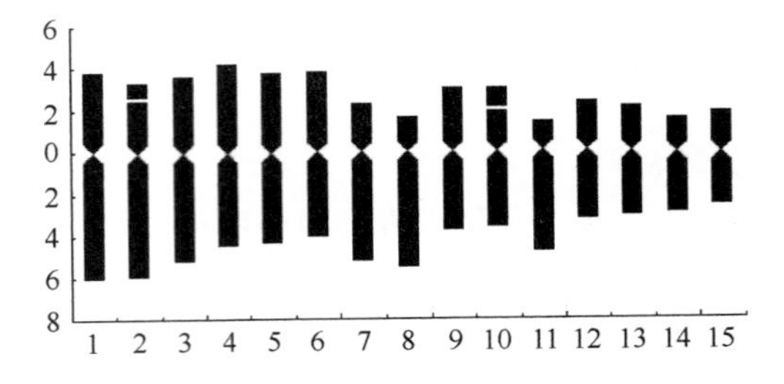

图 2　耐冬山茶核型模式图

Fig. 2　The karyotype idiogram of *Camellia japocica* L.

图 3　耐冬山茶核型图

Fig. 3　The karyotype of *Camellia japocica* L.

3　讨论

3.1　关于取材时间与解离时间

一般认为，任何时间取样压片都可以从正常的根尖中获得中期分裂相[9]，但如果分裂相所占比例很小，就很难得到较多且分散良好的细胞，影响观察效率和染色体计数。细胞处在分裂中期时染色体最容易观察，但分裂中期持续的时间很短。植物细胞染色体的分裂高峰期通常在上午的 8：00 ~10：00[10]。本试验得出耐冬山茶的最佳取材时间是 11：00 ~12：00，这可能是由于物种差异所致。

本研究中耐冬山茶根尖的解离时间以 10 ~12min 为宜，其中解离 12min 时效果最佳，压片时细胞容易分离，染色体分散效果良好，分散背景清晰，说明酸解液较好地软化了细胞壁的纤维素和果胶质。在解离 5min、8min 时，观察时杂质较多，分析是由于酸解液未能全部软化细胞壁的纤维素和果胶质，不能使细胞分散开，得不到清晰的细胞分裂相。当解离时间 15min 时，观察细胞碎散，染色体过于分散，分析是由于解离时间过长，根尖软化过度，造成染色体丢失。此外，解离后的根尖必须用蒸馏水冲洗干净，否则染色和观察比较困难。

3.2　关于染色体核型分析

一个种内的染色体，正常是三类染色体的数目为 m 型 > sm 型 > st 型。随体染色体的数目在 6 条以内，多为 2 ~4 条。Kondo[11]（1979）指出随体染色体对于茶树来说没有分类学价值。山茶属不同组间的种的核型较相似，总体变异不大，均为 Stebbins（1971）核型分类的 2A 或 2B 型，少数种和某些种的个别细胞核型出现 1A 或 1B 型。本试验结果表明耐冬山茶的核型属于2B型；核型的形态有m型、sm型和st型三种染色体类型，没有发现t型染色体，三类染色体的数目是m型 > sm型 > st型，在第2、10对上具有随体。这与已进行的山茶属核型研究结果基本一致。

3.3 关于核型的变异

李广涛等[12]在对山茶属4种2变种核型研究中指出：山茶属植物的核型，同种不同作者的研究结果不尽一致。另一方面，不同种之间具有相同的基本核型和完全不同的核型。本研究中耐冬山茶的核型与Guet等所研究的*C. japonica*（China）、*C. japonica*（Japan）、*C. japonica*（Korea）种是不一致的，有一定的差异，究其原因可能是由于不同生境条件下的长期演化，造成了耐冬山茶与这些种核型上的差异；而耐冬山茶与山茶属中的老黑茶（*Camellia atrothea*）拥有同样的核型：20m + 6sm + 4st。在山茶属植物的某些种上，在形态上既有区别又有交替，在地理分布上既有替代又有重叠，它们的核型也存在类似现象，究其原因可能是这些种与其近缘种之间尚未形成严格的地理隔离和生殖隔离之故，加之山茶属植物是异花授粉植物，在某些重叠分布地区，可能产生出各种中间类型的个体。

3.4 关于染色体结构的变异

山茶属植物核型中表现出的染色体结构变异主要有杂合性（Heterozygosity）和多态性（Polymorphism）两种。杂合性是指同源染色体的倒位（臂间）、易位、不等易位和重复的结构变异所造成两条同源染色体之间的长臂和短臂的相对长度和绝对长度及臂比不等。试验发现耐冬山茶的同源染色体间也在一定程度上存在杂合性。多态性是指不同居群间的核型变异以及同一居群不同个体所具有不同的细胞型或核型。目前栽培的耐冬山茶存在大叶、小叶、小乔木、灌木等若干表型，这些表型是否与它们的细胞型或核型之间有一定的相关性有待于进一步研究。

参考文献

1. 王奎玲，牟少华，刘庆超，等．部分耐冬山茶栽培品种的AFLP分析［J］．中国农业科学，2011，44（3）：651－656.
2. 王翔，刘庆华，王奎玲，等．耐冬山茶花粉活力和柱头可授性研究［J］．西南农业学报，2008，21（4）：1078－1080.
3. 符喆，王奎玲，刘庆超，等．耐冬山茶杂交育种初探［J］．西北农业学报，2012，21(9)：127－132.
4. 李懋学，陈瑞阳．关于植物核型的标准化问题［J］．武汉植物学研究，1985，3(4)：297－302.
5. Stebbins G. L，1971：Chromosomal evolution in higher plants［M］．London，Edward Amold Ltd.
6. Arano H. Cytological studies in subfamily carduoideae（Compositae）of Japan，IX. The karyo type analysis and phylogenetic consideration on pertya and ainsliea(2)［J］．Botmag-Tokyo，1963，76：32－39.
7. Kuo S R，Wang TT，Huang TC. Karyotype analysis of some formosan gymnosperm［J］．Taiwania，1972，17（1）：66－80.
8. 乔永刚，宋芸．利用EXCEL制作核型模式图［J］．农业网络信息，2006，10.
9. 李懋学，张赞平．作物染色体及其研究技术［M］．北京：中国农业出版社，1996.
10. 李国珍．染色体及其研究方法［M］．北京：科学出版社，1985，109－30.
11. Kondo，K. Cytological studies in cultivated species of CamelliaV［J］．Japan. J. Breed. 1979，29(3)：205－210
12. 李光涛，梁涛．中国山茶属4种2变种核型研究［J］．广西植物，1990，10(3)：189－197.

不同姜黄种质生物学特性及品质成分比较*

李丹丹　田奥磊　陈钦　刘建福①
（华侨大学园艺系，园艺科学与工程研究所，厦门 361021）

摘要　本研究以不同产地的8个姜黄种质为试验材料，通过观测不同姜黄种质在福建泉州地区的生长特征、根状茎特征、产量和姜黄主要活性成分含量的变化，分析评价不同姜黄种质的生物学特性和有效成分。结果表明，"GY01"的姜黄根状茎产量达35 kg·m^{-2}，总姜黄素含量为1.996 mg·g^{-1}；"GJHX"的姜黄根状茎产量为32.7 kg·m^{-2}，姜黄素含量达3.838 mg·g^{-1}。"GY02"、"GJHP"和"GY04"3份种质综合表现一般，仅适用于某些地区试种。"GY01"和"GJHX"综合表现较好，根状茎产量和总姜黄素含量均较高；可以在福建泉州地区进行推广种植。

关键词　姜黄；姜黄素；生长特性；品种评价；抗性

Comparision of Biological Characteristics and Active Ingredients in Germplasm of *Curcuma longa*

LI Dan-dan　TIAN Ao-lei　CHEN Qin　LIU Jian-fu
(*Department of Horticulture*, *Huaqiao University*, *Xiamen* 361021)

Abstract　There are significance difference in biological characteristics and active ingredients of different varieties of *Curcuma longa*. Character such as growth characteristics, disease resistance, yields and curcumin contents were analyzed and evaluated of *Curcuma longa*. The results showed that, "GY01" got the highest yield of 35 kg·m^{-2} and secend highest curcumin content of 1.996 mg·g^{-1}; and "GJHX" got the second highest yield of 32.7 kg·m^{-2}, which curcumin content was the highest, reaching 32.7 kg·m^{-2}. As a result, "GY02", "GJHP" and "GY04" of *Curcuma longa* got better comprehensive performance, respective, so all of them have a certain promotion prospects in Fujian Province. "GY01" and "GJHX" of *Curcuma longa* with better comprehensive performances such as higher yield and curcumin content, were suitable for planting in Quanzhou area of Fujian Province, and could be used in the production of developmental trial cultivars.

Key words　*Curcuma longa*; Curcumin; Growth characteristics; Germplasm evaluation; Resistance

姜黄（*Curcuma longa* L.）属姜科姜黄属多年生草本植物。全球约有70余种，主要分布于亚洲东南部、大洋洲北部（欧珍贵 等，2006；葛跃伟 等，2007）。中国产13种，分布于东南部至西南部（肖小河 等，2004）。姜黄属植物是一个集药用、观赏、香料等用途为一体的重要属，多为热带球根花卉，其肉质芳香的根茎或块根可作药用；其花形奇特，花序形如宝塔，苞片艳丽多姿，具有很高的观赏价值，适于园林中花坛、花境、岩石园、地被或公园栽植。姜黄属许多种类已在泰国及东南亚一些国家广泛应用，是适于产业化生产的花卉类群之一（葛跃伟 等，2007）。姜黄含有的活性成分主要包括姜黄素类化合物和挥发油类化合物，具有抗氧化、抗肿瘤、治疗Ⅱ型糖尿病、抑制血栓形成、治疗抑郁症、清除自由基、抗微生物以及对消化系统等方面的药理作用（郑玉强 等，2011；张印辉 等，2013）。姜黄素是一种安全并且有效的具有多种药理活性的药物，可作为抗突变剂和抗癌剂，美国国立肿瘤研究所已将其列为第三代癌化学预防药（刘红艳 等，2012）。

目前，姜黄植物种质研究主要包括种质资源评价

* 基金项目：国家自然科学基金项目（31101512），中央高校基本科研业务费专项基金项目（JB－ZR1151），泉州市科技计划项目（2014Z111）。

① 通讯作者。男，博士，副教授，硕士生导师，从事植物生理生态及细胞代谢调控研究。E－mail：jianfu@hqu. edu. cn。

(庞新华 等，2014)、规范化种植方法(何寻阳 等，2007；黄锦媛 等，2007；李青苗 等，2009)，有效成分比较(黄惠芳 等，2009；宋玉丹 等，2014)、次生代谢调控生理特性(刘建福 等，2014a；刘建福 等，2015；杨晨 等，2014)以及相关基因功能研究(刘建福 等，2014b)等方面。由于市场上姜黄产品大多简单地以产地进行区分，姜黄同科属近缘植物较多，产地种植品种也多样，结果同一产地的产品质量并不稳定，选取优良品种需要按规范进行栽培，才能保证姜黄的品质(梁立娟 等，2012)。本文通过引进不同产区姜黄种质进行分析评价，对不同姜黄种质的生物学特性、姜黄素类化合物含量和产量品质等的变化，筛选出产量和姜黄素含量等综合性状优良的姜黄种质，为福建姜黄产区的示范推广种植提供理论依据。

1 材料与方法

1.1 试验地概况

试验地位于福建省泉州市台商投资区洛阳镇西塘村的泉州市现代农业科技园区生产基地，E 118°38′~119°05′，N 24°49′~25°15′。试验基地所在地区属南亚热带海洋性季风气候，年均降雨量 1000~1800mm，干、湿季分明，3~9 月降水量占全年的 80%；全年平均气温为 19.5~21.0℃，≥10℃ 的有效积温为 5610~7250℃；年日照时数为 1800~2200h，全年无霜期长，基本无霜。试验地为壤土类型，微酸性，富钾缺磷，复合肥力中等，排灌方便。

1.2 设计方法

供试材料购自于广西南宁、四川成都、浙江温州和福建龙岩等产地，8 个姜黄种质编号分别为：GY01、GY02、GY03、GY04、GJYX、GJHP、GJQS 和 GJHX。分别于 2013—2015 年在泉州市现代农业科技园区生产基地种植；采用随机区组设计，8 个种质，3 次重复，共 24 个小区，每个小区面积为 4m×6m=24m^2，小区隔离行 0.5m；行距 70cm×株距 45cm、每穴 1 块姜黄、每小区 54 穴。种植前将发酵沤制的基肥放入种植穴，姜黄根茎芽头朝上，覆土 6~10cm。采用喷灌系统进行水分管理，其他田间管理参照按黄锦媛等的栽培管理方法。

1.3 生物学特性观察与测定

从姜黄出苗开始，每隔 15d 观察 1 次，记录植株生长情况。9 月中旬至 10 月中旬，植株地上部分茂盛时，测量姜黄单株的叶片大小、株高和长势等生长特性；统计开花时期；观察记载各小区植株叶片的病虫害发生情况。次年 2 月药材采收期时，称量姜黄单株根状茎和块根数鲜重，统计根状茎大小、剖面颜色和分蘖级数等与产量相关的产量性状，计算出小区平均产量。

1.4 姜黄素含量测定

精确称量新鲜姜黄块茎 0.5g，液氮研磨，用 10ml 80% 的分析甲醇超声提取 60min，40℃ 下旋转蒸干甲醇，后加入 1ml 色谱甲醇溶解，在 4℃ 下 10000rpm 离心 20min，上清液用 0.22μm 过滤后进样检测。色谱条件：色谱柱为 Inertsil-ODS C18(250×4.6mm，5μm)；流动相：乙腈(A)，0.2% 乙酸(B)；流速：1.0ml·min^{-1}；检测波长：425nm；柱温：30℃；进样量 100μl。采用梯度洗脱，0~15min，53%~60% A；18min end。以对照品溶液姜黄素类浓度为横坐标(X)，峰面积为纵坐标(Y)进行线性回归分析，得到姜黄素类标准曲线方程。双去甲氧基姜黄素标准曲线回归方程 Y=266434 X-707.92(R^2=0.9981)，去甲氧基姜黄素标准曲线方程 Y=200960 X-400.8(R^2=0.9981)，姜黄素标准曲线方程 Y=276182 X-663.52 (R^2= 0.9981)。

1.5 数据分析

采用 Excel 2007 进行数据整理，SPSS 18.0 统计软件进行数据统计分析，采用单因素方差分析(one-way ANOVA)和 Duncan 法进行多重比较及差异显著性分析，图表数据均为 3 次重复的平均值±标准偏差。

2 结果与分析

2.1 不同姜黄种质的生长特征比较

从表 1 可以看出，8 个姜黄种质的生长势、株高、叶片特征和花部特征均存在差异。经过 3 年田间栽培观察发现，引种的 8 个姜黄种质叶片均呈矩圆形或椭圆形，叶片两边皆无毛；叶片长度为 40~75cm，叶片宽度为 12~20cm，叶鞘高度为 30~66cm；在花期结束后 10 月上旬姜黄种质大部分叶片边缘开始变黄，植株停止生长，植株于 12 月中下旬倒伏，或变黄变枯。8 个姜黄种质均出现开花，花期集中在 9 月上旬至 10 月中旬，最长时间相差 1 个月左右；姜黄花均为穗状花序，苞片为 30~60 片，苞片内生黄色小花 3~6 朵，顶端苞片颜色为紫红色、白色粉红边、红色、绿色、白色红边等。姜黄根茎和块根采收期为当年 12 月至次年 1 月。综合整个生长期观察发现，8 个姜黄种质中，“GY01”和“GJHP”的长势较好，植株高大且较少叶片干枯；“GJYX”和“GJQS”的长势差，植株矮小且叶片枯黄情况严重；“GJHX”长势较弱，植株矮小且有部分叶片干枯。

表1 不同姜黄种质的形态特征比较

Table 1 Comparison of morphological characteristics in different germplasm of *Curcuma longa*

编号 Code	生长势 Growth	株高 Plant height (cm)	叶片特征 Leaf characteristics	开花期与花部特征 Flowering stage and floral characteristics
GY01	长势良好	130～150	长58～75cm，宽13～19cm，叶鞘高度40～66cm；10月上旬少部分叶片边缘干枯	开花时间为9月上旬；穗状花序，苞片50～60片，一个苞片内生4～6朵黄色小花，顶端苞片紫红色
GY02	长势较好	120～150	长47～56cm，宽12～18cm，叶鞘高度33～45cm；10月上旬整体叶片枯黄	开花时间为9月下旬；穗状花序，苞片40～50片，一个苞片内生3～5朵黄色小花，顶端苞片白色粉红边
GY03	长势中等	102～131	长45～55cm，宽15～18cm，叶鞘高度32～48cm；10月上旬部分叶边缘枯黄	开花时间为9月上旬；穗状花序，苞片45～55片，一个苞片内生4～5朵黄色小花，顶端苞片白色红边
GY04	长势中等	106～127	长48～69cm，宽12～19cm，叶鞘高度34～46cm；10月上旬少部分叶片边缘干枯	开花时间为9月下旬；穗状花序，苞片40～50片，一个苞片内生3～5朵黄色小花，顶端苞片白色红边
GJYX	长势弱	86～117	长46～62cm，宽14～17cm，叶鞘高度35～53cm；10月上旬大部分叶片整体枯黄	开花时间为9月下旬；穗状花序，苞片30～40片，一个苞片内生3～5朵黄色小花，顶端苞片白色粉红边
GJHP	长势良好	131～162	长56～71cm，宽15～18cm，叶鞘高度34～59cm；10月上旬少部分叶片边缘枯黄	开花时间为9月下旬；穗状花序，苞片50～65片，一个苞片内生4～6朵黄色小花，顶端苞片红色
GJQS	长势较弱	95～121	长45～71cm，宽14～20cm，叶鞘高度34～48cm；10月上旬整体大部分叶片枯黄	开花时间为10月上旬；穗状花序，苞片40～50片，一个苞片内生3～5朵黄色小花，顶端苞片粉红色
GJHX	长势中等	81～102	长40～54cm，宽13～19cm，叶鞘高度30～41cm；10月上旬有部分叶片干枯	开花时间为10月中旬；穗状花序，苞片45～50片，一个苞片内生3～5朵黄色小花，顶端苞片绿色

2.2 不同姜黄种质的抗病能力差异

抗病性是药用植物评价的重要部分。连续3年田间观察发现，每年10月份有些姜黄种质植株叶片会出现病斑，表现出不同的抗病性。8个姜黄种质中“GY01”、“GY02”、“GY03”和“GJQS”在整个生长期中叶片均无出现病斑症状，也没有其他病虫害发生，表现出较强的抗病虫害能力；“GJYX”和“GJHP”在10月下旬开始出现叶片表面有病斑，11月上旬有少数植株叶片有病斑，表现出一定的抗病性；“GJHX”和“GY04”在10月中旬叶片表面开始出现病斑，11月上旬有50%以上植株叶片出现病斑，抗病虫害能力弱，表现出容易感病。

2.3 不同姜黄种质根状茎特征及产量比较

姜黄植物的根状茎和块根分别作为药材的“姜黄”和“郁金”。姜黄产量取决于根状茎数量和根状茎的分级数。由表2可以看出，8个姜黄种质的根状茎产量为18.1～35.0kg·m^{-2}，种质间产量存在显著差异。“GJYX”、“GJQS”、“GJHX”、“GJHP”和“GY01”的产量显著高于“GY02”、“GY03”和“GY04”，其中“GY01”产量为最高，达到35kg·m^{-2}。根状茎的产量与分枝数量有关，“GY01”、“GY04”和“GJQS”为4级分枝，“GY04”各级形态较小，根状茎的产量也就最低。

不同姜黄种质中的块根(郁金)数量和大小也存在显著差异。其中，“GY03”块根数量最多，呈卵形或纺锤形，表面灰黄有细密皱纹，质地坚硬；比较适宜加工成郁金作为药材用。而“GJHP”、“GJQS”和“GY04”有少量块根生成。不同姜黄种质的根状茎剖面颜色存在明显差别，从黄白色到深黄色；通过观察发现深黄色的姜黄特有的气味浓，浅黄色的气味淡；这与姜黄素含量密切相关，姜黄素为姜黄的主要活性成分，姜黄素含量越高，其剖面金黄色越深(黄惠芳等，2009)。由表3可知，“GJHX”剖面为深黄色，颜色最深；而“GY02”为黄白色，可见“GJHX”姜黄素含量最高，“GY02”姜黄素含量最低。

表 2 不同姜黄种质根状茎特征及产量比较

Table 2 Comparison of rhizomes characteristics and yields in different germplasm of *Curcuma longa*

编号 Code	鲜产量 Fresh yield （kg·m⁻²）	分蘖级数 Tiller progression （级）	根状茎长度 Rhizome length （cm）	根状茎周长 Rhizome perimeter （cm）	根状茎重量 Rhizome weight （g）
GY01	35.0 a	4	9.87	16.59	116.36
GY02	23.7 b	4	10.37	13.86	89.69
GY03	20.4 b	4	12.28	16.95	181.2
GY04	18.1 b	4	9.58	12.04	67.87
GJYX	29.0 a	4	10.78	12.44	90.8
GJHP	32.7 a	3	9.75	14.25	92.61
GJQS	30.4 a	4	10.13	13.07	76.53
GJHX	31.2 a	4	8.28	12.01	54.28

表 3 不同姜黄种质根状茎剖面颜色

Table 3 Profile color in different germplasm of *Curcuma longa*

表 4 不同姜黄种质根状茎中姜黄素类化合物含量比较

Table 4 Comparison with curcuminoids content in rhizomes of different germplasm of *Curcuma longa*

编号 Code	双去甲氧基姜黄素 Bisdemethoxycurcumin （$mg \cdot g^{-1}$ FW）	去甲氧基姜黄素 Demethoxycurcumin （$mg \cdot g^{-1}$ FW）	姜黄素 Curcumin （$mg \cdot g^{-1}$ FW）	总姜黄素 Total curcumin （$mg \cdot g^{-1}$ FW）
GY01	0.333 ± 0.008 b	1.266 ± 0.022 a	0.388 ± 0.013 c	1.996 ± 0.014 b
GY02	0.025 ± 0.002 c	0.213 ± 0.010 b	0.347 ± 0.003 c	0.584 ± 0.021 c
GY03	0.048 ± 0.001 c	0.399 ± 0.013 b	0.306 ± 0.010 c	0.754 ± 0.025 c
GY04	0.089 ± 0.002 c	0.303 ± 0.003b	0.722 ± 0.007 b	1.113 ± 0.010 bc
GJYX	0.103 ± 0.001 b	0.321 ± 0.034 b	0.801 ± 0.021 b	1.224 ± 0.128 bc
GJHP	0.152 ± 0.006 b	1.124 ± 0.034 a	0.644 ± 0.035 b	1.920 ± 0.019 b
GJQS	0.019 ± 0.001 c	0.410 ± 0.002 b	0.215 ± 0.010 c	0.644 ± 0.011 c
GJHX	1.033 ± 0.001 a	1.488 ± 0.018 a	1.317 ± 0.006 a	3.838 ± 0.023 a

2.4 姜黄根状茎中姜黄素类化合物含量比较

姜黄的有效成分主要包括双去甲氧基姜黄素、去甲基姜黄素和姜黄素，统称为姜黄素类化合物。由表4可知，8个姜黄种质的姜黄素和去甲基姜黄素含量均高于双去甲氧基姜黄素含量，总姜黄素含量主要由姜黄素和去甲基姜黄素组成。8个种质中“GJHX”总姜黄素含量为最高，且其双去甲氧基姜黄素、去甲基姜黄素和姜黄素含量均显著高于其他种质；“GY03”、“GY04”和“GJQS”总姜黄素含量为最低，其双去甲氧基姜黄素、去甲基姜黄素和姜黄素含量均显著低于其他种质。“GJHX”的总姜黄素含量比“GY04”增加

5.57 倍。因此，不同种质的姜黄素含量存在显著差异。

3 结论与讨论

不同产地来源的姜黄种质，栽培在同一环境下，其形态特点存在一定的差异。庞新华等(2014)研究表明姜黄属植物前期生长势、株高、分蘖数与产量有一定的相关性；前期生长势快，分蘖数大，株高高，其产量有呈现出高产的趋势；分蘖时间早，其姜黄素和姜黄油含量高。姜黄主要分布在我国东南至西南部，生产区域为江苏、浙江、福建、广东、广西、四川、云南等地，均属于亚热带季风气候类型。叶世芸等(2012)研究表明具热量充足、雨量充沛、雨热同季、干湿季节明显的气候特征，极适宜姜黄药材生长，姜黄药材其中姜黄素含量较高为3.27%，品质较好。李隆云等(2000)研究表明郁金的适宜气候区为6～12月降雨量为650～850mm，日照时数为650～850h，积温为3800～4400℃，海拔为低于1000m的区域。何寻阳等(2007)研究表明，在石灰土上栽培的温郁金具有较长的生长期和较高的生物量，莪术中莪术油含量高于栽培在酸性红壤土。这与福建泉州地区的气候条件基本符合[11]。本研究表明8个姜黄种质中，“GY01”和“GY02”长势较好，植株高大且较少叶片干枯；且“GY01”和“GY02”在整个生长期中叶片均无出现病斑症状，也没有其他病虫害发生，表现出较强的抗病虫害能力；适宜福建省泉州地区的生产栽培。

姜黄生产上采用根状茎进行繁殖，根状茎的质量直接影响着姜黄种苗的生长和产量。张雪等(2013)研究表明，姜黄种姜的长粗重是姜黄种姜质量的分级标准，不同等级的姜黄植株生长情况及姜黄药材产量均有差异，且姜黄种姜越粗壮，植株成活率越高，生长越好，产量越高。李青苗等(2009)研究表明黄丝郁金的种茎直径和质量大，植株地上部生长更健壮，地上部干物质积累量高，药材郁金产量也最高。本研究中“GY01”根状茎粗、产量高且姜黄素含量也较高，“GJHX”根状茎细、一级分蘖数多、根状茎产量较高，且姜黄素总含量高于其他种质。因此，“GY01”和“GJHX”根状茎符合姜黄种姜的标准。

综合姜黄种质药用特性、生长适应性、根状茎产量和抗逆性等4个方面进行评价，本研究表明“GY01”植株高大、长势良好、抗病强、根状茎产量高且姜黄素含量也较高，综合评价为优良；“GJHX”植株矮小、一级分蘖数多、根状茎产量较高且姜黄素含量高于其他姜黄种质，综合评价为优良；因此，“GY01”和“GJHX”2个姜黄种质的综合评价达到优良，可在福建省泉州地区进行推广种植。而“GJHP”株型高大、产量和姜黄素含量等综合性状在实验区域表现较好，可进一步进行推广试种和示范。“GY04”、“GY02”和“GJQS”综合表现一般，其中“GY02”虽抗病能力差但植株长势良好，可通过筛选和培育不抗病单株来提高种质性能。“GY02”种质的姜黄素含量低，但块根产量高，可做郁金药材用。“GJYX”综合评价表现一般，需进一步在不同的区域开展实验。

福建省是中药材的种植区，具有独特的区位优势，也是地道姜黄药材的主产区之一。利用姜黄中药材高产值和福建生物医药产业经济，立足于福建省优越的自然、土地、劳动力资源和种植技术优势，规范中药材种植和基地建设；加强引种驯化和培育创新姜黄优良种质，推广姜黄种植和加工技术；形成福建地道药材品牌，从而带动姜黄深加工产业的发展，实现姜黄产业跨越式发展，形成极具福建特色的经济新增长点。

参考文献

1. 葛跃伟，高慧敏，王智民. 2007. 姜黄属药用植物研究进展[J]. 中国中药杂志，32(23)：2461－2467.
2. 何寻阳，曹建华，卢玫桂. 2007. 不同土壤环境对温郁金栽培的影响研究[J]. 中国生态农业学报，15(5)：98－101.
3. 黄惠芳，黄锦媛，石兰蓉，等. 2009. 几个姜黄品种有效成分及生物学特性差异比较[J]. 中国种业，(10)：39－41.
4. 黄锦媛，庞新华，周全光，等. 2008. 姜黄不同品种生长势比较试验[J]. 中国种业，(3)：34－35.
5. 黄锦媛，庞新华，周全光，等. 2007. 姜黄的规范化种植[J]. 广西热带农业，(3)：37－38.
6. 李隆云，宋红，张艳. 2000. 黄丝郁金适宜气候条件[J]. 时珍国医国药，11(2)：185－186
7. 李青苗，张美，周先建，等. 2009. 不同规格种茎对黄丝郁金产量和质量的影响[J]. 中国中药杂志，34(5)：542－543.
8. 梁立娟，庞新华，黄慧芳，等. 2012. 固定栽培模式下年度间不同姜黄品种品质比较[J]. 农业研究与应用，139：8－11.
9. 刘红艳，王海燕，叶松. 2012. 姜黄素药理作用及其机制研究进展[J]. 中国现代医学杂志，22(6)：48－51.
10. 刘建福，范燕萍，王明元，等. 2014a. 发光二极管不同光质对姜黄光合特性和姜黄素含量的影响[J]. 生态学杂志，33(3)：631－636.
11. 刘建福，钟书淳，王明元，等．2014b. 姜黄苯丙氨酸解氨酶基因的克隆与序列分析[J]．中草药，2014，45(21)：3141－3148.
12. 刘建福，王明元，唐源江，等．2015. 水杨酸和一氧化氮对姜黄生长及次生代谢产物的影响[J]．园艺学报，42(4)：741－750.
13. 欧珍贵，刘凡值，李家兴，等．2006. 姜黄资源概况及其开发利用[J]．贵州农业科学，34(4)：126－127.
14. 庞新华，何新华，周全光，等．2014. 姜黄种质资源的保存及其主要性状评价[J]．热带作物学报，35(6)：1047－1055.
15. 宋玉丹，王书林，余弦．2014. 犍为姜黄不同采收期姜黄素类成分差异探析[J]．亚太传统医药，10(18)：6－7.
16. 肖小河，钟国跃，舒光明，等．2004. 国产姜黄属药用植物的数值分类学研究[J]．中国中药杂志，29(1)：15－24.
17. 杨晨，刘建福，王明元，等．2014. NaCl 胁迫对姜黄组培苗生理特性的影响[J]．生态学杂志，33(2)：388－393.
18. 叶世芸，苏彦雷，黄勇其，等．2012. 贵州南、北盘江地区姜黄属植物中姜黄素类化合物含量对比研究[J]．安徽农业科学，40(12)：7058－7060.
19. 张雪，王钰，陈大霞，等．2012. 姜黄种姜分级标准研究[J]. 种子，32(10)：12－14.
20. 张印辉，孙宁．2013. 姜黄多种生物活性及其机制的研究进展[J]．中国医药指南，11(9)：441－442.
21. 郑玉强，邓立普．2011. 姜黄素药理作用研究进展[J]．辽宁中医药大学学报，13(2)：212－214.

广州木棉种质资源遗传多样性 SSR 分析

王 伟　倪建中　贺漫媚　张继方　代色平
（广州市林业和园林科学研究院/广州市景观建筑重点实验室，广州 510405）

摘要　本研究利用 SSR 标记对 100 个广州木棉单株进行木棉遗传多样性分析，目的是研究广州地区木棉在遗传多样性水平上的差异和分化情况。结果表明，从 99 对木棉 SSR 标记种筛选出 11 对具有多态性的引物，共检测出 37 个多态性位点，每对引物的等位变异为 2～6 个，平均为 3.23 个；木棉群体的 Ne 变化范围为 1.0～3.1591，平均值为 1.8954，居群间的 Shannon 信息指数(I)为 0.6868，Nei's 基因多样性指数(He)为 0.4175。根据 UPGMA 分析，基于遗传距离 0.416 处将 100 份材料分为 5 大类群，结果表明，广州木棉亲缘关系与采集地和表型无显著相关性。

关键词　木棉；种质资源；遗传多样性；SSR

Genetic Diversity Analysis on *Bombax ceiba* in Guangzhou Based on SSR Markers

WANG Wei　NI Jian-zhong　HE Man-mei　ZHANG Ji-fang　DAI Se-ping
(*Academy of Forestry and Gardening of Guangzhou/ Municipal Key Laboratory of Landscape Architecture*，*Guangzhou* 510405)

Abstract　To reveal difference and characteristics of *Bombax ceiba* in Guangzhou on the level of genetic diversity. SSR molecular markers technique were used to study genetic diversity of 100 single individual plants. The result showed that 37 alleles were detected using 11 polymorphic SSR primers among the 100 accessions. 2 to 6 alleles were indentified among different loci and the average number of alleles per marker across genotypes was 3.23. Total Nei's genetic diversity index varied greatly from 1.0 to 3.1591, with an average of 1.8954. The Shannon's information(I) and the average index of Nei's genetic diversity(He) were 0.6868 and 0.4175 respectively. The 100 single individual plants were divided into 5 groups at the threshold of 0.416 based on genetic distance, showed that the genetic distance was no significantly difference with the geographic latitude and phenotype of *Bombax ceiba*.

Key words　*Bombax ceiba*；Germplasm resources；Genetic diversity；SSR

木棉(*Bombax ceiba*)，木棉科(Bombacaceae)木棉属(Bombax)植物。木棉科约有 20 属 180 种，广泛产于热带及南亚热带地区。其中木棉属种类最多，约 50 多种，主要分布于热带美洲，少数分布于热带亚洲、非洲和大洋洲。木棉在广州地区花色差异较大，主要有深红色、橘红色、橙黄色和黄色，在花期上个体差异也很大，早花的个体比晚花的个体初花期相差 40 天左右。花量差异大，观赏效果差异也很大，有的个体花期满树皆花，有的个体寥寥数朵花，有的花期仅有花没有叶，观赏效果好，有的却夹杂大量叶片，观赏效果差。以上现象表明广州木棉有丰富的种质资源。张继方等(2013)对广州木棉资源进行调查也发现木棉种质资源丰富，花色多样，观赏价值高。Chaturvedi 和 Pandy 通过树高、胸径等 10 个特征的马氏距离分析，对印度东部 6 个不同气候带、30 个木棉种质选系的遗传分化进行了研究，认为木棉居群存在丰富遗传变异(Chaturvedi *et al.*，2001)。汪书丽等(2007)采用 ISSR 标记研究云南干热河谷地区木棉居群的遗传多样性，表明木棉具有较高水平遗传多样性，而居群间的遗传分化较低，且对环境依赖性性小，有较好的适应性。田斌等(2013)通过磁珠富集法开发了 9 条木棉 SSR 引物，以期为木棉遗传多样性和种质资源研究奠定基础。2015 年，彭莉霞等对广东省木棉种质资源进行了 ISSR 遗传多样性分析，结果表明：广东省木棉种质资源具有较高的遗传多样性。

遗传多样性研究是植物种质资源保护和开发利用的基础，同时对新品种选育具有重要的指导意义。物种遗传多样性的研究通常基于遗传标记的多态性。SSR 分子标记技术因为其多态性好、结果稳定、操作简单、经济可靠等优点被广泛用于物种遗传多样性的研究。为此，本研究利用本课题组自主开发的 SSR 引物和已公开发表的部分 SSR 引物，对广州市木棉进行遗传多样性分析，以期为木棉种质资源研究、利用和新品种选育提供更多的依据。

1 材料与方法

1.1 参试材料

采集新鲜木棉叶片(表 1)，液氮速冻，-80℃低温保存，备用。

表 1 参试木棉及来源

Table1 Accession name and source of germplasms materials

实验编号	登记号	东经	北纬	株高(m)	胸径(cm)	花色	地点
1	20130313001	113°27′	23°14′	12	56	橘红	麓湖公园麓湖碑
2	20130313002	113°23′	23°14′	16	68	深红	环市西路 9-1
3	20130313003	113°22′	23°12′	18	69	深红	珠江桥脚立交
4	20130313004	113°22′	23°12′	15	57	橘红	荔湾湖公园海山仙馆门前
5	20130313006	113°22′	23°12′	14	62	橘红	荔湾湖公园游船码头
6	20130313007	113°16′	23°75′	9	26.3	橙黄	陵园西路路两侧
7	20130313009	113°16′	23°76′	8	27.5	橘红	陵园西路路两侧
8	20130313010	113°27′	23°12′	15	82	橘红	中山三路英雄广场
9	20130313012	113°27′	23°12′	8	26.5	橙黄	中山三路英雄广场
10	20130313017	113°25′	23°13′	20	100	深红	中山纪念堂
11	20130316A003	113°35′	23°15′	17	103	橘红	南海神庙后面
12	20130316A005	113°35′	23°21′	17	132	红	南海神庙
13	20130316A007	113°38′	23°24′	20	75	橙黄	01070086 金花古庙门口塘边
14	20130316001	113°27′	23°16′	11	53.4	橘红	广园中路 428 号
15	20130316003	133°28′	23°11′	8	35	橘红	东山湖门
16	20130316004	133°28′	23°12′	9	40	深红	东山湖湖边(有棵紫荆)
17	20130316005	133°28′	23°12′	10	80	深红	东山湖警务室墙角
18	20130316007	113°28′	23°11′	10		深红	东山湖五拱桥头
19	20130316009	133°28′	23°11′	10	64	深红	东山湖正门右边湖边
20	20130316010	133°27′	23°09′	11	50	橘红	晓港公园入口右侧(20m)
21	20130316011	133°27′	23°09′	10	39	橘红	晓港公园桥头右侧
22	20130316012	133°′7′	23°10′	11	39.7	深红	晓港公园门口第 2 株
23	20130316014	133°27′	23°09′	10	37	深红	晓港公园湖边
24	20130316016	133°30′	23°10′	9	28	橙黄	二沙岛
25	20130316017	133°30′	23°10′	9	21.6	橙黄	二沙岛
26	20130316018	133°30′	23°11′	9	24	橘红	二沙岛
27	20130316019	133°30′	23°11′	8	19.5	橘红	二沙岛
28	20130318A001	133°29′	23°17′	21	71	深红	电影公司越秀中路
29	20130318A002	133°28′	23°18′	16	77	深红	电影公司红楼前
30	20130318A003	133°28′	23°19′	24	93	红	越秀中路 125 号
31	20130318A005	133°29′	23°20′	24	81	深红	越秀中省演出公司文艺四栋前
32	20130318A007	133°28′	23°18′	25	100	深红	广州图书馆
33	20130318A013	133°28′	23°21′	26	103	橘红	越秀府前路
34	20130318A014	133°27′	23°19′	32	99	深红	01010072
35	20130318A015	133°29′	23°19′	20	149	深红	人民公园西北角

（续）

实验编号	登记号	东经	北纬	株高（m）	胸径（cm）	花色	地点
36	20130318A017	133°28′	23°18′	26	71.5	深红	迎宾馆
37	20130318A022	133°28′	23°19′	20	134	橘红	光孝寺
38	20130318001	133°27′	23°18″	8	27.6	橙黄	云溪公园
39	20130318002	133°28′	23°22″	12	53	深红	广东外语外贸大学右门口
40	20130318003	133°28′	23°20′	12	49	橘红	广东外语外贸大学左门口
41	20130318004	133°28′	23°20′	12	37.5	橙黄	外语大学校内左侧最右侧
42	20130318005	133°28′	23°20′	11	31.7	橘红	外语大学校内右侧
43	20130318006	133°28′	23°20′	12	46	橘红	外语大学校内
44	20130318007	133°30′	23°09′	12	57	橙黄	客村立交对面
45	20130318009	133°26′	23°15′	11	48.4	橘红	广州白云公证处
46	20130318011	133°26′	23°16′	12	8	橘红	广州城市职业学院
47	20130318012	133°26′	23°16′	12	31	橘红	广园客运站
48	20130318013	133°27′	23°16′	12	63	深红	永通驾校墙角
49	20130319A001	113°65′	23°65′	21	68	橘红	01110261
50	20130319A002	113°55′	23°32′	15	56	橙黄	从化温泉镇
51	20130319A004	113°26′	23°65′	17.6	111	红	温泉镇卫东村
52	20130319A005	113°26′	23°55′	19.8	89	深红	温泉镇南平村
53	20130319001	113°26′	23°15′	16.8	39.6	橙黄	广州市雕塑公园
54	20130319002	113°26′	23°15′	15.2	45.5	深红	广州市雕塑公园
55	20130319003	113°26′	23°15′	22.4	48	深红	广州市雕塑公园
56	20130319004	113°24′	23°′10′	15.7	94	橘红	人民桥头
57	20130319005	113°25′	23°11′	19.2	96	深红	广州国际服装展贸中心
58	20130319007	113°27′	23°08′	11.4	31	橙黄	江南大道
59	20130319008	113°27′	23°08′	12.7	41	深红	江南大道
60	20130319009	113°27′	23°08′	13.4	32	深红	江南大道
61	20130319010	113°26′	23°09′	16.4	44	深红	江南大道中
62	20130319012	113°24′	23°13′	20.1	70	深红	流花湖公园
63	20130320A001	113°21′	23°45′	19	28	深红	石街石中二路
64	20130320A002	113°28′	23°′01″	13	58	深红	大石街会江村
65	20130320A005	113°27′	23°25′	28	75	橘红	01090427
66	20130320A007	113°18′	23°′24″	19	49	橘红	01090290
67	20130320A008	113°44′	24°02′	25	89	深红	石基莲塘大街61号对面（古树）
68	20130321A002	113°20′	23°19′	7	39.8	橙黄	花山镇两龙村
69	20130321A003	113°20′	23°21′	7	40	橙黄	花山镇两龙村
70	20130321A004	113°18′	23°28′	18	38	橘红	01100113 花山镇派出所
71	20130321A005	113°21′	23°26′	15	47	橙黄	花山镇国道西市场南35号前
72	20130321A006	113°18′	23°25′	25	64	深红	01100019
73	20130321A007	113°18′	23°25′	14	38	橘红	01100020 定溪庄二巷36号右侧
74	20130321A008	113°22′	23°31′	15	28	深红	01100022
75	20130321A009	113°22′	23°30′	16	24	橘红	01100070
76	20130321A010	113°19′	23°28′	18	36	橘红	花东镇石南村新庄3号前

（续）

实验编号	登记号	东经	北纬	株高(m)	胸径(cm)	花色	地点
77	20130321A011	113°18′	23°24′	20	35	红	01100189 花东镇石南村
78	20130321A012	113°18′	23°19′	26	75	深红	01100188
79	20130321001	113°78′	23°50′	18	1.6	橘红	增城派潭大道
80	20130321002	113°79	23°51′	7	24	橘黄	派潭大道
81	20130321003	113°79′	23°51′	8	31.8	橘黄	派潭大道
82	20130321004	113°79′	23°53′	7	27.5	橙黄	派潭大道拐弯处
83	20130315001	113°33′	23°14′	18	62	深红	华南农业大学牌坊
84	20130315003	113°16′	23°40′	6.5	27.8	橘红	花都红棉大道北
85	20130315005	113°16′	23°40′	5	26	深红	花都红棉大道北
86	20130315006	113°16′	23°40′	6	29	深红	花都红棉大道北
87	20130315007	113°18′	23°40′	5	39.6	深红	花都红棉大道北
88	20130313004	113°22′	23°12′	15	57	橘红	荔湾湖公园海山仙馆门前
89	20130313003	113°22′	23°12′	18	69	深红	珠江桥脚立交
90	20130318011	133°26′	23°16′	12	8	橘红	广州城市职业学院
91	20130317A010	113°24′	23°14′	28	85	深红	荔湾
92	20130321A001	113°27′	23°45′	9	38	橙黄	花山镇两龙村三队
93	20130316A008	113°07′	23°14′	20	83	深红	长洲下庄福聚坊 13 巷 17 号
94	20130321001	113°27′	23°45′	19	35	深红	石街石中二路 23 号对面
95	大良黄花	113°46′	23°56′	15	45	深红	
96	红棉大道警亭	113°17′	23°40′	21	28	深红	花都区红棉大道
97	20130318013	133°28′	23°20′	12	49	橘红	广东外语外贸大学左门口
98	海南昌江	109°03′	19°25′	29	85	深红	海南昌江
99	四川攀枝花	102°15′	26°05′	26	79	深红	四川攀枝花
100	云南景洪	100°25′	21°27″	16	88	深红	云南景洪
101	广东揭阳	115°36′	22°53′	17	52	深红	广东揭阳
102	云南个旧	102°54′	23°01′	21	96	深红	云南个旧
103	云南红河州	101°49′	23°05	18	77	深红	云南红河州
104	厦门思明区	118°08′	24°45′	17	68	深红	厦门思明区
105	厦门湖里区	118°08′	24°52′	21	73	深红	厦门湖里区

1.2 DNA 提取

使用 CTAB 法提取木棉叶片 DNA。

1.3 SSR 分析

采用 MISA(1.0 版，默认参数；对应对各个 unit size 的最少重复次数分别为 1－10，2-6，3－5，4－5，5－5，6－5)对 Unigene 进行 SSR 检测，采用 Primer3 进行 SSR 引物设计。

利用 PopGene1.32 软件统计计算 SSR 数据的遗传相似系数、Shannon 指数、Nei's 基因多样性指数。利用 UPGMA 法进行遗传相似性聚类分析，并绘制遗传亲缘关系树状聚类图。

2 结果与分析

2.1 引物筛选与多态性分析

以 16 个 DNA 样品为模板，对 99 对 SSR 引物进行筛选，琼脂糖凝胶电泳结果表明，有 57 对引物扩增出特异性条带，扩增效率为 60.6%，其中有 3 对引物扩增片段与预期产物片段大小不符，即属于非特异性扩增，剩余引物经过 ABI 3100 荧光测序仪检测后，有 13 对引物具有多态性，包括已发表的引物中检测出的 5 对具有多态性引物，引物信息见表 1。

表2 引物信息表

Table2 Messages of 11 SSR primers in *Bombax ceiba*

Loci	Repaet motif	Primer F sequence (5′-3′)	Primer R sequence (5′-3′)	Size ranger (bp)	Ta (℃)
GM 25	(TAC)5	TGGTGCTAAAATGCCACAAGC	GAAGGCGCGTTTAAGATAGCA	195 ~ 204	54
GM 38	(GCAG)5	AGCGGGAAGAAAGAAAAGAGAGA	CTTGGTGCGCCACATCTTTC	297 ~ 317	54
GM 53	(GAC)6	GATGCTTCTCCTGCTTTA	AATGTGGGCTTATTGTCT	315 ~ 318	54
GM 54	(TG)6(TGCG)3(TG)4	ATTTGAATCTTGCGTGTTAC	TTCCTCACCCTCCTCTTT	272 ~ 282	54
GM 55	(TG)12	TGGTGGTAAAGCAAGGATCG	TGCACTGAGTGACCATGACA	104 ~ 106	54
GM 56	(CCA)5	CTTGAGAGCTCCGCTTGAAC	AACGGGAATGGGAAAAGTG	137 ~ 140	54
GM 58	(GGT)6	AACGGGAATGGGAAAAGTG	CTTGAGAGCTCCGCTTGAAC	135 ~ 138	54
GM 64	(AG)8	AGATAGGGACATGTGAATGCGT	CTTGTGGGGCCTTGGATTGA	257 ~ 281	54
GM 65	(AT)8	ACCCAAAAGAAATGCTACAAAGT	CCTGTTAGCTTTCTGGTGGC	168 ~ 174	54
GM 79	(AC)10	ACGAATGAAATCCGGGAGCT	AAGTTGGTGACGGAAAGGCT	268 ~ 273	54
GM 85	(TC)8	CCTCCAAAGGCCGGATTTGT	TCCCCAATTCACCTCCAAGG	256 ~ 264	54
GM 90	(AG)9	ACCGCCGCAAGTAGAATTCA	CCCACATCTGCTACACGGTT	93 ~ 97	54
GM 94	(CT)10	ATATTGGACACACCCAGCCG	CACCTGAGAGCCAAGTGAGG	219 ~ 231	54

2.2 广州木棉的SSR多样性

表3 木棉群体的SSR遗传多样性参数

Table 3 The parameters of genetic diversity on SSR locus in *Bombax ceiba*

位点 Locus	Na	Ne	观测杂合度 Ho	预期杂合度 He	固定指数 F	Shannon's 信息指数 I
GM25	4	3.1591	0.4	0.6869	0.4147	1.2495
GM38	4	1.6834	0.29	0.408	0.2856	0.696
GM53	2	1.8247	0.25	0.4542	0.4468	0.6443
GM54	6	2.9356	0.47	0.6627	0.2872	1.2404
GM55	2	1.6128	0.49	0.3819	-0.2896	0.5678
GM56	2	1.0202	0	0.0199	1	0.056
GM58	2	1.01	0.01	0.01	-0.005	0.0315
GM64	4	2.4096	0.47	0.5879	0.1966	0.9794
GM65	4	1.9236	0.3	0.4826	0.3752	0.7869
GM79	2	1.6879	0.33	0.4096	0.1903	0.5976
GM85	2	1.9501	0.26	0.4896	0.4663	0.6803
GM90	3	1.7737	0.31	0.4384	0.2893	0.7084
GM94	5	1.6502	0.28	0.396	0.2893	0.6905
Mean	3.2308	1.8954	0.2969	0.4175	0.303592	0.6868

利用13对引物对广州市木棉进行遗传多样性分析，13对引物均能在100份木棉种质中扩增出DNA片段，但各位点检测结果不同，表明不同位点上遗传多样性程度存在较大差别。100份种质中共检测到42个等位基因，每个位点的等位基因数变化范围在2 ~ 6，平均值为3.2308。

等位基因的有效数目(Ne)反映出等位基因的重要性，Ne越大，说明等位基因作用越大。木棉群体的Ne变化范围为1.0 ~ 3.1591，平均值为1.8954。观测杂合度(Ho)和预期杂合度(He)反映出遗传变异的大小，Ho越大，杂合度越高。

Shannon信息指数(I)、Nei's基因多样性指数(He)既可以反映条带的丰富度，又可以反映均匀度。本研究中，基于SSR分析数据，居群间的Shannon信息指数(I)为0.6868，Nei's基因多样性指数(He)为0.4175，表明广州木棉遗传资源在一定程度上发生了遗传变异，居群间存在着较广的变异范围，广州木棉有相对丰富的遗传多样性。

表 4　木棉 11 个 SSR 位点的遗传多样性统计参数

Table4　The parameters of statistics on 11 SSR sites

位点 Locus	*Fis*	*Fit*	*Fst*	基因流 *Nm* *
GM25	-1	0.4147	0.7074	0.1034
GM38	-1	0.2856	0.6428	0.1389
GM53	-1	0.4468	0.7234	0.0956
GM54	-1	0.2872	0.6436	0.1384
GM55	-1	-0.2896	0.3552	0.4539
GM56	#	1	1	0
GM58	-1	-0.005	0.4975	0.2525
GM64	-1	0.1966	0.5983	0.1679
GM65	-1	0.3752	0.6876	0.1136
GM79	-1	0.1903	0.5951	0.1701
GM85	-1	0.4663	0.7332	0.091
GM90	-1	0.2893	0.6447	0.1378
GM94	-1	0.2893	0.6447	0.1378
Mean	-1	0.2853	0.6426	0.139

Nm = Gene flow estimated fromFst = 0.25(1 - Fst)/Fst

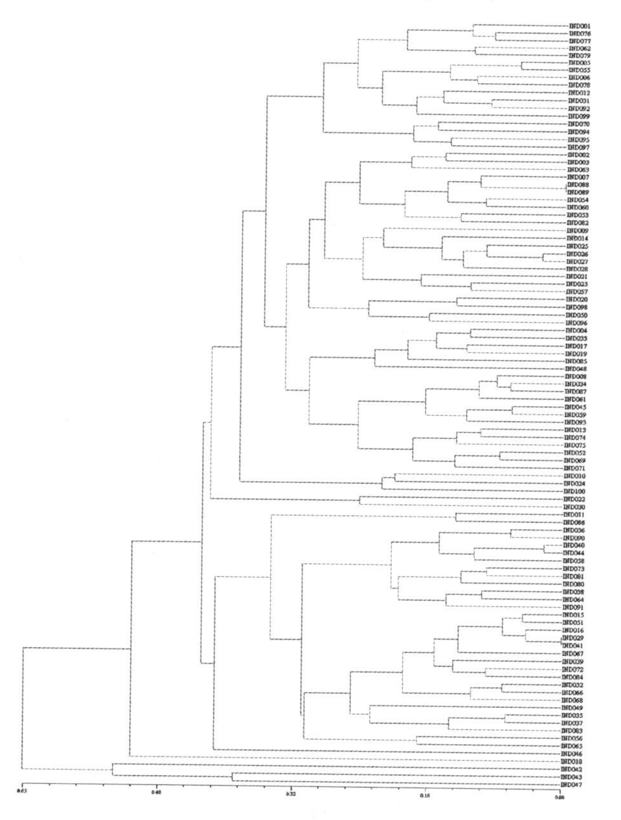

图 1　100 个木棉个体的 UPGMA 聚类分析结果

Fig. 1　Dendrogram of genetic relationship of the tested accessions

2.3　居群间遗传分化与基因流

Wright(1993)提出的 3 个固定指数 Fis、Fst 和 Fit 均是反映群体近交程度或群体间遗传分化的指标，其值越大，表示偏离 Hardy-Weinberg 平衡程度越明显，各亚群间遗传分化越大。Fis 是亚群内个体间由于非随机交配而导致亚群内杂合度的缺乏，也称为群体内近交系数；Fst 是反映各亚群内平均杂合度与总群体平均杂合度的差异程度，其值越大，表明各亚群间遗传分化越明显。Fit 则反映总群体杂合度的缺乏程度，也称为总群体的近交系数。F-统计量结果见表 3，群体间基因分化系数为 64.26%，表明群体间分化程度较高，遗传分化相对明显。而居群间基因流均值 Nm * =0.139 <1，说明广州市居群间基因流较低。

2.4　聚类分析

从 SSR 标记的聚类分析结果来看(图 1)，基于遗传距离 0.416 处将 100 份材料分为 5 大类群，其中类群Ⅰ2 个单株样本，类群Ⅱ1 个单株样本，类群Ⅲ一个单株样本，类群Ⅳ32 个单株样本，类群Ⅴ64 个单株样本。

参试木棉种质亲缘关系的远近与采样地关系不大，如类群Ⅰ种的一个个体(样本 43)和类群Ⅱ中的个体(样本 42)采自于同一地点(广州市外语学院)，但其遗传距离较大，位于不同类群中；而来自不同采集地点的多个样本却在 0.416 处聚为一类。

其次，遗传距离远近与花色也无明确的相关性，根据聚类分析结果可以看出，同为橘红的木棉个体在各大类群中均有分布，如类群Ⅳ中，样本 29(花色：深红色)和样本 41(花色：橙黄色)遗传距离极近，不足 0.006，但其花色却存在明显的差异。

3　结论与讨论

亲本材料是开展育种工作的基础，遗传距离狭窄导致难以培育出突破性品种，分析亲本材料的遗传多样性，比较材料相互间亲缘关系的远近，对育种工作具有重要的意义(赖勇 等，2013)。分子标记的应用型评价是开展物种遗传多样性分析的基础工作之一，经常会由于所采用的标记技术和材料不同，会得出不尽相同的结论(李鸿雁 等，2012)。如 P. Thenmozhi 等(2013)、Akfirant 等(2013)、Powell(1996)等利用不同的分子标记技术分别在水稻、小麦、大豆、玉米的遗传多样性分析中做了比较，认为 SSR 是研究植物种质资源遗传多样性和谱系遗传关系较为理想的一种分子标记技术。为此，本研究利用 SSR 分子标记技术使用 13 对引物对广州市的 100 份样本进行了遗传多样性分析。

分析结果表明：广州木棉群体的 Ne 变化范围为 1.0～3.1591，平均值为 1.8954；广州木棉不同样本间的 Shannon 信息指数(I)为 0.6868，Nei's 基因多样性指数(He)为 0.4175，表明广州木棉遗传资源在一定程度上发生了遗传变异，存在一定的遗传多样性。群体间基因分化系数为 64.26%，表明群体间分化程度较高，遗传分化相对明显，而居群间基因流均值 Nm* =0.139 <1，说明广州市居群间基因流较低；SSR 标记的聚类分析基于遗传距离 0.416 处将 100 份材料分为 5 大类群，结果表明，广州市木棉种质资源相对狭小，亲缘关系较近，差异较小，整体的遗传相似性较高，遗传距离较小。

广州木棉遗传多样性与地理位置呈不显著相关性，可能主要是因为本研究所采集的广州市木棉种质资源样本均来自行道树和风景树，而这些单株基本都是由当地园林规划部门分批从不同地方调运到广州市不同街道和公园种植的，而根据规划不同，同一批木棉可能分布于不同的区域，同一区域的木棉也可能来自于不同地方；广州木棉遗传多样性与花色也无显著相关性，这可能有 2 个原因：①木棉的不同花色是受单株生长的小环境影响导致其花色在视觉上产生一定的差异；②本研究中混合建库样本并未采集木棉花组织，因此，筛选的引物未包含与花色相关的基因片段。

本研究采用 SSR 分子遗传标记分析技术，从基因水平上对广州市木棉遗传资源进行了多样性分析，了解样本间的遗传距离，尽管由于样本的采集受政府调控影响，导致其遗传多样性无法按照地理居群进行分析，但研究结果表明广州市木棉表现出较丰富的多样性，且分析了样本间的亲缘关系，这为今后开展木棉种质资源的开发利用和杂交育种亲本材料的选择提供了有力参考和依据。

参考文献

1. Akfirat F S, Uncuoglu A A. Genetic diversity of winter wheat (*Triticum aestivum* L.) revealed by SSR markers[J]. Biochem Genet, 2013, 51(3-4): 223-229.
2. Cockerham C C, Weir B S. Estimation of gene-flow from F-statistics [J]. Evolution, 1993, 47: 855-863.
3. Powell W, Morgante M, Andre C, *et al.* The comparison of RFLP, RAPD, AFLP and SSR (microsatellite) markers for germplasm analysis [J]. Mol Breeding, 1996, 2(3): 225-238.
4. Thenmozhi P, Rajasekaran C. Genetic diversity and relationship among 40 rice accessions from northeastern zone of tamil nadu using morphological and SSR markers [J]. Res J Biotechnol, 2013, 8(9): 32-41.
5. 董研，张军，任亚超，等．中国新疆苹果天然群体遗传多样性 SSR 分析[J]．植物资源学报，2013，14(5)：771-777.
6. 赖勇，王鹏喜，范贵强，等．大麦 SSR 标记遗传多样性及其与农艺性状关联分析[J]．中国农业科学，2013，46(2)：233-242.
7. 李鸿雁，李志勇，师文贵，等．3 种生态型野生扁蓿豆种质资源 ISSR 与 SSR 遗传多样性分析[J]．草叶学报，2012，21(5)：107-113.
8. 彭莉霞，朱报著，杨会肖，等．广东省木棉种质资源 ISSR 遗传多样性分析[J]．广东林业科技，2015，31(6)：23-28.
9. 汪书丽．云南干热河谷地区木棉群居的遗传多样性研究[J]．西双版纳：中国科学院，2007.
10. 张自强，于肖夏，鞠天华，等．36 个马铃薯品种的 SSR 分析[J]．华北农学报，2012，27(1)：93-97.

滇东凤仙花属植物资源调查与分析*

赵芮　王奇　汪琼　杨艳余　赵林森　黄美娟[①]　黄海泉[①]
（西南林业大学园林学院，昆明 650224）

摘要　通过对云南省东部地区（昭通、曲靖、红河以及文山等）凤仙花属植物资源的实地调查，共收集凤仙花属植物 20 种，并对其地理分布及形态特征等进行了分析。结果表明：该地区凤仙花属植物主要分布于海拔 1 300～2 000m，生长于山间路旁、草丛、林下等湿度相对较大的地方；株高介于 20～90cm 之间；花色有黄色、紫色、白色以及粉色等；叶片长度 3.0～13.2cm，宽度 1.6～3.9cm，叶面积 3.88～25.22cm^2；种子直径 1.04～2.81mm，千粒重 0.834～5.900g；同时对滇东凤仙花属植物的园林开发应用提出了相应的意见和建议，为今后云南凤仙花属植物资源的保存和开发利用提供了一定的基础数据和理论依据。
关键词　滇东；凤仙花；地理分布；形态特征

Investigation and Analysis on Plant Resources of *Impatiens* L. in Eastern Yunnan

ZHAO Rui　WANG Qi　WANG Qiong　YANG Yan-yu　ZHAO Lin-sen　HUANG Mei-juan　HUANG Hai-quan
(*College of Landscape Architecture*, *Southwest Forestry University*, *Kunming* 650224)

Abstract　In this study, according to the on-the-spot investigation and analysis of plant resourcesof Impatiens L. in the eastern Yunnan, such as Zhaotong, Qujing, Honghe and Wenshanetc., 20 species were found and their geographical distribution and morphological characters were fartherly analyzed. It showed that all the species of Impatiens L. mainly distributed in the altitude 1300m to 2000m, and grew besides the mountain road, grassland, wetland under the forests with high relative humidity; that whose height ranged from 20cm to 90cm; that whose flower colors were rich, e. g. yellow, white, purple and pink etc; that whose leaf length varied from 3.0cm to 13.2cm, and its width ranged from 1.6cm to 3.9cm; that whose leaf area were from 3.88cm^2 to 20.23cm^2; that whose seed diameter varied from 1.04 mm to 2.81mm, and thousand seed weight reached from 0.834g to 5.900g; that some suggestions about landscape applications of all the species of Impatiens L. in the eastern Yunnan were proposed, it laid some certain scientific data and theoretical basis for their resource conservation and exploitation in the future.
Key words　Eastern Yunnan; *Impatiens* L.; Geographical distribution; Morphological features

凤仙花属（*Impatiens* L.）植物为一年生或多年生草本，稀附生或亚灌木；其花部形态各异，大小不一，并且花色艳丽；其花瓣有旗瓣、翼瓣、唇瓣之分，萼片具 2 萼、4 萼不等；可用作盆花、切花，也可用于花坛、花境之中，具有较高的观赏价值。此外，凤仙花全株均可入药，具有清热解毒、止痛消肿、祛风除湿，舒筋活血、消炎散瘀等功效。目前全球的凤仙花属植物约 900 种以上[1]，分布于旧大陆热带、亚热带山区和非洲，少数种类也产于亚洲和欧洲温带及北美洲。目前我国已知凤仙花属植物 256 余种[2]，主要集中分布于西南部和西北部山区，尤以西南片区（云南、四川、贵州和西藏）的种类最为丰富，其中云南种类为全国之冠，初步整理约有 106 种 5 变种，尚不包括新发现及新记录的种[3]。

该研究通过对滇东地区（昭通、曲靖、红河、文山等）凤仙花属植物资源的地理分布、生境类型、形态特征等相关信息进行调查、收集与分析，以期为云南凤仙花属植物资源的进一步开发利用提供一定的基

* 基金项目：国家自然科学基金（31560228）、云南省中青年学术和技术带头人培养项目（2015HB046）及西南林业大学校重点项目（111124）；云南省园林植物与观赏园艺省级重点学科及云南省高校园林植物与观赏园艺重点实验室资助项目。
① 通讯作者。Authors for correspondence（E-mail：xmhhq2001@163.com；haiquanl@163.com）。

础资料。

1 材料与方法

1.1 研究对象

研究对象为滇东地区(昭通、曲靖、红河以及文山等)凤仙花属植物资源。

1.2 调查方法

2015年期间分期分批前往滇东地区(昭通、曲靖、红河以及文山等)对凤仙花属植物资源进行调查，其样地群落类型包括草本、灌木及乔木，其主要层优势种为草本，凤仙花属植物每种各取100m^{2}样地，其坡度介于10~35°之间，并分别于各样地取5~10个2m×2m的样方，或以5m为该群落的样线长度进行调查；同时对其经纬度、海拔、生境、群落结构特征、株高、花形、花色、叶形、叶面积等数据予以记录，对其花部结构予以现场解剖拍摄；种子采收带回后对其千粒重予以测定分析。

1.3 调查工具

GPS定位仪、游标卡尺、数码相机、卷尺、镊子、放大镜、花色仪、叶绿素仪以及叶面积仪等。

2 结果与分析

2.1 滇东凤仙花属植物资源的种类及分布

滇东位于东经101°47′~106°12′、北纬22°26′~28°36′，境内最高海拔4040m，最低海拔107m，相对高差约4000m[4]，该区域主要包括昭通市、曲靖市、红河哈尼族彝族自治州以及文山壮族苗族自治州，此次调查共采集20种凤仙花，多生长于湿度较大的森林、林缘、山谷阴处、溪边阴湿处、郁闭度较高的山沟水边或草丛间(表1)。

表1 滇东地区20种凤仙花属植物采集地信息

Table1 Distribution information of 20 species of *Impatiens* L. from Eastern Yunnan

序号 Serial number	种名 Species name	学名 Latin name	采集地 Gathering places	分布海拔 Distribution elevation(m)	株高 Height (cm)	生境概况 Habitat survey	群落结构特征 The characters of community structure
1	辐射凤仙花	*I. radiata*	大山包	2 812	40~60	路旁山坡潮湿坡壁	伴生种
2	未定种1		大山包	2 828	45~60	路旁山坡潮湿坡壁	伴生种
3	块节凤仙花	*I. pinfanensis*	大山包	2 916	20~40	路旁山坡潮湿坡壁	伴生种
4	紧萼凤仙花	*I. arctosepala*	大山包	2 746	20~30	山间溪沟旁	优势种
5	金凤花	*I. siculifer*	大山包	2 720	30~60	山间溪沟旁	优势种
6	束花凤仙花	*I. desmantha*	大山包	2 658	30~60	溪沟旁	伴生种
7	齿萼凤仙花	*I. dicentra*	大山包	2 661	60~90	溪沟旁	伴生种
8	红雉凤仙花	*I. oxyuanthera*	大山包	2 663	20~40	溪沟旁	优势种
9	太子凤仙花	*I. alpicola*	大关县百顺寺附近	1 942	20~30	路边溪沟旁	优势种
10	二色凤仙花	*I. dichroa*	大关县黄连河景区	1 472	30~40	路旁山坡潮湿坡壁	建群种
11	黄金凤变种	*I. siculifer* var.	屏边县大围山	1 602	50~60	路旁山坡潮湿坡壁	建群种
12	黄金凤	*I. siculifer*	屏边县大围山	1 602	50~60	路旁山坡潮湿坡壁	建群种
13	线萼凤仙花	*I. linearisepala*	屏边县大围山	1 602	30~40	路旁山坡潮湿坡壁	伴生种
14	那坡凤仙花变种	*I. napoensis* var.	屏边县大围山	1 615	60~90	路旁山坡潮湿坡壁	伴生种
15	未定种2		屏边县大围山自然保护区	1 978	50~70	路旁山坡潮湿坡壁	建群种
16	总状凤仙花	*I. racemosa*	屏边县大围山自然保护区	2 026	20~60	路旁山坡潮湿坡壁	优势种
17	那坡凤仙花	*I. napoensis*	屏边县大围山自然保护区	1 380	60~90	路边溪沟旁	伴生种
18	蒙自凤仙花	*I. mengtzeana*	屏边县	1 683	20~40	路边溪沟旁	优势种
19	未定种3		屏边县	1 857	40~60	路旁干涸河道内	优势种
20	未定种4		小街镇	1 841	50~70	路旁山坡潮湿坡壁	优势种

滇东地区海拔差异较大，具有高原季风立体气候特征，不同的海拔上气候有存在较大差异，海拔从高到低有高原气候、温带气候、亚热带气候之分。此次调查收集到的凤仙花属植物在昭通地区有10种，文

山、红河地区有 10 种，占滇东凤仙花属植物总数的 70%左右。从种的水平分布和个体数量上看，以昭通和文山为主要聚散地。水平分布较广的种如黄金凤(*I. siculifer*)、总状凤仙花(*I. racemosa*)、辐射凤仙花(*I. radiata*)在相同的生态类型中，植株的生长表现也存在一定的差异。该属植物在滇东地区大多都集中在 1 300～3 000m 的山坡林缘、灌丛旁、路边疏林、沟边杂木林、溪畔坡地等环境。其中海拔1300～1600m 主要分布有二色凤仙花(*I. dichroa*)、那坡凤仙花(*I. napoensis*)2 种，约占此次调查总数的 10%；海拔 1600～2000m 主要分布有红纹凤仙花(*I. rubrostriata*)、蒙自凤仙花(*I. mengtzeana*)、线萼凤仙花(*I. linearisepala*)等 9 种，约占此次调查总数的 45%；海拔 2000～3000m 主要分布有总状凤仙花(*I. racemosa*)、块节凤仙花(*I. pinfanensis*)等 9 种，约占此次调查总数的 45%。

图 1 源自滇东地区 20 种凤仙花属植物的花部形态(种名同表 1)

Fig. 1 The floral morphology of 20 species' flowers of *Impatiens* L. from East Yunnan (species name with table 1)

2.2 滇东凤仙花属植物的形态特征

2.2.1 花的形态特征

滇东凤仙花属植物花形奇特，花序种类繁多，单花到多花均有，花色丰富多样，色彩艳丽。花色主要有黄色、粉色、紫红色、蓝白色等，其中黄色系有 10 种占总数的 50%，红色系有 4 种占总数的 20%，白色系有 4 种占总数的 20%，紫色系有 2 种占总数的 10%；同时发现该属植物花部常见异色斑点或条纹，根据凤仙花解剖形态观察，发现旗瓣形状分别呈圆形、近圆形以及卵圆形等；翼瓣均 2 裂，基部裂片分别呈椭圆形、近卵圆形、近圆形、圆形；上部裂片分别呈斧形、宽斧形、狭斧形、近椭圆形和半月形等；唇瓣形状分别呈囊状、斜囊状、漏斗形、狭漏斗形和舟状等(详见图 1、图 2 及表 2)。

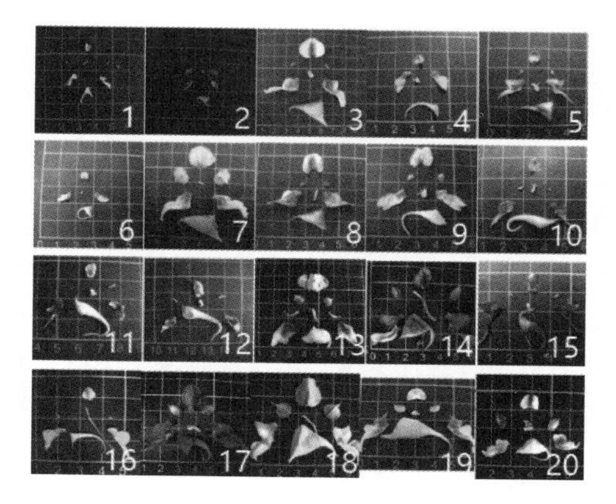

图 2 源自滇东地区 20 种凤仙花属植物花部解剖结构

Fig. 2 The floral anatomy of 20 species' flowers of East Yunnan

表 2 滇东地区 20 种凤仙花属植物花的形态特征

Table 2 Morphological characteristics of 20 species' flowers of *Impatiens* L. from East Yunnan

序号 Serial number	种名 Species name	花形 Flower size	花色 Color	旗瓣形态 Upper petal morphology	翼瓣形态 Wing morphology	唇瓣形态 Lower sepal morphology
1	辐射凤仙花	小	白色	近圆形，顶端具短喙尖	翼瓣 3 裂，下部 2 裂片小，近圆形，上部裂片伸长，长圆形	锥状，基部狭成短直距
2	未定种 1	小	粉色	圆形	翼瓣 2 裂，基部裂片近圆形，上部裂片条形	檐部漏斗状，口部斜升，先端锐尖，具内弯的短距
3	块节凤仙花	大	粉白色，具红色条纹	圆形或倒卵形，背面中肋有龙骨突，先端具小尖头	翼瓣 2 裂，上裂片斧形，先端圆，下裂片圆形，先端钝	漏斗状，基部下延为弯曲的细距

（续）

序号 Serial number	种名 Species name	花形 Flower size	花色 Color	旗瓣形态 Upper petal morphology	翼瓣形态 Wing morphology	唇瓣形态 Lower sepal morphology
4	紧萼凤仙花	中	黄色	圆形，僧帽状，中肋细，顶端钝	翼瓣无柄且短，2 裂，基部裂片长圆形，上部裂片较长，斧形，顶端圆形，背部具反折的窄小耳	角状，口部小，斜上，先端渐尖，中部或下部近弯曲或内弯，顶端 2 浅裂或全缘的距
5	金凤花	中	淡黄色	近圆形，背面中肋增厚成狭翅	翼瓣无柄，2 裂，基部裂片近三角形，上部裂片条形	狭漏斗状，先端有喙状短尖，基部延长成内弯或下弯的长距
6	束花凤仙花	小	黄色	圆形，凹，中肋背面具狭鸡冠状突起，具小突尖	翼瓣无柄，2 裂，基部裂片圆形，上部裂片长于基裂片 2 倍，斧形或半月形，顶端钝，背部具反折的狭小耳	檐部舟状，口部近斜上，先端尖，基部渐狭成长内弯的距
7	齿萼凤仙花	大	黄色	圆形，背面中肋龙骨突呈喙状	翼瓣无柄，2 裂，裂片披针形，先端有细丝，背面有小耳	囊状，基部延长成内弯的短距，距 2 裂
8	红雉凤仙花	大	淡紫红色，具红色条纹	圆形，中肋背面增厚，具龙骨状突起，顶端具弯曲突尖	翼瓣无柄，基部裂片圆形，较上部边缘突尖，上部裂片较长，狭斧形或马刀形，弯曲，顶端钝，背部具圆小耳	檐部近囊状漏斗形，口部斜升，先端尖，基部狭成短于檐部内弯的钝距，具红色条纹
9	太子凤仙花	大	金黄色	卵圆形，背部中脉单峰状突出，绿色	翼瓣无柄，基部裂片小，斜卵状，上部裂片宽斧形，顶端下背部具缺刻，背耳无或不明显	斜漏斗形，基部渐尖为细长弯曲的距，口部平展，稍钝
10	二色凤仙花	大	亮金黄色，具红斑	倒卵状长圆形，顶端圆形，反折	翼瓣无柄，2 裂，基部裂片长圆形，直而钝，上部裂片较长，线形，顶端钝，背部具反折的小耳	窄角形，口部斜升，急尖，基部渐狭成近反折的粗距
11	黄金凤变种	中	乳白色	近圆形，背面中肋增厚成狭翅	翼瓣无柄，2 裂，基部裂片近三角形，上部裂片条形	狭漏斗状，先端有喙状短尖，基部延长成内弯或下弯的长距
12	黄金凤	中	淡黄色	近圆形，背面中肋增厚成狭翅	翼瓣无柄，2 裂，基部裂片近三角形，上部裂片条形	狭漏斗状，先端有喙状短尖，基部延长成内弯或下弯的长距
13	线萼凤仙花	大	浅黄色	近圆形，背面中肋具龙骨状突起	翼瓣具柄，2 裂，基部裂片矩圆形，上部裂片矩圆状倒卵形	宽漏斗状，口部稍上斜，基部急收缢为内弯的短距
14	坡凤仙花变种	大	蓝紫色	近圆形，顶端微凹，中肋背面具窄龙骨状突起	翼瓣近无柄，2 裂，基部裂片小，扁球形，顶端圆形，上部裂片斧形，顶端钝，背部具半月形反折的小耳	檐部宽漏斗形，口部平展，先端渐尖，茎部渐狭呈内弯的距

（续）

序号 Serial number	种名 Species name	花形 Flower size	花色 Color	旗瓣形态 Upper petal morphology	翼瓣形态 Wing morphology	唇瓣形态 Lower sepal morphology
15	未定种2	中	桃红色	长圆形，背面中肋具窄龙骨状突起	翼瓣无柄，2裂，基部裂片长，顶端渐尖，上部裂片条形	狭漏斗状，先端有喙状短尖，基部延长成内弯的长距
16	总状凤仙花	中	黄色或淡黄色	圆形	翼瓣无柄，基部裂片圆形，上部裂片宽斧形，背面具圆形小耳	锥状，基部狭成内弯的长距
17	那坡凤仙花	大	紫红色	近圆形，顶端微凹，中肋背面具窄龙骨状突起	翼瓣近无柄，2裂，基部裂片小，扁球形，顶端圆形，上部裂片斧形，顶端钝，背部具半月形反折的小耳	檐部宽漏斗形，口部平展，先端渐尖，茎部渐狭呈内弯的距
18	蒙自凤仙花	大	黄色	圆形，中肋细，中部具小节或肿胀	翼瓣近具柄，2裂，基部裂片大，圆形，上部裂较长，宽斧形，顶端圆形，背部具肾形反折的小耳	檐部宽漏斗状或近囊状，具红色纹条，口部急尖或渐尖，基部狭成长或短于檐部，具内弯或卷的长距
19	未定种3	大	粉白色	近圆形，背面中肋有龙骨突起	翼瓣2裂，上裂片斧形，先端圆，下裂片条形，先端钝	檐部漏斗状，口部斜升，具内弯或下弯的距
20	未定种4	大	粉色	近圆形，先端微凹，背面中肋具龙骨状突起	翼瓣2裂，上部裂斧形，顶端钝，下裂片长圆形，先端尖	檐部漏斗状，口部斜升，先端急尖，具内弯的距

注：小花形1～2 cm，中花形2～3 cm，大花形3～5 cm(自定义)。

2.2.2 叶的形态特征

凤仙花的叶子可作为该属植物重要的分类依据之一，从图3和表3可以看出，凤仙花属植物叶片形态主要有倒卵形、阔卵形、卵状长圆形、椭圆形及披针形；叶片基部以楔形为主，多数植物叶缘具锯齿，少数叶面被毛。叶片大小存在一定差异，叶片长度为3.0～13.2cm，宽度为1.6～3.9cm，叶面积为3.88～25.22cm^2；同时发现，同一种凤仙花在不同生境下其叶片大小存在较大的差异(图3及表3)。

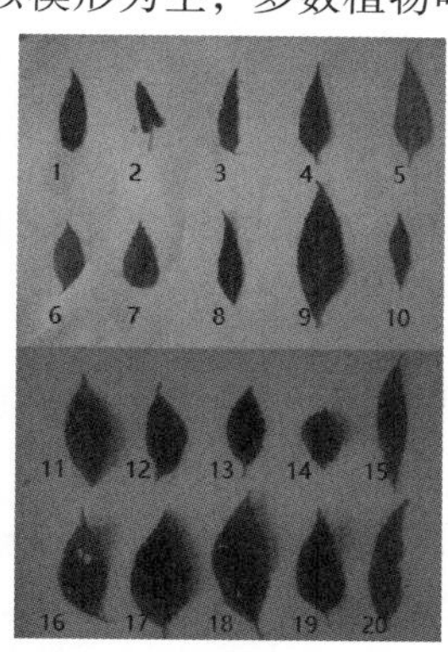

图3　源自滇东20种凤仙花属植物叶片形态(种名同表1)

Fig. 3 Leaf morphology of 20 species' flowers of *Impatiens* L. from the East Yunnan (species name with table 1)

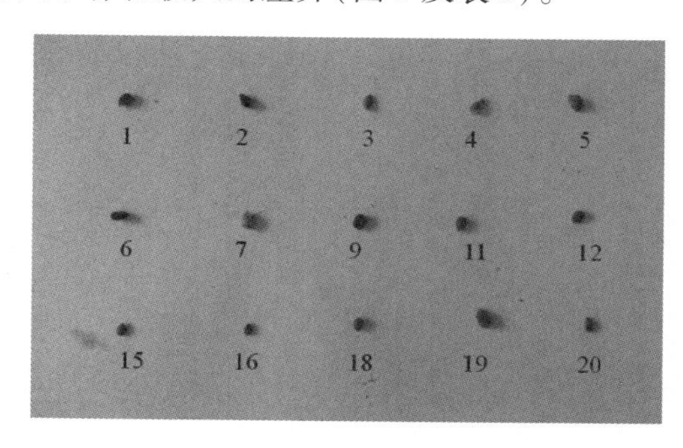

图4　源自滇东部分凤仙花属植物的种子形态(种名同表1)

Fig. 4 Seed morphology a partof species' flowers of *Impatiens* L. from the East Yunnan (species name with table 1)

表 3　源自滇东 20 种凤仙花属植物叶的形态特征

Table 3　Morphological characteristics of 20 species' flowers of *Impatiens* L. from the East Yunnan

序号 Serial number	种名 Species name	叶片长度 Blade length(cm)	叶片宽度 Blade width(cm)	叶面积 Leaf area (cm^2)	叶片形态 Leaf morphology
1	辐射凤仙花	4.3~7.0	2.1	11.33	叶互生，长圆状卵形或披针形，顶端渐尖，边缘具圆齿，齿间有小刚毛，侧脉 7~9 对，基部有 2 个球状腺体
2	未定种 1	3.2~4.1	1.6	3.88	叶片卵圆形，先端渐尖，叶缘具圆锯齿，侧脉 4~6 对
3	块节凤仙花	4.4~5.8	1.7	9.44	单叶互生，卵形，长卵形或披针形，先端渐尖。基部楔形，边缘具粗锯齿，齿尖有小刚毛，侧脉 4~5 对，叶面沿叶脉疏被极小肉刺
4	紧萼凤仙花	5.0~6.4	2.3	11.50	叶互生，具柄，叶片膜质，卵形或卵状长圆形，顶端渐尖或短尖，基部尖或狭楔形，侧脉 6~7 对，弧状，边缘具小圆齿状齿，齿端具小尖
5	金凤花	5.0~7.7	2.6	12.10	叶互生，卵状披针形或椭圆状披针形，先端急尖或渐尖，基部楔形，边缘有粗圆齿，齿间有小刚毛，侧脉 5~11 对
6	束花凤仙花	3.0~4.5	2.4	6.63	叶互生，具柄，叶片卵形，基部楔状，边缘圆齿状齿或细圆齿，齿间具刚毛，侧脉 5~6 对
7	齿萼凤仙花	2.7~4.2	2.6	7.44	叶互生，卵形或卵状披针形，先端尾状渐尖，基部楔形，边缘有圆锯齿，齿端有小尖，基部边缘有数个具柄腺体，侧脉 6~8 对
8	红雉凤仙花	4~6	2.1	9.33	叶互生，具短柄，或上部的叶近无柄；叶片膜质，卵形或卵状披针形，顶端急尖或渐尖，基部楔形，边缘具粗锯齿，齿端具小尖，侧脉 4~5 对，基部无腺体或具少数缘毛状腺体
9	太子凤仙花	6.8~7.9	3.8	22.21	叶互生，叶片卵状椭圆形，先端锐尖，基部狭楔形，叶缘具粗锯齿，侧脉 5 对
10	二色凤仙花	3.6~4.9	1.7	5.21	叶互生，卵形或卵状披针形，顶端渐尖，边缘具圆齿状齿或细锯齿，齿间具刚毛，侧脉 7~10 对
11	黄金凤变种	5.8~7.3	2.7	12.11	叶互生，卵状披针形或椭圆状披针形，先端急尖或渐尖，基部楔形，边缘有粗圆齿，齿间有小刚毛，侧脉 5~11 对
12	黄金凤	5.8~7.3	2.7	12.11	叶互生，卵状披针形或椭圆状披针形，先端急尖或渐尖，基部楔形，边缘有粗圆齿，齿间有小刚毛，侧脉 5~11 对
13	线萼凤仙花	3.0~5.5	2.8	9.19	叶互生，叶片椭圆形或卵状椭圆形，顶端急尖，基部楔形，边缘具锯齿，侧脉 5~7 对
14	那坡凤仙花变种	2.9~4.2	2.2	7.97	叶互生，具柄，叶片膜质，卵形或卵状椭圆形，顶端尖或短渐尖，基部宽楔形或近圆形，边缘具圆齿状齿，齿端具小尖，基部边缘常具 2~3 对具柄腺体，侧脉 6~7 对，上面深绿色被贴生短毛，下面浅绿色，沿脉被短毛
15	未定种 2	8.5~13.2	2.7	21.34	叶片倒披针形，顶端渐尖，边缘具圆齿状锯齿，侧脉 9~10 对
16	总状凤仙花	5.3~9.2	3.9	25.22	叶互生，膜质，椭圆状披针形或椭圆状卵形，顶端渐尖，基部楔状，边缘具圆齿，齿基部有小刚毛，侧脉 7~9 对，叶柄基部有球状腺体

（续）

序号 Serial number	种名 Species name	叶片长度 Blade length(cm)	叶片宽度 Blade width(cm)	叶面积 Leaf area (cm^2)	叶片形态 Leafmorphology
17	那坡凤仙花	3.3~5.6	3.4	14.72	叶互生，具柄，叶片膜质，卵形或卵状椭圆形，顶端尖或短渐尖，基部宽楔形或近圆形，边缘具圆齿状齿，齿端具小尖，基部边缘常具2~3对具柄腺体，侧脉6~7对，上面深绿色被贴生短毛，下面浅绿色，沿脉被短毛
18	蒙自凤仙花	5.2~8.2	3.2	16.22	叶互生，具柄，叶片卵形、倒卵形、椭圆形或倒披针形，顶端渐尖或短尖，基部渐尖，稀具睫毛，边缘具圆齿状锯齿，齿端具小尖，侧脉6~8对
19	未定种3	3.9~5.5	3.1	9.50	椭圆形或卵状长圆形，先端急尖，基部楔形，边缘具锯齿，侧脉7~9对
20	未定种4	5.0~8.8	1.9	11.23	叶片披针形或卵状矩圆形，先端渐尖，叶缘具圆锯齿，侧脉3~5对

2.2.3　种子的形态特征

滇东凤仙花种子分别呈椭圆形、扁椭圆形、近圆形和卵形等形状，种子的颜色有棕色、灰褐色、深棕色、黑色、灰白色等；种子的直径为1.04~2.81mm，千粒重为0.834~5.900g，其中种子最小的为齿萼凤仙花，最大的为红雉凤仙花；而且不同地区采集的同种凤仙花种子在形态上存在着一定的差异(详见图4和表4)。

表4　源自滇东20种凤仙花属植物的种子形态特征

Table 4　Morphological characteristics of 20 species' flowers of *Impatiens* L. from the East Yunnan

序号 Serial number	种名 Species name	形状 Shape	颜色 Color	直径 Diameter(mm)	千粒重 Thousand seed weight(g)
1	辐射凤仙花	倒卵形	咖啡色	2.10	3.350
2	未定种1	倒卵形	褐色	2.04	3.010
3	块节凤仙花	近球形	褐色	2.00	2.633
4	紧萼凤仙花	长圆形	红褐色	2.14	3.675
5	金凤花	扁椭圆形	咖啡色	2.50	5.225
6	束花凤仙花	倒卵形	深棕色	2.64	3.338
7	齿萼凤仙花	椭圆柱形	深黄绿色	2.56	5.211
9	太子凤仙花	卵形	深棕色或黑色	2.33	4.166
11	黄金凤变种	椭圆形	咖啡色或棕色	1.98	3.060
12	黄金凤	椭圆形	咖啡色或棕色	1.91	2.938
15	未定种2	卵形	灰褐色	1.21	1.400
16	总状凤仙花	长圆形	深褐色	1.04	0.834
18	蒙自凤仙花	扁椭圆形	褐色	1.26	1.788
19	未定种3	椭圆形	咖啡色	2.81	5.900
20	未定种4	扁椭圆形	灰褐色	1.31	1.838

3　结论与讨论

通过对滇东凤仙花属植物资源的调查，收集该地区凤仙花属植物共20种，含4个未确定种；该属植物花形奇特，花大艳丽，且色彩各异，具有很高的观赏价值；而且不同种之间的叶片和种子形态差异较大；同种凤仙花，如那坡凤仙花(*I. napoensis*)不同生境条件下在花色、叶片形态以及种子大小及形态方面均存在一定的差异。

此外，在调查过程中还发现该地区凤仙花花色丰富艳丽，如红纹凤仙花(*I. rubrostriata*)花白色具红色条纹，色彩鲜艳且花形较大，可作为花坛、花境等镶边材料或点缀于石隙营造岩石植物景观[5-7]；其次，一些植株较矮且花量较大的种类，如蒙自凤仙花(*I. mengtzeana*)株高 20 ~ 40cm 等，可作盆栽观赏植物材料；再次，辐射凤仙花(*I. radiata*)相对较为耐旱，而与之相反的是红雉凤仙花(*I. oxyuanthera*)，生长需较大的空气湿度，可根据其生长习性将其植于草地边缘、林缘、疏林下或用于湿地及水生环境的植物配置；最后，源自滇东中高海拔部分地区的凤仙花属植物如黄金凤(*I. siculifer*)不仅广布于滇东地区，同时在滇西北地区也有分布[8]，且两者生境海拔相差 900m，表现出极强的环境适应性，为后续培育适应性强的凤仙花新品种提供了良好的育种材料。目前，凤仙花属植物中只有新几内亚凤仙花(*I. hawkerii*)和非洲凤仙花(*I. walleriana*)广泛应用于园林实践中[9-10]，因此，通过对滇东凤仙花属植物资源的调查与分析，该地区部分凤仙花属植物具有很高的观赏价值，有待进一步的引种栽培和推广，并应用于园林当中[11]，同时为指导凤仙花杂交选育的亲本选配及组合提供基础数据，有利于提高杂交成功率，缩短育种年限，为培育出具有自主知识产权、符合市场需求、性状优异的凤仙花新品系奠定基础。

参考文献

1. Grey-WilsonC. The family Balsaminaceae In: M. D. Dassanayake and F. R. Fosbergeds. A revised handbook to the flora of Ceylon. New [M]. Delhi, Amerind Publishing Co, 1985.
2. 相银龙. 川西南凤仙花属 *Impatiens* L. 植物区系及亲缘关系研究[D]. 长沙：湖南师范大学. 2011.
3. 中国科学院昆明植物研究所. 云南植物志[M]. 北京：科学出版社，2006.
4. DENG M, ZHOU Z K. Seed plant diversity on screes from northwest Yunnan[J]. Acta Btanica Yunnanica, 2004, 26(1): 23 - 24.
5. 刘江丽. 昆明玉案山野生花卉资源的开发及园林应用[J]. 现代园艺，2012(8)：197 - 198.
6. 刘伟，梁宏波，赵大鹏. 野生花卉的开发利用[J]. 中国林业，2012(8)：36.
7. 刘卫国，熊兴耀，廖博儒. 张家界野生观赏花卉资源调查与分析利用[J]. 上海农业学报，2012，28(2)：81 - 84.
8. 黄蔚霞，黄美娟，徐俊. 滇西北凤仙花属植物资源调查与分析[J]. 北方园艺，2016(02)：54 - 59.
9. 郭云贵，杨瑛，游林红. 新几内亚凤仙组织培养及试管内开花试验[J]. 绿色科技，2012(5)：1 - 2.
10. 陈延. 独具魅力的非洲凤仙[J]. 北京园林，1999(4)：11 - 13.
11. 陈艺林. 值得开发的凤仙花属植物[J]. 植物杂志，1998(2)：2 - 3.

贵州贵安新区野生观花植物资源调查研究*

陈荣建　欧 静[①]　张仁嫒　毛永吉
（贵州大学林学院，贵阳 550025）

摘要　贵州贵安新区有丰富的野生观花植物资源，园林应用价值高。通过调查，贵安新区有野生观花植物57科133属160种，初步筛选120余种适宜园林绿化的野生观花植物，同时对野生观花植物的花色花型、观赏期、园林应用进行综合分析，对调查过程中发现的问题及野生观赏植物园林应用现状进行总结分析并对其园林开发利用提出了合理开发建议。
关键词　贵州贵安新区；野生观花植物；喀斯特地形；园林应用

Investigation and Study on the Wild Ornamental Flowering Plant Resources in Guian New Area, Guizhou Province

CHEN Rong-jian　OU Jing　ZHANG Ren-ai　MAO Yong-ji
(*College of Forestry, Guizhou University, Guiyang* 550025)

Abstract　The Guian New Area is rich in wild ornamental flowering plant resources, which is of high garden application value. Through investigation, the Guian New Area has 57 wild ornamental flowering plant families, 133 genera and 160 species. Based on the preliminary screening, more than 120 wild ornamental flowering plants are suitable for garden application. Comprehensive analysis of the color and size, the viewing period, and the garden application of the wild ornamental flowering plants has been carried out. On the basis of the summary of the problems found in the investigation process and the application status of wild ornamental plants, reasonable suggestions for the improvement and utilization of its garden application are provided.
Key words　The Guian New Area; Wild flowering Ornamental plants; Karst landform; Garden application

野生观花植物是指在其原产地处于天然状态、自生自灭的以观花为主的观赏植物。有资源丰富、适应性强、观赏价值高、养护成本低等优点，是培育新优观赏植物品种的重要种质资源和原始材料。近年来北京（赵晓燕 等，2007）、武汉（谭庆 等，2010）、上海（陈志萍 等，2011）、青海（李艳萍和杨水利，2004）等地展开对野生观赏植物的引种栽培，已筛选出栓翅卫矛、大叶铁线莲、蓝玉簪龙胆、半边莲等观赏价值高、适宜当地园林应用的野生观赏植物，表现出较强的耐寒性、耐阴性、耐瘠薄性，在节水、养护成本等方面表现突出。充分挖掘观赏价值高、经济效益好的野生观赏植物进行选种驯化栽培，丰富园林植物种类，增加地方特色景观植物有重要作用。

为了解贵安新区野生观赏植物资源现状，本文对贵安新区范围内展开野生观花植物资源调查，以明确贵安新区野生观花植物资源的种类、花色花型、花期构成，筛选出观赏价值较高的观花种类，为贵安新区、贵阳、安顺等黔中地区野生观花植物资源开发利用提供依据，同时为规划建设新区提供基础数据支持。

1　地理位置

贵州贵安新区是国家级新区，地处黔中经济区核心区、贵阳市与安顺市相连的中心地带，规划面积1795km^2。贵安新区地势西高东低，平均海拔1200m；年平均气温12.8～16.2℃。地形地貌类型多样，以喀斯特地貌为主，地势较为平坦，河流湖泊纵横交错，森林覆盖率42%，气候温和湿润、生态环境良好。

* 基金项目。贵州大学省级本科教学工程项目（SJJG201410）资助。
① 通讯作者。教授，硕士生导师，主要从事园林植物景观规划设计研究。E-mail：coloroj@126.com。

2 调查方法

本调查采取实地调查和资料查阅相结合的方法进行。野外调查采用典型样地法及样线法进行，根据贵安新区植被结构特征及生境不同，按喀斯特典型地貌、混交林、马尾松林地、河流、荒坡等样地类型划分调查。根据种面积曲线，样方法样地大小设置为20m×20m，每类型样地设置典型样地8块，每块样地设置10m×10m乔木样方4个，2m×2m的灌木样方8个，1m×1m的草本样方8个进行植物种类及群落调查。样线法根据植被结构特征及生境不同设置样线15条，每条标准样线长3km，宽20m，对植物种类、数量、环境特征等进行调查。

2015年9～10月，在贵安新区区域内进行实地踏查，记录各种野生观花植物的生境、形态特征、观赏特性等并拍摄照片和采集标本。标本鉴定参考《中国植物志》（中国科学院中国植物志编辑委员会，2004）、《贵州植物志》（贵州植物志编委会，2004）、《贵州野生木本花卉》（徐来福 等，2006）、《贵州野生草本花卉》（徐来福 等，2009）、《贵州乡土园林植物图鉴》（李光荣，2010）、贵州大学林学院标本室标本等。

3 结果与分析

据文献记载，贵州省有维管束植物8516种（徐来福 等，2009），野生木本花卉733种（徐来福 等，2006），野生草本花卉683种（徐来福 等，2009）。本次调查范围内初步统计，有较高观赏价值的野生观赏植物95科212属259种，占全省野生观赏观赏植物的18.29%，其中野生观花植物57科133属160种，占本次调查总数的75.47%。其中有国家二级保护植物香果树（*Emmenopterys henryi*）、贵州萍蓬草（*Nuphar bornetii*）两种，贵州新分布种中甸海水仙（*Primula monticola*）、淡黄香青（*Anaphalis flavescens*）两种（徐来福 等，2009）。

3.1 贵安新区主要野生观花植物资源

本次调查的野生观花植物主要集中在以下几个科属：菊科（19属22种）、蔷薇科（12属18种）、豆科（8属8种）、毛茛科（5属7种）、蓼科（5属7种）、百合科（4属7种）、龙胆科（3属5种）科。根据本次调查结果综合分析其生境要求、生态习性、株型、花色及园林观赏特性，初步筛选出适宜园林绿化的野生观花植物120余种，具体结果见表1。

表1 贵安新区主要野生观花植物名录表

Table 1 The table of mainwild flowering ornamental plants in Guian New Area

种名	拉丁学名	主要观赏特性	园林用途
细枝柃	*Eurya loquaiana*	冬春观白花、花淡香、花期10～12月，果期翌年7～9月	独赏树、花木
椤木石楠	*Photinia davidsoniae*	花白色，密集，红色果，花期4～5月，果期9～10月	绿篱、花木
野鸦椿	*Euscaphis japonica*	花黄白色密集，果皮紫红色，花期5～6月，7月至翌年2月观红色果	花木
四照花	*Dendrobenthamia japonica*	树形优美，花白色、花期5～7月，7～10月观红果	行道树、观赏树
香果树	*Emmenopterys henryi*	花白色、浓香、花期7～8月，果红色、果期9～11月	独赏树、行道树、花木
野茉莉	*Styrax japonicus*	花白色、芳香，满树洁白，花期4～7月，果期9～11月	花木
海州常山	*Clerodendrum trichotomum*	花香，花冠白色或带粉红色，成熟时外果皮蓝紫色，花果期6～11月	园景树
梾木	*Swida macrophylla*	花白花，花期6～7月，果期8～9月	花木
湖北海棠	*Malus hupehensis*	花粉红色，淡绿黄色果，花期4～5月，果期8～9月	花木
山合欢	*Albizia kalkora*	花先白后黄，秋季观果，花期5～6月，果期8～10月	花木、植篱
贵州小檗	*Berberis cavaleriei*	花黄色密集、花期4～6月，果黑色、果期7～10月	植篱、绿雕塑、地被
西南白山茶	*Camellia pitardii*	花白色、夏秋观果，花期2～4月	花木
格药柃	*Eurya muricata*	花白色、花淡香，花期10月至翌年2月	花灌木、绿篱

（续）

种名	拉丁学名	主要观赏特性	园林用途
火棘	*Pyracantha fortuneana*	花白色、花期3~5月，果红色、果期8~12月	花灌木、绿雕塑、防护树
野扇花	*Sarcococca ruscifolia*	花白色、芳香、果红色，花果期10月至翌年2月	地被、植篱、绿雕塑
勾儿茶	*Berchemia sinica*	花白色、果红色，花期6~8月，果期翌年8~10月	地被、植篱
来江藤	*Brandisia hancei*	花橙黄或橘红色，花期10月至翌年2月	花木、藤木
南天竹	*Nandina domestica*	白色花、红果、秋季观红叶、花期3~6月，果期5~11月	花木、地被、植篱
烟管荚蒾	*Viburnum utile*	花白色、果先红后黑，花期3~4月，果熟期8月	花木、边坡
金佛山荚蒾	*Viburnum chinshanense*	观白花、果先红后黑，花期4~5月，果熟期7月	花木、地被
蝶花荚蒾	*Viburnum hanceanum*	观白花、红果，花期4~5月，果熟期8~9月	花木
珍珠荚蒾	*Viburnum foetidum*	观白花、红果，花期4~6月；果期9~11月	花木
六月雪	*Serissa japonica*	观株形，花白色，花期5~8月	花木、地被
臭牡丹	*Clerodendrum bungei*	花冠淡红色、红色或紫红色，花果期5~11月	地被、花木
滇鼠刺	*Itea yunnanensis*	花淡绿色，花瓣线状披针形，花序下垂，花期5~12月	绿篱、花木、防护树
滇白珠	*Gaultheria leucocarpa*	花白色、花冠白绿色、钟形，黑果，花期5~6月，果期7~11月	花木、地被
石岩枫	*Mallotus repandus*	花白色，花期3~5月，果期8~9月	蔓木、防护树、边坡绿化
线叶雀舌木	*Leptopus lolonum*	花黄色，花期2~9月，果期6~10月	地被
贵州金丝桃	*Hypericum kouytchense*	花黄色、密集，花期5~9月	花木、植篱、地被
中华绣线梅	*Neillia sinensis*	花白色或粉色，顶生总状花序，花期4~5月，果期9~10月	花灌木、植篱
贵州缫丝花	*Rosa kweichowensis*	花红色，黄果，花期5~8月，果期8~10月	植篱、花木、防护树
云实	*Caesalpinia decapetala*	花黄色密集、总状花序顶生，花期4~5月，9~12月观荚果	蔓木、植篱、绿雕塑、
马棘	*Indigofera pseudotinctoria*	花紫红色花，花期5~8月，果期9~10月	花灌木、植篱
长叶胡颓子	*Elaeagnus pungens*	异面叶色，叶背银灰色，10~12月观银白色花，翌年1~3月观红色果	桩景、花木
小梾木	*Swida paucinervis*	花黄色，黑果，花期6月，果期9月	花木、绿篱、水景
山莓	*Rubus corchorifolius*	花白色，红果，花期2~3月，果期4~6月	绿篱、防护树
马桑	*Coriaria nepalensis*	花红色，红果，花期3~4月，果期5~6月	花木、边坡
醉鱼草	*Buddleja lindleyana*	花白色或淡紫色，花期4~10月，果期8月至翌年4月	花灌木、绿篱
豆腐柴	*Premna microphylla*	花淡黄色，紫色果，花果期5~10月	蔓木、边坡绿化
映山红	*Rhododendron simsii*	花红色，花期4~12月，果期6~8月	花灌木、地被、盆栽
苦参	*Sophora flavescens*	花淡黄白色，花期6~8月，果期7~10月	花灌木

（续）

种名	拉丁学名	主要观赏特性	园林用途
大叶胡枝子	*Lespedeza davidii*	花紫红色，花期7～9月，果期9～10月	花灌木、岩石园
小叶六道木	*Abelia parvifolia*	花紫红色，红果，花期5～8月，果期8～9月	花木、桩景
朝天罐	*Osbeckia opipara*	花深红色至紫色，花果期7～9月	花灌木、地被
圆锥绣球	*Hydrangea paniculata*	花白色、密集，顶生圆锥花序，花期7～8月，果期10～11月	花灌木
西域旌节花	*Stachyurus himalaicus*	花形独特、花黄色，花期3～4月，果期5～8月	花木
小果蔷薇	*Rosa cymosa*	花白色、花期5～6月，果红色，果期7～11月	观赏藤木、植篱
扁核木	*Prinsepia utilis*	花白、粉红色，花期12～3月，夏秋观果	花木、植篱使用
雀梅藤	*Sageretia thea*	花黄色，红果、花期7～11月，果期翌年3～5月	蔓木、藤木
飞龙掌血	*Toddalia asiatica*	花白色，顶花淡黄白色，秋冬观果，花期4～8月，果期8～12月	蔓木、岩石园、边坡绿化
白簕	*Acanthopanax trifoliatus*	花黄绿色、黑果，花期8～11月，果期9～12月	蔓木、绿篱、边坡绿化
扶芳藤	*Euonymus fortunei*	花白绿色，粉红色果，花期6月，果期10月	蔓木、岩石园、边坡绿化
香花崖豆藤	*Millettia dielsiana*	花冠紫红色，花期5～9月，果期6～11月	蔓木、岩石园、边坡绿化
红果菝葜	*Smilax polycolea*	花黄绿色、红色果，花期4～5月，果期9～10月	岩石园
菝葜	*Smilax china*	花黄绿色、红色果，花期5～6月，果期10～11月	岩石园
粉枝莓	*Rubus biflorus*	枝干线条优美、白色，花淡红色，花期5～6月，果期7～8月	形木、观赏藤本、植篱
圆舌粘冠草	*Myriactis nepalensis*	花形奇特、花外层白色、内层黄绿色，花果期4～11月	花境、切花
椭圆叶花锚	*Halenia elliptica*	花形奇特、花紫色或淡黄白色，花期7～10月	盆栽、切花观赏、花境
通泉草	*Mazus japonicus*	花淡紫红色，花果期4～10月	地被
白接骨	*Asystasiella neesiana*	花白色，花果期7～9月	地被
牛膝菊	*Galinsoga parviflora*	花内橙黄，花外白色，花果期6～10月	花境
齿果酸模	*Rumex dentatus*	花红色，花期5～6月，果期6～7月	地被、花境
琉璃草	*Cynoglossum zeylanicum*	花紫色密集，花期5～10月	花境、切花
单色蝴蝶草	*Torenia concolor*	花形奇特，花蓝色或蓝紫色，花期5～11月	地被、草坪观赏
长萼堇菜	*Viola inconspicua*	花蓝色，花期4～10月	地被
半边莲	*Lobelia chinensis*	花冠粉红或者白色，花期5～10月	地被
淡黄香青	*Anaphalis flavescens*	植株叶形具美、白色，花内淡黄外白，花期5～10月	地被、干花观赏
千里光	*Senecio scandens*	花黄色密集，花期3～12月	地被、切花、边坡绿化
风毛菊	*Saussurea japonica*	花蓝色，花期8～10月	花境

（续）

种名	拉丁学名	主要观赏特性	园林用途
西藏珊瑚苣苔	*Corallodiscus lanuginosa*	花形奇特，花紫色，花期9~10月	盆栽、室内观赏
红花龙胆	*Gentiana rhodantha*	花红色或紫红色，花期9月至翌年2月	盆栽摆花、地被观赏
野棉花	*Anemone vitifolia*	花大色艳，花紫红或粉红色，花期7~10月	花境、地被、耐瘠薄
岩乌头	*Aconitum racemulosum*	花形奇特，花蓝色，花期9~10月	花形奇特，可做地栽、切花
东亚唐松草	*Thalictrum minus*	株形优美，花淡蓝色，花期6~7月	切花、花境观赏
贵州龙胆	*Gentiana esquirolii*	花大密集、奇特，花淡蓝色，花果期6~11月	地被、盆栽
中甸海水仙	*Primula monticola*	花淡红或淡紫色，花期4月	盆栽
巫山淫羊藿	*Epimedium wushanense*	花形奇特，花淡黄色，花期4~5月，果期6~8月	花境、地被
柳叶菜	*Epilobium hirsutum*	花紫红色，花期6~9月，果期7~10月	花境、地被
川牛膝	*Cyathula officinalis*	花球状，淡绿色，干时为白色，花期6~8月，果期7~9（~10）月	花境、地被
狗筋蔓	*Cucubalus baccifer*	花白色、密集、黑果，花期6~8月，果期7~10月	绿篱、花境
蕺菜	*Houttuynia cordata*	花白色，花期4~7月，果熟期10~11月	地被
蛇莓	*Duchesnea indica*	花黄色，红果，花期6~8月，果期8~10月	地被
毛茛	*Ranunculus japonicus*	花黄色，花果期4~9月	地被
老鹳草	*Geranium wilfordii*	花白色或淡红色，花期6~8月，果期8~9月	地被
獐牙菜	*Swertia bimaculata*	花白色具浅蓝色点，花果期6~11月	地被
扁蓄	*Polygonum aviculare*	夏季观蓝色花，花果期6~10月	地被
显花蓼	*Polygonum japonicum*	花粉红色，密集，花期8~10月，果期9~11月	水景
头花蓼	*Polygonum capitatum*	粉红色花，花期6~9月，果期8~10月	地被、岩石园
水朝阳旋覆花	*Inula helianthus - aquatica*	花黄色，花期6~10月，果期9~10月	花境
野菊	*Dendranthema indicum*	花黄色密集，花期6~11月。	花境、岩石园
山莴苣	*Lagedium sibiricum*	舌状小花蓝色或蓝紫色，花果期7~9月	地被、花境
菊状千里光	*Senecio laetus*	黄色花，花期4~11月	花境、岩石园、边坡绿化
骆骑	*Cirsium handelii*	小花紫色，花果期5~9月	花境
蓟	*Cirsium japonicum*	小花红色或紫色，花果期4~11月	花境
江南山梗菜	*Lobelia davidii*	花冠紫红色或红紫色，花期8~10月	花境
歪头菜	*Vicia unijuga*	花冠蓝紫色、紫红色或淡蓝色，花期6~10月，果期8~10月	花境、岩石园、边坡绿化
夏枯草	*Prunella vulgaris*	花冠紫、蓝紫或红紫色，花期4~6月，果期7~10月	地被
贵州鼠尾草	*Salvia cavaleriei*	花紫褐色，花期5~9月	花境
革叶粗筒苣苔	*Briggsia mihieri*	花形奇特，筒状花冠，花蓝紫色或淡紫色，花期10月，果期11月	盆栽、岩石园、室内观赏

（续）

种名	拉丁学名	主要观赏特性	园林用途
西南马先蒿	*Pedicularis labordei*	紫红色花，花期7～10月	花境、水景
沙参	*Adenophora stricta*	花蓝色，花果期8～10月	花境、切花
细叶沙参	*Adenophora paniculata*	花形奇特，密集，花淡蓝色，花果期8～10月	花境
墓头回	*Patrinia heterophylla*	花黄色，组成顶生伞房状聚伞花序，花期7～9月，果期8～10月	花境、岩石园
四川龙胆	*Gentiana sutchuenensis*	花冠上部蓝色或蓝紫色，下部黄绿色，漏斗形，花果期4～10月	地被、盆栽
贵州天名精	*Carpesium faberi*	花黄色，花期7～9月	花境
桔梗	*Platycodon grandiflorus*	花大色艳，蓝色花，花、果期8～10月	花境
百脉根	*Lotus corniculatus*	花冠黄色或金黄色，花期5～9月，果期7～10月	地被
野百合	*Lilium brownii*	花喇叭形，有香气，花乳白色，花期6～7月，果期7～10月	花境、切花
多花黄精	*Polygonatum cyrtonema*	伞形花，花被黄绿色，花期5～6月，果期8～10月	花境、盆栽
飞蛾藤	*Porana racemosa*	花白色密集，花期8～10月	蔓木、观赏藤本
繁缕	*Stellaria media*	花白色，花期4～8月，果期7～8月	花境、绿篱
薯蓣	*Dioscorea opposita*	花白色，果形奇特，花期6～9月，果期7～11月	花境、绿篱
何首乌	*Fallopia multiflora*	花白色或淡绿色，密集，花期8～9月，果期9～10月	花境、岩石园、边坡绿化
杠板归	*Polygonum perfoliatum*	花白或淡红，果紫色或黑色，花期6～8月，果期7～10月	蔓木、观赏藤木
安顺铁线莲	*Clematis anshunensis*	花白色密集，花期10～11月	蔓木、观赏藤木
平坝铁线莲	*Clematis clarkeana*	花白色密集，花期10～11月	花境、绿篱
忍冬	*Lonicera japonica*	花白色、黄色或黄白色，花期5～10月	蔓木、盆景、边坡绿化
威灵仙	*Clematis chinensis*	花白色密集，花期6～9月，果期8～11月	蔓木、观赏藤木
牛蒡	*Arctium lappa*	花紫红色，花果期6～9月	花境
宽叶香蒲	*Typha latifolia*	株型优美，花序奇特，花序轴棕色，花果期5～8月，花序轴观赏期长	水体种植观赏、切花
贵州水车前	*Ottelia sinensis*	花黄白色，花果期6～11月	水体观赏
鸭舌草	*Monochoria vaginalis*	花蓝色，花期8～9月，果期9～10月	水景
贵州萍蓬草	*Nuphar bornetii*	花叶俱美，花黄色，花期5～7月	地栽于水体观赏
萍蓬草	*Nuphar pumilum*	花黄色，花期5～7月，果期7～9月	水体观赏

3.2 花色花型分析

花色是指显花植物整个生殖器官的颜色，狭义花色仅指花瓣的颜色，广义花色包括花萼、雄蕊甚至苞片发育成花瓣的颜色（程金水，2000）。通过野外实地花卉拍照结合后期文献查阅，将贵安新区野生花卉的花色分为红色、白色、黄色、蓝紫色、其他共5个色系进行统计分析。从表2可知，贵安新区花色分布较均，白色系花比例最大有57种，占总观花比例的35.63%，蓝紫色系花、黄色系花、红色系花也较丰富。

除花色丰富外，花型也丰富，花型有单花观赏和多花组合观赏。单花观赏主要以花冠观赏为主，有桔梗科为主的钟状花冠、豆科的蝶形花冠、唇形科的唇形花冠、苦苣苔科的筒状花冠、百合科的漏斗形花冠等，多花观赏主要以花序观赏为主，有以丰花密集型的穗状花序、圆锥花序、总状花序、伞房花序，奇特型的柔荑花序，头状花序、肉穗状花序等花序类型。

这些色彩丰富的花色、形状奇特的花冠、千姿百态的花序组合成千变万化的花形，形成贵安新区丰富的野生观花植物资源。

表2　贵安新区野生观花植物色系构成分析

Table 2　The color composition analysis of wild flowering ornamental plants in Guian New Area

色系	种类	占观花植物比例(%)
红色	24	15.00
白色	57	35.63
黄色	36	22.50
蓝紫色	37	23.13
其他	6	3.75

3.3　花期分析

从图1可知，贵安新区观花植物全年均有分布，花期主要集中在夏秋两季，分别占总比例的43.3%和33.8%，夏季以白色系花、黄色系花、蓝紫色系花最为丰富，秋季以黄色系花和蓝紫色系花为主，冬春季观花植物较少，仅有红色系花和白色系花的少量观花植物。冬春季节虽然少花，但其花期都较长，如来江藤和格药柃花期均从10月至翌年2月都可观赏且花朵密集。其他季节观花种类丰富，其中有不少种类是多季观赏，如半边莲、映山红、红花龙胆、贵州金丝桃等。

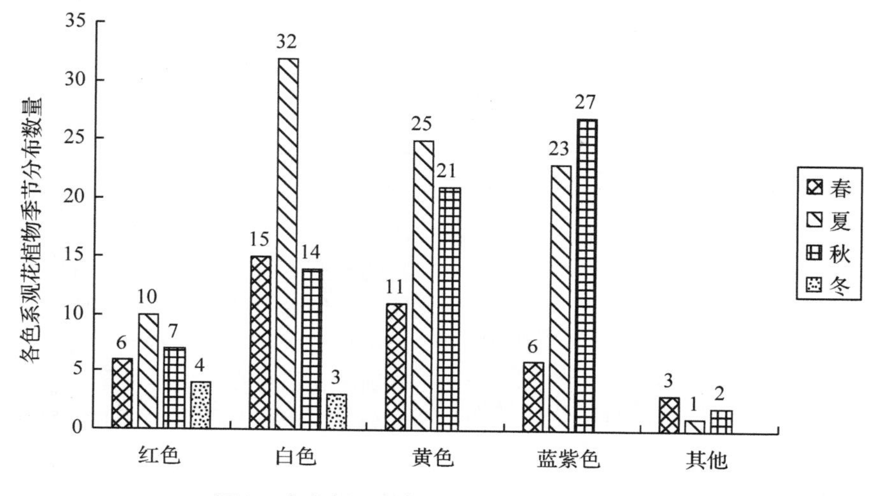

图1　贵安新区各色系观花植物季节分布图

Fig. 1　The New Area between Guiyang and Anshun colored flower plants Seasonal Distribution Department

3.4　香花植物资源

香花植物是指花朵能散发芳香的植物，其气味芬芳，具有安神镇静、清净身心的功效，并有防腐、杀菌、驱虫的特殊能力(张凤英和程双红，2011)。香味也被称为植物之灵魂，是园林植物最具特色的观赏性状(李房英 等，2010)。本次调查结果中贵安新区有12种香花植物，木本植物10种，藤本1种，草本1种，占观花总比例的7.5%。按芳香类别有芳香植物5种，淡香植物7种。香花植物主要分布于冬春季节和夏季，冬春季节淡香植物有有山茶科柃属的细枝柃和半齿柃、椤木石楠、忍冬，浓香植物有野扇花、南天竹；夏季淡香植物有野茉莉、梾木、醉鱼草，浓香植物有香果树、海州常山、野百合。

4　园林应用分析

野生植物因极强的适应能力在园林养护管理方面具有简单粗放、节水节力、养护成本低等特点，是建设生态节能型园林的重要资源。在喀斯特地形地貌中长期生活的许多野生植物，耐干旱、贫瘠方面能力突出，对环境适应能力较强，掌握其生态习性与生长要求后对其进行引种栽培，便能短期内在园林中得到应用，丰富地方园林景观。贵安新区野生观花植物有着丰富的生活类型，在喀斯特地貌特色景观植物资源方面突出，可以满足园林中不同的应用形式及应用要求，有许多值得重点开发应用的观花植物。

4.1　花木类

是园林中主要观赏的木本植物，多花形奇特、丰花密集、花色艳丽或具浓郁芳香，不论是单株观赏还是群植均能达到良好的观赏效果。如冬春季节开花密集且具清香的格药柃、细枝柃，满树繁花的香果树、野茉莉，花形奇特的四照花、野鸦椿、小叶六道木，丰花密集的火棘、醉鱼草、梾木、圆锥绣球等。

4.2 绿篱类

多为常绿灌木，常枝叶密集、耐修剪、养护简单，在园林中起分隔空间、屏蔽视线、衬托景物的作用。这类植物有枝形奇特具白粉如瀑布的粉枝莓，秋冬春观花且花色丰富的扁核木，丰花观赏的中华绣线梅、贵州小檗、小梾木，夏花秋果的贵州缫丝花，花果俱美的云实，果序奇特的西域旌节花、滇鼠刺，异面叶色具红果的长叶胡颓子等。

4.3 花境花坛类

多为草本，常枝叶形美、花色艳丽，园林中常片植形成花海景观或野趣。在野外，荒坡中大片椭圆叶花锚、野棉花已自然形成天然的花海景观，成片的野菊、千里光、柳叶菜、风毛菊富有浓厚的乡土气息，富有野趣，叶、形、花俱美的淡黄香青群落形成天然小花境，花形奇特如鱼眼的圆舌粘冠草平添观花乐趣，早花报春的中甸海水仙，以及单花观赏的桔梗、细叶沙参、野百合等。

4.4 地被类

是指植株低矮、铺展力强，用以覆盖园林用地，避免土地裸露、防止水土流失的一类植物。其片植景观效果好、终年常绿、有效丰富园林景观层次和增加生态效益。半边莲、单色蝴蝶草、长萼堇菜、通泉草、百脉根等已自然形成大片地被景观，可用于大片舒缓草地美化，六月雪、臭牡丹、线叶雀舌木、贵州金丝桃、朝天罐、琉璃草、白接骨等可用于道路边缘，巫山淫羊藿、贵州龙胆可作为林下耐阴花境、地被。

4.5 喀斯特岩生植物类

此类植物长期生活在喀斯特岩石地貌中，其特殊的生境要求，常形成独特的观赏花卉资源，主要用于岩石园、假山、边坡绿化。如喜阴岩生的苦苣苔科的革叶粗筒苣苔、西藏珊瑚苣苔花形奇特，具极高的观赏价值，分布广泛且生长良好的野扇花、栓翅卫矛、飞龙掌血、勾儿茶、贵州金丝桃、东亚唐松草等在喀斯特地貌中自然组合成花石共赏的奇特景观，在喀斯特岩区低洼处还分布着中甸海水仙与宽叶香蒲群落，极大地丰富了喀斯特天然景观。

4.6 藤蔓类

多为木质藤本，借助于吸盘、卷须、钩刺、茎蔓或吸附根等器官进行攀缘的一类植物，多应用于花架、墙体或边坡绿化。藤蔓植物多线条优美，花繁叶茂常形成绿墙。有花繁叶茂的安顺铁线莲、平坝铁线莲、威灵仙，终年绿墙的扶芳藤、花果俱丰的雀梅藤，灵动轻盈的飞蛾藤，以及薯蓣、香花崖豆藤、何首乌等。

5 保护与开发利用

5.1 加强本底资源调查

贵安新区有丰富的野生观花植物资源，许多野生观花植物还处于野生状态，目前只对观花种类进行初步调查分析整理，其数量、分布范围、生境条件等资料还未进行详细、全面收集，应加强本底资源情况调查，为后期针对园林应用筛选提供详细的数据参考，确定园林应用重点开发植物名录，促进野生观花植物在园林中的应用。

5.2 加强原始生境保护

野生观花植物多数处于野外无人保护状态，其生境易遭到自然灾害和人为破坏，严重影响野生观赏植物的自然更替。在调查中发现国家二级保护植物香果树、中甸海水仙、西藏珊瑚苣苔主要分布在喀斯特地貌中且数量极少，生境条件差，生存环境十分恶劣；椭圆叶花锚只在荒坡与马尾松林缘交界处有少量群体性分布，贵州萍蓬草在河道呈零星分布，河道受附近村庄日常生活、农业生产影响受到不同程度污染。这些植物因其特殊的生境要求和分布范围极易因自然灾害和人为干扰引起消失，应加强野生观赏植物的原始生境保护，促进野生观花植物的自然更替。同时还应加强野生植物保护的相关法律法规知识宣传，积极展开对珍稀植物引种栽培研究。

5.3 重视引种栽培与园林应用

当前园林植物景观同质化严重，各地都在呼吁使用乡土植物，多雷声大雨点小，其原因是各地苗圃中储备的乡土园林植物种类和数量较少，而形成鲜明对比的是各地均有丰富的野生观赏植物资源可以满足不同的园林应用要求。因此，重视野生观赏植物的引种栽培，以园林应用为目的，加强政府、科研院校、企业共同协作，选择适应能力强、分布范围广、景观效果好的野生观赏植物在合理的范围内进行有序、有计划地重点开发，形成野生观赏植物种质资源库—重点开发名录—引种栽培繁育—园林应用示范推广的综合立体开发体系，可使野生观赏植物在园林中大放光彩，形成自己的地方园林特色。

图2　部分野生花卉图

Fig. 2　Some wild flowers

1. 朝天罐　2. 圆锥绣球　3. 贵州金丝桃　4. 革叶粗筒苣苔　5. 格药柃　6. 扁核木　7. 中华绣线梅　8. 粉枝莓　9. 贵州龙胆　10. 淡黄香青　11. 野棉花　12. 椭圆叶花锚　13. 半边莲　14. 飞蛾藤　15. 显花蓼　16. 千里光

参考文献

1. 赵晓燕，高大伟，周肖红．2007. 北京野生地被植物引种筛选及应用[J]. 中国园林，08：10－16.
2. 谭庆，陈法志，郭彩霞，等．2010. 武汉地区野生地被植物资源引种筛选及其园林应用[J]. 北方园艺，18：88－90.
3. 陈志萍，虞志军，闵玮．2011. 几种野生地被植物的引种栽培[J]. 北方园艺，20：92－94.
4. 李艳萍，杨水利．2004. 青海省几种野生木本植物的引种栽培[J]. 山东林业科技，01：16－17.
5. 中国科学院中国植物志编辑委员会．2004. 中国植物志[M]. 北京：科学出版社.
6. 贵州植物志编委会．2004. 贵州植物志（1－10卷）[M]. 贵阳：贵州人民出版社.
7. 徐来福，杨成华，陈茂祥．2006. 贵州野生木本花卉[M]. 贵阳：贵州科技出版社.
8. 徐来福，杨成华．2009. 贵州野生草本花卉[M]. 贵阳：贵州科技出版社.
9. 李光荣．2010. 贵州乡土园林植物图鉴[M]. 贵阳：贵州科技出版社.
10. 程金水．2000. 园林植物遗传育种学[M]. 北京：中国林业出版社.
11. 张凤英，程双红．2011. 普洱市城区香花植物的种类及应用调查[J]. 吉林农业，09：175－176.
12. 李房英，陈晓萍，杨超，等．2010. 福州市香花植物资源及其在园林中的应用[J]. 亚热带农业研究，6(4)：243－248.

贵州贵安新区野生木本观赏植物资源调查与应用研究*

龙海燕　欧 静[①]　陈荣建　张仁嫒
（贵州大学，贵阳 550025）

摘要　通过实地调查，对贵州贵安新区的野生木本观赏植物资源进行了初步统计。结果表明：贵安新区野生木本观赏植物大约有 148 种，隶属于 59 科 121 属。根据木本观赏植物的观赏特性，将贵安新区的野生木本植物资源分为 6 类，分别是林木类、荫木类、叶木类、花木类、果木类和蔓木类。重点评价了部分野生木本植物的观赏特性和园林用途，并从中筛选出 38 种具有较高观赏价值和市场应用前景的木本植物，以期为园林植物资源的开发利用提供参考，同时为新区建设植物的选择提供依据。
关键词　野生木本观赏植物；资源调查；园林应用；贵州贵安新区；喀斯特

Investigation and Application of Wild Woody Ornamental Plant Resources in Guizhou Guian New District

LONG Hai-yan　OU Jing　CHEN Rong-jian　ZHANG Ren-ai
（*Guizhou University*，*Guiyang* 550025）

Abstract　Through field investigation，we have a preliminary statistics for wild woody ornamental plant resources in Gui'an district of Guizhou. The results show wild woody ornamental plant in Gui'an district about 148 species ，belonging to 59 families and 121 genera. According ornamental characteristics of wild ornamental woody plants，they are classified into six classes：forestry tree，shadow wood type，leaf wood type，flower and tree type，fruit and tree type ，Vine type. Giving a key evaluation in ornamental characteristics and uses For part of the plant ，And 38 species of woody plants with high ornamental value and market application prospect were selected. In order to provide reference for the development and utilization of garden plant resources. At the same time provide the basis for selecting new construction plant.
Key words　Woody ornamental plant；Resources investigation；Landscape application；Guizhou Guian New District；Karst

野生木本观赏植物是指没有经过引种驯化，在原产地仍处于天然自生状态的木本植物（申小东 等，2013）。它们绚丽多姿，极具观赏价值，且大多数为乡土植物，具有抗逆性强、病虫害少的优点，具有极大的开发推广价值。随着社会的发展，园林城市化建设不断加快，人们对环境绿化、美化的需求也不断加大，而目前在园林绿化中可利用的观赏植物资源又十分有限。因此，为丰富园林植物品种，应加大对野生观赏植物资源的挖掘和利用。张华海（2013）等对贵阳喀斯特山地的野生观赏植物资源进行了调查，钱长江（2010）等也通过调查和文献分析对贵州西部野生木本观赏植物资源进行了分类研究，结果都表明贵州境内有着丰富的观赏木本植物资源。贵安新区作为国家级新区，承载着国家的战略使命，加快发展、建设美丽贵安，把生态保护融于发展，是新区建设的重中之重。而生态环境的建设指导，必须以掌握新区的重要植物资源为前提。因此，本研究首次对贵安新区的野生木本观赏植物资源进行了调查与分类研究，以期为园林植物资源的开发利用提供参考，同时为新区建设植物的选择提供依据。

1　研究区概况

贵安新区位于东经 106°00′～106°45′，北纬 26°20′～26°40′，属亚热带湿润温和型气候，冬无严寒，夏无酷热，阳光充足，雨水充沛，年平均气温 12.8～16.2℃。其地势西高东低，平均海拔 1200m；地形地

* 基金项目。贵州大学省级本科教学工程项目（SJJG201410）资助。
① 通讯作者。教授，硕士生导师，主要从事园林植物景观规划设计研究。E-mail：coloroj@126.com。

貌类型多样，地质结构稳定，河流湖泊纵横交错，森林覆盖率达42%，具有得天独厚的地理优势。新区位于贵州省贵阳市和安顺市结合区域，范围涉及贵阳和安顺两市所辖4县(市、区)20个乡镇，规划控制面积1795km^2。2014年国务院提出将贵安新区建设成为经济繁荣、社会文明、环境优美的西部地区重要经济增长极、内陆开放型经济新高地和生态文明示范区。贵安新区作为西部大开发重点建设的五大新区之一，也是中国的第八个国家级新区。

2 调查方法

调查时间为2015年9～10月，采用野外调查与室内分析相结合的方法。野外调查采用典型样地法及样线法进行，根据贵安新区植被结构特征及生境不同按喀斯特典型地貌、混交林、马尾松林地、河流、荒坡等样地类型划分调查。根据种面积曲线，样方法样地大小设置为20m×20m，每类型样地设置典型样地8块，每块样地设置10m×10m乔木样方4个，2m×2m的灌木样方8个，1m×1m的草本样方8个进行植物种类及群落调查。样线法根据植被结构特征及生境不同设置样线15条，每条标准样线长3km，宽20m，对植物种类、数量、环境特征等进行记录，并拍摄照片和采集标本。调查的主要内容是野生木本观赏植物的种类、生境、形态特征以及观赏特性等，最后再将收集到的资料进行整理与统计分析。

3 结果与分析

3.1 野生木本观赏植物资源概况

据初步调查结果显示，贵安新区约有野生木本观赏植物148种，隶属于59科121属。其中，裸子植物3科5属5种，被子植物56科116属143种。其中，香果树(*Emmenopterys henryi*)、喜树(*Camptotheca acuminata*)为国家二级保护植物；柞木(*Xylosma racemosum*)为国家二级珍贵树种。

3.1.1 科的组成

由表1可以看出，在贵安新区59科野生木本观赏植物中，具有5种以上的科有7个，包含了56种野生木本观赏植物，占总种数(148种)的37.8%。其中，种数最多的科为蔷薇科，有21种，占总种数的14.2%；其次是豆科，有10种，占总种数的6.8%；其余5科均只含5种。

表1 贵安新区野生木本观赏植物含5种以上的科

Table 1 More than 5 species of wild woody ornamental plants in Gui'an New District

科名	科拉丁名	属数	种数	科名	科拉丁名	属数	种数
蔷薇科	Rosaceae	11	21	木犀科	Oleaceae	4	5
豆科	Leguminosae	9	10	忍冬科	Caprifoliaceae	1	5
鼠李科	Rhamnaceae	5	5	百合科	Liliaceae	2	5
五加科	Araliaceae	5	5				

3.1.2 属的组成

在贵安新区121属野生木本观赏植物中，具有5种以上的属有2个，包含了12种野生木本观赏植物，占总种数(148种)的8.1%。其中悬钩子属植物有7种，占总种数的4.7%；其次是荚蒾属，有5种，占总种数的3.4%；含4种的属有2个，分别为蔷薇属和菝葜属。

3.2 野生木本观赏植物的类型

按照陈植(1984)对木本观赏植物的分类，并参考相关文献(陈有民，1990；顾建中 等，2009)，结合植物形态及叶、花、果等观赏特性，将贵安新区野生木本观赏植物分为了6种类型，分别是林木类、荫木类、叶木类、花木类、果木类和蔓木类(表2)。并重点评价了部分植物的观赏特性和园林用途。

表2 贵安新区野生木本观赏植物各类别的种类和比例

Table 2 Gui'an New District of wild woody ornamental plant all kinds of other types and proportions

类别	科数	属数	种数	种的比例(%)
林木类	28	33	37	25.00
荫木类	12	15	15	10.14
观叶类	13	14	16	10.81
观花类	19	31	35	23.65
观果类	13	21	29	19.59
蔓木类	7	11	16	10.81
合计			148	100

3.2.1 林木类

林木类是指冠幅较小，枝叶稀疏，适宜远观观赏，往往群植或片植能形成一定森林景观的乔木（徐来富 等，2006），其中也包括了竹类。在贵安新区148种野生木本观赏植物中，林木类植物占有较大比重，共有28科33属37种。其中，常绿林木类有16种，如杉木（*Cunninghamia lanceolata*）、绒针柏（*Chamaecyparis pisifera*）、柳杉（*Cryptomeria japonica*）、细枝柃（*Eurya loqwuaiana*）、马尾松（*Pinus massoniana*）、香叶树（*Lindera communis*）、滇鼠刺（*Itea yunnanensis*）、石岩枫（*Mallotus repandus*）、滇白珠（*Gaultheria leucocarpa*）、女贞（*Ligustrum lucidum*）等；落叶林木类有21种，如枫杨（*Pterocarya stenoptera*）、柘树（*Maclura tricuspidata*）、白栎（*Quercus fabri*）、白檀（*Symplocos paniculata*）、枫香（*Liquidambar formosana*）、喜树（*Camptotheca acuminata*）、柞木（*Xylosma racemosum*）、火炬树（*Rhus Typhina*）、楤木（*Aralia chinensis*）、山胡椒（*Lindera glauca*）、刺楸（*Kalopanax septemlobus*）、鞘柄木（*Toricellia tiliifolia*）等；竹类有2种，慈竹（*Neosinocalamus affinis*）和水竹（*Phyllostachys heteroclada*）。

林木类树种有的树干高大，树形优美，抗性较强，有的秋叶有色，既可观花又可观果，是用于营造风景林的重要树种。但是，除马尾松、柳杉、侧柏、女贞、小叶女贞、枫杨、喜树等几种常见树种在贵州园林绿化中有较多的应用外，其他树种都较少或未见其在城市园林绿化中应用，绝大部分的野生木本观赏植物资源还未得到很好的发掘利用。如树冠浓密且耐修剪的香叶树，可作为绿篱或道路隔离带，是十分难得的绿化树种。适应性强，既可观叶又可观红果的柘树，可作为庭院树或刺篱植于公园、绿地，但由于其较为稀有，所以有待进一步繁殖培育。秋季红叶，冬季叶枯而不落的山胡椒，在园林中可作绿篱使用。春季开白花，秋季结蓝果的白檀，树形优美，枝叶秀丽，是良好的庭院美化和观赏绿化树种。除了观赏价值外，植物的生态和经济价值也逐渐被人们所重视。许多林木类植物不仅具有观赏性且适应性较强，耐干旱瘠薄，能在石灰岩山地中生长良好，如马尾松、板栗、枫香、香椿、喜树、楸树、梓树等，它们都可作为喀斯特地区的主要造林树种。

3.2.2 荫木类

荫木类指的是冠大荫浓，枝叶茂密，树形美观，适宜近景观赏的乔木类（徐来富 等，2006）。荫木类共有12科15属15种。包括光皮桦（*Betula luminifera*）、朴树（*Celtis sinensis*）、川黔润楠（*MacLzilus chuanchienensis*）、杨梅（*Myrica rubra*）、二球悬铃木（*Platanus acerifolia*）、椤木石楠（*Photinia serrulata*）、南酸枣（*Choerospondias axillaris*）、槐（*Sophora japonica*）、皂荚（*Gleditsia sinensis*）、白腊树（*Fraxinus chinensis*）、刺槐（*Robinia pseudoacacia*）、青桐（*Firmiana simplex*）、桂花（*Osmanthus fragrans*）、梾木（*Cornus macrophylla*）、棕榈（*Trachycarpus fortunei*）。

荫木类树种中一般树干通直，高大雄伟，且抗性较强，寿命较长的种类，适用于道路绿化，如南酸枣、二球悬铃木、皂荚、棕榈等。而枝繁叶茂、冠幅较大，树姿优美的杨梅、槐、青桐、桂花等，则可布置于庭院、街旁和绿化广场等处用来遮荫。椤木石楠与梾木枝繁叶茂，夏季白花点点，秋末硕果累累，两者都是不可多得的既可观花又可观果的观赏树种。此外，光皮桦具有较强的天然更新能力，豆科的皂荚、槐和刺槐等能耐干旱瘠薄生境，它们都是荒山造林的优良先锋树种。

3.2.3 观叶类

观叶类树种通常枝叶茂密，主要以叶色和奇特的叶形为观赏对象。观叶类树种有13科14属16种。包括垂柳（*Salix babylonica*）、红花檵木（*Loropetalum chinense*）、贵州小檗（*Berberis amurensis*）、龙爪柳（*Salix matsudana*）、狭叶海桐（*Pittosporum glabratum*）、枇杷（*Eriobotrya japonica*）、海桐（*Pittosporum tobira*）、盐肤木（*Rhus chinensis*）、化香（*Platycarya strobilacea*）、湖北算盘子（*Glochidion wilsonii*）、长叶冻绿（*Rhamnus crenata*）、野扇花（*Sarcococca ruscifolia*）、鸭脚木（*Alstonia scholaris*）、雀舌黄杨（*Buxus bodinieri*）、六月雪（*Serissa japonica*）、水麻（*Debregeasia orientalis*）。其中秋季可观红叶的有盐肤木、湖北算盘子，可作为背景树营造丰富的季相景观。贵州小檗、红花檵木、野扇花、六月雪、长叶冻绿等常绿花灌木，作为绿篱及地被使用，都有较好的景观效果。狭叶海桐、海桐、鸭脚木等叶形奇特，且四季常绿，可作为盆栽布置大厅、会场等处，也可作为绿篱群植或孤植于庭院及绿地。

3.2.4 观花类

观花类具有花色艳丽、花形奇特等特点，以花形、花色作为主要的观赏部位。观花类在各类型中占的比例较大，共有19科31属35种。常绿种14种，占40%，落叶种21种，占60%，主要以蔷薇科观赏木本花卉为主，其次是山茶科、豆科。春季观花的植物有中华绣线梅（*Neillia thyrsiflora*）、迎春（*Jasminum nudiflorum*）、樱桃（*Cerasus pseudocerasus*）、小梾木（*Swida paucinervis*）、西域旌节花（*Stachyurus chinensis*）等；夏季观花的植物有贵州金丝桃（*Hypericum monogynum*）、野蔷薇（*Rosa multiflora*）、四照花（*Cornus kousa*）、臭牡丹（*Clerodendrum bungei*）、八仙花（*Hydrangea macrophylla*）、香果树（*Emmenopterys henryi*）等；

秋季观花的植物有黄花决明(*Cassia glauca*)、雀舌木(*Leptopus chinensis*)、醉鱼草(*Buddleja lindleyana*)等;冬春观花的有山茶(*Camellia japonica*)、扁核木(*Prinsepia utilis*)、来江藤(*Brandisia hancei*)等。按花色统计，开白花的有 11 种，占 31.4%，红花 9 种，占 25.7%，黄花6种，占17.1%，紫红2种，占5.7%，多花色的有7种，占20%。从比例上看，以白色花和红色花的种类居多，蓝紫色花较少。其中茶花类、八仙花、贵州金丝桃、杜鹃类等花大色艳，甚为美观。可作为花灌配置于树荫下，也适于植为花篱、花境。香果树、四照花等花苞或花萼"瓣化"，花形奇特，花开时满树雪白，随风飞舞，是一大观赏的亮点。山茶、扁核木、来江藤等花期均在冬春少花季节，特别是来江藤，它的花形较为独特，且颜色艳丽夺目，从11月至翌年2月，花开不断，可在冬季少花季节作为花灌木使用，以丰富园林冬季景观。这些五彩斑斓的观花类植物都有着较高的观赏价值，它们既可作行道树、庭院树等，也可作为花境、花篱，在园林绿化中广泛应用，可大大提高园林景观的多样性。

图1 来江藤 *Brandisia hancei*(自拍)

图2 中华绣线梅 *Neillia thyrsiflora*(自拍)

3.2.5 观果类

观果类树木的果实或颜色艳丽或奇形怪状，通常具有较高的观赏价值，能够吸引人们的目光。贵安新区野生木本观赏植物中，观果类植物有 13 科 21 属 29 种。常绿类 12 种，占 41.4%，落叶种 17 种，占 58.6%，种类较多的是蔷薇科的悬钩子属植物，忍冬科的荚蒾属植物以及冬青科冬青属植物。果色主要以红色为主，如南天竹(*Nandina domestica*)、湖北海棠(*Malus hupehensis*)、野鸦椿(*Euscaphis japonica*)、川莓(*Rubus setchuenensis*)、火棘(*Pyracantha fortuneana*)、红果冬青(*Ilex rubra*)、珍珠荚蒾(*Viburnum foetidum*)、蝶花荚蒾(*Viburnum hanceanum*)等，黄色果有多脉猫乳(*Rhamnella franguloides*)、枳椇(*Hovenia acerba*)、柚子(*Citrus grandis*)等，紫黑色较少，仅有插田泡(*Rubus coreanus*)、大果冬青(*Ilex macrocarpa*)。这些观果类植物有的果实形态奇特，有的果色鲜艳，特别是秋季丰收的景象，更加体现了观果植物在园林景观色彩中的重要作用，在园林植物配置中具有不可替代性。

图3 蝶花荚蒾 *Viburnum hanceanum*(自拍)

图4 野鸦椿 *Euscaphis japonica*(自拍)

特别是冬青属植物，如红果冬青、大果冬青等，它们有的四季常绿，有的树形优美，果实绚丽，在园林绿化中可广泛作为园景树、果篱、刺篱等栽植于公园、岩石园、工矿区等地，同时也是制作盆景不可多得的优良材料(欧静，2002)。此外竹叶花椒、马桑、多脉猫乳和荚蒾属不少种也都很适合做果篱和绿篱，其叶色墨绿，红果鲜艳，对比十分强烈，是一观赏的亮点。长叶胡颓子、南天竹、火棘等枝繁叶茂，树姿优雅，耐修剪、萌生性强，是作为盆景和桩景的好材料。湖北海棠春季白花朵朵，秋季果实累累，甚为美丽；野鸦椿的花和叶都有较高的观赏价值，更值得一提的是，每到秋季，红色的内果皮反卷，十分艳丽夺目。它们既可用于庭院观赏也可用于行道栽植，是园林建设中不可多得的优良绿化树种。

3.2.6 蔓木类

蔓木类植物是进行垂直绿化的主要种类，主要包括木质藤本、攀缘或缠绕植物（钱长江 等，2014）。蔓木类共有 7 科 11 属 16 种。包括地果（*Ficus tikoua*）、红泡刺藤（*Rubus niveus*）、云实（*Caesalpinia decapetala*）、粉枝莓（*Rubus biflorus*）、悬钩子（*Rubus corchorifolius*）、崖豆藤（*Millettia speciosa*）、栓翅卫矛（*Euonymus phellomanus*）、雀梅藤（*Sageretia thea*）、南蛇藤（*Celastrus orbiculatus*）、白勒（*Acanthopanax senticosus*）、中华常春藤（*Hedera nepalensis* var.）、扶芳藤（*Euonymus fortunei*）、肖菝葜（*Heterosmilax japonica*）、牛尾菜（*Smilax riparia*）、长托菝葜（*Smilax ferox*）、菝葜（*Smilax china*）。其中茎蔓坚韧繁茂，可有效防沙固土的地果；花色艳丽、花期较长，适应性强，即使在石灰岩石缝中也能顽强生长的云实；春季观白花或红花，夏季观红果的悬钩子、红泡刺藤等，都可作为优良的地被植物大力推广。此外根据蔓木类植物攀援能力、配置特点等区分，南蛇藤、菝葜属等，可用于篱笆和围栏的绿化；崖豆藤、云实等，可用于棚架、花架绿化；扶芳藤、中华常春藤等攀援能力较强的，可用于墙面、假山绿化。

3.3 重要的野生木本观赏植物

根据调查结果，并结合贵安新区野生木本观赏植物的观赏价值、资源数量、特色和引种驯化的难易度，以及在园林绿化中的用途等，经过综合分析，筛选出了表 3 中的 38 种植物，作为园林植物开发利用推荐的重点对象。

表 3 贵安新区重点野生木本观赏植物

Table 3 The key wild woody ornamental plants in Gui'an New District

序号	科名	种名	拉丁名	观赏特点	园林用途
1	茜草科	香果树	*Emmenopterys henryi*	树姿态优美，花果俱美	行道树，庭荫树
2	茜草科	六月雪	*Serissa japonica*	枝繁叶茂，花朵美丽	地被，绿篱
3	五加科	刺楸	*Kalopanax septemlobus*	叶色浓绿，硬刺独特	行道树，刺篱
4	金缕梅科	枫香	*Liquidambar formosana*	树形优美，秋叶红艳	庭荫树，防护树
5	桦木科	光皮桦	*Betula luminifera*	树干挺直，花序独特	防护树
6	山茱萸科	四照花	*Cornus kousa*	夏观白花，秋看红果	行道树，庭荫树
7	山茱萸科	小梾木	*Swida paucinervis*	枝繁叶茂，白花满枝	花灌木，绿篱
8	山茱萸科	梾木	*Cornus macrophylla*	树形优美，夏观白花	庭荫树
9	柿树科	君迁子	*Diospyros kaki*	枝叶美观，果实累累	庭荫树
10	野茉莉科	野茉莉	*Styrax japonicus*	树形优美，繁花似雪	庭荫树，园景树
11	樟科	川黔润楠	*Machilus chuanchienensis*	四季常绿，树形优美	园景树
12	樟科	山胡椒	*Lindera glauca*	叶面深绿，秋季红色	防护树，绿篱
13	漆树科	南酸枣	*Choerospondias axillaris*	树形优美，黄果累累	庭荫树
14	漆树科	盐肤木	*Rhus chinensis*	秋叶红色，甚为美丽	防护树
15	冬青科	红果冬青	*Ilex rubra*	树干通直，红果累累	庭荫树、园景树，绿篱
16	省沽油科	野鸭椿	*Euscaphis japonica*	枝叶秀美，果实奇特	行道树，庭荫树
17	山矾科	白檀	*Symplocos paniculata*	树形优美，枝叶秀丽	园景树
18	小檗科	贵州小檗	*Berberis amurensis*	夏季观白花，秋季观果	植篱及绿雕塑
19	藤黄科	贵州金丝桃	*Hypericum monogynum*	花瓣金黄色，颜色艳丽	地被，绿篱
20	蔷薇科	椤木石楠	*Photinia serrulata*	四季常绿，枝繁叶茂	独赏树
21	蔷薇科	中华绣线梅	*Neillia thyrsiflora*	花序美丽	地被
22	蔷薇科	小果蔷薇	*Rosa cymosa*	花团簇簇，花色繁多	刺篱，花篱

（续）

序号	科名	种名	拉丁名	观赏特点	园林用途
23	蔷薇科	缫丝花	*Rosa roxburghii*	花朵秀美，具黄色刺	植篱及绿雕塑
24	蔷薇科	扁核木	*Prinsepia utilis*	冬春观花，夏秋观果	植篱及绿雕塑
25	豆科	黄花决明	*Cassia glauca*	叶片秀丽美观，花冠独特	花灌木
26	豆科	大叶胡枝子	*Lespedeza davidii*	夏秋观红紫色花	防护树
27	豆科	山合欢	*Albizia kalkora*	夏季红花满枝	独赏树
28	豆科	云实	*Caesalpinia decapetala*	枝繁叶茂，黄花满枝	植篱及花架
29	马钱科	醉鱼草	*Buddleja lindleyana*	花芳香而美丽，穗状花序	地被，花灌木
30	胡颓子科	长叶胡颓子	*Elaeagnus pungens*	树姿端庄，花繁果美	桩景
31	忍冬科	珍珠荚蒾	*Viburnum foetidum*	白花红果俱佳	果篱，绿篱
32	鼠李科	雀梅藤	*Sageretia thea*	树姿优美，花果俱佳	绿篱，盆景
33	鼠李科	多脉猫乳	*Rhamnella franguloides*	叶色美观，秋观黄果	果篱，绿篱
34	桑科	地果	*Ficus tikoua*	茎蔓繁茂，叶色浓绿	地被，盆景
35	卫矛科	扶芳藤	*Euonymus fortunei*	枝叶茂盛，秋叶红艳	地被，垂直绿化
36	卫矛科	南蛇藤	*Celastrus orbiculatus*	姿态优美、花繁果艳	篱笆、围栏的绿化
37	百合科	红果菝葜	*Smilax polycolea*	攀援状灌木，花果俱佳	篱笆、围栏的绿化
38	玄参科	来江藤	*Brandisia hancei*	花形奇特，花色艳丽	花灌木，花架，植篱

4 结论与讨论

（1）调查结果表明，贵安新区约有野生木本观赏植物148种，隶属于59科121属。其中，裸子植物3科5属5种，被子植物56科116属143种。

（2）按观赏植物的观赏特性，贵安新区的野生木本观赏植物可分为6种类型，分别是林木类、荫木类、叶木类、花木类、果木类和蔓木类，各类型比例的大小排列依次是：林木类、观花类、观果类、观叶类、蔓木类、荫木类，林木类所占比例最大，为25%，荫木类最小，为10.14%。从贵安新区148种野生木本观赏植物中，筛选出了具有较高观赏价值和市场应用前景的植物共38种，它们可作为野生木本观赏植物开发利用的重点对象。

（3）贵安新区蕴藏着丰富的野生观赏植物资源，由于调查的区域有限，此次初步调查植物累计140多种，相对于整个新区的植物资源储量，植物种类是明显偏少的，大量有价值的植物资源依然有待发掘。所以应尽快对贵安新区展开更加全面更加深入的植物资源调查，掌握野生木本观赏植物的资源量、生存和分布状况，在此基础上作出综合的分析和评价，以确定重点开发利用的对象。最后，再根据调查结果结合当地实际情况，制定开发利用计划。

（4）同时，贵安新区作为正在建设中的国家级新区，开发建设的力度较大，在开发建设过程中许多植被被破坏，加之调查区域内喀斯特地貌广布，境内植被生态环境较为脆弱。因此，建议在新区的开发过程中注重植物资源原生境的保护，禁止乱采滥挖，如有重要植被及保护植物分布的区域，因合理规划建设功能区划或建立保护带。对于濒危的重点保护植物坚持就地保护与迁地保护相结合的原则，必须在保护好资源的前提下，再进行合理的开发利用。将生态保护的理念融入新区开发的每个环节，实现经济效益与生态效益的双赢。

参考文献

1. 陈植．1984．观赏树木学[M]．北京：中国林业出版社，1－644.
2. 陈有民．1990．园林树木学[M]．北京：中国林业出版社，1－744.
3. 顾建中，史小玲，向国红．2009．常德野生木本观赏植物资源及其应用研究[J]．湖北农业科学，04：887－890.
4. 欧静．2002．贵州省冬青科野生观赏树木资源的园林利用[J]．中国野生植物资源，04：41－42.
5. 钱长江，袁茂琴，陈志萍．2010．贵州西部野生木本观赏植物资源的研究[J]．贵州科学，28(2)：66－71.
6. 钱长江，姜金仲，李从瑞，等．2014．石阡县的野生木本观赏植物资源[J]．贵州农业科学，08：185－190.
7. 申小东，谭宁敏，李红霞，等．2013．梵净山自然保护区野生观赏木本植物资源及园林应用研究[J]．山西林业，03：26－28.
8. 张华海，姚佳华．2013．贵阳喀斯特山地木本观赏植物资源研究[J]．种子，07：59－61.

三角梅种质资源形态学多样性和聚类分析研究

杨 珺　符瑞侃[①]　张 珂　陈 宣　任军方　云 勇
（海南省农业科学院热带园艺研究所，海口 571100）

摘要　为了探究三角梅属植物的分类标准，对收集的22个三角梅种质资源的主要形态学性状指标进行比较分析，以期为三角梅的栽培推广、品种选育和分类鉴定等研究提供参考。Q型聚类结果显示，这22个三角梅品种可划分为3大类，其中包括2个较小的类群和1个较大的类群，在一定程度上明确了个品种间的亲缘关系。本研究鉴定的一些形态学性状对三角梅品种的鉴定分类和种质资源推广应用具有重要意义。
关键词　三角梅；形态学；分类鉴定；聚类分析

Morphological Diversity and Clustering Analysis of *Bougainvillea*

YANG Jun　FU Rui-kan　ZHANG Ke　CHEN Xuan　REN Jun-fang　YUN Yong
（*Institute of Tropical Horticulture Research*，*Hainan Academy of Agricultural Science*，*Haikou* 571100）

Abstract　To explore the genus *Bougainvillea* classification criteria，comparative analysis of 22 morphological traits collected 18 varieties of *Bougainvillea*，in order to provide a reference for the promotion of *Bougainvillea* cultivation，breeding and classification，identification and other research. Q-type clustering results show that 22 *Bougainvillea* varieties can be divided into 3 categories，including two smaller groups and a larger groups，to a certain extent，has been clear about the relationships between species. This study identified some of morphological traits important for *Bougainvillea* classification and germplasm identification application.
Key words　*Bougainvillea*；Morphology；Classification and identification；Cluster analysis

三角梅（*Bougainvillea* spp.）属于紫茉莉科（Nyctaginaceae）叶子花属（*Bougainvillea*）植物，大多分布于热带亚热带地区，盛产于美洲，全世界约有18个种（傅立国，2003；徐夙侠 等，2008）。其中，光三角梅（*B. glabra*）、毛三角梅（*B. spectabilis*）、秘鲁三角梅（*B. peruviana*）和巴特三角梅（*B.* ×*buttiana*）具有较高的园艺观赏价值（唐源江 等，2013）。20世纪80年代，我国开始大规模引种栽培三角梅的优良品种，在海南、云南、福建和广东等地开展大量育种工作，并将其广泛应用于园林绿化和作为盆栽观赏（周群，2009）。近年来，我国在三角梅种质资源的收集、保存、品种选育及分类鉴定等方面取得了一定进展。

随着三角梅的广泛栽培和应用，我国三角梅种质资源出现了种质分类混乱和品种鉴定困难等难题，为更好地对三角梅的品种进行选育和推广栽培，收集三角梅种质资源和加强种质资源的调查与鉴定分类研究显得尤为重要。因此，为将种质资源多样化的三角梅品种进一步选育和推广栽培，课题组收集了大量优良的三角梅品种，并对收集到的部分品种进行形态学观测统计，以期对收集到的三角梅鉴定分类，这对三角梅的推广应用和进一步开发具有十分重要的意义。

1　材料与方法

1.1　材料

本研究材料选自海南省农业科学院三角梅种质资源圃（表1），资源圃的三角梅种质资源主要引自于福建、广东、云南等我国三角梅主要种植区。其中品种名前加＊号的是尚不能确定种系归属的品种。

1.2　方法

1.2.1　调查的形态学性状及方法

本试验对22个三角梅品种的18个性状（12个质量性状和6个数量性状）进行统计分析和系统分类，试验选取叶片、苞片、裂片等能体现三角梅观赏价值

① 通讯作者。

和特点的重要性状作为分类依据，18个性状的赋值标准见表(2)。调查的每个品种均选取健康生长的5株植株进行测量。

1.2.2 数据统计与分析

性状编码采用等级数量编码的方法，表现多个标准的质量性状通过分级方法进行编码，取连续排列的正整数1、2、3……进行编码，其中无以0进行编码。

数量性状不编码，直接以原始数据形式进入下一步运算。6个数量性状运用Excel计算出平均值。对原始数值进行标准化(STD)处理后，运用聚类分析软件SPSS 19，对22个性状进行R型聚类分析、主成分分析和Q型聚类分析。

表1 供试三角梅品种

Table 1 *Bougainvillea* cultivars tested

编号	品种名称		编号	品种名称	
1	金心双色	*B.* ×*spectoglabra* 'Thimma'	12	哭泣美人	*B. glabra* 'P J Weeping Beauty'
2	重瓣红	*B.* ×*buttiana* 'Pretoria'	13	塔橙	*B.* ×*buttiana* 'Golden Glow'
3	白雪公主	*B. glabra* 'Alba'	14	粉蝶	*B. glabra* 'Pinle Butterfly'
4	橙花	*B. spectabilis* 'Auratus'	15	黄蝶	*B. spectoglabra* 'Ratana Yellow'
5	绿叶樱花	*B.* ×*spectoglabra* 'Imperial Delight'	16	巴西紫	*B.* ×*spectoglabra* 'Brasiliensis'
6	安格斯	*B. glabra* 'Elizabeth Angus'	17	绿叶黄花	*B.* ×*buttiana* 'Mrs Mclean'
7	茄色	*B. glabra* 'Mrs Eva'	18	* 暗斑浅紫	*B.* 'Anban Qianzi'
8	红心樱花	*B. Peruviana* 'Surprise'	19	* 暗斑叶夕阳红	*B.* 'Juanita Hatten'
9	怡红	*B.* ×*buttiana* 'Los Banos Beauty'	20	* 暗斑色宫粉	*B.* 'Rainbow Pink'
10	* 口红	*B.* 'Kouhong'	21	怡锦	*B.* ×*buttiana* 'Cherry Blossom'
11	* 黄金大奖	*B.* 'Huangjin Dajiang'	22	重瓣橙	*B.* ×*buttiana* 'Auratus'

表2 三角梅形态学性状及编码情况

Table 2 *Bougainvillea* morphological characters and their codes

序号	性状	性状类型	详细编码情况
1	叶片颜色	质量	绿(1)，深绿(2)，明内斑(3)，暗内斑(4)，金边(5)，其他(6)
2	叶形	质量	椭圆形(1)，长椭圆形(2)，卵形(3)，阔卵形(4)，其他(5)
3	叶缘	质量	全缘(1)，微波缘(2)，皱波缘(3)
4	苞片形状	质量	椭圆形(1)，长椭圆形(2)，卵形(3)，阔卵形(4)，菱形(5)，其他(6)
5	苞片尖端	质量	渐尖(1)，锐尖(2)
6	苞片平整度	质量	平展(1)，扭曲(2)，外翻(3)
7	苞片颜色	质量	红色(1)，紫色(2)，粉色(3)，橙色(4)，黄色(5)，白色(6)，过渡色(7)，双色(8)
8	花被颜色	质量	无(0)，红色(1)，紫色(2)，绿色(3)，黄绿色(4)，黄色(5)，其他(6)
9	裂片颜色	质量	无(0)，黄色(1)，白色(2)，橙色(3)，黄绿色(4)
10	花梗颜色	质量	绿(1)，黄绿(2)，橘灰(3)，紫红(4)，其他(5)
11	花被管肿状情况	质量	无(0)，纤细(1)，中部收缩(2)，基部膨胀(3)
12	刺弯曲程度	质量	直刺(1)，弯刺(2)
13	叶长	数量	
14	叶宽	数量	
15	苞片长	数量	
16	苞片宽	数量	
17	花梗长	数量	
18	刺大小	数量	

2 结果与分析

2.1 R型聚类分析

形态学性状的选择会直接影响聚类结果，R型聚类对调查对象的观测指标进行分类，将有共同特征的指标聚集在一起，以便选出合理的观测指标进行分析，为Q型聚类分析选取性状提供参考(Sneath P H A *et al*，1973)。

R型聚类分析，采用组间联接聚类方法，以Pearson相关性为度量标准，做出性状指标聚类树形图(图1)。由图可看出各性状指标较分散，仅部分数量性状表现出较强相关性，如苞片长与苞片宽(r = 0.854)、叶长与叶宽(r = 0.764)的相关性较大，因苞

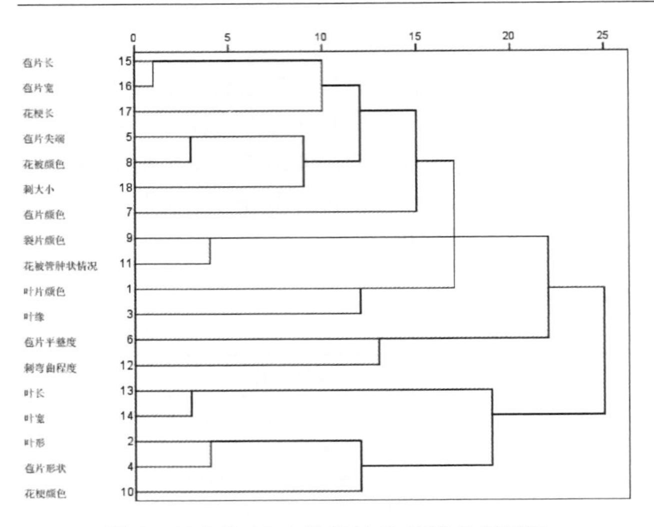

图 1　三角梅 18 个性状的 R 型聚类树形图

Fig. 1　R cluster analysis of *Bougainvillea* morphological traits

片和叶片大小是鉴定三角梅品种的重要指标，应当保留。苞片尖端和花被颜色（r = 0.755）存在较强相关性，分析发现，它们并不是逻辑相关，且可能具有不同的遗传背景，这些性状指标应当保留。其余性状指标间相关性基本不大，说明这些性状选取较合理，可以较好地划分三角梅品种，均可用于 Q 型聚类分析。

2.2　主成分分析

主成分分析，通过降维的方法将多个性状指标简化为少数几个综合指标，使这几个少数综合指标可以反映原来所有指标的信息。由主成分分析结果（表 3）可知，前 6 个主成分的总贡献率为 85.463%。第 1 主成分的贡献率为 28.569%，其中影响较大的性状是花被颜色、苞片尖端和苞片宽，其载荷量均在 0.75 以上。第 2 主成分的贡献率为 16.164%，影响较大的性状是叶缘和苞片颜色，其载荷量均在 0.65 以上。第 3 主成分的贡献率为 13.854%，影响较大的性状是叶长和苞片宽，其载荷量均在 0.60 以上。第 4～6 主成分的贡献率分别为 11.584%、9.242% 和 6.051%。

表 3　三角梅 15 个性状指标的主成分特征值、贡献率和累计贡献率

Table 3　Eigenvalues, contribution and cumulative contribution of principal components of 15 characters of *Bougainvillea*

性状	主成分					
	1	2	3	4	5	6
叶片颜色	0.178	0.305	0.035	0.577	0.634	−0.041
叶形	−0.59	0.425	−0.247	0.476	0.178	0.107
叶缘	0.226	0.712	−0.439	−0.058	0.4	0.088
苞片形状	−0.727	0.208	0.146	0.381	0.393	−0.13
苞片尖端	0.788	0.158	−0.217	0.326	−0.191	0.133
苞片平整度	0.063	−0.362	0.488	0.347	0.255	0.412
苞片颜色	0.203	0.653	0.114	−0.009	−0.331	−0.456
花被颜色	0.824	0.359	−0.301	0.012	−0.098	−0.081
裂片颜色	0.659	−0.026	−0.161	−0.457	0.353	0.094
花梗颜色	−0.567	0.243	0.244	0.247	−0.425	0.35
花被管肿状情况	0.684	−0.368	−0.363	−0.102	0.273	0.345
刺弯曲程度	0.119	−0.578	0.394	−0.06	0.224	−0.335
叶长	−0.05	0.254	0.636	−0.614	0.27	0.141
叶宽	−0.43	0.563	0.397	−0.488	0.085	0.261
苞片长	0.535	−0.01	0.665	0.269	0.087	−0.222
苞片宽	0.777	−0.02	0.492	0.32	−0.019	−0.042
花梗长	0.454	0.649	0.342	−0.144	0.076	−0.043
刺大小	0.562	0.204	0.306	0.235	−0.413	0.383
叶片颜色	0.178	0.305	0.035	0.577	0.634	−0.041
叶形	−0.59	0.425	−0.247	0.476	0.178	0.107
贡献率（%）	28.569	16.164	13.853	11.584	9.242	6.051
累计贡献率（%）	28.569	44.733	58.586	70.170	79.412	85.463

2.3　Q 型聚类分析

根据三角梅形态指标的编码结果，采用平方 Euclidean 距离为度量标准，运用组间联接法进行 Q 型聚类，并做出分类结果树形图。

由 Q 型聚类分析树形图（图 2）可以看出，在等级结合线 L_1（D = 20.0）处，22 个品种被分为 3 大类群，第Ⅰ类包括'怡锦''重瓣橙''重瓣红'和'怡红'4 个品种，苞片类型均为重瓣，苞片宿存，无真花，单花开放时期较长，具有极高观赏价值；其中'怡锦'苞片颜色为带有粉紫色脉纹的白色，观赏性较强。第Ⅱ类包括'塔式红花'和'塔橙'2 个品种，其株型特异，叶柄短小，节间短缩，叶片密生于枝节，形似宝塔，刺短小稀疏，观赏价值极高。第 III 类是包括‘粉蝶’‘黄碟’‘暗斑叶夕阳红’‘暗斑色宫粉’‘安格斯’‘巴西紫’‘暗斑浅紫’‘红心樱花’‘口红’‘绿叶樱花’‘金心双色’‘白雪公主’‘橙花’‘绿叶黄花’‘黄金大奖’和‘茄色’16 个品种。

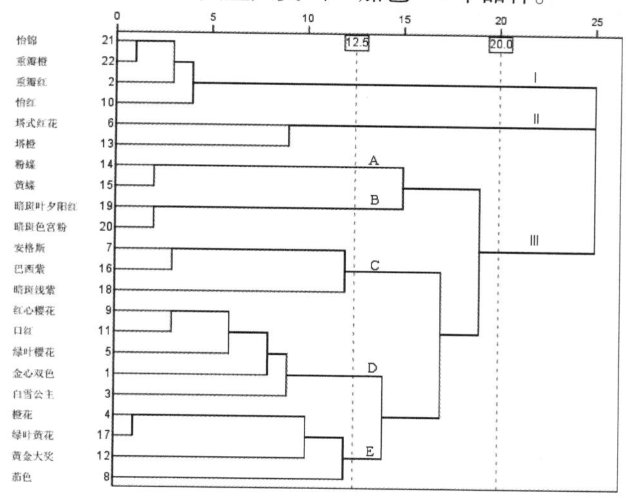

图 2　三角梅形态学性状的 Q 型聚类树形图

Fig. 2　Q cluster analysis of *Bougainvillea* morphological traits

其中第Ⅲ类，在 L_2(D = 12.5)处，15 个品种被分为 A、B、C、D、E 共 5 类：其中‘粉蝶’和‘黄蝶’聚为一类，这两个品种除苞片颜色外，其余性状极为相似，叶片为斑叶，叶缘有黄色外斑，叶中间颜色由深、浅两种不同绿色斑块构成，叶表面存在粉状物，苞片特异为蝶形，姿态优美；‘暗斑叶夕阳红’和‘暗斑色宫粉’聚为一类，这两个品种叶片均为暗内斑，苞片颜色属红色系，‘安格斯’‘巴西紫’和‘暗斑浅紫’聚为一类，这 3 个品种除苞片颜色同为紫色系，‘暗斑浅紫’的株型、叶片形态和苞片形态还是存在一定差异。‘红心樱花’‘口红’‘绿叶樱花’‘金心双色’和‘白雪公主’5 个品种聚为一类，这 5 个品种株型和高度相似，叶形、叶片大小、苞片大小、形状及颜色等性状相似度较高；‘橙花’‘绿叶黄花’‘黄金大奖’和‘茄色’4 个品种聚为一类，其中‘橙花’和‘绿叶黄花’形态特征较为相似，而与‘黄金大奖’‘茄色’存在一定差异性。

3　结论与讨论

目前，在我国常见的栽培观赏三角梅种质的遗传基础主要源于原种光三角梅(*B. glabra*)、毛三角梅(*B. spectabilis*)和秘鲁三角梅(*B. peruviana*)及它们的衍生品种。三角梅种质资源十分丰富，不同品种形态具有多样性，本研究选取的 22 个三角梅种质资源涵盖了这些种质范围，而为简明快速鉴定形态多样的三角梅，根据笔者长期观察筛选了 18 个能体现三角梅观赏特点的性状指标，由聚类分析结果表明，供试的 22 个品种被明显分为 3 大类，其中，塔式和重瓣品种被单独归为一类。

关于三角梅种质资源分类性状选取的问题，本研究分析认为叶片、苞片和花被管等性状作为三角梅品种分类的重要指标，这与周群等归纳整理的三角梅观赏种分种检索表中的划分标准相吻合(周群 等，2011)。值得探讨的是，Q 型聚类分析结果中，第 3 类中有部分种质存在交叉聚类，并没有严格按照种源划分为独自的类群。可能的原因是，这些三角梅种质的遗传基础比较狭窄，品种间种质资源交流较多，进化分枝差异较小，导致它们有着相同形态特征的亲缘关系(陈兆贵 等，2009；李房英 等，2011)。对无法明确确定归属的三角梅品种进行综合分析，笔者认为因三角梅自身形态多样性十分繁杂，为能更明确精准的鉴定分类，本试验应适当增加参试三角梅的品种类群和数量，并进一步观测其性状，在选取三角梅种质资源分类性状时增加细节分类，如增加刺大小、刺的弯曲程度、茎被毛情况、枝条形态等形态特征表现稳定，且差异显著的性状。

参考文献

1. 陈兆贵，黄雁婷，陈健仪．勒杜鹃种质资源的 ISSR 分子鉴定技术研究[J]．江苏农业科学，2009，02：57－58.
2. 傅立国．中国高等植物[M]．青岛：青岛出版社，2003，6：564－576.
3. 李房英，黄彦晶，吴少华．三角梅种质资源的 ISSR 分析[J]．热带作物学报，2011，09：1692－1696.
4. Sneath P H A，Sokal R R．Numerical taxonomy：The principles and practice of numerical classification．San Francisco：W. H．Freeman and Company，1973.
5. 唐源江，武晓燕，曹雯静．叶子花种质资源遗传多样性及亲缘关系的 RAPD 和 ISSR 分析[J]．西北植物学报，2013，07：1325－1332.
6. 徐夙侠，王亮生，舒庆艳，等．三角梅属植物的生物学研究进展[J]．植物学通报，2008，04：483－490.
7. 周群．三角梅栽培与鉴赏[M]．北京：金盾出版社，2009：1－3.
8. 周群，黄克福，丁印龙，等．中国引栽三角梅属观赏品种的调查与分类鉴定[J]．江西农业学报，2011，05：53－56.

百子莲品种资源收集与栽培*

陈香波[1①] 陆亮[2] 钱又宇[2] 范宇婷[3]
([1]上海市园林科学规划研究院，上海 200232；[2]上海城投绿化科技发展有限公司，上海 200232；
[3]上海市闵行区绿化园林管理所，上海 201101)

摘要 对上海新引进的45个百子莲品种进行了生长观测记录，总结了各品种的观赏特性及适应性，提出作切花、盆花以及地被绿化适合的栽培品种，为今后国内百子莲品种开发、园林推广应用奠定基础。
关键词 百子莲；品种；育种；切花；盆花；地被植物；园林

Varieties Collection and Cultivation of *Agapanthus* spp.

CHEN Xiang-bo[1] LU Liang[2] QIAN You-yu[2] FAN Yu-ting[3]
([1]*Shanghai Academy of Landscape Architecture Science and Planning*, *Shanghai* 200232; [2]*Shanghai Chengtou Landscape Technology Development Co. Ltd*, *Shanghai* 200232; [3]*Landscape & Park Administration Bureau of Minhang District*, *Shanghai* 201101)

Abstract Through observation and measuring of 45 new introduced varieties during growing period, the ornamental characters and adaptability were summarized. And the prospected varieties as cut-flower, potted flowers and ground cover plants were suggested to the future domestic landscape planting and breeding of Agapanthus.
Key words *Agapanthus*; Variety; Breeding; Cut-flower; Potted flowers; Ground cover plants; Landscape

百子莲(*Agapanthus* spp.)又名非洲蓝百合、非洲爱情花，原产南非的多年生常绿或落叶草本，具顶生聚伞花序，花色蓝-白-紫，花期6~9月，花大色艳、花期长、适应性强、病虫害少，既用作鲜切花，也可作盆花或花坛、花境植物栽培，应用范围广泛。1997年，国内首次自南非引种早花百子莲 *A. praecox* 种子，经过多年的试种栽培，适应上海夏季高温高湿的气候，露地越冬不需防寒措施，生长与开花表现良好。百子莲在上海露地栽培花期6~8月，用来配置花境或丛植于林缘，白、蓝色色彩淡雅的花朵为炎炎夏日带来一丝清凉，是夏季一种不可多得的开花地被植物(陈香波，2014)。

百子莲属品种资源极为丰富，通过自然选择及杂交等方法迄今世界范围内品种已近600个之多(Wim Snoeijer，2004)。Hanneke Van Dijk 著有 *Agapanthgs for Gardeners* 一书，记录描述了80个百子莲栽培变种(Hanneke van Dijk，2004)。荷兰人 Wim Snoeijer 经过8年对欧洲市场以及世界各地栽培的百子莲品种的考察，整理出364个百子莲品种。按花形不同，其中收录漏斗形花品种153个、喇叭形90个、盘形82个、管形17个以及花叶品种22个，每一花形各有紫、蓝、白以及各种中间色等不同花色品种。品种资源的丰富以及观赏类型的多样化对于扩大和提升百子莲的应用范围和应用水平至关重要，国内引进的百子莲花型单一，仅有漏斗形一种花形，花色仅白或蓝。为进一步丰富品种观赏类型，扩大百子莲在我国的绿化应用，上海市园林科学规划研究院于2014年春季通过种苗引进的方式自荷兰、英国等百子莲育种栽培活跃国家引进了45个百子莲品种，通过两年的栽培对这些品种形态及适应性性状进行了观测记录，旨在为下一步推广应用打下基础。

1 研究方法

1.1 品种引进

于2014年4月自荷兰、英国引进百子莲裸根苗，规格为9寸盆苗，引进品种45个(见表1)。到岸后

* 基金项目：上海市科委科技支撑项目(13391900901)；上海市闵行区科委项目(2014MHZ030)。
① 通讯作者。高工，研究方向：园林植物资源与育种。Tel：021-54357407，E-mail：cxb666@hotmail.com。

立即上盆，盆栽介质按园土: 草炭: 珍珠岩 = 1: 2: 1 配比，种植于上海市园林科学规划研究院试验大棚内。栽后浇足水分，维持日常养护。

1.2 品种形态特征观测

栽植两年内各引进品种陆续开花，于 2015 年 5 月生长期观察测量引进品种叶宽、叶色、花色、花形等形态指标，进行记录整理。其中叶宽以中心叶向外数第 3 片成熟叶为记录对象，其余性状观测标准参照 2011 年 UPOV(国际植物新品种保护联盟)颁布的百子莲新品种测试指南相关规范要求。

1.3 生长表现观察

于 2015 年 8 月 15 日与 2016 年 1 月 15 日对引进品种的夏季与冬季的生长表现进行了观察与评价分析，评价标准如下：

a. 夏季生长表现评价：分为 4 个等级，分别是

优：叶片保持绿色，植株生长旺盛；

良：个别叶尖变黄或黄叶；

中：多数叶片变黄或枯萎；

差：整株黄枯或死亡。

b. 冬季生长表现评价：将引进百子莲品种盆栽苗分别置于单层塑料薄膜温室，观察各品种的冬季生长及落叶情况，按下述标准分别记录生活型

常绿：叶片保持绿色，冬季常绿或仅是个别植株叶片变黄；落叶：大部分植株叶片变黄或枯萎。

每品种选择 5 株健康生长苗露地栽培，经过一个冬季于 2016 年 5 月统计恢复株数并分别记录。

2 结果与分析

2.1 品种形态特征

引进了 45 个百子莲品种(表 1)，其中包括两个百子莲原种(*A. inapertus* 与 *A. africanus*)，各品种在叶片宽窄及卷曲性、花色、花形、花序形以及花朵重瓣性等方面各不相同，开花时的花莛高度各异，观测记录结果如表 1。

表 1 引进百子莲品种特性与生长表现

品种名	叶宽(mm)	叶片花叶与否/类型	叶片弯曲度	花色	花形	花序形	花朵重瓣性	花莛高(cm)	夏季生长表现	生活型(常绿/落叶)	恢复株数
A. ‘Gold Strike’	12.0	是/金边	强烈弯曲	深蓝	漏斗	扁圆	单瓣	60	良	常绿	/
A. ‘Arctic Star’	13.0	否	斜上生长	白色	喇叭	扁圆	单瓣	60	良	常绿	/
A. ‘Black Magic’	14.0	否	斜上生长	紫黑	漏斗	扁圆	单瓣	100	良	落叶	1
A. ‘Black Pantha’	14.5	否	斜上生长	蓝黑	喇叭	扁圆	单瓣	100	良	常绿	/
A. ‘Crystal Drop’	14.5	否	中等弯曲	白色	管形	椭圆	单瓣	60	良	落叶	/
A. ‘Glenavon’	22.0	否	中等弯曲	淡蓝	漏斗	圆形	单瓣	100	良	常绿	1
A. ‘Hoyland's Chelsea Blue’	23.0	否	斜上生长	深蓝	喇叭	扁圆	单瓣	80	良	常绿	1
A. ‘Jack's Blue’	19.5	否	斜上生长	蓝色	漏斗	扁圆	单瓣	150	良	常绿	/
A. ‘Lavender Haze’	17.0	否	斜上生长	紫色	漏斗	圆形	单瓣	100	良	常绿	/
A. ‘Margaret’	9.5	否	斜上生长	天蓝	漏斗	扁圆	单瓣	90	良	常绿	2
A. ‘Midnight dream’	13.0	否	中等弯曲	紫蓝	喇叭	椭圆	单瓣	70	中	落叶	/
A. ‘Moonlight Star’	15.5	否	斜上生长	蓝色	盘形	扁圆	单瓣	80	良	常绿	/
A. ‘Northern Star’	11.0	否	斜上生长	深蓝	漏斗	扁圆	单瓣	90	差	落叶	/
A. ‘Purple Cloud’	13.0	否	斜上生长	紫蓝	喇叭	圆形	单瓣	130	良	常绿	1
A. ‘Queen Mum’	23.0	否	斜上生长	蓝白双色	漏斗	圆形	单瓣	120	优	常绿	/
A. ‘Regal Beauty’	16.0	否	斜上生长	蓝紫	漏斗	圆形	单瓣	100	良	常绿	1
A. ‘Silver Lining’	19.5	否	斜上生长	白粉	喇叭	椭圆	单瓣	100	良	常绿	/
A. inapertus ‘Sky’	15.0	否	斜上生长	天蓝	管形	椭圆	单瓣	120	优	落叶	1
A. ‘Tornado’	11.5	否	中等弯曲	蓝色	盘形	圆形	单瓣	60 ~ 80	良	常绿	3
A. ‘White Heaven’	23.0	否	中等弯曲	白色	喇叭	圆形	单轮重瓣	50 ~ 100	良	常绿	1
A. inapertus	9.5	否	斜上生长	白或蓝	管形	椭圆	单瓣	90 ~ 120	良	落叶	/
A. ‘Barnfield Blue’	22.0	否	中等弯曲	中蓝	漏斗	扁圆	单瓣	100	良	常绿	2
A. ‘Beatrice’	13.0	否	斜上生长	深蓝	喇叭	扁圆	单瓣	120	良	落叶	2
A. ‘Blue Nile’	14.5	否	中等弯曲	淡蓝	盘形	扁圆	单瓣	50	良	常绿	1

（续）

品种名	叶宽（mm）	叶片花叶与否/类型	叶片弯曲度	花色	花形	花序形	花朵重瓣性	花莛高（cm）	夏季生长表现	生活型（常绿/落叶）	恢复株数
A. ‘Castle of Mey’	10.5	否	斜上生长	蓝色	漏斗	圆形	单瓣	60	中	落叶	5
A. ‘Double Diamond’	10.0	否	中等弯曲	白色	漏斗	圆形	多轮重瓣	50	良	常绿	/
A. ‘Liams Lilac’	20.5	否	中等弯曲	淡紫	喇叭	圆形	单瓣	100	良	常绿	4
A. ‘Lilac Flash’	11.5	否	斜上生长	淡紫	漏斗	圆形	单瓣	50	良	常绿	/
A. ‘Luly’	13.5	否	斜上生长	紫蓝	漏斗	圆形	单瓣	90	中	常绿	2
A. ‘Peter Franklin’	27.5	否	中等弯曲	白色	漏斗	圆形	单瓣	150	优	常绿	/
A. ‘Purple Delight’	26.0	否	斜上生长	紫色	漏斗	扁圆	单瓣	90	良	常绿	1
A. ‘Silver Baby’	10.5	否	中等弯曲	紫白	漏斗	单瓣	单瓣	100	良	常绿	2
A. ‘Summer Days’	28.5	否	中等弯曲	淡蓝	盘形	圆形	单瓣	100	优	常绿	1
A. ‘Taw Valley’	6.0	否	中等弯曲	深蓝	漏斗	圆形	单瓣	80	良	落叶	/
A. ‘Tinkerbell’	7.0	是/白边	中等弯曲	淡蓝	漏斗	扁圆	单瓣	30～40	优	落叶	/
A africanus	14.0	否	斜上生长	蓝或白	漏斗	扁圆	单瓣	100	中	常绿	2
A. ‘Albus’	12.0	否	斜上生长	白色	漏斗	圆形	单瓣	60	差	常绿	/
A. ‘Back in Black’	6.5	否	中等弯曲	紫蓝	喇叭	扁圆	单瓣	90	差	落叶	/
A. ‘Silver Moon’	11.0	是/银边	中等弯曲	蓝色	漏斗	扁圆	单瓣	60	差	落叶	4
A. ‘Black Buddhist’	7.0	否	中等弯曲	暗紫	漏斗	扁圆	单瓣	80	差	常绿	/
A. ‘Blue Triumphator’	15.5	否	斜上生长	蓝色	漏斗	扁圆	单瓣	80	良	常绿	/
A. ‘Graskop’	21.5	否	斜上生长	紫蓝	管形	椭圆	单瓣	100	中	落叶	/
A. ‘Lilliput’	11.0	否	中等弯曲	蓝色	漏斗	扁圆	单瓣	40	中	落叶	/
A. ‘Peter Pan’	13.5	否	斜上生长	蓝色	漏斗	圆形	单瓣	50	中	落叶	/
A. ‘Radiant Star’	16.5	否	中等弯曲	蓝色	漏斗	圆形	单瓣	65	差	落叶	/

2.1.1　叶宽

引进百子莲品种叶片宽度在6.0～28.5mm之间，其中叶片最窄的品种是*A.*‘Taw valley’叶宽仅6.0mm，最宽叶的品种是*A.*‘Summer Days’，叶宽达28.5mm。根据叶片宽窄范围可将百子莲分为宽叶类和窄叶类品种，宽叶型大多叶大于20mm，分两列重叠排列似君子兰（图1，1），而窄叶型叶宽多在15mm以下，品种叶丛生似兰花状叶片柔软弯曲（图1，2）。

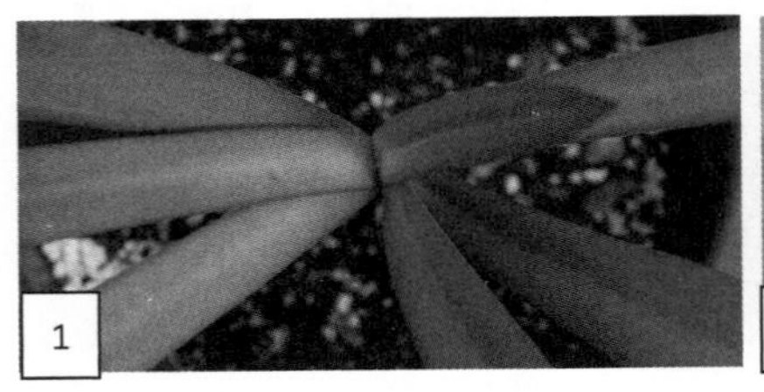

图1　百子莲不同叶宽品种

1. *A.*‘Summer days’（宽叶）；2. *A.*‘Northern stars’（窄叶）

2.1.2　叶片颜色及弯曲度

引进的百子莲品种中有3个花叶品种，分别是白边花叶品种*A.*‘Tinkerbell’（图2，1）、银边花叶品种*A.*‘Silver Moon’（图2，2）以及最外层成熟叶金边、内层幼嫩叶黄绿边的花叶品种*A.*‘Gold Strike’等（图2，3）。叶片全绿叶色也有不同的深浅，如*A.*‘Summer Days’叶色灰绿，*A.*‘Lilliput’品种叶色中绿，而*A.*‘Purple Delight’品种则叶色浅绿。叶片一般斜上伸展，或叶尖稍弯曲自然下垂，也有品种叶片强烈弯曲如卷叶般，典型的代表是品种*A.*‘Gold Strike’（图2，3）。

2.1.3　花形与花序形

百子莲品种根据花完全开放时的开张程度分为盘形（Salver）、漏斗形（Funnel）、喇叭形（Trumpet）和管形（Tubular）4种花形。其中盘形花的花瓣完全伸展呈水平盘状，花被片不重叠或仅在基部稍有重叠（图3，1）；漏斗形花的花径较花瓣稍长或等长，花被片不重叠（图3，2）；喇叭形花的花径较花瓣短或等长，花被片常重叠(图3，3)；管形花呈管状下垂，花被片全长重叠(图3，4)。引进的45个百子莲品种，其中管形花品种4个(*A.*‘Crystal Drop’、*A.*‘Graskop’与原种 *A. inapertus* 及品种 *A. inapertus*‘Sky’)、盘形花品种4个(*A.*‘Moonlight Star’、*A.*‘Tornado’、*A.*‘Blue Nile’与 *A.*‘Summer Days’)、10个喇叭花形品种，最多的是漏斗花形品种28个(表1)

图2 百子莲花叶品种

1. *A.*‘Tinkerbell’(白边)；2. *A.*‘Silver Moon’(银边)；3. *A.*‘Gold Strike’(金边卷曲)

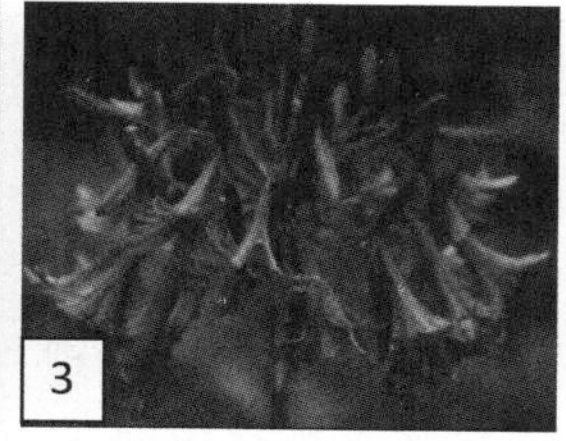

图3 百子莲不同花形的品种

1. 盘形，*A.*‘Summer Days’；2. 漏斗形，*A.*‘Luly’；3. 喇叭形，*A.*‘Beatrice’；4. 管形，*A.*‘Crystal Drop’

根据花序纵横径比值可将百子莲花序形状分为：椭圆形花序(纵径 > 横径，图3，4)、圆形花序(纵径≈横径，图3，1；图3，2)与扁圆形花序(纵径 < 横径；图3，3；图4，3)，引进品种中，4个管形花品种均为椭圆形花序，另有2个喇叭花形品种(*A.*‘Midnight dream’、*A.*‘Silver Lining’)花序纵径大于横径，表现椭圆形花序。品种比较发现：花形为管形的品种均为椭圆形花序，喇叭形品种扁圆形花序偏多，盘形花品种圆形花序偏多，而漏斗形的品种则可能是圆形或扁圆形花序。

2.1.4 花色

引进百子莲花色覆盖自紫黑、暗紫、紫蓝、紫、淡紫、紫白至天蓝、淡蓝、蓝、深蓝以及白等各种花色(图3、图4)，还有花筒与花裂片颜色不同的品种，*A.*‘Queen Mum’为著名的双色花品种，银白色花基部带有紫蓝色(图4，4)。

图4 百子莲不同花色的品种

1. *A.*‘Margaret’(天蓝)；2. *A.*‘Purple cloud’(紫)3. *A.*‘Black Pantha’(紫黑)4. *A.*‘Queen Mum’(蓝白双色)

2.1.5 花莛高度

引进百子莲品种花莛高在30～150cm不等，引进品种中矮型品种 *A.*‘Peter Pan’(花莛高50cm)、*A.*‘Lilliput’(花莛高40cm)等适合作地被，品种 *A.*‘Peter Franklin’(150cm)与 *A.*‘Purple Cloud’(130cm)、*A.*‘Queen Mum’(120cm)属高型品种，其余品种花莛高则介于50～100cm之间。高花莛、花序上小花数量多而又着生紧凑的品种更适合用来做切花品种栽培，如双色品种 *A.*‘Queen Mum’与白色大花品种 *A.*‘Peter Franklin’。

2.1.6 花朵重瓣性

引进品种中白色重瓣百子莲品种 *A.*‘White Heaven’花瓣数为9(图5，1)，白色花球开花繁密，适合作盆花栽培；重瓣品种 *A.*‘Double Dimond’花序中小花花瓣数 8～19 个不等，花瓣呈多轮排列、雄蕊瓣化现象明显(图 5，2)，属矮生型品种，花莛短且较易开花，盆栽或做开花地被非常适合。

图 5　百子莲重瓣品种

1. *A.*‘White Heaven’; 2. *A.*‘Double Dimond’

2.2　品种适应性

百子莲原产地南非与上海气候非常接近，品种引进上海后，针对夏季与冬季两个极端温度出现时期对各品种生长适应性进行了观测。夏季生长表现观察发现，部分品种较不耐热，出现整株叶黄枯甚至死亡现象，特别是荷兰引进的 2 个花色紫蓝或暗紫品种 *A.*‘Back in Black’、*A.*‘Black Buddhist’与花叶品种 *A.*‘Silver Moon’表现较差，*A.*‘Silver Moon’品种地上叶几乎全部枯黄。宽叶型叶片较厚品种耐热性较好，*A.*‘Summer Days’、*A.*‘Peter Franklin’与 *A.*‘Queen Mum’全株叶片保持绿色，夏季生长表现佳。

引进的 45 个百子莲品种冬季在单层塑料薄膜温室中种植，29 个品种表现常绿、16 个品种表现落叶(表 1)。一般认为，落叶生活型品种较常绿生活型品种耐寒，落叶品种可在低至耐寒区 7 区的地区露地种植，而常绿品种须种植在耐寒区 9 区以上(Wim Snoeijer，2004)。生活型性状表现只是相对的，并不绝对恒定，如在冬季较为寒冷地区常绿种也可转而落叶，而至冬季较温暖地区落叶也可能成为常绿。2016 年 1 月末上海遭遇了 35 年一遇的冬季寒潮，最低温度低至 -7.2℃，地栽百子莲品种受到较大影响。春季气温回升后，大多数品种未恢复而受冻死亡，只有少数品种地栽苗有 1～5 株不等自地下部分根茎发出新芽，其中常绿品种 15 个、落叶品种 4 个(表 1)。冬季表现最好的品种 *A.*‘Castle of Mey’，5 株全部发芽(存活率 100%)，其次是 *A.*‘Liams Lilac’与 *A.*‘Silver Moon’有 4 株恢复(存活率 80%)，说明这些品种耐寒性较好，可以考虑露地栽培作为地被植物推广。

同期比较在上海引种多年的早花百子莲 *A. praecox* ssp. *orientalis*‘Big Blue’品种大苗受冻也比较严重，已多年露地生长开花植株受冻明显，地上部分叶几乎全部枯黄萎蔫，只在春季气温回升后部分恢复，个别有受冻致死现象，露地盆栽苗大多冻死。而在平常年份，该品种只在叶梢出现褐渍状变黄枯萎但春季叶片更新后很快恢复，不影响开花(汪成忠 等，2015)，近年来该品种在长三角地区绿地中得到了大面积推广。本次引进品种经历非平常寒冷年份的考验，下一步还需多年跟踪观察，筛选在一般年份可以安全露地过冬的较抗寒品种，结合耐热性综合评价，推荐在上海乃至长三角地区可露地栽培绿化应用的百子莲品种。

3　结语

作为优良的园林球根花卉，百子莲在我国引入时间仅有十多年，国内目前对其开发应用尚处于初级阶段，引进的百子莲仅限于少数几个原种或品种，基本都为常绿生活型，花色仅有蓝色(或白色)，属早花百子莲 *A. praecox* 系、由亚种 *A. praecox* ssp. *orientalis* 选育出，尤以品种 *A. praecox* ssp. *orientalis*‘Big Blue’应用较多(卓丽环 等，2009)。百子莲品种资源非常丰富，本次引进的品种无论是生活型、叶色、花色、花朵重瓣性以及花莛高度方面各有不同，在原有百子莲品种引进的基础上增加了矮生型地被品种、花色较深(紫黑、蓝黑、紫蓝)、蓝白双色大花型以及重瓣品种等，使得国内引进品种资源极大丰富和多样化，这必将会对提升我国百子莲应用范围与应用水平带来益处。

百子莲品种引进后还需对其适应性，特别是耐热、耐寒性方面做更多观察积累，针对各地气候条件推荐适合栽培的品种。从栽培角度分鲜切花、盆花、矮生开花地被等应用方向研究开发出包括营养介质与施肥、花期调控、切花采后保鲜等一系列优质高效栽培技术，生产出整齐一致、花色稳定的百子莲种苗，实现百子莲商品苗规范化种植与规模化生产，朝着专业化种植方向发展，以扩大百子莲品种在国内的应用。

参考文献

1. 陈香波 . 2014. 非洲爱情花——百子莲[M]. 8：68 -69.
2. Wim Snoeijer. 2004. Agapanthus—A Revision of the Genus [M]. Timber Press：Porland . Cambridge.
3. Hanneke van Dijk. 2004. Agapanthus for Gardeners [M]. Timber Press：Porland . Cambridge.
4. UPOV. 2011，AFRICAN LILY - UPOV Code：Agapa - Agapanthus L' Héritier[J]. Guidelines for the Conduct of Tests for Distinctness，Uniformity and Stability.
5. 汪成忠，王磊，成海忠 . 2015. 4 个百子莲品种的抗寒性鉴定[J]. 贵州农业科学，43(5)：58 -60.
6. 卓丽环，孙颖 . 2009. 百子莲花部特征与繁育系统观察[J]. 园艺学报，36(11)：1697 -1700.

引种与育种

野牛草表型变异与地理气候因子相关性研究*

陈 科[1,2] 万佳玲[1] 潘远智[2①] 钱永强[1①] 孙振元[1]
（[1]中国林业科学研究院林业研究所/森林培育国家林业局重点实验室，北京 100091；[2]四川农业大学风景园林学院，成都 611130）

摘要 野牛草[*Buchloe dactyloides*（Nutt.）Engelm.]原产北美大草原，分布极为广泛，表型变异丰富。为揭示野牛草天然居群表型变异规律，对野牛草在北美大草原的61个天然种群669份种质材料当年生植株的叶长、叶宽、节间长、节间直径等表型性状进行了调查与测量，并通过单因素方差分析、聚类分析和相关性分析等方法分析了各个种群的表型变异及其与地理气候因子的相关性。结果表明，野牛草各表型性状在种群内和种群间均存在显著的变异，野牛草各表型性状均与等效纬度呈显著负相关，与年平均温和最热月最高温呈显著正相关；叶长和节间长与经度呈显著正相关，与海拔呈显著负相关；叶长、节间长和节间直径与年降雨量和最暖季降雨量呈显著正相关；叶长与最湿季平均气温呈显著正相关，叶宽、匍匐茎长和直径与最湿季平均温度没有相关性。

关键词 野牛草；表型变异；地理气候因子

Variations of Buffalograss Phenotypic Traits in Relation to Climatic and Geography Factors

CHEN Ke[1,2] WAN Jia-ling[1] PAN Yuan-zhi[2] QIAN Yong-qiang[1] SUN Zhen-yuan[1]
（[1] *Landscape Architecture College of Sichuan Agricultural University*, *Chengdu* 611130；[2] *Research Institute of Forestry*, *Chinese Academy of Forestry/Key Laboratory of Tree Breeding and Cultivation*, *State Forestry Administration*，*Beijing* 100091）

Abstract Buffalograss [*Buchloe dactyloides*（Nutt.）Engelm.] is native to the North American Great Plains . It is distributed widely and has rich phenotypic traits variation of natural populations. In order to reveal variation law of phenotypic traits of buffalograss, we investigated 4 phenotypic traits of 61 populations of buffalograss and used one-way ANOVA, cluster analysis and correlation analysis to analyze results. The results showed that, inter-population and within-pupulation variation was significant in all morphological characters. The correlation analysis result shows that all phenotypic traits of buffalograss has a significantly negative correlation with the equivalent attitude and has a significantly positive correlation with the annual mean temperature and max temperature of the warmest month; the leaf length and the internode length has a significantly positive correlation with the longitude and has a significantly negative correlation with altitude; the leaf length, the internode length and internode diameter has a significantly positive correlation with the annual precipitation and the precipitation of warmest quarter; the leaf length has a significantly positive correlation with the mean temperature of wettest quarter, the leaf width, the internode length and diameter has no correlation with the mean temperature of wettest quarter.

Key words Buffalograss；Phenotypic traits；Climatic factors

野牛草[*Buchloe dactyloides*（Nutt.）Engelm]为禾本科野牛草属多年生 C_4 草本植物，其叶片色泽优美、质地细腻整齐，具有极强的抗旱性、耐践踏、耐热性和抗病虫害能力。自20世纪40年代野牛草引入我国以来，因其突出的生态适应能力与极强的抗逆性，在西北、华北及东北地区得到广泛应用。迄今，野牛草

* 基金项目：国家林业局948项目（No. 2012-4-44），北京市自然科学基金（No. 6122031）。
作者简介：陈科（1988），男，四川泸州人，在读硕士。Email：chenke0303@163.com。
① 通讯作者。E-mail：qianyqiang@caf.ac.cn；scpyzls@163.com。

已成为城区公园、道路边坡以及水土流失地区等生态脆弱地带重要的植被材料，也是运动场草坪建植极具应用前景的草坪草种。

野牛草原产于北美中部半干旱温带和亚热带地区，是北美大草原的特有草种。其自然分布极为广泛，南起墨西哥，北到加拿大的大部分地区，西起密西西比河流域，东到落基山脉以东的高原和丘陵地带均有分布(Johnson et al.，2001)[1]。野牛草是单属单种植物，但表型特征相当丰富，倍性也十分复杂。丰富的植物表型特征与生态地理因子的变化密切相关，如加州黑栎(*Quercus kelloggii*)的叶片面积与年均温度呈正相关，与海拔高度呈负相关(Royer *et al.*，2008)[2]；鹅观草(*Roegneria kamoji* Ohwi)的株高、穗长、旗叶长、旗叶宽等表型性状与海拔高度、年平均温度和纬度相关性较高(肖海峻 等，1998)[3]。目前，有关于野牛草的研究多集中于倍性与生态地理因子关系的研究[1,4]，如 Paul G. Johnson 等人(2001)从美国南部大草原的 7 个地区收集了 273 份野牛草，并分析其倍性水平与冬季降水量、秋季最低温度以及收集区的总降水量的相关性[1]，但对植物本身生物学特性和环境关系等没进行系统研究。植物表型特征是植物在长期的进化过程中对生长环境适应最直接的体现，而目前对于野牛草表型特征与生态地理因子的关系尚未见报道。

本研究以从北美大草原的 61 地点收集 669 份野牛草种质为材料，选择叶长、叶宽、匍匐茎长、直径等表型特征为指标，采用方差分析、聚类分析和回归分析等方法，分析其在不同区域、生境之间的异同，探讨野牛草表型性状与地理、气候因子关系格局，了解野牛草对气候变化的适应与响应机制提供基础，为选择优良种质资源提供参考。

1 材料与方法

1.1 研究区域与材料收集

野牛草适应性强，分布广泛，但野生野牛草主要分布于北美中部半干旱温带和亚热带区。本实验从野牛草自然分布区北美大草原不同生态区进行了系统的收集，获得了 669 份野牛草原始材料(如图 1)。资源采集区范围包括 10 个大州：35.75°N(Crawford，OK)~46.94°N(Medora，ND)，96.29°W(Salix，IA)~104.30°W(Livingston，Mt)，在分布区内，海拔跨度 248~1580m。样地年平均气温最低的为 0.6℃(Loop Trail，Wyoming)，年平均气温最高的为 14.6℃(Crawford，OK)；年平均降水量范围为 359(McPherson，KS)~771mm(Lusk，WY)。

1.2 样地地理信息和气候数据

依据各样地地理坐标及海拔高度，借助于全球气候数据集(http://www.worldclim.org)，以 0.0083 × 0.0083 (ca. 1km × 1km)的分辨率模拟各样地的年平均气温(MAT)、年降水量(AP)、最暖月最高温(MTWM)、最湿季平均温(MTWQ)、最湿季降水量(PWQ)的气候指标，其中 PWQ 代表最湿季(7~9月)的平均降水量数据(表 1)。该数据集是根据 1950-2000 年 50 年的气象数据为基础进行模拟的[5-6]。

由于各样地的海拔差异较大，为了反映纬度的真实效应，消除海拔因素的影响，采用 Jonsson 等(1981)提出的等效纬度(equivalent latitude，ELAT)概念，将所有纬度换算为等效纬度以进行后续的比较[7]。换算公式如下：等效纬度 = 纬度 +(海拔高度-300)/200 或 140(当海拔高度大于 300m 时，分母用 140；海拔高度小于 300m 时，分母用 200)。

1.3 表型数据测定

每个材料随机选取 5 片叶片和匍匐茎，采用精度为 0.1mm 直尺测量叶长、叶宽和匍匐茎长度，采用精度为 0.01mm 游标卡尺测量匍匐茎直径。

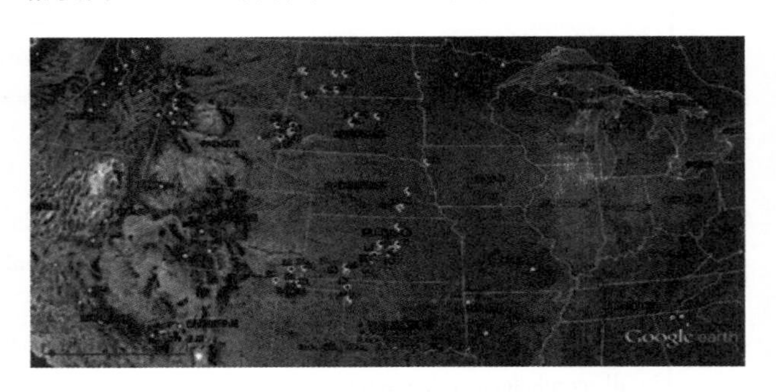

图 1 收集野牛草种质资源的地理位置

Fig. 1 The location in google earth of the Buffalograss germplasm

注：浅色标记为种质资源采集区 Shallow tags are the points to collect the germplasm of Buffalograss

1.4 数据分析

采用单因素方差分析(one-way ANOVA)(SAS，Institute Cary，NC，USA)不同种群野牛草表型性状指标的差异。采用聚类分析不同种群表型性状的相似性。采用 SigmaPlot 10.0(Systat software，USA)回归分析不同种群表型性状特征与气候因子间的关系。

表1 61个野牛草种群的地理位置与生态地理因子

Table 1 Summary of geographic location and climate factors for 61 population of buffalograss over USA

编号 No.	采集地 Locality	经度 LON (°W)	纬度 LAT (°N)	海拔 ALT (m)	年平均温 AMT (℃)	最暖月最高温 MTWM (℃)	最湿季平均温 MTWQ (℃)	年降雨量 AP (mm)	最暖季降雨量 PWQ (mm)
1	Fargo, ND	-96.80	46.90	273	5.16	28.3	20.30	525	232
2	NewSalem, ND	-101.59	46.86	651	5.48	29.2	17.18	433	193
3	Belfield, ND	-103.30	46.90	836	5.67	28.9	16.75	401	178
4	Medora, ND	-103.52	46.93	723	6.37	30.4	17.62	383	169
5	Medora, ND	-103.53	46.95	723	6.37	30.4	17.62	383	169
6	Belfield, ND	-103.38	46.94	766	6.06	29.7	17.25	390	174
7	Livingston, Mt	-110.56	45.65	1392	6.85	28.2	10.45	386	130
8	Newcastle, WY	-104.30	43.82	1231	7.93	31.3	17.95	374	154
9	Newcastle, WY	-104.29	43.83	1279	7.78	30.8	17.70	387	158
10	Lusk, WY	-104.20	43.44	1113	8.36	32.4	18.55	359	149
11	Lusk, WY	-104.05	43.30	1183	8.04	31.9	18.07	377	155
12	Lusk, WY	-104.05	43.30	1183	8.04	31.9	18.07	377	155
13	Lusk, WY	-104.05	43.28	1223	7.87	31.6	17.82	381	157
14	Edgemont, SD	-104.02	43.24	1157	8.09	32	18.13	376	154
15	HotSprings, SD	-103.48	43.43	1102	8.26	31.3	17.85	419	179
16	HotSprings, SD	-103.50	43.53	1249	7.80	30.4	17.10	442	193
17	HotSprings, SD	-103.48	43.57	1292	7.68	30.2	16.90	448	197
18	Custer, SD	-103.49	43.62	1376	7.46	29.7	16.50	459	204
19	Keystone, SD	-103.45	43.88	1450	7.11	28.8	15.87	501	224
20	Reva, SD	-103.08	45.55	908	6.33	30	17.15	415	173
21	Lemmon, SD	-102.08	45.93	776	6.48	29.8	17.70	438	184
22	McIntosh, SD	-101.36	45.92	707	6.17	29.8	17.85	424	183
23	Mandan, SD	-101.01	46.85	578	5.22	28.6	17.07	425	193
24	Miller, SD	-98.98	44.52	475	7.10	30.8	19.08	473	194
25	Blunt, SD	-100.02	44.51	525	7.63	32	19.37	458	193
26	Cody, WY	-110.30	44.40	2361	0.07	22.2	-9.08	560	142
27	FortPierre, SD	-100.34	44.24	552	8.26	31.9	19.50	450	190
28	FortPierre, SD	-100.34	44.14	622	8.03	31.7	19.20	462	194
29	Salix, IA	-96.29	42.29	325	9.39	30.7	20.77	699	272
30	Seward, NE	-97.23	40.90	472	10.37	31.3	21.18	709	275
31	Bruning, NE	-97.58	40.33	480	10.70	31.7	21.18	735	279
32	Hebron, NE	-97.61	40.10	483	10.95	32	21.40	743	287
33	Hebron, NE	-97.65	39.76	460	11.53	32.7	21.95	748	296
34	Minneapolis, KS	-97.67	39.16	393	12.71	33.9	22.92	733	286
35	McPherson, KS	-97.63	38.34	458	12.87	33.4	22.77	771	286
36	Hutchinson, KS	-97.88	38.08	471	12.95	33.9	23.02	747	277
37	Hutchinson, KS	-97.89	38.06	471	12.95	33.9	23.02	747	277
38	Partridge, KS	-98.11	37.99	498	13.02	34.1	23.12	727	271
39	Stafford, KS	-98.60	37.95	571	13.43	34.4	23.27	663	253
40	Stafford, KS	-98.62	37.95	571	13.43	34.4	23.27	663	253
41	Ellinwood, KS	-98.49	38.35	543	13.00	34.2	23.08	672	262
42	Hutchinson, KS	-97.92	38.11	478	12.91	33.9	22.98	740	276
43	Iuka, KS	-98.75	37.83	589	13.42	34.3	23.18	654	250
44	Pratt, KS	-98.83	37.64	597	13.43	34.3	23.12	653	249
45	Ashland, KS	-100.00	37.22	689	13.34	34.6	22.98	557	227

（续）

编号 No.	采集地 Locality	经度 LON (°W)	纬度 LAT (°N)	海拔 ALT (m)	年平均温 AMT (℃)	最暖月最高温 MTWM (℃)	最湿季平均温 MTWQ (℃)	年降雨量 AP (mm)	最暖季降雨量 PWQ (mm)
46	Rosston, OK	-99.98	37.00	607	13.97	35.3	23.65	553	220
47	Shattuck, OK	-99.88	36.27	689	14.20	34.7	23.52	550	198
48	Crawford, OK	-99.71	35.75	658	14.64	34.6	19.50	602	200
49	Crawford, OK	-99.73	35.74	658	14.64	34.6	19.50	602	200
50	Crawford, OK	-99.71	35.76	683	14.49	34.5	19.37	604	202
51	Stratford, TX	-102.09	36.35	1129	12.92	33.1	21.78	438	193
52	Dalhart, TX	-102.24	36.24	1158	12.93	33	21.77	435	192
53	Dalhart, TX	-102.24	36.25	1151	12.95	33.1	21.82	432	191
54	Dalhart, TX	-102.24	36.27	1151	12.95	33.1	21.82	432	191
55	Dalhart, TX	-102.24	36.27	1151	12.95	33.1	21.82	432	191
56	Dalhart, TX	-102.34	36.34	1191	12.82	33	21.67	428	191
57	Dalhart, TX	-102.51	36.12	1218	12.97	32.8	23.92	426	196
58	Clayton, NM	-103.18	36.41	1502	11.91	31.4	22.45	387	187
59	BoiseCity, OK	-102.52	36.97	1228	12.52	33.6	21.53	398	181
60	Elkhart, KS	-101.90	37.06	1069	12.75	34.1	22.13	430	187
61	Elkhart, KS	-101.90	37.09	1047	12.79	34.2	22.20	424	185

Note: LON, longitude; LAT, attitude; ALT, altitude; AMT, annual mean temperature; MTWM, max temperature of warmest month; MTWQ, mean temperature of wettest quarter; AP, annual precipitation; PWQ, precipitation of warmest quarter.

2 结果与分析

2.1 不同种群野牛草表型性状的统计分析

不同种群间叶长、叶宽、节间长、节间直径见表。各种群间叶长的变化幅度为 8.31 ~ 19.55cm，平均值为 14.36cm；其中来自 Hebron，NE 的野牛草叶片长度最大(19.55cm)，来自 Lusk，WY 的野牛草叶片长度最小（8.31cm），前者是后者的 2.4 倍。叶宽的变化幅度为 0.15 ~ 0.20cm，平均值为 0.19cm；其中来自 Stratford，TX 的野牛草叶片宽最大(0.207cm)，来自 Mandan，ND 的野牛草叶片宽度最小（0.151cm），前者是后者的 1.7 倍。节间长最长为 0.616cm（Hebron，NE），最短为 0.25cm(Hot Springs，SD)，节间直径最粗为 0.105cm(NewSalem，ND)，最细为 0.069cm（Edgemont，SD）。

方差分析表明，在不同种群之间，野牛草叶长、叶宽、节间长存在极显著差异($p<0.001$)。据变异系数可知，野牛草各表型性状中，叶长和匍匐茎长度在种群内平均变异系数相对较高，为 31.71% 和 34.57%，叶宽和节间直径平均变异系数相对较小为 13.72% 和 15.84%。野牛草叶长和匍匐茎长度在种群间平均变异系数较大，为 19.52% 和 22.74%，叶宽和节间直径平均变异系数较小，为 6.33% 和 9.41%。

表 2 61 个野牛草种群各表型性状统计分析

Table2 Statistical date of phenotypic traits variance between 61 populations of buffalograss from USA

种群编号 NO.	叶长 LL 平均值+SD (cm)	叶长 LL CV 值 (%)	叶宽 LW 平均值+SD (cm)	叶宽 LW CV 值 (%)	节间长 IL 平均值+SD (cm)	节间长 IL CV 值 (%)	节间直径 ID 平均值+SD (cm)	节间直径 ID CV 值 (%)
1	15.15 ±5.69	37.54	0.159 ±0.03	18.59	3.82 ±2.14	56.14	0.088 ±0.018	20.27
2	14.81 ±4.33	29.23	0.2 ±0.03	15.11	5.86 ±1.6	27.22	0.105 ±0.017	15.89
3	8.77 ±2.44	27.81	0.172 ±0.024	14.04	3.4 ±1.1	32.40	0.082 ±0.013	15.25
4	16.58 ±2.22	13.40	0.198 ±0.011	5.65	2.5 ±0.62	24.58	0.105 ±0.012	11.57
5	13.37 ±3.02	22.57	0.176 ±0.031	17.54	3.79 ±0.78	20.47	0.097 ±0.018	18.13
6	14.41 ±2.62	18.22	0.179 ±0.022	12.02	2.85 ±0.73	25.59	0.092 ±0.015	16.02
7	15.16 ±3.96	26.10	0.173 ±0.029	16.68	4.12 ±1.33	32.24	0.098 ±0.02	20.55
8	9.64 ±2.86	29.61	0.183 ±0.025	13.60	2.78 ±0.81	29.22	0.079 ±0.011	13.49

（续）

种群编号 NO.	叶长 LL		叶宽 LW		节间长 IL		节间直径 ID	
	平均值 + SD（cm）	CV 值（%）	平均值 + SD（cm）	CV 值（%）	平均值 + SD（cm）	CV 值（%）	平均值 + SD（cm）	CV 值（%）
9	10.65 ±2.33	21.90	0.18 ±0.015	8.56	3.72 ±0.93	25.07	0.081 ±0.01	12.15
10	10.9 ±3.33	30.58	0.175 ±0.024	13.46	3.05 ±0.93	30.40	0.081 ±0.012	14.97
11	10.61 ±2.86	26.92	0.177 ±0.036	20.47	2.68 ±0.55	20.72	0.077 ±0.012	15.53
12	10.7 ±2.1	19.57	0.187 ±0.025	13.55	2.96 ±0.96	32.45	0.084 ±0.013	15.65
13	8.31 ±1.3	15.64	0.166 ±0.023	13.97	3.58 ±0.74	20.53	0.07 ±0.009	12.38
14	10.25 ±3.27	31.94	0.168 ±0.022	12.95	3.07 ±0.96	31.40	0.082 ±0.011	13.29
15	10.13 ±1.88	18.52	0.18 ±0.011	6.24	3.18 ±0.73	22.89	0.083 ±0.012	14.33
16	10.44 ±2.55	24.46	0.204 ±0.027	13.15	2.9 ±0.52	17.83	0.085 ±0.008	9.76
17	9.54 ±1.97	20.68	0.185 ±0.012	6.75	3.39 ±0.72	21.15	0.082 ±0.009	10.56
18	11.54 ±3.5	30.36	0.173 ±0.021	12.08	3.67 ±0.95	25.85	0.084 ±0.006	7.66
19	13.26 ±1.71	12.88	0.193 ±0.015	7.98	4.55 ±1.01	22.16	0.089 ±0.01	10.92
20	11.64 ±1.94	16.69	0.188 ±0.02	10.36	3.51 ±0.56	16.05	0.074 ±0.006	7.40
21	12.66 ±3.96	31.29	0.176 ±0.022	12.69	3.95 ±2.28	57.84	0.085 ±0.021	25.19
22	14.44 ±3.49	24.18	0.183 ±0.021	11.66	3.71 ±0.93	25.14	0.081 ±0.014	16.87
23	11.22 ±4.17	37.14	0.151 ±0.03	20.12	4.19 ±1.1	26.25	0.072 ±0.013	18.43
24	13.33 ±1.97	14.75	0.189 ±0.011	6.03	3.28 ±0.58	17.63	0.084 ±0.006	7.72
25	13.53 ±3.49	25.77	0.184 ±0.028	15.12	3.95 ±0.85	21.64	0.081 ±0.008	10.00
26	14.45 ±3.33	23.06	0.195 ±0.018	9.38	3.87 ±1.14	29.31	0.087 ±0.012	13.42
27	12.95 ±2.65	20.44	0.179 ±0.021	11.54	3.46 ±0.69	20.02	0.081 ±0.011	13.21
28	14.9 ±2.97	19.91	0.181 ±0.018	9.90	4.08 ±1.03	25.21	0.083 ±0.011	13.40
29	14.78 ±2.21	14.94	0.183 ±0.017	9.39	3.77 ±0.59	15.54	0.089 ±0.01	10.76
30	17.58 ±3.21	18.25	0.166 ±0.024	14.68	4.42 ±0.6	13.52	0.079 ±0.006	7.28
31	16.73 ±3.81	22.78	0.184 ±0.022	12.18	6.14 ±1.26	20.52	0.092 ±0.019	20.82
32	19.55 ±3.94	20.16	0.189 ±0.017	8.82	6.16 ±1.34	21.78	0.094 ±0.01	10.28
33	13.27 ±4.7	35.44	0.18 ±0.032	18.07	4.69 ±1.57	33.52	0.085 ±0.011	13.46
34	19.53 ±5.05	25.83	0.196 ±0.011	5.85	4.51 ±0.77	16.96	0.104 ±0.012	11.27
35	15.58 ±2.31	14.81	0.192 ±0.02	10.33	4.65 ±0.96	20.66	0.095 ±0.013	14.11
36	15.64 ±4.05	25.92	0.205 ±0.028	13.81	5.48 ±1.24	22.66	0.101 ±0.008	7.49
37	18.78 ±4.46	23.77	0.195 ±0.015	7.71	6.13 ±1.35	22.05	0.103 ±0.012	11.45
38	14.03 ±2.33	16.63	0.19 ±0.017	8.94	4.94 ±1.29	26.10	0.085 ±0.013	14.90
39	14.62 ±3.25	22.22	0.202 ±0.021	10.15	3.77 ±1.2	31.92	0.09 ±0.012	13.10
40	14.6 ±4.86	33.27	0.193 ±0.026	13.70	4.93 ±0.99	19.97	0.101 ±0.015	15.34
41	17.19 ±3.6	20.95	0.186 ±0.021	11.13	4.58 ±0.75	16.44	0.092 ±0.014	14.79
42	17.58 ±3.55	20.20	0.196 ±0.022	11.31	5.09 ±1.39	27.32	0.098 ±0.012	11.81
43	13.9 ±1.84	13.24	0.192 ±0.008	4.13	5.1 ±1.04	20.40	0.098 ±0.021	21.50
44	16.72 ±3.25	19.42	0.188 ±0.017	9.30	4.82 ±1.3	26.95	0.089 ±0.007	8.37
45	16.76 ±4.02	23.97	0.205 ±0.021	10.36	4.57 ±1.12	24.43	0.099 ±0.012	11.95
46	18.33 ±4.19	22.85	0.192 ±0.021	11.15	4.93 ±1.11	22.55	0.098 ±0.006	6.28
47	16.46 ±3.99	24.25	0.193 ±0.012	6.02	5.24 ±0.97	18.50	0.094 ±0.006	6.82
48	17.57 ±3.4	19.35	0.195 ±0.017	8.54	4.7 ±1.07	22.69	0.091 ±0.011	11.91
49	17.49 ±3.3	18.89	0.207 ±0.018	8.76	5.46 ±0.94	17.14	0.093 ±0.006	6.66
50	15.88 ±4.59	28.91	0.202 ±0.023	11.16	4.67 ±1.04	22.24	0.093 ±0.013	13.90
51	17.28 ±3.38	19.56	0.207 ±0.027	12.82	4.14 ±0.83	19.97	0.097 ±0.012	11.91
52	14.43 ±3.93	27.21	0.184 ±0.042	22.62	4.27 ±0.88	20.64	0.091 ±0.017	19.06
53	15.57 ±3.78	24.29	0.192 ±0.034	17.83	3.66 ±0.55	14.97	0.081 ±0.006	6.84
54	14.85 ±3.35	22.55	0.194 ±0.016	8.29	3.53 ±1.1	31.28	0.083 ±0.006	6.66
55	15.16 ±3.14	20.70	0.187 ±0.021	11.48	3.27 ±0.83	25.43	0.086 ±0.009	10.33

（续）

种群编号 NO.	叶长 LL		叶宽 LW		节间长 IL		节间直径 ID	
	平均值 + SD (cm)	CV 值 (%)	平均值 + SD (cm)	CV 值 (%)	平均值 + SD (cm)	CV 值 (%)	平均值 + SD (cm)	CV 值 (%)
56	13.92 ±2.15	15.46	0.185 ±0.02	10.83	3.22 ±0.8	24.69	0.104 ±0.011	10.63
57	15.81 ±2.88	18.18	0.191 ±0.013	6.99	4.06 ±0.74	18.34	0.092 ±0.008	9.08
58	14.26 ±3.21	22.53	0.178 ±0.025	13.82	2.98 ±0.58	19.40	0.087 ±0.01	11.72
59	15.41 ±3.29	21.33	0.199 ±0.023	11.49	3.35 ±0.91	27.09	0.097 ±0.011	11.08
60	15.71 ±2.93	18.65	0.204 ±0.018	8.62	4.25 ±1.03	24.34	0.087 ±0.007	8.04
61	17.55 ±3.05	17.36	0.191 ±0.015	7.83	4.22 ±1.42	33.66	0.099 ±0.01	9.57
Mean	13.92 ±4.41	31.71	0.186 ±0.026	13.72	3.93 ±1.36	34.57	0.089 ±0.014	15.84
种群间 SD	2.72		0.118		0.89		0.084	
种群间 CV	19.52		6.33		22.74		9.41	
种群间 F 值	41.31		13.06		38.21		23.23	
P 值	0.000**		0.000**		0.000**		0.000**	

**，p<0.01。LL，Leaf Length；LW，Leaf Width（LW）；IL，Internode Length；ID，Internode Diameter.

2.2 不同种群野牛草表型形态聚类分析

以野牛草表型特征（叶长、叶宽、节间长、节间直径）为指标进行聚类分析，61 个野牛草种群的表型可分为 4 组（图 2）。其中第一组野牛草表型指标叶片细长，节间短且茎细，表现为密集型生长。其叶长、叶宽、节间长和节间直径平均值分别为 10.31cm、0.178cm、3.29cm 和 0.0797cm，该组分别来自南达科他州（South Dakota）的 Mandan、Edgemont、HotSprings、Custer、Reva；怀俄明州（Wyoming）的 Newcastle、Lusk 和北达科他州（North Dakota）的 Belfield 等北美大草原的北部区域。

第二组野牛草表现为生长速度快，叶面积较大，节间长且茎粗，表现为游击型生长。其叶长、叶宽、节间长、节间直径平均值分别为 17.67cm、0.192cm、5.01cm、0.0948cm，该组材料主要采集于堪萨斯州（Kansas）的 Minneapolis，Hutchinson，Ellinwood，Hutchinson，Pratt，Ashland，Elkhart；俄克拉何马州（Oklahoma）的 Rosston，Shattuck，Crawford，Crawford；内布拉斯加州（Nebraska）Seward，Bruning，Hebron 和德克萨斯州（Texas）的 Stratford 等北美大草原南部区域。第三组和第四组野牛草分别表现为节间较短且直径细短叶型和长节间短叶型，为密集型和游击型的过渡类型，无集中分布区域。

2.3 野牛草表型形态变异格局与环境因子的关系

野牛草各表型形态与生态因子的相关性分析结果见图 3。其中野牛草叶长与经度（LOT）、年平均温（MAT）、最暖月最高温（MTWM）、最湿季平均温（MTWQ）、年降雨量（AP）及最暖季降雨量（PWQ）显著正相关，与海拔（ALT）和等效纬度（ELAT）显著负相关。

叶宽与年平均温（MAT）和最暖月最高温（MTWM）显著正相关，和等效纬度（ELAT）显著负相关，与经度（LOT）、海拔（ALT）、最湿季平均温（MTWQ）、年降雨量（AP）和最暖季降雨量（PWQ）没有相关性。

节间长和经度（LOT）、年平均温（MAT）、最暖月最高温（MTWM）、年降雨量（AP）、最暖季降雨量（PWQ）著正相关，与等效纬度（ELAT）和海拔（ALT）显著负相关，与最湿季平均温（MTWQ）没有相关性。

节间直径与年平均温（MAT）、最暖月最高温（MTWM）、年降雨量（AP）及最暖季降雨量（PWQ）显著正相关，与等效纬度（ELAT）显著负相关，与经度（LOT）和海拔（ALT）没有相关性。

3 讨论

3.1 野牛草表型变异特点

在本次研究结果与已有研究的野牛草表型形态相比，各形态指标的变异幅度基本吻合[8-9]。而从地理分布上，本次研究的野牛草材料全部来自于野牛草自然分布区北美大草原，因此，本项研究和以往的研究结果在一定程度上比较全面概括了野牛草的表型特征。

方差分析表明，在不同种群之间，野牛草叶长、叶宽、节间长存在极显著差异（$p < 0.001$）。这说明野牛草表型形态特征在种群间存在极显著差异。一般来说，表型形态变异特征一般有两种形式，即表型可塑性和遗传分化，表行可塑性是由环境的异质性所决定的[10]。在本项研究中，所有野牛草均处于同一环境中，因此，不同种群的野牛草表型形态的变异只能来自于遗传的分化。Hopkins 等对拟南芥（*Arabidopis*

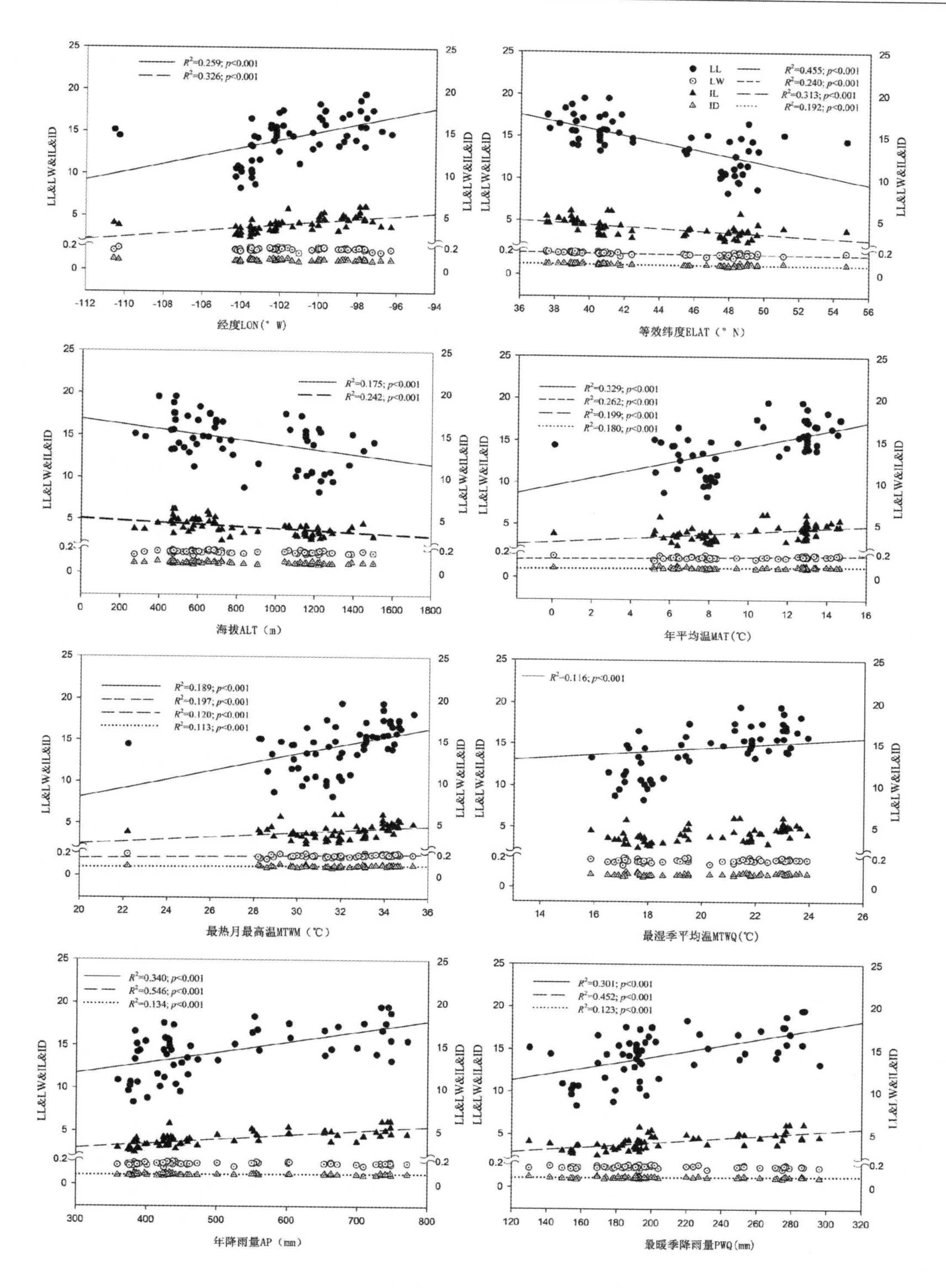

图 2 基于 61 个野牛草种群各表型性状的聚类分析

Fig. 2 Cluster dendrogram of 61 populations of buffalograss based on phenotypic traits

thaliana）进行了温室控制试验与野外调查，发现叶片大小、叶柄长度和节间长度等指标在野外和温室中呈现相同的趋势，这表明这些形态特征受到遗传因子的控制[11]。而植物的表型形态特征是植物在长期进化过程中对环境适应的结果[12]，因此，野牛草不同种群间表现出的不同的表型形态特征，从一定程度上说明不同的地理、气候等因素使得野牛草表型形态特征多样化。

变异系数的大小可间接反映出群体的表型多样性丰富程度，即变异系数大说明该群体的性状变异幅度

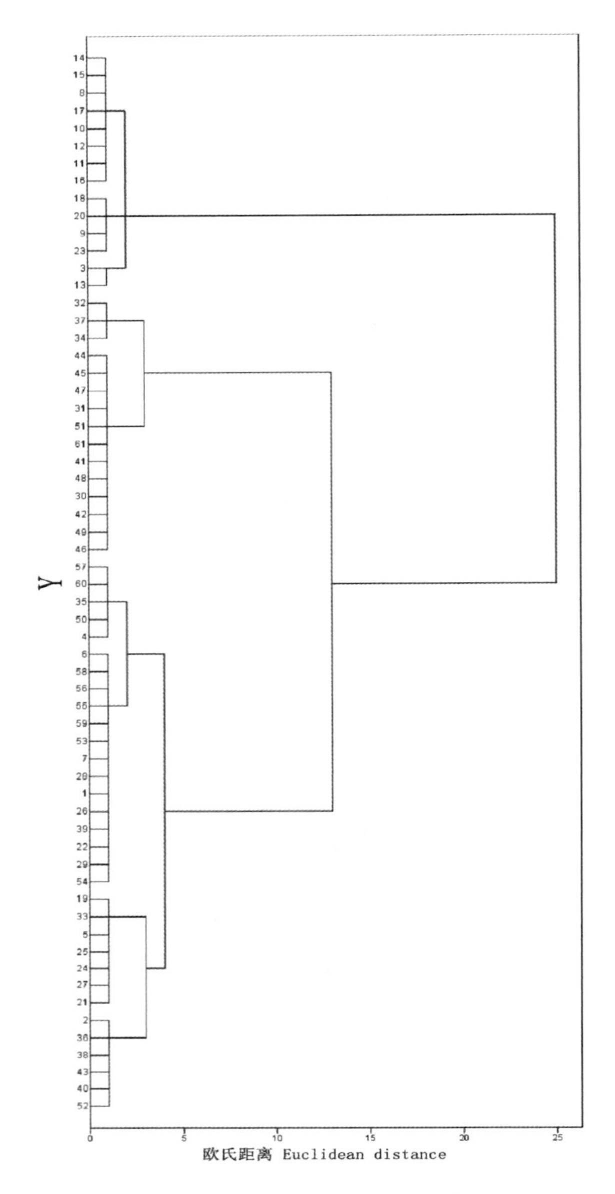

图 3　61 个野牛草种群各表型性状与气候、地理因子的相关性

Fig. 3　Relationship between phenotypic traits with geographic and climatic factors in 61 populations of buffalograss
LON, longitude; ELAT, equivalent attitude; ALT, altitude; AMT, annual mean temperature; MTWM, max temperature of warmest month; MTWQ, mean temperature of wettest quarter; AP, annual precipitation; PWQ, precipitation of warmest quarter.

高，表型多样性丰富；变异系数小说明该群体的性状变异幅度低，表型多样性差[13]。在本项研究中，在 4 个性状中种群间变异系数均处于种群内变异系数的最大值和最小值之间。且种群内变系数均大于种群间变异系数，这说明野牛草表型性状的变异主要来自于个体间。对于野牛草表型性状存在的丰富变异，在种群内水平上，同一样点的叶片所处的宏观环境（光、温、湿）大致相同，但个体所处微环境的光、温、湿却不同，种群内变异主要来自个体对所处微环境的适应[14]。尽管种群内的变异远大于种源间，但存在种群间的变异变异反映了地理、生殖隔离上的变异，因此种群间变异更有意义[15]。

本研究在对野牛草 4 个表型形态指标进行聚类分析时发现，聚类结果与种群的实际地理分布水平相吻合。第一组野牛草表型形态指标均较小，从地理分布上，该组野牛草除了 3 号、8 号和 28 号，其余 11 个种群来自于南达科他州与怀俄明州的交界处，美国黑山国家森林（black hills national forest）的东南部和西南部。这里的气候属于高原气候带和温带大陆性气候带的交界处。第二组野牛草表型形态指标均较大，从地理分布上，该组野牛草 15 个种群均来自于美国南部大草原，这里属于亚热带季风湿润气候带。这块区域内，海拔较低，地处平原地带，年降雨量较高且集中在夏季。第三组和第四组的表型性状指标相比较，第三组的叶长和叶宽相对于第四组较大，而匍匐茎长度和直径却相对于第四组较小。第三组和第四组野牛草处于温带大陆性气候带，但叶片较大的第三组大多位于北美大草原的南部地区，如俄克拉荷马州（Oklahoma）和德克萨斯州（Texas），而第四组野牛草大多位于北美大草原的北部地区，如北达科他州（North Dakota）和南达科他州（South Dakota）。

综合来看，海拔相对较高，温度较低，降雨量较少的区域内，野牛草表型形态均较小，而降雨量丰富，温度较高的区域野牛草表型形态均较大。而第三组和第四组的野牛草比较来看，低纬度区域内的野牛草叶片性状较大而匍匐茎性状较小，高纬度区域内的野牛草叶片形状较小而匍匐茎性状较大。这表明野牛草的表型性状与生境因子之间存在一定的相关性。

3.2　野牛草表型形态变异格局及其原因

为了验证聚类分析的可靠性，在本研究中采用回归分析验证野牛草表型性状与环境因子的相关性。在所调查的野牛草性状中，各性状与地理、气候因子具有显著的相关性。其中野牛草各表型性状与等效纬度均呈显著负相关，这也证实了在聚类分析中将高纬度区域较小叶片的野牛草聚为一组，低纬度区域较大叶片的野牛草聚为一组。野牛草各表型性状与年平均温度和年降雨量呈显著正相关，这在对于其他植物的研究中也出现相同的趋势[1-2][16]。但是对于匍匐茎长度和直径虽然随着等效纬度的增加而减短，但在聚类分析中却显示高纬度区域匍匐茎长度和直径相对较长和较粗。这可能是由于野牛草具有克隆植物特有植物觅食行为，通过选择性的放置觅养点（分株）来利用有利生境斑块和避免不利生境斑块的能力，也就是说野牛草在高纬度区域很可能是由于降雨量少、土壤斑块不均等其他的原因选择一种策略，即通过增长匍匐茎去避免不利生境斑块[17-19]。

在野牛草各表型性状与海拔和经度相关性分析中，野牛草叶长和匍匐茎长度与海拔呈显著负相关，与经度呈显著正相关，但叶宽和匍匐茎直径与海拔和经度没有相关性。植物各表型性状为了适应一种环境条件而表现出不同的敏感性，这种现象广泛的存在于其他植物的研究中。[20-23]

野牛草属于暖季型草坪草，一般情况下，野牛草在5月至7月降雨量最大的湿季生长非常旺盛。在本研究中野牛草各表型性状与年平均温呈显著正相关，但叶宽、匍匐茎长度和直径与最湿季平均温均没有相关性。这说明在野牛草生长季，只要降水量充沛，温度对野牛草表型性状的影响不显著。野牛草对温度的广泛适应性也可能是导致野牛草分布极其广泛的原因之一。

参考文献

1. Johnson P G, Kenworthy K E, Auld D L, et al. Distribution of buffalograss polyploid variation in the southern Great Plains [J]. Crop science, 2001, 41(3): 909 -913.
2. Royer D L, McElwain J C, Adams J M, et al. Sensitivity of leaf size and shape to climate within *Acer rubrum* and *Quercus kelloggii*[J]. New Phytologist, 2008, 179(3): 808 -817.
3. 肖海峻，徐柱，李临杭，等．鹅观草表型性状变异与生境间的相关性[J]．中国草地学报，2007，29(5)：22 -30
4. Johnson P G, Riordan T P, Arumuganathan K. Ploidy level determinations in buffalograss clones and populations [J]. Crop science, 1998, 38(2): 478 -482.
5. Han W X, Fang J Y, Reich P B, et al. Biogeography and variability of eleven mineral elements in plant leaves across gradients of climate, soil and plant functional type in China [J]. Ecology Letters, 2011, 14(8): 788 -796.
6. Hijmans R J, Cameron S E, Parra J L, et al. Very high resolution interpolated climate surfaces for global land areas[J]. International journal of climatology, 2005, 25(15): 1965 -1978.
7. Jonsson A, Eriksson G, Dormling I, et al. Studies on frost hardiness of *Pinus contorta* Dougl. seedlings grown in climate chambers [J]. Studia Forestralia Suecica, 1981, 157: 4 -47.
8. 刘莉，邓春婷，包满珠．野牛草实生群体多样性的表型及ISSR分析[J]．草业科学，2008，25(1)：100 -106.
9. 成凯凯，魏小兰，杜鹃，等．30份野牛草种质的遗传多样性[J]．草业科学，2012，29(011)：1698 -1705.
10. 牛红玉，沈浩，叶万辉．外来植物入侵的全境性研究进展与展望[J]．生物多样性，2010，18(6)：559 -568.
11. Hopkins R, Schmitt J, Stinchcombe J R. A latitudinal cline and response to vernalization in leaf angle and morphology in *Arabidopsis thaliana* (Brassicaceae) [J]. New Phytologist, 2008, 179(1): 155 -164.
12. Venable D L, Brown J S. The selective interactions of dispersal, dormancy, and seed size as adaptations for reducing risk in variable environments [J]. American Naturalist, 1988, 131(3): 360 -384.
13. Dunn C P. Keeping taxonomy based in morphology [J]. Trends in Ecology & Evolution, 2003, 18(6): 270 -271.
14. McCarthy M C, Enquist B J. Consistency between an allometric approach and optimal partitioning theory in global patterns of plant biomass allocation[J]. Functional Ecology, 2007, 21(4): 713 -720.
15. Zizumbo-Villarreal D, Piñero D. Pattern of morphological variation and diversity of *Cocos nucifera* (Arecaceae) in Mexico[J]. American journal of botany, 1998, 85(6): 855 -855.
16. 吴丽丽，康宏樟，庄红蕾，等．区域尺度上栓皮栎叶性状变异及其与气候因子的关系[J]．生态学杂志，2010，29(12)：2309 -2316.
17. Qing L, Yunxiang L, Zhangcheng Z. Effects of moisture availability on clonal growth in bamboo *Pleioblastus* maculata [J]. Plant Ecology, 2004, 173(1): 107 -113.
18. Luo X G, Dong M. Architectural plasticity in response to soil moisture in the stoloniferous herb, *Duchesnea indica* [J]. Acta Botanica Sinica, 2002, 44(1): 97 -100.
19. 钱永强，孙振元，韩蕾，等．基于Logistic与Gompertz非线性模型的野牛草克隆生长模拟与分析[J]．中国农业科学，2011，44(11)：2252 -2259.
20. Oleksyn J, Modrzynski J, Tjoelker M G, et al. Growth and physiology of *Picea abies* populations from elevational transects: common garden evidence for altitudinal ecotypes and cold adaptation [J]. Functional Ecology, 1998, 12(4): 573 -590.
21. 陈天翌，刘增辉，娄安如．刺萼龙葵种群在中国不同分布地区的表型变异[J]．植物生态学报，2013，37(4)：344 -353.
22. 周旋，何正飚，康宏樟，等．温带-亚热带栓皮栎种子形态的变异及其与环境因子的关系[J]．植物生态学报，2013，37(6)：481 -491.
23. 郑健，胡增辉，郑勇奇，等．花楸树种源间表型性状的地理变异分析[J]．植物资源与环境学报，2012，21(3)：50 -56.

紫薇匍匐平展性状相关表型遗传分析*

石俊　陈之琳　秦波　蔡明　潘会堂　张启翔①
（花卉种质创新与分子育种北京市重点实验室，国家花卉工程技术研究中心，
城乡生态环境北京实验室，园林学院，北京林业大学，北京 100083）

摘要　以直立型的屋久岛紫薇（*Lagerstoemia fauriei*）（母本）与匍匐平展型的紫薇（*Lagerstoemia indica*）品种‘Creole’（父本）杂交获得的 F_1 代群体中随机 192 株为实验对象，对株型和枝条形态这 2 个质量性状及与其相关的株高、冠幅、主枝分枝角度等 11 个数量性状在群体中的遗传变异进行了统计和分析，寻找对株型和枝条形态影响最大的几个数量性状，并对株型和枝条形态的遗传规律进行了初步分析。结果表明：群体中株型的多样性指数为 1.050 > 1，变异显著，而枝条形态多样性指数 0.568 < 1，变异不大，说明前者具有较大遗传改良潜力，而后者遗传改良潜力一般。11 个数量性状连续分布，与正态分布曲线拟合较好；通过相关性分析找到了与株型、枝条形态显著相关的数量性状，利用逐步线性回归分析进一步缩小了范围，并得到了最优的线性回归方程 $y_1 = 4.155 - 0.021x_1 + 0.005x_2 + 0.009x_3$ 和 $y_2 = 2.602 - 0.008x_1 + 0.003x_2$，可以比较准确预测株型和枝条形态，进而可以辅助育种；通过对紫薇株型和枝条形态的分离比进行遗传分析和 $\chi2$ 检验，二者分别由一对不完全显性的主效基因和一对完全显性的主效基因控制，并且都受到微效多基因的修饰。

关键词　紫薇；匍匐平展；表型性状；线性回归；遗传分析

Phenotypic and Genetic Analysis of Reptant Plant Type，Applanate Branch and Other Related Characters in *Lagerstoemia indica*

SHI Jun　CHEN Zhi-lin　QIN Bo　CAI Ming　PAN Hui-tang　ZHANG Qi-xiang
（*Beijing Key Laboratory of Ornamental Plants Germplasm Innovation & Molecular Breeding*，*National Engineering Research Center for Floriculture*，*Beijing Laboratory of Urban and Rural Ecological Environment and College of Landscape Architecture*，*Beijing Forestry University*，*Beijing* 100083）

Abstract　Hereditary variations of two qualitative characters plant type and branch pattern，and 11 quantitative characters of 192 F_1 individuals generated from a cross between female *Lagerstroemia fauriei* and male *Lagerstroemia indica*‘Creole’were measured and analyzed. Its purpose was to find which quantitative characters influenced plant type and branch pattern most. Primary genetic analysis was conducted on plant type and branch pattern of crape myrtle. The results were as follows. Diversity index of plant type was 1.050 greater than 1，and diversity index of branch pattern was 0.568 less than 1. It meant that genetic improvement potential of plant type was great and that of branch pattern was general. Eleven quantitative characters showed a continuous distribution，fitted well with normal distribution curve，and significantly correlated with each other. Correlation analysis showed most quantitative characters significantly correlated with plant type and branch pattern. Further stepwise linear regression analysis reduced the number and got two equation of linear regression：$y_1 = 4.155 - 0.021x_1 + 0.005x_2 + 0.009x_3$ and $y_2 = 2.602 - 0.008x_1 + 0.003x_2$。They would forecast comparable correct in plant type and branch pattern to assist selection. Classical genetic analysis and chi-square test of plant type and branch pattern in *Lagerstroemia indica* showed that two qualitative characters was respctively controled by a pair incomplete dominant major gene and a pair complete dominat major gene，and they were both modified by minor multiple genes.

Key words　*Lagerstroemia indica*；Reptant plant type；Applanate branch；Phenotypic characters；Linear regression；Genetic analysis

* 基金项目："十二五"国家科技支撑计划（2012BAD01B07，2013BAD01B07），北京市共建项目专项资助。
① 通讯作者。张启翔，教授，博士研究生导师，主要从事园林植物资源与育种研究。E-mail：zqxbjfu@126.com。

紫薇(*Lagerstoemia indica*)隶属于千屈菜科(*Lythraceae*)紫薇属，别名百日红、痒痒树、满堂红，是中国传统名花(中国植物志编辑委员会，1983)。紫薇夏季开花，花色丰富艳丽，花期更是长达3个月，是我国夏季重要的观赏花木。与其他观赏花木相比，具有树干光滑、枝条柔软、耐高温、抗污染、易栽培等优点(张启翔，1991)。因此紫薇深受人们的喜爱，在城市园林绿化中应用广泛。国际植物名称检索表(International Plant Names Index)报道，目前全世界的紫薇属植物约有80种(张洁 等，2007)。中国原产紫薇属植物有19种，引进栽培4种，共23种(顾翠花，2008)。

目前国内外对紫薇的研究主要集中在种质资源评价、杂交育种、栽培繁殖、遗传多样性等方面(贺丹 等，2012)，对于紫薇株型研究相对较少。美国通过杂交育种的方法培育出株型多变的紫薇品种，并在美国园林中得到广泛应用，如株型比较高大的乔木型品种'Tuscarora''Natchez'等，小乔木型品种'Aplachee''Comanche'等，作灌木的半矮生型品种'Hopi''Zuni'等，以及可用作地被的矮生型品种'Pocomoke''Chickasaw'等(Pooler M R，2006)。王献(2004)在进行紫薇品种表型调查时，将紫薇按株高分为乔木、灌木、矮生3种，按枝条形态分为直立、平展、下垂3种。刘阳(2013)利用集团分离分析法(BSA)从28对AFLP引物与和41对SSR引物中筛选出与控制紫薇矮生性状基因相连锁的分子标记M53E39-92，遗传距离为23.33cM。综上，关于紫薇匍匐平展性状的研究少见报道。

目前国内园林中紫薇的主要应用形式为乔木和灌木，常栽植于庭院、园路和池畔河边等。具有植株低矮、枝条平展特性的匍匐平展型紫薇观赏价值较高，可以在园林中用做地被植物或者和其他植物进行搭配，园林应用前景广阔。本研究以直立型的屋久岛紫薇(母本)与匍匐平展型紫薇品种'Creole'(父本)杂交F_1群体为实验材料，在对F_1代与匍匐平展株型相关的表型性状进行研究分析的基础上，对紫薇匍匐平展性状的遗传规律进行了初步分析，为进一步培育匍匐平展型紫薇新品种奠定基础。

1 材料与方法

1.1 植物材料

母本屋久岛紫薇与父本紫薇品种'Creole'(亲本详细情况见表1)于2011年8月严格控制杂交授粉，11月份获得成熟种子，2013年2月份点播于装有草炭土的穴盘中，2013年6月份定植于福建将乐国有林场明头山实验基地，行距2m，株距2m。从F_1分离群体中随机选择192株作为分析材料。

表1 紫薇杂交亲本

Table1 Crossing parents of Lagerstroemia

亲本	名称	性状描述
母本	屋久岛紫薇	小乔木，株型直立，枝条形态为斜上，花白色，花直径达4cm，抗白粉病
父本	紫薇'Creole'	矮生灌木，株型匍匐，枝条形态为平展，花粉色，花直径达3cm，可用作地被

1.2 实验方法

1.2.1 表型参数测定

2015年10月，在植株旺盛生长期结束落叶之前，测定3年生实生苗的株型、枝条形态、株高、冠幅、叶长、叶宽、主枝数量、主枝基径、主枝基部GSA值、主枝端部GSA值、小枝GSA值、主枝分枝角度、植株开张角度等。

图1-1 紫薇株型分类

a：直立型 b：中间型 c：匍匐型 d：匍匐型(鸟瞰图)

Fig. 1-1 Lagerstroemia plant architecture

a：erect plant type b：in-between plant type c：reptant plant type d：aerial view of reptant plant type

株型测定方法参考Dennis J. Werner & Jose X. Chaparro(2005)，基于田间观测分为3类：直立型、中间型、匍匐型(图1-1)，由3个观察人员分别观测，取其观测结果中占多数的作为植株的株型。枝条形态根据田间观察分为两类：斜上和平展，测量方法与株型相同。株高和冠幅用直尺测量，株高取最高处的值，冠幅从相互垂直的2个方向测量取平均值。叶长、叶宽和主枝基径用游标卡尺测量，每株重复3次。主枝数量直接目测。向重力性定点角(GSA)最早由J. Digby & R. D. Firn(1995)提出，是指由植物向重力性所决定的植物器官在重力作用下所保持的角度，将地球重力矢量方向设为 GSA 的 0°，植物器官的 GSA 范围一般为 0～180°(图 1-2)。本实验使用原点处悬挂铅垂线的巨大的量角器来测量，测量时使量角器的底边与悬停的铅垂线重合，此时枝条部位所指示角度即为该部位的 GSA 值(图 1-3)，每株重复 3 次。分枝角度是指枝条与其着生基枝间的夹角(中国农业百科全书编辑委员会，1988)，因为 F_1 分离群体绝大部分都是丛生型紫薇，无独立主干，所以本实验所测定的主枝分枝角度是指丛生主枝与竖直方向的夹角。D. Bassi et al(2000)认为测量枝条基部与顶端连线和着生基枝的夹角是比直接测量枝条着生基角更为可靠的参数，因为树冠形状(即株型)与前者更具相关性(图 1-4)。植株分枝角度依此方法进行测量，每株重复 3 次。植株开张角度测定方法参考 Thakur et al. (2010)，θ_1 和 θ_2 是指植株两边冠幅最大处与种植点的连线和竖直方向的夹角，植株开张角度 $\theta = \theta_1 + \theta_2$，从南北和东西 2 个方向上进行测量并取平均值(图 1-5)。

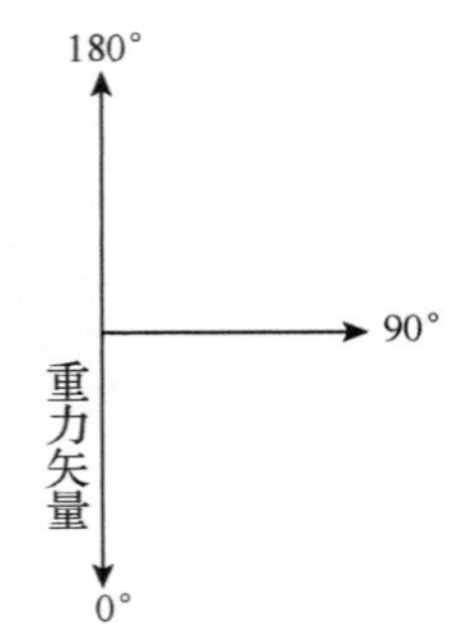

图 1-2 向重力性定点角(GSA)范围

植物器官以图中的 0°和 180°两点所在的重力轴线为中心进行生长和分布，故测定 GSA 时实际上不存在左右之分，GSA 通常为 0°～180°。

Fig. 1-2 Range of gravitropic setpoint angle

Plant organs grow and distribute along with the axis of gravity where the two points 0° and 180°are on, so GSA was evaluated without the differences between left and right. It's value is always between 0° and 180°

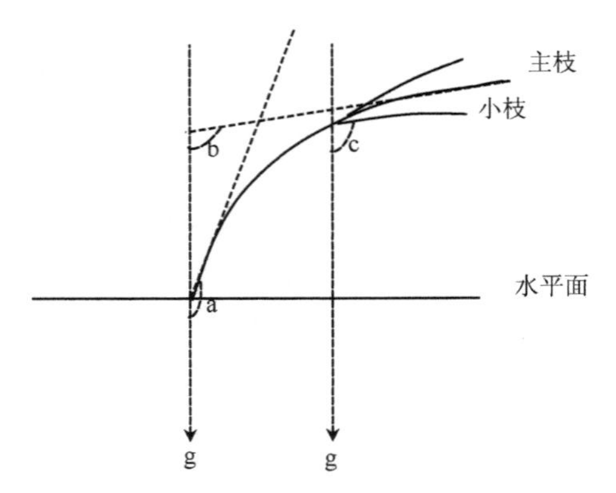

图 1-3 枝条各部位 GSA 示意

a：主枝基部 GSA b：主枝端部 GSA c：小枝 GSA g：重力方向

Fig. 1-3 GSA of each parts of branches

a：GSA of base of bough b：GSA of end of bough c：GSA of sprig g：direction of gravity

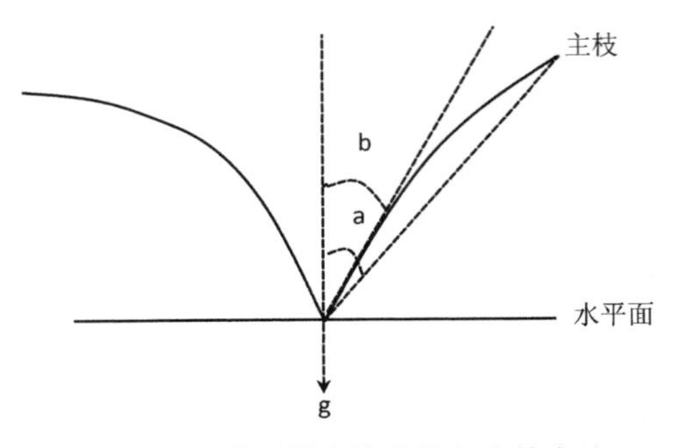

图 1-4 两种测量主枝分枝角度的方法

a：枝条基部与末端连线和竖直方向的夹角

b：枝条基部与竖直方向的基角

Fig. 1-4 Two methods Branch angle of bough

a：the virtual angle formed by vertical direction and a line extending from the base of the branch to its tip

b：the actual crotch angle measured at the base of the branch

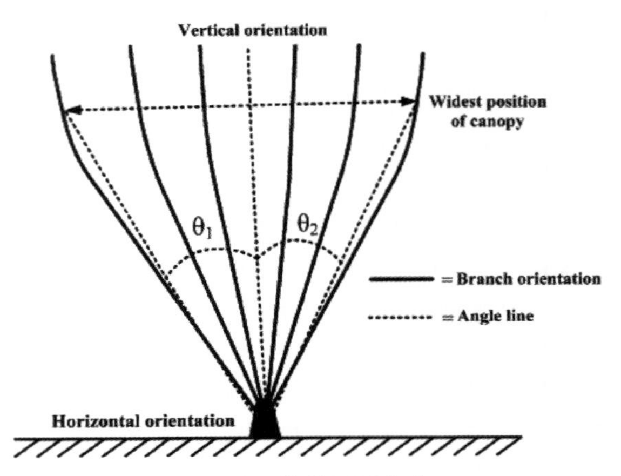

图 1-5 植株开张角度

θ_1 和 θ_2 是指植株两边冠幅最大处与种植点的连线和竖直方向的夹角。植株开张角度 $\theta = \theta_1 + \theta_2$

Fig. 1-5 Plant canopy angle

θ_1 and θ_2 are the angles of inclination of the widest position of canopy from vertical orientation on both sides. Plant canopy angle is the sum of θ_1 and θ_2

1.2.2 数据分析

利用 SPSS 19.0 软件对 F_1 代群体表型性状进行遗传变异统计和分析。对于质量性状，将株型的 3 种类型直立型、中间型、匍匐型分别赋值为 1、2、3，将枝条形态的两种类型斜上和平展分别赋值为 1、2，再进行统计和分析，统计参数包括平均值、标准差、方差、频率和多样性指数。对于另外 11 个数量性状的统计参数包括平均值、最大值、最小值、方差、标准差、偏度、峰度及变异系数，并绘制频率分布图。利用 Pearson 相关系数对 F_1 代群体各表型性状进行相关性分析，相关性分析方法参考谭杰锋(2005)。对株型、枝条形态与其各自相关性状进行逐步线性回归分析，线性回归分析方法参考李东风等(2008)。对株型和枝条形态的分离比进行遗传分析和 χ^2 检验。

2 结果与分析

2.1 F_1代群体质量性状性状遗传变异

表2-1对紫薇的株型和枝条形态进行了分类和赋值，统计了二者在192个随机F_1个体中的平均值、标准差、方差、频率和多样性指数。结果表明：株型的平均值为2.01，标准差为0.72，方差为0.52，群体中直立型占25.50%，中间型占48.40%，匍匐型占26.10%，多样性指数为1.050，大于1说明紫薇株型性状变异较大，表现出显著的形态多样性；枝条形态的平均值为1.74，标准差为0.44，方差为0.19，群体中枝条形态为斜上的植株占25.50%，平展的占74.50%，多样性指数为0.568，小于1表明紫薇枝条形态变异不大。综上说明，紫薇在株型上有较大的遗传改良潜力，而在枝条形态上的遗传改良潜力一般。

表2-1 F_1代群体质量性状描述性统计、频率分布及多样性

Table2-1 Descriptive statistics, frequency distribution and diversity of qualitative characters in F_1 population

性状	平均值	标准差	方差	频率(%)			多样性指数
				1	2	3	
株型	2.01	0.72	0.52	25.50	48.40	26.10	1.050
枝条形态	1.74	0.44	0.19	25.50	74.50		0.568

注：株型赋值1、2、3代表直立型、中间型、匍匐型，枝条形态赋值1、2代表斜上、平展。

2.2 F_1代群体数量性状遗传变异

表2-2列出了11个数量性状在192个随机F_1个体中的平均值、标准差、方差、偏度、偏度标准误、峰度、峰度标准误、最大值、最小值及变异系数。由表可知：F_1群体中叶长、叶宽、主枝数量和主枝基径的标准差分别为6.48、3.21、1.09和3.31，标准差都比较小，说明这4个性状的离散程度较小，即192株F_1个体的测量值都比较接近平均值。主枝基部GSA、主枝端部GSA、小枝GSA和主枝分枝角度的标准差分别为13.89、19.54、11.18和12.64，标准差中等，说明这4个性状的离散程度中等。株高、冠幅和植株开张角度的标准差分别为31.10、43.48和27.10，标准差较大，说明这3个性状的离散程度较大。F_1群体中各数量性状的变异系数介于9.23%～44.19%之间，变异程度最大的是主枝数量，最小的是主枝基部GSA。其中主枝基部GSA、主枝端部GSA和小枝GSA这3个性状的变异系数约等于或略大于10%，说明其在个体间的表型变异较大；其余性状的变异系数均远大于10%，说明这些性状在个体间的表型变异极为显著。

结合图2所示各数量性状的频率分布直方图进行分析可知：冠幅、主枝基部GSA、主枝端部GSA的偏度均为负值，分别是-0.07、-0.18、-0.44，表示直方图向正态分布区域右侧偏斜；株高、叶长、叶宽、主枝数量、主枝基径、小枝GSA、主枝分枝角度、植株开张角度的偏度分别为0.43、0.54、0.72、0.97、0.96、0.52、0.20、0.32，均为正值表示直方图向正态分布区域的左侧倾斜；主枝基部GSA、主枝端部GSA、主枝分枝角度、植株开张角度的峰度均为负值，分别为-0.36、-0.43、-0.04、-0.66，表示正态分布平缓株高、冠幅、叶长、叶宽、主枝数量、主枝基径、小枝GSA的峰度均为正值，分别为0.56、0.40、0.72、0.94、0.98、0.92、0.34，表示正态分布陡峭。综合表2-2和图2可知，11个数量性状的偏度和峰度的绝对值均小于1，符合正态分布的特点(刘建超 等，2010)。

表2-2 F_1代群体数量表型性状描述性统计

Table 2-2 Descriptive statistics of quanttitative phenotypic characters in F_1 population

性状	平均值	标准差	方差	偏度	偏度的标准误	峰度	峰度的标准误	最小值	最大值	变异系数(%)
株高(cm)	88.34	31.10	967.03	0.43	0.18	0.56	0.35	25.00	201.00	35.20
冠幅(cm)	165.56	43.48	1890.16	-0.07	0.18	0.40	0.35	23.00	282.00	26.26
叶长(mm)	27.67	6.48	41.99	0.54	0.18	0.72	0.35	14.00	53.04	23.41
叶宽(mm)	12.98	3.21	10.31	0.72	0.18	0.94	0.35	6.00	25.56	24.73
主枝数量	2.46	1.09	1.18	0.97	0.18	0.98	0.35	1	6	44.19

（续）

性状	平均值	标准差	方差	偏度	偏度的标准误	峰度	峰度的标准误	最小值	最大值	变异系数（%）
主枝基径(mm)	12.56	3.31	10.99	0.96	0.18	0.92	0.35	6.98	26.47	26.40
主枝基部 GSA(°)	150.57	13.89	193.04	-0.18	0.18	-0.36	0.35	110.00	180.00	9.23
主枝端部 GSA(°)	138.26	19.54	381.98	-0.44	0.18	-0.43	0.35	90.00	175.00	14.14
小枝 GSA(°)	111.19	11.18	124.91	0.52	0.18	0.34	0.35	85.00	146.00	10.05
主枝分枝角度(°)	33.93	12.64	159.86	0.20	0.18	-0.04	0.35	4.40	68.50	37.26
植株开张角度(°)	79.49	27.10	734.61	0.32	0.18	-0.66	0.35	24.00	140.00	34.10

注：各表型的单位只针对平均值、最大值、最小值。

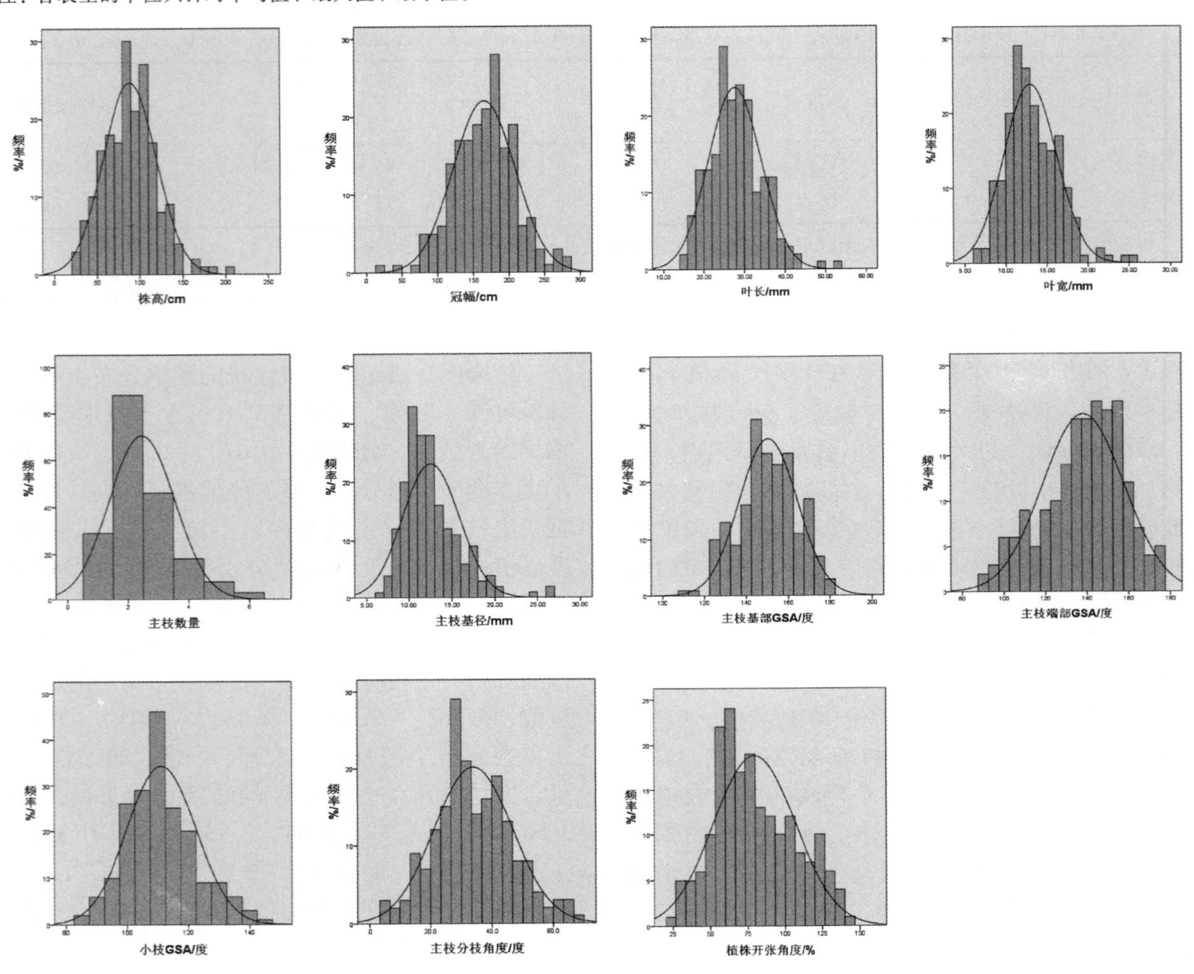

图 2　F_1 群体数量表型性状的分布频率图

Fig. 2　Frequency distribution of quantitative phenotypic characters in F_1 population

2.3　紫薇各表型相关性分析

从表 2-3 可知，株型与枝条形态、冠幅、主枝数量、主枝分枝角度、植株开张角度呈显著正相关，与株高、主枝基径、主枝基部 GSA、主枝端部 GSA、小枝 GSA 呈显著负相关，与叶长、叶宽不相关；枝条形态与主枝分枝角度、植株开张角度呈显著正相关，与株高、主枝基径、主枝基部 GSA、主枝端部 GSA、小枝 GSA 呈显著负相关，与冠幅、叶长、叶宽、主枝数量不相关；株高与冠幅、主枝基径、主枝基部 GSA、主枝端部 GSA、小枝 GSA 呈显著正相关，与主枝分枝角度、植株开张角度呈显著负相关，与叶长、叶宽、主枝数量不相关；冠幅与主枝数量、主枝基径、主枝分枝角度、植株开张角度呈显著正相关，与主枝基部 GSA、主枝端部 GSA 呈显著负相关，与叶长、叶宽、小枝 GSA 不相关；叶长与叶宽、主枝基径呈显著正相关；叶宽与主枝基径呈显著正相关；主枝数量与主枝分枝角度、植株开张角度呈显著正相关，与主枝基径、主枝基部 GSA、主枝端部 GSA 呈显著负相关；主枝基径与主枝基部 GSA、主枝端部 GSA 呈显著正相关，与主枝分枝角度、植株开张角度呈显著负相关；主枝基部 GSA 与主枝端部 GSA、小枝 GSA 呈显著正相关，与主枝分枝角度、植株开张角度呈显著负相关；主枝端部 GSA 与小枝 GSA 呈显著正相关，与主枝分枝角度、植株开张角度呈显著负相关；小枝 GSA 与主枝分枝角度、植株开张角度呈显著负相关；主枝分枝角度与植株开张角度呈显著正相关。综上可知，株型和枝条形态彼此相关，并与大多数的数量性状都具有显著相关性，与少数几个数量性状的关系不甚密切。同时也可以发现 11 个数量性状彼此之间也存在着或多或少的相关性，说明它们之间存在信息重叠的部分。因此需要利用线性回归分析的方法，寻找与株型和枝条形态关系最为密切的变量，将那些不甚密切或者不太重要的变量删去，从而找到影响株型和枝条形态最重要的一个或者几个数量性状。

2.4　紫薇株型和枝条形态的线性回归分析

2.4.1　株型线性回归分析

根据前面的相关性分析，将紫薇株型设为因变量，将株高、冠幅、主枝数量、主枝基径、主枝基部 GSA 值、主枝端部 GSA 值、小枝 GSA 值、主枝分枝角度、植株开张角度等与株型具有相关性的数量性状设为自变量，利用 SPSS19.0 软件进行逐步线性回归分析。结果见表 2-4 和表 2-5。

表 2-3　F_1代群体表型性状的相关性分析

Table2-3　Correlation analysis of phenotypic characters in F_1 population

性状	株型	枝条形态	株高	冠幅	叶长	叶宽	主枝数量	主枝基径	主枝基部 GSA 值	主枝端部 GSA 值	小枝 GSA 值	主枝分枝角度
株型												
枝条形态	0.487**											
株高	-0.294**	-0.282**										
冠幅	0.207**	0.065	0.417**									
叶长	-0.065	0.021	-0.035	-0.002								
叶宽	-0.048	-0.023	0.07	0.009	0.851**							
主枝数量	0.218**	0.063	-0.075	0.171*	0.04	0.083						
主枝基径	-0.243**	-0.195**	0.478**	0.265**	0.168*	0.190**	-0.354**					
主枝基部 GSA 值	-0.580**	-0.384**	0.277**	-0.175*	-0.035	-0.055	-0.361**	0.292**				
主枝端部 GSA 值	-0.783**	-0.478**	0.253**	-0.187**	-0.026	-0.033	-0.264**	0.198**	0.631**			
小枝 GSA 值	-0.320**	-0.276**	0.223**	-0.087	-0.027	-0.04	-0.059	0.043	0.267**	0.374**		
主枝分枝角度	0.664**	0.438**	-.378**	0.150*	0.125	0.09	0.274**	-0.259**	-0.646**	-0.685**	-0.274**	
植株开张角度	0.603**	0.408**	-.402**	0.280**	-0.05	-0.109	0.202**	-0.255**	-0.582**	-0.547**	-0.230**	0.595**

注：**. 在 0.01 水平(双侧)上显著相关。*. 在 0.05 水平(双侧)上显著相关。

Note: **. means highly signifiance at 0.01 level, *. means significance at 0.05 level.

表 2-4　回归系数

Table2-4　Coefficients

模型		非标准化系数		标准化回归系数	t	Sig.
		B	标准误差			
1	(常量)	5.991	0.232		25.793	0
	主枝端部 GSA 值	-0.029	0.002	-0.783	-17.329	0
2	(常量)	4.768	0.332		14.346	0
	主枝端部 GSA 值	-0.024	0.002	-0.646	-12.675	0
	植株开张角度	0.007	0.001	0.25	4.897	0

（续）

模型		非标准化系数		标准化回归系数	t	Sig.
		B	标准误差			
3	（常量）	4.155	0.406		10.23	0
	主枝端部 GSA 值	-0.021	0.002	-0.565	-9.508	0
	植株开张角度	0.005	0.001	0.2	3.71	0
	主枝分枝角度	0.009	0.004	0.158	2.552	0.012

注：因变量——株型

Note: dependent variable——plant type

表 2-5　回归模型拟合优度、方差分析和残差统计量

Table2-5　The regression model of goodness of fit, analysis of variance, and residual error statistics

回归方程	拟合优度		方差检验		Sig.	标准化残差		平均预测误差
	R 方	估计误差	残差均方差	F		最小值	最大值	
方程 1	0.61	0.449	0.202	300.304	0			
方程 2	0.652	0.424	0.180	180.3	0			
方程 3	0.662	0.418	0.175	125.876	0	-2.719	2.258	0.058

注：因变量——株型

Note: dependent variable——plant type

从表 2-4、表 2-5 中可以得知，除了主枝端部 GSA、植株开张角度和主枝分枝角度以外的其他相关变量都在逐步回归分析中被排除。将株型设为因变量 y_1，主枝端部 GSA、植株开张角度、主枝分枝角度分别设为自变量 x_1、x_2、x_3。可以得到：

回归方程 1：$y_1 = 5.991 - 0.029x_1$，决定系数 R 方为 0.610，拟合误差为 0.449，残差均方差为 0.202，该回归方程和回归系数均在 0.01 水平上通过了显著性检验。

回归方程 2：$y_1 = 4.768 - 0.024x_1 + 0.007x_2$，决定系数 R 方为 0.652，拟合误差为 0.424，残差均方差为 0.180，该回归方程与回归系数在 0.01 水平上均通过了显著性检验。

回归方程 3：$y_1 = 4.155 - 0.021x_1 + 0.005x_2 + 0.009x_3$，决定系数为 0.662，拟合误差为 0.418，残差均方差为 0.175，该回归方程与回归系数在 0.01 水平上均通过了显著性检验。该方程为最优方程。

综上所述，对紫薇株型 y_1 进行逐步线性回归分析，可以得出最优回归方程 $y_1 = 4.155 - 0.021x_1 + 0.005x_2 + 0.009x_3$。依据表 2－5，标准化残差的绝对值的最大值为 2.719，小于默认值 3，显示结果无异常现象，平均预测误差为 0.058，预测精度比较高。该方程拟合精度较高，预测误差比较低，能用于比较准确预测紫薇株型。

2.4.2　枝条形态线性回归分析

根据前面的相关性分析，将紫薇枝条形态设为因变量，将株高、主枝基径、主枝基部 GSA 值、主枝端部 GSA 值、小枝 GSA 值、主枝分枝角度、植株开张角度等与枝条形态具有相关性的数量性状设为自变量，利用 SPSS19.0 软件进行逐步线性回归分析。结果见表 2-6 和表 2-7。

表 2-6　回归系数

Table2-6　Coefficients

模型		非标准化系数		标准化回归系数	t	Sig.
		B	标准误差			
1	（常量）	3.224	0.199		16.204	0
	主枝端部 GSA 值	-0.011	0.001	-0.478	-7.508	0
2	（常量）	2.602	0.296		8.786	0
	主枝端部 GSA 值	-0.008	0.002	-0.364	-4.865	0
	植株开张角度	0.003	0.001	0.209	2.794	0

注：因变量——枝条形态；Note: dependent variable——branch pattern

表 2-7 回归模型拟合优度、方差分析和残差统计量

Table2-7 The regression model of goodness of fit, analysis of variance, and residual error statistics

回归方程	拟合优度		方差检验		Sig.	标准化残差		平均预测误差
	R 方	估计误差	残差均方差	F		最小值	最大值	
方程 1	0.229	0.385	0.148	56.365	0			
方程 2	0.259	0.378	0.143	33.097	0	-2.421	1.543	0.046

注：因变量——枝条形态

Note: dependent variable——branch pattern

从表 2-6、表 2-7 中可以得知，除了主枝端部 GSA 值和植株开张角度以外的其他相关变量都在逐步回归分析中被排除。将株型设为因变量 y_2，主枝端部 GSA 值、植株开张角度分别设为自变量 x_1、x_2。可以得到：

回归方程 1：$y_2 = 3.224 - 0.011x_1$，决定系数 R 方为 0.229，拟合误差为 0.385，残差均方差为 0.148，该回归方程和回归系数均在 0.01 水平上通过显著性检验。

回归方程 2：$y_2 = 2.602 - 0.008x_1 + 0.003x_2$，决定系数 R 方为 0.259，拟合误差为 0.378，残差均方差为 0.143，该回归方程和回归系数均在 0.01 水平上通过了显著性检验。该方程为最优方程。

综上所述，对紫薇枝条形态 y_2进行逐步线性回归分析，可以得出最优回归方程 $y_2 = 2.602 - 0.008x_1 + 0.003x_2$。依据表 2-7，标准化残差的绝对值的最大值为 2.421，小于默认值 3，显示结果无异常现象，平均预测误差为 0.046，预测精度比较高。该方程拟合精度较高，预测误差比较低，能用于比较准确预测紫薇枝条形态。

2.5 紫薇株型与枝条形态遗传初步分析

根据紫薇株型和枝条形态的各自分类，对紫薇 F_1 代分离群体各类型植株数目进行统计，并对不同类型的分离比的实际观察值和理论值进行 χ^2检验，结果见表 2-8。

表 2-8 F_1群体株型和枝条形态的分离统计表

Table2-8 Segregation of plant type and branch feature in F_1 population

性状	世代	群体大小/株	不同类型个体数/株			期望比	χ^2	P
			1	2	3			
株型	F_1	192	47	93	52	1:2:1	0.438	<0.05
枝条形态			45	147		1:3	0.250	<0.05

注：株型赋值 1、2、3 代表直立型、中间型、匍匐型，枝条形态赋值 1、2 代表斜上、平展。

从表 2-8 可知，在 192 株 F_1分离群体中，直立型 47 株，中间型 93 株，匍匐型 52 株，经 χ^2检验符合 1:2:1的理论比值，初步推断紫薇匍匐/直立株型是由一对不完全显性的主效基因控制，受微效基因修饰；枝条形态为斜上的植株有 45 株，平展的植株有 147 株，经 χ^2检验符合 1:3 的理论比值，初步分析推断紫薇枝条形态斜上/平展是由一对完全显性的主效基因控制，并受到微效多基因的修饰。

3 讨论

表型性状的多样性是育种工作的基础，了解和掌握杂交群体的表型性状的多样性水平和变异程度，对于种质创新和新品种的培育等具有重要意义(张向前等，2010)。本研究发现 F_1 群体中紫薇株型变异较大，具有较大的遗传改良潜力；而枝条形态变异较小，遗传改良潜力一般。然而王业社等(2015)对 111 个紫薇品种的表型性状进行研究，发现株型和枝条形态的变异均达到了显著水平，具有较大的遗传改良潜力。造成差异的原因可能是研究对象的不同，紫薇杂交 F_1群体不同个体间和不同紫薇品种间的性状多样性并不一定完全一致。

F_1群体的 11 个数量性状差异显著，变异系数较大，变幅为 9.23% ~44.19%。其中株高、冠幅、叶长、叶宽、主枝数量和主枝基径的变异系数分别为 35.20%、26.26%、23.41%、24.73%、44.19% 和 26.40%。研究结果与杨彦伶等(2011)对 10 个紫薇家系的表型多样性分析的结果大致一样。叶长、叶宽的变异系数也与顾翠花等(2011)对 10 个天然群体的表型多样性分析结果保持一致。对于主枝基部 GSA、主枝端部 GSA、小枝 GSA、主枝分枝角度和植株开张角

度的多样性分析还少见报道。总的来说，这 11 个数量性状变异较大，遗传多样性丰富，在优良性状的选育方面潜力很大。

对于植物成熟期才完全表现出来的性状，可以通过研究其他性状与目标性状的相关性，可以在植物幼年期辅助选择，从而加快育种进程。本研究通过相关性分析发现，株型和枝条形态彼此相关，并与大多数的数量性状都具有显著相关性，与少数几个数量性状的关系不甚密切。研究结果与贺丹等(2012)在对尾叶紫薇与紫薇的 F_1 群体的 5 个表型性状间的相关性分析的结果保持一致。同时也可以发现 11 个数量性状彼此之间也存在着或多或少的相关性，说明它们之间存在信息重叠的部分。这些具有显著相关性的数量性状将有助于紫薇株型和枝条形态的选择育种。

线性回归分析主要通过研究自变量与因变量之间的变动比例关系，从而建立某种经验性的回归方程，从而对目标性状(因变量)进行比较准确的预测，从而辅助选择，促进植物育种(唐启义 等，2006)。本研究通过进一步的逐步线性回归分析，发现对紫薇株型性状 y_1 影响最大的数量性状有 3 个，分别是主枝端部 GSA 值 x_1、植株开张角度 x_2 和主枝分枝角度 x_3，并得到了最优的线性回归方程 $y_1 = 4.155 - 0.021x_1 + 0.005x_2 + 0.009x_3$，而紫薇枝条形态 y_2 则仅与前两者主枝端部 GSA 值 x_1 和植株开张角度 x_2 线性相关，同样也得到了最优方程 $y_2 = 2.602 - 0.008x_1 + 0.003x_2$。这两个方程都拟合精度较高，预测误差较小，可以用于准确预测紫薇株型和枝条形态，这将为匍匐平展型优良紫薇新品种的培育奠定一定的基础。回归分析法是目前研究植物中具有相关性的性状的一种有效方法。成钰厚等(1999)利用回归分析探讨了 3 个苹果品种在成熟期间的 4 个果实品质之间的关系。金宏等(2009)通过回归分析方法确定了苹果香气释放量与果皮花青素含量的关系。

本研究通过对紫薇株型与枝条形态的不同类型的分离比进行遗传分析，并经过检验 χ^2 检验，初步推断紫薇直立型/匍匐性状是受到一对不完全显性主效基因的控制，并受到微效多基因的修饰；而枝条形态斜上/平展是受到一对完全显性的主效基因控制，并受到微效多基因的修饰。但是由于研究的世代仅仅只有 F_1 代，而后续构建的 F_2 代、BC_1 等群体还没有长到足够年份足以充分表现出株型和枝条形态，所以对于这两个性状的遗传规律还有待进一步多世代群体的验证。

参考文献

1. D Bassi, M Rizzo, M Geibel, M Fischer, C Fischer. 2000. Peach breeding for growth habit[J]. Acta Horticulturae, 538(538): 411 – 414.
2. Dennis J. Werner & Jose X. Chaparro. 2005. Genetic interactions of pillar and weeping peach genotypes[J]. HortScience 40(1): 18 – 20.
3. J. Digby & R. D. Firn. 1995. The gravitropic set-point angle (GSA): the identification of an important developmentally controlled variablegoverning plant architecture[J]. Plant, Cell and Enviroment. 18: 1434 – 1440.
4. Pooler M R. 2006. ‘Arapaho’ and ‘Cheyenne’ Lagerstroemia[J]. HortScience, 41: 855 – 856.
5. Thakur, A. K., N. Uphoff, and E. Antony. 2010. An assessment of physiolpgical effects of sustem of rice intensification (SRI) practices compared with recommended rice cultivation practices in India[J]. Exp. Agr. 46: 77 – 98.
6. 顾翠花. 2008. 中国紫薇属种质资源及紫薇、南紫薇核心种质构建[D]. 北京：北京林业大学.
7. 顾翠花. 2011. 我国紫薇天然群体的表型多样性分析[C]. 中国观赏园艺研究进展 2011：22 – 27.
8. 成钰厚，刘国杰. 1999. 苹果成熟期间果皮花青素含量与果实品质的关系[J]. 果树科学，16(2)：98 – 103.
9. 金宏，惠伟，李瑞婷，等. 2009. 苹果果皮花青素含量与香气释放量的关系研究[J]. 陕西农业科学，55(2)：12 – 14.
10. 贺丹，唐婉，刘阳，等. 2012. 尾叶紫薇与紫薇 F_1 代群体主要表型性状与 SSR 标记的连锁分析[J]. 北京林业大学学报，06：121 – 125.
11. 李东风，郑忠国. 2008. 最优线性回归的计算方法[J]. 数理统计与管理，27(1)：87 – 95.
12. 刘建超，褚群，蔡红光，等. 2010. 玉米 SSR 连锁图谱构建及叶面积的 QTL 定位[J]. 遗传，06：625 – 631.
13. 刘阳. 2013. 紫薇微卫星标记开发及矮化性状的分子标记[D]. 北京：北京林业大学.
14. 谭杰锋. 2005. 评价指标体系中的相关性分析[J]. 统计与决策，22：147 – 148.
15. 唐启义，冯明光. 2006. DPS 数据处理系统——实验设计、统计分析及模型优化[M]. 北京：科学出版社.
16. 王献. 2004. 我国紫薇种质资源及其亲缘关系的研究[D]. 北京：北京林业大学.
17. 王业社，候伯鑫，索志立，等. 2015. 紫薇品种表型多样性分析[J]. 植物遗传资源学报，16(1)：71 – 79.
18. 杨彦伶，李振芳，王瑞文，等. 2011. 紫薇家系表型多样性[J]. 东北林业大学学报，39(5)：12 – 14.

19. 张启翔 . 1991. 紫薇品种分类及其在园林中的应用(英文)[J]. 北京林业大学学报, 04: 57 - 66.
20. 张洁, 王亮生, 张晶晶, 等 . 2007. 紫薇属植物研究进展[J]. 园艺学报, 01: 251 - 256.
21. 张向前, 刘景辉, 齐冰洁, 等 . 2010. 燕麦种质资源主要农艺性状的遗传多样性分析[J]. 植物遗传资源学报, 11(2): 201 - 205.
22. 中国植物志编辑委员会 . 1983. 中国植物志[M]. 北京: 科学出版社 .
23. 中国农业百科全书编辑委员会 . 1988. 中国农业百科全书[M]. 北京: 中国农业出版社 .

不同花色菊花品种舌状花解剖结构观察*

伏 静　刘琳子　戴思兰①
（花卉种质创新与分子育种北京市重点实验室，国家花卉工程技术研究中心，
城乡生态环境北京实验室，园林学院，北京林业大学，北京 100083）

摘要　通过观察菊花不同花色品种舌状花的解剖结构分析不同类型色素分布、上下表皮细胞形状和舌状花厚度对花色表型的影响，为菊花花色形成机理研究提供表型分析数据。使用色差仪测定 90 个菊花品种舌状花花色表型，采用徒手切片获得花瓣的横截面和上下表皮切片，利用光学显微镜观察并拍照，使用 Microsoft Excel 分析舌状花解剖结构参数和花色表型的关系。结果表明：菊花舌状花中共含有红色和黄色两种色素物质。红色色素物质只分布于菊花舌状花的上、下表皮中，且填充于整个细胞；黄色色素物质几乎分布于各个组织结构中，以颗粒状存在。根据前人对菊花花瓣中色素成分的研究，初步推断其中红色色素物质是花青素，黄色色素物质是类胡萝卜素。黄色系和绿色系品种的舌状花只含有黄色的色素物质；粉色系和紫红色系品种中主要含有红色的色素物质；橙色系、红色系、墨色系品种中含有红色和黄色两种色素；白色系品种中无明显的有色色素积累。复色品种上表皮和下表皮中含有不同颜色的色素物质。菊花的上表皮细胞通常呈现锥形，下表皮通常是长方形，上表皮比下表皮的色彩更深、颜色更暗。随着舌状花横截面厚度增大，花的颜色更暗且色彩更浓。

关键词　菊花；花色；舌状花；解剖结构；色素分布

The Anatomic Observation on Ray Flowers of Different Color Chrysanthemum Varieties

FU Jing　LIU Lin-zi　DAI Si-lan
(Beijing Key Laboratory of Ornamental Plants Germplasm Innovation & Molecular Breeding，National Engineering Research Center for Floriculture，Beijing Laboratory of Urban and Rural Ecological Environment and College of Landscape Architecture，Beijing Forestry University，Beijing 100083)

Abstract　In this study，Anatomical structure of different color chrysanthemum varieties were observed to analyze the influences of pigments distribution，the shape of upper epidermal cells and the lower epidermal cells，the thickness of petals on ray flowers' color phenotype. It offered dates for formation mechanism research of *chrysanthemum* color phenotype. Measured by the chromatic meter，different color chrysanthemum varieties were classified into different color lines according to ray flowers' color. Using free-hand sectioning，we got cross-sectional of ray flowers and slices of upper and lower epidermal cells，then used a microscope to take photos of sections. Using the dates measured from chromatic meter and photos，we analyzed the relationship between phenotype and tissue structure. We came to the following conclusions：Chrysanthemum petals contain two kinds of pigments，red pigment and yellow pigment. Red pigment distributes in both upper and lower epidermal cells，and fills in the whole cells；yellow pigment distributes in all the tissues，in the existence of granular. According to the research of the predecessor，red pigment is anthocyanin，yellow pigment is carotenoids. The distribution of pigments differ in ray flower of different chrysanthemum varies according to different color phenotype. The yellow and green cultivars contain yellow pigment；the pink and the purple flower contain the red pigment；thecultivars of orange，red and mass tone flowers contain both red and yellow pigments；white flowers which contain no pigment are the result of refraction of light in the air bladder of ray flower. Bi-

* 基金项目：国家自然科学基金项目(31272192)。

第一作者：伏静，硕士生。主要研究方向：园林植物资源与育种。Email：fujing@ bjfu. edu. cn 地址：100083 北京市海淀区清华东路 35 号北京林业大学园林学院。

① 通讯作者。戴思兰，博士，教授，博士生导师。主要研究方向：园林植物资源与分子育种。电话：010-62336252 Email：silandai@ sina. com 地址：100083 北京市海淀区清华东路 35 号北京林业大学园林学院。

color cultivars can be formed when upper and lower epidermis contains different color pigment. 3. The shape of upper epidermal cells and lower epidermal cells influences chrysanthemum color phenotype. The upper epidermal cells are cone-shape, while the lower epidermal cells are flat, which result in the color of the upper epidermis is deeper and also darker than the lower epidermis. With ray flowers' cross section thickness increases, the flower is darker and the Color is more concentrated.

Key words *Chrysanthemum × morifolium* Ramat. ; Flower color; Ray flower; Anatomical structure; Pigment distribution

花色是观赏植物重要的观赏性状之一，花色形成是光线照射到花瓣上穿透色素层时，部分被吸收，部分被海绵组织反射折回，再通过色素层进入我们眼帘所产生的色彩。因此花色表型与花瓣细胞中的色素种类、色素含量和分布、花瓣内部或表面构造的物理性状、色素细胞液泡的 pH 值和金属离子等多种因素有关(赵云鹏 等，2003)。

花瓣是承载花色素的载体，色素在花瓣组织中分布的差异都会对花色形成产生很大的影响。花瓣的内部结构包括上表皮、栅栏组织、海绵组织和下表皮。在植物花瓣中，色素一般存在于上表皮细胞中，但是颜色较深的花瓣中，栅栏组织和海绵组织细胞中也含有色素(Kobayashi *et al.*，1998)。目前有研究指出很多花卉花瓣的下表皮也含有色素，比如菊花、绿绒蒿(*Meconopsis grandis*)、牵牛(*Ipomoea nil*)、杜鹃(*Rhododendron simsii*)、八仙花(*Hydrangea macrophylla*)(Yoshida *et al.*，2003a，2003b，2006；Schepper *et al.*，2001)、鸭跖草、紫露草、鹤望兰、马蔺和风信子(岳娟，2013)。另外，在非洲菊的研究中发现，在花瓣正面和背面的栅栏组织中都有色素分布(陈建，2010)。百子莲、雨久花中色素主要分布于靠近上表皮的栅栏组织中(岳娟，2013)。

花瓣是光的直接受体，因此花瓣组织的结构，尤其花瓣表皮细胞的形状会对花色形成产生很大的影响。细胞形状呈圆锥状有利于增加细胞对入射光吸收的花，会呈现较黯淡的色泽，反之，则产生明亮的效果(邱辉龙和范明任，1998)。圆锥型细胞会增加入射光进入细胞的比例使花色加深，相反扁平的细胞更多地将入射光经表面反射而使得进入细胞的光线变少而使花色变浅。那些花上下表皮细胞均较为平缓，较之圆锥或凸起的表皮细胞的花颜色则较浅或偏淡(Yashida et al.，1974)。花菖蒲(*Iris ensata* Thunb.)呈现紫色不仅与花青素苷的含量有关，还受到外花被表皮细胞的长度和排列顺序的影响(Yabuya *et al.*，1993)。

陈海霞等(2010)认为，花瓣厚度越大，花瓣颜色越深，亮度越低的原因可能是花瓣厚度会影响光的吸收。在非洲菊的研究中，发现各个色系品种的非洲菊花瓣厚度对花瓣呈色有影响，红色和紫色系品种的非洲菊花瓣较厚；白色系非洲菊花瓣最薄，这说明花瓣厚度也可能是影响呈色的因素之一。

菊花(*Chrysanthemum × morifolium* Ramat.)原产于我国，是我国栽培历史最悠久的传统名花之一。自古以来，菊花就受到人们的喜爱，且就被国人赋予了不畏风寒、傲霜怒放的品格，有着"花中君子"的美誉(戴思兰，2004)。菊花也是世界花卉产业中产值和产量均位居前列的著名花卉。菊花具有丰富的花色变异，现已选育出除蓝色系外的各类色系，以及一些奇异的花色类型，如复色、间色等(张树林和戴思兰，2013)。

目前关于菊花花瓣着色机理和花色与色素的关系已被研究(白新祥，2006；孙卫，2010b)。但是，在细胞层面的相关研究，如色素分布、表皮细胞、舌状花厚度对花色影响等研究相对来说很不完善。本文旨在研究这几方面对菊花花色的影响，对于花色改良，也提供了除直接改变色素物质的形成、分解、类型、含量这一常规方法之外的另一条思路。

1 材料与方法

1.1 试验材料

本试验所采用的植物材料来自于北京林业大学菊花品种资源圃。在前期对 811 个菊花品种进行花色表型分析的基础上(洪艳，2012)，选择了 9 个色系共计 90 个菊花品种，共包括了 5 种瓣型和 23 种花型。在 2014 年 11 月上旬，也就是在 Preece 等(1966)建立的菊花开花 6 个阶段系统中的第 5 阶段，即外层舌状花基本展开的时期对试验材料进行采摘。将菊花的整个花头连带约 10cm 的花茎一起折下，用脱脂棉对花茎的折断处进行包裹，皮筋包实，立即用水浸湿，轻轻放入自封袋(280mm × 200mm)中，并用记号笔在自封袋上标记试验样品的品种名、采摘时间。带回实验室后取出用于解剖切片；若无法及时进行解剖观察，需将采集的实验材料置于 4℃的冰箱中进行保存。

1.2 试验方法

1.2.1 花色表型测定

使用色差仪(NF333，Nippon Denshoku Industries Co. Ltd.，Japan)以光源 C/2°为条件测量菊花舌状花的颜色。每一品种头状花序上取 5 组样品，每组 2 ~ 5 片舌状花，叠放(保证色差仪集光孔对准的舌状花至少有 2 层)于白纸上，使色差仪的集光孔对准舌状花正/反面的中部，读取测量的色差值，取平均值作为该品种的花色表型数值(孙卫，2010)。

1.2.2 舌状花徒手切片的制备

取适量的蒸馏水置于培养皿中；在菊花头状花序的中轮选取几片新鲜的、具代表性的舌状花，置于载玻片上，将2个刀片紧并在一起，迅速横切舌状花的中间部位，将2个刀片夹缝中切下的舌状花用毛笔刷到蒸馏水中；用湿润的毛笔沾取横切的舌状花，置于滴有一滴蒸馏水的载玻片上，再慢慢从一侧将盖玻片放置，尽量避免气泡的产生，制成横截面的徒手切片。另取一朵舌状花置于载玻片上，用刀片在上表皮中部轻划5mm，再用镊子轻轻撕取5mm×10mm的上表皮，置于滴有一滴蒸馏水的载玻片上，盖上盖玻片，制成上表皮徒手切片。再取一朵舌状花置于载玻片上，用刀片在下表皮中部轻划5mm，再用镊子轻轻撕取5mm×10mm的下表皮，置于滴有一滴蒸馏水的载玻片上，盖上盖玻片，制成下表皮徒手切片。

1.2.3 光学显微镜观察

在光学显微镜下对制备好的横切面、上表皮和下表皮切片进行观察拍照，并测量单层上表皮、下表皮细胞的厚度以及整个横截面的舌状花厚度，分别测量3次，取平均值。

1.3 数据处理

花色三刺激值 $L*$ 值、$a*$ 值、$b*$ 值以及单层上表皮、下表皮细胞的厚度以及整个横截面的舌状花厚度值使用 Microsoft Excel 分析。

2 结果与分析

2.1 菊花舌状花解剖结构和色素分布对花色表型的影响

从图1中可以看出，白色品种(n=17)舌状花的解剖结构，没有发现明显的色素积累。这说明纯正的白色花可能是一种光学现象，花瓣中含有大量的小气泡，入射光线多次折射从而产生白色。黄色品种(n=11)中，呈现出颗粒状的黄色色素物质主要分布于栅栏组织中，舌状花上下表皮也发现了大量的黄色色素物质。黄绿色品种(n=4)中，黄色的色素物质呈现出颗粒状，分布于各个组织中，其中上表皮和栅栏组织中色素物质的含量最多。有些品种还有绿色的颗粒状物质。粉色品种(n=19)中观察到只含有红色色素物质且含量较少，主要分布在上下表皮中而中间组织近无色。紫色品种(n=16)中，红色色素物质集中分布在上下表皮细胞中，中间组织近无色，且没有明显的黄色色素物质的分布。红色品种(n=8)中含有深浅不一的红色的色素物质，我们看到的红色色素物质有些是紫红色而有些是正红色，也含有少量黄色的色素物质。黄色的色素物质分布于各个组织和大部分细胞中，但是含量比黄色和橙色系品种少得多，而红色的色素物质集中分布在上、下表皮中，尤其是在上表皮中含量很多，几乎分布了上表皮的全部细胞，完全遮盖了黄色色素物质所呈现的颜色，成为主要呈色色素，因此这些菊花品种在宏观上呈现很纯正的红色。墨色品种(n=5)主要含有深红色的色素物质，有些品种中也含有黄色色素物质，与红色系品种色素分布比较相似，只是红色的程度更深；而有些品种如‘紫如意’，只含有深红色的色素物质，不含有黄色的色素物质，与紫红色系的菊花品种色素分布比较相似，只是紫红色的程度更深。橙色品种(n=7)中含有红色和黄色两种颜色的色素物质。红色的色素物质充满整个色素细胞，集中分布于上、下表皮中，而黄色的色素物质在各个组织结构的细胞中均含有。与红色品种相比，红色色素含量下降，对黄色色素呈色的遮盖力下降，因此呈现橙色。棕色品种(n=3)与橙色品种相似，只是红色色素含量更少，因此表现更黄的颜色。有的品种舌状花上、下表皮有很大颜色差异，原因是上表皮或是下表皮中含有一种明显不同颜色的色素物质。如‘金背大红’表现为上表皮中主要含有红色的色素物质，下表中主要含有黄色的色素物质。同时也证明，上、下表皮的色彩表现分别对应着上、下表皮细胞中的色素分布，它们不会相互影响。

对90个品种菊花舌状花正反面花色表型进行测定，对舌状花上表皮圆锥程度、下表皮细胞厚度和舌状花厚度进行测定和统计，结果如表1所示。舌状花上表皮圆锥程度的范围是0.84~1.55，下表皮细胞厚度范围是8.58~12.97，舌状花厚度是61.13~115.75。

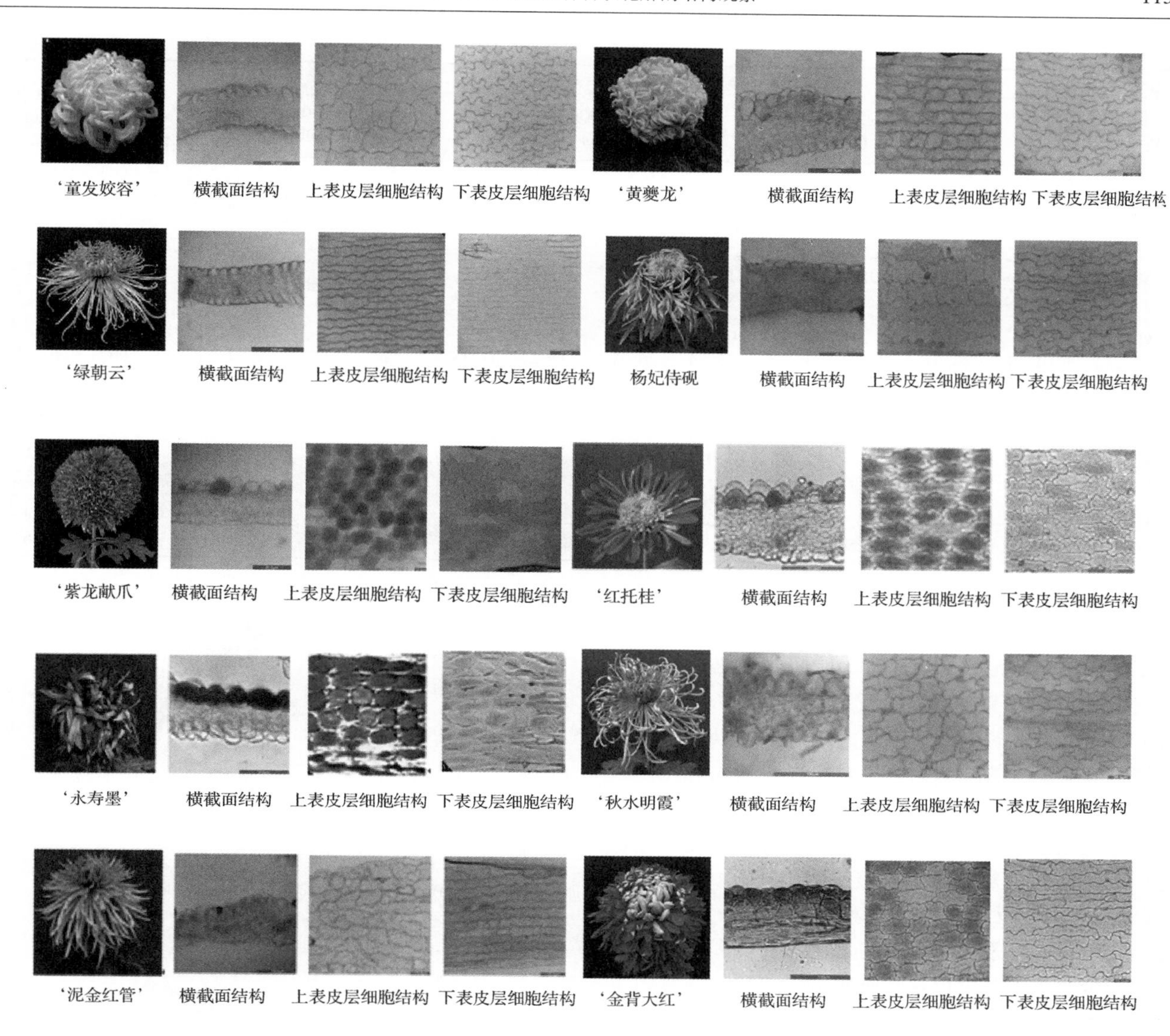

图1 菊花不同花色品种舌状花上下表皮细胞和解剖结构(400倍)

Fig. 1 Anatomic structure of different color varieties

表1 菊花花色与横截面结构数据

Table 1 The date of flower color and transverse section of the chrysanthemum petal

色系/品种数量 Color group/Number	CIEIAB coordinates 舌状花正面 Right side of ray flowers				CIEIAB coordinates 舌状花反面 Reverse side of ray flowers				细胞中色素呈色类型 The color of the pigment in cells		上表皮细胞高/宽(μm) High/wide of upper epidermal cells	下表皮细胞高/宽 High/wide of lower epidermal cells	舌状花厚度(μm) Thickness of ray flowers
	L*	a*	b*	彩度C	L*	a*	b*	彩度C	上表皮 Uppere pidermal cells	下表皮 Lower epidermal cell			
白色系(n=17)	88.37~91.05	-4.42~-1.20	3.37~8.8	4.98~11.96	89.93~93.34	-5.43~-0.66	1.04~8.57	2.57~16.66	白色	白色	0.84~0.92	0.36~0.44	61.13~66.46
黄色系(n=11)	79.21~89.14	-14.5~-7.26	38.42~77.66	43.64~77.85	86.01~90.87	-11.2~-3.87	33.27~58.66	33.49~66.29	黄色	黄色	0.86~0.98	0.43~0.58	70.13~76.36
黄绿色系(n=4)	76.39~84.86	-14.4~-10.85	20.89~29.84	21.95~35.00	78.14~85.40	-13.2~-8.38	20.23~29.72	23.16~29.91	黄绿色	黄色	0.87~0.89	0.43~0.49	61.53~66.65
粉色系(n=19)	67.61~88.88	2.14~19.06	-1.6~1.67	6.22~19.11	75.52~92.12	0.64~11.3	-1.38~5.23	2.49~14.49	粉色	白色至粉色	0.93~1.12	0.54~0.68	73.96~78.99

（续）

色系/品种数量 Color group/Number	CIEIAB coordinates 舌状花正面 Right side of ray flowers				舌状花反面 Reverse side of ray flowers				细胞中色素呈色类型 The color of the pigment in cells		上表皮细胞高/宽（μm）High/wide of upper epidermal cells	下表皮细胞高/宽 High/wide of lower epidermal cells	舌状花厚度（μm）Thickness of ray flowers
	L＊	a＊	b＊	彩度C	L＊	a＊	b＊	彩度C	上表皮 Uppere pidermal cells	下表皮 Lower epidermal cell			
紫色系（n=16）	32.40～64.04	25.46～43.34	−10.6～−2.37	24.14～44.57	41.81～84.56	4.02～34.57	−9.28～1.16	4.18～35.79	紫红色	粉色	0.97～1.50	0.65～1.07	78.42～106.8
红色系（n=8）	32.76～41.9	38.65～43.91	11.3～20.31	34.38～45.64	40.75～76.34	0.9～26.37	9.98～37.32	25.97～37.33	红色、黄色	粉色	1.23～1.24	0.73～1.06	93.83～101.2
墨色系（n=5）	24.14～25.19	37.06～45.37	5.86～18.24	38.35～49.23	46.42～77.37	1.16～29.57	−6.14～24.68	24.70～32.07	深红色	粉色至红色	1.53～1.55	0.68～1.07	102.64～115.75
橙色系（n=7）	45.06～67.84	14.45～31.09	9.26～35.36	32.66～42.12	67.93～75.53	0.71～25.73	11.42～33.77	27.11～32.75	红色、黄色	黄色、粉色	1.13～1.21	0.63～0.85	81.21～92.32
棕色系（n=3）	72.88～76.02	1.97～22.53	32.31～44.89	39.39～44.93	72.55～78.83	0.96～3.02	22.67～36.46	30.87～36.47	红色、黄色	黄色	1.03～1.1	0.53～0.67	77.59～90.64

从图2中可以看出，9个色系舌状花正面 L＊值大于反面，a＊值大于反面。红色系和墨色系 b＊值小于反面，而其他色系 b＊大于反面。菊花舌状花上表皮细胞呈现圆锥状，而下表皮细胞通常是扁平状（图1），上表皮的圆锥结构使得入射光可以更多地进入细胞，而扁平的细胞则会反射掉很多的入射光，因此舌状花正面比反面在色彩上更暗。色素物质主要分布于舌状花上表皮，少量分布于下表皮，因此，舌状花正面比反面色彩更浓，红度 a＊值正面大于反面，b＊值正面大于反面。红色系和墨色系中，上表皮中红色和黄色的色素物质分布的量比下表皮多，在上表皮中完全遮盖了黄色色素物质所呈现的颜色，成为主要的呈色色素，因此 b＊值正面小于反面。

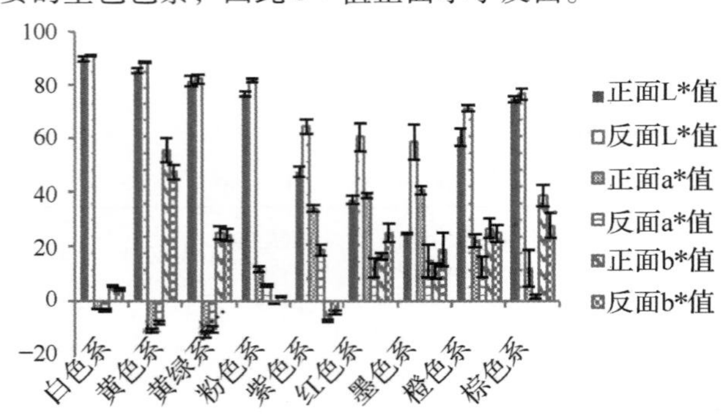

图2 不同花色菊花品种舌状花正反面花色表型

Fig. 2 The color phenotype of two-sided petal of different color ray flowers

2.2 舌状花上、下表皮的形状及舌状花厚度对菊花花色表型的影响

2.2.1 上表皮细胞圆锥程度对花色表型的影响

图3-a中可以很直观地观察到随着上表皮细胞的高/宽的数值（定义为圆锥程度）的不断增大，L＊值

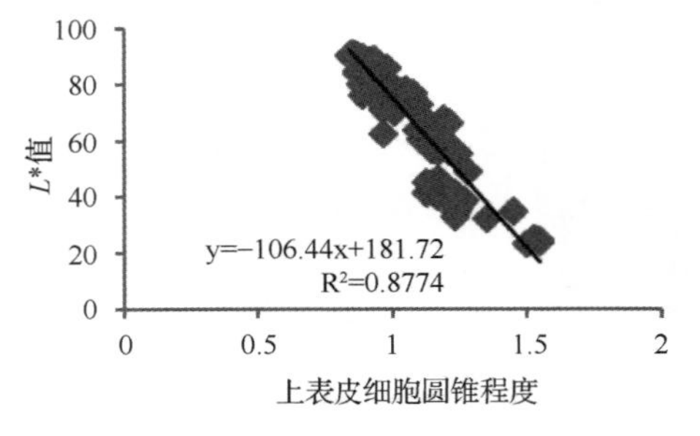

a. 上表皮细胞圆锥程度与 L＊值的关系

a. The relationship between height/width of upper epidermal cells and L＊ value

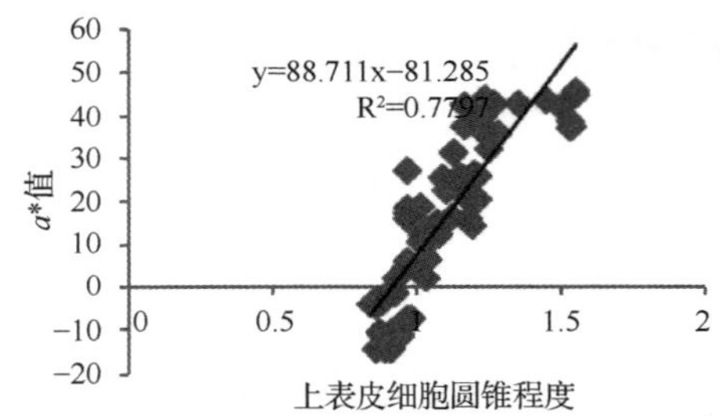

b. 上表皮细胞圆锥程度与 a＊值的关系

b. The relationship between height/width of upper epidermal cells and a＊ value

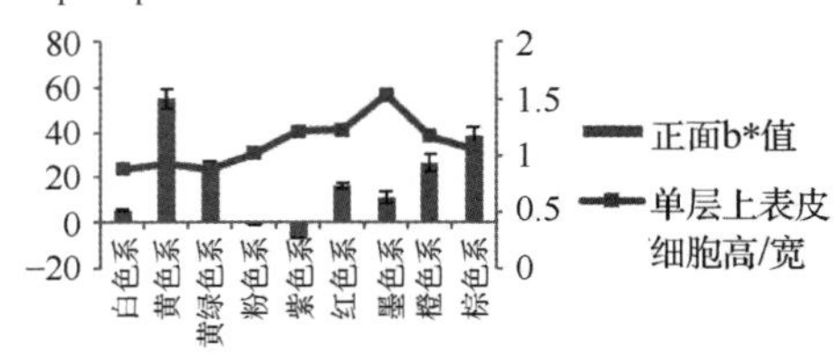

c. 上表皮细胞圆锥程度与 b＊值的关系

c. The relationship between height/width of upper epidermal cells and b＊ value

图3 上表皮细胞圆锥程度与花色表型的关系

Fig. 3 The relationship between height/width of upper epidermal cells and color phenotype

反而减小。这可以解释为随着上表皮细胞高与宽的比值的增大，入射光进入细胞的比例随之增加，而反射出的光减少，导致上表皮的亮度减少。随着圆锥程度的不断增大，上表皮积累红色色素越多，$a*$ 值也随之增大(图 3-b)。黄色系和黄绿色系品种中，随着圆锥程度的增大，上表皮积累黄色色素增多，$b*$ 值增大。粉色系和紫色系中，随着圆锥程度的增大，红色色素增多，$b*$ 值减小。红色系、墨色系、橙色系和棕色系中，红色色素增多，随着圆锥程度的增大，$b*$ 值减小(图 3-c)。

2.2.2 单层下表皮细胞圆锥程度对花色表型的影响

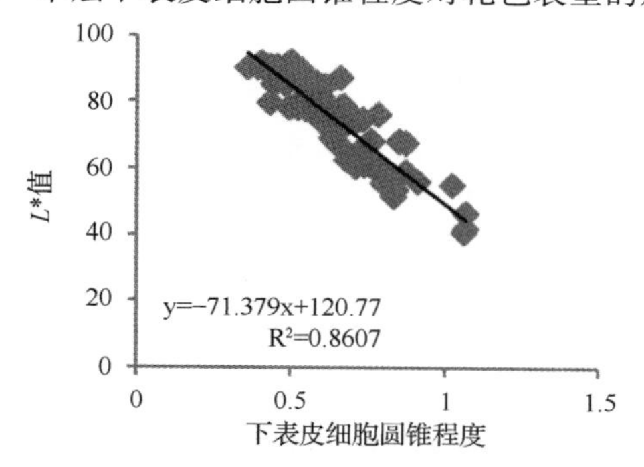

a. 下表皮细胞圆锥程度与 $L*$ 值的关系

a. The relationship between height/width of lower epidermal cellsand $L*$ value

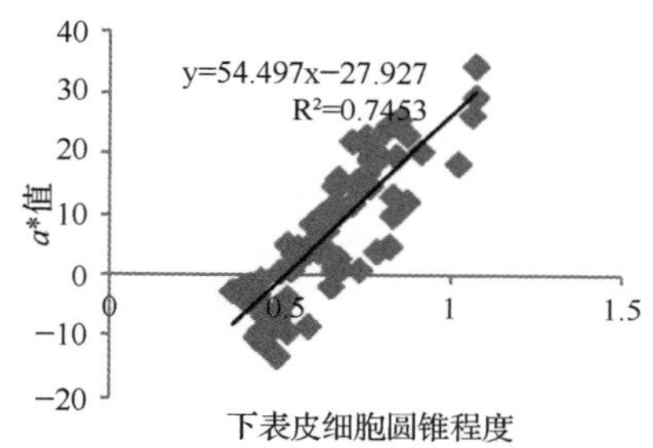

b. 下表皮细胞圆锥程度与 $a*$ 值的关系

b. The relationship between height/width of lower epidermal cells and $a*$ value

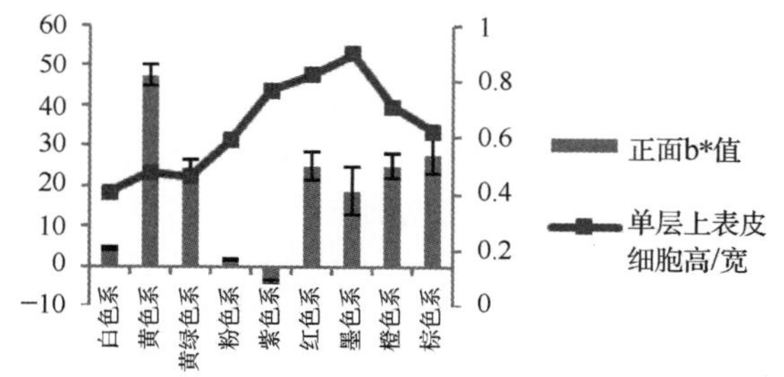

c. 下表皮细胞圆锥程度与 $b*$ 值的关系

c. The relationship between height/width of lower epidermal cells and $b*$ value

图 4 下表皮细胞圆锥程度与花色表型的关系

Fig. 4 The relationship between lower epidermal cells' height/width and color phenotype

下表皮的细胞圆锥程度越大，下表皮的 $L*$ 值就越小，即呈现暗一些的色泽(图 4-a)。可以解释为扁平状的细胞，若圆锥程度增大，则入射光进入细胞的比例就增加，反射折回的入射光比例就减少，总体就会使得下表皮颜色暗一些。下表皮的细胞圆锥程度越大，下表皮积累红色色素越多，$a*$ 值也随之增大(图 4-b)。黄色系和黄绿色系品种中，黄色系下表皮的圆锥程度稍大于黄绿色系，下表皮积累黄色色素物质更多，表现更黄的颜色，因此 $b*$ 值更大。粉色系和紫色系中，随着圆锥程度的增大，红色色素增多，$b*$ 值减小。红色系、墨色系、橙色系和棕色系中，随着圆锥程度的增大，红色色素增多，$b*$ 值减小(图 4-c)。

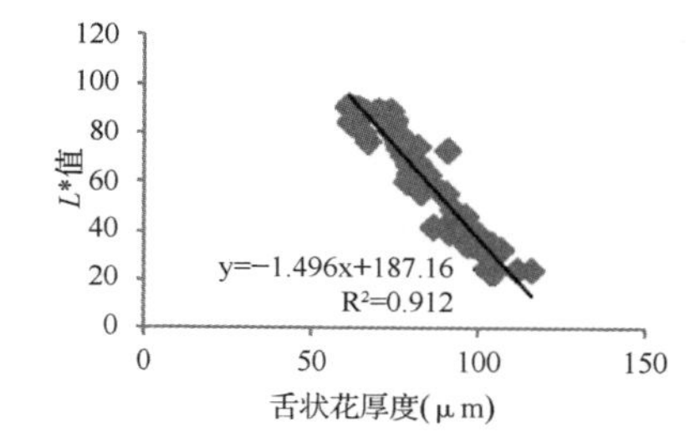

a. 舌状花厚度与上表皮 $L*$ 值的关系

a. The relationship betweenray flowers' thickness and upper epidermal cell'$sL*$ value

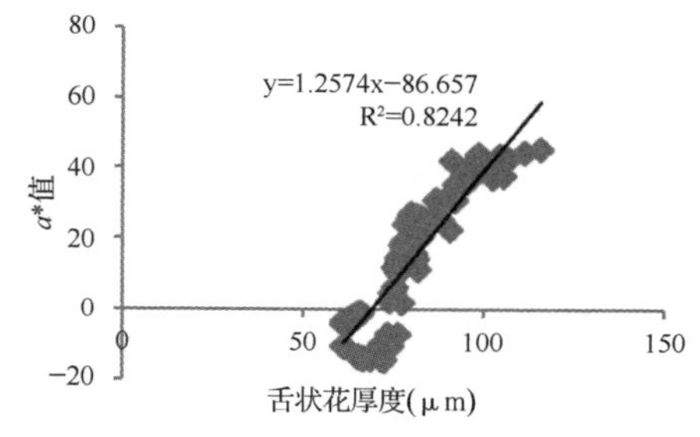

b. 舌状花厚度与上表皮 $a*$ 值的关系

b. The relationship between ray flowers' thickness and upper epidermal cell's

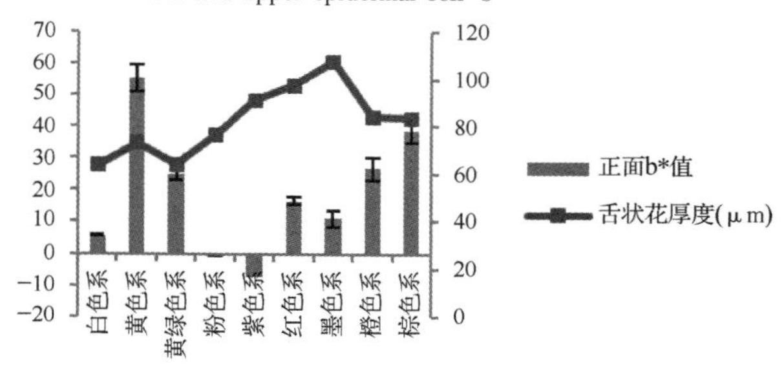

c. 舌状花厚度与上表皮 $b*$ 值的关系

c. The relationship between ray flowers' thickness and upper epidermal cell's $b*$ value

图 5 舌状花厚度与上表皮花色表型的关系

Fig. 5 The relationship betweenray flowers' thickness and upper epidermal cell's color phenotype

2.2.3 舌状花厚度对花色表型的影响

舌状花厚度与上表皮的亮度 $L*$ 值呈现明显的负相关关系，即随着舌状花变厚，$L*$ 值呈现减小的趋势，即呈现的颜色越暗(图 5-a)。舌状花越厚，上下表皮积累红色色素越多，$a*$ 值也随之增大(图 5-b)。黄色系和黄绿色系品种中，黄色系舌状花厚度大于黄绿色系，各个组织积累黄色色素物质更多，表现更黄的颜色，因此 $b*$ 值更大。粉色系和紫色系中，随着圆锥程度的增大，红色色素增多，$b*$ 值减小。红色系、墨色系、橙色系和棕色系中，随着圆锥程度的增大，红色色素增多，$b*$ 值减小(图 5-c)。

3 讨论

3.1 菊花舌状花解剖结构观察的徒手切片方法

本研究采用徒手切片的方法观察了不同花色菊花舌状花的解剖结构，分析色素分布对花色表型的影响。我们的主要目的是观察新鲜舌状花细胞中的色素分布，徒手切片法可以保持切片新鲜并及时观察细胞的色素分布和细胞形状，因此采取了徒手切片的方法观察菊花的舌状花解剖结构。为了防止舌状花细胞失水和色素成分流失，尽量选择新鲜、状态良好的材料，并且制成切片后尽快在显微镜下观察，以保证观察结果的真实性和可靠性。试验结果表明徒手切片的方法步骤简单，容易掌握，并且能很好地分析和观察舌状花中的色素分布与细胞形状(岳娟，2013)。

3.2 菊花舌状花中色素种类及分布对花色表型的影响

菊花不同花色品种的色素由类黄酮、类胡萝卜素和叶绿素组成，都属于植物次生代谢的产物，一般多存在于花瓣的上下表皮层(安田齐，1989)。类黄酮中的一个重要类群是黄酮和黄酮醇，它们的颜色变化幅度从象牙白色至浅黄色；花青素苷是构成从红色到紫色、蓝色的主要物质。类胡萝卜素呈现出从黄色、橙色到红色等颜色。根据前人对于菊花花瓣中色素物质的化学研究，推测红色类色素物质为花青素，黄色类色素物质为类胡萝卜素。在菊花、月季、木绣球、郁金香、烟草花等众多花卉中，都有绿花品种。初步推断本实验的绿色系品种菊花的切片中观察到的色素物质可能为叶绿素和(或)类胡萝卜素，至于具体是哪种色素成分，需要补充色素提取与分析的试验才能确定。同时，在红色系、墨色系、橙色系和棕色系的上下表皮中都发现有红色和黄色两种色素物质的分布，这两种色素物质含量的多少及比例决定了花色。红色色素物质更多，颜色更红，黄色物质更多，颜色更黄。

这与非洲菊的相关研究结果相似。非洲菊的研究中表明，白色花瓣的细胞不含有颜色的色素；红色、紫色、橙红色花瓣细胞中色素物质均匀分布，正面栅栏组织和表皮细胞分布数量多，花色素为决定性色素；橙黄色花瓣的色素在细胞内分布不均匀，最终颜色由花色素和类胡萝卜素含量的比值决定；黄色花瓣中主要是类胡萝卜素，分布在花瓣正面栅栏组织(陈海霞等，2010)。不同的是，菊花的红色色素物质只分布于舌状花的上、下表皮中，黄色色素物质几乎分布于各个组织结构中。而非洲菊中色素主要分布于花瓣正反面的栅栏组织中。

在大多数植物中，花青素在绝大多数情况下完全溶解在液泡里。但是，花青素也能在液泡里形成颗粒，比如在月季花瓣中发现的‘blue spherules’，紫罗兰花瓣中的‘ball-like structures’和‘crystals’，飞燕草花瓣中的‘blue crystals’等(Yasuda，1974；Hemleben，1981；Asen *et al.*，1975a)，都对花色产生了很大的影响(Markham *et al.*，2000b)。这些颗粒可以划分为花青素苷体(anthocyanoplast，简称为 ACP)和花青素苷液泡包含体(anthocyaninic vacuolar inclusion，简称为 AVI)两类。

ACP 由膜包裹，其形成是液泡中小的有色囊泡逐渐合并的结果，发育完全的 ACP 为典型的球状、具比液泡更深的红色，通常，在液泡中只有 1 个 ACP 存在；液泡里的 ACP 具高密度，呈现为含高浓度花青素苷的不溶性小球；ACP 的存在可导致液泡的强烈色彩(赵昶灵，2008)。在‘卖炭翁’和‘灰鸽’两个品种的切片中观察到了类似的物质存在。

3.3 舌状花表皮细胞结构和厚度对花色表型的影响

有研究发现，表皮细胞结构对花色表型会产生影响，上表皮细胞呈现圆锥状，下表皮细胞呈现扁平状，因此上表皮吸收到更多的入射光线而花色较深(白新祥，2007)。本研究初次在同一色系及不同色系间内分析了单层上下表皮细胞的高度与宽度的比值(定义为圆锥程度)分别与上下表皮花色表型的相关关系。并对菊花进行了舌状花厚度与花色表型的相关研究，试验样本量较大，包括了 9 个色系共 90 个品种，采用平均值代表各个色系，并对不同色系品种进行了对比研究，准确性较高，对其他观赏植物的相关研究有一定的参考价值。

参考文献

1. 安田齐．1989. 花色的生理生化[M]．北京：中国林业出版社．
2. Asen S, Stewart R N, Norris K H. Anthocyanin, flavonol copigments, and pH responsible for larkspur flower colour [J]. Phytochemistry, 1975a, 14: 2677 – 2682.
3. 白新祥，胡可，戴思兰，等．2006. 不同花色菊花品种花色素成分的初步分析[J]．北京林业大学学报，28(5)：84 – 89.
4. 白新祥．菊花花色形成的表型分析[D]．北京：北京林业大学，2007.
5. 陈海霞，刘明月，吕长平．2010. 非洲菊花瓣色素分布对花色的影响[J]．湖南农业大学学报(自然科学版)，36(2)：165 – 168.
6. 陈建．2010. 非洲菊花瓣解剖结构及赤霉素处理对花色的影响研究[D]．湖南：湖南农业大学．
7. 戴思兰．2004. 中国菊花与世界园艺(综述)[J]．河北科技师范学院学报，18(2)：1 – 5.
8. Hemleben V. Anthocyanin carrying structures in specific genotypes of *Matthiola incana* R. Br. Z [J]. Naturforsch, 1981, 36c: 925 – 927.
9. 黄济明．1987. 花卉育种知识[M]．北京：中国林业出版社．
10. 洪艳，白新祥，孙卫，等．2012. 菊花品种花色表型数量分类研究[J]．园艺学报，39(7)：1330 – 1340.
11. 李鸿渐，邵键文．1990. 中国菊花品种资源的调查收集与分类[J]．南京农业大学学报，13(1)：30 – 36.
12. 李鸿渐．1993. 中国菊花[M]．南京：江苏科学技术出版社．
13. 栗茂腾，余龙江，王丽梅，等．2005. 菊花花色遗传及花色嵌合体发现[J]．遗传，27(6)：948 – 952.
14. Markham K R, Gould K S, Winefield C S, Mitchell K A, Bloor S J, Boase M R. Anthocyanic vacuolar inclusions-their nature and significance in flower colouration [J]. Phytochemistry, 2000(b), 55: 327 – 336.
15. Preece T F, Wilcox H J. Stage of growth of the *chrysanthemum* flower[J] Jnt pathology, 1966, 15: 71 – 72.
16. 邱辉龙，范明任．1998. 花青素与花色之表现[J]．中国园艺，44(2)：102 – 115.
17. Schepper S D, Leus L, Mertens M, Debergh P, Bockstaele E V, Loose M D. Somatic polyploidy and its consequences for flower coloration and flower morphology in azalea [J]. Plant Cell Reports, 2001, 20(7): 583 – 590.
18. 孙卫，李崇晖，王亮生，等．2010a. 菊花舌状花花色测定部位的探讨[J]．园艺学报，37(5)：777 – 784.
19. 孙卫，李崇晖，王亮生，等．2010b. 菊花不同花色品种中花青素苷代谢分析[J]．植物学报，45(3)：327 – 336.
20. Yabuya Y, Aiko Y, Adachi T. Factors affecting the velvety ort perianthus of Japanese garden iris (*Iris ensata* Thunb.) [J]. Cytologia, 1993, 58: 48 – 51.
21. Yasuda H. 1974. S tudies on bluing effect in the Petals of red rose. Observation on the development of the tannin body in the upper epidermal cells of bluing Petals[J]. Cytologia. 39: 107 – 112.
22. Yoshida K, Yuki T K, Kameda K, Kondo T. Sepal color variation of *Hydrangea macrophylla* and vacuolar pH measured with a proton-selective microelectrode [J]. Plant Cell Physiology, 2003(a), 44(3): 262 – 268.
23. 岳娟．2013. 单子叶植物蓝色花花瓣表型观察与解剖结构研究[D]．西安：西北农林科技大学．
24. 张树林．菊花品种分类的研究[J]．园艺学报，1965，4(1)：35 – 46.
25. 赵云鹏，陈发棣，郭维明．观赏植物花色基因工程研究进展[J]．植物学通报，2003：51 – 58.
26. 赵昶灵，张丽梅，刘福翠．2008. 高等植物花色苷在液泡中的存在状态及其着色效应[J]．广西植物，2008. 28(3)：395 – 401.

基于 AHP 法的大菊杂种 F_1 代新品种筛选*

高 康 宋雪彬 戴思兰① 季玉山 王 朔
（花卉种质创新与分子育种北京市重点实验室，国家花卉工程技术研究中心，
城乡生态环境北京实验室，园林学院，北京林业大学，北京 100083）

摘要 中国传统大菊是菊花品种中一类变异极为丰富且具有很高观赏价值的类群，其大多数品种来源于有性杂交。为了更好地从杂交后代中筛选出观赏价值高、品质优良的大菊新品种，建立菊花优良新品种综合评价体系尤为关键。本研究以大菊自然杂交 F_1 代 180 个单株为材料，通过层次分析法，从花部性状、整株性状和生态适应性 3 个方面出发，建立了大菊优良新品种综合评价体系的分层结构模型，并通过判断矩阵验证分层结构模型的合理性，确定各个评判指标权重，其中花色、瓣型、繁殖难易程度、重瓣性、花期、病虫害抗性、花径等 7 个指标的权重和达到了总权重的 88.41%，所占比重较大。然后通过具体评价指标的评分标准，依据各因素权重计算出每个杂交后代的综合评价得分，将杂交后代划分为优良品种、较优品种、一般品种、较差品种 4 个等级，从中筛选出了 6 个综合性状优良的品种，具有花大色艳、花型奇特、株形优美、花期较早等优良特征。这一研究为大菊优良新品种的筛选提供了指导，也为中国传统大菊的进一步开发利用奠定了基础。

关键词 大菊；层次分析法；新品种

AHP-Based Screening of Traditional Chrysanthemum Hybrid F_1 for New Variety

GAO Kang SONG Xue-bin DAI Si-lan JI Yu-shan WANG Shuo
（*Beijing Key Laboratory of Ornamental Plants Germplasm Innovation & Molecular Breeding*，
National Engineering Research Center for Floriculture，*Beijing Laboratory of Urban and Rural Ecological Environment and College of Landscape Architecture*，*Beijing Forestry University*，*Beijing* 100083）

Abstract The group of Chinese traditional chrysanthemum cultivars is a class of varieties with rich variation and high ornamental valuein *Chrysanthemum* × *morifolium* Ramat. In order to screen the new variety with good quality and high value from the hybrids oftraditional chrysanthemum cultivars，it is the key to establish comprehensive evaluation system of excellent new chrysanthemum varieties. In this study，180 large chrysanthemum natural hybrid F1 are the materials，and through the analytic hierarchy process，the study established the hierarchical structure model of comprehensive evaluation system in large chrysanthemum fromthe character of flower，whole plant properties and the ecological adaptability. The rationality of the hierarchical structure model are verified through the judgment matrix，and each evaluation index weight is determined. The color，disc type，degree of difficulty to breed，multi-disc，floweringtime，disease and insect resistance，flower diameter 7 indexes，whose weight is up to 88.41% of the total weight. And then through the concrete evaluation index scoring standard，and the factor weights to calculate the comprehensive evaluation score of each hybrids，they could be divided into good varieties of hybrids，better varieties，general varieties，poor grade varieties，6 varieties were screened，which have bright flower color，long diameter，strange and beautiful disctype，fine features，earlier flowering phases. The comprehensive evaluation system provides guidance for new variety，it alsolaid a foundation for the further development and utilization oftraditional chrysanthemum cultivars.

Key words Traditional chrysanthemum cultivars；Analytic Hierarchy Process（AHP）；New variety

菊花（*Chrysanthemum* × *morifolium* Ramat.）是中国的传统名花，也是世界著名的商品用花。中国传统大菊是其中一类花朵硕大、花形奇特的品种群。菊花一般被认为是自交不亲和的物种（徐雁飞，2008），杂交

* 基金项目：高等学校博士学科点专项科研基金（20130014110013）。
① 通讯作者。戴思兰，Tel：010-62336252，Email：silandai@ sina. com。

育种是菊花育种的主要手段。通过自然杂交获得的杂交后代变异极为丰富，面对如此丰富的类群，筛选出适宜产业化生产的优质种质资源是非常重要的。当前对于大菊杂交后代优良新种质资源筛选工作的研究相对较少，多集中于对已有种质资源的评价和选择，而且对杂交后代的单株多凭育种者的直觉进行株选，主要采取定性评价，过分依靠主观判断，尚未形成全面、系统的定量分析(宁慧娟 等，2006)。这也给大菊新品种的鉴定和进一步培育以及产业化生产带来了困难。因此，对大菊品种杂交后代进行定性分析与定量评价十分必要。

层次分析法(Analytic Hierarchy Process，AHP)是美国运筹学家 T. L. Saaty 教授于20 世纪70 年代提出的一种实用的多方案或多目标的决策方法，是一种定性与定量相结合的决策分析方法。该法的主要思想是通过将复杂问题分解为若干层次和若干因素，对两两指标之间的重要程度作出比较判断，建立判断矩阵计算判断矩阵的最大特征值以及对应特征向量，得出不同方案重要性程度的权重，为最佳方案的选择提供依据(郭金玉 等，2008)。这一方法常被运用于多目标、多准则、多要素、多层次的非结构化的复杂问题决策。目前 AHP 法已被广泛应用于观赏植物的种质资源评价上，通过对桂花(陈仲芳 等，2004)、乌桕(王晓光 等，2009)、大花蕙兰(陈和明 等，2009)、紫薇(杨彦伶 等，2005)、百合(钱虹妹 等，2006)等观赏植物的种质资源评价和开发利用的研究发现，AHP 法是筛选优良品种的有效方法。在菊花种质资源的评价和品种选择过程中，也有相关的研究报道，如传统盆栽菊花产业化品种筛选(张亚琼 等，2011)，单头切花菊杂种 F_1 代优良单株研究(李娜娜等，2012)，地被菊品系综合评价研究(孙明 等，2011)等。目前尚没有关于层次分析法应用于大菊杂交后代品种筛选的报道。

本研究围绕一批传统大菊的自然杂交 F_1代，利用层次分析法确定了大菊品种各个性状评判指标权重，通过具体评价指标的评分标准，依据各因素权重计算出每个杂交后代的综合评价得分，从而建立了一套筛选观赏价值高、生态适应性强的大菊优良新品种评价体系。该体系的建立可以更科学地从大菊杂交后代中筛选出品质优良的大菊新品种，以丰富大菊的品种类群，同时也为中国传统大菊的产业化生产和园林植物优良种质资源的筛选提供了新的思路。

1 材料和方法

1.1 材料

从中国传统大菊品种中筛选出 13 个涵盖不同花色、瓣型、花型的品种作为母本(母本的性状如表 1 所示)。将母本的外轮舌状花剪短至 1 ~ 2cm，把柱头裸露出来，使其在菊花资源圃的自然条件下开放授粉获得一批杂交种子。将杂交种子播种、移植并进行养护管理，从现蕾期开始至盛花期结束通过专家评选的方法，初步挑选出观赏品质优良的大花型秋菊品种共计 180 个。以上材料全部种植于北京林业大学菊花种质资源圃。

表 1 供杂交的母本品种

Table1 Female parent varieties for hybridization

品种名称	花色	瓣型	花型
蟾宫桂色	黄色	桂瓣	管桂型
玉蝴蝶	白色	畸瓣	龙爪型
瑶台玉凤	白色	平瓣 + 管瓣	翻卷型
粉猬仙	粉色	畸瓣	毛刺型
绿朝云	黄绿色	管瓣	管盘型
太液池荷	紫色	平瓣	荷花型
高原之云	白色	平瓣 + 匙瓣	芍药型
金戈铁马	黄色	匙瓣 + 畸瓣	匙荷型
银盘托挂	黄绿色	桂瓣	匙桂型
越之光	黄色	平瓣	翻卷型
玉狮子带	白色	平瓣	宽带型
粉紫匙管	红色	匙瓣 + 管瓣	莲座型
粉剪绒	粉色	畸瓣	剪绒型

1.2 方法

1.2.1 观赏性状测试

根据中华人民共和国农业部《中华人民共和国植物新品种特异性、一致性和稳定性的测试指南》(菊花)和张亚琼(2011)对中国传统盆栽菊花品种筛选的方法，结合专家访谈等，确定了 7 个重要的观赏性状：花色、花径、花期、瓣型、重瓣性、花梗长、花高；6 个重要的整株性状：叶形、叶柄着生角度、叶身卷曲程度、节间长、茎强度、株高。

1.2.2 生态适应性的评价

不同的大菊品种在其生长发育过程中，对外界环境变化的适应性和敏感性有着极大的差别，在认真阅读相关文献和对专家进行访问的基础上，参考张亚琼(2011)对中国传统盆栽菊花品种筛选的方法，确定了繁殖难易程度、生长势和病虫害抗性等 3 个生态适应性的评价指标。

1.3 层次分析法

首先以“优良大菊杂交 F_1 代新品种”为目标层(A)，分别建立与指标类别相对应的 3 个约束层(C)：花部性状(C1)、整株性状(C2)和生态适应性(C3)；之后参考张亚琼(2011)对传统盆栽菊花产业化品种和李娜娜(2012)对单头切花菊杂种 F_1 代优良单株建立的评价体系，并结合专家访谈，建立指标层（P1-Pn）（如下表 2 所示）。最终构成一个由目标层、约束层和指标层组成的综合评价体系的分层结构模型。为了验证此分层模型是否合理，还需要构建各层两两比较判断矩阵，针对上下层各因子的隶属关系，采用 1-9 比例标度法将判断数量化，构建从大菊杂交后代中筛选优良新品种评价体系的 4 个判断矩阵（1 个 A-C 判断矩阵和 3 个 C-P 判断矩阵）。最后利用 YAAHP10 软件进行各判断矩阵一致性及指标权重的确定。

表 2　综合评价体系分层结构模型

Table2　hierarchical structure model for comprehensive evaluation system

A 目标层	C 约束层	P 标准层
优良大菊杂交 F_1 代新品种	C1 花部性状	P1 花色，P2 瓣型，P3 重瓣性，P4 花期，P5 花径，P6 花高，P7 花梗长，
	C2 整株性状	P8 株高，P9 茎曲直性，P10 节间长，P11 叶形，P12 叶身卷曲程度，P13 叶柄着生角度
	C3 生态适应性	P14 繁殖难易程度，P15 病虫害抗性，P16 生长势

表 3　层次分析判断矩阵及一致性检验

Table 3　Judgment matrix and consistency check based on hierarchical analysis

A-Ci

优良杂交品种	花部性状	整株形状	生态适应性	Wi
花部性状	1	9	5	0. 7429
整株形状	1/9	1	1/4	0. 0633
生态适应性	1/5	4	1	0. 1939

λ_{max} = 3. 0713；CR = 0. 0685 < 0. 1。

C1-Pi

	花径	花高	花梗长	花色	瓣型	重瓣性	花期	Wi
花径	2	3	4	1/6	1/5	1/4	1/3	0. 0579
花高	1/3	1	3	1/7	1/6	1/5	1/4	0. 0361
花梗长	1/4	1/3	1	1/8	1/7	1/6	1/5	0. 0233
花色	6	7	8	1	3	4	5	0. 3912
瓣型	5	6	7	1/3	1	3	4	0. 2454
重瓣性	4	5	6	1/4	1/3	1	3	0. 1523
花期	3	4	5	1/5	1/4	1/3	1	0. 0939

λ_{max} = 7. 6486，CR = 0. 0795 < 0. 1。

C2-Pi

	叶形	叶柄着生角度	叶身卷曲程度	节间长	茎弯曲度	株高	Wi
叶形	1	4	3	1/3	1/4	1/5	0. 0867
叶柄着生角度	1/4	1	1/3	1/5	1/6	1/7	0. 0313
叶身卷曲程度	1/3	3	1	1/4	1/5	1/6	0. 0513
节间长	3	5	4	1	1/3	1/4	0. 1476
茎弯曲度	4	6	5	3	1	3	0. 3825
株高	5	7	6	4	1/3	1	0. 3006

λ_{max} = 6. 5824；CR = 0. 0924 < 0. 1。

C3-Pi

	繁殖难易程度	生长势	病虫害抗性	Wi
繁殖难易程度	1	7	3	0. 6491
生长势	1/7	1	1/5	0. 0719
病虫害抗性	1/3	5	1	0. 2790

λ_{max} = 3. 0649；CR = 0. 0624 < 0. 1。

表4 标准层(P)对目标层(A)的总排序值

Table4 Order of all grades

P	因素	W(A-Ci)	W(C-Pi)	总排序值 wi	排名
P1	花色	0.7429	0.3886	0.2887	1
P2	瓣型		0.2468	0.1883	2
P3	重瓣性		0.1533	0.1139	4
P4	花期		0.0943	0.0701	5
P5	花径		0.0580	0.0431	7
P6	花高		0.0360	0.0268	8
P7	花梗长		0.0229	0.0170	11
P8	株高	0.0633	0.2990	0.0189	10
P9	茎强度		0.3744	0.0237	9
P10	节间长		0.1529	0.0097	13
P11	叶型		0.0894	0.0057	14
P12	叶卷曲程度		0.0526	0.0033	15
P13	叶柄着生角度		0.0317	0.0020	16
P14	繁殖难易程度	0.1939	0.6491	0.1259	3
P15	病虫害抗性		0.2790	0.0541	6
P16	生长势		0.0719	0.0139	12

2 结果

2.1 层次分析法的建立

利用YAAHP10软件计算4个判断矩阵的归一化特征向量和最大特征值，并进行一致性检验。依据公式①和公式②对构建的传统大菊新品种综合评价体系的4个判断矩阵进行一致性检验，计算结果表明：4个判断矩阵的CR值均小于0.1，说明这4个判断矩阵都具有一致性，即各评价因子的关系比较一致，符合逻辑(表3)。

$$CI = (\lambda_{max} - n) / (n - 1) \quad ①$$

$$CR = CI / RI \quad ②$$

将约束层(C)对目标层(A)、指标层(P)对约束层(C)以及指标层(P)对目标层(A)的权重值汇总并排序，以反映各性状对大菊杂交后代优良新品种评价的影响，结果表明，不同性状在大菊新品种优选中的影响程度依次为：花色(0.2887)>瓣型(0.1883)>繁殖难易程度(0.1259)>重瓣性(0.1139)>花期(0.0701)>病虫害抗性(0.0541)>花径(0.0431)>花高(0.0268)>茎强度(0.0237)>株高(0.0189)>花梗长(0.0170)>生长势(0.0139)>节间长(0.0097)>叶形(0.0057)>叶卷曲程度(0.0033)>叶柄着生角度(0.0020)；其中前7位的指标的权重和达到了总权重的88.41%，因此这7个指标对优良传统大菊新品种的筛选影响最为关键，在今后的新品种筛选过程中应重点对这些指标进行考察。

2.2 大菊杂交后代优良新品种评分标准的确定

对于一些数量性状，首先参照刘孟军(1996)的概率分级方法进行分级，即用($\bar{x}$-1.2818S)、($\bar{x}$-0.5246S)、($\bar{x}$+0.5246S)和($\bar{x}$+1.2818S)4个分级点分为5级，使1-5级的出现概率分别为10%、20%、40%、20%和10%。在认真阅读相关文献和广泛征求专家意见的基础上，结合实际调查的结果，制订了评价指标评分标准(表5)。评分标准旨在筛选出具有花色艳丽，花型奇特，茎秆直立，花梗长，花朵整齐，繁殖容易，生长速度快，病虫害少，花期较早(可以用于国庆节期间)等特点的优良种质资源。

2.3 中国传统大菊新品种综合评价

利用AHP法，使用EXCEL 2010软件，根据各因素权重计算出每个优良单株综合评价值，将它们分为4个等级：Ⅰ(≥75分)为优良品种，植株整体观赏性状较高，生态适应性强，株型整齐优美，可进一步进行优良新品种筛选；Ⅱ(65~75分)为较优品种，整体性状较好；Ⅲ(55~65分)为一般品种，整体性状一般，可作为育种的中间材料加以利用；Ⅳ(<55分)为较差品种，表现较差，目前利用价值有限。

根据等级划分，第Ⅰ、Ⅱ、Ⅲ、Ⅳ等级如表6所示，其中第Ⅰ等级的6个优良品种(表7)的共同特点是花色奇特，花型优美，植株整体低矮整齐，适应性强，不仅可以用于新品种筛选，也可以进一步进行产业化生产，品种“230-164”的自然花期正值国庆期间，颜色鲜艳，适合于国庆用花。

表 5 评价指标评分标准

Table5 Appraisal criterion of all factors

评价因子	分值				
	100	80	60	40	20
株高(cm)	35 ~ 50	50 ~ 60	60 ~ 70	≤35	≥70
花径(cm)	≥20	15 ~ 20	10 ~ 15	≤10	≤5
花高(cm)	≥6	5 ~ 6	4 ~ 5	3-4	3
花梗长(cm)	2 ~ 4	4 ~ 6	6 ~ 7	≤2	≥7
节间长(cm)	5 ~ 6	6 ~ 7	7 ~ 8	≤5	≥8
叶柄着生角度(°)	≤52	52 ~ 62	62 ~ 75	75 ~ 85	≥85
叶形	叶片大，裂刻浅，整齐	叶片较大，裂刻较整齐	叶片中等，裂刻较深	叶片较少，裂刻深	叶片小，凌乱
花色	色彩丰富	颜色鲜艳，纯正	颜色较鲜艳	色彩较淡，不纯正	暗沉
瓣型	桂瓣	畸瓣	其他	/	/
舌状花的重瓣性	大于 5 轮	/	3 ~ 4 轮	/	1 ~ 2 轮
叶身卷曲程度	弱	/	中	/	强
茎曲直性	直	/	中	/	曲
花期(盛开期)	10 月 5 日之前	10 月 5 日到 10 月 15 日	10 月 15 日到 10 月 25 日	10 月 25 日之后	/
繁殖难易程度	容易	/	中	/	难
生长势	强	/	中	/	弱
抗病虫害	强	/	中	/	弱

表 6 大菊新品种综合评价第 I、II 等级

Table6 First and second rank in traditional chrysanthemum cultivars

品种编号	母本名称	瓣型	花期	花色	总分	排名	等级
386 - 94	银盘托桂	桂瓣	10 月 20 日	黄色	94. 26	1	I
486 - 123	玉狮子带	龙爪瓣	10 月 10 日	红色	92. 13	2	I
486 - 28	玉狮子带	匙瓣	10 月 15 日	粉色	87. 79	3	I
180 - 9	绿朝云	管瓣	11 月 12 日	粉色	86. 39	4	I
230 - 24	太液池荷	平瓣	10 月 25 日	粉绿色	85. 51	5	I
230 - 164	太液池荷	平瓣	9 月 28 日	红色	77. 75	6	I
230 - 131	太液池荷	匙瓣	11 月 1 日	粉色	74. 21	7	II
230 - 37	太液池荷	匙瓣	10 月 25 日	粉色	74. 06	8	II
486 - 66	玉狮子带	桂瓣	11 月 5 日	粉色	72. 98	9	II
486 - 30	玉狮子带	桂瓣	11 月 8 日	黄色	72. 52	10	II
486 - 143	玉狮子带	匙瓣	10 月 25 日	红色	72. 00	11	II
372 - 8	金戈铁马	桂瓣	11 月 11 日	黄色	71. 94	12	II
386 - 145	银盘托桂	桂瓣	10 月 18 日	黄色	71. 61	13	II
486 - 81	玉狮子带	平瓣	10 月 18 日	红色	70. 36	14	II
230 - 6	太液池荷	匙瓣	11 月 8 日	粉色	70. 31	15	II
486 - 74	玉狮子带	匙瓣	10 月 10 日	红色	70. 22	16	II
486 - 103	玉狮子带	桂瓣	10 月 18 日	粉色	69. 55	17	II
486 - 137	玉狮子带	桂瓣	11 月 10 日	粉色	69. 34	18	II

表 7 6 个新品种的特性一览表

Table7 Characters of six new cultivars

品种编号	母本名称	花色	瓣型	繁殖难易程度	重瓣性	花期	病虫害抗性
386-94	银盘托桂	黄色	桂瓣	容易	1~2 轮	10 月 20 日	强
486-123	玉狮子带	红色	龙爪瓣	容易	>5 轮	10 月 10 日	强
486-28	玉狮子带	粉色	匙瓣	容易	3~4 轮	10 月 15 日	强
180-9	绿朝云	粉色	管瓣	容易	>5 轮	11 月 12 日	强
230-24	太液池荷	粉绿色	平瓣	容易	>5 轮	10 月 25 日	强
230-164	太液池荷	红色	平瓣	容易	>5 轮	9 月 28 日	强

3 结论与讨论

3.1 大菊新品种综合评价体系

本研究以中国传统大菊的 180 个自然杂交 F_1 代为材料，利用层次分析法，首先确立了由目标层、约束层、指标层构成的综合评价体系的分层结构模型，并通过构建各层的两两比较判断矩阵验证了分层结构模型的合理性，然后订立评分标准，根据各因素权重计算出每个优良单株综合评价值。最终根据综合得分排名筛选出了花大色艳、花型奇特、株形优美、花期较早的 6 个大菊优良单株。本研究所建立的大菊优良单株综合评价体系包括了花部性状、整株性状、生态适应性三方面的评价指标，客观反映了人们对于传统大菊新品种数量性状和质量性状的要求，为从传统大菊丰富变异的杂交后代中筛选出综合品质优良的大菊新品种提供了重要依据。

相较于以往对盆栽菊花产业化品种（张亚琼，2011）、单头切花菊杂种 F_1 代优良单株（李娜娜，2012）建立的评价体系，该体系更加偏重于对观赏性状的选择，花部性状在评价体系中占有更大的比重。对于评价体系中一些关键性状的测量今后应采取更加精确的方法，如花色，以后的研究中可以采用色差仪、高光谱技术等更加精确的测色方法，避免主观因素的干扰，使观赏性状的评价更为准确、合理。对于生态适应性指标，如病虫害抗性，应该针对不同品种易感染的病虫害建立特定的评价指标，可以更加综合、全面反映新品种的生态适应性。

3.2 大菊优良新品种的开发

中国传统大菊品种是菊花中一类变异极为丰富而独特的品种类群（雒新艳，2016），相对于露地菊、切花菊和地被菊，传统大菊有着较复杂的花型变异，也需要更精细的养护管理。因此对于大菊新品种的开发要综合考虑观赏性状和生态适应性两方面的指标，本研究已经建立的大菊新品种评价体系将评价因子数量化，使新品种的筛选更加科学规范。此外，大菊新品种的稳定性指标也是开发过程中的重要影响因素，只有具有连续一致的优良性状，品种的开发才有意义，以后的研究中应该加入稳定性方面的评价因子，使大菊新品种的评价体系更加科学完善。

本研究通过层次分析法建立的大菊优良单株综合评价体系，能客观、综合地对大菊自然杂交后代进行评价和筛选，为传统大菊品种的开发利用奠定了基础，也为其他观赏植物杂交后代群体的评价、选育工作提供了借鉴。

参考文献

1. 雒新艳，宋雪彬，戴思兰 . 2016. 中国传统大菊品种数量性状变异及其概率分级[J]. 北京林业大学报，38(1)：101-111.
2. 宋雪彬，黄河，张辕，等 . 2014. 中日两国部分大菊品种的数量分类研究[C]. 中国观赏园艺研究进展 2014：1-11.
3. 张亚琼，张伟，戴思兰，等 . 2011. 基于 AHP 的中国传统盆栽菊花产业化品种筛选[J]. 中国农业科学，44(21)：4438-4446.
4. 樊靖 . 2009. 盆栽多头菊品种筛选及其反季节栽培中 B9 的应用研究[D]. 北京：北京林业大学硕士论文 .
5. 郭超 . 2009. 独本菊反季节生产品种筛选及栽培技术研究[D]. 北京：北京林业大学硕士论文 .
6. 胡尚春 . 2009. 案头菊品种筛选及栽培实验[D]. 北京：北京林业大学硕士论文 .
7. 徐雁飞 . 2008. 菊花自交亲和特性与自交衰退现象初探[D]. 南京：南京农业大学硕士论文 .
8. 张亚琼，张伟，戴思兰 . 2011. 层次分析法在野生花卉切花植物选择中的应用[J]. 湖南农业科学(7)：107-110.
9. 中华人民共和国农业部 . 2002.《中华人民共和国植物新品种特异性、一致性和稳定性的测试指南》(试行稿)菊花 .

10. 张亚琼，戴思兰. 2011. 中国传统菊花品种主要观赏性状稳定性的分析[C]. 中国观赏园艺研究进展2011.

11. 陈俊愉. 2001. 中国花卉品种分类学[M]. 北京：中国林业出版社.

12. 李鸿渐. 1991. 菊花的人工杂交育种[J]. 中国花卉盆景，(07)：51.

13. Esra A, Yasemin CE. 2004. Using analytic hierarchy process (AHP) toimprove human performance: An application of multiple criteria decision making problem[J]. Journal of Manufacturing15: 491－503.

14. Hsu YL, Lee CH, Kreng VB. 2010. The application of Fuzzy Delphi Method and Fuzzy AHP in lubricant regenerative technology selection[J]. Expert Systems with Applications37(1): 419－425.

15. YuanC, WangW, LinY, ChenY. 2012. A novel fuzzy comprehensive evaluation method for product configuration design integrated customer requirements[J]. Advanced Science Letters6(1): 774－778.

16. XuG, YangYP, LuSY, LiL, SongX. 2011. Comprehensive evaluation of coal-fired power plants based on grey relational analysis and analytic hierarchy process[J]. Energy Policy39(5): 2343－2351.

17. 张树林，戴思兰. 2013. 中国菊花全书[M]. 北京：中国林业出版社.

18. ZHANG Y, LUO X Y, ZHU J, et al. 2014. A classification study for chrysanthemum(*Chrysanthemum* × *grandiflorum* Tzvelv) cultivars based on multivariate statistical analyses[J]. Journal of Systematics and Evolution, 52(5): 612－628.

19. 刘平，刘孟军，周俊义，等. 2003. 枣树数量性状的分布类型及其概率分级指标体系[J]. 林业科学，39(6)：77－82.

20. 刘孟军. 1996. 枣树数量性状的概率分级研究[J]. 园艺学报，23(2)：105－109.

21. 李娜娜，张德平，朱珺，等. 2012. 利用层次分析法初选单头切花菊杂种 F_1 代优良单株的研究[J]. 西北农林科技大学学报，40(2)：129－135.

22. 孙明，李萍，张启翔. 2011. 基于层次分析法的地被菊品系综合评价研究[J]. 西北林学院学报，26(3)：177－181.

23. 杨彦伶，雷小华，李玲. 2005. 层次分析法在紫薇优良无性系选择的应用研究[J]. 西南农业大学学报：自然科学版，27(4)，518－521.

24. 钱虹妹，杨学军，余洪波. 2006. 利用AHP法综合评价中国百合野生种资源[J]. 江苏农业科学，(4)：168－172.

25. 陈和明，江南，朱根发. 2009. 层次分析法在大花蕙兰品种选择上的应用[J]. 亚热带植物科学，38(2)：30－32.

26. 王晓光，李金柱，邓先珍. 2009. 层次分析法在湖北省乌桕优树决选中的应用研究[J]. 华中农业大学学报，28(1)：89－92.

27. 陈仲芳，张霖，尚富德. 2004. 利用层次分析法综合评价湖北省部分桂花品种[J]. 园艺学报，31(6)：825－828.

28. 郭金玉，张忠彬，孙庆云. 2008. 层次分析法的研究与应用[J]. 中国安全科学学报，18(5)：3003－3008.

毛华菊形态性状变异的数学分析*

樊光迅[1] 亓帅[1] 王文奎[2] 戴思兰[1]①
（花卉种质创新与分子育种北京市重点实验室，国家花卉工程技术研究中心，
城乡生态环境北京实验室，园林学院，北京林业大学，北京 100083；[2]福州市规划设计研究院，福州 350000）

摘要 毛华菊是我国特产的菊科菊属植物，为栽培菊花的起源种之一，其种下存在丰富的形态变异。本研究对分布于安徽天柱山、河南栾川和内乡 3 个地区 10 个居群毛华菊的 14 个形态性状进行了比较分析。结果显示，安徽地区毛华菊无论山体高低，仅分布在山顶的阴坡，对海拔的要求不严格，而河南地区毛华菊主要分布于海拔 400 ~1200m 的区域。两地毛华菊叶片宽度相当，但河南毛华菊叶片更长；安徽地区分布的毛华菊舌状花长、宽均显著长于河南地区毛华菊。通过对单样本的 K-S 正态性检测，株高、舌状花数、花序直径、舌状花宽、舌状花长宽比、叶宽等 6 个数值型性状判定义为数量性状。巢式方差分析结果表明，叶部性状在居群间和地区间的差异较大，而花部性状差异相对较小。R 型聚类的结果显示，与营养生长密切相关的叶部性状与株高聚为一类，舌状花长度与花序直径聚为一类，舌状花宽与舌状花长宽比聚为一类。Q 型聚类分析结果显示，安徽天柱山的 3 个居群聚为一类，而河南栾川和内乡的 7 个居群混合在一起聚为另一大类。本研究可为解析毛华菊形态变异的遗传机理奠定基础，进而为菊花的性状改良提供有益参考。

关键词 毛华菊；形态性状；变异；数学分析

Mathematical Analysis of Morphological Traits of *Chrysanthemum vestitum*

FAN Guang-xun[1] QI Shuai[1] WANG Wen-kui[2] DAI Si-lan[1]
(*Beijing Key Laboratory of Ornamental Plants Germplasm Innovation & Molecular Breeding* ,
National Engineering Research Center for Floriculture , *Beijing Laboratory of Urban and Rural Ecological Environment and College of Landscape Architecture*, *Beijing Forestry University*, *Beijing* 100083;
[2]*Fuzhou Planning and Design Institute*, *Fuzhou* 350000)

Abstract *Chrysanthemum vestitum* is one of major origin species of modern cultivate chrysanthemum, which is a specialty of China with abundant morphological variation. Here, we investigated the variation in 14 main morphological characteristics of 10 *Chrysanthemum vestitum* populations inhabiting three sites (Tianzhu mountain, Luanchuan, Neixiang) of Anhui and Henan province. According to the results: *Chrysanthemum vestitum* of Anhui only is distributed on the shade slope of mountaintops. Whereas, *Chrysanthemum vestitum* of Henan is mainly located in the area aroundan altitude of 400 – 1200m. The leaf width of *Chrysanthemum vestitum* in thetwo regionsissimilar, while the leaf length of *Chrysanthemum vestitum* of Henan islonger. The ray flower length and width of *Chrysanthemum vestitum* of Anhui are significantly longer than those of Henan. Analysis of the Kolmogorov-Smirnov test shows that 6 of the 9 numeric characteristics (i. e. plant height, number of ray flower, diameter of flower inflorescence, width of ray flower, length/width of ray flower and width of leaf) belong to quantitative character. Nested analysis shows that characters of leaf among populations and regions behave distinct difference, but traits of flower are more identical. R cluster analysis shows that characters of leaf and plant height grouped together, which both closed related to vegetative growth. And length of ray flower and diameter of inflorescence, width and length/width of ray flower grouped together. Q cluster analysis indicated that the 3 populations of Anhui grouped together and other 7 populations from Luanchuan and Neixiang of Henan province grouped together. This work could lay the foundation to abetter understanding of the inheritance mechanism of the variation *Chrysanthemum vestitum* and therefore provide beneficial references to improve the traits of chrysanthemum.

Key words *Chrysanthemum vestitum*; Morphological characteristic; Variation; Mathematical analysis

---

* 基金项目：国家自然科学基金资助项目(31471907)。
① 通讯作者。

引言

毛华菊[*Chrysanthemum vestitum* (Hemsl.) Ling]是菊科菊属植物，特产于我国，集中分布在河南西部、湖北西部、安徽及三省交界的大别山区(林镕和石铸，1983)。关于毛华菊的记载，可追溯至唐《天宝单方药图》：白菊，原生南阳山谷及田野中。颂曰：处处有之，以南阳菊潭者为佳。初春布地生细苗，夏茂，秋花，冬实。古籍中的白菊即为毛华菊。毛华菊最初为药用，李时珍《本草纲目》中对其也有记载，同时，它又是一种非常抗旱的优良野生花卉种质资源(赵惠恩和陈俊愉，1999)。直至今日，每年毛华菊开放时节，仍可见到当地居民上山采菊。

毛华菊在菊花(*Chrysanthemum* × *morifolium* Ramat.)起源中扮演了重要的角色。戴思兰等(1995)运用数量分类学方法对中国菊属植物28个分类单位进行了系统进化与亲缘关系研究，其Q型聚类的结果表明：毛华菊与菊花的亲缘关系最近。此后，基于分支分析法(戴思兰 等，1997)及分子标记技术(戴思兰 等，1998)对野生菊属植物与栽培菊花品种之间的亲缘关系的分析，认定毛华菊是菊花起源中重要的起源种。王文奎(2000)、周春玲(2002)、丁玲(2007)等人的研究也得出了相似的结论。

早年研究者发现毛华菊中存在两种类型：一类叶型为阔椭圆形或卵形，主要分布于安徽及三省交界的大别山一带；另一类叶型为狭长的卵状披针形或卵形，主要分布于河南伏牛山区、桐柏山区及湖北西部山区。曾分别定名为狭叶毛华菊(戴思兰，1994)和阔叶毛华菊(周杰和陈俊愉，2010)。赵惠恩等(赵惠恩和陈俊愉，1999)通过调查发现，前者在偏湿生环境中生长良好，后者在偏干旱生境生长良好。李东林和赵鹏(1998)对安徽居群和河南居群的毛华菊进行了活体移栽、扦插及种子直播繁殖实验，观察比较了二者物候节律、分枝高、分枝数、叶长、叶宽、叶长/叶宽等性状，发现位于低纬度的安徽居群生育期要比高纬度河南居群长15~20d，栽培条件下二者在叶形指数上表现出稳定的差异，因此认为叶形指数变化是属于基因型变异引起的表型差异，而分枝高和分枝数的变化属于环境饰变。王文奎等(1999)对分布于安徽天柱山以及河南伏牛山的毛华菊进行了调查，发现了大量毛华菊花朵形态变异式样，并推测遗传上的多样性是形成毛华菊花朵形态变异的因素之一。但是目前关于毛华菊的研究较少，且缺少对形态上具有差异的两类毛华菊的详细研究。

组成同一物种的不同个体或居群之间存在着各种形式和程度不同的形态变异。对这些形态变异进行研究，不仅有助于我们了解物种形成与进化的机制和途径，同时，也可以为种下等级的划分提供依据(杨继，1991)。在二月蓝、多叶重楼、结缕草等很多植物中，都通过对不同居群的个体进行形态变异研究，探讨了其形态变异的特点和规律，为进一步的研究奠定了基础(张莉俊 等，2005；翁周 等，2008；金洪 等，2004)。毛华菊作为菊花的近缘野生种，存在着丰富的种下形态变异，对此进行研究有利于后续的种质资源开发和利用。此外，虽然菊花的品种演化主要是人工栽培和选育的结果，但其演化和发展规律及方向与自然状态下的野生种有很大的相似性。因此，研究菊属野生种特别是菊花的近缘种的变异规律和特点可以了解菊花的品种变异的潜力和可能的方向，对指导菊花的育种具有重要的意义(许莹修，2005)。

1 材料和方法

1.1 样本选取

作者分别于2013年11月、2014年10月、2015年10月对安徽天柱山和河南伏牛山脉栾川县、内乡县的毛华菊进行了观测、记录和分析。共选取了10个居群，各居群的地理位置和生境概况见表1。每个居群取样30株。

表1 毛华菊各居群采集地点及生境

Table 1 Location of populations and ecological environment

地点 Location	居群编号 Population number	生境 Ecological environment	生长情况 Growth situation
天柱山	天柱山1	阴坡	良好
	天柱山2	阴坡	良好
	天柱山3	阴坡	良好
栾川县	栾川1	阳光充足	生长茂盛
	栾川2	阳光充足	生长茂盛
	栾川3	阳光充足	生长茂盛
	栾川4	阳光充足	生长茂盛
内乡县	内乡1	阳光充足	生长茂盛
	内乡2	阳光充足	生长茂盛
	内乡3	阳光充足	生长茂盛

1.2 性状选取和测量

选取毛华菊的株高、叶长、叶宽、花序直径、舌状花数等14个性状(表2)进行测量，其中包括1个茎部性状，3个叶部性状和10个花部性状。形态性状的编码分为3种：二元性状1个，多态性状4个，数值性状9个。

二元和多态性状用肉眼进行观测，数值型性状用游标卡尺、刻度尺、卷尺等进行测量。株高为植株基部到最长分枝的长度；叶片随机选取植株中部发育完整成形的3个叶片；花序随机选取多个分枝上发育正常且处于盛开状态的小花；并从相应的花序上随机选取3个舌状花用于测量。

表2 毛华菊形态变异分析所选取的性状

Table 2 Traits for morphological variation analysis of *Chrysanthemum vestitum*

编号 Number	性状 Trait	编码数 Codingnumbers	编码类型 Coding type	编号 Number	性状 Trait	编码数 Codingnumbers	编码类型 Coding type
1	株高	—	数值	8	舌状花长	—	数值
2	叶长	—	数值	9	舌状花宽	—	数值
3	叶宽	—	数值	10	舌状花长宽比	—	数值
4	叶长宽比	—	数值	11	舌状花先端形态	0-2	多态
5	花序直径	—	数值	12	舌状花开裂状态	0-2	多态
6	舌状花数	—	数值	13	舌状花方向	0-1	二元
7	花色	0-3	多态	14	舌状花平整度	0-2	多态

1.3 数据处理

所采集的数据使用 Photoshop CS6、Excel 2007、SPSS 20 等软件进行统计分析。用 Kolmogorov-Smirnov 法检验性状分布多态性。以变异系数作为居群内各形态变异度的测度，用双因素巢式方差分析不同形态特征在不同地区以及同一地区不同居群内的差异显著性。使用Q型和R型聚类分析探讨居群间的形态分化度和性状间的相关性。

2 结果分析

2.1 毛华菊性状变异的地域特点

毛华菊各性状在地域间均表现出一定的差异性，其中存在比较明显地区间差异的性状是叶部大小及头状花序直径和舌状花长度。从图1可以看出，3个地区间叶宽差异不大，而安徽天柱山地区的毛华菊叶片长度要明显比河南栾川和内乡地区更短，从而使其叶片长宽比减小，造成了安徽地区的毛华菊叶型则更接近卵圆形，而河南地区毛华菊的叶型更为狭长。从舌状花大小来看，安徽天柱山地区的毛华菊舌状花长度要普遍大于河南地区的毛华菊(图2)，这进一步体现在花序直径上，即安徽天柱山地区的毛华菊由于舌状花长度的增大使其头状花序普遍较大(图3)。尽管地区间舌状花大小存在明显差异，但其头状花序上舌状花数量却没有表现出地区间的规律性(图4)。

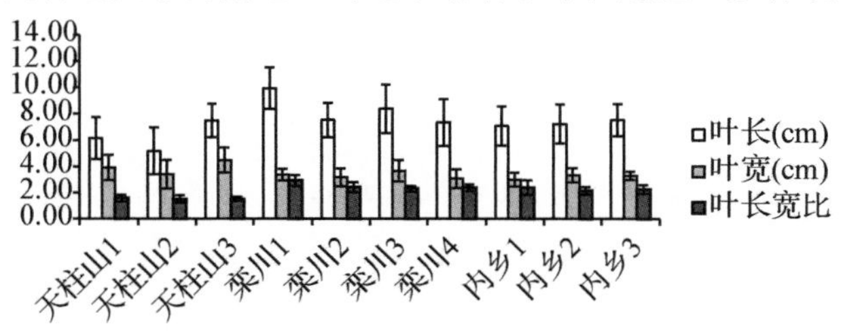

图1 毛华菊叶片大小在10个不同居群间的分布

Fig. 1 Distribution of leaf length and width in different populations

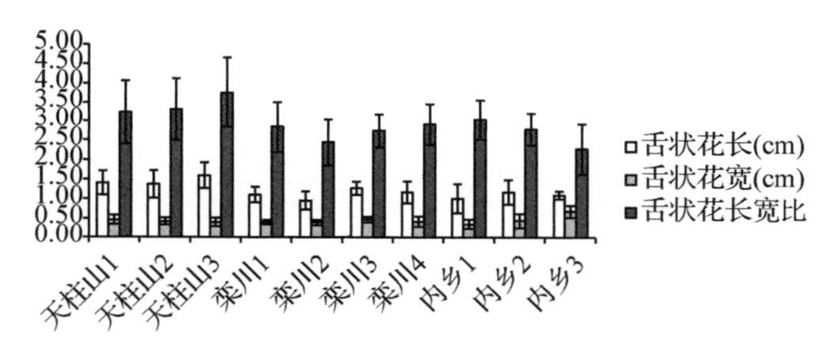

图2 毛华菊舌状花大小在10个不同居群间的分布

Fig. 2 Distribution of ray flower length and width in different populations

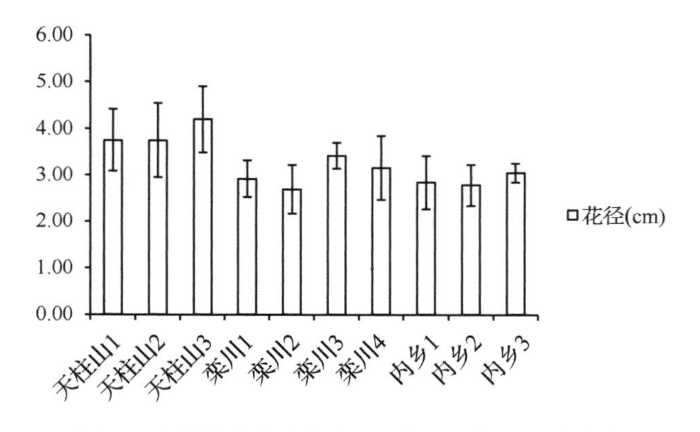

图3 毛华菊花序直径在10个不同居群间的分布

Fig. 3 Distribution of inflorescence diameter in different populations

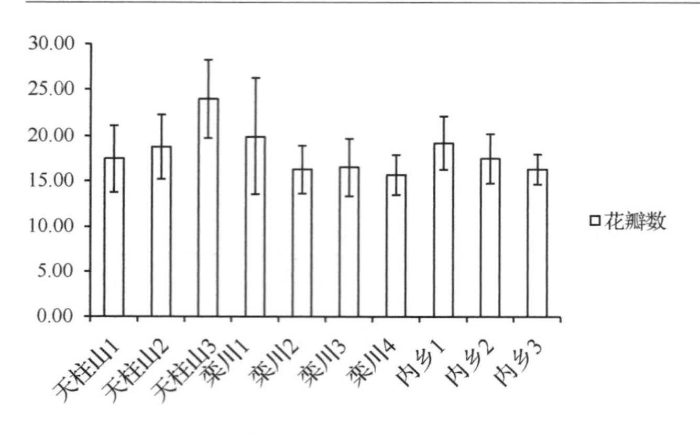

图4 毛华菊单个花序舌状花数量在10个不同居群间的分布

Fig. 4 Distribution of ray flower number in different populations

图5 毛华菊花序和舌状花形态多样性

Fig. 5 Diversity of inflorescence and ray flower of *Chysanthemum vestitum*

2.2 毛华菊形态性状多样性

根据舌状花形态可以对其头状花序形态进行观察分析，发现可以将其分类(表3，图5)。

表3 毛华菊舌状花形态变异类型

Table 3 Different types of ray flowers' morphological variationof *Chrysanthemum vestitum*

分类性状 Classifytriats	类别 Types
舌状花轮数	单轮、双轮
舌状花先端形态	钝、渐尖、急尖
舌状花开裂状态	不裂、浅裂、深裂
舌状花伸展状态	平展、卷曲、褶皱
舌状花生长方向	水平、下垂

通过对单样本的K-S正态性检测，可以看出毛华菊的株高、舌状花数、花序直径、舌状花长、叶长等性状在群体中均符合正态分布(表4)，为典型的数量性状，而舌状花宽、舌状花长宽比、叶宽、叶长宽比等虽然与正态分布具有一定偏差，但考虑到这可能是抽样不足所造成的影响，加之这些性状也均为连续分布，因此都可以判定为数量性状。

毛华菊株高由于其生长环境的变化而分布幅度较大且分散较为均匀，低至十几厘米，高至1m以上；头状花序直径分布较均匀，主要在20～45mm；叶长与叶宽分布特点相似，即大部分集中于一个小范围内，叶长集中在6～10cm，叶宽集中在2～4cm，同时也存在小部分植株叶片过大或过小；单个花序的舌状花数量分布在10～30，个体间差异较大。舌状花长度主要集中在5～16mm，宽度集中在2.5～7.5mm。

2.3 居群内形态性状变异的方差分析

从表5可以看出：①不同居群同一形态特征的变异系数差异不大；②各形态指标在居群内的变异度从大到小依次为：舌状花宽、株高、舌状花长宽比、舌状花长、叶长、叶宽、舌状花数、叶长宽比、花序直径。表明花部性状的变异系数比叶部形状大，叶部性状变异相对比较稳定；③各居群形态特征的平均变异系数差异也不大，从大到小依次为：内乡1、天柱山2、栾川4、天柱山1和天柱山3、内乡2、栾川2、栾川1、栾川3、内乡3。

表4 Kolmogorov-Smirnov 检验性状分布多态性

Table 4 Kolmogorov-Smirnov test of different traits

性状 Traits	株高 Height	叶长 Leaf length	叶宽 Leaf width	叶长宽比 Leaf length/ leaf width	花序直径 Diameter of inflorescence	舌状花数 Numbers of ray flower	舌状花长 Length of ray flower	舌状花宽 Width of ray flower	舌状花长宽比 Length/ Width of ray flower
渐进显著性（双侧）	0.213	0.584	0.002	0.012	0.076	0.114	0.211	0.000	0.000

表 5 各居群形态指标的变异系数

Table5 Variation coefficients of different populations

性状 Trait	天柱山 Tianzhumountain			栾川 Luanchuan				内乡 Neixiang			平均 Average
	天柱山 1 Tianzhumountain1	天柱山 2 Tianzhumountain2	天柱山 3 Tianzhumountain3	栾川 1 Luanchuan1	栾川 2 Luanchuan2	栾川 3 Luanchuan3	栾川 4 Luanchuan4	内乡 1 Neixiang1	内乡 2 Neixiang2	内乡 3 Neixiang3	
舌状花宽	0.26	0.21	0.28	0.15	0.17	0.15	0.33	0.35	0.41	0.33	0.27
株高	0.18	0.26	0.41	0.26	0.20	0.31	0.44	0.26	0.22	0.10	0.26
舌状花长宽比	0.26	0.25	0.24	0.23	0.20	0.15	0.19	0.50	0.15	0.43	0.26
舌状花长	0.22	0.26	0.21	0.18	0.25	0.13	0.24	0.37	0.27	0.09	0.22
叶长	0.26	0.34	0.17	0.16	0.17	0.22	0.24	0.21	0.20	0.16	0.21
叶宽	0.25	0.32	0.21	0.13	0.22	0.22	0.24	0.17	0.16	0.10	0.20
舌状花数	0.21	0.19	0.18	0.32	0.16	0.19	0.14	0.15	0.16	0.10	0.18
叶长宽比	0.17	0.20	0.10	0.16	0.21	0.14	0.14	0.24	0.14	0.15	0.16
花序直径	0.18	0.21	0.17	0.14	0.20	0.08	0.22	0.20	0.16	0.07	0.16
居群内平均	0.22	0.25	0.22	0.19	0.20	0.18	0.24	0.27	0.21	0.17	0.21

2.4 居群间形态性状变异的方差分析

为了分析毛华菊居群间和地区间形态变异的稳定性，在天柱山、栾川和内乡 3 个地区分别选取 3 个居群进行巢式方差分析。从表 6 可以看出，大部分形态特征在居群间差异极显著，在地区间差异极显著或不显著。

表 6 地区和居群的双因素巢式方差分析(F 检测)

Table6 Nested analysis of location and population

性状 Trait	居群间 Among populations	地区间 Among locations
花序直径	4.067283 **	44.092280 **
株高	5.439888 **	2.530655
叶长	6.361977 **	58.888682 **
叶宽	4.876662 **	8.977321 *
叶长宽比	6.680461 **	202.640331 **
舌状花长	3.596558 *	25.273841 **
舌状花宽	5.506559 **	2.020790
舌状花长宽比	0.429276	0.107494
舌状花数量	2.686552 *	0.142006
$F_{0.05}$	2.66	5.14
$F_{0.01}$	4.01	10.92

* $F > F_{0.05}$，差异显著；* * $F > F_{0.01}$，差异极显著

* $F > F_{0.05}$, significant difference; * * $F > F_{0.01}$, extreme significant difference

形态指标在居群间的差异程度依次为：叶长宽比 > 叶长 > 舌状花宽 > 株高 > 叶宽 > 花序直径 > 舌状花长 > 舌状花数量 > 舌状花长宽比。总体而言，叶部性状在差异较大，花部性状差异相对较小。其中，叶长宽比、叶长、舌状花宽、株高、叶宽、花序直径等性状的差异达到了极显著的水平，舌状花长和舌状花数量达到了显著的差异水平，而舌状花长宽则较为稳定，在居群间没有显著的差异。

形态指标在地区间的差异程度依次为：叶长宽比 > 叶长 > 花序直径 > 舌状花长 > 叶宽 > 株高 > 舌状花宽 > 舌状花数量 > 舌状花长宽比。由此可以看出，在地区间，同样是叶部性状差异大于花部性状差异。而在地区间叶长宽比、叶长、花序直径、舌状花长显示出极显著的差异，叶宽表现出显著的差异，其余包括株高、舌状花宽、舌状花数量、舌状花长宽比等在内的 4 个性状则没有显著的差异。

2.5 聚类分析

2.5.1 Q 型聚类分析

为研究居群间的形态相似性，根据形态特征对 10 个居群进行了 Q 型聚类分析。从图 6 可以看出，天柱山的 3 个居群聚为一类，而栾川和内乡的 7 个居群混合在一起聚为另一大类。这与利用叶部性状建立的 Q 型聚类结果基本一致(图 7)，说明安徽与河南地区间的毛华菊在叶部性状上具有较明显差异，仅靠叶部性状即可以将其按地域分开。

2.5.2 R 型聚类分析

对 3 个地区 10 个居群的 9 个形态特征进行 R 型聚类分析的结果可以将其分为 3 个大组(图 8)：舌状花长宽比和舌状花宽聚为一类，说明舌状花长宽比主要受到宽度的影响；花序直径、舌状花长和舌状花数为一组，舌状花长度与花序直径具有一定的重复性，而舌状花数与其长度之间的关系尚待解析；叶长、叶宽、叶长宽比和株高聚为一类，说明叶部性状与花部性状是相互独立的，并且与反映植株生长量的株高具有一定相关性。

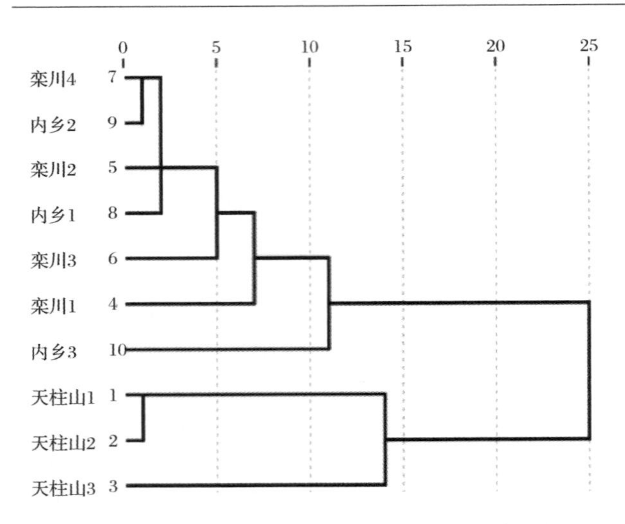

图6　10个居群根据所有性状的Q型聚类分析

Fig. 6　Q cluster of 10 populations on all traits

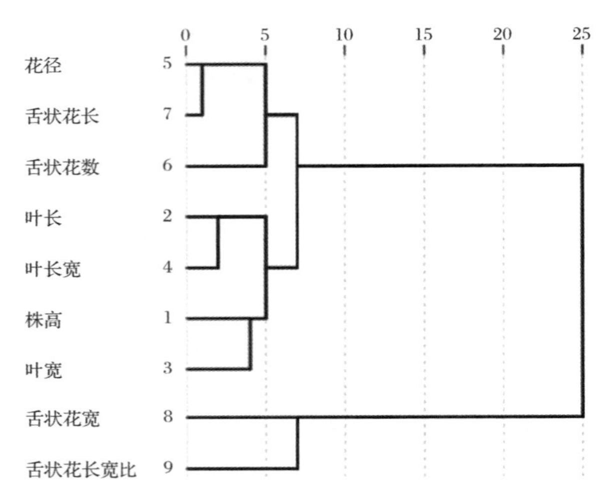

图7　10个居群根据叶部性状的Q型聚类分析

Fig. 7　Q cluster of 10 populations on leaf traits

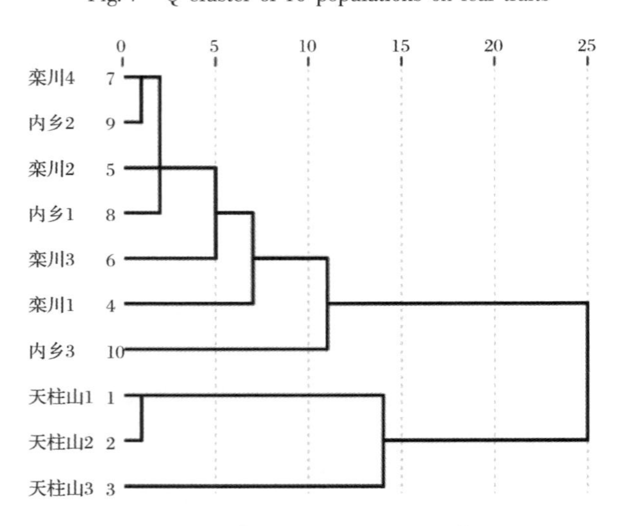

图8　毛华菊形态特征的R型聚类分析

Fig. 8　R cluster of morphologicaltraits

3　讨论

菊花作为我国十大传统名花之一，在1600余年的漫长栽培与育种过程中产生了丰富的种下变异，形成了大量奇特的品种。据统计，目前全世界菊花品种总数为20000~30000个，中国超过了3000个，分属22个品种类型(周燕 等，2011)。菊花这种品种多样性是现代花卉育种的一大奇迹(陈俊愉，1997)。关于现代栽培菊花的起源问题始终为各国园艺学家和植物学家所关注。但由于菊花育种历史极为漫长，年代久远，其早期育种史缺乏系统的记录资料。迄今为止，菊花品种起源和演化过程并没有得到较清晰而一致的认识(戴思兰 等，2002；张莉俊和戴思兰，2009)。根据形态学、细胞学、杂交实验和分子系统学研究的结果，推测现代栽培菊花是野生毛华菊、野菊和紫花野菊的天然杂交种，再经人工选育而成(戴思兰，1994)。其中各方面的证据均显示，在栽培菊花的形成过程中，毛华菊扮演了十分重要的角色。而通过野外调查发现毛华菊的花朵存在丰富的变异，且这些变异类型和栽培菊花的花型变化极为相似(王文奎，1999)。因此对毛华菊的形态变异进行研究不仅有助于进一步解开栽培菊花起源之谜，同时也可为解析栽培菊花丰富变异的遗传基础进而实现定向育种奠定良好的工作基础。

3.1　分布地域

据记载我国的毛华菊分布区主要集中在河南西部、湖北西部、安徽及三省交界的大别山区(林镕和石铸，1983)。其分布区域均位于我国中部地区，大约在东经109°~117°，北纬29.5°~35°范围内，在中国的分布格局是十分清晰的点—线型分布(李东林和赵鹏，1998)。

作者先后对安徽潜山县天柱山境内、大别山主峰白马尖地区、河南伏牛山区的栾川县、卢氏县、内乡县等地的毛华菊分布进行了调查，验证了其分布范围。同时发现毛华菊分布比较广泛，但是在特定地点对生长环境又存在严格要求。

通过调查发现，安徽天柱山地区和河南伏牛山地区的毛华菊在分布习性上具有差异。安徽地区毛华菊喜阴湿环境，适宜生长在溪流边；对海拔要求较低，无论山体高低，仅在山顶的阴坡分布，其生长需要适宜的土壤条件；分布以居群形式存在，对环境要求严格，居群间存在明显地域隔离；河南伏牛山地区毛华菊的分布基本以海拔为界限，其适宜分布于海拔400~1200m的区域，高于1200m基本无分布，而当地小于400m的地区均为人口居住区；其生长需要充足的光照条件，在密林下无法生长；而其他生长所需环境因子以及居群分布形式与安徽地区毛华菊基本一致。

3.2 形态变异多样性

通过观察与测量发现，除去褪色和由于昼夜温差导致的花青素积累进而呈现的红色以外，毛华菊的花色稳定为白色。但其他花部性状，诸如头状花序形态、舌状花形态、花序直径等则表现出丰富的变异。在遗传学上，我们把性状的表现程度上有一系列的中间过渡类型，不易明确区分的连续变异的性状称为数量性状，一般数量性状的变异符合正态分布(戴思兰，2010)。我们通过对单样本的 K-S 正态性检测，发现株高、舌状花数等性状符合正态分布，因此可以确定为典型的数量性状。舌状花宽、舌状花长宽比等性状虽然与正态分布具有一定偏差，但考虑到这可能是样本容量有限，造成结果偏离其真实情况，加之这些性状也均为连续分布，因此都可以判定为数量性状。

不同居群同一形态特征的变异系数差异不大，居群形态特征的变异系数差异同样较小，这说明性状在居群间的变异幅度相差不大。就整体而言，花部性状的变异系数比叶部性状大，即相较于花部性状，叶部性状更加稳定。因此可以推测，毛华菊花部性状具有更高的遗传多样性或受环境因子的影响更大。R 型聚类的结果显示，叶部性状与株高聚为一类，而这些性状均与毛华菊的营养生长密切相关，因此说明生长量相关性状之间具有一定的关联性。舌状花的长度是花序直径的主要影响因素，因此两者可以聚为一类，舌状花宽和舌状花长宽比聚为了一类，说明舌状花宽是影响舌状花长宽比的主要因素。但是，并不是所有的花部性状都聚为了一类，这说明，并非所有花部性状都紧密相关。

3.3 地区间性状差异

前人(戴思兰，1994；赵惠恩和陈俊愉，1999)观察发现安徽地区的毛华菊与河南地区的毛华菊在形态上存在较为明显的差异，而这些差异主要集中在花序直径以及叶型。我们通过测量分析发现，安徽地区的毛华菊舌状花长度以及受其影响的花序直径均明显的大于河南地区不同的毛华菊，而河南地区内部的栾川和内乡的不同居群间的差异则并不明显。内乡毛华菊花部性状的变异程度要高于其他两个采样点，尤其是在花瓣形态的变异上更是存在着多种珍贵的变异类型。就其叶部性状而言，安徽和河南两个地区毛华菊的叶片宽度相差不大，但安徽地区毛华菊的叶片长度明显小于河南地区，因此相比之下，河南地区毛华菊的叶片更为狭长。根据形态特征以及叶部性状 Q 型聚类分析的结果大体相似，发现安徽的 3 个居群的毛华菊聚为了一类，而河南的 7 个居群混合在了一起聚为了另一类。这一结果说明安徽与河南两个地区间的毛华菊存在较明显的差异，而河南地区内部栾川和内乡两地毛华菊具有较高的相似性，这一结果与先前的报道一致(戴思兰，1994；赵惠恩和陈俊愉，1999)。我们对两个地区毛华菊花序直径以及叶部形态的测量和分析验证了先前研究中的对其形态的描述，证实了河南地区毛华菊花序直径比安徽地区毛华菊要小，且叶型也更为狭长。

形态性状变化是种下变异的最直观的表现，并且通常具有适应意义和进化意义。所以形态学水平上的研究是最基本的方法，同时也是最重要的(许莹修，2005)。毛华菊作为栽培菊花的重要起源种，拥有丰富的种下变异，基本涵盖了菊花的所有变异类型，因此本研究将为解析毛华菊形态性状变异的遗传机理，为进一步实现菊花性状的定向改良提供理论依据。

参考文献

1. 陈俊愉 . 2001. 中国花卉品种分类学[M]. 北京：中国林业出版社 .
2. 戴思兰 . 1994. 中国栽培菊花起源的综合研究[D]. 北京：北京林业大学 .
3. 戴思兰 . 2010. 园林植物遗传学[M]. 北京：中国林业出版社 .
4. 戴思兰，陈俊愉 . 1997. 中国菊属一些种的分支分类学研究[J]. 武汉植物学研究，15(1)：27 – 34.
5. 戴思兰，陈俊愉，李文彬 . 1998. 菊花起源的 RAPD 分析[J]. 植物学报，40(11)：1053 – 1059.
6. 戴思兰，王文奎，黄家平 . 2002. 菊属系统学及菊花起源的研究进展[J]. 北京林业大学学报，24(5/6)：230 – 234.
7. 戴思兰，钟杨，张晓艳 . 1995. 中国菊属植物部分种的数量分类研究[J]. 北京林业大学学报，17(4)：9 – 15.
8. 丁玲，陈发棣，房伟民 . 2007. 菊属 8 个种 27 份材料遗传多样性的同工酶分析[J]. 西北植物学报，27(2)：249 – 256.
9. 金洪，韩烈保，张永明 . 2004. 中国结缕草群居形态变异分析[J]. 中国草地，26(6)：50 – 56.
10. 李东林，赵鹏 . 1998. 毛华菊生物学特征的初步观察[J]. 安徽农业大学学报，25(2)：196 – 199.
11. 林镕，石铸 . 1983. 中国植物志，第 76 卷第一分册[M]. 北京：科学出版社 .

12. 王文奎 . 2000. 菊花起源的染色体原位杂交研究[D]. 北京：北京林业大学 .
13. 王文奎，周春玲，戴思兰 . 1999. 毛华菊花朵形态变异[J]. 北京林业大学学报，21(3)：92 –95.
14. 翁周，王丽，唐锐，等 . 2008. 多叶重楼的形态变异研究[J]. 四川大学学报(自然科学版)，45(5)：1228 –1234.
15. 许莹修 . 2005. 菊花形态性状多样性和品种分类的研究[D]. 北京：北京林业大学 .
16. 杨继 . 1991. 植物种内形态变异的机制及其研究方法[J]. 武汉植物学研究，9(2)：185 –195.
17. 张莉俊，戴思兰 . 2009. 菊花种质资源研究进展[J]. 植物学报，44(5)：526 –535.
18. 张莉俊，秦红梅，王敏，等 . 2005. 二月兰形态性状的变异分析[J]. 生物多样性，13(6)：535 –545.
19. 赵惠恩，陈俊愉 . 1999. 皖豫鄂苏四省野生及半野生菊属种质资源的调查研究[J]. 中国园林，15(63)：60 –61.
20. 周春玲，戴思兰 . 2002. 菊属部分植物的 AFLP 分析[J]. 北京林业大学学报，24(5/6)：71 –75.
21. 周杰，陈俊愉 . 2010. 中国菊属一新变种[J]. 植物研究，30(6)：649 –650.
22. 周燕，丛日晨，高述民，等 . 2011. 观赏菊花的分类研究[J]. 北京园林，27(4)：26 –33.

月季杂交幼胚培养技术研究*

徐庭亮　廖雪芹　张逸璇　杜明杰　谭炯锐　潘会堂①　张启翔
（花卉种质创新与分子育种北京市重点实验室，国家花卉工程技术研究中心，
城乡生态环境北京实验室，园林学院，北京林业大学，北京100083）

摘要　为了有效缩短蔷薇属植物的杂交育种周期，本试验以窄叶藤本月月红(*R. chinensis*'Narrow－leaflet Climber')为母本，月月粉(*R. chinensis*'Old Blush')为父本进行人工杂交，研究了早期杂交胚培养的技术程序，分析了胚龄对胚培养效果的影响，比较了幼胚培养和传统的杂交种子育苗方式获得杂交后代苗的效率。结果表明，该杂交组合适宜幼胚培养的最早胚龄为授粉后90天左右，采用幼胚培养方式，从杂交授粉到获得杂种后代的时间较常规方式缩短了109天(31.48%)，SSR分子标记分析证明胚培养获得的后代为真杂种。在此基础上，建立了月季花品种间杂交幼胚培养的技术程序。

关键词　月季；杂交；胚培养；胚龄

Protocols of Immature Embryo Culture for *R. chinensis* 'Narrow-leaflet Climber' × *R. chinensis* 'Old Blush'

XU Ting-liang　LIAO Xue-qin　ZHANG Yi-xuan　DU Ming-jie　TAN Jiong-rui　PAN Hui-tang　ZHANG Qi-xiang
(*Beijing Key Laboratory of Ornamental Plants Germplasm Innovation & Molecular Breeding*，*National Engineering Research Center for Floriculture*，*Beijing Laboratory of Urban and Rural Ecological Environment and College of Landscape Architecture*，*Beijing Forestry University*，*Beijing* 100083)

Abstract　To shorten the period of cross breeding in genus *Rosa*，in our experiment，immature embryos of *R. chinensis*'Narrow-leaflet Climber' × *R. chinensis*'Old Blush' were *in vitro* cultivated，and the effects of embryo age on seed germination was analyzed. The results showed that the seeds of more than 90 days old germinated successfully with gernination rate 16.67—23.53%. The seedlings were identified to be true hybrids with SSR mrkers analysis. Compared to traditional hybridization procedure，the breeding period decreased by 31.4%（109 d）with 90-day-old embryos culture method. Comprehensive analysis of different factors，immature embryo culture was considered an ideal way to improve hybridization breeding efficency.

Key words　*R. chinensis* Hybridization；Immature embryo culture；Embryo age

月季是世界上最重要的观赏植物之一，目前品种有2万个以上，是由月季花(*Rosa chinensis*)、法国蔷薇(*Rosa gallica*)及其他几种蔷薇属植物经反复杂交、回交培育成的可以四季开花的品种类群(陈俊愉，1989)，已被广泛应用城市园林绿化建设和商品花卉生产中。目前杂交育种仍是培育月季新品种的主要方法(鲍平秋 等，2009；韩进 等，2004)，利用人工杂交有计划地把两个或两个以上亲本的优点结合起来。然而，月季杂交育种普遍存在杂交结实率、成苗率低，获得杂种苗周期长等问题，一直以来是困扰月季育种者的一大难题(马燕和陈俊愉，1993)。蔷薇属植物种子一般具有坚硬的骨质种皮，限制了胚的萌发而降低了种子的萌发率(Marchant et al.，1994)，而幼胚培养技术通过切除骨质种皮，去除了内种皮的影响会显著提高种子的萌芽率(Abdolmohammadi *et al.*，2014)。此外，在月季杂交育种过程中，采用常规的采种育苗方式一般要经历杂交(5月份)、采收果实(11月份)、种子沙藏处理2～3个月等过程，播种需

* 基金项目：国家科技支撑计划课题(2013BAD01B07)、农业科技成果转化资金项目(2013GB23600673)、大学生科技创新项目(S201410022033)。

① 通讯作者。htpan@ bjfu. edu. cn。

要1个月左右尚能完成萌发，整个过程长达10个月。而胚培养技术通过对早期幼胚进行直接培养，通过避免长期的保果时间(采用常规方法果实需要在植株上生长6个月左右)以及层积处理打破种子休眠时间，显著缩短育种周期。而且，胚培养时剥去内种皮，破除了对种子萌发的抑制，可以提高萌芽率。胚培养技术的关键在于取胚时期、培养基配方(Celso *et al.*，1995；Krishna & Singh，2007；Shen *et al.*，2011；刘艳梅，2014；梁春莉，2014)。由于蔷薇属植物种子在发育的过程中内种皮逐渐变硬，剥去内种皮而不破坏幼胚的难度逐渐增大，获得完整幼胚的成功率下降，受伤的幼胚一般无法正常萌发，难于获得幼苗，常会形成愈伤组织(马燕和陈俊愉，1993；孙宪芝，2004)。因此，合适的取胚时期对成功进行蔷薇属植物幼胚培养有很大的影响(Abdolmohammadi *et al.*，2014)。为了确定最适宜的取胚时期，马燕等(1993)取不同时期的现代月季与玫瑰的杂交胚进行培养，发现凡采用种皮达到硬熟期或已经发育成熟的胚作为培养材料，均可正常萌发，获得幼苗，且培养基配方对成苗的影响不明显。孙宪芝(2004)对多个现代月季栽培品种间杂交获得的半熟期和成熟期的种子进行胚培养，认为处于成熟期的种子更适合进行胚培养，而且对培养基的要求较低，更简便易行(Canli & Kazaz，2009)。综上所述，确定种胚能够正常萌发，同时又容易剥取幼胚的发育阶段，是蔷薇属植物幼胚培养的关键技术环节。本研究以窄叶藤本月月红为母本，月月粉为父本进行杂交，取不同发育阶段的杂交果实，剥取不同发育年龄的幼胚进行培养，目的是建立一套适宜的幼胚培养技术体系。为了防止胚培养后代中混入由残留种皮、胚乳发育成的幼苗(假杂种)，利用SSR标记对胚培养后代进行了杂种鉴定。同时，对常规的采收成熟杂交种子进行播种育苗与利用早期胚培养获得杂种后代两种方式进行比较，分析了缩短杂交育种周期的可行性。

1 材料与方法

1.1 杂交

杂交试验于2015年7月在国家花卉工程技术研究中心小汤山种质资源圃(北纬40°17′，东经116°39′)进行，以植株生长健壮，正常开花的窄叶藤本月月红(*R. chinensis*‘Narrow-leaflet Climber’，2n = 2x = 14)为母本，月月粉(*R. chinensis*‘Old Blush’，2n = 2x = 14)为父本进行人工授粉。上午06：00～07：00采尚未开放的花蕾，于室内将花药捋下，在阴凉的条件下放置约24h后，收集花粉，置于－20℃条件下干燥储存备用。下午15：00～17：00，在母本上选取次日将要开放且发育良好的花蕾去雄套袋，次日上午8：00～10：00进行授粉，授粉后套袋隔离，当天傍晚重复授粉(张佐双，2006)。共杂交100朵花，其中50朵采用常规方式采收种子(2015年11月)，50朵用于幼胚培养。

1.2 幼胚培养

授粉30天后，每隔20天随机摘取3枚幼果，剥离外果皮后，将种子置于烧杯中，加入洗洁精，流水冲洗1～2h。在无菌操作台中，用75%酒精清洗15s，蒸馏水冲洗3遍，10% $NaClO_3$表面消毒5min，蒸馏水冲洗3～5次，用弓形镊固定种子，用手术刀沿种子腹缝线将内种皮剖开，切除骨质内种皮，将幼胚取出，接种于MS + 1.0mg/L 6-BA + 0.05mg /L NAA培养基上，每瓶接种4个幼胚(图1a)。于恒温培养室中培养，培养温度23～25℃恒温，光照12h/d，光照强度2000～2500lx。以幼胚萌发叶片变绿标志着培养成功，绿苗诱导率 = (萌发幼胚数/接种幼胚数) × 种幼胚数(谢小波，2009)。

1.3 炼苗及栽培管理

幼苗生根以后，进行出瓶炼苗，首先虚掩瓶盖，放置于培养室中适应2～3d，然后将根清洗干净，移至人工基质中培养，放置于温室中养护(Aleza et al.，2012)。

1.4 杂交果实膨大率、结实率、出苗率及育种周期统计

用于常规采种的杂交果实，于当年11月份果皮转为红色时采收，统计坐果率及单果种子数，剥出种子以1:3的比例与湿润的沙子混合，置于恒温培养箱(20～24℃)中处理2周后，再置于4℃冷库中贮藏60天。种子播于50孔的穴盘中，播种基质为珍珠岩和草炭(5～10mm)体积比1:3混合。种子萌发长出2～3片真叶后上盆，计算出苗率，出苗率 = 出苗数/播种数 × 100%。

每次采收幼果之前统计杂交果实膨大率，幼胚培养时统计单果种子(胚)数及绿苗诱导率。对最佳胚培养胚龄的果实膨大率、单果种子(胚)数、杂种苗的时间(从授粉开始到获得杂交后代的时间)与常规采种方法进行比较。

1.5 利用SSR进行杂种鉴定

选健康植株的嫩叶置于硅胶中－20℃保存，参考赵红霞(2015)的方法提取DNA。选24对SSR引物

(Yu，2015)对杂交亲本及子代进行扩增，筛选出多态性引物10对(表1)。对筛选的SSR引物上游序列经5端荧光标记，利用荧光引物进行PCR扩增后，送交北京睿博兴科生物技术有限公司，利用ABI377(Applied Biosystems)全自动分析仪对扩增产物进行检测与分析。通过GeneMarker V1.71软件对数据进行统计。

表1 SSR引物信息

Table 1 Information for primers in SSR analysis

引物 Primers	重复核心 SSR motif	退火温度 Annealing temperature (℃)	目标片段大小 Expected size (bp)	序列(5'→3') Sequence
Rh65	—	55.0	197，200	F:：AGTACGCCGACGCAGATCCAGTGA R：ACGGCGTTGTAGGTCGTCATTCTC
Rh93	—	50.0	251，273	F：GCTTTGCTGCATGGTTAGGTTG R：TTCTTTTTGTCGTTCTGGGATGTG
Rh96	—	55.0	267，276	F：GCCGATGGATGCCCTGCTC R：AGATTCCCTGCGACATTCACATT
Rw25J16	—	55.0	177	F：TGGACCTTCCCTTTGTTTCC R：GCTTGCCCACATATTGTTGA
Rw52D4	—	55.0	174	F：GGCAGTTGCTGTGCAGTG R：TTGTGCCGACTCAAAATCAA
502	—	55.0	147，226，240	F：CTGTGTGACAGTGCATTCTGAG R：TTCAAGATGGACATGCCGTA
514	(TC)7	59.1	164，184，183	F：AATCCCCAAACCCTAACCTC R：AGCTCCGGCTAAGGATTCTC
528	(CTG)7	60.1	267，266，268	F：ACAGGCCTCTGTTCACCATC R：GGATGGGACATCCAAGTCAT
530	(TCT)5	59.7	163，278，156	F：CAATTCCAGAATGGGTGGTAA R：CGTAGAGCTTGTAGGGGACG
598	(CTC)6	59.8	278，279，182	F：GAGAGAGGAAAAGGGTGGCT R：GGCACATGTTTGGTGAGATG

2 结果与分析

2.1 胚龄对幼胚试管萌发的影响

分别于杂交后30天、50天、70天、90天、110天采取杂交幼果进行胚培养，胚龄30~70天的幼胚均未获得胚苗。其主要原因是，胚处于未成熟阶段，且内种皮很软，在切取时容易将幼胚划伤，难于获得完整幼胚，这种胚在培养过程中多形成大量愈伤组织而不形成幼苗。随着胚龄增加，幼胚逐渐发育成熟，种皮逐渐变硬，在胚龄90天时，获得了健康幼苗。由表2可知，110天胚龄的绿苗诱导率高于90天胚龄的绿苗诱导率，但是由于在试验中存在较高的污染率，直接影响最终绿苗诱导率结果的统计；另外，胚龄增大到110天时，内种皮硬化程度高，取胚难度明显增加。综合考虑幼胚萌发率和取胚的难易程度，确定90天左右为适宜胚培养的取胚时间(图1)。

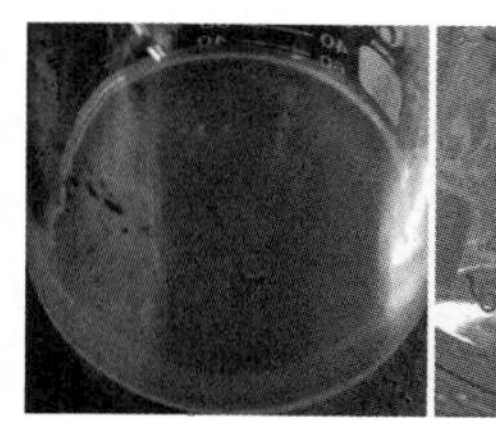

图1 杂交幼胚接种及成苗过程

a. 幼胚接种；b. 幼苗生根；c. 幼苗移栽

Fig. 1 The process of immature embryo culture

a. Inoculation of immature embryo；b. Seedling formed from immature embryo；c. Transplanted seedlings.

表2 不同胚龄果实膨大率、污染率、绿苗诱导率、成苗数比较

Table 2 The effects embryonic age on embryo culture

胚龄(天)	果实膨大率(%)	接种幼胚数目	污染率(%)	成苗数	绿苗诱导率(%)
30	82.9	45	21.43	0	0
50	76.8	40	6.52	0	0
70	80.2	51	25	0	0
90	79.2	48	33.33	8	16.67
110	74.3	51	23.68	12	23.53

以90天胚龄幼胚培养的结果，与常规采种育苗方式进行比较(表3)，授粉后90天的杂交果实膨大率为79.2%，而正常采收时的坐果率仅为42%，其原因是杂交果实在母株上有长达145天的生长时间，期间由于恶劣天气、鸟兽取食、营养竞争及栽培管理等问题导致落果，降低了坐果率。而幼胚培养的果实在母株上仅生长90天即采收，避免了杂交果实由于上述原因导致的损失。此外，从果实发育周期来看，常规杂交采种方式从杂交到获得杂种苗需要289天，而幼胚培养则只需要180天，节约了近31.5%的时间。但从成苗率/绿苗诱导率等参数来看，幼胚培养获得杂种后代的效率低于常规采种育苗方式，这是由于接种过程中存在污染导致。而较高的污染多发生在种胚切取过程，由于操作不熟练导致，因此，提高接种人员的技术还可进一步提高获得杂种苗的效率。

2.3 幼胚培养后代的杂种鉴定

10对SSR引物在获得的9株胚培养苗中的扩增结果表明，杂交后代都包含了父、母本的特异性扩增条带，可确定为真杂种，排除了由残留种皮、胚乳发育成假杂种的可能性(表4)。图1为引物528在杂交亲本和杂种后代中的扩增图谱。

表3 常规杂交采种与幼胚培养的获得杂种苗效率的比较

Table 3 Breeding period of different breeding methods

获得杂种苗的方式	果实膨大率/坐果率/%	单果种子数/粒	成苗率/绿苗诱导率/%	授粉时间	获得杂交苗的时间	获得杂交苗的周期
常规采种	42	16±1.1	27.06	2015.7.5	2016.4.28	289天
幼胚培养	79.2	18±1.6	16.67	2015.7.5	2016.1.5	180天

表4 SSR标记在杂交亲本和杂种后代中的扩增结果

Table 4 Amplified results of SSR primers in nine hybrids and their parents

引物名称	502	514	528	530	598	Rh65	Rh93	Rh96	Rw25J16	Rw52D4
母本	266，268	164，166	262，264	230，245	268	151，175	268	286	177	208
父本	266，277	164，173	243，260	230，249	265，276	151，159	237，268	274，286	177，195	208，211
ZY-2	266	164	260，264	230，249	265，276	151，175	268	274，286	177，195	208，211
ZY-3	266	164	260，262	245，249	265	159，175	237	274，286	195	211
ZY-5	266	166，173	260，262	245，249	276	151，175	268	286	195	208，211
ZY-8	266	164，166	243，262	245，249	276	159，175	268	286	195	208，211
ZY-9	266	164	243，264	230，245	276	159，175	237	286	177，195	208，211
ZY-10	266	164	260，264	230，245	265	151，175	237，268	286	177，195	211
ZY-11	266	164，166	260，262	245，249	265，268	175，159	237，268	274，286	177，195	208，211
ZY-大	266，277	164，166	243264	230245	268	151	237	286	195	208211
ZY-小	266，268	164，166	260262	230245	268	159175	237	274286	177195	211

3 讨论

月季种子萌发率低、育种周期长一直以来都是月季新品种培育的阻力(马燕和陈俊愉，1993)。为了缩短月季杂交育种的周期，前人就打破月季种子休眠进行了大量的研究。Serge Gudin等(1980)认为内种皮的厚度是影响蔷薇属种子萌发的重要因子，蔷薇属种子属综合中等休眠类型，由生理休眠与坚硬的内果皮综合起作用的。马燕(1993)和孙宪芝(2004)在打破蔷薇种子休眠方面的研究也证实了这一点。因此，最佳的缩短育种周期的方法即是在种子进入休眠状态前剥离内种皮，进行胚培养。孙宪芝(2004)将离体胚培养的材料分为3个阶段：授粉后两个月以内的胚为幼胚，授粉后两个月后到成熟前的胚为半成熟胚，而果实在植株上充分生长，果实转色时期的胚为成熟胚。同时认为，半成熟胚和成熟胚是适于胚培养的时期。Davina(1988)认为月季类种子需要6个月才能进入成熟期，本研究通过对不同胚龄杂交种子的胚培养认为窄叶藤本月月红×月月粉杂交种子的胚龄为90天的种子即可进行胚培养，并获得杂交苗，这表明进入半成熟状态的种子即可用于胚培养。处于成熟期的胚进行胚培养同样也可获得种苗，但由于其内种皮已经硬化，不利于胚的切取。因此，胚培养应以最早的可以成功获得绿苗的时期为最佳胚培养时期。现代月季栽

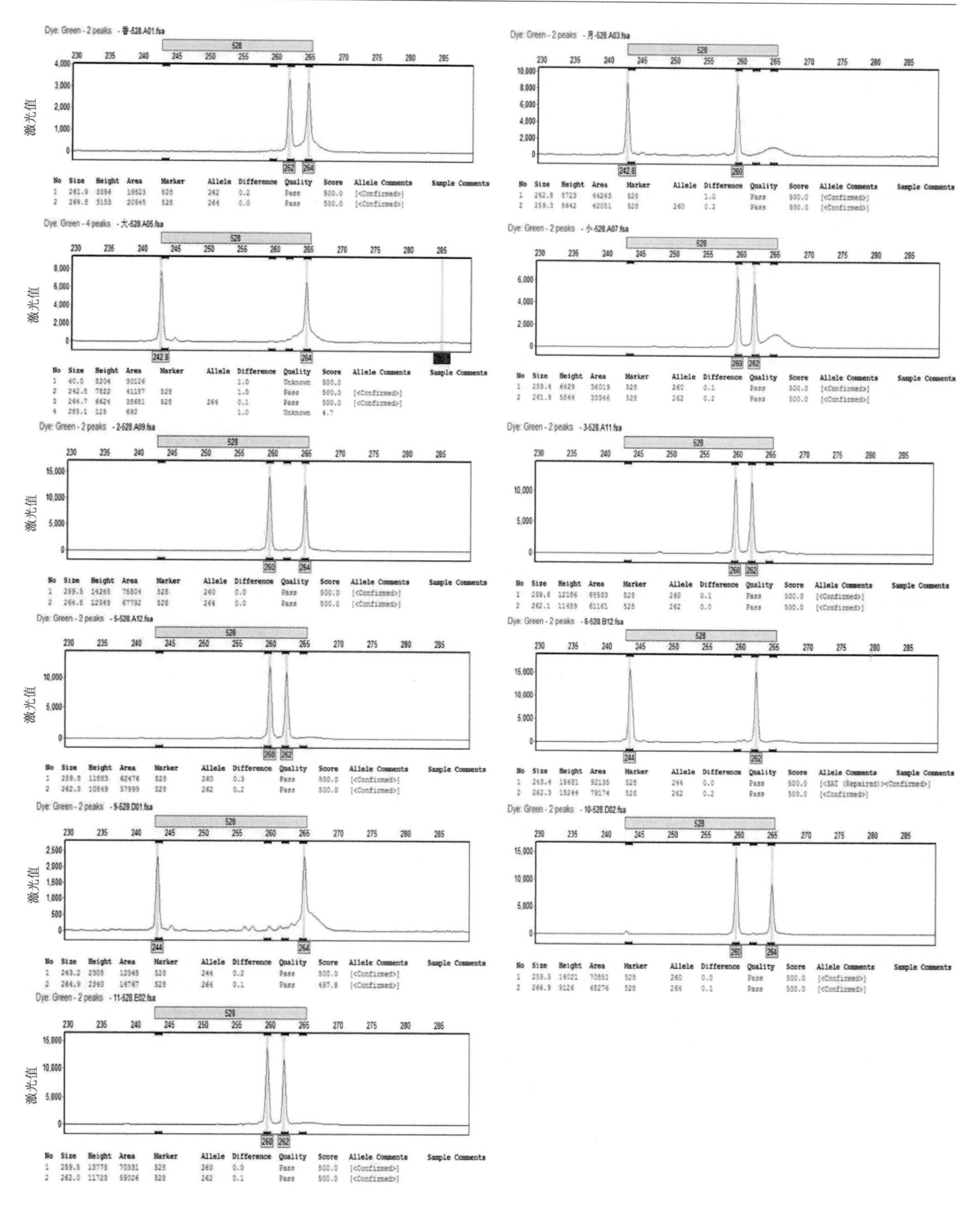

图 2　杂交亲本和杂种后代在引物 528 中的扩增图谱

Fig. 2　Amplified profiles of primer 528 in hybrids and their parents

培品种绝大多数为四倍体，四倍体种子的内种皮厚度与二倍体内种皮厚度差异较大，且硬化程度也不同。本课题组在对四倍体种子胚培养时发现，90天胚龄的胚也可以萌发形成幼苗，但由于90天胚龄的胚的种皮较二倍体种子同期胚厚，获得完整种胚的成功率较低，因此，成苗率较低（数据未公布），所以，不同倍性杂种胚培养的最佳取胚时期不同。此外，由缩短育种周期的目标出发，同样，半成熟胚的培养更能够缩短育种周期，效率更强，但需要采取措施，降低胚培养过程中的污染率。

马燕（1993）等认为选用软熟期的种子进行胚培养时，不容易获得正常苗，容易发生“早熟萌发”而形成畸形苗并很快死亡。这与培养基的选择有很大的关系，即选用的培养基无法维持“胚性生长”（马燕，1993）。因此，如要提高杂交育种效率，缩短育种周期，选取更早的胚进行胚培养，更适宜的培养基的筛选是十分必要的。

参考文献

1. AbdolmohammdiM., KermaniM. J., ZakizadehH., Y. Hamidoghli. *In vitro* embyro germination and interploidy hybridization of rose (*Rosa* sp.)[J]. Euphytica, 2014, 198: 255－264.
2. Aleza P. & Juárez J. & Hernández M. & Ollitrault P. &NavarroL.. Implementation of extensivecitrus triploid breeding programs based on 4x × 2x sexual hybridisations [J]. Tree Genetics & Genomes, 2012, 8: 1293－1306.
3. Canli F. A., Kazaz S. Biotechnology of roses: progress and future prospects[J]. 2009, ISSN 1302－7085: 167－187.
4. Krishna H., Singh S. K.. Biotechnological advances in mango(*Mangifera indica* L.) and their future implication in crop improvement [J]. Biotechnol Adv., 2007, 25 (3): 2237, 25.
5. LloydD., RobertsA. V. & ShortK. C.. The induction *In Vitro* of adventitions shoots in *Rosa*[J]. Euphytica, 1988, 37: 31－36.
6. PommerC. V., RammingD. W., EmershadR. L.. Influence of grape genotype, ripening season, seed trace size, and culture date on in ovule embryo development and plant formation[J]. Bragantia, 1995, 54 (2): 237－249.
7. Shen X., Gmitter F. G., Grosser J. W., Immature embryo rescue and culture[J]. Methods Mol Biol., 2011, 710: 75－92.
8. Gudin S., & AreneL.. Influence of endocarp thickness on rose achene germination: genetic and environmental factors [J]. HortScience. 1980, 25(7): 786－788.
9. Yu C., Luo L., Pan H. T., Guo X. L., WanH. H. and Zhang Q. X.. Filling gaps with construction of a genetic linkage map in tetraploid roses[J]. Frontiers in Plant Science. 2015, 5: 796.
10. 鲍平秋，丁艳丽，张雷．月季杂交育种研究[J]．中国园林，2009(8)：97－99.
11. 陈俊愉．中国十大名花［M］．上海：上海文化出版社，1989.
12. 祁业凤，刘孟军，王玖瑞，等．果树胚培养研究进展[J]．生物技术，2002，12(3)：46－48.
13. 韩进，丰震，赵兰勇，等．月季杂交育种的初步研究[J]．山东农业大学学报(自然科学版)，2004，35(4).
14. 刘艳梅．潘会堂，张启翔．小报春与欧报春杂交育种初步研究[J]．中国观赏园艺研究进展 2014：110－120.
15. 梁春莉，赵锦，刘孟军．冬枣极早期幼胚培养成苗技术研究[J]．园艺学报，2014，41(10)：21154.
16. 马燕，陈俊愉．培育刺玫月季新品种的初步研究(Ⅳ)[J]．北京林业大学学报，1992，13(2)：103－109.
17. 石文芳，郝瑞杰，王史琴，等．4个梅花品种的胚培养及愈伤组织诱导研究[J]．中国农学通报，2012，28(10)：198－201.
18. 孙宪芝．北林月季杂交育种技术体系初探[D]．北京林业大学，2004.
19. 谢小波，求盈盈，郑锡良，等．杨梅种间杂交及杂种F_1的胚培养[J]．果树学报，2009，26(4)：507－510.
20. 赵红霞．蔷薇属植物与现代月季品种杂交及主要性状与SSR标记的连锁分析[D]．北京林业大学，2015.
21. 张佐双，朱秀珍．中国月季[M]．北京：中国林业出版社，2006. 517－520.

二倍体萱草杂种 F_1 代性状分析

朱琳　任毅　袁琳　高亦珂①
（花卉种质创新与分子育种北京市重点实验室，国家花卉工程技术研究中心，
城乡生态环境北京实验室，园林学院，北京林业大学，北京 100083）

摘要　以 6 个二倍体萱草种及品种为亲本，配置成 9 个杂交组合，以 188 株杂种 F_1 代为试验材料，对株高、叶数、叶长、叶宽、花莛长度、花序分枝数和每莛花蕾数 8 个表型性状进行测量分析。结果表明，杂种 F_1 代的株高、花莛长度和花序分枝数与双亲比较，表现明显的优势，平均株高、花莛长度和每莛花蕾数相当于中亲值的 141.81%、154.38% 和 139.00%，且每莛花蕾数变异幅度最大，花径与双亲比较，优势不明显，且变异幅度小，株高和花莛长遗传能力较强。在株高与叶长、每莛花蕾数和花序分枝数上成极显著相关。
关键词　萱草；二倍体；杂交；变异；遗传规律

Heredity of Several Traits in Hemerocallis F_1 Hybrids

ZHU Lin　REN Yi　YUAN Lin　GAO Yi-ke
(*Beijing Key Laboratory of Ornamental Plants Germplasm Innovation & Molecular Breeding*,
National Engineering Research Center for Floriculture, *Beijing Laboratory of Urban and Rural Ecological Environment and College of Landscape Architecture*, *Beijing Forestry University*, *Beijing* 100083)

Abstract　Heredity of some characters in F_1 generation by the 9 cross combinations among 6 species or varieties of *Hemerocallis* was studied. The results showed that plant height, stem height and flower number per scape were stronger than the parents' mean value. The plant height, stem height and flower number per scape were 141.81%, 154.38% and 139.00% of parents respectively. The flower diameter was 106.40% of parents. The variation range of flower number per scape was the most largest, flower diameter was the most smallest. The heredity of plant height and scape height were stable. The correlation between plant height and leaf length is highly significant, the correlation between flower number per scape and branching number take the second place.
Key words　*Hemerocallis*; Diploid; Hybridization; Variation; Genetic

萱草花色丰富，抗逆性强，是一种重要的多年生观赏植物。现已在美国萱草协会登录的萱草品种为 82059 种（AHS）。萱草园林应用广泛，可丛植或在花镜、路旁等栽植（刘静芳，2010）。随着人们观赏需求的不断提高，培育具有不同花色、花型、株高等观赏性状的萱草品种已成为萱草育种的一个重要目标。

萱草原产于我国，但我国萱草育种起步较晚，自育品种少、品种表现单一，不能满足市场需求。为了在萱草育种中获得令人满意的性状，我们必须要知道所选择性状的遗传规律和这些性状之间的联系（Tomkins JP 等，2001）。L. A. Fogac'a 等人研究发现，萱草在株高、叶长、叶宽、莛数和每株蕾数的遗传力较高（L. A. Fogac'a 等，2012），但并未对各性状的遗传特点及相关性作详细阐述。

本研究以二倍体萱草种及品种为亲本进行杂交，以获得的杂种 F_1 代为材料，通过对其后代在株高、叶部和花部等性状方面的表现，分析二倍体萱草属植物在株高、花莛长度、叶长、叶宽、花径、每莛蕾数和分枝数等性状的遗传特点和规律，以期为萱草育种工作的亲本选择及杂交组合的设计提供更多的理论指导。

1　材料与方法

1.1　材料

供试材料为二倍体萱草北黄花菜、‘盛夏酒红’‘蓝光’‘红色海盗’‘儿童节’和‘红酒’为亲本杂交

① 通讯作者。

获得的F_1代，各杂交组合的后代数量分别为北黄花菜×'盛夏酒红'30株，'盛夏酒红'×北黄花菜8株，北黄花菜×'蓝光'12株，'蓝光'×北黄花菜30株，北黄花菜×'红色海盗'17株，'红色海盗'×北黄花菜14株、北黄花菜×'儿童节'30株，'儿童节'×北黄花菜11株，北黄花菜×'红酒'36株。试验材料种植于国家花卉工程技术研究中心小汤山苗圃(40.17°N，116.39°E)。

1.2 方法

花期测量各杂交组合亲本及后代的株高、叶数、叶长、叶宽、花莛长、蕾数、分枝数、花径等有关性状数据指标，并拍照建档。采用Excel 2013对数据进行整理，采用SPSS 18.0(PASW Statistics18.0)对杂交组合的亲本和F_1代进行统计分析。

2 结果与分析

2.1 变异性分析

对各杂交组合杂种后代的性状进行初步分析，从表1中可以看出，不同性状均存在一定程度的变异，变异幅度在12.91%~47.86%，变异幅度最大的性状为花序分枝数，变异幅度最小的性状为花径。在8个表型性状中，花序分枝数和每莛蕾数的变异系数超过30%，变异较大，除花径之外，其他性状的变异系数在15%~30%之间，为中等变异水平。花莛长度的标准差最大，群体中易出现极值个体，花径标准差最小，群体内花径变化幅度平缓。这说明杂种个体在不同性状上的表现存在一定程度的差异，杂种群体存在一定的变异幅度，可以通过杂交在群体内进行优良个体的选择，并进行进一步的遗传分析。

表1 杂交后代性状基本特征统计

Table1 The phenotypic statistic values of hybrids

性状 Trait	最小值 Minimum	最大值 Maxmin	极差 Range	平均数 Mean	标准差 Stdev	变异系数(%) CV	偏度 Skewness	峰度 Kurtosis
株高	4.50	89.50	85.00	58.92	11.79	20.02	-0.33	1.68
叶数	4.00	15.00	11.00	8.57	2.25	26.24	0.61	0.07
叶长	44.60	120.50	75.90	83.00	12.78	15.40	-0.05	0.03
叶宽	0.80	2.80	2.00	1.65	0.42	25.31	0.71	0.10
莛长	63.40	141.70	78.30	98.41	15.22	15.47	0.01	-0.07
分枝	3.00	44.00	41.00	15.26	7.30	47.86	1.17	1.86
蕾数	2.00	10.00	8.00	4.36	1.76	40.37	0.91	0.34
花径	6.70	13.50	6.80	9.56	1.23	12.91	0.44	0.63

2.2 株高的遗传

从表2中可以看出，杂种F_1代株高比双亲明显增加，平均株高占中亲值为141.81%，8个组合表现出明显的杂种优势现象，仅北黄花菜×'儿童节'后代的株高大部分居于双亲之间。高亲单株占97.34%，低亲单株占2.13%，25.00%的单株株高居双亲之间。以北黄花菜为父本和母本的组合均表现明显的株高增加现象，且程度一致。'儿童节'×北黄花菜后代杂种优势最为显著，但其反交组合却并未表现显著杂种优势现象。从变异系数上看，北黄花菜×'红酒'最高，为26.45%，达到中等变异水平，有3个组合的变异水平较低。北黄花菜属于高生种，与其杂交的亲本株高均小于北黄花菜，由此可以看出，株高具有较强的遗传能力。

2.3 花莛长的遗传

从表3中可以看出，杂种F_1代花莛长度明显增加，后代平均花莛长占中亲值为154.38%，9个组合均表现出明显的杂种优势现象。高亲单株占80.85%，19.15%的单株花莛长度居双亲之间，没有花莛长度低于双亲的后代。以北黄花菜为父本和母本的组合均表现明显的花莛长度增加现象，且程度一致。北黄花菜×'红色海盗'后代杂种优势最为显著。从变异系数上看，各组合较为平均，均在15%左右，达到中等变异水平。北黄花菜的花莛长度大于与其杂交的亲本，说明花莛长度同样具有较高的遗传能力。

表 2 杂种后代株高遗传特点

Table2 The heritability of plant height

组合名称 Cross combination	亲本 Parents 中亲值 (cm) P	杂种株高(cm) F_1 plant height 后代均值 Average	变异系数(%) CV	范围 Range	杂种比例(%) Comparison between hybrids and parents 占中亲值(%) Parents ratio	小于低亲(%) Lower than smallest value	双亲之间(%) Between parents value	大于高亲(%) Hihger than highest value
北黄花菜×'盛夏酒红'	45.06	66.03±9.48	14.35	44.8~79.5	146.53	0.00	13.33	86.67
北黄花菜×'蓝光'	40.93	57.09±5.47	9.58	49.2~67.6	139.48	0.00	25.00	75.00
北黄花菜×'红色海盗'	36.81	57.42±6.42	11.18	46.2~75.1	155.97	0.00	17.65	82.35
北黄花菜×'儿童节'	39.35	52.09±7.93	15.22	30.0~70.0	132.36	0.00	53.33	46.67
北黄花菜×'红酒'	49.06	64.25±17.00	26.45	4.5~83.2	130.95	11.11	11.11	77.78
平均					140.55	3.20	24.00	72.80
'盛夏酒红'×北黄花菜	45.06	64.94±13.99	21.55	42.5~89.5	144.10	0.00	12.50	87.50
'蓝光'×北黄花菜	40.93	54.35±9.69	17.83	32.5~68.5	132.79	0.00	33.33	66.67
'红色海盗'×北黄花菜	36.81	54.28±8.20	15.11	40.0~63.6	147.44	0.00	35.71	64.29
'儿童节'×北黄花菜	39.35	59.05±5.28	8.94	50.5~68.4	150.06	0.00	9.09	90.91
平均					143.45	0.00	26.98	73.02
总计					141.81	2.13	25.00	97.34

表 3 杂种后代花莛长遗传特点

Table3 The heritability of flower scape

组合名称 Cross combination	亲本 Parents 中亲值 (cm) P	杂种花莛长(cm) F_1 scape height 后代均值 Average	变异系数(%) CV	范围 Range	杂种比例(%) Comparison between hybrids and parents 占中亲值(%) Parents ratio	小于低亲(%) Lower than smallest value	双亲之间(%) Between parents value	大于高亲(%) Hihger than highest value
北黄花菜×'盛夏酒红'	61.29	96.24±11.57	12.02	70.5~120.7	157.03	0.00	10.00	90.00
北黄花菜×'蓝光'	65.52	106.50±14.06	13.20	80.2~139.5	162.54	0.00	8.33	91.67
北黄花菜×'红色海盗'	70.54	103.14±13.32	12.91	82.1~130.5	146.21	0.00	5.88	94.12
北黄花菜×'儿童节'	62.21	97.25±13.71	14.10	79.0~132.5	156.33	0.00	26.67	73.33
北黄花菜×'红酒'	57.13	89.65±15.55	17.35	63.4~115.7	156.94	0.00	36.11	63.89
平均					155.60	0.00	20.80	79.20
'盛夏酒红'×北黄花菜	61.29	87.93±10.39	11.82	71.0~101.5	143.46	0.00	37.50	62.50
'蓝光'×北黄花菜	65.52	107.73±16.74	15.54	70.4~141.7	164.41	0.00	13.33	86.67
'红色海盗'×北黄花菜	70.54	96.41±12.32	12.78	71.3~115.3	136.67	0.00	14.29	85.71
'儿童节'×北黄花菜	62.21	104.76±12.57	12.00	80.8~122.8	168.40	0.00	9.09	90.91
平均					152.88	0.00	15.87	84.13
总计					154.38	0.00	19.15	80.85

2.4 每莛花蕾数的遗传

从表 4 中可以看出，杂种 F_1 代每莛花蕾数明显增加，后代平均每莛花蕾数占中亲值为 139.00%，5 个组合表现出明显的杂种优势现象，3 个组合杂种退化现象明显。高亲单株占 47.34%，28.19% 的单株每莛花蕾数居双亲之间，24.47% 的单株每莛花蕾数少于双亲。以北黄花菜为父本和母本的组合均表现明显的每莛花蕾数增加现象，且程度一致。北黄花菜×'红色海盗'后代杂种优势最为显著。北黄花菜×'盛夏酒红'的正反交组合杂种衰退现象较为明显。从变异系数上看，各组合变异系数都较大，达到高等变异水平，这说明群体中易出现每莛花蕾数极多或极少的个体。北黄花菜的每莛花蕾数在于其杂交的亲本之间，这可能是导致后代每莛花蕾数变异较大的一个原因。

表 4　杂种后代每莛花蕾数遗传特点

Table4　The heritability of flower number per scape

组合名称 Cross combination	亲本 Parents	杂种蕾数(个) F_1 flower number			杂种比例(%) Comparison between hybrids and parents			
	中亲值(个) P	后代均值 Average	变异系数(%) CV	范围 Range	占中亲值(%) Parents ratio	小于低亲(%) Lower than smallest value	双亲之间(%) Between parents value	大于高亲(%) Hihger than highest value
北黄花菜×‘盛夏酒红’	12.93	11.80±5.15	43.64	5~23	91.30	73.33	3.33	23.33
北黄花菜×‘蓝光’	9.26	14.17±5.29	37.33	6~25	153.02	0.00	41.67	58.33
北黄花菜×‘红色海盗’	11.26	23.24±10.95	47.13	7~44	206.39	5.88	5.88	88.24
北黄花菜×‘儿童节’	9.36	16.90±6.38	37.72	7~31	180.56	0.00	23.33	76.67
北黄花菜×‘红酒’	16.10	15.03±5.75	38.28	6~27	93.38	41.67	33.33	25.00
平均					137.76	30.40	20.80	48.80
‘盛夏酒红’×北黄花菜	12.93	14.00±6.80	48.59	6~26	108.32	50.00	12.50	37.50
‘蓝光’×北黄花菜	9.26	12.67±6.21	49.02	3~27	136.83	0.00	60.00	40.00
‘红色海盗’×北黄花菜	11.26	13.29±7.36	55.40	5~35	118.03	28.57	42.86	28.57
‘儿童节’×北黄花菜	9.36	20.27±6.41	31.60	10~32	216.56	0.00	18.18	81.82
平均					140.71	12.70	42.86	44.44
总计					139.00	24.47	28.19	47.34

2.5　花径的遗传

从表 5 中可以看出，杂种 F_1 代花径虽有增加趋势，但不显著。后代平均花径占中亲值为 106.4%，3 个组合表现出明显的杂种优势现象，没有组合出现明显的杂种退化现象，多数组合的后代花径居于双亲之间。高亲单株占 37.77%，54.26% 的单株每莛花蕾数居双亲之间，7.98% 的单株花径小于双亲。以北黄花菜为父本和母本的组合均表现花径增加现象，且程度一致。‘儿童节’×北黄花菜后代杂种优势最为显著。从变异系数上看，各组合变异系数都较小，为 10% 左右，属于较低变异水平，这说明群体中花径变化较小，不易出现大花型或小花型单株，从 F_1 代中筛选较为困难。

表 5　杂种后代花径遗传特点

Table5　The heritability of flower diameter

组合名称 Cross combination	亲本 Parents	杂种花径(cm) F_1 flower diameter			杂种比例(%) Comparison between hybrids and parents			
	中亲值(cm) P	后代均值 Average	变异系数(%) CV	范围 Range	占中亲值(%) Parents ratio	小于低亲(%) Lower than smallest value	双亲之间(%) Between parents value	大于高亲(%) Hihger than highest value
北黄花菜×‘盛夏酒红’	9.40	9.43±0.91	9.61	6.7~10.8	100.35	6.67	73.33	20.00
北黄花菜×‘蓝光’	7.53	8.32±0.71	8.56	7.1~9.5	110.52	0.00	58.33	41.67
北黄花菜×‘红色海盗’	10.18	11.17±1.35	12.08	9.4~13.5	109.78	0.00	70.59	29.41
北黄花菜×‘儿童节’	8.73	9.99±1.11	11.14	8.4~12.5	114.46	10.00	83.33	6.67
北黄花菜×‘红酒’	8.78	9.44±0.91	9.65	7.4~11.5	107.63	8.33	27.78	63.89
平均					108.41	6.40	60.80	32.80
‘盛夏酒红’×北黄花菜	9.40	8.88±0.62	6.99	8.2~10.0	94.41	25.00	75.00	0.00
‘盛夏酒红’×北黄花菜	7.53	9.17±1.28	13.95	7.1~12.3	121.86	0.00	30.00	70.00
‘红色海盗’×北黄花菜	10.18	9.30±1.10	11.78	7.0~10.9	91.40	21.43	78.57	0.00
‘儿童节’×北黄花菜	8.73	9.87±1.27	12.84	7.6~12.0	113.15	18.18	0.00	81.82
平均					103.89	11.11	41.27	47.62
总计					106.40	7.98	54.26	37.77

2.6 相关性分析

对杂种后代的 8 个表型性状进行 Pearson 相关性分析，从表 6 中可以看出，株高与叶长呈极显著正相关，相关系数最高为 0.656，株高与花莛长度、叶宽和叶数也呈极显著相关性。其次为每莛花蕾数与花序分枝数，相关系数为 0.583，每莛蕾数与花莛长度、叶数也呈极显著相关性。另外，花序分枝数与花径和花莛长度、叶长与叶宽也呈极显著正相关。这说明我们可以在杂种后代营养生长期，通过对叶数、叶长和株高等的观测，预测可能出现大花量或大花径的单株，也可以为我们进行亲本的选择和选配提供依据。

表 6 杂种后代性状相关系数

Table6 The correlation coefficient of traits

性状 Trait	株高 Plant height	叶数 Leaf number	叶长 Leaf length	叶宽 Leaf width	莛长 Scape height	蕾数 Flower number	分枝 Branching number	花径 Flower diamter
株高 Plant height	—	—	—	—	—	—	—	—
叶数 Leaf number	0.218**	—	—	—	—	—	—	—
叶长 Leaf length	0.656**	0.190**	—	—	—	—	—	—
叶宽 Leaf width	0.278**	0.383**	0.427**	—	—	—	—	—
莛长 Scape height	0.279**	0.148*	0.371**	0.047	—	—	—	—
蕾数 Flower number	0.103	0.339**	0.116	0.145*	0.420**	—	—	—
分枝 Branching number	-0.206**	-0.002	-0.241**	-0.326**	0.233**	0.583**	—	—
花径 Flower diamter	0.085	0.160*	-0.029	-0.063	0.117	0.188**	0.288**	—

3 讨论

杂交是转移优良性状或基因、获得植物新类型和选育有价值的新品种的有效方法之一(Eeckhaut T 等，2007)。在杂交过程中，掌握性状的遗传规律和杂种优势现象可以正确选择和选配亲本，筛选优良杂交组合，提高育种工作的效率。在本试验中，杂种后代在株高、花莛长度和每莛花蕾数表现明显的杂种优势现象，花径优势现象不明显，大部分后代花径在双亲之间。每莛花蕾数的变异程度最高，在群体中可以筛选出蕾数较多的丰花单株，花径变异程度最小，需进行多次杂交或在亲本选配时注意父母本差异。后代超亲现象在各性状上均有表现，不同组合间表现不同。北黄花菜株高和花莛长，因此各杂交组合在株高和花莛长度上，正反交差异不明显，在每莛花蕾和花径上，正反交差异显著。

参考文献

1. American Hemerocallis Society. 2014. AHS Online daylily cultivar database: http://www.daylilies.org/DaylilyDB/.
2. 刘静芳. 2010. 萱草在北方地区的园林应用[J]. 农家之友，7: 102-104.
3. Tomkins JP, Wood TC, Barnes LS, Westman A, Wing RA. 2001. Evaluation of genetic variation in the daylily (*Hemerocallis* spp.) using AFLP markers[J]. Theor Appl Genet, 102: 489-496.
4. L. A. Fogac'a, R. A. Oliveira, F. L. Cuquel et al. 2012 Heritability and genetic correlation in daylily selection[J]. Euphytica, 184: 301-310.
5. Eeckhaut T, Keyser E, Van Huylenbroeck J, et al. 2007. Application of embryo rescue after interspecific crosses in the genus *Rhododendron*[J]. Plant Cell Tissue and Organ Culture, 89(1): 29-35.

卵叶牡丹杂交育种初步研究

刘欣　钟原　成仿云①
（花卉种质创新与分子育种北京市重点实验室，国家花卉工程技术研究中心，
城乡生态环境北京实验室，园林学院，北京林业大学，北京 100083）

摘要　卵叶牡丹（*Paeonia qiui*）是重要的牡丹野生种，具有春叶紫红、花期早等特点。本实验中，卵叶牡丹与5个中原牡丹及2个日本牡丹品种共杂交授粉319朵，获得4268粒种子，出苗1474株，平均结实率13.38粒/朵。将卵叶牡丹分别与牡丹野生种杨山牡丹（*P. ostii*）、紫斑牡丹（*P. rockii*）、黄牡丹（*P. delavayi*）杂交，发现其与保康紫斑牡丹的亲和性最高，与杨山牡丹的亲和性次之，与黄牡丹的亲和性最差。其中本实验筛选出的优秀杂交组合为卵叶牡丹×‘冠世墨玉’。

关键词　卵叶牡丹；杂交；亲和性

Preliminary Exploration on Hybridization of *Paeonia qiui*

LIU Xin　ZHONG Yuan　CHENG Fang-yun
（*Beijing Key Laboratory of Ornamental Plants Germplasm Innovation & Molecular Breeding*，
National Engineering Research Center for Floriculture，*Beijing Laboratory of Urban and Rural Ecological Environment and College of Landscape Architecture*，*Beijing Forestry University*，*Beijing* 100083）

Abstract　*Paeonia qiui* is a very important resource. The test of crossbreeding was designed with 14 cross-combinations of male parents including different species. The results show that 13 cross-combinations got seeds and the rate of fruit bearing between different cross-combinations was different. When *Paeonia qiui* was used as female parent，7 different kind of tree peony were used as male parents，there were 4268 seeds harvested from 319 flowers. The average setting-seed ratio was 13.38 each flower，showing they were compatible. The cross-combination between *Paeonia qiui* and *P. rockii* Baokang Group have highest hybridication compatibility. The best cross-combination is *Paeonia qiui* × *P. suffruticosa* ‘Guan Shi Mo Yu’.

Key words　*Paeonia qiui*；Crossing；Hybridication compatibility

牡丹（Sect. Moutan）是我国传统名花，品种数量众多，栽培历史悠久。我国有众多的牡丹野生种质资源，牡丹组野生种均为我国特有，具有较高的经济价值和科学研究价值（李嘉珏，2011）。卵叶牡丹（*Paeonia qiui*）是我国重要的牡丹野生种之一，花单瓣，紫红色；分枝点较低，主茎低矮，株型圆润；叶呈卵圆形，叶初为紫红色，随后变成绿色，是优良的彩叶植物，具有很高的观赏价值（韩欣，2014a）。该种仅零星分布于湖北神农架及保康一带山地以及河南西峡县山区，近年来，已成功引种到北京地区。卵叶牡丹在北京地区的花期较早，其群体花期较中原牡丹以及凤丹早4~5天，是优良早花型牡丹野生种。

有性杂交育种是经典的、有效的园林植物种质资源创新的途径（戴思兰，2006），牡丹杂交育种在中国已经有1500年历史（Cheng F Y.，2007），直至如今仍是牡丹育种的主要方法，大部分牡丹种质资源已经应用于杂交育种中，但卵叶牡丹在杂交中的应用相对较少。卵叶牡丹具有花期早，春季叶色紫红，生长势强，植株低矮，株型紧凑等众多优点，适合作为早春观花地被应用于园林中，是非常优秀的野生种质资源。而且卵叶牡丹育性较强，以其为亲本与传统栽培牡丹进行杂交，特别是选择红色系、黄色系的重瓣性强的品种与之杂交，不仅可以实现对其花色进行改良，培育观赏性更高的重瓣卵叶牡丹品种，而且还可以将早花、春叶紫红等观赏特性传递到子代中，获得早花观赏品种，从而延长栽培牡丹的观赏期。另外，卵叶牡丹属于兼性营养繁殖，即以营养繁殖为主，有性繁殖为辅，可通过根状茎、根出条和种子繁殖等多

① 通讯作者。

种方式进行繁殖(成仿云，1997)。以其为亲本杂交，子代有可能遗传其易于繁殖的特点，培育出新型的牡丹栽培品种。

本实验旨在探究卵叶牡丹育种潜力，筛选出优良的杂交组合，为牡丹野生种质资源在杂交育种中的应用提供理论指导。

1 材料与方法

1.1 实验材料

在以卵叶牡丹为母本的杂交中，杂交父本为5个中原牡丹品种(‘迎日红’‘冠世墨玉’‘银红巧对’‘富贵满堂’‘锦袍红’)和2个日本品种(‘花王’‘八千代椿’)。卵叶牡丹与野生种的正反交实验中，卵叶牡丹、杨山牡丹、黄牡丹、甘肃紫斑牡丹、保康紫斑牡丹均作为父母本进行使用。杂交母本均来自鹫峰国家森林公园北京林业大学牡丹研究基地，父本中的部分中原牡丹品种和全部日本牡丹品种均由洛阳国家牡丹园提供。

1.2 杂交试验

2014—2015年，每年4月上旬在父本花蕾露色期采集花粉，在室内阴干，花粉散出后，置于－20℃冰箱中备用。在母本花蕾露色但花粉未散时去雄套袋，待柱头开始分泌黏液时，进行连续授粉，授粉时间为上午11：00之前，重复3～4次。最后一次授粉1周后，将套袋解除。8月中下旬，牡丹蓇葖果心皮变为蟹黄色且微裂时摘下，采收种子，统计结实率，结实率＝结实数(粒)/授粉花朵数(朵)。第二年5月份统计发芽率，发芽率＝发芽数(粒)/结种数(粒)。

2 结果与分析

2.1 以卵叶牡丹为母本与栽培牡丹的杂交

以卵叶牡丹为母本，与5个中原牡丹品种和2个日本品种进行杂交，共设置7个杂交组合，杂交授粉319朵，获得4268粒种子，出苗1474棵。平均结实率为13.38粒/朵，出苗率34.54%，其中结实率最高的组合为卵叶牡丹×‘冠世墨玉’(16.14粒/朵)，结实率最低为卵叶牡丹×‘八千代椿’(8.38粒/朵)。卵叶牡丹结实能力强，与栽培牡丹杂交的结实率和出苗率均较高，是优良的牡丹组内杂交母本材料。

尽管卵叶牡丹为母本与栽培牡丹品种杂交的平均结实率高，但是杂交受父本影响较大，不同杂交组合结实率存在较大差异。其中卵叶牡丹×‘冠世墨玉’的杂交组合连续两年杂交结实率均最高，分别为16.18粒/朵和16.00粒/朵。而卵叶牡丹×‘八千代椿’结实率连续两年均最低，分别为9.45粒/朵和7.44粒/朵。由于杂交母本均为卵叶牡丹，且个体之间差异不大，说明在杂交母本一致的情况下，杂交父本是影响杂交结果的主要因素。

表1 卵叶牡丹与栽培牡丹杂交情况统计

Table 1 Setting and seeding ratio of *P. qiui* × *P. suffruticosa*

杂交父本(♂)	杂交年份	授粉朵数(朵)	饱满种子数(粒)	出苗数(棵)	结实率(粒/朵)	出苗率(%)
	2012	20	261	62	13.05	23.75
‘迎日红’	2013	23	355	—	15.43	—
	合计/平均	43	616	—	14.33	—
	2012	88	1424	415	16.18	29.14
‘冠世墨玉’	2013	26	416	148	16.00	35.58
	合计/平均	114	1840	563	16.14	30.60
‘花王’	2012	29	447	212	15.41	47.43
	2012	22	208	136	9.45	65.38
‘八千代椿’	2013	25	186	38	7.44	20.43
	合计/平均	47	394	174	8.38	44.16
‘银红巧对’	2012	28	254	112	9.07	44.09
	2012	10	102	33	10.20	32.35
‘富贵满堂’	2013	18	199	78	11.06	39.20
	合计/平均	28	301	111	10.75	36.88
‘锦袍红’	2012	30	416	240	13.87	57.69
	合计/平均	319	4268	1474	13.38	34.54

出苗率高低在一定程度上反映杂交亲和性，2012年和2013年以卵叶牡丹为母本的后代平均出苗率分别为36.75%和为31.66%，两年的出苗率均较高，并没有显著性差异。表明以卵叶牡丹为母本的近缘杂交不存在生理不协调性，种子萌发率和出苗率高。但出苗率也因父本的不同而存在差异，2013年卵叶牡丹×'八千代椿'的结实率最低，但是其出苗率却最高(65.38%)，而卵叶牡丹×'迎日红'的出苗率仅为23.75%。在进行杂交时，应该综合考虑结实率和出苗率两个因素。

2.2 卵叶牡丹与牡丹野生种之间的杂交

卵叶牡丹和杨山牡丹的正反交，结实率分别为12.14粒/朵和14.87粒/朵，说明两者之间杂交亲和性较高，不存在杂交不亲和的现象。正反交的出苗率均相对较高，分别为49.41%和26.46%。卵叶牡丹×杨山牡丹出苗率近50%，说明这一组合种间亲缘关系较近。

卵叶牡丹与来自保康居群的紫斑牡丹杂交，正反交均得到了较高的结实率，分别为18.14粒/朵和35.83粒/朵，其出苗率分别为31.50%和21.40%，这两个以野生牡丹为亲本的杂交组合具有相对较高的出苗率，并且卵叶牡丹种子的出苗率高于保康紫斑牡丹。甘肃紫斑牡丹×卵叶牡丹的结实率低，仅5.75粒/朵，这与甘肃居群的紫斑牡丹自身结实率有关；并且出苗率为0，说明甘肃紫斑牡丹种子的发芽率低下，成苗率低。

卵叶牡丹×黄牡丹的杂交结实率和发芽率分别为6.30粒/朵和3.17%，但黄牡丹×卵叶牡丹的杂交结实率仅为0.33粒/朵，发芽率为0。说明卵叶牡丹与黄牡丹之间具有一定的亲和性，但是由于卵叶牡丹与黄牡丹分别属于革质花盘亚组和肉质花盘亚组，两个亚组之间亲缘关系较远，存在生殖隔离，导致结实率明显低于卵叶牡丹与其他革质花盘亚组牡丹之间的杂交。且以卵叶牡丹为母本，黄牡丹为父本时杂交结实率和种子发芽率均较高。

表2 卵叶牡丹与牡丹野生种杂交结实统计

Table 2 Setting and seeding ratio between *P. qiui* and Sect. Moutan

杂交组合 (♂/♀)	授粉朵数 (朵)	饱满种子数 (粒)	出苗数 (棵)	结实率 (粒/朵)	出苗率 (%)
杨山牡丹×卵叶牡丹	15	223	59	14.87	26.46
卵叶牡丹×杨山牡丹	7	85	42	12.14	49.41
黄牡丹×卵叶牡丹	8	1	0	0.125	0
卵叶牡丹×黄牡丹	10	63	2	6.30	3.17
保康紫斑牡丹×卵叶牡丹	12	430	92	35.83	21.40
卵叶牡丹×保康紫斑牡丹	7	127	40	18.14	31.50
甘肃紫斑牡丹×卵叶牡丹	12	69	0	5.75	0

3 讨论

卵叶牡丹作为优良的野生种质资源，具有众多优点，但目前对其开发利用还相对较少，在今后的杂交育种工作中，需要增加对卵叶牡丹的利用，扩大杂交范围，尝试新的杂交组合。杂交育种的效率或者成败的关键，在于根据性状遗传规律科学地选配亲本(李嘉珏，1999)。本实验通过对卵叶牡丹育种应用研究，发现其与革质花盘亚组的牡丹杂交均具有较高的结实率，与黄牡丹杂交也具有一定的结实率。其与革质花盘亚组的牡丹之间不存在杂交不亲和现象，与肉质花盘亚组的牡丹也存在一定亲和性，是良好的牡丹杂交亲本材料。杂交亲和性的差异，反映出不同野生种之间亲缘关系的远近。当以卵叶牡丹为母本时，亲和性最高的为保康紫斑牡丹，其次为杨山牡丹，亲和性最低的是黄牡丹。说明卵叶牡丹与保康紫斑牡丹亲缘关系最近，其与杨山牡丹的关系次之，与黄牡丹的亲缘关系最远。从地理分布上分析可知，卵叶牡丹与保康紫斑牡丹的分布上最接近，与黄牡丹的分布距离较远，地理上的距离可能也是造成其亲缘关系远近差别的原因。

'凤丹白'是一种具有巨大育种潜力的牡丹种质资源，其与栽培牡丹的杂交具有较高的结实率，韩欣曾以'凤丹白'为母本与日本牡丹和中原牡丹杂交，平均结实率分别为23.84粒/朵和18.44粒/朵(韩欣，2014b)，而本实验中，以卵叶牡丹为母本与日本牡丹和中原牡丹的杂交结实率分别为11.07粒/朵和14.10粒/朵，均低于以'凤丹白'为母本时的杂交结实率。这充分说明'凤丹白'与栽培牡丹品种群的亲缘关系更近，也在一定程度上证明杨山牡丹在栽培品种的形成过程中起到了重要作用，而卵叶牡丹对栽培牡丹的形成产生的影响较小。

近年来，牡丹远缘杂交育种工作得到较大发展，以芍药为母本，牡丹为父本进行杂交，实现了芍药属组间杂交育种的成功，目前国际登录的组间杂种已达109个(侯祥云，2013)。而且，'和谐'芍药的发现，也证明了普通牡丹与芍药之间杂交的可能性(郝青，2008)，未来的组间杂交中，可以尝试利用卵叶牡丹作为父本，探究其在组间杂交中的育性，不断尝试并发现新的优秀杂交组合。现代牡丹育种事业还处于刚刚起步阶段，参与到现代牡丹品种形成的牡丹种质资源还是极少部分(王越岚，2009)，卵叶牡丹具有较大的育种潜力，有望成为新型的杂交亲本材料在牡丹育种工作中广泛应用。

参考文献

1. CHENG F Y. Advances in the Breeding of Tree Peonies and a Cultivar System for the Cultivar Group[J]. International Journal of Plant Breeding，2007，1(2)：89-104.
2. 成仿云，李嘉珏，陈德忠. 中国野生牡丹自然繁殖特性研究[J]. 园艺学报，1997(02)：77-81.
3. 戴思兰. 园林植物育种学[M]. 北京：中国林业出版社，2006：83.
4. 韩欣. 牡丹杂交亲本选择及 F_1 代遗传表现[D]. 北京：北京林业大学，2014：14-15.
5. 韩欣，等. 以'凤丹白'为母本的杂交及其育种潜力分析[J]. 北京林业大学学报，2014(04)：121-125.
6. 郝青，等，中国首例芍药牡丹远缘杂交种的发现及鉴定[J]. 园艺学报，2008(06)：853-858.
7. 侯祥云. 芍药属植物杂交育种研究进展[J]. 园艺学报，2013. 40(9)：1805-1812.
8. 李嘉珏. 中国牡丹与芍药[M]. 中国林业出版社，1999. 5：110.
9. 李嘉珏，张西方，赵孝庆，等. 中国牡丹[M]. 北京：中国大百科全书出版社，2011，16.
10. 王越岚. 牡丹的杂交育种及组间杂种育性的研究[D]. 北京：北京林业大学，2009：17.

松萝凤梨转录组基因内部微卫星序列信息分析*

金亮① 田丹青 俞信英 葛亚英 林延慧 潘晓韵 王炜勇
（浙江省农业科学院花卉研究开发中心，国家花卉工程技术研究中心凤梨研发与推广中心，杭州 311202）

摘要 对松萝凤梨(*Tillandsia usneoides*)开展转录组测序分析，共获得 62779 条单基因簇(Unigene；4.72Gb)。利用 MISA 软件筛选出 17964 个基因内部微卫星(genic SSR)位点，分布于 14196 条 Unigene 中，出现频率为 28.61%，平均分布距离为 7.14kb。优势重复基序为单核苷酸、二核苷酸和三核苷酸，分别占总 SSR 位点的 39.36%、22.30% 和 29.40%。二核苷酸重复中以 AG/CT 为优势重复基元，占总位点的 17.38%，三核苷酸重复以 CCG/CGG 和 AGG/CCT 为主，分别占 4.63% 和 4.41%。对含有 genic SSR 序列注释发现：3001 个 Unigenes 具有 KOG 注释；6958 个 Unigenes 具有 GO 注释；1654 个 Unigenes 具有 KEGG 直系同源(KO)系统注释。这些 Unigenes 涉及了许多重要的生物功能和代谢途径，这预示着这些潜在的标记可能与重要的生物功能有关。这些信息将为松萝凤梨分子标记开发以及相关基因组研究奠定基础。

关键词 松萝凤梨；空气凤梨；转录组；基因内部微卫星；功能注释

Analysis of Genic Microsatellite Information in Transcriptome of *Tillandsia usneoides*

JIN Liang TIAN Dan-qing YU Xin-ying GE Ya-ying LIN Yan-hui PAN Xiao-yun WANG Wei-yong
(*Bromeliad R&D and Promotion Center of National Engineering Research Center for Floriculture, Research and Development Centre of Flower, Zhejiang Academy of Agricultural Sciences, Hangzhou* 311202)

Abstract A total of 62779 unigenes (4.72Gb) were obtained by using transcriptome sequenceing analysis in *Tillandsia usneoides*. A total of 17964 genic simple sequence repeat (genic SSR) loci that occurred in 14196 unigenes were identified by MISA software, and the frequency of these genic SSRs was 28.61% and mean distance was 7.14 kb in the unigenes. Mononucleotide, dinucleotide and trinucleotide were major types, accounting for 39.36%, 22.30% and 29.40%, respectively. The dinucleotide repeat motifs of AG/CT were the predominant repeat types (17.38%). The trinucleotide repeat motifs of CCG/CGG and AGG/CCT were the predominant repeat types (4.63% and 4.41%). The unigenes containing genic SSR were annotated by Clusters of Orthologous Groups (COG/KOG), Gene Ontology (GO) database and Kyoto Encyclopedia of Genes and Genomes (KEGG) Orthology (KO) system, respectively. There were 3001 unigenes assigned into KOG classifications. There were 6958 unigenes classified into and GO terms. There were 1654 SSR unigenes involved in KO system. A large number of unigenes were annotated with crucial genes that were associated with important biological functions. The numerous genic SSRs identified in this study will contribute to marker development and research on genomics of *T. usneoides*.

Key words *Tillandsia usneoides*; epiphytic *Tillandsia*; Transcriptome; Genic SSR; Functional annotation

空气凤梨(epiphytic *Tillandsia*)，别名气生铁兰、空气草(Air plant)，为凤梨科(Bromeliaceae)铁兰属(*Tillandsia*)多年生草本植物，是一类生长在空气中、不需要土壤、生长所需的水分和营养可以全部来自空气的特殊植物(俞禄生，2009；刘晓娜 等，2010)。空气凤梨原产美洲大陆，作为观赏花卉已有百年历史。20 世纪末，空气凤梨是欧美、日本等国家兴起的花卉新品。空气凤梨在 21 世纪初被引入我国，并逐步流行起来(俞禄生，2009)。

松萝凤梨(*T. usneoides*)是空气凤梨中比较特殊的一个种，叶片线形，呈老人须状，单生花，花瓣灰绿色，造型奇特、观赏价值高，在室内可随意粘贴或悬

* 基金项目：浙江省公益技术应用研究项目(2016C32039)；浙江省农业科学院青年科技人才培养项目(2015R25R08E04)；浙江省农业科学院科技创新能力提升工程(2014CX014)；杭州市种子种苗专项(20140932H19)。

① 通讯作者。金亮，博士，助理研究员，从事植物分子遗传与育种研究。E-mail：zjulab@163.com。

挂(丁久玲 等，2008)。该种植物在国外已经被作为重金属污染和大气污染的指示植物。巴西最大城市圣保罗直接利用松萝凤梨进行大气污染评估(Figueiredo et al.，2007)。目前松萝凤梨的研究主要集中在环境监测、指示、室内装饰等(李俊霖 等，2013；王芳 等，2013；Zheng et al.，2016)。到目前为止，尚未有铁兰属植物的基因组得到测序，其基因组信息非常匮乏。在 NCBI 中铁兰属植物只有 813 个核酸序列，而其中来自松萝凤梨的仅 63 条，这造成相关分子标记开发、基因克隆及抗逆机理研究等分子生物学研究相对滞后。

而新一代测序技术日趋成熟，植物的转录数据被研究者大量测序，而根据转录数据可以开发相关的分子标记如 SSR(李小白 等，2013)。微卫星序列(microsatellite)即 SSR(simple sequence repeats，简单重复序列)，以其重复性好、多态性丰富、易于操作等优点，已成为植物遗传多样性评估、遗传图谱构建、辅助育种等首选分子标记之一。这些基于转录数据建立的标记是根据基因本身的差异而建立的，也称为基因内部标记(genic markers)。

本研究中利用松萝凤梨叶片转录组测序获得的数据进行基因内部微卫星序列(genic SSR)搜索，分析其分布、组成特征，并对含有 genic SSR 的 Unigene 进行注释，以期为松萝凤梨乃至空气凤梨的鉴定、亲缘关系、遗传多样性研究、种质资源利用及分子育种提供参考依据。

1 材料与方法

1.1 实验材料及测序数据

转录组测序样本为取自本单位温室内的松萝凤梨(*T. usneoides*)植株叶片，液氮速冻后送北京诺禾致源生物信息科技有限公司进行转录组测序，共获得 36746275 条干净数据(clean reads)。Clean reads 经组装后获得 62779 条 Unigene(4.72Gb)。

1.2 转录组 SSR 位点鉴别

使用软件 MISA(MIcroSAtellite identification tool)对松萝凤梨转录组中 unigene 序列数据进行 SSR 位点分析，筛选的标准为：最小的重复基元数分别设置为单核苷酸 10 次、双核苷酸 6 次、三核苷酸、四核苷酸、五核苷酸、六核苷酸分别为 4 次。使用 Trinity 软件分析拼接以后的重叠群(contig)的开放阅读框(Open Reading Frame，ORF)，然后根据这些 ORF 来确认 genic SSR 的位置。

1.3 含有 genic SSR 的序列注释

对鉴定出的含有 genic SSR 的 Unigene，进一步利用蛋白质直系同源数据库(Cluster of orthologous groups，COG/KOG)、基因本体论(Gene Ontology database，GO)和京都基因与基因组百科直系同源系统(Kyoto Encyclopedia of Genes and Genomes (KEGG) Orthology system，KO)分析注释。各个比对参数阈值设为 1E-5。

2 结果

2.1 基因内部微卫星(genic SSR)鉴定

通过对松萝凤梨转录组的 62779 条 Unigene(序列总长约 4.72Gb)序列进行搜索，发现其中 14196 条 Unigene 序列中含有 17964 个 genic SSR 位点，其中 3768(26.54%)条 Unigene 含有两个或两个以上 SSR 位点。总体上，SSR 发生频率(含 genic SSR 的 unigene 数与总 unigene 数之比)为 22.61%，出现频率(检出的 genic SSR 个数与总 unigene 数之比)28.61%，平均每 7.14kb 出现 1 个 genic SSR(1.4 个 SSRs/10kb)。松萝凤梨转录组中 genic SSR 的长度从 10～336bp 不等，分布在 10～15bp 的约有 8621 个，占整个 SSR 的 47.99%；16～20bp 的有 6282 个(34.97%)；21～25bp 的有 1767 个(9.84%)；长度大于 25bp 的有 1，294 个(7.20%)。

松萝凤梨 genic SSR 的类型丰富，单核苷酸至六核苷酸重复基序类型均存在，此外还有小部分的复杂类型。其中单、二和三核苷酸重复基序出现频率占优势，分别占总 genic SSR 的 39.36%、22.30% 和 29.40%；四、五和六核苷酸重复基序类型数量较少(表 1)。在二核苷酸重复基序类型中出现频率最高的基元为：AG/CT(3122 个)，占总 genic SSR 的 17.38%；三核苷酸重复基元多达 18 种，其中 CCG/CGG 出现频率最高，占总 genic SSR 的 4.63%(831 个)，其次为 AGG/CCT(792 个；4.41%)(表 1)。

在全部 genic SSR 中位于未定区(Undetermined region)的最多(9532 个；53.06%)，其次为 5′端非编码区(untranslated region，UTR)(4755 个；26.47%)、3′端非编码区(2851 个；15.87%)，而位于编码区(Coding region)的最少(826 个；4.60%)。

对 genic SSR 中二、三核苷酸重复基序的重复次数进行分析(表 2)。结果表明，在二核苷酸中重复 9 次的最多，达到 1017 个，占全部二核苷酸重复的 25.39%，其次为 6 次重复(807 个；20.14%)。其中 AG/CT 基元的 9 次重复最多，为 899 个。在三核苷酸中重复 5 次的最多，达到 2272 个，占全部三核苷酸重复的 43.02%，其次为 6 次重复(1826 个；

34.58%)。其中 CCG/CGG 基元的 5 次重复最多为 434 个。二、三核苷酸重复中，6 次重复最多，为 2633 个，占全部 genic SSR 的 14.66%，其次为 5 次重复(2272；12.65%)、7 次重复(1800；10.02%)。

表 1 松萝凤梨转录组中 genic SSR 概况

Table1 Summary of geneic SSR within transcriptome of *T. usneoides*

类型 Type	5′端非编码区 5′UTR	3′端非编码区 3′UTR	编码区 Coding region	未定区 Undetermined region	总数 Total	频率(%) Frequency
单核苷酸 Monoucleotide	833	1795	34	4409	7071	39.36
A/T	783	1729	28	4261	6801	37.86
C/G	50	66	6	148	270	1.50
二核苷酸 Diucleotide	1547	518	37	1904	4006	22.30
AC/GT	53	61	2	163	279	1.55
AG/CT	1416	238	23	1445	3122	17.38
AT/AT	70	218	2	289	579	3.22
CG/CG	8	1	10	7	26	0.14
三核苷酸 Triucleotide	1923	296	718	2344	5281	29.40
AAC/GTT	28	21	7	68	124	0.69
AAG/CTT	197	39	52	273	561	3.12
AAT/ATT	37	63	8	143	251	1.40
ACA/TGT	15	15	7	40	77	0.43
ACC/GGT	40	10	26	60	136	0.76
ACG/CGT	78	10	56	125	269	1.50
ACT/AGT	17	10	29	48	104	0.58
AGA/TCT	116	12	22	120	270	1.50
AGC/GCT	117	9	45	149	320	1.78
AGG/CCT	361	17	77	337	792	4.41
ATA/TAT	19	21	3	45	87	0.48
ATC/GAT	27	11	26	53	117	0.65
ATG/TAC	18	13	14	39	83	0.46
CAC/GTG	25	4	18	27	73	0.41
CAG/GTC	104	16	54	107	281	1.56
CCG/CGG	334	15	145	337	831	4.63
CGC/GCG	160	3	68	177	408	2.27
CTC/GAG	232	7	61	197	497	2.77
四核苷酸 Tetraucleotide	34	31	0	101	166	0.92
五核苷酸 Pentaucleotide	4	12	0	14	30	0.17
六核苷酸 Hexaucleotide	14	4	3	9	30	0.17
复杂类型 Complex type	400	195	34	751	1380	7.68
总数 Total	4755	2851	826	9532	17964	
频率(%)Frequency	26.47	15.87	4.60	53.06	100	

表 2 松萝凤梨 genic SSR 中二和三核苷酸重复基元的类型及频率

Table2 Dinucleotide and trinucleotide genic SSR repeat motifs and their frequency of *T. usneoides*

重复基元类型 Repeat motif length	重复次数 Repeat number							总计 Total
	5	6	7	8	9	10	>10	
二核苷酸 Dinucleotide		807	651	678	1017	681	172	4006
AC/GT		69	56	35	43	36	40	279
AG/CT		515	461	551	899	588	108	3122
AT/AT		206	127	92	75	55	24	579
CG/CG		17	7			2		26
比例（%）Ratio		20.14	16.25	16.92	25.39	17.00	4.29	
三核苷酸 Trinucleotide	2272	1826	1149	29			5	5281
AAC/GTT	37	37	48	1			1	124
AAG/CTT	207	210	140	3			1	561
AAT/ATT	89	82	76	4				251
ACA/TGT	26	15	36					77
ACC/GGT	51	47	36	2				136
ACG/CGT	106	76	86	1				269
ACT/AGT	44	24	35				1	104
AGA/TCT	99	104	67					270
AGC/GCT	133	110	74	1			2	320
AGG/CCT	359	294	136	3				792
ATA/TAT	31	20	33	3				87
ATC/GAT	51	34	31	1				117
ATG/TAC	32	14	33	4				83
CAC/GTG	33	21	19					73
CAG/GTC	117	92	71	1				281
CCG/CGG	434	296	98	3				831
CGC/GCG	199	146	62	1				408
CTC/GAG	224	204	68	1				497
比例（%）Ratio	43.02	34.58	21.76	0.55			0.09	
总计 Total	2272	2633	1800	707	1017	681	177	9287
频率（%）Frequency	12.65	14.66	10.02	3.94	5.66	3.79	0.99	51.70

2.2 含有 genic SSR 序列的注释

由于来自于基因内部的 SSR 坐落的表达序列本身含有丰富的信息，使用这样的标记在定位相关性状上有较大的优势(李小白，2014b)。为此，本研究对含有 genic SSR 的 unigene 进行了注释。在含有 genic SSR 的 14196 个 Unigene 中，3001 个 Unigene 具有蛋白质直系同源数据库(Cluster of orthologous groups，COG/KOG)注释；6958 个 Unigene 具有基因本体论(Gene ontology，GO)注释；1654 个 Unigene 具有京都基因与基因组百科直系同源系统(Kyoto Encyclopedia of Genes and Genomes (KEGG) Orthology system，KO)注释。其中 313 个 Unigene 同时具有这 3 个数据库的注释；而 5618 个 Unigene 没有被注释。

2.2.1 Unigene 的 KOG 分类

COG/KOG 是对基因产物进行直系同源分类的数据库。其中 KOG(euKaryotic Ortholog Groups)针对真核生物。将含有 genic SSR 的 Unigene 与 KOG 数据库进行比对，预测 Unigene 的功能并进行分类统计。研究结果表明，松萝凤梨的 3001 个 Unigene 根据其功能大致可分为 25 类，并对每一类的 Unigene 进行了统计分析。从图 1 中可以看出，Unigene 涉及的 KOG 功能类别比较全面，涉及了大多数的生命活动。其中，一般功能预测（General function prediction only）最多（707个；16.56%），其次是翻译后修饰、蛋白翻转和分子伴侣（Posttranslational modification，protein turnover，chaperones；537个；12.58%）、信号传导机制（Signal transduction mechanisms；387个；9.07%）和胞内的交换、分泌和膜泡输送（Intracellular trafficking，secretion，and vesicular transport；537个；12.58%）；而涉及胞外结构（Extracellular structures；15个；0.35%）和细胞运动（Cell motility；3个；0.07%）的较少。

2.2.2 Unigene的GO分类

GO数据库是一个国际标准化的基因功能分类数据库，用于全面描述不同生物中基因的生物学特征（贾新平 等，2014）。结合GO数据库对含有genic SSR的Unigene进行功能分类。GO数据库包括3个相对独立的本体，分别描述所处的分子功能（Molecular function）、细胞组分（Cellular component）和参与的生物过程（Biological process）。研究结果表明，可将6958个Unigene划分为52个功能组，并对每一个功能组涉及的Unigene进行了统计分析。从图2中可以看出，8872个GO条目归属于分子功能，16072个GO条目归属于细胞组分，19567个GO条目归属于生物学过程。其中，细胞进程（cellular process，4238个）、结合活性（binding，4217个）、代谢进程（metabolic process，3932个）、细胞（cell，3408个）、细胞部分（cell part，3400个）和催化活性（catalytic activity，3284个）功能组中涉及的Unigene较多，而细胞连接（cell junction，7个）、生物相（biological phase，4个）、拟核（Nucleoid，3个）和共质体（Symplast，2个）功能组中涉及的Unigene较少。

2.2.3 Unigene的KO分析

KEGG代谢途径数据库包含了细胞内分子互的网络信息和生物特异性变异。KEGG建立了KEGG直系同源系统[the KEGG Orthology（KO）system]，这个系统通过把分子网络的相关信息连接到基因组中，从而发展和促进了跨物种注释流程。结合KO系统数据库，对松萝凤梨的1654个Unigene可能参与或涉及的代谢途径进行了统计分析。研究结果表明，可将这些Unigene归属于5大类的代谢途径，主要包括细胞过程（Cellular Processes）、环境信息处理（Environmental Information Processing）、遗传信息处理（Genetic Information Processing）、代谢（Metabolism）和有机系统（Organismal Systems）（图3）。其中涉及代谢和遗传信息处理的基因最多，分别为651个和507个，占总体的39.36%和30.65%。在遗传信息处理的基因中，涉及转录（Translation）和折叠、分类和降解（Folding，sorting and degradation）的最多，分别为195个和178个，占总体的11.79%和10.76%。而涉及能量代谢（Energy metabolism）和信号转导（Signal transduction）的基因分别为112个（6.78%）和108个（6.53%）。而涉及信号分子与相互作用（Signaling molecules and interaction）和感觉系统（Sensory system）的基因各1个。

3 讨论

在本研究中松萝凤梨转录组的62779条Unigene序列进行SSR搜索，结果表明松萝凤梨转录组中富含SSR位点。本研究从松萝凤梨转录组中发现其中14196条Unigene序列中含有17964个genic SSR位点，SSR出现频率为28.61%，这个比率高于印度南瓜的9.52%（王洋洋 等，2016）、建兰的17.54%（李小白 等，2014不）、洋葱的5.57%（李满堂 等，2015）、刺梨的20.37%（鄢秀芹 等，2015）、藏茵陈的8.16%（刘越 等，2015）、马铃薯的3.66%（巩檑 等，2015）、红掌的12.17%（郁永明 等，2015）、鸟巢蕨的14.14%（贾新平，2014）和梨的7.20%（Yue et al.，2014），但低于蓝靛果忍冬的32.51%（张庆田 等，2016）。出现这种情况的原因可能是物种间的真实SSR信息差异，或由SSR查找程序所使用的软件、SSR长度设定的标准、转录组数据库中的数据量及来源等方面的不同造成。今后需要制订一个统一的标准来进行比较。

本研究中，除了单核苷酸重复外，三核苷酸重复最为丰富（29.40%），其次是二苷核酸重复（22.30%）。这二类重复基序的高比例与一些植物中报道的结果类似，如建兰（李小白 等，2014b）、洋葱（李满堂 等，2015）等。松萝凤梨三核苷酸重复基序中CCG/CGG为其主要重复基元，这与建兰（AAG/CTT）（李小白 等，2014b）、洋葱（AAG/CTT）2015）不同。而松萝凤梨二核苷酸重复基序中AG/CT为其主要重复基元，这与建兰（李小白 等，2014）、蓝靛果忍冬（张庆田 等，2016）和红掌（郁永明 等，2015）相同，而与洋葱（AC/GT）不同。这些差异可能与植物自身genic SSR特点、数量以及转录组数据来源等密切相关。

微卫星的位置对于影响基因表达和开发标记而言非常重要（李小白等，2014b）。本研究中，对genic SSR的位置进行了分析。从理论上分析，来自于非编码区域的SSR由于面临的选择压力较与来自编码区域的要小，所以有比较高的多态潜能（李小白 等，2014a）。为了开发多态性的genic SSR，应重点选择来自非编码区域（包括5′UTR和3′UTR）的重复较多且为小基元的genic SSR进行引物设计。

松萝凤梨转录组中这些genic SSR信息为开发

genic SSR 标记奠定了基础，而对含有这些 genic SSR 的 Unigene 进行注释也为后续研究提供了相关基因信息。在注释中发现这些 Unigene 涉及了许多生物功能和重要的代谢途径，预示着这些潜在的标记可能与重要的生物功能有关。这些潜在的标记将有助于松萝凤梨遗传多样性等研究；在基因定位上，一旦标记与某一感兴趣的性状相关，此基因内部标记所在的基因以及相关信息将会有助于解析此基因与表现型的内在联系。同时这些 genic SSR 由于其来自于基因内部，可转移性较强，甚至可以广泛地应用于其他空气凤梨乃至铁兰属种间的更多物种研究。因此，本研究结果对松萝凤梨乃至铁兰属空气凤梨的鉴定、亲缘关系、遗传多样性研究、种质资源利用及分子育种具有重要的意义。

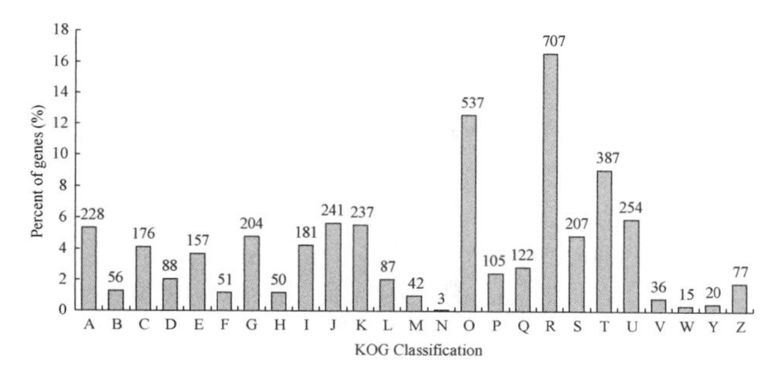

A：RNA 加工和修饰；B：染色质结构和动力学；C：能量产生和转换；D：细胞周期控制、细胞分裂和染色体分离；E：氨基酸转运和新陈代谢；F：核酸转运和代谢；G：碳运输和新陈代谢；H：辅酶运输和代谢；I：脂类转运和代谢；J：翻译、核糖体结构和合成；K：转录；L：复制、重组和修复；M：细胞壁/膜/核膜的合成；N：细胞机动性；O：翻译后修饰、蛋白翻转和分子伴侣；P：无机离子转运和代谢；Q：二级代谢生物加工、转运和分解代谢；R：一般预测功能组；S：未知功能；T：信号传导机制；U：胞内的交换、分泌和膜泡输送；V：防御机制；W：胞外结构；Y：核结构；Z：细胞骨架。

A：RNA processing and modification；B：Chromatin structure and dynamics；C：Energy production and conversion；D：Cell cycle control, cell division, chromosome partitioning；E：Amino acid transport and metabolism；F：Nucleotide transport and metabolism；G：Carbohydrate transport and metabolism；H：Coenzyme transport and metabolism；I：Lipid transport and metabolism；J：Translation, ribosomal structure and biogenesis；K：Transcription；L：Replication, recombination and repair；M：Cell wall/membrane/envelope biogenesis；N：Cell motility；O：Posttranslational modification, protein turnover, chaperones；P：Inorganic ion transport and metabolism；Q：Secondary metabolites biosynthesis, transport and catabolism；R：General function prediction only；S：Function unknown；T：Signal transduction mechanisms；U：Intracellular trafficking, secretion, and vesicular transport；V：Defense mechanisms；W：Extracellular structures；Y：Nuclear structure；Z：Cytoskeleton.

图 1　含有 genic SSR 序列的 KOG 预测分类以及可能的功能

Fig. 1　KOG prediction and possible function of unigenes containing genic SSR

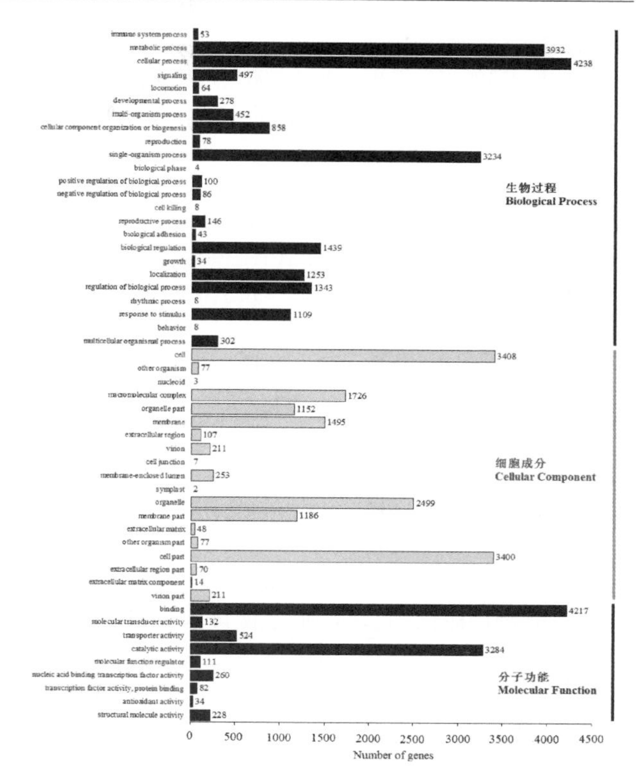

图 2　含有 genic SSR 序列涉及的 GO 功能组

Fig. 2　GO functional classifications of unigenes containing genic SSR

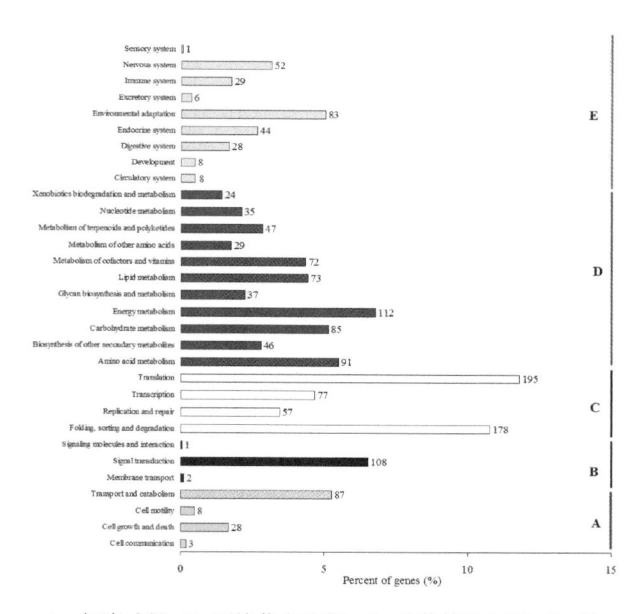

A：细胞过程；B：环境信息处理；C：遗传信息处理；D：代谢；E：有机系统

A：Cellular Processes；B：Environmental Information Processing；C：Genetic Information Processing；D：Metabolism；E：Organismal Systems.

图 3　含有 genic SSR 序列涉 KEGG 直系同源系统分析

Fig. 3　Analysis of KEGG Orthology (KO) system for unigenes containing genic SSR

参考文献

1. 丁久玲，郑凯，俞禄生．2008. 不同浓度氮肥对松萝凤梨生长的影响[J]. 安徽农业科学，(26)：11444-11445.
2. 贾新平，孙晓波，邓衍明，等．2014. 鸟巢蕨转录组高通量测序及分析[J]. 园艺学报，41(11)：2329-2341.
3. 巩檑，程永芳，甘晓燕，等．2015. 马铃薯转录组 EST-SSR 挖掘及其多样性分析[J]. 分子植物育种，(07)：1535-1544.
4. 李俊霖，李鹏，王恒蓉，等．2013. 特殊植物类群空气凤梨对大气污染物甲醛的净化[J]. 环境工程学报，(04)：1451-1458.
5. 李小白，向林，罗洁，等．2013. 转录组测序(RNA-seq)策略及其数据在分子标记开发上的应用[J]. 中国细胞生物学学报，(05)：720-726.
6. 李小白，金凤，金亮，等．2014a. 利用建兰转录数据开发 genic-SSR 标记[J]. 农业生物技术学报，22(8)：1046-1056.
7. 李小白，向林，罗洁，等．2014b. 建兰转录本的微卫星序列和单核苷酸多态性信息分析[J]. 浙江大学学报(农业与生命科学版)，(04)：463-472.
8. 刘晓娜，俞禄生，沈永宝．2010. 6 种空气凤梨解剖学特征与耐旱性的关系[C]. 中国观赏园艺研究进展 2010：470-474.
9. 刘越，岳春江，王翊，等．2015. 藏茵陈川西獐牙菜转录组 SSR 信息分析[J]. 中国中药杂志，(11)：2068-2076.
10. 王芳，谭俊杰，李秀伟．2013. 松萝凤梨微观特性研究与植物窗帘构建[J]. 南京理工大学学报(自然科学版)，37(2)：325-330.
11. 王洋洋，单文琪，徐文龙，等．2016. 印度南瓜转录组 SSR 信息分析及其多态性研究[J]. 园艺学报，43(3)：578-586.
12. 鄢秀芹，鲁敏，安华明．2015. 刺梨转录组 SSR 信息分析及其分子标记开发[J]. 园艺学报，(02)：341-349.
13. 俞禄生．神奇的无根花卉：空气凤梨[G]. 北京：中国农业出版社，2009.
14. 郁永明，田丹青，潘晓韵，等．2015. 基于红掌转录组序列的 SSR 标记分析与开发[J]. 分子植物育种，13(6)：1349-1354.
15. 张庆田，李晓艳，杨义明，等．2016. 蓝靛果忍冬转录组 SSR 信息分析及其分子标记开发[J]. 园艺学报，43(3)：557-563.
16. Figueiredo A M G, Nogueira C A, Saiki M, Milian F M, Domingos M. 2007. Assessment of atmospheric metallic pollution in the metropolitan region of São Paulo, Brazil, employing *Tillandsia usneoides* L. as biomonitor[J]. Environmental Pollution, 145(1): 279-292.
17. Yue X, Liu G, Zong Y, Teng Y, Cai D. 2014. Development of genic SSR markers from transcriptome sequencing of pear buds[J]. Journal of Zhejiang University SCIENCE B, 15(4): 303-312.
18. Zheng G, Pemberton R, Li P. 2016. Bioindicating potential of strontium contamination with Spanish moss *Tillandsia usneoides*[J]. Journal of Environmental Radioactivity, 152: 23-27.

温度对朱顶红花粉萌发的影响*

于 波　黄丽丽　孙映波　朱根发①
（广东省农业科学院环境园艺研究所，广东省园林花卉种质创新综合利用重点实验室，广州 510640）

摘要　本研究模拟了华南地区冬季和春季昼夜温度（5～45℃）变化，利用新鲜的朱顶红花粉萌发试验。结果表明，I_2-KI 染色法不适用于花粉活力检测。朱顶红花粉最适宜的萌发温度为 20～25℃，萌发率达 75.77%。花粉在 5℃低温培养 12 小时，再经 25℃培养 24 小时后，萌发率达 75.55%。40℃高温对朱顶红花粉萌发影响很大。花粉经 40℃培养 6 小时，再经 25℃培养 24 小时后，萌发率降为 11.30%。本研究为华南地区冬季和春季朱顶红杂交授粉提供了技术支持。

关键词　朱顶红；花粉；温度；萌发

The Influence of Temperature on Pollen Germination of *Hippeastrum hybridum*

YU Bo　HUANG Li-li　SUN Ying-bo　ZHU Gen-fa
(*Environmental Horticulture Institute*, *Guangdong Academy of Agricultural Sciences*, *Guangdong Key Lab. of Ornamental Plant Germplasm Innovation and Utilization*, *Guangzhou* 510640)

Abstract　Artificial simulation of temperature (5 ～ 45℃) of south China in winter and spring on pollen culture in *Hippeastrum hybridum*. Using fresh pollen germination experiment was carried out. The results showed that I_2-KI staining method is not applicable to the pollen vitality detection. The optimal pollen germination temperature is for 20 ～ 25℃, and the germination rate was 75.77%. Pollen in 5℃ cold train 12 hours, then through 25℃ after 24 hours, the germination rate was 75.55%. At the same time, high temperature of 40℃ had a great influence on pollen germination of *Hippeastrum hybridum*. Pollen by 40℃ 6 hours, then through 25℃ after 24 hours, germination rate dropped to 11.30%. This study provides technical support for hybridization pollination of *Hippeastrum hybridum* in winter and spring in south China. support.

Key words　*Hippeastrum hybridum*; Pollen; Temperature; Germination

朱顶红（*Hippeastrum hybridum* Hort.）又名朱顶兰、孤挺花、华胄兰、并蒂莲、君子红、对红等，石蒜科多年生的草本植物，原产热带美洲，是世界著名的球根花卉。自 1799 年在英国组配第一个朱顶红杂交种以来，经过 200 多年不断杂交选育，已经培育出大花、重瓣、具香味等丰富的品种群，不仅适于盆栽，更适用于庭院和公共绿地种植。近年来国内多个单位开展了朱顶红资源引进和杂交育种研究（田松青，2007；叶露，2007；原雅玲 等，2008；吕文涛 等，2010；李克平，2011；石丰瑞 等，2014）。同时，我国各地群众自发形成的民间育种群体也日益发展壮大，这些爱好者被称为"朱迷"。

本单位近年来在华南地区开展朱顶红杂交育种研究时，常出现结实率偏低的现象。对此，我们模拟华南地区冬季和春季一天中的温度变化，调查低温和高温对朱顶红花粉培养的影响，以期对今后广东地区朱顶红冬季和春季杂交授粉工作提供有益的技术参考。

1　材料与方法

1.1　植物材料

供试材料为荷兰进口大花朱顶红品种"花边石竹"（Picotee），种球保存在广东省名优花卉种质资源圃，于 4 月中旬开花，取刚刚开裂的花药，25℃干燥环境下放置 4 小时后，待花药壁已经萎缩，花粉完全

* 基金项目：广州市产学研协同创新重大专项"朱顶红种质资源创新和产业化生产关键技术研究"（2016201604030076）；广东省科技计划项目"朱顶红促成生产关键技术研究与应用"（2014A020208062）；广东省重点实验室建设支撑项"石蒜科重要花卉资源收集、鉴评与关键产业技术研究"（2012A061100007）。

① 通讯作者。Author for correspondence（E-mail：zhugf@163.com）。

散落时，用金属网筛筛除花药壁，将花药装入离心管，4℃保存备用。

1.2　花粉活力测试

采用碘-碘化钾(I_2-KI)染色法进行花粉活力测定。参照于波等(2015)I_2-KI溶液配制方法略有修改：将1g碘溶解于50ml无水乙醇，然后加入250ml去离子水摇匀，加入2g碘化钾溶解混匀。检测活力时，将I_2-KI溶液轻轻滴在花粉上，然后在50倍显微镜下观察拍照。统计花粉总数和具有明显着色的花粉数，计算花粉活力。计算公式：花粉活力(%)=(着色明显的花粉数÷花粉总数)×100%。观察3个视野，每个视野花粉不少于40个花粉。

1.3　温度条件控制和花粉培养

利用1台冷柜、两台生化培养箱、组培室和4台烘箱进行花粉培养试验，其中冷柜为5℃，生化培养箱分别为15℃和20℃，组培室为25℃，烘箱分别为30℃、35℃、40℃和45℃。花粉萌发培养基为蔗糖50g/L+无水氯化钙1.0g/L+硼酸0.5g/L(pH6.0)。将培养基滴入凹面载玻片，用牙签蘸取花粉，轻轻涂抹在培养基表面。将载玻片放置在离心管盒中，离心管盒底放有吸足水分的卫生纸。盖好离心管盒盖，用自封袋密封。将离心管盒放入相应温度环境中培养。培养后，将花粉管长度大于或等于2倍花粉直径的作为萌发花粉。萌发率计算公式：花粉活萌发率(%)=(萌发的花粉数 ÷ 花粉总数)× 100%。观察3个视野，每个视野花粉不少于40个花粉。

将花粉分别置于5℃、15℃、20℃、25℃、30℃、35℃、40℃和45 ℃培养24小时，观察和统计花粉萌发情况，确定花粉适宜的萌发温度。将花粉先置于5℃培养12小时，模拟冬季夜间低温天气，然后置于25℃恢复培养24小时，观察和统计花粉萌发情况，确定5℃低温对花粉萌发的影响。将花粉置于40℃分别培养1、2、4和6小时，模拟春季中午高温天气，然后置于25℃恢复培养24小时，观察和统计花粉萌发情况，确定40℃高温对花粉萌发的影响。

1.4　显微拍照

花粉染色和萌发的显微观察采用ZEISS正置显微镜(Axio Scope A1，德国)。使用AxioVision软件进行图像捕捉和保存。

1.5　统计分析

各个试验处理使用SAS V8.02软件进行数据分析。采用Duncan's(1955)比较法进行差异显著性测验。

2　结果与分析

2.1　I_2-KI染色分析

首先对朱顶红花粉进行I_2-KI染色分析(图1A)，结果表明，36.36%着色十分明显，54.55%着色次之，9.09%着色不明显，花粉活力为90.91%，表明这批花粉活力比较高，适于进行花粉萌发试验。花粉25℃培养24小时后，花粉活力为76.07%，并再次进行I_2-KI染色分析(图1B)，除了花粉，萌发的花粉管也染色明显，表明淀粉转移至花粉管中。同时，发现部分着色明显的花粉并没有萌发。

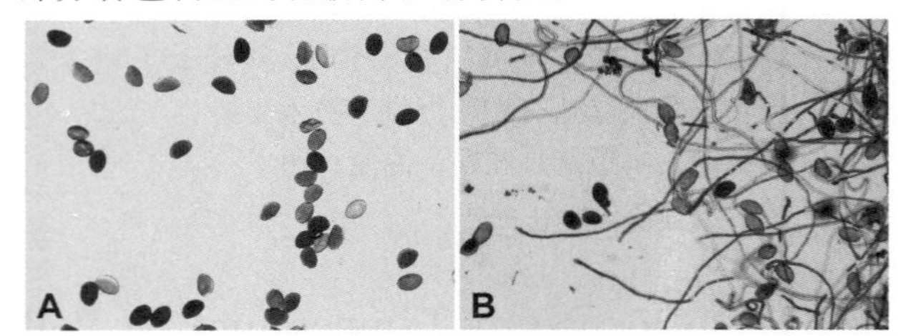

图1　花粉I_2-KI染色分析

A：培养前染色；B：25 ℃培养24小时后染色

2.2　朱顶红花粉适宜的萌发温度

将花粉分别置于5℃、15℃、20℃、25℃、30℃、35℃、40℃和45℃培养24小时后，花粉萌发情况如表1和图2所示，20~30℃培养后，花粉萌发率较高，分别为81.77%、81.17%和80.80%，方差分析表明没有显著差异；但是，从萌发的花粉管形态和质量来看，20℃和25℃培养的较好，30℃培养后，花粉管出现扭曲现象。另外，5℃低温对花粉萌发有明显的影响，萌发率为42.13%。35℃高温对花粉影响更明显，萌发率仅为23.83%，且花粉管较短。当培养温度升高至40℃时，仅有极个别花粉萌发，萌发率降为1.30%。当温度升高到45℃，花粉完全没有萌发。

表1　朱顶红花粉在5~45 ℃培养24小时后的萌发率

培养温度(℃)	萌发率(%)
5	42.13 ± 1.53^{c}
15	71.77 ± 1.37^{b}
20	75.77 ± 0.86^{a}
25	76.07 ± 1.55^{a}
30	75.80 ± 1.74^{a}
35	23.83 ± 3.02^{d}
40	1.30 ± 1.13^{e}
45	0 ± 0^{e}

注：不同字母表示不同试验处理条件下的显著性测验($P \leq 0.05$)，下同。

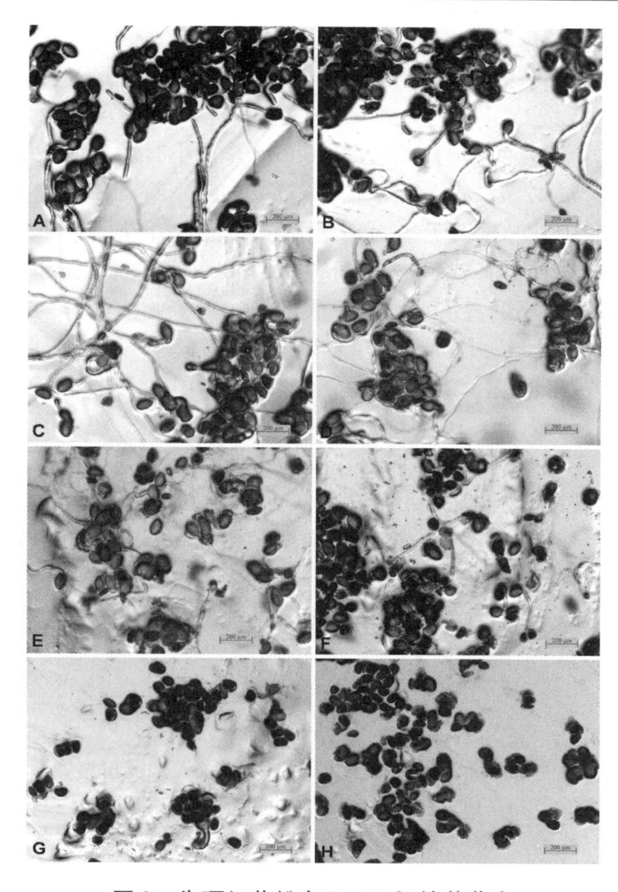

图2　朱顶红花粉在5～45 ℃培养萌发

A：5 ℃培养；B：15 ℃培养；C：20 ℃培养；D：25 ℃培养；E：30 ℃培养；F：35 ℃培养；G：40℃培养；H：45 ℃培养。

2.3　低温5℃培养和25℃恢复培养

模拟春季夜间低温天气，首先将花粉先置于5℃培养12小时，萌发情况如图3A所示，萌发率为42.05%，然后置于25℃培养24小时，萌发情况如图3B所示，萌发率恢复到75.55%。

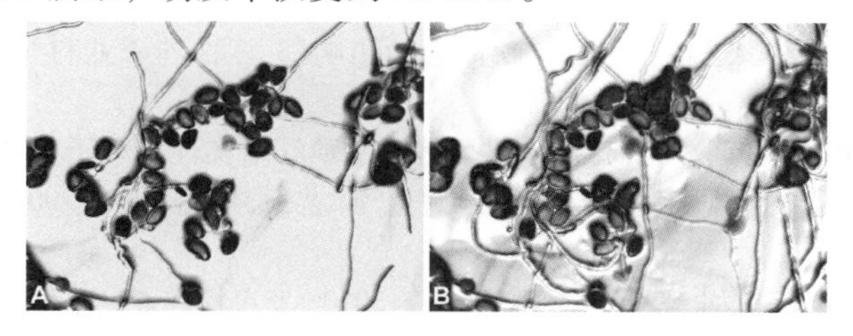

图3　朱顶红花粉经5 ℃和25 ℃恢复培养的萌发

A：5 ℃培养12小时；B：5 ℃培养12小时后经25 ℃培养24小时。

2.4　高温40 ℃培养和25℃恢复培养

模拟华南地区春季中午炎热天气，将花粉置于40℃分别培养1、2、4和6小时，然后置于25℃恢复培养24小时后，花粉萌发情况如表2和图4所示。结果表明40 ℃高温培养对花粉萌发的影响很大。当40℃培养1小时，25℃恢复培养后的萌发率为47.43%；随着40℃培养时间的延长，恢复培养后的萌发率急剧下降，40℃培养6小时，25℃恢复培养后，萌发率降至11.30%，并且花粉管严重变短。

表2　40℃培养和25℃恢复培养后的萌发率(%)

40℃培养时间(h)	恢复培养后的萌发率(%)
1	47.43 ± 1.50^{a}
2	17.33 ± 1.40^{b}
4	14.30 ± 0.92^{c}
6	11.30 ± 0.98^{d}

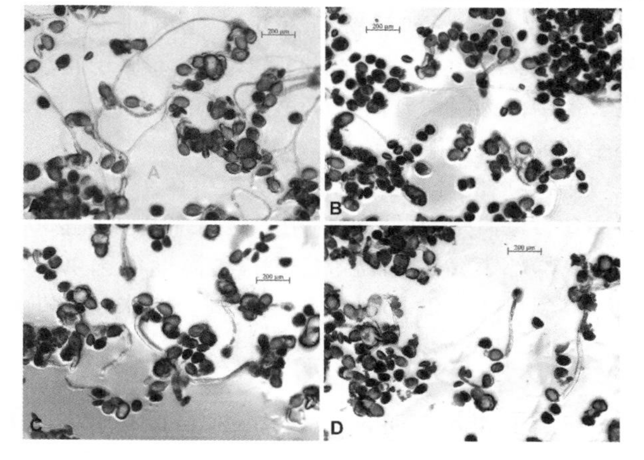

图4　朱顶红花粉经40℃和25℃恢复培养的萌发

A：40℃培养1小时后经25℃培养24小时；B：40℃培养2小时后经25℃培养24小时；C：40℃培养4小时后经25℃培养24小时；D：40℃培养6小时后经25℃培养24小时。

3　讨论

本研究首先对花粉进行I_2-KI染色分析花粉活力，结果表明花粉90.91%都具有活力，而后进行25℃培养24小时后花粉活力为76.07%，I_2-KI染色分析得出的花粉活力明显高于实际的萌发率。萌发后再次进行I_2-KI染色分析，发现部分着色明显的花粉并没有萌发，这表明没有活力且不具备萌发能力的花粉也能被I_2-KI染色，该方法不适于进行朱顶红花粉活力检测。相似的，在其他植物如玉米(王艳哲 等，2010)、臭椿(王永周 等，2008)、马蹄莲(刘帮龙 等，2011)、菊(赵宏波 等，2006)和月季(周家杏 等，2007)等，I_2-KI染色法也不适用。建议今后可尝试其他方法进行朱顶红花粉活力检测。

本研究表明朱顶红花粉适宜的萌发温度为20～25℃，这与叶露和史益敏(2008)与周婷等(2016)在朱顶红上的研究结果相似。目前的研究表明，许多植物如桃花(杜纪红 等，2008)、番茄(于璐 等，2014)、甜瓜(苏永全，2012)、胡萝卜(武喆 等，2010)和核桃(吴开志 等，2008)等花粉的适宜萌发温度均在20～25 ℃范围内，但也有少数植物如风信子

(李玉萍 等，2010)和蜡梅(龚双姣 等，2012)等花粉的适宜萌发温度为15～20℃，而另有少数植物如牛角瓜(刘鹏 等，2015)和罗汉松(张东旭 等，2010)等花粉适宜萌发温度达30℃。花粉适宜萌发温度可能与其在原生地开花季节的气候有关。

朱顶红低温处理的种球可诱导冬季开花，此时华南地区夜间温度仍然较低，有时会出现低至5℃的情况，低温对花粉萌发影响还不清楚。研究团队模拟春季夜间低温，首先将花粉先置于5℃培养12小时，萌发率为42.05%，然后置于25℃培养24小时，萌发率恢复到75.55%，表明夜间5℃虽然不适于花粉萌发，但当白天温度升高到25℃后，萌发率仍然较高，不会造成不良影响。

朱顶红在华南地区自然花期集中在4月上旬至5月中旬，以广州为例，此时中午最高气温已升至30～35℃，局部小气候(如温室大棚等)温度可达40℃以上，高温可持续2～6小时。这种高温对朱顶红花粉萌发的影响也尚不清楚。我们模拟华南地区春季温度变化，首先将花粉置于40℃培养，然后置于25℃恢复培养24小时后观测萌发率。发现40℃高温培养对花粉萌发的影响非常大，40℃培养1小时后的萌发率降为47.43%，40℃培养6小时，萌发率仅为11.30%。这表明华南地区朱顶红自然开花时，不宜在上午授粉，尽量选择下午16：00以后，因为40℃甚至更高的温度可能杀死大部分花粉。此前的国内研究表明，朱顶红杂交授粉通常选择上午(田松青，2007；叶露，2007；吕文涛 等，2010；石丰瑞 等，2014)或下午16：00(叶露，2007)。因此，在全国各地不同地区开展朱顶红杂交育种时，要根据具体天气情况确定授粉时机。

综上，本研究模拟华南地区冬季和春季一天中的温度变化，调查了低温和高温对朱顶红花粉培养的影响，这项工作为今后华南地区朱顶红杂交授粉工作提供有价值的的技术参考。

参考文献

1. 杜纪红，叶正文，苏明申，等. 2011. 桃花粉离体萌发和花粉管生长特性研究[J]. 西北植物学报，31(1)：64－71.
2. 龚双姣，马陶武，刘强. 2012. 培养基组分及培养条件对蜡梅花粉萌发及花粉管生长的影响[J]. 西北植物学报，32(6)：1254－1260.
3. 李克平. 2011. 过把育种瘾——我在阳台上自育白肋朱顶红新品种[J]. 中国花木盆景，6：10－11.
4. 李玉萍，王春彦，汤庚国，等. 2010. 培养基组分和培养温度对风信子花粉萌发的影响[J]. 江苏农业科学，1：66－68.
5. 刘帮龙，张晓慧，干友民，等. 2011. 野生马蹄金花粉生活力检测方法比较[J]. 草业科学，28(11)：1941－1944.
6. 刘鹏，张太奎，王连春，等. 2015. 牛角瓜花粉离体萌发研究[J]. 经济林研究，33(2)：143－148.
7. 吕文涛，成海钟，周玉珍，等. 2010. 朱顶红人工授粉的结实率与出苗率研究初报[J]. 江苏农业科学，1：185－187.
8. 石丰瑞，薛璟祺，穆鼎，等. 2014. 朱顶红17个品种杂交效率差异及其原因初探[J]. 园艺学报，41(3)：553－563.
9. 苏永全. 2012. 温度对不同类型甜瓜花粉萌发率的影响[J]. 长江蔬菜(学术版)，4：17－18.
10. 田松青. 杂种朱顶红(*Hippeatrum Hybridum*)杂交育种与栽培研究[D]. 南京：南京农业大学. 2007.
11. 王艳哲，崔彦宏，张丽华，等. 2010. 玉米花粉活力测定方法的比较研究[J]. 玉米科学，18(3)：173－176.
12. 王永周，古松，江莎. 2008. 臭椿花粉生活力的测定方法及对比实验[J]. 内蒙古农业大学学报. 29(1)：88－92.
13. 吴开志，肖千文，廖运洪，等. 2008. 核桃花粉离体萌发的培养基研究[J]. 果树学报，25(6)：941－945.
14. 武喆，刘霞，张光星. 2010. 不同温度对胡萝卜花粉活力的影响[J]. 华北农学报，25(4)：116－118.
15. 叶露，史益敏. 2008. 朱顶红花粉萌发和花粉贮藏性研究[J]. 上海交通大学学报(农业科学版)，26(1)：9－12.
16. 叶露. 朱顶红杂交育种研究[D]. 上海：上海交通大学，2007.
17. 于波，黄丽丽，孙映波，等. 2015. 朱顶红幼嫩子房和小花梗体外诱导试管小鳞茎的研究[C]. 中国观赏园艺研究进展，233－237.
18. 于璐，蒋芳玲，周蓉，等. 2014. 培养基类型和培养温度对引进番茄品种花粉活力的影响[J]. 江苏农业科学，42(1)：110－113.
19. 原雅玲，赵锦丽，樊璐，等. 朱顶红结实性与种子繁殖技术研究[C]. 中国观赏园艺研究进展. 2008，283－286.
20. 张东旭，周凤，刘丽敏，等. 2010. 罗汉松和五针松体外花粉萌发及花粉管生长研究[J]. 山西农业大学学报(自然科学版)，30(3)：223－227.
21. 赵宏波，陈发棣，房伟民. 2006. 菊属植物花粉生活力检测方法的比较[J]. 浙江林学院学报，23(4)：406-409.
22. 周家杏，曾丽，陶懿伟，等. 2007. 微型月季花粉生活力测定方法的研究[J]. 上海交通大学学报(农业科学版)，25(6)：574－577.
23. 周婷，林芙蓉，娄晓鸣. 2016. 朱顶红'苹果花'花粉活力和贮藏性研究[J]. 现代园艺，1：10－11.

庭院百合新品种引种试验*

吴 杰　王晓静　王文和①　何祥凤　张克中
（北京农学院园林学院，林果业生态环境功能提升协同创新中心，北京 102206）

摘要　本文通过对新引种的 11 个庭院百合的观赏性状和繁殖特性进行对比分析，筛选出观赏性状和繁殖能力均表现良好的百合，为今后庭院百合的园林推广应用提供帮助。研究发现：‘灼热’（‘Tine Glow’）和‘小火箭’（‘Tiny Rocket’）株型较低，花朵数多，繁殖系数高，可用作花境前景或小型盆栽；‘婚纱’（‘Annemarie’s Dream’）和‘沃特斯’（‘Easy Waltz’）花径较小花朵数多，繁殖系数和生根数均表现良好，可在园林中丛植或片植，且‘婚纱’花为白色，能够营造纯洁而优雅的观赏效果；‘双胞胎’（‘Red Twin’）花大且特别，‘天舞’（‘Easy Dance’）为双色花，两者植株较高，繁殖系数和生根数均表现良好，可在主景中作为观花材料进行种植；而‘亮钻’（‘Bright Diamond’）和‘罗马广场’（‘Navona’）繁殖系数和生根数低，因此不适合在园林广泛应用，但可利用其花色、花型等特性作为杂交选育的亲本，以培育更优质的百合新品种。
关键词　庭院百合；观赏性状；繁殖特性；园林应用

The Introduction Trial of New Garden Lily Varieties

WU Jie　WANG Xiao-jing　WANG Wen-he　HE Xiang-feng　ZHANG Ke-zhong
(*Department of Landscape*, *Beijing University of Agriculture*, *Beijing*, *Beijing Collaborative Innovation Center for Eco-environmental Improvement with Forestry and Fruit Trees*, *Beijing* 102206)

Abstract　This paper analyzed the ornamental and breeding characteristics of 12 new garden lilies, then screened the lilies with good performance of those two characteristics, hoping to help promote the use of the garden lily in the future. The study found, we found ‘Tine Glow’ and ‘Tiny Rocket’ have low plant type, more flowers and propagation coefficient, that can be used as foreground or small potted flower border; ‘Annemarie’s Dream’ and ‘Easy Waltz’ have smaller flower diameter, more flowers, propagation coefficient and rooting number performed well, that can be used in garden clump planting or sheet plant, and the ‘Annemarie’s Dream’ has white flowers , that create pure and elegant viewing. ‘Red Twin’ has large and exotic flowers, ‘Easy Dance’ has two flower colors, they are both higher plants, propagation coefficient and rooting number performed well, that can be in the main scene as flower planting material. ‘Bright Diamond’ and ‘Navona’ have low propagation coefficient and rooting number, therefore there are not suitable for using in a wide range of garden, but they could be a parent to use their color, pattern and other characteristics for hybrid breeding, to foster more high-quality new varieties of lilies.
Key words　Garden lily; Ornamental characteristics; Reproductive characteristics; Landscape application

庭院百合是指适合盆栽或地栽，能在庭院和园林绿地中应用的百合，宜片植于疏林、草地或布置成花境、花丛等，是新增的园林花卉材料[1]。其特点是抗逆性强，花色丰富，花朵繁茂，生长健壮，养护管理简单等[2]。庭院百合花大、色彩鲜艳，有些品种植株高大，类似于灌木，是深受人们喜爱的一类花卉，经常与庭院中的树木、花草配置在一起，高低错落，形成良好的观赏效果[3]。目前，庭院百合在我国研究较少，其中栽培与育种是限制其广泛应用的一个重要方面。庭院百合的广泛应用需要扩大繁殖和普及生产，这就需要人工快速繁殖以提高增殖率。百合是多年生球根花卉，繁殖方法主要包括种子繁殖、分球繁殖、小鳞茎繁殖、珠芽繁殖、鳞片繁殖和组织培养等。大多数百合从播种到开花大约需要 3～4 年的时间，周

* 基金项目：北京市科技提升计划项目（TJSHG201310020020）；北京市科技计划项目：自主知识产权园林植物良种培育及快繁关键技术研究（D161100001916003）。
① 通讯作者。1964/男/教授/博士/园林植物资源与育种 E－mail：wwhals@163.com。

期长且变异性大，因此目前百合繁殖多以无性繁殖为主。百合鳞茎中鳞片很多，扦插繁殖时每片鳞片的基部都能产生几个小鳞茎，而每个小鳞茎会长成一个新个体[4]。这是小鳞茎繁殖和珠芽繁殖都无法相比的一个优点，同时由于组织培养需要大量的人力、设备和经费，且移栽成活率低，因此扦插繁殖是快速繁殖百合的有效方法。本研究通过对不同庭院百合的观赏特性以及扦插繁殖特性进行比较研究，找到适合园林应用和推广的百合新品种，以期为今后庭院百合的选材应用和推广繁育提供帮助。

1 材料与方法

1.1 试验材料

从荷兰进口的11个亚洲百合新品种——‘小火箭’(‘Tiny Rocket’)、‘丰收’(‘Tiny Double You’)、‘沃特斯’(‘Easy Waltz’)、‘灼热’(‘Tine Glow’)、‘双胞胎’(‘Red Twin’)、‘亮钻’(‘Bright Diamond’)、‘罗马广场’(‘Navona’)、‘篝火’(‘Mapira’)、‘婚纱’(‘Annemarie’s Dream’)、‘天舞’(‘Easy Dance’)、‘香精’(‘Wine Flavour’)。百合鳞片扦插基质要求透气性好，本试验采用直径0.2～0.5cm的颗粒泥炭和蛭石等比例混合作为扦插基质。

1.2 试验方法

1.2.1 试验时间及地点

本次试验材料种植于北京农学院园林植物实践基地，鳞片扦插试验于2015年10月进行。

1.2.2 庭院百合观赏性状的观察与记录

本试验测量、观察并记录11个新品种百合的株高、花色、花型、花径和花朵数。株高是指植株地面(基质)以上高度(单位：cm)。花径是指开花第一天的花朵其花冠的直径(单位：cm)。花型分为喇叭型、碗型、盘型、下垂反卷型和倒杯型。花色是根据国际标准比色卡比对内外轮花瓣的颜色所得。花朵数是指每个单株的花蕾数。

1.2.3 不同品种百合鳞片的扦插

本试验采用鳞片埋片扦插法，选择种球健壮、鳞片肥厚、病虫害和机械损伤较小，大小均一的中层鳞片，经25%多菌灵600倍溶液浸泡，在此期间不间断地搅拌，使药剂与鳞片充分接触。30min后取出鳞片，放在干燥通风的地方，使鳞片阴干。一般鳞片扦插所需要的湿度在50%左右，以用手捏紧基质时不出水，松开时基质能散成团为最适基质。将事先配制好的基质铺4～6cm厚于扦插用的塑料筐中，将消毒阴干的鳞片凹面向上，平铺在基质上，在其上铺一层4cm的基质，再平放鳞片，一般可放4层鳞片。顶层再覆盖6cm左右的基质。扦插好后，用透明塑料膜遮盖塑料筐放在阴凉的暗室。扦插后鳞片立即喷水，之后尽量少浇水，但要保证基质有足够的水分。根据往年经验，在其生长70天后，取出一些小鳞茎，将其浸泡、清洗，稍晾干后，测量小鳞茎的籽球数和总根数，并计算平均繁殖系数。

平均繁殖系数 = 籽球总数/鳞片总数

平均生根数 = 总根数/籽球总数

2 结果与分析

2.1 观赏性状的观察与分析

观赏性状是花卉在园林应用中最主要的性状，因其观赏性状的不同园林用途也不同。为方便今后的园林应用，本实验调查了庭院百合的主要观赏性状(表1)：株高、花色、花径、花型和花朵数。园林中将植株按照高度的不同配置在不同的位置，庭院植物按照株高分为3种类型：背景植物(100～150cm)、中景及主体花卉(40～90cm)和前景植物(15～30cm)[5-6]。本试验按照株高，将其分为中景和前景。适合做中景的品种有‘丰收’‘沃特斯’‘香精’‘双胞胎’‘亮钻’‘罗马广场’‘天舞’‘婚纱’和‘篝火’，适合做前景的品种有‘小火箭’和‘灼热’。颜色：‘小火箭’‘沃特斯’‘双胞胎’和‘篝火’接近红色，‘丰收’和‘香精’接近橙色，‘亮钻’‘罗马广场’和‘婚纱’是白色，‘灼热’为黄色，‘天舞’为基部为紫黑色，边缘为黄绿色。花型：大多数花型均为碗型，只有‘篝火’是盘型，‘香精’是喇叭型。花径：花径是植物观赏方面一个重要的性状，在实际应用中根据花径的不同选择配置在不同的地方，试样中的品种花径不一，在8.2～19cm之间，差别较大，根据园林中的实际应用，将其分为3类，花径在8.2～10.5cm之间、10.5～14.5cm之间以及15.8～19cm之间。第一类的品种花径从小到大依次为：‘天舞’‘丰收’‘婚纱’。第二类品种花径从小到大依次为：‘小火箭’‘沃特斯’‘灼热’‘罗马广场’‘香精’‘篝火’。第三类品种花径从小到大依次为：‘双胞胎’‘亮钻’。花朵数：试验材料的花朵数差异较大，‘香精’‘双胞胎’和‘篝火’为1～3朵之间，‘丰收’‘灼热’‘亮钻’‘罗马广场’‘天舞’花径花朵数在2～5朵之间，‘小火箭’‘沃特斯’‘婚纱’花朵数较多在3～8朵之间。

表 1 庭院百合观赏性状

Table 1 Theornamental characteristic of garden lily

序号 Number	名称 Name	英文名 English name	株高(cm) Plant height	花色 Flower color	花径(cm) Flower diameter	花型 Pattern	花朵数 Flower number
1	小火箭	Tiny Rocket	38	RED 53A	11.5	碗型	3~8
2	丰收	Tiny Double You	48	ORANGE 25D	9.2	碗型	2~4
3	沃特斯	Easy Waltz	58	RED-PURPLE 69A	11.5	碗型	3~6
4	灼热	Tine Glow	33	YELLOW 9A	12	碗型	3~5
5	双胞胎	Red Twin	82	ORANGE 32A	15.8	碗型	1~2
6	亮钻	Bright Diamond	80	White NN155 B	19	碗型	2~4
7	罗马广场	Navona	70	White NN155 B	13	碗型	2~5
8	篝火	Mapira	70	GREYED-PURPLE 187A	14.5	盘型	1~3
9	婚纱	Annemarie's Dream	58	WHITE NN155 D	10.5	碗型	4~6
10	天舞	Easy Dance	80	YELLOW-GREEN 150B	8.2	碗型	2~4
11	香精	Wine Flavour	45	ORANGE-RED 33B	13.5	喇叭型	1~2

表 2 不同品种小鳞茎根数的比较

Table 2 Comparison of bulblet root of different varieties

序号 Number	名称 Name	英文名 English name	籽球总数(个) Bulblet number	总根数(根) Roots number	平均根数(根) Average root number
1	小火箭	Tiny Rocket	48	111	2.3
2	丰收	Tiny Double You	54	142	2.6
3	沃特斯	Easy Waltz	56	101	1.8
4	灼热	Tine Glow	100	163	1.6
5	双胞胎	Red Twin	66	180	2.7
6	亮钻	Bright Diamond	45	130	2.9
7	罗马广场	Navona	44	100	2.3
8	篝火	Mapira	68	143	2.1
9	婚纱	Annemarie's Dream	61	116	1.9
10	天舞	Easy Dance	53	95	1.8
11	香精	Wine Flavour	84	93	1.1

表 3 不同品种扦插繁殖特性的比较

Table 3 Comparative characteristics of different varieties of cutting propagation

序号 Number	名称 Name	英文名 English name	鳞片数(cm) Lateral line scales	小鳞茎数(个) Bulbulet number	繁殖系数 Propagation coefficient
1	小火箭	Tiny Rocket	30	48	1.6
2	丰收	Tiny Double You	30	54	1.8
3	沃特斯	Easy Waltz	30	56	1.9
4	灼热	Tine Glow	30	100	3.3
5	双胞胎	Red Twin	30	66	2.2
6	亮钻	Bright Diamond	30	45	1.5
7	罗马广场	Navona	30	44	1.5
8	篝火	Mapira	30	68	2.3
9	婚纱	Annemarie's Dream	30	61	2.0
10	天舞	Easy Dance	30	53	1.8
11	香精	Wine Flavour	30	84	2.8

2.2 不同品种扦插繁殖特性的比较

2.2.1 不同品种小鳞茎总根数的比较

根系是小籽球脱离母体后膨大和成活的关键。由表2可知，大多数品种总根数都达100根以上。只有‘香精’总根数最少，只有93根，‘双胞胎’的总根数较多为180根。从平均根数来看，‘香精’同样最少，为1.1根。其他品种平均根数差别不大，平均在2根以上。由此可见，只有‘香精’的总根数和平均根数最少，在之后分球移栽过程中膨大和成活率可能会较低。

2.2.2 不同品种小鳞茎平均繁殖系数的比较

小鳞茎数目越多，说明鳞片繁殖能力越强。由表3可知，不同品种在种植时间相同的情况下平均生籽球率有较大差异，‘灼热’籽球数最多为100个，平均生籽球率3.33，‘香精’籽球数其次为84个，平均生籽球率为2.8，其余几个品种籽球数集中在44~68个之间，平均生籽球率在1.47~2.27之间。由此可知，‘灼热’的繁殖系数最高，其他品种相似，平均1个鳞片可以着生2个左右的小籽球。

3 结论与讨论

本研究通过对新引种的11个百合品种进行观赏性状观察并结合园林应用分析得出：①就株高而言，多数品种在园林景观中适合做中景，只有‘小火箭’和‘灼热’适合做前景；②就花色而言，多数为暖色系，集中在黄色、红色和橙色，只有‘亮钻’‘罗马广场’和‘婚纱’是白色，‘天舞’为双色花，基部紫黑色，边缘为黄绿色；③从花径和花朵数来看，‘双胞胎’‘亮钻’花大花朵数较少，可作为主要观花型的植物配置在主景位置；‘小火箭’‘沃特斯’‘婚纱’花径较小花朵数多，可丛植或片植，营造良好的景观效果；④新引种的植物花型差别不大，多为碗型。为更好地园林推广和应用，本试验通过百合扦插繁殖对11个品种繁殖特性进行了比较，研究发现多数品种平均根数为2根以上，差别不大，但是‘香精’的总根数和平均根数最少，因此研究发现‘香精’不适合大量繁殖应用；从繁殖系数来看，‘灼热’繁殖系数较高，可通过扦插大量繁殖，而‘亮钻’‘罗马广场’繁殖系数较低，不适合大量繁殖应用。综上所述：‘灼热’和‘小火箭’株型较低，花朵数多，繁殖系数高，可在园林中进行推广，用作前景或小型盆栽；‘婚纱’和‘沃特斯’花径较小花朵数多，繁殖系数和生根数均表现良好，可在园林中丛植或片植，且‘婚纱’花为白色，能够营造纯洁而优雅的观赏效果；‘双胞胎’花大，‘天舞’为双色花，两者植株较高，繁殖系数和生根数均表现良好，可用于主景观花进行种植；‘亮钻’‘罗马广场’繁殖系数和生根数低，而‘香精’生根数低，因此三者不适合园林应用广泛推广，但可利用其花色、花型等特性作为杂交选育的亲本，以培育更优质的百合新品种。

我国是世界百合的分布中心，原产于中国的野生百合约47种，资源丰富，特有种类多[7]。百合作为球根花卉，一经栽培，多年观赏，管理成本低，利用百合丰富的品种，美好的寓意打造的园林景观将具有良好的发展前景[1]。庭院百合在欧美等发达国家的栽培应用十分普遍，已经成为与切花百合并驾齐驱的栽培类型[1]。在我国，庭院百合的栽培应用才刚刚起步，随着园林景观的发展，百合作为主要的球根花卉[7]，在庭院中的应用将越来越多。本研究通过对新引种的百合品种的调查发现，多数百合品种较适应试验地的环境气候，表现良好的观赏性状，可能是因为本次试验均采用亚洲百合为材料，因此在今后的园林应用中应尽可能多地选择亚洲百合为主要花材，从而营造出更好的景观环境。目前，我国对庭院百合以及百合的园林应用方面的研究较少，本次试验筛选出一些适合园林应用的百合品种，以期为今后庭院百合的发展提供参考。

参考文献

1. 赵祥云，王树栋，王文和，等．庭院百合实用技术[M]．北京：中国农业出版社，2016
2. 蔡曾煜．现代百合的种群分类[J]．中国花卉盆景，2001(12)：19-20
3. 刘朝阳，赵祥云，王文和，等．庭院百合的多样性及其应用[J]．农业科技与信息(现代园林)，2014，08：100-103.
4. 单艳，李枝林，赵辉．百合鳞片扦插繁殖技术研究综述[J]．中国农学通报，2006，08：365-368.
5. 耿欣，程祎，马娱．园林花卉应用设计[M]．武汉：华中科技大学出版社，2009
6. 吴越．北方花境植物材料选择与配置的研究[D]．东北农业大学，2010.
7. 龙雅宜，等．百合——球根花卉之王[M]．北京：金盾出版社，1999
8. 吴梦．武汉花境植物选择与应用研究[D]．华中农业大学，2010.
9. 张芬，周厚高．花境色彩设计及植物种类的选择[J]．广东农业科学，2012，23：32-36.
10. 张扬，许文超，史洁婷，等．园林花境的设计要点与植物材料的选择[J]．生态经济，2015，03：191-195.

我国观赏植物新品种保护现状

褚云霞[1,2]　陈海荣[1,2]①　邓 姗[1,2]　李寿国[2]　黄志城[1,2]
([1]上海市农业科学院农产品质量安全与检测技术研究所，上海 201403；
[2]农业部植物新品种测试(上海)分中心，上海 201415)

摘要　我国植物新品种保护始于1999年，已初步形成了由农业部和国家林业局主导的我国植物新品种保护机构体系框架。农、林系统共公布了336种属的保护名录，其中农业部保护名录中有33种为观赏植物，国家林业局的保护名录中的种属大多数可供观赏。农业系统中观赏植物申请量较少，仅占申请总量的约7%，远少于大田作物(占总申请量的83%)。但国外申请较多，约占申请总量的38%，远高于大田作物的比例。我国观赏植物DUS测试研究相对滞后，目前已经完成约130多个DUS测试指南的编制(农业部分完成了47个，列入农业保护名录的观赏植物均已完成了测试指南编制)，部分指南作为行业标准发布。本文在论述我国观赏植物新品种保护和DUS测试指南研究的现状的基础上，对测试指南编制过程中标准品种的收集与保存、性状的筛选等方面存在的问题提出了建议，展望了分子标记、自动化辅助测试技术等新技术和方法在植物DUS测试中的应用。

关键词　观赏植物；新品种保护；保护体系；DUS测试

A View on the New Varieties Protection of Ornamental Plants in China

CHU Yun-xia[1,2]　CHEN Hai-rong[1,2]　DENG Shan[1,2]　LI Shou-guo[2]　HUANG Zhi-cheng[1,2]
([1]*Institute for Agri-food Standards and Testing Technology*, *Shanghai Academy of Agricultural Sciences*, *Shanghai* 201403;
[2]*Plant New Variety DUS Test* (*Shanghai*) *Center*, *Ministry of Agriculture*, *Shanghai* 201415)

Abstract　In 1999 the protection of new varieties of plants was initiated formally in China. Ministry of Agriculture and the State Forestry Bureau are jointly responsible for the receipt and examination of applications, and for granting rights in new varieties of plants. The national catalogue of protected plant varieties has 336 genera and species, includes 33 ornamental plants in agricultural protection catalogue. Most of species in the forestal protection list can be planted as ornamental. To Ministry of Agriculture, ornamental species account for only a little number of applications (approximately 7%), behind of crop species (83%), 38% of which were applied from foreign company or individual, it is higher than that of field crops. DUS testing research of ornamental plant fell behind. At present about 130 of DUS testing guidelines were compiled, 47 guidelines are released by Ministry of Agriculture, all ornamental plants listed in agricultural protection catalogue have their DUS test guideline, some ones were published as the industrial standard. The ornamental plant new varieties protection and the status of drafting DUS testing guidelines in China were summarized in this paper, some suggestion about the collection and preservation of standard varieties, the selection of testing characteristics are proposed. The use prospect of new the technology and method, such as molecular marker technology and automatic testing technology was raised also.

Key words　Ornamental plant; Protection of new varieties; Protection system; DUS testing

新品种的培育不仅能极大地提高农作物的产量、抗性，而且也能提高其品质、扩大适生范围，而人们对于新奇花卉的追求也使越来越多的花卉新品种被培育出来，促进了花卉产业结构调整与优化升级，提高了我国花卉产品的国际竞争力，创造出了极大的经济价值。品种的培育不仅需要一定的资源和技术，更需要育种人付出大量的时间、精力和资金，对植物新品种的保护可使育种人通过新品种的商业化获得回报，提高育种积极性。随着市场的发展，新品种不仅是花卉产业发展重要的制约因素，更将成为花卉产业国际竞争的焦点，只有拥有自主知识产权的优良花卉新品种，才可能在国际竞争中抢占先机。因此，提高品种保护意识，鼓励育种者培育出更多、更优的新品种，对转变我国花卉产业发展方式至关重要。

①　通讯作者。Author for correspondence(E-mail：sh57460009@163.com)。

西方发达国家较早开始对植物新品种进行知识产权保护(张坦和刘佳，2010)。我国于1997年3月20日正式颁布了《中华人民共和国植物新品种保护条例》，同年10月1日开始实施(李瑞，2008)，2013年和2014年分别对部分条款进行了修订；1999年4月23日加入国际植物新品种保护联盟(International Union for the Protection of New Varieties of Plants，简称UPOV)，成为第39个成员国，同日开始受理国内外植物新品种权的申请(朱晋宇和李瑞云，2014)。

1 我国植物新品种保护体系

1999年6月农业部发布《中华人民共和国植物新品种保护条例实施细则(农业部分)》(2007年9月19日修订)，同年9月国家林业局也发布了《中华人民共和国植物新品种保护条例实施细则(林业部分)》(2014年启动修订)。随后农业部颁布了一系列规章制度，如《农业部植物新品种复审委员会审理规定》、《农业植物新品种权侵权案件处理规定》等。最高人民法院也公布了《最高人民法院关于审理植物品种纠纷案件若干问题的解释》、《最高人民法院关于审理侵犯植物新品种权纠纷案件具体应用法律问题的若干规定》，2010年，为了促进两岸农林业合作与交流，农业部和国家林业局联合制订了《关于台湾地区申请人在大陆申请植物新品种权的暂行规定》，为规范农业植物品种命名，加强品种名称管理，2012年农业部公布了《农业植物品种命名规定》。2014年国家林业局制订了《林业植物新品种保护行政执法办法》，去年又发布了《林业植物新品种测试管理规定》，进一步明确和规范了新品种行政执法和测试工作。至此，我国基本建立了符合TRIPs协议要求的植物新品种保护制度的立法、司法以及行政执法体系，我国的植物新品种保护制度的运行取得了一些成效。这些规章制度的建立使品种权审批、品种权案件的查处以及品种权中介服务等工作更具可操作性，植物新品种保护工作步入法制化管理轨道，并已成为我国知识产权制度体系中的重要组成部分。

农业部和国家林业局是我国植物新品种权的审批机关，这两部门按照分工分别负责农业植物和林业植物新品种申请的受理和审查并对符合《条例》的植物新品种授予植物新品种权。农业部负责粮食、棉花、油料、麻类、糖料、蔬菜(含西甜瓜)、烟草、桑树、茶树、果树(干果除外)、观赏植物(木本除外)、草类、绿肥、草本药材、食用菌、藻类和橡胶树等植物的新品种保护工作，国家林业局负责林木、竹、木质藤本、木本观赏植物(包括木本花卉)、果树(干果部分)及木本油料、饮料、调料、木本药材等植物新品种保护工作。为了保障我国《植物新品种保护条例》和《种子法》顺利实施，农业部和国家林业局都很快开始了植物新品种保护测试体系的建设，其中农业部先后组建了植物新品种保护办公室(负责植物新品种受理审查)、植物新品种繁殖材料保藏中心(负责对植物新品种的繁殖材料进行保藏)、农业部植物新品种复审委员会(负责对驳回品种权申请的复审、品种权宣告无效和授权品种名称更名)、植物新品种测试中心，并在东北、华北、华东、华南、西南内陆、四川盆地、青藏高原和西北内陆等生态区域分别建立了18个分中心及郑州(桃、葡萄为主)、杭州(以茶叶为主)、兴城(以苹果、梨为主)3个测试站。所有测试人员都经过多次DUS测试专业培训，其中70%的人员接受过国际植物新品种保护联盟(UPOV)及其主要成员美国、荷兰、法国、德国等国的技术培训。国家林业局1997年成立了植物新品种保护办公室，2002年成立了植物新品种复审委员会。随后又先后成立了华北分中心(中国林业科学研究院华北林业实验中心)、华东分中心(中国林业科学研究院亚热带林业实验中心)和华南分中心(中国林业科学研究院热带林业实验中心)3个分中心，国家分子测定实验室和南方分子测定实验室2个分子测定实验室以及月季(云南)、一品红(上海)、牡丹(山东)、杏(北京)、竹子(安徽)5个专业测试站。初步形成了我国植物新品种保护机构体系框架，随着申请量的增加，新品种测试机构还将根据需要不断增加。

2 我国观赏植物新品种保护现状

中国是世界上植物种类最丰富的国家之一，许多物种起源于我国，蕴藏着十分丰富的资源。同时也是许多观赏植物的栽培和起源中心，被西方称为“世界园林之母”(何勇，1999)。据统计，我国原产的观赏植物就有1万种以上，常用的有2000余种(龙韬，2011)。但相对于荷兰、德国等西方发达国家而言，我国观赏植物的新品种保护工作起步较晚，新品种DUS测试工作也初见成效。

《条例》规定：“申请品种权的植物新品种应当属于国家植物品种保护名录中列举的植物的属或者种。”1999年6月16日，中华人民共和国农业部颁布了《中华人民共和国农业植物新品种保护名录(第一批)》，共有10个属(种)，其中4个为观赏植物，其后又陆续颁布了9批。截至目前，农业部植物新品种保护办公室颁布的10批新品种保护名录共含138个种属，其中观赏植物有33种(属)(表1)。国家林业局林业植物新品种保护办公室自1999年以来也已经颁布5批植物新品种保护名录，共198属(种)，除大戟属和芍药属存在草本植物外，其余全部为木本植物，大多数可供观赏，常见的观花类有木兰属、含笑属、山茶属、杜鹃花属、蔷薇属、紫薇、蜡梅、桂花、榆叶梅、梅、牡丹、丁香属、连翘属、紫金牛属、忍冬属等26种(属)(表2)。

表1 农业部已发布保护名录中的观赏植物

Table 1 The ornamental plants in protection list released by the Ministry of Agriculture

发布时间 Released Time	数量（个） Number	种(属) Specie(genera)
第一批(1999年)	4	春兰、菊属、石竹属、唐菖蒲属
第三批(2001年)	4	兰属、百合属、鹤望兰属、补血草属
第五批(2003年)	1	非洲菊
第六批(2004年)	3	花毛茛、华北八宝、雁来红
第七批(2008年)	2	花烛属、果子蔓属
第八批(2010年)	6	莲、蝴蝶兰属、秋海棠属、凤仙花、非洲凤仙、新几内亚凤仙
第九批(2013年)	2	万寿菊属、郁金香属
第十批(2016年)	11	仙客来、一串红、三色堇、矮牵牛、马蹄莲属、铁线莲属、石斛属、萱草属、薰衣草属、欧报春、水仙属

表2 国家林业局已发布的保护名录中的常见观花植物

Table 2 The flower in protection list released by the State Forestry Administration

发布时间 Released Time	数量（个） Number	种(属) Specie(genera)
第一批(1999年)	5	木兰属、牡丹、梅、蔷薇属、山茶属
第二批(2000年)	5	杜鹃花属、桃花、紫薇、蜡梅、桂花
第三批(2002年)	2	丁香属、连翘属、
第四批(2004年)	5	芍药属、含笑属、石榴属、常春藤属、忍冬属
第五批(2013年)	9	叶子花属、紫荆属、铁线莲属、瑞香属、绣球属、金丝桃属、紫薇属、绣线菊属、紫藤属

《条例》实施以来，我国植物新品种保护事业取得了可喜的成就。植物新品种保护制度调动了全社会育种创新的积极性，植物新品种权申请、授权量均大幅增长。截至2015年12月，农业部共完成了申请保护的75个植物种属1万余个品种测试任务，为6258

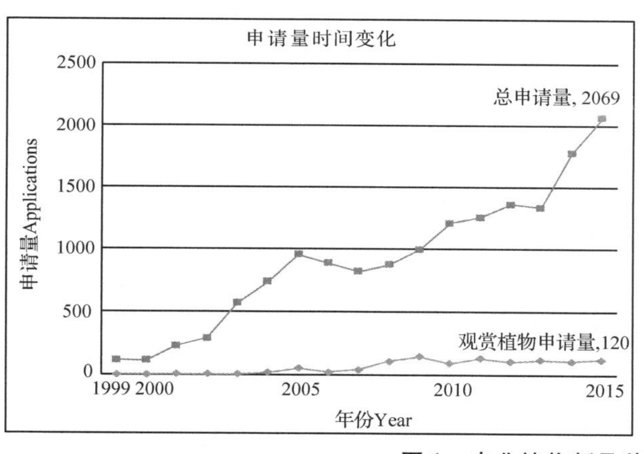

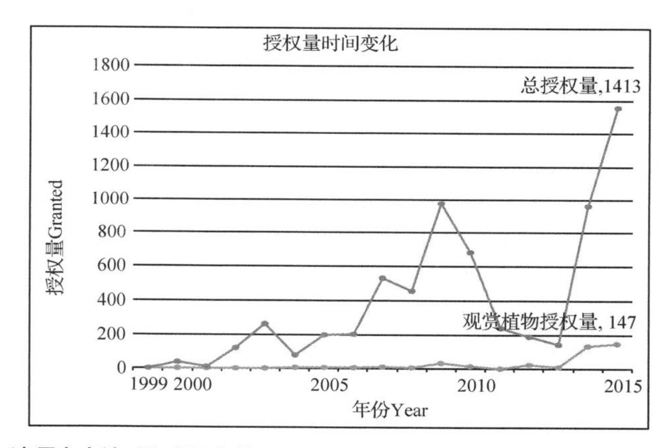

图1 农业植物新品种申请量与授权量时间变化

Fig. 1 The application and grants of agriculture crops in every year

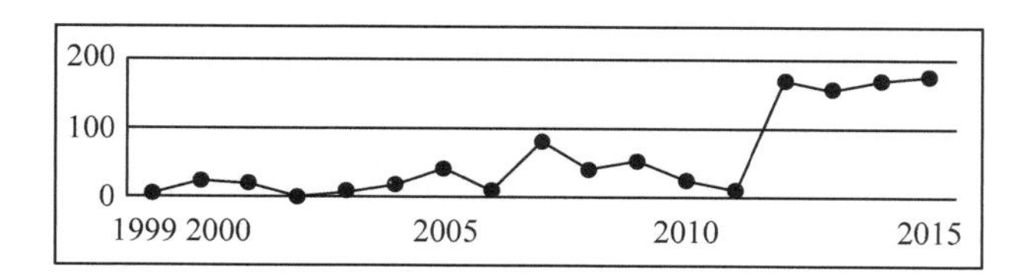

图2 林业植物新品种授权量时间变化

Fig. 2 The grants by the Bureau of Forestry in every year

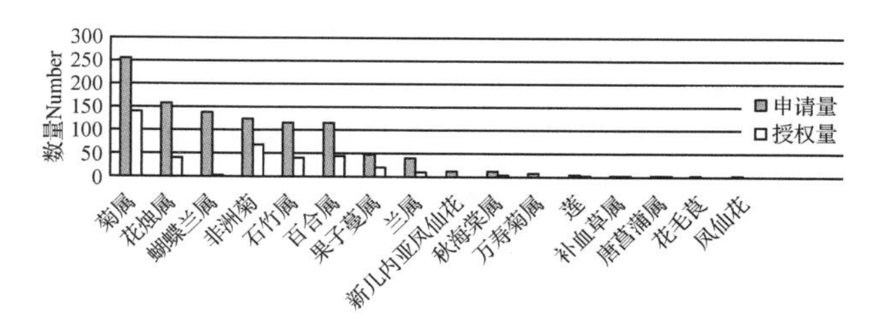

图3 观赏植物不同种属申请量和授权量(农业部分)

Fig. 3 The application and grants of ornamental plants (agriculture crops)

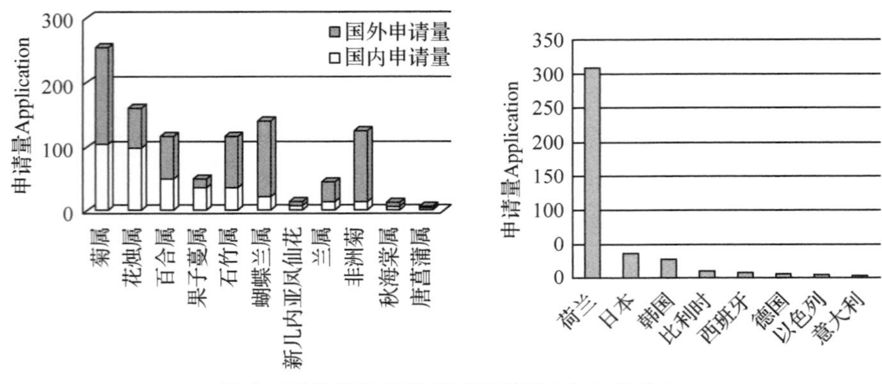

图 4 观赏植物国外申请量情况(农业部分)

Fig. 4 The ornamental plants application from foreign company or individual (agriculture crops)

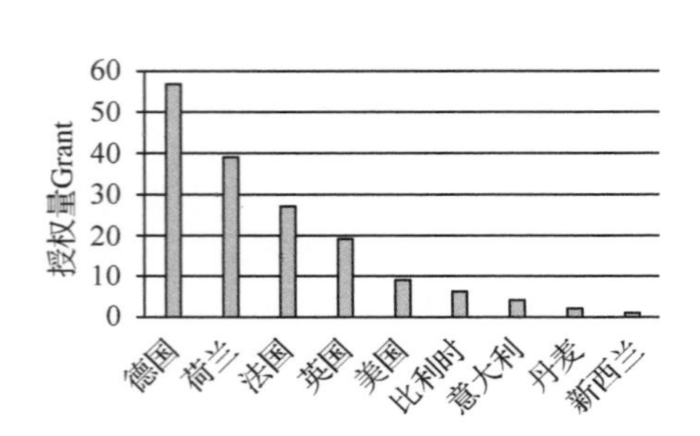

图 5 林业植物新品种国外授权量情况

Fig. 5 The grants to foreign company or individual by the Bureau of Forestry

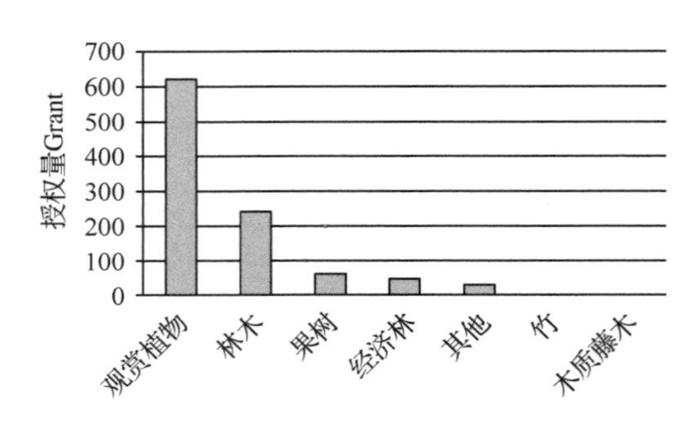

图 6 不同种类授权量情况(林业部分)

Fig. 6 Comparisons among different crops in numbers of grants(Forestry part)

个新品种的授权提供了技术支持。农业测试体系历时 15 年，共收集 43 种植物 13000 余个已知品种并采集相应的性状描述数据 492659 条、图像数据 32246 张以及 5473 份 DNA 指纹数据；开发了集命名审查、标准品种选取、近似品种选择和特异性审查判定及为育种者提供性状查询等功能为一体的全自动数据库管理系统。

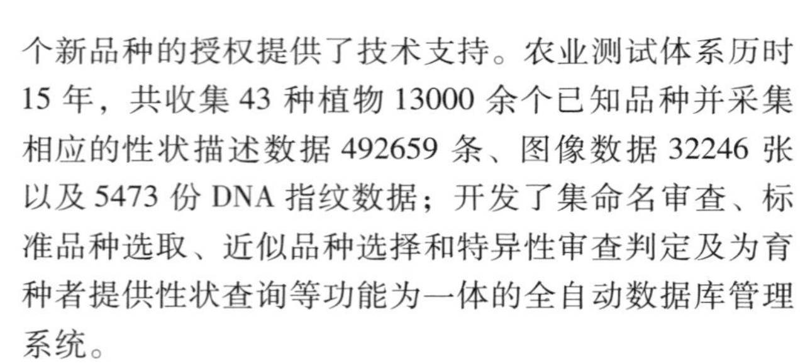

从图 1 可以看出，从 1999 年到 2005 年，总申请量逐年增加，而后有一段较平稳期，总申请量维持在 1000 份左右，2010 年起又开始明显增加，特别是 2014 年起急剧上升，比 2013 年增加 439 份。2015 年，我国农业植物新品种权申请量达到 2069 件，同比增长 17%，创历史新高，连续 2 年申请量居联盟成员第二位，仅次于欧盟。从我国育种科研投入的范围方面来看，国家育种科研投入主要集中于大田作物领域，科研人员和育种技术也主要集中在这一领域。而观赏植物科研投资少，科技力量相对较弱，因此观赏植物的申请量相对较少。观赏植物申请量总体也呈上升趋势，虽然与总申请量相比增加较缓慢，但占的比例却在逐步上升，从早期的约 1% 到近 5 年约占 7%，表明观赏植物育种越来越受到重视。2015 年，公告授权 1413 件，同比增长 71%，比历史最高年份(2009 年，941 件)增长 50% 以上。与农业授权量急剧增加不同，林业植物新品种授权量前期相对较稳定，2011 年以前 100 件以下波动，而自 2012 年起连续 4 年都在 150 件以上(图 2)。

从图 3 可以看出，观赏植物新品种申请主要是菊属、花烛属、蝴蝶兰属、非洲菊、石竹属和百合，其中菊属、非洲菊和百合是我国重要的切花植物，而花烛属和蝴蝶兰属在盆花市场上占有很大份额，市场前景好。授权量为申请量的 25% ~55%，但蝴蝶兰属的授权量仅 4 件，可能是由于蝴蝶兰的栽培技术要求较高、测试性状过于复杂，导致 DUS 测试难度较大。尽管农业部开展了蝴蝶兰测试技术培训，但目前我国测试分中心蝴蝶兰测试经验较少，DUS 测试仍存在不少问题。从图 3 可以看出，申请量排前 6 位的种属中花烛属、菊属和百合属国外申请量均超过了 40%，而另外 3 种属也在 10% 以上。有些种属如新几内亚凤仙和秋海棠仅有来自国外的申请，而果子蔓属国外申请比例也高达 73%，但总体来说，国外在华申请量为 402 件，占总申请量 38%，远高于大田作物的比例，但是其中 77% 的申请来自于荷兰，主要是花烛属、百合属、菊属等，市场上的主要切花品种百合、非洲菊很多仍是国外保护品种。这说明我国与荷兰等发达国家的育种水平还存在较大差距，而我国的巨大市场潜力也对国外育种公司具有很强的吸引力。

国家林业局通过不断完善相关制度、加大行政执法力度、制订政策鼓励转化运用等方式推进植物新品种保护进程。截至2015年年底，国家林业局累计受理林业植物品种权申请1788件，其中国内申请1481件，占总申请量的82.8%，国外申请307件，占总申请量的17.2%；共授权1003件，其中国内授权839件，占总授权量的83.6%，国外授权164件，占总授权量的16.4%，其中排前4位的分别是德国、荷兰、法国和英国(图5)。观赏植物授权622件，占总授权量的62.0%(图6)。

3 观赏植物DUS测试现状

根据国际植物新品种保护联盟规定，植物新品种要获得品种权，需要具备新颖性(Novelty)、特异性(Distinctness)、一致性(Uniformity)和稳定性(Stability)，并有适当的命名(马世青和郑学莉，1999)。植物新品种测试是对申请保护的植物新品种进行特异性、一致性和稳定性进行鉴定的过程(简称DUS测试)，包括田间栽培鉴定和室内分析鉴定(臧德奎 等，2011)。DUS测试是植物新品种保护的技术基础和授予品种权的科学依据，其结果直接决定品种能否被授权并得到保护。目前我国农业植物新品种保护以官方测试(又称集中测试)为主(廖秀健和张晓妮，2010)，要求申请人在规定的时间内提供符合要求的繁殖材料，由专门的测试分中心将申请品种及近似品种与标准品种按照一定的排列顺序种植在田间，在相对一致的条件下按测试指南要求对性状进行观察或测量，通过分析比较来判定申请品种是否符合特异性、一致性和稳定性的要求，一般需经过2~3年的重复观察才能最后做出合理、客观的评价。少量果树和花卉也采用现场考虑方式，即由申请人按测试指南要求进行种植，审查员在特异性状表达明显的时期到现场进行观测并检查种植是否符合要求。

DUS测试以DUS测试指南为技术基础，因此测试指南的研制是DUS科学性的保证。在国家林业局和农业部2个部门的主持下，经过探索性编制，我国观赏植物新品种DUS测试工作取得了阶段性成果。农业部共研制了186种植物测试指南技术标准，其中观赏植物41项，37项以农业行业标准形式颁布，其中15种(属)无UPOV指南，属于国际首创，除保护名录中的观赏植物种(属)外，芍药、仙客来、石斛属、马蹄莲属、一串红、灯盏花、丝石竹(满天星)、洋桔梗、水仙属、芦荟、矮牵牛、薰衣草属、萱草属、铁线莲属、欧报春、三色堇、石蒜属、翠菊、西番莲也完成了测试指南研制，解决了我国品种审查和DUS测试中的重要难点问题；基于高通量检测技术平台的农业植物品种的DNA指纹鉴定技术规程研制方面观赏植物相对较弱，16项以农业行业标准的形式发布的分子鉴定规程中仅有1项为观赏植物，即百合品种鉴定技术规程SSR分子标记(NY/T 2477—2013)。2002年，国家林业局启动了花卉、林木新品种DUS测试指南的编写工作。至2015年底，已开展91项林业植物新品种的测试指南编制工作，已经完成了桂花、紫薇、梅花、榆叶梅、山茶属、丁香属以及杜鹃花属的常绿杜鹃亚属、杜鹃花亚属、映山红亚属、羊踯躅亚属等的DUS测试指南研究，其中一品红、丁香属、榆叶梅、紫薇以及杜鹃花属、栾树属、桦木属、核桃属等33项测试指南已分别以国家标准或林业行业标准发布实施，2016年新增榆属DUS测试指南等5项行业标准。目前，榕属、樟属、栲属、榉属、卫矛属、苏铁属、罗汉松属、爬山虎属、常春藤属等的新品种DUS测试指南正在研制中。

4 我国观赏植物新品种DUS测试指南研究中存在的问题

目前，我国观赏植物DUS测试指南的研究已经取得了一定的成果。但仍然存在一些问题，主要表现在以下几个方面：

(1)已知品种收集和保存困难重重。由于我国要求种属加入保护名录前需完成DUS测试指南的研制。而未列入保护名录的种属在我国得不到有效保护，导致国外育种人或种质资源单位不愿提供已知品种，特别是通过无性繁殖的品种。同时许多市场应用的品种是杂交种，也无法进行繁殖，缩小了标准品种的选择范围。

(2)性状选择缺乏科学依据，有些种类的DUS测试性状的描述，仅靠较短时间内甚至一次的调查结果，没有进行连续观测。性状的选择多关注品种间的差异，而忽略了品种内的变化情况，更没有运用统计方法对性状的稳定性进行评价。

(3)对部分性状的观测方法未进行准确定义，存在不同理解，不易把握。如花数量，一般指南中是指单个植物同时开花数，而在莲属测试指南中则是指一株莲整个生长周期的开花总数，但指南中并未进行说明。一般植物高度是指从植物基部到最高叶片叶尖处的长度，但有些指南中则是指包括花序在内的总高度，因此需在解释中进行详细说明。

(4)部分指南可操作性差，如有些单位研制的指南由于缺乏测试经验，对栽培容器做出严格限制，有的测试指南则过多地采用RHS比色卡进行颜色判定，极大的增加测试难度，还有的测试指南中选用的标准品种过多，有些标准品种获得难度很高，分布范围窄或栽培难度高。

(5)对于可塑性高的性状缺乏描述方式及一致性判断标准。表型可塑性使植物能在一定范围内的环境中存活，自然界不同物种对环境变化的敏感性、发生可塑性变异的能力，以及可塑性反应的模式不尽相同，不同品种的可塑性也有极大差别。DUS测试时要求相对一致的栽培管理条件以减小环境对性状差异的影响，但是对于具有高可塑性表型的品种如有的蝴蝶兰花瓣上斑点数量极易产生变化、非洲凤仙的星条纹大小常会由于环境改变出现明显变化，对于此类品种指南无法提供描述帮助，也缺乏相应的一致性判断标准。

针对以上问题，进行DUS测试指南研制时，应在广泛收集国内外品种的基础上建立相应种属的种质资源圃，为DUS测试创造便利条件；在DUS测试时不仅要把特异性检测作为测试的重点，更要将一致性和稳定性有机结合起来；加大测试指南研制的培训力度，要求育种家或资源研究专家与DUS测试专家合作进行指南研制，在保证指南的科学性的同时充分体现我国的育种水平；严格测试指南的审查与批准，在测试过程中检验测试指南的合理性，并注重收集已知品种，及时更换已不存在或难收集到的标准品种。

5 展望

5.1 测试指南研制力度加大，保护名录不断扩大

由于我国遵守UPOV1978年文本，只有列入保护名录的种(属)才能申请植物新品种权，而不是全面放开对所有新品种的保护。为了满足当前飞速发展的高科技农业，加大对我国育种人权利的保护力度，促进国际交流、合作与竞争，农业部也在不断扩大保护范围，刚公布的第10批保护名录增加了45种(属)，其中涉及观赏植物11种(属)，占观赏植物保护总数的1/3。为加强农业植物新品种权保护工作，鼓励社会力量研制植物新品种测试指南，促进更多植物种属列入农业植物新品种保护名录，农业部科技发展中心去年与31家单位(含企业)签订了96份测试指南研制协议，其中观赏植物有28种(属)，分别是球根鸢尾、无髯鸢尾、花叶芋、报春苣苔、姜花属、喜林芋属、虞美人、绣球、大花马齿苋、须毛类鸢尾、大丽花、卡特兰属、朱顶红、香雪兰、瓜叶菊、玉簪、美人蕉、水生鸢尾、丽穗凤梨属、大岩桐属、迷迭香、有髯鸢尾、地涌金莲属、兜兰属、矾根属、鼠尾草属、拟石莲花属、蟹爪兰。此外，国家林业局则计划2016年开展凌霄属、叶子花属、决明属、紫荆属、瑞香属等76种属的测试指南研制，相信随着植物新品种保护工作的开展，越来越多的植物种属将逐渐被列入保护名录。

5.2 分子技术的应用前景

传统的田间鉴定因其周期长，且性状易受栽培技术、发育时期和生长环境等因素影响(Bolaric et al, 2005)，品种鉴定耗时长、费用高。DNA分子标记技术的出现和快速发展为DUS测试提供了一个有力的辅助工具，该技术已广泛应用于植物新品种鉴定与DNA指纹图谱的构建，其中SSR标记被认为是植物新品种测试中理想的标记技术。欧盟植物新品种知识产权保护组织自1994年成立以来，已利用DNA检测来决定是否批准新品种的申请(滕海涛和吕波, 2009)。虽然目前分子标记尚未正式作为植物新品种保护体系的新品种测试手段，但近年来，UPOV积极协调成员国在分子标记技术方面进行标准化及数据库的研究。UPOV制订的《分子标记测试指南：总则》为各国研制分子测试指南提供了指导。相信该技术在植物新品种保护与DUS测试领域中将发挥重要的作用。UPOV认为当分子标记满足性状的要求并与形态性状有关联时可用于DUS测试，同时通过分子距离与形态距离相结合进行已知品种管理，筛选近似品种不会增加漏选的风险。我国目前绝大多数的分子标记鉴定研究成果仍处于研究报道的层次，在植物新品种保护中应用仍集中在近似品种的辅助筛选上，DNA分子标记技术作为DUS特异性辅助鉴定手段尚未应用于工作中。国家林业局植物新品种保护办公室已建立2个植物新品种分子测试实验室，测定了152个月季品种DNA图谱，改进了新品种授权管理信息系统，提高了授权管理水平。农业部植物新品种保护测试中心也将建立分子测试实验室，进行已知品种的DNA数据采集。因此，对于我国重要的观赏植物而言，应尽快建立和完善已知品种DNA指纹图谱数据库和相应的DNA快速鉴定规程，为新品种DUS测试服务。

5.3 自动化辅助测试技术的应用

随着我国观赏植物育种工作及育种工作者对新品种权意识的增强，品种权申请数量将会大幅度增长，新品种DUS测试的工作量也会加大，同时对测试技术的要求也会越来越高。研究和制订适应新形势要求的测试技术和手段是当务之急，尤其是对快速测试技术的要求更为紧迫。另外，依赖于计算机视觉技术的图像处理方法也被应用于DUS测试中(赵春明 等,

2009)。图像处理具有客观、高效、低成本的特点，结合适当的统计分析技术，也将在新品种 DUS 测试中发挥其应有的作用。如植物图像分析系统具有几何参数测量(如长、宽、直径测量)、形态分析、色彩分析、颗粒参数计算等功能，可以方便地进行数据采集。而一些统计软件也被开发出来，如用于结合形态距离与分子距离对已知品种进行管理的 GAIA 软件以及用于一致性多年综合分析的 DUST 软件等。自动化辅助测试技术的应用，可减少测试过程中的人为误差，提高效率，增加不同测试年份及测试地点的可比性。

5.4 派生品种制度对观赏植物育种的影响

UPOV 1991 第 14 条第 5 款提出了实质性派生品种这一概念，将由原始品种实质性派生，或者从实质性派生品种产生，保留了原始品种基因型或基因型组合产生的基本特性，与原始品种有明显区别，即存在表型上的差异的品种称为实质性派生品种(UPOV, 1991)。目前我国实质性派生品种很多，特别是无性繁殖的观赏植物主要依靠突变和遗传修饰生物体培育新品种，实质性派生品种比例更高。针对原始品种的缺陷对原始品种进行微修饰可以提高市场占有率，延长原始品种的寿命。另外，派生品种还能促进创新增长及品种多元化推广，提高原始亲本的遗传贡献，有利于提高农民福利，如新奇花色或花型品种往往具有更高的价值。但同时由于我国未实行派生品种保护，大量的派生品种出现，损害了原始品种权人的利益，降低了原始育种创新者的积极性，也造成修饰性育种的泛滥，不利于农业生产特性的真正改良。另外由于派生品种与原始品种的高遗传相似性，大量派生品种的存在使遗传基础变窄，不利于进一步的遗传改良，也必然会导致突破性品种越来越匮乏、育种创新减少的恶性循环。因此实质性派生品种保护有利于促进原始创新，但是我国直接使用国外种质资源进行花卉育种目前十分常见(刘旭霞和宋芳，2012)，按照品种遗传来源分析，国内花卉新品种有很多部分可能被划入实质性派生品种的范畴。如果近期实行实质性派生品种保护制度，不仅会提高国内观赏植物种业企业的种子生产成本，也受制于原始品种权人，不利于我国种业发展。

致谢：

本文中数据除源于农业部植物新品种保护办公自动化系统外，其他数据由辛岢峰和农业部科技发展中心徐岩处长提供，在此表示衷心的感谢。

参考文献

1. Bolaric S, Barth S, Melchinger A E, Posselt U K. 2005. Genetic diversity in European perennial ryegrass cultivars investigated with RAPD markers[J]. Plant Breeding, 124(2): 161 - 166.
2. 何勇. 1999. 中国"世界园林之母"称号的来历[J]. 园林，(01): 41 - 42.
3. 李瑞. 2008. 我国植物新品种保护制度与专利法律制度之比较[J]. 昆明理工大学学报(社科法学版), 8(1): 50 - 55.
4. 廖秀健，张晓妮. 2010. 中日植物新品种保护制度比较研究[J]. 科技与法律, 84(2): 37 - 39, 44.
5. 刘旭霞，宋芳. 2012. 我国需要依赖性派生品种制度吗?[J]. 知识产权，(6): 52 - 57, 74.
6. 龙韬. 2011. 我国观赏植物资源研究现状及发展趋势[J]. 北京农业，(18): 53 - 55.
7. 马世青，郑学莉. 1999. 植物新品种保护基础知识[M]. 北京：蓝天出版社.
8. 滕海涛，吕波，赵久然，等. 2009. 利用 DNA 指纹图谱辅助植物新品种保护的可能性[J]. 生物技术通报，(1): 1 - 6.
9. UPOV. Act of 1991 International Convention for the Protection of New Varieties of Plants. 1991-3-19. http://www.upov.int/upovlex/en/conventions/1991/content.html
10. 臧德奎，马燕，杜淑辉，等. 2011. 木瓜属植物新品种特异性、一致性和稳定性(DUS)测试指南的研制[J]. 林业科学, 47(6): 64 - 69.
11. 张坦，刘佳. 2010. 对我国植物新品种有关知识产权保护的探讨[J]. 重庆科技学院学报(社会科学版), (17): 53 - 54, 60.
12. 赵春明，韩仲志，杨锦忠，等. 2009. 玉米果穗 DUS 性状测试的图像处理应用研究[J]. 中国农业科学，(11): 4100 - 4105.
13. 朱晋宇，李瑞云. 2014. 加入 UPOV 公约 91 文本对我国蔬菜种业的影响[J]. 中国蔬菜，(9): 1 - 4.

有髯鸢尾杂交育种与后代性状分析*

郭彦超　汤 佳　高亦珂①
（花卉种质创新与分子育种北京市重点实验室，国家花卉工程技术研究中心，
城乡生态环境北京实验室，园林学院，北京林业大学，北京 100083）

摘要　在 6 个有髯鸢尾品种中设置 14 个杂交组合，并对 3 个杂交 F_1 代群体进行性状测量。结果表明：有髯鸢尾二次花品种间的杂交组合的结实率高于二次花品种与一次花品种间的杂交组合，二次花品种更适合作父本；F_1（'印度首领' ×'白与黄'）杂交后代的超亲优势表现在株高、花莛高，F_1（'赫氏蓝' ×'白与黄'）和 F_1（'白与黄' ×'赫氏蓝'）杂交后代的超亲优势表现在垂瓣长、旗瓣长；二次花品种间的杂交组合和二次花品种与一次花品种间的杂交组合均能获得二次花后代个体。

关键词　有髯鸢尾；杂交育种；遗传变异

Cross Breeding and Traits Analysis of Bearded Iris

GUO Yan-chao　TANG Jia　GAO Yi-ke
(*Beijing Key Laboratory of Ornamental Plants Germplasm Innovation & Molecular Breeding, National Engineering Research Center for Floriculture, Beijing Laboratory of Urban and Rural Ecological Environment and College of Landscape Architecture, Beijing Forestry University, Beijing* 100083)

Abstract　Six cultivars were selected as parents and fourteen cross combinations were accomplished. The traits of three F_1 populations were measured. The results showed that the average setting rate of cross combinations between reblooming cultivars was higher than the cross combinations between reblooming cultivars and once-flowering cultivars; the reblooming cultivars were more suitable to be male parents. The heterobeltiosis of F_1 hybrids of *I.* 'India Chief' × *I.* 'White and Yellow' showed in plant height and stalk height, and the heterobeltiosis of F_1 hybrids between *I.* 'Halston' and *I.* 'White and Yellow' showed in fall length and standard length. Both the cross combinations between reblooming cultivars and the cross combinations between reblooming cultivars and once-flowering cultivars could obtained reblooming hybrids.

Key words　Bearded iris; Cross breeding; Variation

鸢尾属植物是园林应用中重要的宿根花卉，有髯鸢尾观赏价值高、花色丰富、花型优美，受到人们的喜爱。有髯鸢尾是近代观赏花卉中发展最迅速、花朵变化最惊人、品种增加也最多的一类鸢尾（郭翎，2000）。我国现有的有髯鸢尾多引自国外，仅有少部分可以适应北方的气候环境。鸢尾大多单次开花，二次开花的鸢尾品种并不多见。近年来，观赏植物二次开花逐渐成为育种者的关键育种目标。国内鸢尾育种工作多集中于无髯鸢尾（娄琦，2011；周永红 等，2003；许荔 等，2015），以稳定二次开花为育种目标的有髯鸢尾育种刚刚起步（杨占辉，2013）。

本文以培育观赏价值高、高抗性且稳定二次开花的有髯鸢尾新品种为目标，在 6 个有髯鸢尾品种中设置 14 个杂交组合进行杂交试验，同时对 3 个有髯鸢尾杂交 F_1 代群体进行性状测量，分析其遗传变异规律，以期为有髯鸢尾杂交育种工作和后代遗传分析奠定基础。

1　材料与方法

1.1　试验材料

本试验选取 6 个有髯鸢尾品种为试材。其中，'白与黄''不朽白''赫氏蓝'和 *I.* 'Many Mahalos'为二次花品种，'印度首领'和'音箱'为一次花品种，亲本具体特征见表 1。本试验中参与性状测量的 3 个

* 基金项目：国家林业局'948'项目（2013-4-46）。
① 通讯作者。

杂种 F_1 代群体是由北京林业大学硕士研究生杨占辉利用苗圃的有髯鸢尾资源进行杂交建立的，包括'印度首领'×'白与黄'杂种群体、'赫氏蓝'×'白与黄'杂种群体和'白与黄'×'赫氏蓝'杂种群体。

杂交试验和杂种 F_1 代性状测量等工作于 2015 年 4~5 月在北京林业大学国家花卉工程技术研究中心小汤山苗圃进行，所有试验材料均露地栽培。苗圃位于北京市昌平区小汤山镇，北纬 40.17°，东经 116.39°，属暖温带大陆性季风气候。年平均日照时数 2684 小时，年均气温 11.8℃，年均降水量 550.3mm。

表 1 杂交亲本主要特征

Table 1 The main characteristics of hybrid parents

亲本 Parent	株型 Plant type	类型 Flower type	花色 Flower color			适应性 Adaptability
			垂瓣 Fall	旗瓣 Standard	髯毛 Beard	
'白与黄' *I.* 'White and Yellow'	高生	二次花	乳白	黄白	柠檬黄	+ + +
'不朽白' *I.* 'Immortality'	高生	二次花	白	白	外白内黄	+ + +
'赫氏蓝' *I.* 'Halston'	中生	二次花	蓝	蓝	外蓝内黄	+ +
I. 'Many Mahalos'	中生	二次花	橘粉色	橘粉色	橘粉色	+ +
'印度首领' *I.* 'India Chief'	高生	一次花	深紫红	淡紫红	柠檬黄	+ + +
'音箱' *I.* 'Music Box'	矮生	一次花	棕红	紫红	外蓝内黄	+ + +

注：+ + +表示很强，+ +表示强，+表示一般。

Note: + + + stand for extremely strong; + + stand for strong; + stand for normal.

1.2 试验方法

1.2.1 杂交授粉方法

选择晴朗无风的上午，剥除母本花朵的垂瓣和旗瓣，用镊子摘除花药去雄。待柱头上分泌黏液时，采用常规的授粉方法，将此前准备好的父本花粉轻轻地涂抹到母本柱头上。挂上标签，注明杂交组合和授粉日期。并观察授粉后子房的变化，30 天后，统计不同杂交组合的结实率。

1.2.2 性状测量方法

2015 年 4 月下旬到 5 月下旬为有髯鸢尾开花季节，用英国皇家园艺比色卡记录亲本和杂种 F_1 代群体花色，测量并记录植株的株高、花莛高、花径、叶长/宽、开花时叶片数量、单株花量、垂瓣长/宽、旗瓣长/宽等相关数据。

1.2.3 数据分析方法

采用 Microsoft Excel 2013 和 SPSS Statistics 18.0 对本实验相关数据进行统计分析。

2 结果与分析

2.1 杂交试验结果与分析

2.1.1 不同杂交类型结实性差异

杂交试验结果表明有髯鸢尾二次花品种间的杂交组合亲和性高于二次花品种与一次花品种间的杂交组合。由表 2 可知，4 个二次花品种间杂交组合的结实率为 80.95%~87.50%，平均结实率为 84.24%，其中'不朽白'×'赫氏蓝'的杂交组合结实率最高，为 87.50%。10 个二次花品种与一次花品种间的杂交组合结实率最低为 0，其次为 27.27%，但也存在结实率较高的杂交组合，如组合'印度首领'×'白与黄'和'音箱'×'不朽白'，其结实率分别为 72.73% 和 71.88%。二次花品种与一次花品种间杂交组合的平均结实率为 40.20%，低于二次花品种间杂交组合的平均结实率。

2.1.2 正反交组合对结实率的影响

在二次花品种与一次花品种的 5 对正反交组合中，有 4 对组合表现二次花品种作父本时会有更高的杂交结实率，由此表明二次花品种在杂交育种中更适宜做父本。

2.2 亲本及杂种 F_1 代性状测量的结果与分析

2.2.1 杂种 F_1 代与亲本间性状比较

3 个杂交组合'印度首领'×'白与黄'、'赫氏蓝'×'白与黄'和'白与黄'×'赫氏蓝'后代群体在株高、花莛高、花径等性状上表现一定的性状分离。F_1('印度首领'×'白与黄')杂交后代在株高、花莛高、垂瓣长、旗瓣长、垂瓣宽 5 个性状上表现超亲优势，均值高于高亲值，有助于筛选表现优良的高生单株；F_1('赫氏蓝'×'白与黄')杂交后代在垂瓣长、旗瓣长 2 个性状上表现超亲优势，株高、花莛高、花径 3 个性状的均值介于双亲值之间；同样的，F_1('白与黄'×'赫氏蓝')杂交后代在株高、花莛高、花径 3

个性状的均值介于双亲值之间，而垂瓣长、旗瓣长、旗瓣宽上表现超亲优势，有助于筛选出花型特异的优良单株。

表2 不同杂交组合的结实情况

Table 2 The results of different cross combinations

组合类型 Type	杂交组合(♀×♂) Cross combination	授粉花数(朵) Pollinated flowers	结实数(个) Fruit number	结实率(%) Fruiting rate
二次花品种间杂交	‘白与黄’×‘赫氏蓝’	28	23	82.14
	‘赫氏蓝’×‘白与黄’	22	19	86.36
	‘不朽白’×‘赫氏蓝’	32	28	87.50
	‘赫氏蓝’×‘不朽白’	21	17	80.95
二次花品种与一次花品种杂交	‘白与黄’×‘印度首领’	26	9	34.62
	‘印度首领’×‘白与黄’	33	24	72.73
	‘不朽白’×‘印度首领’	33	12	36.36
	‘印度首领’×‘不朽白’	32	18	56.25
	‘不朽白’×‘音箱’	36	0	0.00
	‘音箱’×‘不朽白’	32	23	71.88
	‘赫氏蓝’×‘音箱’	33	9	27.27
	‘音箱’×‘赫氏蓝	32	19	59.38
	I.‘Many Mahalos’×‘音箱’	23	10	43.48
	‘音箱’×*I.*‘Many Mahalos’	35	0	0.00

表3 杂种F_1代与亲本性状参数

Table 3 Parameters of the traits of hybrid parents and their F_1 hybrids

性状 Trait	‘印度首领’ *I.*‘India Chief’	‘白与黄’ *I.*‘White and Yellow’	‘赫氏蓝’ *I.*‘Halston’	‘印度首领’×‘白与黄’ *I.*‘India Chief’×*I.*‘White and Yellow’	‘赫氏蓝’×‘白与黄’ *I.*‘Halston’×*I.*‘White and Yellow’	‘白与黄’×‘赫氏蓝’ *I.*‘White and Yellow’×*I.*‘Halston’
株高/cm	46.03±7.83c	54.20±1.54bc	38.27±4.45c	61.98±8.47a	43.42±7.80c	48.36±9.11c
花莛高/cm	78.77±8.43ab	76.40±1.35ab	48.63±9.25c	86.95±15.93a	59.17±12.63c	72.05±12.25b
花径/cm	11.57±1.86ab	11.83±0.25a	10.00±1.15c	11.09±1.21b	10.30±1.28c	11.18±1.04ab
叶长/cm	37.67±2.60c	45.41±2.28ab	32.73±5.65c	53.93±7.38a	36.39±7.04c	43.38±8.20b
叶宽/cm	3.72±0.30a	3.13±0.21b	2.50±0.26bc	3.69±0.55a	2.92±0.57bc	3.39±0.47ab
叶片数量	6.00±0.89a	5.67±1.15ab	5.33±0.58ab	5.91±0.77a	5.38±0.73ab	5.73±0.70ab
单株花量	15.67±7.87b	65.00±8.54a	24.33±18.15b	30.76±22.63b	35.03±25.76ab	20.67±17.12b
垂瓣长/mm	86.08±7.29ab	73.50±2.81c	69.35±0.58c	89.18±7.52a	74.50±7.22c	82.97±6.92b
垂瓣宽/mm	52.45±5.91b	61.96±2.02a	59.33±0.03a	53.42±5.33b	49.92±5.14c	54.28±6.10ab
旗瓣长/mm	86.27±9.15ab	69.14±0.36c	66.55±1.04c	86.45±7.71a	73.22±7.92c	80.19±9.48b
旗瓣宽/mm	55.99±4.04a	52.45±2.13ab	51.30±1.66ab	56.56±4.96a	49.50±5.46c	54.31±6.48ab

注：数据后不同小写字母表示差异显著($P<0.05$)。

Note: Different lower case letters in the table show significant difference ($P<0.05$).

2.2.2 杂种F_1代花色分离情况

3个杂交组合‘印度首领’×‘白与黄’、‘赫氏蓝’×‘白与黄’和‘白与黄’×‘赫氏蓝’后代群体在二次开花性和花色上表现一定的性状分离。

各杂交组合的F_1代个体开花特性和花色分离情况见表4，可知3个二次花有髯鸢尾品种间或二次花品种和一次花品种间杂交均可获得具有二次开花特性的个体，但是由于后代群体中个体数过少，尚无法研究各杂交组合产生二次花杂种F_1代个体的规律。在‘印度首领’×‘白与黄’的杂种F_1代中，未出现内、外花被片颜色表现与父本‘白与黄’相同的开花个体，在‘赫氏蓝’×‘白与黄’与‘白与黄’×‘赫氏蓝’这一对正反交组合产生的杂种F_1代群体中，一部分表现为中间型，另外，内、外花被片颜色与‘赫氏蓝’相同或相近的个体比与‘白与黄’相同或相近的个体多。

表4 杂种F_1代开花特性和花色分离情况

Table 4 Reblooming characteristics and segregation of flower color of F_1 hybrids

杂交组合 Cross combination	观测株数 Number	二次开花个体 Reblooming	外花被片(垂瓣)花色 Color of falls					内花被片(旗瓣)花色 Color of standards				
			同母本	偏母本	同父本	偏父本	中间型	同母本	偏母本	同父本	偏父本	中间型
‘印度首领’×‘白与黄’	33	10	6	17	0	0	10	8	11	0	0	14
‘赫氏蓝’×‘白与黄’	29	7	6	14	0	2	7	4	15	1	2	7
‘白与黄’×‘赫氏蓝’	15	3	1	4	0	4	6	1	3	5	1	5

3 讨论

3.1 有髯鸢尾二次花品种间的杂交组合结实率更高

根据本研究的杂交试验结果，二次花品种间杂交组合的结实率高于二次花品种与一次花品种间杂交组合的结实率，且二次花品种更适合作父本。二次花品种相比于一次花品种，具有更长的周年开花时间和更快的生长速度，在杂交育种中作为亲本，更容易授粉成功。有研究表明，二次花品种具有更高的花粉活力（杨占辉，2013），与本研究二次花品种作父本时具有更高的杂交结实率相符。

3.2 有髯鸢尾杂交F_1代产生较大的性状分离

有髯鸢尾的育种早在16世纪末就已有很大发展，产生了许多色彩丰富的新品种，被称为‘The Rainbow Flower’（Cassidy & Linnegar，1982）。本研究中3个杂交F_1代均表现一定的性状分离，花色不同于亲本，且产生了二次开花的后代个体，可见通过传统杂交育种手段培育有髯鸢尾新品种是可行的，通过进一步杂交和一代代的筛选，有助于获得表现优良的后代个体。

相比于国外的有髯鸢尾育种，我国仍处在初级阶段，我国现有的有髯鸢尾栽培品种几乎都引种自国外，因此，培育具有我国自主知识产权的有髯鸢尾新品种十分必要。在之后的育种实践中，应将我国原产的具有高抗性的有髯鸢尾种加入到杂交体系中，尽快培育出适应性强、观赏价值高的有髯鸢尾新品种。

参考文献

1. Cassidy and Linnegar. 1982. Growing Irises [M]. Croom Helm, 11－28.
2. 郭翎. 2000. 鸢尾[M]. 上海：上海科学技术出版社.
3. 娄琦. 鸢尾种间杂交亲和性及胚胎学研究[D]. 沈阳：沈阳农业大学，2011.
4. 许荔，黄苏珍，原海燕. 2015. 路易斯安那鸢尾和红籽鸢尾花粉形态及种间杂交亲和性研究[J]. 植物资源与环境学报，24(1)：77－83.
5. 杨占辉，高亦珂，张启翔. 2013. 两季花有髯鸢尾杂交育种研究[J]. 西北农业学报，164－169.
6. 周永红，伍碧华，颜济. 2003. *Iris japonica* × *Iris confusa* 种间杂种的细胞遗传学研究[J]. 云南植物研究，25(4)：497－502.

蝴蝶兰观赏目标性状在正反交后代中的表现*

李 佐[1,2] 肖文芳[1,2] 陈和明[1,2] 刘金维[1] 吕复兵[1,2]①
（[1]广东省农业科学院环境园艺研究所，广州 510640；[2]广东省园林花卉种质创新综合利用重点实验室，广州 510640）

摘要 对'黄金豹'和'*Phal.* SH49'蝴蝶兰正反交后代的材料进行分析，研究重要观赏目标性状在后代中的表现及分布，结果表明：①从质量性状方面来看，杂交后代的花色花斑都发生了很明显的分离，并且正反交后代的分离规律基本一致，仅在分离的4个组群的数量比例上有差别。②从株幅、花枝长、花朵大小、花瓣大小、花瓣厚度5个观赏目标数量性状的分离规律发现，正反交后代均介于或低于双亲值，未有高于双亲值；而采用'黄金豹'作为母本、'*Phal.* SH49'作为父本的杂交后代群体更具有杂种优势。

关键词 蝴蝶兰；目标观赏性状；正反交后代；遗传倾向

Main Object Ornamental Characters Performance of Offspring in *Phalaenopsis* Reciprocal Cross Breeding

LI Zuo[1,2] XIAO Wen-fang[1,2] CHEN He-ming[1,2] LIU Jin-wei[1] LÜ Fu-bing[1,2]
（[1]*Environmental Horticulture Research Institute, Guangdong Academy of Agricultural Sciences, Guangzhou* 510640；[2]*Guangdong Provincial Key Laboratory of Ornamental Plant Germplasm Innovation and Utilization, Guangzhou* 510640）

Abstract *Phalaenopsis* 'Frigdaas Oxford', '*Phal.* SH49' and their F_1 offspring of reciprocal crossing were used to study genetic tendency of object ornamental characters. The results showed that: ①in the perspective of qualitative characters, flower color and flower pattern variation separated obviously in the F_1 offspring, and the separation showed the same tendency in both reciprocal cross breeding, the difference is only in the proportion of the separated 4 offspring groups. ②in the following 5 ornamental quantitative characters, namely, the plant width, peduncle length, flower size, petal size and petal thickness, the F_1 offspring were between the two parents or lower than their parents, there is no character higher than their parents, and the analysis indicated that the hybrid offspring used *Phalaenopsis* 'Frigdaas Oxford' as the female parent, '*Phal.* SH49' as the male parent showed more heterosis advantages.

Key words *Phalaenopsis*; Object ornamental characters; Reciprocal crosses generation; Genetic tendency

观赏花卉育种是对花卉自然发生的或通过人工方法创造的遗传性变异进行选择，从而育成优良品种的过程。花卉育种的实质是为了获得符合育种目标的遗传性变异，并增加变异的频率，从中选择并育成优良品种。花卉的总体育种目标是"多样化、优质、低耗"，但育种的具体目标应因地因时而有所不同。我国台湾地区在20世纪80年代就树立了世界蝴蝶兰育种中心的地位，产业发展兴旺，而内地于20世纪90年代后期才开始快速发展，现已成为全球重要的蝴蝶兰生产和消费地之一，但由于育种工作起步晚及品种保护等原因，自主培育的品种极少，新品种引进受到一定制约，导致国内蝴蝶兰产业发展缓慢，与产业规模形成巨大反差，育种相关的研究报道和文献资料也不多见（李振坚 等，2008；丁朋松 等，2014；朱根发，2015）。

蝴蝶兰（*Phalaenopsis*）在兰科丰富的兰花资源中，

* 基金项目：广东省科技计划项目（2014A030304046，2014A020208063，2015B020231005，2016B070701014）；国家自然科学基金（31201650）；广东省科技基础条件建设项目（2013B060400032）。

作者简介：李佐（1983年-），女，博士，助理研究员，E-mail：lizuo8375@126.com。
① 通讯作者。Author for correspondence（E-mail：13660373325@163.com）。

因其极高的观赏与经济价值成为目前国内及国际最流行的盆栽兰花品种。选育具有更强竞争力的新品种，提高市场的占有率，满足不同消费人群和消费市场的需求，是蝴蝶兰产业发展的必然方向（Griesbach，2002；Frowine，2008；李振坚 等，2008）。如何提高蝴蝶兰杂交育种的效率、增强杂交后代性状预测的准确度越来越引起重视。在蝴蝶兰的育种研究中，本课题组一直致力于对蝴蝶兰优异种质杂种后代的重要观赏性状，及遗传倾向等方面开展多年持续性的跟踪研究分析（陈和明 等，2011；李佐 等，2014，2015），为杂交育种的实践利用提供很好的理论依据。本试验以优异种质‘黄金豹’和‘*Phal.* SH49’作为亲本以及它们的正反交后代为材料，探讨花色、花斑类型、花朵大小、花瓣大小、花瓣厚度等蝴蝶兰育种中重要的目标观赏性状的遗传规律，为蝴蝶兰亲本的选配及后代观赏性状表型的预测等提供参考。

1 材料与方法

1.1 材料

供试材料为‘黄金豹’、‘*Phal.* SH49’及其正反交的566株杂种后代。其中正交组合为‘黄金豹’（♀）×‘*Phal.* SH49’（♂），后代开花株309株；反交组合是‘*Phal.* SH49’（♀）×‘黄金豹’（♂），后代开花株257株。其中‘黄金豹’为黄色蜡质中花，具深紫色斑块，‘*Phal.* SH49’为纯紫红色纸质大花，具细微白镶边，花型圆整。

1.2 方法

2012年2月进行授粉杂交，同年7月获得杂交果荚进行无菌播种与培养，2013年1月出瓶种植 F_1 代群体(5cm 苗)，之后2014年3～5月 F_1 代群体首次开花(8cm 苗)。连续两年的2～5月对该杂交后代群体的正交开花株(309株)及反交开花株(257株)进行重要农艺及观赏性状的调查、测量、记录并拍照，具体测量数量性状5个，包括：株幅、花枝长度、花朵大小、花瓣大小及花瓣厚度；调查记录质量性状3个，包括：主要花色、花斑类型和花瓣质地（陈和明，2014）。

2 结果与分析

2.1 亲本观赏目标性状的表现

在本研究杂交组合的2个亲本中，‘黄金豹’为中小型-黄底红紫斑块-蜡质花品种，‘*Phal.* SH49’为大型-纯紫红色带微细白色镶边-纸质花品种，重要的观赏目标性状具体信息见表1所示：

表1 蝴蝶兰亲本观赏目标性状表现

Table 1 Main object ornamental characters of *Phalaenopsis* parents

亲本样品	质量性状			数量性状				
	主花色	花斑纹类型	花瓣质地（纸质/蜡质）	株幅（cm）	花枝长度（cm）	花朵大小(cm)（横径+纵径）	花瓣大小(cm)（花瓣长+宽）	花瓣厚度（mm）
黄金豹	黄色	紫红斑块	蜡质/光滑	26.5	40.2	12.7	6	1.1
Phal. SH49	紫红色	无斑纹，边缘具微细白色镶边	纸质/光滑	36.8	45.8	21.8	12.9	0.81

表2 蝴蝶兰正反交 F_1 代重要花部质量性状分离表现

Table 2 Main flower characters description of *Phalaenopsis* F_1 offspring

样品	主花色[a]	花斑纹[a]	花瓣质地[a]（纸质/蜡质）	株数[b]	比例值[b]（%）
正 G01	暗紫红色	纯色无斑	蜡质/有颗粒感	64	24.9
反 G01	同上	同上	同上	97	31.4
正 G02	浅紫红色—紫红色	无斑纹	纸质/光滑	132	51.4
反 G02	同上	同上	同上	86	27.8
正 G03	紫红色	大面积斑点	纸质/光滑	31	12.1
反 G03	同上	同上	同上	89	28.8
正 G04	暗紫红色	白镶边/流彩镶边	纸质/光滑	30	11.7
反 G04	同上	同上	同上	37	12.0

注：[a]花部性状描述参照：国际新品种保护联盟（UPOV）制定的蝴蝶兰 DUS 测试指南（UPOV *Phalaenopsis* guidelines 2003；UPOV *Phalaenopsis* guidelines 2013）；

[b]每个类群的植株数量及占正反交后代群体（正交后代群体257株、反交后代群体309株）的比例值。

2.2 正反交 F_1代观赏目标性状的表现

2.2.1 花部质量性状在正反交后代中的表现与分布

母本‘黄金豹’与父本‘*Phal.* SH49’的正反交后代花部性状呈现一致的分离表现，现根据花色花斑有规律的变化，正反交都一致分为 4 个组群（见表 2），即正交 G01 与反交 G01（组群 1 特征为：暗紫红色-纯色无斑-蜡质花）、正交 G02 与反交 G02（组群 2 特征为：紫红色-纯色无斑-纸质花）、正交 G03 与反交 G03（组群 3 特征为：紫红色-大面积斑点-纸质花）、正交 G04 与反交 G04（组群 4 特征为：暗紫红色-镶边-纸质花）。其中正交群体中组群 2（正交 G02）的植株所占正交后代比例最多（51.4%），反交群体中组群 1（反交 G01）的植株所占反交后代群体的比例最多（31.4%）。

2.2.2 株幅在正反交后代中的表现与分布

如图 1 所示，正反交后代的株幅变幅分别为：28.45～30cm 和 27.7～34.3cm，均介于双亲。从 4 个组群比较来看，第 1 和第 4 组群的正交后代株幅略大于反交后代，而第 2 和第 3 组群的反交后代株幅较高。

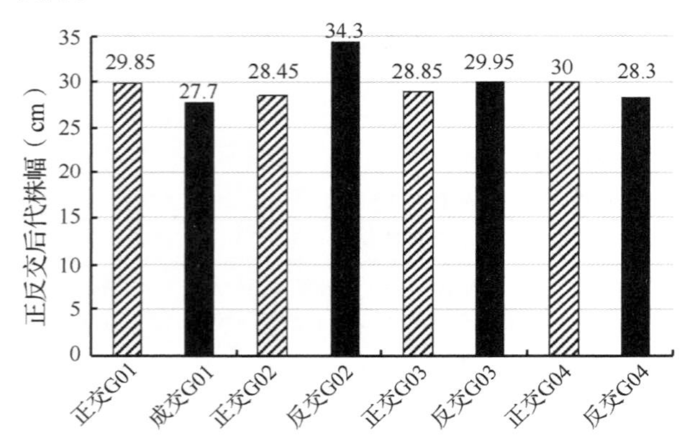

图 1　正反交后代株幅大小分离

Fig. 1　The plant width of the hybrid progeny

2.2.3 花枝长度在正反交后代中的表现与分布

如图 2 所示，正反交后代的花枝长变幅分别为：31.9～41.93cm 和 34.65～36.3cm，正交群体除了第 1 组群介于双亲，其余 3 个组群都低于双亲；反交群体的 4 个组群均低于双亲。从 4 个组群比较来看，第 1 和第 3 组群的正交后代花枝略长于反交后代，而第 2 和第 4 组群的反交后代花枝较长。

2.2.4 花朵大小在正反交后代中的表现与分布

如图 3 所示，正反交后代的花朵大小变幅分别为：12.15～16.32cm 和 11.88～16.12cm，正交群体中第 1 组群低于双亲，其余 3 个组群介于双亲；反交

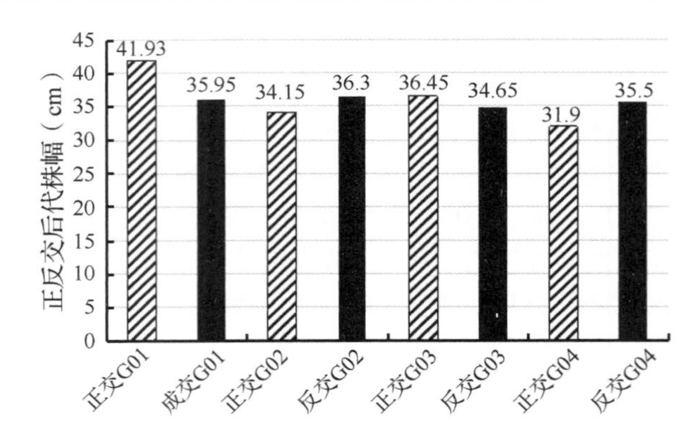

图 2　正反交后代花枝长度分离

Fig. 2　The peduncle length of the hybrid progeny

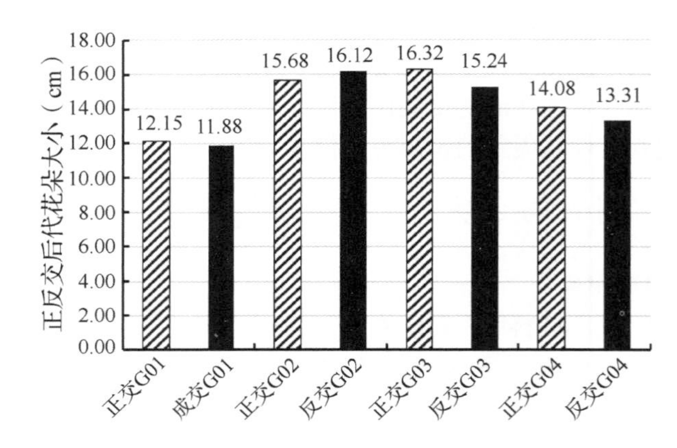

图 3　正反交后代花朵大小分离

Fig. 3　The flower size of the hybrid progeny

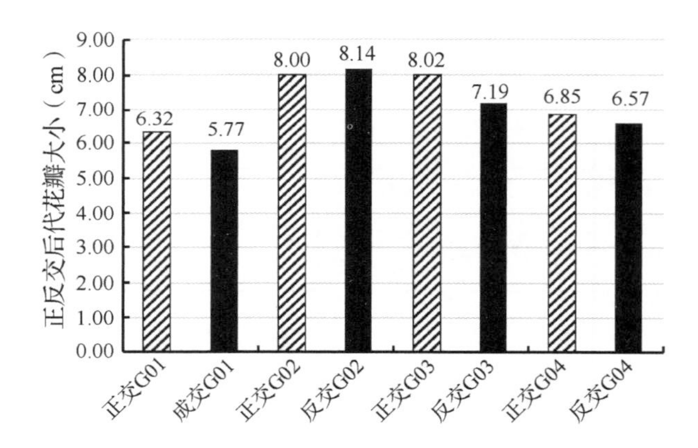

图 4　正反交后代花瓣大小分离

Fig. 4　The petal size of the hybrid progeny

群体中同样是第 1 组群低于双亲，其余 3 个组群介于双亲。从 4 个组群比较来看，第 1、第 3 和第 4 组群的正交后代花朵均大于反交后代。

2.2.5 花瓣大小在正反交后代中的表现与分布

如图 4 所示，正反交后代的花瓣大小变幅分别为：6.32～8.02cm 和 5.77～8.14cm，正交群体的 4 个组群均介于双亲；反交群体中第 1 组群低于双亲，其余 3 个组群介于双亲。从 4 个组群比较来看，第 2

组群的正交后代花瓣比反交后代稍小，而第1、第3和第4组群的正交后代花瓣均大于反交后代。

2.2.6 花瓣厚度在正反交后代中的表现与分布

如图5所示，正反交后代的花瓣厚度变幅分别为0.823～0.998mm和0.772～0.946mm，正交群体4个组群均介于双亲；反交群体中第2组群低于双亲，其余3个组群介于双亲。从4个组群比较来看，第1和第2组群的正交后代花瓣比反交后代的厚，而第2和第4组群的反交后代花瓣更厚。

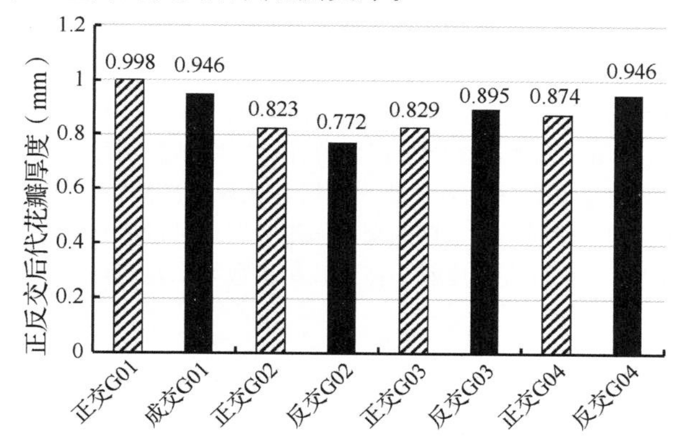

图5 正反交后代花瓣厚度分离

Fig. 5 The petal thickness of the hybrid progeny

2.3 正反交后代观赏目标性状的综合评价

从以上质量性状的分析结果可以看出，杂交后代的花色花斑都发生了很明显的分离，同时正反交后代的分离规律一致，仅在分离的组群比例上有差别。再从以上5个观赏目标数量性状的分离结果发现，正反交后代均介于或低于双亲值，未有高于双亲值；而正交组群1(正交G01)的5个数量性状值均高于反交组群1(反交G01)；分析对比正反交后代4个组群的质量性状与数量性状表明，'黄金豹'作为母本、'*Phal.* SH49'作为父本的杂交后代群体更具有杂种优势。

3 讨论与展望

观赏花卉重要农艺及经济性状的分离变异规律研究，可为杂交育种中性状的早期定向选择提供基础，有效地提高育种效率。蝴蝶兰的主要观赏价值在花上，花朵性状的分离规律是其杂交育种中最为重要的研究方向。尤其是花色、花斑及花大小的变化，是培育具自主知识产权新品种最重要的育种目标。在蝴蝶兰杂交育种的过程中，对其亲本的重要观赏性状如花色、花斑类型及花朵大小等花部性状的遗传表现有充分了解，可进行有目的地选择合适亲本，在品种改良方面具有实践应用价值，能够创造出更多的优质种质资源，丰富遗传多样性，为新优品种的选育提供基础并提高效率(黄玮婷 等，2012)。

参考文献

1. 陈和明，吕复兵，朱根发，等. 2011. 1个正反交蝴蝶兰若干性状在F_1的遗传表现[J]. 华北农学报，26（增刊）：28－33.

2. 陈和明，朱根发，吕复兵，等. 2014. 蝴蝶兰新品种DUS测试指南的研制[J]. 中国农学通报，30（10）：182－185.

3. 丁朋松，郭文姣，孙纪霞，等. 2014. 蝴蝶兰杂交育种研究进展[J]. 安徽农业科学，42(7)：1954－1956.

4. 黄玮婷，曾宋君，吴坤林，等. 2012. 蝴蝶兰属植物杂交育种研究进展[J]. 热带亚热带植物学报，20（2）：209－220.

5. 李佐，肖文芳，陈和明，等. 2014. 蝴蝶兰 *Phalaenopsis* 'Frigdaas Oxford'和 *Phal.* 316杂交F_1代性状分离研究[J]. 热带作物学报，35（5）：854－861.

6. 李佐，肖文芳，陈和明，等. 2015. 蝴蝶兰杂种一代的花朵材质、花斑及花型遗传分化的初步探讨[C]. 中国观赏园艺研究进展，67－70.

7. 李振坚，王雁，彭镇华，等. 2008. 兰花在全球花卉贸易中的地位及发展动态[J]. 中国农学通报，24（5）：154－159.

8. 朱根发. 2015. 蝴蝶兰种质资源及杂交育种进展[J]. 广东农业科学，5：31－38.

9. Frowine S A. Moth Orchids: the Complete Guide to *Phalaenopsis*[M]. London: Timber Press, 2008, 12－130.

10. Griesbach R J. Development of *Phalaenopsis* orchids for the mass-market[J]. Trends in new crops and new uses. ASHS Press, Alexandria, VA, 2002, 458－465.

11. International union for the protection of new varieties of plants (UPOV). TG/213/1. *Phalaenopsis* (*Phalaenopsis* Blume.) guidelines for the conduct of tests for distinctness, uniformity and stability. [S]. Geneva, 2003. 04. 09. http://www.upov.int/en/publications/tg-rom/tg213/tg_213_1.pdf.

12. International union for the protection of new varieties of plants (UPOV). TG/213/1. *Phalaenopsis* (*Phalaenopsis* Blume.) guidelines for the conduct of tests for distinctness, uniformity and stability. [S]. Geneva, 2013. 03. 20. http://www.upov.int/edocs/tgdocs/en/tg213.pdf.

切花向日葵的资源评价和自交系的表型分析*

周熠玮　玉云祎　王 红　年欣欣　李满意　王东栋　范燕萍①
（华南农业大学林学与风景园林学院，华南农业大学花卉研究中心，广州 510642）

摘要　本试验以从荷兰和日本引进的并经过杂交、自交、回交等育种手段繁衍得到的向日葵后代为材料，对各品系盛花期时的性状进行测量和记录，建立了其观赏价值评价体系并对各品系观赏价值进行分析和评价，同时对向日葵不同高代自交系在春秋不同播期的五个主要性状进行双因素方差分析。结果表明，'M4－19''MM1－22''35－12'为本试验综合价值最好的品系，应重点利用，其他品系则根据价值评价等级结合各品系的特点优势进行选留；5个不同高代品系的主要性状差异显著，在广州4月播比9月播的植株株高更高、花盘直径更大、舌状花宽度更小、出苗到开花天数更长，而不同高代品系和播期的交互作用较弱，可根据具体向日葵品系的不同来进行播期的选择，以调整株高、花盘大小、舌状花宽度和出苗到开花天数等来达到最佳的生产效果。

关键词　切花向日葵；资源评价；自交系；表型分析；播期

The Resource Evaluation and Phenotypic Analysis of Inbred Line of Cut Sunflowers

ZHOU Yi-wei　YU Yun-yi　WANG Hong　NIAN Xin-xin　LI Man-yi　WANG Dong-dong　FAN Yan-ping
(*College of Forestry and Landscape Architecture*, *Flower Research Center*, *South China Agricultural University*, *Guangzhou* 510642)

Abstract　The experiment used the Sunflowers which were breeded by cross, inbreeding and backcross from the Netherlands and Japan to measure and record the characters of the strains in the flowering period. A ornamental value system was established. The ornamental value of each strains were analyzed and evaluated. Meanwhile The different high generation inbred lines and different sowing dates of Sunflower were analyzed with a two-factor variance analysis method. The results as follow: The best comprehensive value lines were 'M4－19', 'MM1－22', '35－12', and should be focused on. Other strains should be chosen by the comprehensive value and their characteristics and advantages. The main traits of the 5 high generation inbred lines were significantly different. In Guangzhou, They were higher, bigger flower disc, narrower ray florets and later time of flowering sowing in September than in April. . But the interaction between advanced lines and sowing date was weak. So based on different lines, it can choose different sowing date to control the plant height, the size of flower disc, the width of ray florets and the time of flowering to achieve the best production effect.

Key words　Cut sunflower; Resource evaluation; Inbred line; Phenotypic analysis; Sowing date

向日葵（*Helianthus anuus*）为菊科向日葵属一年生草本植物。向日葵属浑身是宝，既有药用价值又有食用价值，还有其他方面的经济价值，按照类型和用途可以分为食用向日葵、油用向日葵和观赏向日葵（赵贵兴 等，2011）。切花用向日葵是观赏向日葵中重要成员，作为鲜切花在欧美花卉市场久负盛名，且迅速发展，从1990年代开始，美国、日本等国家相继选育出"没有花粉"的杂种 F_1 代向日葵品种，花色也更加丰富多彩，向多色、复色、重瓣方面发展（钟淮钦 等，2007）。1998年以来，上海市场就开始有切花向日葵销售，上海市场接受新事物的能力比较强。年销售量已达到300万支，其中一半是本地花。切花向日葵主要应用在酒店、宾馆、婚庆的插花组合，特别受到外国人的青睐。在上海市场的带动下，昆明农户近

* 基金项目：广东省现代花卉产业技术体系（2009-356）。
① 通讯作者。Author for correspondence（E-mail：fanyanping@ scau. edu. cn）。

年来陆续开始种植切花向日葵。2008 年，陕西西安开始有农户种植切花向日葵，年产量有 7 万支左右，但主要是在本地消化(赵光英 等，2010)。在岭南花卉市场、广州春节迎春花市、各大高校近年的毕业季也能看到切花向日葵的身影。

切花向日葵在国内市场已经崭露头角，但还未能很好推广。目前，国内也已经有一定的研究进展，但培育出的新品种还不多。2005 年中国科学院植物研究所筛选到可作为培育无花粉观赏向日葵杂交种亲本材料的‘NEWFREE’雄性不育系(刘公社 等，2006)；近年，福建省农业科学院利用自交、杂交、回交等育种技术也陆续培育出了多个观赏向日葵新品种，2009 年培育出‘闽日 1 号’，2011 年培育出无花粉的‘闽葵 3 号’和‘闽葵 1 号’，2012 年再次培育出无花粉的观赏向日葵‘闽葵 4 号’等新品种(吴建设 等，2009，2011，2012，2014)。但是新品种种类总体来说还不够多，满足不了市场对品种、花型、花色等多样性的需求。切花向日葵需要更多的新品种、新类型来扩大其影响力。综合目前的研究状况，结合切花观赏和生产的需要，得出本试验育种工作的切花向日葵目标性状：株高 120 cm 左右；舌状花瓣大而较短圆，数量多，重瓣型，色彩丰富；花盘较大，稍朝上；生育期较短而花期较长，综合抗性较好等。

本试验利用从荷兰、日本引进的观赏向日葵品种后代，进行进一步的育种工作，对目前各品系的观赏价值进行分析和评价，根据观赏价值评价对各品系进行选留，加快育成性状优良的新品种，同时也对 5 个高代自交品系(自交6 代以上)在春秋不同播期的主要观赏性状进行对比分析，确定 5 个高代自交品系在春秋不同播期的性状特点，为切花生产需要提供依据。

1 材料与方法

1.1 试验材料

本试验采用的材料是由荷兰观赏向日葵品种‘5525’‘5535’、日本的观赏向日葵品种‘选择’‘花仙子’‘富阳’等杂交后再经过自交、回交所繁育的后代。其中，‘S4D1’‘S4D2’‘S4D3’‘S4E1’‘S4 – 08’‘K4 – 04’‘M4 – 19’‘MZ’‘MB’‘MM1 – 22’等品系为荷兰观赏向日葵品种‘5535’和‘5525’杂交后再选株自交、杂交得到的后代；‘KK_1 – 30’‘KK_1 – 31’等品系为‘选择’和‘Lemone queen’杂交后再选株自交得到的后代；‘35 – 1’‘35 – 8’‘35 – 12’‘35 – 40’等品系为日本品种‘富阳’和荷兰品种‘Evening sun’的杂交再选株自交的后代；‘XZ’‘XZI’‘XZII’等品系为‘选择’与‘5525’的自交后代杂交后再与‘35 号’品系杂交的 F_1 代。试验材料所有品系于 2015 年 4 月 13 日播种于华南农业大学花卉研究中心试验基地，每个品系播种不少于 10 株，其中‘S4D1’‘S4D2’‘S4D3’‘S4E1’‘M4 – 19’5 个高代自交品系于 2015 年 9 月 14 日再次播种。

1.2 播种与定植

采用穴盘(50 穴)于温室大棚中播种，每个品系播种不少于 30 粒，基质采用泥炭土，种子 3 ~ 5 天后开始萌芽，12 ~ 16 天等小苗长出第二对子叶后定植到试验田。株行距为 40cm × 30cm。

1.3 观赏价值的评价

1.3.1 评价体系指标选择

评价对象为 2015 年 4 月播的共 19 个向日葵品系。评价体系、方法、指标赋权和观赏指数分级主要参考相关文献建立的观赏向日葵价值评价体系(宋良红 等，2015)，并根据本实验的现状和需要做出一定调整。本次价值评价主要用于更精确地筛选优良品系，根据育种现状，选取株高、花盘直径、舌状花长、舌状花宽、舌状花颜色、舌状花瓣类型、分支情况共 7 个能够较突出反映本试验向日葵观赏价值的因素作为评价指标，其中株高、花盘直径、舌状花长、舌状花宽为定量化指标，舌状花颜色、舌状花瓣类型、分支情况为定性化指标。

1.3.2 数据标准化

定量化指标的原始数据需要进行标准化，具体标准化公式如下：

① $x' = [x - \min(x)]/[\max(x) - \min(x)]$

② $x' = [\max(x) - x]/[\max(x) - \min(x)]$

上述公式中 x 表示定量化指标测量数值，x' 表示进行标准化处理后的指标值，$\max(x)$ 表示 x 指标测量值中的最大值，$\min(x)$ 表示 x 指标测量值中的最小值。当测量的指标数值越大，向日葵的观赏效果越好时，采用正向指标计算式①对原始数据进行标准化处理；而测量的指标数值越小，向日葵的观赏效果越好时，则采用负向指标计算式②对原始数据进行标准化处理。其中在对株高原始数据标准化时，由于本试验植株株高最矮为 87.7cm，最高为 181.4cm，而本试验的切花向日葵的育种目标株高约为 120.0cm，所以当株高数值低于 120.0cm 时，采用正向指标计算式①，而当株高数值高于 120.0cm 时采用负向指标计算式②。

定性化指标舌状花颜色、舌状花瓣类型和分支情况由于无具体数值，故需要对相应的具体指标性状进行赋值。通过参考宋良红等建立的观赏向日葵价值评价体系、咨询专家，再结合本试验现实状况对这3个定性化指标的具体性状进行了赋值，具体赋值情况如表1所示，赋值数值为相对数值，不需进行标准化处理。

1.3.3 指标赋权

定性化指标参考宋良红等建立的评价体系，结合本试验的现实情况及育种目标来确定权重，切花要求植株单秆为好，分支多为差，故分支情况设定的权重也相对较高，为0.20，舌状花颜色和舌状花瓣类型对植株的观赏性十分重要，权重分别设定为0.20、0.15，定性化指标所占权重共为0.55，则定性化指标所占权重为0.45；定量化指标在原始数据标准化后，采用熵权法进行赋权，根据表2中的步骤①～④及对应公式计算得出所占权重，4个定量化指标植株株高、花盘直径、舌状花长、宽权重经过计算分别得出0.15、0.12、0.09、0.09，具体的指标所占权重结果如表3。由表3可知，舌状花颜色和分支情况为本实验切花育种目标的重点，所占权重最大；株高、舌状花瓣类型次之，切花向日葵不能太高也不能太低，最佳为120.0cm左右，舌状花瓣类型则以重瓣为好，单瓣为次；花盘直径、舌状花长、宽权重相对较小，但也占有一定的比例，花盘相对较大、舌状花瓣较大而且长宽比例较小为好。综合来看，权重分布基本符合切花向日葵的育种目标。

表1 定性化指标的赋值

Table 1 The evaluation of qualitative indicators

定性化指标 Qualitative indicators	具体类型 Specific types	赋值 Evaluation
分支情况 Branching	无 Absent	0.6
	很少 Little	0.3
	很多 Many	0.0
舌状花颜色 Colour of ray floret	亮黄 Bright yellow	0.5
	柠檬黄 Lemon yellow	0.6
	橘黄 Orange	0.6
	多类 Various	0.6
	黄带红晕 Yellow with reddish colour	0.7
舌状花瓣类型 Petal type of ray floret	单瓣 Single-lobe	0.6
	单或重瓣 Single-lobe or polyphyll	0.7
	重瓣 Polyphyll	0.8

注：分支情况根据具体的分支数量(个)定为“无(0.0)”、“很少(0.0～3.0)”、“很多(＞3.0)”共三个等级。

Note: According to the number of specific branches, the situation of branching can be divided into three types includes “Absent(0.0)”, “Little(0.0～3.0)”, “Many(＞3.0)”.

表2 定量化指标的权重和观赏价值指数的计算方法

Table 2 Computational method of the weight of quantitative indicators and ornamental value index

步骤 Steps	公式 Formula
①对定量化指标进行比重变换 Make a proportion transformation on quantitative indicator	$s = x' / \sum x'$
②计算指标的熵值 h Calculate the entropy(h) of the indicator	$h = -k \sum s\ln s$，其中 $k = 1/\ln n$
③将熵值进行逆向化 Make a reverse on the entropy	$g = 1 - h$
④计算定量化指标 x 的权重 ω Calculate the weight (ω) of the indicator(x)	$\omega = g \times 0.45 / \sum g$
⑤计算观赏价值指数 S Calculate the ornamental value index(S)	$S = \sum \omega \cdot x'$

注：步骤④的公式中，由于定性化指标权重总数定为0.55，故计算定量化指标权重时对应乘以0.45(1－0.55)；步骤⑤中的计算包括所有指标的计算。

Note: In the formula of step 4, because the sum of the weight of qualitative indicators is 0.55, the calculation of quantitative indicators should be multiplied by 0.45(1－0.55); the calculation in step 5 includes the calculation of all indicators.

表3 观赏价值评价指标的权重分布

Table 3 Weight distribution of evaluation index of ornamental value

指标 Index	权重 weight
株高 Height	0.15
花盘直径 Floral disk diameter	0.12
舌状花长 Length of ray floret	0.09
舌状花宽 Width of ray floret	0.09
舌状花颜色 Colour of ray floret	0.20
舌状花瓣类型 Petal type of ray floret	0.15
分支情况 Branching	0.20

1.4 不同高代品系、播期的性状对比

选取'S4D1''S4D2''S4D3''S4E1''M4－19'5个高代自交品系(自交超过6代)于2015年4月13日和9月14日分别播种，在盛花期时对株高、花盘直径、舌状花长、宽、出苗到开花天数共5个性状进行测量和记录，并进行品系和播期的双因素方差分析。

1.5 数据测量和统计

主要的性状数据均在品系盛花期时测量，每个数据测量的重复数为5，定量化指标数据测量精确到0.1。采用WPS2016表格进行记录统计和基本运算，用SPSS19.0进行双因素方差分析。

2 结果与分析

2.1 切花向日葵的观赏价值评价结果

2015年4月播向日葵主要观赏性状如表4所示。根据本实验所建立的育种价值评价体系，通过对原始数据的标准化以及进行的定量化、定性化权重赋值，计算得出各品系的育种价值并进行综合评价，详细如表5。'M4－19''MM1－22''35－12'3个品系为本试验综合性状最好的品系，花大而美，单秆，评为A级，其中虽然'M4－19'株高较高，但其他观赏性状都比较符合本试验切花向日葵育种目标，而'MM1－22''35－12'两个品系的株高都相对适宜；'XZII''XZI''35－1''MB''S4－08''35-8''S4E1'等7个品系各性状无严重偏离育种目标，被评为B级；'XZ''S4D2''37－40''S4D1''S4D3''KK1－30'等6个品系都存在一个以上严重偏离育种目标的性状，如'S4D2'分支较多，'S4D3'花盘直径较小而且分支较多等，被评为C级；'KK1－31''K4－04''MZ'由于花瓣单瓣，色彩单一且不够鲜艳，分支也较多，多数性状与育种目标不符，被评为D级。

表4 2015年4月播向日葵主要观赏性状

Table 4 The main ornamental traits of the sunflowers sown in April, 2015

品系 Strain	株高(cm) Height	花盘直径(cm) Floral disk diameter	舌状花 Ray floret				分支情况 Branching
			长(cm) Length	宽(cm) Width	颜色 Colour	类型 Petal type	
S4D1	146.0±7.0	6.4±0.3	4.0±0.1	1.3±0.1	多种	单或重	较少
S4D2	155.2±7.1	11.0±0.4	4.2±0.2	1.5±0.0	柠檬黄	单瓣	较多
S4D3	120.1±9.6	7.7±0.3	3.9±0.2	1.4±0.1	亮黄	单瓣	较多
S4E1	128.5±5.6	8.0±0.2	4.0±0.2	1.5±0.1	橘黄	单瓣	较少
MZ	93.4±3.3	5.8±0.6	4.0±0.3	1.5±0.0	亮黄	单瓣	较少
M4－19	180.8±7.6	11.0±0.7	5.8±0.3	2.0±0.1	橘黄	单或重	无
MM1－22	148.0±14.1	8.4±0.6	5.2±0.3	1.9±0.2	亮黄	重瓣	无
35－12	115.5±7.3	9.6±0.4	4.5±0.2	1.5±0.1	黄带红晕	单瓣	无
KK1－31	178.3±7.2	9.2±0.7	5.1±0.3	1.5±0.1	多类	单瓣	较多
37－40	87.7±5.1	8.8±0.1	4.1±0.1	1.2±0.0	亮黄	重瓣	无
XZ	180.4±11.2	9.8±0.4	5.2±0.3	1.9±0.1	多类	单或重	较多
XZI	158.1±17.0	10.5±1.0	5.5±0.3	2.0±0.1	多类	单或重	较多
XZII	118.7±3.4	8.1±0.2	5.0±0.3	1.7±0.1	多类	单或重	无
MB	125.9±8.9	8.0±0.5	4.9±0.2	1.9±0.1	亮黄	单或重	较多
35－8	111.2±8.2	6.9±0.7	3.5±0.2	1.2±0.1	黄带红晕	重瓣	无
KK1－30	137.9±4.4	7.0±0.8	4.4±0.2	1.6±0.1	多类	单瓣	较多
S4－08	181.4±12.7	8.6±0.7	5.9±0.3	2.0±0.1	亮黄	重瓣	较少
K4－04	131.5±16.7	6.1±0.3	4.0±0.3	1.5±0.0	亮黄	单瓣	较多
35－01	129.6±9.1	9.5±1.3	5.6±0.3	1.7±0.2	亮黄	单瓣	较多

注：表内"±"后的数据为标准误。

Note: In the table, the datas after the"±"are standard errors.

表 5 向日葵观赏价值的评价结果

Table 5 The evaluation results of ornamental value of sunflower

品系 Strain	观赏价值指数 Ornamental value index	评价等级 Evaluation level
M4 - 19	0.64	A
MM1 - 22	0.62	A
35 - 12	0.61	A
XZII	0.59	B
XZI	0.56	B
35 - 1	0.54	B
MB	0.52	B
S4 - 08	0.52	B
35 - 8	0.51	B
S4E1	0.50	B
XZ	0.46	C
S4D2	0.45	C
37 - 40	0.43	C
S4D1	0.42	C
S4D3	0.42	C
KK1 - 30	0.40	C
KK1 - 31	0.39	D
K4 - 04	0.37	D
MZ	0.33	D

注：根据观赏价值指数定为 A(≧0.60)、B(0.50～0.59)、C(0.40～0.49)、D(0.40～0.49)共 4 个评价等级，观赏价值指数越高，评价越好。

Note: According to the ornamental value index, it can be divided into 4 evaluation levels includes A(≧0.60), B(0.50～0.59), C(0.40～0.49), D(0.40～0.49). The higher the ornamental value index, the better the the evaluation.

2.2 不同高代品系和播期对性状的影响分析

选择的 5 个高代品系在不同播期的部分主要性状数据如表 6 所示，品系和播期双因素方差分析结果如表 7 所示。从品系来看，5 个性状都达到极显著差异，说明这 5 个性状表现出来的差异都是由品系的基因型所引起的，虽然原始父母本同为荷兰品种‘5525’和‘5535’，但经过 6 代以上自交后已经基本分离成不同品系，性状优良的品系可进一步自交纯化成优良新品种；从播期来看，除了舌状花的长度外，其他 4 个性状都达到极显著差异，说明这 4 个性状与不同播期关系极显著，这与钟淮钦等人在切花向日葵不同播种期主要性状的变化研究的结果在株高方面有差异(钟淮钦 等，2007)，这很可能是由于栽培地点、播种时期以及向日葵的品种差异所导致的，有待进一步查证；从品系和播期的互作效应来看，除出苗到开花时间达到极显著差异外，株高、花盘直径、舌状花长、宽都无显著性差异。其中 S4D1、S4D2、S4D3、S4E1、M4 - 19 5 个品系 4 月播的植株株高比 9 月播的分别高 33.58%、43.17%、45.09%、51.53%、50.42%，花盘直径分别大 - 17.9%、12.2%、20.6%、48.1%、37.5%，舌状花宽分别窄 18.8%、21.1%、26.3%、28.6%、23.1%，出苗到开花天数比分别多 12.4d、12.2d、9.4d、11.2d、7.8d。

表 6 不同播期 5 个高代自交系的部分主要性状

Table 6 Some main traits of five advanced lines at different sowing dates

品系 Strain	株高(cm) Height		花盘直径(cm) Floral disk diameter		舌状花长(cm) Length of ray floret		舌状花宽(cm) Width of ray floret		出苗到开花天数(d) The days from emergence of seedling to blossoming	
	4 月 April	9 月 September	4 月 April	9 月 September	4 月 April	9 月 September	4 月 April	9 月 September	4 月 April	9 月 September
S4D1	146.0 ±7.0	109.3 ±4.2	6.4 ±0.3	7.8 ±0.5	4.0 ±0.3	5.1 ±0.2	1.3 ±0.1	1.6 ±0.1	55.2 ±0.6	42.8 ±0.4
S4D2	155.2 ±7.1	108.4 ±6.5	11.0 ±0.4	9.8 ±1.1	4.2 ±0.2	5.0 ±0.3	1.5 ±0.0	1.9 ±0.1	65.6 ±0.5	53.4 ±0.4
S4D3	120.1 ±9.6	82.8 ±2.8	7.7 ±0.3	6.3 ±0.2	3.9 ±0.2	4.6 ±0.2	1.4 ±0.1	1.9 ±0.0	51.6 ±0.6	42.2 ±0.2
S4E1	128.5 ±5.6	84.8 ±3.2	8.0 ±0.2	5.4 ±0.2	4.0 ±0.2	4.6 ±0.3	1.5 ±0.1	2.1 ±0.1	54.4 ±0.7	43.2 ±0.4
M4 - 19	180.8 ±7.6	120.2 ±6.9	11.0 ±0.7	8.0 ±0.6	5.8 ±0.3	6.6 ±0.2	2.0 ±0.1	2.6 ±0.1	51.2 ±0.7	43.4 ±0.5

注：表中“ ± ”后的数据为标准误。

Note: In the table, the datas after the“ ± ”are standard errors.

表7 品系与播期的双因素方差分析F值

Table 7 The F value of two factor variance analysis of strains and sowing dates

变异来源 Sources of variation	自由度 Freedom	株高 Height	花盘直径 Floral disk diameter	舌状花长 Length of ray floret	舌状花宽 Width of ray floret	出苗到开花时间 The days from emergence of seedling to blossoming
品系 Strain	4	7.641**	15.330**	8.246**	21.595**	457.405**
播期 Sowing date	1	79.794**	19.580**	0.090	66.964**	1048.397**
品系×播期 Strain×Sowing date	4	0.066	2.828	1.991	1.607	5.817**

注：表中数值右上角“＊＊”表示达0.01显著水平。

Note：n the table，the“＊＊”in the upper right corner of datas indicate the significant difference at 1% level.

3 讨论

在本试验2015年4月份播向日葵中，‘M4－19’‘MM1－22’‘35－12’3个品系综合评价最好，应重点利用，进一步重点育成新品种，同时亦可作为三系杂交的优良自交系，其他品系根据各自观赏特点和育种材料的优势进行选留利用。

不同高代品系之间主要性状达到差异极显著水平；不同播期对相同品系植株的株高、花盘直径、舌状花宽度和出苗到开花时期差异达到极显著水平，而品系和播期之间交互作用较弱，只有出苗到开花时期差异达到极显著水平。说明本试验各品系在春秋不同播期的部分主要性状表现有差异，根据生产需要，可利用不同播期来调控这5个高代品系的植株高度、花盘大小、舌状花宽和播种到开花时间等性状。由于与钟淮钦等人在切花向日葵不同播种期主要性状的变化研究的结果在株高方面有差异（钟淮钦 等，2007），这很有可能是由于栽培地点、播种时期以及向日葵的品种差异所导致的，亦说明在切花向日葵生产利用时应根据生产地区和生产品种的不同而进行生产策略的调整，以达到最佳的生产效果。

参考文献

1. 刘公社，徐夙侠，刘小丽．2006．雄性不育系“NEW-FREE”的特点及其在观赏向日葵中的利用[J]．作物学报，32(11)：1752－1755.
2. 宋良红，郭欢欢，侯少培，等．2015．观赏向日葵观赏价值评价体系的建立[J]．河南科学，33(6)：934－937.
3. 吴建设，黄敏玲，钟淮钦，等．2012．观赏向日葵新品种‘闽葵1号’的选育[J]．热带作物学报，33(11)：1930－1936.
4. 吴建设，钟淮钦，黄敏玲，等．2009．切花型向日葵新品种“闽日1号”的选育[J]．福建农业学报，24(3)：231－236.
5. 吴建设，黄敏玲，钟淮钦，等．2011．无花粉观赏型向日葵新品种‘闽葵3号’的选育[J]．福建农业学报，26(4)：577－582.
6. 吴建设，黄敏玲，钟淮钦，等．2014．无花粉观赏向日葵新品种‘闽葵4号’[J]．园艺学报，41(1)：199－200.
7. 赵光英，严海，陈泰教，等．2010．三亚地区切花向日葵产业化的发展前景[J]．热带农业科学，30(5)：58－59.
8. 赵贵兴，钟鹏，陈霞，等．2011．我国向日葵产业发展现状及对策[J]．食品工业，10：76－78.
9. 钟淮钦，黄敏玲，吴建设，等．2007．切花向日葵不同播种期主要性状的变化研究[C]．张启翔．中国观赏园艺研究进展2007，北京：中国林业出版社，394－398.

牡丹、芍药花粉活力与柱头可授性研究

贺 丹　解梦珺　吕博雅　王 政　刘艺平　何松林①
（河南农业大学林学院，郑州 450002）

摘要　采用花粉离体萌发法研究牡丹品种‘凤丹白’、‘洛阳红’，芍药品种‘粉玉奴’花粉萌发适宜 Ca^{2+} 浓度；电子显微镜观察花粉、柱头形态特征；联苯胺-过氧化氢法检测‘粉玉奴’柱头可授性。结果表明：①3 个品种中，‘凤丹白’的穿孔频率最高，花粉畸形率最低；‘粉玉奴’的穿孔频率最低，花粉畸形率最高；②不同 Ca^{2+} 浓度条件下，‘凤丹白’在 60mg · L^{-1} $CaCl_2$ 中花粉管伸长量最大；‘洛阳红’在 40mg · L^{-1} $CaCl_2$ 浓度条件下花粉管伸长量最大；③‘粉玉奴’柱头在开花后 1~6d 均有可授性，其中，花后第 3d 柱头可授性最强。

关键词　牡丹；芍药；花粉活力；柱头可授性

Pollen Viability and Stigma Receptivity of *Paeonia ostii* and *Paeonia lactiflora*

HE Dan　XIE Meng-jun　LÜ Bo-ya　WANG Zheng　LIU Yi-ping　HE Song-lin
（*College of Forestry*，*Henan Agricultural University*，*Zhengzhou* 450002 ）

Abstract　The pollen germination in vitro was used to study the conditions suitable for Ca^{2+} concentration of pollen germination of peony varieties‘ Feng Dan’ and ‘Luo yang hong’ and ‘Fen yu nu’; The Pollen and stigma morphology observed by microscope; The stigma receptivity was tested with benzidine-H_2O_2 method. The results showed that：①The Perforated frequency of ‘ Feng Dan’ was highest and the Pollen deformity rate was lowest; The Perforated frequency of ‘Fen yu nu’ was lowest and the Pollen deformity rate was highest；②The Pollen tube elongation of ‘ Feng Dan’ was maximum that storage in 60 mg · L^{-1} $CaCl_2$ under the condition of different concentrations of Ca^{2+}；③The Pollen tube elongation of ‘Luo yang hong’ was maximum that storage in 60mg · L^{-1} $CaCl_2$ under the condition of different concentrations of Ca^{2+}；The stigma of ‘Fen yu nu’ has to teach after flowering 1- 6 days and the highest of stigma receptivity on the third day.

Key words　*Paeonia ostii*；*Paeonia lactiflora*；Viability；Stigma receptivity

牡丹（*Paeonia suffruticosa*）属芍药科芍药属，宿根木本花卉（刘淑敏等，1987），被誉为“国色天香”、“花中之王”，深受大家的喜爱和推崇。经过栽培和发展，牡丹的观赏价值等得到了世人的公认（成仿云，1997）。芍药（*Paeonia lactiflora*）是中国传统名花，其株形优美 、花色绚丽，具有较高的观赏价值，常用作布置专类园、花境，或用作切花等（郭绍霞 等，2009；孟凡聪 等，2005），在城市园林绿化方面也具有很大的开发潜力。目前，有关牡丹、芍药远缘杂交的研究比较广泛（肖佳佳，2010；何桂梅，2006；侯甲男，2013；张栋，2008；荆丹丹等，2011；郝青等，2008），但由于缺乏对杂交亲本生殖器官发育情况的了解，杂交组合选择不合适，从而导致远缘杂交的失败，既浪费了大量的人力、物力和时间，更严重影响了育种效率 。因此，了解花粉活力以及柱头可授性，对进行人工辅助授粉及杂交育种工作具有重要的指导意义（姬慧娟 等，2009）。

本研究通过对不同父本花粉活力测定、形态的观察，以及对不同时期柱头可授性的研究，更深入地了解牡丹芍药杂交传粉机制，为牡丹芍药远缘杂交组合的选择以及杂交结实率的提高等方面提供理论指导。

1　材料与方法

1.1　试验时间、地点

本研究田间试验于 2015 年在河南省郑州市河南农业大学三区苗圃基地，室内试验在河南农业大学林学院观赏植物学实验室进行。

①　通讯作者。

1.2 材料

供试母本芍药品种‘粉玉奴’与父本牡丹品种‘凤丹白’‘洛阳红’均引自山东菏泽，于2011年栽植于河南农业大学三区苗圃基地，植株生长良好，可以正常开花结实。

1.3 离体花粉活力测定

离体花粉培养液采用50mg·kg^{-1} H_3BO_3 +10%蔗糖的基本培养基，另加20、40、60mg·L^{-1}。松蕾期，在晴天上午10：00采生长健壮的‘凤丹白’‘洛阳红’花药，置于培养皿中，于通风干燥处自然阴干散粉后，收集于1.5ml离心管中，放入盛有硅胶的密封袋中，4℃恒温贮藏。每隔一定时间测定花粉生活力。具体方法如下：将配好的花粉培养液滴到凹玻片的凹槽里，取少量花粉振落在培养液中，于常温(23℃左右)下培养，每组合3次重复。3h后置于显微镜下测定萌发率，要求观察3个不重叠视野，且每个处理观察的花粉粒不低于100粒，以花粉管长度超过花粉粒长轴长度作为萌发标准。

萌发率＝ 萌发花粉粒数/花粉粒总数×100%.

花粉管伸长量(倍)＝花粉管长度/花粉粒直径

1.4 柱头可授性的测定

用联苯胺—过氧化氢法观测柱头可授性[9]。联苯胺—过氧化氢反应液配制：1%联苯胺∶3%过氧化氢∶水＝4∶11∶22(体积比)。在盛花期，于开花后的1、2、3、4、5、6、7天每天上午10：00采取新鲜雌蕊柱头20个，将其浸到含有联苯胺-过氧化氢反应液的凹玻片上。若柱头具有可授性(呈现出过氧化氢酶活性)则柱头周围的反应液呈现蓝色并有大量气泡出现。染色20min后在显微镜(×4)下观察柱头染色的部位，柱头周围呈现蓝色并伴有大量气泡出现认为柱头有可授性；否则认为没有可授性。

1.5 田间人工授粉试验

选择芍药品种‘粉玉奴’作为母本，牡丹品种‘凤丹白’‘洛阳红’作为父本，共两个杂交组合，每个组合授粉400朵。于松蕾期，去掉雄蕊和花瓣，套袋并挂上标签，每天观察柱头的时期及形态特征，直至10d。为保证授粉成功，连续授粉3d。授粉后继续套袋，每天观察柱头形态变化及心皮发育形态特征，授粉后柱头完全萎蔫及时去袋。

2 结果与分析

2.1 杂交亲本花粉和柱头扫描电镜观察

对两个父本‘凤丹白’‘洛阳红’和母本‘粉玉奴’的花粉进行了电镜扫描，由图1可知：两个父本和母本的花粉粒具有相似的结构类型，3个材料的花粉粒在花粉大小和形状变化上差异较小；花粉表面纹饰差异较明显，‘凤丹白’表面纹孔最小，穿孔频率最高；‘粉玉奴’穿孔频率最低。由表1可知，3个品种中，‘凤丹白’的花粉畸形率最低，适合作父本；‘粉玉奴’的花粉畸形率最高，因此适宜作母本。

2.2 离体花粉萌发率测定

2.2.1 不同Ca^{2+}浓度对花粉萌发的影响

3种Ca^{2+}浓度条件下‘凤丹白’在60mg·L^{-1}中花粉管伸长量最大，随着贮藏时间的增加，先急剧上升，后趋于平缓(图2)。室温条件下，‘凤丹白’花粉管伸长量从0(0d)上升到84.5(1d)，之后在79～73.5(3～15d)之间上下浮动。‘洛阳红’在40mg·L^{-1} $CaCl_2$浓度条件下花粉管伸长量最大，随着时间的增加，先急剧上升，后缓慢下降，但下降幅度较小(图3)。室温条件下下，‘洛阳红’花粉管伸长量从0(0d)上升到89.5(1d)，之后逐渐降至78(5d)，15d后降至60。

在相同条件下，3个品种的花粉萌发率有明显差异(图4)。随着贮藏时间的增加，‘粉玉奴’的花粉萌发率逐渐降低，从78.58%(1d)缓慢下降到72.68%(5d)，15d后降至64.55%。‘凤丹白’花粉萌发率从82.45%(1d)降至78.86%(2d)，随后上升到80%，之后逐渐下降，15d后降至59.85%。‘洛阳红’花粉萌发率随着时间增加逐渐下降，从88.68%(1d)下降到82.84%(5d)，15d后下降到59.55%。相同条件下，‘洛阳红’花粉萌发率明显高于其他两个品种，说明‘洛阳红’更适合作杂交父本。

表1 父母本花粉形态特征值

Table1 Morphological characteristics of the parents' pollen

名称	极轴长度(P)(μm)	赤道轴长度(E)(μm)	形状(P/E)	花粉畸形率(%)	单花结种率(%)
♂‘凤丹白’	41.2(35.6～47.7)	20.1(17.5～22.5)	2.05	17.8	31.1
♂‘洛阳红’	41.3(33.6～45.7)	19.2(16.9～20.5)	2.15	21.4	21.1
♀‘粉玉奴’	37.8(35.9～39.7)	20.4(18.7～21.2)	1.85	53.5	—

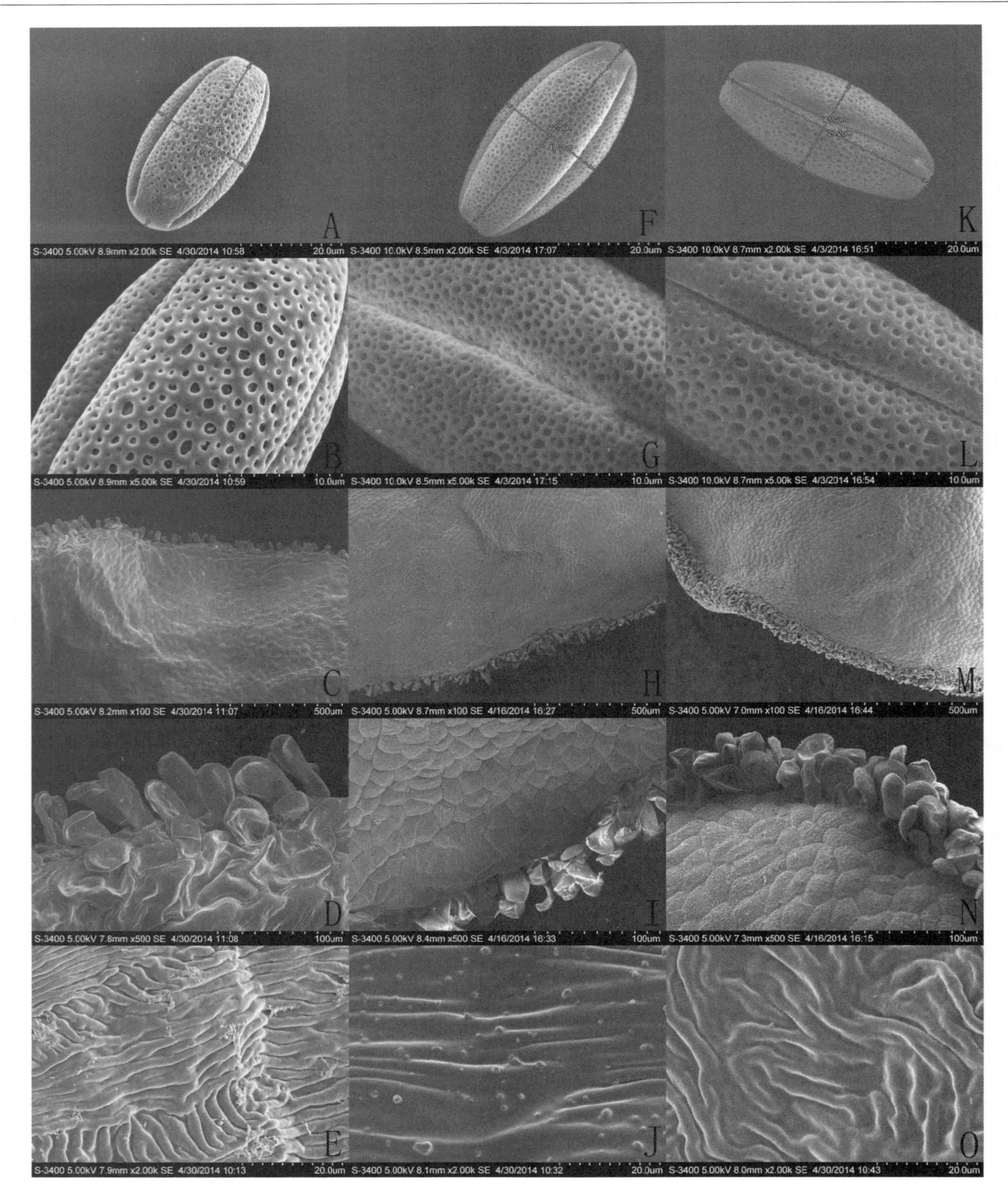

图1　不同品种花粉粒与柱头表面电镜扫描

A、B：'粉玉奴'花粉粒；C、D、E：'粉玉奴'柱头表面；F、G：'凤丹白'花粉粒；H、I、J：'凤丹白'柱头表面；K、L：'洛阳红'花粉粒；M、N、O：'洛阳红'柱头表面

Fig. 1　Different varieties of pollen and surface of stigma under Scanning Electron Microscope

1、B：pollen grain of 'Fen yu nu'；C、D、E：stigma surface of 'Fen yu nu'；F、G：pollen grain of ' Feng Dan'；H、I、J：stigma surface of ' Feng Dan'；K、L：pollen grain of 'Luo yang hong'；M、N、O：stigma surface of 'Luo yang hong'

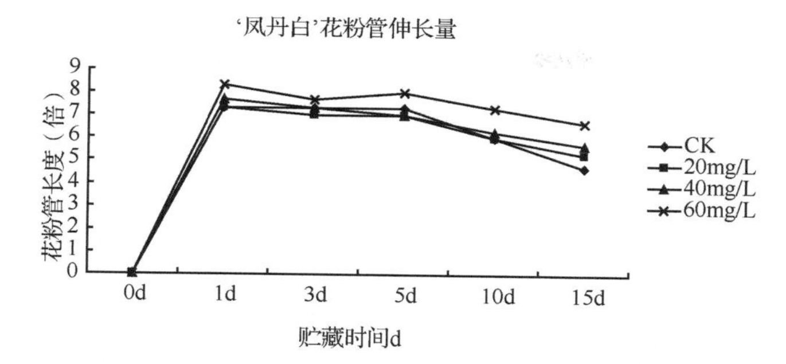

图 2 '凤丹白'花粉管伸长量(×10)

Fig. 2 Pollen tube elongation of ' Feng Dan'

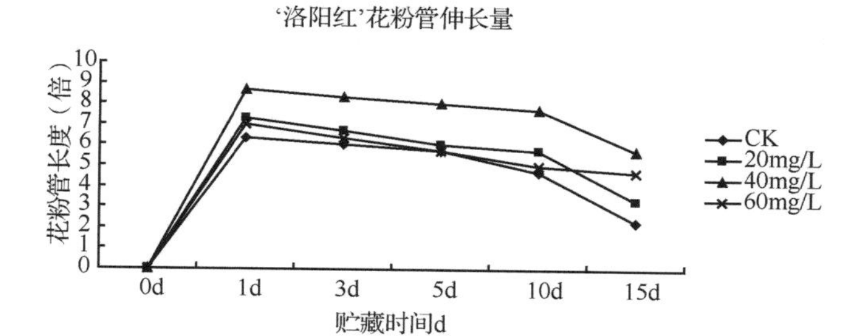

图 3 '洛阳红'花粉管伸长量(×10)

Fig. 3 Pollen tube elongation of 'Luo yang hong'

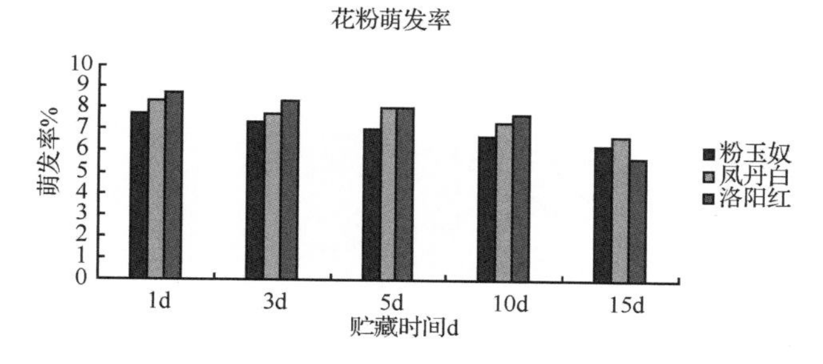

图 4 花粉萌发率(×10)

Fig. 4 Germination rate of pollen

2.3 柱头可授性检测结果

柱头可授期是花朵成熟过程中的一个重要时期，是人工辅助授粉的重要措施参考，也是影响杂交成功的重要因素之一。联苯胺-过氧化氢检测雌蕊柱头的可授性结果如表2所示，花后7d的可授性差异显著，其中花后3d的柱头可授性最高，2d稍次之，极显著高于其他天数，此时为最佳授粉时期，7d不具有可授性，1d、5d、6d可授性较差，说明柱头在花后7d内，可授性成阶段性，可授性逐渐升高，在3d达到顶峰后开始急速下降，直至完全失去活力。

表 2 芍药花后柱头可授性变化

Table 2 The change of stigma Receptivity After the peony flower

开花后时间(d)	柱头可授性(%)	可授性强度
1	0.31d	+
2	0.80b	+ +
3	0.87a	+ +
4	0.51c	+
5	0.30d	+/-
6	0.21e	+/-
7	0.10f	—

注：数据中不同英文小写字母表示在 $P<0.05$ 水平上的差异显著性。

"-"柱头不具可授性；"+"柱头具可授性；"++"柱头可授性强；"-/+"示部分柱头具可授性，部分不具可授性

Note: "-" represents it is without stigma recptivity any more; "+" represents it is with stigma recptivity; "++" represents it is with strong stigma receptivity; "-/+" represents it is with partial stigma receptivity

3 讨论

3.1 花粉柱头电镜扫描观察及花粉萌发率测定

父本'凤丹白''洛阳红'与母本'粉玉奴'的花粉粒在花粉大小及形状上差异较小，3个品种中，'凤丹白'的穿孔频率最高，花粉畸形率最低；'粉玉奴'的穿孔频率最低，花粉畸形率最高，说明'粉玉奴'最适合作杂交母本，由花粉萌发率高的品种对其授粉。

'凤丹白'花粉萌发的适宜 Ca^{2+} 浓度为 $60mg \cdot L^{-1}$，'洛阳红'在 $40mg \cdot L^{-1}$ 浓度条件下萌发最高。相同培养条件下，'凤丹白''洛阳红'与'粉玉奴'的花粉萌发率差别显著，其中以'洛阳红'的萌发率最高，说明'洛阳红'是杂交父本的最佳选择。

3.2 花粉萌发特性及柱头可授性与授粉的关系

'凤丹白'花粉在贮藏24h后花粉管伸长量达到最大值84.5，'洛阳红'花粉在贮藏24h后达到最大值89.5，随后皆逐渐下降。因此人工授粉应选用开花后24h内的花粉。

柱头可授性是花朵成熟过程中的一个重要时期，它能在很大程度上影响开花不同阶段的传粉成功率。对'粉玉奴'来说，柱头在开花后1~6d均有可授性，以开花后第3d可授性最强。另外，芍药在下午开放的花朵，第二天中午开始散粉，所以授粉最好选在开花后第3d的上午进行。

参考文献

1. 刘淑敏，王莲英．牡丹[M]．北京：中国建筑工业出版社，1987：1－3.
2. 成仿云．1997. 美国牡丹芍药协会与美国牡丹芍药的发展[J]．西北师范大学学报（自然科学版），33（1）：110－11.
3. 郭绍霞，郑国生．2009. 芍药切花瓶插期生理生化的变化[J]．华北农学报，24(增刊)：195－198.
4. 孟凡聪，刘燕．2005. 芍药花期调控研究进展[J]．华北农学报，20(专辑)：148－151.
5. 肖佳佳．2010. 芍药属杂交亲和性及杂种败育研究[D]．北京：北京林业大学．
6. 何桂梅．2006. 牡丹远缘杂交育种及其胚培养与体细胞胚发生的研究[D]．北京：北京林业大学．
7. 侯甲男．2013. 牡丹芍药组间远缘杂交及‘凤丹’多倍体诱导初探[D]．郑州：河南农业大学．
8. 张栋．2008. 牡丹远缘杂交及部分杂交后代的 AFLP 分子标记鉴定[D]．北京：北京林业大学．
9. 荆丹丹，刘政安，李新旭，等．2011. 牡丹远缘杂种‘和谐’育性的初步研究[J]．林业科学，47(10)：59－62.
10. 郝青，刘政安，舒庆艳，等．2008. 中国首例芍药牡丹远缘杂交种的发现及鉴定[J]．园艺学报，35（6）：853－858.
11. 姬慧娟，尹林克，严成，等．2009. 多枝柽柳的开花动态及花粉活力和柱头可授性研究［J]．西北农林科技大学学报：自然科学版，37(5)：114－118.

三倍体芍药品种花粉育性研究*

王玉蛟　刘建鑫　于晓南①
（花卉种质创新与分子育种北京市重点实验室，国家花卉工程技术研究中心，
城乡生态环境北京实验室，园林学院，北京林业大学，北京 100083）

摘要　为了充分了解芍药三倍体品种的育种潜力，促进我国芍药新品种培育工作的发展，本研究选取了 3 个芍药三倍体新品种‘Brightness’，‘Roseletter’以及‘Coral Sunset’，用 I_2-KI 染色法分别对其花粉活力进行了测定；并以国内二倍体品种‘粉玉奴’为母本，利用荧光显微技术，观察了三倍体品种在其柱头上的花粉萌发和花粉管生长情况。结果发现：①所观察的三倍体品种的花粉活力均非常低，其中品种‘Brightness’的花粉活力最高，为 6.7%；品种‘Coral Sunset’的花粉活力最低，为 2.2%。②所选三倍体品种的花粉在异种柱头上只有极少数的萌发，且花粉管极短，柱头乳突细胞及花粉管内出现大量胼胝质，未观察到花粉管伸入进花柱，同时发现大量花粉破裂及从柱头上脱落，组内远缘杂交亲和性非常差。

关键词　芍药；三倍体；花粉活力；花粉萌发

Studies on Pollen Fertility of Triploid Herbaceous Peony Cultivars

WANG Yu-jiao　LIU Jian-xin　YU Xiao-nan
(*Beijing Key Laboratory of Ornamental Plants Germplasm Innovation & Molecular Breeding, National Engineering Research Center for Floriculture, Beijing Laboratory of Urban and Rural Ecological Environment and College of Landscape Architecture, Beijing Forestry University, Beijing* 100083)

Abstract　In order to fully understand the breeding potential of triploid herbaceous peony cultivars and promote the development of cultivating more new peony cultivars in China, 3 triploid cultivars, ‘Brightness’, ‘Roseletter’ and ‘Coral Sunset’ were selected to investigate their pollen viability and fertility. Pollen viability was determined by I2-KI. Meanwhile, with the domestic diploid cultivar ‘Fen Yu Nu’ as female parent, the pollen germination and the pollen tube growth on its stigma were observed by fluorescence microscopy. The results showed: ①The pollen viability of triploid cultivars were very low. Pollen viability of ‘Brightness’ was the best with 6.7%, while the ‘Coral Sunset’s was the lowest with 2.2%. ②The pollen grains of triploid cultivars had a very low germination rate on the maternal stigma. The pollen tubes were very short and couldn’t enter the stigma, a lot of callose was found in papillose cells of stigma and pollen tubes. Meanwhile, a large number of pollen broke and detached from the stigma. The compatibility of distant hybridization was very low.

Key words　Herbaceous peony; Triploid; Pollen viability; Pollen germination

芍药(*Paeonia lactiflora*)，隶属芍药科芍药属，是中国的传统名花，同时在世界各地广泛栽培。远缘杂交可以产生杂种优势，丰富植物的变异类型，目前已经成为培育新品种的重要手段(戴思兰，2006)。但由于长期进化中形成的各种隔离机制，使得远缘杂交亲和性较差，甚至导致杂种后代的不育。我国传统芍药品种均为二倍体，近些年国外利用我国二倍体和其多倍体品种远缘杂交，培育了一批三倍体新品种，它们具有花径大、茎秆粗壮、切花水养持久等特点，成为花卉市场的新宠(于晓南 等，2010)。三倍体减数分裂时染色体联会发生紊乱，不易形成正常的配子，但并非完全不育。利用三倍体在配子形成过程中染色体分离重组以及不减数等形成的低几率育性，也是有希望培育出多倍体新品种的(康向阳 等，1999)。同时，

* 基金项目：国家自然科学基金(31400591)；北京市教育委员会科学研究与研究生培养共建项目(BLCXY201628)。
第一作者：王玉蛟，女，硕士研究生。主要研究方向：芍药资源与育种。E-mail：137132401@ qq. com。
① 通讯作者。于晓南，女，教授，博士导师。主要研究方向：园林植物资源育种。E-mail：yuxiaonan626@ 126. com。

三倍体在减数分裂终变期出现的单价体、三价体等异常染色体行为，是获得三体和单体的重要来源，在以后的分裂过程中可能会形成 n+1 的配子，与二倍体杂交可获得 2n+1 的非整倍体，对于有关植物种的遗传学研究和育种实践亦具有一定的意义。

国外的芍药切花产业已经比较成熟，而国内的芍药作为切花生产才刚刚起步(王历慧 等，2011)，因此，在我国培育三倍体芍药新品种或利用三倍体品种进行育种已成为育种工作的一个重要方向。而在进行育种前，提前进行可育性试验可以更好地选择和选配亲本(郝青 等，2008)，提高育种效率。利用芍药三倍体与二倍体进行组内远缘杂交得到过少量种子(袁艳波，2014)，但并无相应的育性机理观察研究。因此，本研究选取 3 个芍药三倍体新品种，采用 I_2-KI 染色法，检测了其花粉活力，并利用二倍体品种'粉玉奴'为母本，采用荧光显微技术，观察了三倍体品种的花粉在其柱头上的萌发和花粉管生长情况，对三倍体品种的花粉育性进行了初步探究，为芍药不同品种群间杂交育种工作和推进我国芍药新品种培育事业奠定基础。

1 材料与方法

1.1 实验材料

本实验所选材料为芍药三倍体新品种'Brightness'(2n = 3x = 15)，'Roseletter'(2n = 3x = 15)，'Coral sunset'(2n = 3x = 15)，母本'粉玉奴'(2n = 2x = 10)为国内二倍体品种，所有实验材料均露地种植于北京林业大学小汤山实验基地。

1.2 实验方法

1.2.1 花粉活力的观察

根据对芍药属花粉活力快速测定方法的研究结果(盖伟玲 等，2011；韩成刚 等，2012)，本实验采用 I_2-KI 染色法观察花粉的活力。在花朵未完全开放时，于晴天上午采集 3 个品种的花药，阴干待其散粉后收集起来，干燥低温(－20℃)保存。测定时在载玻片上滴两滴 I_2-KI 染液，用解剖针分别沾取干燥的花粉涂抹在染液中，盖上盖玻片，染色 3～4min 后，用 Leica DM－2500 荧光显微镜观察花粉染色情况，并用 Leica Application Suite V3.3.0 照相系统选取 3～5 个视野拍照，统计蓝色花粉粒所占的比例。

1.2.2 花粉管萌发的荧光观察

花粉管荧光观察参照 Kao(1968)和郝津藜(2014)的方法。以芍药二倍体品种'粉玉奴'为母本，在大蕾期去雄和套袋。选取晴天的上午，分别授以 3 个品种的花粉，并立即套袋、标记挂牌。分别取授粉后 3h，6h，12h，24h，36h，48h，72h，96h 的雌蕊各 10 枚，用 FAA 固定液在 4℃ 下固定 24h 后保存于 70% 乙醇中。用 8mol/L 的 NaOH 软化 6h 以后，漂洗，再用 0.1% 苯胺蓝染色 30min，进行切片和压片，用 Leica DM－2500 荧光显微镜观察花粉黏附、萌发、柱头乳突细胞的胼胝质产生及花粉管的生长情况，并用 Leica Application Suite V3.3.0 照相系统拍照记录。

2 结果与分析

2.1 花粉活力测定

通过对 3 个品种的花粉活力进行测定，发现 3 个品种能被染成深色的花粉数量均非常少(图 1a－c)，即花粉活力均非常低，但品种间略有差异。其中品种'Coral Sunset'花粉活力最低，品种'Brightness'花粉活力最高。而花粉本身活力低，可能导致在柱头上萌发率也极低。花粉活力低的原因可能是三倍体的花粉母细胞在减数分裂过程中，由于染色体不能正常进行联会和均等的分向两极，而出现一系列染色体异常行为，导致配子败育，不能形成有活力的花粉。对每个品种各自进行 5 个视野内的统计，得到不同品种的花粉活力大小见表 1。

表 1 不同三倍体芍药品种的花粉活力

Table1 Pollen viability of different triploid peony cultivars.

品种名称 cultivar	'Brightness'	'Roseletter'	'Coral Sunset'
观察花粉数/粒 Number of pollen grains	327	342	340
花粉活力 Pollen viability /%	6.7	4.8	2.2

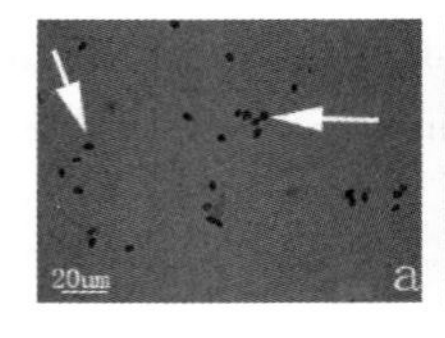

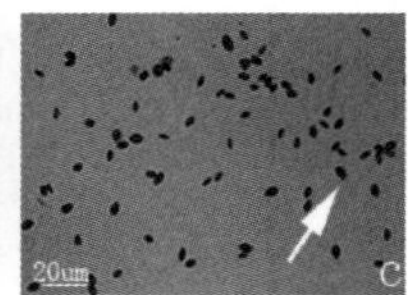

注：箭头示有活力的花粉；标尺为 20μm. Note: The arrows show the viable pollen grains; The scale is 20μm.

a.'Brightness' b.'Rose letter' c.'Coral Sunset'

图 1 不同三倍体芍药品种的花粉染色情况

Fig. 1 Stained pollen grains of different triploid peony cultivars.

2.2 花粉萌发的荧光观察

将所选三倍体品种的花粉授在'粉玉奴'柱头上，结果发现花粉萌发率非常低，此外还观察到一些特殊情况。

在授粉3h后，品种'Brightness'和'Coral Sunset'的花粉在母本柱头上有大量黏附，但未观察到有萌发的花粉，同时花粉周围出现大量胼胝质(图2a-b)，可能是由于花粉和柱头亲和性差，柱头乳突细胞产生的排异反应。也未发现品种'Roseletter'的花粉在柱头上的萌发，而且只有少量花粉附着在乳突细胞之间(图2c)。在授粉后6h，品种'Brightness'和'Coral Sunset'的花粉在柱头上仍有大量的黏附，其中观察到品种'Brightness' 3粒花粉的萌发，但花粉管的生长方向是斜向上，且其中两条花粉管中出现胼胝质，花粉管增粗(图2d)。未发现品种'Coral Sunset'萌发的花粉，且有少量花粉出现破裂(图2e)，但破裂可能是因为压片的时候用力不当。仍未观察到品种'Roseletter'的花粉萌发，柱头黏附量比较少(图f)。在授粉后12h，品种'Brightness'的花粉只有1粒萌发，且花粉管很短，管内有胼胝质产生(图2g)。未观察到品种'Coral Sunset'和'Roseleter'花粉的萌发(图2h-i)。授粉后24h，3个品种的花粉均未观察到有萌发，且品种'Brightness '的花粉有部分散落在花柱等位置，没有黏附在柱头(图2j)，认为是由于花粉和柱头不亲和，没有发生水合作用而使花粉粘合在柱头上(王爱云 等，2006)。授粉后36h，观察到品种'Roseletter'的花粉有1粒萌发长出花粉管，但花粉管内也有胼胝质沉积(图2k)。授粉后48h，均未观察到3个品种的花粉萌发，只是品种'Brightness'和'Coral Sunset'花粉周围有胼胝质(图2l-m)，品种'Roseletter'花粉较分散，既有黏附在柱头，也有散落在花柱上(图2n)。授粉后72h，3个品种柱头黏附量均很少，仅3~5粒花粉，花粉周围仍有胼胝质(图2o-q)。授粉后96h，品种'Brightness'仅有2粒花粉黏附，且未萌发(图2r)。品种'Coral Sunset'花粉散落，未黏附在柱头(图2s)。未发现品种'Roseletter'花粉粒(图2t)。

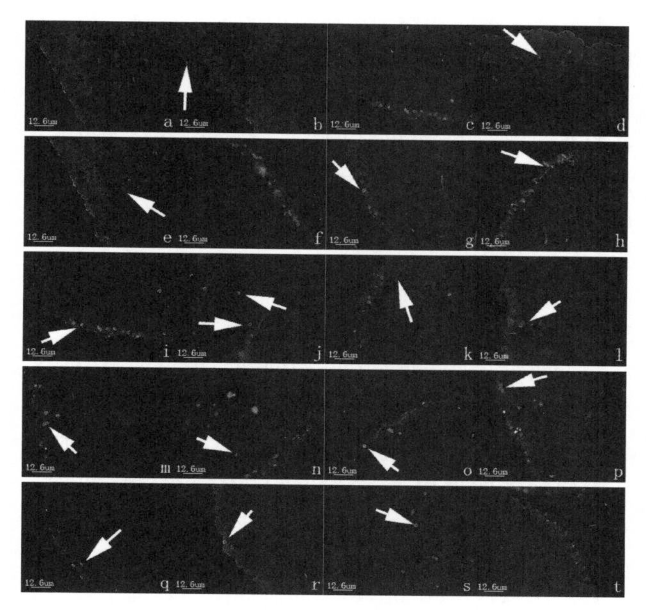

注：箭头示所描述的现象；标尺为12.6μm.

a-c. 授粉后3h，'Brightness'和'Coral Sunset'花粉大量黏附在'粉玉奴'柱头，花粉周围有胼胝质；'Roseletter'少量花粉附着在乳突细胞间. d-f. 授粉后6h，'Brightness'3粒花粉萌发，花粉管中有胼胝质；'Coral Sunset'少量花粉破裂；'Roseletter'花粉未萌发且黏附量少. g-i. 授粉后12h，'Brightness'1粒花粉的萌发，花粉管短粗且有胼胝质；'Coral Sunset'和'Roseletter'花粉未有萌发且乳突细胞有胼胝质. j. 授粉后24h，'Brightness'花粉散落在花柱. k. 授粉后36h，'Roseletter'1粒花粉萌发且花粉管内有胼胝质. l-n. 授粉后48h，'Brightness'和'Coral Sunset'花粉周围有胼胝质；'Roseletter'部分花粉散落在柱头以外. o-q. 授粉后72h，3个品种花粉在柱头黏附量均非常少，花粉周围有胼胝质. r-t. 授粉后96h，'Brightness'仅有2粒花粉附着且未萌发；'Coral Sunset'花粉完全从柱头脱落；未发现'Roseletter'花粉.

Note: The arrows show the phenomenon that is described; The scale is 12.6μm.

a-c. After 3 hours of pollination, lots of pollen grains of 'Brightness' and 'Coral Sunset' adhered to stigma of 'Fen Yu Nu' with callose around them; A few pollen grains of 'Roseletter' adhered to papillose cells of stigma. d-f. After 6h, 3pollen grains of 'Brightness' germinated, callose was found in the pollen tube; A few pollen grains of 'Coral Sunset' were break; A few pollen grains of 'Roseletter' adhered to the stigma and non germinated. g-i. After 12h, 1pollen grain of 'Brightness' was germinate, the pollen tube was short and full of callose; Pollen grains of 'Coral Sunset' and 'Roseletter' weren't germinate with the callose in papillose cells. j. After 24h. Pollen grains of 'Brightness' scattered across the stylus. k. After 36h, only 1 pollen grain of 'Roseleter' was germinate with callose in the pollen tube. l-n. After 48h, callose around with the pollen grains of 'Brightness' and 'Coral Sunset'; A few pollen grains of 'Roseletter' scattered outside the stigma. o-q. After 72h, the number of pollen grains of 3 cultivars adhered to the stigma were little, with callose around them. r-t. After 96h, only 2 pollen grains of 'Brightness' adhered to the stigma without germination; Pollen grains of 'Coral Sunset' detached from the stigma completely; Pollen grains of 'Roseletter' couldn't be found.

图2 不同三倍体芍药品种花粉的萌发情况

Fig. 2 The pollen germination of different triploid *Paeonia* cultivars

3 讨论

3.1 三倍体花粉在母本柱头萌发率低的原因

本实验观察到的3个品种的花粉在异种母本柱头上萌发率均非常低，可能的原因首先是花粉活力均比较低，因为本实验所选的父本均为三倍体，三倍体品种在减数分裂过程中，会出现不规则的染色体联会和配对，导致不均衡的染色体分离，染色体桥、染色体断片以及微核的形成，单价体、二价体以及三价体共存的现象，最终导致花粉的部分不育(雷家军 等，2012)。

其次是所选三倍体品种与二倍体品种属于不同的

品种群，二者间杂交为芍药组内的远缘杂交。芍药属植物柱头成熟时会分泌黏液，其成分包括糖、硼酸、脂肪酸等，可以促进花粉萌发和花粉管生长，同时对花粉有识别作用(王忠，2000)。而远缘杂交的母本柱头无法识别花粉，花粉和柱头乳突细胞会产生胼胝质，阻碍花粉在柱头上的萌发，导致萌发率极低(王爱云 等，2006)。

3.2 远缘杂交受精前障碍的克服方法

近两年，对牡丹与芍药组间杂交的提前测定研究较多，律春燕等(2009)以黄牡丹作父本，5个芍药品种作母本，观察到授粉后柱头和花柱中产生大量胼胝质阻碍受精的现象。郝津藜等(2014)以黄牡丹作父本，草芍药等作母本，也得到了花粉管深入到花柱中就产生胼胝质沉积的结果。她们均认为这种现象的产生是由于受精前杂交障碍。本研究中观察到了部分类似的现象，因此利用所选三倍体与二倍体进行杂交也是属于受精前杂交障碍。在芍药育种中，虽然尚未有在采取一些措施后受精前杂交障碍减弱的专门理论研究，但在实际育种工作中，可以借鉴其他物种远缘杂交的一些成功案例，采取措施来克服受精前杂交障碍。

首先要注意选择合适的亲本。本实验中所选芍药三倍体品种的花粉活力本身就比较低，是杂交后萌发率低的一个重要原因。因此进行杂交育种前，要选择花粉活力较高的品种作父本，雌蕊发育完全的品种作母本。品种之间的亲和性可以通过荧光观察花粉在柱头上的萌发情况来提前测定，本实验的目的也正在于对芍药远缘杂交育种亲本的选择有一定指导意义。但荧光观察的方法有一定局限性，即需要分阶段采集授粉后的心皮，停止某一心皮上的花粉粒萌发和花粉管的生长，而不能进行动态的观察，因此要把环境和不同花蕾的营养及发育状况差异降到最小。同时提前测定要注意亲本之间的正反交，在百合的育种研究中表明，三倍体作母本可以实现种质资源的渗入(李克虎，2011；袁国良，2014)，牡丹的远缘杂交中，正反交差异显著(王越岚，2009)，在芍药远缘杂交中也可以借鉴研究，即以三倍体芍药作母本观察其育性。

还可以采用试管受精的方法进行芍药远缘杂交育种。即将胚珠从母本子房中取出，置于试管中培养，并在试管中进行人工受精。试管受精技术首先在十字花科植物远缘杂交中取得成功(Zenkteler，1990)，后在石竹科、茄科、禾本科等植物的远缘杂交中应用广泛(邓衍明 等，2012)。芍药胚珠较容易取得，也可以尝试采用此方法。

也可以采取高温、电激射线处理等物理方法处理花粉和柱头，如在百合的远缘杂交中，高温处理其花粉和柱头有一定的克服作用(Van，1997)。另外，化学药剂处理的方法也有可行性。即在母本柱头涂抹赤霉素、萘乙酸、硼酸等化学试剂。在野蔷薇与多情玫瑰的杂交组合中，用1.0mg/L赤霉素涂抹母本柱头可以使其坐果率达到95%(杨涛 等，2015)，在芍药中应用化学药剂处理，可以进一步探究药剂的具体浓度，有一定的研究价值。

4 结论

通过对3个芍药三倍体品种‘Brightness’‘Roselette’以及‘Coral Sunset’花粉活力进行测定，同时观察其花粉在二倍体母本柱头上的萌发和花粉管生长情况，得出了以下结论：所选三倍体品种花粉的染色活力极低，花粉生活力差。其花粉在二倍体母本的柱头上基本不萌发，甚至破裂或从柱头上脱离，极少数萌发的花粉管也很短，且柱头上出现胼胝质阻碍其生长，属于受精前杂交障碍。因此所选三倍体品种作父本与二倍体品种进行组内远缘杂交育种效率将非常低，但可以通过采取一些方法来克服。

参考文献

1. 戴思兰.2006. 园林植物育种学[M]. 北京：中国林业出版社.
2. 邓衍明，叶晓青.2012. 园艺作物远缘杂交受精前生殖障碍及其克服方法[J]. 华北农学报，S1：81-86.
3. 盖伟玲，盖树鹏，郑国生.2011. 牡丹新鲜花粉活力的快速测定[J]. 育苗技术，5：32-34.
4. 郝津藜，赵娜，石颜通，等.2014. 黄牡丹远缘杂交亲和性及杂交后代形态分析[J]. 园艺学报，8：1651-1662.
5. 郝青，刘政安，舒庆艳，等.2008. 中国首例芍药牡丹远缘杂交种的发现及鉴定[J]. 园艺学报，2008，06：853-858.
6. 韩成刚，盖树鹏.2012. 芍药花粉活力测定方法的研究[J]. 江苏农业科学，5：124-126.
7. 康向阳，朱之悌，张志毅.1999 毛白杨异源三倍体形态和减数分裂观察[J]. 北京林业大学学报，21(1).
8. Kho Y O，Baer J. 1968. Observing pollen tubes by means of florescence[J]. Euphytica，17(2)：298-302.
9. 雷家军，梁印.2012. 百合三倍体种间杂种花粉母细胞减数分裂行为观察[J]. 吉林农业大学学报，34(2)：162-165.

10. 李克虎. 2011. 异源三倍体百合(*Lilium*)育种潜力研究[D]. 浙江: 浙江大学.
11. 律春燕, 王雁, 朱向涛, 等. 2009. 黄牡丹与芍药组间杂交花粉与柱头识别的解剖学研究[J]. 西北植物学报, 10: 1988-1994.
12. Van Tuyl J M. 1997. Interspecific hybridization of flower bulbs: a review[J]. Breeding Genetics and Selection, 465-475.
13. 王爱云, 李栒, 胡大有. 2006. 诸葛菜与芸薹属间花粉与柱头相互作用的研究[J]. 湖南农业大学学报(自然科学版), 32(3): 232-236.
14. 王历慧, 于晓南, 郑黎文. 2011. 中西方芍药切花应用与市场趋势分析[J]. 黑龙江农业科学, (2): 147-149.
15. 王越岚. 2009. 牡丹的杂交育种及组间杂种育性的研究[D]. 北京: 北京林业大学.
16. 王忠. 2000. 植物生理学[M]. 北京: 中国农业出版社.
17. 杨涛, 宋丹, 张晓莹, 等. 2015. 部分蔷薇属植物远缘杂交亲和性评价[J]. 东北农业大学学报, 2: 72-77.
18. 于晓南, 宋焕芝, 郑黎文. 2010. 国外观赏芍药育种与应用及其启示[J]. 湖南农业大学学报(自然科学版), 36(2): 159-162.
19. 袁国良. 2014. 用三倍体做母本实现百合种质渗入育种[D]. 浙江: 浙江大学.
20. 袁艳波. 2014. 芍药属远缘品种引种与杂交育种研究[D]. 北京: 北京林业大学.
21. Zenkteler M. 1990. Invitro fertilization of ovules of some species of Brassicaceae[J]. Plant Breeding, 105: 221-228.

仙客来花粉生活力的测定及其贮藏性的研究

曲 健[1] 刘庆华[1] 王奎玲[1] 王永刚[2] 刘庆超[1]①
（[1]青岛农业大学园林与林学院，青岛 266109；[2]莱州市仙客来研究所，莱州 261400）

摘要 本实验以4个品种的仙客来为实验材料，采用TTC染色法和离体培养法对其花粉生活力进行了测定。结果表明：不同开花状态的仙客来花粉生活力存在显著差距，花蕾刚展开时花粉活力最高；不同贮藏温度下的花粉生活力也存在显著差异，-80℃贮藏效果最好；仙客来花粉活力随着时间的增长缓慢下降，60天后，花粉活力急剧下降，90天后，花粉大部分接近失活。不同品种的仙客来花粉生活力不同，‘黄花’花粉生活力最高，‘白仙’‘猩红’‘皱黄’3个品种花粉活力依次较低。
关键词 仙客来；花粉生活力测定；贮藏条件

Studies on the Vitality and Storage Property of the Cyclamen Pollen

QU Jian[1] LIU Qing-hua[1] WANG Kui-ling[1] WANG Yong-gang[2] LIU Qing-chao[1]
([1]*College of Landscape Architecture and Forestry*, *Qingdao Agricultural University*, *Qingdao* 266109;
[2]*Laizhou Cyclamen Research Institute*, *Laizhou* 261400)

Abstract The pollen vitality of four varieties of Cyclamen were determined by TTC staining method and in vitro pollen germination method. The results indicated that different flowering status had important effect on the pollen vitality, period of bud just started had the highest pollen vitality; There was significant difference in different storage temperature, and -80℃ was the best storage temperature; Vitality of Cyclamen pollen was low down as time grows, pollen vitality sharply declined after 60 days, most of the pollen was close to inactivation after 90 days. The pollen vitality of different culture varieties was different, the pollen of the ‘Yellow flower’ had the highest viability, and ‘Bai xian’, ‘Scarlet’, ‘Wrinkled yellow’ pollen viability decreased gradually.
Key words Cyclamen; Pollen viability; Storage conditions

仙客来别名萝卜海棠、兔耳花、一品冠等，为报春花科仙客来属球根花卉（康黎芳，王云山，2002）。原产于欧洲南部、亚洲西部、非洲北部环绕地中海沿岸国家和地区（郑志兴，文艺，2004）。仙客来为十大盆花之一，广泛栽培于世界各地。仙客来在中国被赋予了吉祥而又饱含东方人谦逊、祝福的花名，成为家喻户晓的知名盆花（郑志兴，文艺，2004）。

研究花粉生活力是杂交育种工作的最基础性工作之一（赵梁军 等 1995）。仙客来花粉生活力的研究对人工授粉和杂交育种具有重要意义（尹佳蕾，赵惠恩，2005），可以为杂交育种中选定优良杂交亲本、解决花期不育等问题提供科学依据。本试验通过对4个品种仙客来花粉进行生活力测定，探索适宜的花粉采集时期以及适宜的贮藏条件（林艳 等，2015）。

1 材料与方法

1.1 试验材料、时间

本试验材料为莱州市仙客来研究所采集的4个品种的仙客来花粉，分别为‘猩红’‘皱黄’‘白仙’‘黄花’仙客来。试验时间为2016年3月1日—2016年5月21日，实验地点为青岛农业大学。

1.2 试验方法

1.2.1 花蕾发育状态对花粉生活力的影响

将每个品种分别采集花蕾未展开、花蕾刚展开、花蕾完全展开3个不同开花时期的花粉，每个品种每一时期采集50朵，晾干花粉后及时进行活力测定。

① 通讯作者。Author for correspondence：刘庆超，男，青岛农业大学副教授，E-mail：liuqingchao7025@126.com。

1.2.2 不同储藏条件对花粉生活力的影响

将花蕾刚展开花朵的花粉晾干后置于有硅胶的自封袋中，将自封袋外用锡纸包裹并置于－80℃、－4℃、常温3种条件下贮藏。

1.2.3 TTC染法

将花粉散落在TTC染色剂上，盖上盖玻片。将制备好的片子放在垫有湿润滤纸的培养皿内，放在35℃培养箱中静置15min后，在显微镜下观察花粉着色情况，选择3个清晰排列均匀的视野进行拍照并统计（贾小明 等，2008），按式(1)计算花粉的染色率：

染色率＝红色花粉数/观察花粉总数×100%　(1)

1.2.4 离体萌发法

将制备好的培养基趁热滴1～2滴于擦拭干净的载玻片上，待冷却后，用解剖针蘸取少量花粉均匀撒在培养基上，盖上盖玻片，将载玻片放入盛有湿润滤纸的培养皿中，移入25℃、黑暗条件的培养箱中进行培养。在2h、4h、6h、8h时取出载玻片，放在显微镜下观察，对每个载玻片随机选取5个视野并统计（王楠 等，2015），按式(2)计算花粉的萌发率：

萌发率＝照片中花粉萌发的数量/花粉粒总数×100%　(2)

2 结果与分析

2.1 不同开花状态下花粉生活力的测定

本实验取花蕾处于不同状态时的花粉（花蕾未展开、花蕾刚展开）进行离体培养。通过实验可以知4个品种的花粉在不同培养时间上的生活力是有差异的，结果表明，随着培养时间的增长花粉的生活力逐渐上升，8h后萌发率与6h后接近，几乎不再增加（图1）。由此说明仙客来花粉离体培养6h生活力的花粉达到最大萌发率，由此结果，接下来的试验在培养6h后统计数据。2h、4h、6h、8h花粉萌发状态见图A1-A4、B1-B4、C1-C4、D1-D4（图版1）。

两种测定方法测定的结果显示，花蕾刚展开时的花粉生活力明显高于其他两个时期采集的花粉的生活力。花蕾完全展开时花粉大于未展开时的生活力（图2-3）。花蕾由未展开到刚展开的过程中，花粉活力逐渐升高；随着花蕾展开时间的延长，花粉活力又逐渐下降。

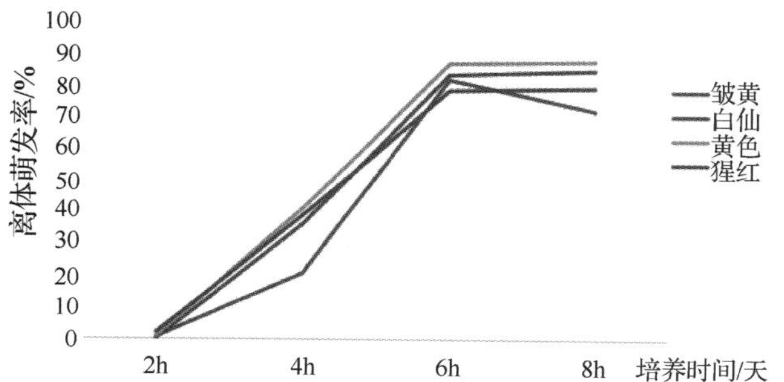

图1 培养时间对花粉萌发的影响

Fig. 1 Effect of culture time on pollen germination

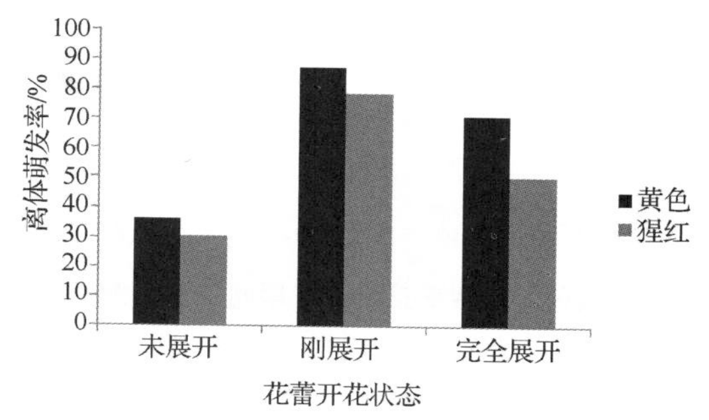

图2 离体培养法测定花蕾不同生长状态花粉的生活力

Fig. 2 The viability of pollen in different growth states of flower buds by in vitro culture method

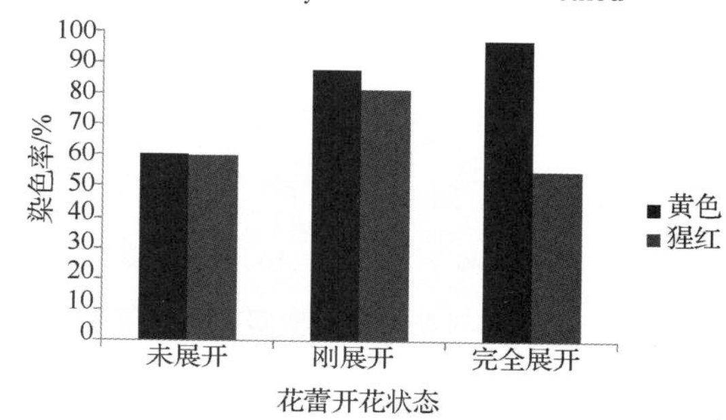

图3 TTC染色法测定花蕾不同生长状态花粉的生活力

Fig. 3 The viability of pollen in different growth states of flower buds by TTC staining method

2.2 贮藏条件对花粉活力影响

结果表明，－80℃贮藏条件下的花粉生活力最高，其次是－4℃，常温条件下最低。而黄色仙客来－80℃贮藏条件下在贮藏90天时的花粉生活力仍然可以达到30%以上，由此也可以得出，黄色仙客来的花粉生活力高，低温有利于花粉贮藏。TTC染色法测定的结果与花粉离体萌发法存在一定误差，到贮藏后期染色不明显，但实验测量的结果与离体萌发法的测定结果基本保持一致。因此，本次测定主要应用花粉离体萌发法测定实验结果。在第一天测量时，仙客来花粉活力为最大值，随着时间的增加，花粉生活力缓慢下降，到60d后，'猩红''皱黄'、白色仙客来生活力急剧下降，到达90d时萌发率在10%以下，生活力趋近于0。由此可见，仙客来花粉生活力比较强，寿命较长，贮藏性较好（图4～11）。

通过离体萌发法结果表明（图14），不同品种的花粉生活力存在显著差异：－80℃条件下，4个品种的花粉随时间增长的生活力缓慢下降，在相同时间段，'黄色'花粉生活力最高，'白仙''猩红''皱黄'3个品种花粉活力依次较低。

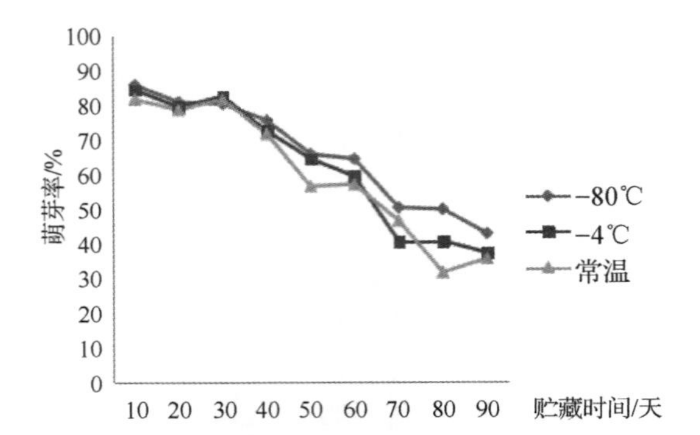

图 4 ‘白仙’仙客来花粉贮藏期间花粉萌芽率变化

Fig. 4 Pollen germination rate of ‘Bai xian’ Cyclamen during Storage period

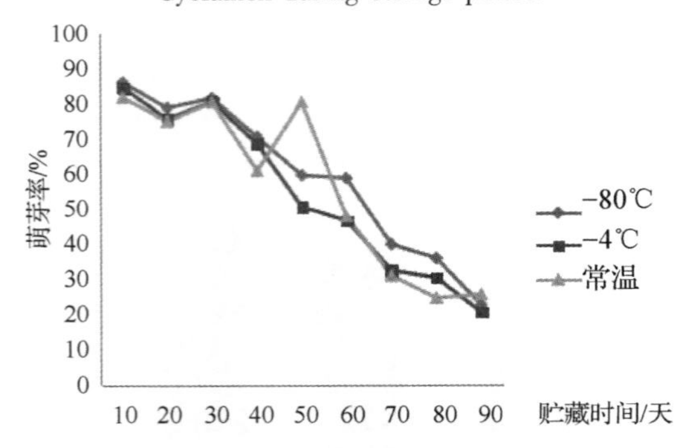

图 5 ‘猩红’仙客来花粉贮藏期间花粉萌芽率变化

Fig. 5 Pollen germination rate of ‘Scarlet’ Cyclamen during Storage period

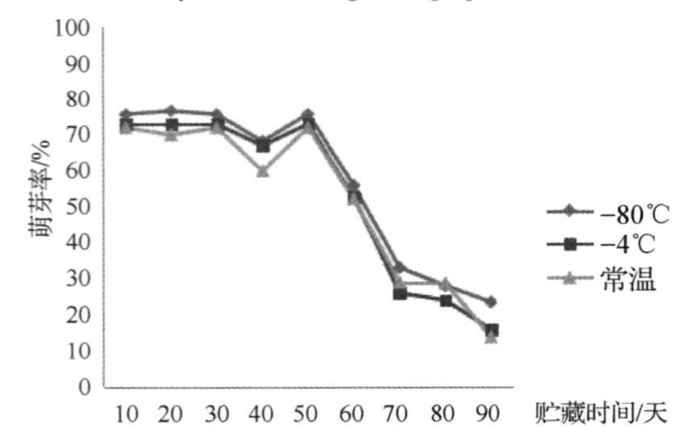

图 6 ‘皱黄’仙客来花粉贮藏期间花粉萌发率变化

Fig. 6 Pollen germination rate of ‘Wrinkled yellow’ Cyclamen during Storage period

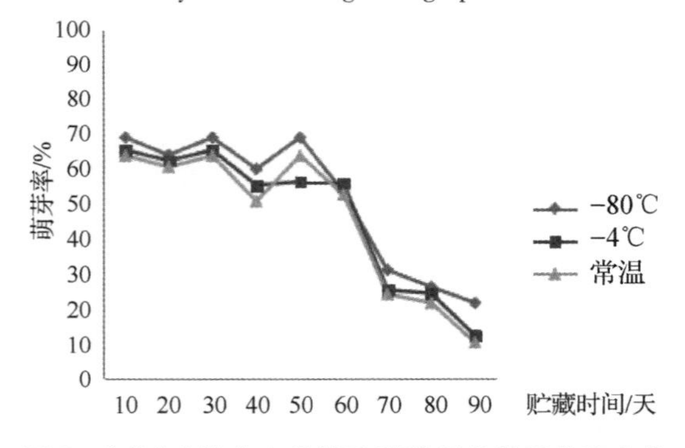

图 7 ‘黄色’仙客来花粉贮藏期间花粉萌芽率变化

Fig. 7 Pollen germination rate of ‘Yellow flower’ Cyclamen during Storage period

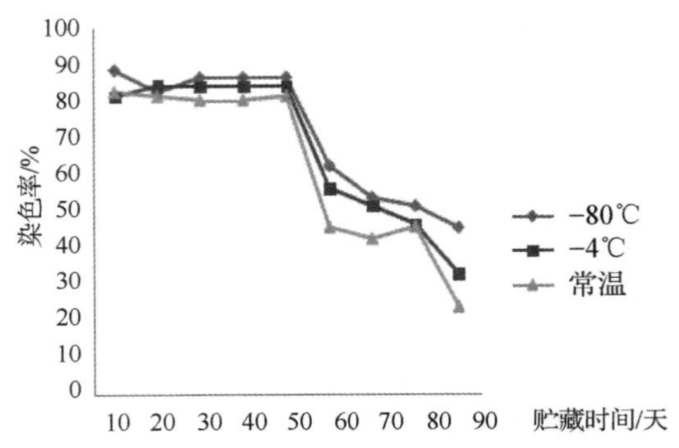

图 8 ‘白仙’仙客来花粉贮藏期间染色率变化

Fig. 8 Dyeing rate of ‘Bai xian’ Cyclamen during Storage period

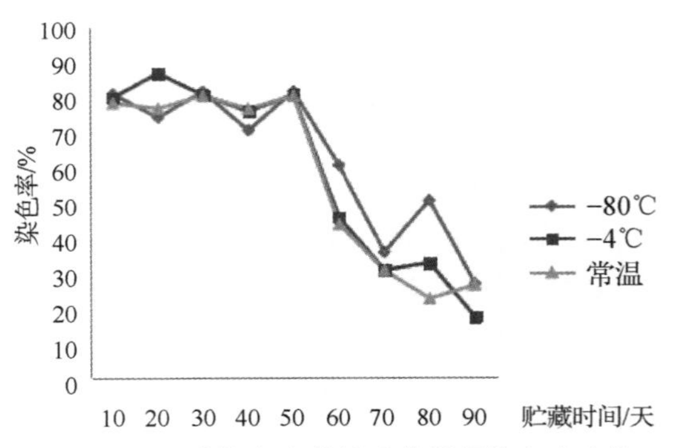

图 9 ‘猩红’仙客来花粉贮藏期间染色率变化

Fig. 9 Dyeing rate of ‘Scarlet’ Cyclamen during Storage period

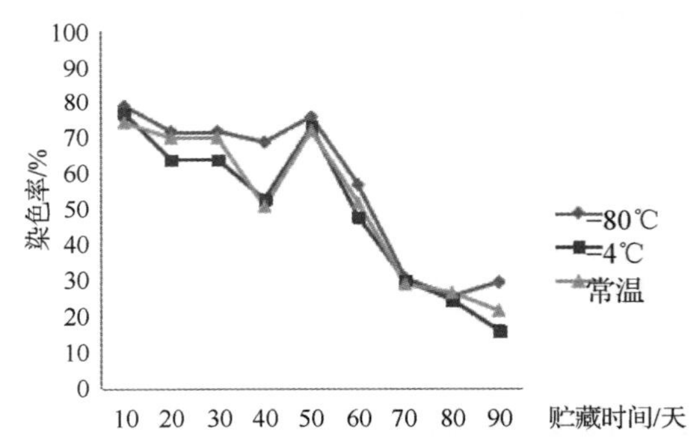

图 10 ‘皱黄’仙客来花粉贮藏期间花粉染色率变化

Fig. 10 Dyeing rate of ‘Wrinkled yellow’ Cyclamen during Storage period

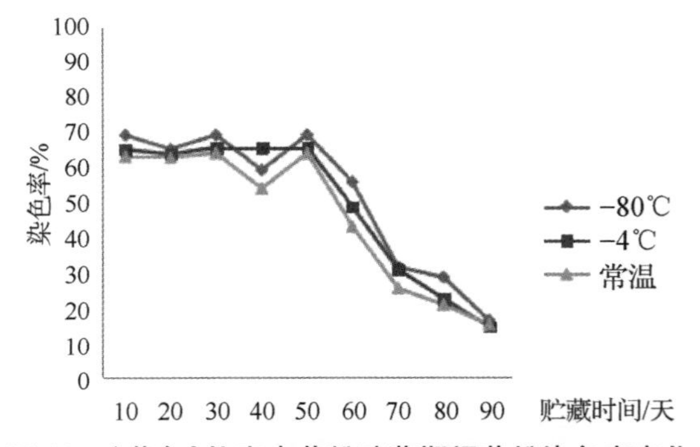

图 11 ‘黄色’仙客来花粉贮藏期间花粉染色率变化

Fig. 11 Dyeing rate of ‘Yellow flower’ Cyclamen during Storage period

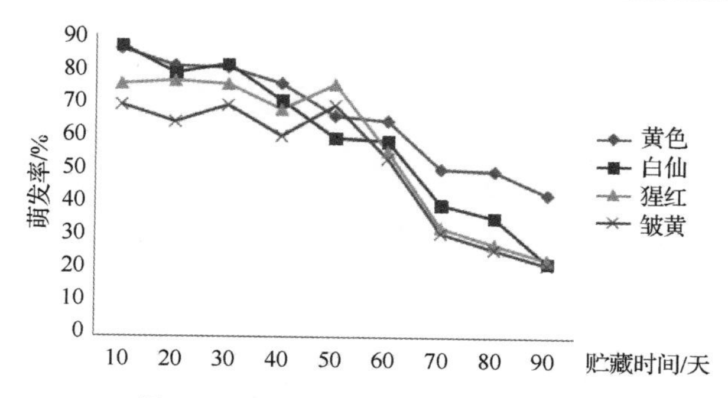

图 12 不同仙客来品种的花粉萌发率

Fig. 12 The germination rate of different culture varieties of Cyclamen pollen

3 结论与讨论

仙客来花粉在不同开花状态下花粉生活力差异明显。其中花蕾刚展开时花粉的生活力最高，生活力可高达 80% 以上。仙客来开花初期，花粉为橘黄色，随着花朵的开放，花粉的生活力逐渐降低，花蕾中出现部分或者大部分白色花粉，花蕾完全展开时的花粉生活力比开花初期较低。由此分析可知，利用花蕾刚开放时的花粉进行人工授粉可提高成功率。另一方面，在测定不同开花状态花粉生活力时，仅取 3 种状态的花粉定性的测定花粉活力。但随着开花期的延长，然而花粉活力究竟降到多少将影响其授粉效果国内外的学者都尚未做出确定，这需要我们要做更多次的试验，采集各个时期的花粉进行大量实验，以期得到定量性的结论。

储存条件是影响仙客来花粉生活力的重要因素，实验表明：-80℃条件下仙客来的不同花粉贮藏效果最好。仙客来花粉寿命较长，贮藏性较好。

仙客来花粉生活力还受遗传因素和外界因素等多种因素影响，外界因素包括温度、水分、光照以及采集方法、时期等(杨际双 等，2008)。一方面，不同品种间由于遗传因素花粉生活力存在差异，并且同一品种单株间也存在差异。另一方面，光照、温度、湿度等环境条件及一天中的采集花粉时间均会对花粉的生活力产生影响，在进行花粉活力研究时，应尽可能地控制引起试验误差的各影响因素，并通过多次预备试验反复摸索，才能得出规律性的结果。

参考文献

1. 贾小明，李俊红，李周岐 . 2008. 杜仲花粉形态、贮藏及萌发性研究[J]. 西北农林科技大学学报(自然科学版)，36(7)：150 – 154.
2. 康黎芳，王云山 . 2002. 仙客来[M]. 北京：中国农业出版社，2002：1 – 5.
3. 林艳，郭伟珍，赵志新 . 2015. 地中海仙客来花粉生活力研究[J]. 中国农学通报，31(16)：111 – 114.
4. 尹佳蕾，赵惠恩 . 2005. 花粉生活力影响因素及花粉贮藏概述[J]. 中国农学通报，21(4)：110 – 113.
5. 王楠，冯殿齐，邢世岩，等 . 2008. 仙客来杂交育种研究[J]. 山西农业大学学报(自然科学版)，28(2)：3 – 4.
6. 杨际双，王丽霞，向地英，等 . 2008. 仙客来花粉活力及其贮藏性研究[J]. 江苏农业科学，(2)：146 – 148.
7. 赵梁军，刘文利，李德颖 ，等 . 1995. 仙客来研究进展[C]. 中国科学技术协会第二届青年学术年会园艺学论文集，599 – 607.
8. 郑志兴，文艺 . 2004. 仙客来[M]. 北京：中国林业出版社，2004：5 – 7.

图版 1：

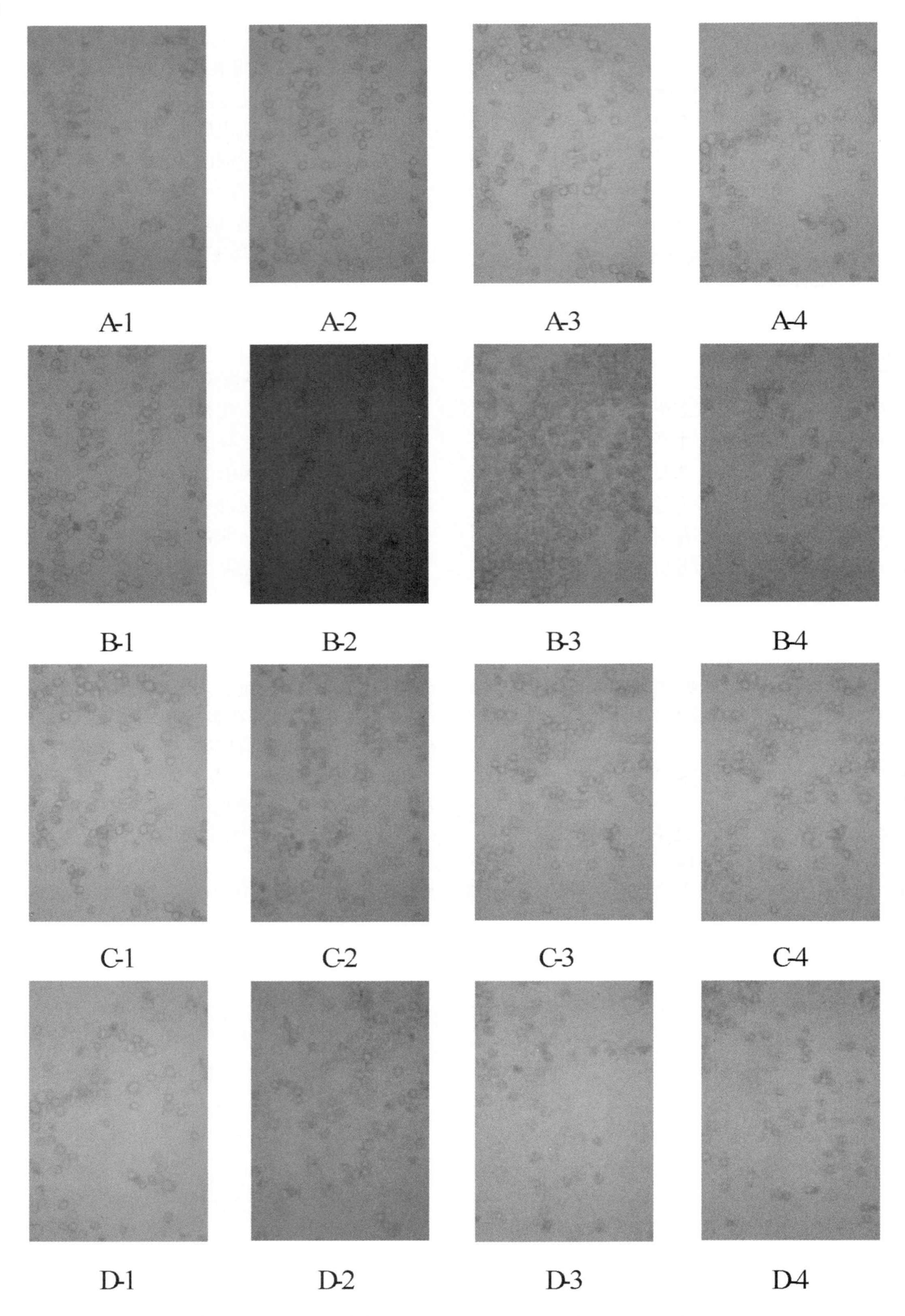

（A、B、C、D 分别代表‘猩红’、‘皱黄’、‘白仙’、‘黄色’仙客来花粉的图片，1、2、3、4 依次为培养 2h、4h、6h、8h 花粉的状态）

岩生报春花部变异初探*

王 谕 周大凤 潘会堂 张启翔①
（花卉种质创新与分子育种北京市重点实验室，国家花卉工程技术研究中心，
城乡生态环境北京实验室，园林学院，北京林业大学，北京 100083）

摘要 试验以温室栽培环境下岩生报春的花部变异为研究对象，将岩生报春的温室栽培群体依据现有自然变异，从花色、花型、花眼3个方面划分变异类型，探讨其在花色、花型、花眼上出现的不同程度的变异表现。岩生报春的温室栽培群体在花色上大致分为3种类型，由浅到深依次是浅粉色（PURPLE GROUP 75B）、红色（RED－PURPLE N74C）、紫红色（PUPRLE－VIOLET GROUP N80A）；花冠裂片在大小形态上均有不同程度的变异，裂片边缘出现羽状分裂；花眼形状分为圆形花眼和五边形花眼两大类型，每个类型的外轮花眼颜色都具有从浅到深的连续变化。

关键词 岩生报春；花部变异；花色；花型；花眼

Flower Variation in *Primula saxatilis*

WANG Yu ZHOU Da-feng PAN Hui-tang ZHANG Qi-xiang
（*Beijing Key Laboratory of Ornamental Plants Germplasm Innovation & Molecular Breeding*，*National Engineering Research Center for Floriculture*，*Beijing Laboratory of Urban and Rural Ecological Environment and College of Landscape Architecture*，*Beijing Forestry University*，*Beijing* 100083）

Abstract Based on existing natural variation，the experiment attempts to classify *Primula saxatilis* cultivated under greenhouse culture conditions into several variant types by flower color，flower type and flower eye－round. The flower colors，flower types and flower eye－round of *P. saxatilis* vary on different degrees. According to observation of *P. saxatilis* cultivated under greenhouse condition，flower colors could be classified into three types，which are light pink（PURPLE GROUP 75B），red（RED－PURPLE N74C）and purple（PUPRLE－VIOLET GROUP N80A）from lightest to darkest. The size and shape of corolla lobe also vary on different degrees with pinnation on lobe margins. Round and pentagon are two major shapes of flower eye－round with colors of felloe varying continuously from light to dark.

Key words *Primula saxatilis*；Flower variation；Flower color；Flower type；Flower eye－round

报春花属（*Primula* L.）是报春花科最大的属，与杜鹃花属（*Rhododendron* L.）、龙胆属（*Gentiana* L.）同被誉为“世界三大高山花卉”（Richards，2003），早春开放，花色艳丽。岩生报春（*Primula saxatilis* Kom.）是一种隶属于报春花属指叶报春组的多年生草本，产于我国黑龙江南部、河北雾灵山及山西五台山地区，朝鲜也有分布，目前已被列入北京市重点野生保护植物（董玲玲，2010）。据可见文献资料，国内外对岩生报春的研究主要集中在资源调查、引种驯化、温室栽培等方面，对在栽培环境中花部形态的变异未见描述。

岩生报春在雾灵山地区5月初开花，适应能力强，观赏价值高，可作为盆花、花坛和园林地被栽培。雾灵山野生状态下生长的岩生报春花部性状表现较为单一，但是在温室人工栽培环境条件下表现出在花色、花型及花眼等方面的不同程度的变异。为了更好地了解岩生报春的生物学特性，为育种所应用，岩生报春在人工栽培环境条件下的表型研究，特别是花

* 基金项目：“十二五”国家科技支撑计划（2012BAD01B07），北京市共建项目专项资助。
作者简介：王谕（1990－），女，在读硕士研究生，主要从事园林植物遗传育种研究。E-mail：hiwangyu1223@163.com。
① 通讯作者。张启翔，教授，博士研究生导师，主要从事园林植物资源与育种研究。E-mail：zqxbjfu@126.com。

部变异研究变得十分必要。

1 材料与方法

1.1 试验材料

以北京林业大学小汤山基地温室的盛花期岩生报春为花部变异研究材料。

1.2 试验方法

从数千株岩生报春植株中寻找变异，并对花色、花型、花眼3个花部性状进行观察。其中，花型、花眼用肉眼观察；瓣型轮廓通过 Photoshop CS6 获得；花色利用英国皇家园艺学会(The Royal Horticultural Society)出版的标准比色卡进行花冠色比对。

2 结果与分析

2.1 花色

栽培条件下的岩生报春花色出现一定程度的变异。通过对2000株岩生报春的调查统计，从花色上将岩生报春分为3个变异类型(如图2-1所示)，由浅到深依次是浅粉色(PURPLE GROUP 75B)、红色(RED - PURPLE N74C)、紫红色(PUPRLE - VIOLET GROUP N80A)。

2.2 花型

岩生报春是以5为基数的合瓣花，普通的岩生报春每个花冠裂片中部均有一浅凹缺。观察发现，栽培群体中，岩生报春的花冠裂片大小、形状及裂片间距均发生一系列的变异(如图2-2所示)；裂片边缘会有不同程度的羽状裂(如图2-3所示)，分裂程度深浅不一，甚至一株植株上的不同花裂度也会发生变化。从观赏角度来看，花冠裂片越大，最宽处与最窄处的比值越大，则裂片重叠越高，观赏价值越高；裂片边缘裂度越深，则花型越奇特，观赏价值越高。(如图2-2 E所示)。

2.3 花眼

岩生报春的花眼多为黄绿色，少量出现红色和黄绿色的复花眼(董玲玲，2010)。岩生报春栽培群体的花眼形状可以分为圆形、五边形两种类型(如图2-4、图2-5所示)，多为复花眼，内轮黄绿色，外轮呈现出由橙色到紫红色的一系列变异。岩生报春花颜色的变异是由栽培环境条件决定的还是由基因引起，花眼外轮颜色的遗传与花冠色、花萼筒色是否相关，尚需进一步研究证明。

图2-1 岩生报春花色变异类型分类

(A：PUPRPLE GROUP 75B；B：RED - PURPLE N74C；C：PUPRLE - VIOLET GROUP N80A)

Fig. 2-1 Types of flowercolour varities of *P. saxatilis*

(A：PURPLE GROUP 75B；B：RED - PURPLE N74C；C：PUPRLE - VIOLET GROUP N80A)

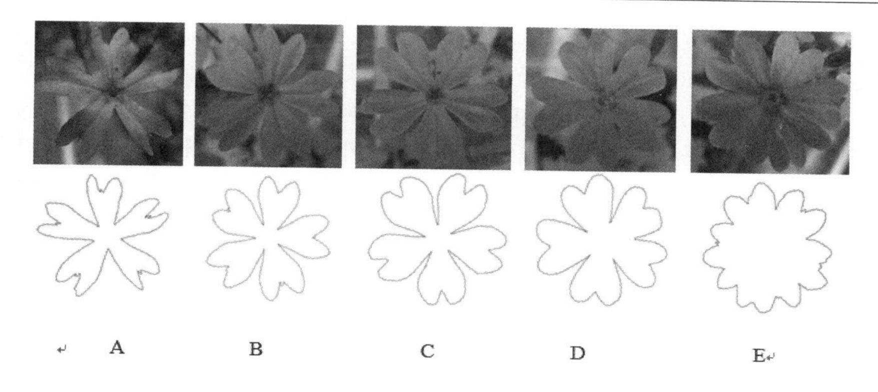

图 2-2　岩生报春花瓣变异

Fig. 2-2　Variation of petal shape in *P. saxatilis*

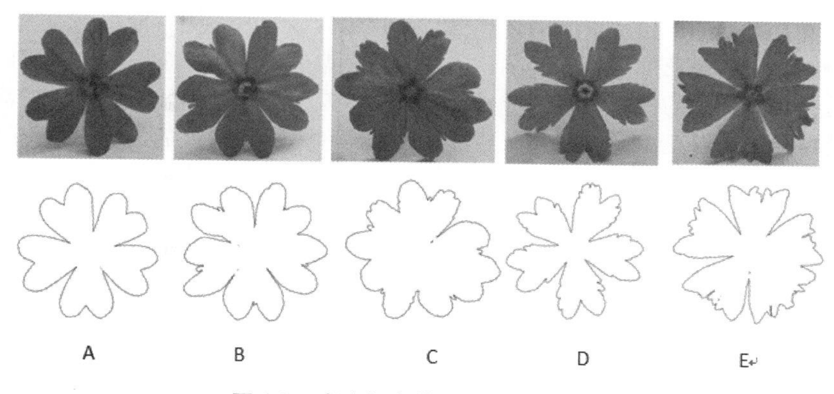

图 2-3　岩生报春花瓣边缘分裂变异

Fig. 2-3　Variation of split petal in *P. saxatilis*

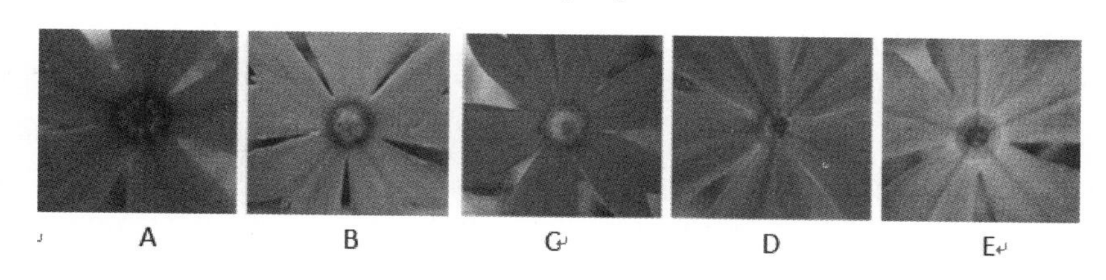

图 2-4　圆形花眼色变异

Fig. 2-4　Variation of eyecolour in round type

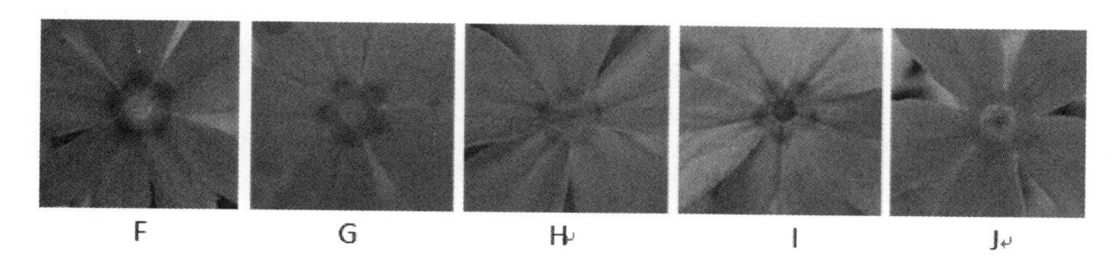

图 2-5　五边形花眼色变异

Fig. 2-5　Variation of eyecolour in pentagon type

3　结论与讨论

花色与花瓣色素种类、色素含量(包括多种色素的相对含量)、花瓣内部或表面构造引起的物理性状等多种因素相关，但以花青素为最主要(程金水，2009)。岩生报春在栽培环境条件下，花色呈浅粉色到紫红色的变异，如果浇水时将水分淋在花瓣上，会出现花瓣变淡蓝色、似褪色的现象。分析岩生报春花色变异幅度较宽的原因，可能有以下几个方面：①花色苷含量及其被甲基化的程度。花色苷含量少，花呈粉红色，花色苷含量多则呈红色；花色苷含量密度大，花呈紫红色或紫色；花色苷被甲基化程度越高，花色越红。②花色苷 β 环的羟基数。羟基数越多，花色趋于蓝色。③人工栽培下优良的环境条件(光照、水分、温度、土壤、肥料等)促使这些控制花色的基因充分表达，使其出现丰富的表现型。另外，部分实验材料的种子来自温室的种内杂交，岩生报春的异花授粉也可能使岩生报春的基因型呈现多样化。

岩生报春的花型属于辐射对称，本研究观察发现其花冠裂片和裂片边缘缺刻都发生不同程度的变异。日本学者 Yoshioka 等对翠南报春花型多年的研究(Yoshioka 等，2004；Yoshioka 等，2005；Yoshioka 等，2007a；Yoshioka 等，2007b)认为，翠南报春对称花型变异主要是由基因遗传控制，对称元和非对称元的环境性状变异可能由于发育过程的不稳定引起的，环境条件对花瓣区的影响明显大于对花瓣性状的影响；翠南报春育种的定向选择、育种家的偏好及花型与其他性状相伴遗传都可能使翠南报春花型朝向花瓣缺刻变浅、花瓣更像扇形的方向发展。同时，他认为花型的多样性(比如纵横比，缺刻的深度、花瓣中心的重心位置)与所选的 DNA 标记没有关联，而传粉者不能区分翠南报春花冠裂片的纵横比，除非达到一个实际中并不存在的特殊值，但是能够区分裂片顶端缺口的深浅。岩生报春与翠南报春同属于报春花科报春花属指叶报春组指叶报春组亚组，在分类学上具有较近的亲缘关系。因此可以推测，岩生报春保持辐射对称的花型可能主要是由基因控制，而花冠裂片周围的缺刻可能由于发育过程中的不稳定性或环境条件引起的，也可能与花部的某些性状相关。

岩生报春花眼的绿色内轮和红色外轮共同构成整个花眼，整个花眼大小差异不明显，但是绿色内轮和红色外轮比例发生变异，D、E、G、I、J 内轮花眼比例较大，C、H 内轮与外轮比例相近，A、B、F 外轮花眼比例比较大。Crane 和 Lawrance 在其专著《The genetics of garden plants》中认为，藏报春的花眼大小是由复等位基因控制的，其作用可以累加，有类似于数量性状的遗传规律。试验观察的岩生报春，整个花眼大小彼此间差异不大。是否是只有当纯合隐性基因存在时，才会出现最大的花眼，内轮与外轮在整个花眼中所占的比例是否受基因控制，均尚待进一步研究。同时，有研究认为，报春花属某些二倍体报春(*P. acualis*，*P. juliae*，*P. elatior*)的花眼颜色是由一对基因控制。Crane 等(1934)认为 *P. acualis*(黄色花眼)与 *P. elatior*(橙色花眼)杂交，*P. juliae*(黄色花眼)与 *P. elatior*(橙色花眼)杂交，F_1代花眼颜色全部为橙色，F_2代花眼颜色橙色与黄色分离比为 3∶1，橙色对黄色为显性，回交后橙色与黄色花眼比例为 1∶1，表现出典型的孟德尔单因子分离比例，因此花眼色素的形成是受制于单因子。试验发现栽培环境对岩生报春花眼色并没有明显的影响，其花眼颜色发生变异的原因可能与花色素分布基因有关。在藏报春中，已知色素分布不均的基因有 J. D. G. 3 个，其中 J 基因是花青素生成活跃的基因，具有 J 基因时花呈现红色，但其在花中心部位(花眼)的作用较弱，呈粉色；D. G 基因均具有抑制花青素生成的作用，D 基因对花瓣周边抑制作用较强，而 G 基因对花的中心部位抑制作用较强，因此具有 D 基因的花，花瓣四周有逐渐变白的现象，而具有 G 基因的花，花瓣基部变为白色(程金水，2000)。岩生报春为复色花眼，内轮均为绿色，外轮会出现颜色上的变化；圆形花眼外轮颜色分布较为均匀，五边形花眼外轮颜色分布不均，在花冠裂片中心处色素含量明显增多。因此，岩生报春中至少有一个基因是固定的，控制内轮绿色花眼，其他基因控制外轮花眼颜色。花眼外轮颜色与花眼的形状的相关性以及花眼色遗传与花瓣颜色的相关性，可能还需进一步的探讨。

参考文献

1. Richards, J. Primula [M]. London: Timber Press, Inc., 2003.
2. 董玲玲，潘会堂，张启翔，等. 岩生报春种子萌发特性研究 [J]. 种子，2010b，(05)：75－77.
3. 程金水. 园林植物遗传育种学 [M]. 北京：中国林业出版社，2000.
4. Yoshioka, Y., H. Iwata, R. Ohsawa, et al. Analysis of petal shape variation of *Primula sieboldii* by elliptic Fourier descriptors and principal component analysis [J]. Annals of botany, 2004, 94 (5): 657－664.
5. Yoshioka, Y., H. Iwata, R. Ohsawa, et al. Quantitative evaluation of the petal shape variation in *Primula sieboldii* caused by breeding process in the last 300 years [J]. Heredity, 2005, 94 (6): 657－663.
6. Yoshioka, Y., M. Honjo, H. Iwata, et al. Pattern of geographical variation in petal shape in wild populations of *Primula sieboldii* E. Morren [J]. Plant Species Biology, 2007a, 22 (2): 87－93.
7. Yoshioka, Y., K. Ohashi, A. Konuma, et al. Ability of bumblebees to discriminate differences in the shape of artificial flowers of *Primula sieboldii* (Primulaceae) [J]. Annals of botany, 2007b, 99 (6): 1175－1182.
8. 梁树乐. 报春花属植物研究进展 [J]. 中国观赏园艺研究进展，2005.

疏花蔷薇与现代月季杂交育种研究

吉乃喆[1] 赵惠恩[1①] 李智[1] 李亚齐[1] 韩倩[1] 王泽翻[1] 邵冰洁[1] 崔娇鹏[2] 刘恒星[2] 赵世伟[2]
([1]花卉种质创新与分子育种北京市重点实验室，国家花卉工程技术研究中心，城乡生态环境北京实验室，园林学院，北京林业大学，北京 100083；[2]北京植物园/北京市花卉园艺工程技术研究中心，北京 10093)

摘要 用疏花蔷薇与现代月季品种杂交，培育具有较高抗性的月季新品种群，进行 79 个杂交组合，授粉 1819 朵花，获得果实 289 个，平均结实率 16%。获得种子 1370，出苗 51 棵，出苗率 4%。结实率在 50% 以上的有 6 种，为'Black Cherry'、'George Vancouver'、'Grouse '、'Purple Heart'、'雪山娇霞'、474。结实率介于50%到30%的有 11 种。结实率介于0 到30%的有 8 种。对疏花蔷薇、部分月季品种和杂交种等 16 份供试材料进行 SSR 分子标记聚类分析，遗传相似性系数为 0.2 或 0.4 时，可分别将应试材料分为 2 组和 4 组，且疏花蔷薇均与部分现代月季品种聚为一类。通过对结实率、谱系和聚类结果的分析，试验结果疏花蔷薇与大部分现代月季品种亲和性良好。

关键词 疏花蔷薇；育种；结实率；亲缘关系；SSR 分子标记

Studies on the Cross Breeding of *Rosa laxa* and Modern Roses

JI Nai-zhe[1] ZHAO Hui-en[1] LI Zhi[1] LI Ya-qi[1] HAN Qian[1] WANG Ze-fan[1] SHAO Bing-jie[1] CUI Jiao-peng[2] LIU Heng-xing[2] ZHAO Shi-wei[2]
([1]*Beijing Key Laboratory of Ornamental Plants Germplasm Innovation & Molecular Breeding, National Engineering Research Center for Floriculture, Beijing Laboratory of Urban and Rural Ecological Environment and College of Landscape Architecture, Beijing Forestry University, Beijing* 100083；
[2]*Beijing Botanical Garden/ Beijing Floriculture Engineering Technology Research Centre, Beijing* 100093)

Abstract This research adopts method of interspecific cross between *Rosa laxa* and modern Chinese roses to foster the new populations with high resistance. With 79 cross combinations , 289mature hybrid fruits , 1370 seeds and 51hybrid seedlings were obtained by pollinating 1819 flowers. the average fruiting rate is 16% and germination rate is 4%. The mature parents with fruiting rate above 50% have 6 cultivars, 'Black Cherry'、'George Vancouver'、'Grouse '、'Purple Heart'、'Xue Shan Jiao Xia'、474 . The mature parents with fruiting rate between 30% to 50% and 0 to 30% include11and 8 cultivars respectively. The genetic diversity of 16 *Rosa* accessions including *Rosa laxa*、modern rose cultivars and their coeno－species were analyzed with SSR makers. shoufen The 16 *Rosa* accessions could be divided into two or four groups based on the UPGMA cluster at the similar coeffieient 0.2 or 0.4, while *Rosa laxa* and some modern rose cultivars clustered into one group. By analyzing the fruiting rates, pedigree and clustering results, the results were concluded that *Rosa laxa* has good affinity to rose cultivars.

Key words *Rosa laxa*；Breeding ；The fruiting rate；Relative relationship；SSR makers

蔷薇属植物约有 200 余种，分布在北纬 20°～70°之间(俞德浚，1985)。现代月季有 2 万余种，主要亲本不超过 15 种，只占蔷薇原种总数的 1/10 左右。利用远缘杂交可以将蔷薇属野生种的优良特性引入品种中，在月季育种中有所突破。

疏花蔷薇(*Rosa laxa* retz.)又称土耳其斯坦蔷薇，属于蔷薇属桂味组，中国仅产于新疆，此外阿尔泰山区及西伯利亚中部也有分布。疏花蔷薇生于海拔 500～1300m 处的平原荒漠地区，是新疆分布范围最广的蔷薇属植物之一(刘士侠和丛者福，2000)。是培

作者简介：吉乃喆(1990－)女，河北保定人，硕士研究生，从事月季种质资源与遗传育种研究。E－mail：jinaizhe1016@163.com.
① 通讯作者。赵惠恩，博士，副教授，从事园林植物种质资源与遗传育种研究。E－mail：zhaohuien@bjfu.cn。

育抗寒、聚花品种的优良种质资源。美国的 Buck 于 1979 年利用抗寒种质疏花蔷薇(*R. laxa* Betz)与现代月季杂交，F_1经过 3 代回交，育成了能耐 -38℃的聚花月季新品种无忧女（'Carefree Beauty'）(Bryson Sheryl R. & Griffith J. Buck，1979)。郭润华等通过野生疏花蔷薇与当地主栽庭院月季('粉和平'和'红帽子'混合花粉)杂交获得的 F_1代杂种名为'天山祥云'，具有较强的耐寒、耐旱及抗病性，在新疆北部露地可自然越冬（郭润华 等，2011)。因鉴于此，为了培育疏花蔷薇种系的更多品种，我们展开了疏花蔷薇历时 6 年(2010—2015 年)的杂交研究。

1 材料与方法

1.1 试验地点和亲本选择

试验于北京植物园种苗繁殖中心进行。母本选择北京植物园种苗繁殖中心的现代月季品种和部分中国古老月季。前期父本为四倍体疏花蔷薇。后期增加疏花蔷薇种系 George Vancouver × 疏花蔷薇、Rainbow Knock out × 疏花蔷薇。

1.2 花粉活力测定

用离体培养法测定花粉活力。于 6 ~ 7 月份，母本开花之前，使用悬滴培养法测定花粉活力，培养液配方为蔗糖 15%、硼酸 100mg/L，将花粉置于 23℃条件下培养，24h 后检查花粉萌发率(花粉管长超过花粉半径以上视为萌发)。每个品种或种重复 3 次，每个样品取 3 个视野进行观察，每个视野不少于 100 粒花粉，取其平均值统计花粉萌发率：

花粉萌发率 = 萌发花粉粒数/花粉粒总数 ×100%。

1.3 杂交与育苗方法

采用常规杂交方法，至少重复授粉 1 次。杂交种经低温沙藏于次年在温室播种养护。11 年后，将杂交苗移出温室，种植于大田上，采用粗放管理，对病虫害不进行化学防治、冬季不作任何保护的自然选择淘汰法(马燕和陈俊愉，1993)。

1.4 SSR 分子标记及聚类分析

以月季品种的微卫星标记数据为基础，从课题组筛选的多态性较好的引物(李智，2015；于超，2015；赵红霞，2015)挑选 16 对，对 9 个现代月季品种、疏花蔷薇和个现代月季品种与疏花蔷薇的子代 DNA 进行 PCR 扩增。通过 GenMarker 软件对数据进行统计，每对 SSR 引物扩增的多个等位位点上有带的赋值为"1"，无带的赋值为"0"。选择遗传相似系数 Dice 对月季品种间的遗传相似度进行计算，并采用非加权组平均法(UPGMA)建立相应的系统树。品种间遗传相似度使用 NYSYS - pc2.1e 软件计算，然后根据品种间遗传相似矩阵，采用 SHAN 模块 UPGMA 法进行聚类分析。

2 结果与分析

2.1 父本花粉生活力

采用悬滴培养法，得到花粉生活力如表 1。

表 1 父本花粉性状及萌发力

Table 1 Pollen traits and vitalities of pollen parents

父本 pollen parents	品种类型 Species or Cultivars	花粉量 pollen quantity	花粉萌发率(%) pollen germination rate(%)
疏花蔷薇	野生种	多	61
George Vancouver × 疏花蔷薇	杂交种	多	21
Rainbow Knock out × 疏花蔷薇	杂交种	多	26

由表 1 中得知，野生种疏花蔷薇的花粉量大，花粉生活力高，杂交种花粉和疏花蔷薇一样，花粉量大，但是花粉生活力较疏花蔷薇低。但足够进行杂交育种。

2.2 杂交结实情况

2010 到 2015 年以疏花蔷薇为父本，共设计 79 个杂交组合，授粉 1819 朵花，获得果实 289 个，总结实率 16%。获得种子 1370 出苗 51 棵，出苗率 4%。情况如表 2 所示。

由之前的研究表明，共有 25 种月季与疏花蔷薇产生杂交果实，占所选月季总数的 32%，其中结实率在 50% 以上的有 6 种，结实率介于 50% 到 30% 的有 11 种，结实率介于 0 到 30% 的有 8 种，试验结果表明疏花蔷薇与月季的杂交亲和性较好，易与月季产生杂交果实。

据研究表明，杂交亲和性与父母本亲缘关系、倍性等有关(李亚齐，2013；李智，2015)。罗玉兰(2011)通过对红刺玫与亲本月季的遗传距离与杂交实际亲和率研究指出，与红刺玫亲缘关系越近的其亲和率较高，杂交配对较易成功；亲缘关系相对较远的亲和率较低，配对不易成功。马燕报道，远缘杂交的不亲和性是由于远缘类型的两性成分差异过大所造成，双亲的染色体数目则对亲和性影响较大。应充分利用四倍体野生种参与杂交，因为双亲倍性相同是杂交易获得成功(蔡旭，1989)。疏花蔷薇是蔷薇属桂味组，与月季亲缘关系较近。所选疏花蔷薇为四倍体，现代月季多为四倍体，倍性相同。所以容易得到果实。

每年在探索更多母本和疏花蔷薇杂交过程中会重复部分杂交组合。2010 年到 2015 年有重复杂交组合 28 个。其中 13 个杂交组合在不同年份的结实率有差异。如表 3 所示

表 2 获得杂交果实的组合结实统计表

Table 2 Fruit setting and seed germination rates of pollination combinations

编号 Code	母本 Female parents	授粉数(朵) Number of pollinatation	结实数(个) Number of fruit-setting	结实率(%) Fruit-setting ratio(%)	种子数(粒) Number of seeds	出苗数(棵) Number of enmergence	出苗率(%) Seeding emergence(%)	杂交年份/年 Time /year
9	‘Anna Zinkeisen’	6	2	33	29	1	3	2010
11	‘Antique’	10	2	20	-	-	-	2015
18	‘Autumn Sunset’	18	8	44	21	0	0	2012、2013
38	‘Black Cherry’	23	15	65	—	—	—	2012
122	‘Eyeopener’	17	1	6	3	0	0	2014
148	‘George Vancouver’	35	23	66	403	19	5	2012、2014
162	‘Grouse’	76	42	55	115	0	0	2010
181	‘Indian Maid’	12	5	42	33	0	0	2014
212	‘Lilac Rose’	44	6	14	7	0	0	2012、2013
217	‘Love’	7	3	43	—	—	—	2012
255	‘Odorata’	19	9	47	29	0	0	2011
265	‘Palmengarten Frankfurt’	68	32	47	1	0	0	2011
	‘Partidge’	97	33	34	126	1	1	2010、2011
295	‘Purple Heart’	11	9	81	-	-	-	2012、2015
303	‘Rainbow Knockout’	55	7	13	51	7	14	2012
395	‘Tequila’	18	8	44	-	-	-	2015
419	‘Watercolors’	51	14	27	77	2	3	2012、2014、2015
428	‘William Baffin’	120	42	35	182	15	8	2012、2013、2015
440	‘Yellow Dagmar’‘Hastrup’	6	2	33	—	—	—	2012
	‘橘红色火焰’	10	3	30	14	2	14	2012
	‘蓝月亮’	39	4	10	16	2	13	2011、2012
	‘雪山娇霞’	9	7	78	93	1	1	2013、2015
	‘月月粉’	36	10	28	57	0	0	2011
445 *		5	1	20	38	1	3	2014
474 *		2	1	50	1	0	0	2014
总计		1819	289	16	1370	51	4	

注：“*”为品种名丢失，只保留编号，“—”为误剪，“-”当年还未统计。

Note: “*”means Scientific name is lost, “—”means fruits were damadged artificially. “-”means data have not been counted.

表 3 13 个杂交组合授粉情况

Table 3 Information of 13 pollination combinations

编号 Code	母本 Female parents	杂交年份/年 Time /year	授粉数(朵) Number of pollinated flowers	结实数(个) Number of fruit-setting	结实率(%) Fruit-setting ratio(%)	结实率差值 Seed setting rate difference
	蓝月亮	2011	16	2	13	4
		2012	23	2	9	
122	Eyeopener	2013	16	0	0	6
		2014	17	1	6	
18	Autumn Sunset	2012	10	5	50	12
		2013	8	3	38	
	橘红色火焰	2011	15	2	13	17
		2012	10	3	30	
419	Watercolors	2014	28	6	21	29
		2012	17	5	29	
		2015	6	3	50	
	雪山娇霞	2013	7	5	71	29
		2015	2	2	100	
295	Purple Heart	2012	5	3	60	40
		2015	6	6	100	
395	Tequila	2014	7	0	0	44
		2015	18	8	44	
428	William Baffin	2012	18	13	72	45
		2013	13	5	38	
		2015	89	24	27	
148	George Vancouver	2012	28	21	75	46
		2014	7	2	29	
212	Lilac Rose	2012	10	5	50	47
		2013	34	1	3	
	Partidge	2010	29	22	76	59
		2011	65	11	17	
265	Palmengarten Frankfurt	2011	68	32	47	47
		2014	10	0	0	

由表 3 得知，同一种杂交组合在不同的年份里结实率有差异。最大的差值为 59%，最小为 4%。'Eyeopener''Tequila''Palmengarten Frankfurt'曾出现结实率为 0 的情况，证明在父母本有亲和性的情况下，仍不确定一定会结实。马燕(1988)曾报道在有亲和力的组合中，结实率变化也很大。花粉活力和数量与结实率正相关；温度对坐果率有影响；恶劣的栽培条件显然也不利于结实。实验结果与马燕的结论一致。

在 2014 年和 2015 年，引进课题组培育的疏花蔷薇种系的'George Vancouver'×疏花蔷薇、'Rainbow Knock out'×疏花蔷薇参与杂交授粉。

表 4　新父本与现代月季杂交授粉情况

Table 4　Information of pollination combinations with new pollen parents

编号 Code	母本 Female parents	父本 Pollen parents	授粉数(朵) Number of pollination	结实数(个) Number of fruit-setting	结实率(%) Fruit-setting ratio(%)	种子数(粒) Number of seeds	出苗数(棵) Number of enmergence	出苗率(%) Seeding emergence(%)
419	‘Watercolors’	‘George Vancouver’×疏花蔷薇	3	1	33	–	–	–
419	‘Watercolors’	‘George Vancouver’×疏花蔷薇+疏花蔷薇	7	1	14	–	–	–
61	‘Carefree Delight’	‘Rainbow Knock out’×疏花蔷薇	10	0	0	0	0	0
70	‘Cherish’	‘Rainbow Knock out’×疏花蔷薇	1	0	0	0	0	0
169	‘Heirloom’	‘Rainbow Knock out’×疏花蔷薇	3	0	0	0	0	0
205	‘Lady Elsie May’	‘Rainbow Knock out’×疏花蔷薇	20	0	0	0	0	0
403	‘Tiffany’	‘Rainbow Knock out ’×疏花蔷薇	1	0	0	0	0	0
428	‘William Baffin’	‘Rainbow Knock out’×疏花蔷薇	19	3	16	15	0	0

如表 4 所示，由于所得花粉少，所以授粉数量并不多，‘Rainbow Knock out ’×疏花蔷薇与 William Baffin 结实率 16%，‘George Vancouver’×疏花蔷薇与‘Watercolors’结实率 33%。虽未得到杂交苗，疏花蔷薇与现代月季的后代仍可用于进一步育种。

2.3　杂交出苗情况

2010—2015 年得到杂交苗共 51 株。杂交出苗情况，如表 3 所示。在有结实的组合中，出苗率为 0 的有 10 种。出苗率在 0 到 5% 的组合有 5 种。出苗率在 5% 到 10% 的组合有 2 种。出苗率在 10% 到 20% 的组合有 3 种。结实率高的组合出苗率未必高。且杂交种普遍出苗率较低。

2.4　基于 SSR 分子标记的聚类分析

聚类的材料信息如表 5 所示。16 份材料在 PCR 扩增后部分扩增图谱如图 1。测试材料均显示出明显条带，且有明显差异。

表 5　供试材料信息

Table 5　Information of used 16 *Rosa* accessions

序号 Code	品种名 Scientific name	类型 Type	备注 Remarks
132	Fiona	灌丛月季	
148	George Vancouver	灌丛月季	
203	La Sevillana	丰花月季	
295	Purple Heart	杂交茶香月季	
303	Rainbow Knockout	灌丛月季	Carefree beauty 后代
419	Watercolors	灌丛月季	

（续）

序号 Code	品种名 Scientific name	类型 Type	备注 Remarks
428	William Baffin	杂交科德斯月季	
445		月季品种	
	雪山娇霞	月季品种	弯刺蔷薇后代
	疏花蔷薇	野生种	
303×S1	Rainbow Knock out ×疏花蔷薇1	杂交种	
303×S4	Rainbow Knock out ×疏花蔷薇4	杂交种	
419×S1	Watercolors×疏花蔷薇1	杂交种	
419×S2	Watercolors×疏花蔷薇2	杂交种	
419×S3	Watercolors×疏花蔷薇3	杂交种	

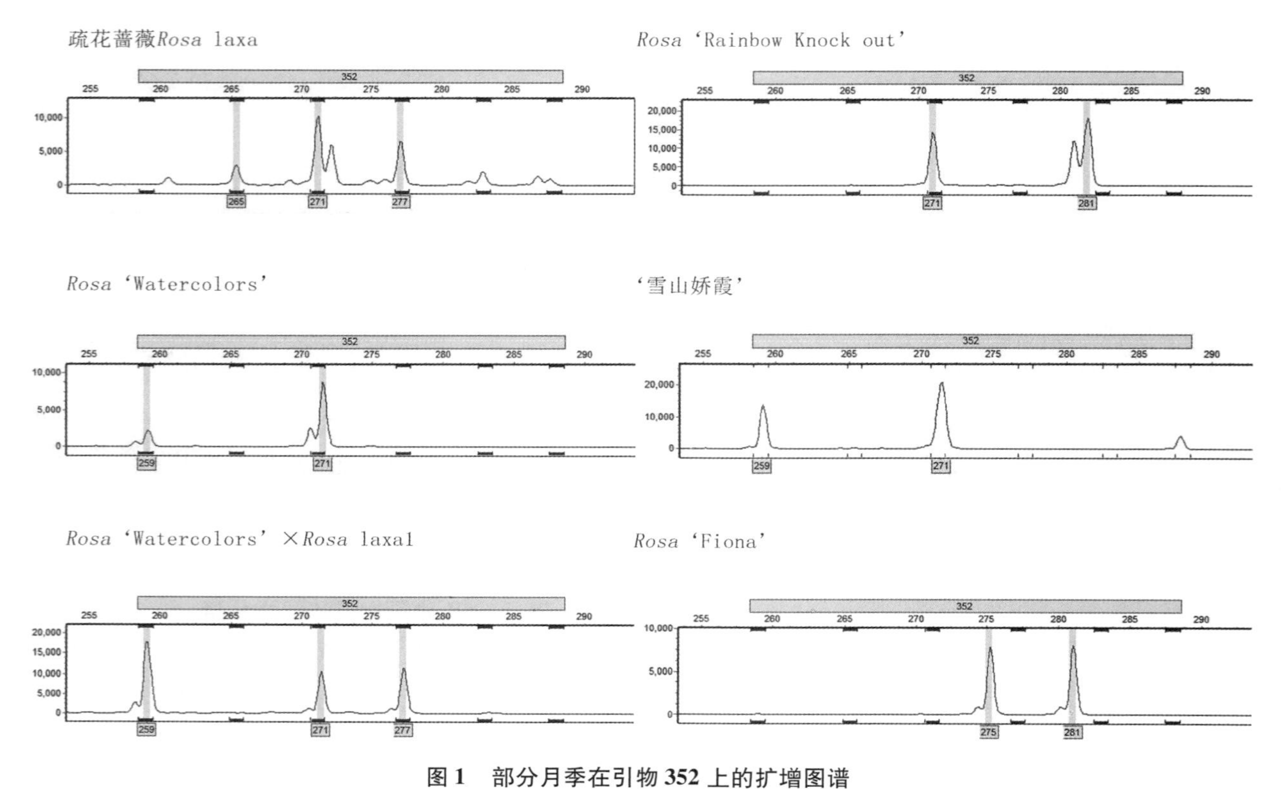

图1　部分月季在引物352上的扩增图谱

Fig. 1　SSR profiles of some *Rosa* accessions on primier 352

黄平等(2013)基于微卫星标记，对7个遗传相似性系数进行比较分析，认为Dice系数和Jaccard系数适用于月季微卫星遗传分析。本文采用Dice对疏花蔷薇、部分现代月季品种和二者杂交种进行聚类分析。得到聚类图，如图2。

当聚合线相似性系数为0.2时，16个供试材料被分为两大类，现代月季品种'Fiona'为一类，其余供试材料为一类。当聚合线在相似性系数为0.4时，16个供试材料被分为4大类，现代月季品种'Fiona'、'William Baffin'各为一类，'Rainbow Knock out'、疏花蔷薇和'Rainbow Knock out' ×疏花蔷薇1、4聚为一类，其余材料聚为一类。其中为'Rainbow Knock out'为Knockout Roses系列。此系列初始由育种家Bill Radler用'Carefree Beauty'和'Razzle Dazzle'杂交育得。所以'Rainbow Knock out'谱系中含有疏花蔷薇。研究现代月季品种亲本谱系发现，形成'William Baffin'的种质中有疏花蔷薇。由于近年来月季育种的方向由提升其观赏性状转为提升其内在品质。新培育

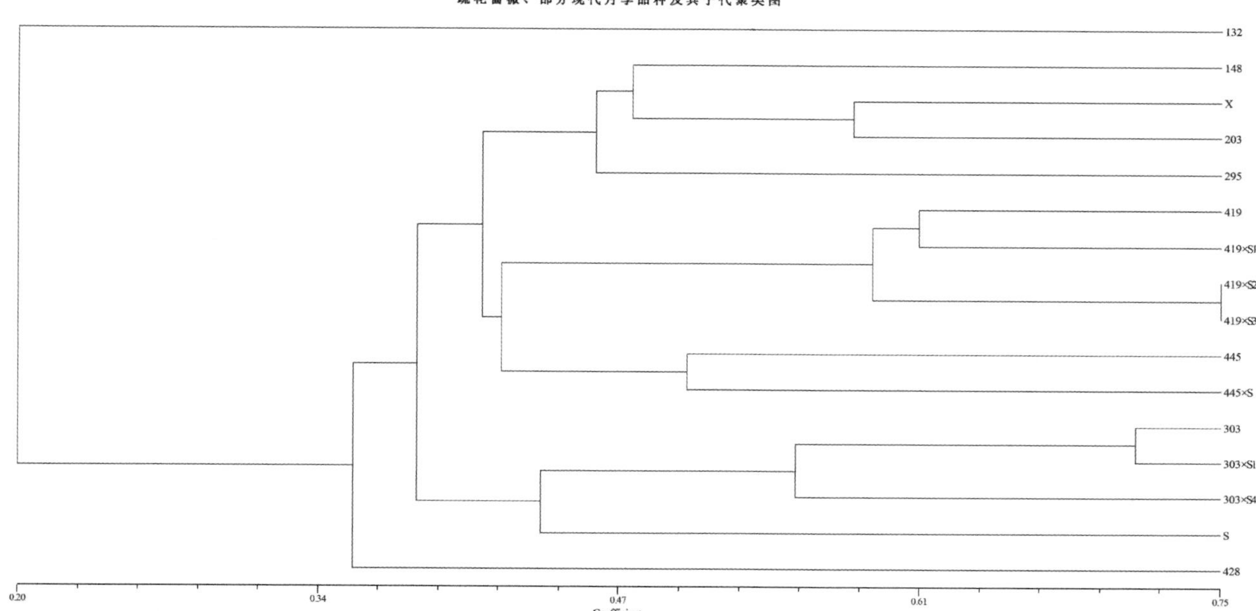

图2 基于 Dice 系数的聚类图

Fig. 2 Clustering analysis based on Dice coefficient

的月季品种有更多的野生种亲本参与育种，这也可能是本次聚类结果出现的重要原因之一。

除了与'Fiona'遗传距离距离稍远为0.179，疏花蔷薇与现代月季品种的遗传距离在0.271～0.385之间，只有'Fiona'和'La Sevillana'与疏花蔷薇没有结实，鉴于'La Sevillana'与疏花蔷薇遗传距离为0.325，可以适当提高授粉量。

较之疏花蔷薇，杂交种与现代月季品种的遗传相似性系数也稍有提升，即亲缘关系更近，有利于进一步杂交，提高结实率。

3 结论与讨论

3.1 结实率与亲缘关系

2010到2015年以疏花蔷薇为父本，共设计79个杂交组合，授粉1819朵花，获得果实289个，平均结实率16%。获得种子1370，出苗51棵，出苗率4%。在设计的79个杂交组合种，共有25种月季与疏花蔷薇产生杂交果实，占所选月季总数的32%，说明疏花蔷薇与月季的杂交亲和性较好，易与月季产生杂交果实。SSR分子标记聚类分析显示供试材料中，除了与'Fiona'遗传距离距离稍远为0.179，疏花蔷薇与现代月季品种的遗传距离在0.271～0.385之间。供试材料除了'Fiona'和'La Sevillana'外，均与疏花蔷薇有结实。也证明疏花蔷薇与现代月季杂交亲和性较好。结合发现，形成'Rainbow Knock out'、'William Baffin'的种质中有疏花蔷薇，亲缘关系较近，易产生杂交果实。二者都与疏花蔷薇杂交获得杂交苗，成功率高，是优良的亲本。

3.2 结实率与其他因素

实验发现有近2/3的组合没有产生结实，可能存在多方面原因。供试的现代月季品种结实率差异可能与母本的育性、杂合度和所处环境有关。2010年到2015年同一种杂交组合在不同的年份里结实率有差异，最大的差值为59%，最小为4%。试验表明室外育种环境对结实率影响较大。所以，如果想顺利获得杂交果实，就要提高母本的栽培条件，及时修剪多余花朵，适时施肥。结实率有多方面的影响因素，对于难以产生杂交果实的组合，可施以赤霉素等促进果实和种子形成(Dubois, L. A. M. &DeVries, 1988)。

3.3 育种展望

虽然培育的疏花蔷薇种系的George Vancouver×疏花蔷薇、Rainbow Knock out ×疏花蔷薇与现代月季品种杂交没有结实。但SSR分子标记聚类分析表明其与现代月季亲和性提高，且综合了父母本的遗传信息，是进一步育种的优良材料。

参考文献

1. Bryson Sheryl R. and Griffith J. Buck. 1979. About OurCover; ‘Carefree Beauty´(Bucbi) Rose[J]. HortScience,, 14(2): 98, 196.
2. 蔡旭. 1989. 植物遗传育种学[M]. 北京：科学出版社.
3. De Vries, D. P. & Dubois, L. A M. 1987. The effect of temperature on set. seed set germination in‘Sonia’×‘Hadley’hybrid tea — rose crosses[J]. Euphytica. 36(1): 117 – 120.
4. Dubois, L. A. M. &DeVries, D. P. 1988. The effect of gibberellins A4 +7 on fruit set inunpollinated pollinate"Sonia", roses[J]. Plant Growth Regulation, 4(1): 75 – 80.
5. 郭润华, 隋云吉, 杨逢玉, 等, 2011. 耐寒月季新品种‘天山祥云’[J]. 园艺学报, 38(7), 1417 – 1418.
6. 黄善武, 葛红. 1989. 弯刺蔷薇在月季抗寒育种上的研究利用初报[J]. 园艺学报, 16(3): 237 – 240.
7. 俞德浚. 1985. 中国植物志(第三十七卷)[M]. 北京：科学出版社.
8. 马燕. 1988. 培育“刺玫月季”新品种的初步研究[D]. 北京林业大学博士论文.
9. 黄平, 崔娇鹏, 郑勇奇, 等. 2013. 基于月季微卫星标记的7个遗传相似系数比较[J]. 林业科学, 49(1): 68 – 76.
10. 刘士侠, 丛者福. 2000. 新疆蔷薇[M]. 乌鲁木齐：新疆科技卫生出版社.
11. 李亚齐. 2013. 月季远缘杂交育种初步研究V – 灌丛月季[D]. 北京林业大学硕士论文.
12. 李智. 2015. 月季远缘杂交研究(VII)[D]. 北京林业大学硕士论文.
13. 罗玉兰. 2007. 红刺玫月季遗传背景分析及杂交亲本选育[D]. 上海交通大学硕士论文.
14. 马燕, 陈俊愉. 1993. 中国古老月季品种‘秋水芙蓉’在月季抗性育种中的应用[J]. 河北林果研究, (3), 204 – 210.
15. 于超. 2015. 四倍体月季遗传连锁图谱的构建及部分观赏性状的QTLs分析[D]. 北京林业大学博士论文.
16. 赵红霞. 2015. 蔷薇属植物与现代月季品种杂交及主要性状与SSR标记的连锁分析[D]. 北京林业大学硕士论文.

紫薇 EST-SSR 标记的开发和利用*

张恩亮　王　鹏①　李　亚①　王淑安　李林芳　杨如同
（江苏省中国科学院植物研究所，南京 210014）

摘要　紫薇(*Lagerstroemia indica*)是我国著名的夏季观花木本植物，但是其 EST-SSR 的研究报道较少。本研究通过对 RNA-seq 测序获得 45308 条 unigenes 中的 SSR 特征进行分析后发现：9074 条 unigenes 存在 10905 个 SSR 位点，1486 条 unigenes 含有两个以上的 SSR 位点，550 个位点是复合重复位点；从 7620 个 SSRs 位点中设计出 4501 对 SSR 引物；随机选择 68 对 SSR 引物进行检测，其中 61 对引物可以成功的扩增出清晰可用的条带，28 对引物有多态性。

关键词　紫薇；EST-SSR；转录组测序；分子标记

Development and Utility of EST-SSR Markers in *Lagerstroemia indica*

ZHANG En-liang　WANG Peng　LI Ya　WANG Shu-an　LI Lin-fang　YANG Ru-tong
(*Institute of Botany*, *Jiangsu Province and Chinese Academy of Sciences*, *Nanjing* 210014)

Abstract　*Lagerstroemia indica* is a popular woody ornamental flowering plant in China. However, relatively little is known about its EST-SSR molecular markers. In this study, 45308 unigenes from transcriptome sequencing were analyzed. A total of 10905 EST-SSRs were recognized from 9074 unigenes. 1486 sequences contained more than one SSR and 550 SSRs presented in compound formation. In this study, a total of 4501 primer pairs were designed from 7620 SSRs. To validate SSR markers, 68 primer pairs were randomly selected to PCR amplification and 61 SSR markers were amplified successfully. Of these validated SSR markers, 28 primer pairs were detected polymorphism.

Key words　*Largerstroemia indica*; EST-SSR; Transcriptome sequencing; Molecular markers

紫薇(*Lagerstroemia indica*)，千屈菜科(Lythraceae)紫薇属(*Lagerstroemia*)，落叶灌木或小乔木。紫薇花大且艳丽，花期是每年的 6～9 月，花期较长，中国种植紫薇的历史近 1700 年，目前许多紫薇品种在中国广泛栽培(Zhang，1991；Cabrera，2004；Min et al. 2008)。

简单重复序列(Simple sequence repeat，SSR)标记技术具有多态性高、共显性、易检测、重复性高、数量丰富等优点被广泛用于植物分类、遗传育种等方面(Gupta and Varshney，2000)。表达序列标签 SSR(Expressed sequence tag SSR，EST-SSR)是从 EST 序列中所挖掘的标记，与传统的基因组 SSR(Genomic SSR，gSSR)相比，它更有可能是直接嵌入功能基因的序列中，直接与控制性状的功能基因连锁关联，成本低且能提供更丰富的信息(Bozhko et al. 2003)。

通过 EST 序列开发 SSR 标记在园林植物上应用广泛，例如日本金松(*Sciadopitys verticillata*)(Kawase et al.，2009)、牡丹(*Paeonia suffruticosa*)(Wu et al.，2014)、中山杉(*Taxodium* ‘zhongshanshan’)(Cheng et al.，2015)等植物中均有报道。在紫薇 SSR 标记的研究方面，Wang 等(2011)基于基因组序列开发了 78 对 SSR 标记并用于 51 个紫薇品种的基因多样性研究中；Cai 等(2011)利用基因组序列开发了 33 对 SSR 标记进行基因多样性分析，其中 12 个标记在 50 个紫薇品种表现出多态性；Liu 等(2013)开发了 11 个基于基因组的 SSR 标记用来区分紫薇属种间亲缘关系。但是大规模的开发 EST-SSR 标记的报道较少。本研究基于高通量测序技术获得的紫薇转录组数据库，根据 SSR 位

* 基金项目：科技部农业科技成果转化资金(2013GB2C100185)；江苏省农业科技自主创新资金(CX(14)2032)；江苏省林业三新工程(LYSX[2015]13)。

① 通讯作者。Author for correspondence(E-mail：yalicnbg@163. com；wp280018@163. com)。

点两端序列信息设计 EST-SSR 引物，并验证标记的可行性，为紫薇遗传图谱的构建和分子标记辅助育种奠定基础。

1 材料与方法

1.1 材料

紫薇品种‘金幌’(*Lagerstroemia indica* ‘Jinhuang’)，‘繁花似锦’(*Lagerstroemia indica* ‘Fanhuasijin’)和 6 株杂交 F_1 单株叶片取自于南京中山植物园紫薇苗圃，置于-80℃保存，幼叶 DNA 的提取采用 CTAB 法(Doyle，1990)。

1.2 EST-SSR 引物设计

Li 等(2015)利用 Illumina Hi-Seq 2000 对‘金幌’叶片不同发育时期进行了转录组测序，序列经分析后获得 45308 条 unigenes 序列，平均长度 987.51bp (SRP034823)。利用 MISA 工具包(http://pgrc.ipk-gatersleben.de/misa/misa.html)对所有的 unigenes 进行 SSR 位点鉴定，参数设置：重复单元为 1－6 核苷酸，1－6 核苷酸的最少重复数分别设置为 10、8、5、4、3 和 3。由于单核苷酸的测序错误率较高，在引物设计时，将其剔除。在所有含有 SSR 位点的 unigenes 中，使用 Primer3(http://fokker.wi.mit.edu/primer3)进行 SSR 引物设计。

1.3 PCR 扩增

PCR 反应总体系 10μL：TaqDNA 聚合酶 0.2U，Mg^{2+} 2.5mmol · L^{-1}，Buffer 2.5mmol · L^{-1}，dNTPs 0.125 mmol · L^{-1}，前后引物各 0.25 mmol · L^{-1}，模板 DNA10 ng，ddH_2O 若干。PCR 扩增程序：95℃预变性 5.5min；95℃变性 30s，55℃退火 45s，72℃延伸 1min，33 次循环；72℃延伸 10min。所得扩增引物用 8%的聚丙烯酰氨凝胶电泳检测，快速银染法染色，记录结果。

2 结果与分析

如表 1 所示，在 59.6Mbp 的序列中包含了 45308 条 unigenes，其中 9074 条 unigenes 含有 10905 个 SSR 位点。在含有 SSR 位点的 unigenes 中，1486 条序列含有一个以上的 SSR 位点，550 个 SSRs 位点为复合位点(表 1)。

表 1 紫薇 EST-SSR 分布特征

Table 1 Distribution of EST-SSR in *Lagerstroemia indica* transcriptome

参数 Parameter	数值 Number
总 Unigene 序列数 Total number of Unigenes sequence	45308
总核苷酸数 Total number of nucleotide	59646886
总 SSR 数 Total number of SSR	10905
含 SSR 位点的序列数 Number of SSR loci containing sequences	9074
含多个位点的序列数 Number of sequences containing more than 1 SSR	1486
以复合形式出现的 SSRs Number of SSRs present in compound formation	550
SSR 发生频率(%) Frequency of SSR(%)	20.03
SSR 的平均距离(kb) Average distance of SSR(kb)	5.46

重复类型上，鉴定了单核苷酸重复到六核苷酸重复，单核苷酸重复(3285，30.12%)最多，其余依次为三核苷酸重复(2958，27.13%)，双核苷酸重复(2235，20.50%)，六核苷酸重复(994，9.12%)，五核苷酸重复(945，8.67%)和四核苷酸重复(488，4.48%)。所有 SSR 位点中，最多的重复数是 10 次的 SSR 位点(18.40%)，其次为 5 次重复(16.84%)，3 次重复(14.40%)和 9 次重复(8.16%)(表 2)。由于单核苷酸重复的误差较大，进一步分析中将其剔除。在双核苷酸重复中，重复单元 AG/CT(88.59%)的出现次数最多，AC/GT(4.88%)的出现次数最少(表 3)。在三核苷酸重复中，重复单元 AAG/CTT (30.49%)出现次数的最多，最少的是 ACT/AGT (0.57%)。ESR-SSRs 重复长度不等，15～18bp 长度的重复最多(4157，77.21%)，19～22bp 次之(1123，20.86%)，23bp 以上的重复最少(104，1.93%)(表 4)。

利用 Primer3 软件，在包含 SSR 位点的 9074 条 unigenes 中，3092 条 unigenes 可以设计出 SSR 引物，其中 1409 条 unigenes 可以设计出超过 1 条的 SSR 引物，引物命名为 NBJxxxx。为了检测引物的可用性，随机选择 68 对 SSR 引物进行检测，其中 61 对引物可以成功的扩增出清晰可用的条带，28 对引物有多态性(图 1，表 5)。

表 2 利用 MISA 软件鉴定的 SSR 位点分布情况

Table2 Distribution of identified SSRs using the MISA software

重复类型 Repeat Type	重复次数 Repeat Numbers									共计 Total	比例 Proportion (%)
	3	4	5	6	7	8	9	10	>10		
单核苷酸重复 Monoucleotide	0	0	0	0	0	0	0	1517	1768	3285	30.12
二核苷酸重复 Dinucleotide	0	0	0	0	0	736	887	489	123	2235	20.50
三核苷酸重复 Trinucleotide	0	0	1679	855	392	28	1	1	2	2958	27.12
四核苷酸重复 Tetranucleotide	0	330	128	17	7	2	2	0	2	488	4.48
五核苷酸重复 Pentanucleotide	741	179	25	0	0	0	0	0	0	945	8.67
六核苷酸重复 Hexanucleotide	830	156	4	3	0	1	0	0	0	994	9.11
共计 Total	1571	665	1836	875	399	767	890	2007	1895	10905	
比例 Proportion (%)	14.40	6.09	16.84	8.02	3.66	7.03	8.16	18.40	17.38		

表 3 SSR 位点双核苷酸重复和三核苷酸重复的分布情况

Table3 Distribution of SSRs among di- and tri-nucleotide types

重复类型 Repeat type	重复基元 Repeat motif	重复次数 Repeat Number	比例 Proportion (%)
二核苷酸重复 Dinucleotide	AC/GT	109	4.88
	AG/CT	1 980	88.59
	AT/AT	146	6.53
三核苷酸重复 Trinucleotide	AAC/GTT	47	1.59
	AAG/CTT	902	30.49
	AAT/ATT	48	1.62
	ACC/GGT	193	6.52
	ACG/CGT	55	1.86
	ACT/AGT	17	0.57
	AGC/CTG	486	16.43
	AGG/CCT	812	27.45
	ATC/ATG	214	7.23
	CCG/CGG	184	6.22

表 4 EST-SSRs 重复长度分布

Table 4 Length distribution of the EST-SSRs

重复类型 RepeatType	长度 Length (bp)					
	15–16	17–18	19–20	21–22	23–32	>32
二核苷酸重复 Dinucleotide	736	887	489	114	8	1
三核苷酸重复 Trinucleotide	1679	855	0	392	30	2

（续）

重复类型 RepeatType	长度 Length (bp)					
	15–16	17–18	19–20	21–22	23–32	>32
四核苷酸重复 Tetranucleotide	0	0	128	0	26	4
五核苷酸重复 Pentanucleotide	0	0	0	0	25	0
六核苷酸重复 Hexanucleotide	0	0	0	0	4	4
共计 Total	2415	1742	617	506	93	11

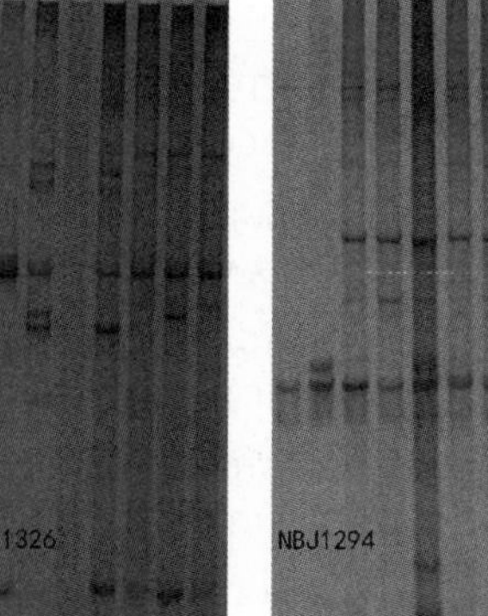

图 1 3 对多态性引物扩增结果

注：M：Maker；P1：‘繁花似锦’；P2：‘金幌’；16：F_1 群体

Fig. 2 Amplification results of three primers

Note：M：Maker；P1：Lagerstroemia indica 'Fanhuasijin'；P2：Lagerstroemia indica 'Jinhuang'；1–6：F_1 plants

表 5 多态性引物信息

Table5 The information of polymorphic primers

引物编号 Primercode	引物序列(5′→3′) Primer sequence	预期产物大小(bp) Expected product size	重复基元 Repeat motif
NBJ4	F：GGACGCCGCTGTACTTCT R：TGCAATCCGTACTTCCCATA	158	(GA)8
NBJ14	F：TGCCCTACCGATCTCTCTCT R：GCAACCAGAACACATCAACC	205	(TCT)5
NBJ33	F：CGTATGACCCACTCAACCTG R：TTTGGTTTGGGACTTTCTCC	304	(GAA)6
NBJ34	F：GCTCCACCTTCTTCTTCGTC R：CTCTCATCGTCCTCCCTAGC	338	(TCT)5
NBJ38	F：CTTTGACAGCTCAACCTCCA R：AGAGCGGGAGAGAATTCAAA	279	(GCC)5
NBJ39	F：TGGTCTGGTGATTTCGGTAA R：CCCAATCCTCTCCAACAACT	243	(A)13
NBJ43	F：CACAAGGAACAGCCAGAAGA R：TTACACTGTCCTCCCCTTCC	151	(GTGA)4
NBJ44	F：AGGACGGAATTGGAGTTGAC R：CCAGACCCACTTATCCGTCT	167	(GAG)5
NBJ46	F：ATAATGCTGGAAGGGAGTGG R：GCTCTGGCTCGTCAATAACA	157	(A)10
NBJ49	F：ATTGCAGTCACGTGTTCCAT R：CTTCTCTTCCTCCTTGACGG	171	(CCG)5
NBJ58	F：GAGGGACTTGGGGTCACTAA R：ACAACTGTTGGGACCCTCTC	292	(GCA)7
NBJ65	F：AATCCCAGTTTTCGGTTCAG R：GAACTTCCGGAGAAGACGAG	227	(C)10
NBJ89	F：CCAGGAAGGAAGAAGTCTCG R：TGGGGATGTTAGGAAGAAGG	350	(ATT)5
NBJ95	F：CTCCAGATGCGGAGTACAGA R：AGGAAGAAGGTGCAGAAGGA	157	(ATG)5
NBJ100	F：TCTACGGGAACCAAATGACA R：CCACCAATGCCAATAGACAG	158	(AGGAGA)3
NBJ104	F：CCTTTCATTCCGCCATATCT R：AAAACCTTCAGAGCGTTCGT	202	(AT)9
NBJ148	F：CCCCCTTCCTCAACAAGTAA R：AGCTAAAACAGCCAGCCAAT	311	(CTCAAA)3
NBJ109	F：CGCAGATTTCTTGAGCCATA R：TTTAGTCCTCCCTGGTCCAC	261	(GGGGTT)3
NBJ125	F：TCCGTCCCTCTAAACCATTC R：GGCTCTATCTGAGGACCAGC	287	(T)10
NBJ131	F：TGATGCTATCAAGGCAGAGG R：CGAAAAGTGTTCGTGCTTGT	317	(A)12
NBJ139	F：GCTTAGGACCCAAATCCAAA R：CTTGGCAGTCCTCCTCTTTC	197	(GAGAA)4
NBJ173	F：GTTCATTGCCCGTATGACTG R：CCACTTCATTCCACCAGTTG	219	(CT)12

(续)

引物编号 Primercode	引物序列(5′→3′) Primer sequence	预期产物大小(bp) Expected product size	重复基元 Repeat motif
NBJ186	F：GGCAAGGAAACTCCATGAAT R：ATCTGATGAGCCTGCAGTTG	235	(GCA)5
NBJ188	F：ATGTTAGAGTGGTCGGAGGG R：AGAGAGAGAAGGAGGGGGAG	323	(TC)9
NBJ219	F：TCCTAGCATGTCGTTCTTCG R：TTTCCCTCTCATCCGGTTAC	225	(A)12
NBJ1294	F：AAATCTCAAGTCACCCTCGC R：TGCTCTTCACAGGTTTTTGC	167	(TC)8
NBJ1311	F：ATTTGAAGGTCTCGTCCGTT R：GGAGATTCCAGGTGAAGGAA	153	(AAGA)4
NBJ1326	F：ATCAGCCATAGTCGTCCTCC R：GAACCAGGTAGCTCCAGAGG	197	(GA)9

3 讨论

近年来转录组测序的快速发展，通过转录组测序结果开发 SSR 标记应用广泛。本研究中，紫薇转录组中 EST-SSR 发生频率 20.03%，高于蔷薇（*Rosa*）(4.00%)(Jung *et al.*，2005)、沙棘(*Hippophae rhamnoides*)(3.50%)(Jain *et al.*，2010)、中山杉(7.49%)(Cheng *et al.*，2015)，花生(*Arachis hypogaea*)(10.70%)(Peng *et al.*，2015)。本研究中，紫薇转录组中平均每隔 5.46Kb 含有一个 SSR 位点，高于拟南芥(*Arabidopsis thaliana*)(1 SSR/13.83 Kb)(Cardle *et al.*，2000)、油棕榈(*Bismarckia nobilis*)(1 SSR/7.7kb)(Low *et al.*，2008)、牡丹(1 SSR/9.24 Kb)(Wu *et al.*，2014)、中山杉(1 SSR/6.90 Kb)(Cheng *et al.*，2015)，但是低于蓖麻(*Ricinus communis*)(1 SSR/1.77 Kb)(Qiu *et al.*，2010)，同时也低于基因组序列的 SSR 位点(28.68%)(Cai *et al.*，2011)。这些差异可能与 EST 数据库特征、物种种类、SSRs 查找工具和鉴定标准不同等方面的原因有关(Yadav *et al.*，2011)

本研究中，单核苷酸重复的 SSRs 最多(30.12%)，与麻风树(*Jatropha carcas*)(Kumari *et al.*，2013)的研究结果相似，但是与柑橘(*Citrus reticulata*)(Chen *et al.*，2006)、拟南芥(Cardle *et al.*，2000)等的研究结果有区别，可能的原因是种间杂交使得单核苷酸重复位点迅速扩增(Gao *et al.* 2011)。在植物中报道最多的是二核苷酸重复和三核苷酸重复，只是优势重复单元不同。除去单核苷酸重复，紫薇转录组中出现最多的重复频率为三核苷酸重复(27.13%)，其次是二核苷酸重复(20.50%)，与中山杉（Cheng *et al.*，2015）、忽地笑（*Lycoris aurea*）（Wang *et al.*，2013）等三核苷酸重复数量占优一致，而橡胶树（*Hevea brasiliensis*）（Feng *et al.* 2009）、牡丹（Wu *et al.* 2014）等则是二核苷酸重复数量占优。二核苷酸重复中 AG 和三核苷酸重复中 AAG 是出现在基因附近和基因内最多的重复单元（Fujimori *et al.*，2003；Grover and Sharma，2014；Varshney *et al.*，2005；Grover and Sharma，2007；Grover *et al.*，2007）。本研究中显示重复数最多的二核苷酸是 AG/CT，与大多数以二核苷酸重复为主的结果一致（Varshney *et al.*，2005）。同时，本研究中还发现三核苷酸重复数最多的是 AAG/CTT，与大部分双子叶植物的结果一致（Kumpatla and Mukhopadhyay，2005）。Cardle 等（2000）证明了重复长度不高于 20bp 的 SSRs 具有更高的多态性，本研究结果显示 2359（97.68%）的重复长度在 20bp 以内，表明开发引物的效率较高。

本研究中，利用含有 SSR 位点的 unigenes 共设计出 4501 对（59.07%）SSR 引物，41.93% 的位点由于 SSRs 侧翼序列太短或不适合用于设计 SSR 引物等两方面的原因不能开发引物。通过对随机选择的 68 对 SSR 引物进行鉴定发现 61 对（89.71%）引物成功扩增出条带，28 对引物有多态性，多态性频率为 45.91%，在不同物种中也有差异，比如中山杉（16.1%）（Cheng *et al.*，2015），橡胶树（59.8 %）（Feng *et al.*，2009）。本研究中发现，较之基因组 Wang 等（2010）、Cai 等（2011）和 Liu 等（2013）开发的 SSR 标记，转录组开发的 SSR 标记多态性频率更高，表明 EST-SSR 标记具有更高的性价比。由于'金幌'和'繁花似锦'叶色差别大，目前已经成功构建二者杂交的 F_1 后代群体，大量 SSR 标记的开发能够进行紫薇高密度遗传连锁图谱的构建、叶色基因的定位及克隆等研究奠定基础。

参考文献

1. Bozhko，M.，Riegel，R.，Schubert，R.，& Mullerstarck，G.（2003）. A cyclophilin gene marker confirming geographical differentiation of Norway spruce populations and indicating viability response on excess soil - born salinity[J]. Molecular Ecology，12(11)，3147 - 3155.
2. Cabrera，R. I.（2004）. Evaluating and promoting the cosmopolitan and multipurpose lagerstroemia[J]. Acta Horticulturae，630，177 - 184.
3. Cai，M.，Pan，H. T.，Wang，X. F.，He，D.，Wang，X. Y.，& Wang，X. J.，et al.（2011）. Development of novel microsatellites in lagerstroemi3. a indica and dna fingerprinting in chinese lagerstroemia cultivars[J]. Scientia Horticulturae，131(1)，385 - 394.
4. Cardle，L.，Ramsay，L.，Milbourne，D.，Macaulay，M.，Marshall，D.，& Waugh，R.（2000）. Computational and experimental characterization of physically clustered simple sequence repeats in plants [J]. Genetics，156（2），847 - 54.
5. Chen，C.，Ping，Z.，Choi，Y. A.，Shu，H.，& Jr，F. G. G.（2006）. Mining and characterizing microsatellites from citrus ests[J]. Theoretical & Applied Genetics，112(7)，1248 - 1257.
6. Cheng Y.，Yang Y.，Wang Z.，Qi B.，Yin Y. & Li H.（2015）. Development and Characterization of EST-SSR Markers in *Taxodium* 'zhongshansa' [J]. Plant Molecular Biology Reporter. 33(6)，1804 - 1814.
7. Doyle，J.（1990）. Isolation of plant dna from fresh tissue. Focus，12，13 - 15.
8. Feng，S. P.，Li，W. G.，Huang，H. S.，Wang，J. Y.，& Wu，Y. T.（2009）. Development，characterization and cross-species/genera transferability of est-ssr markers for rubber tree（ hevea brasiliensis ）[J]. Molecular Breeding，23（1），85 - 97.
9. Fujimori，S.，Washio，T.，Higo，K.，Ohtomo，Y.，Murakami，K.，& Matsubara，K.，et al.（2003）. A novel feature of microsatellites in plants：a distribution gradient along the direction of transcription[J]. Febs Letters，554（1 - 2），17 - 22.
10. Gao，C.，Tang，Z.，Yin，J.，An，Z.，Fu，D.，& Li，J.（2011）. Characterization and comparison of gene-based simple sequence repeats across brassica species[J]. Molecular Genetics & Genomics Mgg，286(2)，161 - 70.
11. Grover，A.，& Sharma，P. C.（2007）. Microsatellite motifs with moderate gc content are clustered around genes on arabidopsis thaliana chromosome 2 [J]. Silico Biology，7（2），201 - 13.
12. Grover，A.，& Sharma，P. C.（2014）. Occurrence of simple sequence repeats in potato ests is not random：an in silicd study on distribution and length of simple sequence repeats[J]. Potato Journal.
13. Grover，A.，Aishwarya，V.，& Sharma，P. C.（2007）. Biased distribution of microsatellite motifs in the rice genome [J]. Molecular Genetics & Genomics Mgg，277(5)，469 - 80.
14. Gupta，P. K.，& Varshney，R. K.（2000）. The development and use of microsatellite markers for genetic analysis and plant breeding with emphasis on bread wheat[J]. Euphytica，113(3)，163 - 185.

15. Jain, A. , Ghangal, R. , Grover, A. , Raghuvanshi, S. , & Sharma, P. C. (2010). Development of est-based new ssr markers in seabuckthorn[J]. Physiology & Molecular Biology of Plants An International Journal of Functional Plant Biology, 16(4), 375 -8.

16. Jung, S. , Abbott, A. , Jesudurai, C. , Tomkins, J. , & Main, D. (2005). Frequency, type, distribution and annotation of simple sequence repeats in rosaceae est[J]. Functional & Integrative Genomics, 5(3), 136 -43.

17. Kawase D. , Ueno S. , Tsumura Y. , Tomaru N. , Seo A. & Yumoto T. (2009). Development and characterization of EST-SSR markers for Sciadopitys verticillata (Sciadopityaceae) [J]. Conservation Genetics, 10(6) , 1997 -1999.

18. Kumari, M. , Grover, A. , Yadav, P. V. , Arif, M. , & Ahmed, Z. (2013). Development of est-ssr markers through data mining and their use for genetic diversity study in indian accessions of jatropha curcas l. : a potential energy crop. Genes & Genomics, 35(5), 661 -670.

19. Kumpatla, S. P. , & Mukhopadhyay, S. (2005). Mining and survey of simple sequence repeats in expressed sequence tags of dicotyledonous species. , 48(6), 985 -98.

20. Li, Y. , Zhang, Z. , Wang, P. , Wang, S. , Ma, L. , & Li, L. , et al. (2015). Comprehensive transcriptome analysis discovers novel candidate genes related to leaf color in a lagerstroemia indica, yellow leaf mutant[J]. Genes & Genomics, 37(10), 851 -863.

21. Liu, Y. , He, D. , Cai, M. , Tang, W. , Li, X. Y. , & Pan, H. T. , et al. (2013). Development of microsatellite markers for lagerstroemia indica (lythraceae) and related species [J]. Applications in Plant Sciences, 1 (2), 76 -87.

22. Low, E. T. L. , Alias, H. , Boon, S. H. , Shariff, E. M. , Tan, C. Y. A. , & Ooi, L. C. , et al. (2008). Oil palm (elaeis guineensis, jacq.) tissue culture ests: identifying genes associated with callogenesis and embryogenesis[J]. Bmc Plant Biology, 8(3), : 62.

23. Min W, Ping S, Ren XX, Zhang QX (2008) Recent advances in Lagerstroemia indica resourses and breeding[J]. Shandong For Sci Technol 175: 66 - 68. (In Chinese)

24. Peng, Z. , Gallo, M. , Tillman, B. L. , Rowland, D. , & Wang, J. (2015). Molecular marker development from transcript sequences and germplasm evaluation for cultivated peanut (arachis hypogaea l.) [J]. Mgg Molecular & General Genetics, 291(1), 1 -19.

25. Qiu, L. , Yang, C. , Bo, T. , Yang, J. B. , & Liu, A. (2010). Exploiting est databases for the development and characterization of est-ssr markers in castor bean (ricinus communis, l.) [J]. Bmc Plant Biology, 10(4), 1 -10.

26. Varshney, R. K. , Graner, A. , & Sorrells, M. E. (2005). Genic microsatellite markers in plants: features and applications [J]. Trends in Biotechnology, 23 (1), 48 -55.

27. Wang X. , Awadl P. , Pounders C. , Ntrigiano R. , Icabrera R. , Escheffler B. , Rpooler M. & Arinehart T. (2011). Evaluation of Genetic Diversity and Pedigree within Crapemyrtle Cultivars Using Simple Sequence Repeat Markers[J]. Journal of The American Society for Horticultural Science, 136(2) , 116 -128.

28. Wang, R. , Xu, S. , Jiang, Y. , Jiang, J. , Li, X. , & Liang, L. , et al. (2013). De novo sequence assembly and characterization of lycoris aurea transcriptome using gs flx titanium platform of 454 pyrosequencing[J]. Plos One, 8 (4), e60449.

29. Wu J. , Cai C. , Cheng F. , Cui H. & Zhou H. (2014). Characterisation and development of EST-SSR markers in tree peony using transcriptome sequences[J]. Molecular Breeding, 34(4) , 1853 -1866.

30. Yadav, H. K. , Ranjan, A. , Asif, M. H. , Mantri, S. , Sawant, S. V. , & Tuli, R. (2011). Est-derived ssr markers in jatropha curcas, l. : development, characterization, polymorphism, and transferability across the species/genera [J]. Tree Genetics & Genomes, 7(1), 207 -219.

31. Zhang Q. X. (1991). Studies on cultivars of crape-myrtle (Lagerstroemia indica) and their uses in urban greening [J]. J Beijing For Univ 18: 57 -66 (In Chinese).

铁皮石斛与大苞鞘石斛杂种 F_1 代观赏性状遗传分离的初步研究*

李 杰[1] 马博馨[2] 王再花[1]①
（[1]广东省农业科学院环境园艺研究所，广东省园林花卉种质创新综合利用重点实验室，广州 510640；
[2]昆明市经开区住房和城乡建设局，昆明 650000）

摘要 以铁皮石斛（母本）与大苞鞘石斛（父本）及其种间杂种 F_1 代群体为研究对象，对其子代茎与花的 10 个观赏性状的遗传分离进行了分析。结果表明，子代的茎均无大苞鞘石斛的节间膨大特征，茎粗和茎长存在遗传分离，但整体上均倾向于低矮型的母本铁皮石斛。花的颜色、先端颜色、花直径、花枝数和花朵数等花部性状同样存在明显遗传分离，尤其是子代花朵呈现不同颜色和大小，且产生了双亲没有的新花斑，这些子代为后期筛选优良品系提供了基础，也为低矮型石斛和观赏兼药用石斛的定向育种提供参考。
关键词 铁皮石斛；大苞鞘石斛；杂交 F_1 代；观赏性状；性状分离

Ornamental Traits Genetic Separation of F_1 Offspring Between *Dendrobium officinale* and *Dendrobium wardianum*

LI Jie[1] MA Bo-xin[2] WANG Zai-hua[1]
（[1]*Environmental Horticulture Research Institute*，*Guangdong Academy of Agricultural Sciences/ Guangdong Provincial Key Lab of Ornamental Plant Germplasm Innovation and Utilization*，*Guangzhou* 510640；[2] *Kunming Municipal Bureau of Housing and Urban-Rural Development*，*Kunming* 650000）

Abstract F_1 offspring population was obtained from a across combination between *Dendrobium officinale* (female parent) and *Dendrobium wardianum* (male parent), and genetic separation of ten ornamental traits on their stems and flowers were studied in this paper. The results indicated that the length and width of stems had genetic separation in offspring population, all F_1 offsprings had no internodes swollen stems, but they were more like the low female parent. Flower color, apex color, flower diameter, flowering branch number and flower number also had the various characters separation, especially the F_1 offsprings had different flower diameters and colors, and all F_1 offsprings had a new labellum spots which their parents haven't. These offspring population can be used for selecting good lines in the future, and this research could supply directed breeding reference for low *Dendrobium*, and ornamental and medicinal *Dendrobium*.
Key words *Dendrobium officinale*；*Dendrobium wardianum*；F_1 offspring；Ornamental traits；Character separation

春石斛为石斛属多年生兰科草本植物，春季开花，花姿优美，在我国年宵花市场和国际花卉市场上占有重要地位，而国内市场上多以日本、泰国和新加坡的品种为主，本土品种较少（潘丽晶 等，2009）。铁皮石斛（*Dendrobium officinale*）和大苞鞘石斛（*Dendrobium wardianum*）为分布于我国的石斛原生种，属于石斛属石斛组，均具有较高的药用和观赏价值。作为传统中药材，铁皮石斛为 2010 版《中国药典》所收载，其花被开发成石斛花茶，茎段除加工成干品外，还开发了上百种保健产品，其富含的多糖具有增强机体免疫力、抗氧化、抗肿瘤、降血糖等多种功效（Xia et al.，2012；Pan et al.，2014；章金辉等，2015）；大苞鞘石斛在民间加工成“铁皮扁兰枫斗”而被应用，研究表明其茎段的多糖具有抗氧化活性（王再花等，

* 基金项目：国家自然科学基金（31400597），广东省农业科学院院长基金（201417）。
① 通讯作者。author for correspondence（Email：wangzaihua@163.com）。

2015）。从观赏的角度看，铁皮石斛植株矮小，花浅绿色，是选育低矮型、绿色花系石斛的优良亲本，大苞鞘石斛植株则茎段粗壮、高大，花瓣呈白色并具紫色先端，在华南地区能应春节开放，具有极高的观赏价值，而目前有关二者的杂交选育还未见报道。本研究以铁皮石斛和大苞鞘石斛为亲本，通过观测杂交后代茎和花部的多个性状的遗传分离情况，以期为选育低矮型石斛和观赏兼药用石斛选育提供指导，提高育种效率。

1 材料与方法

1.1 试验材料

供试材料为铁皮石斛（母本）和大苞鞘石斛（父本），及其种间杂交 F_1 代群体，栽培于广东省农业科学院环境园艺研究所温室大棚内。

1.2 试验方法

2013 年 3 月进行授粉杂交，同年 9 月获得杂交果实进行无菌播种与培养，2014 年 10 月炼苗出瓶种植 F_1 代群体，2016 年 4～5 月子代苗开花，通过对杂交后代群体中的开花株（95 株）进行观赏性状的调查、测量、记录并拍照，具体观察和测定茎部性状与花部性状共 10 个，包括茎节间膨大、茎长、茎粗（顶部往下第 3、4 节的平均值）、萼片、花瓣和唇瓣颜色、先端是否呈紫色、唇瓣的花斑颜色、花枝数、花朵数、花直径、花瓣是否反卷。

2 结果与分析

2.1 杂交 F_1 代茎部性状的分离特征

石斛的茎是其主要的药用部位，母本铁皮石斛茎的节间无明显膨大，平均茎长和茎粗分别为 14.1mm 和 5.51mm，而父本大苞鞘石斛茎的节间呈纺锤状膨大，其平均茎粗和茎长分别为 37.3 mm 和 17.25mm，较母本粗且长。通过观测 F_1 子代群体发现，所有子代茎的节间无明显膨大，均类似于母本。47.4% 子代的茎长在 14.1～18.0 区间内，其次为 10.1～14.0 区间，占群体的 32.6%，而植株矮小和较长的子代相对较少，均占群体的 3.2%（图 1A）。大部分子代的茎粗主要在 4.01～7.00 之间，其中在 4.01～5.00 区间内的子代最多，占观测群体的 30.5%，其次为6.01～7.00 区间，占观测群体的 27.4%，茎粗小于 4 的子代最少，仅占群体的 8.4%（图 1B）。

2.2 杂交 F_1 代花部性状的分离特征

花是石斛的主要观赏部位，两亲本在萼片、花瓣和唇瓣颜色、先端颜色、花斑和花直径等性状上存在差异，而它们子代性状多介于两亲本之间，其花直径、花的颜色和先端颜色也存在明显差异（图 2）。从表 1 也可以看出，两亲本花部颜色和花斑差异较大，

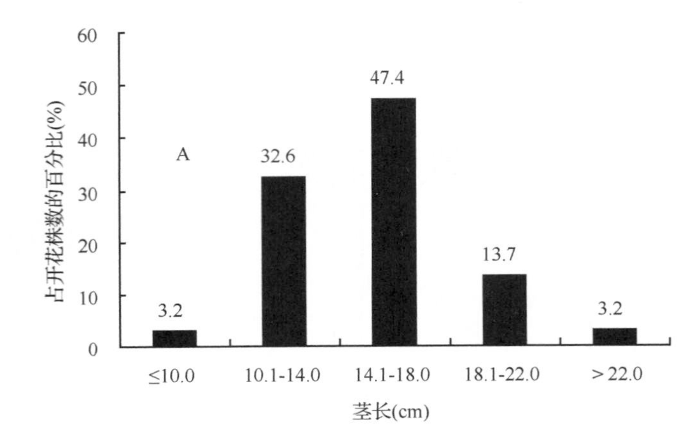

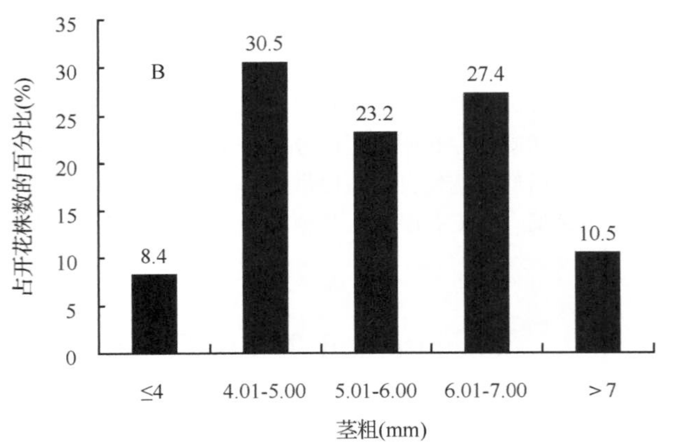

图 1 杂交后代的茎部性状分离情况

Fig. 1 Stem characters description of F_1 offsprings

图 2 两亲本和部分 F_1 代的花朵情况

Fig. 2 The flower characters of parents and some F_1 offsprings

95 株开花子代中，76 株的萼片、花瓣和唇瓣颜色与母本相同呈浅绿色，而仅 19 株与父本相同呈白色；子代中萼片、花瓣和唇瓣先端颜色呈紫色的有 52 株，无紫色的有 43 株，二者接近 1:1。萼片反卷和不反卷在子代中则是 30 株:65 株，所有子代的唇瓣花斑均具有父本的黄色大花斑和母本的 1 个紫色花斑，介于双亲之间，但与两亲本均不同，为新的花斑性状。

表 1　杂交 F_1 代花部性状分离情况

Table1　Some flower characters description of F_1 offsprings

花部性状	铁皮石斛(♀)	大苞鞘石斛(♂)	子代性状
萼片、花瓣和唇瓣颜色	呈浅绿色	呈白色	76 株呈浅绿色，19 株呈白色
萼片、花瓣和唇瓣先端颜色	无紫色	呈紫色	52 株呈紫色，43 株无紫色先端
萼片向后反卷	无反卷	向后反卷	30 株反卷，65 株无反卷
唇瓣花斑数及其颜色	具 1 个紫色花瓣斑	黄色大花斑和 2 个紫色花斑	子代全部为黄色大花斑和 1 个紫色花斑

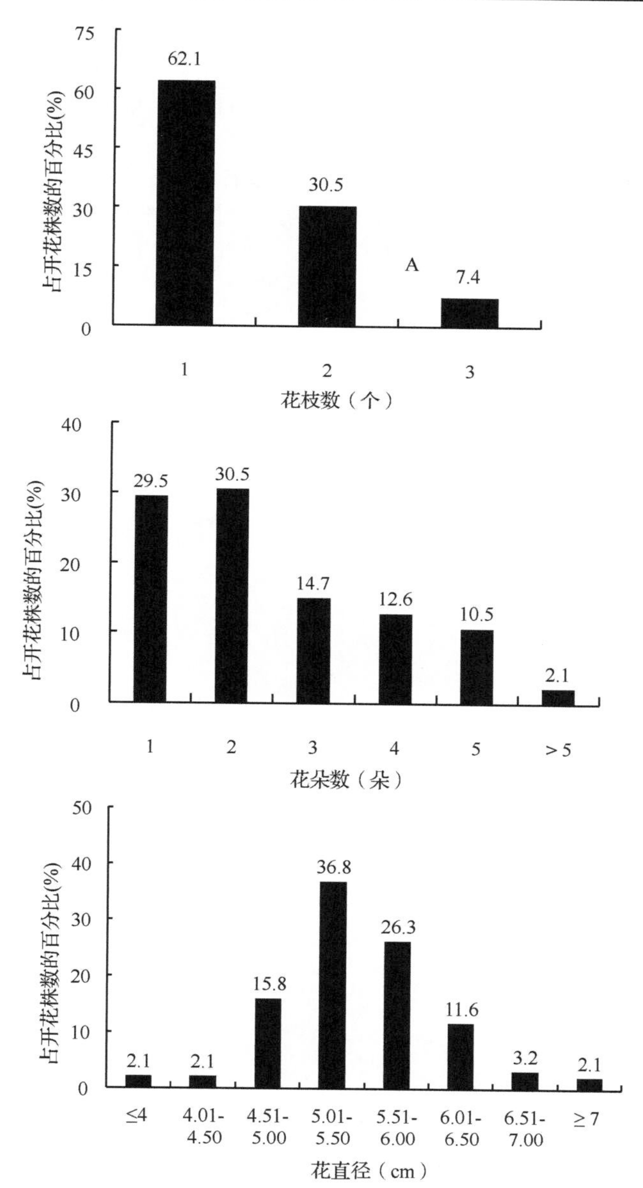

图 3　子代花枝数、花朵数和花直径的分离情况

Fig. 3　The flowering branch number, flower number and flower diameter of F_1 offsprings

子代的花枝数、花朵数和花直径也存在差异。由图 3 可以看出，所观测子代中，62.1% 子代含 1 个花枝，30.5% 的子代含 2 个花枝，仅 7.4% 植株的花枝数为 3 个。花朵数为 2 朵的子代最多，占 30.5%，其次为 1 朵的子代，占 29.5%，花朵数为 3 ~ 5 朵的占 10.5% ~ 14.7%，而花朵数大于 5 朵的子代仅占群体的 2.1%。母本铁皮石斛的平均花直径为 3.4cm，而父本大苞鞘石斛的则为 7.6cm，子代花直径同样存在遗传分离，以 5.01 ~ 5.50cm 的植株最多，占群体的 36.8%，其次为 5.51 ~ 6.00cm，占群体的 26.3%，而花直径大于 7cm 和小于 4cm 的子代最少，均观测到 2 株，各占观测群体 2.1%。

3　讨论与展望

作为盆栽观赏花卉，选育不同株型、花色和花斑是春石斛的主要育种目标之一，而杂交是其主要的育种手段(潘丽晶 等，2009)。潘春香等(2010)研究发现花期相近的金钗石斛、玫瑰石斛、细茎石斛和鼓槌石斛 4 种石斛均能获得杂交果实，本研究中尽管铁皮石斛和大苞鞘石斛属于两个不同的种，且在茎和花的性状上差异较大，但二者的亲和力较好，获得的杂交子代群体在多个性状上均存在遗传分离。就茎部性状而言，子代的茎均无父本的节间膨大特征，茎粗和茎长虽然存在分离，介于两亲本间，但整体上还是倾向于低矮型的母本，表明铁皮石斛可作为选育低矮型春石斛的优良亲本之一，这也符合近两年的花卉市场上迷你型兰花开始风靡的趋势。石斛的花型花色是观赏的重点，本研究发现子代的花部性状同样存在分离。两亲本的浅绿色和白色的花色在子代中同时存在，以浅绿色花居多。所有子代呈现不同大小的花朵，且其唇瓣具有一致性，综合了双亲的特征，形成了新的花斑，这与在蝴蝶兰上的研究类似(李佐 等，2015)。由于子代是首次开花，花枝数和花量并不大，后期将对其花期性状进行持续观测。

除观赏性状外，铁皮石斛和大苞鞘石斛同时也是我国传统中药材。前期王涛等(2010)发现铁皮石斛和重唇石斛的杂交 F_1 代各单株的石斛碱和石斛多糖的含量在二者之间，而本研究中铁皮石斛和大苞鞘石斛杂交子代茎部石斛碱和石斛多糖的含量是否存在分离则有待于下一步研究。

参考文献

1. 潘丽晶，曹友培，肖杨，等．观赏石斛育种技术研究综述[J]．广东农业科学，2009，9：71－73.
2. Xia L J，Liu X F，Guo H Y，et al. Partial characterization and immunomodulatory activity of polysaccharides from the stem of *Dendrobium officinale* (Tiepi shihu) *in vitro* [J]. J Funct Foods，2012，4(1)：294－301.
3. Pan L H，Li X F，Wang M N，et al. Comparison of hypoglycemic and antioxidative effects of polysaccharides from four different *Dendrobium* species [J]. Int J Biol Macromol，2014，64：420－427.
4. 国家药典委员会．中华人民共和国药典[M]．第二部．北京：中国医药科技出版社，2010：265－266.
5. 王再花，章金辉，李杰，等．3 种药用石斛多糖的抗氧化活性比较研究[J]．热带作物学报，2015，47(5)：65－70.
6. 章金辉，王再花，李杰，等．大苞鞘石斛与铁皮石斛主要活性成分比较分析[J]．热带作物学报，2015，36(12)：2192－2197.
7. 潘春香，白音，包英华，等．药用石斛种间有性杂交育种阶段性初报[J]．时珍国医国药，2010，21(5)：1214－1215.
8. 李佐，肖文芳，陈和明，等．蝴蝶兰杂种一代的花朵材质、花斑及花型遗传分化的初步探讨[C]．中国观赏园艺研究进展，2015：67－70.
9. 王涛，应奇才，徐祥彬，等．铁皮石斛和重唇石斛杂交 F_1 代总生物碱和多糖含量测定[J]．浙江农业科学，2010，6：1377－1380.

大丽花引进品种综合评价 AHP 模型的构建及应用*

李 坚　赵川乐　管 华　孔周阳　陈 驰　谈建中①
（苏州大学建筑学院园艺系，苏州 215123）

摘要 为了筛选能适用于苏州地区露地栽培的大丽花品种，以引进的40个大丽花优良品种为研究对象，从观赏性和适应性两方面选择了22个评价指标，研究了适用于大丽花的层次分析法(AHP)相关技术参数，对大丽花引进品种进行了综合评价。结果表明，在40个大丽花引进品种中，'黄金波''镶金错银''粉妆楼'等17个品种的综合分值较高，预测其观赏性状优良，适应性较强，这与它们在苏州地区的实际生长状况基本一致，初步构建了大丽花种质的AHP综合评价模型。

关键词 大丽花；观赏性；适应性；层次分析法；综合评价

Establishment and Application of AHP Model for Comprehensively Evaluating Introduced Varieties of *Dahlia pinnata* Cav

LI Jian　ZHAO Chuan-le　GUAN Hua　KONG Zhou-yang　CHEN Chi　TAN Jian-zhong
(*Department of Horticulture, College of Architecture, Soochow University, Suzhou* 215123)

Abstract In order to screen dahlia varieties suitable for open field cultivation in Suzhou, 22 appraisal indexes were selected from two aspects of ornamental and adaptation, with 40 introduced dahlia varieties as the research object. The related technical parameters of Analytic hierarchy process (AHP) were researched for comprehensively evaluating the introduced dahlia varieties. The results showed that the comprehensive score of the 17 varieties among 40 introduced dahlia varieties was higher, including 'Huangjinbo', 'Xiangjincuoyin', 'Fenzhuanglou', etc. It could be predicted that the ornamental character was excellent and the adaptation was strong of 17 varieties, which was consistent with their actual growth in Suzhou. The AHP model for comprehensively evaluating germplasm resources of dahlia was constructed preliminary.

Key words Dahlia; Ornamental value; Adaptation; Analytic hierarchy process; Comprehensive evaluation

大丽花(*Dahlia pinnata* Cav)为菊科大丽花属多年生肉质块根花卉，是世界名花之一。其原产墨西哥、危地马拉、哥伦比亚一带(Pahalawatta V，2007)，具有花姿优美，花型多样，花期长，品种繁多，观赏价值高，适应性也较好，在我国的城市绿化建设中已被广泛使用(郑慧俊和夏宜平，2004)。但是苏州地区夏季高温潮湿多雨的气候条件是大丽花露地栽植及能否引种成功的最大限制因素。

国内目前对观赏植物的引种、评价及评价方法有过较多的研究。Yang(2009)、徐开晴等(2009)分别在陕西的西安和固原进行过大丽花的引种研究，但引种地与被引种地甘肃临洮的气候条件差异较小，并且没有做过评价研究；刘丽(2012)、邬晓红(2008)、薛晟岩(2010)、赵卫红(2011)等分别在江西南昌市、内蒙古包头市、辽宁沈阳市、河北石家庄市进行过宿根花卉的引种研究，并运用层次分析法进行了评价，但都是对多种不同种群的植物进行评价。而苏州地区大丽花的引种及评价研究目前尚无研究报导。

本研究以从甘肃临洮引进的40个大丽花栽培品种为材料，探讨层次分析法(Analytic Hierarchy Process，AHP)应用于大丽花种质综合评价的可行性，对引进大丽花品种的观赏性及适应性进行综合评价，以期能筛选出适用于苏州地区的大丽花优良品种，为丰富苏州城市园林绿化植物物种提供有价值的实验依据。

* 基金项目：苏州市应用基础研究计划（编号 SYN201405）。
① 通讯作者。谈建中，教授。主要研究方向：园林植物资源与生物技术。E-mail：sudatanjz@163.com。

1 材料与方法

1.1 植物材料

从甘肃省临洮县引进40个大丽花栽培品种，在3月初对引进大丽花块根催芽，进行分根繁殖，定植于苏州大学独墅湖新校区园林园艺实习基地，株行距0.6m×0.6m，常规管理。

1.2 性状选择及调查方法

参考在报春花(Jia Y *et al*，2014)、百合(Du Y P *et al*，2014；Rong L，2011)、姜花(Sarangthem N，2012)、杜鹃(周媛 等，2014)以及宿根花卉(Feng P *et al*，2003；邬晓红，2008；薛晟岩 等，2010)的性状综合评价方法，结合大丽花生物学特性，选取观赏性及适应性相关的具体性状作为引种评价的指标，在大丽花生长的不同时期进行调查，实际测量花径、花瓣大小、株高等，调查、计算栽植成活率、花量、花瓣数、绿期，观测调查其余性状指标，各项检测数据用于层次分析法进行筛选。

1.3 层次结构的设置

根据层次分析法中评价指标的分类，在参考前人研究的基础上，设置大丽花递阶层次评价结构模型，包括目标层、约束层、标准层和最底层。其中，目标层是根据观赏性和适应性综合评价而确定的大丽花引种目标；约束层是影响大丽花引种目标的各种因素，主要涉及大丽花观赏性和适应性相关的四类性状；标准层是各项具体性状的评价指标，包括8个花部形态性状、4个花期性状、6个枝叶性状和4个适应性相关性状。

1.4 判断矩阵构造及一致性检测方法

在AHP法的评价体系中，各项评价指标因素的相对重要性是进行综合评价的基础信息及依据，在本研究中，根据总目标的要求，通过专业人员对此作出判断，并根据AHP评价尺度(表1)构建判断矩阵。

表1 AHP评价尺度

Table1 Analytic Hierarchy Process evaluation scale

成对比较标准	定 义	内 容
1	同等重要	两个要素具有同等重要性
3	稍微重要	认为其中一个要素要比另一个要素稍微重要
5	相当重要	根据经验与判断，强烈倾向于某一要素
7	明显重要	实际上非常倾向于某一要素
9	绝对重要	有证据确定一个要素明显强于另一要素
2、4、6、8		用于上述标准之间的折中值

为提高性状重要性判断的可靠性，需要对判断矩阵进行一致性检验，以一致性指标CI(Consustence Index，CI)作为度量判断矩阵的偏离一致性指标，$CI=(\lambda\ max-n)/(n-1)$，其中n为判断矩阵阶数；CI与判断矩阵的随机一致性指标RI(Random Consistency Index，RI)的比值CR(Consistency Ratio)作为判断矩阵的一致性比率(见表4)，若$CR<0.1$时，则认为判断矩阵A是满意一致性矩阵。

1.5 性状指标的权重计算

在通过一致性检测后，计算出判断矩阵的最大特征根λ_{max}及其对应的特征向量W，然后计算出各评价指标的权重。

1.6 评分标准的制定及综合评分的计算

通过对大丽花的生物学特性、观赏性状及生长适应性的实际调查，同时参考前人在观赏植物引种方面的相关研究成果，对引种大丽花的各项性状进行5分制赋值，制定各个性状指标的评分标准，将各评价指标的分值结合权重计算总分，以此来确定每个品种的综合评分。

2 结果与分析

2.1 引种大丽花品种性状AHP评价层次结构的构建

本研究主要以大丽花在苏州地区的观赏性和适应性，参考前人(蔡红艳，2009；Feng P，2003；刘丽，2012；邬晓红，2008；王凯，2012；薛晟岩，2010；赵卫红，2011)的研究报导，筛选了22个评价指标。并根据评价指标的分类，建立了递阶层次评价结构模型，包括目标层、约束层、标准层和最底层(表2)。如表3所示，标准层的具体评价指标包括花部形态相关的花色(P1)、花姿(P2)、花型(P3)、花香(P4)、花径(P5)、花量(P6)、花瓣大小(P7)、花瓣数(P8)，花期性状相关的花显示度(P9)、花期早晚(P10)、花期天数(P11)、花后观赏型(P12)，枝叶性状相关的叶形(P13)、叶色(P14)、绿期(P15)、株型(P16)、株高(P17)、枝叶覆地性(P18)，适应性相关的抗高温(P19)、抗病虫害(P20)、萌蘖能力(P21)、栽植成活率(P22)等22项性状。最底层则是待评价的大丽花引进品种(编号D1-D40)。

表 2　大丽花综合评价模型

Table2　Model of comorehensive evulation of *Dahlia*

目标层 A：	引种花卉应用价值综合评价			
约束层 C：	C1（花部形态）	C2（花期性状）	C3（枝叶性状）	C4（适应性状）
标准层 P：	$P_1P_2P_3P_4P_5P_6P_7P_8$	$P_9P_{10}P_{11}P_{12}$	$P_{13}P_{14}P_{15}P_{16}P_{17}P_{18}$	$P_{19}P_{20}P_{21}P_{22}$
最底层 D：	D1　D2　D3 ………………待评价的大丽花品种 …………… D38　D39　D40			

表 3　综合评价判断矩阵

Table3　Judgment matrix of evaluation model

层次结构	判断指标								
A-C	A	C1	C2	C3	C4				
	C1	1	2	3	1				
	C2	1/2	1	2	1/2				
	C3	1/3	1/2	1	1/3				
	C4	1	2	3	1				
C1-P	C1	P1	P2	P3	P4	P5	P6	P7	P8
	P1	1	3	5	3	3	1	5	3
	P2	1/3	1	3	1	1	1/3	3	1
	P3	1/5	1/3	1	1/3	1/3	1/5	1	1/3
	P4	1/3	1	3	1	1	1/3	3	1
	P5	1/3	1	3	1	1	1/3	3	1
	P6	1	3	5	3	3	1	5	3
	P7	1/5	1/3	1	1/3	1/3	1/5	1	1/3
	P8	1/3	1	3	1	1	1/3	3	1
C2-P	C2	P9	P10	P11	P12				
	P9	1	5	3	1				
	P10	1/5	1	1/3	1/5				
	P11	1/3	3	1	1/3				
	P12	1	5	3	1				
C3-P	C3	P13	P14	P15	P16	P17	P18		
	P13	1	1	1/5	1/5	1/3	1		
	P14	1	1	1/5	1/5	1/3	1		
	P15	5	5	1	1	3	5		
	P16	5	5	1	1	3	5		
	P17	3	3	1/3	1/3	1	3		
	P18	1	1	1/5	1/5	1/3	1		
C4-P	C4	P19	P20	P21	P22				
	P19	1	1	3	2				
	P20	1	1	3	2				
	P21	1/3	1/3	1	1/2				
	P22	1/2	1/2	2	1				

2.2　大丽花 AHP 评价判断矩阵的建立及一致性检测结果

本实验的性状指标的重要度判断是通过对本院系多位专业老师进行调查问卷后得出的结果，然后根据AHP 评价尺度，构建目标层 A 相对于约束层 C 和标准层 P 相对于约束层 Ci 的判断矩阵（表 3）。

根据表 3 所示的判断矩阵，采用 1.4 和 1.5 项的方法，计算获得最大特征根 λ_{max}、CI 值及 CR 值（表

4)。从表5所示结果可知，各项结构层次的CR值都小于0.1，符合满意一致性要求，表明建立的判断矩阵是合理可信的。

表4　一致性检测结果

Table4　The results of consistency test

序号	判断矩阵	最大特征根(λ_{max})	CI	RI	CR
1	A-C	4.0104	0.0035	0.89	0.0039
2	C1-Pi	8.0872	0.0125	1.41	0.0088
3	C2-Pi	4.0439	0.0146	0.89	0.0164
4	C3-Pi	6.0584	0.0117	1.24	0.0093
5	C4-Pi	4.0104	0.0035	0.89	0.0039

2.3　大丽花不同性状评价指标的权重及排序结果

在获得满意一致性判断矩阵的基础上，采用最大特征根法计算了4类性状(Ci)相对于总目标(A)、各评价指标(Pi)相对于其隶属性状(Ci)的权重值，进而计算获得了各评价指标相对于总目标的权重值，并按权重值大小进行了排序，结果如表6所示。

从表5可以看出，在约束层(Ci)中，花部形态(C1)和适应性(C4)相对于总目标(A)的权重都达到35.07%，表明这两类性状在大丽花引种的综合评价中占有主要地位，起这着决定性作用。其次，就每个具体性状而言，花部形态的花色(P1)和花量(P6)、花期性状的花显示度(P9)和花后观赏性(P12)、枝叶性状的绿期(P15)和株型(P16)、抗高温(P19)和抗病虫害(P20)在大丽花引种的综合评价(目标层A)中分别占有较高的比重，可以认为这些指标差异关乎大丽花引种的成败，在评价过程中起着主要作用。

表5　标准层(P)、约束层(C)对于目标层(A)的权重值及排序结果

Table5　General ordination about standard layer (P) and Constrained layer (C) to object layer (A)

Ci对于A的权重值	Pi对于Ci的权重值	Pi对于A的权重值
花部形态C1 (0.3507)	P1 花色 (0.2597)	0.0911
	P6 花量 (0.2597)	0.0911
	P2 花姿 (0.1004)	0.0352
	P4 花型 (0.1004)	0.0352
	P5 花径 (0.1004)	0.0352
	P8 花瓣数 (0.1004)	0.0352
	P3 花香 (0.0394)	0.0138
	P7 花瓣大小 (0.0394)	0.0138
适应性C4 (0.3507)	P19 抗高温 (0.3507)	0.1230
	P20 抗病虫害 (0.3507)	0.1230
	P22 成活率 (0.1892)	0.0664
	P21 萌蘖能力 (0.1093)	0.0383
花期性状C2 (0.1892)	P9 花显示度 (0.3889)	0.0736
	P12 花后观赏性 (0.3889)	0.0736
	P11 花期天数 (0.1513)	0.0130
	P10 花期早晚 (0.0687)	0.0130
枝叶性状C3 (0.1093)	P15 绿期 (0.3324)	0.0363
	P16 株型 (0.3324)	0.0363
	P17 株高 (0.1525)	0.0167
	P13 叶型 (0.0609)	0.0067
	P14 叶色 (0.0609)	0.0067
	P18 枝叶覆地性 (0.0609)	0.0067

2.4　大丽花不同性状评分标准的确定

根据苏州地区引种大丽花的生长发育、物候期及相关性状的调查数据，结合前人对观赏植物不同性状的评价方法及评分标准(蔡红艳，2009；Feng P *et al*，2003；刘孟霞，2009；刘丽2012；邬晓红，2008；薛晟岩 等，2010；赵卫红，2011)，本研究以引进的40个大丽花品种为测试对象，针对与观赏性、适应性相关的22项具体评价指标，给每项具体评价指标(性状)的表型差异赋予了不同的分值(表6)，赋值高低体现了经济性状(观赏性或适应性)的实用性差异。

2.5　大丽花不同品种的综合评价及分析

根据表6所示的评分标准和引进品种的性状调查结果，结合表3和表5所建的模型及权重值，分别计算了不同品种的观赏性和适应性指标得分，同时分别以满分值的80%以上、80%～70%、70%～60%及60%以下作为分级标准，将大丽花不同品种的观赏性和适应性评价分为4个等级(表7)。在观赏性评价等级中，I级分值≥2.5972，II级分值为2.2723～2.5972，III级分值为1.9479～2.2723，IV级分值<1.9479，观赏价值依次逐渐降低。其次，在适应性评价等级中，I级得分≥1.4028，II级得分为1.2275～1.4028，III级得分为1.0521～1.2275，IV级得分<1.0521，适应性依次逐渐减弱。

表 6　具体性状指标的评分标准

Table6　Marking standard of each evaluating index

评价指标	分值				
	5	4	3	2	1
花色	颜色鲜艳，金黄、黑色、红色、黄色、复色、深粉、纯白	颜色较鲜艳，浅粉、浅紫白色、雪青等	浅黄、粉白、紫红等颜色	黄白、黄绿等颜色	颜色暗淡
花姿	奇特	较奇特	一般	花朵斜展	花朵下垂
花香	浓香	香	淡香	微香	不香
花型	重瓣	多瓣	双瓣	单瓣	—
花径	大于 20 cm	16 ~ 20 cm	11 ~ 15 cm	6 ~ 10 cm	1 ~ 5 cm
花量	花朵极繁密	花朵繁密	花朵较繁密	花朵较疏	零星几朵
花显示度	高于叶面一定距离，极易观赏	稍高于叶面，易观赏	与叶面相平，较易观赏	于叶面下 80% 显花，难观赏	—
花瓣大小	长宽比 4 ~ 5	长宽比 5 ~ 6	长宽比大于 6	长宽比 3 ~ 4	长宽比小于 3
花瓣数	重瓣(多轮)	复瓣(二轮)	单瓣	—	—
花期早晚	特早或特晚	较早或较晚	与大多数品种的开花期相差 15d	与大多数品种的开花期相差 10d	与大多数品种的开花期相同
花期天数	90d 以上	60 ~ 90d	30 ~ 60d	15 ~ 30d	15d 以下
花后观赏性	很好	较好	一般	较差	花后宿存
叶型	很奇特	较奇特	一般	不好	差
叶色	亮绿、翠绿	绿	较绿	灰绿	—
绿期	长于 180d	150 ~ 180d	120 ~ 150d	90 ~ 120d	60 ~ 90d
株型	紧凑	较紧凑	一般	松散	很松散
株高	45 ~ 65cm	25 ~ 45cm	65 ~ 85cm	85 ~ 105cm	105cm 以上
枝叶覆地性	基本覆盖于地面	覆盖地面约 80%	覆盖地面约 50%	覆盖地面约 30%	30% 以下
抗高温	强	较强	一般	较差	差
抗病虫害	强	较强	一般	较差	差
萌蘖能力	强	很强	一般	较差	小
栽植成活率	90% 以上	75% ~ 90%	50% ~ 75%	25% ~ 50%	25% 以下

说明：花期早晚的评分标准设置主要是避开苏州地区梅雨气候；株高的评分标准设置主要是鉴于大丽花在道路和花境中的应用；枝叶覆地性的评分标准设置主要是鉴于在绿化应用中对土壤的遮盖程度。

在此基础上，将每个品种的观赏性得分与适应性得分相加得到综合得分，并根据两项指标的等级高低将每个品种的综合评价等级分为 4 个等级，其中当两项指标等级不一致时，主要以低等级的单项指标作为综合评价等级。结果如表 7 所示，综合评价等级被评为 Ⅰ 级的品种有 2 个，分别为‘黄金波’和‘镶金错银’，应视为最适宜苏州地区引进的优良品种；Ⅱ 级有 15 个品种，也是值得引进的适用品种；Ⅲ 级有 18 个品种，Ⅳ 级有 5 个品种，可以认为这些品种在苏州地区应暂缓引进或不宜引进。

表 7　引种大丽花观赏性和适应性的综合评价

Table 7　The comprehensive evaluation of ornamental and adaptability of introduced dahlia

序号	品种	观赏性评价得 分	评价等级	适应性评价得 分	评价等级	综合得分	评价等级
1	黄 金 波	2. 7635	Ⅰ	1. 4692	Ⅰ	4. 2327	Ⅰ
2	镶金错银	2. 6437	Ⅰ	1. 4782	Ⅰ	4. 1219	Ⅰ
3	粉 妆 楼	2. 4368	Ⅱ	1. 6306	Ⅰ	4. 0674	Ⅱ
4	云 中 荷	2. 4218	Ⅱ	1. 6275	Ⅰ	4. 0493	Ⅱ
5	探春报雪	2. 4182	Ⅱ	1. 6306	Ⅰ	4. 0488	Ⅱ
6	帅　魁	2. 4501	Ⅱ	1. 5923	Ⅰ	4. 0424	Ⅱ
7	朝霞出海	2. 6817	Ⅰ	1. 3846	Ⅱ	4. 0285	Ⅱ

（续）

序号	品种	观赏性评价得分	评价等级	适应性评价得分	评价等级	综合得分	评价等级
8	玫红争艳	2.5923	Ⅱ	1.4309	Ⅰ	4.0232	Ⅱ
9	尖瓣雪青	2.2810	Ⅱ	1.6306	Ⅰ	3.9116	Ⅱ
10	粉桃细雨	2.2784	Ⅱ	1.5539	Ⅰ	3.8323	Ⅱ
11	出水芙蓉	2.2465	Ⅲ	1.5846	Ⅰ	3.8311	Ⅲ
12	紫环垂钩	2.1825	Ⅲ	1.6306	Ⅰ	3.8131	Ⅲ
13	流金异彩	2.4736	Ⅱ	1.3079	Ⅱ	3.7815	Ⅱ
14	飞云溢翠	2.1344	Ⅲ	1.6306	Ⅰ	3.7650	Ⅲ
15	旭日东升	2.3516	Ⅱ	1.3846	Ⅱ	3.7362	Ⅱ
16	岳麓红辉	2.3629	Ⅱ	1.3462	Ⅱ	3.7091	Ⅱ
17	金印	2.0745	Ⅲ	1.6306	Ⅰ	3.7051	Ⅲ
18	水红莲	2.0688	Ⅲ	1.6306	Ⅰ	3.6994	Ⅲ
19	粉青霞	2.1395	Ⅲ	1.5539	Ⅰ	3.6934	Ⅲ
20	紫红莲	2.2938	Ⅱ	1.3846	Ⅱ	3.6784	Ⅱ
21	金背红	2.1526	Ⅲ	1.5076	Ⅰ	3.6602	Ⅲ
22	端头紫	2.0290	Ⅲ	1.6306	Ⅰ	3.6596	Ⅲ
23	丛中笑	2.3497	Ⅱ	1.3079	Ⅱ	3.6576	Ⅱ
24	雪青鹦鹉	2.3394	Ⅱ	1.3079	Ⅱ	3.6473	Ⅱ
25	玉洁	2.0436	Ⅲ	1.5923	Ⅰ	3.6359	Ⅲ
26	桃花牡丹	2.2920	Ⅱ	1.3079	Ⅱ	3.5999	Ⅱ
27	雪映红梅	2.4322	Ⅱ	1.1465	Ⅲ	3.5787	Ⅲ
28	水莲	2.2623	Ⅲ	1.3079	Ⅱ	3.5702	Ⅲ
29	红金星	2.3694	Ⅱ	1.1849	Ⅲ	3.5543	Ⅲ
30	铁血红	2.2183	Ⅲ	1.3079	Ⅱ	3.5262	Ⅲ
31	红狮长啸	2.0165	Ⅲ	1.5076	Ⅰ	3.5241	Ⅲ
32	象牙白	1.8807	Ⅳ	1.5539	Ⅰ	3.4346	Ⅳ
33	红杏莲	2.0983	Ⅲ	1.3079	Ⅱ	3.4062	Ⅲ
34	喜鹊淡梅	1.9125	Ⅳ	1.4692	Ⅰ	3.3817	Ⅳ
35	白鹤	2.2301	Ⅲ	1.1465	Ⅲ	3.3766	Ⅲ
36	狮舞彩球	2.1487	Ⅲ	1.1465	Ⅲ	3.2952	Ⅲ
37	红莲	2.0638	Ⅲ	1.1288	Ⅲ	3.1926	Ⅲ
38	雪塔	1.8736	Ⅳ	1.2615	Ⅱ	3.1351	Ⅳ
39	人面桃花	1.9402	Ⅳ	1.1849	Ⅲ	3.1251	Ⅳ
40	玉盘托露	1.8472	Ⅳ	0.9852	Ⅳ	2.8324	Ⅳ

说明：观赏性满分分值 = 标准分满分 × 观赏性指标权重 = 5 × 0.6493 = 3.2465，适应性满分分值 = 标准分满分 × 适应性指标权重 = 5 × 0.3507 = 1.7535。

3 讨论

层次分析法（AHP）是 Saaty（1973）提出的一种系统分析法（Saaty TL，2008），是系统工程中对非定量事件做定量分析的一种简便的方法，也是对人们的主观判断进行客观描述的一种有效手段。国内学者自20世纪80年代以后开始应用这一方法（刘豹 等，1984），目前已成为观赏植物性状评价的主要方法（蔡红艳，2009；刘孟霞，2009；刘丽 2012；王凯，2012；赵卫红，2011）。本研究在参考前人研究成果的基础，以从临洮引进的40个大丽花品种为材料，初步构建了适用于苏州地区大丽花引进品种评价的AHP模型。

本研究的最终目的是筛选能够适用于苏州地区园林绿化的大丽花实用品种，因此，要求观赏性状优良，且适应性强，尤其对夏季高温多湿具有较强的耐受性。研究结果表明，在引进的40个大丽花品种中，观赏性与适应性两项评价指标都达到Ⅱ级以上的品种有17个（表7），可以认为这些品种引入苏州地区具有较高的实用价值。并且AHP评价结果与这些品种在苏州地区的性状表现基本一致，能够反映各个大丽花品种观赏性和适应性的实际状况，这为本地区筛选和引进经济性状良好、实用性强的大丽花品种提供了新的技术途径。

另一方面，由表7所示的结果看出，有的大丽花品种只是在观赏性或适应性的单项性状表现较好，而另一项性状表现极差，从而导致综合得分与其综合评价等级不相一致的现象。如‘出水芙蓉’‘紫环垂钩’等品种，虽然两项综合分值较高，但因其观赏性状表现极差，最终评价等级被大幅低评为Ⅲ级。相反，‘桃花牡丹’尽管两项综合分值较低，但因其观赏性与适应性表现均衡，其最终评价等级也就被高评为Ⅱ级。因此在苏州地区或其他地区引种大丽花时需要考虑不同品种的特性差异。

应用 AHP 方法对引种大丽花经济性状进行综合评价，其评分高低除了品种自身特性的因素之外，还存在其他外在因素的影响。首先，层次分析法需要通过专家对每个性状的重要度进行打分，其中难免会带有一定的主观性。其次，由于草本花卉生长速度较快，肥水管理、调查时间的差异会对某些性状评价产生一定的影响，如本研究中大丽花物候期是在首花盛花期的观测数据，其中叶色、株高等性状指标都还会随着大丽花的生长发育而发生改变。

此外，由于植物种质资源的评价是一个复杂的多因子评价系统，其中选取的性状指标因植物种类不同而有较大的差异，在实际应用中目前并无统一的指标体系。在本研究中，选取的 22 个性状指标只是所有性状的一部分，因此在引种大丽花的 AHP 综合评价体系中，还需要在性状指标的取舍、增减及赋值优化等方面进行深入研究，以尽可能降低外在因素对综合评价结果的影响。

参考文献

1. 蔡红艳．几种引进宿根花卉观赏性评价及耐热性、抗寒性研究[D]．临安：浙江林学院，2009.
2. Du Y P, He H B, Wang Z X, *et al.* Investigation and evaluation of the genus Lilium resources native to China[J]. Genetic Resources & Crop Evolution, 2014, 61 (2): 395 - 412.
3. 封培波，胡永红，张启翔，等．上海露地宿根花卉景观价值的综合评价[J]．北京林业大学学报，2003，25(6)：84 - 87.
4. Jia Y, Zhao J L, Pan Y Z, *et al* . Collection and evaluation of *Primula* species of western Sichuan in China[J]. Genetic Resources & Crop Evolution, 2014, 61(7): 1245 - 1262.
5. 刘安成，王庆，庞长民．我国大丽花园艺学研究进展[J]．北方园艺，2010，(11)：225 - 228.
6. 刘豹，许树柏，赵焕臣，等．层次分析法—规划决策的工具[J]．系统工程，1984，2(2)：23 - 30.
7. 刘孟霞．春播草花的引种栽培及综合评价研究[D]．杨凌：西北农林科技大学，2009.
8. 刘丽．南昌市露地宿根花卉引种与应用研究[D]．南昌：江西农业大学，2012.
9. Pahalawatta V. Biological and molecular properties of dahlia mosaic virus [D]. Washington State University, Pullman, 2007.
10. Rong L, Lei J, Wang C. Collection and evaluation of the genus Lilium resources inNortheast China[J]. Genetic Resources & Crop Evolution, 2011, 58(1): 115 - 123(9).
11. Sarangthem N, Talukdar N C, Thongam B. Collection and evaluation of Hedychium species of Manipur, Northeast India[J]. Genetic Resources & Crop Evolution, 2012, 60 (1): 13 - 21.
12. Saaty T L. Decision making with the analytic hierarchy process[J]. International Journal of Services Sciences, 2008, 1(1): 83 - 98.
13. 郛晓红，马莹，傅利红．包头地区引种宿根花卉观赏价值的综合评价[J]．内蒙古林业科技，2008，34(1)：39 - 42.
14. 王凯．鲁东南滨海地区引种宿根花卉观赏性评价及其耐盐性研究[D]．泰安：山东农业大学，2012.
15. 薛晟岩，赵华，王莹莹，等．沈阳地区新优宿根花卉引种及观赏性评价研究[J]．北方园艺，2010，(16)：100 - 102.
16. 徐开晴，贾建明，田俊，等．大花型大丽花引种栽培试验小结[J]．陕西农业科学，2009，55(4)：47 - 49.
17. Yang Q. Introduction and Outdoor Growing Techniques of Dahlia Pinnata inXi' an[J]. Chinese Agricultural Science Bulletin, 2009, 25(11): 108 - 116.
18. 郑慧俊，夏宜平．球根花卉的园林应用与发展前景[J]．中国园林，2004，20(7)：62 - 66.
19. 周媛，郭彩霞，童俊，等．杜鹃种质综合评价 AHP 模型的建立及应用[J]．湖北农业科学，2014，53(13)：3099 - 3102.
20. 赵卫红．石家庄市新优宿根花卉引种及应用研究[D]．保定：河北农业大学，2011.

不同倍性萱草杂交及胚培养研究*

杨捷　陈益　岳涵　高亦珂①
（花卉种质创新与分子育种北京市重点实验室，国家花卉工程技术研究中心，
城乡生态环境北京实验室，园林学院，北京林业大学，北京 100083）

摘要　萱草属植物，观赏价值高，使用范围广泛。但不同倍性萱草间杂交结实率低，在许多植物中，幼胚离体培养技术是克服受精后生长障碍的常用方法。试验以材料间常规花期杂交平均结实率低的二倍体、三倍体、四倍体萱草品种为亲本，设置不同倍性间的杂交组合，开展了从杂交育种到胚培养等方面研究，得到结果如下：萱草不同杂交组合的亲和性有一定差异，杂交中会出现 4 种情况：不能完成受精；仅卵细胞受精，只产生胚而无胚乳；仅极核受精，只产生胚乳而无胚；完成双受精，产生胚和胚乳。杂交败育的原因之一是双受精的比率较低，胚胎正常发育的情况较少，导致胚无法得到胚乳提供的营养，抑制了胚的正常发育。胚培养试验确定了最适胚珠离体培养时间是授粉后 7d；配方为 MS + 0.01mg/L NAA + 0.032mg/L 6-BA + 蔗糖 30g/L 的培养基效果优于其他，因而通过胚培养可以有效降低杂交的败育率，提高杂种胚的成活率。

关键词　萱草；杂交育种；倍性；胚胎发育；胚培养

The Embryo Culture Research in Cross-breeding of Different Ploidies of Daylily

YANG Jie　CHEN Yi　YUE Han　GAO Yi-ke
(*Beijing Key Laboratory of Ornamental Plants Germplasm Innovation & Molecular Breeding, National Engineering Research Center for Floriculture, Beijing Laboratory of Urban and Rural Ecological Environment and College of Landscape Architecture, Beijing Forestry University, Beijing* 100083)

Abstract　*Hemerocallis* species have high ornamental values as well as wide range of uses, but the hybridization of daylily shows a high rate of abortion. Many plants' studies suggested that embryo culture is a proper method which can provide a guarantee of effective access to hybrid progeny. The cross combinations including diploid, triploid, tetraploid daylilies are used as parents in hybridization and embryo culture. Four conditions were found during the development. The first condition was that fertilization could not be completed. The second one was that only the egg cell was fertilized. The third one was that polar nuclear cells were fertilized and endosperm was obtained. The last condition was that double fertilization was completed and both embryo and endosperm were obtained. The possible cause of hybridization abortion is the low rates of double fertilization, which may result in the failure of endosperm providing nutrients and finally inhibiting the development of normal embryos. It result showed that the best time to rescue the hybrid embryos is 7th day after cross-breeding. The formula of medium which contained MS + 0.01mg/L NAA + 0.032mg/L 6-BA + sucrose 30g/L for embryo culture had better effects. Therefore, the abortion rates of hybridization of daylilies can be decreased by embryo culture and the percentages of hybrids can be improved as well.

Key words　*Hemerocallis*; Cross-breeding; Ploidy; Embryonic development; Embryo culture

萱草属（*Hemerocallis*）植物是多年生宿根草本，花色丰富，适应性强，可通过杂交选育新品种（Munson R W，1989），是优良的园林绿化材料。不同倍性萱草杂交，败育率高（何琦 等，2011），限制了萱草品种的数量，而胚培养技术可有效提高杂种的成活率（赵兴华 等，2014）。本次试验通过对取胚珠最适时间、激素的最适种类及浓度的确定，探索最合适的萱草杂交胚的幼胚离体培养方法，为培养出更多观赏特性优良的多倍体萱草奠定基础。

1　材料与方法

1.1　供试材料

根据研究现状，选择杂交后果实膨大但败育的亲本：二倍体品种 5 个（'儿童节''乳白滴''少女''紫

* 基金项目：北京林业大学"北京市大学生科学研究与创业行动计划"（项目编号：S201510022029）。
① 通讯作者。Author of correspondence：高亦珂，教授。E-mail：gaoyk@ bjfu. edu，cn。

泉'、猛子花），三倍体品种 2 个（'紫绒'、萱草），四倍体品种 8 个（'Crystal''Julie Newmar''T96''Wild horse''奥多娜''东方不败''杏波''芝加哥比皇'）。材料取自国家花卉工程中心小汤山基地。

1.2 杂交方法

1.2.1 亲本组合

共计 38 个杂交组合，其中二倍体与四倍体正反交组合共 22 个，三倍体与二倍体杂交组合 8 个，三倍体与四倍体杂交组合 8 个。

1.2.2 杂交方法

采用常规人工授粉杂交，包括选择母本花蕾，母本去雄套袋，父本花粉采集，以及人工授粉。膨大率 = 授粉后 3 天膨大的果实数/授粉的花朵数 × 100%。

1.3 幼胚发育过程石蜡切片观察

分别取授粉后 5d、7d、9d 膨大的子房，用 FAA 固定、保存。采用常规石蜡制片，切片厚度 8 ~ 12μm，番红-固绿二重染色，用显微镜成像系统进行拍摄和测量。

1.4 幼胚离体拯救

分别采收授粉后 5d、7d、9d 的蒴果，分别装袋标记，立刻在 4℃ 冰箱中保存，等待处理。消毒方式为蒴果经洗洁精浸泡 10min，清水冲洗 30min，超净工作台内 70% 酒精浸泡 30s，无菌水冲洗 3 次，2% 次氯酸钠浸泡 12min，无菌水冲洗 5 次。

取胚珠接种于提前配好的 5 种培养基上，培养基分别为：

1 号：MS + 蔗糖 30g/L（Zhiwu Li *et al*，2009）；

2 号：MS + 0.01mg/L NAA + 0.032mg/L 6-BA + 蔗糖 30g/L；

3 号：MS + 0.01mg/L NAA + 0.32mg/L 6-BA + 蔗糖 30g/L；

4 号：MS + 0.1mg/L NAA + 0.32mg/L 6-BA + 蔗糖 30g/L；

5 号：MS + 0.1mg/LNAA + 0.032mg/L 6-BA + 蔗糖 30g/L。

依据营养消耗情况及培养基长菌情况及时对培养基进行转移和处理，并进行成苗扩繁。培养温度 24 ~ 26℃，光照时间 16h，光照强度 1500lx（祝朋芳 等，2008）。

2 结果与分析

2.1 杂交亲和性

38 个组合的杂交数及所获得子房膨大率如表 1 至表 4。

表 1 二倍体与四倍体萱草杂交后子房膨大率

Table1 The ovary swelling rate of cross-breeding between diploid and tetraploid *Hemerocallis*

母本 Famale parent	父本 Male parent	杂交数（朵） Hybridization number	膨大数（粒） Swelling number	膨大率（%） Swelling rate
'儿童节'	'Crystal'	15	2	13.33
猛子花	'Crystal'	12	2	16.67
猛子花	'Wild horse'	24	10	41.67
猛子花	'奥多娜'	29	9	31.03
猛子花	'芝加哥比皇'	23	12	52.17
'乳白滴'	'奥多娜'	14	3	21.43
'少女'	'奥多娜'	27	12	44.44
'紫泉'	'Crystal'	24	8	33.33

表 2 三倍体与二倍体萱草杂交后子房膨大率

Table2 The ovary swelling rate of cross-breeding between triploid and diploid *Hemerocallis*

母本 Famale parent	父本 Male parent	杂交数（朵） Hybridization number	膨大数（粒） Swelling number	膨大率（%） Swelling rate
萱草	'儿童节'	14	10	71.43
'紫绒'	'儿童节'	10	2	20.00
萱草	猛子花	109	72	66.06
'紫绒'	猛子花	10	1	10.00

（续）

母本 Famale parent	父本 Male parent	杂交数(朵) Hybridization number	膨大数(粒) Swelling number	膨大率(%) Swelling rate
萱草	‘乳白滴’	40	18	45.00
萱草	‘少女’	58	45	77.59
萱草	‘紫泉’	87	40	45.98
‘紫绒’	‘紫泉’	15	5	33.33

表3 三倍体与四倍体萱草杂交后子房膨大率

Table3 The ovary swelling rate of cross-breeding between triploid and tetraploid *Hemerocallis*

母本 Famale parent	父本 Male parent	杂交数(朵) Hybridization number	膨大数(粒) Swelling number	膨大率(%) Swelling rate
萱草	‘Crystal’	30	12	40.00
萱草	‘Julie Newmar’	10	3	30.00
萱草	‘T96’	85	45	52.94
萱草	‘Wild horse’	25	8	32.00
萱草	‘奥多娜’	108	31	28.70
萱草	‘芝加哥比皇’	25	6	24.00
萱草	‘东方不败’	20	8	40.00
萱草	‘杏波’	68	13	19.12

表4 四倍体与二倍体萱草杂交后子房膨大率

Table4 The ovary swelling rate of cross-breeding between tetraploid and diploid *Hemerocallis*

母本 Famale parent	父本 Male parent	杂交数(朵) Hybridization number	膨大数(粒) Swelling number	膨大率(%) Swelling rate
‘Crystal’	‘儿童节’	10	2	20.00
‘Crystal’	猛子花	45	17	37.78
‘Julie Newmar’	‘儿童节’	11	2	18.18
‘T96’	猛子花	67	25	37.31
‘T96’	‘乳白滴’	10	1	10.00
‘T96’	‘少女’	10	6	60.00
‘Wild horse’	猛子花	25	7	28.00
‘Wild horse’	‘紫泉’	14	6	42.86
‘奥多娜’	猛子花	95	28	29.47
‘奥多娜’	‘乳白滴’	32	1	3.13
‘奥多娜’	‘少女’	35	4	11.43
‘杏波’	猛子花	65	21	32.31
‘杏波’	‘少女’	10	1	10.00
‘芝加哥比皇’	猛子花	25	7	28.00

通过对不同倍性杂交组合的观察，发现不同倍性(二倍体、三倍体、四倍体)、不同品种(15个)及不同杂交组合(38组)萱草杂交后都能获得一定比例膨大的子房，其中三倍体与二倍体杂交的平均膨大率最高，为56.26%。可能受到杂交数量的影响，杂交组合中膨大率最低为3.13%，但也有较高的组合，如萱

草×‘少女’膨大率为77.59%。

表5 授粉后天数对膨大率的影响

Table5 The ovary swelling rates of different number of days after cross-breeding

天数(天) Days	杂交数量(朵) Hybridization number	膨大数(粒) Swelling number	膨大率(%) Swelling rate
5	329	124	37.69
7	752	294	39.10
9	255	85	33.33

表5结果表明授粉后天数对膨大率有一定影响，授粉7d后子房膨大的比率最高，为39.10%，最低的33.33%为授粉9d后取材，原因可能是7d后部分萱草子房开始脱落，导致膨大率下降。由此可见，不同倍性萱草杂交存在生殖隔离，需要通过有效方法克服解决。

2.2 杂种胚发育过程石蜡切片观察

试验观察到，萱草不同杂交组合的亲和性有一定差异，但双受精的比率较低，胚胎正常发育的情况较少。

授粉后5d，部分胚珠内完成双受精，合子发育成6~8个细胞的原胚，并被胚乳细胞包围(图1，A)。部分仅有胚而无胚乳，这可能是只有卵细胞受精(图1，B)；部分仅有胚乳而无胚，可能是因为只有极核受精(图1，C)；也有的只有珠心细胞发育，可能未完成受精(图1，D)。

授粉后7d，完成双受精的胚发育正常，胚继续分裂形成梨形原胚(庞兰，2009)，胚囊中胚乳细胞多数集中在球形胚的胚柄处，成为供给胚发育的营养来源之一(图1，E)，同时也能观察到游离的胚乳核继续分裂并在胚囊周围形成一层游离胚乳核(图1，F)。

授粉后9d，胚珠仍处于梨形胚阶段，发育缓慢(图1，G)，有的切片中游离胚乳核开始解体(图1，H)，也发现有的切片中细胞核染色较浅，核膜不清晰，细胞界限不明显，呈现出解体败育的迹象(图1，I)。

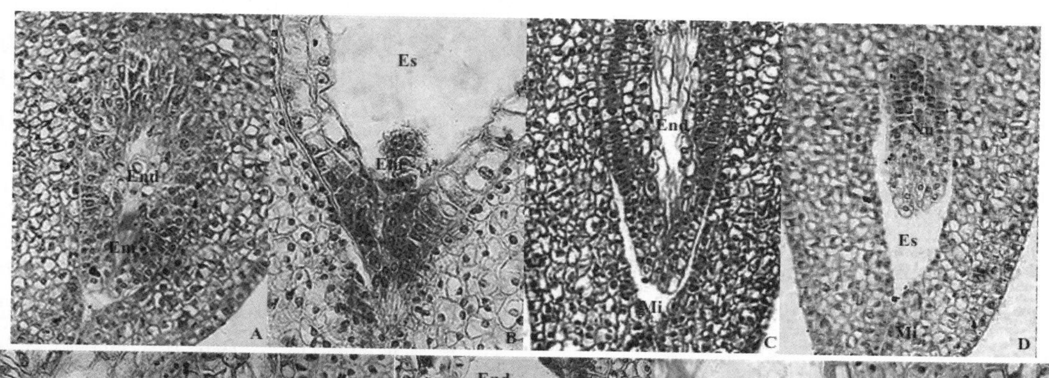

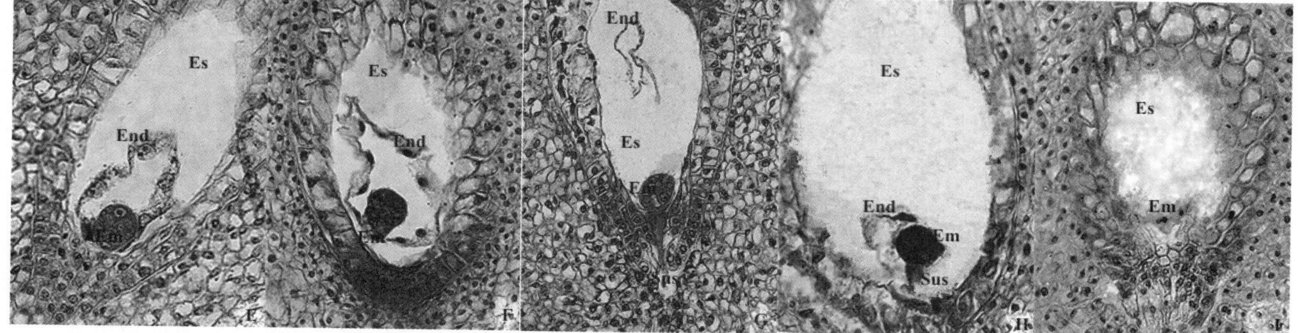

图1 萱草的杂交受精和胚胎各生长发育时期

A. 5d的被胚乳细胞包围的原胚(×20)；B. 仅有卵细胞受精的胚珠，可能仅完成了卵细胞受精(×20)；C. 仅有胚乳细胞没有胚珠，可能仅完成极核受精(×10)；D. 仅有珠心发育，可能未完成受精(×10)；E. 7d的原胚(×20)；F. 发育缓慢的胚珠和游离的胚乳核(×20)；G. 梨形胚和开始解体的胚乳核(×20)；H. 开始解体的胚和胚乳(×20)；I. 解体的胚珠(×20)。Em：胚；End：胚乳；Es：卵囊；Mi：珠孔；Nu：珠心；Sus：胚柄。

Fig. 1 The fertilization of cross-breeding in *Hemereocallis* and its embryonic development process

A. Early spherical embryo and its surrounding endosperm(×20)；B. Ovule with only embryo but endosperm(×20)；C. Ovule with only endosperm development(×10)；D. Unfertilized(×10)；E. The proembryo in the 7th day after cross-breeding(×20)；F. Ovule with slowly developing embryo and the free nuclear endosperm(×20)；G. Pear-shaped embryo and the nuclear endosperm while disintegrating(×20)；H. The embryo and endosperm in disintegrating(×20)；I. The embryo after disintegration.

Em. Embryo；End. Endosperm；Es. Embryo sac；Mi：micropylar；Nu：Nucellar；Sus. Suspensor.

2.3　幼胚离体培养

对杂交胚进行胚拯救，可以培育出杂种苗。萱草胚珠经培养后表面变褐且膨大，表明胚珠成活并生长。

图2表明不同倍性的杂交组合及不同取胚时间的后代成活率有显著差异。其中最高的为三倍体与二倍体杂交，平均为38.57%，最低的为四倍体与二倍体杂交，平均为9.54%，由此可见不同倍性杂交存在不同程度的生殖隔离，亲本倍性相近的杂交胚所得种子率高于倍性相差较大的。

图3表明杂交后7d用于胚培养的胚珠成活率最高，平均为29.25%，授粉后5d取胚的最低，平均为12.90%，说明7d为胚培养最佳取材时间。胚珠的成活率与其在母体上发育程度有关，5d的胚珠成熟度低，不适合作为胚培养的材料。2号培养基对杂交胚的发育有明显促进作用，平均为31.68%，对照组(1号培养基)平均成活率为26.88%。

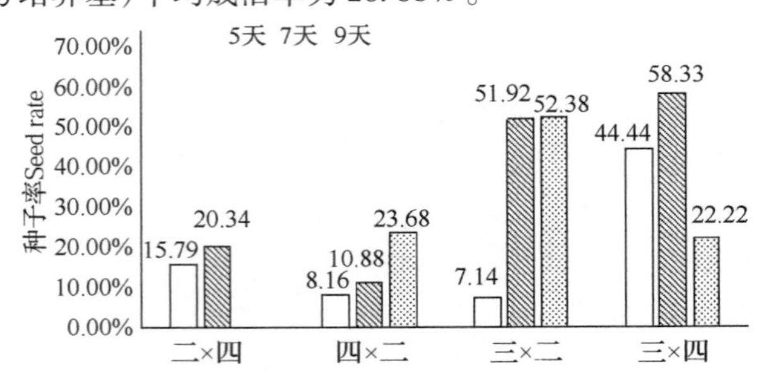

图2　不同倍性杂交胚成活率

Fig. 2　The survival rates of different cross combination

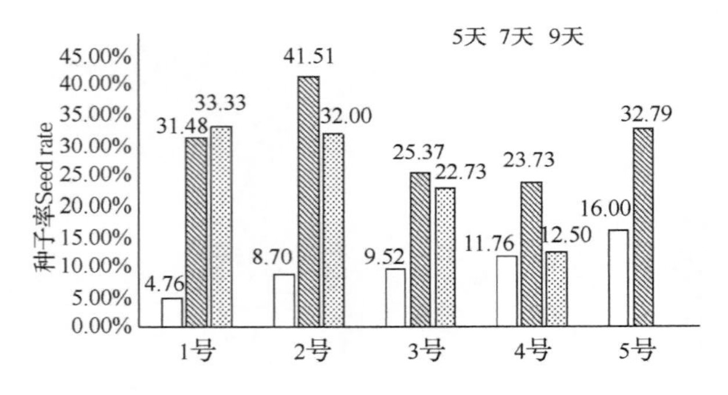

图3　不同培养基对杂交胚成活率的影响

Fig. 3　The survival rates of different formula of medium

3　讨论

研究发现，萱草不同倍性亲本组合间的杂交结实结果有明显差异，相同倍性的不同亲本组合对杂交结实有一定影响，二倍体和四倍体杂交正反交结果也有所不同，且四倍体为母本时膨大率明显低于其为父本，这个结论与何琦(2012)的研究结果一致。倍性相近的亲本组合膨大率高于倍性相差较大的组合，因而子房膨大率与构成杂交组合的两个亲本之间的倍性、亲缘关系、父母本的选择等有关。试验观察到，萱草杂交胚的败育分为两种情况，一种是形成合子前败育，即授粉后残花脱落无子房膨大现象，这种情况不列入胚培养范围；另一种是授粉后有子房膨大，但膨大一段时间后果实会出现枯萎脱落的现象，这种情况下的子房即作为胚培养材料。通常授粉9天后的子房逐渐开始变黄皱缩最后脱落，无培养意义，因而试验中将授粉后取胚时间分为5、7、9天。不同倍性萱草杂交可能会出现4种情况(李小英 等，2010)，即：不能完成受精；仅卵细胞受精，只产生胚而无胚乳；仅极核受精，只产生胚乳而无胚；双受精，产生胚和胚乳。因而萱草杂交胚败育的可能原因是胚珠没有得到胚乳提供的营养。胚培养的结果表明，不同倍性萱草杂交胚培养的最佳时期为授粉后7d，说明胚在发育到一定阶段后进行胚培养，幼胚才能萌发成苗(柴卫淑 等，2007)。胚培养最佳培养基配方为MS+0.01mg/L NAA+0.032mg/L 6-BA+蔗糖30g/L，因而较低浓度的NAA和6-BA对萱草胚珠生长发育有促进作用。

萱草属植物在我国资源分布丰富(陈丽飞和董然，2007)，有着花姿优美、花大色艳的优良观赏价值。而经过多年来的育种工作，多倍体观赏萱草品种渐渐失去了野生种的特性。本研究在不同倍性萱草间重点选取果实膨大率较高、结实率较低的组合进行杂交试验，通过幼胚离体培养的方法提高杂交成活率，以丰富萱草杂交后代的遗传变异。在试验中，探讨了多种不同倍性萱草属种(品种)杂交组合幼胚培养所需适宜培养时间、培养条件，为今后萱草杂交育种工作，提高杂交后代成活率提供一定帮助。在今后的试验中还应考察花粉萌发率对萱草杂交可能产生的影响，而且激素的种类和浓度对杂交胚生长发育影响巨大，选择建立一套可靠性高、重复性好的萱草幼胚离体培养成株的体系还需要探索，对克服萱草杂交过程中存在生殖隔离的研究和幼胚离体培养技术仍需得到进一步细化。

参考文献

1. Munson R W. Hemerocallis: the Daylily[M]. Portland. Ore.: Timber Press. 1989.
2. 何琦，高亦珂，高淑滢. 萱草育种研究进展[J]. 黑龙江农业科学，2011(3)：137-139.

3. 赵兴华，吴海红，杨佳明．百合远缘杂交未成熟子房的离体培养研究[J]．北方园艺，2104(04)：90－93.
4. Zhiwu Li，Linda Pinkham，Campbell N F，et al. Development of triploid daylily(*Hemerocallis*) germplasm by embryo rescue[J]．Euphytica，2009，169：313－318.
5. 祝朋芳，张利欣，刘莉．大花萱草与黄花菜杂交亲和性及其幼胚离体培养[J]．北方园艺，2008(8)：190－193.
6. 庞兰．百合种间杂交亲和性及胚胎学研究[D]．沈阳农业大学，2009.
7. 何琦．不同倍性萱草(*Hemerocallis* spp. & cvs.)杂交育种研究[D]．北京林业大学，2012.
8. 李小英，王文和，赵剑颖，等．百合'白天使'与山丹远缘杂交胚胎发育的细胞学研究[J]．园艺学报．2010，37(2)：256－262.
9. 柴卫淑，谭学林，熊丽．子房切片技术获得百合杂交种[A]．黑龙江农业科学，2007(3)：67－69.
10. 陈丽飞，董然．萱草属植物研究进展[J]．北方园艺，2007(6)：66－69.

15 个秋石斛兰品种间杂交及种子萌发特性研究*

陈和明　李 佐　肖文芳　吕复兵①
（广东省农业科学院环境园艺研究所/广东省园林花卉种质创新综合利用重点实验室，广州 510640）

摘要　选用 15 个秋石斛兰进行不完全双列杂交，对其结果性、蒴果成熟性、蒴果大小及其重量，以及种子萌发情况进行了研究。结果表明：①不同杂交组合的结果率存在明显差异，最高达到 100%，最低为 0。②由于秋石斛兰品种间的差异，进行正反杂交有利于提高杂交成功率。③蒴果从授粉至采收时间高于 120d，有利于蒴果内结出种子，且种子的萌发率高；若蒴果从授粉至采收时间低于 90d，种子萌发较慢或极为缓慢。④蒴果的重量、长度和宽度之间经相关分析，表明果实的大小和果的重量存在的一定的关系。⑤不同杂交组合原球茎形成所需的时间差异较小，一般在 15～30d 膨大变绿。⑥原球茎的膨大率 100%，萌发率也为 100%，但原球茎的膨大率或萌发率与蒴果采收时间存在一定的关系。⑦以 MS＋BA 2. 0mg /L＋NAA 0. 5mg /L＋活性炭 1. 0g /L＋蔗糖 30. 0g /L＋椰汁 100. 0g /L＋琼脂 7. 0g /L 为诱导培养基，种子萌发较快且萌发率高。
关键词　石斛兰；杂交；萌发

Study on Hybridization and Seed Germination between 15 Varieties of *Dendrobium*

CHEN He-ming　LI Zuo　XIAO Wen-fang　LÜ Fu-bing
(*Environmental Horticulture Research Institute, Guangdong Academy of Agricultural Sciences, Guangdong Provincial Key Laboratory of Ornamental Plant Germplasm Innovation and Utilization, Guangzhou* 510640)

Abstract　15 varieties of *Dendrobium* were selected for incomplete diallel cross. The setting percentage, capsule mature, the capsule size and weight, seed germination were carried out during them. The results showed that: ①There were significant differences in setting percentage during cultivars and the setting percentage of cross combination was 0～100%. ②The reciprocal crosses will help improve the success rate of hybridization because of the differences during varieties. ③The capsule than 120 days from pollination to mature, the seed inside capsule formed and the seed germination rate was high, if less than 90 d, the germination of seed was relatively slow or very slow. ④There was certain relationship between capsule size and weight of the capsule. ⑤ The difference of corm forming time was smaller in different cross combinations between 15 d and 30 d. ⑥ The expansion rate of corm was 100%, the germination rate of seed was also 100%, but there was a certain relationship between expansion rate of corm or germination rate and capsule recovery time. ⑦ The seed germinated rapidly and germination rate was high on MS + BA 2. 0mg/L + 0. 5mg/L NAA + activated carbon 1. 0g/L + sucrose 30. 0g/L + 100. 0g/L coconut milk + agar 7. 0g/L.
Key words　*Dendrobium*; Crossedbreed; Germination

园艺学上，石斛兰（*Dendrobium*）分为春石斛兰（Nobile-type *Dendrobium*）和秋石斛兰（Phalaenopsis-type *Dendrobium*）。其中，春石斛又称为落叶类石斛，自然花期一般在春季的 3～5 月；秋石斛则称为常绿类石斛，花期较长，通常在秋冬季节的 8～12 月开花[1]。近年来我国在秋石斛兰方面的研究有所进展，主要集中在组织培养[2-4]、栽培管理[5-8]及规模化繁殖[9]等方面，在杂交育种、杂交结果率及种子萌发特

* 基金项目：广东省省级科技计划项目（2013B020302010、2015B020231005、2013B020315001）；广东省科技基础条件建设项目（2013B060400032）。
① 通讯作者。Author for correspondence（E-mail：13660373325@163.com）。

性等方面报道甚少[10]。因此，本研究以 15 个秋石斛兰进行杂交，统计结果率、测量蒴果的大小并称其重量，观察蒴果和种子的颜色以及种子的萌发情况，旨在为秋石斛兰杂交育种亲本的筛选、提高育种效率提供依据。

1 材料与方法

1.1 材料

15 个秋石斛兰的杂交均在广东省名优花卉种质资源圃内进行。其中白花系 2 个，分别为‘裕奇’‘百合’；红花系 7 个，分别为‘泰红’‘萨宾’‘凯旋’‘石-4’‘Den126’‘红粉佳人’和‘红蝴蝶’；黄花系 1 个，为‘王妃’；绿花系 1 个，为‘绿宝’；复色系 4 个，分别为‘大熊猫’‘索尼亚’‘两色’和‘泼墨’。15 个秋石斛兰的基本性状见表 1。

表 1 15 个秋石斛兰亲本

序号	品种	平均花径(cm)	花色	花系
1	‘裕奇’	6.7	白色	白花系
2	‘百合’	5.8	白色	白花系
3	‘泰红’	7.4	紫红	红花系
4	‘萨宾’	8.0	紫红	红花系
5	‘凯旋’	7.5	紫红	红花系
6	‘石-4’	7.5	紫红	红花系
7	‘Den126’	3.0	紫红	红花系
8	‘红粉佳人’	4.7	粉红	红花系
9	‘红蝴蝶’	5.1	紫红	红花系
10	‘王妃’	6.6	黄色	黄花系
11	‘绿宝’	5.1	绿色	绿花系
12	‘大熊猫’	8.2	紫红，中白	复色系
13	‘索尼亚’	7.5	紫红，中白	复色系
14	‘两色’	6.3	紫红，中白	复色系
15	‘泼墨’	4.8	紫红，中白	复色系

1.2 方法

1.2.1 人工授粉

2014 年 8～12 月，对 15 个亲本进行不完全双列授粉杂交，选取母本花枝基部起的第 1、2、3……朵(刚开放 5～10d 的花)，用镊子取新鲜的父本花粉置于母本的蕊柱腔内，每个杂交组合的授粉花数至少 3 朵以上，每次杂交所用工具均用酒精消毒处理。

1.2.2 蒴果及种子的统计、观察

观察蒴果的生长并统计蒴果成熟时间，测量蒴果长、宽并称其重量。果长为果柄基部至端部的长度，果宽为蒴果的最大直径；结果率为结果数占授粉花数的百分比；原球茎膨大率为原球茎形成膨大时随机抽取 10 瓶进行统计；萌发率为原球茎变绿至抽出叶片时随机抽取 10 瓶进行统计。

2 结果与分析

2.1 品种间杂交结果率

从表 2 可以看出：①不同杂交组合的结果率存在明显差异，52 个杂交组合中，结果率最高达到 100%，最低为 0。其中结果率为 100% 的有 27 个，结果率 0 的有 22 个，其他 3 个处于 0～100% 之间。②同一母本授以不同父本的花粉，结果率也有差异，如以‘泼墨’为母本，分别与‘百合’‘凯旋’‘萨宾’‘红蝴蝶’‘红粉佳人’‘索尼亚’‘王妃’等杂交，结果率分别为 0、100%、0、100%、0、0、100%、0，最大的为 100%，最小的为 0，两者之间相差 100.0%；但也有不同的情况，如以‘裕奇’为母本，分别与‘泰红’‘萨宾’‘凯旋’‘大熊猫’杂交，其结果率均为 100%。③同一父本花粉授给不同母本，结果率也不同。如以‘泼墨’为父本，分别与‘百合’‘凯旋’‘萨宾’‘红蝴蝶’‘红粉佳人’‘索尼亚’‘绿宝’‘王妃’等杂交，结果率分别为 100%、100%、100%、100%、100%、100%、100%、0，最大的为 100%，最小的为 0，两者之间相差 100%。

2.2 正反杂交结果率

26 对品种间正反交结果率(表 2)表现为以下几点：①正反交之间皆结果的有 8 个，为‘裕奇’与‘泰红’、‘裕奇’与‘萨宾’、‘裕奇’与‘凯旋’、‘裕奇’与‘大熊猫’、‘泼墨’与‘凯旋’、‘红蝴蝶’与‘石-4’、‘凯旋’与‘石-4’、‘泼墨’与‘红蝴蝶’，其结果率均为 100%。②正反交之间皆不结果的有 3 个，为‘王妃’与‘红蝴蝶’、‘王妃’与‘泼墨’、‘王妃’与‘红粉佳人’，其结果率均为 0，但‘红蝴蝶’‘泼墨’‘红粉佳人’与别的秋石斛杂交均有成功的情况，表明‘王妃’可能由于自身倍性的原因，导致难以杂交成功。③正交结果率大于 0 的有 18 个组合，结果率为 0 的有 8 个组合；反交结果率大于 0 的有 12 个组合，结果率为 0 的有 14 个组合，表明正交不成功的情况下，通过反交可能杂交成功，或反交不成功时，通过正交可能杂交成功。④红花系与红花系之间正反杂交，如‘萨宾’与‘凯旋’、‘红蝴蝶’与‘石-4’、‘凯旋’与‘石-4’、‘萨宾’与‘石-4’、‘Den126’与‘红粉佳人’、‘萨宾’与‘红粉佳人’、‘泰红’与‘凯旋’，其正交结果率分别为 100%、100%、100%、

100%、100%、100%、100%，反交结果率为0、100%、100%、0、100%、0、0；红花系或复色系与白花系之间正反杂交，如‘泰红’与‘裕奇’、‘萨宾’与‘裕奇’、‘凯旋’与‘裕奇’、‘大熊猫’与‘裕奇’、‘泼墨’与‘百合’，其正交结果率分别为100%、75%、75%、100%、0，反交结果率为100%、100%、100%、100%、100%；复色系与红花系之间正反杂交，如‘两色’与‘凯旋’、‘泼墨’与‘萨宾’、‘泼墨’与‘红蝴蝶’、‘泼墨’与‘红粉佳人’、‘红粉佳人’与‘索尼亚’，其正交结果率分别为100%、0、100%、0、0，反交结果率为0、100%、100%、100%、100%；绿花系与红花系或复色系，如‘绿宝’与‘泼墨’、‘绿宝’与‘凯旋’、‘绿宝’与‘红粉佳人’，其正交结果率分别为100%、100%、50%，反交结果率为0、0、0。进一步表明秋石斛兰在杂交育种时，进行正反杂交有利于提高成功率。

2.3 蒴果的成熟特性及基本特征

从表2可以看出(图1-2)：蒴果授粉至采收时间低于90d，如‘百合×泼墨’、‘红粉佳人×泼墨’、‘绿宝×泼墨’的蒴果在70～90d均呈绿色，蒴果内均有种子且种子颜色为白色；蒴果授粉至采收时间高于120d，如‘泰红×裕奇’、‘泼墨×红蝴蝶’，蒴果内均有种子且种子颜色为略黄或淡黄色。蒴果的重量、长度和宽度，经相关分析：果重、果长和果宽之间在0.1%水平上达到显著正相关，相关系数分别为0.9843、0.9693、0.9895[$r_{0.001}(50)=0.4433$]，表明果实的大小和果的重量存在一定的关系。

表2 杂交蒴果的基本性状

序号	杂交组合(♀×♂)	结果率(%)	授粉至采收时间(d)	蒴果				种子	
				果色	果重(g)	长(cm)	宽(cm)	有或无	颜色
1	‘泰红’×‘裕奇’	100	123	绿色略黄	4.75	4.1	1.8	有	略黄
2	‘裕奇’×‘泰红’	100	125	绿色略黄	4.53	3.8	2.0	有	略黄
3	‘萨宾’×‘裕奇’	75	125	绿色略黄	5.10	4.5	2.1	有	略黄
4	‘裕奇’×‘萨宾’	100	138	绿色略黄	4.61	4.4	2.0	有	略黄
5	‘凯旋’×‘裕奇’	75	140	绿色略黄	4.96	4.6	2.2	有	淡黄
6	‘裕奇’×‘凯旋’	100	140	绿色略黄	4.82	4.2	2.3	有	淡黄
7	‘大熊猫’×‘裕奇’	100	150	绿色略黄	4.74	4.5	2.2	有	淡黄
8	‘裕奇’×‘大熊猫’	100	150	绿色略黄	4.23	4.0	2.0	有	淡黄
9	‘泼墨’×‘百合’	0	0	—	0	0	0	—	—
10	‘百合’×‘泼墨’	100	70	绿色	4.15	4.2	2.0	有	白色
11	‘石-4’×‘百合’	0	0	—	0	0	0	—	—
12	‘百合’×‘石-4’	0	0	—	0	0	0	—	—
13	‘两色’×‘凯旋’	100	130	绿色略黄	4.62	4.0	1.5	有	略黄
14	‘凯旋’×‘两色’	0	0	—	0	0	0	—	—
15	‘萨宾’×‘凯旋’	100	150	绿色略黄	4.36	3.6	1.7	有	淡黄
16	‘凯旋’×‘萨宾’	0	0	—	0	0	0	—	—
17	‘泼墨’×‘凯旋’	100	125	绿色略黄	3.12	2.7	1.2	有	略黄
18	‘凯旋’×‘泼墨’	100	128	绿色略黄	4.00	3.8	1.8	有	略黄
19	‘红蝴蝶’×‘石-4’	100	150	绿色略黄	2.83	2.9	1.2	有	淡黄
20	‘石-4’×‘红蝴蝶’	100	150	绿色略黄	4.58	4.0	2.1	有	淡黄
21	‘凯旋’×‘石-4’	100	150	绿色略黄	4.85	4.4	1.8	有	淡黄
22	‘石-4’×‘凯旋’	100	150	绿色略黄	4.20	3.4	1.8	有	淡黄
23	‘萨宾’×‘石-4’	100	150	绿色略黄	5.00	4.6	2.2	有	淡黄
24	‘石-4’×‘萨宾’	0	0	—	0	0	0	—	—
25	‘泼墨’×‘萨宾’	0	0	—	0	0	0	—	—
26	‘萨宾’×‘泼墨’	100	130	绿色略黄	4.62	4.0	2.2	有	略黄
27	‘泼墨’×‘红蝴蝶’	100	150	绿色略黄	2.30	2.8	1.4	有	淡黄
28	‘红蝴蝶’×‘泼墨’	100	150	绿色略黄	2.53	3.0	1.5	有	淡黄
29	‘红粉佳人’×‘泼墨’	100	90	绿色	2.10	1.9	1.2	有	白色
30	‘泼墨’×‘红粉佳人’	0	0	—	0	0	0	—	—
31	‘Den126’×‘红粉佳人’	100	120	绿色略黄	2.00	2.2	1.3	有	略黄

（续）

序号	杂交组合（♀×♂）	结果率（%）	授粉至采收时间（d）	蒴果				种子	
				果色	果重(g)	长(cm)	宽(cm)	有或无	颜色
32	‘红粉佳人’×‘Den126’	0	0	—	0	0	0	—	—
33	‘萨宾’×‘红粉佳人’	100	120	绿色略黄	4.50	4.2	2.0	有	略黄
34	‘红粉佳人’×‘萨宾’	0	0	—	0	0	0	—	—
35	‘泰红’×‘凯旋’	100	120	绿色略黄	3.80	3.5	1.6	有	略黄
36	‘凯旋’×‘泰红’	0	0	—	0	0	0	—	—
37	‘泼墨’×‘索尼亚’	0	0	—	0	0	0	—	—
38	‘索尼亚’×‘泼墨’	100	150	绿色略黄	3.45	3.8	2.0	有	淡黄
39	‘红粉佳人’×‘索尼亚’	0	0	—	0.00	0	0	—	—
40	‘索尼亚’×‘红粉佳人’	100	150	绿色略黄	3.00	3.7	1.7	有	淡黄
41	‘绿宝’×‘泼墨’	100	90	绿色	2.56	3.0	1.7	有	白色
42	‘泼墨’×‘绿宝’	0	0	—	0.00	0	0	—	—
43	‘绿宝’×‘凯旋’	100	90	绿色	1.25	2.5	1.4	有	白色
44	‘凯旋’×‘绿宝’	0	0	—	0.00	0	0	—	—
45	‘绿宝’×‘红粉佳人’	50	120	绿色略黄	3.20	3.6	1.8	有	略黄
46	‘红粉佳人’×‘绿宝’	0	0	—	0	0	0	—	—
47	‘王妃’×‘红蝴蝶’	0	0	—	0	0	0	—	—
48	‘红蝴蝶’×‘王妃’	0	0	—	0	0	0	—	—
49	‘王妃’×‘泼墨’	0	0	—	0	0	0	—	—
50	‘泼墨’×‘王妃’	0	0	—	0	0	0	—	—
51	‘王妃’×‘红粉佳人’	0	0	—	0	0	0	—	—
52	‘红粉佳人’×‘王妃’	0	0	—	0	0	0	—	—

2.4 不同杂交组合种子萌发特性

不同杂交组合原球茎形成所需的时间略有差异（表3，图3-4）：在相同的培养基［MS + BA 2.0mg/L + NAA 0.5mg/L + 活性炭 1.0g/L + 蔗糖 30.0g/L + 椰汁 100.0g/L + 琼脂 7.0g/L（pH = 5.8）］内，原球茎形成所需时间最少为 15d，如‘裕奇’×‘泰红’、‘泰红’×‘裕奇’等；最多为 30d，如‘绿宝’×‘泼墨’、‘绿宝’×‘凯旋’等。从表3可以看出（图4-5）：原球茎的膨大率为 100%，萌发率也为 100%，但原球茎的膨大率与蒴果采收时间存在一定的关系（表2和表3），采收时间在 120～150d 的蒴果，蒴果颜色均为绿色略黄，蒴果内的种子呈淡黄色，其原球茎膨大率和萌发率均为 100%，但采收时间低于 90d 的蒴果需视情况而定，如‘红粉佳人’×‘泼墨’、‘绿宝’×‘泼墨’、‘绿宝’×‘凯旋’的采收时间为 90d，其蒴果颜色均为绿色且种子白色，虽然原球茎膨大率和萌发率都为 100%，但原球茎膨大所需时间均在 30d，比采收时间在 120～150d 的种子长 5～15d；而采收时间在 70d 的‘百合’×‘泼墨’的种子，其原球茎至今未膨大且至今未萌发。

表3　不同杂交组合种子萌发情况

序号	杂交组合（♀×♂）	原球茎形成所需时间（d）	原球茎膨大率（%）	萌发率（%）
1	‘裕奇’×‘泰红’	15	100	100
2	‘泰红’×‘裕奇’	15	100	100
3	‘萨宾’×‘裕奇’	20	100	100
4	‘裕奇’×‘萨宾’	15	100	100
5	‘凯旋’×‘裕奇’	15	100	100
6	‘裕奇’×‘凯旋’	20	100	100
7	‘大熊猫’×‘裕奇’	15	100	100
8	‘裕奇’×‘大熊猫’	15	100	100
9	‘泼墨’×‘百合’	0	0	0
10	‘百合’×‘泼墨’	至今未膨大	0	至今未萌发
11	‘百合’×‘石-4’	0	0	0
12	‘石-4’×‘百合’	0	0	0
13	‘两色’×‘凯旋’	20	100	100
14	‘凯旋’×‘两色’	0	0	0
15	‘萨宾’×‘凯旋’	15	100	100
16	‘凯旋’×‘萨宾’	0	0	0
17	‘泼墨’×‘凯旋’	22	100	100
18	‘凯旋’×‘泼墨’	25	100	100
19	‘红蝴蝶’×‘石-4’	15	100	100
20	‘石-4’×‘红蝴蝶’	18	100	100
21	‘凯旋’×‘石-4’	20	100	100

（续）

序号	杂交组合（♀×♂）	原球茎形成所需时间（d）	原球茎膨大率（%）	萌发率（%）
22	‘石-4’×‘凯旋’	20	100	100
23	‘萨宾’×‘石-4’	20	100	100
24	‘石-4’×‘萨宾’	0	0	0
25	‘泼墨’×‘萨宾’	0	0	0
26	‘萨宾’×‘泼墨’	15	100	100
27	‘泼墨’×‘红蝴蝶’	20	100	100
28	‘红蝴蝶’×‘泼墨’	20	100	100
29	‘红粉佳’人×‘泼墨’	30	100	100
30	‘泼墨’×‘红粉佳人’	0	0	0
31	‘Den126’×‘红粉佳人’	25	100	100
32	‘红粉佳人’×‘Den126’	0	0	0
33	‘萨宾’×‘红粉佳人’	20	100	100
34	‘红粉佳人’×‘萨宾’	0	0	0
35	‘泰红’×‘凯旋’	20	100	100
36	‘凯旋’×‘泰红’	0	0	0
37	‘泼墨’×‘索尼亚’	0	0	0
38	‘索尼亚’×‘泼墨’	15	100	100
39	‘红粉佳人’×‘索尼亚’	0	0	0
40	‘索尼亚’×‘红粉佳人’	15	100	100
41	‘绿宝’×‘泼墨’	30	100	100
42	‘泼墨’×‘绿宝’	0	0	0
43	‘绿宝’×‘凯旋’	30	100	100
44	‘凯旋’×‘绿宝’	0	0	0
45	‘绿宝’×‘红粉佳人’	20	100	100
46	‘红粉佳人’×‘绿宝’	0	0	0
47	‘王妃’×‘红蝴蝶’	0	0	0
48	‘红蝴蝶’×‘王妃’	0	0	0
49	‘王妃’×‘泼墨’	0	0	0
50	‘泼墨’×‘王妃’	0	0	0
51	‘王妃’×‘红粉佳人’	0	0	0
52	‘红粉佳人’×‘王妃’	0	0	0

3 结论与讨论

目前，有关石斛兰蒴果的特征及种子无菌播种的研究主要集中在大苞鞘、肿节石斛、报春石斛等[11-14]我国原生种石斛兰上，在秋石斛兰杂交蒴果及种子萌发特性的报道甚少。2011 年符岸军等研究了石斛兰‘绿色星展’×‘出水芙蓉’杂交种子无菌萌发与组培快繁，认为石斛兰杂交种‘绿色星辰’×‘出水芙蓉’的种子在改良 Knudson 培养基上（附加 BA 1.0mg/L + NAA 1.0mg/L 和 10.0% 熟香蕉泥）可获得理想的无菌萌发效果，且原球茎在该培养基上也能较快增殖。本研究结果表明：①不同杂交组合的结果率存在明显差异，最高达到 100%，最低为 0。②由于秋石斛兰品种间的差异，在杂交育种时，进行正反杂交有利于提高杂交成功率。③蒴果从授粉至采收时间高于 120d，有利于蒴果内结出种子，且种子的萌发率高；若蒴果从授粉至采收时间低于 90d，种子萌发较为缓慢或不萌发。④蒴果的重量、长度和宽度之间经相关分析，表明果实的大小和果的重量存在一定的关系。⑤不同杂交组合原球茎形成所需的时间差异较小，一般在 15～30d 膨大变绿。⑥原球茎的膨大率为 100%，萌发率也为 100%，但原球茎的膨大率或萌发率与蒴果采收时间存在一定的关系，采收时间超过 120d 的成熟种子萌发快且萌发率高，但不成熟或采收时间低于 90d 的种子萌发较慢或极为缓慢。⑦本研究以 MS + BA 2.0mg/L + NAA 0.5mg/L + 活性炭 1.0g/L + 蔗糖 30.0g/L + 椰汁 100.0g/L + 琼脂 7.0g/L 为诱导培养基，种子萌发较快且萌发率高，与符岸军等[10]的研究结果基本一致。

附图：

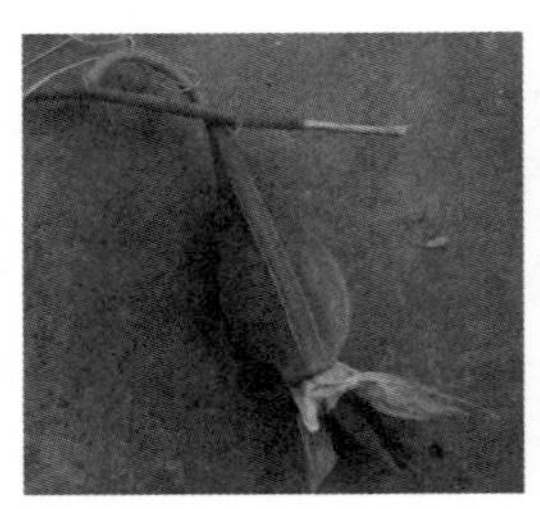

杂交蒴果

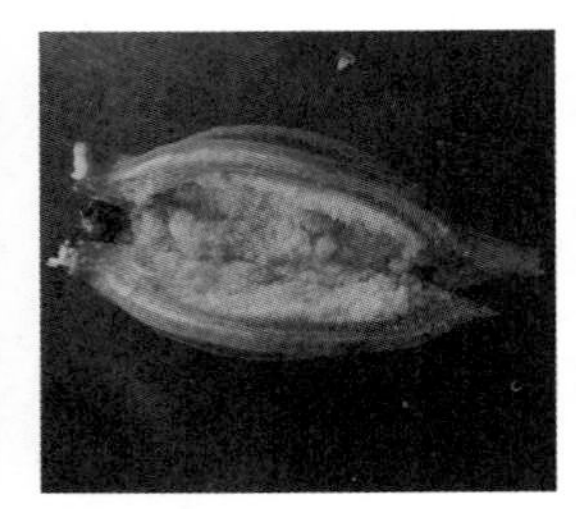

蒴果内的种子

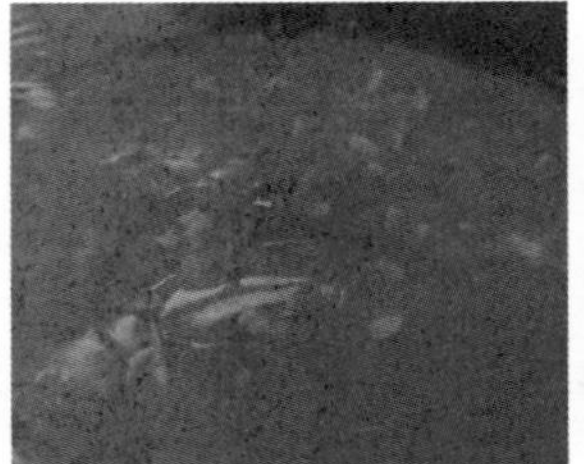

种子无菌播种

原球茎膨大变绿

种子萌发情况

参考文献

1. 卢思聪. 春石斛和秋石斛有哪些不同[J]. 中国花卉盆景, 2003(11): 4－5.
2. 张晓申, 王慧瑜, 李晓青. 蝴蝶石斛的组培快繁技术研究[J]. 北方园艺, 2007(9): 193－194.
3. 王云惠, 陈雄庭, 张秀娟. 蝴蝶石斛兰高效再生体系研究[J]. 广东农业科学, 2007(5): 46－48.
4. 张娟. 秋石斛组织培养的研究[J]. 湖北林业科技, 2015, 44(3): 20－22.
5. 江秀娜, 李军, 詹海洋, 等. 解读秋石斛的四大繁殖方法[J]. 中国花卉盆景, 2004(9): 38.
6. 卢思聪. 秋石斛及其栽培[J]. 中国花卉盆景, 1999(7): 6－7.
7. 武荣花, 李振坚, 王雁. 秋石斛品种及其温室栽培[J]. 农业工程技术(温室园艺), 2007(1): 34－35.
8. 杨志娟, 陈冠铭, 柯用春, 等. 热带洋兰秋石斛的主要病害及其防治[J]. 现代园艺, 2013(11): 66－67.
9. 黄志明, 林庆良, 佘慧敏. 蝴蝶石斛兰工厂化育苗技术的研究[J]. 莆田学院学报, 2002, 9(3): 22－26.
10. 符岸军, 李娟玲, 李劲松, 等. 石斛兰"绿色星辰×出水芙蓉"杂交种子无菌萌发与组培快繁研究[J]. 安徽农业科学, 201 1, 39(5): 2577－2580.
11. 陈娜, 方炎明, 程磊. 大苞鞘石斛种子萌发过程中形态变化研究[J]. 安徽农业科学, 2013, 41(3): 1038－1040.
12. 王伟, 靳晓翠, 金荷仙, 等. 大苞鞘石斛种子离体萌发培养[J]. 种子, 2011, 30(4): 45－49.
13. 霍丽丽, 潘会堂, 张启翔. 肿节石斛的无菌播种和快速繁殖[J]. 植物生理学通讯, 2010, 46(12): 1269－1270.
14. 龚建英, 王华新, 陈宝玲, 等. 3 种观赏石斛蒴果特征及无菌播种萌发的影响因素[J]. 江苏农业科学, 2015, 43(1): 184－186.

生理学研究

黑果枸杞耐肥测试*

汪洋 丁龙 王四清①
（花卉种质创新与分子育种北京市重点实验室，国家花卉工程技术研究中心，
城乡生态环境北京实验室，园林学院，北京林业大学，北京 100083）

摘要 黑果枸杞兼具生态、经济和观赏功能，可应用于城市园林绿化。通过盆栽施肥试验，对黑果枸杞两种苗龄组培出瓶苗的耐肥性进行了对比研究，结果表明：黑果枸杞不同苗龄的组培出瓶苗耐肥性有显著差异。苗龄大的组培出瓶苗耐肥性很强，在肥料浓度 EC 值为 3～230mS·cm^{-1}时均生长正常。当肥料浓度增加到 EC 值为 100mS·cm^{-1}（浓度 74.99g·L^{-1}）后，叶片形态发生改变，肉质化程度变高；苗龄小的组培出瓶苗耐肥性稍差，当肥料浓度增加到 EC 值为 150mS·cm^{-1}（浓度 112.87g·L^{-1}）以上时，植株逐渐出现死亡状况。此外得出，大苗和小苗适宜的盆栽施肥浓度分别为 EC 值 10mS·cm^{-1}和 3mS·cm^{-1}（肥料浓度分别为 6.82、1.52g·L^{-1}）。

关键词 黑果枸杞；耐肥性；EC 值；组培苗；苗龄

Preliminary Study on Fertilizer Tolerance of *Lycium ruthenicum* Murr.

WANG Yang DING Long WANG Si-qing
(*Beijing Key Laboratory of Ornamental Plants Germplasm Innovation & Molecular Breeding, National Engineering Research Center for Floriculture, Beijing Laboratory of Urban and Rural Ecological Environment and College of Landscape Architecture, Beijing Forestry University, Beijing* 100083)

Abstract *Lycium ruthenicum* can be applied to urban garden afforestation as for its ecological, economic and ornamental function. In order to test the fertilizer tolerance, pot fertilization experiments were conducted on tissue culture seedlings in two kinds of ages of *Lycium ruthenicum*. The results showed a significant difference between the fertilizer tolerance of tissue culture seedlings in two kinds of age of *Lycium ruthenicum*. The older one had strong fertilizer tolerance, which grew normally in the fertilizer concentration of 3－230mS·cm^{-1}. However, when the fertilizer concentration increased to 100mS·cm^{-1} (74.99g·L^{-1}), leaf morphology changed and degree of succulence was higher. The fertilizer tolerance of the younger one was slightly poor. When the fertilizer concentration increased to 150mS·cm^{-1} (112.87g·L^{-1}), plants gradually died. In addition, the appropriate pot fertilizer concentrations for the older and younger seedlings were 10mS·cm^{-1} and 3mS·cm^{-1} respectively (6.82, 1.52g·L^{-1}).

Key words *Lycium ruthenicum* Murr.; Fertilizer tolerance; EC value; Tissue culture seedling; Seeding age

黑果枸杞（*Lycium ruthenicum*）是茄科枸杞属多年生耐盐、抗旱植物，《中国植物志》中记载：分布于我国陕西北部黄土高原、宁夏、甘肃、青海、内蒙古、新疆和西藏等地区。多分布于盐碱荒地、沙地或路旁，具有独特的外部形态和内部结构特征及与之相应的抗盐机制（章英才和张晋宁，2004），根际土壤含盐量可达 2.5%，对盐渍土壤有较强的适应能力。黑果枸杞的成熟浆果中富含紫红色素，又属于珍稀的天然花色苷类色素资源，具有清除自由基、抗氧化的功能（蔺定运 等，1995）。据《维吾尔药志》记载：黑果枸杞具有补肾益精、养肝明目、补血安神、生津止渴、润肺止咳等功效。

黑果枸杞具有极强适应性，既能忍耐 38.5℃高温，亦能在－25.6℃下不受冻害。对土壤要求不严。

* 基金项目：北京市共建项目专项。
① 通讯作者。Author for correspondence (E-mail: wangsiqing547@sina.com)。

耐盐碱，喜肥，耐干旱，在西北干旱荒漠地区无任何灌溉条件仍能正常生长，抗涝能力差。喜光树种，全光照下发育健壮，在庇荫下生长细弱，花果极少。

黑果枸杞具有极大开发利用价值，兼具生态、经济和观赏功能，可应用于医药、保健食品、饮料行业，亦可用于盐碱地绿化、防风固沙、水土保持、园林绿化等方面(陈海魁 等，2008)，具有广泛的经济前景和开发潜力。

一直以来，对黑果枸杞的研究多集中在果实色素、营养成分及提取物抗氧化性等方面(闫亚美 等，2014；谭亮 等，2014；楼舒婷，2015；夏园园 等，2015；段雅彬 等，2015)，对耐盐机理的研究处于探索阶段(王龙强，2011；姜霞 等，2012)，盐胁迫下种子萌发或植株的生理响应也有相关研究(王桔红和陈文，2012；韩多红 等，2014；李永洁 等，2014；王恩军 等，2014)。关于黑果枸杞施肥方面研究较少(耿生莲，2009)，为原产地田间施肥方案探究。而且目前为止黑果枸杞研究所用材料均为播种苗或扦插苗(王恩军 等，2014；刘克彪 等，2014)，在浩仁塔本等(2005)和胡相伟等(2015)组织培养相关研究中，组培苗在栽培生产中的应用还鲜见报道，而组培苗或无性繁殖苗才具有试验材料的均一性。在环境问题日益严峻的今天，充分挖掘并筛选出既具有较强抗性又能获得一定经济价值的植物应用于城市园林绿化，对城市生态功能的构建和实现具有重要作用。在原产地条件下土壤全盐量极高，所以黑果枸杞有很强的耐盐碱能力。但是黑果枸杞的耐肥能力及最佳施肥浓度并不知晓，本试验将通过黑果枸杞组培苗的盆栽试验加以研究，以期对生产实践有参考价值。

1 材料与方法

1.1 试验材料

试验用黑果枸杞组培苗为‘大果一号’，即在原产地青海格尔木选择的果实直径大、综合性状表现好的品种。选用两种苗龄组培出瓶苗进行试验：移栽上盆10个月后的组培出瓶苗和移栽上盆4个月后的组培出瓶苗。试验所用肥料为水溶速效复合肥“花多多”8号(N:P:K=2:1:2)。

1.2 试验地和原产地土壤养分状况调查

对试验地北京和原产地青海格尔木土壤养分情况进行了测定分析，如表1。结果显示原产地土壤EC值远远大于试验地土壤EC值，几乎为试验地土壤EC值的380倍。因此，参考原产地土壤EC值，设计了不同EC值浓度的土壤盆栽施肥试验，探讨黑果枸杞组培出瓶苗的耐肥性。

表1 试验地和原产地土壤养分分析表

Table1 Analysis of soil nutrients in experimental field and country of origin

土壤来源 Source of soil	pH	EC值 ($mS \cdot cm^{-1}$) EC value	全盐量 (%) Total salt content	碱解氮 ($mg \cdot 100g^{-1}$) Available nitrogen	速效钾 ($mg \cdot kg^{-1}$) Available potassium	有效磷 ($mg \cdot kg^{-1}$) Available phosphorus	有效钠 ($mg \cdot kg^{-1}$) Available sodium	有效钙 ($mg \cdot kg^{-1}$) Available calcium
格尔木 Golmud	8.47	189	2.6846	20.32	398.50	63.64	1058.01	2381.60
北京 Beijing	8.20	0.5	0.135	3.15	0.36	12.93	266.59	169.30

1.3 试验方法

试验场地为校内露天屋顶。对两种苗龄的黑果枸杞组培出瓶苗进行生长期盆栽施肥试验。根据植株不同苗龄选用适宜其生长的盆栽容器，底部均有排水孔，便于排水透气。容器内土壤均来自北京某苗圃，土壤养分状况参考表1，同一规格容器内装的土壤体积相同，装至容器高度3/4处。试验设定8个处理水平，3次重复，施肥水平见表2，每7d施肥1次，共处理7次。每次处理时，将对应浓度的肥料溶于等量的自来水，缓慢均匀浇灌于容器中。参考高继银等(1991)中盆栽基质体积与水溶肥浇施量之间的关系，结合施肥浇水量的确定原则，浇透基质至溶液渗透出10%为止，确定不同规格盆栽容器每次的水溶肥浇施量。除施肥浓度不同外，其余各项栽培管理相同。盆苗摆放顺序随机排列。

1.3.1 大苗盆栽施肥试验

试验材料为移栽上盆10个月后的黑果枸杞组培苗，栽培容器大小为直径35cm，高度45cm。每处理6株，环形种植于一容器中。按照上述试验方法，每处理每容器每次浇灌1000ml。观察长势并测量各项生长指标，包括株高、叶长、叶宽、新叶数等。

1.3.2 小苗盆栽施肥试验

试验材料为移栽上盆4个月后的黑果枸杞组培苗，栽培容器大小为直径21cm，高度25cm。每处理12株，其中每盆3株，共4盆。按照上述试验方法，每处理每容器每次浇灌250~300ml。观察长势并测量各项生长指标，包括株高、叶长、叶宽、新叶数、叶绿素含量等。

表2 不同EC值施肥浓度试验设计表

Table2 Experimental design of different fertilizer concentration (EC values)

处理 Treatment	EC值($mS \cdot cm^{-1}$) EC value	肥料浓度($g \cdot L^{-1}$) Fertilizer concentration
1	3	1.52
2	10	6.82
3	50	37.12
4	100	74.99
5	150	112.87
6	190	143.17
7	210	158.32
8	230	173.47

1.4 统计分析

试验数据采用Excel 2007软件整理、绘图，用SPSS 18.0统计软件进行分析。

2 结果与分析

2.1 不同EC值肥料浓度对移栽上盆10个月的组培苗各生长指标影响

2.1.1 植株长势情况

从处理开始至处理结束期间，施肥7次，处理1~8试验材料均未出现死亡，长势良好，处理8发现基质表面形成了肥料的盐壳，说明植株耐肥性很强。分析可能原因为大苗根系深入栽培容器足够深，而肥料具有向上运动特性，土壤下部新长出的根系受高浓度肥料的影响较小。

2.1.2 对株高、新叶数、叶长、叶宽等指标的影响

由表3可知，随着施肥浓度的增加，平均株高增量呈上升趋势，新叶总数总体呈上升趋势。方差分析可得，2~8号处理平均株高增长量均显著高于1号正常施肥处理，且2~8号处理间平均株高增量差异不显著。说明肥料EC值与株高成正相关。新叶总数无显著差异。随着施肥浓度的增加，平均叶长总体呈下降趋势，平均叶宽呈先下降后上升趋势，但2~8号处理平均叶宽均低于1号正常施肥处理，说明随着浓度增加到一定程度，叶片变短变宽。根据叶长叶宽的比值变化可知，呈现先增大后减小趋势，从处理4开始变小。由此说明随着施肥EC值的增加，叶片形态变为细长线形，但肥料浓度增加到EC值为100$mS \cdot cm^{-1}$后，叶片开始变为卵圆形，叶片变厚，肉质化程度变高，与原产地野生黑果枸杞叶形态接近。综合各项生长指标，2号和3号处理株高比1号显著增加，且叶面积大，利于光合作用，是适宜的施肥浓度。考虑到其处理间差异并不显著，从肥料利用率角度，2号施肥浓度更适宜黑果枸杞生长，EC值为10$mS \cdot cm^{-1}$。

表3 不同EC值施肥浓度下上盆10个月的组培出瓶苗各生长指标

Table3 Growth index of tissue culture seedlings potted for 10 months in different fertilizer concentration

处理 Treatment	平均株高增量(cm) Average height increment	新叶总数 Average leaf number	平均叶长(mm) Average leaf length	平均叶宽(mm) Average leaf width	平均叶长/平均叶宽 Average leaf length/Average leaf width
1	4.00±1.323b	162.67±42.782a	17.67±0.577a	2.71±0.764abc	8.51
2	9.00±2.646a	186.00±15.524a	17.00±2.646a	1.67±0.577bc	10.20
3	9.20±4.911a	211.67±65.187a	17.33±2.517a	1.33±0.577c	13.00
4	9.20±1.587a	192.67±41.199a	15.67±0.577ab	2.00±0.500bc	7.84
5	9.00±2.500a	206.67±54.225a	10.33±0.577c	2.00±0.000bc	5.17
6	9.50±2.598a	203.67±27.647a	11.67±0.577c	2.33±0.577ab	5.01
7	12.00±2.646a	205.33±56.888a	13.33±2.082bc	3.00±0.000a	4.44
8	13.50±1.323a	226.00±54.672a	13.33±2.887bc	2.50±0.000ab	5.33

注：同列不同小写字母表示处理间差异显著($P<0.05$)，下同。

Note: Values within a column followed by different lowercase letters indicate the significant difference ($P<0.05$). The same below.

表4 不同EC值施肥浓度下上盆4个月的组培出瓶苗各生长指标

Table4 Growth index of tissue culture seedlings potted for 4 months in different fertilizer concentration

处理 Treatment	平均株高(cm) Average height	平均叶片数 Average leaf number	平均叶长(cm) Average leaf length	平均叶宽(mm) Average leaf width	叶绿素含量(mg·g⁻¹) Chlorophyll content
1	21.92 ±1.895a	374.00 ±112.792a	1.88 ±0.205a	1.80 ±0.274a	1.37 ±0.208a
2	21.56 ±5.864a	315.80 ±112.864a	1.88 ±0.049a	1.70 ±0.274a	1.49 ±0.266a
3	15.26 ±4.264b	289.00 ±53.432a	1.36 ±0.385b	1.90 ±0.224a	0.70 ±0.330b
4	10.48 ±2.390b	97.20 ±38.2778b	1.02 ±0.164c	1.60 ±0.224a	0.66 ±0.199b

2.2 不同EC值肥料浓度对移栽上盆4个月的组培苗各生长指标影响

2.2.1 植株长势情况

第二次施肥后，8号处理死亡。第三次施肥后，5、6、7号处理开始出现死亡。分析可能原因为试验幼苗小根系浅，高浓度肥料直接作用于根部生长点，并达到了致死程度。至试验结束时，3、4号处理长势变弱，1、2号处理长势良好。

2.2.2 对株高、叶长、叶宽、叶片数、叶绿素含量等指标的影响

由表4可知，随着肥料EC值的增加，1~4号平均株高和平均叶片数均呈下降趋势。方差分析可得，1、2号处理株高显著高于3、4号处理，1、2号间差异不显著；1、2、3号处理叶片数显著高于4号处理。说明适量施肥可促进黑果枸杞植株生长，但当浓度达到EC值为50mS·cm⁻¹时，对植株生长的促进作用小，甚至起到抑制生长作用。随着肥料EC值的增加，平均叶长呈下降趋势，平均叶宽变化不大。方差分析可得，1、2号处理叶长均显著大于3、4号处理，1、2号间差异不显著；平均叶宽差异不显著。根据平均叶长和叶宽变化趋势可知，高浓度施肥处理下，黑果枸杞幼苗叶片会缩短变厚以减少水分蒸腾。随着肥料EC值的增加，叶绿素含量呈先上升后下降趋势。结合方差分析，1、2号处理显著高于3、4号处理，1、2号间差异不显著。可能原因为，叶绿素是与光合作用相关的最重要的色素，其含量反映了光合作用的强弱，高浓度施肥使幼苗叶片叶绿体内的蛋白质合成受到破坏，叶绿体内蛋白质的数量减少，叶绿体与蛋白质结合削弱，叶绿体趋向分解。综合各项生长指标，结合肥料利用率考虑，1号处理下植株的高度、叶片数、叶面积、叶绿素含量均有较大值，促进生长作用明显，即黑果枸杞适宜的施肥浓度为EC值3mS·cm⁻¹。

3 讨论

综上所述，黑果枸杞不同苗龄的组培出瓶苗耐肥性有显著差异。苗龄大的组培出瓶苗耐肥性强，在肥料浓度EC值为3~230mS·cm⁻¹时均生长正常；苗龄小的组培出瓶苗耐肥性差，但比一般植物普遍的耐肥性强，当肥料浓度过高会出现死亡状况。

上盆10个月的黑果枸杞组培苗，其耐肥性极强。随着肥料EC值增大，其对植株生长的促进作用增强。但不同EC值处理下，植株叶形发生较大改变。当肥料浓度增加到EC值为100mS·cm⁻¹后，叶片开始变为卵圆形，叶片变厚，肉质化程度变高，与原产地野生黑果枸杞叶形态接近。此前，关于黑果枸杞在不同盐生境下形态发生改变，前人也有相关研究(章英才和张晋宁，2004；辛菊平和朱春云，2015)，在高浓度盐生境下植株表现出旱生植物叶的特性，最大限度减少水分蒸腾。

上盆4个月的黑果枸杞组培苗，其耐肥性稍差。当肥料浓度增加到EC值为50mS·cm⁻¹时，植株长势逐渐变弱，叶片开始缩短变厚，肉质化程度变高。当肥料浓度增加到EC值为150mS·cm⁻¹以上时，植株逐渐出现死亡状况。

两种苗龄的黑果枸杞组培苗盆栽适宜的施肥量也有差别。上盆4个月的黑果枸杞组培苗，适宜的施肥浓度为EC值3mS·cm⁻¹；上盆10个月的黑果枸杞组培苗，适宜的施肥浓度为EC值10mS·cm⁻¹(肥料浓度分别为1.52、6.82g·L⁻¹)，比普通植物施肥浓度高出数倍。苗龄越大，耐肥力也越强。

盆栽试验通常基质量偏少，因此施肥处理容易精确控制，但盆栽基质少缓冲性差，肥料浓度变化较剧烈，试验结果数值偏小，同样的苗在大田的耐肥性会更强，所以黑果枸杞实际生产上可以采用更大的施肥量。

参考文献

1. 陈海魁，蒲凌奎，曹君迈，等. 2008. 黑果枸杞的研究现状及其开发利用[J]. 黑龙江农业科学，5(5)：155-157.
2. 段雅彬，姚星辰，朱俊博，等. 2015. 藏药黑果枸杞中

总花色苷与原花青素 B_2的含量测定[J]. 时珍国医国药, 26 (7): 1629 - 1631.

3. 高继银, 邵蓓蓓, 许宏明. 1991. 山茶花人工盆栽基质及施肥配方的选择[J]. 林业科学研究, 4 (3): 308 - 313.
4. 耿生莲. 2009. 黑果枸杞施肥试验[J]. 陕西林业科技, (2): 48 - 50 + 65.
5. 韩多红, 李善家, 王恩军, 等. 2014. 外源钙对盐胁迫下黑果枸杞种子萌发和幼苗生理特性的影响[J]. 中国中药杂志, 39 (1): 34 - 39.
6. 浩仁塔本, 赵颖, 郭永盛, 等. 2005. 黑果枸杞的组织培养[J]. 植物生理学通讯, 41 (5): 631.
7. 胡相伟, 马彦军, 李毅, 等. 2015. 黑果枸杞组织培养技术[J]. 甘肃农业科技, (5): 73 - 74.
8. 姜霞, 任红旭, 马占青, 等. 2012. 黑果枸杞耐盐机理的相关研究[J]. 北方园艺, (10): 19 - 23.
9. 李永洁, 李进, 吕海英, 等. 2014. 不同浓度水杨酸(SA)浸种对盐旱交叉胁迫下黑果枸杞种子萌发的影响[J]. 种子, 33 (8): 34 - 38 + 43.
10. 蔺定运, 李炜, 甘青梅, 等. 1995. 黑果枸杞色素初步研究[J]. 中国食品添加剂, (2): 5.
11. 刘克彪, 李爱德, 李发明. 2014. 四种生长调节剂对黑果枸杞嫩枝扦插成苗的影响[J]. 经济林研究, 32 (3): 99 - 103.
12. 楼舒婷. 2015. 黑果枸杞的活性成分和挥发性组分研究[D]. 浙江: 浙江大学.
13. 谭亮, 董琦, 曹静亚, 等. 2014. 黑果枸杞中花色苷的提取与结构鉴定[J]. 天然产物研究与开发, 26 (11): 1797 - 1802 + 1760.
14. 王恩军, 李善家, 韩多红, 等. 2014. 中性盐和碱性盐胁迫对黑果枸杞种子萌发及幼苗生长的影响[J]. 干旱地区农业研究, 32 (6): 64 - 69.
15. 王桔红, 陈文. 2012. 黑果枸杞种子萌发及幼苗生长对盐胁迫的响应[J]. 生态学杂志, 31 (4): 804 - 810.
16. 王龙强. 2011. 盐生药用植物黑果枸杞耐盐生理生态机制研究[D]. 甘肃: 甘肃农业大学.
17. 夏园园, 莫仁楠, 曲玮, 等. 2015. 黑果枸杞化学成分研究进展[J]. 药学进展, 39 (5): 351 - 356.
18. 辛菊平, 朱春云. 2015. 柴达木盆地不同盐生境下黑果枸杞形态结构比较[J]. 西部林业科学, 44 (4): 73 - 78.
19. 闫亚美, 戴国礼, 冉林武, 等. 2014. 不同产地野生黑果枸杞资源果实多酚组成分析[J]. 中国农业科学, 47 (22): 4540 - 4550.
20. 章英才, 张晋宁. 2004. 两种盐浓度环境中的黑果枸杞叶的形态结构特征研究[J]. 宁夏大学学报(自然科学版), 25 (4): 365 - 367.

中原牡丹的生物学特性和物候期研究

黄弄璋　成仿云[①]　刘玉英　文书生　李刘泽木　王　新
（花卉种质创新与分子育种北京市重点实验室，国家花卉工程技术研究中心，
城乡生态环境北京实验室，园林学院，北京林业大学，北京 100083）

摘要　通过 2009 年 2 月到 2010 年 1 月对洛阳牡丹公园的 196 个中原牡丹品种的物候期的观察记录和 17 个中原牡丹品种的枝、叶、花蕾的生长量的测量。分析了中原牡丹不同物候期的变化差异，以及温度和枝、叶、花蕾之间的生长发育规律的关联性，得出不同的品种对于不同物候期的变化不同，变幅最大的是枯叶期，变幅最小的阶段是风铃期。不同品种在整个物候期内枝叶花蕾的发育时间存在着一定的差异，也暗示着品种间存在着不同的生长机制，但是都经历一个缓慢生长、快速生长、缓慢生长、停止生长的过程。研究表明温度对牡丹的生长发育作用显著，开花早的品种对有效积温的需求低，开花居中的品种对有效积温的需求居中，开花晚的品种对有效积温的需求高。而且稳定上升的温度有助于牡丹的枝叶花蕾的生长。因此研究牡丹的物候期和生物学特性对牡丹的促成栽培，引种和合理安排各种栽培活动等具有重要的理论和实践指导意义。
关键词　中原牡丹品种；温度；物候期；生长与发育

Studies on Biological and Phenological Phase of *Paeonia × suffruticosa* Zhongyuan Group

HUANG Nong-zhang　CHENG Fang-yun　LIU Yu-ying　WEN Shu-sheng　LI Liu-zemu　WANG Xin
(*Beijing Key Laboratory of Ornamental Plants Germplasm Innovation & Molecular Breeding*, *National Engineering Research Center for Floriculture*, *Beijing Laboratory of Urban and Rural Ecological Environment and College of Landscape Architecture*, *Beijing Forestry University*, *Beijing* 100083)

Abstract　The phenological phase of *Paeonia × suffruticosa* Zhongyuan Group was observed. The shoot, leaf, bud of 17 cultivars peony was measured in Luoyang national peony park from February 2009 to January 2010. Various cultivars have different phenology and the growth and development regular of shoot, leaf, bud have relationship with temperature. The annual growth cycle of tree peony also have different between various cultivars, maximum amplitude stage is leaves fall and minimum is bell_like flower. However, the cultivars have the same development process including slow growth, fast growth, gradually slow and stop at last. This research shows that the temperature have a significant impact on tree peony and stable temperature is good for growth. The study provides theoretical and practice for making reasonable cultivation schemes and domesticated.
Key words　*Paeonia × suffruticosa* Zhongyuan Group; Temperature; Phenology; Growth and development

牡丹（*Paeonia suffruticosa* Andr.）是芍药科芍药属的灌木植物，是我国传统的重要观赏花卉（王莲英，1997）。而中原牡丹（*Paeonia suffruticosa* × Zhongyuan Group）是我国传统牡丹的主要代表，也是全世界 17 个牡丹品种群中栽培应用最广泛的品种群（赵孝庆 等，2008；刘玉英，2010）。物候期是季节来临早晚的指示器，它可以为合理安排各种植物栽培和管理活动提供重要的科学依据。传统上研究牡丹的物候期主要集中在少数的品种上，并未大规模的调查不同品种的物候期，对于许多优秀品种的物候期和生物学特性不了解，阻碍了不同品种在不同地区的推广。另外各地的气候和地理生境的差异及牡丹独特的生长特性给牡丹的栽培等活动也带来了一定的难度（赵孝庆 等，2008）。而温度是影响牡丹候期发生变化的主要因素之一，同一品种在不同温度，不同品种在同一温度下都有可能表现出不同的物候特性。因此为了进一步改进中原牡丹的栽培管理活动，研究温度对牡丹的生长发育规律是必要的。本文全面研究了中原牡丹物候期和

① 通讯作者。

生物学特性以及温度对中原牡丹枝、叶、花蕾生长发育规律之间的相互关系，旨在为合理安排中原牡丹的各种栽培和管理活动、花期预测等提供重要的理论依据。

1　材料和方法

1.1　实验材料

自2009年2月到2010年1月在洛阳国家牡丹公园调查了196个中原牡丹品种作为物候期观察记录的对象，其中株龄为30年的有106个品种，株龄为25年的有85个品种，株龄为17年的有4个品种，株龄为25年的有1个品种。并选取其中17个品种作为枝、叶、花生长发育研究的对象，分别为：'春归华屋''胡红''洛阳红''菱花湛露''肉芙蓉''首案红''乌龙捧盛''迎日红''豆绿''红莲''蓝田玉''玫红争艳''丛中笑''丹凤''满江红''山花烂漫''朱砂垒'。

1.2　实验方法

本实验中物候期的划分是以喻衡（1998）和成仿云（2001，2005）对牡丹开花物候期为依据，结合枝叶和花蕾的生长发育习性，划分为萌动期、萌发期、显叶期、张叶期、展叶期、风铃期、透色期、开花期、鳞芽生长分化期、枯叶期、相对休眠期11个时期进行观察记录。各品种的物候期前期5天观察1次，后期3天观察1次，每个品种选取株龄大小长势整体一致的植株观测3株。每株以大部分的芽的生长状态为标准。观测包括当年生枝长、枝粗、复叶长和复叶宽、花蕾高和直径，除当年生枝用皮尺测量，其余均用游标卡尺测量。气象资料来自中央气象台网站预报并记录好每天的最低温度和最高温度。

1.3　数据的处理

用EXCEL，SPSS进行处理分析。

2　结果与分析

2.1　中原牡丹的物候期及积温的关系

2.1.1　生长与物候的关系

通过对196个洛阳国家牡丹公园中中原牡丹的观测分析（表1）并结合当地的日平均气温（图1）得知：中原牡丹的生长发育和物候期的变化具有重要的关系，整体上中原牡丹随着物候期的改变有一个缓慢生长、快速生长、缓慢生长、停止生长的过程。但是不同的品种存在一定的差异。前期气温低，各品种之间的变化差异较大，后期随着气温的升高，各品种的物候期的差异逐渐缩小。中原牡丹在日平均气温5℃以上芽叶开始萌动，日平均气温在10℃以上开始放叶，同时花蕾迅速生长，日平均气温在16℃左右花蕾开始绽放，花期持续约为2周，随后进入鳞芽生长分化期，入秋后开始枯叶进入休眠期。调查结果发现中原牡丹的萌动期在2月8日到3月6日之间，日平均气温在5.3±3.3℃；萌发期在2月11日到3月9日之间，日平均气温为5.3±3.4℃；显叶期在2月21日到3月20日之间，日平均气温7.6±5.3℃；张叶期3月8日至3月25日之间，日平均气温11.7±4.4℃；展叶期3月17日至4月2日；日平均气温11.5±4.1℃；风铃期在3月23日到4月6日之间，日平均气温在10.2±2.9℃；透色期在4月3日到4月18日之间，日平均气温在16.6±3.1℃；开花初期在4月10日到4月25日之间，日平均气温为17.3±2.3℃；鳞芽生长分化期在4月16日到5月10日之间，日平均气温在18.9±2.9℃；枯叶期在9月6日到11月10日，日平均气温17.4±4.1℃；之后进入相对休眠期。对所调查的196个中原牡丹品种的物候期中，变幅最大的是枯叶期为65天，风铃期的变幅最小为14天；显叶期的变化为27天，萌动期、萌发期，变幅为26天；透色期和开花期为15天。另外，不同品种在同一物候期所持续的时间也不一样。其中萌发期的变幅最大为20天，其次是显叶期为17天，开花期为16天，张叶期和展叶期最小为11天。从平均持续时间来看（表2），风铃期所持续的时间最长为13±2天，其次是萌发期10±3天，显叶期为9±3天，表明中原品种的整体变化幅度集中在风铃期。该期最上部的叶开始展开生长，光合作用显著增强，但是由于各品种的遗传差异和株龄不同，在营养物质的制造和吸收上可能存在一定的不同，因此变化幅度较大；另外，不同的品种对于外界温度的感受态不一样所致，前期温度较低，各品种完成春化作用所需要的时间不同，随后春化作用完成，气温也逐渐升高，各品种的物候期的变化幅度逐渐缩小，后期随着温度的降低，各品种对于低温的抗逆性不同，枯叶期的持续时间因而变幅最大，物候期的变化幅度又逐渐加大。

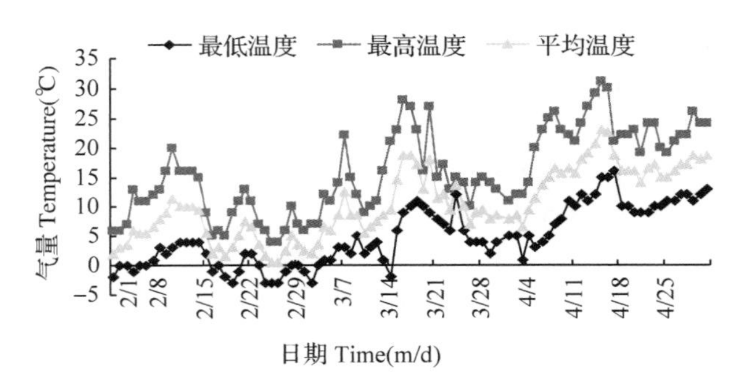

图1　2009年洛阳2~4月气温变化

Fig. 1　Change of temperature in Luoyang in 2 to 4 months in 2009

表1 中原牡丹品种物候期

Table1 Phenophase of *Paeonia* × *suffruticosa* Zhongyuan Group

物候期	最早(d/m)	最晚(d/m)	变幅天数(d)	出现日期(d/m)	平均气温(℃)
萌动期	8/2	6/3	26	17/2 ±4	5.3 ±3.3
萌发期	11/2	9/3	26	24/2 ±5	5.3 ±3.4
显叶期	21/2	20/3	27	6/3 ±4	7.6 ±5.3
张叶期	8/3	25/3	17	15/3 ±2	11.7 ±4.4
展叶期	17/3	2/4	16	22/3 ±2	11.5 ±4.1
风铃期	23/3	6/4	14	28/3 ±2	10.2 ±2.9
透色期	3/4	18/4	15	11/4 ±2	16.6 ±3.1
开花期	10/4	25/4	15	14/4 ±2	17.3 ±2.3
鳞芽生长分化期	16/4	10/5	24	22/4 ±3	18.9 ±2.6
枯叶期	6/9	10/11	65	25/9 ±17	17.4 ±4.1

表2 中原牡丹品种物候期持续时间

Table2 Duration of Phenophase of *Paeonia* × *suffruticosa* Zhongyuan Group

物候期	持续的时间			
	最小值(d)	最大值(d)	变幅天数(d)	平均持续时间(d)
萌动期	3	15	12	7 ±3
萌发期	2	22	20	10 ±3
显叶期	2	19	17	9 ±3
张叶期	4	15	11	7 ±2
展叶期	3	14	11	6 ±2
风铃期	8	20	12	13 ±2
透色期	1	16	15	2 ±2
开花期	4	20	16	8 ±2

2.1.2 物候期变化与积温的关系

所有物候的变化是外界环境综合作用的结果，而温度是物候变化的主要因素，观测表明洛阳在2～4月气温呈直线上升，而物候变化却不是均匀递进的，是由于植物在不同的发育阶段的生物学零度指标不同，有效积温的需求也不同。不同的牡丹品种对于生物学的起始温度不同(杨芳绒 等，1997；李嘉珏，1999)。由中原牡丹的物候特点可知，品种间萌动的变化幅度较大，这也反映了不同品种对于早春低温感受态的不同，另外在观测中发现萌动期和初花期有一定的关联，如萌动得早则初花期较早，但并不是所有的品种都有关联。通过对数据的分析，可以将萌动期和初花期的关联划分为早中晚3类(表3)。根据萌动期和初花期的关联性可以将调查的196个中原品种划分为9种类型(表4)。结果表明46.6%的品种是属于萌动中初花中的类型，如'胡红'等，其次是萌动早开花早和萌动中开花早的类型占28.1%，如'洛阳红''玫红争艳'等，同时萌动期和初花期的早晚和有效积温是密切相关的。只有达到一定的有效积温牡丹才能完成开花的过程。本研究以3.8℃作为生物学的起点温度(刘克长 等，1991)，分析各类型的花期和有效积温结果表明，萌动早的品种到初花期需要的时间长，但是对于有效积温的温度较低，调查的品种有28.1%的品种在367.6 ±11.1℃～375.5 ±1.0℃的有效积温范围内能够开花。萌动中的品种到初花期所需的时间居中，对于有效积温的需求也居中，65.8%的品种开花所需要的有效积温居中，为415 ±18.5℃～427.6 ±23.3℃。萌动晚的品种所需时间短，但是开花对于积温要求高，只有5.6%的品种开花所需要的有效积温高在483.7 ±1.0℃～503.0 ±8.6℃之间。而从萌动到初花期的整个过程持续时间大约为60天。因此对于大多数的中原牡丹品种在415 ±18.5℃～427.6 ±23.3℃的积温范围内能够满足其开花的需要。

表3 中原牡丹物候早中晚的划分

Table3 Division of Phenophase of *Paeonia* × *suffruticosa* Zhongyuan Group

物候期	早(d/m)	中(d/m)	晚(d/m)
萌动期	8/2～13/2	14/2～21/2	22/2～6/3
初花期	10/4～12/4	13/4～19/4	20/4～25/4

表 4 中原牡丹的物候类型和有效积温

Table4 Phenophase types and effctive accumulated temperature

物候类型	品种个数（个）	百分比（%）	萌动至初花期时间（天）	初花期累计有效积温（℃）	品种
萌动早开花早	26	13.3	59 ±2	367.6 ±11.1	‘洛阳红’等
萌动中开花中	29	14.8	54 ±1	371.6 ±7.3	‘玫红争艳’等
萌动晚开花早	2	1	47 ±2	375.6 ±0.0	‘紫金盘’等
萌动早开花中	18	9.2	60 ±1	415.5 ±18.5	‘红辉’等
萌动中开花中	91	46.4	56 ±3	418.0 ±23.3	‘胡红’等
萌动晚开花中	20	10.2	50 ±3	427.6 ±23.3	‘首案红’等
萌动早开花晚	1	0.5	66 ±0	483.7 ±0.0	‘绿香球’等
萌动中开花晚	7	3.6	61 ±4	498.5 ±24.2	‘豆绿’等
萌动晚开花晚	2	1	52 ±6	503.0 ±8.6	‘大蝴蝶’等

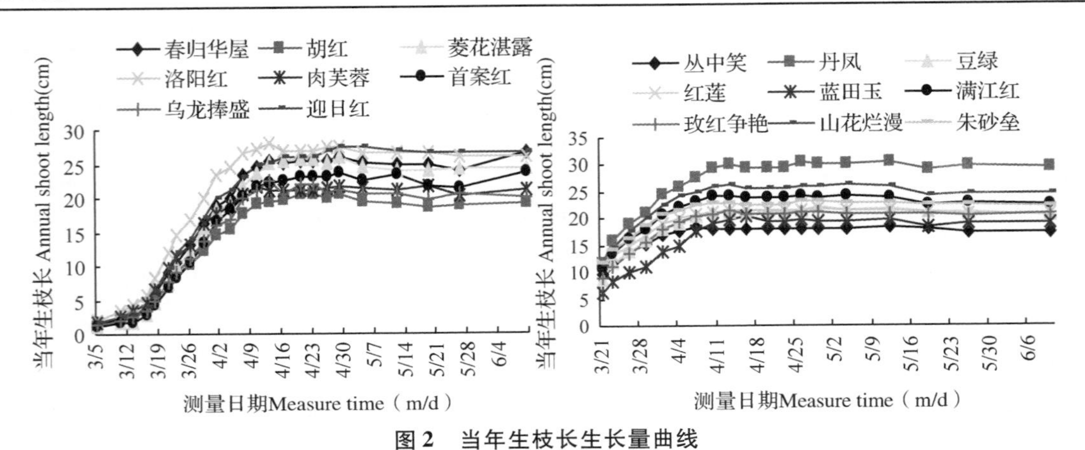

图 2 当年生枝长生长量曲线

Fig. 2 Growth curve of annual shoot length

2.2 中原牡丹的生长发育规律观察

枝是由当年生的花芽、叶芽和不定芽发育而成，当年生枝的生长量会因不同的品种而不同。中原牡丹大多数属于二回羽状复叶，复叶主要依据复叶的长度和宽度进行划分。同时叶也是其他器官发育的主要营养制造器官。花是植物的生殖器官，也是植物分类的主要依据，不同的牡丹品种在花型花色和花蕾的大小上会存在差异。牡丹的萌发、生长和开花是营养生长和生殖生长相互作用，共同协调的结果。全面把握枝叶花的生长发育规律对于牡丹的栽培有重要的实践意义。

2.2.1 当年生枝生长

枝长：当年生枝长是指花枝基部到花蕾底部的距离。通过对‘春归华屋’‘胡红’‘洛阳红’‘菱花湛露’‘肉芙蓉’‘首案红’‘乌龙捧盛’‘迎日红’‘豆绿’‘红莲’‘蓝田玉’‘玫红争艳’‘丛中笑’‘丹凤’‘满江红’‘山花烂漫’‘朱砂垒’17 个品种的当年生枝长的观测和每天的温度数据分析得知(图 2)：自测量日期开始 17 个品种当年枝生长量到 4 月 10 日生长快速，随后生长缓慢，并逐渐趋于停止，也体现了牡丹长一尺退八寸的特点。但是个别品种的生长变化也存在一定的时间差异，其中‘洛阳红’的当年生枝长的速度最为明显，而‘丹凤’的生长量是最大的能达到 30cm 左右。

枝粗：是指枝基部的粗度，通过对‘春归华屋’‘胡红’‘洛阳红’‘菱花湛露’‘肉芙蓉’‘首案红’‘乌龙捧盛’‘迎日红’的当年生枝粗的数据分析(图3)。8 个品种的当年生枝粗在 3 月 5 日到 13 日整体上生长迅速，3 月 14 日到 3 月 21 日生长趋于平缓，3 月 22 日基本上停止生长。但是‘春归华屋’‘胡红’‘菱花湛露’3 个品种在 3 月 10 日到 3 月 16 日生长缓慢，3 月 17 日到 22 日又有一个生长迅速的阶段，而‘迎日红’却一直处于生长阶段到 3 月 31 日。分析 3 月 10 日到 16 日的气温可知，此阶段气温下降较为明显，表明‘春归华屋’‘胡红’‘菱花湛露’3 个品种的生长受温度的变化影响较大，气温低，生长慢，随着气温的升高，又逐渐开始增长。而‘迎日红’却没有出现生长缓慢的情况，表明‘迎日红’对温度的变化感受较小。出现这种原因可能是由于各品种间的基因型不同所导致的。

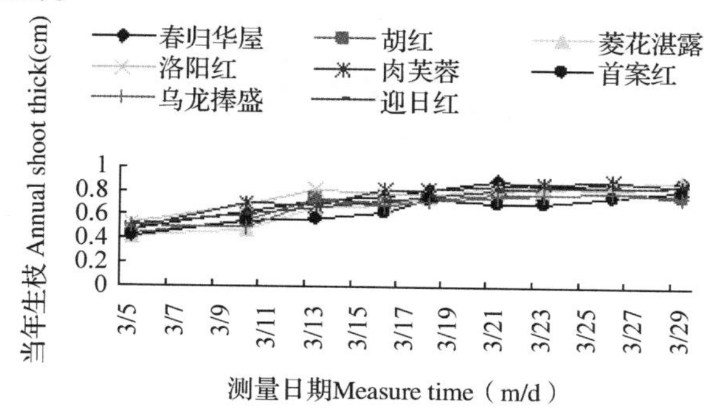

图3　当年生枝长粗生长量曲线

Fig. 3　Growth curve of annual shoot thick

2.2.2　复叶生长

复叶长：通过对17个品种的复叶长的生长量的观测和数据分析(图4)：自测量开始逐渐加速生长直至4月13日，4月14日到5月1日生长缓慢，以后趋于停止，直到入秋后开始落叶。大约经过1个月的生长完成发育的过程。

复叶宽：通过观测数据的分析(图5)发现复叶宽的生长与复叶长具有同样的发育规律。‘春归华屋’‘胡红’‘洛阳红’‘菱花湛露’‘肉芙蓉’‘首案红’‘乌龙捧盛’‘迎日红’8个品种的复叶宽在3月23日到4月23日迅速生长，之后逐渐停止。‘豆绿’‘红莲’‘蓝田玉’‘玫红争艳’‘丛中笑’‘丹凤’‘满江红’‘山花烂漫’‘朱砂垒’9个品种的复叶宽在3月20日到4月20日生长迅速，之后开始停止生长，大约经过了1个月的生长，中原牡丹的复叶宽就发育成熟不再生长。

2.2.3　花蕾生长

花蕾高：‘春归华屋’‘胡红’‘洛阳红’‘菱花湛露’‘肉芙蓉’‘首案红’‘乌龙捧盛’‘迎日红’自花蕾形成以后高度变化较小，4月7日到13日有明显的增加。‘豆绿’‘红莲’‘蓝田玉’‘玫红争艳’‘丛中笑’‘丹凤’‘满江红’‘山花烂漫’‘朱砂垒’9个品种的花蕾高度自3月20日观测开始持续增加，但变化较小。4月7日到13日明显增加(图6)。

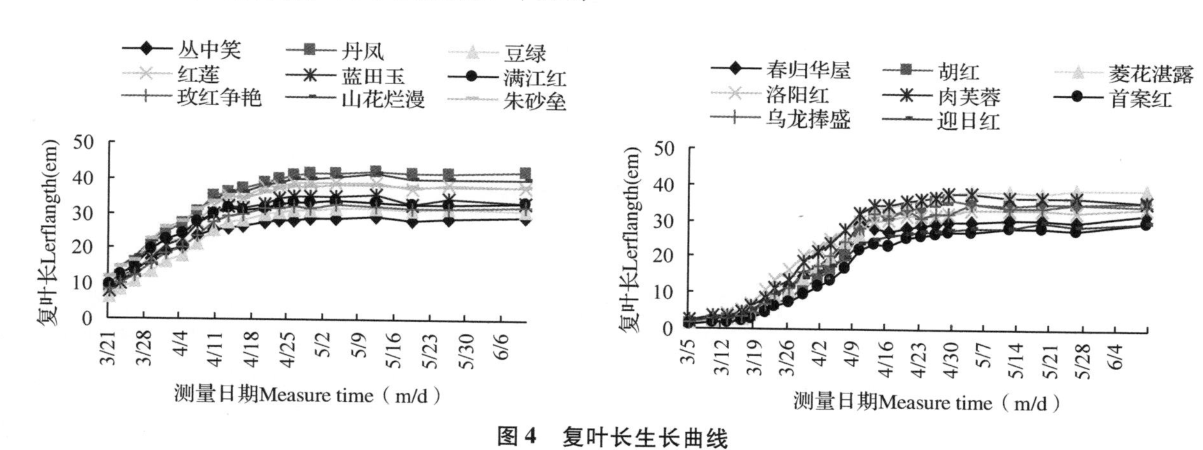

图4　复叶长生长曲线

Fig. 4　Growth curve of compound leaf length

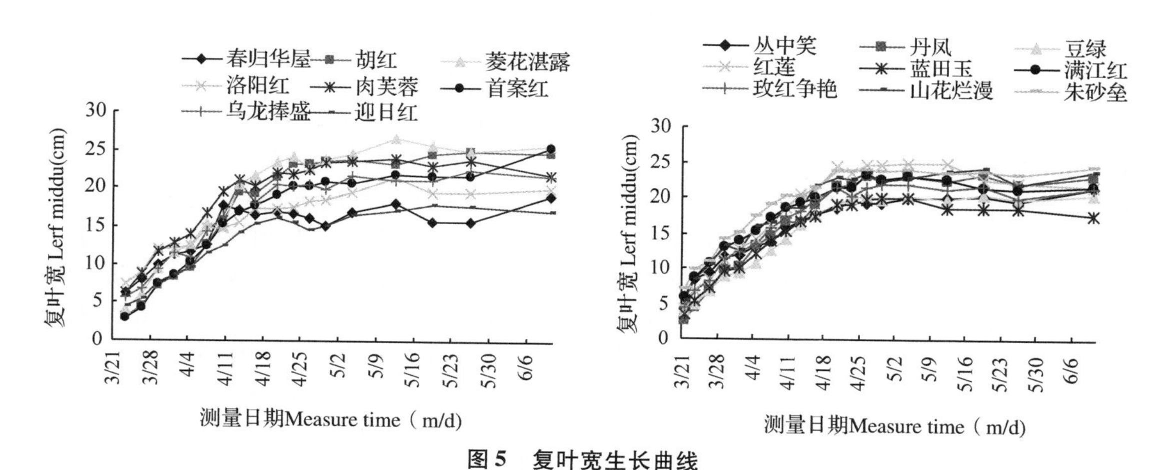

图5　复叶宽生长曲线

Fig. 5　Growth curve of compound leaf width

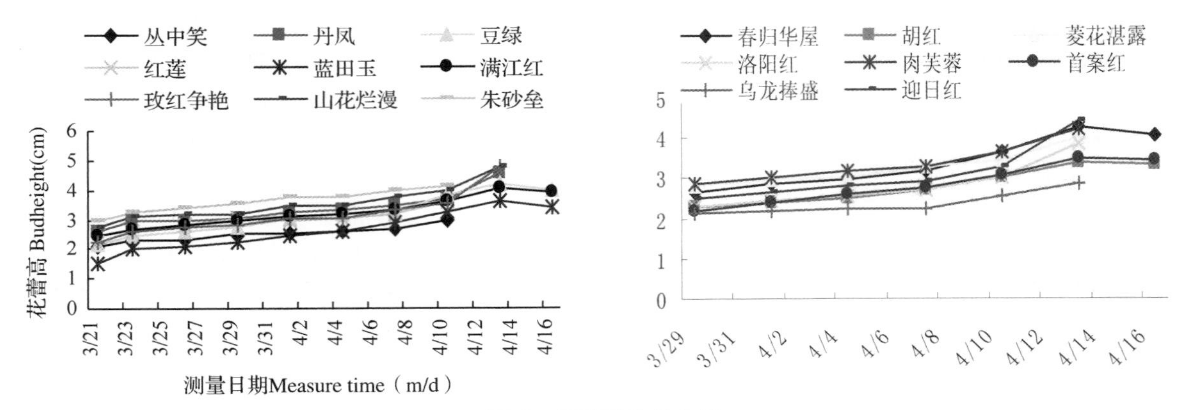

图 6 花蕾高生长曲线

Fig. 6 Growth curve of bud height

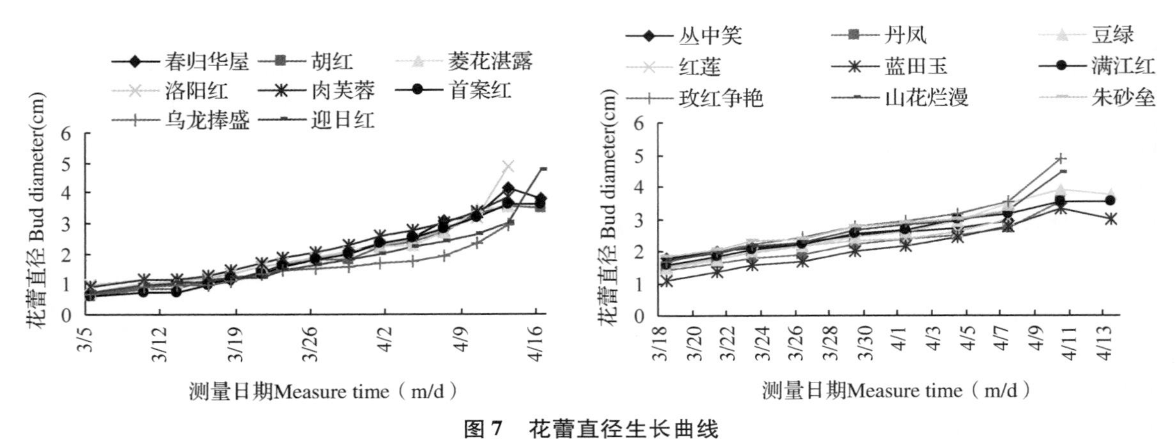

图 7 花蕾直径生长曲线

Fig. 7 Growth curve of bud diameter

花蕾直径：‘春归华屋’‘胡红’‘洛阳红’‘菱花湛露’‘肉芙蓉’‘首案红’‘乌龙捧盛’‘迎日红’8 个品种的花蕾直径 3 月 4 日到 17 日增长缓慢，3 月 18 日至开花期增长明显。‘豆绿’‘红莲’‘蓝田玉’‘玫红争艳’‘丛中笑’‘丹凤’‘满江红’‘山花烂漫’‘朱砂垒’9 个品种的花蕾直径自 3 月 20 日开始持续增加但是变化的幅度较小，4 月 7 日到 13 日增长明显（图 7）。

2.3 各器官生长发育的协调性

通过对 17 个中原牡丹品种的当年生枝长、枝粗、复叶长和复叶宽、花蕾高和直径的观测，中原牡丹品种各器官在发育的时候具有相似的生长规律，虽然因品种的不同而表现出一定的生长量差异，但都有缓慢生长、快速生长、缓慢生长、停止生长的过程。枝叶花蕾的生长主要集中在 3～4 月份这 1 个多月的时间里，且相互之间具有正相关性。叶作为植物提供营养的重要器官，其发育情况影响着整个植株的发育（王占英 等，2014）。随着叶子的不断发育，光合作用产生的营养增多，因此其他器官也跟着逐渐地生长。枝的增长，又能使枝上生长更多的花芽叶芽。而开花后由于消耗掉了大量的营养物质，枝叶的生长速度减慢。表明在某种程度上牡丹的营养器官和生殖器官的发育是相互对立与协调并存的。

3 讨论

3.1 生长与物候的关系

不同的中原牡丹品种在洛阳地区存在不同的物候差异，不同品种在同一物候期出现存在一定的变化幅度，但是各品种物候出现的顺序是一致的。其中萌动期、萌叶期、显叶期的变化较大，张叶期到开花期的变化幅度减小，鳞芽生长分化期和枯叶期的变化幅度最大。分析其原因：一方面，由于不同品种间遗传差异，从而导致了物候期的差异；另一方面，牡丹的物候受气温的影响较大，在生长发育早期气温低，不同品种间感受低温的反应不一样，从而导致不同品种间的差异较大，后来随着气温的逐渐上升，有效积温加快，促进了植株的生长发育，缩小了各品种的物候变化幅度。后期随着气温的下降各品种间在鳞芽生长分化期和枯叶期的变化幅度又加大。因此掌握好不同品种的物候差异，根据不同品种在不同的发育阶段的生长情况及时采取相应的措施，能够为牡丹的栽培管理提供更好的科学依据。不同的地区受到地理环境等因素的影响，物候期的到来时间存在一定的差异，在栽培管理上也会出现时间的提早或推迟的差异，但是通过植物的生长情况来预测，更能代表当地的实际气候条件，有助于因地制宜地安排农业活动。

3.2 物候期与积温的关系

各物候期类型从萌动到开花所需的时间和积温关系密切，积温的增减在很大程度上是由物候持续时间的增减所引起的(常兆丰 等，2010)。中原牡丹萌动早的品种所需的时间长，对有效积温的要求低，萌动中的品种所需时间居中，对积温的要求居中，萌动晚的品种所需时间短，但是对有效积温的需求高。这与高志民等(2003)在牡丹的促成栽培的研究中得出的结论一致。由于不同的品种具有不同的生物学零度，对于积温的需求也不一样，对于中原牡丹的促成栽培要充分考虑各品种对于有效积温的需求，对于早花品种的栽培可以采用有效积温低处理的时间长，中花品种的有效积温居中处理时间居中，晚花品种的有效积温较高，处理时间短的方法。在实践上，要适时运用积温法则才能促成牡丹的栽培，当牡丹在2~3月时，外界气温低，要及时做好防寒措施，使其保持一定的有效积温，而3~4月气温逐渐上升，又要注意进行遮阴降温，并配合水分、湿度、光照等因素，才能达到理想的效果。

3.3 不同的中原品种各器官发育存在一定的差异，但都具有相似的规律

在生长发育阶段，对各品种在不同物候期的枝叶花蕾的观测发现，不同的品种在各阶段的生长量和生长速度存在差异，但都表现出相似的生长发育规律。在整个发育阶段，牡丹枝叶花蕾三者是协同生长的，经历了缓慢生长、快速生长、缓慢生长、停止生长的4个阶段，因此在栽培过程中可以根据枝叶花蕾的生长规律，在营养生长阶段可以及时做好水肥管理修剪等管理工作，让营养器官发育健全，为生殖生长的发育奠定基础，当花谢后，也要及时修剪施肥，为营养生长的发育创造良好的条件，力求为全面研究中原牡丹的生长和开花规律提供理论基础。

参考文献

1. 王莲英．中国牡丹品种图志[M]．北京：中国林业出版社，1997：24－27.
2. 赵孝庆，索志力，赵志朋，等.2008. 中原牡丹品种可推广地区及相关栽培技术[J]．武汉植物学研究(增刊)，26：1－45.
3. 刘玉英.2010. 中原牡丹品种生物学及形态特性研究[D]．北京：北京林业大学硕士论文.
4. 喻衡.1998. 牡丹[M]．上海：上海科学技术出版社，37－49.
5. 成仿云．中国紫斑牡丹[M]．北京：中国林业出版社，2005.
6. 杨芳绒，陈文超，杨凯亮，等.1997. 温度变化对牡丹花期影响的研究[J]．河南科学，3(01)：76－79.
7. 李嘉珏．中国牡丹与芍药[M]．北京：中国林业出版社，1999.
8. 刘克长，刘怀屺，张继祥，等．牡丹花前温度指标的确定与花期预报[J]．山东农业大学学报(自然科学版)，1991，22(4)：397－399.
9. 王占英，王晓飞，刘红凡，等，江南牡丹引种洛阳生物学特性及物候期研究[J]．安徽农业科学，2014，42(33)：651－653.
10. 常兆丰，韩福贵，仲盛年．民勤荒漠区16种植物物候持续日数及积温变化[J]．生态学杂志，2010，(02)：193－200.
11. 高志民，王莲英．牡丹催花后复壮栽培技术[J]．中南林学院学报，2003，10(23)：60－62.

四种蝇子草属植物对 Zn、Cu、Pb、Cd 的耐性与积累特性研究

吴彬艳[1]　吴露露[1]　邵冰洁[1]　赵惠恩[1①]　万小铭[2]
([1]花卉种质创新与分子育种北京市重点实验室，国家花卉工程技术研究中心，
城乡生态环境北京实验室，园林学院，北京林业大学，北京 100083；
[2]中国科学院地理科学与资源研究所，北京 100101)

摘要　植物吸收重金属是生态修复领域研究的重要方向之一，超富集植物的筛选和杂种优势的利用是未来发展一大趋势。通过对 4 种蝇子草属植物，海蝇子草(*Silene uniflora*)、叉枝蝇子草(*Silene latifolia*)、细叶麦瓶草(*Silene coeli-rosa*)、东麦瓶草(*Silene orientalis*)开展的土壤盆栽实验，研究 4 种蝇子草属植物在 Zn、Cu、Pb、Cd 单一及复合污染状况下的耐性和重金属积累特性。海蝇子草、叉枝蝇子草和东麦瓶草表现出了较强的耐性。植株地上部分对重金属最大吸收均出现在单一污染条件下，东麦瓶草地上部分积累 Zn、Cu 最多，其值分别为 250.70、390.71mg・kg^{-1}；海蝇子草积累 Pb 最多，为 30.63mg・kg^{-1}；叉枝蝇子草积累 Cd 最多，为 1.74mg・kg^{-1}。复合污染条件下，叉枝蝇子草地上部积累 Zn、Cu、Pb 最多，分别为 145.23、25.74、17.56mg・kg^{-1}；海蝇子草积累 Cd 最多，为 1.13mg・kg^{-1}。

关键词　蝇子草属 ；锌；铜；铅；镉；复合污染

Studies on the Tolerance and Accumulation Characteristics of Four Species in Genus *Silene* to Zn，Cu，Pb，Cd

WU Bin-yan[1]　WU Lu-lu[1]　SHAO Bing-jie[1]　ZHAO Hui-en[1]　WAN Xiao-ming[2]
([1]*Beijing Key Laboratory of Ornamental Plants Germplasm Innovation & Molecular Breeding*, *National Engineering Research Center for Floriculture*, *Beijing Laboratory of Urban and Rural Ecological Environment and College of Landscape Architecture*, *Beijing Forestry University*, *Beijing* 100083;
[2]*Institute of Geographic Sciences and Natural Resources Research*，*CAS*, *Beijing* 100101)

Abstract　Phytoextraction is one of the important directions of ecological restoration research. Screening hyperaccumulator and utilization of heterosis are major trends in the future. This paper studied heavy metal tolerance and accumulation characteristics of 4 species in genus *silene* through a pot experiment. *Silene uniflora*, *Silene latifolia*, *Silene latifolia* have showed strong tolerance to heavy metal. Single and combined pollution of Zn，Cu，Pb，Cd were monitored by artificial addition of metals. The four species are *Silene uniflora*, *Silene latifolia*, *Silene coeli-rosa*, *Silene orientalis*. The results showed that maximum heavy metal absorption in shoot were all in single pollution treatments. The highest Zn and Cu shoot content appeared in *Silene orientalis*, being 250.70mg・kg^{-1} and 390.71mg・kg^{-1} respectively. *Silene uniflora* and *Silene latifolia* had the largest Pb and Cd shoot content, being 30.63 mg・kg^{-1} and 1.74mg・kg^{-1} respectively. Under the combined pollution, the heavy metals concentrations in plants are lower. *Silene latifolia* contented 145.23mg・kg^{-1} Zn，25.74mg・kg^{-1} Pb and 17.56mg・kg^{-1} Cd in shoot，which are the largest among the four species. *Silene uniflora* have the largest Cd shoot content and the value is 1.13mg・kg^{-1}.

Key words　*Silene* genus；Zn；Cu；Pb；Cd；Combined pollution

土壤重金属污染是指土壤中重金属元素含量明显高于其自然背景值，并造成生态破坏和环境质量恶化的现象。重金属能够进入到所有生态系统中，对植物、动物和人类产生严重影响。2005 年 4 月至 2013 年 12 月，我国开展了首次全国土壤污染状况调查，并在 2014 年公布了《全国土壤污染状况调查公报》。

①　通讯作者。赵惠恩，北京林业大学园林学院，副教授。E-mail：zhaohuien@ bjfu. edu. cn。

调查结果显示，全国土壤环境状况总体不容乐观。污染类型以无机型为主，超标点位数占全部超标点位的82.8%。镉(Cd)、汞(Hg)、砷(As)、铜(Cu)、铅(Pb)、铬(Cr)、锌(Zn)、镍(Ni)8种无机污染物点位超标率分别为7.0%、1.6%、2.7%、2.1%、1.5%、1.1%、0.9%、4.8%。我国耕地的土壤重金属污染概率为16.67%左右[1]，主要污染物为镉、镍、铜、砷、汞、铅。张小敏等处理了2000—2013年全国农作物土壤重金属含量的数据，认为中国区域农田土壤Pb、Cd、Cu和Zn的含量均有不同程度的富集。通过与背景值的比较，Cd的富集最为严重，其次是Pb，超标现象在全国普遍存在[2]。

植物提取(phytoextraction)是目前研究较多且最有发展前途的一种重金属污染土壤修复技术。主要是利用重金属超富集植物(hyperaccumulator)将土壤中的重金属转运到植物的地上部，再通过收获植物将重金属移走以降低土壤中的重金属含量。通常超富集植物需要满足以下33个方面的要求：能够忍受较高浓度重金属的毒害；植物地上部的重金属含量应达到一定量；植物地上部的重金属含量应高于地下部[3]。目前采用较多的是Baker等1983年提出的参考值，即植物叶片或地上部(干重)中重金属的临界含量分别为：Cd 100mg·kg^{-1}，Co、Cu、Ni、Pb 1000 mg·kg^{-1}，Mn、Zn 10000mg·kg^{-1}[4]。但是，植物提取又存在着修复周期长，超富集植物往往生物量较小，大多数只能超富集一种重金属等问题。在寻找更多超富集植物的同时，重金属耐性植物也不容忽视。重金属耐性植物(metaltolerant plant)是指在具有重金属毒性的土壤中能够正常生长、定居乃至繁殖后代的植物，一般除了耐受重金属毒性，往往也可以适应一些极端环境(如营养贫瘠、土壤结构不良等恶劣环境)[5]。

目前发现的重金属超富集植物中，原产非洲伊尔沙坝(shaba)铜矿区的蝇子草属植物 *Silene cobalticola* 能够超富集Cu[6]。同属的滇白前(*Silene viscidula*)很可能是少见的多金属(Pb/Zn/Cd)超富集植物[7]。除去这两种已知的超富集植物，探究其他蝇子草属植物对重金属的耐受和积累特性是本文的主要研究目的。石竹科蝇子草属植物全球约400种，主要分布北温带，其次为非洲和南美洲。我国有112种2亚种17变种，广布长江流域和北部各地，以西北和西南地区较多。蝇子草属植物在自然界中有着多种繁育系统，包括雌雄异株、雌全异株、三全同株和两性花[8]。雌雄异株的叉枝蝇子草(*S. latifolia*)具有性染色体XY，是研究雌雄异株植物性染色体演化的模式植物，海蝇子草(*S. uniflora*)存在着雄性不育现象。该属植物种间杂交较为容易，早在上世纪中期美国华盛顿大学(西雅图)的Kruckefeberg就曾获得了200多个杂交种[9]。Petri等研究发现麦瓶草属植物存在广泛的渐渗杂交现象[10]。蝇子草属植物种质资源丰富而有价值，有极大的潜在应用价值。

本文通过重金属盆栽实验，研究了4种蝇子草属植物对Zn、Cu、Pb、Cd的耐性和积累特性，以期发现新的重金属耐性植物，也为将来该属植物的杂交育种工作提供基础。

1 材料与方法

1.1 试验地概况

研究地点位于北京市昌平区百善镇吕各庄村的实验大棚，东经116°21′40.16″，北纬40°7′54.30″。属于暖温带半湿润大陆性季风气候型，年降水量550.3mm，年均温11.8℃，实验大棚年均温16.4℃。盆栽实验采用土壤为实验地表层土壤0~20cm，土壤类型为褐土，质地为砂壤土。土壤机械组成为砂砾(0.02 ~ 2mm)75.25%，粉砂(0.002 ~ 0.02mm)20.59%，黏粒(<0.02mm)4.16%。土壤基本理化性质：pH值7.64，有机质25.38 g/kg，全氮234.27mg·kg^{-1}，有效磷4.23mg·kg^{-1}，速效钾4.65mg·kg^{-1}。土壤重金属锌(Zn)、铜(Cu)、铅(Pb)、镉(Cd)的总量分别为38.9mg·kg^{-1}、18.0mg·kg^{-1}、8.26mg·kg^{-1}、0.45mg·kg^{-1}。

1.2 试验方法

《土壤环境质量标准》规定，Zn、Cu、Pb、Cd三级标准分别为500mg·kg^{-1}、400mg·kg^{-1}、500mg·kg^{-1}、1mg·kg^{-1}[11]。2008年修订的征求意见稿则将土壤按利用类型分为农业用地、居住用地、商业用地和工业用地，没有具体规定三级标准。Zn、Cu、Pb、Cd的农业用地二级标准最高分别为300mg·kg^{-1}、200mg·kg^{-1}、80mg·kg^{-1}、1mg·kg^{-1}，居住用地二级标准分别为500mg·kg^{-1}、300mg·kg^{-1}、300mg·kg^{-1}、10mg·kg^{-1}[12]。

参考国标以及相关文献[13]，设计了Zn单一污染，Cu单一污染，Pd单一污染，Cd单一污染，Zn-Cu-Pb-Cd复合污染，对照处理即不施加重金属(CK)6个处理。Zn、Cu、Pb、Cd的施加浓度分别为1000mg·kg^{-1}、500mg·kg^{-1}、1000mg·kg^{-1}、10mg·kg^{-1}，重金属形态分别为$ZnSO_4 \cdot 7H_2O$，$CuSO_4 \cdot 5H_2O$，$Pb(CH_3COOH)_2 \cdot 3H_2O$，$CdCl_2 \cdot 2.5H_2O$。植物材料为石竹科蝇子草属的细叶麦瓶草(*Silene coelirosa*)、东麦瓶草(*Silene orientalis*)、叉枝蝇子草(*Silene latifolia*)、海蝇子草(*Silene uniflora*)。

细叶麦瓶草、东麦瓶草、叉枝蝇子草于2014年5月底进行播种，海蝇子草于同年6月初进行扦插繁殖，6月24日移苗度夏。10月上旬向盆栽土壤中施加重金属，平衡两周后，选择生长一致的幼苗移入。根据植株大小，细叶麦瓶草和叉枝蝇子草移入大盆（$\Phi=20$cm，$H=16$cm），东麦瓶草和海蝇子草移入小盆（$\Phi=15$cm，$H=12$cm），大盆内加土2kg，小盆内加土0.8kg。细叶麦瓶草每盆1株，其余3种植物每盆2株，每种植物每个处理5盆重复，在大棚中随机摆放。根据土壤墒情，浇灌干净的自来水，保持土壤的田间持水量。2015年4月初于花期前收获，每种植物每个处理取3盆进行测定。

1.3 样品处理及数据分析

收获的植物样品用自来水充分冲洗，以洗去附着在植物样品上的泥土及污物，再用去离子水冲洗。沥干水分，于烘箱中105℃杀青30min，之后80℃烘至恒重。烘干后的植物样品分为地上和地下部分，分别称重，再用不锈钢粉碎机粉碎，干燥保存。每个样品称取1g（不足1g的称取全部），用硝酸（HNO_3）—高氯酸（$HClO_4$）5∶1的混合酸进行消煮。植物样品内的Zn和Cu含量用火焰原子吸收光谱仪（型号为美国varian AA-220）测定，Pb和Cd含量用电感耦合等离子体发射光谱仪ICP（型号为美国PE optima 8X00）测定。

所获数据用Microsoft Excel 2007以及SPSS 16.0进行处理和统计分析。由于数据呈左偏分布，对数据开三次方（$\sqrt[3]{\ }$）处理后进行方差分析，用Tukey法进行多重比较（$\alpha=0.05$）。统计图用OriginPro 8.5进行绘制。

2 结果与分析

2.1 耐性评价与干重

根据植株的生长情况进行打分，植株死亡的记为“0”分；植物枯黄、矮小、生长不良的记为“1”分；植株生长正常的记为“2”分，最后计算同种植物同一处理的总分。耐性指数（tolerance index）为处理组与对照组植株干重的比值。如表1所示，从整体上看，叉枝蝇子草（*Silene latifolia*）的得分最高，没有死亡或者生长不良的。其次是海蝇子草（*Silene maritima*），不同重金属胁迫下没有出现死亡的情况。细叶麦瓶草（*Silene coeli-rosa*）在所有施加重金属的处理下均有死亡的植株，其中受Cu单一污染的受害最为严重，长势最差。对照处理的东麦瓶草（*Silene orientalis*）生长不良。复合污染处理下的植株一般比单一污染处理下的长势更好。

一般认为耐性指数大于0.5时，表明这种植物对此重金属有较强的耐受性，生长得较好。反之，当耐性指数小于0.5时，则说明金属对这种植物的毒害作用明显，这种植物基本难以或不能生长在这种浓度的重金属环境中。4种植物在受到重金属污染的情况下，耐性指数均大于0.5，甚至大于1的情况也不在少数。单从耐性指数上看，海蝇子草和叉枝蝇子草对Zn的耐性最强，细叶麦瓶草对Cd的耐性最强，东麦瓶草则是对复合污染耐性最强。

表1 不同重金属胁迫下的4种植物生长评价得分表以及耐性指数

Table 1 Growth evaluation score table and tolerance index of 4 plant species under different heavy metal stresses

处理	海蝇子草 S. maritima					叉枝蝇子草 S. latifolia					细叶麦瓶草 S. coeli-rosa					东麦瓶草 S. orientalis				
	0	1	2	总分	耐性指数	0	1	2	总分	耐性指数	0	1	2	总分	耐性指数	0	1	2	总分	耐性指数
复合	0	0	5	10	1.01	0	0	5	10	1.02	1	1	3	7	+1.18	1	1	3	7	2.15
Zn	0	4	1	6	1.45	0	0	5	10	1.23	1	2	2	6	2.12	0	2	3	8	1.70
Cu	0	2	3	8	0.86	0	0	5	10	1.14	2	3	0	3	1.85	1	2	2	6	1.20
Pb	0	2	3	8	1.07	0	0	5	10	0.99	2	1	2	5	1.75	0	4	1	6	1.30
Cd	0	4	1	6	1.04	0	0	5	10	0.80	1	2	2	6	2.64	0	3	2	7	0.70
CK	0	5	0	5	\	0	0	5	10	\	0	2	3	8	\	2	3	0	3	\

1）“0”分表示植株死亡；“1”分表示植株生长不良；“2”分表示植株生长正常

耐性指数只是一个相对的比值，还需要结合进一步的方差分析。表2给出了不同处理下，植物地上部与地下部干重的变化。4种植物在不同处理下，地下部分的干重均没有显著差异。受重金属污染的海蝇子草、叉枝蝇子草和东麦瓶草植株，相较于未施加重金属的，地上部干重并没有显著下降。说明这3种植物在土壤重金属含量Zn 1000mg·kg^{-1}、Cu 500mg·kg^{-1}，Pb 1000mg·kg^{-1}，Cd 10mg·kg^{-1}的情况下，没有受到明显的毒害，对这 4 种重金属有一定的耐性。细叶麦瓶草在添加单一重金属的情况下具有比对照显著更高的地上部干重，表明具有较强的耐性。另外，细叶麦瓶草施加复合重金属的植株地上部分干重显著小于施加 Cd 的植株，东麦瓶草则刚好相反，施加复合重金属的植株地上部分干重显著大于施加 Cd 的植株。虽然同为蝇子草属植物，对重金属的耐受特征却有较大差异。

表 2 不同重金属胁迫下 4 种植物地上部与地下部的干重(g)

Table 2 Shoot and root dry weight under different heavy metal stress of 4 plant species (g)

植物部分	种类	处理					
		复合	Zn	Cu	Pb	Cd	CK
地上	海蝇子草 *S. maritima*	1.7 ±0.26def	2.17 ±0.12cdef	1.27 ±0.24f	1.69 ±0.15def	1.69 ±0.09def	1.54 ±0.2ef
	叉枝蝇子草 *S. latifolia*	3.88 ±0.86bcd	3.93 ±0.71bcd	3.73 ±0.23bcd	3.4 ±0.44bcde	2.4 ±0.02cdef	3.27 ±0.37bcde
	细叶麦瓶草 *S. coeli-rosa*	4.09 ±0.67bc	6.19 ±1.19ab	6.22 ±0.83ab	6.29 ±0.87ab	8.47 ±0.5a	2.86 ±0.58cdef
	东麦瓶草 *S. orientalis*	3.42 ±0.77bcde	2.77 ±0.38cdef	2.12 ±0.48cdef	2.22 ±0.18cdef	1.17 ±0.13f	1.91 ±0.12cdef
地下	海蝇子草 *S. maritima*	0.61 ±0.23cde	1.16 ±0.02cde	0.69 ±0.04cde	0.76 ±0.3cde	0.69 ±0.07cde	0.75 ±0.33cde
	叉枝蝇子草 *S. latifolia*	5.32 ±1.44ab	7.11 ±1.25a	6.5 ±0.56a	5.56 ±0.27a	4.79 ±0.63ab	5.73 ±1.05a
	细叶麦瓶草 *S. coeli-rosa*	0.45 ±0.13cde	1.98 ±0.71bc	0.9 ±0.19cde	0.48 ±0.07cde	1.72 ±0.51bcd	1 ±0.39cde
	东麦瓶草 *S. orientalis*	1.12 ±0.14cde	0.82 ±0.1cde	0.41 ±0.15cde	0.52 ±0.07cde	0.32 ±0.13de	0.21 ±0.15e

从直观的生长情况看，细叶麦瓶草植株死亡最多，长势最差，对照处理的植株虽然长势比较好，但是其干重相比于重金属胁迫下的其他植株却是显著下降的，导致其耐性指数相对较高，全部大于 1。东麦瓶草长势较差，尤其是对照处理的植株，但是其干重并没有显著减少。这可能是栽培方面造成的，也可能是植物本身的原因。叉枝蝇子草和海蝇子草虽然耐性指数较低，但是从生长评价和地上部干重的变化来看，叉枝蝇子草表现最优，对重金属的耐性最强，其次是海蝇子草。

2.2 植物体内重金属含量

2.2.1 地下部分重金属含量

如表 3 所示，单一重金属处理下，4 种植物地下部的 Cu、Pb、Cd 含量显著高于对照处理，Zn 含量没有显著差异。比较单一和复合施加重金属的植株，4 种植物的地下部 Cu 含量都表现出单一污染的植株中 Cu 含量显著高于复合污染情况下。除了东麦瓶草的地下部 Pb 含量、海蝇子草的地下部 Cd 含量，受到复合污染的植株地下部重金属含量均与对照处理无显著差异。说明复合污染明显影响了 Cu 在地下部的积累，其他重金属则在不同植物间表现不一样。

在单一施加重金属的情况下，东麦瓶草的地下部 Cu 含量显著大于海蝇子草和叉枝蝇子草。在复合施加 4 种重金属的情况下，4 种植物地下部 Zn、Cu、Pb、Cd 的含量均没有显著差异。在未施加重金属的情况下，只有海蝇子草地下部的 Zn 含量显著大于叉枝蝇子草。说明不同植物地下部重金属的积累存在差异，不同重金属表现不一致，并且受到复合污染的影响。

2.2.2 地上部分重金属含量

对重金属超富集植物的筛选主要是看地上部分的重金属含量是否能够达到临界值。4 种植物地上部分对重金属的最大吸收，均出现在单一污染条件下，积累 Zn、Cu 最多的是东麦瓶草，其值分别为 250.70mg · kg^{-1}、390.71mg · kg^{-1}；积累 Pb 最多的是海蝇子草，为 30.63mg · kg^{-1}；叉枝蝇子草则积累 Cd 最多，为 1.74mg · kg^{-1}。在复合污染条件下，则是叉枝蝇子草地上部积累 Zn、Cu、Pb 最多，分别为 145.23mg · kg^{-1}、25.74mg · kg^{-1}、17.56mg · kg^{-1}；海蝇子草积累 Cd 最多，为 1.13mg · kg^{-1}。

表 3　不同重金属胁迫下 4 种植物地下部重金属含量($mg \cdot kg^{-1}$)

Table3　Root concentrations of heavy metal under different treatment in 4 plant species ($mg \cdot kg^{-1}$)

处理		植物种类			
		海蝇子草 *S. maritima*	叉枝蝇子草 *S. latifolia*	细叶麦瓶草 *S. coeli-rosa*	东麦瓶草 *S. orientalis*
Zn	单一	122. 89 ±4. 56ab	108. 62 ±10. 92ab	111. 95 ±10. 31ab	138. 8 ±18. 81ab
	复合	160. 84 ±59. 46ab	102. 29 ±2. 45ab	180. 46 ±46. 99a	123. 98 ±16. 79ab
	CK	175. 27 ±39. 1a	41. 53 ±3. 79b	83. 17 ±34. 39ab	93. 99 ±36. 97ab
Cu	单一	219. 78 ±28. 78b	104. 84 ±13. 08bc	254. 29 ±88. 46ab	480. 81 ±105. 23a
	复合	8. 53 ±0. 94d	10. 33 ±1. 3d	12. 65 ±3. 03d	16. 34 ±2. 84d
	CK	38. 25 ±7. 87cd	8. 5 ±1. 41d	16. 82 ±4. 01d	未检出 not detect
Pb	单一	32. 58 ±12. 39ab	12. 34 ±4. 61abcd	23. 21 ±8. 26ab	48. 61 ±18. 09a
	复合	5. 34 ±0. 24bcde	5. 52 ±0. 5bcde	10. 74 ±6. 34bcde	13. 84 ±1abc
	CK	1. 83 ±0. 24cde	0. 31 ±0. 08e	0. 73 ±0. 22de	0. 8 ±0. 53de
Cd	单一	3. 63 ±0. 15ab	2. 31 ±0. 95abc	5. 13 ±2. 54ab	6. 54 ±2. 43a
	复合	2. 71 ±0. 88ab	0. 7 ±0. 21bcd	1. 05 ±0. 4bcd	2. 21 ±0. 37abc
	CK	0. 12 ±0d	0. 08 ±0. 02d	0. 21 ±0. 1cd	0. 87 ±0. 5bcd

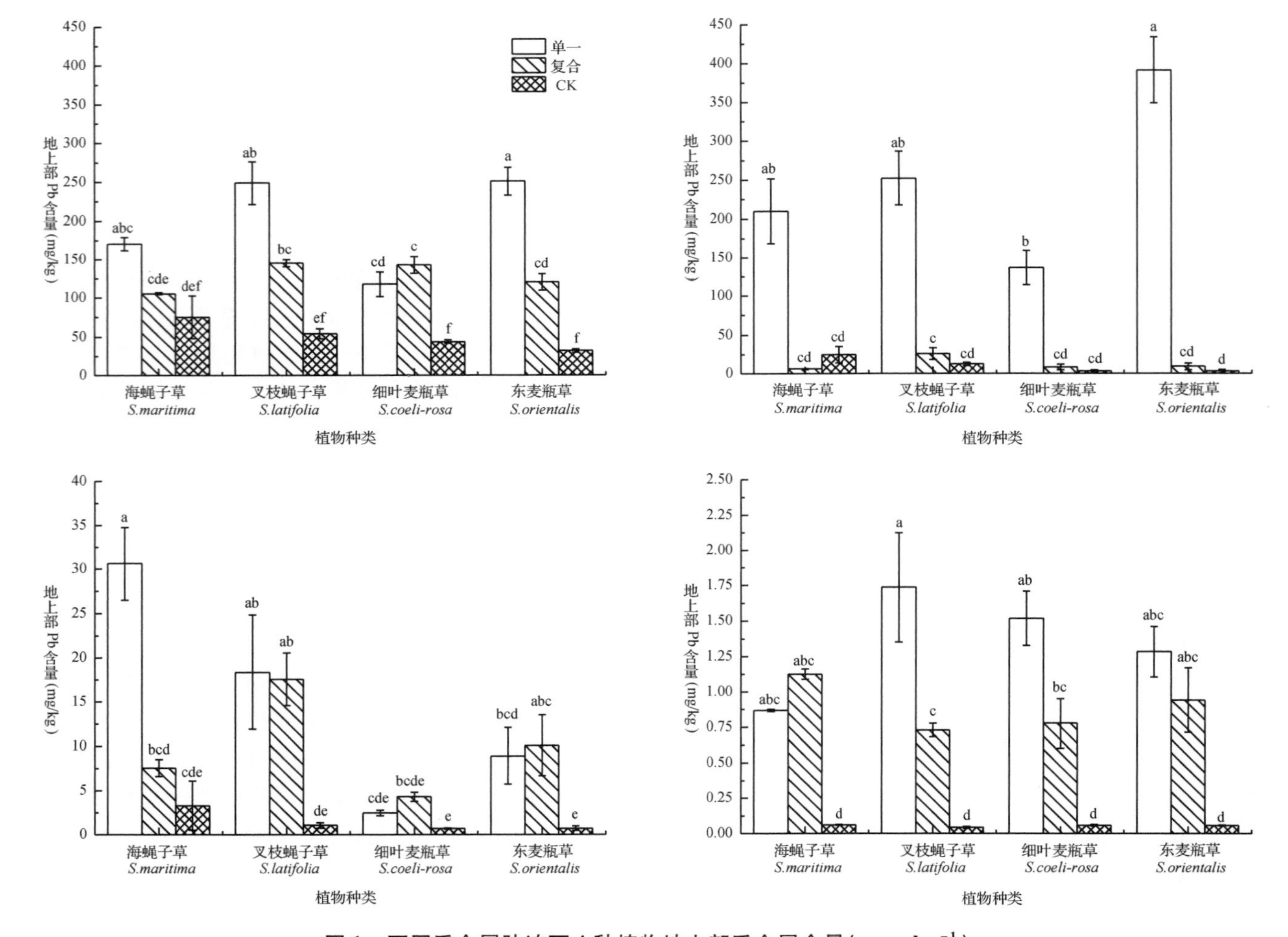

图 1　不同重金属胁迫下 4 种植物地上部重金属含量($mg \cdot kg^{-1}$)

Fig. 1　Shoot concentrations of heavy metal under different treatment in 4 plant species ($mg \cdot kg^{-1}$)

图 1 所示为 4 种植物在不同处理下地上部的重金属含量。除了细叶麦瓶草的地上部 Pb 含量，4 种植物 4 种重金属的地上部含量都是单一施加重金属的显著大于对照处理的植株。单一施加 Cu 与复合施加重金属的植株相比，4 种植物的地上部 Cu 的含量都显著增加，说明 Zn－Cu－Pb－Cd 复合污染降低了 Cu 在这 4 种植物地上部的积累。东麦瓶草地上部 Zn 含量、海蝇子草地上部 Pb 含量、叉枝蝇子草地上部 Cd 含量，都出现了单一污染的重金属含量大于复合污染的情况。海蝇子草地上部 Zn、Pb 含量，细叶麦瓶草地上部 Pb 含量则有复合污染与对照处理的重金属含量差异不显著的情况。这些都说明复合污染也会影响 Zn、Pb、Cd 在植物地上部的积累，并且不同植物、不同重金属间的表现不同。

2.3 转移系数 TF

转移系数(translocation factor)指植物地上部与地下部某种元素的含量之比，表示的是植物由根部向地上部运输这种元素的能力，也是评价植物富集能力的重要指标之一。

如图 2，海蝇子草和细叶麦瓶草在 6 种不同处理下，4 种重金属的转移系数彼此间都没有显著差异。但是其余两种植物表现出了一定的变化。对于东麦瓶草，单一施加重金属时，Zn 的转运系数显著大于 Pb 和 Cd，但是这种差异在复合施加重金属以及对照处理时并没有表现出来。叉枝蝇子草表现得更为复杂，首先其体内 Pb 的转移系数，单一污染的显著小于复合污染以及对照处理的。说明单一污染下，叉枝蝇子草体内 Pb 的迁移能力下降了。其次，单一污染时，4 种重金属的转移系数没有显著差异；复合污染时，Pb 的转移系数显著大于 Zn、Cd，与 Cu 差异不显著；对照处理时，Pb 的转移系数又显著大于其他 3 种重金属。说明在复合污染以及对照处理下，叉枝蝇子草体内 Pb 的向上迁移能力都是比较高的。同时，复合污染影响了 Cu 在其体内的迁移能力。

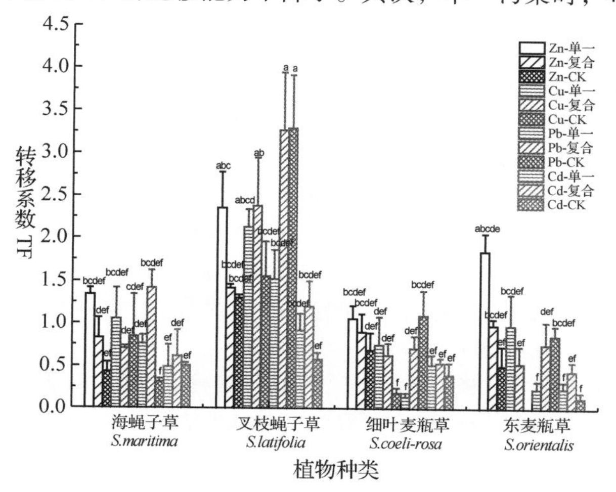

图 2　不同重金属胁迫下 4 种植物 Zn、Cu、Pb、Cd 的转移系数

Fig. 2　Zn、Cu、Pb、Cd translocation factors of 4 plant species under different heavy metal stress

在施加单一重金属的情况下，4 种重金属在这 4 种植物体内的转移系数均没有显著差异。在施加复合重金属的情况下，叉枝蝇子草体内 Cu 与 Pb 的转移系数都显著大于其余 3 种植物。在没有施加重金属的情况下，只有 Pb 的转移系数是叉枝蝇子草显著大于其他 3 种。说明植物体内重金属的转运系数在不同污染情况下会有所改变，且不同植物、不同重金属表现不同。叉枝蝇子草体内 Zn、Cu、Pb 的转移系数，在 3 种处理下皆大于 1，即使是在没有施加重金属的情况下，其转移系数也分别达到了 1.30、1.56、3.29，Cu 和 Pb 的迁移能力是其他 3 种植物的 2～3 倍，说明叉枝蝇子草向上迁移重金属的能力比较强。

3　讨论

前人发现原产非洲伊尔沙坝(Shaba)铜矿区的蝇子草属植物 *Silene cobalticola* 地上部分 Cu 含量可以达到 $1660mg \cdot kg^{-1}$；多金属超富集植物滇白前(*Silene viscidula*)对 Pb、Zn、Cd 的吸收可以分别达到平均 $1546mg \cdot kg^{-1}$、$11043mg \cdot kg^{-1}$、$391mg \cdot kg^{-1}$。而本研究中，植株地上部对 Zn、Cu、Pb、Cd 最大的吸收量都是在单一污染的情况下，分别为：$250.70mg \cdot kg^{-1}$、$390.71mg \cdot kg^{-1}$、$30.63mg \cdot kg^{-1}$、$1.74mg \cdot kg^{-1}$，远未达到超富集植物积累的临界值。可能的原因有两点：首先，在已发现的超富集植物中有很多不同生态型富集重金属效果不同的报道，包括蝇子草属植物。如景天科植物东南景天(*Sedum alfredii*)，有矿山型和非矿山型两种生态型，二者对 Zn、Cd 的积累特性和耐性都是不同的[14, 15]，矿山型可以超富集重金属，而非矿山型则不具备这种能力。Verkleij 等发现蝇子草属的 *Silene vulgaris* 有耐 Zn 和对 Zn 敏感两种生态型[16]。Baker 等发现海蝇子草(异名：*Silene vulgaris* subsp. *maritima*)的分布与 Pb、Zn 矿化岩石发育的土壤吻合[4]。其次，在本实验条件下，土壤中 4 种重金属有效态的含量可能较低，导致植物不易吸收。北方石灰性土壤较高的 pH，导致了氧化铁富集锌能力的增加，又由于碳酸盐的固定，可能会导致石灰性土壤中交换态锌含量较低[17]。一般在酸性土壤中 Cu 的有效性较大，而在碱性土种则降低[18]。Miller 等发现土壤质地对植物吸收 Pb 有着明显的影响，随着 pH 的增加，大豆植株对 Pb 的吸收有着明显的减少[19]。

土壤中的有机质能增加Cd的吸附，影响植物对Cd的吸收[20]，而本实验中所用的土壤有机质含量处于较高水平。总之，蝇子草属超富集植物种类的筛选还有待于进一步扩大范围。

实验中出现了对照处理的相比于受到胁迫的植株反而长势差的情况。细叶麦瓶草未受到重金属污染的植株地上部干重显著小于受到单一污染的植株。东麦瓶草在对照处理下，生长较差，地下部干重仅为0.21g，导致消解完后Cu浓度过低而无法检测出。这可能是栽培方面的原因，也有可能是植物本身的原因造成的。在其他植物中，也曾发现类似的情况。韦朝阳等发现，As超富集植物蜈蚣草(*Pteris vittata*)在含砷矿渣上生长繁盛，而离开污染区则很少成群分布，个体也小很多[21]。*T. caerulescens* 被认为是一种"嗜锌"植物，其不同生态型的根系在Zn污染场地有着不同的生长和分布情况，能够超富集重金属的生态型在受污染场地上具有更高的生物量[22]。Cox 和 Hutchinson 指出，在污染环境中具有耐性的植物，对于正常环境的适应能力下降，与非耐性的同种植物相比，它们的生长率降低，初级生产量减少，这或许是由于与耐性有关生理机制运行需要消耗植物体内能量的原因[23]。

植物修复相较于传统的物理、化学修复，具有技术和经济上的双重优势，不产生移动污染，环境扰动少，修复成本低且能大面积推广应用[24]，是一种非常有前景的技术。我国共有大中型矿山9000多座，26万小型矿山，因采矿侵占土地面积已接近40000km^2，因此而废弃土地面积达330km^2[25]。根据矿山废弃地立地条件，通过植物种类筛选和合理的植被顺序，达到矿山废弃地利用和植被恢复的目的，是世界各地应用最广泛的一种复垦方法[26]。而重金属耐性植物是矿区废弃地生态重建的先锋植物，具有重要作用[27]。从生长评价、耐性指数、干重变化三方面看，海蝇子草、叉枝蝇子草、东麦瓶草在土壤受到Zn 1000mg·kg^{-1}、Cu 500mg·kg^{-1}，Pb 1000mg·kg^{-11}，Cd 10mg·kg^{-1}的单一以及复合污染的情况下，没有受到明显的毒害，表现出了较强的耐性。其中，叉枝蝇子草表现最优。海蝇子草原产欧洲，叉枝蝇子草广泛分布于欧洲、亚洲、南非，二者生态适应性强，播种繁殖容易，在Cu、Zn、Pb、Cd含量分别高出国家三级标准2、1.25、2、10倍的情况下，生长没有受到明显的影响，可能是较好的耐性植物，是否可用于矿山修复还有待进行应用试验。同时，海蝇子草具有雄性不育的特点，叉枝蝇子草又是雌雄异株植物，是优良的种质资源，也可以用于以后蝇子草属的杂交育种工作。

参考文献

1. 宋伟，陈百明，刘琳．中国耕地土壤重金属污染概况[J]．水土保持研究，2013(02)：293－298.
2. 张小敏，张秀英，钟太洋，等．中国农田土壤重金属富集状况及其空间分布研究[J]．环境科学，2014(02)：692－703.
3. 陈英旭，等．土壤重金属的植物污染化学[M]．北京：科学出版社，2008：43.
4. Baker A J M, Brooks R R, Pease A J, et al. Studies on copper and cobalt tolerance in three closely related taxa within the genus Silene L. (Caryophyllaceae) from Zaïre[J]. Plant and Soil, 1983, 73(3): 377－385.
5. 邢丹，刘鸿雁．铅锌矿区重金属耐性植物与超富集植物筛选研究进展[J]．安徽农业科学，2009，37(7)：3208－3209，3329.
6. Baker A J M, Brooks R R. Terrestrial higher plants which hyperaccumulate metallic elements. A review of their distribution, ecology and phytochemistry. [J]. Biorecovery, 1989, 1: 81－126.
7. 肖青青，王宏镔，王海娟，等．滇白前(*Silene viscidula*)对铅、锌、镉的共超富集特征[J]．生态环境学报，2009(04)：1299－1306.
8. Christine Desfeux S M J H. Evolution of Reproductive Systems in the Genus *Silene*[J]. Proceedings of the Royal Society of London B. Biological Sciences, 1996, 263: 409－414.
9. Kruckeberg A R. Artificial crosses of western North American Silenes[J]. Brittonia, 1961, 13: 305－333.
10. Petri A, Oxelman B. Phylogenetic relationships within Silene (Caryophyllaceae) section Physolychnis[J]. Taxon, 2011, 60(4): 953－968.
11. 土壤环境质量标准[S]. 1995.
12. 土壤环境质量标准(修订)－征求意见稿[S]．国家环境保护局，国家质量监督检验检疫总局，2008.
13. 夏家淇．土壤环境质量标准详解[M]．北京：中国环境科学出版社，1996.
14. 熊愈辉，杨肖娥，叶正钱，等．两种生态型东南景天锌吸收与分布特性的研究[J]．浙江大学学报(农业与生命科学版)，2003(06)：27－33.
15. 龙新宪，王艳红，刘洪彦．不同生态型东南景天对土壤中Cd的生长反应及吸收积累的差异性[J]．植物生态学报，2008(01)：168－175.
16. Verkleij J A C, Koevoets P L M, Blake-Kalff M M A, et al. Evidence for an important role of the tonoplast in the mecha-

nism of naturally selected zinc tolerance in *Silene vulgaris* [J]. Journal of Plant Physiology, 1998, 153(1-2): 188-191.

17. 韩凤祥，胡霭堂，秦怀英，等. 石灰性土壤环境中缺锌机理的探讨[J]. 环境化学，1993(01)：36-42.
18. 陈怀满，等. 土壤-植物系统中的重金属污染[M]. 北京：科学出版社，1996.
19. Millera J E, Hassetta J J, Koeppea D E. The effect of soil properties and extractable lead levels on lead uptake by soybeans[J]. Communications in Soil Science and Plant Analysis, 1975, 6(4): 339-347.
20. Johna M K. Influence of Soil Characteristics on Adsorption and Desorption of Cadmium[J]. Environmental Letters, 1971, 2(3): 173-179.
21. 韦朝阳，陈同斌. 高砷区植物的生态与化学特征[J]. 植物生态学报，2002(06)：695-700.
22. Haines B J. Zincophilic root foraging in *Thlaspi caerulescens* [J]. New Phytologist, 2002, 3(155): 363-372.
23. Coxa R M, Hutchinsona T C. Multiple and co-tolerance to metals in the grass *Deschampsia cespitosa*: Adaptation, preadaptation and 'cost'[J]. Journal of Plant Nutrition, 1981, 3(1-4): 731-741.
24. 龙新宪，杨肖娥，倪吾钟. 重金属污染土壤修复技术研究的现状与展望[J]. 应用生态学报，2002(06)：757-762.
25. 李永庚，蒋高明. 矿山废弃地生态重建研究进展[J]. 生态学报，2004(01)：95-100.
26. 杨修，高林. 德兴铜矿矿山废弃地植被恢复与重建研究[J]. 生态学报，2001(11)：1932-1940.
27. 雷梅，岳庆玲，陈同斌，等. 湖南柿竹园矿区土壤重金属含量及植物吸收特征[J]. 生态学报，2005(05)：1146-1151.

土壤因素对蜡梅生长的影响研究*

邵金彩　李庆卫[①]
（花卉种质创新与分子育种北京市重点实验室，国家花卉工程技术研究中心，
城乡生态环境北京实验室，园林学院，北京林业大学，北京 100083）

摘要　土壤是影响蜡梅栽培的关键因素，研究不同土壤下蜡梅的生长情况，找出蜡梅生长不良的原因，对于推动蜡梅的园林应用有重要意义。本文采取系统诊断的方法，对北京市海淀区东升乡八家村苗圃蜡梅种植区域内土壤相关因子的分析，阐明了蜡梅生长不良的原因：土壤 pH 高于 8.29；土层含盐量高；营养成分少；土壤容重大，紧实度高，土壤孔隙度少，含氧量少；土壤侵入体较多；含水量低等，这些土壤因子之间共同起作用，对蜡梅的生长发育造成了影响，并提出了一些建议。

关键词　蜡梅；土壤因子；土壤修复

The Influence of Soil Factors on Growth of *Chimonanthus praecox*

SHAO Jin-cai　LI Qing-wei
(*Beijing Key Laboratory of Ornamental Plants Germplasm Innovation & Molecular Breeding, National Engineering Research Center for Floriculture, Beijing Laboratory of Urban and Rural Ecological Environment and College of Landscape Architecture, Beijing Forestry University, Beijing* 100083)

Abstract　In the nursery of Bajia village, Dongsheng town, Haidian District of Beijing, through the analysis of the related soil factors of the planting area of *Chimonanthus praecox*, this study clarified the causes of poor growth of wintersweet: pH > 8.29; higher soil salinity; less soil nutrients; bigger soil density; higher firmness; less soil porosity; less soil oxygen; more soil intrusive bodies; lower moisture content, etc. And this study put forward some suggestions.

Key words　Wintersweet; Soil factors; Soil remediation

蜡梅(*Chimonanthus praecox*)是蜡梅科蜡梅属落叶灌木或小乔木，在我国栽培历史久，分布范围广。近来发现，北京林业大学八家教学苗圃内两个不同区域的蜡梅品种生长状况差异明显。本文采取系统诊断的方法，通过查找栽培技术档案资料、观测两个区域蜡梅的生长指标差异、分析其立地条件差异，进而找出导致蜡梅生长差异的原因，对于指导蜡梅的栽培应用有重要意义。

1　蜡梅栽培地概况

蜡梅种植于北京市海淀区东升镇八家村境内的苗圃，116°20′45″E，40°0′50″N。在北京林业大学西北侧约0.5km。土地比较平坦，坡度低于3°，地势西北较高，东南角较低。所在地属温带东岸大陆性气候，夏季炎热多雨，冬季寒冷、干燥、多风，春季雨量少，蒸发量大。生长期一般从3月末至11月初。绝对最高气温41.9℃，绝对最低气温－21℃。7月平均气温24.7℃，1月平均气温－5.5℃，年均降雨量约700mm，但年度变化率很大，降雨分布不均，多集中在7～8月。早霜一般在10月15号前后出现，至次年4月中旬左右结束。无霜期180天。

种植地北侧为梅花，共9行，这在一定程度上减弱了北方冬季凛冽的西北风，减少了蜡梅受风害的影响。西侧与小片苗木以3m宽的道路相隔；南侧为地被菊与梅花苗木；东侧除一排稀疏的防护林外，紧邻道路。整个种植区域内日光条件良好。

* 基金项目：国家林业局项目，2011-LY-121。
作者简介：邵金彩，1992年2月，女，硕士，从事园林植物与观赏园艺研究。Email：1241114326@qq.com；电话：18515284260。
① 通讯作者：李庆卫，副教授，从事园林植物与观赏园艺研究。Email：lqw6809@bjfu.edu.cn；电话：13910019949。

种植区域原为居住区拆迁后的土地，土中含有较大的砖块、水泥等土壤侵入体，施用约1cm厚的腐殖土后，深耕整地，翻地深度约30cm。之后栽植同一品种蜡梅的5年生实生苗，规格统一，规则式栽植，株行距1.5m×2.0m，共40株。此外，蜡梅的管理养护水平是一致的，浇水、施肥的时间与用量相同。

通过观察两块土地的土壤剖面，发现土壤存在一定差异，因此，在温度、光照、风、空气以及管理水平等因子基本一致的基础上，蜡梅的生长情况却表现得截然不同，极有可能与土壤因子有关。

2 材料与方法

2.1 试验材料

2.1.1 植物样品选取

在上述样地中，根据植株生长情况，把植株生长良好的区域作为样地1，植株长势差的区域作为样地2。每个样地选取代表性植株9株，作为样株。

2.1.2 土壤样品

2015年10月9日，于样地1、样地2采取供试土壤样品。在两块土地上各选取3个采样点，每个样点分别于表层、30cm、60cm土层处取部分土壤样品，共取得18个样品，装袋带回，过筛后备用。

2.2 试验方法

土壤分析方法：土壤容重用环刀法测定；土壤pH值以水土比2.5:1，用电位计法测定；土壤有机质含量用硫酸－重铬酸钾稀释热法测定；总含盐量用重量法测定；全氮用硫酸—混合加速剂消煮，用KDY9830定氮仪测定；速效磷用0.5M碳酸氢钠浸提－钼锑抗比色法测定；速效钾用1M醋酸铵浸提—火焰光度法测定；土壤质地用比重计法法测定。

蜡梅生长指标测定方法：观察并记录地1、样地2中样株的枝条数、1年生枝条平均长度、株高、冠幅、生理性病叶比例、5cm处地径以及蜡梅叶片(每株上随机选取10片叶子)的长、宽、周长、长宽比、面积、形状因子等指标，其中叶片各指标利用叶面积仪进行测定。

数据分析方法：利用SPSS 18.0和EXCEL软件对数据进行统计分析。蜡梅各形态指标间的显著性检验采用独立样本T检验的分析方法；土壤各变量间的显著性检验采用单因素方差分析法(ANOVA)。

3 结果与分析

3.1 不同样地内蜡梅生长指标的比较研究

样地1蜡梅平均株高达252.00cm；平均冠幅198.00cm；1年生枝条粗壮高大，平均长度为294cm；1年生枝5cm处平均地径19.04cm；叶片浓绿，大且质厚，生理性病叶数极少，仅占3.22%；花芽饱满繁密；须根发达。共22株，占55%。

样地2蜡梅平均株高为85.44cm；平均冠幅83.67cm；1年生枝条纤细短小，平均长度为58.00cm；1年生枝5cm处平均地径8.00cm；叶片小且质薄，生理性病害十分严重，高达86.74%；花芽干瘪稀疏；须根很少。共18株，占45%。

由表1可以看出，样地1、样地2的蜡梅在1年生枝条长度、株高、冠幅、生理性病叶比例、5cm处地径、单叶面积、叶长、叶宽、叶周长、叶片长宽比等方面差异显著，其中1年生枝条长度、株高、冠幅、生理性病叶比例方面存在极显著差异。并且样地1蜡梅的1年生枝条长度、株高、冠幅、生理性病叶比例以及叶片的长、宽、周长、长宽比、面积等指标均大于样地2。

表1 样地1与样地2蜡梅各形态指标比较汇总表(平均值±标准差)

Table 1 Morphological indexes comparison summary of *Chimonanthus praecox* of sample 1 and sample 2(means ± SD)

样地编号	样地1	样地2
1年生枝条数	5.67±1.66	5.44±1.81
1年生枝条长度(cm)	227.22±39.92**	58.00±10.07**
株高(cm)	252.00±63.33**	85.44±7.73**
冠幅(cm)	198.00±37.35**	83.67±17.36**
生理性病叶比例(%)	3.22±4.82**	86.74±10.29**
5cm处地径(cm)	19.04±2.93*	8.00±1.37*
单叶面积(cm^2)	84.02±7.69*	34.08±4.48*
叶长(cm)	16.47±1.07*	9.72±0.69*
叶宽(cm)	7.73±0.42*	5.05±0.34*
叶片周长(cm)	39.27±2.29*	24.52±1.34*
叶片长宽比	2.14±0.17*	1.94±0.12*
叶片形状因子	0.68±0.04	0.71±0.04

*P=0.05；**P=0.01.

3.2 样地土壤的理化性质与养分状况分析

3.2.1 土壤容重、土壤侵入体与土壤pH值

土壤容重是土壤紧实度的一项指标(李志洪 等，2005)。土壤容重大，土壤颗粒排列紧实，土壤结构差，土壤透气性降低，根部部分组织窒息死亡，致使树木生长不良(杨凤云，2009)。

一般耕作层土壤容重在1~1.3g/cm^3之间。样地1的土壤容重平均在1.2g/cm^3左右，土壤松紧适度，适宜蜡梅的生长。而样地2的土壤容重大于1.6g/cm^3，且在试验土层范围内，土壤容重基本上随土层深度的加深而增大，土壤紧实度很高，土壤孔隙度也相应减

表 2　样地 1 与样地 2 土壤因子指标汇总表(平均值 ± 标准差)

Table 2　Summary of soil factors of sample 1 and sample 2 (means ± SD)

土壤指标		样地 1			样地 2		
		表层土	30cm 深土层处	60cm 深土层处	表层土	30cm 深土层处	60cm 深土层处
全氮(%)		0.059 ±0.004CDcd	0.088 ±0.004ABab	0.094 ±0.008Aa	0.051 ±0.001Dd	0.065 ±0.006Cc	0.080 ±0.005Bb
有效钾(mg/kg)		42.00 ±0.31Bb	53.53 ±0.43Aa	29.05 ±0.87Cc	19.50 ±0.49Dd	16.00 ±0.21Ff	17.00 ±0.92Ee
有效磷(mg/kg)		31.50 ±0.60Cc	51.50 ±0.16Aa	49.50 ±0.06Bb	18.76 ±0.10Ee	13.25 ±0.18Ff	29.00 ±0.25Dd
有机质(g/kg)		5.43 ±0.03Cc	6.20 ±0.09Bb	7.51 ±0.05Aa	4.62 ±0.08Dd	0.76 ±0.01Ff	4.26 ±0.03Ee
pH		8.14 ±0.02Ff	8.23 ±0.02Ee	8.29 ±0.01Dd	8.35 ±0.03Cc	8.52 ±0.03Bb	8.61 ±0.02Aa
含盐量(g/kg)		0.10 ±0.01Bc	0.10 ±0.02Bc	0.11 ±0.02Bc	0.14 ±0.10Bbc	0.20 ±0.02Bb	0.50 ±0.03Aa
含水量(%)		68.67 ±0.77Cc	71.54 ±0.45Bb	75.15 ±0.46Aa	60.37 ±0.72Dd	55.29 ±1.15Ee	60.50 ±1.33Dd
土壤容重(g/cm^3)		1.09 ±0.03Dd	1.19 ±0.04Cc	1.22 ±0.05Cc	1.61 ±0.01Bb	1.91 ±0.02Aa	1.90 ±0.01Aa
土壤组分	砂粒(1~0.05mm)(%)	32.12 ±0.02De	33.21 ±0.03Cd	34.56 ±0.05Bb	35.43 ±0.29Aa	33.46 ±0.02Cc	35.21 ±0.17Aa
	粗粉粒(0.05~0.01mm)(%)	18.06 ±0.05Bb	17.84 ±0.03Cc	14.36 ±0.08Ff	14.76 ±0.05Ee	18.38 ±0.03Aa	15.91 ±0.02Dd
	细粉粒(0.01 -0.001mm)(%)	22.31 ±0.09Aa	20.58 ±0.15Cc	21.32 ±0.05Bb	20.45 ±0.24Cc	20.60 ±0.06Cc	19.99 ±0.19Dd
	黏粒(<0.001mm)(%)	27.51 ±0.03Ee	28.37 ±0.10Dd	29.76 ±0.08Aa	29.36 ±0.05Bb	27.56 ±0.03Ee	28.89 ±0.04Cc
土壤质地		砂壤土	砂壤土	砂壤土	砂壤土	砂壤土	砂壤土

注：表中同一行小写字母表示 P =0.05 显著差异水平；同一行大写字母表示 P =0.01 显著差异水平。

Note: lowercase letters in the same line indicate significant differences in the levels of P = 0.05; capital letters indicate significant differences in the levels of P = 0.01 in the table.

少，非毛管孔隙减少，土壤含氧量少，根呼吸作用减弱，对根系生长产生不良影响(韩继红 等，2004)。

由表 2 可知，样地 1 与样地 2 均为碱性土壤，土壤 pH 值均随土层深度逐渐增大。样地 1 在 60cm 土层处的 pH 值最大，为 8.29，但蜡梅生长正常，因此，从样地 1 可知蜡梅可以忍耐 pH 8.29 的土壤条件。

此外，两块样地的土壤 pH 值在 P =0.05 与 P =0.01 水平上均存在显著差异，且样地 2 表层土的 pH 值比样地 1 于 60cm 土层处的 pH 还要大，样地 2 在 30cm 与 60cm 土层处的 pH 值均大于 8.5，根据我国土壤酸碱度分级，样地 2 深层土壤为强碱性。强碱性土壤中易引起 Fe、B、Cu、Mn、Zn 等的短缺(陈少华和何胜，2008)，易造成缺素症。土壤的 pH 也影响着所有矿质元素的可利用性，在 pH 8.0~8.5 之间，P、K 的可利用性很低，因此样地 2 中蜡梅的生长量与花芽数量较样地 1 低。另外，样地 2 中土壤侵入体较多，如砖块、石灰等，这些严重污染破坏了土壤结构，使土壤板结，pH 值增高，抑制了土壤中微生物的活动，影响根系分布，影响蜡梅的生长。

3.2.2　土壤含水量

植物所需要的水分主要来自土壤，而土壤水主要来自大气降水和人工补水，贮存在土壤孔隙里，其中有效水在毛管孔隙内(韩继红 等，2003)。适宜植物生长的含水量约为 60%~80%。由表 2 可知，样地 1 与样地 2 的土壤含水量在 P =0.05 与 P =0.01 水平上均存在显著差异，且样地 1 > 样地 2。样地 2 除表层土以外，其余土层的含水量均在 60% 以下，易造成蜡梅植株水分失衡，水分亏缺能够改变植物发育过程，其中之一是限制叶面生长(宋纯鹏 等，2015)，加之土壤侵入体的影响，蜡梅根系无法深入地下吸收地下水，进而表现生长不良，叶小，生理性病害蔓延，甚至死亡。

3.2.3　土壤含盐量

由表 2 可知，样地 1 各土层的含盐量基本上一致，维持在 0.10~0.11g/kg；样地 2 除表层土的含盐量在 0.02g/kg 外，30cm、60cm 土层处的含盐量分别达到了 0.20g/kg、0.50g/kg。样地 1 与样地 2 之间各土层的含盐量存在显著差异。在雨季，盐分随雨水的下渗转移到土层深处；在雨量少的季节，土壤深层溶解在水中的盐分随土壤水分的蒸发积聚在土壤表层，致使表层土含盐量升高。此外，氯化钠的积累，还会削弱氨基酸和碳水化合物的代谢作用，阻碍根部对钙、镁、磷等基本养分的吸收，导致土壤板结，通气和供水状况恶化(韩继红 等，2004)。盐分还能阻碍水分从土壤中向根内渗透和破坏原生质吸附离子的能力，引起原生质脱水，造成不可逆转的伤害(陈自新和许慈安，1987)。另外，盐碱的生长条件可抑制植物细胞的分裂和伸长，植物遭受盐胁迫时，可能减少叶面积或叶片脱落(宋纯鹏 等，2009)。因此，样地 2 蜡梅叶面积较样地 1 小，长势衰弱，甚至在极短的时间内死亡，并且有严重的叶片灼伤问题，叶片灼伤主要是土壤盐离子浓度过高，降低了土壤水势，进而影响植物的蒸腾作用，产生叶片灼伤，影响植物生长。

3.2.4 土壤养分状况

表2说明，样地1速效磷、速效钾、全氮及有机质的含量均高于样地2，而样地2速效钾与速效磷的含量仅为样地1的1/4~3/5。氮是植物需求量最大的元素，缺氮能迅速抑制植物的生长，若氮元素持续缺乏，大多数物种表现为缺绿症状。磷是植物细胞内许多重要化合物的组成元素，缺磷植株幼苗矮小，叶片暗绿等。钾在调节植物细胞渗透势方面起重要作用，能增强植物抗病、抗寒、抗旱以及抗盐能力(宋纯鹏等，2009)。土壤养分的匮乏，使蜡梅的碳素生长量大为减少。另外，土壤中的有效磷易与混入的土壤侵入体，如水泥、石灰等含钙物质发生化学反应，生成难溶性的磷酸盐，使有限的磷元素被固定，造成有效磷流失，不能满足树木生长所需(杨凤云，2009)。加上含盐量高、土壤紧实以及通气性差等因素，样地2蜡梅的生长量较样地1小。

3.2.5 土壤质地

土壤质地影响土壤中养分的转化速率和存在状态、土壤水分的性质和运行规律以及植物根系的生长力和生理活动，也是影响土壤肥料的一个重要因素(薄琳，2015)。

由表2可知，样地1与样地2在各土层内土壤颗粒的含量按由大到小的顺序，均为：砂粒>黏粒>细粉粒>粗粉粒。样地1与样地2的砂粒组分均在32%以上，均是以砂粒为主的砂质壤土，因此可以推断土壤质地对蜡梅的生长差异不产生影响。

4 讨论

土壤pH影响营养元素的可利用性以及土壤微生物和根的生长。当pH>8.0时，土壤中P、K两种元素的可用性是非常低的，N元素的可用性几乎不受影响。在植物生长和发育过程中，对矿质元素的需求是不断变化的。土壤中矿质元素含量的失衡可能间接通过影响植物的营养状况或水分吸收来影响植物健康生长，或者通过对植物细胞的毒性而直接影响植物的适应性(宋纯鹏 等2015)。

土壤溶液中的盐侵蚀导致植物叶片水分不足及抑制植物生长和新陈代谢。叶面生长主要取决于细胞伸展与增大。水分亏缺会导致细胞脱水并抑制细胞扩增。细胞脱水产生的次要影响会引起离子浓缩，并可能对细胞产生毒性。叶片的伸展依赖于叶片的膨压，遭受水分亏缺的植物，趋向于夜晚形成水合物，叶片生长也通常发生在这一时期，尽管膨压维持正常水平，其生长速率仍低于正常生长的植物。缺水早期，减缓叶面的生长，致使叶面积较小，随着植物不断生长，水分不足不仅限制了叶片的大小，还影响了叶片的数量。引起这种变化的主要原因在于胁迫降低了枝条的数目和生长速率。此外，极端的盐浓度导致活性氧的产生和清除之间的失衡，这造成了大分子的氧化损伤和信号传递功能的紊乱(宋纯鹏 等，2015)。

土壤容重大，土壤板结造成的缺氧易导致植物的产量大幅度降低。土壤缺氧还通过抑制细胞呼吸直接伤害植物的根系，降低根细胞对氧的获取能力。

本文研究结果显示，样地2蜡梅长势较样地1差的原因主要有：土壤pH值高于8.29；土层含盐量高；营养成分少；土壤容重大，紧实度高，土壤孔隙度小，含氧量少；土壤侵入体较多；含水量低等，这些土壤因子之间共同起作用，对蜡梅的生长发育造成了影响。但造成样地2蜡梅长势弱的主导因素还不能确定，将会做进一步研究。

目前，为避免蜡梅长势差的现象进一步加重，需及时改良样地2的土壤现状，主要措施有：扩大树穴，客土，回填结构良好、土质疏松、中性弱酸、富含有机质和土壤养分的壤土，同时适当加入草木灰、泥炭土、腐叶土等有机肥料混合(吴玉梅，2014)。增施化学酸性肥料过磷酸钙，可降低pH值，同时磷素能提高树木的抗性(陈少华和何胜，2008)。施用有机肥，改善土壤的营养结构等。总之，要打造适合蜡梅生长的土壤环境条件，才能保障蜡梅健康正常地生长。

参考文献

1. A. Bernatzky 著. 陈自新，许慈安译. 1987. 树木生态与养护[M]. 北京：中国建筑工业出版社.
2. 薄琳. 2015. 土壤质地与土壤肥力的关系[J]. 现代农业，4：27-28.
3. 陈少华，何胜. 2008. 浅谈园林酸碱性土壤的改良方法[J]. 热带林业，36(4)：10-11.
4. 韩继红，李传省，黄秋萍. 2003. 城市土壤对园林植物生长的影响及其改善措施[J]. 中国园林，7：74-76.
5. 李志洪，赵兰坡，窦森. 2005. 土壤学[M]. 北京：化学工业出版社：80-81.
6. Linconl Taiz，Eduardo Zeiger 著. 宋纯鹏，王学路等译. 2009. 植物生理学[M]. 北京：科学出版社.
7. Lincoln Taiz，Eduardo Zeiger 著. 宋纯鹏，王学路等译. 2015. 植物生理学(第五版)[M]. 北京：科学出版社.
8. 吴玉梅. 2014. 浅谈城市园林绿化土壤改良措施[J]. 绿色科技，4：50-51.
9. 杨凤云. 2009. 城市土壤对园林树木的影响分析[J]. 湖北农业科学，48(3)：590-591，596.

叶面施肥对 6 种海棠复壮效果的研究*

孙绍颖[1] 杨秀珍[1]① 郭翎[2] 刘渤洋[2] 刘立[1] 甘玮欣[1]

（[1]花卉种质创新与分子育种北京市重点实验室，国家花卉工程技术研究中心，
城乡生态环境北京实验室，园林学院，北京林业大学，北京 100083；[2]北京植物园，北京 100093）

摘要 针对北京植物园长势较弱的'红哨兵''玫瑰柱''春喜''白兰地''八棱''红玉'6 个海棠品种，于 2015 年夏秋季进行叶面施肥处理，探讨简单易行的适合海棠的复壮措施。通过测定当年叶片养分含量、调查分析次年开花状况和叶绿素含量、新梢生长量，结果发现：①叶面喷施 KH_2PO_4 有助于'玫瑰柱'、'春喜'当年叶片 P、K 含量积累，有利于增大花径，增大花序密度，并对'红哨兵'、'白兰地'的次年叶片叶绿素含量，'红哨兵'、'玫瑰柱'、'春喜'的新梢生长量有促进作用；②叶面喷施 KNO_3 能提高'八棱'当年叶片中 K 含量和次年新叶的叶绿素含量，加快新梢生长速度，对'八棱'的复壮效果明显；③叶面喷施"锐力 3000"有机水溶肥料能延长'红玉'的花期，增加新梢生长量。认为，3 种叶面施肥方案对本试验的 6 种海棠的复壮均有促进作用。

关键词 叶面施肥；海棠；复壮；营养元素；叶绿素；花期特征

Effects of Foliar Fertilization to the Rejuvenation of 6 Crabapple Cultivars

SUN Shao-ying[1] YANG Xiu-zhen[1] GUO Ling[2] LIU Bo-yang[2] LIU Li[1] GAN Wei-xin[1]

（[1]*Beijing Key Laboratory of Ornamental Plants Germplasm Innovation & Molecular Breeding, National Engineering Research Center for Floriculture, Beijing Laboratory of Urban and Rural Ecological Environment and College of Landscape Architecture, Beijing Forestry University, Beijing* 100083；
[2]*Beijing Botanical Garden, Beijing* 100093）

Abstract The experiment was conducted with 6 crabapple cultivars（'Hongshaobing', 'Meiguizhu', 'Chunxi', 'Bailandi', 'Baleng', 'Hongyu'）in summer and autumn in 2015 with foliar fertilizer in Beijing Botanical Garden. The content of nutrient elements of leaves of the year were detected. And features of flowering, content of chlorophyll, shoots growth of the next year were also analysed. The aim was to figure out the effects of foliar fertilizer to the rejuvenation of crabapples. The results were：①Foliar fertilizing with KH_2PO_4 can increase the content of P, K in the leaves of 'Meiguizhu', 'Chunxi'. The flower size and inflorescence density of 'Meiguizhu', 'Chunxi' were bigger than CK. KH_2PO_4 can increase the chlorophyll content of 'Hongshaobing' and 'Bailandi', and promote the growth of the new shoots of 'Hongshaobing', 'Meiguizhu', 'Chunxi'；②Foliar fertilizing with KNO_3 solution have obvious effects to the rejuvenation of 'Baleng'. The content of K and chlorophyll were increased. And the growth rate of new shoots were sped up；③Foliar fertilizing with 'Ruili 3000' organic water soluble fertilizer can prolong flowering period and promote the shoots growth of 'Hongyu'. All the three fertilizing method achieved the rejuvenation of crabapple.

Key words Foliar fertilization；Crabapple；Rejuvenation；Nutrient element；Chlorophyll；Flowering feature

海棠（crabapple）主要指蔷薇科苹果属（*Malus* Mill.）中果实直径较小（≤5cm）的种类，环境适应能力强，广泛应用于各种园林景观中[1-2]。北京市植物园海棠园的生境类型为缓坡林地，土层较薄，土壤中性偏碱，含水量较少[3]，很多海棠经过多年的生长消耗，营养相对贫乏，长势变差。叶面施肥相对于土壤施肥具有针对性强、养分利用率高、环境污染少、操作简单易行等优点，在提高诸多植物的产量、品质等

* 基金项目：北京市 Z141100002714001。

① 通讯作者。杨秀珍。E-mail：yangxiuzhen1@263. net。副教授，主要研究方向：花卉栽培、植物营养。

方面有明显效果[4-9]。本试验采用叶面施肥，对北京植物园往年表现不良的6种海棠进行更新复壮试验，以期改善其营养状况，提高观赏价值。

1 材料与方法

1.1 植物材料与肥料种类

从北京市植物园海棠园选取长势弱、病虫害受害较明显的6个海棠品种作为试验对象，详细信息见表1。施肥方法为叶面施肥，分别于2015年7月9日、8月10日、8月20日按照表1方案进行，每个品种设1株不施肥作为对照。

‘红哨兵’‘玫瑰柱’‘春喜’‘白兰地’选择自配的KH_2PO_4溶液，以期达到促进开花的效果；‘八棱’海棠由于叶片明显黄化，推断是缺乏N导致，故施用自配的KNO_3溶液以改善其营养状况；‘红玉’虽然属于抗病虫能力强的品种[10]，但在特殊的小环境下也感染了锈病、苹果黑星病等多种病害，严重影响了观赏价值，因而选了抗病抗逆、营养全面的有机水溶肥料“锐力3000”进行叶面喷施。

表1 供试6个海棠品种信息与肥料种类

Table 1 Details and fertilization scheme of the 6 crapapple cultivars

品种	拉丁名	营养元素	肥料种类
‘红哨兵’	*M.*‘Red Sentinel’	P、K	KH_2PO_4溶液（K浓度20mg/L）
‘玫瑰柱’	*M.*‘Velvet Pillar’	P、K	KH_2PO_4溶液（K浓度20mg/L）
‘春喜’	*M.*‘Indian Summer’	P、K	KH_2PO_4溶液（K浓度20mg/L）
‘白兰地’	*M.*‘Brandywine’	P、K	KH_2PO_4溶液（K浓度20mg/L）
‘八棱’	*M.*‘Micromalus Makino’	N、K	KNO_3溶液（N浓度20mg/L）
‘红玉’	*M.*‘Red Jade’	N、P、K	“锐力3000”有机水溶肥料（N∶P∶K=90∶30∶80）

注：“锐力3000”有机水溶肥料为市售肥料，N∶P∶K=90∶30∶80。

1.2 施肥当年叶片营养元素含量分析

2015年10月10日对各处理分别进行取样，测定叶片中的营养元素含量。将叶片洗净、擦干，在80℃条件下烘干至恒重，经万能粉碎机打磨成粉末状，用浓硫酸－过氧化氢消煮法消化，用凯氏定氮仪分析全氮含量，用钒钼黄比色法(UV－2550紫外可见分光光度计)分析全磷含量，用原子吸光光度法(瓦里安－220火焰原子吸收分光光度计)测定全钾、钙、镁含量。

1.3 施肥次年海棠开花状况调查

2016年3月中旬至4月底，对6种海棠的开花始期、开花末期、花径、花数/花序、花序间距等开花特征进行了观察记录。开花始期的调查标准为全株10%的花蕾开放；开花末期为全株80%左右的花朵凋谢。二者之差为花期天数。花径长度用钢卷尺测得，“花数/花序”指一个花序里花朵的数目；花序间距是指两个相邻花序之间的平均距离。

1.4 施肥次年海棠叶片叶绿素含量分析

2016年4月28日，花期结束后采摘新生叶片，用95%乙醇浸泡法提取叶绿素，用Thermo Scientific Biomate 3S紫外可见分光光度计对叶绿素含量进行测定。

1.5 施肥次年海棠新梢生长量调查

2016年4月7日至5月30日，定期对新梢生长量进行测量、记录。

1.6 数据处理及分析

试验数据采用Excel和SPSS软件进行处理和统计分析。

2 结果与分析

2.1 叶面施肥对海棠当年叶片营养元素含量的影响

叶面施肥后各品种海棠叶片当年营养元素含量直接关系到下一年度的生长开花。2015年10月10日对各处理取样测得叶片N、P、K、Ca、Mg元素含量结果见图1。

(1)KH_2PO_4施肥对叶片各元素含量的影响

施用KH_2PO_4后‘玫瑰柱’叶片的P、K含量分别高于对照0.1g/kg、0.6g/kg；‘春喜’叶片的P、K含量分别比对照多0.3g/kg、2.7g/kg。说明施肥有利于‘玫瑰柱’‘春喜’的当年叶片P、K含量积累。而‘红哨兵’叶片P、K元素含量反而低于对照，这一现象的原因还有待研究(图1B、图1C)。

‘春喜’和‘白兰地’在施用KH_2PO_4后，叶片N含量明显高于对照，说明该浓度P、K肥对N的吸收有促进作用(图1A)；‘红哨兵’Ca含量明显高于对照，其余种类几乎无差别(图1D)；‘玫瑰柱’的Mg含量低于对照株，认为是K^+与Mg^{2+}颉颃的缘故，即钾离

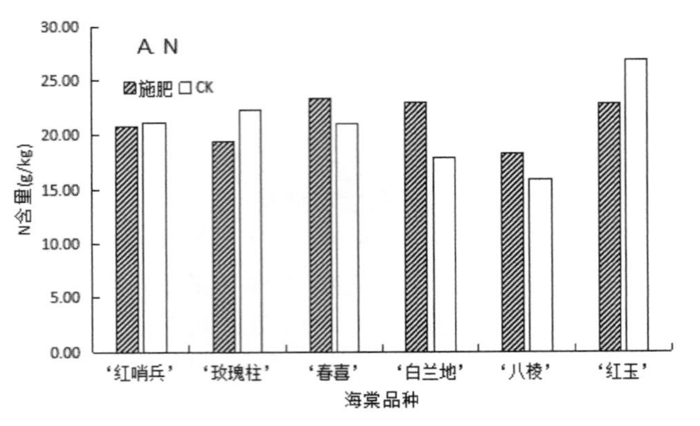

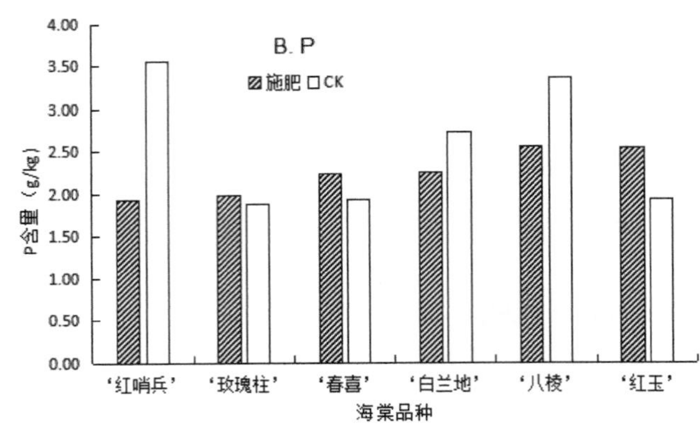

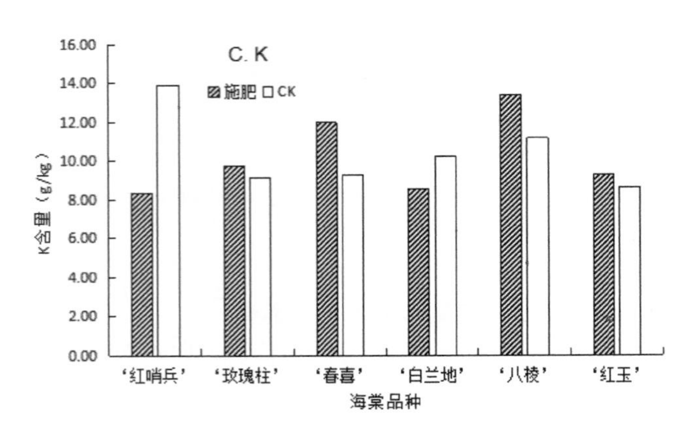

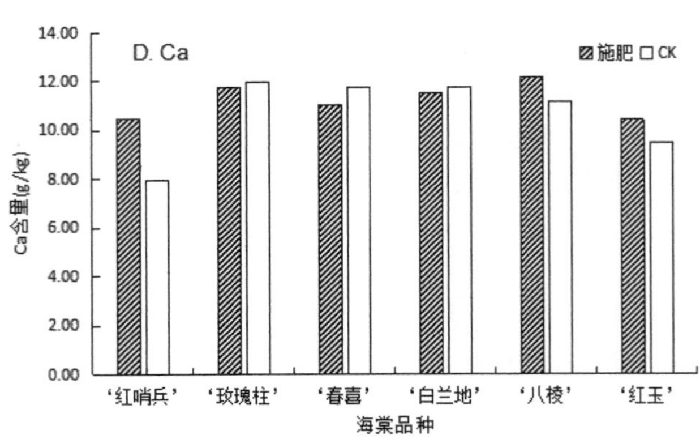

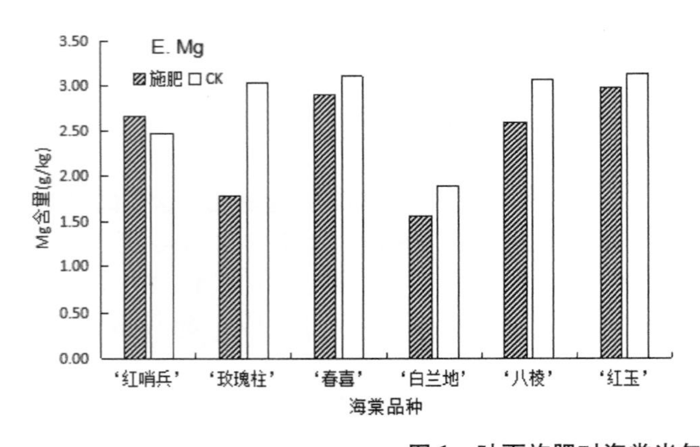

图 1　叶面施肥对海棠当年叶片营养元素含量的影响

Fig. 1　Contents of nutrient elements in leaves of the fertilization year of the crabapples

子肥的添加抑制了镁离子的吸收(图 1E)。

(2) KNO_3施肥对叶片各元素含量的影响

喷施 KNO_3后'八棱'海棠叶片 N、K 含量与对照相比分别增加 2.4g/kg、2.2g/kg，这符合'八棱'缺 N 的诊断，说明 KNO_3施肥对改善'八棱'营养状况是有效果的。施肥处理叶片 P 和 Mg 含量减少而 Ca 含量增加，结合于钦民等的研究[11]推测是施用 N 肥导致 P 含量降低，K^+ 与 Mg^{2+} 拮抗导致 Mg 含量降低，这与前文'玫瑰柱'的结果类似。

(3)"锐力 3000"施肥对叶片各元素含量的影响

'红玉'喷施的"锐力 3000"富含多种营养元素，'红玉'施肥后 N、Mg 含量减少但 P、K、Ca 含量均有增加(图 1A－图 1E)。

2.2　叶面施肥对海棠次年开花的影响

花期物候是海棠最重要的观赏性状之一[12]，

2016年春季对试验的6种海棠的开花特征进行了调查，结果见表2。

表2 叶面施肥对海棠次年开花的影响

Table 2 Effects of fertilization on flowering of the crabapples

品种	开花始期	开花末期	花期天数(d)	花径(cm)	花数/花序(朵)	花序间距(cm)
‘红哨兵’施肥	4月6日	4月15日	9	4.33	5.55	5.18
‘红哨兵’CK	4月7日	4月15日	8	4.15	5.26	6.13
‘玫瑰柱’施肥	4月9日	4月22日	13	4.11*	2.05	6.35**
‘玫瑰柱’CK	4月9日	4月22日	13	3.91	1.45	10.50
‘春喜’施肥	4月6日	4月21日	15	3.45	4.60	1.78*
‘春喜’CK	4月9日	4月21日	12	3.37	4.55	3.86
‘白兰地’施肥	4月6日	4月25日	19	5.72	4.50	5.56
‘白兰地’CK	4月9日	4月24日	15	4.70	3.50	
‘八棱’施肥	4月6日	4月15日	9	6.20	3.00	
‘八棱’CK	4月6日	4月15日	9	6.20	4.00	
‘红玉’施肥	4月8日	4月22日	14	4.86	6.10*	3.24
‘红玉’CK	4月7日	4月22日	15	4.85	5.30	3.72

注：图中*表示该处理与对照相比在0.05水平上有显著差异，**表示该处理与对照相比在0.01水平上有显著差异。‘八棱’和‘白兰地’因对照株花朵数目过少，没有参与显著性分析。

从表2中可以看到，叶面喷施KH_2PO_4后，‘红哨兵’‘春喜’和‘白兰地’3个品种不仅开花早于对照，而且花期持续天数也有所延长。从花朵大小上看，‘玫瑰柱’施肥株的花径比对照长0.2cm，且花序间距比对照小4.15cm，即‘玫瑰柱’施肥株的花朵大且花序更密集；‘春喜’施肥株的花序间距与对照相比也显著变小，即花序密度增大。‘白兰地’海棠对照只在枝条顶端有个别花序，故无花序间距数据。花期长短和花朵大小直接影响了观赏效果，每花序花数和花序间距直观上表现为开花的疏密，对观赏价值有很大影响。磷肥又称为花肥，当年秋季‘玫瑰柱’‘春喜’叶片P含量增多有助于次年的开花表现，因此认为叶面喷施KH_2PO_4对提高‘玫瑰柱’‘春喜’的观赏价值有促进作用。

KNO_3施肥对‘八棱’花期几乎无影响，但花序内花朵数反而减少，可以认为N、K对八棱开花无促进作用。‘八棱’海棠长势不良，只在枝条顶端有花序，故没有花序间距数据。

叶面喷施“锐力3000”有机水溶肥料后，‘红玉’施肥株平均每花序6.1朵，而对照平均每花序5.3朵花，花序花朵数有显著增加，且施肥株花序间距减小，即增加了着花密度。

2.3 叶面施肥对海棠次年新叶叶绿素含量的影响

为了探讨叶面施肥对次年海棠叶片生长的影响，对各处理及对照在花落后(4月28日对海棠新叶的叶绿素含量进行了测定，结果见表3。

叶面喷施KH_2PO_4后‘红哨兵’‘白兰地’的总叶绿素含量均与对照形成显著差异，分别比对照多0.5mg/g和0.8mg/g，‘玫瑰柱’‘春喜’的叶绿素含量没有明显变化。

叶面喷施KNO_3后，‘八棱’叶绿素含量增加了0.5mg/g，当年叶片的高N含量，可能是‘八棱’叶绿素含量高于对照的原因。

“锐力3000”有机水溶肥料对‘红玉’的叶绿素含量没有显著影响。

表3 叶面施肥对海棠次年新叶叶绿素含量的影响

Table3 Effects of fertilization on content of chlorophyll of the crabapples

品种与处理	叶绿素a (mg/g)	叶绿素b (mg/g)	总叶绿素 (mg/g)
‘红哨兵’施肥	1.0161±0.1355*	0.3222±0.5760	1.3383±0.1757*
‘红哨兵’CK	0.6224±0.1034	0.1936±0.0257	0.8160±0.1213
‘玫瑰柱’施肥	1.0541±0.0501	0.3315±0.0233	1.3856±0.0459
‘玫瑰柱’CK	1.0253±0.0018	0.2989±0.0085	1.3242±0.0067
‘春喜’施肥	1.4733±0.0616	0.4759±0.0480	1.9492±0.0667
‘春喜’CK	1.2463±0.0630	0.4135±0.1006	1.6598±0.1595
‘白兰地’施肥	1.5410±0.3029**	0.5058±0.1135*	2.0469±0.3926**
‘白兰地’CK	0.9553±0.1355	0.3235±0.0446	1.2788±0.1703
‘八棱’施肥	0.9613±0.2756*	0.2656±0.0806	1.2269±0.3561*
‘八棱’CK	0.5840±0.1530	0.1497±0.0429	0.7337±0.1952
‘红玉’施肥	1.8494±0.1797	0.5660±0.1074	2.4154±0.2237
‘红玉’CK	1.7093±0.1640	0.5114±0.0536	2.2208±0.1852

注：表中数值表示为平均数±标准差，不同小写字母表示各样本在0.05水平上与对照株存在显著差异。

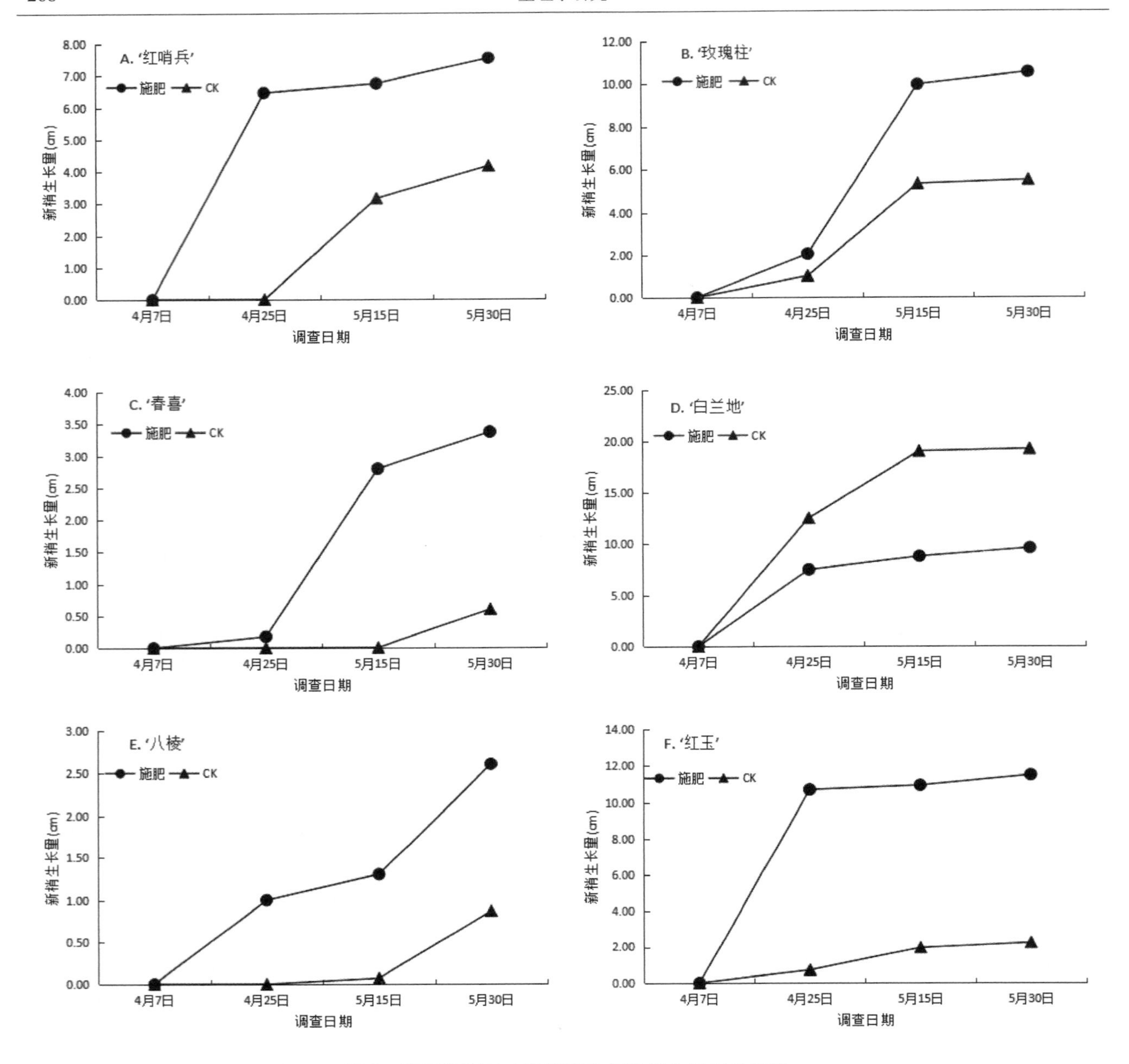

图 2 叶面施肥对 6 种海棠次年新梢生长量的影响

Fig. 2 Effects of foliar fertilization to the new shoots' growth of the 6 crabapple cultivars

2.4 叶面施肥对海棠次年新梢生长量的影响

2016 年 4 月 7 日到 5 月 30 日期间对海棠新梢生长量进行了定期调查，结果见图 2。

叶面喷施 KH_2PO_4 后，'红哨兵'新梢生长迅速，4 月 7 日至 4 月 25 日新梢平均生长了 6.45cm，而对照在 4 月 25 日之后才开始生长；'玫瑰柱''春喜'的新梢在 4 月 25 日之后也快速增长，且生长量明显大于对照。说明叶面施肥促进了'红哨兵''玫瑰柱''春喜'的新梢生长。与此相反，'白兰地'的施肥株新梢生长量与对照相比反而减少(图 2A－D)，结合'白兰地'施肥株花期长且花多的现象，认为是因为开花消耗太多养分从而使营养生长受到限制。

叶面喷施 KNO3 溶液能促进'八棱'新梢的生长(图 2E)。

叶面喷施"锐力 3000"有机水溶肥料对提高'红玉'的新梢生长量有效果，特别是在 4 月 7 日到 4 月 25 日之间，平均生长量比对照多 10cm(图 2F)。

3 小结与讨论

3.1 小结

(1)叶面喷施 KH_2PO_4(K 浓度 20mg/L)有利于'玫瑰柱''春喜'的当年叶片 P、K 含量积累并有助于次年‘玫瑰柱’花朵增大和二者花序密度提高。喷施 KH_2PO_4 还能能增加‘红哨兵’‘白兰地’次年新叶的叶绿素含量，促进‘红哨兵’‘玫瑰柱’‘春喜’的新梢生长。

(2)叶面喷施 KNO_3 溶液(N 浓度 20mg/L)能提高‘八棱’当年叶片中 K 含量和次年新叶的叶绿素含量，并加快‘八棱’的新梢生长。可以认为施肥对‘八棱’海棠的复壮取得了一定成效。

(3)叶面喷施“锐力 3000”有机水溶肥料对延长‘红玉’的花期及增加新梢生长量有促进作用。

3.2 讨论

本试验在北京市植物园海棠园进行，受各种自然环境和人为因素影响，海棠出现长势弱开花不良的情况，因此进行叶面施肥试验以改善生长状况，希望找到简单易行的海棠施肥复壮措施。

KH_2PO_4 溶液提供 P、K 元素，对改善开花品质有一定作用；KNO_3 溶液提供 N、K 元素，能促进营养生长；“锐力 3000”有机水溶肥料营养全面。根据海棠的生长情况选择合适的肥料，才能有效改善养分不足的状况，实现海棠的复壮。

植物叶片对叶面肥的吸收效果受营养液成分、环境条件等诸多因素的影响[13]，海棠作为多年生木本植物生长周期长，因此叶面施肥复壮的效果还需要进行长期连续的观察。本试验后续还将对海棠各时期生长发育进行调查和分析。

本试验海棠为海棠园已栽种的成年树，样本数目有限，不能对叶面肥浓度进行梯度实验，作为海棠复壮施肥方案有一定局限，今后考虑更合理、更全面的研究方法。

参考文献

1. 陈有民. 园林树木学[M]. 北京：中国林业出版社，1990.
2. 陈恒新. 山东海棠品种分类与资源利用研究[D]. 南京林业大学，2007.
3. 雷维群. 我国植物园的植物景观研究——以厦门植物园、北京植物园为例[D]. 北京林业大学，2011.
4. 黄云. 植物营养学[M]. 北京：中国农业出版社，2014.
5. 白玉超. 不同配方叶面肥对苎麻纤维产量和品质的影响[D]. 湖南农业大学，2013.
6. 李延菊. 设施栽培‘早红珠’油桃对叶面施肥 ^{15}N-尿素吸收、分配和利用研究[D]. 山东农业大学，2006.
7. 李惠. 大花蕙兰叶面施肥及营养液用量频率研究[D]. 北京林业大学，2014.
8. 王雪姣. 叶面肥对蓝果忍冬和黑穗醋栗生长发育及果实品质的影响[D]. 东北农业大学，2013.
9. 赵兴华，杨佳明，裴新辉，等. 叶面施肥对百合‘木门’植株和鳞茎生长的影响[J]. 中国农学通报，2014，30(1)：238－241.
10. 梁冰，陈建芳，李湛东，等. 北京地区 12 个海棠品种的生态适应性评价[J]. 浙江农业学报，2015，26(6)：1501－1504.
11. 于钦民，徐福利，王渭玲. 氮、磷肥对杉木幼苗生物量及养分分配的影响[J]. 植物营养与肥料学报，2014，20(1)：118－128.
12. 张往祥，魏宏亮，江志华，等. 观赏海棠品种群的花期物候特征[J]. 园艺学报，2014，41(4)：713－725.
13. 李燕婷，李秀英，肖艳，等. 叶面肥的营养机理及应用研究进展[J]. 中国农业科学，2009，42(1)：162－172.

自然降温过程中金叶大花六道木叶片解剖结构差异

李璐璐　姜新强　刘庆超　刘庆华　王奎玲[①]
（青岛农业大学园林与林学院，青岛 266109）

摘要　为揭示金叶大花六道木（*Abelia grandiflora*‘Francis Mason’）叶片结构对北方地区自然降温的适应性机制，本研究以金叶大花六道木叶片为试验材料，采用常规石蜡切片、扫描电镜等方法测定金叶大花六道木不同月份叶片组织结构在自然降温过程中的适应性变化。结果表明，金叶大花六道木不同时期叶片相对电导率呈不断上升的趋势，最大值出现在3月，为72.7%。叶片厚度、栅栏组织厚度、海绵组织厚度和栅海比呈先上升后下降的趋势。这些变化是金叶大花六道木对自然变温所做出的适应性变化。

关键词　金叶大花六道木；相对电导率；叶片解剖结构

Difference of the Leaf Anatomical Structure of *Abelia grandiflora* ‘Francis Mason’ varieties under Natural Drop Temperature

LI Lu-lu　JIANG Xin-qiang　LIU Qing-chao　LIU Qing-hua　WANG Kui-ling
（*College of Landscape Architecture and Forestry*，*Qingdao Agricultural University*，*Qingdao* 266109）

Abstract　In order to reveal cold tolerance of *Abelia grandiflora* ‘Francis Mason’, in this study, leaves of *A. grandiflora* ‘Francis Mason’ were used as materials. We conducted relative electrolytic leakage and the leaf histological structure by routine paraffin section and conductivity method. The results showed that the highest relative electrolytic leakage were 72.7% in March 2015. In addition, different leaf tissue structure indexes, including leaf thickness, palisade tissue thickness, spongy tissue thickness and ratio of palisade tissue to spongy tissue, were changed during a natural drops in temperature. These different indexes increased initially and then decreased with the temperature gradually decreased. These results above indicated that improved adaptability of cold tolerance in relies on the changes of *Abelia grandiflora* ‘Francis Mason’ leaf structure.

Key words　*Abelia grandiflora* ‘Francis Mason’；Relative electrolytic leakage；Leaf anatomical structure

金叶大花六道木为忍冬科六道木属半常绿灌木，金边大花六道木（*Abelia grandiflora*‘Francis Mason’），是由原产我国的糯米条和单花六道木杂交而成，最大的特色在于叶面呈金黄色。其株形优美，花期长且开花繁茂，并带有淡淡的芳香。广泛栽植于我国华东、西南地区（杨银虎 等，2015），并且具有一定的耐寒性（郭彩霞 等，2010）。如将其引种到北方地区，用于园林绿化，将极大丰富北方园林植物景观。张惠斌等（1993）的研究表明，植物叶片解剖结构与耐寒性强弱有密切关系。秋冬季节低温是限制金叶大花六道木在北方地区广泛应用的主要因素，明确金叶大花六道木叶片对北方地区自然降温的适应性变化对于其北引具有重要作用。本文以青岛地区金叶大花六道木为实验材料，对其自然降温过程中叶片相对电导率和叶片组织结构进行了不同月份的比较，揭示了金叶大花六道木在自然降温过程中叶片的适应机制，为研究金叶大花六道木耐寒性及引种适应性提供了重要参考。

1　材料与方法

试验于2014年10月至2015年3月进行，处于秋冬季自然降温过程。统计了月平均温度变化（数据来源：即墨市气象局），2014年10月—2015年3月月平均温度分别为16℃、8.5℃、0.5℃、0.5℃、2℃、7.5℃（图1）。气温从2014年10月开始明显降低，0℃以下的低温主要集中在12月至翌年2月份，在2月上旬出现极端低温 -9℃，2月之后温度逐渐回升。

① 通讯作者。Author for correspondence：王奎玲，女，青岛农业大学教授，E-mail：wkl6310@163.com。

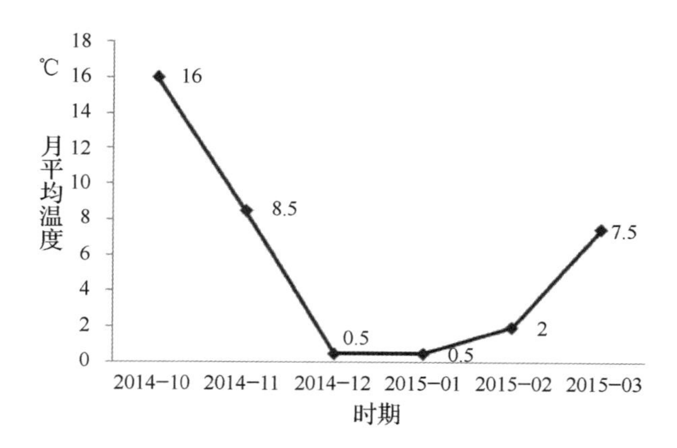

图1 2014 年 9 月份至 2015 年 4 月份青岛市即墨市月平均温度

Fig. 1 The mean values of mean temperature in every month from September. 2014 to April 2015 in Jimo.

1.1 材料

供试材料为金叶大花六道木 2 年生植株，于 2013 年引进并露地栽植于即墨市普东镇青岛农业大学实验基地中。2014 年 10 月至 2015 年 3 月，每月中旬在天气晴朗的上午(10：00 ~ 12：00)，选取生长健壮、受光较为均匀的 3 ~ 5 株植株，每株取向阳面枝条顶端向下第 4 节的生长健壮的成熟叶片 10 片，随机分为 3 个重复，每个重复取 5 个叶片。

1.2 方法

1.2.1 植株电导率

自 2014 年 10 月至 2015 年 3 月每月中旬对即墨市普东镇青岛农业大学实验基地中露地栽植的金叶大花六道木进行观测，参照李合生(2006) 测定不同时期金叶大花六道木叶片的相对电导率。

1.2.2 叶片组织结构变化

采用常规石蜡切片法测定不同月金叶大花六道木叶片组织结构变化。将 1.1 取样叶片用蒸馏水冲洗干净后，在主脉及两侧取样，样品大小 0.5cm × 1.0cm，保存于 FAA 固定液中，并用真空泵抽气后备用。切片厚度 8μm，番红、固绿双重染色，中性树胶固封。在 Olympus CX31(CX31，Olympus，Japan)光学显微镜下观察，每月共统计 30 张照片。用 Image J 软件测量叶片厚度、栅栏组织厚度、海绵组织厚度、栅海比等 4 个指标。其中栅海比按下述计算：

栅海比(Ratio of palisade tissue to spongy tissue，%) = 栅栏组织厚度/海绵组织厚度 × 100%

1.3 数据分析

采用 spss18.0 软件进行数据整理和分析，通过图基检验(Tukey)进行差异显著性分析，利用 Pearson 检验($p = 0.05$)进行相关性分析，图表均通过 Excel 2013 软件绘制。

2 结果与分析

2.1 自然降温过程中植株相对电导率变化

自然降温过程中金叶大花六道木叶片相对电导率呈逐渐升高的趋势(图 1)。2014 年 10 ~ 2015 年 3 月叶片相对电导率分别为 27.9%、31.9%、32.3%、43.2%、65.3% 和 72.7%，1 ~ 3 月叶片相对电导率极显著高于 10 ~ 12 月，相对于 10 月分别升高了 54.8%、134.1%、160.57%。随着温度降低，叶片相对电导率逐渐升高，3 月时相对电导率值最大。

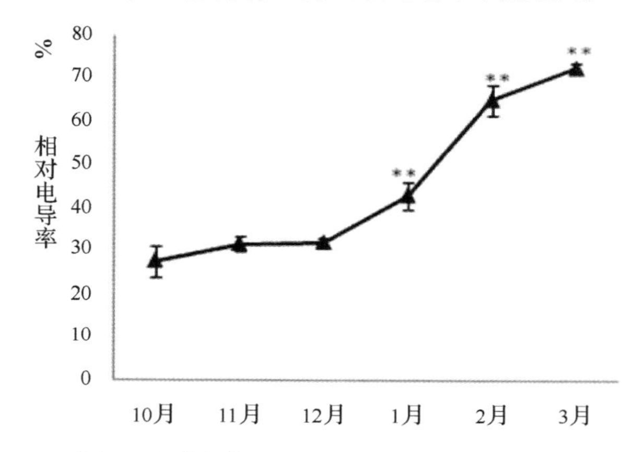

图2 金叶大花六道木不同月植株相对电导率

Fig. 2 The indexes of relative conductivity of *Abelia grandiflora* ‘Francis Mason’ under different months

注：* 表示 $P < 0.05$，* * 表示 $P < 0.01$，无标识表示 $P > 0.05$。

Note：* means significantly different at 0.05 level，* * means significantly different at 0.01 level，others means no significantly.

2.2 金叶大花六道木叶片结构特征

金叶大花六道木叶片组织结构见图 3。由图 3 可以看出，金叶大花六道木叶片结构由上表皮(UE)、下表皮(LE)、栅栏组织(PP)和海绵组织(SP)组成，维管束由木质部(X)和韧皮部(P)组成，上、下表皮均有 1 层细胞(图 3 A)。上下表皮细胞形状不规则，边缘呈波浪状(图 3C、E)，上表皮中脉附近有少许圆锥状短毛(图 3 B)，下表皮具两种毛，一种是圆锥状毛，另一种是头状腺毛(图 3 D、E)，气孔都分布在下表皮。近上表皮紧密且整齐地排列着 3 层栅栏状的叶肉细胞，为栅栏组织；栅栏组织至下表皮细胞之间散乱地排列着多层形状不规则且细胞间隙较大的细胞，为海绵组织(图 3 A)。

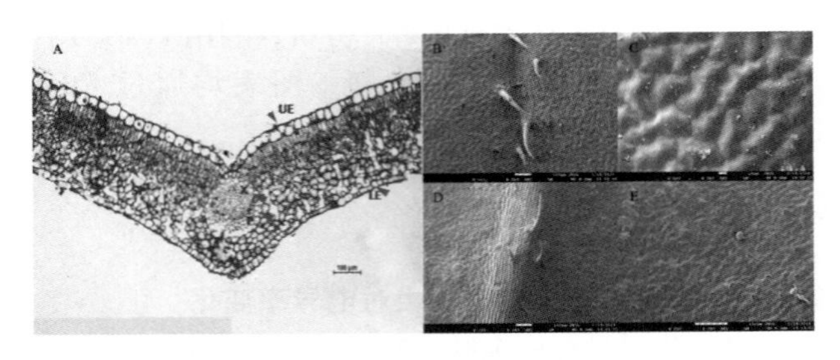

图 3 金叶大花六道木叶片解剖及表面结构特征

Fig. 3 Leaf anatomical and surface structure of *Abelia grandiflora* 'Francis Mason'

A：叶片解剖结构；B：近轴面叶脉表面结构；C：近轴面表面结构；D：远轴面叶脉表面结构；E：远轴面表面结构

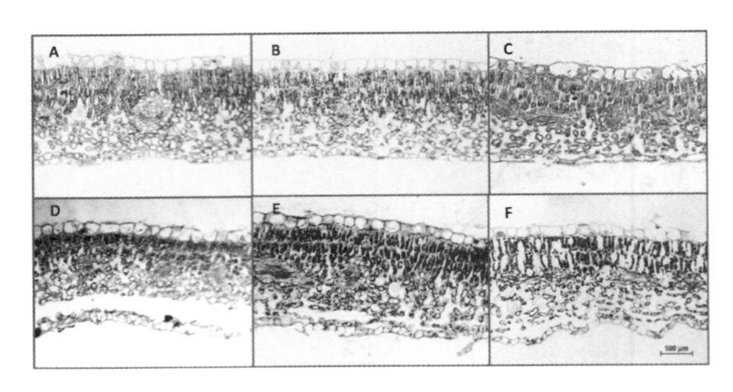

图 4 金叶大花六道木不同月份叶肉组织结构

Fig. 4 Anatomical structure of *Abelia grandiflora* 'Francis Mason' leaf mesophyll tissue under different dates.

A-F 依次为 2014 年 10 月—2015 年 3 月金叶大花六道木叶肉组织解剖

A to F represent monthly anatomical structure of *Abelia grandiflora* 'Francis Mason' leaf mesophyll tissue from October of 2014 to Match of 2015.

2.3 金叶大花六道木不同月份叶片组织结构特征

不同月份之间叶片组织结构之间细胞排列不同，11～12 月细胞之间彼此嵌合，细胞间隙较大，由圆形、卵形等不规则细胞组成(图 4)。翌年 1～3 月，细胞出现明显的质壁分离现象，且海绵组织较栅栏组织严重，以 3 月份最为严重(图 4 E、F、G)；1～3 月叶肉细胞从海绵组织与下表皮细胞排列最松散处断开，形成空隙，1 月份最严重(图 2 E)，2～3 月逐渐恢复(图 2 F、G)。

金叶大花六道木不同月份叶肉组织结构见表 1，从表 1 可以看出，不同月份金叶大花六道木叶片厚度、栅栏组织厚度、海绵组织厚度和栅海比都呈现出先增大后减小的趋势。12 月和 1 月份叶片厚度最大，分别为 353.83μm 和 369.39μm，分别比 10 月上升了 15.50% 和 20.58%；1 月栅栏组织厚度(138.87μm)最大，显著高于其他月，10 月栅栏组织厚度(110.68μm)最小，显著低于其他月份；12 月和 1 月海绵组织厚度分别为 169.67μm 和 169.01μm，显著高于其他月份；11 月栅海比值(85.5%)最大，显著高于其他月份。

表 1 金叶大花六道木不同月份叶肉组织结构

Table 1 Parameters of leaf mesophyllous *Abelia grandiflora* 'Francis Mason' under different months

月 Month	叶片厚度(μm) Leaf thickness	栅栏组织厚度 (μm)	海绵组织厚度 (μm)	栅海比 (%)
10 月	306.34 ±6.36d	110.68 ±1.97c	142.67 ±1.97cd	78.2 ±2.1c
11 月	309.29 ±4.39d	116.30 ±3.32b	136.53 ±2.57d	85.5 ±2.7a
12 月	353.83 ±4.62a	124.15 ±1.65ab	169.67 ±1.30a	73.3 ±1.2cd
1 月	369.39 ±0.40a	138.87 ±2.11a	169.01 ±1.92a	82.93 ±2.4b
2 月	334.31 ±4.57b	120.11 ±1.85b	157.67 ±4.16b	76.7 ±2.5c
3 月	322.56 ±4.52bc	126.99 ±2.73b	156.61 ±2.95b	82.0 ±3.4b

注：同列不同小写字母表示处理间差异显著($P<0.05$)

Note: Different small letters in the same column meant significant difference at 0.05 level among treatments. 下同 The same below.

3 讨论

低温逆境因子是限制金叶大花六道木在北方地区越冬的重要生态因子，植物经过长期的低温驯化其外部形态特征能够对外界环境做出改变以增强自身低温适应性，叶子暴露在空气中，是最先感受到低温且做出反应的器官。本研究对在青岛地区引种栽植的金叶大花六道木 2 年生植株进行了秋冬季节连续 6 个月的观测，随着温度的降低，金叶大花六道木叶片表现出不同程度的低温胁迫症状。植物在受到逆境胁迫时，植物体相对电导率也能够迅速做出反应(马晓娣 等，2003)。金叶大花六道木叶片相对电导率在 1～3 月显著升高，3 月达到最大值，数值的高低与叶片外部形态表现基本吻合。除叶片相对电导率能够对低温逆境做出响应外，叶片内部结构做出改变以适应低温环境。在山茶(王奎玲 等，2007)、北海道黄杨(马妮等，2011)等植物中的研究表明，叶片厚度、上下表皮、栅栏组织厚度及栅栏组织厚度与海绵组织厚度比例的增加都是叶片适应低温环境的表现。本研究对金叶大花六道木自然变温过程中不同月份叶片组织结构不同指标进行了测定，发现叶片组织结构在自然变温过程中发生适应性变化。低温胁迫下叶片面积减小，叶片厚度增加是植物对低温环境的适应性变化(Gratani *et. al*，2013)。在温度最低的12月和翌年1月，金叶大花六道木叶片厚度显著高于其他月份，较厚的叶片可以减少外界与叶片细胞之间的空气流通以适应寒冷的环境。发达的栅栏组织使叶片具有较高的紧实度，在恶劣的低温环境下对叶片具有良好的“围墙效应”(朱栗琼 等，2010)，海绵组织排列疏松且参与下表皮细胞上气孔的气体交换作用，王宁等(2013)在樟树耐寒性研究中表明海绵组织厚度与其抗寒性呈负相关，所以栅栏组织在叶肉细胞中所占比重大，能够更有效抵御外界低温对叶肉细胞的影响，因此，栅海比(栅栏组织厚度与海绵组织厚度的比值)越大，植物叶片对低温的抗性越强(郭学民 等，2015)。在自然变温过程中随着温度的降低，金叶大花六道木栅栏组织在叶片中所占的比例上升，海绵组织在叶片中所占的比例下降，栅海比上升，这是金叶大花六道木主动适应低温逆境的结果。

冬季持续低温是喜温植物在北方地区引种成功的主要限制因子，植物对低温环境做出的响应体现在植物外部形态、内部结构和生理生化等各个方面。本文对金叶大花六道木进行了1个生长季自然降温的观测记录，初步明确了其在引种地的表现，未来还需要从生理、生化等多方面衡量经低温驯化后多个生长季的金叶大花六道木的低温适应性，为其引种、育种及鉴定提供理论依据。

参考文献

1. 郭彩霞，陈法志，童俊，等. 2010. 几种彩叶植物的耐热抗寒性研究[J]. 黑龙江农业科学，(10)：77－79.
2. 郭学民，刘建珍，翟江涛，等. 2015. 16个品种桃叶片解剖结构与树干抗寒性的关系[J]. 林业科学，2015，51(8)：33－43.
3. Gratani L.，Catoni R.，Varone L. 2013. Morphological, anatomical and physiological leaf traits of *Q. ilex*, *P. latifolia*, *P. lentiscus*, and *M. communis* and their response to mediterranean climate stress factors[J]. Botanical Studies.(1)：1－12.(in Chinese)
4. 李合生，，2006. 植物生理学实验指导[M]. 北京：高等教育出版社.
5. 马妮，孙振元，刘庆华，等. 北海道黄杨叶片解剖结构的季节变化[J]. 北京林业大学学报，2011，(06)：112－118.
6. 马晓娣，王丽，汪矛，等. 2003. 不同耐热性小麦品种在热锻炼和热胁迫下叶片相对电导率及超微结构的差异[J]. 中国农业大学学报，8(5)：4－8.
7. 杨银虎，蔡凌云，王兴科. 2015. 桂林地区金叶大花六道木引种表现[J]. 中国花卉园艺，20：53.
8. 张惠斌，刘星辉. 1993. 龙眼叶片组织细胞结构特性与耐寒性的关系[J]. 园艺学报，(01)：1－7.
9. 朱栗琼，招礼军，林大庆，等. 2010. 5种绿化灌木茎叶解剖结构及耐寒性比较[J]. 中国农学通报，26(20)：267－270.
10. 王奎玲，黄鑫，刘庆超，等. 2007. 耐冬山茶叶结构与耐寒性关系研究[J]. 青岛农业大学学报(自然科学版)，24(3)：189－192.
11. 王宁，袁美丽，苏金乐. 2003. 几种樟树叶片结构比较分析及其与抗寒性评价的研究[J]. 西北林学院学报，28(4)：43－49＋102.

北京地区植被屋面基质厚度对植物生长的影响

卢珊珊　张辉　吴佳悦　赵惠恩①
（花卉种质创新与分子育种北京市重点实验室，国家花卉工程技术研究中心，
城乡生态环境北京实验室，园林学院，北京林业大学，北京 100083）

摘要　为研究植被屋面上基质厚度对植物生长的影响，试验在真实屋面环境下，对 14 种植物在 3 个基质厚度下（7cm，10cm，15cm）的生长表现进行研究。结果表明基质含水量、植物成活率、覆盖度、景观效果以及生长势与基质厚度呈正相关．基质层越厚，为植物提供的生长环境越好，植物表现得抗逆性越强。反曲景天、六棱景天、'光亮'假景天、'胭脂红'景天、红毯景天、鸢尾和观赏葱的适应能力较强，在 7cm 基质条件下表现良好，有望在北京地区基质厚度 7cm 以上，配比为草炭∶珍珠岩∶蛭石∶沙为 4∶3∶3∶1 的屋顶推广应用。

关键词　屋顶绿化；基质厚度；植物表现

Substrate Depths Influences Plants Performance on Extensive Green Roofs in Beijing Area

LU Shan-shan　ZHANG Hui　WU Jia-yue　ZHAO Hui-en
(*Beijing Key Laboratory of Ornamental Plants Germplasm Innovation & Molecular Breeding*, *National Engineering Research Center for Floriculture*, *Beijing Laboratory of Urban and Rural Ecological Environment and College of Landscape Architecture*, *Beijing Forestry University*, *Beijing* 100083)

Abstract　This paper describes an experiment investigating the influence of substrate depth on an extensive green roof. 14 plants were tested on three different substrates depths (7cm, 10cm, 15cm). It was concluded that, deeper substrate promoted higher survival and coverage, better appearance and growth vigor, as well as higher substrate moisture content. In return, plants performed better stress tolerance during the harsh environment on deeper substrate. It also found that there are some species can growth well on 7cm substrate, including *Sedum sexangulare*, *S. album* 'Coral Carpet', *S. Reflexum*, *Phedinum spurium* 'Coccineum', *P. spurium* 'Splendens', *Allium senescens* and *Iris* 'Music Box'. Those plants were expected to cultivated on green roofs in Beijing.

Key words　Green roofs; Substrate depths; Plant performance

屋顶被称为城市建筑的"第五面"，约占城市面积的 20%～25%[7]。随着社会的发展，屋顶绿化逐渐成为解决城市环境问题的重要方式。屋顶绿化可以滞留雨水[1]，为动物提供栖息地，丰富城市生物多样性[4,5]，缓解城市热岛效应，降低建筑温度，减少能源消耗[8]，改善空气质量[9]，营造良好的景观，建设城市农业，并能延长屋顶的寿命[10]。由此可见，屋顶绿化是一项有前景的生态工程技术[15]。屋顶绿化可分为两类形式，即屋顶花园和植被屋面。相对于屋顶花园，植被屋面具有基质层薄（厚度小于 20cm），对荷载要求小，管理粗放等特点，适合在城市中广泛应用[12]。

屋面上光照强、风大、基质薄、生长环境恶劣[14]，影响植物生长的因子除光照、温度、湿度、风速外，更重要的一个因子就是种植基质厚度[2]。基质层为植物根系提供生长环境及水分、养分。通常而言，基质层深厚有利于植物的生长，可栽植的植物种类更加丰富，植物生长茂盛，覆盖度也更高[10]，同时可以阻止杂草的滋生[2]。在干旱的条件下，基质层过薄（＜10cm），许多非景天类的植物将无法生

① 通讯作者。

存[4,5,15]。此外，基质层越厚，屋面的降温隔热作用更强[3]，并且对雨水径流的延迟作用更大，能有效地滞留雨水[1,6]。但是基质层越厚，对屋面承重的要求越高，造价也会提升，导致植被屋面的适用范围减小。

国内针对屋顶绿化基质配方的研究较多，关于植物及植物组合在不同基质厚度上适应性的研究还很少。本试验将基质层厚度设 3 个梯度(7cm，10cm 和 15cm)，在干旱条件下观察 14 种植物在不同基质厚度上的表现，分析基质厚度对植物生长的影响，推断北京地区适宜植物生长的基质最小厚度。

1　材料与方法

1.1　试验材料

根据北京的气候特点，综合前人研究与本课题组前期试验成果，本试验选用了 14 种可适应北京地区植被屋面环境的植物，分别是：六棱景天(*Sedum sexangulare*)、石景天(*S. acre*)、红毯景天(*S. album* 'Coral Carpet')、反曲景天(*S. reflexum*)、'胭脂红'景天(*Phedinum spurium* 'Coccineum')、'光亮'假景天(*P. spurium* 'Splendens')、垂盆草(*S. Sarmentosum* Bunge)、地被菊(*Chrysanthemum morifolium*)、观赏葱(*Allium senescens*)、杂交百里香(*Thymus hybrid*)、岩生肥皂草(*Saponaria officinalis*)、鸢尾(*Iris* 'Music Box')、白花点地梅(*Androsace incan*)和丛生福禄考(*Phlox subulata*)等。

种植基质以草炭、珍珠岩、蛭石和沙子 4 种材料为基本成分，按照草炭∶珍珠岩∶蛭石∶沙子 = 4∶3∶2∶1 配比混合而成。设 3 个厚度，分别为 7cm、10cm 和 15cm。种植盒为 630mm × 420mm × 280mm 的塑料盒，底部有排水孔。各结构层按照实际工程要求铺设了排水板和过滤层(无纺布)。

1.2　种植方法

试验于 2014 年 4 月在北京市第六十五中学实验楼 4 层屋面开展。将 14 种植物分成景天类和非景天类两组，栽植到不同厚度的基质上，形成了 6 种处理，将每个处理设 3 次重复，共 18 个种植模块。采用完全随机试验方法，将种植盒模块放置于屋面上。建植后每周浇水 2 次，从 2014 年 7 月起停止人工灌溉。

1.3　测量指标及方法

基质含水量：使用便携式 TDR 土壤湿度计测量。

生长势：采用 0 ~ 5 分评分制：0 分，植株死亡；1 分，植株干枯或腐烂；2 分，植株萎蔫、生长缓慢；3 分，植株状况一般；4 分，植株健康，表现出一定的生长；5 分，植株生长迅速，健壮整齐，枝繁叶茂[14]。

覆盖度：网格法，焊制不锈钢框架，内径与种植盒相匹配，打孔，用绳线制成 5 × 5 = 25 个小格。测量时，将框架置于每个种植盒上，垂直观察，记录数量。即：覆盖度 = 植物覆盖的小格数/25 × 100% 。

景观效果：采用 3 级分级制：1 级(7 ~ 10 分)，植株生长状况良好，具有较强的美感和可观赏性；2 级(4 ~ 6 分)，植株生长状况一般，不太具有吸引力；3 级(0 ~ 3 分)，植株生长状况较差，不具观赏性。

观测期从 2014 年 5 月 28 日至 2015 年 10 月 8 日，记录周期均为 15 天。

1.4　分析方法

利用 PASW statistic 18 对数据进行分析，采用单因素方差分析法(one-way ANOVA)对数据进行分析。

2　结果与分析

2.1　基质厚度对植物成活率的影响

在植物栽植 1 个月后，笔者于 2014 年 5 月 6 日对植物的成活率进行统计，见图 1 和表 1。整体来看，植物的成活率与基质厚度呈正相关，15cm 中的植物的平均成活率最高，达 97%，10cm 上的成活率次之，为 92.5%，7cm 最低，为 87.2%。结合表 1 来看，15cm 基质层上，有 11 种植物全部成活，10cm 和 7cm 上依次为 7 种和 4 种。其他植物品种的成活率随着基质厚度的增加而上升。说明基质层越厚，为植物根系提供的生长环境越好，更有利于植物成活。尽管不同基质厚度对植物成活率有一定的影响，但不存在显著性差异。

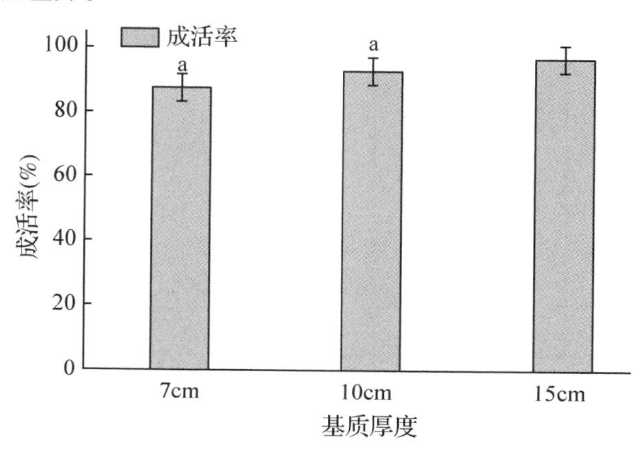

图 1　不同基质厚度上植物的平均成活率

Fig. 1　Average percent survival of all plants at different substrate depths

表 1　14 种植物在不同基质厚度上的成活率

Table1　Percent survival of 14 species at different substrate depths

建植成活率（%）							
植物名称	7cm	10cm	15cm	植物名称	7cm	10cm	15cm
六棱景天	93	100	100	杂交百里香	81	81	93
‘红毯’白景天	100	100	100	白花点地梅	67	81	83
石景天	96	100	100	鸢尾	96	78	100
反曲景天	93	96	100	丛生福禄考	44	44	78
‘胭脂红’景天	100	100	100	地被菊	100	100	100
光亮假景天	100	100	100	观赏葱	100	100	100
垂盆草	86	96	100	岩生肥皂草	78	94	100

从植物的个体方面来看，植物在耐移栽、对屋面环境的适应性方面存在差异。从表 2 可以看出，‘红毯’白景天、‘胭脂红’景天、光亮假景天、地被菊和观赏葱等 5 种植物适应性较好，全部成活。丛生福禄考对屋面的适应性最差，在 7cm 和 10cm 上的成活率仅 44%。除鸢尾外，植物的成活率随着基质厚度增加而提高，而鸢尾则是在 10cm 上的成活率最低，为 78%。

2.2　基质厚度对基质含水量的影响

植被屋面上，不同基质厚度中的含水量存在显著性的差异，见图 2。除了个别阶段外，15cm 与 7cm 的基质含水量均存在显著性的差异。比较来看，3 个厚度上的基质含水量为 15cm > 10cm > 7cm，说明基质越厚，基质中的水分越充足。试验初期的 3 个月（4～6 月）有规律地灌溉养护，因此 2014 年 5、6 月份的基质含水量均处于较高的水平。由于灌溉不同于自然干降水，自然降水分布是均匀的，而灌溉则以“浇透”为标准，基质层越厚所浇的水也更多，所以 5～6 月期间不同基质厚度中的含水量相差较多，具有显著性差异。从整体的变化趋势来看，基质含水量在不同厚度上的变化趋势一致。蒸发、植物蒸腾作用对基质含水量变化也存在影响，所以基质含水量在夏季的波动较大。

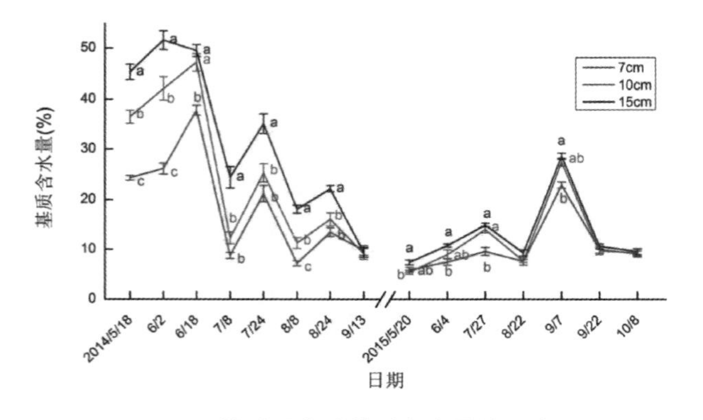

图 2　基质厚度对基质含水量的影响

Fig. 2　Effect of different substrate depths on substrate moisture

2.3　基质厚度对植物覆盖度的影响

由图 3 可见，3 种基质厚度上的覆盖度整体变化趋势相近，且 2015 年的覆盖度高于 2014 年，说明植物在第二年生长更加健壮。建植初期，在规律的灌溉养护下，植物经过缓苗期迅速生长，覆盖度上升较快，到 2014 年 7 月初均达到 80% 左右，此间基质厚度对覆盖度无显著性影响；7 月停止灌溉后，植物整体的覆盖度出现下降；8、9 月雨水充沛，覆盖度均有所恢复，由于天气炎热，不同厚度上的植物覆盖度出现差距，覆盖度从高到低依次为：15cm > 10cm > 7cm。

2015 年中覆盖度变化以气候和植物生长规律为主导，15cm 厚度上的植物覆盖度在各个时期都较高，保持在 73.4%～85.3% 之间；10cm 厚度上的覆盖度在 6～8 月份维持在 80% 左右，9 月初下降到最低 66.8%，之后随着降雨量的增加，覆盖度有所上升；7cm 厚度上的覆盖度相对较低，最高时为 76.3%。2015 年中不同厚度间的覆盖度存在显著性差异，15cm 基质层的优势明显。

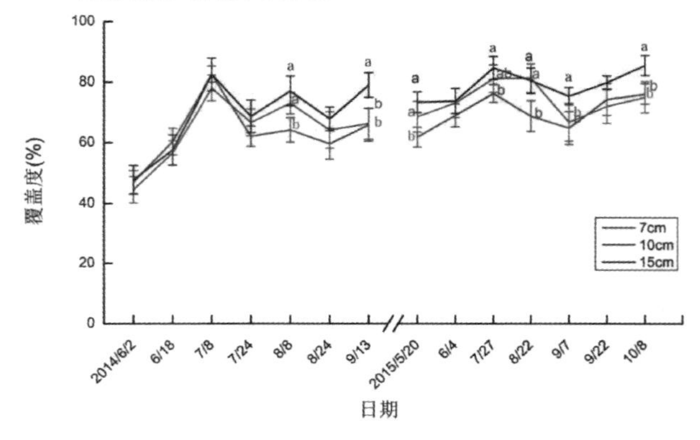

图 3　基质厚度对覆盖度的影响

Fig. 3　Effect of different substrate depths on coverage

2.4 基质厚度对景观效果的影响

基质厚度对植被屋面的景观效果有一定影响(图4)。从整体趋势来看，不同基质厚度的植物景观效果变化相近，植被屋面建植后，随着植物的生长，观赏性越来越高，在2014年7月上旬景观效果达到最佳，之后炎热的气候对植物景观产生一定影响。2015年的景观效果优于2014年，景观效果最佳的时期依然是7月。2015年各厚度上的景观效果也更加稳定。将3个厚度的景观效果对比来看，总体呈现15cm > 10cm > 7cm，出现说明基质厚度越厚，植物生长相对较好。但是，除了每年的7月末，15cm与10cm、7cm有显著差异外，其他时期3个厚度之间的景观效果差异不显著，说明基质厚度对植被屋面的景观效果影响不大。

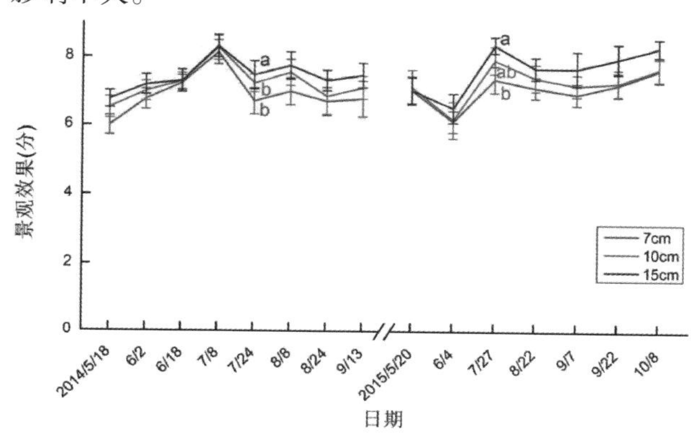

图4 基质厚度对景观效果的影响

Fig. 4 Effect of different substrate depths on visual appearance

2.5 基质厚度对植物生长势的影响

整体来看(图5)，除个别种类外，大部分植物的生长势与基质厚度呈正相关，基质越厚，植物长势越好。其中红毯景天、反曲景天、'胭脂红'景天和'光亮'假景天、鸢尾长势较好，虽有变化但整体表现比较稳定。垂盆草、石景天在7cm上的表现不佳；白花点地梅和丛生福禄考对表现出的适应能力较差，白花点地梅在第一个生长季后期全部死亡，丛生福禄考在第二年中，仅在10cm上有植株成活，但在2015年秋季全部死亡。地被菊和杂交百里香的长势波动较大，在夏季少雨的时期干枯、死亡严重，基质层越薄，表现出的抗逆性越差。岩生肥皂草在2015年夏季曾全部枯萎死亡，但到了雨水充沛的季节，通过自播繁衍出许多幼苗。

3 结论与讨论

以上结果表明，基质厚度对植物的生长有重要的影响，基质层越厚，基质含水量也相对较高，可为植物提供更好的生长环境。植物在深厚的基质层上，成活率、覆盖度较高，长势和景观效果也相对较好，并且植物在应对胁迫环境时，表现得抗逆性也较强。

尽管3个基质厚度上存活的植物种类相差不多，但是植物的成活率、长势以及形成的覆盖度却有一定的差别。景天类植物种反曲景天、六棱景天、'光亮'假景天、'胭脂红'景天和红毯景天，非景天类植物中鸢尾、观赏葱等适应能力较强，在7cm的基质层中亦可良好生长，在实际应用中可考虑使用。

本试验除建植初期外无任何灌溉措施，若在一些关键时期，如春季和夏季的干旱时期给予适当的补水，植物的存活率和表现会更好。另外，本试验中基质厚度间的差距并不是很大，因此一些指标之间并未形成显著性的差异。未来的可设计多厚度梯度来做对比，并选用更多的植物种类进行试验。

参考文献

1. Beck D. A. , G. R. Johnson, G. A. Spolek, Amending green-roof soil with biochar to affect runoff water quantity and quality [J]. Environmental Pollution, 2011, 159 (8): 2111 –2118.
2. Boivin, M. A. , Lamy, M. P. , Gosselin, A. , Dansereau, B. , Effect of artificial substrate depth on freezing injury of six herbaceous perennials grown in a green roof system [J]. Hort Technology, 2001, 11 (3): 409 –412.
3. Brown, C. , J. Lundholm, Microclimate and substrate depth influence green roof plant community dynamics [J]. Landscape and Urban Planning, 2015, 143: 134 –142.
4. Dunnett, N. , Nagase, A. , Hallam, A. , The dynamics of planted and colonising species on a green roof over six growing seasons 2001 –2006: influence of substrate depth [J]. Urban Ecosystems, 2008, 11(4): 373 –384.
5. Getter K. , Rowe. B. Substrate depth influences Sedum plant community on a green roof [J]. Hort Science, 2009, 44 (2), 401 –407.
6. Gregoire, B. G. , J. C. Clausen, Effect of a modular extensive green roof on storm water runoff and water quality [J]. Ecol. Eng. , 2011, 37 (6): 963 –969.
7. 刘娜娜. 国内屋顶绿化功能研究综述[J]. 常州工学院学报, 2009(3): 17 –20.
8. Madre, F. , A. Vergnes, N. Machon, P. Clergeau, A comparison of 3 types of green roof as habitats for arthropods [J]. Ecol. Eng. 2013, 57(8): 109 –117.

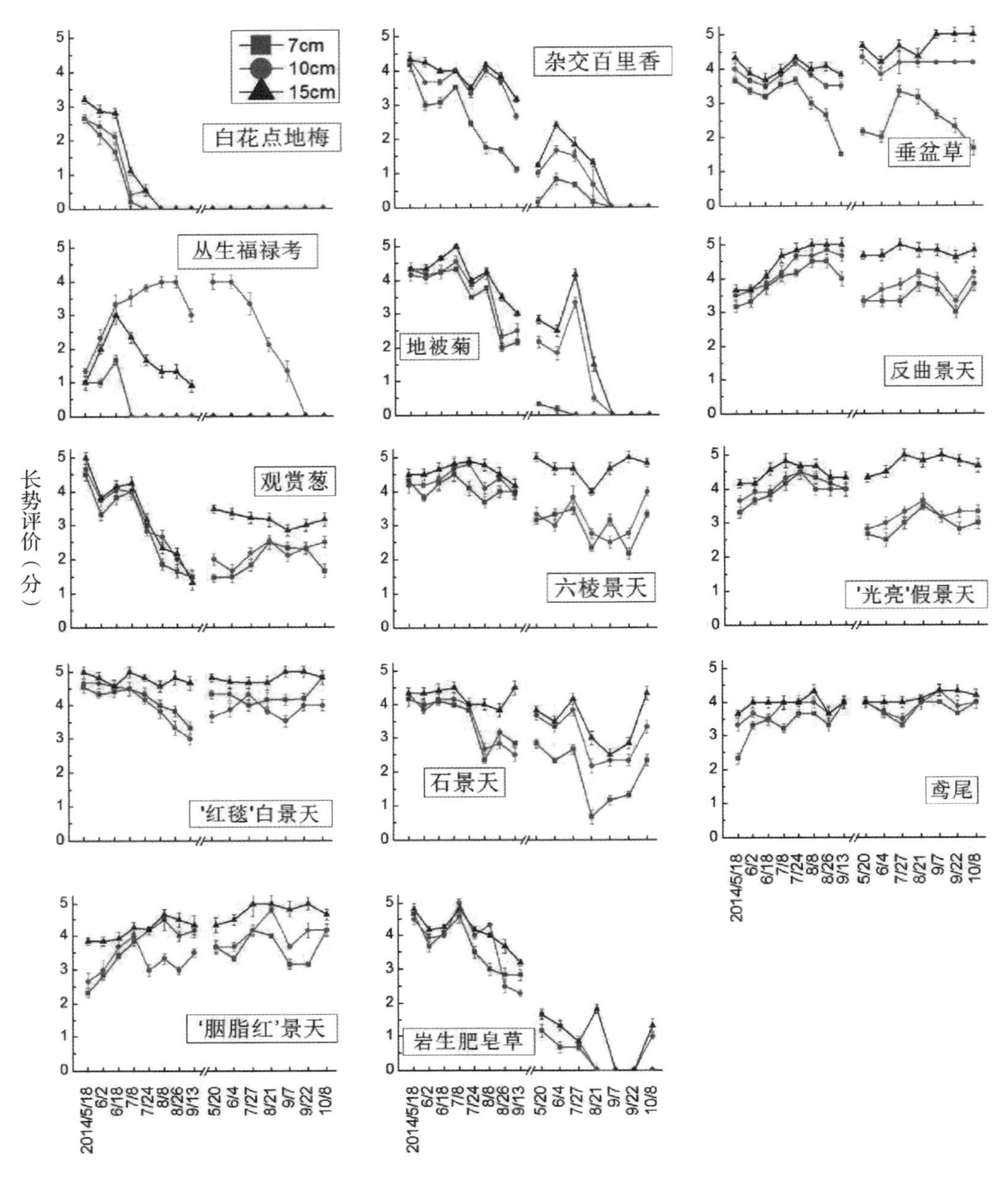

图 5　14 种植物在 3 个基质厚度上的生长势

Fig. 5　Visual rating of 14 species cultivated at three different substrate depths

9. Mitsch, W. J. , What is ecological engineering? [J]. Ecol. Eng. , 2012, 45(8): 5 – 12.
10. Rowe, B. , k. Getter, AK. Durhman, Effect of green roof media depth on Crassulacean plant succession over seven years[J]. Landscape &Urban Planning, 2012, 104(s3 – 4): 310 – 319.
11. Snodgrass E. C. & L. L. Snodgrass, Green roof plant: A resource and planting guide [M]. Timber Press, 2006: 55
12. 王书敏，何强，孙兴福，等．两种植被屋面降雨期间调峰控污效能分析[J]．重庆大学学报，2012，35(5)：137 – 142.
13. 冼丽铧，鲍海泳，陈红跃．屋顶绿化研究进展[J]．世界林业研究，2013，26(2)：36 – 42.
14. 杨恒．北京地区植被屋面植物材料和栽培基质的筛选研究[D]．北京：北京林业大学，2012.
15. Zhang Hui, Lu Shanshan, Wu Jian. Effect of substrate depth on 18 non-succulent herbaceous perennials for extensive green roofs in a region with a dry spring[J]. Ecological Engineering, 2014, 71: 490 – 500.
16. 张华，曹金露，李茂，等．简单屋顶绿化降雨产流时间研究[J]．土木工程学报，2015，48 (S2)：391 – 395.
17. 赵惠恩，饶戎，董翔．屋顶绿化技术与建筑节能应用——生态建筑的植被屋面[M]．北京：中国建筑工业出版社，2009：73.

长三角地区大花萱草主要病虫害的发生与防治*

赵天荣　徐志豪
（宁波市农业科学研究院，宁波 315040）

摘要　大花萱草(*Hemerocallis hybridus*)在长三角地区栽培应用常有病虫害发生，多年的栽培实践和调查表明，大花萱草常见病害主要有锈病、白绢病、炭疽病、叶枯病和叶斑病。其中锈病危害最为严重，一年内多次发生，5～6 月和 9～11 月发病较重；炭疽病主要发生在 5～8 月的高温期；叶斑病主要发生在 3～6 月苗期；叶枯病主要发生在 5、6 月，主要危害叶片和花薹，白绢病主要发生在梅雨季节和高温潮湿的环境里。大花萱草虫害主要有蚜虫、红蜘蛛和蛞蝓。蚜虫主要发生在春、夏两季，危害幼叶和花薹；红蜘蛛在春末和夏季，干旱时容易发生，危害叶片；蛞蝓主要危害大花萱草的叶片。大花萱草主要病虫害的防治应以农业防治和化学防治结合进行，该文对发生规律和防治措施进行了总结，为大花萱草在长三角地区的栽培和推广提供了技术依据。

关键词　大花萱草；病虫害；农业防治；化学防治

The Occurrence and Control of Main Diseases and Pest of *Hemerocallis hybridus* in Yangtze River Delta

ZHAO Tian-rong　XU Zhi-hao
(*Ningbo Academy of Agricultural Sciences*, *Ningbo* 315040)

Abstract　The ulture application of *Hemerocallis hybridus* usually have disease and insect pests, Years of cultivation practices and surveys show that the common diseases of *Hemerocallis hybridus* include rust, southern blight, anthrax, leaf blight and leaf spot disease. Rust, which is the most serious harm, occurred more seriously from May to June and September to November, many times in a year. Anthrax mainly occurred in the high temperature period from May to August. Leaf spot disease mainly occurred from March to June at Seedling Stage. Leaf blight mainly occurred from May to June against the leaves and flowers. Blight occurred mainly in the rainy season, high temperature and humid environment. The common pests of *Hemerocallis hybridus* include aphid, red spider and slugs. Aphids occurred mainly in spring and summer against the young leaves and flower buds. Red spider which harmful to the leaves is easy to occur during the drought in the late spring and summer. Slugs mainly damaged the leaf of *Hemerocallis hybridus*. Control of main pest and diseases of *Hemerocallis hybridus* should be combined with agricultural and chemical control. In this paper, the occurrence regularity and control measures had be summarized, which woulde be provide the technical basis for the cultivation and promotion of *Hemerocallis hybridus* in the Yangtze River Delta region.

Key words　*Hemerocallis hybridus*; Disease and pest; Agriculture control; Chemical control

萱草属(*Hemerocallis*)是百合科(Liliaceae)多年生草本，全属植物约 14 种，主要分布于亚洲温带至亚热带地区，原产我国的就有 11 种和部分自然杂交变种；少数分布在日本、朝鲜和前苏联[1-2]。大花萱草品种繁多，花形秀美，叶色翠绿，花色丰富，花期较长，是融观叶与观花于一体的优良园林绿地花卉，受到世界各国人民普遍喜爱，萱草已经成为品种最丰富的宿根花卉之一[3]，享有“宿根之王”的美誉。其对

* 基金项目：宁波市科技攻关项目(2013C10006)；国家星火项目(2014GA701015)；宁波市特派员团队项目(2014C80059)；宁波市农科教结合项目(2012NK39)。
作者简介：赵天荣(1980－)，女，河北沧州人，硕士，农艺师，主要从事观赏植物育种研究；E-mail：rongronglily@163.com。

土壤要求不严格，养护成本较低，是建设节约型园林的首选。在中国城镇化不断推进和美丽中国建设的大环境下，大花萱草在长三角地区应用越来越广泛。

长江三角洲属中国东部北亚热带季风气候。温暖湿润，雨、热同期。雨量充沛，年降水量1000～1400mm。气候条件适合大花萱草的生长，由于气候适宜，雨热同期，降雨较多，因此一些病虫害也容易传播发生。近几年的栽培实践和调研发现锈病成为危害长三角地区大花萱草的主要病害，南京、上海、杭州、宁波、苏州等地都有发生；其次是白绢病，传播较快，可以导致植株整株死亡；再次是叶枯病、炭疽病、叶斑病，危害相对较轻。虫害主要有红蜘蛛、蚜虫和蛞蝓，其中红蜘蛛危害最为严重。该文结合多年的栽培实践，对大花萱草主要病虫害的发生规律、危害情况及防治措施等进行了总结，希望能够为广大花农和园林绿化养护工作者提供帮助，为大花萱草在长三角地区的推广应用提供技术参考。

1 大花萱草病害

1.1 锈病

1.1.1 危害症状

大花萱草锈病是由萱草柄锈菌 *Puccinia hemerocallidis* 引起的真菌性病害，是萱草中后期的主要病害。初发病时叶片产生黄绿色斑点，逐渐扩大变成橘黄色，即夏孢子堆，夏孢子堆多生于叶背，黑褐色，长期留于表皮下，病叶呈现锈红色。寄主生长后期，产生黑色长椭圆形冬孢子堆，冬孢子堆也多生于叶背，黑褐色，长期埋生于表皮下。严重时全株叶片枯死，花薹变红褐色，花蕾干瘪或凋谢脱落[1]。

1.1.2 发病规律

大花萱草锈病寄主除萱草外，性孢子和锈孢子阶段寄生于败酱草。病菌以菌丝体或孢子在病株上越冬[1]。次年花圃发病后形成大量夏孢子。夏孢子借气流传播，重复侵染，5月上旬开始发生，6～7月最为严重，直到10月以后才逐渐停止，主要危害叶片、花薹。冬孢子在侵染循环中作用尚不清楚，以担孢子危害败酱草。气温24～28℃、相对湿度85%左右，有利发病和蔓延。栽植过密，通风透光差、地势低洼、排水不良、土质瘠薄缺肥、长期不清理田园和病株等均会加重发病。

1.1.3 防治措施

加强管理勤松土除草，开沟排水，避免栽植在低洼潮湿的地段，保持适当株行距，以利于通风透光，病后及时去除老叶枯薹，收集病残体烧毁或深埋，多施有机肥和磷、钾肥。喷药保护，进入5月份喷施15%三唑酮750倍液连续喷施2次，间隔1周，提前防护。如出现5%植株发病时再用15%三唑酮750倍液和10%的世高（主要成分苯醚甲环唑）1000倍液配合使用，连续喷施2～3次，间隔时间7～10天。冬季清理田园，田间生产栽培的大花萱草，11月份可以进行刈割，留5cm茬口即可，将所有枯叶清除和焚烧，之后田间喷施多菌灵800倍液或农用链霉素800倍液，连续喷施2次，间隔1周。

1.2 白绢病

1.2.1 危害症状

白绢病俗称烂脚瘟，又叫根腐病，由齐整小核菌 *Sclerotium rolfsii* 侵害引起[2]，发病初期先在叶鞘基部出现水渍状褐斑，之后迅速扩展，稍有凹陷，可见白色绢丝状物并伴有大量棕褐色小菌核，根茎腐烂发病重时扒开表土也能见到菌丝，叶片呈淡黄色严重时茎基部全部腐烂，整丛枯死。

1.2.2 发病规律

本病主要以菌核在土壤中越冬，也可以菌丝体遗留在病残组织中越冬。条件适宜时菌核萌发产生菌丝，从根部或近地面的茎基部直接侵入，也可从根茎部的伤口侵入，还可通过雨水、肥料和农事操作传播。多发生于5、6月梅雨季节，温度高、湿度大有利于病害的发生流行。

1.2.3 防治对策

大花萱草花后及时清园，并进行深耕，结合整地施入适量石灰，均可减少病害发生。发现病株及时拔除销毁，病穴可撒施石灰进行消毒。发病初期在植株茎基部及周围土壤喷洒50%代森铵1000倍液，隔7天喷1次，连喷2～3次。

1.3 炭疽病

1.3.1 危害症状

大花萱草炭疽病由百合科刺盘孢 *Colletotrichum liliacearum* 侵害引起，危害叶片，初期叶上出现水渍状，褐色小斑点近圆形，逐渐扩大成长椭圆形、不规则形、浅褐色病斑，病斑周围红褐色，外围有黄色晕圈[1]。病斑可相互愈合，全叶扭曲干枯，病部组织开裂枯死，后期病部生黑褐色小黑点即病菌孢子盘，发病后会影响大花萱草的观赏价值。

1.3.2 发病规律

大花萱草炭疽病寄主除大花萱草外，还生于鸢尾、玉玲等植物。病菌以分生孢子盘在病残体上越冬。次年分生孢子借风雨传播。温度高，湿度大，病部湿润，有水滴、水膜或连续阴雨时利于发病。长三角地区5～10月均有发生，其中6、7月发病较重。

1.3.3 防治措施

合理施肥，及时排水，避免花圃积水或地表湿度过大。秋冬季彻底清除病残体，集中烧毁或深埋。生长季节拔除病重植株，选无病株进行分株繁殖。在雨季前喷洒75%百菌清可湿性粉剂600倍液，25%咪鲜胺1000倍液或80%炭疽福美800倍液，连续喷3~4次，间隔时间为1周，可有效防治和控制病情。

1.4 叶斑病

1.4.1 危害症状

叶斑病由同色镰孢菌 *Fusariam concolor* 侵染引起，主要危害叶片。开始在嫩叶中部正面，沿叶脉附近出现暗绿色针头大小的点，经1~2d，扩大成水渍状，并透过叶片[3]。受害处呈淡黄色半透明状，病斑边缘清楚有黄色晕圈，中央灰白色，随着病斑扩大，凹陷加深呈深褐色，病健交界清楚，最后病斑破裂，叶片呈穿孔状；薹秆发病，初为褐色水渍状小点，后扩展成纺锤形病斑，中央凹陷，湿度大时可见淡红色霉层，发病重时造成茎叶枯萎、薹秆折断[4]。

1.4.2 发病规律

病菌以菌丝体或厚垣孢子在病叶、薹秆和土壤中越冬，翌年春季孢子经气流传播，侵染大花萱草春苗叶片，病斑上可不断产生分生孢子循环侵染，使病害加剧。长三角地区一般于3月下旬开始发生，4月进入旺发期，5月中、下旬发病最严重，7月后发病趋于缓和。病菌开始在枯死的大花萱草叶片和薹秆组织上越夏，9月上旬以后又开始侵害秋苗，并在枯死的秋苗病残体中越冬。高温高湿、栽种过密、植株衰老、杂草丛生、管理粗放、栽植年限过久的地块发病较重。

1.4.3 防治措施

加强田间管理，及时除草、追肥，花后清除薹杆，入冬前彻底割除枯死秋苗，烧毁病叶，清洁田园。开春后要松土除草，开沟排水，并控制施肥量，以防春苗生长过嫩而诱发病害。发病初期摘除病叶，集中销毁，减少病源。并喷药保护，可用70%甲基托布津1000倍液或50%多菌灵800倍液喷洒，连续用药2~3次，间隔1周。

1.5 叶枯病

1.5.1 危害症状

大花萱草叶枯病由泡状葡柄霉菌 *Stempkylium vesicarium* 侵染引起，是继叶斑病后发生的苗期病害[5]。主要危害叶片，也危害花薹，从幼苗时便发病，感病最初在叶尖或叶缘出现水渍状褪绿小点，之后出现褪绿的黄褐色条纹，若病斑产生于叶尖，则叶尖枯死，然后沿叶脉向下扩展，病部产生许多黑色小点粒，发病严重时，斑斑相连成褐色条斑，使叶片枯死。枯死植株到秋天仍能长出秋苗。花薹受害多在近地表处产生水渍状的小斑点，后变成黄褐色长卵圆形的斑点，病健交界处呈深褐色，病斑中央产生小黑点，严重时可使花薹枯死[3]。

1.5.2 发病规律

该病病菌以菌丝体或分生孢子在田间残留的薹秆及病叶上越冬，翌年春天分生孢子随风雨传播，侵染大花萱草幼苗，受害植株上不断产生分生孢子循环侵染。4月下旬开始发病，5~8月发病最严重，温度为18~25℃，湿度达80%以上最易发病。通风条件差，排水不良，土壤瘠薄，酸性重及生长不良的情况下发病明显偏重，另外品种间抗病性强弱差异较大，长三角地区的萱草野生种比引进的大花萱草品种抗性强。

1.5.3 防治措施

选育抗病品种，逐渐淘汰易感病的品种，栽培2~3年的植株应及时分株移栽。保持适当株行距，以利通风透光，及时清除病残体，减少侵染源，入冬前清理田园。清理田园后(11月中旬)、病害发生前(4月中旬)和发病初期用70%甲基托布津700倍液、50%多菌灵600~800倍液或50%的代森锰锌600倍液连续喷施2~3次，间隔时间为1周。

2 大花萱草虫害

2.1 红蜘蛛

2.1.1 危害症状

红蜘蛛的若螨、成螨群聚于叶背吸取汁液，使叶片呈灰白色或枯黄色细斑，严重时叶片干枯脱落，并在叶上吐丝结网，严重影响大花萱草的生长发育及观赏效果。

2.1.2 发生规律

红蜘蛛年生10~20代，由北向南逐增，越冬虫态及场所随地区而不同，长三角地区以各种虫态在杂草及树皮缝中越冬。翌春气温达10℃以上，即开始大量繁殖。先在杂草或其他寄主上取食，3~4月大花萱草发芽后陆续向其植株迁移，繁殖数量过多时，常在叶背成团聚集，滚落地面，被风刮走或向四周爬行扩散。高温低湿的5~7月份和9~10月份为害重，尤其干旱年份易于大发生。但温度达30℃以上和相对湿度超过70%时，不利其繁殖，暴雨对其有抑制作用。

2.1.3 防治措施

预防是关键，防治早期为害，是控制后期猖獗的关键。去除病虫枝及清除杂草，集中烧毁；及时检查叶面和叶背，发现叶螨为害时，应及早喷药。夏季螨量不大时，可喷清水冲洗；虫害发生严重时，73%克螨特2000倍液或使用15%哒螨灵乳油2500~3000倍液均有较好的防治效果。

2.2 印度修尾蚜

2.2.1 危害症状

印度修尾蚜属同翅目蚜总科，拉丁学名 *Indomegoura indica*[6]，主要危害大花萱草的茎、花蕾、叶片，刺吸叶内汁液，易造成黄叶、落叶，并排泄大量蜜露，从而引起煤污病，枝叶变黑，不能正常开花。

2.2.2 发生规律

印度修尾蚜以卵在寄主根际处越冬，印度修尾蚜约7d更新一代，有的有翅，有的无翅。在春季和秋末以无翅蚜为主，夏季到秋末之前以有翅蚜为主。宁波地区3月中旬就有无翅蚜开始危害萱草新叶，5月初有翅蚜危害花薹和花蕾，7~8月危害最重，随着气温升高而产生有翅蚜迁飞他处危害，10月后陆续回迁至寄主根际处产卵越冬，翌春3~4月开始危害。

2.2.3 防治措施

及时铲除杂草，剪除残枝败叶，特别是有虫的叶片；黄色粘虫板诱杀有翅蚜；注意保护天敌，如瓢虫、草蛉等。天敌数量多时，尽量少用广谱性农药，选用适合的生物农药。萌芽期、越冬卵孵化高峰期或发生量大时，要及时喷药，可用6%吡虫啉3000~4000倍液进行叶面喷雾。

2.3 蛞蝓

2.3.1 危害症状

蛞蝓，学名 *Agriolimax agrestis*，腹足纲柄眼目蛞蝓科。俗称鼻涕虫，是一种软体动物。雌雄同体，外表看起来像没壳的蜗牛，体表湿润有黏液。其爬行时常舐食大花萱草叶的表皮，叶片正面出现一条条白色带状物，白色带状物下的叶表皮与叶脱离，严重影响大花萱草的观赏效果。

2.3.2 发生规律

蛞蝓以成虫体或幼体在作物根部湿土下越冬。5~6月在田间大量活动为害，入夏气温升高，活动减弱，9~11月气候凉爽后，又活动为害。完成一个世代约250d，5~7月产卵，卵期16~17d，从孵化至成贝性成熟约55d。怕强光，昼伏夜出，晚上22：00~23：00达高峰，清晨之前又陆续潜入土中或隐蔽处。耐饥力强，在食物缺乏或不良条件下能不吃不动。阴暗潮湿的环境易于大发生。

2.3.3 防治措施

铲除杂草，并撒上生石灰粉，以减少蜗牛的滋生地；在大花萱草地上撒石灰带，毒杀蜗牛。每100m^{2}用6%四聚乙醛颗粒80~100g，也可每100m^{2}用6%聚醛甲萘威80~100g，混合砂土1.5~2.5kg均匀撒施，使蜗牛易于接触药剂。

参考文献

1. 蔡祝南，张中义，丁梦然，等．花卉病虫害防治大全[M]．北京：中国农业出版社，2002，12，59.
2. 董国堃，张惠琴，沈建新．台州金针菜主要病害的发生及防治[J]．长江蔬菜，2005，9：25-36.
3. 郑先荣，毛张菊．黄花菜病害发生规律与防治技术[J]．湖北植保，2005，5：43-44.
4. 董国堃，张惠琴，沈建新．黄花菜主要病害及其防治[J]．特种经济动植物，2003.08.42.
5. 罗宽，任新国．黄花菜叶枯病病原研究[J]．湖南农业大学学报(自然科学版)，1991，17(4)：696-701.
6. 桂炳中，杨红卫．为害萱草的新"罪犯"——印度修尾蚜[J]．中国花卉盆景，2012，7：41.

赤霉素处理对观果植物水栒子挂果期的影响*

陈 燕 温韦华 郭 翎 赵世伟①
（北京市植物园/北京市花卉园艺工程技术研究中心，北京 100093）

摘要 水栒子挂果期短、落果频繁，为延长观果期，以 5 年生水栒子为试验材料，在其果实膨大期，通过不同浓度的赤霉素涂抹果柄及喷洒全树实验，研究激素处理对观果植物挂果期的影响。结果表明：10mg/LGA_3 处理，能最大限度延长水栒子观果期，延长 20d 左右；30mg/L 和 50mg/LGA_3 处理，能使水栒子观果期延长 10～15d，在整个生理落果期内，50mg/LGA_3 处理整体效果最好，落果率最低。
关键词 赤霉素；水栒子；观果植物；挂果期；生理落果

Effects of Gibberellin on the Fruit Bearing Period in Ornamental Fruit Plant *Contoneaster multiflorus*

CHEN Yan WEN Wei-hua GUO Ling ZHAO Shi-wei
(*Beijing Botanical Garden/ Beijing Floriculture Engineering Technology Research Centre*, *Beijing* 100093)

Abstract Short fruit bearing period and fruit dropping frequently in *Contoneaster multiflorus*. In order to extend the fruit ornamental period, The fruit stems and the whole tree in 5 years' *C. multiflorus* were sprayed with different concentration of GA_3 during developing fruit period, The effects of hormones treatment on the fruit bearing period were studied. The results indicated that 10mg/L GA_3 treatment could extend the maximum fruit ornamental period in *C. multiflorus* by 20 days; 30mg/L and 50mg/L GA_3 treatment could extend the fruit ornamental period by 10 to 15 days, 50mg/L GA_3 treatment had the best effect as a whole and the lowest fruit dropping rate during the physiological fruit dropping period.
Key words Gibberellin (GA_3); *Contoneaster multiflorus*; Ornamental fruit plant; Fruit bearing period; Physiological fruit drop

引言

水栒子（*Contoneaster multiflorus*）又名多花栒子，为蔷薇科栒子属落叶灌木。株高 4m，小枝细长拱形，叶卵形，花白色，聚伞花序，5 月开花，果实红色，9 月为最佳观果期，主要分布在“三北”、西南地区，俄罗斯及亚洲中部也有。其适应性强，初夏白花繁盛，初秋红果累累，像一把巨大的红伞，点缀草坪，在绿叶衬托下，白花红果艳丽可爱，是优美的观花、观果灌木，在城市园林中应用广泛[1]。但其观赏期较为短暂，特别是观果期，从果实整体变红到全株 80% 以上落果（最佳观赏期）仅 1 个多月，其果实远远先于叶片衰老脱落，如何延长水栒子的挂果期、减少落果，提高其观赏、生态价值，是观果植物面临的普遍问题之一。为此利用赤霉素处理水栒子果实的方法，目的是延长观果植物观赏期，使观果植物发挥更大的园林效益。

1 材料与方法

1.1 试验地概况

试验地位于北京植物园海棠栒子园内，北纬 39.56°，东经 116.20°，属暖温带大陆性季风气候，

* 基金项目：北京市公园管理中心“几种特色观果植物的应用研究”。
第一作者简介：陈燕，女，1981 年出生，山东牟平人，高级工程师，硕士，主要研究方向：园林绿化及栽培养护。通信地址：100093 北京市植物园（北园）科研中心，Tel：18010096494/010-62593209，E-mail：1152184464@qq.com。
① 通讯作者。赵世伟，男，1967 年出生，江苏扬州人，教授级高工，博士，主要研究方向：花卉种质资源收集、应用及规模化生产。通信地址：100093 北京市植物园（北园），Tel：010-62591283，E-mail：zhaoshiwei@beijiingbg.com。

四季分明，降水集中，年平均降雨量620mm。年平均气温13℃，1月份平均气温为-3.7℃，7月份平均气温为25.2℃。秋季温差较大，光照充足，干燥度高，适合果实丰富色彩的呈现。

1.2 材料

试材为生长一致、栽培生境相似的5~6年生水栒子实生苗，并已坐果。试剂为赤霉素GA_3，纯度为99%。

1.3 方法

赤霉素浓度设置3个梯度，分别为10mg/L、30mg/L、50mg/L，并设空白作为对照，于水栒子果实膨大期，即6~7月，分3次先后进行GA_3涂抹果柄及全树喷洒试验，每10d喷涂一次，遇到雨天次日重复补充喷涂。每个处理4次重复，进行GA_3涂抹果柄以及初始挂果数$n_{初}$的统计。最后一次施药80d后，开始调查其挂果数n_x，后每隔10d调查一次至果实全部凋落。

计算各处理不同时期的落果数和落果率。落果数n_0=首次喷药时挂果数$n_{初}$-末次施药80d后各次挂果数n_x；落果率$m=(n_0/n_{初})\times100\%$。

1.4 数据处理

对各处理落果情况数据处理，进行方差分析，求F值，进行F测验，根据差异情况，再用邓肯新复极差法显著性测验比较各处理间差异水平。

2 结果与分析

2.1 喷施不同浓度GA_3后水栒子落果情况

不同浓度GA_3处理其膨大果实，对于水栒子挂果期的延长具有显著效果(表2)，在水栒子果实整个生理脱落期，落果率总体呈现：GA_3 50mg/L < GA_3 10mg/L < $GA_3$30mg/L < 空白对照。处理后60d左右，水栒子果实整体转红、呈现较佳观赏价值；施药后80d进行观测：未做处理的对照植株，其落果率达35.32%，50mg/L GA_3处理落果率最低，仅为12.23%，比对照降低了65.37%；施药后90d继续观测：未做处理的对照植株，其落果率急剧上升至85.24%，整体挂果稀少、已无较好观果价值，与对照相比，10mg/L GA_3、30mg/L GA_3、50mg/L GA_3处理分别使落果率下降了35.17%、32.03%、60.05%；施药后100d，对照植株落果率达93.24%，而3种GA_3处理落果率多在60%左右，仍保持一定的观果价值；施药110d后，对照植株几乎全部落果，而低浓度GA_3处理的植株落果率为72.45%，与10d前相比变化不大，相反50mg/L的高浓度GA_3处理植株落果率快速上升至90%以上，失去观果性；施药120d后，对照植株已无果，不同处理植株的落果率都在90%以上，均无观果价值；施药140d，所有植株全部落果。

表1 喷施不同浓度GA_3后水栒子落果率(%)

Table1 The effects of different level GA_3 on fruit dropping rate in *C. multiflorus*(%)

GA_3浓度(mg/L)	重复次数	处理80d后	处理90d后	处理100d后	处理110d后	处理120d后	处理140d后
0	1	30.23	93.02	97.67	98.84	100.00	100.00
0	2	37.36	81.32	89.01	100.00	100.00	100.00
0	3	34.33	89.55	89.55	98.51	100.00	100.00
0	4	39.34	77.05	96.72	98.36	100.00	100.00
10	1	16.18	97.06	100.00	100.00	100.00	100.00
10	2	10.45	19.40	28.36	34.33	92.54	100.00
10	3	23.33	38.89	43.33	63.33	88.89	100.00
10	4	1.96	65.69	78.43	92.16	99.02	100.00
30	1	15.00	83.33	86.67	88.33	90.00	100.00
30	2	5.41	40.54	50.00	75.68	100.00	100.00
30	3	24.66	72.60	69.86	84.93	100.00	100.00
30	4	8.24	35.29	51.76	69.41	96.47	100.00
50	1	13.92	40.51	63.29	93.67	98.73	100.00
50	2	1.99	25.17	45.70	94.04	94.70	100.00
50	3	22.39	49.25	73.13	96.27	97.76	100.00
50	4	10.64	21.28	46.81	85.11	85.11	100.00

表 2 喷施不同浓度 GA_3 后水栒子落果率方差分析(%)

Table2 The variance analysis of different level GA_3 on fruit dropping rate in *C. multiflorus*(%)

施药后天数	GA_3 浓度			
	0mg/L	10mg/L	30mg/L	50mg/L
80d	35.32 ±3.97b	12.98 ±9.04a	13.32 ±8.56a	12.23 ±8.44a
90d	85.24 ±7.34b	55.26 ±33.71ab	57.94 ±23.63ab	34.05 ±13.10a
100d	93.24 ±4.59b	62.53 ±32.62ab	64.57 ±17.25ab	57.23 ±13.31a
110d	98.93 ±0.74b	72.45 ±29.91a	79.59 ±8.64ab	92.27 ±4.91ab
120d	100 ±0a	95.11 ±5.31a	96.62 ±4.72a	94.08 ±6.22a
140d	100	100	100	100

注：经邓肯式新复极差法显著性测定，字母表示处理间差异达到 0.05 显著水平。

Note: Different letters indicate significantly different among treatments at the 0.051evel by Duncan's multiple range test.

2.2 不同浓度 GA_3 处理对水栒子挂果期延长的影响

据观测(图 1 所示)，水栒子果实膨大期在 6~7 月；果实整体转红色、呈现最佳观赏效果为 9 月，不做处理的自然对照植株在 9 月下旬落果较少、仍保持其观果性；而 10d 之后(10 月初)落果率急剧上升至 85.24%，整体挂果稀少、已无较好观果价值，其观果期仅 9 月一个月。不同浓度 GA_3 处理的水栒子植株，其果实转红具有观果特性亦为 9 月初；10 月初(施药后 90d)当自然对照植株失去观果价值时，10mg/L GA_3、30mg/L GA_3、50mg/L GA_3 处理的落果率分别为 55.26%、57.94%、34.05%，均具有一定的观赏特性，其中 50mg/L GA_3 处理果实最繁茂；10 月中旬(施药后 100d)3 种处理落果率变化不大，均具有观果价值，50mg/L GA_3 处理落果率最低；10 月下旬(施药后 110d)50mg/L GA_3 处理其落果率迅速上升至 92.27%，30mg/L GA_3 处理落果率也近 80%，均失去观赏性，而 10mg/L GA_3 处理落果率为 72.45%(<80%)，仍具有一定的观果价值；11 月初(施药后 120d)对照和各处理植株无显著差异，均无观果特性。综上，30mg/L 和 50mg/L GA_3 处理，能使水栒子观果期延长 10~15d，至 10 月中旬；10mg/L GA_3 处理，能使水栒子观果期延长 20d 左右，至 10 月下旬。

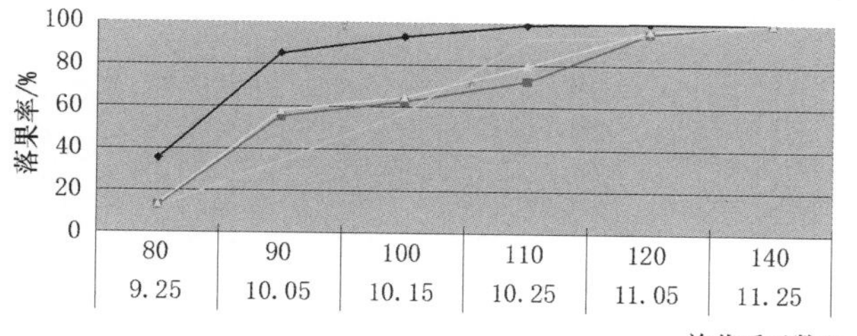

图 1 不同浓度 GA_3 对水栒子挂果期延长的影响

Fig. 1 The effects of different level GA_3 on extending fruit bearing period in *C. multiflorus*

3 结论和讨论

(1)在水栒子果实膨大期进行赤霉素涂抹果柄及喷施全树对延长其挂果期具有显著作用。30mg/L 和 50mg/L GA_3 处理，能使水栒子观果期延长 10~15d，至 10 月中旬；10mg/L GA_3 处理，能使水栒子观果期延长 20d 左右，至 10 月下旬。在整个生理落果期内，50mg/L GA_3 处理整体效果最好，果实最为繁茂，而 10mg/L GA_3 处理可以最大限度延长其挂果期。

(2)植物生理落果主要是受基因控制的，激素处理在一定程度上能够延长观果植物挂果期，提高观赏效果，但果实生长发育还会受到土、肥、水等栽培因子的影响。因此，应加强观果植物的养护管理，及时补充肥料、合理灌水、及时防治病虫害，保持树体良好的生长状态，提高花芽分化的质量和数量，并促进果实的生长发育。还可通过整形修剪调节树势、遮阴调节微环境或冷棚保果等栽培方式，来增加坐果率、延长物候期[2-4]。

(3)其他植物生长调节剂如 NAA(萘乙酸)、PCPA(防落素)、CPPU(吡效隆)、Ca(钙)、PP_{333}(多效唑)、IAA(生长素)、B_9(丁酰肼)、SA(水杨酸)、竹醋液、Se(硒)以及 NO、CO_2、热空气处理等方法在延长挂果期和鲜花果品保鲜方面都有报道[5]，可以选择符合环保要求、成本低廉、效果好、使用简便的生长调节剂，来延长观果植物观赏期。

(4)赤霉素在果树上应用很广，具有代替低温促进种子萌发、控制植株高矮、抑制花芽分化延迟花期、引发单性结实、提高坐果率、改善果实品质、提高成活率等作用[6]。不同树种、不同目的，施用的部位、时期、浓度以及与其他药剂配合使用方面均有一定的要求，须经过科学试验证明为正确的方法才能达到预期的效果[7]。本研究表明利用浓度为50mg/L的赤霉素涂抹处于膨大期的水栒子果实，可以延缓果实衰老，延长挂果期。但赤霉素处理能否同时延缓叶片衰老、延缓叶绿素含量降解等方面，是今后的研究方向之一。

(5)改变繁殖方式，利用扦插、嫁接等无性繁殖方法，可以缩短营养生长期，提前开花结果。

(6)套袋、地膜覆盖果树等方式也可以推迟果实成熟，但多运用于农业果树，对于观赏植物可以采用其他方式来最大程度增加观赏品质、延长观赏期。

(7)有研究表明果实发育与新梢生长、花芽分化等之间存在碳水化合物竞争[8]，利用激素调节营养生长与生殖生长间的平衡，提高坐果率、减少生理落果、延长坐果期，是观果植物今后的研究方向之一。

参考文献

1. 齐果萍．水栒子的繁殖技术初探[J]．山西林业科技，2009，38(2)：35－36.
2. 张明行，李晓梅，张耀芳．果树生长季修剪的作用及方法[J]．山西果树，2004，(3)：26－28.
3. 白岗栓，杜社妮，雒聪，等．仁用杏早春遮阴对开花坐果的影响[J]．园艺学报，2005，32(6)：985－989.
4. 胡忠惠，张晓玉，杨丽芳，等．延长冬红果盆景观赏期的措施[J]．落叶果树，2006，(6)：51－52.
5. 刘娜．牡丹对四种植物生长调节剂花期调控技术的响应研究[D]．保定：河北农业大学，2014.
6. 马焕普，刘志民．赤霉素与果树的生长发育[J]．植物学通报，1998，(1).
7. 周宇，佟兆国，张开春，等．赤霉素在落叶果树生产中的应用[J]．中国农业科技导报，2006，8(2)：27－31.
8. 杨波，车玉红，郭春苗，等．扁桃生理落果期不同组织激素浓度的动态变化及其对落果的影响[J]．西北植物学报，2015，35(1)：118－124.

附图：不同浓度 GA_3 处理后水栒子形态

2015. 7. 2 日末次施药后

2015. 9 月下旬

2015. 10. 05

2015. 10. 15

2015. 10. 25

2015. 11. 05

由左至右依次是 CK、10mg/L GA_3、30mg/L GA_3、50mg/L GA_3 处理后形态。

蜡梅花芽分化的初步研究

江英杰[1] 李婷[1] 张弈[1] 潘秋丹[1] 李志能[1,2]① 李名扬[1,2] 眭顺照[1,2] 马婧[1,2]
([1]西南大学园艺园林学院，花卉实验室，重庆 400715；[2]重庆市花卉工程技术研究中心，重庆 400715)

摘要 蜡梅[*Chinonanthus praecox*(L.) Link]是蜡梅科蜡梅属落叶灌木，我国原产的名贵花木和经济树种之一，栽培历史悠久，具有较大的经济与观赏价值，深受广大人民喜爱。根据实验结果将蜡梅的花芽分化过程划分为花被片原基形成期、雄蕊原基形成期、雌蕊原基形成期、花芽分化完成期4个时期。改进常规石蜡切片法，观察到花被片原基在5月初形成，雄蕊原基在5月中旬形成，雌蕊原基在5月底形成，10月初花芽分化时期全部完成，花期是11月到翌年3月。

关键词 蜡梅；花芽分化；石蜡切片

Preliminary Studies on the Flower Bud Differentiation of Wintersweet

JIANG Ying-jie[1] LI Ting[1] ZHANG Yi[1] PAN Qiu-dan[1] LI Zhi-neng[1,2]
LI Ming-yang[1,2] SUI Shun-zhao[1,2] MA Jing[1,2]
([1]*College of Horticulture and Landscape Architecture*, *Southwest University*, *Chongqing* 400715;
[2]*Chongqing Engineering Research Center of Floriculture*, *Chongqing* 400715)

Abstract Wintersweet(*Chimonanthus praecox*) is a deciduous shrub of *Chimonanthus Calycanthaceae*, owing to one of rare and economic species originating form China, having a long history of cultivation, loved by the majority of the people with greater economic and ornamental value. According to the experimental results, the wintersweet flower bud differentiation is divisied as four periods, perianth primordia formation stage, stamen primordium formation stage, pistil primordium formation stage, flower bud differentiation completed stage. Improved routine paraffin section method, observed tepal primordia formation at the beginning of May, stamen primordium formation in mid-may, pistil primordium formation, in the end of may in early October completed during the period of flower bud differentiation, flowering is November to next march.

Key words Wintersweet; Flower bud differendiation; Paraffin section

蜡梅[*Chinonanthus praecox*(L.) Link]属蜡梅科(Calycanthaceae)蜡梅属(*Chimonanthus*)落叶灌木，是我国名贵花木，因其广泛的药用价值和园林观赏价值深受人们喜爱[15]。对于蜡梅的研究，多数是关于药用价值、分类、栽培技术等方面所做的研究，在蜡梅花芽分化方面，从形态学对其展开的研究较少。本文从形态学对蜡梅花芽分化的研究，旨在于对蜡梅的栽培、原位杂交、花期调控等提供科学的理论依据。

1 材料与方法

1.1 材料

蜡梅花芽取自位于西南大学校内蜡梅树，生长开花正常，管理水平一般。从2015年5月1日开始采集，每隔3～4天采样一次，每次采样20～30枚。采样时注意挑选大小均一的花芽，将完整材料置入FAA固定液(50%酒精90ml+冰醋酸5ml+37%甲醛5ml)，固定液体积大致为材料的20倍左右，抽真空15～20min，更换固定液，4℃孵育1小时后重复抽真空，一般重复4～5次，直至蜡梅花芽完全沉于固定液中，4℃保存。

1.2 方法

1.2.1 蜡梅花芽分化进程观察

石蜡切片是在一种现在应用最为广泛的组织常规制片法，适用各种固定液固定的材料，染色后不易褪色且可长期保存，但实验周期较长[16-17]。石蜡切片法是利用固定液渗透材料，后用不同浓度的乙醇进行各级脱水，因乙醇与石蜡不能相溶，利用与酒精和石蜡都相溶的二甲苯替换出组织里的酒精，之后石蜡替换二甲苯渗入组织，起到支持组织的作用。染色剂染色使组织结构在显微镜下更容易观察。大致步骤分为脱水、透明、浸蜡、包埋、切片、脱蜡和染色制片。

(1)脱水：用不同梯度乙醇梯度脱水，50% - 60% - 70% - 85% - 95% - 100%，每一梯度40 ~ 60min；

(2)透明：用不同比例的二甲苯：乙醇混合液进行透明，二甲苯与乙醇体积比1:3 - 1:1 - 3:1 - 纯二甲苯，每一轮1h左右至组织透明；

(3)浸蜡：二甲苯:石蜡(V:V = 1:1)在52 ~ 58℃的恒温箱里过夜(瓶盖要扣紧)，隔天每1 ~ 2h换一次石蜡(60 ~ 62℃)，重复5次后放置过夜(瓶口敞开)；

(3)包埋：隔天再换一次蜡，2小时后包埋。注意调整花芽在石蜡中的角度；

(4)切片：根据文献查阅和前期试验，选择切成8 ~ 10μm厚的蜡带，用多聚赖氨酸处理过的玻片于40℃烘片机上过夜展片；

(5)脱蜡：用不同比例的二甲苯：乙醇混合液脱蜡，纯二甲苯-二甲苯与乙醇体积比1:1 - 100%乙醇 - 50%乙醇，每一轮40 ~ 60min；

(6)染色制片：使用固绿染色，纯乙醇洗去多余染液。

对于制好的石蜡切片进行显微观察，对合适的切片做标记，并进行显微摄影，中性树胶封片。

1.2.2 石蜡切片应用于蜡梅花芽的改进方案

由于蜡梅花芽花鳞片难以处理，常出现切不出完整的蜡条、材料易碎、切片中空等问题，通过分析得出原因是脱水和浸蜡的不彻底，就此原因对实验做出改进，事实证明改进效果比改进前好。改进如下：

(1)不同浓度的乙醇浸泡时间由1h改为2h，延长脱水时间；

(2)材料透明时间由1h改为3 ~ 5h，观察材料变化决定时长；

(3)浸蜡时间由1d改为2d，保证石蜡浸透材料。

2 结果与分析

2.1 蜡梅花芽分化主要时期及其形态特征

2.1.1 花被片原基形成时期

花被片原基形成始于5月初，花萼与花瓣统称为花被片。花芽由营养生长转向生殖生长，茎尖生长间逐渐增大变平，中间开始凹陷，鳞片内部生长锥边缘出现小突起，这些小突起便是花被片原基。花被片原基发育向上伸长为花被片，在最外层花被片原基发育的同时，内侧还会有1 ~ 2轮花被原基产生。所以花被片原基一般总共有2 ~ 3轮，这些小突起最终发育为花被片，呈覆瓦状包围着基部(如图1、2)。生长锥凹陷处有很多分泌腔。

2.1.2 雄蕊原基形成期

雄蕊原基形成在5月中旬，随着花被片发育，花被片不断生长伸长，互相环抱，在花被片基部的凹陷出现两轮小突起，即为雄蕊原基(如图3)。之后雄蕊原基向上伸长，上端变粗，经过一段时间发育，分化出花丝和花药。

2.1.3 雌蕊原基形成期

雌蕊原基形成在5月下旬，雄蕊原基进一步发育，在雄蕊原基基部的凹陷处底部，向上生长出多个分离的雌蕊原基(如图4、5)。在凹陷处生长着许多长柔毛。雌蕊在发育过程单心皮中先对折成短圆锥体，形成中空的子房，之后发育为圆锥体(如图6)。

2.1.4 花芽分化完成期

雄蕊原基不断发育，向基部伸长加粗，花药顶部的4个角内发育分化为花粉囊，各个花药间隔处分布着分泌腔(如图7)。到10月初，雌蕊原基在基部发育，形成子房，子房内形成倒生胚珠(如图8)，花药内形成单核花粉粒(如图9)，花芽分化至此即形成一个完整的花。

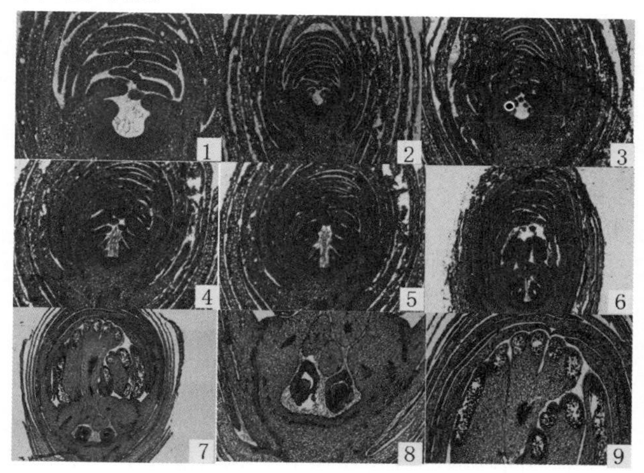

图1 蜡梅花芽分化各时期图

Fig. 1 Each period photograph of Wintersweet flower bud differentiation

3 讨论

“蜡梅，释名黄梅花，此物非梅类，因其与梅同时，香又相近，色似蜜蜡，故此得名”[1]。蜡梅起源古老，是第四冰期末被波及却有幸遗留下来的植物和国家二级珍稀濒危植物[2]。野生资源集中在湖北西部、陕西南部、四川东部，位于湖北神农架的南垭山麓有面积较大的野生蜡梅[3]。蜡梅在国外的栽培主要集中在亚洲的日本、朝鲜等国，在欧美国家较少栽培[4]。根据Nicely K A等人[5]的研究，目前将蜡梅分为4属10种，其中常见的观赏蜡梅属蜡梅科蜡梅属，是丛生落叶灌木，株高可达4m。花期为11月至翌年3月，果期为4～11月[6]。抗氯气、二氧化硫污染能力强，病虫害少，寿命较长，可达百年以上，500～600年生的古树颇为常见[7]。蜡梅品种与菊花相比来说相对较少，以花色来分，有荤心、素心两类。素心种花心、花蕊、花瓣均为黄色。荤心种外瓣为黄色，内瓣中心为紫色。目前常见的有素心蜡梅(var. *conclor*)、磬口蜡梅(var. *grandiflorus*)、小花蜡梅(var. *parviflorus*)、狗牙蜡梅(var. *intermedius*)等[8-11]。

3.1 蜡梅芽的特性

蜡梅芽分为顶芽和腋芽，均为鳞芽，顶芽为叶芽，腋芽由主芽与副芽上下叠合构成的。主芽位于上方，体积较大，为花芽或叶芽；副芽位于主芽基部叶柄内侧，小而明显，一般呈休眠状态，为叶芽。花芽是主芽发育而来的，中、短花枝的主芽可全部成花。芽的活动性与芽的种类有密切的联系，也与修剪技术、树龄、树势等有关。主芽的活动性很高，当年的主芽经过短暂休眠后可全部开花；副芽活动性一般，一般处于休眠状态，但寿命长。不同节位的腋芽质量差异明显。存留叶第一节位花芽分化最早开始，呈以其为中心逐渐的向两端的趋势进行花芽分化。同一节位一般成对形成叶芽或花芽，也有一侧为花芽一侧为叶芽的情况，甚至有同一节位的芽发育程度不同的[12]。

3.2 蜡梅花芽分化特点

蜡梅花芽的分布和分化时间与新梢的叶位相关。新梢上有鳞痕叶位、初始叶位和存留叶位3种叶位。存留叶位的第一节腋芽的花芽分化最早开始，然后以此为中心向两端进行。春梢中下部和顶部集中生长着花芽，而中上部多生长着叶芽。花芽分化和新梢的生长有关。根据形成花芽和新梢的长度将蜡梅枝条分为5类：

(1)徒长枝，长度在100cm以上，多是萌蘖枝，基本不形成花芽；

(2)徒长性长枝，长度在50～100cm，花芽多生长在夏梢上且数量少；

(3)长枝，长度在30～50cm，主要为春梢花芽且数量多，是蜡梅中重要的花枝；

(4)中枝，长度在15～30cm；

(5)短枝，长度在15cm以下，中枝和短枝不进行二次生长，是形成花芽最多的枝条。

花芽后期的发育是一致的。花芽分化前期因种类、品种、母枝强度、新梢类型、树势、树龄等的不同而出现差异，但在进入配子体形成期后，后期的发育会趋于一致[13-14]。

本文以蜡梅花芽为材料，改进常规石蜡切片法。根据花芽形态结构的变化，认为在重庆地区蜡梅花芽分化从5月初开始，到10月初结束，整个过程历经5个月。此过程分为花被片原基形成期、雄蕊原基形成期、雌蕊原基形成期、花芽分化完成期4个时期。花被片原基在5月初形成，雄蕊原基在5月中旬形成，雌蕊原基在5月底形成，在10月初花芽分化完成，至此形成一个完整的花。从分化速度上看，5月分化速度快，在7、8月份基本不分化，接近休眠状态，8月过后分化速度加快。在各时期分化顺序上，雄蕊原基和雌蕊原基发育在时间上有交叉。从分化结果上看，花被片原基分化成2 ～3轮花瓣，环绕着杯状花筒，形成典型的周位花；雄蕊原基分化成花药和花丝，药室内形成单核花粉粒；雌蕊原基分化形成柱头、花柱、胚珠，形成离生雌蕊。

这些结论的获得丰富了对蜡梅花器官和花芽分化的认识，为蜡梅科植物进化关系的研究提供了新材料，也为蜡梅的丰花培育、杂交育种等提供科学依据。

参考文献

1. 李时珍．本草纲目[M]．北京：人民教育出版社．1982.
2. 赵冰，张启翔．中国蜡梅种质资源核心种质的初步构建[J]．北京林业大学学报，2007，29(1)：2-3.
3. 王爱国．保康野生蜡梅在保护中开发显活力[J]．湖北林业科技，2005，(3)：61.
4. 明军，明刘滨．蜡梅科植物种质资源研究进展[J]．北京林业大学学报，2004(26)：128－135.
5. Nicely K A. (1965). Amonographic study of the Calycanthaceae. Castanea. (30), 38－89.
6. 李先源．观赏植物学[M]．重庆：西南师范大学出版社．2007.
7. 包满珠．花卉学[M]．北京：中国农业出版社．2010.
8. 曹红霞．腊梅的栽培与管理[J]．安徽农学通报，2004，10(2)：55，57.
9. Iwashina T，Konta F，Kitajima J. (2001). Anthocyanins and Flavonols of *Chimonanthus praecox*(Calycanthaceae) as Flower Pigments [J]. Journal of Japanese Botany. 76 (30), 166－172.

10. 马雪梅，吴朝峰，彭仁海．蜡梅的研究进展[J]．安徽农业科学，2010，38(34)：19279－19280，19283.
11. 聂琳，翟晓巧，介大委．蜡梅的研究现状及进展[J]．陕西农业科学，2009，(6)：116.
12. 吴昌陆，陈卫平，杜庆平．蜡梅枝芽特性的研究[J]．园艺学报，1999，26(1)：31.
13. 陈志秀．蜡梅成枝成花规律的研究[J]．北京林业大学学报，1995，17(1)：114－117.
14. 吴昌陆，胡南珍．蜡梅花部形态和开花习性研究[J]．园艺学报，1995，22(3)：277－282.
15. 陈树国，杨秋生．蜡梅花芽分化的研究[J]．河南农业大学学报，1992，26(3)：239－244.
16. 杨广英，张穗，孙丽，等．几种石蜡切片技术的比较[J]．诊断病例学杂志，2002，9(6)：372－373.
17. 王原媛，张定宇，黄春国．植物石蜡切片的固定和保存[J]．安徽农学通报，2010. 16(1)：198－200.

6 个矮型景天的抗寒能力比较*

荆瑞　张洁　尹德洁　董丽[①]
（花卉种质创新与分子育种北京市重点实验室，国家花卉工程技术研究中心，
城乡生态环境北京实验室，园林学院，北京林业大学，北京 100083）

摘要　在北京地区冬季自然低温条件下，以 6 个抗寒性较强的矮型景天为材料，测定了其在外界自然降温过程中各种/品种叶片的相对电导率、叶绿素含量、可溶性糖、可溶性蛋白、脯氨酸、丙二醛、超氧化物歧化酶(SOD)、过氧化物酶(POD)和过氧化氢酶(CAT)活性。以景天叶片各项指标的抗寒系数作为衡量抗寒性的指标，运用隶属函数法对其抗寒性进行综合评价。得出其抗寒性排序为：六棱景天 >‘蓝云杉’岩景天 > 垂盆草 >‘福德格鲁特’景天 >‘金丘’松叶佛甲草 > 佛甲草。其中六棱景天和‘蓝云杉’岩景天抗寒性最强，垂盆草和‘福德格鲁特’景天的抗寒性较强，‘金丘’松叶佛甲草和佛甲草最弱。综合评价结果与外界自然低温环境下植物外部形态观测结果基本一致。筛选出的抗寒性较强景天对丰富园林植物材料，延长北京地区景观植物绿期具有重要作用。

关键词　景天；抗寒性；生理生化指标；综合评价

The Contrastive Research to Cold Resistance of Six Different *Sedums*

JING Rui　ZHANG Jie　YIN De-jie　DONG Li
(*Beijing Key Laboratory of Ornamental Plants Germplasm Innovation & Molecular Breeding*, *National Engineering Research Center for Floriculture*, *Beijing Laboratory of Urban and Rural Ecological Environment and College of Landscape Architecture*, *Beijing Forestry University*, *Beijing* 100083)

Abstract　Abstract Under natural low temperature in winter of Beijing area, six relatively cold resistant *sedums* were used as the test materials to measure the indexes such as relative electricity conductivity, the content of Chlorophyll, soluble sugar, soluble protein, free proline, Malondialdehyde, superoxide dismutase (SOD) activity, peroxidase (POD) activity and catalase (CAT) activity. Taking cold resistant coefficient of each physiological index of *sedums* as index to measure cold resistance capacity, and cold resistance of *Sedums* were comprehensively evaluated by using membership function. The sequence of cold resistance of six *Sedums* was; *S. sexangulare* > *S. reflexum* ‘Blue Spruce’ > *S. samentosum* > *S. spurium* ‘Fuldaglut’ > *S. mexicanum* ‘Gold Mound’ > *S. lineare*. *S. sexangulare and S. reflexum* ‘Blue Spruce’ belong to high cold resistance group, The medium cold resistance group covers *S. samentosuma* and *S. spurium* ‘Fuldaglut’, and the rest of *Sedums* that *S. mexicanum* ‘Gold Mound’ and *S. lineare* belong to low cold resistance group. The comprehensive evaluation results is similar to the results observed under natural low temperature environment. Filtered cold resistant *sedums* are particularly important to enrich the Landscape plant materials and extend the green period of perennial plants in Beijing area.

Key words　*Sedums*; Cold resistance; Physiological and biochemical indexes; Comprehensive evaluation

景天属(*Sedum*)是景天科的一个重要类群，为一年生或多年生宿根花卉，全属有 470 种左右，我国有 150 种以上（中国科学院中国植物志编辑委员会，1989）。景天属植物具有观赏价值高、抗逆性强、繁

* 基金项目：科学研究与研究生培养共建项目：优良耐旱景天属植物种质筛选及产业化关键技术研究(2015GJ－03)；北京市共建项目专项资助－北京市城乡绿地生态网络格局构建与功能性植物材料选育之课题：城乡生态环境营造技术研发(2015BLUREE01)；北京北林先进生态环保技术研究院有限公司与深圳市铁汉生态环境股份有限公司资助课题“耐寒耐旱景天资源开发及应用研究”。

① 通讯作者。董丽(1965—)，女，山西人。教授，博导，从事园林植物资源及应用的研究工作。E-mail：dongli@bjfu.edu.cn。

殖能力强、耐瘠薄及低维护等特点，逐渐得到园林工作者的青睐，常用于花坛、花境及屋顶绿化，亦是立体绿化、边坡绿化的优质材料。其多数原产温带，在亚热带地区多能保持冬季常绿，而在温度较低的北方地区冬季，地上部分多枯死(王倩 等，2010)。但据冯黎(2015)对景天种/品种物候期的观察显示，景天属中低矮型种/品种较耐寒，地上部能生长至12月初保持其观赏特性，春季萌芽期早且颜色新奇。因此推广和选育抗寒性较强的景天种类对丰富北方地区园林植物材料，延长首都景观植物绿期，发挥景天养护成本低、景观效果好的优点，创建节约型生态园林具有十分重要的意义。

植物在低温胁迫下，光合作用表现为先维持在一定水平(王荣富 等，1987)或受到抑制，叶绿素含量呈逐渐降低的趋势(杨再强 等，2016)；植物细胞膜透性增大(刘杜玲 等，2015)，植物组织中的膜脂过氧化产物丙二醛含量增加(陈少裕 等，1991)；渗透调节性物质可溶性蛋白、可溶性糖和游离脯氨酸含量积累(王小媚 等，2016；陈洁 等，2016)；SOD、POD、CAT等保护酶的活性(任俊杰 等，2016)升高。在植物抗寒性研究和评价中，这些指标被用作指示植物的抗寒性强弱。目前国内有对景天属植物进行初步的抗寒性研究，王璐璐(2010)对4种/品种景天'胭脂红'景天、佛甲草、中华景天和凹叶景天在人工冷冻、恢复生长以及冬季自然低温胁迫3种处理下对其进行抗寒性综合评价，得出4种/品种景天抗寒强弱排序：'胭脂红'景天 > 中华景天 > 佛甲草 > 凹叶景天。王倩(2013)对苔景天、'胭脂红'景天、石景天叶片进行显微观测，分析叶片结构特征变化与抗寒性之间的关系。但研究的种/品种较少，观测的生理指标有限，对抗寒景天的选育存在一定局限性。本研究以6种(品种)物候期观测中较耐寒景天的离体叶片为试材，观测其冬季自然低温胁迫后各种/品种植株的形态特征及与抗寒性有关的生理生化指标，运用隶属函数法对其抗寒性进行综合评价，筛选出抗寒性较强的种/品种，为其在北京地区更好的园林应用提供一定的科学理论参考。

1 试验地概况

北京市位于华北平原的西北部(115°24～117°30′E、39°38～41°05′N)，属暖温带半湿润半干寒季风气候。主要气候特点是：四季分明，光照充足，夏季炎热多雨，春秋季短，冬季、初春寒冷干燥(中国气象科学数据共享服务网，2014)。入秋后，冷空气开始入侵，降温迅速，初霜冻的来临过早时有发生。冬季寒冷漫长，长达5个月，平均气温 -4℃，山区低于 -8℃，极端最低气温为 -27.5℃，且降水量少，约占全年降水量的2%。

2 材料与方法

2.1 试验材料与采集

试验于2015年11月12日至翌年1月10日于北京林业大学苗圃实习基地进行，以6个景天种(品种)佛甲草(*S. lineare*)、'福德格鲁特'景天(*S. spurium* 'Fuldaglut')、垂盆草(*S. samentosum*)、'蓝云杉'岩景天(*S. reflexum* 'Blue Spruce')、六棱景天(*S. sexangulare*)、'金丘'松叶佛甲草(*S. mexicanum* 'Gold Mound')为试材，各景天种(品种)在试验地随机混合取生长良好的3年生叶片。矮型景天在外界低温低至0℃后外部形态变化明显，低温胁迫至 -9℃左右时失去观赏价值。2015年度北京外界温度直降为 -3℃，故采样时间确定为外界自然低温持续5天为 -3℃、-5℃、-7℃、-9℃时每日中午12：00～14：00，以16℃正常生长的植物作为对照(CK)。采取各种/品种相同节位的叶片于实验室后先用蒸馏水冲洗干净，再放入去离子水中润洗，用滤纸擦干后迅速放置液氮中速冻后保存于 -79℃超低温冰箱中待测。

2.2 指标测定

采用DDBJ-350电导仪测定相对电导率(Relative electrical conductivity, Rec)。将叶片用去离子水清洗干净，滤纸吸干。去除叶缘后，将叶片剪成碎片，称取0.1g放入具塞试管中，加入10ml去离子水于试管中，装好并封口放入摇床中振荡1h后于室温静置2h，测得电导率 C_1，再将试管沸水浴20min，室温下冷却至恒温，测定电导率 C_2，$Rec(\%) = C_2 / C_1 \times 100$。

叶绿素含量采用分光光度法测定光密度值来测定，可溶性蛋白采用考马斯亮蓝G-250染色法，可溶性糖含量采用蒽酮比色法，丙二醛采用硫代巴比妥酸法，游离脯氨酸含量采用酸性茚三酮法来测定。SOD酶活性测定采用氮蓝四唑(NBT)法，POD酶活性测定采用愈创木酚法，CAT酶活性测定采用紫外分光光度计法，每个指标平行测定3次。上述各项指标测定参考《植物生理生化实验原理和技术》(王学奎，2006)。

2.3 数据分析与处理

用隶属函数法对景天的抗寒性进行综合评价，若某指标与抗寒性呈正相关，则该指标的隶属函数值为

$U_{ij}=(X_{ij}-Xmin)/(Xmax-Xmin)$，若某指标与抗寒性成负相关，则该指标的隶属函数值为 $U_{ij}=1-(X_{ij}-Xmin)/(Xmax-Xmin)$，各抗寒性相关指标的隶属函数值累加求平均值，记为景天抗寒性综合评价指数，其值越大，说明抗寒性越强。其中 X_{ij} 为某景天种/品种某指标的测定值，Xmax 为该指标所有种/品种测定的最大值，X_{min} 为该指标所有种/品种测定的最小值。取同种/品种 8 项指标的隶属函数值的算术平均数作为隶属度，据此对 6 种(品种)景天的抗寒性进行综合评价。数据处理及分析用 Microsoft Excel 2013 和 SPSS20.0 软件。

3 结果和分析

3.1 低温胁迫对 6 种(品种)景天形态特征的影响

由图 1 可知，室外低温达到 -7℃后，除六棱景天仅下部老叶稍微泛黄外，其余 5 个种(品种)新梢叶片出现皱缩、失水萎蔫、颜色变褐的现象。5 个种(品种)中：‘蓝云杉’受害程度相对最轻，叶片抱茎微皱缩，其次为垂盆草，下部老叶变黄部分脱落，新叶未受冻；佛甲草和‘金丘’受冻程度最重，老叶失水萎蔫，叶片、枝条均变化为褐色，‘福德格鲁特’受冻程度居中，下部叶片稍变褐色，上部新叶仍呈现正常生长状态。

图 1 低温胁迫后景天种/品种的形态特征

A：佛甲草；B：‘福德格鲁特’景天；C：垂盆草；D：‘蓝云杉’岩景天；E：六棱景天；F：‘金丘’松叶佛甲草

Fig. 1 Morphological characteristics of *Sedums* after low temperature stress

A：*S. lineare*；B：*S. spurium*‘Fuldaglut’；C：*S. samentosum* D：*S. reflexum*‘Blue Spruce’；E：*S. sexangulare*；F：*S. mexicanum*‘Gold Mound’

3.2 低温胁迫对景天相对电导率的影响

景天遭受低温胁迫时，因质膜的透性发生变化或丧失功能，细胞内电解质大量外渗，导致叶片组织浸泡液的电导率增大。通过测定外渗液的电导值能反映出质膜的受伤害程度(钟海霞，2013)。由图 2 可知，随着外界温度降低，6 种(品种)景天的相对电导率持续增高，表现出相似的变化过程，外界温度与电导率之间呈显著负相关。景天在持续低温胁迫至外界最低温度达到 -9℃后，叶片质膜透性的增长率能间接反映各景天受到伤害的程度。6 种(品种)景天的叶片相对电导率平均增加率在 124.92%～166.79%，其中‘福德格鲁特’和‘蓝云杉’增长得最少，分别为 124.92% 和 127.09%，而‘金丘’增长得最多，为 166.79%。表明在外界低温胁迫至 -9℃后，‘福德格鲁特’和‘蓝云杉’细胞膜透性变化最小，也反映出其受到的伤害相对较小，抗寒能力较强；而‘金丘’细胞膜透性变化最大，受到的伤害较大，抗寒能力较弱。

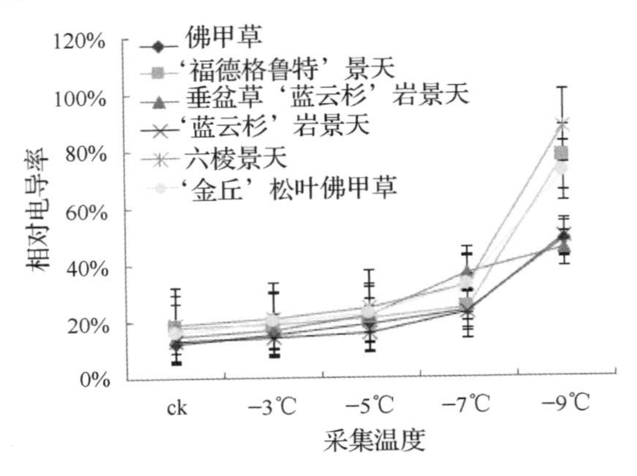

图 2 低温胁迫对景天叶片相对电导率的影响

Fig. 2 Influences of cold stress on Rec of *Sedums* leaves

3.3 低温胁迫对景天叶绿素含量的影响

由图 3 可知，随着外界温度的降低，5 种(品种)景天的叶绿素含量均呈现出先下降后上升的趋势，六棱景天的叶绿素含量持续下降。其中‘金丘’和佛甲草在 -5℃达到最低值，其余 4 种/品种在 -7℃为最低值。由于受到低温胁迫，限制了植物叶绿素的合成，以及氮、镁等离子的下降和叶绿素酶的降解都使得景天的叶绿素含量降低，后期叶绿素小幅度升高的原因可能是因为低温胁迫后期老叶枯萎，采集的植物叶片混杂新生叶片。而植物在常温下，不同种(品种)的叶绿素含量差异较大，‘蓝云杉’和六棱景天有较高的叶绿素含量，有利于光合作用的进行，增加植物有机物质的积累，提高植物的抗寒性。整个低温胁迫期间，叶绿素含量均值最高的为‘福德格鲁特’、‘蓝云杉’，分别为 $0.48mg \cdot g^{-1}$ 和 $0.44mg \cdot g^{-1}$，表明这两种景天在低温胁迫期间平均光利用能力较高，抗寒能力较强；而平均叶绿素含量比值最低的为‘金丘’，为 $0.21mg \cdot g^{-1}$，表明其抗寒能力较弱。

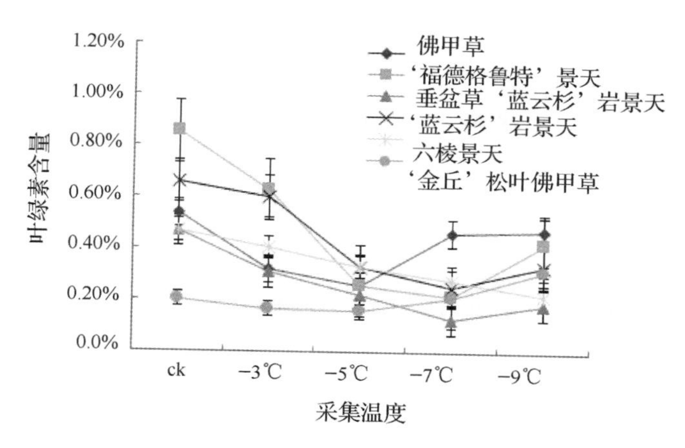

图3 低温胁迫对景天叶片叶绿素含量的影响

Fig. 3 Influences of cold stress on Chlorophyll of *Sedums* leaves

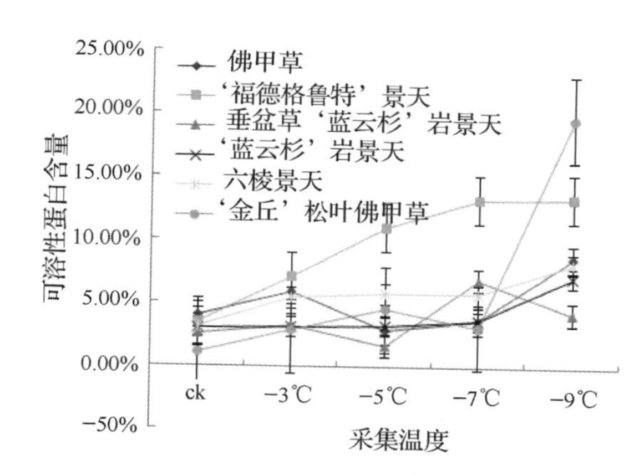

图4 低温胁迫对景天可溶性蛋白含量的影响

Fig. 4 Influences of cold stress on Soluble protein of *Sedums* leaves

3.4 低温胁迫对景天可溶性蛋白的影响

由图4可知，随着温度的降低，6个景天种(品种)的可溶性蛋白质含量的变化趋势差异较大，呈现出无规律变化，说明外界低温胁迫下，可溶性蛋白质这一生理指标不能说明景天抗寒性的问题。

3.5 低温胁迫下景天可溶性糖及丙二醛、脯氨酸含量的变化

表1 低温胁迫对景天可溶性糖含量的影响

Table1 Influences of cold stress on Soluble sugar of *Sedums* leaves

处理温度(℃) Treatment temperature	可溶性糖含量(%) Soluble sugar(%)					
	佛甲草	'福德格鲁特'	垂盆草	'蓝云杉'	六棱景天	'金丘'
CK	6.68 ±0.12d	5.78 ±0.35e	6.74 ±0.34c	13.28 ±1.63c	6.03 ±0.21e	10.61 ±2.34c
−3	7.01 ±0.07cd	17.48 ±0.36d	17.13 ±0.51b	16.93 ±0.78c	25.40 ±0.61d	11.15 ±0.07bc
−5	8.815 ±0.38c	24.16 ±2.69c	19.05 ±0.80b	25.35 ±1.98b	36.65 ±4.08b	12.14 ±0.66bc
−7	13.52 ±1.82b	37.30 ±2.59b	19.61 ±1.12b	35.99 ±4.63a	50.78 ±1.08c	16.65 ±2.56b
−9	23.38 ±1.90a	46.39 ±1.17a	39.07 ±4.24a	38.83 ±1.146a	55.42 ±0.41a	40.44 ±0.19a

表2 低温胁迫对景天丙二醛含量的影响

Table 2 Influences of cold stress on MDA content of *Sedums* leaves

处理温度(℃) Treatment temperature	丙二醛含量(μmol·g^{-1}) MDA content (μmol·g^{-1})					
	佛甲草	'福德格鲁特'	垂盆草	'蓝云杉'	六棱景天	'金丘'
CK	0.65 ±0.01c	9.09 ±0.13d	1.15 ±0.05b	1.36 ±0.16c	1.65 ±0.18b	1.32 ±0.13b
−3	0.88 ±0.07bc	17.20 ±0.98c	1.58 ±0.14b	1.6 ±0.078bc	2.55 ±0.085b	1.44 ±0.036b
−5	0.96 ±0.10b	19.42 ±9.71b	1.76 ±0.18ab	2.25 ±0.34bc	3.25 ±0.12b	1.84 ±0.14b
−7	1.13 ±0.06b	46.47 ±2.12a	1.88 ±0.02ab	2.37 ±0.26b	4.07 ±1.95b	2.31 ±0.80b
−9	1.46 ±0.12a	48.53 ±0.78a	2.59 ±0.54a	4.07 ±0.53a	8.84 ±0.85a	4.44 ±0.05a

表3 低温胁迫对景天游离脯氨酸含量的影响

Table 3 Influences of cold stress on Proline content of *Sedums* leaves

处理温度(℃) Treatment temperature	脯氨酸含量(μg·g⁻¹) Proline content(μg·g⁻¹)					
	佛甲草	‘福德格鲁特’	垂盆草	‘蓝云杉’	六棱景天	‘金丘’
CK	6.61±0.25c	2.13±0.05e	9.06±0.14d	5.20±0.10d	4.71±0.10d	2.93±0.09e
-3	7.83±0.08c	4.67±0.09d	10.22±0.18c	7.22±0.16c	6.95±0.07c	4.87±0.06d
-5	7.98±0.26bc	7.42±0.54c	11.78±0.69b	9.74±0.43b	8.56±0.64bc	7.17±0.37c
-7	9.28±0.18b	8.58±0.31b	12.43±0.31b	9.76±0.07b	9.33±1.24b	9.27±0.33b
-9	13.54±0.92a	11.10±0.28a	16.58±0.23a	12.04±1.12a	13.7±0.66a	15.36±0.84a

在低温逆境中细胞渗透调节物质可溶性糖含量会大量积累，其与植物的抗寒性呈正相关。从表1可知，随着外界温度的降低，景天各种(品种)的可溶性糖均呈现一直上升的变化趋势。各处理可溶性糖含量均高于常温对照处理，各个种(品种)的可溶性糖含量的变化存在差异。整个低温胁迫期间，六棱景天和‘福德格鲁特’可溶性糖含量的增幅尤为明显，分别达到49%和41%。6种(品种)景天的可溶性糖含量由高到低的顺序为六棱景天>‘福德格鲁特’>‘蓝云杉’>垂盆草>‘金丘’>佛甲草。

从表2可以看出，6种(品种)景天的MDA浓度随着外界温度的降低总体呈升高的趋势，其中佛甲草、垂盆草、‘蓝云杉’、六棱景天和‘金丘’的MDA浓度一直处于较低水平且不断增长，变化较平稳；而‘福德格鲁特’MDA浓度从CK(16℃)降低至-7℃范围内呈较大幅度的上升，高达411%，在-7~-9℃时上升缓慢，说明在低温胁迫下，其膜脂过氧化增加得最为明显。

由表3可知，6个参试样品的脯氨酸含量与温度呈负相关。在处理温度由常温对照16℃降低至-3℃时，景天叶片的脯氨酸含量变化较大，-3~-5℃‘福德格鲁特’的处于较缓慢平稳上升，其余品种仍呈现较快速度上升。-5~-7℃，游离脯氨酸含量变化较缓慢，-7~-9℃上升较快，在低温胁迫初期，脯氨酸快速增加以抵御寒害，在一定阶段后，其维持缓慢增长，可能为植物适应了一定的低温胁迫，之后由于胁迫程度增加脯氨酸含量又出现较快速度的增长。

表4 低温胁迫对景天SOD酶含量的影响

Table 4 Influences of cold stress on SOD content of *Sedums* leaves

处理温度(℃) Treatment temperature	SOD活性 SOD activities(U·g⁻¹)					
	佛甲草	‘福德格鲁特’	垂盆草	‘蓝云杉’	六棱景天	‘金丘’
CK	66.98±6.21c	160.97±4.22b	43.95±3.561c	74.01±5.09c	114.31±8.58b	45.65±5.99c
-3	74.751±2.71b	167.91±0.99ab	52.03±3.20c	143.33±6.18b	117.93±4.04ab	76.53±4.89b
-5	93.27±8.94a	171.26±5.64ab	63.86±5.26b	178.29±5.36a	134.90±6.04a	101.62±7.57a
-7	87.43±1.71ab	174.72±2.88b	82.02±2.90a	168.55±10.06a	134.54±7.15a	42.71±2.47c
-9	17.49±1.70d	174.80±2.17a	12.39±3.19d	135.19±5.15b	54.01±3.71c	2.58±0.70d

3.6 低温胁迫下景天SOD、POD、CAT酶活性的变化

由表4可以看出，6种(品种)景天叶片中SOD酶活性随着外界温度的降低总体上呈现先升高后降低的变化规律。垂盆草、佛甲草和六棱景天在-7℃处形成一个明显的峰值，‘金丘’和‘蓝云杉’的峰值出现在在-5℃附近，表明低温胁迫下植物迅速启动内在的抗氧化酶应急反应，从而提高景天的抗寒能力。峰值后SOD酶活性下降，是因为随着外界温度的降低，

植物体内产生和清除自由基的平衡被打破。‘福德格鲁特’的 SOD 酶活性则始终保持在较高水平，说明其具有较高的抗寒能力。

表 5　低温胁迫对景天 POD 酶含量的影响

Table 5　Influences of cold stress on POD content of *Sedums* leaves

处理温度(℃) Treatment temperature	POD 活性 POD activities(U·g⁻¹)					
	佛甲草	‘福德格鲁特’	垂盆草	‘蓝云杉’	六棱景天	‘金丘’
CK	5.08 ±8.34d	18.13 ±23.25d	15.24 ±18.87d	19.28 ±31.54d	21.59 ±33.12d	15.67 ±20.83d
-3	11.67 ±13.23c	41.89 ±55.19c	21 ±23.59c	30.59 ±37.18c	37.29 ±46.11c	29.71 ±35.19c
-5	16.73 ±19.10b	55.19 ±65.9b	21.15 ±34.52c	41.85 ±50.88b	59.49 ±68.67b	35.84 ±40.53c
-7	29.11 ±38.68a	59.31 ±69.27b	27.97 ±38.47b	59.43 ±67.18a	59.81 ±71.49b	48.27 ±59.07b
-9	18.13 ±23.25b	81.28 ±92.79a	46.26 ±49.70a	60.27 ±86.47a	86.42 ±91.98b	69.49 ±86.98a

由表 5 可知，6 个可试种/品种中佛甲草叶片的 POD 酶活性在 -7℃ 出现峰值后略微下降，其余种/品种随低温胁迫温度从常温 16℃ 降到 -9℃，POD 酶活性均呈现一直上升的趋势。低温使得 POD 酶的活性降低，但由于植物自身的保护作用，使得 POD 酶的活性上升。出现峰值后酶活性下降是由于随着低温伤害的加剧，细胞内活性氧自由基的增加导致膜脂过氧化加剧，有害物质大量产生，使得 POD 酶活力下降，失去对细胞的保护作用。

表 6　低温胁迫对景天 CAT 酶含量的影响

Table 6　Influences of cold stress on CAT content of *Sedums* leaves

处理温度(℃) Treatment temperature	CAT 活性 CAT activities(U·g⁻¹)					
	佛甲草	‘福德格鲁特’	垂盆草	‘蓝云杉’	六棱景天	‘金丘’
CK	2.74 ±0.12b	6.60 ±0.41d	3.28 ±0.28c	2.58 ±0.08bc	2.83 ±0.51d	4.2 ±0.44c
-3	3.25 ±0.30b	9.30 ±0.19c	6.58 ±0.37b	2.84 ±0.21bc	3.68 ±0.24cd	4.5 ±0.24c
-5	4.74 ±0.61a	16.94 ±0.60b	9.64 ±0.87a	3.28 ±0.40b	4.21 ±0.50bc	7.25 ±0.62c
-7	4.77 ±0.67a	27.15 ±0.47a	5.62 ±0.58bc	6.22 ±0.54a	8.71 ±0.16a	22.74 ±2.91a
-9	2.88 ±0.23b	6.71 ±1.35d	4.74 ±1.34bc	2.2 ±0.25c	5.15 ±0.05b	14.82 ±2.44bs

由表 6 可知，参试的 6 个景天种(品种)的 CAT 活性均呈现先上升后下降趋势，景天在遇到低温胁迫后，体内的抗寒应答机制迅速开启，CAT 氧化酶活性迅速升高，后再低温适应一段时间后，植物无法抵御外界低温的胁迫，CAT 氧化酶活性出现下降。其中佛甲草、‘福德格鲁特’、‘蓝云杉’、六棱景天、‘金丘’的峰值出现在 -7℃，而垂盆草的峰值出现在 -5℃。‘福德格鲁特’的 CAT 酶活性同 SOD 酶相似均保持较高水平，说明其具有较高的抗寒能力。

3.7　6 个矮型景天抗寒性综合评价

植物的抗寒性受多个因素的影响，单一抗寒性指标判断植物抗寒性具有一定的片面性，且不同植物种(品种)对同一抗寒指标的响应程度也不一致，因此对多个抗寒指标进行综合全面的分析更能充分反映植物的抗寒性。大量研究表明隶属函数的均值越大则表明该植物种(品种)的抗寒性越强(曾雯，2016)。由表 7 可以得出，6 个矮型景天抗寒性排序为：六棱景天 >‘蓝云杉’岩景天 > 垂盆草 >‘福德格鲁特’景天

表 7　6 种/品种景天的抗寒性综合评价

Table 7　Synthetic evaluation of cold resistance of six *Sedums*

景天种(品种) Sedum species (cultivars)	电导率 Rec[b]	叶绿素 Chl[a]	丙二醛 MDA[b]	脯氨酸 Pro[a]	可溶性糖 Sugar[a]	SOD[a]	POD[a]	CAT[a]	平均值 Mean value	排序 Rank
佛甲草	0.229	0.407	0.606	0.332	0.262	0.557	0.391	0.339	0.390375	6
‘福德格鲁特’	0.255	0.407	0.479	0.493	0.485	0.583	0.447	0.376	0.440625	4
垂盆草	0.318	0.428	0.710	0.394	0.372	0.566	0.591	0.483	0.48275	3
‘蓝云杉’	0.244	0.463	0.685	0.408	0.463	0.627	0.629	0.414	0.491625	2
六棱景天	0.249	0.475	0.699	0.402	0.578	0.665	0.730	0.563	0.545125	1
‘金丘’	0.180	0.391	0.672	0.366	0.316	0.461	0.576	0.458	0.4275	5

注：a 代表指标与植物抗寒性呈正相关，b 代表指标与植物抗寒性呈负相关。

>‘金丘’松叶佛甲草 > 佛甲草。以上结果与外界自然低温环境下植物外部形态观测结果基本一致，说明 6 个景天种(品种)抗寒性能力强弱的结果是可靠的。

4　结论与讨论

植物在生长过程中受到低温胁迫时，细胞膜受到伤害，透性增大，使得植物组织内的许多成分外渗，不同植物抗寒性不同外渗物多少也存在差异。电导法就是通过该原理来鉴定植物的抗寒性，电导率越高，低温胁迫对植物细胞膜的伤害越大(Mittler，2002)。本试验中不同景天种/品种，在低温胁迫下，其 3 年生叶片的电解质渗出率不同，抗寒性越弱的品种，电解质渗出率较大，这与李桂荣(2015)的研究结果一致。

叶绿素是进行光合作用的重要物质，低温胁迫将直接导致植物叶绿体结构的破坏，叶绿素含量的降低，也有人认为低温使得植物代谢减慢，同时加速了叶绿素的分解，合成叶绿素的底物缺乏，使得植物叶片中叶绿素含量降低(何洁 等，1986)。本研究中叶绿素含量呈现先下降后小幅度上升的趋势，除去采样原因导致研究后期叶绿素小幅度上升外，叶绿素含量的变化与前人研究结果一致。另外通过低温下很多植物生理特性的研究发现，植物体内的膜脂过氧化产物丙二醛含量会增加，其与本文研究结果也一致。

本研究中，6 个景天种(品种)经过低温胁迫后，其脯氨酸含量、可溶性糖含量均升高，这与前人在核桃(刘杜玲 等，2015)、茶树(李叶云 等，2012)上的研究结果相似。这表明，低温胁迫下景天种(品种)可通过增加体内的主要渗透物质含量来提高其抗寒适应性。但景天叶片在低温胁迫下可溶性蛋白含量变化差异较大且无规律，表明蛋白质含量不能说明景天的抗寒性问题。

本研究中，正常生长温度 16℃ 降至 －5℃ 的低温胁迫下，不同的景天种(品种)的 SOD、POD、CAT 酶活性均提高，氧化酶协同作用有助于清除细胞内活性氧自由基，防止膜脂过氧化作用，保护细胞膜系统(何洁 等，1986)。后期部分种(品种)出现下降，说明植物受到了低温冻害，其清除自由基的能力下降(相昆 等，2011)，这与前人在茶树(杨再强 等，2016)、杂交冬青(曾雯 等，2016)上的研究结果一致。

植物的抗逆性是受多种因素共同影响的，用单一指标来评价植物的抗逆性具有一定的片面性，运用隶属函数法，根据各个指标的贡献率大小，可以科学地对 6 个景天种(品种)的抗寒性进行综合评价，准确反映其抗寒性强弱。

本研究在北京地区冬季自然低温条件下，以 6 个抗寒性较强的矮型景天为材料，测定了其在外界自然降温过程中各种(品种)叶片的相对电导率、叶绿素含量、可溶性糖、可溶性蛋白、脯氨酸、丙二醛、超氧化物歧化酶(SOD)、过氧化物酶(POD)和过氧化氢酶(CAT)活性。以景天叶片各项指标的抗寒系数作为衡量抗寒性的指标，运用隶属函数法对其抗寒性进行综合评价。其抗寒性排序为：六棱景天 >‘蓝云杉’岩景天 > 垂盆草 >‘福德格鲁特’景天 >‘金丘’松叶佛甲草 > 佛甲草。六棱景天和‘蓝云杉’岩景天抗寒性最强，垂盆草和‘福德格鲁特’景天的抗寒性较强，‘金丘’松叶佛甲草和佛甲草最弱。综合评价结果与外界自然低温环境下植物外部形态观测结果基本一致。筛选出抗寒性较强的景天，对丰富北方地区园林植物材料，延长首都景观植物绿期，发挥景天养护成本低、景观效果好的优点，创建节约型生态园林具有十分重要的意义。

参考文献

1. 陈洁，金晓玲，宁阳，等．3 种含笑属植物抗寒生理指标的筛选及评价[J]．河南农业科学，2016，02：113 – 118.
2. 陈少裕．膜脂过氧化对植物细胞的伤害[J]．植物生理学通讯，1991，02：84 – 90.
3. 冯黎，张洁，荆瑞．北京地区景天属植物资源及园林应用评价[J]．西北林学院学报，2015，05：278 – 282.
4. 何洁，刘鸿先，王以柔，等．低温与植物的光合作用[J]．植物生理学通讯，1986，02：1 – 6.
5. 李叶云，庞磊，陈启文，等．低温胁迫对茶树叶片生理特性的影响[J]．西北农林科技大学学报(自然科学版)，2012，04：134 – 138 + 145.
6. 刘杜玲，张博勇，孙红梅，等．早实核桃不同品种抗寒性综合评价[J]．园艺学报，2015，03：545 – 553.
7. 李桂荣，朱自果，马俊伟，等．低温胁迫对几种无核葡萄品种抗寒生理指标的影响[J]．西北林学院学报，2015，05：75 – 78 + 291.
8. 任俊杰，赵爽，苏彦苹，等．春季低温胁迫对核桃抗氧化酶指标的影响[J]．西北农林科技大学学报(自然科学版)，2016，03：75 – 81.
9. Mittler R. Oxidative stress, antioxidants and stress tolerance [J]. Trends Plant Sci，7(9)：405 – 410.
10. 王璐珺．4 种景天属植物抗寒性研究[D]．南京林业大学，2010.
11. 王倩，关雪莲，胡增辉，等．3 种景天植物叶片结构特征与抗寒性的关系[J]．应用与环境生物学报，2013，02：280 – 285.
12. 王倩，冷平生，关雪莲，等．九种景天植物在越冬期间生理生化指标的变化[J]．北方园艺，2010，19：114 – 117.
13. 王荣富．植物抗寒指标的种类及其应用[J]．植物生理学通讯，1987，03：49 – 55.
14. 王小媚，任惠，刘业强，等．低温胁迫对杨桃品种抗寒生理生化指标的影响[J]．西南农业学报，2016，02：270 – 275.
15. 王学奎．植物生理生化实验原理和技术[M]．北京：高等教育出版社，2006.
16. 相昆，张美勇，徐颖，等．不同核桃品种耐寒特性综合评价[J]．应用生态学报，2011，09：2325 – 2330.
17. 杨再强，韩冬，王学林，等．寒潮过程中 4 个茶树品种光合特性和保护酶活性变化及品种间差异[J]．生态学报，2016，03：629 – 641.
18. 曾雯，金晓玲，邢文，等．9 个常绿杂交冬青的抗寒能力比较[J]．植物生理学报，2016，01：55 – 61.
19. 中国气象科学数据共享服务网—北京(1991 – 2014 年)气候序列图[EB/OL]．[2014 – 12 – 04]．http://cdc.nmic.cn/dataSetLogger.do?changeFlag=dataLogger#
20. 中国科学院中国植物志编辑委员会．中国植物志[M]．北京：科学出版社，1989.
21. 钟海霞，陆婷，刘立强，等．不同低温胁迫下野扁桃与栽培扁桃花原基解剖结构观察[J]．西北农业学报，2013，12：112 – 118.

6 种玉簪叶绿素荧光特性的比较研究

刘翠菊　郭霄　王奎玲　刘青　刘庆超　刘庆华[①]
（青岛农业大学园林与林学院，青岛 266109）

摘要　玉簪作为宿根花卉的一种，应用范围越来越广。本文通过对自然条件下的不同玉簪品种的主要荧光参数进行了田间活体测定，研究它们之间存在的荧光特性差异。结果表明：初始荧光(F_0)、最大荧光(F_m)、最大可变荧光(F_v)、PSII 最大光化学效率(F_v/F_m)、光系统 II(PSII)活性(F_v/F_0)、性能指标(PI)6 项叶绿素荧光参数表现出不同程度的差异。6 个玉簪品种 Fo、Fm、Fv 三个参数的变化与 Fv/Fm 、Fv/Fo 值的变化相反，说明 6 个品种的 PSⅡ潜在活性和潜在最大光合能力是存在差异的。
关键词　玉簪；叶绿色荧光特性；比较

Comparative Study on Chlorophyll Fluorescence Character of Six Varieties of *Hosta plantaginea*

LIU Cui-ju　GUO Xiao　WANG Kui-ling　LIU Qing　LIU Qing-chao　LIU Qing-hua
(*College of Landscape Architecture and Forestry*, *Qingdao Agricultural University*, *Qingdao* 266109)

Abstract　*Hosta* as one of the Perennial flowers, the application scope is more and more widely. In this paper, the natural condition of different *Hosta* cultivars mainly fluorescence parameters of the field was measured in living plants to study exist fluorescence characteristics between them . This study showed that the minimal fluorescence(F0), the maximal fluorescence(Fm), Maximal variable fluorescence(Fv), the potential efficiency of primary conversion of light energy of PSⅡ(Fv/Fm), the ratio of variable fluorescence to initial fluorescence(Fv/F0), the Performance Index(PI) was different among six *Hosta* cultivars. F0、Fm、Fv three parameters of six *Hosta* cultivars change with the Fv / Fm and Fv / F0 the opposite variation, indicating that the six cultivars of PSII potential activity and the potential maximum light photosynthetic capacity differences exist.
Key words　*Hosta plantaginea*; Chlorophyll fluorescence characteristic; Comparison

玉簪(*Hosta plantaginea*)，百合科玉簪属植物，是一种常见的多年生宿根花卉。宿根花卉是指以地下部分度过不良季节的多年生草本花卉，具有种类多、适应性广、生活力强、繁殖容易、栽培管理简便等特点。因其花苞质地娇莹如玉，状似头簪而得名。碧叶莹润，清秀挺拔，花色如玉，幽香四溢，是中国著名的传统香花，深受人们的喜爱。

物叶绿素荧光动力学是以叶绿素荧光作为植物体内的天然探针，快速灵敏地反映植物光合生理状况及各种外界因素对植物影响(林世青 等，1992；徐德聪 等，2003；陈小凤 等，2007；郭玉朋 等，2009；姜英 等，2010)。叶绿素荧光动力学技术在测定叶片光合作用过程中光系统对光能的吸收、传递、耗散、分配等方面具有独特的作用，与“表观性”的气体交换指标相比，叶绿素荧光参数更具有反映“内在性”特点(张守仁，1991)。

本文主要研究了 6 个玉簪品种，分别为：‘黄香蕉’玉簪、‘大地之主’玉簪、‘狼獾’玉簪、‘蓝叶高丛’玉簪、‘大父’玉簪、‘宽边’玉簪。通过对不同品种间荧光特性差异的研究，为选择高光效植物育种材料提供参考，同时为该植物在本地区的栽培应用提供理论依据。

1　材料与方法

1.1　试验地概况

试验地位于青岛农业大学化学楼苗圃内，田间条件下生长。地理位置为东经 120°39′，北纬 36°32′。气候系北温带季风大陆性气候，四季变化及季风进退

① 通讯作者。Author for correspondence：刘庆华，男，青岛农业大学教授，E-mail：lqh6205@163. com。

均较为明显，受海洋的调节作用，又表现出海洋性气候特点。区内历年平均温度在 11 ~ 12℃之间，极端最高气温出现在 7 月中旬至 8 月上旬，极端最低气温出现在 1 月下旬至 2 月初。无霜期历年平均为 179d，平均结冰日数 109.2d，一般冻土深度 20cm，最大冻土深度为 43cm。

1.2　试验材料

试验材料为玉簪，分别为：'黄香蕉'玉簪(*Hosta* 'Yellow Banana')、'大地之主'玉簪(*Hosta* 'Ground Master)、'狼獾'玉簪(*Hosta* 'Wolverine')、'蓝叶高丛'玉簪(*Hosta* 'Blue leaf highbush')、'大父'玉簪(*Hosta* 'Big Daddy')、'宽边'玉簪(*Hosta* 'Broadside')。

1.3　试验方法

1.3.1　荧光参数的测定

每种选择 15 株进行挂牌标记为标准株，每株选定一片受光一致的叶片，且为由顶端数第 3 片健康功能叶，进行挂牌标记，以后每次测定都用同样叶片。荧光参数采用英国 Hansatech 公司生产的 Pocket PEA 植物效率仪进行活体测定。获取的主要参数为：F_0(初始荧光)，F_m(最大荧光)，F_v(可变荧光)，F_v/F_m(PSII 最大光化学效率或原初光能转换效率)，F_v/F_0(PSII 的潜在活性)，PI(性能指标)。其中 F_0、F_m、F_v/F_0、F_v/F_m等参数在测定前将叶片暗适应 30min。

1.3.2　试验数据统计

采用 spss21.0 统计分析软件进行方差分析和差异显著性检验，采用 origin8.0 软件进行试验数据的计算与图形的绘制。

2　结果与分析

对植物叶绿素荧光特性变化的分析表明，玉簪 6 个品种的叶绿素荧光参数存在很大差异(图 1 至图 6)。

2.1　不同玉簪品种 F_0的差异

F_0：初始荧光(minimal fluorescence)，也称基础荧光或零水平荧光，是光系统 II 反应中心处于完全开放时的荧光产量，它与叶片叶绿素浓度有关。

由图 1 可知，F_0值最高的是'大父'玉簪，为 8044，其次是'蓝叶高丛'玉簪，值为 7656，且与其余 4 种植物间存在显著差异($P<0.05$)。而'黄香蕉'玉簪、'大地之主'玉簪和'狼獾'玉簪之间差异不显著($P>0.05$)，在 5935 ~ 6085 之间波动。

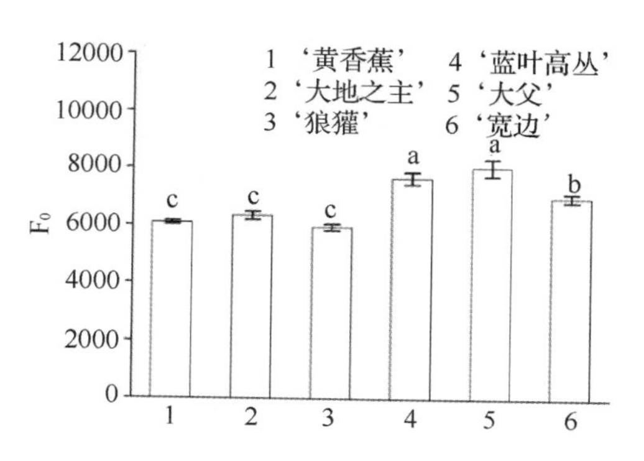

图 1　6 种玉簪植物 F_0比较

Fig. 1　F_0 comparison of 6 *Hosta* cultivars

2.2　不同玉簪品种 F_m的比较

F_m：最大荧光(maximal fluorescence)，是 PSII 反应中心处于完全关闭时的荧光，可以反映通过 PSII 的电子传递情况。该值一般在叶片经过 30min 的暗适应后测定。

由图 2 可知，F_m值排序为'大父'>'蓝叶高丛'>'宽边'>'大地之主'>'黄香蕉'>'狼獾'。'大父'具有最大 F_m值，为 32956，但是与'蓝叶高丛'、'宽边'的 F_m值差异不显著($P>0.05$)，而显著高于'黄香蕉''大地之主''狼獾'($P<0.05$)，其中'黄香蕉'的 F_m值最小，只有 29262。

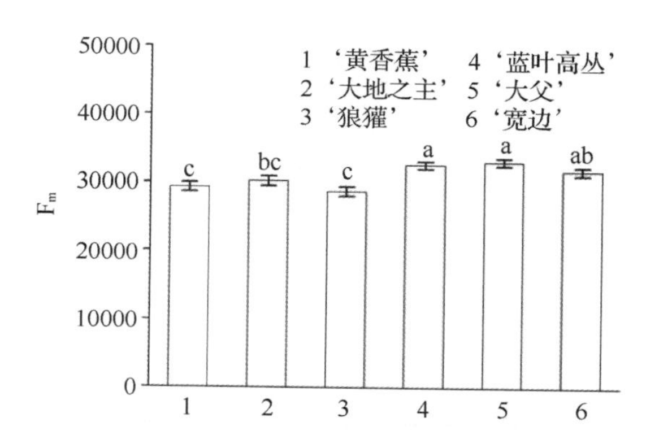

图 2　6 种玉簪品种 F_m比较

Fig. 2　F_m comparison of 6 *Hosta* cultivars

2.3　不同玉簪品种 F_v的比较

6 个品种的 F_v值由大到小排列为'大父'>'蓝叶高丛'>'宽边'>'大地之主'>'黄香蕉'>'狼獾'。'大父'的 F_v值最大，为 24912，且只与'狼獾'存在显著差异($P<0.05$)，与其他 4 个品种不存在显著差异($P>0.05$)。

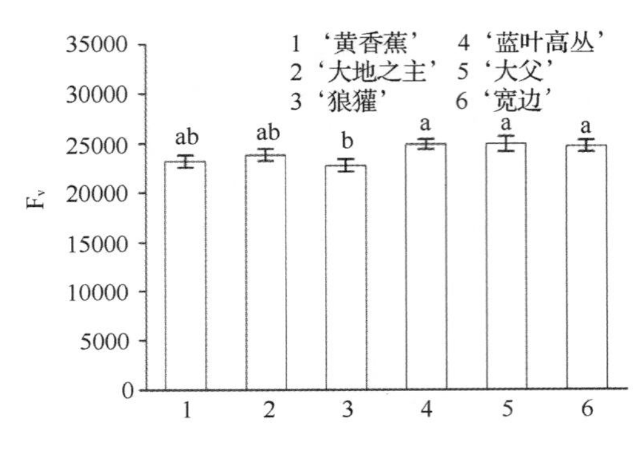

图 3　6 种玉簪品种 F_v 比较

Fig. 3　F_v comparison of 6 *Hosta* cultivars

2.4　不同玉簪品种 F_v/F_m 的比较

F_v/F_m：PSII 的最大光化学效率(optimal/maximal photochemical efficiency of PSII in the dark)，反映了 PSII 反应中心内禀光能转换效率(intrinsic PSII efficiency)。计算公式为：$F_v/F_m=(F_m-F_0)/F_m$。该参数在胁迫条件下明显下降，在非胁迫条件下变化极小且不受物种及生长条件的影响。

由图 4 可知，6 个品种的 F_v/F_m 值排序为‘狼獾’>‘黄香蕉’>‘大地之主’>‘宽边’>‘蓝叶高丛’>‘大父’，其中狼獾值最大，为 0.792，‘大父’最小值为 0.753。狼獾的 F_v/F_m 值与‘蓝叶高丛’‘大父’‘宽边’之间差异显著($P<0.05$)，而与‘黄香蕉’‘大地之主’之间不存在显著性差异($P>0.05$)。

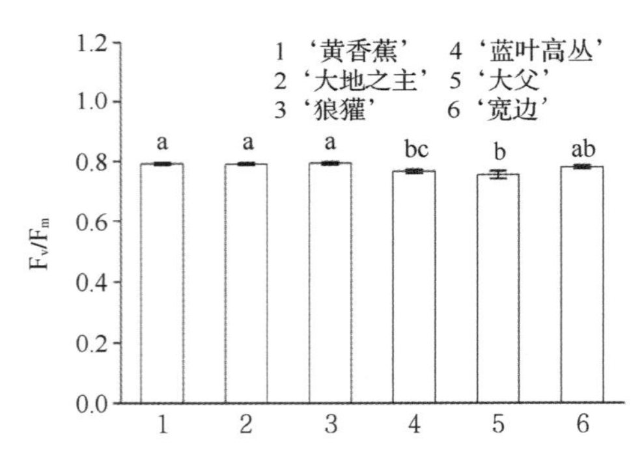

图 4　6 种玉簪品种 F_v/F_m 比较

Fig. 4　F_v/F_m comparison of 6 *Hosta* cultivars

2.5　不同玉簪品种 F_v/F_0 的比较

F_v/F_0：可变荧光 F_v 与固定荧光 F_0 的比值可代表光系统 II(PSII)活性。

由图 5 可知，‘狼獾’玉簪的 F_v/F_0 值最大，为 3.845。‘狼獾’与‘蓝叶高丛’‘大父’‘宽边’差异显著($P<0.05$)，而与‘黄香蕉’、‘大地之主’之间差异不显著($P>0.05$)。‘大父’玉簪的 F_v/F_0 值最小，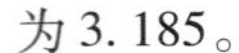为 3.185。

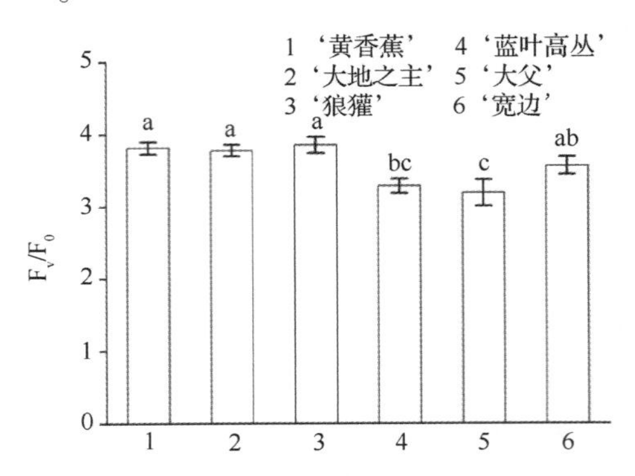

图 5　6 种玉簪品种 F_v/F_0 比较

Fig. 5　F_v/F_m comparison of 6 *Hosta* cultivars

2.6 不同玉簪品种 PI 的比较

PI：是体现样本活力的指标。它是样本抵抗外部限制的一种内部力量的整体表达。确切的说是测量的一个重要指标。

由图 6 可知，‘大地之主’的 PI 值最高，达到 2.962，‘狼獾’的 PI 值最小，为 2.422。‘大地之主’与‘黄香蕉’‘狼獾’之间不存在差异显著($P>0.05$)，与‘蓝叶高丛’‘大父’‘宽边’之间显著差异($P<0.05$)。

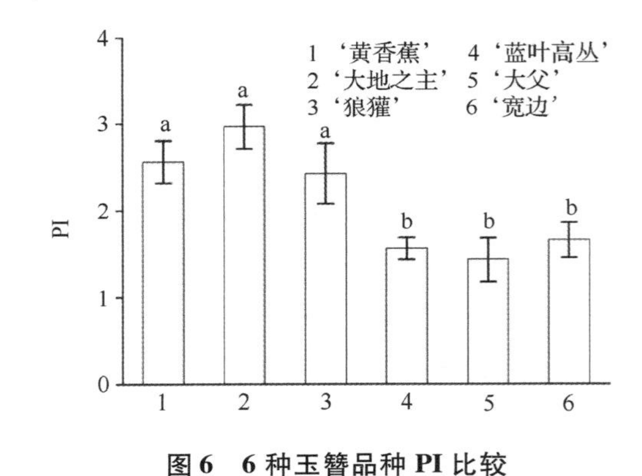

图 6　6 种玉簪品种 PI 比较

Fig. 6　PI comparison of 6 *Hosta* cultivars

3　讨论

叶绿素荧光与光合作用能量转换的效率之间有清晰的定量关系，而且这种关系并不复杂，符合热力学第一定律和爱因斯坦能量方程。正常情况下，光被叶绿素分子吸收以后，叶绿素吸收的光能主要通过光合电子传递、叶绿素荧光和热耗散 3 种途径进行，这 3 种途径间存在着此消彼长的关系，光合作用和热耗散的变化会引起荧光发射的相应变化，因此，荧光变化可以反映光合作用和热耗散的情况(郑淑霞，2006)。据研究，植物的叶绿素荧光特性因种类和生态环境的不同有很大的差异，如不同阔叶树种叶绿素荧光参数差异显著(许大全，2006)。

本研究发现，在同一生长环境下的不同玉簪品种之间的 F_0、F_m、F_v、F_v/F_0、F_v/F_m、PI 共6项叶绿素荧光参数表现出不同程度的差异。所研究的6个玉簪品种初始荧光值大小(F_0)、最大荧光产量(F_m)及最大可变荧光(F_v)3个参数的大小顺序为‘大父’>‘蓝叶高丛’>‘宽边’>‘大地之主’>‘黄香蕉’>‘狼獾’，说明不同玉簪品种的叶片色素吸收的能量中流向光化学作用的部分减少，热和荧光形式的能量增多(杨伟波 等，2012)，其中 F_0值的上升主要是反应中心的可逆失活所引起的，可以避免 PSⅡ活性中心发生不可逆转的破坏；而 PSII 最大光化学效率(F_v/F_m)、PSII 活性(F_v/F_0)值的变化与其相反，说明6个品种的 PSⅡ潜在活性和潜在最大光合能力是存在差异的。F_v/F_m下降是玉簪植物光合作用发生光抑制的重要特征，F_v/F_0下降表明玉簪植物的 PSⅡ反应中心受到伤害(孔海云 等，2011)。其中‘狼獾’与‘黄香蕉’两个品种具有较高的 PSII 原初光能转化效率(F_v/F_m)和 PSII 潜在活性(F_v/F_0)，表现出较好的光合性能。

综上所述，不同玉簪品种间的叶绿色荧光参数存在差异，表明不同品种对光能的利用不同。不同的玉簪品种都可以通过对光能的有效利用，来维持叶片光能平衡和植物的正常生长。不同玉簪品种的叶绿素荧光特性表现出它们对生长环境的适应性。光合能力越强，对环境适应性越强，它们通过光合作用充分利用光能，从而积累大量的有机物质来适应环境(Rohacek K. *et al.*，2002)。对于光合能力较弱的品种，它们能将过剩的光能用于热耗散，从而避免叶片受到伤害，达到自我保护的目的。

参考文献

1. 陈小凤，李杨瑞，叶燕萍，等.2007. 利用叶绿素荧光参数和净光合速率评价引进禾本科牧草的抗旱性[J]. 草业科学，24(5)：53－57.
2. 郭玉朋，郑霞，王新宇，等. 叶绿素荧光技术在筛选光合突变体中的应用[J]. 草业学报，2009，18(6)：226－234.
3. 姜英，彭彦，李志辉，等. 植物生长延缓剂对金钱树抗寒性指标的影响[J]. 草业科学，2010，27(9)：51－56.
4. 孔海云，张丽霞，王日为.2011. 低温与光照对茶树叶片叶绿素荧光参数的影响[J]. 茶叶，37(2)：75－78.
5. 林世青，许春辉，张其德，等. 叶绿素荧光动力学在植物抗性生理生态学和农业现代化中的应用[J]. 植物学通报，1992，9(1)：1－6.
6. 许大全. 光合作用测定及研究中一些值得注意的问题[J]. 植物生理学通讯，4(21)：163－1167.
7. 徐德聪，吕芳德，潘晓杰.2003. 叶绿素荧光分析技术在果树研究中的应用[J]. 经济林研究，21(3)：88－91.
8. Rohacek K. Chlorophyll fluorescence parameters：the definitions，photosynthetic meaning and mutual relationships[J]. Photosynthetica，，2002，40(10)：13－29.
9. 杨伟波，付登强，李艳，等.2012. 不同光强下义安油茶幼苗生长和叶绿素荧光特性分析[J]. 热带作物学报，33(4)：651－654.
10. 张守仁.1991. 叶绿素荧光动力学参数的意义及讨论[J]. 植物学通报，16(4)：444－448.
11. 郑淑霞，上官周平.8种阔叶树种叶片气体交换特征和叶绿素荧光特性比较[J]. 生态学报，2006，26(4)：1080－1087.

氮磷钾配比施肥对圆齿野鸦椿光合特性的影响*

钟 诚[1] 曹 蕾[2] 贺 婷[1] 涂淑萍[1]①
([1]江西农业大学园林与艺术学院，南昌 330045；[2]江西省新建县园林绿化管理所，新建 330100)

摘要 采用正交试验设计研究氮磷钾配比施肥对 2 年生盆栽圆齿野鸦椿光合特性的影响。结果表明，净光合速率与气孔导度呈较强的正相关性(r＝0.84)，与胞间二氧化碳浓度呈中度的负相关性(r＝0.74)，说明气孔导度不是影响圆齿野鸦椿净光合速率的主要因素。对圆齿野鸦椿净光合速率影响的 N、P、K 主次顺序为 N＞K＞P，最优组合为 $N_2P_2K_2$，即每盆每次施 N 0.92g ＋ P_2O_5 0.12g ＋ K_2O 0.60g 时，圆齿野鸦椿净光合速率最高，最佳施肥配比为 N：P_2O_5：K_2O＝8：1：5。
关键词 NPK 配比；光合特性；圆齿野鸦椿

Effect of Combined Fertilization of NPK on Photosynthetic Characteristics of *Euscaphis konishii*

ZHONG Cheng[1] CAO Lei[2] HE Ting[1] TU Shu-ping[1]
([1]*College of Landscape and Art*, *Jiangxi Agricultural University*, *Nanchang* 330045;
[2]*Xinjian County Landscaping Administration Office*, *Xinjian* 330100)

Abstract By orthogonal experimental study on the nitrogen, phosphorus and potassium fertilizer on biennial plants *Euscaphis konishii* photosynthetic characteristics. The results show that the net photosynthetic rate and stomatal conductance were strong positive correlation (r = 0.84), and the intercellular CO_2 concentration is moderate negative correlation (r = 0.74). The stomatal conductance is not the main factors influencing the net photosynthetic rate. N, P, K of *Euscaphis konishii* affect net photosynthetic rate of primary and secondary order for N > K > P, the optimal combination for $N_2P_2K_2$ fertilization, namely every pot every time N 0.92 g + $P_2O_5$0.12 g + K_2O 0.60 g. The best NPK ratio: N : P_2O_5 : K_2O = 8: 1: 5.
Key words *Euscaphis konishii*; NPK ratio; The photosynthetic characteristics

圆齿野鸦椿(*Euscaphis konishii* Hayata)为省沽油科(Staphyleaceae)野鸦椿属(*Euscaphis*)常绿小乔木，是我国特有树种，又名蝴蝶果、情人果。圆齿野鸦椿树干通直，可作材用，种子油可制肥皂，树皮可提栲胶，根及干果入药用于祛风湿。在园林应用方面，过去它主要在园林草坪孤植，或小面积块植，或修剪成盆景，近年来开始用于行道树或庭园观赏。圆齿野鸦椿树姿优美，树冠较大且遮阴效果好；红果期自 9 月下旬至来年 3 月，跨越秋、冬和翌年春三季，长达 6 个月以上，是优良的观果乡土树种，市场前景好，受到园艺界人士的大力推崇。探索其氮、磷、钾最佳配比及施用量对大规模人工栽培有一定的指导意义。

目前对该树种的研究主要集中在种苗繁育[2～6]、生态生物学特性[1,7～9]和优质丰产栽培技术方面[10～12]。有关施肥方面的研究甚少[13]。

施肥是现代林业工业化生产的关键技术，是促进林木生长，增加土地利用率和提高效益的有效手段。目前的林木培育中，不施肥和盲目施肥现象相当严重[14]。本文研究 NPK 配比施肥对圆齿野鸦椿光合特性的影响，旨在为圆齿野鸦椿的人工栽培及光合生理研究提供参考依据。

1 材料与方法

1.1 试验地概况

本试验在江西农业大学校内花卉与盆景教学基地内进行。该基地位于南昌市北郊，28°46′N，115°55′E，海拔 50m，属亚热带湿润季风气候，气候湿润温和，雨量充沛，日照充足，无霜期长，冰冻期短。年

* 基金项目：江西省林业厅科技创新项目(201402)。
① 通讯作者。涂淑萍(1963－)，教授，E-mail：jxtsping@163.com。

平均气温为 17.5℃，1 月份平均气温 5℃，7 月份平均气温 29.6℃，极端最高气温 41℃(2003 年 8 月 1 日)，极端最低气温 -9.7℃，年日照时间为 1903.9h，年降雨量为 1596.4mm，初霜期为 12 月 2 日，终霜期平均在 2 月 25 日，无霜期平均为 281d (资料来自江西农业大学气象站)。

1.2 试验材料

供试苗木为盆栽 2 年生的圆齿野鸦椿实生苗。苗木大小均匀，平均苗高为 30.57cm，平均地径为 1.5mm。

供试基质为江西农业大学校内花卉盆景基地的园土掺入少量泥炭土。该基质有机质含量为 22.64g/kg，pH 为 5.37，碱解氮为 100.83mg/kg，速效磷为 60.50mg/kg，有效钾为 118.14mg/kg。

供试肥料：氮肥为含氮 46% 的尿素；磷肥为含 P_2O_5 12% 的钙镁磷肥；钾肥为含 K_2O 60% 的氯化钾。

供试容器为 36cm(口径)×26cm(高)的塑料花盆。每盆装风干培养土 3kg，栽苗 1 株。盆底垫塑料托盘，以防止肥料随水淋溶流失。

表 1 肥料种类及施肥水平设置表(单位：g/盆·次)

Table 1 Fertilizers and fertilizer levels set (unit: g/ pot . once)

施肥水平 Fertilizer levels	肥料种类 fertilizers		
	尿素 urea (纯 N)	钙镁磷 Calcium magnesium phosphate(P_2O_5)	氯化钾 KCl (K_2O)
1	0	0	0
2	2(0.92)	1(0.12)	1(0.60)
3	4(1.84)	2(0.24)	2(1.20)
4	6(2.76)	3(0.36)	3(1.80)
5	10(4.60)	5(0.60)	5(3.00)

1.3 试验设计

如表 1 所示，本试验设氮、磷、钾 3 因素 5 水平，采用 $L_{25}(5^6)$ 正交试验设计(表 2)，共 25 个处理，每处理 5 盆，重复 3 次。2013 年 5 月 8 日进行第一次施肥，以后每个月施肥 1 次，总共施肥 5 次。日常管理主要是及时浇水，并于施肥前进行扦盆和除草。

表 2 圆齿野鸦椿配方施肥试验方案(单位：g/盆·次)

Table 2 The fertilization dispose of *Euscaphis konishii* (unit: g/ pot . once)

编号 number	处理组合 treatment	纯养分含量 Pure nutrient content			施肥量 fertilization amount		
		N	P_2O_5	K_2O	尿素	钙镁磷	氯化钾
1	N1P1K1	0	0	0	0	0	0
2	N1P2K2	0	0.12	0.60	0	1	1
3	N1P3K3	0	0.24	1.20	0	2	2
4	N1P4K4	0	0.36	1.80	0	3	3
5	N1P5K5	0	0.60	3.00	0	5	5
6	N2P1K2	0.92	0	0.60	2	0	1
7	N2P2K3	0.92	0.12	1.20	2	1	2
8	N2P3K4	0.92	0.24	1.80	2	2	3
9	N2P4K5	0.92	0.36	3.00	2	3	5
10	N2P5K1	0.92	0.60	0	2	5	0
11	N3P1K3	1.84	0	1.20	4	0	2
12	N3P2K4	1.84	0.12	1.80	4	1	3
13	N3P3K5	1.84	0.24	3.00	4	2	5
14	N3P4K1	1.84	0.36	0	4	3	0
15	N3P5K2	1.84	0.60	0.60	4	5	1
16	N4P1K4	2.76	0	1.80	6	0	3
17	N4P2K5	2.76	0.12	3.00	6	1	5

（续）

编号 number	处理组合 treatment	纯养分含量 Pure nutrient content			施肥量 fertilization amount		
		N	P_2O_5	K_2O	尿素	钙镁磷	氯化钾
18	N4P3K1	2.76	0.24	0	6	2	0
19	N4P4K2	2.76	0.36	0.60	6	3	1
20	N4P5K3	2.76	0.60	1.20	6	5	2
21	N5P1K5	4.60	0	3.00	10	0	5
22	N5P2K1	4.60	0.12	0	10	1	0
23	N5P3K2	4.60	0.24	0.60	10	2	1
24	N5P4K3	4.60	0.36	1.20	10	3	2
25	N5P5K4	4.60	0.60	1.80	10	5	3

表3 N、P、K施肥水平对苗木净光合速率影响的极差分析与多重比较(单位：$\mu mol \cdot m^{-2} \cdot s^{-1}$)

Table 3 Range analysis and multiple comparison of N, P, K fertilizer on net photosynthetic rate

肥料种类 fertilizer	不同施肥水平的净光合速率 the net photosynthetic rate of different fertilizer levels					极差 The range
	1	2	3	4	5	
N	3.90b	7.03a	8.42a	4.41b	1.42c	7.01
P	3.70a	5.02a	6.31a	5.21a	4.94a	2.61
K	4.13a	4.55a	4.98a	4.59a	6.94a	2.81

注：表中同一行数据后面不同英文字母表示差异显著($p<0.05$)，下同。Note: The same row in the table behind the data of different letters that were significantly different ($p<0.05$), the same below.

1.4 光合指标测定方法

采用Li-6400便携式光合仪进行光合指标的测定。2013年9月，选择晴朗无风天气，于上午9:00~11:00时，根据圆齿野鸦椿预试验测得的光响应曲线，得出其光饱和点位于光合有效辐射1200$\mu mol \cdot m^{-2} \cdot s^{-1}$左右，故选近光饱和条件下的光强度，即光强为1200$\mu mol \cdot m^{-2} \cdot s^{-1}$时进行净光合速率(Pn)、气孔导度(Cond)和胞间二氧化碳浓度(Ci)的测定。每一处理选3株生长健康、长势一致的植株，每株选阳面枝条自顶端向下数第4枚复叶的中间叶为测定部位，重复3次，求平均值。

1.5 试验数据处理

试验数据采用Excel2003和SPSS19.0统计分析软件进行数据的处理与分析。

2 结果与分析

2.1 NPK配比施肥对圆齿野鸦椿净光合速率的影响

净光合速率是描述光合作用强弱的一个重要指标，净光合速率的快慢直接反映植物叶片合成有机物质能力的强弱，表明了植物积累营养物质和储存能量的能力。叶片净光合速率的日变化，则反映出一天中叶片光合作用高效率的时间持续能力[15-18]。

由表3可知，N、P、K对圆齿野鸦椿净光合速率影响的主次顺序为N > K > P，最优组合为$N_3P_3K_5$，经方差分析的多重比较得知，N_3与N_2之间差异不显著，但是，它们与N_1、N_4、N_5之间差异达显著水平；不同P水平之间以及不同K水平之间净光合速率差异不显著。从降低成本和平衡施肥的角度考虑，净光合速率最佳的施肥组合为$N_2P_2K_2$，即每盆每次施纯N 0.92g+P_2O_5 0.12g+K_2O 0.60g，最佳施肥配比N∶P_2O_5∶K_2O=8∶1∶5。施氮水平超过1.84g(尿素4g)时则净光合速率下降。

2.2 施肥对圆齿野鸦椿气孔导度的影响

气孔是光合作用和呼吸作用过程中叶片内外进行气体交换的主要通道，气孔导度表示气孔张开的程度，气孔导度控制着叶片内外气体交换的速率，因此，气孔导度对光合作用、呼吸作用和蒸腾作用都有着十分重要的影响[19]。

表4 N、P、K 施肥水平对苗木气孔导度影响的极差分析与多重比较(单位: $\mu mol \cdot m^{-2} \cdot s^{-1}$)

Table 4 Range analysis and multiple comparison of N, P, K fertilizer on stomatal conductance

肥料种类 fertilizer	不同施肥水平的气孔导度 The stomatal conductance of different fertilizer levels					极差 The range
	1	2	3	4	5	
N	0.07b	0.08b	0.15a	0.08b	0.02c	0.13
P	0.04a	0.07a	0.11a	0.09a	0.10a	0.07
K	0.06b	0.06b	0.07b	0.06b	0.16a	0.10

表5 N、P、K 施肥水平对胞间二氧化碳浓度影响的极差分析与多重比较(单位: $\mu mol \cdot m^{-2} \cdot s^{-1}$)

Table 5 Range analysis and multiple comparison of N, P, K fertilizer on intercellular CO_2 concentration

肥料种类 fertilizer	不同施肥水平的胞间二氧化碳浓度 The intercellular CO_2 concentration of different fertilizer levels					极差 The range
	1	2	3	4	5	
N	328.29a	239.41b	236.71b	262.81b	301.22a	89.58
P	277.34a	269.04a	254.67a	275.36a	290.03a	35.36
K	279.86a	278.95a	278.47a	266.51a	262.65a	17.21

由表4可知，N、P、K 对圆齿野鸦椿气孔导度影响的主次顺序为 N > K > P，最优组合为 $N_3P_3K_5$。经方差分析得知，不同 N 水平和不同 K 水平之间气孔导度差异达显著水平，不同 P 水平之间气孔导度差异不显著。经多重比较得知，不同 N 水平之间，以 N_3 气孔导度最大，与其他几个施 N 水平相比差异显著；不同 K 水平之间，以 K_5 气孔导度最大，与其他几个施 K 水平相比差异显著。从降低成本和平衡施肥的角度考虑，圆齿野鸦椿气孔导度最优的施肥组合为 $N_3P_2K_5$。即每盆每次施纯 N1.84g + P_2O_5 0.12g + K_2O 3g 时圆齿野鸦椿气孔导度最大。

2.3 施肥对胞间二氧化碳浓度的影响

胞间 CO_2 浓度(Ci)是光合生理生态研究中常用的一个参数。尤其是在光合作用的气孔限制分析中，Ci 的变化方向是确定光合速率变化的主要原因和是否为气孔因素的必不可少的判断依据。影响胞间二氧化碳浓度的因素有空气中的二氧化碳浓度、气孔导度、叶肉导度和净光合速率。在正常生理状态下，若空气中的二氧化碳浓度基本不变，则胞间二氧化碳浓度主要由气孔导度和净光合速率决定，当气孔导度是影响净光合速率变化的主要因素时，净光合速率与胞间二氧化碳浓度成正相关关系，当气孔导度不是影响净光合速率的主要因素时，胞间二氧化碳浓度与净光合速率成负相关关系[20]。

由表5可知，N、P、K 对圆齿野鸦椿胞间二氧化碳浓度影响的主次顺序为 N > P > K，胞间二氧化碳浓度最高的施肥组合为 $N_1P_5K_1$；经方差分析得知，不同 N 水平之间胞间二氧化碳浓度差异显著，不同 P 水平之间以及不同 K 水平之间胞间二氧化碳浓度差异不显著。经多重比较得知，N_1 胞间二氧化碳浓度最高，它与 N_5 之间胞间二氧化碳浓度差异不显著，与 N_2、N_3 和 N_4 之间胞间二氧化碳浓度差异显著。故不施肥或每盆每次施 P_2O_5 0.60g 时的胞间二氧化碳浓度最高。

2.4 圆齿野鸦椿主要光合特性因子间的相关性分析

由表6可知，净光合速率与气孔导度之间呈极显著正相关关系(r = 0.84)，与胞间二氧化碳浓度呈极显著负相关关系(r = -0.74)。说明气孔导度不是影响净光合速率的主要因素。

表6 净光合速率、气孔导度和胞间 CO_2浓度相关分析

Table 6 Net photosynthetic rate, stomatal conductance and intercellular CO_2 concentration correlation analysis

指标	净光合速率 Pn	气孔导度 Cond	胞间二氧化碳浓度 Ci
净光合速率 Pn	1.000		
气孔导度 Cond	0.84 * *	1.00	
胞间二氧化碳浓度 Ci	-0.74 * *	-0.47 *	1.000

3 结论与讨论

植物光合作用是一个复杂的生理过程，不仅与植物本身的遗传特性有关，而且还受外界环境的影响和制约。NPK 配比施肥对圆齿野鸦椿的净光合速率、气孔导度、胞间二氧化碳浓度均有显著性影响。圆齿野鸦椿叶片的主要光合特性之间是相互关联的，并不是相互独立的，它们之间存在着一定的相关性。圆齿野鸦椿净光合速率与气孔导度之间呈强正相关，与胞间二氧化碳浓度之间呈中等程度负相关；因此气孔导度不是影响圆齿野鸦椿净光合速率的主要因素。圆齿野鸦椿净光合作用最优的施肥组合为 $N_2P_2K_2$，即每次单株施肥量为纯 N 0.92g + P_2O_5 0.12g + K_2O 0.60 g，最佳施肥配比 N: P_2O_5: K_2O = 8 : 1 : 5。

参考文献

1. 许方宏，张倩媚，王俊，等．圆齿野鸦椿 *Euscaphis konishii* Hayata 的生态生物学特性[J]．生态环境学报，2009，18(1)：306－309.
2. 梁文英．圆齿野鸦椿播种育苗技术[J]．福建林学院学报，2010，30(1)：73－76.
3. 涂淑萍，曹蕾，喻苏琴．圆齿野鸦椿芽继代增殖的影响因素研究[J]．安徽农业科学，2009(28)：3486－3487，3513.
4. 何碧珠，何官榕，邹双全．圆齿野鸦椿叶片的植株再生及快速繁殖[J]．福建农林大学学报(自然科学版)，2010(3)：257－262.
5. 李玉平，邹双全，何碧珠．圆齿野鸦椿种子外植体的快繁体系[J]．福建农林大学学报(自然科学版)，2010(5)：480－483.
6. 欧斌，李远章．圆齿野鸦椿种子预处理和苗木生长规律及育苗技术研究[J]．江西林业科技，2006(3)：16－18.
7. 支丽燕，吴田兵，胡松竹，等．干旱胁迫下圆齿野鸦椿苗期叶片的生理特性[J]．福建林学院学报，2008(2)：190－192.
8. 支丽燕，胡松竹，余林，等．涝渍胁迫对圆齿野鸦椿苗期生长及其叶片生理的影响[J]．江西农业大学学报，2008(2)：279－282
9. 游双红，涂淑萍，钟诚，等．变温层积过程中圆齿野鸦椿种胚形态及生理生化变化[J]．江西农业大学学报，2014(3)：582－586.
10. 涂淑萍，马晓蒙，游双红，等．园丰素对圆齿野鸦椿幼苗生长及其抗旱生理的影响[J]．经济林研究，2013(2)：121－124.
11. 康文娟，马晓蒙，涂淑萍，等．喷施多效唑对圆齿野鸦椿苗木抗旱性的影响[J]．江西农业大学学报，2014(6)：1310－1315.
12. 黄铭星，邹双全，陈琳，等．施用人工菌剂对圆齿野鸦椿幼苗移栽生长的影响[J]．福建林学院学报，2013(1)：25－27.
13. 尤晓晖，钟诚，涂淑萍．氮磷钾配比施肥对圆齿野鸦椿土壤酶活性的影响[A]．见：张启翔．中国观赏园艺研究进展 2015[C]．北京：中国林业出版社，2015：388－392.
14. 蔡伟建，窦霄，高捍东，等．氮磷钾配比施肥对杂交鹅掌楸幼林初期生长的影响[J]．南京林业大学学报(自然科学版)，2011(4)：27－33.
15. 马志波，马饮彦，韩海荣，等．北京地区6种落叶阔叶树光合特性的研究[J]．北京林业大学学报，2004，26(3)：13－18.
16. 廖建雄，王根轩．谷子叶片光合速率日变化及水分利用率的研究[J]．植物生理学报，1999，25(4)：362－368.
17. 闫娟．氮素对欧美杨苗木光合及养分利用的影响[D]．北京林业大学，2013.
18. 艾克拜尔，伊拉洪，周抑强，等．土坡水分对小同品种棉花叶绿素含量及光合速率的影响[J]．中国棉花，2000，27(2)：21－22.
19. 包衍．墨西哥柏幼苗生长规律及光合特性研究[D]．南京林业大学，2012.
20. 黄建华．浅析胞间 CO_2浓度的影响因素[J]．生物学教学；2013，38(11)：51－52.

盐胁迫对杜梨生长及细胞保护酶活性的影响*

路斌[1] 贺妍[2] 朱玉菲[1] 路丙社[1]①
([1] 河北农业大学园林与旅游学院，保定 071000；[2] 河北省高速公路张涿保定管理处，涞水 074100)

摘要 以杜梨(*Pyrus betuliflora* Bge.)1 年生实生苗为材料，研究不同浓度 NaCl 处理（0，0. 15%，0. 30%，0. 45%，0. 60%）对苗木生长、超氧化物歧化酶(SOD)活性、过氧化物酶(POD)活性、细胞膜透性(相对电导率)及丙二醛(MDA)含量的影响，探讨其耐盐能力及耐盐机理。结果表明：随着盐胁迫程度的加重，苗木生长出现胁迫症状，盐害指数逐渐增高，SOD 与 POD 活性增强，MDA 含量与细胞膜透性升高。随着胁迫时间延长，SOD 活性呈现先升高后降低的趋势，POD 活性呈降低的趋势，MDA 含量呈先升高后降低再升高的趋势，而细胞膜透性则呈现升高趋势。相关分析表明，相对电导率与 MDA 含量可作为评价杜梨盐胁迫的重要生理指标；杜梨适宜在盐碱地区栽植，其可以忍受的盐胁迫浓度范围为 0. 30% ~0. 45%。
关键词 杜梨；盐胁迫；盐害指数；生理指标；耐盐性

The Effects of Salt Stress on Growth and the Protective – Enzyme Activity of *Pyrus betuliflora* Seedling

LU Bin[1] HE Yan[2] ZHU Yu-fei[1] LU Bing-she[1]
([1] *College of Landscape and Tourism*, *Agriculture University of Hebei*, *Baoding* 071000；
[2] *The Baoding Expressway Administration of Hebei*, *Laishui* 074100)

Abstract In order to research the salt-endurance mechanism and salt tolerance ability of *Pyrus betuliflora* Bge. Growth status, cell membrane permeability, SOD and POD activity as well as MDA content were studied with five different NaCl treatments (0, 0. 15%, 0. 30%, 0. 45% and 0. 60%). The results showed that the stress symptoms appeared and the salt injured indexes, SOD activity, POD activity, the membrane permeability, the membrane permeability increased with increasing NaCl concentration; The SOD activities and MDA content increased at first increased then decreased, while the POD activities decreased and the membrane permeability increased during the process of NaCl stress. The correlation analysis indicated that relative elective conductivity and MDA content were important physiological characters to evaluate salt stress. All the dates show that the *Pyrus betuliflora* could tolerate 0. 30% ~0. 45% NaCl stress, which is suitable for planting in saline areas.
Key words *Pyrus betuliflora* Bge.; Salt stress; Salt injured index; Physiological characters; Salt tolerance ability

土壤盐渍化是世界上最为严重的环境问题，而我国是世界上受盐渍化危害最大的 5 个主要地区之一，盐渍化土地达到 $2.6 \times 10^7 hm^2$(赵子国，2002)。随着社会的进步以及人类文明的发展，搞好城市绿化，改善人居环境，促进城市可持续发展已成为当今城市发展的主要方向。发掘和研究具有耐盐性的园林植物、筛选适宜于盐碱地种植的园林绿化树种对改善滨海盐碱城市的生态系统、丰富盐碱地景观以及增加树种多样性具有重要意义。

杜梨(*Pyrus betuliflora* Bge.)为蔷薇科梨属植物，枝刺发达，抗干旱，耐寒凉，通常用作梨的砧木、街道庭院及公园的绿化观赏树种和绿篱树种。目前，对杜梨的研究主要集中于种子萌发特性及组培技术等方面(张宇，2012；李本波 等，2009)，对其耐盐性的研究尚未见报道。本试验以杜梨为材料，研究不同浓度 NaCl 胁迫对其生长、酶活性及细胞膜透性的影响，对其耐盐力进行分析，为盐碱地园林绿化树种筛选提供

* 基金项目：河北省交通厅科学研究项目(2011 -53)。
① 通讯作者。E-mail：lubingshe@ hebau. edu. cn。

理论依据。

1 材料与方法

1.1 试验材料与试验设计

试验于 2014 年 3～10 月在河北农业大学西校区进行。试验所用材料为 1 年生实生苗。选择长势相对一致无病虫害的苗木栽植于塑料花盆中，栽培基质为园土与沙子(3:1)混匀的土壤，每盆装土 14kg，每盆栽植 1 株苗木，待苗木生长旺盛后进行盐胁迫处理。试验采用完全随机区组设计，设置不同 NaCl 浓度处理，分别为 0（CK）、0.15%、0.3%、0.45%、0.6%，每个处理 3 次重复。为避免盐激影响，在试验开始时先加入设置土壤含盐量的一半，3 天后再加入另一半，浇盐时每盆浇 1L NaCl 盐水，而对照加 1L 无盐水，以后每天视土壤的水分情况进行浇水，使土壤含水量保持在 75%。为防止盐分流失，处理时花盆下放置托盘，将渗出的溶液再返倒回盆中，根据盆土湿度，适当浇水以防止盐分流失。

处理 1 周后每隔 5 天观察杜梨生长情况，并随机选取新梢中部成熟叶片进行超氧化物歧化酶(SOD)、过氧化物酶(POD 活性、丙二醛(MDA)与电导率测定。

1.2 测定指标

1.2.1 生理指标测定

超氧化物歧化酶(SOD)活性测定：采用 NBT 比色法法(李合生，2000)。

过氧化物酶(POD)活性测定：采用愈创木酚法(李合生，2000)。

丙二醛(MDA)测定：采用硫代巴比妥酸(TBA)法(李合生，2000)。

相对电导率测定：参照邹琦(2000)的方法进行测定。以相对电导率表示细胞膜透性。

1.2.2 盐害症状观察

在盐胁迫过程中，每 5 日进行胁迫症状调查，根据盐胁迫危害程度轻重分为以下 5 级(刘炳响，2012)：

0 级：无盐胁迫危害症状，

1 级：有少部分叶尖、叶缘和叶脉变黄，

2 级：约有 1/2 的叶尖、叶缘焦枯，

3 级：大部分叶片有叶尖、叶缘焦枯和落叶现象，

4 级：枝枯、叶落直至死亡。

盐害指数 = Σ(盐害级数 × 相应盐害级植株数)/总株数 × 盐害最高级数) × 100%(刘炳响，2012)

1.3 数据分析

采用 DPS 数据处理系统 9.50 进行数据分析。

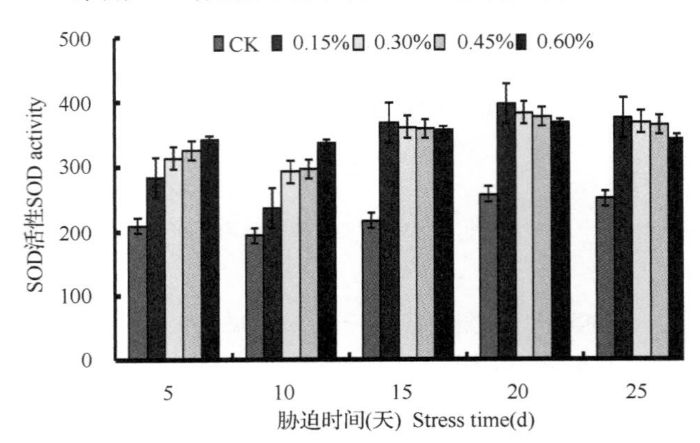

图 1 盐胁迫对杜梨 SOD 活性的影响

Fig. 1 The effect of salt stress on SOD activity of *Pyrus betuliflora* Bge

2 结果与分析

2.1 盐胁迫对杜梨 SOD 活性的影响

SOD 通过消除超氧自由基和超氧自由基所产生的其他活性氧对细胞起保护作用，是氧自由基代谢的一个关键酶类。逆境胁迫下，SOD 活性的高低是机体抗逆能力的标志(胡晓立，2010；周婵，2003；曾洪学，2005)。

如图 1 所示，在整个胁迫过程中，各浓度盐胁迫的 SOD 活性均显著高于对照($P<0.01$)。在盐胁迫初期(5～10 天)，杜梨 SOD 酶活性始终随着盐胁迫程度的加重呈升高趋势，此时 SOD 酶对细胞膜起到了一定的保护作用。随着盐胁迫时间的延长，盐胁迫中后期(15～25 天)，SOD 活性随盐胁迫程度的加重呈先增高后降低的变化趋势，0.15% 的盐胁迫处理下 SOD 活性达到最大，随着盐浓度升高，SOD 酶活性逐渐降低，表明盐胁迫强度超过了其自身的耐受程度，树木的细胞膜结构和功能受到损害，细胞内自由基不能正常激活保护酶，致使保护酶活性下降。随着胁迫时间的增长，各处理间 SOD 活性呈现先降低后升高的变化趋势。

2.2 盐胁迫对杜梨 POD 活性的影响

POD 酶的活性代表着植物体的抗氧化性强弱(胡晓立，2010)。由图 2 可以看出，在整个胁迫过程中，除 0.15% 浓度处理外，其余各浓度盐胁迫的 POD 活性均显著高于对照($P<0.01$)。随着盐胁迫浓度的增高，杜梨的 POD 活性呈先增高后降低的变化趋势，0.45% 浓度处理下的 POD 活性达到最大值。在盐胁迫初期(5 天)，各处理下的 POD 活性最高，随着胁

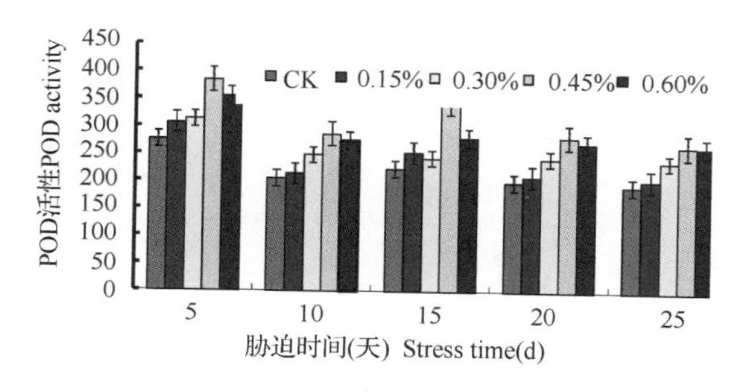

图 2 盐胁迫对杜梨 POD 活性的影响

Fig. 2 The effect of salt stress on POD activity of *Pyrus betuliflora* Bge

迫时间延长，各浓度均表现为先降低(10 天)后升高(15 天)再降低(20～25 天)的趋势。在盐胁迫末期(25 天)，各浓度处理下的杜梨 POD 活性最低，与胁迫 5 天 POD 活性相比，对照降低了 30.22%，其余各浓度(0.15%、0.30%、0.45%、0.60%)分别降低了 33.99%、24.03%、30.50%、25.19%。

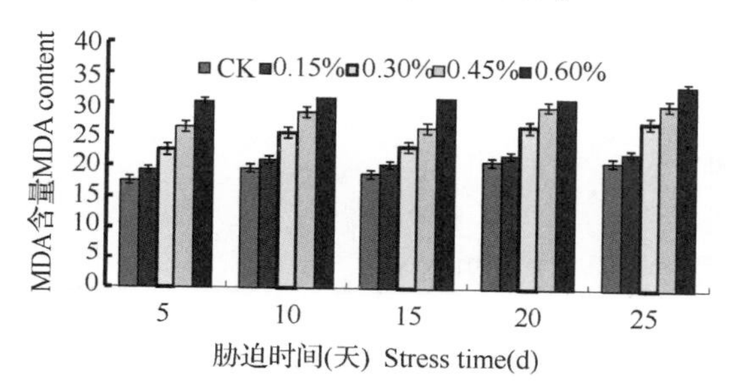

图 3 盐胁迫对杜梨 MDA 含量的影响

Fig. 3 The effect of salt stress on MDA content of *Pyrus betuliflora* Bge

2.3 盐胁迫对杜梨膜脂过氧化的影响

MDA 是膜脂过氧化的产物，通常用 MDA 含量作为膜脂过氧化的指标，MDA 含量的高低与植物的耐盐性密切相关(周婵，2003；曾洪学，2005)。

由图 3 可以看出，杜梨 MDA 的含量随着胁迫程度的加重均呈逐渐上升的变化趋势。在 0.15% 浓度处理下 MDA 含量与对照相比无显著差异，而 0.30%、0.45% 与 0.60% 浓度处理下 MDA 含量显著高于对照($P<0.01$)，表明低浓度盐胁迫对杜梨膜结构破坏并不明显，高浓度盐胁迫对杜梨膜结构破坏显著。随胁迫时间的增长，各处理下 MDA 含量呈先升高后降低再升高的趋势，说明盐胁迫可导致 MDA 含量增加，导致膜结构破坏和透性增加。杜梨可通过一定的自我调节机制来降低盐胁迫引发的膜脂过氧化作用，但随着胁迫时间延长，自我调节机制受到破坏，MDA 含量又逐渐上升。

2.4 盐胁迫对杜梨细胞膜透性的影响

盐胁迫可以破坏细胞膜结构，从而引起一系列生理生化功能的改变，因此细胞膜透性(相对电导率)是鉴定植物抗盐性的可靠指标。

由图 4 可以看出，随着盐胁迫程度的增加和胁迫时间的延长，杜梨的细胞膜透性呈逐渐升高趋势，在 0.60% 盐胁迫处理浓度下胁迫 25 天，细胞膜透性最大，达到 79.31%。在胁迫前期和中期(5～15 天)，在 0.15% 与 0.30% 盐胁迫处理浓度下，杜梨细胞膜透性虽然上升，但与对照相比无显著差异，说明此浓度对细胞膜透性无明显影响；而在 0.45% 与 0.60% 盐胁迫处理浓度下，杜梨细胞膜透性则显著上升，表明细胞膜结构已受到损坏。在胁迫后期(20、25 天)，与对照相比，仅有 0.15% 盐胁迫处理浓度下的杜梨细胞膜透性无显著差异，而在 0.30%、0.45% 与 0.60% 盐胁迫处理浓度下，细胞膜透性则显著升高。由此可知随着胁迫时间延长，0.15% 盐胁迫处理自始至终未对杜梨造成明显伤害，0.30% 盐胁迫处理在胁迫后期则影响了细胞膜透性，而高浓度(0.45%、0.60%)的盐胁迫处理在整个胁迫过程中均对杜梨细胞膜透性产生了显著影响，从而最终导致叶片焦枯落叶。

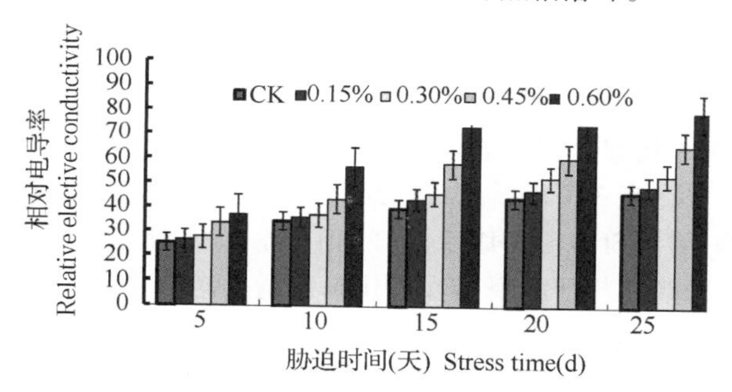

图 4 盐胁迫对杜梨相对电导率的影响

Fig. 4 The effect of salt stress on relative elective conductivity *Pyrus betuliflora* Bge

2.5 盐胁迫下杜梨产生的胁迫症状

如表 1 所示，在对照和 0.15% 盐浓度下，杜梨未出现胁迫症状，伤害等级和盐害指数均为 0；随着盐胁迫程度的增加和胁迫时间的增长，杜梨的胁迫症状逐渐增加。在胁迫 25 天时，0.30% 盐浓度处理出现部分叶缘变黄现象，伤害等级为 1，盐害指数为 11.3；在 0.45% 浓度处理下，杜梨出现较为明显的胁迫症状，约有 1/2 叶片出现焦枯现象，伤害等级达到 2，盐害指数为 37.5；在 0.60% 浓度处理下，杜梨出现较为严重的胁迫症状，大部分叶片出现焦枯与落叶的现象，伤害等级达到 3，盐害指数为 62.3。

表 1 NaCl 胁迫下的症状表现、伤害等级及盐害指数

Table 1 Symptoms, injured grades and salt injured indexes under salt stress

处理 treatment	胁迫症状 Symptoms 胁迫时间 Time of stresses(d)					伤害等级 Injured grades	盐害指数 Injured indexes
	5	10	15	20	25		
CK	正常	正常	正常	正常	正常	0	0
0.15%	正常	正常	正常	正常	正常	0	0
0.30%	正常	正常	少数叶缘变黄	少数叶缘变黄	部分叶缘变黄	1	11.3
0.45%	正常	少数叶片变黄	部分叶片变黄	部分叶片焦枯	一半叶片焦枯	2	37.5
0.60%	正常	部分叶片变黄	大部分叶片变黄	部分叶片焦枯和落叶	大部分叶片焦枯和落叶	3	62.3

表 2 盐胁迫下的杜梨盐害症状与生理指标的相关分析

Table 2 The correlation analysis of injured indexes and physiological characters under salt stress

	盐害指数 Injured index	SOD 活性 SOD activity	POD 活性 POD activity	MDA 含量 MDA content	相对电导率 Relative elective conductivity
盐害指数	1.0000				
SOD 活性	0.5467	1.0000			
POD 活性	0.8286	0.7081	1.0000		
MDA 含量	0.9320 *	0.7352	0.9141 *	1.0000	
相对电导率	0.9936 * *	0.5841	0.7939	0.9194 *	1.0000

2.6 杜梨盐害指数与生理指标的相关分析

由表 2 可以看出，杜梨在盐胁迫下其盐害指数与酶活性(SOD、POD 活性)的相关系数分别为 0.5467、0.8286，与细胞膜透性(MDA 含量及电导率)的相关系数分别为 0.9320、0.9936，呈显著或极显著正相关，由此可知电导率与 MDA 含量均可作为评价盐胁迫的重要生理指标。

上述结果表明，低浓度(0.15%)盐胁迫未对杜梨产生影响，伤害等级为 0；中度(0.30% ~045%)盐胁迫对杜梨产生一定影响，伤害等级为 1 和 2；高浓度(0.60%)盐胁迫对杜梨产生影响极为明显，导致其生长异常，伤害等级为 3，由此可知杜梨的耐盐浓度最高为 0.45%。

3 讨论

3.1 杜梨的活性氧代谢与其耐盐性

植物在逆境胁迫下细胞内代谢平衡遭到破坏而导致大量自由基产生，过剩的自由基能够引发或加剧膜脂过氧化作用，造成细胞膜系统结构与功能的破坏。植物通过 SOD、POD、CAT 及其他抗氧化物质清除活性氧自由基，保护细胞膜结构，对提高植物耐盐性起到非常重要的作用(尹永强，2007)。以往研究表明，随着 NaCl 处理浓度的增加，皂荚的 SOD 活性呈现持续升高趋势，POD 活性呈先升高后降低的趋势(冯蕾，2008)；随着土壤盐浓度的增加，不同能源柳无性系的过氧化物酶(POD)活性先增加后减小，而超氧化物歧化酶(SOD)活性呈现增加的趋势(刘斌，2010)。本试验结果表明，随着盐胁迫程度的加重，在胁迫初期(5 ~10 天)，杜梨 SOD 活性呈升高趋势，而在胁迫中后期(15 ~25 天)，SOD 活性呈先增高后降低的变化趋势；随着盐胁迫时间延长，POD 活性逐渐降低。表明初期杜梨受到盐刺激，诱导 SOD 及 POD 酶活性升高从而保护细胞膜结构；但随着胁迫时间延长和胁迫程度加重，其胁迫强度超过了本身的耐受程度，细胞保护酶不能被激活，导致 SOD 活性降低，清除活性氧能力及防止膜脂过氧化能力降低，从而影响细胞膜结构，这与冯蕾(2008)的试验结果较为一致。

3.2 膜脂过氧化与杜梨的耐盐性

当植物处于各种逆境下，自由基的产生与消除就会遭到破坏，通过 Haber - Weiss 反应产生大量的活性和毒性极高的·OH 侵害细胞内的大部分生物大分

子。这种积累的自由基将会引发膜脂发生过氧化，造成细胞膜系统伤害。MDA 是膜脂过氧化的主要产物之一，MDA 含量高低和细胞质膜透性变化大小是反映细胞膜脂过氧化作用的强弱和质膜破坏程度的重要指标（汪月霞，2006；马丽清，2006；宋尚文，2011）。孙方行等研究表明随着盐分胁迫时间的延长，MDA 和膜相对透性表现出升高的趋势（孙方行，2006）；宁建凤等认为电解质渗透率的大小反映了叶片受伤害的程度（宁建凤，2005）。本试验结果表明，在 0.15% 与 0.30% 浓度胁迫下，细胞膜透性与 MDA 含量与对照相比无明显上升，说明在此浓度下杜梨对于盐胁迫有一定的忍耐力。随着 NaCl 胁迫程度的加重和时间的延长，杜梨的 MDA 含量与细胞膜透性均呈现上升趋势，说明 NaCl 胁迫使苗木叶片膜脂过氧化作用加剧，膜系统受到破坏从而使细胞膜透性增加。相关分析表明，电导率与 MDA 含量均可作为评价盐胁迫的重要生理指标，这与孙方行(2006)和宁建凤(2005)的研究结果较为一致。

3.3 杜梨的生长与其耐盐性

大量研究表明，植物的生长过程对于盐胁迫十分敏感，盐胁迫对植物的正常发育有抑制作用(孙海菁，2009；王改萍，2008)；莫海波的研究表明，NaCl 胁迫抑制了合欢、刺槐、国槐和皂荚幼苗的生长，尤其对合欢和皂荚的影响较大(莫海波，2011)。本试验结果显示，在 0.15% 盐浓度下，杜梨未出现胁迫症状；0.30% 盐浓度处理出现部分叶缘变黄现象，但生长没有受到明显抑制；在 0.45% 浓度处理下，杜梨出现胁迫症状，约有 1/2 叶片出现焦枯，生长受到抑制；在 0.60% 浓度处理下，杜梨出现较为严重的胁迫症状，苗木生长受到明显抑制。

综上可知，杜梨具有较强的盐胁迫忍耐力，可忍耐 0.30% ~0.45% 的盐胁迫，适宜在盐碱地区栽植。

参考文献

1. 冯蕾，白志英，路丙社，等. 氯化钠胁迫对枳椇和皂荚生长、叶绿素荧光及活性氧代谢的影响[J]. 应用生态学报，2008，19(11)：2503 -2508.
2. 胡晓立，李彦慧，陈东亮，冯晨静，杨建民. 3 种李属彩叶植物对 NaCl 胁迫的生理响应[J]. 西北植物学报，2010，30(2)：370 -376.
3. 李本波，张玉星，杜国强. 植物生长调节剂对杜梨组培继代苗愈伤组织发生及状态的影响[J]. 园艺学报，2009，36(增刊)：1901.
4. 李合生，孙群，赵世杰，等. 植物生理生化实验原理和技术[M]. 北京：高等教育出版社，2000，134 -137.
5. 刘炳响，王志刚，梁海永，等. 盐胁迫对不同生境白榆生理特性与耐盐性的影[J]. 应用生态学报，2012，23(6)：1481 -1489.
6. 刘斌，张文辉，马闯，等. 不同能源柳无性系对 NaCl 胁迫的生理响[J]. 应用生态学报，2010，30(4)：895 -904.
7. 莫海波，殷云龙，芦治国，等. NaCl 胁迫对 4 种豆科树种幼苗生长和 K^+、Na^+含量的影响[J]. 应用生态学报，2011，22(5)：1155 -1161.
8. 宁建凤，刘兆普，刘玲，等. NaCl 对库拉索芦荟的胁迫效应研究[J]. 华北农学报，2005，20(5)：70 -75.
9. 孙方行，孙明高，魏海霞，等. NaCl 胁迫对紫荆幼苗膜脂过氧化及保护酶活性的影响[J]. 河北农业大学学报，2006，29(1)：16 -19.
10. 孙海菁，王树凤，陈益泰. 盐胁迫对 6 个树种的生长及生理指标的影响[J]. 林业科学研究 2009，22(3)：315 -324.
11. 孙晶，王庆成，刘强，等. $NaHCO_3$胁迫下朝鲜接骨木和茶条槭苗木的生长及生理响应[J]. 林业科学，2010，46(8)：71 -77.
12. 宋尚文. 盐胁迫下 6 个桑树品种反映特性研究[D]. 山东农业大学硕士学位论文，2011.6.
13. 马丽清，韩振海，周二峰，许雪峰. 盐胁迫对珠美海棠和山定子膜保护酶系统的影响[J]. 果树学报，2006，23(4)：495 -499.
14. 王改萍，朱振贤，彭方仁. 盐胁迫对 7 种造林树种生长量及生理特性的影响[J]. 江西农业大学学报，2008，30(6)：1067 -1072.
15. 汪月霞，孙国荣，王建波. NaCl 胁迫下星星草幼苗 MDA 含量与膜透性及叶绿素荧光参数之间的关系[J]. 生态学报，2006，26(1)：122 -128.
16. 尹永强，胡建斌，邓明军. 植物叶片抗氧化系统及其对逆境胁迫的响应研究进展[J]. 中国农学通报，2007，23(1)：105 -110.
17. 张宇. 不同处理对杜梨种子萌发特性的影响[J]. 河北果树，2012，(4)：5 -6.
18. 赵子国，陆静梅. 植物耐盐性研究进展[J]. 长春师范学院学报，2002，2(1)：51 -53.
19. 周婵，杨允菲. 松嫩平原两个生态型羊草实验种群对盐碱胁迫的生理响应[J]. 应用生态学报，2003，14(11)：1842 -1846.
20. 曾洪学，王俊. 盐害生理与植物的抗盐性[J]. 生物学通报，2005，40(9)：1 -3.
21. 邹琦. 植物生理学[M]. 北京：中国农业出版社，2000. 163 -166.

四种不同颜色树兰色素成分分析*

肖文芳[1,2] 李 佐[1,2] 陈和明[1,2] 吕复兵[1,2]①
（[1]广东省农业科学院环境园艺研究所，广州 510640；[2]广东省园林花卉种质创新综合利用重点实验室，广州 510640）

摘要 以4种不同颜色的树兰为材料，通过特征显色反应和紫外-可见光谱扫描对其花瓣中的色素成分进行了初步分析和鉴定。结果表明，杂交树兰色素的组成包括类黄酮和类胡萝卜素两大类，其中橘树兰花瓣不含花色素苷，主要含有黄酮和查尔酮，而其他3种树兰品种花瓣均含有花色素苷和黄酮类化合物。该项研究为树兰花色素成分的进一步分离和鉴定等工作奠定了基础，同时也为树兰花色的分子育种提供帮助。

关键词 树兰；色素成分

Components of Flower Pigment in the Petal of Four Different Color *Epidendrum hybrid*

XIAO Wen-fang[1,2] LI Zuo[1,2] CHEN He-ming[1,2] LÜ Fu-bing[1,2]
（[1]*Environmental Horticulture Research Institute*，*Guangdong Academy of Agricultural Sciences*，*Guangzhou* 510640；
[2] *Guangdong Key Lab of Ornamental Plant Germplasm Innovation and Utilization*，*Guangzhou* 510640）

Abstract Petal pigment composition of *Epidendrum hybrid* was primarily investigated and identified by use of specific color reactions and UV-visible spectra. The results indicated that flower pigments of *Epidendrum hybrid*（red，orange-red，orange and rose-red）consist of flavonoids and carotenoids. . The pigments of orange flower consist of flavones and chalcones，no anthocyanins. The pigments of the other three flowers were formed by carotenoids，anthocyanins and other flavonoids. This paper provides a reference for the identification of molecular structure of flower pigments and the breeding of flower color of *Epidendrum*.

Key words *Epidendrum*；Pigment

树兰，又名柱瓣兰，是兰科植物中最大的属之一，多产于热带美洲，目前全球共发现约1500种，花瓣颜色丰富，多以橙色、黄色、白色、浅绿色、棕褐色等为主（Fábio Pinheiro *ex al*，2009；Li-Ru Chen *ex al*，2002；Fábio Pinheiro *ex al*，2013）。树兰极易生长，管理简单，部分树兰品种已被应用于商业切花与盆栽，具有较好的经济价值和发展前景。我国引种栽培的树兰种类较少，大部分为杂交树兰，颜色艳丽，主要为红色、黄色、橘色等。花色是观赏植物最重要的观赏性状之一，其物质基础为花色素，分析花瓣中色素成分对于探讨树兰花色形成的化学基础和花色育种都具有十分重要的意义。

迄今为止，国内外对树兰的研究还停留在栽培和杂交选育阶段（Sagaya Mary B *ex al*，2016；Yesenia Vega *ex al*，2015；曾宋君，2001；易双双 等，2014），还未有对树兰花色素成分进行分析，进而讨论树兰花色育种的报道。因此，本研究采用特征显色反应、紫外-可见光谱扫描技术对树兰花瓣中的色素成分进行了分离和鉴定，以期为研究树兰花色形成机理奠定生理生化基础，并为将来应用分子手段培育树兰新品种提供理论依据。

1 材料与方法

1.1 实验材料

实验材料于2016年4月6日采自广东省农业科学院环境园艺研究所白云基地（品种名称见表1，花朵正面照见图1）。采后放于4℃泡沫箱中保鲜，于当天下午进行试验。

* 基金项目：广东省科技计划项目（2014A020209065，2014A020208063，2015B020231005，2013B020315001，2016B070701014）。

① 通讯作者。E-mail：13660373325@163.com。

图 1　4 种不同颜色树兰花朵正面照

Fig. 1　Four different color *Epidendrum hybrid*

注：A：大红树兰；B：橘红树兰；C：橘树兰；D：玫红树兰

1.2　树兰花色的测定

花朵采集后取新鲜花瓣，每个品种随机选取 5 个不同单株，将花瓣中间部分与英国皇家园艺学会比色卡(RHSCC)进行对比。同时，采用色差仪(CM-700d spectrophotometer，Konica Minolta)（光源 D_{65}）测量花瓣中间部分的亮度 L^* 值(从 0 升至 100 时，亮度逐渐增加)和色度

a^* 值(从绿色到红色)、b^* 值(从蓝色到黄色)，取 5 个不同单株的平均值作为该品种的最终亮度值和色度值。使用国际照明委员会(International Commission on Illumination，CIE)系统进行分析，色度 C^* 和色度角 h 分别根据公式：$C^* = (a^{*2} + b^{*2})^{1/2}$ 和 $h = \arctan(b^*/a^*)$ 计算，C^* 表示了到亮度轴上的距离，即距离越远，C^* 越大(表 1)。

表 1　试验所选树兰品种和花色测定数据

Table 1　Data for petal color and UV-visible spectra of flower pigments of *Epidendrum hybrid*

品种	RHSCC	颜色的三刺激值				
		L^*	a^*	b^*	C^*	h°
大红树兰(*Epidendrum* Hokulea “Super Red”)	Red 53-B	36.71	55.87	34.34	65.61	31.54
橘红树兰(*Epidendrum* Frigdaas Love Ocean)	Orange-Red N25-B	39.91	51.20	37.78	65.26	35.36
橘树兰(*Epidendrum* Pretty Princess)	Orange 24-B	66.75	45.61	77.44	89.94	59.39
玫红树兰(*Epidendrum* radicans)	Red-Purple N57-C	41.30	55.38	−5.14	55.65	354.7

1.3　树兰花色素的定性分析

1.3.1　树兰花色素类型的定性分析

取新鲜花瓣 0.100g，液氮速冻后研磨成粉末放入具塞试管中，分别加入石油醚、10.0% 盐酸和 30.0% 氨水约 5ml，观察颜色变化并进行记录(安田齐，1989；赵昶灵 等，2004；白新祥 等，2006；周琳 等，2011；夏婷 等，2013)。

1.3.2　不同颜色树兰类黄酮的特征显色反应

取不同花色品种的新鲜花瓣 0.100g，液氮速冻后研磨成粉末放入具塞试管中，分别用盐酸化甲醇溶液[V(HCl)∶V(MeOH) = 1∶99]提取 15h 后，过滤，定容至 25ml 备用，进行下列显色反应(安田齐，1989；赵昶灵 等，2004；白新祥 等，2006；周琳 等，2011；夏婷 等，2013)：

（1）浓盐酸-镁粉反应：取 2ml 提取液，加入少量镁粉并加入 5 滴浓盐酸，摇匀，静置 1h，观察颜色。

（2）浓盐酸-锌粉反应：取 2ml 提取液，加入少量锌粉并加入 10 滴浓盐酸，摇匀，静置 1h 观察颜色。

（3）醋酸铅反应：取 2ml 提取液，加入 2ml 1.0% $Pb(CH_3COO) \cdot 3H_2O$，摇匀，静置 2h，观察颜色。

（4）三氯化铁反应：取 2ml 提取液，加入 2ml 5.0% $FeCl_3 \cdot 6H_2O$，观察颜色。

（5）三氯化铝反应：取 2ml 提取液，加 1ml 1.0% $AlCl_3 \cdot 6H_2O$ 甲醇溶液，观察颜色。

（6）浓硫酸反应：取 2ml 提取液，加入 1.5ml 浓硫酸，混匀后沸水浴 5min，观察颜色。

（7）碱性试剂反应：取 2ml 提取液，加入 3ml 5% Na_2CO_3，摇匀，密闭静置 30min 后通空气 10min，观察颜色。

（8）氨性氯化锶反应：取甲醇 10ml，加氨水定容至 25ml 配成被氨水饱和的甲醇溶液；取 2ml 提取液，加入 10 滴 0.01mol · L^{-1} $SrCl_2 \cdot 6H_2O$ 甲醇液，再加入10滴被氨水饱和的甲醇液，摇匀，静置1h，观察颜色。

（9）硼酸反应：取2ml提取液，加入10滴1.0% $H_2O_2C_4 \cdot 2H_2O$，再加入3ml 2.0% H_3BO_3，观察颜色。

1.4 紫外-可见光谱分析

1.4.1 花瓣中叶绿素的检测

取新鲜花瓣0.100g，液氮速冻后研磨成粉末放入具塞试管中，用V(丙酮):V(乙醇)=9:1的溶液进行提取，过滤并定容至5ml，取3ml置于比色皿(光径1cm)中，使用Nanodrop 2000C(Thermo)检测系统在200～800nm范围内扫描(安田齐，1989；赵昶灵 等，2004；白新祥 等，2006；周琳 等，2011；夏婷 等，2013)。

1.4.2 花瓣中类胡萝卜素的检测

取新鲜花瓣0.100g，液氮速冻后研磨成粉末放入具塞试管中，用V(石油醚):V(丙酮)=1:1的溶液进行提取，过滤并定容至10ml，取3ml置于比色皿，在200～800nm范围内扫描(安田齐，1989；赵昶灵 等，2004；白新祥 等，2006；周琳 等，2011；夏婷 等，2013)。

1.4.3 花瓣中类黄酮的检测

取新鲜花瓣0.100g，液氮速冻后研磨成粉末放入具塞试管中，取花瓣粉末0.100g，黄色系的品种加入2ml盐酸化甲醇(pH =3)溶液后置于4℃冰箱中冷藏24h；红色系和橙色系品种加入2ml V(HCl):V(MeOH)=1:99溶液后放在常温下(大约25℃)避光提取24h。最后定容至10ml，200～800nm范围内扫描(安田齐，1989；赵昶灵 等，2004；白新祥 等，2006；周琳 等，2011；夏婷 等，2013；哈本，1983；马卡姆，1990；高锦明，2003)。

2 结果与分析

2.1 花色素的定性分析

2.1.1 石油醚、盐酸和氨水测试

从石油醚反应可以发现，橘红树兰和玫红树兰都表现出无色，说明不含类胡萝卜素或者含量比较少；而大红树兰和橘树兰则表现出亮黄色，说明类胡萝卜素含量较高(表2)。

盐酸测试中，大红树兰和橘红树兰表现出红色，表明这两个品种的花瓣含有花色素苷；玫红树兰表现出粉红色，说明该品种也含有花色素苷，但是含量可能较前两个品种少；而橘树兰表现出亮黄色，表明含有黄酮类化合物(表2)。

氨水测试中，橘红树兰表现出浅蓝绿色，蓝色意味着含有花色素苷，而绿色是由花色素苷呈现的蓝色和类黄酮呈现的黄色混合而成；大红树兰和玫红树兰均表现出黄绿色，可能含有黄酮类化合物和花色素苷；而橘树兰表现出亮黄色，表明其含有黄酮类化合物(表2)。

表2 树兰色素类型测试的颜色反应及不同类型色素紫外扫描特征吸收峰

Table 2 Color reaction of pigment types of *Epidendrum hybrid* and UV-visible spectra of flower pigment

品种＼测试	石油醚	盐酸	氨水	特征吸收峰/nm		
				叶绿素	类胡萝卜素	类黄酮
大红树兰	亮黄	红色	黄绿	/	446，457，474，484	270，328，527
橘红树兰	无	红色	浅蓝绿	662	435，461	285，323，533
橘树兰	亮黄	亮黄	亮黄	/	438，448，461，474，484	272，330
玫红树兰	无	粉红	黄绿	/	442，469	286，320，536

2.1.2 类黄酮的特征显色反应

（1）浓盐酸-镁粉反应：大红树兰、橘红树兰和玫红树兰的浅粉表明可能含花色素苷。

（2）浓盐酸-锌粉反应：大红树兰、橘红树兰的红色和玫红树兰的粉红色进一步说明这3个品种含有花色素苷。

（3）醋酸铅反应：大红树兰提取液出现浅黄色沉淀，说明所含的黄酮类化合物具有邻二酚羟基或者兼具4-酮基、3-OH或者4-酮基、5-OH结构，同时也表明不含查尔酮和橙酮。

（4）三氯化铁反应：全部呈现锈黄色，说明各品种所含的色素分子中均不含酚羟基。

（5）三氯化铝反应：橘树兰表现出淡黄色，意味着花瓣含有黄酮。

（6）浓硫酸反应：大红树兰、橘红树兰和玫红树兰均表现出橙黄色，说明含有花色素苷，橘树兰呈现浅黄色，说明含有黄酮或黄酮醇化合物。

（7）碱性试剂反应：均呈现黄色，通气后不变色，说明均不含二氢黄酮醇。

（8）氨性氯化锶反应：4个品种均未产生沉淀，

说明色素分子中不含邻二酚羟基结构的黄酮类化合物。

（9）硼酸反应：橘树兰出现黄色，说明其含有5-羟基黄酮及2'-羟基查尔酮(见表3)。

表3 不同树兰品种类黄酮的显色反应

Table 3 Color reaction of flavonoids in different *Epidendrum hybrid*

品种 \ 测试类型	浓盐酸-镁粉	浓盐酸-锌粉	醋酸铅	三氯化铁	三氯化铝	浓硫酸	碳酸钠	氯化锶	硼酸
大红树兰	浅粉	浅粉	浅黄沉淀	锈黄	浅橙	浅橙黄	淡黄	黄绿	浅粉
橘红树兰	浅粉	极浅粉	无	锈黄	浅粉	浅橙黄	淡黄	浅黄	浅粉
橘树兰	浅黄	无	无	锈黄	浅黄	浅黄	淡黄	黄绿	黄
玫红树兰	浅粉	极浅粉	无	锈黄	浅粉	浅橙黄	淡黄	黄绿	浅粉

2.2 紫外-可见光谱分析

2.2.1 树兰花瓣中叶绿素的测定

橘红树兰的丙酮乙醇溶液在662nm处有非常小的吸收峰，说明这个品种的花瓣中含有微量的叶绿素，其他3个品种花瓣中均不含叶绿素(表2)。

2.2.2 树兰花瓣中类胡萝卜素的测定

4个品种的花瓣提取液在类胡萝卜素的特征吸收峰440nm和470nm附近都有吸收，说明花瓣中都含有类胡萝卜素(见表2)，但玫红树兰的吸收峰极小，橘红树兰的吸收峰也比较小，证明这两个品种的类胡萝卜素含量较低。

2.2.3 树兰花瓣中类黄酮的测定

所有品种在270nm和330nm附近都出现吸收峰，表明均含有黄酮类化合物。而大红树兰、橘红树兰和玫红树兰在530nm附近都有吸收峰，表明都含有花色素苷，而橘树兰则不含花色素苷(表2)。

3 讨论

在观赏植物界，RHSCC是使用最为广泛的一种比色色标，它的优点是便携性强、费用低廉等，但是RHSCC的比色受环境因素影响极大，且主观性强。仪器测色的最大优势是精确度高、外界因素影响小和颜色的数字化输出等，消除了主观影响，对颜色的精确定量分析十分必要。所以，在目测的基础上使用RHSCC比色卡比色之后，结合仪器测色，便能对花色有一个比较全面的衡量和描述，对后续的色素成分呈色机理等研究十分必要。

本实验结果显示4个不同颜色的杂交树兰品种的花瓣主要由类胡萝卜素和类黄酮类化合物混合呈色，特征显色反应和紫外-可见光谱都出现了相应的结果。类黄酮是最为重要的一类花色素，其中有形成黄色的黄酮、二氢黄酮和查尔酮等；有形成红色、紫色和蓝色等花色的花色素苷。4个品种中只有橘树兰不含花色素苷，显色反应表明其主要含黄酮和查尔酮。其他3个品种的树兰花瓣色素中均含有花色素苷，所以花瓣均呈现不同的红色。而橘红树兰花瓣的90%丙酮提取液在662nm有极弱的吸收，这表明在这个样品的花色色素中含有微量的叶绿素a，可能采样时较靠近花瓣基部的叶脉，所以检测发现含有微量叶绿素。

虽然特征显色反应和紫外-可见光谱的结果一致，证明本实验对树兰花瓣色素的检测比较准确，但是由于色素成分的复杂性及特征显色反应的主观性较强，使色素成分的判断和鉴定更为困难。所以，在特征显色反应和紫外-可见光谱试验结果的基础上我们应该结合核磁共振、高效液相色谱和质谱等方法对树兰花瓣色素成分进行进一步的分析。

参考文献

1. Fábio Pinheiro, Samantha Koehler, Andréa Macêdo Corrêa, *et al.* Phylogenetic relationships and infrageneric classification of *Epidendrum* subgenus *Amphiglottium* (Laeliinae, Orchidaceae) [J]. Plant systematics and evolution, 2009, 283(3-4): 165 – 177.
2. Li-Ru Chen, Jen-Tsung Chen and Wei-Chin Chang. Efficient production of protocorm-like bodies and plant regeneration from flower stalk explants of the sympodial orchid *Epidendrum* Radicans [J]. In Vitro Cellular & Developmental Biology-Plant, 2002, 38: 441 – 445.
3. Fábio Pinheiro and Salvatore Cozzolino. *Epidendrum* (Orchidaceae) as a model system for ecological and evolutionary studies in the neotropics [J]. Taxon, 2013, 62 (1): 77 – 88.
4. Sagaya Mary B and Divakar K M. In vitro propagation of *Epidendrum* radicans of Western Ghats [J]. International Jour-

nal of Advanced Research, 2016, 4(3): 870 - 874.

5. Yesenia Vega and Isabel Marques. Both biotic and abiotic factors influence floral longevity in three species of *Epidendrum* (Orchidaceae) [J]. 2015, 30(3): 184 - 192.
6. 曾宋君. 树兰的繁殖栽培[J]. 园林, 2001, 3: 28 - 29.
7. 易双双, 陆顺教, 尹俊梅, 等. 树兰组织培养外植体消毒方法初探[J]. 基因组学与应用生物学, 2014, 33(4): 897 - 901.
8. 安田齐. 花色的生理生物化学[M]. 北京: 中国林业出版社, 1989: 15 - 54.
9. 赵昶灵, 郭维明, 陈俊愉. 梅花花色色素种类和含量的初步研究[J]. 北京林业大学学报, 2004, 26(2): 68 - 73.
10. 白新祥, 胡可, 戴思兰, 等. 不同花色菊花品种花色素成分的初步分析[J]. 北京林业大学学报, 2006, 28(5): 84 - 89.
11. 周琳, 王雁, 律春燕. 云南野生黄牡丹花色素成分的鉴定[J]. 东北林业大学学报, 2011, 39(8): 52 - 54.
12. 夏婷, 耿兴敏, 罗凤霞. 不同花色野生百合色素成分分析[J]. 东北林业大学学报, 2013, 41(5): 108 - 113.
13. 哈本. 黄酮类化合物[M]. 北京: 科学出版社, 1983: 51 - 87.
14. 马卡姆. 黄酮类化合物结构鉴定技术[M]. 北京: 科学出版社, 1990: 42 - 58.
15. 高锦明. 植物化学[M]. 北京: 科学出版社, 2003: 156 - 169.

不同肥料对铁皮石斛生长的影响*

钱仁卷① 郑 坚 张庆良 刘洪见 张旭乐 章莉莉
（浙江省亚热带作物研究所，温州 325005）

摘要 以有机肥、缓释肥和水溶性肥为变量进行铁皮石斛一年生和二年生苗盆栽试验，通过测定植株形态、多糖含量、粗纤维含量、浸出物、及重金属含量等指标，研究不同肥料对铁皮石斛幼苗生长的影响。结果表明：在本试验条件下，和对照相比，水溶性肥(600X)对一年生和二年生铁皮石斛生长有一定促进作用，缓释肥(7.5g/盆)则对铁皮石斛二年生苗的生长有一定抑制，施用有机肥对铁皮石斛一年生苗和二年生苗的生长影响不大。本试验中，铁皮石斛一年生苗以 5g/盆缓释肥最佳，二年生铁皮石斛以 2.5g/盆缓释肥最佳。相比对照，缓释肥能明显提高一年生和二年生铁皮石斛多糖含量、浸出物含量及氨基酸总含量，水溶性肥对一年生和二年生铁皮石斛多糖含量、浸出物含量及氨基酸总含量影响不大。本试验条件下，施用缓释肥、水溶性肥及有机肥的铁皮石斛一年生和二年生苗均不存在重金属铅、砷、汞、铜、铬、镉残留或超标。
关键词 铁皮石斛；肥料；重金属；多糖；浸出物；粗纤维；氨基酸

The Influence of Different Fertilizer on Growth of *Dendrobium officinale*

QIAN Ren-juan ZHENG Jian ZHANG Qing-liang LIU Hong-jian ZHANG Xu-le ZHANG Li-li
（*Institute of Subtropical Crops of Zhengjiang Province*, *Wenzhou* 325005）

Abstract In this study, selecting organic fertilizer, slow release fertilizer and water-soluble -fertilizer to be variable conducted the annual and biennial *Dendrobium officinale* pot experiment. through measuring plant morphology, polysaccharide content, crude fiber content, extractum, amimo acide and heavy metals content and other indexes, research the influence of different fertilizer on seedlings growth of *Dendrobium officinale*. The results shows that water-soluble -fertilizer could promote the growth of annual and biennial *Dendrobium officinale*, whereas slow release fertilizer (7.5g/pot) restrain the biennial *Dendrobium officinale* seedlings, and organic fertilizer had a little influence on the annual and biennial *Dendrobium officinale* seedlings, compared with control. Under slow release fertilizer treatment, annual *Dendrobium officinale* seedlings in 5g/pot fertilizer input show best; biennial *Dendrobium officinale* seedlings in 2.5g/pot fertilizer input show best, compared with control. Slow release fertilizer could significantly increase the polysaccharide content, extractum and amimo acide amounts, while water-soluble -fertilizer had a little influence on the annual and biennial *Dendrobium officinale* seedlings. Annual and biennial *Dendrobium officinale* seedlings applying organic fertilizer, slow release fertilizer and water-soluble -fertilizer show no signs that Lead, arsenic, mercury, copper, chromium, cadmium residue or overweight.
Key words *Dendrobium officinale*; Fertilizer; Heavy metal; Polysaccharide; Crude fiber; Extractum; Amimo acide

铁皮石斛(*Dendrobium officinale* K. Kimuraet Migo)属兰科石斛兰属多年生草本植物，为中国传统的名贵中药材(艾娟 等，2011)。现代中医药理论认为，铁皮石斛具有健脾养胃、滋阴补肾、润肺生津等功效，用于治疗慢性萎缩性胃炎、高血压、糖尿病、抗肿瘤、抗衰老等。铁皮石斛生境独特，对小气候要求十分严格，自然成活率极低，野生资源濒临枯竭(Cooper et al，1987；李玲 等，2011)。1987 年国家将铁皮石斛列为重点保护野生珍稀药材品种(Peng et al，2007；李桂锋 等，2010；付伟丽 等，2011)。

肥料的施用可有效地活化土壤养分，促进植物对养分的吸收(Hauck et al，1976；Haynes et al，1988；Martens et al，1991)。它除了直接增加土壤有效养分和改善理化性质外，还对土壤的生物和生物化学特性

* 基金项目：浙江省农科院创新提升科研专项。
① 通讯作者。qrj7@163.com。

有明显的影响，而且土壤肥料的施用对植物根系的生长发育和生理活性有着重要的影响(Rasmussen et al, 1997; Zhu et al, 2002)。因此，土壤是否施肥以及肥料的种类对植物的生长发育有着十分重要的影响。目前，铁皮石斛的市场需求量与日俱增，因此铁皮石斛种植园也越来越多。然而，为了保护铁皮石斛珍稀品种，国内外科研人员对铁皮石斛的研究主要集中在组织培养与快速繁殖、繁殖技术、药材鉴定和化学成分分析等方面(Ding et al, 2003; Lin et al, 2011; Lin et al, 2011)，而对铁皮石斛人工栽培中有关肥料的研究较少。为此，本研究对铁皮石斛栽培过程中进行了不同肥料试验，以期为规模化生产提供理论依据和实践指导。

1 材料与方法

1.1 材料

1.1.1 组培苗

供试材料为温州乐清铁皮石斛组培苗移栽后一年生和二年生苗，于2014年4月在浙江省亚热带作物研究所潘桥基地温室内进行进行盆栽试验。

1.1.2 基质和容器

基质为进口椰糠。使用前用500倍高锰酸钾溶液浸泡，栽培采用21cm×17cm塑料花盆。

1.1.3 肥料

有机肥：山东产植物专用有机肥(OF)；4月份上盆时第一次施用，9月份再追施一次。

缓释肥：奥绿肥15-9-12(5/6M)，4月份上盆时施用；奥绿肥11-11-18(5-6M)，9月份追施。

水溶性肥：花多多Peters20-20-20，按不同的浓度稀释后灌根使用，每10~15天施一次。

1.2 试验方法

选择长势整齐的铁皮石斛一年生和两年生幼苗种植到21cm×17cm塑料花盆中，种植深度以基质盖(包)住苗的基部为准，缓苗1个月后施肥。施肥设计如表1：

表1 铁皮石斛不同施肥处理

Table 1 The different fertilizer treatment of *Dendrobium officinale*

处理	用量1	用量2	用量3
缓释肥	2.5g/盆(O1)	5g/盆(O2)	7.5g/盆(O3)
水溶性肥	600x(H1)	1000x(H2)	1500x(H3)
有机肥(OF)		4g/盆	
CK		喷施清水	

备注：奥绿肥和花多多试验单独进行，不做交叉试验。

每处理10盆，4次重复，共320盆。每盆4~6株，种植时测每盆株高、鲜重，12个月后测定每个处理铁皮石斛株高、新芽数，及电子天平称量植株的鲜重，并将铁皮石斛鲜条样品送至农业部农产品及转基因产品质量安全监督检验测试中心(杭州)，根据《中华人民共和国药典》2010年版测定多糖含量、浸出物、粗纤维含量、氨基酸及重金属(铅、砷、汞、镉、铬、铜)含量等指标。

1.3 数据处理

SPSS version 13.0 统计软件(SPSS Inc., Standard Version)进行统计分析，最小显著差异法(LSD)多重比较不同处理之间的差异($P < 0.05$)。

2 结果与分析

2.1 不同肥料对铁皮石斛生长的影响

图1 不同施肥处理的一年生铁皮石斛生长情况

Fig. 1 The growth of annual *Dendrobium officinale* under different fertilizer treatment

图2 不同施肥处理的二年生铁皮石斛生长情况

Fig. 2 The growth of biennial *Dendrobium officinale* under different fertilizer treatment

表 2 不同施肥处理对铁皮石斛生长的影响

Table 2 The influence of different fertilizer treatment on growth of annual and biennial *Dendrobium officinale*

处理		芽增加数(个)	平均株高(cm)	平均株高增量(cm)	鲜重增量(g)
一年生	O1	5.7 ±0.4ab	14.51 ±0.89a	8.29 ±0.87a	32.50 ±2.15b
	O2	6.1 ±0.5a	14.41 ±0.82a	8.18 ±0.82a	40.75 ±0.78a
	O3	6.0 ±0.8a	13.10 ±0.79ab	6.59 ±0.77ab	38.83 ±1.96a
	H1	5.7 ±1.3ab	11.33 ±0.64bcd	5.52 ±0.68bc	29.08 ±3.32bc
	H2	5.2 ±1.0ab	11.29 ±0.52bcd	5.24 ±0.54bc	23.68 ±1.87c
	H3	5.9 ±1.0a	11.68 ±0.61bc	5.31 ±0.59bc	25.71 ±2.60c
	OF	4.5 ±0.5ab	9.49 ±0.45d	4.03 ±0.44c	8.22 ±1.59d
	CK	3.3 ±0.5b	10.77 ±0.73cd	4.57 ±0.82bc	4.48 ±0.58d
二年生	O1	17.7 ±1.5a	20.19 ±0.98a	7.57 ±0.68a	45.72 ±3.55a
	O2	16.3 ±1.5ab	19.82 ±2.80a	7.32 ±0.54a	41.53 ±2.22a
	O3	9.6 ±1.3c	19.64 ±1.25a	6.63 ±0.92ab	22.72 ±1.55b
	H1	12.3 ±1.7b	15.25 ±0.42c	3.01 ±0.77c	22.26 ±0.97b
	H2	12.0 ±0.5b	15.62 ±0.82bc	2.99 ±0.90c	18.46 ±1.02bc
	H3	15.5 ±1.4ab	19.31 ±1.39ab	4.25 ±0.81bc	13.72 ±0.82c
	OF	13.0 ±1.3b	15.78 ±0.71bc	3.99 ±1.09bc	14.03 ±1.07c
	CK	12.1 ±1.5b	14.45 ±0.73c	2.66 ±0.48c	17.41 ±1.44bc

注：a 表示 0.05 水平。

如图 1、图 2 和表 2 所示，不同施肥处理对铁皮石斛一年生和二年生苗的生长均有显著影响。一年生苗经不同施肥处理一年后，其芽数量、平均株高及鲜重均有不同程度增加，其中芽增加数以奥绿肥处理组的 O2 和 O3 处理最佳，增加的芽数为 6.1 和 6.0 个，显著高于不施肥的对照 CK(3.3 个)，但与 O1、花多多处理组和有机肥处理没有显著差异；平均株高方面，O1 和 O2 处理显著高于花多多处理、有机肥及对照，以 O1 处理的平均株高最高，为 14.51cm，有机肥处理的铁皮石斛平均株高最低，为 9.49cm，O3 处理的平均株高显著高于有机肥处理 OF 和不施肥处理 CK，花多多处理组中只有 O3 处理的株高显著高于有机肥处理，其余处理间均无显著差异；奥绿肥处理组的 O1 和 O2 处理的平均株高增量显著高于花多多处理、有机肥和对照，O3 处理的显著高于有机肥处理，其余处理间无显著差异；在生物量积累上，以奥绿肥处理的 O2 和 O3 处理的鲜重增量最高，显著高于其他处理，较最低的不施肥处理 CK 分别高出 809.6% 和 766.7%，奥绿肥 O1 和花多多处理次之，且显著高于有机肥和对照。以上结果表明，和不施肥对照相比，奥绿肥能显著促进一年生铁皮石斛芽的生长，促进铁皮石斛茎伸长生长，显著增加生物量，高浓度的花多多对一年生铁皮石斛生长有一定促进作用，施用有机肥对铁皮石斛一年生苗的生长影响不大。

二年生苗经不同施肥处理一年后，其芽增加数以奥绿肥处理组的 O1 处理最佳，增加的芽数为 17.7 个，显著高于 O3、H1、H2、有机肥及不施肥的对照，O3 处理芽数增加最少，其余处理间没有显著差异；平均株高方面，奥绿肥处理组的显著高于花多多处理 O1 和 O2、有机肥及对照，以 O1 处理的平均株高最高，为 20.19cm，不施肥处理的铁皮石斛平均株高最低，为 14.45cm，H3 处理的平均株高显著高于有机肥处理 H1 和不施肥处理 CK2，其余处理间均无显著差异；奥绿肥处理组的 O1 和 O2 处理的平均株高增量显著高于花多多处理、有机肥和对照，最高 O1 处理为 7.57cm，O3 处理的显著高于 H1、H2 和不施肥处理，其余处理间无显著差异，不施肥处理 CK 最低，为 2.66cm；在生物量积累上，以奥绿肥处理的 O1 和 O2 处理的鲜重增量最高，显著高于其他处理，较最低的 H3 处理分别高出 233.2% 和 202.7%，奥绿肥 O3 和花多多 H1 次之，显著高于有机肥和 H3 处理。以上结果表明，和不施肥对照相比，奥绿肥能显著促进铁皮石斛萌发新芽多，促进铁皮石斛茎的伸长生长，增加生物量积累，高浓度的花多多也有较显著的促生长作用，但较高浓度的奥绿肥对铁皮石斛二年生苗生长有一定抑制作用，而有机肥的施用对铁皮石斛二年生苗生长影响不大。

2.2 不同肥料对铁皮石斛品质的影响

2.2.1 不同肥料对铁皮石斛多糖、浸出物、粗纤维的影响

表3 不同肥料对铁皮石斛多糖、浸出物、粗纤维的影响

Table 3 The influence of different fertilizer treatment on polysaccharide content, crude fiber content, extractum of annual and biennial *Dendrobium officinale*

样品编号		检测项目及检测值		
		多糖(%)	浸出物(%)	粗纤维(%)
中国药典(2010版)≥		25	6	3.3
一年生	CK	16.2±0.56c	2.9±0.05cd	2.6±0.24b
	OF	17.7±1.01bc	3.4±0.08c	2.0±0.36c
	O1	24.5±0.68ab	4.2±0.75ab	3.3±0.78a
	O2	26.2±0.29a	4.9±0.31a	3.0±0.33a
	O3	22.2±0.47b	4.6±0.6a	2.4±0.68bc
	H1	18.2±0.85b	3.5±0.76c	2.9±0.68ab
	H2	10.4±1.00d	2.6±0.45d	3.1±0.65a
	H3	15.8±0.79c	4.0±0.95b	2.6±0.24b
二年生	CK	18.1±0.65d	3.2±0.67c	2.8±0.51b
	OF	18.8±1.21d	3.0±0.88c	3.0±0.47b
	O1	36.0±1.35a	4.2±0.59b	3.0±0.58b
	O2	30.7±1.31b	4.6±0.77a	3.2±0.89ab
	O3	22.6±0.92c	4.2±0.87b	3.1±0.92ab
	H1	20.5±0.76c	2.7±0.78d	3.0±0.69b
	H2	30.4±1.15b	4.2±0.67b	3.2±0.61ab
	H3	13.0±0.52e	2.3±0.68d	3.4±0.79a

铁皮石斛一、二年生苗经过施用不同肥料一年后，采收成熟鲜条测定多糖含量、浸出物含量及粗纤维含量，测定结果显示，一年生铁皮石斛施用奥绿肥后多糖含量普遍高于其他肥料和对照，其中施用奥绿肥5g/盆的铁皮石斛多糖含量最高，达到26.2%，比不施肥的CK(17.7%)和施用有机肥(OF)(16.2%)分别高出8.5%和10%，而施用花多多肥的铁皮石斛多糖含量普遍偏低，最低的多糖含量为10.4%，参照《中国药典》(2010版)多糖含量≥25%的标准，只有施用奥绿肥5g/盆的铁皮石斛多糖含量达标，其余处理均未达标；浸出物含量方面，同样以施用奥绿肥的处理含量最高，其中施用奥绿肥5g/盆的处理浸出物含量最高(4.9%)，远高于不施肥处理的2.9%和有机肥处理的3.4%，花多多1000x处理的为最低2.6%，其余花多多处理的浸出物含量略低于奥绿肥处理。粗纤维含量方面，虽然有机肥处理的铁皮石斛粗纤维含量最低(2.0%)，低于不施肥处理、奥绿肥和花多多肥处理，但在实际口感上并无太大差别；施用奥绿肥的铁皮石斛氨基酸含量远高于其他处理，以氨基酸总量计，其中以7.5g/盆奥绿肥的铁皮石斛氨基酸总量最高，达4.65%，分别比不施肥和施有机肥处理高252%和662%，而施用花多多的铁皮石斛氨基酸总量略高于不施肥对照。以上结果表明，在本试验条件下，相比不施肥和施有机肥，花多多对一年生铁皮石斛多糖含量、浸出物含量及氨基酸总含量影响不大，而奥绿肥能明显提高一年生铁皮石斛多糖含量、浸出物含量及氨基酸总含量，综合以5g/盆用量最佳。

由表3可以看出，二年生铁皮石斛施用奥绿肥后多糖含量同样普遍高于其他肥料和对照，其中施用奥

绿肥 2.5g/盆的铁皮石斛多糖含量最高，达到 36%，比不施肥的 CK(17.7%)和施用有机肥(OF)(16.2%)分别高出 99% 和 91%，而施用花多多肥 1500X 的铁皮石斛多糖含量最低(13%)，参照《中国药典》(2010 版)多糖含量≥25% 的标准，其中施用奥绿肥 2.5g/盆、5g/盆及施花多多 1000X 的铁皮石斛多糖含量达标，其余处理均未达标；浸出物含量方面，同样以施用奥绿肥的处理含量最高，其中施用奥绿肥 5g/盆的处理浸出物含量最高(4.9%)，比不施肥处理和施有机肥处理的浸出物含量分别高 44% 和 53%，其次为奥绿肥 2.5g/盆、5g/盆及花多多 1000x 处理，均为 4.2%，其余花多多处理的浸出物含量均低于对照；不同肥料处理的二年生铁皮石斛粗纤维含量均差别不大，表明不同肥料对二年生铁皮石斛粗纤维含量影响不大。

表 4　不同肥料对铁皮石斛氨基酸含量的影响

Table 4　The influence of different fertilizer treatment on amimo acide content of annual and biennial *Dendrobium officinale*

	编号	天门冬氨酸(ASP)	苏氨酸(THR)	丝氨酸(SER)	谷氨酸(GLU)	脯氨酸(PRO)	甘氨酸(GLY)	丙氨酸(ALA)	缬氨酸(VAL)	蛋氨酸(MET)	异亮氨酸(ILE)	亮氨酸(LEU)	酪氨酸(TYR)	苯丙氨酸(PHE)	组氨酸(HIS)	赖氨酸(LYS)	精氨酸(ARG)	总量(%)
一年生	OF	0.08	0.03	0.04	0.08	0.03	0.04	0.03	0.03	0.01	0.03	0.05	0.02	0.03	0.05	0.04	0.02	0.61
	CK	0.22	0.06	0.08	0.17	0.05	0.08	0.06	0.06	0.01	0.06	0.12	0.04	0.06	0.12	0.08	0.05	1.32
	O1	0.56	0.14	0.15	0.4	0.12	0.17	0.14	0.15	0.02	0.12	0.31	0.1	0.15	0.14	0.19	0.13	2.99
	O2	0.85	0.17	0.19	0.64	0.14	0.22	0.17	0.19	0.01	0.18	0.45	0.13	0.2	0.14	0.25	0.18	4.11
	O3	0.92	0.22	0.2	0.79	0.16	0.25	0.2	0.2	0.03	0.18	0.46	0.13	0.22	0.21	0.27	0.21	4.65
	H1	0.19	0.06	0.07	0.16	0.04	0.07	0.06	0.06	0.01	0.06	0.12	0.04	0.06	0.11	0.1	0.27	1.48
	H2	0.27	0.08	0.08	0.23	0.07	0.09	0.08	0.08	0.02	0.07	0.16	0.04	0.09	0.23	0.11	0.08	1.78
	H3	0.21	0.06	0.07	0.18	0.07	0.07	0.07	0.06	0.01	0.06	0.12	0.04	0.07	0.12	0.09	0.06	1.36
二年生	OF	0.21	0.06	0.07	0.16	0.05	0.07	0.06	0.06	0.01	0.05	0.11	0.03	0.06	0.11	0.08	0.05	1.24
	CK	0.16	0.04	0.06	0.12	0.09	0.06	0.04	0.06	0.01	0.04	0.1	0.03	0.05	0.1	0.06	0.03	1.05
	O1	0.7	0.19	0.18	0.52	0.14	0.22	0.18	0.17	0.02	0.16	0.41	0.07	0.19	0.18	0.22	0.13	3.68
	O2	0.96	0.25	0.22	0.78	0.18	0.28	0.24	0.23	0.03	0.23	0.56	0.1	0.26	0.21	0.3	0.2	5.03
	O3	0.96	0.25	0.21	0.73	0.17	0.27	0.22	0.22	0.03	0.23	0.55	0.11	0.25	0.18	0.3	0.35	5.03
	H1	0.37	0.11	0.11	0.28	0.11	0.12	0.1	0.1	0.02	0.09	0.22	0.07	0.1	0.12	0.14	0.18	2.24
	H2	0.62	0.18	0.16	0.44	0.13	0.2	0.16	0.16	0.02	0.15	0.37	0.1	0.18	0.14	0.21	0.3	3.52
	H3	0.38	0.11	0.1	0.28	0.08	0.12	0.09	0.09	0.02	0.08	0.21	0.07	0.1	0.17	0.13	0.12	2.15

2.2.2　不同肥料对铁皮石斛氨基酸含量的影响

由表 4 可以看出，施用奥绿肥的铁皮石斛氨基酸含量远高于其他处理，以氨基酸总量计，其中以 5g/盆和 7.5g/盆奥绿肥的铁皮石斛氨基酸总量最高，均为 5.03%，分别比不施肥和施有机肥处理高 379% 和 306%，比花多多处理的铁皮石斛氨基酸总量最高值(3.52%)高出 43%。以上结果表明，在本试验条件下，相比不施肥和施有机肥，花多多对二年生铁皮石斛多糖含量、浸出物含量及氨基酸总含量影响不大，而奥绿肥能明显提高二年生铁皮石斛多糖含量、浸出物含量及氨基酸总含量。

2.3　不同肥料施肥的铁皮石斛重金属残留

不同肥料施肥一年后，测定各施肥处理的铁皮石斛重金属残留，结果可以看出(表 5)，参照《中国药典》(2010 版)和铁皮石斛浙江省地方标准 DB33 634.4-2007，所有样品中，重金属砷和铜均未检测出，O2 处理的铁皮石斛一年生和二年生均未检测出重金属汞，其余检测出的重金属铅、汞、镉、铬含量均远低于以上标准。

表5 不同肥料的铁皮石斛重金属残留

Table 5 The heavy metal residual of annual and biennial *Dendrobium officinale* under different fertilizer treatment

样 品		铅(mg/kg)	砷(mg/kg)	汞(mg/kg)	镉(mg/kg)	铬(mg/kg)	铜(mg/kg)
中国药典(2010版)		5	2	0.2	0.3	2	20
浙江省地方标准 DB33 635.4-2007(≤)		0.2	0.5	0.05	0.2	2.0	5.0
一年生	CK	0.030	未检出	0.000357	0.018	0.020	未检出
	OF	0.028	未检出	0.000322	0.018	0.019	未检出
	O1	0.026	未检出	0.000159	0.018	0.022	未检出
	O2	0.027	未检出	未检出	0.024	0.023	未检出
	O3	0.018	未检出	0.000415	0.015	0.020	未检出
	H1	0.022	未检出	0.000193	0.020	0.018	未检出
	H2	0.028	未检出	0.000198	0.021	0.20	未检出
	H3	0.040	未检出	0.000235	0.020	0.060	未检出
二年生	CK	0.014	未检出	0.000318	0.014	0.020	未检出
	OF	0.026	未检出	0.000221	0.011	0.031	未检出
	O1	0.029	未检出	0.000451	0.017	0.039	未检出
	O2	0.023	未检出	未检出	0.015	0.032	未检出
	O3	0.016	未检出	0.003393	0.014	0.038	未检出
	H1	0.039	未检出	0.000225	0.015	0.025	未检出
	H2	0.025	未检出	0.000229	0.015	0.058	未检出
	H3	0.032	未检出	0.000226	0.021	0.036	未检出

3 结论与讨论

一般栽培条件下，肥料的种类和使用量可改变土壤中养分的比例关系，为植物的生长发育提供良好的养分环境(Su et al; 2002; Shao, 2004)。本试验研究发现，一定浓度的缓释肥(奥绿肥)能显著促进一年生和二年生铁皮石斛芽的生长和茎的伸长生长，并且增加铁皮石斛的生物量。同时，水溶性肥(高浓度的花多多(600X))对一年生和二年生铁皮石斛生长表现出一定促进作用，而高浓度的奥绿肥(7.5g/盆)则对二年生苗的铁皮石斛生长表现出明显的抑制作用。有机肥的使用对一年生苗和二年生苗铁皮石斛的生长影响并不显著。从植物长势形态来看，试验中以一年生的铁皮石斛幼苗以5g/盆缓释肥(奥绿肥)肥量表现为长势良好，品质优良，二年生的铁皮石斛幼苗则以2.5g/盆缓释肥(奥绿肥)肥量体现为生长品质最佳。

目前，随着铁皮石斛规范化栽培的快速发展，肥料的使用越来越广泛。然而，铁皮石斛作为名贵中药材，其原生态的生长形态通常被认定为最佳品质，学者们普遍认为施肥尤其是化学肥料会很大程度上影响铁皮石斛的品质(魏梅娟等, 2011; Xia et al, 2012)。本实验研究发现，缓释肥可显著性地提高一年生和二年生铁皮石斛幼苗的多糖含量、浸出物含量及氨基酸总含量，水溶性肥料对一年生和二年生的铁皮石斛幼苗影响不显著，综合分析表明不同肥料处理以5g/盆缓释肥(奥绿肥)用量铁皮石斛的品质最优。因此，在本试验结果表明，肥料的使用可有效提高铁皮石斛多糖含量、浸出物含量及氨基酸总含量，进而提高铁皮石斛的品质。

参照《中国药典》(2010版)和铁皮石斛浙江省地方标准DB33 634.4-2007，不同的肥料处理与对照组中，并未检测到重金属砷和铜，缓释肥5g/盆处理的一年生和二年生的铁皮石斛幼苗均未检测出重金属汞，其余处理检测出的重金属铅、汞、镉、铬含量均远低于浙江省地方标准量。据此，本试验表明，施用缓释肥、水溶性肥及有机肥的一年生和二年生的铁皮石斛幼苗均不存在重金属铅、砷、汞、铜、铬、镉残留或超标。

参考文献

1. 艾娟，严宁，胡虹，等.2011. 温度对铁皮石斛生长及生理特性的影响[J]. 云南植物研究，32(5)：420－426.
2. Cooper P J M，Gregory P J，Keatinge J D H，et al. 1987，Effects of fertilizer，variety and location on barley production under rainfed conditions in Northern Syria 2. soil water dynamics and crop water use[J]. Field Crops Research，16(1)：67－84.
3. Ding Xiao-yang，Wang Zheng-tao，Zhou Kai-ya，et al. 2003，Allel-specific Primers for Diagnostic PCR Authentication of *Dendrobium officinale*[J]. Planta Medica，69(6)：587－588.
4. 付伟丽，黄作喜，唐正义，等.2011，铁皮石斛多糖研究进展[J]. 内江师范学院学报，26(4)：40－44.
5. 冯杰，杨生超，萧凤回.2011. 铁皮石斛人工繁殖和栽培研究进展[J]. 现代中药研究与实践，25(1)：81－86.
6. 国家，药典，委员会. 2010. 中国药典，一部[J]. 北京：化学工业出版，
7. Hauck R D，Bremner J M. 1976，Use of tracers for soil and fertilizer nitrogen research[J]. Adv. Agron，28：219－266.
8. Haynes R J，Naidu R. 1998，Influence of lime，fertilizer and manure applications on soil organic matter content and soil physical conditions：a review[J]. Nutrient Cycling in Agroecosystems，51(2)：123－137.
9. Lin X，Shaw P C，Sze S C W，et al. 2011，Dendrobium officinale polysaccharides ameliorate the abnormality of aquaporin 5，pro-inflammatory cytokines and inhibit apoptosis in the experimental Sjögren's syndrome mice[J]. International immunopharmacology，11(12)：2025－2032.
10. Lin Y，Li J，Li B，et al. 2011，Effects of light quality on growth and development of protocorm-like bodies of Dendrobium officinale in vitro[J]. Plant Cell，Tissue and Organ Culture（PCTOC），105(3)：329－335.
11. 李桂锋，李进进，许继勇，等.2010. 铁皮石斛研究综述[J]. 中药材，33(1)：150－153.
12. 李玲，邓晓兰，赵兴兵，等.2011. 铁皮石斛化学成分及药理作用研究进展[J]. 肿瘤药学，1(2)：90－94.
13. Martens D C，Westermann D T. 1991. Fertilizer application for correcting micronutrient deficiencies[J].
14. Peng，Wang Wei，Feng Fo-sheng，et al. 2007，High-frequency Shoot Regeneration ThroughtTransverse Thin Cell Layer Culture in *Dendrobium* Wall Ex Lindl[J]. Plant Cell，Tissue，and Organ Culture，90：131－139.
15. Rasmussen P E，Collins H P. 1991，Long-term impacts of tillage，fertilizer，and crop residue on soil organic matter in temperate semiarid regions[J]. Adv. Agron，45：93－134.
16. SHAO H，ZHANG L，LI J，et al. 2004，Advances in research of *Dendrobium officinale* [J]. Chinese Traditional and Herbal Drugs，1：045.
17. Su W，Zhang G. 2002，The photosynthesis pathway in leaves of *Dendrobium officinale*[J]. Acta Phytoecological Sinica，27(5)：631－637.
18. 魏梅娟，李雪，叶清梅，等.2011. 铁皮石斛组培苗生长的影响因素研究[J]. 北方园艺，(2)：146－148.
19. Xia L，Liu X，Guo H，et al. 2012，Partial characterization and immunomodulatory activity of polysaccharides from the stem of *Dendrobium officinale*（Tiepishihu）in vitro[J]. Journal of functional foods，4(1)：294－301.
20. Zhu Z L，Chen D L. 2002，Nitrogen fertilizer use in China-Contributions to food production，impacts on the environment and best management strategies[J]. Nutrient Cycling in Agroecosystems，63(2－3)：117－127.

高温胁迫及外源水杨酸对大丽花抗氧化酶活性的影响*

赵川乐　张萍萍　孔周阳　李坚　管华　谈建中①
（苏州大学建筑学院园艺系，苏州 215123）

摘要　为了探讨大丽花高温胁迫及外源水杨酸作用的生理机制，以大丽花组培苗为供试材料，在培养基中添加不同浓度的水杨酸(SA)，分析高温胁迫对大丽花抗氧化酶活性变化。结果表明，在35℃/30℃(昼/夜)高温胁迫下，大丽花 SOD 活性持续增加，在胁迫第 8d 达到最大值；POD 活性在胁迫初期几乎未受影响，到第12d 时才显著上升；CAT 活性虽然持续下降，但变化幅度较小。培养基中添加 0.05mmol・L^{-1}的 SA 可以促进大丽花组培苗的生长与生根，并显著提高了大丽花 SOD、POD 和 CAT 的酶活性。说明适宜浓度的外源 SA 可以调节大丽花的抗氧化酶活性，并能促进大丽花的生长发育，从而有利于提高大丽花对高温胁迫的耐受性。
关键词　大丽花；组织培养；高温胁迫；水杨酸；抗氧化酶

Effects of Exogenous Salicylic Acid on Antioxidant Enzyme Activity under High Temperature Stress in *Dahlia pinnata*

ZHAO Chuan-le　ZHANG Ping-ping　KONG Zhou-yang　LI Jian　GUAN Hua　TAN Jian-zhong
(*Department of Horticulture*, *College of Architecture*, *Soochow University*, *Suzhou* 215123)

Abstract　To investigate the physiological response of dahlia to high temperature and exogenous salicylic acid (SA), the shoots cultured *in vitro* was used as test materials. Different concentration of SA was added in the medium to analyze the change of antioxidant enzyme activity under high temperature stress in dahlia. The results showed that under high temperature stress (35℃/30℃, day/night), the SOD activity continued to grow and reached the maximum value in the 8th day, and the POD activity did not change significantly in the early stage of stress until the 12th day. Meanwhile the CAT activity continued to decrease, but didn't change much. 0.05 mmol・L^{-1} of SA added in the medium could promote the growth and rooting, and increase the SOD, POD and CAT activities of dahlia *in vitro*. It showed that suitable concentration of SA could adjust the antioxidant enzyme activity and promote the growth, thus to improve tolerance to high temperature stress in dahlia.
Key words　Dahlia; Tissue culture; High temperature stress; Salicylic acid; Antioxidant enzyme

大丽花(*Dahlia pinnata* Cav.)为菊科大丽花属多年生球根花卉，其花姿优美，花色娇艳，花期久长，是世界名花之一，也是广泛栽培的园林观赏植物(杨永花 等，1996)。原产于墨西哥高原地带，性喜阳光、凉爽、温暖而通风良好的环境，当环境温度高于35℃时，植株生长停滞，处于休眠或半休眠状态，开花少，甚至不能开花(刘安成 等，2010)。因此，研究高温胁迫对大丽花生长发育及生理代谢的影响，有助于探讨提高大丽花耐热性的技术措施。

水杨酸(Salicylic acid，SA)是植物体内普遍存在的一种小分子酚类物质，是重要的系统获得性抗性的内源信号分子(Malamy J，*et a*，1990)，对植物生长、种子萌发、开花、光合作用、呼吸作用及植物衰老等方面都具有调节作用(Mariana R，*et a*，2011)，并能提高植物对生物胁迫和非生物胁迫的抗性。通过调控活性氧代谢和信号转导途径等提高多种植物对病害(Vicente M R S & Plasencia J，2011)、高温(Larkindale J *et al*，2005)、冻害(Janda TG *et al*，1990)、干旱(Munne-Bosch S & Penuelas J，2003)、盐胁迫(Idress M *et al*，2011)和重金属胁迫(Freeman J L *et al*，2005)

---

* 基金项目：苏州市应用基础研究计划（编号 SYN201405）
① 通讯作者。谈建中，教授。主要研究方向：园林植物资源与生物技术。E-mail：sudatanjz@163.com。

等逆境的抗性。而且外源 SA 具有成本低、用量少、无毒、使用方便等优点，因而它的研究和应用日益成为热点。为此，本文选用大丽花组培苗为材料，研究了水杨酸对其生长发育等的作用，对高温胁迫下大丽花抗氧化系统的影响，以便为阐明大丽花耐热性分子机理提供新的实验依据。

1 材料与方法

1.1 植物材料

供试材料为大丽花品种‘单瓣黄’，从生长良好的幼嫩枝条上切取腋芽作为外植体，经常规灭菌处理后，接种于培养基 MS + 0.1mg · L^{-1}6-BA + 0.5mg · L^{-1}NAA + 1.0mg · $L^{-1}GA_3$上进行培养、获得试管苗。

1.2 试验方法

从继代培养的试管苗切取约 2cm 长的茎段接种于 1/2MS 培养基上，培养基中添加不同浓度的 SA(浓度分别为 0、0.02、0.05、0.1、0.5、1.0、2.0mg · L^{-1})。每瓶接种 1 株，每组 20 瓶，置于人工气候箱中。培养条件为，光照时间 12h/d，光照强度为 4000lx，温度为昼 25℃/夜 20℃。培养 10d 后，调查、统计试管苗的生长及生根状况，以便确定合适的 SA 添加量。

根据大丽花组培苗的生长状况，选取培养基中 SA 浓度为 0 和 0.05mmol · L^{-1}的大丽花分别作为处理组 1(记为 HT)和处理组 2(记为 SA)，培养 15d 后进行 35℃/30℃(昼/夜)高温胁迫，培养基中不添加 SA、常温处理的作为空白对照组(CK)。

1.3 几种氧化酶活性的测定

于胁迫 0、4、8、12d 测定各组大丽花组培苗 SOD、POD 和 CAT 活性(0d 为未进行高温胁迫时)，各组处理重复测定 3 次。SOD 活性测定采用氮蓝四唑法，POD 活性测定采用愈创木酚法(李合生 等，2000)，CAT 活性采用紫外吸收法(高俊凤，2000)。

1.4 数据处理

采用 Excel 进行数据处理，结合 SPSS 20.0 统计软件中 LSD 法对数据进行差异显著性分析。

2 结果与分析

2.1 不同浓度水杨酸对大丽花组培苗生根及生长状况的影响

由表 1 可以看出，低浓度 SA 可以促进大丽花组培苗生根，其中以 0.05mmol · L^{-1}作用效果最明显，但是浓度高于 0.1mmol · L^{-1}时会抑制大丽花组培苗生根。另外，从大丽花植株形态上可以看出，SA 浓度高于 0.5mmol · L^{-1}时抑制其生长，表现为接触到培养基的叶片变黄。

表 1 不同浓度水杨酸对大丽花组培苗生长及生根的影响

Table 1 Efffects of different SA concentration on the growth and root of Dahlia in vitro

SA 浓度(mmol · L^{-1})	0	0.02	0.05	0.1	0.5	1.0	2.0
平均生根数	1.30	1.50	2.57	0.50	0	0	0
生长状况	正常	正常	正常	正常	正常	叶片变黄	叶片变黄

注：叶片变黄指接触培养基的叶片。

2.2 水杨酸对高温胁迫下大丽花组培苗 SOD 活性的影响

在高温胁迫下，不论培养基中添加 SA 与否，大丽花 SOD 活性均呈先上升后下降趋势，并且在胁迫 4d 已经显著上升，在胁迫 8d SOD 活性达到峰值，HT 组和 SA 组分别比对照高 26.00% 和 83.40%，之后开始下降(图 1)。在胁迫过程中，培养基中添加 0.05mmol · L^{-1} SA 的大丽花 SOD 活力均显著高于 HT 组，其中在达到峰值时为 HT 组的约 1.5 倍。值得注意的是，在高温胁迫前(0d)时，SA 组的大丽花 SOD 活性已显著高于 CK 和 HT 组，说明外源水杨酸可以提高大丽花 SOD 活性，并且一直维持在较高水平。另外，对照组 SOD 活性在整个过程中无显著变化，说明 SOD 在大丽花正常生长过程中活性较为稳定。

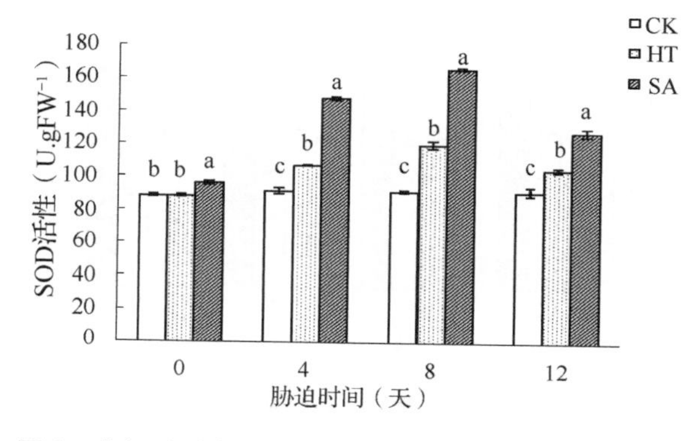

图 1 水杨酸对高温胁迫下大丽花组培苗 SOD 的影响

Fig. 1 The effect of SA on activity of SOD in tissue cultured dahlia under heat stress

2.3 水杨酸对高温胁迫下大丽花组培苗 POD 活性的影响

实验结果如图 2 所示，前 8d 高温胁迫对大丽花组培苗 POD 活性几乎没有影响，方差分析显示，当胁迫达到 12d 时，HT 组 POD 活性才显著上升。而培养基中添加 SA 组后，在胁迫前已显著高于 HT 组，且上升时间较 HT 组早，在胁迫开始时即表现为 POD 活性增强。方差分析表明，在胁迫 8、12d 时 POD 活性显著高于胁迫前。从结果中还可以看出，在胁迫的整个阶段 SA 组的大丽花 POD 活性均显著高于 HT 组，说明 SA 可以显著提高大丽花组培苗 POD 活性，且在胁迫期间 POD 活性一直呈上升趋势。

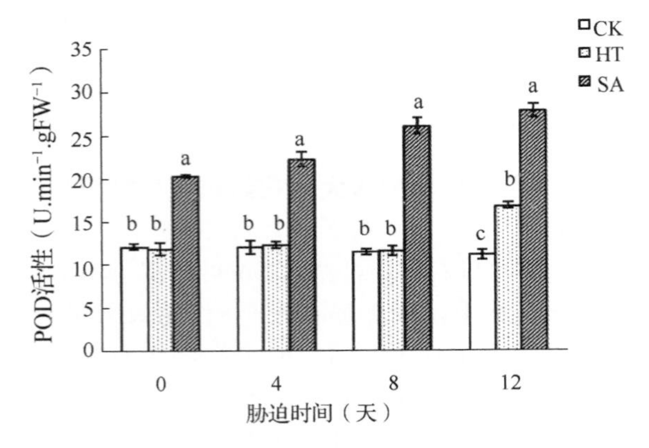

2 水杨酸对高温胁迫下大丽花组培苗 POD 的影响

Fig. 2 The effect of SA on activity of POD in tissue cultured Dahlia under heat stress

2.4 水杨酸对高温胁迫下大丽花组培苗 CAT 活性的影响

图 3 结果显示，常温对照组(CK)大丽花组培苗的 CAT 活性基本稳定，变化不明显。高温胁迫使大丽花 CAT 活性下降，并且随着胁迫时间延长，CAT 活性一直呈下降趋势，胁迫 12d 时较胁迫前降低 63.45%。而外源 SA 提高了大丽花组培苗 CAT 活性，在胁迫 4d 有小幅度上升，之后也呈下降趋势，但下降幅度明显小于 HT 组，说明 SA 可以缓解高温对大丽花 CAT 活性的抑制作用，提高大丽花耐热性。

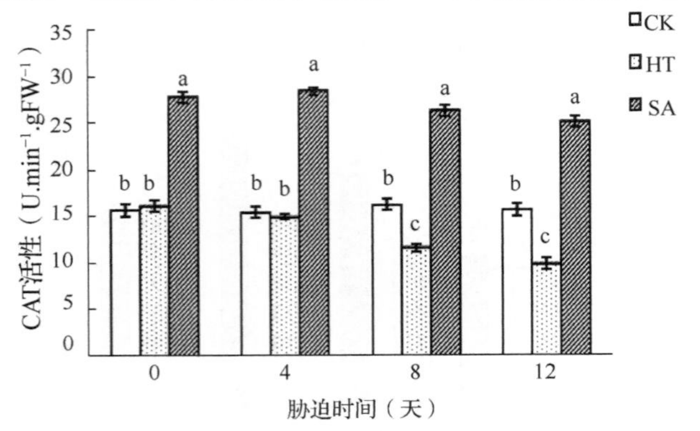

图 3 水杨酸对高温胁迫下大丽花组培苗 CAT 的影响

Fig. 3 The effect of SA on activity of CAT in tissue cultured Dahlia under heat stress

3 讨论

外源水杨酸在调节植物生长的应用上已有很多报道，并且已证实 SA 参与植物体内很多生理生化反应，能够提高植物对生物胁迫和非生物胁迫的抗性。在番茄(万正林 等，2009)、黄瓜(周艳丽 等，2010)、葡萄(Wang L J *et al*，2010)、百合(陈秋明 等，2008)、百日草(曹淑红和李宁毅，2014)等多种植物上，发现 SA 能够提高其耐热性。在植物组织培养中，最近发现低浓度水杨酸有利于姜黄组培苗生长，10～20μmol·L⁻¹的 SA 能够显著提高姜黄株高、生物量、叶宽等，而浓度高于 80μmol·L⁻¹则抑制姜黄的生长(刘建福 等，2015)。本试验中，0.05mmol·L⁻¹的 SA 对大丽花组培苗生根有促进作用，这与水杨酸能提高常绿欧洲荚蒾(王大平和李艳，2012)、大豆(Gutiérrez－Coronado M A *et al*，1998)扦插生根的结果相一致，说明一定浓度的 SA 可以对植物生根有促进作用，而浓度过高则会抑制植物生长。

在很多植物中均发现 SA 可以提高其逆境胁迫下的抗氧化酶活性，从而提高植物抗逆能力。如，SA 处理可通过提高蝴蝶兰幼苗 SOD、POD 等抗氧化系统酶活性来增强其高温耐性(杨华庚和陈慧娟，2009)。在百合中，外源水杨酸可以调节植株抗氧化系统，增强其耐热性，且发现 0.5mmol·L⁻¹ SA 作用效果最佳(曹淑红和李宁毅，2014)。王定景等(2012)发现在高温胁迫下，SA 可以提高金线兰的 SOD、POD 和 CAT 活性。这与本研究中 SA 可以提高大丽花 SOD、POD 和 CAT 活性，从而诱导其耐热性的结果相一致。另外，也有研究报道，SA 对 CAT(曹淑红和李宁毅，2014)等保护酶活性有抑制作用。这说明不同浓度的 SA 在不同植物上，对不同的抗氧化酶会产生不同的影响。

值得注意的是，目前 SA 在植物组培苗抗逆性上的研究报道较少。徐彩平等(2012)以南林 895 杨组培苗为材料对杨树耐盐性进行了研究，而 SA 在植物组培苗耐热性上的研究鲜见报道。本文以大丽花组培苗为材料，研究了 SA 对高温胁迫下大丽花组培苗抗氧化酶活性的影响，为采用组培苗进行耐热性研究的可行性提供实验依据。与盆栽苗相比，组培苗能够更好地保证其遗传背景、生长环境的一致性，避免植物材料因水分、养分、温度等差异引起的实验误差，从而有利于提高实验的准确性。此外，在 SA 施用方式上，也为根施 SA 调节植物生长提供了实验依据。

参考文献

1. 曹淑红，李宁毅．水杨酸对高温胁迫下百日草幼苗耐热性的影响[J]．沈阳农业大学学报，2014(1)：91－94.
2. 陈秋明，尹慧，李晓艳，等．高温胁迫下外源水杨酸对百合抗氧化系统的影响[J]．中国农业大学学报，2008，13（2）：44－48.
3. Freeman J L, Garcia D, Kim D, *et al.* Constitutively elevated salicylic acid signals glutathione-mediated nickel tolerance in *Thlaspi* nickel hyperaccumulators[J]. Plant Physiology, 2005, 137 (3): 1082－1091.
4. 高俊凤．植物生理学实验指导[M]．西安：世界图书出版公司，2000，194－196.
5. Gutiérrez-Coronado M A, Trejo-López C, Larqué-Saavedra A. Effects of salicylic acid on the growth of roots and shoots in soybean[J]. Plant Physiology & Biochemistry, 1998, 36 (8): 563－565.
6. Idrees M, Naeem M, Aftab T, *et al.* Salicylic acid mitigates salinity stress by improving antioxidant defence system and enhances vincristine and vinblastine alkaloids production in periwinkle [*Catharanthus roseus* (L.) G. Don][J]. Acta Physiologiae Plantarum, 2011, 33 (3): 987－999.
7. Janda TG, Szalai IT, Padi E. Hydroponic treatment with salicylic acid decrease the effects of chilling injury in mazie (*Zea Mays* L) plants[J]. Planta, 1999, 208: 175－180.
8. Larkindale J, Hall J D, Knight M R, *et al.* Heat stress phenotypes of arabidopsis mutants implicate multiple signaling pathways in the acquisition of thermotolerance[J]. Plant Physiology, 2005, 138(2): 882－897.
9. 李合生，孙群，赵世杰，等．植物生理生化试验原理与技术[M]．北京：高等教育出版社，2000.
10. 刘安成，王庆，庞长民．我国大丽花园艺学研究进展[J]．北方园艺，2010，(11)：225－228.
11. 刘建福，王明元，唐源江，等．水杨酸和一氧化氮对姜黄生长及次生代谢产物的影响[J]．园艺学报，2015，42（4）：741－750.
12. Malamy J, Carr J P, K lessig D F *et al.* Salicylic acid: a likely endogenous signal in the resistance response of tobacco to viral infection. Sci, 1990, 250: 1002－1004.
13. Mariana R, Vicente, Javier P. Salicylic acid beyond defence: its role in plant growth and development[J]. Experimental Botany, 2011, 62 (10): 3321－3338.
14. Munne-Bosch S, Penuelas J. Photo-and antioxidative protection, and a role for salicylic acid during drought and recovery in field grown *Phillyrea angustifolia* plants[J]. Planta 2003, 217: 758－766.
15. Vicente M R S, Plasencia J. Salicylic acid beyond defence: its role in plant growth and development[J]. Journal of Experimental Botany, 2011, 62(10): 3321－3338.
16. 万正林，罗庆熙，李立志．水杨酸诱导番茄幼苗抗高温效果[J]．中国蔬菜，2009(24)：36－42.
17. 王大平，李艳．水杨酸对常绿欧洲荚蒾扦插枝条生根的影响[J]．贵州农业科学，2012，40(12)：80－81.
18. 王定景，司庆永，龚宁，等．高温胁迫下外源水杨酸对金线兰抗氧化酶活性的影响[J]．贵州农业科学，2012，40(5)：39－42.
19. Wang L J, Fan L, Loescher W, *et al.* Salicylic acid alleviates decreases in photosynthesis under heat stress and accelerates recovery in grapevine leaves[J]. Bmc Plant Biology, 2010, 10: 34(3): 34.
20. 徐彩平．南林895杨组培苗耐盐性及耐盐机制的研究[D]．南京：南京林业大学，2012.
21. 杨华庚，陈慧娟．高温胁迫对蝴蝶兰幼苗叶片形态和生理特性的影响[J]．中国农学通报，2009，25(11)：123－127.
22. 杨永花，李正平，李万祥，等．甘肃大丽花品种资源及应用[J]．北方园艺，1996，(3)：44－45.
23. 周艳丽，李金英，王秋月，等．高温胁迫下水杨酸对黄瓜幼苗生理特性的影响[J]．北方园艺，2010，(24)：44－46.

不同光照处理对 8 种植物生理特性的影响

徐江宇　吴沙沙　漆子钰　黄 林　林夏斌　李淑娴　彭东辉[①]
（福建农林大学园林学院，福州 350002）

摘要　以 8 种植物为研究对象，通过 50Lm · m^{-2}、100Lm · m^{-2}和 200Lm · m^{-2}光照梯度进行对植物进行光照处理后，测定叶绿素、可溶性蛋白、MDA 等生理指标。结果表明：随着光照的减弱，植物的叶绿素、可溶性蛋白、可溶性糖、MDA 含量和 SOD 活性差异极显著，POD 活性不显著。8 种植物的耐阴性强弱的顺序为：也门铁 > 密叶朱蕉 > 吊竹梅 > 金边百合竹 > 新飞羽竹芋 > 粗肋草 > 鸟巢蕨 > 波士顿蕨。
关键词　光照强度；生理指标；耐阴性

Physiological Characters of 8 Species in Different Light Itensity

XU Jiang-yu　WU Sha-sha　QI Zi-yu　HUANG Lin　LIN Xia-bin　LI Shu-xian　PENG Dong-hui
(*College of Landscape Architecture*, *Fujian Agriculture and Forestry University*, *Fuzhou* 350002)

Abstract　Physiological parameters of chlorophyll and soluble protein, MDA and so on were measured in 8 species, which were treated in three light itensity, 50Lm · m^{-2}, 100Lm · m^{-2} and 200Lm · m^{-2}. The results were showed that: with the weakening of light, the plant chlorophyll, soluble protein, soluble sugar, MDA content and SOD activity was significantly different, POD activity is not significant. The order of 8 species' shade-tolerance is *Draceana arborea* > *Dracaena deremensis* 'Virens Compacta' > *Zebrina pendula* > *Dracaena reflexa* 'Variegata' > *Ctenanthe setosa* > *Aglaonema modestum* > *Asplenium nidus* > *Nephrolepis exaltata* 'Bostoniensis'.
Key words　Light intensity; Physiological index; Shade tolerance

目前城市居民 80% 的时间是在居室、办公室等室内空间度过，人体的健康与室内的空气质量好坏息息相关[1]。室内植物不仅可以营造充满生机盎然的室内景观，同时还具有改善室内环境的生态功能，如净化空气、增加室内空气湿度、降低污染等[2]。影响室内植物生长的主要生态因子有：温度、光照、空气湿度和气体等[3]。虽然室内的高浓度 CO_2 以及温、湿条件适合植物的生长，但是由于室内空间光照较弱，大部分植物不能适应弱光环境，因此亟待筛选出耐阴性强的植物来满足室内绿化的需要。本文通过对 8 种植物进行不同光照处理，并测定植物的生理指标的变化，综合分析生长和生理指标，开展耐阴性强弱评价，为室内植物应用提供基础资料。

1　材料与方法

1.1　材料

以从建新花卉市场购买吊竹梅(*Zebrina pendula*)、金边百合竹(*Dracaena reflexa* 'Variegata')、波斯顿蕨(*Nephrolepis exaltata* 'Bostoniensis')、鸟巢蕨(*Asplenium nidus*)、粗肋草(*Aglaonema modestum*)、也门铁(*Draceana arborea*)、密叶朱蕉(*Dracaena deremensis* 'Virens Compacta')、新飞羽竹芋(*Ctenanthe setosa*)为试验材料。

1.2　材料处理

将试验材料种植于规格：12cm × 12cm × 10cm 的花盆中，基质体积比椰糠: 珍珠岩: 泥炭(2: 1: 1)。采

＊　项目来源：垂直绿化种植系统。
第一作者简介：徐江宇(1991 -)，女，硕士研究生：从事园林植物种质资源与应用研究。
①　通讯作者。彭东辉，博士，教授，硕士生导师。E-mail：fjpdh@126.com。

用50Lm·m^{-2}、100Lm·m^{-2}和200Lm·m^{-2}的3个光照强度进行处理。每个处理3株植株，3次重复，45d后进行生理指标测定。

1.3 试验方法

样品预处理。新鲜样品取回时，去除叶片表面泥土杂质，分批分量称重后，迅速放入液氮中冷冻10~15min，取出后保存至超低温冰箱中备用。叶绿素含量的测定，用SPAD-502Plus便携式叶绿素测定仪测定。可溶性糖含量的测定，采用蒽酮浓硫酸法[4]。可溶性蛋白质含量的测定，采用考马斯亮蓝法[1]。丙二醛含量的测定，采用硫代巴比妥酸比色法[5]。超氧化物歧化酶活性的测定，采用氮蓝四唑光化还原法[1]。过氧化物酶活性的测定，采用愈创木酚法[1]。相对电导率的测定，采用真空抽气法[1]。

1.4 数据处理与分析

数据处理分析运用Excle 2007和SPSS 19.0软件进行方差分析、多重比较、相关性分析、模糊数学中的隶属函数和聚类分析。

2 结果与分析

2.1 植物的生长情况

不同光照处理下，植物的生长发生一系列变化（表1）。

表1 不同光照下植物的生长情况

Table 1 The growth of plants under different illumination

植物＼光照	50 Lm·m^{-2}	100 Lm·m^{-2}	200 Lm·m^{-2}
吊竹梅	叶片慢慢变绿，新叶小且节间变长	叶色变绿，新叶偏小且绿，节间伸长	老叶叶色不变，但新叶小且为绿色
粗肋草	新叶小，嫩绿，薄且呈透明状，节间变长	新叶嫩绿偏浅，叶形正常，但节间略微变长	新叶嫩绿偏浅，叶形正常
鸟巢蕨	新叶颜色变浅，呈薄透明状，且叶形窄小畸形	新叶嫩绿，叶形偏小	正常生长，有新叶的萌发
密叶朱蕉	整体变化不大，无新叶的萌发	新叶色浅，叶形偏小	整体无明显变化，正常生长，有新叶的萌发
也门铁	生长正常，新叶正常萌发，且叶色正常	生长正常，新叶正常萌发，叶色正常	正常生长，有新叶的萌发且叶色正常
新飞羽竹芋	生长正常，有新老叶的更替	正常生长，无明显变化	正常生长，有新叶的萌发
波士顿蕨	无新叶的萌发，整体维持正常的生长	新叶嫩绿，叶形偏小	新叶嫩绿，叶形正常
金边百合竹	新叶叶色偏黄，叶小，节间略微伸长	新叶嫩绿，但叶薄	新叶正常萌发，叶色正常肥厚

2.2 可溶性蛋白的变化

随着光照的增强，波士顿蕨、粗肋草和鸟巢蕨的可溶性蛋白含量均呈下降的趋势；分别下降17.68%，差异极显著（$P<0.01$）；13.18%，差异显著（$P=0.027$）；16.73%，差异不显著。也门铁呈上升的趋势，上升26.39%，差异显著（$P=0.011$）。密叶朱蕉和新飞羽竹芋均呈先上升后下降的趋势，最终密叶朱蕉上升17.2%，差异极显著（$P<0.01$）；新飞羽竹芋下降21.98%，差异显著（$P=0.012$）。金边百合竹呈先下降后上升的趋势，最终下降6.59%，差异极显著（$P<0.01$）。吊竹梅的可溶性蛋白含量几乎不变，差异不显著（图1）。

2.3 可溶性糖的变化

随着光照的增强，也门铁、波士顿蕨、金边百合竹和鸟巢蕨的可溶性糖含量均呈先下降后上升的趋势，最终分别上升9.54%、165.84%、15.43%和71.53%，差异均极显著（$P<0.01$）。吊竹梅呈下降的趋势，下降20.18%，差异显著（$P=0.025$）。粗肋草

和新飞羽竹芋均呈上升的趋势，分别上升 33.38% 和 5.03%，差异均不显著。密叶朱蕉呈先下降后上升的趋势，最终下降 15.09%，差异不显著(图 2)。

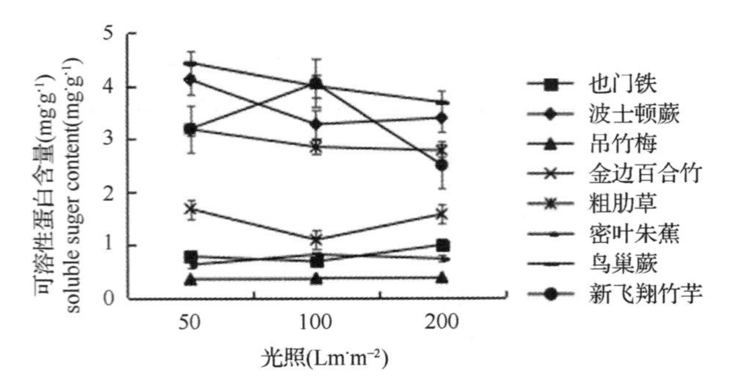

图 1 可溶性蛋白含量变化

Fig. 1 Changes of soluble protein content

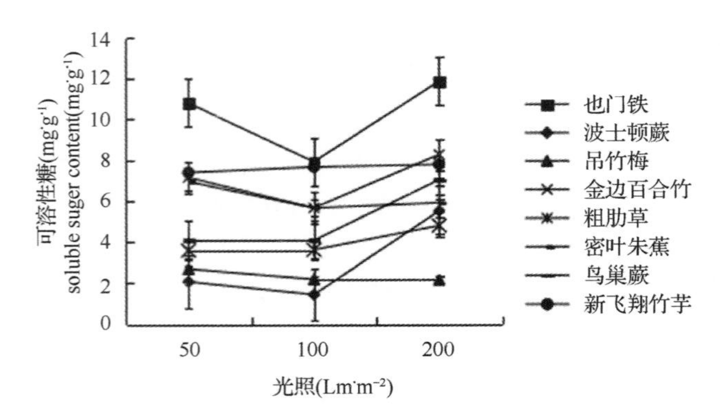

图 2 可溶性糖含量变化

Fig. 2 Changes of soluble sugar content

2.4 MDA 的变化

随着光照的增强，吊竹梅的 MDA 含量呈现下降的趋势，下降 80.8%，差异不显著。波士顿蕨呈上升的趋势，上升 62.16%，差异显著($P = 0.015$)。鸟巢蕨、密叶朱蕉、粗肋草、金边百合竹和也门铁均呈先下降后上升的趋势，最终鸟巢蕨、密叶朱蕉和金边百合竹均分别上升 2.43%，差异不显著；48.09%，差异显著($P = 0.035$)；13.47%，差异不显著；粗肋草和也门铁最终均分别下降 21.33%，差异不显著；18.6%，差异显著($P = 0.004$)。新飞羽竹芋呈先上升后下降的趋势，最终上升 49.13%，差异显著($P = 0.049$)(图 3)。

2.5 POD 活性的变化

随着光照的增强，粗肋草的 POD 活性呈上升的趋势，上升 15.77%，差异极显著($P < 0.01$)。鸟巢蕨呈下降的趋势，下降 67.68%，差异显著($P = 0.05$)。波士顿蕨呈先下降后上升的趋势，最终上升 28.24%，差异不显著。也门铁、吊竹梅、金边百合竹、密叶朱蕉和新飞羽竹芋均呈先上升后下降的趋势；其中也门铁最终下降 16.21%，差异不显著；其余最终均分别上升 9.25%，差异显著($P = 0.023$)；15.77%，差异极显著($P < 0.01$)；31.06% 和 145.86%，差异均不显著(图 4)。

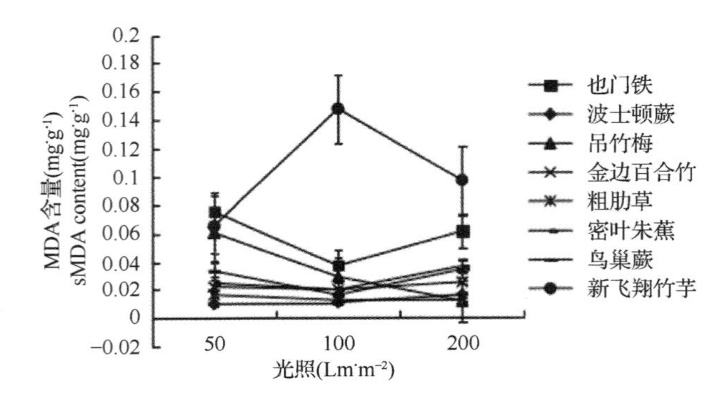

图 3 MDA 含量变化

Fig. 3 Changes of MDA content

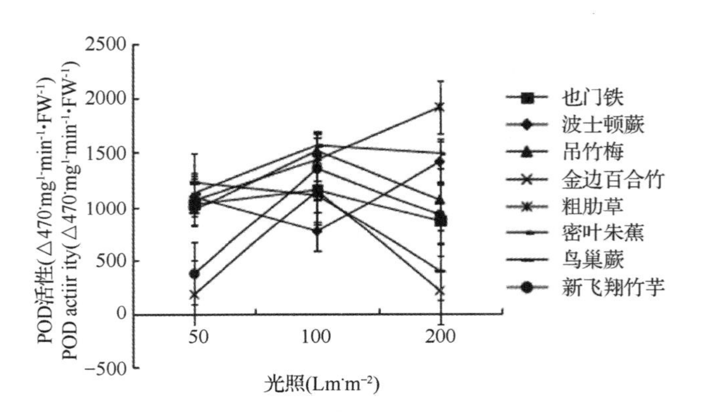

图 4 POD 活性变化

Fig. 4 Changes of POD activity

2.6 SOD 活性的变化

随着光照的增强，吊竹梅和新飞羽竹芋的 SOD 活性差异极显著($P = 0.000 < 0.001$ 和 $P = 0.007$)，吊竹梅呈上升的趋势，上升 18.92%，新飞羽竹芋呈先下降后上升的趋势，最终下降 6.92%；也门铁、波士顿蕨、金边百合竹、粗肋草、密叶朱蕉和鸟巢蕨的 SOD 活性差异不显著($P = 0.325$、$P = 0.692$、$P = 0.717$、$P = 0.849$、$P = 0.273$ 和 $P = 0.657$)，其中波士顿蕨呈上升趋势，上升 18.66%，其余变化趋势平稳，变化不明显(图 5)。

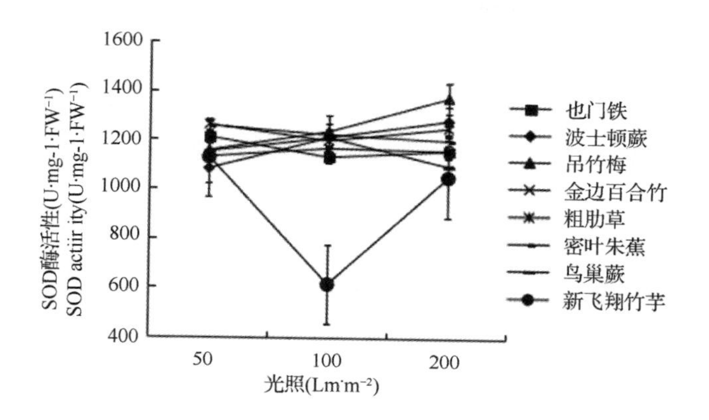

图 5 SOD 活性变化

Fig. 5 Changes of SOD activity

2.7 相对电导率的变化

随着光照的增强，鸟巢蕨和新飞羽竹芋的相对电导率值均呈上升的趋势，分别上升 20.02%，差异极显著(P < 0.01)；8.32%，差异不显著。波士顿蕨、吊竹梅和粗肋草均呈下降的趋势，分别下降 10.88%，差异不显著；5%，差异不显著；32.07%，差异极显著(P<0.01)。也门铁、金边百合竹和密叶朱蕉均呈先上升下降的趋势，最终，也门铁上升 16.64%，差异不显著；金边百合竹下降 10.51%，差异不显著；密叶朱蕉上升 2.16%，差异极显著(P < 0.01)(图 6)。

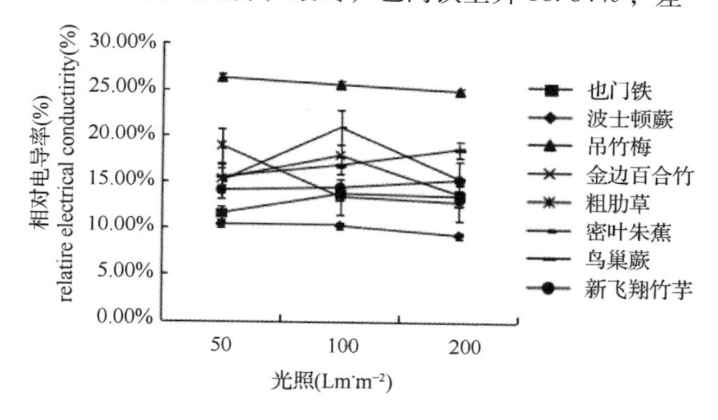

图 6 相对电导率变化

Fig. 6 Changes of relative electrical conductivity

2.8 叶绿素的变化

随着光强的增强，也门铁、吊竹梅和新飞羽竹芋的叶绿素含量均呈上升的趋势，分别为 12.8%、18.7% 和 9.74%，差异不显著。波士顿蕨、金边百合竹、粗肋草、密叶朱蕉和鸟巢蕨均呈先下降后上升的趋势，最终均分别上升 15.16%，差异不显著；22.76%，差异显著(P = 0.023)；13.36%，差异极显著(P = 0.002)、17.72%，差异极显著(P = 0.007)、0.14%，差异不显著(图 7)。

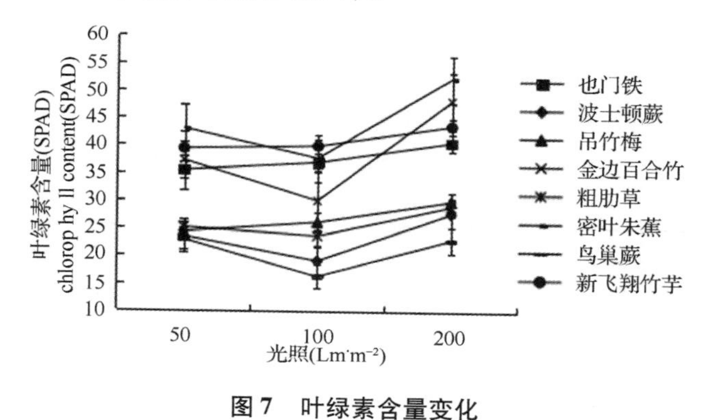

图 7 叶绿素含量变化

Fig. 7 Changes of chlorophyll content

2.9 耐阴性综合评价

2.9.1 相关性分析

对不同光照条件下 8 种植物的生理生化指标的相关性进行分析(表 2)，以求反映植物在不同光照条件下的生理指标变化情况。结果表明：可溶性蛋白与可溶性糖、SOD 和 MDA 呈极显著负相关；可溶性糖与 MDA 呈极显著正相关，与 SOD 呈显著正相关；SOD 与 MDA 呈极显著负相关。

表 2 植物生理指标相关性分析

Table 2 The correlation analysis of plant physiological indexes

指标	可溶性蛋白	可溶性糖	POD	SOD	MDA	叶绿素	相对电导率
可溶性蛋白	1.000	-0.021**	-0.144	-0.353**	-0.012**	-0.052	-0.021
可溶性糖		1.000	0.083	0.102*	0.181**	0.124	0.003
POD			1.000	0.047	-0.034	0.084	-0.034
SOD				1.000	-0.534**	-0.067	-0.026
MDA					1.000	0.168	0.064
叶绿素						1.000	-0.088
相对电导率							1.000

2.9.2 隶属函数法

本文采用模糊数学中的隶属函数法综合评价8种植物的耐阴性，分别对50Lm·m^{-2}、100Lm·m^{-2}和200Lm·m^{-2}下时各植物的隶属函数值进行累加求其平均值(表3、表4和表5)，平均值越大，耐阴性越强。结果表明：在各光强下植物的耐阴性基本一致，其中在最弱光照50Lm·m^{-2}下，8种植物的耐阴性强弱顺序为：也门铁>密叶朱蕉>吊竹梅>金边百合竹>新飞羽竹芋>粗肋草>鸟巢蕨>波士顿蕨。

表3 50 Lm·m^{-2}下8种植物各指标的隶属函数值

Table 3 Subordinate function values of each index of eight species under 50 Lm·m^{-2}

50 Lm·m^{-2}	也门铁	波士顿蕨	吊竹梅	金边百合竹	粗肋草	密叶朱蕉	鸟巢蕨	新飞羽竹芋
可溶性蛋白	0.898	0.155	0.995	0.699	0.362	0.934	0.086	0.361
可溶性糖	0.926	0.011	0.075	0.542	0.170	0.521	0.222	0.568
POD	0.684	0.738	0.645	0.044	0.714	0.764	0.837	0.188
SOD	0.677	0.294	0.518	0.829	0.439	0.815	0.505	0.431
MDA	0.811	0.012	0.633	0.161	0.091	0.193	0.300	0.687
叶绿体	0.592	0.135	0.167	0.662	0.197	0.885	0.113	0.744
相对电导率	0.139	0.072	0.956	0.345	0.543	0.332	0.357	0.277
总平均值	0.675	0.202	0.570	0.469	0.359	0.635	0.346	0.465
排序	1	8	3	4	6	2	7	5

表4 100 Lm·m^{-2}下8种植物各指标的隶属函数值

Table 4 Subordinate function values of each index of eight species under 100 Lm·m^{-2}

100 Lm·m^{-2}	也门铁	波士顿蕨	吊竹梅	金边百合竹	粗肋草	密叶朱蕉	鸟巢蕨	新飞羽竹芋
可溶性蛋白	0.920	0.318	0.993	0.824	0.419	0.889	0.152	0.140
可溶性糖	0.915	0.013	0.117	0.601	0.316	0.600	0.381	0.879
POD	0.585	0.356	0.787	0.580	0.740	0.817	0.557	0.695
SOD	0.759	0.877	0.912	0.857	0.812	0.893	0.875	0.015
MDA	0.145	0.008	0.103	0.055	0.016	0.055	0.035	0.720
叶绿体	0.646	0.112	0.322	0.437	0.248	0.670	0.027	0.736
电导率	0.257	0.065	0.917	0.488	0.239	0.658	0.430	0.295
总平均值	0.604	0.250	0.593	0.549	0.399	0.654	0.351	0.497
排序	2	8	3	4	6	1	7	5

表5 200 Lm·m^{-2}下8种植物各指标的隶属函数值

Table 5 Subordinate function values of each index of eight species under 200 Lm·m^{-2}

200 Lm·m^{-2}	也门铁	波士顿蕨	吊竹梅	金边百合竹	粗肋草	密叶朱蕉	鸟巢蕨	新飞羽竹芋
可溶性蛋白	0.830	0.176	0.998	0.673	0.346	0.901	0.096	0.421
可溶性糖	0.980	0.347	0.014	0.621	0.277	0.387	0.498	0.573
POD	0.315	0.570	0.411	0.015	0.804	0.606	0.099	0.344
SOD	0.674	0.856	0.992	0.811	0.674	0.736	0.581	0.514
MDA	0.426	0.028	0.028	0.107	0.000	0.209	0.188	0.741
叶绿体	0.623	0.282	0.341	0.822	0.317	0.931	0.157	0.702
电导率	0.301	0.065	0.938	0.312	0.264	0.406	0.584	0.398
总平均值	0.593	0.332	0.532	0.480	0.383	0.596	0.315	0.528
排序	2	7	3	5	6	1	8	4

2.9.3 聚类分析

聚类分析也是植物抗性检查的常用方法，对表3、表4和表5中隶属函数值用类平均法进行聚类分析(图8)，可以看出：在欧氏距离10~15之间，50Lm·m^{-2}光照下，可以分为3个等级，粗肋草、鸟巢蕨、波士顿蕨为一等级，金边百合竹、新飞羽竹芋、密叶朱蕉和也门铁为一等级，吊竹梅单独为一等级；这与隶属函数表现出的耐阴性一致。

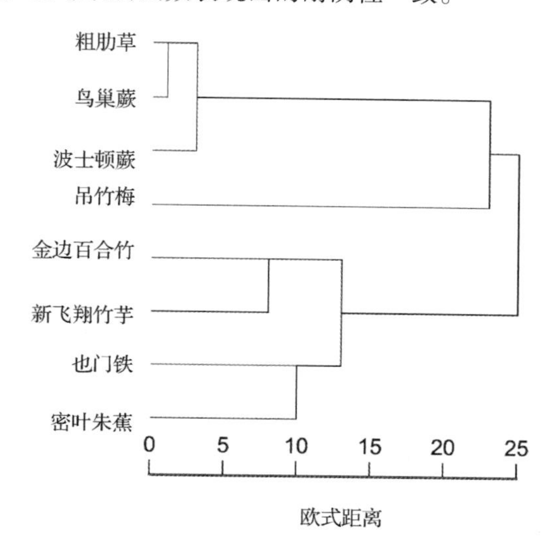

图8 A：50 Lm·m^{-2}条件下系统聚类分析

Fig. 8 A: Cluster analysis on kinds under 50 Lm·m^{-2}

3 讨论与结论

3.1 讨论

本研究中，随着光照的减弱，波士顿蕨、金边百合竹、粗肋草、新飞羽竹芋和鸟巢蕨的可溶性蛋白含量均有所上升，这与胡国华等[6]认为光强的减弱蛋白质的含量上升的结果一致。可能的原因是为了满足植物叶片的适应性，必须增加植物叶片的细胞渗透物质，从而来改变植物的渗透压，来抵御弱光条件下的逆境环境。其中，也门铁和密叶朱蕉在3种光照下，可溶性蛋白含量均有所下降，这与迟伟[7]认为光照的减弱草莓的可溶性蛋白含量减少，潘远智[8]认为遮阴降低了一品红的可溶性蛋白含量结果一致，可能原因是一方面光量子减少，植物叶片不能获得足够的光照强度，从而引起光合作用减弱，光合产物不能积累；另一方面是由于呼吸作用加强，消耗一部分可溶性蛋白，使其积累减少。而吊竹梅的可溶性蛋白含量基本不变，可能原因是光照的减弱对吊竹梅的生长影响不大。

可溶性糖的含量可以反映植物固定能量的水平[9]，本文中，随着光照的减弱，粗肋草、鸟巢蕨、新飞羽竹芋、波士顿蕨和也门铁均呈下降的趋势，与李志刚[10]等认为光照的减弱会降低牧草的可溶性糖的含量结果一致。分析原因，其一可能是因为弱光后光合效率降低，导致叶片光合产物积累减少；其二可能与渗透调节功能有关，弱光条件下植物蒸腾速率下降，吸水性减弱。而吊竹梅、金边百合竹和密叶朱蕉均呈上升的趋势，这与梁芳[11]弱光处理菊花(*Dendranthema morifolium*)的结果一致。可能光照的减弱对这3种植物影响不大，表明具有较好的耐阴性。

MDA是细胞膜过氧化反应的产物，其含量的多少，是反映细胞膜受损害程度的重要指标[12]。随着光照的减弱，吊竹梅和粗肋草呈现上升的趋势，表明植物受到一定的伤害；而其他4种植物最终呈下降的趋势，这与胡艳等[13]和周兴元等[14]MDA含量会随着光照的减弱而下降结果一致。可能的原因是弱光会降低活性氧的产生速率，导致含量降低。

SOD和POD是植物体内活性氧清除系统中的两种重要抗氧化酶，能够有效阻止活性氧在植物体内的积累。本试验中，随着光照的减弱，也门铁、吊竹梅、金边百合竹、密叶朱蕉的POD活性均呈现先上升后下降的趋势，可能的原因是，随着光照的减弱，抗氧化酶迅速升高阻止活性氧的积累，体内活性氧达到平衡后开始下降。而粗肋草呈下降的趋势，鸟巢蕨呈上升的趋势，本试验中，SOD活性在3种光照下无明显变化规律，这与赵则海[15]、樊艳平[16]结果一致，究其原因，可能是不同植物对光照的需求不一，因此无明显变化规律。

叶绿素是植物进行光合作用的重要物质，其含量的多少与叶片光合作用息息相关[17]，同时也是植物生长发育和对环境适应的重要指标[18]。随着光照的减弱，植物的叶绿素含量均出现下降的趋势，这与Franklin等[19]和汤照云等[20]认为弱光会降低植物的叶绿素含量一致。这可能与植物受到弱光的影响，光合作用减慢，导致叶绿素含量下降有关。

3.2 结论

根据8种植物的生理指标相关性分析，可溶性蛋白与可溶性糖、SOD和MDA呈极显著负相关；可溶性糖与MDA呈极显著正相关，与SOD呈显著正相关；SOD与MDA呈极显著负相关。通过隶属函数排序和聚类分析，得出在各光强下植物的耐阴性基本一致，其中在最弱光照50Lm·m^{-2}下，8种植物的耐阴性强弱顺序为：也门铁>密叶朱蕉>吊竹梅>金边百合竹>新飞羽竹芋>粗肋草>鸟巢蕨>波士顿蕨。

参考文献

1. 任俐，岳桦. 室内植物应用研究发展动态[J]. 森林工程，2006，02：6 –8.
2. 金荷仙，史琰，王雁. 室内植物对人体健康影响研究综述[J]. 林业科技开发，2008，05：14 –18.
3. 谷岩，潘黎. 室内观赏植物的生态保健作用[J]. 家具与室内装饰，2010，10：86 –87.
4. 高俊凤. 植物生理学试验指导 [M]. 北京：高等教育出版社，2006.
5. 张蜀秋. 植物生理学试验技术教程 [M]. 北京：科学出版社，2011.
6. 胡国华，宁海龙，王寒冬，等. 光照强度对大豆产量及品质的影响 Ⅰ. 全生育期光照强度变化对大豆脂肪和蛋白质含量的影响[J]. 中国油料作物学报，2004，02：87 –89.
7. 迟伟，王荣富，张成林. 遮荫条件下草莓的光合特性变化[J]. 应用生态学报，2001，04：566 –568.
8. 潘远智，江明艳. 遮荫对盆栽一品红光合特性及生长的影响[J]. 园艺学报，2006，01：95 –100.
9. Tang Z H, Yang L, Liang S N, et al. Effect of different water conditions on life cycle forms and physiological metabolisms of Catharanthus rosrus [J]. Acya Ecologica Sinica, 2007, 27(7): 2742 –2747.
10. 李志刚，侯扶江，安渊. 不同光照强度对三种牧草生长发育的影响[J]. 中国草地学报，2009，03：55 –61.
11. 梁芳，郑成淑，孙宪芝，等. 低温弱光胁迫及恢复对切花菊光合作用和叶绿素荧光参数的影响[J]. 应用生态学报，2010，01：29 –35.
12. 张永峰，殷波. 混合盐碱胁迫对苗期紫花苜蓿抗氧化酶活性及丙二醛含量的影响[J]. 草业学报，2009，01：46 –50.
13. 胡艳，肖娟，廖咏梅，等. 光照强度对白簕生长和生理特征的影响[J]. 西华师范大学学报(自然科学版)，2013，01：56 –61 +77.
14. 周兴元，曹福亮. 遮荫对假俭草抗氧化酶系统及光合作用的影响[J]. 南京林业大学学报(自然科学版)，2006，03：32 –36.
15. 赵则海，陈雄伟. 遮荫处理对 4 种草本植物生理生化特性的影响[J]. 生态环境，2007，16(3)：931 –934.
16. 樊艳平，姚延梼. 不同光强对元宝枫叶生物活性物质含量的影响[J]. 林业科技开发，2011，25(3)：55 –58.
17. 黎国健，丁少江，周旭平. 华南 12 种垂直绿化植物的生态效应[J]. 华南农业大学学报，2008，02：11 –15.
18. 美国自然资源保护委员会. 绿色建筑评估体系[M]. 美国绿色建筑协会，2005，10.
19. Franklin Keara A, Praekelt Uta, Stoddart Wendy M, Billingham Olivia E, Halliday Karen J, Whitelam Garry C. Phytochromes B, D, and E act redundantly to control multiple physiological responses in Arabidopsis. [J]. Plant Physiology, 2003, 1313.
20. 汤照云，刘彤，王艳艳. 不同光照条件下新疆小拟南芥可塑性反应的生理生化特性[J]. 中国农学通报，2006，11：158 –160.

光质对菊花花青素苷合成与呈色的影响*

李梦灵　洪 艳　戴思兰①　沈如怡　周 义
（花卉种质创新与分子育种北京市重点实验室，国家花卉工程技术研究中心，
城乡生态环境北京实验室，园林学院，北京林业大学，北京 100083）

摘要　光是影响植物花色最重要的环境因子之一，光质会通过影响植物花朵呈色过程中花青素苷的产生来影响花色，然而迄今关于植物花朵响应不同波长光照呈色的研究还很缺乏。菊花具有极其重要的观赏价值和商业价值，其大多数品种花朵中花青素苷的合成依赖光照。本研究以菊花品种‘丽金’紫色系为试验材料，以正常光照为对照，测定了蓝光(460nm)和红光(630nm)处理对花发育过程中舌状花的花色表型、花青素苷含量及花青素苷合成相关基因表达的影响。研究结果表明：(1)蓝光使舌状花颜色加深，而红光使花色变浅；(2)舌状花中花青素苷含量在蓝光处理下的最高值较正常光照超出 225.14μg·g^{-1}，而红光处理下的最高值比正常光照低 3.84μg·g^{-1}；(3)对花青素苷合成相关基因表达水平的分析发现：与正常光照相比，蓝光处理使 *CHS*1、*CHS*2、*F3H*、*ANS*、3*GT* 和 3*MT* 的表达量明显上调，而红光处理使 *CHS*2、*F3H* 和 *MYB*4 表达量明显下降。上述结果表明，不同的光质条件影响花青素苷合成相关基因的表达，使舌状花中花青素苷含量发生变化，最终影响菊花呈色。这些结果将为花青素苷响应不同光质合成的分子机理研究提供新的参考，为利用环境因子进行花色改良提供理论依据。

关键词　菊花；花青素苷；光质；花色表型；基因表达

Effects of Different Light Qualities on Anthocyanin Biosynthesis and Coloration in Chrysanthemum (*Chrysanthemum* × *morifolium* Ramat.)

LI Meng-ling　HONG Yan　DAI Si-lan　SHEN Ru-yi　ZHOU Yi
(*Beijing Key Laboratory of Ornamental Plants Germplasm Innovation & Molecular Breeding*, *National Engineering Research Center for Floriculture*, *Beijing Laboratory of Urban and Rural Ecological Environment and College of Landscape Architecture*, *Beijing Forestry University*, *Beijing* 100083)

Abstract　Light is one of the most significant environmental factors affecting flower coloration, The composition of the light spectrum has been shown to affect flower color by affecting the production of anthocyanin during the developmental state of flower. However, specific information on the coloration in flowers in response to different wavelengths of light is still scarce. Chrysanthemum has a very important ornamental and commercial value, and the synthesis of anthocyanin in most varieties of chrysanthemum is dependent on light. In the present study, chrysanthemum ‘Purple Reagan’ was illuminated with blue, red or white light during the development process of capitulum. Following the illumination, the color phenotype of ray floret, relative anthocyanin content and the expression of anthocyanin biosynthesis related genes during different capitulum developmental stages were measured. The main results are the followings: (1) Compared to treatment with white light, blue light treatment had significant positive effect on the coloration of the ray floret, while red light treatment inhibited the coloration; (2) The relative anthocyanin contents in ray floret increased by 225.14μg·g^{-1} under blue light treatment and decreased by 3.84μg·g^{-1} under red light treatment, compared with white light treatment. (3) The process coincided with the change of the expression patterns of anthocyanin biosynthesis related genes: Compared with white light treatment, blue light treatment significantly up-regulated the expression of *CHS*1、*CHS*2、*F3H*、*ANS*、3*GT* and 3*MT*, while red light treatment down-regulated the expression of *CHS*2、*F3H* and *MYB*4. In summary, different light qualities regulated the expression of anthocyanin biosynthesis related genes, result in the change of relative anthocyanin contents in the ray floret, thus corresponding changes of the color phenotype

*　基金项目：北京林业大学大学生创新创业训练项目(X201510022014)。
①　通讯作者。Email：silandai@sina.com。

of ray floret have occurred. These findings provide references for molecular mechanism of anthocyanin biosynthesis in response to different light qualities, and have practical significance for flower color modification by using environmental factors.

Key words Chrysanthemum; Anthocyanin; Different light qualities treatment; Color phenotype; Gene expression

花青素苷(anthocyanin)属于类黄酮化合物，是一类广泛存在于植物中的水溶性色素，决定了约88%的被子植物花瓣的颜色，使之呈现出红－粉－紫－蓝等色彩范围的颜色(Tanaka et a1.，2008)，在植物吸引昆虫授粉、防御紫外线伤害等过程中发挥着重要作用。花青素苷代谢途径是类黄酮合成途径的一个分支，是目前研究得最为清楚的生物代谢途径，其生物合成涉及多个代谢步骤，由一系列酶催化完成，这些酶的编码基因分为两大类：生物合成前期基因(Early biosynthetic genes，EBGs：*CHS*、*CHI*、*F3H*)和生物合成后期基因(Late biosynthetic genes，LBGs：*DFR*、*ANS*、*UF3GT*)，而调节基因编码的转录因子可以与这些基因的启动子区域结合，激活或抑制其表达，从而在转录水平上调控花青素苷的合成。目前植物中已知的与花青素合成相关的转录因子有3类：MYB类、bHLH类和WDR蛋白，大量研究表明，MYB类转录因子在调控花青素苷合成中起关键作用(Zhao and Tao，2015)。

花青素苷的合成受到植物生长发育状态和外部环境条件的高度调控。光照是影响花青素苷合成最重要的环境因子之一，而光质对花青素苷的合成与积累起着重要的作用，不同波长的光对花青素苷合成及其相关基因的调控效果不同。近来，研究者们已经证明UV－B、蓝光、白光、远红光、红光都能在不同程度上诱导拟南芥(*Arabidopsis thaniana*)幼苗(陈大清，2002)、草莓(*Fragaria* × *ananassa* ‘Sachinoka’)果实(Kadomura－Ishikawa et al.，2013)、越橘(*Vaccinium myrtillus*)(Zoratti et al.，2014)、以及非洲菊(*Gerbera jamesonii*)(Meng et al.，2004)花青素苷积累。对其进一步分析，发现UV－A和UV－B均使拟南芥*CHS*基因的表达量上调(王曼和王小菁，2004)；蓝光、红光和远红光上调了越橘*VmANS*的表达丰度；在非洲菊中，蓝光能显著提高*CHS*和*DFR*基因的表达，促进舌状花中花青素苷的积累。由此可知：相较于黑暗条件，光照对植物中花青素苷的合成具有诱导作用，这主要是通过使花青素苷合成相关基因表达量上调实现的，但不同的单色光对花青素苷的诱导效果不同，且同一单色光对不同物种花青素苷合成的作用也有所不同。

菊花(*Chrysanthemum* × *morifolium* Ramat.)原产我国，是我国十大传统名花之一，也是世界四大鲜切花之一，具有极其重要的观赏价值和商业价值，深受人民群众的喜爱。研究表明，菊花中主要的呈色物质为花青素苷，且其代谢途径简单，代谢终产物只有矢车菊素(孙卫等，2010)，是研究光照调控花青素苷合成的理想材料。为探究花青素苷响应环境因子合成的分子机理，利用环境因子进行菊花花色改良，关于光照强度对菊花花青素苷合成与呈色的作用已研究得较为深入(Hong et al.，2015)，但对于不同光质处理对其呈色机理的研究还很缺乏。本人就这一问题展开研究，利用菊花产业化生产中最常用的蓝光和红光对菊花进行处理，测定头状花发育过程中舌状花的花色表型、花青素苷成分和含量以及花青素苷合成相关基因表达的变化，初步探究了菊花响应不同光质处理的呈色机理，为生产实践中利用蓝光处理增加植物花青素苷的含量提供了新的参考。

1 材料与方法

1.1 试验材料及栽培条件

切花菊品种‘丽金’紫色系为多头切花菊。母株购自荷兰CBA公司，利用组织培养技术进行快繁获得试验用材料。根据花发育的状态、舌状花及管状花的形态特征，将菊花头状花序划分为5个发育级别作为后续研究取材标准(表1)。

表1 菊花品种‘丽金’花序发育不同级别的形态特征

Table 1 Phenotypes of different capitulum developmental stages of chrysanthemum

花发育级别 Development Stage	形态特征 Phenotype of every stage
S1	直径0.7～1.0cm，花蕾膨大未着色，舌状花即将破膜
S2	舌状花略微伸长，长0.5～1cm，先端微着色
S3	舌状花伸出总苞，长1～1.5cm，花序抱紧呈收缩状
S4	舌状花平展，略展开，长2.5～3cm，未露出管状花
S5	舌状花完全展开，展开角度<120°，长2.5～3cm，可见管状花，管状花绿色未打开

待菊花品种‘丽金’紫色系组培苗的根长至2～3cm时，选择生长状况一致，健壮无病害的组培苗移栽到5cm×5cm的花盆中，每盆种植1株，采用草炭:蛭石＝1:1(v/v)作为栽培基质，栽培基质提前1天在高温高压灭菌锅中120℃灭菌20min。之后将小苗置于北京林业大学人工气候室进行统一管理。栽培

条件如下：营养生长阶段采用长日照（16h 光照/ 8h 黑暗）培养，光源为普通荧光灯，光照强度 57μmol/m^2·s，温度条件 20～22℃，相对湿度为 40%，对各植株给予统一的常规水分与营养管理。

1.2 试验方法

1.2.1 不同光质处理

选取达到成花感受态且生长一致的植株分别移入蓝光和红光 2 种不同的 LED 光质下，短日照（12h 光照/12h 黑暗）条件培养，并以普通荧光灯作为对照组，给予统一的水分与营养管理。蓝光和红光的波长分别为 460nm 和 630nm，光照强度均为 57 μmol/m^2·s。

1.2.2 舌状花花色表型测定

采集不同处理下不同花发育级别的新鲜舌状花，使用色差仪（NF333 spectrophotometer，Nippon denshoku Industries Co. Ltd.，Japan）测定花色表型。测量时，取舌状花的中间部分对准色差仪的集光孔进行测量，每次取样均测定 3 次后取平均值代表花色测定值。为更好地整合原始数据精确地表示花色表型，本研究利用基于 CIELab 颜色系统的红葡萄颜色指数 CIRG 值（Color Index for Red Grapes）表示菊花舌状花的花色表型，计算公式如下：$CIRG = (180 - H) / (L* + C)$，其中 $C = (a*^2 + b*^2)^{0.5}$，$H = \arctan(b*/a*)$（Carreño J.，1995）。

1.2.3 花青素苷提取及测定

称取测定过花色表型的新鲜菊花舌瓣花样品约 0.25g，液氮速冻后直接研磨成粉末，用 1ml 花青素苷提取液（$V_{甲醇}:V_{水}:V_{甲酸}:V_{三氟醋酸}=70:27:2:1$）避光 4℃浸提 24h。之后用中速滤纸过滤，再用过滤器（0.22μm）过滤，置于－80℃待测。每个样品重复 3 次。

采用 Agilent 1100 液相色谱仪进行舌状花中色素种类的分离和分析。流动相 A 为 0.1% 甲酸乙腈，流动相 B 为 10% 甲酸水。线性洗脱程序如下：20min，A 相 6.5%～16%，23min，20% A；28min，13% A；33min，19% A；50min，23% A；65min，30% A，70min，6.5% A。柱温 23℃，流速 0.8ml/min，在 515nm 和 350nm 波长处分别检测样品中的花青素苷和黄酮醇/黄酮，参比波长为 650nm，进样体积为 10ul（孙卫，2010）。

将液相色谱的出峰保留时间和吸收光谱与此前已报道的结果相对比，确定洗脱峰是否属于花青素苷，继而根据质谱中的分子离子峰和特征离子峰判定菊花中花青素苷的种类。舌状花中花青素含量测定采用标准品半定量法，标准品矢车菊素（Cyanidin－3－*O*－glucoside，C3G）溶于甲醇，稀释成不同浓度用于花青素苷总含量计算。每个样本测定 3 个重复。

1.2.4 舌状花总 RNA 提取与 cDNA 合成

利用 RNA 快速提取试剂盒（华越洋公司）提取不同光质处理下不同头状花序发育级别的舌状花总 RNA，使用 1.2% 琼脂糖电泳检测 RNA 质量。使用 Promega 反转录酶参照说明书进行反转录合成 cDNA。

1.2.5 不同光质处理下花青素苷合成相关基因的半定量 RT－PCR 分析

采用半定量 RT－PCR 方法，对菊花 *CHS1*、*CHS2*、*F3H*、*F3'H1*、*F3'H2*、*F3'H3*、*DFR*、*ANS*、*3GT*、*3MT*、*MYB4* 和 *MYB5* 在正常光照、蓝光处理和红光处理下和不同发育时期舌状花中的表达情况进行检测，进行 2 次重复。以菊花 26S 基因作为内参，根据电泳后条带的亮度，将模板调整为基本一致的浓度，引物序列见表 2，由上海生工生物合成公司合成。试验中对基因采用的 PCR 循环数为 30，使用 1.2% 的琼脂糖凝胶电泳对 PCR 产物进行检测，通过测量每个条带的亮度来判断基因的表达丰度。

1.2.6 数据分析方法

本试验中各数据均为 3 个独立重复试验的平均值±标准误差。试验利用 Excel 2010 软件表格对花色表型数据及花青素苷总含量进行处理计算，生成每种数据在不同光质处理下不同花发育阶段的变化图表。

表 2 扩增花青素苷合成相关基因的引物序列

Table 2 Primers for amplifying anthocyanin biosynthesis genes

基因 Genes	引物序列（5'－3'） Primer sequence（5'－3'）
CHS1	GGAGAAGATGAGAGCCACTAGACAC/CAGGAC-CGAACCCGAATAAA
CHS2	GGTGCAAGATTGGAGGGAGAT/CAGGTTGAG-GACACTTTGGGTAG
F3H	TCAACGCCACTCTCCTTACCA /ACATCAGCAC-CAGGCTTTTCTC
F3'H1	GGAGAAGATGAGAGCCACTAGACAC/CAGGAC-CGAACCCGAATAAA
F3'H2	ATGAAGCGGCAATGGAAGA/CAGCAAAG-GAAGTGGAGGG
F3'H3	ATGTGTCCTGGAGTTCCTTTG/TGGTAACCTCT-GTGATGCGAT
DFR	GCAGCATGGAAAGCAACAAAG/GGGACTGATA-AATGGACCAACAAC
ANS	CACCCCTCTTTCCGCCACGAACCTT/ATGTATT-GTCTTATTATTCATGATG
3GT	TTCCCTTTTGCCTCACACCC/ TTAAGAACCCT-GCGAAACTCCT
3MT	CCACCGATTCCATCAACCTACT/ ATTCTTTT-GCGGCTTCCCCC
MYB4	AATGGGTTATCCTTCCTC /TGCACATGCCCTT-TAGAC
MYB5	CAAGGCTAAAGGTGGAGG/GCATGGTGGGCA-CAGATA
26S	ACGGCACTTGCACATGGGTTAG/ACT-GAGTCGTTTCCAGGGTGGG

2 结果与分析

2.1 不同光质处理对菊花花色表型的影响

对菊花‘丽金’从成花感受态开始进行不同的光质处理，目测结果表明，与正常光照相比，蓝光照射使菊花舌状花花色明显加深，而红光使花色变浅。利用色差仪对不同光质处理下不同花发育级别的舌状花花色表型进行测定，根据测定色差值 CIE*L* * 、*a* * 、*b* * 值计算得到色彩指数 CIRG 值。如图 1 所示，3 种光照条件下，CIRG 值随着花发育总体趋势为先上升后下降，蓝光处理下 CIRG 值在花发育 S3 级达到最大值(2.61)，高于荧光灯照射下 S3 级的 CIRG 值(2.40)，红光处理下菊花舌状花 CIRG 值也在 S3 级达到最高值(2.35)，但低于荧光灯照射下 S3 级的 CIRG 值。正常光照下在菊花舌状花 CIRG 值 S4 级达到最高值(2.50)，低于此时蓝光处理下的 CIRG 值(2.59)，高于红光处理下 S4 级别的 CIRG 值(2.32)。总体来看，蓝光和红光处理下的 CIRG 值在 S2 级至 S5 级都分别高于和低于正常光照下的 CIRG 值，这与目测的花色变化结果相一致。

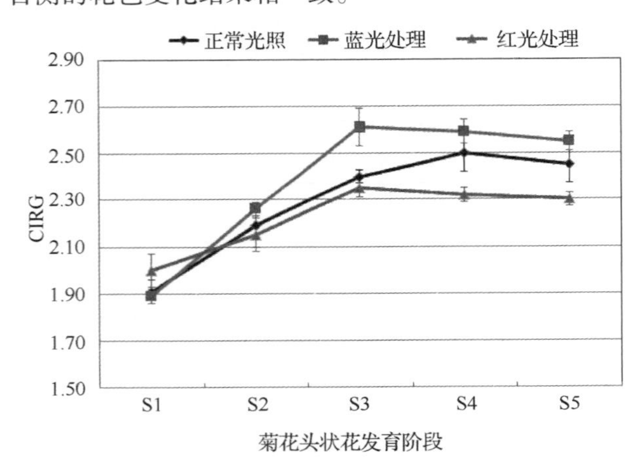

图 1 不同光质处理下菊花不同花发育阶段舌状花 CIRG 值变化情况

Fig. 1 Trends of CIRG values among the different light qualities treatment during capitulum development

2.2 不同光质处理对花青素苷含量的影响

为了确定菊花品种‘丽金’紫色系中花青素苷的种类，对其舌状花的花青素苷提取液进行 HPLC 分析，发现在 515nm 波长处有两个主要的吸收峰(图 2)，将 HPLC 保留时间与已报道的菊花花青素成分分析数据相比较(Hong et al., 2015)，可以判定菊花‘丽金’紫色系中所含花青素苷成分为 cyanidin 3-*O*-(6″-*O*-monomalonyl-beta-glucopyranoside)(Cy 3-6″-MMG)和 cyanidin 3-*O*-(3″, 6″-*O*-dimalonyl-beta-glucopyranoside)(Cy3-3″, 6″-DMG)。

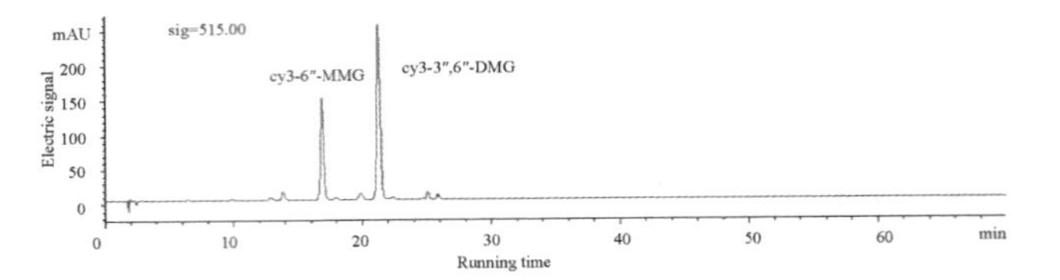

图 2 菊花‘丽金’舌状花中色素成分的 HPLC 分析

Fig. 2 Results of anthocyanins compositions in ‘Reagan Elite’ by HPLC analysis

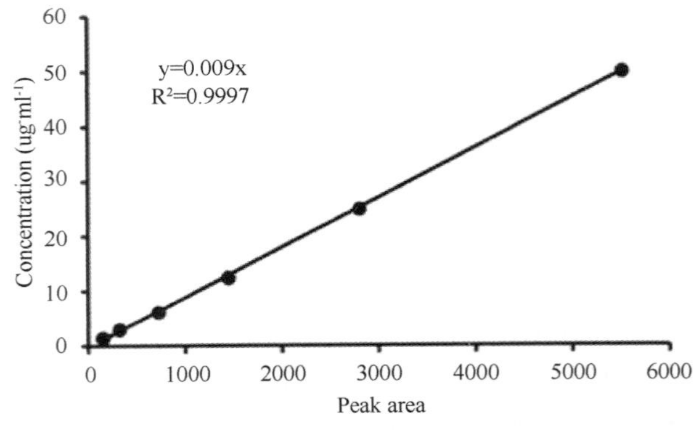

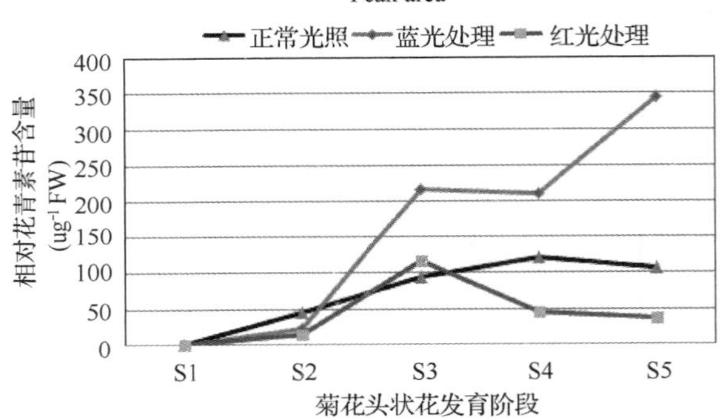

图 3 菊花品种‘丽金’舌状花中花青素苷总含量 HPLC 分析

注：A 花青素苷标准品浓度-峰面积拟合标准曲线．B 菊花‘丽金’不同光质处理下不同级别相对花青素苷含量的变化．

Fig. 3 The relative anthocyanin contents of ‘Reagan Elite’ detected by HPLC

Note: A, Fitting curve of concentration-peak area of standard anthocyanins. B, Relative contents of anthocyanins of different samples collected during five capitulum development stages.

分析不同光质处理下菊花不同花发育阶段舌状花中花青素苷含量变化，采用已知浓度的花青素苷标准品进行对比分析的方法对样品中所含花青素苷进行定量分析。根据 HPLC 分析结果，对标准品矢车菊素(Cyanidin-3-*O*-glucoside，C3G)进行线性回归分析，获得标准品浓度与峰面积之间的标准曲线(图 3A，R^2 =0.9997)，依据待测样品 HPLC 分析图中获得的峰面积，计算待测样品中花青素苷的浓度，进而计算每克新鲜植物材料中花青素苷的含量（μg/g^{-1}FW，μg/g^{-1} Fresh Weight）。结果如图3B所示，所有光照处理下，S1级均不积累花青素苷，在正常光照和红光处理下，舌状花中花青素苷含量变化趋势一致，随花发育先上升后下降，并分别在S4级和S3级达到最高值（分别为120.25μg·g^{-1}和116.42μg·g^{-1}），而蓝光处理下，花青素苷含量随花发育呈上升趋势，并在S5级达到最高值（345.12μg·g^{-1}）。总的来说，蓝光处理下舌状花中花青素苷的积累量在各发育阶段都显著高于正常光照，而红光处理下花青素苷含量在S2、S4和S5级都低于正常光照下的花青素苷含量。这与之前的花色表型结果相吻合。

2.3 不同光质处理对花青素苷合成相关基因表达的影响

利用半定量RT-PCR检测不同光质处理下花青素苷合成关键基因的表达模式，电泳结果如图4所示。正常光照下，花青素苷合成相关的结构基因表达量表现出先上升后下降的趋势，并在S3或S4级达到表达高峰，而调节基因表达没有表现出明显的趋势。蓝光照射下大部分基因的表达强度都明显升高，且表达量变化趋势同正常光照下一致，而红光照射下各基因的表达丰度都不同程度下降，且未出现各个基因表达丰度最高的时期。

经蓝光处理，*CHS*1、*CHS*2、*F*3*H*、*ANS*、3*GT*和3*MT*的表达量明显上调，且*CHS*1和3*MT*的表达上调从S1级开始被诱导，*CHS*2、*F*3*H*、*ANS*和3*GT*从S3级开始表达量明显上调。此外，*DFR*、*MYB*4和*MYB*5的表达量也有微弱上调，而*F*3'*H*1、*F*3'*H*2和*F*3'*H*3的表达量不变或有所下降。

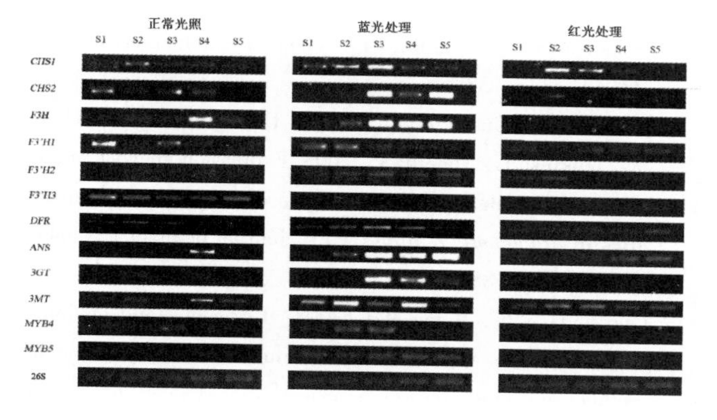

图4 不同光质处理下菊花不同花发育阶段花青素合成相关基因表达变化

Fig. 4 The effect of key genes expression patterns in chrysanthemum by dark treatment

分析红光处理下的花青素合成关键基因表达变化发现，与正常光照相比，*CHS*2、*F*3*H*和*MYB*4表达量明显下降，其中3*GT*和*MYB*4几乎检测不到表达信号，而*CHS*1表达量在S2级和S3级有所上调，其他基因的表达量变化不大。

在花序发育过程中，菊花舌状花花色经历从浅到深的颜色变化，这是由于舌状花中花青素苷的含量变化引起的，进一步对花青素苷合成相关基因的表达进行分析，发现这些基因的表达变化与花青素苷的积累相一致。

3 讨论

本研究以菊花为试验材料，以正常光照为对照，蓝光和红光处理为试验处理，测定了菊花'丽金'花发育过程中舌状花的花色表型、花青素苷含量及花青素苷合成相关基因的表达变化，研究发现，3种光照条件下菊花舌状花都积累了不同含量的花青素苷，与正常光照相比，蓝光对菊花舌状花中花青素苷的合成具有明显的促进作用，使花色加深，而红光减少了菊花舌状花中花青素苷的积累，使花色变浅，并伴随着花青素合成相关基因的表达变化。

3.1 不同光质处理对菊花花色表型及花青素苷含量的影响

光质调控花青素苷的积累在许多植物中均有报道，如拟南芥、玉米（*Zea mays*）、芜菁（*Brassica rapa*）、矮牵牛（*Petunia hybrid*）、月季（*Rosa chinensis*）和苹果（*Malus pumila*）等。虽然从远红光到UV-B的范围之内的光质均能引起花青素苷的积累，但是不同光质对于不同植物种类甚至不同品种的花青素苷积累的效果不同，如：UV-A和UV-B处理使2个甘蓝品种（*Brassica oleracea*）花青素苷含量均显著提高，而UV-B处理比UV-B处理效果更佳，且这2个甘蓝品种积累花青素苷的机制也有所不同（齐艳等，2014）。在本研究中，与正常光照相比，蓝光处理使菊花舌状花中花青素苷总含量明显上升，而红光处理使花青素苷总含量有所下降，这与相应的菊花花色表型数据相一致。与本研究相似，在津田芜菁（Zhou et al.，2007；王宇，2013）、草莓果实（Kadomura-Ishikawa et al.，2013）等响应不同光质积累花青素苷的研究中，蓝光下花青素苷积累量最高，而红光处理对花青素苷合成的诱导作用弱于蓝光和白光。在草莓中，向光素是控制花青素苷响应蓝光诱导呈色的主要光受体，而在番茄（*Lycopersicon esculentum*）中，向光素对花青素苷的积累相对来说却不是最重要的，取而代之的是光敏色素，其在红光或远红光下刺激基因的表达和色素的积累(Frohnmeyer et al.，1992)。在菊花中，蓝光、白光和红光均可诱导花青素苷的合成，且诱导效果依次降低，推测菊花中可能有响应蓝光的向光素和隐花色素以及响应红光的光敏色素参与光信号转导以及花青素苷的合成，而向光素和隐花色素在调控花青素苷的合成中发挥着更重要的作用。

此外，有研究表明，光可能通过光合作用影响花的生长和着色，很多植物中花青素苷的产生需要直接由光合作用提供足够的可溶性糖(Meng et a1.，2004；胡可 等，2010)，不同的波长的光作为能源，可能在转录水平上调控光合机构的组装(李韶山和潘瑞炽，1994)，调控植物光合作用以及植物体内的可溶性糖含量，进而影响花青素苷的合成。同时，不同光质的光可诱导各种生长激素在植物体内的含量变化，进而影响类黄酮色素的积累(张泽岑和王能彬，2002)。而在本研究中，不同光质的光是否引起了其他生理生化反应而影响花青素苷合成与呈色有待进一步研究。

3.2 不同光质处理对菊花花青素苷合成相关基因表达的影响

对于以上花色表型及色素分析的结果，我们可以在对花青素苷合成相关基因表达模式的分析中得到合理的解释。在其他很多植物的研究中，不同光质的光均通过调控花青素苷合成途径中关键基因的表达来改变花青素苷的积累量（Guo et al.，2008)，如：在拟南芥中，UV-A 和 UV-B 均通过上调 *CHS* 基因的表达促进花青素苷的积累(王曼和王小菁，2004)。在红光处理下的矮牵牛中，*CHS-A* 和 *CHS-J* 的表达有所上调(Koes et al.，1989)。在越橘中，蓝光、红光和远红光主要也是上调了 *VmANS* 的表达丰度，从而使花青素苷的合成量大幅增加。在苹果果皮响应 UV-B 呈色的研究中，Ubi 等(2006)发现，UV-B 能诱导花青素合成相关基因，特别是 *CHS*、*ANS* 和 3*GT* 的表达。与以上结果相似，在本研究中，花青素苷积累量的变化都伴随着相关基因表达的变化：经蓝光处理，*CHS*1、*CHS*2、*F3H*、*ANS*、3*GT* 和 3*MT* 的表达量均明显上调，而相比于正常光照，红光使 *CHS*2、*F3H* 和 *MYB*4 等基因表达略有下降，推测这些基因的启动子区域都含有光响应元件，受光信号转导因子的调控，发生表达丰度的上升或下降，影响花青素苷的合成。除此之外，本研究还发现了一个响应光质处理的调节基因 *MYB*4，而这与 Cominelli 等(2008)在拟南芥中的研究结果一致，推测 *MYB*4 响应上游光信号，通过调控结构基因的表达从而影响花青素的合成，但其具体的作用机制尚待研究。

综上所述，不同光质处理可能是通过影响花青素苷合成相关的基因表达量来调节花青素苷的合成，使得舌状花中花青素苷含量发生变化，最终促使菊花舌状花花色表型变深或变浅。本试验中，对于不同光质处理后光信号的转导途径，以及相应的光信号转导因子调控菊花花青素苷合成的机制还需要进一步的试验进行深入探讨。

参考文献

1. 陈大清．2002. 不同光质和激动素对拟南芥(*Arabidopsis thaliana* L.)幼苗光形态建成影响的研究[D]. 华南师范大学.
2. 陈强．2009. 不同 LED 光源对番茄果实转色过程中生理特性及果实品质的影响[D]. 山东农业大学.
3. 胡可，韩科厅，戴思兰．2010. 环境因子调控植物花青素苷合成及呈色的机理[J]. 植物学报，45(3)：307 –317.
4. 李韶山，潘瑞炽．1994. 蓝光对水稻幼苗叶绿体发育的影响[J]. 中国水稻科学，8(3)：185 –188.
5. 孙卫，李崇晖，王亮生，等．2010. 菊花不同花色品种中花青素苷代谢分析[J]. 园艺学报，45 (3)：327 –336.
6. 齐艳，邢燕霞，郑禾，等．2014. UV-A 和 UV-B 提高甘蓝幼苗花青素含量以及调控基因表达分析[J]. 中国农业大学学报，19(2)：86 –94.
7. 王曼，王小菁．2004. 蓝光和蔗糖对拟南芥花色素苷积累和 *CHS* 基因表达的影响[J]. 热带亚热带植物学报，12 (3)：252 –256.
8. 王宇．2013. 短波长光质诱导津田芜菁花青素合成相关基因差异表达机制研究[D]. 东北林业大学.
9. 张泽岑，王能彬．2002. 光质对茶树花青素含量的影响[J]. 四川农业大学学报，20(4)：337 –339.
10. Carreño J，Martínez A，Almela L，Fernández-López JA. 1995. Proposal of an index for the objective evaluation of the colour of red table grapes[J]. Food Research International，28(4)：373 –377.
11. Cominelli E，Gusmaroli G，Allegra D，Galbiatia M，Helena K，Jenkinsb G，Tonellia C. 2008. Expression analysis of anthocyanin regulatory genes in response to different light qualities in *Arabidopsis thaliana*. [J]. Journal of Plant Physiology，165(8)：886 –94.
12. Guo J，Han W，Wang MH. 2008. Ultraviolet and environmental stresses involved in the induction and regulation of anthocyanin biosynthesis：a review[J]. African Journal of Biotechnology，7，4966 –4972.
13. Frohnmeyer H，Ehmann B，Kretsch T，Rocholl M，Harter K，Nagatani A，Furuya M，Batschauer A and Schafer E. 1992. Differential usage of photoreceptors for chalcone synthase gene expression during plant development[J]. Plant

Journal, 1992, 2(6): 899 - 906.

14. Hong Y, Tang XJ, Huang H, Zhang Y, Dai SL. 2015. Transcriptomic analyses reveal species-specific light-induced anthocyanin biosynthesis in chrysanthemum[J]. Bmc Genomics, 16(1): 1 - 18.
15. Kadomura-Ishikawa Y, Miyawaki K, Noji S, Takahashi A. 2013. Phototropin 2, is involved in blue light-induced anthocyanin accumulation in *Fragaria × ananassa* fruits[J]. Journal of Plant Research, 126(6): 847 - 57.
16. Koes R E, Spelt C E, Mol J N M. 1989. The chalcone synthase multigene family of Petunia hybrida (V30): differential, light-regulated expression during flower development and UV light induction. [J]. Plant Molecular Biology, 12(2): 213 - 25.
17. Meng X, Xing T and Wang X. 2004. The role of light in the regulation of anthocyanin accumulation in *Gerbera hybrida* [J]. Plant Growth Regulation, 44(3): 243 - 250.
18. Tanaka Y, Ohmiya A. 2008. Seeing is believing: engineering anthocyanin and carotenoid biosynthetic pathways[J]. Current Opinion in Biotechnology, 19(2): 190 - 7.
19. Ubi B E, Honda C, Bessho H, Kondod S, Wadac M, Kobayashia S, Moriguchia T. 2006. Expression analysis of anthocyanin biosynthetic genes in apple skin: Effect of UV-B and temperature[J]. Plant Science, 170(3): 571 - 578.
20. Weiss D. 2000. Regulation of flower pigmentation and growth: Multiple signaling pathways control anthocyanin synthesis in expanding petals [J]. Physiologia Plantarum, 110 (2): 152 - 157.
21. Zhao D, Tao J. 2015. Recent advances on the development and regulation of flower color in ornamental plants[J]. Frontiers in Plant Science, 6: 261.
22. Zhou B, Li Y, Xu Z, Yan H, Homma S, Kawabata S. 2007. Ultraviolet A-specific induction of anthocyanin blosynthesis in the swollen hypocotyls of turnip (*Brassica rapa*) [J]. Journal of Experimental Botany, 58: 1771 - 1781.
23. Zoratti L, Sarala M, Carvalho E, Karppinen K, Martens S, Giongo L, Häggman H and Jaakola L. 2014. Monochromatic light increases anthocyanin content during fruit development in bilberry[J]. Bmc Plant Biology, 14(1): 1 - 10.

凤丹种子发育进程中脂肪酸含量的动态变化

宋淑香 陈煜 朱林 郭先锋[①]
（山东农业大学林学院，泰安 271018）

摘要 测定分析凤丹(*Paeonia ostii*)种子发育进程中脂肪酸组成及含量的动态变化，对生产实践中采集高含量不饱和脂肪酸的凤丹种子具有重要指导意义。本研究以山东菏泽产地'凤丹白'(*P. ostii* 'Fengdanbai')种子发育进程中4个时期的籽样为研究对象，利用索氏提取法提取籽油，气相色谱法测定其脂肪酸成分，并用峰面积归一法对其主要脂肪酸进行了定量分析。研究结果表明：(1)4个时期中饱和脂肪酸分别占57.62％、28.20％、24.02％、31.81％，不饱和脂肪酸含量分别占42.33％、71.74％、75.92％、68.14％；(2)饱和脂肪酸总量随着种子成熟逐渐降低，并在花后100 d处达到最低值，随后出现了极少回升，而其中癸酸(C10：0)呈现较为明显的下降趋势；(3)不饱和脂肪酸总量随着种子成熟逐渐上升，并在花后100 d处达到了最高值，随后出现了极少下降，其中油酸(C18：1)、亚油酸(C18：2)及亚麻酸(C18：3)的含量呈现明显的上升趋势。

关键词 凤丹；籽油；脂肪酸；气相色谱法

The Dynamic Change of Fatty Acid Compositions and Contents in Developing *Paeonia ostii* Seeds

SONG Shu-xiang CHEN Yu ZHU Lin GUO Xian-feng
(*College of Forestry, Shandong Agricultural University, Tai'an* 271018)

Abstract Dynamic change of fatty acid compositions and contents was investigated in developing *Paeonia ostii* seeds. The seed samples were collected from Heze, Shandong province. After extraction of the seed oil, the fatty acid compositions were then determined by gas chromatography with peak area normalization method. The results showed that: (1) The contents of saturated fatty acids in four periods accounted for 57.62％, 28.20％, 24.02％, 31.81％ respectively; whereas the contents of unsaturated fatty acid were 42.33％、71.74％、75.92％、68.14％ respectively. (2) The total contents of saturated fatty acids decreased gradually as the seed mature and dropped to the lowest level at 100 d after flowering, then upturned slightly. And the capric acid (C10: 0) presented obvious downward trend. (3) The total contents of unsaturated fatty acids gradually raised as the seed developed and reached the peak at 100 d after flowering, then dropped slightly. The contents of oleic acid (C18: 1), linoleic acid (C18: 2) and linolenic acid (C18: 3) presented strikingly ascending trend. These results would be of great significance in establishing optimal period when collecting seeds with high content of unsaturated fatty acids.

Key words *Paeonia ostii*; Peony seeds; Fatty acid; Gas chromatography

凤丹(*Paeonia ostii* T. Hong & J. X. Zhang)属于油用牡丹，其籽油是一种新型的油用资源食品，含油率可达到24.12%～37.83%，主要成分为亚麻酸、油酸、亚油酸等17种脂肪酸，其单不饱和脂肪酸具有调节血脂、降胆固醇等生理作用(Alvaro *et al.*，2006)，而其多不饱和脂肪酸含有人体自身不能合成的、必须从食物中摄取的必需脂肪酸，因而具有较高的医疗保健价值(田秀红，2007)。然而，目前对于凤丹的研究主要集中在脂肪酸成分分析以及籽油的提取和加工技术等方面(易军鹏 等，2009；周海梅 等，2009)，对其种子发育进程中的种子油用成分组成却少有报道。

本研究以山东菏泽盛华牡丹园中的'凤丹白'为研究对象，分别采集其开花后50d、75d、100d及

① 通讯作者。Author for correspondence(E-mail：guoxf@sdau.edu.cn)。

110d 的种子，提取籽油后使用气相色谱法分析法和峰面积归一法测定分析其脂肪酸成分，以比较其脂肪酸组成特点，为深入开发利用提供参考。

1 材料与方法

1.1 凤丹种子的采集

供试材料均采自山东省盛华牡丹园内。采集‘凤丹白’开花后 50d、75d、100d 及 110d 的胚珠作为实验材料，60℃烘干 48h 至恒重，研磨后装入塑封袋中低温保存，供提取测试。

1.2 主要仪器与试剂

GC－2010 气相色谱仪，配备氢火焰离子化检测器(FID)(日本株式会社岛津制作所)；TGL－20M 冷冻离心机(长沙湘仪仪器公司)；DHG－9203A 电热鼓风干燥箱(上海一恒有限公司岛津)；HH－6 数显恒温水浴锅(国华电器)。

DB－23 毛细管柱(30m×0.32mm i.d.，0.25μm，美国 Agilent 公司)；37 种脂肪酸甲酯单一及混合标准品(纯度≥99.0%，美国 Sigma-Aldrich 公司)；三氟化硼甲醇络合物(50%～52%，wt %，上海阿拉丁试剂公司)；95% 乙醇、硫酸、甲醇、正己烷(天根生化科技公司)。

1.3 试验方法

1.3.1 索氏提取

将‘凤丹白’种子烘干后研磨粉碎。称取 10g，装入滤纸筒内，轻轻压实，滤纸筒上口塞一团脱脂棉防止牡丹籽溢出。将滤纸筒置于抽提筒中，100ml 圆底烧瓶中加 70ml 95% 乙醇，加热乙醇至沸，连续抽提 1h 以上，待冷凝液刚刚虹吸下去时，停止加热。

将仪器改为蒸馏装置，蒸馏回收大部分乙醇，当烧瓶中剩余 10～15ml 时停止加热。将浓缩液移入已称重的干燥烧杯中，继续水浴锅中蒸发至完全除去乙醇。擦干，称量，保存于无光处(刘建华 等，2006；周海梅 等，2009)。

1.3.2 牡丹籽油甲酯化

由于油脂中的脂肪酸是弱极性化合物，沸点较高，不宜直接进行气相色谱分析，因此对脂肪酸进行气相色谱分析之前需要对其进行甲酯化。本文采用酸催化法甲酯化，称取所得牡丹籽油 0.5g 置于圆底烧瓶，加入含 1%(体积分数)硫酸的甲醇溶液 20ml 于 70℃水浴加热 60min，冷却后转入分液漏斗，加入3～5ml 正己烷，再加一定量的蒸馏水，取出上清液，再用 3～5ml 正己烷萃取 1 次，合并上清液，置于瓶中待测(李斌 等，2014)。

1.3.3 气相色谱仪器工作条件

检测器：FID；毛细管柱：DB－23；色谱柱：30.0m×0.25mm×0.25μm；柱温：100℃，进样口温度：250℃，检测器温度：250℃；检测器压力：48.4kPa；载气：氦气；H2 流量：46ml/min；空气流量：400ml/min；柱流量：0.4ml/min；进样量：1.0μL。

1.4 数据处理

相同提取条件下，每个样品重复 3 次，应用峰面积归一化法计算籽油中脂肪酸成分相对百分含量，计算公式为：百分含量量(%)＝$A_i/\Sigma A_i \times 100$，其中 A_i 为第 i 种脂肪酸组分的峰面积。

2 结果与分析

2.1 分离与定性

将 4 个样品在步骤 1.3.3 的色谱条件下分离，其分离效果较好，根据各脂肪酸甲酯出峰规律确定每种脂肪酸相对保留时间，并根据内标中各脂肪酸甲酯的保留时间对凤丹籽油中脂肪酸成分定性(数据选取样品中含量前 10 种的脂肪酸)。内标中脂肪酸甲酯保留时间见表 1，4 个样品脂肪酸甲酯气相色谱图见图 1。

表 1 各种脂肪酸甲酯保留时间

Table 1 The retention time of fatty acid methyl ester

序号 Number	保留时间 Retention/min	脂肪酸名称 Fatty acids
1	4.891	丁酸(butyric acid，$C_{4:0}$)
2	10.399	癸酸(decanoic acid，$C_{10:0}$)
3	14.588	豆蔻酸(myristic acid，$C_{14:0}$)
4	16.728	棕榈酸(palm acid，$C_{16:0}$)
5	21.015	硬脂酸(stearic acid，$C_{18:0}$)
6	22.204	油酸(oleic acid，$C_{18:1}$)
7	24.444	亚油酸(linoleic acid，$C_{18:2}$)
8	27.683	亚麻酸(linolenic acid，$C_{18:3}$)
9	28.221	花生酸(peanut acid，$C_{20:0}$)
10	37.906	顺-5，8，11，14，17-二十碳五烯酸 EPA(CIS-5，8，11，14，17-twenty carbon five acid EPA，$C_{20:3}$)

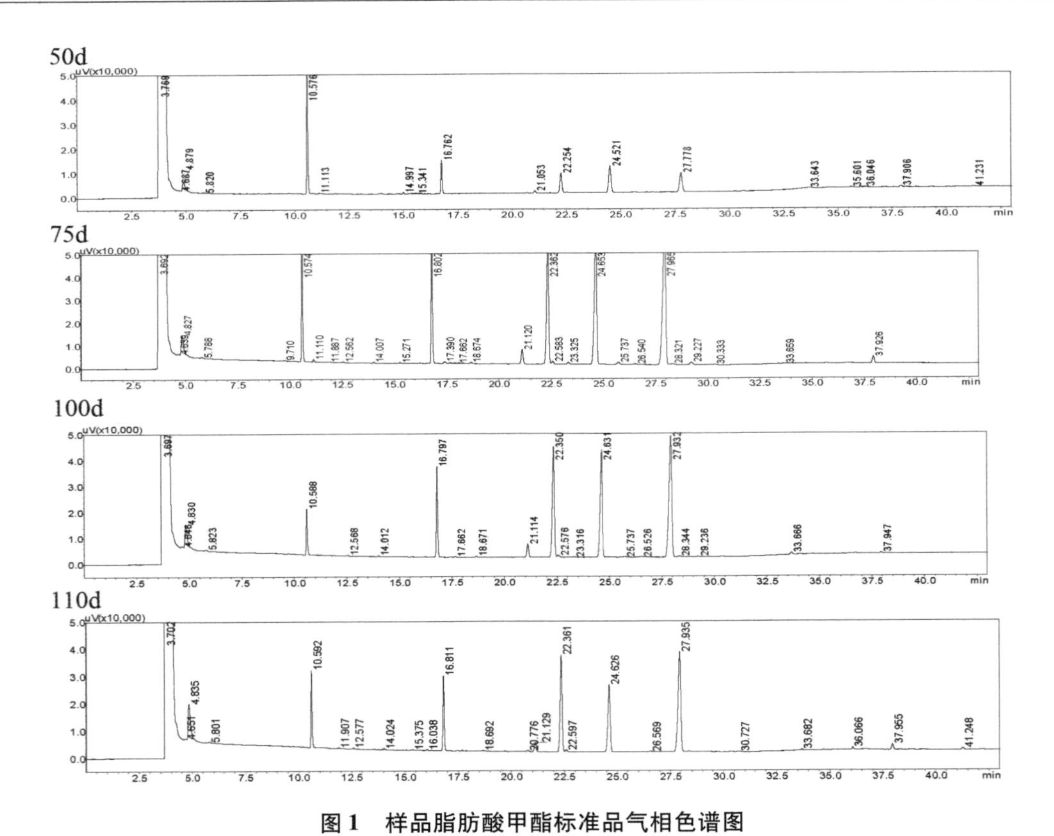

图 1　样品脂肪酸甲酯标准品气相色谱图

Fig. 1　Gas chromatogram of standard product about fatty acid methyl ester

2.2　样品中脂肪酸定量分析

4 个油样经甲酯化后，取 1μl 试液按上述色谱条件进行测定，用峰面积归一化法计算出各组分相对百分含量。结果见表 2。

表 2　样品中主要脂肪酸组成

Table 2　The composition of fatty acid in sample

脂肪酸名称 Fatty acids	脂肪酸相对含量 The relative content of fatty acid(%)			
	50d	75d	100d	110d
丁酸(butyric acid, $C_{4:0}$)	7.18 ±2.66	3.51 ±0.22	5.94 ±0.43	10.11 ±2.19
癸酸(decanoic acid, $C_{10:0}$)	38.94 ±1.56	10.86 ±0.56	4.71 ±0.52	9.00 ±1.86
豆蔻酸(myristic acid, $C_{14:0}$)	0.56 ±0.03	0.08 ±0.00	0.10 ±0.05	0.14 ±0.04
棕榈酸(palm acid, $C_{16:0}$)	9.47 ±0.25	11.61 ±1.14	10.64 ±2.40	10.48 ±1.81
硬脂酸(stearic acid, $C_{18:0}$)	1.19 ±0.52	1.91 ±0.14	2.33 ±0.70	1.95 ±0.15
油酸(oleic acid, $C_{18:1}$)	10.91 ±1.73	17.98 ±1.04	20.92 ±3.61	20.91 ±1.57
亚油酸(linoleic acid, $C_{18:2}$)	16.51 ±1.57	22.57 ±0.94	22.88 ±1.36	16.67 ±1.34
亚麻酸(linolenic acid, $C_{18:3}$)	14.20 ±0.76	30.33 ±3.32	31.92 ±0.54	29.46 ±2.06
花生酸(peanut acid, $C_{20:0}$)	0.28 ±0.03	0.23 ±0.03	0.30 ±0.03	0.13 ±0.03
顺-5, 8, 11, 14, 17-二十碳五烯酸 EPA(CIS-5, 8, 11, 14, 17-twenty carbon five acid EPA, $C_{20:3}$)	0.71 ±0.04	0.86 ±0.02	0.20 ±0.02	1.10 ±0.19
饱和脂肪酸 $C_{4:0}$、$C_{10:0}$、$C_{14:0}$、$C_{16:0}$、$C_{18:0}$、$C_{20:0}$	57.62	28.20	24.02	31.81
不饱和脂肪酸 $C_{18:1-18:3}$、$C_{20:3}$	42.33	71.74	75.92	68.14
多不饱和脂肪酸 $C_{18:2-18:3}$、$C_{20:3}$	31.42	53.76	55.00	47.23

2.3 样品中主要脂肪酸含量变化趋势分析

通过对‘凤丹白’种子发育进程中4个时期(50d、75d、100d、110d)脂肪酸含量进行测定及结果分析，主要分离出10个峰，利用内标分离定性，再用峰面积归一法计算各脂肪酸含量(见表2)。这些成分含量及变化呈现出以下几条规律：①4个时期中不饱和脂肪酸含量分别占42.33%、71.74%、75.92%、68.14%，饱和脂肪酸分别占57.62%、28.20%、24.02%、31.81%；②饱和脂肪酸总量随着种子成熟逐渐降低，并在花后100 d处达到最低值，随后出现了极少回升，而其中癸酸($C_{10:0}$)呈现较为明显的下降趋势；③不饱和脂肪酸总量随着种子成熟逐渐上升，并在花后100d处达到了最高值，随后出现了极少下降，其中油酸($C_{18:1}$)、亚油酸($C_{18:2}$)及亚麻酸($C_{18:3}$)的含量呈现明显的上升趋势。

3 讨论

3.1 脂肪酸含量测定方法

脂肪酸测定方法包括相对含量与绝对含量的测定。绝对含量数据具有更准确、更直观的优点(曾秀丽 等，2015)，而本研究采用了相对含量—峰面积归一法，这是因为测脂肪酸时样品需要先甲酯化后再检测，酯化时存在反应率不可能达到百分之百的情况，同时也存在每次反应的酯化率有可能不一样，而脂肪酸甲酯化后各组份在FID上的响应因子比较接近，所以一般用归一法来测样品中各组份的相对比例。

3.2 采收高脂肪酸含量种子的最佳理论时间

2011年3月，卫生部发布了关于批准牡丹籽油作为新资源食品的公告，从此牡丹籽油正式作为一种新型食用植物油。人们对牡丹籽油的营养成分和开发利用愈来愈重视，而采收高含量不饱和脂肪酸的种子具有重要实用价值(张延龙 等，2015)。本实验结果发现，‘凤丹白’花后100d种子中不饱和脂肪酸的总量最高，之后种子不饱和脂肪酸含量下降、饱和脂肪酸含量上升，与刘炤等(刘炤 等，2015)研究结果相符，因此可将花后100d作为采收高含量不饱和脂肪酸种子的最佳时间，而100d后将不利于获得最高不饱和脂肪酸含量的凤丹种子。

参考文献

1. Alvaro A，Valentina RG，Miguel AMG. Monounsaturated Fatty Acids，Olive Oil and Blood Pressure：Epidemiological，Clinical and Experimental Evidence [J]. Public Health Nutrition，2006，9(2)：251－257.
2. 李斌，裘立群，宋少芳，等．气相色谱法分析植物油中的脂肪酸[J]．分析试验室，2014，33(5)：528－532.
3. 刘建华，程传格，王晓，等．牡丹籽油中脂肪酸的组成分析[J]．化学分析计量，2006，15(6)：30－31.
4. 刘炤，韩继刚，李晓青，等．‘凤丹’种子成熟过程中脂肪酸的累积规律[J]．经济林研究，2015，33(4)：75－80.
5. 田秀红．食用油脂的营养及安全性分析[J]．食品科学，2007，28(9)：613－617.
6. 易军鹏，朱文学，马海乐，等．牡丹籽油超临界二氧化碳萃取工艺[J]．农业机械学报，2009，40(12)：144－150.
7. 曾秀丽，张姗姗，杨勇，等．西藏不同居群大花黄牡丹的种子油脂成分分析[J]．四川农业大学学报，2015，33(3)：285－288.
8. 张延龙，韩雪源，牛立新，等．9种野生牡丹籽油主要脂肪酸成分分析[J]．中国粮油学报，2005，30(4)：72－75.
9. 周海梅，马锦琦，苗春雨，等．牡丹籽油的理化指标和脂肪酸成分分析[J]．中国油脂，2009，34(7)：72－74.

利用隶属函数法对铁线莲属苗期耐热性的综合评价*

马育珠　李林芳　高露璐　王淑安　汪庆　王鹏　杨如同　李亚[1]
（江苏省中国科学院植物研究所 南京中山植物园，南京 210014）

摘要　本研究选取了 14 个铁线莲观赏品种和 7 个野生种的扦插苗为材料，在高温（40℃）处理下，测定铁线莲属叶片的相对含水量、细胞质膜相对透性、脯氨酸含量等生理指标，并采用主成分分析、隶属函数分析以及回归分析法对它们进行耐热性综合评价。结果表明：叶片相对电导率、脯氨酸含量可作为耐热性评价的指标，根据综合评价值，铁线莲耐热性可分为四个等级：耐热，区间范围为(0.50，1.00]、较耐热，区间范围为(0.25，0.50]、耐热性中等，区间范围为(0.20，0.25]、耐热性差，区间范围为(0.00，0.20]。筛选出耐热的品种或种为：山木通、威灵仙、里昂村庄、短柱铁线莲、大叶铁线莲、单叶铁线莲、毛蕊铁线莲、柱果铁线莲、雪舞、戴纽特；较耐热的品种或种为：包查德女伯爵、水晶喷泉、瑞加娜、比尔麦肯兹、西尔维娅丹妮；耐热性适中的品种为：莫妮卡、紫罗兰之星、爱莎；耐热性差的品种为：雀斑、中国红、罗曼蒂克。材料耐热性预测值与综合评价值呈极显著相关。

关键词　铁线莲属；耐热性；隶属函数法；综合评价

Comprehensive Evaluation of Heat Tolerance of *Clematis* Seedlings by Subordinate Function Values Analysis

MA Yu-zhu　LI Lin-fang　GAO Lu-lu　WANG Shu-an　WANG Qing　WANG Peng　YANG Ru-tong　LI Ya
(*Institute of Botany, Jiangsu Province and Chinese Academy of Sciences, Nanjing* 210014)

Abstract　In this study, seedlings of 7 wild Clematis individuals and 14 accessions of cultivarswere selected as experimental materials. Contents of proline(PRO), relative water(RWC) and relative permeability of plasma membranewere determined and analyzed under condition of artificial simulated high temperature (40℃). Principal component, subordinate function analyses and stepwise regression analysismethod wereused to evaluate the heat resistance of them. The determination results show that contents of proline(Pro), relative water(RWC) and relative permeability of plasma membranecould be used as heattolerance evaluation indexes. According to the comprehensive evaluation value, heat tolerance of *Clematis* can be divided into four levels: heat tolerance is the strongest, the ranged from 0.50 to 1.00. Heat tolerance is stronger, the ranged from 0.25 to 0.50. Heat tolerance is weaker, the ranged from 0.20 to 0.25. Heat tolerance is theweakest, the ranged from 0.00 to 0.20. Heat tolerance is the strongest: *Clematis finetiana*, *Clematis chinensis*, *Clematis* 'Ville de Lyon', *Clematis cadmia*, *Clematis heracleifolia*, *Clematis henryiOliv*, *Clematis lasiandra*, *Clematis uncinata Champ*, *Clematis* 'Snowdrift', *Clematis* 'Danuta'; heat tolerance is stronger: *Clematis* 'Comtesse de Bouchaud', *Clematis* 'Crystal Fountain', *Clematis* 'Regina', *Clematis* 'Bill MacKenzie', *Clematis* 'Sylvia Denny'; Heat tolerance is weaker: *Clematis* 'Monika', *Clematis* 'EtoileViolette', *Clematis* 'Asao'. Heat tolerance is theweakest: *Clematis* 'Freckles', *Clematis* 'Westerplatte', *Clematis* 'Romantika'. A significantcorrelation ($P < 0.001$, $R = 0.994$) between predictive value (VP) and D was also found.

Key words　*Clematis*; Hightemperature tolerance; Comprehensive evaluation; Subordinate function

铁线莲（*Clematis L.*）隶属于毛茛科（Ranunculaceae），是一类观赏价值高、园艺用途广泛的攀援植物（王文采，2000），其花大色艳，花色丰富，花型多变，花期长，素有“藤本皇后”的美称，是非常优秀的园林绿化及垂直绿化材料，在我国园林绿化上的应用前景广阔（章银柯等，2007）。但当前成功应用的高观赏价值的铁线莲品种大多耐寒不耐热，在我国长江中下游地区种植表现出枝条萎蔫、花期缩短等现象。

* 基金项目：江苏省自然科学基金青年基金（SQ201301）；江苏省科技计划——产学研前瞻性联合研究项目（BY2015074-01）。
① 通讯作者。E-mail：yalicnbg@163.com。

然而，目前关于铁线莲耐热性方面的研究还鲜有报道，加强铁线莲属耐热性研究，建立快速的铁线莲耐热评价体系迫切且必要。

本试验根据前期的实验结果，挑选耐热性不同的14个铁线莲品种和7个野生种的扦插苗为材料，在人工模拟高温条件下对耐热性进行研究，通过测定脯氨酸、质膜透性、相对含水量等，了解其生理变化，利用隶属函数法进行综合评价，以期建立铁线莲属耐热性评价体系，并筛选出相应耐热品种，为铁线莲属耐热性研究奠定理论基础。

1 材料与方法

1.1 试验材料

本实验所选用铁线莲属14个铁线莲品种和7个野生种(表1)的一年生扦插苗为研究材料，母株均种植于江苏省中国科学院植物研究所铁线莲苗圃，每个材料母株2~5棵，间距20cm。选取母株的藤条进行扦插，扦插苗为同批扦插，用于人工模拟高温试验。

表1 供试材料的名称与及来源

Table 1 The name and sources of plant materials

编号 No. 1	名字 Name	拉丁名 Latin Name	来源地 Origin
1	水晶喷泉	*Clematis* 'Crystal Fountain'	日本
2	比尔麦肯兹	*Clematis* 'Bill MacKenzie'	英国
3	雀斑	*Clematis* 'Freckles'	日本
4	紫罗兰之星	*Clematis* 'EtoileViolette'	法国
5	罗曼蒂克	*Clematis* 'Romantika'	爱沙尼亚
6	莫妮卡	*Clematis* 'Monika'	波兰
7	西尔维娅丹妮	*Clematis* 'Sylvia Denny'	英国
8	爱莎	*Clematis* 'Asao'	日本
9	瑞加娜	*Clematis* 'Regina'	波兰
10	包查德女伯爵	*Clematis* 'Comtesse de Bouchaud'	法国
11	雪舞	*Clematis* 'Snowdrift'	英国
12	戴纽特	*Clematis* 'Danuta'	波兰
13	中国红	*Clematis* 'Westerplatte'	波兰
14	里昂村庄	*Clematis* 'Ville de Lyon'	法国
15	威灵仙	*Clematis chinensis*	中国
16	毛蕊铁线莲	*Clematis lasiandra*	中国
17	山木通	*Clematis finetiana*	中国
18	柱果铁线莲	*Clematis uncinata*	中国
19	短柱铁线莲	*Clematis cadmia*	中国
20	大叶铁线莲	*Clematis heracleifolia*	中国
21	单叶铁线莲	*Clematis henryi*	中国

1.2 试验方法

1.2.1 高温胁迫处理试验

当幼苗开花时，选取生长状态一致的幼苗植株置于人工气候箱中进行高温胁迫。设置温度为25℃(CK)和40℃，光照强度为120 μmol·m^{-2}·s^{-1}，光照时间12 h/d，空气相对湿度为80%。

1.2.2 测定的生理指标和方法

本试验选取人工气候箱内处理2天的铁线莲叶片。

叶片细胞膜相对透性采用电导法进行测定(邹琦，2000)，称取新鲜叶片样品3份，每份0.5g，用去离子水洗净，分别放置于3个烧杯中，向烧杯中加入20ml无离子水，并让材料完全浸在水中，室温下浸泡12h，用DSSJ－308A型电导仪测定电导率，最后将烧杯转入沸水浴中煮60min，冷却至室温后测定总的电导率，每个试验重复3次。

相对含水量(RWC)采用饱和称重法进行测定(李合生，2000)，略作改动。新鲜叶片迅速称重后放到盛有蒸馏水的烧杯中，浸泡6h达饱和后称重，之后置于通风烘箱中105℃杀青30min，然后70%恒温烘干24h，称干重，每个试验重复3次。

脯氨酸(Pro)含量测定参照酸性茚三酮法(邹琦，2000)，并略加改进。称取新鲜叶片样品3份，每份0.3g，加入少许石英砂及3ml体积分数3%磺基水杨酸，研磨至匀浆；沸水浴中保温10min后，冰浴冷却，765g离心10min；取上清液1ml，加入1ml冰乙酸、1ml蒸馏水和2ml酸性茚三酮，混匀后置于沸水浴中保温1h，冰浴冷却后加入4ml甲苯，振荡30s，静置；取上层液于波长520nm处测定吸光值，并根据标准曲线方程计算样品中Pro含量，每个试验重复3次。

1.3 数据处理与统计分析

1.3.1 单项指标的耐热系数

$$\alpha(\%) = 处理测定值/对照测定值 \times 100\%$$

1.3.2 统计分析

实验过程中的数据处理、相关性分析、主成分分析、隶属函数计算和逐步回归分析等均运用Excel2010和SPSS19.0完成。

2 结果与分析

2.1 高温胁迫对铁线莲叶片生理指标的影响

高温胁迫条件下，21份供试材料的RWC、Pro含量、相对电导率测定结果见表2。相对电导率和Pro含量变化趋势相同，与对照相比，40℃处理时均呈上升趋势，存在显著差异，但变化幅度不同。威灵仙Pro含量的增幅度最大，为对照的241.78%，莫妮卡Pro含量的增幅度最小，为对照的10.99%；大叶铁线莲的相对电导率的增幅最大，为对照的262.34%，西尔维娅丹妮相对电导率的增幅度最小，为对照的11.32%。表明高温影响质膜的透性，导致电解质渗透量增加，相对电导率和Pro含量均增加；高温胁迫条件下铁线莲属叶片各项生理指标的变化幅度均存在较大差异，无法采用某一单项指标评价供试材料的耐热性，也说明植物的耐热性是一个复杂的综合性状。

表2 高温胁迫条件下21份材料生理指标的测定结果

Table 2 Determination result of physiological indexes of 21 *Clematis* species under high temperature stress

材料 Species	相对含水量(%) Relative water content		相对电导率(%) Relative conductance		脯氨酸含量(μg/g) Proline content	
	25℃	40℃	25℃	40℃	25℃	40℃
大叶铁线莲 *C. heracleifolia*	0.899±0.069a	0.800±0.005b	9.032±0.023a	32.720±0.087b	0.65±0.019a	1.573±0.028b
包查德女伯爵 C.'Comtesse de Bouchaud'	0.854±0.016b	0.794±0.096a	15.351±0.021a	47.610±0.067b	0.372±0.023a	0.836±0.045b
比尔麦肯兹 C.'Bill MacKenzie'	0.944±0.007a	0.817±0.043b	10.381±0.043a	12.840±0.034b	6.854±0.026a	12.166±0.035b
雀斑 C.'Freckles'	0.883±0.075a	0.750±0.078b	5.561±0.021a	8.720±0.067b	1.172±0.089a	2.343±0.087b
山木通 *C. finetiana*	0.860±0.080a	0.913±0.013b	14.511±0.012a	21.980±0.024b	5.475±0.035a	18.07±0.033b
水晶喷泉 C.'Crystal Fountain'	0.888±0.036a	0.911±0.007b	13.053±0.045a	23.830±0.057b	3.329±0.058a	7.574±0.058b
紫罗兰之星 C.'EtoileViolette'	0.849±0.022a	0.764±0.074b	5.412±0.076a	16.090±0.048b	2.657±0.023a	3.770±0.092b
莫妮卡 C.'Monika'	0.889±0.037a	0.930±0.016b	17.922±0.054a	22.300±0.024b	5.844±0.035a	6.486±0.028b
戴纽特 C.'Danuta'	0.887±0.013a	0.935±0.018b	14.191±0.016a	38.430±0.069b	1.300±0.067a	2.715±0.036b
短柱铁线莲 *C. cadmia*	0.812±0.025b	0.887±0.037a	5.250±0.019a	15.680±0.084b	3.000±0.059a	7.829±0.053b
爱莎 C.'Asao'	0.877±0.058a	0.790±0.021b	4.533±0.069a	8.770±0.039b	2.228±0.098a	4.298±0.047b
柱果铁线莲 *C. uncinata*	0.831±0.065a	0.892±0.360b	9.680±0.048a	15.840±0.027b	1.485±0.062a	3.387±0.040b
瑞加娜 C.'Regina'	0.941±0.043a	0.863±0.021b	6.820±0.028a	7.930±0.049b	3.271±0.027a	7.238±0.005b
西尔维娅丹妮 C.'Sylvia Denny'	0.854±0.026a	0.883±0.056b	7.777±0.078a	8.650±0.029a	1.798±0.045a	4.095±0.011b
雪舞 C.'Snowdrift'	0.814±0.025a	0.896±0.037b	10.670±0.039a	14.870±0.085a	1.033±0.009a	2.262±0.026b
罗曼蒂克 C.'Romantika'	0.890±0.338	0.580±0.027b	5.260±0.028a	6.850±0.039a	2.633±0.020a	3.805±0.063b
单叶铁线莲 *C. henryi*	0.881±0.026a	0.683±0.015b	8.080±0.036a	14.380±0.024b	1.708±0.067a	2.286±0.026b
中国红 C.'Westerplatte'	0.917±0.049a	0.841±0.036b	11.80±0.026a	14.640±0.013b	3.132±0.083a	3.944±0.018a
毛蕊铁线莲 *C. lasiandra*	0.851±0.018a	0.874±0.034b	15.350±0.025a	46.610±0.014b	3.851±0.009a	7.91±0.002b
里昂村庄 C.'Ville de Lyon'	0.886±0.019a	0.837±0.027a	5.790±0.012a	10.020±0.087b	5.892±0.027a	17.884±0.014b
威灵仙 *C. chinensis*	0.847±0.067a	0.753±0.025b	16.230±0.023a	18.560±0.028b	5.684±0.026a	19.427±0.062b

注：数值为平均数±标准差；同行数据中不同字母表示存在显著差异（$P<0.05$）。

Note: The results represent the mean ± standarddeviation (SD); Different letters in the same line indicate significant difference at 0.05 level.

2.2 各单项指标的耐热性系数及相关性分析

由表3可知，高温胁迫下各单项指标耐热性系数α值各不相同，且变化幅度不同，因而无法选用某一单项指标的耐热性系数来评价铁线莲属耐热性的强弱，这也说明铁线莲属耐热性是一个复杂的综合过程，用任何单项指标评价都存在片面性。由相关性分析得到的相关关系矩阵可以看出(表4)，高温条件下各指标间均存在着相关性，Pro含量和相对电导率间存在显著相关，因而它们所提供的信息具有重叠性。此外，各单项指标在耐热性评价中所起到的作用不同，直接利用这些指标，均不能准确、全面地评价各材料的耐热性。

表3 单项指标的耐热系数α值

Table3 α value of each single index's heat-resisting coefficients (%)

材料 Species	相对含水量 Relative water content	相对电导率 Relative conductance	脯氨酸含量 Proline content
柱果铁线莲 *C. uncinata*	107.34	163.64	228.08
包查德女伯爵 C.'Comtesse de Bouchaud'	87.54	317.84	224.73
比尔麦肯兹 C.'Bill MacKenzie'	86.56	126.23	178.57
雀斑 C.'Freckles'	82.69	154.72	150.02
紫罗兰之星 C.'EtoileViolette'	89.94	142.95	141.89
罗曼蒂克 C.'Romantika'	65.20	130.23	144.51
山木通 *C. finetiana*	106.11	155.29	330.05
莫妮卡 C.'Monika'	104.61	126.04	113.48
毛蕊铁线莲 *C. lasiandra*	102.73	311.48	205.40
西尔维娅丹妮 C.'Sylvia Denny'	103.36	113.00	127.75
短柱铁线莲 *C. cadmia*	91.51	368.94	260.97
爱莎 C.'Asao'	80.07	193.60	152.91
大叶铁线莲 *C. heracleifolia*	83.95	332.75	262.77
瑞加娜 C.'Regina'	86.70	101.54	191.28
戴纽特 C.'Danuta'	91.27	272.66	237.05
雪舞 C.'Snowdrift'	110.13	138.50	218.97
水晶喷泉 C.'Crystal Fountain'	82.79	309.46	227.52
单叶铁线莲 *C. henryi*	77.49	102.72	322.88
中国红 C.'Westerplatte'	91.69	115.30	125.93
里昂村庄 C.'Ville de Lyon'	94.48	188.31	303.53
威灵仙 *C. chinensis*	88.93	302.80	341.78

表4 各单项指标的相关关系矩阵

Table4 Correlation matrix of each single index

指标 Index	相关系数 Correlation coefficient		
	相对含水量 Relative water content	相对电导率 Relative conductance	脯氨酸含量 Proline content
相对含水量 Relative water content	1.000		
相对电导率 Relative conductance	-0.063	1.000	
脯氨酸 Pro content	0.058	0.414*	1.000

注：* 在0.05水平(单侧)上显著相关

Note: * indicate significant difference at 0.05 level (unilateral).

2.3 主成分分析

利用SPSS软件对单项指标的耐热系数α值进行主成分分析，前2个综合指标的贡献率分别为47.11%、33.92%，累积贡献率为81.03%，即说明通过降维，把原来3个相互关联的单项指标转换为2个新的相互独立的综合指标，即第一、第二主成分，这2个综合指标可以代表原来3个单项指标81.03%的信息，可以对铁线莲属的耐热性进行综合评价。铁线莲属的耐热性是由这两个主成分共同决定的，但这两个主成分的贡献率和所起的作用都不相同，因而须进行进一步的综合评价。根据各主成分的指标系数(表5)及个单项指标的耐热系数α值(表3)求得各材料的综合指标值CI(x)(表6)。

表5 各单项指标的主成分分析及贡献率

Table5 Principal component analysis of every single index and proportion

主成分 Principal component	相对含水量 Relativewater content	相对电导率 Relative conductance	脯氨酸 Proline content	贡献率 proportion (%)	权重 weight
第一	0.002	0.594	0.595	47.11	0.581
第二	0.973	-0.136	0.137	33.92	0.418

2.4 数据处理与统计分析

2.4.1 隶属函数分析

$$U(x_j) = \frac{(x_j - x_{min})}{(x_{max} - x_{min})} \quad j = 1,2,\cdots,n \qquad (1)$$

式(1)中，x_j表示材料第j个主成分的隶属函数值，x_{min}表示第j个主成分隶属函数值的最小值，x_{max}表示第j个主成分隶属函数值的最大值。根据公式(1)可求出铁线莲属所有综合指标的隶属函数值(表6)。

2.4.2 权重的确定

$$W_j = P_j / \sum_{j=1}^{n} P_j \quad j = 1,2,\cdots,n \qquad (2)$$

式(2)中，W_j值表示第j个公因子在所有公因子中的重要程度，P_j表示了材料第j个公因子的贡献率。根据贡献率及累计贡献率计算出各主成分的权重，分别为0.581、0.418(表5)，权重反映出各主成分的重要性。

2.4.3 综合评价

$$D = \sum_{j=1}^{n} [U(x_j) \times W_j] \quad j = 1,2,\cdots,n \qquad (3)$$

式(3)中，D值为材料在高温条件下用主成成分分析所得的耐热性综合评价值。

D值表示不同材料的综合耐热能力大小，D值越大，表明其耐热能力越强。由表6可知，山木通的D值最大，为0.771，即山木通的耐热性最强；罗曼蒂克最小(0.048)，说明其耐热性最差。

2.5 耐热性综合评价回归方程的建立

将耐热性综合评价值(D)作因变量，各单项指标值作自变量，进行逐步回归分析，建立最优回归方程为$D = 0.006x_1 + 0.001x_2 + 0.002x_3 - 0.74$，式中$x_1$、$x_2$、$x_3$分别代表相对含水量、相对电导率、脯氨酸含量的系数。这3个指标均是对D值产生极显著影响的变量。该回归方程相关系数$R = 0.993$，$R^2 = 0.987$显著水平$P = 0.001$。

根据最优回归方程计算出预测值(VP)(表4)，将预测值与耐热性的综合评价值进行相关分析后发现，二者的相关系数R＝0.974，达极显著水平，说明此方程对铁线莲属的耐热性预测效果较好。因此，在铁线莲的耐热性鉴定中可以有选择地进行指标的测定，也可利用这个方程对铁线莲其他的种及品种进行耐热性预测。

表6 高温胁迫下铁线莲属综合指标值CI(x)、隶属函数值U(x)、综合评价值(D)和预测值(VP)

Table 6 The values of comprehensive index CI(x) and subordinate function value U(x), comprehensive evaluation value D and predicted value(VP) of *Clematis* under high temperature stress

材料 Materials	综合指标值 C(1)	综合指标值 C(2)	隶属函数值 U(1)	隶属函数值 U(2)	综合评价值 D	预测值 VP
山木通 *C. finetiana*	2.890	1.270	0.608	1.000	0.771	0.712
威灵仙 *C. chinensis*	3.830	0.920	1.000	0.426	0.759	0.780
里昂村庄 *C.* 'Ville de Lyon'	2.930	1.080	0.625	0.689	0.651	0.622
短柱铁线莲 *C. cadmia*	3.750	0.750	0.967	0.148	0.623	0.700
大叶铁线莲 *C. heracleifolia*	3.540	0.720	0.879	0.098	0.602	0.622
单叶铁线莲 *C. henryi*	2.530	1.060	0.458	0.656	0.540	0.553
柱果铁线莲 *C. uncinata*	2.330	1.130	0.375	0.770	0.540	0.473
毛蕊铁线莲 *C. lasiandra*	3.070	0.860	0.683	0.328	0.534	0.497
雪舞 *C.* 'Snowdrift'	2.130	1.180	0.292	0.852	0.526	0.524
戴纽特 *C.* 'Danuta'	3.030	0.840	0.667	0.295	0.511	0.554
包查德女伯爵 *C.* 'Comtesse de Bouchaud'	3.230	0.730	0.750	0.115	0.484	0.521
水晶喷泉 *C.* 'Crystal Fountain'	3.190	0.700	0.733	0.066	0.453	0.599
瑞加娜 *C.* 'Regina'	1.740	0.970	0.129	0.508	0.287	0.264
比尔麦肯兹 *C.* 'Bill MacKenzie'	1.810	0.920	0.158	0.426	0.270	0.263
西尔维娅丹妮 *C.* 'Sylvia Denny'	1.440	1.030	0.004	0.607	0.256	0.249

（续）

材料 Materials	综合指标值		隶属函数值		综合评价值 D	预测值 VP
	C(1)	C(2)	U(1)	U(2)		
莫妮卡 *C.*‘Monika’	1.430	1.000	0.000	0.557	0.233	0.241
紫罗兰之星 *C.*‘EtoileViolette’	1.700	0.880	0.113	0.361	0.216	0.226
爱莎 *C.*‘Asao’	2.060	0.730	0.263	0.115	0.200	0.240
雀斑 *C.*‘Freckles’	1.810	0.800	0.158	0.230	0.188	0.211
中国红 *C.*‘Westerplatte’	1.440	0.910	0.004	0.410	0.174	0.177
罗曼蒂克 *C.*‘Romantika’	1.630	0.660	0.083	0.000	0.048	0.070

2.6 耐热等级的划分

根据综合评价值划定的耐热等级及区间范围(表7)，铁线莲属可分为四个等级：耐热，区间范围为(0.50，1.00]、较耐热，区间范围为(0.25，0.50]、耐热性中等，区间范围为(0.20，0.25]、耐热性差，区间范围为(0.00，0.20]。筛选出的耐热的品种或种为：山木通、威灵仙、里昂村庄、短柱铁线莲、大叶铁线莲、单叶铁线莲、毛蕊铁线莲、柱果铁线莲、雪舞、戴纽特；较耐热的品种或种为：包查德女伯爵、水晶喷泉、瑞加娜、比尔麦肯兹、西尔维娅丹妮；耐热性适中的品种为：莫妮卡、紫罗兰之星、爱莎；耐热性差的品种为：雀斑、中国红、罗曼蒂克。这一结果与实际表现基本相一致。

表7　耐热性评价等级及区间范围

Table7　Heat resistance evaluation level and range

等级 Level	耐热 Heat-resisting	较耐热 Relative to heat	耐热性中等 Heat resistance of medium	耐热性差 Heat resistance ofbad
区间范围 range	(0.50，1.00]	(0.25，0.50]	(0.20，0.25]	(0.00，0.20]

3　结果与分析

主成成分分析法根据主成分的累计贡献率，能够在不损失或很少损失原有信息的基础上，将原来数目多且各指标间存在相关性的指标转换成新的综合指标，这些新的综合指标数量较少且彼此独立，此基础上，根据公式计算出供试材料的每个综合指标值及隶属函数值，最终得到植物的抗逆性综合评价值(曾小玲 等，2010，王凯红 等，2011)。近年来，该方法已被应用于红籽鸢尾(*Iris foetidissima*)、牡丹 (*Paeonia suffruticosa*) 和杜鹃属(*Rhododendron*)(张永霞等，2014；徐艳等，2007；王凯红等，2011)等观赏植物的抗逆性评价，均取得客观可靠的评价效果。

植物在高温条件下会发生相应的生理变化。植物细胞与外界环境间的物质交换都必须通过质膜进行。高温胁迫下，质膜均受到不同程度的损伤，表现为细胞膜透性增大，电解质外渗，外液电导率增大。Martirean 等(1979)认为植物脂质透性的增加是植物高温伤害的本质表现。Sullivan 于 1977 年首次使用电导法测定细胞膜热稳定性，此后该法被普遍应用。陈发棣等(2001)对小菊品种(或种)的研究结果表明，高温胁迫下小菊的膜透性增加，越不耐热的品种其膜透性增加的速度越快。

植物组织的含水量，尤其是叶片的束缚水含量与植物的抗性大小有密切的关系。一般高温条件下，耐热品种的水分的吸收与丧失保持平衡，表现为耐热能力强。且相对含水量是反应植物体内水分变化的参数，在逆境条件下植物叶片相对含水量的大小，能在一定程度反映植物耐热性大小(Camejo D et al.，2005)。

植物受到胁迫的时，植物细胞会进行渗透调节，渗透调节是一种植物抵御胁迫的有效机制(利容千等，2002)。目前研究的渗透调节物质主要有脯氨酸、碳水化合物、氨基酸、无机盐、多醇和生物碱等(Hare P D et al.，1998；Sairam R K et al.，2004；Wang W X et al.，2001；GaoJ Pet al.，2007；Debnathet al.，2011；Wani et al.，2007)。正常条件下，植物游离脯氨酸含量并不高，因为植物的脯氨酸合成酶类会积极响应脯氨酸的反馈抑制作用，但在高温条件下，脯氨酸合成酶类的敏感性下降，从而导致体内游离脯氨酸含量增加，可以起到稳定亚细胞结构的作用，以此来恢复或缓解高温胁迫所造成的伤害。研究发现，新铁炮百合各品系在高温条件下，脯氨酸含量均大幅度上升，其中抗性最强的脯氨酸含量最大，抗性最小的反之(王凤兰等，2003)。在玉簪品种耐热性的研究中，也发现类似的结论(莫健彬等，2007)。

植物的耐热性是一个复合、复杂的数量性状，由于植物的耐热机制不同，使得不同种或品种的植物对某一具体指标的耐热性反应不尽相同，因此，采用单一指标难以全面准确地判定植物耐热性，必须用多个指标进行综合评价((张朝阳，2009；曾小玲，2010，王凯红，2011））。本研究对高温胁迫下的铁线莲叶片的相对含水量、细胞质膜相对透性、脯氨酸含量等生理指标进行了测定分析，发现叶片相对电导率、脯氨酸含量变化规律基本一致，与对照（25℃）相比，铁线莲属种和品种间这些指标值均显著增高。在此基础上，采用隶属函数法对14个铁线莲品种和7个野生种耐热性进行了综合评价，采用试验方法鉴定出的铁线莲属的耐热性与田间里的表现基本吻合。同时通过逐步回归分析，建立的最优回归方程：$D=0.006x_1+0.001x_2+0.002x_3-0.74$，式中$x_1$、$x_2$、$x_3$分别代表相对含水量、相对电导率、脯氨酸含量的系数；并对供试种类进行耐热性预测，预测值与D值的次序完全一致，表明最优回归方程可预测铁线莲属耐热性的大小。

参考文献

1. 王文采．云南植物志[M]．昆明：云南科学技术出版社，2000，(11)：208－209.
2. 章银柯，江燕．我国铁线莲属植物研究现状及其园林应用[J]．北方园艺，2007(3)：122－124.
3. 李合生．植物生理生化实验原理与技术[M]．北京：高等教育出版社，2000.
4. 邹琦．植物生理学实验指导[M]．北京：中国农业出版社，2000：129－130，161－162.
5. 王凯红，刘向平，张乐华，等．5种杜鹃幼苗对高温胁迫的生理生化响应及耐热性综合评价[J]．植物资源与环境学报，2011，20(3)：29－35.
6. MARTINEAU J R, SPECHT J E. Temperature tolerance in soybeans[J]. Crop Sci, 1979, 19: 75－81.
7. 陈发棣，陈素梅，房伟民，等．五个小菊品种(或种)的耐热性鉴定[J]．上海农业学报，2001，17(3)：80－82.
8. Camejo D, Rodriguez P, Angeles Morales M, et. al. High temperature effects on photosyntheticactivity of two tomato cultivars with different heat susceptibility[J]. J Plant Physiol, 2005, 162 (3): 281－289.
9. 利容千，王建波．植物逆境细胞及生理学[M]．武汉：武汉大学出版社，2002，85－140.
10. Hare P D, Cress W A, Van Staden J. Dissecting the roles of osmolyte accumulation duringstress[J]. Plant Cell Environ, Jun, 1998, 21 (6); 535－553.
11. Sairam R K, Tyagi A. Physiology and molecular biology of salinity stress tolerance inplants[J]. CurrSci India, Feb 10, 2004, 86 (3): 407－421.
12. Wang W X, VinocurB, Shoseyov O, etc. Biotechnology of plant osmotic stress tolerance: Physiological and molecular considerations[J], Proceedings of the 4th International Symposium on in Vitro Culture and Horticultural Breeding, 2001, (560): 285－292.
13. Gao J P, Chao D Y, Lin H X. Understanding abiotic stress tolerance mechanisms: Recent studieson stress response in rice[J]. J Integr Plant Biol, Jun, 2007, 49 (6): 742－750.
14. DebnathM, PandeyM, Bisen P S. An omics approach to understand the plant abiotic Stress[J]. Omics, Nov, 2011, 15 (11): 739－762.
15. Wani S H, Singh N B, Haribhushan A, etc. Compatible solute engineering in plants for abioticstress tolerance role of glycine betaine[J]. Curr Genomics, May, 2013, 14 (3); 157－165.
16. 王凤兰，周厚高，黄玉源，等.4个新铁炮百合品系幼苗的耐热指标测定叨．仲恺农业技术学院学报，2003，16(2)：38－42.
17. 徐艳，吕长平，成明亮，等．几个牡丹品种的抗热性比较研究[J]．湖南农业科学，2007 (4)：180－183.
18. 莫健彬，陈必胜，黄梅，等．高温对玉簪品种部分生理指标的影响研究闭．种子，2007，26(5)：48－51.
19. 张朝阳，许桂芳．利用隶属函数法对4种地被植物的耐热性综合评价[J]．草业科学，2009，26(2)：57－60.
20. 曾小玲，方淑桂，陈文辉，等．不同大白菜品种苗期耐热性的综合评价[J]．福建农业学报，2010，25(2)：183－186.
21. 张永侠，原海燕，顾春笋，等．红籽鸢尾(*Iris foetidissima* L.)的抗旱性[J]．江苏农业科学，2014，42(8)：174－177.

干旱胁迫下一氧化氮和过氧化氢诱导万寿菊不定根形成中蛋白激酶活性的变化*

牛丽涓　李凤娇　廖伟彪①
（甘肃农业大学园艺学院，兰州 730070）

摘要　一氧化氮（NO）和过氧化氢（H_2O_2）已被大量研究发现为重要的信号分子，广泛参与到动植物体内各种信号转导过程。本试验以万寿菊为材料研究了一氧化氮和过氧化氢诱导其外植体不定根形成中钙依赖蛋白激酶（CDPK）和促分裂素原活化蛋白激酶（MAPK）活性的变化。本试验在聚乙二醇（PEG）模拟干旱胁迫条件下，以蒸馏水处理为对照，分别用最适浓度 PEG、PEG + 硝普钠（SNP，NO 供体）、PEG + H_2O_2 及 PEG + SNP + H_2O_2 对万寿菊外植体进行处理。结果表明，相比于对照，干旱处理下的外植体内 CDPK 和 MAPK 活性显著降低，PEG + SNP 或 PEG + H_2O_2 处理的活性显著提高。PEG + SNP + H_2O_2 处理的 CDPK 和 MAPK 活性显著高于 PEG + SNP 或 PEG + H_2O_2 单独处理，表明不定根的发生过程中 SNP 和 H_2O_2 具有协同诱导效应。可见，干旱胁迫下 NO 和 H_2O_2 在诱导万寿菊不定根形成过程中 CDPK 和 MAPK 活性显著提高。

关键词　万寿菊；干旱胁迫；一氧化氮（NO）；过氧化氢（H_2O_2）；不定根形成

Changes of CDPK and MAPK Activities during Nitric Oxide and Hydrogen Peroxide Induced-Adventitious Root Development in Marigold under Drought Stress

NIU Li-juan　LI Feng-jiao　LIAO Wei-biao
(*College of Horticulture*, *Gansu Agricultural University*, *Lanzhou* 730070)

Abstract　Several lines of experiments proved that nitric oxide (NO) and hydrogen peroxide (H_2O_2) are crucial signal molecules involved signal physiological processes. Marigold was used to understand the changes of CDPK and MAPK with NO and H_2O_2 to improve the development of adventitious roots in drought conditions . The results showed that maximal biological responses of H_2O_2 and NO donor sodium nitroprusside (SNP) were 2000μM and 10μM; Moreover, the effect of NO and H_2O_2 were dependent on adventitious roots organogenesis of explants. Additionally, the enzyme activity of explants treated with NO and H_2O_2 simultaneously were significantly higher those of explants treated with NO or H_2O_2 alone. Besides, NO treatments enhanced endogenous H_2O_2 levels in hypocotyls. Together, the results indicate that NO and H_2O_2 relieved the drought stress and developed the adventitious roots involved the adventitious roots development of marigold explants under the drought case.

Key words　Marigold; Hydrogen peroxide (H_2O_2); Nitric oxide (NO); Adventitious rooting

一氧化氮（NO）和过氧化氢（H_2O_2）已经被证明作为第二信使广泛参与到动植物细胞信号转导过程中（廖伟彪 等，2009）。研究表明 NO 不仅在非生物胁迫中应答胁迫反应，而且还和 H_2O_2 协同作用参与生物胁迫的反应。NO 和活性氧（ROS）相互作用调节根源逆境信号诱导的脱落酸（ABA）合成（吕东 等，2005），NO 可增强植物的耐旱性以及消除光诱导产生的 ROS 从而减轻植物的光氧化胁迫伤害等（吴宇芬 等，1996）。ABA 和硝普钠（SNP）均能诱导蚕豆气孔关闭。在诱导关闭过程中 H_2O_2 可能在 NO 上游作用并

*　资助基金：国家自然基金（31160398、31560563）；中国博士后科学基金项目（20100470887、2012T50828）；教育部科学技术研究重点项目（211182）；教育部高校博士点新教师基金（20116202000５）；甘肃省自然科学基金（1308RJZA179）；甘肃省高等学校基本科研业务费项目资助。

①　通讯作者。Author of correspondence (E-mail: liaowb@ gsau. edu. cn)。

受 NO 的负反馈调节在绿豆保卫细胞中作为上游信号诱导 NO 的产生。他们还发现 ABA 诱导 NO 的产生是由 Ca^{2+} 介导的(万丙良 等，2009)。由此将 NO 与 H_2O_2 在植物体信号转导过程中的协同诱导效应与 Ca^{2+} 相关的激酶联系起来，如钙依赖蛋白激酶(CDPK)和促分裂素原活化蛋白激酶(MAPK)等，也为以后的试验研究做了铺垫。

在植物细胞中，钙离子(Ca^{2+})作为第二信使，是目前植物体内研究最深入的蛋白激酶。通过 CDPKS 发挥功能是传递信号的主要途径之一。CDPKS 广泛分布于植物体根茎叶花和种子中，在分生细胞、木质部细胞、叶肉细胞、花粉细胞、保卫细胞和胚细胞中均有发现。CDPKS 作为植物中唯一被完全纯化的蛋白激酶，具有 3 个功能区，从 N 端到 C 端依次为催化区连接区和调控区。催化区由 300 多个氨基酸组成，具有典型性的 ser/Thr 蛋白激酶的亚结构域，催化区结构域的同源性高达 80% 以上。连接区由 20～30 个氨基酸组成，是蛋白激酶活性自抑制的区域，也是最为保守的区域(陈硕 等，2001)。在无 Ca^{2+} 存在时，CDPKS 催化区可能与连接区结合，使得激活性酶被抑制。调控区是钙结合区，也是 CDPKS 有别于其他类激酶的特有区域。由于 CDPKS 自身含有类似钙调素的序列，因此其活性只依赖于钙而不依赖于钙调素。一种可能是 Ca^{2+} 诱导调控区内的钙调蛋白(CaM)结构域与连接区的分子内结合，从而干扰了连接区对催化区的抑制性结合，促进催化区与底物的结合，激活 CDPKS 的活性；另一种可能的方式是 Ca^{2+} 与 CaM 结构域结合后，并不直接与连接区结合，但引起激酶的构象改变，使连接区对催化区失去抑制作用。干旱和盐胁迫是限制植物生长发育的主要逆境因子，植物体遇到这些胁迫时会产生特异的代谢，其中包括 ABA 浓度的提高和逆境蛋白的合成(吕东 等，2005)。CDPKS 可能在干旱和盐胁迫等逆境胁迫信号中起着正调节因子的作用，以调控植物中胁迫信号的转导。而在机械刺激等环境胁迫的信号转导过程中，CDPKS 也有重要的调节作用。在 CDPKS 的生理功能的研究过程中，还发现许多运输离子的蛋白受 CDPKS 的调控，如质膜 H^+ - ATPase，大豆根瘤共生膜蛋白 26，液泡膜上的水通道蛋白，磷酸肌醇 4 激酶，叶片硝酸还原酶，保卫细胞液泡膜的阴离子通道，质膜的内向 K + 通道等(姜义宝 等，2005)。综合上述，随着全球气候环境的恶化高温干旱及病虫害等不良环境条件对作物生产的影响月来越重，CDPK 在调控植物生长发育特别是抗逆过程中起着重要作用并逐渐成为人们研究的热点。

MAPK 也作为丝/苏氨酸蛋白激酶的一组个大家族和生物体内信号转导系统之一，在植物体内普遍存在。植物 MAPK 的研究始于 20 世纪 90 年代后期，它可分为 TEY(E：谷氨酸)和 TDY(D：天冬氨酸)两个亚型。其中 TEY 亚型又分为 ABC 三个组，TDY 亚型为 D 组(薄惠 等，2005)。A 组的 MAPK 参与多种生物和非生物胁迫与植物激素的调节，如 ATSIPK 可受损伤盐渗透压和病原菌衍生物诱导，ATMK3 参与脱落酸信号通路等；B 组 MAPK 的研究较少，但已证明它们参与环境胁迫反应和 K4 细胞分裂；至于 C 组 D 组 1 的信息目前很有限。MAPK 又可分为两大亚族：MEKK 亚型(MEKK-type)，包括苜蓿属植物的 OMTK1，拟南芥的 ANP、ANP2、ANP3 和 MEKK1，烟草的 NPK1 等；Raf 样激酶包括拟南芥的 CTR1 和 EDR1(薄惠 等，2005)。非生物胁迫下 MAPK 信号转导的大部分及创伤研究结果都是通过分析拟南芥得到的：低温盐胁迫干旱创伤及触碰均可苜蓿化 MPK4 和 MPK6。MPK3 可为渗透应激活化。MEKK 信号转导 1 可受盐胁迫干旱低温及创伤诱导，也可通过活化 MKK4 和 MKK5 调节鞭毛蛋白的转导。已有研究发现苜蓿中存在一种与 MAPK 同源的蛋白激酶 MMK4(Jonak et al.，1996)。MMK4 激酶的活性是在翻译后的水平上调控的，且苜蓿中 MMK4 激酶介导的干旱胁迫信号传递途径不依赖于 ABA(吕东 等，2005)。

1 材料与方法

1.1 试材及取样

将万寿菊种子在室温条件下浸泡于蒸馏水中 4～6h 以促发芽。同时准备好铺滤纸的带盖培养皿，滤纸湿度要始终保持水刚渗透滤纸为止。之后将浸泡好的万寿菊种子均匀摆放于培养皿中并放于人工气候箱里，气候箱要保持温度为 25℃、光照条件为白天 14h 夜晚 10h 交替。5～7d 后苗体长势达到了试验需求，将其取出切除主根，快速在不同的处理条件下处理并于不同时间段取样、进行蛋白激酶的提取以测酶活性。

1.2 不同溶液的处理

以蒸馏水处理为对照，分别用最适浓度 PEG、PEG + SNP、PEG + H_2O_2 及 PEG + SNP + H_2O_2 对万寿菊外植体进行处理。在处理后 0、4h、12h、24h、48h、72h、9h 分别在 4℃ 冰上对对照中的 CDPK 及 MAPK 取样，同时在处理后 0、4h、12h、24h、48h 用同样的方法分别进行取样。

1.3 CDPK 样品缓冲物的提取

提取缓冲物的配制，所用药品包括 100mM pH7.5

的三羟甲基氨基甲烷(TRIS)、5mM 的乙二氨四乙酸(EDTA)、5mM 的乙二醇-双-(2-氨基乙醚)四乙酸(EGTA)、10mM 的二硫苏糖醇(DTT)、10mM 的正矾酸钠($NaVO_4$)、10mM 的氟化钠(NaF)、50Mm β-甘油磷酸、1mM 苯甲基磺酰氟(PMSF)、5μg/mL 抑肽酶和5μg/mL 亮肽酶素。配好缓冲物之后，把准备好的万寿菊外植体以 3mL/g 鲜重在4℃冰上用缓冲物提取于带盖离心管中；再在4℃、2000r 离心机上离心15min 并取上清液。样品缓冲物必需在-20℃条件下保存。

1.4 MAPK 样品缓冲物的提取

提取缓冲物的配制，所用药品包括100mM pH7.5的三羟甲基氨基甲烷(TRIS)、5mM 的乙二氨四乙酸(EDTA)、5mM 的乙二醇-双-(2-氨基乙醚)四乙酸(EGTA)、10mM 的二硫苏糖醇(DTT)、10mM 的正矾酸钠($NaVO_4$)、10mM 的氟化钠(NaF)、50mM β-甘油磷酸、1mM 苯甲基磺酰氟(PMSF)、5μg/mL 抑肽酶和5μg/ mL 亮肽酶素。配好缓冲物之后，把准备好的万寿菊外植体以1mL/g 鲜重在4℃冰上提取于带盖离心管中；再在4℃、2000r 离心机上离心15min 并取上清液。样品缓冲物必须在-20℃条件下保存。

1.5 电泳

CDPK 和 MAPK 的电泳实验。本电泳实验所运用的是不连续型还原性 SDS-PAGE 聚丙烯酰胺凝胶电泳法。聚丙烯酰胺(PAG)是有丙烯酰胺和交联试剂 N，N-甲叉双丙烯酰胺(N，N-methyleoebisacrylamide)在有引发剂和增速剂过硫酸胺(AP)的情况下快速聚合而成(郭晓君 1999)。SDS 是一种阴离子去污剂，作为蛋白质变性剂和助溶性试剂，能段裂蛋白质分子内和分子间的氢键，使分子去折叠从而破坏蛋白质分子的二级和三级结构。在样品或凝胶中加入的SDS 消除了不同分子之间原有的电荷差异，使得蛋白质分子在 SDS 聚丙烯酰胺凝胶系统中的电泳迁移率不再受蛋白质原有电荷的影响，而主要取决于分子量的大小(Frank 1990)。这也给电泳后凝胶图谱的分析制造了方便。要注意的不连续 SDS 电泳的电极缓冲液常用 Tris-甘氨酸系统。在 SDS 电泳中，由于 SDS 和还原试剂使蛋白质变性而失去生物活性，所以电泳后的检测方法不如常规聚丙烯酰胺凝胶电泳和等电聚焦电泳多，一般为考玛斯亮蓝和银染法。在用考玛斯亮蓝染色法时，由于 SDS 和蛋白质分子会竞争染料而干扰其染色效果，所以 SDS 电泳后凝胶的固定和染色时间应比常规聚丙烯酰胺凝胶电泳的时间长1倍左右或用多倍体积的染色液染色，以排除 SDS 的影响。

2 结果与分析

2.1 CDPK

由图1a 可知刚切除胚根时万寿菊体内还没来得及产生 CDPK，但从0到4h 体内逐渐产生且 CDPK 活性逐渐增加，到12h 达到最大后突然消失。24h 酶活性丧失直到72h 其活性又猛然增加且含量比以前明显增多，这可能与72h 不定根开始长出有关。说明在万寿菊不定根产生过程中 CDPK 活性有短暂增加现象。从图1b 来看，12h 以前是苗子不定根形成阶段，相比对照酶活性明显减小。表明 PEG 处理之下不定根的产生会受到抑制，说明 PEG 在试验中起到模拟干旱的作用。图1c 中4h 开始 CDPK 产生直到24h 其活性达到最大后突然消失。相比于对照酶活性明显增加且延长了酶存活期。表明，H_2O_2对干旱胁迫有明显缓解作用，从而促进不定根的产生。同时从图1d 也可得出相同的结果，但 CDPK 活性不如前者高。表明

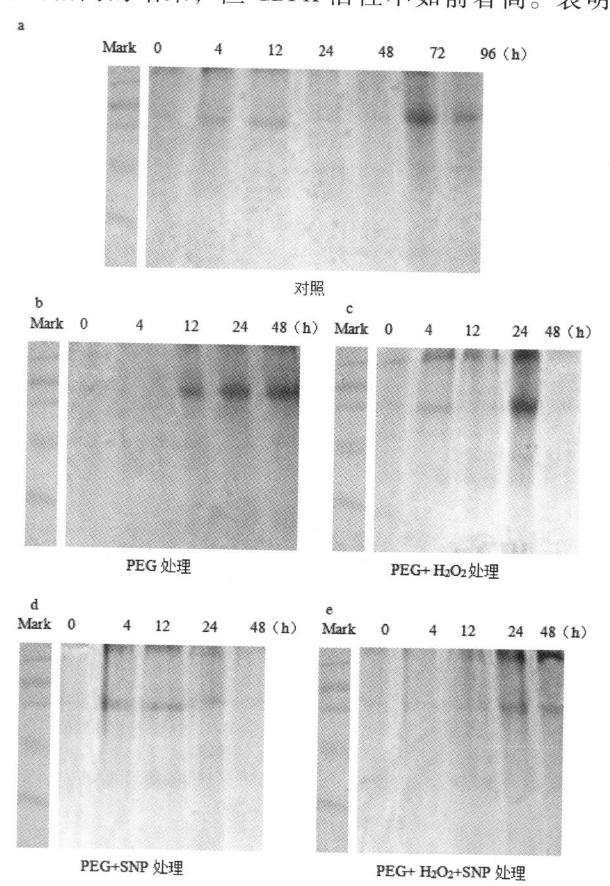

图1 不同浓度的 H_2O_2、SNP 及两者共同处理过程中 CDPK 的电泳图谱

Fig. 1 Electrophoretogram of CDPK which treated with different concentrations of H_2O_2 and SNP

注：图中 Mark 代表标准蛋白，对照用蒸馏水处理。

SNP 有缓解干旱胁迫和促进不定根产生的作用，但其诱导生根效果不如 H_2O_2。最后由图 1e 可知，直到 48h 还一直存在且达到最大。相比于对照，酶存活期延长。表明 H_2O_2 和 SNP 在万寿菊不定根发生过程中可能具有协同诱导效应，促进不定根的产生。

2.2 MAPK

由图 2a 可看出，在切除主根 4h 后苗体内开始产生 MAPK 直到 12h 其活性达到最大。从 48 h 开始不定根长出，随之 MAPK 活性增加。图 2b，12h 以前是苗子不定根形成阶段，相比对照 MAPK 活性明显减小。表明干旱胁迫会抑制不定根的产生。图 2c 中 MAPK 从 4h 开始产生，相比于对照 4h 的酶活性显著增高且直到 48h 酶活性依然存在。表明 H_2O_2 对干旱胁迫有明显缓解作用，从而促进不定根的产生。从图 2d 也可得出相同的结果，但 CDPK 活性不如前者高。与图 1 得出相同的结论，说明了 SNP 有缓解干旱胁迫和促进不定根产生的作用，但其诱导生根效果可能不如 H_2O_2。由图 2e 得，相比于对照酶活性显著提高，且酶活性高于 PEG 和 H_2O_2、PEG 和 SNP 单独处理。说明，干旱胁迫下 H_2O_2 和 SNP 可能具有协同诱导效应，共同诱导之下不定根产生能力强于单独处理，更能促进不定根的产生。

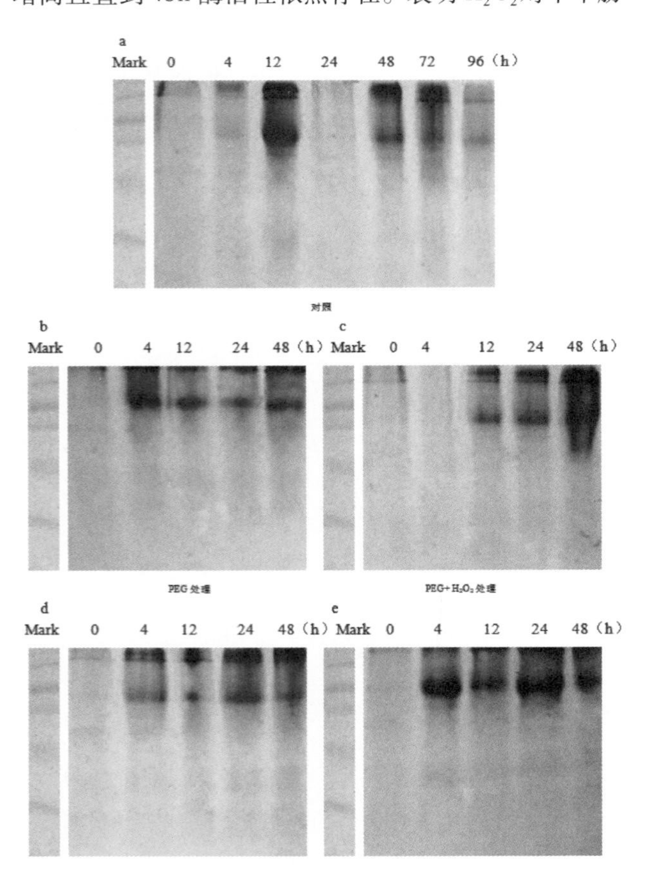

图 2　不同浓度的 H_2O_2、SNP 及两者共同处理过程中 MAPK 的电泳图谱

Fig. 2　Electrophoretogram of MAPK which treated with different concentrations of H_2O_2 and SNP.

注：图中 Mark 代表标准蛋白，对照用蒸馏水处理。

3　讨论

本试验在 PEG 模拟干旱胁迫条件下，以蒸馏水处理为对照，分别用最适浓度 PEG、PEG + SNP、PEG + H_2O_2 及 PEG + SNP + H_2O_2 对万寿菊外植体进行处理。结果发现，相比于对照图 1b 和图 2b 中 PEG 干旱处理下的外植体内 CDPK 和 MAPK 活性均有一定程度降低，而用 SNP 或 H_2O_2 处理之后其活性会提高；且从图 1e 和 2e 也可看出，PEG + SNP + H_2O_2 处理的 CDPK 和 MAPK 活性高于 PEG + SNP 或 PEG + H_2O_2 单独处理，表明不定根的发生过程中 SNP 和 H_2O_2 可能具有协同诱导效应。综合上述说明：干旱胁迫下 NO 或 H_2O_2 在诱导万寿菊不定根形成过程中能促进不定根的产生；且两者具有协同诱导效应共同诱导不定根的产生，增强了不定根的产生能力。

由 Liao *et al*（2009）的结果可知，NO 和 H_2O_2 在一定程度上可增强植物的生根能力且表现出明显的浓度效应，这可为此次试验缓解干旱提供可能条件。从微观角度了解到，NO 和 H_2O_2 作为动植物体内重要的信号分子，其促发不定根产生的过程实际上是这类信号分子在体内参与复杂信号转导途径的宏观体现。在信号转导过程中一系列信号转导供体和受体会将外界变化转换成植物体内化学信号并传递，直到植物体微观生理变化转化成形体上的变化为止。其中植物体内生理变化包括体内各种蛋白激酶、酚类物质、叶绿素等含量及功能发挥方面的变化；微观生理变化在量上积累会使植物体形体发生改变，如根的产生、植株发芽等。本试验在前人研究基础上把植株抗旱性与植物生根中信号转导结合起来，通过干旱胁迫下外植体内 CDPK 和 MAPK 活性的变化来反映一氧化氮和过氧化氢诱导不定根产生能力。

参考文献

1. 廖伟彪，肖洪浪，张美玲．2009. 一氧化氮和过氧化氢对地被菊扦插生根的影响[J]. 园艺学报，36(11)：1643 – 1650.
2. 吕东，张骁，江静，等．2005. NO 可能作为 H_2O_2 的下游信号介导 ABA 诱导的蚕豆气孔关闭[J]. 植物生理与分子生物学学报，31(1)：62 – 70.

3. 吴宇芬，周卫川，陈宏，等．1996. H_2O_2对蕹菜种子活力影响的研究[J]. 福建省农科院学报，11(2)：25 - 30.
4. 万丙良，查中萍，戚华雄．2009. 钙依赖的蛋白激酶与植物抗逆性[J]. 生物技术通报，1：7 - 10.
5. 陈硕，陈珈．2001. 植物中钙依赖蛋白激酶(CDPKS)的结构与功能[J]. 植物学通报，18(2)：143 - 148.
6. 姜义宝，崔国文，李红．2005. 干旱胁迫下外源钙对苜蓿抗旱相关生理指标的影响[J]. 草业学报，5(1)：32 - 36.
7. 薄惠，王棚涛，董发才，等．2005. 拟南芥保卫细胞中茉莉酸甲酯诱导的 H_2O_2产生与 MAPK 信号转导体系的可能关系[J]. 植物生理学通讯，41(4)：439 - 443.
8. 郭晓君．蛋白质电泳实验技术[M]. 北京：科学出版社，1999.
9. Jonak C, Kiegerl S, Ligterink W, Barker P J, Huskisson N S, Hirt, H. 1996. Stress signaling in plants: a mitogen - activated protein kinase pathway is activated by cold and drought[J]. Proceedings of the National Academy of Sciences, 93(20): 11274 - 11279.
10. Frank L. Guide to protein purification. Methods in enzymology, Academic press, 1990.
11. Liao W, Xiao H, Zhang M. 2009. Role and relationship of nitric oxide and hydrogen peroxide in adventitious root development of marigold[J]. Acta physiol plant, 31(6): 1279 - 1289.

培养条件对蒿柳花粉萌发及花粉管生长的影响*

彭向永　刘俊祥　李振坚　程运河　孙振元①
（中国林业科学研究院林业研究所；国家林业局林木培育重点实验室 北京 100091）

摘要　采用花粉离体培养法，研究不同的温度、光照及培养基组分对蒿柳花粉萌发的影响。结果表明：培养温度和光照强度均影响蒿柳花粉萌发率和花粉管长度，20～25℃是蒿柳花粉萌发的最适温度区间，1500lx 和 2000lx 是蒿柳花粉萌发的最佳光照强度。正交试验中，一定浓度的蔗糖、H_3BO_3 及 pH 值均可显著影响蒿柳花粉萌发，3 个因子最佳组合为蔗糖 100g · L^{-1} + H_3BO_3 200mg · L^{-1} + pH5.0，在光照强度为 1000lx，温度为 25℃时，萌发率高于 48.8%。利用试验筛选出的蒿柳花粉最佳离体培养组合培养花粉，并与花粉在柱头上活体萌发相比较，二者花粉管长度无显著差异。

关键词　蒿柳；花粉萌发；离体萌发；萌发率；花粉管

Effects of Culture Conditions on Pollen Germination and Pollen Tube Growth of *Salix viminalis*

PENG Xiang-yong　LIU Jun-xiang　LI Zhen-jian　CHENG Yun-he　SUN Zhen-yuan
(*Research Institute of Forestry, Chinese Academy of Forestry;*
Key Laboratory of Tree Breeding and Cultivation, State Forestry Administration, Beijing 100091)

Abstract　The effects of temperature, light intensity and culture medium composition on *Salix viminalis* pollen germination and pollen tube growth were investigated with *in vitro* culture. The results were showed that *Salix viminalis* pollen germination and tube growth could be affected by cultivation temperature and light intensity. Pollen germination of the optimum temperature range was 15－25℃, and the highest germination rate was under the light intensity of 1500 lx and 2000 lx. Sucrose, H_3BO_3 and pH value could promote pollen germination within a certain concentration range remarkably in orthogonal design. The optimal culture medium was sucrose 100 g · L^{-1} + H_3BO_3 200 mg · L^{-1} + pH5.0, and in the medium the rate of pollen germination was higher than 48.8% under the conditions of 1000 lx and 25℃. Pollen germination was conducted on the best combination with *in vitro* was no significant differences compared with pollen germination on stigma.

Key words　*Salix viminalis*; Pollen germination; *in vitro* germination; Germination rate; Pollen tube

蒿柳(*Salix viminalis*)为柳属蒿柳组灌木，主要分布在北半球高纬度地区，我国主要分布在黑龙江、吉林及内蒙东部，多见于溪流旁、河边、沼泽地带。蒿柳生长速度快，耐轮伐，适应性强，既是重要的能源、蜜源树种，亦可在城市湿地公园建设中作为护坡材料营造山野情趣(Borjesson *et al.*，1997；崔丽娟 等，2011)，开发潜力大。虽然蒿柳在我国分布较广，但目前仍多呈野生状态，研究滞后，且研究材料多以自然群体或无性繁殖的扦插苗为主，关于有性生殖的研究更少(Dai *et al.*，2014；Zhai *et al.*，2016)。花粉是植物的雄配子体在有性生殖中具有重要作用，研究花粉萌发特性是了解植物有性生殖，进行杂交育种的前提。

环境因子和培养基组分对花粉萌发均有影响，但不同植物花粉所需的最佳培养条件及范围有一定差异。黄连木(*Pistacia chinensis*)花粉生长的最适温度为25℃，最适蔗糖浓度为 15%（李旭新 等，2009）；枣(*Ziziphus jujuba*)花粉在 15.0mg · L^{-1} H_3BO_4 + 5.0mg

* 基金项目：林业公益性行业科研专项(201304115)。

① 通讯作者。孙振元，研究员，博士生导师。主要研究方向：园林植物分子育种。E-mail：sunzy@263.net；地址：100091 中国林业科学研究院林业研究所。

$\cdot L^{-1}$IAA + 10.0mg $\cdot L^{-1}$ GA_3的培养基上萌发率达到了90.23%(陈文涛 等，2013)；小黑杨(*Populus simonii* × *P. nigra*)花粉萌发最适条件为150g $\cdot L^{-1}$蔗糖 + 20mg $\cdot L^{-1}$ H_3BO_3 + 40mg $\cdot L^{-1}$ $CaCl_2$(赵丽娟 等，2011)；梨(*Pyrus pyrifolia*)花粉在30mmol $\cdot L^{-1}$ MES缓冲液中添加0.01% 硼酸，0.03% $CaCl_2 \cdot 2H_2O$ + 10%蔗糖，pH值在6.5左右的条件下的萌发率为59.2%，花粉管长度966.3μm(张绍铃 等，2005)；核桃(*Juglans regia*)花粉萌发和花粉管生长的最适培养基为20%蔗糖 + 0.02%的硼酸 + 0.05% $Ca(NO_3)_2$，最佳培养条件为25℃(吴开志 等，2008)。适当的萌发条件可以提高花粉的萌发率和花粉管的伸长速度，显著增加授粉效率和坐果率，加快育种进程，Stanley等(1974)认为离体萌发与在柱头萌发时的花粉活力是否接近，是判断花粉离体萌发条件最为可靠的方法。因此，研究蒿柳花粉萌发的最佳环境因子及培养基组分具有重要的理论意义和实践意义。本试验对影响蒿柳花粉萌发的温度、光照及培养基组分进行了研究，并与花粉在柱头萌发情况相对比，从而确定蒿柳花粉萌发的最佳培养条件，可为蒿柳的杂交育种奠定基础。

1 材料与方法

1.1 材料

中国林科院玉泉山苗圃栽种的蒿柳，在雄花序处于半开或全开状态时采集花粉带回实验室立即培养。

1.2 方法

1.2.1 温度和光照对蒿柳花粉萌发的影响

采用单因子试验设计，采集成熟蒿柳花粉，用仅含有2% 琼脂粉的固体培养基培养花粉，温度处理设5、10、15、20、25、30、35℃共7个梯度，光照强度均为1500lx；光照强度处理设0、300、600、900、1200、1500、2000lx 共 7 个梯度，培养温度均为20℃。

1.2.2 培养基组分对蒿柳花粉萌发的影响

采用正交设计，2%琼脂粉的固体培养基中添加不同浓度的蔗糖、H_3BO_3并调整培养基的pH值，光照强度1000lx，培养温度25℃，设计3因素3水平$L_9(3^4)$正交试验，共9个组合。

1.2.3 花粉萌发率统计及花粉管长度测量

所有处理的花粉培养时间均为4h，然后在ZEISS Axio lmager A1光学显微镜下统计花粉萌发率，测量花粉管长度。萌发率 = (萌发的花粉数/总的花粉数) ×100%，花粉管长度用软件自带标尺测量。每处理重复3次。

1.2.4 花粉在柱头上萌发

选取处于全开状态的雌花序进行人工授粉，于授粉后1h、2h、3h、4h取整个雌花序在FAA固定液中固定24h，50mmol $\cdot L^{-1}$的偏磷酸钾溶液冲洗3次，然后用4mol $\cdot L^{-1}$的NaOH透明和软化24h，蒸馏水多次换水浸泡除净NaOH，转移到0.1%水溶性苯胺蓝染液中染色4h。用镊子从花序上取小花(子房)，放在载玻片上，用滤纸吸出染液，滴一滴甘油，盖上盖玻片，轻轻敲压盖玻片，使花柱展开，最后在荧光显微镜观察，拍照，测量花粉管长度。

1.3 数据统计及处理

采用SPSS19.0对数据进行处理并进行LSD显著性分析，Microsoft Excel 2007进行图表绘制。

2 结果与分析

2.1 温度对蒿柳花粉萌发的影响

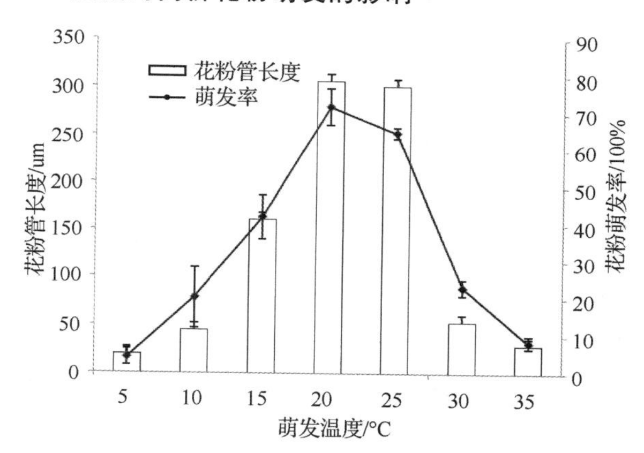

图1 温度对蒿柳花粉萌发的影响

Fig. 1 Effects of different temperatures on the pollen germination of *Salix viminalis*

图1显示，在5~35℃范围内，随着培养温度的升高，花粉萌发率先上升后下降。培养温度为5℃和35℃时，花粉萌发率均低于10%，与其他培养温度下的差异显著($p < 0.05$)；培养温度为20℃和25℃时的蒿柳花粉萌发率分别为72%和64.9%，其他培养温度下的萌发率相比差异显著($p < 0.05$)。蒿柳花粉管长度的变化与萌发率变化一致，随着培养温度的升高，花粉管长度先上升后下降。培养温度为20℃和25℃时，花粉管长度分别为306.32μm和301.18μm，伸长速度均大于75μm $\cdot h^{-1}$，与其他温度下的长度和伸长速度差异显著($p < 0.05$)。结果表明，温度影响蒿柳花粉萌发及花粉管伸长，15~25℃时，蒿柳花粉萌发率较高，而20~25℃是蒿柳花粉萌发的最适温

度区间，培养温度过高或过低，均不利于蒿柳花粉萌发。

2.2 光照强度对蒿柳花粉萌发的影响

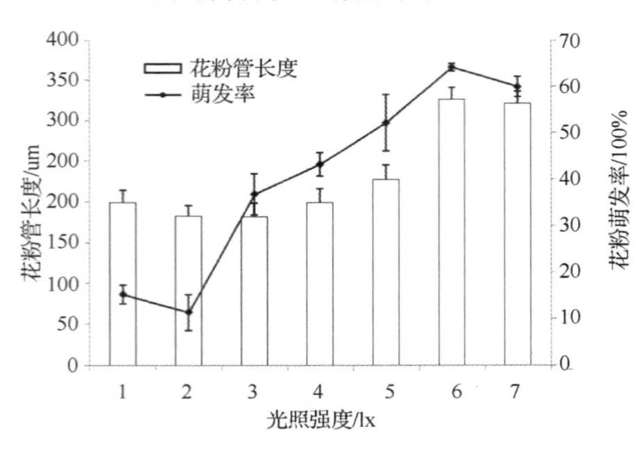

图 2 光照强度对蒿柳花粉萌发的影响

Fig. 2 Effects of light intensity on the pollen germination of *Salix viminalis*

图 2 显示，在黑暗和 300lx 光照强度时，蒿柳花粉萌发率分别为 15.16% 和 11.27%，显著低于其他光照强度下的萌发率；光照强度为 1500lx 时，蒿柳花粉萌发率最高为 64.14%，与 2000lx 的萌发率差异不显著，与其他光照强度下的萌发率差异显著（$p < 0.05$）。光照强度低于 1200lx 时，蒿柳花粉管平均长度为 182.07～227.31μm，各处理间无显著差异；光照强度为 1500lx 和 2000lx 时的花粉管长度分别为 325.95μm 和 320.77μm，伸长速度均大于 75μm · h^{-1}，显著大于其他处理的长度和伸长速度（$p < 0.05$）。结果表明，光照强度影响蒿柳花粉萌发率和花粉管伸长速度，低于 1200lx 不利于花粉萌发，1500lx 和 2000lx 是蒿柳花粉萌发的最佳光照强度。

2.3 培养基组分对蒿柳花粉萌发的影响

为了筛选培养基成分对蒿柳花粉萌发的影响，将蔗糖、硼酸及 pH 值 3 个因素进行 L 9(3^4) 正交试验（表 3）。对表 3 中数据进行方差分析，结果表明，3 个因子均对蒿柳花粉萌发具有显著的影响：蔗糖 $F = 3.268$，$P < 0.05$，H_3BO_3 $F = 37.368$，$P < 0.05$，pH 值 $F = 91.427$，$P < 0.05$。极差分析显示，3 因素对蒿柳杨花粉萌发的影响为：pH > H_3BO_3 > 蔗糖。正交试验平方和比较分析的结果表明：蔗糖各种浓度下的花粉萌发率以 100g · L^{-1} 最高，H_3BO_3 以 200mg · L^{-1} 最高，pH 值以 5.0 最高，由此推论 3 个因子最佳组合为蔗糖 100g · L^{-1} + H_3BO_3 200mg · L^{-1} + pH5.0。

表 1 蒿柳花粉在正交试验中的萌发情况

Table 1 Germination conditions of *Salix viminalis* pollen in orthogonal design experiment

实验号 No.	蔗糖 Sucrose ($g \cdot L^{-1}$)	H_3BO_3 ($mg \cdot L^{-1}$)	pH	萌发率 Germination rate(%)	花粉管长度 Pollen tube length(μm)
1	50	100	5.0	40.70	257.25
2	50	200	7.0	17.64	57.75
3	50	500	9.0	3.63	41.00
4	100	100	7.0	22.18	102.44
5	100	200	9.0	29.29	142.32
6	100	500	5.0	26.66	146.20
7	150	100	9.0	3.33	28.66
8	150	200	5.0	48.80	288.50
9	150	500	7.0	7.39	59.85

2.4 蒿柳花粉离体萌发与柱头萌发比较

利用单因素和正交试验筛选出的蒿柳花粉最佳离体培养组合来培养蒿柳花粉，分别在培养 1h、2h、3h、4h 时取样，测量花粉管长度。图 3 和图 4 显示，蒿柳花粉在合适的条件下可立即萌发，柱头授粉 1h 时，已有大量花粉粘附在柱头上（图 4A），表明花粉已经开始萌发，花粉管平均长度为 48.07μm；而离体培养 1h 时，花粉吸水膨胀，部分花粉已伸出花粉管，花粉管平均长度 45.83μm（图 4E），与柱头萌发相比无显著差异。柱头授粉 2h、3h、4h 时，花粉管不断生长，长度分别为 85.42μm、224.46μm 和 320.19μm，而同时期离体培养的花粉管长度分别达到了 90.34μm、202.65μm 和 314.88μm，同一时间段离体与柱头萌发差异不显著。结果表明，本试验筛选的蒿柳花粉萌发培养条件与柱头萌发的活体状态基本无差异，适合于蒿柳花粉萌发。

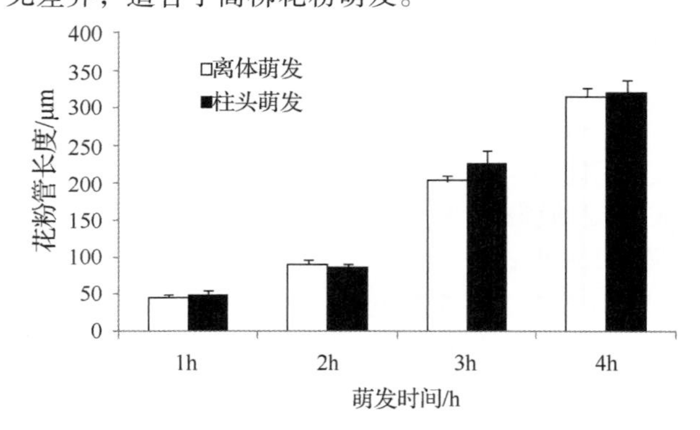

图 3 蒿柳花粉离体萌发与柱头萌发的花粉管长度

Fig. 3 Pollen germination length of *Salix viminalis* both *in vitro* and *in vivo*

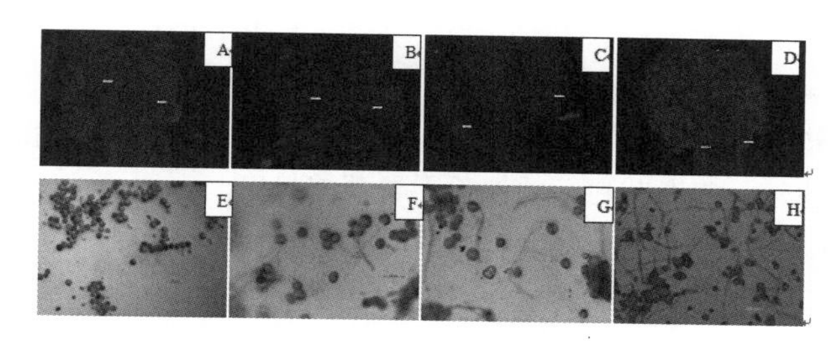

图4 蒿柳花粉离体萌发与柱头萌发过程

Fig. 4 Pollen germination process of *Salix viminalis* both *in vitro* and *in vivo*

A－D 分别为花粉在柱头萌发 1h，2h，3h，4h 的状态和过程，50×；E-H 分别为花粉离体萌发 1h，2h，3h，4h 的状态和过程，E，H 为 100×，F，G 为 200×。

A－D，Pollen germination state and process *in vivo* at 1h，2h，3h，4h respectively，50×；E-H，Pollen germination state and process *in vitro* at 1h，2h，3h，4 h respectively，E and H，100×，F and G 200×.

3 讨论

温度是影响花粉萌发率的重要因素，许多研究（王改萍 等，2009；武喆 等，2010；郭磊 等，2014）指出，25℃是大多植物花粉萌发的最适温度，但分布于不同地区的植物，其花粉最适萌发温度差异明显。油橄榄花粉萌发的适宜温度范围为 25～30℃，低于 10℃不萌发，而高于 35℃萌发率下降（顾钢 等，1999）；董易等（2012）报道，荷兰水仙花粉的最适萌发温度为 20℃；而与蒿柳同属杨柳科的小黑杨花粉萌发的最适温度为 21℃（赵丽娟 等，2011）；由于不同地域的菊花长期适应各自区域的气候特点，导致花粉对温度的响应不同（吕晋慧 等，2011）。低温或高温下花粉的萌发率均下降，低温下花粉代谢过程中酶活力下降，膜流动性下降，代谢速率降低，抑制了花粉的萌发；而高温下，花粉失水速度加快，含水量降低，花粉代谢过程中一些对温度敏感的酶活性受高温钝化失活，膜完整性被破坏，代谢速率下降，抑制花粉萌发（Weaver *et al.*，1988）。蒿柳多分布在北半球高纬度地区，花期在 4～5 月，此时该区域的最高温度一般在15～25℃，本试验也表明，温度区间为 15～25℃时蒿柳花粉萌发率较高，这是蒿柳长期适应分布区的气候特点的结果。

关于光照与花粉萌发的关系至今还没有一致结论。杨中汉等（1994）认为，照光不仅能促进兰州百合花粉的萌发也促进花粉管的伸长。郭思佳等（2014）也发现，各居群有斑百合在太阳光下散粉萌发率最高，在日光灯下散粉萌发率降低近一半，在室内散射光散粉花粉的萌发率最低。与此相反，徐进等（1998）报道，在黑暗条件下，马尾松花粉发芽率较其他光照条件下高，但它们的差异未达到显著水平。许珂等（2008）也发现，在弱光（0.5625μmol · s^{-1} · m^{-2}）与黑暗下培养，金银忍冬花粉的萌发率没有明显的变化，但黑暗条件更利于花粉管的生长。光照能为植物提供更多的能量，提高植株温度，使一些酶的活性（比如 G 蛋白）升高，调节细胞外钙调素启动花粉萌发和花粉管伸长，还可通过激活酸性磷酸酯酶 I 而影响花粉代谢过程，促进花粉管伸长（马力耕 等，1997，1998）。本研究发现，蒿柳花粉萌发率及花粉管长度均受到光照强度的影响，且在一定范围内，光照强度越大，花粉萌发率越高，花粉管伸长速度越快，低于 1200lx 不利于花粉萌发，1500～2000lx 是蒿柳花粉萌发的最佳光照强度，本试验未就高于 2000lx 的光照强度对蒿柳花粉萌发情况进行研究。

花粉离体培养一般在培养基上进行，培养基组分如蔗糖、硼酸及 pH 值等均影响花粉萌发。蔗糖作为植物生长的重要的能源物质和渗透调节物质，在花粉萌发和生长过程中具有重要作用，15%的蔗糖利于黄连木花粉的萌发和生长（李旭新 等，2009）；10%的蔗糖或葡萄糖适宜梨花粉萌发，蔗糖浓度过低或过高对花粉的萌发和花粉管生长不利（张绍铃 等，2005）。这可能是因为蔗糖浓度过低时，花粉细胞破裂，细胞内容物散出，浓度过高会造成花粉细胞的质壁分离，抑制花粉萌发生长。本试验中蔗糖浓度为 10%时，蒿柳花粉萌发率显著高于其他浓度，与上述研究结果基本一致。

培养基中添加一定浓度硼酸有利于花粉萌发和花粉管的生长（姚成义和赵洁，2004）。尚宏芹（2011）研究发现，20mg · L^{-1}的硼酸对两种芍药花粉萌发具有显著促进作用。李旭新（2009）报道，浓度为 100mg · L^{-1}的硼酸，黄连木花粉萌发率和花粉管生长均达最大值，硼酸浓度继续升高，花粉萌发率和花粉管生长反而显著下降。韩志强（2014）对不同营养元素及其配比对枣花粉萌发与花粉管生长的影响进行研究后得出，20mg · L^{-1}的硼酸是促进花粉管生长最适宜质量浓度，本试验在硼酸对蒿柳花粉萌发的研究中也得出了相似的结论。

培养基 pH 值影响花粉萌发，适合的花粉离体培养基多为弱酸性，果梅花粉培养基的适宜 pH 值为 6.5（杜玉虎 等，2006）；芍药花粉生长的最适 pH 值为 6～7（尚宏芹，2011）；培养基 pH 值为 6.5 时，促进梨花粉萌发及花粉管生长。本试验结果表明，在 pH 值为 5.0 时，蒿柳花粉的萌发率和花粉管长度最高，虽略低于上述研究的结果，但在试验筛选的培养条件下，蒿柳花粉离体萌发与柱头萌发无显著差异。提高培养基的 pH 值是否会进一步促进蒿柳花粉萌发率和花粉管伸长，由于本试验设置的 pH 值间隔偏大，无法更加精确地判断影响蒿柳花粉萌发的最适 pH 值，这还需要进一步细化研究。

综上所述，蒿柳花粉离体萌发受到光照、温度等环境因素及培养基的影响。利用筛选出的蒿柳花粉最佳离体培养组合蔗糖 $100g \cdot L^{-1} + H_3BO_3 200mg \cdot L^{-1}$ + pH5.0，在培养温度为 20℃，光照强度为 1500lx 的培养条件下培养花粉，并与花粉在柱头上活体萌发相比较，二者花粉管的伸长无显著差异。

参考文献

1. Borjesson P, Gustavsson L, Christersson L, *et al.* Future production and utilization of biomass in Sweden: Potentials and CO_2 mitigation[J]. Biomass Bioenergy, 1997, 13(6): 399 - 412.
2. Dai XG, Hu QJ, Cai QL, *et al.* 2014. The willow genome and divergent evolution from poplar after the common genome duplication[J]. Cell Research, 24: 1274 - 1277.
3. Spielman ML, Preuss D, Li FL, *et al.* 1997. Tetraspore is required for male meiotic cytokinesis in *Arabidopsis thaliana* [J]. Development, 124, 2645 - 2657.
4. Stanley RG, Linskens HF. 1974. Pollen: biology, biochemistry, management[M]. Berlin: Springer-Verlag Illustrations, 307 - 308.
5. Weaver ML, Timm H. 1988. Influence of temperature and water status on pollen viability in bean[J]. Journal of American Society of Horticultural Science, 113(1): 13 - 15.
6. Zhai FF, Mao JM, Liu JX, *et al.* 2016. Male and female subpopulations of *Salix viminalis* present high genetic diversity and high long-term migration rates between them[J]. *Front. Plant Sci.* 7: 330. doi: 10.3389/fpls.2016.00330.
7. 陈文涛，袁德义，张日清，等. 2013. 硼及植物生长调节剂对枣花粉萌发的影响[J]. 江西农业大学学报，35(3): 496 - 501.
8. 崔丽娟，李伟，张曼胤，等. 2011. 不同湿地植物对污水中氮磷去除的贡献[J]. 湖泊科学，23 (2): 203 - 208.
9. 董易，马晓红，沈强，等. 2012. 荷兰水仙花粉萌发和花粉贮藏性[J]. 上海交通大学学报(农业科学版)，30(5): 24 - 29.
10. 杜玉虎，张绍铃，姜雪婷，等. 2006. 梅花粉离体萌发及花粉管生长特性研究[J]. 西北植物学报，6(9): 1846 - 1852.
11. 顾钢，苏学强，林伟杰，等. 1999. 橄榄花粉生活力相关因素对育种的影响[J]. 福建果树，(3): 1 - 4.
12. 郭磊，张斌斌，马瑞娟，等. 2014. 温度对桃离体花药散粉及花粉萌发的影响[J]. 植物生理学报，50(3): 269 - 274.
13. 郭思佳，朱玉菲，刘冬云，等. 2014. 有斑百合花粉培养条件的研究[J]. 河北农业大学学报，37(3): 24 - 28.
14. 韩志强，袁德义，陈文涛，等. 2014. 不同营养元素及其配比对枣花粉萌发与花粉管生长的影响[J]. 江西农业大学学报，36(2): 357 - 363.
15. 李旭新，张艳青，冯献宾，等. 2009. 不同培养条件对黄连木花粉萌发和花粉管生长的影响[J]. 西北植物学报，29(5): 867 - 873.
16. 吕晋慧，赵耀，任意，等. 2011. 地被菊花粉生活力测定及影响因素研究[J]. 华北农学报，2011，26(4): 189 - 193.
17. 马力耕，崔素娟，徐小冬，等. 1997. G 蛋白在细胞外钙调素启动花粉萌发和花粉管伸长中的作用[J]. 自然科学进展，7(6): 751 - 754.
18. 马力耕，崔素娟，徐小冬，等. 1998. 肌醇磷脂信号途径参与胞外钙调素启动花粉萌发和花粉管伸长[J]. 植物生理学报，24(2): 196 - 200.
19. 尚宏芹. 2011. 培养基成分对芍药花粉萌发及花粉管生长的影响[J]. 山地农业生物学报，30(4): 323 - 327.
20. 王改萍，杨洪宁，倪果果，等. 2009. 楸树等中梓属树种花粉离体培养条件下的研究[J]. 植物资源与环境学报，18(2): 34 - 42.
21. 吴开志，肖千文，廖运洪，等. 2008. 核桃花粉离体萌发的培养基研究[J]. 果树学报，25(6): 941 - 945.
22. 武喆，刘霞，张光星. 2010. 不同温度对胡萝卜花粉活力的影响[J]. 华北农学报，25(4): 116 - 118.
23. 徐进，陈天华，王章荣，等. 1998. 不同贮藏方法及光照对马尾松花粉活力的影响[J]. 南京林业大学学报，22 (3): 71 - 74.
24. 许珂，古松，江莎. 2008. 金银忍冬花粉离体萌发初探[J]. 热带亚热带植物学报，16(2): 109 - 115.
25. 杨中汉，廖祥儒. 1994. 照光对兰州百合花粉萌发和花粉管生长的影响[J]. 北京大学学报(自然科学版)，30 (2): 239 - 244.
26. 姚成义，赵洁. 钙和硼对蓝猪耳花粉萌发及花粉管生长的影响[J]. 武汉植物学研究，2004，22(1): 1 - 7.
27. 张绍铃，陈迪新，康琅，等. 2005. 培养基组分及 pH 值对梨花粉萌发和花粉管生长的影响[J]. 西北植物学报，25(2): 225 - 230.
28. 赵丽娟，李淑娟，于金海，等. 2011. 小黑杨花粉离体萌发和细胞学分析[J]. 林业科学，47(6): 36 - 41.

微生物菌肥对百合“叶烧病”的防治效果*

杨 爽[1,2] 崔 琪[1] 王中轩[1] 袁晓娜[1] 杜运鹏[1] 冯晶红[1] 贾桂霞[1]①
([1]花卉种质创新与分子育种北京市重点实验室，国家花卉工程技术研究中心，
城乡生态环境北京实验室，园林学院，北京林业大学，北京 100083；
[2]北方工业大学后勤集团，北京 100144)

摘要 采用3个不同的施肥处理：S1 为硝酸钙(0.2mmol·L^{-1}；S2 为微生物菌肥(0.3%)；S3 为硝酸钙(0.2mmol·L^{-1})与微生物菌肥(0.3%)的复合肥料；S0 为对照，进行‘Sorbonne’和‘Siberia’的施肥试验，探究微生物菌肥对百合叶烧病的防治效果。结果表明：在常规施加硝酸钙肥料时，加入微生物菌肥所形成的复合肥料对百合的生长及光合特性效果最为显著，表现为百合叶烧病指数有着显著降低，株高、茎粗、全株生物、茎生根长度、茎生根厚度和根系活力有着显著的增加；‘Sorbonne’的净光合速率(Pn)、蒸腾速率(Tr)和水分利用效率(WUE)分别比对照提高了35.20%、21.02%和11.71%；‘Siberia’的 Pn、Tr 和 WUE 分别比对照提高了38.97%、32.31%和5.03%。可见微生物菌肥可以有效地降低百合叶烧病的指数，对百合优质栽培的生长和光合生理特性的影响效果显著。

关键词 百合；叶烧病；微生物菌肥；硝酸钙；生长指标；光合生理特性

Control Effects of Biofertilizers on Upper Leaf Necrosis of Lilies

YANG Shuang[1,2] CUI Qi[1] WANG Zhong-xuan[1] YUAN Xiao-na[1]
DU Yun-peng[1] FENG Jing-hong[1] JIA Gui-xia[1]
([1]*Beijing Key Laboratory of Ornamental Plants Germplasm Innovation & Molecular Breeding, National Engineering Research Center for Floriculture, Beijing Laboratory of Urban and Rural Ecological Environment and College of Landscape Architecture, Beijing Forestry University, Beijing* 100083；
[2]*Logistics Group, North China University of Technology, Beijing* 100144)

Abstract Three different fertilization treatments were taken, including: the calcium nitrate (0.2mmol·L^{-1}) as S1; biofertilizers (0.3%) as S2; the compound fertilizer of calcium nitrate (0.2mmol·L^{-1}) and biofertilizers (0.3%) as S3; the black as S0. ‘Sorbonne’ and ‘Siberia’ were fertilized to research the effects of biofertilizers on growth and photosynthetic physiological of the lily. The results showed that calcium nitrate was applied in the conventional, and added biofertilizers as a compound fertilizer, which was significant effect on growth and photosynthetic characteristics of the lily. It expressed that height, stem diameter, whole plant biomass, stem root length, stem root thickness and root activity of the lily had a significant increasing; net photosynthetic rate(Pn), transpiration rate (Tr) and water use efficiency (WUE) of ‘Sorbonne’ were improved 35.20%, 21.02% and 11.71% compared with black, respectively; Pn, Tr and WUE of ‘Siberia’ were increased by 38.97%, 32.31% and 5.03%. The result showed that effects of growth and photosynthetic physiological characteristics of the lily were significant by biofertilizers in the high quality planting.

Key words Lilies; Upper leaf necrosis; Biofertilizers; Calcium nitrate; Growth indexes; Photosynthetic physiological characteristics

---

* 基金项目：林业公益性行业科研专项(201204609)。

第一作者：杨爽，博士。主要研究方向：园林植物遗传育种。电话：18600623587 Email：yangshuang2004@126.com 地址：100083 北京市海淀区清华东路35号北京林业大学园林学院。

① 通讯作者。贾桂霞，教授，博士生导师。主要研究方向：园林植物遗传育种。电话：010-62337752 Email：gxjia@bjfu.edu.cn 地址：同上。

百合(*Lilium* ssp.)是百合科(Liliaceae)百合属(*Lilium*)多年生球根草本植物(龙雅宜 等,1999)。百合的色彩丰富,花姿优美,寓意美好,颇受大家的喜爱。目前百合的栽培种类非常丰富,栽培面积不断扩大。然而,叶烧病一直是百合生产过程中的主要生理病害之一,在世界多个国家已被报道,目前已经成为影响百合切花和盆花质量的主要因素之一(Chang *et al.*, 2005)。前人通过冬季栽培在日光温室的百合品种'Pirate'和'Star Gazer'的研究发现:85%的东方百合开始出现叶烧病的症状是在植物生长到16~18cm,大约在种植后30~40d,此阶段是茎生根发生的关键时期,也是植株花蕾刚出现到花茎开始伸长的快速生长时期(Chang *et al.*, 2005; Berghoef *et al.*, 1981)。其发病过程如下:首先,幼叶稍向内卷曲,数天后,叶片上出现黄绿色到白色的斑点。若叶烧程度较轻,植株还可以正常生长,若叶烧严重,白色斑点随后可转变为褐色,叶片逐渐萎缩。在很严重的情况下,白斑转呈棕色,感染的叶片会从植株上脱落,同时幼芽干枯脱落。

目前,对于百合叶烧病的防治,多集中于控制种植环境和喷施化学肥料等手段对其进行防治。然而多次地施加化学肥料,会严重导致土壤养分不均衡、有机质含量降低、肥力下降,影响百合的品质。

微生物菌肥是近年来发展起来的一种新型肥料,它是一种多元素肥料,含有大量活的微生物,以微生物活动的产物来改善植物营养条件和生长环境(陈翔兰,2008)。在国外的园艺作物生产中,微生物菌肥,已成为一种公认的绿色肥料,可以增进土壤肥力,促进植物对土壤营养元素的吸收作用,得到了大面积的推广(Aseri et al, 2008; Dinesh et al, 2010; Fikrettin, 2011)。在国内,当前农业可持续发展形势下,很多蔬菜和作物都已经采用生物菌肥部分替代化肥的做法,增强植物抗病和抗旱能力,增加作物的产量,提高作物的质量(介晓磊 等,2010;黄鹏 等,2011),得到了非常显著的效果,有效地提高了蔬菜和作物的品质和产量(葛诚 等,1994;王明友 等,2003;雷春意,2007),对农业作物的产量意义极其深远。但是在花卉上对微生物菌肥的应用研究非常少。

目前,对百合施肥的研究多集中于化学肥料,有机基质等对百合长势和成花品质的影响(Chang et al, 2005;解占军 等,2010;冯冰 等,2010),而有关微生物菌肥对百合叶烧病的防治效果研究尚未涉及太多。因此,本文旨在探索微生物菌肥对百合优质栽培的生理指标的影响,揭示微生物菌肥对百合叶烧病的防治效果,以期为农业生产中百合的科学施肥提供技术依据,为实现高产、优质和高效百合栽培技术提供理论依据。

1 试验材料与方法

1.1 试验材料

试验植物材料为东方百合'Sorbonne'和'Siberia',周径均为16~18cm。微生物菌肥(2号)主要成分为枯草芽孢杆菌肥,为兴农宝典生物科技服务中心生产。其中枯草芽孢杆菌有效活菌数≥2亿/毫升。

1.2 施肥方法

供试百合种球在栽培箱(60cm×40cm)内定植,基质为草炭:珍珠岩:蛭石=7:3:1,每箱摆放10粒种球,每个品种种植24箱,种植深度15~20cm。先放入冷库(15℃)里低温生长2周,在第3周时,取长势相对整齐的百合置于北京林业大学科技有限公司的日光温室中。根据前人研究,选择硝酸钙和生物菌肥的最适浓度(李瑞芳,2010;Chang et al, 2004),对'Sorbonne'和'Siberia'两个东方百合品种采用3个不同的施肥处理:S0为对照;S1为硝酸钙(0.2mmol·L^{-1})每周灌根1次,从第7周开始,硝酸钙(0.2mmol·L^{-1})每2周灌根1次;S2为生物菌肥(0.3%)每周灌根1次,从第7周开始,每2周灌根1次;S3为复合肥料:硝酸钙0.2mmol·L^{-1}加上生物菌肥(0.3%)每周灌根1次,从第7周以后每2周灌根1次。

1.3 试验方法

1.3.1 叶烧的观测和统计

观测'Sorbonne'和'Siberia'的叶烧发生情况,并根据叶烧的分级标准将其分为6级(王茹云和陈元,2000)。同时,依据前人研究的叶烧指数公式,计算百合发生叶烧的指数:叶烧指数=Σ(叶烧级株数×代表级值)/(调查总株数×叶烧最严重一级的级值)×100%,式中,代表级值为叶烧级别数值。每一品种每一处理调查10株,试验重复3次。

1.3.2 生长指标测定

测定株高、茎粗和叶面积。株高的测量标准为茎杆的第1个叶痕处到冠层顶端的垂直高度,使用卷尺进行测量;茎粗的测量标准为植株的第1节间的直径,使用游标卡尺进行测量。使用叶面积测量仪测定叶面积,每一指标测量10株。

1.3.3 根系生长测定

用蒸馏水将百合的根系冲洗干净,使用游标卡尺和卷尺测定茎生根长度、茎生根厚度,然后取百合的茎生根根尖处2~5cm,采用TTC(氯化三苯基四氮唑)法测定根系活力(邹琦, 2000)。每个处理均重复3次。

1.3.4 光合指标测定

选择并标记植株上部3片完全展开叶(由上向下数第3~5片),于08:30~11:30,用Li-6400光合仪(美国LI-COR公司生产),使用LED红蓝光源叶室,直接测定‘Sorbonne’和‘Siberia’的净光合速率(Pn)和蒸腾速率(Tr),并根据公式: WUE = Pn/Tr,计算水分利用效率(WUE)。

1.3.5 试验数据分析

试验结果用Excel2003和SPSS13.0软件进行分析。

2 试验结果

2.1 不同施肥处理对百合叶烧病的影响

不同施肥处理对‘Sorbonne’和‘Siberia’的叶烧病发生均有一定的防治作用(图1)。叶烧病出现在现蕾期前,叶烧病最为严重的时间为百合种植后的第7周。‘Sorbonne’的叶烧病指数很高,几乎达到80%;而‘Siberia’在整个生长季仅少数发生轻微叶烧现象。

第7周时,S3施肥处理的效果最佳,‘Sorbonne’的叶烧指数得到控制,减少了62%;S2施肥处理的防治效果优于S1施肥处理的防治效果,未施加肥料的对照植株叶烧病指数最高、长势最弱,达到80%。对于第7周时‘Siberia’的对照植株的叶烧病指数为24%;喷施S1-S3施肥处理,‘Siberia’的叶烧病指数分别为3%、1.2%和1%。从而可以看出S3施肥处理的效果最佳,可以有效地帮助植株防治叶烧病。

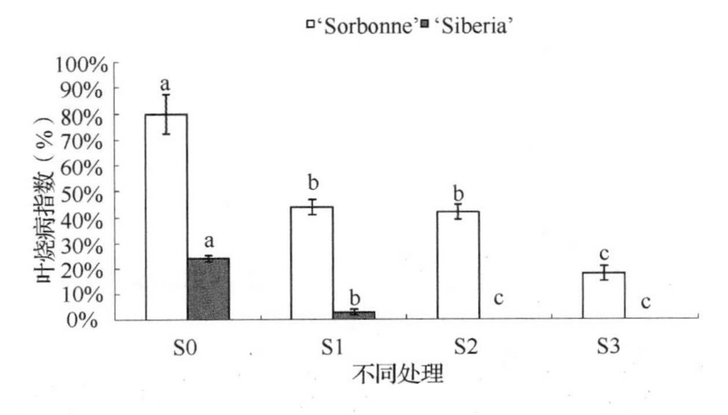

图1 同施肥处理对‘Siberia’和‘Sorbonne’的叶烧病指数的影响

Fig. 1 Effects of varied fertilization treatments on ULN index of ‘Siberia’ and ‘Sorbonne’

2.2 不同施肥处理对百合生长指标的影响

如图2所示,‘Sorbonne’在S1、S2和S3施肥处理下,株高分别比对照增加了5.06%、6.16%和9.01%;茎粗分别比对照增加了9.16%、17.94%和25.04%;全株生物量分别比对照增加了5.06%、9.39%和10.35%。‘Siberia’在S1、S2和S3施肥处理下,株高分别比对照增加了4.02%、4.61%和9.58%;茎粗分别比对照增加了2.17%、11.30%和17.70%;全株生物量分别比对照增加了8.35%、12.56%和16.10%。

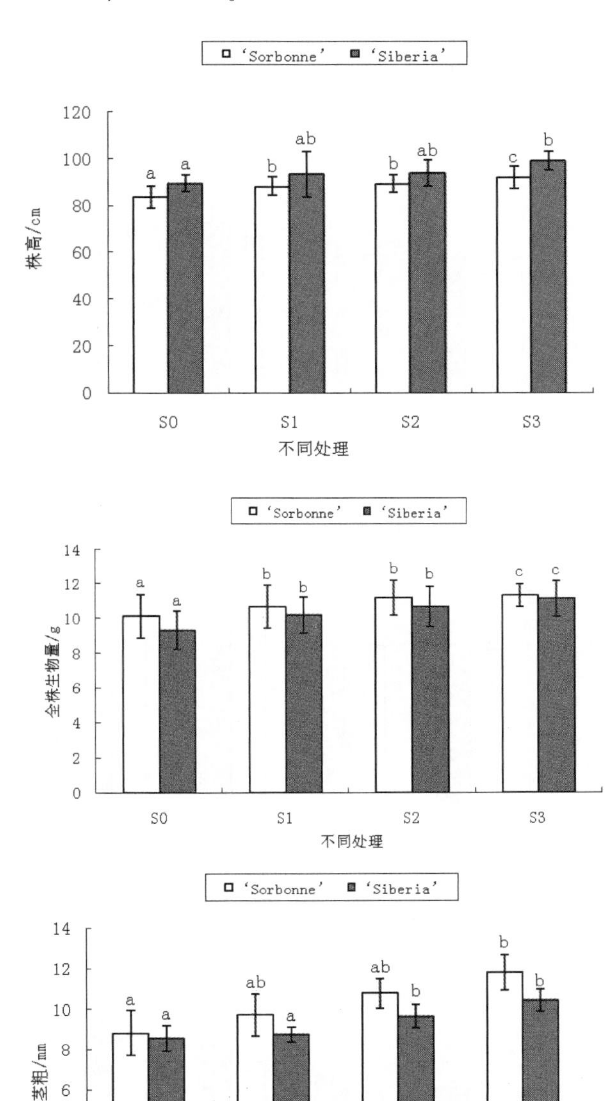

图2 不同施肥处理对‘Siberia’和‘Sorbonne’的生长指标的影响

Fig. 2 Effects of varied fertilization treatments on growth indexes of ‘Siberia’ and ‘Sorbonne’

2.3 不同施肥处理对百合根系生长的影响

从图3发现：'Sorbonne'在S1、S2和S3施肥处理下，茎生根长度分别比对照增加了9.40%、18.08%和21.20%；茎生根厚度直径分别比对照增加了8.69%、17.21%和21.20%。'Siberia'在S1、S2和S3施肥处理下，茎生根长度分别比对照增加了2.27%、12.24%和12.96%；茎生根厚度直径分别比对照增加了2.60%、3.85%和9.64%。

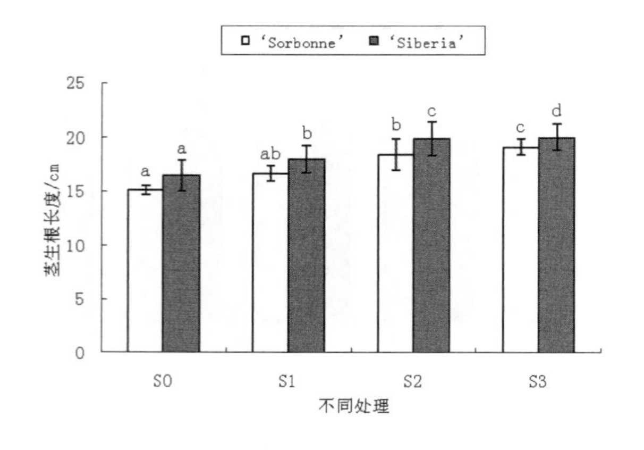

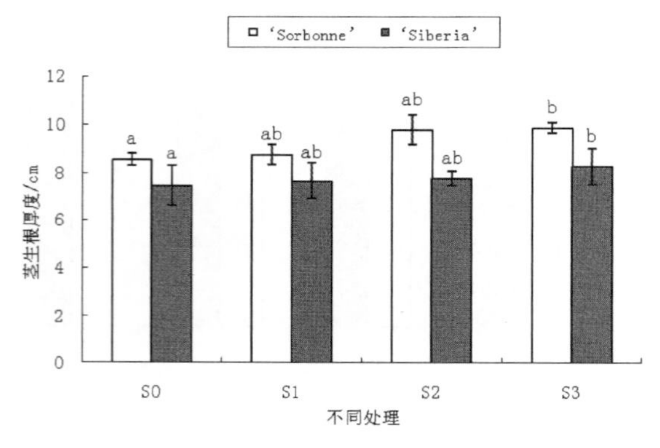

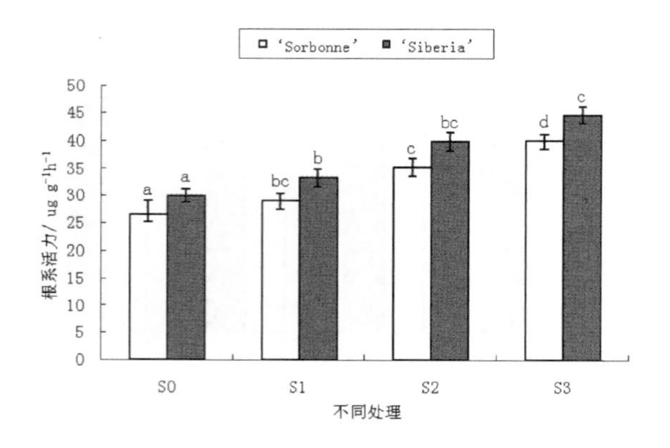

图3 不同施肥处理对'Siberia'和'Sorbonne'的根系生长指标的影响

Fig. 3 Effects of varied fertilization treatments on root growth indexes of 'Siberia' and 'Sorbonne'

不同施肥处理对根系活力影响存在极显著性的差异（$P<0.05$），'Sorbonne'在S3施肥处理下，根系活力达到40.00μg·g^{-1}·h^{-1}。'Sorbonne'在S1、S2和S3施肥处理下，根系活力分别比对照S0的根系活力极显著增加了8.96%、24.78%和33.67%；'Siberia'在S3施肥处理下，根系活力达到44.62μg·g^{-1}·h^{-1}。'Sorbonne'在S1、S2和S3施肥处理下，根系活力比对照S0的根系活力显著增加了10.00%、24.58%和32.65%。不同施肥处理对'Siberia'根系活力影响的大小顺序为：S3 > S2 > S1 > S0。

2.4 不同施肥处理对百合净光合速率的影响

植物代谢主要包括物质代谢和能量代谢，而物质和能量的基础是光合与呼吸。光合作用是植物重要的特征之一，它受外界环境条件和内部因素的共同制约（冯冰 等，2010）。对百合进行不同的施肥处理，促进了植物光合作用的进行。'Sorbonne'的3种施肥处理，对提高净光合速率（Pn）的效果显著，S3施肥处理下的'Sorbonne'的Pn（9.38μmol·m^{-2}·s^{-1}）最大，S1－S3处理分别比对照S0的Pn显著增加了10.47%、30.23%和35.20%；S3施肥处理下的'Siberia'的Pn（8.81μmol·m^{-2}·s^{-1}）最大，S1－S3处理分别比对照S0的Pn极显著地增加了26.22%、36.82%和38.97%（图4）。

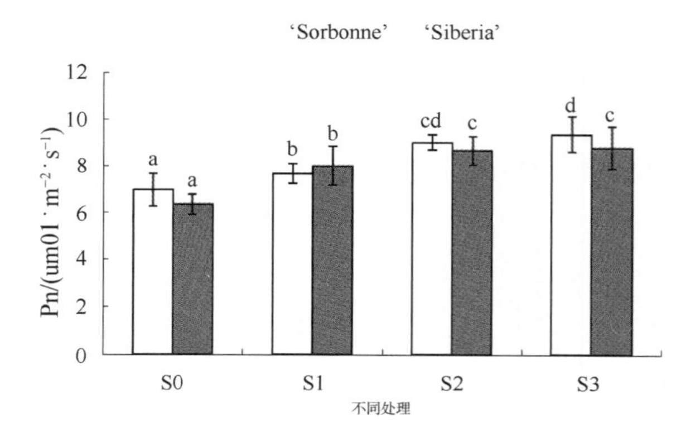

图4 不同施肥处理对'Siberia'和'Sorbonne'的净光合速率的影响

Fig. 4 Effects of varied fertilization treatments on Pn of 'Siberia' and 'Sorbonne'

2.5 不同施肥处理对百合蒸腾速率的影响

蒸腾作用是指水分从活的植物体表面以水蒸气状态散失到大气中的过程（李合生，2002）。不同施肥处理对百合蒸腾速率的影响，表现出与光合速率相同的变化规律（图5），'Sorbonne'的3种施肥处理，对提高蒸腾速率（Tr）的效果显著，S3施肥处理下的

‘Sorbonne’的 Tr 达到 9.38μmol · m^{-2} · s^{-1}，S1 - S3 处理分别比对照 S0 的 Tr 显著增加了 5.22%、15.71% 和 17.37%；S3 施肥处理下的‘Siberia’，Tr 达到 8.81μmol · m^{-2} · s^{-1}，S1 - S3 处理分别比对照 S0 的 Tr 显著增加了 18.53%、23.41% 和 24. 42%。

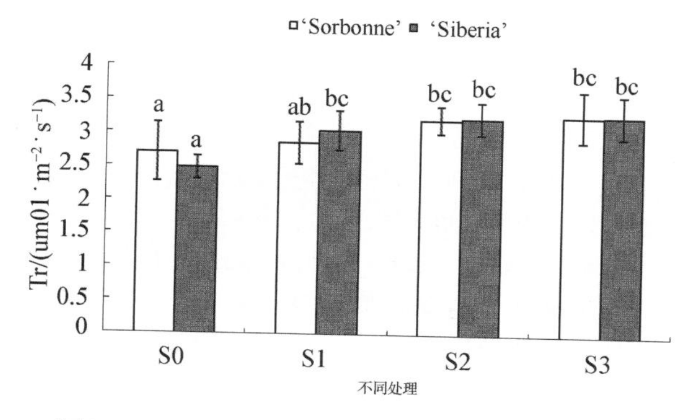

图 5 不同施肥处理对‘Siberia’和‘Sorbonne’的蒸腾速率的影响

Fig. 5 Effects of varied fertilization treatments on Tr of ‘Siberia’ and ‘Sorbonne’

2.6 不同施肥处理对百合水分利用效率的影响

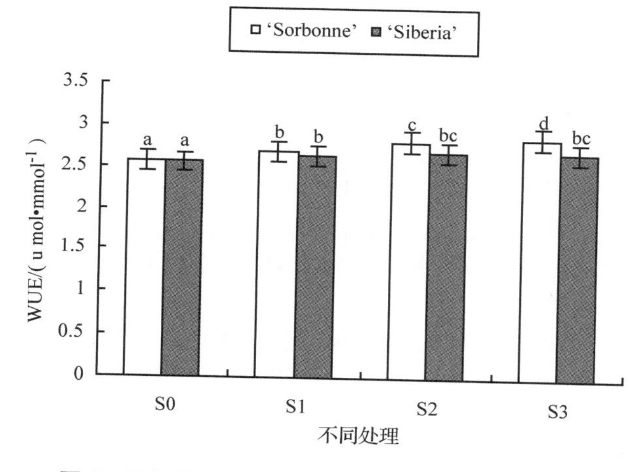

图 6 不同施肥处理对‘Siberia’和‘Sorbonne’的水分利用效率的影响

Fig. 6 Effects of varied fertilization treatments on WUE of ‘Siberia’ and ‘Sorbonne’

如图 6 所示，‘Sorbonne’在 S1、S2 和 S3 施肥处理下，水分利用效率（WUE）分别比对照提高了 4.71%、9.76% 和 11.71%；‘Siberia’在 S1、S2 和 S3 施肥处理下，水分利用效率（WUE）分别比对照提高了 5.03%、4.79% 和 2.82%。不同施肥处理对‘Sorbonne’和‘Siberia’的 WUE 影响的大小顺序为：S3 > S2 > S1 > S0。

3 讨论

生物菌肥由于含有大量的生物菌，不但可以改善土壤的理化性状，提高土壤有机质的含量，而且还具有解钾、释磷、固氮的功能。生物菌肥施入土壤后，生物菌很快增殖，形成群体优势分解土壤中被固定的且植物不能吸收利用的氮、磷、钾，并固定空气中游离的氮，供植物吸收利用（王福祥，2005）。

本研究通过 3 种不同的施肥方法结果显示：施加微生物菌肥和硝酸钙复合肥 > 微生物菌肥 > 硝酸钙 > 对照。在百合种植过程中，施加硝酸钙为常规的肥料类型。前人在研究百合生长过程中发现，直接施加钙肥可有效地提高百合抗叶烧病的能力（Berghoef，1986；Berghoef et al，1981；Chang et al，2003），但是长期大量使用此种肥料可能会对植物产生毒害作用。而微生物菌肥作为一种新型肥料，同样可以提高百合抗叶烧病的能力，并且长期使用，可以调节土壤的营养物质均衡，抑制土壤中残留的病菌，效果优于硝酸钙。

在常规施加硝酸钙肥料时，加入微生物菌肥所形成的复合肥料对百合的生长影响效果显著，表现为‘Sorbonne’的株高、茎粗、全株生物量、茎生根长度、茎生根厚度和根系活力分别比对照提高了 9.01%、25.04%、10.35%、21.20%、21.20% 和 33.67%；‘Siberia’的株高、茎粗、全株生物量、茎生根长度、茎生根厚度和根系活力分别比对照提高了 9.58%、17.70%、16.10%、12.96%、9.64% 和 32.65%。复合肥料的使用，既能体现出钙离子对百合细胞结构生长、根系生长，以及百合抗逆性方面的重要作用（Chang et al，2004；Chang et al，2005）；也能体现出微生物菌肥能够通过生物菌的活动，改善土壤的理化性状，提高土壤有机质的含量，促进植物吸收利用的重要作用。

施加微生物菌肥，可以达到施加其他肥料，如氮肥、钾肥和磷肥等提高植株的光能利用率和生产力的作用（王福祥，2005；王冉 等，2011），本研究百合的优质栽培中，在常规施加硝酸钙肥料时，加入微生物菌肥所形成的复合肥料对百合的光合生理特性影响效果显著，包括百合的净光合速率、蒸腾速率和水分利用效率，推测生物菌肥与硝酸钙混合施加的复合肥为百合的优质栽培供应了充足适量的养分，活化土壤中的营养成分，增强茎生根的生根能力和根系活力，促进百合根系发达，进一步增强了百合的光合能力，提高叶片瞬时水分利用效率，提高了百合的商品品质（黄鹏 等，2011；王明友 等，2003；雷春意，2007）。这与很多蔬菜和作物采用的生物菌肥部分替代化肥的做法，得到的非常显著的效果基本一致(何永梅 等，2009)。

'Sorbonne'和'Siberia'是北京地区的主要百合切花品种，本试验通过对夏季东方百合的不同的施肥处理，筛选出硝酸钙(0.2mmol·L^{-1})与微生物菌肥(0.3%)的复合肥料的效果最显著，为北京地区设施生产中百合的优质生产提供技术参考，为实现高产、优质和高效百合栽培技术提供了理论依据。

参考文献

1. Aseri, G. K., Jain, N., Panwar, J., Rao, A. V., Meghwal, P. R.. 2008. Biofertilizers improve plant growth, fruit yield, nutrition, metabolism and rhizosphere enzyme activities of Pomegranate (*Punica granatum* L.) in Indian Thar Desert [J]. *Scientia Horticulturae*, 117, 130-135.

2. Berghoef, J.. 1986. Effect of Calcium on Tipburn of *Lilium* 'Pirate'[J]. *Acta Hort.* 177: 433-438.

3. Berghoef, J., G. S. J. Kappelhof, and B. Willems.. 1981. Control of leaf scorch on lilies, cv. Pirate, requires further research[J]. *Vakblad voor de Bloemisterij*, 8: 22-23.

4. Chang, Y. C., Grace-Martin, K., Miller, W. B.. 2004. Efficacy of Exogenous Calcium Applications for Reducing Upper Leaf Necrosis in *Lilium* 'Star Gazer'[J]. *HortScience*, 39: 272-275.

5. Chang, Y. C., Miller, W. B.. 2003. Growth and Calcium Partitioning in *Lilium* 'Star Gazer' in Relation to Leaf Calcium Deficiency[J]. *J. Am. Soc. Hortic. Sci.*, 128: 788-796.

6. Chang, Y. C., Miller, W. B.. 2004. The Relationship between Leaf Enclosure, Transpiration, and Upper Leaf Necrosis on *Lilium* 'Star Gazer'[J]. *J. Am. Soc. Hortic. Sci.*, 129: 128-133.

7. Chang, Y. C., Miller, W. B.. 2005. [J]. The Development of Upper Leaf Necrosis in *Lilium* 'Star Gazer'[J]. *J. Am. Soc. Hortic. Sci.*, 130: 759-766.

8. 陈翔兰. 2008. 生物菌肥的作用及推广应用前景[J]. 内蒙古农业科技, (4): 96.

9. Dinesh, R., Srinivasan, V., Hamza, S., Manjusha, A.. 2010. Short-term incorporation of organic manures and biofertilizers influences biochemical and microbial characteristics of soils under an annual crop [Turmeric(*Curcuma longa* L.)] [J]. *Bioresource Technology*, 101, 4697-4702.

10. 冯冰，任爽英，黄璐，等. 2010. 东方百合品种'Siberia'切花生产中替代泥炭的基质研究[J]. 园艺学报, 37(10): 1637-1644.

11. 冯建灿，张玉洁，张秋娟，等. 2002. 干旱胁迫与抗蒸腾剂对喜树几项生理指标及喜树碱含量的影响[J]. 河南农业大学学报, 36(2): 138-143.

12. Fikrettin, S.. 2011. Development and application of biofertilizers and biopesticides for crop production and protection [J]. *Current Opinion in Biotechnology*, 22, (1): 29-30.

13. 葛诚，吴薇. 1994. 我国微生物肥料的生产、应用及问题[J]. 中国农学通报, (3): 24-28.

14. 何永梅，肖建桥. 2009. 几种微生物肥料在蔬菜生产上的正确应用[J]. 南方农业, 1: 36-38.

15. 黄鹏，何甜，杜娟. 2011. 配施生物菌肥及化肥减量对玉米水肥及光能利用效率的影响[J]. 中国农学通报, 27(3): 76-79.

16. 介晓磊，王镇，化党领，等. 2010. 生物有机肥对土壤氮磷钾及烟叶品质成分的影响[J]. 中国农学通报, 26(01): 109-114.

17. 解占军，王秀娟，李守柱，等. 2010. 不同施肥品种对百合生长发育的影响[J]. 北方园艺, 12: 94-95.

18. 雷春意. 2007. 微生物肥料在不同作物上的应用效果[J]. 内蒙古农业科技, 4: 66-67.

19. 李合生. 2002. 现代植物生理学[M]. 北京：高等教育出版社, 129-137.

20. 李瑞芳. 2010. 设施百合品种筛选指标与优质栽培技术的研究[D], 北京林业大学研究生论文, 40-57.

21. 龙雅宜，张金政，张兰年. 1999. 百合——球根花卉之王[M]. 北京：金盾出版社.

22. 王福祥. 2005. 生物菌肥的功效特点与应用技术[J]. 农业科技通讯, 5: 7.

23. 王明友，李光忠，杨秀凤，等. 2003. 微生物菌肥对保护地黄瓜生育及产量、品质的影响研究初报[J]. 土壤肥料, (3): 38-41.

24. 王冉，何茜，丁晓纲，等. 2011. N素指数施肥对沉香苗期光合生理特性的影响[J]. 北京林业大学学报, 33(6): 58-64.

25. 王茹云，陈元. 2000. 百合叶烧生理现象研究[J]. 云南林业科技. 90(1): 30-32.

26. 张志良，瞿伟菁. 2003. 植物生理学实验指导[M]. 北京：高等教育出版社.

27. 邹琦. 2000. 植物生理学实验指导[M]. 北京：中国农业出版社, 80-82, 119-120, 137-138.

三个勋章菊品种的抗寒性比较

周思聪　高婷婷　郑思唯　陆小平①
（苏州大学金螳螂建筑学院，苏州 215123）

摘要　以国外 3 个引进的勋章菊品种‘白火焰’‘黄火焰’和‘鸽子舞’为试验材料，观察各品种在不同低温（－4、－2、0、2、4、6℃）下的形态变化、用电导法测定叶片的电解质外渗率。对测定的数据进行 Logistic 方程拟合，确定回归方程并计算 3 种勋章菊品种的半致死温度。结果表明‘白焰’‘黄焰’‘鸽子舞’的半致死温度分别为：－2.93℃、－2.59℃、－2.96℃。该试验结果为勋章菊的引种驯化以及景观应用提供了一定的理论支撑。

关键词　勋章菊；抗寒性；电解质外渗率；半致死温度（LT_{50}）

The Compare of Cold-resistance between Three *Cazania rigens* L. Varieties

ZHOU Si-cong　GAO Ting-ting　ZHENG Si-wei　LU Xiao-ping
（*Gold Mantis School of Architecture*，*Soochow University*，*Suzhou* 215123）

Abstract　The cold－resistance of three *Cazania rigens* L. Varieties（‘Big kiss Yellow Flame’，‘Big Kiss White Flame ’and ‘Gazoo Red With Ring’）which were introduced from the other countries at different low temperatures was studied. After place them under different temperatures，then determine all varieties morphological indicators and the electrolyte leakage rate（REC）. The curves of REC against different treatment of temperatures were represented using Logistic equation，from the equation we could calculate the semi－lethal temperature（LT_{50}）of every variety. The results show that the LT_{50} of ‘Big kiss Yellow Flame’，‘Big Kiss White Flame ’and ‘Gazoo Red With Ring’ are：－2.93℃，－2.59℃，－2.96℃.

Key words　*Cazania rigens* L.；Cold resistance；Relative electric conductivity（REC）；Semi-lethal temperature（LT_{50}）

勋章菊（*Cazania rigens* L.）属于菊科勋章菊属，为多年生草本植物，勋章菊花形独特，花瓣通常具有颜色较深的眼斑，整个花序极似勋章的形状，而且其花色艳丽多彩。正是由于勋章菊的这些特点，使其独具特色，而且颇富野趣，从而成为园林绿化以及家庭园艺中的常用花种[1]。

抗寒性是指植物能够抵御 0℃左右低温的特性。当植物遭受低温胁迫时，其生命能力、代谢功能等都受到严重影响，因而低温胁迫作为一种非生物胁迫引起学者们的广泛关注。而测定植物的抗寒性，能够在很大程度上判断植物对低温的适应能力，从而为物种的引种驯化以及生产应用提供一定的理论支撑。在菊花的抗寒性方面，很多学者都做了大量的研究，李云[2]等探讨了在低温环境下秋白菊所发生的适应性生理生化变化；郑路[3]等探讨了菊花的营养特性和抗寒性之间的关系。然而关于勋章菊的抗寒性方面的报道较少，更缺乏其半致死温度的相关研究。

关于植物的抗寒性研究，较为精确的测定植物组织的半致死温度（LT_{50}）具有十分重要的理论以及实践价值。朱根海[4]等通过研究发现，通过电导法测定不同温度下植物组织的电解质外渗率（REC），其数值与温度之间的关系曲线呈现“S”形，而且温度与电解质外渗率之间呈现负相关的趋势，即随着温度的降低，植物组织的相对电导率则逐渐增高。为了更加清晰地了解两者之间的关系，运用 Logistic 回归方程拟合二者之间的曲线方程，并计算“S”形曲线的拐点温度，该拐点数值的实际意义即为植物的半致死温度。近年来采用电导法与 Logistic 方程来确定植物组织低温半

＊　项目资助：市科技支撑计划（农业）项目（SNG201409）。
①　通信作者。Author for correspondence（E－mail：longzs@suda.edu.cn）。

致死温度的方法应用较为广泛，尤其在木本植物应用较多，例如对于梨[5]、葡萄[6]、柑橘[7]等植物都有较多的研究，但是该方法应用于草本类植物的研究则较少。本研究以不同低温(－6、－4、－2、0、2、4、6℃)处理盆栽勋章菊植株，测定各自的相关形态指标，并探讨温度与电解质外渗率之间的关系，确定勋章菊的低温半致死温度，以期为勋章菊的引种驯化、抗寒育种及景观应用提供理论依据。

1　材料与方法

1.1　供试材料

本试验时间为2015年10月至2016年5月。试验材料为苏州大学金螳螂建筑学院栽培生理实验室从国外引进的3个勋章菊品种，分别为：‘大笑’，又称‘黄色火焰’(‘Big kiss Yellow Flame’)产于美国；‘热吻’，又称‘白色火焰纹’(‘Big Kiss White Flame’)产于美国、‘鸽子舞’(‘Gazoo Red With Ring’)产于荷兰，以下分别简称为‘黄焰’‘白焰’和‘鸽子舞’。引进的种子均在苏州大学独墅湖校区园艺实训基地进行播种、繁殖。待其长至成苗，移至盆中，以盆栽的方式保存于实训基地，供试验所用。

1.2　试验方法

1.2.1　低温处理

选择长势相近的盆栽勋章菊，用海尔Fcd－270SEN型卧式冷藏冷冻柜制冷，并用WMZK－01温度指示控制仪调控温度(精确到±0.5℃)，将试验材料置于不同低温(－6、－4、－2、0、2、4、6℃)的冰箱中连续处理24h，同一品种在每个温度梯度下处理3株植物。以室温(25℃)下放置的盆栽植物作为对照(CK)。

1.2.2　相关指标的测定

电导率测定参照朱根海等人的方法进行[4]。将处理过的植物材料取出，选取完整、无病虫害、叶龄相似的叶片进行检测分析，设置3次重复。用去离子水仔细清洗叶片表面，去除泥土与污渍，防止其对电导率产生干扰，并用滤纸吸干叶片表面残留的水分，晾干。之后用直径为6mm的打孔器取样，将打孔圆片混合，随机选取30个圆片放入玻璃瓶中，并加入去离子水10ml。用真空抽气泵对植物叶片进行抽真空处理，使叶片中的电解质充分渗出。此后采用DDS－llA型电导仪测定抽真空后的溶液的电导率S_1，以代表冷冻后的离体叶片细胞电解质的外渗值。最后将装有待测溶液的玻璃瓶置于沸水中水浴30min，静置冷却至室温，同样用DDS－llA型电导仪测定植物细胞完全被破坏后的溶液电导率S_2，以代表离体叶片细胞的电解质总量。并以所使用的去离子水的电导率L_{ck}作为对照，以下列公式计算电解质外渗率：

$$\text{电解质外渗率}=\frac{S_1-L_{ck}}{S_2-L_{ck}}\times 100\%$$

1.2.3　数据分析

用IBM SPSS Statistics 22软件分析温度与电解质外渗率之间的关系曲线，采用Logistic方程对数据进行相应的回归分析，计算拐点温度，其实际意义即表示试验植物的半致死温度。

2　结果与分析

2.1　不同温度处理后各品种植株的形态表型

经不同低温处理后，供试材料的形态发生相应的变化，而且随着温度的不断降低，植物的形态变化也越来越明显。结果表明在当温度在0℃以上时，植物的各个形态指标相对正常，叶片颜色鲜艳为鲜绿色，表面无水渍，花梗挺立(图1a)。而经0℃以下的低温处理后，试验材料的形态发生明显的变化，叶片萎蔫，颜色逐渐变褐，表面开始出现水渍，花枝逐渐下垂(图1b)。在－4℃时，植物叶片已明显软烂，叶色变为深褐色，叶片表面存在大量水渍(图1c)。同一温度处理下的3个品种之间的表现差异不大，其中‘黄焰’的受害情况相比于‘白焰’以及‘鸽子舞’来说更为严重，因而初步判断‘黄焰’的抗寒能力可能偏弱。各个温度下的植物组织形态变化参见表1。

图1　‘黄焰’经不同温度处理后的表型

Fig. 1　The morphological indicators of ‘Big kiss Yellow Flame’ after treating under different temperature

注：(a)处理温度为2℃；(b)处理温度为－2℃；(c)处理温度为－4℃

表1　3个勋章菊品种经不同温度处理后的形态表型

Table 1　The morphological indicators of 3 *Cazania rigens* L. cultivars after treating under different temperature

品种 Cultivars	处理温度(℃) Treating temperature (℃)				
	4	2	0	-2	-4
白焰 Big kiss White Flame	叶片新鲜，叶色正常	叶片颜色稍暗，花梗挺立	叶片颜色稍稍变深，花梗挺立	叶片表面有部分水渍，叶片萎蔫颜色变暗，花梗部分下垂	叶片完全萎蔫，表面有大量水渍，颜色变褐，花梗完全下垂
黄焰 Big kiss Yellow Flame	叶片新鲜，叶色正常	叶片颜色稍暗，花梗挺立	叶片颜色明显变深，叶柄稍有变化，花梗下垂	叶片表面有明显水渍，叶片萎蔫颜色变暗，花梗下垂明显	叶片完全萎蔫，表面有大量水渍，颜色变褐，花梗完全下垂
鸽子舞 Gazoo Red With Ring	叶片新鲜，叶色正常	叶片颜色稍暗，花梗挺立	叶片颜色稍暗，花梗挺立	叶片表面有部分水渍，叶片萎蔫颜色变暗，花梗部分下垂	叶片完全萎蔫，表面有大量水渍，颜色变褐，花梗完全下垂

2.2　不同温度处理对电解质外渗率的影响

对不同品种进行不同低温处理，并测定其相对电导率，从测定结果(表2)可以看出，随着处理温度的不断降低，植物叶片的相对电导率不断增高。与对照组25℃下的相对电导率相比，在6℃、4℃、2℃的温度处理下，植物叶片的相对电导率变化不大，维持在20%以下，而在-2℃相对电导率迅速增加达到了60%左右，在-4℃相对电导率达到70%，此外相对电导率的增长速度呈现慢-快-慢的变化趋势。

表2　不同温度下植物叶片的相对电导率

Table 2　The REC of 3 *Cazania rigens* L. cultivars after treating under different temperature

品种 Cultivars	不同温度下植物叶片的相对电导率(%) Electrolyte leakage rate (%)							
	25	6	4	2	0	-2	-4	-6
白焰 Big kiss White Flame	15.33	15.86	16.14	18.03	19.9	62.31	71.99	78.67
黄焰 Big kiss Yellow Flame	14.7	17.32	19.33	25.5	29.68	65.65	79.37	85.38
鸽子舞 Gazoo Red With Ring	13.17	15.37	18.3	18.61	20.29	53.22	69.04	73.93

将该测定数据以折线图的形式表示(图2)，我们可以清晰地看到，在6℃至0℃之间，植物叶片的相对电导率变化平缓，而从0℃降至-2℃时，植物叶片的相对电导率迅速增加，而从-2℃至-6℃植物叶片的相对电导率增长速度逐渐降低。

结果表明，当温度不断降低时，低温胁迫对植物细胞的损伤率不断加大，植物细胞的细胞膜通透性逐渐增大，细胞内含物随之不断进入细胞间隙，从而使得测得的相对电导率不断提高。根据该趋势进行进一步的预测，当温度不断降低时，叶片相对电导率将继续增大，最终植物组织的质膜完全被破坏，细胞内含物完全渗出，相对电导率接近100%。试验结果与形态观察结果相一致。

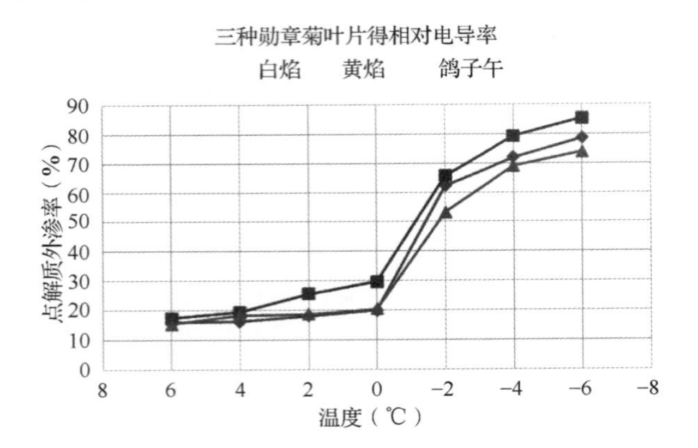

图 2 不同低温处理后植物叶片的相对电导率

Fig. 2 The changes of REC with different temperature of leaves of *Cazania rigens* L.

2.3 三个品种半致死温度的确定

朱根海[4]等报道在不同低温处理下，植物的相对电导率曲线与温度的关系呈现为S形曲线，运用Logistic方程对该曲线进行回归分析，计算S形曲线的拐点温度，该温度的实际意义即为植物组织的低温半致死温度，其中半致死温度(LT_{50})是衡量植物抗寒性强弱的重要指标之一。电导法结合Logistic方程计算半致死温度(LT_{50})的方法具有简捷、精确的优点，该方法现阶段已广泛应用于多种植物材料的抗寒性研究中。Logistic方程是一个典型的S形曲线方程，在抗寒性研究中其具体的拟合方法为：

$$\hat{Y} = \frac{K}{1 + ae^{-bx}}$$

$$K = \frac{y_2^2(y_1 + y_3) - 2y_1y_2y_3}{y_2^2 - y_1y_3}$$

（该方程中y代表相对电导率，y_1、y_2、y_3表示测定数据中等距离的3个点所对应的y值。）

半致死温度的计算：依据数学原理，拐点即为当$\frac{d^2y}{dx^2} = 0$时的x值，对方程进行二次求导，令导数值为零，方程可以简化为：$x = \frac{\ln a}{b}$。表3为3个勋章菊品种经Logistic方程回归分析后所得的回归方程的各参数值、相应的回归方程以及依据该方程计算所得的拐点温度。结果表明'白焰''黄焰''鸽子舞'的半致死温度分别为－2.93℃、－2.59℃、－2.96℃。该结果表明这3个勋章菊品种的半致死温度差异不大，其中'黄焰'的抗寒性稍弱，该结果与形态指标的观察结果一致。

表 3 基于低温处理后电解质外渗率的 Logistic 回归方程

Table 3 Logistic equation on effect of low－temperature on electrolytic leakage of three cultivars

品种 Cultivars	曲线参数 Indexes of regression equation					F值	P值
	a	b	回归方程 Regression equation	LT_{50}(℃)	R^2 Correlation efficient		
白焰 Big kiss White Flame	0.032	1.175	$Y = \frac{1}{1 + 0.032e^{-1.175x}}$	－2.93	0.902	28.453**	0.0031
黄焰 Big kiss Yellow Flame	0.049	1.165	$Y = \frac{1}{1 + 0.049e^{-1.165x}}$	－2.59	0.937	74.078**	0.0017
鸽子舞 Gazoo Red With Ring	0.032	－1.162	$Y = \frac{1}{1 + 0.032e^{-1.162x}}$	－2.96	0.893	34.457**	0.0024

结果表明，不同品种勋章菊的回归方程的各个参数值存在一定的差异，相关系数R^2的变化范围在0.89～0.94之间，明显大于相关系数的显著性临界值0.7084，表明温度与电解质外渗率遵循Logistic方程的变化规律。同时，对所求的曲线方程进行方差分析，其F值均达到极显著水平，这表明在该抗寒性研究中求得的Logistic方程的拟合效果较好。因此，该结果可以作为3个供试勋章菊品种的抗寒指标。

3 讨论

3.1 不同温度下植物各种形态指标的变化

对3个勋章菊品种进行了不同温度的处理，结果表明，随着温度的不断降低，各植株在形态上都发生了明显的变化，主要包括叶色不断加深变褐、叶片逐渐萎蔫，表面逐渐出现水渍、叶柄逐渐软化、花梗逐渐下垂、植株逐渐出现异味等。这表明随着温度的不断降低，低温对植物的损伤也逐渐增大，当达到一定低温时，植物将无法正常生长。形态指标能够在一定程度上表示植物的受害程度，这与许多研究者的测定结果是一致的[9]。

3.2 不同温度下植物组织的电解质外渗率的变化

植物细胞间隙和细胞壁中的液体是电流的通道，随着细胞膜透出的电解质不断增多，相应的电解质外渗率就不断增高[12]。一般情况下，植物组织的细胞膜具有选择透过性，其电解质外渗率将维持在一个恒定的范围，当植物遭受低温胁迫时，细胞膜结构受到破坏，细胞膜选择透性不断丧失，通透性不断增强，这样就使得大量电解质从细胞内部转移至细胞间隙，从而使得电解质外渗率的数值不断增加。但对于抗寒能力较强的植物来说，其能够抵御较低的温度，保护细胞的各个结构不易被破坏，仍然维持正常的代谢活动，也就是说，抗寒性较强的植物在一定的低温范围内细胞膜的通透性仍然较强，其电解质外渗率也相对较低。

通过不同温度处理的试验材料，其电解质外渗率也有很大变化，我们的结果表明，随着温度的降低，电解质外渗率逐渐上升，而且上升幅度呈现慢快慢的趋势。这与许多研究者的试验结果相一致[10-11]。此外对比3种勋章菊品种，黄焰’的电解质外渗率增幅较大，而‘白焰’‘鸽子舞’增幅相对较小。

3.3 应用Logistic方程估计植物的半致死温度

朱根海[4]等人经过研究表明应用电导法结合Logistic方程求拐点温度能较准确地计算出植物组织的低温半致死温度，这一方法在多种植物的抗寒性研究上取得良好的结果。应用电导法测定经过不同低温处理过的植物组织，可得到温度与电解质外渗率的关系曲线，该曲线普遍呈现“S”形。而“S”形曲线的拐点温度则可能代表了造成植物组织细胞膜发生不可逆损伤的临界温度，即植物组织的低温半致死温度（LT_{50}）。

本文经过测定不同温度下的植物组织电导率，并用软件模拟温度与电解质外渗率之间的曲线方程，得到3个勋章菊品种的Logistic回归方程。对方程进行二次求导，令导数为0，即当 $x = \ln a/b$ 时求得的x值即为拐点温度，其实际意义是植物组织的低温半致死温度（LT_{50}）。经试验分析得到3个勋章菊品种‘白焰’‘黄焰’‘鸽子舞’的低温半致死温度分别为：-2.93℃、-2.59℃、-2.96℃。而且回归方程的相关系数 R^2 均在0.7084以上，进行方差检验，相关性均达到极显著水平，表明所得回归方程的拟合效果较好，求得的 LT_{50} 是可靠的。

参考文献

1. 杨俊杰，付红梅. 2008. 勋章菊栽培技术要点[J]. 农业工程技术：温室园艺，(6)：61-62.
2. 李云，杨际双，张钢，等. 低温锻炼对低温胁迫下菊花生理活性的影响[J]. 华北农学报，2009，24(4)：179-182.
3. 郑路，傅玉兰，陈树桃，等. 1994. 菊花抗寒性与营养特性的研究[J]. 园艺学报，21(2)：185-188.
4. 朱根海，刘祖祺，朱培仁. 1986. 应用Logistic方程确定植物组织低温半致死温度的研究[J]. 南京农业大学学报，(3)：11-16.
5. 孙秉钧，黄礼森，李树玲. 1987. 利用电解质渗出率方法测定梨的耐寒性[J]. 中国果树，(2)：15-18.
6. 贺普超，牛立新. 我国葡萄野生种质资源的抗寒性分析[J]. 园艺学报，1982，(3)：17-21.
7. 罗正荣，章文才. 1994. 应用Logistic方程测定柑橘抗冻力的探讨[J]. 果树科学，11(2)：100-102.
8. 李合生. 2000. 植物生理生化实验原理和技术[M]. 北京：高等教育出版社，
9. 王荣富. 1987. 植物抗寒指标的种类及其应用[J]. 植物生理学通讯，03：49-55.
10. 仲强，康蒙，郭明，等. 2011. 浙江天童常绿木本植物的叶片相对电导率及抗寒性[J]. 华东师范大学学报(自然科学版)，(4)：45-52.
11. 孙程旭，曹红星，陈思婷，等. 2009. 应用电导率法及Logistic方程测试蛇皮果抗寒性研究. 江西农业学报，(4)：33-35.
12. 舍戈. 1991. 未结冰低温胁迫下小麦叶细胞质膜透性的变化进程及性质[J]. 植物生理学报，(3)：295-300
13. 李叶峰，李强，王彩晨，等. 2011. 勋章菊抗寒性研究[J]. 江苏农业科学，39(4)：186-188.

基质对江南地区油用牡丹生长的影响*

王宁杭[1] 邱帅[2] 潘兵青[1] 林城妤[1] 麻芳芳[1] 朱向涛[1]
（[1]浙江农林大学暨阳学院，诸暨 311800；[2]杭州园林绿化股份有限公司，杭州 311200）

摘要 为研究不同基质对江南油用牡丹生长状况的影响，选择 7 种不同基质进行栽植试验，分别为普通基质、泥、竹粉、沙、普通基质 + 竹粉(1∶1)混合土、普通基质 + 沙(1∶1)混合土以及竹粉 + 沙(1∶1)混合土。结果表明：不同基质的苗木在株高、地径、冠幅、花径、花瓣数之间存在显著差异。沙中的牡丹成活率最高，为 100%，竹粉中的牡丹开花率最高，为 67.05%。综合各项数据后可得江南油用牡丹在竹粉、沙子中栽培效果最好。
关键词 油用牡丹；基质；生长状况

Effects of Substrate on the Growth of Jiangnan Oil Peony

WANG Ning-hang[1] QIU Shuai[2] PAN Bing-qing[1] LIN Cheng-yu[1] MA Fang-fang[1] ZHU Xiang-tao[1]
([1]*Jiyang College of Zhejiang A&F University*, *Zhuji* 311800; [2]*Hangzhou Lancscape Co. Ltd.*, *Hangzhou* 311200)

Abstract To study the influence of different substrates on the Jiangnan oil peony growth status, we selected 7 different substrate do planting test, they are ordinary substrate, mod, bamboo powder, sand, ordinary substrate and bamboo powder mixed soil(1∶1), ordinary substrate and sand mixed soil(1∶1), bamboo powder and sand mixed soil(1∶1). The results showed that: there are significant differences between height, ground diameter, crown diameter, flower diameter and the number of petals. The highest survival rate is 100%, they were planted in sand, and the highest flowering rate is 67.05%, they were planted in bamboo powder. After comparison of above data, we can conclude that the best substrate of southern oil Peony is bamboo powder and sand.
Key words Jiangnan Oil Peony; Substrate; Growth status

牡丹(*Paeonia suffruticosa*)为芍药科芍药属落叶亚灌木，是我国特产的传统名花，有花中之王的美誉。人工栽培牡丹至今约有 2000 年的历史，最早作为药用[1]。江南牡丹，除具有牡丹共有的特性以外，其最大特点是耐湿耐高温，适宜在南方地区生长[2]。近年来江南牡丹栽培日益广泛，形成‘凤丹’、宁国、日本、菏泽、洛阳等5 大品系[3]。油用牡丹是牡丹组植物中产籽出油率高(大于或等于 22%)的种的统称，是中国独有的原生种植物[4]。牡丹籽油是我国重要的食用油新资源，扩大牡丹籽油的生产可以部分改变国内粮油供给紧张的局面。并且牡丹籽中富含珍稀不饱和脂肪酸、珍稀生物活性成分维生素 E、角鲨烯、植物甾醇、维生素 F 等成分[5]，在成分上超过有油王之称的橄榄油。随着人们对牡丹籽油需求量的增大，提高牡丹籽油的产量成为一个热点问题。

栽培基质一般称作营养基质，是指用来代替土壤以外栽培作物的物质，可应用它来培植花卉、蔬菜及其他园艺作物[6]。自 1970 年以来，基质的研究逐步成为一个重要的课题[7]。可用作栽培基质组分的材料非常之多，有的是变废为宝[8]。目前应用中的固体基质有石砾、陶粒、炉渣、珍珠岩、岩棉、、泥炭、锯末、树皮、花生壳、稻壳、菇渣、芦苇末等单一基质，或由上述 2 种以上基质混合而成的复合基质等[9]。而基质直接影响着生产成本、幼苗质量及定植后的综合生产能力[10]，适宜的栽培基质可加快苗木的培育速度，改善苗木的生长情况、提高开花结实率，进而提高生产效率。为了寻找高效的牡丹栽培基质，郭霞等人针对牡丹的出口苗木培育目标，配制了 8 种基质和 3 种营养液，就牡丹嫁接、分株苗培育进行了牡丹生长全过程的无土栽培试验研究，经过 5 年

* 浙江省科技厅项目、浙江省教育厅项目、浙江农林大学暨阳学院大学生科技创新项目资助。

的研究发现珍珠岩＋ 泥炭土(50% +50%)与珍珠岩＋ 泥炭土＋ 椰糠(50% +40% +10%)组合在栽培基质中表现最佳[11]。

‘凤丹白’是油用牡丹的重要品种，本试验通过对不同基质中‘凤丹白’生长指标的分析记录，进而选择出适宜‘凤丹白’生长的栽培基质。为油用牡丹在江南地区推广奠定基础。

1 栽植地概况

栽植地位于浙江省杭州市临安青山湖花园中心的种植基地。杭州临安市位于浙江省西北部，位于中亚热带季风气候区南缘，属季风型气候，横跨亚热带和温带两个气候带。气候温暖湿润，光照充足，雨量充沛，四季分明，具有春多雨、夏湿热、秋气爽、冬干冷的气候特征，全年平均气温16.4°C，全年日照时数1847.3小时。年均降水量1613.9mm，降水日158天，无霜期年平均为237天，受台风、寒潮和冰雹等灾害性天气影响。

2 材料与方法

2.1 实验材料

以从山东菏泽引进的600株‘凤丹白’实生苗作为试验材料。‘凤丹白’，落叶灌木，株型为直立型，叶为二回羽状复叶，花单瓣，单生枝顶，开花初期为淡粉色后为白色，浓香型，杭州地区花期约为3月中旬至4月中旬，肉质根。

2.2 试验方法

将‘凤丹白’平均栽植于7种不同的土壤类型中，分别为普通基质、泥、竹粉、沙、普通基质＋竹粉(1:1)混合土、普通基质＋沙(1:1)混合土、竹粉＋沙(1:1)混合土。于2016年4月31日对牡丹生长指标的观察记录。随机选取种植于不同基质中的‘凤丹白’各5株，共45株作为观测对象，对其花性状(开花率、花径、花瓣数)、生长指标(成活率、株高、地径、冠幅、复叶小叶数)等进行记录分析[12]。

2.2.1 栽植技术

于露天条件下进行栽植，栽植方式为地栽，栽植间距为40cm×50cm，一行5株。挖坑，将牡丹根部放入坑中后填满土，压实苗木周围土壤，栽植后用土将栽植穴封成一个高10～20cm的土埂[13]，以利于排水。

2.2.2 水肥管理

苗木生长期间进行正常的水肥管理。油用牡丹耐旱、怕水涝，且耐瘠薄、耐严寒[14]。栽植期间无需浇水、施肥，防止积水即可，尤其注意台风天气。定期对凤丹白牡丹的枯枝、较弱芽等进行修剪，以提高牡丹的生长势。并及时注意清除残枝落叶，以减少病虫害的发生率，同时及时清除杂草，减少杂草对凤丹白牡丹养分的争夺。此外，夏季为病虫害多发季，须做好病虫害的防治工作[15]。

2.3 数据处理

采用Excel 2003软件进行数据记录，以及spss 19.0软件对各项数据进行单因素方差分析，采用LSD、Duncan法。显著性水平为0.05，结果保留两位小数。

3 结果与分析

3.1 不同基质对‘凤丹白’牡丹生长状况的影响

表1 不同栽培基质中‘凤丹白’生长状况

编号	种类	株高(cm)	地径(cm)	冠幅(cm)	小叶复叶数(片)
1	普通基质＋竹粉	56.80±2.86 b	0.70±0.16 a	38.40±9.61 b	13.40±1.95 a
2	普通基质＋沙	63.30±5.40 b	3.25±3.92 a	46.70±6.62 ab	13.30±1.64 a
3	普通基质	62.00±7.31 b	0.98±0.15 a	38.00±10.68 b	13.80±1.79 a
4	竹粉＋沙	75.80±9.40 a	1.63±1.05 a	51.30±6.04 a	13.60±1.51 a
5	竹粉	77.80±6.02 a	2.34±2.61 a	51.40±4.16 a	13.00±2.55 a
6	沙	76.60±10.64 a	3.14±2.26 a	46.20±8.64 ab	13.40±2.07 a
7	泥	75.20±6.94 a	2.38±3.14 a	51.00±9.43 a	13.20±1.48 a

注：不同小写字母表示差异显著($p<0.05$)。

不同基质中‘凤丹白’的整体生长状况良好，种植于竹粉、沙中的‘凤丹白’生长状况最佳，其次为种植于泥、竹粉+沙混合土、普通基质+沙混合土中的‘凤丹白’，种植于普通基质+竹粉、普通基质中的‘凤丹白’生长状况一般。

就成活率而言，整体成活率为97.81%，种植于泥中的‘凤丹白’成活率最高，为100%，普通基质中的‘凤丹白’的成活率最低，为93.55%。7种基质的成活率高低顺序为泥>竹粉+沙混合土>普通基质+竹粉混合土>普通基质+沙混合土>竹粉>沙>普通基质。

由表1可知，种植于不同基质中的‘凤丹白’株高之间存在显著性差异（F=7.941，P=0.000）。‘凤丹白‘的整体平均株高为69.62cm，种植于竹粉中的‘凤丹白’株高最高，为77.80cm，普通基质+竹粉混合土中的‘凤丹白’株高最低，为56.80cm。7种基质‘凤丹白’株高大小顺序为竹粉>沙>竹粉+沙混合土>泥>普通基质+沙混合土>普通基质>普通基质+竹粉混合土。

由表1可知，种植于不同基质中的‘凤丹白’地径之间无显著性差异（F=1.007，P=0.435）。‘凤丹白’的整体平均地径为2.14cm，种植在沙+基质混合土中的‘凤丹白’地径最高，为3.25cm，普通基质+竹粉混合土中的‘凤丹白’地径最低，为0.70cm。7种基质‘凤丹白’地径大小顺序为普通基质+沙混合土>沙>泥>竹粉>竹粉+沙混合土>普通基质>普通基质+竹粉混合土。

由表1可知，种植于不同基质中的‘凤丹白’冠幅之间存在显著性差异（F=3.174，P=0.013）。‘凤丹白’的整体平均冠幅为46.78cm，种植在竹粉中的‘凤丹白’冠幅最大为51.40cm，竹粉+普通基质混合土和普通基质中的‘凤丹白’冠幅偏小，分别为38.40cm以及38.00cm。7种基质‘凤丹白’冠幅大小顺序为竹粉>竹粉+沙混合土>泥>普通基质+沙混合土>沙>普通基质+竹粉混合土>普通基质。

由表1可知，种植于不同基质中的‘凤丹白’小叶复叶数之间无显著性差异（F=0.117，P=0.0994）。‘凤丹白’的整体平均小叶复叶数为13.40片，栽植于各基质中的‘凤丹白’小叶复叶数整体差距不大。

表2 不同栽培基质中‘凤丹白’开花情况

编号	种类	花径(cm)	花瓣数(片)	花香
1	普通基质+竹粉	10.60±1.6 b	11.20±1.48 b	浓香
2	普通基质+沙	11.50±2.27 b	10.60±1.26 b	浓香
3	普通基质	11.80±2.39 b	11.20±1.30 b	浓香
4	竹粉+沙	15.60±1.78 a	11.90±1.66 b	浓香
5	竹粉	14.40±3.05 ab	12.80±1.64 ab	浓香
6	沙	14.20±3.19 ab	14.00±2.92 a	浓香
7	泥	14.60±2.70 ab	11.20±1.64 b	浓香

注：不同小写字母表示差异显著（$p<0.05$）。

3.2 不同基质对‘凤丹白’牡丹开花情况的影响

栽植于不同基质中的‘凤丹白’整体开花率为45.78%，种植于竹粉、沙中的‘凤丹白’开花率最突出，分别为67.05%、66.67%，开花率较低的是普通基质+竹粉混合土壤、普通基质，分别为22.22%、20.97%。7种基质中开花率高低顺序为竹粉>沙>普通基质+沙混合土>泥>竹粉+沙混合土>普通基质+竹粉混合土>普通基质。

由表2可知，种植于不同基质中的‘凤丹白’花径之间存在显著性差异（F=4.441，P=0.002）。其中，竹粉+沙混合基质中的‘凤丹白’花径最大，为15.60cm，普通基质+竹粉中的‘凤丹白’花径最小，为10.60cm。7种基质‘凤丹白’花径大小顺序为竹粉+沙混合土>泥>竹粉>沙>普通基质>普通基质+沙混合土>普通基质+竹粉混合土。

由表2可知，种植于不同基质中的‘凤丹白’花瓣数之间存在显著性差异（F=2.794，P=0.024）。‘凤丹白’整体平均花瓣数为11.71片，种植在沙中的‘凤丹白’花瓣数最多，为14.00片，沙+基质混合土壤中的‘凤丹白’花瓣数最少，为10.60片。7种基质‘凤丹白’花瓣数多少顺序为沙>竹粉>竹粉+沙混合土>泥=普通基质=普通基质+竹粉混合土>普通基质+沙混合土。

4 结论与讨论

因不同的苗木质量会对试验结果产生一定影响。现于沙+普通基质混合土壤、竹粉+沙混合土壤中分别种植苗木质量不同的‘凤丹白’进行对比。综合分析后可得苗木质量对开花率、株高、冠幅等指标会产生一定的影响，对成活率、地径、小叶复叶数、花径以及花瓣数影响不大。因此，在进行不同基质间植株生长状况对比的同时，应适当考虑因苗木质量问题所造成的对实验的影响。

综合比较7种不同基质中‘凤丹白’的生长状况、开花情况等各项指标，可得出‘凤丹白’最适宜种植于竹粉、沙中，其次为基质+沙混合土壤、竹粉+沙混合土壤、泥、普通基质+竹粉以及普通基质中。

参考文献

1. 包满珠．花卉学[M]．第三版．北京：中国农业出版社，2011.
2. 王占营，王晓晖，刘红凡，等．江南牡丹引种洛阳生物学特性及物候期研究[J]．安徽农业科学，2014，42(33)：651－653.
3. 王佳，胡永红，张启翔．江南牡丹品种资源调查研究[J]．北方园艺，2007：160－162.
4. 陈慧玲，杨彦伶，张新叶．油用牡丹研究进展[J]．湖北林业科技，2013，42(5)：6－8.
5. 史国安，焦封喜，焦元鹏．中国油用牡丹的发展前景及对策[J]．中国粮油学报，2014，29(9)：31－35.
6. 王华芳．花卉无土栽培[M]．北京：金循出版社，1997.
7. 康红梅，张启翔，唐菁．栽培基质的研究进展[J]．土壤通报，2005，36(1)：124－127.
8. 荆延德，亓建中，张志国．花卉栽培基质研究进展[J]．浙江林业科技，2001，11，20(6)：68－71.
9. 毛妮妮，翁忙玲，姜卫兵．固体栽培基质对园艺植物生长发育及生理生化影响研究进展[J]．内蒙古农业大学学报，2007，09，28(3)：284－287.
10. 邢禹贤．新编无土栽培原理与技术[M]．中国农业出版社，2001：10.
11. 郭霞，周俊杰，沈丹．牡丹基质栽培技术研究[J]．安徽农业科学，2012，40(31)：183－184.
12. 陈慧玲，李洪喜，张建华，等．“保康紫斑”牡丹生长适应性及结籽性状[J]．林业科技开发，2014，28(4)：43－46.
13. 蔡高磊，张凡，欧阳友香，等．牡丹凤丹白的生物学特性及栽培技术[J]．林木花卉，2013，12：263－264.
14. 赵云峰，孙长乐．油用牡丹栽培技术[J]．农业科技，2014，21(5)：391.
15. 杨娜．油用牡丹栽培技术及主要病虫害防治措施[J]．中国园艺文摘，2014，10：225－226.

夏蜡梅叶片结构对不同光强生境的响应*

张 超　付建新　周莉花　赵宏波①
（浙江农林大学风景园林与建筑学院，临安 311300）

摘要　为明确夏蜡梅 *Sinocalycanthus chinensis*（Cheng et S. Y. Chang）Cheng et S. Y. Chang 对光照的适应性，筛选合适的生长光照条件，本研究选择 4 个不同光照生境样地中的夏蜡梅为试验材料，对其叶片解剖结构进行观察和分析。结果表明，光照最强的样地中叶片厚度最大，而光照较弱的样地中叶片厚度较小，夏蜡梅叶片厚度与光照强度正相关；叶片厚度的变化主要表现为栅栏组织厚度的变化，上、下表皮厚度与海绵组织厚度不变。此外，维管组织厚度在强光下变大，而弱光下变小。从夏蜡梅叶片结构对光照的响应可以看出，在一定的光照强度范围内其具有调节叶片结构提高光合利用率的能力；因此，在今后夏蜡梅的种群保护中，应加以一定的人工干预，营造适生生境。
关键词　夏蜡梅；叶片；光强；适应性；解剖结构

Response of Leaf Structure of *Sinocalycanthus chinensis* to Ecological Environments with Different Light Irradiations

ZHANG Chao　FU Jian-xin　ZHOU Li-hua　ZHAO Hong-bo
（*School of Landscape Architecture，Zhejiang A & F University，Lin' an* 311300）

Abstract　In order to understand the adaptation of *Sinocalycanthus chinensis* to different light irradiations and select the suitable light condition for growth，in this study，plants of *Sinocalycanthus chinensis* in four sampling plots with different light conditions were chosen as materials to observe and analyze their leaf anatomical structures. Results showed that leaf thickness was the highest in the sampling plot with the greatest light irradiation，and that was lower in the sampling plot with lower light irradiation，which suggests that the positive correlation was between leaf thickness and light irradiation. The change of leaf thickness mainly depended on the change of the thickness of palisade parenchyma layer，but the thickness of upper epidermis，lower epidermis and spongy parenchyma layer stayed the same in four light irradiations. What' s more，the thickness of vascular bundle of midrib increased in the high light condition，but decreased in the lower light condition. Based on the response of leaf structure of *S. chinensis* to different light irradiations，it is revealed that *S. chinensis* possess ability to regulate leaf structure to improve photosynthetic efficiency under a certain range of light irradiation. Therefore，from now on，in the population protection of *S. chinensis*，certain human interventions should be employed to build suitable habitats for living.
Key words　*Sinocalycanthus chinensis*；Leaf；Light irradiation；Adaptation；Anatomical structure

光照是植物生长和发育的必要条件，也是影响植物生存和地理分布的主要环境因子之一（Aleric & Kirkman，2005）。生长环境中光照不足将限制植物的光合作用，使其生长受阻，而光照过强则会损伤植物光合器官。为了应对环境的光照胁迫，植物可以通过形态学和生理学上的可塑性变化适应一定程度的光照强度（Ball & Critchley，1982；Huang *et al.*，2011；Yang *et al.*，2014）。叶片是植物进化过程中对环境变化敏感且可塑性较大的器官，其结构特征最能体现植物对环境的适应（王勋陵和王静，1989；李芳兰和包维楷，2005；He et al.，2008）。弱光条件下，植物叶片总厚度、表皮和叶肉组织厚度通常会变薄；而强光条件下则叶片厚度增加（Gregoriou et al.，2007；Kim *et al.*，2011；Yang *et al.*，2014）。夏蜡梅（*Sinocaly-*

* 基金项目：国家自然科学基金（31401902 和 31101571）。
① 通讯作者。Author for correspondence（E-mail：zhaohb@ zafu. edu. cn）。

canthus chinensis (Cheng et S. Y. Chang) Cheng et S. Y. Chang)是我国特有的第三纪孑遗珍稀树种，属于蜡梅科 Calycanthaceae，落叶灌木，主要分布于中国浙江省(临安市和天台县)狭小的区域内(张若蕙和刘洪谔，1998)，列为国家二级珍稀濒危保护植物(章绍尧和毛宗国，1992)。夏蜡梅外花被片白色，具浅红色边晕，内花被片淡黄色，腹面基部散生淡紫红色细斑，具有很高的观赏价值，备受植物研究者和园林工作者的喜爱和重视。夏蜡梅生长在海拔 550 ~ 1 200m 的中山地带，常生于溪沟两旁的沟谷地段及林缘，局部地段可成为次生灌丛的主要建群种(徐耀良 等，1997)；对生境要求较高，喜临水湿润环境及散射光，过于荫蔽则生长不良、退化严重，光照直射易灼伤亦导致生长不良(刘华红 等，2016)。目前，关于夏蜡梅对光照适应性的研究较少，仅有夏蜡梅子叶结构对不同光强适应性的研究(陈模舜和柯世省，2009)。本文研究了不同光照条件生境下的夏蜡梅叶片解剖结构的差异，揭示了夏蜡梅叶片结构对不同生境的适应性，相关结果将为其种群的保护和复壮以及开发利用提供重要的参考。

1 材料与方法

1.1 研究对象和材料采集

研究地点为浙江省临安市大明山西坑，地理位置为 30.039° ~ 30.063° N，118.972° ~ 118.979° E。于 2012 年 7 月，在该种群自然分布范围内，选取 4 个具有代表性的生境样地(表 1)，每个样地选择 5 个夏蜡梅单株，采集每单株上 5 片充分展开的成熟叶片。剪取叶片中部带中脉的 2cm × 2cm 大小的组织和叶脉两侧约 2cm × 2cm 大小的组织，固定于 FAA 固定液中，用于石蜡制片。

表 1 样地基本信息

Table 1 Information of sampling plots

样地编号	植被类型	光照类型	郁闭度(%)	备注
1	常绿阔叶林	半光照(下午)	55	东面靠山
2	常绿阔叶林	散射光 + 正午光照	65	林下，具有林窗
3	常绿阔叶林	散射光 + 正午光照	75	林下，具有林窗
4	常绿落叶阔叶混交林	散射光	85	林下

1.2 方法

1.2.1 石蜡切片

采用常规石蜡切片法制作叶片的永久横切片(李正理 等，1998)：切片厚度 8 ~ 10μm，酒精脱水，二甲苯透明，番红 - 固绿对染，加拿大树胶封片。采用 Leica DM2500 型光学显微镜观察、照相，统计栅栏组织和海绵组织层数，并利用软件 Image J 测量叶片厚度，上、下表皮细胞厚度，栅栏组织、海绵组织厚度以及中脉和维管组织厚度。

1.2.2 统计分析方法

数据采用 SPSS 13.0 软件进行单因素方差分析，显著性($P < 0.05$)运用 Duncan's 检验进行多重比较。

2 结果与分析

2.1 表皮组织

夏蜡梅叶片由表皮、叶肉和叶脉构成(图 1 和图 2)。4 个样地中夏蜡梅叶片的上、下表皮均由一层近长方形的细胞组成(图 1)，上、下表皮组织的厚度在 4 个样地之间无差异(图 3)。

2.2 叶片厚度和叶肉组织

郁闭度最低的样地 1 中夏蜡梅叶片总厚度平均值最大，为 214.7μm，显著高于郁闭度较高的样地(样地 3 和样地 4)叶片总厚度(图 3)。叶片总厚度中叶肉组织所占的比例远高于表皮组织(图 1 和图 3)。4 个

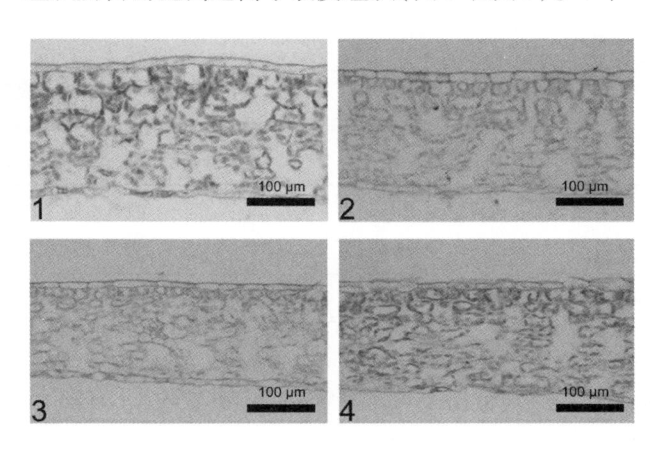

图 1 不同生境(样地 1 - 4)下夏蜡梅叶片解剖结构

Fig. 1 Images of leaf cross sections of *Sinocalycanthus chinensis* under different ecological habitats (sampling plots 1 - 4)

样地中夏蜡梅叶片叶肉组织均由 2 ~ 3 层栅栏组织细胞和 5 ~ 7 层海绵组织细胞组成，栅栏组织和海绵组织层数以及栅栏组织和海绵组织层数比值在 4 个样地之间无差异(表 2)。样地 1 栅栏组织厚度显著高于其

他3个样地，而样地2、样地3和样地4栅栏组织厚度无差异。此外，夏蜡梅叶片海绵组织厚度在4个样地之间无差异(表2)。

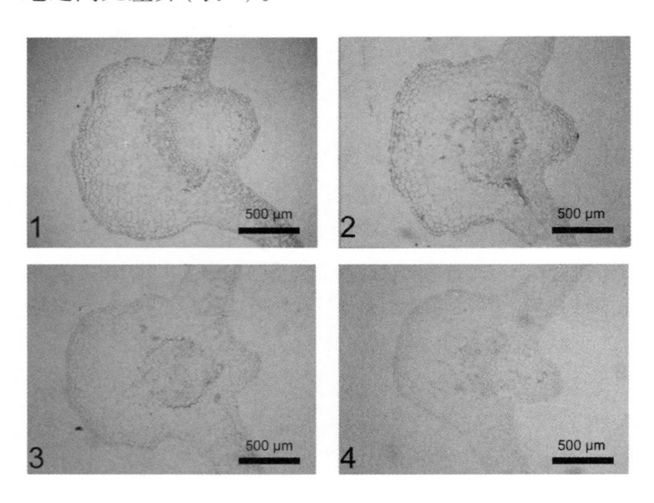

图2 不同生境(样地1-4)下夏蜡梅叶片中脉解剖结构

Fig. 2 Images of leaf midrib cross sections of *Sinocalycanthus chinensis* under different ecological habitats (sampling plots 1-4)

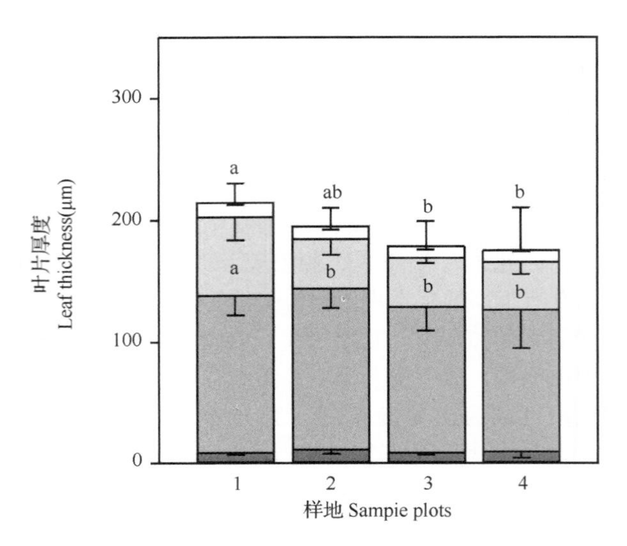

图3 不同生境(样地1-4)下夏蜡梅叶片、上表皮、栅栏组织、海绵组织和下表皮厚度

注：叶片厚度数据表示为平均值+标准差，而叶片各层组织数据表示为平均值-标准差。不同字母标记表示差异显著(Duncan多重比较，$P<0.05$)

Fig. 3 Total leaf thickness, upper epidermis thickness, the thickness of palisade parenchyma layer, the thickness of spongy parenchyma layer, and lower epidermis thickness of *Sinocalycanthus chinensis* under different ecological habitats (sampling plots 1-4)

Notes: Bars show mean (+SD) for total leaf thickness and mean (-SD) for layers. Values with the different letter are statistically different according to Duncan's multiple range test at $P<0.05$.

2.3 中脉

根据夏蜡梅叶片中脉解剖结构(图2)观察和测定，发现样地2中脉厚度平均值最大，为1405.13μm，显著高于样地1和样地4中脉厚度(表2)。样地1中维管束厚度平均值最大，为353.85μm，显著高于样地3和样地4维管束厚度(图3)。

表2 不同生境下夏蜡梅叶片其他解剖特征

Table 2 Other leaf anatomical characteristics of *Sinocalycanthus chinensis* under different ecological habitats

样地	栅栏组织层数	海绵组织层数	栅栏组织层数/海绵组织层数	栅栏组织厚度/海绵组织厚度	中脉厚度(μm)	维管组织厚度(μm)
1	2.40±0.55	6.20±0.45	0.39±0.10	0.52±0.19a	1210.26±12.96b	353.85±40.36a
2	2.40±0.55	6.60±0.89	0.38±0.14	0.31±0.12b	1405.13±137.10a	314.53±29.24ab
3	2.00±0.00	6.00±0.71	0.34±0.04	0.35±0.09ab	1331.62±64.36ab	285.47±23.09b
4	2.20±0.45	5.80±1.10	0.39±0.13	0.36±0.14ab	1235.90±149.71b	278.63±27.43b

3 讨论

叶片是植物对环境变化最为敏感的光合器官，其形态和解剖结构特征被认为最能体现环境因子的影响及植物对环境的适应(Bailey *et al.*, 2001; Gregoriou *et al.*, 2007; Kim *et al.*, 2011; Yang *et al.*, 2014)。

目前，国内外已有许多关于叶片结构对不同光照强度的适应性研究，如草莓(*Fragaria vesca* L.)(Chabot & Chabot, 1977)，油橄榄(*Olea europaea* L.)(Gregoriou *et al.*, 2007)，箭竹(*Sinarundinaria nitida* (Mitford) Nakai)(Yang *et al.*, 2014)。前人研究均发现弱光环境降低植物叶片的厚度，通过这一变化，植物可以在光照强度低的条件下有效提高光合效率；而强光条件下，植物通过增加叶片厚度减少富余的光能的吸收(Gregoriou *et al.*, 2007; Kim *et al.*, 2011; Yang *et al.*, 2014)。与前人研究相似，位于光照最强的样地1(郁闭度最低)的夏蜡梅叶片厚度最大，而位于光照较弱的样地3和样地4的夏蜡梅叶片厚度最小(图3)，夏蜡梅叶片厚度与光照强度正相关，同时这也与夏蜡梅子叶结构对光照强度适应性相同(陈模舜和柯世省，2009)。

油橄榄叶片结构对不同光照强度的适应性，主要通过改变栅栏组织和海绵组织厚度实现(Gregoriou *et al.*，2007)。本研究发现，夏蜡梅在不同光照条件的生境中，仅有栅栏组织厚度的改变，这表明不同植物叶片结构对光照适应性的策略略有不同。同时，夏蜡梅叶脉的维管组织直径也响应光强的调控，表现为强光下维管组织厚度增大，而弱光下维管组织厚度变小(表2)。光照最强的样地1中的夏蜡梅叶片栅栏组织厚度最大，海绵组织的厚度未发生变化(图3)，同时栅栏组织和海绵组织的层数也未发生变化。这说明随着光照强度增加，组成栅栏组织的叶肉细胞大小或排列方式发生了变化，使得栅栏组织整体结构更为紧密，这样的结构将更有效吸收光能，从而提高光合效率。

夏蜡梅自然分布于溪沟两旁的沟谷地段及林缘，对生境要求很高(徐耀良 等，1997)。在自然条件下，较为荫蔽的生境中，夏蜡梅叶片明显变大、变薄，叶片表面光泽散失，在荫蔽严重的生境中叶片数量明显减少，植株生长受阻，地上部分逐渐衰亡而导致死亡；而光照强烈的生境中，叶片明显变厚，表面皱缩，严重时出现叶片灼伤。本研究表明，夏蜡梅通过调节叶片栅栏组织厚度来改变叶片厚度从而适应不同强度的光照；而栅栏组织的厚度和排列方式与光合效率息息相关。尽管夏蜡梅为林下灌木，具有一些典型的阴生性状，但从其叶片结构对光照的响应可以看出，在一定的光照强度范围内其具有调节叶片结构提高光合利用率的能力。因此，在今后夏蜡梅的种群保护中，应加以一定的人工干预，去除同层次竞争的灌木以及覆盖性强的常绿乔木，营造具有一定光照的适生生境，促使夏蜡梅种群的维持和更新。

参考文献

1. Aleric K M, Kirkman L K. Growth and photosynthetic responses of the federally endangered shrub, *Lindera melissifolia* (Lauraceae), to varied light environments [J]. American Journal of Botany, 2005, 92(4): 682-689.
2. Bailey S, Walters R G, Jansson S, Horton P. Acclimation of *Arabidopsis thaliana* to the light environment: the existence of separate low light and high light responses [J]. Planta, 2001, 213(5): 794-801.
3. Ball M C, Critchley C. Photosynthetic responses to irradiance by the grey mangrove, *Avicennia marina*, grown under different light regimes [J]. Plant Physiology, 1982, 70(4): 1101-1106.
4. Chabot B F, Chabot J F. Effects of light and temperature on leaf anatomy and photosynthesis in *Fragaria vesca* [J]. Oecologia, 1977, 26(4): 363-377.
5. 陈模舜，柯世省. 生长环境光强对夏蜡梅子叶显微形态结构和光合参数的影响[J]. 广西植物，2009，29(3): 366-371.
6. Gregoriou K, Pontikis K, Vemmos S. Effects of reduced irradiance on leaf morphology, photosynthetic capacity, and fruit yield in olive (*Olea europaea* L.) [J]. Photosynthetica, 2007, 45(2): 172-181.
7. He C X, Li J Y, Zhou P, Guo M, Zheng Q S. Changes of leaf morphological, anatomical structure and carbon isotope ratio with the height of the Wangtian Tree (*Parashorea chinensis*) in Xishuangbanna, China [J]. Journal of Integrative Plant Biology, 2008, 50(2): 168-173.
8. Huang D, Wu L, Chen J R, Dong L. Morphological plasticity, photosynthesis and chlorophyll fluorescence of *Athyrium pachyphlebium* at different shade levels [J]. Photosynthetica, 2011, 49(4): 611-618.
9. Kim S J, Yu D J, Kim T C, Lee H J. Growth and photosynthetic characteristics of blueberry (*Vaccinium corymbosum* cv. Bluecrop) under various shade levels [J]. Scientia Horticulturae, 2011, 129(3): 486-492.
10. 李芳兰，包维楷. 植物叶片形态解剖结构对环境变化的响应与适应[J]. 植物学报，2005，22(S1): 118-127.
11. 李正理. 植物制片技术[M]. 北京：科学出版社，1998.
12. 刘华红，周莉花，黄耀辉，等. 群落演替对夏蜡梅种群分布和数量的影响[J]. 生态学报，2016，36(3): 620-628.
13. 王勋陵，王静. 植物形态结构与环境[M]. 兰州：兰州大学出版社，1989.
14. 徐耀良，张若蕙，周骋. 夏蜡梅的群落学研究[J]. 浙江林学院学报，1997，14(4): 355-362.
15. Yang S J, Sun M, Zhang Y J, Cochard H, Cao K F. Strong leaf morphological, anatomical, and physiological responses of a subtropical woody bamboo (*Sinarundinaria nitida*) to contrasting light environments [J]. Plant Ecology, 2014, 215(1): 97-109.
16. 张若蕙，刘洪谔. 世界蜡梅[M]. 北京：中国科学技术出版社，1998.
17. 章绍尧，毛宗国. 夏腊梅. 见：傅立国，金鉴明(主编)，中国保护植物红皮书[M]. 北京：科学出版社，1992.

5 种宿根花卉在水分胁迫下的生理变化与抗旱性关系*

刘 雪[1] 蒋亚蓉[1] 仇云云[1] 张 艳[1] 霍 天[2] 葛利明[3] 袁 涛[1]①

([1]花卉种质创新与分子育种北京市重点实验室，国家花卉工程技术研究中心，
城乡生态环境北京实验室，园林学院，北京林业大学，北京 100083；
[2]桦木沟林场，赤峰 025350；[3]克什克腾旗林业局，赤峰 025350)

摘要 为评价北京地区常用的 5 种宿根花卉的抗旱性，连续 30d 进行自然失水胁迫，第 31d 恢复水分供给，每 5d 取样测定叶片相对含水量、相对电导率、游离脯氨酸、可溶性糖、可溶性蛋白及 POD 活性的变化，观察植株的生长状况，利用相关性分析和隶属函数值法对 5 种宿根花卉的抗旱性进行综合评价，并利用灰色关联分析进行抗旱指标的选取。结果表明，5 种宿根花卉的抗旱性差异极显著($p<0.01$)，由强至弱为：山桃草>珠光香青>高山紫菀>白花假龙头>大叶铁线莲，综合评价的结果与外部形态变化基本一致，其中游离脯氨酸含量、POD 活性和相对电导率对抗旱性影响最大，可溶性糖含量对抗旱性影响最小。

关键词 宿根花卉；水分胁迫；抗旱性

Relationship between Physiological Changes and Drought Resistance in Five Perennials under Water Stress

LIU Xue[1] JIANG Ya-rong[1] QIU Yun-yun[1] ZHANG Yan[1] HUO Tian[2] GE Li-ming[3] YUAN Tao[1]

([1]*Beijing Key Laboratory of Ornamental Plants Germplasm Innovation & Molecular Breeding, National Engineering Research Center for Floriculture, Beijing Laboratory of Urban and Rural Ecological Environment and College of Landscape Architecture, Beijing Forestry University, Beijing* 100083;
[2]*Huamugou Forestry Farm, Chifeng* 025350; [3]*Hexigten Forestry Bureau, Chifeng* 025350)

Abstract The purpose of this study was to identify the drought resistance of five perennials commonly used in Beijing. These perennials were continuously exposed to natural water-loss stress for 30d prior to restoring water, and the morphological changes of plants were observed and the relative water content, relative electric conductivity, free proline, soluble sugar, soluble protein and POD activity were measured every five days. The correlation analysis and subordinate function values were used to comprehensively evaluate the drought resistance of five perennials, and the grey correlation analysis was used to select the index of drought resistance. The results showed the drought resistance of five perennials were significantly different ($p<0.01$), from strong to weak, as follows: *Gaura lindheimeri* > *Anaphalis margaritacea* > *Aster alpinus* > *Physostegia virginiana* 'Alba' > *Clematis heracleifolia*, and the influences of free proline, POD activity and relative conductivity to drought resistance were greatest, but the influence of soluble sugar was smallest.

Key words Perennials; Water stress; Drought resistance

北京是世界上严重缺水的大城市之一，2011 年北京市水资源占有量为 119m³，大大低于国际人均水资源占有量 1000m³ 的缺水警戒线，为资源型重度缺水地区，水资源紧缺成为北京可持续发展的第一“瓶颈”(杨佩国 等，2012；韩光辉和王洪波，2013)。城市园林建设过程中绿化面积扩大是城市淡水资源短缺的原因之一，为缓解园林绿化与水资源的矛盾，人们更加关注抗旱节水型宿根花卉的研究，但主要集中在机理、新品种选育以及优良品种引进等方面，在应用实践技术和推广方面研究相对较少(付锦楠，2014)。本文初步研究了北京地区常见的 5 种宿根花卉的抗旱性，为筛选北京地区抗旱节水型宿根花卉提供参考。

* 基金项目：北京市科技计划项目“北京市节水型宿根地被植物速繁及建植技术研究与示范”(Z151100001015015)。

① 通讯作者。Author for correspondence(E－mail：yuantao1969@163.com)。

1 材料与方法

1.1 材料

供试材料为北京地区园林绿化中应用的5种宿根花卉(见表1)。

表1 5种宿根花卉的生物学特性

Table 1 Biological characteristics of five perennials

名称 Name	科属 Genus	生物学特性 Biological characteristics	
珠光香青 *Anaphalis margaritacea*	菊科 香青属	根状茎横走；茎直立，下部叶在花期常枯萎，中部叶开展，线状披针形；头状花序，在茎和枝端排列成复伞房状，总苞白色；瘦果；花果期8~11月	
大叶铁线莲 *Clematis heracleifolia*	毛茛科 铁线莲属	直立草本，高0.3~1m，有粗大的主根；三出复叶；聚伞花序顶生或腋生，萼片4枚，蓝紫色；瘦果，宿存花柱丝状，有白色长柔毛；花期8~9月，果期10月	
山桃草 *Gaura lindheimeri*	柳叶菜科 山桃草属	多年生粗壮草本；茎直立，高60~100cm，入秋变红色；叶椭圆状披针形；花序长穗状，生茎枝顶部，花瓣白色，后变粉红，排向一侧，花药带红色；蒴果；花期5~8月，果期8~9月	
高山紫菀 *Aster alpinus*	菊科 紫菀属	多年生草本，茎直立，高10~35cm；下部叶匙状，渐狭成具翅的柄，中部叶长圆披针形，无柄；头状花序在茎端单生，舌状花紫色，管状花花冠黄色；瘦果；花期6~8月；果期7~9月	
白花假龙头 *Physostegia virginiana* ‘Alba’	唇形科 假龙头花属	多年生草本，具匍匐茎；株高60~120cm，茎四方形；叶对生，披针形，有细锯齿；顶生，穗状花序，唇形花冠，白色；花期7~9月	

1.2 试验设计

试验在北京市通州区基地进行。2015 年 8 月 3 日挑选健壮、生长整齐一致的植株，每种 60 株，对照和处理均设 3 个重复，每个重复 10 株，带土球栽植于规格为 15cm×15cm 盆中，基质为园土∶草炭 = 3∶1（体积），将植株放置于与室外条件一致、无加温措施的温室内，给予正常统一的水分管理。于 10 月 1 日开始控水处理，试验前连续 3 天对所有植株浇水，使基质处于饱和含水状态，最大持水量为 23.0% ± 3%。试验期间，处理组不浇水，对照组每 2d 浇一次水，每次每盆浇水量为 800ml。在干旱胁迫第 0、5、10、15、20、25、30d 的上午 8：00～9：00 取成熟叶片的中上部测定各项生理指标，每一指标重复 3 次，每个重复为 1 株，观察记录植株自然失水胁迫下的外部形态表现。第 31d 恢复水分供给，每 2d 浇一次水，每次每盆浇水量为 800ml，于恢复水分供给的第 20d 观察植株的恢复情况，记录复活率。

1.3 土壤含水量的测定

土壤含水量采用烘干法测定（原英东，2012），以土壤水分质量百分数表示。取花盆内 5cm 土层的土样置于铝盒中，迅速带回实验室，称取 15.0g 土样置于 105℃恒温箱内烘 24h，取出后置于干燥器中，冷却至室温，再称重记录，土壤水分质量百分数（%）=（湿土质量 - 烘干土质量）/烘干土质量×100%。

1.4 植株形态变化观测

采用实物观察记录的方法（李亚静 等，2013），植株整株 90% 及以上的叶片下垂，发生永久性萎蔫时记为萎蔫，萎蔫率（%）= 萎蔫株数/总株数×100%；水分胁迫第 31d 复水，于复水第 20d，叶片恢复正常或发出新叶时，记为成活，复活率（%）= 成活株数/萎蔫株数×100%。

1.5 生理指标的测定

叶片相对含水量的测定采用饱和称重法，叶片相对含水量（%）=（叶片鲜质量 - 叶片干质量）/（叶片饱和质量 - 叶片干质量）×100%；电导法测定植物细胞透性；茚三酮法测定游离脯氨酸质量分数；95% 乙醇提取法测定叶绿素含量；考马斯亮蓝 G－250 染色法测定可溶性蛋白含量；蒽酮比色法测定可溶性糖含量；愈创木酚法测定 POD 活性。具体方法参照高俊凤（2006）。

1.6 评价方法

抗旱性评价方法应用模糊数学中隶属函数值法（李涛，2010a；郭运雪，2012），以相对含水量、细胞膜透性、可溶性糖含量、POD 活性、可溶性蛋白质含量、叶绿素含量进行综合评价。

隶属函数值计算公式：$U(X_j)=(X_j-X_{jmin})/(X_{jmax}-X_{jmin})$，式中 $U(X_j)$ - 隶属函数值，X_j - 各处理某指标测定值，X_{jmin}、X_{jmax} - 所有参试处理中某一指标内的最小值和最大值。

如果某一指标与综合评判结果为负相关，则用反隶属函数进行定量转换。计算公式为 $U(X_j)=1-(X_j-X_{jmin})/(X_{jmax}-X_{jmin})$。

对各种指标所求隶属值进行累加、求取平均数，用平均数比较种间的抗性。

1.7 灰色关联分析

利用灰色关联分析进行抗旱指标的选取（包宝祥，2008）。

（1）将各宿根花卉的平均隶属函数值作为参考数据列，X0，分别将 7 项抗旱指标作为比较数据列，Xi；

（2）由于各指标的量纲不一致，需要对原始数据进行无量纲化处理，采用初值化处理法，按公式 $Xi'(k)=(Xi(k)-\bar{X}i)/Si$ 将原始数据初值化，$\bar{X}i$ 为同一因素的平均数，Si 为同一因素的标准差，$Xi'(k)$ 为原始数据初值化后的结果，其中 i 表示影响因素；

（3）求绝对差值，求参考数列 X0 与比较数列 Xi' 的绝对差值 ΔXi；

（4）求关联系数，根据灰色关联度分析的方法，利用下列公式求关联系数：$\varepsilon i=\frac{\Delta \min+\beta\Delta \max}{\Delta Xi+\rho\Delta \max}$，，Δmin 和Δmax 分别表示所有比较序列绝对差值中的最小值与最大值，ρ表示分辨系数，取值为 0.5；

（5）求关联度 r，公式为 $r_i=\frac{1}{n}\sum_{k=1}^{n}\varepsilon i(k)$，分别求出各指标对抗旱性的关联度，并按关联度的大小排列出关联顺序，见表 5。

1.8 数据分析

用 Excel 2007 和 SPSS17.0 进行。

2 结果与分析

2.1 土壤含水量的变化

水分胁迫过程中，5 种宿根花卉土壤含水量的变化见图 1。试验数据显示，5 种宿根花卉对照盆的土壤含水量一直维持在23%左右。对每次取样时5种宿根花卉处理组的土壤含水量进行差异性分析，结果表明差异不显著($p>0.05$)，说明这5种宿根花卉所受的土壤干旱胁迫程度一致。根据前人的经验与方法(Iness *et al.*，2011；石超 等，2012)，0~5d 土壤含水量为23% ±3%，充分供水；5~10d 土壤含水量为15% ±3%，是对照的65% ±3%，轻度水分胁迫；10~15d 土壤含水量为10% ±3%，为对照的40% ±3%，中度水分胁迫；15d 以后土壤含水量下降幅度减慢，土壤含水量为5% ±3%，是对照的10% ±3%，重度水分胁迫。

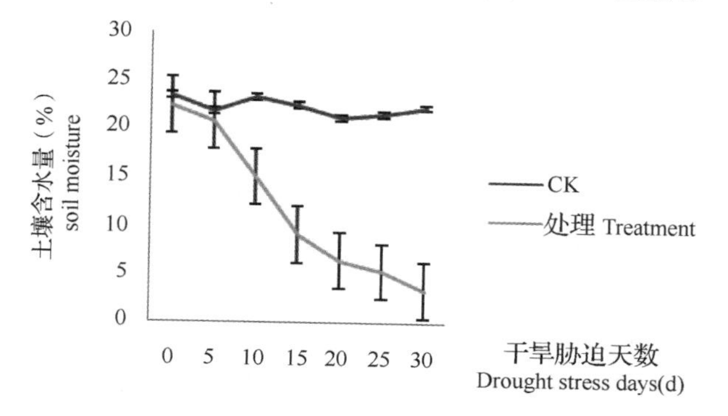

图1 干旱胁迫下土壤含水量的变化

Fig. 1 Changes of soil moisture under drought stress

2.2 干旱胁迫及复水后试验材料的形态变化

如表2所示，由叶片萎蔫率看，抗旱能力最强的是山桃草；抗旱性较强的是珠光香青、高山紫菀和白花假龙头；抗旱性最差的是大叶铁线莲。复水后，珠光香青、山桃草和白花假龙头从基部发出新叶，大叶铁线莲和高山紫菀叶片恢复正常，除大叶铁线莲复活率为86.7%，其余4种全部复活。根据水分胁迫过程中植物萎蔫情况和复水后的成活率，5种宿根花卉的抗旱性排序为：山桃草 > 珠光香青 > 高山紫菀 > 白花假龙头 > 大叶铁线莲。

表2 试验材料的萎蔫情况和复水后的成活率

Table 2 Wilting situation of the test material and revival rate after watering

	胁迫天数(d) Drought stressed days 萎蔫率(%) Wilting rate							复活率(%) Revival rate
	0	5	10	15	20	25	30	
珠光香青 *A. margaritacea*	0	0	0	13.3	16.7	20.0	20.0	100.0
大叶铁线莲 *C. heracleifolia*	0	0	0	6.7	6.7	20.0	100.0	86.7
山桃草 *G. lindheimeri*	0	0	0	0	10.0	20.0	20.0	100.0
白花假龙头 *P. virginiana* 'Alba'	0	0	20.0	26.7	33.3	40.0	43.3	100.0

2.3 干旱胁迫下叶片相对电导率的变化

由图2可知，随着水分胁迫程度的加深，5种宿根花卉的相对电导率均增加，但增幅各异，水分胁迫第30d 增幅为：高山紫菀 587.4%，珠光香青 550.2%，大叶铁线莲 337.5%，白花假龙头 294.0%，山桃草 180.1%。

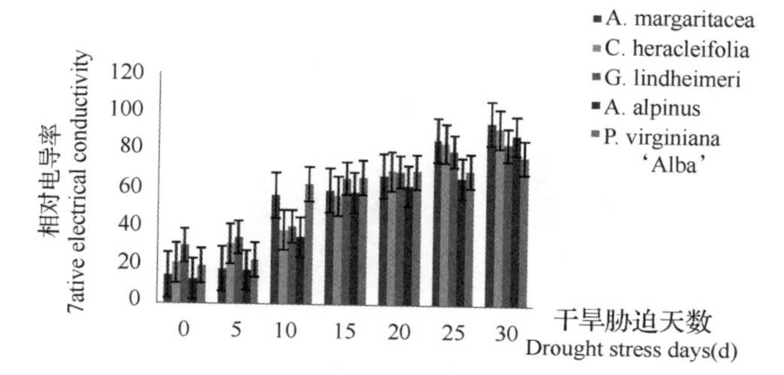

图2 5种宿根花卉叶片的电导率变化

Fig. 2 Changes of electrical conductivity in five perennials

2.4 干旱胁迫下叶绿素含量的变化

由图3可见，随着干旱胁迫程度的加剧，各供试植物的叶绿素均下降，但下降程度不一。高山紫菀降

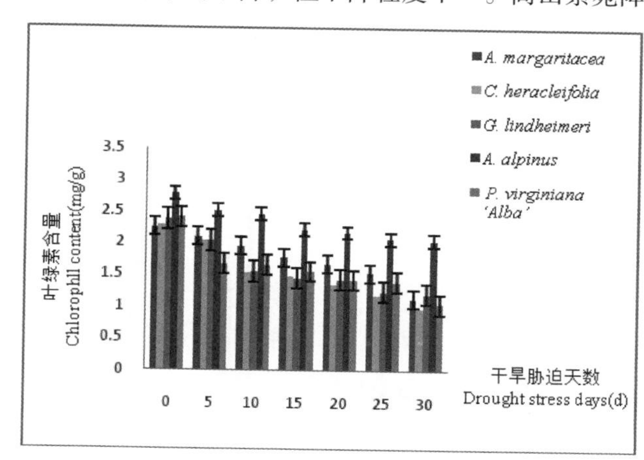

图3 5种宿根花卉叶绿素质量分数的变化

Fig. 3 Changes of chlorophyll mass fraction in five perennials

幅最小，为26.7%；珠光香青和山桃草在干旱胁迫前期下降幅度较大，后期渐平缓，降幅分别为49.8%和49.6%；大叶铁线莲和白花假龙头的下降幅度最大，为57.2%和56.9%。

2.5 叶片相对含水量的变化

相对含水量(RWC)通常作为植物的水分状况指标，能很好地反映出水分状况与抗旱性之间的关系(柴守玺，2000)。图4，自然失水胁迫过程中5种宿根花卉的RWC均下降，山桃草、白花假龙头和珠光香青的RWC下降趋势平缓，降幅分别为36.4%、47.8%和52.1%；大叶铁线莲RWC在轻度水分胁迫下(5~10d)下降幅度最大，10d后降幅较平缓，下降幅度为66.0%；高山紫菀在重度水分胁迫下降幅度最大，降幅为89.1%。综上，RWC下降幅度排序为：高山紫菀>大叶铁线莲>珠光香青情>白花假龙头>山桃草。

2.6 干旱胁迫下脯氨酸含量的变化

由图5可知，随着干旱胁迫程度的加深，5种宿根花卉体内脯氨酸都不同程度的增加。在干旱胁迫前期，6种宿根花卉的脯氨酸增幅均较小，但从胁迫第20d和25d开始，珠光香青和高山紫菀体内的脯氨酸显著增加，第30d其增幅分别为1187.3%和41977.3%；白花假龙头的增幅最小，824.3%。6种宿根花卉的脯氨酸增幅为：高山紫菀>珠光香青>山桃草>大叶铁线莲>白花假龙头。

2.7 干旱胁迫下可溶性糖含量的变化

由图6可见，随着干旱胁迫程度的加剧，珠光香青、大叶铁线莲和高山紫菀的可溶性糖含量一直增加，山桃草和白花假龙头分别于胁迫第10d和20d达到峰值，随后开始下降。胁迫第30d，5种宿根花卉的可溶性糖含量均高于对照，其中增幅最大的是山桃草，524.3%；增幅最小的为白花假龙头，40.4%；其余几种可溶性糖增幅为：珠光香青(310.0%)>大叶铁线莲(169.2%)>高山紫菀(100.1%)。

2.8 干旱胁迫下POD活性的变化

如图7所示，水分胁迫过程中5种宿根花卉的

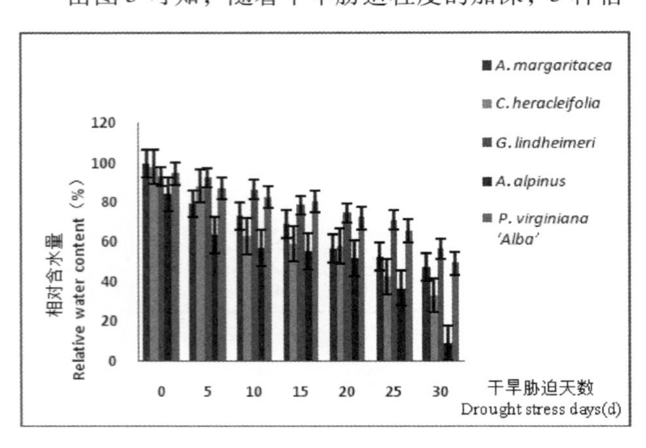

图4 5种宿根花卉叶片相对含水量的变化

Fig. 4 Changes of the relative water content in five perennials

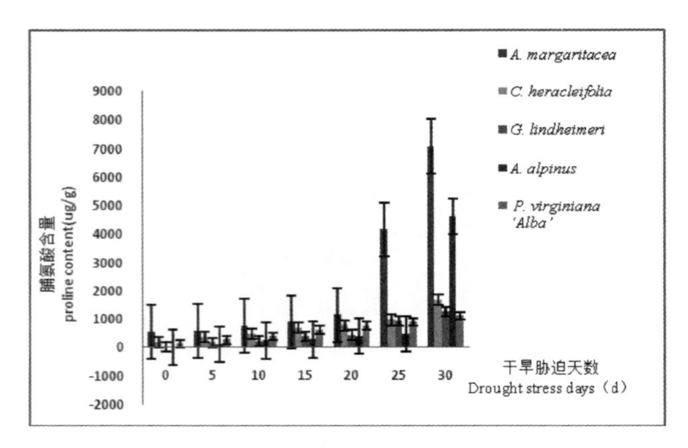

图5 5种宿根花卉脯氨酸含量的变化

Fig. 5 Changes of proline content in five perennials

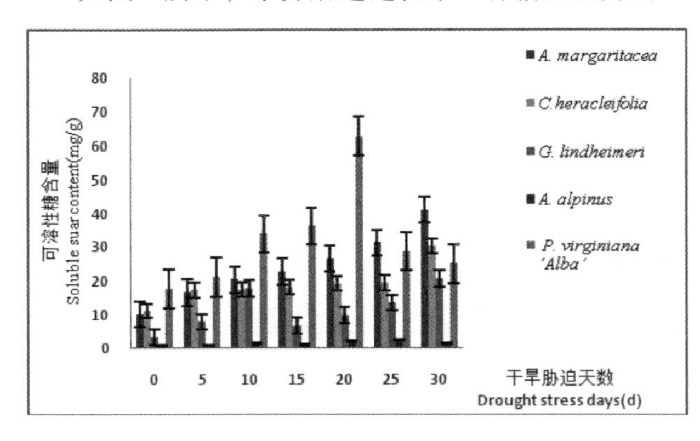

图6 5种宿根花卉可溶性糖含量的变化

Fig. 6 Changes of soluble sugar mass fraction in five perennials

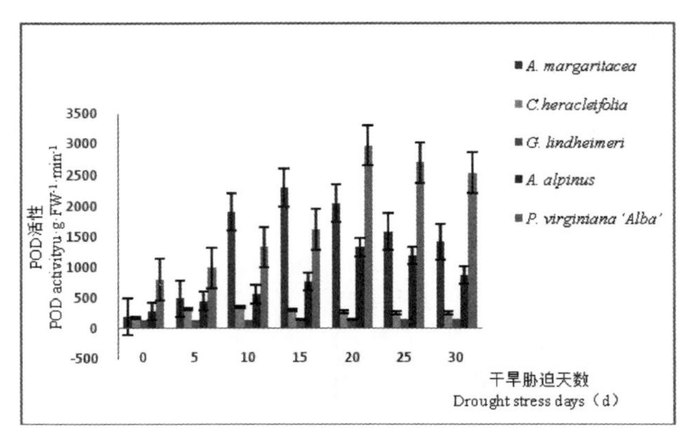

图7 5种宿根花卉POD活性的变化

Fig. 7 Changes of POD activity in five perennials

POD 活性均先升后降，胁迫初期活性明显提高，而后活性降低。珠光香青和大叶铁线莲分别在第 10d 和 15d 达到峰值，为 2289.0u · g · FW^{-1} · min^{-1} 和 351.0u · g · FW^{-1} · min^{-1}；白花假龙头和高山紫菀在胁迫第 20d 达到峰值，2973.8u · g · FW^{-1} · min^{-1} 和 1323.0u · g · FW^{-1} · min^{-1}；山桃草的 POD 活性一直非常低，第 15d 最大活性为 150.0u · g · FW^{-1} · min^{-1}。胁迫第 30d，POD 活性大小为：白花假龙头 > 珠光香青 > 高山紫菀 > 大叶铁线莲 > 山桃草。

2.9 干旱胁迫下可溶性蛋白质含量的变化

由图 8 可知，随着干旱胁迫程度的加深，5 种宿根花卉的可溶性蛋白含量均呈升 - 降 - 升 - 降趋势，第 10d 和 25d 是其两个峰值。第 15d，5 种宿根花卉的可溶性蛋白质均下降到最低，但仍高于对照组，可能是因为随着水分胁迫的加深，蛋白质分解所致(刘洋，2009)；之后，6 种宿根花卉的可溶性蛋白质继续增加，可能是诱导蛋白的产生促使其之后又有所提高(刘洋，2009)。胁迫第 30d，5 种宿根花卉的可溶性蛋白质增幅为：高山紫菀(130.4%) > 山桃草(123.0%) > 珠光香青(111.6%) > 白花假龙头(110.3%) > 大叶铁线莲(95.0%)。

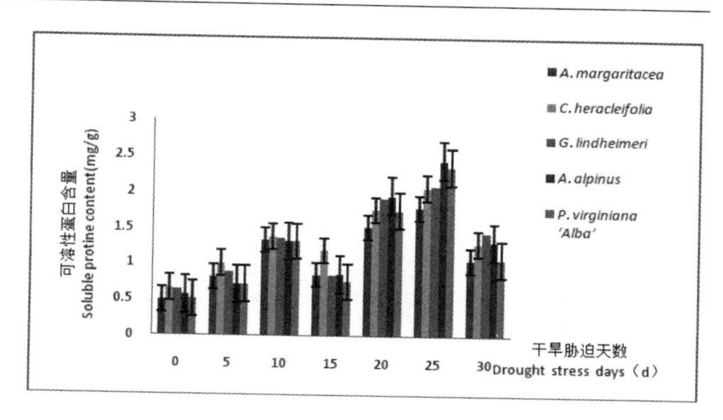

图 8 5 种宿根花卉可溶性蛋白质含量的变化

Fig. 8 Changes of soluble protein content in five perennials

2.10 相关性分析

由表 3 可看出，叶片相对含水量与相对电导率、可溶性糖含量极显著负相关，与叶绿素极显著正相关，与脯氨酸、可溶性蛋白及 POD 活性呈一定相关；相对电导率与叶绿素极显著负相关，与可溶性糖含量极显著正相关，与脯氨酸显著相关，与可溶性蛋白、POD 呈一定相关；叶绿素与可溶性糖、游离脯氨酸极显著负相关；可溶性糖与游离脯氨酸极显著正相关。

表 3 7 个理化指标的相关系数矩阵

Table 3 Correlation coefficient matrix of seven physical and chemical indices

测定项目 Measure item	相对含水量 Relative water content	相对电导率 Relative electrical conductivity	叶绿素 Chlorophyll	可溶性糖 Soluble sugar content	游离脯氨酸 Proline content	可溶性蛋白 Soluble protein content	POD 活性 POD activity
相对含水量 Relative water content	1.000						
相对电导率 Relative electrical conductivity	-0.936 * *	1.000					
叶绿素 Chlorophyll	0.928 * *	-0.943 * *	1.000				
可溶性糖 Soluble sugar	-0.941 * *	0.939 * *	-0.994 * *	1.000			
游离脯氨酸 Proline	-0.722	0.781 *	-0.895 * *	0.901 * *	1.000		
可溶性蛋白 Soluble protein	-0.743	0.707	-0.516	0.555	0.321	1.000	
POD 活性 POD activity	-0.653	0.685	-0.505	0.486	0.1111	0.597	1.000

注：* * 表示在 0.01 水平上显著相关，* 表示在 0.05 水平上显著相关

Note：* * indicates a significant correlation at the 0.01 level，* indicates a significant correlation at the 0.05 level

2.11 各指标隶属函数值的计算

计算各指标的隶属函数值，进行综合评价，山桃草、珠光香青、高山紫菀、白花假龙头和大叶铁线莲的隶属函数平均值为 0.556、0.528、0.420、0.303、0.248，进行方差分析，结果表明，5 种宿根花卉的抗旱性为：珠光香青 > 山桃草 > 高山紫菀 > 白花假龙头 > 大叶铁线莲，且抗旱性差异极显著($p < 0.01$)。

表4 5种宿根花卉各指标隶属函数值

Table 4 Subordinate function values of every index of five perennials

相对	相对水分质量 Relative water content	可溶性电导率 Relative electrical conductivity	叶绿素 Chlorophyll	可溶性蛋糖 Soluble sugar	游离脯氨酸 Proline content	白质 Soluble protein	POD活性 POD activity	平均值 Average	抗旱性排序 Drought resistance order
山桃草 *G. lindheimeri*	1.000	1.000	0.302	0.544	0.044	1.000	0	0.556	1
珠光香青 *A. margaritacea*	0.596	0	0.397	1.000	1.000	0	0.701	0.528	2
高山紫菀 *A. alpinus*	0	0.182	1.000	0	0.654	0.770	0.333	0.420	3
白花假龙头 *P. virginiana* 'Alba'	0.766	0.136	0	0.212	0	0.008	1.000	0.303	4
大叶铁线莲 *C. heracleifolia*	0.261	0.349	0.095	0.598	0.093	0.295	0.047	0.248	5

2.12 抗旱指标的选取－灰色关联分析

由表5可见，游离脯氨酸与宿根花卉的抗旱性的关联度为0.7624，关联度最大，因此对地被植物的抗旱性影响最大，POD活性和电导率与植物抗旱性的关联度分别为0.7344和0.7232，关联度影响次之，因此对植物的抗旱性影响较大，而叶片相对含水量、叶绿素含量和可溶性蛋白与植物的抗旱性的关联度分别为0.6546、0.6576和0.6518，对植物的抗旱性影响较小，可溶性糖与植物的抗旱性关联度为0.5800，对植物的抗旱性影响最小。

表5 各指标对抗旱性的关联度及排序

Table 5 The correlation and order of every index related to drought resistance

关联度 Correlation	相对含水量 Relative water content	相对电导率 Relative electrical conductivity	叶绿素 Chlorophyll	可溶性糖 Soluble sugar	游离脯氨酸 Free proline	可溶性蛋白 Soluble protine	POD活性 POD activity
r	0.6546	0.7232	0.6576	0.5800	0.7624	0.6518	0.7344
顺序 order	5	3	4	7	1	6	2

3 讨论

利用隶属函数法和水分胁迫下的外部形态观察对5种宿根花卉的抗旱性进行了综合评价，其抗旱性为：山桃草＞珠光香青＞高山紫菀＞白花假龙头＞大叶铁线莲。李涛(2010b)等用了相同的方法对北京地区广泛应用且表现良好的'金娃娃'萱草(*Hemerocallis fulva* 'Golden Doll')进行了抗旱性评价，与其研究结果相比，山桃草和珠光香青的抗旱性强于'金娃娃'萱草，因此可在北京地区大力推广，推进北京地区节水园林的发展。同时在园林绿化中可根据5种宿根花卉的抗旱性选择合适的立地条件，控制灌水量和灌水频度。作者(刘雪等，2016)曾用相同方法评价了其他6种宿根花卉的抗旱性，结合本文的研究结果，初步得出这些种类的抗旱性排序：阔叶风铃草(*Campanula latifolia*)＞龙芽草(*Agrimonia pilosa*)＞山桃草(*G. lindheimeri*)＞珠光香青(*A. margaritacea*)＞蓝花棘豆(*Oxytropis coerulea*)＞野古草(*Arundinella anomala*)＞高山紫菀(*A. alpinus*)＞黄芩(*Scutellaria baicalensis*)＞白花假龙头(*P. virginiana* 'Alba')＞大叶铁线莲(*C. heracleifolia*)＞小兔子'狼尾草'(*Pennisetum alopecuroides* 'Little Bunny')。

植物的萎蔫情况和复水后的成活率能够较直观准确地说明植物的抗旱能力(李亚静 等，2013)，本文利用隶属函数法综合评价的结果与干旱胁迫下的外部形态变化基本一致，可以看出抗旱性强的植物萎蔫发生得晚，萎蔫的速度也较慢，但与根据单一指标评价的结果有一定的差异。通过对7个理化指标的相关性分析，发现所有理化指标间都存在一定的相关性，这与前人的研究结果一致(史晓霞，2007)。有关抗旱鉴定的方法和指标有很多，使用正确的方法筛选出抗旱指标意义重大(包宝祥，2008)。本研究通过灰色关联分析发现游离脯氨酸、POD 活性和电导率更能代表宿根花卉的抗旱性，因此在宿根花卉的抗旱性研究中必须对这 3 个指标加以深入综合分析，避免单因素评定的局限性，全面反映植物的抗旱能力。

水分胁迫下，植物细胞通过脯氨酸的积累进行渗透调节，防止细胞脱水，其积累量可用作反映植物抗逆性的参考性生理指标(史燕山 等，2005；赵燕燕，2007)。本研究结果表明，随着水分胁迫程度加深，5 种宿根花卉的脯氨酸含量均增加，这与上述的研究结果一致。相对电导率逐渐增加，这与植物在逆境胁迫下细胞膜受损，透性增大，受到损伤的细胞膜向组织外渗透电解质，膜透性增大程度与逆境胁迫程度有关的观点一致(王琪，2014)。POD 活性先升高后下降，这与前人(张丽梅，2013；张彦妮 等，2015)的研究结果一致，但最终的增幅却不同，是因为不同植物的酶活性对干旱胁迫的敏感性不同，在一定胁迫程度内，酶的活性会逐渐趋向正常水平，但当干旱超过植物的忍耐水平时，酶活性降低甚至失活(郭运雪，2012)。

本试验是在温室盆栽环境下进行的，会使植物根系生长发育受限制，与植物实际生长的环境有一定的差异(王琪，2013；李亚静 等；2013)，因此，今后对宿根花卉的抗旱性评价应结合实际生长环境，以为其园林应用提供更准确的参考。

参考文献

1. 包宝祥 . 2008. 北京市城市绿地耐旱性地被植物的筛选[D]. 内蒙古农业大学 .
2. 柴守玺 . 2000. 小麦抗旱生态分类中适合性聚类方法的研究[J]. 应用生态学报，11(6)：833 - 838.
3. 付锦南，李佳璇，郑健，等 . 2014. 耐旱性花卉在城市绿地中的应用现状[J]. 北方园艺，07：76 - 79.
4. 郭运雪 . 2012. 3 种金鸡菊的光合生理特性及抗旱性研究[D]. 浙江农林大学 .
5. 高俊凤 . 2006. 植物生理学实验指导[M]. 北京：高等教育出版社 .
6. 韩光辉，王洪波 . 2013. 北京供水安全与水资源可持续利用的思考[J]. 新视野，2：83 - 86.
7. 李涛，王飞，卢艳 . 2010a. 4 种宿根花卉在自然失水胁迫下的生理变化与抗旱性关系[J]. 西北农业学报，19(10)：146 - 151.
8. 李涛 . 2010b. 陕西关中地区几种宿根花卉抑菌性与抗旱性研究[D]. 西北农林科技大学 .
9. 李亚静，汪泉，胡长军 . 2013. 乌鲁木齐引种宿根花卉的抗旱性研究[J]. 新疆农垦科技，9：9 - 10.
10. 刘洋 . 2009. 6 种园林草本花卉的抑菌性与抗旱性研究[D]. 西北农林科技大学 .
11. 刘雪，陈涛，蒋亚蓉，等 . 6 种宿根花卉在土壤干旱胁迫下的生理变化与抗旱性关系[J]. 西北农业学报(待发表).
12. 史燕山，骆建霞，王煦，等 . 2005. 5 种草本地被植物抗旱性研究[J]. 西北农林科技大学学报：自然科学版，33(5)：130 - 134.
13. 石超，唐婉，马玉磊，等 . 2012. 4 种连翘属植物对土壤含水量变化的生理反应[J]. 西北林学院学报，27(6)：8 - 11.
14. Iness B，Ibtissem H S，Soumaya B，Ferid L，Brahim M. 2011. Drought effects on polyphenol composition and antioxidant activities in aerial parts of *Salvia officinalis* L. [J]. Acta Physiol Plant. 33：1103 - 1111.
15. 吴强胜，夏仁学，张琼华 . 2003. 果树对水分胁迫反应研究进展[J]. 亚热带植物科学，32(2)：72 - 76.
16. 王琪 . 2013. 几个芍药品种对低温、干旱及盐碱胁迫的生理生化研究[D]. 北京林业大学 .
17. 王琪，刘建鑫，张建军，等 . 2014. 水分胁迫对芍药生长和生理生化特性影响的研究[J]. 植物遗传资源学报，15(6)：1270 - 1277.
18. 原英东 . 2012. 绵枣儿种子繁殖及抗旱性的相关研究[D]. 东北林业大学 .
19. 杨佩国，吴绍洪，胡俊锋，等 . 2012. 北京城市化进程中的水资源利用区际冲突初探[J]. 生态学杂志，31(10)：2644 - 2650.
20. 张丽梅 . 2013. 两种白头翁属植物种子发芽特性及幼苗抗旱性的研究[D]. 东北林业大学 .
21. 张彦妮，刘亦佳，李博 . 2015. 干旱胁迫及复水对大花飞燕草幼苗生理特性的影响[J]. 北方园艺，9：58 - 62.

淹水胁迫下9个牡丹品种生长及生理特性响应*

蒋海凌[1]　张慧[1]　陆丹雯[1]　裘蕾[1]　朱向涛[1]①　刘佳[2]
（[1]浙江农林大学暨阳学院，诸暨 311800；[2]临安市林业局，临安 311200）

摘要　牡丹，中国十大传统名花之一，具有"花中之王"的美誉，江南牡丹作为中国牡丹四大品种群之一，由于受到湿热气候的影响发展较慢，部分品种逐渐消失，选择适宜江南地区生长的牡丹品种具有重要意义。本文以9个中原地区引种牡丹品种为研究对象，研究了其在相同淹水胁迫下不同胁迫时间其细胞膜透性、叶绿素含量、抗坏血酸过氧化物酶（APX）、过氧化氢酶（CAT）的变化规律。结果表明：大部分品种细胞膜透性呈现先升高后降低的变化趋势，部分品种呈现先降低后升高后降低的变化趋势，叶绿素a、叶绿素b、类胡萝卜素均呈现逐渐下降的变化趋势，下降情况有所不同，APX酶活性随着处理时间的延长呈逐渐下降的趋势，大多数品种CAT酶活性随着处理时间的延长而逐渐下降，'俊艳红'呈现先升高后降低的变化趋势。本研究将为耐涝牡丹品种筛选奠定理论基础。

关键词　牡丹；品种；水淹胁迫；生理指标

Response of Different Waterlogging Stress Time on Growth and Some Physiological Characteristics of *Paeonia suffruticosa*

JIANG Hai-ling　ZHANG Hui　LU Dan-wen　QIU Lei　ZHU Xiang-tao　LIU Jia
([1]*Jiyang College of Zhejiang A&F University*, *Zhuji* 311800; [2]*Lin' an Forestry Bureau*, *Lin' an* 311200)

Abstract　Peony is one of the ten traditional famous flowers in China, has the reputation of "King of the Flowers". As one group of four Chinese peony cultivars, the peony of the Southern Yangtze River develop slowly because of the hot and humid climate, and some species are disappearing, so it is important to select the appropriate peony cultivars which can grow well in the Southern Yangtze River area. This article take nine peony cultivars which come from Shandong as study objects, The change low of the cell membrane permeability, chlorophyll content, ascorbate peroxidase (APX) and catalase (CAT) were studied when the cultivars under same waterlogging stress in different time. The results showed that the cell membrane permeability of most cultivars exhibit a trend of declined first and then ascended, some varieties showing a trend of ascended after the first declined, then declined again. Chlorophyll a, chlorophyll b, carotenoids showed a trend of gradual decline, the decline situation is different. APX activity showed a gradual decline trend with the extend of processing time, most cultivars´CAT activity declined gradually with the extend of processing time, and Junyanhong showed a trend of declined first and then ascended. This study will lay a theoretical foundation on waterlogging peony cultivar screening.

Key words　Peony; Cultivar; Waterlogging stress; Physiological indexes

牡丹（*Paeonia suffruticosa* Andr.），芍药科芍药属多年生落叶亚灌木。我国特产的传统名花，为中国十大传统名花之一，有"花中之王"的美誉。牡丹花大而美，色香俱佳，故有"国色天香"的美称（王莲英，1997）。但牡丹在江南一带栽培受到江南地区湿热环境的制约较大，牡丹根肉质，畏涝，但不同品种的耐涝性有较大差异。浙江降雨集中在5～7月，短时间的暴雨导致水位急剧上升，超过常水位。加上气温高而牡丹具有不耐湿热的特点，目前江南牡丹仅存20余品种，而有些品种如'紫云芳''凤尾'等数量极少，已濒临灭绝（王佳，2009）。涝害是造成牡丹在江南地区发展较慢的主要原因，因此研究并掌握淹水胁迫下牡丹的生长规律，解决好耐涝牡丹品种的选育、品种结构的调整及栽培技术问题是重中之重。发现并

*　浙江省教育厅项目，浙江农林大学大学生科技创新项目资助。

解决牡丹在水涝胁迫环境下的生长问题，需从测定有效生理指标的方法来判断不同品种的牡丹的耐淹水能力。

淹水胁迫对植物的影响是多方面的，一方面会破坏植物细胞膜结构的完整性，从而导致细胞膜选择性吸收的丧失和细胞内电解质的渗透。细胞膜的这种改变又会影响到细胞其他的生理活动，如引起叶绿素降解，丙二醛积累等(Hossain *et al.* 2009; Irfan *et al.* 2010 ; Kumutha *et al.* 2009; Apel and Hirt 2004; Mittler2002)。另一方面，湿涝缺氧能诱发植物体产生过量的活性氧自由基(Arbona *et al.* 2008, Bennett M *et al.* 2005, Mansfield JW, 2005 ; Makino T, 1996 ; Havaux M 2003)，激起植物体内抗氧化酶的活性增强(Zhang *et al.* 2007; Krishnaswamy *et al.* 2011)和渗透调节物质的增加(Raju Gomathi, 2012; Tamara I. Balakhnina, 2010)，以免受活性氧自由基的伤害。淹水胁迫后，植物可溶性糖、还原糖、蔗糖和脯氨酸增加，超氧化物歧化酶活性也在短期内有所升高。同时，淹水使植物缺氧，有氧呼吸受抑制，乙醇、乳酸等有毒物质累积，能量缺乏，阻碍矿物质的吸收，改变植物体内的激素水平，使代谢紊乱(Geigenberger P. 2003; Kaelke C M *et al.* 2003; Christianson J A *et al.* 2010)。

本文研究在人工模拟淹水胁迫的条件下，通过测定相同水淹胁迫下 9 个不同品种的牡丹的在不同时间内的叶片叶绿素含量、细胞膜透性等生理指标的变化，以及抗坏血酸过氧化物酶(APX)、过氧化氢酶(CAT)活性的变化，从生理生化变化角度筛选耐涝性品种，为丰富江南牡丹品种奠定基础。

1　材料与方法

1.1　试验材料

选择 9 个牡丹品种分别为‘明星’(Mingxing)、‘香玉’(Xiangyu)、‘俊艳红’(Junyanhong)、‘白雪塔’(Baixueta)、‘百园红霞’(Baiyuanhongxia)、‘银红娇’(Yinhongjiao)、‘紫乔’(Ziqiao)、‘菱花普’(Linghuapu)、‘肉芙蓉’(Roufurong)，正常水肥管理。于 2015 年 5 月 10 日初选取长势、大小基本相同的苗木 30 盆，栽植于上口径 28cm、下口径 19cm、高 23cm 的塑料盆中，基质是由园土: 沙: 珍珠岩(5:3:2)组成的混合基质，利用浸盆法进行淹水处理，模拟涝害，土壤含水量过饱和，水面高于土面 5cm。分别于淹水后 7d、14d、24d、29d 测定细胞膜透性、叶绿素含量、SOD 活性、MDA 含量、CAT 活性、APX 活性。2015 年 6 月重复淹水试验，测定各项指标。所有指标每株为一单位取样，每项目重复 3 ~5 次。

1.2　测定方法

细胞膜透性的测定利用相对电导率法；叶绿素含量测定采用酒精浸提法；过氧化氢酶(CAT)活性测定采用紫外吸收法(李合生，2000)；抗坏血酸过氧化物酶(APX)活性测定参照赵雁等(赵雁 等，2015)方法测定。

2　结果与分析

2.1　淹水胁迫对 9 个品种牡丹电导率的影响

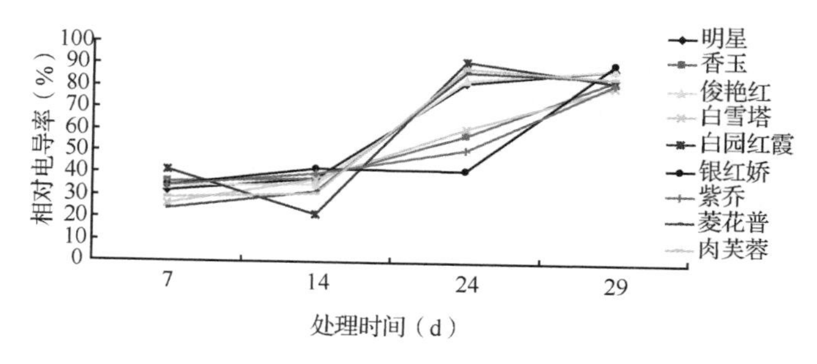

图 1　不同处理时间不同牡丹品种相对电导率变化规律

Fig. 1　Relative conductivity variation at different times of different treatment peony varieties

电导率是表明植物质膜受伤害程度的主要依据。电解质渗出率的变化直接反映细胞膜透性的变化，两者呈正相关。图 1 表明在淹水胁迫下，所有处理的植株其叶片的电导率均有不同程度增加，并呈现一个随淹水时间增长持续上升的状态。4 次测定的平均值分别是 30.7%、37.4%、72.7% 和 88.0%。其中‘银红娇’在水淹的前 24 天质膜透性受损较小，低于平均值的 30.8%，但在之后电导率不断升高与其他品种电导率相近；‘紫乔’与‘银红娇’相似，在实验处理前 24 天电导率升高比较平缓，第 24 后电导率才迅速上升，说明这两个品种对水淹胁迫的适应优于其他品种；‘肉芙蓉’‘俊艳红’和‘香玉’在 7 ~14 天电导率变化不大，增幅分别只有 1%、1.5% 与 1.7%，这 3 个品种在一定淹水时间后，对环境有个短暂的适应力；‘明星’‘白雪塔’‘百园红霞’和‘菱花普’的电导率都是在 14 ~24 天时出现最大增幅，其曲线都相似，即水淹胁迫抗性下质膜透性损坏较严重。

2.2　淹水胁迫对 9 个品种牡丹叶绿素含量的影响

叶绿体是植物进行光合作用的场所，各种光合色素在光合作用中起着极其重要的作用。淹水胁迫会影响植物叶绿素含量，进而影响光合作用。由图 2 ~图 4 可知，9 个品种的牡丹在试验过程中的叶绿素含量在最后都是低于试验开始值，但其中变化有着显著的不同且叶绿素 a、叶绿素 b 和类胡萝卜的变化也有差异。在淹水第 14d，‘明星’‘香玉’与‘紫乔’叶绿素 a 含量较第 7d 显著升高，并高于第 14d 叶绿素 a 平均值 8.2%、24.7% 和 13.1%，同时‘俊艳红’‘银红娇’‘菱花普’和‘肉芙蓉’在试验 14d 前叶绿素变化差异较小，即随着水淹胁迫的开始，以上品种的光合色素对水淹环境有着较好的适应；而‘百园红霞’随着水淹时间的增加叶绿素含量持续降低，在第 14d 低于平均值 20.7%，即对水淹环境的适应性差；‘白雪塔’虽然在第 14d 的叶绿素含量与平均值差异不大，但较第 7d 显著降低，降幅为 19.1%，其适应力开始下降。叶绿素 b 随着淹水时间的增长，所有植株都大致呈现了持续的下降趋势，其中‘紫乔’在实验前期叶绿素 b 略微上升，在第 24d 的下降最为显著，低于平均值 22.7%，光合作用受损最严重；类胡萝卜素在所有植株中大致呈现先小幅上升或差异不大，在 14～24d 再显著下降；其中‘肉芙蓉’在整个试验过程中的类胡萝卜素差异极小，且接近每次的平均值；‘紫乔’在第 24d 类胡萝卜素同样最低，低于平均值 19.1%。叶绿素 b 在试验最初大于类胡萝卜素，在试验后期基本都低于类胡萝卜素或与其相近。第 29d 叶绿素 a、叶绿素 b、类胡萝卜素含量均降低到最低点。

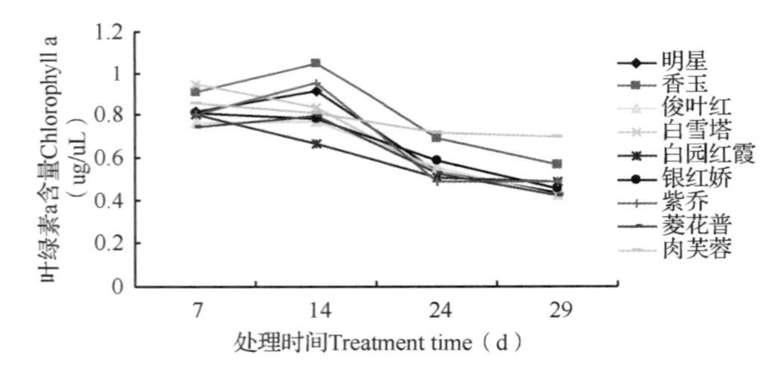

图 2 不同处理时间不同牡丹品种叶绿素 a 含量变化规律

Fig. 2 Chlorophyll a different variation of different varieties of peony processing time

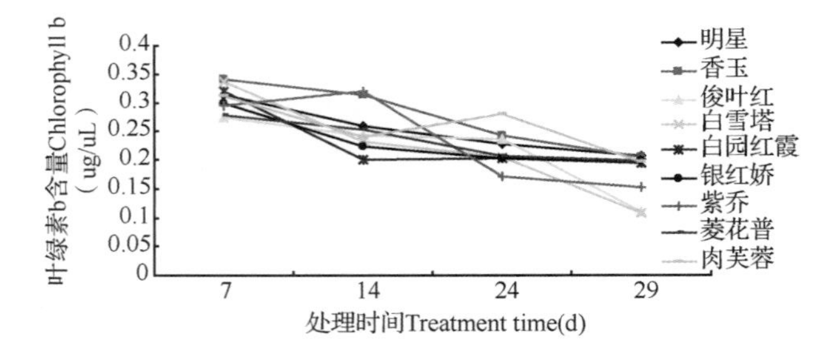

图 3 不同处理时间不同牡丹叶绿素 b 含量变化规律

Fig. 3 Chlorophyll a different variation of different varieties of peony processing time

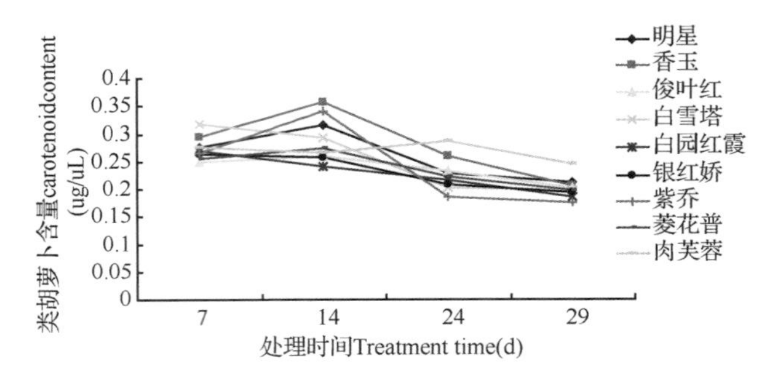

图 4 不同处理时间不同牡丹品种类胡萝卜素含量变化规律

Fig. 4 Chlorophyll a different variation of different varieties of peony processing time

以上结果表明，‘紫乔’在淹水初期在光能的吸收、传递过程中具有优势，能够吸收和传递较多的光能用于光合作用，但在后半段试验则叶绿素分解迅速；‘香玉’‘肉芙蓉’‘俊艳红’与‘菱花普’则能出现一定的适应性之后再趋向降低。

2.3 淹水胁迫对 9 个品种牡丹抗坏血酸过氧化物酶(APX)活性的影响

抗坏血酸过氧化物酶(APX)是一种亚铁血红素蛋白，位于叶绿体中并分解叶绿体中的 H_2O_2 的叶绿体型同工酶。当植物在逆境生长中，体内积聚 H_2O_2，此时抗坏血酸过氧化物酶(APX)则会调节植物体内的 H_2O_2 含量，检测抗坏血酸过氧化物酶(APX)的活性，即检测植物对逆境适应能力的指标之一。

表 1 表明在淹水胁迫下，APX 的活性随着时间推移而逐步降低，即植株在水淹胁迫下的抗氧化系统发生了不可逆的损害。其中‘俊艳红’在淹水前 14d，APX 活性较之前略微增加，高于所有实验组平均值 31.7%，说明水淹胁迫仍在其承受范围之内，但已经抑制生长；‘百园红霞’的 APX 活性一直处于所有实验组前列，表面其抗涝性最佳；‘肉芙蓉’与‘白雪塔’虽在试验前 24d 活性稳定下降，其 APX 活性略高于所有品种平均水平，但第 24d 至 29d 下降极显著，其中‘肉芙蓉’APX 活性低于平均值 68.8%，其植株接近死亡；‘菱花普’‘紫乔’和‘明星’在 14～24d APX 活性变化较大，降幅分别为 79.4%、92.5% 和 82.3%，表明在试验中期这 3 个品种的植株对水淹胁迫很敏感，为不耐涝牡丹品种；‘香玉’和‘银红娇’的 APX 活性在整个试验中低于平均值，并逐步下降，其植株抗氧化系统受损较其他品种更为严重，对水淹胁迫适应力差。

表1 淹水胁迫对9各品种牡丹抗坏血酸过氧化物酶(APX)的动态变化(u/g min)

品种名	处理天数			
	7d	14d	24d	29d
肉芙蓉	321.45	271.20	123.98	18.00
百园红霞	436.39	313.05	157.28	105.75
菱花普	316.13	265.95	54.68	22.05
白雪塔	397.35	296.02	168.08	66.83
紫乔	438.08	383.40	28.58	24.75
银红娇	286.43	221.85	77.40	83.48
明星	434.25	334.46	59.18	46.13
香玉	116.44	104.85	54.00	55.35
俊艳红	341.10	375.64	89.78	96.97

2.4 淹水胁迫对9个品种牡丹过氧化氢酶(CAT)的影响

过氧化氢酶是植物生物防御系统的关键酶。其功能是催化细胞内过氧化氢的分解防止过氧化。从表2可见，淹水处理下9个品种牡丹的CAT活性总体上表现为下降，其中'俊艳红'在淹水前期升高显著，增幅13.7%；'肉芙蓉''百园红霞''明星'的CAT活性在前期呈现出略微上升或平缓趋势在淹水24d再下降，降幅分别为36.6%、51.0%、26.2%；'菱花普''白雪塔''银红娇''香玉''紫乔'在淹水的整个过程中都表现为逐渐下降的趋势，其中'银红娇''香玉'CAT活性一直低于平均水平，表现为耐涝性差。水淹胁迫下植物保持较高CAT活性，是抗涝性较强的原因之一。只有较高的CAT活性才能在植物酶保护体系中分解过氧化氢，防止过氧化氢累积产生的过氧化现象对植株造成的伤害。

表2 淹水胁迫对9各品种牡丹过氧化氢酶(CAT)的动态变化(u/g min)

品种名	处理天数			
	7d	14d	24d	29d
肉芙蓉	528.98	527.63	334.58	154.13
百园红霞	665.78	671.40	328.95	169.20
菱花普	504.23	441.45	344.25	133.43
白雪塔	523.35	476.55	338.18	191.70
紫乔	629.78	527.63	306.00	126.00
银红娇	404.55	353.93	232.20	109.13
明星	475.65	489.83	361.35	154.80
香玉	371.03	242.78	232.88	143.70
俊艳红	369.68	420.45	282.83	181.13

2.5 各个牡丹品种抗涝性分析

本研究通过对9个品种牡丹的4个主成分的变量进行分析，将其分为不抗涝型，包括'白雪塔''菱花普'；较抗涝型，包括'百园红霞''俊艳红''明星''香玉''银红娇'；抗涝型，包括'肉芙蓉''紫乔'。

3 结论与讨论

3.1 不同品种牡丹抗氧化系统酶对淹水的响应特征

植物在长期进化过程中形成了受遗传性制约的逆境适应机制，活性氧代谢在其中占重要地位，植物的很多生理代谢过程都与活性氧的作用密切相关。活性氧(AOS)产生于植物代谢过程中的需氧组织，在正常情况下，植物体内的AOS含量由抗氧化系统调控并保持在一定水平，抗氧化系统分为酶促脱毒系统和非酶促脱毒系统两类，酶促脱毒系统包括超氧化物歧化酶(SOD)、过氧化氢酶(CAT)、抗坏血酸过氧化物酶(APX)等；非酶类抗氧化剂包括抗坏血酸(ASA)、还原型谷胱甘肽(GSH)、甘露醇和类黄酮。在正常的条件下，植物体内活性氧的产生与清除系统细胞保护系统处于平衡状态，当植物处于逆境下，这种平衡遭到破坏，AOS积累引起蛋白质、膜脂、DNA及其他细胞组分的严重损伤，此时植物机体内将会启动酶促活性氧清除系统，进而维持活性氧产生与清除的动态平衡，维持细胞和组织器官的正常生理活动。其中抗坏血酸作为一种非酶促小分子抗氧化剂，与其他小分子及同工酶抗氧化剂共同调节着植物细胞内的AOS，保持细胞正常的分裂和生长。同时抗坏血酸也是一些关键性酶的反应底物，因而抗坏血酸在植物的生长发育及植物对环境胁迫响应的过程中起着重要作用；而CAT能清除其他AOS被分解产生的H_2O_2。

本试验结果表明，保护酶的活性与涝渍胁迫有密切的关系。不同品种牡丹在淹水胁迫的初期下，保护酶系统的各个酶活性呈现出略微增加或者平缓的趋势，这种酶活性增加可能是植物为适应水淹胁迫条件下H_2O_2等物质增多，维持细胞内活性氧累积与清除系统平衡的一种适应性调节，是减轻细胞伤害的一种反馈性代谢变化。但随着胁迫时间的延长，APX、CAT呈下降趋势，尤其是一些不耐涝的品种，如‘香玉’‘银红娇’‘菱花普’这些抗涝性弱的品种一直处于下降的趋势，水淹胁迫下它们的适应性比较差，表明这些酶对淹水胁迫的反应比较敏感，淹水时间过长，会抑制抗氧化系统酶活性，使植物叶片内酶活性降低，细胞保护系统的平衡体系受到破坏，使活性氧积累诱发膜脂过氧化，导致细胞受到伤害。较耐涝的品种如‘明星’‘紫乔’‘白雪塔’‘肉芙蓉’呈平缓再下降显著的趋势，但下降主要表现在淹水后期，前期外观表现为植株生长良好，较耐涝品种之所以表现如此，主要原因有两点：第一，植物体内活性氧产生与清除的平衡被打破，诱导了SOD等酶的表达，酶活性一直处于较高水平，增强了对O^{-2}的清除能力；第二，这些品种之所以能缓解水淹环境的胁迫，可能是由于淹水胁迫下植株内源乙烯的大量合成促成了通气组织、不定根的生成以及肥大皮孔的生成，使植株根系正常的呼吸代谢得以进行。因此从某种意义上来说，活性氧的产生也是淹水胁迫下植物的适应性反应，而少量的活性氧则增加了适应性。随着淹水时间的不断延长，较耐涝品种的下降是因为膜透性增大，外观表现为叶片出现深褐色水渍斑，出现失绿的症状。只有‘百园红霞’‘俊艳红’抗涝性强的品种在涝渍胁迫下则表现为一直较平缓下降的趋势，这是因为超氧化物自由基的过量生成超过了抗氧化酶系统的清除能力，从而造成活性氧类物质的累积。

3.2 不同品种牡丹叶绿色含量对淹水的响应特征

叶绿素参与光合作用过程中光能的吸收、传递和转化，叶绿素含量的总体下降使光能转化和能量提供能力受到抑制，影响光合作用的高效运转，其含量的高低在很大程度上反映了植株的生长状况和光合能力。本研究表明淹水胁迫下，无氧呼吸使根系能量缺乏，叶绿素含量显著降低。随着淹水胁迫时间的持续，‘肉芙蓉’叶片叶绿素含量较其他品种下降幅度都小，受害程度最低。淹水初期，‘明星’‘香玉’‘紫乔’‘菱花普’叶绿素含量上升，说明了对淹水环境的逐步适应，促使了叶绿素的合成，但随着淹水时间的延长，所有植株受害程度加剧，叶绿素降解迅速；‘俊艳红’‘白雪塔’‘银红娇’在整个试验过程呈现一个持续下降的趋势；‘百园红霞’‘肉芙蓉’在淹水胁迫后期逐步适应，叶绿素下降较缓和，而‘肉芙蓉’合成能力更强，说明‘肉芙蓉’在淹水胁迫下具有较高的光能吸收和传递能力，以保持相对较高的净光合速率，从而减轻淹水胁迫伤害。

3.3 不同品种牡丹质膜对淹水的响应特征

细胞膜的稳定性是植物细胞执行正常生理功能的基础。植物在逆境条件下会改变细胞质膜透性，进而影响植物代谢。逆境胁迫对质膜结构和功能的影响通常表现为选择透性的丧失，电解质和某些小分子有机物的大量渗漏。在涝渍胁迫下，植物细胞受害越重，质膜透性越大，细胞外渗物越多，外渗液中电导率越高。由试验结果表明，‘明星’‘白雪塔’‘百园红霞’‘菱花普’在整个试验过程中质膜透性变化相似，表明其在质膜方面的水淹胁迫抗逆性较差；‘肉芙蓉’‘俊艳红’‘香玉’在试验初期电导率平缓，随着水淹胁迫的持续，电导率上升显著，可以看出这3个品种在逆境下质膜有一定的承受能力，当胁迫累计超过一定程度时，其质膜透性也被破坏；‘紫乔’‘银红娇’随着胁迫时间的延长，电导率升高相对平缓。

3.4 关于抗涝性综合评价的探究

抗涝性是一个复杂性状，是由多个因素共同作用的结果，弄清各因素对抗涝性影响的主次关系，对于筛选抗涝性鉴定指标具有重要意义。抗涝指标如同抗旱性鉴定指标一样很多，但众多学者认识到采用单一指标评价抗涝性是很难符合实际的，并且提出多指标的重复测定。但由于研究结果之间缺少可比性、系统性，至今对该问题的认识仍比较混乱，没有形成一套简单、准确的并被大家公认的指标体系。本文从叶绿素含量、质膜透性生理指标的变化，以及抗坏血酸过氧化物酶(APX)、过氧化氢酶(CAT)活性的抗氧化系统变化多个指标对9个品种的牡丹做主成分分析，把它们转化为相互对立的综合指标，既消除了个别带来的片面性，又比较全面地对抗涝性做一排序。当然由于抗涝性的复杂性，本研究所选用的指标是否可以作为其他立地条件下的鉴定，还有待进一步研究和验证。

参考文献

1. 王莲英.（1997）. 中国牡丹品种图志[M]. 北京：中国林业出版社.
2. 王佳.(2009). 杨山牡丹遗传多样性与江南牡丹品种资源研究[D]. 北京林业大学博士学位论文.
3. Apel K, Hirt H (2004) Reactive oxygen species: metabolism, oxidative stress, and signal transduction [J]. Annu Rev Plant Biol, 55: 373 – 399.
4. Hossain Z, Lopez-Climent MF, Arbona V, Perez-Clemente RM, Gomez-Cadenas A (2009) Modulation of the antioxidant system in Citrus under waterlogging and subsequent drainage[J]. J Plant Physiol. 166(13): 1391 – 1404.
5. Irfan M, Hayat S, Hayat Q, Afroz S, Ahmad A (2010) Physiological and biochemical changes in plants under waterlogging[J]. Protoplasma, 241(1 – 4): 3 – 17.
6. Kumutha D, Ezhilmathi K, Sairam R, Srivastava G, Deshmukh P, Meena R (2009) Waterlogging induced oxidative stress andantioxidant activity in pigeonpea genotypes[J]. Biol Plant 53(1): 75 – 84.
7. Mittler R (2002) Oxidative stress, antioxidants and stress tolerance[J]. Trends Plant Sci 7(9): 405 – 410.
8. Arbona V, Hossain Z, Lopez-Climent MF, Perez-Clemente RM, Gomez-Cadenas A (2008) Antioxidant enzymatic activity is linked to waterlogging stress tolerance in citrus [J]. Physiol Plant132(4): 452 – 466.
9. Bennett M, Mehta M, Grant M (2005) Biophoton imaging: a nondestructive method for assaying R gene responses[J]. Mol Plant Microbe Interact 18: 95 – 102.
10. Mansfield J W (2005) Biophoton distress flares signal the onset ofthe hypersensitive reaction[J]. Trends Plant Sci 10: 307 – 309.
11. Makino T, Kato K, Iyozumi H, Honzawa H, Tachiiri Y, Hiramatsu M (1996) Ultraweak luminescence generated by sweet potato and Fusarium oxysporum interaction associated with a defense response [J]. Photochem Photobiol 64: 9530 – 9956.
12. Havaux M (2003) Spontaneous and thermoinduced photonemission: new methods to detect and quantify oxidative stress in plants[J]. Trends Plant Sci 8: 409 – 413.
13. Krishnaswamy S, Verma S, Rahman MH, Kav NNV (2011) Functional characterization of four APETALA2-family genes (RAP2. 6, RAP2. 6L, DREB19 and DREB26) in Arabidopsis[J]. Plant Mol Biol 75(1 – 2): 107 – 127.
14. Zhang G, Tanakamaru K, Abe J, Morita S (2007) Influence of waterlogging on some anti-oxidative enzymatic activities of two barley genotypes differing in anoxia tolerance[J]. Acta Physiol Plant 29(2): 171 – 176.
15. Raju Gomathi, Gowri Manohari, Palaniappan Rakkiyappan. (2012) Antioxidant enzymes on cell membrane integrity of sugarcane varieties differing in flooding tolerance[J]. Sugar tech 14(3): 261 – 265.
16. Tamara I. Balakhnina, Riccardo P. Bennicelli, Zofia Stępniewska, Witold Stępniewski, Irina R. Fomina. (2010) Oxidative damage and antioxidant defense system in leaves of Vicia faba major L. cv. Bartom during soil flooding and subsequent drainage[J]. Plant Soil, 327: 293 – 301.
17. Geigenberger P. Response of plant metabolism to too little oxygen[J]. Current Opinion in Plant Biology, 2003, 6(3): 247 – 256.
18. Kaelke C M, Dawson J O. Seasonal flooding regimes influence survival , nitrogen fixation and the partitioning of nitrogen and biomass in Alnus incana ssp. rugosa[J]. Journal of Plant and Soil, 2003, 254(1): 167 – 177.
19. Christianson J A, Liewellyn D J. Dennis E S. Wilson L W. Global gene expression responses to waterlogging in roots and leaves of cotton (*Gossypium hirsutum* L.) [J]. Plant Cell Physiology, 2010, 51(1): 21 – 37.
20. 李合生.2000. 植物生理生化试验原理和技术[M]. 北京：高等教育出版社.
21. 赵雁，车伟光，毕玉芬. 高温胁迫下‘德钦’紫花苜蓿APX活性和转录水平分析[J]. 分子植物育种，2015，13(7): 1611 – 1615.

有机施肥和化学施肥对三种石斛生长及品质的影响*

王再花　李杰　何梅　章金辉①
（广东省农业科学院环境园艺研究所，广东省园林花卉种质创新综合利用重点实验室，广州 510640）

摘要　比较了不同施肥处理（花多多、花生麸、虾类发酵液和清水对照）对金钗石斛（*Dendrobium nobile*）、铁皮石斛（*Dendrobium officinale*）和杂交石斛 *D. officinale* × *D. nobile*（DODN）生长及品质的影响。结果表明，5～8 月，为 3 种石斛生长最快的时期；9～10 月，石斛生长减缓，进入生殖生长。3 种施肥均能促进石斛的营养生长，其中以化学肥料花多多效果最佳，其次为有机肥花生麸；而有机肥虾类发酵液和花生麸则更能提高石斛的多糖含量，使品质提高。生长比较结果可知，3 种施肥处理对金钗石斛新芽增量无显著影响；但花多多和花生麸显著提高铁皮石斛新芽增量，而虾类发酵液显著提高 DODN 新芽增量。3 种施肥中，花多多更能促进 DODN 株高的增长，但对金钗石斛与铁皮石斛株高增量无显著影响；同时，与对照相比，花多多处理显著促进铁皮石斛茎长粗，而其他处理无显著影响。品质比较结果可知，金钗石斛与铁皮石斛多糖含量积累以虾类发酵液施肥效果最好，其次为花生麸施肥，而效果最差的为花多多施肥，与对照之间无显著差异；但 3 种施肥处理对 DODN 多糖含量无显著影响。

关键词　石斛；有机施肥；化学施肥；营养生长；多糖含量

Effects of Organic and Chemical Fertilization on Growth and Quality Properties of Three *Dendrobium* Species

WANG Zai-hua　LI Jie　HE Mei　ZHANG Jin-hui
（*Environmental Horticulture Research Institute*，*Guangdong Academy of Agricultural Sciences*，
Guangdong Key Lab of Ornamental Plant Germplasm Innovation and Utilization，*Guangzhou* 510640）

Abstract　The growth changes and quality properties of *Dendrobium nobile*, *Dendrobium officinale* and *D. officinale* × *D. nobile* (DODN) were measured under different fertilizer treatments (Peters professional, peanut bran, shrimp fermentation and water control). The results showed that the vegetative growth period of three species were from May to August, and the reproductive growth period of them were September to October. Three fertilizer treatments had promoted vegetative growth, and the best was Peters professional (Chemical fertilizer), followed with peanut bran (organic fertilizer), while shrimp fermentation (organic fertilizer) and peanut bran increased significantly polysaccharide content. No significant difference was observed in the buds increment of *D. nobile*, but Peter professional and peanut bran had increased significantly buds increment of *D. officinale*, and shrimp fermentation fertilization had increased significantly that of DODN. Compared with the control, peter professional treatments increased significantly the plant height of DODN, but it was insignificant for *D. officinale* and DODN. Peter fertilization had thicken significantly of *D. officinale* stems, while three no obvious effects among other treatments. For quality properties, the optimum fertilizer was shrimp fermentation with increasing significantly of polysaccharide contents in *D. nobile* and *D. officinale*, followed with the group of peanut bran. Meanwhile, there was no difference on polysaccharide contents of DODN among three fertilizer treatments.

Key words　*Dendrobium*；Organic fertilization；Chemical fertilization；Vegetative growth；Polysaccharide contents

* 基金项目：广东省省级科技计划项目（2015A020210084）；广东省省级科技计划项目（2014A020209058）。
① 通讯作者。Author correspondence（464806034@qq.com）。

石斛为兰科石斛属附生植物，全世界约有1500余种，我国有70多种，主要分布于秦岭淮河以南诸省区(陈心启 等，1998)。石斛的药用价值极高，具有滋阴清热、益胃生津等功效(《中国药典》，2010)；同时又因其花姿优美、花色艳丽被誉为“四大观赏兰”之一(陈心启 等，1998)。石斛作为“赏食”两用植物，人们对其观赏和养生一体化的需求日益增长。近年来，随着铁皮石斛和金钗石斛人工规模化种植的发展，石斛的产量与日俱增，其市场价格开始出现滑坡的趋势，而质量水平成为行业新的竞争力。在生产中，施肥技术不成熟，导致石斛成活率低、生长缓慢、产量很低等难题(李松克，2013)。影响产量和质量水平的主要因素之一是施肥管理，其中有机肥对其品质影响较大，但有关石斛有机施肥的报道比较少。

花生麸所含有机质和磷钾元素高，在果树、烟叶的施肥中得到广泛应用，可明显改善土壤水分和肥效、提高作物的产量和质量(李波 等，2011；王廷波和王微，2014；区善汉 等，2015)。虾类发酵液含有丰富的氨基酸，其中液态氨基酸肥在水稻、蔬菜、水果等作物种植中得到很大推广和应用，可有效提高肥料利用率、改善土壤理化性质、提高作物产品产量和品质，减少病虫害(田雁飞 等，2011；孔小平，2015；郭华婷，2013)。为探索有机肥和化学肥对石斛生长和品质的影响，本文重点开展了化学肥(花多多20－20－20)，有机肥(花生麸、虾类发酵液)等3种肥料对金钗石斛(*D. nobile*)、铁皮石斛(*D. officinale*)及杂交后代*D. officinale* × *D. nobile*(DODN)3种石斛的生长及多糖含量的影响，以期为石斛的生产和有机种植提供参考。

1 材料与方法

1.1 材料

选取出瓶苗龄为6个月，长势基本一致的金钗石斛(*D. nobile*)、铁皮石斛(*D. officinale*)、金钗石斛与铁皮石斛的杂交后代(DODN)作为供试材料。虾类发酵液购于广东省农业科学院农业资源与环境研究所，花生麸购于广东省农业科学院作物研究所，花多多(20－20－20)购于大汉园景公司，经检测，3种肥料重金属含量均未超标。

1.2 方法

试验处理时间为2013年3月1日至2013年12月1日，每个施肥处理设3个重复，每个重复10株，以清水为对照。栽培基质为4号树皮: 石头(3:2)。试验前10d用清水浇透植株。采用根际施肥法浇灌，每周施肥1次，至9月30日停止施肥。肥料浓度为1000mg·L^{-1}，以浇透杯底滴水为准，约100ml/杯，平常干燥时及时补水。

试验前测定金钗石斛、铁皮石斛和杂交石斛DODN的株高、茎粗和新芽数，试验60 d后每隔30 d测定春石斛株高、茎粗和新芽数，并于11月底测定石斛茎段多糖含量，其方法参照《中华人民共和国药典》2010版中的苯酚－硫酸法测定。

1.3 统计方法

数据采用SPSS 17.0软件进行方差分析

2 结果与分析

2.1 施肥对不同月份石斛生长变化的影响

由图1可知，花多多、花生麸和虾类发酵液3种施肥处理均能显著促进3种石斛新芽的增加，但清水对照对其无显著影响，说明施肥处理更能促进石斛的

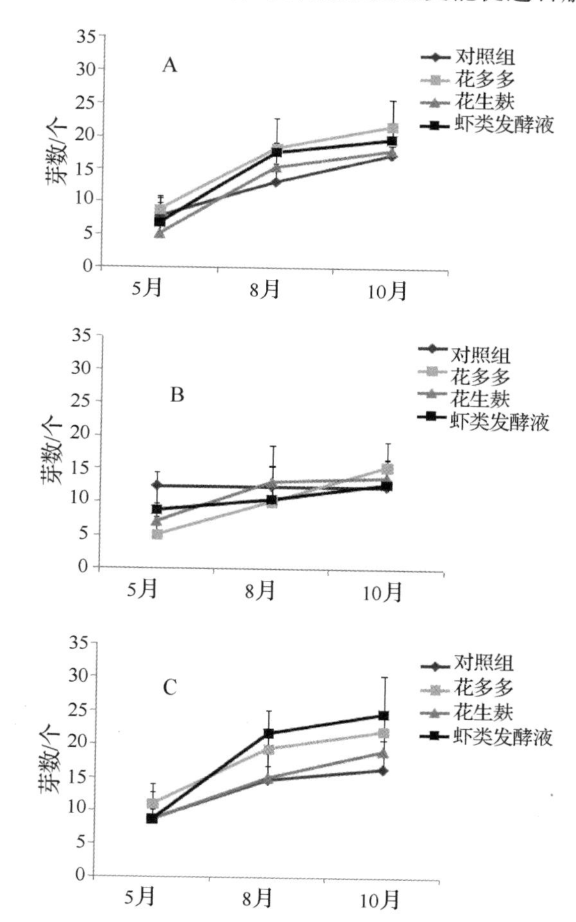

图1 不同肥料对3种石斛新芽数的影响

Fig. 1 Effects of different fertilizers on the buds of three *Dendrobium* species

A: *D. nobile* B: *D. officinale* C: *D. officinale* × *D. nobile*(DODN)

萌芽和生长。施肥组对金钗石斛 8 ~ 10 月份芽数的增加均要显著高于 5 月份，而除虾类发酵液对铁皮石斛新芽萌发无显著影响外，其他施肥处理均能显著促进其新芽萌发。对于 DODN，则以花生麸处理效果最佳，10 月份新芽数显著高于 8 月份，另两种施肥处理 8 ~ 10 月间新芽数无显著变化。可见 5 ~ 8 月份为 3 种石斛新芽数增长最快的时期，进入 9 月份，萌发新芽数较少，生长减缓。3 种施肥中，以花生麸和花多多施肥处理更利于石斛新芽的生成，而清水对照不利于新芽的萌发和来年石斛的生长。

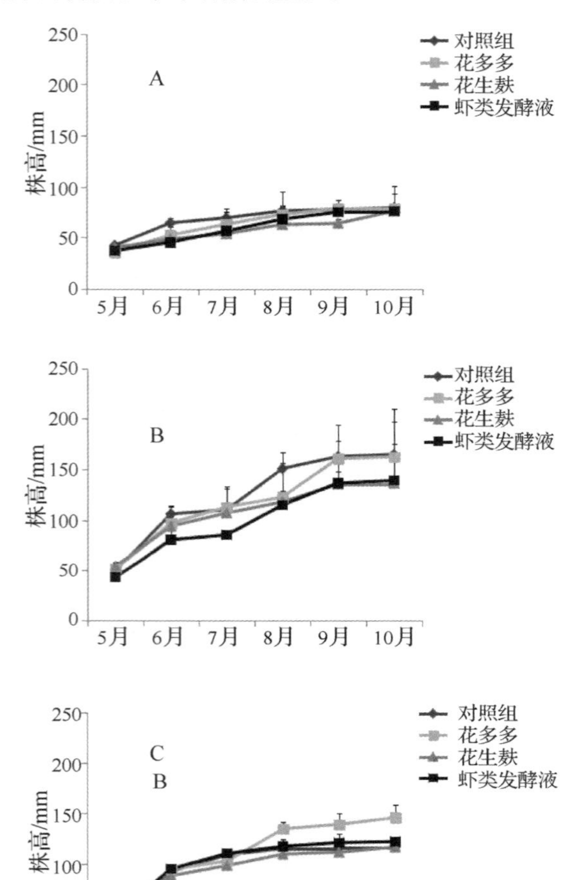

图 2　不同肥料对 3 种石斛株高的影响

Fig. 2　Effects of different fertilizers on the plant height of three *Dendrobium* species

A：*D. nobile*　B：*D. officinale*　C：*D. officinale* × *D. nobile*（DODN）

由图 2 可知，无论是施肥组还是对照，9 ~ 10 月份，3 种石斛株高均显著高于 5 月份，而 8 ~ 10 月份株高基本不会呈现显著增加的趋势。花多多和花生麸施肥能逐月促进金钗石斛的伸长，而虾类发酵液处理后，金钗石斛 8 ~ 10 月份株高无显著增长。在铁皮石斛中，花多多和花生麸施肥对其株高影响趋势一致，9 ~ 10 月份株高显著高于其他月份，而虾类发酵液与对照组 8 ~ 10 月份对铁皮石斛株高影响不显著，与金钗石斛相同。而 DODN，除花生麸处理 10 月份株高明显高于 9 月份外，其他施肥处理和对照组 8 ~ 10 月份均对 DODN 的伸长无显著影响。可见，5 ~ 8 月份为 3 种石斛株高增长最快的时期，进入 9 月份后，植株伸长减缓，基本不出现显著增加趋势，一方面可能与夏季高温有关，另一方面也可能与石斛从营养生长转向生殖生长有关。3 种石斛中，DODN 进入 8 月份，植株伸长基本无显著差异，说明 DODN 成熟早于铁皮石斛和金钗石斛。同时，3 种施肥中，以虾类发酵液更能促进石斛的成熟，可能与其多糖等营养成分的积累存在一定关联。

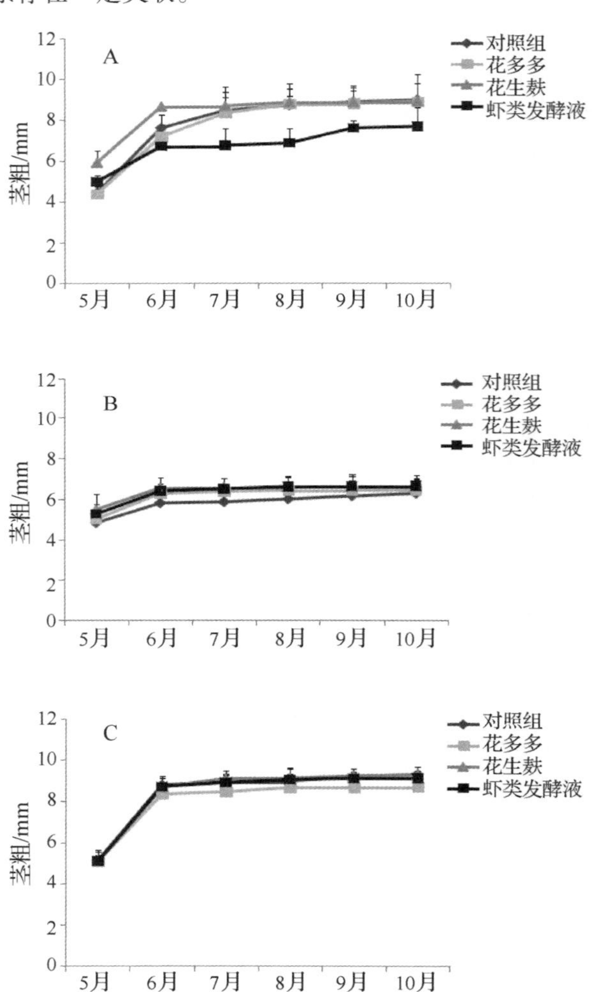

图 3　不同肥料对 3 种石斛茎粗的影响

Fig. 3　Effects of different fertilizers on the stem diameter of three *Dendrobium* species

A：*D. nobile*　B：*D. officinale*　C：*D. officinale* × *D. nobile*（DODN）

由图3可知，金钗石斛与DODN 6月份的茎粗要显著高于5月份，而7～10月份茎粗没有显著增加。铁皮石斛中，花多多处理呈现与金钗石斛相同的趋势，但其他处理组5～10月份茎粗并没有呈现显著变化，这可能与铁皮石斛生长缓慢的品质特性有关。可见，5～6月份为3种石斛茎的生长旺盛期，而进入7月份石斛增粗减缓，3种施肥中，花多多更能促进铁皮石斛茎的增粗。

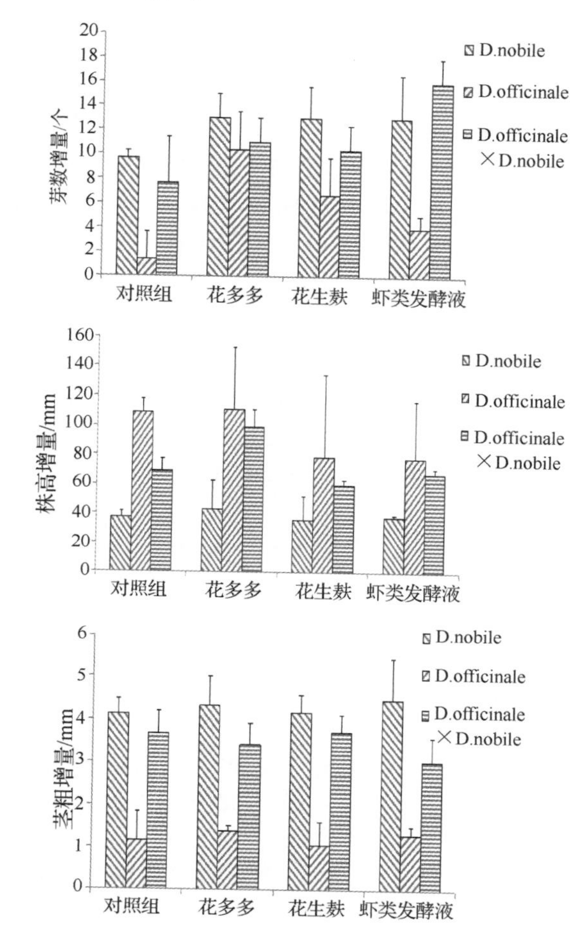

图4 不同施肥处理对3种石斛芽数(A)、株高(B)和茎粗(C)增量的影响(5～10月)

Fig. 4 Effects of different fertilizers on the incremental buds (A), plant height (B) and stem diameter (C) of three *Dendrobium* species (May to October)

2.2 施肥对石斛生长增量的影响

本研究统计了不同施肥组对石斛5～10月新芽、株高及茎粗增量的影响。由图4A可知，3组施肥组与对照对金钗石斛芽数增量均无显著影响。铁皮石斛中，花多多处理芽数增量最大，显著高于对照和虾类发酵液，但与花生麸处理无显著差异。杂交种DODN中，虾类发酵液处理芽数增量最大，显著高于其他处理。3种施肥处理与对照对金钗石斛和铁皮石斛株高增量影响均无显著差异。DODN中，花多多对其株高增量影响最大，显著高于其他处理(图4B)。此外，3种施肥处理和对照对金钗石斛、铁皮石斛与杂交种DODN茎粗增量均无显著影响(图4C)。

2.3 不同施肥处理对石斛茎段品质的影响

从整体施肥比较而言，有机肥虾类发酵液和花生麸施肥均能明显提高铁皮石斛、金钗石斛和DODN 3种石斛茎段的多糖含量，平均值分别达21.9%和21.5%。3种石斛相比，其多糖含量均具显著差异，以DODN多糖含量最高，达25.3%，其次为铁皮石斛，多糖含量为19.3%，最低为金钗石斛(13.3%)，可能由于杂交种DODN存在杂种优势，成熟早于其父母本金钗石斛和铁皮石斛所致(表1)。

对金钗石斛多糖积累的效果而言，以虾类发酵液施肥效果最佳，多糖含量达19.3%，其次为花生麸，为14.6%，而花多多和清水对照效果最差，两者之间差异不显著。对铁皮石斛而言，花生麸施肥最利于铁皮石斛多糖含量的积累，为24.6%，其次是虾类发酵液，为20.8%，最差为清水对照。同样，花生麸与虾类发酵液施肥处理更利于DODN茎段多糖含量的积累，分别达25.2%和25.6%，而花多多与对照略差，但四者之间无明显差异，说明杂交种在营养成分积累和品质方面表现出一定的优势，对肥料的依赖相对较小。

表1 不同施肥处理对3种石斛茎段多糖含量的影响

Table 1 Effect of different fertilizer treatments on the polysaccharide contents of the stems

施肥处理	金钗石斛	铁皮石斛	杂交种（DODN）	Mean
清水(对照组)	9.7 ±0.11c	15.4 ±0.74d	25.3 ±1.53a	16.8 b
花多多(20－20－20)	9.9 ±0.59c	16.4 ±0.87c	25.2 ±1.31a	17.2 b
花生麸	14.6 ±1.55b	24.6 ±0.68a	25.2 ±1.41a	21.5 a
虾类发酵液	19.3 ±1.57a	20.8 ±2.96b	25.6 ±2.02a	21.9 a
Mean	13.3 c	19.3 b	25.3 a	

3 讨论

石斛作为传统的名贵中药材，具有较大的药用价值和经济价值。目前，对于石斛生长及品质相关的栽培研究涉及多个方面，如栽培模式、人工栽培、施肥处理等(陈淑钦等，2016；徐作英等，2010；王再花等，2011a)。而近些年来，化学施肥和有机施肥对石斛生理生长的影响研究报道却较少。有机肥料相对于化学肥料来说，除了富含植物所需的 N、P、K 外，还富含有蛋白质、氨基酸等及其他微量元素(漆小雪等，2014)。本研究比较了化学肥料(花多多)和有机肥料组(花生麸、虾类发酵液)的效果，发现施肥组与对照组相比，对金钗石斛新芽数增量变化无显著差异；花多多和花生麸对铁皮石斛新芽数增量有着显著影响；虾类发酵液对 DODN 新芽数增量显著高于其他组，这可能与 DODN 杂种优势有关。在株高变化中，施肥组与对照相比，对金钗石斛与铁皮石斛株高增量无显著差异；但化学肥料花多多更能显著增加 DODN 的株高。在茎粗变化中，施肥组与对照相比，对 3 种石斛茎粗的变化无显著性差异；这可能是 3 种石斛茎粗生长受肥料的影响较小。通过以上结果我们发现施肥对于石斛生理生长有着促进作用，但并不是所有的生理生长数据都受施肥的显著影响，这还与石斛本身的品种有关。在试验中发现，5~8 月份是 3 种石斛新芽和株高生长最佳时期，其中 5~6 月份为茎粗的生长最佳时期，而 9~10 月份，3 种石斛生长减缓，由营养生长开始进入生殖生长，开始营养成分的积累，其生长变化趋势大致与前期报道的春石斛相近(王再花 等，2011b)，这也为石斛的科学栽培提供了参考。

多糖是石斛的重要活性成分，石斛的药理活性强弱大多与其多糖含量与结构有关(Xu 等，2013)。在施肥对石斛品质(多糖含量)影响方面，我们发现有机肥料能显著促进金钗石斛与铁皮石斛多糖含量的积累，其效果显著高于对照和化学肥料。这可能与有机肥料组除含有 N、P、K 外，还富含有蛋白质、氨基酸等及其他微量元素有关。

以上研究表明，不同肥料对于石斛的生长和品质影响是有所不同的。根据石斛的生长发育需要，要做到科学、合理施肥，选择不同的肥料或配合不同类型肥料施肥将有助于石斛的生长和品质提升，本研究也为石斛生产中的科学施肥和有机种植提供了理论依据和参考。

参考文献

1. 陈心启，吉占和．中国兰花全书[M]．北京：中国林业出版社，1998.
2. 国家药典委员会．中华人民共和国药典[M]．北京：中国医药科技出版社，2010.
3. 李松克．施肥对铁皮石斛组培苗的效应研究[J]．农技服务，2013，05：492 +494.
4. 李波，顾明华，沈方科，等．花生麸与无机肥配施对烤烟产质量和土壤肥力的影响[J]．西南农业学报，2011，24(1)：144 -148.
5. 王廷波，王微．果树种植中花生麸肥的施用方法及注意事项[J]．吉林农业，2014，15：90.
6. 区善汉，梅正敏，林林，等．施用花生麸对沙田柚果实品质的影响[J]．南方农业学报，2015，46(12)：2168 -2172.
7. 田雁飞，马友华，褚进华，等．水稻减量化施肥与氨基酸水溶性肥配施效果研究[J]．中国农学通报，2011，27(15)：34 -39.
8. 孔小平．氨基酸液肥不同施肥方法对葡萄营养品质的影响[J]．安徽农业科学，2015，43(15)：49 -51.
9. 郭华婷．含氨基酸水溶肥料在蔬菜上的肥效应用[J]．中国果菜，2013，11：52 -53.
10. 陈淑钦，余志雄，王威，等．栽培模式对铁皮石斛光合能力及品质的影响[J]．热带作物学报，2016，04：679 -684.
11. 徐作英，严伟，廖晓康，等．栽培金钗石斛形态鉴别和总生物碱含量研究[J]．四川师范大学学报(自然科学版)，2010，03：361 -365.
12. 王再花，朱根发，操君喜，等．不同施肥处理对春石斛生长特性和矿物质含量的影响[J]．广东农业科学，2011a，05：83 -86.
13. 漆小雪，韦霄，陈宗游，等．不同肥料对金钗石斛生物学性状、SPAD 值和石斛碱含量的影响[J]．北方园艺，2014，05：143 -146.
14. 王再花，朱根发，操君喜，等．不同 N、P、K 水平施肥对春石斛营养生长和开花的影响[J]．中国农学通报，2011b，16：248 -254.
15. Xu J，Han Q B，Li L S，Chen X J，Wang X N，Zhao Z Z，Chen H B. Chemistry，bioactivity and quality control of*Dendrobium*，a commonly used tonic herb in traditional Chinese medicine [J]. Phytochem. Rev.，2013，12：341 -367.

植物生长延缓剂对勋章菊生长发育的影响

曾佳诗　郑思唯　高婷婷　陆小平[①]
（苏州大学金螳螂建筑学院，苏州 215123）

摘要　采用不同浓度的丁酰肼（B_9）、多效唑（PP_{333}）和矮壮素（CCC）对勋章菊进行叶面喷施和灌根处理，结果表明，不同处理对勋章菊植株和花梗长都有矮化效果，其中 PP_{333} 矮化效果均为最好，以 50mg/L 最佳；不仅使勋章菊株高及花梗明显矮化，株型紧凑，而且花梗不易倒伏，叶色加深，施用 B_9 和 CCC 随浓度增高抑制效果越明显，但 3 种试剂的浓度过高会影响植株正常生长发育，灌根处理及叶喷 PP_{333} 使花期提前，这些结果为提高勋章菊的栽培质量和观赏价值提供了参考。
关键词　勋章菊；丁酰肼；多效唑；矮壮素；生长发育

Effects of Plant Growth Retardants on Growth of *Gazania rigens* (L.) Gaertn.

ZENG Jia-shi　ZHENG Si-wei　GAO Ting-ting　LU Xiao-ping
(*Gold Mantis School of Archetecture*, *Soochow University*, *Suzhou* 215123)

Abstract　The *Gazania rigens* (L.) Gaertn. were treated with daminozide (B_9), paclobutrazol (PP_{333}) and chlormequat chloride (CCC) sprayed on the leaves and irrigated roots. The results showed that the application of three plant growth retardants has dwarfing effects on the height and pedicel length of *Gazania*. The effects of PP_{333} are the best among the others, and the optimum application concentration is 50mg/L. All applications make the plants not only dwarf and compact, but also have better resistance to pedicel lodging and leaves greener. The inhibitory effects of B_9 and CCC are better as the concentrations get higher. But it is bad for plant growth that the concentration is too high. The applications of root-irrigation and spraying PP_{333} advanced the first flowering date. These provided references for improving the cultivation and ornamental value of *Gazania*..
Key words　*Gazania rigens* (L.) Gaertn.; Daminozide; Paclobutrazol; Chlormequat chloride; Growth

勋章菊[*Gazania rigens* (L.) Gaertn.]属菊科勋章菊属多年生草本植物，因花形似勋章得名。其抗逆性强，成绿快，覆盖度高，四季常绿，三季有花，是良好的新优地被植物（谢兰曼 等，2013）。园林中可广泛运用于草坪、花坛和花境等庭园、街道绿化，也可作为岩石园、盆栽、插花等装饰材料。由于花梗长易倒伏、株型不紧凑等因素，影响其观赏价值。

丁酰肼（B_9）、多效唑（PP_{333}）和矮壮素（CCC）是常用的 3 种植物生长延缓剂，目前在菊科花卉中已有应用。B_9 能使菊花节间缩短，叶片浓绿，抗倒伏能力提高（裘文达和刘克斌，1989），喷施 CCC 和 PP_{333} 能使孔雀草矮化，花期延长，花枝增多（任吉君 等，2006），能使大丽花株高有变矮的趋势（甄红丽，2012）。PP_{333} 对万寿菊进行灌根处理能抑制其株高，叶色增绿，花期延长（杨守军和姜伟，2005）。本试验通过探讨 B_9、PP_{333} 和 CCC 对勋章菊的矮化影响，以期提高其观赏性，并选出经济有效的植物生长延缓剂试剂及其施用方法，为在园林绿化中规模化生产提供参考。

1　材料与方法

供试试剂为国光农化股份有限公司生产的 50% 可溶粉剂的 B_9、15% 可湿性粉剂的 PP_{333} 和国光牌 CCC 水剂。供试勋章菊品种为苏州大学金螳螂建筑学院栽培生理实验室选育。

本试验于 2014 年 9 月在苏州大学独墅湖校区园艺实训基地。9 月播种于 200 孔穴盘中，基质为上海沃施园艺股份有限公司生产的园艺专用播种土，10

① 通讯作者。Author for correspondence（E-mail：longzs@ suda. edu. cn）。

月底移入5cm×5 cm的假植钵内，基质为上海沃施园艺公司的园艺专用培养土。11月初开始进行处理，每隔15d处理一次，处理时注意隔离。3种药剂各设4个浓度，每个浓度各有叶面喷施与灌根2种处理方法。各药剂处理浓度及方法见表1，并设清水处理作为对照，每个处理5次重复。试验期间共进行6次处理，每次叶喷处理至叶面滴水，灌根药量为50mL。待其开花测量其株高、花梗长，定期调查开花情况和花期，观测其生长发育等情况。数据处理采用Microsoft Excel 2003软件，用SPSS 19.0软件对数据进行显著性检验。

表1 各药剂处理浓度及方法

Table 1 Concentrations and methods of applicantions

处理 Application	方法 Method	浓度 (mg/L) Concentration	处理 Application	方法 Method	浓度 (mg/L) Concentration	处理 Application	方法 Method	稀释浓度 Dilute concentration
1	叶喷 PP_{333}	25	9	叶喷 B_9	250	17	叶喷 CCC	×300
2		50	10		500	18		×500
3		100	11		1500	19		×1000
4		200	12		3000	20		×1500
5	灌根 PP_{333}	25	13	灌根 B_9	250	21	灌根 CCC	×300
6		50	14		500	22		×500
7		100	15		1500	23		×1000
8		200	16		3000	24		×1500

2 结果与分析

2.1 不同处理对勋章菊株高的影响

从图1可知，与对照相比，叶喷的不同处理对勋章菊株高都有矮化效果，均为40%以上。从表2可知，除处理12和处理17外，叶喷PP_{333}的处理与其他处理间均存在显著差异，除处理11、处理12和处理17外，存在极显著差异。表明矮化效果较好的是PP_{333}和较高浓度的B_9和CCC，B_9和CCC浓度越高对勋章菊的矮化效果越好，PP_{333}在100mg/L时矮化效果最好。但是浓度过高会影响植株的正常生长，100mg/L和200mg/L的PP_{333}，200mg/L的B_9和稀释300倍的CCC叶喷处理后的植株叶片发红，正常生长受到影响。

从图2可知，相较对照，灌根的不同处理对勋章菊株高亦有矮化效果，其中矮化效果最好的是PP_{333}，达到80%以上，其次为B_9，到达40%以上，最次为CCC。从表1可知，灌根PP_{333}各处理间矮化效果差异不显著，与其他处理间则存在显著和极显著差异。灌根B_9除了处理16，其他处理间差异不显著，说明灌根B_9低于1500mg/L时各处理间矮化效果无明显差异，当B_9达到一定浓度时，矮化效果存在显著差异。CCC随着稀释浓度的增大，矮化效果降低，除处理21，其他处理间差异不显著，说明当CCC稀释倍数高时，各处理间矮化效果差异不显著。用100mg/L和200mg/L的PP_{333}灌根处理，植株冠幅减小，叶片短小且皱缩，发红，正常生长受到严重影响。

两种处理方法对比，施用PP_{333}灌根处理对勋章菊的矮化效果优于叶喷处理，施用B_9和CCC叶喷处理的矮化效果优于灌根处理。处理9和处理10与处理13、处理14和处理15之间无显著差异，则灌根B_9的浓度在1500mg/L以下时，其矮化效果与叶喷500mg/L以下的效果相近，说明在低浓度的情况下，施用B_9和CCC效果无显著差异。PP_{333}浓度过高会影响植株正常生长，且处理2和处理3之间无显著或极显著差异，因此从经济的角度来说，施用50mg/L的PP_{333}即可达到较为理想的矮化效果。

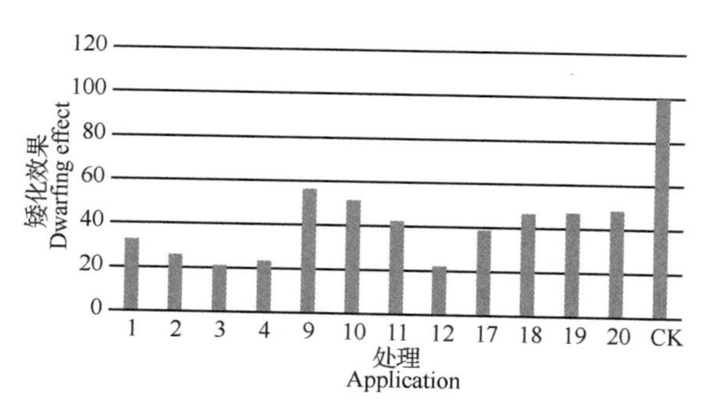

图 1　叶喷处理对勋章菊株高矮化效果

Fig. 1　Dwarfing effects of spraying applications on height of *Gazania*

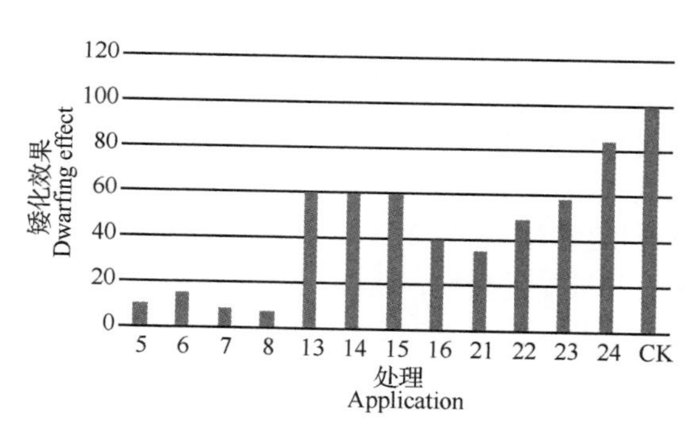

图 2　灌根处理对勋章菊株高矮化效果

Fig. 2　Dwarfing effects of root-irrigation applications on height of *Gazania*

表 2　不同处理下勋章菊株高和花梗长差异显著性比较

Table 2　Significant comparison of plant height and pedicel length of *Gazania* in different applications

处理 Application	株高 Height			花梗长 pedicel length		
	平均数(cm) Mean	差异显著性 Significance of difference		平均数(cm) Mean	差异显著性 Significance of difference	
		0. 05	0. 01		0. 05	0. 01
CK	27. 1500	a	A	38. 5900	a	A
1	8. 7600	fgh	FGHI	11. 4600	fghi	DEFG
2	7. 0750	ghi	GHIJ	7. 3125	jk	G
3	5. 7125	ij	IJKL	7. 1500	k	G
4	6. 3375	hij	HIJK	7. 7500	ijk	G
5	2. 6500	k	KL	1. 0500	l	H
6	4. 0500	jk	JKL	2. 0000	l	H
7	2. 1700	k	L	–	–	–
8	1. 8900	k	L	–	–	–
9	14. 7000	bc	BC	18. 5500	b	B
10	13. 9000	bcd	BCD	16. 1250	bcde	BCD
11	11. 4170	def	CDEF	15. 0170	bcdef	BCDE
12	8. 9500	fgh	FGHI	13. 0000	efgh	CDEF
13	16. 2750	b	B	17. 9250	bc	BC
14	16. 1500	b	B	15. 0500	bcdef	BCDE
15	16. 0680	b	B	14. 7000	cdefg	BCDE
16	10. 7750	def	CDEFG	14. 0750	defgh	BCDE
17	10. 4200	ef	DEFGH	9. 0500	ijk	FG
18	12. 6500	cde	BCDEF	9. 0583	ijk	FG
19	12. 8000	cde	BCDEF	11. 0000	ghij	EFG
20	13. 1500	bcde	BCDE	17. 3000	bcd	BC
21	9. 5500	fg	EFGHI	7. 9100	ijk	G
22	13. 2500	bcde	BCDE	10. 7100	hijk	EFG
23	13. 6000	bcde	BCDE	14. 1500	cdefgh	BCDE
24	15. 7000	bc	B	16. 5625	bcde	BC

2.2 不同处理对勋章菊花梗长的影响

从图3可知，与对照相比，叶喷的不同处理对勋章菊的花梗长都有矮化效果，矮化效果普遍较好的是PP_{333}。B_9和CCC施用浓度越高，对勋章菊花梗长的矮化效果越好，从表2可知，处理9和处理12之间有显著和极显著差异，处理17、处理18和处理19之间无显著和极显著差异，说明叶喷B_9浓度较低时和CCC浓度较高时矮化效果无明显差异。处理2、处理3和处理4之间无显著差异，处理1、处理2、处理3和处理4之间无极显著差异，且处理3的矮化效果最好。

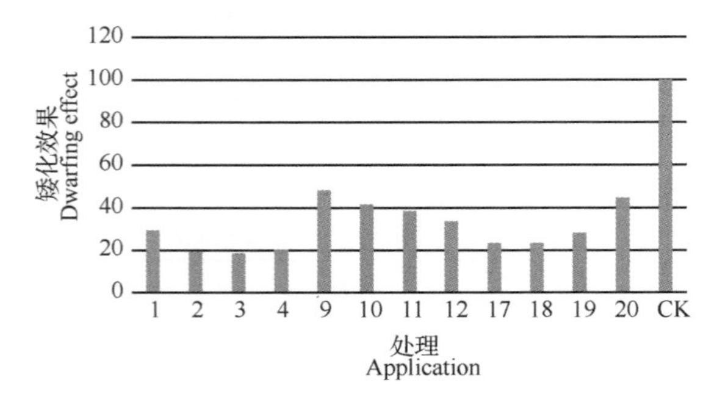

图3 叶喷处理对勋章菊花梗长的矮化效果

Fig. 3 Dwarfing effects of spraying applications on pedicel length of *Gazania*

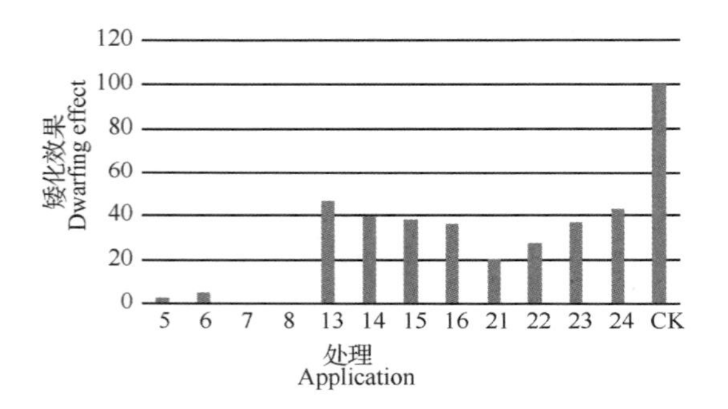

图4 灌根处理对勋章菊花梗长的矮化效果

Fig. 4 Dwarfing effects of root-irrigation applications on pedicel length of *Gazania*

从图4可知，灌根的不同处理对勋章菊花梗长均有矮化效果，其中矮化效果最好的是PP_{333}，矮化程度高于90%，与其他处理均为显著和极显著差异，但由于处理3和处理4的PP_{333}浓度过高，植株正常生长受到严重影响，导致植株无一开花，甚至无花蕾形成。灌根B_9和CCC随施用浓度的增大，矮化效果提高。处理13与处理14和处理15无显著差异，与处理16无极显著差异，说明灌根B_9各处理之间对勋章菊花梗长的矮化效果无极明显差异。处理21与处理23和处理24之间有显著和极显著差异，处理22与处理24有显著和极显著差异，说明灌根CCC的高浓度和低浓度的处理之间矮化效果差异较为明显。

两种处理方法对比，施用PP_{333}灌根处理对勋章菊花梗长的矮化效果明显优于叶喷处理，除处理6与叶喷PP_{333}处理间无显著差异外，其他3个处理均有显著差异。施用B_9的两种处理方法之间效果差异不大，而CCC的两种处理方法亦没有明显的优势方。

2.3 不同处理对勋章菊花期的影响

勋章菊开花与温度和光照有关，当温度和光照达到其开花条件便会开花，其花期可至10～11月，若其始花期提前，则花期延长。从表3可知，3种试剂进行灌根处理后，都存在花期提前的现象，但是不同处理之间的效果不同。灌根B_9的浓度越高，花期越提前，而灌根PP_{333}和CCC则是浓度越低花期越提前。使用PP_{333}进行叶喷处理能使花期提前，喷施浓度越低越提前，而B_9和CCC叶喷处理则存在花期延迟的现象。叶喷B_9花期延迟最明显的浓度或为500mg/L，浓度过高或过低，延迟效果较为不明显，叶喷CCC浓度过高或过低延迟效果越明显。

表3 不同处理对勋章菊始花期的影响

Table 3 Effects of different applications on first flowering dates of *Gazania*

处理 Application	始花期 First flowering date	处理 Application	始花期 First flowering date	处理 Application	始花期 First flowering date
CK	4月21日	CK	4月21日	CK	4月21日
1	4月9日	9	4月27日	17	4月27日
2	4月9日	10	5月1日	18	4月23日
3	4月16日	11	4月27日	19	4月23日
4	4月16日	12	4月23日	20	4月27日
5	4月1日	13	4月13日	21	4月16日
6	4月13日	14	4月12日	22	4月9日
7	–	15	4月12日	23	4月9日
8	–	16	4月8日	24	4月8日

3 讨论

B_9、PP_{333}和 CCC 对菊花和大丽花有矮化株型的作用，使其株型紧凑，叶片浓绿，抗倒伏能力提高（裘文达和刘克斌，1989；甄红丽，2012）。本试验中，3 种试剂亦使勋章菊株高明显矮化，株型紧凑。施用PP_{333}的矮化效果比B_9和 CCC 好，B_9和 CCC 的矮化效果随着浓度增加而增加，且要增加到一定的浓度范围才会有显著差异，并会对植株正常生长有一定影响；PP_{333}较低浓度与另外 2 种试剂的低浓度相比矮化效果明显好，浓度过高也会影响植株正常生长。在不影响植株正常生长的情况下，施用B_9和 CCC 效果相差不大，施用低浓度的PP_{333}即可达到较好的矮化效果。

在花梗矮化方面，施用B_9和 CCC 同一浓度的 2 种处理方法效果差异不明显；施用PP_{333}的效果普遍比其他 2 种试剂好，尤其是灌根处理，但浓度不宜过高，以免其不开花，影响其观赏效果。PP_{333}和 CCC 能使石竹花期延迟（胡小京 等，2005），B_9、PP_{333}和 CCC 能使菊花延迟开花（魏胜林 等，2001；周志凯和任旭琴，2008），但本试验中，除叶面喷施B_9和 CCC 外，其他处理皆使勋章菊花期提前。

综上所述，3 种试剂中矮化效果最好的是PP_{333}，其中灌根比叶喷的效果好，但比叶喷用量大，没有叶面喷施操作方便，且灌根后花梗比植株矮，对观赏效果有一定影响，因此若用于规模化生产中，叶面喷施PP_{333}更简易。在不影响勋章菊植株正常生长的情况下，叶喷PP_{333}在 50mg/L 时矮化效果最好。至于最适处理时间、处理次数的确定，施用方法和浓度在不同品种之间是否有差异，处理浓度的细化，对生理特性的影响等还有待进一步的研究。

参考文献

1. 胡小京，徐彦军，方华刚，等．2005. PP333 和 CCC 对石竹生长发育的影响[J]. 山地农业生物学报，24（4）：307－310.
2. 杨守军，姜伟．2005. 多效唑对万寿菊观赏性状及生理活性的影响[J]. 山东农业科学，（2）：45－47，51.
3. 裘文达，刘克斌．1989. PP_{333}和B_9对菊花茎伸长和开花期的影响[J]. 植物生理学通讯，（6）：31－33.
4. 任吉君，王艳，孙秀华，等．2006. 多效唑、矮壮素和摘心对孔雀草的矮化效应[J]. 沈阳农业大学学报，37（3）：390－394.
5. 魏胜林，刘业好，王家保，等．2001. PP_{333}对菊花生长开花及褐斑病抗性的影响[J]. 安徽农业大学学报，28（4）：409－412.
6. 谢兰曼，胡建新，黄文成．2013. 勋章菊扦插快繁技术探讨[J]. 江苏农业科学，41（1）：167－168.
7. 甄红丽．2012. 植物生长延缓剂对大丽花生长发育的调控作用[D]. 山东农业大学.
8. 周志凯，任旭琴．2008. B_9和 CCC 对菊花生长、开花及生理特性的影响[J]. 安徽农业科学，36（27）：11648－11649.

小花木荷的生长规律研究*

胡曼筠[1]　王利宝[2]　金晓玲[1]①
([1]中南林业科技大学风景园林学院，长沙 410004；[2]中南林业科技大学林学院，长沙 410004)

摘要　小花木荷(*Schima parviflora* Cheng et H. T. Chang.)属山茶科木荷属植物，为荒山造林先锋树种之一，其涵养水源、改良土壤和林带防火效益显著。为了开发利用好这一优良乡土造林树种，本论文采用标准样地调查结合样木解析方法，对湖南省桑植县五道水小花木荷的生长规律进行研究，结果表明：在研究区自然条件下，小花木荷的平均胸径为 15.5cm、平均树高为 18.0m、材积为 6.58$m^3 \cdot hm^{-2}$、林分蓄积高达 202.3$m^3 \cdot hm^{-2}$，生长状况良好。树高快速生长期主要集中在 0～5a 和 15～20a 两个时期；20～30a 主要是小花木荷胸径生长的旺盛期；15a 后材积生长速度加快，而且 30a 后仍处于速生期。参考木荷成熟年龄，结合小花木荷的生长趋势，初步推测小花木荷的成熟年龄约在 50～60a。小花木荷现正处于稳定、旺盛的生长阶段。

关键词　小花木荷；生长规律；蓄积

Study on the Growing Rule and Community Characteristics of *Schima parviflora*

HU Man-jun[1]　WANG Li-bao[2]　JIN Xiao-ling[1]
([1] *College of Landscape Architecture, Central South University of Forestry and Technology, Changsha* 410004;
[2] *College of Forestry, Central South University of Forestry and Technology, Changsha* 410004)

Abstract　*Schima parviflora* Cheng et H. T. Chang belongs to *Theaceae* and *Schima Reinw* is afforestation of barren hills one of the pioneers of tree species, the water conservation, soil improvement, and forest fire prevention benefit is remarkable. Good for the development and utilization of the excellent local forestation tree species, this paper adopts the standard analytical method of sample plot survey combined with sample wood, studied on the growing rule of *Schima parviflora* in Sang zhi xian Wu dao shui, the result showed that the average diameter at breast height is 15.5cm, the average tree height is 18m, the volume is 6.58$m^3 \cdot hm^{-2}$, and the accumulation of the stand reach up to 202.3$m^3 \cdot hm^{-2}$, growing in good condition, in a state of stable development in community. 0－5a and 15－20a is primary growing period of height, at the time growing space is fast of height; 20－30 a is primary growing period of diameter at breast height, at the time growing space is fast; The growth of the volume is slow in young forest growth stage, after15a, growing become fast. 30a is also fast-growing period and no maximum. According to the mature age of *Schima superba Gardn* and growth trend, inferried 50－60a is mature period of *Schima parviflora*. And the community was stability at that natural condition.

Key words　*Schima parviflora*; Growing rule; Accumulation

引言

随着经济水平的发展，世界各国加强了对珍贵优质阔叶用材树种资源的保护、发掘和人工培育。我国虽然各地蕴藏有丰富的珍贵优质阔叶用材树种资源，但作为世界第一人口大国森林资源相对较少，而且因长期以来存在木材综合利用率小，天然林资源过度采伐，现有资源存量已严重不足。除少数树种外，多数未列入国家和区域的育种研究计划，难以满足我国珍贵优质用材林基地发展对林木良种的生产需求。

木荷(*Schima superba*)属山茶科(Theaceae)木荷属(*Schima*)，因花似荷花而得名，是亚热带常绿阔叶林

---

* 基金项目：湖南省“十二五”重点学科(风景园林学)(湘教发[2011]76 号)。
作者简介：胡曼筠(1993—)，女硕士研究生。E-mail：769201171@qq.com。
① 通讯作者。金晓玲，女，浙江东阳，教授，博导，主要从事园林植物新品种选育及植物对环境的响应研究。E-mail：121191638@qq.com。

的主要建群种之一。木荷材质好，根系发达，适应性强，叶革质，树冠浓密，能隔离树冠火，是我国南方一种重要的优良绿化、珍贵用材树种和较好的防火、水土保持树种[1,2]。小花木荷(*Schima parviflora*)属山茶科木荷属常绿高大的乔木树种。主要生于海拔1000m以下的山谷或山坡，仅产湖南、四川、贵州及西藏墨脱一带[3]。

小花木荷与木荷生长习性基本一致，较强的适应性，树干高大通直，树叶革质耐燃性高，生长较快，材质优良，开发利用好这一优良乡土造林树种，提高森林抗火险能力和解决优质木材短缺等方面具有重要意义。国内外有关小花木荷的研究报道较少，仅见小花木荷群落物种多样性等方面的报道[4]。有关小花木荷生长规律的研究尚未见报道。因此，研究小花木荷的生长规律，对于评价该树种的生产力、提高营林水平和综合利用其产品都具有重要意义[5]。

1 研究材料与方法

1.1 研究地概况

调查地点设在湖南省武陵源地区桑植县西北部五道水镇和细沙坪乡交界地带(东经109°40′~109°46′，北纬29°17′~29°48′)，属于中亚热带山地季风湿润气候，研究地的母岩为石灰岩，属黄壤土类，表土层属褐色，腐殖层中等[6]。研究地选择具有代表性的小花木荷林分，林分起源为天然次生林，地带性森林植被类型为落叶与常绿阔叶混交林。

1.2 研究方法

采用常规的样地调查方法，根据林地实际状况设置20m×12m的标准地，对标准地进行每木检尺，计算出林分的平均胸径和平均树高，然后选择1株标准木。从标准木根颈向树梢依次截取圆盘，顺序为根颈处、1.3m处、以后每隔2m取一个圆盘，圆盘的厚度为3~5cm，截取后立即做好顺序标记并带回实验室测量分析。

1.3 计算方法

各龄阶的材积按伐倒木区分求积法计算。利用中央断面近似求积式 $V = g\frac{1}{2}L = \frac{\pi}{4}d\frac{1}{2}^2 L$ 求算各分段的材积。林分蓄积的计算按平均标准木法计算，平均标准木法又称单级法，是不分级求标准木的方法[7]。

1.4 数据整理分析方法

对野外取样的样木圆盘先进行抛光，然后查数年轮和测量直径，同时做好记录。以横坐标为直径，纵坐标为树高。在各断面高的位置上，按各龄阶直径的大小绘成纵断面图。将所得数据录入计算机，运用Excel软件进行统计分析和绘制胸径、树高及材积的生长过程曲线(表1)。

2 结果与分析

林木生长量的大小及其生长速率，受树木本身遗传因素和外界环境条件的影响。在这双重因素的影响下，经过树木内部生理生化的复杂过程，表现在树高、胸径、材积以及形状等因子的生长变化过程。

表1 小花木荷树干生长过程总表

Table 1 Showing the tree growth process

林龄(年)	胸径 d(cm)			树高 H(m)			材积 V(m^3)		
	总生长量	平均生长量	连年生长量	总生长量	平均生长量	连年生长量	总生长量	平均生长量	连年生长量
3	1.0	0.33	0.33	5.0	1.67	1.67	0.0002	0.00007	0.00007
6	2.0	0.33	0.33	6.5	1.08	0.50	0.0015	0.00025	0.00043
9	3.3	0.37	0.43	7.6	0.84	0.37	0.0044	0.00049	0.00097
12	4.8	0.40	0.50	8.8	0.73	0.40	0.0097	0.00081	0.00177
15	6.4	0.43	0.53	10.2	0.68	0.47	0.0211	0.00141	0.00380
18	8.3	0.46	0.63	12.8	0.71	0.87	0.0380	0.00211	0.00563
21	10.3	0.49	0.67	14.8	0.70	0.67	0.0669	0.00319	0.00963
24	12.9	0.54	0.87	16.0	0.67	0.40	0.1085	0.00452	0.01387
27	15.3	0.57	0.80	16.3	0.60	0.10	0.1678	0.00621	0.01977
30	17.3	0.58	0.67	18.3	0.61	0.67	0.2318	0.00773	0.02133
带皮	18.3	—	—	18.3	—	—	0.2633	—	—

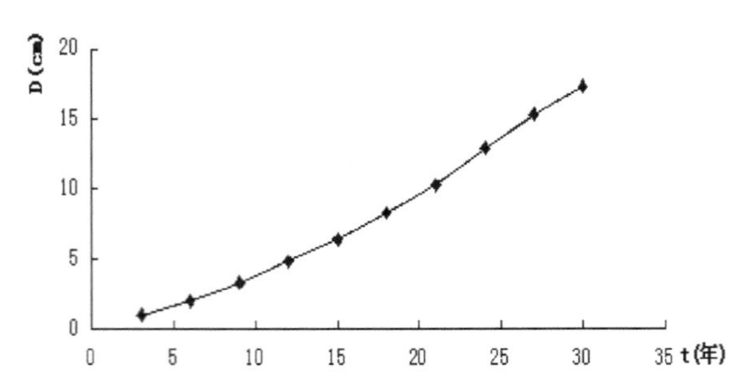

图1　小花木荷胸径生长过程曲线

Fig. 1　The process growth curve of diameter at breast height

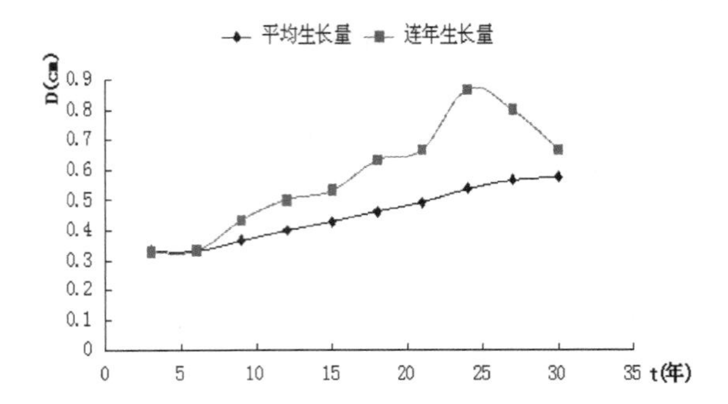

图2　小花木荷胸径的平均生长量和连年生长量

Fig. 2　Average and current annual increment of breast diameter

2.1　胸径生长规律

小花木荷的胸径生长曲线见图1。由图1可以看出，小花木荷的胸径总生长量随年龄的增加而增加。其中以20～30a的斜率最大，说明该时期小花木荷的胸径生长最快。对其胸径的平均生长量和连生长量作图(图2)，发现胸径连年生长量曲线呈现“先升后降”的趋势，平均生长量在5～30a开始逐步上升，连年生长量在20～30a起伏波动大，最大值出现在25a左右。之后，胸径随着年龄的增加略呈下降的趋势，此时进行抚育间伐有利于胸径的生长。根据资料记载小花木荷的成熟年龄是50～60a。参考木荷生长规律模型可以预测，连年生长量与平均生长量曲线相交于50～60a，此时平均生长量达到最大值。此后，连年生长量低于平均生长量，应再次进行抚育间伐，以保证林木充足的营养空间，满足树冠生长发育的需要[8,9]。

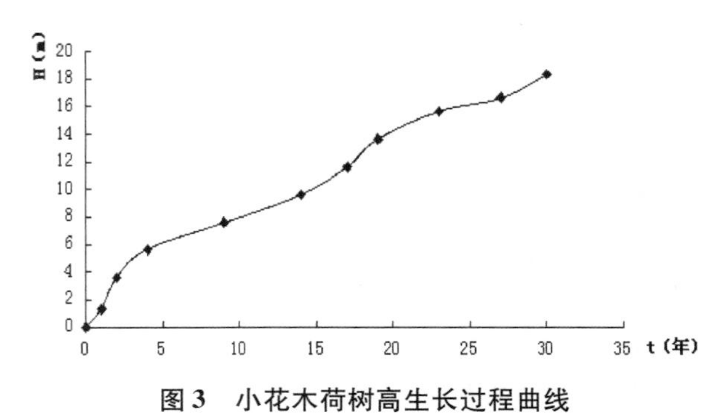

图3　小花木荷树高生长过程曲线

Fig. 3　The process growth curve of height

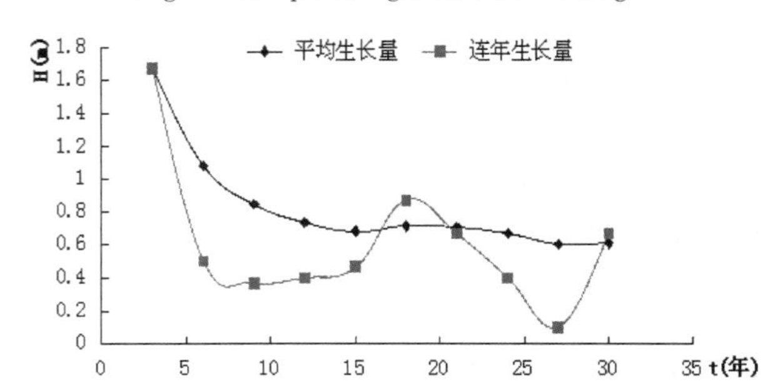

图4　小花木荷树高的平均生长量和连年生长量

Fig. 4　Average and current annual increment of height

2.2　树高生长规律

小花木荷的树高生长规律见图3、图4。从图3小花木荷树高生长过程曲线可看出，随着年龄的增长，小花木荷的树高呈逐渐上升的趋势，在5～15a树高生长速度相对较慢，0～5a及15～20a树高生长速度快；30a仍然没有达到最大值，之后仍有向上上升的趋势。从图4可看出，连年生长量的波动相对较大，树高连年生长量、平均生长量最大值均出现在第4a左右。从0～5a及15～20a小花木荷的连年生长量都是呈上升趋势，所以0～5a及15～20a为小花木荷主要树高的生长时期，此时应注意施肥和光照，有利于树高的增长。

2.3　材积生长过程

从图5和图6可看出小花木荷的材积生长变化，其总生长量随着年龄的增大而增加。材积连年生长量和平均生长量都是逐年增加，未达到最大值，但0～15a材积生长缓慢；15a之后，生长加快，并且连年生长量总是大于平均生长量。

因此，0～10a属幼林时期，树木生长缓慢；从15～30a是材积生长的旺盛期，这与上面的研究结果一致。在30a生时，连年生长量和平均生长量的曲线尚未相交，说明30a时仍处于材积速生期的后期。由于小花木荷的成熟年龄为50～60a，所以连年生长量和平均生长量的曲线应相交于50～60a左右，此时可进行林分采伐。

2.4　林分蓄积

林分中全部林木的材积称作林分蓄积量，简称蓄积(M)。在森林调查和森林经营工作中，林分蓄积量

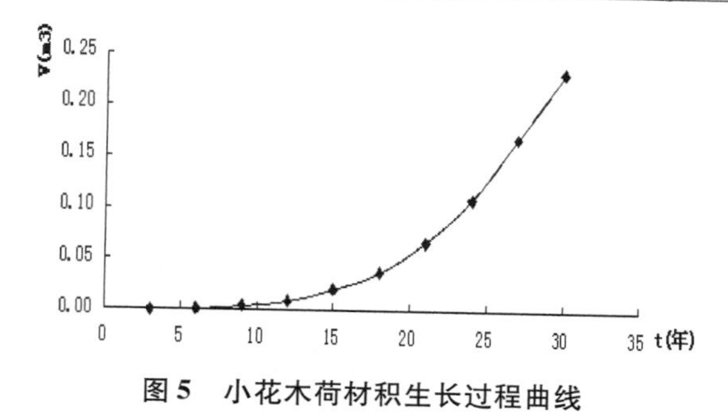

图5 小花木荷材积生长过程曲线

Fig. 5 The process growth curve of volume

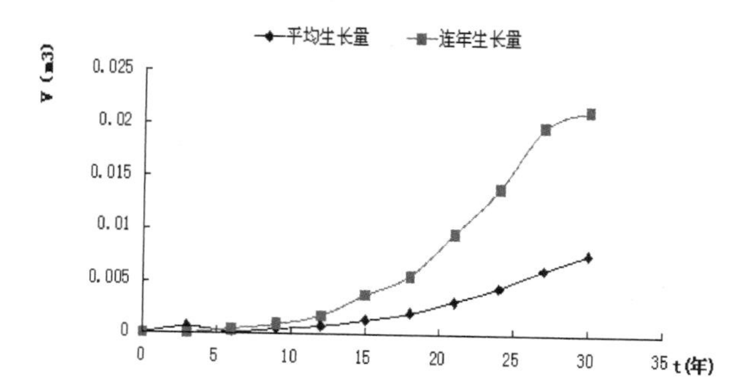

图6 小花木荷材积平均生长量与连年生长量

Fig. 6 Average and current annual increment of volume

常用单位面积蓄积($m^3 \cdot hm^{-2}$)表示。

蓄积是鉴定森林数量的主要指标。单位面积蓄积的大小标志着林地生产力的高低及经营措施效果。另外，在森林资源中，经济利用价值最大的仍是木材资源。因此，林分蓄积的测定是林分调查主要的目的之一，它为森林经营和采伐利用提供重要的数量依据。

表2 用平均标准木法计算小花木荷蓄积量

Table 2 Using average standard tree method count the volume

径阶(cm)	株数	断面积(m^2)	标准木			
			胸径(cm)	树高(m)	断面积(m^2)	材积(m^3)
10	3	0.02355				
12	1	0.01131	18.3	18.3	0.02629	0.2633
14	2	0.03077				
16	12	0.24115				
18	7	0.17804				
合计	25	0.48482				

根据每木调查的结果，计算出标准地的平均断面积为 $0.01927m^2$，平均胸径为 15.5cm，平均高为 18m，以此为依据选出1株标准木按区分法测出材积(表2)，然后按林分蓄积的计算公式算出标准地的蓄积为：

$$M = 0.2633 \times \frac{0.48482}{0.02629} = 4.8556(m^3)$$

该标准地面积为 20m×12m 即 0.024 hm^2，则每公顷蓄积为：

$$M = \frac{4.8556}{0.024} = 202.3\ (m^3/hm^2)$$

从结果来看小花木荷的林分蓄积高达 $202.3m^3 \cdot hm^{-2}$。因此，该林地生产力很高，同时林分的经营措施效果也十分明显。另外，在森林资源中，其经济利用价值比较大，采伐利用率高。

3 结论与讨论

该区域小花木荷属于天然林，小花木荷的平均胸径为15.5cm、平均树高为18.0cm、材积为 $6.58m^3 \cdot hm^{-2}$、林分蓄积高达 $202.3m^3 \cdot hm^{-2}$，生长状况良好，在群落中处于稳定的发展状态。

0~5a及15~20a为树高的主要生长时期，在这个时期树高的生长速度较快，此时应改善立地条件，多施加肥料并且注意光照；20~30a主要是小花木荷胸径生长的旺盛时期，该时期胸径的生长速度快，此时可以采取相应的措施以利于胸径的增长，并且注意林分的密度；材积在幼年时期生长较慢，在15a之后，生长加快，30a之后仍处于速生期，并没有出现最大值，因此0~10a属小花木荷生长幼林时期，树木生长缓慢，15~30a为树木生长的旺盛期，而小花木荷的成熟年龄为50~60a，当小花木荷生长到50~60a时，材积的连年生长量与平均生长量会相交，此后小花木荷的生长速度将会下降。

从小花木荷树高的平均生长量和连年生长量看来，连年生长量的波动很大，且连年生长量随着年龄的增大急剧下降，连年生长量曲线与平均生长量曲线相交于18~22a之间，30a也有所相交。但根据树木正常的生长规律，连年生长量在刚开始时应该要大于平均生长量。小花木荷树高的平均生长量和连年生长量曲线存在误差。而图中出现的多个相交点可能是在此期间进行了抚育间伐，或是因为环境因素的改变导致的结果。因为树高的精确度不大，而材积是综合了胸径、树高和形数3个参数而获得的结果，所以材积的精确度比较高，误差较小，所以我们在处理数据时多采用材积作为参考而得出比较合理的结论。

小花木荷的林分蓄积高达 $202.3m^3 \cdot hm^{-2}$。因此，该林地生产力很高，同时林分的经营措施效果也是十分明显的。另外，在森林资源中，其经济利用价值比较大，采伐利用率高。

参考文献

1. 祁承经，林亲众．湖南树木志[M]．长沙：湖南科学技术出版社，2001：132.
2. 李振问，阮传成，詹学齐．南方主要阔叶防火树种的栽培与利用[M]．厦门：厦门大学出版社，1998：67－136.
3. 张宏达．山茶科(一)，山茶亚科[A]．中国植物志(第四十九卷第三分册)[M]．北京：科学出版社，1995．224－226.
4. 张 娜，朱 凡，刘扬晶，等．武陵山地小花木荷群落物种多样性研究[J]．中南林业调查规划，2011．01.
5. 闫家锋，邓送求，关庆伟，等．徐州云龙山侧柏林生长规律研究研究[J]．林业科技开发，2009，23（4）：75－77.
6. 尚立晰，向迁振．张家界市情大辞典[M]．北京：民族出版社，2001．64－65.
7. 孟宪宇．测树学：第 2 版[M]．北京：中国林业出版社，1996.
8. 姜生伟．辽宁省东部山区日本落叶松生长差异的研究[J]．林业资源管理，2004，6：36－39.
9. 董建军，郭占胜，胡新权，等．伏南山马尾松人工林生长规律研究[J]．河南林业科技，2004，24（2）：14－15.

铁冬青雌雄株的抗寒性比较研究*

柴弋霞 曾雯 蔡梦颖 金晓玲①
（中南林业科技大学风景园林学院，长沙 410004）

摘要 为了明确雌雄异株植物铁冬青的抗寒机理和雌雄株抗寒性差异，对5年生铁冬青雌、雄株的离体叶片进行低温胁迫处理，测定相对电导率（REC）、丙二醛（MDA）、游离脯氨酸（Pro）、可溶性蛋白、氧化酶活性各项指标，结合Logistic方程计算出半致死温度（LT_{50}），综合隶属函数法综合分析其抗寒能力。结果表明：随着温度降低，铁冬青雌雄株REC和MDA含量上升，Pro、可溶性蛋白含量、POD活性表现为先上升后下降的趋势，而SOD活性则逐渐下降；雌雄株各生理指标在数值上存在显著的性别差异（$P<0.05$），雌株的REC和MDA含量显著高于雄株；而Pro、可溶性蛋白含量和SOD活性则显著低于雄株；POD活性无显著差异；铁冬青雌雄株最低LT_{50}分别为－6.29℃和－9.37℃。半致死温度结合隶属函数法综合表明铁冬青抗寒性存在显著性别差异，且雄株的抗寒性强于雌株。

关键词 铁冬青；抗寒性；低温胁迫；雄株

Physiological Characteristics and Cold Hardiness between Male and Female Plants of *Ilex rotunda* Thunb.

CHAI Yi-xia ZENG Wen CAI Meng-ying JIN Xiao-ling
（*College of Landscape Architecture*，*Central South University of Forestry and Technology*，*Changsha* 410004）

Abstract To ascertained the cold resistance mechanism and the gender difference of cold hardiness between male and female plants of *Ilex rotunda*, detached leaves from five years old male and female plants were collected and treated with various lower temperatures. The relative conductivity, malondialdehyde content, superoxide dismutase activity, soluble protein content and free proline content of each plant were measured in the winter . Caculated the lethal temperature by Logistic equation, and evaluated the cold-hardiness by the subordinate function . The result showed that The male plants were significantly cold hardier than that of the female plants and the LT50 for male and female plants were －9.37℃ and －6.29℃. With temperature decreasing, REC and MDA were increased and SOD activities were gradually dropped, but Pro, soluble protein content and POD were increased firstly than decreased. There were significant gender differences in physiological-biochemical indexes of male and female *Ilex rotunda* plants（$P<0.05$）. With temperature going lower, REC and MDA of female plants were higher than that of male plants and Pro content, soluble protein content and SOD activity were lower. No significantly POD activity differences were observed. The male plants of I. rotunda had much stronger cold-resistance than that of female plants. The REC, MDA, Pro, soluble protein content and SOD could be used as physiological indices to evaluate cold hardiness of ornamental plants.

Key words *Ilex rotunda*；Cold-hardiness；Low temperature stress；Dioecy

铁冬青（*Ilex rotunda*）为冬青属（*Ilex*）常绿灌木或小乔木，秋冬时节，红果满树，经久不落，是优良的园林绿化植物。铁冬青是雌雄异株，大量研究表明雌雄异株植物不仅在形态结构、生长发育、繁殖特性上具有差异，在抗寒性生理机制上也表现出较大性别差异[1-2]。在低温胁迫下，青杨和中国沙棘雄株的细胞

* 项目基金及编号：林业公益性行业科研专项经费资助项目（201404710）；湖南省“十二五”重点学科（风景园林学）（湘教发［2011］76号）。

作者简介：柴弋霞（1993—），女，江西上饶，在读硕士生，研究方向为园林植物，（Tel）18229982694，（Email）904777920@qq.com。
①通讯作者。金晓玲（1963—），女，浙江东阳，博士生导师，教授，主要从事园林植物优良新品种选育研究工作，（Tel）13787319185，（E-mail）121191638@qq.com。］

膜受损程度都比雌株要小，雄株表现较强的防御能力[5-6]。因此，本文拟通过对铁冬青雌株和雄株低温胁迫下质膜透性、渗透调节物质及保护酶活性变化特征，结合雌雄株半致死温度和隶属函数值对其抗寒性进行评价，旨在研究铁冬青雌株与雄株的抗寒性差异及生理响应，为将来的良种选育及引种提供参考。

1 材料与方法

1.1 试验材料

供试材料为5年生铁冬青(*Ilex rotunda*)雌雄各3株，长势良好，种植于湖南省长沙市中南林业科技大学校园。

1.2 试验方法

于2015年1月、2月、3月取铁冬青健康枝条的倒数第二、第三片成熟叶片。将叶片用去离子水洗净后均分成6份置于低温恒温槽(天恒 SDC-6)中5℃预冷2h，试验设5℃、0℃、-5℃、-10℃、-15℃和-20℃6个温度梯度。低温处理2h后将材料取出放入冰箱(4℃)解冻24h，解冻后将每组平均分成3份，测定各材料生理生化指标，每份3次重复。

采用电导率仪法测定相对电导率(Rec)，拟合Logistic方程确定各植株的LT_{50}；硫代巴比妥酸比色法测定MDA含量；酸性茚三酮显色法测定游离脯氨酸含量；考马斯亮蓝G-250染色法测定可溶性蛋白含量；氮蓝四唑法测定超氧化物歧化酶(SOD)活性，愈创木酚法测定过氧化物酶(POD)[5]。

1.3 抗寒性综合评价

采用隶属函数值法(董万鹏等2015)综合评价铁冬青雌雄株的抗寒性，计算方法如下：

如果指标与抗寒性成正相关：$U(X_i)=(X-X_{min})/(X_{max}-X_{min})$

如果指标与抗寒性成负相关：$U(X_i)=1-(X-X_{min})/(X_{max}-X_{min})$

其中，U(Xi)：为某一温度处理下对应指标的隶属度；X：各指标的平均值；Xmax：供试树种对应指标的最大值；Xmin：供试树种对应指标的最小值。将每个树种越冬期间各指标的抗寒性隶属函数值累加起来，求其平均值，均值越大抗寒性越强。

1.4 数据处理

用Excel 2007进行统计及图表绘制，用SPSS19.0进行Logistic拟合，和方差显著性分析，多重比较采用LSD、Duncan法。

2 实验结果

2.1 低温胁迫对铁冬青相对电导率的影响

低温胁迫下铁冬青相对电导率的变化见图1。由图1可以看出，铁冬青相对电导率随温度降低逐渐升高，开始增加缓慢后增加快速最后又趋于平缓，5～-20℃近似呈对数曲线上升，相对电导率与人工胁迫温度呈极显著负相关。0～-10℃处理的铁冬青相对电导率上升缓慢；-10～-15℃之间各植株的相对电导率迅速上升，且雌株上升幅度比雄株大为101.25%，说明低温对其质膜造成严重伤害。雌雄株相对电导率存在显著差异($P<0.05$)。

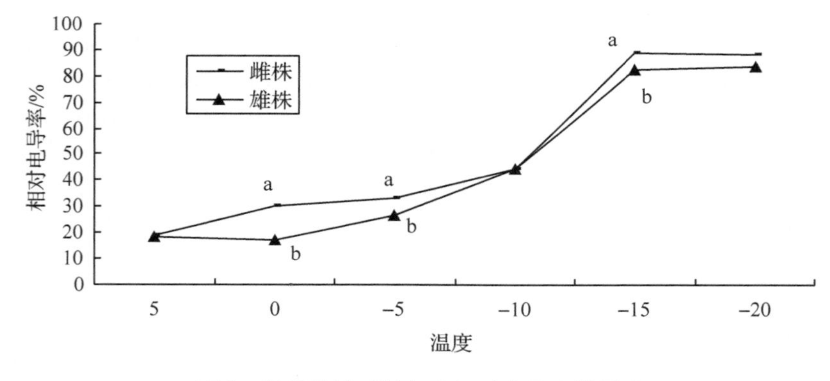

图1 低温胁迫对铁冬青相对电导率的影响

Fig. 1 The effects on Rec under different low temperature treatments

注：不同小写字母代表雌雄株间有显著差异($p<0.05$)，下同；Note：The same letter indicated no significant difference；Small letter indicated significant difference at $P=0.05$。

表1 铁冬青雌雄株半致死温度(LT_{50})

Table 1 The parameters of LT_{50} dynamics of male and female *Ilex rotunda*

测定时间(Time)	1月 January		2月 February		3月 March	
平均最低气温(℃)	5		1		6	
植株类型 Species	雌株	雄株	雌株	雄株	雌株	雄株
半致死温度(℃) Semilethal temperature	-3.71	-5.79	-6.288	-9.37	-3.044	-5.010
拟合度$(R)^2$	0.947**	0.972**	0.967**	0.829*	0.879*	0.957**

注：**和*分别表示拟合度达到极显著和显著水平。

铁冬青雌雄株的相对电导率拟合的Logistic方程求出半致死温度见表1，可知拟合度在0.829~0.972之间，均达到显著水平。随着气温的降低，铁冬青雌雄株的半致死温度均降低，与采样前平均最低气温呈正相关。整个越冬期间，铁冬青雄株半致死温度都低于雌株，说明雄株抗寒性强于雌株。

2.2 低温胁迫对铁冬青MDA含量的影响

低温胁迫下铁冬青MDA含量变化见图2。可以看出铁冬青在低温胁迫下体内MDA含量随温度的下降而上升，5~-10℃时增幅较大，-20℃时MDA含量达到峰值，整体与人工低温胁迫呈极显著负相关。另外，各处理阶段铁冬青雌株MDA含量极显著高于雄株($P<0.05$)，-20℃时差异最大为23.1%，且雌株的增幅显著高于雄株。

2.3 低温胁迫对铁冬青游离脯氨酸含量的影响

由图3可知，铁冬青游离脯氨酸含量随温度的降低先升高后降低，在5~-5℃处理增幅较大，-10℃时出现了峰值，-10~-20℃之间均开始下降，且雌株下降幅度较大为37.25%。从图3还可以看出，各阶段铁冬青雄株游离脯氨酸含量极显著高于雌株($P<0.05$)，在-20℃时差异最大为21.5%。

2.4 低温胁迫对铁冬青可溶性蛋白含量的影响

低温胁迫下铁冬青可溶性蛋白含量的变化见图4。由图4可知，铁冬青可溶性蛋白含量随温度的降低呈先升后降的趋势，0~-5℃时增幅最大，-10℃达到峰值，随后下降，整体与人工胁迫温度呈极显著正相关。铁冬青雄株的蛋白质含量在整个处理期间都显著高于雌株($P<0.05$)，且在-20℃时差异最大，雄株比雌株高29.1%。

2.5 低温胁迫对铁冬青保护酶活性的影响

铁冬青SOD活性的变化见图5。由图5可知，5℃铁冬青具有较高的SOD活性，随着处理温度的降低呈逐渐下降的趋势，整体与人工胁迫温度呈极显著正相关。而且，各阶段铁冬青雄株SOD活性均高于雌株，存在极显著差异($P<0.05$)。其中-10℃差异最大，为52.3u/gFW。

低温胁迫下铁冬青POD活性变化见图6。从图6可以发现，随着处理温度的降低先呈缓慢上升后下降的趋势，但变化幅度较小。在-10℃时出现峰值，然后开始下降。从图6还可以看出，低温胁迫各个阶段中铁冬青雌雄株间的POD活性无显著差异($P<0.05$)。

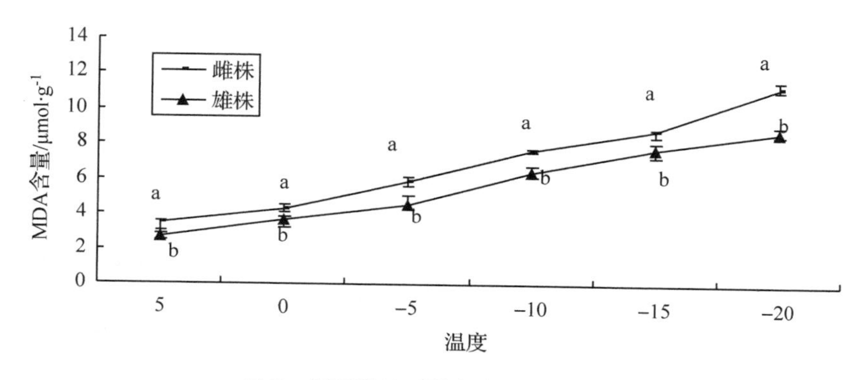

图2 低温胁迫对铁冬青MDA含量

Fig. 2 Effects of low temperature on the content of MDA of *Ilex rotunda*

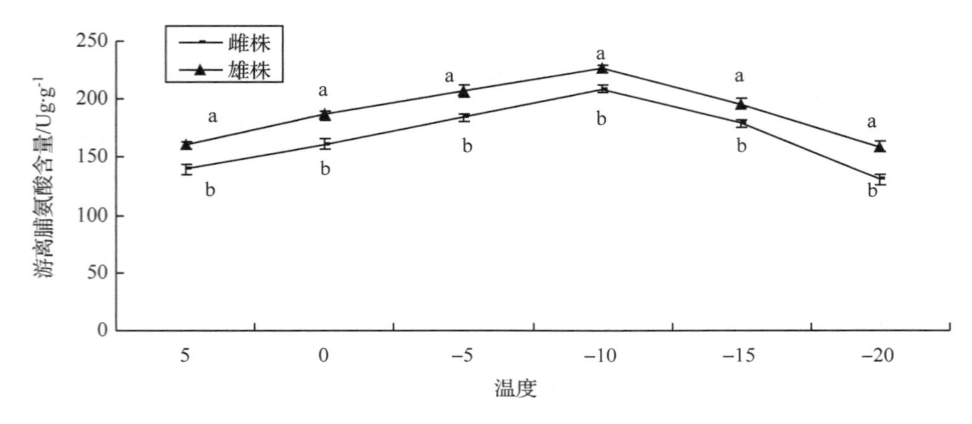

图 3　低温胁迫对铁冬青游离脯氨酸含量

Fig. 3　The changes on free proline contents under different low temperature of *Ilex rotunda*

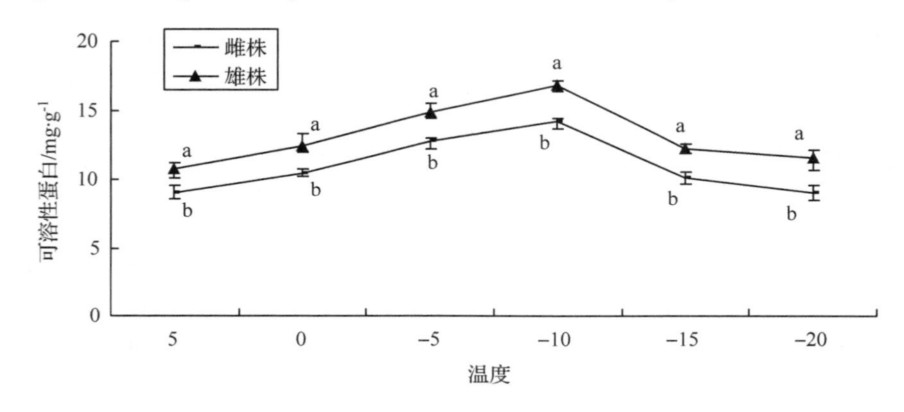

图 4　低温胁迫下铁冬青雌雄株叶片可溶性蛋白含量的影响

Fig. 4　The changes on soluble protein contents under different low temperatur of *Ilex rotunda*

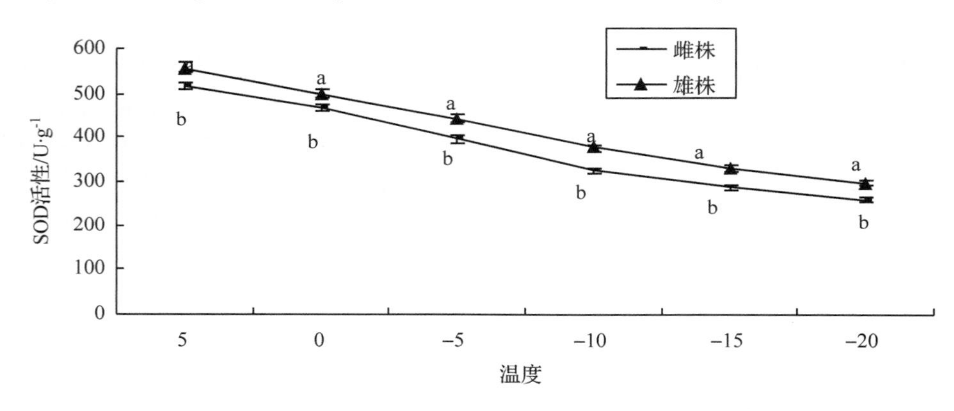

图 5　自然降温与低温胁迫对铁冬青 SOD 活性的影响

Fig. 5　Effects of low temperature on SOD activity of *Ilex rotunda*

2.6　应用模糊隶属函数对铁冬青雌雄株抗寒能力进行评价

植物的抗寒机制十分复杂，仅用一种指标很难准确反映植物的抗寒性。隶属函数法可以将多个抗性指标综合起来，通过平均隶属度来评价品种间的抗性。大量研究表明植物平均隶属度越大，该树种的抗寒性越强(刘慧民 等 2014)。由表 2 可知，铁冬青雄株的平均隶属度(0.570)大于雌株(0.526)，雄株抗寒性强于雌株，该结果与通过比较 LT_{50} 大小得到的结果一致。

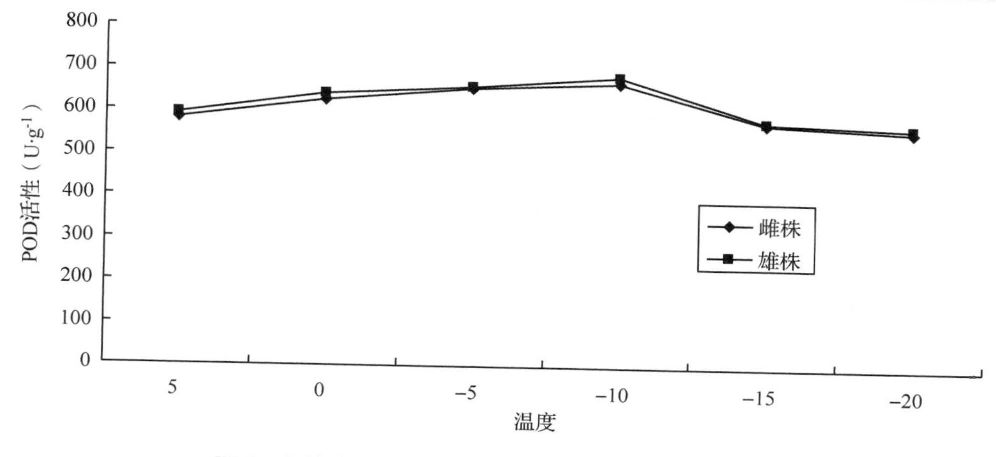

图6 自然降温与低温胁迫对铁冬青 POD 活性的影响

Fig. 6 Effects of low temperature on POD activity of *Ilex rotunda*

表2 低温胁迫下铁冬青雌雄株的隶属函数值

Table 2 The membership function of male and female *Ilex rotunda* under low temperature treatments

植株	Rec	MDA	脯氨酸	可溶性蛋白	SOD	POD	平均隶属度
雌株	0.528	0.535	0.504	0.534	0.551	0.506	0.526
雄株	0.598	0.600	0.534	0.566	0.591	0.532	0.570

3 结论与讨论

大量研究表明，低温胁迫下植物细胞膜透性发生变化，膜脂过氧化产物 MDA 激增，引起电解质外渗，电导率升高[8]。本研究中铁冬青相对电导率和 MDA 含量随温度的降低而上升。与邓仁菊等[9]对火龙果抗寒性指标变化的研究结果一致。游离脯氨酸和可溶性蛋白均是重要的渗透调节物质，前者可以提高渗透压，增强保水能力，后者能防止细胞间结冰引起的原生质过度脱水，降低冰点的作用，两者均与植物的抗寒性呈正相关[10]。本试验中：随温度的降低，铁冬青游离脯氨酸和可溶性蛋白含量先升后降，下降的原因可能是胁迫加强使细胞受损，与许楠等[11]研究结果相似。但徐传保等(2011)[12]发现竹子各品种在低温胁迫下 Pro 含量总体呈下降趋势，这种差异可能是由于不同植物 Pro 的合成对低温的影响机制不同所致。POD、SOD 抗氧化酶广泛存在植物细胞中，能够清除活性氧等毒害物质，维持植物体内自由基的动态平衡，与抗寒性呈正相关[13]。本研究中铁冬青 SOD 活性随温度降低逐渐下降，说明低温对其活性产生抑制。POD 活性呈现缓慢上升并在温度进一步降低时活性下降。与赵明明等对几种冬青属植物的抗寒生理指标研究结果相似。但与董万鹏等[14]对西番莲的研究结果不同，这可能是不同植物抗寒性不同，表现出的变化规律不同。

目前关于雌雄株差异性的研究主要集中在形态学、解剖学、生理学、逆境下受伤害程度以及等方面[15]。已有 Li 等[9]在对沙棘冷驯化中发现，雄株具有更早的抗寒形成和更高的耐冻性。Zhang 等[10]发现青杨雄株具有更好的叶绿体结构和膜结构以及更高的耐冻性。高露双等[16]发现山杨雄株比雌株更能适应低温变化。本研究中，在相同的低温处理下铁冬青雄株相对电导率、MDA 含量极显著低于雌株，但脯氨酸含量、可溶性蛋白含量、SOD 活性显著高于雌株，雄株在低温胁迫下细胞受损程度更低，这与陶应时等[17]对连香树雌雄株抗逆性研究结果一致。因此说明铁冬青雄株比雌株更适应低温变化，抗寒性强于雌株。雌雄株间的 POD 活性无显著差异，这和王克霞[18]对芦笋雌雄根中 POD 活性测定结果相同，可能是由于雌雄株体内酶活性的差异存在着时间的特异性，不同生长阶段差异不同。利用 Logistic 方程拟合 LT_{50}能较直观反映植物抗寒能力，LT_{50}越高抗寒性越差。本研究中得到雌雄株 LT_{50}分别为 -6.29℃ 和 -9.37℃，雄株抗寒性强于雌株，与隶属函数值结果一致。这是由于雌株相对于雄株在繁殖方面消耗的资源较多，而雄株有更多的能量产生来抵抗外界低温胁迫。

铁冬青雌雄株抗寒性具有显著性别差异，综合 LT_{50}、生理指标变化及隶属函数值表明，雌株对低温更敏感，雄株抗寒性强于雌株。因此推测在自然生境中雄株可能比雌株具备更好的诸如抗寒等抗逆能力。本研究只对铁冬青抗寒性的性别差异进行研究，今后有待进一步开展其他抗逆能力的性别差异研究和分子蛋白水平的研究。为铁冬青引种和良种选育提供科学依据。

参考文献

1. 尹春英，李春阳．雌雄异株植物与性别比例有关的性别差异研究现状与展望[J]．应用与环境生物学报，2007，13(3)：419－425.
2. 张明如，温国胜，张瑾，等．火炬树雌雄母株克隆生长差异及其光合荧光日变化[J]．生态学报，2012，32(2)：528－537.
3. LI CY，Yang Y，Junttila O，Palva ET. Sexual differences in cold acclimation and freezing tolerance development in sea buck thorn (*Hippophae rhamnoides* L. ecotypes [J]. Plant Sci,. 2005，168：1365－137.
4. Zhang S，Jiang H，Peng SM，et al. Sexrelated differences in mor phological，physiological，and ultrastr uctural responses of *Populus cathayana* to chilling[J]. J Exp Bot，2011，62：675－686.
5. 陈建勋，王晓峰．植物生理学实验指导(第二版)[M]．广州：华南理工大学出版社，2006.
6. Mittler R. Oxidative stress，antioxidants and stress tolerance [J]. Trends in PlantSci，2002，7：405－410.
7. 邓仁菊，范建新，王永清，等．火龙果幼苗对低温胁迫的生理响应及其抗寒性综合评价[J]．植物生理学报，2014，50(10)：1529－1534.
8. Guerrier G. Proline accumulation in leaves of NaCl－sensitive and NaCl－tolerant tomatoes[J]. Biologia Plantarum，1997. 40：623－628.
9. 许楠，孙广玉．低温锻炼后桑树幼苗光合作用和抗氧化酶对冷胁迫的影响[J]．应用生态学报，2009，20(4)：761－766.
10. 徐传保，戴庆敏．低温胁迫对竹子3种渗透调节物质的影响[J]．河南农业科学，2011，40(1)：127－130.
11. 李勇．超氧化物歧化酶(SOD)的研究进展[J]．攀枝花学院学报，2007，24(6)：9－11.
12. 董万鹏，罗充，李秀琴，等．低温胁迫对西番莲抗寒生理指标的影响[J]．植物生理学报，2015，51(5)：771－777.
13. 翟飞飞，孙振元．木本植物雌雄株生物学差异研究进展[J]．林业科学，2015，51(10)：110－114.
14. 高露双，赵秀海，王晓明，等．雌雄异株植物山杨的气候响应差异[J]．应用生态学报，2014，25(7)：1863－1869.
15. 陶应时，廖咏梅，等．连香树雌雄株叶片形态及生理生化指标比较[J]．东北林业大学学报，2013，41(3)：18－20.
16. 王克霞．芦笋雌雄株间生理化特性的差异研究[D]．杭州：浙江大学，2004，6.

醉香含笑(*Michelia macclurei*)开花特征与花粉活力研究

刘晓玲　金晓玲　沈守云
（中南林业科技大学风景园林学院，长沙 410004）

摘要　为了掌握醉香含笑(*Michelia macclurei*)的开花特性，为开展木兰科植物间的杂交育种提供依据。本文采用常规方法，研究了醉香含笑的开花特征、花粉成熟特性和花粉离体萌发的最佳条件及花粉最佳采收时间。结论表明：①醉香含笑单花花期为 11.4 ±1.84d，花期为 25.1 ±1.85d；②醉香含笑每个心皮内含胚珠 2 个至多个，2～3 个相对较为常见；③醉香含笑柱头在Ⅱ、Ⅲ时期可授性最强；④醉香含笑花粉离体培养最适培养基配比是：蔗糖浓度为 150g/L，硼酸浓度为 200mg/L，氯化钙浓度为 200mg/L；⑤经花粉离体培养，醉香含笑Ⅲ时期花粉萌发率最高。
关键词　醉香含笑；花期；花粉萌发率；柱头可授性

Flowering Characteristics and Pollen Germination of *Michelia macclurei*

LIU Xiao-ling　JIN Xiao-ling　SHEN Shou-yun
(*College of Landscape Architecture*, *Central South University of Forestry & Technology*, *Changsha* 410004)

Abstract　*Michelia macclurei* belongs to the Magnoliaceae *Michelia*, is the primitive angiosperms flowering plants. To reveal it's flowering characteristics and pollen germination, and provides guidance for *Michelia macclurei* in the landscape application and cross breeding. This paper studied flowering characteristics, mature pollen characteristics, the best condition of in vitro pollen and pollen best harvesting time using conventional methods. Results were showed as follows: ①*Michelia macclurei* single flower blooming 11.4 ±1.84 days, flowering last 25.1 ±1.85 days. ②Ovules of *Michelia macclurei* containing two or more in every carpel, three are relatively common. ③Stigma receptivity of *Michelia macclurei* in Ⅱ, Ⅲ period can give the most. ④For *Michelia macclurei*, the pollen germination is most suitable to the concentration of sucrose (150g/L), $CaCl_2$ (200mg/L), H_3BO_3(200mg/L). ⑤The pollen in vitro culture, Ⅲ period is the highest rate of pollen germination of *Michelia macclurei*.
Key words　*Michelia macclurei*; Florescence; The pollen germination rate; Stigma receptivity

醉香含笑(*Michelia macclurei*)隶属木兰科(Magnoliaceae)含笑属(*Michelia*)[1,2]。是被子植物中比较原始的有花植物，作为突出的造园绿化及用材树种，目前的研究主要集中在种子育苗和造林技术等方面[3-6]。对其开花特性和花粉活力的相关报道很少。本文研究了醉香含笑的开花特征、花粉成熟特性和花粉离体萌发的最佳条件及花粉最佳采收时间，旨在为醉香含笑的园林应用和开展醉香含笑杂交育种研究提供依据和指导[7,8]。

1　材料与方法

1.1　实验材料

实验材料：中南林业科技大学校园内 15 年生醉香含笑母树。2016 年 3～4 月 3 日开始花期观测和花粉采集工作。

1.2　试验方法

1.2.1　醉香含笑花期观察

选取醉香含笑为一个种群，观察记录从开花到凋谢经历的时间为种群的花期。标定 10 朵花，记录从花朵幼蕾期到凋落经历的时间为单朵花花期。标定 10 棵树，记录从第一朵花开到最后一朵花谢的时间为开花时间。

1.2.2　醉香含笑柱头可授性试验方法[8,10]

按照花瓣打开程度和雄蕊的散粉情况，将花期划分为 6 个时期，每个时期采用联苯胺测定醉香含笑柱头的可授性。

1.2.3　醉香含笑花粉最适培养基试验方法[11,12]

采用正交试验的方法，在 25℃条件下，采用液体培养基，用培养皿进行培养。培养基中添加蔗糖、硼酸、氯化钙，并以这3种添加物为变量设置3个不同的培养浓度，浓度数值的设置参考含笑花粉萌发实验。

2 结果与分析

2.1 花期观测结果与分析

醉香含笑的花期特点：

观察记录标记的10朵花，从花苞片掉落开始，到花瓣凋落为止，中间经历的时间为单朵花的花期。结果见表1。

表1 醉香含笑单花花期观测结果

花朵编号	苞片掉落日期	花瓣凋落日期	单花花期(天)
1	3.7	3.16	12
2	3.4	3.14	11
3	3.5	3.16	12
4	3.5	3.17	13
5	3.4	3.17	14
6	3.4	3.12	9
7	3.8	3.18	11
8	3.4	3.16	13
9	3.4	3.14	11
10	3.4	3.11	8
平均值			11.4 ±1.84

由表1可以看出：醉香含笑单花花期范围为8 ~ 12天，平均单花花期为11.4 ±1.84天。

观察记录标记的10株醉香含笑，从第一朵花开放始，到最后一朵花凋落为止，中间经历的时间为醉香含笑的花期。结果见表2。

表2 醉香含笑花期观测结果

编号	第1朵花开日期	最后1朵花落日期	花期(天)
1	2.17	3.12	25
2	2.16	3.14	28
3	2.24	3.18	24
4	2.19	3.15	26
5	2.26	3.21	25
6	2.27	3.19	22
7	2.29	3.23	24
8	2.12	3.18	25
9	2.27	3.25	28
10	2.27	3.21	24
平均值			25.1 ±1.85

则由表2可知：醉香含笑花期范围为22 ~ 28天，平均单花花期为25.1 ±1.85天。

2.2 醉香含笑单花特征

2.2.1 花朵大小变化特征

每个时期分别测得10朵花，求得各时期的花朵长度、直径以及花瓣厚度的平均值，具体数据见表3。

表3 各时期花朵测量结果

时期	Ⅰ	Ⅱ	Ⅲ	Ⅳ	Ⅴ	Ⅵ
平均花长(cm)	4.15 ±0.40	4.64 ±0.35	4.4 ±0.24	4.89 ±0.49	5.05 ±0.42	5.63 ±5.44
平均花直径(cm)	0.83 ±0.19	1.73 ±0.15	4.91 ±0.67	9.09 ±1.19	9.14 ±0.79	9.74 ±0.71
平均花瓣厚(mm)	0.472 ±0.06	0.486 ±0.09	0.438 ±0.03	0.424 ±0.03	0.42 ±0.07	0.424 ±0.01

根据表3数据可以得出如下结论：

(1)随着花朵的开放，花的长度有一定的增长，增长不显著；而随着花瓣的打开，花朵的直径不断增长，且增长显著，增长到第Ⅳ时期趋于稳定。

(2)花瓣的厚度在开花的过程中有细微起伏的变化：先变厚再变薄，第Ⅱ时期最厚。但总体趋势为变薄。

2.2.2 胚珠特征和柱头可授性

根据上文所述试验方法，在显微镜下随机观察10个醉香含笑心皮内的胚珠数。发现醉香含笑的心皮数有2 ~6个，以2 ~3个居多。

把柱头放入到联苯胺－过氧化氢混合试剂中，观察产生蓝色物质和气泡的速度及量来判定，产生蓝色物质和气泡速度快且多，则代表可授性强，记“ + + +”，产生蓝色物质和气泡速度较快且较多，则代表可授性较强，记“ + +”，产生蓝色物质和气泡速度慢且不多，则代表可授性一般，记“ +”，不产生蓝色物质和气泡，则代表无可授性，记“ －”。结果见表4。

表4 醉香含笑柱头可授性检测结果

时期	Ⅰ	Ⅱ	Ⅲ	Ⅳ	Ⅴ	Ⅵ
柱头可授性	+ +	+ + +	+ + +	+ +	+	－

注：“ +”代表具有可授，“ －”代表不具可授。

根据表4可以得出如下结论：①Ⅱ、Ⅲ时期，醉香含笑柱头可授性最强，Ⅵ时期柱头不具可授性。②醉香含笑Ⅰ至Ⅴ时期，经检测柱头都具有可授性。

2.3 醉香含笑花粉活力研究结果与分析

2.3.1 最适培养基筛选结果与分析

每组培养基设置3个重复，每个重复拍照3张，当其中一组的花粉管生长到将要相互交叉无法计数时止，这时最后一组拍照的花粉萌发率作为平均值。结果见表5。

表5 醉香含笑花粉不同培养基萌发率

（单位:%）

试验编号（组）	A ρ蔗糖（g/L）	B ρ硼酸（mg/L）	C ρ氯化钙（mg/L）	花粉萌发率（%）
1	50	100	200	11.99 ±3.35
2	50	200	300	8.71 ±4.51
3	50	300	400	17.05 ±6.28
4	100	100	300	23.46 ±4.52
5	100	200	400	25.60 ±5.08
6	100	300	200	33.34 ±5.65
7	150	100	400	27.45 ±9.67
8	150	200	200	46.65 ±3.53
9	150	300	300	24.61 ±9.68
10	0	0	0	1.68 ±1.26

根据表5可以看出：在醉香含笑花粉萌发所需要的3种条件：蔗糖浓度、硼酸浓度、氯化钙浓度下，组合 $A_3B_2C_1$ 萌发率最高，平均萌发率为46.64% ±3.53%；最低组合为 $A_1B_2C_2$，平均萌发率为8.71% ±4.51%；在蒸馏水中，花粉萌发数极少，但大于0。

因素内水平极差(R)的大小可以反映该因素对实验结果的影响程度，见表6。

表6 醉香含笑花粉不同培养基萌发数直观分析

（单位:%）

试验编号（组）	A ρ蔗糖（g/L）	B ρ硼酸（mg/L）	C ρ氯化钙（mg/L）
K1	37.75	62.90	91.98
K2	82.70	80.96	56.78
K3	98.71	75.00	70.10
R	60.96	18.06	35.20

由表6可以看出，实验中的3个因素对花粉萌发影响的大小排列为 A > C > B，由此可知在25℃情况下，蔗糖对于醉香含笑花粉萌发影响最大，氯化钙次之，硼酸影响最小。

根据各因素水平萌发数的均值大小，得到各因素下醉香含笑花粉萌发数的大小顺序依次为 $A(K_3 > K_2 > K_1) > C(K_1 > K_3 > K_2) > B(K_2 > K_3 > K_1)$，由此可知醉香含笑花粉最适培养基组合是 $A_3B_2C_1$，即蔗糖浓度为150g/L，硼酸浓度为200mg/L，氯化钙浓度为200mg/L。

2.3.2 6个时期花粉萌发率结果

醉香含笑开花6个时期的划分：Ⅰ花蕾期(花蕾未出现松动)；Ⅱ开花前期(花瓣外层打开不可见花蕊，雄蕊紧闭未散粉)；Ⅲ开花中期(花瓣打开可见花蕊，雄蕊松动未散粉)；Ⅳ开花期(花瓣打开可见花蕊，雄蕊松散开始散粉)；Ⅴ开花盛期(花朵完全打开，外层花瓣至水平，雄蕊张开全部散粉)；Ⅵ开花末期(花瓣完全张开，雄蕊变黑变干)。

每个时期的花粉设置3个重复，每个重复拍照3张，当其中一组的花粉管生长到将要相互交叉无法计数时止，这时最后一组拍照的花粉萌发率作为平均值。结果见表7。

表7 6个时期花粉平均萌发率 （单位:%）

时期	Ⅰ	Ⅱ	Ⅲ	Ⅳ	Ⅴ	Ⅵ
平均萌发率	2.00 ±1.41	3.56 ±2.19	42.80 ±5.17	27.33 ±6.17	26.16 ±8.64	5.83 ±2.79

根据表7可以得出如下结论：①醉香含笑花粉离体培养的过程中，以6个时期为轴，萌发率先增高后降低。②醉香含笑花粉离体培养，萌发率最高的时期是第Ⅲ时期，即花瓣打开，雄蕊雌蕊可见，但雄蕊未开始散粉。本次测试这一时期的花粉萌发率为42.80% ±5.17%。③醉香含笑花粉离体培养萌发率最低的是第Ⅰ时期，其次是第Ⅵ时期。

参考文献

1. 焦廷伟．醉香含笑花被片衰老过程中细胞结构和若干生理生化指标的变化[D]．福建：福建农林大学，2010.
2. 明军，顾万春．中国含笑属植物研究进展[J]．中南林学院学报，2004，05：147 -152.
3. 练方伟，吴晓宁，沈志敏．醉香含笑育苗造林技术及综合开发利用探讨[J]．安徽农学通报，2011，17(6)：

81，103.
4. 肖立国，赵嫦妮，唐再仁，等．醉香含笑人工林生长规律研究[J]．湖南林业科技，2014，41(6)：70－73.
5. 李雪，王淑芬，蒋雄辉．醉香含笑的组织培养与植株再生[J]．植物生理学通讯，2005，55(6)：783.
6. 李茂，陈景艳，潘德权，等．园林植物醉香含笑幼苗生长节律研究[J]．安徽农业科学，2009，37(14)：6417－6419.
7. 钱一凡，黎云祥，陈兰英，等．深山含笑传粉生物学研究[J]．广西植物，2015，35(1)：36－41，108.
8. 丁春邦，李强，李燕，等．重楼属9种5变种花粉活力与柱头可授性特性研究[J]．草业学报，2009，19(4)：61－66.
9. 罗长维，李昆，陈友，等．膏桐花粉活力与柱头可授性及其生殖特性研究[J]．西北植物学报，2007，10：1994－2001.
10. 胡冬南，刘细燕，杨光耀，等．木兰科含笑属深山含笑、乐昌含笑花粉技术的研究[J]．江西农业大学学报(自然科学)，2002，02：237－239.
11. 江丽，洪燕，陈燕，等．含笑开花进程及花粉活力研究[J]．浙江师范大学学报(自然科学版)，2015，56(4)：441－446.
12. 杨琴军，黄英平，陈龙清．3种含笑属植物花粉生活力的测定[J]．安徽农业科学，2007，35(1)：15－17.

弱光胁迫对紫背冷水花叶绿素荧光特性的影响*

杨柳青　谭笑　胡欢　廖飞勇
（中南林业科技大学风景园林学院，长沙 410004）

摘要　为研究紫背冷水花（*Pilea purpurella*）对弱光胁迫的适应性，采用 SPAD－502 便携式叶绿素仪和 Li－6400 便携式光合测定仪对其在弱光胁迫下的叶绿素含量、叶绿素荧光参数等各项指标进行了测定。结果表明：紫背冷水花耐荫性较好，在 20～100μmol^{-2}·s^{-1}的弱光条件下仍然能够正常生长。在弱光胁迫下，相对叶绿素含量先降后升，且有一定的反复波动。10～100μmol^{-2}·s^{-1}的弱光胁迫对其 Fv/Fm 值没有太大影响，但 100μmol^{-2}·s^{-1}的弱光胁迫能显著降低光合能量的传递速率，20μmol^{-2}·s^{-1}以下的弱光胁迫显著影响光化学淬灭参数。过低的弱光胁迫严重影响紫背冷水花的各种光合生理，2μmol^{-2}·s^{-1}以下的弱光严重抑制紫背冷水花生长并导致死亡。

关键词　紫背冷水花；弱光胁迫；光合作用

Effect of Light Stress on Chlorophyll Fluorescence Characteristics of *Pilea purpurella*

YANG Liu-qing　TAN Xiao　HU Huan　LIAO Fei-yong
（*Central South University of Forestry and Technology*，*Changsha* 410004）

Abstract　To study the adaptability Pilea purpurella under weak light stress，the Chlorophyll content and chlorophyll fluorescence parameters were detected by SPAD-502 and Li-6400. The results showed that *P. purpurella* had good shade tolerance，and can grow normally under 20－100μmol^{-2}·s^{-1} weak light condition. Under the weak light stress，the Chlorophyll content was decreased firstly than increased. The Fv/Fm value was not effected by 10－100μmol^{-2}·s^{-1} weak light condition，but under 100μmol^{-2}·s^{-1} light condition，the photosynthetic energy transfer rate was decreased. Photochemical quenching parameters was significantly affected below 20μmol^{-2}·s^{-1} light condition. Weak light stress seriously affected the Chlorophyll Fluorescence Characteristics of *P. purpurella*. Under > 2μmol^{-2}·s^{-1} light condition，the growth of *P. purpurella* was inhibited，and *P. purpurella* dead finaly.

Key words　*Pilea purpurella*；Weak light stress；Physiological reaction

前言

紫背冷水花（*Pilea purpurella*），荨麻科冷水花属草本植物。茎肉质，高 25～70cm；叶膜质，宽椭圆形，叶背紫红色，边缘在下部全缘，上部有 10～15 枚粗大的圆齿状牙齿；脉纹带紫红色，有光泽，基出三脉，叶脉在两面稍隆起；叶柄长 1.5～5.5cm，带紫红色；托叶膜质；花雌雄同株。花期 3～5 月，果期5～6 月。分布于江西西部和广东东北部，生于海拔 580～700m 山沟水边阴湿处，是中国特有植物[1]。

该品种繁殖容易，可采用扦插繁殖和分株繁殖[2]。紫背冷水花为彩叶耐阴植物，具有良好的观赏效果，因此是室内盆栽植物的优良品种。目前，国内外有关紫背冷水花的研究很少，只有少量关于紫背冷水花植物分类的文章[3]。本文通过研究不同弱光胁迫对紫背冷水花光合荧光参数以及叶绿素含量的影响，旨在为紫背冷水花的室内应用提供理论指导。

1　试验材料与方法

1.1　试验材料与处理

试验所用紫背冷水花于 2015 年 5 月采于常德市

＊　基金项目：湖南省教育厅重点项目(13A126)。
作者简介：杨柳青，教授，博士，主要从事园林植物景观与墙体绿化方面的研究，362504145@qq.com。

石门县壶瓶山，采回后用轻基质拌黄心土(轻基质：黄心土 =3∶1)盆栽栽植于湖南中兰林立体绿化有限公司暮云苗圃内，盆口直径9cm、盆高6.5cm，每盆栽植4株，盆底铺两层无纺布以防浇水时基质外渗。于2015年7月17日，选择长势相近、叶面积大体相近的盆栽植株，放置在中南林业科技大学风景园林学院实验室内(光强约为 $100\mu mol^{-2} \cdot s^{-1}$、温度约为25℃、湿度约为70%)的环境下缓苗3天后，将植物置于试验光强下、温度25℃、湿度70%的人工气候箱内继续缓苗3天，使植物适应其新环境。

1.2 试验设计

试验分对照组和6组不同弱光胁迫，分别是：①对照组CK组：$200\mu mol^{-2} \cdot s^{-1}$(通过多次实测紫背冷水花的光响应曲线得出的平均值，并实测长沙室内以及室外林荫下10：00～14：00的光强平均值，实测光照值由宇测TES－1330A/1332A数字式照度计测得，综合考虑得出对照组光强数值，作为自然光强数值)；②弱光胁迫1组：$100\mu mol^{-2} \cdot s^{-1}$(RDN－300F－3人工气候箱光照数值设为 $100\mu mol^{-2} \cdot s^{-1}$，为自然光强的50%，相当于中午时分高架桥下光强)；③弱光胁迫2组：$40\mu mol^{-2} \cdot s^{-1}$(为自然光强的20%，相当于林下光强)；④弱光胁迫3组：$20\mu mol^{-2} \cdot s^{-1}$(为自然光强的10%，相当于雨天林下光强)；⑤弱光胁迫4组：$10\mu mol^{-2} \cdot s^{-1}$(为自然光强的5%)；⑥弱光胁迫5组：$2\mu mol^{-2} \cdot s^{-1}$(为自然光强的1%)；⑦弱光胁迫6组：$0\mu mol^{-2} \cdot s^{-1}$(为自然光强的0%)；每组处理3个重复，共27盆。采样时均选择植株上数3～5轮叶片进行各项指标测定，历时50天。

1.3 指标测定方法

叶片相对叶绿素含量：选取相同部位叶片，采用SPAD－502(Japanese)便携式叶绿素测定仪测定。

叶绿素荧光参数：测定使用LI－COR6400装配的荧光叶室，光强利用LI－COR6400可控光源控制，范围为：0～$2000\mu mol^{-2} \cdot s^{-1}$，样品放入暗室暗适应30分钟左右后选取植株叶龄一致(由上往下3～4轮)的叶片进行测定，重复3次，测定最小荧光值(Fo)、最大荧光值(Fm)、可变荧光(F_V)等相关荧光参数；植物光适应以后，选取叶龄一致的叶片进行测定，重复3次，待Fv/Ft在±5以内时测定光下的Fm'、Fv'和表现光合电子传递速率ETR(光化的光强为 $800\mu mol^{-2} \cdot s^{-1}$)。

1.4 数据处理

采用Microsoft Excel软件对所有试验数据进行初步处理，采用SPSS Statisyics21统计软件对各项指标的差异显著性进行分析。图表中数据为“3次重复的平均值±标准差(SE)”。

2 结果与分析

2.1 弱光胁迫对紫背冷水花相对叶绿素含量的影响

叶绿素是叶绿体中吸收光能的主要色素，具有吸收和传递电子的功能，其总的含量与植物净光合作用以及光吸收密切相关[4,5]。叶绿素含量值对于植物光能的捕获有着重要的意义，因而叶绿素的含量，对于植物光合作用有着重要的意义。

不同弱光胁迫对紫背冷水花相对叶绿素含量有显著影响(表1)。弱光胁迫处理10天后，除弱光胁迫1组外，其余各组与对照组相比差异显著($P<0.05$)。弱光胁迫处理20天后，弱光胁迫5组、6组与对照组差异显著($P<0.05$)，弱光胁迫1组、2组、3组、4组与对照组没有显著差异($P>0.05$)。弱光胁迫处理30天后，除弱光胁迫1组外，其余各组与对照组相比差异显著($P<0.05$)，其中弱光5组有1株植物剩下一片叶子、弱光6组植物全部死亡。弱光胁迫处理40

表1 不同光照强度下对紫背冷水花叶绿素含量的影响

Table 1 SPADR of *Pilea purpurella* under different light intensities

弱光胁迫	AT0	AT10	AT20	AT30	AT40	AT50
1组	26.448±2.816ab	25.833±1.301abc	33.833±1.193a	32.433±4.165a	32.3±4.513a	34.1±5.112a
2组	26.315±2.030ab	22.600±2.166bcd	23.767±3.743ab	22.733±1.002bc	24.167±1.557cd	24.833±1.779abc
3组	28.181±0.660ab	23.133±1.007bcd	27.333±1.050a	25.200±0.7810b	26.933±1.365bc	28.467±1.266ab
4组	28.565±1.465ab	22.133±1.484bcd	24.367±3.147ab	22.667±1.553bc	23.500±1.997cd	16.233±14.14c
5组	27.981±0.246ab	19.733±1.704cd	14.867±12.91b	*	0	0
弱光6组	25.481±1.681a	18.667±2.894d	14.267±12.36b	0	0	0
CK	28.431±1.075ab	30.033±3.400a	31.433±2.150a	34.833±4.197a	29.767±0.3215ab	30.067±3.4ab

AT0：胁迫前；AT10：胁迫10天；AT20：胁迫20天；AT30：胁迫30天；AT40：胁迫40天；AT50胁迫60天。a、b、c、d、e代表显著性水平，α=005，下同。*：只剩下一片叶子了，相对叶绿素含量没测。

天后，弱光胁迫2组、4组与对照组差异显著（P<0.05），弱光1组、3组与对照组没有显著差异（P>0.05）。弱光胁迫处理50天后，弱光胁迫4组与对照组相比差异显著（P<0.05），其余各组与对照组相比差异不显著（P>0.05）。

总体来看，弱光胁迫初期，紫背冷水花叶绿素相对含量呈下降趋势，但经过一段时间适应后，相对叶绿素含量又呈上升趋势，且有一定的反复波动，说明紫背冷水花处于弱光胁迫环境下，会根据环境进行自我调节叶绿素含量而适应新的光照强度。过低的弱光胁迫使得相对叶绿素含量急剧下降，生长势也随之下降，直至植物死亡。

2.2 弱光胁迫对紫背冷水花叶绿素荧光参数的影响

叶绿素荧光与光合作用中各个反应过程紧密相关，任何逆境对光合作用各过程产生的影响都可通过体内叶绿素荧光诱导动力学变化反映出来。因此叶绿素荧光参数可作为逆境条件下植物抗逆反应的指标之一[6]。

2.2.1 不同光照强度对紫背冷水花Fv/Fm的影响

Fv/Fm是PSⅡ最大光化学量子量，反映了PSⅡ反应中心内光能转化效率。该参数非常稳定，不受物种和生长条件的影响；但是在胁迫条件下，该参数值明显下降[6,7]。不同光照强度处理对Fv/Fm的影响如表2。

由表2可知，弱光胁迫10天后，除弱光胁迫6组Fv/Fm值与对照组相比差异显著（P<0.05）外，其余各组与对照组相比差异不显著（P>0.05）。弱光胁迫20天后，弱光胁迫5组、6组Fv/Fm值与对照组相比差异显著（P<0.05），其余各组与对照组相比差异不显著（P>0.05）。弱光胁迫30天后，弱光胁迫5组Fv/Fm值与对照组相比差异显著（P<0.05），弱光胁迫6组整组植株死亡，其余各组与对照组相比差异不显著（P>0.05）。弱光胁迫50天时，各处理与对照组相比没有显著性差异（P>0.05）。

因此，对于紫背冷水花而言，只有极度弱光胁迫（低于2$\mu mol^{-2} \cdot s^{-1}$）下，才致使其Fv/Fm值有较大下降，在10~100$\mu mol^{-2} \cdot s^{-1}$的光照强度范围内，Fv/Fm值没有太大影响，与对照（200$\mu mol^{-2} \cdot s^{-1}$）相比没有显著性差异。

2.2.2 不同光照强度对紫背冷水花ETR的影响

ETR表示光合电子传递速率，其值的高低可以反映光合能量的传递速率[8,9]。

弱光胁迫对紫背冷水花ETR的影响如表3所示。弱光胁迫10天、20天、30天、40天、50天时，各组ETR值与对照组相比差异显著（P<0.05），且均呈下降趋势，说明弱光胁迫下，紫背冷水花光合能量的传递速率减弱。

在各弱光胁迫组间，弱光胁迫1组、2组、3组在50天的试验期间都没有显著差异，但它们与弱光4组之间在弱光胁迫40天、50天时均出现了显著性差异。可能紫背冷水花在20~100$\mu mol^{-2} \cdot s^{-1}$的光照强度范围内是一个耐受等级，光照强度低于10$\mu mol^{-2} \cdot s^{-1}$后，又是一个耐受等级。

2.2.3 不同光照强度对紫背冷水花qP的影响

qP为光化学淬灭参数，代表了光合能量用于暗反应固定能量的部分，其值越高表示PSⅡ的电子传递活性越大，光能中转变为活泼化学能的能量越多，植物对光能的利用效率也越高[10,11]。不同弱光胁迫处理对紫背冷水花qP的影响如表4。

由表4可知，弱光胁迫10天后，弱光胁迫1组、2组的qP值与对照组相比差异不显著（P>0.05），弱光胁迫3组、4组、5组、6组与对照组相比差异显著（P<0.05）。弱光胁迫20天后，弱光胁迫1组、2组、3组与对照组相比差异不显著（P>0.05），4组、5组与对照组相比差异显著（P<0.05）。弱光胁迫30天后，所有处理组与对照组相比差异显著（P<0.05）。说明光照强度低于20$\mu mol^{-2} \cdot s^{-1}$以下，紫背冷水花的光化学淬灭参数就受到显著的影响，用于暗反应固定能量显著减少。

表2 弱光胁迫对紫背冷水花Fv/Fm的影响

Table 2 The Fv/Fm of *Pilea purpurella* under different light intensities

弱光胁迫	AT0	AT10	AT20	AT30	AT40	AT50
1组	0.759±0.003a	0.780±0.006a	0.778±0.002a	0.790±0.004a	0.784±0.011a	0.750±0.023a
2组	0.758±0.004a	0.774±0.002a	0.753±0.013a	0.768±0.003a	0.772±0.002ab	0.760±0.003a
3组	0.760±0.002a	0.769±0.006ab	0.747±0.009a	0.767±0.006a	0.759±0.008abc	0.767±0.003a
4组	0.760±0.002a	0.760±0.023abc	0.748±0.133a	0.739±0.007a	0.722±0.032cd	0.748±0.005a
5组	0.757±0.001a	0.743±0.005cde	0.502±0.434b	0.206±0.357b	0	0
6组	0.758±0.002a	0.730±0.019de	0.500±0.433b	0	0	0
CK	0.760±0.001a	0.762±0.020abc	0.769±0.003a	0.767±0.010a	0.734±0.020bcd	0.748±0.018a

表 3 弱光胁迫对紫背冷水花 ETR 的影响

Table3 The ETR of *Pilea purpurella* under different light intensities

弱光胁迫	AT0	AT10	AT20	AT30	AT40	AT50
1 组	29.596 ±2.003ab	18.720 ±5.356abc	17.385 ±4.478ab	18.059 ±6.749b	17.340 ±3.180bc	17.562 ±4.882bc
2 组	28.491 ±1.391ab	18.335 ±6.440abc	9.234 ±2.397bc	14.467 ±1.598b	17.779 ±2.652bc	18.001 ±1.537bc
3 组	27.946 ±0.994ab	11.271 ±1.932bcd	11.530 ±1.796bc	18.471 ±2.482b	18.341 ±0.609b	18.760 ±4.624b
4 组	29.004 ±0.441ab	8.756 ±1.322d	5.658 ±1.155c	11.210 ±1.934bc	10.385 ±1.024d	8.953 ±0.745d
5 组	28.235 ±0.621ab	8.568 ±1.057d	7.813 ±4.583bc	1.862 ±3.225c	0	0
6 组	27.406 ±0.747b	10.053 ±1.754cd	8.073 ±0.420bc	0	0	0
CK	29.749 ±1.228ab	21.874 ±4.068a	22.433 ±2.694a	31.330 ±15.029a	31.791 ±2.693a	29.490 ±7.386a

表 4 弱光胁迫对紫背冷水花 qP 的影响

Table 4 The qP of *Pilea purpurella* under different light intensities

弱光胁迫	AT0	AT10	AT20	AT30	AT40	AT50
1 组	0.196 ±0.012ab	0.096 ±0.039abc	0.096 ±0.021ab	0.102 ±0.034b	0.093 ±0.025bc	0.067 ±0.034bc
2 组	0.189 ±0.007abc	0.107 ±0.039abc	0.094 ±0.014ab	0.080 ±0.007bc	0.099 ±0.011bc	0.090 ±0.009bc
3 组	0.184 ±0.006bc	0.067 ±0.013bc	0.071 ±0.012ab	0.105 ±0.014b	0.099 ±0.006bc	0.096 ±0.025b
4 组	0.192 ±0.003abc	0.058 ±0.009c	0.038 ±0.007b	0.070 ±0.010bc	0.065 ±0.008c	0.052 ±0.004bc
5 组	0.187 ±0.004abc	0.064 ±0.009bc	0.058 ±0.032b	0.021 ±0.036cd	0	0
6 组	0.181 ±0.005bc	0.066 ±0.015bc	0.059 ±0.006b	0	0	0
CK	0.196 ±0.006ab	0.126 ±0.022a	0.132 ±0.022a	0.167 ±0.079a	0.167 ±0.013a	0.148 ±0.038a

3 结论与讨论

紫背冷水花耐阴性较好，在 20 ~ 100μmol $^{-2}$ · s $^{-1}$ 的弱光条件下仍然能够正常生长。在弱光胁迫下，紫背冷水花能自我调节，相对叶绿素含量先降后升，且有一定的反复波动。弱光胁迫对其 Fv/Fm 值没有太大影响，10 ~ 100μmol $^{-2}$ · s $^{-1}$ 的弱光胁迫与对照(200μmol $^{-2}$ · s $^{-1}$)相比没有显著性差异。但 100μmol $^{-2}$ · s $^{-1}$ 的弱光胁迫能显著降低紫背冷水花光合能量的传递速率，20μmol $^{-2}$ · s $^{-1}$ 以下的弱光胁迫显著影响紫背冷水花的光化学淬灭参数。过低的弱光胁迫严重影响紫背冷水花的各种光合生理，2μmol $^{-2}$ · s $^{-1}$ 以下的弱光可导致紫背冷水花死亡。

紫背冷水花在弱光胁迫下一方面对光合电子传递速率(ETR)非常敏感，弱光胁迫越强，光合电子传递速率下降越快；另一方面，在一定的幅度范围内保持相对稳定，在 50 天的试验期间，20 ~ 100μmol $^{-2}$ · s $^{-1}$ 的光照强度范围内，光合电子传递速率没有显著差异，但它们与 10μmol $^{-2}$ · s $^{-1}$ 光照以下的出现了显著性差异。可能紫背冷水花在 20 ~ 100μmol $^{-2}$ · s $^{-1}$ 的光照强度范围内是一个耐受等级，光照强度低于 10μmol $^{-2}$ · s $^{-1}$ 后，又是一个耐受等级。光合电子传递速率(ETR)可以作为植物耐阴性的一个指标予以考虑。

参考文献

1. 中国科学院植物志编委会．中国植物志[M]．北京：科学出版社，1984，23(2)：88.
2. 于淑玲．冷水花的盆栽要点[J]．特种经济动植物，2010，07：30.
3. 陈家瑞．中国荨麻科冷水花属的研究[J]．植物研究，1982，03：28，58.
4. Krishna S. Nemali and M. W. Van Iersel. Acclimation of Wax Begonia to light intensity：Changes in photosynthesis，respiration and chlorophyll concentration[J]. Amer. Soc. Hort. Sci. 2004，129(5)：745 – 751.
5. Boardman N K. Comparative photosynthesis of sun and shade plants[J]. AnnRew Plant Physiol. 1977，28：355 – 377.
6. 杨柳青，张柳，廖飞勇，等．低温胁迫对南美天胡荽光合作用和叶绿素荧光的影响[J]．经济林研究，2014，32(4)：99 – 102.
7. 黄花宏，陈奋学，童再康，等．矮生杉木光和特性及叶绿素荧光参数研究[J]．北京林业大学学报，2009，31(2)：69 – 73.
8. 朱小青，杨柳青，等．不同光照强度对费菜形态和生理特性的影响[J]．中南林业科技大学学报：自然科学版，2015，35(6)：98 – 102.
9. 王菊凤，李鹄鸣，廖飞勇，等．弱光生态型盾叶薯蓣对不同光照的长期适应——光合速率、光呼吸和电子传递速率的变化[J]．中南林学院学报，2006，26(2)：27 – 33.
10. 廖飞勇．含氧 2% 空气短时抑制光呼吸对榉树光系统性状的影响[J]．西南林学院学报，2007，27(4)：1 – 3.
11. 张彩虹，刘惠英，于秀针．硒对低温胁迫下番茄幼苗叶片光合特性与叶绿素荧光参数的影响[J]．中国农学通报，2010，26(5)：152 – 157.

高温胁迫下两个山月桂(*Kalmia latifolia*)品种的生理响应*

胡海峰　邢 文[①]
（中南林业科技大学风景园林学院，长沙 410004）

摘要　以2个山月桂品种薄荷糖（'Peppermint'）和牛眼（'Bullseye'）的组培苗为材料，置于25℃、30℃、35℃、40℃、45℃和50℃6个温度下，处理2个小时后，测定植株的相对电导率、游离脯氨酸、可溶性蛋白和叶绿素含量以及超氧化物歧化酶(SOD)活性，并配以Logistic方程拟合求出半致死温度，得出如下主要结论：山月桂'Peppermint'的半致死温度为42.6℃，山月桂'Bullseye'的半致死温度为44.9℃。随着人工胁迫温度的升高，山月桂'Peppermint'和'Bullseye'的相对电导率逐渐增高，SOD活性逐渐降低，游离脯氨酸、可溶性蛋白、叶绿素A含量和叶绿素B含量会随着温度的升高先增加后减少。两个品种的生理生化指标的数值上存在显著差异，采用隶属函数法对山月桂'Peppermint''Bullseye'的耐热性作综合评价，山月桂'Bullseye'耐热性强于山月桂'Peppermint'。

关键词　山月桂；生理响应；'Peppermint'；'Bullseye'；高温胁迫

Physiological Response of *Kalmia latifolia* under High Temperature

HU Hai-feng　XING Wen
(*College of Landscape Architecture*, *Central South University of Forestry and Technology*, *Changsha* 410004)

Abstract　Using the aseptic seedling of *Kalmia latifolia* 'Peppermint' and 'Bullseye' as experimental materials, the heat tolerance of *K. latifolia* and some relative physiological indices were determined and analyzed under the stress conditions of 25℃, 30℃, 35℃, 40℃, 45℃ and 50℃. The relative conductivity, Chlorophyll, soluble protein content and free proline content of each plant were measured. Caculated the lethal temperature by Logistic equation, and evaluated the cold－hardiness by the subordinate function. The result showed that the LT_{50} for 'Bullseye' and 'Peppermint' were 42.6℃ and 44.9℃. With temperature increasing, the relative electric conductivity of *K. latifolia* 'Peppermint' and 'Bullseye' increased and SOD activities were gradually dropped, but Pro, soluble protein content and SOD were increased firstly than decreased. There were significant gender differences in physiological－biochemical indexes of 'Peppermint' and 'Bullseye' plants ($P < 0.05$). Results of the subordinative function analysis showed that 'Bullseye' had much stronger hot－resistance than that of 'Peppermint'.

Key words　*Kalmia latifolia*; Physiological response; 'Peppermint'; 'Bullseye'; Heat stress

山月桂(*Kalmia latifolia*)是杜鹃花科山月桂属的常绿灌木，树形美观、花色鲜艳多变，观赏价值极高，被植物界公认为"最完美"的观赏灌木，在美国和欧洲观赏植物市场上占有重要地位。山月桂属是美国的特有属，产于北美洲东部的大多数山区，抗寒性较好，但抗热性相对较差。薄荷糖（'Pepperment'）山月桂由理查德在1984年通过杂交选育获得，花和叶均有较好的观赏价值，其花冠内部的栗红色条带，10根条带像从白色花冠底部放射出。花芽为粉色（图1a），新生的叶为淡红棕色（李何，2013）。牛眼（'Bullseye'）山月桂由奈特霍洛苗圃在1983年推广，具有观赏效果好、生长速度快的特点。其花冠内部有一圈紫肉桂色的环带，中心和边缘则为白色，在光下生长的植株的新生莲和叶柄为紫红色（李何，2013）。目前关于山月桂抗性的研究报道较少，国内外一些研究者对山月桂的抗旱性、抗病性和抗寒性进行了研究

* 项目基金及编号：湖南省"十二五"重点学科(风景园林学)(湘教发[2011]76号)。
作者简介：胡海峰(1995—)，男，湖南长沙，在读本科生，研究方向为园林，(Email)327423492@qq.com。
① 通讯作者。邢文(1985—)，女，湖北武汉，讲师，主要从事园林植物优良新品种选育研究工作，(Tel)18229737095，(E－mail)215519980@qq.com。

(Hasegawa et al., 2004, 2005; Meguro et al., 2005; 李何, 2013),目前还没有抗热性研究的报道。本文选择观赏价值较好的'薄荷糖'山月桂和'牛眼'山月桂进行抗寒胁迫生理相关研究,旨在为山月桂优良品种推广应用以及寻找提高山月桂抗热性提供重要的理论依据和参考价值。

图1 山月桂品种

Fig. 1 *Kalmia latifolia* cultivars

a. 薄荷糖'Peppermint' b 牛眼'Bullseye'

1 材料与方法

1.1 试验材料和处理方法

实验材料为山月桂'Peppermint''Bullseye'两个品种的组培苗。组培苗继代培养基为 WPM + 2-ip 1.0 mg/L + NAA 0.05mg/L,选取培养 60d 生长基本一致的组培苗进行处理。将组培苗放入不同温度的光照培养箱中进行高温处理。实验设定温度为 6 个温度梯度,分别为 25℃、30℃、35℃、40℃、45℃、50℃,处理时间为 2 个小时,然后取出,从样品上剪下 0.2g 样品进行实验,测定其生理生化指标。每次实验设 3 个重复,实验重复 3 次。

1.2 实验方法

采用电导率仪法测定相对电导率(Rec),拟合 Logistic 方程确定各植株的 LT_{50}。叶绿素采用分光光度计法测定,叶绿素 a、叶绿素 b 和类胡萝卜素在 665nm、649nm 和 470nm 下测定吸光度(孔祥生, 2008)。可溶性蛋白、游离脯氨酸(Pro)的含量和超氧化物歧化酶(SOD)活性参考刘祖祺和张石诚(1994)、熊庆娥(2003)分别采用考马斯亮蓝 G2205 染色法、酸性茚三酮法显色法和氮蓝四唑法测定。

1.3 抗寒性综合评价

采用隶属函数值法(周广生 等, 2001)综合评价两个山月桂品种的抗热性,计算方法如下:

如果指标与抗热性成正相关:U(Xi) = (X - Xmin)/(Xmax - Xmin)

如果指标与抗热性成负相关:U(Xi) = 1 - (X - Xmin)/(Xmax - Xmin)

其中,U(Xi):为某一温度处理下对应指标的隶属度;X:各指标的平均值;Xmax:供试品种对应指标的最大值;Xmin:供试品种对应指标的最小值。将每个品种在不同温度胁迫下各指标的抗热性隶属函数值累加起来,求其平均值,均值越大抗热性越强。

1.4 数据处理

用 Excel 2007 进行统计及图表绘制,用 SAS 进行方差显著性分析,多重比较采用 Duncan 法。

2 结果分析

2.1 人工高温胁迫对两个山月桂品种相对电导率的影响

测定期间高温胁迫对山月桂组培苗相对电导率的影响见图 2,Logistic 方程参数值和 LT_{50} 见表 1。

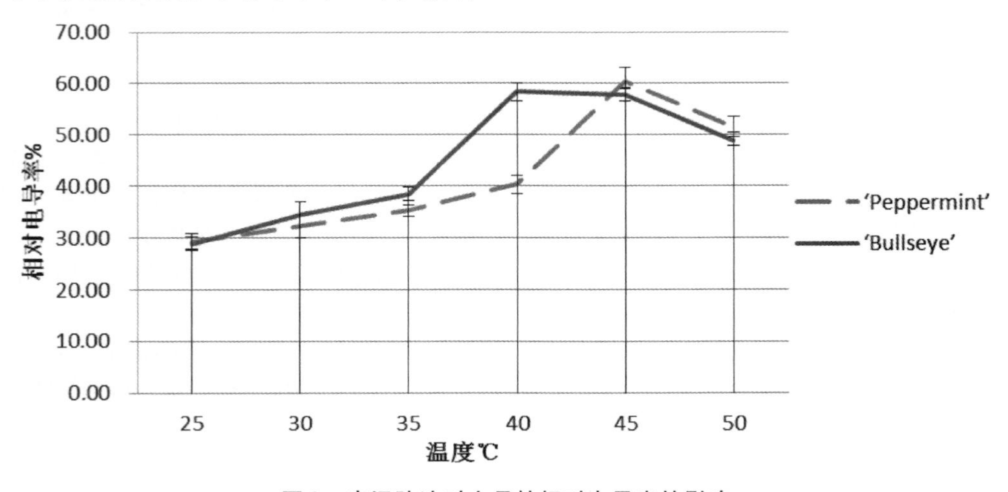

图2 高温胁迫对山月桂相对电导率的影响

Fig. 2 The effects on Rec under different hightemperature treatments

表 1　两个山月桂品种相对电导率的 Logistic 方程参数值及半致死温度

Table 1　The parameters of LT_{50} dynamics of *Kalmia latifolia* ‘Peppermint’ and ‘Bullseye’

品种	Logistic 方程	半致死温度(℃)	拟合度
‘Peppermint’	y = 100/(1 + 8.587e − 0.047x)	42.6	0.892
‘Bullseye’	y = 100/(1 + 6.883e − 0.045x)	44.9	0.822

如图 3 所示，经过一系列低温处理后，两个山月桂品种的相对电导率随温度降低呈类似“S”型增长曲线。随着人工高温胁迫的加强，山月桂组培苗的相对电导率不断增大。当温度达到 40℃时，两个品种的相对电导率均超过 40%，其中‘Bullseye’的要高于‘Peppermint’；当温度达到 45℃时，相对电导率均达到最大值，此时‘Peppermint’要略低于‘Bullseye’；而到达 50℃时，又略有下降。

山月桂‘Peppermint’、‘Bullseye’品种的相对电导率拟合的 Logistic 方程，如表 2 所示拟合度在 0.7～0.9 之间，均达到极显著水平。山月桂‘Peppermint’的半致死温度为 42.6℃，略低于山月桂‘Bullseye’的半致死温度 44.9℃。

2.2　人工高温胁迫对两个山月桂品种叶绿素含量的影响

高温胁迫下两个山月桂品种叶绿素含量进行方差分析结果如表2 所示，不同温度处理对山月桂组培苗叶绿素 A、叶绿素 B 和类胡萝卜素含量的影响均达到了极显著水平($P<0.05$)；不同品种间，高温胁迫下，叶绿素 A、叶绿素 B 和类胡萝卜素含量差异也显著($P<0.05$)；品种和温度之间的效应也达到了极显著水平。

如图 3a 所示，在人工高温胁迫下，山月桂‘Peppermint’组培苗内的叶绿素 A 含量随着温度的上升先上升后下降，呈现 S 型趋势。山月桂‘Bullseye’组培苗内的叶绿素 A 含量随着温度的升高先降低再升高然后继续降低后又再度升高，呈现波浪形。比较‘Peppermint’与‘Bullseye’，‘Bullseye’的叶绿素 A 含量在 25℃、40℃、50℃时要明显高于‘Peppermint’。品种‘Peppermint’在 40℃与45℃，叶绿素 A 含量没有显著差异。品种‘Peppermint’在 35℃与品种‘Bullseye’在 35℃，叶绿素 A 含量没有显著差异。品种‘Peppermint’在 45℃与品种‘Bullseye’在 35℃时，叶绿素 A 含量没有显著差异。品种‘Peppermint’在 30℃与 50℃时，叶绿素 A 含量没有显著差异。品种‘Peppermint’在 25℃与品种‘Bullseye’在 30℃、45℃时，叶绿素 A 含量没有显著差异。

表 2　高温胁迫下两个山月桂品种叶绿素含量方差分析

Table 2　Variance analysis of Chlorophyll content of *Kalmia latifolia* ‘Peppermint’ and ‘Bullseye’ under high temperature

叶绿素	因素 Source	自由度 DF	F 值 F Value	差异显著性 Pr > F
叶绿素 A	品种	1	336.52	<0.0001
	温度	5	235.86	<0.0001
	温度 * 品种	5	357.17	<0.0001
叶绿素 B	品种	1	135.47	<0.0001
	温度	5	84.17	<0.0001
	温度 * 品种	5	90.47	<0.0001
类胡萝卜素	品种	1	5.64	0.0351
	温度	5	14.13	<0.0001
	温度 * 品种	5	20.21	<0.0001

高温胁迫下两个品种叶绿素 B 含量的变化如图 3b 所示：在人工高温胁迫下，‘Peppermint’组培苗内的叶绿素 B 随着温度的上升先上升后下降，呈现 S 型趋势。‘Bullseye’组培苗内的叶绿素 B 含量随着温度的升高先降低再升高然后继续降低后又再度升高，呈波浪形。‘Bullseye’的叶绿素 B 含量在 25℃、40℃、50℃时要明显高于‘Peppermint’。‘Peppermint’在 40℃与‘Bullseye’在 50℃时叶绿素 B 含量没有显著差异。‘Peppermint’在 25℃、35℃与‘Bullseye’在 35℃时叶绿素 B 含量没有显著差异。‘Peppermint’在 35℃、45℃与‘Bullseye’在 35℃时叶绿素 B 含量没有显著差异。‘Peppermint’在 40℃、45℃与‘Bullseye’在 35℃时叶绿素 B 含量没有显著差异。‘Peppermint’在 30℃与 50℃时叶绿素 B 含量没有显著差异。‘Peppermint’在 25℃与‘Bullseye’在 30℃、45℃时叶绿素 B 含量没有显著差异。

高温胁迫下两个品种类胡萝卜素含量的变化如图 3c 所示：在人工高温胁迫下，山月桂‘Peppermint’组培苗内的类胡萝卜素含量随着温度的上升先下降，再上升，然后继续下降，最后又上升再下降，呈现波浪状。山月桂‘Bullseye’组培苗内的类胡萝卜素含量随着温度的升高先上升再下降再上升，呈现 S 型。比较‘Peppermint’与‘Bullseye’，‘Bullseye’的类胡萝卜素含量在 35℃、45℃、50℃时要明显低于‘Peppermint’。品种‘Bullseye’在45℃与50℃时，类胡萝卜素含量没有显著差异。‘Peppermint’在 35℃、50℃与品种‘Bullseye’在 35℃时含，类胡萝卜素含量没有显著差异。‘Peppermint’在 40℃与品种‘Bullseye’在 25℃、35℃、40℃、45℃、50℃时，类胡萝卜素含量没有显著差异。‘Peppermint’在 25℃、30℃、40℃与品种‘Bullseye’在 25℃、35℃、45℃、50℃时，类胡萝卜

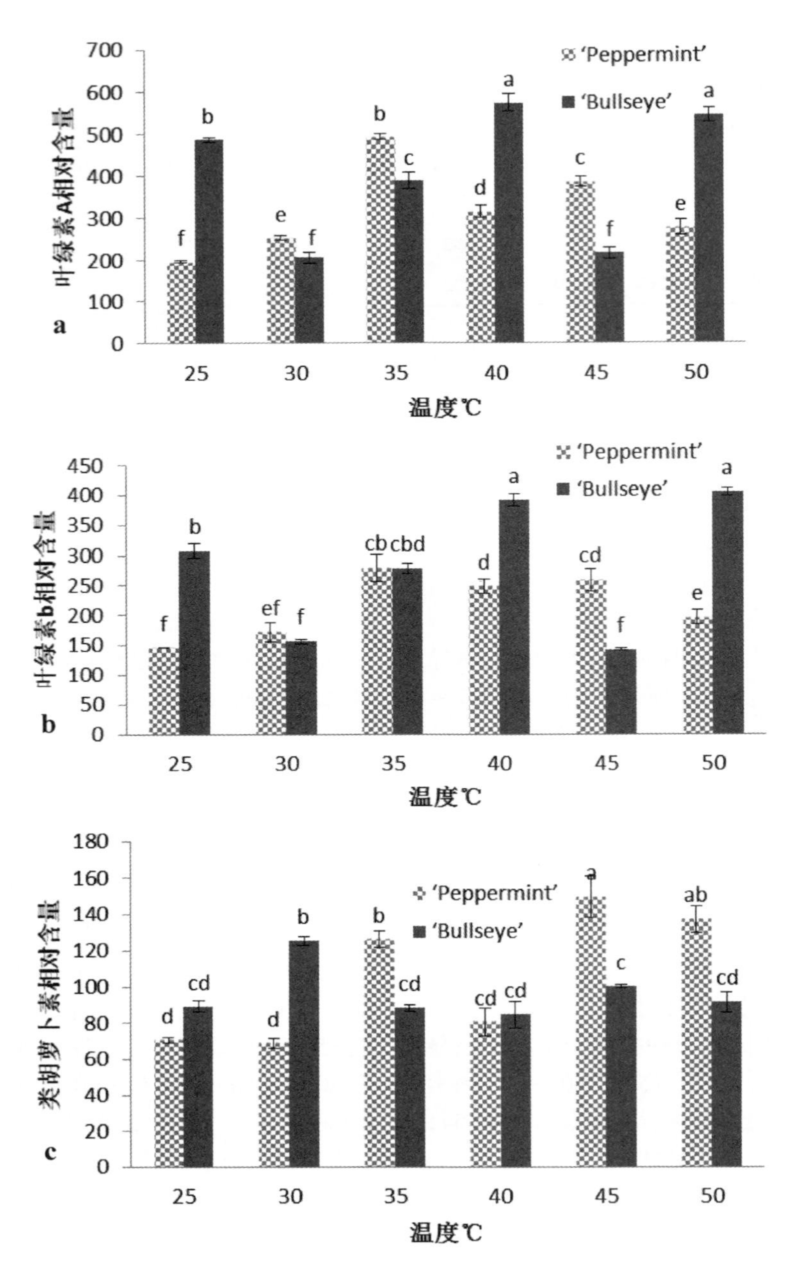

图 3 高温胁迫对两个山月桂品种叶绿素含量的影响

Fig. 3 Effects of high temperature on Chlorophyll content of *Kalmia latifolia* ‘Peppermint’ and ‘Bullseye’

素含量没有显著差异。

2.3 人工高温胁迫对两个山月桂品种游离脯氨酸含量的影响

在高温胁迫下两个山月桂品种游离脯氨酸含量方差分析(表3)结果表明:不同品种,不同温度处理对山月桂组培苗游离脯氨酸含量的影响达到了极显著水平($Pr < 0.05$),品种和温度之间的效应也达到了极显著水平。

如图4所示,在人工高温胁迫下,‘Peppermint’、‘Bullseye’组培苗的游离脯氨酸含量随着温度的升高而升高。‘Bullseye’的游离脯氨酸含量在所有温度都要高于‘Bullseye’。‘Bullseye’在35℃、40℃、50℃时,游离脯氨酸含量没有显著差异。‘Bullseye’在30℃、35℃、50℃时游离脯氨酸含量没有显著差异。‘Peppermint’在35℃、40℃、45℃、50℃与‘Bullseye’在25℃时游离脯氨酸含量没有显著差异。‘Peppermint’在30℃、35℃、40℃、50℃与‘Bullseye’在25℃时游离脯氨酸含量没有显著差异。

表 3 高温胁迫下两个山月桂品种游离脯氨酸含量方差分析

Table 3 Variance analysis of Proline content of *Kalmia latifolia* 'Peppermint' and 'Bullseye' under high temperature

因素 Source	自由度 DF	F 值 F Value	差异显著性 Pr > F
品种	1	239.66	<0.0001
温度	5	26.73	<0.0001
温度 * 品种	5	3.28	0.0426

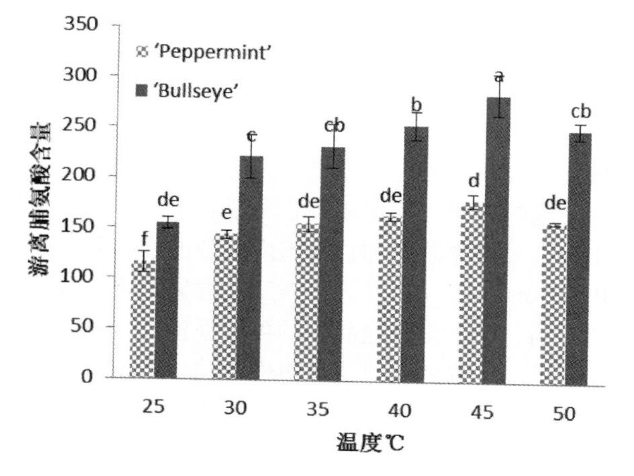

图 4 高温胁迫对两个山月桂品种游离脯氨酸含量的影响

Fig. 4 Effects of high temperature on Proline contentof *Kalmia latifolia* 'Peppermint' and 'Bullseye'

表 4 高温胁迫下两个山月桂品种可溶性蛋白含量方差分析

Table 4 Variance analysis of soluble protein contents of *Kalmia latifolia* 'Peppermint' and 'Bullseye' under high temperature

因素 Source	自由度 DF	F 值 F Value	差异显著性 Pr > F
品种	1	6.21	0.0283
温度	5	373.92	<0.0001
温度 * 品种	5	15.32	<0.0001

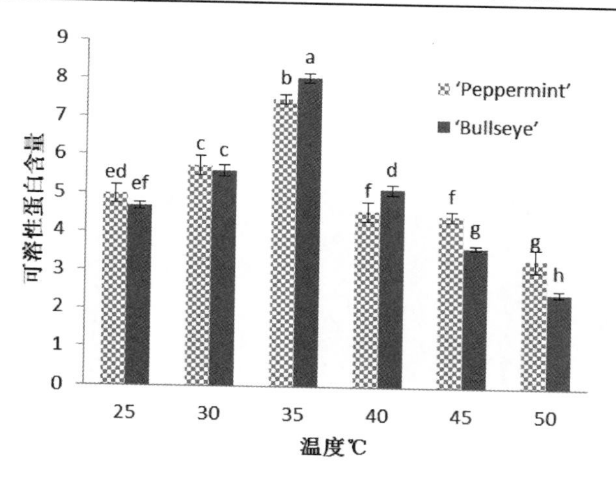

图 5 高温胁迫对两个山月桂品种可溶性蛋白含量的影响

Fig. 5 Effects of high temperature on soluble protein contentsof *Kalmia latifolia* 'Peppermint' and 'Bullseye'

2.4 人工高温胁迫对山月桂组培苗可溶性蛋白含量的影响

对山月桂组培苗在高温胁迫下的叶可溶性蛋白含量进行方差分析(表4)结果表明：不同品种，不同温度处理对山月桂组培苗可溶性蛋白含量的影响达到了极显著水平(Pr<0.05)，品种和温度之间的效应也达到了极显著水平。

如图5所示，在人工高温胁迫下，山月桂'Peppermint'、'Bullseye'内的可溶性蛋白含量随着温度的上升先上升后下降，整体与人工胁迫温度呈极显著负相关。比较'Peppermint'与'Bullseye'，'Bullseye'的可溶性蛋白含量在35℃、40℃时要高于'Peppermint'。品种'Peppermint'在30℃与品种'Bullseye'在30℃时，可溶性蛋白含量没有显著差异。品种'Peppermint'在25℃与品种'Bullseye'在25℃时，可溶性蛋白含量没有显著差异。品种'Peppermint'在40℃、45℃与品种'Bullseye'在25℃时，可溶性蛋白含量没有显著差异。品种'Peppermint'在50℃与品种'Bullseye'在45℃时，可溶性蛋白含量没有显著差异。

2.5 人工高温胁迫对山月桂组培苗 SOD 活性的影响

对山月桂组培苗在高温胁迫下的 SOD 含量进行方差分析(表5)，结果表明：不同品种的山月桂 SOD 含量差异性没有达到极显著水平(Pr>0.05)。不同温度处理对山月桂组培苗 SOD 含量的影响达到了极显著水平(Pr<0.05)，品种和温度之间的效应也达到了极显著水平。

如图6所示，在人工高温胁迫下，山月桂'Peppermint'组培苗内的 SOD 含量随着温度的上升持续下降，呈线性关系。山月桂'Bullseye'组培苗内的 SOD 含量随着温度的升高持续下降，呈线性关系。比较'Peppermint'与'Bullseye'，'Bullseye'的 SOD 含量在25℃、30℃、40℃、45℃、50℃时要高于'Peppermint'。

品种'Peppermint'在25℃与品种'Bullseye'在30℃时，SOD 含量没有显著差异。品种'Peppermint'在30℃、35℃与品种'Bullseye'在30℃时，SOD 含量没有显著差异。品种'Peppermint'在30℃、35℃与品种'Bullseye'在35℃时，SOD 含量没有显著差异。品种'Peppermint'在35℃与品种'Bullseye'在35℃、40℃时，SOD 含量没有显著差异。品种'Peppermint'在40℃与品种'Bullseye'在35℃、40℃时，SOD 含量没有显著差异。品种'Peppermint'在40℃、45℃与品种'Bullseye'在45℃时，SOD含量没有显著差异。品种'Bullseye'在45℃与50℃时，SOD含量没有显著差异。

表5 高温胁迫下山月桂组培苗SOD含量方差分析

Table 5 Variance analysis of the SOD content of *Kalmia latifolia* 'Peppermint' and 'Bullseye' under high temperature treatments

因素 Source	自由度 DF	F值 F Value	差异显著性 Pr > F
品种	1	0.05	0.8208
温度	5	77.09	<0.0001
温度 * 品种	5	4.87	0.0115

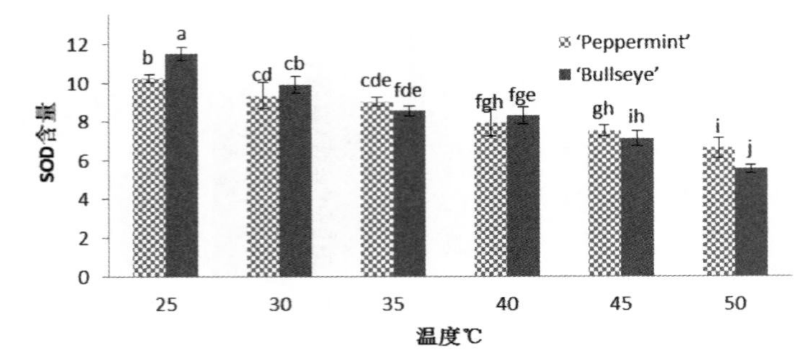

图6 高温胁迫对山月桂组培苗SOD含量的影响

Fig. 6 Effects of high temperature on the content of SOD of *Kalmia latifolia* 'Peppermint' and 'Bullseye'

2.6 应用模糊隶属函数对山月桂组培苗耐热能力进行评价

植物的抗热机制十分复杂，仅用一种指标很难准确反映植物的耐热性，因此在评价植物耐热性时应该根据植物的生长、生理变化等多个指标进行综合评价。本研究采用隶属函数法综合评价山月桂组培苗耐热性，主要采用模糊数学的隶属函数进行转换，将每个品种各个阶段指标的耐热性隶属函数值累加起来，求其平均值，隶属函数均值越大，该树种的耐热性就越强。山月桂组培苗的抗热能力综合评价结果见表6。

由表6可知，山月桂'Peppermint'，山月桂'Bullseye'的平均隶属度值在0.51～0.55之间。山月桂'Peppermint'与'Bullseye'之间的隶属函数值差异显著，山月桂'Bullseye'>山月桂'Peppermint'。

3 讨论

在植物耐热性研究中，有许多试验的研究结果表明，半致死温度(LT_{50})在评价植物的耐热性能力强弱方面，是一种比较简单、准确、灵敏的方法和指标(石永红 等，2010；赵亚洲 等，2006)。在本试验中，在人工高温胁迫下，随着温度升高，相对电导率越大，在高温胁迫初期，植物相对电导率的变化相对缓慢，说明植物对高温有一定的适应性，但当高温加剧时，植物相对电导率开始大幅度增加，说明细胞膜结构已经遭到破坏，后又有缓慢的上升，整个相对电导率变化接近"S"曲线，在曲线的拐点处可以找到植株的半致死温度。这与杜鹃花的抗热性研究结果相一致(郑宇 等，2012)。

高温胁迫下，蛋白质的合成和降解速率与植物的抗热性有关。由于可溶性蛋白具有较强的亲水性，与植物细胞的保水力密切相关，高温胁迫下，植物可溶性蛋白含量可显著增加，对胞内水分的保持具有重要作用(Chaitanya，2001)。在人工高温胁迫下，随着温度的升高，两个山月桂品种的可溶性蛋白含量均表现为先上升后下降的趋势，可溶性蛋白含量的升高可能是逆境下新蛋白质合成的结果，说明山月桂能够忍受一定程度的高温胁迫，而超过该温度后可溶性蛋白减少，会导致植株的死亡。其中山月桂'Bullseye'的可溶性蛋白含量随人工高温胁迫变化幅度较小；山月桂'Peppermint'的可溶性蛋白含量变化幅度较大。这一研究结果与夏钦等(2010)对澳大利亚扇子花和杨炜茹等(2010)对岷江百合幼苗的研究结果类似。

脯氨酸不仅可以调节细胞质渗透压，降低植物细胞的酸度，稳定细胞的大分子结构，还在调节细胞氧化还原势上起作用。脯氨酸含量的变化可以影响到细胞的膜脂过氧化作用，还在一定程度上可以影响植物细胞中水分含量和氧自由基的清除(Qin et al.，2006)。然而，目前对游离脯氨酸含量与植物抗热性的关系也存在有争议，郑宇等(2012)在对不同西洋杜鹃花品种抗热性研究中发现，在38℃和43℃两种温度胁迫间，几个品种的脯氨酸的累积亦无显著差异，认为游离脯氨酸并不适合应用于西洋杜鹃的耐热品种筛选。而本研究在人工高温胁迫过程中，两个山月桂品种游离脯氨酸含量受到温度的显著影响，表现出随着温度的降低基本呈逐渐升高最后下降的趋势，表明游离脯氨酸与山月桂的抗热性存在一定关系。

表6 山月桂的抗热性综合评价结果

Table 6 The membership function of *Kalmia latifolia* 'Peppermint' and 'Bullseye' under high temperature

品种	SOD指标	游离脯氨酸	相对电导率	可溶性蛋白	叶绿素A	叶绿素B	平均	排名
'Peppermint'	0.49	0.58	0.39	0.57	0.41	0.51	0.49	2
'Bullseye'	0.51	0.61	0.52	0.56	0.53	0.52	0.54	1

SOD 是植物活性氧代谢中一种极为重要的酶。植物体内的氧自由基能够被 SOD 等保护酶系统有效清除。高温环境中，由于 SOD 活性的下降，氧自由基将导致膜脂过氧化作用加剧，从而使膜系统损伤加剧(阎成仕，1999)。在人工升温过程中，两个山月桂品种 SOD 酶活性均随温度升高，呈现下降的趋势。其中山月桂‘Bullseye’比山月桂‘Peppermint’的变化幅度更小，可能是由于山月桂‘Bullseye’比山月桂‘Peppermint’抗热性更强，抗热性强的植株酶活性更高，下降的速度更慢。

光合作用是植物最重要的生理过程，其受温度影响最大，而叶绿素又是光合作用不可缺少的物质。目前一些研究发现高温胁迫下叶绿素含量的变化可以表征植物的耐热能力(汪炳良 等，2004)。在人工高温胁迫过程中，山月桂‘Peppermint’、‘Bullseye’组培苗的叶绿素 A、叶绿素 B、类胡萝卜素含量先增加后减少，呈 S 形，也表明叶绿素含量在山月桂响应高温胁迫的过程中起到了一定的作用。

植物在受高温胁迫时，其生理生态变化表现错综复杂，受多种因素共同作用的影响。单一指标很难准确清晰地描述植物的抗热性，因此对上述各测定指标应用模糊隶属函数值综合评价山月桂‘Peppermint’、‘Bullseye’抗热性差异，可以避免片面的结果，能够较准确全面地体现植物抗热性。综合判断结果表明，山月桂‘Peppermint’、‘Bullseye’的抗热能力强弱顺序为：山月桂‘Bullseye’ > 山月桂‘Peppermint’。‘Bullseye’的组培苗的半致死温度在 44℃，表明其具有一定的抗热性，这一点在美国的应用中得以证实，目前‘Bullseye’在美国南部的一些苗圃有销售，能适应美国南部夏季较炎热的环境(李何，2014)。

对山月桂‘Peppermint’、‘Bullseye’品种进行了人工高温胁迫处理下的抗热性指标测定，确定山月桂耐热性的特点和‘Peppermint’、‘Bullseye’耐热性的差异，为山月桂的园林应用提供依据。在本实验的研究基础上还可进一步测定在高温胁迫下山月桂可溶性糖含量、POD 含量、叶片内 Ca^{2+} 水平和细胞超微结构等生理指标变化，并可从形态特征、分子水平、遗传基因等方面进行全面的研究和探讨。

本实验确定了山月桂的耐热性特点和‘Peppermint’‘Bullseye’耐热性差异，目前研究结果表明，山月桂‘Bullseye’耐热性强于山月桂‘Peppermint’。在以后的研究工作中，可对如何提高山月桂的耐热能力进行进一步探讨，为其在园林中更好地推广应用提供更完整的科学依据。

参考文献

1. 孔祥生，易现峰. 植物生理学实验技术[M]. 北京：中国农业出版社，2008：30 - 239.
2. 李何. 山月桂应用现状及扦插繁殖技术[D]. 长沙：中南林业科技大学博士论文. 2014.
3. 石永红，万里强，刘建宁，等. 多年生黑麦草高温半致死温度与耐热性研究[J]. 草业科学，2010，27(2)：104 - 108.
4. 汪炳良，徐敏，史庆华，等. 高温胁迫对早熟花椰菜叶片抗氧化系统和叶绿素及其荧光参数的影响[J]. 中国农业科学，2004，37(8)：1245 - 1250.
5. 夏钦，何丙辉，刘玉民，等. 高温胁迫对粉带扦插苗形态和生理特征的影响[J]. 生态学报，2010，30(19)：5217 - 5224.
6. 杨炜茹，张启翔，孙明，等. 高温胁迫对岷江百合幼苗耐热指数和理化特性的影响[J]. 华南农业大学学报，2010，31(1)：51 - 54.
7. 阎成仕，李德全，张建华. 植物叶片衰老与氧化胁迫[J]. 植物学通报，1999，16(4)：398 - 404.
8. 赵亚洲，卓丽环，张琰. 2 种红枫的高温半致死温度与耐热性[J]. 上海农业学报，2006，22(2)：51 - 53.
9. 周广生，周竹青，朱旭彤. 用隶属函数法评价小麦的耐湿性[J]. 麦类作物学报，2001，21(4)：34 - 37.
10. Chaitanya KV, Sundar D, Reddy AR. Mulberry leaf metabolism under high temperature stress [J]. Biologia Plantarum, 2001, 44(3): 379 - 384.
11. HasegawaS, MeguroA, ToyodaK. Drought tolerance of tissue-culturedseedlings of mountain laurel induced by an endophytic actinomycete. 11. Acceleration of callose accumulation and lignification[J]. Actinomycetologica, 2005, 19: 13 - 17.
12. HasegawaS, MeguroA, ToyodaK. Drought tolerance of tissue-culturedseedlings of mountain laurel induced by an endophytic actinomycete. LEnhancement of osmotic pressure in leaf cells[J]. Actinomycetologica, 2004, 18: 43 - 47.
13. MeguroA, HasegawabS, ShimizuM. Induction of disease resistance intissue-cultured seedlings of mountain laurel after treatment with strepomycespadanus AKO-30 [J]. Actinomycetologica, 2004, 18: 48 - 53.
14. Qin GQ, Yan CL, Wei L L. Effect of cadmium stress on the contents of tannin, soluble sugar and proline in Kandelia-candel (L) druce seedlings [J]. ActaEcologicaSinica, 2006, 26(10): 3366 - 337.

烟台翠雀开花特性研究

李 媛　刘庆华[1]　王奎玲　李 伟
（青岛农业大学园林与林学院，山东青岛 266109）

摘要　对从威海引种的烟台翠雀（*Delphinium chefoense*）的开花习性进行了观察。结果表明，烟台翠雀初花期为5月上旬，盛花期为5月中旬至下旬，末花期集中在6月上旬，整个观赏期持续1个月左右；烟台翠雀的花序为总状花序，开花顺序为自下而上，下有2～3分枝，共有12～17朵花，花序花期为17～19d，单花花期为10～12d；同时，对烟台翠雀的花器官构造和发育过程进行了观察，旨在为今后烟台翠雀在园林上的应用提供依据。

关键词　烟台翠雀；开花物候；开花动态

Observation on Flowering Habit of *Delphinium chefoense*

LI Yuan　LIU Qing-hua　WANG Kui-ling　LI Wei
（*College of Landscape Architecture and Forestry*，*Qingdao Agricultural University*，*Qingdao* 266109）

Abstract　*Delphinium chefoense* in Weihai was introduced and blossom character was observed. The results showed that：the squaring period and full－bloom stages were distributed separately in the first ten days of May and the last twenty days of May. The late flowering period was concentrated in early June，and the whole viewing period lasts about one months. The inflorescence of *D. chefoense* had a raceme containing 12～17 flowers. The order of flowering was from the bottom to the top，and the lower part has 2 to 3 branches. The blossoming period of single flower and inflorescence were 10～12d and 17～19d，respectively. Meanwhile，this paper also described of the floral organ structural characteristics and development based on close observation，with the intention to provide reference for the future applications of *D. chefoense* as landscape plants.

Key words　*Delphinium chefoense*；Flowering phenology；Flowering dynamics

烟台翠雀（*Delphinium chefoense*）为毛茛科（Ranunculaceae）翠雀属（*Delphinium*）植物（王战和方振富，1984），一般分布在海拔50～600m的山地林下、山坡草丛、林缘或路旁，花色为蓝紫色，花形奇特，盛开时似群燕飞舞，极富美感，具有较高的观赏价值（吴茜，2012）。烟台翠雀作为山东省特有野生植物，可很好地适应当地的环境条件，且较耐干旱，具有极大的园林应用潜力（臧德奎和樊金会，1994）。目前，对翠雀属植物的研究主要集中在生物碱和生药学研究，在引种栽培和园林应用方面缺乏研究，对其开花特性和花器官构造的报道较少（张鲜艳 等，2012；尹相博等，2013；李学芳 等，2015）。

本研究通过对烟台翠雀花期、开花特性和花器官构造进行探讨，为烟台翠雀在园林植物造景及种植设计中的应用提供参考。

1　材料与方法

1.1　试验区概况

实验地位于山东省即墨市，东经120°07′～121°23′，北纬36°18′～36°37′。即墨地处黄海之滨，山东半岛西南部，地势由东南向西北倾斜，年平均气温12.90℃，极端最高气温38.60℃，极端最低气温为－17.30℃，年平均降水量693.4mm，为温带季风气候，四季分明，由于受海洋环境的直接调节，又具有海洋性气候的特点（付业理和宋丙欣，2015）。

1.2　试验材料

选择威海野生烟台翠雀引种至即墨普东试验基地进行栽培，并对其分别编号。

[1]　通讯作者。Author for correspondence：刘庆华，男，青岛农业大学教授，E－mail：lqh6205@163.com。

1.3 试验方法

于2016年5～6月期间对烟台翠雀进行观测。烟台翠雀花芽萌动后开始观测，每隔2天1次，花序现蕾后改为每天1次观察。

1.3.1 花期物候观测

随机选取10株样本，按照Dafni的标准（Dafni D.，1992），5%的植株开花时视为初花期，50%的植株开花时视为盛花期，95%的植株开花结束时视为末花期；统计开花持续时间。

1.3.2 单花和花序开放动态观察

从现蕾期开始，随机选取50个花蕾，挂牌标记，观察单花开花特征，每天用游标卡尺测定花径、萼片长度、距长，统计开花持续时间。

随机选取20枝花序，观测其形态特征，包括花序长度、分支数量、花量、花梗长度，花序开放持续时间。

1.3.3 花器官特性观测

取30朵完全开放的花，用游标卡尺测定其距长、萼片长×宽、花径、退化雄蕊直径，并根据这些数据对花器官进行描述。从花蕾开始到完全开放，收集不同开花阶段的材料，纵切后用体视显微镜观察其内部雄蕊和雌蕊的性状。

2 结果与分析

2.1 花期物候观察

对选取的10株样本进行花期物候观测，结果如表1所示。烟台翠雀的花期为5月初至6月初，持续时间31d左右；群体初花期为5月9～16日，持续时间约8d，单株持续时间为6～7d；群体盛花期为5月17～31日，持续时间约14d，单株持续时间差异较大，最长时间可达16d；群体末花期为6月1～9日，持续时间约9d，单株持续时间为7～9d。

表1 烟台翠雀花期物候观测记录

Table 1 Records of flowering penology of *Delphinium chefoense*

植株编号 No.	初花期 Initial flowering date	盛花期 Peak flowering date	末花期 Final flowering date
1	5.8 ～ 5.15(8)	5.16 ～ 5.31(16)	6.1 ～ 6.9(9)
2	5.7 ～ 5.13(7)	5.13 ～ 5.29(16)	5.30 ～ 6.7(9)
3	5.16 ～ 5.21(6)	5.22 ～ 6.1(11)	6.2 ～6.8(7)
4	5.19 ～ 5.24(6)	5.25 ～ 5.31(7)	6.1 ～6.7(7)
5	5.18 ～ 5.24(7)	5.25 ～ 6.1(8)	6.2 ～6.9(8)
6	5.14 ～ 5.20(7)	5.21 ～ 5.30(10)	5.31 ～6.5(6)
7	5.12 ～5.19(6)	5.20 ～ 5.29(8)	5.30 ～6.6(8)
8	5.13 ～5.19(7)	5.20 ～ 6.1(11)	6.2 ～6.8(7)
9	5.12 ～ 5.18(7)	5.19 ～ 5.28(8)	5.29 ～6.6(9)
10	5.6 ～ 5.11(6)	5.12 ～ 5.26(14)	5.27 ～6.4(7)
群体	5.9 ～ 5.16(8)	5.17 ～ 5.31(14)	6.1 ～6.9(9)

注：括号内为该物候期持续时间(d)。

Note: Duration of phenological phase are given in parentheses (d).

2.2 花序和单花开放动态观察

烟台翠雀为总状花序，开花顺序为自下而上（图版Ⅰ，1），由图1可知，顶生总状花序高45～79cm，有6～8朵花，最高可达11朵；总状花序下部常有2～3分枝，每个分枝有3～4朵花；总花数为12～17朵；且花序越长，分枝数越少，但花朵数越多；若去掉顶生花序，腋生花序变为顶生花序，下部有1～2分支。花序开放持续时间一般在14～23d波动（图2），以17～19d的分布频率最高，占总频率的63.16%。

烟台翠雀单花开花进程见图版Ⅰ，2～8。花蕾最初为绿色，且距略短于花蕾（图版Ⅰ，2）；距由最初的绿色渐变为淡紫色，长度逐渐长于花蕾（图版Ⅰ，3）；花蕾也由绿色渐变为紫色，花柄在花蕾基部弯曲使花蕾转向水平方向（图版Ⅰ，4）；萼片开裂、花朵

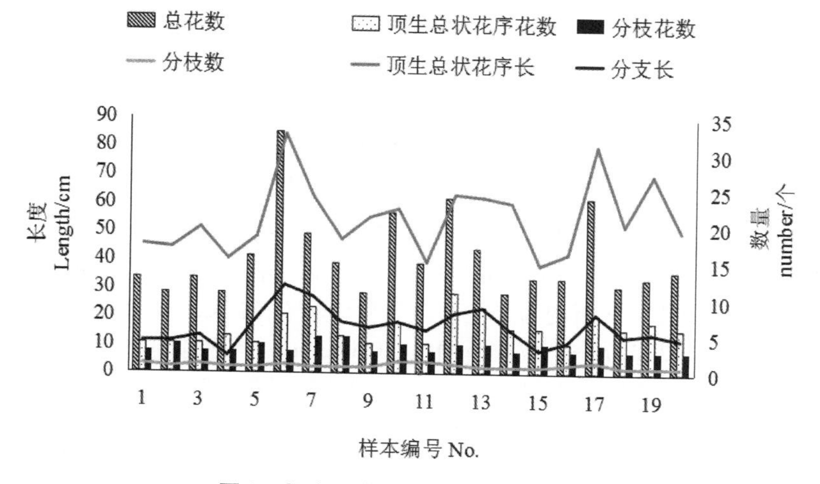

图1 烟台翠雀花序长度和开花数量

Fig. 1 The flower numbers and length at inflorescence of *Delphinium chefoense*

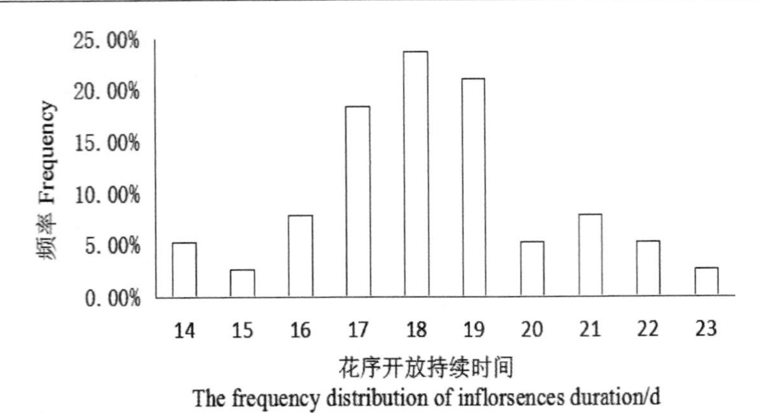

图 2　烟台翠雀花序开放持续时间的频率分布

Fig. 2　The frequency distribution of inflorescence duration of *Delphinium chefoense*

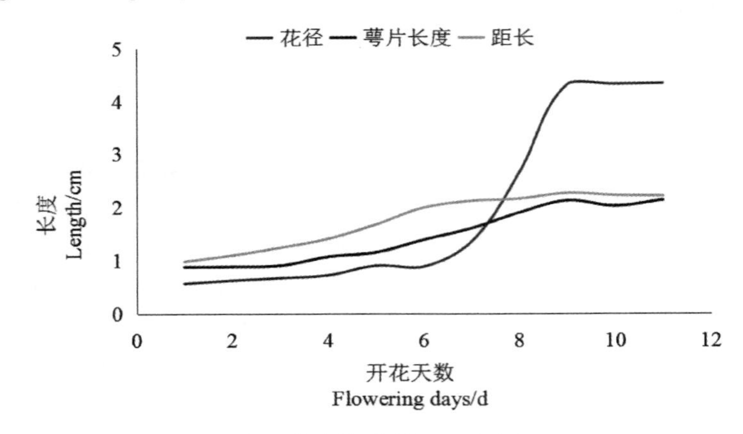

图 3　烟台翠雀单花开花动态

Fig. 3　Flowering dynamic of single flower for *Delphinium chefoense*

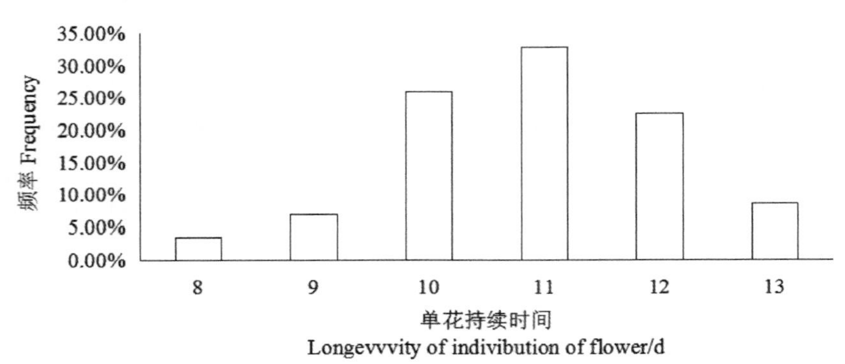

图 4　烟台翠雀单花持续时间的频率分布

Fig. 4　The frequency distribution of individual flower longevity of *Delphinium chefoense*

开放时，萼片颜色演变为蓝色(图版Ⅰ，5、6)；萼片逐渐平展，直至完全开放(图版Ⅰ，7、8)。由图3可知，前期花蕾生长发育比较缓慢，从距变为紫色开始6～7d萼片开裂，再经2～3d花朵完全开放。由图4可知，单花持续时间出现频率最高为11d，占32.76%，其次为10d和12d，分别占总统计单花数的25.86%和22.41%。

2.3　花器官特征描述

烟台翠雀花冠直径为4.310±0.064cm，具5枚萼片，呈花瓣状，长2.284±0.051cm，宽1.823±0.063cm，上萼片延长成距，距长1.267±0.057cm(表2)；退化雄蕊2枚，有白色髯毛，宽倒卵形(图版Ⅰ，8)，直径0.978±0.021cm(表2)。在花蕾形成初期，雄蕊群均匀分布在花蕾内部，并包裹住雌蕊(图版Ⅰ，9，10)；随着花蕾发育，萼片逐渐变成紫色，雄蕊向下弯曲，仍然包裹住雌蕊(图版Ⅰ，11，12)；萼片开裂，退化雄蕊平展，雄蕊群的花药从外向内逐渐开裂，雌蕊略低于雄蕊，柱头白色(图版Ⅰ，13，14)；完全开放后，退化雄蕊合抱，花药全部开裂，雌蕊逐渐伸长，柱头呈紫色，且高于雄蕊(图版Ⅰ，15)。

表2 烟台翠雀花部构件观测

Table2 Flower components of *Delphinium chefoense*

项目 Item	花冠直径(cm) Diameter of flower	距长(cm) Length of spur	萼片长度(cm) Length of sepal	萼片宽度(cm) Width of sepal	退化雄蕊直径(cm) Diameter ofstaminode
平均 Mean	4.310	1.267	2.284	1.823	0.978
标准差 Standard deviation	0.064	0.057	0.051	0.063	0.021

3 结论与讨论

开花物候受许多因素的影响，包括气候因素、植物系统发育关系和功能性状，其中，气候因素中的温度和降水对花期物候影响明显(胡小丽 等，2015)。烟台翠雀在原产地威海的花期为5月底到6月底(吴茜，2012)，与原产地比较，烟台翠雀在即墨的花期提前20天左右，这与两地的气候有很大关系。威海5月下旬的日均最高气温为23℃，最低气温为14℃，平均降水总量45mm；即墨5月上旬的日均最高气温为24℃，最低气温为11℃，平均降水总量41mm；由此可推测，烟台翠雀的最适开花温度在23℃左右。

在烟台翠雀花发育的过程中，瓣化雄蕊在花药开裂初期为平展状态，随着花药开裂的增多逐渐闭合，避免花粉散落，这可能与其自交亲和性有关。但前人在研究野生翠雀时发现花初开时退化雄蕊合抱，后平展(张华丽 等，2014)，这与本研究结论相反，可能是因为不同种间出现的差异。

烟台翠雀是宝贵的蓝色花卉资源，具有很高的观赏价值。其花期较长、花序密集、花型奇特，可自我繁衍，环境适应能力强，园林应用前景广阔。可以直接引种，用于风景林地、缀花草坪、花境造景或盆栽，也可作蓝色切花观赏(黄印冉 等，2010)。如果烟台翠雀在园林绿化中得到应用，不仅可以扩大和丰富园林植物的种类，而且可有力地推动并促进花卉育种工作的研究和发展。

参考文献

1. Dafni D. 1992. Pollination Ecology: A Practical Approach [M]. Oxford: Oxford University Press, 45 - 98.
2. 付业理，宋丙欣. 2015. 山东省即墨市近50a气候变化及与周围地区的气候对比[J]. 北京农业，33：148 - 149.
3. 胡小丽，张杨家豪，米湘成，等. 2015. 浙江古田山亚热带常绿阔叶林开花物候：气候因素、系统发育关系和功能性状的影响[J]. 生物多样性，23(5)：601 - 609.
4. 黄印冉，李银华，张均营，等. 2010. 野生珍稀花卉翠雀、角蒿的引种栽培与园林应用[J]. 北方园艺，19：86 - 88.
5. 李学芳，符德欢，王丽，等. 2015. 云南翠雀花的生药学研究[J]. 云南中医学院学报，38(1)：42 - 44.
6. 王战，方振富. 1979. 中国植物志[M]. 北京：科学出版社.
7. 吴茜. 2012. 烟台翠雀引种繁育及无土栽培研究[D]. 青岛：青岛农业大学硕士论文.
8. 尹相博，李卉梓，王冰. 2013. 我国翠雀属植物生物碱类化合物的研究进展[J]. 黑龙江农业科学，9：135 - 137.
9. 臧德奎，樊金会. 1994. 山东省特有植物的研究[J]. 植物研究，1：48 - 58.
10. 张华丽，赵剑颖，辛海波，等. 2014. 野生翠雀传粉生物学特性研究[J]. 西北植物学报，34(9)：1789 - 1794.
11. 张鲜艳，亢秀萍，王峰. 2012. 翠雀引种栽培及园林应用研究[J]. 山西农业科学，40(12)：1282 - 1284.

图版Ⅰ Plate Ⅰ

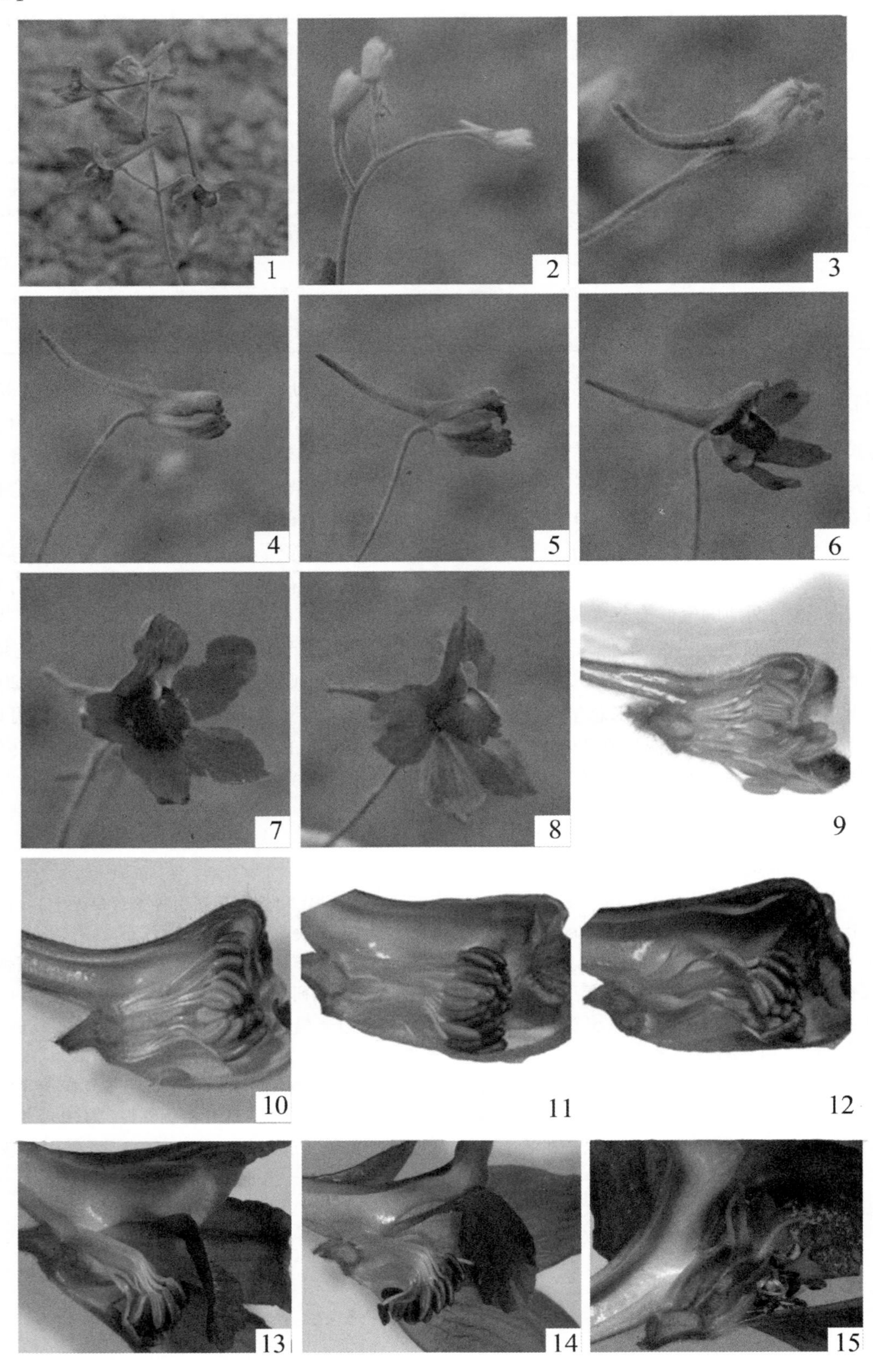

繁殖技术

野生百合花器官愈伤组织诱导及生根研究*

孙道阳　牛立新①　张延龙　张新果　李绍华
（西北农林科技大学风景园林艺术学院，杨凌 712100）

摘要　以野生岷江百合、淡黄花百合、卷丹、宜昌百合、川百合、野百合以及东方百合杂种系‘西伯利亚’和‘索邦’的花丝和子房为外植体，以毒莠定(Picloram)为愈伤组织诱导剂，以吲哚丁酸(IBA)为生根剂，分别研究了不同浓度的 Picloram 和 IBA 对愈伤组织诱导和生根的影响。结果表明：花丝和子房为外植体都可诱导出黄色疏松的胚性愈伤组织，是愈伤组织诱导的良好材料；两个栽培品种比 6 个野生百合种更容易诱导出愈伤组织和生根；野生百合中，最高的平均诱导率发生在岷江百合花丝，培养基为 MS + 1. 0mg/L Picloram，诱导率为 79. 3% ±8. 5%，子房的最高平均诱导率发生在野百合，培养基为 MS + 2. 0mg/L Picloram，诱导率为 78. 0% ±8. 3%；最高平均生根率发生在野百合愈伤组织，培养基为 MS + 0. 1mg/L IBA，生根率为 79. 5% ±4. 8%。

关键词　野生百合；花器官；愈伤组织；生根

Induction and Rooting of the Callus from Floral Tissues of Wild *Lilium* Species

SUN Dao-yang　NIU Li-xin　ZHANG Yan-long　ZHANG Xin-guo　LI Shao-hua
(*College of Landscape Architecture and Arts*, *Northwest A&F University*, *Yangling* 712100)

Abstract　The filament and ovary of wild *Lilium* species, including *L. regale*, *L. sulphureum*, *L. lancifolium*, *L. leucanthum*, *L. davidii* and *L. brownii*, and Oriental Lily Hybrids ‘Siberia’ and ‘Sorbonne’ were used as explants. Picloram and IBA were used for induction and rooting of callus, respectively. The effect of different concentrations of Picloram and IBA on callus induction and rooting were studied. The results indicated that the filament and ovary were excellent materials to successfully induce yellow and loose embryogenic callus. Two cultivars were easier for callus induction and rooting than six wild *Lilium* species. Of the six wild *Lilium* species, the maximum average induction rate (79. 3% ±8. 5%) occurred in *L. regale* filament and the used medium was MS + 1. 0mg/L Picloram. The maximum average induction rate (78. 0% ±8. 3%) of ovary occurred in *L. brownii* and the used medium was MS + 2. 0mg/L Picloram. The highest average rooting rate (79. 5% ±4. 8%) was found in callus of *L. brownii* and MS + 0. 1mg/L IBA was used as medium.

Key words　Wild *Lilium* species; Floral tissues; Callus; Rooting

百合(*Lilium* spp.)作为单子叶花卉植物，是世界外贸市场中最畅销的十大花卉之一，具有极高的观赏和经济价值(Sharma *et al.*，2005)。传统的杂交方法是培育具有新型花色或优良抗性新品种的主要手段，稳定遗传转化方法由于可以在分子层面精确定位于某个关键基因，因此获得越来越多的关注。转基因已经证明是改良观赏花卉性状行之有效的方法(Chandler and Brugliera，2011)，而转基因的首个阶段是建立高效、高质量的胚性愈伤组织诱导体系。

到目前，绝大多数用于愈伤组织诱导的材料来源于栽培品种，而野生百合种涉及的较少。大约有 55 个野生百合种分布在中国，约占全世界野生百合数量的一半，其中 11 个种在陕西省秦巴山区都有发现(Yuan *et al.*，2011)。野生百合通常具有优良的性状，

* 基金项目：国家高技术研究发展计划‘863’项目(2011AA100208)。
① 通讯作者。Author for correspondence(Email: niulixin@ nwsuaf. edu. cn)。

包括抗旱、抗寒、抗盐碱及抗病等，比如中国本土岷江百合具有很强的抗旱、抗镰刀菌及抗病毒侵染的能力(Rao et al.，2013)。因此，通过稳定遗传转化将野生百合中的优良性状转移到栽培品种是百合育种的一个热点，而野生百合愈伤组织的诱导则是完成该过程的重要基础。本研究以栽培品种‘西伯利亚’和‘索邦’为对照，研究了不同种类野生百合愈伤组织诱导及生根的差异，为下一步的农杆菌介导的遗传转化奠定基础。

1 材料与方法

1.1 试验材料

野生种岷江百合(*L. regale*)、淡黄花百合(*L. sulphureum*)、卷丹(*L. lancifolium*)、宜昌百合(*L. leucanthum*)、川百合(*L. davidii*)和野百合(*L. brownii*)未开放花朵的幼嫩花丝和子房作为外植体诱导愈伤组织；东方百合杂种系品种‘西伯利亚’(Siberia)，‘索邦’(Sorbonne)作为对照。6种野生百合取自西北农林科技大学百合资源圃，栽培品种购买自杨凌“花语轩”花店。材料的处理及取样时间为2015年5~7月。

1.2 试验方法

1.2.1 外植体材料的处理

剥取刚现蕾小花苞中的花丝和子房，放入50ml一次性无菌管中，20%的84消毒液消毒10min，其间摇匀，倒掉消毒液，使用无菌水冲洗3次，每次摇晃振动2min，最后沥干。镊子夹出外植体材料至滤纸吸干表面水分，手术刀横切花丝和子房至5mm小段，接种于培养基上。用于愈伤组织诱导的外植体材料每个处理的数量为60个，每个处理设置5个重复。随机选择愈伤组织用于生根研究，每个处理的数量为40个，同样的，每个处理设置5个重复。

1.2.2 培养基制备及培养条件

以固体1/2 MS为基本培养基，添加3.0g/L的植物凝胶phytagel，30.0g/L的蔗糖，不同浓度的Picloram(1.0mg/L和2.0mg/L)，用于百合愈伤组织的诱导，不同浓度的IBA(0.1mg/L和0.2mg/L)，用于愈伤组织根的诱导。用pH仪将培养基pH值调至5.8。所有外植体材料接种到培养基以后，放置在25℃的组培间中暗培养。

1.2.3 愈伤组织的继代

培养1个月后，选择色泽松黄、松散易碎的愈伤组织进行继代培养，继代培养基配方同愈伤组织诱导培养基，并观察其生长状态，统计诱导率。每个月继代1次，继代培养时，无菌条件下称取大约1.0g愈伤组织于新鲜的培养基上。

1.2.4 愈伤组织的生根

培养两个月后，将愈伤组织放置在含有不同浓度的IBA的生根培养基中，观察愈伤组织底部是否生根，40天后统计生根率。

1.2.5 数据统计及分析

愈伤组织诱导率(%)=(分化出胚性愈伤组织外植体数/接种外植体总数)×100%

愈伤组织生根率(%)=(生根的愈伤组织数/接种愈伤组织总数)×100%

采用EXCEL软件处理实验数据，JMP10.0软件及Student’s *t*-test方法分析数据之间的差异显著性。

2 结果与分析

2.1 不同外植体愈伤组织的诱导对Picloram浓度的反应

在花丝接种在培养基上培养约12天后，子房接种在培养基上15天后，肉眼可见黄色颗粒状愈伤组织首先在切口处形成。继代培养后，愈伤组织生长为黄色或白色的细胞集团(图1)。在1.0mg/L Picloram诱导下，栽培品种花丝的愈伤组织诱导率明显高于子房，在此浓度下，栽培品种花丝最高诱导率为100.0%，而子房最高诱导率为96.7%(表1、表2)，在2.0mg/L Picloram诱导下，栽培品种花丝的愈伤组织诱导率显著低于子房，在此浓度下，栽培品种花丝最高诱导率为91.3%，而子房最高诱导率为98.3%(表3、表4)。对于野生百合，在1.0mg/L Picloram诱导下，多数野生百合花丝的愈伤组织诱导率高于子房(表1、表2)，而在2.0mg/L Picloram诱导下，情况则相反(表3、表4)。各个栽培品种和野生种的花丝和子房愈伤组织在形态上并未有显著不同(表1至表4)。

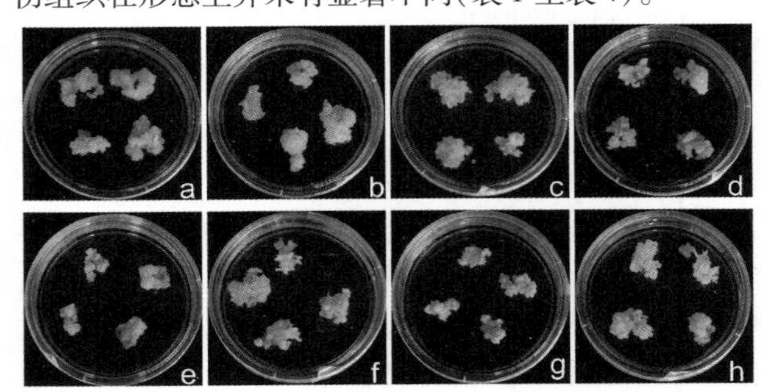

图1 百合愈伤组织诱导(a. 西伯利亚；b. 索邦；c. 岷江百合；d. 淡黄花百合；e. 卷丹；f. 宜昌百合；g. 川百合；h. 野百合)

Fig. 1 Induction of lily callus(a. Siberia; b. Sorbonne; c. *L. regale*; d. *L. sulphureum*; e. *L. lancifolium*; f. *L. leucanthum*; g. *L. davidii*; h. *L. brownii*)

2.2 不同基因型愈伤组织的诱导对 Picloram 浓度的反应

总体来讲，栽培品种‘西伯利亚’和‘索邦’的愈伤组织诱导率显著高于野生种，两者的最高诱导率分别为 100.0% 和 96.7%（表 1），最低诱导率分别为 53.3%（表 3）和 68.3%（表 2）。在野生百合中，不同浓度的 Picloram 对花丝和子房愈伤组织诱导的影响各有差异。在 1.0mg/L Picloram 诱导下，岷江百合、淡黄花百合、卷丹和宜昌百合花丝的愈伤组织诱导率高于子房，川百合和野百合花丝的愈伤组织诱导率低于子房，岷江百合花丝愈伤组织诱导率最高，为 90.0%（表 1、表 2）。在 2.0mg/L Picloram 诱导下，卷丹和宜昌百合花丝的愈伤组织诱导率高于子房，其他 4 种野生百合花丝的愈伤组织诱导率则低于子房，野百合子房愈伤组织诱导率最高，为 88.3%（表 3、表 4）。‘西伯利亚’、‘索邦’、岷江百合、宜昌百合和野百合的愈伤组织状态整体来讲比淡黄花百合、卷丹和川百合要好，颜色黄色，质地疏松且呈颗粒状（表 1 至表 4）。

表 1 1.0mg/L Picloram 对花丝愈伤组织诱导的影响

Table 1 Effect of 1.0mg/L Picloram on callus induction of filament

百合种类	愈伤组织诱导率(%)					方差分析	愈伤组织状态
	1	2	3	4	5		
西伯利亚	93.3	83.3	90.0	100.0	85.0	90.3 ±6.0a	黄色疏松
索邦	76.7	96.7	91.7	93.3	81.7	88.0 ±7.5a	黄色疏松
岷江百合	88.3	68.3	76.7	90.0	73.3	79.3 ±8.5a	黄色疏松
淡黄花百合	66.7	53.3	35.0	70.0	31.7	51.3 ±15.8bc	黄色坚硬
卷丹	71.7	30.0	58.3	46.7	18.3	45.0 ±19.1cd	黄色坚硬
宜昌百合	30.0	28.3	46.7	36.7	48.3	38.0 ±8.3cd	黄色疏松
川百合	25.0	23.3	16.7	0	31.7	19.3 ±10.8d	白色坚硬
野百合	41.7	36.7	18.3	20.0	46.7	32.7 ±11.5cd	黄色疏松

表 2 1.0mg/L Picloram 对子房愈伤组织诱导的影响

Table 2 Effect of 1.0mg/L Picloram on callus induction of ovary

百合种类	愈伤组织诱导率(%)					方差分析	愈伤组织状态
	1	2	3	4	5		
西伯利亚	96.7	91.7	76.7	83.3	78.3	85.3 ±7.7a	黄色疏松
索邦	70.0	93.3	93.3	71.7	68.3	79.3 ±11.5a	黄色疏松
岷江百合	65.0	73.3	55.0	65.0	75.0	66.7 ±7.1a	黄色疏松
淡黄花百合	23.3	28.3	31.7	36.7	20.0	28.0 ±5.9b	白色坚硬
卷丹	18.3	10.0	0	31.7	8.3	13.7 ±10.7b	黄色疏松
宜昌百合	26.7	51.7	31.7	26.7	15.0	30.4 ±12.0b	黄色疏松
川百合	0	30.0	38.3	25.0	28.3	24.3 ±12.9b	灰色坚硬
野百合	65.0	51.7	66.7	71.7	60.0	63.0 ±6.8a	黄色疏松

表3 2.0mg/L Picloram对花丝愈伤组织诱导的影响

Table 3 Effect of 2.0mg/L Picloram on callus induction offilament

百合种类	愈伤组织诱导率(%)					方差分析	愈伤组织状态
	1	2	3	4	5		
西伯利亚	53.3	91.3	88.3	80.7	73.3	77.4±13.6a	黄色疏松
索邦	90.0	71.1	81.7	71.7	83.3	79.6±7.2a	黄色疏松
岷江百合	58.3	48.3	88.3	58.3	48.3	60.3±14.7ab	黄色疏松
淡黄花百合	51.7	0	35.0	48.3	58.3	38.7±20.8bcd	黄色疏松
卷丹	23.3	18.3	36.7	36.7	46.7	32.3±10.2c	白色坚硬
宜昌百合	43.3	45.0	31.7	55.0	36.7	42.3±7.9bc	黄色疏松
川百合	20.0	0	15.0	0	18.3	10.7±8.9d	黄色坚硬
野百合	36.7	36.7	23.3	26.7	41.7	33.0±6.9c	黄色疏松

表4 2.0mg/L Picloram对子房愈伤组织诱导的影响

Table 4 Effect of 2.0mg/L Picloram on callus induction of ovary

百合种类	愈伤组织诱导率(%)					方差分析	愈伤组织状态
	1	2	3	4	5		
西伯利亚	98.3	90.0	75.0	76.7	85.0	85.0±8.6a	黄色疏松
索邦	81.7	78.3	71.7	86.7	91.7	82.0±6.9a	黄色疏松
岷江百合	71.7	63.3	58.3	58.3	68.3	64.0±5.4b	黄色疏松
淡黄花百合	51.7	53.3	48.3	31.7	18.3	40.7±13.6c	黄色疏松
卷丹	20.0	0	55.0	23.3	36.7	27.0±18.3c	黄色疏松
宜昌百合	31.7	30.0	40.0	41.7	33.3	35.3±4.6c	黄色疏松
川百合	43.3	30.0	0	0	25.0	19.7±17.1c	黄色坚硬
野百合	88.3	85.0	78.3	65.0	73.3	78.0±8.3a	黄色疏松

2.3 不同基因型愈伤组织的生根对IBA浓度的反应

‘西伯利亚’和‘索邦’愈伤组织生根率显著高于野生种，在两种浓度IBA诱导下，其最高生根率都达到了100.0%(表5、表6)。野生百合中，野百合愈伤组织生根率最高，在0.1mg/L和0.2mg/L IBA诱导下，最高生根率分别为87.5%和80.5%(表5、表6)。岷江百合愈伤组织生根率最低，不同浓度IBA的最低生根率分别只有7.5%和15.0%(表5、表6)。0.1mg/L IBA诱导下的淡黄花百合、卷丹和宜昌百合愈伤组织生根率高于0.2mg/L IBA诱导下的生根率，而川百合愈伤组织生根率则相反(表5、表6)。

表5 0.1mg/L IBA对愈伤组织生根的影响

Table 5 Effect of 0.1mg/L IBA on callus rooting

百合种类	愈伤组织生根率(%)					方差分析
	1	2	3	4	5	
西伯利亚	100.0	87.5	95.0	82.5	90.0	91±6.0a
索邦	100.0	92.5	80.0	100.0	77.5	90.0±9.6a
岷江百合	30.0	32.5	25.0	37.5	7.5	26.5±10.3b
淡黄花百合	75.0	65.0	52.5	55.0	67.5	63.0±8.3c
卷丹	82.5	82.5	70.0	77.5	72.5	77.0±5.1a
宜昌百合	62.5	52.5	37.5	62.5	37.5	50.5±11.2bc
川百合	50.0	32.5	45.0	45.0	57.5	46.0±8.2bc
野百合	75.0	82.5	87.5	75.0	77.5	79.5±4.8a

表6 0.2mg/L IBA 对愈伤组织生根的影响

Table 6 Effect of 0.2mg/L IBA on callus rooting

百合种类	愈伤组织生根率(%)					方差分析
	1	2	3	4	5	
西伯利亚	95.0	95.0	100.0	80.0	87.5	91.5±7.0a
索邦	82.5	97.5	100.0	100.0	82.5	92.5±8.2a
岷江百合	15.0	37.5	15.0	40.0	52.5	32.0±14.8b
淡黄花百合	45.0	32.5	32.5	57.0	40.0	41.4±9.1b
卷丹	62.5	70.5	50.0	62.5	57.5	60.6±6.7c
宜昌百合	32.5	32.5	45.0	57.5	50.0	43.5±9.8bc
川百合	35	40.0	65.0	67.5	47.5	51.0±13.1bc
野百合	80.0	80.5	45.0	52.5	47.5	61.1±15.8bc

3 讨论

植物愈伤组织的诱导受多种因素的影响，包括外植体状态、基因型、诱导激素和培养条件等(张艺萍等，2008)。百合作为单子叶植物，激素的选择和配比在愈伤组织增殖和分化中尤其显得重要，既要成功诱导胚性的愈伤组织，又要维持其良好的生长状态，为之后的稳定遗传转化提供重要基础。通常，愈伤组织的诱导需要生长素/细胞分裂素的共同作用来促进细胞的正常分裂和分化(任冬梅 等，1996)。之前的研究中，已有多种激素用于百合愈伤组织的诱导。袁雪等(2012)采用6-BA 和2,4-D 激素组合诱导铁炮百合组培苗叶片的愈伤组织。李莹等(2013)采用6-BA 和 NAA 的激素组合诱导‘黄天霸’百合花器官各部位的愈伤组织。最近，高洁等(2016)采用6-BA、NAA 和2,4-D 三种激素结合的方法诱导绿花百合鳞片的愈伤组织。然而这些激素的百合愈伤组织诱导率普遍偏低。在国外研究中，早在2003 年，一种类似于生长素的物质 Picloram 用于百合愈伤组织的诱导，获得了较好的效果(Hoshi et al.，2003)。张艺萍等(2008)发现 Picloram 与 KT 激素组合比只用 Picloram 诱导百合愈伤组织的效果差。Qi et al.(2014)尝试用 NAA、TDZ 与 Picloram 相结合的方法诱导百合愈伤组织，发现只加 Picloram 对鳞片和花丝愈伤组织诱导来讲效果最佳。因此，本研究中我们选择 Picloram 为唯一的愈伤组织诱导激素。

此外，外植体的选择也是决定愈伤组织发育状态的重要因素。很早之前，Arzate－Fernández et al.(1997)利用麝香百合的花丝作为外植体，成功诱导出愈伤组织。Hoshi et al.(2003)在第一次成功获得转化有 GUS 基因的百合转基因植株时，用到的愈伤组织外植体材料也是花丝，而且发现由鳞片、叶片、花梗、子房和花药形成的愈伤组织并不能有效被转化形成转基因植株。此后，百合植株的其他器官也用于愈伤组织的诱导，包括鳞片(杨柏云 等，2005；Tang et al.，2010；高洁 等，2016)、叶片(胡凤荣 等，2007；Tang et al.，2010)、花瓣(李莺 等，2013)和子房(Qi et al.，2014；农艳丰 等，2016)等。关于子房形成的愈伤组织是否可以用于稳定遗传转化，答案并不明确。单从愈伤组织诱导而言，花丝和子房是百合愈伤组织诱导常用且有效的外植体材料。

参考文献

1. Arzate-Fernández A M, Nakazaki T, Okumoto Y, Tanisaka T. 1997. Efficient callus induction and plant regeneration from filaments with anther in lily (*Lilium longiflorum* Thunb.)[J]. Plant Cell Reports, 16(12): 836－840.
2. Chandler S F, Brugliera F. 2011. Genetic modification in floriculture[J]. Biotechnology Letters, 33(33): 207－214.
3. 高洁，王元忠，黄衡宇. 2016. 绿花百合胚性愈伤组织诱导与植株再生研究[J]. 植物研究，5(1)：52－57.
4. Hoshi Y, Kondo M S, Adachi Y, Nakano M, Kobayashi H. 2004. Production of transgenic lily plants by *Agrobacterium*-mediated transformation[J]. Plant Cell Reports, 22(6): 359－364.
5. 胡凤荣，席梦利，刘光欣，等. 2007. 东方百合的器官发生与体胚发生研究[J]. 南京林业大学学报：自然科学版，31(2)：5－8.
6. 李莺，李星，李生玲，等. 2013.‘黄天霸’百合花器官愈伤组织诱导及植株再生[J]. 热带作物学报, 34（8）: 1507－1512.

7. 农艳丰, 杨美纯, 宁云芬, 等. 2016. 东方百合“甜梦”花器官组织培养再生植株研究[J]. 农业研究与应用, 1: 1－15.

8. Qi Y, Du L, Quan Y, Tian F, Liu Y, Wang Y. 2014. *Agrobacterium*-mediated transformation of embryogenic cell suspension cultures and plant regeneration in *Lilium tenuifolium* Oriental × Trumpet 'Robina' [J]. Acta Physiologiae Plantarum, 36（8）: 2047－2057.

9. Rao J, Liu D, Zhang N, He H, Ge F, Chen C. 2013. Identification of genes differentially expressed in a resistant reaction to *Fusarium oxysporum* in *Lilium regale* by SSH[J]. Ieri Procedia, 5（5）: 95－101.

10. Sharma A, Mahinghara B K, Singh A K, Kulshrestha S, Raikhy G, Singh L, Hallan V, Verma N, Raja R, Zaidi A A. 2005. Identification, detection and frequency of lily viruses in Northern India[J]. Scientia Horticulturae, 106（2）: 213－227.

11. Tang Y P, Liu X Q, Gituru R W, Chen L Q. 2010. Callus induction and plant regeneration from in vitro cultured leaves, petioles and scales of *Lilium leucanthum*（baker）baker [J]. Biotechnology & Biotechnological Equipment, 24（4）: 2071－2076.

12. 王冬梅, 黄学林, 黄上志. 1996. 细胞分裂素类物质在植物组织培养中的作用机制[J]. 植物生理学报, 32（5）: 373－377.

13. 杨柏云, 杨慧琴, 蔡奇英, 等. 2005. 龙牙百合体细胞胚的诱导及植株再生[J]. 南昌大学学报: 理科版, 29（6）: 536－539.

14. Yuan L L, Liu Q, Liu Q L, Grassotti A, Burchi G. 2011. Conservation, evaluation and enhancement of wild lily germplasm in China [J]. Acta Horticulturae, 900（900）: 53－57.

15. 袁雪, 钟雄辉, 李晓昕, 等. 2012. 铁炮百合的胚性愈伤组织诱导和植株再生[J]. 核农学报, 26（3）: 454－460.

16. 张艺萍, 吴丽芳, 吴学尉, 等. 2008. 东方百合胚性愈伤组织诱导和植株再生研究[J]. 江西农业学报, 20（12）: 33－36.

长寿花花器官离体培养研究

吕侃俐　李　青[①]
（花卉种质创新与分子育种北京市重点实验室，国家花卉工程技术研究中心，
城乡生态环境北京实验室，园林学院，北京林业大学，北京 100083）

摘要　本研究以长寿花品种'Don Bombero'的花蕾为外植体，通过对外植体表面灭菌后，研究了暗处理时长、无机盐浓度、激素种类及浓度配比等因素对长寿花花器官离体培养的影响。主要结论为：花蕾外植体最适灭菌方法为75%酒精 15s +2%次氯酸钠 8min；诱导培养阶段随暗处理时长和激素水平不同同时出现丛生芽和花芽两种诱导结果，适宜丛生芽诱导的暗处理时长为 3d，培养基配方为：MS +6-BA1.5mg·L^{-1} + NAA0.3mg·L^{-1}，适宜花芽诱导的暗处理时长为 14d，培养基配方为：MS +6-BA0.5mg·L^{-1} + NAA0.3mg·L^{-1}；丛生芽适宜增殖培养基为：MS +6-BA2.0mg·L^{-1} +NAA0.3mg·L^{-1}；适宜壮苗培养基为：1/2MS + NAA0.1mg·L^{-1} + IBA0.3mg·L^{-1} + CCC2～3mg·L^{-1} + AC3g·L^{-1}，同时出现试管开花现象。

关键词　长寿花；花器官；离体培养；花芽诱导

Research on Flower Organ Tissue Culture of *Kalanchoe blossfeldiana*

LÜ Kan-li　LI Qing
(*Beijing Key Laboratory of Ornamental Plants Germplasm Innovation & Molecular Breeding, National Engineering Research Center for Floriculture, Beijing Laboratory of Urban and Rural Ecological Environment and College of Landscape Architecture, Beijing Forestry University, Beijing* 100083)

Abstract　Using bud of *Kalanchoe blossfeldiana* 'Don Bombero' as explants, this study was mainly to explore the flower organ tissue culture technology of *K. blossfeldiana*. Influencing factors such as sterilization methods, length of dark treatment, diverse hormone concentration combinations and mineral salts concentration were investigated. The main results are as follows: The suitable sterilize methond of bud is to sterilize with 75% ethanol for 30s and then followed by 8 min in 2% NaClO. The induction culture turned out to two results, which were multiple shoots and flower bud when cultured by different dark reatment and hormone combination. The suitable dark reatment for multiple shoots and flower bud was 3 and 14 days, and the suitable induction medium was MS +6-BA1.5mg·L^{-1} + NAA0.3mg·L^{-1} and MS +6-BA0.5mg·L^{-1} + NAA0.3mg·L^{-1}, respectively. The suitable multiplication medium was MS +6-BA2.0mg·L^{-1} + NAA0.3mg·L^{-1}. The suitable medium for strengthening was 1/2MS + NAA0.1mg·L^{-1} + IBA0.3mg·L^{-1} + CCC2-3mg·L^{-1} +3g·L^{-1} AC, along with *in vitro* flowering.

Key words　*Kalanchoe blossfeldiana*; Floral organ; Tissue culture; Floral bud induction

长寿花(*Kalanchoe blossfeldiana*)为景天科伽蓝菜属多年生植物，花朵小而繁盛，花色多而艳丽，单花开放期长，叶色浓绿，株型紧凑，全年都具有较高的观赏价值。自然花期 12 月至翌年 5 月，作为年宵花卉具有重要地位，更是国内外花卉市场上广受人们喜爱的盆栽花卉。同时，随着人们生活水平的提高，对花卉的多种观赏形式的需求也逐渐增加，微型景观和试管花卉作为新型的观赏形式受到了人们的青睐和喜爱。

长寿花主要栽培方法为扦插和组织培养繁殖，而组织培养方法可周年生产，并获得大量整齐一致的植株，更适应现代花卉工厂化商业化生产的要求。目前，长寿花的组培快繁主要以茎段作为外植体建立无菌培养体系，以花器官为外植体进行组培快繁的研究

作者简介：吕侃俐(1992 -)女，北京林业大学园林学院，硕士研究生。E-mail：lvkanli@126.com。
① 通讯作者。李青，北京林业大学园林学院，研究生导师，副教授，E-mail：wliqing06@sina.com。

鲜少见到。依据长寿花开花繁茂、自然花期长的特点，若以花器官为外植体进行组织培养，外植体数量大，简单易取得，故本研究试图探索长寿花花器官组织培养技术，以期建立新的长寿花快繁体系并达到试管开花的目的，为长寿花的工厂化、商品化生产奠定技术理论依据。

1 材料与方法

1.1 材料

试验材料采用由西安华鼎农业代理的荷兰 KP（KP Holland）公司长寿花 Rosalina 系列品种‘Don Bombero’盆栽，购于北京中蔬大森林花卉市场。

1.2 方法

1.2.1 外植体最适灭菌方法筛选

取长寿花未开放花蕾（带有约 3mm 花梗），在洗涤液中浸泡 10min，并在流水下冲洗 30min 后置于超净工作台内，采用不同灭菌处理组合对其进行灭菌试验。具体灭菌药剂组合为：A1：75% 酒精 30s + 2% 次氯酸钠 5min；A2：75% 酒精 30s + 2% 次氯酸钠 8min；A3：75% 酒精 30s + 2% 次氯酸钠 12min；A4：75% 酒精 15s + 2% 次氯酸钠 8min。

将不同处理消毒灭菌后的完整花蕾分别按形态学上端向上接入培养基培养，15d 后统计污染率和死亡率，并计算外植体总体耗损率。每个处理接种 6 瓶，重复 3 次。

1.2.2 暗处理时长筛选

设置暗处理时长分别为：3d、7d、14d，并设置全光照处理对照组 CK。将接入培养基的花蕾分别置于不同时长的暗处理下，以 5d 为间隔持续观察培养状态，记录萌动时间，35d 后记录诱导率和生长状况。每个处理 6 瓶，重复 3 次。

1.2.3 诱导培养基激素浓度配比筛选

设置 6-BA、NAA 的不同水平配比，采用完全随机区组试验设计（表 1），并设置空白培养基为对照组 CK，每个处理接 10 瓶，重复 3 次。35d 后统计诱导率、平均出苗数，并记录生长状况，分析不同激素浓度对花蕾的诱导培养的影响。

表 1 诱导培养基激素配比

Table1 Hormone combination in the induction medium

水平	因素	
	6-BA（mg · L^{-1}）	NAA/mg（L^{-1}）
1	0.5	0.1
2	1.0	0.3
3	1.5	0.5

1.2.4 继代增殖培养基激素配比筛选

将诱导阶段诱导出的小苗剪切分成单株接入增殖培养基进行继代增殖培养。设置 6-BA、NAA 各 3 个水平，进行完全随机区组试验（表 2），每个处理接 10 瓶，重复 3 次。35d 后统计增殖率和增殖系数，并记录生长状况。

表 2 继代增殖培养基激素配比

Table2 Hormone combination in the multiplication medium

水平	因素	
	6-BA（mg · L^{-1}）	NAA（mg · L^{-1}）
1	1.0	0.1
2	1.5	0.3
3	2.0	0.5

1.2.5 壮苗培养基无机盐、生长素水平筛选

从增殖出的小苗中选择长势一致、株高约 2cm 的小苗接入壮苗培养基培养。设置不同水平的无机盐、NAA、IBA 进行正交试验（表 3），每个处理接 20 瓶，重复 3 次。25d 后记录根系生长状况、苗高、苗径及长势。

表 3 壮苗培养基无机盐、NAA、IBA 正交试验设计

Table3 Orthogonal design of mineral salt，NAA，IBA in the rooting medium

水平	因素		
	无机盐	NAA（mg · L^{-1}）	IBA（mg · L^{-1}）
1	1/4MS	0.05	0
2	1/2MS	0.1	0.1
3	MS	0.3	0.3

1.2.6 壮苗培养基矮壮素（CCC）、活性炭（AC）浓度筛选

在 1/2MS + NAA0.1mg · L^{-1} + IBA0.1mg · L^{-1} 基础上，设置不同水平 CCC（1.0、2.0、3.0mg · L^{-1}）和 AC（1.0、3.0、5.0g · L^{-1}），采用完全随机区组试验设计，接入经前一阶段壮苗试验、长势一致、无徒长现象的植株，每个处理接 20 瓶，重复 3 次。45d 后统计苗高、苗径、节间距及长势。

1.2.7 数据统计公式

污染率（%）= 污染的外植体数/接种的外植体数 ×100%

成活率（%）= 成活的外植体数/接种的外植体数 ×100%

总耗损率（%）= 污染率 +（1 − 死亡率）

丛生芽诱导率（%）= 诱导出丛生芽的外植体数/

未污染的外植体数×100%

花芽诱导率(%)=诱导出花芽的外植体数/未污染的外植体数×100%

平均出苗数(株)=诱导出的苗数/未污染的外植体数

增殖率(%)=产生增殖的苗数/接种的苗数×100%

增殖系数=新形成的苗数/产生增殖的苗数

开花率(%)=开花的苗数/总苗数×100%

1.3 培养条件

培养室照明用36W全光谱日光灯，光照强度2500lx，光照时长14h/d，培养温度23±2℃。所有试验基本培养基均为MS培养基，添加琼脂6g·L^{-1}，调节pH值为5.8~6.0。

2 结果与分析

试验数据采用Excel和SPSS18.0(Statistical Product and Service Solution)软件进行数据统计、方差分析和多重比较，并采用Duncan氏新复极差法进行差异显著性分析。

2.1 不同灭菌处理的灭菌效果

试验依据花蕾外植体带菌较少但耐受性不强的特点，设计4组处理，通过比较污染率、成活率以及总耗损率筛选最适灭菌组合，结果见表4。

表4 不同灭菌处理的灭菌效果

Table4 Sterilization effect of different treatment

编号	75%酒精(min)	2% NaClO(min)	污染率(%)	成活率(%)	总耗损率(%)
1	30	5	35.56±2.55aA	94.44±0.96aA	41.12±2.55aA
2	30	8	7.22±0.96bB	91.67±1.67aA	15.55±2.54cC
3	30	12	1.11±0.96cC	75.00±2.89bB	26.11±3.47bB
4	15	8	7.78±0.96bB	95.56±1.93aA	12.22±0.97cC

注：表中不同小写字母表示在0.05水平上差异显著，不同大写字母表示在0.01水平上差异显著(下同)。

从表4可得，外植体污染率随酒精和次氯酸钠(NaClO)处理时间的延长而降低，成活率也随之降低。污染率在75%酒精30s+2% NaClO 12min处理下最低，为1.11%，极显著低于其他处理。成活率在2% NaClO 12min处理下仅为75.00%，极显著低于其他处理，在75%酒精15s+2% NaClO 8min处理下最高，为95.56%。同时考虑污染和因灭菌过度而死亡两个外植体耗损因素，总耗损率呈现先下降后上升的趋势，在75%酒精15s+2% NaClO 8min处理下达到最低，为12.22%，极显著低于处理1、处理3，为较适宜的长寿花花蕾灭菌时长组合。

2.2 诱导培养

将花蕾接入诱导培养基，进行持续观察。观察发现，接种后原花蕾逐渐开放，同时伴随着花梗逐渐膨大，并从花梗、花托处产生凸起，进而诱导出新的植株的现象。诱导出的新植株在不同时长的暗处理和不同水平激素处理下，出现丛生芽和花芽两种诱导结果，其中诱导出花芽的情况又分为：①直接诱导出新的花芽并逐渐开放；②先产生幼苗，待幼苗生长至具4~6片叶时顶端产生花芽。

2.2.1 暗处理时长对诱导的影响

常规生产栽培下长寿花花序对光照反应敏感，故组织培养条件下不同的暗处理时长可能对花蕾诱导丛生芽产生影响。试验设计对外植体分别进行3d、7d、14d暗处理，与直接置于光照下培养进行对照，比较不同处理间外植体萌动时间及诱导率的差异。诱导出现丛生芽和花芽两种结果，具体见表5。

表5 暗处理时长对诱导的影响

Table5 Effect of length of dark treatment on inducing culture

编号	暗处理时长(d)	萌动时间(d)	丛生芽诱导率(%)	花芽诱导率(%)	生长状况
1	3	16.06±0.35dC	77.78±2.55aA	2.78±0.96cC	丛生芽健壮
2	7	17.78±0.51bB	57.22±3.47bB	10.00±1.67bB	丛生芽较健壮
3	14	25.89±0.35aA	3.89±0.96cC	63.89±1.92aA	丛生芽少较细弱，徒长
CK	0	16.78±0.10cBC	76.11±2.55aA	1.11±0.96cC	丛生芽健壮

从表5可得，随暗处理时长延长，外植体萌动时间呈现先缩短后延长趋势，在暗处理3d时萌动时间最短，为16.06d，显著短于其他处理，极显著短于7d和14d暗处理。从生芽诱导率随暗处理时长延长先提高后降低，暗处理3d时为77.78%，其次为无暗处理时为76.11%，均极显著高于7d和14d暗处理，且丛生芽生长健壮。当暗处理为14d时，萌发时间为25.89d，丛生芽诱导率仅为3.89%，均极显著低于其他处理，且诱导出的丛生芽长势较差，较细弱，有徒长趋势。故3d为较适宜的长寿花花蕾诱导丛生芽培养暗处理时长。

上述试验结果表明，短时间暗处理能缩短萌动时间，提高萌发率，长时间暗处理则会抑制外植体诱导丛生芽。可能是由于光照会对长寿花花蕾的开放产生刺激，接种后短时间处于黑暗条件下能减缓花蕾开放，将营养积蓄用于丛生芽诱导，由此促进萌动，提高诱导率；而长时间黑暗条件则造成光照长期不足，反而抑制了丛生芽的诱导。

此外，在长寿花花蕾诱导的暗处理培养过程中出现了花芽诱导的现象。对不同暗处理时长下的花芽诱导率进行统计，并进行方差分析，结果显示暗处理时长对花芽诱导率的影响达到极显著水平，进一步进行多重比较，结果见表5。从表5可得，花芽诱导率随暗处理时间延长而提高，无暗处理和暗处理3d时花芽诱导率较低，分别仅为1.11%和2.78%，两者间无显著差异；花芽诱导率在暗处理14d时有明显增大，相比暗处理7d时提高了53.89%，达到最大值63.89%，极显著高于其他处理。

2.2.2 不同水平6-BA、NAA对诱导的影响

在培养基中添加不同水平的6-BA、NAA进行诱导培养。从表6可得，当培养基不添加6-BA、NAA时，花蕾外植体诱导率为0，说明外源激素的水平调控和配比对长寿花花蕾的诱导分化至关重要。对各处理组合的丛生芽诱导率和平均出苗数进行方差分析，F检验结果显示6-BA、NAA及两者交互作用均达到显著水平，进一步进行多重比较，结果见表6至表8。

表6 不同水平6-BA、NAA对诱导的影响

Table6 Effect of different 6-BA, NAA concentration on inducing culture

编号	6-BA($mg \cdot L^{-1}$)	NAA($mg \cdot L^{-1}$)	丛生芽诱导率(%)	平均出苗数(株)	花芽诱导率(%)	生长状况
1	0.5	0.1	17.78±3.47dD	1.10±0.10abAB	42.78±3.47bB	丛生芽较细弱
2	1.0	0.1	38.89±3.47cC	1.29±0.08abA	25.56±0.96cC	有轻微玻璃化现象
3	1.5	0.1	58.89±0.96bB	1.39±0.11aA	23.89±0.96cC	有玻璃化和徒长现象
4	0.5	0.3	8.89±0.96eE	0.93±0.12bcAB	70.56±2.55aA	产生愈伤组织
5	1.0	0.3	63.89±6.31bB	1.21±0.03baAB	16.11±1.92dD	丛生芽健壮，长势好
6	1.5	0.3	84.44±4.20aA	1.37±0.09aA	0±0gF	丛生芽健壮，长势好
7	0.5	0.5	2.78±2.55eE	0.67±0.58cB	9.44±2.55eE	外植体基部膨大，产生大量愈伤组织
8	1.0	0.5	62.22±3.47bB	1.04±0.01abcAB	3.33±1.67fF	丛生芽生长缓慢
9	1.5	0.5	82.78±1.92aA	1.17±0.03abAB	0±0gF	丛生芽健壮，少数有轻微玻璃化现象
CK	0	0	0±0fF	0±0dC	0±0gF	花蕾正常开放凋谢，无诱导现象

表7 6-BA各水平差异显著性分析

Table7 Significant difference analysis of different 6-BA concentration

6-BA ($mg \cdot L^{-1}$)	丛生芽诱导率 (%)	平均出苗数 (株)	花芽诱导率 (%)
0.5	9.81cC	0.90bB	40.93aA
1.0	55.00bB	1.18aA	15.00bB
1.5	75.37aA	1.31aA	7.96bB

表8 NAA各水平差异显著性分析

Table8 Significant difference analysis of different NAA concentration

NAA ($mg \cdot L^{-1}$)	丛生芽诱导率 (%)	平均出苗数 (株)	花芽诱导率 (%)
0.1	38.52bA	1.26aA	30.74aA
0.3	52.41aA	1.17aAB	28.89aA
0.5	49.26aA	0.96bB	4.26bB

分析表6、表7、表8可得，6-BA各水平对丛生芽诱导率的影响差异极显著，NAA仅在0.1 $mg \cdot L^{-1}$ 水平与其他两水平差异显著；两种激素对平均出苗数的影响均只有两个水平与另一水平差异显著，综合来看，6-BA浓度起主导作用。当激素水平为6-BA1.5 $mg \cdot L^{-1}$ +NAA0.3、0.5 $mg \cdot L^{-1}$ (即6-BA和NAA浓度比值为5∶1和3∶1)时丛生芽诱导率最高，分别为84.44%和82.78%，两者间无显著差异，均极显著高于其他处理，但后一处理丛生芽有轻微玻璃化现象。6-BA0.5 $mg \cdot L^{-1}$ +NAA0.5 $mg \cdot L^{-1}$ (即6-BA和NAA浓度比值为1∶1)处理下丛生芽诱导率最低，仅为2.78%，且基部产生大量愈伤组织。当6-BA与NAA的浓度比为1.5∶1时，平均出苗数为1.39株，但出现了丛生芽玻璃化和徒长的现象；当6-BA与NAA的浓度比为1∶1时，平均出苗数为0.63株。综

合数据分析，除激素浓度影响外，两种激素浓度比值也对丛生芽诱导产生作用，可能是由于当浓度过于接近时两种激素相互抑制，浓度差异较大时浓度大的激素发挥主要作用。最适宜的诱导培养基为 MS + 6-BA 1.5mg·L^{-1} + NAA0.3 mg·L^{-1}。

同时，不同激素水平处理诱导培养中也出现了花芽诱导的现象。对不同水平激素处理下的花芽诱导率进行统计，并进行方差分析，结果显示 6-BA、NAA、6-BA×NAA 交互作用对花芽诱导率的影响均达到极显著水平，并进一步进行多重比较，结果见表6、表7、表8。由表6中数据可得，当 NAA 浓度相同时，花芽诱导率随6-BA浓度增大而降低。当6-BA浓度较低(0.5mg·L^{-1})时，花芽诱导率随 NAA 浓度增大表现为先升高后降低，6-BA 浓度较高(≥1.0mg·L^{-1})时则随 NAA 浓度增大而降低。花芽诱导率在6-BA 0.5mg·L^{-1} + NAA0.3mg·L^{-1}处理下最大，达到 70.56%，显著高于其他处理；在 6-BA1.5mg·L^{-1} + NAA0.3mg·L^{-1}、0.5mg·L^{-1}处理下最低，为0。分析表7、表8中6-BA、NAA 单因素对花芽诱导率的影响，6-BA 在0.5mg·L^{-1}水平极显著高于其他两组处理，花芽诱导率达 40.93%；NAA 在 0.1mg·L^{-1}、0.3mg·L^{-1}水平间无显著差异，均极显著高于 0.5mg·L^{-1}水平处理；花芽诱导率随两种激素浓度的升高均表现为逐渐下降的趋势。

2.3 不同水平 6-BA、NAA 对继代增殖的影响

从表9可得，增殖率和增殖系数均表现为：当 NAA 浓度一定时随 6-BA 浓度增大而升高，当 6-BA 浓度一定时随 NAA 浓度增大而降低。在 6-BA2.0mg·L^{-1} + NAA0.1mg·L^{-1}、0.3mg·L^{-1}处理下，增殖率和增殖系数均达到最高值，分别为 60.00%、5.09 和 58.89%、5.02，两处理间无显著差异，均显著高于其他处理，但 NAA 浓度为 0.1mg·L^{-1}时增殖的丛生芽节间较长，有明显徒长和玻璃化现象。观察丛生芽长势，当 NAA 浓度为 0.1mg·L^{-1}时增殖的丛生芽均较细弱，叶色发黄；当低浓度 6-BA 与 NAA0.5mg·L^{-1}共同作用时丛生芽基部易产生大量愈伤组织，不利于丛生芽本身对养分的吸收，影响其生长。综合增殖率、增殖系数及丛生芽生长状态，MS + 6-BA 2.0mg·L^{-1} + NAA0.3mg·L^{-1}为较适宜的增殖培养基。

2.4 壮苗培养

经继代增殖得到的小苗较为幼嫩，若直接进行移栽则成活率很低，需进一步进行壮苗培养。在本试验壮苗培养过程中，长寿花试管苗在苗高、苗径增大的同时还伴随出现了试管开花的现象。

2.4.1 无机盐、生长素水平对壮苗的影响

试验设置无机盐、6-BA、NAA 各3个水平进行正交设计，并对苗高、苗径、开花率进行方差分析和多重比较，结果见表10。

试验中各处理下植株长势不同，对苗高和苗径进行极差分析，结果见表11。

由表11可知，3个影响因子对长寿花壮苗培养中苗高的影响程度为：无机盐 > IBA > NAA，对苗径的影响程度为：无机盐 > NAA > IBA，即三者中无机盐浓度对整体壮苗效果起主导作用。苗高随无机盐、IBA 浓度增大而增大，在第三水平(MS 和 0.3mg·L^{-1})下苗高最大，均值分别为 3.53cm 和 3.33cm，但当无机盐浓度为 MS 时植株普遍出现徒长情况，不利于形成紧凑株形，观赏效果差。苗径随无机盐、NAA 浓度增大而先增大后减小，在第二水平(1/2MS 和 0.1mg·L^{-1})下苗径最大，均值分别为 3.36cm 和 3.00cm，随 IBA 浓度增大而增大，在第三水平(0.3mg·L^{-1})下达到最大均值 2.92cm。

表9 不同水平 6-BA、NAA 对继代增殖的影响

Table9 Effect of different 6-BA, NAA concentration on multiplication culture

编号	6-BA(mg·L^{-1})	NAA(mg·L^{-1})	增殖率(%)	增殖系数	生长状况
1	1.0	0.1	39.44±1.93cD	1.78±0.05eE	较细弱，生长较慢
2	1.5	0.1	54.44±2.55bBC	4.10±0.02bB	较细弱，叶色发黄
3	2.0	0.1	60.00±1.67aA	5.09±0.27aA	有徒长、玻璃化现象
4	1.0	0.3	32.78±0.96dE	1.66±0.02efEF	生长较慢，叶色发黄
5	1.5	0.3	53.89±2.55bBC	3.03±0.11cC	生长健壮，叶色油绿
6	2.0	0.3	58.89±0.96aAB	5.02±0.06aA	生长健壮，叶色油绿
7	1.0	0.5	22.22±1.92eF	1.45±0.04fF	基部明显膨大，伴随玻璃化现象，丛生芽较小，生长缓慢
8	1.5	0.5	40.56±2.54cD	2.18±0.04dD	基部有愈伤组织
9	2.0	0.5	53.33±1.66bC	4.12±0.18bB	生长健壮，叶色油绿

表 10 无机盐、NAA、IBA 对壮苗的影响

Table10 Effect of mineral salt, NAA, IBA on strengthening seedling

编号	无机盐	NAA(mg·L⁻¹)	IBA(mg·L⁻¹)	苗高(cm)	苗径(cm)	开花率(%)	生长状况
1	1/4MS	0.05	0	2.57±0.03hG	2.17±0.16eE	0±0bA	植株细弱，叶色发黄，根少且细
2	1/4MS	0.1	0.1	2.73±0.02gF	2.43±0.08dDE	0±0bA	植株细弱，叶色发黄
3	1/4MS	0.3	0.3	2.84±0.02fE	2.44±0.07dDE	0±0bA	叶片反卷，基部有愈伤组织产生
4	1/2MS	0.05	0.1	3.40±0.02cC	3.10±0.13bB	16.67±0.17abA	植株健壮，叶色油绿
5	1/2MS	0.1	0.3	3.51±0.03bB	3.55±0.06aA	22.22±0.19aA	植株健壮，叶色油绿
6	1/2MS	0.3	0	3.14±0.01eD	3.44±0.07aA	11.11±0.10abA	植株较健壮，叶色微黄
7	MS	0.05	0.3	3.63±0.01aA	2.77±0.17cC	5.56±0.09abA	徒长严重
8	MS	0.1	0	3.35±0.03dC	3.02±0.18bBC	5.56±0.09abA	稍有徒长，根较少
9	MS	0.3	0.1	3.62±0.02aA	2.72±0.11cCD	0±0bA	徒长严重

表 11 极差分析结果

Table11 Result of range analysis

Kij	苗高			苗径			开花率		
	无机盐	NAA	IBA	无机盐	NAA	IBA	无机盐	NAA	IBA
K1	9.14	9.60	9.06	7.04	8.04	8.63	0.00	22.23	16.67
K2	10.05	9.58	9.75	10.09	9.00	8.25	50.00	27.78	16.67
K3	10.60	9.60	9.98	8.51	8.76	8.76	11.12	11.11	27.78
X1	2.71	3.20	3.02	2.35	2.68	2.88	0.00	7.41	5.56
X2	3.35	3.19	3.25	3.36	3.00	2.75	16.67	9.26	5.56
X3	3.53	3.20	3.33	2.84	2.92	2.92	3.71	3.70	9.26
R	0.82	0.01	0.31	0.49	0.32	0.17	16.67	5.56	3.70

壮苗过程中部分试验组出现了试管开花现象。对各处理下开花率进行差异显著性分析和各影响因子的极差分析，结果见表 10、表 11。从表 10 可得，当无机盐浓度为 1/2MS 时开花率普遍较高，而当无机盐浓度为 1/4MS 时开花率均为 0。当 1/2MS + NAA0.1mg·L⁻¹ + IBA0.3mg·L⁻¹时开花率最高，达到 22.22%，但与其他出现开花现象的处理组无显著差异。从表 11 中可得，3 个影响因子对开花率的影响程度为：无机盐 > NAA > IBA，即无机盐对开花率影响最大。通过极差分析，无机盐第二水平(1/2MS)、NAA 第二水平(0.1mg·L⁻¹)、IBA 第三水平(0.3mg·L⁻¹)的均值最大，与实际试验结果一致。结合生长状况发现，试管开花现象多出现于生长健壮的植株。综上，较适宜的壮苗配方为1/2MS + NAA0.1mg·L⁻¹ + IBA0.3mg·L⁻¹，此时株高 3.51cm，苗径 3.55cm，开花率为 22.22%。

2.4.2 矮壮素、活性炭浓度对壮苗的影响

试验在 1/2MS + NAA0.1mg·L⁻¹ + IBA0.3mg·L⁻¹基础上添加不同水平的矮壮素和活性炭，结果统计苗高、苗径、节间距及开花率，以考量不同浓度 CCC 和 AC 作用下植株的株高、株形的饱满度和紧凑度以及试管开花现象，结果见表 12。

表 12 矮壮素、活性炭浓度对壮苗的影响

Table12 Effect of CCC and AC on strengthening seedling

编号	CCC(mg·L⁻¹)	AC(g·L⁻¹)	苗高(cm)	苗径(cm)	节间距(cm)	开花率(%)
1	1.0	1.0	5.26±0.16cBC	3.51±0.10cE	1.09±0.15aA	0±0dC
2	1.0	3.0	5.44±0.07abAB	3.54±0.08cDE	0.91±0.14bAB	5.56±0.09cdBC
3	1.0	5.0	5.19±0.07cC	3.38±0.03dE	0.90±0.13bAB	0±0dC
4	2.0	1.0	5.54±0.11abA	3.70±0.06bC	0.74±0.05cBC	22.22±0.10abcABC
5	2.0	3.0	5.58±0.13aA	3.88±0.07aAB	0.57±0.04dC	38.89±0.11aA
6	2.0	5.0	5.37±0.05bcABC	3.67±0.10bCD	0.71±0.06cdBC	16.67±0.17bcdABC
7	3.0	1.0	4.26±0.07deD	3.76±0.04bBC	0.59±0.04dC	0±0dC
8	3.0	3.0	4.39±0.04dD	3.98±0.11aA	0.56±0.04dC	27.78±0.10abAB
9	3.0	5.0	4.21±0.09eD	3.75±0.06bBC	0.66±0.02cdC	11.11±0.09bcdBC

从表 12 可得，苗高在矮壮素浓度分别为 1.0mg·L^{-1}、2.0mg·L^{-1}时几乎无显著差异，变化范围在 5.2～5.6cm 之间，当浓度为 3mg·L^{-1}时则极显著低于其他处理，约为 4.2～4.4cm；同时苗高随活性炭浓度增大先升高后降低。苗径在矮壮素浓度为 1mg·L^{-1}时极显著小于其他处理，约为 3.4～3.5cm，在浓度为 2.0mg·L^{-1}、3.0mg·L^{-1}时苗径显著增大，变化范围在 3.7～3.9cm 之间；同时苗径随活性炭浓度增大先增大后减小。节间距在矮壮素浓度为 1.0mg·L^{-1}时显著大于其他处理，约为 0.90～1.00cm，节间距过长，随矮壮素浓度增大而减小，浓度为 2.0mg·L^{-1}、3.0mg·L^{-1}时节间距均值分别 0.68cm 和 0.60cm。

开花率在 CCC2.0mg·L^{-1}、AC3.0g·L^{-1}时最大，达到 38.89%，显著高于处理 1、2、3、6、7、9。对 CCC 和 AC 进行单因素差异显著性分析，结果见表 13。

表 13　CCC、AC 各水平差异显著性分析

Table13　Significant difference analysis of different CCC and AC concentration

CCC(mg·L^{-1})	开花率(%)	AC(g·L^{-1})	开花率(%)
1.0	3.70bB	1.0	7.41bB
2.0	27.78aA	3.0	25.93aA
3.0	11.11bB	5.0	9.26bB

从表 13 可得，CCC 和 AC 对开花率的影响极显著，开花率随 CCC 和 AC 浓度的增大均表现为先增大后减小的趋势，在第二水平(CCC2.0mg·L^{-1}、AC3g·L^{-1})下开花率最高，且极显著高于其他两个水平。综合植株长势及各项指标，在壮苗培养基中添加 CCC2～3mg·L^{-1}和 AC3 g·L^{-1}较为适宜。

3　讨论

目前，长寿花的组培快繁主要以茎段作为外植体建立无菌体系进行，技术已较为成熟，但以茎段为外植体取材时对原植株破坏严重，且由于长寿花株型矮小紧凑，每株可获得的茎段数量较少，取材效率低，生产成本高。此外还有利用长寿花叶片进行组织培养，但仅限于幼嫩叶片(马国华 等，2003；孙利娜，2011)，进行商品化生产可行性较低。若能充分利用长寿花开花繁茂、自然花期长的特点，以花器官为外植体进行组织培养，则外植体数量相对较大，且简单易取得，还能最大限度避免破坏长寿花植株整体观赏性，从而达到降低成本，提高外植体获取效率的目的。

目前对长寿花花器官进行完整组织培养的研究鲜少见到，且对影响因素研究较不系统。李凤兰等(2003)对重瓣长寿花花序芽进行离体培养，对 6-BA、2,4-D 分别设置 2 水平，添加 2.0mg·L^{-1} NAA 进行诱导试验，得出 2.0mg·L^{-1}6-BA 较为适宜，诱导率为 86.70%，但丛生芽节间较长，不利于形成紧凑的株型。程军(2010)在长寿花花序离体快繁的研究中，对诱导培养设计 4 个处理组，研究不同水平 6-BA 和 IAA 对丛生芽的诱导作用，研究发现长寿花丛生芽诱导可能存在“群体效应”，即增殖系数越高时丛生芽生长越健壮。本试验对长寿花花芽组织培养的各个阶段进行了系统的试验设计，其中在继代增殖阶段发现丛生芽增殖系数过高，生长过于密集会导致徒长、叶片黄化现象，与上述“群体效应”有所不同。此外，本试验通过添加 2～3mg·L^{-1}矮壮素和 3g·L^{-1}活性炭，将长寿花试管苗节间控制在适宜水平，使其能形成较为紧凑丰满的株型。

此外，本试验在诱导阶段和壮苗阶段均出现了试管开花的现象。其中，诱导阶段试管开花包括：①直接从花梗、花托诱导出新的单一花芽或小花序；②先诱导出小苗，生长一段时间后顶端出现花蕾；壮苗阶段则是在壮苗植株顶端产生花蕾。试验结果显示，在诱导阶段暗处理和激素处理均对开花产生影响。分析原因，可能是由于暗处理为离体花器官提供了黑暗条件，较长时间的暗处理模拟了长寿花花芽诱导所需的短日照环境，进行了花芽分化从而诱导出新的花蕾或带有花芽的幼苗，而直接置于光照或较短时间的暗处理则不足以使其完成花芽分化。激素对开花的作用可能是通过不同的激素种类及浓度来刺激外植体向花芽的方向进行分化。有研究发现，10^{-6}mol·L^{-1}激动素(KT)和玉米素(ZT)能使烟草薄层外植体分别形成花芽和营养芽(赵云鹏 等，2003)；当 KT 与 IAA 浓度相等(10^{-6} mol·L^{-1})时烟草薄层外植体能直接分化出花芽，而维持 IAA 浓度不变，KT 浓度增大或减小时则分别分化出营养芽和愈伤组织(曹国仪，唐锡华，1988)。本试验中 0.5mg·L^{-1}6-BA 与 0.1、0.3mg·L^{-1} NAA 组合处理时花芽诱导率最高，可作为参考展开进一步试验。在壮苗阶段发生试管开花现象，可能与添加的生长素有关，罗娅等(2009)研究发现在 MS 培养基中添加 2.0～4.5mg·L^{-1} NAA 能使长寿花试管苗开花，其中添加 2.5mg·L^{-1} NAA 花芽诱导率最高，为 35.6%。另有研究发现外植体部位离花梗越近，形成的花芽原基越多(曹国仪，唐锡华，1988)，所以花器官外植体本身的特殊性也可能是本试验中产生试管开花的原因。此外，郑新会等(2013)研究发现 16℃培养温度、8h/d 光周期对长寿花试管开花有促进作用。今后长寿花试管开花研究可结合以上影响因素进行更系统的研究。

图版：长寿花花器官组织培养的几个阶段

Several stages on floral organ tissue culture of *Kalanchoe blossfeldiana*‘Don Bombero’

图版说明：A. 花蕾形态学向上接种；B. 诱导丛生芽；C. 壮苗培养；D. 外植体直接诱导花芽；E. 诱导阶段丛生芽开花；F. 壮苗阶段试管开花

参考文献

1. 曹国仪，唐锡华．烟草茎薄层培养直接形成花芽及其极性现象（简报）[J]．植物生理学通讯，1988(03)：47－49.
2. 程军．重瓣长寿花花序离体快繁研究[J]．北方园艺，2010(02)：166－168.
3. 李凤兰，胡国富，杜景红，等．长寿花(*Kalanchoe blossfeldiana* CV. Tom Thumb)花序芽培养及植株再生[J]．东北农业大学学报，2003(03)：314－317.
4. 罗娅，汤浩茹，邓涛艳，等．长寿花快繁及试管苗开花研究[J]．安徽农业科学，2009(06)：2389－2390.
5. 马国华，刘念．从长寿花嫩叶直接诱导体细胞胚和出芽[J]．植物生理学通讯，2003(06)：625.
6. 孙利娜．长寿花嫩叶片的组织培养研究[J]．西部林业科学，2011(02)：48－51.
7. 赵云鹏，郭维明，陆红梅．细胞薄层培养在植物激素调节形态发生研究中的应用[J]．植物生理学通讯，2003(04)：385－390.
8. 郑新会，柳俊，袁继红，等．粉花长寿花试管花卉研究[J]．上海农业学报，2013(04)：72－74.

野茉莉（*Styrax japonicus*）组培快繁技术研究

王文君　刘庆华[①]　王奎玲　张翠萍
（青岛农业大学园林与林学院，青岛 266109）

摘要　本试验以野茉莉种胚苗为材料，对其进行离体快速繁殖研究。结果表明：用 2g・L^{-1} NaClO 处理低温贮藏的野茉莉种子 15min 即可达到较好的杀菌效果。增殖效果良好的培养基是 MS + BA 0.1mg・L^{-1} + IBA 0.3mg・L^{-1}，增殖系数达到 5.55，芽多且粗壮；采用两阶段诱导野茉莉生根，100mg・L^{-1}IBA 处理 7d，转入 1/2MS 培养，生根数最多，生根率为 77.8%。泥炭土和珍珠岩比例为 1∶1 作为基质，以穴盘作为容器，组培苗移栽成活率达到 80%，组培苗叶色鲜艳，长势良好。该研究为品种的大规模繁殖和大面积推广提供了参考。

关键词　野茉莉；种胚苗；组培快繁

Study on Embroy Culture of *Styrax japonicus*

WANG Wen-jun　LIU Qing-hua　WANG Kui-ling　ZHANG Cui-ping
（*College of Landscape Architecture and Forestry，*
Qingdao Agricultural University，*Qingdao* 266109）

Abstract Experiments on tissue culture of *Styrax japonicus* was conducted by taking the seeds as explants. The results show that the 2g・L^{-1} NaClO handing of seeds that being cryogenic storage was better，the best soak time was 5 min. MS medium with 0.1 mg・L^{-1} BA and 0.3mg・L^{-1} IBA was the most suitable for the propagation of Styrax japonicas，and the propagation rate reached 5.55 times，bud is abundant and healthy. Treatments with 100 mg/L IBA for 3 days had the best root induction effect，topped to 77.8 % of rooting rate. Taking nutrition pot as container，peat soil and perlite as transplanting medium（1∶1），the transplant survival rate was over 80%. There were many lateral roots and the plantlets which grew rapidly and vigorously. This method was suitable for tissue culture of *Styrax japonicus* and laid foundations for its large-scaled propagation and large area promotion.

Key words　*Styrax japonicus*；Tissue culture；Rapid propagation system

野茉莉（*Styrax japonicus*），属于安息香科安息香属（中国植物志，1984），木材可作器具、雕刻等细工用材；种子油可作肥皂或机器润滑油，油粕可作肥料；花美丽芳香，可作庭园观赏植物（芦建国 等，2009），具有较高的经济和观赏价值。

目前，随着野茉莉的药用保健方面的研究和开发，野茉莉的需求量变得越来越大，但野茉莉仍然主要靠种子繁殖，存在发芽率较低的问题（王桂萍 等，2013），常用的引种驯化方式也不利于野生种质资源的保护（崔纪如和赵世伟），而通过组培快繁技术能迅速大量地获得再生群体，有利于野茉莉的推广种植（马祎和刘青林，2001），但尚未见野茉莉组培快繁技术的研究报道。现以野茉莉种胚苗茎段为外植体，进行组织培养快速繁殖，确定增殖培养和生根培养的最佳配方，建立完整的野茉莉组织培养植株再生体系，为此优良树种的种质资源保护和开发利用提供理论依据。

1　材料与方法

1.1　试验材料

试验所用野茉莉种子取自青岛市崂山区，4℃冰箱储藏备用。

① 通讯作者。Author for correspondence：刘庆华，男，青岛农业大学教授，E-mail：lqh6205@163.com。

1.2 试验方法

1.2.1 材料处理

选取均匀、饱满的种子，浸泡3～4h，剥去木质化种皮；然后用流水冲洗12h，蒸馏水冲洗1遍；在超净工作台上用75%乙醇浸泡1min；分别置于$1g \cdot L^{-1}$和$2g \cdot L^{-1}$的NaClO中灭菌15min，期间不断搅拌，使其混合均匀；用无菌水冲洗5～6遍；然后剥取种胚，待接种。

1.2.2 培养条件

培养温度25～28℃，光照时间12h/d，光照度2000lx(王奎玲 等，2010)。

1.2.3 启动培养

MS为基本培养基，附加3%蔗糖和0.8%琼脂，pH值调至5.8～6.0，在121℃高压灭菌30min，培养基凝固后，接种种胚。培养25d后调查并统计外植体的污染率和发芽率。

1.2.4 增殖培养

试验设计两种方案，均以MS为基本培养基。方案一：加入不同浓度的BA、NAA两种生长激素。研究BA(0、0.3、1、$3mg \cdot L^{-1}$)与NAA(0、0.3、1、$3mg \cdot L^{-1}$)不同浓度组合对芽增殖和植株生长的影响，每个处理6瓶，共96瓶。方案二：加入不同浓度的BA、IBA两种生长激素。研究BA(0.1、0.3、$0.5mg \cdot L^{-1}$)与IBA(0.1、$0.3mg \cdot L^{-1}$)不同浓度组合对芽增殖和植株生长的影响，每个处理6瓶，共36瓶。

无菌苗的茎段每2～3个节剪成一段，插入增殖培养基中诱导丛生芽。培养过程中，每周观察外植体增殖状况，培养25d后统计无菌苗增殖情况。

1.2.5 生根培养

采用两步生根法诱导丛生芽生根(张亮亮，2013)。第一阶段用$0.1g \cdot L^{-1}$的IBA处理不同天数(0、3、5、7、10、14d)；第二阶段用1/2 MS培养基。

选择健壮无菌苗，剪取2～2.5cm有芽的茎段，接种到上述培养基中。每种处理6瓶，共36瓶，培养25d后调查和统计无菌苗生根状况。

1.2.6 炼苗移栽

将生根苗(根长约2.0～3.0cm)从组培室转移到室温散射光条件下，先拧松瓶盖炼苗7d，然后揭开瓶盖，于室内放置3～4d，取出生根苗，洗净根部培养基，温室移栽，基质为珍珠岩与草炭按照1:1比例混合而成，用多菌灵浇透，基质湿度为70%左右。

1.3 数据统计

数据统计分析应用SPASS软件。

污染率 =(污染外植体总数/接种外植体总数)×100%

成活率 = 萌芽外植体数/(外植体总数－污染外植体总数)×100%

增殖系数 = 增殖的丛生芽数/接种的外植体数×100%

2 结果与分析

2.1 外植体的消毒

野茉莉种子外层有木质化的种皮，影响消毒效果，故在接种前先剥除木质种皮。考虑到NaClO对外植体的毒害作用及野茉莉胚乳内可能含污染物，杀菌时间控制在15min。试验结果显示，用$2g \cdot L^{-1}$ NaClO对外植体进行消毒处理，污染率为12%，种胚成活率为80%，而用$1g \cdot L^{-1}$ NaClO消毒处理污染率明显偏高，观察还发现植株主要出现细菌污染。

2.2 不同激素对芽增殖的影响

不同质量浓度的BA与NAA组合对野茉莉茎段增殖的影响，结果如表1所示，随着NAA质量浓度的增大，增殖系数出现递减趋势，植株生长高度也逐渐减小，说明在一定BA浓度时，添加NAA不利于芽的增殖，同时表现出浓度越大植株生长量越小，愈伤组织越多；当NAA浓度一定时，随着BA的增加，增殖系数和株高增长量均先增加后减小。当培养基为MS＋BA $0.3mg \cdot L^{-1}$时，增殖系数为5.5，株高最高达2.15cm，为野茉莉增殖的最佳培养基。

研究不同质量浓度BA与IBA组合对野茉莉茎段增殖的影响，结果显示如表2，当BA质量浓度一定，随着IBA质量浓度的增加，增殖系数增大，说明BA质量浓度一定时，添加IBA能够促进芽的增殖和植株生长；当IBA质量浓度不变，随着BA质量浓度增加，增殖系数增大，无菌苗明显增高，当培养基为MS＋BA $0.1mg \cdot L^{-1}$＋IBA $0.3mg \cdot L^{-1}$时，增殖系数为5.55，为6组数据最大，株高最大为2.5cm。

2.3 激素处理不同天数对生根的影响

IBA处理对野茉莉生根诱导如表3所示，随着$100mg \cdot L^{-1}$IBA处理天数的增加，生根数先增多后减少，根长增长量也出现先增大后减小的趋势，增殖芽数逐渐减小。其中，IBA处理天数为7天的实验组，生根14条，根长最长，株高最高为3.2cm，由此可知，IBA处理天数太长，不利于野茉莉根的分化。

表 1 不同质量浓度 BA 和 NAA 组合对野茉莉芽增殖的影响

Table 1 The influence of different BA and NAA concentration treatment on multiplication

处理	植物生长调节物(mg/L)		株数(个)	增殖后株数(个)	芽增殖系数	株高(cm)	其他生长情况
	BA	NAA					
1	0.0	0.0	16	54	5.4a	1.34+0.15ab	叶深绿，较大，有1株生根，长约3cm
2	0.0	0.3	16	43	4.3bc	1.29+0.19ab	形成愈伤，叶色较深
3	0.0	1.0	16	22	2.2bc	1.30+0.19bcd	芽少
4	0.0	3.0	16	20	2.0cde	1.15+0.23cd	叶有卷曲，愈伤组织多，1株生根3条，约0.5cm
5	0.3	0.0	16	55	5.5ab	2.15+0.12a	无愈伤
6	0.3	0.3	16	53	5.3bc	2.14+0.15abc	叶片较小
7	0.3	1.0	16	26	2.6cd	1.98+0.18cde	芽少，茎细弱
8	0.3	3.0	16	22	2.2cde	2.00+0.15de	愈伤多
9	1.0	0.0	16	49	4.9ab	2.04+0.18a	叶色浅
10	1.0	0.3	16	31	3.1bc	1.89+0.21bc	节间短，叶片数量多，叶脉下陷，叶色浅
11	1.0	1.0	16	16	1.6c	1.64+0.13bc	叶色浅，叶柄长
12	1.0	3.0	16	20	2.0cde	1.62+0.14bcd	叶反卷，叶色浅
13	3.0	0.0	16	42	4.2a	1.37+0.17ab	节间短
14	3.0	0.3	16	25	2.5bc	1.11+0.16abc	节间较短，茎秆较粗
15	3.0	1.0	16	18	1.8bc	1.25+0.14bc	叶色偏黄
16	3.0	3.0	16	20	2.0de	1.12+0.19cde	叶较小

表 2 不同质量浓度 BA 和 IBA 组合对野茉莉芽增殖的影响

Table 2 The influence of different BA and IBA concentration treatment on multiplication

处理	植物生长调节物(mg/L)		株数(个)	增殖后株数(个)	芽增殖系数	株高(cm)	其他生长情况
	BA	IBA					
1	0.1	0.1	10	44	4.41b	1.34+0.15a	叶片稍反卷，节间距离较短
2	0.1	0.3	12	55	5.55ab	1.81+0.19a	
3	0.3	0.1	12	46	4.64ab	1.60+0.19a	
4	0.3	0.3	10	45	4.55ab	1.59+0.23a	有一株出现生根，根长约0.5cm
5	0.5	0.1	12	38	3.88ab	1.31+0.12a	叶片反卷，节间短
6	0.5	0.3	11	45	4.45a	1.55+0.15a	叶片较大，出现少量愈伤组织

表 3 IBA 处理不同天数对野茉莉生根的影响

Table 3 The influence of different days concentration treatment on rooting

处理/天	浓度(mg/L)	株数(个)	根长(cm)	根数(条)	芽数(个)	株高(cm)	其他生长情况
0	100	18	0	0	5.24+0.32a	1.55+0.93ab	生长正常，不生根
3	100	18	1.77+0.69a	4	4.72+0.43a	1.25+0.14b	根长且粗壮
5	100	18	0.40+0.14a	2	4.42+0.32a	1.46+0.15ab	根细弱，叶片较大，节间稍长
7	100	18	2.25+0.30a	14	4.50+0.31a	1.73+0.26a	叶片大，颜色较深
10	100	18	2.10+0.42a	4	4.88+0.32a	1.48+0.07ab	有枯梢现象

2.4 瓶外生根情况

将瓶内生根的无菌苗温室炼苗，然后移入栽培基质中。结果表明，野茉莉组培苗能在基质中正常生根，覆膜一段时间后，逐渐把保鲜膜掀开，保持通风阴凉的环境，避免湿度过大，现待根系充满整个穴盘后，可将生根的穴盘苗定植到体积更大的容器中进行培养。

3 结论与讨论

安息香属植物多蒴果，其丰富的胚乳导致外植体消毒成功率低，切除胚乳可以降低污染率，缩短生长周期(张亮亮 等，2013)，另外杀菌效果与外植体的类型及材料所处的环境不同有关(孙宁 等，2008)，本试验发现，用2g · L^{-1} NaClO 处理低温贮藏的野茉莉种子 15min 即可达到较好的杀菌效果。

木本植物组织培养中常用的植物激素有 IBA、NAA、2,4-D 等生长素，赤霉素 GA 和 BA、KT、ZT 等细胞分裂素(郑玉梅和刘青林，2001)。已有试验发现 6-BA 对不定芽的分化及增殖有着显著的作用，使用浓度范围大多在 0.05 ~ 3.00mg · L^{-1}(马燕 等，2012)，也有试验证明添加 NAA 或者 IBA 增殖效果更明显(刘英 等，2013)。所以本试验进行了两组增殖处理，发现 MS + BA 0.3mg · L^{-1}和 MS + BA 0.1mg · L^{-1} + IBA 0.3mg · L^{-1}两种激素配比对野茉莉增殖效果均较好。但继代次数多少会影响增殖效果，并且植物组织或细胞的变异率随培养时间的延长而增加(朱靖杰，1995)，所以野茉莉继代增殖效果仍有待研究。

组培苗的生根的好坏直接影响移栽的成活率(张素勤 等，2007)，而外源激素是不定根形成的重要诱导剂，IBA 可以调节内源 NAA 和 ABA 浓度从而影响生根(王清民 等，2006)。本试验发现先用 IBA 处理 7d 后，转移到 1/2MS 中，生根率高达 77.8%。另外，有试验发现不经炼苗的生根苗移栽的小苗易染病，其成活率也偏低，故本实验将健壮的生根组培苗于温室炼苗，取出组培苗，清洗干净组培苗根系上的琼脂，用多菌灵消毒后移栽至盛有基质的穴盘中，轻压基质并浇定植水，基质采用泥炭土: 珍珠岩为 1: 1。

此快繁体系解决了大规模繁殖时材料和季节的限制，为扩大生产提供了有效途径。

附图：Figures：

图 1 野茉莉种胚接种

Fig. 1 explant cultur

图 2 野茉莉苗增殖

Fig. 2 Propagation of bud

图 3 野茉莉苗生根

Fig. 3 Rooting of bud

参考文献

1. 蔡能，王晓明，李永欣，等. 2016. 紫薇优良品种‘晓明 1 号’组培快繁体系的建立[J]. 中国农学通报，32(1)：22 - 27.
2. 崔纪如，赵世伟. 野茉莉的引种栽培. 北京市植物园.
3. 高效民. 1984. 植物离体培养中染色体的变异[J]. 细胞生物学杂志，6(1)：5 - 12.
4. 刘英，曾炳山，裘珍飞，等. 2003. 西南桦以芽组培快繁研究[J]. 林业科学研究. 16(6)：715 - 719.
5. 芦建国，梁同江，李舒仪. 2009. 福建武夷山国家级自然保护区野茉莉科植物资源利用前景[J]. 福建林业科技，36(3)：182 - 185.
6. 马燕，韩瑞超，臧德奎，等. 2012. 木本观赏植物组织培养研究进展[J]. 安徽农业科学，40 (4)：1956 - 1958.
7. 马祎，刘青林. 2001，本观赏植物离体快速繁殖的关键技术研究[J]. 北京林业大学学报，23：21 - 23.
8. 王桂萍，胡光平，韩堂松，等. 2013. 赤霉素处理对野茉莉种子萌发及幼苗生长的影响[J]. 林业科技，38(5)：11 - 13.
9. 王奎玲，刘庆超，李俊卿，等. 2010. 玉玲花的组织培养与快速繁殖[J]. 植物生理学通讯，46(9)：959 - 960.
10. 王清民，彭伟秀，张俊佩，等. 2006. 核桃试管嫩茎生根的形态结构及激素调控研究[J]. 园艺学报，33(2)：255 - 259.
11. SNIR I. 1983. A micropropagat ion syst em f or sour cherry [J]. S cientia Hort ic，22：311 - 386 .
12. 孙宁，许雪峰，韩振海，等. 2008. 酸樱桃组培快繁技术体系的研究[J]. 西北植物学报，28(1)：47 - 51.
13. Vihera - Aarnio A，Velling P. 2001. Micropropagated silver birches (Betula pendula) in the field performance and clonal differences[J]. Silva Fennica，35(4)：385 - 401.
14. 王战，方振福. 1984. 中国植物志[M]. 北京科学出版社，20(2)：357.
15. 张亮亮，柳新红，林新春，等. 2013. 白花树组织培养技术研究[J]. 浙江林业科技，33(3)：17 - 21.
16. 郑玉梅，刘青林. 2001. 木本观赏植物离体快速繁殖技术的进展[J]. 北京林业大学学报，76 - 79.
17. 朱靖杰. 1995. 香蕉组织培养中变异的发生与控制途径[J]. 果树科学，12(2)：120 - 122.
18. 张素勤，邹志荣，耿广东，等. 2007. 几种因素对非洲菊试管苗生根的影响[J]. 西南大学学报，29(8)：77 - 81.

铁线莲‘乌托邦’组织培养及褐化抑制*

盛 璐[1,2] 杨迎杰[2] 朱开元[1] 周江华[1] 季孔庶[2]①
（[1]浙江省农业科学院花卉研究开发中心，杭州 311202；[2]南京林业大学，南京 210037）

摘要 本试验对铁线莲‘乌托邦’进行了组培快繁的初步探索，以铁线莲‘乌托邦’带芽茎段为试验材料。试验结果表明：1/2MS＋0.4mg/L 6-BA＋ 0.05mg/LIBA 为最适合初代培养基配方，诱导率达 90.0%；铁线莲‘乌托邦’腋芽增殖的适宜培养基是 1/2MS＋0.6mg/L 6-BA＋0.15mg/L IBA＋40g/L sucrose，增殖系数为 4.12；1/2MS＋0.05mg/L NAA 为适合的生根培养基，生根率达 75%；瓶苗移栽春季最佳，经过 5～7 天的开瓶炼苗，以营养土：珍珠岩：蛭石＝1：1：3 为基质，其移栽成活率达 81.6%。
关键词 铁线莲‘乌托邦’；组织培养；褐化

Tissue Culture and Browning Inhibition of *Clematis cadmia*

SHENG Lu[1,2] YANG Ying-jie[2] ZHU Kai-yuan[1] ZHOU Jiang-hua[1] JI Kong-shu[2]
（[1]*Research & Development Centre of Flower*, *Zhejiang Academy of Agriculture Sciences*, *Hangzhou* 311202；[2]*Nanjing Forestry University*, *Nanjing* 210037）

Abstract The study was mainly to find out the most efficient way for rapid progagation of *Clematis*‘Utopia’. The stems with buds of *Clematis*‘Utopia’ were taken as explants. The results indicated that 1/2MS＋0.4mg/L 6-BA＋0.05mg/LIBA was suitable for primary culture and inductive rate was 90.0%; The optimal suitable medium for buds proliferation of *Clematis*‘Utopia’ was 1/2MS＋0.6mg/L 6-BA＋0.15mg/L IBA＋40g/L sucrose and the proliferation coefficient was 4.12. The rooting culture medium was 1/2MS＋0.05mg/L NAA and the rooting rate was 75%. The optimal time to transplanting was spring. Opening the culture bottle for plantlet training in 5-7d. The optimal transplant substrate was used nutrition soil, perlite and vermiculite as 1∶1∶3. And the survival rate of transplants reached 81.6%.
Key words *Clematis*‘Utopia’; Tissue Culture; Browning

铁线莲属（*Clematis* L.）隶属于毛茛科（Ranunculaceae），本属有 230～355 种，广泛分布于全球各大洲（南极洲除外），其中我国有 140 余种。铁线莲‘乌托邦’是一个日本品种，是由 florida 系的一个品种和另一种未知的大花品种杂交而成。花单生，花瓣片椭圆，6～7 枚，9～10 月开花，中到大花，浅粉色花瓣，花瓣顶端及边缘深紫粉色，并有丝绸般的光泽；果期 10～11 月。具有较高的观赏价值，不仅广泛应用于园林垂直绿化中，在盆花种植业是十分受欢迎的品种（王文采，2005）。

铁线莲属许多植物存在结实率低、种子萌发时间较长、发芽率不高等多种问题，而组织培养不受季节限制，培养周期短，能短时间大量繁殖，是铁线莲属植物繁殖的新途径。铁线莲‘乌托邦’其种子及扦插繁殖率都较低。因而利用组织培养技术提高铁线莲‘乌托邦’的繁殖速度及规模具有重要的现实意义。目前，有多种铁线莲属植物进行了组织培养。野生种方面，东北铁线莲、褐毛铁线莲、重瓣铁线莲、天台铁线莲、毛蕊铁线莲、短柱铁线莲等都建立了组织培养体系（成璐，2014；张鸽香和武珊珊，2010；盛璐等，2015），观赏园艺种方面，铁线莲‘Multi-Blue’、铁线莲‘茱莉亚’、铁线莲 ‘Gipsy Queen’等都建立组织培养体系（张启香 等，2007；吴荣 等，2014）。

* 基金项目：本研究由江苏省高校优势学科建设工程项目（PAPD）和南方现代林业协同创新项目共同资助。
① 通讯作者。季孔庶，博士，教授，从事林木遗传育种。E－mail：ksji@ njfu. edu. cn。

1 材料与方法

1.1 植物材料与无菌体系的建立

供试材料采自南京林业大学生物技术大楼温室大棚内。取铁线莲当年生幼嫩枝条，除掉多余的叶片，只保留茎段，用酒精脱脂棉轻轻擦洗去除外植体上的绒毛，用洗衣粉水浸泡15min后，在流水下冲洗1～2h。在无菌条件下，将材料放入灭菌过的三角瓶中，用75%酒精浸泡30s，再经0.1%升汞处理5min，然后用无菌水冲洗6～8次，每次2～3min。每瓶接种2个外植体，每个处理10瓶，重复3次。

1.2 基本培养基的筛选

试验外植体选用铁线莲‘乌托邦’的带芽茎段，将茎段切成1～2cm。以改良1/2MS、1/2MS、MS、WPM、B5为基本培养基，均附加+0.4mg/L 6-BA+0.05mg/L IBA，来诱导铁线莲‘乌托邦’。将消毒后的外植体接种到培养基上，每瓶接种两个茎段，每个处理10瓶，重复3次。25℃光照下培养，进行单因子对比试验。20d后统计诱导的腋芽数，并计算诱导率。每种培养基附加30g/L蔗糖，5.8g/L琼脂，pH值5.8。

诱导率=出芽外植体数/总接种外植体数×100%。

1.3 增殖培养

取铁线莲‘乌托邦’当年生嫩枝的带芽茎段为外植体，以MS为基本培养基，选用6-BA、IBA、蔗糖进行$L_9(3^4)$正交试验(表1)，试验均设3次重复。并计算增殖系数。

表1 $L_9(3^4)$因子水平表

Table 1 $L_9(3^4)$ orthogonal design table

水平 Levels of factor	因子及代码 Factor		
	A 6-BA(mg/L)	B IBA(mg/L)	C 蔗糖(g/L)
1	0.3	0.05	20
2	0.6	0.15	30
3	1.2	0.3	40

铁线莲‘乌托邦’在培养过程中，褐化现象经常出现，褐化严重影响组培苗的生长，严重的甚至引起植株死亡，活性炭是一种吸附性较强的吸附剂，能吸附培养基中的有害物质(刘用生，1994)。针对铁线莲在增殖培养过程中可能出现的褐化问题，试验中以筛选出最优诱导培养基为基本培养基，分别添加不同浓度的活性炭(0.5、1.0、2.0、3.0 g/L)，培养30d后统计结果。

增殖系数=不定芽总数/诱导出不定芽的外植体总数。

1.4 生根培养

生根培养基以1/2MS为培养基，添加不同种类及浓度的激素NAA(mg/L)(0.05，0.08，0.1，0.0，0.05，0.2)；IBA(mg/L)(0.15，0.0，0.15，0.3，0.0，0.0)共计6个处理，附加30g/L蔗糖，7.0g/L琼脂，pH 5.8。将新生的无菌芽苗切下后接种在生根培养基中，每瓶1棵，每种培养基接种10个芽，30d后统计生根率(表2)。

1.5 瓶苗移栽

铁线莲‘乌托邦’生根培养两个月后，挑选生长健壮、根系发达的生根苗，在自然环境下炼苗5～7d后，用0.1%的多菌灵蘸根处理，移植于已经消毒处理的基质中，基质用蛭石、珍珠岩、营养土不同配比作为栽培基质。期间喷洒1/10MS大量元素营养液和稀释1000倍的多菌灵，20d后统计试管苗移栽成活率。

1.6 数据分析

试验数据采用Excel和DPS软件进行数据统计、方差分析与多重比较。

2 结果与分析

2.1 初代培养基对铁线莲‘乌托邦’腋芽诱导的影响

试验表明，不同诱导培养基对外植体腋芽的萌发存在一定的影响，铁线莲‘乌托邦’在1/2MS培养基中其腋芽在第4天就开始萌发，7天伸长并长出嫩叶，30天茎段芽点诱导高3～4cm，诱导率达到90.0%，且幼芽长势旺盛，叶色浓绿。MS培养基腋芽萌动也较快，但幼苗长势不如1/2MS培养基好，而改良1/2MS、WPM、B5的基本培养基，腋芽萌发晚，长势慢，且有的幼苗细弱。结果表明，以1/2MS培养基附加低浓度的6-BA和IBA为铁线莲‘乌托邦’适宜的诱导培养基。

2.2 6-BA、IBA和蔗糖对铁线莲‘乌托邦’腋芽增殖的影响

将带芽茎段初代培养腋芽分化出的无菌芽苗接种于添加不同浓度的6-BA、IBA和蔗糖增殖培养基中，30d后统计结果见表2，6-BA、IBA和蔗糖组合均可

促进铁线莲‘乌托邦’的增殖，但各处理间芽的增殖系数差异很大。其中处理5和6表现最佳，增殖系数达到4.12和3.51。苗生长较好，叶片翠绿，生长速度较快。增殖系数随着6-BA、IBA浓度的增加呈现先升高后下降的趋势。当6-BA浓度1.2mg/L时，增殖系数虽然为3.17，但植株矮小，发育畸形，出现白化苗。可见高浓度6-BA或IBA对试管苗的生长都有一定抑制作用，不利于不定芽的生长。通过对增殖系数的极差分析(表3)，极差的排列顺序为6-BA > 蔗糖 > IBA，说明6-BA在幼芽增殖中起主导作用，蔗糖的浓度对幼芽增殖的影响大于IBA。适当的蔗糖浓度可以为幼苗提供充足碳源，还可以降低试管苗的玻璃化程度。方差分析表明(表4)，不同浓度的激素和蔗糖对铁线莲‘乌托邦’的增殖有显著性差异。综合分析得知，5号培养基的增殖系数较好，即1/2MS + 0.6mg/L 6-BA + 0.15mg/L IBA + 40.0g/L sucrose。

表2 铁线莲‘乌托邦’正交设计试验结果

Table 2 The results of orthogonal experiment on *Clematis*‘Utopia’

培养基编号 No. of medium	因子 Factor			增殖系数 Proliferation coefficient
	A 6-BA (mg/L)	B IBA (mg/L)	C 蔗糖 (g/L)	
1	0.3	0.05	20	1.18
2	0.3	0.15	30	1.97
3	0.3	0.3	40	2.26
4	0.6	0.05	30	3.21
5	0.6	0.15	40	4.12
6	0.6	0.3	20	3.51
7	1.2	0.05	40	3.17
8	1.2	0.15	20	1.32
9	1.2	0.3	30	0.98

表3 不同培养基对铁线莲‘乌托邦’幼芽增殖的极差分析

Table 3 Range analysis on bud proliferation of *Clematis*‘Utopia’ in different mediums

Kij	A 6-BA(mg/L)	B IBA(mg/L)	C 蔗糖(g/L)
K1	5.41	7.56	6.01
K2	10.84	7.41	6.16
K3	5.47	6.75	9.55
X1	1.80	2.52	2.00
X2	3.61	2.47	2.05
X3	1.82	2.25	3.18
R	1.81	0.27	1.18

表4 铁线莲‘乌托邦’方差分析表

Table 4 Analysis of variance on *Clematis*‘Utopia’

变异来源 Source of variation	平方和 Squares	自由度 Degree of freedom	均方 Mean squares	F	Sig
6-BA	19.465	2	9.733	34.283	0.000
IBA	2.284	2	1.142	4.023	0.034
蔗糖	3.483	2	1.742	6.135	0.008
误差	5.678	20	0.284		

2.3 不同浓度的活性炭对铁线莲‘乌托邦’褐化影响

添加活性炭能有效地抑制铁线莲‘乌托邦’增殖过程中的褐化(表5)。加入活性炭1g/L的培养基中不定芽长势良好，叶片翠绿，茎较粗壮；加入活性炭达到2g/L时，芽生长较差；当活性炭达到3g/L时，生长很慢，苗较细弱，叶色发黄。因此，在诱导培养基中加入1g/L活性炭能够很好地解决铁线莲在增殖培养中的褐化问题。

表5 活性炭对铁线莲褐化影响

Table 5 The influence of activated carbon on browning

处理 Treatment	接种数 No. of explants	褐化数 No. of browning	褐化率(%) Browning rate	褐变度 Degree of browning	外植体生长状况 Growthstatus
CK	30	12	40.0	+ + + +	褐变严重，长势慢
0.5g/L	32	7	21.8	+ +	较好
1g/L	32	3	9.38	+	叶片翠绿，长势好
2g/L	31	4	12.9	+	苗生长一般，叶片小，长势差
3g/L	30	1	3.33	+	苗较细弱，生长慢基本停滞

2.4 不同激素及浓度对铁线莲‘乌托邦’生根的影响

不同的生长素配比对铁线莲的生根培养基影响很大(表6)，以1/2MS为基本培养基，处理5生根较快，生根率达75%，根较多且粗壮，栽植成活率高。当NAA的浓度达到0.2mg/L时，处理6的生根率最小，且根较纤细，根为白色小根。其他浓度及其各类生长素的添加也均诱导了根的形成，但诱导率不高。

当添加IBA的浓度过高时，根出现愈伤化。同时方差分析(表7)和多重比较(表8)结果表明，不同的基本培养基对铁线莲'乌托邦'生根影响的差异具有极显著性。因此，1/2MS + 0.05mg/L NAA是适宜的生根培养基。

表6 不同培养基对'乌托邦'生根的影响

Table 6 Effects of different culture media on rooting of *Clematis* 'Utopia'

培养基编号 No. of medium	NAA(mg/L)	IBA(mg/L)	生根率(%) Rate of rooting	生根状况 Roots growth status
1	0.05	0.15	65	直接生根或愈伤生根
2	0.08	0.0	60	生根较快
3	0.1	0.15	40	生根慢，根出现愈伤化
4	0.0	0.3	30	根有愈伤化
5	0.05	0.00	75	生根较快，根系发达
6	0.2	0.0	10	生根慢，根为白色小根

表7 铁线莲'乌托邦'方差分析表

Table 7 Analysis of Variance on *Clematis* 'Utopia'

变异来源 Differences	平方和 Squares	自由度 Degree of freedom	均方 Mean squares	F值 F value	P值 Significance level
处理间	9763.111	5	1952.622	566.890	0.000
处理内	41.333	12	3.444		
总变异	9804.444	17			

表8 LSD多重比较表

Table 8 LSD multiple comparison analysis

处理 Treatment	均值 average	差值 Difference				
5	75.667	69.000**	45.000**	35.333**	14.667	11.333
1	64.333	57.667**	33.667**	24.000*	3.333	
2	61.000	54.333**	30.333**	20.667		
3	40.333	36.667**	9.667			
4	30.667	24.000*				
6	6.667					

2.5 不同基质对铁线莲'乌托邦'成活率的影响

幼苗移栽一般在春季进行，移栽前将生根苗取出，清水中轻轻漂洗粘附的培养基，洗净幼苗根系，采用生理胁迫的方法，移栽到基质中。移苗用的基质要疏松通气，保湿性好。常用的基质有蛭石、珍珠岩、营养土等，或将它们按一定比例混合使用。栽培基质包括营养土、珍珠岩、蛙石，移栽前要对基质进行消毒处理，移栽后浇一次透水，注意光照的调节及保湿。1周以后，可逐步水肥常规管理。从表9可以看出，营养土: 珍珠岩: 蛭石(1: 1: 2)是较为适宜的基质，移苗成活率在80%以上。

表9 几种基质对移苗成活率的影响

Table 9 Effect of different content of media on plantlet survival

基质 Cultivating medium	移栽株 Transplanted number	成活株 Survived plants	成活率(%) Survival rate
珍珠岩: 蛭石(1: 2)	40	22	53.2
珍珠岩: 蛭石(1: 3)	38	12	30.5
蛭石: 营养土(1: 1)	38	28	70.3
营养土: 珍珠岩: 蛭石(1: 1: 2)	40	33	81.6
营养土: 珍珠岩: 蛭石(2: 1: 2)	38	21	55.2

3 讨论与结论

本试验在铁线莲的腋芽增殖诱导过程中采用了6-BA、IBA和蔗糖进行正交试验，注意到了不同外源激素对铁线莲外植体愈伤组织形成有不同的影响。在本试验中，6-BA对铁线莲‘乌托邦’和单叶铁线莲幼苗增殖的效果最好，影响最大，说明6-BA比IBA和NAA更有利于铁线莲‘乌托邦’和单叶铁线莲的幼苗的增殖。但研究表明随着6-BA浓度增加增殖系数明显降低，苗易死亡，且出现玻璃化现象。这说明较高浓度的6-BA对其幼芽增殖有抑制作用。碳源对培养基渗透压影响很大，最常用的碳源是蔗糖和麦芽糖。蔗糖作为碳源起着保持渗透压的作用是必不可少的，当蔗糖浓度过高或过低时都会影响不定芽的增殖。本试验中蔗糖对铁线莲‘乌托邦’增殖影响显著。蔗糖浓度过低时增殖系数低且芽短小，浓度过高时幼芽虽然多但细且弱，有效苗少。适当的增高蔗糖浓度有利于铁线莲的增殖，这可能是因为适当的升高渗透压有利于幼苗的增殖，这一点与袁迎燕(2010)研究的毛蕊铁线莲的快繁一致。适当的蔗糖浓度可以为幼苗提供充足碳源，还可以降低试管苗的玻璃化程度，在组织培养过程中需考虑其影响。

在植物组织培养过程中，褐化是常见的现象。植物外植体的褐化是离体快繁初期诱导脱分化和再分化的重要障碍，许多植物特别是木本植物中含有较多的酚类化合物，褐化现象严重，往往使组培难以进行，所以在组培的培养基里加入抗氧化剂或吸附剂可以大大减轻醌类物质的毒害(高国训，1999)。活性炭本身对外植体的增殖发生并没有什么诱导作用，但它会吸收植物产生的有害物质，从而增加增殖率。发现在添加活性炭的培养基中愈伤褐化率随其添加量的增加而降低，活性炭在吸附有毒物质的同时，也会吸附培养基中的激素和营养物质，本试验中在诱导培养基中加入1g/L活性炭能够很好地解决铁线莲在增殖培养中的褐化问题。

影响生根的因素很多，例如外植体的年龄、生理状态、外植体的基因型、光线、温度等，但主要是培养基成分和激素成分与比例。在植物生根的诱导和启动阶段，是生长素敏感期，故在生根诱导时使用生长素NAA、IBA，或单独使用或结合使用促进根的形成(王少平，2012)。NAA比IBA更适合诱导不定根的发生，因为NAA诱导出的根似乎更粗壮，而且根与茎连接处没有或很少有愈伤组织产生，IBA诱导的根较细长。不同的生长素对铁线莲的生根培养影响很大，如单独使用NAA或IBA，铁线莲的生根有很大的差异。IBA对铁线莲生根效果没有NAA好。适当降低NAA的浓度有利于铁线莲的生根，这一点与王辉(2012)研究的湖州铁线莲的快繁生根一致。当NAA的浓度超过0.15时，生根率都有所下降，这可能是高浓度的生长素会产生抑制生根的物质，抑制其生根。本试验结果表明低浓度的NAA适合铁线莲‘乌托邦’。

幼苗移栽一般在春季进行。移栽的首要条件是温度，一般适宜的温度为25℃左右，温度过高或过低，都不利于组培苗缓苗。其次是水分，组织苗根系不发达，移栽难保持水分平衡，既要维持周围湿度，又要根系不腐烂死亡(郭旭欣，2009)。移苗用的基质要疏松通气，保湿性好。常用的基质有蛭石、珍珠岩、营养土等，或将它们按一定比例混合使用。移栽试验结果表明营养土: 珍珠岩: 蛭石(1: 1: 2)是适宜铁线莲‘乌托邦’移栽的基质。营养土与蛭石组合的基质，可能由于透气性不好容易滋生细菌而导致根系腐烂死亡。只有珍珠岩和蛭石组合的培养基，可能由于水分散失太快保湿性差而影响移栽成活率，因此合理基质的配制还需要进一步研究。

参考文献

1. 王文采，李良千．铁线莲属一新分类系统[J]．植物分类学报，2005，43(5)：431-488.
2. 成璐．两种铁线莲植物组织培养的初步研究[D]．哈尔滨：东北林业大学，2014.
3. 张鸽香，武珊珊．我国铁线莲属植物的研究现状及其园林应用方式[J]．安徽农业科学，2010，38(22)：12076－12078.
4. 盛璐，杨迎杰，季孔庶．短柱铁线莲愈伤组织培养及褐化抑制[J]．分子植物育种，2015，13(10)：2380－2387.
5. 张启香，胡恒康，方炎明．铁线莲‘Multi- Blue’体细胞胚诱导和植株再生[J]．南京林业大学学报(自然科学版)，2010，34(6)：18－22.
6. 吴荣，樊国盛，王锦，等．铁线莲愈伤组织及不定芽诱导试验[J]．广东农业科学，2014，9：48－50.
7. 刘用生，李友勇．植物组织培养中活性炭的使用[J]．植物生理学报，1994(3)：214－217.
8. 袁迎燕．毛蕊铁线莲组织培养与植株再生研究[D]．雅安：四川农业大学，2010.
9. 高国训．植物组织培养中的褐变问题[J]．植物生理学报，1999(6)：501－506.
10. 王少平，郭超群，冯海燕，等．不同激素处理对香石竹扦插生根的影响[J]．北方园艺，2012(5)：85-86.
11. 王辉．三种中国铁线莲组织培养研究[D]．南京：南京林业大学，2012.

图1　铁线莲‘乌托邦’组织培养

A：铁线莲‘乌托邦’花期；B：铁线莲‘乌托邦’腋芽增殖；C：无添加物外植体褐化
D：添加 1 g/L 活性炭；E：铁线莲‘乌托邦’生根植株；F：铁线莲‘乌托邦’移栽后

铁皮石斛原球茎增殖、分化及壮苗生根研究

姜琳　李青①
（花卉种质创新与分子育种北京市重点实验室，国家花卉工程技术研究中心，
城乡生态环境北京实验室，园林学院，北京林业大学，北京 100083）

摘要　本试验对铁皮石斛试管苗培养中原球茎的增殖、分化及壮苗生根阶段进行研究，探究各个阶段适宜的培养基配方，为铁皮石斛组培苗生产提供理论与技术依据。

主要结论为：铁皮石斛原球茎增殖的适宜培养基为 1/2MS＋6-BA 2.0mg/L＋NAA 0.5mg/L；铁皮石斛原球茎分化的适宜的基本培养基为 MS＋6-BA 0.5mg/L＋NAA 1.0mg/L；铁皮石斛壮苗生根的适宜培养基为 MS＋NAA 0.2mg/L。以上各培养基配方中均加入香蕉匀浆物 100g/L。

关键词　铁皮石斛；组织培养；培养基；激素

Studies on Protocormproliferation, Differentiation and Rhizogenesis Plantlet Strengthening of *Dendrobium candidum* Wall. ex Lindl.

JIANG Lin　LI Qing
(*Beijing Key Laboratory of Ornamental Plants Germplasm Innovation & Molecular Breeding, National Engineering Research Center for Floriculture, Beijing Laboratory of Urban and Rural Ecological Environment and College of Landscape Architecture, Beijing Forestry University, Beijing* 100083)

Abstract　The study was mianly to explore the protocormproliferation, differentiation and rhizogenesis plantlet strengthening of *Dendrobium candidum*, to obtain the optimum medium formula for each stage. This study came to several conclusions, which may provide a theoretical and technical foundation for production of *Dendrobium candidum.*

The best effect of protocurm proliferation was 1/2MS + 6-BA 2.0mg/L + NAA0.5mg/L with banana 100g/L. The best effect of protocurm differentiation was MS + 6-BA 0.5mg/L + NAA 1.0mg/L with banana 100g/L. The best effect of rhizogenesis plantlet strengthening of*Dendrobium candidum* was MS + NAA 0.2mg/L with banana 100g/L.

Key words　*Dendrobium candidum*; Tissue culture; Medium; Hormone

铁皮石斛（*Dendrobium candidium* Wall. ex Lindl.），属兰科石斛属，多年生附生草本，是我国名贵的中草药材，有很高的药用价值，同时它也具有很高的观赏价值。因其较高的药用价值，早在 20 世纪，许多研究人员就开始对铁皮石斛的有效成分进行研究，并取得了很大的进展（包英华，2014）。铁皮石斛在自然条件下繁殖率低以及人类长期无节制地采掘，野生铁皮石斛资源日益枯竭，不能满足现今的药用需求。对铁皮石斛组织培养快繁的研究，不仅为了满足市场的供应需求，同时也是为了保护野生石斛种质资源。铁皮石斛的组织培养快繁主要有两个繁殖途径：一是通过诱导原球茎进而分化为试管苗的途径，二是直接诱导丛生芽生长为试管苗的途径（王丽琼，2013）。本实验主要研究原球茎途径成苗过程，包括原球茎的增殖、分化、壮苗生根等方面，力求通过试验，找到适合铁皮石斛生长各个阶段的最适宜的培养基配方，解决铁皮石斛原球茎分化困难及幼苗长势弱的问题，使其能够在保持较高繁殖系数的同时，缩短育苗周期，为铁皮石斛的工厂化生产提供一些借鉴。

1　材料与方法

1.1　铁皮石斛原球茎增殖

试验所用材料为经过 3 次继代培养的铁皮石斛原

作者简介：姜琳（1992 -）女，北京林业大学园林学院，硕士研究生。E-mail：cutehuizai.163.com。
① 通讯作者。李青，北京林业大学园林学院，研究生导师，副教授，E-mail：wliqing06@sina.com。

球茎，原球茎呈小圆锥状，通常多个聚生在一起，整体呈桑椹状，顶端有淡绿色的鳞片状叶原基，无真叶分化。

①试验采用的基本培养基为：1/2MS 培养基，添加不同浓度的 6-BA(0.5mg/L、1.0mg/L、2.0mg/L)、NAA(0.2mg/L、0.5mg/L)。分别接种原球茎后，观察并记录生长及增殖情况，30d 后统计增殖系数并记录结果，分析不同水平激素浓度对原球茎增殖培养的影响。

②在上述试验筛选出的培养基：1/2MS + 6-BA 2.0mg/L + NAA0.5mg/L 中分别加入马铃薯匀浆物(100g/L、200g/L)、香蕉匀浆物(100g/L、200g/L)、水解酪蛋白(2g/L、4g/L)，将原球茎接种到添加不同有机物的基本培养基中，观察并记录生长及增殖情况，30d 后统计增殖系数并记录，分析不同有机添加物及浓度对原球茎增殖培养的影响。

增殖倍数 = 培养后原球茎重量/原球茎重量。

1.2 铁皮石斛原球茎分化

①试验材料选取生长状态旺盛且处于同一生长期未分化的原球茎。将原球茎接种到 1/4MS、1/2MS、MS、2MS 的基本培养基中，添加激素 6-BA 0.5mg/L、NAA 1.0mg/L 观察并记录生长及分化情况，30d 后统计分化率并记录，分析不同基本培养基对原球茎分化的影响。

②基本培养基为 MS + 6-BA 0.5mg/L + NAA1.0mg/L，将原球茎接种到分别添加不同马铃薯匀浆物(100g/L、200g/L)、香蕉匀浆物(100g/L、200g/L)的培养基中，观察并记录生长分化情况，30d 后统计增殖系数并记录，分析不同有机添加物及浓度对原球茎分化的影响。

分化率(%) = 成苗数/接种原球茎总数 × 100%。

1.3 铁皮石斛壮苗生根

①实验材料选取具有 1~2 片真叶的无根丛生芽，分割成直径约 1.5cm 左右的丛生芽。接种到添加不同浓度 IBA(0.1、0.2、0.5mg/L)、NAA(0.1、0.2、0.5mg/L)的 MS 培养基中，观察并记录生长及生根情况，30d 后统计并记录，分析不同激素种类及浓度对壮苗的影响。

②基本培养基配方为 MS + NAA 0.2mg/L，将丛生苗接种到分别添加不同有机物马铃薯匀浆物(100g/L、200g/L)、香蕉匀浆物(100g/L、200g/L)的基本培养基中，观察并记录生长及生根情况，30d 后统计并记录，分析不同激素种类及浓度对壮苗的影响。

苗高(cm) = 苗茎基部到顶端的距离。

2 结果与分析

2.1 铁皮石斛原球茎增殖

激素及有机添加物均为原球茎增殖的重要因素，其不同的种类及浓度的配比也对原球茎增殖不同的影响。

2.1.1 不同激素组合对原球茎增殖的影响

激素种类和浓度是影响原球茎增殖的关键因素，其种类及浓度配比对原球茎增殖有产生明显影响。

表 1 不同激素组合对原球茎增殖的影响

Table 1 Effect of various concentrations of hormone on proliferation of protocorm

试验号	激素组合($mg \cdot L^{-1}$)	增殖倍数	原球茎生长状况
1	6-BA0.5 + NAA0.2	1.45i	+ 褐化严重
2	6-BA0.5 + NAA0.5	1.63h	+ + 部分变褐
3	6-BA1.0 + NAA0.2	1.75gh	+ + 部分变褐
4	6-BA1.0 + NAA0.5	2.43f	+ + 淡黄
5	6-BA2.0 + NAA0.2	3.54b	+ + + 黄绿
6	6-BA2.0 + NAA0.5	4.02a	+ + + + 翠绿

注：长势 + 为较慢 + + 为正常 + + + 为较快。采用 LSD 检验方法($P = 0.05$)，小写字母相同者表示差异不显著，不同者表示差异显著。

由表 1 可知，不同激素种类及浓度配比对铁皮石斛原球茎增殖的影响有很大差异。当 6-BA 的浓度一定时，随着 NAA 浓度的增加，原球茎增殖倍数逐渐增加，但当 6-BA 浓度提高时，原球茎增殖倍数明显增加，当 6-BA 2.0mg/L、NAA0.5mg/L 时，原球茎增殖倍数达到 4.02，明显优于其他试验组，且原球茎生长状态最佳。因此，铁皮石斛原球茎增殖的适宜激素配比为 6-BA 2.0mg/L、NAA0.5mg/L。

2.1.2 不同有机添加物及浓度对原球茎增殖的影响

有机添加物中含有丰富的营养物质，培养基中添加有机物对铁皮石斛原球茎增殖有促进作用，不同种类及浓度的有机物对原球茎增殖的作用有显著差异。

表 2 不同种类有机添加物及浓度对原球茎增殖的影响

Table 2 Effect of different narure mash and level on proliferation of protocorm

试验号	有机物种类	浓度(g/L)	增殖倍数	原球茎长势
1	马铃薯	100	4.91bc	+ + +
2	马铃薯	200	4.79b	+ + +
3	香蕉	100	7.44a	+ + + +
4	香蕉	200	7.07a	+ +
5	水解酪蛋白	2	3.99c	+ +
6	水解酪蛋白	4	4.02c	+ +
7	CK		3.89c	+ +

注：同上。

由表2可知，添加香蕉匀浆物和马铃薯匀浆物均对铁皮石斛原球茎增殖有一定的促进作用，其中添加香蕉匀浆物的试验组原球茎增殖倍数最大，达到了7.44，原球茎增长速度较快，体积及密度明显增加，说明香蕉匀浆物对铁皮石斛原球茎增殖促进作用明显；水解酪蛋白对原球茎增殖促进作用与CK组的增殖倍数差异不显著。同时，有机物添加浓度对原球茎增殖的影响不大，由试验结果看出，添加100g或200g香蕉匀浆物，原球茎的增殖倍数分别为7.44、7.45，差异不显著，因此从节约成本的角度，100g/L香蕉匀浆物对铁皮石斛原球茎增殖较为适宜。

图1 原球茎增殖(接种初期)

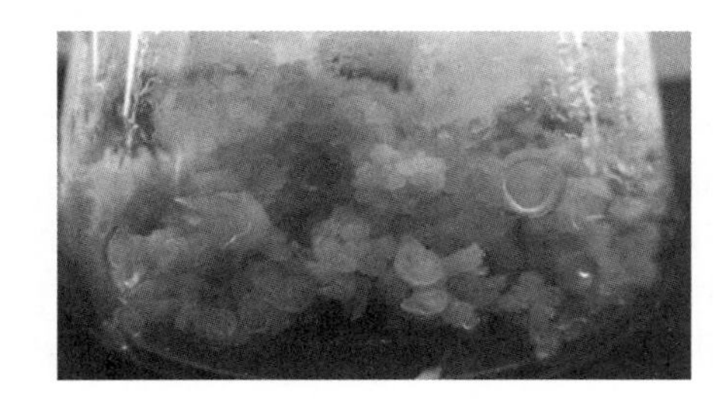

图2 原球茎增殖(接种30d后)

2.2 铁皮石斛原球茎分化

无机盐及有机物对铁皮石斛原球茎分化有重要的作用，不同的无机盐浓度及有机物的种类及浓度，对原球茎分化的影响不同。

2.2.1 培养基不同无机盐浓度对原球茎分化的影响

铁皮石斛不同生长阶段对培养基的要求不同，培养基的成分组成及浓度对原球茎的分化有很大影响。

表3 MS培养基不同无机盐浓度对原球茎分化的影响

Table 3 Effect of different level of MS on differentiation of protocorm

试验号	培养基	分化率(%)	分化整齐度
1	1/4MS	15d	不整齐
2	1/2MS	34b	整齐
3	MS	41a	整齐
4	2MS	21c	较整齐

注：同上。

由表3结果看出，在添加相同激素的条件下，培养基中不同无机盐浓度对铁皮石斛原球茎的分化作用不同，分化率依次为：MS > 1/2MS > 2MS > 1/4MS，表明MS更适于原球茎分化，分化率达到41%，明显高于其他试验组，同时其分化出的苗整齐度较高。

2.2.2 不同种类及浓度有机添加物对原球茎分化的影响

有机添加物对原球茎增殖起到了明显的促进作用。不同种类的有机添加物对原球茎的分化也产生了明显的影响。

表4 不同种类及浓度有机添加物对原球茎分化的影响

Table 4 Effect of different narure mash and level on differentiation of protocorm

试验号	有机物种类	浓度(g/L)	增殖倍数	丛生苗叶色
1	马铃薯	100	46b	深绿
2	马铃薯	200	47b	深绿
3	香蕉	100	64a	翠绿
4	香蕉	200	66a	翠绿
5	CK		41c	翠绿

注：同上。

由表4可知，添加香蕉匀浆物和马铃薯匀浆物均对铁皮石斛原球茎分化有一定的促进作用，其中添加香蕉匀浆物的小组原球茎分化率最高，达到了47%，且分化整齐度最好，这表明香蕉匀浆物对铁皮石斛原球茎分化促进作用明显；添加了马铃薯匀浆物的试验组丛生芽叶色较浓绿，但考虑到之后还需进行壮苗试验，故将叶色作为次要考虑因素。同时，有机物的添加浓度对原球茎分化的影响不大，由表4中数据可知，添加100g或200g香蕉匀浆物，原球茎的分化率分别为64%和66%，差异不显著，因此从节约成本的角度，100g香蕉添加物是铁皮石斛原球茎分化的适宜选择。

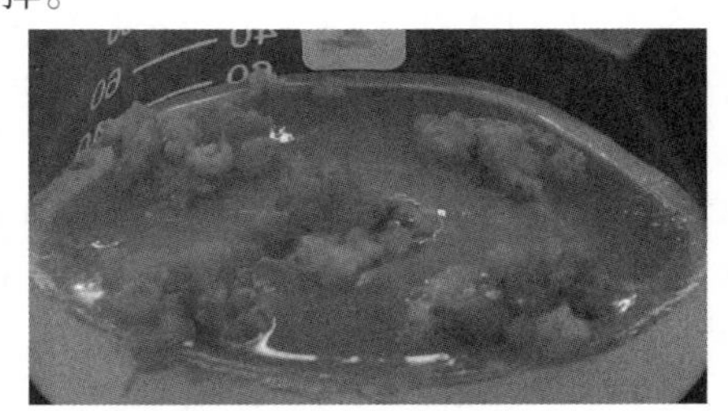

图3 原球茎分化(接种初期)

图4 原球茎分化(接种30d后)

2.3 铁皮石斛壮苗生根

生长素及有机添加物对铁皮石斛壮苗生根有促进作用，其不同种类及浓度对苗的生长状态有不同的影响。

2.3.1 不同生长素组合对壮苗生根的影响

不同种类及浓度生长素对铁皮石斛壮苗的作用有很大影响，不同试验组的苗高与苗的生长状态差异显著。结果见表5。

表5 不同生长素及浓度组合对壮苗生根的影响

Table 5 Effect of various concentrations of hormone on rhizogenesis plantlet strengthening

试验号	IBA ($mg \cdot L^{-1}$)	NAA ($mg \cdot L^{-1}$)	苗高 (cm)	生长状态
1	0	0	2.5f	叶色浅绿，植株较矮，生根较少
2	0	0.1	3.5c	叶色浅绿，植株较矮，生根较少
3	0	0.2	4.3a	叶色深绿，植株强健，生根较多
4	0	0.5	3.9b	叶色深绿，植株强健，生根较多
5	0.1	0	3.1de	叶色较绿，植株强健，生根较少
6	0.2	0	3.2d	叶色较绿，植株强健，生根较少
7	0.5	0	2.9e	叶色浅绿，植株较矮，生根较多
8	0.2	0.1	2.1f	叶色浅绿，植株较矮，生根较多

注：同上。

由表5得知，IBA和NAA对壮苗都具有一定的促进作用，但二者的作用有明显差异。由表中数据可知，NAA在一定浓度范围内(0～0.2mg/L)，随着浓度的升高，对壮苗的促进作用越好，在NAA浓度为0.2mg/L时壮苗作用最明显，苗高达到4.3cm，同时该浓度对苗的根系生长也有一定的促进作用，而随着浓度进一步升高，壮苗作用没有明显升高，甚至有所下降。而IBA虽然对壮苗也有一定的作用，但其不同浓度，对壮苗的促进作用差异不显著。而在IBA与NBA的组合试验组中，苗的生长效果与CK组差异也不显著。综上，可以得出结论，铁皮石斛壮苗生根适宜的生素为NAA 0.2mg/L。

2.3.2 不同种类有机添加物及其浓度对壮苗生根的影响

由表6的结果可知，不同的有机添加物及不同的浓度对铁皮石斛丛生苗的生长及生根作用影响不同。不同试验组的苗高与苗的生长状态差异显著。

表6 不同种类有机添加物及其浓度对壮苗生根的影响

Table 6 Efect of different narure mash and level on rhizogenesis plantlet strengthening

试验号	有机物种类	浓度 (g/L)	苗高 (cm)	生长状态
1	马铃薯	100	4.6b	叶色浓绿，株丛较密，生根较少
2	马铃薯	200	4.7b	叶色浓绿，株丛较密，生根较少
3	香蕉	100	6.4a	叶色翠绿，株丛稍密，生根较多
4	香蕉	200	6.6a	叶色翠绿，株丛稍密，生根较多
5	CK	0	4.1c	叶色翠绿，株丛松散，生根较多

注：同上。

不同的有机添加物的种类对铁皮石斛丛生苗的生长作用有很大差异，其中香蕉匀浆物对丛生苗的高生长有促进作用，苗高达到了6.6cm，同时促进了苗增殖和根系生长；马铃薯提取物对丛生苗的高生长没有明显的作用。添加了马铃薯匀浆物的试验组的苗普遍较矮，苗高仅为4.6cm，但株丛较为紧密，且叶色浓绿，但由于苗较小，生根作用不明显。有机添加物的浓度对壮苗作用的差异不显著。不同浓度添加物的试验组丛生苗的生长状态差异不显著。综合来看，最适宜的壮苗的有机添加物为香蕉匀浆物100g/L。

图5 生根培养(接种初期)

图6 生根培养(接种30d后)

3 讨论

不同激素种类及浓度配比对铁皮石斛原球茎增殖的作用不同，在综合了相关的研究文献后，试验选取了6-BA和NAA的不同浓度配比对原球茎增殖的影响，得出了铁皮石斛原球茎增殖适宜的激素浓度配比为6-BA 2.0mg/L、NAA0.5mg/L，这与王春的结论基本一致：认为6-BA在较高浓度时对石斛兰的原球茎增殖效果较好。但张明等(2000)认为较低浓度6-BA的作用大，这可能与铁皮石斛的基因型不同有关。在附加了6-BA的情况下，NAA浓度为0.5mg/L时对原球茎增殖的效果最好，这与王春(2002)、郑志仁(2008)等人的结论基本一致。

有机添加物对铁皮石斛原球茎增殖的作用明显，本次试验发现香蕉提取物对原球茎增殖的作用较好，这与孙丹(2010)等人的结论基本一致。但张桂芳等(2011)认为，椰汁对铁皮石斛原球茎增殖的促进作用最佳，但是由于北方地区椰汁获得途径有限且无法全年供应，同时考虑到经济因素，本次实验并未探究椰汁对原球茎增殖的影响，而是选取了北方地区简便易得的香蕉和马铃薯进行试验。而郑志仁(2008)等则认为马铃薯对原球茎增殖的作用更好，这可能是由于试验研究的材料种类不同有关。

有机添加物对铁皮石斛原球茎分化的作用亦明显。本次试验发现香蕉提取物100g/L时对原球茎分化的作用较好，这与郑志仁等(2008)的结论基本一致。但陆中华等(2015)则认为，香蕉浓度超过70g/L时，容易导致苗的根系腐烂畸形，植株偏黄，这可能与铁皮石斛的基因型不同有关，同时香蕉的产地与成熟度也可能对试验结果产生一定的影响。

铁皮石斛幼苗对植物生长调节物质非常敏感，王春等(2002)认为过高的6-BA浓度会导致叶片畸形，因此在壮苗阶段应减少细胞分裂素的使用，而增加生长素的使用。本试验探究了IBA和NAA两种生长素及浓度会铁皮石斛壮苗的作用，试验发现低浓度的NAA对壮苗的效果较好，这与郑志仁(2008)、周俊晖(2005)等人的结论基本一致。但周华伟等(1995)则认为较高浓度的NAA对壮苗作用更为明显，这可能与石斛兰的种类不同有关。

有机添加物对壮苗有一定的促进作用，试验表明添加香蕉提取物能够给幼苗的生长提供充足的有机营养，促进植株对营养的吸收，使植株茎叶健壮，同时促进根系生长，这与黄昌艳(2011)、陈媛(2009)、郑宽瑜(2009)等人的结论基本一致。

本次试验虽然对铁皮石斛原球茎增殖、分化及壮苗生根的相关影响因素进行了探究，得出了一定的研究结果，对铁皮石斛组培苗的生产有一定的参考作用，但不同种类的石斛所适宜的培养基成分配比也不尽相同，在进行大批量生产前仍需有针对性地进行研究试验，得出最适宜最高效的培养基成分配比，再应用于生产之中。

参考文献

1. 包英华．铁皮石斛种质资源的鉴定与评价研究[D]．广州：广州中医药大学，2014.
2. 王丽琼．铁皮石斛快繁体系和细胞培养研究[D]．湖北：华中科技大学，2013.
3. 王春．石斛兰组织培养及快繁技术研究[J]．浙江林业科技，2002，22（2）：39-40.
4. 张　明，夏鸿西，朱利泉，等．石斛组织培养研究进展[J]．中国中药杂志，2000，25（6）：3232326.
5. 郑志仁，朱建华，李新国，等．铁皮石斛的离体培养和快速繁殖[A]．上海农业学报，2008，24(1)：19－23.
6. 孙丹．铁皮石斛原球茎生物反应器培养及有效成分含量的分析[D]．吉林：延边大学，2010.
7. 张桂芳，关杰敏，黄松，等，铁皮石斛原球茎的诱导与增殖影响因素研究[A]．中药材，2011：1172－1177.
8. 莫昭展，贝学军，韦江萍，等，不同培养条件对铁皮石斛原球茎增殖的影响[A]．安徽农业科学，2007，35(22)
9. 陈薇，寸守铣．铁皮石斛茎段离体快繁[J]．植物生理学通讯，2002，38（2）：145.
10. 陆中华，吴学莉，王慧中．铁皮石斛壮苗快繁体系的优化研究[J]．浙江农业学报，2015，27(3)：380-386
11. 周俊辉，钟雪锋，蔡丁稳．铁皮石斛的组织培养与快速繁殖研究[A]．仲恺农业技术学院学报，2005，18(1)：23－26.
12. 周伟华，李世君，钱秀红，等．组织培养中若干因素对石斛兰试管苗生长的影响[D]．浙江：浙江农业大学，1995.
13. 黄昌艳，李魁鹏，杨美纯，等．不同培养基对铁皮石斛组培快繁的影响[J]．南方农业学报，2011，42（4）：349-352.
14. 陈媛，谢吉荣，铁皮石斛试管苗培养技术的研究[J]．北方园艺，2009，(7)：122－123.
15. 郑宽瑜，邓君浪，赵辉．铁皮石斛组培快繁技术体系研究[J]．云南农业科技，2009：57－59.

金钻蔓绿绒不同取材部位的离体培养研究

申雯靖　李 娜　张 黎①

（宁夏大学农学院，银川 750021）

摘要　本文以金钻蔓绿绒为试验材料，通过筛选外植体类型、取材时间、植物激素种类与浓度，得出最佳诱导愈伤组织、不定芽与继代培养基。结果表明：夏季为最佳取材时间，愈伤诱导率高，诱导时间短；叶片、叶基、叶柄最佳诱导愈伤培养基：MS + 2. 0mg/L TDZ + 0. 2mg/L2, 4-D，增殖培养基：MS + 3. 0mg/L 6-BA + 0. 2mg/L NAA；根茎诱导不定芽及继代增殖最佳培养基分别为：MS + 1mg/L6-BA + 0. 3mg/L NAA + 1mg/L GA_3与 MS + 0. 8mg/L6-BA + 0. 2mg/LIBA.

关键词　金钻；离体培养；愈伤组织；增殖

Study on Culture in Vitro of Different Parts of Philodendron ‘con-go’

SHEN Wen-jing　LI Na　ZHANG Li

(*College of Agriculture*, *Ningxia University*, *Yinchuan* 750021)

Abstract　*Philodendron* ‘con-go’ were used as experimental materials to investigated disinfection method explant types, sampling time, the types and concentration of plant hormone, the screened the suitable medium for callus induction, adventitious buds and subculture. The result showed the best sampling time is in summer, it had the high rate of callus induction rate and the short induction time. The best callus induction and proliferation medium of leaves, leaf base and petiole respectively: MS + 2. 0mg/LTDZ + 0. 2mg/L2, 4-D; MS + 3. 0mg/L 6-BA + 0. 2mg/L NAA. The rhizome induced adventitious buds and the best subculture multiplication medium respectively: MS + 1mg/L 6-B + 0. 3mg/L NAA + 1mg/L GA_3; MS + 0. 8mg/L 6-BA + 0. 2mg/L IBA.

Key words　*Philodendron* ‘con-go’; In vitro culture; Callus; Proliferation

金钻蔓绿绒（*Philodendron* ‘con-go’）又名金钻，天南星科（Araceae）观叶花卉，原产于南美洲，为热带和亚热带常见的多年生常绿草本植物。生命力极强，是较为流行的室内观叶植物。本试验以金钻蔓绿绒小盆栽根茎、叶片、叶基、叶柄为试验外植体，通过组织培养研究其种苗扩繁，为金钻蔓绿绒规模化生产提供理论依据。目前，金钻蔓绿绒以幼苗茎段建立再生体系（陈丽文 等，2012），未见其愈伤组织以及根茎不定芽方面的研究报道。

1　材料与方法

1.1　试验材料

选取生长健壮的金钻蔓绿绒植株，取幼嫩的叶片及根茎作为外植体。

1.2　试验方法

1.2.1　材料处理

在母株上取幼嫩叶片用洗洁精清洗后，再用自来水冲洗 30min，置于超净工作台备用。外植体用 75% 酒精浸泡 30s，0. 1% 升汞溶液灭菌 10~15min，用无菌水冲洗 5~6 次。将叶片分成形态学前端与叶基两部分，形态学前端叶片切成 1. 5cm × 1. 5cm 大小，叶基部向上切 0. 5~1. 0cm 小段，叶柄切成 1. 0~1. 5cm 小段。

切除根系和叶片，削去根茎外表皮，使基部干净。先用洗洁精清洗，再用自来水冲洗 1h，置于超净工作台上，用 75% 酒精或 4% 青霉素消毒，0. 1% 升汞溶液灭菌 16~22min，无菌水冲洗 4~5 次后备用。

① 通讯作者。

1.2.2 初代诱导

将切好的叶片不同部位外植体接种于愈伤诱导培养基，培养基组合为：① MS + TDZ（1mg/L）+2,4-D（0.1、0.2、0.4、0.8mg/L）；② MS + TDZ（1.5mg/L）+2,4-D（0.1、0.2、0.4、0.8mg/L）；③ MS + TDZ（2mg/L）+2,4-D（0.1、0.2、0.4、0.8mg/L）；④ MS + TDZ（2.5mg/L）+2,4-D（0.1、0.2、0.4、0.8mg/L）；采用二因素四水平完全随机试验设计，试验设16个处理（X1-X 16），每处理接种10瓶，每瓶接种3个，重复3次。

将切好的根茎接种于不定芽诱导培养基：MS + 6-BA（1mg/L）+ NAA（0.1、0.2、0.3mg/L）+ GA_3（1mg/L），试验设6个处理（D1-D6）进行不定芽诱导。每处理10瓶，每瓶接种3个，3次重复。

1.2.3 取材时间筛选

分别在1月（冬季）、4月（春季）、7月（夏季）、10月（秋季）中旬取材，将不同部位的外植体分别接种于各自最佳愈伤诱导培养基。

1.2.4 继代培养

将叶片不同部位愈伤组织转入继代培养基中，以MS为基本培养基，添加0.2mg/L NAA +6-BA（2、3、4、5mg/L），进行愈伤增殖培养，试验设4个处理（C1-C4）。每处理10瓶，每瓶接种3块，3次重复。

将生长健壮的不定芽接种于增殖培养基中，试验设4个处理（E1-E4），添加不同种类激素（6-BA、IBA），不同浓度组合，每个处理10瓶，重复3次。35d后统计丛芽增殖情况。

1.2.5 培养条件

培养温度为25±2℃，湿度为60%～65%，叶片、叶柄、叶基愈伤诱导为暗培养，根茎不定芽诱导采用暗培养和光照培养（光周期12/12h）两种方式，光照培养条件为1800～2000lx。

1.2.6 数据处理及分析方法

采用Excel 2007、SAS 8.2统计分析软件进行数据处理分析。

2 结果与分析

2.1 试验材料对愈伤组织的影响

叶片、叶基的愈伤诱导率显著高于叶柄的愈伤诱导率（图A、B、C），叶片、叶基、叶柄的诱导率是随着TDZ的浓度增加呈先上升后下降的趋势。比较其R值，两种激素对愈伤诱导影响程度：TDZ >2,4-D，由K值得出叶片、叶基、叶柄最佳愈伤诱导培养基为：MS +2.0mg/L TDZ +0.2mg/L 2,4-D，这与X10处理实验结果相同（表1）。叶片、叶基、叶柄均在夏季取材，诱导率最高，达79%，诱导时间最短为30d（表2）。

表1 不同植物生长调节剂对金钻蔓绿绒叶片、叶基、叶柄愈伤组织诱导的影响

Table 1 The effect of different plant growth regulators on the *Philodendron*‘con-go’of leaies, leaf base and leaf petiole callus induction

处理号 Treatment number	叶片诱导率 Leaf Callus induction rate	叶基诱导率 Leaves basal callus induction rate	叶柄诱导率 Petiole callus induction rate
X1	8.89±2.16J	12.22±1.25J	6.67±0.82IJ
X2	24.44±0.81G	23.33±1.63JIFH	10.56±1.70IGH
X3	16.67±2.16I	20±0.81IJH	11.11±1.70IGHF
X4	15.19±1.70IJ	14.44±1.24IJ	3.33±0.82J
X5	21.11±1.63HGI	21.11±2.05GIJH	9.44±2.05IHJ
X6	40.37±2.49DC	47.78±1.25B	18.89±1.25ED
X7	31.11±1.63F	32.22±1.70EFD	11.67±2.16IGHF
X8	21.48±1.70HG	28.89±1.25GEFH	7.78±1.25IJ
X9	38.15±0.94DE	41.11±0.47CBD	17.22±2.49EDF
X10	72.59±3.68A	67.78±1.70A	41.11±2.05A
X11	54.44±5.66B	45.56±3.3BC	26.67±1.63BC
X12	31.85±2.05EF	37.78±1.25CEBD	21.67±0.82CD
X13	22.59±2.62G	24.44±1.70GIFH	14.44±2.05EGFH
X14	45.93±5.19C	36.67±1.63CED	30±2.16B
X15	35.56±2.94DEF	31.11±0.94GEFD	16.11±2.62EGDF
X16	22.96±1.24G	20±0.82IJH	7.22±2.05IJ

注：数据为平均值±标准差，同列数字旁不同大写字母表示有极显著差异（$P<0.01$）；表2～表6同此。

Note: According to the mean ± standard deviation, with a different column of numbers next to the different capital letter there was a significant difference（$P<0.01$）; Table 2-6 the same below.

表2 不同取材时间对金钻蔓绿绒叶片、叶柄、叶基的影响

Table 2 The effect of different sampling seasons on *Philodendron*‘con-go’leaf, leaf base, petiole

处理号 Treatment number	外植体 Explant	季节 Season	诱导率（%）Callus induction rate（%）	诱导时间（d）Induction time（d）
1	叶片 Leaf	春季 Spring	68±0.47	39±1
2	叶片 Leaf	夏季 Summer	79±1.63	35±2
3	叶片 Leaf	秋季 Autumn	50±2.49	52±2
4	叶片 Leaf	冬季 Winter	27±1.25	61±2
5	叶基 Leaf base	春季 Spring	48±0.94	37±1
6	叶基 Leaf base	夏季 Summer	67±3.74	35±2
7	叶基 Leaf base	秋季 Autumn	52±2.49	41±2
8	叶基 Leaf base	冬季 Winter	27±0.82	56±0
9	叶柄 Petiole	春季 Spring	44±1.89	38±2
10	叶柄 Petiole	夏季 Summer	54±1.70	30±1
11	叶柄 Petiole	秋季 Autumn	32±0.47	46±1
12	叶柄 Petiole	冬季 Winter	18±1.25	54±2

2.2 不同生长调节剂对不定芽诱导的影响

NAA浓度恒定条件下，随6-BA浓度上升，愈伤增殖幅度呈先上升后下降趋势，在6-BA为3mg/L时，愈伤增殖最佳，且分化出不定芽，但不定芽长势较弱（表3）。

表 3 不同植物生长调节剂对金钻蔓绿绒愈伤不定芽诱导的影响

Table 3 Different plant growth regulators on callus induction of adventitious buds of *Philodendron* ‘con-go’ effect

处理号 Treatment number	6-BA mg/L	NAA mg/L	不定芽诱导率% Adventitious bud induction rate	不定芽诱导情况 Induction of adventitious buds
C1	5	0.2	0	愈伤增殖面积小、褐化面积大、无不定芽 Callus proliferation area is small、Large brown area、Did not produce adventitious bud
C2	4	0.2	0.56 ±0.01B	愈伤增殖面积较大、褐化面积大、有细弱不定芽 Callus proliferation area is large、Large brown area、A thin adventitious bud
C3	3	0.2	6.11 ±0.25A	愈伤增殖面积大、褐化面积小、有细弱不定芽 Callus proliferation area is large、Small brown area、A thin adventitious bud
C4	2	0.2	0	愈伤增殖面积小、褐化面积大、无不定芽 Callus proliferation area is small、Large brown area、Did not produce adventitious bud

根茎初代进行暗培养，易褐化死亡；在光照培养条件下，根茎逐渐长出不定芽。6-BA 浓度恒定，随着 NAA 浓度的升高，不定芽诱导时间明显缩短。根茎不定芽诱导最佳培养基为 6-BA 1mg/L + NAA 0.3mg/L + GA_3 1mg/L，且在光培养下效果最佳(表 4；图 D、E)。

表 4 不同处理对金钻蔓绿绒根茎初代培养的影响

Table 4 Effects of different plant growth regulators on diamond primary culture of *Philodendron* ‘con-go’ rhizome

处理号 Treatment number	6-BA mg/L	NAA mg/L	GA_3 mg/L	暗培养 Dark culture	光培养 Light culture
D1	1	0.1		褐化死亡 Browning death	
D2	1	0.2		褐化死亡 Browning death	
D3	1	0.3	1	褐化死亡 Browning death	
D4	1	0.1			51d 出现不定芽 51d adventitious buds
D5	1	0.2			40d 出现不定芽 40d adventitious buds
D6	1	0.3	1		10d 出现不定芽 10d adventitious buds

2.3 激素组合对不定芽增殖的影响

R 值得出：两种激素对诱导愈伤影响强弱程度为：6-BA > IBA，由 K 值得出根茎最佳增殖培养基为：MS + 0.8mg/L 6-BA + 0.2mg/L IBA，这与 E2 实验处理相同(表 5；图 F、G)。

表 5 不同植物生长调节剂对金钻蔓绿绒不定芽增殖培养的影响

Table 5 Different plant growth regulators on *Philodendron* ‘con-go’ adventitious bud proliferation culture

处理号 Treatment number	6-BAmg/L	IBAmg/L	增殖系数 Multiplication factor	形态表现 Manifestations
E1	0.8	0.1	10.11 ±1.46B	叶片卷曲程度大、叶小、叶色黄绿 Large leaves curl, Leaves small, Yellow and green of leaves
E2	0.8	0.2	14.76 ±2.21A	叶片卷曲程度小、叶大、叶色绿 Small leaves curl, Leaves large, Green leaves
E3	1	0.1	5.39 ±0.69C	叶片卷曲程度大、叶小、叶色黄绿 Large leaves curl, Leaves small, Yellow and green of leaves
E4	1	0.2	8.67 ±1.52B	叶片卷曲程度小、叶较大、叶色 Small leaves curl, Leaves large, Green leaves
K1	12.44	7.75		
K2	7.03	11.72		
R	5.41	3.97		

3 讨论

本试验研究了金钻叶片、叶柄、叶基的最适取材时间以及最适诱导愈伤培养基，结果表明，取材时间以夏季为宜，愈伤诱导率最高，时间最短，这与单芹丽等(2015)结果一致，可能是在夏季选取植株时，植株本身处于生长优势。外植体类型对金钻蔓绿绒愈伤组织和不定芽诱导起着决定性作用。在本试验中以根茎为外植体成功诱导出不定芽以及不定芽增殖，而叶片、叶柄、叶基不定芽诱导率很低，可能是由于植物生长调剂的种类和浓度或以叶片、叶柄、叶基诱导的愈伤组织不优质的原因，这与朱根发等(1998)诱导绿帝王蔓绿绒用 MS + NAA 0.2mg/L + 6-BA 3mg/L 的分化培养基可分化为大量丛生芽的结果不一致，可能是由于同科同属的不同种之间差别比较大，还需深入研究。

根茎不定芽诱导初期采用暗培养方式褐化率高达100%，可能是由于光照对植物形态建成有一定的调节作用(邹娜等，2013)。根茎不定芽诱导培养基中加入赤霉素，10d 可诱导出不定芽，可能是赤霉素对其不定芽萌发的促进作用。这与吴玲利等(2015)结果一致。根茎进行不定芽诱导和增殖阶段，植物生长调节剂的浓度要求比较小，这与朱根发(2003)和陈丽文等(2012)诱导蔓绿绒属观赏植物和金钻蔓绿绒的结果不一致。

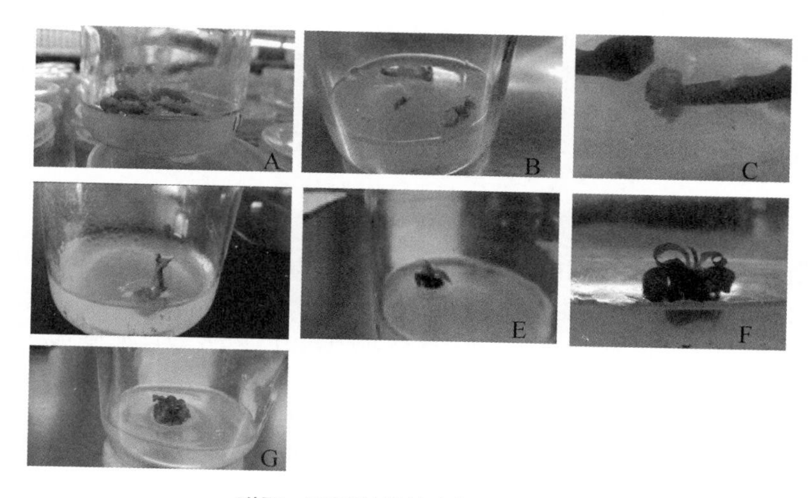

附图：不同材料的生长时期情况

注：A：叶片诱导愈伤；B：叶基诱导愈伤；C：叶柄诱导愈伤；D：根茎不定芽诱导初期；E：诱导出不定芽；F 和 G：不定芽增殖

Fig. The growth period of the different materials

Note：A：Callus induction with leaf；B：Callus induction with leaf base；C：Callus induction with petiole；D：Adventitious bud induction early stage；E：Induced adventitious buds；FandG：Adventitious bud multiplication

参考文献

1. 单芹丽，王继华，吴丽芳，等．2015．不同供体材料对非洲菊胚珠离体培养的影响[J]．植物生理学报，51(7)：1151 – 1156.
2. 朱根发，张远能，邹春萍．1998．绿帝王蔓绿绒组织培养和快速繁殖技术研究[J]．广东农业科学，6：25 – 26.
3. 邹娜，陈璋，林思祖，林庆良．2013．福建山樱花愈伤组织的诱导及植株再生[J]．核农学报，27(10)：1417 – 1423.
4. 吴玲利，柯镔峰，龚春．2015．白木通组织培养及快速繁殖[J]．植物生理学报，51(6)：903 – 908.
5. 朱根发．2003．蔓绿绒属观赏植物的组织培养快速繁殖技术研究[J]．植物学通报，20(3)：342-345.
6. 陈丽文，荣薏，何贵整．2012．金钻蔓绿绒组培再生体系的建立[J]．北方园艺，(01)：120 – 12.

白花Ⅱ水仙组织培养研究*

赵潇俐　李梦思　杨菲颖　李 科　陈晓静①
（福建农林大学园艺学院，福州 350002）

摘要　本试验以白花Ⅱ水仙为材料，探索了白花Ⅱ水仙的外植体消毒方法和适宜培养基。结果表明：白花Ⅱ水仙鳞茎盘消毒处理以 25% 的次氯酸钠溶液浸泡 25min 为好，不定芽诱导适宜培养基为：MS + 0.5mg/L 6-BA + 0.1mg/L 2,4-D；继代培养基为：MS + 1.5mg/L 6-BA + 0.5mg/L 2,4-D；生根培养基为 1/2MS + 0.05mg/L IBA + 0.1mg/L NAA。

关键词　白花Ⅱ水仙；组织培养

The Study on White Flower Ⅱ Narcissus Tissue Culture

ZHAO Xiao-li　LI Meng-si　YANG Fei-ying　LI Ke　CHEN Xiao-jing
(*College of Horticulture, Fujian Agricultrue and Forestry University, Fuzhou* 350002)

Abstract　During this experiment, we explored the explant disinfection method of white flower Ⅱ narcissus, and the most suitable culture medium were selected. Our results showed that the bulb plates of white flower Ⅱ is sterilized best when it is soaked in 25% sodium hypochlorite solution for about 25 minutes and the optimum medium for adventitious buds inducing of white flower Ⅱ is MS + 0.5mg/L 6-BA + 0.1mg/L 2,4-D. MS + 1.5mg/L 6-BA + 0.5mg/L 2,4-D is the optimum subculture medium for white flower Ⅱ narcissus. The rooting medium is 1/2MS + 0.05mg/L IBA + 0.1mg/L NAA.

Key words　White Flower Ⅱ Narcissus; Tissue culture

水仙（*Narcissus tazetta*）为石蒜科水仙属多年生球根类花卉，喜阳光充足，适应性强，能耐半阴，不耐严寒（张冬梅和卞黎霞，2013）。水仙在夏季落叶休眠，秋冬生长，早春开花，在盆栽及切花中常有应用，是著名的观赏植物，同时因其含水仙克拉辛碱（narciclasine）等多种化学物质而在医药等领域广泛应用，具有较高的经济和药用价值（陈林姣 等，2002；付卡利，2014；Koksal N et al.，2015）。水仙在我国已有上千年的栽培历史，但长期的无性繁殖，使其病毒积累严重，品种退化（李素红 等，2013），不利于优质种质资源的保存及水仙产业的可持续发展。同时，特殊的三倍体不育性加大了水仙杂交育种的难度，而白花Ⅱ水仙作为二倍体，是杂交育种中宝贵的亲本资源（陈晓静和吕柳新，2006）。近年来，对于水仙的组织培养研究较多，但不同品种离体培养所需的最适激素与环境条件存在差异，而针对白花Ⅱ水仙离体培养的研究未有报道。基于此，本研究以 2～3 年生白花Ⅱ水仙鳞茎盘为试验材料，展开离体培养研究，以期找到适合白花Ⅱ水仙离体快繁所需的最佳激素条件，为水仙原种保存、遗传转化平台体系的建立和珍贵种质资源的保存提供技术支持。

1　材料与方法

1.1　试验材料

试验材料为福建农林大学园艺遗传育种研究所提供的 2～3 年生白花Ⅱ水仙鳞茎。

1.2　方法

1.2.1　外植体预处理及消毒

将生长健壮无病害的水仙鳞茎置于 4℃ 冰箱中预处理，4 周后取出，剥去外层干枯鳞茎片和基部老根，洗净后继续在流水下冲洗 35min，而后置于超净工作台上用体积分数为 75% 的酒精浸泡 1min，再用

* 基金项目：福建省种业工程项目：福建省特色花卉品种创新与种苗设施繁育产业化工程（K8114001B）。
① 通讯作者。Author for correspondence（E-mail：915177245@qq.com）。

次氯酸钠溶液消毒，无菌水冲洗5次后置于无菌水中备用。参照章萍萍(2015)的方法，对次氯酸钠浓度和消毒时间稍作调整，并选出本试验最佳消毒方法，具体处理如表1所示。

表1 水仙鳞茎消毒处理

Table1 Sterilization of narcissus bulblets

编号 NO.	次氯酸钠浓度(%) Concentration of sodium hypochlorite(%)	消毒时间(min) Sterilization time (min)
①	20	25
②	20	30
③	20	35
④	25	25
⑤	25	30
⑥	25	35

1.2.2 培养基与培养条件

以MS为基本培养基，添加30g/L蔗糖、7g/L琼脂、2g/L活性炭及不同浓度水平的激素，pH调至5.8，分装后高压灭菌。接种后置于培养室培养，温度23±2℃，光照强度为1500lx，光照时间为14h/d。

1.2.3 外植体的接种

在无菌滤纸上切除消毒好的水仙鳞茎上部鳞片，基部鳞茎切成10mm^{2}左右带鳞茎盘的小块，每块带2~3层鳞片，接种于诱导培养基上，每瓶3个外植体，每个处理30瓶。观察并记录试验现象，4周后进行污染率统计；8周后统计不定芽数，愈伤组织诱导率及褐化率。对2,4-D、6-BA与NAA 3因素3个浓度水平进行正交设计，如表2、表3。

表2 正交试验因素与水平

Table 2 Actors and levels of orthogonal experiment design

水平 Level	试验因素 Experimental factors		
	A 6-BA($mg \cdot L^{-1}$)	B 2,4-D($mg \cdot L^{-1}$)	C NAA($mg \cdot L^{-1}$)
1	0.5	0.1	0
2	1.0	0.5	0.5
3	1.5	1.0	1.0

表3 水仙诱导培养基种类

Table 3 Induction medium types of narcissus

培养基编号 Number of medium	培养基类型 Medium type
1	MS+0.5mg/L 6-BA+0.1mg/L 2,4-D+0mg/L NAA
2	MS+0.5mg/L 6-BA+0.5mg/L 2,4-D+0.5mg/L NAA
3	MS+0.5mg/L 6-BA+1.0mg/L 2,4-D+1.0mg/L NAA
4	MS+1.0mg/L 6-BA+0.1mg/L 2,4-D+0.5mg/L NAA
5	MS+1.0mg/L 6-BA+0.5mg/L 2,4-D+1.0mg/L NAA
6	MS+1.0mg/L 6-BA+1.0 mg/L 2,4-D+0mg/L NAA
7	MS+1.5mg/L 6-BA+0.1mg/L 2,4-D+1.0mg/L NAA
8	MS+1.5mg/L 6-BA+0.5mg/L 2,4-D+0mg/L NAA
9	MS+1.5mg/L 6-BA+1.0mg/L 2,4-D+0.5mg/L NAA

1.2.4 继代增殖培养

在无菌条件下，切除初代诱导的不定芽的上半部分，下半部分纵切成2块，接入继代培养基，30d后统计其增殖率。继代周期为30d。

1.2.5 生根与壮苗培养

将继代获得的生长健壮的丛生芽分离，接入生根培养基，如表4，30d后观察并统计生根率。

表4 水仙生根培养基

Table 4 Rooting medium of narcissus

培养基编号 Number of medium	培养基类型 Medium type
1	1/2MS+0.1mg/L NAA+0.1mg/L 6-BA
2	1/2MS+0.05mg/L IBA+0.1mg/L NAA
3	1/2MS+0.1mg/L IBA+0.1mg/L NAA

1.2.6 炼苗和移栽

已生根的组培苗开瓶炼苗5~6d后，取出，在自来水下将附着在根系上的琼脂洗净，移入装有基质的塑料穴盘中，室温下培养，观察并记录其长势，30d后统计成活率。

2 结果与分析

2.1 不同处理的消毒效果比较

表5 不同处理下的消毒效果比较

Table5 Disinfection effects comparison under different control

编号 No.	接种外植体数(块) Number of inoculated explants	污染数(块) Number of pollution	污染率(%) Pollution rate
①	60	50	83.3
②	60	33	55.0
③	60	21	35.0
④	60	12	20.0
⑤	60	10	16.7
⑥	60	7	11.6

接种4周后对白花Ⅱ水仙进行污染率统计，结果如表5所示。当次氯酸钠溶液浓度为20%时，污染率

较高，均在30%以上(处理①、②和③)；当次氯酸钠溶液浓度升高到25%时，污染率明显下降，最低为11.6%(处理⑥)，处理④和⑤污染率也相对较低，消毒效果良好且差异不大。但在试验过程中，可以观察到处理⑤和⑥部分外植体几乎无生长现象。综合上述结果，选择处理④作为白花Ⅱ水仙的外植体消毒方法，即白花Ⅱ水仙鳞茎盘最佳的消毒处理为25%的次氯酸钠溶液浸泡25min。

2.2 初代培养

2.2.1 白花Ⅱ水仙不定芽诱导及分化的相关性分析

外植体接种到不同激素配比的初代诱导培养基中约6d后，鳞茎片开始生长并向外张开，边缘有白色绒状物形成，鳞茎盘膨大，接种约20d后，鳞片之间出现白色突起(露白)。

表6 白花Ⅱ水仙初代诱导正交试验结果

Table6 The results of orthogonal test in early generation induction of white flower Ⅱ narcissus

培养基 Medium	A 6-BA(mg·L^{-1})	B 2,4-D(mg·L^{-1})	C NAA(mg·L^{-1})	褐化率(%) Browning rate	愈伤诱导率(%) The induction rate of Callus	不定芽诱导率(%) The induction rate of adventitious buds
1	1(0.5)	1(0.1)	1(0.0)	6	0	100
2	1	2(0.5)	2(0.5)	33	70	43
3	1	3(1.0)	3(1.0)	41	20	36
4	2(1.0)	1	2	46	33	43
5	2	2	3	23	67	60
6	2	3	1	26	81	26
7	3(1.5)	1	3	36	45	83
8	3	2	1	42	46	80
9	3	3	2	13	72	12

表7 不同激素组合对白花Ⅱ水仙不定芽诱导的相关性分析

Table 7 The correlation analysis of different hormone combinations on the white flower Ⅱ narcissus adventitious bud induction

		褐化率 Browning rate	愈伤诱导率 The induction rate of Callus	不定芽诱导率 The induction rate of adventitious buds
褐化率	Peason 相关性	1	-.015	-.076
	显著性(双侧)		.970	.846
	N	9	9	9
愈伤诱导率	Peason 相关性	-.015	1	-.594
	显著性(双侧)	.970		.092
	N	9	9	9
不定芽诱导率	Peason 相关性	-.076	-.594	1
	显著性(双侧)	.846	.092	
	N	9	9	9

从表6可以看出，白花Ⅱ水仙鳞茎的褐化率较低，最高为46%，褐化率最低为6%，而9种培养基的愈伤诱导效果也存在较大差异，愈伤诱导率最低为0，最高为81%，小球茎诱导率最高为100%，最低为12%，当选用1号培养基时，可以达到高小球茎诱导率和极低的褐化率。

为了探讨白花Ⅱ水仙离体培养中褐化率、愈伤诱导率和不定芽诱导率3个观察指标间是否存在相关性，又分别对表6数据进行了相关性分析，结果如表7所示。

由表7可以看出，在白花Ⅱ水仙鳞茎盘离体培养过程中，其褐化率、愈伤组织诱导率和不定芽诱导率之间不存在相关性。

2.2.2 最佳激素浓度的确定

水仙离体快繁过程中，激素浓度水平对水仙不定芽的诱导率起着至关重要的作用，为了研究适合白花Ⅱ水仙不定芽诱导的最佳激素浓度，对6-BA、2,4-D和NAA 3种激素在不同浓度水平下不定芽诱导率进行分析。结果见表8，在本试验的3个因素中，B的极差值最大，为0.50，说明2,4-D的浓度对白花Ⅱ水仙不定芽诱导率的影响最大，其次是NAA的浓度，而6-BA影响最小，极差值为0.17。由表8还可看出，诱导白花Ⅱ水仙丛芽的最佳组合为A1B1C1，即MS + 0.5mg/L 6-BA + 0.1mg/L 2,4-D + 0mg/L NAA。

表8 不定芽诱导率的极差分析

Table 8 Range analysis of adventitious bud induction rate

(I)A	A(6-BA)	B(2,4-D)	C(NAA)
K1	1.79	2.26	2.06
K2	1.29	1.83	0.98
K3	1.75	0.74	1.79
k1	0.60	0.75	0.69
k2	0.43	0.61	0.33
k3	0.58	0.25	0.60
R	0.17	0.50	0.36
优水平	A1	B1	C1

2.3 白花Ⅱ水仙不定芽的继代

从表9可以看出，白花Ⅱ水仙继代培养的增殖系数为2.39～3.19，其中以6-BA 1.5mg/L + 2,4-D 0.5mg/L激素组合为较佳的激素组合，增殖系数为3.19。

表9 不同激素配比对白花Ⅱ水仙继代的影响

Table 9 Effects of different hormone combinations on white flower Ⅱ narcissus subculture

激素配比($mg \cdot L^{-1}$) The ratio of hormones	外植体数 Number of explant	不定芽数 Number of adventitious buds	增殖系数 The multiplication rate
6-BA 1.5 + 2,4-D 0.1	36	86	2.39
6-BA 1.5 + 2,4-D 0.5	36	115	3.19
6-BA 1.5 + 2,4-D 1.0	36	101	2.81
6-BA 1.5 + 2,4-D 1.5	36	92	2.56

2.4 激素对水仙生根的影响

组培苗接入生根培养基10d后便可观察到根原基，20d后根可长至1～2cm，此时进行移栽成活率较高。从表10可知，在3种不同的培养基中其生根率均可达到90%以上，且平均根数在3.0条以上，生根效果良好。白花Ⅱ水仙在培养基为1/2MS + IBA 0.05mg/L + NAA 0.1mg/L时，生根率和平均根数均达到最高。在生根培养过程中，小鳞茎也会相应的有所增大，另外，部分组培苗出现叶片生长过旺的现象。

表10 不同激素配比对水仙生根的影响

Table 10 Effects of different hormone combinations on the rooting of narcissus

培养基类型 Type of Medium	生根率(%) The rooting percentage	平均根数(条) average number of roots
1/2MS + NAA 0.1mg/L + 6-BA 0.1mg/L	93	3.0
1/2MS + IBA 0.05mg/L + NAA 0.1mg/L	99	3.7
1/2MS + IBA 0.1 mg/L + NAA 0.1mg/L	97	3.2

2.5 组培苗的移栽

组培苗接入生根培养基25d后，根系生长良好，可按常规步骤进行移栽。通过统计，发现白花Ⅱ水仙成活率都较高，可达95.6%。

3 讨论

无菌系的建立是水仙离体培养的基础。水仙鳞茎长年生长于土壤中，病菌积累严重，较难建立无菌系。本试验在章萍萍(2015)的基础上，对次氯酸钠浓度及消毒时间进行了调整，选出了白花Ⅱ水仙适宜的消毒条件，但在消毒过程中，次氯酸钠溶液浓度过高也会对外植体的生长造成影响。另外，在试验过程中发现，水仙存在明显的内生菌污染。而抗生素因其具有优良的灭菌效果，在球根植物组织培养中已有应用，用来降低外植体内生菌造成的污染(姜贺飞 等，2010)。杨柳燕等(2013)研究表明，利用1000mg/L的头孢拉定溶液浸泡崇明水仙鳞茎盘3h，结合升汞消毒，具有较好的灭菌效果，可使污染率降至8.3%。由于升汞毒性大，且废液处理不当容易对环境造成污染。故今后可尝试利用青霉素、头孢拉定等抗生素结合次氯酸钠溶液进行水仙外植体的消毒处理，以达到更好的灭菌效果。

本试验选取水仙鳞茎盘为试验材料，外植体消毒繁琐，无菌系建立相对困难。近年来有众多研究表明，水仙子房、花药、花柄和花莛等花器官均能诱导生成不定芽，且外植体易于消毒，污染率较低(栾爱业 等，2006)。所以，可利用水仙花器官作为外植体，对白花Ⅱ水仙离体快繁技术进行进一步的研究。

植物生长调节剂在水仙的离体快繁中起着重要的调控作用，关于此方面的研究较多，但结果不尽相同。本试验研究表明，2,4-D对于白花Ⅱ水仙不定芽的诱导作用比6-BA、NAA更显著，且高浓度的2,4-D(1.0mg/L)在一定程度上抑制了白花Ⅱ水仙不定芽的诱导。可在 0 ~ 0.1mg/L 浓度范围内进一步研究2, 4-D 对白花Ⅱ水仙不定芽的诱导效果。另外，在 6-BA 浓度不变的情况下，2, 4-D 浓度在 0.1 ~ 0.5mg/L 范围内，水仙继代的增殖系数随 2, 4-D 浓度的增大而增大，在 0.5mg/L 达到最大，当浓度超过 0.5 mg/L 时，增殖系数呈下降趋势。

以不同部位的鳞片作为外植体，其污染率、增殖率也存在差异。外层鳞片污染率相对高于内、中层鳞片，但小鳞茎增殖率较高，且质量好，中层鳞片次之。这与何玮毅和陈晓静(2005)、曾宪宝等(1986)、李招文等(1983)的研究结果一致。带有鳞茎盘的鳞片位置越靠内，其污染率较低，但增殖率也较低，部分出现徒长现象。外植体的生理生化状态影响着其分化再生能力，是引起增殖率差异的主要原因之一。因此，在试验材料足够时，可尽量选择带有鳞茎盘的中、外层鳞片作为外植体。另外，何玮毅和陈晓静(2005)认为外植体的切法与大小也会对小鳞茎的增殖率和质量造成影响，以切成 8mm × 5mm 的放射状的效果最好。

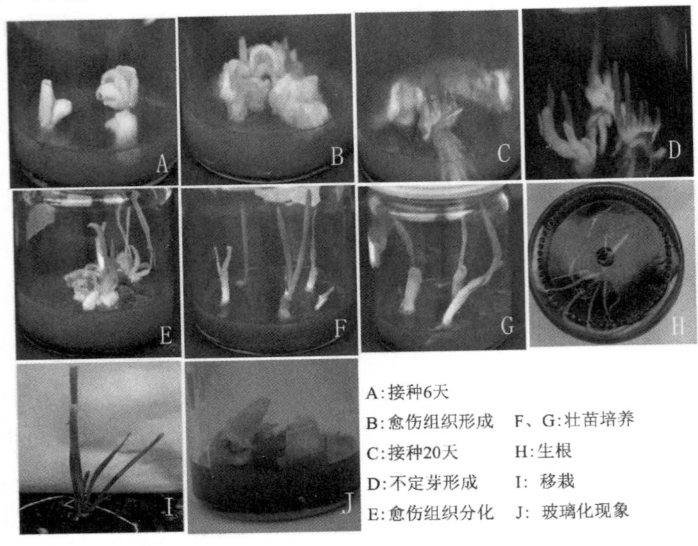

图1　白花Ⅱ水仙离体再生过程

Fig. 1　The regeneration process of White FlowerⅡ Narcissus

A: cultured for 6 days; B: Callus formation; C: cultured for 6 days; D: adventitious buds formation; E: Callus differentiation; F、G: hardening of Plantlets ; H: rooting; I: transplant; J: vitrification

参考文献

1. 陈林姣，缪颖，陈德海，等．中国水仙种质资源的遗传多样性分析[J]．厦门大学学报(自然科学版)，2002，(6)：810 – 814.
2. 陈晓静，吕柳新．福建多花水仙资源[J]．福建林学院学报，2006，(1)：14 – 17.
3. 付卡利．中国水仙化学成分与生物活性研究[D]．上海：第二军医大学，2014.
4. 何玮毅，陈晓静．黄花水仙和南日岛水仙的组培快繁[J]．福建农林大学学报：自然科学版，2005，34(3)：313-317.
5. 姜贺飞，张辉，李继爱，等．水仙离体培养及植株再生的研究进展[J]．中国农学通报，2010，26(18)：237 – 241.
6. Koksal N, Kafkas E, Sadighazadi S, et al. Floral Fragrances of Daffodil under Salinity Stress[J]. Romanian Biotechnological Letters. 2015，20(4)：10600 – 10610.
7. 李素红，宫庆涛，王江勇．荷兰水仙病虫害防治[J]．中国花卉园艺，2013，(22)：34 – 35.
8. 李招文，陈扬春，唐道一．水仙双鳞片繁殖的培养方法和条件研究[J]．园艺学报，1983，10(1)：51 – 58.
9. 栾爱业，徐海峰，曾黎辉．中国水仙生物技术研究进展[J]．生物技术，2006，16(6)：77 – 80.
10. 杨柳燕，张永春，汤庚国，等．崇明水仙花序轴诱导试管球及优化增殖体系的研究[J]．中国农学通报，2013，29(1)：107 – 112.
11. 曾宪宝，叶银根，陈星球．水仙鳞茎在不含外源激素的培养基上的组培效果[J]．华中师范大学学报(自然科学版)，1986，20(1)：96 – 98.
12. 张冬梅，卞黎霞．水仙属植物研究现状及崇明水仙发展策略[J]．园林科技，2013，(4)：10 – 12.
13. 章萍萍，陈晓静，李科．SPSS 正交设计在漳州水仙组织培养中的应用[J]．现代园艺，2015，(7)：13 – 16.

空间诱变野鸦椿组培快繁技术研究*

陈 熙[1,2] 马丽娟[2] 张秀英[2] 蔡邦平[2]①
([1]福建农林大学园林学院，福州 350002；[2]厦门市园林植物园，厦门 361003)

摘要 以空间诱变野鸦椿带芽茎段为材料，进行组织培养快速繁殖研究。结果表明：最佳消毒方式为采摘后室内放置 5d 再进行消毒，以 75% 酒精消毒 30s 结合 0.1% 升汞溶液消毒 8min 效果最佳，污染率与死亡率均处于相对较低水平；适宜的初代培养基为 MS + 1.0mg · L^{-1} + NAA 0.1mg · L^{-1}，萌芽率为 94.44%；适宜的增殖培养基为 MS + 1.0mg · L^{-1} + NAA 0.1mg · L^{-1}，增殖系数为 4.12；适宜的生根培养基为 1/3WPM + IBA 0.3mg · L^{-1} + NAA0.3mg · L^{-1}，生根率为 69.23%。

关键词 空间诱变；野鸦椿；带芽茎段；组织培养

Study on Tissue Propagation of *Euscaphis japonica* through Space Mutation

CHEN Xi[1,2] MA Li-juan[2] ZHANG Xiu-ying[2] CAI Bang-ping[2]
([1]*College of Landscape Architecture*, *Fujian Agriculture and Forestry University*, *Fuzhou* 350002; [2]*Xiamen Botanical Garden*, *Xiamen* 361003)

Abstract Stem segments with buds were used as explants to study tissue culture and rapid propagation of *Euscaphis japonica* (Thunb.) Kanitz, which seeds had been through space mutation. The results indicated that the explants in the room for 5d after 75% alcohol disinfection 30s and then in 0.1% $HgCl_2$ disinfection 8min is suitable, the contamination rate and mortality rate are in lower level. The suitable culture medium for primary culture was MS + 1.0mg · L^{-1} + NAA 0.1mg · L^{-1} with the rate of effective germination of 94.44%. The suitable culture medium for subculture was MS + 1.0mg · L^{-1} + NAA 0.1mg · L^{-1} with the proliferation value of 4.12. The suitable culture medium for rooting was 1/3WPM + IBA 0.3 mg · L^{-1} + NAA0.3 mg · L^{-1}, the rate of rooting was 69.23%.

Key words Space mutation; *Euscaphis japonica*; Stem segment with bud; Tissue culture

野鸦椿[*Euscaphis japonica* (Thunb.) Kanitz]为省沽油科(Staphyleaceae)野鸦椿属小乔木，是观花、观果俱佳的树种[1-2]，也是药用植物。其种子萌发所需处理繁琐，发芽率不高，出芽时间不一致，扦插的成活率也不高，这些问题制约着的野鸦椿开发应用。运用组织培养的方法可以有效野鸦椿缩短栽培周期，较常规播种繁殖时间快[3-7]。

空间诱变育种，又称航天诱变育种或太空育种，已有部分植物运用该育种方式取得了成功[8]。该技术是一种利用航天技术与现代生物技术、常规育种技术相结合而成的新兴育种技术[9]。课题组曾于 2013 年 6 月将野鸦椿种子搭载"神州十号"飞船进入太空 15 天，进行空间诱变育种，这批种子经播种育苗后种植于厦门植物园试验地中。与普通野鸦椿一样，空间诱变野鸦椿也存在生长慢，萌发周期长等问题。因此，本研究以空间诱变野鸦椿为材料，以期通过组织培养的手段为空间诱变野鸦椿种质保存、离体快繁提供一定的理论依据和实践指导；并通过研究，比较空间诱变野鸦椿与普通野鸦椿的组培快繁技术的差异，从而间接印证野鸦椿的空间诱变效果。

1 材料与方法

1.1 材料

2013 年 6 月搭载"神州十号"飞船进入太空 15 天的野鸦椿种子，经播种育苗后长出的 1 年生植株的带

* 基金项目：厦门市科技计划项目"药用与观赏兼用植物野鸦椿种质收集与太空诱变育种"(3502Z20144073)。
① 通讯作者。博士，研究员，主要研究方向：园林植物与观赏园艺、共生菌根。Email：cbangping@163.com。

芽茎段为试验材料。

1.2 方法

1.2.1 外植体消毒

剪取空间诱变野鸦椿的带芽茎段，插于水中，在室内放置一定时间(0d；5d；10d)后，用洗洁精稀释溶液进行清洗后在自来水下冲洗30min，在超净工作台上先用75%的酒精浸泡30s，无菌水冲洗3遍，再用0.1%升汞溶液处理(4min；6min；8min；10min)，再用无菌水冲洗4遍，接种于MS启动培养基中。各处理接种12瓶，每瓶接种1个，重复3次，2周后统计污染率与死亡率。

污染率=统计时污染的芽数/接种的总芽数；

死亡率=统计时死亡的芽数/接种的总芽数。

1.2.2 初代培养

试验外植体选用空间诱变野鸦椿的带芽茎段，将茎段切成1.0cm一段，带有1个腋芽，接入MS培养基中，琼脂8g·L^{-1}，pH5.8~6.2，蔗糖为25g·L^{-1}，植物生长调节剂选用6-BA(1.0mg·L^{-1}；2.0mg·L^{-1}；3.0mg·L^{-1})，NAA(0.1mg·L^{-1}；0.5mg·L^{-1}；1.0mg·L^{-1})，采取两因素三水平完全试验设计，每种处理接种12瓶，并以不加任何植物生长调节剂的处理为对照组，每瓶接种1个外植体，各处理重复3次，5周后统计萌芽率。

萌芽率=统计时已萌发的芽/接种时总芽数。

1.2.3 增殖培养

将长势良好的无菌苗接种于MS培养基中，琼脂8g·L^{-1}，pH值5.8~6.2，蔗糖为25g·L^{-1}，植物生长调节剂选用6-BA(1.0mg·L^{-1}；2.0mg·L^{-1}；3.0mg·L^{-1})，NAA(0.1mg·L^{-1}；0.5mg·L^{-1}；1.0mg·L^{-1})，采取两因素三水平完全试验设计，并以不加任何植物生长调节剂的处理为对照组，每个处理接种12瓶，每瓶接种3个，重复3次，5周后统计增殖系数。

增殖系数=统计时总芽数/接种时总芽数。

1.2.4 生根培养

选取株高3~4cm，生长健壮的空间诱变野鸦椿组培无根苗接入生根培养基中，琼脂8g·L^{-1}，pH5.8~6.2，蔗糖为25g·L^{-1}，每个处理接种12瓶，每瓶1株，重复3次，培养基设为1/2WPM；1/3WPM；1/4WPM，NAA(0.1mg·L^{-1}；0.3mg·L^{-1}；0.5mg·L^{-1})，IBA(0.3mg·L^{-1}；0.5mg·L^{-1}；0.7mg·L^{-1})，5周后统计生根率。

生根率=统计时具有根系的总株树/接种时总株数。

1.2.5 培养条件

接种后置于培养室中培养，培养温度25±2℃，日光灯光源，光照强度2000lx，每日光照12h。

1.2.6 数据统计

利用SPSS22.0软件进行相关数据的统计分析，多重比较采用Duncan's法。

2 结果与分析

2.1 外植体消毒

将刚采摘的外植体直接灭菌接种，污染率高，外植体在室内放置一段时间后进行接种，可以有效降低污染率，但是当室内放置时间过长时，死亡率将会很高，这可能是由于室内放置时，植株的养分消耗未能得到及时补充，从而使外植体死亡。室内放置时间以5d为宜(表1)。升汞处理的时间太短(6min以下)，灭菌不干净，造成污染率和死亡率高；升汞处理的时间以8~10min为宜，而从效率角度出发，升汞处理8min为最佳处理时间(表1)。

表1 不同消毒方法对外植体灭菌的影响

Table 1 Effects of different disinfection way on sterilization of explants

处理	室内放置时间(d)	升汞溶液处理时间(min)	污染率(%)	死亡率(%)
A1	0	4	100.00a	100.00a
A2	5	4	100.00a	100.00a
A3	10	4	100.00a	100.00a
A4	0	6	100.00a	100.00a
A5	5	6	58.50b	61.28c
A6	10	6	61.28b	94.45b
A7	0	8	94.45a	94.45b
A8	5	8	11.11c	11.11d
A9	10	8	13.89c	94.45b
A10	0	10	91.67a	91.67b
A11	5	10	11.11c	13.89d
A12	10	10	11.11c	88.89a

注：同一列中不同字母表示在0.05水平上差异显著(下同)

Note: Different letters in the same column mean significant differences obtained by Duncan test at P=0.05(the same below).

2.2 初代培养

2周时，大多数培养基上的材料都能够萌芽，萌芽率最高的处理为B1，略高于B2和B4处理，显著高于其他处理。因此MS+6-BA 1.00mg·L^{-1}+NAA 0.1mg·L^{-1}为最适合空间诱变野鸦椿初代培养的培养基(表2)。

表 2 不同激素组合对初代培养的影响

Table 2 Effects of different combination of hormone on primary culture

处理	6-BA(mg·L⁻¹)	NAA 浓度(mg·L⁻¹)	萌芽率(%)
B0	/	/	52.78b
B1	1.0	0.1	94.44a
B2	2.0	0.1	86.11a
B3	3.0	0.1	55.55b
B4	1.0	0.5	80.56a
B5	2.0	0.5	58.33b
B6	3.0	0.5	61.11b
B7	1.0	1.0	55.56b
B8	2.0	1.0	44.44b
B9	3.0	1.0	47.22b

2.3 不同生长素浓度对继代增殖的影响

增殖系数最高的为 C1 处理 MS + 6-BA 1.00mg·L⁻¹ + NAA 0.1mg·L⁻¹，增殖系数 4.12，显著高于其他激素组合，丛生芽数量多，新芽密集，长势良好，为最适合的空间诱变野鸦椿增殖的培养基（表 3）。当未使用任何植物生长调节剂时，平均增殖系数低，试管苗长势弱，说明植物生长调节剂在继代增殖过程中起着重要的作用。当植物生长调节剂浓度过高时，平均增殖系数低，试管苗长势弱，玻璃化程度高，说明过高的植物生长调节剂浓度对试管苗的增殖起到抑制作用，并且容易引起试管苗玻璃化。

表 3 不同激素组合对继代培养的影响

Table 3 Effects of different combination of hormone on subculture

处理	6-BA(mg·L⁻¹)	NAA 浓度(mg·L⁻¹)	增殖系数	生长状况
B0	/	/	1.15d	从生芽数量少，长势弱
B1	1.0	0.1	4.12a	从生芽数量多，新芽密集，长势良好
B2	2.0	0.1	2.45b	从生芽数量较多，新芽较密集，长势较好
B3	3.0	0.1	2.24bc	从生芽数量较多，玻璃化较多，长势较好
B4	1.0	0.5	2.66b	从生芽数量较多，少量玻璃化，长势较好
B5	2.0	0.5	1.55cd	从生芽数量较少，少量玻璃化，长势较好
B6	3.0	0.5	1.98bcd	从生芽数量较少，玻璃化较多，长势较差
B7	1.0	1.0	1.36d	从生芽数量少，少量玻璃化，长势较好
B8	2.0	1.0	1.31d	从生芽数量少，玻璃化严重，长势较差
B9	3.0	1.0	1.36d	从生芽数量少，玻璃化严重，长势较差

2.4 不同培养基及生长素浓度对生根培养的影响

选取株高 3～4cm，生长健壮的无根苗接入生根培养基中，空间诱变野鸦椿植株茎段培养生根效果最佳的培养基组合为 1/3WPM + IBA 0.3mg/L + NAA 0.3mg/L，生根率为 69.23%，显著高于其他组合（表 4）。当大量元素为所含标准 WPM 培养基的 1/4 时，

表 4 不同基本培养基及激素组合对生根培养的影响

Table 4 Effects of different basic media and combination of hormone on rooting

处理	基本培养基	IBA 浓度(mg·L⁻¹)	NAA 浓度(mg·L⁻¹)	生根率(%)
C1	1/2WPM	0.3	0.1	50.00d
C2	1/2WPM	0.5	0.3	63.16b
C3	1/2WPM	0.7	0.5	40.00e
C4	1/3WPM	0.3	0.3	69.23a
C5	1/3WPM	0.5	0.5	46.67d
C6	1/3WPM	0.7	0.1	55.56c
C7	1/4WPM	0.3	0.5	19.23f
C8	1/4WPM	0.5	0.1	40.00e
C9	1/4WPM	0.7	0.3	57.14c
K1	51.05	57.15	37.79	/
K2	46.15	49.94	50.90	/
K3	48.52	63.17	35.30	/
R	18.36	4.75	27.67	/

植物生长较差。NAA 的 R 值最大，说明 NAA 在空间诱变野鸦椿的试管苗生根中起主导作用，为主要因素，各因素对空间诱变野鸦椿试管苗生根率效应依次为 NAA > 基本培养基 > IBA。

3 讨论

本试验利用空间诱变野鸦椿的带芽茎段为材料进行了组织培养，从消毒方式、初代培养基、增殖培养基以及生根培养基等方面筛选最优方案。试验结果表明，最佳外植体消毒方式为采摘后室内放置 5d 后再消毒，室内放置一段时间是空间诱变野鸦椿有效消毒的关键因素，这可能是由于室内较室外简单，放置一段时间能有效减少外植体所带有的菌数，但放置过长时间会使外植体营养不足从而死亡。消毒用 75% 酒精结合 0.1% 升汞溶液处理 8min 为最佳的消毒方式，消毒时间过短无法有效地进行消毒，从而使外植体污染、死亡，该研究结果与万志兵[3]等人在普通野鸦椿上的研究较一致。初代培养时，当激素组合为 6-BA 1.0mg·L⁻¹ + NAA 0.1mg·L⁻¹时最利于芽的萌发，其中 NAA 浓度显著低于万志兵、杨燕凌[3-4]等人在圆齿野鸦椿上所使用的 1.5mg·L⁻¹，这可能是由于空

间诱变野鸦椿对 NAA 的耐受度较普通野鸦椿低。在继代培养基中 MS +6-BA 1.0mg・L^{-1} + NAA 0.1mg・L^{-1} 增殖系数最高，最高为4.12，当6-BA 和 NAA 浓度升高时，增殖系数均有下降，该结果说明过高细胞分裂素与生长素均会对芽的增殖起抑制作用，该结果在趋势上与涂淑萍、何碧珠、李玉平[5-7]等人在圆齿野鸦椿上的研究存在一致性，但从具体结果上仍存在一定差异，该差异主要体现在空间诱变野鸦椿对激素浓度的要求远低于圆齿野鸦椿的要求。在生根培养基中，起到关键因素的是生长素 NAA，随着 NAA 浓度的升高，生根率先升高后降低；大量元素的降低对生根有一定促进作用，但量过低时会使植株生长较差，叶片卷曲，这可能是由于植物生长所需要的大量元素不足，无法提供植株生长所需的营养所造成的。最佳生根培养基为 1/3WPM + IBA 0.3mg・L^{-1} + NAA 0.3mg・L^{-1}，该结果与何碧珠[6]等人在圆齿野鸦椿上的研究较一致，当激素浓度升高时能够提高生根效果，而激素浓度达到一定量时变化不大，甚至会抑制生根。

从试验结果可知，空间诱变野鸦椿相对于普通野鸦椿对激素的要求较低，说明空间诱变野鸦椿试验材料适应能力较强，该结果可能与空间诱变野鸦椿种子经过太空巡航时，受到加速度、太空失重、辐射等各种因素影响有一定关系，但还需进一步研究。以空间诱变野鸦椿为材料进行组培快繁时所需激素较少，能有效降低工厂化育苗成本。

参考文献

1. Li Dezhu, Cai Jie; Jun Wen. Staphyleaceae. Pp. 499 *in*: Z. Y. Wu & P. H. Raven (editors), Flora of China[M]. Vol. 11. Science Press, Beijing, and Missouri Botanical Garden Press, St. Louis. 2008.
2. 葛玉珍．野鸦椿资源及其利用[J]．中国野生植物资源，2004，23(5)：24－25.
3. 万志兵，刘霞，吴林金．野鸦椿组织培养的初步研究[J]．湖南农业科学，2010，(13)：26－27，31.
4. 杨燕凌．打破圆齿野鸦椿种子休眠及外植体选择诱导实验研究[D]．福州：福建农林大学．2008.
5. 涂淑萍，曹蕾，喻苏琴．圆齿野鸦椿芽继代增殖的影响因素研究[J]．安徽农业科学，2009，37(28)：13486－13487，13413.
6. 何碧珠，何官榕，邹双全．圆齿野鸦椿叶片的植株再生及快速繁殖[J]．福建农林大学学报(自然科学版)，2010，39(3)：257－262.
7. 李玉平，邹双全，何碧珠．圆齿野鸦椿种子外植体的快繁体系[J]．福建农林大学学报(自然科学版)，2010，39(5)：480-483.
8. 刘录祥，郭会君，赵林姝，等．我国作物航天育种 20 年的基本成就与展望[J]．核农学报，2007，21(6)：589－592.
9. 周秀艳，金晓霞，秦智伟，等．航天诱变育种及其在蔬菜中的应用[J]．中国农学通报，2008，24(6)：291－295.

附图：

非洲菊组织培养和植株再生*

杨丽玲　卢　璇　曹秋香　范燕萍①
（华南农业大学林学与风景园林学院，华南农业大学花卉研究中心，广州 510642）

摘要　非洲菊（*Gerbera jamesonii*）属多年生草本观赏植物，是世界十大鲜切花之一。本实验以课题组选育的非洲菊新品种'幻彩'和'火焰'，商业品种'高山'和'革命红'以及课题组培育的杂交新品系 HN－01 为试材，进行非洲菊组织培养研究，探究适于不同非洲菊品种的最适培养基和培养条件。结果表明：最适宜非洲菊诱导愈伤并出芽的外植体是花托，'火焰'芽诱导最适培养基是 MS ＋ BA 7.0 mg/L ＋ KT 3.0 mg/L ＋ NAA 0.3 mg/L；'幻彩'芽诱导最适培养基是 MS ＋ BA 7.0 mg/L ＋ NAA 0.3 mg/L。光质对'高山'和'革命红'非洲菊的增殖培养具有显著影响。0.1 mg/L 的 NAA 更适于非洲菊杂交新品系 HN－01 生根培养。

关键词　非洲菊；组织培养；光质；植物生长调节剂

Tissue Culture and Plant Regeneration of *Gerbera jamesonii*

YANG Li-ling　LU Xuan　CAO Qiu-xiang　FAN Yan-ping
（*College of Forestry and Landscape Architecture*，*Flower Research Center*，*South China Agricultural University*，*Guangzhou* 510642）

Abstract　*Gerbera jamesonii* is a perennial herbaceous ornamental plant. It is one of the most important ten fresh cut flowers in the world. The tissue culture of new varieties of Gerbera which breeding in our research group *G. jamesonii* 'Huancai'，*G. jamesonii* 'Huoyan' and commercial varieties *G. Jamesonii* 'Gaoshan'，*G. jamesonii* 'Revolution Red' and hybrid lines HN－01 were studied. The optimum culture medium and culture condition were explored in different varieties of *G. jamesonii*. It showed that the most suitable explant for callus induction and Shoots Induction of *Gerbera* was the receptacle. The most suitable medium for the Shoots induction of 'Huoyan' was basal MS medium supplemented with BA 7.0 mg/L，KT 3.0 mg/L and NAA 0.3 mg/L. The most optimum medium for the Shoots induction of 'Huancai' was MS medium supplemented with BA 7.0 mg/L and NAA 0.3 mg/L. Light quality plays Significant effect on the growth of *G. Jamesonii* 'Gaoshan' and *G. jamesonii* 'Revolution Red' during the proliferation. It showed that 0.1 mg/L NAA was more suitable for *Gerbera* hybrid lines HN－01 root culture.

Key words　*Gerbera jamesonii*；Tissue culture；Light quality；Phytohormone

非洲菊（*Gerbera jamesonii*）属菊科大丁草属多年生宿根草本观赏植物，是世界上十大鲜切花之一。原产南非，少数分布在亚洲，由于其色彩艳丽丰富、花型美观、切花瓶插寿命长等优点，其需求越来越广泛，成功作为世界花卉交易的重要商品花卉（Marani *et al.*，1968；Parthasarathy *et al.*，1999）。1889 年 Robert Jameson 探索南非普马兰加省的低地草原地区的巴伯顿区域时首次对非洲菊进行了描述。到 19 世纪末，有研究者对非洲菊进行杂交，培育出杂交种，目前市场上大部分商业品种都是 *G. jamesonii* Bolus 和 *G. viridifilia* Sch 的杂交后代，即商业品种 *G. hybrida*（Hansen *et al*，1985）。

非洲菊主要以种子和部分培育的优良 F_1 代栽培品系进行繁殖（Miyoshi *et al.*，1996）。由于非洲菊自交不育，杂交后代植株一致性差，难以达到鲜切花的标准，对鲜切花贸易造成了困扰（Harding *et al.*，1991）。而通过分割根状茎和分株进行的无性繁殖，年扩繁系数仅为 5～6 倍，周期过长，同样限制了生产（Kumar *et al.*，2007；Kanwar *et al.*，2008）。非洲菊组培快繁技术在生产上的应用，在很大程度上克服

* 基金项目：广州市产学研协同创新重大专项（201508020122）。
① 通讯作者。Author for correspondence（E-mail：fanyanping@scau.edu.cn）。

了种子繁殖和分株繁殖的不足。组培苗具有遗传稳定性好、增殖不受季节限制、生产占地空间小等优点(张雁丽 等，2012；杨小玲 等，2001)。非洲菊组培快繁技术已广泛应用在切花生产中。

早在1973年，Pierki等(1973)首次用非洲菊的花托和花萼诱导出愈伤组织。Murashige(1974)以非洲菊的幼芽作为外植体进行组培，诱导出幼苗。国内研究最早的是黄济明等(1987)在1983年和1987年先后以花托和幼芽诱导出幼苗。近10年来，国内外研究者以花托、叶片、茎尖为外植体成功诱导出芽(郑秀芳 等，2001；徐士清 等，2002；张素勤 等，2004；高艳明 等，2006；赵雁鸣 等，2015)、大量生产试管幼苗(庄应强 等，2004；赵小丹 等，2005；董光威等，2008)。组织培养技术大大提高了非洲菊的繁殖速率，推动了非洲菊产业体系的发展。综合前人大量研究表明，以非洲菊种子、嫩叶、茎尖和花托作为组织培养的外植体均能成功诱导出芽，尤其是花托培养，诱导率高且能很好地保持良种的特性(刘玉佩等，2008)。

本实验通过对不同BA、KT、NAA和硝酸银浓度和组合对'火焰'和'幻彩'非洲菊花托外植体诱导出芽的影响，红光、蓝光和白光处理对'高山'和'革命红'非洲菊组培增殖的效果，以及杂交品系HN－01适宜诱导愈伤的外植体和诱导生根的最佳NAA浓度的研究。探讨非洲菊不同品种组培繁殖的适宜培养基和培养条件，从而为非洲菊新品种'火焰''幻彩'和商业品种'高山''革命红'组培快繁提供技术支持。

1 材料与方法

1.1 实验材料

外植体筛选和生根培养实验用非洲菊杂交品系HN－01，花托离体诱导实验采用华南农业大学花卉研究中心自主培育的新品种'火焰'(*G. jamesonii* 'Huoyan')、'幻彩'非洲菊(*G. jamesonii* 'Huancai')，光质诱导非洲菊增殖实验以商业品种'高山'和'革命红'为材料。

1.2 实验方法

1.2.1 筛选适于非洲菊诱导愈伤组织的外植体

在无菌条件下剥取灭菌处理后的不同非洲菊品种的苞片、花托，将每个花托平均切成4块，幼嫩叶柄切成0.5～1cm大小作为愈伤和芽诱导的外植体。研究不同外植体对非洲菊诱导愈伤的影响。比较不同外植体诱导愈伤组织的活力。每瓶培养基接种4块，1周后，统计污染率。30天后统计愈伤诱导率和褐化率。

1.2.2 花托离体诱导实验方案设计

设计四因素四水平正交实验，共设置16组培养基配方(见表1)，研究6-BA、NAA、$AgNO_3$和KT对非洲菊新品种'火焰'和'幻彩'花托离体诱导过程中外植体的褐化和花托诱导出芽的影响，统计接种后培养60天时的出芽情况和外植体褐化情况，探索适宜这两个新品种花托组织出芽的培养基。本实验中记录的数据利用Microsoft Excel进行统计分析。

根据正交实验结果计算各处理水平的极差，包括'火焰'非洲菊培养60天时，各处理水平出芽率平均值的极差R_1，褐化率平均值的极差R_2；'幻彩'非洲菊培养60天时，各处理水平出芽率平均值的极差R_3，褐化率平均值的极差R_4。

表1 非洲菊花托诱导不定芽培养基组分表

Table 1 The medium group table of *Gerbera jamesonii* receptacl induced adventitious bud

处理	6-BA (mg/L)	KT (mg/L)	$AgNO_3$ (mg/L)	NAA (mg/L)
1	4.0	0.0	0.0	0.1
2	4.0	1.0	1.0	0.2
3	4.0	3.0	2.0	0.3
4	4.0	5.0	3.0	0.4
5	7.0	0.0	1.0	0.3
6	7.0	1.0	0.0	0.4
7	7.0	3.0	3.0	0.1
8	7.0	5.0	2.0	0.2
9	10.0	0.0	2.0	0.4
10	10.0	1.0	3.0	0.3
11	10.0	3.0	0.0	0.2
12	10.0	5.0	1.0	0.1
13	13.0	0.0	3.0	0.2
14	13.0	1.0	2.0	0.1
15	13.0	3.0	1.0	0.4
16	13.0	5.0	0.0	0.3

1.2.3 不同光质对非洲菊增殖的诱导

将诱导得到的丛芽切成单株转接到增殖培养基中培养，分别用红光、蓝光和白光进行处理，研究不同光质对非洲菊增殖的影响，30天后统计增殖率和平均增重，并观察生长情况。

1.2.4 不同生根培养基对非洲菊生根的研究

将生长状态良好的幼苗转接到不同生根培养基上(NAA 0.1，0.3，0.5，0.8，1mg/L)，生根25天后观察根生长情况并统计生根率。

2 结果与分析

2.1 非洲菊不同外植体诱导愈伤组织的效果

不同外植体诱导愈伤组织的结果见图1，可以看出，苞片的愈伤诱导率最大，为53.85%，其次为花托和幼叶柄。在褐化率方面，花托的褐化率最小，为6.94%，其次是幼叶柄，最大的是苞片。在污染率方面，幼叶柄受污染的情况最严重，污染率为42.86%，其次是苞片和花托。说明在非洲菊诱导实验中，苞片的愈伤再生能力强于花托和幼叶柄，但综合3种因素来说，花托为适宜诱导愈伤组织的外植体。

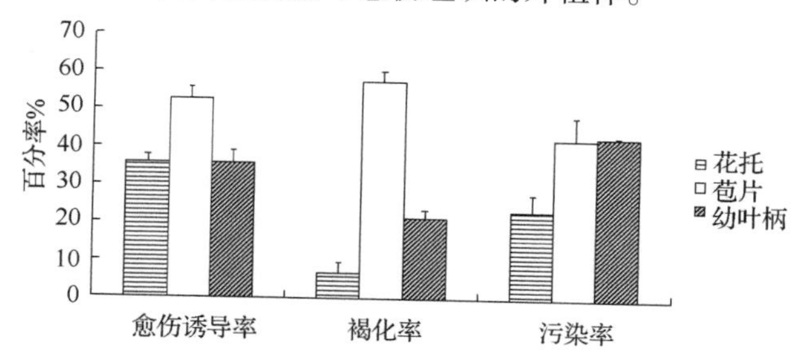

图1 不同外植体对非洲菊诱导培养的影响

Fig. 1 Effect of explant type on induction of *Gerbera jamesonii*

2.2 不同培养基配方对非洲菊花托诱导出芽和褐化的影响

通过四因素四水平正交实验，统计‘火焰’和‘幻彩’非洲菊培养60天时的出芽率和褐化率，见表2。培养60天时，‘火焰’非洲菊在MS + BA 7.0mg/L + KT 1.0mg/L + NAA 0.4mg/L配方出芽率最高，达55%。‘火焰’各处理水平出芽率平均值的极差 $R_{1C} > R_{1D} > R_{1A} > R_{1B}$，可知影响出芽率大小的主要因素是 $AgNO_3$，其次是NAA。各处理水平褐化率平均值的极差 $R_{2B} > R_{2A} > R_{2D} > R_{2C}$，对褐化率影响最大的是KT，其次是6-BA。综合不同因素的影响，本实验‘火焰’非洲菊诱导出芽最佳培养基组合为：MS + BA 7.0mg/L + KT 3.0mg/L + NAA 0.3mg/L。‘幻彩’培养60天时，在MS + BA 13.0mg/L + KT 5.0mg/L + NAA 0.3mg/L和MS + BA 7.0mg/L + $AgNO_3$ 1.0mg/L + NAA 0.3mg/L培养基中培养60天后花托外植体的不定芽诱导率都达20%。各处理水平出芽率平均值的极差 $R_{3C} > R_{3A} > R_{3D} > R_{3B}$，对出芽率影响最大的是 $AgNO_3$，其次是BA。各处理水平褐化率平均值的极差 $R_{4A} > R_{4B} > R_{4D} > R_{4C}$，对褐化率影响最大的是6-BA。综上所述，本实验‘幻彩’非洲菊诱导出芽最佳培养基组合为：MS + BA 7.0mg/L + NAA 0.3mg/L。

2.3 不同光质对非洲菊不定芽增殖培养的影响

植物生长需要光，不同光质对光合作用的影响不同，光质对非洲菊增殖培养的研究结果见表3和图2。从成活率来看，蓝光最不利于非洲菊继代培养，两个品种的非洲菊成活率都是最低。从植株平均增重方面来看，红光对‘革命红’非洲菊的影响最大，蓝光对‘高山’非洲菊影响最大。这说明不同品种对光质的选择不同，最有利于某品种的光质可能对另一品种最不利。经方差分析F检验，光质对‘革命红’和‘高山’的平均增重均影响显著。Duncan多重比较检验平均增重，由表3可知，红光与蓝光对‘革命红’的影响差异不显著，但它们与白光的差异显著。说明红光和蓝光促进‘革命红’的生长和分化，白光作用次之。红光与白光对‘高山’的影响差异不显著，但它们与蓝光的差异显著。说明红光和白光促进‘革命红’的生长和分化，蓝光作用次之。

表2 ‘火焰’和‘幻彩’非洲菊花托诱导出芽和褐化情况正交实验结果

Table 2 The orthogonal experimental results of ‘Huancai’ and ‘Huoyan’ induced budding and browning

试验号	因素				‘幻彩’		‘火焰’	
	A BA浓度 (mg/L)	B KT浓度 (mg/L)	C $AgNO_3$浓度 (mg/L)	D NAA浓度 (mg/L)	出芽率(%) 60d	褐化率(%) 60d	出芽率(%) 60d	褐化率(%) 60d
1	1(4.0)	1(0.0)	1(0.0)	1(0.1)	15	30	45	40
2	1(4.0)	2(1.0)	2(1.0)	2(0.2)	5	35	5	10
3	1(4.0)	3(3.0)	3(2.0)	3(0.3)	0	15	50	10
4	1(4.0)	4(5.0)	4(3.0)	4(0.4)	0	25	10	25
5	2(7.0)	1(0.0)	2(1.0)	3(0.3)	20	10	20	10
6	2(7.0)	2(1.0)	1(0.0)	4(0.4)	15	0	55	15
7	2(7.0)	3(3.0)	4(3.0)	1(0.1)	10	15	30	0
8	2(7.0)	4(5.0)	3(2.0)	2(0.2)	5	10	15	0
9	3(10.0)	1(0.0)	3(2.0)	4(0.4)	5	55	15	35
10	3(10.0)	2(1.0)	4(3.0)	3(0.3)	0	65	30	5

（续）

试验号	因素 A BA 浓度 (mg/L)	B KT 浓度 (mg/L)	C $AgNO_3$ 浓度 (mg/L)	D NAA 浓度 (mg/L)	‘幻彩’ 出芽率(%) 60d	‘幻彩’ 褐化率(%) 60d	‘火焰’ 出芽率(%) 60d	‘火焰’ 褐化率(%) 60d
11	3(10.0)	3(3.0)	1(0.0)	2(0.2)	15	35	45	5
12	3(10.0)	4(5.0)	2(1.0)	1(0.1)	5	40	25	10
13	4(13.0)	1(0.0)	4(3.0)	2(0.2)	0	10	0	45
14	4(13.0)	2(1.0)	3(2.0)	1(0.1)	10	50	10	5
15	4(13.0)	3(3.0)	2(1.0)	4(0.4)	15	0	0	15
16	4(13.0)	4(5.0)	1(0.0)	3(0.3)	20	15	50	10
R_1	15.00	11.25	36.25	21.25				
R_2	15.00	25.00	7.50	13.75				
R_3	7.50	2.50	13.75	3.75				
R_4	40.00	21.25	12.50	13.75				

注：R_1：‘火焰’非洲菊培养 60 天时，各处理水平出芽率平均值的极差；
R_2：‘火焰’非洲菊培养 60 天时，各处理水平外植体褐化率平均值的极差；
R_3：‘幻彩’非洲菊培养 60 天时，各处理水平出芽率平均值的极差；
R_4：‘幻彩’非洲菊培养 60 天时，各处理水平外植体褐化率平均值的极差。

表 3　光质对非洲菊不定芽继代增殖的影响

Table3　Effects of light on *Gerbera jamesonii* plantlets regeneration *in vitro*

品种	光质	平均增重(克/棵)	成活率(%)
革命红	白光	0.51 ±0.19b	100.0
	蓝光	0.91 ±0.17a	37.5
	红光	0.97 ±0.22a	50.0
高山	白光	0.63 ±0.08b	66.7
	蓝光	0.88 ±0.14a	46.2
	红光	0.61 ±0.17b	100.0

注：培养基为 MS + BA 0.5mg/L + NAA 0.3mg/L ＋ 蔗糖 30g/L ＋ 琼脂 4.8g/L。

图 2　光质对非洲菊不定芽增殖的影响

Effects of light on *Gerbera jamesonii* *in vitro* regeneration

注：A：‘革命红’非洲菊，B：‘高山’非洲菊；图中从左至右分别是白光、蓝光、红光照射下培养两个月的组培苗植株。

图 2 表示‘革命红’和‘高山’非洲菊组培苗经过不同光质照射后的植株大小情况。由图 2A 可知，‘革命红’非洲菊组培苗在不同光质照射下，首先，植株伸长的程度不同，红光伸长最大，依次是白光和蓝光。其次，组培苗叶片大小也发生了变化，白光和蓝光照射的组培苗叶片大小几乎一致，而红光照射后组培苗叶片显著变小。此外，蓝光照射后的组培苗有根的形成，红光照射后植株偏白。由图 2B 可知，‘高山’非洲菊植株伸长情况与‘革命红’有区别，效果最好的是红光，其次是蓝光，最后是白光。在叶片大小方面，红光照射后的叶片明显小于白光照射和蓝光照射。白光条件下有少量根分化，蓝光照射后组培苗诱导形成的根较长较多，红光照射后植株偏白，可能是红光影响了叶绿素的合成。综上所述，不同光质对组培苗的生长有一定的影响，红光影响植株的伸长、叶片的变小以及叶绿素的合成；蓝光诱导组培苗形成不定根，对植株的伸长也有一定的影响。

2.4　NAA 浓度对非洲菊不定芽生根的影响

在生根培养基中添加不同浓度的 NAA，研究其对非洲菊不定芽生根的影响。结果表明(表 4)，不同 NAA 浓度处理下，起始生根时间差别不大，平均需要 3 天。当 NAA 浓度为 0.1mg/L 时平均增重最多，达到 0.48g/棵。生根数量最多时的 NAA 浓度是 1.0mg/L，平均每棵生根数为 4.1 条，其次是 0.1mg/L，生根数为 3.6 条/棵。不同浓度的培养基成活率均达到 90% 以上。综上所述，并考虑到健壮的生根植株容易历经驯苗植入土壤，0.1mg/L 的 NAA 更适于生根培养，并且在生产上也节约了成本。

表4　不同NAA浓度对非洲菊不定芽生根的影响

Table4　Effect of NAA on Rooting of *Gerbera jamesonii* plantlets *in vitro*

NAA浓度(mg/L)	起始生根时间(天)	平均增重(g/棵)	生根数(条/棵)	成活率(%)
0.1	3	0.48±0.04	3.6	100
0.3	4	0.33±0.06	2.7	100
0.5	4	0.33±0.08	3.5	100
0.8	4	0.41±0.07	2.7	90.9
1	3	0.38±0.07	4.1	100

注：其余培养基成分为1/2MS+IBA 0.4mg/L+活性炭0.5g/L+蔗糖30g/L+琼脂4.8g/L。

3　结论与讨论

近年来研究表明，非洲菊组培所用外植体包括花托、叶片、苞片、幼芽、种子等，其中花托最适宜作为非洲菊组培的外植体，具备取材方便、褐化率低等优点，张素勤等(2007)以花蕾、花托、花梗和幼嫩叶片外植体进行离体诱导，褐化率最高的是叶片，最低的是花蕾，其次是花托。有研究表明花蕾中的管状花生长抑制愈伤分化和芽诱导，本实验中，综合比较污染率(叶柄>苞片>花托)、褐化率(苞片>叶柄>花托)和出愈率(苞片>花托>叶柄)发现花托活力最高，最适宜用于诱导愈伤，其中，可以诱导出芽的只有花托。这可能是由于接种的花托较大较厚，就算花托表面褐化死亡，位于内部的花托仍保持活性，能诱导产生愈伤，而苞片较小且薄，外植体灭菌残留的毒害也较大，容易褐化。幼叶柄虽然也有一定的厚度，但是内部的细胞数量少于花托，活性细胞也相对会较少。外植体在接种培养基前需要经过消毒灭菌，苞片和幼叶柄由于表面附有绒毛，灭菌很难彻底，导致污染率都较大，而花托在接种前需要切除表面部分，因而也降低了污染率。从上述可知，花托是非洲菊诱导愈伤最适宜的材料。

以花托作为外植体，研究不同培养基配方对'火焰'和'幻彩'诱导出芽的影响，分析各处理水平出芽率平均值极差和各处理水平褐化率平均值的极差发现，硝酸银对'火焰'和'幻彩'非洲菊出芽起抑制作用且无显著降低褐化率，说明通过添加硝酸银解决褐化问题并不可行。6-BA浓度的增高，诱导出芽率升高，但是高到一定程度时则出现抑制的现象，芽生长不良，出现畸变而且材料褐变也较为严重，所以6-BA浓度不宜过高，一般不宜高于13mg/L，而过低的细胞分裂素含量不能有效地诱导产生芽。

在对'革命红'和'高山'组培苗进行不同光质处理实验中，显现出不同品种非洲菊对光质的不同偏好。王爱民(2001)发现，蓝光有利于蛋白质含量的增加，红光有利于提高糖含量和促进叶绿素的合成。Kozai等(1995)研究发现，红光可以促进胡萝卜胚状体分化不定芽并促进不定芽进一步生长，但抑制根的分化。杨增海等(1987)以唐菖蒲试管苗在蓝光下生长旺盛，根系粗壮；在白光和红光下生长缓慢，幼苗纤细，侧芽少。与本实验中'革命红'和'高山'组培苗蓝光照射后组培苗诱导形成的根较长较多，红光照射后植株偏白，相吻合，综上所述，'革命红'继代培养以红光处理为宜，'高山'以白光处理为宜。进行不同NAA浓度处理实验中，考虑到健壮的生根植株更容易移栽成活，0.1mg/L的NAA更适于生根培养。虽然关于非洲菊的组培快繁研究较多，但是由于不同品种，不同基因型的非洲菊品种间差异很大，对组培条件的要求差异也很大，所以针对不同非洲菊品种建立良种快繁体系尤为重要。本实验初步研究非洲菊新品种'火焰'和'幻彩'的组培不定芽诱导的适宜条件，为进一步建立适于'火焰'和'幻彩'的组培体系，为今后新品种的推广奠定坚实基础，意义重大。

参考文献

1. 董光威，秦新惠．2008. 切花非洲菊有机生态型无土栽培技术[J]. 中国果菜，12-13.
2. 黄济明，倪跃元，林满红．1987. 非洲菊的快速繁殖[J]. 园艺学报，14(2)：125-128.
3. 高艳明，李建设，李晓娟．2006. 非洲菊花托组织培养的研究[J]. 西北农业学报，15(4)：200-202.
4. 刘玉佩，黄雪琳，康吉利，等．2008. 非洲菊组培快繁研究进展[J]. 现代农业科技，(21)：77-78.
5. 王爱民，肖炜，杜文雪，等．2001. 光质对缕丝花试管苗生长发育的影响[J]. 徐州师范大学学报(自然科学版)，19(4)：56-58.
6. 徐士清，杨世湖，倪丹，等．2002. 非洲菊试管苗叶片的组培快繁[J]. 园艺学报，29(5)：493-494.
7. 杨小玲，刘书亭．2001. 花卉组培快繁与产业化发展现状及前景[J]. 天津农业科学，7(1)：1-3.
8. 郑秀芳，王桔红，李名扬．2002. 影响非洲菊离体培养器官分化的因素[J]. 江苏林业科技，29(1)：29-31.
9. 张素勤，邹志荣，耿广东，等．2004. 培养基和植物激素对非洲菊叶片愈伤组织诱导的研究[J]. 西北农林科技大学学报(自然科学版)，32(10)：29-32.

10. 张素勤，邹志荣，耿广东，等．2007. 非洲菊组织培养抑制褐变现象的研究[J]. 贵州农业科学，35(2)：56－59.

11. 杨增海．1987. 园艺植物组织培养[M]. 北京：中国农业出版社．

12. 庄应强，沈玉英．2004. 不同栽培基质对切花非洲菊生长和开花的影响[J]. 中国农学通报，20(3)：173－174，186.

13. 赵小丹，周广柱．2005. 非洲菊无土栽培营养液组合选优[J]. 农村实用工程技术(温室园艺)，(9)：50－52.

14. 赵雁鸣，王羽飞，许昌慧，等．2015. 非洲菊茎尖离体培养技术研究[J]. 安徽农学通报，21(5)：12－14.

15. 张雁丽，周子发，王洁琼，等．2012. 非洲菊试管苗移栽[J]. 中国花卉园艺，(16)：20.

16. Hansen H V. 1985. A taxonomic revision of the genus Perdicium (Compositae-Mutisieae). Nordic journal of botany, 5(6): 543－546.

17. Harding J, Huang H, Byrne T. 1991. Maternal, paternal, additive, and dominance components of variance in *Gerbera* [J]. Theoretical and Applied Genetics, 82(6): 756－760.

18. Kozai T, Kitaya Y, Kutota C. 1995. Collected Papers on Environmental Control in Micropropagation Volume[M]. Japan: Chiba University Press, 591－947.

19. Kumar S, Kanwar J K. 2007. Plant regeneration from cell suspensions in *Gerbera jamesonii* Bolus[J]. Journal of fruit and ornamental plant research, 15: 157.

20. Kanwar J K, Kumar S. 2008. In vitro propagation of *Gerbera*-a review[J]. Horticultural Science, 35(1): 35－44.

21. Miyoshi K, Asakura N. 1996. Callus induction, regeneration of haploid plants and chromosome doubling in ovule cultures of pot Gerbera (*Gerbera jamesonii*) [J]. Plant Cell Reports, 16(1－2): 1－5.

22. Murashige T, Serpa M, Jones J B. 1974. Clonal multiplication of *Gerbera* through tissue culture[J]. HortScience, 9: 175－80.

23. Pierik R L M, Steegmans H H M, Marelis J J. 1973. Gerbera plantlets from in vitro cultivated capitulum explants[J]. Scientia Horticulturae, 1(1): 117－119.

24. Roberts D. R., Walker M. A., Thompson T. E., et al. 1989. The effects of inhibitors of polyamine and ethylene biosynthesis on senescence, ethylene production and polyamine levels in cut carnation flowers[J]. Plant Cell Physiol, 25: 315.

应用正交设计优选文心兰原球茎增殖培养基研究*

叶秀仙　黄敏玲①　林榕燕　罗远华　钟淮钦
（福建省农业科学院作物研究所，福建省农业科学院花卉研究中心，福建省特色花卉工程技术研究中心，福州 350013）

摘要　以文心兰‘百万金币’花梗诱导的原球茎为增殖培养材料，利用正交设计法研究了基本培养基、6-BA、NAA 和有机添加物 4 种因素对文心兰原球茎生长的影响，以期筛选出各因子的最佳水平，建立文心兰‘百万金币’原球茎液体增殖培养技术。结果表明：各试验因素对文心兰原球茎增殖影响的主次关系为有机添加物 >6-BA > NAA >基本培养基；筛选出文心兰 PLB 最佳增殖培养基配方为 1/2MS +6-BA 0. 1mg · L^{-1} + 椰子汁 100ml · L^{-1} +NAA 0. 1mg · L^{-1}，增殖系数最高，达 3. 73。

关键词　文心兰；原球茎增殖；正交设计；组织培养

Research in the Optimizational Proliferation Medium by Orthogonal Design for *Oncidium*

YE Xiu-xian　HUANG Min-ling　LIN Rong-yan　LUO Yuan-hua　ZHONG Huai-qin
(*Institute of Crop Sciences, Fujian Academy of Agricultural Science, Flowers Research Center, Fujian Academy of Agricultural Science, Fuzhou, Fujian Engineering Research Center for Characteristic Floriculture, Fuzhou* 350013)

Abstract　Using the protocorm-like body(PLB) of *Oncidium* as explants, The orthogonal design was used to study the effects of inorganic nut rition , 6-BA , NAA and organic additives contained in the culture medium on the bud clumps propagation of *Oncidium* ‘Milliongolds’. Through above research, it was tried to find the main factors and build up the PLB proliferation the system in *Oncidium* ‘Milliongolds’ in the paper. The results showed that the main factors of PLB proliferation are organic additives, 6-BA, NAA and the basic medium. The best multiplication medium is improvement NO. 1 medium +6-BA 0. 1mg · L^{-1} +NAA 0. 1mg · L^{-1} + coconut water 100ml · L^{-1}and the PLB highest coefficient value was 3. 73.

Key words　Oncidium ; Protocorm proliferation; Orthogonal design; Tissue culture

文心兰为兰科文心兰属(*Oncidium*)植物，其花朵色彩鲜艳，形似飞翔的金蝶，又似翩翩起舞的舞女，故又名跳舞兰、金蝶兰、舞女兰等。文心兰是新兴发展的兰花植物，商品价值高，被誉为切花“五美人”之一，是国内外花卉市场主流商品花卉之一。文心兰同其他兰科植物一样，按照传统的分株繁殖，繁殖效率低，难以满足生产需要。因此，利用植物组织培养技术进行快繁是实现文心兰种苗工厂化生产的理想途径[1-4]。目前，关于文心兰原球茎增殖培养方面的研究已有较多报道，但多集采用固体增殖培养方式进行扩繁[5]，且在规模化种苗繁育中仍然存在原球茎生长不均衡、增殖与分化并存生长等问题，本研究以文心兰‘百万金币’原球茎为材料，采用正交试验设计与液体培养方式，探讨原球茎增殖优化条件，旨在探索原球茎途径组培快繁技术，为文心兰种苗繁育及遗传转化等相关研究提供技术基础。

1　材料与方法

1.1　材料

以文心兰优良品种‘百万金币’(Oncidium ‘Milliongolds’)花梗诱导形成的原球茎（protocorm-like body，PLB)作为培养材料。试验在福建省特色花卉工程技术研究中心花卉育种实验室进行。

* 基金项目：福建省科技重大专项(2010NZ0003)；福建省财政专项－福建省农业科学院科技创新团队建设基金 CXTD－2－1317)；福建省自然科学基金项目(2012J01114)共同资助。

① 通讯作者。Author for correspondence(E-mail：Huangml618@163. com)。

1.2 方法

1.2.1 接种方法及称重

选取生长均匀一致的文心兰 PLB 团块于超净工作台上分割成黄豆粒大小的切块，每个培养瓶中接入 3 块 PLB，在接种前称得容器和培养液的重量，接种后再称得容器、培养液及接入 PLB 的共同重量，计算出接种 PLB 的重量，接种及称重完成后放入旋转式摇床上培养。

1.2.2 试验因素设定

采用 4 因素 4 水平 $L_{16}(4^4)$ 正交设计[5]，选择基本培养基、6-BA、NAA、有机添加物为试验因素，代号分别为 A、B、C、D，各设置 4 个水平，详见表 1。各处理培养基均附加白糖 $30g \cdot L^{-1}$、琼脂粉 $5.0g \cdot L^{-1}$。每处理接种 3 瓶，3 次重复，共 16 个处理。

表 1 $L_{16}(4^4)$ 因素及水平表

Table 1 The orthogonal design $L_{16}(4^4)$ factors and levels

处理编号	A：基本培养基	B：6-BA（$mg \cdot L^{-1}$）	C：NAA（$mg \cdot L^{-1}$）	D：有机添加物
1	MS	2.0	0.5	椰子汁 $100ml \cdot L^{-1}$
2	1/2MS	0.5	0.1	香蕉泥 $100g \cdot L^{-1}$
3	1/3MS	0.1	0.05	香蕉泥 $50g \cdot L^{-1}$
4	3/4MS	1.0	0.2	椰子汁 $50ml \cdot L^{-1}$

注：1/3、1/2、3/4MS 表示无机盐取 MS 中大量元素的 1/2、1/3、3/4。

1.2.3 培养方式与培养条件

以上培养基配制成液体培养基，以三角瓶为培养容器，pH 值 5.8。以摇床振荡方式进行培养，摇床转速 80r/min，培养温度 23 ±2℃。见图 1。

图 1 文心兰原球茎液体培养

Fig. 1 Liquid culture for *Oncidium* PLB

1.2.4 观测指标与数据分析

每隔 7d 对 PLB 生长情况进行观察，包括 PLB 的颗粒大小、颜色等，增殖培养 21d 时，进行 PLB 称重，PLB 增殖系数 =（增殖后鲜重-增殖前鲜重）/ 增殖前鲜重[6]。数据统计采用正交设计助手 V3 软件进行分析[7]。

2 结果与分析

文心兰 PLB 接种 7d 时，切口部位开始膨大，14d 时不同处理组陆续增殖。增殖培养 21d 时统计 PLB 增殖系数，试验统计分析结果见表 2、表 3，16 个处理文心兰 PLB 增殖生长情况见图 2 所示。表 2 结果表明，从 K 值大小可以看出，在文心兰 PLB 增殖过程中，以 1/2MS 为基本培养基较好，6-BA 适宜浓度为 $0.1mg \cdot L^{-1}$，NAA 适宜浓度为 $0.1mg \cdot L^{-1}$，椰子汁为 $100ml \cdot L^{-1}$；从极差 R 值大小可以看出，不同因素对原球茎增殖影响的主次关系为 D > B > C > A，这说明对文心兰原球茎增殖起主要作用的是有机添加物，其次是 6-BA、NAA，基本培养基对增殖的影响较小。文心兰原球茎增殖最佳处理组合是 A2B1C2D4，即 1/2MS + 6-BA $0.1mg \cdot L^{-1}$ + NAA $0.1mg \cdot L^{-1}$ + 椰子汁 $100ml \cdot L^{-1}$，液体培养 21d，增殖系数达 3.73，且原球茎生长均匀、饱满(图 2E)。

从表 3 可知，有机添加物、6-BA 和 NAA 这 3 种因素均显著影响文心兰原球茎增殖系数，但其影响程度的大小有较大差异，表现为有机添加物 > 6-BA > NAA，基本培养基因素无显著影响，与极差分析结果一致。

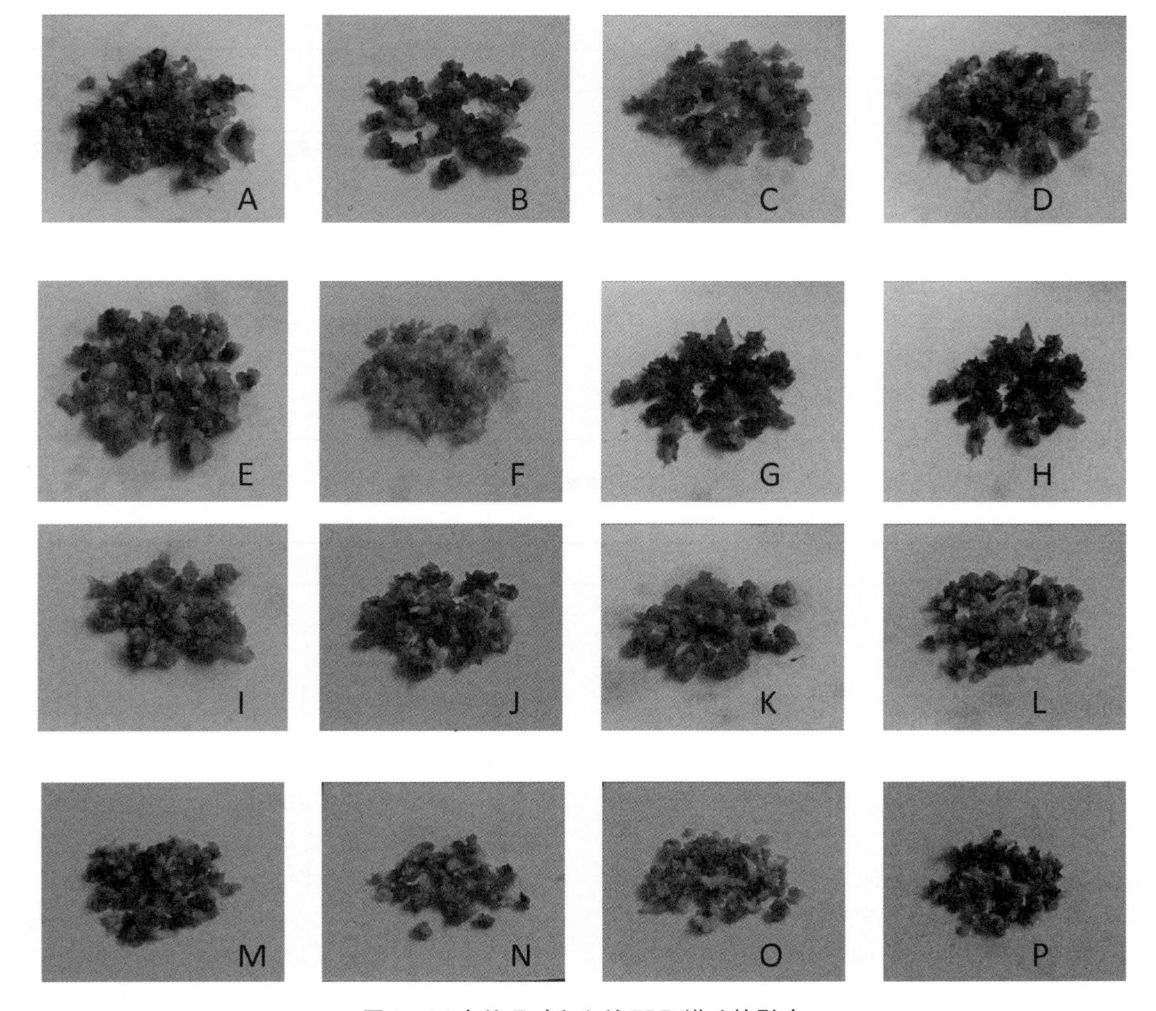

图 2　16 个处理对文心兰 PLB 增殖的影响

Fig. 2　Effect of 16 treatments of *Oncidium* PLB proliferation

表 2　$L_{16}(4^4)$ 正交试验设计与极差分析结果

Table 2　The orthogonal design $L_{16}(4^4)$ and the experiment result

处理	因素				PLB 平均增殖系数
	A	B	C	D	
1	1/3MS	0.1	0.05	香蕉泥 50g/L	1.49
2	1/3MS	0.5	0.1	香蕉泥 100g/L	1.17
3	1/3MS	1.0	0.2	椰子汁 50ml/L	2.56
4	1/3MS	2.0	0.5	椰子汁 100ml/L	2.01
5	1/2MS	0.1	0.1	椰子汁 100ml/L	3.73
6	1/2MS	0.5	0.05	椰子汁 50ml/L	1.96
7	1/2MS	1.0	0.5	香蕉泥 100g/L	1.33
8	1/2MS	2.0	0.2	香蕉泥 50g/L	1.48
9	3/4MS	0.1	0.2	香蕉泥 100g/L	2.26
10	3/4MS	0.5	0.5	香蕉泥 50g/L	1.57
11	3/4MS	1.0	0.05	椰子汁 100ml/L	2.16
12	3/4MS	2.0	0.1	椰子汁 50ml/L	2.23
13	MS	0.1	0.5	椰子汁 50ml/L	1.97
14	MS	0.5	0.2	椰子汁 100ml/L	1.93
15	MS	1.0	0.05	香蕉泥 50g/L	1.78

（续）

处 理	因 素				PLB 平均增殖系数
	A	B	C	D	
16	MS	2.0	0.1	香蕉泥 100g/L	1.67
k_1	0.603	0.787	0.607	0.527	/
k_2	0.708	0.552	0.743	0.536	/
k_3	0.685	0.653	0.686	0.727	/
k_4	0.612	0.616	0.573	0.819	/
极差 R	0.105	0.235	0.170	0.292	/
主次顺序	D > B > C > A	/			
优水平	A_2	B_1	C_2	D_4	/
优组合	A_2 B_1 C_2 D_4	/			

表 3 原球茎增殖系数方差分析结果

Table 3 Analysis of variance in propagation rate

因素	SS	df	F	$F_{0.05}$	显著性	$F_{0.10}$	显著性
A：基本培养基	0.298	3	0.009	9.280		5.390	
B：6-BA	1.064	3	0.032	9.280	*	5.390	*
C：NAA	0.633	3	0.019	9.280		5.390	*
D：有机添加物	1.187	3	0.035	9.280	*	5.390	*
误差	33.56	3					

3 讨论

原球茎(protocorm-like body，PLB)的形成是兰花离体培养过程中特有的发育现象，通过 PLB 的增殖可以在短时间内实现兰花试管苗的大量繁殖，也是各种兰花开展工厂化种苗生产的关键环节。同其他兰花一样，影响文心兰 PLB 诱导与增殖的因素有很多，但培养基类型、植物生长调节剂的种类和浓度、有机添加物及培养方式等是最关键的几个因素。针对不同基因型的文心兰，不同研究者研究报道结果不尽相同[8-13]。因此，对特定基因型材料进行培养时，必须考虑材料的基因型，确立适合于自身材料特点的培养基配方。

本试验利用正交试验设计方法，以达到有效减少试验次数、简化实验方法的目的，主要选择基本培养基、6-BA、NAA 和有机添加物(椰子汁、香蕉泥)为关键试验因素，探索和优化了文心兰‘百万金币’PLB 液体增殖培养技术。试验结果表明对文心兰 PLB 增殖起主要作用的是有机添加物，其次是 6-BA、NAA，基本培养基对增殖的影响较小。文心兰 PLB 增殖适宜的液体培养基为 1/2MS + 6-BA 0.1mg・L^{-1} + NAA 0.1mg・L^{-1} + 椰子汁 100ml・L^{-1}，培养 21d 增殖系数达 3.73，且 PLB 生长均匀、饱满，为种苗繁育及遗传转化等提供了技术保障。

据文献报道，文心兰组织培养主要以固体培养方式为主[8-12]，有关其液体培养方式的报道很少[1,13]。与固体培养相比，液体培养有其自身的优点：培养材料能充分、均匀吸收培养基的各种营养；培养材料产生的褐化物能及时扩散至培养基中，避免固体培养基中局部高浓度的褐化，但其不足之处在于浸在液体中的培养材料由于氧气供应不足，易产生玻璃化等问题[5]。何松林[1]等比较了固体培养和液体培养 2 种培养方式对文心兰 PLB 增殖影响时发现，液体振荡及回旋培养较固体培养方式好，固体培养方式进行 PLB 增殖过程中幼苗形成率高，因此固体培养方式不适合 PLB 增殖。这可能与他们所用培养基的成分包括植物生长调节剂等因素有关，在液体培养条件下，培养基成分的变化也易于导致芽苗的大量形成。培养基配方的合理选择是 PLB 液体增殖培养的关键，关于影响文心兰 PLB 增殖的其他培养因素及除 6-BA、NAA 外的植物生长调节剂有待进一步研究探讨。

参考文献

1. 何松林，十鸟三和子，孔德政，等．基本培养基及凝固剂对文心兰试管苗生长发育的影响[J]．北京林业大学学报，2001，(1)：29－31.

2. 叶秀仙，黄敏玲，吴建设，等．文心兰茎尖诱导丛生芽高频率植株再生[J]．福建农业学报，2009，24(2)：126－137.
3. 欧阳彤，等．文心兰规模化组培育苗关键技术研究[J]．林业科学研究，2006，19(5)：606－611.
4. 何松林，孔德政，杨秋生，等．碳源和有机添加物对文心兰原球茎增殖的影响[J]．河南农业大学学报，2003，(2)：154－157.
5. 崔广荣．文心兰组织培养及转基因研究进展[J]．草业学报，2010，19(4)：220－229.
6. 庄尔铮，何丽烂，区耀琛．文心兰人工种子的研究[J]．佛山农牧高等专科学校学报，1997，11(2)：40－42.
7. 盖均镒．试验统计方法[M]．北京：中国农业出版社，2000：382－383.
8. 叶秀仙，黄敏玲，钟淮钦，等．文心兰离体再生体系建立及试管苗种质保存研究．中国观赏园艺研究进展2009[M]．北京：中国林业出版社，2009，193－197.
9. 崔广荣，刘云兵，张俊长，等．文心兰组织培养的研究[J]．园艺学报，2004，(2)：253－255.
10. 朱根发，王怀宇，陈明莉，等．文心兰脱毒快繁技术研究[J]．广东农业科学，1997，4：27－28.
11. 魏翠华．文心兰原球茎诱导条件的优化[J]．福建农业学报，2007，22(3)：332－335.
12. 何松林，孔德政，杨秋生，等．碳源和有机添加物对文心兰原球茎增殖的影响[J]．河南农业大学学报，2003，37(2)：154－157
13. 崔广荣，张子学，张从宇，等．文心兰原球茎液体增殖培养研究．激光生物学报[J]．2007，16(3)：338－343.

三种铁线莲种子萌发研究

王 娜　王奎玲　刘庆华　刘庆超[①]
（青岛农业大学园林与林学院，青岛 266109）

摘要　为了探究铁线莲种子(瘦果)的生物学特性及影响其萌发的因素，本实验研究了大叶铁线莲、粉绿铁线莲和东方铁线莲种子的形态、含水量、种皮透水性、种子活力等特性及不同温度处理对种子萌发的影响。结果表明：大叶铁线莲种子千粒重为 2.49 ±0.03g，含水量为 8.8%，种子活力为 54%；粉绿铁线莲种子千粒重为 1.12 ±0.04g，含水量为 9.3%，种子活力为 75.56%，最佳萌发温度是 20℃，发芽率达 88.33% ±1.67%；东方铁线莲种子千粒重为 1.17 ±0.03g，含水量为 12.7%，种子活力为 81.11%，最佳萌发温度为 30℃，发芽率为 68.33% ±9.28%。

关键词　大叶铁线莲；粉绿铁线莲；东方铁线莲；温度；发芽率

Study on the Germination Characteristics of Three *Clematis*

WANG Na　WANG Kui-ling　LIU Qing-hua　LIU Qing-chao
(*College of Landscape Architecture and Forestry*, *Qingdao Agricultural University*, *Qingdao* 266109)

Abstract　The Germination Characteristics of three Species of *Clematis* L. , including *Clematis heracleifolia*, *Clematis glauca* and *Clematis orientalis*, *were* studied in this paper. The results indicated that the *Clematis heracleifolia* one thousand seeds weight for (2.49 ±0.03) g, water content is 8.8%, and the seed vigor can reach 54%. *Clematis glauca* one thousand seeds weight for (1.12 ±0.04) g, water content is 9.3%, the seed vigor can reach 75.56%, the best temperature for germination is 20℃ and germination rate was (88.33 ±1.67)%. *Clematis orientalis* one thousand seeds weight for (2.432 ±0.1057) g, water content is 12.7%, the seed vigor can reach 81.11%, the best temperature for germination is 30℃ and germination rate was 68.33 ±9.28 %.

Key words　*Clematis heracleifolia*; *Clematis glauca*; *Clematis orientalis*; Temperature; Germination rate

铁线莲作为一种观赏植物，用于城市绿化，据有较高的欣赏价值。而种子(瘦果)是其重要的繁衍器官，通过播种繁殖，铁线莲一次可获得生长健壮的大量种苗，利于城市景观大量栽植应用。本试验在借鉴其他铁线莲属植物种子如何提高发芽率等研究的基础上，以大叶铁线莲(*Clematis heracleifolia*)、粉绿铁线莲(*Clematis glauca*)和东方铁线莲(*Clematis orientalis*)3 种野生种种子为试验材料进行了种子发芽试验，以期为野生铁线莲属植物的引种栽培、育种及进一步深入研究提供依据。

1　材料与方法

1.1　供试材料

大叶铁线莲的种子采于辽宁省丹东市草莓沟，粉绿铁线莲和东方铁线莲的种子采自新疆伊宁市河谷森林公园。

1.2　试验方法

1.2.1　三种铁线莲种子基本参数测定

(1)种子形态观察

参考《中国植物志》及《中国植物种子形态学研究方法和术语》中的描述方法对种子形态进行观察描述。

随机选取 50 粒成熟的种子，在体视显微镜下观

① 通讯作者。Author for correspondence：刘庆超，男，青岛农业大学副教授，E-mail：liuqingchao7205@126.com。

察其形状及表面特性，测定种子大小并在自然光下观察其颜色。

(2)千粒重的测定

先经肉眼检测，除去破粒、虫蚀粒的种子，后除去顶端的宿存花柱再称千粒重。千粒重采用百粒法测定，重复3次。

(3)种子含水量测定

采用105℃恒温干燥法，随机选取50粒种子称重，重复3次。

(4)种子吸水率测定

参照樊璐(2011)的方法，取50粒种子用清水浸种，起初每隔1h称重1次，6h后每隔2h称重1次，12h后每隔12h称重1次，直到种子重量恒定为止，绘制种子吸水曲线。

(5)种子活力指标的测定

种子活力用TTC(四氮唑)染色法(白宝璋 等，2011；李月明 等，2001)测定。

1.2.2 三种铁线莲种子萌发处理

选取铁线莲饱满健康的种子，室温下清水浸种24h后再用3%次氯酸钠消毒10分钟，消毒后将种子置于直径为7cm的培养皿中，以双层滤纸作为发芽床，放入设置好15℃、20℃、25℃、30℃的4个温度梯度下的培养箱中进行萌发培养，发芽过程中用清水保湿。每处理50粒种子，重复3次。

1.2.3 数据整理与分析

种子含水量=(鲜重-干重)/鲜重×100%

吸水率=[(吸水后种子重量－种子干重)/种子干重]×100%

种子发芽率按照下列公式计算(王荷，2009)：

发芽率(%)=发芽种子数/供试种子数×100%

本试验采用发芽试验第7天的发芽率。

利用Excel进行数据处理，SPSS 21进行数据分析。

2 结果与分析

2.1 铁线莲种子形态特性及基本参数

3种铁线莲的种子均为瘦果，大叶铁线莲种子为卵圆形，两面凸起(图1d)，有白毛，种皮为红棕色，被短柔毛，宿存花柱丝状，有白色长柔毛(图1a)；粉绿铁线莲种子有卵形和倒卵形两种，种子比大叶铁线莲的宽度小，但被白毛较多(图1b)，种皮呈棕白色，宿存花柱上有白色长柔毛(图1e)；东方铁线莲种子有卵形、倒卵形和椭圆状卵形不等，种子较扁，两面凸起处有明显背脊，表面亦有长白柔毛(图1f)。

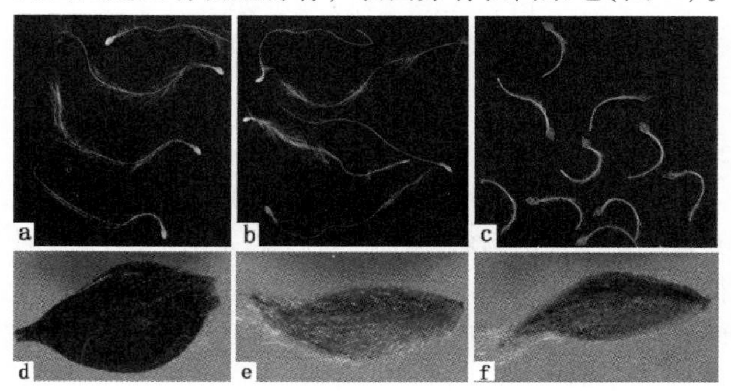

图1 三种铁线莲瘦果形态

Fig. 1 The morphology of three *Clematis* achenes

注：a，d 大叶铁线莲；b，e 粉绿铁线莲；c，f 东方铁线莲

Note:：a，d *Clematis heracleifolia*；b，e *Clematis glauca*；c，f *Clematis orientalis*

表1 三种铁线莲种子基本参数

Table 1 The basic parameters of three *Clematis* seeds

	瘦果长 achene length (mm)	瘦果宽 achene wide (mm)	花柱长 stylelength (mm)	千粒重 thousand seed weight (g)	含水量 water content (%)
大叶铁线莲 *Clematis heracleifolia*	3.73±0.05	3.34±0.10	46±2.28	2.49±0.03	8.8
粉绿铁线莲 *Clematis glauca*	3.49±0.04	1.42±0.03	53±2.38	1.12±0.04	9.3
东方铁线莲 *Clematis orientalis*	3.23±0.09	1.57±0.05	16±0.51	1.17±0.03	12.7

2.2 铁线莲种子吸水动态

由3种铁线莲种子吸水动态(图2)可知，粉绿铁线莲前期的吸水幅度较大，浸水1h时种子的吸水率为54.09%，浸水3h种子出现吸水高峰，之后虽有下降，但整体保持平稳，后于36h后再次达到吸水高

峰，最大吸水率可达102.5%；大叶铁线莲吸水率缓慢增加，浸水36h后达到吸水高峰，之后又趋于平缓，最大吸水率为76.88%；东方铁线莲浸水3h就已达到吸水的最大峰值，吸水率为76.50%，之后变化缓慢，略有波动。根据种子吸水速率的大小，直接反映了种皮透性情况，在3种铁线莲中粉绿铁线莲种子的透性最好。

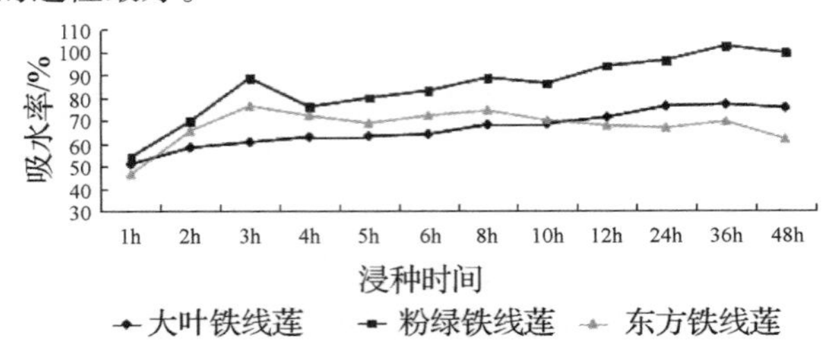

图2 铁线莲种子吸水动态

Fig. 2 Water imbibition process of *Clematis* Seeds

2.3 铁线莲种子活力指标

测定种子活力能够准确地体现种子质量的优劣，并且比发芽率更为敏感(林春新 等，2012)。实验测得大叶铁线莲种子活力为54%，可见其活力不高，而粉绿铁线莲和东方铁线莲的种子活力分别为75.56%、81.11%，活力较高。

2.4 温度对铁线莲种子萌发的影响

由图3可知，不同温度下培养的粉绿铁线莲种子，在20℃条件下发芽率最高，达到88.33% ± 1.67%，高于20℃时发芽率略有下降，但无明显差异，低于20℃条件下即15℃时种子发芽率最低；由图4可知，东方铁线莲种子的发芽率随着温度的升高，萌发启动速度加快，发芽率逐渐增大，在30℃时，发芽率最大，达到了68.33% ±9.28 %，20℃条件时发芽率最小。图5、图6为铁线莲种子萌发时的直观状态。

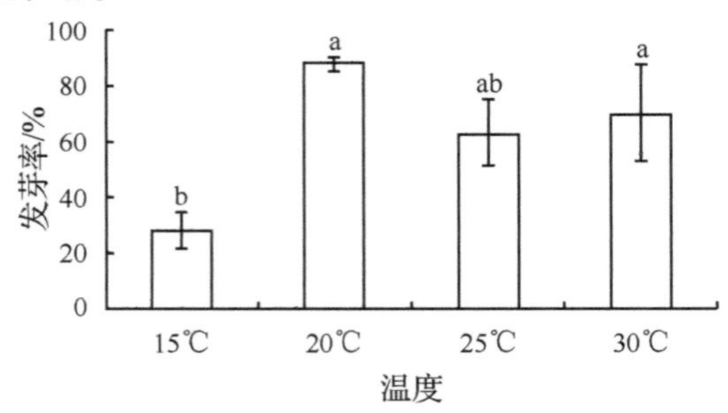

图3 温度对粉绿铁线莲种子萌发的影响

Fig. 3 Effect of *Clematis glauca* Willd. seeds in different temperature

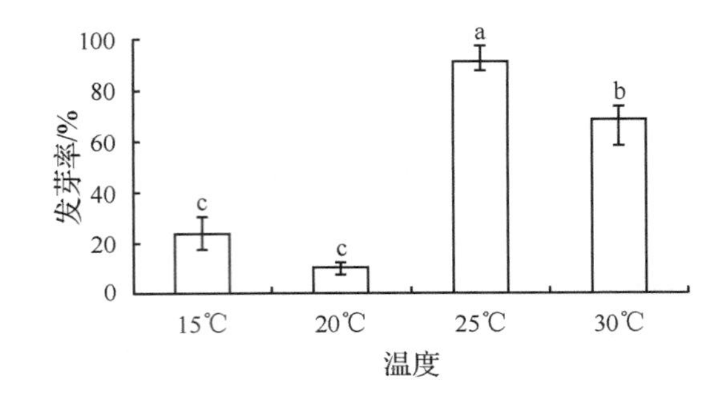

图4 温度对东方铁线莲种子萌发的影响

Fig. 4 Effect of *Clematis orientalis* L. seeds in different temperature

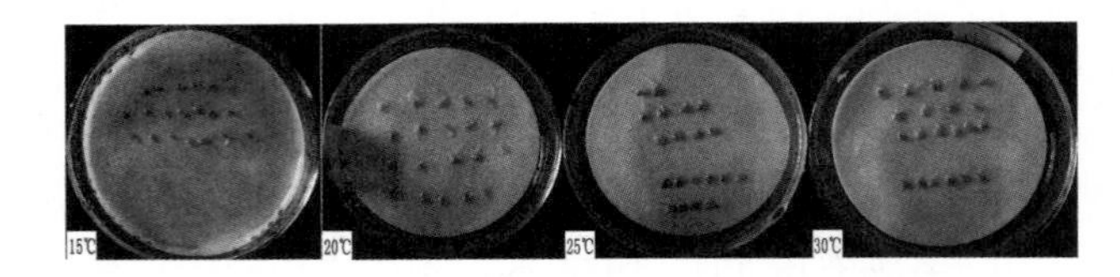

图5 不同温度下粉绿铁线莲的萌发状况

Fig. 5 The germination of *Clematis glauca* Willd. in different temperature

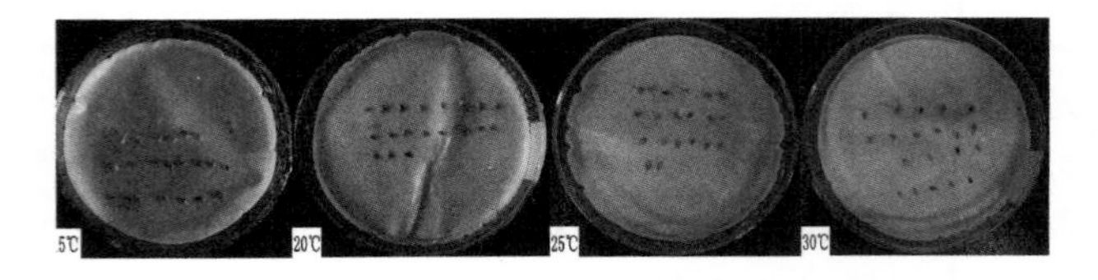

图6 不同温度下东方铁线莲的萌发状况

Fig. 6 The germination of *Clematis orientalis* L. in different temperature

结果表明，粉绿铁线莲种子最适宜的萌发温度为20℃，但随着温度的升高，萌发率有下降的趋势；东方铁线莲种子最适宜的萌发温度为30℃，温度在20℃至30℃之间时，种子的发芽率呈上升趋势。

相同时间相同条件下大叶铁线莲的种子均未萌发，培养17天后在15℃条件下的种子开始陆续萌发，但发芽势和发芽率均很低，培养到40天时，种子发芽率到10%，此时25℃条件下种子的发芽率为1.33%，20℃、30℃条件下发芽率均为0，说明大叶铁线莲的种子在常温条件具有休眠现象。温度较高时大叶铁线莲种子一直未发芽，说明种子对温度变化敏感，并且较高温度下相关酶类可能已失活。而长期于15℃下，有可能是打破了种子休眠，进而开始了种子萌发。

3 讨论

很多植物种子存在休眠现象，导致发芽率低、发芽不整齐等现象。不同植物有不同的休眠原因，例如豆科植物山野豌豆种子存在硬实现象(全群燕 等，

2014)，东北铁线莲有种子休眠现象(林春新 等，2012)。本实验结果显示，3 种铁线莲的种子均不存在硬实现象。但大叶铁线莲种子同东北铁线莲种子相同，有类似的休眠现象，以致正常温度处理下萌发率很低或者根本不能萌发。此外，大叶铁线莲的种子活力较低，而低活力的种子在较为合适的环境中即使能够发芽，也有发芽慢及发芽率低的问题(高优恒和刘旭，2014)。而粉绿铁线莲和东方铁线莲的种子是经过了一个冬天的自然低温后采收的，因此这两种铁线莲很可能是低温越冬过程中已经打破了其休眠，完成胚后熟。但后续种子萌发试验中，发现东方铁线莲和粉绿铁线莲虽然能在其最适温度萌发，但萌发率不稳定，说明仍有其他因素影响了种子的萌发；GA_3是常用于打破种子休眠和提高发芽率的激素类物质(Nakamura S &Sathiyamoothy P，1990；刘志高 等，2015)，大叶铁线莲在进行了一段时间的低温沙藏处理后，再用不同梯度的 GA_3进行处理，萌发情况仍不理想，说明低温解除种子的休眠以及 GA_3处理并不能完全解除影响种子萌发的因素。因此，利用种子进行铁线莲的繁殖仍需要进行探索。

参考文献

1. 白宝璋，史国安，赵景阳 . 2001. 植物生理学实验教程［M］. 北京：中国农业科技出版社 . 106 – 107.
2. 中国科学院中国植物志编辑委员会［M］. 1980. 中国植物志 . 28(4)：148 – 150.
3. 樊璐，张莹，李淑娟 . 2011. 夏雪片莲种子萌发特性的研究［J］. 西北林学院学报，26(3)，59 – 61.
4. 高优恒，刘旭 . 2014. 蒙药芹叶铁线莲种子萌发特性研究［J］. 中国民族医药杂志，06：38 – 40.
5. 刘长江 . 2004. 中国植物种子形态学研究方法和术语［J］. 西北植物学报，24(1)：178 – 188.
6. 李月明，郝楠，孙丽惠 . 2013. 种子活力测定方法研究进展［J］. 辽宁农业科学，01：38 – 40.
7. 林春新，杨利民，宋波 . 2012. 东北铁线莲种子萌发特性的研究［J］. 北方园艺，13：67 – 69.
8. 刘志高，季梦成，杨彦鹏，等 . 2015. 3 种铁线莲属植物种子萌发特性研究［J］. 种子，06：30 – 33.
9. Nakamura S，Sathiyamoothy P. Germination of Wasabi japonica Matsum. seeds［J］. Japan. Soc. Hort. Sci.，1990，59(3)：573 – 577.
10. 全群燕，段林东，胡双 . 2014. 用浓硫酸处理窄叶野豌豆种子的发芽试验［J］. 中国园艺文摘，02：30 – 31.
11. 王荷 . 2009. 野生花卉用于野花草地的营建初探［D］. 北京林业大学博士论文 .

四季秋海棠无土栽培基质的筛选*

赵 斌[1,2,3] 田代科[1,2]① 向言词[3]
([1]上海辰山植物园、中国科学院上海辰山植物科学研究中心，松江 201602；
[2]上海市资源植物功能基因组学重点实验室，松江 201602；
[3]湖南科技大学生命科学学院，湘潭 411201)

摘要 为探究秋海棠的最佳栽培基质及修剪掉的草坪草废弃物替代泥炭作为基质的可能性，以四季秋海棠(*Begonia cucullata*)幼苗为材料，在上海辰山植物园的栽培大棚中进行盆栽试验。分别选用 T1(泥炭∶珍珠岩 = 1∶1)、T2(泥炭∶珍珠岩∶松树皮 = 1∶1∶1)、T3(玉米秆∶珍珠岩∶松树皮 = 1∶1∶1)、T4(玉米秆∶珍珠岩∶松树皮 =2∶1∶1)、T5(草秆∶珍珠岩∶松树皮 = 1∶1∶1)、T6(草秆∶珍珠岩∶松树皮 = 2∶1∶1)、T7(蛭石∶珍珠岩∶松树皮 = 1∶1∶1)和 T8(蛭石∶珍珠岩∶松树皮 = 2∶1∶1)8 种混合基质，比较四季秋海棠的生长表现差异。结果表明：四季秋海棠在 8 种栽培基质中，上盆后 30～60 天时茎均显著增大，60～90 天株高、叶数和叶面积增加最多，最佳综合表现为 T6 处理，在该基质中，分枝数、叶片厚度、开花数、地上部分鲜干重和相对叶绿素含量均最大。综合评价分析，基质用草秆∶珍珠岩∶松树皮 = 2∶1∶1 替换泥炭，可满足四季秋海棠生长，因此，修剪后的草坪草废弃物可替换泥炭用于秋海棠的无土栽培基质。

关键词 栽培基质；四季秋海棠；栽培大棚；盆栽植物；草坪草废弃物

Screening of Planting Substrate for Soilless Culture of *Begonia cucullata* Willd.

ZHAO Bin[1,2,3] TIAN Dai-ke[1,2] XIANG Yan-ci[3]
([1]*Shanghai Chenshan Plant Science Research Center*, *Chinese Academy of Sciences*, *Shanghai Chenshan Botanical Garden*, *Songjiang* 201602; [2]*Shanghai Key Laboratory of Plant Functional Genomics and Resources*, *Songjiang* 201602;
[3]*School of Life Science*, *Hunan University of Science and Technology*, *Xiangtan* 411201)

Abstract In order to investigate better soilless culture mixture and the possibility of turfgrass clippings as alternative of peat for substrate to grow begonias in pots, the seedlings of *Begonia cucullata* Willd. were treated by eight types of substrate mixture: T1 (peat∶perlite = 1∶1), T2 (peat∶perlite∶pine bark = 1∶1∶1), T3 (corn stover∶perlite∶pine bark = 1∶1∶1), T4 (corn stover∶perlite∶pine bark = 2∶1∶1), T5 (turfgrass∶perlite∶pine bark = 1∶1∶1), T6 (turfgrass∶perlite∶pine bark = 2∶1∶1), T7 (vermiculite∶perlite∶pine bark = 1∶1∶1) and T8 (vermiculite∶perlite∶pine bark = 2∶1∶1) in the shade house of Shanghai Chenshan Botanical Garden to evaluate plant performance. The results showed that the stem thickness increased the most significant during 30 to 60 days after potting; the plant height, leaf number and leaf area increased largest during 60 to 90 days after potting in all treatments; the optimum growth of *B. cucullata* occurred in T6, with the highest of branch number, leaf thickness, flower number, fresh and dry weight of the aboveground part and relative chlorophyll content. Therefore, in this study, the substrate with turfgrass∶perlite∶pine bark = 2∶1∶1 is the best medium for growing *B. cucullata* and the turf grass clippings can replace peat as culture substrate of begonias.

Key words Culture substrate; *Begonia cucullata*; Shade house; Container plants; Turf grass clippings

---

* 基金项目：上海市绿化和市容管理局攻关项目(F112421)；上海市科学技术委员会课题(14DZ2260400)；湖南省环保科技项目(湘财建指[2012]347 号，[2013]229 号)。

作者简介：赵斌(1988—)，男，黑龙江哈尔滨人，在读硕士，从事秋海棠的育种及栽培生理研究。E-mail：zhaobin709@126.com。
① 通讯作者。田代科，E-mail：dktian@sibs.ac.cn。

秋海棠(*Begonia* L.)，全球十大被子植物之一[1]，并作为观赏植物在全球范围内广泛栽培。该属植物多样性十分丰富，种类繁多，全球已知约1800种[1-3]，我国已发现近200种(不含种下类群)[3,4]。随着人们精神生活的日益丰富，对秋海棠需求也在日益高涨，据美国秋海棠协会(ABS)的数据库统计，全球已培育出1.6万多个秋海棠品种。相比欧美等发达国家，我国秋海棠的栽培育种工作发展相对缓慢，目前仅有中国科学院昆明植物研究所培育出近30个栽培品种[5-7]，对种质资源的开发利用才刚刚起步。尽管全球在资源调查、分类及系统演化等研究方面已开展了大量工作[3-4,8-9]，育种及栽培方面也有若干报道[10-12]，但对于阴棚、居室等特定环境条件下光强、温度等环境因子对秋海棠生长影响的研究还很少。

四季秋海棠(*Begonia cucullata* Willd.)，原产南美巴西，是栽培最广的秋海棠之一。该种品种丰富，姿态优美，花多而密集成簇，花期长且不受日照长短影响，适应性强，气温适宜条件下一年四季皆可开花，因此被广泛应用于布置城市园林景观[13]。同时，四季秋海棠的盆花也很受大众青睐，在世界各地被大量生产和消费[14,15]。

我国大约自1912年开始引进四季秋海棠栽培品种，1930年从美国引种，在上海、南京一带有栽培，而规模生产自20世纪90年代才开始[13]。目前，四季秋海棠的盆花仍多为土壤栽培[14]，不仅基质重，而且透气性差、易积水，容易导致植株长势差，病虫害发生。而无土栽培花卉因透气性好，水肥管理易于控制，少受病虫害影响，因而花卉根系发达、茎挺拔、叶肥壮、花朵大、花期长[16,17]。而且，无土栽培的花卉生长快，成花周期短，有利于工厂化生产。此外，无土栽培基质质量轻，既利于产业化生产，又方便了运输。

国内外普遍采用泥炭与其他材料配比用于花卉无土栽培[18,19]，但目前有关四季秋海棠无土栽培基质的研究还很少，而且基质类型相对单一。近年来，随着泥炭消耗的日益增加，环境破坏日益严重，各国政府纷纷采取一系列措施减少泥炭的开采和利用[20-23]，因而筛选新型无土栽培基质显得至关重要。草坪草废弃物作为一类价格低廉、再生能力强的新型材料，不仅质量轻，而且透气性好，符合用作无土栽培的基质材料，但国内外目前还没有用其作为无土基质栽培秋海棠的报道。为了探究秋海棠的最佳盆栽基质类型以及草坪草修剪废弃物、农作物秸秆等能否替代泥炭作为基质，以四季秋海棠为植物材料，在上海辰山植物园栽培大棚进行了无土栽培基质的筛选试验，为今后秋海棠属植物的栽培和产业化生产提供更多更适宜的基质选择。

1 材料与方法

1.1 试验时间和地点

试验于2015年6月3日~8月30日(90天)在上海市松江区上海辰山植物园遮光率为45%的栽培大棚中进行。

试验地概况：松江区夏季高温多雨，栽培大棚6~9月平均气温28℃，平均白昼时间为12.5小时，全日照时大棚内光强可达15000~35000lx。

1.2 试验材料

四季秋海棠种子为研究所在课题组从福建省龙岩市连城县冠豸山的自然化居群中采集，种子培养成苗后，于2015年6月初上盆、开始试验。

1.3 试验选用基质及肥料

根据无土栽培研究现状[16,24]及栽培基质理化性质的探究[25]，选择8种栽培基质配比，分别由泥炭、蛭石、玉米秆、草秆、珍珠岩、松树皮组合而成，依次标记为T1(泥炭:珍珠岩 = 1:1)、T2(泥炭:珍珠岩:松树皮 = 1:1:1)、T3(玉米秆:珍珠岩:松树皮 = 1:1:1)、T4(玉米秆:珍珠岩:松树皮 = 2:1:1)、T5(草秆:珍珠岩:松树皮 = 1:1:1)、T6(草秆:珍珠岩:松树皮 = 2:1:1)、T7(蛭石:珍珠岩:松树皮 = 1:1:1)、T8(蛭石:珍珠岩:松树皮 = 2:1:1)，在秋海棠的整个生长期，统一采用无土栽培专用花多多水溶肥(N-P-K=20-10-20 PL)。

作为无土栽培基质，除了提供有机质等部分营养外，其主要功能是为植株提供适宜的生长环境和根系的固定[26,27]。各基质的理化性质如表1所示。

1.4 试验方法

在植物栽培室内，将前期培养株高和茎粗分别为2.5cm、3mm的四季秋海棠幼苗移栽至口径10cm、高8cm的方形塑料盆中，在大棚中驯苗2周。每种栽培基质设置3组重复，每组8株，定植后，视基质干燥程度浇水，维持基质湿润，每15天施1次肥(肥料统一选择稀释1000倍的花多多通用型水溶肥：N-P-K=20-20-20 PL)。

表1 八种基质的物理性质及 pH

Table 1 Physical properties and pH of eight substrates

基质 Media	容重 Weigh (g/ml)	总孔隙度 Total hole percentage (%)	持水孔隙度 Water hole percentage (%)	通气孔隙度 Air hole percentage (%)	酸碱度 pH
T1(CK)	112.43 c	74.67 c	59.45 a	15.22 g	6.83 a
T2	108.23 d	78.02 a	55.33 b	22.69 c	6.38 b
T3	79.34 f	75.27 b	45.33 e	30.34 b	6.15 c
T4	84.26 e	74.13 d	42.47 g	31.66 a	6.11 d
T5	62.35 h	61.11 f	45.77 d	15.34 f	6.15 c
T6	67.76 g	60.06 g	46.90 c	13.16 h	6.10 d
T7	132.12 a	57.58 h	39.92 h	17.66 e	5.52 e
T8	128.07 b	63.00 e	44.77 f	18.23 d	6.09 d

注：同列中不同小写字母表示处理间差异显著($P<0.05$)。

Note: Different lower case letters in each column indicate statistically significant differences between the treatments at 0.05 level.

试验期间，测定四季秋海棠的株高、茎粗、叶数和叶面积，间隔30天；实验结束时，测定各栽培基质中植株的分枝数、开花数、叶片厚度、地上部分鲜干重、地下部分干重、根冠比及相对叶绿素含量变化。

株高以根茎基部(基质表面)至主茎顶部的高度为准；茎粗选择植株距基质1.5cm处使用游标卡尺测量；叶数、分枝数和开花数直接观察计数；从每株秋海棠不同位置随机选取4片叶，通过添加刻度尺，进行数码拍照，Photoshop处理，扫描仪扫描计算来测定叶面积[28,29]；在每株秋海棠不同位置随机选测6片成熟叶，用游标卡尺测定各叶片相同位置的厚度，然后取平均值作为植株的叶片厚度(测量位置错开叶脉，距叶缘1cm)；地上部分鲜重指基质以上部位新鲜植株全部重量，此部分烘干后为地上干重。鉴于四季秋海棠的根为须根系，多而细，很难将基质与根系完全分离，不便于取材测量，故未对地下根部鲜重进行测量。地下部分干重为植株栽培基质以下部分烘干后的重量；根冠比通过以下公式计算：

根冠比=地下部分干重/地上部分干重。

相对叶绿素含量的测定：采用手持式叶绿素仪SPAD-502 plus(KONICA MINOLTA Sensing, Inc., Japan)[30]在每株上随机选取六片成熟叶片，在同一位置测定相对叶绿素含量(避开叶脉)，结果取平均值。

用Excel 2007对实验数据进行整理，采用SPSS 20.0做方差分析和差异显著性($p<0.05$)检验。

2 结果与分析

2.1 栽培基质对四季秋海棠株高、茎粗、叶片数和叶面积影响

栽培基质对四季秋海棠的生长具有明显影响，结合其生长差异，对移栽85天后四季秋海棠的生长状况(图1)进行了测定分析，结果如下。

图1 移栽85天后的四季秋海棠

Fig. 1 Potted *B. cucullata* at 85 d after transplanting

植物的株高和茎粗是判断其营养生长的重要指标，叶数和叶面积可以反映出植株对栽培基质的适应性高低。从表2可以看出，随着栽培时间的延长，八种栽培基质中四季秋海棠的株高、茎粗、叶数和叶面积均随栽培时间的延长而增大，变化趋势几乎一致。栽培处理时间为30天时，基质T6的株高、茎粗、叶数和叶面积均显著高于其他栽培基质，基质T4的上述指标几乎始终最小；栽培时间为60天时，除株高外，基质T6的茎粗、叶数和叶面积均显著高于T1(作为对照组)，且在各栽培基质中表现最佳，基质T4中的各指标均最小；栽培时间为90天时，基质T6中四季秋海棠的各指标显著高于其他栽培基质，表现最佳，而基质T4的植株各项指标在各个处理组中处于最小。综上，各栽培基质中四季秋海棠随时间增加，株高、茎粗、叶数和叶面积均随时间延长而增大，变化幅度基本一致(表2)，其中，株高、叶数和叶面积在60~90天增加最大，而茎粗在30~60天增加最大。

综合8种栽培基质中四季秋海棠上述各指标的变化可知，栽培90天后，基质T6的株高、茎粗、叶片数和叶面积均显著高于其他栽培基质，因此，本试验中T6是适合四季秋海棠生长的最佳栽培基质。

表2 不同栽培基质不同生长时间四季秋海棠的株高、茎粗、叶片数和叶面积变化

Table 2 Plant height, stem thickness, leaf number and leaf area of *B. cucullata* in different substrates and growth time

基质		T1(CK)	T2	T3	T4	T5	T6	T7	T8
株高(cm)	30d	2.05±0.10 e	1.93±0.14 e	1.92±0.10 e	1.57±0.10 f	2.70±0.13 d	3.63±0.16 a	3.15±0.14 b	2.92±0.12 c
	60d	5.35±0.12 d	5.62±0.10 c	3.15±0.19 e	2.25±0.10 f	6.53±0.26 b	6.68±0.36 b	7.12±0.17 a	7.05±0.29 a
	90d	11.42±0.33 e	12.02±0.63 e	7.08±0.35 f	6.62±0.40 f	16.92±0.69 d	21.12±1.27 a	19.57±0.91 b	17.77±0.48 c
茎粗(mm)	30d	3.00±0.06 e	3.02±0.13 e	2.63±0.05 f	2.49±0.03 g	4.11±0.17 b	5.12±0.17 a	3.98±0.11 c	3.83±0.05 d
	60d	6.04±0.35 d	6.16±0.43 d	4.23±0.28 e	3.98±0.17 e	9.08±0.41 a	9.45±0.41 a	8.51±0.26 b	7.87±0.29 c
	90d	8.86±0.22 e	9.35±0.55 d	5.93±0.25 f	4.98±0.12 g	9.99±0.31 c	11.63±0.26 a	10.84±0.51 b	9.92±0.21 c
叶数(片)	30d	3.83±0.75 c	4.33±0.52bc	3.67±0.52 c	3.50±0.55 c	4.83±0.75 b	8.17±0.75 a	4.83±0.75 b	5.00±0.89 b
	60d	8.33±1.03 d	6.83±0.75 e	3.83±0.75 f	3.83±0.41 f	11.83±1.17 b	13.67±1.21 a	10.00±0.89 c	10.00±1.26 c
	90d	17.17±1.17 de	16.67±1.21 e	7.33±1.03 f	5.33±0.52 g	18.17±0.98 cd	26.00±2.00 a	20.33±0.82 b	19.17±1.33bc
叶面积(cm^2)	30d	19.56±1.82 e	24.74±3.46 d	15.13±0.72 f	11.14±0.68 f	61.37±4.89 a	62.16±6.89 a	33.73±2.88 b	28.83±0.79 c
	60d	40.54±2.56 c	39.47±2.12 c	17.90±2.09 d	16.21±1.03 d	74.13±4.53 a	74.84±6.87 a	60.54±3.35 b	63.79±5.94 b
	90d	73.45±6.42 b	73.42±3.92 b	32.54±3.20 d	28.11±2.25 d	89.16±4.48 a	91.69±7.92 a	77.03±3.84 b	55.81±1.95 c

注：T1至T8分别代表基质配比为泥炭: 珍珠岩 = 1:1；泥炭：珍珠岩: 松树皮 = 1:1:1；玉米秆: 珍珠岩: 松树皮 = 1:1:1；玉米秆: 珍珠岩: 松树皮 = 2:1:1；草秆: 珍珠岩: 松树皮 = 1:1:1；草秆: 珍珠岩: 松树皮 = 2:1:1；蛭石: 珍珠岩: 松树皮 = 1:1:1；蛭石: 珍珠岩: 松树皮 = 2:1:1；30、60、90分别代表植株上盆时间为30天、60天、90天；同行不同小写字母表示处理间差异显著($P < 0.05$)。

Note: T1 to T8 refer to substrates peat: perlite = 1:1, peat: perlite: pine bark = 1:1:1, corn stover: perlite: pine bark = 1:1:1, corn stover: perlite: pine bark = 2:1:1, turfgrass: perlite: pine bark = 1:1:1, turfgrass: perlite: pine bark = 2:1:1, vermiculite: perlite: pine bark = 1:1:1 and vermiculite: perlite: pine bark = 2:1:1, respectively; 30, 60 and 90 refers to the light treatment for 30 days, 60 days and 90 days, respectively. The different lower case letters in the same row indicate statistically significant differences between the treatments at 0.05 level.

2.2 栽培基质对四季秋海棠生物量及根冠比的影响

分枝数是反映植株生长旺盛程度的重要标志。如表3所示，所测量四季秋海棠的分枝数，T3 - T6与T1处理差异显著，T3、T4显著低于T1，T6显著高于T1，说明草秆替换泥炭作为基质更有利分枝；叶片厚度几乎不受栽培基质影响，各栽培基质间差异不显著；从开花数来看，T3 - T8均与T1差异显著，但T3、T4的开花数显著低于T1，因而玉米秆作为基质的效果比泥炭差，而T5 - T8四种栽培基质中四季秋海棠的开花数显著高于T1，说明草秆和蛭石替换泥炭均有利于开花，其中T6的开花数增加更显著。地上部分鲜干重直接反映着秋海棠的营养积累情况。从表3可知，T6地上部分鲜重与干重显著高于T1，而T2 - T8均显著低于T1，说明草秆可替换泥炭用于四季秋海棠的栽培，且当基质配比为草秆: 珍珠岩: 松树皮 = 2:1:1时更利于其营养积累和植物生长。地下部分干重和根冠比是反映植株营养物质运输能力的重要指标，地下部分干重值越大，根冠比越高，植株地上部光合产物向地下转移增加越多，植株长势越差[31]。T2 - T8的地下部分干重值均小于T1，但T2 - T4的根冠比与T1无显著差异，T5 - T8根冠比显著小于T1，且T6的根冠比最小，说明草秆替换泥炭更利于植物生长，从而促进生物量的增加，且在草秆: 珍珠岩: 松树皮 = 2:1:1时植株长势最好。

综上，结合不同栽培基质对四季秋海棠的分枝数、叶片厚度、开花数、地上部分鲜干重及根冠比的影响分析可知，修剪后的草坪草秆可替换泥炭用于四季秋海棠的栽培，且草秆: 珍珠岩: 松树皮 = 2:1:1时，四季秋海棠长势最佳。

表3 不同栽培基质对四季秋海棠生物量及根冠比的影响

Table 3 Effects of planting substrates on the biomass and rootshoot ratio of *B. cucullata*

基质	分枝数	叶片厚度(mm)	开花数(朵)	地上部分鲜重(g)	地上部分干重(g)	地下部分干重(g)	根冠比
T1	3.07±0.41 b	0.498±0.003 a	7.00±0.89 d	82.94±2.87 b	2.533±0.153 b	0.477±0.025 a	0.188±0.031ab
T2	3.00±0.23 b	0.495±0.004 a	7.17±0.75 d	72.58±1.38 d	2.133±0.153 c	0.463±0.015ab	0.217±0.026 a

（续）

基质	分枝数	叶片厚度（mm）	开花数（朵）	地上部分鲜重（g）	地上部分干重（g）	地下部分干重（g）	根冠比
T3	2.17 ±0.41 c	0.489 ±0.004 a	2.33 ±0.52 e	43.26 ±2.62 f	0.933 ±0.058 e	0.237 ±0.012 d	0.214 ±0.036 a
T4	1.67 ±0.31 c	0.489 ±0.004 a	1.67 ±0.52 e	39.74 ±0.71 g	0.733 ±0.057 e	0.237 ±0.023 d	0.228 ±0.035 a
T5	3.17 ±0.41ab	0.500 ±0.003 a	10.17 ±0.75 b	79.20 ±2.78 c	2.207 ±0.153 c	0.430 ±0.035 b	0.161 ±0.011bc
T6	3.67 ±0.39 a	0.503 ±0.002 a	12.00 ±0.89 a	90.12 ±2.02 a	3.267 ±0.208 a	0.384 ±0.048 c	0.118 ±0.008 c
T7	3.00 ±0.63 b	0.501 ±0.004 a	8.50 ±0.55 c	67.06 ±1.96 e	1.633 ±0.058 d	0.187 ±0.012 e	0.145 ±0.023bc
T8	3.00 ±0.11 b	0.501 ±0.003 a	9.17 ±0.75 c	76.58 ±1.39 c	1.667 ±0.056 d	0.168 ±0.015 f	0.142 ±0.004bc

注：T1 至 T8 分别代表基质配比为泥炭: 珍珠岩 = 1:1；泥炭: 珍珠岩: 松树皮 = 1:1:1；玉米秆: 珍珠岩: 松树皮 = 1:1:1；玉米秆: 珍珠岩: 松树皮 = 2:1:1；草秆: 珍珠岩: 松树皮 = 1:1:1；草秆: 珍珠岩: 松树皮 = 2:1:1；蛭石: 珍珠岩: 松树皮 = 1:1:1；蛭石: 珍珠岩: 松树皮 = 2:1:1；同列不同小写字母表示处理间差异显著（$P < 0.05$）。

Note: T1 to T8 refer to substrates peat: perlite = 1:1, peat: perlite: pine bark = 1:1:1, corn stover: perlite: pine bark = 1:1:1, corn stover: perlite: pine bark = 2:1:1, turf grass: perlite: pine bark = 1:1:1, turf grass: perlite: pine bark = 2:1:1, vermiculite: perlite: pine bark = 1:1:1 and vermiculite: perlite: pine bark = 2:1:1, respectively. The different lower case letters in each column indicate statistically significant differences between the treatments at 0.05 level.

表 4 不同栽培基质对四季秋海棠相对叶绿素含量的影响

Table 4 Effects of planting substrates on the relative chlorophyll content of *B. cucullata*

基质	T1	T2	T3	T4	T5	T6	T7	T8
相对叶绿素含量（mg/g）	27.55 ±0.83 d	27.13 ±0.58 d	23.38 ±0.78 e	21.87 ±0.95 f	31.83 ±1.34bc	36.91 ±0.81 a	31.22 ±1.11 c	32.90 ±1.84 b

注：同行不同小写字母表示处理间差异显著（$P < 0.05$）。

Note: The different lower case letters indicate statistically significant differences between the treatments at 0.05 level.

2.3 栽培基质对四季秋海棠相对叶绿素含量的影响

为探究不同栽培基质影响下，四季秋海棠光合作用能力的强弱，试验对四季秋海棠相对叶绿素含量进行了测量。测定结果表明，四季秋海棠光合作用能力也受栽培基质影响（表 4）。T3、T4 相对叶绿素含量显著低于 T1，而 T5 – T8 的相对叶绿素含量显著高于 T1，且 T6 相对叶绿素含量最高，故修剪后的草坪草秆可替换泥炭用于四季秋海棠的无土栽培，在 T6（草秆: 珍珠岩: 松树皮 = 2:1:1）配比下表现最佳。四季秋海棠叶片的叶绿体含量同植株的生长存在正相关。

3 结论与讨论

通过试验过程中四季秋海棠的整个生长期变化可知，四季秋海棠在上盆 60 天之前，茎粗的增加更明显；上盆 60 天之后，其株高、叶数和叶面积增加更显著。从不同栽培基质影响下四季秋海棠分枝数、叶片厚度、开花数、地上部分鲜干重、地下部分干重、根冠比及相对叶绿素含量的变化综合分析可知，草秆和蛭石均可替换泥炭用于四季秋海棠的无土栽培，但草秆的效果更好，且在草秆: 珍珠岩: 松树皮 = 2:1:1 时，株高、茎粗、叶数和叶面积的增加更明显，分枝数、叶片厚度、开花数、地上部分鲜干重和相对叶绿素含量为所有处理组的最大值。因此，草秆: 珍珠岩: 松树皮 = 2:1:1 为四季秋海棠无土栽培的最佳替换基质。从生产成本和来源上看，草秆来源更广泛，而且成本低廉，开发利用潜力巨大。而其他材料如玉米秆等基质处理栽培的四季秋海棠表现不佳，可能与所用这类秸秆太粗、保水性差等因素有关，以后在材料制备上还应改进。

结合四季秋海棠的生长状况及各栽培基质的物理性质和 pH 差异（表 1）可知，四季秋海棠的生长强弱还受基质通气孔隙的影响[32]。从表 1 可以看出，通气孔隙度小于 20% 时，植株长势更旺盛，这与李谦盛[33]提出的植株生长最佳通气孔隙在 15%~30% 之间相吻合。因而，筛选栽培基质时不仅需要考虑基质的成分，还应考虑基质的透气性。

草秆虽然可替换泥炭用于无土栽培基质，但保水能力差是其致命的缺点，虽然它可以很好地满足四季秋海棠的生长需求，但在产业上还没有达到节水目的，因而在最佳替换基质配比草秆: 珍珠岩: 松树皮 = 2:1:1 中还有必要加入一些保水性好的材料。同时，浇水方法上可考虑采用滴灌技术，起到既节约时间，又节约用水目的。寻找替换泥炭的最佳无土栽培基质栽培秋海棠，既可以弥补泥炭更新慢，供应不足弱点，又可以大大节约生产成本，为其他花卉的无土基质栽培生产提供借鉴。以后，还应结合不同类型秋海棠的生长需求进一步筛选最优栽培基质。

参考文献

1. Dewitte A, Twyford A D, Thomas D C, et al. The origin of diversity in *Begonia*: genome dynamism, population processes and phylogenetic patterns[J]. The Dynamical Processes of Biodiversity-Case Studies of Evolution and Spatial Distribution, 2011, 27－52.
2. Aitawade M M, Yadav S R. Taxonomic status of *Begonia aliciae* (Begoniaceae)[J]. Rheedea, 2012, 22(2): 111－115.
3. Ding B, Nakamura K, Kono Y, et al. *Begonia jinyunensis* (Begoniaceae, section *Platycentrum*), a new palmately compound leaved species from Chongqing, China[J]. Botanical Studies, 2014, 55(1): 1－8.
4. Tian D K, Li C, Li C H, et al. *Begonia pulchrifolia* (sect. *Platycentrum*), a new species of Begoniaceae from Sichuan of China[J]. Phytotaxa, 2015, 207(3): 242－252.
5. Peng C I, Wang H, Kono Y, et al. *Begonia wui-senioris* (sect. *Platycentrum*, Begoniaceae), a new species from Myanmar[J]. Botanical Studies, 2014, 55(1): 1－6.
6. 田代科，管开云，李景秀．秋海棠新品种－‘昆明鸟’、‘康儿’和‘白雪’[J]. 园艺学报，2001，28(2)：186－187.
7. 田代科，管开云，李景秀，等．秋海棠新品种‘大白’、‘健绿’、‘美女’和‘中大’[J]．园艺学报，2002，29(1)：90－91.
8. 李景秀，管开云，李爱荣，等．秋海棠新品种‘黎红毛’和‘白云秀’[J]．园艺学报，2014，41(5)：1043－1044.
9. Forrest L L, Hughes M, Hollingsworth P M. A phylogeny of Begonia using nuclear ribosomal sequence data and morphological characters[J]. Systematic Botany, 2005, 30(3): 671－682.
10. Rubite R R, Hughes M, Blanc P, et al. Three new species of *Begonia* endemic to the puerto princesa subterranean river national park, Palawan [J]. Botanical Studies, 2015, 1－14.
11. 周静波．四季秋海棠无土栽培技术的研究[D]．合肥：安徽农业大学，2007.
12. Lim T K. Begonia cucullata var. cucullata[J]. Edible Medicinal and Non-Medicinal Plants, 2014, 7: 551－555.
13. Roh M S, Bauchan G R, Murphy C, et al. The property and effect of bioplastic pots on the growth and developmental physiology of lily and begonia [J]. Horticulture, Environment, and Biotechnology, 2012, 53(6): 467－476.
14. 董玉琛，刘旭，费砚良，等．中国作物及其野生近缘植物：花卉卷[M]．北京：中国农业出版社，2008.
15. 周静波，黄成林，卜崇兴，等．‘鸡尾酒’系列四季秋海棠栽培基质的筛选[J]．安徽农业大学学报，2009，36(1)：81－84.
16. 过永惠，范眸天．秋海棠[M]．北京：中国林业出版社，2006.
17. 韩永峰，屠扬，王红生．无土栽培的概况及发展对策[J]．河北林果研究，2010，25(3)：296－298.
18. Abdullah T L, Hassan S, Kamarulzaman N, et al. Growth and flowering response of cut chrysanthemum under root restriction to plant density grown in soilless culture[J]. American-Eurasian Journal of Sustainable Agriculture, 2014: 49－57.
19. Holman J, Bugbee B, Chard J. A comparison of coconut coir and sphagnum peat as soilless media components for plant growth[J]. Utah State University Department of Plants, Soils, and Biometeorolgy, 2013: 1－10.
20. Kuisma E, Palonen P, Yli-Halla M. Reed canary grass straw as a substrate in soilless cultivation of strawberry[J]. Scientia Horticulturae, 2014, 178: 217－223.
21. Gruda N. Sustainable peat alternative growing media [C]. International horticultural congress on science and horticulture for people: international symposium on 927. 2010: 973－979.
22. Carlile B, Coules A. Towards sustainability in growing media [C]. International symposium on growing media, composting and substrate analysis 1013. 2011, 341－349.
23. Al-Mansour F, Zuwala J. An evaluation of biomass co-firing in Europe[J]. Biomass and Bioenergy, 2010, 34(5): 620－629.
24. 高运茹，程瑛，王鑫，等．我国花卉无土栽培及其研究现状[J]．河北林业科技，2012，(3)：40－42.
25. 蒲胜海，冯广平，李磐，等．无土栽培基质理化性状测定方法及其应用研究[J]．新疆农业科学，2012，49(2)：267－272.
26. Van der Gaag D, Van Noort F, Stapel-Cuijpers L, et al. The use of green waste compost in peat-based potting mixtures: Fertilization and suppressiveness against soilborne diseases [J]. Scientia Horticulturae, 2007, 114(4): 289－297.
27. 孙向丽，张启翔．菇渣和锯末作为丽格海棠栽培基质的研究[J]．土壤通报，2010，(1)：117－120.
28. 肖强，叶文景，朱珠，等．利用数码相机和 Photoshop 软件非破坏性测定叶面积的简便方法[J]．生态学杂志，2005，24(6)：711－714.
29. Dornbusch T, Wernecke P, Diepenbrock W. A method to extract morphological traits of plant organs from 3D point clouds as a database for an architectural plant model[J]. Ecological Modelling, 2007, 200(1): 119－129.
30. Li Z, Wang J, He P, et al. Modelling of crop chlorophyll content based on Dualex[J]. Transactions of the Chinese Society of Agricultural Engineering, 2015, 31(21): 191－197.
31. Xu W, Cui K, Xu A, et al. Drought stress condition increases root to shoot ratio via alteration of carbohydrate partitioning and enzymatic activity in rice seedlings[J]. Acta Physiologiae Plantarum, 2015, 37(2): 1－11.
32. Abad M, Noguera P, Burés S. National inventory of organic wastes for use as growing media for ornamental potted plant production: case study in Spain[J]. Bioresource technology, 2001, 77(2): 197－200.
33. 李谦盛．芦苇末基质的应用基础研究及园艺基质质量标准的探讨[D]．南京：南京农业大学，2003.

玫红木槿扦插繁育技术研究*

赵 勋[1,2] 邢小明[1,2] 沈 燕[2] 陈煜初[1,2] 周世荣[1]
（[1]杭州天景水生植物园有限公司，杭州 310013；[2]浙江人文园林有限公司，杭州 310030）

摘要 为掌握玫红木槿扦插繁育技术，采用正交设计 $L_9(3^4)$，探求生长激素种类、生长激素浓度、插穗采集部位和扦插底质，对玫红木槿扦插生根情况的影响；采用单因素随机区组方法，研究土壤、基质、水等不同移栽底质处理，对扦插苗移栽成活率进行研究，结果表明：以枝条的嫩头用 20mg/kg 的 GGR 处理，扦插在蛭石∶珍珠岩∶泥炭 = 1∶1∶2 的基质中，扦插成活率达 90% 以上，且生根数量多，根系分布均匀。扦插苗移栽处理，以土壤为移栽底质，移栽成活率最高，达 99.2%。

关键词 玫红木槿；扦插；生根率；成活率

Study on the Cutting Propagation Technique for *Hibiscus coccineus*

ZHAO Xun[1,2] XING Xiao-ming[1,2] SHEN Yan[2] CHEN Yu-chu[1,2] ZHOU Shi-rong[1]
（[1]*Hangzhou Tianjing Aquatic Plant Co. Ltd. Hangzhou* 310013；[2]*Zhejiang Renwen Landscape Co. Ltd.*，*Hangzhou* 310030）

Abstract For master cutting propagation technique for *Hibiscus coccineus*，orthogonal design $L_9(3^4)$ were adopted，hormone type，hormone concentration，cuttings gathering place and cuttings sediment were selected as factors of influence on cuttings rooting of *H. coccineus*；Single factor randomized block were adopted for studying of cutting seedling transplanting survival rate were effected by different transplanting basal soil and substrate，such as water quality processing. The results show that：with the tender branches head with 20mg/kg，above ground clumps treated with GGR cuttings in vermiculite∶perlite∶peat = 1∶1∶2 matrix，cutting survival rate above 90%，and take root number，root system distribution uniform. Cutting seedling transplanting，soil were best transplanting substrate for transplanting，the survival rate was 99.2%.

Key words *Hibiscus coccineus*；Cutting；Rooting rate；Survival rate

玫红木槿（*Hibiscus coccineus*）属锦葵科木槿属植物（中国植物志，2004），花色玫红，花径 16～20cm，群体花期自 5 月底至 11 月初，是良好的观叶、观花植物。能在常年水位水深 50cm 的水域或陆地上正常生长发育，属较为典型的两栖植物。是湿地生态修复项目建设和海绵城市建设中，优良的两栖植物材料。在水际线两侧较大范围内应用，在造景上可避免裙边装饰，打破水际线。对水体景观空间组织具有极其重要的作用。玫红木槿应用范围广，适生区域大，可以在北京以南地区种植，在无霜区及其以南地区表现为常绿灌木。目前在生产上采用分株繁殖，管理成本高，生产数量远远不能满足市场需求，从而制约其推广应用。因此有必要开展玫红木槿的高效繁育技术研究，突破繁育技术瓶颈。

1 试验地概况

试验地位于浙江省杭州市西湖区，属亚热带季风气候，四季分明。年平均气温 17.6℃，年日照时数 1873.4h，≥ 10℃ 有效积温 4300℃，年降水量 1480mm 左右，主要集中在 3、4 月份和 6、7 月两个阶段。历史极端低温 -10℃，极端高温 40.5℃，无霜期 300d。试验园地势平坦，黏壤土，厚度大于 60cm，pH 值 6.8，土壤通透性差，有机质含量中等。试验扦插池为 1.5m × 1m × 0.15m，扦插试验场地上方加盖遮阴度 75% 的遮阳网。

* 基金项目：浙江省花卉新品种选育重大科技专项重大项目（2012C12909 - 18）；杭州市科技发展计划项目（20150932H12）。
赵勋（1975 -），男，研究生，工程师，从事园林植物生理生态、栽培管理技术研究。E-mail：xyzfu@126.com。

2 材料和方法

2.1 材料

以当年萌发枝条为穗条。基质采用东北草炭、蛭石、珍珠岩配制，泥土采用当地种植土，上海生工生物工程股份有限公司产萘乙酸 NAA、北京艾比蒂生物科技有限公司产生根粉 ABT1、双吉尔 GGR，50 孔穴盘。移栽容器为 20cm × 15cm 塑料容器。

2.2 方法

2.2.1 扦插试验设计

试验以激素种类、激素浓度、插穗采集部位和扦插底质为因素，设置 3 个水平，采用正交试验设计 $L_9(3^4)$，详见表 1。

表 1 玫红木槿扦插试验因素水平表

Table 1 Factors and levels of orthogonal test on *Hibiscus* coccineus cuttings

水平	因素 Factors			
	A 试剂	B 浓度(mg/kg)	C 插穗	D 基质
1	ABT	100	枝条上部	泥水(泥土 5 ~ 8cm，水深 3 ~ 5cm)
2	GGR	50	枝条中部	蛭石: 珍珠岩: 泥炭 = 1: 1: 2)
3	NAA	20	枝条下部	基质: 土壤 = 2: 1(体积比)

2.2.2 插穗制作及处理

穗条采集在早晨 6:00 左右，剪取当年生枝条，采集后放置于清水中。插穗制作，在阴凉通风地，制作穗条，按照枝条长度，分嫩头、枝条上部、枝条中下部剪取插穗，每个插穗长 12cm，上剪口平，距叶片 1cm，下剪口马蹄形，距芽 1 ~ 2cm。制作好的插穗每捆 50 根。插穗消毒，采用 25% 多菌灵配制 500 倍液，浸泡 5min，取出清水冲洗干净，用不同浓度 ABT1、GGR、NAA 蘸根 5min 后，晾干。

2.2.3 扦插基质配制

扦插基质配制，基质、泥土等充分暴晒后，按比例搅拌均匀，喷施多菌灵、吡虫啉，加盖薄膜密封 3d 后，装入穴盘。

2.2.4 扦插及管理

扦插时，先在基质中打孔，插穗 1/3 放入基质，压实基质。扦插后雾状喷水，覆盖薄膜保湿。插后管理，3 天消毒 1 次，2 周后揭膜。1 月后，统计生根生长情况。

2.3 移栽试验

2.3.1 试验设计

采用单因素随机区组设计，以不同移栽底质为试验对象，研究扦插成活的小苗在不同生长底质上的移栽成活率，分别本地土壤、基质、水为基材，设置 6 个处理，即处理 1 为纯基质，泥炭: 蛭石: 珍珠岩 = 2: 1: 1；处理 2 处理为基质与土壤混合，基质: 土壤 = 1: 1，移栽后栽培底质表面覆水 3cm；处理 3 为土壤，移栽后表面覆水 3cm；处理 4 为土壤；处理 5 为土壤 : 基质 = 1: 1；处理 6 为基质，移栽后表面覆水 3cm。

2.3.2 移栽及移栽后管理

在阴天上午进行，先将配制好的移栽底质装入容器的 1/2 部分，随机取用扦插成活的小苗带扦插底质放入栽培容器，再加栽培基质至容器的 2/3 处，完成后浇透水，放置，其中 B、C、E 处理，将栽培容器放入大长方形容器，加水至底质表面 3cm 处。移栽完成后，加设 75% 遮阴网，10 后除草 1 次，20 天后统计成活率。

2.4 试验数据处理

试验数据采用 SPSS19.0 进行统计分析，数据整理和作图采用 Execel 2003 处理。

3 结果与分析

3.1 扦插生根率

扦插生根是植物扦插的关键，只有扦插生根，植物才有可能成活，因此扦插生根率，是扦插技术研究的关键指标。由表 2 可知，由表 2 可知，对玫红木槿扦插生根率最优组合为 A2B3C1D2，即枝条的嫩头用 20mg/kg 的 GGR 处理，扦插在蛭石: 珍珠岩: 泥炭 = 1: 1: 2 的基质中，有利于插穗的生根。

表 2 正交试验结果

Table 2 Orthogonal Experiment Result

编号		A	B	C	D	生根率(%)	生根数(条)	最长(cm)	根系均匀分布率(%)
1		1	1	1	1	33.3	5	4.2	41.2
2		1	2	2	2	65.0	56	9.2	72.1
3		1	3	3	3	35.0	6	3.5	53.5
4		2	1	2	3	63.3	66	8.1	81.5
5		2	2	3	1	31.7	5	3.9	51.3
6		2	3	1	2	91.7	30	8.9	77.6
7		3	1	3	2	48.3	36	5.8	81.2
8		3	2	1	3	71.7	45	7.7	61.6
9		3	3	2	1	46.7	4	3.2	53.4
生根率	K1	0.444	0.483	0.656	0.372				
	K2	0.622	0.561	0.583	0.683				
	K3	0.556	0.578	0.383	0.567				
	R	0.178	0.094	0.272	0.311				
生根数	K1	22.3	35.7	26.7	4.7				
	K2	33.7	35.3	42.0	40.7				
	K3	13.3	13.3	15.7	39.0				
	R	20.3	22.3	26.3	36.0				
最长根	K1	5.63	6.03	6.93	3.77				
	K2	6.97	6.93	6.83	7.97				
	K3	5.57	5.20	4.40	6.43				
	R	1.40	1.73	2.53	4.20				
根系分布均匀率	K1	55.6	68.0	60.1	48.6				
	K2	70.1	61.7	69.0	77.0				
	K3	65.4	61.5	62.0	65.5				
	R	14.5	6.5	8.9	28.3				

表 3 正交试验方差分析表

Table 3 Anova of Orthogonal design

方差来源	III 型平方和	df	均方	F	Sig.
校正模型	342.518	8.000	42.815	0.961	0.495
截距	89.289	1.000	89.289	2.004	0.174
A	82.407	2.000	41.203	0.925	0.415
B	85.304	2.000	42.652	0.958	0.403
C	97.250	2.000	48.625	1.092	0.357
D	77.557	2.000	38.779	0.871	0.436
误差	801.807	18.000	44.545		
总计	1233.614	27.000			
校正总计	1144.324	26.000			

注：主体间效应的检验，因变量：生根率。

Note: test, main effect of the dependent variable: the rooting rate

表3表明，因素的重要性依次为 C > B > A > D，即各因素对玫红木槿扦插生根率影响的主次因素为枝条部位 > 激素浓度 > 激素种类 > 扦插底质，枝条部位对扦插生根率有明显的影响。

3.2 根系生长

由表2可知，在根系生长方面，生根数影响因素排序为 RD > RC > RB > RA，4个因素组合，以A2B1C2D2组合生根数量较多。最长根影响因素排序为 RD > RC > RB > RA，4个因素组合中A2B2C1D2有利于根系生长；根系分布影响的4个因素排列为 RD > RA > RC > RB，因素最优组合为A2B1C2D2。

3.3 移栽成活

植物扦插生根后，需要进行移植，只有移栽成活，整个扦插繁育才有意义。因此需要对扦插苗进行移植成活试验。由图1可知，在相同的管理条件下，玫红木槿扦插小苗移栽在不同的栽培底质中，成活率由高到低的排序为处理4 > 处理3 > 处理2 > 处理5 > 处理6 > 处理1，其中移栽至处理4，即移栽到土壤中的成活率最高达到99.2%，其次是处理3，即移栽至土壤中，且表层覆水3cm左右，成活率为97.2%。成活率最低的是移栽至基质中生长的扦插小苗，成活率为85.4%。

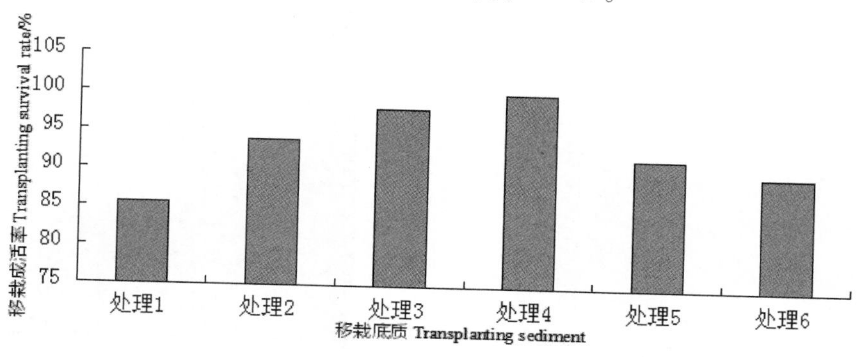

图1 玫红木槿移栽成活率

Fig. 1 Transplanting survive rate of *Hibiscus coccineus*

（处理1为纯基质，泥炭：蛭石：珍珠岩 = 2∶1∶1；处理2处理为基质与土壤混合，基质：土壤 = 1∶1，移栽后栽培底质表面覆水3cm；处理3为土壤，移栽后表面覆水3cm；处理4为土壤；处理5为土壤：基质 = 1∶1；处理6为基质，移栽后表面覆水3cm）。

4 结论和讨论

通过试验可知，玫红木槿进行扦插繁育，以枝条的嫩头用20mg/kg的GGR处理，扦插在蛭石：珍珠岩：泥炭 = 1∶1∶2的基质中，扦插成活率达90%以上，且生根数量多，根系分布均匀。为扩大繁育数量，在采用嫩头扦插繁育的同时，也可采用中上部枝条进行扦插繁育。通过扦插苗移栽试验可知，移栽至土壤中的成活率最高。

玫红木槿嫩头扦插生根率高，可能原因是嫩头的容易产生生长类激素，有利于生根，此种现象与大多数植物的分生组织生长激素含量高于其他部位理论一致。通过移栽试验发现，玫红木槿在土壤中成活率高，形成该现象的原因可能是，玫红木槿喜生长在沼湿环境有关，在与生长环境长期互作的过程中，植物内部已形成适应沼湿环境的系统。移栽试验中尚未对生长势进行观测研究，需要进行进一步的研究。

移栽至土壤中的扦插苗成活率高，但是也发现由于是自然土壤，带有草籽等，出现了容易生长杂草的现象，而移栽至土壤后，在底质表层覆水3cm左右的处理发现，杂草生长明显少于移栽至土壤中生长的小苗，比较两种处理发现，两种有差异，但不明显，因此在生产上，可以采用扦插成活的小苗，移栽到水田中种植，可以明显抑制杂草的生长，从而有效减少除草所消耗的劳动力，降低劳动成本。

参考文献

1. 中国植物志编辑委员会. 中国植物志第49(2)卷[M]. 北京：科学出版社，2004：81.

附：扦插试验图片

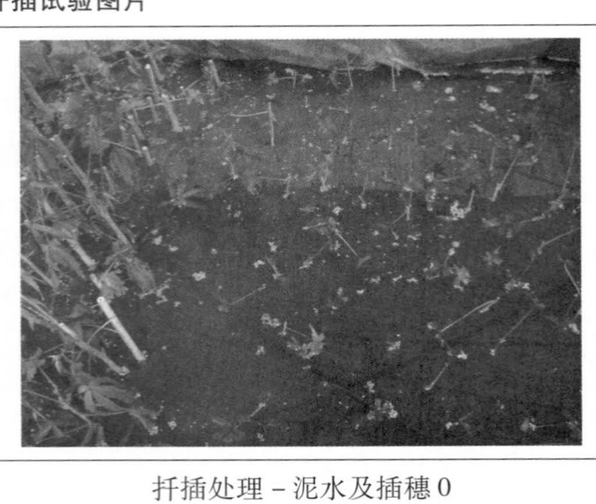	
扦插处理－泥水及插穗 0	扦插处理－基质及插穗 0

扦插处理－基质及插穗 1	扦插处理－泥水及插穗 1

扦插处理－泥水及插穗 2	扦插处理－泥水及插穗 3

扦插后根系生长	扦插后根系生长

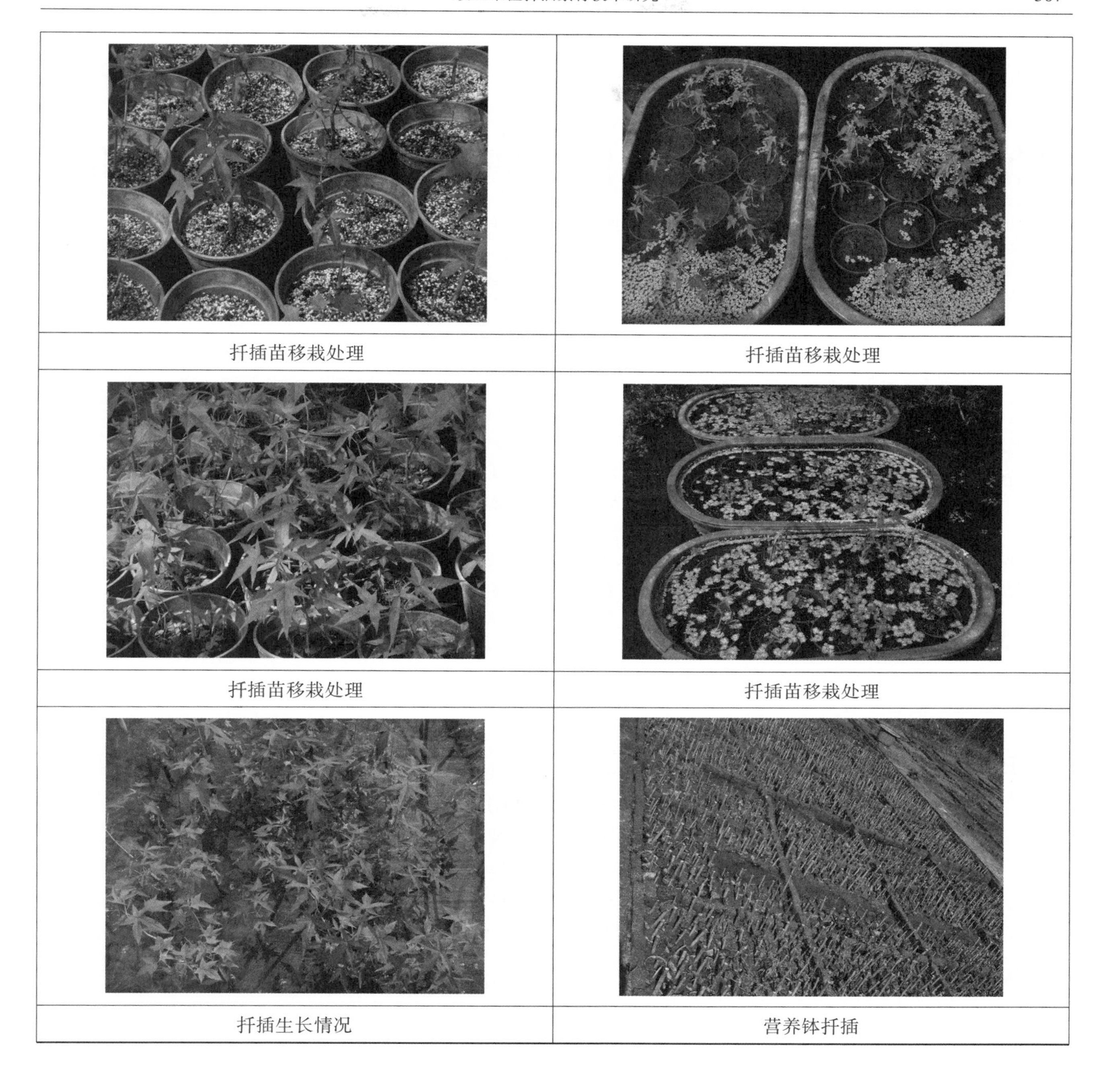

扦插苗移栽处理	扦插苗移栽处理
扦插苗移栽处理	扦插苗移栽处理
扦插生长情况	营养钵扦插

‘美人’梅不同扦插时间嫩枝扦插叶片内相关生理生化变化*

董然然　陈瑞丹[①]
（花卉种质创新与分子育种北京市重点实验室，国家花卉工程技术研究中心，
城乡生态环境北京实验室，园林学院，北京林业大学，北京 100083）

摘要　为研究不同扦插时间‘美人’梅扦插后插穗叶片的相关生理生化变化，以‘美人’梅半木质化嫩枝为材料，分别在5月份和8月份采用2500 mg·L^{-1}IBA处理插穗，测定扦插后不同时期叶片内可溶性糖、可溶性蛋白、淀粉含量和过氧化物酶(POD)、多酚氧化酶(PPO)、吲哚乙酸氧化酶(IAAO)活性的变化。结果表明：①母株叶片内的IAAO活性较高可能是导致‘美人’梅生根率季节性差异的原因。②生根过程中，可溶性糖含量均呈现“升高－下降－升高”的变化趋势，而淀粉含量均呈现先下降后升高的现象；8月份可溶性糖及淀粉含量峰值点相比于5月份均存在滞后现象，可溶性蛋白含量变化趋势相比与5月份不明显。PPO活性在5月份与8月份呈现相反的规律；8月份，POD活性变化趋势不明显，且其活性较低，IAAO活性较高，可能是导致其生根率较低的原因。研究表明：母株叶片内的IAAO活性以及扦插生根过程中，叶片内的3种营养物质含量和3种氧化酶的活性及其相关变化趋势与扦插生根密切相关。5月份，母株叶片内的IAAO活性较低，生根过程中叶片内的可溶性糖及淀粉含量峰值提前，POD活性出现两个明显的峰值，IAAO活性较低，可能对生根有利。

关键词　‘美人’梅；嫩枝扦插；叶片；营养物质；酶活性

Related Physiological and Biochemical Changes in Blade during Rooting of *Prunus mume* ‘Meiren’ in Different Cutting Date

DONG Ran-ran　CHEN Rui-dan
(*Beijing Key Laboratory of Ornamental Plants Germplasm Innovation & Molecular Breeding, National Engineering Research Center for Floriculture, Beijing Laboratory of Urban and Rural Ecological Environment and College of Landscape Architecture, Beijing Forestry University, Beijing* 100083)

Abstract　The objective was to study the related physiological and biochemical changes in blade during rooting of *Prunusmume* ‘Meiren’ in different cutting date. Contents of soluble sugar, starch, soluble protein and activities of POD, PPO, IAAOin phloem at various rooting phase were measuredin asimplerandom replicationexperiment. The semi－hard wood stems were collected and treated with IBA at a concentration of 2500 mg·L^{-1}with water dipping as control in May and August respectively. The result showed: ①The high IAAO activity in maternalmay cause cutting date effect. ②uring the rooting process, the soluble sugar content increased at first and then decreased, and it increased again at last, while the starch content fall before increased. The peak of the content of soluble sugar and starch during the cutting in August compared with that in May existed hysteresis and the changing trend of soluble content was not obvious. During the rooting process, the activity of PPO changed on the contrary in May and August, at the same time the POD activity was lower and IAAO activity was higher, and the variation trend of PPO activity was unconspicuous, that might be why the rooting percentage in August was so low. Our results suggested that the IAAO activity in maternal and the threenutrients and three oxidases during cutting were closely related to rooting. In May, the IAAO activity in maternal was lower and in rooting process the content peaks of soluble sugar and starch were in advance and POD activity appeared two obvious peaks while IAAO activity was lower, which may be favored for rooting.

Key words　*Prunus mume* ‘Meiren’; Softwood cutting; Blade; Nutrients; Oxidases

---

* 基金项目：国家自然科学基金项目(30608483)
① 通讯作者。Author for correspondence(E－mail: chenruidan@163.com)。。

梅(*Prunus mume*)是中国传统的果树和名花，其中花梅的栽培历史长达2000多年(陈俊愉，2001)。梅花神、姿、形、色俱美，堪称名花中的佼佼者，因而多次被提名为国花(陈俊愉，1988)。栽培的梅树在黄河以南地区可安全越冬，经杂交选育的梅花在北京露地栽培已初步成功(陈有民，1990)，但如何加快耐寒梅花品种的繁殖，使其在北京地区迅速推广，并建成江南梅林、梅园的景色是目前急需解决的问题(陈俊愉，1988)。目前北方抗寒梅花主要选择山桃(*Prunus davidiana*)、山杏(*Prunus sibirica*)为砧木进行嫁接繁殖，但易出现嫁接不亲和性的缺陷，如梅株寿命短(陈俊愉，1989)，生长和开花结实能力减弱(张行言等，1998)；此外，梅花硬枝扦插结果也表明其生根效果并不理想(李振坚等，2009)。近年来，嫩枝扦插繁殖技术使得北方抗寒梅花的扦插繁育实现了突破。目前关于梅花嫩枝扦插的研究较少，李振坚等(2009)研究发现基质‘泥炭’和IBA 1500~2500mg·L^{-1}速蘸能显著提高抗寒梅花的生根率。Murai et al.(1999)研究发现在日本静岗地区适宜梅花嫩枝扦插的时期为6月初至8月初；北京地区5月末扦插生根效果显著优于8月初，且扦插过程中插穗皮层中的营养物质含量及酶活性的变化可能会对插穗生根产生影响(董然然，2016已接收)。

研究表明，叶也是促进生根物质的源泉，许多植物摘除叶片或减少叶量，会导致生根率降低(Ouyama&Morishita)。目前关于‘美人’梅嫩枝扦插生根过程中叶片内的生理生化变化尚未有涉及。本研究在先期进行不同扦插时间对‘美人’梅嫩枝扦插生根影响的基础上，研究不同时间扦插后‘美人’梅叶片内的营养物质(可溶性糖、淀粉、可溶性蛋白)含量和相关氧化酶(PPO、POD、IAAO)活性的变化，为梅花嫩枝扦插繁殖技术和生根机理提供参考。

1 材料与方法

1.1 试验材料

试验材料选取北京林业大学梅菊圃(东经116°04′，北纬40°00′)3年生‘美人’梅嫁接苗以半木质化嫩枝为插穗，在北京林业大学梅菊圃温室中进行扦插。

1.2 试验设计

试验设置2个扦插时间，1种IBA处理。2个扦插时间分别为：2015年5月20日和8月5日；IBA浓度为：2500 mg·L^{-1}。每个扦插时间安排1个处理和1个对照，共4个处理，每处理3次重复，每次重复60株插穗。

1.3 扦插

扦插当天，剪取‘美人’梅无病虫害枝条的中上部分，将其下端浸泡于清水中备用。扦插时将插穗下端削成马蹄形，上端斜切。每个插穗留取3个芽并保留顶端的两片功能叶，然后将其放入800倍多菌灵中消毒10s后备用。按随机区组试验，在基质中进行扦插。插穗基部3cm速蘸IBA5s后扦插，扦插深度为3~4cm。扦插后插穗周围的最高温控制在35℃以下，空气相对湿度维持在85%以上。每7~10d交替使用5% $KMnO_4$和800倍多菌灵对插床以及插床周围进行喷洒消毒。

1.4 指标测定方法

分别于0 d、10 d、20 d、30 d与40d取样，每次每处理取10条插穗，3次重复。取插穗叶片测定营养物质含量及酶活性。其中，可溶性糖及淀粉采用蒽酮比色法(李合生，1999)；可溶性蛋白采用G-250考马斯亮蓝染色法(李合生，1999)；POD、IAAO、PPO活性分别参照李合生(1999)、张志良(2009)、Satisha(2008)方法测定。扦插后50d后统计每个处理的生根率、生根数、平均根长。

1.5 数据处理

数据应用SPSS 19.0进行相关性分析、误差分析。运用Excel 2007绘制折线图。

2 结果与分析

2.1 扦插时间对‘美人’梅嫩枝扦插生根的影响

不同扦插时间，未经IBA处理插穗不生根。经IBA处理后，5月份插穗生根率(83%)及平均根数(21条)均显著高于8月份生根率(47%)及生根数(10条)。因此，5月份采条，用2500mg·L^{-1}IBA处理插穗有利于生根。

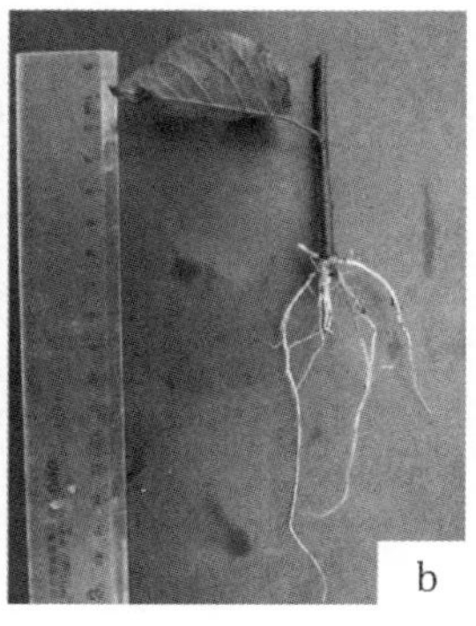

a. 5月扦插生根情况　b. 8月扦插生根情况

图1　不同扦插时间‘美人’梅嫩枝扦插生根情况

Fig. 1　The rooting of *P. mume* ‘Meiren’ cutting in different dates

2.2 母株叶片营养物质和酶活性与生根的关系

对各个指标与生根率进行相关性分析(表1),可知叶片内的可溶性蛋白含量与生根率极显著负相关;淀粉含量与生根率正相关,可溶性糖含量与生根率负相关,但差异均不显著。IAAO活性与PPO活性均与生根率呈现极显著负相关关系;POD活性与生根率正相关,但未达到显著水平。

表1 生根率与叶片营养物质含量及酶活性的相关分析

Table 1 Correlation analysis between rooting rate and nutrition content and enzyme activity in the cuttings

	可溶性糖 Soluble sugar	淀粉 Starch	可溶性蛋白 Soluble protein	PPO	POD	IAAO
生根率 Rooting	-0.692	0.515	-0.967 **	-0.986 **	0.005	-0.961 **

2.3 扦插过程中营养物质含量的变化

根据前期研究(董然然,2016已接收)可知'美人'梅嫩枝扦插生根过程可分为3个阶段:即根的诱导阶段(0~10d)、表达阶段(10~30 d)和伸长阶段(30~40 d)。

研究表明,营养物质可溶性糖是不定根形成过程中重要的营养物质,淀粉通过转化为可溶性糖对插穗生根起作用(魏海蓉 等,2013);闫绍鹏等(2011)认为扦插生根过程中,主要吸收利用的蛋白为可溶性蛋白。因此这3种营养物质与植物生根密切相关。

2.3.1 可溶性糖含量的变化

如图2所示:不同季节之间及处理和对照之间可溶性糖含量变化趋势相似,总体呈现升高,下降,再升高的趋势。5月份,经IBA处理的插穗叶片中可溶性糖含量分别在第10d和30d出现两个小的峰值,对照组仅在第10d出现峰值,伸长期持续升高;8月份,处理组和对照组插穗叶片内的可溶性糖含量均在第20 d出现小的峰值。

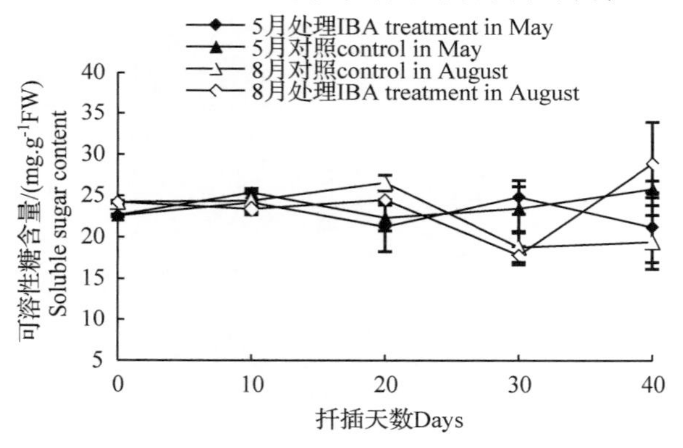

图2 '美人'梅扦插生根过程中可溶性糖含量变化

Fig. 2 Soluble sugar content of *P. mume* 'Meiren' during cutting

2.3.2 淀粉含量的变化

生根过程中,不同季节,插穗叶片淀粉含量总体先下降后升高。5月份,对照和处理的叶片淀粉含量均在第30d出现峰值,而8月份其峰值推迟至第40d(图3)。

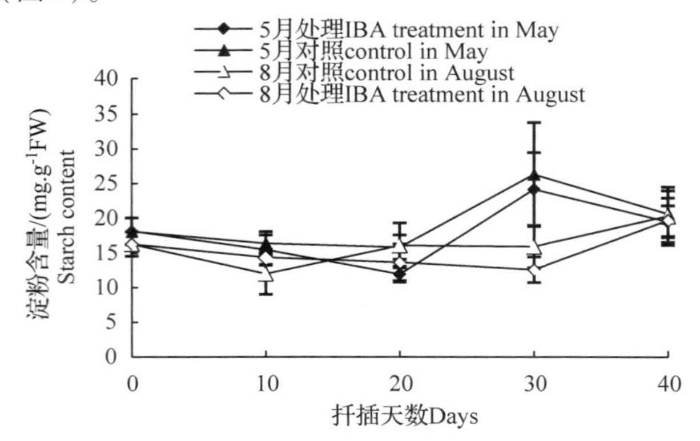

图3 '美人'梅扦插生根过程中淀粉含量变化

Fig. 3 Starch contents of *P. mume* 'Meiren' during cutting

2.3.3 可溶性蛋白含量的变化

如图4所示:5月份,处理插穗叶片内的可溶性蛋白含量在诱导期缓慢上升,表达期先上升后下降,伸长期上升;对照在0~20d无明显变化,其后急剧升高。8月份,插穗叶片内的可溶性蛋白含量变化不明显。

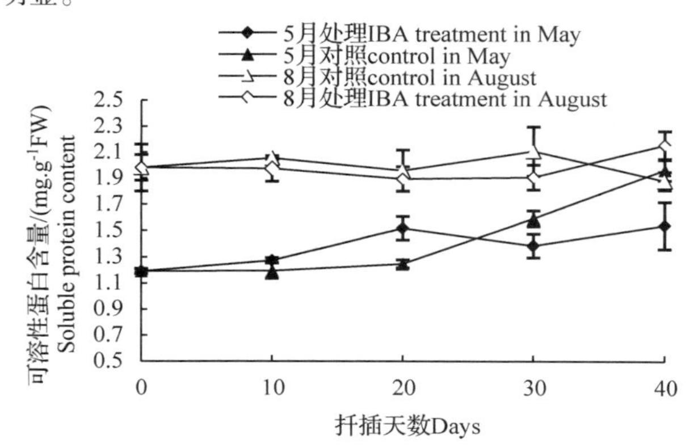

图4 '美人'梅扦插生根过程中可溶性蛋白变化

Fig. 4 Soluble protein contents of *P. mume* 'Meiren' during cutting

2.4 扦插过程中氧化酶活性的变化

氧化酶POD被视为生根力标志之一(Gaspar et al., 1992);IAAO能够分解IAA,调节插穗体内的IAA水平(高辉远和孟庆伟,2011);PPO可以催化酚类物质与IAA形成一种生根辅助因子"IAA-酚酸复合物”(Haissig, 1974), 参与根的诱导和表达(Satisha et al., 2008)。因此, 这3种氧化酶与植物生根密切相关。

2.4.1 POD活性的变化

如图5所示: 插穗叶片中POD活性在5月份整体高于8月份。5月份, IBA处理的插穗叶片中POD活性总体高于对照, 处理组在第10d和第30d各出现一个明显的高峰, 对照组仅在第30d出现峰值。8月份, IBA处理插穗叶片中POD活性在诱导期与表达期缓慢降低, 伸长期缓慢上升; 对照在诱导期下降, 表达期上升, 伸长期下降。

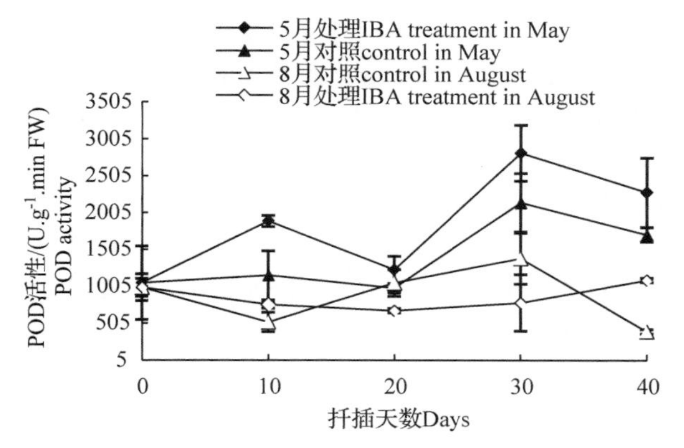

图5 ‘美人’梅扦插生根过程中POD活性变化

Fig. 5 POD activity of *P. mume* ‘Meiren’ during cutting

2.4.2 PPO活性的变化

如图6所示: 扦插前, 8月份插穗叶片中的PPO活性显著高于5月份。扦插过程中, 不同季节, 处理和对照变化趋势相似, 但对照组PPO活性高于处理组。5月份PPO活性呈现总体上升的趋势, 而8月份呈现总体下降的趋势。

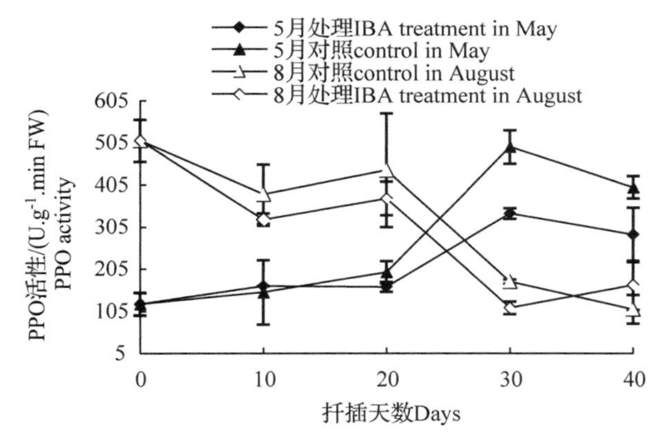

图6 ‘美人’梅扦插生根过程中PPO活性变化

Fig. 6 PPO activity of *P. mume* ‘Meiren’ during cutting

2.4.3 IAAO活性的变化

扦插过程中, 插穗叶片中的IAAO活性总体呈现先下降后上升的变化规律(图7)。8月份IAAO活性整体高于5月份, 但5月份插穗叶片中的IAAO活性在第10d开始上升, 8月份在第20d开始升高。

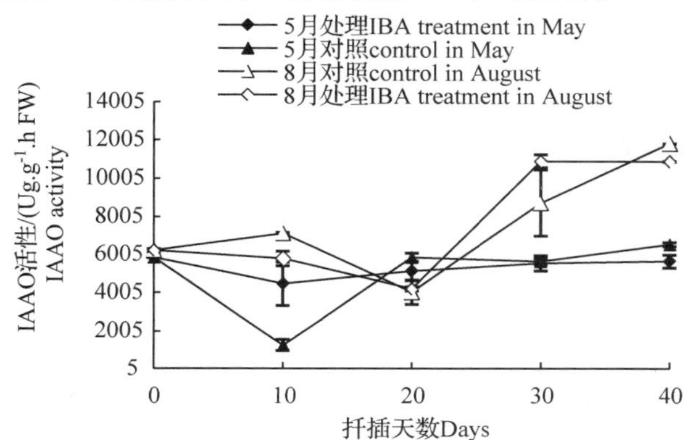

图7 ‘美人’梅扦插生根过程中IAAO活性变化

Fig. 7 IAAO activity of *P. mume* ‘Meiren’ during cutting

3 讨论与结论

3.1 叶片营养物质和酶活性与生根的关系

研究表明, 可溶性糖含量和可溶性蛋白含量低不利于生根, 淀粉含量低对生根有利(郭英超, 2007; 王小玲, 2011), 本研究中‘美人’梅母株体内的可溶性蛋白与可溶性糖含量与生根率呈现负相关关系, 而淀粉含量与生根率呈正相关关系, 因此推测‘美人’梅母株叶片内的营养物质含量差异不是导致其生根率季节性差异的主要原因。研究表明, POD活性较高有利于生根(宋金耀, 2010), 也有研究表明POD活性较高是导致难生根桉树生根困难的重要原因(李明, 2000), ‘美人’梅母株叶片内的POD活性与生根率相关性较小, 说明其活性并不是插穗生根率产生季节差异的原因; 李明(2001)和王小玲(2010)认为PPO活性高有利于生根, 黄卓烈等(2003)和杜蕊(2012)认为IAAO活性高抑制生根, 本研究‘美人’梅母株叶片内的PPO活性和IAAO活性均与生根率呈极显著负相关关系, 因此母株叶片内的PPO活性可能不是引起季节性差异的主要原因, 而母株叶片内的IAAO活性可能是引起‘美人’梅生根率季节差异的主要原因。

3.2 ‘美人’梅嫩枝扦插后叶片营养物质含量的变化

研究表明, ‘美人’梅扦插生根过程中叶片内的可溶性糖含量呈现“升高－下降－升高”的变化趋势, 这与杜蕊(2012)对‘金叶’鹿角桧的研究结果一致。扦插初期, 插穗在刚脱离母株之后, 叶片产生的光合产物不能及时运输至插穗基部，引起可溶性糖含量缓慢上升；其后可溶性糖含量下降，可能是由于插穗生根需要消耗大量能量，引起叶片内的可溶性糖向基部运输；插穗在生根完成之后，基部所需要的能量减少，而叶片光合作用不断增强，引起可溶性糖含量回升(杜蕊，2012)。5月份相比于8月份，其可溶性糖含量峰值点提前，这可能由于5月份叶片产生的光合作用的产物能及时向下运输至插穗基部，从而有利于根的表达。不同季节，处理组和对照组可溶性糖含量在峰值点处无明显差异，说明叶片可溶性糖含量的大小和变化规律不受外源IBA的影响。

扦插后，叶片内淀粉含量下降，这可能是由于叶片脱离母体时受到机械损伤，呼吸作用增强，淀粉分解加快，含量降低；随后由于叶片内光合作用增强，有机物的合成量增多，淀粉开始积累；插穗生根后，根系伸长需要消耗大量能量，叶片内淀粉向基部运输，含量降低(杜蕊，2012)。不同季节，对照和处理变化趋势相似，其含量的差异可能是IBA作用的结果。8月份相比5月份，淀粉含量峰值出现滞后，这可能与其生根率较低有关，还有待进一步研究。

5月份，处理组可溶性蛋白含量在诱导期及表达前期的积累增加，从而有利于根原基的形成与不定根生长；表达后期，其含量下降，可能是由于叶片内的可溶性蛋白向基部运输，以供根系生长；伸长期，其含量呈上升趋势，此时插穗基部的营养物质能够维持生根所需，叶片中可溶性蛋白开始积累(郑晨，2011)。对照组，表达后期叶片内可溶性蛋白急剧上升，可能是由于叶片内积累的可溶性蛋白并没有运输至插穗基部供给生根。8月份，对照和处理的可溶性蛋白含量均高于5月份，但其变化趋势并不明显，说明可溶性蛋白对8月份生根的营养支持不如5月份，这与郑晨(2011)对南京椴的研究一致。

3.3 ‘美人’梅嫩枝扦插后叶片氧化酶活性的变化

研究表明，POD具有氧化IAA的作用(原牡丹，2008)，在不定根形成前POD活性已经达到峰值，且出现两个明显的高峰，在不定根的诱导和表达过程中发挥重要作用(扈红军，2007；赵云龙，2013；刘玉民，2010；马振华，2007)。本研究中，5月份处理组呈现明显的双峰趋势，对照组仅在表达期出现一个明显的峰值，诱导期POD活性较低，IAA水平较高，不利于根原基的诱导。8月份，POD活性变化趋势相比于5月份不明显，且其含量在整个生根过程中要低于5月份，这可能与其生根率较低有关。因此不同季节扦插可能会影响叶片内的POD活性，从而影响生根。

扦插过程中，处理和对照插穗叶片中的PPO活性变化趋势一致，但不同月份的变化趋势相反，说明PPO活性的变化规律不受外源IBA的影响，而与扦插生根有关，其大小的差异可能是由外源IBA引起的。有研究表明，诱导期PPO活性较低有利于根的诱导，其后活性升高，可能有助于提高生根辅助因子“IAA-酚酸复合物”的合成，从而有利于根的伸长(刘玉艳，2003；扈红军，2007)。本研究中，5月份叶片中的PPO活性呈现与其相同的规律，而8月份呈现与其相反的规律，这可能与其生根率出现显著差异有关，还有待进一步研究。

不同季节之间及处理和对照之间的IAAO水平呈现相似的变化规律，说明其变化趋势不受外源IBA的影响。扈红军(2007)在对欧榛的研究中表明，诱导期IAAO活性较低，使IAA维持在较高水平，有利于不定根的表达；表达期IAAO活性升高，氧化过多的IAA，有利于根的伸长，本研究结果与其变化趋势相似。整个生根过程中，8月份的IAAO活性高于5月份，且8月份生根率较低，推测较高的IAAO活性使内源IAA水平处于较低状态，从而不利于根的诱导和发育，这与杜蕊(2011)对‘金叶’鹿角桧、黄卓烈等(2003)对桉树的研究结果一致。

参考文献

1. 陈俊愉．1988. 梅花与园林[M]．北京：北京科学技术出版社，20.
2. 陈俊愉．1989. 中国梅花品种图志[M]．北京：中国林业出版社，28-30.
3. 陈俊愉．2001. 中国花卉品种分类学[M]．北京：中国林业出版社，88-89.
4. 陈有民．1990. 园林树木学[M]．北京：中国林业出版社，438-440.
5. 董然然，陈瑞丹．2016.‘美人’梅不同扦插时间嫩枝扦插生根特性及相关生理生化变化[J]．浙江农业学报，(2016年9-10月份见刊)
6. 杜蕊．2012. 矮生彩色针叶树扦插繁殖年龄效应及栽培技术研究[D]．北京林业大学．
7. GasparT, Kevers C, Hausman J F, Berthon J Y, Ripetti V. 1992. Practical uses of peroxidase activity as a predictive marker of rooting performance of micropropagated shoots [J].

Agronomy for Sustainable Development, 10(12): 757 - 765.

8. 高辉远，孟庆伟．2011. 植物生理学[M]. 北京：中国农业出版社，196.
9. 郭英超．2007. 兴安园柏扦插繁殖技术及插穗生根生理基础的研究[D]. 河北农业大学．
10. Haissig B E. 1974. Influence of auxins and auxin synergists on adventitious primordium initiation and development[J]. New Zealand Journal Forestry Science, 4: 311 - 323.
11. 扈红军，曹帮华，尹伟伦，等．2007. 不同处理对欧榛硬枝扦插生根的影响及生根过程中相关氧化酶活性的变化[J]. 林业科学，43(12)：70 - 75.
12. 黄卓烈，李明，谭绍满，等．2003. 吲哚丁酸对桉树插条多酚氧化酶的影响及其与生根的关系[J]. 广西植物，23(1)：77 - 82.
13. 李合生．1999. 植物生理生化实验原理和技术[M]. 北京：高等教育出版社，164，185，195.
14. 李明，黄卓烈，谭绍满，等．2011. 难易生根桉树的过氧化物酶活性及其同工酶多型性比较研究[J]. 林业科学研究，14(2)：131 - 140.
15. 李振坚，陈瑞丹，李庆卫，等．2009. 生长素和基质对梅花嫩枝扦插生根的影响[J]. 林业科学研究，22(1)：120 - 123.
16. 刘玉民，刘亚敏，马明，等．2010. 马尾松扦插生根过程相关生理生化分析[J]. 林业科学，46(9)：28 - 33.
17. 刘玉艳，于凤鸣，于娟．2003. 对含笑扦插生根影响初探[J]. 河北农业大学学报，26(2)：25 - 29.
18. 马振华，赵忠，张晓鹏，等．2007. 四倍体刺槐扦插生根过程中氧化酶活性的变化[J]. 西北农林科技大学学报(自然科学版)，35(7)：85 - 89.
19. Murai Y, Harada H, Mochioka R, Ogata T, Shiozaki S, Horiuchi S, Mukai H, Takagi T. 1999. Relationships between rooting in softwood cuttings of mume (*Prunus mume* Sieb. et Zucc.) and sorbitol in shoots[J]. Journal Japanese Society Horticulture Science, 3(68): 648 - 654.
20. Ouyama N, Morishita Y. The principle and technology of cutting[M]. Beijing: Chinese Forestry Publishing House, 1988: 8 - 10. (in Chinese)
21. Satisha J, Raveendran P, Rokade N D. 2008. Changes in polyphenol oxidase activity during rooting of hardwood cuttings in three grape rootstocks under Indian conditions[J]. South African Journal of Enology, 2(29): 94 - 97.
22. 宋金耀，宋刚，李辉，等．2010. 几种园艺植物扦插生根过程中生化指标的变化[J]. 江苏农业科学，(3)：211 - 214.
23. 王小玲，高柱，余发新，等．2010. 观赏羽扇豆离体培养生根关联酶活性及可溶性蛋白含量变化规律研究[J]. 云南省农业大学学报，25(6)：835 - 839.
24. 王小玲，赵忠，权金娥，等．2011. 外源激素对四倍体刺槐硬枝扦插生根及其关联酶活性的影响[J]. 西北植物学报，21(1)：116 - 112.
25. 魏海蓉，陈新，宗晓娟，等．2013. 甜樱桃矮化砧‘吉塞拉6号’扦插过程中氧化酶活性和碳氮含量变化[J]. 林业科学，49(9)：172 - 177.
26. 闫绍鹏，武晓东，王秋玉，等．2011. 欧美山杨杂种嫩枝微扦插生根相关氧化酶活性变化及繁殖技术[J]. 东北林业大学学报，39(11)：5 - 7.
27. 原牡丹，候智霞，翟明普，等．2008. 分解代谢相关酶(IAAO、PPO)的研究进展[J]. 中国农学通报，24(8)：88 - 92.
28. 张行言，王其超，包满珠．1998. 梅花[M]. 上海：上海科学技术出版社，101 - 110.
29. 赵云龙，陈训，李朝婵．2013. 糙叶杜鹃扦插生根过程中生理生化分析[J]. 林业科学，49(6)：45 - 51.
30. 张志良，瞿伟菁，李小芳．2009. 植物生理学实验指导[M]. 北京：高等教育出版社，155.
31. 郑晨．2011. 南京椴扦插繁殖与生根机理研究[D]. 南京林业大学．

特玉莲 *Echeveria runyonii* ‘Topsy Turvy’花序再生体系的建立*

赵 欢[1] 丁一凡[1] 刘 春[2] 张 黎[1]①
（[1]宁夏大学农学院，银川 750021；[2]中国农科院蔬菜花卉研究所，北京 100086）

摘要 本试验以“特玉莲”花序为试材，研究不同消毒时间、不同珍珠岩用量、不同配比的外源激素对特玉莲花序不定芽进行诱导、增殖与生根的影响。结果表明：灭菌 15min 为最佳灭菌时间。隶属函数综合分析得：愈伤配方为 MS + 2, 4-D0. 2mg/L + 6-BA1. 0mg/L + NAA0. 1mg/L。丛芽诱导培养基为 MS + 6-BA2. 0mg/L + KT0. 1mg/L + NAA0. 2mg/L。丛芽诱导过程中，加入 30ml 的珍珠岩效果更佳。生根培养基为 1/2MS + IBA0. 1mg/L。

关键词 特玉莲；花序；丛芽诱导

Establishment of Inflorescence Regeneration System of *Echeveria runyonii* ‘Topsy Turvy’

ZHAO Huan DING Yi-fan LIU Chun ZHANG Li
（[1]*College of Agronomy*, *Ningxia University*, *Yinchuan* 750021；
[2]*China Agricultural Science Academy Vegetable and Flower Research Institute*, *Beijing* 100086）

Abstract We used Echeveria runyonii ‘Topsy Turvy’ inflorescence as test material to investigate how different disinfection time, different concentrations of perlite, and proportion of growth regulators influence on Echeveriarunyonii Topsy Turvy. The results showed that the contamination rate was the best after it sterilize for15mins. Membership function comprehensive analysis is: callus formula for MS + 2, 4-D0. 2mg/L + 6-BA1. 0mg/L + NAA0. 1mg/L. Cluster bud induction medium is MS + 6-BA 2. 0mg/L + KT0. 1mg/L + NAA0. 2mg/L. During the cluster bud induction process, 30ml of perlite effect is better and rootine medium is 1/2MS + IBA0. 1mg/L.

Key words *Echeveria runyonii* ‘Topsy Turvy’；Inflorescence；Cluster bud induction

特玉莲（*Echeveria runyonii* ‘Topsy Turvy’），又名特莲，为景天科拟石莲花属多年生肉质草本植物（兑宝峰 等，2001），叶片叶基部为扭曲的匙形，两侧边缘向外弯曲，叶形十分奇特，极具观赏价值，具有更大的市场需求。多肉植物大多采用扦插、嫁接和分株等繁殖方法，繁殖系数较低且繁殖周期长，难以满足生产需要（刘芳 等，2016）。通过组培快繁方式对多肉植物进行组培，可以有效解决扦插周期长、受休眠期和季节限制、繁殖系数低等问题，从而实现批量化生产（刘与明和张淑娟，2012），同时，也实现了对多肉植物资源的丰富与保护（黄清俊 等，2016）。

1 材料与方法

1.1 试验材料

试验材料为景天科拟石莲花属多肉植物的“特玉莲”（*Echeveria runyonii* ‘Topsy Turvy’）品种。

1.2 试验方法

1.2.1 外植体消毒时间筛选

将特玉莲花序用洗洁精清洗表面白粉，用自来水

---

* 基金项目：宁夏科技支撑计划资助项目（2014ZZN09）。
第一作者简介：赵欢（1992－），女，硕士研究生，研究方向为园林植物与观赏园艺。E-mail：836986582@ qq. com。
① 通讯作者。张黎（1962－），女，硕士，教授，硕士生导师，现主要从事园林植物与观赏园艺等研究工作。E-mail：zhang_ li9988 @163. com。

冲洗。在超净台上将花苞剪下，放入小烧杯中，倒入0.1%的升汞溶液灭菌，灭菌时间设13min、15min、18min 3个处理。灭菌后用无菌水冲洗4次，接种于MS+蔗糖30g/L+琼脂6g/L的培养基中，培养15d后观察污染率。培养温度24~28℃，光照时间12h/d，光照强度2000lx。每处理30瓶，每瓶1个外植体。

1.2.2 愈伤组织的诱导

在超净台上将灭菌后的花苞接种在含有不同激素浓度的MS培养基中。MS培养基内添加蔗糖30g/L，琼脂6g/L，其pH值为6.0~6.5。激素配比采用3因素3水平，3因素分别是2,4-D、6-BA、NAA，3水平为每种激素3个浓度，正交表选用$L_9(3^4)$(表1)，共9个处理。对照组为CK。每种培养基接种30瓶，每瓶接种3个外植体，重复3次，培养30d，统计愈伤情况并记录愈伤生长状况。

表1 愈伤组织的诱导试验设计

Table 1 Callus induction of experimental design

处理号 Treatment number	2,4-D (mg/L)	6-BA (mg/L)	NAA (mg/L)
CK	0	0	0
A1	0.1	0.6	0.1
A2	0.1	0.8	0.2
A3	0.1	1.0	0.3
A4	0.2	0.6	0.2
A5	0.2	0.8	0.3
A6	0.2	1.0	0.1
A7	0.3	0.6	0.3
A8	0.3	0.8	0.1
A9	0.3	1.0	0.2

1.2.3 丛生芽诱导培养基筛选

将愈伤组织及小芽剪开接种于含有不同激素浓度的MS培养基中，激素配比采用3因素3水平，3因素分别是6-BA、KT、NAA，3水平为每种激素3个浓度，正交表选用$L_9(3^4)$(表1)，共9个处理。对照组为CK。每种培养基接种30瓶，每瓶接种3个外植体，重复3次，培养30 d，统计丛芽增殖率及玻璃化率。

表2 丛生芽诱导培养基筛选试验设计

Table 2 Multiple shoot clumps induction medium filtering test design

处理号 Treatment number	6-BA (mg/L)	KT (mg/L)	NAA (mg/L)
CK	0	0	0
B1	1	0.1	0.1
B2	1	0.2	0.2
B3	1	0.3	0.3
B4	2	0.1	0.2
B5	2	0.2	0.3
B6	2	0.3	0.1
B7	3	0.1	0.3
B8	3	0.2	0.1
B9	3	0.3	0.2

1.2.4 不同用量珍珠岩对丛芽诱导的影响

将生长到1~2cm的丛生小芽切割成单株后，接种到添加不同用量的珍珠岩培养基上。设置MS为试验培养基，加入所筛选出的适宜浓度的激素配比，培养瓶中倒入60ml培养基并添加不同用量的珍珠岩，设C1(0)、C2(30ml/L)、C3(60ml/L)、C4(120ml/L)，每瓶接1个，接种30瓶，重复3次，30d后观察丛生芽数量及玻璃化率。

1.2.5 不同生根培养基对根性状的影响

采用1/2MS为基础培养基，试验添加不同浓度的IBA，设浓度梯度为D1(0)、D2(0.1mg/L)、D3(0.3mg/L)、D4(0.5mg/L)，每瓶接1个，接种30瓶，重复3次，30d后统计数据。根干重用烘箱在106℃烘40min。

1.3 数据统计分析

隶属函数值x(ij)：用模糊数学隶属函数值的方法计算，公式为：xij = xij − xjmin/xjmax − xjmin，式中，x(ij)表示i种类j指标的隶属值；xij表示i种类j指标的测定值；xjmax、xjmin分别为指标的最大值和最小值。

数据采用DPS 7.05版数据统计软件和Excel软件分析。

2 结果与分析

2.1 外植体消毒时间筛选

表 3 污染率统计

Table 3 Pollution rate statistics

灭菌时间 Sterilization time(min)	接种数 Vaccination Number(a)	污染数 Pollution number(a)	污染率 Pollution rate(%)
13	150	66	44
15	150	57	38
18	150	75	50

由表 3 可知，“特玉莲”花序灭菌时间由 13min 到 15min 时，污染率由 44% 降至 38%，污染率下降。当灭菌时间由 15min 升到 18min 时，污染率由 38% 上升至 50%。得出最佳灭菌时间为 15min，污染率为 38%。灭菌时间为 18min 时污染率升高，分析原因为灭菌时间过长破坏了外植体，外植体死亡。

2.2 不同配比外源激素对愈伤组织和丛芽诱导的影响

2.2.1 不同配比外源激素对愈伤组织诱导的影响

在花苞愈伤组织诱导的过程中，大部分外植体均基部膨大。从图 1、图 2 可以看出花瓣、子房、花药在半个月膨大，花苞的花瓣膨大为愈伤组织，花丝膨大为圆锥状，子房膨大凸起状，并长出愈伤组织。

图 1 10d 花序生长状况

Fig. 1 The inflorescence growth condition of 10d

图 2 15d 花序生长状况

Fig. 2 The inflorescence growth condition of 15d

表 4 愈伤诱导培养基筛选(30d)

Table 4 Callus induction media filter(30d)

处理号 Treatment number	膨大率 Accurate rate(%)	平均出芽数 Average budding number(a)	愈伤组织的大小 The size of the callus(mm)	生长状况 Growth conditions
CK	40f	3.67ab	1.21×1.2	花苞基部膨大，雌蕊膨大，花丝膨大，子房周围的花瓣膨大，长出荷叶绿色愈伤，并长出小芽 Bud baseenlargement, pistil enlargement, filaments enlargement, petals around the ovary enlargement, grow lotus leaf green callus, and grow a small bud
A1	75de	4.00a	2.44×1.01	花苞基部膨大，雌蕊膨大，花丝膨大，子房周围的花瓣膨大，长出灰绿色愈伤，并长出小芽 Bud baseenlargement, pistil enlargement, filaments enlargement, petals around the ovary enlargement, grow celadon callus, and grow a small bud
A2	83.3c	1.67c	2.22×2.99	花苞基部膨大，雌蕊膨大，花丝膨大，子房周围的花瓣膨大，长出粉绿色愈伤，并长出小芽 Bud baseenlargement, pistil enlargement, filaments enlargement, petals around the ovary enlargement, grow powder green callus, and grow a small bud

（续）

处理号 Treatment number	膨大率 Accurate rate(%)	平均出芽数 Average budding number(a)	愈伤组织的大小 The size of the callus(mm)	生长状况 Growth conditions
A3	81.8c	3.33abc	3.00×2.05	花苞基部膨大，雌蕊膨大，花丝膨大，子房周围的花瓣膨大，长出翠绿色愈伤，并长出小芽 Bud baseenlargement, pistil enlargement, filaments enlargement, petals around the ovary enlargement, grow green callus, and grow a small bud
A4	73.3e	3.00abc	3.96×2.35	花苞基部膨大，雌蕊膨大，花丝膨大，子房周围的花瓣膨大，长出中绿色愈伤，并长出小芽 Bud baseenlargement, pistil enlargement, filaments enlargement, petals around the ovary enlargement, grow in green callus, and grow a small bud
A5	76.9d	4.00a	8.15×3.55	花苞基部膨大，雌蕊膨大，花丝膨大，子房周围的花瓣膨大，长出翠绿色愈伤，并长出小芽 Bud baseenlargement, pistil enlargement, filaments enlargement, petals around the ovary enlargement, grow green callus, and grow a small bud
A6	90a	3.00abc	5.02×4.5	花苞基部膨大，雌蕊膨大，花丝膨大，子房周围的花瓣膨大，长出深绿色愈伤，并长出小芽 Bud baseenlargement, pistil enlargement, filaments enlargement, petals around the ovary enlargement, grow dark green callus, and grow a small bud
A7	86.7b	1.67c	3.83×3.14	花苞基部膨大，雌蕊膨大，花丝膨大，子房周围的花瓣膨大，长出淡绿色愈伤，并长出小芽 Bud baseenlargement, pistil enlargement, filaments enlargement, petals around the ovary enlargement, grow light green callus, and grow a small bud
A8	81.8c	2.00bc	2.05×2.00	花苞基部膨大，雌蕊膨大，花丝膨大，子房周围的花瓣膨大，长出草绿色愈伤，并长出小芽 Bud baseenlargement, pistil enlargement, filaments enlargement, petals around the ovary enlargement, grow grass green callus, and grow a small bud
A9	81.7c	2.33abc	3.92×3.66	花苞基部膨大，雌蕊膨大，花丝膨大，子房周围的花瓣膨大，长出淡绿色愈伤，并长出小芽 Bud baseenlargement, pistil enlargement, filaments enlargement, petals around the ovary enlargement, grow light green callus, and grow a small bud

注：不同字母代表不同差异性。(下同)

Note: Means with the same letter are not significantly different. The same below.

由表4可知：出芽数：A1与A3、A4、A5、A6、A9及CK之间无显著性差异，A1与A8、A7、A2之间有显著性差异。A1配方出芽最多。由膨大率可知：A6与A1、A2、A3、A4、A5、A7、A8、A9及CK有显著性差异。A2、A3、A8、A9之间无显著性差异。A6配方膨大率最佳。A6配方的愈伤组织最大。在生长状况方面，都是由花苞基部膨大，雌蕊膨大，花丝膨大，子房周围的花瓣膨大，长出愈伤及小芽，不同的是愈伤组织的颜色有细微差别。

图3　30d花序生长状况

Fig. 3 The inflorescence growth condition of 30d

表 5 丛生芽诱导培养基筛选

Table 5 Multiple shoot clumps induction medium filtering

处理号 Treatment number	平均出芽数 Average budding number(a)	玻璃化数 Vitrification number(a)
CK	17.33b	0.00c
B1	24.67a	4.67ab
B2	16.33bc	4.00ab
B3	16.33bc	2.67bc
B4	22.33a	5.67a
B5	25.33a	5.00ab
B6	16.0bc	5.67a
B7	16.33bc	6.00a
B8	15.0bc	5.67a
B9	11.67c	5.67a

2.2.2 不同配比外源激素对丛生芽诱导的影响

从图 3 可以看出愈伤组织诱导成丛芽。由表 5 可知：丛芽诱导：B5 与 B1、B4 无显著性差异，B5 与 B3、B2、B7、B6、B8、B9 及 CK 有显著性差异。CK 与 B3、B2、B7、B6、B8 之间无显著性差异。B5 出芽数最高。玻璃化率：CK 与 B3 无显著性差异，CK 与 B1、B2、B4、B5、B6、B7、B8、B9 有显著性差异。B7、B6、B8、B9、B4、B5、B1、B2 之间无显著性差异。B7 玻璃化数最高。

2.3 不同珍珠岩用量对丛芽诱导的影响

表 6 不同珍珠岩用量对丛芽诱导的影响

Table 6 The effect of differentperlite dosage on the cluster bud induction

培养基 Medium (ml)	珍珠岩 Perlite (ml)	平均出芽数 Average budding number (a)	玻璃化数 Vitrification number (a)	平均株高 The average plant height (mm)
60ml	C1	18.86c	4.14a	3.16b
	C2	29.57b	4.86a	4.92a
	C3	25.86b	4.14a	2.85b
	C4	42.14a	1.7b	4.97a

由表 6 可知：出芽数：C4 与 C1、C2、C3 之间有显著性差异，C2、C3 之间无显著性差异。C4 出芽数最高。玻璃化数：C4 与 C1、C2、C3 之间有显著性差异，C1、C2、C3 之间无显著性差异。C2 玻璃化数最高。株高：C4 与 C2 之间无显著性差异，C4 与 C1、C3 有显著性差异。C4 株高最大。

2.4 不同生根培养基对根性状的影响

从图 4 可以看出植株长出根系。由表 7 可知：平均根数：D4 与 D1、D2、D3 之间有显著性差异，D1、D2、D3 之间没有显著性差异。D4 根数最多。平均根长：D4 与 D1、D2 之间无显著性差异，D4 与 D3 之间有显著性差异。D1、D2、D3 之间没有显著性差异。D4 根最长。根鲜重：D3 与 D1、D2、D4 之间有显著性差异，D1、D2、D4 之间无显著性差异。D3 根鲜重最大。根干重：D2 与 D1、D3、D4 之间有显著性差异，D1、D3、D4 之间无显著性差异。D2 干重最大。地上茎粗：D1 与 D2、D3、D4 之间有显著性差异，D2、D3、D4 之间无显著性差异。D1 地上茎粗最大。

图 4 30d 根生长状况

Fig. 4 The root growth condition of 30d

2.5 综合评价

运用隶属函数对在不同组培阶段测定的指标进行了综合评价，结果显示：在愈伤诱导时期，A6 为最佳配方；在丛芽诱导阶段 B4 为最佳配方。在珍珠岩对丛芽影响阶段 C2 为最佳珍珠岩浓度。生根配方为 D2。

表 7 不同生根培养基对根性状的影响

Table 7 The effect of different rooting medium on root traits

处理 Treatment	平均根数 Average root number(a)	平均根长 Average root length(mm)	平均根鲜重 The average root fresh weight(g)	平均根干重 The average root dry weight(mg)	平均地上茎粗 The average stems coarse(mm)
D1	6.0b	11.35ab	0.03b	0.6b	8.25a
D2	7.6b	12.45ab	0.08b	6.2a	0.86b
D3	7.2b	7.76b	0.22a	1.6b	0.87b
D4	11.8a	13.05a	0.06b	2.6b	1.30b

表 8 特玉莲愈伤组织诱导隶属函数值

Table 8 *Echeveria runyonii* 'Topsy Turvy' callus induction of subordinate function valued

	CK	A1	A2	A3	A4	A5	A6	A7	A8	A9
膨大率 Accurate rate(%)	50.0	58.3	55.0	70.0	50.0	58.3	75.0	45.0	63.3	67.5
平均出芽数 Average budding number(a)	56.7	50.0	30.0	43.3	50.0	45.0	60.0	70.0	65.0	30.0
平均 Average	53.4	54.2	42.5	56.7	50.0	51.7	67.5	57.5	64.2	48.6

表 9 丛生芽诱导隶属函数值

Table 9 Multiple shoot clumps induction of subordinate function value

	CK	B1	B2	B3	B4	B5	B6	B7	B8	B9
平均出芽数 Average budding number(a)	73.0	66.9	60.6	47.1	73.7	24.1	53.5	65.7	43.5	25.0
玻璃化数 Vitrification number(a)	0.0	38.5	50.0	27.8	55.6	50.0	38.5	53.3	61.2	67.0
平均 Average	36.5	52.7	55.3	37.5	64.7	37.1	46.0	59.5	52.4	46.0

表 10 不同珍珠岩用量对丛芽诱导隶属函数值

Table 10 The effect of differentperlite dosage on cluster bud induction of subordinate function value

	C1	C2	C3	C4
平均出芽数 Average budding number(a)	81.0	69.6	44.2	51.4
玻璃化数 Vitrification number(a)	53.5	55.1	69.0	56.7
The average plant height(mm)	30.6	59.4	21.1	50.9
平均 Average	55.0	61.4	44.8	53.0

表 11 不同生根培养基对根性状的影响隶属函数值

Table 11 The influence of different rooting medium to root traits membership function value

	D1	D2	D3	D4
平均根数 Average root number(a)	42.9	56.0	60.0	52.7
平均根长 Average root length(mm)	57.1	51.2	30.8	59.3
平均根干重 The average root dry weight(mg)	58.4	62.5	46.2	24.5
平均根干重 The average root dry weight(mg)	33.3	65.2	31.8	27.3
平均地上茎粗 The average stems coarse(mm)	43.4	42.4	60.0	31.5
平均 Average	47.0	55.5	45.8	39.1

3 讨论与结论

3.1 讨论

本试验以特玉莲花序为试材，通过研究不同消毒时间、不同珍珠岩用量和不同配比的外源激素对特玉莲花序不定芽进行诱导、增殖与生根，筛选最佳的花序愈伤组织诱导、增殖及生根培养基。愈伤组织诱导结果与刘芳(2016)等人在多肉植物劳尔的组织培养中所用的NAA浓度相同，但其采用NAA、6-BA、KT结合的方式，本试验则采用NAA、6-BA、2,4-D的搭配方式，并且其6-BA浓度比本试验6-BA浓度大，证明在多肉植物愈伤组织诱导过程中，不同种类多肉植物之间存在差异。灭菌时间与生根配方与赵欢(2016)等人在网纹草丛芽诱导与组培快繁体系的建立中结果一致。

在特玉莲花序培养过程中，发现与王紫珊(2014)等人在做多肉植物白银寿'奇迹'的离体培养与快速繁殖研究一样发生玻璃化现象。针对这种现象，王紫珊等人采用的是降低6-BA浓度的方式来减少玻璃化的产生，本试验则研究珍珠岩对玻璃化的影响，因为珍珠岩可以降低试管苗内的空气湿度，从而抑制玻璃化的产生。试验结果表明，珍珠岩对降低玻璃化率有作用。

3.2 结论

灭菌15min为最佳灭菌时间。愈伤组织诱导配方为MS + 2,4-D 0.2mg/L + 6-BA 1.0mg/L + NAA 0.1mg/L。丛芽诱导培养基为MS + 6-BA 2.0mg/L + KT 0.1mg/L + NAA 0.2mg/L。丛芽诱导过程中，加入30ml的珍珠岩效果更佳。生根培养基为1/2MS + IBA 0.1mg/L。

参考文献

1. 兑宝峰．特玉莲·棒叶落地生根[J]．园林，2001(1)：23.
2. 刘芳，唐映红，等．多肉植物劳尔的组织培养[J]．植物学报，2016，51(2)：251-256.
3. 刘与明，张淑娟．珍稀多肉植物种植资源组培保存和快速繁殖技术[J]．园林科技，2012(1)：8-11.
4. 黄清俊，丁雨龙，谢维荪，等．多肉植物离体钟质保存的迫切性、可行性及研究现状[J]．上海农业学报，2003，19(1)：41-45.
5. 赵欢，张黎．网纹草丛芽诱导与组培快繁体系的建立[J]．北方园艺，2016(01)：87-89.
6. 王紫珊，王广东，王雁．多肉植物白银寿'奇迹'的离体培养与快速繁殖[J]．基因组学与应用生物学，2014，33(6)：1329-1335.

浓硫酸处理对鞑靼忍冬种子萌发的影响

胡爱双[1] 王文成[1①] 刘善资[1] 郭艳超[1] 孙宇[1] 李海山[2] 杨雅华[1] 薛志忠[1]
（[1] 河北省农林科学院滨海农业研究所，唐山 063299；[2] 河北省农林科学院，石家庄 050051）

摘要 本文通过测定失重率、起始发芽天数、发芽率、发芽势、发芽指数、活力指数等指标，研究了用98%浓硫酸浸泡鞑靼忍冬的种子0、5、10、15、20min后，种子的发芽效应。结果表明：随着浓硫酸处理时间的延长，种子的失重率逐渐增加，起始发天数呈缩短趋势，发芽率、发芽势、发芽指数、活力指数先升高后降低，处理10min时，效果最佳，发芽率可达48.67%。

关键词 鞑靼忍冬；种子；浓硫酸处理；打破休眠

The Influence of Concentrated Sulfuric Acid for Seed Germination of *Lonicera tatarica* L.

HU Ai-shuang[1] WANG Wen-cheng[1] LIU Shan-zi[1] GUO Yan-chao[1] SUN Yu[1] LI Hai-shan[2] YANG Ya-hua[1] XUE Zhi-zhong[1]
（[1] *Coastal Agricultural Research Institute, Hebei Academy of Agriculture and Forestry Sciences, Tangshan* 063299；
[2] *Hebei Academy of Agriculture and Forestry Sciences, Shijiazhuang* 050051）

Abstract In this paper, we soak *Lonicera tatarica* 'Lutea' seeds in different time (0, 5, 10, 15, 20min) with concentrated sulfuric acid, measured and recorded their weight loss rate, the first day of germination, the germination rate, germination potential, germination index, vigor index. The results show that: with the soaking time increase, weight loss rate of seed was gradually increased, the first day of germination was shorter. the germination rate, germination potential, germination index, vigor index increased first decreased after, when soaking for 10 min, the result was best, the germination rate could up to 48.67%.

Key words *Lonicera tatarica* L.; Seed; Concentrated sulfuric acid; Breaking dormancy

鞑靼忍冬(*Lonicera tatarica* L.)为忍冬科忍冬属植物，落叶灌木，树高可达3～4m，叶片卵形或卵状椭圆形，长2～6cm，顶端尖，基部近心形或圆形，花期4～5月，粉白色或白色，成对腋生，开花时繁茂灿烂，清香淡雅，果期5～6月，红色或橘黄色，圆如珍珠，秋冬季可保持不落，晶莹剔透，因此，春可观花叶，秋可赏果，是集观花与赏果于一体的优良灌木树种(陈燕 等，2015；朱燕娟，马丽群，2016；王君 等，2013；兰佩 等，2015)。另外鞑靼忍冬具有较强的耐瘠薄、抗旱、耐盐碱的抗逆特性，可作为干旱、半干旱及盐碱地区城市街道的主要绿化树种，值得大力推广。鞑靼忍冬多采用扦插繁殖，但优良品种选育和长距离引种时，更宜采用种子繁殖(张璞钟 等，2013)。鞑靼忍冬种子存在休眠、出芽率低的现象，为解决这一问题，本文研究了不同浓硫酸处理时间对鞑靼忍冬种子萌发的影响，以期促进种子萌发，为充分发挥种子繁殖在生产中的积极作用提供参考。

1 材料与方法

1.1 试验材料

2015年9月下旬采集位于河北省农林科学院滨海农业研究所实验基地内鞑靼忍冬果实并用清水浸泡48h，之后揉搓淘洗，去除果皮、果肉及空瘪种子等杂物，置于试验室内阴干备用。

* 基金项目：河北省科技计划项目(152776122D)资助。

① 通讯作者。作者简介：胡爱双(1986－)，女，研究实习员，硕士，主要研究方向：园林植物逆境生理生态及育种研究。Emial：hash0207@163.com。

1.2　试验方法

1.2.1　浓硫酸处理

2016年4月5日分别选取5份大小均匀、饱满的鞑靼忍冬种子，每份150粒，称量并换算成种子千粒重。将5份种子置入试管中，加入98%浓硫酸5ml，分别浸泡0、5、10、15、20min，期间不断搅动，达到设计处理时间后，将浓硫酸吸出，试管中加入自来水冲洗3次，最后用去离子水冲洗3次，将处理后的种子室内阴干后测定每份种子重量，并换算千粒重。

1.2.2　发芽试验

将浓硫酸处理后种子用0.1%升汞消毒10min，然后用去离子水冲洗5次。采用培养皿纸上发芽法进行发芽试验，找出直径为12cm且铺有两层滤纸的培养皿(培养皿与滤纸已进行消毒处理)，每个培养皿中均匀摆放50粒种子，加去离子水10ml，用电子天平称重。每处理3次重复。之后将培养皿放入程控人工气候箱中进行培养，萌发条件为25℃恒温，10h光照(光照强度为1200lx)，14h黑暗。发芽以胚根达到2mm为标准，每天定时记录种子的发芽数，每两天用电子天平称量补充蒸发散失的水分，剔除霉变种子。处理25d后结束试验。统计发芽率、发芽势、发芽指数、活力指数。

失重率(%)=(浓硫酸处理前千粒种子重－浓硫酸处理后种子千粒重)/浓硫酸处理前千粒种子重×100%

发芽率(GP)=种子最终发芽数/种子总数×100%

发芽势(%)=发芽第10/15天(视发芽达到高峰定)的种子发芽数/种子总数×100%

发芽指数(Gi)=∑(GT/DT)(GT为第T天的发芽数，DT为相应的发芽天数)

活力指数(Vi)=Gi×S(S为幼苗的长势，萌发第15天的幼苗鲜重)

1.3　数据分析

试验所得数据结果采用SPSS 17.0软件进行Duncan氏多重比较及差异性统计分析，Excel程序绘图。

2　结果与分析

2.1　浓硫酸处理对种子失重率的影响

随着浓硫酸处理时间的延长，种子的千粒重逐渐减轻，失重率逐渐增加(见表1)，处理10min时，种子的失重率已经达到21.97%。浓硫酸处理之所以使种子的千粒重减轻，主要是因为它去除了部分种皮，增强了种子的透气透水性，从而促进种子萌发。

表1　浓硫酸处理对鞑靼忍冬种子重量的影响

Table 1　The impact of seeds weight of *Lonicera tatarica* L. when they were soaked in concentrated sulfuric acid

处理时间(min)	处理前千粒重(g)	处理后千粒重(g)	失重率(%)
0	3.550	3.550	0
5	3.600	2.908	19.23
10	3.595	2.805	21.97
15	3.535	2.635	25.46
20	3.575	2.540	28.95

2.2　浓硫酸处理对种子始发天数和发芽率的影响

浓硫酸处理可以使鞑靼忍冬种子提前萌发，并显著提高种子的发芽率，由表2和图1可知，随着浓硫酸处理时间的延长，起始发芽天数呈缩短趋势。种子的发芽率先升高后降低，处理10min时，种子的起始发芽天数由对照的12d缩短到7d，发芽率也由对照的17.67%提高到48.67%，显著高于对照水平，但随着处理时间的再延长，种子的发芽率逐渐降低，并且霉变现象严重，可能是由于处理时间过长，对种胚造成了伤害，从而显著降低了种子的发芽率。

表2　浓硫酸处理对鞑靼忍冬种子始发天数和发芽率的影响

Table 2　The impact of the first day of germination and germination rate of *Lonicera tatarica* L. when they were soaked in concentrated sulfuric acid

处理时间(min)	始发天数(d)	发芽率(%)
0	12	17.67c
5	9	39.67b
10	7	48.67a
15	7	36.67b
20	7	11.00d

注：同列不同字母表示差异显著($p\leq0.05$)。下同。

Note: different letters in the same column indicate significant difference ($p\leq0.05$). the same below.

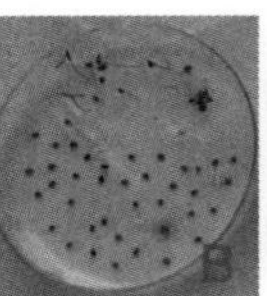

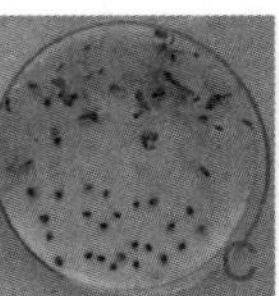

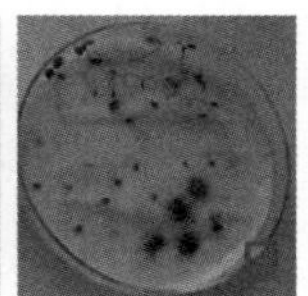

图1　浓硫酸处理对种子发芽的影响

A：种子培养于光照培养箱内；B：对照种子的萌发情况；C：处理10min时种子的萌发情况；D：处理20min时种子的萌发情况

Fig. 1　The impact on seed germination of concentrated sulfuric acid

A: Seeds germinated in the light incubator; B: The seeds of blank control germination; C: The seeds of were handed 10min germination; D: The seeds of were handed 20min germination.

2.3 浓硫酸处理对种子发芽势的影响

发芽势是检测种子质量的重要指标之一，发芽率与发芽势若都较高表明种子出苗整齐、苗壮，若发芽率高，发芽势低则表明种子出苗不整齐，多弱苗。本试验结果表明(见图2)，5~15min内的浓硫酸处理，可以显著提高种子的发芽势，10min以内，随着处理时间的延长，发芽势逐渐升高，超过10min时，随着处理时间的延长，发芽势有所降低，处理20min时，种子的发芽势比对照还低，达到了8.19%。

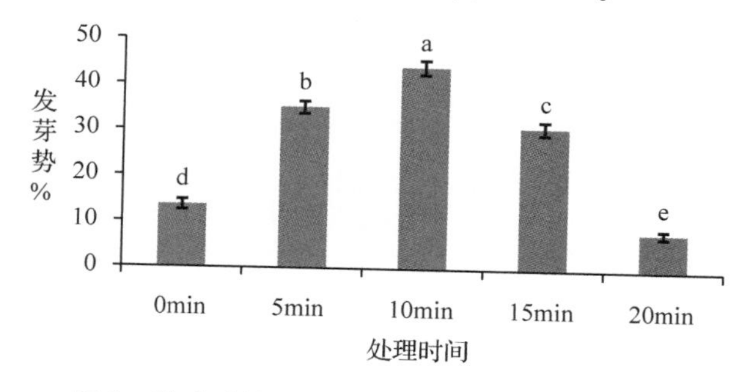

图2　浓硫酸处理对鞑靼忍冬种子发芽势的影响

Fig. 2　The impact of seeds germination potential of *Lonicera tatarica* L. when they were soaked in concentrated sulfuric acid

2.4 浓硫酸处理对种子发芽指数的影响

浓硫酸处理对种子发芽指数的影响如图3所示，5~15min内的浓硫酸处理可以提高种子的发芽指数，处理10min时，发芽指数最高，达到了2.74，处理超过10min时，发芽指数会逐渐降低，处理20min时的发芽指数已经显著低于对照处理了。

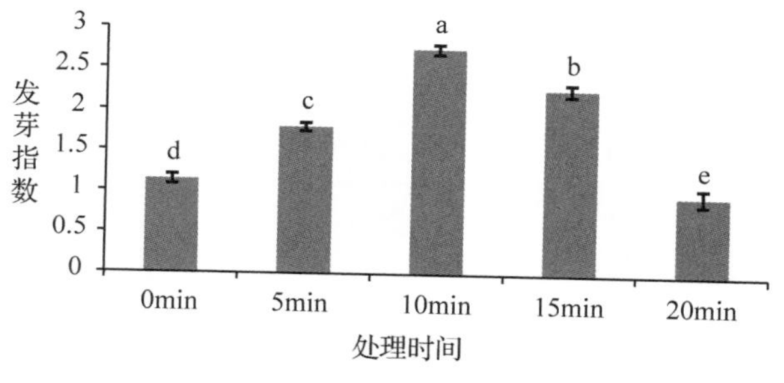

图3　浓硫酸处理对鞑靼忍冬种子发芽指数的影响

Fig. 3　The impact of seeds germination index of *Lonicera tatarica* L. when they were soaked in concentrated sulfuric acid

2.5 浓硫酸处理对种子活力指数的影响

种子活力指数是种子活力的综合表现，如图4所示，不同浓硫酸处理下的种子活力指数与对照相比差异显著，随着处理时间的延长，种子的活力指数先上升后下降，处理10min时，活力指数最高，达到0.89，处理时间再延长，种子活力指数逐渐下降，20min时甚至显著低于对照，为0.22。

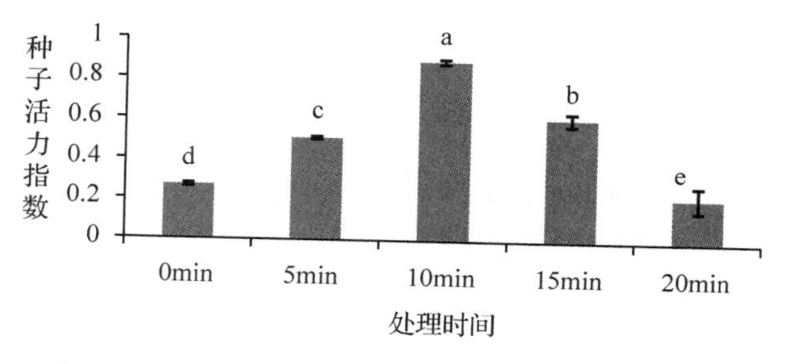

图4　浓硫酸处理对鞑靼忍冬种子活力指数的影响

Fig. 4　The impact of seeds vigor index of *Lonicera tatarica* L. when they were soaked in concentrated sulfuric acid

3 结论与讨论

种子休眠是高等植物在长期进化中形成的一种对不良外界环境条件的适应现象，有利于种族的延续(傅家瑞，1992)。我国对鞑靼忍冬的栽培应用刚刚起步，管理也比较粗放，种子表现出较强的休眠特性，萌发率低、发芽不整齐。发芽率、发芽势、发芽指数和活力指数是评价种子发芽的重要指标，已广泛应用到种子萌发研究中，可反映出种子的发芽速度、发芽整齐度和幼苗将来的健壮潜力(鱼小军 等，2015；徐进 等，2016)。本试验中发现在0~10min内，随着浓硫酸处理时间的延长，种子的发芽率、发芽势、发芽指数和活力指数逐渐升高，这可能是由于浓硫酸处理去除了部分种皮，增强了种皮的透气透水性，解除了因种皮障碍而导致的休眠，超过10min后，随着处理时间的延长，4项指标均呈下降趋势，可能是由于浓硫酸具有强腐蚀性，随着处理时间的延长，已经伤害到了种胚，进而使种子失活导致的。本试验结果表明，用浓硫酸浸泡种子10min效果最佳，始发天数缩短到了7d，发芽率也可提高到48.67%。引起植物种子休眠的原因除了种皮障碍，还有种胚发育情况、内源抑制物等(青格乐 等，2013；唐安军 等，2004)，本试验只研究了浓硫酸对种子休眠的影响，而像层积、变温和GA_3处理等也是常用的破除种子休眠的方法，本试验并未涉及，今后可在这些方面做些尝试。

参考文献

1. 陈燕，樊金龙，孙宜．2015.‘黄果’鞑靼忍冬及其嫩枝扦插[J]．中国花卉盆景，(11)：30－31.
2. 傅家瑞．1992. 种子生理[M]．北京：中国农业出版社．
3. 兰佩，沈效东，朱强．2015. 宁夏地区忍冬属植物观赏价值与景观应用研究[J]．农业科技通讯，(5)：324－329.
4. 青格乐，王玉芝，张琼琳，等．2013. 植物种子休眠及破除方法研究进展[J]．安徽农业科学，41(11)：4715－4716.
5. 唐安军，龙春林，刀志灵．2004. 种子休眠机理研究概述[J]．植物分类与资源学报，26(3)：241－251.
6. 王君，赵健，李彬彬．2013. 鞑靼忍冬的园林应用与繁育[J]，园林科技，(3)：35－36.
7. 徐进，张应，崔广林，等．2016. 灰毡毛忍冬种子萌发与幼苗生长影响因子研究[J]．中国中药杂志，(1).
8. 鱼小军，肖红，徐长林，等．2015. 扁蓿豆和苜蓿种子萌发期抗旱性和耐盐性比较[J]．植物遗传资源学报，16(2).
9. 张璞钟，邵铁军，刘平生，等．2013. 5种忍冬嫩枝扦插繁殖研究[J]．内蒙古林业科技，39(4)：18－20.
10. 朱燕娟，马丽群．2016. 鞑靼忍冬生物学特性及繁育技术[J]．现代园艺，(4).

内蒙古 11 种野生宿根花卉种子催芽初步研究*

张艳　袁涛①　蒋亚蓉
（花卉种质创新与分子育种北京市重点实验室，国家花卉工程技术研究中心，
城乡生态环境北京实验室，园林学院，北京林业大学，北京 100083）

摘要　为探究野生宿根花卉的催芽技术，利用浸种、赤霉素（GA_3）、剥除外种皮、不同温度催芽等方法处理 11 种野生宿根花卉种子，测定种子平均发芽时间、发芽率、发芽势等。结果表明：（1）温水浸种会抑制二裂委陵菜发芽，500～1000mg/L GA_3有利于其发芽；500mg/L GA_3可提高野火球的发芽率；50℃以上温水浸种及 125mg/L、500mg/L GA_3可提高瓣蕊唐松草的发芽率；40～80℃温水浸种及 250～1000mg/L GA_3可促进叉分蓼萌发；40～60℃温水浸种及 125～1000mg/L GA_3可促进全缘橐吾萌发；70℃的温水浸种及 500mg/L GA_3可提高溪荪的发芽率；（2）去除外种皮能有效促进瓣蕊唐松草、山岩黄耆、牻牛儿苗种子萌发。（3）全缘橐吾的最适发芽温度为 10℃，发芽率最高可达 86%；叉分蓼、野豌豆、牻牛儿苗的最适萌发温度为 15℃，发芽率最高分别可达 78%、26%、52%；野火球、二裂委陵菜、瓣蕊唐松草的最适发芽温度为 20℃，平均发芽率分别为 22%、68%、68%；溪荪在变温（15℃/25℃）条件下发芽率及发芽势最高，发芽率为 52%，发芽势为 24%；最适宜萌发的恒温分别为 20℃。

关键词　野生宿根花卉；种子萌发；浸种；赤霉素处理；去除外种皮；最适温度

Preliminary Studies on Pregermination of 11 Wild Perennial Flowers in Inner Mongolia

ZHANG Yan　YUAN Tao　JIANG Ya-rong
（*Beijing Key Laboratory of Ornamental Plants Germplasm Innovation & Molecular Breeding, National Engineering Research Center for Floriculture, Beijing Laboratory of Urban and Rural Ecological Environment and College of Landscape Architecture, Beijing Forestry University, Beijing* 100083）

Abstract　In order to research the seed germination characteristics of wild perennial flowers, presoaking with water at different temperatures, gibberelic acid（GA_3）, removal of testa and treatment with different temperature were used to increase their germination rates. Best seed germination occurred as follows：（1）treating seeds with GA3 at 500～1000mg/L can promote germination of *Potentilla bifurca* and presoaking has inhibition for it; the more effective germination treatment proved to be treatment with 500mg/L GA_3 for *Trifolium lupinaster*, warm water above 50℃ and 125mg/L、500mg/L GA_3 for *Thalictrum petaloideum*, water at temperature 40～80℃ for *Polygonum divaricatum*, 40－60℃ for *Ligularia mongolica*, 70℃ for *Iris sanguinea* and concentration of $GA_3$250－1000mg/L for *Polygonum divaricatum*, 125～1000mg/L for *Ligularia mongolica*, 500mg/L for *Iris sanguineal*.（2）It was determined that the removal of the testa can effectively promote seed germination of *Thalictrum petaloideum*, *Hedysarum alpinum*, *Erodium stephanianum*.（3）The highest germination rate of *Ligularia mongolica* was observed at 10℃, *Polygonum divaricatum*, *Vicia sepium*, *Erodium stephanianum* at 15℃, *Trifolium lupinaster*, *Potentilla bifurca*, *Thalictrum petaloideum* at 20℃, *Iris sanguinea* at 15℃/25℃. Their germination rates were 86%, 78%, 26%, 52%, 22%, 68%, 68%, 52%, 45.71% respectively. And the most suitable germination constant temperature of *Iris sanguinea* is 20℃.

Key words　Wild perennials; Seed germination; Presoaking; Gibberellin treatment; Removal of testa; Optimum temperature

---

* 基金项目：北京市科技计划项目：北京市节水型宿根地被植物速繁及建植技术研究与示范（Z151100001015015）。
作者简介：张艳，女，硕士研究生，主要研究方向为园林植物的繁殖。E-mail：1562161782@qq.com。
① 通讯作者。袁涛，女，副教授，主要研究方向为园林植物栽培与应用、园林植物引种驯化、园林植物育种等。E-mail：yuantao1969@163.com。

野生花卉是观赏植物的重要来源之一，其中的宿根花卉不仅抗逆性强，一年栽植可多年观赏，且种类多，花型花色丰富，一直是开发的重点。野生宿根花卉人工繁育技术对其在园林中的推广应用具有重要意义，而对其种子萌发特性的研究是探索其种子繁育技术不可缺少的基础工作，这对了解野生花卉种子的萌发特性及进一步探索其合适的繁殖方法极为重要。目前，关于野生宿根花卉繁殖技术的研究工作主要集中于种子萌发特性的研究及扦插繁殖的研究，其中种子萌发特性的研究目的主要以提高其发芽率为主。本文对11种野生宿根花卉进行了萌发特性初步研究，以探究其催芽技术，为今后的野生宿根花卉开发利用工作提供参考。

二裂委陵菜(*Potentilla bifurca*)是蔷薇科(Rosaceae)委陵菜属(*Potentilla*)多年生草本，叶色灰绿，花期5~9月，生沙滩、山坡草地、半干旱荒漠草原及疏林下，铺地效果极佳，是良好的耐干旱、耐阴的地被植物。

瓣蕊唐松草(*Thalictrum petaloideum*)是毛茛科(Ranunculaceae)唐松草属(*Thalictrum*)多年生草本，小叶草质，3裂，叶色翠绿，雄蕊呈花瓣状，白色，花期6~7月。成片种植具较高的观赏价值，是良好的花境植物。

山岩黄耆(*Hedysarum alpinum*)是蝶形花科(Papilionoideae)岩黄耆属(*Hedysarum*)多年生草本，花紫红色，荚果扁平下垂，花期7~8月。生于河谷、林下、沼泽，是良好的耐水湿植物。

野火球(*Trifolium lupinaster*)是蝶形花科车轴草属(*Trifolium*)多年生草本，花淡红色至紫红色，花果期6~10月，是良好的耐水湿、耐阴地被植物。

野豌豆(*Vicia sepium*)是蝶形花科野豌豆属(*Vicia*)多年生草本，根茎匍匐，花紫红色，花期6月，铺地效果良好，是优良的地被植物。

拳蓼(*Polygonum bistorta*)和叉分蓼(*P. divaricatum*)为蓼科(Polygonaceae)蓼属(*Polygonum*)多年生草本。拳蓼茎直立，花白色；叉分蓼叶黄绿色，自然株型可呈球状。二者均生于山坡草地，是坡地绿化的良好材料。

全缘橐吾(*Ligularia mongolica*)是菊科(Compositae)橐吾属(*Ligularia*)多年生草本，叶蓝绿色，花黄色，花期5~9月。生于沼泽、山坡及林间，是良好的花境材料。

溪荪(*Iris sanguinea*)是鸢尾科(Iridaceae)鸢尾属(*Iris*)多年生草本，花紫色，花期5~6月，生于沼泽、湿地或向阳坡地，是良好的耐水湿、耐干旱的花境材料。

牻牛儿苗(*Erodium stephanianum*)是牻牛儿苗科(Geraniaceae)牻牛儿苗属(*Erodium*)多年生草本，茎蔓生，花紫色，具有良好的铺地效果，是良好的地被植物。

沙参(*Adenophora stricta*)是桔梗科(Campanulaceae)沙参属(*Adenophora*)多年生草本，花紫色，铃铛状，是良好的花境植物。

1 材料与方法

1.1 材料

本试验所用供试材料均采自内蒙古及北京周边自然状态下生长的野生植物。详见表1。

表1 供试材料及其来源

Table 1 Materials and their origins

序号	种名	采集时间	采集地点	序号	种名	采集时间	采集地点
1	二裂委陵菜	2015.8.14	内蒙古赤峰市	7	叉分蓼	2015.10.10	内蒙古赛罕乌拉保护区
2	瓣蕊唐松草	2015.8.19	内蒙古赤峰市	8	全缘橐吾	2015.10.10	内蒙古赛罕乌拉保护区
3	山岩黄耆	2015.8.20	内蒙古赤峰市	9	溪荪	2015.10.10	内蒙古赛罕乌拉保护区
4	野火球	2015.10.10	内蒙古赛罕乌拉保护区	10	牻牛儿苗	2015.10.10	内蒙古赛罕乌拉保护区
5	野豌豆	2015.10.10	内蒙古赛罕乌拉保护区	11	沙参	2015.10.10	内蒙古赛罕乌拉保护区
6	拳蓼	2015.8.18	内蒙古赤峰市				

采后将种子置于通风干燥处摊晒，自然干燥，晾干后除去种皮，放入纸袋中干藏。

1.2 方法

1.2.1 种子千粒重

采用百粒法测定千粒重。按照国际种子检验规程(国际中级检验协会，1996)，随机数取各花卉种子每份100粒，重复8次，取其平均值计算种子千粒重。肉眼观察种子形态，并以坐标纸为底，拍照记录种子形态。

1.2.2 种子的处理

(1)浸种处理：2015年11月14日，二裂委陵菜、野火球、野豌豆、瓣蕊唐松草、叉分蓼、全缘橐吾、溪荪、牻牛儿苗种子以始温为40℃、50℃、

60℃、70℃、80℃的清水，自然冷却至室温浸种24h，以室温(23℃)清水浸种作为对照(CK)，25℃恒温发芽。

(2)赤霉素(GA_3)处理：2015年11月14日，二裂委陵菜、野火球、野豌豆、瓣蕊唐松草、叉分蓼、全缘橐吾、溪荪、牻牛儿苗种子用1%次氯酸钠溶液消毒15min后分别以125mg/L、250mg/L、500mg/L、1000mg/L的GA_3溶液浸种24h，25℃恒温发芽。

(3)温度处理：叉分蓼、全缘橐吾、野豌豆、牻牛儿苗分别于10℃、15℃、20℃、25℃恒温条件下进行发芽试验，溪荪、二裂委陵菜、瓣蕊唐松草分别于15℃、20℃、25℃恒温条件，和12h 15℃/12h 25℃的变温条件下进行发芽试验。野火球分别于15℃、20℃、25℃恒温条件下进行发芽试验。

(4)去种皮处理：山岩黄耆、瓣蕊唐松草、牻牛儿苗剥除外种皮，分别于2015年11月12日、12月2日，用室温(22℃)清水浸种24h，以未去除种皮的种子清水浸种24h作对照，置于25℃恒温培养箱中进行发芽试验。

(5)清水浸种：拳蓼和沙参于2015年10月12日及28日穴盘播种，于2015年11月14日用室温(22℃)清水浸种24h后进行发芽试验。室内发芽试验温度均为25℃。

室内发芽试验于置有双层滤纸的培养皿中进行，种子置床后加盖皿盖，发芽过程中用蒸馏水保湿。每个处理50粒种子，每个处理重复3次。以胚根长至与种子等长为发芽标志，以连续5天无种子发芽为发芽停止标志。每日观察记录发芽数，计算发芽率、发芽势。

发芽率(%)=发芽种子数/供试种子数×100%

发芽势(%)=发芽高峰期发芽的种子数/供试种子数×100%

用SPSS软件处理试验数据，用最小显著性差异法(LSD)对发芽率进行多重比较。

2　结果与分析

2.1　种子形态和千粒重

二裂委陵菜种子呈椭圆形，褐色至棕褐色，长0.5～1.5mm，宽0.5～1mm。种子千粒重平均约0.6078g(图1-1)。

瓣蕊唐松草种子椭圆形，浅褐色，外部有明显纵棱，一头尖，长3～5mm，宽1～2mm。种子千粒重平均约3.605g(图1-2)。

山岩黄耆种子(带荚果皮)扁平，绿色至浅褐色，荚果皮皱，种子千粒重平均约3.1073g(图1-3)。

野火球种子圆形扁平，绿色，直径为1～1.5mm，厚度0.5mm。种子千粒重平均约1.67g(图1-4)。

野豌豆种子约呈球状，深褐色至黑色，长1.5～3.5mm，宽1.5～2mm。种子千粒重平均约17.088g(图1-5)。

拳蓼种子呈纺锤状，具3棱，两端尖，褐色，有光泽，长2～2.5mm，宽1.5～1.8mm。种子千粒重平均约2.405g(图1-6)。

叉分蓼种子宽椭圆形，具3锐棱，黄褐色，有光泽，长4～7mm，宽2.5～3.5mm。种子千粒重平均约8.113g(图1-7)。

全缘橐吾种子圆柱形，褐色，长5～6mm，光滑。种子千粒重平均约7.905g(图1-8)。

溪荪种子呈半圆形至圆形，黄褐色，直径约为4～5mm，厚度约为1mm。种子千粒重平均约8.236g(图1-9)。

牻牛儿苗种子(带果皮)长椭圆状，褐色，密被短糙毛。种子千粒重平均约6.948g(图1-10)。

沙参种子棕黄色，稍扁，有一条棱，长约1mm。种子千粒重平均约0.244g(图1-11)。

见图1、表2。

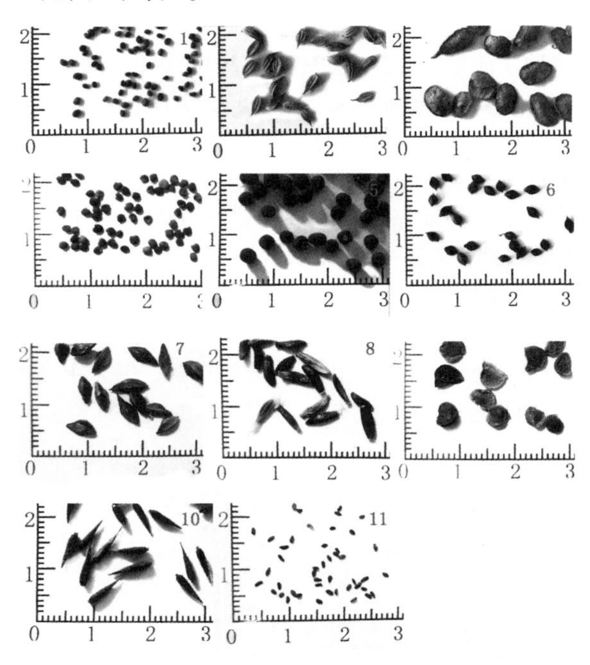

图1　野生宿根花卉种子形态

Fig. 1　Seed morphology of wild perennial flowers

1：二裂委陵菜；2：瓣蕊唐松草；3：山岩黄耆；4：野火球；5：野豌豆；6：拳蓼；7：叉分蓼；8：全缘橐吾；9：溪荪；10：牻牛儿苗；11：沙参.

1：*Potentilla bifurca*；2：*Thalictrum petaloideum*；3：*Hedysarum alpinum*；4：*Trifolium lupinaster*；5：*Vicia sepium*；6：*Polygonum bistorta*；7：*Polygonum divaricatum*；8：*Ligularia mongolica*；9：*Iris sanguinea*；10：*Erodium stephanianum*；11：*Adenophora stricta*.

表 2 11 种野生宿根花卉种子千粒重

Table 2 1000 grain weights of 11 wild perennial flowers

种	千粒重(g)	种	千粒重(g)	种	千粒重(g)
二裂委陵菜	0.6078	瓣蕊唐松草	3.605	山岩黄耆	3.1073
野火球	1.67	野豌豆	17.088	全缘橐吾	7.905
叉分蓼	8.113	拳蓼	2.405	沙参	0.244
溪荪	8.236	牻牛儿苗	6.948		

2.2 温水浸种及赤霉素处理对种子萌发的影响

对发芽率进行多重比较分析，可得以下结果：(1)温水浸种时，二裂委陵菜发芽率显著低于对照组，说明温水浸种抑制其萌发，而500~1000mg/L的赤霉素可提高二裂委陵菜的发芽率和发芽势，赤霉素浓度为1000mg/L时，发芽率提高16%，发芽势达38%；(2)70℃温水浸种24h时，野火球发芽率极显著高于对照组，但发芽率也仅为19%，且发芽进程明显延长到27天；50℃温水浸种及500mg/L赤霉素处理的发芽率显著高于对照组，发芽率均为16%；从发芽率及发芽势来看，温水浸种及赤霉素处理对野火球种子萌发有一定促进作用，但无规律，种子的萌发可能与种子自身的成熟度及硬度存在一定关系；(3)除T5和G1外，其余条件下野豌豆种子发芽率均显著低于对照组，其中除G4外，其余达到极显著，说明温水浸种及赤霉素处理(125~1000mg/L)对野豌豆种子的萌发有一定抑制作用；(4)T3、T4、G1、G2、G3条件下，瓣蕊唐松草发芽率均显著高于对照组，其中G3发芽率最高，为72%，达到极显著水平；G4处理发芽率极显著低于对照组，仅为4%，且发芽时间达到25天之久，说明高浓度的赤霉素可抑制瓣蕊唐松草的萌发；(5)温水浸种及250~1000mg/L GA_3处理均能提高叉分蓼种子发芽率，其中T2、T3处理达到显著水平，G2达到极显著水平，发芽率可提高至60%；(6)用40~50℃温水浸种及125~1000mg/L赤霉素处理，全缘橐吾发芽率极显著高于对照组，而70~80℃温水浸种会降低其发芽率，且80℃时达到极显著水平，说明40~50℃温水浸种及125~1000mg/L赤霉素处理可提高全缘橐吾种子发芽率，以50℃温水浸种24h最高，达66%，而浸种水温超过60℃时会使种子受到伤害，从而降低发芽率，当水温达到80℃时，对种子的伤害极大，发芽率降为10%；(7)从平均发芽率来看，温水浸种及赤霉素处理对溪荪萌发的影响不大，但经差异显著性分析，除T3、T4、G3、G4外，其余处理条件下其发芽率均显著低于对照组，说明温水浸种(40、50、80℃水温)及125~250mg/L赤霉素处理会在一定程度上抑制其萌发，这与刁晓华(2006)100~500mg/L赤霉素处理溪荪种子，其发芽率低于对照组的试验结果基本一致；(8)温水浸种及赤霉素处理条件下，牻牛儿苗的种子发芽率均低于对照组，其中T1、T2、G1、G4条件下达到显著水平，说明温水浸种及赤霉素处理会在一定程度上抑制其萌发。具体见表3。

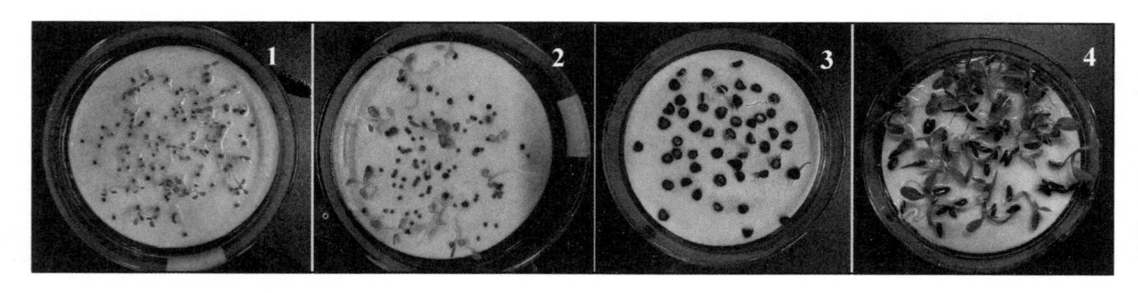

图 2 部分种子萌发情况

1. 二裂委陵菜；2. 野火球；3. 溪荪；4. 全缘橐吾

Fig. 2 Part of the seeds germination

1. *Potentilla bifurca*; 2. *Trifolium lupinaster*; 3. *Iris sanguinea*; 4. *Ligularia mongolica*

表3 不同温度水浸种及赤霉素处理条件下种子发芽率及发芽势

Table 3 Seed germination rates and germination potential of treatments soaking with different temperatures' water and gibberellin.

种子	二裂委陵菜		野火球		野豌豆		瓣蕊唐松草		叉分蓼		全缘橐吾		溪荪		牻牛儿苗	
预处理	发芽率（%）	发芽势（%）	发芽率（%）	发芽势（%）	发芽率（%）	发芽势（%）	发芽率（%）	发芽势（%）	发芽率（%）	发芽势（%）	发芽率（%）	发芽势（%）	发芽率（%）	发芽势（%）	发芽率（%）	发芽势（%）
CK	43bB	26	12cB	8	18aA	7	44cB	24	48bB	28	46cdC	14	28cB	16	14aA	10
T1	30dD	22	12cB	6	11cdBC	6	36cB	12	53bB	38	58bB	20	22eCD	14	6bB	6
T2	32dD	16	16bA	10	13bcB	7	52bcB	28	55abAB	30	66aA	28	24dC	20	8bB	6
T3	26eE	10	7dB	4	7de CD	4	60abAB	40	56abAB	32	50cC	30	28cB	26	12abAB	8
T4	24eE	7	19aA	10	12cB	7	58bAB	32	50bB	28	44dC	18	32aA	20	12abAB	8
T5	38cC	18	10cB	7	18aA	6	56bcAB	36	49bB	31	10eD	2	20fD	16	12abAB	6
G1	41bcBC	22	8cdB	5	17abA	9	60abAB	48	34cC	20	58bB	20	24dC	14	8bB	8
G2	42bBC	31	12cB	12	9dC	2	66aAB	24	60aA	35	64aAB	28	24dC	14	12abAB	8
G3	58aA	39	16bA	12	5eD	3	72aA	21	53bB	25	63aAB	26	30bA	22	10abAB	8
G4	59aA	38	10cB	8	15bAB	6	4cB	0	52bB	29	62abAB	20	28cB	22	8bB	8

注：表中不同小写字母代表P=0.05水平差异显著，不同大写字母代表P=0.01水平差异显著，相同字母代表差异不显著。

CK为对照组，室温水浸种；T1：40℃水；T2：50℃水；T3：60℃水；T4：70℃水；T5：80℃水；赤霉素浓度：G1：125mg/L；G2：250mg/L；G3：500mg/L；G4：1000mg/L。

Note：In the table，different lowercase letters represent significant differences at the level of P=0.05，different uppercase letters letters represent significant differences at the level of P=0.01，and the same letters represent the difference was not significant.

CK：control group；water temperatures：T1：40℃；T2：50℃；T3：60℃；T4：70℃；T5：80℃；Concentrations of gibberellin：G1：125mg/L；G2：250mg/L；G3：500mg/L；G4：1000mg/L。

2.3 温度对种子萌发的影响

温度是影响种子发芽的重要因子，适宜的温度能提高种子的发芽率，温度过高或过低对种子的发芽率均有显著影响。本试验可得以下结果：(1)叉分蓼在10～25℃范围内均发芽良好，但适宜温度为10～20℃，属喜低温型种子，在15℃时发芽率及发芽势达到最高，分别为78%、52%，且4天即可发芽，发芽进程为15天。(2)全缘橐吾发芽率随温度的降低而升高，10℃时发芽率及发芽势最高，分别为82%、50%。(3)野豌豆在15℃时，发芽率、发芽势达到最高，分别为26%、12%。(4)牻牛儿苗在15℃时，发芽率及发芽势最高，分别为30.67%、28%。(5)野火球最适发芽温度为20℃，平均发芽率最高，为22%。(6)溪荪在变温(15℃/25℃)条件下发芽率及发芽势最高，分别为52%、24%，恒温条件以20℃发芽率最高，为30%。(7)二裂委陵菜种子萌发的最适温度为20℃，发芽率及发芽势最高，分别达68%、46%。(8)瓣蕊唐松草的最适萌发温度为20℃，发芽率为68%；变温(15℃/25℃)条件下发芽势最高，达25%，此时发芽率为62.5%；当温度为15℃时，发芽率极显著低于其他处理，仅为8%，发芽势仅为6%。具体见表4。

表4 不同温度下种子发芽率

Table 4 Germination rates at different temperatures

温度（℃）	叉分蓼	全缘橐吾	野豌豆	牻牛儿苗	野火球	溪荪	二裂委陵菜	瓣蕊唐松草
	发芽率(%)	发芽率(%)	发芽率(%)	发芽率(%)	发芽率(%)	发芽率(%)	发芽率(%)	发芽率(%)
10	71.67Aa	82Aa	3Aa	14.67 a	/	/	/	/
15	78 Bb	76 b	26 Bb	30.67bc	20 a	10 A	4 A	8 A
20	62 c	66 Cc	18cd	28cd	22 a	30 Bb	68 B	68BDd
25	48Dd	46 D	18 d	20 d	12 b	28 b	43 C	44 C
15/25	/	/	/	/	/	52 C	44 C	62.5Dd

注：表中不同小写字母代表P=0.05水平差异显著，不同大写字母代表P=0.01水平差异显著，相同字母代表差异不显著。

Note：In the table，different lowercase letters represent significant differences at the level of P=0.05，different uppercase letters letters represent significant differences at the level of P=0.01，and the same letters represent the difference was not significant.

表5 去除外种皮对瓣蕊唐松草、山岩黄耆、牻牛儿苗的影响

Table 5 The impact of Removing the testa on *Thalictrum petaloideum*, *Hedysarum alpinum*, *Erodium stephanianum*

处理	瓣蕊唐松草				山岩黄耆				牻牛儿苗			
	发芽时间(d)	发芽持续时间(d)	发芽率(%)	发芽势(%)	发芽时间(d)	发芽持续时间(d)	发芽率(%)	发芽势(%)	发芽时间(d)	发芽持续时间(d)	发芽率(%)	发芽势(%)
未去种皮	12	17	44 A	24	10	1	4 A	2	1	6	14 a	10
去除种皮	7	4	72.73 B	36.36	1	13	48 B	36	2	10	22.67 b	16

注：表中不同小写字母代表 P=0.05 水平差异显著，不同大写字母代表 P=0.01 水平差异显著，相同字母代表差异不显著。

Note: In the table, different lowercase letters represent significant differences at the level of P=0.05, different uppercase letters letters represent significant differences at the level of P=0.01, and the same letters represent the difference was not significant.

2.4 去除外种皮对种子萌发的影响

经多重比较分析，去除外种皮可显著提高瓣蕊唐松草、山岩黄耆、牻牛儿苗的发芽率及发芽势，发芽率比未去种皮的室内发芽试验分别可提高 28.73%、44%、8.67%，发芽势分别提高 12.36%、34%、6%。见表5。

表6 清水浸种及直播条件下种子发芽情况

Table 6 Seed Germination of Seed Soaking with water and live conditions

处理	沙参				拳蓼			
	发芽时间(d)	发芽持续时间(d)	发芽率(%)	发芽势(%)	发芽时间(d)	发芽持续时间(d)	发芽率(%)	发芽势(%)
直播	17	14	27.01 A	18.52	12	17	53.83 a	23.33
清水浸种	5	16	89.8 B	40.82	3	12	62.5 b	37.5

注：表中不同小写字母代表 P=0.05 水平差异显著，不同大写字母代表 P=0.01 水平差异显著，相同字母代表差异不显著。

Note: In the table, different lowercase letters represent significant differences at the level of P=0.05, different uppercase letters letters represent significant differences at the level of P=0.01, and the same letters represent the difference was not significant.

2.5 清水浸种对种子萌发的影响

沙参浸种 24h 后，室内发芽试验的发芽率极显著高于直播发芽率，达 89.8%，发芽势达 40.82%，分别较直播提高 62.79% 和 22.3%。拳蓼用清水浸种 24h 后，发芽率及发芽势较直播分别可提高 8.67%、14.17%。

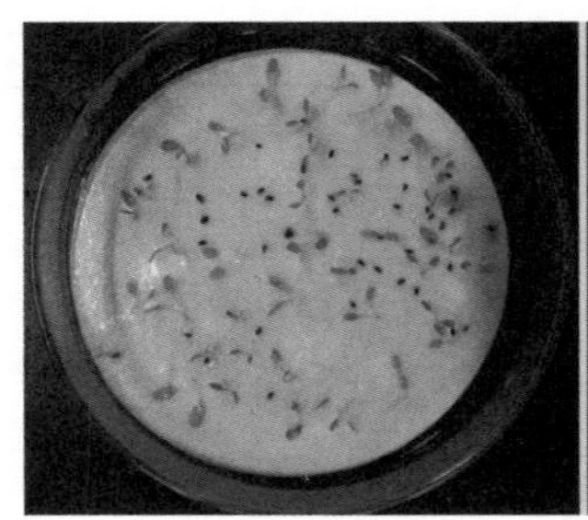
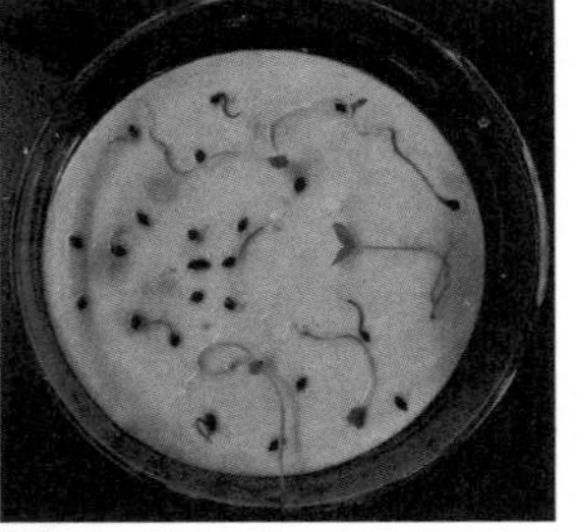

图3 清水浸种后沙参(左)及拳蓼(右)萌发情况

Figure 3 Germination of *Adenophora stricta* (left) and *Polygonum bistorta* (right) after soaking with water

3 结论与讨论

温水浸种及赤霉素处理均对种子萌发有一定促进作用(杨艳清，2006；关正君等，2008；于长宝等，2008；Hitchmough-JD et al.，2002)。本试验表明(1)温水浸种在一定程度上会抑制二裂委陵菜发芽，500mgL、1000mg/L GA_3处理可提高二裂委陵菜的发芽率和发芽势，发芽率分别提高15%、16%，发芽势分别提高13%、12%；(2)500mg/L GA_3及适当温度的温水浸种可促进野火球萌发，水温应低于80℃；(3)温水浸种和赤霉素对野豌豆的萌发均无促进作用；(4)50℃以上的温水浸种及 125～500mg/L GA_3可促进瓣蕊唐松草萌发；(5)40～80℃温水浸种及250～1000mg/L GA_3处理可促进叉分蓼萌发；(6)40～60℃的温水浸种及 125～1000mg/L 的赤霉素处理可促进全缘橐吾萌发；(7)70℃的温水浸种及 500mg/L 的赤霉素处理可稍提高溪荪的发芽率；(8)温水浸种及赤霉素处理对牻牛儿苗的萌发有一定抑制作用。

温度是影响种子萌发的主要因子，以发芽率为标准，种子对温度的适应性可分为广泛型、喜高温型、喜低温型及25℃适温型(徐本美等，1987)。叉分蓼、全缘橐吾、牻牛儿苗、野火球、野豌豆、二裂委陵菜、瓣蕊唐松草均属于喜低温型种子，其中，叉分蓼、野豌豆、牻牛儿苗的最适萌发温度为15℃，此时平均发芽率最高，分别为78%、26%、30.67%，其中牻牛儿苗最高发芽率可达52%；平均发芽势分别为52%、12%、28%。全缘橐吾的最适发芽温度为10℃，此时平均发芽率及发芽势最高，分别为82%及50%，发芽率最高可达86%。野火球、二裂委陵菜、瓣蕊唐松草的最适发芽温度为20℃，此时平均发芽率分别为22%、68%、68%，发芽势分别为22%、46%、24%。溪荪在变温(15℃/25℃)条件下发芽率及发芽势最高，发芽率为52%，发芽势为24%；最适宜萌发的恒温为20℃。

种皮的机械阻碍是某些种子难以萌发的重要因素(宋松泉 等，2008)。本试验表明，去除外种皮能有效促进瓣蕊唐松草、山岩黄耆、牻牛儿苗种子萌发。在实际生产中可采用碎石及木棍等轻轻碾破种皮后进行播种。

本试验中清水浸种后，拳蓼的发芽率略高于直播发芽率，并不能充分表明浸种对其萌发有促进作用，需进一步研究；沙参的发芽率极显著高于直播发芽率，但由于直播是于2015年10月28日温室进行的，当时温室内温度已经较低，并不能完全说明清水浸种能有效提高沙参的发芽率，且由于沙参种子较小，播种时覆土厚度也会影响其发芽率。

参考文献

1. 国际种子检验协会(ISTA).1996国际种子检验规程[M].北京：中国农业出版社，1999：31-32.
2. 刁晓华，高亦珂．四种鸢尾属植物种子休眠和萌发研究[J]．种子，2006，25(4)：41-44.
3. 杨艳清．长白山野生花卉溪荪种子繁殖技术[J]．中国种业，2006，7：53-54.
4. 关正君，滕红梅，霍艳林，等．不同处理对三种野生观赏花卉种子萌发的影响[J]．农业与技术，2008，28(1)：56-59.
5. 于长宝，崔凯峰，郜志娟，等．长白旱麦瓶草的引种繁育技术研究[J]．吉林林业科技，2008，37(1)：8-10.
6. 徐本美，龙雅宜．种子最适萌发温度的探讨[J]．植物生理学通讯，1987，(2)：34-37.
7. 宋松泉，程红焱，姜孝成，等．种子生物学[M]．北京：科学出版社，2008：224，239.
8. Hitchmough-JD, Gough-J, Corr-B. Germination and dormancy in a wild collectes genotype of *Trollius eruopaeus*[J]. *Seed Science and Technology*, 2002, 28(3), 549-558.

不同 LED 光质处理对莲瓣兰组培苗生长的影响*

杨凤玺[1]　许庆全[2]　朱根发[1]①
([1]广东省农业科学院环境园艺研究所，广东省园林花卉种质创新与利用重点实验室，广州 510640；
[2]华南师范大学生命科学学院，广东省植物发育生物工程重点实验室，广州 510631)

摘要　本研究以播种的莲瓣兰'大雪素'萌发后生长 14 个月的无菌苗为培养材料，探究了不同光质的发光二极管(LED)组合对'大雪素'组培快繁过程中根状茎增殖，新芽分化及其生根率的影响。结果表明：相对于普通荧光作为光源，450～480nm 蓝光照射可显著提高莲瓣兰增殖培养过程中根状茎增殖效率；630nm 红光作为光源可显著提高继代培养过程中莲瓣兰新生芽生长速率；而在壮苗生根培养过程中，使用红光和蓝光混合搭配作为光源可促进根长生长，并以红光和蓝光 1∶3 比例处理效果最佳，生根数目较对照组增加近 2 倍，叶片数目增加 30% 以上。可见，合理搭配使用 LED 光源作为光源，对莲瓣兰'大雪素'的组织培养具有重要意义。

关键词　LED 光照；光质；莲瓣兰；组织培养

Effect of LED in vitro Culture of *Cymbidium Lianpan*

YANG Feng-xi[1]　XU Qing-quan[2]　ZHU Gen-fa[1]
([1]*Guangdong Key Laboratory of Ornamental Plant Germplasm Innovation and Utilization*, *Environmental Horticulture Research Institute*, *Guangdong Academy of Agricultural Sciences*, *Guangzhou* 510640；[2]*Guangdong Key Laboratory of Biotechnology for Plant Development*, *College of Life Science*, *South China Normal University*, *Guangzhou* 510631)

Abstract　This study examined the effect of the red and blue light-emitting diode (LED) light on the proliferation of the rhizomes, the differentiation of cespitose buds and the rooting rate of the tissue culture seedlings of *Cymbidium Lianpan*. 14-month-old seedlings of *Cymbidium Lianpan* 'Da xue su ' were used as the explants. The results showed that illuminating of the blue light of 450－480nm significantly improved the rhizome proliferation efficiency during the proliferation culture, compared with common fluorescence. The red light of 630nm markedly increased the growth rate of the cespitose buds in the process of subculture. However, the mixture of the red and blue light used as the light source facilitated the expansion of the root length, especially when treated with the red and blue light by the proportion of 1∶3, with almost 2 times-increasing of the striking roots number compared to the control group. All of our results indicated that the LED illumination system used in proper proportion of red and blue light is very important for the tissue culture of *Cymbidium Lianpan*.

Key words　Light-emitting diode (LED); Light quality; *Cymbidium Lianpan*; Tissue culture

莲瓣兰(*Cymbidium Lianpan*)是中国地生兰属中的一大类群，主产云南。因其植株形态优美、花形多变、花色丰富、市场价格居高等原因，致使莲瓣兰野生资源遭到毁灭式的采挖，造成资源濒危[1]。因此，对于莲瓣兰组织培养和快繁技术的研究显得尤为重要。

光质是影响植物生长发育的一个重要环境因子。近年有研究表明，不同的光质条件对植物生长发育的不同阶段发挥重要的调控作用[2]。发光二极管(LED)能发出精准波谱的单色光，波长范围较窄，又能通过调控装置而控制光强[3]。唐永康等[4]在对不同配比红蓝 LED 光照对油麦菜生长发育影响的研究中发现红光能够促进油麦菜茎叶的径向生长，而蓝光利于其茎叶的横向生长和光合色素的合成，只在全红光条件下

* 项目资助：国家自然科学基金(31471915)；广东省自然科学基金(2015A030310325)。
① 通讯作者。Email：genfazhu@163.com。TEL：020－87593419。

油麦菜则不能正常生长。曹刚等[5]在对LED光质对黄瓜苗期叶绿素荧光参数影响时发现红蓝组合光有利于黄瓜的生长，增强了光系统反应中心的开放程度与光能转换效率。邸秀茹等[6]分析了不同光质配比光对菊花组培苗生长的影响，发现红光有利于可溶性糖和淀粉的积累，降低色素含量。而蓝光能够逆转此效应，促进色素和可溶性蛋白的合成。红光和蓝光组合处理可提高叶中可溶性糖和淀粉含量以及根系活力。可见LED光源的应用对植物组织培养有重要意义。但目前的研究都集中于快繁体系相对成熟的物种，对于莲瓣兰组织培养中的应用还未见有成熟的应用技术的报道。

1 材料和方法

1.1 实验材料

供试材料为播种的莲瓣兰‘大雪素’萌发后生长14个月的无菌苗

1.2 实验方法

设5种不同光质比例的光源(如表1所示)，其比例分别为：①100% R(红光)，②100% B(蓝光)，③75% R+25% B，④75% B+25% R，⑤50% R+50% B。以普通荧光灯(PHILIPS)处理作为对照，分别对增殖培养基、继代培养基和壮苗生根培养基中的莲瓣兰进行处理。

表1 不同配比的LED光质处理

Table1 Treatment of different red/blue light ratio

光质 \ 处理组	CK	T1	T2	T3	T4	T5
PHILIPS 普通荧光	100%	0	0	0	0	0
红光 Red 630nm	0	100%	0	75%	25%	50%
蓝光 Blue 450~480nm	0	0	100%	25%	75%	50%

1.2.1 莲瓣兰根状茎诱导和增殖培养

以莲瓣兰(*Cymbidium Lianpan*)‘大雪素’种子在1/2MS培养基上萌发后生长14个月的无菌苗为外植体，将种苗切成2cm左右切段接种至增殖培养基中增殖培养。优化培养基配方为：1/2MS+6-BA 2.5mg/L+NAA 0.3mg/L +活性炭0.5g/L+蔗糖15g/L(pH=5.6~5.8)。每瓶接种5个芽，每个处理10瓶。种苗接种后，可诱导根状茎增殖，在LED光照条件下，连续培养30天后分化出新生芽，经过60天连续培养后，测定平均株高、平均单芽增殖根状茎数、出芽数以及单芽增殖系数(指平均每个单芽经扩繁得到的新生芽中含有可使用的单芽数目)。

1.2.2 继代培养和生长伸长

将增殖培养基中新生芽分成单株，直接接种至继代生长培养基中进行快速生长培养。继代培养基优化配方为：1/2MS+6-BA 0.5mg/L+NAA 0.2mg/L+活性炭0.5g/L+蔗糖20g/L(pH=5.6~5.8)。每瓶接种5个芽，每个处理10瓶。在LED光照条件下，试管苗经过60d连续培养后，测定接种芽平均株高，单株平均叶数和鲜重，以及接种芽新增芽数。

1.2.3 生根壮苗培养

将继代培养基中的新生苗接种至壮苗生根培养基进行生根诱导和壮苗培养。壮苗生根培养基优化配方为：1/2MS+6-BA 0.2mg/L+NAA 0.5mg/L+ 活性炭0.5g/L+蔗糖20g/L(pH=5.6~5.8)。每瓶接种5个芽，每个处理10瓶。在LED光照条件下，试管苗经过60d连续培养后，测定株高、叶数、生根数、根长。株高、根长用游标卡尺测量(精确至0.01mm)。

2 结果和分析

2.1 不同LED光质对莲瓣兰根状茎增殖和出芽分化的影响

由表2中结果可见，相较于普通荧光作为光源，增殖培养基搭配不同LED光质使用，可显著增加株高、根状茎数目和出芽数。其中，T2处理组的根状茎增殖率最高，增殖系数达4.3，高于对照组近两倍。T3、T4、T5处理组根状茎的增殖率都有不同程度提高，分别为2.8、3.3和2.9。T1处理组增殖率最低，为2.2。表明450~480nm蓝光处理可显著提高莲瓣兰根状茎增殖效率，而只进行红光处理并不利于根状茎增殖。T4处理组的增殖率高于T3处理组，说明在一定范围内，红蓝混合光质处理中适当提高蓝光比例可提高莲瓣兰组培苗的增殖效率。

表2 不同LED光质对增殖培养基中莲瓣兰茎芽分化的影响

Table 2 Influence of different LED lights on the differentiation of the buds of *Cymbidium Lianpan* ‘Da xue su’ in the proliferation culture medium

光处理组	株高(cm)	根状茎数(个)	出芽数(个)	增殖系数
CK	2.42a	3.2a	2.6a	2.3a
T1	3.31b	4.1ab	2.9ab	2.2a
T2	2.35a	7.3b	4.8b	4.3b
T3	2.96ab	4.3ab	3.0ab	2.8ab
T4	2.78ab	5.7b	3.6b	3.3ab
T5	2.59ab	5.1b	3.2ab	2.9ab

注：单芽增殖系数指平均每个单芽经扩繁得到的新生芽中含有可使用的单芽数目。株高用游标卡尺测量(精确至0.01mm)。不同字母表示差异显著($p<0.05$)。下同。

2.2 不同 LED 光照对继代生长培养中莲瓣兰生长速率的影响

在莲瓣兰新生芽继代生长培养过程中，同一培养基搭配不同 LED 光质使用可显著增加株高、叶数、出芽数和鲜重。由表 3 可见，T1、T3 和 T5 处理组的株高、叶数、鲜重相较于对照组都有明显增加。其中，以 630nm 红色单色光作为光源的 T1 处理组各项指标均高于红蓝光比为 3∶1 的 T3 处理组，促进莲瓣兰新生苗株高、叶数、鲜重比对照组高出近两倍。而红蓝光比各占 50% 的 T5 处理组，其株高、叶数和鲜重叶明显低于 T1 处理组。可见 630nm 红光处理可显著提高生长速率，但 100% 红光处理对继代培养基过程中新芽分化产生抑制作用，出芽数略低于对照组。加入蓝光的 T2 和 T4 处理组则可促进新生芽的分化，但对于组培苗生长速率，如株高、叶片数和鲜重没有明显促进作用。

表 3 不同 LED 光照对继代生长培养基中莲瓣兰生长速率的影响

Table3 Influence of different LED lights on the growth rate of *Cymbidium Lianpan* ‘Da xue su’ in the subculture medium

光处理组	株高（cm）	叶数（片）	出芽数（个）	鲜重（g）
CK	3.73a	3.2a	3.4a	1.72a
T1	6.31b	6.1b	3.3a	3.14b
T2	3.32c	3.3a	4.8b	1.31c
T3	3.96ab	4.6b	3.1a	2.53b
T4	3.78a	3.5ab	4.4b	2.16ab
T5	3.89ab	4.1b	4.1ab	1.90ab

表 4 不同 LED 光照对壮苗生根培养基中莲瓣兰试管苗生长的影响

Table 4 Influence of different LED lights on the growth of tissue culture seedlings of *Cymbidium Lianpan*‘Da xue su’in the rooting and growth-promoting medium

光处理组	株高（cm）	叶数（片）	生根数（个）	根长（cm）
CK	4.52a	4.1a	2.6a	4.23a
T1	9.83b	8.1b	2.9a	4.97b
T2	3.95c	4.3a	4.8b	3.83c
T3	5.96b	6.3b	3.0a	4.48ab
T4	5.18ab	5.7b	4.6b	4.39b
T5	5.51b	5.6ab	4.2ab	4.05ac

2.3 不同 LED 光照对莲瓣兰试管苗壮苗生根的影响

与普通荧光条件下的对照组相比，T1 和 T3 处理组的红光培养能促进株高、叶片和根长的伸长生长，但生根数目无显著提高；T2、T4 和 T5 处理组中加入蓝光培养能提高莲瓣兰新生芽生根数目。其中全蓝光培养虽能促使生根数量比对照组增加 1.85 倍，但对根长和株高有明显抑制作用。T4 和 T5 权衡比较，以红光和蓝光 1:3 混合搭配的 T4 处理作为光源效果最佳，生根数和叶片数目比对照组分别增加了 80% 和 40%。

3 讨论

随着 LED 技术的不断发展，各种波段的 LED 纷纷被用于植物组织培养。如日本的 Tanaka 等[7]很早就利用 LED 作为兰花组培苗光源，发现红光可促进大花蕙兰试管苗叶片的生长，但会降低叶绿素含量。LeVan 等[8]人的研究也表明 100% 的红光对愈伤组织的诱导率最高。而 Anzelika 等[9]对葡萄的组织培养中发现，光谱中的蓝光成分阻止组培苗的伸长，但能促进叶芽形成和各种光合色素的合成。任桂萍等[10]对蝴蝶兰的研究表明，红光更有利于蝴蝶兰单芽增殖、干重、鲜重以及株高的增加，但不利于叶片叶绿素的积累。而蓝光有利于叶片叶绿素的积累，红光和蓝光组合处理时根长及根系活力均显著增加。可见，红光 LED 有助于增加株高、节间长和生根率，蓝光与叶芽分化和叶绿素的合成有关。而不同红蓝配比 LED 复合光处理有相抑或相扬的叠加效果。

我们的研究也发现，不同 LED 光质及配比的处理对莲瓣兰‘大雪素’在增殖培养基、继代培养基和壮苗生根培养基中生长会产生不同影响。通过不同红蓝配比 LED 复合光处理莲瓣兰幼苗，发现 450～480nm 蓝光作为光源可显著提高增殖培养基中莲瓣兰根状茎增殖和出芽分化效率，此时 630nm 红光处理可抑制新生芽分化。然而在接下来的继代生长培养中，我们发现红光可促进莲瓣兰快速伸长生长，蓝光抑制新生苗生长速率，但在红光处理过程中叶绿素合成减少，与其他植物中的研究结果类似。因此，综合红光和蓝光不同促进效果，在莲瓣兰增殖快繁过程中，采用 450～480nm 蓝光处理 60 天促进出芽分化后，用 630nm 红光处理 30 天促进新生芽快速伸长生长，随后再移至蓝光条件下恢复叶绿素正常代谢，可显著提高组培苗生长速率（图 1）。然而在莲瓣兰幼苗生根壮苗培养过程中，我们发现单一的红光或蓝光处理效果不佳，以红光和蓝光 1:3 混合搭配处理作为光源可得最佳处理效果，生根数和叶片数目比对照组分别增加了 80% 和 40%，可见红蓝配比的 LED 复合光处理比单色光处理更有利于莲瓣兰的生根和壮苗（图 2）。

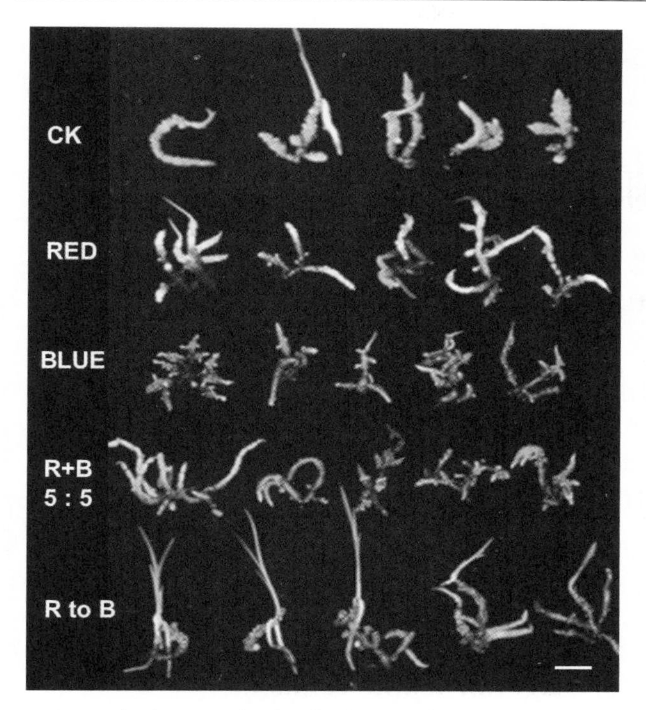

图 1　部分 LEDs 光质下莲瓣兰新生芽增殖生长情况
继代生长培养 60 天后的‘大雪素’新生芽（R to B：红光处理 30 天后移至蓝光下继续培养 30 天），bar = 2cm
Fig. 1　The growth of partial *Cymbidium Lianpan*‘Da xue su’plantlet subcultured under different light quality of LED R to B：treated with the red light for 30 days，then growth under blue light condition for 30 days，bar = 2cm

CK　　R + B
180 d　　180 d

图 2　莲瓣兰幼苗生根情况
生长培养 180 天后的‘大雪素’幼苗，R + B：红光 + 蓝光 5∶5 处理
Fig. 2　*Cymbidium Lianpan*‘Da xue su’plantlet by 180 days’rooting culture in the condition of red light：blue light = 5∶5

以上对于莲瓣兰‘大雪素’增殖培养，继代培养和壮苗生根培养过程中所搭配的最佳 LED 光质配比以及不同处理时间，可有效促进莲瓣兰节能高效的组培快繁过程，有效解决以往组培技术中存在的出芽率低、生长缓慢、生根难等问题。此外，采用 LED 作为光源还可节省用电资源 30%～50%，降低成本，提高工厂化生产效益。

参考文献

1. 何俊蓉，李枝林，蒋彧，等．中国兰种质资源收集与创新利用及名贵品种高效繁殖技术研究进展[J]．中国科技成果，2014（1）：56－57.
2. Hwang J D，Ko D S．Evaluation of Plant Growth according to the Wavelength Characteristics of the LED Light Source[J]．Journal of the Korean Society of Manufacturing Process Engineers，2014，13(5)：98－106.
3. Hwang J D，Ko D S．Development of a High Efficient LED System for the Plant Growth[J]．Journal of the Korean Society of Manufacturing Process Engineers，2014，13(4)：121－129.
4. 唐永康，郭双生，艾为党，等．不同比例红蓝 LED 光照对油麦菜生长发育的影响[J]．航天医学与医学工程，2010，23(3)：206－212.
5. 曹刚，张国斌，郁继华，等．不同光质 LED 光源对黄瓜苗期生长及叶绿素荧光参数的影响[J]．中国农业科学，2013，46(6)：1297－1304.
6. 邸秀茹，焦学磊，崔瑾，等．新型光源 LED 辐射的不同光质配比光对菊花组培苗生长的影响[J]．植物生理学通讯，2008，44(4)：661－664.
7. Tanaka Y，Komine T，Haruyama S，et al. Indoor visible light data transmission system utilizing white LED lights[J]．IEICE transactions on communications，2003，86（8）：2440－2454.
8. Levan A，Fruchter A，Rhoads J，et al. Infrared and Optical Observations of GRB 030115 and its Extremely Red Host Galaxy．[J]．The Astrophysical Journal，2006，647(1)：471.
9. Anzelika，Renata，Silva，Pavelas．In vitro cultivation of grape culture under solid-state lighting[J]．scientific works of the lithuanian institute of horticulture and Lithuanian university of agriculture，2007，26(3)：235－245.
10. 任桂萍，王小菁，朱根发．不同光质的 LED 对蝴蝶兰组织培养增殖及生根的影响[J]．植物学报，2016，51(1)：81－88.

西双紫薇无菌播种研究*

郑绍宇　汪国敢　陈知文　顾翠花①
（浙江农林大学风景园林与建筑学院，临安 311300）

摘要　西双紫薇是优良的园林树种。本试验主要是通过组织培养手段，采用 MS 培养基，利用 6-BA、NAA 等生长调节物质以不同浓度及比例组合，采用西双紫薇种子为材料进行培养实验，同时对种子灭菌、培养环境进行初步研究。实验结果表明：采用 30% H_2O_2 溶液消毒 15min，污染率最低，发芽率最高。经实验发现西双紫薇种子在 MS + 0. 5mg/LNAA + 0. 5mg/L 6-BA 进行培养，发芽率最高为 70%。有无光照对西双紫薇种子培养影响不明显。

关键词　西双紫薇；种子；组织培养；发芽率

Research on Aseptic Seeding of *Lagerstroemia venusta*

ZHENG Shao-yu　WANG Guo-gan　CHEN Zhi-wen　GU Cui-hua
(*School of Landscape and Architecture, Zhejiang A & F University, Lin' an* 311300)

Abstract　*Lagerstroemia venusta* is an excellent garden tree. This experiment mainly was accomplished by tissue culture, with MS as basic medium, used combinations of different concentrations and proportion of 6-BA、NAA, other growth regulators, do the seed sterilization and training environment a preliminary study. *L. venusta* seed were material for the experimental training. Experiments show that solution of 30% H_2O_2 disinfection 15 minute is best for *L. venusta* seed, have lowest contamination rate and highest germination rate . The experiment found that medium of MS + 0. 5mg/LNAA + 0. 5mg/L 6-BA is best for *L. venusta* seed. It has highest germination rate 70%. Have light is not significant effect for the cultivate of *L. venusta* seed.

Key words　*Lagerstroemia venusta*; Seed; Tissue culture; Germination percentage

紫薇属（*Lagerstroemia*）约 55 种，分布亚洲东部至南部和澳大利亚北部。我国原产 16 种，引入栽培的有 2 种[1]。其中紫薇（*L. indica*）是各地常见的观赏植物，西双版纳的西双紫薇（*L. venusta*）观赏性较强，但是紫薇育种工作一直存在很多问题，种质资源是育种工作的物质基础，是新品种创新与培育的源泉[2,6]。西双紫薇（ *Lagerstroemia venusta* ）为千屈菜科紫薇属的落叶灌木或小乔木[3]。原产我国，是我国传统名花之一，花开在夏季少花季节，具有花期长、花色艳丽、抗污染等优点，同时也是一种非常优良的建筑用材和医药用材[4~5]，西双紫薇高可达 8m，在老挝、柬埔寨等东南亚部分国家见有分布，树形优美，叶形秀丽，观花观果皆可，植株整体俏丽动人，因此它可以称之为集形态美、色彩美、风格美于一身的优良园林树种。西双紫薇园林运用前景广阔，多种植于疏林与林缘地带。

1　实验材料与方法

1.1　实验材料

本实验采用的材料是西双紫薇（*Lagerstroemia venusta*），种子采自云南西双版纳，选取西双紫薇成熟的种子为外植体材料。

1.2　实验仪器与实验试剂

超净工作台、高压灭菌锅、电子分析天平、冰箱、电磁炉、移液枪、手术剪、枪状镊、酒精灯、酒精瓶、纱布、盛物篮、NH_4NO_3、KNO_3、$CaCl_2 \cdot 2H_2$

＊　项目资助：国家自然科学基金（31300581）。
作者简介：郑绍宇，浙江农林大学硕士研究生。E-mail：1561939914@ qq. com。
①　通讯作者。顾翠花，副教授，从事园林植物资源与遗传育种研究，gu_ cuihua@ 126. com。

O、$MgSO_4 \cdot 7H_2O$、KH_2PO_4、KI、H_3BO_3、$MnSO_4 \cdot 4H_2O$、$ZnSO_4 \cdot 7H_2O$、$Na_2MoO_4 \cdot 2H_2O$、$CuSO_4 \cdot 5H_2O$、$CoCl_2 \cdot 6H_2O$、$FeSO_4 \cdot 7H_2O$、$Na_2-EDTA \cdot 2H_2O$、肌醇、烟酸、盐酸吡哆醇、盐酸硫胺素、甘氨酸、乙醇（无水）、NAA、6-BA、NaOH、HCl、$HgCl_2$、30% H_2O_2、NaClO、蔗糖、琼脂。

1.3 实验方法

1.3.1 MS 培养基母液的配制

（1）MS 培养基母液的配制：分别配制一定的大量元素母液（10 倍）、微量元素母液（100 倍）、有机母液（10 倍）以及铁盐母液（100 倍）。

（2）生长物质母液的配制：萘乙酸（NAA）、6－苄基腺嘌呤（6-BA）分别配成母液（0.1mg/ml）。配制方法：分别称取这 2 种物质各 10mg，将 NAA 用少量无水乙醇预溶，将 6-BA 用 1ml 浓度为 0.1mol/L 的 NaOH 溶液溶解，溶解过程中需要水浴加热，最后分别定容至 100ml 的容量瓶中，即可得到质量浓度为 0.1mg/ml 的母液。

1.3.2 MS 培养基的配制

（1）混合母液：分别用量筒和移液枪从各种母液中，将量取的液体混合放在塑料烧杯中。

（2）称量：按实验的设计用电子天平分别称取蔗糖和琼脂。

（3）配制：先在锅中加入适量的蒸馏水，分别倒入琼脂、蔗糖，用电磁炉进行加热，边加热边用玻璃棒一直搅拌，直到液体呈现半透明状，将液体倒入盛放混合液的塑料烧杯中，定容；接着用 1mol/L 或者 1mol/L HCl 将培养基的 pH 值调至 5.8，分别倒入贴好标签的培养瓶中，每瓶约为 30ml，再盖好瓶盖。将配好的培养基放于高温灭菌锅中以 121℃ 灭菌 20min，取出后将培养基置于超净工作台冷却备用，流程简图见图 1-1。

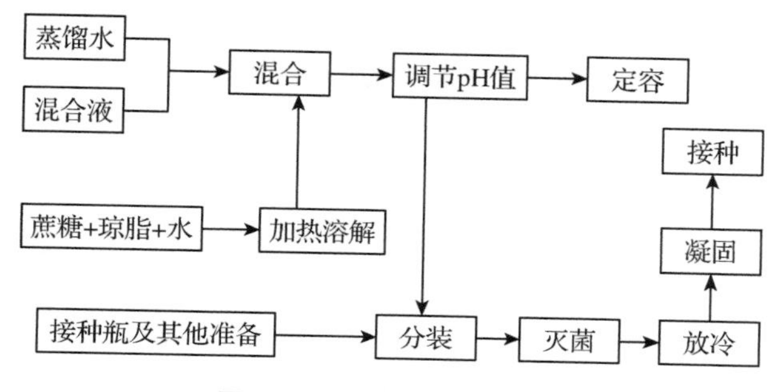

图 1-1 培养基的制备流程

Fig. 1-1 Culture media production process

1.3.3 种子的消毒处理

将西双紫薇的种子从果实中取出，挑选大小均一、饱满的西双紫薇种子，取干净的纱布，将种子放于纱布中，用牛皮筋扎紧。在超净工作台上，点燃酒精灯（为了减少污染，所有操作均在酒精灯边完成）在无菌水中浸泡 30s，接着用 75% 酒精浸 30s，再分别用 30% 双氧水（5、10、15、20min）、2% 次氯酸钠溶液（5、10、15、20min）、0.1% 升汞（5、10、15、20min）消毒，充分搅拌，使种子与溶液充分接触，提高种子消毒的效果，然后用无菌水冲洗 5～6 次，每次 1min，充分洗掉残余的消毒液。

为探讨最佳的西双紫薇种子的消毒方式，用 3 种消毒溶液 2% NaClO、0.1% $HgCl_2$、30% H_2O_2 消毒分别进行试验，同时还设计不同处理时间，分别为 5、10、15、20min 观察其萌发率，见表 1-1。将不同消毒方式处理的西双紫薇的种子均在 MS 培养基上培养。每瓶接种 10 颗种子，每种消毒方式各接种 10 瓶。

表 1-1 西双紫薇种子不同消毒处理设计表

Table 1-1 *Lagerstroemia venusta* seed of different disinfection treatment

消毒方式	消毒时间（min）			
	5	10	15	20
2% NaClO	A1	A2	A3	A4
0.1% $HgCl_2$	B1	B2	B3	B4
30% H_2O_2	C1	C2	C3	C4

1.3.4 接种

在无菌室内的超净工作台上，将灭过菌的材料，在无菌的情况下，放入不同配比的培养基中，接种的具体方法步骤如下：

①用 75% 的酒精喷雾对接种室进行降尘。

②在超净工作台上摆放好接种时需要的酒精灯、贮存 75% 酒精棉球的广口瓶、打火机、灭菌好的镊子、手术剪、培养基等，打开紫外灯照射 20～30min，进行灭菌。

③关闭紫外灯，打开照明灯，开启风机，过滤空气。

④将灭菌完毕的接种材料放入接种室，用酒精棉擦拭手和工作台，并用酒精灯的外焰对接种工具进行灼烧，放在支架上晾凉备用。

⑤用手术剪把牛皮筋解开，将消毒好的种子放在无菌滤纸上，用镊子迅速将种子接入培养基内。接种前，将接种瓶瓶盖口在酒精灯的外焰上转动燃烧一遍。接种时，尽量将器具以及操作在排风口附近，并将接种瓶倾向火焰，在酒精灯附近进行操作。

⑥将种子接入瓶内后，将接种的瓶子瓶口在酒精灯外焰上转动消毒一遍，盖好瓶盖，并贴好标签，上

面注明材料名称、培养基及接种日期。

1.3.5 培养条件

将接种后的培养基置于培养温度为25℃，光照强度为2000lx，光照时间为每天12h的培养室内培养。此外，设置对照组为24h无光照组。每天观察1次，在培养1周后记录污染率，培养4周后统计发芽率结果。

1.3.6 西双紫薇种子萌发的诱导

为筛选更适宜的西双紫薇种子的诱导培养基，对两种生长调节剂6-BA和NAA进行不同激素配比试验（采用同种种子消毒方式），见图1-2。

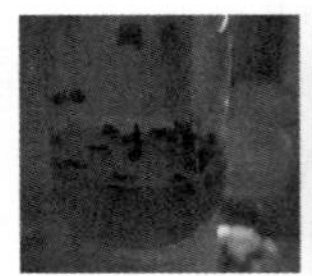
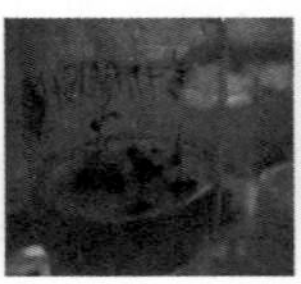
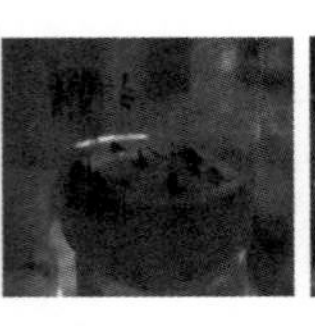

图1-2 紫薇种子培养不同激素配比培养

Fig. 1-2 *Lagerstroemia venusta* seeds of different hormone combination training

由于6-BA是细胞分裂素，而NAA为植物生长素，理论上NAA和6-BA有合适的配比，可以加快西双紫薇种子的萌发，从而挑选出最佳激素配比。本研究设置6-BA与NAA不同的激素配比，见表1-2。

表1-2 不同mg/L的6-BA、NAA浓度

Table1-2 Different concentration of 6-BA and NAA

编号	组培瓶数	6-BA(mg/L)	NAA(mg/L)
1	10	0	0
2	10	0.5	0.1
3	10	0.5	0.5
4	10	0.5	1
5	10	1	0.1
6	10	1	0.5
7	10	1	1

1.3.7 计算公式

种子污染率＝(污染种子数/消毒的种子数)×100%

种子发芽率＝(发芽的种子数/无污染的种子数)×100%

2 结果与分析

2.1 不同消毒时间及方式对种子影响

2.1.1 2% NaClO溶液处理对西双紫薇种子消毒效果的影响

据了解，次氯酸钠溶液作为消毒杀菌剂进行应用越来越广泛[7]。由表2-1可知，采取2% NaClO溶液对西双紫薇进行消毒时，效果最佳为消毒10min处理，它的种子污染率为35%。但是，实验发现进一步延长种子的消毒时间反而导致污染率增加。

表2-1 2%NaClO处理对种子污染率的影响

Table 2-1 Effect of 2% NaClO treatment on seed contamination rate

处理	接种种子数	污染率(%)
A1	100	50
A2	100	35
A3	100	40
A4	100	60

2.1.2 0.1% $HgCl_2$溶液处理对西双紫薇种子消毒效果的影响

采用0.1% $HgCl_2$溶液对西双紫薇的种子进行消毒处理，随着处理时间的增加，其种子的污染率呈现逐渐下降的趋势。由表2-2可知，在实验处理中消毒20min的污染率最低。因此，可以在不影响种子发芽率的情况下延长消毒时间，可能可以降低西双紫薇种子的污染率。

表2-2 0.1% $HgCl_2$处理对种子污染率的影响

Table 2-2 Effects of 0.1% $HgCl_2$ treatment on seed contamination rate

处理	接种种子数	污染率(%)
B1	100	40
B2	100	32
B3	100	30
B4	100	25

2.1.3 30% H_2O_2溶液处理对西双紫薇种子消毒效果的影响

由表2-3可知，随着30% H_2O_2溶液对西双紫薇的种子处理时间的增加，其种子的污染率也呈现逐渐下降的趋势，在15min的处理效果最佳，不仅污染率最低，并且苗的生长状况也比较好。但是随着进一步延长处理时间到达20min时，其污染率却反而增加，这与上面的NaClO处理发生的情况类似。

表2-3 30% H_2O_2处理对种子污染率的影响

Table 2-3 Effects of 30% H_2O_2 treatment on seed contamination rate

处理	接种种子数	污染率(%)
C1	100	34
C2	100	24
C3	100	15
C4	100	20

2.1.4　不同消毒处理方式对西双紫薇种子的成活率和发芽率的影响

由图2-1可知，西双紫薇种子在经过不同消毒方式处理后，其种子的发芽率发生了很大的变化。在5～20min消毒时间范围内不同消毒溶液的消毒时间的增加，对种子的影响分为两种：随着2% NaClO溶液和0.1% $HgCl_2$溶液的消毒时间增加，其污染率有所下降，发芽情况受到一定影响，种子的发芽率有所下降，后期死亡率增加，这可能是消毒时间过久导致种子的死亡；而随着30% H_2O_2溶液的消毒时间增加，其污染率有所下降，而萌芽率有所提高。

结果表明：西双紫薇种子的最佳消毒时间为30% H_2O_2溶液消毒15min，此时的污染率为15%，发芽率为64%，而且出芽时间为12～14天。其他消毒方式及灭菌时间有可能消毒过度伤害了种子，也有可能种子带细菌过多无法在相同时间内消毒完全而污染，影响了种子的萌发。

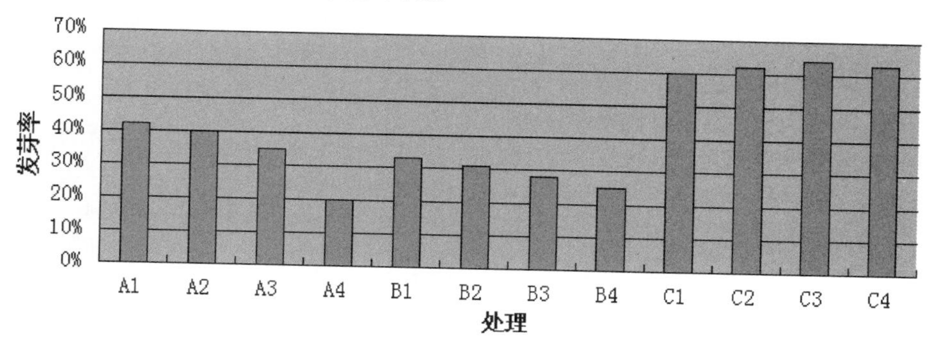

图2-1　西双紫薇不同消毒处理对其发芽效果的影响

Fig 2-1 The effect of different disinfection treatments on Germination of *Lagerstroemia venusta* seeds

2.2　不同激素处理对种子萌发的影响

2.2.1　植物激素对西双紫薇种子萌芽的影响

植物激素是调节植物细胞分裂、生长、分化必不可少的成分，6-BA是化学合成的与植物激素类似的植物生长调节剂，在植物组织培养中常用来诱导根或者芽的分化。NAA属植物生长素，常用于诱导细胞的分裂和根分化[8～9]。二者合理复合使用应有利于诱导植物发芽，提高发芽率。

2.2.2　当6-BA相同、NAA激素水平不同的配比培养

由表2-4的结果可以分析，在西双紫薇种子培养基中，当保持6-BA的浓度在0.5mg/L、1m/L同一浓度水平时候，随着NAA浓度的增高，发芽率先增加，而NAA的量超过0.5mg/L，则发芽率开始减少，甚至比不加任何激素的空白培养基的发芽率还低。

2.2.3　当NAA相同、6-BA激素水平不同的配比培养

而当NAA浓度在0.1～1mg/L范围变化，保持NAA在同一浓度时，6-BA含量为0.5mg/L的培养基发芽率明显高于1mg/L。当6-BA含量为1mg/L时，西双紫薇的发芽率都比对照组空白培养基的发芽率低。因此推测6-BA的浓度过高时，则可能抑制芽的生长，降低其发芽率。

2.2.4　生长激素组合对种子萌发的影响

由表2-4可知，配合使用NAA与6-BA可以提高西双紫薇种子的萌发[10,11]。当培养基中加0.5mg/L NAA+0.5mg/L 6-BA时，西双紫薇种子的萌芽率最高为70%。随着NAA和6-BA的浓度升高，发芽率升高，而当NAA与6-BA的浓度高于0.5mg/L则会抑制西双紫薇种子的萌发，其发芽率低于空白对照组。因此，推测过高浓度的NAA与6-BA对西双紫薇种子萌发会有一定抑制作用。

表2-4　不同激素组合对西双紫薇种子发芽率的影响

Table 2-4　The effects of different hormone combinations on the germination rate of seeds of *Lagerstroemia venusta*

编号	6-BA(mg/L)	NAA(mg/L)	发芽率(%)
1	0	0	64
2	0.5	0.1	65
3	0.5	0.5	70
4	0.5	1	58
5	1	0.1	55
6	1	0.5	56
7	1	1	48

2.3　光照环境对种子萌发影响

2.3.1　在黑暗的环境培养

采用30% H_2O_2溶液进行消毒，MS培养基进行培

养，全程在无光照的环境中进行培养。经数据统计，在无污染的培养基中，60 颗种子中，有 36 颗种子萌发，而有 24 颗没有萌发，因此有将近 60% 的西双紫薇种子萌发。

2.3.2 在有光照的环境培养

同样采用 30% H_2O_2溶液进行消毒，MS 培养基进行培养，全程在光照强度为 2000lx，光照时间为每天 12h 的培养室内培养。经数据统计，在无污染的培养基中，56 颗种子中，有 33 颗种子萌发，而有 23 颗没有萌发，因此有将近 59% 的西双紫薇种子萌发。

根据统计数据，可以推测出是否光照对西双紫薇种子发芽率影响不大。从经济有效方面考虑，在西双紫薇种子无菌播种过程中，可以采用无光照进行培养。

3 讨论与总结

3.1 影响种子污染的因素

一般污染分为真菌性污染和细菌性污染，其来源则可以分为 3 大类：一是种子带菌，二是接种过程中污染，三是培养过程中造成污染。污染是植物组织培养能否成功的关键因素之一，与种子本身所带的菌的种类、数量、天气环境等因素有关[12,13]。而污染也是西双紫薇种子组培过程中的难题，特别是在春夏高温高湿季节，种子的污染率相当高。因此，在进行西双紫薇种子挑选时，应挑选饱满、健康的种子。此外，还需要找到一种快速高效的种子消毒方法，从而提高植物组织培养的效率。一般常用的消毒剂种类主要有：次氯酸钠、过氧化氢、升汞、硝酸银等，根据资料了解，升汞是目前消毒效果最好的溶液[14]。但是，本研究在对西双紫薇种子进行消毒的 3 种处理组合中发现，3 种消毒方式对西双紫薇种子均起到抑制污染作用。但是，与资料中不同的是，本研究对西双紫薇种子进行消毒处理时，采用升汞进行处理的种子污染率不是最低的，此外，其发芽率效果也不是最理想的。

本实验中采用 2% NaClO 溶液和 0.1% $HgCl_2$溶液处理中，发现延长处理时间反而使其发芽率减少，一方面有可能由于延长消毒处理时间的浸泡作用造成西双紫薇种子表皮破损，消毒过程中的摇动和碰撞则加剧了这种损伤；另一方面，这两种消毒剂消毒效果太强，处理时间过长，使其最终不能冲洗干净，导致毒性残留从而影响其发芽率。在本实验中，不仅要考虑种子的污染率，还需要考虑发芽率。实验中发现随着 0.1% $HgCl_2$溶液的处理时间增加其污染率会降低，但是其发芽率会降低。而采用 2% NaClO 溶液进行消毒的种子污染率比较高，发芽率也不是最理想。而采用 30% H_2O_2溶液处理方式对种子消毒处理是一种相对有效的方法。

3.2 植物激素对西双紫薇种子萌发的影响

“激素平衡理论”学说指出种子休眠或多或少由激素促进物质和激素抑制物质同时操纵，随着种子休眠的解除，内源抑制作用减弱而促进作用增强[15]。植物生长调节剂是培养基的关键物质，对植物的组织培养起决定性作用。常用的激素类型有生长素、赤霉素、细胞分裂素等，其中生长素在组织培养中主要作用是诱导愈伤组织的形成过程中胚状体的形成以及试管苗的生根，细胞分裂素主要是起着促进细胞分裂、改变顶端优势、促进不定芽的分化等作用[16,17]。植物组织培养不仅与植物生长调节剂种类有关，而且还与它组合的浓度有关。生长素与细胞分裂素不同组合及配比，对植物的敏感性则不同。本实验选用的是西双紫薇的种子，经过筛选和试验，最适合西双紫薇种子萌发的培养基为：MS + 0.5mg/LNAA + 0.5mg/L 6-BA。而高浓度的 NAA 与 6-BA 的组合配比的发芽率比空白培养基还低，推测生长素和细胞分裂素过高可能会抑制种子的萌发。因此，这说明植物激素的配比选择是影响西双紫薇种子萌发的因子之一。

3.3 植物组织培养的环境条件

植物组织培养的环境条件包括光照条件、温度条件、湿度条件等，本实验主要对光照条件进行了探究。在植物组织离体无菌的培养中，光照的作用不是提供能源，培养基中已有足够的碳源。光照对培养的植物组织的作用是诱导效应，诱导植物组织的脱分化与再分化。实验发现无论是黑暗条件还是光照条件，对西双紫薇种子的发芽率没有造成影响，其发芽率相近。因此，从经济效益及节能方面考虑，应该采用黑暗条件进行西双紫薇种子无菌培养。

采用种子无菌播种，可以缩短西双紫薇杂交育种的周期，提高其育种效率从而加快西双紫薇的规模化生产进程，是其种质资源保存和利用的关键技术环节。目前国内在西双紫薇无菌播种的技术应用和研究方面比较少，且不同的消毒方式、培养基、生长环境对其生长影响有一定差别。

因此本实验以西双紫薇种子为材料，探讨其最佳消毒方式、激素组合配比、培养环境等因素对种子萌发的影响，结果表明：①采用 30% H_2O_2溶液消毒 15s 为西双紫薇种子的最佳消毒方式，其污染率为 15%，发芽率为 64%。次氯酸钠、过氧化氢、升汞 3 种消毒溶液对西双紫薇种子均有杀菌作用。②MS 培养基添加 NAA 和 6-BA 的不同浓度配比，可以提高西双紫薇种子的发芽率。在不同激素配比对西双紫薇种子发芽诱导实验中，其最佳培养基为 MS + 0. 5mg/LNAA + 0. 5mg/L 6-BA，发芽率为 70%，当 NAA 和 6-BA 浓度过高时，则会抑制西双紫薇种子的发芽。③无论是黑暗条件还是光照条件，西双紫薇种子均会萌发，其发芽率相差不大。光和黑暗条件对西双紫薇种子发芽率没有造成影响。

种子萌发是复杂的植物生理过程，自然环境状态下，西双紫薇的种子受温度、降水等因素影响，萌发率低，因此野生资源分布有限。西双紫薇的果实里含有大量的种子，通过无菌播种的手段可以使其萌发成苗，应用于生产上从而加速西双紫薇的繁殖，为园林市场提供大量的商品苗，具有良好的应用前景。通过无菌播种的手段也可以促进西双紫薇资源的再生，对其野生资源的保护也会起到积极作用。然而，关于西双紫薇的继代培养，提高增殖系数等仍有待进一步探讨。

参考文献

1. 许桂芳，吴铁明，吴哲，等．紫薇属植物研究进展[J]．林业调查规划，2005，(5)：50.
2. 王敏，宋平，任翔翔，等．紫薇资源与育种研究进展[J]．山东林业科技，2008，(2)：66 – 67.
3. 中国科学院中国植物志编辑委员会主编．中国植物志(第 52 卷第 2 分册)[M]．北京：科学出版社，1983：97.
4. 陈俊愉．中国花卉品种分类学[M]．北京：中国林业出版社，2001.
5. 中国科学院中国植物志编辑委员会主编．中国植物志(第 52 卷第 2 分册)[M]．北京：科学出版社，1983：94.
6. 张洁，王亮生，张晶晶，等．紫薇属植物研究进展[J]．园艺学报，2007，34(1)：253.
7. 王燕，詹勤，席忠新，等．紫薇属植物的花型成分和药理作用研究进展[J]．药学实践杂志，2010，28(2)：90.
8. 崔德才，徐培文．植物组织培养与工厂化育苗[M]．北京：化学工业出版社，2003，8.
9. 李浚明．植物组织培养教程[M]．北京：科学出版社，1992.
10. Jamaludheen. V. et a. Variabilitystudies in *Lagerstroemia* (*Lagerstroemia speciosa* Pers.)[J]. Indian Forester, 1995, 121 (2)：137 – 142.
11. 姜旭红，宋刚．日本紫薇的组织培养和快速繁殖[J]．植物生理学通讯，2004，40 (6) ：707 – 708.
12. 黄钦才．紫薇腋芽培养[J]．植物生理学通讯，1984：44.
13. 蔡明等．紫薇离体再生体系建立的初步研究[C]．中国观赏园艺研究进展，2007，251 – 255
14. 熊丽，吴丽芳．观赏花卉的组织培养与大规模生产[M]．北京：化学工业出版社，2003，80 – 83.
15. William E. Finch-Savage, Leubner-Metzger G. Seed dormancy and tge control of Germination[J]. New Phytologist, 2006, 171(11)：501 – 523.
16. 苏福才，霍秀文，钱国珍．园艺植物组织培养学[D]．内蒙古农业大学，1998.
17. 彭菲，钟湘云，谭朝阳，等．黄花石蒜不定根的离体诱导与培养研究[J]．湖南中医药大学学报，2008，28 (1)：44 – 45.

南川百合种子萌发及试管鳞茎的培育初探*

丁瑞华[1]　李红梅[2]　赵玉倩[1]　贾桂霞[1]①
（[1]花卉种质创新与分子育种北京市重点实验室，国家花卉工程技术研究中心，
城乡生态环境北京实验室，园林学院，北京林业大学，北京 100083；
[2]湖南省沅凌县农业技术推广中心，沅凌 419600）

摘要　南川百合为中国特有植物，本研究对组培条件下种子萌发和试管鳞茎增大的影响因素、以及光照和多效唑对移栽后幼苗生长的影响进行了探究，研究结果表明：①南川百合种子萌发与温度、剥种皮处理、基本培养基大量元素含量等因素相关，南川百合种子最适宜的萌发温度为15～20℃；剥种皮处理的种子具有最高的发芽率和发芽势，分别为90.48%、42.86%；使用1/2MS培养基的种子在第9天开始萌发，并且具有较高的发芽势和发芽率。②试管鳞茎的增大与蔗糖浓度及活性炭含量相关，蔗糖浓度为60g/L以及活性炭含量为1.00g/L的培养基能够显著加快试管鳞茎的增大。③施用0.5mg/L的多效唑能够促进南川百合幼苗叶片数量增加，提高其移栽成活率；长日照对于南川百合的幼苗生长没有影响。该研究对南川百合的繁殖和引种驯化具有一定的实际应用价值。
关键词　南川百合；试管鳞茎；幼苗生长

Study on Germination and Bulb Cultivation in Tube of *Lilium rosthornii* Diels

DING Rui-hua[1]　LI Hong-mei[2]　ZHAO Yu-qian[1]　JIA Gui-xia[1]
（[1] *Beijing Key Laboratory of Ornamental Plants Germplasm Innovation & Molecular Breeding, National Engineering Research Center for Floriculture, Beijing Laboratory of Urban and Rural Ecological Environment and College of Landscape Architecture, Beijing Forestry University, Beijing* 100083；
[2] *Hunan Province Yuanling County Agricultural Technology Promotion Center, Yuanling* 419600）

Abstract　*Lilium rosthornii* is an endemic plant to China. It aims to study the tissue culture conditions which influenced seed germination, bulblet increasing and the growth of tissue culture seedling, to establish tube bulb cultivation and breeding technology of preliminary system of *L. rosthornii* under tissue culture conditions. It indicated that *L. rosthornii* seeds germination was related to temperature, seed coat, culture medium and many factors; the optimum seeds germination temperature was 15－20℃; peeling the coat of the seeds had the highest germination rate, germination potential 90.48%, 42.86%; seeds began to germinate in the 9th day under 1/2 MS culture medium and had a higher germination potential and germination rate. The increase of tube bulb was related to the concentration of sucrose and the concentration of activated carbon. The sucrose concentration of 60g/L and the concentration of activated carbon for 1.00g/L could significantly accelerated the growth of tube bulb. The long day for the growth of *L. rosthornii* was not significant, and the application of 0.5 mg/L paclobutrazol can promote the increasing in the number of *L. rosthornii* seedling leaves and improvement of the survival rate.
Key words　*L. rosthornii*; Bulblet in tube; The growth of seedling

百合是百合科百合属（*Lilium*）植物，原产于北半球。我国是百合的故乡，共有55种之多，分布于27个省、市、自治区，其中西南和华中是百合属植物集中分布的地区[1]。南川百合（*L. rosthornii* Diels）为中国特有植物，主要分布在四川、湖北、重庆、湖南、贵州等地，生长于林下、溪边或山沟[1]；其花色艳丽，花型奇特，观赏效果极佳，并且可以食用和药用，具有良好的应用前景。近年来，随着人们对南川百合野生资源的破坏导致其濒临灭绝，导致现存资源十分有限，急需引起人们的重视并采取相关措施对南

* 基金项目：国家林业局林业公益性行业科研专项（201204609），国家自然科学基金（31470106）。
① 通讯作者。Author of correspondence（E－mail：gxjia@bjfu.edu.cn）。

川百合进行繁殖和保护。

目前，对南川百合的研究多集中在种子萌发[2]，以及利用鳞片、叶片、花丝、子房、茎段等进行离体培养的研究[3,4,5,6]；此外对南川百合资源分布以及遗传物质多样性等内容也有少量的报道[7]。目前没有比较详细的南川百合种子萌发影响因素的研究及试管鳞茎培育的研究。因此本研究将从南川百合种子萌发、试管鳞茎培育、幼苗栽培3个方面进行初步探究，为南川百合种子资源的保存和繁殖提供一定的理论依据。

1　材料与方法

1.1　材料

以南川百合的种子为外植体，在组培条件下进行种子萌发的研究；以获得的无菌苗为材料，进行试管鳞茎增大的研究；以质量为0.5～1.0g的试管鳞茎为材料，进行移栽，探索光照和多效唑浓度对其移栽和生长的影响。

1.2　试验方法

1.2.1　影响种子萌发的因素

1.2.1.1　温度对种子萌发的影响

在超净工作台下对种子进行灭菌处理，首先用75%的酒精灭菌30s，然后用蒸馏水漂洗1min，再用2%的次氯酸钠灭菌20min，并用蒸馏水漂洗两次，每次各3min，之后将种子接种在MS培养基中，分别放置于15℃、20℃和25℃条件下进行培养；同时将灭菌后的种子接种在培养皿中。以上处理，每个处理接种30粒，重复3次。试验所用的培养基pH为5.85～5.90，光照时间为16h/天。所有培养基均在128℃的饱和蒸汽压下灭菌18min，放置5天后使用。接种之后每天进行观察记录，种子萌发的标志为肉眼可见有胚芽出现，计算发芽率和发芽势。

种子发芽率＝正常发芽种子数/接种种子数×100 %

种子发芽势＝集中开始萌发7天的种子发芽数/接种种子数×100 %

1.2.1.2　剥种皮及低温冷藏对种子萌发的影响

为探究不同预处理方式对南川百合种子萌发的影响，对种子进行以下预处理：①剥种皮处理；②4℃低温冷藏10d处理；③空白对照。将经过以上处理的种子接种在MS培养基中，每个处理接种30粒种子，重复3次。萌发温度为20℃，光照时间为16h/天。

1.2.1.3　培养基大量元素的含量对种子萌发的影响

为探究不同大量元素的含量对种子萌发的影响，设置3组试验：①MS培养基；②1/2MS培养基；③1/4MS培养基。将经过灭菌的种子接种在以上3种培养基中，萌发条件同上。

1.2.2　蔗糖和活性炭浓度对试管鳞茎增大的影响

选取长势相近的南川百合无菌苗，接种在表1所示的6种不同的培养基中，用以研究蔗糖浓度以及活性炭浓度对于试管鳞茎增重的影响。每瓶培养基接种1株无菌苗，每个处理10株，3次重复，并测量相应指标。测量指标为接种前鳞茎质量，45天后转接时鳞茎质量。两者的差值即为鳞茎的增重。

表1　6种培养基配方

Table1 Six different MS culture medium

培养基配方	MS＋蔗糖60g/L	活性炭0.75g/L
		活性炭1.00g/L
		活性炭1.25g/L
	MS＋活性炭0.75g/L	蔗糖30g/L
		蔗糖60g/L
		蔗糖90g/L

1.2.3　幼苗栽培试验

将质量为0.5～1.0g的组培球放在温室中进行强光封闭10天，然后打开瓶口放置7天，基质的配比为：园土:蛭石:珍珠岩为1:1:1，种植前采用高温灭菌；使用规格为10cm×10cm的营养钵进行栽植。之后进行日常管理每周喷施一次叶面肥，并根据基质的干旱程度进行浇水。将经过在温室50天炼苗的南川百合幼苗移栽到怀柔区杨宋镇百合基地。并将长势相同的南川百合分为4组进行栽培：①补光为16h，喷施浓度为0.5mg/L的多效唑溶液；②补光为16h，不喷施多效唑；③补光为16h，喷施浓度为1.0mg/L的多效唑溶液；④栽植在光照时间为12h的温室，不施用多效唑。每组40株长势相同的南川百合，重复3次，施用多效唑的频率为10天喷施1次，且每隔10天观测每株叶片数量和每组的成活率。移栽之后进行正常的栽培管理，注意除草及时浇水，并且每10天喷施一次叶面肥，肥料的配比为：尿素5g/L，硫酸钾3g/L。

1.2.4　数据统计分析与处理

所有数据均采用excel进行统计，并用SPSS19.0进行方差分析。

2　结果与分析

2.1　影响南川百合种子萌发的因素

2.1.1　萌发温度以及培养条件对南川百合种子萌发的影响

采用不同的温度以及不同的培养条件所得到的种

子萌发结果见图1、图2、图3和表2。种子在培养皿及组培瓶中适宜的萌发温度不同，其中南川百合在培养皿中的最适萌发温度为15℃，其次为20℃，两者之间差异不显著；25℃种子发芽率与15℃、20℃存在显著差异。而在组培条件下，种子最佳的萌发温度是20℃，15℃次之，由此可见不同的培养条件南川百合种子最适萌发温度不同。但无论是在培养皿中还是在培养瓶中，15℃、20℃均具有显著高于25℃时的发芽率。

图1　MS培养基中15℃条件下南川百合种子

Fig. 1　The seeds in MS culture medium under 15℃

图2　MS培养基中20℃条件下南川百合种子

Fig. 2 The seeds in MS culture medium under 20℃

图3　MS培养基中25℃条件下南川百合种子

Fig. 3 The seeds in MS culture medium under 25℃

表2　不同萌发条件和温度下南川百合种子萌发率的比较（LSD法，$p<0.05$）

Table2　The seed germination of different conditions and temperature（LSD test，$p<0.05$）

温度（℃）	种子发芽率（%）	
	培养皿	无菌培养基
15	78.95a	69.91a
20	64.63a	72.92a
25	10.67b	52.13b

2.1.2　不同预处理及培养基对南川百合种子萌发的影响

采取3种不同的处理方式，根据所记录的南川百合种子萌发的状况，得出表3及图4。由表2可知，在使用不同的处理方式对南川百合进行处理可以发现，采用剥种皮处理的种子其发芽率和发芽势均是最高的，分别为90.48%、42.86%，显著高于另外两种处理。而4℃低温冷藏10天对于南川百合的种子发芽率以及发芽势并没有明显的影响，但是对比开始萌发的时间可知，低温贮藏可提前南川百合种子开始萌发的时间。

不同含量的MS培养基对种子萌发的影响见表4及图5。结果显示，其中MS培养基南川百合的种子发芽率最高为87.59%，1/2MS次之，1/4最差。MS与1/2MS的种子发芽率差异不显著，但两者与1/4MS中的种子发芽率存在显著差异。同时MS的含量也会影响南川百合种子萌发的初始时间以及发芽势，使用1/2MS培养基萌发开始的最早只需要9天，1/4MS的培养基南川百合的发芽势最大，由此可以得知，不同大量元素的含量可以影响南川百合种子的萌发，综合考虑，1/2MS的培养基能缩短南川百合种子萌发的时间，提高南川百合种子萌发的发芽率和发芽势。

表3　不同预处理种子的发芽率、发芽势（LSD法，$p<0.05$）

Table3　The germination percentage and germination potential of different treatments（LSD test，$p<0.05$）

试验条件	开始萌发天数（d）	发芽率（%）	发芽势（%）
剥种皮	15	90.48a	42.86a
4℃冷藏10天	11	76.90b	12.71b
种子未处理	15	87.59b	13.84b

表4　种子的发芽率和发芽势（LSD法，$p<0.05$）

Table 4　The germination percentage and germination potential（LSD test，$p<0.05$）

试验条件	开始萌发天数（d）	发芽率（%）	发芽势（%）
MS	15	87.59a	13.84a
1/2MS	9	83.67a	46.15b
1/4MS	11	80.2b	58.97b

2.2　蔗糖浓度以及活性炭浓度对于南川百合试管鳞茎培育的影响

接种45天之后，对不同活性炭浓度的30个样本鳞茎增大数据进行整理，活性炭浓度对试管鳞茎生长的影响见图12。不同活性炭浓度接种时及45天之后生长状况见图6至图11。3个不同的浓度之间存在着显著的差异，活性炭浓度为 1. 00g/L 时有利于南川百合鳞茎的增大，而当继续增加活性炭的含量的时候反而会抑制南川百合鳞茎的增大。对不同蔗糖浓度的 30 个样本鳞茎增大数据进行整理可得图 13，可知当蔗糖浓度为 60g/L 的时候南川百合鳞茎的增大最多，而当蔗糖浓度为 90g/L 时与 60g/L 时对鳞茎的增大差异不明显，但它们对鳞茎增大的促进与蔗糖浓度为 30g/L 时存在显著差异。

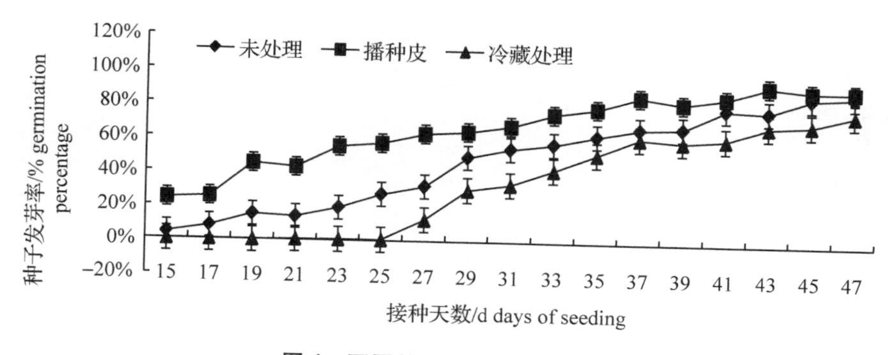

图 4　不同处理方式种子发芽率

Fig. 4　The germination percentage of different treatments

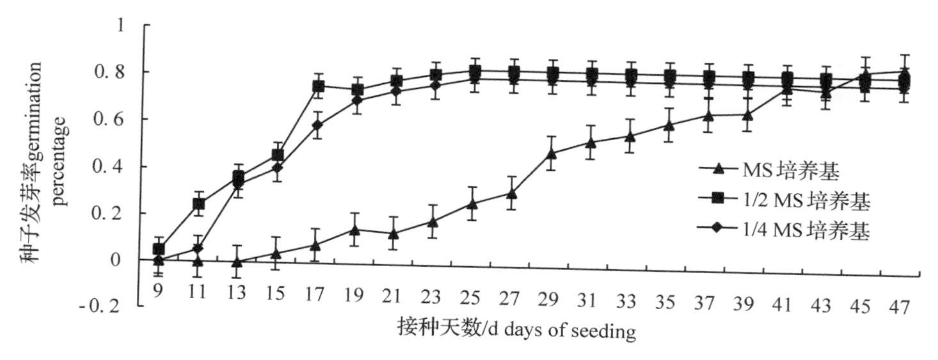

图 5　不同 MS 培养基种子发芽率

Fig. 5　The germination percentage of different MS

图 6　活性炭浓度为 0. 75g/L

Fig. 6　The concentration of activated carbon under 0. 75g/L

图 7　活性炭浓度为 1. 00g/L

Fig. 7　The concentration of activated carbon under 1. 00g/L

图 8　活性炭浓度为 1. 25g/L

Fig. 8　The concentration of activated carbon under 1. 25g/L

图 9 45 天后活性炭浓度为 0.75g/L

Fig. 9 The concentration of activated carbon under 0.75g/L after 45 days

10 45 天后活性炭浓度为 1.00/L

Fig. 10 The concentration of activated carbon under 1.00g/L after 45 days

图 11 45 天后活性炭浓度为 1.25g/L

Fig. 11 The concentration of activated carbon under 1.25g/L after 45 days

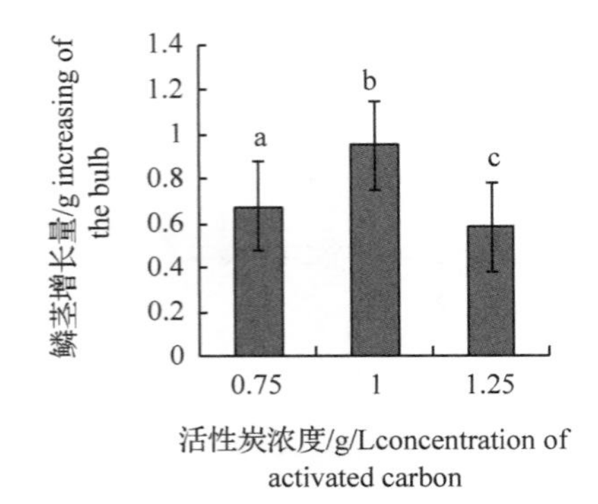

图 12 活性炭含量对试管鳞茎增大的影响(LSD 法,$p<0.05$)

Fig. 12 The impact of different concentrations of activated carbon on the bulblet increasing (LSD test, $p<0.05$)

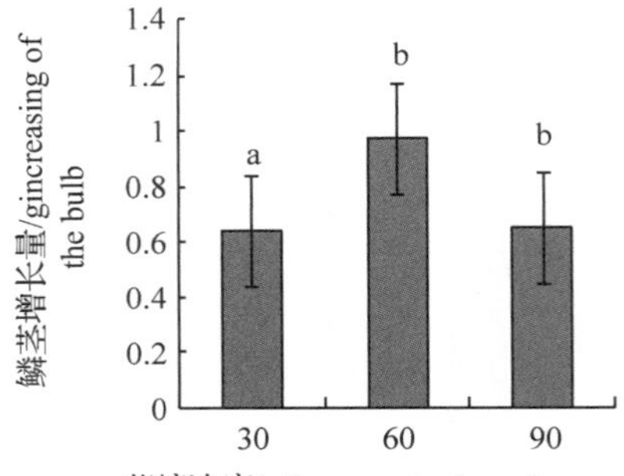

图 13 蔗糖浓度对于试管鳞茎增大的影响(LSD 法,$p<0.05$)

Fig. 13 The impact of different sucrose concentrations on the bulblet increasing (LSD test, $p<0.05$)

2.3 光照以及多效唑浓度对于南川百合幼苗的移栽成活率和生长的影响

南川百合幼苗在移栽到温室 60 天之后，0.5mg/L 多效唑可以显著促进南川百合幼苗的叶片增多和幼苗的成活率，但是过量则不利于南川百合的生长。在补光条件下施用0.5mg/L 的多效唑时，南川百合的幼苗成活率是最高，高达 79.48% 左右显著高于对照组以及施用 1.0mg/L 的南川百合幼苗。补光 16h 对南川百合的影响并不是很大，正常光照不施用多效唑的平均叶片增长数量多于补光 16h 不施用多效唑的平均叶片增长数量，可见南川百合幼苗的生长对光照不敏感(表 5)。

表 5 不同多效唑浓度对叶片数量和成活率的影响(LSD 法，$p<0.05$)

Table5 Effects of different paclobutrazol concentrations on the number of leaves and survival rate (LSD test, $p<0.05$)

不同多效唑浓度/观测指标	叶片数量(个)	成活率(%)
多效唑 0mg/L	4.95b	54.76b
多效唑 0.5mg/L	5.61a	79.48a
多效唑 1.0mg/L	4.37b	61.90b

表 6 不同光照条件对叶片数量和成活率的影响(LSD 法，$p<0.05$)

Table6 Effects of different light conditions on the number of leaves and survival rate (LSD test, $p<0.05$)

不同光照条件/观测指标	叶片数量(个)	成活率(%)
补光 16h/天	4.95a	54.76b
正常光照(12h/天)	5.54a	70.58a

3 讨论

南川百合作为中国特有的野生资源，其试管鳞茎的发育和幼苗的栽培对野生资源的开发和利用中有着重要的作用。在种子萌发的阶段，南川百合种子在经过剥种皮处理后其萌发率以及发芽势均有较大的提高，可知南川百合的种皮是影响其种子萌发的重要因素。4℃低温冷藏 10d 对南川百合种子的发芽率以及发芽势并没有明显影响，但是可以影响其种子的发芽时间，由此可见低温冷藏可以影响南川百合开始萌发的时间。一般认为百合种子萌发的温度为 20～25℃，温度过高过低均不利于百合种子的萌发[8]，本研究认为南川百合的最佳萌发温度在 15～20℃之间。不同

MS含量的培养基对于南川百合种子萌发是有影响的，南川百合种子在使用1/2MS培养基时，开始萌发的时间仅为9天，发芽率和发芽势均比较高；在使用MS培养基时萌发开始的时间较晚为15天，但是其发芽率最高为87.59%，因此可以阶段性地使用不同MS含量的培养基在最短的时间内获得最多的实生群体。

蔗糖浓度是影响百合鳞茎增大的一个重要因子[9]，南川百合鳞茎增大的最佳蔗糖浓度为60g/L。活性炭的含量是影响南川百合鳞茎增大的另一个重要因素，当活性炭含量为1.00g/L的时候最有利于南川百合鳞茎的增大。

长日照对于南川百合幼苗生长没有明显的影响，南川百合为喜阴植物，结合其生存的环境为阴坡一面，可知长日照并不能促进南川百合幼苗的生长，而正常光照(12h)更适合南川百合幼苗的生长。0.5mg/L的多效唑可以促进南川百合幼苗的增长及幼苗的成活率，但是浓度过大却不利于其生长。

参考文献

1. 汪发瓒，唐进. 1980. 中国植物志[M]. 北京：科学出版社.
2. 何林. 2006. 贮藏温度对南川百合花粉萌发率的影响[J]. 热带农业科技，13－14.
3. 赵静，帅明蓉，赵玉飞，等. 2012. 南川百合组织培养与快繁技术体系研究[J]. 西南师范大学学报(自然科学版)，109－115.
4. 刘华敏. 2010. 部分野生百合(*Lilium*)的核型和ISSR分析[D]：西南大学博士论文.
5. 张腾旬，孙明. 2015. 烯萜合酶基因的生物信息学分析[J]. 中国福建厦门，9.
6. 刘燕琴，胡开治，肖波，等. 2006. 南川百合组织培养研究[J]. 中国现代中药，32－33.
7. 王瑞波. 2009. 中国特有植物南川百合(*Lilium rosthornii* Diels)保护生物学研究[D]：西南大学博士论文.
8. 孙晓玉，杨利平，姜浩野，等. 2003. 条叶百合种子萌发的研究[J]. 植物研究，61－65.
9. 王爱勤，周歧伟，何龙飞，等. 1998. 百合试管结鳞茎的研究[J]. 广西农业大学学报，71－75.

芍药与牡丹组间杂种‘Bartzella’的微繁殖技术研究*

李刘泽木　成仿云①　钟 原　文书生　王 新　黄弄璋
（花卉种质创新与分子育种北京市重点实验室，国家花卉工程技术研究中心，
城乡生态环境北京实验室，园林学院，北京林业大学，北京 100083）

摘要　本文以芍药与牡丹组间杂种（伊藤杂种）‘Bartzella’的鳞芽为外植体，初步建立了其微繁殖体系。主要结果包括：①‘Bartzella’的最佳取材时间为3月下旬；②WPM 培养基中 $Ca(NO_3)_2$ 浓度提高至原浓度的4倍（2224mg·L^{-1}），可显著促进组培苗的生长和增殖；添加有机物水解酪蛋白0.25g·L^{-1}也可在一定程度上提高组培苗增殖率。③生根培养前，将无根苗先接种于培养基1/2 MS中复壮培养10天，然后转入1/2 MS+腐胺1.0mg·L^{-1}+IBA 1.0mg·L^{-1}培养基中诱导根原基，冷处理12天后转常温黑暗环境下诱导培养30天，最后在根形成培养基1/2MS+活性炭4.0g·L^{-1}中培养20天，生根率可达75.51%。④生根质量对移栽成活率影响显著，根数多于3条且愈伤组织小的生根苗移栽成活率高达73.58%。

关键词　芍药与牡丹；组间杂种；‘Bartzella’；微繁殖

Studies on the Micropropagation of Intersectional Hybrids between Herbaceous and Tree Peonies‘Bartzella’in *Paeonia*

LI Liu-zemu　CHENG Fang-yun　ZHONG Yuan　WEN Shu-sheng　WANG Xin　HUANG Nong-zhang
(*Beijing Key Laboratory of Ornamental Plants Germplasm Innovation & Molecular Breeding, National Engineering Research Center for Floriculture, Beijing Laboratory of Urban and Rural Ecological Environment and College of Landscape Architecture, Beijing Forestry University, Beijing* 100083)

Abstract　The *in-vitro* cultured shoots of intersectional hybrids between herbaceous and tree peonies ‘Bartzella’ were used to develop a protocol for micro-propagation. The results showed that: ①The optimal sampling time of ‘Bartzella’ was late March. ②Modification of WPM basal medium on fourfold $Ca(NO_3)_2$ and adding 0.25g·L^{-1} casein acid hydrolysate were effective on the improving of multiplication and growth of ‘Bartzella’. ③For optimal rooting, the shoots were cultured on 1/2 MS for 10 days, then cultured on 1/2 MS + putrescine 1.0mg·L^{-1} + IBA 1.0mg·L^{-1} for 30 days to induce rooting after a cold treatment(4℃)for 12 days, and then transferred onto root formation medium(1/2MS + Activated carbon 4.0mg·L^{-1})for 20 days, so that 75.51% rooting rate was achieved finally. ④The rooting quality had significantly effect on survival of *in-vitro* rooted plantlets in ‘Bartzella’. Plantlets with root number more than three and less callus survived 73.58%.

Key words　Peonies (*Paeonia*); Intersectional hybrids; ‘Bartzella’; Micropropagation

牡丹（*Paeonia* sect. Moutan）与芍药（*Paeonia lactiflora*）是中国栽培历史悠久的传统名花，并称为“花中二绝”。1948年日本育种家伊藤以芍药品种‘Kakoden’为母本，与黄牡丹杂种‘Alice Harding’杂交获得成功，得到世界第一株芍药与牡丹远缘杂种，又称伊藤杂种（*P. Itoh*）（Page，2005）。伊藤杂种兼具父母本特点，表现出诸多杂种优势：其花形叶形似牡丹，生长习性似芍药，冬季地上部分枯萎，抗寒性强（Page，1997）；花色丰富，花瓣基部常有异色斑纹，观赏价值高；花梗长而挺直，色香兼备，瓶插时间长，是极佳的切花材料。

然而，由于伊藤杂种只能采用传统的分株和嫁接方式进行繁殖（Page，2005；庞利铮和成仿云，2011），其繁殖系数低、周期长，严重限制了育种进程和商品苗生产。组织培养技术是一种大规模、工厂化生产植物种苗的新方法，2006年加拿大魁北克生物技术公司成功突破了伊藤杂种的组培快繁技术（Whysall，2006），但是，由于其技术成熟度较低，

* 基金项目：“十二五”农村领域国家科技计划课题（2012BAD01B0704）。
① 通讯作者。Author for correspondence（Email：chengfy8@263. net）。

组培苗产量较小，伊藤杂种在国际市场仍供不应求，价格昂贵。目前，国内的伊藤杂种组培快繁研究近乎空白，仅 Qin 等人(2012)以‘Bartzella’叶柄为外植体，诱导得到少量愈伤组织，而未分化不定芽。因此，缩小国内外差距，研发我国专属的伊藤杂种组培快繁技术，解决其大规模繁殖问题，对推进伊藤新品种培育和现有优良品种的推广兼具重大意义。

近年来，牡丹与芍药的组织培养中，以鳞芽为外植体的研究最为详尽(Teixeira Da Silva *et al.* , 2012)，且国内外报道中均有获得植株的成功案例(Beruto *et al.* , 2004；Beruto and Curir，2007；邱金梅，2010)。而以伊藤杂种为材料的研究却未见报道。本试验以伊藤品种‘Bartzella’为材料，从启动培养、增殖培养、生根和驯化移栽 4 个方面进行研究，以期初步建立其微繁殖体系。

1 材料与方法

1.1 启动培养

试验以不同时期取材的伊藤杂种‘Bartzella’鳞芽为试验材料，取材时间包括：2013 年 3 月底、8 月底、11 月初、12 月初，取材地点为北京林业大学鹫峰国家森林公园牡丹研究基地。

选择健壮、无病虫害的母株，切取饱满鳞芽于流水下冲洗 0.5 ~ 1h，用洗涤灵溶液浸泡 8 ~ 10min，再用流水冲洗 10 ~ 20min。然后，置于超净工作台内用 70% 乙醇灭菌 20 ~ 30s、2% 次氯酸钠灭菌 13min、无菌水冲洗 3 ~ 5 次，最后剥除芽鳞接种于启动培养基 WPM + BA 0.5mg · L^{-1} + GA_3 0.2mg · L^{-1} + 蔗糖 30.0 g · L^{-1} + 琼脂 7.0g · L^{-1}，pH = 5.8；培养温度 24 ± 1℃，光照时数 14h/d，光强 1800lx。以下无特殊说明，蔗糖浓度、琼脂浓度、pH 值和培养条件与此相同。接种后每天观察外植体萌动情况，及时剔除并统计污染、坏死的外植体，培养 40 天后，统计外植体污染率、坏死率、萌发率与增殖率。

1.2 增殖培养

1.2.1 $Ca(NO_3)_2$浓度对增殖的影响

将‘Bartzella’启动培养获得的丛生芽按照 Hosoki (1989)的方法切分为标准单芽(茎长≥1.0 cm)，接种于培养基 WPM 中，调节培养基中 $Ca(NO_3)_2$浓度为：556 (原 浓 度)、1112、1668、2224、2780、3336mg · L^{-1}，并添加 BA 1.0mg · L^{-1}，GA_3 0.4mg · L^{-1}，KT 0.3mg · L^{-1}，$AgNO_3$ 4.0mg · L^{-1} (过滤灭菌)。每处理接种 12 芽，重复 3 次。暗培养 5 天后，转光照培养，50 天后统计增殖率、茎长、叶片数、玻璃化情况及丛生芽健壮程度。

1.2.2 有机添加物对增殖的影响

以‘Bartzella’培养末期得到的标准单芽为试验材料，接种于培养基 WPM($Ca(NO_3)_2$4 倍) + BA 1.0mg · L^{-1} + GA_3 0.4mg · L^{-1} + KT 0.3mg · L^{-1} + $AgNO_3$ 4.0mg · L^{-1}(过滤灭菌)，并分别添加不同浓度的水解酪蛋白：0.25、0.5、0.75、1.0g · L^{-1}。每处理接种 12 芽，重复 3 次。暗培养 5 天后，转光照培养，50 天后统计增殖率、茎长、叶片数、玻璃化情况及丛生芽健壮程度。

1.3 生根培养

以增殖培养得到的第 6 代丛生芽为材料，切取健壮单芽分别接于含活性炭(2.0g · L^{-1})和不含活性炭的 1/2MS 培养基中进行壮苗培养，培养时间分别为 10、20、30 天，以无壮苗培养为对照。壮苗之后再将无根苗转接入培养基 1/2MS + IBA 1.0mg · L^{-1} + 腐胺 1.0mg · L^{-1}(邱金梅，2010)中诱导根原基，先置于 4℃ 冰箱冷处理 12 天，再转入 24 ± 1℃ 环境下暗培养 30 天；最后转入培养基 1/2MS + 活性炭 4.0g · L^{-1} 中培养 20 天以促进根的伸长。每个处理接种 21 个组培苗，重复 3 次，培养末期统计生根率、根数、根长及愈伤组织生长情况。

1.4 移栽与驯化

将‘Bartzella’生根苗置于 4℃ 黑暗条件下冷藏 30 天以解除休眠(Bouza et al. , 1992)，之后转至 24 ± 1℃ 光照环境下闭瓶培养 1 周，再开瓶锻炼 2 ~ 3 天，最后将生根苗从瓶内取出，用 40℃ 左右温水洗净根部琼脂，将生根苗垂直于地面放置，测量愈伤块中部位置宽度以及根数，根据根部发育情况将生根苗分为三级。具体分级标准如下：

一级苗：根数多于 3 条，无愈伤组织或愈伤组织较少；

二级苗：根数少于 3 条，基部膨大，有轻微愈伤组织；

三级苗：根数少于 3 条，基部严重愈伤化，根从愈伤组织发出。

分级后得到一级苗 53 株，二级苗 52 株，三级苗 35 株，分别移栽至 7cm 方形塑料花盆中，移栽基质为经高温高压灭菌(121℃ , 40min)的泥炭土∶蛭石∶珍珠岩(1∶1∶1)。移栽后立即用 0.1% 多菌灵浇透，置于人工气候室(温度 20 ± 1℃，湿度 70%，光照强度 4000lx，光照周期 14h/d)，每隔 10 天统计移栽苗成活率。

1.5 数据统计分析

所有试验数据采用 SPSS 软件进行分析，再进行

LSD 法检验显著性($P \leq 0.05$)。

2 结果

2.1 不同取材时间对启动培养的影响

不同的取材时间对外植体消毒灭菌效果有一定影响(表 1)。3 月下旬取材的外植体污染率最低(23.40%),11 月上旬取材污染最为严重,达到 56.82%。不同的取材时间外植体诱导成苗的效果也不同,3 月取材的外植体接种后长势旺盛,展叶快,萌发率高达 97.22%,并且侧芽大量分化,增殖率达 4.17(图版 A);8 月和 12 月取材的外植体坏死率较高,接种后外植体生长缓慢,一段时间后大量外植体茎尖坏死,生长停滞,最终死亡。综上所述,对于伊藤'Bartzella'而言,最佳的取材时期为 3 月下旬。

表 1 取材时间对'Bartzella'启动培养的影响

Table 1 Effects of buds collecting time onthe initiation of 'Bartzella' *in vitro* cultured

启动培养情况 initiation performance	取材时间 collecting time			
	3/下	8/下	11/上	12/上
接种数(个) Initial explant	47	32	44	30
污染率(%) contamination rate	23.40	43.75	56.82	43.33
坏死率(%) necrotic rate	2.78	22.22	5.26	35.29
萌发率(%) germination rate	97.22	77.78	94.74	64.71
增殖率(n) multiplication rate	4.17	2.00	3.20	3.67

2.2 增殖培养

2.2.1 $Ca(NO_3)_2$浓度对增殖的影响

试验结果表明,提高 WPM 培养基中 $Ca(NO_3)_2$浓度对'Bartzella'组培苗的生长增殖有显著促进作用(表 2)。组培苗增殖率随 $Ca(NO_3)_2$浓度的升高呈先上升后下降的趋势,当 $Ca(NO_3)_2$浓度为 2224mg · L^{-1}时,组培苗增殖率最高,达到 3.45,显著高于对照,茎长由 1.35cm 增长至 2.07cm,有效解决了'Bartzella'组培苗增殖率低和茎段短缩的问题(图版 B)。但当 $Ca(NO_3)_2$浓度提高至 2780 和 3336 mg · L^{-1}时,组培苗进行旺盛的高生长,生长后期部分叶片发黄萎蔫,叶柄也有玻璃化现象(图版 C)。因此,本试验认为在 WPM 基本培养基中,提高 $Ca(NO_3)_2$浓度至 2224mg · L^{-1}比较适合'Bartzella'组培苗的生长和增殖。

表 2 $Ca(NO_3)_2$浓度对'Bartzella'组培苗增殖和生长的影响

Table 2 Effects of $Ca(NO_3)_2$ concentration on the multiplication and growth of *in-vitro* cultured shoots in'Bartzella'

$Ca(NO_3)_2$(mg · L^{-1})	增殖率(n) Multiplication	叶片数(n) Leaf number	茎高(cm) Stem length	芽的质量等级 Quality of shoots	玻璃化 Vitrification
556	2.47 ±0.20b	4.83 ±0.76d	1.35 ±0.26d	+ +	—
1112	2.71 ±0.19b	6.25 ±0.33c	1.64 ±0.35c	+ + +	—
1668	2.70 ±0.25b	6.25 ±0.43c	1.84 ±0.36b	+ + +	—
2224	3.45 ±0.40a	7.93 ±0.75ab	2.07 ±0.38a	+ + +	—
2780	3.40 ±0.35a	8.21 ±0.52a	2.09 ±0.38a	+ + +	叶柄玻璃化
3336	2.92 ±0.14b	7.00 ±0.38bc	2.14 ±0.42a	+ + +	叶柄玻璃化

注:表中数据为平均数 ± 标准差,不同小写字母表示在 $P \leq 0.05$ 差异显著。芽的质量等级:+ + 粗壮;+ + 健壮;+ 细弱。

Note: Data represent means ± standard error, and different letters indicate significant differences at $P \leq 0.05$. Growth status: + + + strong; + + medium; + weak and thin.

2.2.2 水解酪蛋白对增殖的影响

如表 3 所示,低浓度水解酪蛋白对'Bartzella'的增殖和生长有一定的促进作用,当水解酪蛋白浓度为 0.25g · L^{-1}时,组培苗增殖率略高于对照(3.25 和 3.03),且长势旺盛;但随着浓度的增加,组培苗生长势和增殖率显著下降,当水解酪蛋白浓度增加至 1.0g · L^{-1}时,组培苗叶片发黄,叶柄徒长,增殖率低。因此,'Bartzella'增殖培养阶段可添加 0.25g · L^{-1}的水解酪蛋白,以进一步提高增殖率。

表 3 水解酪蛋白浓度对‘Bartzella’组培苗增殖和生长的影响

Table 3 Effects of casein acidhydrolysate concentration on the multiplication and growth of *in-vitro* cultured shoots in‘Bartzella’

水解酪蛋白 ($g \cdot L^{-1}$)	增殖率(n) Multiplication rat	叶片数(n) Leaf number	茎高(cm) Stem length	芽的质量等级 Quality of shoots	玻璃化 Vitrification
0	3.03 ±0.13ab	7.35 ±0.21a	1.82 ±0.34a	+ + +	—
0.25	3.25 ±0.14a	7.59 ±0.80a	1.93 ±0.20a	+ + +	—
0.5	2.85 ±0.22bc	7.58 ±0.34a	1.86 ±0.41a	+ + +	—
0.75	2.86 ±0.13b	7.00 ±0.85a	1.89 ±0.21a	+ + +	—
1.0	2.58 ±0.09c	6.56 ±0.29a	1.64 ±0.30b	+ +	—

注：表中数据为平均数 ± 标准差，不同小写字母表示在 $P \leq 0.05$ 差异显著。芽的质量等级：+ + + 粗壮；+ + 健壮；+ 细弱。

Note: Data represent means ± standard error, and different letters indicate significant differences at $P \leq 0.05$. Growth status: + + + strong; + + medium; + weak and thin.

2.3 复壮培养对生根的影响

结果显示，壮苗培养能有效提高组培苗生根率，并提高生根质量，但生根率与壮苗时间呈反比(表4)。‘Bartzella’复壮培养以10天效果最佳，随着培养时间增加，组培苗生根率和生根质量均下降，根数减少，且部分根基部发黑坏死。壮苗培养基中添加活性炭可减轻组培苗的褐化，但对生根率并没有显著的促进作用。因此，‘Bartzella’壮苗培养的最佳方式为1/2 MS培养基中培养10天，生根率可达75.51%，平均根数3.74条，平均根长1.39cm，组培苗基部愈伤组织少(图版D)。

表 4 壮苗培养对‘Bartzella’组培苗生根的影响

Table 4 Effects of rejuvenation culture on the rooting of *in-vitro* cultured shoots in ‘Bartzella’

活性炭($g \cdot L^{-1}$) activated carbon	复壮培养(d) Rejuvenation culture	生根率(%) Rooting rate	根数(n) Root number	根长(cm) Root length	基部愈伤生长 Callus formation
0	0	63.49 ±5.50bc	2.29 ±1.44b	0.97 ±0.49b	1
	10	75.51 ±8.33a	3.74 ±2.41ab	1.39 ±0.78a	1
	20	71.43 ±0.00abc	4.20 ±3.71a	1.02 ±0.60ab	1
	30	61.53 ±11.12c	3.58 ±2.69ab	1.58 ±0.85b	1
2.0	10	74.41 ±7.17a	3.93 ±2.92a	2.01 ±1.16a	1
	20	73.33 ±7.13ab	3.00 ±1.89ab	1.61 ±0.92a	1
	30	62.30 ±7.13bc	3.00 ±2.38ab	1.13 ±0.86b	1

注：表中数据为平均数 ± 标准差，不同小写字母表示在 $P \leq 0.05$ 差异显著。愈伤组织等级：1：愈伤组织极少；2：基部膨大，有轻微愈伤组织；3：基部严重愈伤化，根从愈伤组织发出。

Note: Data represent means ± standard error, and different letters indicate significant differences at $P \leq 0.05$. Callus formation: 1: nearly no callus; 2: small callus; 3: big callus

2.4 驯化与移栽

由于移栽后的培养环境温湿度变化较大，部分组培苗难以适应而导致叶片逐渐萎蔫，根基变黑并逐渐死亡，这种现象在移栽后的前30天尤为突出。组培苗在移栽过程中，依据愈伤组织的大小及生根数量分为三级，其中，一级苗占37.86%，二级苗占37.14%，三级苗占25.00%。移栽60天后，一级苗移栽成活率显著高于二、三级苗，高达73.58%，二级苗和三级苗仅为32.69%和14.29%(图1)。一级苗移栽后第3天长出第一片新叶，整体长势旺盛(图版E)；二、三级苗长势较弱，移栽约1周后才开始萌发新叶，且叶片较小。因此，组培苗根数及愈伤组织生长状态是影响移栽成活的关键因素，根数大于3且愈伤组织较少的生根苗移栽效果最好。移栽后的前30天是移栽苗能否存活的关键时期，应注重调控栽培环境，保持较强的光照和高湿度能有效提高移栽成活率，提高生产效率。

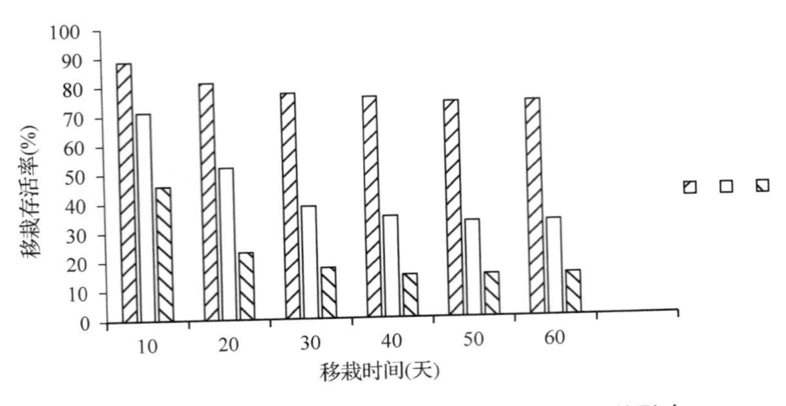

图 1　生根质量对'Bartzella'生根苗移栽成活率的影响

Fig. 1　Effect of rooting quality on survival rate of 'Bartzella' plantlet

3　讨论

3.1　不同取材时间对启动培养的影响

孔祥生等(1998)提出外植体的取材时间是植物组织培养中的首要考虑因素，初春即将萌动的休眠芽培养效果最好。潘瑞炽(2001)认为3月取材的鳞芽经过自然低温后，芽内的激素含量发生变化，促进外植体萌发生长的IAA和GA_3增多，抑制萌发生长的ABA减少，因此促进了外植体的生长。本研究发现，以3月即将萌动的'Bartzella'鳞芽为材料，外植体污染率最低，这是因为经过冬季低温鳞芽表面的菌类活性显著降低，有利于彻底灭菌。外植体接种3天后开始萌动，萌发率高，分生能力强，为最佳取材时间。8、11、12月取材的外植体污染率较高，且主要为真菌污染，可能是因为8月气温较高，菌类物质活动旺盛，而11～12月伊藤鳞芽已处于越冬休眠状态，生长势弱，但菌类仍然生长旺盛，所以灭菌困难。观察发现，细菌污染主要发生在不饱满的外植体上，因此，选择发育饱满、芽鳞包裹紧致的外植体可以有效减少细菌污染的发生。消毒灭菌对芽体的伤害是导致外植体接种后坏死的主要原因，8月和12月取材的外植体芽鳞松软，灭菌过程容易伤害到芽体组织，导致生理机能紊乱，继而坏死。

3.2　培养基对增殖的影响

除生长调节剂外，基本培养基成分也是影响组培苗增殖的重要因素。Bouza等(1994)研究发现将MS培养基中$CaCl_2$浓度加倍可以提高组培苗增殖率，Li等(2008)研究发现，提高MS培养基中NO_3^-－N/NH_4^+－N的比值有利于牡丹组培苗的增殖和生长。WPM培养基中钙离子以$CaCl_2$和$Ca(NO_3)_2$两种形式存在，本试验保持培养基中$CaCl_2$浓度不变，提高$Ca(NO_3)_2$浓度至2224mg・L^{-1}时，'Bartzella'组培苗增殖率由2.47提高至3.45，侧芽生长粗壮。因此，适量提高培养基中$Ca(NO_3)_2$浓度不失为促进增殖的一种有效途径。

水解酪蛋白是一种由多种氨基酸组成的有机添加物，对植物组织和细胞培养有促进作用(杨世海 等，2006)，在春石斛(贾梦雪 等，2013)、早花象牙参(瞿素萍 等，2006)等植物组培快繁中广泛运用。李萍(2007)研究发现，水解酪蛋白对牡丹'乌龙捧盛'、'迎日红'等品种的增殖也有一定的效果，但不同品种间适宜的浓度有较大差别。本研究结果显示，水解酪蛋白对'Bartzella'的增殖有一定影响，0.25g・L^{-1}水解酪蛋白可促进组培苗增殖，但随浓度继续提高，组培苗增殖率下降。

3.3　复壮培养对生根的影响

杨增海(1987)认为，继代培养中组培苗分化能力降低或丧失的原因除长期培养过程中发生遗传性的改变之外，还有生理上的原因，即在培养过程中逐渐消耗了在原有母体组织中存在的与器官形成有关的特殊物质。因此，对难生根的木本植物进行离体培养时，增加一代复壮培养可降低植物体内激素含量，恢复芽体的生理状态。复壮培养即在含有较高浓度的细胞分裂素的增殖阶段后紧接着进行低浓度细胞分裂素或不含细胞分裂素的壮苗培养，可以改变植物体内源激素水平的平衡，从而有利于后期的生根和移栽(沈海龙，2009)。文书生等(2016)研究发现，将'正午'牡丹生根苗培养于复壮培养基1/2MS＋活性炭0.5g・L^{-1}中20天，组培苗生根率由54.0%提高至77.2%，移栽成活率由65.3%提高至92.1%。本研究中，复壮培养后的'Bartzella'组培苗生长健壮，生根率显著提高，但复壮培养时间不宜太长，生根率与复壮时间成反比，复壮培养10天组培苗生根效果最佳。因此，不同品种间适宜的复壮时间不同，这可能与植物材料的生理状态有关，'Bartzella'复壮时间太长导致组培苗衰老，分化能力降低，因此生根率下降。

3.4 生根苗质量对移栽成活的影响

木本植物离体快繁生根困难，且生根苗基部易形成愈伤组织，根直接从愈伤组织发出，这样的不定根与茎维管束之间往往无直接联系，移栽时不定根易脱落导致死亡(陈正华，1986)。而组培苗的生根质量对后期移栽成活率影响显著，获得高质量的生根苗是提高移栽成活率的关键(Qin et al.，2012；邱金梅，2010)。本研究以根数和愈伤组织大小为主要分级标准，将生根苗分为三级，并分别移栽。根数多于3条且愈伤组织较少的一级苗移栽60天后成活率高达73.58%，显著高于二级与三级苗。因此，根数与愈伤组织的大小是影响移栽苗成活的关键因素，根数的多少直接影响根系吸收养料的能力，根数越多移栽苗从基质中吸取养料的能力越强，缓苗也就越快。组培苗基部愈伤组织的大量生长则不利于移栽成活，一方面是由于大量根由愈伤组织产生，不定根质量差，根茎间形成离层，维管组织连接不畅，阻碍了养分和水分的吸收(贾文庆 等，2013)；另一方面因为移栽后的愈伤组织极易腐烂，导致植株死亡(Qin et al.，2012)。因此，生根培养中提高组培苗根数，减少愈伤组织产生是提高移栽苗成活率的关键。大量研究表明，移栽后的养护管理对组培苗的成活率影响显著，主要包括水分平衡、空气温度和湿度控制、防止菌类滋生等措施(张倩和王华芳，2012)。本研究中，组培苗移栽后的前30天死亡率较高，部分组培苗叶片、根系干枯死亡，水分平衡和湿度的控制是关键因素。在组培苗移栽初期，保持强光、高湿高温的培养环境可防止幼苗失水萎蔫，并促使其保护组织和自我调节能力的完善。

图版 芍药与牡丹组间杂种(伊藤杂种)'Bartzella'的微繁殖

PlateMicropropagation of intersectional hybrids between herbaceous and tree peonies (Itoh hybrids) 'Bartzella' in *Paeonia*

图版说明

A：3月下旬取材的'Bartzella'鳞芽启动培养40天后的丛生芽；B~C：$Ca(NO_3)_2$浓度对组培苗增殖和生长的影响(B. $Ca(NO_3)_2$ 2224 mg·L^{-1}，组培苗生长健壮；C. $Ca(NO_3)_2$ 3336 mg·L^{-1}，组培苗玻璃化)；D：壮苗培养10天有效促进组培苗生根率；E：1级苗移栽20天后生长健壮。

Explanation of Plate

A: The shoot cluster induced from buds which were collected in late March after 40 days of initial culture; B~C: Effects of $Ca(NO_3)_2$ concentration on the multiplication and growth of *in-vitro* cultured in 'Bartzella' (B. Shoots cultured on medium containing $Ca(NO_3)_2$ 2224 mg·L^{-1} grew well; C. Shoots cultured on medium containing $Ca(NO_3)_2$ 3336 mg·L^{-1} had some vitrification); D: 10 days rejuvenation of shoots before root inducement was effective on the improving rooting rate; E: The plantlets obtained after 20 days of acclimatization of class one rooted *in-vitro* plants.

参考文献

1. Bouza L, Sotta B, Bonnet M, et al. 1992. Hormone content and meristematic activity of *Paeonia suffruticosa* Andr. cv 'Madame de Vatry' vitroplants during in vitro rooting[J]. Acta Horticulturae, (302): 213-216.
2. Bouza L, Jacques M, Sotta B, et al. 1994. The reactivation of tree peony (*Paeonia suffruticosa* Andr.) vitroplants by chilling is correlated with modifications of abscisic acid, auxin and cytokinin levels[J]. Plant Science, 93: 153-160.
3. Beruto M, Lanteri L, Portogallo C. 2004. Micropropagation of tree peony (*Paeonia suffruticosa*)[J]. Plant Cell Tissue and Organ Culture, 79 (2): 249-255.
4. Beruto M, Curir P. 2007. *In vitro* culture of tree peony through axillary budding// Jain S M, Haggman H. Protocols for micropropagation of woody trees and fruits[M], Springer: 477-497.
5. 陈正华. 1986. 木本植物组织培养及其应用[M]. 北京：高等教育出版社.
6. Hameed M A, Reid J B, Rowe R N. 1987. Root confinement and its effects on the water relations, growth and assimilate partitioning of tomato (*Lycopersicon esculentum* Mill.) [J]. Annals of Botany, 59: 685-692.
7. Hosoki T, Ando M, Kubara T, Hamada M, Itami M.

1989. *In vitro* propagation of herbaceous peony(*Paeonia lactiflora* Pall.) by a longitudinal shoot-split method[J]. Plant Cell Reports, 8(4): 243 -246.

8. 贾梦雪，徐瑾，叶香娟，等. 2013. 春石斛优良品种'森禾2006'组培快繁体系的建立[J]. 植物生理学报，49(12)：1363 -1367.

9. 贾文庆，徐小博，刘会超，等. 2013. 牡丹'乌龙捧盛'组培苗生根及生根解剖学研究[J]. 林业科学研究，26(4)：516 -520.

10. 孔祥生，张妙霞. 1998. 牡丹离体快繁技术研究[J]. 北方园艺. 3(4)：87 -89

11. 李萍. 2007. 牡丹组培快繁技术的研究[D]. 北京林业大学.

12. Li P, Cheng F Y. 2008. Basal Medium with Modified Calcium Source and Other Factors Influence on Shoots Culture of Tree Peony[J]. Acta Hortic, 766: 383 -389.

13. Page M. 1997. The gardener's guide to growingpeonies[M]. David & Charles , Timber Press.

14. Page M. 2005. *Paeonia* Itoh hybrids. Plantsman: New Series, 4 (1): 36.

15. 潘瑞炽. 2001. 植物生理学[M]. 北京：高等教育出版社.

16. 庞利铮，成仿云. 2011. 牡丹与芍药组间远缘杂种(伊藤杂种)的嫁接繁殖[J]. 中国花卉园艺，(22)：30 -32.

17. 邱金梅. 2010. 牡丹微繁殖技术的研究[D]. 北京：北京林业大学硕士论文.

18. Qin L, Cheng F Y, Zhong Y, P Gao, H Yu. 2012. Callus development in tree peonies(*Paeonia* Sect. *Moutan*): influence of genotype, explant development stage and position, and plant growth regulators[J]. Propagation of Ornamental Plants, 12 (2): 117 -126.

19. 瞿素萍，熊丽，李树发等. 2006. 云南野生早花象牙参叶片再生体系的建立[J]. 园艺学报，(02)：441 -444.

20. 沈海龙. 2009. 树木组织培养微枝试管外生根育苗技术[M]. 北京：中国林业出版社.

21. Teixeira Da Silva J A, Shen M, Yu X. 2012. Tissue culture and micropropagation of tree peony (*Paeonia suffruticosa* Andr.)[J]. Journal of Crop Science and Biotechnology, 15 (3): 159 -168.

22. 文书生，成仿云，钟原等. 2016. '正午'牡丹微繁殖体系的建立[J]. 植物科学学报. (01)：1 -8.

23. Whysall. 2006. Pursuit of the perfect peony, an exciting new breed of peony is being madc available this spring, thanks to a groundbreaking propagation technique developed by Quebec company[J]. Planteck Biotechnologies.

24. 杨世海，刘晓峰，果德安，等. 2006. 不同附加物对甘草愈伤组织培养中黄酮类化合物形成的影响[J]. 中国药学杂志，41 (2)：96 -99.

25. 杨增海. 1987. 园艺植物组织培养[M]. 北京：中国农业出版社.

26. 张倩，王华芳. 2012. 牡丹试管苗生根与移栽技术研究进展[J]. 园艺学报，(09)：1819 -1828.

中国观赏园艺研究进展 2016：555～560
Advances in Ornamental Horticulture of China，2016：555～560

姬玉露不定芽诱导及高频离体再生体系的建立*

任改婷[1]　张盛圣[1]　张桂芳[1]　李 娜[1]　郭臣臣[1]　刘 春[2]　张 黎[1]①
（[1]宁夏大学农学院，银川 750021；[2]中国农科院蔬菜花卉研究所，北京 100086）

摘要　以姬玉露叶片为外植体，研究不同激素配比对愈伤组织诱导、再生和生根的影响，建立姬玉露高频离体再生体系。结果表明：愈伤诱导最佳配方 MS + 6-BA1.0mg/L + NAA0.1mg/L。芽诱导最佳培养基配方：MS + 6-BA0.8mg/L + TDZ0.01mg/L + NAA0.3mg/L。增殖最佳培养基配方：MS + ZT0.8mg/L + NAA0.1mg/L，增殖系数达到 10.04。生根最佳培养基配方：1/2 MS + NAA0.2mg/L。

关键词　姬玉露；组织培养；芽诱导

Adventitious Buds Induction and Establishment of High Frequency in Vitro Regeneration System of *Haworthia cooperi* var. *truncate*

REN Gai-ting[1]　ZHANG Sheng-sheng[1]　ZHANG Gui-fang[1]　LI Na[1]　GUO Chen-chen[1]　LIU Chun[2]　ZHANG Li[1]
（[1]*College of Agriculture, Ningxia University, Yinchuan* 750021；
[2]*Vegetable and Flower Research Institute, Chinese Academy of Agricultural Sciences, Beijing* 100086）

Abstract　With the leaf of *Haworthia cooperi* var. *truncate* as the explants, the influence of different ratio of hormones on the callus induction, regeneration and rooting was studied and a high frequency in vitro regeneration system was established. The results showed that: with the 0.1% HgCl2 and processing 8 min has the best effect and the rate of survival is 76.23%. The optimum medium for callus induction is MS + 6-BA1.0mg/L + NAA0.1mg/L. The adventitious bud induction is MS + 6-BA0.8mg/L + TDZ0.01mg/L + NAA0.3mg/L. The medium for propagation of adventitious bud is MS + ZT0.8mg/L + NAA0.1mg/L, and the propagation factor is 10.04. The optimum for rooting is 1/2 MS + NAA0.2mg/L.

Key words　*Haworthia cooperi* var. *truncate*; Tissue culture; Buds induction

姬玉露（*Haworthia cooperi* var. *truncate*）是百合科十二卷属中多肉植物，原产南非。植株较矮，叶呈莲座状排列，叶片顶端透明或半透明，即所谓的“窗部透亮”。具有极高的观赏和收藏价值，是植物园和园艺植物爱好者喜欢收集的品种（高越 等，2010；赵昂 等，2007）。多肉植物在花卉市场上越来越受欢迎，传统的分株、叶插、种子繁殖等方式繁殖率很低，不易成活且生长缓慢，难以满足大规模市场需求。本试验通过组织培养的方法，解决姬玉露繁殖率低、生长慢、品质差等问题，建立姬玉露高效稳定的快繁体系，同时为十二卷属植物的繁殖和种质保存提供一个新的途径（Beyl C. A & Sharma G. C，1983；孙涛 等，2003；宋扬，2014；王紫珊 等，2014；王素华 等，2014）。

1　材料与方法

1.1　试验材料

取姬玉露叶片为外植体，晾晒 1 天后备用。

* 基金项目：宁夏科技支撑计划项目 2014ZZN09《宁夏设施园艺提升发展研究与示范》子课题——小盆花品种资源收集与种苗快繁技术研究与示范。

作者简介：任改婷（1992－），女，河南洛阳，硕士研究生，从事园林植物与观赏园艺研究，Tel：18809507406；Email：861769144@qq.com

① 通讯作者。张黎，教授，宁夏银川，硕士生导师，主要从事园林植物与观赏园艺研究，Tel：18161576096；Email：zhang_li9988@163.com。

1.2 试验方法

1.2.1 外植体最佳灭菌时间筛选

将晾晒好的叶片在烧杯中清洗，用洗洁精洗3min，倒去洗涤液在流水下冲洗20min以上，放入超净工作台，用酒精棉擦拭玻璃杯表面及内壁。

用0.1%的升汞灭菌，设灭菌时间6min、8min、10min、12min共4个处理，灭菌过程中不断摇晃烧杯，使升汞与外植体充分接触，最后用无菌水冲洗3遍，将外植体接种于MS + 蔗糖30g/L + 琼脂6g/L，pH =5.8的培养基中培养，20d后统计污染率、褐化率。培养温度24 ±2℃，光照时间12h/d，光照强度2000lx。

1.2.2 初代愈伤诱导试验

试验采取 $L_9(3^4)$ 正交设计，6-BA（1.0mg/L、3.0mg/L、5.0mg/L），NAA（0.1mg/L、0.5mg/L、1.0mg/L）和IBA（0、0.1mg/L、0.2mg/L）3种激素，共9个处理。将灭菌处理后的叶片直接接种到不同激素配比的培养基（E1~E9），每个处理接种5瓶，3次重复，培养35d后统计出现愈伤的外植体数。

1.2.3 芽诱导试验

初代培养30d后，叶片基部开始出现小颗粒状愈伤，待45d后愈伤组织长大，将愈伤组织切成小块，转接到MS +30g/L蔗糖 +6g/L琼脂 +6-BA（0.6mg/L、0.8mg/L、1.0mg/L）+ TDZ（0、0.01mg/L、0.02mg/L）+ NAA（0.1mg/L、0.2mg/L、0.3mg/L）的芽诱导正交设计组合中（A1~A9），每个处理接种5瓶，3次重复，培养30d后，统计出芽数。

1.2.4 继代增殖试验

在芽诱导培养基中，待芽长到0.4~0.6cm，将丛芽转接到继代增殖培养基（B1~B6）中，不同浓度的6-BA（0.6mg/L、0.8mg/L、1.0mg/L）、ZT（0.6mg/L、0.8mg/L、1.0mg/L）与NAA0.1mg/L组合，继续增殖壮苗培养，30d后测量冠幅，统计芽总数。

1.2.5 生根

当冠幅在1.4~1.7cm，植株生长健壮时，在无菌条件下转接到生根培养基中继续培养。生根培养基设计为MS和1/2MS添加不同浓度NAA（0.1mg/L、0.2mg/L）或IBA（0.1mg/L、0.2mg/L），附加蔗糖30g/L，琼脂6g/L。

1.3 数据统计

污染率（%）= 污染的外植体数/接种外植体数 ×100%

褐化率（%）= 褐化的外植体数/接种外植体数 ×100%

存活率（%）= 存活的外植体数/接种外植体数 ×100%

出愈率（%）= 出现愈伤的外植体数/存活的外植体数 ×100%

出芽率（%）= 萌生丛芽的外植体数/未污染的外植体数 ×100%

增殖系数 = 增殖后的总芽数/接种的芽数

生根率（%）= 生根株数/培养株数 ×100%

采用DPS软件对数据进行处理，采用Duncan's新复极差法进行多重比较

2 结果与分析

2.1 不同灭菌时间对外植体存活率的影响

由表1可以看出，随灭菌时间的加长，污染率逐渐下降，对污染率有明显的降低，但当时间超过8min后，褐化率随着灭菌时间的增加逐渐升高。试验结果说明，用0.1%升汞灭菌处理8min，对姬玉露叶片灭菌效果最佳，叶片成活率达到76.23%，污染率17.03%，褐化率为0。

2.2 不同激素配比对叶片愈伤诱导的影响

表1 不同灭菌时间对外植体存活率的影响

Table1 The influence of different sterilization time onexplant survival rate

处理 Treatment	时间(min) Time(min)	污染率(%) Contamination rate	褐化率(%) Browning rate	成活率(%) Survive rate
1	6	30.12	0	69.90
2	8	20.31	0	76.23
3	10	17.03	12.60	70.41
4	12	0	40.31	59.70

表 2　愈伤组织诱导正交试验表

Table2　The orthogonal experiment table of callus induction

处理 Treatment	6-BA (mg/L)	NAA (mg/L)	IBA (mg/L)	出愈率(%) Initiating rate	生长状况 Growth condition
A1	1(1.0)	1(0.1)	1(0)	80.24Aa	白色、黄色疏松颗粒，芽，白色根
A2	1	2(0.5)	2(0.1)	59.66DEe	白色小颗粒
A3	1	3(1.0)	3(0.2)	55.47Ef	白色小颗粒
A4	2(3.0)	1	2	63.97CDcd	白色转黑色愈伤
A5	2	2	3	48.78Fg	白色转黑色愈伤
A6	2	3	1	61.50CDde	白色转黑色愈伤
A7	3(5.0)	1	3	73.30Bb	黄色膨大
A8	3	2	1	73.37Bb	透绿色愈伤
A9	3	3	2	66.44Cc	透绿色颗粒
K1	65.12	72.50	71.70	–	–
K2	58.08	60.60	63.36	–	–
K3	71.04	61.14	59.18	–	–
R	12.96	11.90	12.52	–	–

注：不同大写字母间表示差异极显著(P<0.01)，不同小写字母间表示差异显著(P<0.05)相同字母代表差异不显著，下同。

表 3　芽诱导正交试验

Table 3　The orthogonal experiment of buds induction

处理 Treatment	6-BA(mg/L)	TDZ(mg/L)	NAA(mg/L)	出芽率(%) Bud rate	生长状况 Growth condition
B1	1(0.6)	1(0)	1(0.1)	62.64Ff	淡绿色丛芽
B2	1	2(0.01)	2(0.2)	65.28Ee	淡绿色丛芽
B3	1	3(0.02)	3(0.3)	59.64Gg	绿色丛芽
B4	2(0.8)	1	2	71.46Cc	愈伤和丛芽
B5	2	2	3	73.53Bb	绿色丛芽
B6	2	3	1	68.30Dd	白色粗根和丛芽
B7	3(1.0)	1	3	74.53ABab	透绿色丛芽
B8	3	2	1	74.00ABb	透绿色丛芽
B9	3	3	2	75.30Aa	透绿色丛芽
K1	62.52	69.54	68.31	–	–
K2	71.0	70.94	70.68	–	–
K3	74.61	67.75	69.23	–	–
R	12.09	3.19	2.37	–	–

表 4　继代增殖试验

Table 4　Multiplication test

处理 Treatment	6-BA(mg/L)	ZT(mg/L)	NAA(mg/L)	冠幅(cm) Canopy(cm)	芽(个) Bud(number)	总芽数(个) Total buds(number)	增殖系数 Enhancement factor
C1	0.6	–	0.1	1.02	3.78	25.40	6.72±0.37Ef
C2	0.8	–	0.1	1.23	4.00	31.25	7.81±0.04Dd
C3	1.0	–	0.1	1.11	4.25	40.13	9.44±0.09Cc
C4	–	0.6	0.1	0.98	3.56	26.31	7.39±0.38De
C5	–	0.8	0.1	1.38	3.71	44.10	11.89±0.16Aa
C6	–	1.0	0.1	1.41	4.51	45.30	10.04±0.06Bb

表5 生根试验

Table 5 Rooting experiment

处理 Treatment	培养基 Medium	NAA(mg/L)	IBA(mg/L)	生根(条) Rooting(number)	生长状况 Growth condition	生根率(%) Rooting rate
D1	MS	0.1	–	4.00±1.0BCb	白色膨胀粗根	100Aa
D2	MS	0.2	–	2.80±0.10CDc	白色膨胀粗根	100Aa
D3	MS	–	0.1	2.50±0.50Dc	白色膨胀粗根	100Aa
D4	MS	–	0.2	2.40±0.60Dc	白色膨胀粗根	100Aa
D5	1/2MS	0.1	–	6.50±0.50Aa	淡绿色根	73.25Cc
D6	1/2MS	0.2	–	7.50±0.50Aa	淡绿色根	75.30Bb
D7	1/2MS	–	0.1	4.87±0.78Bb	淡绿色根	72.05Ee
D8	1/2MS	–	0.2	4.9±0.10Bb	淡绿色根	73.10Dd

由表2可知，根据k值的大小，通过6-BA、NAA、IBA各因素水平间的比较，可得出姬玉露出愈率最优激素组合为6-BA1.0mg/L+NAA0.1mg/L，为9个处理组中的A1号处理，且A1处理与试验中其他处理间有极显著差异，与试验数据所得结果一致，可确定该组合是诱导姬玉露长愈伤的最佳激素配方。在极差分析中极差值R越大，说明该因素对指标的影响越显著，从表中可以看出，NAA的R值最大，说明在本试验中NAA为主导因素，对姬玉露出愈率的影响最大，在这3个因素中，根据R值的大小，姬玉露愈伤诱导影响因子依次是6-BA>IBA>NAA。处理A9，产生的透绿色颗粒状愈伤，在后面的芽诱导过程中出现玻璃花苗，也同样说明6-BA对愈伤诱导的影响较大，当6-BA浓度超过5.0mg/L时，会导致愈伤诱导的芽体不正常。

2.3 不同激素对芽诱导的影响

由表3可得出，B7、B8、B9为诱导丛芽的最佳培养基，诱导出芽率均相对较高，从极差值R分析可以看出，6-BA对姬玉露芽诱导的影响最大，6-BA浓度越高，芽诱导率就越高，但是从芽长势可以发现其玻璃化程度也就越高，因此试验得出的最佳芽诱导培养基为B5，即MS+6-BA0.8mg/L+TDZ0.01mg/L+NAA0.3mg/L。并且，B5与除B7、B8、B9之外的处理间有极显著差异，丛芽生长状况也优于其他处理，并且出苗没有玻璃化现象。

2.4 不同浓度的6-BA和ZT对姬玉露继代增殖的影响

由表4可以看出，添加ZT的C4、C5和C6处理与对应添加相同浓度6-BA的C1、C2、C3处理存在极显著性差异，且使用ZT增殖出的芽叶色更浓绿，说明使用同浓度ZT对姬玉露增殖效果优于6-BA。6个处理之间均存在显著性差异，且处理C5与其他5个处理有极显著性差异，C5为继代增殖最佳处理，增殖系数达到10.04；生长状况良好，冠幅达到1.38cm，因此，最佳的继代增殖培养基为MS+ZT0.8 mg/L +NAA0.1 mg/L。

2.5 姬玉露生根试验研究

由表5可以看出，8个处理均能生根，但生根状况有差异，D1、D2、D3、D4处理生根率与其余4组存在极显著性差异，但4组根长势不佳，根出现畸形过旺生长趋势，消耗过多养分。处理D6与D5、D7、D8存在极显著性差异，生根率75.30%，根生长健壮，长势良好，且处理D5、D6生根数与其他6个处理存在极显著性差异，平均生根数高达6.5以上。综合分析，处理D6为最佳生根处理组合，最佳的生根培养基为1/2MS+NAA0.1mg/L。

3 讨论与结论

3.1 讨论

在初代愈伤组织生长过程中，有玻璃化和褐化死亡现象，继代增殖过程也出现少量玻璃化。并且初代诱导愈伤过程相对多数组培植物，时间较长。这可能与多肉植物本身的植物特性有关，可能是多肉植物的发生途径比较特殊，需要在今后的试验中针对其发生途径做进一步的石蜡切片、细胞方面等进行观察。在姬玉露细胞增殖试验中，没有设计NAA浓度变化对试验结果的影响，主要原因是，在芽诱导过程中，较低浓度的NAA即可诱导出丛芽，且根据相关研究，对继代增殖的影响主要是细胞分裂素的作用，因此设计了不同细胞分裂素种类及浓度对增殖结果的影响。此外在继代过程中，出现的变异情况比较复杂，叶色、叶型易变化，出现了部分变化叶的现象。叶顶端通透的“窗”易产生不定变异，在继代过程中可以继续做深入的研究，有助于找到控制变异的有效途径，使变异朝着观赏需要的方向发展，为进一步满足市场需求做贡献。生根方面，MS 培养基比 1/2MS 培养基产生的根粗壮，并且有膨胀现象，可能是由于培养基内营养元素含量过多的原因。

3.2 结论

（1）姬玉露叶片最佳灭菌时间为 8min，成活率达到 76.2%。

（2）姬玉露愈伤诱导最佳培养基配方，MS +6-BA 1.0mg/L + NAA0.1mg/L，附加 6g/L 琼脂，30g/L 蔗糖。

（3）姬玉露芽诱导最佳培养及配方，MS +6-BA 0.8mg/L + TDZ0.01 mg/L + NAA0.3mg/L，附加 6g/L 琼脂，30g/L 蔗糖。

（4）姬玉露增殖最佳培养基配方，MS + ZT0.8mg/L + NAA0.1mg/L，附加 6g/L 琼脂，30g/L 蔗糖，增殖系数达到 10.04。

（5）姬玉露生根最佳培养基配方，1/2 MS + NAA0.2mg/L，附加 6g/L 琼脂，30g/L 蔗糖。

参考文献

1. Beyl C. A. , and Sharma G. C. , 1983, Picloram induced somatic embryogenesis in Gasteria and Haworhia, Plant Cell Tissue Organ Culture, 2：123 - 132.
2. 高越，王娅欣，孙涛，等. 2010. 毛玉露的组织培养与快速繁殖[J]. 生物学通报，45(6)：54 - 55.
3. 黄素华，肖惠匀，洪燕萍. 水晶掌组织培养与快速繁殖[J]. 福建师范大学学报(自然科学版)，2014，30(5)：96 - 100.
4. 孙涛，金蕊，李德森. 康平寿的组织培养与快速繁殖[J]. 植物生理学通讯，2003，39(3)：232.
5. 宋扬. 冰灯玉露的组织培养与快速繁殖技术研究[J]. 现代农业科技，2014，(18)：164 - 166.
6. 王紫珊，王广东，王雁. 多肉植物白银寿‘奇迹’的离体培养与快速繁殖[J]. 基因组学与应用生物学，2014，33(06)：1329 - 1335.
7. 赵昂，左志宇，宋晓涛，等. *Haworthia mirabilis* 的组织培养与快速繁殖[J]. 植物生理学通讯，2007，43(6)：1137 - 1138.

附图

图 1　愈伤组织诱导(30d)
Fig. 1　Callus induction (30d)

图 2　愈伤组织诱导(45d)
Fig. 2　Callus induction(45d)

图 3 芽诱导(20d)
Fig. 3　Buds induction(20d)

图 4 芽诱导(30d)
Fig. 4　Buds induction(30d)

图 5　继代增殖
Fig. 5　Multiplication

图 6　生长健壮植株
Fig. 6　Strong plant

图 7　生根培养
Fig. 7　Rooting culture

盐胁迫对木香薷种子萌发的影响*

王玉杰　李保印　员梦梦　周秀梅①
（河南科技学院园艺园林学院，新乡 453003）

摘要　以当年采收及在冰箱4℃干藏1年的木香薷种子为试材，采用单因素完全随机试验设计，在实验室条件下，研究了盐胁迫对木香薷种子萌发的影响。结果表明：①NaCl对当年采收的处于萌发期的木香薷种子有极显著的胁迫作用($P<0.01$)，且这种胁迫作用表现为随浓度的增大而增强，由强到弱的顺序为100mmol/L＝80mmol/L＞60mmol/L＞40mmol/L＞20mmol/L＞CK，当浓度＞80mmol/L时，木香薷种子的萌发几乎完全受到抑制。②40 mmol/L的NaCl、KCl、NaCl＋KCl对4℃干藏近1年处于萌发期的木香薷种子的胁迫作用由大到小的顺序为NaCl＞KCl＞NaCl＋KCl。③4℃干藏近1年的木香薷种子比当年采收的种子在萌发期的耐盐性更强。该试验结果既丰富了木香薷耐盐特性方面的理论，又为其在盐渍化土壤中的栽培应用、种质资源评价、耐盐育种提供了理论依据。
关键词　木香薷；盐胁迫；NaCl；KCl；种子萌发

Effects of Salt Stress on the Seed Germination of *Elsholtzia stauntonii* Benth.

WANG Yu-jie　LI Bao-yin　YUN Meng-meng　ZHOU Xiu-mei
(*Department of Horticulture and Landscape*, *Henan Institute of Science and Technology*, *Xinxiang* 453003)

Abstract　Taking the *Elsholtzia stauntonii* seeds harvested in the same year or stored drily in the refrigerator at 4℃ for nearly one year as the experimental material, the Effects of salt stress on the seed germination of *E. stauntonii* were studied in the laboratory by means of single factor completely randomized experiment. The results showed that: ①NaCl had great significant stress ($P<0.01$) on the germination of the seeds harvested in the same year, and the stress effect was enhanced with the concentration increase, and the order from strong to weak was 100mmol/L = 80mmol/L > 60mmol/L > 40mmol/l > 20mmol/L > CK, and when the concentration was more than 80 mmol/L, the seeds germination was almost inhibited completely. ②The stress effects of NaCl, KCl and NaCl + KCl in 40mmol/L on germination of the seeds stored dry in the refrigerator at 4℃ for nearly one years were different and the order from strong to weak was NaCl > KCl > NaCl + KCl. ③The salt tolerance of the seeds stored drily in the refrigerator at 4℃ for nearly one year was stronger than it of the seeds harvested in the same year. These results not only enriched the theoretical knowledge on the characteristics of salt stress, but also provided scientific basis for the cultivation and application of *E. straunonii* on the salt soil, germplasm resources evaluation and salt resistance breeding.
Key words　*Elsholtzia stauntonii* Benth.; Salt stress; NaCl, KCl; Seed germination

木香薷(*Elsholtzia stauntonii* Benth.)是唇形科香薷属植物，产于辽宁、河北、河南、山西、陕西及甘肃(丁宝章 等，1997)，目前多野生。落叶亚灌木，茎直立，顶生花序。秋季开花，花多为蓝紫色，亦见少量白花植株。花开于少花的秋季，花香，有杀菌、抑菌功效，花色具有很好的群体观赏效果，是构建保健、芳香型园林的良好材料。其茎、叶、花均有浓厚的芳香气味，能提取芳香精油，还能在烹饪鱼、鸡、猪肉时作为调味料，因口感清香而备受消费者欢迎。也是中草药中常见的解表药，性味辛、微温，具有发汗解表，祛暑化湿，利尿消肿的功能。用作兽药，可治水肿、发汗、呕逆、肺热等症。基于木香薷的多种用途，前人对木香薷进行了栽培(周秀梅 等，2014；郭甲科 等，2007；刘鑫军，2007；龚松，2014)、采

* 基金项目：河南省科技厅科技攻关项目(112102310449)；河南科技学院博士启动基金项目(2008012)。
作者简介：王玉杰(1971—)，男，河南科技学院在读硕士研究生，E-mail：1209329681@ qq. com 。
① 通讯作者。周秀梅(1966—)，女，博士，副教授，E-mail：zxm@ hist. edu. cn。

收(孟宪玲 等，2014)、精油提取工艺(朱广龙 等，2014)、矿质元素分析(周秀梅 等，2011；周秀梅 等，2012a)、化学成分(郑尚珍 等，2000；2001；周秀梅 等，2012b；师守国 等，2014)、化感作用(周秀梅 等，2012b；2015)、花期调控(龚松，2014)、杀虫效果(徐硕，2005；吕建华 等；2008)等方面的研究，但未见有关耐盐性的研究报道。木香薷可以用扦插繁殖，但因其为亚灌木的特性，一年生枝条的上部组织不够充实，冬季上部枯死，故能用于扦插繁殖的材料较少，进而限制其繁殖的规模和数量。然而木香薷的顶生花序产种量大，种子在适宜土壤中，发芽成苗容易，生长快，当年就能开花，故多用播种繁殖。然而，微小的木香薷种子播种到不同程度的盐碱地中，其发芽成苗情况未见报道。根据联合国教科文组织和粮农组织不完全统计，全世界盐碱地的面积为9.5438亿 hm^2，其中我国为9913万 hm^2；且种子萌发期又是植物对盐胁迫的敏感期(沈禹颖 等，1999)，该阶段的耐盐状况在一定程度上也反映了其耐盐程度(武冲等，2010)。为弄清木香薷种子在盐碱土的萌发状况，进行了该试验，旨在丰富木香薷耐盐特性方面的理论知识，又为其在盐渍化土壤中的栽培应用、种质资源评价、耐盐育种提供理论依据。

1 材料与方法

1.1 试验材料

2012年11月采于河南省济源黄楝树林场的当年生木香薷种子，除杂后筛选备用。

1.2 试验方法

单因素完全随机试验设计。处理木香薷种子的分析纯氯化钠(NaCl)溶液浓度设5个梯度(20mmol/L、40mmol/L、60mmol/L、80mmol/L、100mmol/L)，以蒸馏水作空白对照，每处理重复4次。将底部铺设2层滤纸的培养皿灭菌后，放于消毒过的光照培养箱中待用。选取籽粒饱满、大小均匀一致的种子放入烧杯中，用1∶25的84消毒液消毒10min后，再用蒸馏水冲洗5次后阴干。每个培养皿中播种50粒，放入光暗交替(20000lx光照14h、23℃，黑暗10h、15℃)的培养箱中，于2012年12月15～30日在河南科技学院花卉栽培学实验室的光照培养箱中培养。

根据上年试验结果，选取盐浓度40mmol/L作为基准浓度，分别用该浓度的NaCl、KCl、NaCl+KCl(1∶1体积比)处理于冰箱中4℃干藏近1年的木香薷种子，以蒸馏水作为对照，每处理重复6次。实验于2013年10月15 ～31日在同一光照培养箱中进行。

播种后，每天19：00观察、记录种子的发芽数，补充水分。以胚根突破种皮，且长度达种子长度的1/2时，记为发芽。待对照连续3天发芽数稳定时结束试验。根据参考文献[18]所述方法，计算发芽率、发芽势、成苗率、发芽指数，按照公式“相对盐害率(%)=(对照发芽率－处理发芽率)/对照发芽率”，“胁迫强度=｜胁迫下指标值－对照指标值｜”，计算相对盐害率。经3s法检验数据在 $P=0.05$ 水平上有无异常，经D´Agostino法检验数据的正态性。用DPS数据处理系统进行方差分析，对需要反正弦转换的百分数值进行转换，再用Tukey法多重比较。

2 结果与分析

2.1 不同浓度的NaCl溶液对木香薷种子萌发的胁迫作用

用不同浓度的NaCl溶液处理处于萌发期的当年采收的木香薷种子，对其发芽率、发芽势、成苗率、发芽指数和相对盐害率5项指标的胁迫作用均达到了极显著水平($P<0.01$)，对不同处理间的胁迫作用进行多重比较，结果见表1。

从表1可以看出，不受NaCl胁迫的供试种子能较好地萌发(表1－第1行)，而在萌发期受到不同浓度的NaCl胁迫时，其发芽势、发芽指数、发芽率、成苗率4项指标的值均随NaCl浓度的升高而降低，而相对盐害率这一指标值则是随着NaCl浓度的升高而升高(表1)。

表1 不同浓度的NaCl溶液对木香薷种子萌发的胁迫作用

浓度(mmol/L)	发芽势(%)	发芽指数	发芽率(%)	成苗率(%)	相对盐害率(%)
CK	63.75±2.87 Aa	6.15 ±0.69 Aa	88.50±4.43 Aa	86.50±4.73Aa	0.00±0.00 Ee
20	30.50±3.42 Bb	5.00 ±0.65 Ab	82.00±1.63 Aa	82.00±1.63 Aa	7.20±4.35 Dd
40	6.00±1.63 Cc	2.06 ± 0.38 Bc	39.50±4.12 Bb	37.50±3.00 Bb	55.20±6.11 Cc
60	0.50±1.00 Dd	0.40 ± 0.22 Cd	7.00±2.58 Cc	5.50±1.91 Cc	92.16±2.67 Bb
80	0.50±1.00 Dd	0.04 ± 0.07 Cd	0.50±1.00 Dd	0.50±1.00 Dd	99.47±1.06 Aa
100	0.00±0.00 Dd	0.00 ± 0.00 Cd	0.00±0.00 Dd	0.00±0.00 Dd	100.00±0.00 Aa

注：同列中大写字母不同表示差异极显著；同列中小写字母不同表示差异显著；各指标值均为平均数±标准差。下同。

当种子受 20 mmol/L 的 NaCl 胁迫时，发芽势的值极显著地低于对照，发芽指数的值是显著低于对照，发芽率和成苗率 2 项指标的值与对照相比差异不显著，而相对盐害率的值则极显著地高于对照(表 1－第 2 行)。这表明，该条件下虽然出苗不整齐，出苗期延长，且存在极显著的盐害现象，但是仍然有较多的种子能萌发成苗。

当年采收的木香薷种子在萌发期分别受到 40mmol/L 及 60mmol/L 的 NaCl 胁迫时，发芽势、发芽指数、发芽率、成苗率 4 项指标值，均快速降低且极显著地低于对照，相对盐害率这项指标的值快速升高，且极显著地高于对照及其他低浓度处理的值，这两个浓度处理之间，5 项指标的值也存在极显著的差异(表 1－第 3、4 行)。表明 60mmol/L 的 NaCl 处理对当年采收的木香薷种子的萌发具有极大的盐害作用，最终导致其发芽成苗的数量极低。当 NaCl 的浓度进一步提高到 80mmol/L、100mmol/L 时，其发芽率、发芽势、成苗率、发芽指数、相对盐害率 5 项指标值之间差异极不显著，且当 NaCl 浓度达到 100mmol/L 时，发芽率、发芽势、成苗率、发芽指数 4 项指标值均降低到 0，相对盐害率则升高到了 100%(表 1－第 5、6 行)。

综合来看，NaCl 的不同浓度处理对当年采收的木香薷种子萌发期胁迫作用由大到小的顺序依次是 100mmol/L = 80mmol/L > 60mmol/L > 40mmol/L > 20mmol/L > CK。对当年采收的木香薷种子来说，40mmol/L(2.34%) NaCl 是其萌发阶段所能忍受的阈值。

2.2 不同类型的盐对木香薷种子萌发的胁迫作用

冰箱中 4℃ 干藏近 1 年的木香薷种子在萌发期，分别用 40mmol/L 的 NaCl、KCl、NaCl + KCl 处理后，其发芽势、发芽指数、发芽率、成苗率和相对盐害率各指标的值见表 2。

表 2　不同类型的盐对木香薷种子萌发的胁迫作用

处理	发芽势(%)	发芽指数	发芽率(%)	成苗率(%)	相对盐害率(%)
CK	82.33 ±3.67 Aa	10.19 ±0.49 Aa	95.69 ±2.33 Aa	94.33 ±2.94 Aa	0.00 ±0.00Aa
NaCl	57.33 ±8.55 Bb	8.23 ±1.03 Aa	87.00 ±9.01 Aa	85.33 ±8.45 Ab	7.63 ±7.65Aa
KCl	66.33 ±9.16 ABb	8.40 ±1.54 Aa	89.67 ±5.43 Aa	87.33 ±4.84 Aab	6.23 ±6.03Aa
NaCl + KCl	68.33 ±10.46ABb	13.57 ±6.72 Aa	94.00 ±1.79 Aa	93.33 ±2.42 Aab	1.69 ±3.01Aa

4℃ 干藏近 1 年的木香薷种子比当年采收的种子萌发成苗情况更好(表 2－第 1 行)。当该批种子在萌发期分别受 40mmol/L 的 NaCl、KCl、NaCl + KCl 胁迫时，其发芽势受到极显著的影响，表现为 NaCl 胁迫处理的值极显著地低于对照的值，KCl 及 NaCl + KCl 胁迫处理的值显著低于对照的值(表 2－第 2 列)；其成苗率受到显著影响，表现是 NaCl 胁迫处理的值显著低于对照的值；KCl 及 NaCl + KCl 胁迫处理的值虽然低于对照的值，但未达到显著水平(表 2－第 5 列)；其发芽指数、发芽率、相对盐害率所受影响均未达到显著水平(表 2－第 3、4、6 列)。

综合来看，40mmol/L 的不同盐对冰箱 4℃ 干藏近 1 年的木香薷种子萌发期的盐胁迫作用由大到小的顺序依次是 NaCl > KCl > NaCl + KCl。

2.3 NaCl 对贮藏不同时间木香薷种子萌发指标的胁迫强度

NaCl 对贮藏不同时间木香薷种子萌发指标的胁迫强度见表 3。

表 3　NaCl 对贮藏不同时间木香薷种子萌发指标的胁迫强度

贮藏条件	发芽势(%)	发芽指数	发芽率(%)	成苗率(%)
4℃干藏	25.00 ±7.87	1.96 ±1.14	8.67 ±9.26	9.00 ±9.18
不贮藏	57.75 ±3.30	4.08 ± 0.69	49.00 ±7.39	49.00 ±6.63

由表 3 可以看出，40 mmol/L 的 NaCl 对 4℃ 干藏近 1 年的木香薷种子的胁迫要比对当年采收的种子胁迫强度小，表现为对其发芽势、发芽指数、发芽率、成苗率的胁迫强度值分别小 32.75%、2.12%、40.33%、40.00%。说明木香薷种子经过 4℃ 干藏后，其种子更趋成熟、活力更强，耐盐性得到明显提高，萌发时间更短，出苗更集中，萌发成苗率也更高。

3 结论与讨论

NaCl 溶液对当年采收的处于萌发期的木香薷种子有极显著的胁迫作用（$P<0.01$），且这种胁迫作用表现为随 NaCl 浓度的增大而增强，由强到弱的顺序为 100mmol/L = 80mmol/L > 60mmol/L > 40mmol/L > 20mmol/L > CK，当浓度 > 80mmol/L 时，木香薷种子的萌发几乎完全受到抑制。当年采收的木香薷种子有一定的耐盐性，当基质中的 NaCl 低于 40mmol/L（2.34%）时，能用播种法繁殖。40mmol/L 的 NaCl、KCl、NaCl + KCl 对 4℃ 干藏近 1 年处于萌发期的木香薷种子的胁迫作用不同，由大到小的顺序为 NaCl > KCl > NaCl + KCl。同为萌发期，4℃ 干藏近 1 年的木香薷种子比当年采收种子的耐盐性更强。

萌发成苗阶段是种子植物生活史中最脆弱的阶段（薛凤 等，2015）。该阶段中，种子萌发受包括种子内部的生理因素和外部的生态环境在内的很多因素影响（武冲 等，2010）。本试验发现，当年采收的木香薷种子在萌发期受到不同浓度的 NaCl 胁迫时，出苗率和成苗率表现为随浓度的升高而降低的趋势，显示出极显著的浓度效应。这与薛凤等（2015）和武冲等（2010）的研究结论一致。

一般来说，含盐量为 0.3%（相对于 5.172mmol/L 的 NaCl），植物种子的出苗率为 70% ~80% 时，该土壤为轻度盐碱土，而当含盐量到达 0.6%（相对于 10.254mmol/L 的 NaCl），植物种子的出苗率低于 50% 时，则为重度盐碱土。本试验中，当年采收的木香薷种子受到 20mmol/L（≈1.17%）的 NaCl 胁迫时，出苗率和成苗率均为 82%，而当浓度升高到 40mmol/L（≈2.34%）时，其发芽率和成苗率分别为 39.5% 和 37.5%；而 4℃ 干藏近 1 年的木香薷种子在萌发期受到 40mmol/L 的 NaCl 溶液胁迫时，其发芽率和成苗率仍能达到 87% 和 85.33%。说明木香薷种子能在含 NaCl 较重的盐碱土中播种出苗，且其耐盐性强弱跟种子的生理状态有关。大量研究表明，盐胁迫会破坏种子细胞膜的结构和功能，导致代谢紊乱，活力降低乃至失去萌发能力（武冲 等，2010；薛凤 等，2015；阮松林 等，2002）。各种盐生植物的种子对盐度的耐受阈限不同，相同盐浓度下的萌发率也不同。至于当年采收的木香薷种子与 4℃ 干藏近 1 年的木香薷种子的生理状态之间有什么不同，还需要进一步研究。

40mmol/L 的不同盐对 4℃ 干藏近 1 年的木香薷种子萌发期的盐胁迫作用由大到小的顺序依次是 NaCl > KCl > NaCl + KCl。说明 K^+ 的存在可在一定程度上缓解 Na^+ 对种子发芽的毒害作用，这与林紫玉等（2008）的研究结论一致。

植物各个生长时期的耐盐机制或方式可能不同（罗志娜 等，2012；侯梁宇 等，2014），但木香薷种子萌发期的耐盐力与其他生育阶段的耐盐力之间的相关关系，尚待研究。

参考文献

1. 丁宝章，王遂义，高致明，等. 1997. 河南植物志第三册［M］. 郑州：河南科学技术出版社，384－385.
2. 周秀梅，李保印，王有江. 2014. 流行香料植物栽培管理技术之十——木香薷栽培管理［J］. 中国花卉园艺，(24)：40－41.
3. 郭甲科，白芳芳，查振道，等. 2007. 木香薷的生态特性与扦插繁殖技术［J］. 林业实用技术，(5)：21－22.
4. 刘鑫军. 2007. 木香薷的开发利用与栽培技术［J］. 北方园艺，(8)：154－155.
5. 龚松. 2004. 大同市园林绿化优良乡土植物华北香薷繁育技术［J］. 内蒙古林业，(1)：30－31.
6. 孟宪玲，朱广龙，马茵，等.. 2014. 木香薷精油提取最佳采收期的研究［J］. 中国野生植物资源，33(1)：16－19.
7. 朱广龙，赵挺，康冬冬，等. 2012.. 木香薷精油最佳提取工艺的研究［J］. 中国野生植物资源，31(4)：5－9.
8. 周秀梅，李保印，林紫玉. 2011. ICP－AES 测定木香薷中 4 种宏量金属元素的含量［J］. 河南科技学院学报：自然科学版，39(5)：26－29.
9. 周秀梅，李保印，张建伟. 2012. ICP－AES 测定木香薷中的 10 种微量金属元素［J］. 光谱实验室，29(4)：2124－2128.
10. 郑尚珍，康淑荷，沈彤. 2000. 木香薷化学成分的研究［J］. 西北师范大学学报（自然科学版），36(1)：51－57.
11. 郑尚珍，利毛才让，戴荣，等. 2001. 超临界流体 CO_2 萃取法研究木香薷精油化学成分［J］. 西北师范大学学报（自然科学版），37(3)：37－40.
12. 师守国，李善菊. 2014. 不同萃取头对木香薷挥发性物质成分分析［J］. 江苏农业科学，42(8)：301－303.
13. 周秀梅，齐安国，郑翠翠，等. 2012. 木香薷地上部位水浸液的化感作用比较［J］. 中国农学通报，28(25)：196－200.
14. 周秀梅，李保印，徐小梅. 2015. 紫苏水浸液对木香薷种子萌发和幼苗生长的化感作用［J］. 资源开发与市场，31(10)：1155－1158.
15. 龚松. 2014. 华北香薷花期调控技术初步研究［J］. 内蒙古林业科技，40(3)：33－35.

16. 徐硕. 2005. 木香薷挥发油对仓虫成虫作用的研究[J]. 粮油仓储科技通讯，(6)：40－41.
17. 吕建华，吴树会，袁良月，等. 2008. . 木香薷提取物对玉米象和赤拟谷盗成虫的作用研究[J]. 河南工业大学学报(自然科学版)，29(2)：31－34.
18. 沈禹颖，王锁民，陈亚明. 1999. 盐胁迫对牧草种子萌发及其恢复的影响[J]. 草业学报，8(3)：54－60.
19. 薛凤，魏天兴，葛根巴图. 2015. 盐胁迫对9种植物发芽生长的影响[J]. 林业调查规划，40(4)：123－128，132.
20. 武冲，张勇，唐树梅，等. 2010. 盐胁迫对木麻黄种子萌发的影响[J]. 种子，29(4)：30－33.
21. 阮松林，薛庆中. 2002. 盐胁迫条件下杂交水稻种子发芽特性和幼苗耐盐生理基础[J]. 中国水稻科学，16(3)：281－284.
22. 林紫玉，贾文庆. 2008. 盐分胁迫下紫花苜蓿种子发芽特性的研究[J]. 北方园艺，(4)：152－154.
23. 罗志娜，赵桂琴，刘欢. 2012. 24个燕麦品种种子萌发耐盐性综合评价[J]. 草原与草坪，32(1)：34－38，41.
24. 侯梁宇，王兴鹏. 2014. NaCl胁迫对黄瓜种子萌发的影响[J]. 安徽农业科学，42(24)：8123－8124.

IBA 和 NAA 对太行菊扦插成活效果的影响*

杨永娟　孙 明①
（花卉种质创新与分子育种北京市重点实验室，国家花卉工程技术研究中心，
城乡生态环境北京实验室，园林学院，北京林业大学，北京 100083）

摘要　探讨生长素类似物萘乙酸(NAA)和吲哚丁酸(IBA)对太行菊扦插成活效果的影响，提高广义菊属难繁野生资源太行菊的成活率，有利于野生菊花资源的保存，同时也为菊属及其近源种的相关研究提供实验材料。采用浸泡法，以不同浓度的 NAA、IBA 及 NAA 和 IBA 混合液(包括对照共 16 组)处理插穗，最后统计其成活率、生根数量、叶片数、平均最长根长、株高，比较其根系及植株生长情况，分析不同处理对太行菊扦插成活效果的影响。结果表明：不同浓度 IBA、NAA 对太行菊扦插成活效果的影响不一，但都显著高于对照组，其中 150mg/L IBA 与 150mg/L NAA 混合处理、150mg/L IBA 与 450mg/L NAA 混合处理、300mg/L IBA 与 300mg/L NAA 混合处理太行菊插穗，其成活率最高，达 93.3%；经 300mg/L IBA 和 300mg/L NAA 等量混合处理太行菊插穗时，不仅扦插成活率最高，而且扦插苗叶片数最多，株高较高，根系较长，平均生根数较多。以上结果表明，采用适当浓度的 IBA、NAA 处理可以促进太行菊扦插生根，并提高扦插苗质量。

关键词　太行菊；扦插成活率；IBA；NAA

Effects of IBA and NAA on Survival of *Opisthopappus taihangensis* Cutting

YANG Yong-juan　SUN Ming
(*Beijing Key Laboratory of Ornamental Plants Germplasm Innovation & Molecular Breeding, National Engineering Research Center for Floriculture, Beijing Laboratory of Urban and Rural Ecological Environment and College of Landscape Architecture, Beijing Forestry University, Beijing* 100083)

Abstract　In purpose of preserving rare germplasms and providing enough seedlings for breeding, the effects of IBA and NAA on survival of *Opisthopappus taihangensis* cuttings were explored for raising the survival rate of cuttings. By dipping(3min) method, *Opisthopappus taihangensis* cuttings were treated by different concentrations of IBA , NAA and equal amount mixed of different concentrations IBA and NAA to statistically record survival rate, root number, leaf number, average maximum root length and height. Then we compared the root and plant growth situation and analyzed the impacts of different treatments on *Opisthopappus taihangensis*. The results showed that different concentrations of IBA, NAA and mixed solution of IBA and NAA had different impacts on cuttings of *Opisthopappus taihangensis*. Treatments of IBA(150mg/L) and NAA(150mg/L), IBA (150mg/L) and NAA(450mg/L), IBA(300mg/L) and NAA(300mg/L) produced the highest survival rate, which were up to 93.33%. Not only the survival rate of the treatment of IBA(300mg/L) and NAA(300mg/L) was highest, but the plants had strong roots, numerous roots and strong shoots. These results indicated that the combination of IBA and NAA at proper concentration might enhance survival rate of *Opisthopappus taihangensis* and improve quality of cutting seedling.

Key words　*Opisthopappus taihangensis*; Survival rate of cutting; IBA; NAA

太行菊(*Opisthopappus taihangensis*)为菊科太行菊属多年生植物，分布于河南林州、河北邢台等地，生长在太行山上海拔约 1000m 的峭壁石缝中，具有极强的抗逆性，是研究菊花抗逆性较好的实验材料，但是由于太行菊生长环境的特殊性，导致太行菊在其他地方繁殖困难，成活率极低，已成为国家第二批珍稀濒危保护植物，因此研究不同的生长素类似物对太行菊成活率的影响，以期为菊花抗逆性育种提供实验材

* 基金项目：十二五国家科技支撑计划课题(2013BAD01B07，2012BAD01B07)，国家高技术研究发展计划课题(2013AA102706)。
① 通讯作者。sun. sm@ 163. com

料，推动菊花抗逆育种的发展，同时也扩大太行菊种质资源数量，保护野生菊花资源。

近年来，生长素类似物用于菊花扦插的比较多(张孟仁，2008；杨雪萌，2009；赵茵，2009；李彦侠，2010)。刘萍等(2002)研究不同浓度的 NAA 对千头小黄菊水培扦插生根的影响时发现，在众多处理中 10mg/L NAA 生根效果最佳。董必慧等(2008)分别用使用 0mg/L、100mg/L 和 200 mg/L IBA 处理菊花插穗，发现 100mg/L IBA 处理的插穗生根数量明显增加，根的生长情况也较其他组效果好，而浓度过高则对根的生长有一定的抑制作用。赵茵(2009)分别用浓度为 0.02%、0.04% 和 0.06% 的 IBA，0.02%、0.04% 和 0.06% 的 NAA 处理菊花品种'神马'的插穗，结果表明：0.04% IAA 处理菊花生根率最高，可达 90%。NAA 有促进细胞分裂和扩大，诱导形成不定根的功效，而 IBA 不易被光分解，比较稳定，并且有不易传导、不易伤害枝条、使用安全、生根作用强等特点。IBA 虽然对扦插生根作用强烈，但不定根长而细，最好与萘乙酸混合使用(吴春花 等，2001)。有关菊花扦插繁殖的报道虽多，但是关于太行菊扦插繁殖的报道较少，而太行菊是菊花野生资源中较为重要的研究材料(陆苗，2010；刘海芳 等，2013)，同时又为国家第二批珍稀濒危保护植物，因此本实验设计了不同浓度梯度的 IBA 和 NAA 以及两者混合处理插穗，筛选出有利于太行菊扦插成活的 IBA、NAA 处理浓度，为太行菊的扦插繁殖做参考，以期为实验研究和保护野生资源做贡献。

图 1　太行菊生境

Fig. 1　The habitats of *Opisthopappus taihangensis*

1　材料与方法

1.1　实验材料

实验选取广义菊属难繁种质太行菊为实验材料，插穗取自北京林业大学小汤山菊花种质资源圃。从生长良好、无病虫害的枝条上选取长 7 ~ 8cm 的顶端部分，为剪取插穗做准备。

图 2　太行菊单株

Fig. 2　*Opisthopappus taihangensis* in its habitats

1.2　实验方法

1.2.1　实验设计

对太行菊插穗分别进行浓度为(A1)150mg/L、(A2)300mg/L、(A3)450mg/L IBA 处理和浓度为(B1)150mg/L、(B2)300mg/L、(B3)450mg/L NAA 处理，以及两者混用(C1)150mg/L IBA + 150mg/L NAA、(C2)150mg/L IBA + 300mg/L NAA、(C3)150mg/L IBA + 450mg/L NAA、(C4)300mg/L IAA + 150mg/L NAA、(C5)300mg/L IAA + 300mg/L NAA、(C6)300mg/L IAA + 450mg/L NAA、(C7)450mg/L IBA + 150mg/L NAA、(C8)450mg/L IBA + 300mg/L NAA、(C9)450mg/L IBA + 450mg/L NAA 处理，将插穗基部浸泡在配置好的溶液中 3min，对照组(CK)：直接浸泡在清水中 3min，各处理在以下图表中均用以上标号代替。每个处理 10 个插穗，重复 3 次。

1.2.2　扦插方法

扦插在同一日光温室的同一苗床上进行，将选取的茎段顶端部分统一剪成长约 3 ~ 4cm 并留 1 ~ 2 片大叶的插穗，剪取插穗时，剪口上平下斜，上端距剪口芽约 1cm，随剪随插，将插穗扦插在以蛭石和珍珠岩为基质的 50 孔穴盘中，蛭石∶珍珠岩 = 1∶1，穴盘规格为 53.5cm × 27.5cm。扦插之前用 50% 多菌灵可湿性粉剂 1000 倍浇透基质。

1.2.3　扦插后的管理

扦插后立即灌透水 1 次，以后定期检查和喷水保湿，控制相对湿度在 60%~70%。在扦插后 20d 后观察太行菊扦插发芽成活状况，45 天后统计成活率，并对扦插苗生根数量、平均最长根长、叶片数和株高进行统计。

1.2.4 数据处理

采用微软EXCEL软件和SPSS22.0数据处理软件对实验数据进行分析。

2 结果与分析

2.1 不同处理对太行菊扦插成活率的影响

由图3可知，不同浓度处理对太行菊扦插成活率影响不一，但都显著高于对照组，其中150mg/L IBA与150mg/L NAA混合处理、150mg/L IBA与450mg/L NAA混合处理、300mg/L IBA与300mg/L NAA混合处理太行菊插穗，其成活率最高，达93.3%，其次是300mg/L IBA与450mg/L的NAA混合处理以及450mg/L IBA与150mg/L的NAA混合处理，达86.6%，最低的为对照组，成活率为0。450mg/L IBA与300mg/L NAA混合处理、450mg/L IBA与450mg/L NAA混合处理成活率虽然高于对照组，但相对于其他处理成活率明显降低，说明适宜的生长素类似物浓度有利于太行菊插穗成活，过高的浓度处理虽能促进太行菊扦插生根，但效果稍差。

2.2 不同处理对太行菊扦插苗生根数量的影响

根系的生成是衡量扦插苗成活的标志之一，而生成根系的数量和根系的长度则代表着扦插苗成活的状况，也是衡量地下部生长是否健壮的指标。NAA和IBA的主要作用是促进扦插苗根系的生长，但不同浓度的生长素类似物对扦插生根的效果不一。对不同浓度的植物生长调节剂对太行菊扦插生根数做方差分析，结果见表1。由表1可知，不同处理之间(包括对照组)处理间相同的概率P=0.000<0.01，说明不同浓度处理之间达现极显著水平，进一步进行多重比较见图4，由图4可知，经清水浸泡的插穗(对照组)未有根系生成，而其他经不同浓度生长调节剂处理的插穗均有根系生成。其中450mg/L IBA处理的插穗扦插后生根数最多，平均数达到30条，与其他处理之间的差异达显著水平(P<0.05)。300mg/L IBA和150mg/L NAA混合处理次之，300mg/L IBA和300mg/LNAA居第三位，但两者之间差异不显著。浓度较低的150mg/L IBA、浓度较高的450mg/L IBA和300mg/LNAA混合处理以及450mg/L IBA和450mg/L NAA混合处理太行菊插穗，扦插苗生根数量少，三者之间差异不显著，但显著高于对照组。说明生长素类似物的浓度偏低或偏高对促进太行菊插穗生根的效果变差。

表1 不同处理下太行菊扦插苗生根数量的方差分析表

Table1 The variance analysis of *Opisthopappus taihangensis* cuttings' rooting number

	平方和	df	平均值平方	F	显著性
处理间	10903.017	15	726.868	13.017**	0.000
处理内	17980.241	322	55.839		
总变异	28883.257	337			

P=0.01。

2.3 不同处理对太行菊扦插苗平均最长根长的影响

根系长度是衡量地下部生长的指标之一，生长素类似物可促进插穗根系的生长。对不同浓度的IBA、NAA和两者的混合处理对太行菊插穗扦插后的平均最长根长进行方差分析，结果见表2。由表2可知，不同处理之间(包括对照组)处理间相同的概率P=0.000<0.01，说明不同浓度处理之间差异达到极显著水平，进一步进行多重比较见图5，由图5可知，经300mg/L IBA和150mg/L NAA混合处理的插穗扦插成活后，平均根长最长，达到12.80cm，150mg/L IBA和300mg/L NAA混合处理次之，达10.47cm，150mg/LIBA和450mg/L NAA位居第三，三者之间差

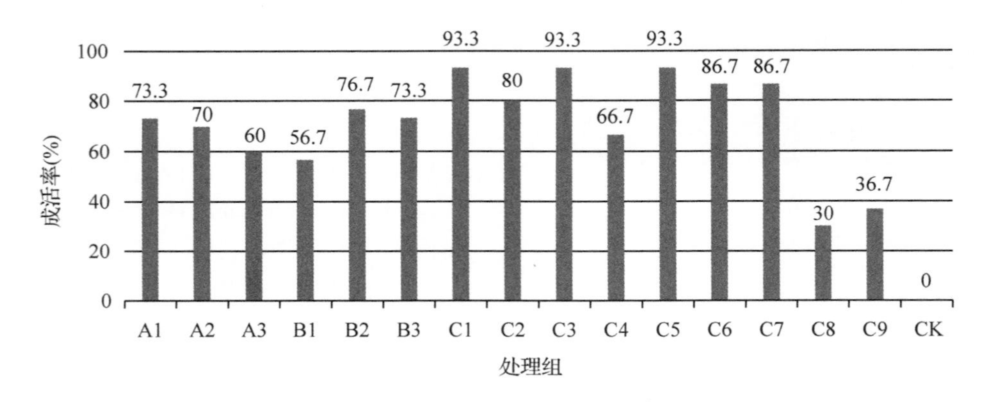

图3 不同处理对太行菊扦插成活率的影响

Fig. 3 Effects of IBA and NAA on cutting survival rate of *Opisthopappus taihangensis*

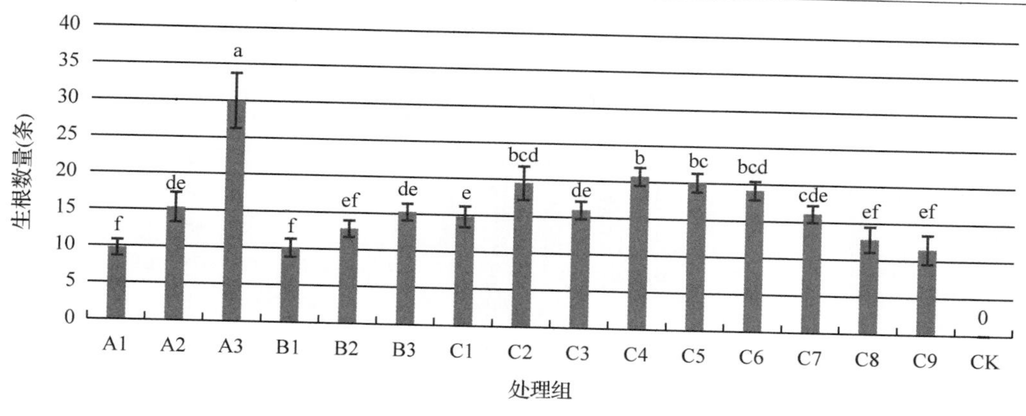

注：不同小写字母表示不同处理的生根数量间差异达 0.05 显著水平。

Note: Different small letters showed that rooting number was up to P < 0.05 at different treatment level.

图 4　不同处理对太行菊扦插苗生根数量的影响

Fig. 4　Effects of IBA and NAA on rooting number of *Opisthopappus taihangensis* cuttings

异不显著。低浓度的 150mg/L IBA 和 300mg/L IBA，以及高浓度的 450mg/L IBA 和 300mg/L NAA 混合处理以及 450mg/L IBA 和 450mg/L NAA 混合处理对太行菊扦插生根效果较差，四者之间差异不显著。说明过低、过高浓度的生长素类似物对太行菊插穗根系生长的促进效果差。

表 2　不同处理下太行菊扦插苗平均最长根长的方差分析表

Table2　The variance analysis of *Opisthopappus taihangensis* cuttings' average maximum root length

	平方和	df	平均值平方	F	显著性
处理间	2797.206	15	186.480	8.986 * *	0.000
处理内	6682.497	322	20.753		
总变异	9479.704	337			

P = 0.01。

2.4　不同处理对太行菊扦插苗叶片数的影响

扦插成苗后，插穗叶片数是衡量扦插苗地上部分生长情况的指标之一，新生叶片数越多，扦插苗生长越健壮。对不同浓度的生长素类似物处理下太行菊扦插的叶片数进行方差分析，结果见表 3，由表 3 可知，处理间相同的概率 P = 0.000 < 0.01，说明不同浓度处理之间差异达极显著水平，进一步进行多重比较见图 6，由图 6 可知，300mg/L IBA 和 300mg/L NAA 混合处理插穗，叶片数最多，平均值达 11.96 片，450mg/L IBA 和 150mg/L NAA 混合处理插穗，叶片数平均值稍低于 300mg/L IBA 和 300mg/L NAA 混合处理，但两者之间差异不显著。低浓度的 150mg/L IBA、高浓度的 450mg/L IBA 和 450mg/L NAA 混合处理对太行菊扦插苗叶片数较少，说明低浓度和高浓度处理条件下插穗生长势差。

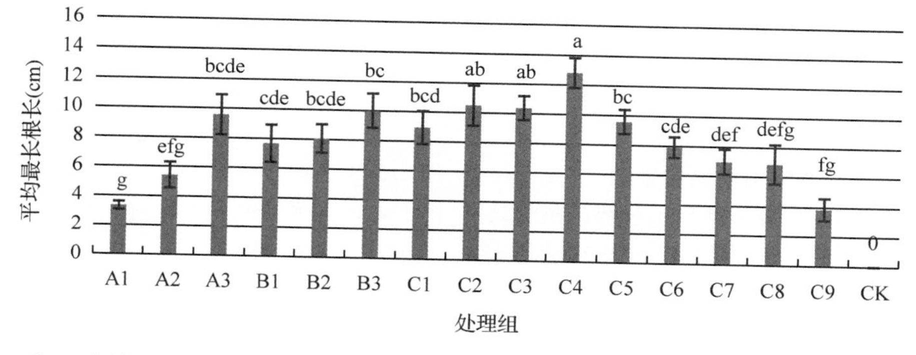

注：不同小写字母表示不同处理的平均最长根长间差异达 0.05 显著水平。

Note: Different small letters showed that average maximum root length was up to P < 0.05 at different treatment level.

图 5　不同处理对太行菊扦插苗平均最长根长的影响

Fig. 5　Effects of IBA and NAA on average maximum root length of *Opisthopappus taihangensis* cuttings

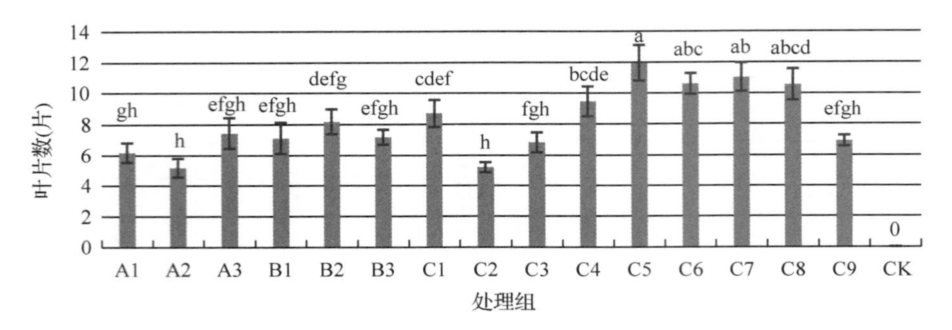

注：不同小写字母表示不同处理的叶片数差异达 0.05 显著水平。

Note: Different small letters showed that leaf number was up to P<0.05 at different treatment level.

图 6 不同处理对太行菊扦插苗叶片数影响

Fig. 6 Effects of IBA and NAA on leaf number of *Opisthopappus taihangensis* cuttings

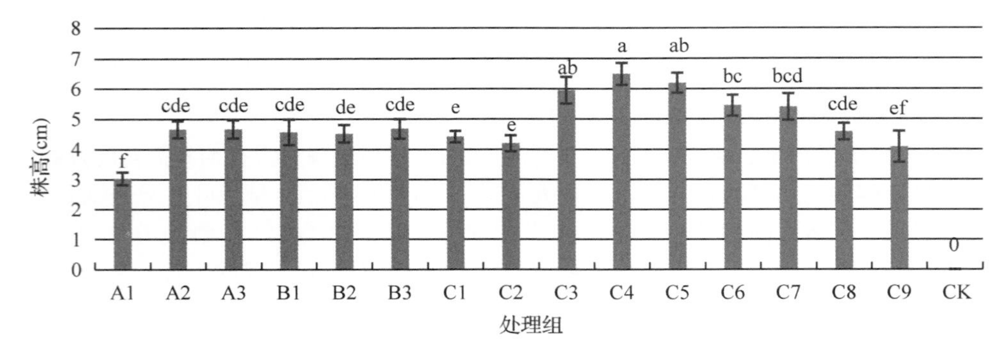

注：不同小写字母表示不同处理的株高间差异达 0.05 显著水平。

Note: Different small letters showed that height was up to P<0.05 at different treatment level.

图 7 不同处理对太行菊扦插苗株高的影响

Fig. 7 Effects of IBA and NAA on height of *Opisthopappus taihangensis* cuttings

表 3 不同处理下太行菊扦插苗叶片数方差分析表

Table3 The variance analysis of *Opisthopappus taihangensis* cuttings' leaf number

	平方和	df	平均值平方	F	显著性
处理间	2384.659	15	158.977	11.215**	0.000
处理内	4564.678	322	14.176		
总变异	6949.337	337			

P=0.01。

2.5 不同处理对太行菊扦插苗株高的影响

植株高度也是衡量扦插苗成活后生长势的指标之一。对 16 个处理条件下太行菊扦插苗的株高进行方差分析，结果见表 4，由表 4 可知，处理间相同的概率 P=0.000<0.01，说明不同浓度处理之间差异达现极显著水平，进一步进行多重比较见图 7，由图 7 可知，其中 300mg/L IBA 和 150mg/L NAA 混合处理条件下，太行菊扦插苗的植株高度大于其他处理，达到 6.49cm，300mg/L IBA 和 300mg/L NAA 混合处理仅次于上述处理，达到 6.20cm，150mg/L IBA 和 450mg/LNAA 混合处理居第三位，达 5.95cm，3 个处理条件下，植株高度差异不显著。低浓度的 150mg/L IBA 以及高浓度的450mg/L IBA 和450mg/L NAA 混合处理条件下植株高度较矮，仅达 3.03cm 和 4.08cm，说明低浓度和高浓度处理条件下，插穗的生长量小，长势弱，适宜的浓度处理才能到达理想的效果。

表 4 不同处理下太行菊扦插苗株高的方差分析表

Table 4 The variance analysis of *Opisthopappus taihangensis* cuttings' height

	平方和	df	平均值平方	F	显著性
处理间	604.534	15	40.302	16.286**	0.000
处理内	796.819	322	2.475		
总变异	1401.353	337			

P=0.01。

3 讨论

目前，萘乙酸(NAA)和吲哚丁酸(IBA)作为生根剂被广泛应用于组织培养的生根和扦插繁殖(吴春花等，2001；张孟仁，2008；闫海霞，2013)。NAA 能够促进插穗贮存的淀粉水解为还原糖，为植物生根提供碳源和能量，从而诱导形成不定根。与 NAA 相比，

IBA 不易被光分解，比较稳定，并且有不易传导、不易伤害枝条、生根作用强等特点。IBA 虽然对扦插生根作用强烈，但不定根长而细，最好与萘乙酸混合使用。因此本实验选取 IBA、NAA、以及两者混合使用处理太行菊插穗。从本研究结果来看，IBA、NAA 以及 IBA 和 NAA 混合处理太行菊插穗，其成活率都呈现先升后降的趋势，这与吴春花等(2001)和张孟仁(2008)的研究结果是一致的。最终结果表明150mg/L IBA 与 150mg/L NAA 混合处理、150mg/L IBA 与 450mg/L NAA 混合处理、300mg/L IBA 与 300mg/L NAA 混合处理太行菊插穗，其成活率最高，达 93.3%，显著高于对照组；经 300mg/L IBA 与 300mg/L NAA 混合处理太行菊插穗，不仅扦插成活率最高，而且该处理平均叶片数最多，平均地上部分长度最长，地上部分生长健壮，根系生长情况较好，这说明 NAA 与 IBA 混合使用可以起到互补的作用，提高太行菊扦插成活效果。

本研究结果表明，IBA 和 NAA 都有利于提高太行菊扦插成活率，但不同处理表现有一定差异，IBA 和 NAA 混合使用效果比 IBA、NAA 单独使用效果佳，其中 300mg/L IBA 与 300mg/L 的 NAA 组合处理太行菊插穗的扦插成活率最高，且平均叶片数最多，平均地上部分长度最长，地上部分生长健壮，根系生长情况好。

参考文献

1. 陈学锋．探究影响菊花扦插成活的因素[J]．生物学教学，2007，11：60－61.
2. 陈雪鹃，吴珏，李雪珂，等．芙蓉菊组培快繁技术的研究[J]．中南林业科技大学学报，2012，07：100－104＋127＋151.
3. 董必慧，沈银凤．不同浓度 IBA 处理对菊花水插生长的影响[J]．安徽农业科学，2008，26：11311－11313.
4. 冯晓容，王兴文，俞晓艳，等．菊花嫩枝扦插繁殖试验[J]．宁夏农林科技，2015，03：8－11＋14.
5. 郭云文．两种藤本植物扦插繁殖技术研究[D]．北京林业大学，2008.
6. 黄熊娟，李剑钊．菊花扦插生根研究进展[J]．广西农业科学，2008，05：668－671.
7. 李彦侠．菊花脑扦插繁殖试验研究[J]．农业科技通讯，2010，07：69－70.
8. 刘萍，刘海英，齐付国，等．NCT、NAA、青霉素及氨苄青霉素对菊花水培扦插生根的影响[J]．河南师范大学学报(自然科学版)，2002，04：77－80.
9. 罗敬东，唐雪辉，刘兴乐，等．吲哚丁酸和萘乙酸对黄花槐嫩枝扦插的影响[J]．安徽农业科学，2009，06：2495－2496.
10. 穆鼎，金波，杨孝汉．IBA 和营养雾对菊花插条生根的影响[J]．园艺学报，1992，01：89－90.
11. 穆俊祥，曹兴明，于秀琴．NAA 浓度与浸泡时间对菊花扦插生根的影响[J]．集宁师专学报，2009，04：32－36.
12. Niu Y T，Li L，Xu R X. 2012. Study on the effect of 2,4-D onrooting capacity of hardwood cutting of hybrid te[J]. Heilongjiang Agricultural Science(8)：81－83.
13. Su L P. 2006. Effects of plant regulator on rooting of cutting Chinese rose [J]. Acta Agriculturae Jiangxi，18(3)：106－108.
14. Wang W F，Li B H，Zhang Q，Liu Y Q，Du S H，Li J J. 2007. Effect of different concentration of IBA on softwood-cutting of *Tilia mongolica*[J]. Journal of Agricultural University of Hebei，18(3)：106－108.
15. 吴春花，郑成淑，李莲花，等．IBA 和 NAA 对菊花“秀芳力”扦插生根的影响[J]．延边大学农学学报，2001，01：54－57.
16. 王健省，程琳琳，王旭，等．不同生长素处理和营养液浓度对双瓣茉莉水培扦插生根的影响[J]．南方农业学报，2015，02：282－285.
17. 闫海霞，卢家仕，黄昌艳，等．萘乙酸和吲哚丁酸对月季扦插成活效果的影响[J]．南方农业学报，2013，11：1870－1873.
18. 杨雪萌．菊花扦插生根技术和机理研究[D]．南京农业大学，2009.
19. 张孟仁．IBA 和 NAA 处理菊花扦插生根试验[J]．北方园艺，2008，09：130－131.
20. 赵兰枝，刘振威，王珊珊，等．菊花水插扦插生根试验[J]．山东林业科技，2005(4)：19－20.
21. 赵茵．菊花扦插繁殖技术研究[J]．河北农业科学，2009，04：20－21.

附图

扦插所用母株
the stock plant

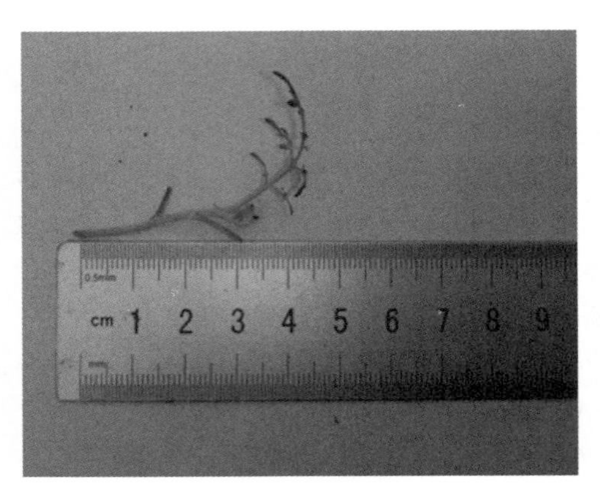

修剪后的插穗
the cutting after pruning

生根的小苗
the rooted seedlings

扦插苗生长指标测定
measuring the growth index of cuttings

将扦插苗种植于盆中
planting the cutting seedlings in the pots

洋桔梗叶片高频再生体系建立的研究

黄泽　董婕　张晓莹　吴晓凤　赵海霞　孙晶文　车代弟①
（东北农业大学园艺学院，园林植物遗传育种与生物技术实验室，哈尔滨 150030）

摘要　洋桔梗（*Eustoma grandiflorum*）花色丰富、姿态优美，是一种新型高档切花。本研究以洋桔梗品种‘优胜’（绿色）叶片为外植体，筛选最适灭菌条件，确定最适愈伤组织诱导培养基：MS＋0.5mg·L^{-1}6-BA＋0.1mg·L^{-1} NAA，诱导率为83%；最适分化培养基：MS＋0.5mg·L^{-1}6-BA＋0.1mg·L^{-1}IAA＋1.0mg·L^{-1} GA_3，增殖系数为5.58；最适生根培养基：1/2MS＋0.1mg·L^{-1}NAA＋1.0mg·L^{-1} IBA，生根率为100%，平均每株根数为19.55。初步建立了洋桔梗再生体系，以期为洋桔梗遗传转化提供技术支撑。
关键词　洋桔梗；叶片；高频再生体系；培养基

Study on Rapid Propagation Technology of *Eustoma grandiflorum*

HUANG Ze　DONG Jie　ZHANG Xiao-ying　WU Xiao-feng　ZHAO Hai-xia　SUN Jing-wen　CHE Dai-di
(*Oranmental Plants Genetic Breeding and Biotectnology*, *Northeast Agricultural University*, *Harbin* 150030)

Abstract　Lisianthus (*Eustoma grandiflorum*), with rich color, graceful, is a new type of cut flowers. This experiment used orthogonal experimental design, filtrating optimal mediums of differential for adventitious buds and roots, explants of *E. grandiflorum* were sterilized and callus were inducted to proceed genetic transformation and germplasm of Lisianthus. What results showed is that the optimal sterilization methods to establish leaf regeneration system of *E. grandiflorum* ‘superior’ (green): 75% alcohol with 2% NaClO disinfected for 20 min. MS contains 0.5mg/L 6-BA＋0.1mg/L NAA with PH value of 6.3 is most suitable for inducing callus. Best medium for adventitious buds is MS＋0.5mg·L^{-1}6-BA＋0.1mg·L^{-1}IAA＋1.0mg·L^{-1} GA_3. 1/2MS＋0.1mg·L^{-1}NAA＋1.0mg·L^{-1} IBA or 1/2MS＋0.1 NAA mg·L^{-1}＋1.0 NAA mg·L^{-1} are best rooting。*E. grandiflorum* regeneration system was established, with a view to laying the theoretical foundation for genetic transformation.
Key words　*Eustoma grandiflorum*；Regeneration system；Micropropagation

洋桔梗（*Eustoma grandiflorum*）是龙胆科龙胆属的一、二年生草本植物，其花色丰富、姿态优美，是一种较为新型的高档切花，在国内种植规模仅次于月季、康乃馨、菊花和非洲菊，在国际市场上也有较为突出的表现（Kunitake H *et al*，1995），市场需求量极大、前景广阔。

我国的洋桔梗育种工作起步较晚，目前栽培品种主要依靠国外进口，制约其在国内的切花生产（马洪英，2012；黄正秉，2012）。利用遗传转化进行种质资源创新是目前较为有效的一种途径，建立高效的再生体系是遗传转化的前提（林白年 等，1994；韦三立，2000）。已有的研究主要探讨不同的外植体类型、激素组合等对洋桔梗的离体再生的影响，发现不同基因型的洋桔梗适宜的激素组合存在较大差异。本实验以洋桔梗优良品种‘优胜’为材料，对影响建立叶片高频再生体系的激素组合、pH值及驯化栽培基质等因素进行研究，得到植株在各个阶段适宜的培养方式，建立高频再生体系，为洋桔梗遗传转化提供技术支持。

1　试验材料与方法

1.1　外植体的选择及消毒

试验材料洋桔梗优质品种‘优胜’由东北农业大学园林育种与生物技术实验室保存。

取叶片为外植体，常规冲洗后，采用2.0%

①　通讯作者。Author for correspondence（E-mail：daidiche@aliyun.com）。

NaClO灭菌，设置10min、15min、20min 3个时间处理，每种处理接种30个外植体，重复3次，接种15天后观察记录。培养条件为：MS基本培养基，温度25±1℃，光照时间12h/d。

1.2 愈伤组织的诱导

诱导愈伤组织培养基为MS基本培养基，处理采用6-BA、NAA和pH共3个因素、不同浓度的3水平的正交试验设计（$L_9(3^3)$ 6-BA/NAA/pH），外植体为‘优胜’无菌苗叶片（5mm×5mm），每组处理30个外植体，3次重复，接种20天后观察记录。

1.3 再生培养

设计4因素4水平的正交试验（$L_{16}(4^4)$），因素为6-BA、NAA、GA_3、IAA，每个因素设4个水平。基本培养基为MS培养基，每个处理接种30个不定芽，40天后观察记录。

1.4 生根培养

以MS和1/2MS为基础培养基，设置2因素（NAA、IBA）3水平试验，接种20天后观察记录。

1.5 组培苗的驯化与移栽

苗高为6~7cm时，开瓶炼苗2~3天，进行移栽驯化，栽植基质为蛭石和草炭1:1（体积比），充分浇水后放置在阴凉处缓苗。空气温度20~25℃，空气相对湿度为60%~80%。

2 结果与分析

2.1 不同消毒时间对外植体污染率的影响

表1显示，随着消毒时间的减少，叶片的染菌率随之增高，其中2%的NaClO处理20min时，污染率最低为20.0%；灭菌10min污染率最高，为40%。表明较长的消毒时间利于洋桔梗叶片灭菌，但是消毒20min时，虽然污染率降低，但叶片死亡数增加，表明NaClO对外植体叶片造成一定的损伤。不同消毒时间对叶片灭菌情况有较大的影响，所以外植体消毒15min效果最好，污染率较低、叶片损伤也相对较少。

2.2 不同激素种类、浓度以及pH值对叶片诱导愈伤组织的影响

由表2可以看出在，培养基含0.5mg·L^{-1}6-BA、0.10mg·L^{-1}NAA、pH为6.3的Y9处理，愈伤组织的诱导率最高，达83%，此处理出现愈伤组织的时间最短，愈伤组织出现频率最高，诱导效果最好。培养基含0.1mg·L^{-1}6-BA和0.01mg·L^{-1}NAA的Y1处理，愈伤组织出现的时间较晚，长势不均，诱导率最低，且多数白化死亡。

表1 不同灭菌时间污染率比较情况

Table 1 Pollution rate at different sterilization time

培养基	灭菌时间（min）	接种叶片数	叶片死亡数	染菌率（%）
MS	10	30	11.63±1.53 a	41.49±5.00 a
MS	15	30	7.62±2.00 b	32.36±1.00 b
MS	20	30	6.55±1.00 b	20.92±2.08 c

注：同列数据后标不同字母者表示显著差异（$P<0.05$）。

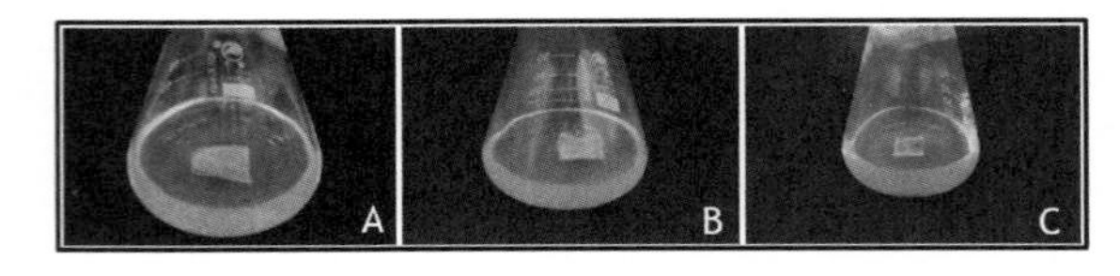

图1 不同时间外植体处理生长状态

Fig. 1 Disinfection of explants in different sterilized times 10 days later

A 外植体消毒10min；B 外植体消毒15min；C 外植体消毒20min

A Sterilized explants 10 min disinfection status of ; B Sterilized explants 15min ; C Sterilized explants 20 min

表2 不同PH及NAA、6-BA激素组合对叶片愈伤组织诱导的影响

Table 2 Different pH and NAA, 6-BA effects of hormones on callus induction from leaf

处理	pH	NAA	6-BA	出现时间（d）	诱导率（%）
Y1		0.01	0.1	26	45.61±4.04 c
Y2	5.3	0.05	0.5	29	29.62±2.52 d
Y3		0.10	1.0	17	21.64±2.08 e
Y4		0.01	0.5	64	93.24±3.51 a
Y5	5.8	0.05	1.0	20	60.12±3.00 b
Y6		0.10	0.1	12	15.87±2.08 ef
Y7		0.01	1.0	15	34.20±2.65 d
Y8	6.3	0.05	0.1	15	11.52±2.08 f
Y9		0.10	0.5	13	47.13±4.04 c

注：同列数据后标不同字母者表示显著差异（$P<0.05$）。

2.3 不同激素种类、浓度对洋桔梗再生的影响

表3显示，培养基中含0.5mg·L^{-1}6-BA，0.1mg·L^{-1}IAA，1.0mg·L^{-1}IBA激素的Z5处理的增殖系数最大，为5.58。Z1处理增殖系数最小，为1.38。在Z1－Z4的组合中，随着NAA、GA_3、IAA激素浓度的增加，分化系数随之增大。实验表明，适量激素能促进其生长发育，过量的激素反而抑制植株的生长。

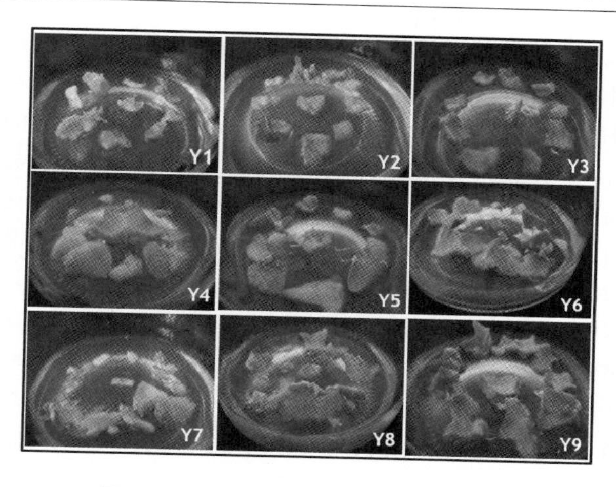

图 2　Y1－Y9 培养基接种 20 天后愈伤组织的生长状态

Fig. 2　Growth of inoculated callus in the Y1－Y9 medium 20 days later

表 3　不同激素组合对洋桔梗愈伤组织再生的影响

Table 3　Effects of different hormone combinations on callus regeneration of lisianthus

处理	激素				增殖系数
	6-BA	NAA	IAA	GA3	
Z1	0	0	0	0	1.50 ±0.020 k
Z2		0.2	0.1	0.5	3.32 ±0.059 fgh
Z3		0.5	0.15	1.0	3.61 ±0.031 efg
Z4		1.0	0.2	1.5	3.72 ±0.025 def
Z5	0.5	0	0.1	1.0	5.59 ±0.015 a
Z6		0.2	0	1.5	4.38 ±0.025 c
Z7		0.5	0.2	0	3.60 ±0.081 de
Z8		1.0	0.15	0.5	3.39 ±0.030 h
Z9	1.0	0	0.15	1.5	3.69 ±0.057 d
Z10		0.2	0.2	1.0	5.38 ±0.036 b
Z11		0.5	0	0.5	2.99 ±0.036 i
Z12		1.0	0.1	0	3.07 ±0.059 ij
Z13	1.5	0	0.2	0.5	2.95 ±0.032 ij
Z14		0.2	0.15	0	3.42 ±0.122 ij
Z15		0.5	0.1	1.5	3.68 ±0.056 gh
Z16		1.0	0	1.0	2.89 ±0.065 d

注：同列数据后标不同字母者表示显著差异（P<0.05）。

2.4　不同培养基及激素组合对洋桔梗生根的影响

由表 4 中可以看出，最适合生根的培养基为 1/2 MS，在 4 组 1/2MS 的处理中，有 3 组生根率可达 100%。当激素组合为 NAA 0.1mg·L^{-1}、IBA 1.0mg·L^{-1}时，培养基中不定根诱导效果最好，根系细长、明显，部分根系表面具须根。较高浓度的 NAA、IBA 对洋桔梗诱导不定芽生根有抑制作用，诱导出的不定芽的数量较少，而且根系细短而柔软。

表 4　不同培养基、激素组合对洋桔梗生根的影响

Table 4　Effect of different culture medium, hormone combinations on rooting of lisianthus

处理	培养基	NAA	IBA	处理不定芽个数	平均根数	平均根长（cm）	生根率（%）
S1	1/2MS	0.05	0.5	20	20.72 ±2.08 a	2.41 ±0.10 a	100.00 ±0.00 a
S2		0.1	1.0	20	6.56 ±1.15 e	2.68 ±0.30 a	99.23 ±0.00 a
S3		0	0	20	9.25 ±1.53 d	1.64 ±0.06 c	34.80 ±4.54 d
S4		0.01	0.2	20	16.21 ±1.00 b	1.66 ±0.17 c	98.89 ±1.15 a
S5	MS	0.1	1.0	20	8.98 ±1.53 d	1.24 ±0.15 d	15.91 ±1.89 e
S6		0	0	20	13.12 ±1.53 c	2.09 ±0.10 b	83.91 ±1.38 b
S7		0.01	0.2	20	19.02 ±1.53 a	2.12 ±0.17 b	59.73 ±5.96 c
S8		0.05	0.5	20	8.68 ±1.53 d	1.77 ±0.12 c	99.51 ±0.00 a

注：同列数据后标不同字母者表示显著差异（P<0.05）。

3　讨论与结论

我国洋桔梗的育种起步较晚，目前主要的研究集中在洋桔梗快繁领域，综合分析这些研究结果发现：洋桔梗的外植体取材范围较为广泛，从叶片、茎段、茎尖及花瓣均可适用于组培的外植体材料（Muthu T *et al*, 2015；孙慧晶 等，2014），外植体消毒、愈伤组织诱导、不定芽分化、组培苗再生以及诱导不定根的难度不高（金建平 等，1991；傅玉兰 等，2004；毛元荣 等，2005）。本研究初步建立了洋桔梗品种'优胜'的再生体系，以期为洋桔梗的分子育种奠定基础。

影响植物再生体系建立的多种因素中，激素对植物的生长发育起着决定性的作用（王冬梅 等，1996）。本研究发现基本培养基只能保证植物生存和最低生理活动，只有配合生长激素，才能诱导细胞分裂、分化和胚状体的发育，陈小凤、龚明霞等（2008）在研究洋桔梗时也得出相似的结论。细胞分裂素可促进芽的增殖，少量的生长素可促进芽的生长，也会刺激基部愈伤组织的形成，在培养基中细胞分裂素和生长素的含量必须形成一个适当的配比才能有效地诱导器官发生。不同植物需要不同的激素种类和浓度组合，洋桔梗基因型不同，对激素的要求也有所不同，即使是同一种植物的不同器官、不同的生长阶段也会有所不同（李浚明，1996）。

图3　洋桔梗离体培养过程及开花

A 初代培养；B 愈伤组织的诱导(25d)；C 分化培养(20d)；D 生根培养(15d)；E－G 驯化移栽

Fig. 3　State period of tissue culture of *E. grandiflorum* ‘superior’ (green) and flower

A primary culture; B the induction of callu after 25 days; C Differentiation of adventitious bud after 20 days ; D root ing culture; E－G acclimatizating and transplanting

洋桔梗外植体用75%酒精消毒30s，NaClO 处理时间20min 时，污染率最低，为20.0%。外植体在pH 值为6.3、6-BA 0.5mg·L^{-1}、NAA 0.1mg·L^{-1}的培养基中诱导愈伤组织效果最好，生出不定芽的个数最多，愈伤组织出现玻璃化的几率随6-BA 浓度的增加而增加。这与苏琛(2011)、钟波(2012)、孙慧晶(2014)等人研究的结果基本一致。在洋桔梗再生培养中，MS＋6-BA 0.5mg·L^{-1}＋IAA 0.1mg·L^{-1}＋IBA 1.0mg·L^{-1}的增殖效果最佳，增殖系数为5.58。几种激素间存在着平衡的关系，一旦打破就会减弱增殖效果，生长素浓度较高时抑制细胞分裂，从而降低形成芽细胞的生理活性，使某些芽萌发受到明显抑制，导致愈伤组织不分化以及生长过程中出现玻璃化现象(龚明霞等，2009)。在诱导生根的过程中，1/2 MS 是最适合诱导不定根的培养基，激素组合为0.05 NAA mg·L^{-1}＋0.5 IBA NAA mg·L^{-1}诱导不定根的效果最好。

参考文献

1. Kunitake H, Nakashima T, Mori K, Tanaka M, Mii M. Plant regeneration from mesophyll protoplasts of lisianthus (*Eustoma grandiflorum*) by adding activated charcoal into protoplast culture medium[J]. Plant Cell Tiss Org Cult, 1995, 43: 59－65.
2. Dennis D J, Ohteki T, Doreen J. Responses of three cut flower selections of lisianthus (*Eustoma grandiflorum*) to spacing, pruning and nitrogen application rate under plastic tunnel protection[J]. Acta Hortic, 1989, 246: 237－246.
3. 马洪英. 天津地区洋桔梗引种观察试验[J]. 北方园艺, 2012 (12): 67－71.
4. 黄正秉. 洋桔梗遭遇育种育苗难题[R]. 中国花卉报, 2012 (5): 1.
5. 林白年，崛内昭，沈德绪. 园艺植物繁育学[M]. 上海：上海科学技术出版社，1994.
6. 韦三立. 花卉组织培养[M]. 北京：中国林业出版社，2000.
7. Muthu Thiruvengadam, Ill－Min Chung. Efficient in vitro plant regeneration and agrobacterium－mediated genetic transformation of Lisianthus (*Eustoma grandiflorum* (Raf.) shinn) [J]. Propagation of Ornamental Plants, 2015, 15 (1): 21－28.
8. 孙慧晶，李建宾，等. 两种植物生长调节剂对洋桔梗离体培养的效应[J]. 云南农业大学学报，2014，29(2): 208－215.
9. 陈小凤，龚明霞，康德贤，等. 国内洋桔梗组培快繁技术的研究进展[J]. 北方园艺，2008 (6): 67－69.
10. 龚明霞，陈小凤，陈丽梅，等. 洋桔梗离体快繁技术研究[J]. 安徽农业科学，2008，36 (29): 12582－12586.
11. 金建平，兰涛，等. 草原龙胆的组织培养[J]. 植物生理学通讯. 1991，27(1): 39－41.
12. 傅玉兰，杨海燕，等. 植物激素在洋桔梗组培快繁技术的应用研究[J]. 安徽农业科学，2005，33(10): 1847－1848.
13. 毛元荣，刘茜，周根余，等. 洋桔梗叶片再生体系的建立[J]. 上海师范大学学报(自然科学版). 2004，33 (1): 92－96.
14. 王冬梅，黄学林. 细胞分裂素类物质在植物组织培养中的作用机制[J]. 植物生理学通讯，1996，32(5): 373－377.
15. 李浚明. 植物组织培养教程[M]. 北京：中国农业大学出版社，1996.
16. 苏琛. 洋桔梗组培技术研究[J]. 安徽农业科学，2011，39(30): 18417－18418.
17. 钟波. 洋桔梗组培苗生产关键技术研究[J]. 北方园艺，2012，16: 90－92.
18. 龚明霞. 洋桔梗组培苗玻璃化原因及恢复的研究[J]. 西南农业学报，2009，06: 1718－1721.

蔷薇属 2014-XY-3 品系扦插繁殖研究

董婕　黄泽　张晓莹　赵海霞　吴晓凤　孙晶文　车代弟①
（东北农业大学园艺学院，园林植物遗传育种与生物技术实验室，哈尔滨 150030）

摘要　为提高 2014-XY-3 品系扦插成活率，研究植株的不同部位插穗及不同浓度 3－吲哚乙酸（IAA）对品系插穗生根的影响，并找出其生根的最适插穗部位及生长素浓度，并进行插穗生根过程的显微观察。结果表明选自植株中部的插穗在 20mg·L^{-1}的 IAA 处理下生根效果好，成活率达 92.2%。扦插 12 天后，能观察到插穗基部的韧皮部细胞层明显增厚，且细胞排列致密，20 天时，根原基膨大生长为幼根。
关键词　蔷薇品系；扦插繁殖；生根显微观察

The Study on Cutting Propagation of 2014-XY-3 Lines in *Rosa*

DONG Jie　HUANG Ze　ZHANG Xiao-ying　ZHAO Hai-xia　WU Xiao-feng　SUN Jing-wen　CHE Dai-di
（*Ornamental Plants Genetic Breeding and Biotechnology Lab*，*College of Horticulture*，*Northeast Agricultural University*，*Harbin* 150030）

Abstract　Cutting slips from different position of branches of 2014-XY-3 lines and four various concentration of IAA were explored to seek the optimal combination to improve the survive rates. It turned out that cuttings from the the middle of branches with 20 mg·L^{-1} IAA treatment have highest survive rates. In addition，we observed the microexamination of rhizogenic processes of the strains，and found that phloem cells layered thickening obviously and arranged compact 12 days after cuttage，the root primordium expanded as radicles 20days.
Key words　*Rosa* strain；Cottage reproduction；Hizogenic microexamination

2014-XY-3 是蔷薇属（*Rosa*）种间杂交 F_1代中筛选的一个优良品系，具有良好的抗寒性，为快速建立其无性快繁体系，使用扦插繁殖方法（高爱玲，2013）。不同的基因型插穗的生根能力是不同，蔷薇属插穗生根是插穗的自身特性与外部因素的环境条件共同作用，内因主要是插穗形成根原基的能力，这与插穗在原来母枝上着生的位置有关（马策 等，2011）。外因主要包括光、温度、生根基质及生长素等（潘瑞炽，1979；麻会侠 等，2009）。本试验在保证植物生长条件相同的基础上，研究了生长素浓度、采穗部位两个因素对蔷薇属种间杂交后代 2014-XY-3 品系扦插繁殖的影响，为今后快速繁殖该优良品系提供技术支撑。

1　材料与方法

1.1　植物材料

一年生 2014-XY-3 品系由东北农业大学园林遗传育种与生物技术实验室提供，扦插试验于 2014 年进行。

1.2　试验方法

1.2.1　试验设计

2014-XY-3 品系的扦插繁殖试验设两因素，包括采穗部位和 IAA 浓度；采穗部位设 3 个水平，分别切枝上部、中部和下部；IAA 浓度设 4 个水平，分别为 0、20mg·L^{-1}、40mg·L^{-1}、60mg·L^{-1}。共 12 个处理，每个处理扦插 30 个插穗条，重复 3 次。

1.2.2　2014-XY-3 品系嫩枝扦插

利用茎段常规扦插繁殖方法，在 6～7 月进行扦插，基质选用草炭∶细沙＝8∶2（体积比），扦插前用 0.2% 的高锰酸钾溶液对基质消毒。

插穗取自新鲜健壮无病虫害的枝条，在不同浓度的 IAA 溶液中蘸 10～15s 后取出插入盆中，扦插深度为插穗条长度的 1/3～1/2。株行距为 3cm×3cm，扦插后浇透水，于扦插棚中常规养护，30 天后统计生

①　通讯作者。Author for correspondence（E-mail：daidiche@ aliyun. com）。

根率。

1.2.3 2014-XY-3 品系插穗生根的显微观察

分别选取扦插后 0、4、8、12、16 和 20 天的茎段基部，采用石蜡切片番红－固绿染色法对其进行生根显微观察。

2 结果分析

2.1 采穗部位对 2014-XY-3 品系扦插成活率的影响

图 2-1、图 2-2 中显示，在无生长素处理情况下，选自植株中部的插穗在 3 个水平中成活率最高，达 82.2%，其次是选自下部的插穗，成活率为 34.4 %，选自上部的插穗成活率最低，仅有 25.5%。在扦插过程中，我们还观察到，选自上部的插穗幼嫩，虽然分化能力较强，但尚未发生木质化，生根的能力弱，因此作为插穗不易成活，且生根缓慢以至于很快萎蔫甚至死亡。选自植株下部的插穗木质化，含水量少，分生能力弱，生根缓慢，芽点易变黑变坏直至死亡，插穗成活率虽然高于选自植株上部的插穗，但依然不能达到快速扩繁的目的。选自中部枝条的插穗半木质化，含水量适中，生根能力较强，成活率在 3 个水平中成活率最高，是最合适的插穗。

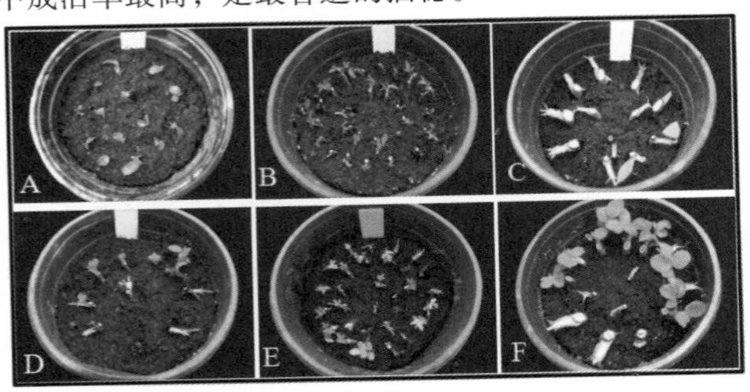

图 2-1 选自 2014-XY-3 品系不同部位插穗生长情况

Fig. 2-1 Growth of cuttings from different parts of 2014-XY-3 strain

A：0 mg·L^{-1}IAA 处理上部枝条插穗 B：0 mg·L^{-1}IAA 处理中部枝条插穗 C：0 mg·L^{-1}IAA 处理下部枝条插穗 D：0 mg·L^{-1}IAA 处理上部枝条插穗扦插 30 天 E：0 mg·L^{-1}IAA 处理上部枝条插穗扦插 30 天 F：0 mg·L^{-1}IAA 处理下部枝条插穗扦插 30 天

A：Cuttings from top branch with 0 mg·L^{-1} IAA B：Cuttings from central branch with 0 mg·L^{-1} IAA C：Cuttings from basal branch with 0 mg·L^{-1} IAA D：Cuttings from top branch with 0 mg·L^{-1}IAA cut 30 days E：Cuttings from central branch with 0 mg·L^{-1}IAA cut 30 days F：Cuttings from basal branch with 0 mg·L^{-1}IAA cut 30 days

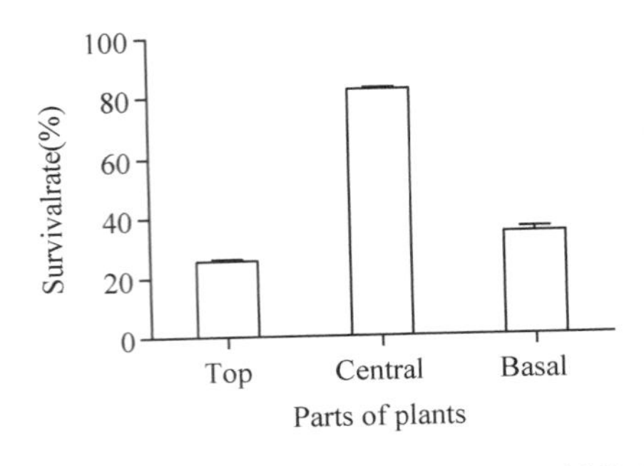

图 2-2 2014-XY-3 品系选自植株不同部位插穗成活率

Fig. 2-2 Survival rates of cuttings from different parts of 2014-XY-3 strain

2.2 IAA 浓度对 2014-XY-3 品系扦插成活率影响

如图 2-3 所示，选自植株上部、中部、下部插穗，虽然成活情况各不同，但它们都在 20mg·L^{-1} IAA 处理时成活率最高。如图 2-4 所示，扦插 30 天后，20mg·L^{-1} IAA 处理的选自中部枝条的插穗成活数最多，成活率达 92.2 %，其次是 0 的 IAA 处理下的插穗，生长状态良好，成活率为 82.2%，40mg·L^{-1}的 IAA 处理的植物死亡数增加，成活率降低到 76.7%，60mg·L^{-1}IAA 的处理对插穗的伤害最大，即使处理的是选自植株中部的最适插穗，其成活数也明显少于其他处理，成活率低至 57.8%。

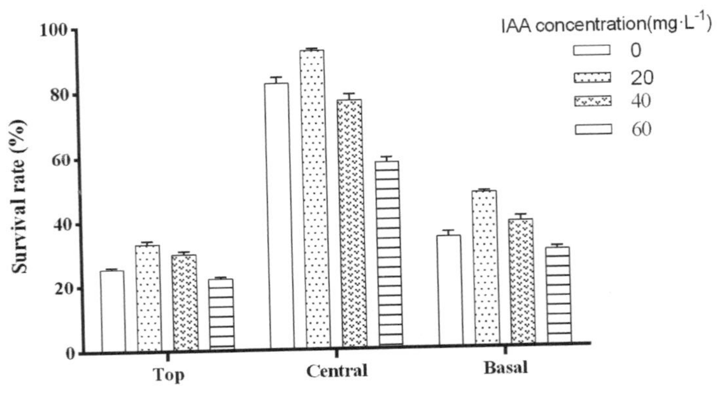

图 2-3 不同 IAA 浓度处理下 2014-XY-3 品系成活率

Fig. 2-3 Survival rate of cuttings of 2014-XY-3 strain in IAA concentrations

2.3 采穗部位和生长素互作对 2014-XY-3 品系插穗成活率影响

如表 2-1 所示，在采穗部位和生长素两个因素共同作用下，12 个试验处理中，选自植株中部的插穗在 20mg·L^{-1} IAA 处理下生根效果好，成活率达 92.2%，其次是 0mg·L^{-1} IAA 处理选自植株中部的插穗，有 82.22% 的成活率。生长状态最不好的是 60mg·L^{-1} IAA 处理的采自植株上部的插穗，成活率仅有 22.22%。

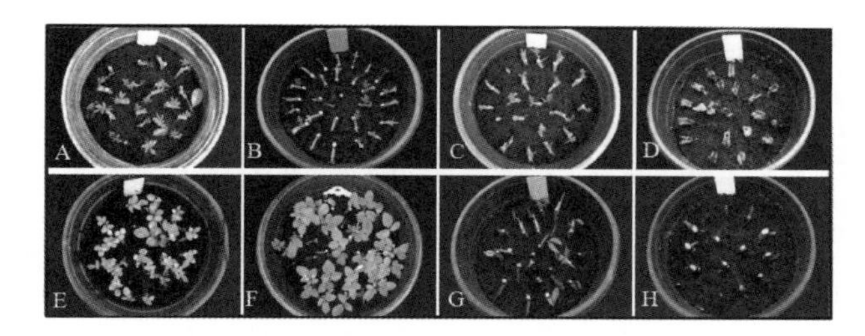

图 2-4 不同浓度 IAA 处理 2014-XY-3 品系生长情况

Fig. 2-4 Growth of IAA-treated of 2014-XY-3 strain

A：0mg・L^{-1}IAA 处理中部枝条插穗 B：20mg・L^{-1}IAA 处理中部枝条插穗 C：40mg・L^{-1} IAA 处理中部枝条插穗 D：60mg・L^{-1} IAA 处理中部枝条插穗 E：0mg・L^{-1} IAA 处理中部枝条插穗扦插 30 天 F：20mg・L^{-1} IAA 处理中部枝条插穗扦插 30 天 G：40mg・L^{-1} IAA 处理中部枝条插穗扦插 30 天 H：60mg・L^{-1} IAA 处理中部枝条插穗扦插 30 天

A：Cuttings from central branch with 0mg・L^{-1} IAA B：Cuttings from central branch with 20mg・L^{-1} IAA C：Cuttings from central branch with 40mg・L^{-1} IAA D：Cuttings from central branch with 60mg・L^{-1}IAA E：Cuttings from central branch with 0 mg・L^{-1} IAA cut 10 days F：Cuttings from central branch with 20mg・L^{-1} IAA cut 30 days G：Cuttings from central branch with 40mg・L^{-1} IAA cut 30 days H：Cuttings from central branch with 60mg・L^{-1} IAA cut 30 days

表 2-1 采穗部位和生长素互作下 2014-XY-3 品系插穗成活率

Table 2-1 Survival rate of cuttings at the condition of different parts in No. 3 of 2014-XY strains and IAA concentrations

生长素浓度（mg・L^{-1}）	采穗部位					
	植株上部（个）	成活率（%）	植株中部（个）	成活率（%）	植株下部（个）	成活率（%）
0	23	25.56	74	82.22	31	34.44
20	30	33.33	83	92.22	43	47.78
40	27	30.00	69	76.67	35	38.89
60	20	22.22	52	57.78	27	30.00

2.4 扦插繁殖生根显微观察

插穗扦插至生根的过程中对环境条件要求较高，且生根后基质中因缺乏养分而无法满足扦插苗的生长，因此，为提高扦插苗的成活率、加快繁殖进程，对扦插苗的生根情况进行显微观察（图 2-5）。

扦插苗的生根过程是一个从量变积累到质变的过程（Peter H，1986）。观察结果显示，扦插 0～8 天，石蜡切片观察茎段横切面细胞排列结构没有明显变化（图 2-5 A B C）；直至扦插 12 天后，观察维管束细胞从形成层的交叉处开始向韧皮部方向加宽加厚，韧皮部细胞层明显增厚，形成一团细胞核大排列致密、与周围细胞有明显区别的薄壁细胞团（图 2-5 D）；扦插 16 天后，薄壁细胞恢复了分生能力，从先端分化出一群细胞核大，细胞质浓的分生细胞聚集形成根原基（图 2-5 E），并向木质部延伸，至 20 天时，伴随着强大的挤压作用，根原基将其外层的韧皮部、皮层及周皮细胞挤向外端，不定根原基伸长，插穗皮部开裂，不定根原基由裂口突出，根原基膨大生长为幼根，具有根冠、分生区及伸长区（图 2-5 F）。

3 讨论与结论

扦插苗成活率和插穗在原来母枝上着生的位置有关和其在各个阶段的生长环境有关（李洪权，1991；周祥明，2016）。试验结果表明，2014-XY-3 品系生长健壮植株中，选自植株中部的插穗生活力强，生根良好，成活率一般在 80% 以上，最高达 92.2%，而

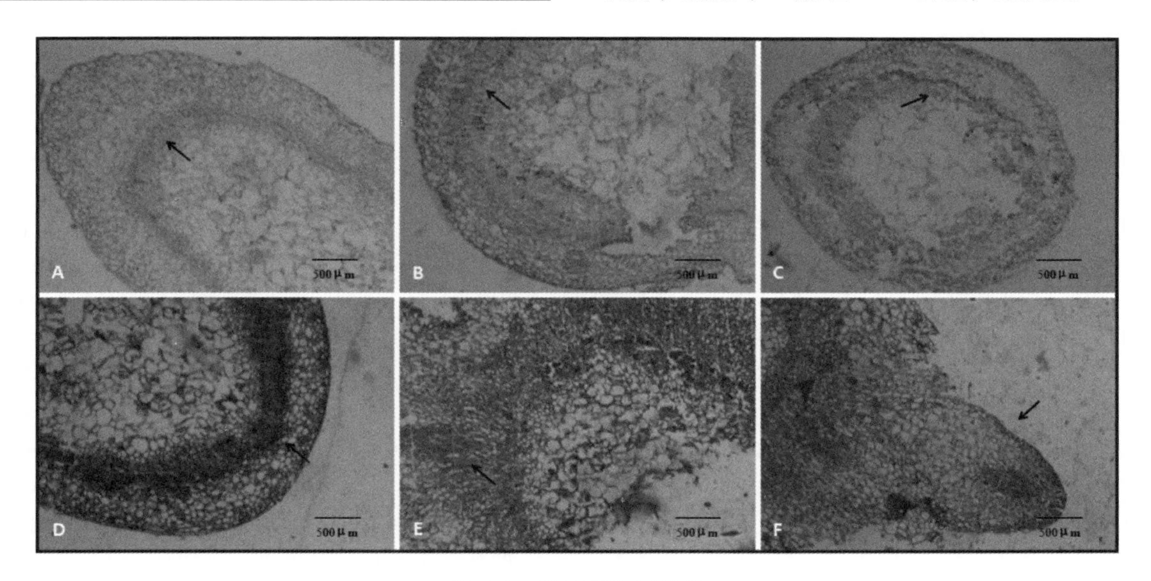

图 2-5 扦插苗生根观察

Fig. 2-5 Observation of strike root with cutting seedlings

A：扦插 0 天 B：扦插 4 天 C：扦插 8 天 D：扦插 12 天 E：扦插 16 天 F：扦插 20 天

A：Cutting 0 day B：Cutting 4 days C：Cutting 8 days D：Cutting 12 days E：Cutting 16 days F：Cutting 20 days

选自枝条上部和下部的插穗生根效果不好，最低为22.22%。Phuntsog(2016)研究发现不同位置的插穗所含的营养物质和激素水平存在差异，从而影响腋芽和根系开始生长的时间，Karl(2011)在研究欧洲赤松的扦插过程也得到相似的结论，2014-XY-3品系的扦插结果也验证这一点。

插穗在生长过程中要保证土壤和空气的温度和湿度，空气温度在28~32℃时，杂交后代的扦插苗更容易生根。

生长素是植物的一种重要的内源激素，参与植物生长和发育的诸多过程，外源生长素对植物生长和扦插枝条生根具有促进作用(Donald，2014)。李磊(2011)在研究丰花月季硬枝扦插生根时，发现生长素效果较佳，又因为生长素具有两重性(潘瑞炽，1979)，所以本试验在探讨适合蔷薇属2014-XY品系生根的最佳处理浓度时，选择较低浓度(0~60mg·L^{-1})IAA处理插穗根部，Wiesmann(1988)在绿豆的扦插中也发现这样的现象。试验表明不同生长素浓度处理对月季扦插成活率影响显著，低浓度(0~20mg·L^{-1})的IAA可以促进品系的生根，高浓度的反而会抑制。2014-XY-3是蔷薇属种间杂交F_1代，对于杂交后代而言，在不同IAA浓度处理下，各品系的生根情况不尽相同，这与不同基因型植株的根原基生长的时间、对外源激素的感应等能力有关，Nag S(2001)的研究中也有这样的结论，所以群体中所有品系的扩繁并不能完全参照3号的生根情况，扦插试验应分开进行。

许晓岗(2006)在解剖海棠果插穗扦插生根时，发现插穗不定根在维管形成层发生，吕清燕等(1992)在马铃薯的生根过程中也发现类似的现象。利用石蜡切片法观察2014-XY-3品系的生根过程，2014-XY-3品系插穗的不定根由扦插后形成的诱生根原基发育而来，扦插12日后才能观察到韧皮部细胞层明显增厚，且细胞排列致密，扦插16日后，致密细胞聚集形成根原基，20日时，根原基膨大生长为幼根。

参考文献

1. 高爱玲．2013．月季扦插成活率影响因子研究[J]．林业科学，18：152－158．
2. 李洪权．1991．春栽月季花[J]．花卉，(4)：7．
3. 李磊，牛艳婷，徐榕雪，等．生长素对丰花月季硬枝扦插生根的影响[J]．安徽农业科学，2012，40(29)：14209－14210，14212．
4. 吕清燕，蒋先明．马铃薯种薯芽条根原基的发生与发育过程的解剖观察[J]．马铃薯杂志，1992，6(1)：7－13．
5. 马策，阮芳．2011．插条采取时期和部位对切花月季扦插育苗质量的影响[J]．园艺与种苗，(3)：17－18．
6. 麻会侠，王晓娟．2009．月季扦插繁殖技术[J]．现代农业科技，(7)：63．
7. 潘瑞炽，董愚得．1979．植物生理学[M]．北京：人民教育出版社．
8. 许晓岗，汤庚国，童丽丽．海棠果插穗扦插生根过程解剖学观察[J]．南京林业大学学报(自然科学版)，2006，30(4)：77－80．
9. 周祥明，刘玉堂，赵宪争，等．2016．合欢硬枝扦插生根解剖及相关酶活性变化研究[J]．植物研究，36(1)：58－61．
10. Donald J. Kaczmarek, Randall J. Rousseau, Jeff A. Wright, Brian C. Wachelka. 2014. The influence of alternative plant propagation and stand establishment techniques on survival and growth of eastern cottonwood (*Populus deltoides* Bartr.) clones [J]. New Forests, 45 (4): 487－506.
11. Karl-Anders Högberg, Jörgen Hajek, Arnis Gailis, Niina Stenvall, Inga Zarina, Satu Teivonen, Tuija Aronen. 2011. Practical testing of Scots pine cutting propagation—a joint Metla-Skogforsk-Silava project [J]. BMC Proceedings, 5: 129.
12. Nag S, Saha K, Choudhuri M A. 2001. Role of auxin and poly-amines in adventitious root formation in relation to changes in compounds involved in rooting[J]. Plant Growth Regul, 20: 182－194.
13. Peter H. Lovell, Julie White. 1986. New Root Formation in Plants and Cuttings: Anatomical changes during adventitious root formation[M]. Developments in Plant and Soil Sciences, 20: 111－140.
14. Phuntsog Dolkar, Diskit Dolkar, Stanzin Angmo, Ravi B Srivastava, Tsering Stobdan. 2016. An Improved Method for Propagation of Seabuckthorn(*Hippophae rhamnoides* L.) by Cuttings[J]. National Academy Science Letters, 1－4.
15. Wiesmann Z, Riov J, Epstein E. 1988. Comparison of movement and metabolism of indole-3-acetic and indole-3-butyric acid in mung bean cuttings[J]. Physiol Plant, 74: 556－560.

山月桂组培苗生根实验*

周穆杰 邢 文 刘彩贤①
（中南林业科技大学风景园林学院，长沙 410004）

摘要 本实验以山月桂'奥运圣火'组培苗为材料，研究不同植物生长调节剂和凝固剂对其生根的影响，同时研究不同栽培基质对其移栽成活率的影响，为其将来实现工厂化育苗提供依据。结果表明：①同时添加IBA和2-ip更有助于山月桂'奥运圣火'组培苗生根，并且珍珠岩比琼脂更适合做生根培养的凝固剂，因此最适合的生根培养基为：1/2 WPM + 1.0mg·L^{-1} IBA + 0.1mg·L^{-1} 2-ip + 珍珠岩，生根率 87.32%，平均根长为 4.39cm；②适合组培苗的移栽基质为珍珠岩、泥炭土(1∶1，V/V)的混合基质，成活率为 46.67%。
关键词 山月桂；组织培养；生根；移栽

Rooting of *In Vitro* Seedling of *Kalmia latifolia*

ZHOU Mu-jie XING Wen LIU Cai-xian
(*Department of Landscape Architecture, Central South University of Forestry and Technology, Changsha* 410004)

Abstract In the research, we took the *Kalmia latifolia* 'Olympic Fire' as material to study the effects of different plant growth regulator and coagulant on the rooting of plantlet in vitro, as well as the effects of different substrates on the transplanting of tissue cultured seedling. The results showed that: ①adding the IBA and 2-ip simultaneously in the culture medium would induce a definite improvement on the rooting of seedlings, and the perlite was more suited to be the coagulant than the agar in the rooting medium. As a consequent, the best medium for rooting of plantlet was 1/2WPM + 1.0mg·L^{-1}IBA + 0.1mg·L^{-1}2-ip + perlite, with the rooting rate of 87.32% and the average root length of 4.39cm; ②The most suitable media for transplanting was the mixture of perlite and peat soil with the volume ratio of 1: 1, and the survival rate was 46.67%.
Key words *Kalmia latifolia* 'Olympic Fire'; Tissue cultured plant; Medium; Rooting; Transplanting

山月桂(*Kalmia latifolia* L.)属杜鹃花科(Ericaceae)山月桂属(*Kalmia*)，原产于北美洲，其树形优美、花形独特、花色鲜艳多变，观赏价值极高，而且有着较强的耐寒性，被植物界公认为"最完美"的观赏灌木(Buttrick，1924；Laycock，1967)。由于山月桂种子的萌发率较低，并且幼苗生长缓慢(Fordham，1976)，导致其有性繁殖所需时间太长。目前国内对山月桂的研究也较少，周艳等(2014)对山月桂的引用适应性与种子繁殖技术进行了研究，李何(2014)对山月桂的扦插繁殖技术进行了研究，但扦插生根率不高。

应用组织培养技术可以实现对山月桂的高效快速繁殖，并且能保持原种的优良种性，在引进品种和推广种植中具有重要的实践意义。目前关于山月桂组织培养的研究已有报道(Pati et al.，2005)，但对其组培苗生根问题研究很少。本文以山月桂品种'奥运圣火'为试材，研究快速繁殖体系中的两个关键步骤，

图1 山月桂'奥运圣火'
Fig. 1 *Kalmia latifolia* 'Olympic Fire'

* 项目基金及编号：湖南省"十二五"重点学科(风景园林学)(湘教发[2011]76号)。
作者简介：周穆杰(1995—)，女，湖南长沙，在读本科生，研究方向为园林，(Email) 506604763@qq.com
① 通讯作者。刘彩贤(1985—)，女，河北石家庄，讲师，主要从事园林植物优良新品种选育研究工作，(Tel)，15802609462，(E-mail) 379359078@qq.com。

即组培苗生根和组培苗移栽成活，以提高‘奥运圣火’的组培育苗效率，为最终实现生产化育苗奠定理论及实践基础，同时也为其他木本植物的生根培养提供借鉴。

1 材料与方法

1.1 实验材料

供试材料来自中南林业科技大学风景园林学院园林专业实验室继代培养1个月的山月桂‘奥运圣火’组培苗。选用生长相对一致、健壮的无菌苗，切取1.5~2cm左右长的无菌苗段作为诱导生根材料。

1.2 试验方法

1.2.1 生长调节剂与凝固剂对山月桂组培苗生根的影响

切取生长健壮、长势一致(长约2 cm)的单个芽苗分别接种到添加不同浓度IBA(1.0、1.5、2.0mg·L^{-1})和2-ip(0、0.1mg·L^{-1})的1/2WPM(woody plant medium)培养基上进行生根培养。培养基中添加蔗糖30g·L^{-1}，凝固剂使用琼脂7.0g·L^{-1}或珍珠岩。

在培养基使用前，用1mol NaOH将pH值调至5.8左右，并在121℃下灭菌20分钟(所有植物激素均在灭菌前添加)，暗培养7d后转到光照条件下培养。60d后统计生根率和根长度，并观察根系生长状况，其中生根率=(生根的芽苗数/接种芽苗总数)×100%。每个处理接种10瓶，每瓶接种2个芽，试验重复3次。培养光强为30μmol·m^{-2}·s^{-1}，光周期为16h/8h(光/暗)，培养温度为25±2℃。

1.2.2 移栽基质对山月桂组培苗移栽的影响

将最佳培养基培育的生根60d左右的组培苗打开瓶盖，置于实验室内自然光下炼苗一周，然后把生根苗取出，用自来水洗去根部残留的培养基，分别移栽到泥炭土:珍珠岩(体积比为2:1或1:1)和泥炭土:椰糠(体积比为2:1或1:1)的4种基质中，同时覆盖塑料膜进行保湿。每隔3d喷水1次，30d后统计移栽成活率。

1.2.3 数据处理

所得数据采用SAS软件进行方差分析和多重比较分析(Duncan's法)。百分数数据分别经反正弦(y = arcsinx1 /2))转换后，再进行统计分析。

2 结果与分析

2.1 生长调节剂与凝固剂对山月桂组培苗生根的影响

山月桂‘奥运圣火’组培苗生根率的方差分析结果表明(见表1)，不同凝固剂对山月桂‘奥运圣火’组培苗生根率有显著影响($P=0.027<0.05$)；不同浓度的2-ip和IBA对山月桂‘奥运圣火’组培苗生根率也有显著影响($P<.0001$)，并且凝固剂和2-ip间有交互作用($P=0.027<0.05$)，与IBA之间无交互作用($P=0.1791>0.05$)；2-ip和IBA之间有交互作用($P<.0001$)；凝固剂、2-ip与IBA无交互作用($P=0.1806>0.05$)。

表1 山月桂‘奥运圣火’组培苗生根率的方差分析

Table 1 Analysis of variance on the rooting rate of tissue cultured seedling

因素 Source	自由度 DF	F值 F Value	差异显著性 Pr > F
n	1	5.54 *	0.0271
b	1	34.68 *	<.0001
g	2	237.39 *	<.0001
n * b	1	5.54 *	0.0271
b * g	2	100.14 *	<.0001
n * g	2	1.85	0.1791
n * b * g	2	1.84	0.1806

注：n代表凝固剂：珍珠岩，琼脂；b代表2-ip，浓度为0，0.1mg·L^{-1}；g代表IBA，浓度为1.0，1.5，2.0mg·L^{-1}。

Note: n indicates the coagulant of perlite and agar; b indicates 2-ip with the different concentration of 0 and 0.1mg·L^{-1}; g indicates IBA of different concentration of 1.0, 1.5, 2.0mg·L^{-1}.

山月桂‘奥运圣火’组培苗根长的方差分析结果表明(见表2)，不同凝固剂、不同浓度的2-ip和IBA对山月桂‘奥运圣火’组培苗生根的根长均有显著影响。凝固剂、2-ip和IBA之间两两有交互作用，同时三者之间也有交互作用。

表2 山月桂‘奥运圣火’组培苗根长的方差分析

Table 2 Analysis of variance on the root length of tissue cultured seedling

因素 Source	自由度 DF	F值 F Value	差异显著性 Pr > F
n	1	103.57 *	<.0001
b	1	4.30 *	0.0490
g	2	793.35 *	<.0001
n * b	1	7.78 *	0.0102
b * g	2	208.56 *	<.0001
n * g	2	21.77 *	<.0001
n * b * g	2	56.04 *	<.0001

注：n代表凝固剂：珍珠岩，琼脂；b代表2-ip，浓度为0，0.1mg·L^{-1}；g代表IBA，浓度为1.0，1.5，2.0mg·L^{-1}。

Note: n indicates the coagulant of perlite and agar; b indicates 2-ip withthe different concentration of 0 and 0.1mg·L^{-1}; g indicates IBA of different concentration of 1.0, 1.5, 2.0mg·L^{-1}.

无菌苗在不同培养基的生根情况如表3所示。由此可以看出，培养基中单独添加IBA时，组培苗的生根率、平均根长和生根量随其浓度的增加而减少，在含有2.0mg·L^{-1}IBA的培养基中，组培苗的生根率最低只有23%左右，平均根长亦最短；添加1.0mg·L^{-1} IBA时生根率最高，并且组培苗在珍珠岩上的平均根长比在琼脂上的长1.6cm左右，生根量也更多(图2A、B)。培养基中同时添加IBA和2-ip时，组培苗的生根率比单独使用IBA时要高(图2B、C)，说明2-ip对组培苗的生根能力也有显著影响。此外，在以珍珠岩作为凝固剂的培养基中，无菌苗的生根率和平均根长都要略高于其在以琼脂作为凝固剂的培养基中，并且生根量也较大，根系全部深入培养基中，说明珍珠岩更有利于无菌苗不定根的生成和伸长。在珍珠岩作为凝固剂的培养基上，随着IBA浓度的增加，组培苗的生根率、平均根长均减少(图2C、D、E)。当添加1.0mg·L^{-1}IBA和0.1mg·L^{-1}2-ip时，组培苗的生根率达到87%，同时平均根长最长(图2C)。因此本实验中最适合山月桂‘奥运圣火’生根的培养基为1/2WPM+1.0mg·L^{-1} IBA+0.1mg·L^{-1}2-ip+珍珠岩。

表3 IBA、2-ip、珍珠岩和琼脂对山月桂‘奥运圣火’组培苗生根的影响

Table 3 Effects of IBA、2-ip、perlite and agar on the rooting of tissue cultured seedling

IBA(mg·L^{-1})	2-ip(mg·L^{-1})	凝固剂 gelling agents	生根率(%) rooting rate(%)	平均根长(cm) average length of root(cm)	根系生长情况 status of root growth
1.0	0	琼脂	63.50±2.74c	2.27±0.14d	生根量较多，部分根系在培养基表面
1.5	0	琼脂	55.57±7.29de	1.81±0.07f	生根量较少，有少量愈伤组织形成，部分根系在培养基表面
2.0	0	琼脂	23.79±4.76f	0.94±0.03g	生根量很少，大量愈伤组织形成
1.0	0.1	琼脂	74.61±2.75b	4.37±0.13a	生根量较多，部分根系在培养基表面
1.5	0.1	琼脂	71.46±4.76b	2.21±0.02de	生根量较多，部分根系在培养基表面
2.0	0.1	琼脂	52.39±0.00e	1.95±0.09f	生根量较少，有较多愈伤组织形成，部分根系在培养基表面
1.0	0	珍珠岩	63.51±5.50c	3.86±0.36b	生根量多，根系全部深入培养基中
1.5	0	珍珠岩	61.93±0.00cd	2.77±0.10c	生根量较少，有部分愈伤组织形成，根系全部深入培养基中
2.0	0	珍珠岩	23.79±0.00f	0.99±0.08g	生根量少，大量愈伤组织形成
1.0	0.1	珍珠岩	87.32±2.75a	4.39±0.14a	生根量多，根系全部深入培养基中
1.5	0.1	珍珠岩	71.45±4.77b	2.37±0.07d	生根量较多，没有愈伤组织形成，根系全部深入培养基
2.0	0.1	珍珠岩	52.39±4.78e	2.02±0.02ef	生根量较少，有较多愈伤组织形成，根系全部深入培养基中

2.2 移栽基质对山月桂组培苗移栽的影响

在生根培养基中培养2个月以后，选择茎段粗壮，有一定木质化，平均根长大于2cm，生根量大的组培苗进行炼苗移栽；移栽过程中发现，在添加琼脂的培养基中生根的组培苗，在清洗根系的过程中，容易出现断根的现象，而在珍珠岩中生根的组培苗清洗较为方便，无断根现象；另一方面，由愈伤组织形成的组培苗，在清洗培养基过程中，根系容易和愈伤组织一起脱落，不易于移栽。

将生根的组培苗移入不同基质后，移栽后1个月后统计移栽成活率。方差分析结果表明，不同基质对山月桂‘奥运圣火’组培苗的移栽成活率有显著影响($P<0.0001$)。由表4可知，椰糠对移栽成活率有一定抑制作用，组培苗移栽在泥炭土+椰糠组合基质上的成活率均比泥炭土+珍珠岩组合基质低，在添加椰糠的基质中，组培苗容易烂根；而体积混合比例为1:1的泥炭土与珍珠岩比2:1的移栽成活率要大，成活率为47%，组培苗生长正常，叶片较绿，后期有新叶长出(图2F、G、H、I)，表明山月桂的组培苗喜透水较好的基质。因此较适合山月桂‘奥运圣火’生长的移栽基质为体积1:1混合的泥炭土和珍珠岩。

表4 不同基质对山月桂‘奥运圣火’组培苗移栽成活率的影响

Table 4 Effects of different media on the survival rate of tissue cultured seedlings

移栽基质 transplanting medium	移栽成活率(%) transplanting survival rate(%)
泥炭土:珍珠岩=2:1	36.67b
泥炭土:珍珠岩=1:1	46.67a
泥炭土:椰糠=2:1	6.67c
泥炭土:椰糠=1:1	10.00c

图 2 山月桂'奥运圣火'组织苗的生根与移栽

Fig. 2 Tissue culture seedling rooting and transplanting of *Kalmia latifolia* 'Olympic Fire'

A：组培苗在培养基 1/2WPM + IBA 1.0mg·L^{-1} + 琼脂的生根情况；B：组培苗在培养基 1/2WPM + IBA 1.0mg·L^{-1} + 珍珠岩的生根情况；C：组培苗在培养基 1/2WPM + IBA 1.0mg·L^{-1} + 2-ip 0.1mg·L^{-1} + 珍珠岩的生根情况；D：组培苗在培养基 1/2WPM + IBA 1.5mg·L^{-1} + 2-ip 0.1 mg·L^{-1} + 珍珠岩的生根情况；E：组培苗在培养基 1/2WPM + IBA 2.0mg·L^{-1} + 2-ip 0.1mg·L^{-1} + 珍珠岩的生根情况；F、G、H、I：移栽组培苗在体积 1:1 混合的泥炭土与珍珠岩基质上。

A: Rooting condition on the medium of 1/2WPM + IBA 1.0 mg·L^{-1} + agar; B: Rooting condition on the mudiem of 1/2WPM + IBA 1.0 mg·L^{-1} + perlite; C: Rooting condition on the medium of 1/2WPM + IBA 1.0 mg·L^{-1} + 2-ip 0.1 mg·L^{-1} + perlite; D: Rooting condition on the medium of 1/2WPM + IBA 1.5 mg·L^{-1} + 2-ip 0.1 mg·L^{-1} + perlite; E: Rooting condition on the medium of 1/2WPM + IBA 2.0 mg·L^{-1} + 2-ip 0.1 mg·L^{-1} + perlite; F, G, H, I: the growth of tissue culture seedling on the mixed substrates of peat soil and perlite.

3 讨论

不同植物的生根能力或生根潜能有很大的差异，即使是同一种植物不同的基因型其生根也存在很大的差异。Tibbits 等(1997)对桉树的研究表明桉树实生苗的生根能力受遗传特性的影响。Leo 和 Gould(1999)报道，棉花试管苗不定根发生取决于基因型，受基因型的影响，生根潜能丧失达到30%～80%，生根最适培养基随基因型而变化。孙清容等(2000)对不同倍性苹果叶片不定植株再生研究，结果表明不同的倍性的苹果的组培苗的生根有很大差异。在汤浩茹等(2006)对不同的基因型的梨组培苗的生根性研究中表明，基因型是决定试管苗生根的一个重要因素，而且基本培养基、IBA 和蔗糖的浓度对其生根可能具有协同效应。刘翠琼等(2005)对不同基因型梨叶片离体培养和植株再生的研究中发现，不同的基因型的生根诱导需要不同的生根培养基类型。杜丽娜(2007)对不同基因型的花椒的生根能力的研究表明，花椒的生根力随着基因型的不同而不同。林玉玲(2007)对不同品种的长寿花的研究表明，同一种培养基下不同品种的长寿花的生根率和生根条数存在很大的差异。

山月桂的生根受到基因型的影响，Nishimura(2004)研究发现，直接将组培苗浸泡在 100mg·L^{-1} IBA 中 3 小时可以促进生根；而 Kevers (1990)则发现在添加 2.5mg·L^{-1}IBA 的 1/2WPM 培养基中，生根率能达到 100%。本实验进行过程中，前期预实验也尝试了以上 2 种方法，但无法生根，后续研究发现山月桂'奥运圣火'对 IBA 较为敏感，在低浓度 IBA (1.0mg·L^{-1})的培养基中生根情况较好，于是以 IBA1.0mg·L^{-1}为基础进行进一步研究，发现添加 0.1mg·L^{-1}2-ip 反而对根的生长有促进作用；同时还发现以珍珠岩作为固定物较琼脂更有利于山月桂'奥运圣火'根系的生长，也有利于后续的移栽工作，该研究结果与李泽等(2014)在油茶中的研究结果相似。

炼苗移栽是整个实验的核心步骤，较高的移栽成活率是保证组培技术成功的重要条件，其中移栽时间、栽培基质和移栽后的管理是影响移栽苗成活的重要条件。组织培养过程中，需要采用最适的移栽时间和适宜的培养条件，以加快植株的生长。对于大多数植株来说，30 天的移栽时间比较合适，但也有个别种类有异，另外在组培苗移栽时要先洗净根部的琼脂，以防细菌利用琼脂营养大量繁殖导致烂根。值得注意的是，组培苗从组培环境移栽到温室或田间经常伴有大量个体死亡的现象，这是因为温室和田间对湿度、高光照强度以及恶劣环境等组成对组培幼苗的非生物胁迫逆境。所以对大多数观赏植物组培苗来说，为保证移栽后幼苗成活率和正常生长，在定植到土壤之前都必须经历一个驯化过程。在组培苗驯化过程中，也需要注意温度、光照、水分、气体成分、基质肥、病虫害等要素对组培苗幼苗的影响。在本实验中，山月桂'奥运圣火'无菌苗经60d生根培养后，在自然条件下炼苗1周，适宜的栽培基质为泥炭土和珍珠岩1:1混合最佳，既有山月桂'奥运圣火'根系生长所需的透水和透气性，又能为山月桂'奥运圣火'幼苗生长持续提供养分。

山月桂'奥运圣火'观赏价值高，在长沙地区适应性较好，但是扦插繁殖相对困难，生根率不到10%(Pati et al.，2005)。本实验对山月桂组培苗的生根培养条件与移栽条件进行了研究，为其将来工厂化育苗打下基础。

参考文献

1. Buttrick R L. Connecticut's state flower, the mountain laurel, a forest plant[M]. Marsh Botanic Garden Publication (Yale University), 1924, 1: 1-28.
2. 杜丽娜．不同基因型花楸的生根能力的比较及生理生化的测定[D]．辽宁师范大学硕士学位论文，2007：49-50.
3. Fordham D. Production of plants from seed. Combined Proceedings[J]. International Plant Propagators' Society, 1976, 26: 139-145.
4. Kevers C, Menard D, Marchand S, et al. Rooting in vitro and ex vitro and behaviour at acclimatization of Kalmia and Rhododendron propagated in vitro[J]. Mededelingen van de Faculteit Landbouwwetenschappen, Rijksuniversiteit Gent. 1990, 55: 1267-1273.
5. Laycock W A. Distribution of roots and rhizomes in different soil types in the Pine Barrens of New Jersey. Geological Survey Professional Paper 563-C. U. S. Department of the Interior, Geological Survey, Washington, D C, 1967.
6. Leo J H, Gould J H. in vitro shoot-tip grafting improves recovery of cotton plants from Culture[J]. Plant Cell Tissue Org Culture, 1999, 57(3): 211-213.
7. 李何．山月桂应用现状及扦插繁殖技术[D]．长沙：中南林业科技大学，2014.
8. 李泽，谭晓风，袁军，等．油茶良种'华硕'的组织培养及高效生根[J]．植物生理学报，2014，50(11)：1721-1726.
9. 林玉玲．4个品种长寿花试管苗的增殖与生根培养[J]．热带作物学报，2007(2)：80-86.
10. 刘翠琼，汤浩茹，罗娅，等．不同基因型梨叶片离体培养和植株再生[J]．园艺学报，2005，32(6)：1080-1083.
11. Nishimura T, Hasegawa S, Meguro A, et al. Micropropagation technique for mountain laurel (*Kalmia latifolia* L.) using cytokinin and growth retardant[J]. Japanese Journal of Crop Science, 2004, 73(1): 107-113.
12. Pati P K, Rath S P, Sharma M, et al. In vitro propagation of rose—a review[J]. Biotechnology Advances, 2005, 24(1): 94-114.
13. Tibbits W N, White T L, Hodge G R, et al. Genetic control of rooting ability of stem cuttings in *Eucalyptus nitens*[J]. Australian Journal of Botany, 1997, 45(1): 203-210.
14. 孙清荣，孙洪雁，刘庆忠，等．不同倍性苹果叶片不定植株再生研究[J]．落叶果树，2000(2)：9-11.
15. 汤浩茹，刘翠琼，罗娅，等．培养基和培养条件对4个梨基因型试管苗生根的影响[J]．果树学报，2006，23(2)：283-286.
16. 周艳．山月桂的引种实验研究[D]．贵阳：贵州师范大学，2014.

分子生物学

梅花花香 *PmEGS*1 基因的克隆与序列分析*

安阳　张启翔①
（花卉种质创新与分子育种北京市重点实验室，国家花卉工程技术研究中心，
城乡生态环境北京实验室，园林学院，北京林业大学，北京 100083）

摘要　以‘三轮玉蝶’盛花期花朵为材料，根据梅花基因组数据库信息，通过 RT-PCR 方法克隆得到 1 个丁子香酚合成酶基因，命名为 *PmEGS*1。该基因位于梅花的第 2 条染色体上，包含 927bp 的开放阅读框，编码 308 个氨基酸，编码蛋白质分子量约为 33.9kDa，理论等电点为 5.61，不稳定系数为 29.01，属于酸性稳定的亲水性蛋白。DNAMAN 比对和系统进化树构建结果表明，基因的 cDNA 及其推导的氨基酸序列均与草莓、月季、罗勒、仙女扇、矮牵牛等物种中的 EGS 具有高同源性，且在 EGS 基因所特有的结构域 KQVDVVIS 和 KIIAAIK 上高度保守。

关键词　梅花；花香；丁子香酚合成酶；基因克隆

Cloning and Analysis of *PmEGS*1 in *Prunus mume* ‘Sanlunyudie’

AN Yang　ZHANG Qi-xiang
(*Beijing Key Laboratory of Ornamental Plants Germplasm Innovation & Molecular Breeding, National Engineering Research Center for Floriculture, Beijing Laboratory of Urban and Rural Ecological Environment and College of Landscape Architecture, Beijing Forestry University, Beijing* 100083)

Abstract　According to the *P. mume* genome database, a eugenol sythase gene named *PmEGS*1 was cloned from *Prunus mume* ‘Sanlunyudie’ through RT-PCR method. The gene was located on the No. 2 chromosome. It contained 927 bp ORF, encoding 308 aa with a molecular mass of 33.9 kDa. The encoded protein was acidic stable hydrophilic with PI 5.61 and II 29.01. Analysis of DNAMAN and phylogenetic tree showed that cDNA and the deduced amino acid sequence contained the characteristic conserved domains KQVDVVIS and KIIAAIK, and clustered with other EGS genes with high homology derived from *Fragaria ananassa*, Chinese rose (*Rosa hybrida* and *Rosa chinensis*), *Ocimum basilicum*, *Clarkia breweri* , *Petunia hybrid* and etc.

Key words　*Prunus mume*; Floral scent; Eugenol synthase; Molecular cloning

花香被誉为“花卉的灵魂”，在香精香料工业、昆虫授粉和提高观赏植物商业价值等方面具有重要的作用（陈秀中，王琪，2001）。花香作为植物重要观赏性状之一，日渐受到育种者的重视。梅花（*Prunus mume*）为蔷薇科（Rosaceae）李属（*Prunus*）早春开花的观赏植物，是我国的传统名花，具有典型的香气，深受广大人民的喜爱（陈瑞丹，2003；陈俊愉，2010）。

由于花香成分种类多、生物合成途径复杂，与植物花型、花色、花期等其他观赏性状的遗传改良相比，花香的研究相对滞后，难度也比较大（BOHLMANN，1998；Pichersky，2007）。花香物质的生成属于植物的次生代谢，该领域一直是国内外研究的热点，但是基于梅花花香成分的合成代谢研究仍处于起步阶段，主要集中于成分的鉴定和分析上（王利平等，2003；金荷仙 等，2006；曹慧 等，2009）。

本试验以梅花‘三轮玉蝶’为材料，通过对梅花特征花香成分丁子香酚合成关键基因的克隆与序列分析，为基因功能的验证及机理深入探索奠定基础。

* 基金项目：国家自然基金项目（31471906），国家高新技术研究发展计划（2013AA102607），北京市共建项目专项资助。
① 通讯作者。张启翔，教授，博士研究生导师，主要从事园林植物资源与育种研究。E-mail：zqxbjfu@126.com。

1 材料与方法

1.1 植物材料

供试材料为北京林业大学校园内的梅花品种'三轮玉蝶'(*Prunus mume* 'Sanlunyudie'),采集盛花期花朵,液氮速冻后置于-80℃冰箱保存。

1.2 主要试剂与耗材

EASYspin Plus 植物 RNA 快速提取试剂盒购自北京艾德莱生物科技有限公司,TIANScript cDNA 第一链合成试剂盒、DL2000 DNA Marker 和大肠杆菌菌株 DH5α 购自天根生化科技(北京)有限公司,琼脂糖凝胶/PCR 产物回收试剂盒购自 BIOMIGA 公司,TaKaRa Taq™聚合酶和克隆载体 pMD-19T Vector 购自 Takara 公司,氨苄青霉素(Ampicillin)、X-Gal 和 IPTG 购自北京拜尔迪生物技术有限公司,去 RNA 酶的离心管和枪头购自 Axygen 公司,其他生化试剂均为国产分析纯。

1.3 基因的克隆

1.3.1 总 RNA 的提取与检测

依照 EASYspin Plus 植物 RNA 快速提取试剂盒操作步骤提取总 RNA,用 NanoDrop 2000 分光光度计(Thermo)测定总 RNA 的浓度,并用1.0%琼脂糖凝胶电泳进行分析。

1.3.2 cDNA 第一链的合成

依照 TIANScript cDNA 第一链合成试剂盒进行操作,最后用 RNase-Free ddH_2O 将反应体系稀释至50μl,置于-20℃冰箱保存备用。

1.3.3 RT-PCR 扩增

以月季 *RcEGS*1 基因的序列在梅花蛋白数据库中进行本地 blast 检索,与其他植物中已克隆的 EGS 基因进行序列比对,获得同源性在90%以上且结构域高度保守的梅花基因。在基因的开放阅读框两侧分别设计引物(*PmEGS*1-*F*:5′ATGGCTGAGAGGAGCAAGG 3′;*PmEGS*1-*R*:5′CTAAACAAATTGGTCGAGGT 3′),用于 PCR 扩增,以获得基因的全长序列。

以上述试验合成的 cDNA 为模板进行 RT-PCR 扩增,具体步骤如下:

(1)反应体系:

表 1-1 RT-PCR 反应体系

Table1-1 RT-PCR amplification system

组分 Ingredient	体积(μl) Volume(μl)
模板 cDNA	1.0
上游引物	1.0
下游引物	1.0
PremixTaq™	12.5
ddH_2O(双蒸水)	9.5
Total	25.0

(2)反应程序:

表 1-2 RT-PCR 反应程序

Table1-2 RT-PCR protocols

反应温度(℃) Temperature(℃)	时间(分钟) Time(min)	循环数(个) Cycles(n.)
94	5.0	1
94	0.5	30
54.3	0.5	30
72	2.0	30
72	10.0	1
4	END	END

扩增产物用1.0%琼脂糖凝胶电泳检测。

1.3.4 PCR 产物的纯化、连接、转化与鉴定

依照琼脂糖凝胶/PCR 产物回收试剂盒操作说明进行 PCR 产物的纯化,将目的片段与 pMD19-T 载体连接,转化大肠杆菌 DH5α,经菌液 PCR 初步检测后,筛选出阳性克隆测序。

1.4 基因的分析

应用 ORF Finder (http://www.ncbi. nlm. nih. gov/projects/gorf/)预测开放阅读框;通过 ExPASy-Translat (http://web. expasy. org/translate/)翻译后,应用 SMS (http://www. bio-soft. net/sms/index. html)标明核苷酸和氨基酸的对应关系,应用 ProtParam(http://web. expasy. org/protparam/)分析 *PmEGS*1 基因编码蛋白的理化性质;应用 NetPhos 2.0 (http://www. cbs. dtu. dk/services/NetPhos/)预测蛋白磷酸化位点;应用 WoLF PSORT (http://wolfpsort. seq. cbrc. jp/)预测 *PmEGS*1 基因编码蛋白的亚细胞定位;应用 DNAman 软件比对保守结构域;应用 Clustal X1.83 软件进行多序列比对,结合 MEGA5.1 采用 NJ 算法构建系统进化树。

2　结果与分析

2.1　*PmEGS*1 基因的克隆

经分光光度计检测，总 RNA 的浓度为 480ng/μl，OD260/280 为 2.0，浓度和纯度较高；经 1.0% 的琼脂糖凝胶电泳检测(图 2-1)，条带清晰，总 RNA 降解度低，完整性好，可用于下一步的反转录试验。

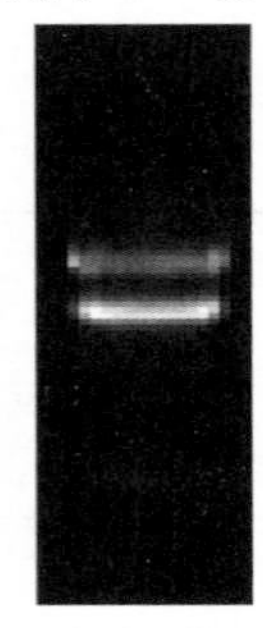

图 2-1　'三轮玉蝶'盛花期花朵总 RNA 电泳图

Fig. 2-1　Agrose gel electrophoresis of total RNA from the flower of 'Sanlunyudie'

以反转录得到的单链 cDNA 为模板，通过特异性引物进行 PCR 扩增，获得 1000bp 左右的基因片段(图 2-2)，测序后得知克隆得到的基因片段全长为 927bp。与梅花基因组数据比对，发现序列高度一致，将基因命名为 *PmEGS*1(图 2-3)。

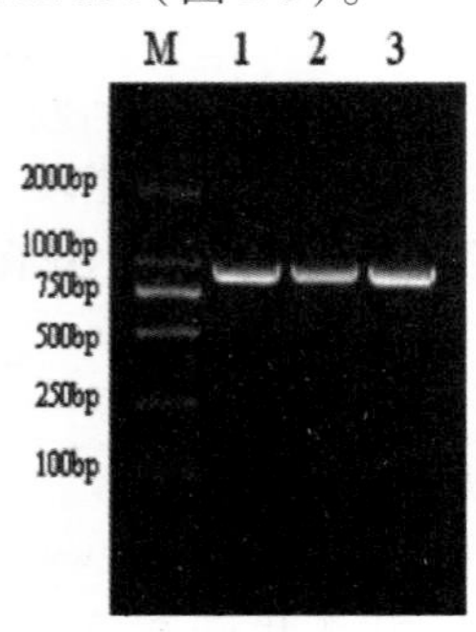

图 2-2　*PmEGS*1 基因全长 cDNA 扩增产物

Fig. 2-2　The full-length cDNA of *PmEGS*1 amplified by RT-PCR.

注：M：DL-2000 Maker；1，2，3：*PmEGS*1

已知梅花共有 8 条染色体，长度分别为 27.77Mb、42.65Mb、24.47b、24.71Mb、26.47Mb、21.78Mb、17.36Mb、17.31Mb。经基因组数据库分析可知，*PmEGS*1 位于第 2 条染色体上，序列号为 Pm005841。

2.2　*PmEGS*1 基因序列的分析

经在线分析，*PmEGS*1 的开放阅读框为 927bp，编码 308 个氨基酸，分子量约为 33.9kDa。*PmEGS*1 基因编码的蛋白理论等电点为 5.61，属于酸性蛋白。基因的稳定系数为 29.01，疏水性均为负值，推测为稳定的亲水性蛋白。磷酸化反应是蛋白翻译后的修饰手段，影响蛋白的活性与功能，通常发生在丝氨酸(Ser)、苏氨酸(Thr)和酪氨酸(Tyr)的残基上，3 个基因编码的蛋白均含有可能成为磷酸化位点的氨基酸。亚细胞定位结果显示，*PmEGS*1 基因编码的蛋白可能在细胞质中发挥作用。

通过 DNAMAN 软件将梅花的 *PmEGS*1 基因与已克隆得到的 12 个(异)丁子香酚合成酶基因(仙女扇 *CbEGS*1、*CbEGS*2、*CbIGS*1；罗勒 *ObEGS*1；矮牵牛 *PhEGS*1、*PhIGS*1；月季 *RhEGS*1、*RcEGS*1；草莓 *FaEGS*1*a*、*FaEGS*1*b*、*FaEGS*2；万代兰 *VMPEGS*)作序列比对，发现 *PmEGS*1 基因编码的蛋白和其他植物中(异)丁子香酚合成酶基因编码的蛋白具有很高的相似性(67.55%)，且包含 EGS 基因的特征保守结构域 KQVDVVIS 和 KIIAAIK(图 2-4)。

```
  1 M   A   E   R   S   K   V   L   I   I   G   G   T   G   Y   I   G   K   F   I
  1 ATGGCTGAGAGGAGCAAGGTTTTGATCATTGGAGGCACAGGCTACATTGGCAAGTTCATT
 21 V   E   A   S   A   K   A   G   H   P   T   F   A   L   V   R   E   A   T   A
 61 GTTGAAGCCAGCGCAAAGGCTGGCCATCCAACCTTTGCTCTTGTCAGAGAGGCCACGGCC
 41 N   D   P   A   K   S   T   L   I   R   N   F   N   N   L   G   V   T   L   L
121 AACGACCCTGCCAAGTCCACCCTCATTCGCAATTTCAACAACTTGGGTGTCACTCTGCTC
 61 Y   G   D   L   Y   D   H   E   S   L   V   K   A   I   K   Q   V   D   V   V
181 TACGGGGATCTTTATGACCATGAGAGCTTGGTGAAGGCGATCAAACAGGTGGACGTGGTG
 81 I   S   T   V   G   H   L   V   L   A   D   Q   T   K   I   I   A   A   I   K
241 ATATCAACTGTAGGTCACTTGGTACTTGCTGACCAGACCAAGATCATTGCTGCCATTAAA
101 E   A   G   N   V   K   R   F   F   P   S   E   F   G   N   D   V   D   R   V
301 GAAGCTGGAAATGTCAAGAGATTTTTCCGTCGGAGTTTGGAAACGATGTGGATCGTGTG
121 H   A   V   E   P   A   K   S   A   F   A   I   K   V   Q   I   R   R   A   I
361 CATGCAGTGGAGCCAGCTAAGTCTGCATTTGCAATCAAAGTCCAAATCCGGCGCGCCATA
141 E   A   E   G   I   P   Y   T   Y   V   S   S   N   C   F   A   G   Y   F   L
421 GAGGCGGAGGGCATCCCCTACACTTACGTGTCCAGCAACTGCTTTGCTGGCTATTTTCTG
161 P   T   L   A   Q   P   G   V   S   S   P   P   R   D   K   V   I   I   L   G
481 CCCACTTTGGCACAGCCCGGCGTCAGTTCTCCACCCAGAGACAAAGTCATTATCTTAGGG
181 D   G   N   P   K   A   V   F   N   K   E   E   D   I   G   T   Y   T   I   R
541 GATGGAAATCCAAAGGCTGTCTTCAACAAGGAAGAGGACATTGGAACTTATACCATCAGG
201 A   V   D   D   P   R   T   L   N   K   I   V   Y   I   K   P   P   G   N   I
601 GCCGTTGATGACCCAAGAACATTGAACAAGATTGTCTACATCAAGCCACCCGGAAACATT
221 Y   S   F   N   E   L   V   A   L   W   E   K   K   I   G   K   V   L   E   K
661 TACTCATTCAATGAGCTTGTTGCCTTGTGGGAGAAGAAGATTGGCAAAGTCCTTGAAAAG
241 V   Y   V   P   E   D   K   L   L   Q   D   I   Q   E   A   P   I   P   I   N
721 GTCTATGTTCCAGAGGACAAGCTTCTCCAGGACATTCAAGAGGCCCCAATTCCAATCAAT
261 V   I   L   A   I   N   H   S   V   F   V   K   G   D   H   T   N   F   E   I
781 GTGATATTAGCAATCAACCACTCAGTGTTCGTGAAGGGAGATCATACCAACTTCGAGATC
281 E   P   S   F   G   V   E   A   S   E   L   Y   P   D   V   K   Y   T   P   V
841 GAGCCATCGTTCGGAGTGGAGGCTTCTGAGCTGTACCCTGATGTCAAGTACACCCCCGTG
301 E   D   Y   L   D   Q   F   V   *
901 GAAGACTACCTCGACCAATTTGTTTAG
```

图 2-3　*PmEGS*1 基因的全长 cDNA 序列及其推导的氨基酸序列

画线部分为保守结构域

Fig. 2-3　Nuclotide sequence and the deduced amino acid sequence of *PmEGS*1.

The EGS conserved domains were underlined.

应用 Clustal X1.83 结合 MEGA5.1 软件，选取已经发表的其他植物中的(异)丁子香酚合成酶基因，选择 Complete deletion 模式，根据 Neighbor-Joining (NJ) 算法构建系统进化树(图 2-5)，Bootstrap 取值为 1000，节点上的数值表示验证过程中可信度的百分

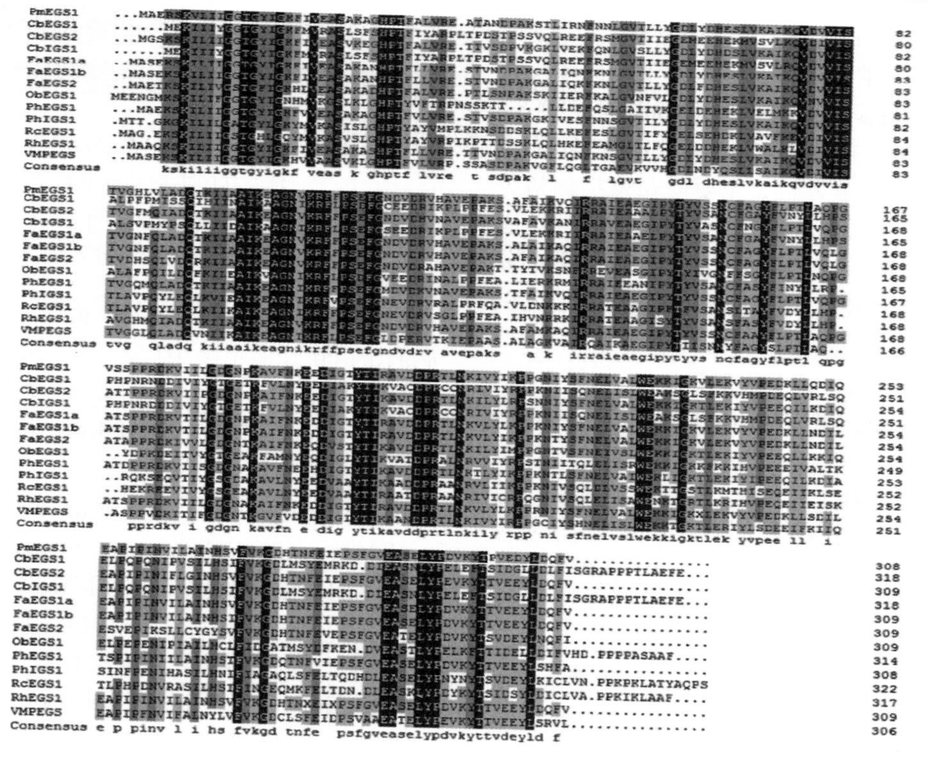

图 2-4 *PmEGS*1 基因与其他植物中 EGS 基因编码蛋白序列的多重比对

方框所示为 EGS 基因特征保守结构域。

Fig. 2-4 Alignment of amino acid sequence of *PmEGS*1 with EGSs from other plant species. The characteristic conserved domains were framed.

注：GenBank 登录号为 *CbEGS*1（EF467239），*CbEGS*2（EF467240），*CbIGS*1（EF467238），*ObEGS*1（DQ372812），*PhEGS*1（EF467241），*PhIGS*1（DQ372813），*RcEGS*1（JQ522949），*FaEGS*1*a*（KF562264），*FaEGS*1*b*（KF562265），*FaEGS*2（KF562266），*VMPEGS*（KF278720）.

比。蛋白聚类结果显示，所有 EGS 基因均能聚类到一起，且梅花 *PmEGS*1 与月季 *RhEGS*1、草莓 *FaEGS*1*a*、*FaEGS*1*b* 同源性较高。

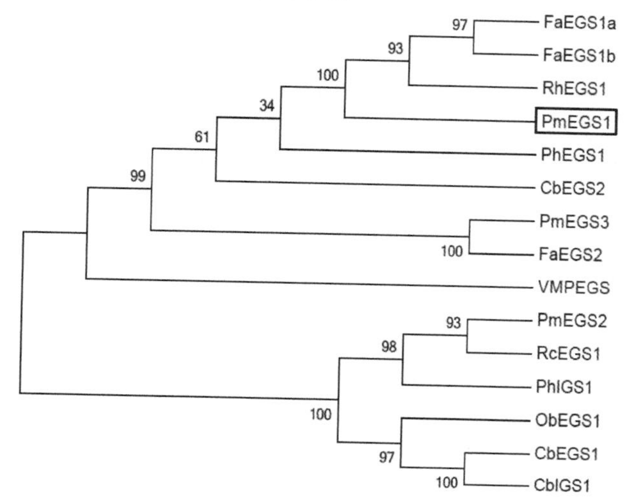

图 2-5 *PmEGS*1 基因与其他植物中 EGS 基因编码蛋白系统进化树

Fig. 2-5 Phylogenetic tree of *PmEGS*1 with the known EGSs.

3 讨论

丁子香酚是存在于芳香植物中的典型的香气成分，属于挥发性的苯丙烷类物质，具有浓郁的丁香味。丁子香酚的含量很少，但是其嗅觉阈值非常低（Sánchez Palomo et al. , 2010；孙宝国，何坚，1996）。有研究发现，仙女扇的花瓣释放丁子香酚和异丁子香酚的混合物，而矮牵牛的花瓣主要释放的是异丁子香酚并伴随着小量的丁子香酚，罗勒在叶的腺体上储存和释放丁子香酚。丁子香酚在仙女扇、丁香及部分兰花中也是主要的挥发成分，这些大量产生的挥发性气体都关系到了这些植物的特征香气。丁子香酚是通过乙酸松柏酯在丁子香酚合成酶的作用下合成的。乙酸松柏酯（Coniferyl acetate）是利用松柏醇在松柏醇酰基转移酶（CFAT）的控制下合成的。同时，丁子香酚和异丁子香酚属于同一类化合物，都是以乙酸松柏酯为底物，只是在不同酶的控制下分别合成的（Koeduka *et al.* , 2006，2008）。丁子香酚合成酶基因（eugenol synthase genes，EGS）属于 PIP 基因家族。PIP 基因家族主要包括 PLR、IFR、PCBER、LAR 和 PTR。PIP 基因家族在植物的次生代谢、调节生长发育及响应环境胁迫等方面起作用(Akashi，2006)。Koeduka 等(2008)指出矮牵牛 *PhEGS*1 和罗勒 *ObEGS*1 都属于依赖于 NADPH 的还原酶的家族基因，主要参与植物的初级代谢。

丁子香酚合成酶(EGS)基因是梅花特征花香成分丁子香酚合成途径的最后一步关键酶基因。本研究以月季 *RcEGS*1 为模板，根据梅花基因组数据库信息，采用 RT-PCR 克隆方法，首次从梅花品种‘三轮玉蝶’中获得 1 个丁子香酚合成酶基因的 cDNA 全长，命名为 *PmEGS*1。

基因的开放阅读框为 927bp，编码 308 个氨基酸，预测蛋白质的分子量约为 33. 9kDa。经基因组数据库分析可知，*PmEGS*1 位于第 2 条染色体上，序列号别为 Pm005841。将克隆得到的基因与基因组数据库中对应的藏梅基因序列分别进行比对，发现存在碱基位点差异，两个品种间差异的碱基位点有 2 个，分别为碱基 T 与 C、A 与 G 之间的转变(图 3-1)。有研究表明，碱基之间的转化与甲基化作用有一定联系，可能参与了甲基化的修饰过程，与李属植物的进化有关(Finnegan and Kovac，2000)。

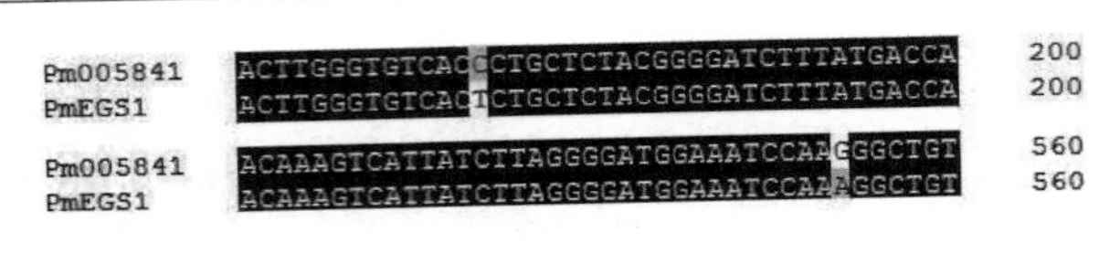

图 3-1 ‘三轮玉蝶’*PmEGS*1 基因与藏梅对应基因序列的碱基位点差异

Fig. 3-1 The site discrepancies between ‘Sanlunyudie’ and Zang Mei.

多重序列比对结果显示，梅花的 *PmEGS*1 基因编码的蛋白和其他植物中(异)丁子香酚合成酶基因编码的蛋白具有很高的相似性，且包含 EGS 基因的特征保守结构域 KQVDVVIS 和 KIIAAIK。由进化树分析可知，几种植物 EGS 基因编码蛋白的聚类情况基本符合物种演化的规律，丁子香酚合成酶的发育和谱系分化与植物自然分类系统有紧密联系，物种来源相同的酶之间可能高于来源不同而功能相同的酶之间的相似度。如梅花与同为蔷薇科的月季聚在一起，草莓、仙女扇自己的(异)丁子香酚合成酶基因聚在一起；所有的 EGS 基因均能聚类到一起，且同源性较高，可以推断 *PmEGS*1 基因是 EGS 基因在梅花中的同源基因。*PmEGS*1 基因只是梅花 EGS 同源基因中的一个，其功能及其他同源基因有待于进一步挖掘。

参考文献

1. Akashi T，Koshimizu S，Aoki T，et al. Identification of cDNAs encoding pterocarpan reductase involved in isoflavan phytoalexin biosynthesis in < i > Lotus japonicus < /i > by EST mining[J]. FEBS letters，2006，580(24)：5666－5670.
2. Bohlmann J，Meyer-Gauen G，Croteau R. Plant terpenoid synthases：molecular biology and phylogenetic analysis[J]. Proceedings of the National Academy of Sciences，1998，95(8)：4126－4133.
3. 曹慧，李祖光，王妍，等. 两种梅花香气成分的分析及 QSRR 研究[J]. 分析科学学报，2009，25(2)：130－134.
4. 陈秀中，王琪. 中华民族传统赏花理论探微[J]. 北京林业大学学报，2001，(S1)：16－21.
5. 陈俊愉. 中国梅花品种图志[M]. 北京：中国林业出版社，2010.
6. 陈瑞丹. 梅花杂交育种及其胚培养的研究[D]. 北京：北京林业大学，2003.
7. Finnegan，E. and K. KA.，Plant DNA methyltransferases. Plant Molecular Biology. 2000；2－3：189－201.
8. 金荷仙，陈俊愉，金幼菊. 南京不同类型梅花品种香气成分的比较研究[J]. 园艺学报，2006，32(6)：1139－1139.
9. Koeduka T，Fridman E，Gang D R，et al. Eugenol and isoeugenol，characteristic aromatic constituents of spices，are biosynthesized via reduction of a coniferyl alcohol ester[J]. Proceedings of the National Academy of Sciences，2006，103(26)：10128－10133.
10. Koeduka T，Louie G V，Orlova I，et al. The multiple phenylpropene synthases in both *Clarkia breweri* and *Petunia hybrida* represent two distinct protein lineages[J]. The Plant Journal，2008，54(3)：362－374.
11. Pichersky E，Dudareva N. Scent engineering：toward the goal of controlling how flowers smell. Trends in Biotechnology，2007，25(3)：105－110.
12. Sánchez-Palomo E，Gómez García-Carpintero E，Alonso-Villegas R，et al. Characterization of aroma compounds of Verdejo white wines from the La Mancha region by odour activity values[J]. Flavour and fragrance journal，2010，25(6)：456－462.
13. 孙宝国，何坚. 香精概论[M]. 北京：化学工业出版社，1996.
14. 王利平，刘扬岷，袁身淑. 梅花香气成分初探[J]. 园艺学报，2003，30(1)：42－42.

百合花中 β-葡萄糖和木糖糖苷酶基因的克隆及序列分析*

张 昕[1,2] 余让才[1,2]① 范燕萍[1,3]①
（[1]华南农业大学花卉研究中心，[2]华南农业大学生命科学学院，[3]华南农业大学林学与风景园林学院，广州 510642）

摘要 以‘西伯利亚’百合（*Lilium*‘Siberia’）为材料，克隆得到 β-葡萄糖糖苷酶 *LoGlu* 和木糖糖苷酶 *LoXyl* 基因。*LoGlu* 的 ORF 长 1461bp，编码 486 个氨基酸（aa）。*LoXyl* 的 ORF 长 2316bp，编码 771 个氨基酸。蛋白家族结构域分析 *LoGlu* 和 *LoXyl* 分别含有糖苷水解酶家族 1 和糖苷水解酶家族 3 的序列。亚细胞定位信号分析结果显示 *LoGlu* 和 *LoXyl* 均不存在核定位信号，*LoGlu* 可能定位于细胞质，*LoXyl* 可能定位于线粒体。氨基酸同源序列比对结果表明，*LoGlu* 和 *LoXyl* 的同源性较低，可能与保守性基序差异有关。二级结构预测分析结果显示 *LoGlu* 含有 36.83% 的 α 螺旋残基，18.52% 的延伸链，39.83% 的无规则卷曲；*LoXyl* 含有 21.66% 的 α 螺旋残基，28.02% 的延伸链，50.32% 的无规则卷曲。

关键词 百合；β-葡萄糖糖苷酶；木糖糖苷酶；基因克隆；序列分析

Cloning and Bioinformatics Analysis of *LoGlu* and *LoXyl* Gene from *Lilium*‘Siberia’

ZHANG Xin[1,2] YU Rang-cai[1,2] FAN Yan-ping[1,3]
（[1]*Flower Research Center*，[2]*College of Life Sciences*，[3]*College of Forestry and Landscape Architecture*，*South China Agricultural University*，*Guangzhou* 510642）

Abstract Two glycosidase gene，named *LoGlu* 和 *LoXyl* was isolated from the flowers of *Lilium*‘*Siberia*’，The *LoGlu* gene has an ORF of 1461bp coding 486 amino acids. The *LoXyl* gene has an ORF of 2316 bp coding 771 amino acids. Protein predicted domain indicated that *LoGlu* and *LoXyl* have CH1 and CH3 sites. It predicted that *LoGlu* in the cytoplasm and *LoXyl* in the mitochondrion by Subcellular localization. The result of amino acid sequence alignment reveals that the protein *LoGlu* 和 *LoXyl* poss little homology，because of the difference of Conserved motifs. The secondary structure prediction results manifests that *LoGlu* has 36.83% α-helix，18.52% extended strand，39.83% random coil；*LoXyl* has 21.66% α-helix，28.02% extended strand，50.32% random coil.

Key words *Lilium*‘Siberia’；*LoGlu*；*LoXyl*；Gene cloning；Sequence Analysis

百合（*Lilium*）是百合科百合属植物的总称，单子叶多年生草本球根花卉，目前已发现原种多于 120 个，且大多数原产于中国。更有经过多代人工杂交产生的众多新型品。其花大色艳，姿态优雅，香气怡人，具有观赏价值，并因其饱含美好的寓意而深受人们追捧，在国际花卉销售市场上长期走俏，历久不衰（范燕萍 等，2008）。‘西伯利亚’百合是市场上最为常见的一种东方百合系白百合，具有非常浓郁的香气。

花香作为观赏植物的一个重要性状，被誉为“花卉的灵魂”，有着极其重要的审美价值，广泛应用于农业、生物学、医药和香水化妆品工业等方面（Muhlemann *et al.*，2014）。同时，花香具有重要的生态学意义，可作为吸引传粉者的信号（Raguso，2008），具备抵御食草动物、病原菌侵袭的功能（Unsicker et al.，2009；Ali et al.，2012；Hiltpold & Turlings，2012；Huang et al.，2012），在自身种群间进行信号传导（Baldwin et al.，2006）。花香还可以保护植物免受高温、活性氧等非生物胁迫作用（Dudareva et al.，2006；Vickers et al.，2009）。

花香是植物的次生代谢产物，由许多低分子量、易挥发的有机化合物组成。这些有机化合物能够在游

* 基金项目：教育部国际合作项目和广东省国际合作项目。
① 通讯作者。Author for correspondence（E-mail：fanyanping@ scau. edu. cn；rcyu@ scau. edu. cn）。

离态和糖苷键合态两种形式间自由转换(Winterhalter,1997)。糖苷键合态前体物质可被内源性糖苷酶水解释放出挥发性的游离态花香物质(Sarry et al.,2004)。

糖苷酶即糖苷水解酶，几乎存在于所有的生物体中，是一类以内切或外切方式水解各种含糖化合物，包括各种单糖苷、寡糖、多糖和糖蛋白中的糖苷键，生成单糖、寡糖或糖复合物的酶(Jacobson et al.,2001)。糖苷酶在催化糖苷反应时，如果水分子的氧原子进攻受体葡萄糖上的异头碳，即发生水解反应；但如果是葡萄糖羟基上的氧原子进攻受体葡萄糖上的异头碳，即发生转糖基反应(Alfonso et al.,1997)。目前已知的糖苷酶大约有2500多种，根据序列相似性分为100多个家族，每一个家族的酶具有相同的空间结构和反应机制。糖苷酶还可以根据催化机制的不同分为两类：构型翻转酶和构型保持酶。其中，构型保持酶在催化糖苷键水解的同时，还保持有糖苷键合成活性，这种性质使这类构型保持酶成为糖类合成的重要工具(Carl SR et al.,2000)。

β-葡萄糖苷酶能够水解结合于末端非还原性的β-D-葡萄糖苷键，同时释放出β-D-葡萄糖和相应的配基。1837年，首次在苦杏仁中发现后，陆续在植物、昆虫、细菌等生物体内发现(潘利华等，2006)，主要参与生物体内的糖代谢。1981年，Takeo T. 通过对茶叶的研究初步确立了β-葡萄糖苷酶参与糖苷键合态物质的水解，释放出花果香气，确定了一条茶叶香气形成的新途径。众多对β-葡萄糖苷酶基因序列的研究发现含有bg1A或bg1B的核苷酸序列，bg1A和bg1B编码的蛋白质分别是胞内酶和胞外酶，彼此之间具有显著的同源性。β-木糖苷酶在自然界分布广泛，已能从细菌、真菌、高等植物中分离得到，能以外切方式从非还原性末端水解木糖糖苷键，形成木糖和配基(黄红卫 等，2010)。不少β-木糖苷酶是双功能酶或多功能酶，拟南芥中的Xyl1同时具有α-L-阿拉伯糖苷酶和β-木糖苷酶活性。目前β-葡萄糖苷酶在高等植物中的克隆报道较多，但详细的生物信息学分析较少。β-木糖苷酶近期成为研究热点，但详细的基因克隆和生物信息学分析较少。百合中的β-葡萄糖苷酶(*LoGlu*)和β-木糖苷酶(*LoXyl*)的克隆和功能信息学分析尚未见诸报道，本论文克隆出百合中β-葡萄糖苷酶和β-木糖糖苷酶，并对其基因结构、结构域、二级结构等进行分析，构建相应的系统进化树，理论上初步预测出*LoGlu*和*LoXyl*的蛋白功能，为下一步研究与百合花香有重要关联的糖苷酶奠定基础，创新性地将百合花香昼夜节律与糖苷酶的酶解作用联系起来。

1 材料与方法

1.1 植物材料

实验所用的‘西伯利亚’鲜切花百合取自广州市岭南花卉市场，购买后立即插入清水中，置于本实验室光照培养室中，生长条件为22℃，光照12h/20℃，黑暗12h，相对空气湿度为40%～60%。

1.2 ‘西伯利亚’百合花瓣总RNA的提取及检测

总RNA的提取采用改良的试剂盒(Margen RNA plus)+Trizol(Invitrogen)试剂进行。

RNA的检测：取1μL RNA，稀释100倍，用紫外分光光度计测定OD_{230}、OD_{260}、OD_{280}。RNA浓度=OD_{260}×40ng/μL×100。若OD_{260}/OD_{280}介于1.8～2.1范围内，则RNA纯度较高，质量好；小于1.8则可能有蛋白质或苯酚污染；大于2.1则可能有异硫氰酸胍等污染。若OD_{260}/OD_{230}大于2.0，则RNA纯度较高，质量好；小于2.0则可能有小分子及盐等污染。取4 μL RNA，用1%琼脂糖凝胶电泳检测完整性。共出现3条主带：28rRNA、18rRNA、5rRNA。若28 rRNA条带亮度为18 rRNA的两倍，则RNA比较完整。

1.3 cDNA(Complentary DNA)单链的合成

以盛开期花瓣总RNA作为模板，利用M-MLV反转录酶合成单链cDNA。

1.4 cDNA全长的克隆

根据‘西伯利亚’百合表达谱测序(未发表数据)中两个糖苷酶基因的序列，利用生物软件Primer Premier 5.0在目的基因两端设计引物，委托上海生物工程公司合成。*LoGlu*和*LoXyl*的克隆以cDNA为模板扩增目的基因。PCR反应体系总体系为25μL：2.5mmol/L dNTP 2.0μL，10×rTaq Buffer 2.5μL，5U/μL rTaq(TaKaRa)0.3μL，10μmol/L上游引物1μL，10μmol/L下游引物1μL，模板cDNA 1μL，ddH2O 17.2μL。PCR反应条件：94℃预变性4min；94℃变性30s、55℃复性30s、72℃延伸1min，35个循环；72℃延伸10min。PCR反应结束后，用1.0%琼脂糖凝胶电泳初步检测PCR产物中是否含有目的片段条带。经琼脂糖凝胶电泳回收后纯化回收，连接到克隆载体pMD18-T上，并转化至大肠杆菌菌株DH5α，菌液PCR鉴定后提取质粒，经由艾基生物工程有限公司完成测序。

1.5 *LoGlu* 和 *LoXyl* 的生物信息学分析

采用 NCBI 上 BLAST 软件（http：//blast. ncbi. nlm. nih. gov/Blast. cgi）对 *LoGlu* 和 *LoXyl* 进行序列比对，分析其开放阅读框（open reading frame，ORF）。用 ExPASy - Compute pI/Mw tool（http：//web. expasy. org/compute_ pi/）预测其分子量和等电点。用欧洲生物信息研究所 EMBL-EBI 的蛋白家族结构域数据库 InterPro（http：//www. interpro. com/）和瑞士生物信息研究所 SIB 的生物信息资源包中的蛋白质家族结构域数据库 ExPASy - PROSITE（http：//prosite. expasy. org/）完成 *LoGlu* 和 *LoXyl* 结构域预测。用 cNLS Mapper（http：//nls-mapper. iab. keio. ac. jp/cgi-bin/NLS_ Mapper_ form. cgi）完成亚细胞定位的核定位信号的预测。用 Clustal Omega（http：//www. ebi. ac. uk/Tools/msa/clustalo/）将 *LoGlu* 和 *LoXyl* 序列与筛选出的氨基酸序列进行同源性分析，并通过进行聚类分析构建系统发育树。将筛选出亲缘关系较近的植物进行进一步的同源性分析。用 CFFSP（http：//cho-fas. sourceforge. net/））完成 *LoGlu* 和 *LoXyl* 蛋白质二级结构的预测，并进行比较分析。最后，用 ExPASy-ProtScale（http：//web. expasy. org/protscale/）对 *LoGlu* 和 *LoXyl* 蛋白进行亲疏水性的预测分析。

2 结果与分析

2.1 百合盛开期花瓣总 RNA 的提取

成功克隆百合中糖苷酶基因的前提是获取百合高质量的总 RNA。提取得到的 RNA 通过核酸蛋白测定仪进行检测，结果显示其浓度为470μg/mL，A_{260}/A_{280} =1.87。取 5ul 进行琼脂糖凝胶电泳检测，电泳结果如图 1 所示，百合盛开期花瓣总 RNA 的 3 个条带都比较清晰，可见提取的总 RNA 比较完整，适合作为 RT-PCR 的模板。

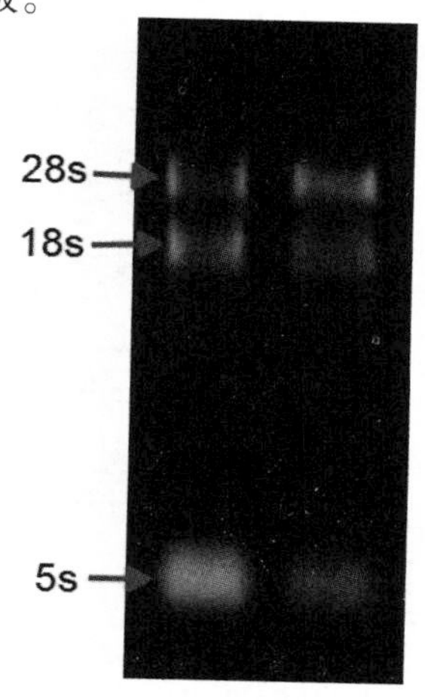

图 1 百合盛开期花瓣总 RNA

2.2 百合中糖苷酶基因 cDNA 全长克隆及序列分析

以提取的百合盛开期花瓣总 RNA 为模板，经过反转录获得第一链 cDNA，将其作为 PCR 扩增的模板，PCR 扩增得到的产物由琼脂糖凝胶电泳进行检测。由图 2 可知，PCR 产物在 1500bp 和 2300bp 附近出现特异性条带，符合目的条带的理论预测大小。切胶回收目的基因片段并连接到克隆载体 pMD19-T 上，然后将其转化到克隆宿主大肠杆菌 DH5α 中，通过菌液 PCR 验证，筛选阳性克隆，进行测序，发现其序列和表达谱测序序列一致。

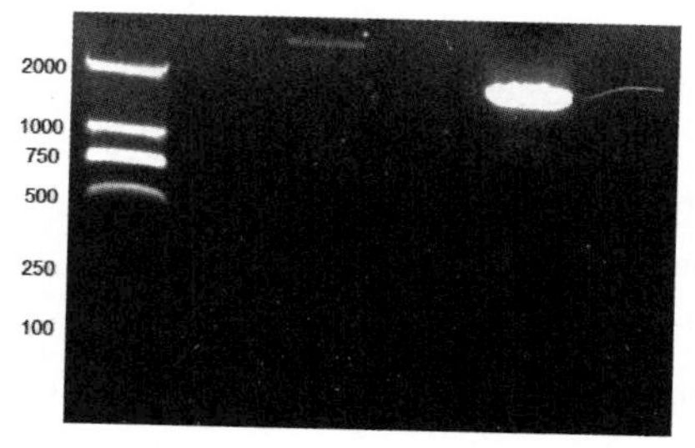

图 2 LoGlu 和 LoXyl 全长 PCR 产物

Marker：DNA DL2000 分子量标准；
LoGlu、LoXyl 为 PCR 产物

采用 NCBI 上 BLAST 软件（http：//blast. ncbi. nlm. nih. gov/Blast. cgi）对 *LoGlu* 进行序列比对，发现开放阅读框（ORF）长 1461bp，推测其编码一个含 486 个氨基酸的氨基酸序列，分子质量为 55. 5kDa、等电点（pI）为 5. 61。*LoXyl* ORF 大小为 2316bp，推导的氨基酸序列含 771 个氨基酸，分子质量为 82. 7kDa、pI 为 7. 54。

通过 SMART 和 ExPASy-PROSITE 进行 *LoGlu* 和 *LoXyl* 的结构域分析，*LoGlu* 主要含有两个高度保守的序列：N 末端的信号肽序列以及糖苷水解酶家族 1 序列（图 3）。N 末端的信号肽序列主要起到定位的作用，糖苷水解酶家族 1 序列是个超基因簇，典型结构是具有 8 个（α/β）结构围成的桶状结构，也被称做 4/7超家族。*LoXyl* 主要含有 4 个保守序列，N 末端大约 26 个氨基酸左右的信号肽序列决定着该基因的亚细胞定位、糖苷水解酶家族 3、糖苷水解酶家族 3c 以及与糖苷水解酶家族 3 有重要关联的 Fn3 序列（图 4）。β-木糖苷酶活性位点中的 Asp 是糖苷水解酶家族 3 的高度保守氨基酸。

MRGLWAALFLQLLFGWVAGVERADFPPEPFAANKTAS
NWDIFSHTPGKIKDGKNGDTADDHYHRYLEDIELMHSL
GVNSYRFSISWPRVLSRGKSGEINSDGIAFYNNIIDSLLL
KGIQPFVTLNHYDMPQEFQDRYGGWLNPKLQQEFGYF
AKVCFEAFGDRVKYWCTFNEPNIMTMYGYVTGEHPPG

RCSVPNGNCSVGDSSFTEPYIAAHNIILAHATVVDIYKRN
YQERHGGSIGIVISCKWYEPMRNVEEDVLAAKRVLSFE
NEWFLDPLFFGDYPTVMRQVLASRLPIFTPEEKRKLQNK
LDFIGINHYTTLYVKDCTFSPCKWDPLDGNAGVFTSGEG
DHNTQIGPQTGMDGNYVVPYGMEKLVNYVKERYNNTP
MYITENGYGQQGNASFKDLVNDIERVDFIHGYLTSLSST
MRHGADVRGYFVWSLLDNFEWAHGYTVRFGLYHVDF
KTQKKNTEAICDMV

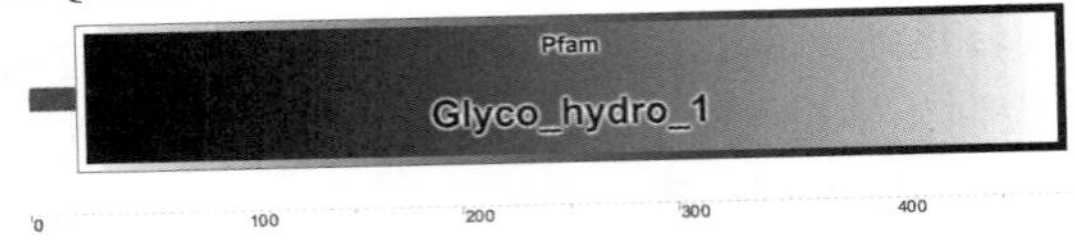

图 3 *LoGlu* 的结构域分析

MAAPPPPLPLLLLLSVIISYNSLVSARPAFACAGGPTAG
LPFCRTTAPIHIRARDLVGRLTLDEKVRLLVNNAAGVPR
LGISGYEWWSEALHGVSNTGPGVHFGGAFPGATSFPQ
VISTAASFNATLWEAIGRVVSDEARAMYNGGQAGLTYW
SPNVNIYRDPRWGRGQETPGEDPGLSGRYAAAYVRGL
QQAYGGRTGYARLKVAACCKHYTAYDLDNWNGVDRF
HFNAQVTKQDLADTFDVPFKACIAEGKVASVMCSYNQ
VNGIPTCADPRLLRDTIRGQWGLDGYIVSDCDSVGVFY
NTQHYTSTPEDAAADAIKAGLDLDCGPFLAQYTEGALR
QGKVNEADINNALTNTITVQMRLGMYDGEPSKQPFGNL
GPNDVCTPAHQELALEAARQGIVLLKNENNALPLSAHR
LHTVAVTGPNCDVTSTMIGNYAGIPCRYTSPLNGIGRYV
GTIVQKGCTDVACSGAQPIDAAVFSAQRADATVLVVGL
DQSIEAETRDRVSLLLPGRQQELISRVAQASRGPTILVL
MCGGPVDVTFAQNDPKISAILWVGYPGQAGGAAIADVI
FGAFNPGGKLPVTWYPQDYTRKVSMTDMAMRPNPAR
GYPGRTYRFYTGPVVYPFGHGLSYTRFTQSLGHAPVEL
SIPLDGRRVVNSTLLGRAVRVTHTKCDSLSLPLHVDVTN
VGDRDGSHALLVYSTLPAGTQAPQKKLVAFERVHVAA
QDQVRVSLAIDVCKDLSFADNNGIRRIPIGEHMIHIGDVT
HTVSLRAEAL

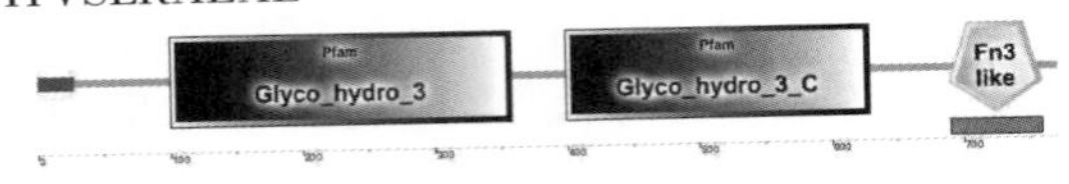

图 4 *LoXyl* 的结构域分析

2.3 氨基酸序列比对及系统进化分析

BLASTp 分析表明，*LoGlu* 与小麦、文心兰、山羊草、葡萄、大豆中的 β-葡萄糖苷酶基因同源性较高，分布都达到了 70% 以上。已有研究证明，葡萄中存在着大量的与 β-葡萄糖苷结合的键合态香气物质前体，能够被内源性 β-葡萄糖苷酶水解，释放出游离态的香气物质，主要是萜烯醇类。因而可初步预测 LoGlu 与百合花香的释放有一定联系。*LoXyl* 与葡萄、李子、可可、鳄梨、杨树中的 β-木糖糖苷酶基因具有接近 80% 的相似性，同源性很高。其中，李子和鳄梨中的 β-木糖糖苷基因编码的蛋白质都是构型保持酶，同时具有阿拉伯糖苷酶的特性。因此 *LoXyl* 很可能也是一种构型保持酶。对 *LoGlu* 和 *LoXyl* 氨基酸序列进行同源性比较分析，发现彼此的相似性低于 8%，相差很大。应该与 LoGlu 和 LoXyl 的结构域差别有关。

分别对 *LoGlu* 和 *LoXyl* 进行各自的氨基酸序列分析，*LoGlu* 的 GH1 结构域中存在两个重要的保守基序 ZnF 和 GLUCA，ZnF 是锌指蛋白序列，能够与金属离子结合进而使底物离子化。GLUCA 保守区具有酶活性中心，催化酶解反应的进行。与 *LoGlu* 同源性很高的小麦、文心兰、山羊草、葡萄、大豆中都含有这两种保守基序，如图 5a。ZnF 与 GLUCA 这两种保守基序是 β-葡萄糖苷酶发挥作用的关键因子。*LoXyl* 存在 3 个保守基序，PKS-KS 基序结构类似硫解酶家族，活性位点在 N 端结构域。TY 基序能够翻译成糖蛋白，包含重复序列，能够提高与邻近结构域的相互作用。Fn3 具有纤连蛋白 III 型结构，与 GH3 共同存在，是一段可赋予转录因子抑制功能的保守性基序。

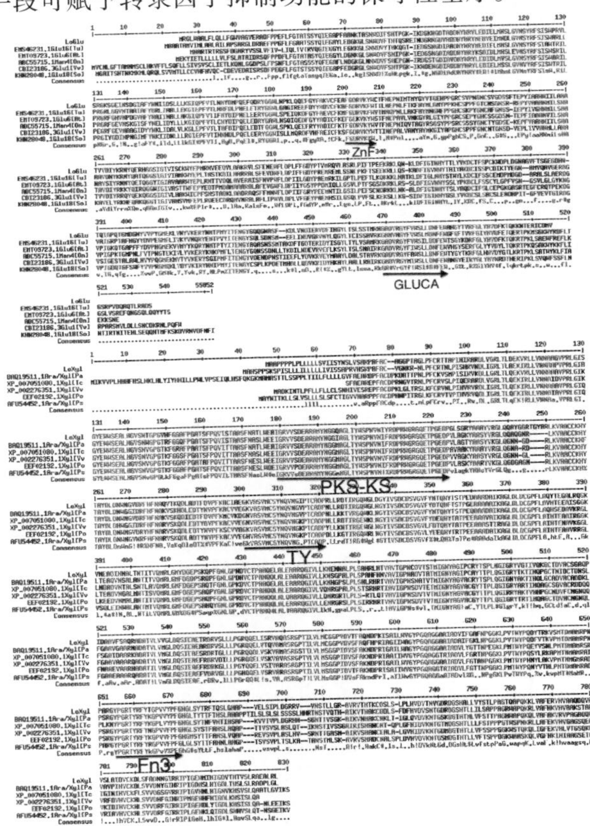

图 5 *LoGlu*(a) 和 *LoXyl*(b) 的氨基酸序列比对分析

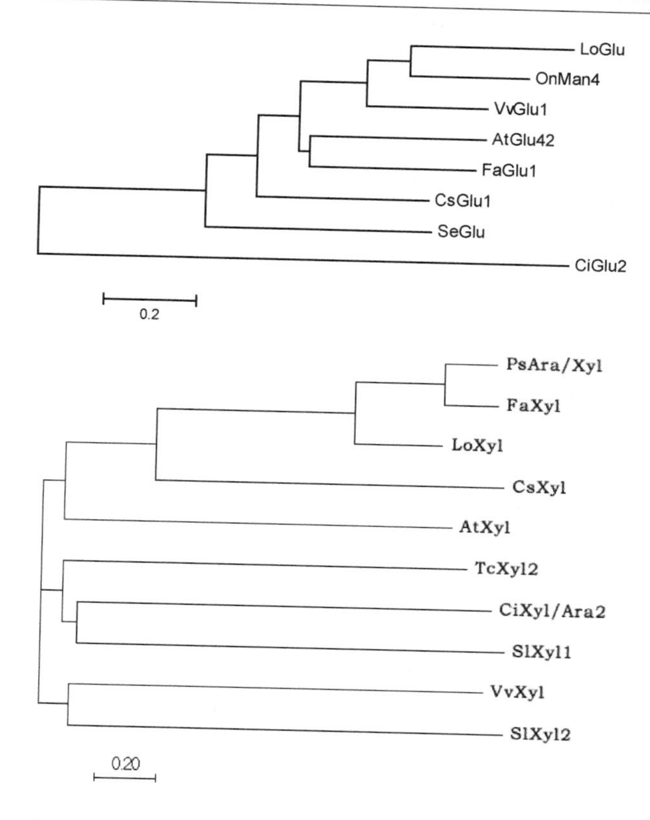

图6 *LoGlu*(a)和*LoXyl*(b)的系统进化树分析

On：文心兰；Vv：葡萄；At：拟南芥；Fa：草莓；Cs：山茶；So：大豆；Ci：甜橙；Ps：李子；Tc：可可；Sl：番茄

使用 Clustal X 和 MEGA5.1 软件，将 LoGlu 和 LoXyl 氨基酸序列分别与 GenBank 中已登录的葡萄等其他植物糖苷酶基因氨基酸序列进行聚类分析并绘制系统进化树(图6)，研究 *LoGlu* 和 *LoXyl* 与其他各物种间的进化关系。*LoGlu* 与文心兰、葡萄中的β-葡萄糖苷酶基因共属于一个分支，亲缘性相对较近。‘西伯利亚’百合、文心兰和葡萄中的β-葡萄糖苷酶具备类似特性，在萜烯醇类香气释放方面起到重要作用。*LoXyl* 与草莓、李子中的木糖糖苷酶基因属于一个分支，具有很高的同源性。已有研究证明，草莓中含有大量的肉桂酸香气物质，肉桂酸会与葡萄糖结合形成单糖苷，同时，形成的单葡萄糖苷会与木糖糖苷形成二糖苷。‘西伯利亚’百合、草莓和李子中的木糖糖苷酶基因可能在香气的释放上起辅助作用。

2.4 蛋白的二级结构和亚细胞定位预测与分析

在 PBIL LYON-GERLAND 信息库的二级结构预测结果如图7，*LoGlu* 的蛋白二级结构中含有 36.83% 的α-螺旋(alpha helix)、18.52% 的延伸链(extended strand)和 34.98% 的无规则卷曲(random coil)，可见α-螺旋和无规则卷曲是 *LoGlu* 的主要二级结构。*LoXyl* 的蛋白二级结构中含有 21.66% 的α-螺旋(alpha helix)、28.02% 的延伸链(extended strand)和 50.32% 的无规则卷曲(random coil)，可见延伸链和无规则卷曲是 *LoXyl* 的主要二级结构。

利用在线分析软件(http://nls-mapper.iab.keio.ac.jp/cgi-bin/NLS_Mapper_form.cgi)检测 *LoGlu* 和 *LoXyl* 亚细胞定位情况，NLS score 表示预测的 NLS 的活力值，该值越高表示该段序列作为核定位信号的可能越大。结果表明 *LoGlu* 和 *LoXyl* 都没有核定位信号，如图8。利用 Signal P 对 *LoGlu* 和 *LoXyl* 进行信号肽分析，发现 *LoGlu* 和 *LoXyl* 在第20~30氨基酸序列处都有很明显的峰值，预测N端有一段信号肽，也与前面 *LoGlu* 和 *LoXyl* 结构域的分析符合。Subloc 软件分析预测 *LoGlu* 可能定位在细胞质，*LoXyl* 可能定位在线粒体，如图8。

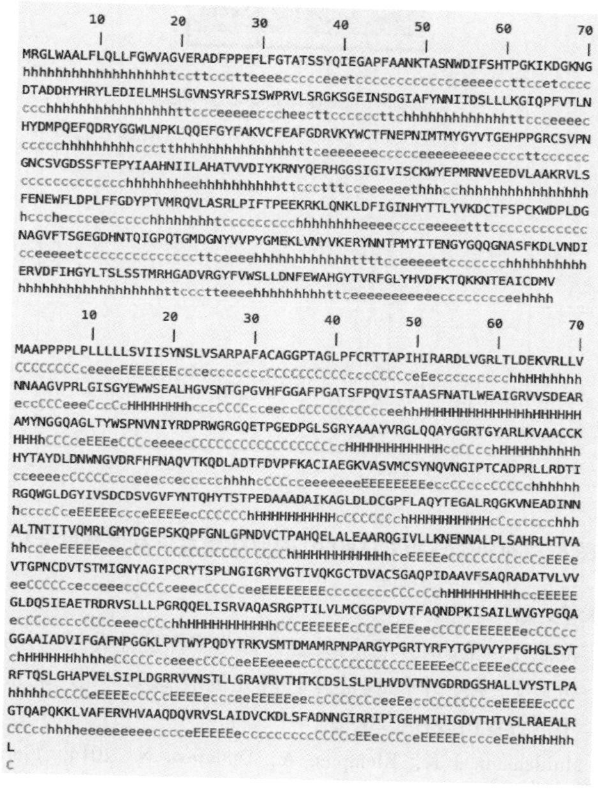

图7 *LoGlu*(a)和*LoXyl*(b)的二级结构分析

3 结论与讨论

3.1 LoGlu 和 LoXyl 的克隆

根据 NCBI 上登录的基因全长序列，结合课题组‘西伯利亚’百合表达谱测序数据(未发表数据)设计引物，分别扩增得到了 *LoGlu* 和 *LoXyl* 基因的 ORF 框，纯化后与载体(pMD19-T)连接，并转化到大肠杆菌中，并对该片段进行测序和研究，测序结果分别与原序列比较，显示克隆得到的序列一致性达到99%以上。

cNLS Mapper Result

Predicted NLSs in query sequence

MRGLWAALFLQLLFGWVAGVERADFPPEFLFGTATSSYQIEGAPFAANKT 50
ASNWDIFSHTPGKIKDGKNGDTADDHYHRYLEDIELMHSLGVNSYRFSIS 100
WPRVLSRGKSGEINSDGIAFYNNIIDSLLLKGIQPFVTLNHYDMPQEFQD 150
RYGGWLNPKLQQEFGYFAKVCFEAFGDRVKYWCTFNEPNIMTMYGYVTGE 200
HPPGRCSVPNGNCSVGDSSFTEPYIAAHNIILAHATVVDIYKRNYQERHG 250
GSIGIVISCKWYEPMRNVEEDVLAAKRVLSFENEWFLDPLFFGDYPTVMR 300
QVLASRLPIFTPEEKRKLQNKLDFIGINHYTTLYVKDCTFSPCKWDPLDG 350
NAGVFTSGEGDHNTQIGPQTGMDGNYVVPYGMEKLVNYVKERYNNTPMYI 400
TENGYGQQGNASFKDLVNDIERVDFIHGYLTSLSSTMRHGADVRGYFVWS 450
LLDNFEWAHGYTVRFGLYHVDFKTQKKNTEAICDMV 486

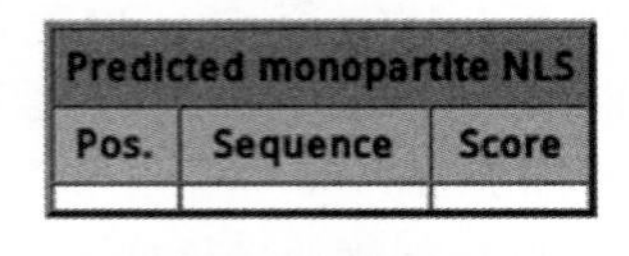

Predicted monopartite NLS		
Pos.	Sequence	Score

Predicted bipartite NLS		
Pos.	Sequence	Score

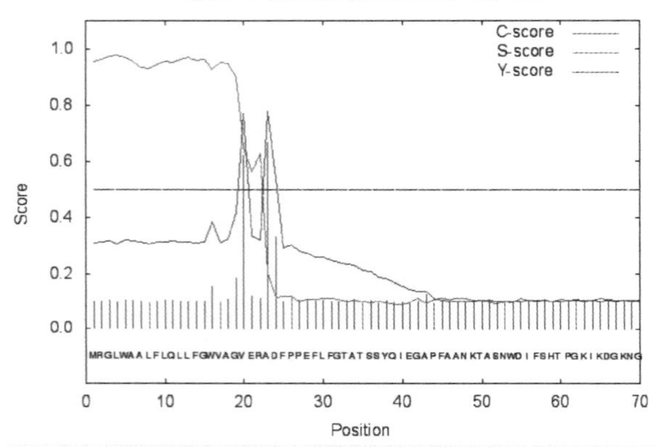

图8　*LoGlu*(a)和 *LoXyl*(b)的亚细胞定位及信号肽分析

3.2　*LoGlu* 和 *LoXyl* 的生物信息学分析结果

LoGlu ORF 长 1461bp，编码 486 个氨基酸，分子质量为 55.5kDa、pI 为 5.61。*LoXyl* ORF 大小为 2316bp，编码 771 个氨基酸，分子质量为 82.7kDa、pI 为 7.54。系统进化分析表明，这两个糖苷酶基因的彼此同源性较低，可能因为各自的保守结构域差异较大造成，*LoGlu* 与葡萄、文心兰同源性较高，都含有一个 CH1 保守结构域，蛋白功能方面比较接近。葡萄果实中的典型香气物质是萜烯醇类，与之结合的糖基主要有 *O*-β-D-糖苷和 *O*-双糖苷，单葡萄糖苷可被内源性的 β-葡萄糖苷酶酶解，产生大量香气物质，如含量较多的香叶醇。'西伯利亚'百合的特征性香气物质醇的产生很可能与葡萄释香规律类似，β-葡萄糖苷酶起着重要作用。*LoXyl* 含有糖苷水解酶 3 和糖苷水解酶 3c 结构域，与草莓的木糖糖苷酶基因具备较高同源性。草莓的特征香气物质有丁酸乙酯、己酸乙酯、芳樟醇、肉桂酸等，可与葡萄糖基、木糖基共同形成二糖苷。草莓中的木糖糖苷酶可能在芳樟醇等香气物质的释放上起一定作用。与之具有高同源性的百合的木糖糖苷酶可能在游离态香气的释放上有着类似作用。总之，在百合花香的释放上，β-葡萄糖苷酶可能起到重要作用，木糖糖苷酶则具备一定的协助作用。

参考文献

1. 范燕萍，范丽琨．不同类型百合花瓣挥发性香气成分分析：张启翔：中国观赏园艺研究进展 2008[C]．北京：中国林业出版社，2008.
2. Muhlemann J K，Klempien A，Dudareva N. 2014. Floral volatiles：from biosynthesis to function[J]. Plant Cell and Environment，37(8)：1936－1949.
3. Raguso RA. 2008. Wake up and smell the roses：the ecology and evolution of floral scent[J]. Annual Review of Ecology，Evolution，and Systematics 39：549－569.
4. Unsicker SB，Kunert G，Gershenzon J. 2009. Protective perfumes：the role of vegetative volatiles in plant defense against herbivores[J]. Current Opinion In Plant Biology 12：479－485.
5. Ali JG，Alborn HT，Campos-Herrera R，Kaplan F，Duncan LW，Rodriguez-Saona C，Koppenhofer AM，Stelinski LL. 2012. Subterranean，herbivore-induced plant volatile increases biological control activity of multiple beneficial nematode species in distinct habitats[J]. PLoS ONE 7：e38146.
6. Hiltpold I，Turlings TCJ. 2012. Manipulation of chemically mediated interactions in agricultural soils to enhance the control of crop pests and to improve crop yield[J]. Journal of Chemical Ecology 38：641－650.
7. Huang M，Sanchez-Moreiras AM，Abel C，Sohrabi R，Lee S，Gershenzon J，Tholl D. 2012. The major volatile organic compound emitted from *Arabidopsis thaliana* flowers，the sesquiterpene (E)-b-caryophyllene，is a defense against a bacterial pathogen[J]. New Phytologist 193：997－1008.
8. Baldwin IT，Halitschke R，Paschold A，von Dahl CC，Preston CA. 2006. Volatile signaling in plant-plant interactions："Talking trees" in the genomics era[J]. Science 311：812－815.
9. Dudareva N，Negre F，Nagegowda DA，Orlova I. 2006.

Plant volatiles: recent advances and future perspectives[J]. Critical Reviews in Plant Sciences 25: 417 - 440.

10. Vickers CE, Gershenzon J, Lerdau MT, Loreto F. 2009. A unified mechanism of action for volatile isoprenoids in plant abiotic stress [J]. Nature Chemical Biology 5: 283 - 291.

11. Winterhalter P, Skouroumounis GK (1997) Glycoconjugated aroma compounds: occurrence, role and biotechnological transformation. In: Scheper T (ed) Advances in biochemical engineering/biotechnology. Springer, Berlin Heidelberg New York, pp 74 - 105.

12. Sarry J E, Günata Z. Plant and microbial glycoside hydrolases Volatile release from glycosidic aroma precursors[J]. *Food Chemistry*, 2004, 87: 509 - 521.

13. Jacobson R, Schlein Y, Eisenberger C. 2001. The biological function of sandfly and Leishmania glycosidases[J]. Medical Microbiology and Immunology, 190: 51 - 55.

14. Alfonso F, Emndez M. 1991. Synthesis and modification of carbohydrates using glycosidases and lipases[J]. Topics in Current Chemistry, 186: 1 - 20.

15. Carl SR, Stephen GW. 2000. Glycosidase mechanisms[J]. Current Opinion in Chemical Biology, 4: 573 - 580.

白姜花 miRNA167 的克隆及靶基因的预测*

何 磊　范燕萍①
（华南农业大学林学与风景园林学院，华南农业大学花卉研究中心，广州 510642）

摘要　摘要 MiRNA 是小的 RNA 调节分子，长度一般在 20 个碱基左右，通过与目标 mRNA 结合而导致 mRNA 的解链或者是抑制其翻译。研究表明，拟南芥 miRNA167 参与调节花器官的发育，然而 miRNA167 在姜科植物中功能还未见报道。白姜花作为一种芳香植物，具有浓郁的花香，且花香物质释放与花的发育进程密切相关。本研究克隆了白姜花中 miRNA167 家族的 miRNA167a 和 miRNA167k 并对其进行了靶基因的预测及靶基因功能域的分析，为研究姜花 miRNA167 调控花香物质合成的分子机制奠定基础。

关键词　miRNA167；靶基因；白姜花；花香

The MiRNA167 Cloning and Prediction of Target Genes in *Hedychium coronarium*

HE Lei　FAN Yan-ping
（*Cellege of Forestry and Landscape Architecture*，*Flower Research Center*，*South China Agricultural University*，*Guangzhou* 510642）

Abstract　The microRNAs were a small regulation RNA molecules of 20 bp approximately. It can combine with target mRNA and cause chain mRNA solution or inhibit its translation. In Arabidopsis，miRNA167 was proved to regulate the development of flower organs. However，the function of miRNA167 has not been reported in *Zingiberaceae* plants. As a kind of fragrant plant，*H. coronarium* emit a large array of volatile scent，which closely related with the development of flower. In this study，miRNA167a and miRNA167k were cloned from *H. coronarium*. Target genes and target genes function domains were predicted. It provided the foundation basis for studying the molecular mechanism of miRNA167 regulating the volatile scent of *H. coronarium*.

Key words　miRNA167；Target genes；*H. coronarium*；Flower fragrance

MiRNA 是小的 RNA 调节分子，长度一般在 20 个碱基左右，对多种目标基因存在转录后抑制作用（Voinnet et al.，2009）。每个 miRNA 由一个或多个 MIR 基因产生，MIR 首先转录出不成熟带茎环结构的 miRNA 前体，经进一步加工形成包含 miRNA 在内的 RNA 双体分子（Curaba et al.，2013）。该 RNA 的形成过程需要包括 RNAaseIII、核酸内切酶 DICER-LIkE1 和双体 RNA 结合蛋白 HYL1 等多种蛋白的参与。MiRNA 移出细胞核后，与其诱导的沉默复合体（RISC）结合，进一步与目标 mRNA 结合从而导致 mRNA 解链或抑制其表达（Li et al.，2013）。

MiRNA 在转录和转录后水平调节植物的花芽分化和花的发育（Hong and Jackson，2015）。在甜土豆花中，miRNA167 在雄蕊中的表达量均高于其他组织，表明 miRNA167 对于雄蕊的发育至关重要（Run et al.，2015）。在拟南芥中，miRNA167 参与调控生长素响应因子 ARF6 和 ARF8 在特定花器官中的表达（Wu et al.，2006），过表达 miRNA167 会造成花器官的发育缺失从而导致育性降低，其表型变化与 ARF6/8 的表达量下调的结果一致（Ru et al.，2006）。ARF6/8 除了调节茉莉酸 JA 的生物合成，还能调节生长素自我平衡基因的表达并且限制依赖于细胞分裂素的分生组织的分生活动（Tabata et al.，2010；Nagpal et al.，2005；Reeves et al.，2012）。MiRNA167 对 ARF6/8 的调节存在着复杂性，miRNA167 家族中不同的 miRNA167 亚族的表达模式不同，抑制 ARF6/8 表达的能力存在差异，每个 miRNA167 亚族之间还存在交叉调节（Rubio-Somoza and Weigel，2011）。

* 基金项目：国家自然科学基金（30972026 和 31370694）和教育部博士点基金（20134404110016）。

① 通讯作者。Author for correspondence（E-mail：fanyanping@ scau. edu. cn）。

白姜花是姜科姜花属多年生草本植物，是备受人们喜爱的切花和园林应用花卉，具有美丽的花型和浓郁的芳香，其花朵的挥发性物质主要为沉香醇、罗勒烯等单萜和倍半萜类化合物以及苯甲酸甲酯和苯甲酸乙酯等苯丙烷类物质(Yue *et al.* 2014；Yue *et al.*，2015)。花香物质挥发成分和挥发量受到植物的营养水平、栽培条件、生物和非生物胁迫程度及外源激素的影响(Dudareva *et al.*，2006)，同时花器官的发育进程和花香释放量密切相关(Muhlemann *et al.*，2012；Baldwin *et al.*，2006)。ARF6/8 影响花的发育，是花发育的主要调控因子之一，ARF6/8 能调控拟南芥萜类物质的释放(Reeves *et al.*，2012)。进行 miRNA167 和其调控的目标 ARF6/8 靶基因的深入研究，有望从花发育角度研究其与花香形成的关系。

1 材料与方法

1.1 植物材料

植物材料白姜花购于广州市岭南花卉市场。

1.2 RNA 的提取及反转录

RNA 的提取采用 TRIzol 试剂进行，获得的 RNA 进行琼脂糖凝胶电泳并经分光光度计测定后进行反转录。反转录采用 Mir-X™ miRNA First-Strand Synthesis (Takara)加 A 尾法。反转录体系：反应物 mRQ Buffer (2x) 5μl，RNA Sample (0.258μg) 3.75μl，mRQ Enzyme 1.25μl。Total Volume 10μl。反转录 PCR 程序：37℃，1h；85℃，5min。

1.3 成熟 miRNA167a/k 片段的扩增和检测

设计成熟 miRNA167a/k 的上游引物，委托华大基因科技有限公司合成。MiRNA167a 上游引物为 CTGCCAGCATGATCTCAAAA，miRNA167k 上游引物为 CTGCCAGCCTGATCTT AA AAA，下游引物由 Mir-X™ miRNA First-Strand Synthesis 反转录试剂盒提供。以反转录后的 cDNA 为模板，扩增成熟的 miRNA167a/k。PCR 扩增体系：反应物 10mM dTP 2μl，10 x rTaq Buffer 2.5μl，5 U/μl rTaq 0.2μl，10μM 上游引物 1μl，10μM 下游引物 1μl，cDNA 1μl，dd H2O 17.3μl。Total Volume 25μl。PCR 扩增反应程序：94℃，4min；94℃，30s；62℃，30s；72℃，40s；33 个循环；72℃，10min。

PCR 扩增产物用 1.0% 琼脂糖凝胶电泳检测。

1.4 T 载连接及测序

PCR 产物回收纯化后连接到 PMD19-T 载体上，然后委托广州艾基生物公司测序。

1.5 miR167a/k 靶基因的预测及未知功能靶序列的蛋白功能分析

运用 psRNATarget (http://plantgrn.noble.org/psRNATarget/)在线软件对 miRNA167a/k 进行靶基因预测。利用 ExPASy 在线软件将未知功能的靶序列翻译成蛋白，再用 Pfam 在线软件对其进行蛋白功能的分析。

2 结果与分析

2.1 RNA 提取结果

采用 TRIzol 试剂提取总 RNA，RNA 质量良好，具有完整的条带，分别为 28s18s 和 5sRNA，且 28s 条带的亮度是 18s 条带的两倍，如图 1 所示，所提 RNA 可用于后续试验。

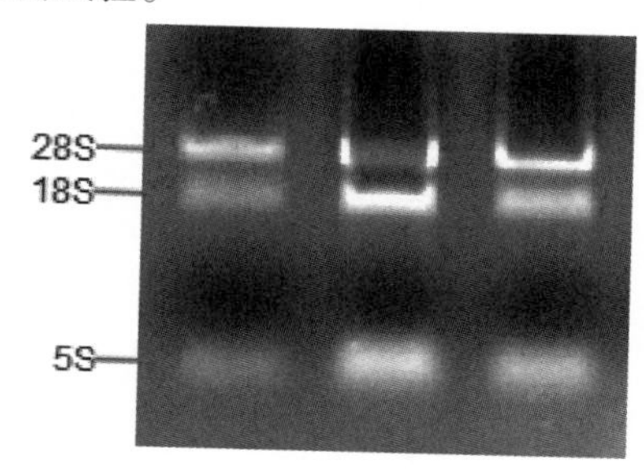

图 1 TRIzol 试剂提取的总 RNA 琼脂糖凝胶电泳

Fig. 1 Total RNA agarose gel electrophoresis with TRIzol reagent

2.2 PCR 扩增条带分析

miRNA 的长度在 20bp 左右，加上 A 尾后扩增长度增加到 90bp 左右。如图 2 所示。

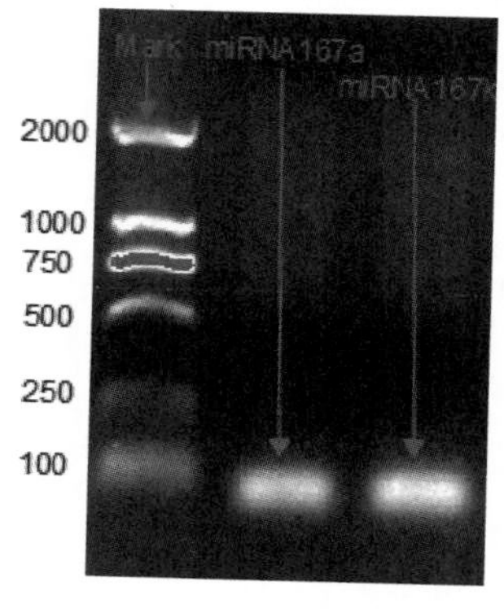

图 2 miRNA167a/k PCR 扩增后琼脂糖凝胶电泳

Fig. 2 Agarose gel electrophoresis after PCR miRNA167a/k amplification

2.3 测序结果分析

将纯化后的 PCR 产物连接 pMD-19T，转化大肠杆菌测序。测序结果经与 miRNA167a/k 成熟序列比对，完全匹配。

2.4 靶基因预测分析

分别对克隆得到的 miRNA167a/k 运用 psRNATarget 在线软件进行靶基因预测。同时与拟南芥(*Arabidopsis thaliana*)、耧斗菜(*Aquilegia viridiflora*)和苜蓿(*Medicago sativa*)基因库进行比对分析，比对结果如表 1 所示。根据软件自行评分标准，选取排名前三的未知功能靶序列利用 ExPASy 在线软件翻译成蛋白，再用 Pfam 在线软件对其进行蛋白功能的分析。

根据靶基因预测结果，拟南芥中 miRNA167a/k 的靶序列均为 ARF6 和 ARF8 序列，与相关文献报道吻合。耧斗菜中，与 miRNA167a/k 结合的靶序列 'TC24356' 均为 ARF8 序列，预测出的靶基因功能未知。苜蓿中，与 miRNA167a/k 结合的靶序列 'TC177271' 均为 ARF 类序列，预测出的靶基因功能未知。

对未知功能的靶基因序列进行蛋白功能分析推测部分靶基因蛋白功能，结果如表 2 所示。

表 1 miRNA167a/k 在三种植物中的靶基因预测

Table1 Target gene prediction of miRNA167a/k in three kinds of plants

物种 species	miRNA	靶序列名称 Target sequence name	结合序列 binding sequence	靶序列描述 Target sequence description
拟南芥	167a	AT1G30330. 2	miRNA 19 CUCUAGUACGACCGUCGAA 1 Target 3236 GAGAUCAGGCUGGCAGCUU 3254	Symbols: ARF6 | auxin response factor 6
		AT1G30330. 1	miRNA 19 CUCUAGUACGACCGUCGAA 1 Target 3316 GAGAUCAGGCUGGCAGCUU 3334	Symbols: ARF6 | auxin response factor 6
		AT5G37020. 1	miRNA 19 CUCUAGUACGACCGUCGAA 1 Target 2370 UAGAUCAGGCUGGCAGCUU 2388	Symbols: ARF8, ATARF8 | auxin response factor 8
	167k	AT1G30330. 2	miRNA 20 AUUCUAGUCCGACCGUCGAA 1 Target 3235 UGAGAUCAGGCUGGCAGCUU 3254	Symbols: ARF6 | auxin response factor 6
		AT1G30330. 1	miRNA 20 AUUCUAGUCCGACCGUCGAA 1 Target 3315 UGAGAUCAGGCUGGCAGCUU 3334	Symbols: ARF6 | auxin response factor 6
		AT5G37020. 1	miRNA 20 AUUCUAGUCCGACCGUCGAA 1 Target 2369 UUAGAUCAGGCUGGCAGCUU 2388	Symbols: ARF8, ATARF8 | auxin response factor 8
耧斗菜	167a	TC24356	miRNA 19 CUCUAGUACGACCGUCGAA 1 Target 2150 GAGAUCAGGCUGGCAGCUU 2168	similar to UniRef100_ Q9FGV1 Cluster: Auxin response factor 8
		TC24879	miRNA 19 CUCUAGUACGACCGUCGAA 1 Target 1249 GAGAUCAUGUUUGUGGUUU 1267	Cluster: Chromosome chr3 scaffold_ 8
		TC26521	miRNA 19 CUCUAGUACGACCGUCGAA 1 Target 859 GUGAUCAUACUAGCAGCUU 877	Cluster: Chromosome chr8 scaffold_ 88
	167k	TC24356	miRNA 20 AUUCUAGUCCGACCGUCGAA 1 Target 2149 UGAGAUCAGGCUGGCAGCUU 2168	similar to UniRef100_ Q9FGV1 Cluster: Auxin response factor 8
		TC24675	miRNA 20 AUUCUAGUCCGACCGUCGAA 1 Target 289 AAAGAUAAGGUUGGCGGCUU 308	Cluster: Chromosome chr15 scaffold_ 19
苜蓿	167a	TC177271	miRNA 19 CUCUAGUACGACCGUCGAA 1 Target 3048 GAGAUCAGGCUGGCAGCUU 3066	Transcriptional factor B3; Auxin response factor; Aux/IAA_ ARF
		TC185488	miRNA 19 CUCUAGUACGACCGUCGAA 1 Target 1467 AAGAUCAGGCUGGCAGCUU 1485	Cluster: Chromosome chr10 scaffold_ 43
		TC175538	miRNA 19 CUCUAGUACGACCGUCGAA 1 Target 248 GGUAUCAUGCUGGCAGCUG 266	Cluster: Two-component response regulator ARR15

（续）

物种 species	miRNA	靶序列名称 Target sequence name	结合序列 binding sequence	靶序列描述 Target sequence description
苜蓿	167k	TC185488	miRNA 20 AUUCUAGUCCGACCGUCGAA 1 Target 1466 UAAGAUCAGGCUGGCAGCUU 1485	Cluster：Chromosome chr10 scaffold_ 43
		TC177271	miRNA 20 AUUCUAGUCCGACCGUCGAA 1 Target 3047 UGAGAUCAGGCUGGCAGCUU 3066	Transcriptional factor B3；Auxin response factor
		TC183567	miRNA 20 AUUCUAGUCCGACCGUCGAA 1 Target 513 UAAGAUUAGG-UGGCAGUUU 531	Cluster：Heparanase-like protein 3 precursor

表 2 miRNA167a/k 在耧斗菜和苜蓿中靶基因蛋白功能预测

Table2 Protein function prediction of target gene of miRNA167a/k in *Aquilegia* and *Medicago*

物种 species	miRNA	靶序列名称 Target sequence name	靶序列蛋白功能 Target sequence protein function
耧斗菜	167a	TC24879	Fpp Filament-like plant protein
		TC26521	Zf-ring－2
苜蓿	167k	TC183567	Glycosyl hydrolase family79，N-terminal domain

在耧斗菜中，miRNA167a 预测结合的两个靶基因'TC24879'和'TC26521'蛋白功能分析得出结果分别是植物纤维蛋白(Fpp)和锌指环结构域(Zf-ring－2)。在苜蓿中，miRNA167k 预测结合的靶基因'TC183567'蛋白功能分析得出结果是糖基水解酶家族(Glycosyl hydrolase)79 N 端结构域。Fpp 蛋白是长的螺旋卷曲蛋白，可以与核膜蛋白 MAF1 互作(Gindullis et al.，2002)，锌指环结构域与泛素化降解有关。糖基水解酶是广泛存在的水解酶，能水解多糖之间的糖苷键。结果表明，miRNA167a/k 调节花发育是一个复杂的过程，不仅涉及 ARF 的表达，可能还涉及相关糖、蛋白等途径的代谢调节。

3 讨论

花发育受多种因素调控，miRNA 作为其中一个调控因子近几年来越来越受到人们的重视。在植物开花过程的生理活动中，不管是激素信号、糖信号或因子介导的调控都涉及 miRNA 的调节作用(Kateryna et al.，2016；Zeng et al.，2015)。miRNA 通过影响植物激素的合成、分布和活性在植物激素的应答反应中起到关键的调控作用(Curaba et al.，2014)。MiRNA156 调控成花诱导中植株幼年向成年期的转变，同时它又受到糖信号调控(Hong et al.，2015)。

MiRNA167 能抑制生长素响应因子 ARF6/8 的表达从而影响花的发育。对于以花香为主要观赏性状的姜花而言，花的发育与花香的释放量存在着密切的关系。植物花香的释放规律受到多种激素的影响，目前对植物花香的研究也集中在激素方面。MiRNA 对植物花香释放的研究还比较少，鉴于 miRNA 在植物生理活动中的研究热度，miRNA 与花香释放的关系研究将会成为研究的热点。

由于 miRNA 的高度保守性，本研究通过设计特异引物，以姜花为材料，扩增得到两条 miRNA167 家族中的 miRNA167a 和 miRNA167k 成熟序列。选取拟南芥、耧斗菜和苜蓿的基因库，对该成熟序列进行靶序列预测分析，结果表明，在拟南芥中，miRNA167a/k 预测结合的靶序列与相关文献报道相同，均为 ARF6/8。在耧斗菜和苜蓿中，预测的靶序列除了 ARF 外，还有锌指环结构域和糖基水解酶家族 79 N 端结构域等。MiRNA167a/k 调节花发育是一个复杂的过程，不仅涉及抑制 ARF 的表达，可能还涉及相关糖、蛋白等途径的代谢调节。

参考文献

1. Dudareva N，Negre F，Nagegowda D A，et al. 2006. Plant volatiles：Recent advances and future perspectives [J]. Critical Reviews in Plant Sciences，25(5)：417－440.

2. Fal Kateryna，Landrein Benoit，Hamant Olivier. 2016. Interplay between miRNA regulation and mechanical stress for CUC gene expression at the shoot apical meristem [J]. Plant signaling & behavior，11 (3)：e1127497，Doi：10.1080/15592324.2015.1127497.

3. Gindullis Frank，Rose Annkatrin，Patel Shalaka，Meier Iris. 2002. Four signature motifs define the first class of struc-

turally related large coiled-coil proteins in plants[J]. Bmc Genomics, 3(9): 1-11.

4. Julien Curaba, Mohan B Singh and Prem L Bhalla. 2014. miRNAs in the crosstalk between phytohormone signalling Pathways[J]. Journal of Experimental Botany, 65(6): 1425-1438.

5. Li S, Liu L, Zhuang X, et al. 2013. MicroRNAs inhibit the translation of target mRNAs on the endoplasmic reticulum in *Arabidopsis*[J]. Cell, 153: 562-574.

6. Muhlemann J K, Maeda H, Chang C, et al. 2012. Developmental changes in the metabolic network of snapdragon flowersPlos One, 7: e403817, Doi: 10.1371/journal.pone.0040381.

7. Nagpal P, Ellis CM, Weber H, Ploense SE, Barkawi LS, et al. 2005. Auxin response factors ARF6 and ARF8 promote jasmonic acid production and flower maturation[J]. Development, 132: 4107-4118.

8. Reeves PH, Ellis CM, Ploense SE, Wu MF, Yadav V, et al. 2012. A regulatory network for coordinated flower maturation[J]. Plos Genet, 8: e1002506, Doi: 10.1371/journal.pgen. 1002-506.

9. Rubio-Somoza I and Weigel D. 2011. MicroRNA networks and developmental plasticity in plants[J]. Trends Plant Science, 16: 258-264.

10. Ru P, Xu L, Ma H and Huang H. 2006. Plant fertility defects induced by the enhanced expression of microRNA167[J]. Cell Research, 16: 457-465.

11. Sun RR, Guo TL, Cobb J, Wang QL, Zhang BH. 2015. Role of microRNAs During Flower and Storage Root Development in sweet Potato[J]. Plant Molecular Biology Reporter, 33: 1731-1739.

12. Tabata R, Ikezaki M, Fujibe T, Aida M, Tian CE, et al. 2010. Arabidopsis AUXIN RESPONSE FACTOR6 and 8 regulate jasmonic acid biosynthesis and floral organ development via repression of class 1 KNOX genes[J]. Plant Cell Physiology, 51: 164-175.

13. Voinnet O. 2009. Origin, biogenesis, and activity of plant microRNAs[J]. Cell, 136: 669-687.

14. Wu M. F, Tian Q and Reed J W. 2006. Arabidopsis micro RNA167 controls patterns of ARF6 and ARF8 expression, and regulates both female and male reproduction[J]. Development, 133: 4211-4218.

15. Yiguo Hong and Stephen Jackson. 2015. Floral induction and flower formation—the role and potential applications of miRNAs[J]. Plant Biotechnology Journal, 13: 282-292.

16. Yue YC, Yu RC, Fan YP. 2014. Characterization of two monoterpene synthases involved in floral scent formation in *Hedychium coronarium*[J]. Plant, 240(7): 745-762.

17. Yue YC, Yu RC, Fan YP. 2015. Transcriptome profiling provides new insights into the formation of floral scent in *Hedychium coronarium*[J]. Bms Genomice, 16: 470, Doi: 10.1186/s12864-015-1653-7.

18. Zeng SH, Liu YL, Pan LZ et al. 2015. Identification and characterization of miRNAs in ripening fruit of *Lycium barbarum* L. using high-throughput sequencing[J]. Frontiers in Plant Science, 6: 778, Doi: 10.3389/fpls.2015.00778.

CmWRKY15 增加菊花对黑斑病的敏感性*

范青青 宋爱萍 辛静静 陈素梅 蒋甲福 王银杰 陈发棣①
（南京农业大学园艺学院，南京 210095）

摘要 菊花(*Chrysanthemum morifolium*)隶属菊科菊属，原产我国，是我国十大传统名花和世界四大切花之一，具有很高的观赏与经济价值。由链格孢属真菌侵染引起的黑斑病是菊花广泛发生的重要叶部病害，在菊花露地栽培生产中，植株或插穗发病较重。因此，研究与调控胁迫相关的基因功能可以为菊花抗性基因工程育种提供坚实的理论基础。本研究在前期克隆获得菊花 *CmWRKY*15 基因基础上，通过转基因技术对该基因功能进行了初步研究，主要研究结果如下：通过对 CmWRKY15 序列分析及系统进化树构建，发现 CmWRKY15 与拟南芥 AtWRKY40 同源性较高；通过遗传转化菊花‘神马’、转基因菊花黑斑病表型鉴定，以及病情指数调查，发现两个转基因菊花株系的发病程度比野生型植株更加严重，两个转基因菊花株系的病情指数为 57.01 和 56.73，其寄主反应表现为感病，而野生型菊花的病情指数为 14.63，其寄主反应表现为抗病，说明 *CmWRKY*15 转基因菊花增加对黑斑病的敏感性；通过转基因菊花和野生型菊花的内源 ABA 含量测定，发现转基因菊花的内源 ABA 含量比野生型菊花低，说明 *CmWRKY*15 可能参与 ABA 合成的调控；通过对 ABA 合成与响应 ABA 信号的基因的表达特性进行研究，发现 *CmWRKY*15 抑制了 *ABF*4、*ABI*4、*ABI*5 和 *RAB*18 等 ABA 促进气孔关闭过程中起到正调控作用的基因及 *NCED3A* 和 *NCED3B* 等 ABA 合成相关基因的表达，推测 *CmWRKY*15 通过抑制 ABA 正调控作用的基因以及合成相关基因的表达，从而降低转基因株系中 ABA 浓度以及抑制 ABA 参与调控气孔关闭的作用，促进转基因植株气孔开放，使黑斑病菌容易侵入，这可能是 *CmWRKY*15 参与菊花对黑斑病菌响应的作用机制。
关键词 菊花；*CmWRKY*15；黑斑病

*CmWRKY*15 Facilitates *Alternariatenuissima* Infection of Chrysanthemum

FAN Qing-qing SONG Ai-ping XIN Jing-jing CHEN Su-mei JIANG Jia-fu WANG Yin-jie CHEN Fa-di
(*College of Horticulture*, *Nanjing Agricultural University*, *Nanjing* 210095)

Abstract Chrysanthemum(*Chrysanthemum morifolium*) is one of the most famous cut flowers globally, has a high ornamental value, and occupies an irreplaceable position in the international commerce of flowers. Black spot disease, one of the most harmful diseases of chrysanthemum, is caused by the necrotrophic fungus *Alternaria*. Hence, it is essential to improve chrysanthemum tolerance to achieve sustainable production. In this study, we place emphasis on the mechanism through which *CmWRKY* modulates the ABA-mediated pathway in response to*Alternariatenuissima* in chrysanthemum. The main results are as follows: Phylogenetic analysis showed that CmWRKY15 showed high similarity to AtWRKY40 in Arabidopsis. We used transgenic chrysanthemum lines overexpressing *CmWRKY*15, After exposure to *A. tenuissima* for 2 weeks, the surface area of the lesions on transgenic plants was much larger compared to the control. Significant differences in *A. tenuissima* infection were clearly observable between the transgenic lines and wild type plants. The disease severity indexes (DSIs) of transgenic chrysanthemum lines and wild type plants were 57.01, 56.73 and 14.63, respectively. The data revealed that the transgenic lines overexpressing *CmWRKY*15 were susceptible (S) to black spot disease, while the non-transgenic plants were resistant (R). Necrosis was much more evident in the transgenic plants compared to the WT plants. Our results suggest that *CmWRKY*15 overexpression enhanced the susceptibility of chrysanthemum to *A. tenuissima* attack. Endogenous ABA content was measured in the transgenic lines and wild type plants under normal conditions and 24 h after exposure to *A. tenuissima*. The results show that WT plants

* 基金项目：国家自然科学基金项目(31471913，31301809)；中央高校基本科研业务费重大专项(KYTZ201401)；江苏省“六大人才高峰”项目资助(2013-NY-022)。
作者简介：范青青，硕士研究生。
① 通讯作者。陈发棣，教授，博导，主要从事花卉遗传育种与分子生物学研究，E-mail：chenfd@njau.edu.cn。

had a higher ABA content than transgenic lines overexpressing *CmWRKY*15 under normal conditions and after exposure to *A. tenuissima*. These data indicate that the ABA content increased in response to *A. tenuissima* and that *CmWRKY*15 might inhibit endogenous ABA synthesis in transgenic plants. To identify the mechanisms by which *CmWRKY*15 responds to *A. tenuissima*-induced stress, the expression levels of a set of ABA-related genes, including *ABF*4, *ABI*4, *ABI*5, *RAB*18, *DREB*1*A*, *DREB*2*A*, *PP*2*C*, *SnRK*2.2, *SnRK*2.3, *RCAR*1, *MYB*2, *PYL*2, *NCED*3*A*, *NCED*3*B*and *GTG*1, were compared between transgenic and WT plants. Following *A. tenuissima* exposure, the transcription of the ABA-upregulated geneswas impaired to varying degrees in *CmWRKY*15-overexpressing lines compared to the WT plants. In summary, our data suggest that *CmWRKY*15 might facilitate *A. tenuissima* infection by directly or indirectly antagonistically regulating the expression of ABA-responsive genes.

Key words *Chrysanthemum morifolium*; *CmWRKY*15; *Alternariatenuissima*

转录因子能够结合到靶基因的启动子区域，通过激活或抑制靶基因的转录，对靶基因进行表达调控；其在植物体内构成复杂的调节网络，参与了植物的生长发育、逆境响应等各个生物学过程（Bahcall, 2013）。病原菌的侵染激发植物大量防御响应基因的表达，其中转录因子在协调庞大的抗病防御网络中发挥重要作用（张国斌等，2013）。转录因子通过复杂的mRNA或蛋白水平的互作方式构成了精细的调控网络，以激活下游防卫基因的表达，从而诱导抗病反应。一部分转录因子还是协调不同激素信号通路交叉响应的重要节点和调节器，能将植物抵御不同类型病原菌的分子机制联系起来。

WRKY家族是高等植物中十大转录因子家族之一（Ülker and Somssich, 2004），因在其N端含有由WRKYGQK组成的高度保守的氨基酸序列而得名（Rushton *et al.*, 1996）。第一个WRKY转录因子（SWEET POTATO FACTOR1, SPF1）从红薯（*Ipomoea batatas*）中克隆，研究发现其参与了蔗糖合成相关基因的调控（Ishiguro and Nakamura, 1994）。之后的研究表明，WRKY转录因子与植物多种逆境胁迫应答密切相关，在植物防御病原菌的侵染中发挥十分重要的作用，是参与植物防卫反应最多的转录因子家族之一（Tripathi *et al.*, 2014; Jalali *et al.*, 2006）。

在菊花中，CmWRKY15与拟南芥的WRKY40同源性较高（Song *et al.*, 2014）。WRKY40在植物－病原菌互作中起正调控或者负调控作用。最近研究发现，WRKY40在ABA信号转导路径中起关键作用，ABA能够通过调节气孔的关闭在一定程度上抵抗病原菌的进入。在ABA信号路径中，WRKY40作为一个负调控因子直接抑制一系列ABA信号调控基因的表达（Rushton *et al.*, 2012; Shang *et al.*, 2010），这一系列响应ABA信号的基因*ABF*4，*ABI*1，*ABI*2，*ABI*4，*ABI*5，*DREB*1*A*，*DREB*2*A*，*MYB*2，*PYL*2/*RCAR*13，*PYL*2/*RCAR*11，*RAB*18，*PYL*2/*RCAR*9，*PYL*2/*RCAR*7，*SnRK*2.2和*SnRK*2.3等，这些基因的表达量在*wrky*40的拟南芥突变体中发生显著变化（Shang *et al.*, 2010）。研究表明，*WRKY*40直接抑制*ABI*5的表达且下调*ABF*4、*ABI*4及*MYB*2基因的表达（Shang *et al.*, 2010）。

1 材料与方法

1.1 材料

菊花品种‘神马’来自南京农业大学“中国菊花种质资源保存中心”。本研究所用植物激素、化学试剂均由Sigma公司提供。植物表达载体pMDC43和农杆菌菌株*EHA*105等均由菊花遗传育种与分子生物学实验室保存。各种工具酶类由Takara公司和Invitrogen公司提供。

1.2 CmWRKY15序列分析及系统进化树构建

序列分析及系统发育树构建方法如下：使用Clustal X 2.1软件对菊花和其他物种WRKY蛋白序列进行多重序列联配分析（Larkin *et al.*, 2007），采用邻接法（Neighbor-Joining, NJ）构建系统发育树，所用软件为MEGA5.2.2.，内部分支有1000次bootstrap支持（Tamura *et al.*, 2011）；MEME 4.8.1在线分析软件（http://meme.nbcr.net/meme/intro.html）分析克隆的CmWRKY蛋白序列的基序（motif），参数设置参照文献所述（Huang *et al.*, 2012），最后保留*E*－value小于1e－5的基序。

1.3 pMDC43-*CmWRKY*15转菊花‘神马’

超表达载体pMDC43-*CmWRKY*15由宋爱萍（2014）提供。采用农杆菌介导的叶盘法转化菊花‘神马’（Li *et al.*, 2015）。转基因菊花阳性株系的分子检测，用SDS法提取叶片DNA；阳性转基因株系基因相对表达水平的检测，提取阳性株系叶片RNA，并消化基因组DNA，反转录为cDNA。用实时荧光定量PCR的方法检测植物体内*CmWRKY*15基因的表达情况（Li *et al.*, 2015）。

1.4 转基因植株的表型分析

1.4.1 转基因菊花黑斑病表型鉴定

选取野生型菊花‘神马’WT和两个表达量较高的

转基因株系 W15-1、W15-2 用于黑斑病菌(*Alternaria tenuissima*)接种鉴定。选取 6 ~ 8 片叶期、长势一致的扦插苗栽种于培养基(营养土: 蛭石, 1∶1)中。材料定植后置于相对湿度 68% ~ 75%, 16h 光照, 25℃/8h 黑暗, 23℃/18℃的光周期条件下正常培养 20d 后接种病原菌(Xu *et al.*, 2011)。

采用菌丝悬浮液喷雾接种法对植株进行接种。从在 PCA 培养基(potato carrot agar medium)平板上培养了 4 ~ 6d 的菌落边缘切取长和宽都大约 2mm 的菌丝块, 取 20 个菌丝块接种到 250ml PDB 培养基(potato dextrose broth medium)培养液中。25℃、200rpm 振荡、黑暗培养 7d 后, 用组织匀浆器将菌丝打碎成段, 制成浓度为 1×10^6/ml 的悬浮液, 然后加入表面活性剂 Triton X - 100(终浓度为 0.1%)。将制好的悬浮液倒入喷雾器内, 对供试的株系进行喷雾接种。设置 10 株重复, 以含 0.1% 的 Triton X - 100 的无菌水为对照。接种后的幼苗在 25℃条件下, 黑暗保湿 48h, 然后保持高湿状态, 进行常规光周期管理。接种后, 对野生型株系和两个转基因株系在 0、6h、24h、48h、72h、96h 和 120h 时间点取样, 取样部位为植株顶端往下第 3 位叶, 设置 3 个重复。14d 后对植株的发病情况进行调查。

1.4.2 病情调查

参照许高娟(2009)和李会云(2014)对黑斑病病害的分级标准, 将病情分为 0 ~ 5 级, 见表 1。按照该标准以叶片为单位调查发病情况。

表 1 接种黑斑病菌后病情的分级标准

Table 1 The grading standards of disease severity after inoculation with *A. tenuissima*

病情的分级 The classification of disease severity	症状描述 Symptom description
0	叶片健康, 无病害
1	病害面积占叶片面积≤10%
2	病害面积占叶片面积的 11% ~25%
3	病害面积占叶片面积的 26% ~50%
4	病害面积占叶片面积的 51% ~75%
5	病害面积占叶片面积≥75%

统计每级叶片数, 计算病情指数(Disease severity index, DSI), 其计算公式为:

$$DSI = \frac{\sum(\text{病害级别} \times \text{该级病叶数})}{\text{最高病害级别} \times \text{调查总叶数}}\% \times 100$$

每个品种的最终病情指数为处理与对照 DSI 的均值之差。根据病情指数划分的抗病评价等级见表 2。

表 2 病情指数的抗病评价标准

Table 2 The equivalence ofdisease severity index

抗病评价 Resistance evaluation	病情指数 Disease severity index, DSI
免疫 Immune(I)	0
高抗 Highly Resistant(HR)	1 ~ 10
抗病 Resistant(R)	11 ~ 20
中抗 Moderately resistant(MR)	21 ~ 30
中感 Moderately susceptible(MS)	31 ~ 45
感病 Susceptible(S)	46 ~ 70
高感 Highly susceptible(HS)	>70

1.5 内源 ABA 含量测定

野生型 WT 和两个转基因株系 W15-1、W15-2 用于黑斑病菌接种前后的内源 ABA 含量测定。选取黑斑病菌接种前 0h 以及黑斑病接种 24h 的时间点进行取样, 取样部位为植株顶端往下第 3 位叶, 称取 1.0g, 立即放入液氮中速冻后保存于 - 80℃ 冰箱保存。设置 3 个重复。

参照陈远平(2005)的方法进行 ABA 含量测定。首先将样品放入预冷研钵中, 加入液氮研磨, 待样品呈粉末状后加入 5ml 预冷的 80% 色谱甲醇, 将样品转入 50ml 离心管中。然后使用 5ml 80% 色谱甲醇润洗两次, 转入 50ml 离心管中, 置于 4℃ 环境中浸提 12h 以上。浸提完成后, 将样品 10000r · min^{-1} 离心 15 分钟, 取上清转入 50ml 离心管中。向残渣中再加入 5ml 预冷的 80% 色谱甲醇, 置于 4℃ 环境中浸提 12h 以上。同样的方法收集上清, 并将两次上清混合, 加入 0.2g PVPP, 4℃ 振荡 1h, 同上离心。上清液过 C18 SPE 固相萃取小柱, 流出相用 50ml 离心管收集, 保鲜膜封口, 扎眼, 液氮速冻放入冻干机冷冻干燥。冻干成粉末后, 用 1ml 色谱甲醇充分溶解样品, 过 0.45μm 有机系超微滤膜, 待测。采用 UPLC(ultra - performance liquid chromatography)系统进行 ABA 含量测定。配制 ABA 含量的浓度梯度标准溶液, 制作标准曲线。ABA 标样购自 Sigma 公司。

1.6 荧光定量 PCR 和数据分析

野生型 WT 和两个转基因株系 W15-1、W15-2 在黑斑病菌接种前 0h 以及黑斑病菌接种后 6h、24h、48h、72h、96h 和 120h 进行取样, 提取叶片 RNA, 通过 qRT-PCR 技术检测 *NCED3A* 和 *NCED3B* 等 ABA 合成基因以及 *ABF4*、*ABI4*、*ABI5*、*RAB18*、*PYL2*、*PP2C*、*RCAR1*、*SnRK2.2*、*SnRK2.3*、*GTG1*、*DREB1A* 和 *DREB2A* 等响应 ABA 信号的基因的表达情况, 以

CmEF1α 作为内参基因，进行荧光实时定量 PCR 分析，采用 ΔΔCt 法进行相对定量分析（Livak and Schmittgen，2001）。

1.7 数据分析

试验数据使用 SPSS 17.0 统计软件进行单因素方差分析，平均数的多重比较用 Tukey's（$P=0.05$），采用 Microsoft Excel 2013 软件绘图。

2 结果与分析

2.1 CmWRKY15 转录因子序列分析及系统进化关系

通过 BLASTp 软件比对，我们找到了 CmWRKY15 蛋白在其他物种中相似性较高的 WRKY 蛋白，CmWRKY15 序列信息见图 1。如图 1a 所示，CmWRKY15 与拟南芥中 AtWRKY40、AtWRKY18 和 AtWRKY60 都有共同的 WRKY 结构域：WRKYGQK，和一个 C_2H_2 的锌指结构：C-X5-C-X23-H-X1-H，它们都属于 WRKY 第 II a 类。如图 1b 所示，进化树分析可知，CmWRKY15 与 CrWRKY18 同源性高，并且与拟南芥 AtWRKY40、AtWRKY18 和 AtWRKY60 同源性较高。

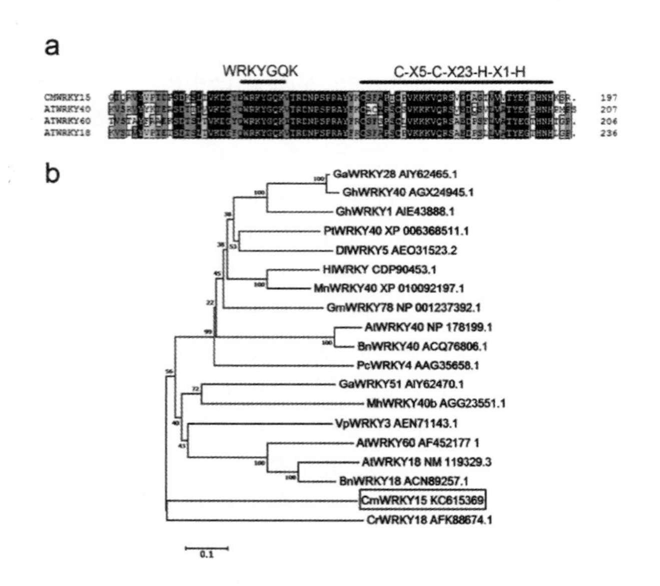

图 1 菊花 CmWRKY15 和其他物种的 WRKY 序列和系统发育树

Fig. 1 Deduced peptide sequences of CmWRKY15 and other WRKY proteins

2.2 转基因菊花的分子鉴定

通过农杆菌介导的叶盘法转化菊花，获得了超表达 *CmWRKY15* 的转基因株系，以 W15-n 表示。如图 2 所示，转基因株系与野生型株系的 *CmWRKY15* 基因表达差异显著，阳性株系相对表达量明显高于野生型株系，选取表达量较高的两个转基因株系 W15-1、W15-2 进行黑斑病菌（*Alternariatenuissima*）接种鉴定。

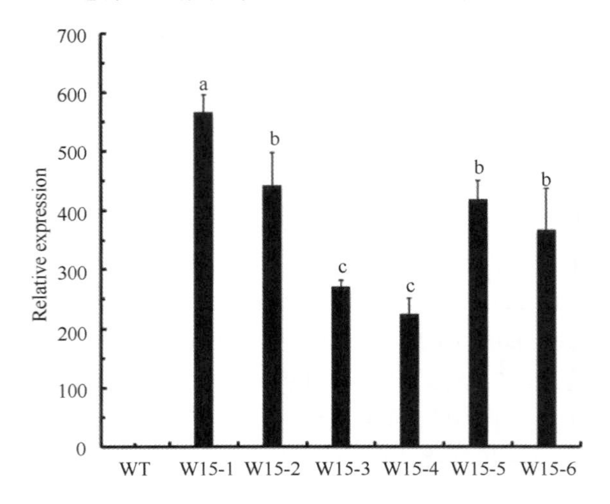

图 2 转基因及野生型菊花植株中 *CmWRKY15* 基因的相对表达水平

WT：野生型；W15-1，W15-2，W15-3，W15-4，W15-5 和 W15-6：*CmWRKY15* 的转基因株系

Fig. 2 The relative expression level of the *CmWRKY15* gene in transgenic plants and wild type 'Jinba'.

WT wild type，W15-1，W15-2，W15-3，W15-4，W15-5，W15-6 transgenic over-expressing plants of *CmWRKY15*

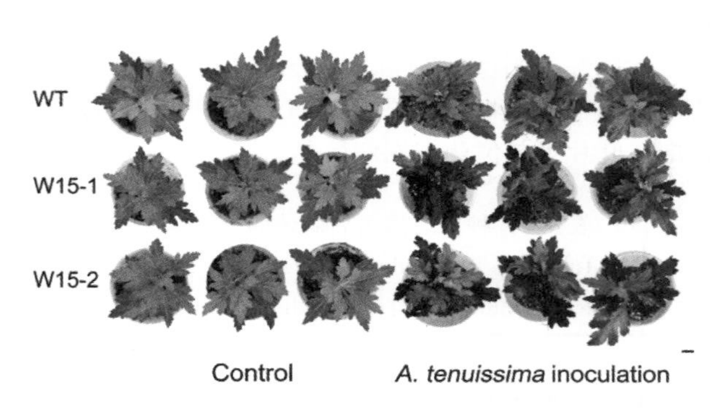

图 3 野生型植株和转基因 *CmWRKY15* 株系接种黑斑病菌后的表型差异

Fig. 3 Phenotypic differences between transgenic chrysanthemum lines overexpressing *CmWRKY15* and wild-type 'Jinba' with *A. tenuissima* leaf spot infection

2.3 转基因菊花在黑斑病菌接种下的表型分析

黑斑病菌接种 14d 后，如图 3 所示，两个转基因株系 W15-1、W15-2 的叶片黑斑面积比野生型株系大，并且转基因株系发病程度比野生型株系严重。对两个转基因株系和野生型株系进行病情指数（DSI）统计，结果如表 3 所示，发现两个转基因株系 W15-1、W15-2 的 DSI 分别为 57.01 和 56.73，寄主的反应表现为感病；而野生型 WT 的 DSI 为 14.63，寄主的反

应表现为抗病。由以上结果可知，*CmWRKY*15 转基因菊花对黑斑病敏感性增强。

表 3 转基因 *CmWRKY15* 超表达株系和野生型'神马'对黑斑病菌(*A. tenuissima*)的响应差异

Table 3 Responses of transgenic chrysanthemum lines overexpressing *CmWRKY*15 and the wild-type line 'Jinba' to inoculation with *A. tenuissima*

材料 Materials	病情指数 Disease severity index(DSI) *[a]	寄主的反应 Host reaction *[b]
Wildtype 'WT'	14.63 ± 0.63 a	R
*CmWRKY*15-1 'W15-1'	57.01 ± 1.33 b	S
*CmWRKY*15-2 'W15-2'	56.73 ± 1.65 b	S

注：数据表示三个独立实验数据的平均值和标准误。

*[a]：后面有相同字母的数字代表各实验组数据进行 Tukey 多重比较(P = 0.05)。

*[b]：病情指数为 0 的材料划分为免疫(I)，(1 – 10)高抗(HR)，(11 –20)抗病(R)，(21 –30)中抗(MR)，(31 –45)中感(MS)，(46 –70)感病(S)，>70 高感(HS)。

Note: Data response the means and standard deviations from ten independent experiments.

*[a]Figures followed by the same letter do not differ significantly according to Tukey's multiple range test (P = 0.05).

*[b]Materials with a DSI of 0 are classified as immune(I), (1 –10) are highly resistant(HR), (11 –20) are resistant(R), (21 –30) are moderately resistant(MR), 31 –45 are moderately susceptible(MS), 46 –70 are susceptible(S), and over 70 are highly susceptible(HS) to the disease.

2.4 内源 ABA 含量测定

如图 4 所示，在 0h，两个转基因株系 W15-1 和 W15-2 的内源 ABA 含量为 8.78ng/g 和 8.64ng/g，野生型 WT 的内源 ABA 含量为 11.23ng/g，两个转基因株系 W15-1 和 W15-2 的内源 ABA 含量比野生型 WT 低，转基因株系中的的内源 ABA 含量大约是野生型株系的 3/4 倍；在黑斑病菌接种 24h 后，两个转基因株系 W15-1 和 W15-2 的内源 ABA 含量为 15.35ng/g 和 15.93ng/g，野生型 WT 的内源 ABA 含量为 19.21ng/g，两个转基因株系 W15-1 和 W15-2 的内源 ABA 含量也比 WT 的内源 ABA 含量低，转基因株系中的内源 ABA 含量大约是野生型株系的 4/5 倍。黑斑病菌接种后，转基因株系和野生型株系的内源 ABA 含量均比接种前升高，但是转基因株系的 ABA 含量仍然比野生型的低。

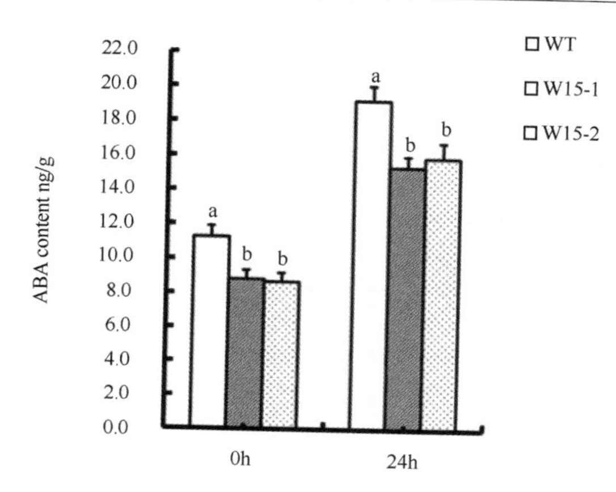

图 4 神马野生型植株 WT 和超表达 *CmWRKY15* 株系 W15-1、W15-2 的 ABA 含量差异分别测定 0h 和黑斑病菌接种后 24h 的 ABA 含量

Fig. 4 ABA concentrations in transgenic chrysanthemum and wild type 'Jinba' chrysanthemum. ABA concentrations of the control were assessed at 0h, and ABA concentrations of plants exposed to *A. tenuissima* were assessed at 24h

2.5 转基因菊花在黑斑病菌接种处理下 ABA 合成以及响应 ABA 信号的基因的表达分析

为了进一步揭示 *CmWRKY*15 响应黑斑病菌的机制，我们对转基因株系和野生型株系在接种黑斑病菌不同时间点后的 ABA 合成基因以及响应 ABA 信号的基因表达情况进行了分析。在接种前，ABA 合成基因 *NCED3B* 以及响应 ABA 信号的基因 *ABF*4、*ABI*4、*ABI*5、*RAB*18、*DREB*1*A*、*DREB*2*A*、*PYL*2、*RCAR*1、*SnRK*2.2、*SnRK*2.3 和 *GTG*1，在转基因株系和野生型株系中的表达量相差不大(图 5)，除了基因 *PP*2*C* 和 *NCED*3*A* 外，*PP*2*C* 和 *NCED*3*A* 在转基因株系中的表达量均比野生型株系的表达量低(图 5i、m)。随着黑斑病菌处理时间的延长，这些 ABA 合成基因以及响应 ABA 信号的基因的表达呈现上升趋势，但是相比对照而言，转基因株系中基因的表达量显著低于 WT 中的表达量(图 5)，且除了基因 *PP*2*C* 外，*PP*2*C* 随着黑斑病菌处理时间的延长表达呈现下降趋势(图 5i)。在处理 24h 后，野生型株系的 *DREB*1*A* 表达量几乎达到转基因株系中的 10 倍(图 5f)，野生型株系的 *ABF*4 表达量是 7.49，而两个转基因株系 W15-1 和 W15-2 中的表达量分别是 1.39 和 1.33，达到转基因株系的五倍(图 5a)。野生型株系的 *ABI*4、*ABI*5 和 *MYB*2 的最高表达量均比转基因株系高 2 ~ 3 倍(图 5b、c、d)。黑斑病菌接种处理后，ABA 合成基因 *NCED*3*A* 和 *NCED*3*B* 的表达显著上升，野生型株系中 *NCED*3*A* 和 *NCED*3*B* 最高表达量均比转基因株系高 2 ~ 3 倍(图 5m、n)，与 ABA 含量测定的变化结果基本一致(图 4)。

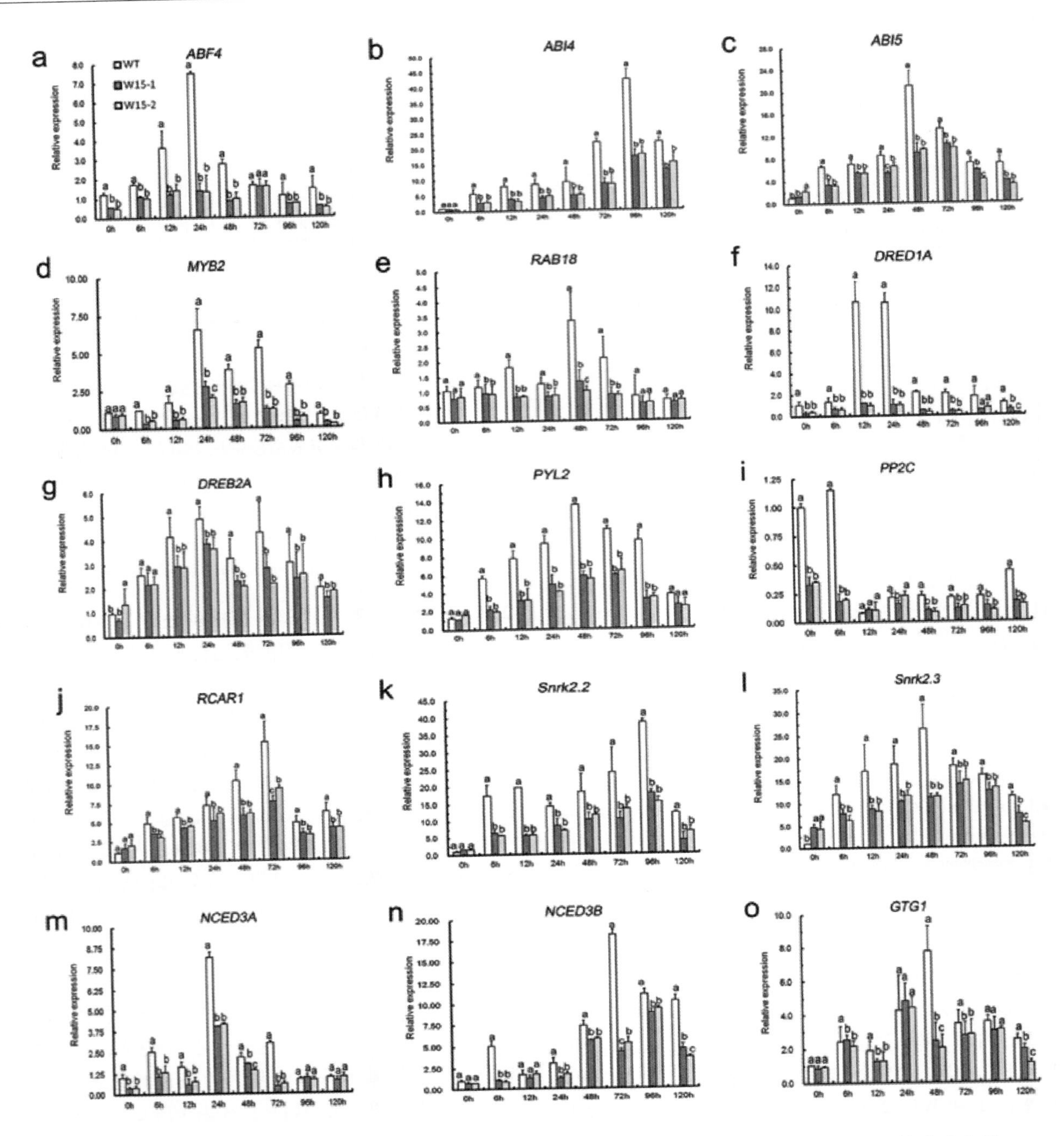

图 5 黑斑病菌接种下野生型(WT)和 *CmWRKY*15 转基因株系(W15-1 和 W15-2)中 ABA 相关基因的表达分析

Fig. 5 Expression of ABA-related genes in WT and the *CmWRKY*15 transgenic lines(W15-1 and W15-2)

3 讨论

3.1 *CmWRKY*15 同源基因分析

由图 1b 可知，CmWRKY15 与拟南芥中 AtWRKY40、AtWRKY18 和 AtWRKY60 同源性较高，AtWRKY40、AtWRKY18 和 AtWRKY60 参与病原菌侵染的响应(Pandey *et al.*，2010)。在其他物种中，也有与 CmWRKY15 同源性较高的转录因子参与病原菌侵染响应的报道，例如，*GhWRKY*40 从棉花(*Gossypium hirsutum*)中克隆获得，发现其在响应青枯病(*Ralstonia solanacearum*)入侵时通过下调大部分防御相关的基因从而负调控植株对青枯病的防御(Wang *et al.*，2014)。此外，从油菜中克隆得到的 *BnWRKY*18 和 *BnWRKY*40 基因受死体营养型病核盘菌(*Sclerotinia sclerotiorum*)和芸薹链格孢(*Alternaria brassicae*)强烈诱导(Yang *et al.*，2009)，之前也有研究表明 *CmWRKY*15 在菊花中受黑斑病菌(*A. tenuissima*)强烈诱导(Song *et al.*, 2014)。此外，与 *CmWRKY15* 同源的一些基因也参与植株响应生物胁迫或者非生物胁迫的调控。例如，从葡萄(*Vitis pseudoreticulata*)中克隆得到的 *VpWRKY3* 基因参与 ABA 转导路径的调控和盐胁迫的响应(Zhu *et al.*, 2012)。从棉属野生种旱地棉(*Gossypium aridum*)克隆得到的 *GarWRKY28* 和 *GarWRKY51* 是盐胁迫响应基因(Fan *et al.*, 2015)。有研究表明 GhWRKY40、VpWRKY3 和 PcWRKY4 定位于细胞核中，宋爱萍(2014)发现 CmWRKY15 也定位于细胞核中，没有转录激活活性。综上所述，与 CmWRKY15 同源性较高的其他物种的 WRKY 转录因子参与生物胁迫或者非生物胁迫的调控。

3.2 *CmWRKY15* 通过调节 ABA 合成基因以及信号调控基因响应黑斑病

从实时荧光定量 PCR 结果可知，ABA 合成基因 *NCED3A* 和 *NCED3B*，响应 ABA 信号的基因 *ABF4*、*ABI4*、*ABI5*、*RAB18*、*DREB1A*、*DREB2A*、*PYL2*、*PP2C*、*RCAR1*、*SnRK2.2*、*SnRK2.3* 和 *GTG1*，在黑斑病菌接种过程中，表达量均上调，说明 ABA 通过调节一系列 ABA 合成以及响应 ABA 信号的基因从而参与植株对黑斑病的响应。在黑斑病菌接种之前，大多数 ABA 合成以及响应 ABA 信号的基因在转基因株系与野生型株系中的表达量相差不大，黑斑病菌接种之后，这些基因的表达呈现上升趋势，而且在野生型株系中的表达量显著地高于转基因株系中的表达量。之前研究表明 *CmWRKY15* 受黑斑病菌强烈诱导(Song *et al.*, 2014)，因此，结合以上结果可知，在黑斑病菌接种下，*CmWRKY15* 受黑斑病菌强烈诱导，并通过调节 ABA 合成以及响应 ABA 信号的基因从而参与植株响应黑斑病菌侵染。

3.2.1 *ABF4*、*ABI4*、*ABI5*、*RAB18*、*DREB1A* 和 *DREB2A* 表达分析

从图 5a、b、c、d、e、f、g 可知，响应 ABA 信号的基因 *ABF4*、*ABI4*、*ABI5*、*RAB18*、*DREB1A* 和 *DREB2A*，在黑斑病菌接种后，表达呈现上升趋势，而且在野生型株系中的最高表达量均比转基因株系高 2 倍以上。有研究表明，AtWRKY40(与 CmWRKY15 同源性高)能够直接与 ABF4、ABI4、ABI5、RAB18、DREB1A 和 DREB2A 的启动子 W - box 区域结合(Shang *et al.*, 2010)。*ABF4*、*ABI4*、*ABI5* 和 *RAB18* 等基因是 ABA 信号转导途径中重要的正调控基因，而且在 ABA 促进气孔关闭中起到正调控作用(Shang *et al.*, 2010)。*DREB1A* 和 *DREB2A* 是能够增强植物对逆境承受能力的基因(Vogel *et al.*, 2005)。所以，我们推测 *CmWRKY15* 可能通过结合到这些基因的启动子 W - box 区域从而抑制 *ABF4*、*ABI4*、*ABI5*、*RAB18*、*DREB1A* 和 *DREB2A* 的表达，从而抑制 ABA 参与调控气孔关闭的作用，促进转基因植株气孔开放，使黑斑病菌容易侵入。

3.2.2 *PYL2*、*PP2C*、*RCAR1*、*SnRK2.2* 和 *SnRK2.3* 表达分析

由图 5h、i、j、k、l 我们也发现，另外一些响应 ABA 信号的基因，如 *PYL2*、*PP2C*、*RCAR1*、*SnRK2.2* 和 *SnRK2.3*，在黑斑病菌接种之后，表达也呈现上升趋势，而且在野生型株系中的最高表达量均比转基因株系高 1 倍以上。PYR/PYL/RCAR 蛋白是属于 START 结构域家族成员，是胞质内 ABA 受体，SnRK2s 是(sucrose non-fermenting-1(SNF1)-related protein kinase 2s)SNF1 相关的蛋白激酶，在 ABA 信号通路上作为正调节子发挥其调控功能(Pandey and Somssich, 2009)，PP2C(type 2C protein phosphatases)是 A 类 2C 型磷酸酶，在 ABA 信号通路上作为负调节子发挥其调控功能(Gonzalez-Guzman *et al.*, 2012)。当 PYR/PYL/RCAR 蛋白与 ABA 结合后，会抑制 PP2C 的活性，从而解除 PP2C 对 SnRK2s 的抑制作用，使得 SnRK2s 可以磷酸化 ABA 下游信号基因 *ABF4*/*ABI5*，这两个基因在参与植株生长发育和胁迫响应方面起到重要作用(Gonzalez-Guzman *et al.*, 2012)。由该实验结果可知，*ABF4* 和 *ABI5* 在野生型株系中的表达量显著地高于转基因株系的表达量，说明 ABA 下游信号转导基因 *ABF4* 和 *ABI5* 受到 *CmWRKY15* 的抑制。*PYL2*、*RCAR1*、*SnRK2.2* 和 *SnRK2.3* 的表达量在野生型株系中的表达量也显著地高于转基因株系中的表达量，与 *ABF4* 和 *ABI5* 的表达变化结果基本一致。相反地，在黑斑病菌接种前和接种 6h，*PP2C* 在转基因株系中的表达量低于野生型株系中的表达量，而在黑斑病菌接种 6h 后，其在转基因株系与野生型株系中的表达量均比 0h 和黑斑病菌接种 6h 低，随着黑斑病菌接种时间的延长，植物在逆境胁迫下内源 ABA 浓度升高，帮助植物抵抗外界不利环境，从而使得 *PP2C* 受到 ABA-PYR/PYL/RCAR 的抑制。

3.2.3 *GTG1* 表达分析

GTG1 是一类 G 蛋白偶联受体，是一个膜定位的 ABA 受体，被认为是 ABA 信号通路的第二信使(Pandey and Somssich, 2009)。如图 6 所示，GTGI 和 GTG2 能够与 ABA 特异结合，并且与 GTGs-GTP 相比，GTGs-GDP 具有更强的 ABA 结合能力，当 ABA 不存在时，GPAl-GTP 能够抑制 GTGs 的 GTP 酶活性，使之以 GTGs-GTP 的形式存在，从而抑制了 GTGs 与 ABA 的结合能力，ABA 信号不会向下游传导；当 ABA 存在时，GTGs-GDP 能够与 ABA 特异结合形成

ABA-GTGs-GDP 复合体，激活 ABA 下游信号分子(Pandey *et al.*，2009)。从图5o结果可知，*GTG*1 在转基因株系与野生型株系中的表达量相差不大，除黑斑病菌接种48h外，*GTG*1 在野生型株系中的表达量几乎是转基因株系中的3倍。由以上结果我们推测，在黑斑病菌接种48h时，*CmWRKY*15 抑制 *GTG*1 的表达从而抑制 ABA 下游信号分子的响应。

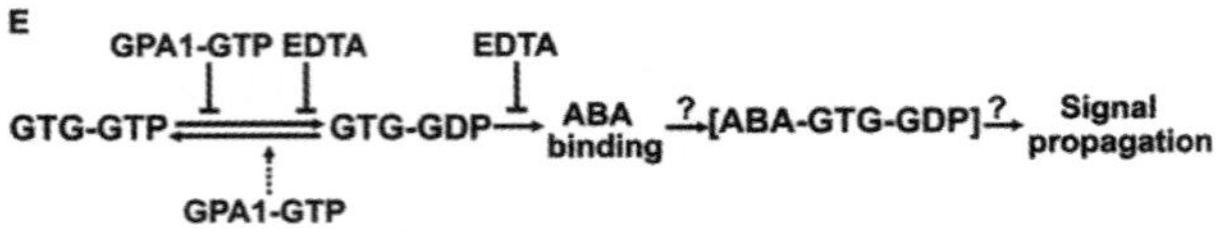

E
GPA1-GTP EDTA
EDTA
GTG-GTP
GTG-GDP
ABA binding
?
[ABA-GTG-GDP]
?
Signal propagation
GPA1-GTP

图6 GTGs 和 GPA1 介导的 ABA 信号模式图(Pandey *et al.*，2009)

Fig. 6 Proposed model of mechanism of action of GPA1 and GTG

3.2.4 *NCED3A* 和 *NCED3B* 表达分析

NCED(9-cis-epoxycarotenoid dioxygenase)是 ABA 合成过程中重要的酶，在拟南芥中，NCEDs 主要位于维管组织中。有研究表明 *NCED* 基因参与植株响应生物胁迫的应答，例如，*AtNCED*3 参与植株病害丁香假单胞菌番茄致病变种(*Pseudomonas syringaepv. Tomato DC*3000)和灰霉病(*Botrytis. Cinerea*)的入侵(Wang *et al.*，2011)。本研究，我们检测了菊花中 *NCED3A* 和 *NCED3B* 的表达情况发现在黑斑病菌接种前0h和接种24h后，野生型株系的内源 ABA 含量高于转基因株系，与 *NCED3A* 和 *NCED3B* 表达变化结果基本一致(图5m、n)。此外，*NCED3A* 和 *NCED3B* 在黑斑病菌接种之后表达呈上升趋势，说明 *NCED3A* 和 *NCED3B* 受黑斑病菌强烈诱导。以上结果表明，*CmWRKY*15 可能通过抑制 ABA 合成基因 *NCED3A* 和 *NCED3B* 的表达，降低转基因株系的内源 ABA 含量从而抑制 ABA 在参与调控气孔关闭中的作用。

参考文献

1. Bahcall O. (2013) Transcription factors in combination[J]. Nature genet 45 (9): 969 - 969.
2. Huang S., Gao Y., Liu J., Peng X., Niu X., Fei Z., Cao S., Liu Y. (2012) Genome - wide analysis of WRKY transcription factors in *Solanum lycopersicum*[J]. Molecular Genetics and Genomics, 287(6), 495 - 513.
3. Fan X., Guo Q., Xu P., Gong Y., Shu H., Yang Y., Ni W., Zhang X., Shen X. (2015) Transcriptome-wide identification of salt-responsive members of the *WRKY* gene family in *Gossypium aridum*[J]. PLoS One 10: e0126148.
4. Gonzalez-Guzman M., Pizzio GA., Antoni R., Vera-Sirera F., Merilo E., BasselGW., Fernandez MA., Holdsworth MJ., Perez-Amador MA., Kollist H., Rodriguez PL. (2012) ArabidopsisPYR/PYL/RCAR receptors play a major role in quantitative regulation of stomatal aperture and transcriptional response to abscisic acid[J]. The Plant Cell 24: 2483 - 2496.
5. Ishiguro S., Nakamura K. (1994) Characterization of a cdna-encoding a novel dna-binding protein., SPF1., that recognizes SP8 sequences in the 5´upstream regions of genes-coding for sporamin and beta-amylase from sweet-potato[J]. Molecular & General Genetics 244: 563 - 571.
6. Jalali B., Bhargava S., Kamble A. (2006) Signal transduction and transcriptional regulation of plant defence responses [J]. Journal Phytopathol 154 (2): 65 - 74.
7. Larkin MA., Blackshields G., Brown NP., Chenna R., McGettigan PA., McWilliam H., Valentin F., WallaceIM., Wilm A., Lopez R., Thompson JD., Gibson TJ., Higgins DG. (2007) Clustal W and clustal X version 2.0[J]. Bioinformatics 23: 2947 - 2948.
8. Li P., Song A., Gao C., Wang L., Wang Y., Sun J., Jiang J., Chen F., Chen S. (2015) Chrysanthemum WRKY gene *CmWRKY*17 negatively regulates salt stress tolerance in transgenic chrysanthemum and Arabidopsis plants[J]. Plant Cell Reports 34: 1365 - 1378.
9. Livak KJ., Schmittgen TD. (2001) Analysis of relative gene expression data using real-time quantitative PCR and the 2(-Delta Delta C(T)) Method[J]. Methods 25: 402 - 408.
10. Pandey S., Nelson D C., Assmann S M. (2009) Two novel GPCR-type G proteins are abscisic acidreceptors in Arabidopsis[J]. Cell136: 136 - 148.
11. Pandey SP., Somssich IE. (2009) The role of WRKY transcription factors in plant immunity [J]. Plant Physiology 150: 1648 - 1655.
12. Rushton DL., Tripathi P., Rabara RC., Lin J., Ringler P., Boken AK., LangumTJ., SmidtL., BoomsmaDD., Emme NJ., Chen X., Finer JJ., Shen, QJ., RushtonPJ. (2012) WRKY transcription factors: key components in abscisic acid signalling[J]. Plant Biotechnology Journal 10: 2 - 11.
13. Rushton PJ., Torres JT., Parniske M., Wernert P., Hahlbrock K., Somssich I. (1996) Interaction of elicitor-induced DNA-binding proteins with elicitor response elements in the promoters of parsley PR1 genes[J]. EMBO Journal 15 (20): 5690.
14. Tamura K., Stecher G., Peterson D., Filipski A., Kumar S. (2013) MEGA6: molecular evolutionary genetics analysis version 6.0[J]. Molecular Biology and Evolution 30:

2725 –2729.

15. Shang Y. , Yan L. , Liu ZQ. , Cao Z. , MeiC. , XinQ. , WuFQ. , WangXF. , DuSY. , JiangT. , Zhang XF. , ZhaoR. , Sun HL. , Liu R. , YuYT. , Zhang DP. (2010) The Mg-chelatase H subunit of *Arabidopsis antagonizes* a group of WRKY transcription repressors to relieve ABA-responsive genes of inhibition[J]. The Plant Cell 22: 1909 –1935.
16. Song A. , Zhu X. , Chen F. , Gao H. , Jiang J. , Chen S. (2014) A chrysanthemum heat shock protein confers tolerance to abiotic stress[J]. International Journal Molecular Science 15: 5063 –5078.
17. Ülker B. , Somssich IE. (2004) WRKY transcription factors: from DNA binding towards biological function[J]. Current Opinion Plant Biology 7 (5): 491 –498.
18. Vogel JT. , Zarka DG. , Van Buskirk HA. , Fowler SG. , Thomashow MF. (2005) Roles of the CBF2 andZAT12 transcription factors in configuring the low temperature transcriptome of *Arabidopsis*[J]. Plant Journal 41: 195 –211.
19. Wang X. , Yan Y. , Li Y. , Chu X. , Wu C. , Guo X. (2014) *GhWRKY*40, a multiple stress-responsive cotton wrky gene, plays an important role in the wounding response and enhances susceptibility to *Ralstonia solanacearum* infection in transgenic *Nicotiana benthamiana*[J]. PLoS One 9.
20. Wang Q. , Wang M. , Zhang X. , Hao B. , Kaushik SK. , Pan Y. (2011) WRKY gene family evolution in *Arabidopsis thaliana*[J]. Genetica 139: 973 –983.
21. Xu G. , Liu Y. , Chen S. , Chen F. (2011) Potential structural and biochemical mechanisms of compositae wild species resistance to *Alternaria tenuissima*[J]. Russian Journal of Plant Physiology 58: 491 –497.
22. Yang B. , Jiang Y. , Rahman MH. , Deyholos MK. , Kav NN. (2009) Identification and expression analysis of WRKY transcription factor genes in canola (*Brassica napus* L.) in response to fungal pathogens and hormone treatments[J]. BMC Plant Biology 9: 68.
23. 陈远平，杨文钰. 2005. 卵叶韭休眠芽中 GA3、IAA、ABA 和 ZT 的高效液相色谱法测定[J]. 四川农业大学学报，4: 498 –500.
24. 李会云. 2014. 菊花黑斑病抗性鉴定及抗黑斑病分子机理研究[D]. 南京农业大学博士论文.
25. 许高娟(2009)部分菊花近缘种属植物黑斑病苗期抗性及 *hrfA* 基因转化菊花的研究[D]. 南京农业大学博士论文.
26. 张国斌，张喜贤，王云月，杨红玉.(2013)拟南芥灰霉病抗性相关转录因子[J]. 遗传，35 (8): 971 –982.

姜花脱落酸生物合成关键酶基因 *HcNCED* 的克隆及表达分析*

曾燕燕　岳跃冲　范燕萍①
（华南农业大学林学与风景园林学院，华南农业大学花卉研究中心，广州 510642）

摘要　脱落酸（ABA）在调控植物生长发育和植物对非生物胁迫应答中的反应方面起着重要作用。9-顺式-环氧类胡萝卜素双氧合酶（NCED）作为 ABA 生物合成过程中的限速酶，其催化的氧化裂解反应是生成 ABA 的关键步骤。本文在姜花中克隆得到一个 *NCED* 基因的 cDNA 全长序列并进行了表达分析。序列分析表明：该基因属于 RPE65 家族，开放阅读框长 1884bp，推测其编码一个含 627 个氨基酸的氨基酸序列，分子量为 68.4kDa、等电点（pI）为 6.01。其氨基酸序列与小麦的 *TaNCED* 有 66% 的一致性，与拟南芥 *AtNCED4* 和琴叶拟南芥 *AlNCED4* 有 54%、47% 的一致性。对该基因蛋白进行疏水性预测，结果表明其整个多肽链表现为亲水性。蛋白二级结构预测发现 α-螺旋、延伸链和无规则卷曲是 *NCED* 的主要二级结构。亚细胞定位预测结果推测该基因可能定位于叶绿体。*HcNCED* 基因的荧光定量表达（RT-QPCR）分析表明：*HcNCED* 在花蕾期表达量最低，随后逐步上升至盛开期最高，衰老期表达量下调，表达规律与姜花花香释放规律一致。研究结果为进一步深入研究 *HcNCED* 在姜花花香形成和调控中的作用奠定了基础。

关键词　姜花；脱落酸；9-顺式-环氧类胡萝卜素双氧合酶；表达分析

Molecular Cloning and Expression Analysis of *HcNCED*, an Abscisic Acid Biosynthesis Key Enzyme Gene in *Hedychium coronarium*

ZENG Yan-yan　YUE Yue-chong　FAN Yan-ping
（*College of Forestry and Landscape Architecture*, *Flower Research Center*, *South China Agricultural University*, *Guangzhou* 510642）

Abstract　Abscisic acid (ABA) plays an important role in the regulation of plant growth and the response to abiotic stresses. Oxidative cleavage of cis-epoxycarotenoids catalyzed by 9-cis-epoxycarotenoid dioxygenase (NCED), the rate-limiting enzyme, is the critical step in the biosynthesis of ABA in higher plants. For further studying the relationship between fragrance and abscisic acid, a NCED gene was cloned and expressed in *Hedychium coronarium*. Sequence analysis showed that it belonged to RPE65 superfamily, contained an open reading frame of 1884 bp, and encoded a peptide of 627 amino acids, with molecular weight of 68.4 kDa, isoelectric point (pI) of 6.01. The amino acid sequence of *HcNCED* shared the homology of 66% with *TaNCED*, *AtNCED4* and *AlNCED4* are 54%、47%, respectively. A hydropathy plot of the gene showed that the entire polypeptide was hydrophilic. Protein secondary structure prediction suggested that the main secondary structure of *NCED*, which concluded the alpha helix, the extended chain and the random coil. Subcellular localization prediction indicated that the gene may be located in the chloroplast. Fluorescence quantitative (RT-QPCR) analysis of *HcNCED* showed that *HcNCED* expressed low in bud stage, peaked at blooming stage, then decreased in senescence. The expression pattern was consistent with the release of the floral fragrance of *Hedychium coronarium*. The results laid a foundation for further study on the role of *HcNCED* in the formation and regulation of the floral fragrance of *Hedychium coronarium*.

Key words　*Hedychium coronarium*; ABA; 9-cis-epoxycarotenoid dioxygenase; Expression analysis

姜花（*Hedychium coronarium*）是姜科姜花属多年生单子叶草本植物，芳香浓郁，是华南地区广泛应用的香型鲜切花和园林花卉。姜花作为特异性切花花卉，其香气由各种芳香成分共同作用而形成，主要为单萜

* 基金项目：国家自然科学基金（30972026 和 31370694）和教育部博士点基金（20134404110016）。
① 通讯作者。Author for correspondence（E-mail：fanyanping@scau.edu.cn）。

和倍半萜类化合物以及苯丙烷类物质，其释放和萜类合成相关酶基因的表达受到花生长发育进程和激素的诱导(李瑞红和范燕萍，2007；Li and Fan，2011)。脱落酸(ABA)是植物生长发育过程中的重要激素，调控着植物的成熟衰老进程。

在高等植物中，9-顺-环氧类胡萝卜素双氧合酶(9-cis-epoxycarotenoid dioxyenase，NECD)是ABA生物合成途径中的关键酶。NCED最初是在玉米 viviparous 14 (vp14) 突变体中发现，后研究表明vp14是一个双氧合酶，可催化裂解2个9-顺式-环氧化类胡萝卜素，故名NCED。随后，又相继在拟南芥、美国鳄梨、番茄、柑橘、葡萄和花生等中克隆了 *NCED* 基因。该类基因是一个多基因家族，在植物界中普遍存在并高度保守。其作用是在胞质内合成后在转运肽引导下转运到质体中切割裂解9-顺新黄质和9-顺紫黄质转化形成黄质醛。黄质醛从叶绿素运出，在细胞质内经过2步催化反应转变成ABA。有很多研究证实，ABA含量的变化与 *NCED* 基因的表达量密切相关。

近年来ABA在很多植物中已有详细研究，但在姜花中还未见报道。鉴于此，本研究克隆了姜花 *NCED* 基因的全长cDNA序列，并利用生物信息学软件对其进行分析，通过荧光定量分析鉴定其与花香的关系，为进一步研究姜花NCED基因功能奠定基础。

1 材料与方法

1.1 植物材料

克隆基因所用的材料取自华南农业大学花卉研究中心花卉基地中自然生长状态下的白姜花。采摘花瓣液氮速冻后保存在-80℃冰箱。用于花瓣不同发育时期基因表达分析的姜花购自广州岭南花卉市场，分为4个时期，分别为花蕾期、始花期、盛花期、衰败期。每个样品取自3~5个植株，混合后液氮速冻，保存于-80℃冰箱。(如图1所示)

图1 白姜花花器官不同发育时期示意图

Fig. 1 Different developmental stages of organs in *Hedychium coronarium*

1.2 RNA的提取及反转录反应

RNA提取所用的枪头、Eppendorf管用0.1%的DEPC于37℃浸泡过夜后121℃高温灭菌25min，玻璃器皿、研钵用铝箔包好后于180℃下干热处理3h，冷却后备用。总RNA的提取采用Trizol(Invitrogen)试剂进行。用琼脂糖凝胶电泳检测总RNA的完整，用紫外分光光度计测定 OD_{260} 与 OD_{280}，确定总RNA的浓度与纯度。

采用TaKaRa公司PrimeScript RT-PCR Kit说明书的方法将总RNA反转录成cDNA。

1.3 *HcNCED* 基因的全长扩增

根据白姜花表达谱测序中 *HcNCED* 的序列，设计全长引物，由生工生物工程(上海)股份有限公司合成。*HcNCED* 上游引物：CAATGAATGTGCTGCTGT-CAGTCTC，*HcNCED* 下游引物：AGGGTTTGCG ATTTCTACGAT，以cDNA为模板，扩增目的基因。PCR反应体系总体积为25μL：10 mM dNTP 2.0μL，10×rTaq Buffer 2.5μL，5U/μL rTaq(TaKaRa)0.3μL，10μM上游引物1μL，10μM下游引物1μL，模板cDNA 1μL，ddH_2O 17.2μL。反应程序：94℃，4 min；94℃，30s，56℃，30s，72℃，2min，35个循环；72℃，10min。PCR扩增产物用1.0%琼脂糖凝胶电泳进行检测后，用DNA凝胶回收试剂盒(上海生工公司)回收，连接到pMD19-T载体上，转化至大肠杆菌，挑取阳性单克隆，委托广州艾基生物公司测序完成。

1.4 *HcNCED* 的生物信息学分析

用NCBI上BLAST软件(http://blast.ncbi.nlm.nih.gov/Blast.cgi)对 *HcNCED* 进行序列比对，分析其开放阅读框(open reading frame，ORF)。用ExPASy-Compute pI/Mw tool(http://web.expasy.org/compute_pi/)预测其分子量和等电点。用SMART(http://smart.Embl-heidelberg.de/)完成 *HcNCED* 结构域预测。用cNLS Mapper (http://nls-mapper.iab.keio.ac.jp/cgi-bin/NLS_Mapper_form.cgi)和TargetP (http://www.cbs.dtu.dk/services/TargetP/)完成亚细胞定位预测。用Clustal Omega(http://www.ebi.ac.uk/Tools/msa/clustalo/)、GeneDoc、MEGA和MEME (http://meme-suite.org/tools/meme) 将 *HcNCED* 序列与筛选出的其他植物的氨基酸序列进行同源性分析，并进行聚类分析构建系统发育树。用ExPASy-ProtScale (http://web.expasy.org/protscale/) 对 *HcNCED* 蛋白进行亲疏水性的预测分析。最后，用PBIL LYON-GERLAND (https://prabi.ibcp.fr/htm/site/web/home)完成 *HcNCED* 和亲缘关系较近的NCED之间的蛋白质二级结构的预测，并进行比较分析。

1.5 实时荧光定量 PCR 分析(qRT-PCR)

1.5.1 姜花 *HcNCED* Real-time QPCR 的引物设计

利用 Primer Premier 5.0 软件设计 *HcNCED* 实时荧光定量 PCR 引物，按荧光定量 PCR 引物设计原则，用 Primer Premier 5.0 分别设计引物，通过荧光定量 PCR 检测其是否有错配或引物二聚体及其扩增效率，并制作标准曲线，以检测其扩增效率(E)是否在 90% ~110% 范围内。从中选择最佳引物 *HcNCED* 上游引物：GCCCAAAAGGGAAAGAGAAGAG，*HcNCED* 下游引物：TGGAATCCGTAGGGCACC。

1.5.2 内参基因的筛选

根据课题组前期得到的多种内参基因的引物，通过荧光定量 PCR 检测其是否有错配或引物二聚体及其扩增效率，从中选择一对最佳内参基因的引物(RPS)。*HcRPS* 上游引物：TTAGTAGCATCGGCTG-CAATAAG，*HcRPS* 下游引物：CTCAACCGTCTTC-CCAAAAGAG。

1.5.3 RT-qPCR 体系配制及程序设置

以不同发育时期的白姜花 cDNA 为模板，根据 *NCED* 基因的 ORF 序列设计荧光引物，研究其在姜花不同发育进程的表达情况，采用 RPS 作为内参基因，在 ABI 荧光定量 PCR 仪上进行荧光定量 PCR 反应。每个样品设 3 个重复，以 ddH_2O 为阴性对照。*Hc-NCED* 和 *HcRPS* 实时荧光定量 PCR 酶反应体系为 20μL：SYBR premix ExTaq(2 ×) 10μL，0.2μM PCR forward primer 0.4μL，0.2μM PCR reverse primer 0.4μL，<100 ng cDNA 模板 2μL，ddH_2O 7.2μL。反应程序如下：94℃，30s；94℃，15s，55℃，30s，72℃，30s，40 个循环；94℃；15s；72℃，30s，0.4℃/s；溶解曲线分析。反应结束后确认扩增曲线和融解曲线，用 2-△△Ct 法，进行数据分析，计算姜花 NCED 基因在不同时期中的表达情况。

2 结果与分析

2.1 姜花花瓣总 RNA 提取

提取 4 个不同发育时期的姜花总 RNA，采用 1% 的琼脂糖凝胶电泳检测，结果如图 2 所示，28SrRNA、18SrRNA 和 5SrRNA 条带清晰可见，无基因组 DNA 的污染；且紫外分光光度计检测的 OD_{260} 与 OD_{280} 的比值在 1.8 ~2.0 之间，说明提取的 RNA 质量较好，可用于后续 cDNA 的合成。

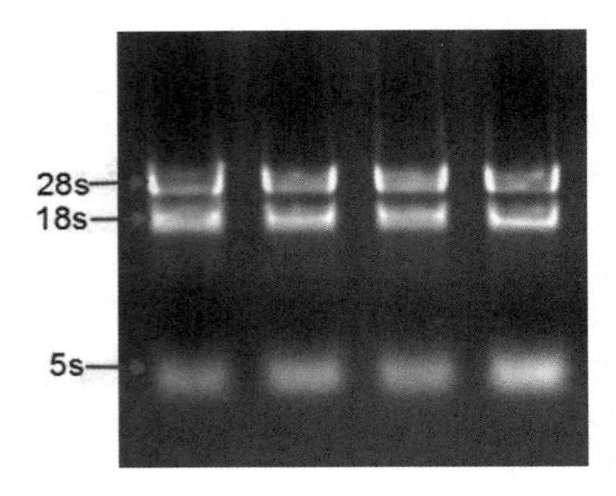

图 2 白姜花花瓣不同时期总 RNA

Fig. 2 Total RNA in different stages of the petal of *Hedychium coronarium*

2.2 白姜花 *HcNCED* cDNA 全长的克隆和结构域分析

对姜花的 9-顺式-环氧类胡萝卜素双加氧酶 *NCED* 的全长进行克隆，扩增结果如图 3 所示。将测序结果进行序列比对分析，确定基因序列为 *NCED*。

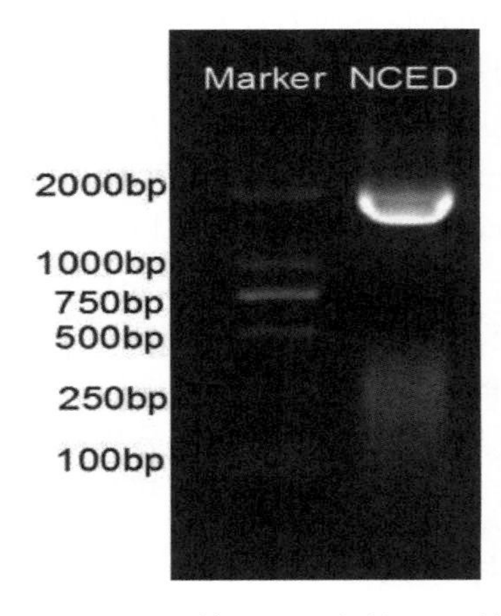

图 3 *HcNCED* 的 cDNA 全长 PCR 扩增

Fig. 3 PCR amplification ofcDNA of *HcNCED*

采用 NCBI 上 BLAST 软件(http://blast.ncbi.nlm.nih.gov/Blast.cgi)对 *HcNCED* 进行序列比对，结果显示该基因属于 RPE65 家族，该家族代表视网膜色素上皮细胞膜受体在视网膜色素上皮细胞膜高表达，并结合细胞质视网膜结合蛋白，同时还包括植物新黄质裂解酶以及细菌中的 LSD 相关的序列。该基因编码一个完整的开放阅读框(open reading frame，ORF)，长 1884bp，同时推测其编码一个含 627 个氨基酸(aa)的氨基酸序列，采用 http://www.expasy.org/软件预测其分子量为 68.4kDa、等电点(pI)为 6.01。根据结构域分析发现其在第 142617 之间含有一个保守的结构域 Pfam03055：RPE65(如图 4)。

2.3 *HcNCED* 氨基酸序列比对及系统进化树分析

通过 DNAMAN 软件对 *HcNCED* 的氨基酸序列进行同源性比较分析，结果显示(图 5)，*HcNCED* 与小麦 *TaNCED* 有 66% 的一致性，与拟南芥 *AtNCED4* 和

MNVLSVSSSTAFPASSGRRQRPSPSRLPPTPSPSSAPFLS
VVSAVKTVEKTLEPQTKTDPATTATGTSTTSPRKVADDH
QNTTRPPTIAPPPRPKSASLRPRKPPSIMATVCNDLEELI
HTFIDPPVLRPSVDPRHVLSNNFAPVDELPPTPCPVVRG
AIPRCLAGGAYIRNGPNPQHLPRGPHHLFDGDGMLHSL
LLPASGDGTDPAVLCSRYVHTYRYLLERNAGAPVFPSIF
SGFHGFAGLARGAVTAARVLTGQMNPMEGVGLANTSL
VFFGDRLYALGESDLPYAVRVSPEDGEIFTLGRCDFDG
RLFMGMTAHPKKDPSTGELFAFRYGPVPPFLTYFRFDA
EGNKAGPDVPIFSVQQPSFLHDFAVTERYAIFPDLQIVM
KPMDMVLGGGAPVGSDNGKVPRIGVLPRYATSEAEMR
WFEVPGFNPVHAVNAWEEEGDLVLVAPNVLSVEHALE
RMELVHSSMEMVRIDVEGSGAVSRTPLSAANLDFGVIH
PDYLGRRNRYAYLGVGDPMPKISGVVKLDFESAGNGD
CVVARRHFGRRCFGGEPIFVPKREREEEDEDEGYLVS
YVHDEIRGESRFVVMDAQSPELDIVAEVLLPRRVPYGF
HGLFVSKEDLRSQRPS

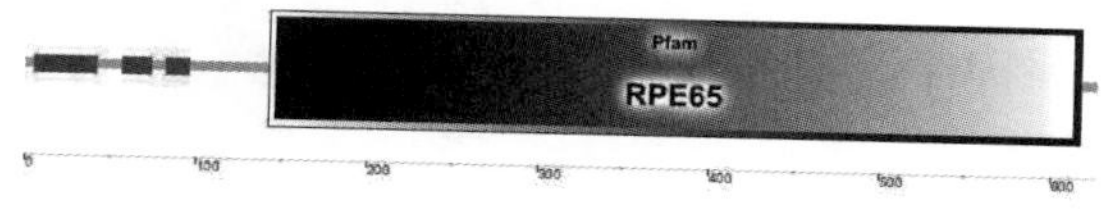

图 4 *HcNCED* 的结构域分析

Fig. 4 Domain analysis of *HcNCED*

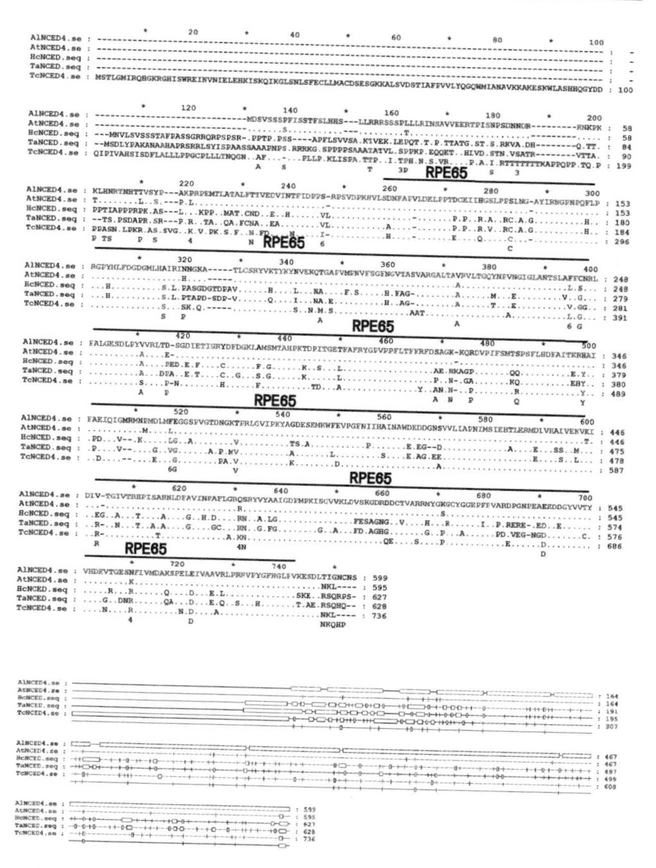

图 5 *HcNCED* 与其他物种双加氧酶氨基酸序列比对

Fig. 5 Amino acid sequence alignment among *HcNCED* and the dioxygenase of other species

注：*TaNCED*：小麦（AJS11516） *AtNCED4*：拟南芥（AT4G19170） *AlNCED4*：琴叶拟南芥（XP_ 002869997） *TcNCED4*：可可（XP_ 007040842） *AtNCED5*：拟南芥（AT1G30100） *AtNCED2*：拟南芥（AT4G18350） *AtNCED9*：拟南芥（AT1G78390） *LsNCED1*：莴苣（BAE72090） *LsNCED2*：莴苣（BAE72091） *LsNCED1*：莴苣（BAE72092）

琴叶拟南芥 *AlNCED4* 有 54%、47% 的一致性。通过 SMART 分析，结果表明，姜花 *HcNCED* 与小麦 *TaNCED*、拟南芥 *AtNCED4*、琴叶拟南芥 *AlNCED4* 都存在一个保守功能域：RPE65（retinal pigment epithelium 65-KD protein）。

使用 Clustal X、GeneDoc、MEGA 和 MEME，将 *HcNCED* 的氨基酸序列与 GenBank 中已登录的其他植物双加氧酶氨基酸序列进行聚类分析并绘制系统进化树，如图 6。系统发育树分析表明 *HcNCED* 与小麦 *TaNCCD* 同源性较近，归为一类。在不同物种中，RPE65 蛋白（retinal pigment epithelium 65-KD protein）是高度保守的，都具有保守的基序，都含有 Motif1，但它们所在的位点有明显的差异。另外，*LsNCED3*、*AtNCED9* 还含有 Motif2，*HcNCED*、*CaCCD*、*AlNCED4* 还含有 Motif3。

2.4 蛋白相关特性预测与分析

2.4.1 *HcNCED* 蛋白疏水性预测与分析

"疏水性"是氨基酸的一种重要性质，疏水性的氨基酸倾向于远离周围水分子，将自己包埋进蛋白质的内部。在蛋白质中，氨基酸的理化性质对蛋白质的二级结构影响较大，因此在进行结构预测时考虑氨基酸残基的物理化学性质，如疏水性、极性、侧链基团的大小等，根据氨基酸残基各方面的性质及残基之间的组合预测可能形成的二级结构。为了解 *HcNCED* 的疏/亲水特性，利用 ProtScale 对其氨基酸序列进行在线分析，结果如图 7 显示，*HcNCED* 多肽链在 472 处有最高分值 2.3，疏水性最强，在 592 处为最低分 -3.767，亲水性最强，整个多肽链也表现为亲水性。

2.4.2 *HcNCED* 蛋白的二级结构预测与亚细胞定位分析

在 PBIL LYON-GERLAND 信息库中的二级结构预测结果如图 8，用"h"（helix）表示 α 螺旋，用"e"（extended strand）表示延伸链，用"t"（beta turn）表示 β-转角，用"C"（random coil）表示无规则卷曲，结果显示：*HcNCED* 的蛋白二级结构中含有 20.41% 的 α-螺旋、21.37% 的延伸链、9.89% 的 β-转角、48.33% 的无规则卷曲，由此可见 α-螺旋、延伸链和无规则卷

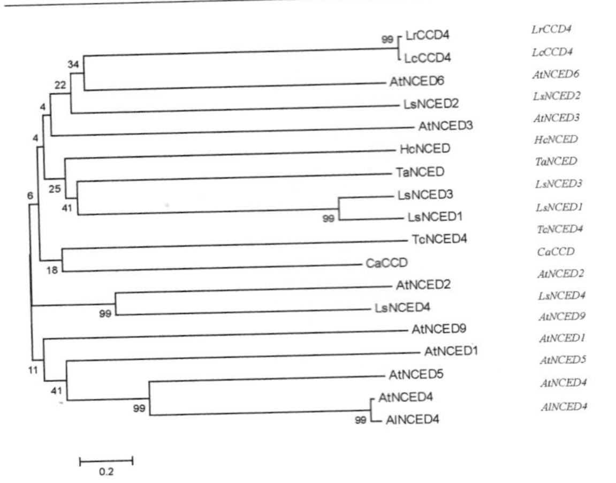

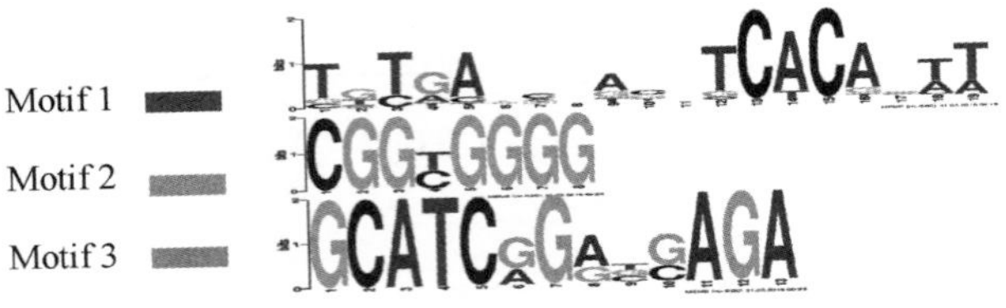

图 6　植物双加氧酶系统进化树及其同源基序的 logo 图

Fig. 6　Phylogenetic tree of the dioxygenase of plant and the logo of its homology motif

注：标尺 0.2 代表 20% 的序列分歧；Ta：小麦　Ca：辣椒　At：拟南芥 Tc：可可　Ls：莴苣　Lc：枸杞　Lr：黑果枸杞

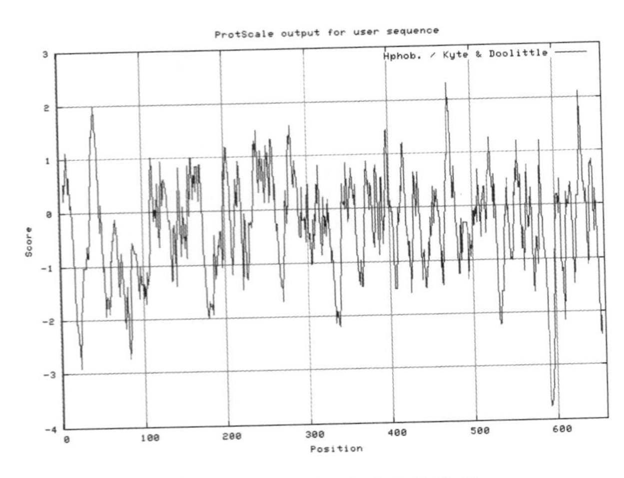

图 7　*HcNCED* 的疏水性检测

Fig. 7　Hydrophobicity prediction of *HcNCED*

曲是 *NCED* 的主要二级结构。再分别用 TargetP、Predotar、WoLFPSORT 等在线预测软件预测 *HcNCED* 亚细胞定位情况，如图，cTP 代表叶绿体，mTP 代表线粒体，SP 代表分泌途径（内质网、细胞外、高尔基体、溶酶体、质膜和液泡），结果显示：*HcNCED* 定位于叶绿体。

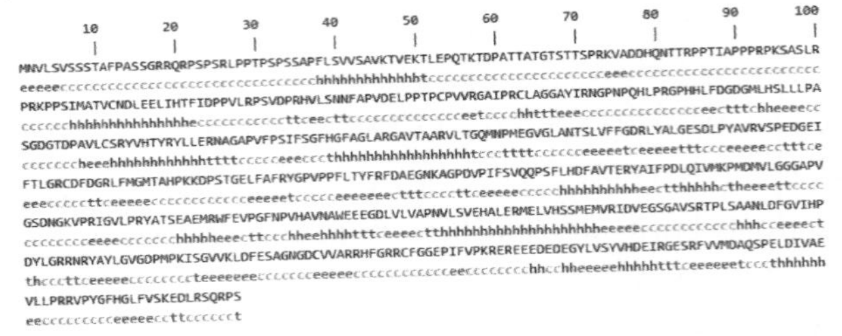

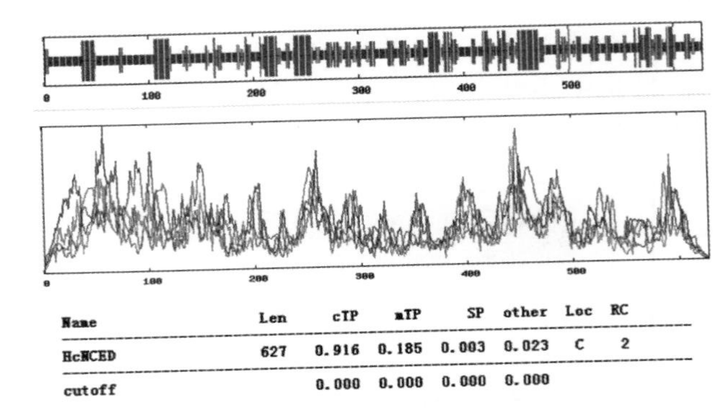

图 8　*HcNCED* 蛋白的二级结构预测及亚细胞定位预测

Fig. 8　Protein secondary structure and subcellular localization prediction of *HcNCED*

2.5　*HcNCED* 在姜花不同开花时期的表达规律

设计好的引物首先进行 RT-PCR（Reverse transcription PCR），电泳检测显示条带单一，RT-qPCR 溶解曲线分析如图 9，结果均只有单一溶解峰出现，且其扩增子 Tm 值均大于 80℃，表明引物均具有较高的扩增特异性。RT-qPCR 扩增 5 倍梯度稀释的 cDNA 模板，制作标准曲线（图 9），具体数据分析见表 1，引物的扩增效率分别为 94.5 和 99.29，且相关系数为 0.994，符合荧光引物扩增效率 90% ~110%，$R^2 \geq 0.99$ 的要求，说明各引物具有较高的扩增效率且重复性好。

表 1　*HcNCED* 和 *HcRPS* 荧光定量 PCR 引物扩增情况

Table1　The primer amplification for real-time PCR of *HcNCED* and *HcRPS*

基因	引物序列 F：正向引物；R：反向引物	扩增子 Tm （℃）	产物大小 （bp）	扩增效率 （E）	相关系数 （R^2）
HcRPS	F：TTAGTAGCATCGGCTGCAATAAG R：CTCAACCGTCTTCCCAAAAGAG	80.80	163	94.5	0.994
HcNCED	F：GCCCAAAAGGGAAAGAGAAGAG R：TGGAATCCGTAGGGCACC	87.35	168	99.29	0.994

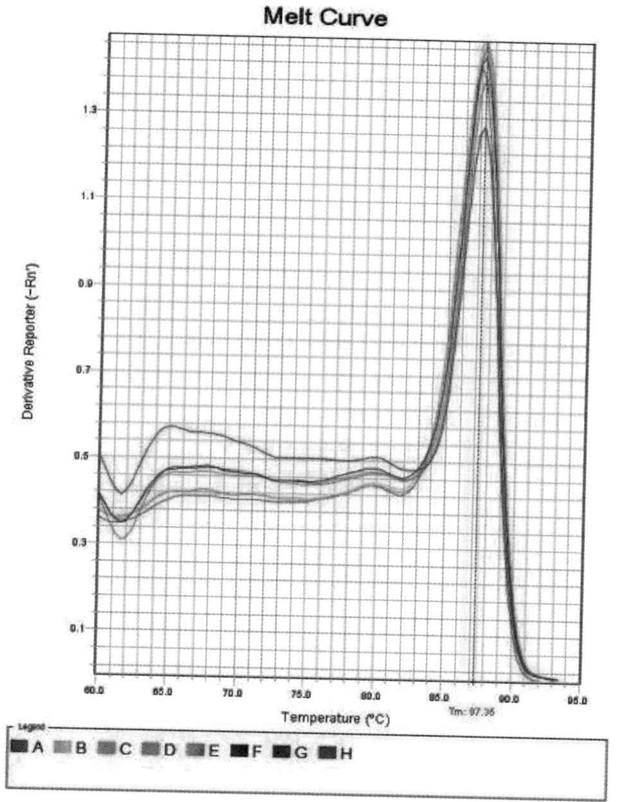

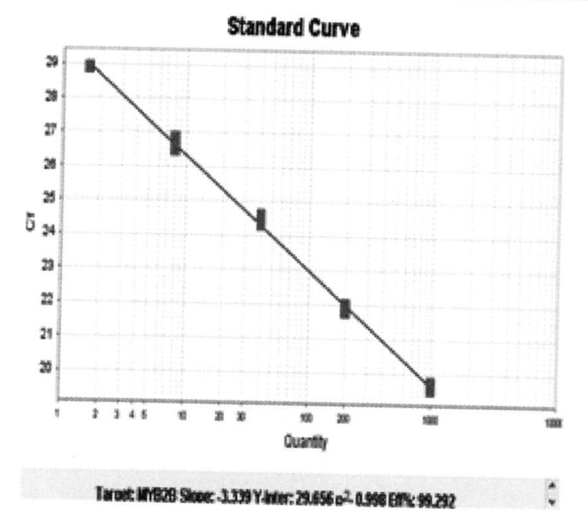

图 9　*HcNCED* 荧光定量 PCR 引物溶解曲线和标准曲线

白姜花中 *HcNCED* 在不同发育时期中的表达结果如图 10 所示，在花瓣发育进程中，*HcNCED* 在花蕾期表达量最低，之后随着花朵开放的进程不断升高，至盛开期达到最高，随后衰老期逐步降低，说明 *HcNCED* 的基因表达水平受到花发育的调控，并且与姜花主要挥发性物质释放的规律相一致。

3　讨论

脱落酸(ABA)在植物生长发育、抵抗逆境方面发挥着非常重要的作用，如胚胎发育、种子萌发、气孔运动、花芽分化、果实成熟等(Addicott et al.，1983；Giraudat et al.，1994；Melcher et al.，2009；Nishimura et al.，2009；Arc et al.，2013；Zheng et al.，2015；Yu et al.，2015)。而在植物成熟衰老的过程中往往伴随着显著的生理生化变化，其中香气的释放也是成熟的标志之一，花香与成熟发育进程密切相关。

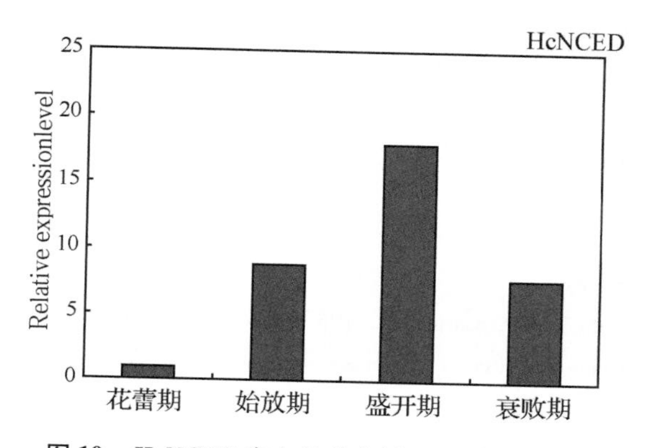

图 10　*HcNCED* 在白姜花花瓣不同时期的表达

Fig. 10　The expression of petal of *HcNCED* in different stages

ABA 作为一种促进衰老与脱落的生长抑制物质，其生物合成由其关键限速酶 9-顺式-环氧类胡萝卜素双加氧酶催化裂解，再经过 2 步氧化反应最终生成 ABA。同时有研究表明，ABA 的含量与 *NCED* 基因表达量的变化有直接关系(Wang，2012)。在高等植物中，*NCED* 基因受外界环境胁迫诱导，且促进内源 ABA 的积累(Qin and Zeevaart，1999；Xian et al.，2014)。*NCED* 在植物体中是一个多基因家族，在鳄梨、菜豆等植物中相继被克隆出来，但在姜花中尚未见报道。

本研究从白姜花中首次克隆出 *NCED* 基因并进行序列分析，该基因具有一个 1884bp 的完整开放阅读框，其编码 627 个氨基酸(aa)的蛋白，分子量为 68.4kDa、等电点(pI)为 6.01。其氨基酸序列与小麦 *TaNCED* 有 66% 的一致性，与拟南芥 *AtNCED4* 和琴叶拟南芥 *AlNCED4* 有 54%、47% 的一致性。对该基因蛋白进行预测，结果表明其整个多肽链表现为亲水性，再根据 PBIL LYON-GERLAND 信息库的二级结构预测发现 α-螺旋、延伸链和无规则卷曲是 *NCED* 的主要二级结构。根据亚细胞定位预测结果推测该基因可能定位于叶绿体，但并没有发现信号肽，因而我们将在后续实验中进一步验证该基因的真实定位信号位置。

在自然界大部分花香植物的花朵都存在不开不香的特点，在姜花发育过程中，花蕾期没有香味，半开期释放香味，盛开期则香味浓烈(李瑞红和范燕萍，2007；Yue et al，2015)。本研究通过对 *HcNCED* 进行荧光定量分析，研究其在不同时期的基因表达量，发现其在花蕾期表达量最低，随着花开，表达量逐步升高，直至盛开期最高，随后下调。其表达规律与姜花花香释放规律一致。因而推测该基因可能参与了花香调控，这为之后研究 *NCED* 基因与姜花花香的关系进一步奠定了基础。

参考文献

1. Addicott FT, Carns HR. 1983. History and introduction. In: Addicott FT(ed). Absci sic acid[J]. New York : Praeger Sci, 1 -21.
2. Arc E, Sechet J, Corbineau F, Rajjou L, and Marion-Poll A. 2013. ABA crosstalk with ethylene and nitric oxide in seed dormancy and germination [J]. Front Plant Sci., 63 (4): 1 -19.
3. Giraudat J, Parcy F, Bertauche N. 1994. Current advances in abscisic acid action and signaling[J]. Plant Mol Bio, 26: 1557 -1577.
4. 李瑞红，范燕萍. 白姜花不同开花阶段的香味组分及其变化[J]. 植物生理学通讯，2007，43(1)：175 -180.
5. Melcher K., Ng L. M., Zhou X. E., Soon F. F., Xu Y., Suino-PoellellMelcher K., Ng L. M., Zhou X. E., Soon F. F., Xu Y., Suino-Poellell K. M., Park S. Y., Weiner J. J., Fujii H., Chinnusamy V., Kovach A., Li J., Wang Y. H., Li J., Peterson F. C., Jensen D. R., Yong E. L., Volkman B. F., Cutler S. R., Zhu J. K., and Xu H. E.. 2009. A gate-latch-lock mechanism for hormone signaling by abscisic acid receptors [J]. Nature, 462 (7273): 602 -608.
6. Nishimura N., Hitomi K., Arvai A. S., Rambo R. P., Hitomi C., Cutler S. R., Schroeder J. I., and Getzoff E. D.. 2009. Structural mechanism of abscisic acid binding and signaling by dimeric[J]. PYR1Science, 326 (5958): 1373 -1379.
7. Qin, X., Zeevaart, J. A. D.. 1999. The 9-cis-epoxycarotenoid cleavage reaction is the key regulatory step of abscisic acid biosynthesis in water-stressed bean Proc[J]. Nat. Acad. Sci. U. S. A. 96, 15354 -15361.
8. Schwartz S H, Tan B C, Gage D A, Zeevaar J A, Mccarty D R. 1997. Ecific oxidative cleavage of carotenoids by vp14 of maize[J]. Science, 276 : 1872 -1874.
9. Wang X Q, Zhang CH, Wang Y J. 2012. Isolation and expression of 9-cisepoxycarotenoid dioxygenase gene in tree Peony[J]. Acta Horticulture Sinica, 39 (10): 2033 -3044.
10. Xian, L. H., Sun, P. P., Hu, S. S., Wu, J., Liu, J. H. 2014. Molecular cloning and characterization of CrNCED1, a gene encoding 9-cis-epoxycarotenoid dioxygenase in *Citrus reshin*, with functions in tolerance to multiple abiotic stresses [J]. Planta 239, 61 -77.
11. Yu Y. T., Wu Z., Lu K., Bi C., Liang S., Wang X. F., and Zhang D. P.. 2015. Overexpression of the MYB37 transcription factor enhances abscisic acid sensitivity, and improves both drought tolerance and seed productivity in *Arabidopsis thaliana*[J]. Plant Mol. Biol., 90(3): 267 -279.
12. Yue YC, Yu RC, Fan YP. 2015. Transcriptome profiling provides new insights into the formation of floral scent in *Hedychium coronarium* [J]. BMC GENOMICS, DOI: 10.1186/s12864-015-1653-7.
13. Zheng C., Halaly T., Acheampong A. K., Takebayashi Y., Jikumaru Y., Kamiya Y., and Or E.. 2015. Abscisic acid (ABA) regulates grape bud dormancy, and dormancy release stimuli may act through modification of ABA metabolism[J]. J. Exp. Bot., 66(5): 1527 -1542.

菊花开花抑制因子 *CmFLC-like*1 基因克隆及表达特性分析*

展妍丽　王萃铂　亓钰莹　陈发棣　蒋甲福①
（南京农业大学园艺学院，南京 210095）

摘要　为深入研究夏菊的春化机理，利用多聚酶链式反应（PCR）结合 5′ RACE、3′ RACE 技术，克隆夏菊品种'优香'［*Chrysanthemum morflorium*（Ramat.）Kitam.'Yuuka'］开花抑制基因 *CmFLC-like*1 的 cDNA 全长序列。获得 *CmFLC-like*1 cDNA 全长为 945bp，开放阅读框（ORF）为 636bp，编码一条 211 个氨基酸残基的多肽，且具有典型的 MADS 结构域。同源性分析表明，*CmFLC-like*1 与葡萄（*Vitis vinifera*）*VvFLC*、龙眼（*Dimocarpus longan*）*DlFLC* 的同源性最高，分别为 55% 和 52%。进化树聚类分析表明，*CmFLC-like*1 蛋白与拟南芥、核桃的 *FLC* 遗传距离最近。亚细胞定位表明，*CmFLC-like*1 基因定位在核上。在酵母体系中发现 *CmFLC-like*1 基因没有转录激活活性，拟南芥原生质体转化发现具有抑制活性。营养期不同组织器官的 RT-PCR 表明 *CmFLC-like*1 在叶片中表达量最高，茎、茎尖中次之，根中最少。低温（4℃）可抑制 *CmFLC-like*1 表达，且处理时间越长，抑制表达越明显。

关键词　菊花；春化作用；*FLC*；RT-PCR

Cloning and Expression Analysis of Flowering Inhibitor *CmFLC-like*1 Gene in Chrysanthemum

ZHAN Yan-li　WANG Cui-bo　QI Yu-ying　CHEN Fa-di　JIANG Jia-fu
（*College of Horticulture*，*Nanjing Agricultural University*，*Nanjing* 210095）

Abstract　The full-length cDNA sequence of *Chrysanthemum morflorium*（Ramat.）Kitam.'Yuuka' *CmFLC-like*1 gene was obtained using PCR and RACE. The cDNA was 945bp in length with a 636bp open reading frame which encodes a peptide of 211 residues. *CmFLC-like*1 has a high homology to *VvFLC*（*Vitis vinifera*）and *DlFLC*（*Dimocarpus longan*）contained a typical MADS domain，with the homology of 55% and 52%，respectively. *CmFLC-like*1 was located in the nuclear genome by subcellular localization. And has no transcription activation activity in yeast system，while shown inhibitory activity in the plastid transformation system. *CmFLC-like*1 has the highest expression levels in leaves，while lowest expression in stems and shoot tip，followed by root. The expression of *CmFLC-like*1 was inhibited by low temperature，especially at 4℃. Furthermore，the longer the cold treatment，the more suppresser of *CmFLC-like*1 expression.

Key words　Chrysanthemum；Vernalization；*FLC*；RT-PCR

菊花原产中国，是世界四大切花之一，具有极高的观赏价值与经济价值。菊花多为短日照植物，但夏菊属于量性短日照或日中性植物（潘才博和张启翔，2010），其花芽分化依赖低温诱导，即春化作用途径。有研究表明，夏菊开花需要保证至少 3 周时间 3～7℃ 的低温诱导（周军和李鸿渐，1991），而有些经低温诱导成花的菊花品种，亦可通过赤霉素（GA）处理后开花（Sumitomo *et al.*，2009）。

开花植物从营养生长到生殖生长的转变是由一系列信号转导和基因调控网络协同完成的。迄今已发现有 4 条主要的信号通路诱导其开花，分别是光依赖途径、春化作用途径、赤霉素（GA）途径、自主途径（罗

* 基金项目：国家自然科学基金项目（31372100）；教育部新世纪优秀人才支持计划项目（NCET－12－0890）；江苏省"青蓝工程"和"双创计划"资助。

作者简介：展妍丽，硕士研究生。
① 通讯作者。蒋甲福，教授，博导，主要从事花卉遗传育种与分子生物学研究，E-mail：jiangjiafu@njau.edu.cn。

睿和郭建军，2010）。这些通路所形成的开花调控网络中的基因超过 300 个，包含 *FT*（*FLOWERING LOCUS T*）、*SOC1*（*SUPPRESSOR OF OVEREXPRESSION OF CO1*）、*FD* 和 *FLC* 等关键基因（徐雷，2011）。其中春化作用主要是通过抑制 *FLC* 的表达实现促进开花的目的。*FLC* 属于 MADS 家族基因，编码一个含有 MADS-box 的转录因子，在拟南芥中，通过抑制 *FT* 和 *SOC1* 基因的表达，负向调控植物开花（Shchennikova *et al.*，2004）。在大白菜中发现有 4 个 *FLC* 家族成员，其中 *BrFLC1* 和 *BrFLC2* 是主要的春化反应基因（Wu *et al.*，2012）。在油菜中也克隆了 5 个抑制开花的 *FLC* 家族成员（Tadege *et al.*，2001）。另外，在甘蓝（Okazaki *et al.*，2006）、胡萝卜（毛笈华 等，2013）和早熟橙（Zhang *et al.*，2009）中均克隆到 *FLC*。所有的研究表明，*FLC* 的表达水平随低温处理时间延长，其表达也越低，从而解除 *FLC* 对开花的抑制作用。

本试验中从夏菊‘优香’中克隆了 1 个 *FLC* 同源基因（*CmFLC-like1*），通过对序列分析，并结合不同组织器官、4℃低温下表达分析，为深入研究夏菊的春化机理及其开花时间分子调控奠定基础。

1 材料与方法

1.1 试验材料

试供材料夏菊品种‘优香’，来源于南京农业大学“中国菊花种质资源保存中心”。基因克隆材料使用定植后 2～3 个月营养期（15～20 叶片）距生长点 5～6 节位的成熟叶片；组织表达模式使用同时期材料，分别取茎尖生长点、叶片（叶位同上）、茎段（3～4 节间）和根；田间表达模式使用 2012～2013 年大田苗叶片为材料，叶片均取距生长点5～6 节位叶片；低温处理使用组培苗（苗龄 3 周）作为材料，使用恒温光照培养箱进行 4℃处理，光照条件 16h 光/8h 暗，光强 80μmol·$m^{-2}s^{-1}$分别于 0 点（试验处理前），处理 2 周、处理 4 周时于超净台取叶片，对照条件培养为 22℃，样品液氮速冻保存。

1.2 RNA 提取和纯度检测

总 RNA 提取使用 Trizol 试剂盒（TaKaRa），在液氮中研磨材料 0.1～0.2g，加入 2ml Trizol 后按说明书步骤进行。其中在第一次氯仿抽提后使用 DNase I 消化基因组 DNA，再进行后续步骤。RNA 溶于 20μl RNase Free Water 中。使用琼脂糖凝胶电泳和核酸仪（NanoDrop Technologies）检测浓度和质量，合格的样品用于 cDNA 第一链的合成。使用内参基因 *Elongation Factor 1α*（*CmEF1α*，KF305681，引物序列见表 1）进行 cDNA 第一链检测。

1.3 菊花 *CmFLC-like1* 基因全长的获得

根据优香转录组库序列分析（SRP029991），选择 *FLC* 相关基因片段设计引物 *CmFLC*-M-F 和 *CmFLC*-M-R（序列见表 1），用营养生长期距生长点 5～6 节位成熟叶片提取 RNA 获得的 cDNA 第一链为模板，扩增基因中间片段。扩增产物回收、纯化后连接 pMD19-T 载体（TaKaRa），转化大肠杆菌 *DH5α* 感受态细胞（实验室保存菌株），经蓝白斑筛选阳性克隆后送于南京斯普金公司测序。根据获得的中间片段序列设计 3′ RACE 的正向引物（*CmFLC*-F1、*CmFLC*-F2 和 *CmFLC*-F3，序列见表 1），接头引物使用 AP。根据 3′ 端与中间片段拼接结果设计 5′ RACE 引物（*CmFLC*-R1、*CmFLC*-R2 和 *CmFLC*-R3，序列见表 1），第一轮使用 *CmFLC*-R1 为引物进行反转录，第二轮使用 *CmFLC*-R2 和 5′ RACE adaptor primer（Abridged Anchor Primer，AAP）进行扩增，第三轮使用 *CmFLC*-R3 和 5′ RACE Abridged Universal Amplification Primer（AUAP）进行扩增。所得 5′ 端序列，经 ORF finder 程序（http://www.ncbi.nlm.nih.gov/gorf/gorf.html）进行 ORF 预测后设计全长引物 *CmFLC*-ALL-F 和 *CmFLC*-ALL-R（序列见表 1），进行高保真 PCR 扩增并测序得到基因全长序列。试验所有引物使用 Prime5 软件设计。

表 1 菊花 *CmFLC-like1* 基因克隆及表达分析的引物

Table 1 Primers used for amplification and expression analysis of *CmFLC-like1* in chrysanthemum

引物 Primer	序列 Sequence（5′-3′）
CmFLC-M-F	TACAGAAGCGGGAGAGAGAACCAAC
CmFLC-M-R	ATGTTGGGCTGAATTTGTCTGG
CmFLC-F1	GAAGGTAAGGAAGAACTGGAAAAGC
CmFLC-F2	AGAACTGGAAAAGCAGGTTGCATCA
CmFLC-F3	CAAGTAACCAGACAAATTCAGCCCA
CmFLC-R1	GCGATAAAACCTCCAACTGCCCACC
CmFLC-R2	CCTCCAACTGCCCACCAGCTCCATT
CmFLC-R3	CATTGTTGGTTCTCTCTCCCGCTTC
AAP	GGCCACGCGTCGACTAGTACGGGIIGGGIIGGGIIG
AUAP	GGCCACGCGTCGACTAGTAC
CmFLC-ALL-F	GAGGATGGGGCGAGAAAAGCTAGAAA
CmFLC-ALL-R	GAAGTTTTACGGTAGAGATGTGTTA
CmFLC-1A-F	CGGGATCCATGGGGCGAGAAAAGCTAGAA
CmFLC-1A-R	TTGCGGCCGCCTAGCCATTGAAAAGAGGAAGTG
CmFLC-RT-F	TGCTCCGGAATAACACATCTCT
CmFLC-RT-R	ACTGATAGTTGCAAGATAACAAAGT
CmEF1α-F	TTTTGGTATCTGGTCCTGGAG
CmEF1α-R	CCATTCAAGCGACAGACTCA

1.4　序列分析和系统进化树构建

所得到的全长序列用 BLAST（http://www.ncbi.nlm.nih.gov/BLAST/）进行同源性分析，使用 MEGA4、DNAMAN 进行多序列比对和系统进化树的构建。

1.5　载体构建

使用 Gateway 系统（Invirtrogen），构建 pMDC43-*CmFLC* 载体（Curtis & Grossniklaus，2003）。根据 *CmFLC-like*1 基因 cDNA 的 ORF 框设计特异性引物，上下游分别加上 *Bam*H I 和 *Not* I 酶切位点：*CmFLC*-1A-F 和 *CmFLC*-1A-R（序列见表 1）以含有目的基因的 pMD19-T 的质粒为模板进行高保真扩增。产物进行琼脂糖凝胶电泳检测，并切胶纯化回收。将上述 PCR 纯化产物和 pENTR1A 载体质粒同时进行 *Bam*H I 和 *Not* I 双酶切，纯化回收后，并进行连接、测序验证，获得入门载体 pENTR1A-*CmFLC*。pENTR1A-C*mFLC* 经 *Pvu* I 单酶切线性化后与亚细胞定位表达载体 pMDC43 质粒进行 LR 重组，获得 pMDC43-*CmFLC* 载体；与 pDEST-GBKT7 载体进行 LR 重组，获得 pDEST-GBKT7-*CmFLC* 载体；与 35s-GAL4-DB 载体进行 LR 重组，得到 GAL4-DB-*CmFLC* 载体。

1.6　亚细胞定位分析

通过洋葱表皮细胞瞬时表达系统进行亚细胞定位。于超净工作台将洋葱表皮切成方块约 $1cm^2$，剥取内表皮细胞层，翻转，光面向下，平铺在含有 $72.8mg \cdot mL^{-1}$ 山梨醇的 1/2MS 固体培养基上，24℃高渗避光预培养 10～12h，随后将洋葱表皮转移到1/2 MS 固体培养基上预培养 2～4h。pMDC43-*CmFLC-like*1 载体质粒进行金粉处理后使用基因枪（Biolistic PDS－1000 /He Particle Delivery System）轰击方法导入预处理好的洋葱表皮细胞。基因枪轰击后于 24℃暗培养 16～24h，于激光共聚焦显微镜（Zeiss LSM780）下拍照记录。

1.7　转录激活活性分析

1.7.1　酵母转化

将上述载体质粒 pDEST-GBKT7-*CmFLC*、pDEST-GBKT7（阴性对照）和 pCL1（阳性对照），使用 MatchmarkerTM Yeast Transformation System 2（Clontech）酵母转化试剂盒，分别转入酵母 Y2H 感受态中，YPDA 培养基摇菌至 $OD_{600}=0.5\sim0.6$ 后，涂布于 SD/-Trp 培养基，pCL1 涂布 SD/-Leu 培养基，30℃倒置培养 3d，待单菌落长至 2mm 左右时，挑取单克隆划线于 SD/-Ade/-His 培养基 30℃倒置培养，观察菌落生长情况并拍照记录。

1.7.2　拟南芥原生质体转化

原生质体转化参照 Yoo 等（2007）的方法，选取 3～4 周苗龄未抽苔的野生型拟南芥 Col－0 完全展开真叶中间部分，用胶带黏贴，小心撕下叶片下表皮，浸泡在加入酶液的培养皿中，真空抽气 30min，压强 25kPa。暗培养 3h，静置酶液变绿色，在显微镜中观察计数原生质体得率。用 35～75 μm 尼龙滤网过滤酶液，100g 室温离心 1min，并用 2ml W5 洗 2 次，最后悬浮于约 1ml W5 溶液中，并在显微镜下进行数量统计，适当稀释至终浓度 $1\sim2\times10^5$ 个/ml，冰浴 30min。使用 PEG 法分别将 GAL4-DB-*CmFLC*、阳性对照 GAL4-DB-ARF5 和阴性对照 35S-GAL4-DB 质粒与报告质粒 35S-GAL4-LU*C* 一起转化进入拟南芥原生质体，转化后置于 6 孔板过夜暗培养。荧光素酶（Luciferase）的测定参照 Fujikawa 和 Kato（2007）的方法，每 150μl 原生质体加入 10μl D-luciferin（0.78mM），室温暗处放置 15min 后，通过 20/20n Luminometer（Turner BioSystems）测定荧光值。

1.8　荧光实时定量 PCR

设计特异定量引物 *CmFLC*-RT-F 和 *CmFLC*-RT-R，使用菊花 *CmEF*1α 基因作为内参对照，对比 *CmFLC-like*1 基因表达量差异性，内参引物为：*CmEF*1α-F 和 *CmEF*1α-R，普通 PCR 扩增并测序验证特异性扩增准确性（引物序列见表 1）。定量 PCR 仪使用 Mastercycler ep realplex 2S（Eppendorf），程序为：95℃ 2min，95℃ 15s，55℃ 15s，72℃ 20s，40 个循环。程序结束后得到每个样品的 CT 值，假定扩增效率为 100%，并假定标准曲线及每次扩增之间的效率保持一致，采用 ΔΔCt 法进行相对定量（Livak & Schmittgen，2001）进行计算分析。每个样品进行重复试验 3 次。

2　结果与分析

2.1　*CmFLC-like*1 基因克隆和序列分析

引物 *CmFLC*-M-F 和 *CmFLC*-M-R 扩增得到 397bp 中间片段，于是基于此中间片段，分别设计引物进行 3′ RACE 和 5′ RACE 扩增。获得 321bp 的 3′ 片段和 285bp 的 5′ 端，拼接后得到一个 945bp 的基因全长。

分析发现所得 *CmFLC-like*1 基因开放阅读框为 636bp，编码一条包含 211 个氨基酸残基的多肽。对 ORF 编码的多肽进行分析发现，1～74 位氨基酸序列属于 MADS-box 的保守序列，即典型的 MADS 家族结构域，121～176位氨基酸为一个K-box，说明其在MADS家族两种类型中，属于Ⅱ型(MEF2)。同源性分析表明，*CmFLC-like*1与葡萄(*Vitis vinifera*)*VvFLC*、龙眼(*Dimocarpus longan*)*DlFLC*、白桦树(*Betula platyphylla*)*BpFLC*、望天树(*Shorea beccariana*)*SbFLC*、油菜(*Brassica napus*)、可可(*Theobroma cacao*)*TcFLC*、核桃(*Juglans regia*)*JrFLC*、大白菜(*Brassica rapa*)和拟南芥(*Arabidopsis thaliana*)的同源性分别为55%、52%、49%、48%、45%、44%、44%、43%和42%(图1)。聚类分析表明，*CmFLC-like*1蛋白与*JrFLC*和*AtFLC*遗传距离最近(图2)。

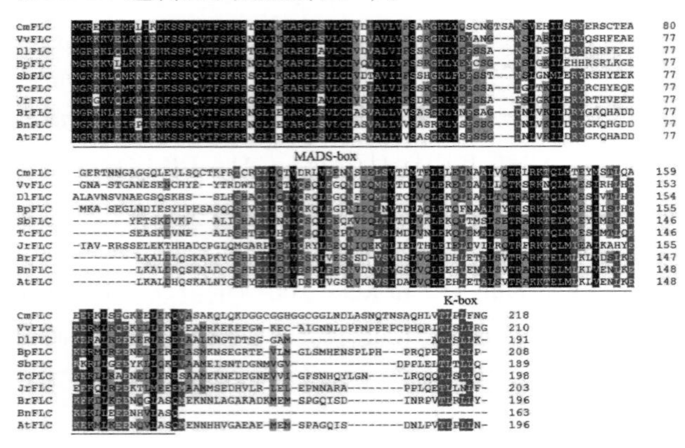

图1 不同植物*FLC*同源性比较

Fig. 1 Alignment of predicted amino acid sequences of *FLC* genes from different plant species

VvFLC (*Vitis vinifera*, NP_ 001268057.1), *DlFLC* (*Dimocarpus longan*, AHZ89709.1), *BpFLC* (*Betula platyphylla*, AGC94569.1), *SbFLC* (*Shorea beccariana*, BAN89459.1), *TcFLC* (*Theobroma cacao*, XP_ 007043954.1), *JrFLC* (*Juglans regia*, AHF20809.1), *BrFLC* (*Brassica rapa*, ABO40820.1), BnFLC (*Brassica napus*, AFU61563.1), AtFLC (*Arabidopsis thaliana*, NP_ 196576.1)

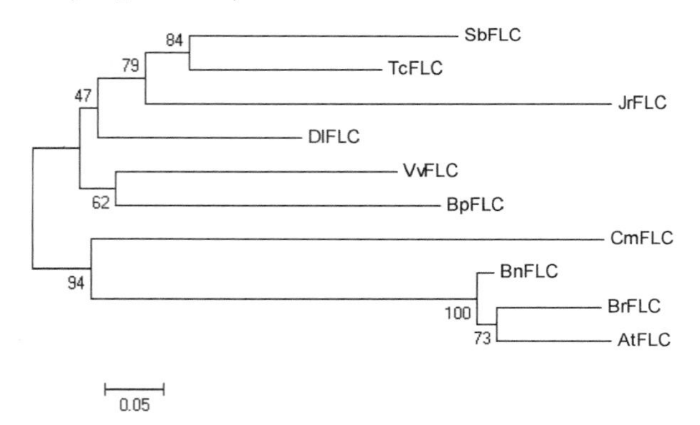

图2 不同植物*FLC*氨基酸序列的进化树分析

Fig. 2 Phylogenetic tree analysis of thededuced amino acid sequences of *FLC* in different plants

2.2 亚细胞定位分析

将*CmFLC-like*1构建在载体pMDC43-*CmFLC*上，与GFP蛋白融合表达，即35S-GFP-*CmFLC*。使用基因枪方法将表达载体转化进入洋葱表皮细胞。结果如图，转化对照35S-GFP的洋葱表皮细胞中绿色荧光在整个细胞中全部可见，而转化35S-GFP-*CmFLC*的洋葱表皮细胞的绿色荧光仅在细胞核，说明*CmFLC-like*1基因的蛋白表达定位于细胞核中(图3)。

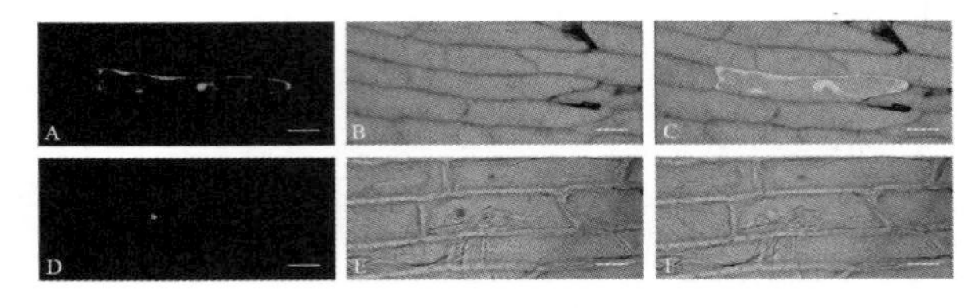

图3 *CmFLC-like*1的亚细胞定位分析

Fig. 3 Subcellular localization of *CmFLC-like*1 protein in the onion epidermis cells

A、B、C和D、E、F分别为绿色荧光通道、白光通道和叠加效果下的35S-GFP和35S-GFP-*CmFLC* 标尺：100 μm

A, B, C35S-GFP and D, E, F 35S-GFP-*CmFLC* in green fluorescence channel images, bright light and merged plot. Bar: 100 μm

2.3 转录活性分析

首先使用SD/-Trp、SD/-Leu缺陷培养基进行初步的筛选，挑取单菌落在涂有X-α-Gal的SD/-Ade/-His缺陷型培养基上划线培养，观察结果(如图4-A)。阳性对照即转入pCL1质粒的酵母正常生长且显蓝色，而阴性对照即转入pGBKT7质粒的酵母不能生长，转入pDEST-GBKT7-*CmFLC*质粒的酵母也无法正常生长，同阴性对照，说明*CmFLC-like*1不具有转录激活活性。

将构建好的GAL4-DB-*CmFLC*载体与报告质粒35S-GAL4-LUC，通过PEG法转入拟南芥原生质体。转入具有激活作用的阳性对照质粒35S-GAL4-DB-ARF5的荧光值为205.3units，转入具有抑制作用的阴

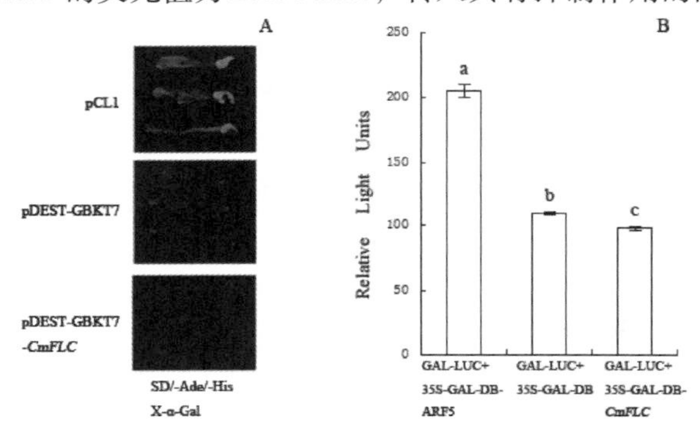

图4 *CmFLC-like*1蛋白的转录活性分析

Fig. 4 Transcriptional activity of *CmFLC-like*1

A. *CmFLC-like*1酵母中转录活性分析；B. *CmFLC-like*1在拟南芥原生质体中转录活性分析

A. Thanscript activity of *CmFLC-like*1 in yeast; B. Thanscript activity of *CmFLC-like*1 in the protoplast from Arabidopsis

性对照质粒 35S-GAL4-DB 的荧光值为 109.3，而转入 35S-GAL4-DB-*CmFLC* 质粒的荧光值为 98.0(图 4-B)，可见 35S-GAL4-DB-*CmFLC* 与阳性对照荧光值差异显著，且比阴性对照荧光值低，说明 *CmFLC-like*1 具有转录抑制活性。

2.4 *CmFLC-like*1 表达模式分析

对田间'优香'营养期的根、茎、叶、茎尖中 *CmFLC-like*1 表达量进行 RT-PCR 分析。*CmFLC-like*1 在叶片中的表达量均明显高于其他部位，在根中最低，而茎和茎尖之间表达差异不显著(图 5-A)。采用 RT-PCR 对 *CmFLC-like*1 响应低温进行检测，结果表明，4℃处理后的组培苗叶片部分 *CmFLC-like*1 表达量较对照明显下降，并且处理时间越长，对其表达的抑制作用越明显(图 5-B)；而自 2012 年 12 月至 2013 年 7 月每月对'优香'大田苗叶片取样的定量结果表明，*CmFLC-like*1 的表达有明显的随时间变化趋势，2012 年 12 月脚芽中表达量相对最高，2013 年 2 月脚芽萌动前大幅度下降，于 3 月脚芽萌动时达到最低值，5 月花芽分化完成后叶片中的 *CmFLC-like*1 开始回升，7 月盛开后到达较高水平(图 5-C)。

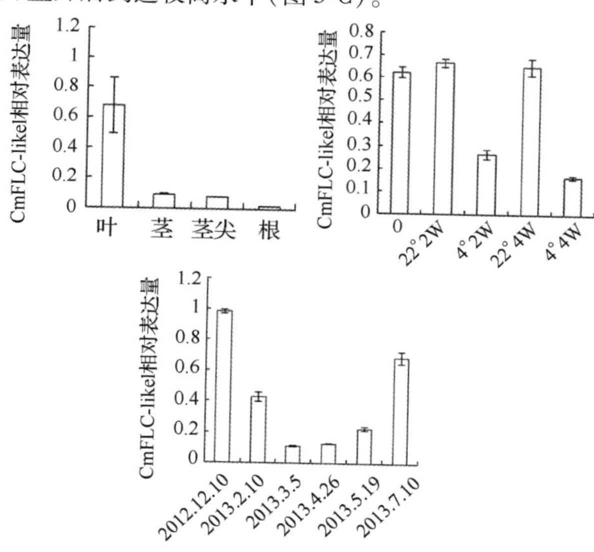

图 5 RT-PCR 检测分析 *CmFLC-like*1 表达

Fig. 5 RT-PCR analysis of *CmFLC-like*1 gene expression

A. *CmFLC-like*1 基因在不同组织中的表达；B. 4℃处理对 *CmFLC-like*1 表达的影响；C. *CmFLC-like*1 基因在田间叶片的表达变化

A. Relative expressions level of *CmFLC-like*1 gene in different tissues; B. Relative expressions level of *CmFLC-like*1 in response to 4℃ treatment; C. The expression change of *CmFLC-like*1 in leaves under field condition

3 讨论

FLC 属于 MADS-box 家族基因，而 MADS-box 家族基因作为真核生物中重要的一类转录因子，普遍存在于动植物和真菌中，在生长发育调控和信号转导中起着不可或缺的作用。目前的研究发现 MADS-box 家族基因具有两个不同的类型分支，分别为Ⅰ型(SRF)和Ⅱ型(MEF2)，而在植物的Ⅱ型 MADS-box 中存在一个 K-box 结构，是其他生物 MADS 家族基因所没有的(Alvarez *et al.*，2000)。本试验克隆到的 *CmFLC-like*1 基因且具有典型的 MADS-box 保守序列，为 MADS 家族基因，同时其具有 K-box 结构，故其应为 MADS 家族基因中的Ⅱ型(MEF2)，与拟南芥、白菜和油菜中相似(Okazaki *et al.*，2006；Tadege *et al.*，2001)。这些相似的结构可能暗示着相似的功能或作用。

FLC 作为一个成花和开花的抑制因子，其表达会受春化途径、FRI 途径和自主途径的调节，三者均影响 FLC 的染色质状态(He，2009)。*FLC* 主要通过直接或间接与下游的 3 个基因结合(*FT*、*FD*、*SOC*1)，抑制它们的表达，而这 3 个基因表达产物为直接影响花芽分化的开花促进因子(Searle *et al.*，2006)。亚细胞定位和转录激活活性试验分别证明了 *CmFLC-like*1 的表达定位于细胞核，且具有转录抑制活性，因此其为一个定位于细胞核上的转录抑制因子，这也与其开花抑制功能一致。在不同物种中含有不同数量的 *FLC* 同源基因，例如甘蓝中存在 4 个(Okazaki *et al.*，2006)，油菜中存在 5 个(Tadege *et al.*，2001)。在拟南芥中，*FLC* 拷贝数的多少会使植物的开花时间产生差异(Nall 和 Jeffrey Chen，2010)。菊花中是否有更多 *FLC-like* 基因有待进一步分析。*CmFLC-like*1 在'优香'根、茎、叶和茎尖具有一定程度的表达，但主要表达部位是叶，根中的表达量极少，而拟南芥中却是茎尖和根中表达最高，叶片中较低(Michaels & Amasino，1999)。在不同拟南芥中 *FLC* 表达方式也存在多样性 (Nall 和 Jeffrey Chen，2010)，菊花 *CmFLC-like*1 主要在叶中表达，这是否与抑制 *FT* 表达，进而影响花芽分化有关，需要进一步验证。

周军等人(1993)的研究表明，夏菊开花需要一定时间(3 周左右)的适当低温(3～7℃)的诱导。*CmFLC-like*1 表达量从 12 月的高水平至次年 2 月大幅下降，根据南京全年平均温度统计分析，经过 1 月的全年最低温度(平均为-3～5℃，江苏省气象局数据)，'优香'进入春化作用时期，此时 *CmFLC-like*1 表达受到抑制，随气温回升和发育状态，*CmFLC-like*1 的抑制作用被解除。4℃处理可使 *CmFLC-like*1 表达量明显下降，并且处理时间越长其表达量越低，验证了低温对 *CmFLC-like*1 的表达具有抑制作用。而有些经低温诱导成花的菊花品种，亦可通过赤霉素(GA)处理后开花(Sumitomo *et al.*, 2009)。GA 处理与 *CmFLC-like*1 表达的关系，和 *CmFLC-like*1 具体的作用机理还需进一步研究。

参考文献

1. Alvarez B E R, Pelaz S, Liljegren S J, Gold S E, Burgeff C, Ditta G S, Pouplana L R, Martinez Castilla L, Yanofsky M F. 2000. An ancestral MADS-box gene duplication occurred before the divergence of plants and animals[J]. Proceeding of the National Academy of Sciences of the United States of America, 97(10): 5328 -5333.
2. Curtis M D, Grossniklaus U. 2003. A gateway cloning vector set for high-throughput functional analysis of genes in planta [J]. Plant Physiology, 133(2): 462 -469.
3. Ding L, Kim S Y, Michaels S D. 2013. *FLOWERING LOCUS C EXPRESSOR* family proteins regulate *FLOWERING LOCUS C* expression in both winter-annual and rapid-cycling *Arabidopsis*[J]. Plant Physiology, 163(1): 243 -252.
4. Fujikawa Y, Kato N. 2007. Split luciferase complementation assay to study protein-protein interactions in *Arabidopsis* protoplasts[J]. Plant Journal, 52(1): 185 -195.
5. He Y. 2009. Control of the transition to flowering by chromatinmodificationss[J]. Mol. Plant, 2(4): 554 -564.
6. Livak K. J. and Schmittgen T. D. 2001. Analysis of relative gene expression data using real-time quantitative PCR and the $2^{-\Delta\Delta}$CT method[J]. Methods, 25(4): 402-408.
7. 罗睿，郭建军. 2010. 植物开花时间：自然变异与遗传分化[J]. 植物学报，45(1): 109 -118.
8. 毛笈华，庄飞云，欧承刚，等. 2013. 胡萝卜 FLC 同源基因对低温及光周期响应[J]. 园艺学报，40(12): 2453 -2462
9. Michaels S D, Amasino R M. 1999. *FLOWERING LOCUS C* encodes a novel MADS domain protein that acts as a repressor of flowering[J]. Plant Cell, 11(5): 949 -956.
10. Nah G, and Jeffrey Chert Z. 2010. Tandem duplication of the FLC locus and the origin of a new gene in Arabidopsis related species and their functional implications in allopolyploids[J]. New Phytol, 186(1): 228 -238.
11. Okazaki K, Sakamoto K, Kikuchi R, Satio A, Togashi E, Kuginuki Y, Matsumoto S, Hirai M. 2006. Mapping and characterization of *FLC* homologs and QTL analysis of flowering time in *Brassica oleracea*[J]. Theoretical Applied Genetics, 114(4): 595 -608.
12. 潘才博，张启翔. 2010. 日中性菊花及其分子育种前景[J]. 分子植物育种，8(2): 350 -358.
13. Searle I, He Y, Turck F, Vincent C, Fornara F, Krober S, Amasino R A, Coupland G. 2006. The transcription factor *FLC* confers a flowering response to vernalization by repressing meristem competence and systemic signaling in *Arabidopsis*[J]. Genes & Development, 20: 898 -912.
14. Shchennikova A V, Shulga O A, Immink Richard, Skryabin K G, Angenent G C. 2004. Identification and characterization of four chrysanthemum MADS-box genes, belonging to the *APETALA1/FRUITFULL* and *SEPALLATA*$_3$ Subfamilies [J]. Plant Physiology, 134(4): 1632 -1641.
15. Sumitomo K, Li T, Hisamatsu T. 2009. Gibberellin promotes flowering of chrysanthemum by upregulating *CmFL*, a chrysanthemum *FLORICAULA/LEAFY* homologous gene[J]. Plant Science, 176(5): 643 -649.
16. Tadege M, Sheldon C C, Helliwell C A, Stoutiesdijk P, Dennis E S, Peacock W J. 2001. Control of flowering time by *FLC* orthologues in *Brassica napus*[J]. Plant Journal, 28 (5): 545 -553.
17. 田素波，林桂玉，郑成淑，等. 2011. 菊花花发育基因 *CmCO* 和 *CmFT* 的克隆与表达分析[J]. 园艺学报，38 (6): 1129 -1138.
18. Wu J, Wei K Y, Cheng F, Li S K, Wang Q, Zhao JJ, Bonnema G, Wang X W. 2012. A naturally occurring InDel variation in *BraA. FLC. b* (*BrFLC2*) associated with flowering time variation in *Brassica rapa*[J]. BMC Plant Biology, 12(1): 151.
19. 徐雷，贾飞飞，王利琳. 2011. 拟南芥开花诱导途径分子机制研究进展[J]. 西北植物学报，31(5): 1057 -1065.
20. Yoo S D, Cho Y H, Sheen J. 2007. *Arabidopsis* mesophyII protoplasts: a versatile cell system for transient gene expression analysis[J]. Nature Protocols, 2: 1565 -1572.
21. Zhang J, Li Z, Li M, Yao J, Hu C. 2009. PtFLC homolog from trifoliate orange (*Poncirus trifoliata*) is regulated by alternative splicing and experiences seasonal fluctuation in expression level[J]. Planta, 229: 847 -859.
22. 周军，李鸿渐. 1991. 影响夏菊花品种成花诱导因素的研究[J]. 南京农业大学学报，14(1): 27 -31.
23. 周军，李鸿渐. 1993. 气温、光照条件对夏菊花品种花序芽发育的影响[J]. 园艺学报，20(4): 379 -383.

TRV 介导的观赏花烟草（*Nicotiana sanderae*）VIGS 体系的构建*

丁海琴[1,#] 张 茜[2,#] 曾祥玲[1] 王艳丽[1] 郑日如[1] 罗 靖[1] 王彩云[1]①
（[1]华中农业大学园艺植物生物学教育部重点实验室，武汉 430070）
（[2]武汉农尚环境股份有限公司，武汉 430050）

摘要 本研究以八氢番茄红素脱氢酶（Phytoene desaturase，*PDS*）基因和查尔酮合酶（Chalcone synthase，*CHS*）基因为报告基因，以烟草脆裂病毒（Tobacco rattle virus，TRV）为载体建立基于病毒介导的观赏花烟草（*Nicotiana sanderae*）基因沉默体系（Virus-induced gene silencing，VIGS）。结果表明，根吸收法不适用于观赏花烟草的基因沉默体系，而利用叶背注射渗透法对观赏花烟草进行基因沉默的效果较好。在叶背注射渗透法中，用 *PDS* 基因作为报告基因时，处理组植株在全黑暗条件下培养 1 天后进行常规养护，25 天后 80% 植株表现出叶片光漂白现象。在用花青素合成代谢路径上关键基因 *CHS* 作为报告基因时，60% 的植株在开花后表现出预期花冠褪红斑白的现象，半定量 RT-PCR 结果显示被沉默植株的 *CHS* 基因表达量明显下调，观赏花烟草内源 *CHS* 基因被有效沉默。综上所述，本研究初步建立了观赏花烟草 VIGS 体系。

关键词 观赏花烟草；病毒诱导的基因沉默；烟草脆裂病毒；不依赖连接的克隆；花色花香

Establishment of TRV-mediated VIGS System in *Nicotiana sanderae*

DING Hai-qin[1,#] ZHANG Qian[2,#] ZENG Xiang-ling[1] WANG Yan-li[1]
ZHENG Ri-ru[1] LUO Jing WANG Cai-yun[1]
（[1] *Key Laboratory for Biology of Horticultural Plants of Ministry of Education*，*Huazhong Agricultural University*，*Wuhan* 430070；[2] *Wuhan Nusun Landscape Co. Ltd*，*Wuhan* 430050）

Abstract Explored and established an appropriate TRV-mediated virus-induced gene silencing system in *Nicotiana sanderae*，making Phytoene desaturase (*PDS*) and Chalcone synthase (*CHS*) gene as reporter genes，to establish an effective system for the research of gene function and provide new reference for the ornamental plant gene functional verification. The results showed that the root absorption method does not apply to gene silencing system of tobacco flower，while the dorsal injection infiltration method is more effective. When using *PDS* gene as a reporter gene in the dorsal injection infiltration method，the plants were treated in darkness for one day first. Then after 25 days of routine maintenance，80% of the plants showed blade photo bleaching which means the *PDS* gene was silenced. When using the anthocyanin synthesis metabolic pathway key genes *CHS* as a reporter gene，60% of the plants exhibited erythema faded white corolla after flowering. Semi-quantitative RT-PCR showed that the *CHS* gene expression reduced significantly in gene silenced plants，suggesting tobacco endogenous *CHS* gene is effectively silenced. In summary，this study initially established an effective VIGS system in *Nicotiana sanderae*.

Key words *Nicotiana sanderae*；Virus-induced gene silencing；Tobacco rattle virus；Ligation-independent cloning；Flower color and floral

病毒诱导基因沉默（Virus-induced gene silencing，VIGS）技术是指带一段靶基因序列的 VIGS 重组病毒侵染植物，引起植物同源基因的 mRNA 发生特异性降解进而失去相应的功能，即产生转录后水平的基因沉

* 基金项目：教育部博士点基金项目（20130146110022）；华中农业大学自主创新项目（2013PY088）；校自主创新“园艺文化”项目（2014PY067）；黄冈师范学院项目“大别山特色花卉资源”研究（2015TD02）。

#共同第一作者：丁海琴，华中农业大学园艺林学学院在读研究生。E-mail：1458638290@ qq. com。
#张茜，武汉农尚环境股份有限公司。E-mail：782285983@ qq. com。
① 通讯作者。王彩云，教授，研究方向为园林植物生理及分子生物学。E-mail：248361509@ qq. com。

默甚至产生表型变异[1-2]。*PDS*(Phytoene desaturase)基因是类胡萝卜素合成所必需的酶，因其基因沉默会产生明显的光漂白表型而常作为VIGS体系的报告基因[3]。自1995年Kumagai等首次在本氏烟草中成功沉默*PDS*基因后[4]，越来越多的物种如拟南芥[5]、番茄[6]、烟草[7]等成功构建其VIGS体系并在研究中广泛应用，包括不同植物组织如根[8]、叶[9]、果实[10-11]等的基因功能研究，涉及植物防御、抗病信号传导[12]、花发育[13]、激素诱导[14]等多种基因家族及基因功能分析。但其在观赏植物花香花色研究中的应用较少。

观赏花烟草(*Nicotiana sanderae*)是茄科烟草属福吉特氏烟草(*Nicotiana forgetiana*)和观赏花烟草(*Nicotiana alata*)[15]的杂交种，含有种类和含量丰富的花色花香物质，是研究花朵色香基因功能的理想材料。我们以烟草脆裂病毒(Tobacco rattle virus，TRV)为载体，以八氢番茄红素脱氢酶(Phytoene desaturase，*PDS*)基因和查尔酮合酶(chalcone synthase，*CHS*)基因为报告基因，构建重组病毒载体，探索适用于观赏花烟草的病毒诱导基因沉默体系，以期建立适于观赏植物花色花香基因功能验证的平台。

1 材料与方法

1.1 材料

Nicotiana sanderae(观赏花烟草)为*Nicotiana alata*(花烟草)与*Nicotiana forgetiana*(福吉特氏烟草)的F_1代，亲本*N. alata*和*N. forgetiana*均由华中农业大学匡汉辉教授惠赠，供试材料观赏花烟草是由本课题组前期对两亲本进行杂交获得并保存。

试验所用病毒载体包括辅助病毒载体pTRVl、改造的病毒空载体pTRV2(加T4接头)、重组病毒载体pTRV2-*PDS*及农杆菌菌株GV3101均由匡汉辉教授课题组惠赠。此外，试验所用高保真酶Pfu DNA聚合酶、限制性内切酶Cfr9I、T4 DNA聚合酶、(XmaI)酶、dATP及dTTP等购自Thermo公司，2xEs Taq MasterMix、超纯RNA提取试剂盒等购自康为世纪生物公司，反转录试剂盒及pEASY-Tl Cloning Kit购自北京北京全式金生物技术有限公司，琼脂糖凝胶DNA回收试剂盒、高纯度质粒小提中量试剂盒购自TIANGEN。引物及测序均由武汉擎科生物公司完成。

本研究所使用的各类LB培养基中，卡那霉素Km、利福平Rif、MES、乙酰丁香酮AS、$MgCl_2$等均采用过滤灭菌。

1.2 观赏花烟草*CHS*基因片段的克隆

取保存在-80℃冰箱中的观赏花烟草(*Nicotiana sanderae*)花冠材料，根据RNA提取试剂盒操作方法提取花冠总RNA，并用1%凝胶电泳检测RNA提取质量及完整性，采用RNA反转录试剂盒反转录合成cDNA第一链。按照Genbank上提供的*Nicotiana alata*的chalcone synthase(*CHS*)基因已知序列(FJ969392.1)设计引物并加T4 DNA聚合酶需要处理的接头：

上游引物 CHS-F CGACGACAAGACCCGGT + GCCCAAACTCTTCTCCCTGATA

下游引物 CHS-R GAGGAGAAGAGCCCGGT + ACCTTCTTTTGCTGAGGCTTTC

PCR反应体系如下：3μl10×Pfu Buffer with $MgSO_4$；0.6μl dNTP Mix；2μl上游引物；2μl下游引物；1.5μl cDNA模板；20.3μl去离子水；0.6μl Pfu DNA聚合酶。PCR反应程序为：94℃预变性10min；94℃变性30s；64℃退火30s；72℃延伸50s；72℃延伸10min；35个循环。PCR产物经电泳检测后回收。

1.3 不依赖连接的克隆(LIC)法构建重组病毒载体的连接与转化

首先对pTRV2质粒进行酶切，使其由环形展开成线形，酶切体系为：8μl质粒(根据质粒浓度和分子质量适当增减，本试验所用质粒浓度为45ng/μl，质粒全长为9697bp)；2μl 10×Buffer Cfr9I；9μl去离子水；1μl Cfr9I酶。酶切16h，取5μl进行琼脂糖凝胶电泳检测，剩余部分在PCR仪中65℃反应20min使酶失活。而后用T4 DNA聚合酶和相应dNTP分别处理加接头的目的基因片段回收产物和酶切成功的病毒空载体质粒，使二者都出现黏性末端，后续反应能够高效进行，添加体系如表1。处理体系在PCR仪中11℃孵育20min，75℃反应10min。再各取8μl T4 DNA聚合酶处理产物，混匀后70℃变性10min，22℃退火10min，得到连接产物pTRV2-*CHS*。将连接产物放置于4℃冰箱中数小时后用于转化。热激法转化大肠杆菌，经筛选挑取阳性克隆送测序分析，测序匹配的菌株提取质粒后用电转法转化农杆菌GV3101，阳性菌株保存备用。

表1 T4 DNA聚合酶处理体系

Table1 System of T4 DNA Polymerase

	质粒(μl)	目的基因回收产物(μl)
质粒或目的基因片段	10	3
5×Buffer	4	4
dNTP(2Mm)	1(dTTP)	1(dATP)
T4 DNA聚合酶	0.5	0.5
去离子水	4.5	11.5

注：须控制载体和片段最终摩尔比在1:5左右。

1.4 农杆菌侵染菌液的制备

挑取 pTRV1、pTRV2、pTRV2-*PDS*、pTRV2-*CHS* 农杆菌阳性单挑取置于含 50mg/L Km 和 100mg/L Rif 的 LB 液体培养基中(5ml 即可),28℃、200r/min 振幅培养至培养基颜色由酒红色变为橙红色。再用 50ml LB 液体培养基(kana 50mg/L; Rif 100mg/L; MES 10mM; AS 200uM)进行扩大培养,相同条件下培养至菌液浓度达到预定的 OD_{600} 值。离心收集菌体,用 25ml 侵染缓冲液(MES 10mM; AS 100uM; $MgCl_2$ 10mM)悬浮菌体,调节 OD_{600} 到 1.0~2.0 之间,室温静置 3h,将等浓度 pTRV1 分别与 pTRV2、pTRV2-*PDS*、pTRV2-*CHS* 农杆菌菌液按 1:1 比例混合,其中 pTRV1 为辅助表达载体,pTRV2 为空载对照。

1.5 植物材料侵染

分别用两种方法对植物材料进行侵染。第一种是根吸收法,将观赏花烟草种子催芽至幼根达到 0.5~1cm 之间时,分别用扩大培养时 OD_{600} 为 0.5、0.7、0.9 和 1.1 的菌液配成侵染液,充分浸润幼根一昼夜后常规养护,观察植株生长情况及表型变化。第二种是叶背注射渗透法,分别用扩大培养时 OD_{600} 为 0.5、0.7、0.9 和 1.1 的菌液配成侵染液,侵染时先用针头在内轮叶片上扎孔,再用不带针头的注射器从叶背打入 200~400μl 配好的侵染液进行侵染,侵染完成后在黑暗中培养一昼夜,之后进行常规培养,再分别在 15、30、45 天后移入温室大棚中继续培养,观察表型变化。

1.6 目的基因沉默效率分析

植株表型性状调查。侵染完成后,观察预期沉默表型的产生,并通过比较出现光漂白或者花冠褪红斑白现象的植株占总植株的百分比评估基因沉默频率。被沉默基因的 RT-PCR 分析。取侵染后各处理植株的叶片或花朵提取总 RNA,采用随机引物的方法合成第一链 cDNA,以此为模板,用 *CHS* 基因特异引物及 RT-PCR 的方法检测 *NtCHS* 基因的表达量。

2 结果与分析

2.1 *NtCHS* 基因片段的克隆

根据加接头的特异引物 CHS-F 和 CHS-R 扩增出带有 T4 接头的 379bp 大小的 *CHS* 基因片段,凝胶电泳检测条带大小与预测大小一致。

2.2 重组病毒质粒的转化与阳性检测

重组病毒质粒转化大肠杆菌后进行 PCR 阳性鉴定,电泳检测结果表明质粒成功转入大肠杆菌(图 2),挑取部分阳性菌株测序,与 NCBI 中 *NtCHS* 基因

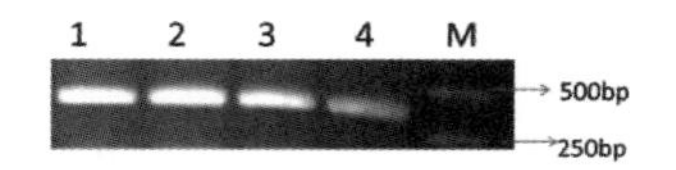

图 1 加接头 *CHS* 基因片段的 PCR 扩增电泳图

Fig. 1 Agrose gel electrophoresis analysis of the jjt*CHS* gene fragment

片段进行比对,两者匹配度为 100%,表明 pTRV2-*CHS* 重组病毒载体构建成功。转入农杆菌后进行阳性检测,阳性率较高,超过 80%(图 3),随机挑选单克隆进行培养,保存菌株。

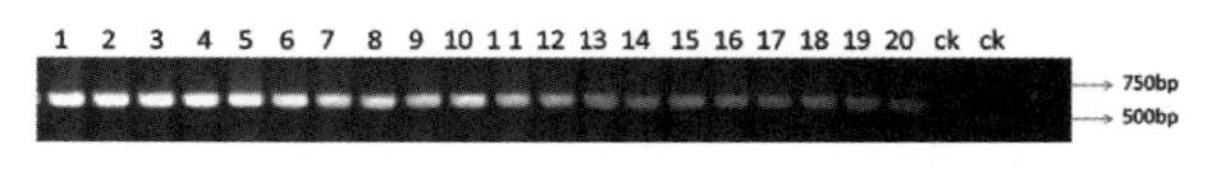

图 2 PCR 鉴定 pTRV2-*CHS* 表达载体

Fig. 2 PCR identify of expression vector pTRV2-*CHS*

1-20: pTRV2-*CHS* CK: pTRV2 空载对照

1-20: pTRV2-*CHS* CK: pTRV2 empty vector for control

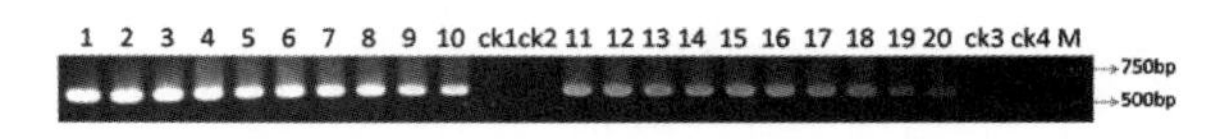

图 3 PCR 鉴定 pTRV2-*CHS* 表达载体转化农杆菌

Fig. 3 PCR identify of expression vector pTRV2-*CHS* in GV3101

1-20: pTRV2-*CHS* CK1-CK4: pTRV2 空载对照 M: Marker

1-20: pTRV2-*CHS* CK1-CK4: pTRV2 empty vector for control M: Marker

2.3 根吸收法中观赏花烟草的基因沉默效果分析

根吸收法侵染观赏花烟草幼根后进行常规养护,结果显示所有处理组的成活率均较低,其中 OD_{600} 为 0.5、0.7 的处理组成活率不超过 30%,而 OD_{600} 为 0.9、1.1 的所有处理组成活率不超过 20%。对成活的样本进一步养护,结果显示所有样本长至 8 片真叶时仍没有产生预期基因沉默表型。表明根吸收法并不适用于观赏花烟草的基因沉默。

2.4 叶背注射渗透法侵染观赏花烟草幼苗基因沉默效果分析

2.4.1 *PDS* 基因沉默效果分析

本试验中两个因素各处理组合处理供试植株 3 次重复,25 天后的阳性反应样本情况如表 2,此时 *PDS* 基因被诱导产生系统性沉默的植株均出现明显的叶片光漂白现象表型,到这一时期还未出现预期表型的处理植株在后期记录中也未出现预期表型。每个处理组合样本总量均为 5 株。统计结果表明,菌液浓度 OD_{600} 为 1.1、苗龄为五、六叶期时能获得较好的基因沉默效果,基本可稳定达到 80%。

表 2 叶背注射渗透法 *PDS* 基因沉默效果分析

Table2 The silencing effects of *PDS* gene by leaf injection method

侵染时间 Infection time	扩大培养菌液 OD_{600} 值 Bacteria liquid OD_{600} value after expand training											
	0.5			0.7			0.9			1.1		
四叶期 Four-leaf stage	0	0	0	0	0	1	1	1	1	0	0	0
五叶期 Five-leaf stage	2	2	3	1	1	1	2	2	2	3	4	4
六叶期 Six-leaf stage	2	2	2	1	4	3	0	0	0	4	4	4
七叶期 Seven-leaf stage	0	0	0	0	0	0	1	1	1	0	0	0

2.4.2 *CHS* 基因沉默效果分析

参照 *PDS* 基因沉默体系对 pTRV2-*CHS* 在观赏花烟草中进行沉默试验，结果表明，叶片注射侵染 15 天后移入温室大棚培养的 5 株处理组材料在开花时未显现 *CHS* 基因被沉默的预期表型；30 天后移入温室大棚培养的 5 株处理组材料开花时其中 3 株显现出 *CHS* 基因被沉默的预期表型(图 4)，而 45 天后移入温室大棚培养的 5 株处理组材料其中 3 株显现出 *CHS* 基因被沉默的预期表型。

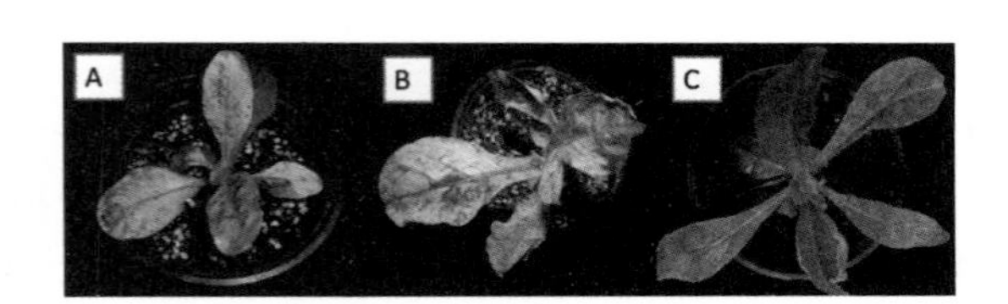

图 4 观赏花烟草 *PDS* 基因沉默效果图

Fig. 4 The silencing effect of *PDS* gene

A-B：侵染 pTRV2-*PDS* 植株 C：空载对照

A-B：Plants infected pTRV2-*PDS* C：Negative control

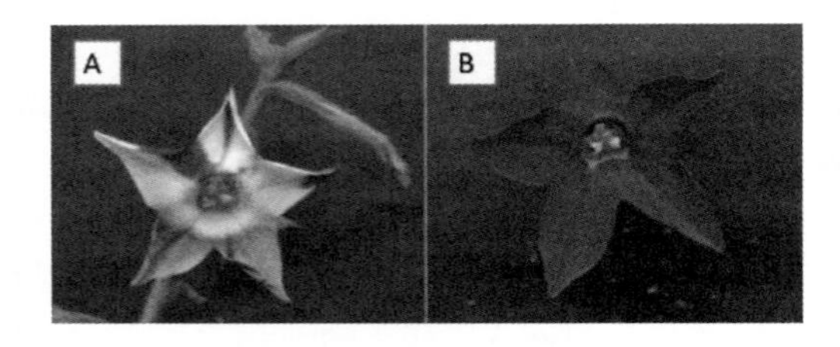

图 5 观赏花烟草 *CHS* 基因沉默效果图

Fig. 5 The silencing effect of *CHS* gene

A：侵染 pTRV2-*CHS* 植株 B：空载对照

A：Plants infected pTRV2-*CHS* B：Negative control

2.4.3 半定量 RT-PCR 检测 *NtCHS* 基因表达量

利用 RT-PCR 技术对不同沉默植株 *NtCHS* 基因在转录水平的表达量进行分析，结果显示(图 5)内参基因 *GAPDH* 在空载对照和 *CHS* 基因沉默植株中的扩增趋势一致，而 *NtCHS* 基因的表达水平在基因沉默植株中明显下调，表明 *CHS* 基因被诱导沉默从而使植株显现出花冠褪色显白表型。

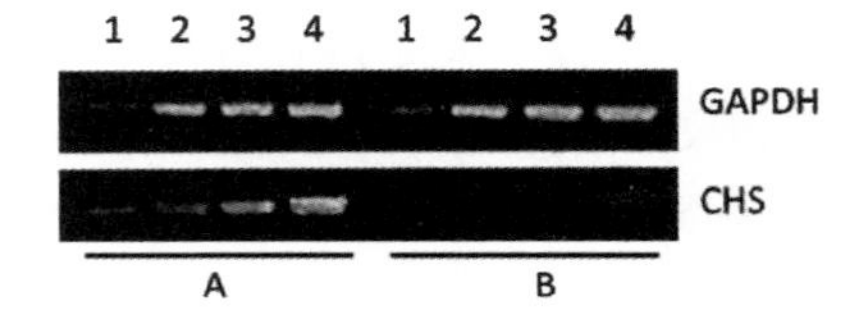

图 6 观赏花烟草 *CHS* 基因沉默的 RT-PCR 分析

Fig. 6 RT-PCR analysis of the *CHS* gene silenced plants

A：空载对照 B：*CHS* 基因沉默植株

1-4：20、25、30、35 个扩增循环数

A：Control B：*CHS* gene silenced plants

1-4：Different amplification circle of 20，25，30 or 35

3 讨论

VIGS 基因沉默体系的构建受到很多因素的影响，包括侵染方法、植物基因型、苗龄、病毒载体、环境条件、侵染浓度以及插入基因片段等[16]。本研究由 TRV 病毒载体介导，探索观赏花烟草 VIGS 体系适宜侵染方法、适宜菌液浓度和苗龄等。结果表明，TRV 载体沉默效果能维持到植物开花阶段，表明其是效率高且持久性较好的载体[17]。在不同侵染方法的试验中，根吸收法的幼苗点播成活率低且没有出现基因沉默表型，可能原因是观赏花烟草幼根较弱，在与农杆菌的竞争中处于劣势状态，或者 LB 培养基导致其他菌种的污染。而叶背渗透侵染法中，菌液浓度 OD_{600}

为1.1、苗龄为五、六叶期时能获得较好的基因沉默效果。温度等环境条件是 VIGS 体系非常重要的影响因素[16]，本研究初步探索非精确温度光照等控制条件下基因沉默效果，结果表明，处理植株在30、45天后移入温室大棚常规培养仍旧能够获得基因沉默效果。

目前在不同植物器官的 VIGS 体系研究中，叶片、果实等的研究较多，而花瓣等花器官的研究并不多，以矮牵牛(*Petunia hybrida*)花香基因的研究[18]和大豆(*Glycine max*)[19]、非洲菊[20]中类黄酮合成途径关键基因功能的研究最为突出，本试验中 TRV 载体诱导观赏花烟草基因沉默的信号能够维持至植物材料开花阶段，并在花瓣中表现出花冠褪色斑白的表型。

本研究以烟草脆裂病毒(Tobacco rattle virus, TRV)为载体，以八氢番茄红素脱氢酶(Phytoene desaturase, *PDS*)基因和查尔酮合酶(chalcone synthase, *CHS*)基因为报告基因，初步建立了观赏花烟草 VIGS 体系，为花瓣中花香花色等代谢途径、基因功能等多种研究提供更多的参考价值。

参考文献

1. Ratcliff F, Harrison B D, Baμlcombe D C. A similarity between viral defense and gene silencing in plants[J]. *Science*, 1997, 276 (5318): 1558 - 1560.
2. Scofield S R, Huang L, Brandt A S et al. Development of a virus-induced gene-silencing system for hexaploid wheat and its use in functional analysis of the Lr21-mediated leaf rust resistance pathway [J]. *Plant Physiology*, 2005, 138: 2165 - 2173.
3. Ratcliff F, Martin-Hernandez A M, Baμlcombe D C. Tobacco rattle virus as a vector for analysis of gene function by silencing[J]. *The Plant Journal*, 2001, 25 (2): 237 - 245.
4. Kumagai MH, Donson J, Della-Cioppa G et al. Cytoplasmic inhibition of carotenoid biosynthesis with virus-derived RNA [J]. *Proceedings of the National Academy of Sciences*, 1995, 92: 1679 - 1683.
5. Burch-Smith T M, Schiff M, Liu Y, Dinesh-Kumar S P. Efficient virus-induced gene silencing in Arabidopsis[J]. *Plant Physiology*, 2006, 142: 21 - 27.
6. Ryu C M, Anand A, Kang L et al. Agrodrench: a novel and effective agroinocμlation method for virus-induced gene silencing in roots and diverse *Solanaceous* species [J]. *Plant Journal*, 2004, 40: 322 - 331.
7. Senthil-Kumar M, Hema R, Anand A et al. A systematic study to determine the extent of gene silencing in *Nicotiana benthamiana* and other *Solanaceae* species when heterologous gene sequences are used for virus-induced gene silencing[J]. *New Phytology*, 2007, 176: 782 - 791.
8. Valentine T, Shaw J, Blok V C et al. Efficient virus-induced gene silencing in roots using a modified tobacco rattle virus vector[J]. *Plant Physiology*, 2004, 136: 3999 - 4009.
9. LiuHai-ping, Fu Da-qi, Zhu Ben-zhong et al. Virus-induced gene silencing in eggplant(*Solanum melongena*) [J]. *Journal of Integrative Plant Biology*, 2012, 54 (6): 422 - 429.
10. Zhu H L, Zhu B Z, Shao Y et al. Tomato fruit development and ripening are altered by the silencing of *LeEIN2* gene [J]. *Journal of Integrate Plant Biology*, 2006, 48: 1478 - 1485.
11. Bennypaμl HS, Mutti JS, Rustgi S et al. Virus-induced gene silencing (VIGS) of genes expressed in root, leaf, and meiotic tissues of wheat[J]. *Function Integrate Genomics*, 2012, 12: 143 - 156.
12. 崔艳红，贾芝琪，李颖，等. 利用 VIGS 研究马铃薯晚疫病抗性基因 R3a 和 RB 的信号传导[J]. 园艺学报, 2009, 36(7): 997 - 1004.
13. Liu YL, Schiff M, Czymmek K et al. Autophagy regμlates programmed cell death during the plant innate immune response[J]. *Cell*, 2005, 121: 567 - 577.
14. Burch-Smith TM, Anderson JC, Martin GB and Dinesh-Kumar S P. Applications and advantages of virus-induced gene silencing for gene function studies in plants[J]. *Plant Journal*, 2004, 39(5): 734 - 746.
15. Doroszewska T, Depta A, Czubacka A. Album of Nicotiana species. Institute of Soil Science and Plant Cμltivation National Reseach Institute, 2009, Pμlawy.
16. 宋震，李中安，周常勇. 病毒诱导的基因沉默(VIGS)研究进展[J]. 园艺学报. 2014, 41(9): 1885 - 1894.
17. Zheng S J, Snoeren T A L, Hogewoning S W et al. Disruption of plant carotenoid biosynthasis through virus-induced gene silencing affects oviposition behaviour of the butterfly Pieris rapae [J]. *New Phytology*, 2010, 186 (3): 733 - 745.
18. Spitzer B, Zvi MMB, Ovadis M et al. Reverse Genetics of floral scent: application of Tobacco rattle virus-based gene silencing in Petunia [J]. *Plant Physiology*, 2007, 145: 1241 - 1250.
19. Nagamatsu A, Masuta C, Senda M et al. Functional analysis of soybean genes involved in flavonoid biosynthesis by virus-induced gene silencing[J]. *Plant Biotechnology Journal*, 2007, 5: 778 - 790.
20. Deng XB, Elomaa P, Nguyen CX et al. Virus-induced gene silencing for Asteraceae—a reverse genetics approach for functional genomics in *Gerbera hybrida*[J]. *Plant Biotechnology Journal*, 2012, 10: 970 - 978.

重瓣百合‘Double surprise’*AGAMOUS*基因的克隆与序列分析*

王 奇　赵 芮　张 勤　杨艳余　黄美娟[①]　黄海泉[①]
（西南林业大学园林学院，昆明 650224）

摘要　根据报道的*AGAMOUS*(*AG*)基因设计一对简并引物，提取从荷兰引进的重瓣百合‘double surprise’雌蕊总 RNA，采用 RT－PCR 方法扩增到两个特异片段，经克隆测序后发现两个片段均为一个完整的 ORF，分别命名为 *LdsAG*1 和 *LdsAG*2，其中 *LdsAG*1 全长 795bp，编码 264 个氨基酸；*LdsAG*2 全长 678bp，编码 225 个氨基酸；同时发现其核苷酸及氨基酸序列均与其他植物 *AG* 基因具有较高的同源性，并对其蛋白质二级结构及等电点等进行了分析。此外，通过软件分析发现两个片段均具有 *AG* 基因保守的 MADS－box 区、K 区以及典型的 *AG*I 区和 *AG*II 区，进一步说明上述两个基因均属于 MADS－box 基因家族 C 类基因，为后续探讨该基因在重瓣百合中表达模式及分子机理奠定了一定的基础。

关键词　重瓣百合‘Double surprise’；*AGAMOUS* 基因；基因克隆；序列分析

Gene Cloning and Sequence Analysis of *AGAMOUS* Genes from Double-flower Lily ‘Double surprise’

WANG Qi　ZHAO Rui　ZHANG Qin　YANG Yan-yu　HUANG Mei-juan　HUANG Hai-quan
(*College of Landscape Architecture*, *Southwest Forestry University*, *Kunming* 650224)

Abstract　In this study, a pair of degenerate primers was designed according to some reported *AGAMOUS*(*AG*) genes in the Genbank, and the total RNA of double-flowered lily ‘double surprise’ introduced from the Netherlands was isolated from its pistil, two specific fragments were amplified by RT-PCR method and sequenced. The results showed that both of them were a complete open reading frame(ORF), and named *LdsAG*1 and *LdsAG*2 respectively; that the full-length of *LdsAG*1 was 795bp and encoded 264 amino acids, while the full-length of *LdsAG*2 was 678bp and encoded 225 amino acids; that both of them in the nucleotide and amino acid sequences had high homology with *AG* genes from other plants, that the protein secondary structure and isoelectric point of them were analyzed further. Besides, on the basis of comprehensive analysis of two fragments by using the software, it manifested that every fragment contained some conservative regions, e. g. MADS-box region, K region, typical *AG*I and *AG*II regions, which further indicated that both of them belonged to the C-class genes of MADS-box gene family. It laid some foundation for the future study of their expression pattern and molecular mechanism in double-flower lily.

Key words　Double flower‘Double surprise’; *AGAMOUS* gene; Gene cloning; Sequence analysis

百合作为世界三大球根花卉之一，也是云南三大主栽花卉之一，然而生产实践中仍存在许多问题，如花型较单一、花粉量多等。近年来，新培育的重瓣百合较好地解决了上述问题，并深受人们的喜爱，然而对其重瓣形成的机理目前仍是未解之迷。

Coen & Meyerowitz(1991)基于拟南芥和金鱼草两种模式植物提出了花发育的 ABC 模型。随着研究的不断深入相继提出了 ABCD 模型(Angenent *et al.*, 1995)、ABCDE 模型(Pelaz *et al.*, 2000；Honma *et al.*, 2001)及改良的 ABCDE 模型(Kanno *et al.*, 2007)。目前，被广为接受的 ABC 模型中除了 A 类基因中的 *AP*2 基因外，所有基因均属 MIKC 类型的

* 基金项目：国家林业局 948 项目(2014－4－18)、云南省中青年学术和技术带头人培养项目(2015HB046)、云南省花产办项目及云南省教育厅重点项目(09Z0066)；云南省园林植物与观赏园艺省级重点学科及云南省高校园林植物与观赏园艺重点实验室资助项目。

① 通讯作者。Authors for correspondence(E－mail：xmhhq2001@163. com；haiquanl@163. com)。

MADS-box转录因子家族，参与花分化、花器官形成、子房发育等生理过程(Annette & Gunter，2003)。其中，以C类基因最引人关注，也是最早被分离克隆的花发育调控基因，Yanofsky等(1990)从拟南芥中克隆了*AtAG*基因，发现其具有调节细胞分化发育和调控其他基因转录的能力，尤其对雌雄蕊的形成、发育、分化以及花型结构建成起着至关重要的作用。用35S启动子驱动源自百合的*LLAG*1基因在拟南芥中表达，发现花器官发生变化(Benedito *et al.*，2004)；樊金会等(2007)将风信子*HoAGL6*基因转入拟南芥中，叶片、花萼和花瓣转化为心皮或子房结构。孙迎坤等(2013)将山茶花*CjAGL6*干扰基因转入拟南芥野生型植株，经表型观察发现，花径变大，雄蕊退化；转山茶*CjAG*1正义基因的拟南芥ag-1突变体，雄蕊数量也恢复为6枚，证实了*CjAG*1基因具有调控雄蕊数量增加的功能。因此，通过现代基因工程技术调控花同源异形基因的表达模式，完全有可能创造出符合人类需要的、新的花性状。

本研究通过提取荷兰引进重瓣百合‘Double surprise’雌蕊总RNA，运用RT-PCR方法对其*AGAMOUS*同源基因进行分离克隆，对其组成结构进行分析，有利于进一步探讨百合花发育的调控机制和内在机理，为后期培育重瓣或无花粉的新品种提供了一定的科学和理论依据。

1 材料与方法

1.1 材料

1.1.1 实验材料

从荷兰引进的重瓣百合‘double surprise’。

1.1.2 实验试剂

植物总RNA提取试剂盒、胶回收试剂盒均购于天根生化科技(北京)有限公司，逆转录试剂盒购于北京天恩泽基因科技有限公司；TaqDNA聚合酶、pMD-18 T载体及相关试剂购于宝生物工程(大连)有限公司；感受态细胞BMDH5α购于昆明凌普科技有限公司。

1.2 方法

1.2.1 重瓣百合‘double surprise’总RNA的提取和第一链cDNA的合成

采用RNA prep pure Plant Kit试剂盒提取重瓣百合‘double surprise’雌蕊总RNA(图1)，并采用逆转录试剂盒合成cDNA第一链。

1.2.2 *LdsAG*1和*LdsAG*2基因的克隆与测序

根据GenBank中*AG*基因序列，设计一对简并引物，由上海生工生物工程技术服务有限公司合成，引物序列为(K：T/G；W：A/T)：

引物PLLAG1：5’—ATGGGKAGGGGKAAGATWGAG—3’；

引物PLLAG2：5’—TTAACCTAGTTGGAGGGCAGTC—3’。

PCR扩增体系为：cDNA 2.0μl，10 x PCR Buffer 5.0μl，2.5mM dNTP Mixture 4.0μl，10 μmol/L的上下游引物各2.0μl，TaKaRa Taq(5U/uL)0.25μl，加ddH_2O补足至50μl。95℃预变性5min，95℃ 45s，57℃ 45s，72℃ 90s，30个循环，72℃延伸10min。

PCR产物经1.5%琼脂糖凝胶电泳后回收目的片段并进行克隆测序。

1.2.3 生物信息学分析

利用DNAMAN软件对氨基酸序列进行分析；利用ProtParam在线分析蛋白分子量、理论等电点、氨基酸组成、亲水性/疏水性等特性；利用TMHMM软件预测蛋白的跨膜结构；利用DNASIS软件预测蛋白质的二级结构；利用MEGA软件构建系统进化树。

2 结果与分析

2.1 重瓣百合‘double surprise’*AG*基因的克隆

以重瓣百合‘double surprise’花朵的雌蕊cDNA为模板进行PCR扩增，在750bp前后有两条特异片段(图2)，将其分别进行切胶回收和克隆。

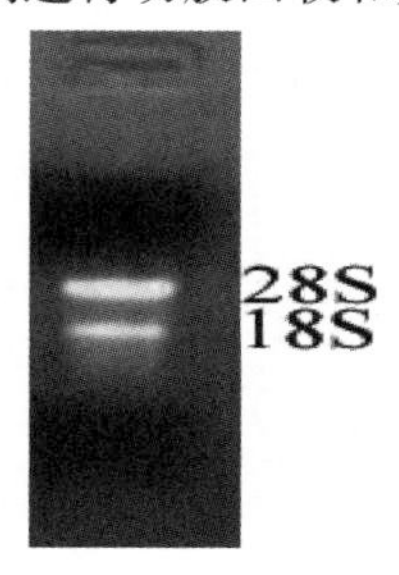

图1 重瓣百合‘double surprise’的总RNA检测

Fig. 1 Electrophoresis pattern of total RNA from ‘Double surprise’

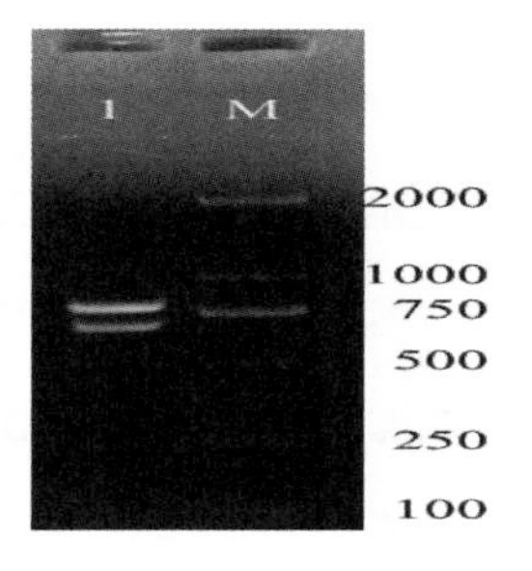

图2 *LdsAG*基因的PCR扩增

Fig. 2 PCR amplification of *LdsAG* gene

2.2 *LdsAG*基因的测序与序列分析

测序结果表明，两个片段均为一个完整的开放阅读框（ORF），分别命名为 *LdsAG*1 和 *LdsAG*2，其中 *LdsAG*1 全长为 795bp，编码 264 个氨基酸（图 3）；*LdsAG*2 全长 678bp，编码 225 个氨基酸（图 4）。核苷酸序列比对发现，*LdsAG*1 和台湾百合（HQ234917）、麝香百合（AY500376）的同源性均为 95%；*LdsAG*2 和麝香百合（AY500377）的同源性为 94%。

对上述两个基因的氨基酸序列分析发现，第 1～57 个氨基酸均属于保守的 MADS-box 区，并具有保守的 K 区及典型的 *AG*Ⅰ区和 *AG*Ⅱ区（图 5、图 6），该结果与 Kramer 等（2004）研究结果一致。MADS-box 基因编码一类转录调控因子，是调节植物发育的重要基因，在决定植物开花时间和花形态建成中起非常重要的作用（郑尚永 等，2004；李娟 等，2005），而含有 *AG*Ⅰ和 *AG*Ⅱ两个保守区域这一特征可以作为鉴定 *AG* 同源基因是 C 类基因的标准之一（龚霞峰 等，2007），综上所述，可进一步推论上述两基因均为花发育的 C 类基因。

```
1   ATGGGTAGGGGTAAGATTGAGATCAAGAGGATCGAGAACACCACCAACCGGCAGGTCACCTTCTGCAAGCGCCGC
1    M  G  R  G  K  I  E  I  K  R  I  E  N  T  T  N  R  Q  V  T  F  C  K  R  R
76  AATGGCCTGCTCAAGAAGGCCTATGAGCTCTCGGTGTTGTGTGATGCAGAGGTCGCTCTTATCGTCTTCTCCACC
26   N  G  L  L  K  K  A  Y  E  L  S  V  L  C  D  A  E  V  A  L  I  V  F  S  T
151 CGCGGCCGTCTCTATGAGTATGCCAACAATAGTGTGAAAGGGACCATCGAGCGTTACAAGAAAGCAAGCAGTGAT
51   R  G  R  L  Y  E  Y  A  N  N  S  V  K  G  T  I  E  R  Y  K  K  A  S  S  D
226 GCGTTTAATACCGGATCTGTCTCGGAAGCTAATGCACAGTACTACCAACAAGAATCATCCAAACTGCGTAACCAA
76   A  F  N  T  G  S  V  S  E  A  N  A  Q  Y  Y  Q  Q  E  S  S  K  L  R  N  Q
301 ATTGTTAGCTTGCAGAATGCGCACAGGAGCATGTTGGGTGAGTCTATTGGCTCCATGGGACTCAAGGAACTGAAA
101  I  V  S  L  Q  N  A  H  R  S  M  L  G  E  S  I  G  S  M  G  L  K  E  L  K
376 TATATGGAGAAAAAGCTGGAAAATGGCATCAATAAAATAAGGACAAAGAAGAATGAGTTGCTATTTGCTGAAATT
126  Y  M  E  K  K  L  E  N  G  I  N  K  I  R  T  K  K  N  E  L  L  F  A  E  I
451 GAGTACATGCAGAAAAGGGAGGCAGAGTTACAGAACAATAGTATGTTCCTCCGTACTAAGATCGCTGAAAATGAG
151  E  Y  M  Q  K  R  E  A  E  L  Q  N  N  S  M  F  L  R  T  K  I  A  E  N  E
526 AGAACACAGCAGCAACATATGGATATGGACCGATCACAACAGCATCACATGAACATCGAGAGATCACAGCAGCAA
176  R  T  Q  Q  Q  H  M  D  M  D  R  S  Q  Q  H  H  M  N  I  E  R  S  Q  Q  Q
601 CATATGGATATGGACCGATCACAGCAGCAACACATGAATATCGAGAGATCACAGCAGCACGACTTGGAAATGCTG
201  H  M  D  M  D  R  S  Q  Q  Q  H  M  N  I  E  R  S  Q  Q  H  D  L  E  M  L
676 CCCACAACAAGCGCATATGAAGCCATGCCTACATTCGATTCGCGGAATTTCTTCGATATTAATCTACTGGAAGCC
226  P  T  T  S  A  Y  E  A  M  P  T  F  D  S  R  N  F  F  D  I  N  L  L  E  A
751 CATCACCACTTTCAGCAGCAGCAGACTGCCCTCCAACTAGGTTAA
251  H  H  H  F  Q  Q  Q  Q  T  A  L  Q  L  G  *
```

图 3　从 *LdsAG*1 核苷酸序列预测的氨基酸序列

Fig. 3　Amino acid sequence predicted from nucleotide sequence of *LdsAG*1

```
1   ATGGGGAGGGGGAAGATTGAGATAAAGAGGATAGAGAACACCACCAACAGACAGGTTACCTTCTGCAAGCGCCGC
1    M  G  R  G  K  I  E  I  K  R  I  E  N  T  T  N  R  Q  V  T  F  C  K  R  R
76  AATGGGCTGCTGAAGAAGGCCTATGAACTTTCCGTCCTCTGTGACGCCGAAGTTGCGCTCATCGTTTTCTCCACT
26   N  G  L  L  K  K  A  Y  E  L  S  V  L  C  D  A  E  V  A  L  I  V  F  S  T
151 CGCGGCCGCCTGTATGAGTATGCCAACAACAGCGTGAAAGCAACTATCGAGCGCTACAAAAAAGCAAGCACAGAT
51   R  G  R  L  Y  E  Y  A  N  N  S  V  K  A  T  I  E  R  Y  K  K  A  S  T  D
226 ATTTCCAATACTAGATCTGTCTCGGAAGCAAATGCACAGTATTACCAACAGGAATCGACAAAACTGCGTCAGCAA
76   I  S  N  T  R  S  V  S  E  A  N  A  Q  Y  Y  Q  Q  E  S  T  K  L  R  Q  Q
301 ATTAATAGTTTACAGAATTCAAATAGGAATCTATTGGGCGAGTCCCTCAGCAATATGAATCTTAGGGATCTGAAA
101  I  N  S  L  Q  N  S  N  R  N  L  L  G  E  S  L  S  N  M  N  L  R  D  L  K
376 CAACTGGAAAATAGGCTTGAGAAAGCCATCAACAAGATAAGAACTAAGAAGAATGAGTTGCTTTATGCTGAAATC
126  Q  L  E  N  R  L  E  K  A  I  N  K  I  R  T  K  K  N  E  L  L  Y  A  E  I
451 GAGTATATGCAGAAAAGGGAGATGGAGTTGCAAAGCGATAATATGTACCTCCGGAATAAGGTGGCTGAAAATGAG
151  E  Y  M  Q  K  R  E  M  E  L  Q  S  D  N  M  Y  L  R  N  K  V  A  E  N  E
526 AGAGAACAGCAACAACAAATGAACATGATGCCCTCTACAAGCGAGTACGAAGTCATGCCCCATTTTGATTCACGG
176  R  E  Q  Q  Q  Q  M  N  M  M  P  S  T  S  E  Y  E  V  M  P  H  F  D  S  R
601 AATTTTCTACAAGTAAATATAGTCGATCCGAATCAACACTATTCCTGCCAACAACAGACTGCCCTCCAACTAGGT
201  N  F  L  Q  V  N  I  V  D  P  N  Q  H  Y  S  C  Q  Q  Q  T  A  L  Q  L  G
    TAA
     *
```

图 4　从 *LdsAG2* 核苷酸序列预测的氨基酸序列

Fig. 4　Amino acid sequence predicted from nucleotide sequence of *LdsAG*2

```
Double surprise    264AA
                              MADS-box 结构域
MGRGKIEIKRIENTTNRQVTFCKRRNGLLKKAYELSVLCDAEVALIVFSTRGRLYEYANNS
                                                       K 结构域
VKGTIERYKKASSDAFNTGSVSEANAQYYQQESSKLRNQIVSLQNAHRSMLGESIGSMGL

KELKYMEKKLENGINKIRTKKNELLFAEIEYMQKREAELQNNSMFLRTKIAENERTQQQH

MDMDRSQQHHMNIERSQQQHMDMDRSQQQHMNIERSQQHDLEMLPTTSAYEAMPTFD
   AGI 区                    AGII 区
SRNFFDINLLEAHHHFQQQQTALQLG
```

图 5　*LdsAG*1 氨基酸结构分析

Fig. 5　Analysis of amino acid structure of *LdsAG*1

Double surprise 225AA

MADS-box 结构域

MGRGKIEIKRIENTTNRQVTFCKRRNGLLKKAYELSVLCDAEVALIVFSTRGRLYEYANNS

K 结构域

VKATIERYKKASTDISNTRSVSEANAQYYQQESTKLRQQINSLQNSNRNLLGESLSNMNL

RDLKQLENRLEKAINKIRTKKNELLYAEIEYMQKREMELQSDNMYLRNKVAENEREQQQ

AGI 区 AGII 区

QMNMMPSTSEYEVMPHFDSRNFLQVNIVDPNQHYSCQQQTALQLG

图 6 *LdsAG2* 氨基酸结构分析

Fig. 6 Analysis of amino acid structure of *LdsAG2*

LdsAG1 氨基酸序列与台湾百合(ADO23651)氨基酸序列同源性为 89%，与木石斛(AAZ95250)、芦笋(BAD18011)等植物氨基酸序列同源性均在 64% 以上；*LdsAG2* 氨基酸序列与麝香百合(AIJ29174)氨基酸序列一致性为 99%，与木石斛(AAZ95250)氨基酸序列一致性为 83%，与球花石斛(AAY86364)等植物氨基酸序列一致性均在 80% 以上。

2.3 蛋白理化性质、亲/疏水性及跨膜结构的分析

利用 ProtParam 分析 *LdsAG* 蛋白的理化性质，结果表明，*LdsAG1* 蛋白的分子式为 $C_{1325}H_{2126}N_{404}O_{418}S_{16}$，相对分子量为 30916.8，理论等电点(pI)为 8.92，不稳定指数为 60.72，属不稳定蛋白，脂肪指数为 66.93，总平均亲水性为 -0.922，属疏水性蛋白，其中碱性氨基酸占 17.8%，酸性氨基酸占 12.5%，为碱性蛋白；*LdsAG2* 蛋白的分子式为 $C_{1132}H_{1844}N_{342}O_{362}S_{12}$，相对分子量为 26421.8，理论等电点(pI)为 9.25，不稳定指数为 63.54，属不稳定蛋白，脂肪指数为 75.42，总平均亲水性为 -0.912，属疏水性蛋白，其中碱性氨基酸占 16.0%，酸性氨基酸占 12.0%，为碱性蛋白。

利用 TMHMM 软件对 *LdsAG* 蛋白进行了跨膜区分析，结果表明两组蛋白均含有跨膜区，为跨膜蛋白(图 7、图 8)。

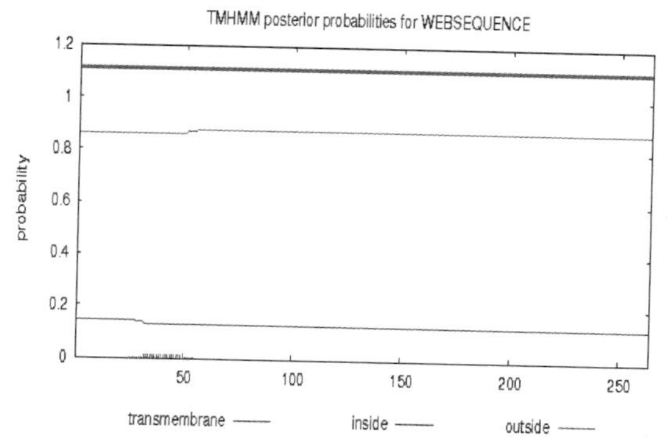

图 7 *LdsAG1* 蛋白的跨膜结构分析

Fig. 7 Transmembrane structure of *LdsAG1* protein

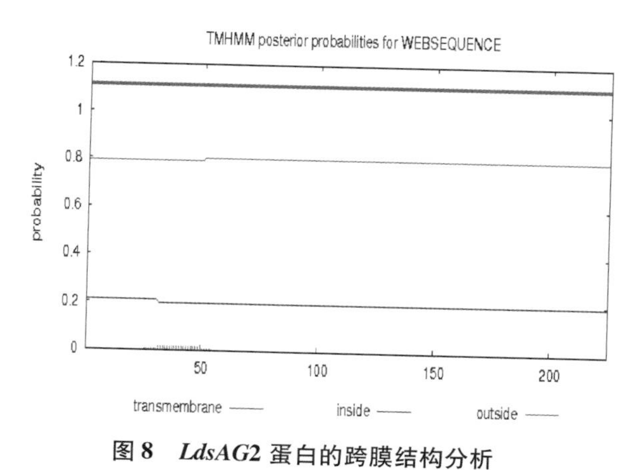

图 8 *LdsAG2* 蛋白的跨膜结构分析

Fig. 8 Transmembrane structure of *LdsAG2* protein

2.4 蛋白质二级结构预测

通过软件 DNASIS 对蛋白质二级结构的预测发现：在蛋白质二级结构中，*LdsAG1* 有 HELIX(α-螺旋)16 个，SHEET(β-折叠)10 个，TURN(转角)17 个，COIL(无规则卷曲)5 个(图 9)；*LdsAG2* 有 HELIX(α-螺旋)11 个，SHEET(β-折叠)8 个，TURN(转角)14 个，COIL(无规则卷曲)5 个(图 10)。

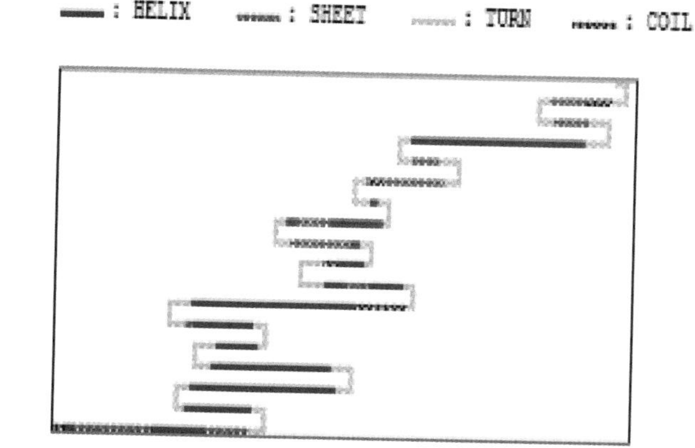

图 9 *LdsAG1* 蛋白的二级结构分析

Fig. 9 Analysis of *LdsAG1* protein Secondary structure

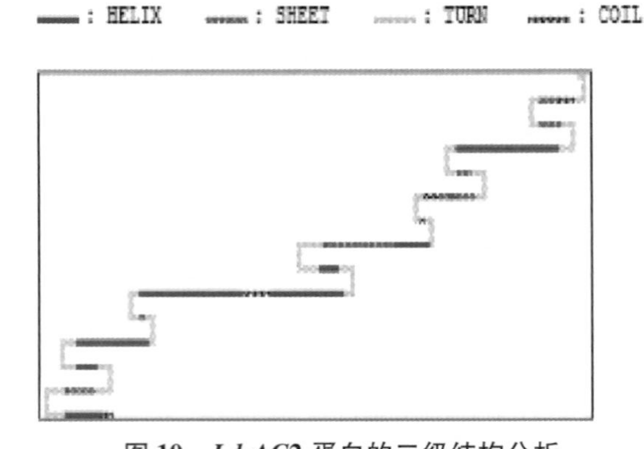

图 10 *LdsAG2* 蛋白的二级结构分析

Fig. 10 Analysis of *LdsAG2* protein Secondary structure

2.5 *LdsAG* 基因系统进化分析

运用 MEGA 软件对本研究所克隆的 *LdsAG1* 基因、*LdsAG2* 基因及同纲不同科的近缘物种 *AG* 基因进行系统发育分析，建立其进化树(图 11)。其中有百合科：*LfAGL1* (HQ234917)、*LFAG1* (AB359181)、*LaphAG1* (AB359183)、*LLAG1* (AY500376)、*LlsAG1* (HM030993)；风信子科：*HAG1*(AF099937)；兰科：*DcAG1* (DQ119840)、*DtAG1* (DQ017702)、*PAGCu* (DQ534013)；玉簪科：*HpAG*(EU429307)、*HpAGL2* (HM358878)；鸢尾科：*CsAG1a*(AY555579)、*CsAG1b* (AY555580)。

从图 11 可以看出，*LdsAG2* 基因同百合科其他植物 *AG* 基因遗传距离较远，单独分为一支，可能该基因比其他百合科植物 *AG* 基因起源较早；而 *LdsAG1* 基因与 *LaphAG1* 基因同源性达到了67%，聚为一支，且与其他百合科植物 *AG* 基因关系较为紧密。总体上看，*LdsAG1* 基因和 *LdsAG2* 基因与 NCBI 中登录的百合科百合属的 *AG* 基因聚为一类，其他科聚为一类。

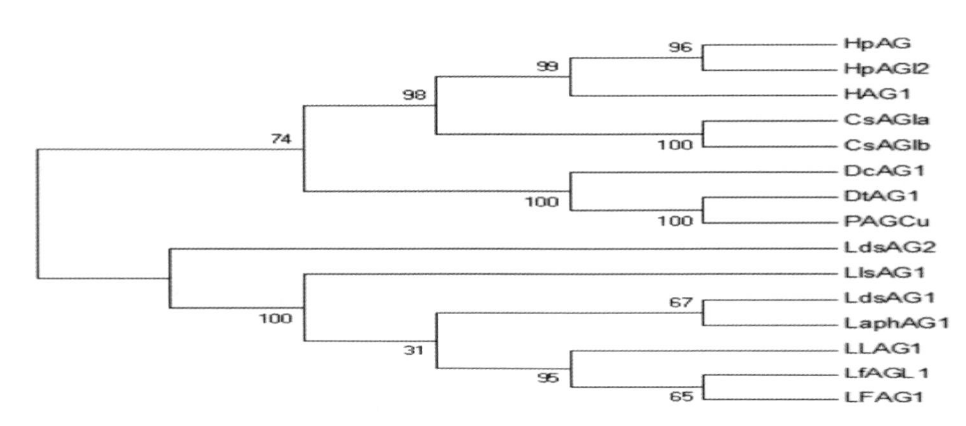

图 11 源自百合 *LdsAG* 基因与其他植物的系统进化树

Fig. 11 Phylogenetic tree of *LdsAG* gene originated from Lily with other plants

3 讨论与结论

MADS-box 基因参与植物花发育不同环节的调控，该基因家族可能形成复杂的复合物来调控花器官的特征以及控制花发育的过程(Jack, 2004; Tan *et al.*, 2006)。本研究采用 RT-PCR 方法从荷兰引进重瓣百合'double surprise'花朵雌蕊中克隆获得 *AGAMOUS* 同源基因 *LdsAG1* 基因和 *LdsAG2* 基因，分别为 795bp 和 678bp，均为一个完整的开放阅读框，分别编码 264 个氨基酸的蛋白质和 225 个氨基酸的蛋白质。通过生物信息学分析可获得与基因功能相关的重要信息，初步推测基因所具有的功能。*LdsAG1* 基因和 *LdsAG2* 基因所编码蛋白质的二级结构以 α-螺旋为主，均含有 MADS-box 家族所特有的 MADS-box 结构域、K 结构域以及 C 类基因所特有的 *AGI* 区和 *AGII* 区，进一步说明 *LdsAG1* 基因和 *LdsAG2* 基因均属于 MADS-box 基因家族 C 类基因，为后续探讨该基因在重瓣百合中表达模式及分子机理奠定了一定的基础。

LdsAG 与其他植物的 MADS-box 基因进行比较分析，结果表明，*LdsAG* 与其他植物的 *AGAMOUS* 基因序列有较高的同源性。*LdsAG1* 的氨基酸与百合杂交品种(AEK94071, BAG69623)氨基酸序列一致性为 99% 和 90%，与台湾百合(ADO23651)氨基酸序列一致性为 89%，与其他多种植物的氨基酸序列一致性均在 64% 以上。*LdsAG2* 的氨基酸与麝香百合(AIJ29174)氨基酸序列一致性为 99%，与木石斛(AAZ95250)氨基酸序列一致性为 83%，与其他植物的氨基酸序列一致性均在 80% 以上。*LdsAG1* 基因编码的氨基酸与百合杂交品种(AEK94071)的高度相似，氨基酸序列仅有两个氨基酸差异，*LdsAG1* 第 221、230 位氨基酸分别是天冬氨酸和丙氨酸，百合杂交品种第 221、230 位氨基酸分别是组氨酸和苏氨酸。*LdsAG2* 基因编码的氨基酸与麝香百合(AIJ29174)的高度相似，氨基酸序列也仅有两个氨基酸差异，*LdsAG2*

第63、193位氨基酸分别是赖氨酸和缬氨酸，麝香百合第63、193位氨基酸分别是谷氨酸和丙氨酸。

参考文献

1. Angenent GC, Franken J, Busscher M, *et al.* 1995. A novel class of MADS-box genes is involved in ovule development in Petunia[J]. *Plant Cell*, 7: 1569 - 1582.
2. Annette B, Gunter T. 2003. The major clades of MADS-box genes and their role in the development and evolution of flowering plants[J]. *Molecular Phylogenetics and Evolution*, 29: 464 - 489.
3. Benedito VA, Visser PB, van Tuyl JM, *et al.* 2004. Ectopic expression of *LLAG1*, an *AGAMOUS* homologue from lily (*Lilium longiflorum* Thunb.) causes floral homeotic modifications in *Arabidopsis*[J]. *Journal of Experimental Botany*, 55: 1391 - 1399.
4. Coen E. S. Meyerowitz E. M. 1991. The war of the whorls: genetics interactions controlling flower development[J]. *Nature*, 353: 31 - 37.
5. 樊金会，李文卿，董秀春，等. 2007. 风信子 AGL6 同源基因在拟南芥中异位表达引起提早开花和器官同源转化[J]. 中国科学，C辑：生命科学，37(04): 466 - 478.
6. 龚霞峰，胡江琴，刘姬艳，等. 2009. 植物 *AGAMOUS* 同源基因的表达调控[J]. 杭州师范大学学报(自然科学版)，8(3).
7. Honma T, Goto K. 2001. Complexes of MADS-box proteins are sufficient to convert leaves into floral organs[J]. *Nature*, 409: 525 - 529.
8. Jack T. 2004. Molecular and genetic mechanisms of floral control[J]. *The Plant Cell Online*, 16(suppl 1): S1 - S17.
9. Kanno A, Nakada M, Akita Y, *et al.* 2007. Class B gene expression and the modified ABC model in nongrass monocots [J]. *TSW Development & Embryology*, 2: 17 - 28.
10. Kramer E. M., Jaramillo M. A. and DiStilio V. S. 2004. Patterns of Gene Duplication and Functional Evolution During the Diversification of the *AGAMOUS* Subfamily of MADS Box Genes in Angiosperms [J]. *Genetics*, 166: 1011 - 1023.
11. 李娟，薛庆. 2005. 拟南芥及水稻转录因子 MADS 密码子的偏好性比较[J]. 浙江大学学报：农业与生命科学版，31(5): 513 - 517.
12. Pelaz S, Ditta GS, Baumann E, *et al.* 2000. B and C floral organ identity functions require SEPALLATTA MADS-box genes[J]. *Nature*, 405: 200 - 203.
13. 孙迎坤. 2013. 山茶花 MADS-box 家族 A 类和 C 类基因克隆及功能分析[D]. 中国林业科学研究院博士论文.
14. Tan F. C and Swain S. M. 2006. Genetics of flower initiation and development in annual and perennial plants[J]. *Physiologia Plantarum*, 128: 8 - 17.
15. Yanfsky M. F., Ma H, Bowman J. H. 1990. The protein encoded by the Arabidopsis homeotic gene agamous resembles transcription factors[J]. *Nature*, 346: 35 - 39.
16. 郑尚永，郭余龙，肖月华，等. 2004. 棉花 MADS 框蛋白基因(*GhMADS1*)的克隆[J]. 遗传学报，31(10): 1136 - 1141.

桂花遗传转化条件初探*

邹晶晶[1,2]　曾祥玲[2]　蔡　璇[2]　陈洪国[1]　王彩云[2]①
([1]湖北科技学院核技术与化学生物学院，咸宁 437100；
[2]华中农业大学园艺植物生物学教育部重点实验室，武汉 430070)

摘要　本研究以结实桂花(*Osmanthus fragrans* Lour.)早期子叶期的未成熟合子胚为外植体材料，在 MS＋0.5mg·L^{-1} 2,4-D＋1.0mg·L^{-1} 6-BA 初始培养基上暗培养 30 天后诱导得到的胚性愈伤组织作为遗传转化的受体，利用根癌农杆菌介导的方法，通过对不同的侵染及培养条件的摸索，初步探索了桂花的遗传转化体系的条件。结果表明，桂花胚性愈伤组织的卡那霉素的选择敏感性浓度为200mg·L^{-1}，头孢霉素浓度为300mg·L^{-1}。GUS 瞬时表达表明最优的转化条件为：农杆菌菌株为 EHA105 时，侵染菌液浓度为 0.6，侵染时间为 20min，共培养天数为 2d，共培养时培养基中添加 100μM AS 时效率最高。选择培养基为 MS＋0.5mg·L^{-1} NAA＋1.0mg·L^{-1} BA＋200mg·L^{-1} Km＋300mg·L^{-1}Cef。下一步将继续优化选择培养基抗生素的种类和浓度，解决反菌问题，以获得完整转化植株。

关键词　桂花；合子胚；胚性愈伤；遗传转化

Preliminary Study on Genetic Transformation of *Osmanthus fragrans*

ZOU Jing-jing[1,2]　ZENG Xiang-ling[2]　CAI Xuan[2]　CHEN Hong-guo[1]　WANG Cai-yun[2]
([1] *School of Nuclear Technology and Chemistry & Biology*, *Hubei University of Science and Technology*, *Xianning* 437100;
[2] *Key Laboratory for Biology of Horticultural Plants*, *Ministry of Education*, *College of Horticulture & Forestry Sciences*, *Huazhong Agricultural University*, *Wuhan* 430070)

Abstract　The embryogenic callus induced by the cotyledon segments from the ZEs explants collected at the early cotyledonary stage, with MS medium suppled with 1.0mg·L^{-1} BA and 0.5mg·L^{-1} 2,4-D as the initial medium, were used for the Agrobacterium-mediated transformation in *O. fragrans.* The selective concentration of kanamycin (Km) was 200mg·L^{-1}, and cefotaxime (Cef) was 300mg·L^{-1}. According to the GUS transient assay, the opmizated transformation conditions were preliminary abtained: the strain of Agrobacterium tumefaciens was EHA105; the infection time was 20 min; the co-culture day was 2d; the co-culture medium was MS＋100μM acetosyringone (AS). The selective medium was MS＋0.5mg·L^{-1} NAA＋1.0mg·L^{-1} BA＋200mg·L^{-1}Km＋300mg·L^{-1} Cef. However, embryonic callus was infected by the agrobacterium during the selective culture process 20 days later. Type and concentration of antibiotics will be optimized in the later study to obtain the complete transformated plant.

Key words　Sweet osmanthus; Zygotic embryos; Embryogenic callus; Genetic transformation

桂花(*Osmanthus fragrans* Lour.)为木犀科(Oleaceae)木犀属(*Osmanthus*)园林观赏植物，是我国传统十大名花之一。木犀科的植物大概有 29 属 600 余种，其中不少种类都具有较高的观赏价值和经济价值。目前已在白蜡属（Kong et al.，2012；Stevens and Pijut，2012）、油橄榄属（Olivicoltura 1988；Santos et al 2003）、丁香属(张先云 2010)、连翘属(张东 2005)、雪柳属(邹翠霞和肖荣俊，2000)成功建立了再生体系。但是对于桂花来说，其组织培养方面的研究还处于起步阶段，仅停留在利用离体培养技术的快速繁殖

* 基金项目：湖北省教育厅科学技术研究项目(Q20162805)，湖北科技学院博士启动基金(BK1429)，华中农业大学自主创新项目(2014PY067)，教育部博士点基金(20130146110022)和大别山特色资源创新团队项目(2015TD02)。

第一作者：邹晶晶，女，博士，毕业于华中农业大学园林植物与观赏园艺专业，现任湖北科技学院园林专业讲师。
① 通讯作者。王彩云(E-mail：wangcy@mail.hzau.edu.cn)。

体系建立上（王彩云 等，2001；宋会访 等，2005）。有少数关于桂花愈伤组织诱导的报道，但是诱导的愈伤组织始终无法分化（梁茂厂和刘友全，2007；刘萍和袁王俊，2008）。直至近年，笔者所在课题组成功以桂花合子胚为外植体材料建立其体细胞胚再生体系，才取得一定进展（Zou et al 2014，邹晶晶 等，2015）。目前为止，木犀科中仅有洋白蜡等少数物种成功地建立了其遗传转化体系（Du and Pijut，2009），桂花遗传转化方面的研究尚属空白。本研究以桂花合子胚为外植体材料诱导得到的胚性愈伤组织作为遗传转化的受体，利用根癌农杆菌介导的方法，通过对不同的侵染及培养条件的摸索，初步探索了桂花的遗传转化体系的条件。本研究为今后桂花的分子育种及性状改良研究奠定了一定的基础。

1 材料与方法

1.1 实验材料

试验材料取自华中农业大学校园内生长健壮的结实金桂植株（基因型'car'）。于2013年至2014年3月下旬，于晴好天气的上午采集桂花未成熟种子，将未成熟的桂花果实采回室内后，用自来水冲洗1~2h，去掉外果皮后，75%酒精浸泡30s，转入0.1%升汞溶液中消毒10min。切取未成熟合子胚的子叶为外植体材料，在MS添加了0.5mg·L^{-1} 2,4-D和1.0mg·L^{-1}BA初始培养基上暗培养30d后，诱导得到的桂花胚性愈伤组织。

1.2 卡那霉素的敏感性试验

以诱导得到的桂花胚性愈伤组织为转化的受体材料，将其接种于含有不同浓度的卡那霉素（Km）（0，25mg·L^{-1}，50mg·L^{-1}，75mg·L^{-1}，100mg·L^{-1}）的MS基本养基中，卡那霉素的具体浓度设置如表1－1所示。暗培养30d后，观察各个处理下胚性愈伤组织的生长状态以及体细胞胚的发生情况。

表1-1 不同浓度卡那霉素处理

Table 1-1 Experiment of different km concentrations

处理 Treatment	卡那浓度（mg·L^{-1}） Concentration of Km（mg·L^{-1}）
A_1	0
A_2	50
A_3	100
A_4	150
A_5	200

1.3 不同浓度头孢霉素对愈伤生长的影响试验

将转化试验所用EHA 105菌株农杆菌，取单菌落接种于LB培养基上，在恒温摇床上28℃，200r·min^{-1}条件下进行摇菌。当菌液浓度OD_{600}达到0.6~0.8时，取以阶段三桂花种子的合子胚的子叶为外植体材料，在MS添加了0.5mg·L^{-1} 2,4-D和1.0mg·L^{-1}BA初始培养基上暗培养30d后诱导得到的桂花胚性愈伤组织为转化的受体材料，接种于含有不同浓度的头孢霉素（Cef）（0，100mg·L^{-1}，200mg·L^{-1}，300mg·L^{-1}，400mg·L^{-1}，500mg·L^{-1}）的MS分化培养基中，如表1-2所示。暗培养30d后，观察记录各个处理外植体的生长状态以及体细胞胚的发生情况。

表1-2 不同浓度头孢霉素处理

Table 1-2 Experiment of cefotaxime

处理 Treatment	头孢霉素浓度（mg·L^{-1}） Concentration of cefotaxime（mg·L^{-1}）
B_1	0
B_2	100
B_3	200
B_4	300
B_5	400

1.4 不同浓度菌株、侵染时间、共培天数及AS浓度的转化试验

以EHA 105为试验菌株，取以阶段三桂花种子的合子胚的子叶为外植体材料，在MS添加了0.5mg·L^{-1}2,4-D和1.0mg·L^{-1}BA初始培养基上暗培养30天后诱导得到的桂花胚性愈伤组织为转化的受体材料。设置$L_9(3^4)$四因素三水平正交试验设计如表1-3，其中侵染时间为：10min、20min、30min，侵染的菌液OD值为0.3、0.6、0.9，共培养天数为0、3d、6d，共培养基为MS基本培养基分别添加0、50μM、100μM AS。按照上述条件侵染胚性愈伤组织后，将共培养不同天数的胚性愈伤组织进行GUS染色检测，并统计侵染后的胚性愈伤组织的GUS瞬时表达率，以确定最佳的侵染条件。

1.5 不同共培天数对转化效率的影响

以EHA105为试验菌株，取以阶段三桂花种子的合子胚的子叶为外植体材料，在MS添加了0.5mg·L^{-1} 2,4-D和1.0mg·L^{-1} BA初始培养基上暗培养30天后诱导得到的桂花胚性愈伤组织为转化的受

表 1-3 不同浓度菌株、侵染时间、共培天数及 AS 浓度的转化试验设计

Table1-3 Effect of concentration of strain and AS、infection time and co-culture days on genetic transformation

处理 Treatment	菌液浓度 OD_{600} of strain	侵染时间(分钟) Infection time (min)	共培养时间(天) Co-culture (day)	AS 浓度(μM) Concentration of AS
C_1	0.3 (Ga1)	10 (Gb1)	0 (Gc1)	0 (Gd1)
C_2	0.3	20 (Gb2)	3 (Gc2)	50 (Gd2)
C_3	0.3	30 (Gb3)	6 (Gc3)	100 (Gd3)
C_4	0.6 (Ga2)	10	3	100
C_5	0.6	20	6	0
C_6	0.6	30	0	50
C_7	0.9 (Ga3)	10	6	50
C_8	0.9	20	0	100
C_9	0.9	30	3	0
C_{10}	0.6	20	3	100

料。设置共培养天数对转化效率影响的单因素试验设计，其中侵染时间为 20 min，侵染的菌液 OD 值为 0.6，共培养基为 MS 基本培养基添加 100 μM AS，共培养天数设置为 0 d、1 d、2 d、3 d、4 d、5 d。将共培养不同天数的胚性愈伤组织进行 GUS 染色检测，并统计侵染后的胚性愈伤组织的 GUS 瞬时表达率，以确定最佳的共培养天数。

1.6 培养条件

试验材料光照培养置于 25 ± 2℃，光照强度为 3000lx，每天光照 14h/d 的条件下；黑暗培养则放置在组织培养室的黑暗培养箱中进行培养。试验所用的基本培养基为 MS，其他植物生长调节剂根据试验需要添加，所有培养基均添加 $30g \cdot L^{-1}$蔗糖、$7g \cdot L^{-1}$琼脂，灭菌前用 1M NaOH 将 pH 调到 6.0，于 121℃ 高温灭菌 20min。每隔 30d 更换一次新鲜培养基。

1.7 指标测定与数据分析

胚性愈伤组织诱导率(%)=诱导出胚性愈伤组织的外植体数/接入的外植体总数×100%；

体细胞胚发生率(%)=诱导出体细胞胚的胚性愈伤数/接入的胚性愈伤总数×100%；

体胚细胞分化数(个)=诱导的体细胞胚总数/分化出体细胞胚的外植体数；

不定芽诱导率(%)=诱导出不定芽的愈伤数/接入的胚性愈伤总数×100%；

不定芽分化数(个)=诱导的不定芽总数/分化出不定芽的外植体数；

GUS 瞬时表达率(%)= GUS 显色外植体数/检测外植体数×100%；

移栽存活率(%)=转化后存活的外植体数/接种外植体数×100%。

在体细胞胚诱导实验中，初始培养 30d 后进行愈伤组织的观察和数据统计，在分化培养 30d 后统计体细胞胚发生率和发生数，MS 基本培养基上光照条件下进行培养 45d 后观察和统计体细胞胚萌发率。在不定芽诱导实验中，初始培养 45d 后进行愈伤组织的数据统计，MS 基本培养基上光照条件下进行培养 45d 后统计不定芽的诱导率和每个外植体的平均不定芽诱导数，两个月后统计不定芽生根率。通过体细胞胚及器官发生途径的再生植株经移栽 30d 后统计移栽存活率。在 GUS 染液染色 24h 后，用 70% ~95% 的乙醇逐级脱色后，观察 GUS 瞬时表达率。在选择培养 60d 后统计转化存活率。

每个处理至少重复 4 次，每个处理至少接入 20 个合子胚外植体材料。所有数据都用 SAS v.8.0. 软件进行方差分析和多重比较分析(Duncan，$p = 0.05$)。数据为百分数时经反正弦($Y = \arcsin\sqrt{x}$)转换，再进行比较和分析。

2 结果与分析

2.1 卡那霉素敏感性试验

取 3 月至 4 月之间，处于早期子叶胚阶段的桂花未成熟合子胚的子叶(图 1)为外植体材料，接种于 $1.0mg \cdot L^{-1}$ BA 和 $0.5mg \cdot L^{-1}$ 2,4-D 组合的培养基中，暗处培养 30d 诱导得到胚性愈伤组织。随后转入到添加了不同浓度卡那霉素的 MS 培养基上，观察桂花胚性愈伤组织及体细胞胚再生的效果，结果如表 2-1所示。

在 D_1(未添加卡那霉素)处理下，愈伤组织生长良好，暗培养 30d 后，约有 75.6% 的愈伤组织可以分化出体细胞胚。在 D_2-D_3处理下，即卡那霉素浓度为

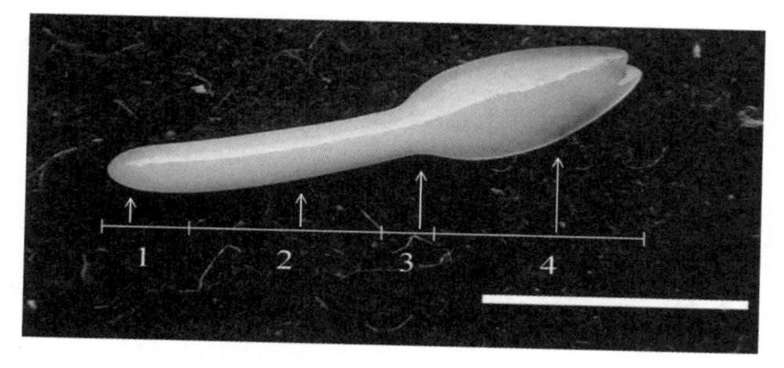

图1　未成熟合子胚的发育状态及取材部位

1. 胚根　2. 胚轴　3. 胚芽　4. 子叶

Fig. 1　Developmental stages and the structure of zygotic embryo (ZE) explant of *O. fragrans*

1. the radicle; 2. the hypocotyl; 3. the plumule; 4. the cotyledon (Bars = 5mm)

50mg·L^{-1}和100mg·L^{-1}时，愈伤组织也可以生长，体细胞胚的分化率下降到40%左右；但是在卡那霉素浓度为100mg·L^{-1}时，愈伤组织生长略片缓慢。在卡那霉素浓度为150mg·L^{-1}，卡那霉素完全抑制了愈伤组织的生长，体细胞胚的分化率也明显下降至20%左右。而当卡那霉素浓度为200mg·L^{-1}时，不仅完全抑制了愈伤组织的生长，体细胞胚的分化率也被抑制到6%左右。由此可见，对于桂花来说，抑制其体细胞胚再生的卡那霉素敏感浓度为200mg·L^{-1}。

表2-1　卡那霉素浓度对桂花愈伤组织生长及体细胞胚再生的影响

Table 2-1　Effect of different concentration of km on callus growth and somatic embryogenesis

处理 Treatment	愈伤组织生长状态 Callus growth state	体细胞胚再生率(%) Regeneration rate
D_1	愈伤组织生长，生长良好	75.6 ±5.1 a
D_2	愈伤组织正常生长，生长良好	48.9 ± 4.3 b
D_3	愈伤组织可以生长，但生长偏慢	40.0 ± 4.1 b
D_4	愈伤组织基本不生长，底部略有褐化	22.2 ± 6.9 c
D_5	愈伤组织完全不生长，褐化严重死亡	6.7 ± 4.1 d

注：取发育至阶段3的不完全成熟合子胚的子叶接种到MS添加了0.5mg·L^{-1} 2,4-D和1.0mg·L^{-1} BA初始培养基，暗培养30d后转入到含不同浓度卡那霉素的MS培养基，30d后统计数据。表中的数值为平均值±标准误，各数值后不同字母表示数值在$p<0.05$水平下的显著性差异。

Note: The cotyledon explants used were from seeds collected at stage 3. The initial medium was MS medium contained 1.0mg·L^{-1} BA and 0.5mg·L^{-1}2,4-D. After 30 days culture in the dark, the obtained embryogenic tissues were transferred to MS medium with different concentration of Km for SE formation. All data were recorded after 30 days. Values shown are mean ± standard errors. Mean values followed by different letters are significantly different from each other at $p<0.05$ level of significance according to Duncan's multiple range tests.

2.2　头孢霉素浓度对农杆菌生长的影响

以3月处于阶段三的早期子叶胚阶段合子胚的子叶为外植体材料，接种于1.0mg·L^{-1} BA和0.5mg·L^{-1} 2,4-D组合的培养基中，暗处培养30d诱导得到胚性愈伤组织。随后转入到添加了不同浓度头孢霉素的MS培养基上，观察桂花胚性愈伤组织及体细胞胚再生的效果，结果如表2-2所示。结果表明，在E_1(未添加头孢霉素)处理下，培养2d开始出现农杆菌生长，随着培养天数的增加，愈伤组织逐渐被农杆菌侵蚀至褐化死亡。在E_2(头孢霉素浓度为100mg·L^{-1})处理下，也出现部分的农杆菌单菌斑，但生长量较E_1明显减少。在头孢霉素浓度分别为200mg·L^{-1}，300mg·L^{-1}和400mg·L^{-1}时，头孢霉素完全抑制了农杆菌的生长，未见菌落出现；但当头孢霉素浓度达到400mg·L^{-1}时，愈伤组织生长略缓慢(表2-2)。由此可见，头孢霉素对农杆菌抑制作用较为明显，在其浓度为200mg·L^{-1}至300mg·L^{-1}时，既能够完全抑制农杆菌生长，又能够保持愈伤组织的正常生长以及体细胞胚的分化。

表2-2　头孢霉素浓度对桂花愈伤组织生长及体细胞胚再生的影响

Table 2-2　Effect of different concentration of Cef on callus growth and somatic embryogenesis

处理 Treatment	愈伤组织生长状态 Callus growth state	体细胞胚再生率(%) Regeneration rate
E_1	农杆菌生长严重，愈伤组织褐化死亡	0.0 ±0.0 c
E_2	出现部分农杆菌菌斑，愈伤组织正常生长	55.6 ± 5.4 a
E_3	农杆菌不生长，愈伤组织正常生长	51.1 ± 4.0 a
E_4	农杆菌不生长，愈伤组织正常生长	44.4 ± 5.4 a
E_5	农杆菌不生长，愈伤组织生长缓慢，略褐化	20.0 ± 7.1 b

注：取发育至阶段3的不完全成熟合子胚的子叶接种到MS添加了0.5mg·L^{-1}2,4-D和1.0mg·L^{-1} BA初始培养基，暗培养30d后转入到含不同浓度头孢霉素的MS培养基，30d后统计数据。表中的数值为平均值±标准误，各数值后不同字母表示数值在$p<0.05$水平下的显著性差异。

Note: The cotyledon explants used were from seeds collected at stage 3. The initial medium was MS medium contained 1.0mg·L^{-1} BA and 0.5mg·L^{-1} 2,4-D. After 30 days culture in the dark, the obtained embryogenic tissues were transferred to MS medium with different concentration of Cef for SE formation. All data were recorded after 30 days. Values shown are mean ± standard errors. Mean values followed by different letters are significantly different from each other at $p<0.05$ level of significance according to Duncan's multiple range tests. significance according to Duncan's multiple range tests.

2.3 菌液浓度、侵染时间、共培养时间和 AS 浓度对遗传转化的影响

以 3 月处于阶段三的早期子叶胚阶段合子胚的子叶为外植体材料，接种于 1.0mg · L^{-1} BA 和 0.5mg · L^{-1} 2,4-D 组合的培养基中，暗处培养 30 d 诱导得到胚性愈伤组织。随后在侵染菌液浓度、侵染时间、共培养时间以及 AS 浓度结合的正交试验设计的转化条件下进行侵染和培养，结果如表 2-3。在本试验中发现侵染菌液浓度、侵染时间、共培养时间以及 AS 浓度这 4 个因素的极差值 Rj 分别为 11.1%、4.4%、64.4% 和 6.7%，由此可见共培养天数是对 GUS 瞬时表达率的影响最为主要因素，侵染时间则是这 4 个因素中最次要的影响因子。随着不同农杆菌菌液处理浓度的提高，其 GUS 瞬时表达率贡献值 K 也随之由 62.2% 增至 73.3%；但是当农杆菌浓度为 OD 值为 0.9 时，对外植体的伤害程度加重，后期选择培养过程中反菌现象较为严重，愈伤组织存活率显著下降，因此本试验后续侵染试验中农杆菌的菌液浓度选用 OD 值为 0.6。当侵染时间为 10min 时，其 K 值为 64.4%，而当侵染时间为 20min 和 30min 时，其 K 值均为 68.9%。因此，从提高侵染试验的工作效率方面考虑，后续侵染试验中农杆菌的侵染时间选用 20min。随着 AS 浓度由 0 增加至 100uM，GUS 瞬时表达率也由 62.2% 增加到 73.3%，因此后续共培养培养基中 AS 浓度选择为 100uM。随着共培养天数的增加，GUS 瞬时表达率显著提高。当共培养天数为 0 时，其 K 值仅为 26.7%；当共培养天数增加到 3d 时，其 K 值急剧提高到 84.4%；而当共培养天数为 6d 时，其 K 值为 91.1%（表 2-3）。然而在试验中我们发现，当共培养天数为 6d 时，被侵染过后的愈伤组织反菌现象比较严重。因此为了防止或减轻反菌现象，在下一步试验中还需要进一步确定最合适的共培养天数。

表 2-3 菌液浓度、侵染时间、共培养时间和 AS 浓度对遗传转化的影响

Table 2-3 Effect of the stain concentration, infection time, co-culture time and AS concentration on genetic transformation

处理 Treatment	接种愈伤数量 No. of inoculated calli	GUS 瞬时表达率(%) Transgene expression rate
F_1	60	13.3 ±6.7 b
F_2	60	80.0 ± 11.6 a
F_3	60	93.3 ± 6.7 a
F_4	60	86.7 ± 6.7 a
F_5	60	86.7 ± 13.3 a
F_6	60	26.7 ±6.7 b
F_7	60	93.3 ± 6.7 a
F_8	60	40.0 ± 0.0 b
F_9	60	86.7 ± 13.3 a
F_{10}	60	93.3 ± 6.7 a

注：取发育至阶段 3 的不完全成熟合子胚的子叶接种到 MS 添加了 0.5mg · L^{-1} 2,4-D 和 1.0mg · L^{-1}BA 初始培养基，暗培养 30 天后进行侵染。表中的数值为平均值 ± 标准误，各数值后不同字母表示数值在 $p<0.05$ 水平下的显著性差异。

Note: The cotyledon explants used were from seeds collected at stage 3. The initial medium was MS medium contained 1.0mg · L^{-1} BA and 0.5mg · L^{-1}2,4-D. After 30 days culture in the dark, the obtained embryogenic tissues were transferred to be infected. All data were recorded after 30 days. Values shown are mean ± standard errors. Mean values followed by different letters are significantly different from each other at $p < 0.05$ level of significance according to Duncan's multiple range tests.

然而经过选择培养 1 周后，我们发现共培养 2d 的愈伤组织基本没有出现反菌现象（小于 10%）（图 2A），经过共培养 3d 的愈伤组织反菌率在 30% 左右（图 2 B），经过 4d 的愈伤组织反菌现象较严重（图 2 C），达 50% 以上。为了缓解转化过程中的反菌现象，我们在共培养培养基以及选择培养培养基中添加了滤纸。结果表明经过选择培养 1 周后，经共培养 2 ~ 3d 的被农杆菌侵染的愈伤组织没有反菌现象的发生（图 2D, E），而经过共培养 4d 的被农杆菌侵染的愈伤组织则仍然出现了 50% 以上的反菌现象（图 2F）。因此在后续试验过程中，共培养天数定为 2 ~ 3d 为宜。

2.4 共培养天数对转化效率的影响

为进一步摸索最佳的共培养天数，本研究中设置共培养时间梯度为 0、1d、2d、3d、4d、5d，结果如表 2-4 所示。结果表明，随共培养天数的延长，GUS 瞬时表达率也逐渐提高。当共培养天数为 1d 时，GUS 瞬时表达率由对照的 10% 增加到 50%；当共培养天数达到 2d 时，GUS 瞬时表达率也迅速增加达到了 80%；与共培养 3 d 时 90% 和 4d 时 95% 的 GUS 瞬时表达率没有显著性差异，与共培养 5d 时的 100% GUS 瞬时表达率差异显著。由此可见，桂花胚性愈伤组织为受体的遗传转化过程中，共培养天在 2 ~ 5d 之间对桂花愈伤组织侵染转化效果较好（表 2-4）。

表 2-4 共培养天数对遗传转化的影响

Table2-4 Effect of co-culture time on genetic transformation

共培养天数 Treatment	接种愈伤数量 No. of inoculated calli	GUS 瞬时表达率(%) Transgene expression rate
0d	40	10.0 ±5.8 d
1d	40	50.0 ± 5.8 c
2d	40	80.0 ± 8.2 b

（续）

共培养天数 Treatment	接种愈伤数量 No. of inoculated calli	GUS 瞬时表达率(%) Transgene expression rate
3d	40	90.0 ± 5.8 ab
4d	40	95.0 ± 5.0 ab
5d	40	100.0 ± 0.0 a

注：取发育至阶段3的不完全成熟合子胚的子叶接种到MS添加了0.5mg·L^{-1} 2,4-D和1.0mg·L^{-1} BA初始培养基，暗培养30d后进行侵染。表中的数值为平均值±标准误，各数值后不同字母表示数值在$p<0.05$水平下的显著性差异。

Note: The cotyledon explants used were from seeds collected at stage 3. The initial medium was MS medium contained 1.0mg·L^{-1}BA and 0.5mg·L^{-1}2,4-D. After 30 days culture in the dark, the obtained embryogenic tissues were transferred to be infected. All data were recorded after 30 days. Values shown are mean ± standard errors. Mean values followed by different letters are significantly different from each other at $p<0.05$ level of significance according to Duncan's multiple range tests.

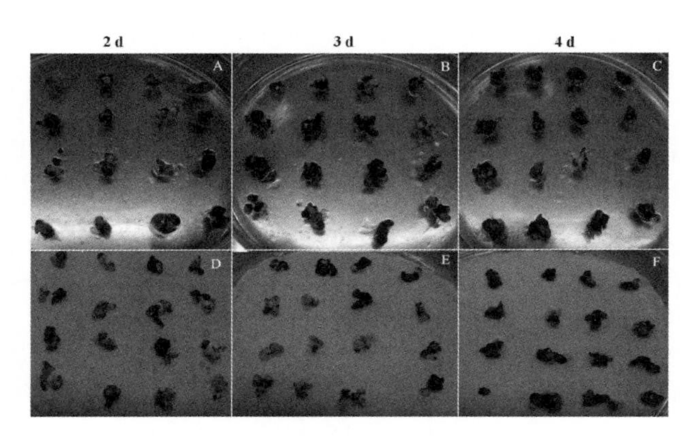

图2　共培养天数及滤纸对反菌现象的影响

A-C. 分别共培养2-4d后外植体在选择培养基上6天后的生长状态；D-F. 在共培养和选择培养过程中添加滤纸，共培养2-d后外植体在选择培养基上6天后的生长状态

Fig. 2　The effect of co-culture days and application filter paper on inhibition of *Agrobacterium tumefaciens*

A-C. The state of explants after 6-days' culture on the selection proliferation medium after been co-cultured 2-4d; D-F. The state of explants after 6-days' culture on the selection proliferation medium after been co-cultured 2 -4d when filter paper has been applicated.

2.5　选择培养

根据上述摸索的侵染条件，将发育至未成熟子叶胚期的桂花合子胚接种于MS+0.5mg·L^{-1}2,4-D+1.0mg·L^{-1}BA初始培养基上，黑暗条件下诱导30d后得到的胚性愈伤组织为转化的受体材料，用OD值为0.6左右的农杆菌侵染20min，接种到含有100uM AS的MS基本培养基上暗处共培养2d后，转入到选择培养基MS+0.5mg·L^{-1} NAA+1.0mg·L^{-1} BA 200mg·L^{-1} Km+300mg·L^{-1} Cef上培养，以获得分化的抗性组织。然而，在选择培养过程中我们发现，尽快通过滤纸处理一定程度上缓解了农杆菌的反菌现象，但是经过20d左右的选择培养后，愈伤组织仍然出现反菌现象，因此没有获得完整的转基因植株。

3　讨论

3.1　转化方法及受体系统

在目前的植物遗传转化过程中，应用时间较长、最成熟的转化技术和方法是根癌农杆菌介导遗传转化法和基因枪转化法。其他方法还有花粉管通道法、真空渗入法、碳化硅纤维介导法、叶绿体转化法以及藻酸钙微珠介导法等(李君 等，2011)。在这些方法之中，农杆菌介导的遗传转化法因为其具有花费费用低、试验重复性好、转化周期短等优点而应用最为广泛。在目前遗传转化研究中，大多数成功获得转化植株的木本植物均是采用此种转化方法（Liu and Pijut，2010；Matsunaga et al.，2012)，因此，在本试验中也是采用农杆菌介导的遗传转化技术进行桂花的遗传转化体系的条件摸索和研究。合适的转化受体系统是植物细胞进行基因转化的先决条件，直接影响了植物受体细胞进入感受态的程度。在遗传转化过程中，常见的转化受体包括原生质体（Hassanein et al.，2009)、植物体的茎段、叶片、合子胚、花及花芽等（Silva et al.，2009；Parimalan et al.，2011)。此外，由这些外植体材料诱导得到的愈伤组织也是转化过程中良好的受体体统（Ribas et al.，2011；Yang et al.，2013)。在本试验中，我们采用桂花的胚性愈伤组织作为转化的受体系统，因为与其他的受体系统相比，胚性细胞具有接受外源DNA的能力强、繁殖量大、转化过程中的嵌合体少等优势。

3.2　遗传转化条件探讨

在农杆菌介导的遗传转化研究过程中，有几个关键的因素直接影响了能否较高效率的获得转化植株，如农杆菌携带的T-DNA如何高效地转移至受体细胞，携带目的基因片段的T-DNA如何有效地整合到受体细胞的染色体中并有效表达；接受整合了外源T-DNA的转化细胞如何高效地再生出新的植株，因此转化条件的选择至关重要。一般来说可以通过调整侵染时农杆菌的菌液浓度、侵染时间和共培养时间来增加T-DNA的整合程度。不同植物材料侵染时要求的农杆菌菌液浓度不同。当侵染时的菌液浓度过高，会对外植体产生毒害作用，而浓度过低又会降低T-DNA转移到受体细胞中的效率。在巨尾桉的遗传转化过程中使用的菌液浓度为0.3时转化率较高(王鹏良 等，

2013)，萱草遗传转化过程中菌液 OD 值为 0.1 时侵染效果较好(高洁，2012)，而在甘蔗的转化过程中，最适宜的农杆菌侵染浓度为 OD_{600} = 1.4(罗敬萍 等，2003)。本试验中对桂花胚性愈伤来说，转化过程中最适宜的农杆菌菌液侵染浓度为 0.6 左右时，GUS 瞬时表达率最高(表 2-3)，这与众多园林观赏植物遗传转化程中所用的农杆菌菌液侵染适宜浓度 OD_{600} = 0.6 相符合（Leclercq et al.，2010；Qiao et al.，2010；Al Bachchu et al.，2011）。

农杆菌侵染植物外植体的过程即是将携带目的基因外源 T-DNA 导入到受体细胞的过程，因此只有保证两者充分接触和作用，才能保证转化效率。另一方面，农杆菌对外植体侵染时间过长又会影响外植体的进一步生长和分化。本研究中发现，对桂花胚性愈伤组织来说，农杆菌菌液侵染 20min 时，GUS 瞬时表达率较高，转化效果较好(表 2-3)。对其他木本观赏植物来说，农杆菌菌液的侵染时间一般在 10 ~ 40min 之间，如在香樟胚性愈伤组织遗传转化体系中，用浓度为 0.6 的农杆菌菌液侵染 40min 效果较好(杜丽 等，2008)，在杨树和速生刺槐遗传转化体系中，最合适的农杆菌菌液侵染时间均为 20min(沈俊岭 等，2006；蔡诚 等，2008)。

研究表明，农杆菌附着在外植体材料的表面后，要先在外植体材料的伤口处生存 8 ~ 16h 后，才会侵入到植物外植体材料的受体细胞中。因此，在转化过程中一般都需要一定的共培养阶段，以促使农杆菌有足够的时间将携带了外源目的基因序列的 T-DNA 整合到外植体材料受体细胞中。一般来说，大多数植物在遗传转化过程中的共培养时间在 2 ~ 5d 之间，如在欧洲栗、刺槐的转化程中，3 ~ 4d 的共培养较为适宜，在橡胶树的转化过程中，3 ~ 4d 的共培养后 GUS 或者 GFP 的活性差不多（Zaragozaa et al.，2004；Leclercq et al.，2010）。在本试验中发现桂花胚性愈伤组织为受体的转化过程中，共培养 1d 时，GUS 活性只有 50%，当共培养时间为 2d 时，GUS 活性可以达到 80%，而共培养为 3d 及以上时，GUS 活性可以达到 95% 以上(表 2-4)。然而，我们还发现当桂花的胚性愈伤组织共培养时间达到 4d 及以上时，外植体材料的反菌现象严重，存活率显著下降(图 2)。由此可见对于桂花的胚性愈伤组织来说，共培养时间应该在 2 ~ 3 d 较为适宜。

农杆菌 T-DNA 的加工、转移及整合到植物外植体受体细胞中，主要是依赖其 Ti 质粒上 Vir 区基因编码的蛋白完成。因此，在农杆菌介导的遗传转化过程中如何诱导和激活 Vir 基因的表达直接影响着转化的效率。研究表明在双子叶植物受伤以后，其细胞能自身诱导产生乙酰丁香酮，从而激活 Vir 基因的表达。许多研究表明，在共培养或者选择培养时，培养基中添加一定浓度的 AS 确实能够提高植物的转化效率，如在杨树中，在共培养时添加为 200μmol · L^{-1} AS，GUS 活性达到最大值，有利于转化的进行(蔡诚 等，2008；陈玉玉 等，2009)，在唐菖蒲和长春花中，共培养集中添加的 AS 最佳浓度为 100μmol · L^{-1}(王荃 等，2009)；而在杜仲中，50μmol · L^{-1} AS 有利于提高转化效率(赵丹 等，2009)。在本试验中，我们发现在共培养时，培养基中添加 100μmol · L^{-1} AS 有利于提高桂花胚性愈伤组织的转化效率(表 2-3)。然而，胚性愈伤组织在选择培养 20d 后中出现反菌现象，因此，今后的研究中将继续优化选择培养基中抗生素的种类和浓度，探索有效方法以进一步获得完整的转化植株。

参考文献

1. 蔡诚，吴大强，纵方，等．正交设计在杨树最佳遗传转化体系的建立[J]．核农学报，2008，22：136 - 140.
2. 陈玉玉，苏乔，祖勇，等．拟青山海关杨高效遗传转化系统的建立[J]．中国农学通报，2009，25：89 - 92.
3. 杜丽，庞振凌，周索，等．香樟胚性愈伤组织遗传转化体系建立[J]．林业科学，2008，44：54 - 59.
4. 李君，李岩，刘德虎．植物遗传转化的替代方法及研究进展[J]．生物技术通报，2011，7：31 - 36.
5. 高洁．萱草再生体系的优化及农杆菌介导的遗传转化体系的建立[D]．成都：四川农业大学图书馆，2012.
6. 梁茂厂，刘友全．桂花幼胚培养及愈伤组织增殖诱导[J]．经济林研究，2007，25：43 - 46.
7. 刘萍，袁王俊．桂花愈伤组织的诱导与增殖[J]．安徽农业科学，2008，36：14889 - 14890.
8. 罗敬萍，张树珍，杨本鹏．农杆菌介导甘蔗基因转化技术的优化[J]．热带作物学报，2003，24：23 - 28.
9. 沈俊岭，赵芳，李云，等．速生型刺槐遗传转化体系的建立[J]．核农学报，2006，20：477 - 481.
10. 宋会访，葛红，周媛，等．花离体培养与快速繁殖技术的初步研究[J]．园艺学报，2005，32：738 - 740.
11. 王彩云，白吉刚，杨玉萍．桂花的组织培养[J]．北京林业大学学报，2001，23：24 - 25.
12. 王鹏良，姜福星，蔡铃，等．广林巨尾桉 9 号遗传转化体系的建立[J]．林业科技开发，2013，27：76 - 80.
13. 王荃，潘琪芳，袁芳，等．超声波辅助农杆菌介导的长春花（*Catharanthus roseus*）遗传转化[J]．上海交通大学学报，2009，28：615-618，634.
14. 张东．贯叶连翘茎段和叶片的离体培养及植株再生研究[J]．中国农学通报，2005，21：51－52.
15. 张先云，袁秀云，崔波，等．紫丁香离体再生体系研究[J]．北方园艺，2010，8：155－157.
16. 赵丹，赵德刚，李岩．EuFPS 基因表达载体构建及对杜仲遗传转化的研究[J]．基因组学与应用生物学，2009，28：27－33.
17. 邹翠霞，肖荣俊．雪柳的组织培养与植株再生[J]．植物生理学通讯，2000，36(2)：136－137.
18. 邹晶晶，袁斌，高微，等．桂花未成熟合子胚诱导体细胞胚再生[J]．中国观赏园艺研究进展，2015：238－242.
19. Al Bachchu MA, Jin SB, Park JW, Sun HJ, Yun SH, Lee H Y, Lee DS, Hong QC, Kim YW, Riu KZ and Kim JH. Agrobacterium-mediated transformation using embryogenic calli in Satsuma mandarin (*Citrus unshiu* Marc.) cv. Miyagawa wase [J]. *Hortic Environ Biote*, 2011, 52 (2): 170－175.
20. Du NX and Pijut PM. Agrobacterium-mediated transformation of *Fraxinus pennsylvanica* hypocotyls and plant regeneration [J]. *Plant Cell Rep*, 2009, 28(6): 915－923.
21. Hassanein A, Hamama L, Loridon K and Dorion N. Direct gene transfer study and transgenic plant regeneration after electroporation into mesophyll protoplasts of *Pelargonium* × *hortorum*, 'Panach, Sud' [J]. *Plant Cell Rep*, 2009, 28 (10): 1521－1530.
22. Kong DM, Preece JE and Shen HL. Somatic embryogenesis in immature cotyledons of Manchurian ash (*Fraxinus mandshurica* Rupr.) [J]. *Plant Cell Tiss Org*, 2012, 108(3): 485－492.
23. Leclercq J, Lardet L, Martin F, Chapuset T, Oliver G and Montoro P. The green fluorescent protein as an efficient selection marker for Agrobacterium tumefaciens-mediated transformation in *Hevea brasiliensis* (Mull. Arg) [J]. *Plant Cell Rep*, 2010, 29(5): 513－522.
24. Liu X. M. and Pijut P. M.. Agrobacterium-mediated transformation of mature Prunus serotina (black cherry) and regeneration of transgenic shoots [J]. *Plant Cell Tiss Org*, 2010, 101(1): 49－57.
25. Matsunaga E, Nanto K, Oishi M, Ebinuma H, Morishita Y, Sakurai N, Suzuki H, Shibata D and Shimada T. Agrobacterium-mediated transformation of *Eucalyptus globulus* using explants with shoot apex with introduction of bacterial choline oxidase gene to enhance salt tolerance[J]. *Plant Cell Rep*, 2012, 31(1): 225－235.
26. Olivicoltura Cdspl. Somatic embryogenesis and plant regeneration in olive (*Olea europaea* L.) [J]. *Plant Cell Tiss Org*, 1988, 14: 207－214.
27. Parimalan R, Venugopalan A, Giridhar P and Ravishankar GA. Somatic embryogenesis and Agrobacterium-mediated transformation in *Bixa orellana* L. [J]. *Plant Cell Tiss Org*, 2011, 105(3): 317－328.
28. Qiao GR, Zhou J, Jiang J, Sun YH, Pan LY, Song HG, Jiang JM, Zhuo RY, Wang XJ and Sun ZX. Transformation of *Liquidambar formosana* L. *via* Agrobacterium tumefaciens using a mannose selection system and recovery of salt tolerant lines [J]. *Plant Cell Tiss Org*, 2010, 102 (2): 163－170.
29. Ribas AF, Dechamp E, Champion A, Bertrand B, Combes MC, Verdeil JL, Lapeyre F, Lashermes P and Etienne H. Agrobacterium-mediated genetic transformation of *Coffea arabica* (L.) is greatly enhanced by using established embryogenic callus cultures [J]. *Bmc Plant Biol*, 2011, 11: 1－15.
30. Santos CV, Brito G, Pinto G and Fonseca HMAC. In vitro plantlet regeneration of *Olea europaea* ssp. *maderensis* [J]. *Sci Hort*, 2003, 97(1): 83－87.
31. Silva TER, Cidade LC, Alvim FC, Cascardo JCM and Costa MGC. Studies on genetic transformation of *Theobroma cacao* L.: evaluation of different polyamines and antibiotics on somatic embryogenesis and the efficiency of uidA gene transfer by Agrobacterium tumefaciens [J]. *Plant Cell Tiss Org*, 2009, 99(3): 287－298.
32. Stevens M. E. and Pijut PM. Hypocotyl derived in vitro regeneration of pumpkin ash (*Fraxinus profunda*) [J]. *Plant Cell Tiss Org*, 2012, 108(1): 129－135.
33. Yang JL, Zhao B, Kim YB, Zhou CG, Li CY, Chen YL, Zhang HZ and Li CH. Agrobacterium tumefaciens-mediated transformation of *Phellodendron amurense* Rupr. using mature-seed explants[J]. *Mol Biol Rep*, 2013, 40(1): 281－288.
34. Zaragozaa C, Munoz-Bertomeu J and Arrillaga I. Regeneration of herbicide-tolerant black locust transgenic plants by SAAT[J]. *Plant Cell Rep*, 2004, 22(11): 832－838.
35. Zou JJ, Gao W, Cai X, Zeng XL and Wang CY. Somatic embryogenesis and plant regeneration in *Osmanthus fragrans* Lour[J]. *Propag Ornam Plants*, 2014 b, 14(1): 32－39.

高温胁迫及外源水杨酸对大丽花花瓣 *XTHs* 基因表达的影响*

管 华 张萍萍 李 坚 孔周阳 赵川乐 谈建中①
（苏州大学建筑学院园艺系，苏州 215123）

摘要 木葡聚糖内转糖苷酶/水解酶(Xyloglucan endo－transglucosylase/ hydrolase，XTH)是一种可以改变植物细胞壁结构的双功能酶，在花瓣衰老过程中起重要的调节作用。为探明高温胁迫及外源水杨酸(SA)与大丽花花瓣衰老之间关系的分子机理，本研究以大丽花‘单瓣黄’品种为供试材料，应用实时荧光定量 PCR 技术，分析了外源 SA 预处理对高温胁迫下大丽花花瓣 *DpXTH*1 和 *DpXTH*2 基因的表达变化。结果表明，在高温胁迫下，大丽花花瓣 *DpXTH*1 和 *DpXTH*2 的表达量在盛花期显著下降，仅为常温对照区的 2.13% 和 1.78%；外源 SA 预处理后，*DpXTH*1 和 *DpXTH*2 的表达量有所增加，分别为对照区的 16.21% 和 36.22%。说明施用 SA 可以缓解高温胁迫对 *XTHs* 基因表达的抑制作用，有助于延缓高温胁迫下大丽花花瓣的衰老进程。
关键词 大丽花；高温胁迫；水杨酸；木葡聚糖内转糖苷酶/水解酶(XTH)；基因表达

Effects of High Temperature and Exogenous Salicylic Acid on *XTHs* Genes Expression of Dahlia Petals

GUAN Hua ZHANG Ping-ping LI Jian KONG Zhou-yang ZHAO Chuan-le TAN Jian-zhong
(*Department of Horticulture*, *College of Architecture*, *Soochow University*, *Suzhou* 215123)

Abstract XTH (Xyloglucan endo-transglucosylase/hydrolase) is a bi-functional enzyme that can transform the structure of cell wall, and play an important regulating effect during petal aging process in plants. In order to ascertain the molecular mechanism of the relationship between high temperature stress, exogenous salicylic acid (SA) and petal senescence in *dahlia pinnata* Cav., this study selected dahlia variety ‘Danbanhuang’ as experimental materials. Under high temperature stress and exogenous SA pre-treatment, the expression change of *DpXTH*1 and *DpXTH*2 genes related to senescence of dahlia petals were analyzed by real-time fluorescent quantitative PCR technology. The results showed that the expression levels of *DpXTH*1 and *DpXTH*2 in dahlia petals declined significantly under heat stress during bloom stage, only 2.13% and 1.78% of that in the control group under normal temperature respectively; while after exogenous SA pre-treatment, the expression levels of *DpXTH*1 and *DpXTH*2 increased, 16.21% and 36.22% of that in the control group respectively. This indicated that SA could alleviate the inhibition of high temperature on *XTH*s expression, and delay the senescence process of dahlia petals under high temperature.
Key words Dahlia; High temperature stress; Salicylic acid; Xyloglucan endotransglycosylase/hydrolase (XTH); Gene expression

高温胁迫是一种主要的环境胁迫，是抑制植物生长、代谢以及产量的非生物胁迫因素之一（Mirza H *et al*, 2013），大多表现为叶片衰老加快，光合作用效率降低，膜脂过氧化以及细胞结构崩解等现象（Haba PDL *et al*, 2014）。木葡聚糖内转糖苷酶/水解酶(Xyloglucan endo-transglucosylase/ hydrolase，XTH)是高等植物中普遍存在的细胞壁修饰酶，也被认为是植物生长机制的中心酶，对于植物细胞的延伸、根的伸长、花的生长发育、花瓣衰老、果实成熟等多种生理过程具有重要的调控作用(Fry S C *et al*, 1992；Enzymic A M, 2009)，并且还与植物在生物及非生物胁迫下细胞的生长和分化相关(Lee D *et al*, 2006)。Cho 等

* 基金项目：苏州市应用基础研究计划（编号 SYN201405）。
① 通讯作者。谈建中，教授。主要研究方向：园林植物资源与生物技术。E-mail：sudatanjz@163.com。

(2006)报道在拟南芥中超量表达辣椒 *CaXTH*3 可显著增加转化植株对水分缺失耐受性，并在一定程度上提高对盐胁迫的抗性(Cho S *et al*, 2006)。而转 *CaXTH*3 番茄的抗旱性及耐盐性也得到了提高(Choi J Y, 2011)，但有关高温逆境对植物 *XTH* 基因表达的影响目前尚少研究报导。

大丽花(*Dahlia pinnata* Cav.)为菊科大丽花属多年生球根花卉，性喜阳光、凉爽、温暖而通风良好的环境，当温度高于 30℃时，植株生长停滞，衰老进程加快(刘安成 等，2010)。近期研究发现，大丽花花瓣中 2 个 XTH 基因(*DpXTH*1 和 *DpXTH*2)属于花瓣特异表达基因，其表达水平因花瓣发育及衰老过程而发生显著变化(张萍萍 等，2015；孙悦 等，2012)，并且外源乙烯可影响大丽花花瓣 *DpXTH*1 和 *DpXTH*2 的表达模式(王蕾 等，2013)，显示大丽花 *DpXTH*1 和 *DpXTH*2 基因的表达变化似乎与花瓣衰老有关。为此，本研究以大丽花'单瓣黄'为供试材料，采用实时荧光定量 PCR 技术，研究了高温胁迫及外源水杨酸(SA)预处理对大丽花花瓣 *DpXTH*1 和 *DpXTH*2 表达的影响，阐明大丽花 XTH 在逆境胁迫响应中的生物学功能。

1 材料与方法

1.1 植物材料

供试大丽花(*Dahlia pinnata* Cav.)品种为黄色系品种'单瓣黄'，选取长势良好、无病虫害的幼苗定植盆栽，于苏州大学建筑学院花圃基地常规管理。

1.2 试验分区

在大丽花花瓣发育至现蕾期、花蕾直径达 1cm 左右时，将供试材料分为 3 组进行处理：一组喷施 0.5mmol·L^{-1} SA(记为 SA 组)，另一组喷施蒸馏水(记为 HT 组)，喷至叶面完全湿润为度，早晚各喷 1 次，连续喷施 2d。在最后一次喷施 12h 后，置于人工气候箱中进行高温胁迫处理，HT 组和 SA 组温度均设定为 35℃/30℃(昼/夜各 12h)，光照强度为 300μmol·m^{-2}·s^{-2}，相对湿度 70%～75%。以叶面喷施清水、25℃/20℃常温培养为对照组(记为 CK 组)。当大丽花发育至盛花期时剪取花瓣，双蒸水清洗后用滤纸吸干表面水分，每个样品取花瓣 0.1g，用液氮速冻于 -70℃冰箱保存备用。

1.3 总 RNA 的提取

将上述试验材料分别在液氮中研磨成粉状移入 1mL 的 Trizol 溶液中，按照试剂盒(TIANGEN 公司)的操作说明提取总 RNA，最后加入 60μL DEPC 水使沉淀充分溶解，分装后置于 -80 ℃下保存备用。

1.4 引物设计与合成

根据前人研究及定量 PCR 引物的设计原则，以大丽花 β-actin 为内参基因，按照参考文献[11](王蕾 等，2013)设计实时荧光定量 PCR 引物(表 1)，委托上海生工生物工程有限公司合成，并通过 NCBI 的 Blast 初步检测引物的特异性。

表 1 荧光定量 PCR 所用引物

Table 1 Primers for quantitative real-time PCR

基因	登录号	引物序列	产物大小(bp)
β-actin	AB621922.1	F: 5′-CCCGACTGTCCCTGTT-3′ R: 5′-CGGCGTTGTTACTTTG-3′	117
DpXTH1	HM053613.1	F: 5′-GGTCGGATTCTCACAT-3′ R: 5′-TTGCCCACTTCGGTTT-3′	239
DpXTH2	JQ948092.1	F: 5′-AGACAACTTGAGGGTGGTAG-3′ R: 5′-CGCAGAGTCTCCAGGAATAA-3′	132

1.5 cDNA 第一链的合成

采用 TIANGEN 公司的试剂盒反转录合成 cDNA：取 50ng～2μg 总 RNA，加入 2μL 5×gDNA Buffer，RNase-Free ddH_2O 补足到 10μL，彻底混匀，简短离心，置于 42 ℃水浴 3 min。然后置于冰上放置。再加入 2μL 10× Fast RT Buffer，1 μL RT Enzyme Mix，2μL FQ-RT Primer Mix，RNase-Free ddH_2O 补足到 20μL，充分混匀。42℃水浴 15min。95℃水浴 3min 之后放于冰上，-20℃保存备用。

1.6 标准品制备及实时定量 PCR

以反转录得到的 cDNA 为模板，用内参基因和目的基因的引物分别进行普通 PCR，以验证引物设计的特异性。同时，将反转录得到的 cDNA 进行 5 个梯度、10 倍浓度的稀释制成标准品，用于制作标准曲线。

以不同处理组及对照组的大丽花花瓣 cDNA 为模板，用 SYBR Green Ⅰ试剂(TaKaRa 公司)在荧光定量 PCR 仪(StepOne Real－TimeTM PCR System 型)上进行荧光定量 PCR。反应体系为 20μL：SYBR Premix Ex TaqTM(2×)10μL，正向引物与反向引物(10μmol/μL)均为 0.4μL，ROX Reference Dye (50×) 0.4μL，cDNA 模板 2.0μL，ddH_2O（灭菌蒸馏水）6.8μL。PCR 程序为：95℃ 预变性、30s；95℃、5s，60℃、30s，40 个循环。所有样品均重复测定 3 次，数据读取由荧光定量 PCR 仪完成。

1.7　数据处理

根据荧光定量 PCR 仪的数据，采用相对标准曲线法计算各基因的相对表达量(王蕾 等，2013)。

2　结果与分析

2.1　大丽花花瓣总 RNA 的提取及质量分析

提取不同处理组的花瓣总 RNA 经琼脂糖凝胶电泳检测，结果显示出清晰的 28S rRNA、18S rRNA 和 5S rRNA 条带(图 2)，说明提取的总 RNA 降解程度小；经紫外分光光度计检测，从现蕾期、初花期、盛花期和衰败期等 4 个时期的花瓣总 RNA 样品的 OD_{260}/OD_{280} 比值分别为 1.97、2.00、1.98 及 1.80，说明各时期的 RNA 纯度和质量较好，可用于后续的反转录反应。

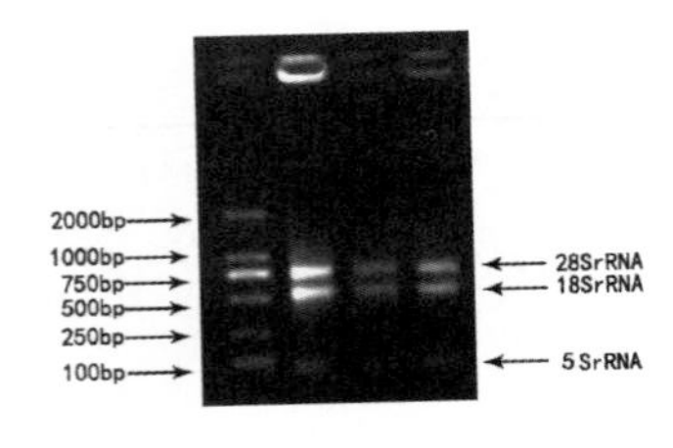

图 1　大丽花花瓣总 RNA 的电泳分析

Fig. 1　Electrophoresis analysis of total RNA from Dahlia petals

(M：D2000 Marker，　CK：常温对照组，HT：清水＋高温胁迫，SA：SA 处理＋高温胁迫。下同)

2.2　目的基因和内参基因的 RT－PCR 扩增结果

分别用内参基因 *β-actin*、目的基因 *DpXTH*1 和 *DpXTH*2 的引物，对 CK 组、HT 组和 SA 组 3 种处理的大丽花花瓣 cDNA 进行 PCR 扩增，结果获得了与预期大小一致的扩增片段，且各基因扩增产物均只有一条特异性条带，无引物二聚体出现(图 2)，说明所设计的引物适用于 SYBR Green 的实时定量 PCR。

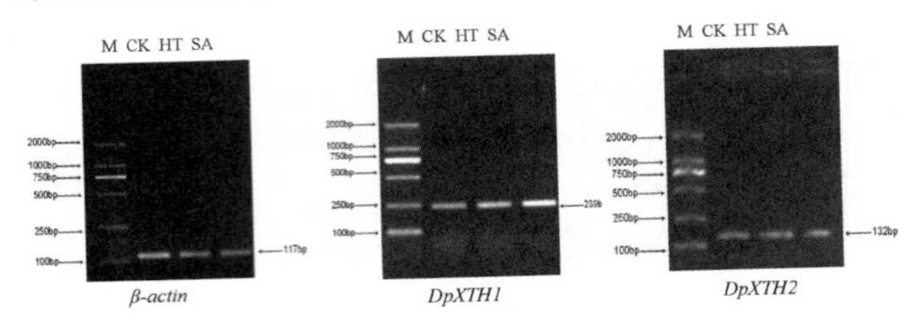

图 2　大丽花花瓣目的基因和内参基因的 RT-PCR

Fig. 2　RT-PCR of *β-actin*, *DpXTH*1 and *DpXTH*2 of Dahlia petals

2.3　内参基因和目的基因标准曲线的分析

以不同浓度的标准品为模板，经实时定量 PCR 扩增后，*β-actin*、*DpXTH*1 和 *DpXTH*2 三个基因均得到了平滑且平行性良好的扩增曲线(表 2)，且溶解曲线在 80～85℃之间，均只检测到单一峰(图略)，进一步说明设计的 3 对引物均能特异性扩增到目的产物。根据 qRT-PCR 扩增数据，计算 *β-actin* 和 *DpXTH*1 和 *DpXTH*2 三个基因的扩增效率、标准曲线斜率及回归系数(表 2)，显示出较好的线性关系，以此计算内参基因及 *DpXTH*1 和 *DpXTH*2 的相对表达量可以获得准确可靠的结果。

表 2　大丽花花瓣 *β-actin*、*DpXTH*1 和 *DpXTH*2 的 qRT-PCR

Table 2　qRT-PCR of *β-actin*、*DpXTH*1and *DpXTH*2 of Dahlia petals

检测基因	扩增效率	回归方程	回归系数(R^2)
β-actin	105%	y = −3.199x + 32.00	0.996
DpXTH1	102%	y = −3.269x + 29.46	0.991
DpXTH2	109%	y = −3.13x + 30.87	0.987

2.4　外源 SA 对高温胁迫下大丽花 *DpXTH*1 和 *DpXTH*2 表达的影响

在确立了 qRT-PCR 技术参数的基础上，以 CK 组、HT 组和 SA 组 3 种处理的 cDNA 为模板，利用实时荧光定量 PCR 技术，检测了大丽花花瓣 *DpXTH*1 和 *DpXTH*2 基因的表达情况。结果如图 3 所示，在常温条件下(CK 组)，大丽花盛花期 *DpXTH*1 和 *DpXTH*2 的表达量均显示最高水平；但在高温胁迫条件下(HT 组)，2 个 *XTH* 基因的表达均被强烈抑制，分别仅为 CK 组的 2.13% 和 1.78%；而外施 SA 条件下(SA 组)，*DpXTH*1 和 *DpXTH*2 的表达量虽然仍显著低于对照组，分别为对照组的 16.21% 和 36.22%，但比 HT 组的表达量分别提高了 6.61 倍和 19.25 倍，并且均达到了显著差异的水平。说明外源 SA 可以减缓高温胁迫对盛花期大丽花 *DpXTH*1 和 *DpXTH*2 表达的抑制，推测 SA 可以在一定程度上减缓因高温胁迫引起的大丽花花瓣的衰老进程，提高其高温胁迫下的生存能力。

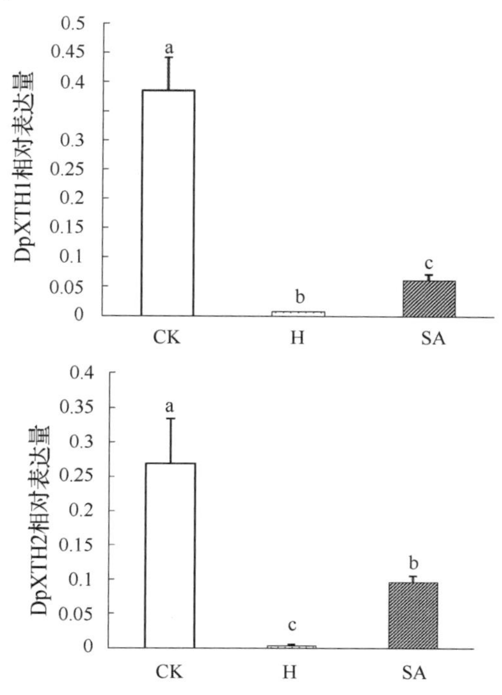

图 3　SA 预处理及高温胁迫下大丽花花瓣 DpXTH1 和 DpXTH2 的表达变化

Fig. 3　Expression tendency of DpXTH1and DpXTH2 of Dahlia petals with SA pretreatment and heat stress

（注：DpXTH1 和 DpXTH2 表达量是以 β-actin 表达量为 1 时的相对表达量）

3　讨论

植物木葡聚糖内转糖苷酶/水解酶(XTH)是一种可以改变细胞壁结构的双功能酶，由多基因家族编码，在多种植物以及植物的多种组织中可以检测到 XTH 的活性(Nishitanik，1997)，参与植物多个生长发育过程，具有时空特异性表达特征，并受激素和环境的调控(Yokoyama R *et al*，2010)，同时又参与生物和非生物胁迫下细胞生长和分化的调控作用(Lee D *et al*，2006；Cho S *et al*，2006；Choi J Y，2011)。如拟南芥 XET 活性因重金属铝胁迫而显著下降，同时 *XTH*14、*XTH*15 和 *XTH* 31 的基因表达也随之下降，而以 35S：*XTH*31 对突变进行回复后，其对铝的敏感性又恢复到野生型水平，表明 *XTH*31 直接控制了拟南芥对铝的敏感性(朱晓芳 等，2014)，说明 *XTH* 基因的表达变化是植物逆境胁迫响应的生命现象之一。

在先前的研究中，笔者发现大丽花 *DpXTH*1 和 *DpXTH*2 的表达与花瓣发育及衰老具有一定的关系，从花瓣发育前期至盛花期呈上调表达，之后 *DpXTHs* 的表达量随着花瓣衰败的进程而下降[11]。在本研究中，在高温胁迫条件下，大丽花盛花期花瓣 *DpXTH*1 和 *DpXTH*2 的表达量显著下降；但在 SA 预处理条件下，*DpXTH*1 和 *DpXTH*2 的表达量下降较少，说明 SA 可以缓解高温胁迫对大丽花 *DpXTH*1 和 *DpXTH*2 基因表达的抑制作用。结合前人有关 XTH 基因表达与植物抗逆性关系的研究结果(Lee D *et al*，2006；Cho S *et al*，2006；Choi J Y，2011；朱晓芳 等，2014)，推测外源 SA 可以通过 *DpXTH*1 和 *DpXTH*2 基因的上调表达提高大丽花花瓣对高温胁迫的耐受性。

参考文献

1. Cho S，Kim J，Park J，*et al.* Constitutive expression of abiotic stress-inducible hot pepper *CaXTH*3，which encodes a xyloglucan endotransglucosylase/ hydrolase homolog，improves drought and salt tolerance in transgenic Arabidopsis plants [J]. Febs Letters，2006，580(13)：3136 – 3144.
2. Choi J Y，Seo Y S，Su J K，*et al.* Constitutive expression of *CaXTH*3，a hot pepper xyloglucan endotransglucosylase/ hydrolase，enhanced tolerance to salt and drought stresses without phenotypic defects in tomato plants (*Solanum lycopersicum* cv. Dotaerang) [J]. Plant Cell Reports，2011，30 (5)：867 – 877.
3. Enzymic A M. Characterization of two recombinant xyloglucan endotransglucosylase/hydrolase (XTH) proteins of Arabidopsis and their effect on root growth and cell wall extension [J]. Journal of Experimental Botany，2009，60 (13)：3959 – 3972.
4. Fry S C，Smith R C，Rrenwick K F，*et al.* Xyloglucan endotransglycosylase，a new wall-loosening enzyme activity from plants [J]. Biochemical Journal，1992，282：821 – 828.
5. Haba P D L，Mata L D L，Molina E，*et al.* High temperature promotes early senescence in primary leaves of sunflower (*Helianthus annuus* L.) plants [J]. Canadian Journal of Plant Science，2014，94：659 – 669.
6. Lee D，Polisensky D H，Braam J. Genome-wide identification of touch-and darkness-regulated Arabidopsis genes：a focus on calmodulin-like and XTH genes [J]. New Phytologist，2005，165：429 – 444.
7. 刘安成，王庆，庞长民．我国大丽花园艺学研究进展[J].北方园艺，2010，(11)：225 – 228.
8. Mirza H，Kamrun N，Md Mahabub A，*et al.* Physiological，biochemical，and molecular mechanisms of heat stress tolerance in plants [J]. International Journal of Molecular Sci-

ences, 2013, 14 (5): 9643 - 9684.
9. Nishitani K. The role of endoxyloglucan transferase in the organization of plant cell walls [J]. International Review of Cytology, 1997, 173: 157 - 206.
10. 孙悦，王蕾，姬筱雅，等. 大丽花花瓣生长与衰老相关基因 *DpXTH* 的表达分析[J]. 江苏农业科学, 2012, 40 (7): 28 - 31.
11. 王蕾. 大丽花衰老相关基因 XTH 的表达特征和功能分析[D]. 苏州：苏州大学, 2013.
12. Yokoyama R, Uwagaki Y, Sasaki H, *et al.* Biological implications of the occurrence of 32 members of the XTH (xyloglucan endotransglucosylasc/hydrolase) family of proteins in the bryophyte Physcomitrella patens [J]. The Plant Journal, 2010, 64: 658 - 669.
13. Zhang Pingping, Kan Xuejin, Lijian, *et al.* Identification of senescence-associated protein DpXTH1 and its gene cloning in dahlia petals [J]. Agricultural Science and Technology, 2015 (7): 1490 - 1493.
14. 朱晓芳. 拟南芥细胞壁半纤维素结合铝的机制及其调控[D]. 杭州：浙江大学, 2014.

姜花中转录抑制因子 *HcJAZ1* 和 *HcJAZ2* 的克隆与功能信息学分析*

付余霞 李昕悦 范燕萍①
（华南农业大学林学与风景园林学院，华南农业大学花卉研究中心，广州 510642）

摘要 以白姜花（*Hedychium coronarium*）为材料，利用 RT-PCR 技术克隆得到两个 JA 途径的转录抑制因子 JAZ（Jasmonate ZIM-domain）基因，*HcJAZ1* 和 *HcJAZ2*。*HcJAZ1* 基因全长 1238bp，具有完整的开放阅读框 708bp，编码 235 个氨基酸，预测分子量为 25. 7kDa，等电点（pI）为 9. 26。*HcJAZ2* 基因全长 1505bp，具有完整的开放阅读框 780bp，编码 259 个氨基酸，预测分子量为 28. 5kDa，等电点（pI）为 7. 62。蛋白家族结构域分析显示 *HcJAZ1* 和 *HcJAZ2* 蛋白序列均含有和 JAZs 形成同源或者异源二聚体相关的高度保守的 TIFY（又称 ZIM）结构域，以及和泛素化降解，核定位相关的 CCT_ 1（又称 Jas）结构域。氨基酸同源序列比对结果表明不同的 JAZ 基因氨基酸序列的变化较小。聚类分析进化树结果表明，HcJAZ1 和 HcJAZ2 与拟南芥的 JAZ1 和 AtJAZ2 亲缘关系相对最近，且具有较高的同源性。核定位信号分析预测结果显示 HcJAZ1 和 HcJAZ2 均在 N 端存在一段潜在核定位信号，NLS 预测值分别为 3. 4 和 3. 1。蛋白疏水性预测分析结果表明 HcJAZ1，HcJAZ2 均有较强的疏水性。二级结构预测分析结果显示 HcJAZ1 含有 68. 5% 成 α 螺旋残基，37. 9% 成 β 折叠残基，15. 7% 成 β 转角残基；HcJAZ2 含有 56. 9% 成 α 螺旋残基，41. 9% 成 β 折叠残基，17. 7% 成 β 转角残基，这和 AtJAZ1，AtJAZ2 的二级结构表现出较高的相似性。此外，蛋白三维建模分析显示 TIFY 结构域和 CCT_ 1 结构域的空间位置关系在 HcJAZ1 和 HcJAZ2 中较为相似。

关键词 姜花 *HcJAZ*；基因克隆；序列分析；功能分析

Cloning and Functional Bioinformatics Analysis of *HcJAZ1* and *HcJAZ2* Gene from *Hedychium coronarium*

FU Yu-xia LI Xin-yue FAN Yan-ping
（*College of Forestry and Landscape Architecture*，*Flower Research Center*，*South China Agricultural University*，*Guangzhou* 510642）

Abstract A transcription inhibitors gene，named *HcJAZ1* and *HcJAZ2*，was isolated from the flowers of *H. coronarium* using the gene specific primers which obtained according to *HcJAZ* sequence by the method of RT-PCR technology. The *HcJAZ1* gene was 1238bp in length，containing a 708 bp ORF which encoded 235 amino acid residues of 25. 7 kDa molecular weighth. The *HcJAZ2* gene was 1505bp in length，containing a 780bp ORF which encoded 259 amino acid residues of 28. 5 kDa molecular weighth. Protein predicted domain indicated that *HcJAZ1* and *HcJAZ2* have the typcial high conserved site TIFY domain which can form homodimer itself or heterodimers with other receptors and CCT_ 1 motif which can bind other transcripton factors including COI1. The result of amino acid sequence alignment reveals that the protein HcJAZ1 and HcJAZ2 poss some kind of the typical TIFY domain and CCT_ 1 motif of JAZ gene families compared to the JAZ in *arabidopsis thaliana*. Phylogenetic tree analysis for AtJAZ1-12 as well as HcJAZ1 and HcJAZ2 indicates that AtJAZ1 and AtJAZ2 are the ones most closely related to HcJAZ1 and HcJAZ2. Subcellular localization shows the NLS scores of the HcJAZ1 and HcJAZ2 is 3. 4 and 3. 1，respectively. The prediction of the hydrophobic shows that HcJAZ1 and HcJAZ2 are high lyophobic. The secondary structure prediction results manifests that HcJAZ1 has 68. 5% α-helix，37. 9% β-sheet，15. 7% β-turn；HcJAZ2 has 56. 9% α-helix ，41. 9% β-sheet，17. 7% β-turn，it is highly similar with what in AtJAZ1 and AtJAZ2. Besides，the results of the 3D structure prediction shows the similar special relationship between TIFY domain and CCT_ 1 domain in both HcJAZ1 and HcJAZ2.

Key words *Hedychium coronarium*；*HcJAZ*；Gene cloning；Sequence analysis；Function analysis

---

* 基金项目：国家自然科学基金（30972026 ，31370694 和 31501789）和教育部博士点基金（20134404110016）。

① 通讯作者。Author for correspondence（E-mail：fanyanping@ scau. edu. cn）。

姜花(*Hedychium coronarium*)是姜科姜花属多年生草本植物，具有独特的花型和浓郁的芳香，是很好的切花和园林应用植物(李瑞红和范燕萍，2007)。茉莉酸(jasmonic acid，JA)及其挥发性甲酯衍生物茉莉酸甲酯(methyl-jasmonate，MeJA，也称为甲基茉莉酸)和氨基酸衍生物统称为茉莉酸类物质(jasmonates，JAs)，也称为茉莉素、茉莉酮酸和茉莉酮酯。在植物中，茉莉酸和茉莉酸类物质，是植物体内起整体性调控作用的植物生长调节物质，在植物生长发育过程以及抗逆性反应中扮演者非常重要的角色。近几年来经典茉莉酸类化合物信号通路中的一些重要组分已经鉴定出来，包括COI1蛋白、SCF^{COI1}复合体、JAZ蛋白、转录因子等(Alexander Grechkin，1998)。JAZ(Jasmonate ZIM-domain)蛋白作为JA信号传递途径的关键组分，在JA信号传递途径中起到抑制转录因子活性，负调控JA响应基因的表达的作用。

在植物中，茉莉酸类信号途径是一个由多基因或蛋白参与的复杂过程(Acosta 和 Farmer，2010；蒋科技等，2010)，其信号转导过程包含3个阶段：JA信号的产生(生物合成及代谢)、信号转导及诱导下游基因表达(基因应答)。已有研究表明，在JA信号转导过程中，JA信号、SCF^{COI1}受体复合物、转录抑制因子JAZ蛋白和转录激活因子MYC2等共同参与并相互作用(Chini et al.，2009；Katsir et al.，2008；Shan et al.，2012；Staswick，2008；Yan et al.，2009；王台等，2010)。JA信号通路最初研究对象主要是番茄和拟南芥。目前，在模式植物拟南芥(*Arabidopsis thaliana*)中，已分离鉴定12个JAZ蛋白基因(Kazan 和 Manners，2012)。

JAZs属于陆生植物特有的TIFY家族，但在最早的绿藻中并没有TIFY基因(Derelle，et al.，2006)。苔藓是最早出现的陆生植物，在其中鉴定出两个TIFY可分成两类，I类是含有一个GATA锌指结构，II类缺少GATA锌指结构。随着植物的进化过程，TIFY家族也不断地在发展，这赋予植物多样化的生理功能和发育机制。TIFY家族包括JAZs、ZIM和PPD亚类(Vanholme et al.，2007)。ZIM和ZLM(ZIM-LIKE)是推测的转录因子，含有GATA-锌指结构；JAZs是阻遏蛋白不含DNA结合结构域，并必须依赖蛋白间的互作行使功能，如和COI1结合后的泛素化降解过程(Bai et al.，2011)。

Thines等在拟南芥中JA合成突变体*opr*3(12-Oxophytodienoate reductase 3)中利用基因芯片技术发现一组受JA诱导表达但功能未知的基因。该组基因编码的蛋白均含有ZIM-domain结构域(Thines et al.，2007)。随后研究发现，在拟南芥中有12个JAZs基因，都具有ZIM结构域和Jas结构域这两个保守的结构域(Chini et al.，2007；Chung et al.，2009；Howe，2009)。进一步的研究表明，一般情况下，JAZs成员都拥有NT、ZIM和Jas 3个保守结构域。蛋白的N末端包含一个弱保守的NT结构域，此结构域可与DELLA蛋白互作((Kazan & Manners，2012；Navarro et al.，2008)。Jas结构域十分保守，由12~29个氨基酸组成，在拟南芥的12个JAZ成员中Jas结构域基本一致或有保守替换序列(Thines et al.，2007)，Jas结构域中含有核定位信号，使JAZs具有核定位特性(Grunewald et al.，2009)。Jas结构域可以同很多蛋白互作，在有JA-Ile情况下能够与COI1结合，负责JAZs的降解，在JA诱导的JAZs泛素化降解方面起重要作用，缺少Jas结构域的JAZs蛋白不能被降解，表明Jas结构域影响了JAZs蛋白的稳定性(Navarro et al.，2008)。ZIM结构域由36个氨基酸组成，其中包含保守的TIFY基序(TIF[F/Y]XG)，JAZs依赖ZIM结构域中的TIFY结构域形成同源或异源二聚体(Bai et al.，2011；Chung et al.，2009；Howe，2009；Melotto et al.，2008)。在拟南芥中已鉴定出18个TIFY成员，同样也分为两个亚群。随着对JAZs基因的深入研究发现拟南芥中的某些JAZs在转录后存在选择性剪接，同一转录本可能编码具有Jas结构域和缺失Jas结构域的蛋白(Chung et al.，2009；Howe，2009)，这种选择性剪接可能作为一种很重要的调节机制，利于植物对JA信号传导途经作出精细的反应调控。JAZ蛋白作为阻遏蛋白参与多个信号通路，可通过抑制茉莉素调控基因的表达而参与植物的生长发育(Chini et al.，2007；Katsir et al.，2008)，并参与植物抗逆抗病的相关过程(Demianski et al.，2012)。

自从JAZ蛋白被报道以来，人们对拟南芥、水稻、大豆和烟草(Yan et al.，2007)等物种中的JAZ家族基因开展了较系统和深入的研究。但是在姜花中的JAZ基因的克隆和其信息学的功能分析还未见报道。本试验中利用RT-PCR技术克隆了姜花转录抑制因子相关基因*HcJAZ*1和*HcJAZ*2，分析了其基因结构、结构域、核定位性、亲疏水性和高级结构，并将其和拟南芥中的JAZ相关基因进行同源性分析，并且构建了相应的系统进化树，在理论上初步预测HcJAZ1和HcJAZ2的功能，为研究其在姜花茉莉酸信号途径中的分子机制提供理论指导。

1 材料与方法

1.1 试验材料与试剂

试验材料所用为华南农业大学花卉研究中心基地

中自然生长状态下盛开期的白姜花，取花瓣在液氮速冻状态下保存于超低温冰箱中。

核酸分子量标准 marker、TaqDNA 聚合酶、DNAse、反转录酶试剂盒、SYBRRPremix Ex Taq™(加 ROX)酶试剂均为 TaKaRa 宝生物工程(大连)有限公司产品。PCR 产物纯化试剂盒、DNA 片段的切割回收试剂盒、质粒提取试剂盒均为上海生物工程有限公司产品。克隆载体 pMD19-T 以及大肠杆菌(Escherichia coli DH5α)购自 TaKaRa 宝生物工程有限公司。引物由华大生物技术服务有限公司合成，测序任务委托艾基生物工程有限公司完成。

1.2　总 RNA 的提取和 cDNA 第一链的合成

以超低温冰箱保存的姜花样品作为提取 RNA 的材料。RNA 提取所用的枪头、Eppendorf 管用 0.1% 的 DEPC 于 37℃ 浸泡过夜后 121℃ 高温灭菌 25min，玻璃器皿、研钵用铝箔包好后于 180℃ 下干热处理 3h，冷却后备用。采用 Trizol 法按照 Trizol(TaKaRa)的说明书提取姜花总 RNA。用1% 琼脂糖凝胶电泳检测 RNA 的完整性，利用微量分光光度计法测定其浓度和纯度，并以 M-MLV First cDNA Synthesis Kit (TaKaRa)合成 cDNA 第一链。

1.3　*HcJAZ*1 和 *HcJAZ*2 基因全长 cDNA 的克隆

根据本课题组所测白姜花转录组测序结果，找到 JAZ 转录抑制因子，并选定其中两个表达差异明显的转录因子 comp44219 和 comp40223 作为研究对象，分别命名为 *HcJAZ*1 和 *HcJAZ*2。利用生物软件 Primer Premier 5.0 设计两条在其序列中可以扩增完整编码区(ORF)的特异引物来扩增全长序列。引物委托华大生物技术服务有限公司合成。

*HcJAZ*1 上游引物：5'-ATCTCAAGCAAGAAGGCATCG -3'，下游引物：5'-GCAGAAATTCTTCCTAAGGCAAG-3'。*HcJAZ*2 上游引物：5'- CTTCCTCGGCGGATTTTCGT -3'，下游引物：5'- GCATGTGAAACTGAACTCGACTC -3'。

*HcJAZ*1 和 *HcJAZ*2 的克隆以 cDNA 为模板扩增目的基因。PCR 反应体系总体系为 25μL：2.5mmol/L dNTP2.0μL，10 × rTaq Buffer 2.5μL，5U/μL rTaq (TaKaRa)0.3μL，10μmol/L 上游引物 1μL，10μmol/L 下游引物 1μL，模板 cDNA 1μL，ddH_2O 17.2μL。PCR 反应条件：94℃ 预变性 4min；94℃ 变性 30s、55℃复性 30s、72℃延伸 1min，35 个循环；72℃延伸 10min。PCR 反应结束后，用1.0% 琼脂糖凝胶电泳初步检测 PCR 产物中是否含有目的片段条带。经琼脂糖凝胶电泳回收后纯化回收，连接到克隆载体 pMD18-T 上，并转化至大肠杆菌菌株 DH5α，菌液 PCR 鉴定后提取质粒，经由艾基生物工程有限公司完成测序。

1.4　*HcJAZ*1 和 *HcJAZ*2 的生物信息学分析

采用 NCBI 上 BLAST 软件 (http：//blast. ncbi. nlm. nih. gov/Blast. cgi)对 *HcJAZ*1 和 *HcJAZ*2 进行序列比对，分析其开放阅读框(open reading frame，ORF)。用 ExPASy-Compute pI/Mw tool (http：//web. expasy. org/compute_ pi/)预测其分子量和等电点。用欧洲生物信息研究所 EMBL-EBI 的蛋白家族结构域数据库 InterPro (http：//www. interpro. com/)和瑞士生物信息研究所 SIB 的生物信息资源包中的蛋白质家族结构域数据库 ExPASy - PROSITE(http：//prosite. expasy. org/)完成 HcJAZ1 和 HcJAZ2 结构域预测。在 UNIPROT(http：//www. uniprot. org/)中搜索模式植物拟南芥中的 JAZ 蛋白同源序列，用 Clustal Omega (http：//www. ebi. ac. uk/Tools/msa/clustalo/)将 HcJAZ1 和 HcJAZ2 序列与筛选出的模式植物拟南芥的氨基酸序列进行同源性分析，并通过进行聚类分析构建系统发育树。将筛选出拟南芥中亲缘关系较近的 JAZ 进行进一步的同源性分析。用 cNLS Mapper(http：//nls-mapper. iab. keio. ac. jp/cgi-bin/NLS _ Mapper _ form. cgi)完成亚细胞定位的核定位信号的预测。用 ExPASy-ProtScale (http：//web. expasy. org/protscale/)对 HcJAZ1 和 HcJAZ2 蛋白进行亲疏水性的预测分析。最后，用 CFFSP(http：//cho-fas. sourceforge. net/)通过 I-TASSER threading 建模 (http：//zhanglab. ccmb. med. umich. edu/I-TASSER/)，完成 HcJAZ1 和 HcJAZ2 和拟南芥中亲缘关系较近的 JAZ 之间的蛋白质二级结构以及 HcJAZ1，HcJAZ2 的三级结构结构的预测，进行比较分析。

2　结果与分析

2.1　姜花 *HcJAZ*1 和 *HcJAZ*2cDNA 全长序列的克隆与氨基酸序列分析

用姜花的 cDNA 为模板，用姜花 JAZ 的两对特异性引物经 PCR 扩增后分别得到了 700 左右和 780 左右的核苷酸序列片段(图 1)。与预期的分子量一致。将扩增产物克隆到 pMD19-T 载体上，根据蓝白斑筛选，随机挑取转化子，对重组阳性克隆送菌液测序。测序结果与预期相符，将这两个基因命名为 *HcJAZ*1 和 *HcJAZ*2。

NCBI 上 BLAST 软件和 ExPASy-Compute pI/Mw tool 对 *HcJAZ*1 和 *HcJAZ*2 进行序列比对，分析其开放阅读框(open reading frame，ORF)、分子量和等电点。

结果显示 *HcJAZ1* 基因全长 1238bp，最大 ORF 长 708bp，编码 235 个氨基酸（aa），预测分子量为 25.7kDa，等电点（pI）为 9.26。*HcJAZ2* 基因全长 1505780bp，编码 259 个氨基酸，预测分子量为 28.5 kDa，等电点(pI)为 7.62 。

利用 DNAMAN 软件，欧洲生物信息研究所 EMBL-EBI 的蛋白家族结构域数据库 InterPro 和瑞士生物信息研究所 SIB 生物信息资源包中的蛋白质家族结构域数据库 ExPASy - PROSITE 进行 HcJAZ1 和 HcJAZ2 的 cDNA 序列及编码的氨基酸序列和结构域预测。

结果(图 2，图 3)显示，该蛋白序列含有高度保守的 TIFY 和 CCT_ 1 结构域。TIFY 结构域只存在于陆生植物中，它的命名来源于其包含的一段高度保守的序列(TIF[F/Y]XG)，也称作 ZIM 结构域。由于其在上游，预示着 TIFY 在蛋白中是高度保守的。Tify 结构域与植物的生长发育的一些过程相关，其中有些还和转录因子相关。CCT_ 1 大部分在后半部分有公认的核定位信号。CCT 最早是在拟南芥的节律相关蛋白 TOC1 中发现，TOC1 是一类可以通过生物钟功能响应光调控的开花过程的自动响应调因子同源物。因此，综合以上分析结果，HcJAZ1 和 HcJAZ2 具有典型的 JAZ 的相关结构域，可以形成同源或者异源二聚体，并且和转录因子如 COI1 结合，被泛素化降解。

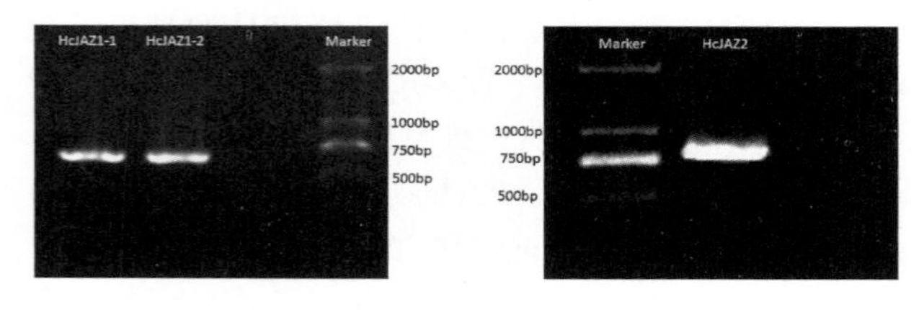

图 1　姜花 *HcJAZ1*(A)和 *HcJAZ2*(B)编码区全长 cDNA 的扩增

M：DNA DL2000 分子量标准；(A) *HcJAZ1*-1：引物 1PCR 产物；*HcJAZ1*-2：引物 2PCR 产物；(B)HcJAZ2PCR 产物

Fig. 1　*HcJAZ1* and *HcJAZ2* coding region full length cDNA amplified by RT-PCR in *Hedychium coronarium*

M: DNA DL2000 marker; (*A*) HcJAZ1-1: *primers* 1 *PCR product*; HcJAZ1-2: *primers* 2 *PCR product*; (*B*) HcJAZ2: HcJAZ2 *PCR product*

2.2　HcJAZ1 和 HcJAZ2 与拟南芥 AtJAZ1-12 氨基酸序列比对以及进化树分析

对 HcJAZ1 和 HcJAZ2 与拟南芥 AtJAZ1-12 进行同源序列比对以及进化树分析。利用 Clustal Omega 将 HcJAZ1 和 HcJAZ2 序列与筛选出的模式植物拟南芥的氨基酸序列进行同源性分析，图中“:”表示相似度较高的氨基酸，“*”表示绝对保守氨基酸。结果(图 4)表明，不同的 JAZ 基因氨基酸序列的变化较小，HcJAZ1 和 HcJAZ2 和拟南芥 AtJAZ1-12 都具有一定的同源性，尤其是在 TIFY 和 CCT1 两个保守区域。

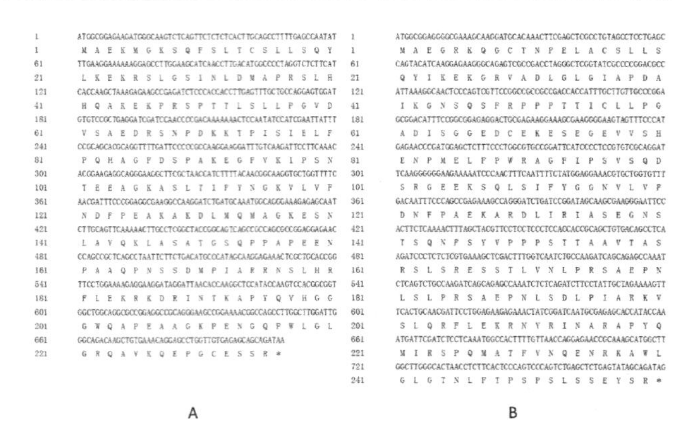

图 2　*HcJAZ1*(A)和 *HcJAZ2*(B)基因全长序列及其编码的氨基酸(*为终止密码子)

Fig. 2　*HcJAZ1*(A) and *HcJAZ2* (B) gene sequence and the amino acid (* means termination codon)

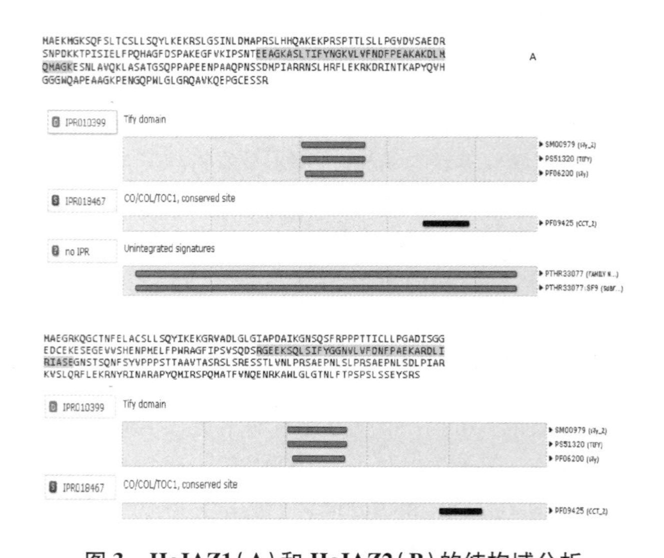

图 3　HcJAZ1(A)和 HcJAZ2(B)的结构域分析

Fig. 3　predicted domain of HcJAZ1 and HcJAZ2

为了进一步比较 HcJAZ1 和 HcJAZ2 与拟南芥 JAZ 家族基因的亲缘关系，将 HcJAZ1 和 HcJAZ2 与拟南芥 JAZ 家族基因序列的全长氨基酸序列进行聚类分析，并构建系统发育树，结果(图 5)表明 HcJAZ1 和 HcJAZ2 与拟南芥的 AtJAZ1 和 AtJAZ2 亲缘关系相对最近。将筛选出拟南芥中亲缘关系较近的 AtJAZ1 和 AtJAZ2 与 HcJAZ1 和 HcJAZ2 进行进一步的同源性分析可以发现 HcJAZ1 和 HcJAZ2 与拟南芥 AtJAZ1 和 AtJAZ2 氨基酸具有非常高的一致性。在靠近 N 端的位置有一段同源性较高的区域，综合核定位信号分析结果，该保守区域与核定位信号区域恰好吻合。此外，综合结构域功能区分析结果(图 3)，我们发现 HcJAZ1 和 HcJAZ2 序列中部的潜在“TIFY domain”与拟南芥 AtJAZ1，AtJAZ2 也显示出非常显著的同源性。

类似的，在靠近 C 端的“CTT1”区，我们也观察到类似的结果。这些结果的吻合提示 HcJAZ1 和 HcJAZ2 的结构域组成预测分析具有一定程度的可信性。另外，HcJAZ1 和 HcJAZ2 与拟南芥 AtJAZ1，AtJAZ2 的一级结构的高度相似性提示其可能与拟南芥 AtJAZ1，AtJAZ2 发挥着一定程度相似的生物学功能。

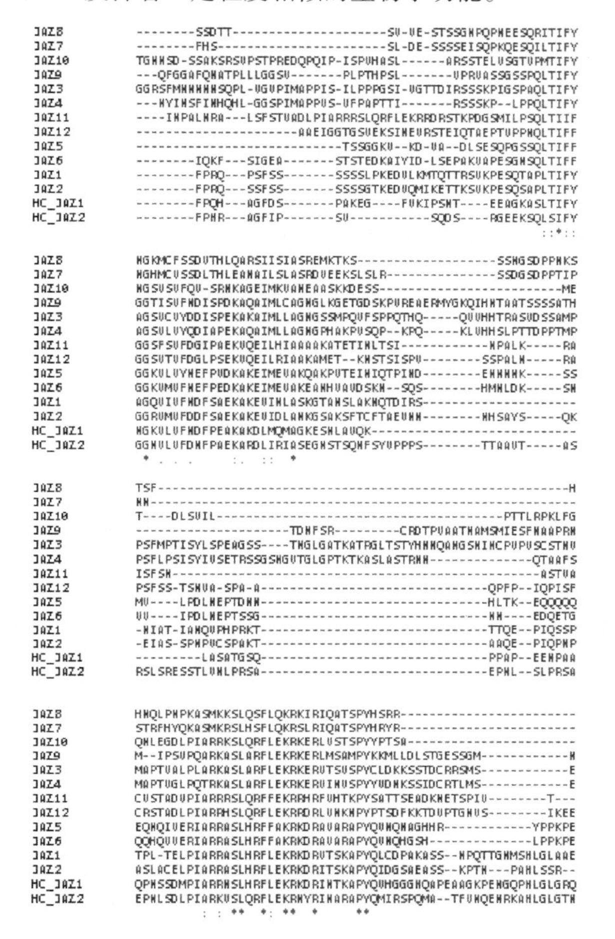

图 4　HcJAZ1 和 HcJAZ2 与拟南芥中 JAZ 氨基酸序列同源性分析

Fig. 4　Alignment of the predicted amino acid sequences of HcJAZ1, HcJAZ2 and JAZ1-12 of *Arabidopsis thaliana*

2.3　HcJAZ1 和 HcJAZ2 核定位信号预测分析

亚细胞定位是蛋白质功能研究较为直接有力的证据之一。据报道，多数 JAZ 蛋白定位于细胞核（Wim Grunewald, et al., 2009）。通过结构域分析，我们已知 HcJAZ1 与 HcJAZ2 含有 JAZ 蛋白家族较为典型的 Tify 结构域和 CCT1 保守区。我们猜想，作为 JAZ 家族的一员，HcJAZ1 和 HcJAZ2 很可能也在细胞核内发挥重要生物学功能。一般的，核定位蛋白在 N 端或 C 端具有一段富集碱性氨基酸的序列，称为核定位信号（NLS），NLS 可以被 importin α 识别并运送入核。NLS

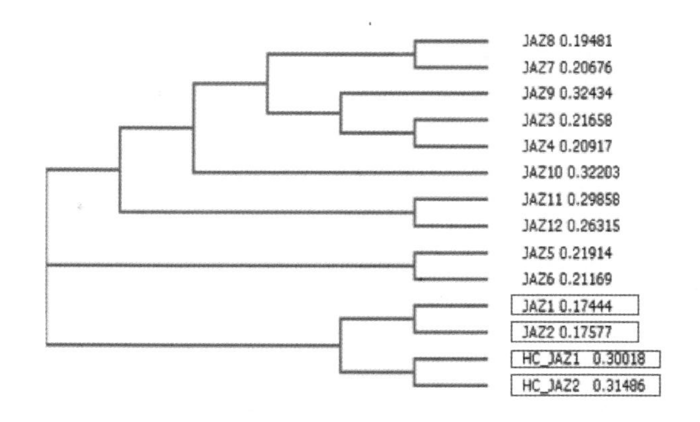

图 5　HcJAZ1 和 HcJAZ2 蛋白与拟南芥 AtJAZ1-12 的进化树

Fig. 5　Phylogenetic tree of HcJAZ1 和 HcJAZ2 and JAZ of *Arabidopsis thaliana*

序列具有一定氨基酸序列特征，本实验利用 cNLS Mapper 对 HcJAZ1 和 HcJAZ2 蛋白进行 NLS 预测，并同时对拟南芥 12 种已有文献报道或蛋白数据库注释的定位于细胞核内的 JAZ 蛋白进行分析作为对照。结果表 1 所示，NLS score 表示预测的 NLS 的活力值，该值越高表示该段序列作为核定位信号的可能越大。结果显示 HcJAZ1 和 HcJAZ2 均在 N 端存在一段潜在核定位信号，预测值分别为 3.4 和 3.1。将该预测值与拟南芥中的 12 个 JAZ 蛋白的 NLS 的值进行比较，我们发现，在已有有文献支持的拟南芥 JAZ 中，NLS 的值范围在 3.2～6.9 之间。拟南芥 JAZ7 虽然未见文献证据，但 uniprot 也将其注释为核定位蛋白，其 NLS 预测值为 2.2。因此，我们估计，HcJAZ1 和 HcJAZ2 有较大可能也定位于细胞核中，且其 NLS 很可能在蛋白序列靠近 N 端的位置。

表 1　模式植物拟南芥中的 AtJAZ1-12 基因的 NLS 值以及姜花 JAZ19 和 JAZ23 的 NSL 值

Table 1　The NLS score of JAZ in *Arabidopsis thaliana* and *Hedychium coronarium*

基因(物种) Gene(Specises)	NLS 值 NLS score	Uniprot 中的亚细胞定位注解 Uniprot subcellular annotation
AtJAZ1 (*Arabidopsis thaliana*)	4.3	nucleus reported(1publication)
AtJAZ10	6.9	nucleus reported(2publication)
AtJAZ3	3.2	nucleus reported(1publication)
AtJAZ9	4.9	nucleus reported(1publication)
AtJAZ8	NA	nucleus reported(1publication)
AtJAZ2	5.3	nucleus reported(0publication)
AtJAZ5	3.8	nucleus reported(0publication)
AtJAZ6	3.9	nucleus reported(1publication)
AtJAZ11	6	nucleus reported(0publication)

（续）

基因（物种） Gene（Specises）	NLS 值 NLS score	Uniprot 中的亚细胞定位注解 Uniprot subcellular annotation
AtJAZ4	3.7	nucleus reported（0publication）
AtJAZ12	NA	nucleus reported（0publication）
AtJAZ7	2.2	nucleus reported（0publication）
HcJAZ1	3.4	
HcJAZ2	3.1	

2.4 HcJAZ1 和 HcJAZ2 的亲疏水性分析

此外，我们对这 4 种同源 JAZ 蛋白进行了疏水性预测分析，试图预测其氨基酸残基在整个蛋白的空间相对位置。由于通常亲水性氨基酸倾向于暴露于蛋白表面而疏水氨基酸倾向于埋藏于分子内部，我们希望通过疏水性预测大致判断其可能暴露在蛋白表面较易参与蛋白相互作用的区域。

本实验利用 Hphob. /Kyte & Doolittle 进行疏水性预测，得分越高的氨基酸其疏水性越强，反之亲水性越强。如图 6 所示，疏水氨基酸的分布在同物种内的相似程度较高（拟南芥 AtJAZ1/AtJAZ2 相似；白姜花 HcJAZ1/HcJAZ2 相似），而物种间比较差异相对较大。明显的，HcJAZ1 和 HcJAZ2 在 N 端具有两个较强的疏水峰，而 AtJAZ1 和 AtJAZ2 在 N 端的疏水性相对较弱，提示了 HcJAZ1 和 HcJAZ2 的 N 端有可能埋于分子内部而 AtJAZ1 和 AtJAZ2 在 N 端可能相对较多地暴露。

此外值得注意的是，在分子中后部，4 个 JAZ 蛋白的疏水峰形态相似度相对都较高，这可能和该区域存在高度保守的 Tify 结构域有一定关系，也从另一个角度证明 HcJAZ1 和 HcJAZ2 在 Tify 区域的结构与拟南芥 AtJAZ1、ATJAZ2 高度相似，这在一定程度上预测了 HcJAZ1 和 HcJAZ2 与拟南芥 AtJAZ1，ATJAZ2 的功能很可能具有相似性。

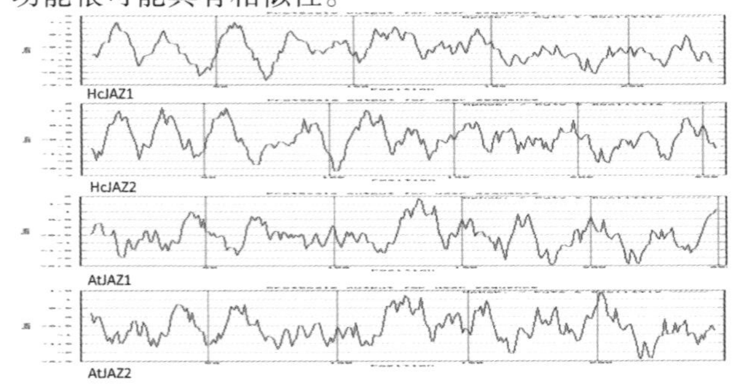

图 6 HcJAZ1，HcJAZ2 与 AtJAZ1，AtJAZ2 的疏水性的比较

Fig. 6 The comparation of hydrophobicity in HcJAZ1, HcJAZ2 and AtJAZ1, AtJAZ2

2.5 HcJAZ1 和 HcJAZ2 高级结构预测分析

同源序列比对以及进化树分析显示 HcJAZ1、HcJAZ2 以及其拟南芥高度同源蛋白 AtJAZ1、AtJAZ2 在氨基酸序列水平具有很高的相似性，于是我们猜想其二级结构很可能也具有一定相似性。因此我们进一步对其二级结构进行预测分析。本实验基于"Chou & Fasman algorithm"，利用 CFSSP 服务器对 HcJAZ1，HcJAZ2 以及 AtJAZ1，AtJAZ2 的氨基酸序列进行预测分析。另一方面，由于 HcJAZ1，HcJAZ2 缺乏已解析的同源蛋白质晶体结构，我们通过 I-TASSER threading 建模分析 HcJAZ1、HcJAZ2 可能的三级结构。

结果如图 7 至图 11 所示，HcJAZ1 含有 68.5% 成 α 螺旋残基，37.9% 成 β 折叠残基，15.7% 成 β 转角残基；HcJAZ2 含有 56.9% 成 α 螺旋残基，41.9% 成 β 折叠残基，17.7% 成 β 转角残基；AtJAZ1 含有 63.2% 成 α 螺旋残基，55.3% 成 β 折叠残基，15.4% 成 β 转角残基；AtJAZ2 含有 60.6% 成 α 螺旋残基，45.0% 成 β 折叠残基，17.7% 成 β 转角残基；从含量上分析，4 种 JAZ 蛋白的二级结构组成表现出较高的相似性。相对的，HcJAZ1 的 α 螺旋含量较高而 β 折叠较少。HcJAZ2 与拟南芥 AtJAZ2 的 α 螺旋与 β 折叠的组成比例最为相似。4 种 JAZ 蛋白的 β 转角的含量非常接近，揭示该 4 种蛋白 β 折叠的空间构象可能存在较高相似性。另一方面，从 α 螺旋、β 折叠、β 转角以及无规卷曲在肽链上的位置布局比较（图 9），我们发现拟南芥 AtJAZ1 和 AtJAZ2 蛋白的二级结构布局

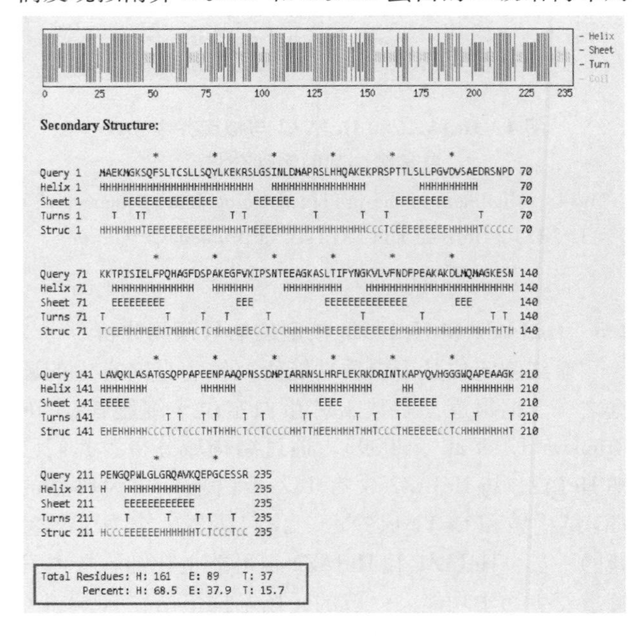

图 7 HcJAZ1 的二级结构分析

Fig. 7 HcJAZ1 secondary structure

具很高相似性，然而比较 HcJAZ1 和 HcJAZ2 可以发现，其二级结构在肽链上的布局差异相对较明显，揭示 HcJAZ1 和 HcJAZ2 可能在功能上具有一定的特异性。三级结构预测结果如图 10、图 11 所示，I-TASSER 预测值 C-score 表示预测结构的可信度（区间 -5 至 2），分值越大可信度越高。HcJAZ1，HcJAZ2 的 C-score 均为 -2.7，这对 HcJAZ1 和 HcJAZ2 的实际高级结构有一定的提示作用。结果显示 HcJAZ2 相较于 HcJAZ1 其 α 螺旋较少，结构相对松散。虽然 HcJAZ1，HcJAZ2 三维构象有一定差异，但 TIFY 结构域 CCT_ 1 结构域的空间相对位置比较相似，均呈现相交的三角状，提示 TIFY 结构域 CCT_ 1 在空间上可能存在一定联系。

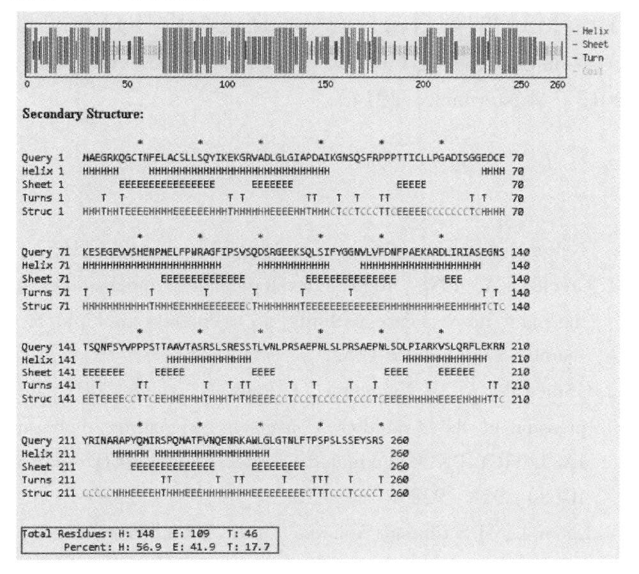

图 8　HcJAZ2 的二级结构分析

Fig. 8　HcJAZ2 secondary structure

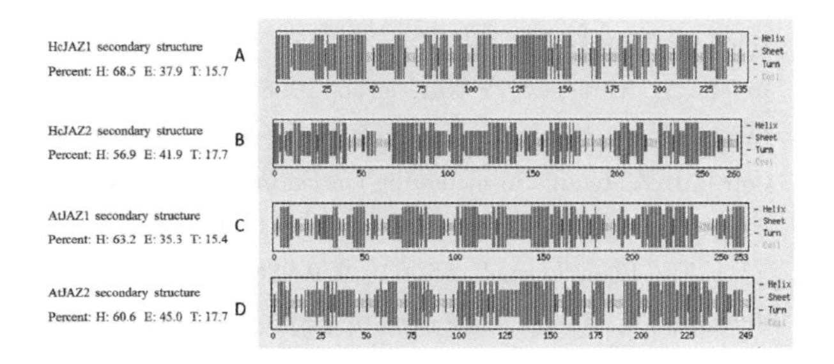

图 9　HcJAZ1(A)，HcJAZ2(B)与 AtJAZ1(C)，AtJAZ2(D)的二级结构的比较

Fig. 9　The comparation of secondary structure in HcJAZ1, HcJAZ2 and AtJAZ1, AtJAZ2

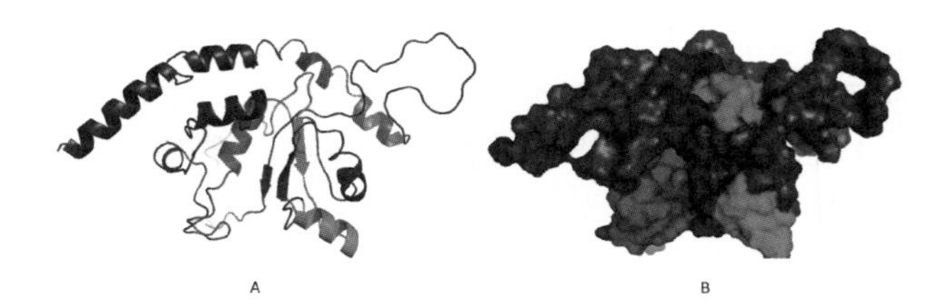

图 10　HcJAZ1 蛋白的高级结构

Fig. 10　Senior structure of HcJAZ1 protein

A：二级结构；B：分子表面结构（以结构域着色，绿色表示 TIFY 结构域，红色表示 CCT_ 1 结构域）

A: secondary structure; B: surface molecule structure (colouring is based on the domain, where green represent TIFY domain, red represent CCT_ 1 motif)

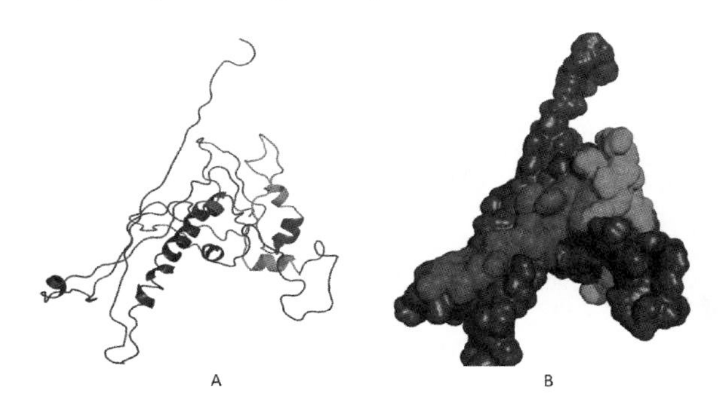

图 11　HcJAZ2 蛋白的高级结构

Fig. 11　Senior structure of HcJAZ2 protein

A：二级结构；B：分子表面结构（以结构域着色，绿色表示 TIFY 结构域，红色表示 CCT_ 1 结构域）

A: secondary structure; B: surface molecule structure (colouring is based on the domain, where green represent TIFY domain, red represent CCT_ 1 motif)

3　讨论

本研究中通过 RT-PCR 技术克隆获得姜花中的两个 JAZ 基因 *HcJAZ1* 和 *HcJAZ2*，其结构域预测结果显示这两个 JAZ 蛋白序列均含有高度保守的 TIFY（又称 ZIM）和 CCT_ 1（又称 Jas）结构域，这和已经报道的 JAZ 结构的保守区域相符合（Chini et al., 2007; Chung 2008; Howe, 2009），JAZ 一般分为 N 末端的 NT 结构域，ZIM 结构域和 jas 结构域。其中 ZIM 结构域含有保守的 TIFY 基序。3 个结构域可以和其他因子形成二聚体，其中 jas 结构域中含有核定位特点（Kazan 和 Manners, 2012）。

核定位信号预测分析结果显示 HcJAZ1 和 HcJAZ2 很可能具有潜在 N 端核定位信号。本实验利用 cNLS Mapper 对 HcJAZ1 和 HcJAZ2 蛋白进行 NLS 预测，同时比较对拟南芥 12 种已有文献报道或蛋白数据库注释的定位于细胞核内的 JAZ 蛋白，结果显示 HcJAZ1 和 HcJAZ2 均在 N 端存在一段潜在核定位信号，其预测值与拟南芥中的 12 个 JAZ 蛋白的 NLS 的值进行比较后，可以预测 HcJAZ1 和 HcJAZ2 有较大可能也定位于细胞核中，且其 NLS 很可能在蛋白序列靠近 N 端的位置。虽然在已有文献报道的许多植物中的 JAZ 蛋白的核定位信号是位于 CCT_ 2 保守区（Grunewald et al. , 2009；Yang et al. , 1999），但是 NLS 预测并未发现 HcJAZ1 和 HcJAZ2 在 C 端具有典型的核定位信号区，我们将在后续实验中进一步证实 HcJAZ1 和 HcJAZ2 核定位信号的真实位置。

与模式植物拟南芥中的 JAZ 进行同源性比较和进化树分析的结果表明 HcJAZ1 和 HcJAZ2 与拟南芥的 AtJAZ1 和 AtJAZ2 亲缘关系相对最近，其氨基酸具有非常高的一致性。综合核定位信号分析结果该保守区域后发现其中同源性较高。HcJAZ1 和 HcJAZ2 二级结构布局差异相对较明显，揭示 HcJAZ1 和 HcJAZ2 可能在功能上的特异性。已知在植物中 JAZ 功能各有差异，这是由于每个 JAZ 成员所能互作的因子不同，这也是今后探究 JAZs 功能的关键之一。研究发现，JAZ 家族成员间可以形成同源或异源二聚体，而且 JAZs 行使功能大多都以二聚体形式进行，但是这种二聚体的存在形式的确切作用至今还没有得到完整阐释（Memelink，2009）。对 JAZ 结构的初步信息学分析也在一定程度上有助于对 JAZ 与其他因子相互作用的研究。

目前，对各种植物中的 JAZs 已有较多的研究，也取得了较大的成果，这也促进了 JA 信号通路的研究。转录抑制因子 JAZ 在 JA 信号途径中起到调控枢纽的作用，它把 JA 信号通路与其他信号通路相互联系在一起，深入对 JAZs 的信息学功能的了解将有助于诠释植物的激素调控网络，促进今后对 JAZs 更进一步的功能探究（León，2013；Pérez 和 Goossens，2013；Wasternack，2014）。

参考文献

1. 李瑞红，范燕萍．2007. 白姜花不同开花时期的香味组分及其变化[J]. 植物生理学通讯，01：176－180.
2. 蒋科技，皮妍，侯嵘，等．2010. 植物内源茉莉酸类物质的生物合成途径及其生物学意义[J]. 植物学报，02：137－148.
3. 王台，钱前，袁明，等．2010. 2009 年中国植物科学若干领域重要研究进展[J]. 植物学报，45(3)：265－306.
4. Acosta I F, E E Farmer. 2010. Jasmonates. The Arabidopsis book/American Society of Plant Biologists，8：e0129.
5. Bai Y, Y Meng, D Huang, et al. 2011. Origin and evolutionary analysis of the plant-specific TIFY transcription factor family[J]. Genomics，98(2)：128－136.
6. Chini A, M Boter, R Solano. 2009. Plant oxylipins：COI1/JAZs/MYC2 as the core jasmonic acid-signalling module[J]. Febs Journal，276(17)：4682－4692.
7. Chini A, S Fonseca, G Fernandez, et al. 2007. The JAZ family of repressors is the missing link in jasmonate signalling [J]. Nature，448(7154)：666－671.
8. Chung H S, G A Howe. 2009. A critical role for the TIFY motif in repression of jasmonate signaling by a stabilized splice variant of the JASMONATE ZIM-domain protein JAZ10 in Arabidopsis[J]. The Plant Cell，21(1)：131－145.
9. Demianski A J, K M Chung, B N Kunkel. 2012. Analysis of Arabidopsis JAZ gene expression during Pseudomonas syringae pathogenesis[J]. Molecular plant pathology，13(1)：46－57.
10. Derelle E, C Ferraz, S Rombauts, et al. 2006. Genome analysis of the smallest free-living eukaryote Ostreococcus tauri unveils many unique features[J]. Proceedings of the National Academy of Sciences，103(31)：11647－11652.
11. Grechkin A. 1998. Recent developments in biochemistry of the plant lipoxygenase pathway[J]. Progress in Lipid Research，37(5)：317－352.
12. Grunewald W, B Vanholme, L Pauwels, et al. 2009. Expression of the Arabidopsis jasmonate signalling repressor JAZ1/TIFY10A is stimulated by auxin[J]. EMBO reports，10(8)：923－928.
13. Katsir L, H S Chung, A J Koo, et al. 2008. Jasmonate signaling：a conserved mechanism of hormone sensing[J]. Current opinion in plant biology，11(4)：428－435.
14. Kazan K, J M Manners. 2012. JAZ repressors and the orchestration of phytohormone crosstalk[J]. Trends in plant science，17(1)：22－31.
15. Melotto M, C Mecey, Y Niu, et al. 2008. A critical role of two positively charged amino acids in the Jas motif of Arabidopsis JAZ proteins in mediating coronatine-and jasmonoyl isoleucine-dependent interactions with the COI1 F-box protein [J]. The Plant Journal，55(6)：979-988.
16. Memelink J. 2009. Regulation of gene expression by jasmonate hormones[J]. Phytochemistry，70(13)：1560－1570.
17. Navarro L, R Bari, P Achard, et al. 2008. DELLAs control plant immune responses by modulating the balance of jasmonic acid and salicylic acid signaling[J]. Current Biology，18(9)：650－655.
18. Pérez A C, A Goossens. 2013. Jasmonate signalling：a copycat of auxin signalling? [J]. Plant, cell & environment，36(12)：2071－2084.

19. Shan X, J Yan, D Xie. 2012. Comparison of phytohormone signaling mechanisms[J]. Current opinion in plant biology, 15(1): 84 - 91.
20. Staswick P E. 2008. JAZing up jasmonate signaling[J]. Trends in plant science, 13(2): 66 - 71.
21. Thines B, L Katsir, M Melotto, et al. 2007. JAZ repressor proteins are targets of the SCFCOI1 complex during jasmonate signalling[J]. Nature, 448(7154): 661 - 665.
22. Vanholme B, W Grunewald, A Bateman, et al. 2007. The tify family previously known as ZIM[J]. Trends in plant science, 12(6): 239 - 244.
23. Wasternack C. 2014. Perception, signaling and cross-talk of jasmonates and the seminal contributions of the Daoxin Xie's lab and the Chuanyou Li's lab[J]. Plant cell reports, 33(5): 707 - 718.
24. Yan J, C Zhang, M Gu, et al. 2009. The Arabidopsis CORONATINE INSENSITIVE1 protein is a jasmonate receptor [J]. The Plant Cell, 21(8): 2220 - 2236.
25. Yan Y, S Stolz, A Chételat, et al. 2007. A Downstream Mediator in the Growth Repression Limb of the Jasmonate Pathway[J]. The Plant Cell, 19(8): 2470 - 2483.
26. Yang M, W S May, T Ito. 1999. JAZ requires the double-stranded RNA-binding zinc finger motifs for nuclear localization[J]. Journal of Biological Chemistry, 274(39): 27399 - 27406.
27. Li Rui-hong, Fan Yan-ping. 2007. Changes in floral aroma constituents in Hedychium coronarium Koening during different blooming stages[J]. Plant physiology communications, (01): 176 - 180.
28. Wang Tai, Qian qian, Yuan Ming, et al. 2010. Scientific development in several aera of Chinese Botony[J]. Chinese Bulletin of Botonay, 45(3): 265 - 306.
29. Jiang Ke-ji Pi Yan, Hou Rong, et al. 2010. Jasmonate Biosynthetic Pathway: Its Physiological Role and Potential Application in Plant Secondary Metabolic Engineering[J]. Chinese Bulletin of Botonay. (02): 137 - 148.

朵丽蝶兰花青素合成酶(*ANS*)基因的克隆与生物信息学分析*

钟淮钦[1,2,3]　樊荣辉[1,2,3]　黄敏玲[1,2,3]①*　林 兵[1,2,3]　林榕燕[1,2,3]
([1]福建省农业科学院作物研究所，福州 350013；[2]福建省农业科学院花卉研究中心，福州 350013；
[3]福建省特色花卉工程技术研究中心，福州 350013)

摘要　花色素合成酶(ANS)是植物花色素苷合成途径末端的关键酶，催化无色花色素到有色花色素的转变。本研究利用 RT-PCR 和 RACE 技术从朵丽蝶兰'满天红'深红色花瓣中克隆获得一个 *ANS* 基因，命名为 *DtpsANS*。该 cDNA 序列全长 1339bp，编码 359 个氨基酸。氨基酸序列分析表明，该基因编码蛋白含有典型的 DIOX-N 和 2OG-FeII-Oxy 保守功能域，属于 2-酮戊二酸双加氧酶家族；多重比对和系统进化树分析表明，朵丽蝶兰 DtpsANS 蛋白与兰科植物的文心兰 DFR 蛋白的同源性为 66%，亲缘关系最近。初步表明 *DtpsANS* 基因可能与朵丽蝶兰的花色形成有关。

关键词　朵丽蝶兰；*ANS* 基因；cDNA 克隆；生物信息学

Cloning and Sequence Analysis of Anthocyanidin Synthase Gene in *Doritaenopsis hybrid*

ZHONG Huai-qin[1,2,3]　FAN Rong-hui[1,2,3]　HUANG Min-ling[1,2,3]　LIN Bing[1,2,3]　LIN Rong-yan[1,2,3]
([1]*Institute of Crop Sciences*, *Fujian Academy of Agricultural Science*, *Fuzhou* 350013；
[2]*Flowers Research Center*, *Fujian Academy of Agricultural Science*, *Fuzhou* 350013；
[3]*Fujian Engineering Research Center for Characteristic Floriculture*, *Fuzhou* 350013)

Abstract　Anthocyanidin synthase (ANS) is one of the key enzymes in the biosynthesis of plant anthocyanidin, which catalyzes conversion of leucoanthocyanidin into colored anthocyanidin. Here, *ANS* gene was obtained from bright red petals of *Doritaenopsis* hybrid Queen beer 'Red Sky' using RT-PCR and RACE techniques and designated as *DtpsANS*. The full-length cDNA sequence of *DtpsANS* gene was 1339bp, encoding a polypeptide of 359 amino acids. Amino acid sequence analysis indicated that DtpsANS including two conservative functional domains, DIOX-N and 2OG-Fell-Oxy, which is strictly conservative in the 2-oxoglutarate-dependent dioxygenases superfamily. Multiple sequence alignment and Phylogenetic tree showed that DtpANS shared up to 66% homology with *Oncidium* hybrid cultivar. The research preliminarily shows that *DtpsANS* gene related to flower color formation of *Doritaenopsis*.

Key words　*Doritaenopsis hybrid*；*ANS* gene；cDNA cloning；Bioinformatics

朵丽蝶兰(*Doritaenopsis hybrid*)为兰科(*Orchidaceae*)朵丽蝶兰属(*Doritis*)，是蝴蝶兰(*Phalaenopsis*)与朵丽兰(*Doritis*)杂交形成的杂交属(Cui 等，2004)。虽广义上仍属于蝴蝶兰属(Christenson，2001；Tsai 等，2010)，但其植株轻盈、花色丰富艳丽，花期更长，具更高的观赏和经济价值，成为商业应用最多的杂交种类之一(Cui 等，2004)，市场份额占商品蝴蝶兰一半以上。进一步利用朵丽蝶兰进行品种改良成为了蝴蝶兰育种的热点，探讨其花色形成分子机制具有重要的意义。

花色素苷是类黄酮生物合成的产物之一，在关键酶基因和调节基因等的调控下，影响着植物叶、花和果实中红色、紫色和蓝色等颜色的一系列变化，其生物合成是目前研究最为清楚的植物次生代谢途径之一(Dixon 和 Steele，1999)。花色素合成酶(ANS)是花色苷生物合成途径后期的关键酶之一，它依赖 2-酮戊

* 基金项目：福建省科技计划项目－省属公益类科研专项(2014R1026-9)；福建省种业创新与产业化工程专题子项目(FJZZZY-1518)。
① 通讯作者。E-mail：huangm1618@163. corn。

二酸离子和 Fe^{2+} 催化无色花色素转化成有色花色素（Heller 等，1985）。在许多植物中，*ANS* 由一个小基因家族所编码，目前已从矮牵牛、文心兰、鹤望兰、茄子、玉米、葡萄、甘薯和马铃薯等作物中克隆到 *ANS* 基因(Reddy 和 Coe，1962；Chiou 和 Yeh，2008；樊荣辉 等，2013；Menssen 等，1990；Reedy 等，2007；Samuelian 等，2009；Mano 等，2007)。

目前，从分子水平上对朵丽蝶兰花色形成机理的研究国内鲜有报道。本实验从朵丽蝶兰品种'满天红'深红色花瓣中克隆获得 *ANS* 基因 cDNA 全长，对其序列和编码的蛋白质进行生物信息学分析，旨在为进一步了解朵丽蝶兰 *ANS* 基因的生物学功能奠定分子基础，为研究花色的形成与代谢机理及应用提供理论参考。

1 材料与方法

1.1 材料

以福建省农业科学院作物研究所花卉研究中心种质资源圃保存的朵丽蝶兰品种'满天红'(花瓣、萼片与唇瓣颜色均为深红色)为供试材料。剪取盛花期花瓣后迅速投入液氮速冻后，存入-70℃冰箱保存备用。

大肠杆菌 DH5α 菌株由本实验室保存，RNA 提取试剂盒购自北京百泰克生物技术有限公司，实验所用其他试剂及试剂盒购自宝生物工程(大连)有限公司，引物合成及测序均由上海生工生物工程技术服务有限公司完成。

1.2 总 RNA 的提取和 cDNA 的克隆

采用多糖多酚植物 RNA 提取试剂盒提取总 RNA。使用 PrimeScriptTM 1st Strand cDNA Synthesis Kit 反转录试剂盒合成 cDNA 第一链用于 RT-PCR 扩增，反转录引物序列见表 1。

根据 GenBank 中其他兰科植物的 *ANS* 基因序列设计一对保守区特异引物 ANS-F、ANS-R(表 1)，以反转录的 cDNA 第一链为模板进行 PCR 扩增。扩增程序为：94℃ 5min；94℃ 30s，56℃ 30s，72℃ 60s，35 循环；72℃ 10min，4℃保存。

根据 *ANS* 基因保守区测序结果，设计 3′端顺式特异引物 ANS3′(表 1)，与通用引物 AUAP(表 1)配对进行 PCR 扩增，退火温度为 56℃。

在已获得的 *ANS* 基因序列的基础上，设计两个 5′端反式特异引物 ANS5′-1 和 ANS5′-2(表 1)，以反转录的 cDNA 第一链纯化、加尾液为模板，ANS5′-1 配对通用引物 AAP(表 1)进行第一轮扩增，以第一轮 PCR 产物稀释一倍液为模板，ANS5′-2 配对通用引物 AUAP 进行第二轮扩增。退火温度为 58℃。

根据拼接获得的 *ANS* 基因 cDNA 全长，设计全长引物 ANSO-F 和 ANSO-R(表 1)，进行基因 cDNA 全长扩增，验证已获得的序列。

PCR 扩增产物经 1.5% 琼脂糖凝胶电泳检测，回收纯化后连接到 pMD19-T 载体上转化，挑取阳性克隆，PCR 验证后送样测序，获得基因序列。

1.3 序列分析

使用 GenBank 中的 BLAST 进行基因与推导的氨基酸序列的检索与结构功能域预测，DNA MAN 和 Primer 5.0 进行序列拼接及氨基酸序列比对等，BioXM 2.6 对序列进行氨基酸组成、等电点等分析，利用 Prosite 和 P-Blast 在线预测蛋白磷酸化位点和功能结构域，MEGA4.0 软件中的 Neighbor-Joining(邻位相连法，NJ)法构建系统进化树等。

表 1 朵丽蝶兰 *ANS* 基因克隆引物

Table 1 Primers used to isolate of *ANS* gene in *Doritaenopsis hybrid*

引物名称	引物序列(5′-3′)
ANS-F	TGRAGATMAACTACTACCC
ANS-R	GCTCRCARAARSGCCCA
ANS 3′	CCTCTCCTTCATCCTCCACAA
ANS 5′-1	CACCCTCGACTTGAACAACTTCC
ANS 5′-2	CGTTGTGGAGGATGAAGGAG
AP	GGCCACGCGTCGACTAGTAC$(T)_{17}$
AUAP	GGCCACGCGTCGACTAGTAC
AAP	GGCCACGCGTCGACTAGTACGGGGGGGGGG
ANSO-F	CATCCGTTCTACACCGTCCAGT
ANSO-R	TTCTTCCTTCTTCCTCTCCCAC

2 结果分析

2.1 *ANS* 基因全长 cDNA 克隆与序列分析

以朵丽蝶兰'满天红'花瓣总 RNA 反转录获得的 cDNA 第一链为模板，简并引物 ANS-F 和 ANS-R 进行 PCR 扩增，测序结果获得一条长度为 285bp 的 cDNA 片段(图 1 A)，编码 93 个氨基酸。经 BLAST 检索分析，该序列编码氨基酸与胡萝卜、芍药、三花龙胆、玫瑰及菊花等的同源性达 83% ~89%，初步确定此片段为朵丽蝶兰 *ANS* 基因的保守序列。

特异性引物 ANS3′与通用引物 AUAP 配对，进行 3′端 RACE-PCR 扩增，测序结果表明 3′端序列长 496bp(图 1 B)，与保守区有 209bp 的重叠区段，终止密码子后有长 82bp 的 3′端非编码区，其中包括一个含 18 个腺苷酸的 poly(A)。

利用特异反式引物 ANS5′-1 和 ANS5′-2，以 cDNA

第一链加同聚物尾合成第二链为模板进行巢式扩增，测序结果表明5′端序列长898bp(图1 C)，该片段与保守区cDNA有99bp的重叠区段，扣除重叠序列和加同聚物尾序列，实际大小为767bp。

根据获得的*ANS*基因保守区序列、5′端和3′端序列结果，拼接出全长cDNA，以引物ANSO-F和ANSO-R进行PCR扩增，目的片段符合预期1218bp(图1D)，确证其为朵丽蝶兰*ANS*基因序列，命名为*DtpsANS*。该cDNA全长1339bp，具有完整的开放阅读框(第133～1206个碱基)，共1077个碱基，编码359个氨基酸，含有132bp的5′非编码区和133bp的3′非编码区。推测其编码蛋白的分子量为39.76 kD，推测的理论等电点为2.18。该cDNA序列GenBank登录号为：KF263663。

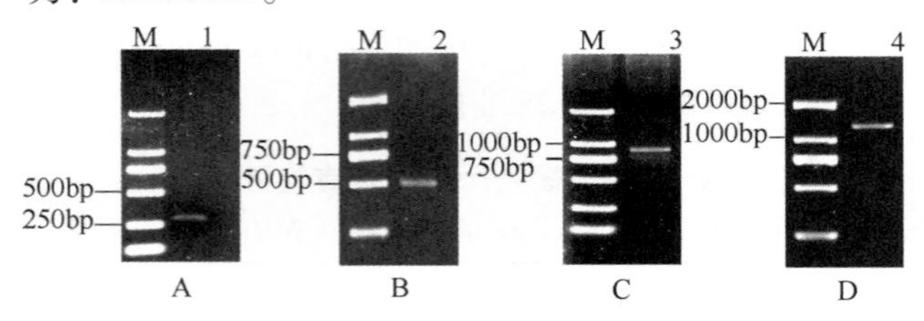

图1 朵丽蝶兰*ANS*基因的PCR扩增结果

Fig. 1 PCR amplification Products of *ANS* gene in *Doritaenopsis hybrid*

M：DL 2000 marker；1：保守区扩增产物；2：3′RACE扩增产物；3：5′RACE扩增产物；4：全长扩增产物

M：DNA marker DL2000；1：product of conserved region；2：product of 3′RACE；3：product of 5′RACE；4：product of full-length

2.2 *ANS*基因编码蛋白结构分析

BioXM 2.6分析表明，DtpsDFR蛋白分子量为39.76kD，推测的理论等电点为2.18。ProtScale等在线工具分析显示：DtpsDFR没有信号肽，属于水溶性蛋白，不存跨膜显现，不属于分泌蛋白；其定位在线粒体、叶绿体或者分泌到胞外的可能性均比较小，有可能定位于细胞质上。Prosite预测分析发现，DtpsDFR蛋白含2个蛋白激酶C磷酸化位点、5个酪蛋白激酶Ⅱ磷酸化位点、4个N端酰基化位点、1个酰胺化位点、1个N端糖基化位点和1个*ArgE / dapE / ACY1 / CPG2 / yscS*家族标志蛋白位点。

*NCBI*中*P-Blast*程序对*DtpsANS*基因编码的氨基酸序列分析表明：编码的蛋白具有2个保守功能域(图2)，一个是吗啡*N*端合成的双氧酶超家族保守结构域(第50～161位)，一个是2-酮戊二酸-*Fe*2+-双加氧酶超家族保守结构域(第209～309位)。

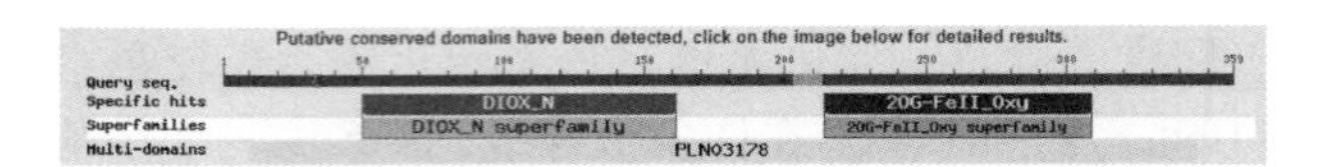

图2 朵丽蝶兰ANS编码蛋白功能结构域

Fig. 2 Functional domain of ANS coded protein in *Doritaenopsis hybrid*

2.3 *ANS*基因编码蛋白同源性分析

将朵丽蝶兰DtpsANS基因完整开放阅读框编码的氨基酸序列与其他植物*ANS*蛋白进行同源性多重对比分析(图3)，该序列与文心兰(*AET*99288)的同源性达81%，与荷兰鸢尾(*BAF*62629)、马铃薯(*AEJ*90548)和甜橙(*AAT*02642)等其他植物*ANS*蛋白的同源性在57%～66%之间。*DtpsANS*含有与其他同源基因相似的*main ORF*，显示了花青苷元合成酶进化的保守性。

为了进一步了解*DtpsANS*基因与其他植物*ANS*间的进化关系，采用*MEGA*5.05软件的*NJ*法构建系统进化树(图4)，结果表明：*ANS*基因的进化基本符合植物分类学分类，即单子叶与双子叶植物分属于各自的聚类簇。在单子叶植物中，蝴蝶兰*DtpsANS*与同属兰科植物的文心兰处于同一分支，亲缘关系最近；其次是荷兰鸢尾、中国石蒜和百合，与鹤望兰、红掌的亲缘关系较远。基本表现出属内同源性很高、属间相对较低的特点。

3 讨论

花青素合成酶作为花色素苷合成通路末端的酶，决定了花青素的累积，在花色形成及果实着色中发挥重要作用(*Saito*等1999)。*ANS*属于2-O-酮戊二酸和铁离子依赖的双加氧酶家族，其保守结构域中含有的2-O-酮戊二酸和铁离子结合位点是细胞色素P450家族基因普遍存在的活性中心结构(Wilmouth等2002)，并与花色素苷合成途径中同属此家族的黄烷酮3-羟化酶(F3H)在一些保守性基序上有一定同源性(Owens等，2008)。

本研究成功克隆了朵丽蝶兰花青素合成酶基因*DtpsANS*，并对其编码的蛋白质进行了生物信息学分析。保守结构域分析表明，该基因编码的蛋白吗啡N端合成的双氧酶超家族保守结构域，含有典型的2-O-酮戊二酸和Fe^{2+}依赖的双加氧酶家族(2OG-FeII_Oxy)的保守结构域，具有双加氧酶家族基因典型特征，有与Fe(Ⅱ)结合所需的His、Asp及与2-O-酮戊二酸特异结合的Arg，这与其他植物*ANS*的典型特征相一致(Rosati等，1999)。但是，*DtpsANS*编码的保守氨基酸数目与其他植物*ANS*有所差异(Martin等，

1991)。系统进化分析显示，朵丽蝶兰 *DtpsANS* 蛋白与单子叶植物的 *ANS* 蛋白聚为一支，而与双子叶植物亲缘关系较远，表明 *DtpsANS* 的进化基本符合植物分类学的进化规律。这些均证明了分离得到的 *DtpsANS* 具有 *ANS* 蛋白典型的结构特征和生物特性。推测 *DtpsANS* 基因可能在转录水平上参与朵丽蝶兰花色形成的调控。

```
Aa        MATEVMTAVPAGS  SL S  IQA  L YV PAE RVSLTDALEAARRAED.GPQI TVDVAGFSS..GDEAARRACAEAVRR  TD   HVV  IPL  IRRMQAA EA  A PI   117
Dtps      ...MATKAIPSTP  IL N  LDF  A FV PQS REHLLDALNKNPC....GVEI IVDLGGFSS....EEGRRRCVEEVTA  ME   FLV  LPE  IERLQAA KG  E PV   109
Fe        ......MVSITSS  SL S  IQS  K YV PEE LTSIGNVFEEEKK.E..GPQV TIDIKDIAS..DDKEVRAKAIETLKK  ME   HLV  IPD  TTRVKNA AT  E PI   109
Gm        .......MGTVAP  SL S  IKC  K YV PEK LKSIGNVFEEEKK.E..GPEV TIDLREIDS..EDEVVRGKCRQKLKK  EE   NLV  IQD  IERVKKA EE  G AV   108
Gt        ....MGS..LLPS  SL I  IKT  K YI PKE LASIGNIFEEAKNNNKTSQIV TIDLKDMDSLDNNKDVQTQCHDELKN  ME   NLV  ISQ  INRVKSA QA  D PI   114
Lc        ...........MV  SL S  LDA  S YV PEC RDHLGDALEEVKKAEK.GPQI IIDLKGFDEESSDDIKRIKCIESVKI  KE   HIT  ISQ  IEKVRAV KG  D PM   108
Md        ....MVSSDSVNS  TL G  IST  K YI PKD LVNIGDIFEQEKNNE..GPQV TIDLKEIES..DNEKVRAKCREELKK  VD   HLV  ISD  MDKVRKA KA  D PI   112
Od        ...MAT.IIPPAP  II N  LST  P FV TES REHLADALNKGCC....RVGI IVDLASFSS....KEGRQRFLEEVSA  VE   IIV  LSE  IEQLQAT KG  E PV   108
Sr        MATKVVSAVP...  IL R  INE  T YI PES RLSVGDAFEEVRKTAE.GPQI VVDLQGFDS..PDEAVRLACVEEVKK  SD   HIV  ISL  IEQLRRV KE  D PI   114
St        ...MVSEVVPTPS  SL K  IQV  K YV PQE LNGIGNIFEDEKKDE..GPQV TINLKEIDS..EDKEIREKCHQELKK  VE   HLV  ISD  IDRVKVA GT  D PV   113
Consensus             rve  a sg   ip e  r   e                  p                       aa  wgvm  nhg  el        g  ff l  e

Aa        E  K     SS NI    SK    NAS Q    Q    HLIF ED A FSI  KQ AN VEETREFGRQL VVAS MLAM  LG  VE.EGKL A V  IEDLL  MK     R    E  V   236
Dtps      A  K     SR QI    SK    NEN T    Q    HLVY PE T LAI  TE AD IAATTSFAKEL TLAS MFSI  LG  LD.QNKL S L  QDDLL  LK     R    E  L   228
Fe        E  K     AS KI    SR    NAS Q    E    HLAY ED R LSV  QT SD VPATSEYAKEL SLAT IMSA  LA  LE.EDRL K V  IEELL  MK     K    E  L   228
Gm        E  K     ES KI    SK    NAS Q    E    HLVF ED R LSI  KK DD IEVTSEYAKRL GLAT MLEA  IG  LE.GGRL K V  MEELL  LK     I    E  L   227
Gt        E  K     AS NV    SR    NAS Q    E    HCIY ER R MSI  KT HD IPATIEYAKQL DLAT VLAV  VG  LE.PDRL N V  MEEMI  KK     K    E  L   233
Lc        M  Q     SE KI    SK    NSC K    E    HLIF SD V MSI  KQ SE IEVMQEFARQL VVVS MLAI  LG  LKDEGKV T L  MEDLL  MK     K    D  V   228
Md        L  K     AS KI    SK    NAS Q    E    HCVY ED R LSI  QT AD IEATAEYAKQL ELAT VLKV  LG  LD.EGRL K V  LEELL  MK     K    E  L   231
Od        E  K     SR QI    TK    NEN K    Q    RLVY PE T LAI  TE AD IATTRCFAEEL ILAS MFSI  LG  LD.ENKI A L  RDELL  LE     C    E  F   227
Sr        Q  Q     SS KI    SK    NAS Q    E    HLIF EE T LSI  KQ SD IEVTKEFGKQL VVVT MLQA  LG  LK.EGKL E L  MEDLL  MK     I    E  L   233
St        E  K     AS NV    SK    SAC Q    E    HCVF ED R LAI  KT AD IPATSEYAKQI NLAT IFAV  IG  LE.EGRL K V  MEDLL  MK     K    E  L   232
Consensuske yandq  g  qgyg  lan    g lew dyff    p  k d    wp  p  y             r     k     ls  lg          e e gg      lq  inyyp cpqp la

Aa           A     A S IL  MV   VHNEGQ. VT RC  DS IM V  VVE L   QYK I    L N  K  V   V      RDKIL Q LPDILGQGRPAQ P    SQ IQH L RK.   354
Dtps         A     S S IL  GI   VFKNGAG IT PL  NS IV V  SLE I   RCH V    L S  N  I   V      REKVV R LPELVGKGEVAR E    AE LER L KS.   347
Fe           A     A T IL  MV   LFYEGK. VT KC  NS IM I  TLT L   KYK I    L N  K  I   V      KHSII K LPELVSESEPAE P    AQ IEY L RK.   346
Gm           A     S T LL  MV   LFYQGQ. FT KC  NS LM I  TIE L   KYK I    L N  K  I   M      KEKII Q LPELVTETEPAR P    AQ IHH L RK.   345
Gt           A     A T IL  MV   LFYQGK. IT KC  DS IM V  TLE L   KYK I    L N  K  I   V      KDKII K LPETVSEIEPAR P    AE IKH I RK.   351
Lc           A     A S IL  NV   VFYDDK. VS QL  DS IV V  ALE L   MYK V    L N  K  I   V      KDKIL R LQELLTNEKPAK T    AQ LQR L KK.   346
Md           A     A T IL  MV   LFYEGK. VT KC  NS VM I  TLE L   KYK I    M N  K  I   V      KEKII K LPETVSEEEPAM P    AE IQH L RK.   349
Od           P     S S II  GV   VYKDDAG VT PL  NS IV V  SLE I   KYR V    L N  N  I   V      REKPV R IPELVREGEVAR E    SE LER L KT.   346
Sr           A     A S IL  MV   VYYGGK. VT KC  DT IM V  CLE L   LYK I    L N  K  I   V      KDRIV T LQDVVSDDNPPK P    DQ IQH L RK.   351
St           A     A T IL  MV   LFYEGK. VT KC  NS IM I  TIE L   KYK I    V N  K  I   I      KEKIM K LPETVTEAEPSQ P    AQ MAH L KKV   351
Consensgwe htdvs l f  hn  pglq        w  a  vp  i  h gd   i sng   s lhrg v ke vr swa fcepp    l p               f prtf  h   k f

Aa        ..............TQGDFATPN.........................................................   363
Dtps      ..............RVEGCGEKGLVD......................................................   359
Fe        ..............TQELQAAPASKE......................................................   358
Gm        ..............DQEGLPN...........................................................   352
Gt        ..............TEEAIKDNNIANGN....................................................   365
Lc        ..............TTEDFTPEM.........................................................   355
Md        ..............SQGALLPK..........................................................   357
Od        ..............SVASGGEKPVVD......................................................   358
Sr        ..............SQGEFNTPN.........................................................   360
St        DNDAAAEQKVFKKDDQDSAAVHKASEKDDRDIVAEHIVLKEDKQDSAVEQKAFKKVDQDVVAERKVLKEDEQDAVAELKVFKKDDQDVVTEHKVLKDVPAKES   454
Consensus
```

图 3　DtpsANS 与其他植物 ANS 氨基酸序列多重比对

Fig. 3　Multiple sequence alignment of predicted amino acid sequence of DtpsANS with other ANS proteins

Dtps：蝴蝶兰‘满天红’；Lc：中国石蒜；Sr：鹤望兰；Od：文心兰；St：马铃薯；Md：苹果；Gm：大豆；Ta：荞麦；Aa：红掌；Gt：三花龙胆

Dtps：*Doritaenopsis* hybrid ‘Red Sky’；Lc：*Lycoris* chinensis；Sr：*Strelitzia reginae*；Od：*Oncidium* hybrid cultivar；St：*Solanum tuberosum*；Md：*Malus domestica*；Gm：*Glycine max*；Ta：*Fagopyrum esculentum* Moench.；Aa：*Anthurium andraeanum*；Gt：*Gentiana triflora* Pall.

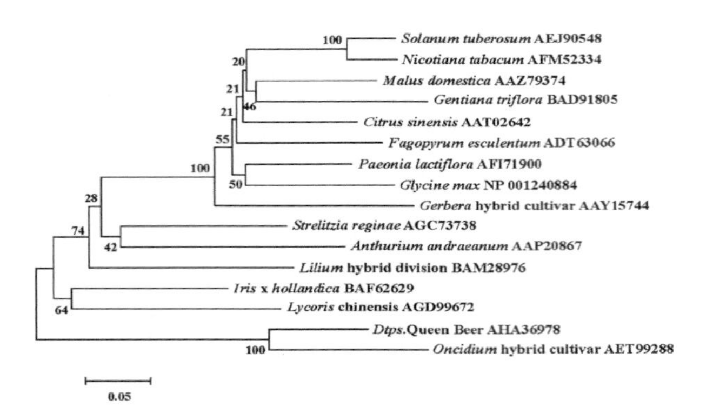

图 4 朵丽蝶兰 ANS 与其他 15 种植物 DFR 蛋白的系统进化分析

Fig. 4 Phylogenetic analysis of ANS in *Doritaenopsis* hybrid with 15 other plant DFR protein

参考文献

1. Cui Y Y, Pandey D M, Hahn E J, Paek K Y. Effect of drought on physiological aspects of crassulacean acid metabolism in *Doritaenopsis*[J]. Plant Sci , 2004, 167(6): 1219 – 1226.
2. Christenson E A . *Phalaenopsis*: a Monograph[M]. Portland: Timber Press, 2001: 330.
3. Tsai C C, Chiang Y C, Huang S C, Chen C H, Chou C H . Molecular phylogeny of *Phalaenopsis* blume(Orchidaceae) on the basis of plastid and nuclear DNA[J]. Plant Syst Evol, 2010; 288(1): 77 – 98.
4. Dixon R A, Steele C L. Flavonoids and isoflavonoids-a gold mine for metabolic engineering[J]. Trends Plant Sci, 1999, 4(10): 394 – 400.
5. Heller W, Forkmann G, Britsch L, Grisebach H. Enzymatic reduction of (+)-dihydroflavonols to flavan-3, 4-*cis*-diols with flower extracts from *Matthiola incana* and its role in anthocyanin biosynthesis[J]. Planta, 1985, 165: 284 – 287.
6. Reddy G M, Coe E H. Inter-tissue complementation: a simple technique for direct analysis of gene-action sequence[J]. Science, 1962, 138: 149 – 150.
7. Chiou C Y, Yeh K W. Differential expression of MYB gene (Og-MYB1) determines color patterning in floral tissue of *Oncidium* Gower Ramsey[J]. Plant Mol Bio, 2008, 66: 379 – 88.
8. 樊荣辉，黄敏玲，吴建设，等. 鹤望兰花青素合成酶基因 *SrANS* 的克隆及表达分析[J]. 中国细胞生物学学报, 2013, 35(11): 1620 – 1625.
9. Menssen A, Hohmann S, Martin W, Schnable P S, Peterson P A, Saedler H, Gierl A. The En/Spm transposable element of *Zea mays* contains splice sites at the temini generating a novel intron from Spm element in the *A2* gene[J]. EMBO J, 1990, 9: 3051 – 3057.
10. Reedy A M, Reedy V S, Scheffler B E, Wienand U, Reedy A R. Novel transgenic rice overexpressing anthocyanidin synthase accumulates a mixture of fl avonoids leading to an increased antioxidant potential[J]. Metabol Engin, 2007, 9: 95 – 111.
11. Samuelian S K, Camps C, Kappel C, Simova E P, Delrot S, Colova V M. Differential screening of overexpressed genes involved in flavonoid biosynthesis in North American native grapes: 'Noble' muscadinia var. and 'Cynthiana' *aestivalis var*[J]. Plant Sci, 2009, 177: 211 – 221.
12. Mano H, Ogasawara F, Sato K, Higo H, Minobe Y. Isolation of a regulatory gene of anthocyanin biosynthesis in tuberous roots of purple-fleshed sweet potato[J]. Plant Physio, 2007, 143(3): 1252 – 68.
13. Saito K, Kobayashi M, Gong Z, Tanaka Y, Yamazaki M. Direct evidence for anthocyanidin synthase as a 2-oxoglutarate-dependent oxygenase: Molecular cloning and functional expression of cDNA from a red forma of *Perilla frutescens* [J]. Plant J, 1999, 17(2): 181 – 9.
14. Wilmouth R C, Turnbull J J, Welford R W, Clifton I J, Prescott A G, Schofield C J. Structure and mechanism of anthocyanidin synthase from *Arabidopsis thaliana*[J]. Structure, 2002, 10(1): 93 – 103.
15. Owens D K, Crosby K C, Runac J, Howard B A, Winkel B S. Biochemical and genetic characterization of Arabidopsis flavanone-3β-hydroxylase [J]. Plant Physiol Biochem, 2008, 46(10): 833 – 43.
16. Rosati C, Cadic A, DuronM, Ingouff M, Simoneau P. Molecular characterization of the anthocyanidin synthase gene in *Forsythia × intermedia* reveals organ-specific expression during flower development[J]. Plant Sci, 1999, 149(1): 73 – 9.
17. Martin C, Prescott A, Mackay S, Bartlett J, Vrijlandt E. Control of anthocyanin biosynthesis in flowers of *Antirrhinum majus*[J]. Plant J, 1991, 1: 37 – 49.

应用研究

基于 Web of Science 的观赏芍药研究态势分析

魏冬霞 杨柳慧 张建军 刘建鑫 于晓南
（花卉种质创新与分子育种北京市重点实验室，国家花卉工程技术研究中心，
城乡生态环境北京实验室，园林学院，北京林业大学，北京 100083）

摘要 为整体把握国际上观赏芍药的研究现状和研究热点，给科研选题与热点跟踪提供指导，基于文献计量学分析方法，以 Web of Science 数据库为检索源，对 1999 年 1 月—2016 年 3 月国外有关芍药作为观赏花卉的研究文献进行统计，主要包括文献的各年份数量分布情况、涉及研究领域、发文期刊、产出单位、核心作者群分布、高频被引文献分析等。共检索到文献数量 78 篇，分属于 36 位通讯作者；确定了 6 位核心作者、5 种核心期刊和 3 个主要研究单位；得到被引频次 10 以上的文献 13 篇。综合以上指标，认为近年来中国已成为该研究领域的主要力量，但是美国无论在高质量论文发表数量还是高质量期刊的承办数量上均以绝对优势占据世界首位，充分显示了其学术研究的权威性。目前该学科的研究热点集中在细胞学、分子生物学和植物形态学领域，育种学方面鲜见报道。由荷兰主办的《Scientia Horticulturae》是本学科的高关注度期刊，且其他载文期刊大多数源于西方国家，以美国、英国和荷兰最为集中。
关键词 观赏芍药；计量分析；SCI 期刊

Analysis of Ornamental Herbaceous Peony Research Status Based on Web of Science

WEI Dong-xia YANG Liu-hui ZHANG Jian-jun LIU Jian-xin YU Xiao-nan
(*Beijing Key Laboratory of Ornamental Plants Germplasm Innovation & Molecular Breeding, National Engineering Research Center for Floriculture, Beijing Laboratory of Urban and Rural Ecological Environment and College of Landscape Architecture, Beijing Forestry University, Beijing* 100083)

Abstract In order to reflect research status and highlights to direct the further research work on ornamental herbaceous peony in the future, we retrieved the SCI database from January of 1999 to March of 2016 based on bibliometric analysis method, including documents number, research field, main journals, research institutions, distribution of core author cluster, top cited frequency papers. The total number of documents was 78 of 36 corresponding authors and we identified 6 core authors, 5 kinds of core journals, 3 main research institutions and 13 papers with more than 10 cited frequency. In conclusion, it was apparent that China has been the main country on the subject in recent years, however, USA was the most authoritative one for possessing the largest number of high-quality articles and journals. Currently, research hotspots focused on cytology, molecular biology and plant morphology underestimating breeding. Most journals were founded by western countries mainly by USA, England and Netherlands of which Scientia Horticulturae was also the most concerned journals.
Key words Ornamental peony; econometric analysis; Web of Science

观赏芍药（*Peaonia lactiflora* Pall.）是芍药科（Paeoniaceae）芍药属（*Paeonia*）具有观赏价值的多年生宿根花卉，在中国已有 4000 多年的栽培历史，是国内栽培历史最悠久的传统花卉之一（秦魁杰 等，2004）。它具有丰富的花色和多变的花型，深受人们喜爱，常用于庭园绿化，古时更是享有“花相”的美誉（于晓南 等，2014）、（王彦卓 等，2013）、（于晓南 等，2011）。现今芍药因优良的切花品质，愈加凸显了在世界鲜切花市场中的重要地位（王历慧 等，2011）、（赵大球 等，2011）。由此也带动了一大批专家、学者围绕芍药开展了大量研究，取得了显著的成果（成明亮 等，2007）、（侯祥云 等，2013）、（包建忠 等，2013）、（薛银芳 等，2012）。

近年来，科研工作日益全球化，SCI 论文已经成

为国际科学交流的重要方式，也是使国际同行彼此了解的主要渠道。在中国，发表SCI论文已经成为向世界展示研究实力、提高在科学界地位的重要方面，由此促使越来越多的国内学者逐渐开始把重量级的研究成果发表在SCI期刊上（Ji Lijing et al.，2014）、（Ge Jintao et al.，2014）、（Liang Wen－Juan et al.，2014）。美国信息研究所（ISI）编辑出版的Web of Science（WOS）数据库是全球内容最丰富、最具权威性的引文评价数据库，为研究人员检索到目标SCI文献，提供了有效的便利途径，在国际上为各学科所采用（张娟等，2014）、（杨长平 等，2009）、（孙秀焕 等，2012）、（王彦 等，2010）。随着各学科研究的广泛开展，相应的文献数量相较于十几年前呈爆发式增长，若想要整体把握某一学科在国际上的研究水平，显然采用传统的文献综述方法已力不从心。文献计量学是一种文献书目信息的定量研究方法，结合数据库丰富而强大的文献检索功能，可以系统、全面地找到目标资料数据。通过整合海量的文献资料，可以清晰地从宏观层面反映或预测表面无序的文献书目现象，这对于科研工作者准确把握本学科研究动态、制定合理的科研计划具有指导意义（梁国强 等，2013）、（赵民志 等，2005）、（高俊宽 等，2015）。目前，文献计量学方法已被广泛应用在教育学（王鹏 等，2015）、（梅花 等，2011）、（陈婷 等，2013）、（吴芳竹 等，2015）、生物医药学（王济 等，2013）、（崔金波 等，2011）、（李娜 等，2013）、（刘岩 等，2011）、农学（苑士涛 等，2012）、（贺萍 等，2010）、（刘亚丽 等，2011）、（张璐 等，2012）、（苑士涛 等，2012）、食品安全学（陈大明 等，2013）、工程学（田汇宝 等，2012）等领域，相关文献结论得到了同行研究人员的广泛认可。

但是目前有关观赏芍药的文献计量学文章还未见报道，对于该领域研究的整体发展情况不甚明确。因此，文章以Web of Science数据库为检索源，对国外10余年来SCI收录的观赏芍药研究文献的相关数据进行了全面统计和深入分析，旨在从外文文献层面上帮助本领域的研究人员掌握国际研究动态，揭示观赏芍药的研究发展趋势，以促进相关工作向更深、更广的方向迈进。

1 材料与方法

以Web of Science数据库为统计分析源，Peony为关键词，时间跨度为1999年1月—2016年3月，在得到的检索结果中删除有关牡丹和药用芍药的文献，共得到78篇有效文献。将结果用Excel整合成数据库，逐个统计其发表年份、通讯作者、题目、关键词、发文期刊及其影响因子、文章被引频次、资助基金类型等信息，得到本文的原始数据表，随后结合Note Express（版本为3.0.4.6732）进行数据的深入分析。其中，2016年数据统计至3月底。

2 结果与分析

2.1 论文发表年代分析

文献年代分布代表着一定时间内相关科研活动的绝对产出，反映了该领域的研究状况、研究水平及发展速度，是衡量科研进展的重要指标。通过检索WOS数据库，得到十年来观赏芍药研究文献总有效篇目78篇。根据其具体年度变化情况，将发展过程分为3个阶段：①萌芽期：1999—2006年间，文献数量一直较少，年产出量在0～3篇之间，经历了从无到有的变化过程；②锐增期：2007年文献数量激增，达到近年来的最大值，即14篇；③稳步发展期：2008年至今，虽然相较于2007年文献数量有所回落，但整体呈现逐年上升的趋势，由3篇逐步上升到10篇左右，尤其是最近3年来发文数量一直维持在较高水平。由于2016年的统计只截止到3月，所以目前数值暂不能说明全年情况。与之对应，发文期刊数量的变化趋势与文献数量变动情况总体相一致；近几年来，期刊种类相较于文献数量略低，一方面说明期刊种类有所集中，另一方面也说明相关文献产量有明显提高。由以上分析可以看出，十几年来观赏芍药的相关研究进程虽不平稳，但仍然取得了一定的进步，且近年来呈现出良好的发展态势，因此其研究前景是美好的。

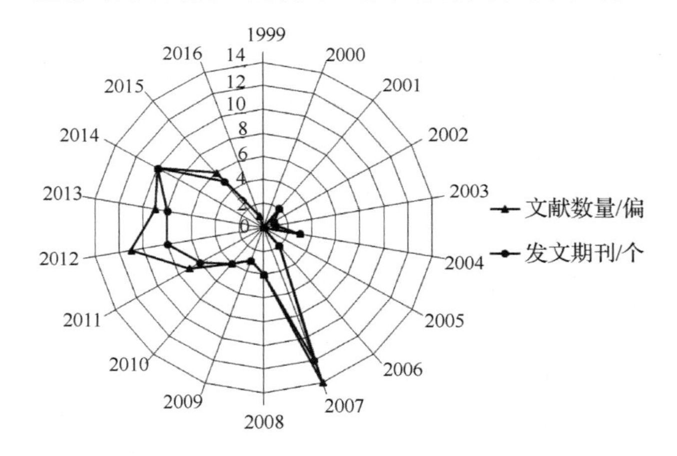

图1 各年份文献数量和发文期刊分析

Fig.1 Analysis of documents and journal category number

2.2 研究热点分析

文献的关键词代表了文章的主要研究内容和核心思想，通过对其统计、分析，可以很好地反映出本学科的主要研究领域和研究热点，为后续的科研工作提供指导。根据关键词内容，将所有文献划分为以下7

个研究领域：种质资源收集与评价、园艺栽培技术、植物形态学研究、植物生理学研究、分子生物学研究、组培技术、育种研究(图 2)。通过归类分析得

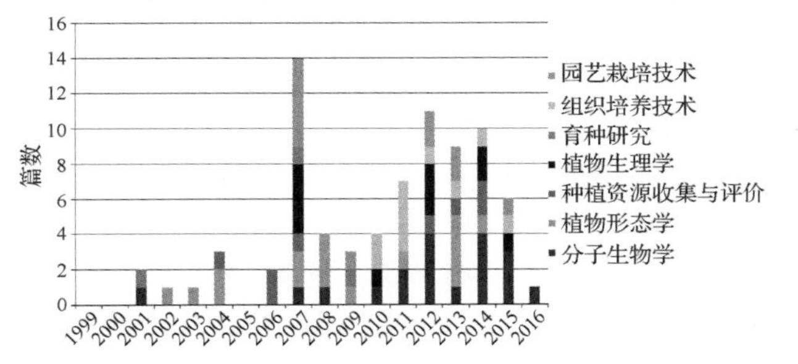

图 2 各年份研究热点分析

Fig. 2 Analysis of research hotspots

知，分子生物学和植物形态学领域文章分别为 19 和 16 篇，且各年代数量分布较均匀，共占总发文量的 45%，是该学科的主要研究领域；育种研究文献最少，只有 3 篇，只占总文献量的 4%；其余 4 个领域文章数量大体相当，在 10 篇左右，共占总数的 53%。特别是 2007 年至今，随着科学技术的发展，分子生物学、植物形态学和组培技术领域的发文数量上升明显，一定程度上显示了近年来的研究热点。但育种方面研究一直很少，近 5 年更是没有相关文献发表，亟待加强。其他几个领域的文献虽然不多，但都有一定数量的产出，说明相关研究工作一直有人在做，但力度不大。

2.3 论文发表期刊分析

统计期刊分布情况，有利于增强阅读期刊的目的性和减少投稿时的盲目性。经统计，所有文献来源于 53 种期刊，有 15 种期刊发表论文在 2 篇(含)以上，占论文总量的 28%。其中，荷兰的《Scientia Horticulturae》发文 9 篇，数量远远超过其他期刊，排名第 1，可视为观赏芍药研究论文分布的重要期刊。另外，《American Journal of Botany》刊载 4 篇，《Horticulture Environment and Biotechnology》、《Molecular Biology Reports》和《International Journal of Molecular Sciences》分别发文 3 篇。以上 5 种期刊刊载的文献数量占总量的 28% 左右，因此将它们视为观赏芍药相关文献分布的核心期刊。其余 91% 的期刊，发文数量皆在 1 ~ 2 篇之间。由于篇幅限制，文献量为 1 篇的期刊中只列出了影响因子(*IF*)在 3.000 以上的种类(详见表 1)。

表 1 文献发表期刊种类分布

Table 1 Distribution of journal category

发文数量/篇 Documents number	期刊名与国别 Journal and country	占总期刊量比例/% rate	影响因子 (*IF*)
9	《Scientia Horticulturae》(荷兰)	2	1.365
3 ~ 4	《American Journal of Botany》(美国)	8	2.603
	《Horticulture Environment and Biotechnology》(韩国)		0.725
	《Molecular Biology Reports》(荷兰)		2.024
	《International Journal of Molecular Sciences》(瑞士)		2.862
2	《Hortscience》(美国)、《Bangladesh Journal of Botany》(孟加拉国)、《Indian Journal of Horticulture》(印度)	6	< 1.000
	《GENES》(美国)、《Botanical Journal of the Linnean Society》(英国)、《International Journal of Plant Sciences》(美国)、《Journal of the American Society for Horticultural Science》(美国)、《Cryoletters》(英国)	9	1.000 < IF < 3.000
	《Taxon》(斯洛伐克)	2	> 3.000
1	《BMC GENOMIC》(英国)、《Oecologia》(德国)、《Annals of Botany》(英国)、《Molecular Phylogenetics and Evolution》(美国)、《Plos One》(美国)	9	> 3.000
	《Organic Letters》(美国，*IF* = 6.364)、《Proceedings of the National Academy of Sciences of the United States of America》(美国，*IF* = 9.678)	4	> 6.000

从期刊 *IF* 值看，普遍较低，大部分在 0～3.000 之间。国际上观赏芍药的期刊绝大多数由西方国家主办，并且以美国、英国和荷兰为主。其中美国主办的期刊在数量上呈压倒性优势，在质量上（*IF* 值）也最高，比如《Organic Letters》和《Proceedings of the National Academy of Sciences of the United States of America》两种期刊的 *IF* 值均在 6.000 以上，其科研权威性可见一斑。现有文献的主要刊载期刊影响因子普遍较低，可以发表到高质量期刊的文献数量很少。因此，今后相关工作者应加深研究内容，提高研究水平，争取多发高质量文章。

2.4 研究机构分析

核心研究单位科研活动频繁、论文产出量高，通过加强与相关机构的合作可以很好地提升科研实力，推动学科发展。经统计，共得到 26 个研究单位，主要集中在各大高校，少数在科学院和研究所。根据发文数量多少，排名前 3 位的研究单位分别为扬州大学、中科院植物所和北京林业大学，发表论文都在 10 篇以上（含），显著高于其他单位的文献产出量，占总文献量的 45%，可认为是观赏芍药研究的核心单位。而且，这 3 个单位均属于中国，表明我国是观赏芍药工作方面的主要力量。剩余 23 个研究单位分属于世界各地，但主要集中在西方国家。除 CNRS 发文 5 篇之外，其他期刊文献产出量在 1～3 篇之间，占总科研机构数量的 85%（表 2）。

表 2 研究单位分布

Table 2 Distribution of research institutions

文献数量/篇 Documents number	单位名称 Research institution	国别 Country	经费来源 Financial sources
13	扬州大学		省部级基金、国家基金
12	中国科学院	中国	国家基金
10	北京林业大学		国家基金、林业基金
5	法国国家科学研究院	法国	洲际项目、国家基金
	国家花卉工程研究中心、山东农业大学、海南师范大学、金华职业技术学院、浙江大学	中国	国家基金、省部级基金
	密歇根州立大学、康奈尔大学、内华达大学、农业科学研究院	美国	专项基金、协会基金
	首尔国立大学、韩国庆北国立大学、国立庆尚大学	韩国	专项基金、省部级基金
	莫斯科国立大学、俄罗斯科学院	俄国	国家基金、专项基金
	塞维利亚大学	西班牙	专项基金
1～3	喀什米尔大学农业科学	印度	
	都灵大学	意大利	
	比得哥什技术与生命科学大学	波兰	
	莫尔天主教大学	智利	不可考
	多纳纳生物站	西班牙	
	谢戈德阿维拉大学	古巴	
	特拉克亚大学	土耳其	

从各单位经费来源看，国内研究主要来源于国家级和省部级基金，其中国家基金是主要成分。这有效保证了科学研究的顺利开展，相应的成效也十分显著，即国内发文数量遥遥领先于外国其他研究单位。就国外单位而言，专项基金是科研经费的主要来源，相关研究更加集中、深入，所以其发文数量虽然不多，但是文献质量却往往较高。

2.5 核心作者分析

统计共得到 36 位通讯作者。核心作者的确定参考普斯定律，产量最高的作者发文 12 篇，带入公式，得到核心作者论文数量下限为 2.75，取整数 3，因此将发文 3 篇(含)以上的作者归入观赏芍药研究核心作者群。如表 3 所示，一共包括 6 人。陶俊发文 12 篇，排名第一；研究方向主要在分子生物学领域，部分涉及到植物生理学的内容。纵观所有核心作者的研究内容，可以发现主要集中在分子生物学、组织培养、植物生理和栽培学 4 个方面。从文章年限看，发文最早的是洪德远，但是自 2008 年至今均没有文章产出；其他 5 位作者均是后起之秀，发文时间皆始于近 5 年之内。就论文被引频次来看，无论是总量还是篇均量均偏低。6 位核心作者中有 5 人来自于中国；非核心作者群中，中国研究员也有 13 人，2 个部分共占总人数的 50%，可见国内人员构成了观赏芍药研究的主要研究群体。其余 50% 的国外研究人员分散在世界各国，人均发文数量在 1 ~ 2 篇之间。

表 3 核心作者分析

Table 3 Analysis of core author

文献数量/篇 Document number	通讯作者姓名 Corresponding author	国别 Country	研究领域 Research areas	发文年限 Issued time	总被引频次 Total cited Frequency	篇均被引频次 Average cited Frequency
12	陶俊	中国	分子生物学、植物生理学	2012—2016	25	2.083
7	于晓南	中国	组织培养、栽培学和分子生物学	2011—2015	16	2.286
5	Andrieu, Emilie	法国	栽培学	2007—2013	23	4.600
4	洪德远	中国	种质资源	2003—2008	16	4.000
3	Kim, Ki Sun	韩国	植物生理学	2012—2015	7	2.333
3	王士泉	中国	分子生物学	2013—2014	0	0

2.6 论文被引频次分析

论文被引频次是指该科学论文被其他文献的引用次数，一般来说，文献被引频次与文献质量、影响力、权威性等成正相关。因此，论文引用率可以用来衡量一个国家科研文献被其他国家或机构的认可程度，进而可以反映国家、机构或个人的研究水平。

通过对 10 年来已发表论文的被引频次进行统计，得到 13 篇引用量在 10 以上(含)的文献，具体见表 4。从文献发表年份来看，引文数量最高的 2 篇文献皆在 2001 年发表，且均产自美国，充分显示了美国有关研究人员的文章影响力；2007 年和 2008 年是相对高产的 2 年，共发表文献 6 篇，占总量的 46%；近几年高被引文献数量较少，且被引频次也相对较低。这一方面是因为时间因素，另一方面说明近年来对学科发展起到重要作用乃至推动作用的高质量文献并不多。排名前 4 位的文章皆集中在分子生物学领域，一定程度上反映了研究热点所在。另外，13 篇文献中有 6 篇来自中国，说明中国在文献产量上占据主体地位；其余 7 篇文献产出国比较分散，但主要集中在欧洲国家，这也可能与研究对象即观赏芍药(*Paeonia* L.)的地理分布有关。

表 4 文献被引频次分析

Table 4 Analysis of citedfrequence

论文题目 Title	研究领域 Research area	发表年份 Posted time	被引频次 Citedfrequence	作者国别 Country
Speciation throughhomoploid hybridization between allotetraploids in peonies (*Paeonia*)	分子生物学	2001	77	美国
Phylogenetic utility of the glycerol-3-phosphate acyltransferase gene: evolution and implications in*Paeonia* (Paeoniaceae).	分子生物学	2001	59	美国
Molecularphylogenetic evidence for the origin of a diploid hybrid of *Paeonia* (Paeoniaceae)	分子生物学	2007	31	中国
Studies on Paeonia cultivars and hybrids identification based on SRAP analysis	分子生物学	2008	28	中国
Floral variation in the generalist perennial herbPaeoniabroteroi (Paeoniaceae): differences between regions with different pollinators and herbivores	植物形态学	2002	20	西班牙

（续）

论文题目 Title	研究领域 Research area	发表年份 Posted time	被引频次 Citedfrequence	作者国别 Country
Hybrid Origin of Paeonia xYananensis Revealed by Microsatellite Markers, Chloroplast Gene Sequences, and Morphological Characteristias.	分子生物学	2010	16	中国
The effect of forcing temperature on peony shoot and flower development	植物栽培学	2007	15	新西兰
Cryopreservation of somatic embryos of the herbaceous peony (*Paeonia lactiflora* Pall.) by air drying	种质保存	2006	13	韩国
Analysis of sodium adductpaeoniflorin, albiflorin and their derivatives by (+)ESI-MSn, DFT calculations and computer-aided mass spectrometry analysis program	植物生理	2007	12	中国
Identification and characterization ofanthocyanins by high-performance liquid chromatography-electrospray ionization-mass spectrometry in herbaceous peony species	种质鉴定	2008	10	中国
The impact of forest spread on a marginal population of a protected peony (*Paeonia officinalis* L.): the importance of conserving the habitat mosaic	栽培学	2007	10	法国
Flower color diversity revealed by differential expression offlavonoid biosynthetic genes andflavonoid accumulation in herbaceous peony (*Paeonia lactiflora* Pall.)	分子生物学	2012	10	中国

3 结论与讨论

对SCI数据库中芍药研究的计量学分析可知，十几年来，国际上将芍药作为观赏花卉进行研究取得了长足进步，相关研究日益引起关注。同时也凸显了一些问题，指导着该学科今后的研究方向。具体主要表现在以下几个方面。

（1）研究文献数量基本呈现上升趋势，尤以近2~3年来发展显著。近年来的文献总量比10年前增长了10倍有余，有些研究领域更是经历了从无到有的变化，比如组织培养方面，可考的文献自2010年才开始出现，现在该领域已成为研究热点之一。其对应的发文期刊种类也呈现相对集中的趋势，荷兰的《Scientia Horticulturae》期刊是本领域的高关注度期刊。但是，4种核心期刊的影响因子均是中等以下水平，高质量的期刊发文并不多，这也要求相关工作者以后的研究要更加深入（Li Lin，Zhang et al.，2011）、（Sun Jing et al.，2011）。

（2）从研究机构看，观赏芍药的研究以中国的单位占据主流，包括中科院植物所、北京林业大学和扬州大学3所研究机构。其对应的作者群中，陶俊的文献发表量尤为突出，在此研究领域走在前列，极大地推动了该学科发展，值得同行关注（Ge Jintao et al.，2014）、（Shen Miaomiao et al.，2015）。另外，观赏芍药研究的作者群近10年来变动不大，一方面说明相应研究群体较为稳定，另一方面也说明该领域研究人员较为匮乏，亟需新鲜血液汇入，这有利于持久、稳定地推进相关研究的发展。

（3）通过文献内容研究，对于国际上观赏芍药相关研究的优势及弱势领域有了较为客观的认识。目前研究热点集中在分子生物学、组培技术和植物形态学3个方面（Lim MiYoung et al.，2013）、（Barga Sarah C et al.，2013）、（Xu Jin et al.，2011），而在种质资源和育种方面的研究极为缺乏（Xu Jin et al.，2014）、（Ferguson D et al.，2001）。这种现象的出现，一方面是因为各领域研究性质的差异，另一方面也和时代发展密切相关。育种工作相对于其他领域的研究更加费时、费力，难度相对较大，且一般要求有大量的父、母本材料，这一定程度上限制了本学科的发展。但是，随着时代发展，一些新兴的育种技术相继出现，可以极大地加速育种进程，提高工作效率（戴思兰 等，2013）、（田杰 等，2012）、（付建新 等，2010）。相信随着新技术的应用，会有更多符合人们审美要求的芍药新品种出现。同样，21世纪分子生物学和细胞生物学的发展催生和加速了芍药在分子水平（刘仲赫 等，2015）和组培方面的研究，这2个方面俨然已成为当下热门科研领域。

（4）通过分析可以清楚地看到与他国的差距。虽然产自中国的文献总量远远超过了其他国家，但是引文频次最高的2篇文献皆出自美国，引用量分别为77次和59次，远远超过了其他文献，充分显示了美国研究人员文章的影响力。然而，近年来国内文献无论在数量还是质量上都有很大提升，中国研究机构和科研人员已构成该学科的中坚力量。纵观各领域高频次被引论文，也可以看出分子生物学领域一直是该学科的研究热点。分析高高频次被引论文的研究内容，其共同特点在于：文章作者通常首次提出该领域的创新思想，理论上具有相对的认识超前性；抓住了本学科研究中的关键性及普遍关心的问题，对该领域产生了深远影响；作者多为知名学者，或是发表研究论文较多的人员(Pan Jin et al.，2007)、(Hao Qing et al.，2008)。因此，对于科研工作者，随时关注本领域近年来发表的高被引论文，可获得当前科学研究的前沿理论和见解，有助于调整、补充自身研究方向和内容，指导科研活动。

(5)最后，综合各国的论文产出数量、文献被引频次、核心作者群和研究机构等指标，可以看出中国、美国和法国为当前本领域研究的主要力量。尤其是中国近几年的发展，俨然已成为该领域研究的中流砥柱。另外，值得注意的是，西方国家是文献目标期刊的集中分布地，尤以美国、英国、荷兰 3 个国家为主。并且，虽然近年来美国并不是相关文献的主要产出国，但其所承办的期刊无论在质量还是数量上都遥遥领先于其他国家，显示了美国在本学科研究中的权威性。究其原因，现行的主流语言为英语，对于东方国家而言存在一定的语言障碍，因此 SCI 收录的期刊主要由西方国家主办，这也影响了本次的检索结果。从科研经费来源上看，无论是国内还是国外机构，大部分来自于国家基金，这充分体现了国家对观赏芍药相关研究的重视与支持，为该学科研究的稳步发展提供了充足的资金支持。另外，省部级基金是国内机构强有力的经费补充，而专项基金则在国外研究经费中扮演同样的角色。相较于省部级基金，专项基金的设立更有利于凝聚专业力量，在某一研究方向上取得突破性进展，从而发表高质量文章，因此值得借鉴。

参考文献

1. 秦魁杰. 2004. 百花盆栽图说丛书——芍药[M]. 北京：中国林业出版社，1-3，76-81.
2. 于晓南，苑庆磊，郝丽红. 2014. 芍药作为中国“爱情花”之史考[J]. 北京林业大学学报：社会科学版，13(2)：26-31.
3. 王彦卓，姜卫兵，魏家星，等. 2013. 芍药的文化意蕴及其园林应用[J]. 广东农业科学，40(20)：58-61.
4. 于晓南，苑庆磊，宋焕芝. 2011. 中西方芍药栽培应用简史及花文化比较研究[J]. 中国园林，27(6)：61-63.
5. 王历慧，郑黎文，于晓南. 2011. 中西方芍药切花应用与市场趋势分析[J]. 黑龙江农业科学，(2)：147-150.
6. 赵大球，陶俊. 2011. 芍药切花研究进展[J]. 江苏农业科学，39(6)：286-289.
7. 成明亮，吕长平，莫宁捷，等. 2007. 芍药的研究进展[J]. 林业调查规划，32(3)：44-49.
8. 侯祥云，郭先锋. 2013. 芍药属植物杂交育种研究进展[J]. 园艺学报，40(9)：1805-1812.
9. 包建忠，刘春贵，孙叶，等. 2013. 芍药辐射诱变选育技术研究初报[J]. 江苏农业科学，41(4)：162-163.
10. 薛银芳，赵大球，周春华，等. 2012. 芍药组织培养的研究进展[J]. 北方园艺，(4)：167-170.
11. Ji Lijing, Yu XiaoNan. 2014. Development and application of 15 novel polymorphic microsatellite markers for sect. Paeonia (*Paeonia* L.) [J]. Biochemical Systematic and Ecology, (54): 257-266. (in Chinese).
12. Ge Jintao, Tao Jun. 2014. Cloning and expression of floral organ development-related genes in herbaceous peony (*Paeonia lactiflora* Pall.) [J]. Molecular Biology Reports, (54): 257-266.
13. LiangWen-Juan, Chen J J. 2014. (+/-)-Paeoveitol, a pair of new norditerpene enantiomers from *Paeonia veitchii* [J]. Organic Letters, 16(2): 424-427.
14. 张娟，王宁，张以民，等. 2014. 基于 Web of Science 的国际柑橘黄龙病文献计量分析[J]. 果树学报，31(6)：1139-1146.
15. 杨长平，吴登俊. 2009. 基于 Web of Science 的生物信息学文献分析[J]. 生物信息，7(1)：18-20，24.
16. 孙秀焕，路文如. 2012. 基于 Web of Science 的水稻研究态势分析[J]. 中国水稻科学，26(5)：607-614.
17. 王彦，田长彦. 2010. 基于 Web of Science 的盐生植物研究文献计量评价[J]. 干旱区地理，36(3)：562-570.
18. 梁国强. 2013. 国内文献计量学综述[J]. 科技文献信息管理，27(4)：58-59，62.
19. 赵民志. 2015. 文献计量跨学科应用研究[J]. 信息管理与信息学，54-56.
20. 高俊宽. 2005. 文献计量学方法在科学评价中的应用探讨[J]. 图书情报知识，(2)：14-17.
21. 王鹏，高永霞，程妮. 2015. “大学战略”研究的文献计量学分析[J]. 现代教育科学，5(2)：163-167.
22. 梅花，周立. 2011. 2000-2010 年我国护理继续教育研究的文献计量学分析[J]. 护理学杂志，26(21)：85-87.
23. 陈婷. 2013. 近十年我国少数民族数学教育研究的回顾与反思[J]. 民族教育研究，24(6)：121-127.
24. 吴芳竹，王宽明. 2015. 课改近十年中小学说课研究的元研究[J]. 中小学教师培训，(1)：37-39.
25. 王济，张惠敏，李英帅，等. 2013. 基于 CNKI 数据库的中医治疗过敏性疾病文献计量学分析[J]. 中华中医药学刊，31(11).
26. 崔金波，蒋晓莲. 2011. 国内跨文化护理研究文献计量学分析[J]. 护理研究，25(2)：366-368.

27. 李娜，周立 . 2013. 2004 ~ 2011 年我国护理系统评价/Meta 分析研究的文献计量学分析[J]. 护理实践与研究，10(9)：146 - 147.

28. 刘岩，李小涛，杜化荣，等 . 2011. 近 30 年我国两大医学信息学期刊研究热点的文献计量分析[J]. 中华医学图书情报杂志，20(1)：1 - 5.

29. 苑士涛，贝蓓 . 2012. 我国月季研究核心期刊载文计量分析[J]. 安徽农业科学，40(15)：8784 - 8785，8792.

30. 贺萍 . 2010. 林业外来有害生物研究的国际比较与实证分析[D]. 北京：北京林业大学博士论文 .

31. 刘亚丽，冯伟华，金萍，等 . 2011. 基于对比分析法的国内外烟草专利情报分析[J]. 中国农学通报，27(01)：441 - 445.

32. 张璐 . 2012. 基于中国知网(CNK1)的我国休闲观光农业发展文献计量学研究[D]. 南京：南京农业大学博士论文 .

33. 苑士涛 . 2012. 我国棉铃虫研究核心期刊载文计量分析[J]. 安徽农业科学，40(1)：587 - 588.

34. 陈大明 . 2012. 食品安全研究的文献计量分析[J]. 食品安全质量检测学报，3(2)：145 - 150.

35. 田汇宝，方若冰，周萍 . 2013. 中英工程领域合作的文献计量学研究[J]. 情报杂志，32(1)：98 - 104.

36. Li Lin，Zhang，Qi-xiang. 2011. Microsatellite markers for the chinese herbaceous *Paeonia lactiflora* [J]. American Journal of Botany，98(2)：E16-E18.

37. Sun Jing，ZhangDaming. 2011. Development and characterization of 10 microsatellite of 10 microsatellite loci in *Paeonia lactiflora* [J]. American Journal of Botany，98(9)：E242-E243.

38. Ge Jintao，Tao Jun. 2014. Cloning and expression of floral organ development-related genes in herbaceous peony (*Paeonia lactiflora* Pall.) [J]. Molecular Biology Reports，41 (10)：6493 - 6503.

39. Shen Miaomiao，Yu XiaoNan. 2015. Induction and proliferation of axillary shoots from in vitro culture of *Paeonia lactiflora* Pall. mature zygotic embryos[J]. New Zealand Journal Of Crop and Horyicultural Science，43(1)：42 - 52.

40. LimMiYoung，Jeong ByoungRyong. 2013. Analysis of genetic variability using RAPD markers in *Paeonia* spp. grown in Korean[J]. Journal of Horticultural Science&Technology，31(3)：322 - 327.

41. Barga Sarah C，Vander Wall Stephen B. 2013. Dispersal of an herbaceous perennial，*Paeonia brownii*，by scatter-hoarding rodents[J]. Ecoscience，20(2)：172 - 181.

42. DaneFeruzan，Ekici Nuran. 2011. Pollen tube growth of *Paeonia Tenuifolia* L. (Paeoniaceae) *in vitro* and *in vivo*[J]. Bangladesh Journal of Botany，40(1)：93 - 95.

43. Xu Jin，Liu Yan. 2014. Wide-scale pollen banking of ornamental plants throught cryopreservation[J]. Cryoletters，35 (4)：312 - 319.

44. Ferguson D，Sang T. 2001. Speciation through homoploid hybridization between allotetraploids in peonies (*Paeonia*) [J]. Proceedings of the National Academy of Sciences of the United States of America，98(7)：3915 - 3919.

45. 戴思兰，黄河，付建新，等 . 2013. 观赏植物分子育种研究进展[J]. 植物通报，48(6)：589 - 607.

46. 田杰，赵宪忠，董泽锋，等 . 2012. 观赏植物辐射诱变育种的研究进展[J]. 河北林业科技，(1)：55 - 56，67.

47. 付建新，王翊，戴思兰 . 2010. 高等植物 *CO* 基因研究进展[J]. 分子植物育种，8(5)：1008 - 1016.

48. 张建军，季丽静，刘仲赫，等 . 2015. 引进观赏芍药新种质的指纹图谱构建[J]. 东北林业大学学报，43(3)：70 - 78.

49. Pan Jin，Zhang Daming. 2007. Molecular phylogenetic evidence for the origin of a diploid hybrid of *Paeonia* (Paeoniaceae) [J]. American Journal of Botany，94 (3)：400 - 408.

50. Hao Qing，Shu Qing-Yan. 2008. Studies on *Paeonia* cultivars and hybrids identification based on SRAP analysis[J]. Hereditas，145(1)：38 - 47.

郊野公园近自然植物景观与群落生态设计研究
——以北京南海子公园为例

李晓鹏　齐石茗月　范舒欣　董　丽[①]
（花卉种质创新与分子育种北京市重点实验室，国家花卉工程技术研究中心，
城乡生态环境北京实验室，园林学院，北京林业大学，北京 100083）

摘要　根据郊野公园特点与功能，对郊野公园的植物景观提出近自然与群落生态设计理念，从设计原则、植物选择、设计手法、栖息地营建与群落生态设计进行探讨。以北京四大郊野公园之一的南海子为例进行植物景观现状分析与植物群落配置分析，最终总结归纳郊野公园植物景观规划现存问题与近自然生态植物群落的设计方法，以期探索一种适宜郊野公园植物景观规划建设、表达郊野公园自然野趣特色、发挥郊野公园生态效益的植物景观模式。

关键词　郊野公园；近自然植物景观；群落生态设计；南海子公园

Research on the Near-Natural Plant Landscape and Ecological Community Design of Country Parks: A Case Study of Nanhaizi Park in Beijing

LI Xiao-peng　QI Shi-mingyue　FAN Shu-xin　DONG Li
(*Beijing Key Laboratory of Ornamental Plants Germplasm Innovation & Molecular Breeding, National Engineering Research Center for Floriculture, Beijing Laboratory of Urban and Rural Ecological Environment and College of Landscape Architecture, Beijing Forestry University*, Beijing 100083)

Abstract　According to the features and functions of country park, put forward the near－natural plant landscape and ecological community design concept, and the design principle, plant selection, design techniques, habitat construction and ecological community design were discussed in this paper. Taking one of the four country park Nanhaizi as the example, plant landscape status and plant configuration were analysised, finally summarized the existing problems and the near－natural planning method of plant community for Country Parks, in order to explore a suitable design pattern for Country Park plant landscape planning and construction, expressing natural characteristics, and playing the ecological benefits.

Key words　Country parks; Near－natural plant landscape; Ecological community design; Nanhaizi Park

随着城市化进程的加快、城市气候与空气质量的恶化，植物在园林中的生态防护功能愈发重要，植物造景正朝“自然化”的方向发展[1]。20 世纪 60 年代，郊野公园作为保护郊野生态环境的途径在香港地区逐渐发展起来，此后深圳、成都等地纷纷开展了郊野公园的建设。2007 年初，伴随着绿色奥运的建设脚步，北京市按照城市总体规划开始启动“郊野公园环”建设，承载着控制城市扩张、改善城市环境、发挥生态功能的郊野公园由此在国内形成一股建设热潮[2]。然而由于其建设处于起步阶段，植物景观和植物群落的构建存在与城市公园混淆、特点不突出等诸多问题。基于此现状，对郊野公园近自然植物景观的构建与群落生态设计的可实施途径进行探讨十分必要。

1　近自然与生态群落植物景观设计

近自然园林是指以生态学原理为指导，以协调人地关系为核心，在自然地形和气候条件基础上，以营建植物群落为主体的具有多功能效益的生态经济园林系统[3]。近自然园林强调生态可持续性，尽量控制人为干扰强度，尽可能地运用自然规律建造园林，并且充分发挥植物群落的多种生态效应[4]。

1.1　设计原则

1.1.1　自然性原则

园林是一门在自然中创造自然的艺术，强调师法

① 通讯作者。

自然，崇尚“天人合一”，以达到人、自然与环境和谐相处的状态[5]。本着向自然学习、遵循自然规律的理念，郊野公园的植物群落应更能体现自然之美，为市民提供更多的绿色空间。

1.1.2 科学性原则

近自然园林植物群落的营建应以当地潜在自然植被为蓝图，模拟自然进行配置[6]。自然群落经历了多年的演变，处于健康、稳定、有序的发展之中，每种植物对其生态环境都有一定的要求，在营造富有地域特色的人工植物景观时，应以植物群落的原始组成及物种之间的相互关系为基础，考虑其在城市特定生境中的适应性、种间关系、生态位。

1.1.3 艺术性原则

植物景观是创造美的学科，在设计时应综合考虑植物的个体、群体效果，注意色彩、线条、质地的搭配以及季相、林缘线、林冠线的变化等诸多要素，以园林艺术、植物造景等理论为指导，使其更加赏心悦目。

1.1.4 稳定性原则

参考自然植被及其演替的相关理论，借鉴趋于稳定的植物群落搭配模式，综合考虑物种之间相互依存、竞争、吸引或排斥的关系，进行较稳定的近自然植物群落设计，以形成物种多样性高、养护管理成本低、可持续的植物群落。

1.2 植物材料选择

1.2.1 以乡土植物营造本土特色为主

植物不仅是人们为了创造更舒适的生活环境而改变自然的工具，也是一种展现当地固有自然与风土文化的生命体。所以，我们在植物景观设计过程中要以乡土植物为主体[7]。乡土树种较外来树种对区域自然生态环境具有更好的适应性和抗污染性，以北京为例，核桃（*Juglans regia*）、多花蔷薇（*Rosa multiflora*）、珍珠梅（*Sorbaria sorbifolia*）、丁香（*Syringe oblata*）具有抗二氧化硫的特性；榆树（*Ulmus pumila*）对氯气和乙烯具有强抗性；侧柏（*Platycladus orientalis*）、圆柏（*Sabina chinensis*）等树种防尘效果较好；胡桃楸（*Juglans mandshurica*）等则具有较强杀菌作用[8]。

1.2.2 考虑植物生长序列

营建近自然群落时应考虑植物生长序列来选择植物材料，这对构建植物群落的生态稳定性有重要意义。先锋树种具有抗性强、生长迅速的特点，在初期可为其他植物提供蔽荫和屏障，如紫穗槐（*Amorpha fruticosa*）、刺槐（*Robinia pseudoacacia*）、旱柳（*Salix matsudana*）等[9]。因地域不同，设计中应当选择当地有优势的树种，需注意有计划地对它们进行间伐，避免抑制主要树种生长。

1.2.3 考虑植物季相序列

花是园林植物最重要的观赏特征，在植物景观设计中应尽量丰富植物多样性，使群落在不同季节都有植物花期，在满足生态结构多样性的同时，增强植物群落的观赏性。在郊野公园中，人们期望从花、叶、以及植物株形及色彩变化体验自然，通过对植物花期、叶色和形态的有序设计，以达到一年四季美景常在的景观效果[9]。此外，观果序列的设计也很重要，例如北京东坝郊野公园就是在原有果园基础上建立起来的，现今仍保留有梨园、李园、苹果园等果园，既可观赏又能提供市民采摘。果实的形和色都是观果序列设计的重点。乡野花草、花果树、农作物的季相搭配组合对于郊野公园田园风光、野趣效果的营建尤为重要[10]。

1.3 设计手法

目前园林中植物配置的手法中，对植、列植、片植为规则式种植方式，人工感觉偏重，不易形成近自然植物景观，大面积草坪结合庭荫树、园景树的形式也不利于维持野生生物的多样性[11]。在进行郊野公园植物景观设计时应当尽量减少这类形式的使用，增加群植、林植手法的运用。在进行植物配置过程中还应借鉴乡土植物的群落构造，这有利于形成比较稳定的人工植物群落景观[1]。此外，在植物搭配时应注意植物的竞争、偏害、寄生、中性、偏利、互利等种间关系，选择不会相互危害的植物来造景。

1.4 栖息地营建与群落生态功能设计

以前景观设计以人工景观元素为主体，自然景观只是作为衬托。而现在，生态设计则是发展的趋势。生态设计意味着设计要尊重物种的多样性，减少对资源的剥夺，维持植物生活环境和动物栖息地的质量，以有助于改善人居环境及生态系统的健康[12]。

1.4.1 动植物栖息地建设

郊野公园位于城市边缘，是野生动植物重要的栖息地，对保护生物多样性有重要作用。应为鸟类在城市中生活创造条件，高大乔木毛白杨（*Populus tomentosa*）、榆树、刺槐、国槐（*Sophora japonica*）等适宜乌鸦、喜鹊等筑巢，注重引鸟植物与蜜源植物的使用。绿地中的死树、草堆，甚至腐朽都可能成为特殊的昆虫、土壤动物和微生物的栖息地；水边的植物种植可为水禽、爬行类、两栖类、昆虫等提供栖息场地。

1.4.2 服务于人群活动的生态群落建设

对于郊野公园来说，创造健康、高效的生态环境是群落功能设计的出发点。在进行植物群落设计时，应以人为本，力求营造适宜人活动的植物景观空间，较多地考虑植物的生态功能，以营造更多的抗污染群落(防粉尘污染、防重金属污染、防有害气体污染等)、防蚊虫群落、保健治疗型群落、减碳为主的群落等等。

2 北京南海子公园的植物景观营造

北京南海子公园处于北京大兴新城与亦庄新城之间，随着城市发展的加快，该地区由明清时期的皇家猎苑逐渐成为城乡接合部地区，存在流动人口大量聚集、生态环境恶化等情况。为提升整个南城生态环境，恢复原有湿地生态功能，完成绿色转型，按照北京市建设总体规划，将南海子公园确定为市级四大郊野公园之一，为南城绿色生态体系建设的重要内容[13]。南海子公园于2010年10月启动建设，总面积超过11km^2。

2.1 南海子公园植物种类构成

通过实际调查，南海子公园共应用园林植物148种，其中草本49种、灌木43种、乔木49种、藤本5种、竹类2种，乡土植物比例达到78.38%。主要乔木有毛白杨、榆树、洋白蜡(*Fraxinus pennsylvanica*)、国槐、毛泡桐(*Paulownia tomentosa*)、旱柳等落叶阔叶树和侧柏、油松(*Pinus tabuliformis*)、白皮松(*Pinus bungeana*)等常绿针叶树；主要灌木有太平花(*Philadelphus pekinensis*)、锦带花(*Weigela florida*)、沙地柏(*Sabina vulgaris*)、连翘(*Forsythia suspensa*)等。这些乡土树种适应北京的气候条件，抗病虫、抗污染能力均较强，是北京园林绿化重要组成部分，也彰显了南海子公园浓郁的文化特色。此外，南海子公园地被层植物景观的营造还包括车前(*Plantago asiatica*)、夏至草(*Lagopsis supina*)、早开堇菜(*Viola prionantha*)、刺儿菜(*Cirsium setosum*)、泥胡菜(*Hemistepta lyrata*)、蒲公英(*Taraxacum mongolicum*)等25种野生植物，为南海子公园带来更多的野趣。

2.1.1 观花序列

南海子公园观花植物丰富，三季均有花可赏。花色从红、粉红到黄再到蓝紫极为丰富，通过不同花期、花色植物的搭配，形成了鸟语花香的景观效果。南海子公园观花序列植物总结见表1。

表1 观花序列植物总结

Table 1 Ornamental flower plants

季相	群落结构	植物种类
春季	草本层	二月蓝、早开堇菜、紫花地丁(*Viola philippica*)、夏至草、斑种草(*Bothriospermum chinense*)、附地菜(*Trigonotis peduncularis*)、红花酢浆草(*Oxalis corymbosa*)等
	灌木层	紫荆(*Cercis chinensis*)、紫穗槐、丁香、连翘、棣棠(*Kerria japonica*)、榆叶梅(*Prunus triloba*)、贴梗海棠(*Chaenomeles speciosa*)、锦带花等
	乔木层	玉兰(*Magnolia denudata*)、欧洲丁香(*Syringa vulgaris*)、山桃(*Prunus davidiana*)、碧桃(*Prunus persica* f. *duplex*)、紫叶李(*Prunus Cerasifera Ehrhar* f. *atropurpurea*)等
夏季	草本层	萱草(*Hemerocallis fulva*)、玉簪(*Hosta plantaginea*)、蓝花鼠尾草(*Salvia farinacea*)、白三叶(*Trrifolium repens*)、蒲公英、金鸡菊(*Coreopsis basalis*)、大滨菊(*Leucanthemum maximum*)、宿根天人菊(*Gaillardia aristata*)、抱茎苦荬菜(*Ixeridium sonchifolium*)、美人蕉(*Canna indica*)、千屈菜(*Lythrum salicaria*)、朝天委陵菜(*Potentilla supina*)、石竹(*Dianthus chinensis*)等
	灌木层	太平花、海州常山(*Clerodendrum trichotomum*)、多花蔷薇、黄刺玫(*Rosa xanthina*)、月季(*Rosa chinensis*)、三桠绣线菊(*Spiraea trilobata*)、平枝栒子(*Cotoneaster horizontalis*)、珍珠梅、天目琼花(*Viburnum sargentii* var. *calvescens*)等
	乔木层	合欢(*Albizia julibrissin*)、流苏树(*Chionanthus retusus*)、黄栌(*Cotinus coggygria*)、栾树(*Koelreuteria paniculata*)
秋季	草本层	蜀葵(*Althaea rosea*)、波斯菊(*Cosmos bipinnata*)、紫菀(*Aster tataricus*)、美人蕉(*Canna indica*)、千屈菜(*Lythrum salicaria*)、石竹等
	灌木层	木槿(*Hibiscus syriacus*)、海州常山、月季
	乔木层	——

2.1.2 观叶序列

南海子公园运用了一些优良的常年异色叶和春秋色叶植物，丰富了四季植物景观。按不同叶色总结如表2。

表2 观叶序列植物总结

Table 2 Ornamental foliage plants

叶色	植物种类
黄、金黄	‘金叶’莸(*Caryopteris* × *clandonensis*)、‘金叶’连翘(*Forsythia suspense* ‘Aurea’)、金叶女贞(*Ligustrum* × *vicaryi*)、‘金叶’风箱果(*Physocarpus opulifolius* var. *luteus*)、‘金焰’绣线菊(*Spiraea* × *bumalda* ‘Gold Flame’)、‘金叶’接骨木(*Sambucus nigra* ‘Aurea’)、‘金叶’槐(*Sophora japonica* ‘Chrysophylla’)、‘金叶’复叶槭(*Acer negundo* ‘Aureomarginatum’)、‘金叶’榆(*Ulmus pumila* ‘Jinye’)、银杏(*Ginkgo biloba*)
紫、紫红	‘紫叶’风箱果(*Physocarpus opulifolius* ‘Summer Wine’)、紫叶矮樱(*Prunus* × *cistena*)、‘紫叶’小檗(*Berberis thunbergii* ‘Atropurpurea’)、‘国王’枫(*Acer platanoides* ‘CrismonKing’)、
红、橙红	黄栌(*Cotinus coggygria*)、臭椿(*Ailanthus altissima*)、柿树(*Diospyros kaki*)、元宝枫(*Acer truncatum*)
白	白杄(*Picea meyeri*)

2.1.3 植物生态效益序列

南海子公园运用到的蜜源植物与引鸟植物相对来说也比较丰富，吸引了大量鸟类与昆虫，对野生动物栖息地的营建起到重要作用(表3、表4)。此外，还有一些植物种类具有抗污染作用，如臭椿、合欢、紫穗槐、侧柏、构树、紫薇(*Lagerstroemia indica*)等可抗二氧化硫、氯气、氟化氢等多种有害气体，对改善空气质量、营造适宜人类活动的场所发挥了重要作用。

表3 蜜源植物

Table 3 Nectariferous plants

粉蜜状况	植物种类
蜜粉较少	红花酢浆草、合欢、大叶黄杨(*Euonymus japonicus*)
蜜粉较丰	二月蓝、国槐、多花蔷薇、毛泡桐
蜜泌丰富	甘野菊(*Chrysanthemum eticuspe*)、紫苜蓿(*Medicago sativa*)、侧柏、刺槐、柿树、桑树、构树、杜梨、山楂、紫穗槐、臭椿

表4 引鸟植物

Table 4 Attracting bird plants

果色	植物种类
黄色系	榆树、柿树
紫红系	紫荆、接骨木(*Sambucus williamsii*)、山楂、平枝栒子、桑树、黄栌、多花蔷薇、天目琼花
褐色系	侧柏、圆柏、刺槐、悬铃木(*Platanus* ×*acerifolia*)、
蓝黑系	接骨木、鞑靼忍冬(*Lonicera tatarica*)、小叶女贞(*Ligustrum quihoui*)、海州常山

2.2 植物群落及空间营造

2.2.1 疏林草地植物群落分析

疏林草地形成的空间最开敞，郁闭度最低。植物景观的营造以草本地被为主，边缘点缀花灌木或乔木，同时运用草花地被也更能体现自然野趣，人工化程度相对较低，为人类活动提供了广阔空间。南海子公园两种效果较好的疏林草地具体群落分析如下。

(1)蓝花鼠尾草+红瑞木(*Cornus alba*)+天目琼花+绦柳(*Salix matsudana* f. *pendula*)：蓝花鼠尾草大面积栽植形成富有野趣的开阔空间，其紫色产生的景观效果独特，十分吸引游人，也为儿童带来了更多乐趣。红瑞木四季可赏的红色干与天目琼花白色观花灌木才用丛植的手法布置在蓝花鼠尾草边缘，增加了可赏性。绦柳使空间具有围和感，也为鸟类提供栖息场所(图1)。

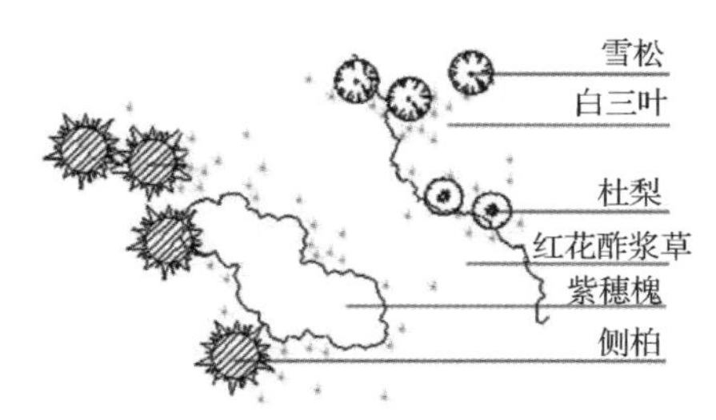

图1 疏林草地群落

Fig. 1 Open forest and grassland community

(2)红花酢浆草+白三叶+紫穗槐+侧柏+杜梨+雪松(*Cedrus deodara*)：红花酢浆草与白三叶形成大面积地被植物景观，可适当混播，更加富有自然野趣。紫穗槐是速生树种且抗性耐性很强，成为此群落先锋树种。侧柏作为乡土树种更提供了四季常青的绿色背景，杜梨春可观花，夏秋的果可引鸟，使此空间物种更多样(图2)。

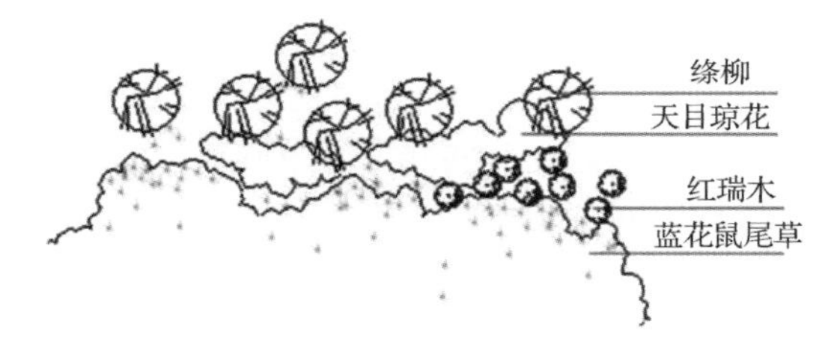

图2 疏林草地群落

Fig. 2 Open forest and grassland community

2.2.2 半开敞空间植物群落分析

通过乔、灌、草的合理配置，形成半开敞的植物景观空间。这类植物群落配置空间功能性比较多样，景观层次较丰富，灌木层植物比较突出。可布置在小广场周围，既不会太密闭又有一定围合感，也可布置在道路两侧，提供更多可赏性。南海子公园两种半开敞空间植物群落具体分析如下。

(1)麦冬(*Ophiopogon japonicus*)+太平花+黄栌+栾树

黄栌和栾树体型互相搭配，黄栌初夏的红花与太平花的白花、栾树夏天的黄花互相补充，变化较丰富。此群落位于路旁，黄栌吸引了不少游人，配置方式以散植为主，较自然(图3)。

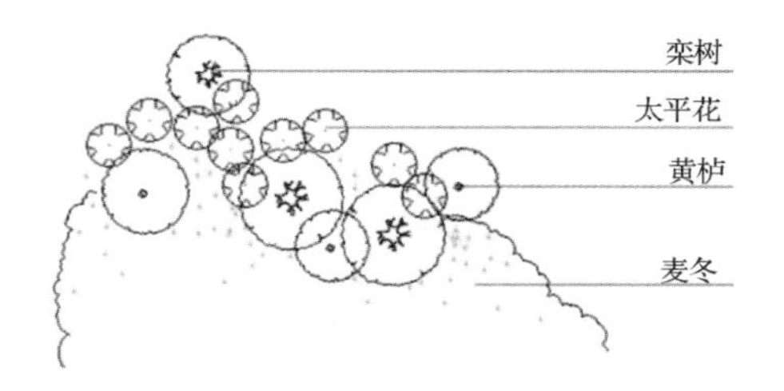

图3 半开敞植物群落

Fig. 3 Semi-open community

(2)月季+'金山'绣线菊(*Spiraea japonica* 'Gold Mound')+'红王子'锦带(*Weigela florida* 'Red Prince')+黄栌：以突出灌木层植物景观为主。月季多季开花，'金山'绣线菊叶色金黄，夏季粉花与'红王子'锦带的红色花形成色彩丰富的景观。点植几株黄栌，秋季红叶丰富了空间与四季景观(图4)。

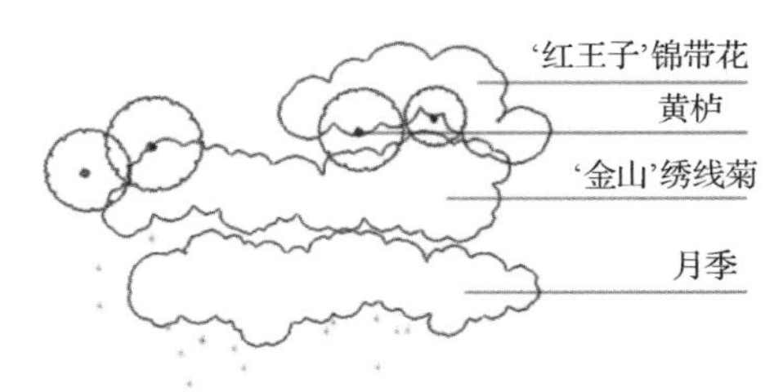

图4 半开敞植物群落

Fig. 4 Semi-open community

2.2.3 密林植物群落分析

密林植物群落以上层乔木的林植形式为主，如钻天杨、毛白杨、国槐等。郁闭度最高，乔木的盖度较大，空间私密性好，提供游人活动与休息的林下空间。对效果较好的一处密林群落分析如下。

草地早熟禾(*Poa pratensis*)+泥胡菜+天目琼花+毛白杨+绦柳群落：毛白杨冠大荫浓，高达15m，抗性也很强，是北京园林绿地中的骨干树种，并且为许多鸟类提供了筑巢场所，保护、维持了生物多样性。绦柳虽遮阴效果不如毛白杨，但二者在树形与质感上形成强烈对比。林下结合野生地被植物与花灌木布置，丰富了景观、增加了野趣(图5)。

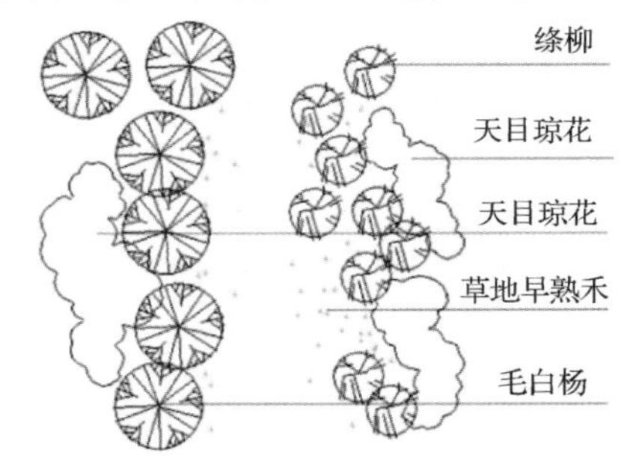

图5 密林植物群落

Fig. 5 Thick forest community

2.3 植物与其他元素的配置

2.3.1 路植物景观

主路上的行道树以国槐、银杏、臭椿、悬铃木为主，适当结合萱草等草本布置，植物景观较单一，可适当多应用一些野趣开花地被丰富沿路植物景观；次路植物植物景观较丰富，结合金鸡菊、多花蔷薇、蓝花鼠尾草等布置增加了野趣与可赏性；园林小径的植物景观营造在郊野公园中有重要意义，是自然野趣的重要体现，以汀步结合野花地被布置的形式效果较好。

2.3.2 湿地植物景观

南海子公园的湿地承载着改善生态环境、丰富生物多样性与蓄积降水、调节洪水等多项功能。其水边植物主要有黄菖蒲（*Iris pseudacorus*）、千屈菜、香蒲（*Typha orientalis*）、鸢尾（*Iris tectorum*）、芦苇（*Phragmites australis*）等结合自然式驳岸形式种植，植物种类还有待丰富，可在湿地周围适当增加一些引鸟花灌木与乔木。依靠千屈菜营造的湿地小环境为许多两栖动物和昆虫提供了栖息地，其周围蛙声一片，自然荒野气息浓重。

2.4 生态与文化的传承

南海子是北京历史上最大的湿地，注重湿地景观、皇家文化及麋鹿保护的建设。南海子公园一期共恢复水面 0.37km^2，平均水深 2～3m，二期范围 5.87km^2，与麋鹿保护区及公园一期共同构成 8.01km^2 的整体生态绿化公园[14]。南海子公园的建设，已产生非常显著的生态效益和社会效益，绿化面积达 170 多亩，栽植乔灌木、地被植物百余种共计 180 余万株[15]，引来了多种鸟类和野生动物，并已产生明显的降温增湿效益，夏季温度比亦庄开发区低 5℃，其对于生态与文化的传承值得郊野公园参考和借鉴。

3 结语

城市绿地中近自然的植物景观能促进现代人的心理健康，近自然的植物群落利于园林植物健康生长。近自然植物群落能更好地发挥生态效益，保持生态系统的稳定性并营造野生动物栖息地，因此在进行郊野公园植物配置时，应体现自然生态之美，最大限度地发挥生态效益，营造出适合当地自然和人文特征的植物景观。目前北京郊野公园已多达百个，但其植物景观规划与植物群落的营造特色不够突出，植物景观的营造与城市公园差别不明显，且养护管理水平较高，抑制了一些野生植物的野趣表达；此外，在维持生物多样性上考虑不到位，不注重植物的生态效益。郊野公园的近自然植物景观的营造与植物群落生态功能的设计还需更多的研究与实践，以为城市提供更自然、生态的呼吸空间。

参考文献

1. 和太平，李玉梅，文祥凤．城市近自然园林植物景观营造探讨[J]．广西科学院学报，2006，22(2)：97－99.
2. 尚凤标，周武忠．基于游憩者需求的郊野公园发展分析和体系构建[J]．西北林学院学报，2009，24(1)：199－203.
3. 祁新华，陈烈，洪伟，等．近自然园林的研究[J]．建筑学报，2005(8)：53－55.
4. 李春娇，贾培义，董丽．近自然园林植物群落及其评价指标体系初探[C]．2007 年中国园艺学会观赏园艺专业委员会年会论文集，2007：560－562.
5. 殷举英，苗想想，李彬，等．模拟自然植物群落，营造活力城市公园[J]．北方园艺，2009(9)：192－195.
6. 杨玉萍，周志翔．城市近自然园林的理论基础与营建方法[J]．生态学杂志，2009，28(3)：516－522.
7. 李树华．建造以乡土植物为主体的园林绿地[J]．中国园林，2005，01：47－50.
8. 王建炜．植物种植设计的本土化表达——以北京百旺郊野公园植物景观设计为例[J]．中国园艺文摘，2010，4：63－64.
9. 王云才，韩丽莹，王春平．群落生态设计[M]．北京：中国建筑工业出版社，2009：59－71.
10. 刘淼，刘心茗，董丽．北京市郊野公园植物景观综合评价[J]．西北林学院学报，2014，29(6)：245－249.
11. 张立，张启翔，叶灵军．北京南海子麋鹿苑植物配植调查、分析及建议[J]．华中建筑，2008，26(3)：131－135.
12. 蔡伟．郊野公园的植物景观模式研究[D]．上海：上海交通大学，2009.
13. 张林源，陈星．北京南海子公园对北京生态环境的作用研究[C]．中国环境科学学会学术年会论文集，2012：3097－3102.
14. 郭耕，东海，李永晖．昔年皇家苑囿地今朝生态景观园，南海子公园亮点多[J]．前线，2010，10：59－60.
15. 文雪峰．从垃圾场到生态公园的历史变迁[J]．城市管理与科技，2011，4：64－67.

园林植物群落与心理舒适感初探*

谢阳娇　董　璐　于晓南①
（花卉种质创新与分子育种北京市重点实验室，国家花卉工程技术研究中心，
城乡生态环境北京实验室，园林学院，北京林业大学，北京 100083）

摘要　本文以环境心理学为理论依据，选取紫竹院、北京植物园及海淀公园的 54 个 6 种类型且具有不同特征的园林植物群落为研究对象。以实地调查结合问卷调查的方式，重点探究了不同种类、特征的园林植物群落对与人心理舒感适之间的相关性。旨在探索适用于满足人心理舒适感的植物群落配置要素，为城市绿化树种的应用提供参考，同时为城市生态园林的建设提供更为切实的理论依据。结果表明，不同类型的群落所进行的活动不同，不同活动所需要的心理感受不同，同时需要不同的群落要素来进行营造。结论如下：乔灌草型群落适宜静态活动，配植时主要考虑私密感、空间围合与近人接触；乔灌型群落适合文化休闲活动开展，配植时考虑活动者的活动范围；乔草型群落适合开展一些互动性活动，营造出给人归属感的群落环境；灌草型群落主要给人以归属感，配植出景观效果较好的灌草群落可以让游人更好的观赏游览、感受自然；乔木型群落也给人以归属感，结合硬质铺装，是举行公开互动型文化娱乐类活动的最佳场所；草坪型群落适合完全开放型活动，结合养护成本合理选择多种草坪草混播，创造出近人、舒适、适合各种规模和形式活动的户外空间。

关键词　园林植物群落；心理舒适感；归属感；安全感；私密感

The Preliminary Investigation on the Garden Plants of Communities and Psychological Comfort

XIE Yang-jiao　Dong Lu　YU Xiao-nan
（*Beijing Key Laboratory of Ornamental Plants Germplasm Innovation & Molecular Breeding*,
National Engineering Research Center for Floriculture, *Beijing Laboratory of Urban and Rural Ecological Environment and College of Landscape Architecture*, *Beijing Forestry University*, *Beijing* 100083）

Abstract　This study has selected 6 kinds of 54 different garden plants communities as the study samples from Purple Bamboo Park, Beijing Botanical Garden and the Haidian Park based on the Environmental psychology. Field investigation and questionnaire survey are used to explore the correlation between the different types and characteristic of the landscape plant communities and the psychological comfort. It's aims to offer the references for the application of urban greening tree species and to provide the construction of urban ecological garden with more practical and theoretical basis by exploring the plants allocation which meets the psychological comforts of the target people. Conclusions are as follows: the shrubs – type plants are suitable for static community activities, when allocate the plants, the privacy, space intimacy should be considered; the shrub – tree type plants are suit for the interactive activities, which bring a belonging feeling to the target people; the shrub – weed type plants mainly give the people a sense of belonging, a good allocation of plants make the people have more natural and comfortable feeling; the shrub – tree type plants also give people the sense of belonging, when combined with hard pavement, it best suits for the interactive entertainment activity; the lawn – type plants match the totally open activity. By combining with the maintenance costs and mixing arrange different lawns a friendly, comfortable, suitable outdoor space which is suitable for variety of activities will be created.

Key words　Communities of landscape plants; Psychological comfort; A sense of belonging; A sense of security; Privacy

---

* 基金项目：北京市共建项目专项资助(2015bluree04)。
第一作者：谢阳娇，硕士研究生。主要研究方向：芍药资源与育种。
① 通讯作者。于晓南，博士，教授。主要研究方向：园林植物资源与育种。Email：yuxiaonan626@126.com。

随着第四次工业革命——信息革命的全面深入，人类在享受其带来的便捷、舒适的生活时，也在为其带来的一些负面影响而烦恼，如人与人间情感冷漠、人们普遍运动减少。在这飞速发展的时代，人类急需精神文明与物质文明的齐步共行。园林植物群落，是城市园林绿地的重要组成部分，也是构成城市公园不可或缺的要素。现如今城市公园成为居民闲暇时间亲近自然、缓解压力、家庭聚会、运动健身的重要场所。据有关研究表明：当人类畅游于栽培群落时，一方面游人的行为活动受到群落环境的影响，另一方面群落中的各类要素又影响着游人的心理感受(Jacobs，1994)。因此从人类心理感受出发，探索出最大限度满足人类游憩行为习惯和人类精神需求的园林植物群落具有重要意义。

近年来，国内外学者对景观影响人的心理生理状态进行了大量研究(陈自新 等，1998)。Chang(2004)测定了观看不同景观类型时被试者的生理和心理指标，进而分析植物景观对人的生理和心理反应及不同景观对人的影响与其文化背景的关系。林莹(2010)以景观生态学、美学、人体气象学、设计艺术学为基础，结合居住区绿地的特点，认为植物群落的郁闭度越大，人类置身于其中的感觉越舒适。此外，她还认为植篱降温增湿、提高人体舒适度的能力均高于大面积的草坪。蒋雪丽(2011)对杭州公园绿地植物群落进行植物景观多样性、植物群落人体舒适度等方面进行研究后，发现游客普遍认为公园植物群落首先要满足生态效应，再注重季相、形态等景观。其次，春夏秋三季人体舒适度与常绿落叶数量比和郁闭度呈负相关，冬季则相反，夏季不明显，且人体舒适度与群落结构、林型的关系具有一定的规律，但不显著。王颖(2014)等在广西大学校园内选择密林、疏林、草坪3种植被类型分别建立固定样地，测量主要的气象指标(太阳辐射能、日平均地面温度、日平均相对湿度及日平均室温等)，研究结果表明，校内密林型在白天对太阳辐射的削减、降温、增湿作用显著，因此学生身处密林型时，舒适度较其他林型高。

目前的相关研究，在宏观上多集中在基于各种理论对不同属性的园林植物群落对人类心理影响进行评价，在微观上则集中研究不同植物群落微气候对于人体舒适度的影响。而对于景观构成具体要素对于人心理影响研究较少。因此，本文选择北京园林建设中典型的园林植物群落：紫竹院、北京植物园、海淀公园为对象(杨学军 等，2011)，并且以环境心理学、景观生态学为理论依据，实地调查群落中植物种类、落叶乔木郁闭度、群落使用率；问卷调查栽培群落的树种高度、体量、树形、色彩及质感等对人群选择活动群落时的倾向性影响，进而探索人心理舒适感和植物群落配置要素之间的关系。

1 材料与方法

1.1 材料

根据“典型性、代表性、一致性”原则，本研究选取紫竹院公园、北京植物园、海淀公园内乔灌草型群落、乔灌型群落、乔草型群落、灌草型群落、乔木型群落以及草坪型群落6种类型的54个(每种类型9个，每个公园分别3个样点)有代表性的植物群落(表1)。所选群落类型均为园林绿化使用率较高，人可以自由进入，且群落树种、平均冠幅和郁闭度皆有所差异的类型。

1.2 方法

于2016年3～4月间，采用实地观察调查法结合问卷调查法对紫竹院公园、植物园和海淀公园进行现场调研和访问调查。按照均匀布点的方式选择植物群落，调查样地中的植物种类构成、高度、冠幅并记录群落郁闭度、盖度等特征；同时在工作日、休息日分上午8：30～9：30、中午12：00～13：00、下午15：30～16：30三个时间段，对每个调查样地中群落使用率和用途进行记录；用问卷调查和访问的方法调查不同类型活动中使用者所具有的心理感受以及不同群落的树种的高度、体量、树形、色彩、质感等对人群选择活动群落时的倾向性影响。对获得的数据通过整理、分类后运用Excel 2016对数据进行统计、处理与分析。

表1 调查地群落情况

Table 1 The condition of plants communities in trial site

序号 No.	名称 Name	地点 Site	郁闭度 Average Crown(m)	平均冠幅 Canopy Density	序号 No.	名称 Name	地点 Site	郁闭度 Average Crown(m)	平均冠幅 Canopy Density
1	旱柳+黄刺玫+紫花地丁	紫竹院公园	0.61	6.03±1.60	28	月季	北京植物园	0.88	
2	刺槐+小叶黄杨+紫花地丁	紫竹院公园	0.88	8.24±1.76	29	连翘+芍药	北京植物园	0.91	2.42±0.50
3	油松+阔叶箬竹+麦冬	紫竹院公园	0.9	6.77±1.12	30	蝟实	北京植物园	0.90	3.30±1.21

（续）

序号 No.	名称 Name	地点 Site	郁闭度 Average Crown(m)	平均冠幅 Canopy Density	序号 No.	名称 Name	地点 Site	郁闭度 Average Crown(m)	平均冠幅 Canopy Density
4	水杉+紫叶李	紫竹院公园	0.86	6.50±1.00	31	侧柏	北京植物园	0.63	5.51±1.34
5	白蜡+紫薇	紫竹院公园	0.81	6.42±1.63	32	杜仲	北京植物园	0.61	5.04±167
6	刺槐+金银木	紫竹院公园	0.82	6.50±1.33	33	白桦	北京植物园	0.37	4.72±0.54
7	国槐+玉簪	紫竹院公园	0.72	6.42±1.63	34	高羊茅+早熟禾	北京植物园		
8	银杏+三色堇	紫竹院公园	0.46	10.60±1.00	35	高羊茅	北京植物园		
9	油松+麦冬	紫竹院公园	0.91	7.80±1.21	36	高羊茅+早熟禾	北京植物园		
10	阔叶箬竹+麦冬	紫竹院公园	0.94	5.55±1.30	37	毛白杨+紫叶小檗+早熟禾	海淀公园	0.67	5.21±1.04
11	金银木+委陵菜	紫竹院公园	0.94		38	元宝枫+金银木+高羊茅	海淀公园	0.72	10.06±1.97
12	重瓣榆叶梅+紫花地丁	紫竹院公园	0.86	5.20±1.41	39	鹅掌楸+紫叶小檗+早熟禾	海淀公园	0.59	6.22±1.03
13	洋白蜡+刺槐+元宝枫	紫竹院公园	0.54	4.50±0.53	40	旱柳+紫丁香	海淀公园	0.85	12.35±1.41
14	油松	紫竹院公园	0.43	4.80±0.50	41	国槐+沙地柏	海淀公园	0.78	8.08±1.46
15	白皮松+元宝枫+银杏	紫竹院公园	0.72	7.90±1.20	42	美国红垱连翘	海淀公园	0.87	6.77±1.53
16	黑麦草	紫竹院公园			43	刺槐+圆柏	海淀公园	0.66	6.48±1.82
17	高羊茅	紫竹院公园			44	元宝枫+栾树+碧桃	海淀公园	0.72	8.32±1.05
18	麦冬+玉簪	紫竹院公园			45	刺槐+旱柳	海淀公园	0.89	9.50±1.41
19	栾树+小叶黄杨+高羊茅	北京植物园	0.71	7.19±1.08	46	海棠	海淀公园	0.79	3.37±0.35
20	毛泡桐+小叶黄杨+高羊茅	北京植物园	0.53	10.18±2.31	47	黄杨+紫花地丁	海淀公园	0.89	2.26±0.32
21	绦柳+迎春+紫花地丁	北京植物园	0.83	11.54±1.41	48	金银忍冬+麦冬	海淀公园	0.95	4.69±0.46
22	国槐+太平花	北京植物园	0.59	7.05±1.10	49	毛白杨	海淀公园	0.81	7.93±0.94
23	鹅掌楸+海棠	北京植物园	0.93	7.32±0.88	50	鹅掌楸+白皮松	海淀公园	0.77	6.31±0.97
24	楸树+丁香	北京植物园	0.83	6.37±1.87	51	鹅掌楸	海淀公园	0.55	6.50±1.10
25	碧桃+高羊茅	北京植物园	0.94	4.66±0.79	52	高羊茅+早熟禾	海淀公园		
26	北京丁香+紫花地丁	北京植物园	0.87	4.04±1.31	53	高羊茅+早熟禾+野牛草	海淀公园		
27	银杏+紫花地丁	北京植物园	0.75	6.75±1.73	54	野牛草	海淀公园		

2 结果与分析

2.1 园林植物群落使用率及用途分析

分别对3个公园6种群落类型共54个样地的群落郁闭度或盖度、使用率及用途进行统计分析；根据公园使用者行为活动特点，结合已有的研究基础(Claire et al，2001；俞孔坚 等，2001)最终将使用者的行为分为4大类：活动Ⅰ文化休闲类，包括唱歌、唱戏、跳舞、下棋、打牌等活动；活动Ⅱ静态活动类，包括聊天小坐、驻足、看报等活动；活动Ⅲ观赏游览类，包括拍照、观赏等；活动Ⅳ体育锻炼类，包括抖空竹、跑步、健身操、太极拳等。

对不同群落活动类型进行统计分析，结果显示(图1)，在乔灌草群落类型中活动Ⅱ>活动Ⅲ>活动Ⅰ>活动Ⅳ；乔灌群落类型中活动Ⅰ>活动Ⅱ>活动Ⅲ>活动Ⅳ乔；乔草群落类型中活动Ⅰ>活动Ⅲ>活动Ⅳ>活动Ⅱ；灌草群落类型中活动Ⅲ>活动Ⅱ>活动Ⅰ>活动Ⅳ；乔木群落类型中活动Ⅰ>活动Ⅳ>活动Ⅱ>活动Ⅲ；草坪群落类型中活动Ⅱ>活动Ⅰ>活动Ⅳ>活动Ⅲ。

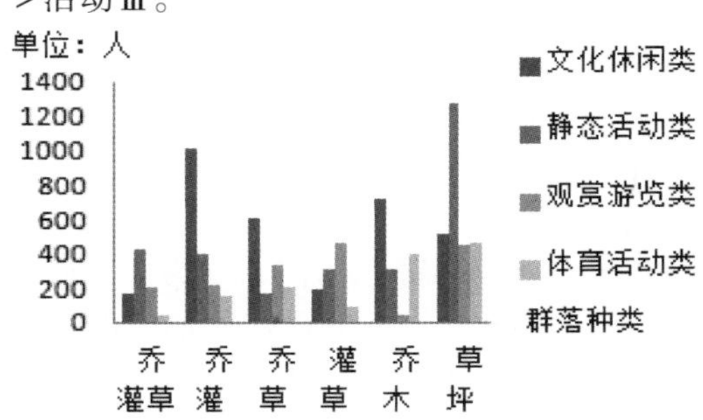

图1 不同类型群落使用情况

Fig. 1 The use of different rypes of communities

对不同植物群落使用率统计分析，结果显示(图2、图3)：表面上表现为，植物群落的使用率与其郁闭度或盖度有关；实则一定的郁闭度能满足使用者不同类型的活动要求。在乔灌草群落中，郁闭度达到0.64~0.72之间时，其群落使用率最高；在乔灌群落中，郁闭度达到0.83~0.90之间时，其群落使用率最高；在乔草群落中，郁闭度达到0.82~0.94之间

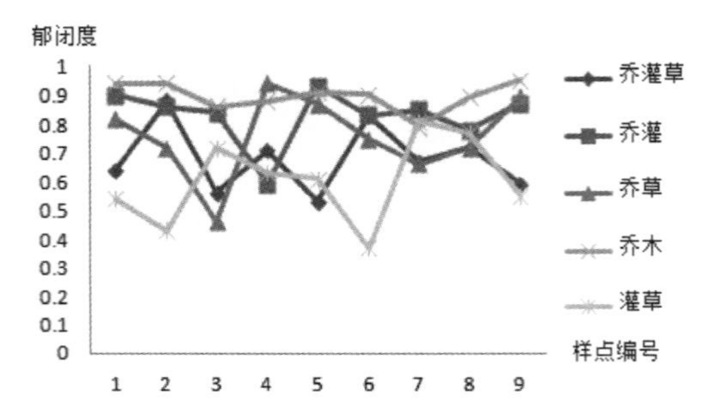

图 2　各园不同类型群落郁闭度差异

Fig. 2　Canopy density differences breween the different cypes of communities of each garden

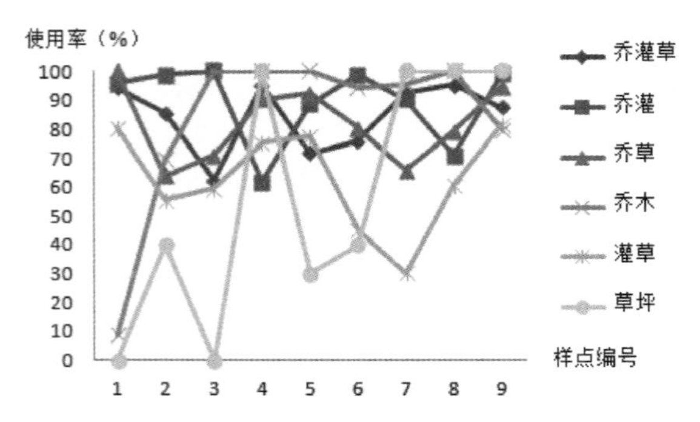

图 3　各园不同类型群落使用率差异

Fig. 3　Unilitadies differences among differences rypes of communidies gardes

注：图 2，图 3 中 1、2、3 为紫竹院样点；4、5、6 为北京植物园样点；7、8、9 为海淀公园样点

时，其群落使用率最高；在乔木型群落中，郁闭度达到 0.86～0.91 之间时，其群落使用率最高；在灌草群落中，盖度达到 0.54～0.55 之间时，其群落使用率最高；而在草坪群落中，群落的使用率则与草坪草种息息相关。乔灌草群落的郁闭度在 0.64～0.72 之间时，中的乔木层不仅能够提供足够的遮阴，中层灌木还对空间进行了良好的分隔，并且配以合适的草本提升了景观效果。因此，使用者在乔灌草群落中的活动以观赏游览活动和静态休闲活动为主。郁闭度在 0.83～0.90 之间时，当乔灌群落的郁闭度在 0.83～0.90 之间时，上层乔木提供了充足的遮阴，下层灌木丛与乔木的组合并极少分隔场地，使得场地铺装面积扩大。进而满足了使用者进行文化休闲活动时对于充足林下空间及铺装场地的需求。乔木型群落多指靠近广场、道路，硬质铺装，多为使用者提供休息活动的场所，其林下常常配以座椅供游人停留，当郁闭度在 0.86～0.91 之间时，不仅能为使用者提供阔的铺装场地进行唱歌、跳舞和体育锻炼活动，还具有良好的遮阴效果。灌草群落盖度在 0.54～0.55 之间时，观赏性的灌木多，如金银木、荚蒾、绣线菊、连翘等；且植物的疏密程度良好，观赏的视线佳。极大满足了使用者的观赏游览活动。而单一的草坪群落，不同的草种、混播组合等将影响草坪的耐践踏程度、色彩、质感，进而影响使用者的心理舒适感。

2.2　使用者活动群落选择倾向性分析

所处群落的特征对不同活动类型的群落使用者的选择群落倾向性的影响进行统计分析。

(1) 文化休闲

调查结果显示（图 4）：游人在进行文化休闲时，乔木倾向于冠幅大，遮阴效果好，且能保证树下活动空间的馒头形和伞形的落叶乔木以及同样满足遮阴效果的伞形常绿乔木；灌木则是选择球形、半球形或扁球形的常规树形多，并无其他特殊树形的要求。树高方面（图 8）：使用者倾向于高度在 20m 以上的大体量乔木，而灌木则是有 40% 的游人选择 1～1.5m 高、不遮挡视线的植物。对于观花灌木（图 10），该类群体倾向于选择浅色系，花香为淡香或无香；总体来说，对群落的景观效果无特殊倾向，在保证活动空间遮阴的条件下，满足一般观赏性。

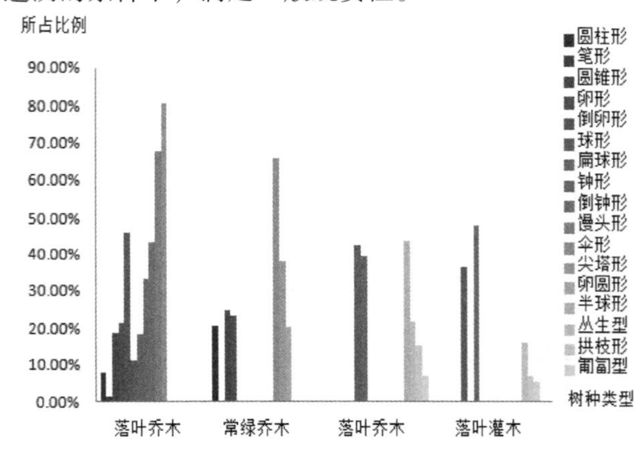

图 4　文化休闲中游人对树形的选择频向分布

Fig. 4　The chake of the skapes of tree tesds to sistribaties of culcure and tesare

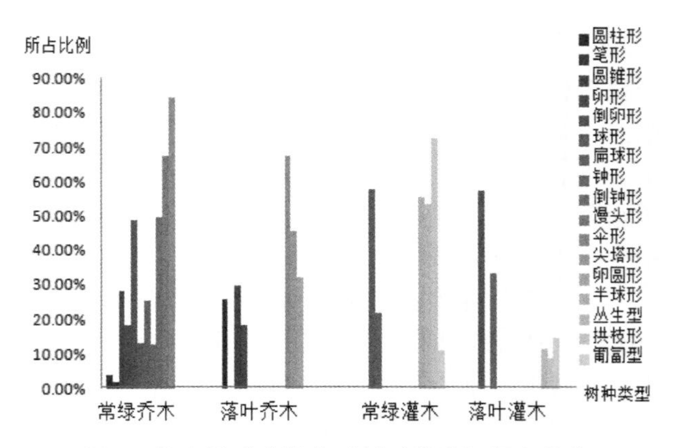

图 5　静态活动中游人对树形的选择频向分布

Fig. 5　The chake of the skapes of tree tesds to sistribaties of culcure and tesare

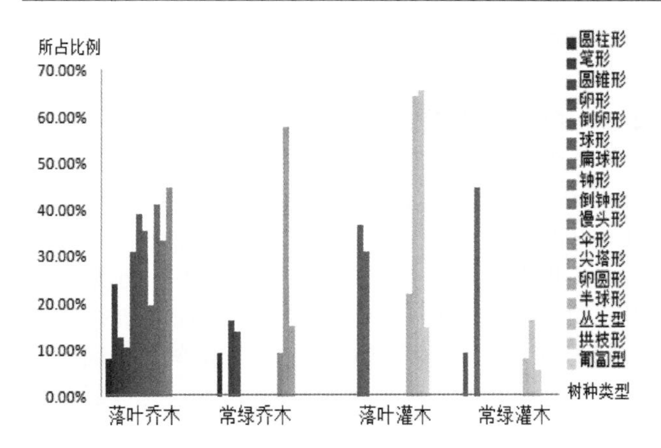

图 6　观赏游览中游人对树形的选择频向分布

Fig. 6　The chake of the skapes of tree tesds to sistribaties of culcure and tesare

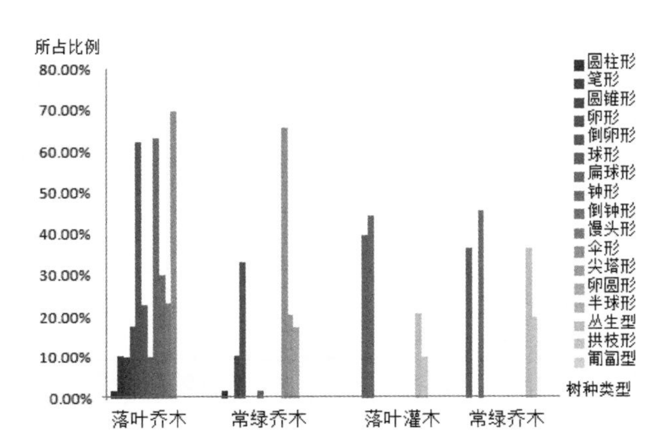

图 7　体育锻炼游人对树形的选择频向分布

Fig. 7　The chake of the skapes of tree tesds to sistribaties of culcure and tesare

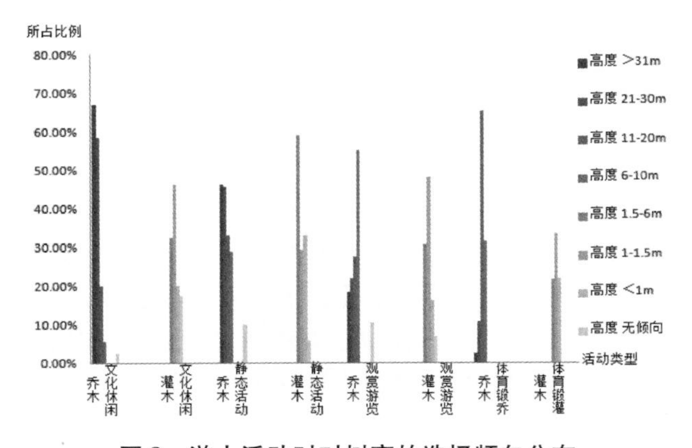

图 8　游人活动时对树高的选择频向分布

Fig. 8　The chake of the skapes of tree tesds to sistribaties of culcure and tesare

(2)静态活动

游人在进行静态休闲时，对于乔木的树形要求(图 5)，倾向于倒卵形、倒钟形、馒头形、伞形等一类遮阴效果较好的落叶乔木，常绿乔木则是选择伞形

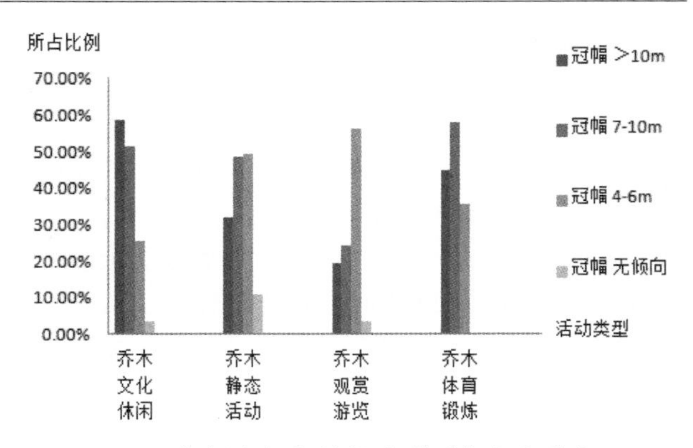

图 9　游人活动时对树冠幅的选择频向分布

Fig. 9　The chake of tree cromp tesds to sistribaties of culcure and tesare

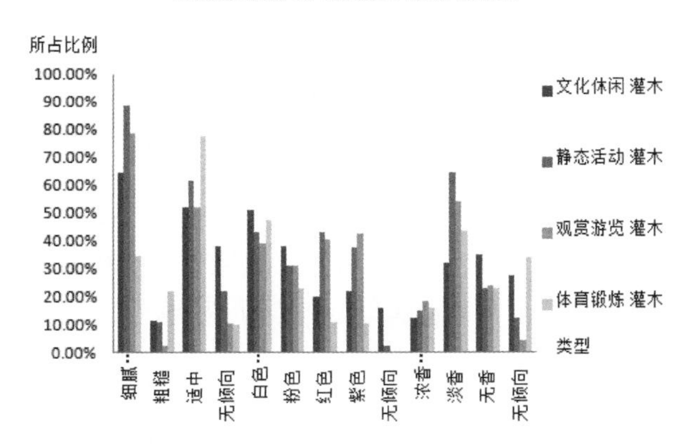

图 10　游人活动时对灌木质感、花色、花香的选择频向分布

Fig. 10　The chake of the texture, color, floral, tend to be distributed at tourist activities

注：质感(细腻、粗糙、适中、无倾向)中包含草坪群落数据(调查结果与灌木同，故联系到一起说明

或尖塔形等有遮阴效果，且具有观赏性的观姿乔木；灌木的树形选择都倾向于观赏效果较好的树形如球形、半球形、扁球形、拱枝形、丛生型等。树高方面(图 8)：倾向于高大的乔木，其能围合出一个宽敞的空间，灌木则是 59% 的游人倾向于 1.5～6m 高的植物对活动空间进行围合遮挡，保证活动时的安全性和私密感。对于冠幅而言(图 9)，在保证有效遮阴的情况下，适当减小，一方面能有效控制群落下方活动的人群数量，另一方面能避免群落过于荫蔽。对于叶质感、花色及花香来说(图 10)：使用者倾向于轻快的浅色系和细腻质感。灌木需质感细腻且叶色丰富为佳；草坪注重近距离体验，喜欢颜色较为浅亮，质感细腻的草种。花色、花香方面(图 10)：倾向花色多样、淡淡的香味。这样在人群进行静态活动时，能够让多处感官感受到自然的气息。总体来说，在进行静态休闲活动时，游人较重视群落的景观效果和环境氛围。

(3)观赏游览

用于观赏游览的群落，要合理配置各要素，在观赏性上下功夫。游人在观赏游览时，对于乔木和灌木的树形要求(图6)：均倾向于具有较好的观赏效果，而对乔木遮阴的要求不明显。树高和体量方面(图8、9)，与前两类活动进行横向比较，发现对乔木的选择倾向变为6~10m，以满足在近距离观赏的要求，1~1.5m高的灌木是游赏群落时较为理想的高度，合理配植其他1.5~6m及1m以下的灌木能勾勒出较好的小“林冠线”。叶质感、花色和花香方面(图10)：叶质感偏爱细腻适中的，花色则倾向多种花色(如红、紫、粉、白等)，花香则要求淡香为多。

(4)体育锻炼

总体来说，体育锻炼时，人们最注重是否有足够的运动空间。使用者在体育锻炼时(图7)：树形以倒卵形、钟形、伞形高为主，主要使空间通透，不会因为郁闭度过高产生压抑感。在树高方面(图8)：乔木高度多应集中在11~20m，灌木多集中在1~1.5m。在树冠方面(图9)，人们普遍喜欢冠幅7~10m的植物群落。对于质感、花色、花香方面(图10)：人们喜欢叶质感适中，花色及花香都偏淡。

2.3 使用者心理舒适感分析

人的需求极其复杂，人在物质和精神、生理和心理等诸方面的满足对于舒适都有不同的需求；任何物质环境给予人的意向和感受都会在他们的情感、心理或潜意识中作出反应(俞孔坚 等，2001)，正如意大利建筑理论大师Bruno Zevi(2006)在其所著的《建筑空间论》中阐述“尽管我们可能忽视空间，空间却影响着我们，并控制着我们的精神活动”。这些影响有积极的，也有消极的，心理舒适感是追求环境因素带给人的积极的心理感受包括归属感(曾宪丁 等，2007)、安全感(周冠生，2000)和私密感，本文针对心理舒适感进行探讨。

根据前期观察分类的4种活动类型——文化休闲类、静态活动类、观赏游览类、体育锻炼类，对紫竹院公园中栽培群落的使用者进行问卷调查，了解使用者进行的活动时所具有的心理感受。调查共发放问卷1100份，回收有效问卷1005份。

表2 使用者心理舒适感调查表

Table 2 User comfort paychological questiouuaire

	文化休闲(253)		静态活动(307)		观赏游览(231)		体育锻炼(214)	
	选择人数	所占百分比(%)	选择人数	所占百分比(%)	选择人数	所占百分比(%)	选择人数	所占百分比(%)
归属感	122	44.30	113	36.80	94	40.60	80	37.50
安全感	64	25.30	73	23.70	84	36.80	100	46.80
私密	67	26.50	121	39.50	52	22.60	34	15.70

填写有效问卷的1005份中253人在做调查问卷时所进行的是文化休闲，使用者多考虑归属感；307份所进行的是静态活动，考虑归属感和私密感者数量相当；231份所进行的活动是观赏游览，使用者更多地考虑归属感；214份所进行的活动是体育锻炼，此种类型使用者则多考虑安全感。

3 讨论

城市公园园林植物群落是中老年人室外活动的主要场所(马军山 等，2004；任斌斌 等，2012)。伴随中国城市人口老龄化的高速发展，退休的中、老年人在公园使用者中所占比例将愈加提高。应该根据中老年人的心理特征、活动内容、形式以及时间等方面出发，研究和建设以中老年人为使用主体的城市公园绿地，这是老龄化社会必须要解决的课题。然而，目前在城市公园园林植物群落的营造中，设计师并没有充分结合使用者的活动和心理感受对植物进行详细和科学的配植，多主观性的配置，故造成群落后期改造养护费用提高、使用率不高等问题，甚至不适于使用者。如西安长乐公园(杨艳 等，2010)、泰州泰山公园(陶敏 等，2004)、沈阳青年公园(魏铭 等，2012)在改造前由于植物配置不当使整个公园缺乏景观艺术美和意境美且逐渐不适合游人使用。由此，在公园的设计和建设中，植物的配置，除了满足绿化和景观要求外，也要满足使用者的心理感受与其活动相契合，遵循植物景观设计的原则(童明坤 等，2013)。通过实地调查和问卷调查，本文认为：①群落的郁闭度、盖度及乔灌比对群落的使用率和用途有很大的影响。乔灌草群落以静态活动为主，乔灌类以文化休闲为主，乔草类也以文化休闲为主，灌草类以观赏游览为主，乔木类则以静态活动和体育锻炼为主，草坪类也以静态休闲为主。②园林植物群落有利于使用者身心放松(周冠生，2000)，构成群落的植物的要素如树高、树形、冠幅、叶色、花色及花香对使用者的心理舒适感起着决定性的作用。③人们当使用者进行文化休闲活动时，多考虑归属感；在进行静态活动时，考虑归属感和私密感；进行观赏游览时，考虑归属感和安全感，而进行体育锻炼时，人们多考虑安全感，只有满足以上感受使用者的心理上才能达到舒适的程度。希望这些结论对设计师在今后公园设计、建设和经营管理中有所帮助。

参考文献

1. 阿尔伯特J拉特利奇. 1990. 大众行为与公园设计[M]. 北京：中国建筑工业出版社，78 - 80.
2. Chang C Y. 2004. Psychopsysiological responses to different landscape settings and a comparison of cultural differences [J]. Acta Hort, 28: 57 - 65.
3. 陈自新，苏雪痕，刘少宗，等. 1998. 北京城市园林绿化生态效益研究[J]. 中国园林，(2): 75 - 77.
4. 克莱尔·库伯·马库斯，卡罗琳·弗朗西斯. 2001. 人性场所[M]. 北京：中国建筑工业出版社，2001: 139 - 155.
5. 丁鸿富. 1987. 环境与舒适感[J]. 科学学与科学技术管理，8(8): 39.
6. Jane Jacobs. 1994. The Death and Life of Great American Cities[M]. New York: McGraw - Hill Inc, 78.
7. 蒋雪丽. 2011. 杭州公园绿地植物景观多样性评价研究[D]. 杭州：浙江农林大学硕士论文.
8. 俞孔坚，孙鹏，王志芳，等，译. 城市开放空间设计导则[M]. 北京：中国建筑工业出版社，2001: 321 - 331.
9. 马军山，戚贤君. 2004. 园林草坪发展概况及景观设计[J]. 浙江林学院学报，(1): 61 - 64.
10. 任斌斌，刘兴，卜燕华. 2012. 紫竹院使用状况评价[J]. 西北林学院学报，27(4): 247 - 251.
11. 陶敏. 2004. 中小型城市传统公园的适时更新—以江苏省泰州市泰山公园改造设计为例[J]. 小城镇建设，34 - 37.
12. 童明坤，弓弼，王迪海，等. 2013. 关中地区模拟自然群落植物景观设计研究[J]. 西北林学院学报，28(2): 207 - 212.
13. 王颖，车紫薇，冯力，等. 2014. 大学校园不同绿地类型的小气候特征[J]. 现代园艺，(1).
14. 魏铭. 2012. 沈阳市青年公园存在问题与改造对策探讨[C]. 第九届沈阳科学学术年会论文集，1 - 4.
15. 杨学军，唐东芹. 2011. 园林植物群落及其设计有关问题探讨[J]. 中国园林，(2).
16. 杨艳，肖斌. 2010. 西安长乐公园植物景观现状与景观改造对策[J]. 西北林学院学报，25(4): 209 - 213.
17. 曾宪丁，王建武，朱强，等. 2007. 城市开放空间POE研究：以北京大学静园为例[J]. 四川建筑科学研究，33(6): 162 - 166.
18. 周冠生. 2000. 素质心理学[M]. 上海：上海人民出版社，27 - 32.

北京城市公园植物群落绿量的影响因子研究

郭 芮　李湛东[①]　秦 仲
（花卉种质创新与分子育种北京市重点实验室，国家花卉工程技术研究中心，
城乡生态环境北京实验室，园林学院，北京林业大学，北京 100083）

摘要　选取北京市 168 个公园植物群落进行调查，于 2015 年夏季测量群落绿量，对群落的垂直结构进行分析，将绿量与群落结构参数进行了相关性分析。结果表明，样本中出现最多的群落垂直结构为乔＋灌＋草，其数量占样本总数的 56%，这些群落的绿量值普遍较大。样本绿量值基本符合正态分布，其分布最多的区间为 1.8～2.0。绿量与乔木层平均冠幅、乔木层平均树高、乔木层平均胸径、乔木层盖度、群落总盖度之间存在极显著的相关性。通过计算得出了绿量与群落结构之间的最优回归方程：$y = 1.297x_1 + 0.701x_3 + 1.262$（$y$ 为群落绿量，x_1 为乔木层平均胸径，x_3 为乔木层盖度）。
关键词　群落结构；绿量；园林绿地；北京市

Correlation between the Plant Community Structure and the Vegetation Quantity in the Urban Parks of Beijing

GUO Rui　LI Zhan-dong　QIN Zhong
(*Beijing Key Laboratory of Ornamental Plants Germplasm Innovation & Molecular Breeding, National Engineering Research Center for Floriculture, Beijing Laboratory of Urban and Rural Ecological Environment and College of Landscape Architecture, Beijing Forestry University, Beijing* 100083)

Abstract　168 plant communities from urban parks in Beijing were selected as samples for this study. This study were conducted in the summer of 2015. The vertical structure of the community was statistically analyzed, and the correlation between the vegetation quantity and community structure parameters was analyzed. The results showed that the vertical structure of the community in the sample was arbor + shrub + grass, accounted for 56% of the total number of samples. The values of the green values of these communities were generally larger. The vegetation quantity was significantly positively correlated with the average crown of tree layer, the average height of tree layer, the average diameter at breast height of tree layer, the coverage of the tree layer, the coverage of the plant communities. The multiple regression equation between the vegetation quantity and the plant community structure was estimated: $y = 1.297x_1 + 0.701x_3 + 1.262$ (y is the vegetation quantity, x_1 is the average diameter at breast height of tree layer, x_3 is the coverage of the tree layer).
Key words　Plant community structure; Vegetation quantity; Urban park; Beijing

面对城市化不断加深的复杂背景，城市绿化不但要注重景观效益，更要强调生态效益。园林绿地作为城市绿化体系的重要组成部分，对城市生态环境起着重要的调节作用。不同的群落结构与配置方式，其绿量大小也会不同，这会直接影响到群落的生态效益（车生泉和宋永昌 2002；吴菲 等，2006；武小钢 等，2008）。在当下园林的建设实践中，提高绿量已成为增强群落生态效益的重要方向。

美国、法国、加拿大等国的学者在森林尺度上对绿量做了相关研究，他们利用遥感技术测算森林采样区叶面积，再由此推算整个林地的绿量（Asner *et al.*，2003；Masson *et al.*，2003；Goldstein *et al.*，2000）。我国学者在 20 世纪 80 年代提出绿量一词，很多学者认为绿量可以代指叶面积指数，即单位面积所占据空间中所有植物绿叶面积总和，这方便了对绿量的测算。也有学者提出了“三维绿色量”的概念，并总结了不同绿地类型单位面积的三维绿量值（周坚华，2001）。有学者构建了单株植物绿量与其胸径、冠高、冠幅等的回归方程（陈自新 等，1998；王希群 等，2006）。潘桂菱对成都市城市公园进行调查研究表明

① 通讯作者。

植物群落绿量与优势种平均胸径具有极显著相关性，与优势种平均高度、平均冠幅有显著相关性（潘桂菱 等，2012）。以上研究从森林、城市等较大的空间尺度，以及单株等小尺度为分析影响绿量因素及其规律提供了思路和方法。但在设计实践中进行绿量估算的方法还存在欠缺，研究与应用的联系还不够充分。绿量是连接园林设计与园林生态结构的纽带，对影响绿量的因子进行研究可以对园林的设计和建设提供新的指导。本研究对北京城市公园植物群落进行实地调查，测量绿量和群落结构指标，通过对群落植物的胸径、冠幅、树高以及群落盖度的数据分析，计算的绿量回归模型，为合理配植植物群落，增加群落绿量，丰富公园群落植物多样性提供理论基础和实践指导。

1 材料与方法

1.1 研究地概况

北京位于东经 115.7°~117.4°，北纬 39.4°~41.6°，为典型的北温带半湿润大陆性季风气候。年平均气温 11.8℃，年平均降水量为 638.8mm，全年无霜期约为 195 天。北京市总面积为 16410.54km^2，其中五环以内面积为 652.2km^2。根据北京市园林绿化局资料，截至 2008 年底，全市共有 180 个注册公园，其中城六区的注册公园共 105 个，城六区公园绿地面积共 5565.74hm^2（王娟 等，2010）。

1.2 调查方法

本研究实验地选择为奥林匹克森林公园和北京植物园，这两个公园面积较大，具有相对丰富的植物群落结构类型。在进行全园踏勘的基础上，选择典型的具有代表性的群落为调查对象。设置样地面积为 10m×10m，样地边缘主要由路缘线、水缘线、绿篱等地理界限来确定，无明显边界的直接设置标准样方。实验时间为 2015 年 6~8 月，即群落一年中绿量最大时进行样本调查。对样地内木本层进行逐个调查，记录物种名、数量、树高、胸径、冠幅、枝下高、盖度等。用 CI-110 冠层分析仪测量群落的木本层绿量值，每个群落重复 3 次。

1.3 数据处理

对调查数据进行整理，利用 Microsoft Excel 2010 软件计算乔木层平均树高、乔木层平均胸径、乔木层平均冠幅、灌木层平均株高、灌木层平均冠幅等数据，计算公式如下：

（1）乔木层平均树高 = 每株乔木树高之和÷乔木总株数

（2）乔木层平均胸径 = 每株乔木胸径之和÷乔木总株数

（3）乔木层平均冠幅 = 每株乔木冠幅之和÷乔木总株数

（4）灌木层平均株高 = 每株灌木株高之和÷灌木总株数

（5）灌木层平均冠幅 = 每株灌木冠幅之和÷灌木总株数

以上参数单位均为米（m）。

（6）盖度：植物垂直投影面积与样地面积之比（精确到小数点后 3 位）。

群落绿量值为 3 组重复数值的平均数。用 SPSS 软件对群落结构参数和群落绿量之间进行相关性分析，并计算回归方程。

2 结果与分析

2.1 群落结构概况及分析

2.1.1 样本概况

调查的群落样本均为人工植物群落，建成时间在 8 年以上。场地周围无影响植物生长的大型建筑物。其生境和立地条件成熟稳定，光照充足，公园管理部门会定期浇水。群落内部无古树病树，植物基本处于平稳的生长状态。

群落样方植物的丰富度较高，调查结果中共记录 139 种植物，包括针叶乔木、阔叶乔木、针叶灌木、阔叶灌木、草花等多种类型。在针叶乔木树种中，油松和圆柏所占比例较大，总计为 78%。在阔叶乔木种类中，北京乡土树种杨树、柳树的出现频次较高；同时银杏、栾树、槭树等秋色叶树种的比例也较高。阔叶灌木中具有观赏性状较强的大中型灌木，如山桃、丁香、金银木等占到了较高的比例。针叶灌木的出现频率较低，其种类也比较单一，调查中常见的为沙地柏、矮紫杉等。可见在城市公园的人工群落中，乡土树种和骨干树种比例较高，突出了地方特色。树种的观赏性状也较为丰富，常绿树、彩叶树、秋色叶树种分布较为均匀。

2.1.2 群落结构类型及特征

调查样本中的植物生长均较为良好，样本群落的垂直结构明显。对调查群落样本的垂直结构进行分析，定义灌木为丛生且无明显主干的木本植物；乔木为由根部发生独立的主干，树干和树冠有明显区分的木本植物。调查的 168 个群落样本可分以下 4 种类型：纯乔，乔+灌，乔+草，乔+灌+草。乔+灌+草这一结构类型的样本数最多，共 94 个，占样本总数的 56%。其次为乔+灌类型的群落，共 47 个，占

表 1 群落参数概况

Table 1 Parameters of plant communit

	平均值 Average	最大值 Maximum value	最小值 Minimum value	方差 Variance
乔木层平均胸径(m) Average diameter at breast height of tree layer	0.259	0.523	0.114	0.006
乔木层平均冠幅(m) Average crown of tree layer	3.650	9.585	1.884	2.281
乔木层平均树高(m) Average height of tree layer	5.860	12.155	2.972	1.407
灌木层平均冠幅(m) Average crown of shrub layer	2.274	5.508	0.000	1.289
灌木层平均株高(m) Average height of shrub layer	2.410	5.600	0.000	1.220
乔木层盖度 Coverage of the tree layer	0.506	0.860	0.133	0.030
灌木层盖度 Coverage of the shrub layer	0.198	0.675	0.000	0.019

样本总数的28%。这说明在公园植物群落的配植中，复层结构的应用较为广泛，群落的垂直结构较为丰富。

根据公式，计算每个群落的乔木层平均胸径，乔木层平均冠幅，乔木层平均树高，灌木层平均冠幅，灌木层平均株高等参数。对这些参数做一个整体分析，结果如表1。调查样本中乔木层盖度的最大值为0.860，该群落冠层较为紧密，针叶乔木较多，游人基本不可进入。乔木层盖度最小值为0.133，该群落是位于公园二级道路旁的疏林草地，属于可游憩的植物空间。总的来说，调查的群落样本其景观效果较好，盖度适中，种植密度合理，多数可形成良好的林下空间。

这些群落概况也间接规定了本研究结果所适用的范围，即在城市公园范围内，具有建成时间较长，生长成熟稳定的人工群落。对于风景名胜区或带有古树名木的群落不在本研究的范畴。

2.2 群落绿量

将每个群落测得的3次绿量值取平均数，记为该群落的绿量值，全部样本的绿量总体情况如表2。调查样本的绿量的平均值为1.953，分布范围为1.276～2.778。为方便统计分析，根据其最大值最小值的差值，按0.2为单位进行分隔，其分布情况如图1。

表 2 群落绿量统计

Table 2 Statistical of plant community vegetation quantity

最大值 maximum	最小值 minimum	平均值 mean value	方差 variance	标准差 standard deviation
2.778	1.276	1.971	0.098	0.314

由图1可以看出调查样本的绿量值基本符合正态分布，样本数最多的区间为1.8～2.0，占总数的

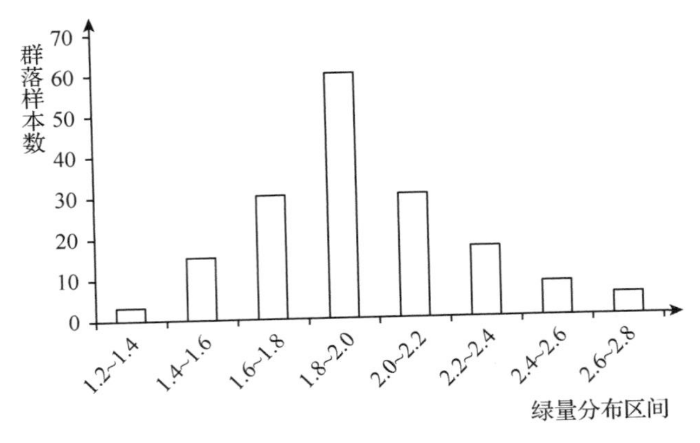

图 1 群落绿量分布图

Fig. 1 The distribution of the plant community vegetation quantity

35%。绿量在2.0以下的群落有108个，占64%，为大多数。其中绿量值在1.6以下的群落占总数的11%，这些群落乔木层较为稀疏，包含3个纯乔结构的群落，其余多数为乔+草的疏林草地模式。绿量值在2.0以上的有60个，这些群落大部分配植较为紧凑，大部分为乔+灌+草及乔+灌的结构类型。乔木层树种较为丰富，针叶乔木和阔叶乔木混交的情况较多。

2.3 绿量影响因子分析与回归模型

将群落绿量与群落结构指标进行相关性分析。由表3可以看出绿量与乔木层盖度，群落总盖度的相关系数分别为0.288和0.307，Sig. <0.01，相关性达到极显著水平。绿量与乔木层平均树高，乔木层平均冠幅，乔木层胸径之间也存在极显著的相关性，Sig. <0.01。绿量与灌木层冠幅之间存在显著相关性，Sig. <0.05，可见灌木层参数与绿量的相关性不如乔木层显著。

表3 绿量与植物群落结构特征的相关性分析

Table 3 Correlation analysis between green quantity andcharacteristics of plant community structure

		A	B	C	D	E	F	G	H	I
A	R	1.000	0.224**	0.204**	0.146**	0.061	0.126*	0.288**	0.047	0.307**
	Sig.		0.000	0.000	0.005	0.240	0.016	0.000	0.364	0.000
B	R	0.224**	1.000	0.364**	0.226**	0.119*	0.120*	0.053	0.132*	0.170**
	Sig.	0.000		0.000	0.000	0.022	0.022	0.307	0.011	0.001
C	R	0.204**	0.364**	1.000	0.379**	0.111*	0.143**	-0.016	0.087	0.085
	Sig.	0.000	0.000		0.000	0.033	0.006	0.753	0.098	0.103
D	R	0.146**	0.226**	0.379**	1.000	-0.006	0.028	0.086	0.039	0.097
	Sig.	0.005	0.000	0.000		0.898	0.591	0.099	0.461	0.063
E	R	0.061	0.119*	0.111*	-0.006	1.000	.618**	-0.145**	0.233**	0.028
	Sig.	0.240	0.022	0.033	0.898		0.000	0.006	0.000	0.590
F	R	0.126*	0.120*	0.143**	0.028	0.618**	1.000	-0.088	0.204**	0.045
	Sig.	0.016	0.022	0.006	0.591	0.000		0.094	0.000	0.387
G	R	0.288**	0.053	-0.016	0.086	-0.145**	-0.088	1.000	-0.156**	0.509**
	Sig.	0.000	0.307	0.753	0.099	0.006	0.094		0.003	0.000
H	R	0.047	0.132*	0.087	0.039	0.233**	0.204**	-0.156**	1.000	0.341**
	Sig.	0.364	0.011	0.098	0.461	0.000	0.000	0.003		0.000
I	R	0.307**	0.170**	0.085	0.097	0.028	0.045	0.509**	0.341**	1.000
	Sig.	0.000	0.001	0.103	0.063	0.590	0.387	0.000	0.000	

注：A－绿量，B－乔木层平均树高，C－乔木层平均胸径，D－乔木层平均冠幅，E－灌木层平均树高，F－灌木层平均冠幅，G－乔木层盖度，H－灌木层盖度，I－群落总盖度。

Note: A – Vegetation quantity, B – Average height of tree layer, C – Average diameter at breast height of tree layer, D – Average crown of tree layer, E – Average height of shrub layer, F – Average crown of shrub layer, G – Coverage of the tree layer, H – Coverage of the shrub layer, I – Coverage of the plant communities.

为了建立绿量与群落结构指标参数之间的联系，计算相应的回归模型，按照一定顺序，依次将以上与绿量具有显著相关性的自变量因子：乔木层盖度、群落总盖度、乔木层平均树高、乔木层平均冠幅、乔木层平均胸径、灌木层平均冠幅代入回归方程进行检验。其中乔木层盖度，乔木层平均胸径，群落总盖度的回归系数达到了显著。对回归方程影响最大的变量进行相关的偏回归系数及 t 检验，得出了3个回归模型(见表4)，因变量 y 均为群落绿量。方程1为：$y=1.261x_1+1.626$，其自变量 x_1 为乔木层平均胸径；方程2为：$y=1.184x_1+0.26x_2+1.463$，其自变量 x_1 为乔木层平均胸径，x_2 为群落总盖度；方程3为：$y=1.297x_1+0.701x_3+1.262$，其自变量 x_1 为乔木层平均胸径，x_3 为乔木层盖度。其中方程3回归得到的拟合系数 R^2 最大，为0.282，其余两个方程的拟合程度都较低。

绿量的概念较为复杂，影响因素也较多，利用乔木层平均胸径和乔木层盖度这两个指标可以大概估算群落绿量值，为设计过程中群落绿量的计算提供参考。在进行群落配植时，可根据实际情况，适当选择大体量的乔木来增加群落绿量。灌木层对绿量的影响结果不显著，可更注重其美观性，加入一些花灌木、彩叶灌木等来提高群落整体的丰富度。

表4 绿量回归方程

Table 4 Green quantity regression equation

序号 No.	回归方程 Regression equation	R^2	F	Sig.
1	$y=1.261x_1+1.626$	0.107	19.797	0.000
2	$y=1.184x_1+0.26x_2+1.463$	0.171	17.026	0.000
3	$y=1.297x_1+0.701x_3+1.262$	0.282	32.384	0.000

注：y 为绿量；x_1 乔木层平均胸径；x_2 群落总盖度；x_3 为乔木层盖度。

Note: y is the vegetation quantity, x_1 is the average diameter at breast height of tree layer, x_2 is the coverage of the plant communities; x_3 is the coverage of the tree layer.

3 结论与讨论

对调查的168个群落样本进行分析发现，样本中出现最多的群落垂直结构为乔＋灌＋草，其数量占样本总数的56%，这些群落的绿量值较大，基本在1.8以上。样本绿量值分布最多的区间为1.8～2.0。样本群落的树种较为丰富，出现频率较高的乔木树种有圆柏、油松、银杏、栾树、白皮松等，出现频率较高的灌木树种有丁香、金银木、紫薇等。

将群落绿量作为因变量 y，通过统计计算得出了绿量与乔木层平均冠幅、乔木层平均树高、乔木层平均胸径、乔木层盖度、群落总盖度之间存在极显著的相关性，与灌木层盖度之间存在显著相关性。统计回归得出了 3 个方程模型，其中最优方程为 $y = 1.297x_1 + 0.701x_3 + 1.262$（$x_1$为乔木层平均胸径，$x_3$为乔木层盖度）。此模型适用于群落建成时间较长，内部植物生长稳定的城市公园人工群落。该方程说明在一个植物群落中，乔木的胸径对绿量的贡献较大。在设计实践中，将配植树种的规格和配植模式等参数的代入该方程可在一定程度上估算群落的绿量值。同时，在单位面积上适当增加胸径较大的乔木树种，调整种植密度以提高乔木层盖度的方法对提高群落绿量值的作用较为明显。

绿量的概念较为复杂，其测量方法不同也会造成较大的误差。在调查研究中发现，群落的生长状况，疏密程度等都不尽相同。影响绿量的因素也较多，除了本文研究的这些参数外，植物群落的季相变化，针阔叶组成情况，树种单叶叶面积大小，树种形态等因素也会对绿量产生较大的影响，在后续研究中可以更加深入的探讨。研究绿量的影响因子对城市树种规划，园林绿地设计和植物配植有着积极的指导意义。

参考文献

1. Asner GP, Scurlock JMO, A. Hicke J. 2003. Global synthesis of leaf area index observations: implications for ecological and remote sensing studies[J]. Global Ecology and Biogeography, 12(3): 191 - 205.
2. 车生泉，宋永昌 . 2002. 上海城市公园绿地景观格局分析[J]. 上海交通大学学报（农业科学版），20（4）：322 - 327.
3. 陈自新，苏雪痕，刘少宗，等 . 1998. 北京城市园林绿化生态效益的研究[J]. 中国园林，14(2)：51 - 54.
4. Goldstein AH, Hultman NE, Fracheboud JM, Bauer MR, Panek JA, Xu M, Qi Y, Guenther AB, Baugh W. 2000. Effects of climate variability on the carbon dioxide, water, and sensible heat fluxes above a ponderosa pine plantation in the Sierra Nevada (CA) [J]. Agricultural and Forest Meteorology, 101(2): 113 - 129.
5. Masson V, Champeaux JL, Chauvin F, Meriguet C, Lacaze R. 2003. A global database of land surface parameters at 1 - km resolution in meteorological and climate models[J]. Journal of Climate, 16(9): 1261 - 1282.
6. 潘桂菱，靳思佳，车生泉 . 2012. 城市公园植物群落结构与绿量相关性研究——以成都市为例[J]. 上海交通大学学报(农业科学版)，30(4)：56 - 62.
7. 王娟，马履一，王新杰，等 . 2010. 北京城区公园绿地景观格局研究[J]. 西北林学院学报，25(4)：195 - 199.
8. 王希群，马履一，张永福 . 2006. 北京地区油松，侧柏人工林叶面积指数变化规律[J]. 生态学杂志，25(12)：1486 - 1489.
9. 吴菲，李树华，刘剑 . 2006. 不同绿量的园林绿地对温湿度变化影响的研究[J]. 中国园林，22(7)：56 - 60.
10. 武小钢，蔺银鼎，闫海冰，等 . 2008. 城市绿地降温增湿效应与其结构特征相关性研究[J]. 中国生态农业学报，16(6).
11. 周坚华 . 2001. 城市绿量测算模式及信息系统[J]. 地理学报，56(1)：14 - 23.

基于 AHP 的北京地区雨水花园植物选择研究*

蔡妤　董丽①
（花卉种质创新与分子育种北京市重点实验室，国家花卉工程技术研究中心，
城乡生态环境北京实验室，园林学院，北京林业大学，北京 100083）

摘要　雨水花园是解决城市雨洪问题的一项重要有效的绿色基础设施，植物材料的选择是设计雨水花园的首要工作。根据北京地区现有雨水花园植物材料的实地调研，结合北京地区常用园林植物初步选择 81 种适用植物。应用层次分析法，从植物抗逆性、观赏价值、生态价值 3 个方面构建雨水花园评价体系，最终筛选了 24 种雨水花园优良种和 42 种雨水花园的较优种，建议在北京地区雨水花园中使用。

关键词　雨水花园；植物筛选；植物配置；低影响开发；层次分析法

Selection of Rain Garden Plants Based on AHP Method in Beijing Area

CAI Yu　DONG Li
(*Beijing Key Laboratory of Ornamental Plants Germplasm Innovation & Molecular Breeding, National Engineering Research Center for Floriculture, Beijing Laboratory of Urban and Rural Ecological Environment and College of Landscape Architecture, Beijing Forestry University, Beijing* 100083)

Abstract　The rain garden is an important and effective green infrastructure to solve the city storm－water problems, and the plant material selection is the primary job of rain garden design. According to the research of the plant species of the existing rain garden in Beijing, combining with the common garden plants , we chose 80 species of suitable plants. With application of AHP, we established rain gardens evaluation system from the aspects of resistance ornamental value and ecological value. At last, 24 high－quality plant species and 41 middle－quality plant species were selected, recommended to be used in the rain gardens in Beijing.

Key words　Rain garden; Plant selection; Plant design; Low impact development (LID); Analytic hierarchy process (AHP)

随着城市化脚步的不断加快和人口的急速膨胀，建筑密度和硬质化铺装比例逐步增长。原有的自然径流和雨水汇集逐步被地表径流和雨水管道输运所替代，造成了城市内涝、地下水位下降、径流污染等多种问题（申丽勤 等，2009；张伟 等，2011）。低影响开发（Low Impact Development）于 20 世纪 90 年代初期由美国马里兰州乔治王子郡提出，是一种模仿自然的水文过程，采用就地处理的方式，实现雨水径流的源头控制的体系（宫永伟 等，2014；柳敏 等，2015）。雨水花园（Rain Garden）是低影响开发体系下的一项重要措施，以浅凹绿地的形式出现，在景观设计的指导下，配置合理的乔木、灌木以及草本花卉和土壤下垫层，利用植物材料和下垫层的渗透过滤来达到消减雨水量、涵养地下水、净化水质等目的。雨水花园兼具景观功能和生态功能，日益受到行业关注。

植物作为雨水花园景观的重要元素和生态功能的主要承担者，在雨水花园中起到不可忽视的作用。景观功能层次上，合理的植物设计可以提高整体景观质量，赋予基础设施生机与活力。生态功能层次上，优秀的植物群落配置对提高生物多样性具有显著作用，且不同的植物材料、不同的人工群落去污能力均存在差异（李莎莎 等，2010；陈俊宏 等，2012），植物对于雨水花园功能的发挥至关重要。但是目前国内在雨水花园植物材料方面的研究相对薄弱，同时植物材料存在明显地域性，所以有效针对不同地区的雨水花园植物材料的筛选研究具有重要的理论指导意义和实践价值。

---

* 项目名称：北京市共建项目专项资助；北京园林绿化增彩延绿植物资源收集、快繁与应用技术研究（CEG-2015-01-4）。
作者简介：蔡妤，女，在读硕士，研究方向：园林植物应用与园林生态。E-mail：caiyu911008@hotmail.com。
① 通讯作者。董丽，女，博士，教授，研究方向：园林植物资源及应用。E-mail：dongli@bjfu.edu.cn。

1 材料和方法

1.1 试验材料

1.1.1 实地调研

北京为典型的暖温带半湿润季风大陆性气候，在春、秋、冬三季大部分时间处于干旱状态，在夏季降雨时多处于雨季积水状态(郑祚芳 等，2013)。由于北京地区独特的气候条件和水文状况，植物材料与其他地区存在差异，为整理北京地区适用的雨水花园植物材料，在2015年夏秋两季对北京市现有雨水花园所用植物种类进行实地调查，包括清华大学胜因院、768创意产业园、奥林匹克中心、元大都城垣遗址公园、用友软件园、BDA国际企业大道等。调研结果统计北京市的雨水花园植物材料涉及种及品种共45个(表1)，其中宿根植物21种，观赏草8种，灌木5种，水生植物5中，草坪草3种，乔木2种，蕨类1种，竹类1种。植物材料共涉及23科，禾本科、唇形科、鸢尾科、景天科涵盖植物材料最多。

表1 北京市雨水花园植物材料

Table 1 Plant species of rain gardens in Beijing

中文名 Scientific Name	拉丁名 Latin Name	调查地点 Survey Location	中文名 Scientific Name	拉丁名 Latin Name	调查地点 Survey Location
玉簪	*Hosta plantaginea*	清华大学胜因院	高山紫菀	*Aster alpinus*	768创意产业园
过路黄	*Lysimachia christinae*	768创意产业园	金光菊	*Rudbeckia laciniata*	768创意产业园
金叶过路黄	*Lysimachia nummularia* ‘Aurea’	768创意产业园	山桃草	*Gaura lindheimeri*	768创意产业园
连钱草	*Glechoma longituba*	768创意产业园	毛茛	*Ranunculus japonicus*	768创意产业园
筋骨草	*Ajuga ciliata*	768创意产业园	千屈菜	*Lythrum salicaria*	奥林匹克中心
薄荷	*Mentha canadensis*	768创意产业园	水芹	*Oenanthe javanica*	清华大学胜因院
假龙头	*Physostegia virginiana*	768创意产业园	细叶藁本	*Ligusticum tenuissimum*	768创意产业园
矾根	*Heuchera micrantha*	768创意产业园	鸢尾	*Iris tectorum*	BDA国际企业大道
佛甲草	*Sedum lineare*	768创意产业园	马蔺	*Iris lactea* var. *chinensis*	768创意产业园
反曲景天	*Sedum reflexum*	768创意产业园	黄菖蒲	*Iris pseudacorus*	清华大学胜因院、元大都遗址公园
‘主妇’景天	*Sedum spectabile* ‘Matrona’	768创意产业园	荚果蕨	*Matteuccia struthiopteris*	768创意产业园
早园竹	*Phyllostachys propinqua*	清华大学胜因院	草地早熟禾	*Poa pratensis*	元大都遗址公园、奥林匹克中心
细叶芒	*Miscanthus sinensis* ‘Gracillimus’	清华大学胜因院、768创意产业园	‘小兔子’狼尾草	*Pennisetum alopecuroides* ‘Little Bunny’	清华大学胜因院
芦竹	*Arundo donax*	768创意产业园	紫叶狼尾草	*Pennisetum orientale*	768创意产业园
花叶芦竹	*Arundo donax* var. *versicolor*	清华大学胜因院	蓝羊茅	*Festuca ovina* var. *glauca*	768创意产业园
玉带草	*Phalaris arundinacea* var. *picta*	768创意产业园、清华大学胜因院	青绿苔草	*Carex leucochlora*	768创意产业园
山麦冬	*Liriope spicata*	768创意产业园	醉鱼草	*Buddleja lindleyana*	清华大学胜因院
‘金山’绣线菊	*Spiraea bumalda* ‘Gold Mound’	768创意产业园	紫穗槐	*Amorpha fruticosa*	元大都遗址公园
‘金焰’绣线菊	*Spiraea bumalda* ‘Gold Flame’	768创意产业园	八仙花	*Viburnum macrocephalum*	768创意产业园
洋白蜡	*Fraxinus pennsylvanica* var. *lanceolata*	768创意产业园	荷花	*Nelumbo nucifera*	奥林匹克中心、BDA国际企业大道
香蒲	*Typha angustata*	奥林匹克中心	菖蒲	*Acorus calamus*	用友软件园
芦苇	*Phragmites australis*	用友软件园	大薸	*Pistia stratiotes*	768创意产业园
绦柳	*Salix matsudana* var. *matsudana*	元大都遗址公园、用友软件园			

1.1.2 初步筛选

在调研的基础之上，结合前人已有的研究成果，根据耐旱能力、耐水湿能力、耐寒能力、耐贫瘠程度、观赏特性等因子对北京市园林绿地常见植物材料初步筛选，筛选出植物材料共81种，宿根31种(表2)，观赏草13种(表3)，灌木11种(表4)，乔木19种(表5)，草坪草7种(表6)。

表2　适用于北京地区雨水花园的宿根植物材料

Table 2　Perennial plant species suitable for rain gardens in Beijing

中文名 Scientific Name	拉丁名 Latin Name	生态习性 Ecological habit	观赏特性 Ornamental character
玉簪	*Hosta plantaginea*	耐短期水淹、稍耐旱、耐寒、耐贫瘠	观花植物，花色紫、白，部分品种可观叶
紫萼	*Hosta ventricosa*	耐短期水淹、稍耐旱、耐寒、耐贫瘠	观花植物，花色紫
萱草	*Hemerocallis fulva*	耐湿、耐旱、耐寒、耐贫瘠	观花植物，花色黄、橙、红等
大花萱草	*Hemerocallis × hybrida*	耐湿、耐旱、耐寒、耐贫瘠	观花植物，花色黄、橙、红等
过路黄	*Lysimachia christinae*	耐湿、耐旱、耐贫瘠	植物姿态匍匐
金叶过路黄	*Lysimachia nummularia* 'Aurea'	耐湿、耐旱、耐寒、耐贫瘠	观叶植物，叶片金黄色
连钱草	*Glechoma longituba*	耐湿、耐旱、耐寒、耐贫瘠	观花植物，花色蓝紫色
筋骨草	*Ajuga ciliata*	耐湿、耐旱、耐寒、耐贫瘠	观叶植物，植株带紫
薄荷	*Mentha canadensis*	耐湿、稍耐旱、耐寒、耐贫瘠	观花植物，花淡蓝色，叶片有香味
假龙头	*Physostegia virginiana*	耐短期水淹、稍耐旱、耐寒	观花植物，花色粉、蓝、白
白车轴草	*Trifolium repens*	耐短期水淹、稍耐旱、耐寒、耐贫瘠	观花植物，花白等，可观叶
矾根	*Heuchera micrantha*	耐旱、耐寒	观叶植物，叶色黄、棕、紫等
落新妇	*Astilbe chinensis*	耐湿、稍耐旱、耐寒	观花植物，花色紫、白、粉
佛甲草	*Sedum lineare*	耐短期水淹、耐旱、耐寒	观叶植物
反曲景天	*Sedum reflexum*	耐旱、耐寒	观叶植物
八宝景天	*Sedum spectabile*	耐旱、耐寒、耐贫瘠	观花植物，花色粉红、玫红、白等
紫菀	*Aster tataricus*	耐涝、耐寒	观花植物，花淡紫色
金光菊	*Rudbeckia laciniata*	耐短期水淹、耐旱、耐寒、耐贫瘠	观花植物，花黄色
蹄叶橐吾	*Ligularia fischeri*	耐湿、稍耐旱、耐寒	观花植物，花黄色
山桃草	*Gaura lindheimeri*	耐旱、较耐寒	观花植物，花色白、红
毛茛	*Ranunculus japonicus*	耐湿、耐寒	观花植物，花黄色
唐松草	*Thalictrum aquilegifolium*	耐短期水淹、耐旱、耐寒	观花植物，花黄色
千屈菜	*Lythrum salicaria*	耐湿、耐旱、耐寒、耐贫瘠	观花植物，花色红、紫、粉
水芹	*Oenanthe javanica*	耐湿、耐寒、喜肥	观叶型植物
细叶藁本	*Ligusticum tachiroei*	耐湿、耐旱、耐寒、耐贫瘠	观花植物，花白色
肥皂草	*Saponaria officinalis*	耐湿、耐旱、耐寒	观花植物，花色白、淡红
白屈菜	*Chelidonium majus*	耐湿、耐旱、耐寒	观花植物，花黄色
马蔺	*Iris lactea* var. *chinensis*	耐湿、耐旱、耐寒、耐贫瘠	观花植物，花蓝紫色
鸢尾	*Iris tectorum*	耐湿、耐旱、耐寒	观花植物，花色蓝、白，部分品种可观叶
黄菖蒲	*Iris pseudacorus*	耐湿、耐寒、喜肥	观花植物，花黄色
巴天酸模	*Rumex patientia*	耐湿、稍耐旱、耐寒	观叶型植物

表3　适用于北京地区雨水花园的观赏草植物材料

Table 3　Ornamental grass species suitable for rain gardens in Beijing

中文名 Scientific Name	拉丁名 Latin Name	生态习性 Ecological habit	观赏特性 Ornamental character
芦竹	*Arundo donax*	耐湿、耐旱、较耐寒	植株挺拔高大
花叶芦竹	*Arundo donax* var. *versicolor*	耐湿、耐旱、较耐寒	观叶植物，叶具白色条纹
玉带草	*Phalaris arundinacea* var. *picta*	耐湿、耐旱、较耐寒	观叶植物，叶具白色条纹
'奇岗'芒	*Miscanthus sinensis* 'Giganteus'	耐湿、耐旱、耐寒	观花植物，花色银白色
细叶芒	*Miscanthus sinensis* 'Gracillimus'	耐湿、耐旱、耐寒、耐贫瘠	观叶植物，叶片纤细

（续）

中文名 Scientific Name	拉丁名 Latin Name	生态习性 Ecological habit	观赏特性 Ornamental character
斑叶芒	*Miscanthus sinensis* 'Zebrinus'	耐短期水淹、耐旱、耐寒、耐贫瘠	观叶植物，也可观花
拂子茅	*Calamagrostis brachytricha*	耐湿、耐旱、耐寒、耐贫瘠	观花植物，花淡粉、淡紫色
'小兔子'狼尾草	*Pennisetum alopecuroides* 'Little Bunny'	耐旱、耐贫瘠	观花植物，花初为奶白色，后转为棕褐色
紫叶狼尾草	*Pennisetum orientale*	耐旱、耐贫瘠	观叶植物，叶色紫红色，叶可观花，花序玫红色
蓝羊茅	*Festuca ovina* var. *glauca*	耐旱、耐寒、耐贫瘠	观叶植物，叶片蓝绿色
荻	*Triarrhena sacchariflora*	耐湿、耐旱、耐寒	观花植物，花色银白色
花叶燕麦草	*Arrhenatherum elatius* 'Varie'	耐湿、耐旱、耐寒、耐贫瘠	观叶植物，叶片中肋绿色，两侧呈乳黄色
金线菖蒲	*Acorus gramineus* var. *pusillus*	耐湿、耐旱、耐寒、耐贫瘠	观叶植物，叶缘及叶心有金黄色线

表 4　适用于北京地区雨水花园的乔木植物材料

Table 4　Arbor species suitable for rain gardens in Beijing

中文名 Scientific Name	拉丁名 Latin Name	生态习性 Ecological habit	观赏特性 Ornamental character
圆柏	*Sabina chinensis*	耐短期水淹、耐旱、耐寒	观树型
侧柏	*Platycladus orientalis*	耐短期水淹、耐旱、耐寒、耐贫瘠	观树型
丝绵木	*Euonymus maackii*	耐湿、耐旱、较耐寒、耐贫瘠	观花植物，花色白、黄绿
旱柳	*Salix matsudana*	耐湿、耐旱、耐寒、耐贫瘠	观树型。枝条优美
绦柳	*Salix matsudana* var. *matsudana*	耐湿、耐旱、耐寒	观树型。枝条优美
馒头柳	*Salix matsudana* var. *matsudana* f. *umbraculifera*	耐湿、耐旱、耐寒、耐贫瘠	观树
龙爪柳	*Salix matsudana* var. *matsudana* f. *tortuosa*	耐湿、耐旱、耐寒	观树型。枝条优美
小叶杨	*Populus simonii*	耐湿、耐旱、耐寒、耐贫瘠	观树型
钻天杨	*Populus nigra* var. *italica*	耐湿、耐旱、耐寒、耐贫瘠	观树型
榔榆	*Ulmus parvifolia*	耐湿、耐旱、耐寒、耐贫瘠	观树型，树皮斑驳
桑树	*Morus alba*	耐湿、耐旱、耐寒、耐贫瘠	观果植物
柘树	*Cudrania tricuspidata*	耐湿、耐旱、耐寒、耐贫瘠	观果植物
枫杨	*Pterocarya stenoptera*	耐湿、稍耐旱、较耐寒、耐贫瘠	观树型
白蜡	*Fraxinus chinensis*	耐湿、耐旱、耐寒	观树型
洋白蜡	*Fraxinus pennsylvanica* var. *lanceolata*	耐湿、耐旱、耐寒	观树型
水杉	*Metasequoia glyptostroboides*	耐湿、耐寒	观树型
香椿	*Toona sinensis*	耐湿、耐旱、耐寒、耐贫瘠	观花植物，花白色
杜梨	*Pyrus betulifolia*	耐湿、耐旱、耐寒、耐贫瘠	观花植物，花白色
柽柳	*Tamarix chinensis*	耐湿、耐旱、耐寒、耐贫瘠	观花植物，花粉红色，枝条柔弱优美

表 5　适用于北京地区雨水花园的灌木植物材料

Table 5　Shrub species suitable for rain gardens in Beijing

中文名 Scientific Name	拉丁名 Latin Name	生态习性 Ecological habit	观赏特性 Ornamental character
凤尾兰	*Yucca gloriosa*	耐湿、耐旱、耐寒、耐贫瘠	花叶均可观，花白色
小叶黄杨	*Buxus sinica* var. *parvifolia*	耐湿、耐旱、耐寒	观叶植物
紫穗槐	*Amorpha fruticosa*	耐湿、耐旱、耐寒、耐贫瘠	观花植物，花紫色

（续）

中文名 Scientific Name	拉丁名 Latin Name	生态习性 Ecological habit	观赏特性 Ornamental character
大叶铁线莲	*Clematis heracleifolia*	耐湿、耐旱、耐寒、耐贫瘠	观花植物，花色蓝紫色
‘金山’绣线菊	*Spiraea bumalda* ‘Gold Mound’	耐旱、耐寒、耐贫瘠	花叶均可观，花粉色
‘金焰’绣线菊	*Spiraea bumalda*‘Gold Flame’	耐旱、耐寒、耐贫瘠	花叶均可观，花粉色
月季	*Rosa chinensis*	耐短期水淹、耐旱、较耐寒、耐贫瘠	观花植物，花色红、黄、白等
金叶女贞	*Ligustrum × vicaryi*	耐湿、耐旱、较耐寒、耐贫瘠	观叶植物，叶黄色
迎春	*Jasminum nudiflorum*	耐短期水淹、耐旱、耐寒、耐贫瘠	观花植物，花黄色。茎绿色
红瑞木	*Swida alba*	耐短期水淹、耐旱、耐寒	观花植物，花白色。茎红色
醉鱼草	*Buddleja lindleyana*	耐短期水淹、耐旱、耐寒、耐贫瘠	观花植物，花蓝紫色

表 6 适用于北京地区雨水花园的草坪草植物材料

Table 6 Lawn grass species suitable for rain gardens in Beijing

中文名 Scientific Name	拉丁名 Latin Name	生态习性 Ecological habit
高羊茅	*Festuca elata*	耐湿、耐旱、耐寒、耐贫瘠
野牛草	*Buchloe dactyloides*	耐湿、耐旱、耐寒、耐贫瘠
青绿苔草	*Carex leucochlora*	耐湿、耐旱、耐寒、耐贫瘠
崂峪苔草	*Carex giraldiana*	耐短期水淹、耐旱、耐寒、耐贫瘠
狗牙根	*Cynodon dactylon*	耐湿、耐旱、耐贫瘠
山麦冬	*Liriope spicata*	耐湿、耐旱、耐寒、耐贫瘠
草地早熟禾	*Poa pratensis*	耐短期水淹、较耐旱、耐寒、耐贫瘠

1.2 试验方法

1.2.1 层次分析法

层次分析法(AHP)由美国运筹学家 A. L. Saaty 于 70 年代初提出(Sarkis & Sundarraj, 2003)，是一种定性与定量结合的决策分析法，通过模拟人的逻辑思维，将主观判断与客观事实有效结合起来，把目标问题层次化，构成多层级结构模型。近几年来，层次分析法逐渐应用于植物景观评价和植物资源选择中(徐新洲和薛建辉, 2012; 张锁成 等, 2012)。

1.2.2 雨水花园植物综合评价体系的建立

雨水花园的植物材料选择原则：既耐旱又耐水淹，能够承受春秋冬三季干旱和夏季的短期积水状态；保证植物材料能够露地越冬；渗透型和部分渗透型雨水花园旨在保证地下水的补给(陈嵩, 2014)，土壤具有较高的透水率，保肥保水能力较差，植物材料需具有一定的耐贫瘠能力；城市降水径流污染物有悬浮物(SS)、总氮(TN)、总磷(TP)等多种污染物，要求植物具备较强的去污能力，在积水和下渗过程中达到快速除污的目的；乡土植物对当地的气候、水文等条件均有良好的适应能力，应优先选择乡土植物材料，确保植物材料能多年稳定的使用；雨水花园作为绿色基础设施，需兼具生态功能和景观功能，要求植物材料具有一定的观赏价值。根据雨水花园植物的选择原则和专家的意见，建立雨水花园植物评价体系的递阶层级结构(表 7)。

表 7 雨水花园植物评价体系的递阶层级结构

Table 7 Hierarchical structure of rain garden plants’ evaluation system

A 目标层 Target layer	C 约束层 Constrained layer	P 标准层 Standard layer
A 优良北京地区的雨水花园植物	C1 观赏价值	P1 时间观赏价值，P2 空间观赏价值
	C2 植物抗逆性	P3 抗旱性，P4 抗涝性，P5 抗寒性，P6 耐贫瘠性
	C3 生态价值	P7 乡土植物，P8 养护成本，P9 净化能力

2 结果与分析

2.1 判断矩阵和一致性检验

采用二元相对比较的 1－9 标度法，判断各指标相对重要性，构建雨水花园植物评价体系的判断矩阵(表 8～表 11)，并对所有矩阵进行一致性检验，结果显示所有矩阵 CR 均小于 0.1，判断矩阵具有一致性。各评价指标对于选择优良雨水花园植物目标的相对重要性见表 12。50 份专家问卷统计结果表显示植物的抗涝性、抗旱性、抗寒性、净化能力 4 个指标对于优良雨水花园的选择目标具有重要影响，4个指标在层级结构中的赋值分别为0.3066、0.2818、0.1236和0.1058。

表8 A-Ci判断矩阵及一致性检验

Table 8 A-Ci judgment matrix and consistency test

A	C1	C2	C3
C1	1	1/9	1/3
C2	9	1	5
C3	3	1/5	1

注：$\lambda_{max}=3.0291$ CR=0.0279<0.1；Note：$\lambda_{max}=3.0291$ CR=0.0279<0.1。

表9 C1-Pi判断矩阵及一致性检验

Table 9 C1-P judgment matrix and consistency test

C1	P1	P2
P1	1	2
P2	1/2	1

注：$\lambda_{max}=2.0000$ CR=0.0000<0.1；Note：$\lambda_{max}=2.0000$ CR=0.0000<0.1。

表10 C2-Pi判断矩阵及一致性检验

Table 10 C2-P judgment matrix and consistency test

C2	P1	P2	P3	P4
P1	1	1	3	5
P2	1	1	3	7
P3	1/3	1/3	1	5
P4	1/5	1/7	1/5	1

注：$\lambda_{max}=4.1203$ CR=0.0451<0.1；Note：$\lambda_{max}=4.1203$ CR=0.0451<0.1。

表11 C3-Pi判断矩阵及一致性检验

Table 11 C3-P judgment matrix and consistency test

C3	P1	P2	P3
P1	1	2	1/3
P2	1/2	1	1/3
P3	3	3	1

注：$\lambda_{max}=3.0536$ CR=0.0516<0.1；Note：$\lambda_{max}=3.0536$ CR=0.0516<0.1。

表12 雨水花园植物评价体系各层级赋值

Table 12 Layers sorted weights of rain garden plants evaluation system

C约束层 Constrained layer	P标准层 Standard layer	评价因子 Evaluation factor	W(A-Ci) W(A-Ci)	W(C-Pi) W(C-Pi)	赋值 Value	排名 Rank
C1	P1	时间观赏价值	0.0704	0.6667	0.0469	5
	P2	空间观赏价值		0.3333	0.0235	9
C2	P3	抗旱性	0.7514	0.3751	0.2818	2
	P4	抗涝性		0.4080	0.3066	1
	P5	抗寒性		0.1645	0.1236	3
	P6	耐贫瘠性		0.0524	0.0394	7
C3	P7	乡土植物	0.1782	0.2493	0.0444	6
	P8	养护成本		0.1571	0.0280	8
	P9	净化能力		0.5936	0.1058	4

2.2 赋值标准的确定

在已有研究和专家建议的基础之上，结合北京市雨水花园植物的生长现状，采用绝对评定选择的方法，将标准层各项指标划分为3个数量等级，制订雨水花园植物评分标准(表13)。

2.3 北京地区雨水花园植物综合评分结果

采用AHP法，对适用于北京地区雨水花园的81种植物的各项指标逐一评分，再结合每项指标本身的权值加权，得出综合数量评价值(见表14~表18)。并将总评价值划分为4个等级，Ⅰ级(≥4.5)：雨水花园的优良种，植物对于雨水花园干旱、积水等特殊环境的适应性强，且兼具观赏价值；Ⅱ级(3.5~4.5)：雨水花园的较优种，植物对雨水花园的环境适应性稍差，但仍能正常生长，具有一定的观赏价值；Ⅲ级(3~3.5)：雨水花园的一般种，植物在雨水花园的环境中长势不佳；Ⅳ级(≤3)：雨水花园的剔除种，整体性状表现较差。

表 13 雨水花园植物评价指标的评分标准

Table 13 Layers scoring criteria of rain garden plants evaluation system

评价因子 Evaluation factor	分值 Value		
	5	3	1
时间观赏价值	观赏部位可观赏时间较长(≥4 月)	观赏部位可观赏时间适中(2～4 月)	观赏部位可观赏时间较短(≤2 月)
空间观赏价值	叶或花(果)具有明显观赏价值	叶或花(果)具有一般观赏价值	叶或花(果)具有较低观赏价值
抗旱性	耐旱	稍耐旱，需要适时浇水	不耐旱，需要定期灌溉
抗涝性	耐涝	稍耐涝，能耐短期水淹(≥8 Days)	不耐涝
抗寒性	耐寒，可在北京露地越冬	稍耐寒，需要一定的越冬保护措施	不耐寒，不能满足北京露地越冬
耐贫瘠性	耐贫瘠	稍耐贫瘠	不耐贫瘠
乡土植物	为乡土植物种类(北京市)	引进的新优品种，在北京品种性状表现优良，长势稳定	引进的新优品种，在北京品种性状表现不佳，长势较弱
养护成本	养护成本低，不需要人工养护	养护成本一般，需要适时人工养护	养护成本高，需要定期人工养护
净化能力	净化能力高	净化能力一般	净化能力较低

表 14 宿根植物综合评价值和分级表

Table 14 Comprehensive evaluation value and classification tables of perennial plants

中文名 Scientific Name	总评价值 General Value	排名 Rank	分级 Classification	中文名 Scientific Name	总评价值 General Value	排名 Rank	分级 Classification
千屈菜	4. 8274	1	Ⅰ级	蹄叶橐吾	3. 9634	17	Ⅱ级
筋骨草	4. 7414	2	Ⅰ级	唐松草	3. 8618	18	Ⅱ级
萱草	4. 7096	3	Ⅰ级	佛甲草	3. 8518	19	Ⅱ级
鸢尾	4. 6448	4	Ⅰ级	白车轴草	3. 7344	20	Ⅱ级
金叶过路黄	4. 6208	5	Ⅰ级	玉簪	3. 6406	21	Ⅱ级
肥皂草	4. 6208	6	Ⅰ级	紫萼	3. 5468	22	Ⅱ级
马蔺	4. 6008	7	Ⅰ级	黄菖蒲	3. 4388	23	Ⅲ级
连钱草	4. 5538	8	Ⅰ级	水芹	3. 4336	24	Ⅲ级
细叶藁本	4. 5538	9	Ⅰ级	反曲景天	3. 4262	25	Ⅲ级
白屈菜	4. 475	10	Ⅱ级	紫菀	3. 3948	26	Ⅲ级
大花萱草	4. 4332	11	Ⅱ级	毛茛	3. 3948	27	Ⅲ级
过路黄	4. 139	12	Ⅱ级	矾根	3. 3944	28	Ⅲ级
巴天酸模	4. 076	13	Ⅱ级	八宝景天	3. 2856	29	Ⅲ级
落新妇	4. 0522	14	Ⅱ级	假龙头	2. 9864	30	Ⅳ级
金光菊	4. 0304	15	Ⅱ级	山桃草	2. 9596	31	Ⅳ级
薄荷	3. 9902	16	Ⅱ级				

表 15 观赏草类植物综合评价值和分级表

Table 15 Comprehensive evaluation value and classification tables of ornamental grass

中文名 Scientific Name	总评价值 General Value	排名 Rank	分级 Classification	中文名 Scientific Name	总评价值 General Value	排名 Rank	分级 Classification
金线菖蒲	4. 9112	1	Ⅰ级	玉带草	4. 2616	8	Ⅱ级
花叶燕麦草	4. 6996	2	Ⅰ级	芦竹	4. 2476	9	Ⅱ级
拂子茅	4. 6476	3	Ⅰ级	斑叶芒	4. 0304	10	Ⅱ级

（续）

中文名 Scientific Name	总评价值 General Value	排名 Rank	分级 Classification	中文名 Scientific Name	总评价值 General Value	排名 Rank	分级 Classification
花叶芦竹	4.5292	4	Ⅰ级	紫叶狼尾草	3.7832	11	Ⅱ级
荻	4.419	5	Ⅱ级	‘小兔子’狼尾草	3.7362	12	Ⅱ级
细叶芒	4.409	6	Ⅱ级	蓝羊茅	3.4732	13	Ⅲ级
奇岗	4.3302	7	Ⅱ级				

表 16　草坪草类植物综合评价值和分级表

Table 16　Comprehensive evaluation value and classification tables of lawn grass

中文名 Scientific Name	总评价值 General Value	排名 Rank	分级 Classification	中文名 Scientific Name	总评价值 General Value	排名 Rank	分级 Classification
山麦冬	4.8174	1	Ⅰ级	狗牙根	4.3534	8	Ⅱ级
高羊茅	4.7234	2	Ⅰ级	涝峪苔草	3.9874	9	Ⅱ级
青绿苔草	4.6006	3	Ⅰ级	草地早熟禾	3.4238	10	Ⅲ级
野牛草	4.5118	4	Ⅰ级				

表 17　乔木类植物综合评价值和分级表

Table 17　Comprehensive evaluation value and classification tables of arbor plants

中文名 Scientific Name	总评价值 General Value	排名 Rank	分级 Classification	中文名 Scientific Name	总评价值 General Value	排名 Rank	分级 Classification
柽柳	4.5938	1	Ⅰ级	绦柳	4.2684	11	Ⅱ级
榔榆	4.5888	2	Ⅰ级	白蜡	4.2164	12	Ⅱ级
馒头柳	4.5468	3	Ⅰ级	香椿	4.2064	13	Ⅱ级
桑树	4.3892	4	Ⅱ级	洋白蜡	4.1746	14	Ⅱ级
柘树	4.3892	5	Ⅱ级	丝绵木	4.095	15	Ⅱ级
小叶杨	4.389	6	Ⅱ级	侧柏	3.8696	16	Ⅱ级
龙爪柳	4.3622	7	Ⅱ级	圆柏	3.7908	17	Ⅱ级
钻天杨	4.3472	8	Ⅱ级	水杉	3.3686	19	Ⅲ级
旱柳	4.3102	9	Ⅱ级	枫杨	3.2956	18	Ⅲ级
杜梨	4.3004	10	Ⅱ级				

表 18　灌木类植物综合评价值和分级表

Table 18　Comprehensive evaluation value and classification tables of shrub plants

中文名 Scientific Name	总评价值 General Value	排名 Rank	分级 Classification	中文名 Scientific Name	总评价值 General Value	排名 Rank	分级 Classification
紫穗槐	4.6854	1	Ⅰ级	迎春	3.8988	7	Ⅱ级
金叶女贞	4.664	2	Ⅰ级	月季	3.8392	8	Ⅱ级
大叶铁线莲	4.6008	3	Ⅰ级	红瑞木	3.835	9	Ⅱ级
凤尾兰	4.512	4	Ⅰ级	‘金焰’绣线菊	2.9096	10	Ⅳ级
小叶黄杨	4.3542	5	Ⅱ级	‘金山’绣线菊	2.8158	11	Ⅳ级
醉鱼草	4.0864	6	Ⅱ级				

3 结论与讨论

本研究在实地调研和文献查阅的基础之上，筛选出 81 种北京市雨水花园适用植物材料。采用层次分析法对 81 种植物材料综合评价，根据综合评价值排序，将 81 种适用材料分为 4 个等级：

Ⅰ级(≥4.5)植物材料 24 种，包括千屈菜、筋骨草、连钱草、细叶藁本、马蔺、花叶芦竹、紫穗槐、大叶铁线莲、柽柳等，植物材料性状表现优良，可以作为雨水花园的先锋植物材料，在雨水花园大面积重复使用。Ⅱ级(3.5～4.5)植物材料 42 种，包括白屈菜、巴天酸模、薄荷、蹄叶橐吾、唐松草、玉带草、小叶黄杨、杜梨、香椿等，植物材料具有一定的抗逆性，可以在雨水花园中使用。Ⅲ级(3～3.5)植物材料 11 种，包括毛茛、紫菀、矾根、蓝羊茅、枫杨等，建议在雨水花园中局部使用，起到点缀装饰的效果。Ⅳ级(≤3)植物材料 4 种，包括山桃草、假龙头、'金焰'绣线菊、'金山绣线菊'，不建议在雨水花园中使用。

基于层次分析法的综合评价体系，对于科学量化的选择不同地区的雨水花园适用植物具有指导意义，但由于 AHP 评价模型存在专家评分、评价权重赋值等主观判断因子，评价结果仍存在一定的片面性，评价结果仍需在未来的雨水花园实践中得到进一步的验证，本研究旨在为各地区的雨水花园植物筛选方法提供理论参考，为北京地区雨水花园设计的植物选择提供数据支撑，如何能够使评价结果更加真实可靠，仍需进一步的研究。雨水花园以可持续的理念为指导，以生态文明为背景，从长远发展来看，具有不可忽视的潜在价值。植物在雨水花园中是保障雨水花园功能发挥的重要角色，但是目前针对于雨水花园植物材料的研究相对薄弱，未来应加大力度对生长在沼泽地的野生植物材料的驯化以及新优植物材料的引种，丰富雨水花园适用植物材料数据库，保障雨水花园在我国的推广和应用。

参考文献

1. 陈嵩.2014. 雨水花园设计及技术应用研究[D]. 北京林业大学.
2. 陈俊宏，高旭，谢伟丹，等. 2012. 植物对潜流人工湿地净化微污染水效果的影响研究[J]. 环境工程学报，02：515－518.
3. 宫永伟，戚海军，李俊奇，等.2014. 城市道路低影响开发设计的雨洪滞蓄效果分析[J]. 中国给水排水，09：151－154＋158.
4. 李莎莎，田昆，刘云根，等.2010. 不同空间配置的湿地植物群落对生活污水的净化作用研究[J]. 生态环境学报，08：1951－1955.
5. 柳敏，邢巧，王晶博.2015. 城市降雨径流管理 LID—BMPs 工程规划方案的优化[J]. 中国给水排水，05：105－108.
6. Sarkis J，Sundarraj R P. Evaluating Componentized Enterprise Information Technologies：A Multiattribute Modeling Approach[J]. Information Systems Frontiers，2003，5(3)：303－319.
7. 申丽勤，车伍，李海燕，等.2009. 我国城市道路雨水径流污染状况及控制措施[J]. 中国给水排水，04：23－28.
8. 徐新洲，薛建辉.2012. 基于 AHP－模糊综合评价的城市湿地公园植物景观美感评价[J]. 西北林学院学报，02：213－216.
9. 张伟，车伍，王建龙，等.2011. 利用绿色基础设施控制城市雨水径流[J]. 中国给水排水，04：22－27.
10. 张锁成，谷建才，王秀芳，等.2012. 基于 AHP 方法的高速公路中央分隔带绿化植物综合评价[J]. 西北林学院学报，04：100－102＋107.
11. 郑祚芳，王在文，高华.2013. 北京地区夏季极端降水变化特征及城市化的影响[J]. 气象，12：1635－1641.

花境在北京园博园中的应用*

齐石茗月　李晓鹏　范舒欣　董 丽①
（花卉种质创新与分子育种北京市重点实验室，国家花卉工程技术研究中心，
城乡生态环境北京实验室，园林学院，北京林业大学，北京 100083）

摘要　通过对北京园博园中的优秀花境进行调查、分析，学习其中的优秀案例以应用到实践中。并且对应用现状中存在的不足进行讨论分析，得到对花境配置有用的经验及教训，从而探讨花境的应用及发展问题。
关键词　花境；园博园；种植设计

Preliminary Analysis on Flower Border in Beijing International Garden Expo

QI Shi-ming-yue　LI Xiao-peng　FAN Shu-xin　DONG Li
(*Beijing Key Laboratory of Ornamental Plants Germplasm Innovation & Molecular Breeding, National Engineering Research Center for Floriculture, Beijing Laboratory of Urban and Rural Ecological Environment and College of Landscape Architecture, Beijing Forestry University, Beijing* 100083)

Abstract　Through the Garden Expo in Beijing flower border to investigate, analyze and learn good practices in order to apply them in practice. And on Application of the deficiencies in discussion and analysis, draw some useful configuration for flower border experiences and lessons learned. So we can discussion on application and development of flower border issues.
Key words　Flower border ; Beijing International Garden Expo; Plants design

1　引言

1.1　花境起源

花境作为园林造景的手段之一，与普通百姓的生活最为贴近。花境以它自然的风格、丰富的色彩广泛地应用于公园、城市绿地、私人庭院等空间设计之中，它能够有效地丰富视觉空间，引导游人路线，突出主体景观。同时，也能增加物种多样性，丰富园林景观。

花境是一个舶来词，最早起源于19世纪30～40年代英国私人的别墅中。由最初的花坛演变过来，其英文名为flower border[1]。“border”的英文字面意思是指一个物体的边缘部分，它也可以作为建筑物、构筑物的装饰边或者路边的花坛[2]。

1.2　花境概念

随着人们对于花境的了解与认识及其应用的日益广泛，花境的概念也在日益丰富起来。由18世纪庭院中所谓的“稀疏种植”到20世纪中叶的“混合花境”概念的提出：由最初的家庭种植，到现代广泛地用于公园与城市空间的设计之中[3]。花境成为了园林植物造景的重要手段之一[4]。

花卉学中提出对于花境的概念是：以树丛、树群、绿篱、矮墙或建筑物搭配结合成带状的花卉景观，这是根据自然界中野生的花卉组合模式加以艺术凝练而成的[5]。

1.3　北京花境现状

北京市的花境多集中在公园，而街边绿化带中应用较少[1,6]。近年来，随着园艺事业的增长，以及人们对花境认知度的增加，街心绿地的花境也有所增加，例如北三环与白颐路的交汇口就有花境的设置，这类花境多使用宿根花卉，但结合的花灌木并不多或者几乎没有，立面形式比较单调。本次调查范围为北

* 基金项目：北京市共建项目专项资助、中央高校基本科研业务费专项资金资助。
第一作者：齐石茗月(1991—)，女，北京人，硕士在读，研究方向为园林植物应用与园林生态。
E-mail：qsasami@163.com 联系电话：13522025078。
① 通讯作者。董丽(1965—)，女，博士，教授，研究方向：园林植物应用与生态。E-mail：dongli@bjfu.edu.cn。

京园博园内的花境，可以发现草本花卉种类多，但大多低矮，竖向景观效果一般；颜色艳丽，可烘托出园博园愉悦的氛围[7]。

2　调查方法

2.1　调查地简介

第九届中国国际园林博览会(图1)在北京举办，北京园博园位于北京西南部丰台区境内永定河畔绿色生态发展带一线，东至永定河新右堤，西临鹰山公园，南起梅市口路，北止莲石西路[7]，总面积267hm^2，依托于永定河道，山水相依，地形多变，搭配卢沟桥，增加了园区的历史氛围。

北京园博园建成之后，园林艺术中的很多新形式以及新的花境艺术手法得以展示。它不仅可以向全社会推广绿色生态的环保理念，展现节能的环保新材料、新技术、新工艺，也可向业内人士展示当代园林的新成就以及新的植物及其应用方法。本文将结合北京园博园中的花境应用实例，探讨花境的应用及发展问题。

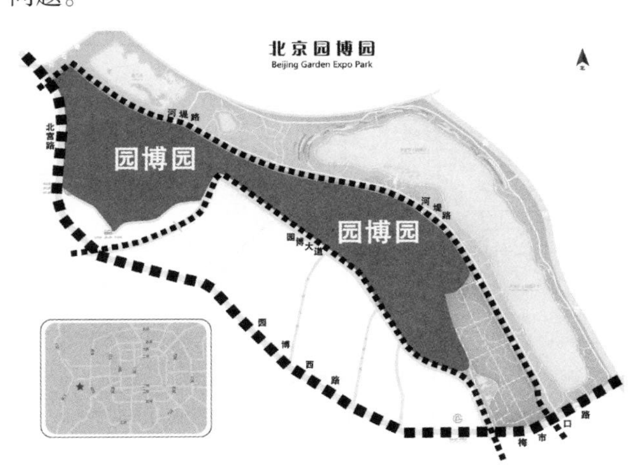

图1　园博园区域位置

Fig. 1　Regional location of Beijing Expo Garden

2.2　调查方法

首先，按照花境的地理位置及应用形式可将花境分为路旁花境、入口花境、水边花境、构筑物旁花境、以及焦点花境五类[8]。其次，选择具有代表性的优秀花境各1个进行实地测量，记录花卉的颜色、株高、株间距等特征，绘制成图[9]。最后，根据图纸及实地照片进行归纳总结，分析北京园博园花境的功能、观赏特征、季相色彩等因素，对其进行优劣分析。

3　园博园中优秀花境分析

3.1　路旁花境

路旁花境大多具有引导游人的功能，在园林应用中多设置在出入口附近，园博园中的路旁花境经常结合岛状长条形地形，引导游人进入主要的景区。本例距2号门入口不远，长条形的岛状绿带中间凸起，高差在1m左右。两侧是树阵广场，配置休息用的坐凳，人们在这里进行短暂停留时可以欣赏花境景观。

本研究所调查的路旁花境范例为双面观花境，配以假山和热带植物，高低起伏、层次多样、变化丰富，给人以美的享受。设计者还为它搭配了一首诗：梦幻漓山。梦幻漓山雾霭濛，碧湖石上叠玲珑。花柔红锦千秋月，巧弄霜苔冷画屏。这里用的石头是产自广西的灰太湖石，花境的主题寓意是：七组太湖石组，玲珑、奇巧成景。配以云桂绿植，表达桂林风情以及神秘色彩。

选择其中一个单元段进行测绘。平面图如图2，植物信息见表1。

如图1所示，由于此花境中常年异色叶的植物比较丰富，所以在三色堇、大花飞燕草、萱草等草本花卉的花期结束后，仍可保留一定的观赏价值，但在北京可露地过冬的植物种类较少，所以冬季的景观效果较差。

实景照片(图3)中可以看出花境中使用了很多热带灌木以及配石，丰富了花境层次，但草本层植物材料并不丰富，种植稀疏，影响景观效果。

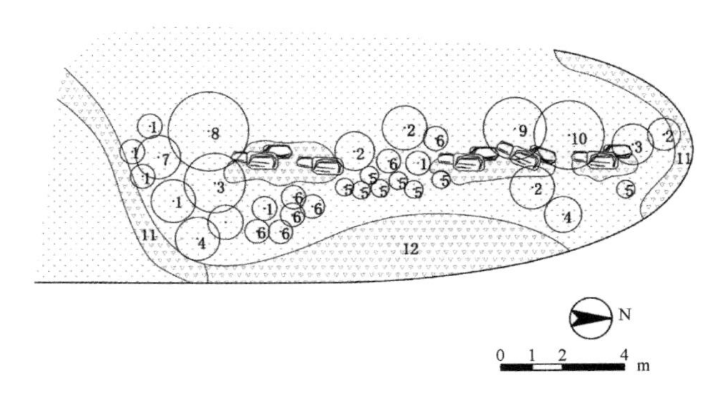

图2　2号门路旁花境平面图

Fig. 2　Gate 2 roadside flower border plan

表 1 2 号门路旁花境物种信息

Table 1 Gate 2 roadside flower border Species Information

编号	名称	拉丁	胸径(cm)/地径(cm)	冠幅(m)/株间距(m)	株高(m)	花色/叶色
1	鸭脚木	*Schefflera octophylla*	15~20	0.620fl	1~1.5	绿
2	大叶黄杨	*Buxus megistophylla*	20~25	10~25	1~1.3	淡黄
3	小叶榕	*Ficus microcarpa* var. *pusillifolia*	8	2ar. p	1.6~2	深绿
4	苏铁	*Cycas revoluta*	20~30	10~30	0.7~1.2	墨绿
5	变叶木	*Codiaeum variegatum*	10	0.2iaeu	0.3	黄、橙、红
6	橡皮树	*Ficus elastica*	5	0.6us e	0.8	紫
7	桂花	*Osmanthus fragrans*	5	1.3anth	1.6	绿
8	紫荆	*Cercis chinensis*	60	2.4cis	2.5	紫粉
9	鸡爪槭	*Acer palmatum*	6	2cer	2.3	金或红
10	黑松	*Pinus thunbergii*	10	20nus	2.8	绿
11	三色堇	*Viola tricolor*	/	0.3	0.3	黄
12	三色堇	*Viola tricolor*	/	0.3	0.3	红
13	萱草	*Hemerocallis fulva*	/	0.2	0.3	橙
14	大花飞燕草	*Delphinium grandiflorum*	/	0.2	0.8	蓝
15	灰莉	*Fagraea ceilanica*	20	10gra	1.2	绿

图 3 2 号门路旁花境实景图

Fig. 3 Gate 2 roadside flower border photos

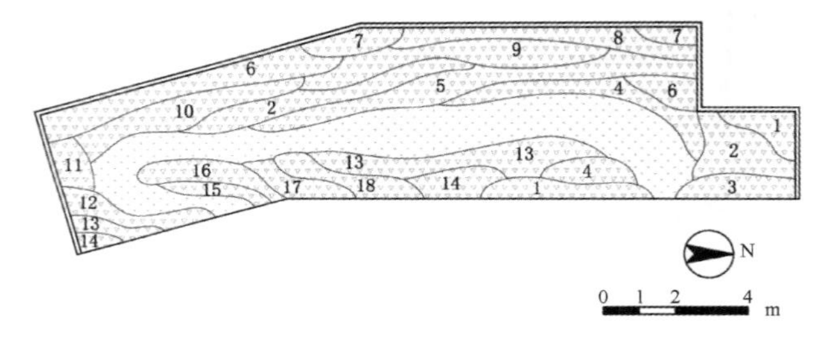

图 4 构筑物旁花境平面图

Fig. 4 Flower border plan beside structures

3.2 构筑物旁花境

构筑物旁花境多栽植在挡墙、建筑、岩石或其他园林小品周围，与构筑物有一定的关系，包括衬托、对比、反衬等方式。这里选择的一组花境位于锦绣谷东面的入口处。花境周围有一圈挡墙，东南方有一园林建筑——亭子。东面是小路，小路的东面是另一片与之相似的花境。

这里的挡墙围合出相对安静的区域，再加上花境的色彩与亭子的色彩和谐搭配，精致中不显突兀，非常柔和(平面图见图 4)。

如表 2 所示，该构筑物旁花境中多用一二年生草本花卉，景观时间较短，花期相对集中，若要长期维持良好的景观效果，需要大量的人力及物力进行后期管理。

该花境的不足之处在于只用了草本花卉，在竖向上没有较大的起伏变化，比较单一，另外植株的高度也不是特别讲究，有些外侧的植物比里侧的植物更高，影响视觉效果。另外，在其他的花境中也经常可以看到，种植密度不合理的问题。有些植物例如矮牵牛种植稀疏，有裸露的土地出现，还有些植物种植过密，例如蓝花鼠尾草，影响通风，易滋生病虫害。种植密度可以根据冠幅和株高进行适当调整，在实地测量中发现，种植间距等于冠幅的栽植方式可保证大多数植物的景观效果。实景照片见图 5，植物信息见表 2。

图5　构筑物旁花境实景图

Fig. 5　Flower border photos beside structures

表2　构筑物旁花境物种信息

Table 2　Flower border beside structures species information

编号	植物名称	拉丁学名	株间距(cm)	株高(cm)	花色/叶色
1	花烟草	*Nicotiana sanderae*	30	20	红
2	繁星花	*Pentas lanceolata*	30	25	绿
3	金鱼草	*Antirrhinum majus*	20	30	黄
4	夏堇	*Torenia fournieri*	25	23	粉白
5	百日草	*Zinnia elegans*	30	30	红、淡黄
6	醉蝶花	*Cleome spinosa*	30	60	粉紫
7	醉蝶花	*Cleome spinosa*	30	60	粉白
8	醉蝶花	*Cleome spinosa*	30	60	粉红
9	孔雀草	*Tagetes patula*	30	30	黄、橙
10	百日草	*Zinnia elegans*	30	30	淡黄
11	矮牵牛	*Petunia hybrida*	20	10	粉
12	夏堇	*Torenia fournieri*	25	23	白紫
13	长春花	*Catharanthus roseus*	20	20	粉
14	花烟草	*Nicotiana sanderae*	20	15	白色
15	矮牵牛	*Petunia hybrida*	20	10	深粉
16	长春花	*Catharanthus roseus*	20	20	红
17	长春花	*Catharanthus roseus*	20	20	白
18	非洲凤仙	*Impatiens walleriana*	25	10	粉

3.3　滨水花境

滨水花境多种植在水边，利用水生植物以及耐水湿植物共同搭配。该滨水花境颜色柔和，是比较有野趣的花境，没有浓烈的色彩，不会使人产生审美疲劳。而是会给人以舒适、温和的感受。

该区域位于锦绣谷中心的水池旁，一面是硬质驳岸、一面是卵石入水。搭配藜科耐水湿的植物以及竖线条的淡粉色花卉，野趣丛生。靠近水的一侧使用两种藜科植物进行搭配，而水中的香蒲以及千屈菜则增加了不同的质感。远离水的一侧，在路的转角处，利用色彩明快的蓍草和矮牵牛吸引远处的游人。平面图见图6。

此处的滨水花境主要依靠千屈菜的花期，它是这里的主干植物。所以最佳的观赏期应该在夏季，而过了千屈菜的花期，这里的景色就要逊色多了，可以适当增加些其他种类的水生花卉。提高春秋季节的景观效果。实景照片如图7，植物信息见表3。

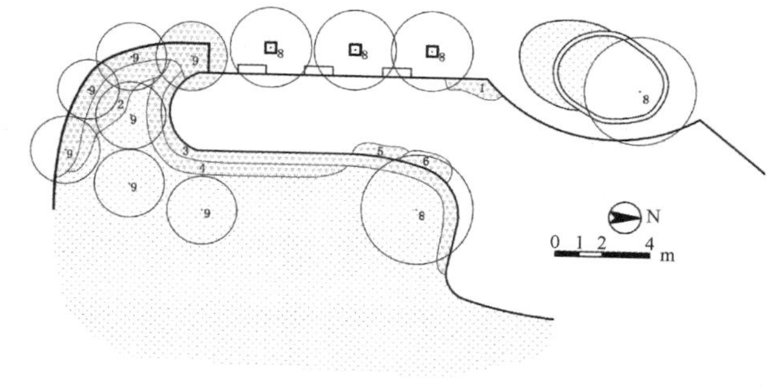

图6　滨水花境平面图

Fig. 6　Waterfront flower border plan

表 3　滨水花境物种信息

Table 3　Waterfront flower border species information

编号	植物名称	拉丁学名	胸径(cm)/地径(cm)	冠幅(m)/株间距(m)	株高(m)	花色/叶色
1	蓍草	*Achillea sibirica*	/	0.2	0.3	黄
2	矮牵牛	*Petunia hybrida*	/	0.2	0.1	粉
3	灰绿藜	*Chenopodium glaucum*	/	0.3	0.3	/
4	藜	*Chenopodium album*	/	0.3	0.3	/
5	香蒲	*Typha orientalis*	/	0.3	1.5	橙黄
6	千屈菜	*Lythrum salicaria*	/	0.4	1	粉紫
7	鸢尾	*Iris tectorum*	/	0.3	1	黄
8	旱柳	*Salix matsudana*	30	80nk	15	/
9	水杉	*Metasequoia glyptostroboides*	10	40tas	12	/

图 7　滨水花境实景图

Fig. 7　Waterfront flower border photos

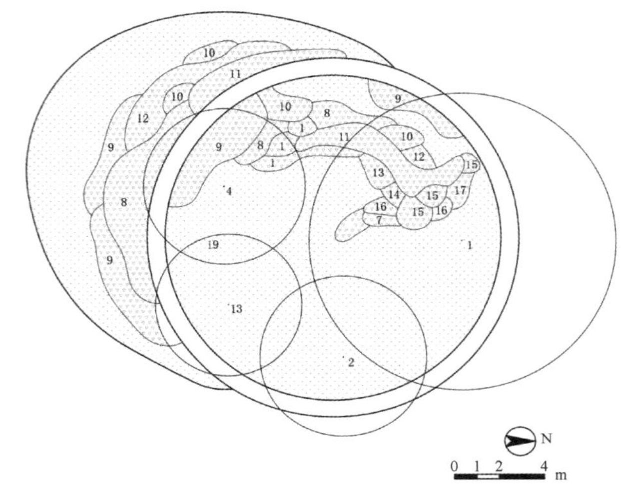

图 8　焦点花境平面图

Fig. 8　Focus flower border plan

3.4　焦点花境

焦点花境一般设置在区域中心，其总平面图见图8。多为混合花境且植物种类多样，色彩丰富而亮丽，给人很强的视觉冲击力，深受游客的喜爱。该案例位于锦绣谷的中心，是一个焦点区域。站在北面的草坪上，人们也可看到这个焦点花境，产生对景效果。花境色彩采用了调和[10]的处理手法，融合了不同深浅的绿色，色彩柔和，与水岸自然过渡。植物信息见表4。

表 4　群落 4 物种信息

Table 4　Focus flower border species information

编号	植物名称	拉丁学名	胸径(cm)/地径(cm)	冠幅(m)/株间距(m)	株高(m)	花色/叶色
1	旱柳	*Salix matsudana*	20	80n	10	/
2	山桃	*Prunus davidiana*	10	40u	4	粉红
3	山桃	*Prunus davidiana*	12	32unu	5	粉红
4	山桃	*Prunus davidiana*	8	3ru	2.5	粉红
5	八宝景天	*Sedum spectabile*	/	0.6	0.6	红

（续）

编号	植物名称	拉丁学名	胸径(cm)/地径(cm)	冠幅(m)/株间距(m)	株高(m)	花色/叶色
6	花叶芦竹	*Arundo donax* var. *versicolor*	/	0.2	0.3	/
7	矾根	*Heuchera micrantha*	/	0.3	0.3	紫
8	彩叶草	*Coleus blumei*	/	0.25	0.3	红、橙
9	矮牵牛	*Petunia hybrida*	/	0.2	0.2	粉
10	雪叶菊	*Senecio cineraria*	/	0.4	0.4	银白、黄
11	金鸡菊	*Coreopsis basalis*	/	0.5	0.6	黄
12	观赏葱	*Allium fistulosum*	/	0.4	0.5	淡紫
13	大花飞燕草	*Delphinium grandiflorum*	/	0.5	0.6	蓝色
14	毛地黄	*Digitalis purpurea*	/	0.5	0.7	粉红
15	锦带	*Weigela florida*	/	0.6	0.9	红
16	彩叶矾根	*Heuchera micrantha*	/	0.3	0.3	橙
17	大丽花	*Dahlia pinnata*	/	0.3	0.3	黄
18	白晶菊	*Chrysanthemum paludosum*	/	0.2	0.3	白

此焦点花境面积不大，但植物种类丰富，圆环两侧的植物互相呼应，增加整体感。植物种类的增加也可使花期相错，延长整体观赏时间，花境在非观赏期比单季花境效果好，但在观赏期，却很难超越单季花境。实景图见图9。

图9　焦点花境实景图

Fig. 9　Focus flower border photos

3.5　入口花境

景区入口一般搭配提名石或利用对称景观和艳丽的花境色彩来增加入口的存在感。本例中使用上述3种手法。北京园入口处的花境采取了对称的手法，增加气势。另外印有北京园的石头也可吸引游人注意。再次，鲜艳的花境色彩可以增加视觉冲击力，使远处的游人都可以看到，以吸引游客。花境色彩采用渐变[10]的搭配方式，色彩饱和度高，从黄色到橙色再到红色，过渡自然，与地形相呼应，增加整体感。

因为花境大致对称，所以只测绘了其中一侧，平面图如图10所示，植物信息见表5。

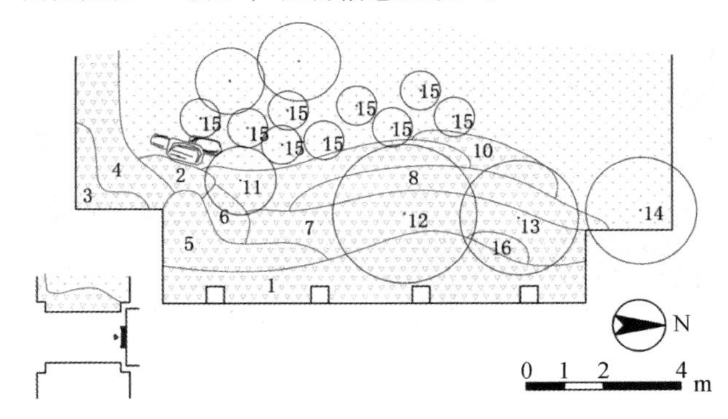

图10　入口花境平面图

Fig. 10　Entrance flower border plan

表5　群落5物种信息

Table 5　Entrance flower border species information

编号	植物名称	拉丁学名	胸径(cm)/地径(cm)	冠幅(m)/株间距(m)	株高(m)	花色/叶色
1	四季秋海棠	*Begonia semperfloris*	/	0.15	0.25	红色
2	一品红	*Euphorbia pulcherrima*	/	0.25	0.3	红
3	矮牵牛	*Petunia hybrida*	/	0.15	0.15	粉
4	三色堇	*Viola tricolor*	/	0.15	0.15	黄
5	荷兰菊	*Aster novi-belgii*	/	0.3	0.4	紫
6	景天	*Sedum*	/	0.3	0.3	黄

（续）

编号	植物名称	拉丁学名	胸径(cm)/地径(cm)	冠幅(m)/株间距(m)	株高(m)	花色/叶色
7	孔雀草	*Tagetes patula*	/	0. 15	0. 15	橙
8	金鱼草	*Antirrhinum majus*	/	0. 2	0. 3	粉
9	三色堇	*Viola tricolor*		0. 15	0. 15	黄
10	大花飞燕草	*Delphinium grandiflorum*	/	0. 4	0. 6	篮
11	黑松	*Pinus thunbergii*	10	30i	4	/
12	油松	*Pinus tabuliformis*	20	50nus	10	/
13	油松	*Pinus tabuliformis*	18	4. 5us	9	/
14	白皮松	*Pinus bungeana*	30	3. 5us b	4	/
15	丁香	*Syzygium aromaticum*	20	10zyg	1. 6	淡紫
16	黄晶菊	*Chrysanthemum multicaule*	/	0. 3	0. 5	黄

从北向南，地势逐渐抬高，增加了花境的层次感，红色的四季秋海棠和一品红，视觉冲击力强，可以吸引游客的到来。乔木多用常绿树，在没有花境的冬季里可以保持一定的景观效果。实景图(图 11)中可以看出这个花境的色彩非常丰富和艳丽，这是一般入口或视觉中心处花境常用的配置手法。背景的常绿乔木可以突出点景石，并衬托花境的色彩。

图 11　入口花境实景图

Fig. 11　Entrance flower border photos

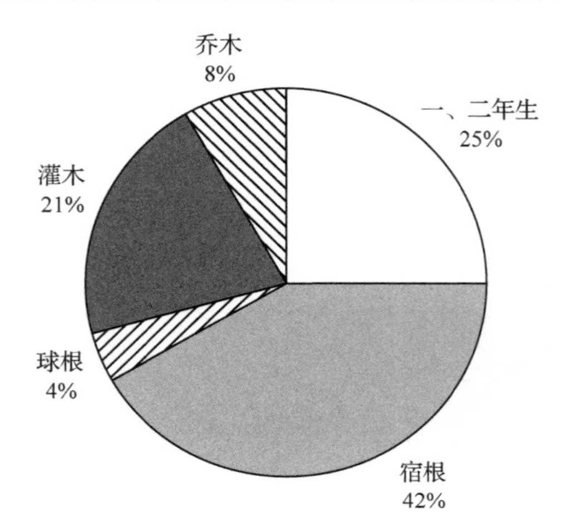

图 12　调查花境中植物生活型种类所占比例图

Fig. 12　Pie chart of plant life in survey flower border species

4　花境配置分析及存在问题

4.1　花境配置分析

本次调查花境中出现植物品种共 48 种，其中一二年生花卉 12 种，宿根花卉 20 中，灌木 10 种，球根花卉 2 种，做灌木用小乔木 4 种。由于选择测量的花境都是比较丰富有特点的优秀案例，可以看出各种类搭配比较丰富，有层次，球根花卉比较少，原因是进入夏季，不在球根花卉的花期内。

由于本次调查多选择配置丰富的案例，从图 12 中可以看出，宿根花卉以及灌木的比例较高，但是通过对花卉数量的粗略统计，可以发现一二年生花卉的种类虽然不多，但是数量众多，是花境中数量使用较多的群体。

4.2　主要存在问题

通过对园博园花境的应用现状分析，当前花境园林应用中主要存在下述几方面的问题：

(1)花境设计师不专业，设计手法欠佳。有些作品中植物的种植间距过疏，导致景观效果不好，另外很多花境没有考虑季相的变化，只是单一季节效果比较好。如果增加一些动态变化规律可以使花境的变化更加丰富，增加观赏趣味。

(2)一二年生草本花卉所占比重较大，后期养护成本高。花期过了之后景观效果会变差，若想继续保持良好景观效果，需再购置新的花卉。这需要更多的人力、财力、物力，无形当中造成浪费，如果考虑到园博园的后期使用，则维持相同的景观需要更多资金支持。

(3)园博园中花境植物种类比较单一，缺少变化。园中花境选材多为常见的花卉种类，花境颜色较单调，竖向设计不够丰富。这可能是由于园区内宿根植物的比例较少有关。若在花境中增加灌木及小乔木的应用，不仅可以丰富竖向，而且可以增加花境观赏期，因为骨架灌木多是常绿植物。如果草本花卉的花期过了，整体景观效果也不至太差。

(4)花境后期养护不到位，修剪不及时，影响花境观赏效果。有些花谢了之后若及时修剪，还可在秋季重新绽放，若无人管理，花谢之后景观效果差，花卉也很难二次开花。花境其实是一种仿自然的人工群落，要想保持良好的景观效果，需要后期精细的维护[11]。

5 展望

若花境配植合理，它的最佳观赏时间就会更长，相较于花坛，花境拥有更好的经济效益。所以花境在北京城市或公园有非常好的应用前景。可通过下列措施拓展应用领域：

(1)增加高技术人才的培养，市场上需要专业素质好的可以熟练掌握各种花卉的习性及配置原则的人才。并且要提高这些人员的素质，增加相关的科研活动，使花境的设计具有更加准确的科学依据。

(2)增加花境的宣传力度，使大众更多地认识、了解花境，并提高大众的审美品位。它的应用将不只在公园里，也会更多地出现在城市街头、住宅小区等地方。

(3)另外花境的设计也需要和环境心理学相结合，不同色彩和质感，可以给人们带来不同的心理体验。花境的应用也可以扩展到园艺疗法等应用领域。

参考文献

1. 夏冰．谈国内外关于花境发展历史的研究比较[J]．山西建筑，2013(33)：193－194.
2. 格特鲁德·杰基尔．花园的色彩设计[M]．北京：中国建筑工业出版社，2011：187.
3. 徐峰．花坛与花境[M]．北京：化学工业出版社，2008：214.
4. 高亚红，吴棣飞．花境植物选择指南[M]．武汉：华中科技大学出版社，2010：304.
5. 董丽．园林花卉应用设计[M]．北京：中国林业出版社，2010：295.
6. 王美仙，刘燕．我国花境应用现状与前景分析[J]．江苏林业科技，2006(03)：49－51.
7. 李云华，刘青林．花卉在北京园博园中的应用[J]．农业科技与信息(现代园林)，2013(09)：18－21.
8. 张健，徐小燕．花境理论与应用研究进展[J]．中国园艺文摘，2013(04)：120－124.
9. 曹洪虎，唐晓英．上海辰山植物园花境的应用调查[J]．安徽农业科学，2013(02)：674－676.
10. 张芬，周厚高．花境色彩设计及植物种类的选择[J]．广东农业科学，2012(23)：32－36.
11. 王美仙．花境起源及应用设计研究与实践[D]．北京林业大学，2009.

乔草型绿地的占地比例与降温增湿效应的研究

段淑卉　李湛东[①]　秦 仲
（花卉种质创新与分子育种北京市重点实验室，国家花卉工程技术研究中心，
城乡生态环境北京实验室，园林学院，北京林业大学，北京 100083）

摘要　由于城市绿地中不同绿地类型的降温增湿效果存在差异，此次以乔草型绿地为研究对象，探究其占地比例在一天高温时段（12：00～14：00）对城市绿地降温增湿的影响，于天气晴朗的夏季对北京市奥林匹克森林公园、海淀公园 83 个样地的空气温度、相对湿度进行测定。结果表明：在夏季高温时段，乔草型绿地可降低空气温度 -1.1～7.2℃，平均降温作用为 3.0℃；增加相对湿度 1.8%～16.8%，平均增湿作用为 8.6%。乔草型绿地比例与降温增湿作用呈显著正相关；且乔草型绿地比例（S）与降温作用（dT_{air}）之间满足线性关系：$dT_{air} = -6.132 + 0.142S$（$r^2 = 0.783$）；与增湿作用（$dRH$）之间也满足线性关系：$dRH = -6.470 + 0.235S$（$r^2 = 0.625$）。

关键词　城市绿地；乔草型绿地占地比例；降温作用；增湿作用

Cooling and Humidification Effects on the Proportion of Arbor-grass of Green Space

DUAN Shu-hui　LI Zhan-dong　QIN Zhong
(*Beijing Key Laboratory of Ornamental Plants Germplasm Innovation & Molecular Breeding, National Engineering Research Center for Floriculture, Beijing Laboratory of Urban and Rural Ecological Environment and College of Landscape Architecture, Beijing Forestry University, Beijing* 100083)

Abstract　Cooling and humidification effect different on types of green space have difference in the urban green space. Arbor-grass of green space was chosen as the research object. To explore the cooling and humidification on the proportion of arbor grass of green space in one day high temperature period (12：00 - 14：00). The Olympic Forest Park, Haidian Park 83 of the air temperature, relative humidity were measured in the sunny weather of summer in Beijing. The results showed that the high temperature in summer time, arbor - grass of green space can reduce air temperature - 1.1 ~ 7.2℃, average cooling effect to 3.0℃. Arbor-grass of green space can increase relative humidity1.8% ~ 16.8%, average increase wet to 8.6%. The proportion of arbor-grass of green space and cooling humidification effect was significant positive correlation; the proportion of arbor - grass of green space (S) and cooling effect (d*Tair*) to meet the linear relationship between: $dTair = -6.132 + 0.142S$ (r2 = 0.783); and the role of (d*RH*) also meet the linear relationship: $dRH = -6.470 + 0.235S$ (r2 = 0.625).

Key words　Urban green space; The proportion of arbor-grass of green space; Cooling effect; Humidification effect

近年来，随着城市化进程的发展，改变了城市下垫面的环境，打破了城区近地面的物质和能量平衡，加剧了城市热岛效应，使得城市夏季高温酷热（Kalnay and Cai，2003；Grimm *et al.*，2008）。目前，国内外对城市热岛效应以及城市绿地对缓解城市热岛效应的作用做了许多研究，研究结果表明城市绿地具有降温增湿的作用，能够缓解城市热岛效应（Taha *et al.*，1991；Avissar，1996；周立晨 等，2005；蔺银鼎 等，2006；陈朱 等，2011；纪鹏 等，2013）。如何在城市有限的土地上用最小的绿地面积取得最佳的生态效益，城市绿地的覆盖率与降温增湿作用之间的关系，是城市绿地温湿度效应研究的重点。研究表明，在城市尺度下绿地覆盖率与温度之间存在相关关系，通常绿地覆盖率增大，相对温度下降（Whitford *et al.*，2001；李俊祥 等，2003；程承旗 等，2004；孟宪磊，2010）。在公园下垫面组成中，林地所占比例对园林绿地降温增湿作用的影响最大（晏海，2014），且当公园林地所占比例小于 40% 且铺装面积大于

① 通讯作者。

50%时，在夏季中午时段公园没有降温作用(Chang *et al.*，2007)。

上述结论大多是基于城市和公园的尺度来研究绿地覆盖率以及林地的比例等对温湿度的影响的，然而对园林绿地或林地中不同的群落结构类型对温湿度的作用没有进一步的探讨。有研究表明，不同植物群落结构的降温增湿效果存在差异，乔灌草型和乔草型绿地的降温作用好，在夏季正午降温效果达到最佳(鲍淳松 等，2001；蔡莹洁 等，2006；马秀梅 等，2007；郭伟 等，2008；雷江丽 等，2011)。在现有的研究中缺少具体植物群落结构其比例对温湿度的影响，因此，本文在公园内定量研究了高温时段园林绿地中乔草型绿地所占比例对园林绿地降温增湿作用的影响，为园林绿地的设计与科学建设提供指导。

1 研究区概况

北京市(39°00′~41°60′N，115°70′~117°40′E)位于华北平原西北边缘，地处中纬地带，属于典型的暖温带半湿润大陆性季风气候，1月最冷，平均气温-3.7℃，7月最热，平均气温25.2℃。奥林匹克森林公园(40°~40°2′N，116°22′~116°24′E)位于北京朝阳区，南起奥林匹克中心场馆区，北接城郊防护绿地，横跨城市主环路(北五环)，南北两园总面积达680hm²，其中绿化面积约450hm²，植被覆盖率达90%(潘剑彬，2011)。海淀公园(39°59′N，116°17′E)位于北京西北四环万泉河立交桥的西北角，东起万泉河路，西至万柳中路，南到西北四环路，北至新建宫门路，东邻中关村科技园区，占地面积40hm²，其中绿化面积约18hm²，植被覆盖率为76%(李霞等，2010)。

2 研究方法

2.1 样地设置

参考前人的研究(张丽红 等，2006；晏海，2014)，本文将半径20m的圆形区域定为样地的大小。在北京奥林匹克森林公园(南园、北园)、海淀公园内共选择了83个试验样地，不同样地之间圆心的距离均大于40m，以避免样地之间大的互相干扰。同时由于山地环境中的小气候与平地存在着显著差异，样地避开奥林匹克森林公园仰山区域。样地选择时，保证每块样地包含有不同比例的乔草型绿地、草地、水体、硬质铺装。本文调查测定中将垂直结构为乔木+草坪，且乔木层郁闭度为90%左右的植物群落定义为乔草型绿地。

2.2 试验方法

园林绿地在天气晴朗的夏季降温增湿作用最为明显，且在正午降温增湿效果达到最佳。故实验选择在2015年7月21日至8月20日进行，阴天、大风、下雨等非典型夏季气候暂停实验。在研究样地的乔草型绿地、草地、水体、硬质铺装3种类型的中心点分别布置1个测点，每个样地内设置3~4个测点，测定样地的空气温度和相对湿度。

在各测点和公园外城市环境(周边无高层建筑或高大乔木遮挡)的对照点处，分别放置CENTER-342温湿度记录仪(空气温度测试精度±0.4℃，相对湿度测试精度±3%)，该仪器被固定在三脚架上，同时用防辐射罩进行保护．避免阳光直射对测试数据的影响。在高温时段(12：00~14：00)每天同步记录各测点的空气温度和相对湿度，记录时间间隔1min，测定高度为1.5m(一般人的呼吸高度)。每块样地乔草型绿地、草地、水体和硬质铺装各自所占的比例先通过视角高度为150m的Google earth图片(2012年4月)Google Earth影像地图初步确定，再根据样地的实际调查进行调整，在此基础上通过AutoCAD2012软件描绘并计算得到。

2.3 数据统处理

将温度差值和湿度差值分别定义为降温作用和增湿作用，计算公式：

$dT_{air} = T_{airsum} - T_{airsh}$　　　　$dRH = RH_{sh} - RH_{sum}$

试中：dT_{air}为温度差值(℃)；T_{airsum}为对照点温度，T_{airsh}为样地内温度；dRH为湿度差值(%)；RH_{sh}为样地内相对湿度，RH_{sum}为对照点相对湿度。

将试验中每天高温时段(12：00~14：00)的温湿度值进行算术平均值，再将高温时段每个样地的3~4个测点的数据进行平均计算，得到高温时段样地内温湿度值。用Microsoft Excel 2010绘制乔草型绿地比例与降温增湿作用的趋势图，将降温增湿作用和乔草型绿地比例导入SPSS 19.0软件进行相关及回归分析，并将分析结果在Excel2010软件中记录并作图。

3 结果分析

3.1 乔草型绿地占地比例对降温作用的影响

3.1.1 乔草型绿地比例对降温作用的影响

在夏季白天的高温时段(12：00~14：00)，乔草型绿地降温幅度为-1.1~7.2℃，平均值为3.0℃。最小降温作用为-1.1℃，此时乔草型绿地比例为33.8%，没有降温作用；乔草型绿地比例为89.4%

时，降温作用最大。通过绘制乔草型绿地比例与降温作用的趋势图(图1)发现，随着乔草型绿地比例的增大，样地内的降温作用呈现上下波动变化，总体呈上升的趋势；乔草型的林地比例小于43.8%时，乔草型绿地的降温作用都小于等于0.0℃，样地没有降温作用，形成了小型的热岛中心。根据降温作用的变化趋势，将乔草型绿地比例划分4个区间，具体讨论乔草型绿地比例对降温作用的影响。

从4个区间的最小和最大降温作用来看，区间Ⅱ(43.8%~68.5%)的最小和最大降温作用均高于区间Ⅰ(33.8%~43.7%)的最小值及最大值；区间Ⅲ(68.6%~78.7%)和Ⅱ、Ⅳ(78.8%~89.4%)和Ⅲ也存在相同的规律。从平均降温效果来看，区间Ⅰ的平均降温作用-0.5℃，低于总平均降温作用3.5℃，没有降温作用；区间Ⅱ的平均降温效果为1.8℃，比区间Ⅰ的平均降温高2.3℃，降温作用相对较好；区间Ⅲ平均值为4.0℃，比区间Ⅰ的平均降温高4.5℃，降温作用好；区间Ⅳ平均值为6.7℃，降温作用明显高于区间Ⅰ的平均降温，降温效果最好；随着乔草型绿地比例增加，其降温作增大，且区间之间的降温作用具有显著性差异(表1)。

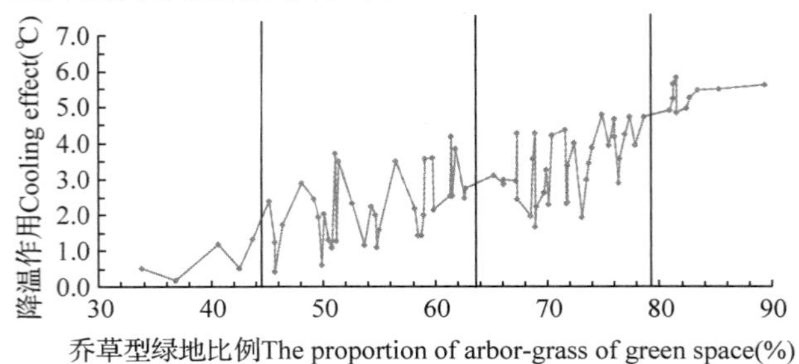

图1 不同比例的乔草型绿地降温作用的变化趋势

Fig. 1 The change trend of the cooling effect on the different proportion of arbor-grass of green space

表1 乔草型绿地的降温作用

Table 1 The cooling effect on arbor - grass of green space

区间 Section	乔草型绿地比例(%) The proportion of arbor-grass of green space	样本数 Sample number	平均降温作用(℃) Averagecooling effect	最小降温作用(℃) Minimumcooling effect	最大降温作用(℃) Maximumcooling effect
Ⅰ	33.8~43.7	5	-0.5d	-1.1	0.0
Ⅱ	43.8~68.5	41	1.8c	0.0	3.9
Ⅲ	68.6~78.7	27	4.0b	2.4	6.3
Ⅳ	78.8~89.4	10	6.7a	5.5	7.2
总数	33.8~89.4	83	3.0	-1.1	7.2

注：不同小写字母表示0.01水平上的差异。下同。

Note: The different small letters indicate the difference in the 0.01 level. The same below.

3.1.2 乔草型绿地比例与降温作用的之间的相关关系

在高温时段，随着乔草型绿地比例增大，样地的降温作用出现波动，为了进一步了解乔草型绿地比例对降温作用的影响，对其进行相关性分析。结果表明，高温时段乔草型绿地比例与降温作用呈正相关，且相关性较显著(表2)，即乔草型绿地比例越高，降温作用越明显。

表2 乔草型绿地与降温增湿作用的相关系数

Table 2 Correlation coefficient of cooling and humidification effects on the proportion of arbor-grass of green space

	降温作用 Cooling effects	增湿作用 Humidification effects
乔草型绿地比例 The proportion of arbor-grass of green space	0.885**	0.791**

** $P<0.01$。

为了建立高温时段乔草型绿地比例与降温作用之间的对应关系，在研究样地的范围内，乔草型绿地比例(S)与降温作用(dT_{air})之间满足如下关系：

$$dT_{air} = -6.132 + 0.142S \quad (r^2 = 0.783) \qquad (1)$$

从方程式(1)可知，高温时段乔草型绿地比例每增加10%，降温作用增加1.42℃。

3.2 乔草型绿地占地比例对增湿作用的影响

3.2.1 乔草型绿地比例对增湿作用的影响

在高温时段，乔草型绿地增湿幅度为1.8%~16.8%，平均值为8.6%。结果表明，乔草型绿地比例在33.8%~89.4%之间，样地内的相对湿度要高于其对照点的相对湿度，具有增湿作用。通过绘制乔草型绿地比例与增湿作用的趋势图(图2)发现，随着乔草型绿地比例的增大，样地内的增湿作用呈现上下波动变化，总体呈上升的趋势。根据增湿作用的变化趋势，将乔草型绿地比例划分4个区间，具体讨论乔草型绿地比例对增湿作用的影响。

从4个区间的最小和最大增湿作用来看，区间Ⅱ(43.8%~68.5%)的最小和最大增湿作用均高于区间Ⅰ(33.8%~43.7%)的最小值和最大值；区间Ⅲ(68.6%~78.7%)和Ⅱ、Ⅳ(78.8%~89.4%)和Ⅲ也存在相同的规律，且区间Ⅳ的最小增湿作用明显高于其他3个区间。从平均增湿作用来看，区间Ⅰ的平均增湿为3.5%，比总平均增湿低5.1%，增湿作用相对不明显；区间Ⅱ的平均增湿作用为6.5%，仅低于总平均增湿作用2.1%，具有较好增湿作用；区间Ⅲ的平均值为10.3%，比总平均值高1.7%，增湿作用好；区间Ⅳ的平均值为15.0%，增湿作用明显高于区间Ⅰ的平均增湿作用，增湿作用最好；随着乔草型绿地比例增加，其增湿作用增大，且区间之间增湿作用差异显著(表3)。

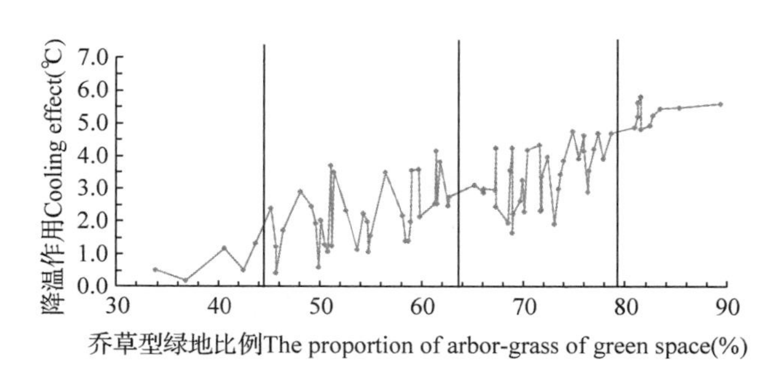

图2 不同比例的乔草型绿地增湿作用的变化趋势

Fig. 2 The change trend of the humidification effect on the different proportion of arbor-grass of green space

表3 乔草型绿地的增湿作用

Table 3 The humidification effect on arbor-grass of green space

区间 Section	乔草型绿地比例(%) The proportion of arbor-grass of green space	样本数 Sample number	平均增湿作用(%) Average humidificationeffect	最小增湿作用(%) Minimum humidificationeffect	最大增湿作用(%) Maximum humidificationeffect
Ⅰ	33.8~43.7	5	3.5d	1.8	4.8
Ⅱ	43.8~68.5	41	6.5c	3.7	9.9
Ⅲ	68.6~78.7	27	10.3b	4.8	15.5
Ⅳ	78.8~89.4	10	15.0a	12.5	16.8
总数	33.8~89.4	83	8.6	1.8	16.8

3.2.2 乔草型绿地比例与降温作用的之间的相关关系

在高温时段，随着乔草型绿地比例增大，样地的增湿作用出现波动，为了进一步了解乔草型绿地比例对增湿作用的影响，对其进行相关性分析。高温时段乔草型绿地比例与增湿作用呈正相关，且相关性较显著(表2)，即乔草型绿地比例越高，其增湿作用越好。

为定量研究高温时段乔草型绿地比例与增湿作用之间的关系，在研究样地的范围内，乔草型绿地比例(S)与增湿作用(d*RH*)之间满足如下关系：

$$dRH = -6.470 + 0.235S(r^2 = 0.625) \quad (2)$$

从方程式(2)可知，高温时段乔草型绿地比例每增加10%，增湿作用增加2.35%。

4 讨论与结论

研究结果表明，在夏季高温时段，乔草型绿地可降低空气温度-1.1~7.2℃，平均降温作用为3.0℃；乔草型绿地比例为33.8%，最小降温作用为-1.1℃；乔草型绿地比例为89.4%时，降温作用最大，为7.2℃。乔草型绿地的比例小于43.8%时，所测样地都没有降温作用，形成了小型的热岛中心。产生这种现象的主要原因是由于这些样地乔草型绿地的占地比例小于43.8%，且硬质铺装的比例较高，高温时段太阳辐射强度大，温度上升迅速，乔草型绿地的降温作用不稳定，从而使得所测样地没有降温作用。这与Chang等(2007)发现当公园林地的比例小于40%且铺装面积大于50%时，公园在夏季中午没有降温作用的相差不大；晏海(2014)研究城市下垫面的组成对局地小气候的影响也得出了类似的结论。城市公园绿地的相对湿度要高于其周围环境的相对湿度(Spronken，1999；晏海，2014)，与文中乔草型绿地可增湿作用1.8%~16.8%，平均值8.6%的结论相似。乔草型绿地比例与降温增湿作用呈显著正相关，且乔草型绿地比例与降温增湿作用之间满足线性关系，与李俊祥等(2003)、晏海(2014)的结论一致。与空气温度相比，相对湿度的相关系数小，这是因为相对湿度不仅受植物蒸腾作用影响，还受到土壤含水量、土壤蒸发及地被植物盖度等因素的影响。

本文重点探讨了园林绿地中乔草型绿地所占比例对园林绿地降温增湿作用的影响，而关于园林绿地中常用的其他群落结构类型如乔灌草、乔灌、灌草等绿地类型的占地比例对园林绿地降温增湿作用的影响还有待进一步的研究。以此为基础，对园林绿地的温湿度效应进行初步评价，并为园林绿地的设计提供科学指导。

参考文献

1. Avissar R. Potential effects of vegetation on the urban thermal environment[J]. Atmospheric Environment, 1996, 30(3): 437 – 448.
2. 鲍淳松，楼建华，曾新宇，等．杭州城市园林绿化对小气候的影响[J]．浙江大学学报：农业与生命科学版，2001(4)：415 –418.
3. 蔡莹洁，陈城英．广州不同园林绿地温湿效应的比较研究[J]．广州大学学报：自然科学版，2006：37 –41.
4. Chang C R, Li M H, Chang S D. A preliminary study on the local cool-island intensity of Taipei city parks[J]. Landscape & Urban Planning, 2007, 80(4): 386 –395.
5. 陈朱，陈方敏，朱飞鸽，等．面积与植物群落结构对城市公园气温的影响[J]．生态学杂志，2011，30(11)：2590 –2596.
6. 程承旗，吴宁，郭仕德，等．城市热岛强度与植被覆盖关系研究的理论技术路线和北京案例分析[J]．水土保持研究，2004，11(3)：172 –174.
7. Grimm N B, Faeth S H, Golubiewski N E, et al. Global Change and the Ecology of Cities[J]. Science, 2008, 319 (5864): 756 –760.
8. 郭伟，申屠雅瑾，邓巍，等．城市绿地对小气候影响的研究进展[J]．生态环境，2008，6(6)：2520 –2524.
9. 纪鹏，朱春阳，李树华．城市河道绿带宽度对空气温湿度的影响[J]．植物生态学报，2013，37(1).
10. Kalnay E, Cai M. Impact of urbanization and land-use change on climate. [J]. Nature, 2003, 423(6939): 528 – 531.
11. 雷江丽，刘涛，吴艳艳，等．深圳城市绿地空间结构对绿地降温效应的影响[J]．西北林学院学报，2011，第4期(4)：218 –223.
12. 李俊祥，宋永昌，傅徽楠．上海市中心城区地表温度与绿地覆盖率相关性研究[J]．上海环境科学，2003，(09)：599 –601.
13. 李霞，孙睿，李远，等．北京海淀公园绿地二氧化碳通量[J]．生态学报，2010，第24期(24)：6715 –6725.
14. 马秀梅，李吉跃．不同绿地类型对城市小气候的影响[J]．河北林果研究，2007，2(2)：210 –213.
15. 孟宪磊．不透水面、植被、水体与城市热岛关系的多尺度研究[D]．华东师范大学，2010.
16. 潘剑彬．北京奥林匹克森林公园绿地生态效益研究[D]．北京林业大学，2011.
17. Spronken-Smith R A, Oke T R. Scale Modelling of Nocturnal Cooling in Urban Parks[J]. Boundary-Layer Meteorology, 1999, 93(2): 287 –312.
18. Taha H, Akbari H, Rosenfeld A. Heat island and oasis effects of vegetative canopies: Micro-meteorological field – measurements [J]. Theoretical & Applied Climatology, 1991, 44(2): 123 –138.
19. Whitford V, Ennos A R, Handley J F. "City form and natural process"—indicators for the ecological performance of urban areas and their application to Merseyside, UK [J]. Landscape & Urban Planning, 2001, 57(1): 91 –103.
20. 晏海．城市公园绿地小气候环境效应及其影响因子研究[D]．北京林业大学，2014.
21. 蔺银鼎，韩学孟，武小刚，等．城市绿地空间结构对绿地生态场的影响[J]．生态学报，2006，26(10)：3339 – 3346.
22. 张丽红，刘剑，李树华．铺装及园路用地比例对园林绿地温、湿度影响的研究[J]．中国园林，2006，22：47 –50.
23. 周立晨，施文彧，薛文杰，等．上海园林绿地植被结构与温湿度关系浅析[J]．生态学杂志，2005，24(9)：1102 –1105.

城市的中小型绿地斑块几何特征与降温增湿效益的相关性研究

林 婧 李湛东[①]
（花卉种质创新与分子育种北京市重点实验室，国家花卉工程技术研究中心，
城乡生态环境北京实验室，园林学院，北京林业大学，北京 100083）

摘要 在北京市朝阳区朝阳公园和奥林匹克森林公园、海淀区海淀公园、八家郊野公园和荷清路一侧，共选择79个不同几何形状的典型中小型绿地斑块作为试验地，利用温湿度自记仪对绿地斑块高温时段（12：00～14：00）的温湿度差值进行测定，研究不同几何形状特征的绿地斑块与降温增湿效益之间的相关性和影响。结果表明，在高温时段（12：00～14：00），①面积在1～5hm^2范围内时，中小型绿地斑块的降温增湿作用与面积没有显著相关性；②不同形状特征的绿地斑块均能起到降温增湿和明显改善小环境气候的作用，其中形状指数与降温增湿作用的关系较其他形状特征指标拟合最好；③当绿地斑块形状指数分布于1.08～1.63区间时的降温增湿效果最好，平均降温增湿作用分别达到7.51℃和18.40%；④绿地斑块的形状指数与降温增湿效益为极显著负相关，其中绿地斑块形状指数与降温作用的关系式为：$y=7.8948x^{-0.271}$，相关指数$R^2=0.2514$；绿地斑块形状指数与增湿作用的关系式为：$y=19.169x^{-0.27}$，相关指数$R^2=0.1615$。在城市绿地规划建设中，除了增加绿地的面积和绿量外，合理地规划设计绿地斑块的形状也是提高降温增湿效益的有效途径。探索对热岛效应减弱最强的绿地斑块形状指数区间，以期为城市绿化改善热岛效应服务。

关键词 绿地斑块；热岛效应；几何形状；形状指数；降温增湿作用

The Correlation Research on Small and Medium-sized City Green Land Patches Geometric Characteristic and Cooling Humidifying Benefit

LIN Jing LI Zhan-dong
(*Beijing Key Laboratory of Ornamental Plants Germplasm Innovation & Molecular Breeding, National Engineering Research Center for Floriculture, Beijing Laboratory of Urban and Rural Ecological Environment and College of Landscape Architecture, Beijing Forestry University, Beijing* 100083)

Abstract In Chaoyang district of Beijing Chaoyang Park and the Olympic Forest Park, Haidian district, Haidian park, Eight Country park and Lotus road side, choose a total of 79 different geometric shapes of the typical small and medium-sized green patches as a testbed, with temperature and humidity recording instrument of green patches in high temperature time 12：00－14：00, then the temperature and humidity difference are measured, the different geometric characteristics of green patches and the relationship between the cooling humidifying efficiency and effect. Results show that in high temperature time 12：00－14：00, ①cooling humidification effect of the small and medium-sized city green land patches and area there is no correlation between; ②different geometric characteristics of green patches can play a cooling humidifying and obviously improve the climate environment, shape index and the relationship between cooling humidification effect than other best fitting geometric characteristics index; ③when the green patch shape index distribution in the 1.08－1.63 range cooling humidification effect is best, an average cooling humidification effect at 7.51℃ and 18.40% respectively; Compare the cooling effect with other interval difference reached significant level, and the humidifying effect only when compared with 2.16－4.95 range to achieve significant level, and 1.64－2.13 range difference is not big; ④green patch shape index of humidification and cooling efficiency is significantly negative correlation, the green patch shape index and the relation between the cooling effect is: $y=7.8948x^{-0.271}$, correlation index $R^2=0.2514$; Green patch shape index and the relation between the humidifying effect is: $y=19.169x^{-0.27}$, correlation index $R^2=0.1615$. In the construction of urban green space planning, in addition to increasing the area of green land and green, reasonable planning and design the shape of the green patches is also an effective way to improve the efficiency of the cooling humidification. Exploration of heat island effect weakened the strongest green patch shape index range, in order to serve for urban greening to improve the heat island effect.

Key words Green patches; The heat island effect; Geometry; Shape index; Cooling humidifying function

随着城市化进程的不断加快，全球都面临着严峻的气候恶化问题，我国气候的变化表现为气温逐年升高而降雨量逐年减少，而北京夏季高温闷热天气的天数也伴有增加的趋势，极大程度地影响了居民的出行生活和身心健康。城市绿地不仅具有保持碳氧平衡、滞尘杀菌和净化降噪的效能，还能起到降温增湿和改善局部小气候的作用(董仁才，2006)。然而许多城市在绿地的建设进程中，忽略了绿地斑块在空间布局上的合理性，进而影响了其生态功能的有效发挥(王雪，2006)。

温湿度效应作为绿地生态效应的主要部分，国内外关于城市绿地这方面的研究情况和结论有：日本东京在高精度卫星影像空间数据库的帮助下，分析了中心区的绿地情况(许浩，2003)。美国哥伦里郊区对若干个居民院落的温度进行了测定，证实绿地斑块能明显改善热岛效应的影响(Gordon B，2000)。Wiens 认为周长面积比是反映绿地斑块形状的主要指标，越复杂的斑块具有越大的周长面积比，更容易与周围环境进行交流(Wiens，1993)。Shashua-Bar 等认为增加绿地的面积和改变绿地的几何形状，可以极大提高绿地的降温效益(Shashua-Bar，2004)。吴云霄等认为绿地形状、绿地分布格局、绿地位置和绿地面积是影响城市生态效益的主要二维因素(吴云霄，2006)。蔺银鼎认为绿地与非绿地空间的系统交换作用不仅与叶面积指数有关，还要受到绿地斑块面积、几何形状等因素的影响(蔺银鼎，2006)；还认为绿地植物对城市的温湿度具有明显的调节作用，乔灌草相结合的复合结构绿地，其降温增湿效应明显优于单一以及双层结构的绿地(蔺银鼎，2003)。魏斌等认为绿地的几何形状越复杂，对周边环境的影响范围也越广，贡献作用也越大(魏斌，1997)。吴菲等认为城市园林绿地可以明显发挥温湿效益的最小面积为 $3hm^2$(绿化覆盖率80%左右)(吴菲，2007)。高建等认为林木覆盖区在遮光和林木蒸腾作用下，使得林木覆盖区具有非常明显的降温增湿作用。在所测时间内湿度增加 10% 以上，而温度降低了 6℃(高建，2004)。总的来看在城市景观的营造中大多以中小型绿地斑块为主，其对居民生活的影响也更加直接。目前国内外学者对城市大型绿地斑块温湿效益的研究较多，对中小型绿地斑块已展开一定的定量研究，但其相关研究与大型绿地的研究相比起来仍然较少；尚缺乏对降温增湿效益最佳的形状指数范围的划分，而该类研究成果对于指导城市绿地规划的作用可能更为直接。

在全国城市用地紧张的大环境下，结合前人的实验研究成果，在可以明显发挥温湿效益的绿地面积情况下，研究绿地斑块的几何形状等特征与城市降温增湿效益的相关性，可以揭示不同特征绿地斑块生态效益的差异；探讨形状指数对中小型绿地斑块的降温增湿效应的影响程度，得出绿地斑块降温增湿最佳的形状指数分布区间；根据形状指数分布区间布置绿地斑块的形状，最大程度地提高绿地降温增湿的生态效益，具有十分重大的现实意义，能为今后指导城市规划设计与城市园林绿地建设提供相应的理论依据和科学参考。

1 研究地区与研究方法

1.1 试验地概况

实验前期通过 google earth 遥感卫星影像图对试验地开展初步筛选，利用 Auto CAD2007 对试验地的周长和面积参数进行合理提取，结合实地调查研究的基础上，实验选取北京市城区典型的中小型绿地斑块共计 79 个试验地展开相关研究。其分别位于北京市五环内朝阳区的奥林匹克森林公园和朝阳公园内，海淀区的荷清路一侧、海淀公园和八家郊野公园内。绿地斑块面积定义为绿地中乔灌林的占地面积，其边界由道路、场地或草地组成，斑块内部无明显分隔。实验利用温湿度差值进行降温增湿作用的分析，并在一定程度上排除了自然条件、气候条件等因子对试验结果的影响，且绿地中均为北京常见的乡土植物种类，植物生长状况良好，树木种类相似，所选试验地的面积分布于 $1\sim5hm^2$ 之间，具有良好的代表性且所处环境条件相似，因此试验地具有可比性。

1.2 研究方法

1.2.1 测试仪器

温湿度记录仪 CENTER-342。

1.2.2 测试方法

通过 google earth 遥感卫星影像图和 Auto cad2007 软件共同求得所选绿地斑块的几何质心经纬度坐标，于质心点距离地面 1.5m 处布置温湿度记录仪(空气温度测试精度 ±0.4℃，相对湿度测试精度 ±3%)，观测时间为每天的高温时段(12：00～14：00)，温湿度记录仪每隔 1min 同步测定记录一次数据。并于园外开阔场地处设置对照组实验。

测试时间为 2015 年 8 月中下旬，测试当天均选取晴朗无风的天气，一定程度上减少了来自相邻区域的干扰和影响。将各样地与园外对照组当天高温时段所测的温度、相对湿度值求出算数平均值，得出该时段的平均温度值和平均相对湿度值。数据采用 Microsoft Excel 2010 和 SPSS17.0 等相关软件进行处理和作图。

1.2.3 分析指标

(1)绿地斑块平均温度差值

绿地斑块平均温度差值 = 对照组平均温度值 - 试验地平均温度值

(2)绿地斑块平均相对湿度差值

绿地斑块平均相对湿度差值 = 试验地平均相对湿度值 - 对照组平均相对湿度值

(3)绿地斑块周长面积比

绿地斑块周长面积比 = $\frac{S}{A}$(其中 S 为绿地斑块周长，A 为绿地斑块面积)

(4)绿地斑块等矩形周长比

绿地斑块等矩形周长比 = $\frac{S}{4\sqrt{A}}$(其中 S 为绿地斑块周长，A 为绿地斑块面积)

(5)绿地斑块形状指数

绿地斑块形状指数 = $\frac{S}{2\sqrt{\pi A}}$(其中 S 为绿地斑块周长，A 为绿地斑块面积)，形状指数的意义为绿地斑块周长 S 与绿地斑块等面积的圆周长之比。当比值等于 1 时该绿地斑块为圆形。形状指数值的大小体现了绿地斑块周边的发达程度。

2 研究结果与分析

2.1 高温时段(12：00～14：00)绿地斑块形状特征与降温增湿作用之间的相关性

根据景观镶嵌体理论，绿地斑块的大小、周长及其边界的复杂程度是衡量绿地斑块形状特征的重要指标(邬建国，2000)。为进一步了解绿地面积、周长、周长面积比、等矩形周长比和形状指数五个形状特征对降温增湿作用的影响，对其进行相关性分析，分析结果见表 1。由表 1 结果可以看出，在高温时段(12：00～14：00)，中小型绿地斑块面积与降温增湿作用没有显著相关性。绿地斑块周长与降温作用存在极显著的负相关关系，相关系数为 -0.360；与增湿作用呈现显著的负相关，相关系数为 -0.260。绿地斑块周长面积比与降温作用存在极显著的负相关关系，相关系数为 -0.415；与增湿作用存在极显著的负相关关系，相关系数为 -0.361。绿地斑块等矩形周长比与降温作用存在极显著的负相关关系，相关系数为 -0.471；与增湿作用存在极显著的负相关关系，相关系数为 -0.376。绿地斑块形状指数与降温作用存在极显著的负相关关系，相关系数为 -0.471，与增湿作用也存在极显著的负相关关系，相关系数为 -0.377，相关系数较其他四个形状特征达到最大值。

通过以上分析可知，在高温时段(12：00～14：00)，中小型绿地斑块面积与降温增湿作用没有显著相关性。当绿地斑块周长逐渐增加时，其对应的降温增湿作用也在减弱，且两者的相关系数都较低。而综合考虑了面积和周长的周长面积比、等矩形周长比和形状指数的形状特征相关系数则较高，通过表 1 相关系数可知，在中小型绿地斑块的形状特征与降温增湿效益的研究中，形状指数与降温增湿作用的关系拟合最好，相关系数较其他 4 个形状特征达到最大值。其中降温作用的相关系数均大于增湿作用，这可能是因为温度变化相对平缓，湿度相对于温度而言更不稳定，容易受到外界条件的影响而变化剧烈(吴菲，2007)。

表 1 高温时段(12：00～14：00)绿地斑块形状特征指标与降温增湿作用之间的相关系数

Table 1 The correlation coefficient between the shape characteristic index of green patches and the effect of cooling and humidification in high temperature period (12：00 - 14：00)

	面积	周长	周长面积比	等矩形周长比	形状指数
降温作用	0.038	-0.360**	-0.415**	-0.471**	-0.471**
增湿作用	0.060	-0.260*	-0.361**	-0.376**	-0.377**

注：* 为在 $P<0.05$ 水平上显著，** 为在 $P<0.01$ 水平上显著

Note：* is significant at the level of $P < 0.05$， ** is significant at the level of $P<0.01$

2.2 不同形状指数的绿地斑块在高温时段对降温作用的影响

2.2.1 不同形状指数的绿地斑块在高温时段的降温作用变化趋势和方差分析

通过绘制不同形状指数的绿地斑块在高温时段(12：00～14：00)降温作用的变化趋势图(图 1)，可以发现不同形状指数的绿地斑块的降温幅度在 3.38～10.24℃之间，平均降温作用值达到 6.82℃。当形状指数值为 2.17 时的降温作用值最小，而形状指数值为 1.63 时，绿地斑块表现出最大的降温作用值。降温作用随着形状指数值的逐渐增大而减弱，表现为在形状指数 1.08～4.95 区间内，其温度差值呈锯齿状波动下降的趋势。根据图 1 降温作用的变化趋势，将其划分出 3 个降温作用区间进行方差分析，具体讨论形状指数对降温作用的影响。由表 2 可知，不同形状指数对应的 3 个降温作用区间均表现出显著性差异，

当形状指数位于1.08～1.63区间时，绿地斑块能够发挥出最优的降温作用，平均降温作用达到7.51℃，降温幅度为3.38～10.24℃。

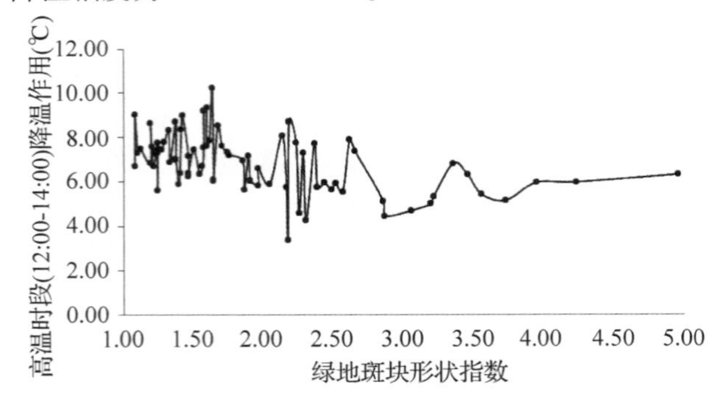

图1 不同形状指数的绿地斑块在高温时段(12：00～14：00)降温作用的变化趋势

Fig. 1 The change trend of cooling effect of the green patches with different shape indexin the high temperature period (12：00－14：00)

2.2.2 不同形状指数的绿地斑块在高温时段的降温作用的相关性分析

由表1实验结果可得，形状指数是反映绿地斑块形状与降温效益相关性的最佳指标。其值越接近于1，说明绿地斑块形状越接近于圆。实验分析对其形状指数与高温时段(12：00～14：00)降温作用之间的关系展开定量研究发现，在绿地斑块面积为1～5hm^{2}时，绿地斑块的形状指数越小，绿地的降温作用越明显，随着形状指数的增加，其对应的降温强度也在逐渐减弱。当形状指数较小时，降温强度随着形状指数的增加减弱得越快。两者呈幂函数关系，其相关表达式 $y=7.8948x^{-0.271}$，相关指数 $R^2=0.2514$(图2)。在高温时段(12：00～14：00)形状指数较小的中小型绿地斑块降温作用也较强，随着绿地斑块形状指数的增加，绿地形状趋于复杂化，绿地内外部1.5m处的温差也在逐渐减小；当形状指数为3以下时，绿地斑块的降温作用能达到约5.86℃以上，中小型绿地斑块能够发挥出较好的降温作用，对城市热岛效应的缓解能力也更强。

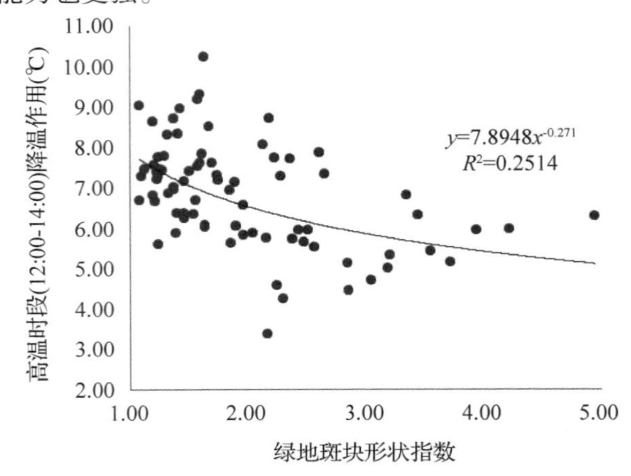

图2 不同形状指数的绿地斑块在高温时段(12：00～14：00)与降温作用的幂函数关系

Fig. 2 The power function relation between the green patches with different shape index and cooling effect during the high tempe-rature period (12：00－14：00)

表2 高温时段(12：00～14：00)绿地斑块不同形状指数区间的降温作用

Table 2 The Cooling effect of green patches with different shape index during high temperature period (12：00－14：00)

区间	形状指数	样本数	平均降温作用(℃)	最小降温作用(℃)	最大降温作用(℃)
1	1.08～1.63	37	7.51a	5.60	10.24
2	1.64～2.13	15	6.74b	5.64	8.53
3	2.16～4.95	27	5.93c	3.38	8.72
总数	1.08～4.95	79	6.82	3.38	10.24

注：a、b、c为在P<0.05水平上显著。

Note：a、b、c is significant at the level of P<0.05。

2.3 不同形状指数的绿地斑块在高温时段对增湿作用的影响

2.3.1 不同形状指数的绿地斑块在高温时段的增湿作用变化趋势和方差分析

通过绘制不同形状指数的绿地斑块在高温时段(12：00～14：00)增湿作用的变化趋势图(图3)，可以发现不同形状指数的绿地斑块的增湿幅度在10.47%～36.32%之间，平均增湿作用值达到16.79℃。当形状指数值为2.17时的增湿作用值最

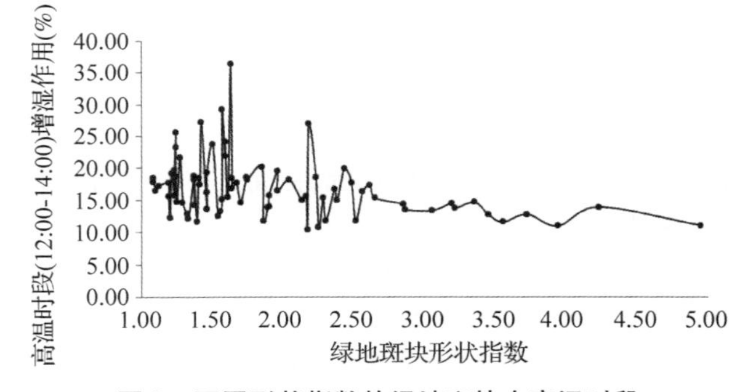

图3 不同形状指数的绿地斑块在高温时段(12：00～14：00)增湿作用的变化趋势

Fig. 3 The change trend of the effect of increasing humidity on the green patches with different shape index during the high tempe-rature period (12：00－14：00)

小，而形状指数值为1.63时，绿地斑块表现出最大的增湿作用值。由图3可得，增湿作用随着形状指数值的逐渐增大而减弱，表现为在形状指数1.08~4.95区间内，其湿度差值呈锯齿状波动下降的趋势。根据图3增湿作用的变化趋势，将其划分出3个增湿作用区间进行方差分析，具体讨论形状指数对增湿作用的影响。由表3可知。当形状指数位于1.08~1.63即区间1时，绿地斑块能够发挥出最优的增湿作用。平均增湿作用达到16.79%，降温幅度为10.47%~36.32%。而区间1的增湿作用仅在与区间3比较时达到显著水平，与区间2差异性并不大。

表3 高温时段(12：00~14：00)绿地斑块不同形状指数区间的增湿作用

Table 3 The effect of increasing humidity on different shape index interval of green patches during high temperature period (12：00－14：00)

区间	形状指数	样本数	平均增湿作用(%)	最小增湿作用(%)	最大增湿作用(%)
1	1.08~1.63	37	18.40ab	11.70	36.32
2	1.64~2.13	18	16.79b	10.47	26.94
3	2.16~4.95	24	14.32bc	10.78	19.90
总数	1.08~4.95	79	16.79	10.47	36.32

注：a、b、c为在P<0.05水平上显著

Note：a、b、c is significant at the level of P < 0.05。

2.3.2 不同形状指数的绿地斑块在高温时段的增湿作用的相关性分析

由表1实验结果可得，形状指数是反映绿地斑块形状与增湿效益相关性的最佳指标。实验分析对其形状指数与高温时段(12：00~14：00)增湿作用之间的关系展开定量研究发现，在绿地斑块面积为1~5hm^{2}时，绿地斑块的形状指数越小，绿地的增湿作用越明显，随着形状指数的增加，其对应的增湿强度也逐渐减弱。当形状指数较小时，增湿强度随着形状指数的增加减弱得越快。两者呈幂函数关系，其相关表达式为$y=19.169x^{-0.27}$，相关指数$R^2=0.1615$(图4)。在高温时段(12：00~14：00)形状指数较小的中小型绿地斑块增湿作用也较强，随着绿地斑块形状指数的增加，绿地形状趋于复杂化，绿地内外部1.5m处的湿差也在逐渐减小；当形状指数为3以下时，绿地斑块的增湿作用能达到约14.3%以上，中小型绿地斑块能够发挥出较好的增湿作用，对城市热岛效应的缓解能力也更强。

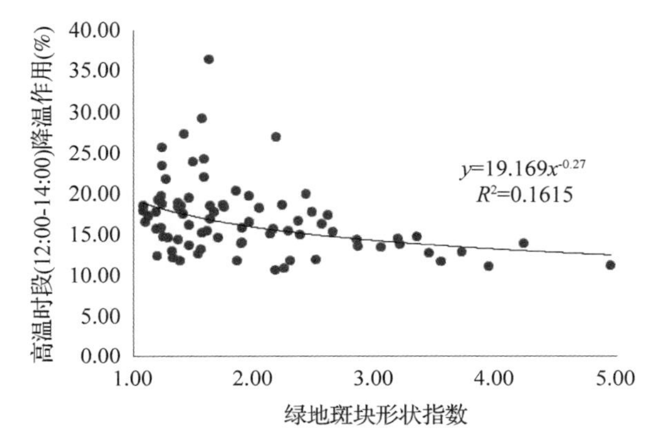

图4 不同形状指数的绿地斑块在高温时段(12：00~14：00)与增湿作用的幂函数关系

Fig. 4 The power function relationship between the green patches with different shape index and the effect of increasing humidity during the high temperature period (12：00－14：00)

3 小结与讨论

研究结果表明，在一天的高温时段(12：00~14：00)：

(1)当城市中小型绿地面积在1~5hm^{2}范围内时，绿地斑块的降温增湿作用与面积没有显著相关性，这与吴菲等在2007年发现绿地可以明显发挥降温增湿效益的最小面积为3hm^{2}的研究结果不一致(吴菲，2007)，与武小刚发现在水平方向上绿地降温增湿效益与面积成显著正相关的研究结果不同(武小刚，2008)，与王雪研究显示城市绿地面积与绿地温度呈负相关关系也不同(王雪，2006)。由此可见，在研究绿地面积与降温增湿效应相关性的同时，不能忽视绿地形状这一几何特征因素对实验结果产生的影响。

(2)绿地斑块的降温增湿作用随着周长、周长面积比、等矩形周长比和形状指数的减小而增强，这与武小刚等在2008年发现在水平方向上绿地降温增湿效益与周长面积比为显著负相关的研究结果一致(武小刚，2008)。绿地斑块的形状不同，对热岛效应的减弱程度也不同，其中形状指数与降温增湿作用的关系较其他分析指标拟合最好，绿地斑块的形状指数与降温增湿效益为极显著负相关，形状指数越大，降温增湿作用则越小，热岛效应减弱就越少。其中绿地斑块形状指数与降温作用的关系式为：$y=$

$7.8948x^{-0.271}$，相关指数 $R^2 = 0.2514$，这与雷江丽等在2011年发现深圳绿地斑块的形状指数对周围热环境改善的研究结果类似(雷江丽，2011)；绿地斑块形状指数与增湿作用的关系式为：$y = 19.169x^{-0.27}$，相关指数 $R^2 = 0.1615$。

(3)当中小型绿地斑块形状指数分布于1.08～1.63区间时的降温增湿效果最好，平均降温增湿作用分别达到7.51℃和18.40%；降温作用与其他区间相比其差异性达到显著水平，而增湿作用仅与2.16～4.95区间相比达到显著水平，与1.64～2.13区间差异性并不大。

不同形状指数的绿地斑块其降温增湿作用之所以会存在差异，是因为绿地斑块边缘率在一定程度上影响着其内部与外部能量的交换效率。例如在外界条件相同的情况下，近圆形绿地斑块与等面积的矩形绿地斑块相比，其边缘较少而内部面积较大，所以能发挥出最大的降温增湿作用。因此在城市绿地系统规划中，不仅要增加绿地斑块的面积和绿量，还应合理地安排绿地斑块的形状，选择形状指数较小的绿地斑块，能够起到有效缓解城市热岛效应的作用，最大程度地提高绿地降温增湿作用的生态效益，为居民创造一个良好的户外活动环境。

参考文献

1. Gordon B，Bonan. The microclimates of a suburban Colorado (USA) landscape and implications for planning and design [J]. Landscape and Urban Planning，2000，(49)：97－114.
2. Shashua-Bar L，Hoffman M E. Quantitative evaluation of passive cooling of the UCL microclimate in hot regions in summer，case study：urban streets and courtyards with trees [J]. Building and Environment，2004，39(9)：1087－1099.
3. Wiens，Stenseth，Home. Ecological mechanisms and landscape ecology[J]. Oikos. 1993，66：369－380.
4. 董仁才，等. 3S技术在城市绿地系统中的应用探讨——以园林绿地信息采集与管理中的应用为例[J]. 林业资源管理，2006(2)：83－87.
5. 高建，王成，吴泽民. 城市不同土地利用类型小气候状况对人体舒适度的影响[J]. 中国城市林业，2004，2(2)：41－48.
6. 雷江丽，刘涛，吴艳艳. 深圳城市绿地空间结构对绿地降温效应的影响[J]. 西北林学院学报，2011，26(4)：218－223.
7. 蔺银鼎. 城市绿地生态效应研究[J]. 中国园林，2003(11)：36－38.
8. 蔺银鼎，韩学孟，武小刚. 城市绿地空间结构对绿地生态场的影响[J]. 生态学报，2006(10).
9. 王雪. 城市绿地空间分布及其热环境效应遥感分析[D]. 北京：北京林业大学，2006.
10. 魏斌，王景旭，张涛. 城市绿地生态效果评价方法的改进[J]. 城市环境与城市生态，1997，10(4)：54－55.
11. 吴菲，李树华，刘娇妹. 城市绿地面积与温湿效益之间关系的研究[J]. 中国园林，2007，71－74.
12. 邬建国. 景观生态学——格局、过程、尺度和等级[M]. 高等教育出版社，2000.
13. 武小刚，蔺银鼎，闫海冰. 城市绿地降温增湿效应与其结构特征相关性研究[J]. 中国生态农业学报，2008，16(6)：1469－1473.
14. 吴云霄，王海洋. 城市绿地生态效益的影响因素[J]. 林业调查规划，2006(2)：99－101.
15. 许浩. 利用高精度卫星图片分析日本东京都中心区绿地[J]. 中国园林，2003(9)：67－69.

芳香疗法的起源与发展及其在园林中的应用*

陈 雨 刘博琪 王彩云①
（华中农业大学园艺植物生物学教育部重点实验室，武汉 430070）

摘要 芳香疗法历史悠久，作为园艺疗法的分支在现代人们生活和园林中有新的体验和开发应用。芳香疗法是指通过吸入植物的芳香物质从而对人的生理或心理产生一定的作用，提高人的健康水平和生活品质。在一些园林绿地的设计中，常结合芳香疗法的作用，构建以芳香植物为主体的植物群体，体验者通过吸嗅芳香植物的挥发性物质引起生理反应或是对芳香植物本身的欣赏引起共鸣，能在芳香环境下获得愉悦的心理体验。本文阐述了芳香疗法的起源与发展，并通过几个案例，分析了芳香植物在园林中的应用，并对芳香疗法发展存在的问题和应用前景进行了展望。
关键词 芳香疗法；起源；芳香植物；园林应用

The Origin, Development and Landscape Application of Aromatherapy

CHEN Yu LIU Bo-qi WANG Cai-yun
(*Key Laboratory for Biology of Horticultural Plants of Ministry of Education*, *Huazhong Agricultural University*, *Wuhan* 430070)

Abstract Aromatherapy , as a branch of horticultural therapy, has long history and owns new experience in human daily life and more applications in the garden. Aromatherapy usually refers to inhaling the aromatic substances of plants to arouse some physical or psychological effects on the people and improve people's health. In garden design, it often combined the effects of aromatherapy, using aromatic plants as the main part to construct the plant population, those who exposed to the aromatic environment can get physiological reactions caused by sniffing volatiles of aromatic plant or just through the appreciation of the aromatic plant itself to obtain psychological experience of pleasure . This article focuses on the origin and development, and case study on the landscape application of aromatherapy, analysis of aromatic plants used in gardens. The prospects and future development of aromatherapy were also discussed .
Key words Aromatherapy; Origin; Aromatic plants; Landscape application

1 芳香疗法的起源与发展

芳香疗法历史悠久，最早起源于古代中国、古埃及、古印度等文明古国。公元前4500年中国就已发现天然植物能治疗疾病，埃及人则挖掘了芳香植物在人的肉体和精神上的特殊作用。我国古代就有记载使用具芳香气味的药物，如艾叶、藿香、木香、白芷、冰片、麝香等制成适当的剂型，作用于全身或局部以防治疾病、强身健体。早在殷商甲骨文中就有熏燎、艾蒸和酿制香酒的记载，至周代就有佩戴香囊的习惯以闻香（姜君，2013）。经过春秋战国时期、唐代、宋代至明代，古代芳香疗法不断发展。至清代，芳香疗法的理论和实践研究迎来质的飞跃，医学家代表吴师机的《理瀹骈文》对芳香疗法的作用机理、辨证论治、药物选择、用法用量、注意事项等作了系统的阐述，使芳香替代疗法有了完整的理论体系（董莹莹，2010），历代中医名著对芳香植物的药用价值也都做了记载，香囊、香枕、香薰、香浴、香敷等芳香疗法一直沿袭至今，部分地区端午节仍保存插艾叶和菖蒲于门楣的习惯。

西方芳香疗法是指利用从植物材料（花、香草和其他芳香植物器官）萃取的精油作为媒介，并以按摩、

* 基金项目：园艺文化标识的多元构成及其核心价值体系（2014PY067）和大别山特色资源项目（2015TD02）。
第一作者：陈雨，女，华中农业大学园林植物专业在读硕士。E-mail：575000595@qq.com。
① 通讯作者。王彩云，教授，研究方向为园林植物。E-mail：wangcy@mail.hzau.edu.cn。

沐浴、熏香等方式，经由呼吸道或皮肤吸收进入体内，以达到舒缓精神压力和增进身体健康的一种自然疗法(Segen et al., 1998)。利用芳香植物精油进行按摩，一直是印度民间医学的一个重要组成部分(Martin, 2006)。

现代形式的芳香疗法起源于20世纪20年代，法国化妆品化学家Rene-Maurice Cattefosse无意中用薄荷精油使烫伤的手痊愈，于是对芳香精油产生兴趣，并将这一领域命名为"Aromatherapy"。进入21世纪后，环境和社会的压力使人们的健康水平受到更多因素威胁，园艺治疗开始被作为辅助医疗手段在美国、德国、澳大利亚等国推广，芳香疗法作为园艺疗法的一种互补形式，在欧洲和美国都受到重视。芳香疗法能改善记忆和认知能力，如在澳大利亚的墨尔本皇家儿童医院的感官花园，对残疾儿童的关怀作用突出，植物花色花香与园艺活动巧妙结合，促进青少年患者康复的同时缓解家属压力(Rayner et al., 2014)。

随着园艺疗法学科体系的建成，西方医学越来越重视心理和生理之间的联系，调查发现，通过芳香疗法使人平静下来，更易进行冥想，从而起到减压和缓解焦虑的作用(Lee, 2015)。研究表明，薰衣草的芳香物质能通过神经调节引起人体的生理生化反应，在降低血压方面有明显的作用(翟秀丽，2011；李家霞 等，2011；李家霞 等，2012)。随着对人们对植物次生代谢产物萜类化合物的认识不断加深，芳香植物中提取的挥发性萜类化合物被证明类似于精神疾病药物，作用于神经递质(5-羟色氨酸/谷氨酸盐等)，通过嗅觉神经系统直接影响大脑，从而影响人的生理和行为(吕晓楠 等，2014)。

研究表明，人们对不同的气味会做出相应的行为和生理反应。在薰衣草香(放松气味)、橙花香味(刺激气味)和安慰剂(无气味仅通过心理暗示)环境下进行心率和皮肤电导率的测定及情绪问卷调查发现气味诱导受试者的作用强于气味环境本身(Campenni et al., 2004)。窦云龙指出芳香物质经吸嗅实验方法能提高人的认知功能，可辅助治疗老年痴呆，改善人的情绪(窦云龙 等，2014)。

园林应用主要是体现植物专类园的营造中，利用兼具观赏与保健功效的芳香植物造景，古典园林中有很多应用芳香植物的景观，如苏州园林拙政园的"远香堂"的荷花景观。随着园林人文理念的发展，越来越多的园林景观着眼于服务更多人群。在盲人园、芳香植物专类园、香草园、药草园等建造中，引入芳香疗法这一概念，将芳香植物应用于生活绿地或保健林地中，能实现观赏效益、健康效益、科普效益和社会效益的统一，从而对体验者的身心健康发挥积极的作用。

2 芳香疗法及其芳香植物应用

不同于传统的芳香疗法，现代芳香疗法应用形式多样，应用领域较多，应用前景广阔，开展更多相应的理论和应用研究是对芳香疗法发展和普及的有力支撑。目前主要的应用形式包括芳香植物精油、芳香植物的园林应用等，应用领域涉及园林、医学、社会等多个方面。

2.1 芳香植物精油

芳香植物精油是芳香疗法发展较早的一种应用形式，是一种工业化产品。精油大多是从具有挥发性气味的芳香植物中提取出来的重要活性成分，通过影响高等动物的神经系统发挥作用。目前，植物精油在人类医学、健康保健、植物保护、食品香料、化工化妆品中都有广泛应用。

不同植物精油或具有抗病毒、抗菌消炎、镇痛、抗肿瘤、抗氧化和抗过敏活性等功效(竺锡武 等，2009)。目前常见的保健用芳香植物精油中，迷迭香精油能够提神并增加活力，薰衣草能够安神助眠，薄荷精油能使人放松，薰衣草和香紫苏精油都具有较好的抗焦虑作用(胡忆雪 等，2013)。大马士革玫瑰精油被认为是玫瑰精油中的极品，研究表明，大马士革玫瑰在中枢神经系统中具催眠、镇静、抗惊厥作用(Boskabady et al., 2011)。实践证明，结合芳香疗法的按摩比无芳香环境的按摩，受试群体的疼痛感和焦虑感减少，芳香疗法也因此在国内外SPA馆迅速发展起来。

2.2 芳香植物的园林应用

芳香植物兼具药用植物和天然香料植物的属性，可以通过植物组织和器官散发出香味，有一定的药用价值，同时具有很高的观赏性，可净化空气和杀菌消毒，在园林中有广泛的应用。芳香植物直接应用是指将具有芳香挥发物的植物应用于工作或生活绿地中。芳香植物的挥发物质基本上可以分为萜类、醇类、酚类、酮类和酯类五大类(姚雷，2002)。

2.2.1 芳香植物多样性

芳香植物包括香花植物和香草类植物，常见的主要来源于唇形科、蔷薇科、木犀科、茜草科等植物。如园林常用的芳香植物桂花(*Osmanthus fragrans*)、茉莉(*Jasminum*)、鼠尾草(*Salvia*)、薰衣草(*Lavandula*)、栀子(*Gardenia*)、丁香(*Syringa*)、柠檬薄荷(*Mentha citrata*)、梅花(*Prunus mume*)、樟树(*Cinnamomum*)、含笑(*Michelia figo*)、藿香(*Agastache rugo-*

sa)、蜡梅(*Chimonanthus praecox*)、九里香(*Murraya paniculata*)、木香(*Rosa banksiae*)等。试验证明，以薰衣草、香叶天竺葵为主要构成种类的芳香植物闻香区，其挥发出的自然香气对有高血压症状的血压具有缓解作用，从而发挥保健功能(高翔等，2011)。区分芳香植物种类、保健功能和在园林中的作用，探索和开发芳香植物资源对芳香疗法与园林应用的结合和园林植物资源拓展都具有重要意义(蔡璇等，2008)。

园林中应用芳香植物已有一定的历史，但将芳香植物园林应用与人类健康相结合的植物芳香疗法是近十几年才发展起来的。由于芳香植物对身心健康具有重要的促进作用，在社区、学校等公共绿地中融入芳香疗法原理是普通大众特别是生活和环境压力较大的城市人群对人工绿地环境的诉求。

Stephen提出，具有保健功能的花园应该有相当数量的绿色植物、花、水，能为大多数的使用者提供治疗或助益(Stephen，2009)，从而促进人类健康，其重要构成元素之一是绿色植物，芳香植物则能更好地发挥作用。

将芳香植物应用于园林中兼具保健和旅游效益，芳香植物主要是通过人们自然闻香和观赏发挥作用。目前在台湾地区已建成较多香草园以发展其芳香旅游业，在北京、新疆等地也相继建成芳香生态观光园区(殷倩 等，2012)。

研究表明，自然状态下的杉木挥发物中主要是各种萜类化合物，大多具有良好的生理活性及芳香治疗作用，如能够抗菌、消炎、祛痰、镇咳，以及解除心理上的紧张与疲劳，令人感觉轻松愉悦(孙启祥 等，2004)，而且能积极改善空气质量，促进居住者的身心健康。日本森林综合研究所研究发现松柏类释放的植物杀菌素(Phytoncide)较其他植物多，并能够提高人体机体免疫力(康宁，2013)。丁香具有杀菌功能，其杀菌作用物质主要是丁香油酚，具有较强的抗真菌活性(李文茹 等，2013)，因此，芳香植物特别是香花植物可以专类园形式在园林中应用，供观赏的同时具保健功效，如丁香园、薰衣草园、玫瑰园、桂花专类园等。但随着人们对环境的要求日益提高，在芳香植物应用时，结合种植其他植物，满足四季常绿、三季有花的园林绿地才能满足人们的综合需求。

2.2.2 芳香植物的配置

在园林绿化建设中，常要求兼顾绿化、美化、香化、净化的园林“四化”原则，芳香植物特别是香花植物如桂花、广玉兰等能将四者有效结合，并在香化中发挥着突出作用，目前在园林绿化中应用较多。芳香植物与芳香疗法结合的园林应用形式主要包括植物保健地、芳香植物观赏地、各种芳香植物专类园，如夜花园、盲人园等(权美平 等，2013)。

自然风景区中的空气质量都比较优良，负氧离子含量高，空气中负氧离子的增加具有镇静、镇痛、镇咳、止痒、降血压的作用。一方面在于其植被覆盖率高，大树成林，另一方面则是其植物群落组成中，裸子植物松柏类占很大比例，松柏类的挥发物具有较强的杀菌作用。郄光发等对游人的试验结果表明，游人在森林游憩后，情绪渐趋平稳和放松，呼吸效率增强，心脏跳动渐趋平稳，能间接改善心肺功能，提高人体的生理健康状态(郄光发 等，2011)。时下推崇的“森林浴”可能是基于森林植被的这一功效，希望帮助人们在自然环境中获得身心舒畅的体验。人工林可借鉴自然森林的植被组分建林，更多惠及绿地面积较少的城市居民。

因此，在园林植物配置时，应加强对不同芳香植物的认识，将具有保健功能的植物种类引入居民生活绿地中。对芳香植物主要作用成分进行鉴定，合理配置芳香植物和一般绿化树种，有助于进一步发挥芳香植物在园林中的应用价值，在园林绿化中，应积极探索和开发具有芳香挥发物的植物资源，并将其合理引入园林植物资源中，造福于人类社会。

2.2.3 芳香园体验案例分析

与园艺疗法相同，芳香疗法的服务对象包括高龄者、精神障碍患者、康复训练患者、残疾人士以及一般市民，但是芳香疗法对视觉障碍的群体有突出的作用。人对事物的感知通过视觉、味觉、嗅觉、听觉和触觉，因此在景观设计中常将五感结合。盲人公园的设计和建造考虑到盲人的身体条件限制，突出嗅觉、听觉和触觉的作用，人们在盲人园中通过触觉、嗅觉感知植物和外界环境，一方面能促进人与植物的联系，从芳香植物中获得安全感；另一方面芳香挥发物在这种环境中含量较高，通过吸嗅作用进入人们的神经系统，从而促进身心健康。盲人园在南京中山公园、上海辰山植物园、苏州桐泾公园等都有成功地应用，体现着植物景观对人的关怀。

(1)上海辰山植物园盲人公园

2011年上海辰山盲人公园建成开放，主要包括嗅觉体验区和触觉体验区，在嗅觉体验区中应用了桂花、栀子、蜡梅等香花植物以及鼠尾草、迷迭香、薄荷、薰衣草、醉鱼草、鱼腥草等香叶植物，植物配置上充分考虑了高度和季相的搭配，而在触觉体验区则充分利用了园艺产品的功能，发挥了植物叶、枝、花、果的形态、触感、质感的多样性对体验者的感觉冲击。

(2)苏州盲人植物园

建于苏州桐泾公园内的盲人植物园应用了八角金

盘、银杏、马褂木、七叶树等植物的特殊叶形和枇杷、花石榴、无花果等的果形，供盲人触摸感知。园内大量应用了桂花、蜡梅、栀子、含笑、丁香等芳香植物(图1)供游人闻香，在植物种类选择上注意了不同芳香植物花期交错，植物配置上乔灌结合(图2)，每个季节都能给游园者带来芳香体验和趣味。

图1 盲人植物园内的芳香植物(上图：银桂；下图：日本五针松)

(http://travel.163.com/photoview/17KK0006/29345.html#p=9PF998IB5LIF0006)

图2 苏州盲人园内的植物配置和保护设施

(http://travel.163.com/photoview/17KK0006/29345.html#p=9PF998IB5LIF0006)

(3)南京朱门香草园

南京香草园的设计区块包括花海景观、保健林地、水系景观等三大类，规划区选择植物181种，其中芳香植物占总植物种类的80%以上(韩丽，2013)。其中的花台景观结合当地地形，运用金丝桃、狭叶薰衣草、白丁香、香水月季、茶五种植物材料，将灌木与草本结合，以芳香植物为主要植物材料，四季常绿，三季有花，从视觉和嗅觉上都能给观赏者以冲击(图3)。除此之外，还配合了坡地花海景观，主要是以株高30－50的草花构成，配合花期、香味、花色及种类的不同，使观赏者有更多的感官体验。与传统丁香园、薰衣草花海等专类园不同，南京朱门香草园充分利用了其原有的空间地形，注意植物间的相互作用以及景观的连续性和动态变化，植物合理配置也有利于植物的生态效益的发挥，这样综合形式的香草园能在更长时间内满足更多受众的精神需求，也能在同一地域内获得更多观感体验，也是时下芳香植物园更为推崇的形式。

图3 南京朱门香草园五彩花台效果图(韩丽，2013)

2.3 芳香疗法的医学应用

芳香疗法作为一种安全的医疗补充和替代手段越来越受到重视(Horowitz，2011)，在美国、澳大利亚、德国、日本等30多国已将其作为医院护理工作的一部分。韩国调查中发现芳香疗法具有减轻疼痛的作用(Park，2011)，在临床试验中证明薰衣草精油在女性侧切术术后恢复中具有促进愈合的优势(Vakilian et al.，2011)。

研究表明，吸入生姜香薰有助于缓解乳腺癌患者化疗引起的恶心呕吐，提高生活健康质量(Pei et al.，2015)。在对由薰衣草、罗马柑橘和橙花精油配比而成的精油进行香薰治疗的患者和传统护理干预的患者焦虑情况、生命体征和睡眠质量的研究中发现，经香薰治疗的患者焦虑明显降低、睡眠质量显著提高，说明芳香疗法作为独立的护理干预改善患者精神状态是可行的(Cho et al.，2013)。大马士革玫瑰香薰被证明能显著改善冠心病住院患者的睡眠障碍问题，提高睡眠质量，促进健康(Ali et al.，2014)。

2.4 芳香疗法的其他应用

现代社会，人们在工作和生活的高压下常有焦虑和睡眠障碍的问题，芳香疗法在改善血压和精神压力方面的研究较多，使用香薰对缓解这一问题具有一定的借鉴作用，薰衣草精油在这一方面已有较多应用。大马士革玫瑰精油也被证明具有缓解焦虑和促进放松的功效(Hongratanaworakit，2009；Setayeshvali et al.，2012)。研究表明，柠檬烯单萜能显著抑制心理压力的单胺升高(Lee et al.，2011)。日本研究学者通过柚子精油对受试者的影响证明了芳香疗法在缓解人们焦虑心情的有效性(Shingo et al.，2014)。

新时期的医疗保健水平大幅提高，老龄化在发达国家及发展中的中国的一大问题，记忆和认知功能障碍的老年群体也逐渐增多，人们的卫生服务问题日益增加，环境压力和生活方式的改变等导致癌症患者也逐渐增多，人们在与芳香植物的互动中或是在芳香环境中，五官都受到一定刺激，因此，芳香疗法在癌症患者心理的调节和重大疾病临终关怀方面也表现出积极的作用。

随着科学技术的发展，人们生活水平不断提高，对身心健康和精神文化追求不断加大，芳香疗法应用领域不断扩展，芳香疗法从特殊领域特殊人群到普通大众的对象性转变，体现了其在人类生产生活中的重要社会效益。

3 问题与展望

芳香疗法在国内外都引起人们的重视，其作用机理涉及心理学和药理学等方面，由于其作用因素比较复杂，目前理论研究还不太完善，研究多是集中于某种精油或芳香植物的作用功效，对其他芳香物质作用机理尚不清楚，用于芳香疗法的芳香植物也比较局限。应该开展更多的理论和案例研究，针对不同人群与问题，不同植物特点，确定芳香精油中发挥主要作用的芳香物质，尝试进行纯化，提高其作用效率，开发更多芳香植物资源。

芳香疗法的应用目前主要还是在康复性疗养院、诊疗会所、保健康复中心等场所中使用。如何将芳香疗法的作用最大化还应从以人为本的园艺体验、受益人群对象方面考虑，将芳香疗法引入人们生活所及的公共社区、学校、园林绿地等，合理搭配植物，实现芳香植物的多元化应用与多功能发展，在进行芳香疗法时与其他植物疗法结合如花疗法、园艺疗法等，充分发挥芳香植物在人类健康与发展中的作用。

参考文献

1. 蔡璇，黄丽莉，傅强，等．芳香疗法应用与芳香植物资源的开发[C]．中国观赏园艺研究进展2008——中国园艺学会观赏园艺专业委员会2008年学术年会论文集．2008：480－484.
2. 董莹莹．精油雾化吸入对痰湿壅盛型老年高血压病康复疗效观察及机理研究[D]．南京：南京中医药大学，2010.
3. 高翔，姚雷．特定芳香植物组合对降压保健功能的初步研究[J]．中国园林，2011，4：37－38.
4. 韩丽．南京朱门香草园规划设计[D]．清华大学风景园林硕士专业学位论文，2013.
5. 胡忆雪，张楠，杨森艳，等．4种芳香植物精油抗焦虑作用的评价[J]．上海交通大学学报，2013，31(4)：59－63.
6. 姜君．中医芳香疗法与西方芳香疗法渊源比较[J]．安徽中医学院学报，2013，32(6)：4－5.
7. 李家霞，刘云峰，李光武，等．吸入不同浓度薰衣草精油对高血压患者血压的影响[J]．安徽医药，2011，15(11)：1418－1421.
8. 李家霞，刘云峰，傅佳，等．吸入不同浓度薰衣草对大学生血压的影响[J]．中华中医药杂志，2012，27(9)：2397－2401.
9. 李文茹，施庆珊，莫翠云，等．几种典型植物精油的化学成分与其抗菌活性[J]．微生物学通报，2013，40(11)：2128－2137.
10. 康宁．城市公园绿地的“替代医疗”作用[J]．园林，2013，11：38－41.
11. 吕晓楠，刘祝君，曾骥孟．萜类化合物缓解精神障碍的分子机制[J]．中国新药杂志，2014，23(3)：1773－1778.
12. 郄光发，房城，王成，等．森林保健生理与心理研究进展[J]．世界林业研究，2011，24(3)：37－41.
13. 权美平，师雯．芳香植物的功能及其在园林中的应用[J]．北方园艺，2013(6)：86－89.
14. 孙启祥，彭镇华，张齐生．自然状态下杉木挥发物成分及其对人体身心健康的影响[J]．安徽农业大学学报，2004，31(2)：158－163.
15. 姚雷，张少艾．芳香植物[M]．上海：上海教育出版社，2002.
16. 殷倩，俞益武，薛丹，等．芳香植物在园林保健中的应用现状及研究进展[J]．北方园艺，2012(5)：182－185.
17. 约翰·雷纳，史蒂芬·韦尔斯．澳大利亚的园艺疗法[J]．林冬青译，中国园林，2009(7)：7－12.

18. 翟秀丽，俞益武，吴媛媛，等．芳香疗法研究进展[J]．香料香精化妆品，2011(6)：45－50.

19. 竺锡武，谭济才，曹岳芬，等．植物精油的研究进展[J]．湖南农业科学，2009(8)：86－89.

20. Ali H, Atye B, Mohsen A H. Effect of Rosa damascene aromatherapy on sleep quality in cardiac patients: A randomized controlled trial[J]. *Complementary Therapies in Clinical Practice*, 2014, 20(3): 159－163.

21. Boskabady M H, Shafei M N, Saberi Z et al. Pharmacological effects of Rosa damascena[J]. *Iran J Basic Med Sci.* 2011, 14(4): 295－307.

22. Campenni C E, Crawley E J, Meier M E. Role of suggestion in odor－induced mood change[J]. *Phychological reports*, 2004, 94(3c): 1127－1136.

23. Cho M Y, Min E S, Hur M H et al. Effects of Aromatherapy on the Anxiety, Vital Signs, and Sleep Quality of Percutaneous Coronary Intervention Patients in Intensive Care Units[J]. *Evidence－Based Complementary and Alternative Medicine*, 2013, 2013: 1－6.

24. Ernst E, White A R. The BBC survey of complementary medicine use in the UK[J]. *Complement Ther Med*, 2000, 8(1): 32－36.

25. Holmes C, Ballard C. Aromatherapy in dementia[J]. *Adv Psychiatric Treat*, 2004, 10(4): 296－300.

26. Hongratanaworakit T. Relaxing effect of rose oil on humans[J]. *Nat Prod Commun*, 2009, 4(2): 291－296.

27. Horowitz S. Aromatherapy: Current and Emerging Applications[J]. *The journal of Alternative and Complementary Therapies*, 2011, 17(1): 26－31.

28. Lee M S, Choi J, Posadzki P et al. Aromatherapy for health care: An overview of systematic reviews[J]. *Maturitas*, 2012, 71(3): 257－260.

29. Lee R. Mindfulness Meditation and Aromatherapy to Reduce Stress and Anxiety[J]. *Archives of Psychiatric Nursing*, 2015, 29(3): 192－193.

30. Lee Y L, Wu Y, Tsang H W H et al. Systematic review on theanxiolytic effects of aromatherapy in people with anxiety symptoms[J]. *The Journal of Alternative and Complementary Medicine*, 2011, 17(2): 101－108.

31. Martin I. Aromatherapy for massage practitioners[M]. Baltimore: Lippincott Williams & Wilkins, 2006.

32. Park J S, Park J E, Yang J S et al. Analysis of experimental researches inkorea on the effects of aromatherapy to relieve pain[J]. *Korean J Hosp Palliat Care*, 2011, 14(1): 8－19.

33. Pei L H, Noor S, Nick M. Effects of inhaled ginger aromatherapy on chemotherapy－induced nausea and vomiting and health－related quality of life in women with breast cancer[J]. *Complementary Therapies in Medicine*, 2015, 23(3): 396－404.

34. Robin O, Alaoui－Ismaili O, Dittmar A et al. Emotional responses evoked by dental odors: an evaluation from autonomic parameters[J]. *Journal of dental research*, 1998, 77(8): 1638.

35. Saeedi M, Ashk T T, Saatchi K et al. The effect of progressive muscle relaxation on sleep quality of patients undergoing hemodialysis[J]. IJCCN, 2012, 5(1): 23－28.

36. Segen J C. Dictionary of Alternative Medicine[M]. Stamford, Ct: Appleton and Lange, 1998.

37. Setayeshvali P N, Kheirkhah M, Neisani L et al. Comparison of the effects of aromatherapy with essential oils of damask rose and hot footbath on the first stage of labor anxiety in Nulliparous women[J]. *Complement Med J Fac Nurs Midwifery*, 2012, 5(2): 1－9.

38. Shingo U, Kazutezu N, Yuko T et al. Effectiveness of aromatherapy in decreasing maternal anxiety for a sick child undergoing infusion in a paediatric clinic[J]. *Complementary Therapies in Medicine*, 2014, 22(6): 1019－1026.

39. Stephen L. Introducing healing gardens into a compact university campuses: design natural space to create healthy and sustainable campuses[J]. *Landscape Research*, 2009, 34(1): 55－81.

40. Vakilian K, Atarha M, Bekhradi R et al. Healing advantages of lavender essential oil during episiotomy recovery: a clinical trial[J]. *Complement Ther Clin pract*, 2011, 17(1): 50－53.

广州市绿地中的朱槿及其景观应用调研*

李小玲　何蔓祺　崔大方　廖飞雄①
（华南农业大学林学与风景园林学院，广州 510642）

摘要　朱槿是华南地区重要的观花灌木，本文调查了广州市 20 处绿地朱槿的品种和景观应用状况。记录有 10 个品种，其中大红花应用最多，85% 的绿地有种植，配置的方式也多达 7 种；不同绿地中以市级公园绿地种植朱槿最多；列植是广州景观中最常见的配置方式，其次是造型和作绿篱。
关键词　大红花；品种；广州；景观

A Survey on *Hibiscus rosa-sinensis* Varieties and Landscape Use of in Guangzhou Green Space

LI Xiao-ling　HE Man-qi　CUI Da-fang　LIAO Fei-xiong
(*College of Forestry and Landscape Architecture*, *South China Agricultural University*, *Guangzhou* 510642)

Abstract　*Hibiscus rosa – sinensis* is an important ornamental flowering shrub in tropical and subtropical. Surveys of 20 green spaces were made on varieties of *Hibiscus rosa – sinensis* and their arrangements in landscape in Guangzhou city. Total 10 varieties were recorded in the green spaces investigated. *Dai hong hua* was used in the most of green spaces with 85% and could be seen with 7 forms of arrangements in landscape. The largest amounts of varieties and plants used in different green spaces were found in city parks. Linear planting was a popular arrangement of *H. rosa – sinensis* for landscape following by planting as topiary tree and as hedge.
Key words　*Hibiscus*；Varieties；Guangzhou；Landscapes

朱槿（*Hibiscus rosa – sinensis*）又名扶桑、大红花，是锦葵科（Malvaceae）木槿属常绿灌木，原产中国（Carl von Linné，1824；Lim，2014）。作为庭院观赏植物，在中国的栽培历史达 1700 年以上（嵇含，2009；史佑海 等，2011）。在维多利亚女王时代朱槿就已经引入到欧洲栽种（Kimbrough，1997）。20 世纪 50 年代，在美国佛罗里达州，朱槿已是最广泛种植在绿地中的灌木植物（Dickey，1950），形成独特的朱槿景观（Knox，2005）。后经大量品种培育，在美国（Graff，1997）、欧洲温带地区（Akpan，2006）成为一种流行的盆栽植物。现在已培育出花色、形状、大小和生态习性丰富多样的朱槿新品种，包括适宜室内、室内应用的品种（Reid，2002；Lawton，2004；Pounders，2012）、适合冷凉地区栽培或耐寒性强的品种（Mercuri，2009；Malinowski，2012）。现在在国际朱槿协会网（http：//www. internationalhibiscussociety.org）上已注册的品种超过 17000 个。

尽管朱槿原产于中国并有很悠久的应用历史，但对其研究不多，品种改良程度低，庭院栽植中主要有单瓣、重瓣二类（王曜 等，1980），后又收集整理有红、粉红、橙、黄、白 5 个色系（陈彬等，1987）。从花形上可分为喇叭形品系、牡丹形品系、吊灯形品系、炮仗形品系、蝴蝶形品系等 5 大品系（黄家禄，1995）。随着国外一些新品种的引入，在热带亚热带地区景观中应用的品种增多，经调查海南有 16 个品种（陈甲林 等，2009），南宁市有 15 个（杨云燕 等，2011）。珠三角地区有 25 个（周肇基 等，2011）。在景观中一般用作绿篱、模纹栽植、各种造型，球状灌木列植、丛植，或以灌木丛形式栽植等景观应用形式（陈甲林 等，2009）和树桩盆景应用（杨云燕 等，

* 基金项目：华南农业大学人才引进项目（2014）。
① 通讯作者。博士，研究员，fxliao@ scau. edu. cn。

2011)。

广州市地处南亚热带，素有“花城”之誉，适合朱槿生长，四季有花。但对其在广州绿地和园林景观中朱槿品种及应用还没有系统的研究。广州市作为华南地区园林植物应用具代表性的地区，研究广州市绿地中的朱槿的品种及其景观应用情况，可为南亚热带地区朱槿的品种资源、品种培育和景观应用研究提供参考。

1 研究方法

1.1 调查地的选择

选择了广州市中心区内10处公园绿地、5处大学校园绿地、4处居住区绿地和1处广场绿地进行调查，调查地绿地类型、所处区位和建设时间见表1。

表1 调查绿地的类型、区位、建设时间

Table 1 Green spaces types, location and construction time in the survey

绿地名称 Green space name	类型 Type	区位 location	建设时间 Construction time
云台花园	市级公园绿地	白云区	1995年
珠江公园	市级公园绿地	天河区	2000年
越秀公园	市级公园绿地	越秀区	1952年
流花湖公园	市级公园绿地	越秀区	1958年
广州市儿童公园	市级公园绿地	白云区	2014年
海珠湖公园	市级公园绿地	海珠区	2011年
荔湾湖公园	市级公园绿地	荔湾区	1958年
晓港公园	市级公园绿地	海珠区	1975年
赤岗塔公园	区级公园绿地	海珠区	2008年
海印公园	区级公园绿地	海珠区	1991年
花城广场	广场绿地	天河区	2010年
华南师范大学石牌校区	校园绿地	天河区	1933年
暨南大学石牌校区	校园绿地	天河区	1906年
中山大学南校区	校园绿地	海珠区	1924年
仲恺农业工程学院海珠校区	校园绿地	海珠区	1927年
广州大学城	校园绿地	番禺区	2004年
荔港南湾	居住区绿地	荔湾区	2010年
云山诗意	居住区绿地	白云区	2008年
骏景花园	居住区绿地	天河区	1999年
杨箕村	居住区绿地	越秀区	不详

1.2 调查内容与方法

采用现场实地调查方法，对上述的绿地进行踏查，记录种植的品种，测定主要植物形态性状，采集标本和拍照通过性状进行品种、种类鉴定；统计分析在各绿地出现频率，记录景观应用类型、出现的问题。其中出现次数指调查绿地中出现目标的绿地个数；出现频率指调查绿地中出现目标的绿地个数与调查绿地总数的比例。

2 结果分析

2.1 广州绿地中应用的朱槿的品种

调查结果表明，在广州市绿地中出现的朱槿品种有10个，分别是大红花、洋红朱槿、锦叶扶桑、红朱槿、黄色重瓣朱槿、佳丽中玫槿、焰红中玫槿、乳斑朱槿、粉红朱槿、白花朱槿。学名和主要花型与花色性状见表2。

表2　广州市绿地的朱槿名录

Table 2　A list of *Hibiscus rosa-sinensis* varieties in Guangzhou green space

学名 Scientific name	花型 Corolla	花色 Color
大红花 *Hibiscus rosa-sinensis* L.	单瓣，基部显著变细，花瓣间有缝隙	红色
洋红朱槿 *H. rosa-sinensis* 'Carminatus'	单瓣	花冠及雄蕊柱均为洋红色
红朱槿 *H. rosa-sinensis* 'Scarlet'	单瓣，花瓣间有缝隙	红色，花瓣上隐约呈现不明显条纹
锦叶扶桑 *H. rosa-sinensis* 'Variegata'	单瓣，较小，单体雄蕊长	花红色
黄色重瓣朱槿 *H. rosa-sinensis* 'Toreador'	重瓣	花黄色
佳丽中玫槿 *H. rosa-sinensis* 'Curri'	单瓣，边缘有微裂	花冠鲜黄色，花冠中心紫红色
焰红中玫槿 *H. rosa-sinensis* 'Flame'	单瓣，边缘有裂	花冠鲜红色，花冠中心紫红色
乳斑朱槿 *H. rosa-sinensis* 'Albo-Strip'	单瓣，较大	花冠基部颜色变深红，其上有白色乳斑
白花朱槿 *H. rosa-sinensis* 'Albus'	单瓣，边缘有微裂，较小	花冠洁白，柱头及合生雄蕊白色，花药黄色
粉红朱槿 *H. rosa-sinensis* 'Kermesinus'	单瓣，边缘有裂	花冠粉红，花冠中心星状深红色

2.2　广州绿地中不同品种出现的频率

不同朱槿品种在广州绿地中出现的情况有较大的差异，从表3可以看出，出现频率最高的是开红花的大红花，20个调查绿地中有17个绿地种植了，出现频率高达85%；其次是洋红朱槿，在5个绿地中发现有应用，出现频率为25%；紧接着是锦叶扶桑，出现在4个调查对象，出现频率为20%；红朱槿有3个绿地上有应用，出现频率为15%；而佳丽中玫槿、焰红中玫槿、乳斑朱槿、粉红朱槿、白花朱槿均仅见于个别绿地中。

表3　广州市绿地中朱槿的出现次数、频率

Table 3　Using frequency of different varieties of *Hibiscus rosa-sinensis* in Guangzhou green spaces

学名 Scientific name	出现次数 Occurrence	出现频率(%) Frequency
大红花 *Hibiscus rosa-sinensis*	17	85
洋红朱槿 *H. rosa-sinensis* 'Carminatus'	5	25
锦叶扶桑 *H. rosa-sinensis* 'Variegata'	4	20
红朱槿 *H. rosa-sinensis* 'Scarlet'	3	15
黄色重瓣朱槿 *H. rosa-sinensis* 'Toreador'	2	10
佳丽中玫槿 *H. rosa-sinensis* 'Curri'	1	5
焰红中玫槿 *H. rosa-sinensis* 'Flame'	1	5
乳斑朱槿 *H. rosa-sinensis* 'Albo-Strip'	1	5
粉红朱槿 *H. rosa-sinensis* 'Kermesinus'	1	5
白花朱槿 *H. rosa-sinensis* 'Albus'	1	5

2.3　不同绿地类型中朱槿应用的情况

不同绿地类型中朱槿应用有差异。从表4的统计可看出，在所调查的5个不同绿地类型中，市级公园绿地中出现的朱槿品种最多，有10种。其次是区级公园绿地、广场绿地和校园绿地，出现了3个品种。居住区绿地出现了1种。

表 4 广州市不同绿地类型中朱槿的应用

Table 4 Varieties frequency of *Hibiscus rosa-sinensis* in different Guangzhou green space

绿地类型 Green space type	种类数 Varieties number number	种名 Varieties
市级公园绿地	10	粉红朱槿、佳丽中玫槿、焰红中玫槿、白花朱槿、黄色重瓣朱槿、洋红朱槿、乳斑朱槿、大红花、锦叶扶桑、红朱槿
区级公园绿地	3	大红花、锦叶扶桑、洋红朱槿
广场绿地	3	大红花、锦叶扶桑、黄色重瓣朱槿
校园绿地	3	大红花、锦叶扶桑、红朱槿
居住区绿地	1	大红花

2.4 朱槿的景观应用方式

朱槿在广州绿地景观中应用有多种方式。从表 5 可知，广州市绿地中朱槿最为常见的景观配置方式是列植，所调查的 20 个绿地中有 16 个列植了朱槿。其次是造型，15 个绿地有对朱槿进行了造型处理；接着是绿篱种植，有 11 个绿地采用朱槿作为绿篱；还有群植，20 个绿地中有 9 个应用该方式配置朱槿，应用的品种有 6 个；有 6 个绿地应用模纹种植朱槿，应用的品种有 3 个；有 5 个绿地孤植朱槿，应用了 4 个品种；仅有 3 个绿地丛植朱槿，应用的品种有 2 个。

表 5 朱槿在景观中应用类型、品种、出现次数、频率

Table 5 Arrangements, varieties, occurrences and frequency of *Hibiscus rosa-sinensis* in landscape

景观应用类型 Arrangement	种名 Varieties	出现次数 Occurrences	出现频率(%) Frequency
列植	洋红朱槿、大红花	16	80
造型树种植	红朱槿、锦叶扶桑、大红花	15	75
绿篱种植	大红花乳斑朱槿	11	55
群植	大红花、佳丽中玫槿、焰红中玫槿、洋红朱槿、锦叶扶桑、红朱槿	9	45
模纹种植	红朱槿、锦叶扶桑、大红花	6	30
孤植	黄色重瓣朱槿、白花朱槿、洋红朱槿、大红花	5	25
丛植	大红花、黄色重瓣朱槿	3	15

不同种类品种被应用的方式及频率有较大差异。从表 6 可知，广州市绿地中大红花的景观应用方式最丰富，有 7 种方式且应用最多的是列植。洋红朱槿被应用的方式有 3 种，较多应用的是列植；锦叶扶桑和红朱槿的应用方式均是群植、模纹种植以及造型树种植，其中以作造型树配置居多；黄色重瓣朱槿用于孤植、丛植；乳斑朱槿仅有 1 个绿地用作绿篱；白花朱槿用于孤植且仅有 1 个绿地应用；焰红中玫槿、佳丽中玫槿、粉红朱槿均仅有 1 个绿地用于群植。

3 讨论

朱槿在海南省的绿地中出现的品种有 16 个(陈甲林 等，2009)。作为市花，朱槿在南宁市公共绿地中出现了 15 个品种(杨云燕 等，2011)。调查在广州市绿地中仅仅发现 10 个品种，而且其中 大红花占大多数，可见应用的品种偏少，其可能的原因之一是病害虫发生严重影响其植株的观赏性(唐远 等，2013)。

调查发现在广州市绿地中大红花出现的频率高达 85%，远比其他品种应用的多，市级公园绿地应用的朱槿品种多，居住区绿地中仅见用这一品种，可能与其适应性强，栽植管理成本相对较低，耐生长修剪有关。

广州市绿地中朱槿应用方式比较简单，最为常见的景观应用形式是列植且大部分是修剪成球状灌木应用；其次是造型树种植，仅用简单的几何体性状，并未出现更多新颖的样式，如动物形状、花篮等；朱槿的原种容易繁殖，在一定范围的环境条件下，很容易达到理想的造型和维护(Fulcher，2012)。调查发现，大红花在广州市绿地中有 7 个景观应用方式，远比其他栽培品种的景观应用丰富。

表 6 不同朱槿品种的景观应用

Table 6 Arrangements of different varieties of *Hibiscus rosa-sinensis* in landscape

种类、品种 Variety	景观应用方式 Arrangement	个数 Number
大红花 *Hibiscus rosa-sinensis*	孤植、列植、丛植、群植、绿篱种植、模纹种植、造型树种植	7
洋红朱槿 *H. rosa-sinensis* ‘Carminatus’	孤植、列植、群植	3
锦叶扶桑 *H. rosa-sinensis* ‘Variegata’	群植、模纹种植、造型树种植	3
红朱槿 *H. rosa-sinensis* ‘Scarlet’	群植、模纹种植、造型树种植	3
黄色重瓣朱槿 *H. rosa-sinensis* ‘Toreador’	孤植、丛植	2
乳斑朱槿 *H. rosa-sinensis* ‘Albo-Strip’	绿篱种植	1
焰红中玫槿 *H. rosa-sinensis* ‘Flame’	群植	1
佳丽中玫槿 *H. rosa-sinensis* ‘Curri’	群植	1
粉红朱槿 *H. rosa-sinensis* ‘Kermesinus’	群植	1
白花朱槿 *H. rosa-sinensis* ‘Albus’	孤植	1

参考文献

1. Lim T K. Hibiscus rosa-sinensis[M]. Edible Medicinal and Non Medicinal Plants. Springer Netherlands, 2014: 306 –323.
2. (晋)嵇含. 南方草木状[M]. 广州: 广东科技出版社, 2009.
3. 史佑海, 陈建清, 黄觉武. 朱槿的民族植物学研究[J]. 热带农业科学, 2011, 31(3): 38 –41.
4. Kimbrough, W. D. Hibiscus[J]. Encyclopedia Americana. 1997, p. 174.
5. Dickey, R. D. Hibiscus in Florida[J]. University of Florida Agricultural Experiment Station Bulletin, 1950, 467.
6. Knox G W, Schoellhorn R. Hardy Hibiscus for Florida Landscapes[J]. Environmental Horticulture, 2005.
7. Graff, K. P. Hibiscus, Rose of China, Flowers all over Europe[J]. Promotional brochure, 1997.
8. Akpan, G. A. , Hibiscus: Hibiscus rosa-sinensis[J]. Flower Breeding and Genetics, 2006. 479 –489.
9. Reid M S, Wollenweber B, Serek M. Carbon balance and ethylene in the postharvest life of flowering hibiscus[J]. Postharvest Biology & Technology, 2002, 25(2): 227 –233.
10. Lawton B P. Hibiscus: Hardy and Tropical Plants for the Garden[J]. E-STREAMS: Electronic reviews of Science and Technology, 2005(8).
11. Pounders C T, Sakhanokho H. ‘USS Arizona’ and ‘USS California’ Tropical Hibiscus (*Hibiscus rosa-sinensis* L.) [J]. HortScience: a publication of the American Society for Horticultural Science, 2012, 47(12): 1819 –1820.
12. Mercuri A, Braglia L, Benedetti L D, et al. New genotypes of *Hibiscus* × *rosa-sinensis* through classical breeding and genetic transformation. [J]. Acta horticulturae, 2010, 855 (855): 201 –208.
13. Malinowski D P, Brown R S, Pinchak W E. ‘Robert Brown’ Winter-hardy Hibiscus (Hibiscus moscheutos L.) [J]. Hortscience A Publication of the American Society for Horticultural Science, 2012, 47: 289 –290.
14. 王曜, 何静山. 扶桑[J]. 植物杂志. 1980(06)
15. 陈彬, 苏永强, 李炳球. 收集朱槿品种的研究初报[J]. 广东园林, 1987(4): 28 –37.
16. 黄家禄. 扶桑的品类及繁殖栽培[J]. 中国花卉盆景, 1995(12): 10 –11.
17. 陈甲林, 史佑海, 梁伟红. 海南扶桑品种资源调查及其园林应用研究[J]. 热带农业科学, 2009, 29(3): 24 –28.
18. 杨云燕, 谢丽. 南宁市扶桑品种调查及在园林中的应用[J]. 广西职业技术学院学报, 2011, 4(1): 12 –16.
19. 周肇基, 邸百斯. 长蕊翘楚朱槿红[J]. 花木盆景: 花卉园艺, 2011(8): 26 –27.
20. 唐远, 陆永跃. 广东地区引起扶桑黄化曲叶病的病毒种类确定[J]. 广东农业科学, 2013, 40(10): 80 –82.
21. Fulcher A F, Buxton J W, Geneve R L. Developing a physiological-based, on-demand irrigation system for container production[J]. Scientia Horticulturae, 2012, 138(5): 221 –226.

桂花在广州市城区绿地中的应用分析*

何蔓祺　李小玲　徐正春　廖飞雄①
（华南农业大学林学与风景园林学院，广州 510642）

摘要　广东是桂花的分布南缘地区，桂花品种和应用研究基本上没有。本文调查了广州市 24 处绿地桂花的品种和景观应用情况。调查发现金桂、丹桂、银桂和四季桂四个品种群在广州市绿地中均见有种植，但四季桂品种群占绝大多数，占 92.1% 的绿地有应用，金桂、丹桂仅有零星栽培。在不同绿地类型中桂花的应用占比有差异，市级公园绿地应用最多；2000 年以后建成的绿地桂花应用的比例出现下降。在广州地区四季桂花期最长可达半年，至少开放 4 次。在广州的景观中桂花的种植形式以点植和片植最为常见。

关键词　广州；木犀；景观；品种

A Survey on *Osmanthus fragrans* in Green Space of Guangzhou Downtown

HE Man-qi　LI Xiao-ling　XU Zheng-chun　LIAO Fei-xiong
（*College of Forestry and Landscape Architecture*，*South China Agricultural University*，*Guangzhou* 510642）

Abstract　Guangdong is in the south edge of the distribution area of *Osmanthus fragrans* little studies have been paid on *Osmanthus fragrans* and its use in landscape in Guangdong. 24 green spaces were sampled to survey on varieties of *Osmanthus fragrans* and their application in landscape in Guangzhou city. The four cultivar groups of *Osmanthus fragrans* Letus Group，*Osmanthus fragrans* Albus Group，*Osmanthus fragrans* Aurantiacus Group and *Osmanthus fragrans* Asiaticus Group were foundin the green spaces of Guangzhou downtown *Osmanthus fragrans* Asiaticus Group was grown in 92.1% of green spaces surveyed. *Osmanthus fragrans* Letus Group and *Osmanthus fragrans* Aurantiacus Group were oddly planted in few green spaces. The largest amounts of varieties and plants used in different green spaces were found in city parks. The proportion of *Osmanthus fragrans* in green spaces which was built after 2000 has declined. The flowering duration of *Osmanthus fragrans* Asiaticus Group could last up to six months with at least 4 times blooming in Guangzhou . Scattered planting and concentrated planting were the popular arrangement for landscape in Guangzhou.

Key words　Guangzhou；Osmanthus；Landscape；Cultivars

桂花[*Osmanthus fragrans*（Thunb.）Lour]又名木犀，木犀科（Oleaceae）木犀属（*Osmanthus*）观赏花木，是中国 10 大传统名花之一。其抗旱耐热，适应性强，在我国秦岭以南至南岭以北广大地区均有大量露地栽培和园林应用（臧德奎，2004；向其柏和刘玉莲，2004；2008；汪小飞 等，2013）。根据开花季节、花序类型和花色一般将桂花分为四季桂（*Osmanthus fragrans* Asiaticus Group）、银桂（*Osmanthus fragrans* Albus Group）、金桂（*Osmanthus fragrans* Letus Group）和丹桂（*Osmanthus fragrans* Aurantiacus Group）4 个品种群。目前已有较明确记录的品种有 166 个（李梅，2009）。不同区域由于气候条件的不同栽培和应用的品种有差异，已有调查查明四川有 56 个（史佑海，2004），南昌市有 65 个（季春峰 等，2010），杭州市有 59 个并发现尾叶银桂新品种（胡绍庆 等，2006）。

我国桂花已有 2500 余年的栽培历史（李梅，2009），其花色及香味独特（Wei - Rong Yao et. al ，2010），深受大众喜欢。在古典园林中就有对植或与其他植物搭配种植于庭院中（汪小飞 等，2006；臧德奎 等，2011）。现代园林桂花应用更为丰富，几乎在各类绿地都见有桂花的应用，种植形式主要为点植、丛植、列植、对植、孤植和片植（田英翠和曹受金，

* 基金项目：广东省林业科技创新项目（2015KJCX019）；华南农业大学人才引进项目（2014）。

① 通讯作者。Author for correspondence，博士，研究员，fxliao@ scau. edu. cn。

2005；林义波和余明光，2011）。

不少桂花重要产区和应用地区对桂花资源和应用已有不少研究，广东地处南亚热带地区，是这一传统名花分布南缘地区，在庭院和园林中桂花的应用非常多，但对这一地区桂花品种及景观应用情况几乎未见研究。本文调查了广州市绿地中的桂花品种和景观应用情况，可为桂花的研究和在华南地区应用提供参考。

1 材料与方法

1.1 调查地的选择

选择了广州市中心区内10处公园绿地、5处大学校园绿地、5处街旁绿地和4处居住区绿地进行调查，调查地绿地类型、所处区位和建设时间见表1。

表1 调研绿地的区位、类型和建成年份建设时间

Table 1 Green spaces location, types and construction time in the survey

绿地名称 Green space	区位 Location	绿地分类 Type	建设时间 Construction time
珠江公园	天河区	市级公园绿地	2000年
流花湖公园	越秀区	市级公园绿地	1958年
越秀公园	越秀区	市级公园绿地	1952年
荔湾湖公园	荔湾区	市级公园绿地	1958年
海珠湖公园	海珠区	市级公园绿地	2011年
晓港公园	海珠区	市级公园绿地	1975年
云台花园	白云区	市级公园绿地	1995年
儿童公园	白云区	市级公园绿地	2014年
海印公园	海珠区	区级公园绿地	1991年
赤岗塔公园	海珠区	区级公园绿地	2008年
花城广场	天河区	街旁绿地	2010年
天河路	天河区	街旁绿地	不详
广州大道南	海珠区	街旁绿地	不详
白云大道	白云区	街旁绿地	不详
东风西路	越秀区	街旁绿地	不详
华南师范大学石牌校区	天河区	校园绿地	1933年
暨南大学石牌校区	天河区	校园绿地	1906年
中山大学南校区	海珠区	校园绿地	1924年
仲恺农业工程学院	海珠区	校园绿地	1927年
大学城	番禺区	校园绿地	2004年
荔港南湾	荔湾区	居住绿地	2010年
云山诗意	白云区	居住绿地	2008年
越秀名雅苑	天河区	居住绿地	1994年
骏景花园	天河区	居住绿地	1999年
杨箕村	越秀区	居住绿地	不详

1.2 调查内容与方法

采用现场实地调查方法，记录所调查绿地中种植的桂花品种，选择代表性植株记载主要植物形态性状，采集标本和拍照，通过性状、查询档案等进行品种鉴定；统计分析在各绿地出现桂花、不同桂花品种出现的频率，记录景观种植方式、出现的问题，记录不同品种开花时期、开花量等。出现次数指调查绿地中出现目标的个数，出现频率指调查绿地中出现目标的绿地个数与调查绿地总数的比例，开花效果以生长健康，着花密度密集为优，生长健康，部分着花为良为标准。

2 结果与分析

2.1 广州绿地中应用的桂花品种群

调查发现，在所调查的所有绿地中4个桂花品种群都见有种植。其中以四季桂种植应用最常见，在各类绿地中都有应用；其次是银桂在市级公园绿地，街旁绿地和校园绿地中见有栽培；金桂和丹桂仅出现在市级公园绿地中。

2.2 广州绿地中不同桂花品种应用的程度

不同桂花品种在广州绿地中出现的情况有较大的差异，四季桂为绝对的优势品种。从表2可以看出，在四个品种群中，所调查的绿地中92.1% 种植了四季桂，而种植银桂的绿地只占6.3%；丹桂和金桂出现的绿地频率分别为1.0%和0.6%，可见属偶然性种植。

表2 各类绿地桂花品种群出现频率(%)

Table 2 Frequency of different cultivar groups of *Osmanthus fragrans* in Guangzhou green spaces

品种群 Cultivar groups	市级公园绿地 City park	区级公园绿地 Districtpark	居住绿地 Residential area	街旁绿地 Roadside	校园绿地 Campus	总计 Total
金桂	0.6	0	0	0	0	0.6
银桂	1.6	0	0	2.1	2.6	6.3
丹桂	1.0	0	0	0	0	1.0
四季桂	31.9	2.6	24.6	6.3	26.7	92.1

绿地中桂花的配置情况也受不同建成时间的影响，从表3中可知，2000年以前广州绿地中桂花的应用60%以上绿地种有桂花，而2000年以后建成的绿地中，桂花的应用减少，就是占优势的四季桂出现的频率也仅有27.3%，金桂与丹桂均为偶然性种植。但在2000年后建成的绿地中银桂的比例提高了。

表3 不同建成年份品种群出现频率(%)

Table 3 Frequency of different cultivar groups of *Osmanthus fragrans* in different construction time

建成年份 construction time	四季桂出现频率 Frequency of Asiaticus Group	金桂出现频率 Frequency of Letus Group	丹桂出现频率 Frequency of Aurantiacus Group	银桂出现频率 Frequency of AlbusGroup
2000年以前	65.8	0	1.07	1.07
2000年以后	27.3	0.53	0	5.88

2.3 广州绿地中桂花开花情况

不同桂花品种开花情况差异较大，从表4中可知，在广州四季桂品种群开花时间最长，且次数最多，开花效果以优居多。其次是金桂，两次开花，第二次相比第一次在开花效果上有所下降。银桂和丹桂开花时间最短且次数最少，主要在12月和1月开花。

表4 各品种群开花情况

Table 4 Flowering of different cultivar groups of *Osmanthus fragrans*

品种群 Cultivargroups	花期 Flowering duration	开花次数 Flowering times	开花效果 Effect of flowering
金桂	12月、1月、3月	2	12月：良 1月：优 3月：良
银桂	12月、1月	1	12月：良 1月：优
丹桂	12月、1月	1	12月：良 1月：优
四季桂	11月、12月、1月、2月、3月	4	11月：良 12月：优 1月：优 3月：优

2.4 桂花在广州绿地中的景观应用形式

桂花在广州绿地中种植形式多样，从表5可知，广州市绿地中桂花最为常见的景观种植形式是点植，在调查的绿地中点植方式应用频率高达31.5%；其次是片植，出现频率为27.2%；接着是孤植和丛植频率为15.2%和12.0%；而对植、列植的方式在广州绿地中应用较少。

表5 桂花在景观中种植的形式、品种群、出现次数、频率

Table 5 Arrangements, cultivar groups, occurrences and frequency of *Osmanthus fragrans*in green spaces

景观种植方式 Arrangements	品种群 cultivar groups	出现次数 occurrences	出现频率(%) frequency
点植	四季桂、丹桂、银桂	60	31.5
片植	四季桂	52	27.2
孤植	四季桂、金桂、丹桂、银桂	29	15.2
丛植	四季桂	23	12.0
对植	四季桂、银桂	13	6.8
列植	四季桂	14	7.3

不同景观种植方式在各类绿地中出现的频率有较大差异，从表6可知，市级公园绿地和校园绿地中种植形式最为多样，每一种种植方式都有应用，其中市级公园绿地应用最多的是丛植，校园绿地最多的是点植；居住绿地和街旁绿地应用的方式有5种，居住绿地较多的应用出现频率为8.4%，街旁绿地以片植居多，频率为3.1%；区级公园绿地种植形式最为单一，仅点植一种种植形式。

表6 各种植形式在各类绿地中出现频率(%)

Table 6 Frequency of different Arrangements in different green spaces

景观种植方式 Arrangements	市级公园绿地 City park	区级公园绿地 Districtpark	街旁绿地 Roadside	校园绿地 Campus	居住绿地 Residential area
点植	6.3	2.6	2.1	12.0	8.4
片植	7.3	0	3.1	9.4	7.3
孤植	7.3	0	2.6	3.1	2.1
丛植	11.5	0	0	0.5	0
对植	1.0	0	1.0	0.5	4.2
列植	3.1	0	0.5	2.6	1.0

3 讨论

不同桂花品种群对环境条件的需求不同，影响分布和在景观中的应用，在岭南以北长江流域一带金桂、丹桂大量种植应用，如四川省绿地中金桂和丹桂分别就出现了16个和8个品种(史佑海，2004)。在南昌市公共绿地中金桂18个品种，丹桂16个品种(季春峰 等，2010)。而在广州市绿地中应用桂花四季桂品种群占绝对的优势，金桂和丹桂仅有零星种植，这可能与四季桂比较适应广州高温多湿的海洋性亚热带季风气候有关，在广州四季桂的开花时间可长达近半年之久。

各类绿地中市级公园应用品种最丰富且应用最为广泛，这可能与市级公园占地面积较大，建设投入成本较多有关。2000年后建成的绿地桂花应用的比例出现下降，可以看出现代城市公共绿地在建设上更加考虑品种丰富度。

在我国大多数地区花期一般集中在9~11月间(杨康民 等，2000)，而在广州除四季桂以外，其余3个品种群花期主要集中在12~1月间，这可能与广州地处亚热带季风气候有关，因此花期相对较晚。

广州市绿地中桂花种植方式多样，最多的点植，其次是片植，这可能与以灌性强的四季桂品种群应用为主有关。

参考文献

1. 胡绍庆，宣子灿，周煦浪，等．杭州市桂花品种的分类整理[J]．浙江林学院学报，2006，23(2)：179－187.
2. 季春峰，向其柏，裘利洪，等．南昌市桂花品种分类研究[J]．安徽农业大学学报，2010，37(3)：564－569.
3. 李梅．桂花种质资源遗传多样性研究及品种鉴定[D]．南京农业大学，2009.
4. 林义波，余明光．桂花在园林景观中的应用研究[J]．中国园艺文摘，2011(06)：110－111.
5. 史佑海．四川桂花品种资源调查与桂花的园林应用研究[D]．南京林业大学，2004.
6. 田英翠，曹受金．桂花在园林景观设计中的应用[J]．福建林业科技，2005(02)：132－136.
7. 汪小飞，史佑海，向其柏．中国古典园林与现代园林中桂花应用研究[J]．江西农业大学学报，2006，5(2)：86－87.
8. 汪小飞，段一凡，王贤荣，等．桂花品种群鉴定及其亲缘关系[J]．东北林业大学学报，2013(7)．71－74.
9. Wei-Rong Yao，Yin-Zhu Zhang and Yi Chen. Aroma Enhancement and Characterization of the Absolute *Osmanthus fragrans* Lour. [J]. Essent. Oil Res2010(3).
10. 向其柏，刘玉莲．桂花资源的开发与应用现状及发展趋势[J]．南京林业大学学报．，2004(9)：104－108.
11. 向其柏，刘玉莲．中国桂花品种图志[M]．杭州：浙江科学技术出版社，2008：18.
12. 杨康民，朱文江．桂花[M]．上海：上海科技出版社，2000.
13. 臧德奎．桂花品种分类研究[D]．南京林业大学，2004.
14. 臧德奎，马燕，向其柏．桂花的文化意蕴及其在苏州古典园林中的应用[J]．中国园林，2011(10)：66－69.

花卉混播快速建植研究初探

雍玉冰　符 木　刘晶晶　高亦珂①
（花卉种质创新与分子育种北京市重点实验室，国家花卉工程技术研究中心，
城乡生态环境北京实验室，园林学院，北京林业大学，北京 100083）

摘要 花卉混播快速建植是一种非露地直播建植花卉混播景观的方法，可用于在露地直播难以建植及需要快速形成景观效果的地方，国外已广泛研究和开发应用此项技术，国内却鲜见相关研究和应用报道。为了探索包括植物组合，播种比例，基质选择等内容在内的适应本土的花卉混播快速建植的相关方法，本研究以北京地区花卉混播常用的 12 种花卉植物和 2 种常用禾本科草坪草为材料，设计了 4 个播种密度比例（草：花 = 1∶1、1∶2、2∶1、0∶1），2 个基质配比组合（泥炭：蛭石 = 3∶1、椰糠：蛭石 = 3∶1），共 8 个试验组，从景观效果和群落生态学角度对试验组混播群落建植情况进行分析，为在北京地区进行花卉混播快速建植的提供相关的方法和依据。

关键词 花卉混播；快速建植；方法探索

A Preliminary Study on Rapid Establishment of Flower Meadow

YONG Yu-bing　FU Mu　LIU Jing-jing　GAO Yi-ke
（*Beijing Key Laboratory of Ornamental Plants Germplasm Innovation & Molecular Breeding, National Engineering Research Center for Floriculture, Beijing Laboratory of Urban and Rural Ecological Environment and College of Landscape Architecture, Beijing Forestry University, Beijing* 100083）

Abstract The rapid establishment of flower meadow which can establish flower meadow without open field culture, is always used in the case of somewhere difficult to seed, or somewhere need to establish landscape rapidly. Although this technique has widely applied in abroad, it has not started in domestic yet. To explore the way to establish flower meadow rapidly, including plant composition, sowing ratio, substrate selection and so on, this study used 12 common herbaceous species in Beijing as materials, designed 4 sowing ratio (grass: flower) as 1∶1, 1∶2, 2∶1 and sowing flower only; 2 substrate match as peat : vermiculite (3∶1), coco coir : vermiculite (3∶1), which constitute 8 schemes. And it analyzed the record data according to the knowledge of plant community ecology, which provided the method of rapid establishment of flower meadow in Beijing.

Key words Flower meadow; Rapid establishment; Method exploration

花卉混播（Flower Meadow）兴起于西方园林，是指通过人为地筛选花卉植物通过混合播种建植起来的一种模拟自然草甸的花卉应用形式，具有景观优美自然，物种丰富多样，建植维护成本低廉，应用范围宽广等特点（方翠莲 等，2012）。近年来花卉混播在我国园林绿化中得到了越来越广泛的发展应用，在那些露地直播难以建植以及需要快速形成景观的地方建植混播景观的要求开始出现。

快速建植的花卉混播群落能迅速形成景观并增加建植地块生物多样性，并能克服建植地块各种不利的立地条件（Frontier L P，2001）。因此国外对于花卉混播快速建植的研究和应用早已广泛开展，在快速建植形式、承载材料、基质选择、植物材料选择、植物混播比例、混播组合配比等方面都开展了深入研究，诸如 Coronet Turf 、Lindum、Meadowmat 等公司都推出了种类繁多的快速建植产品，并配套完备的建植方法流程，应用于屋顶绿化、庭院绿化、花海建植、公园园林绿化等多个领域（http：//www. wildflowerturf. co. uk/home. aspx）。

花卉混播快速建植程序简便，管理维护简单，具有较高的生态效益和社会效益，符合当前我国建设海绵城市和生态化园林的需求，具有广阔的应用前景

① 通讯作者。

(王荷，2009)。因此探索适合本土的花卉混播快速建植方法，对于打破花卉混播现有的应用范围局限，扩大和深化花卉混播在我国园林绿化中的发展具有十分重要的意义。

1 材料与方法

1.1 试验材料

为了实现短时间使得快速建植混播群落达到景观效果，试验选取了北京地区花卉混播中常用的 11 种一年生花卉，包括屈曲花、花菱草、香雪球、五色菊、蛇目菊、矢车菊、虞美人、茼蒿菊、满天星、福禄考、白晶菊和 1 种多年生花卉石竹。草坪草种类包括早熟禾和高羊茅。花卉和草坪草种子均由北京林业大学科技股份有限公司种业分公司提供。

1.2 试验设计

花卉混播组合按照季相景观效果和结构层次原理设计(Hitchmough J D，2000)，其中屈曲花、香雪球、福禄考、五色菊、虞美人、花菱草春天开花，占 60%；石竹、满天星、矢车菊、白晶菊春夏开花，占 30%；茼蒿菊、蛇目菊夏秋开花，占 10%；草坪草中早熟禾与高羊茅按照 3∶7 的比例混合(表 1)。以基质组合和花草混播比例作为对照变量，共设计 8 个试验组合——基质为泥炭∶蛭石 = 3∶1，混播比例为只播花种(A1)、花∶草 = 2∶1(B1)、花∶草 = 1∶1(C1)、花∶草 = 1∶2(D1)；基质为椰糠∶蛭石 = 3∶1，混播比例为只播花种(A2)、花∶草 = 2∶1(B2)、花∶草 = 1∶1(C2)、花∶草 = 1∶2(D2)(表 2)。

表 1 植物比例及特征

Table 1 Flower ratio and characteristic

物种 Species	拉丁名 Latin Name	比例(%) PCT(%)	观赏期 Display Season	层次 Layer
屈曲花	*Iberis amara*	4	春	低
香雪球	*Lobularia maritima*	8	春	低
福禄考	*Phlox drummondii*	8	春	低
五色菊	*Brachycome iberdifolia*	8	春	中
虞美人	*Papaver rhoea*	10	春	中
花菱草	*Eschscholtzia californica*	10	春	中
石竹	*Dianthus chinensis*	10	春夏	低
白晶菊	*Chrysanthemum paludosum*	8	春夏	低
矢车菊	*Centuarea cyanus*	10	春夏	中
满天星	*Gypsophila paniculata*	8	春夏	中
茼蒿菊	*Chrysanthemum frutescens*	10	夏秋	高
蛇目菊	*Coreopsis tinctoria*	6	夏秋	高
早熟禾	*Poa annua*	30	春—深秋	低
高羊茅	*Festuca elata*	70	全年	低

表 2 试验组合设计

Table 2 Experiment group design

播种比例 / 基质	只播花种	花种∶草种(2∶1)	花种∶草种(1∶1)	花种∶草种(1∶2)
泥炭∶蛭石 = 3∶1	A1	B1	C1	D1
椰糠∶蛭石 = 3∶1	A2	B2	C2	D2

试验地位于北京市海淀区北京林业大学八家三项园实验基地。试验场地地势平坦，光照和通风条件良好，土壤偏黏重。试验地分为播种区和移栽区，面积共 $50m^2$。在 42cm × 42cm × 5cm 的育苗盘内铺设无纺布作为承载材料，盛入按比例配制的基质后进行播种，其中组合 A1、A2、D1、D2 在 5 月中旬播种，组合 B1、B2、C1、C2 在 5 月下旬播种。每个试验组播种 12 个育苗盘，共 96 个育苗盘。播种后当种子出苗

并长出3片以上真叶后(约播种后45d),观察根系生长状态和植被覆盖情况,当根系团聚状态良好,植被覆盖率超过90%,将混播草皮从育苗盘端出,移入事先整理好的建植区内,再进行常规管理和试验记录。

1.3 数据测量与分析

目测法观察物候期:在田间进行目测估计,自播种开始观察各试验组内出苗日期,当有80%的植株进入某一物候期的日期即为其物候期(白音仓,2011);每隔10d拍照一次进行季相景观效果记录。

从出苗开始在每个试验组内选择3个育苗盘,每隔15d测量记录一次各植物种类的数量、株高、冠幅,采用Excel 2016进行数据处理。

出苗率(%)=单位面积实际出苗数/单位面积实际播种种子数。

生长速率 $G=(L1-L2)/L1(T1-T2)$,其中L1、L2分别为测定期前后两次的株高,T1、T2为测定期前后两次时间。本研究对植物幼苗期(播种后30－45d)进行株高生长速率计算。

多度:选取前、中、后三个时期的样方植株数量测量值,取3个时期植株数量的平均值作为各组合的混播群落多度。

盖度:植物地上部分冠幅总面积占样地面积的百分比。

选择物种丰富度指数Margalef指数、多样性指数Shannon－weiner指数、均匀度指数Pielou指数(孙儒泳,1993)与优势度指数(Whittaker, R. H, 1972)进行群落结构的分析。

Margalef指数:$D=\frac{(s-1)}{\ln N}$,Shannon-weiner指数:$H=-\sum P_{\ln P_i}$,Pielou指数:$E=H/H_{max}$,优势度指数:$DI=P1+P2$。式中S为群落中的总物种数,N为观察到的物种个体总数,$Pi=Ni/N$,Ni为单种植物观测到的个体总数,Hmax为最大的物种多样性指数;DI为群落优势度指数,P1为最大的多度与群落内各个种多度的总和之比,P2为次最大的多度与多度的总和之比。

2 结果与分析

2.1 不同试验组的植物表现

2.1.1 出苗率

从各花卉植物在各组合中的平均出苗率看,蛇目菊最高(44.4%),五色菊次之(38.8%);屈曲花(31.1%)、花菱草(29.2%)、虞美人(29.5%)在30%左右;中国石竹(25.3%)、矢车菊(22.8%)、白晶菊(21.7%)、香雪球(21.1%)出苗率在25%%20%;满天星为16.9%;福禄考(9.7%)、茼蒿菊(5.8%)最低在10%以下(图1)。

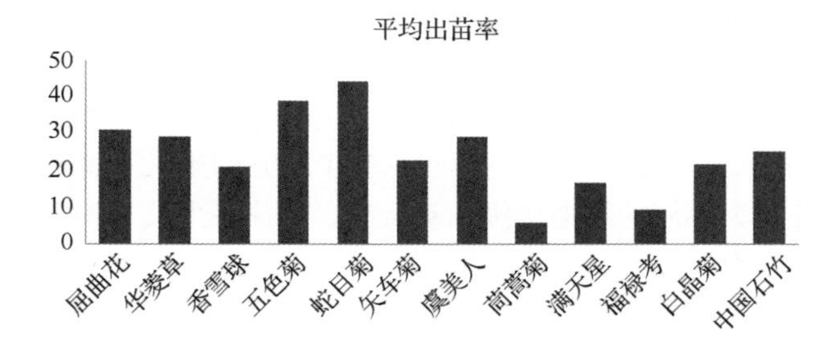

图1 植物在各组合的平均出苗率

Fig. 1 Flower average emergence rate at each group

从同种植物在不同组合中的出苗率看,在混播比例相同的条件下,所有花卉植物在泥炭:蛭石3:1基质组合中的出苗率均大于椰康:蛭石3:1基质组合。在基质配比相同的条件下,花菱草、五色菊、矢车菊、虞美人、福禄考、白晶菊、中国石竹在播种比例为花种:草种2:1的组合中出苗率最大;屈曲花、香雪球、蛇目菊在花种:草种1:1的组合中出苗率最大;茼蒿菊和满天星在只播花种组合中出苗率最大。因此泥炭:蛭石3:1基质组合更适宜种子萌发出苗,草种的萌发和花种的萌发存在着竞争关系(图2)。

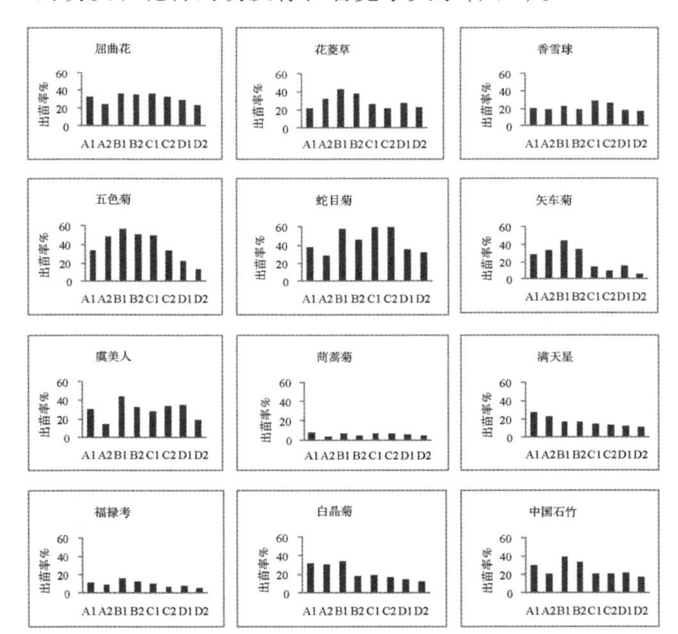

图2 植物在各组合中的出苗率

Fig. 2 Flower emergence rate at each group

2.1.2 生长速率

以各试验组中生活期最长的蛇目菊、矢车菊、白晶菊为代表,对比这3种花卉在不同组合中生长速率的变化情况发现,各组合中3种花卉的生长速率变化趋势基本一致(图3)：在7月15日至8月3日左右为一次生长高峰，8月3日至9月30日左右生长较缓慢或几乎停滞，9月30日至10月15日左右又为一次生长高峰，之后又进入生长缓慢或停滞期。而在混播比例相同和基质配比相同的条件下，各花卉种类在不同基质配比和不同播种比例组合中生长速率都没有明显的规律；由此推测，高温对试验中花卉的生长有抑制作用，不同的混播比例和基质配比对花卉生长速率基本没有影响。

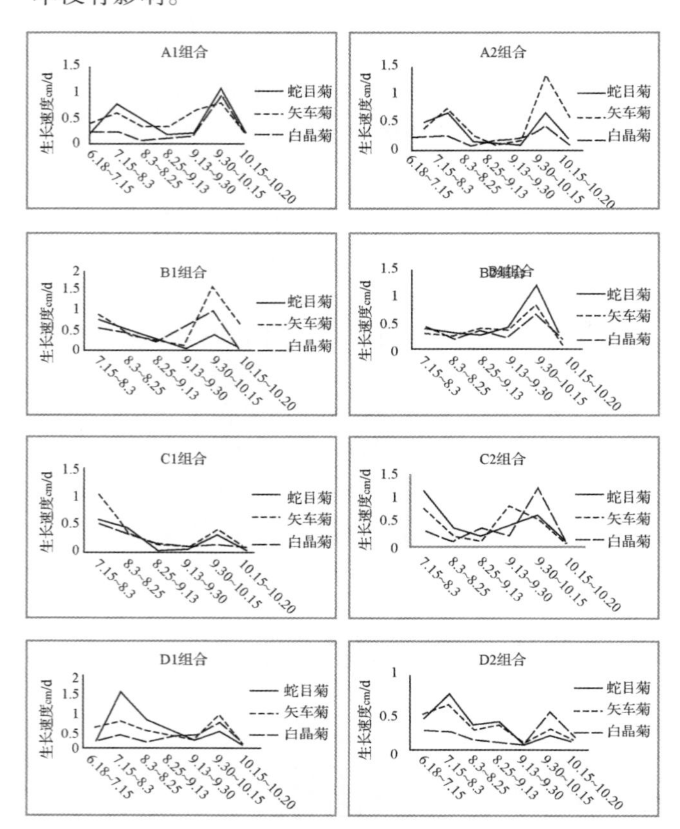

图3　蛇目菊、矢车菊、白晶菊在各组合中生长速率

Fig. 3　The growth rate of *Chrysanthemum paludosum*, *Centuarea cyanus*, *Coreopsis tinctoria* at each ground

2.1.3　景观效果

对比不同组合的播种及定植时间发现，5月末播种组合(组合B1、B2、C1、C2)比5月中旬播种组合(组合A1、A2、D1、D2)的花期推后了近半月，5月中旬播种组合从6月28日左右开始进入观赏期，5月末播种组合则在7月13日左右开始，表明采用改变播种及定植时间是野花草皮花期调控有效方法。

观察每种花卉植物的综合表现，由于播种时间比正常春播时间晚了1个月，因此不耐热的种类如虞美人、花菱草的幼苗存活率低，没有观察到花期。屈曲花、香雪球、满天星从播种后到开花所需时间最短(40~60d)，蛇目菊、矢车菊、白晶菊、茼蒿菊、中国石竹的花期最长(110~130d)(图4)。其中满天星在各组合中的初期表现良好，但残花十分影响景观；蛇目菊的植株高大轻盈，花朵丰满，作为夏秋季节高层景观主体效果显著；茼蒿菊植株茎干粗壮高大，显得较为突兀，且植株枯萎后易倒伏，影响景观效果。

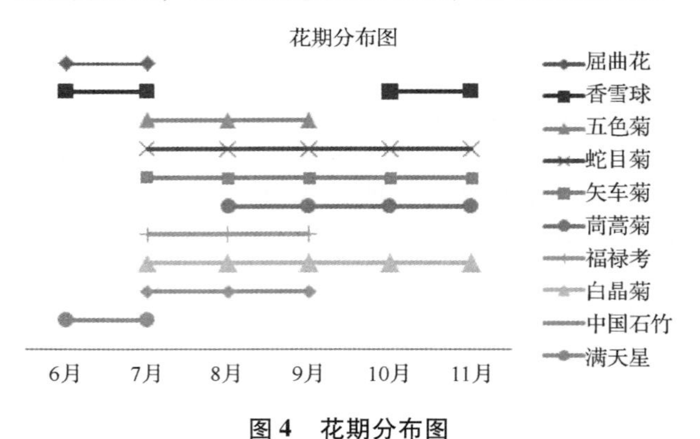

图4　花期分布图

Fig. 4　Florescence distribution graph

2.2　群落稳定性

群落稳定性与多样性是一个生态健康的群落最重要的指标(李冰华，2011)，以快速建植的方式建立生态健康的花卉混播群落是也本研究的意义所在。本试验通过分析不同组合群落稳定性与多样性，对比得出能营建生态健康群落的花卉混播快速建植基质及混播比例方案。

2.2.1　出苗率对比

在播种比例相同的条件下，除D1和D2组合无明显差异外，泥炭:蛭石3:1基质组合(A1、B1、C1)的整体出苗率基本都高于椰糠:蛭石3:1组合(A2、B2、C2)，表明泥炭:蛭石3:1基质组合更适合供试花种和草种的萌发。在基质配比相同的条件下，整体出苗率从高到低依次为只播花种(A1、A2)、花种:草种2:1(B1、B2)、1:1(C1、C2)、1:2(D1、D2)，表明整体上草种和花种的萌发是存在竞争关系的，草种的萌发一定程度上会抑制大部分花种的萌发，且草种所占播种比例越大，其对花种萌发的抑制作用就越大(图5)。

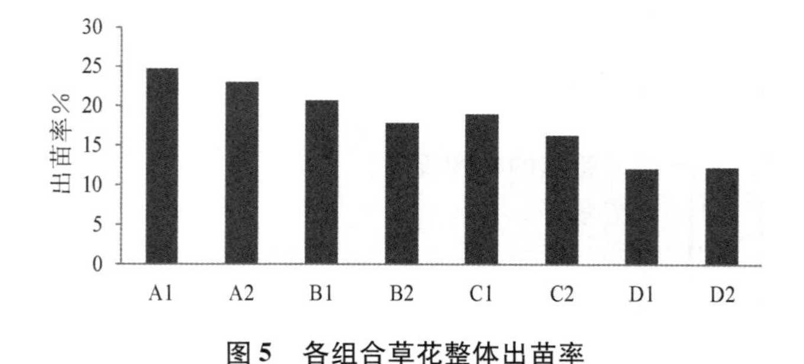

图5　各组合草花整体出苗率

Fig. 5　Total flower emergence rate at each group

2.2.2 群落多度、盖度对比

在播种比例相同的条件下，泥炭: 蛭石 3: 1 基质组合所测样方的多度和盖度整体均大于椰糠: 蛭石 3 :1 基质组合。在基质配比相同的条件下，从多度来看，各组合所测样方多度从高到低依次为花种: 草种 1:1、1:2、2:1 和只播花种，表明配以适当的草种比例有利于增加混播群落的多度(图 6)；从盖度来看，不同混播比例组合的盖度没有呈现明显规律，说明增加草种对于混播群落盖度并没有明显的影响(图 7)。

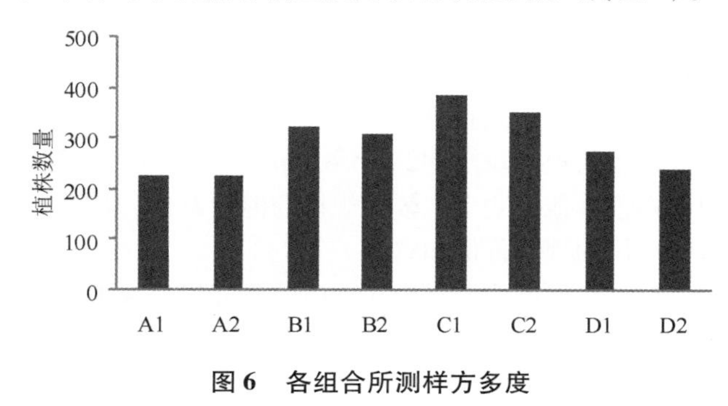

图 6 各组合所测样方多度

Fig. 6 The measured sample abundance at each group

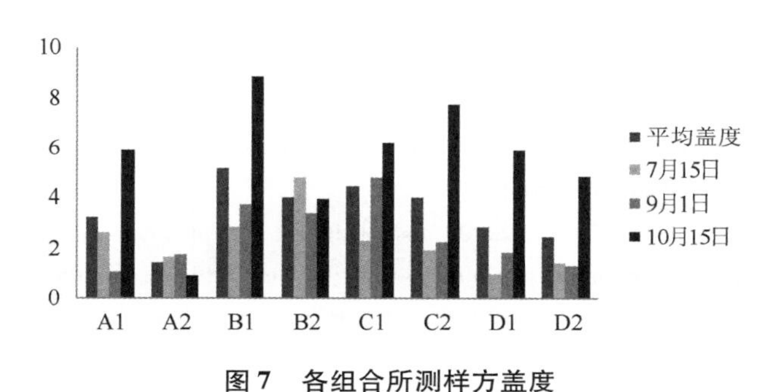

图 7 各组合所测样方盖度

Fig. 7 The measured sample coverage at each group

2.2.3 群落稳定性分析

由于一年生花卉寿命较短，花期早的种类在后期可能已经枯萎死亡，出苗晚的种类在前期可能未被记录而在后期生长旺盛，因此在分析各个混播组合群落时采用 7 月 15 日(前期)、8 月 30 日(中期)和 10 月 15 日(后期)3 个时期的数据进行物种丰富度、多样性与均匀度及优势度指数进行群落结构的分析(图 8)。从多样性、丰富度和均匀度指数来看，在混播比例相同的条件下，除丰富度指数差异不太明显外，泥炭: 蛭石 3: 1 基质组合的多样性和均匀度均明显大于椰糠: 蛭石 3: 1 基质组合；在基质配比相同的条件下，花种: 草种 1: 1 播种组合的多样性、丰富度及均匀度指数均明显大于其他播种组合。这表明泥炭: 蛭石 3 :1、花种: 草种 1: 1(C1 组合)试验组合的群落稳定性最好。从优势度指数来看，各组合在 7 月 15 日以白晶菊为优势种，在 8 月 30 日和 10 月 15 日以白晶菊和蛇目菊为优势种，群落优势度本应与群落多样性应呈负相关(汪殿蓓，2001)，但在图表结果中并没有表现出明显的相关性，这可能是因为观测期间各组合的优势种相同造成的。

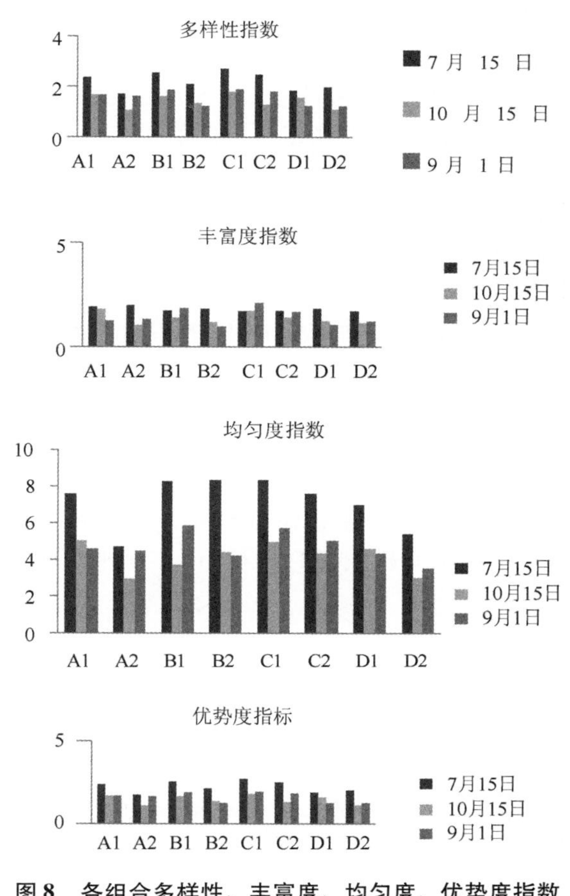

图 8 各组合多样性、丰富度、均匀度、优势度指数

Fig. 8 The Diversity, Richness, Uniformity, Dominance index at each group

3 讨论

3.1 花卉混播快速建植适宜的植物种类

春天开花的种类中，屈曲花、香雪球、福禄考、石竹表现较好，其中屈曲花、香雪球播种到开花速度快(40~60d)，福禄考和石竹的耐热性强，但福禄考的出苗率低，可适当增加播种比例；在春夏开花的种类中，矢车菊、白晶菊的花期时间长(110~130d)，表现优异；在夏秋开花的种类中，蛇目菊较茼蒿菊植株轻盈，能更好地丰满和协调混播景观。即屈曲花、香雪球、石竹、矢车菊、白晶菊、蛇目菊在本试验中为表现较好的花卉材料，这表明，在进行花卉混播快速建植的植物材料选择时，应选择萌发率高，生长速率快，花期长且抗性较强的花卉植物种类，并且选种应高度涵盖高中低 3 个层次，这样不仅能够营造出自然优美的景观效果，还能为无脊椎动物提供更宽阔的栖息空间(白音仓，2011)，增加群落的生物多样性和生态学意义。

3.2 花卉混播快速建植的适宜基质配比和混播比例

通过分析各试验组合混播群落中植物的生长表现，发现在播种比例相同的条件下，泥炭:蛭石 3:1 基质组合中花卉植物的出苗率、群落的多度、盖度整体均大于椰糠:蛭石 3:1 基质组合；在基质配比相同的条件下，各组合中花卉植物的出苗率、群落的多度均与花种所占比值呈明显正相关关系；不同的混播比例和基质配比对花卉植物生长速率基本没有影响。

通过各试验组合混播群落稳定性分析，发现以泥炭:蛭石 3:1 基质组合的群落稳定性优于椰糠:蛭石 3:1基质组合；混播比例设计为花种比例大于或等于草种比例时群落稳定性优于草种比例较大时，且花种:草种 1:1 的表现最佳。

综上所述，花卉混播快速建植以泥炭:蛭石 3:1 为基质建植效果优于椰糠:蛭石 3:1；草种的萌发虽然与花种存在竞争关系，影响花种的出苗率，但配以适当的草种比例(花种:草种 1:1)有利于增加快速建植的混播群落的稳定性，从而营建出生态健康的植物群落。

4 展望

与国外的花卉混播快速建植产品和技术相比，本试验设计的快速建植方案更适合在北京等华北地区应用。供试植物材料以一年生花卉为主，形成景观时间快，但是存在一年后景观凋败的弊端，因此增加多年生花卉从而达到延长快速建植后期观赏效果值得更进一步的研究。本试验快速建植生产方式为盘播，得到混播草皮的规格较小(42cm×42cm)，不能成卷运输，建议探索其他方式生产较大规格的混播草皮，从而提升其应用的现实价值和意义。

花卉混播的快速建植在国内的研究未见报道，需要更多的研究和应用来不断完善和改进这项技术，使之达到经济实用的目的。

参考文献

1. 白音仓. 2011. 不同播种方式及比例对紫花苜蓿和老芒麦混播草地的影响[D]. 内蒙古农业大学.
2. 方翠莲，高亦珂，白伟岚. 2012. 花卉混播的特点与研究应用[J]. 广东农业科学，24：53-55.
3. 李冰华. 2011. 草花混播组合景观的营建研究[D]. 北京林业大学.
4. 孙儒泳，李博. 1993. 普通生态学[M]. 北京：高等教育出版社，136.
5. 汪殿蓓，暨淑仪，陈飞鹏. 植物群落物种多样性研究综述[J]. 生态学杂志，2001，20(4)：55-60.
6. 王荷. 2009. 野生花卉用于野花草地的营建初探[D]. 北京林业大学.
7. Frontier L P. Detailed wildflower and prairie grass planting instructions[J]. 2001.
8. Hitchmough J D. 2000. Establishment of cultivated herbaceous perennials in purpose-sown native wildflower meadows in south-west Scotland[J]. Landscape and urban planning, 51(1): 37-51.
9. Whittaker, R. H. 1972. Evolution and measurement of species diversity[J]. Taxon, 21: 213-251.
10. [EB/OL] http://www.wildflowerturf.co.uk/home.aspx

木层孔褐根腐病菌侵染的古榕树的复壮救治

刘海桑[1] 池敏杰[2]
（[1]福建省亚热带植物研究所，厦门 361006；[2]厦门华侨亚热带植物引种园，厦门 361002）

摘要 在对鼓浪屿的古树名木的调查中，发现古榕树陆续死亡，一些与之相邻的其他树种也陆续死亡。经查，它们的死亡系木层孔褐根腐病菌所致。木层孔褐根腐病菌是中国大陆的检疫性有害生物。木层孔褐根腐病菌是土传病菌，存活期长，具有高致死性，寄主超过 100 种。经 5 年复壮救治与观察，古榕树（编号 G0084）的木层孔褐根腐病已得到控制并治愈，与该古榕树相邻的古榕树（编号 G0085）至今没有被传染、长势旺盛。
关键词 古树；榕树；木层孔褐根腐病菌；木层孔褐根腐病；检疫性有害生物；复壮

Rejuvenation of the Ancient Tree of *Ficus microcarpa* Infected by *Phellinus noxius*

LIU Hai-sang[1] CHI Min-jie[2]
（[1]*Fujian Institute of Subtropical Botany*，*Xiamen* 361006；
[2]*Xiamen Overseas Chinese Subtropical Plant Introduction Garden*，*Xiamen* 361002）

Abstract During the general investigation of the ancient and famous trees at Gulangyu，it was found that some ancient trees of *Ficus microcarpa* and the other trees adjacent to them are dying. Their death resulted from *Phellinus noxius*. *P. noxius* is one quarantine pest of China mainland. *P. noxius* is a soil－borne pathogen and has long survival time and severe lethality. More than 100 plant species are the hosts of *P. noxius* in the world. Based on the compositive rejuvenation and observation for 5 years，*P. noxius* brown root rot of the ancient tree of *Ficus microcarpa*（G0084）has been controlled and cured，and the ancient tree of *F. microcarpa*（G0085）adjacent to G0084 has not been infected and remains frondent.
Key words Ancient tree；*Ficus microcarpa* L.；*Phellinus noxius*（Corner）G. H. Cunn.；*Phellinus noxius* brown root rot；Quarantine pest；Rejuvenation

鼓浪屿的古树名木不仅是其不可再生的资源，也是其“申遗”的要素。1999 年对鼓浪屿全岛进行植物资源调查[1]，2008—2013 年对鼓浪屿的古树名木进行正名与增补、病虫害的调查防治、植物健康诊断和古树的复壮救治[2-8]，其中，圆叶蒲葵古树（*Livistona rotundifolia*（Lam.）Mart.）和杧果古树（*Mangifera indica* L.）等的复壮取得了很好的效果，杧果古树（编号 G0094）自 2009 年开始救治以来首次于 2014 年结果，2015 年再次结果。

鼓浪屿的古树中，古榕树（*Ficus microcarpa* L.）所占比重最高，达到 83.89%[8]，且形成了鼓浪屿的一道独特风景线。然而，鼓浪屿的部分古榕树出现了陆续死亡的情况。为此，开展了对古榕树的复壮救治。位于日光岩西林门的古榕树（编号 G0084）于 2011 年 3 月生长正常（图 1），后持续落叶，处于濒死状态，随即开始救治。

1 方法

救治早期，采用常规复壮手段：（1）在茎干上注射大树施它活（用无绳电钻打孔，钻孔方向与地面成 45°角，输液结束后封口，涂抹杀菌剂），（2）灌根腐灵、根动力 2 号灌根。救治后期，发现茎干基部或背光一侧的茎干中下部出现的貌似肮脏、粗糙的褐色“树皮”（图 2），该“树皮”实为木层孔褐根腐病菌

① 刘海桑，1971—，博士，研究员。Email：palmae@163.com。

(*Phellinus noxius* (Corner) G. H. Cunn.)的子实体的分解产物，是植株患该病的现场识别特征。在确诊是木层孔褐根腐病菌(*Phellinus noxius* (Corner) G. H. Cunn.)引起的木层孔褐根腐病后，则用25%络氨铜水剂300倍灌根并喷洒茎干基部，并对该古树进行重截。

图1 2011年的古榕树(G0084)

图2 古榕树(G0084)背光一侧的茎干上的子实体的分解产物

2 结果

2013年，G0084古榕树曾新抽出大量枝条(图3)，后逐渐死亡。经重截、采用络氨铜防治，G0084古榕树的病害已得到控制并治愈(图4)，与该古榕树相邻的古榕树(编号：G0085)至今没有感染木层孔褐根腐病，长势旺盛。

图3 2013年的古榕树(G0084)

图4 已治愈的古榕树(G0084)

3 结论与讨论

尽管Corner于1932年就在新加坡的橡胶树和茶树上发现木层孔褐根腐病菌，并命名为*Fomes noxius* Corner(该病菌于1965年被并入木层孔菌属*Phellinus*)。但这一病害的发现并未引起足够的重视，因为在20世纪90年代之前一直没有在野外找到该病菌的子实体，也没有通过实验室培养出它的子实体。1990年，柯文雄在一株感病的龙眼树裸露的根部发现具白色边缘的褐色子实体并鉴定为*Phellinus noxius* (Corner) G. H. Cunn.，随后的统计表明有121种果树、观赏树木、作物和草本植物被该病菌感染[9]，该病菌的危害逐步引起了各方的关注。该病菌起初被列入《中华人民共和国进境植物检疫潜在危险性病、虫、杂草三类名录(试行)》。至2007年，该病菌被列入《中华人民共和国进境植物检疫性有害生物名录》[10]。检测该病菌的国家标准于2011年被制定[11]。因而，国内外对它的研究总体上较为滞后。

我国内地对木层孔褐根腐病的研究较少[12-15]，不同的文献中使用了不同的中名，如文献[10]及[11]称为“木层孔褐根腐病菌”，文献[12]称为“有害木层孔菌”或“茶茎干腐烂病菌”，文献[13]及[15]称为“褐根病菌”。

目前对木层孔褐根腐病尚无任何被正式推广的化学防治法，树木染病后逐渐衰亡或快速死亡，使用杀菌剂难于减缓或阻滞病害发展[12]，而该病菌可以在土壤的根系内存活10年以上，故对其防治非常困难[16]。鉴于古榕树对鼓浪屿的特殊价值，所以在确诊木层孔褐根腐病后仍进行复壮救治。

鼓浪屿属南亚热带气候，适合木层孔褐根腐病菌的繁殖与传播。鼓浪屿的土壤为赤红壤，由花岗岩风化而来，肥力差。本课题组对鼓浪屿古树的土壤诊断表明，部分古树的土壤全P仅有0.02%。缺磷主要影响植物根系，导致根系发育差，易老化，而发育差的根系其抗性防御能力相对较差，容易被病菌感染。古树的抗病能力相对较差，更容易被病菌感染。因而，土壤中一旦有木层孔褐根腐病菌，植株就很容易被感染并最终死亡。木层孔褐根腐病菌于30°C下在PDA培养基上的线形生长率达到35 mm/天[9]，生长速度非常快，其菌丝体的传播方式使得其不容易被及时发现，这便是鼓浪屿部分古榕树陆续死亡的主要原因。该病害也导致了相邻的黄皮（*Clausena lansium*（Lour.）Skeels）、龙眼（*Dimocarpus longan* Lour.）、高山榕（*Ficus altissima* Bl.）、垂叶榕（*Ficus benjamina* L.）、苹婆（*Sterculia monosperma* Ventenat）等植株的死亡。据观察，染病植株在3个月至3年内死亡。这与文献[9]的报道一致。

在救治的早期，会出现枝条假活的情形（图3），这些假活的枝条通常在当年干燥的秋冬季就会死亡，甚至在当年炎热的夏季中就会脱水萎蔫。

针对木层孔褐根腐病是一种土传性病害，使用具有内吸与保护功能的络氨铜，可达到预防和治疗的作用，且不会产生抗药性；络氨铜为水剂，用高压喷雾器进行灌根便于渗透到土壤中。结果表明G0084古榕树的木层孔褐根腐病已得到控制并治愈（图4），且与该古榕树相邻的古榕树（编号G0085）至今没有被传染、长势旺盛，而与之相邻的没有采用络氨铜防治的高山榕均陆续死亡。

综上所述，鉴于木层孔褐根腐病菌的土传隐蔽性、存活期长、寄主范围广且易于侵染、侵染后发病迅速、高致死性，故应采取综合防治手段。首先，应做好隔离检疫工作，景区更应做好外来入侵生物之防控[17-18]；其次，应及时清除、销毁病株，若病株根系难以清除，则应灌药（施用尿素并盖塑胶薄膜进行熏蒸或施用络氨铜）；最后，若确有必要对感病植株进行救治时，应对该植株重截以防其迅速脱水而死亡并避免安全隐患（重截后的创面应及时处理），同时，对树干进行注射（以促进新根生长），施用络氨铜灌根，茎干基部也必须喷涂络氨铜。

参考文献

1. 刘海桑，王文卿，林晞．2001．鼓浪屿——奇树名木的乐园［J］．植物杂志，（4）：24－26．
2. Liu H S, Liu C Q. 2008. Revision of two species of *Araucaria*（Araucariaceae）in Chinese taxonomic literature［J］. J. Syst. and Evol.，46：933－937.
3. 钟跃庭，蓝淑珍，刘海桑．2009．红棕象甲危害的诊断与防治［J］．安徽农业科学，37：644－645，704．
4. Liu H S, Mao L M, Johnson D V. 2010. A morphological comparison of *Phoenix reclinata* and *P. sylvestris*（Palmae）cultivated in China and emendation of the Chinese taxonomic literature［J］. Makinoa N. S.，8：1－10.
5. 池敏杰，刘海桑，游思洋，等．2010．古榕树健康诊断初探［J］．亚热带植物科学，39(3)：21－23．
6. 刘海桑，池敏杰．2012．圆叶蒲葵古树的复壮［A］．中国植物园(第十五期)：125－127．
7. 刘海桑，池敏杰．2012．杧果古树的复壮救治［A］．中国观赏园艺研究进展2012：75－76．
8. 刘海桑．2013．鼓浪屿古树名木［M］．北京：中国林业出版社．
9. Ann P J, Chang T T, Ko W H. 2002. *Phellinus noxius* brown root rot of fruit and ornamental trees in Taiwan［J］. Plant Dis.，86，820－826.
10. 中华人民共和国农业部．中华人民共和国进境植物检疫性有害生物名录［EB/OL］．http://dzwjyjgs.aqsiq.gov.cn/zwjyjy/swaq/jzjjwml/200707/t20070725_34219.htm，2007－06－07．
11. GB/T 28095－2011，木层孔褐根腐病菌检疫鉴定方法［S］．
12. 林石明，廖富荣，陈红运，等．2012．台湾褐根病发生情况及研究进展［J］．植物检疫，26(6)：54－60．
13. 潘浣钰，彭少麟，张素梅，等．2008．土壤理化性质与褐根病感染的相互关系［J］．生态环境，17：1650－1653．
14. 刘文波，邬国良．2009．橡胶树褐根病病原菌生物学特性研究［J］．热带作物学报，30：1835－1839．
15. 贺春萍，李锐，吴伟怀，等．2013．12种杀菌剂对橡胶树褐根病菌的毒力测定［J］．热带作物学报，34：1987－1990．
16. Chang T T. 1995. Decline of nine tree species associated with brown root rot caused by *Phellinus noxius* in Taiwan［J］. Plant Dis.，79：962－965.
17. 刘海桑，陈清智，池敏杰，等．2010．景区入侵生物之防控［J］．亚热带植物科学，39(2)：64－67．
18. 刘海桑．2014．圆叶蒲葵古树的复壮［A］．中国植物园(第十七期)：226－232．

科学建设宿根花卉资源圃

原雅玲　寻路路　丁芳兵　王 琪　余 刚　吴永朋
（陕西省西安植物园，西安 710061）

摘要　宿根花卉品种繁多，习性差异很大，科学建设资源圃将这些宝贵资源尽可能大的保存下来。西安植物园根据宿根花卉的适应性、科学性、植株高度、地方特色、重点研究科属等原则，建设了包含旱生区、湿生区、品种区、阴生区、藤蔓区及预留区在内的占地 3000m^2，的资源圃，共引种收集宿根花卉种质资源（含野生种和园艺品种）70 余科 1600 余种。宿根花卉资源圃的建设为宿根花卉的保存、育种及应用提供了良好的环境和平台，为种质交流交换提供优质种源。

关键词　宿根花卉；资源圃；保存；利用

The Scientific Construction of Perennial Germplasm Resources

YUAN Ya-ling　XUN Lu-lu　DING Fang-bing　WANG Qi　YU Gang　WU Yong-peng
（*Xi'an Botanical Garden in Shaanxi Province*，*Xi'an* 710061）

Abstract　Perennial flowers many varieties and growth habits were very different，so it is necessary to construct the perennial germplasm resources in science. According to the genus of perennial compatibility，the scientific nature，plant height，local characteristics，focuses on the family classification，Xi'an Botanical Garden construct 3000m^2 resources garden contains drought area，wetland area，variety area，shade area，vines and reserved area. Perennial germplasm resources collection of more than 70 families 1600 species（including wild species and cultivars）. The germplasm resources garden provides a good environment and platform for the preservation of perennial flowers，breeding ，application and exchange of seed source.

Key words　Perennial；Germplasm resources；Preserve；Utilize

植物种质资源是表现一定遗传性状的植物资源，种质资源圃是植物种质资源保存的主要场所之一，活体植物保存是植物种质资源保存的主要方式之一[1]。国际上种质资源的收集保存兴起于 20 世纪 70 年代，现在已发展成为全球性的重大课题[2,5]，近年来，随着我国对种质资源保护认识的提高，各种种质资源圃迅速发展，目前已建成的国家级种质资源圃有 30 多个，包括粮食、蔬菜、果树等，花卉类的资源圃还较少。

随着城市化进程的加快和绿色经济的发展，宿根花卉因其自身的优良特性而成为园林绿化的新宠[3]，尤其是习总书记倡导“中国梦”，美丽乡村建设，使宿根花卉的应用前景越来越广阔。

植物园一直是植物多样性研究的中心[4]，西安植物园目前已收集保存国内外宿根花卉 1600 余种，已基本掌握了栽培、繁殖、生产、应用等方面的技术，为此我们于 2014 年开始建立宿根花卉种质资源圃，设想将这些宝贵的资源保护和管理好。资源圃的建成将为良种选育提供基础材料，为生物学研究准备数据源，为优良品种筛选评价提供资源库，为同行交流合作搭建一个良好的环境和平台，为种质交流交换提供优质种源，为游客提高一个既科学又好看的园地。

1　宿根花卉资源圃建设思路

宿根花卉品种繁多，习性差异很大，如何将它们既科学又充分地保存下来，这是一个难题，我们邀请相关专家召开了研讨会，制订了几个建设原则：第一适应性原则，就是创造适宜各种习性的环境条件保证植物成活，设立了旱生、湿生、阴生、藤蔓区。第二科学性原则，对于大量品种区根据恩格勒分类系统进

* 项目来源：陕西省科学院重点项目：2014K－02。

① 第一作者：原雅玲，女，研究员，主要从事园林花卉的引种驯化和栽培技术研究。E-mail y6y218@ sina. com。

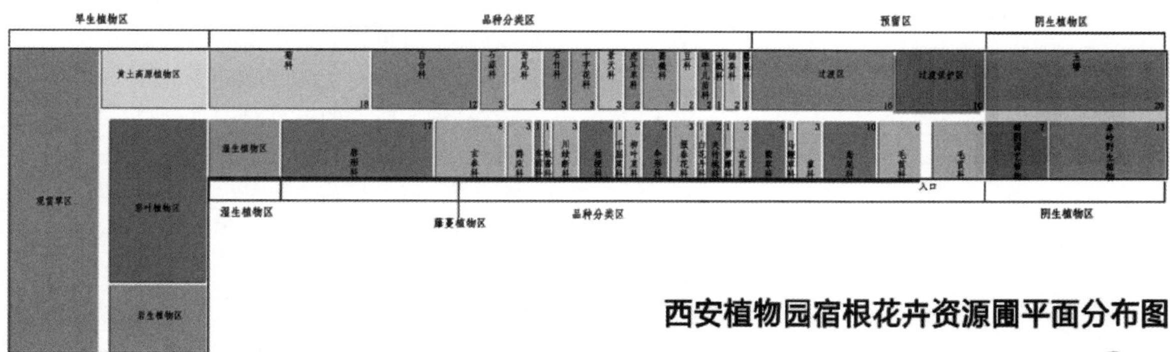

西安植物园宿根花卉资源圃平面分布图

行排布，并且设立了阴阳畦，按照习性选择栽培。第三科内按照高度顺序栽培，以免相互影响。第四体现地方特色，设立了秦岭山脉和黄土高原区。第五重点研究科属单列布置。

2　西安植物园宿根花卉资源圃

西安植物园宿根花卉资源圃占地 3000m^2，呈现南北长，东西窄，且北段宽阔的 L 型，地势北高南低。从北向南依次分为：旱生区、湿生区、品种区、预留区、阴生区，西边围栏为藤蔓区。黄土高原区设在旱生区，秦岭山脉野生植物、耐阴园艺植物和玉簪均归在阴生区。下面就几个重要区域进行介绍。

2.1　旱生区

旱生区顾名思义栽培的主要是相对比较耐旱的植物，位于资源圃的最北面。占地面积约 450m^2，收集品种 21 科 294 种。旱生区包含观赏草区、黄土高原区、彩叶植物区、砾石区。此处以前为建筑用地，土质相对较差，我们增加外运土壤改造成坡地，地势相对较高，使得雨天时候水分不容易存积，平常也很少浇水，形成相对干旱的环境，栽植的是抗性较强的植物。观赏草区如禾本科的芒、散布猬草、洋狗尾草等，莎草科如垂枝薹草、新西兰薹草、秀墩草等 200 余种。根据地形和植株高度自然式栽植。黄土高原植物区主要是收集引种黄土高原沙漠化和黄绵土上生长的植物，如沙葱、白羊草、糙毛黄芪、地黄、长芒草等 30 余种。将靠围墙边土壤加入沙子增加透气性，栽培沙生植物。黄土高原植物自然式栽植，体现地方特色。彩叶植物类主要是彩叶类观赏草及彩叶宿根花卉相互搭配，并用几棵彩色迷你小灌木点缀，形成组合景观，如天蓝草、阔叶花叶芒、花叶蒲苇、紫叶过路黄、彩叶杞柳等 40 余种，形成自然小景观。砾石区是采用小砾石覆盖地面，栽植喜光喜湿怕涝的迷你植物，如卷柏、垂盆草、瓦韦等 20 余种。并在中间用小溪过渡，给人以小岩石园的感觉。

2.2　湿生区

湿生区紧邻旱生区，地势较低，中间形成洼地。雨季时旱生区的雨水汇集流入湿生区，这样就形成了湿生环境。湿生区不同于水生区，并不会经常有水生环境，而是土地经常保持湿润的状态。湿生区主要收集的是两栖类植物，其中部分属于观赏草类，如宽叶香蒲、尖花灯心草、多花地杨梅、斑茅、白菖蒲等，还有千屈菜、黄菖蒲等共 6 科 25 种。

2.3　品种区

品种区位于资源圃的中间，是资源圃里收集的宿根花卉种类最多的一个区，共有 43 科 174 属 1119 种。具体科属及植物种类情况见表 1（按科内品种数量排序）：

表 1　品种区植物种类统计

Table 1　The statistics of species (Including cultivars)

编号 NO.	科 Family	属 Genus	种（含品种） Species (Including cultivars)
1	百合科 Liliaceae	4	213
2	菊科 Compositae	36	187
3	唇形科 Labiatae	18	123
4	鸢尾科 Iridaceae	10	101
5	毛茛科 Ranunculaceae	7	83
6	玄参科 Scrophulariaceae	6	62
7	石竹科 Caryophyllaceae	7	40
8	蔷薇科 Rosaceae	6	37
9	十字花科 Brassicaceae	6	28
10	虎耳草科 Saxifragaceae	3	23
11	景天科 Crassulaceae	1	21
12	桔梗科 Campanulaceae	5	20

（续）

编号 NO.	科 Family	属 Genus	种（含品种） Species （Including cultivars）
13	石蒜科 Amaryllidaceae	6	15
14	伞形科 Umbelliferae	5	15
15	紫草科 Boraginaceae	5	15
16	柳叶菜科 Onagraceae	3	14
17	夹竹桃科 Apocynaceae	2	11
18	豆科 Leguminosae	6	10
19	蓼科 Polygonaceae	4	10
20	罂粟科 Papaveraceae	2	10
21	锦葵科 Malvaceae	2	9
22	花荵科 Polemoniaceae	1	9
23	爵床科 Acanthaceae	4	8
24	牻牛儿苗科 Geraniaceae	1	7
25	白花丹科 Plumbaginaceae	1	6
26	川续断科 Dipsacaceae	2	6
27	报春花科 Primulaceae	3	5
28	大戟科 Euphorbiaceae	1	4
29	车前科 Plantaginaceae	1	4
30	马鞭草科 Verbenaceae	2	3
31	败酱科 Valerianaceae	1	3
32	美人蕉科 Cannaceae	1	3
33	鸭跖草科 Commelinaceae	1	2
34	千屈菜科 Lythraceae	1	2
35	萝藦科 Asclepiadaceae	2	2
36	荨麻科 Urticaceae	1	1
37	酢浆草科 Oxalidaceae	1	1
38	亚麻科 Linaceae	1	1
39	芸香科 Rutaceae	1	1
40	半日花科 Cistaceae	1	1
41	堇菜科 Violaceae	1	1
42	茄科 Solanaceae	1	1
43	茜草科 Rubiaceae	1	1

从表中不难看出，百合科、菊科和鸢尾科，品种数量在100种以上，品种较多的还有唇形科、玄参科、毛茛科等，剩余的其他科的数量相对较少。

品种区定植的是对环境要求相对比较粗放的宿根类，如金光菊、朝鲜蓟、常绿屈曲花、蚊子草等，它们对光照要求不敏感，只是根据习性设立了阴阳畦，夏季怕涝的品种采用阳畦，需要灌溉的栽植在阴畦里。在每个科里我们采用由高到低的顺序排列，每个品种占地1～$2m^2$，达到不相互影响。

在品种区较大的毛茛科、百合科、唇形科是我们重点研究的对象，分别设置在品种区的边沿，便于登记测量和管理。目前主要是大量收集资源，开展育种工作，另外还进行药用、食用等方面的研究。

2.4 阴生区

阴生区位于整个资源圃的最南头，用钢质材料做成架子，同时上面覆盖遮阳网，形成阴生环境。阴生区收集的是耐阴类植物，主要包含两大部分：秦岭野生植物和国外耐阴的园艺品种。秦岭植物引种的主要有蕨类植物如贯众、蹄盖蕨、石韦、木贼等，被子植物如大花万寿竹、涝峪薹草、斜萼草、铁筷子、顶花板凳果、开口箭和白及等。国外园艺品种主要有甜肺草、金叶粟草等共35科176种。另外一大类是玉簪，目前国内应用较普遍的耐阴植物，近几年我们从国内外共收集了100多个品种，绿叶、蓝叶、彩叶相互映衬，非常漂亮。

2.5 藤蔓区

宿根花卉资源圃东面是我园的围墙，西面采用钢架做成栅栏式护栏，为了充分利用这些材料，我们在此设立了藤蔓区。藤蔓区主要收集一些攀援植物，如铁线莲、络石、党参等。铁线莲目前收集了160多个品种，夹竹桃科收集了6个品种，包含络石及蔓长春花类。

2.6 预留区

预留区的设立有两个目的，第一是对一些新引品种进行过渡保存，研究其习性；第二是建设有塑料大棚，用以进行扦插、育苗工作，同时也为难以越冬的部分植物提供适应的场所。

3 讨论

宿根花卉是多年生草本植物，适应能力强，管理相对粗放，具有一次种植、多年开花的优点[3]，品种繁多，习性各异，适应于许多环境栽培[6]，所以在园林绿化中占有很重要的地位。近几年全国掀起宿根花卉热，各地都在做相应的工作，袁慧红和夏宜平[7]老师关于“宿根花卉园林应用与发展对策”专门做了详细介绍，浙江大学建有宿根花卉资源圃，收集保存有300个品种的资源[8]，王慧颖等发表了“黑龙江省野生宿根花卉资源及其在园林中的应用”[9]，任彩光撰写了“宿根花卉的特性及其在园林中的配置”[10]，各种各样的文章很多。我们只是将西安植物园多年来收集的品种整理保存，科学定植，从中体会到宿根花卉资源圃管理的几个问题：①观赏草有些品种茎走根现象严重，栽培时一定要做栽培槽。②宿根花卉 2～3 年要分株，否则会影响生长，失去观赏效果。③有些宿根花卉种子自繁能力强，一定要及时采收，防止泛滥。④新引品种一定要在过渡区适应，小苗定植在各个区域会受大苗影响生长不良，有些品种还需要创造适宜的小气候条件过渡。⑤每年春季修剪成活率高，生长势旺，整齐。未来计划收集更多的资源尤其是地方特色的种类，并加快繁育，将它们尽快地在园林绿化中推广应用。

参考文献

1. 李国华．植物种植资源圃规划建设的理论与方法[J]．热带农业科技，2009. 32(40).
2. 封培波，胡永红，任有华．宿根花舟在园林绿化中的应用现状存在问题及展望[J]．山东林业科技，2003.
3. 鲁涤非．花卉学[M]．北京：中国农业出版社，2007.
4. 贺善安，张佐双．我国植物园建设中若干问题的探讨[J]．中国植物园，2014(17).
5. 陈晓丽，刘凤鸾，杨会芳，等．观赏植物生物技术研究进展[J]．农业生物技术学报，2012，(6)：110－115.
6. 薛晟岩，等．沈阳地区新优宿根花卉引种及观赏性评价[J]．北方园艺，2010(16).
7. 袁慧红，夏宜平．宿根花卉园林应用与发展对策[J]．江西林业科．
9. 王慧颖，国园，洪坡．黑龙江省野生宿根花卉资源及其在园林中的应用[J]．中国野生植物资源，2008 年第二十七卷第四期．
10. 任彩光．宿根花卉的特性及其在园林中的配置[J]．河北林果研究，2005 年，第二十卷第四期．

圆明园西洋楼景区植物景观现状与历史对比

王一兰　陈瑞丹[①]
（花卉种质创新与分子育种北京市重点实验室，国家花卉工程技术研究中心，
城乡生态环境北京实验室，园林学院，北京林业大学，北京 100083）

摘要　以圆明园西洋楼景区植物现状调查结果为基础，总结现状植物应用种类、配置模式、种植位置等的特点。以《西洋楼二十景图》、西洋楼景区被毁后拍摄的照片与《内功则例》等为主要历史资料，推断西洋楼景区历史上确凿存在的植物材料以及存在于盛期圆明园的植物材料，根据铜版图记录总结西洋楼景区植物景观配置模式。将二者进行比较互证，分析植物景观现状对历史的还原程度，提出修复意见。
关键词　圆明园；西洋楼；植物景观；铜版图

Investigation and Historical Research of Plant Landscape in Yuanmingyuan European Palace

WANG Yi-lan　CHEN Rui-dan
(*Beijing Key Laboratory of Ornamental Plants Germplasm Innovation & Molecular Breeding*, *National Engineering Research Center for Floriculture*, *Beijing Laboratory of Urban and Rural Ecological Environment and College of Landscape Architecture*, *Beijing Forestry University*, *Beijing* 100083)

Abstract　Through field investigation in preserved Yuanmingyuan European Palace, the characteristics of plants selection, planting mode and planting position were summarized. Based on the Yuanmingyuan European Palace twenty scenes graph, photos took after ruins and other historical documents, plants used in Yuanmingyuan European Palace and plants used in Yuanmingyuan were summarized, and planting mode of that time were explored. Provide suggestions on plants species selection of the Yuanmingyuan European Palace and Yuanmingyuan for its plant landscape planning.
Key words　Yuanmingyuan; European Palace; Plant landscape; Etching

圆明园作为中国古典园林中皇家园林的造园典范之一，以其精巧的山水结构、多样的景观元素以及丰富的植物材料被誉为“万园之园”。西洋楼景区于1747—1760年由西洋传教士等人设计监修，是中国皇家宫苑中第一次大规模仿建西洋建筑群与园林景观（何重义和曾昭奋，2010）。西洋楼的植物景观是西方古典园林与中国古典植物配置相结合的一次探索，并且具有自身独特的风格。虽然西洋楼景区面积仅占全园的1.5%，但以其独特的艺术风格给人留下深刻印象。由于，园林中的植物元素几乎不复存在，专家学者对于西洋楼的研究也多集中在建筑、装饰、文物等方面（于健和赵佳，2011；李约翰，2008），对其植物景观的研究甚少。本次研究填补了这一空缺，具有重要的实践意义。

然而，西洋楼景区作为圆明园遗址首个开放的景区，因为建设时间较早，缺乏科学合理的规划设计，植物景观现状十分不理想。既不能展现历史上西洋楼景区的风貌，也未能起到良好的生态效果。本文从植物资源现状与历史资料研究两方面入手，探讨西洋楼景区植物景观的特点，以期为西洋楼景区的重新规划与景观修复提供借鉴。

1　研究对象与方法

研究对象为长春园北界西洋楼景区，总面积约8hm^2，其中水面面积约1hm^2。

研究方法包括文献查阅、实地调查与比较互证。以《圆明园内工则例》中的《圆明园花果树木价值》、《西洋楼二十景图》（1984）以及圆明园1860年被焚后于1873—1881年所拍摄的照片等为主要参考资料，考证圆明园盛期西洋楼景区的植物种类与配置方式。

①　通讯作者。陈瑞丹，副教授。主要研究方向：园林植物育种及应用。电话：010－62338935 Email：chenruidan@163.com 地址：100083 北京林业大学园林学院。

通过实地调查获得植物资源与景观的现状，与历史资料进行对比互证，分析西洋楼景区现状植物景观特点，推算对历史的还原程度。

2　结果与分析

2.1　西洋楼景区植物种类分析

西洋楼历史辨析植物种类详见附表。主要参考铜版图与被毁后拍摄的照片。统计现状中符合铜版图与老照片对西洋楼推断的历史上记载的植物种类，符合圆明园盛期植物种类(王一兰，2014)，以及与历史不符的种类，结果如表1。

表1　西洋楼景区植物种类统计表

Table 1　Plants in European Palace area

景区	现状植物种类	现状符合西洋楼图考的植物种类		符合圆明园盛期的植物种类		不符合历史的种类	
		数量	占总数百分比(%)	数量	占总数百分比(%)	数量	占总数百分比(%)
谐奇趣	8	2	25	5	63	2	25
黄花阵	15	3	20	10	67	3	20
养雀笼	13	1	8	6	46	2	15
方外观－五竹亭	10	2	20	6	60	3	30
海晏堂	20	4	20	13	65	4	20
大水法	25	5	20	17	68	2	8
线法山	21	3	14	14	67	4	19
方河－线法画	18	0	0	9	50	7	39
总计	55	11	19	34	58	10	17

西洋楼景区栽培植物种类共55种，8个景区的现状植物种类都不很丰富，其中最多的为大水法景区25种，最少的为谐奇趣景区8种。与铜版图、老照片辨析出的植物种类吻合的共有11种(国槐、金银木、旱柳、龙爪槐、山桃、白皮松、圆柏、油松、梧桐、银杏、爬山虎)，每个景区不超过5种。与圆明园盛期植物相符的种类共34种，占总数的约60%。不符合历史的植物种类共10种，有刺槐(张天麟，2010)、加杨、钻天杨(张懿藻和符毓秦，1979)、雪松、‘紫叶’桃、紫叶李、大叶黄杨、金叶女贞、紫叶小檗、五叶地锦，占总数的17%。

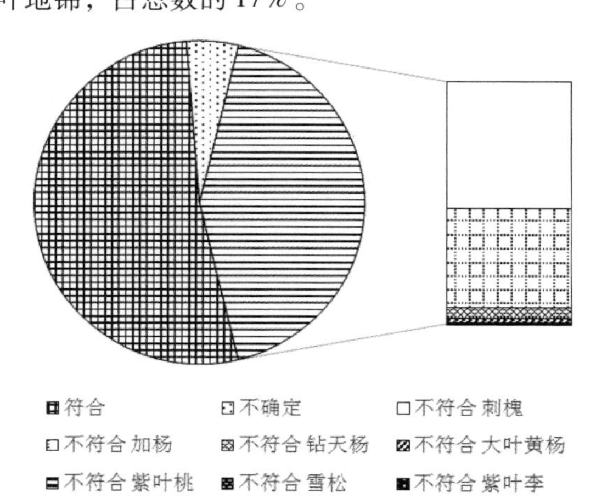

图1　西洋楼景区植物数量统计图

Fig. 1　Plants quantity of European Palace area

虽然在种类上与历史不符的植物占到的比重不算大，但以数量统计(由于缺少卫星图统计植被覆盖面积，以植物数量统计代替，绿篱、竹类、水生植物除外)，不符合历史的植物数量占到42%。影响植物景观的整体风貌，与西洋楼历史植物出入较大。而不符合历史的植物当中，刺槐与加杨占绝大比重，见图1。

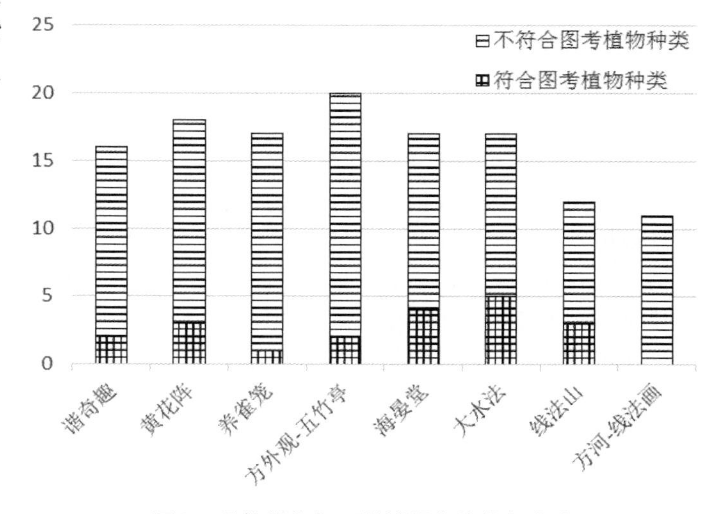

图2　现状植物与西洋楼图考植物契合度

Fig. 2　Plants in European Palace area matching with historical research

对西洋楼历史资料的图考中共辨析出植物种类48种，每个景区的数量如图2，方外观－五竹亭景区种类最多(20种)，黄花阵最少(8种)。现状植物对历史的还原比例为23%，其中大水法景区还原程度最高为29%，而方河－线法山景区为0%。

2.2 西洋楼景区植物景观配置模式

西洋楼是一处中西结合的景观群，建筑主要为西式石结构建筑，园林部分则综合运用了中国传统的叠山理水的手法以及西式规则式修剪造型植物。西洋楼二十景图作为研究西洋楼景区植物景观最直观的历史资料，对研究西洋楼植物造景具有重要意义。通过图面辨析，总结每个景区的植物景观配置模式。

2.2.1 谐奇趣景区植物景观配置模式

(1)西式花园

花园广场以菊花式喷泉池为中心，有南北和东西方向的2条轴线，东西两端分别与蓄水楼、养雀笼相接。四角有对称的西式花坛，边缘以铺砖围合铺以草坪，其上种植不同种的花卉；其中栽植修剪作三层塔型的圆柏若干，呈规则式布局；每个花坛分别以带状草坪勾边，间隔种植牡丹与修剪圆柏。现状花园广场处设置了纵横交错的园路，无序地栽植了诸多刺槐与加杨，与历史相悖。

(2)与土山结合的自然式种植

谐奇趣东西两侧土山为两面围合形，作为建筑背景，起到视线分隔的作用，以大乔木－小乔木－花灌木－地被植物的结构层次种植。主要植物种类有旱柳、国槐、榆树、油松、七叶树等6种大乔木；核桃等2种小乔木；2种花灌木以及4种地被植物。现状土山上仅有刺槐与国槐2种大乔木。

2.2.2 黄花阵景区植物景观配置模式

(1)水边自然式种植

黄花阵迷宫三面围合以带状水系，两岸自然式种植小乔木与灌木若干，种植模式多为小乔木－地被。主要植物有旱柳、油松、七叶树等4种乔木以及3种地被植物。花园正面北侧草地上亦为自然式栽植，非对称式布局，从图面上看多单株种植未形成群落，主要有旱柳等2种大乔木；玉兰、山桃等3小乔木；1种灌木以及4种地被植物。现状水边多栽植加杨、连翘、金银木、大叶黄杨，并且15株旱柳生长于水中，长势多不良；正门内有刺槐、榆叶梅、连翘。

(2)迷宫

此处的迷宫是对欧洲皇家花园中迷宫的模仿，以砖砌矮墙代替了修剪的灌木，阵墙上铺贴草皮，并栽植3层塔型修剪的罗汉松(圆明园管理处，2011)。阵内四角有八方“树圈”阵眼，各植龙爪槐1株。现状对4株龙爪槐原位复原，长势良好，绿阴如盖，与历史原貌十分相似。

(3)与土山结合的自然式种植

黄花阵北侧土山为四面围合形，为建筑营造私密空间，以单一的高大树种成片种植，植物种类为旱柳。现状土山遍植白皮松，由于密度较大，植株较小多长势不良，山脚下有刺槐、加杨、白蜡、国槐、君迁子、山桃、杏、金银木、连翘等植物。

2.2.3 养雀笼景区植物景观配置模式

(1)与土山结合的自然式种植

养雀笼东侧南北两座土山作为建筑空间与外界的屏障，起视线遮挡兼具庭院观赏效果。以大乔木－小乔木－地被植物的结构层次种植。主要植物种类有旱柳、国槐、七叶树、臭椿、元宝枫、油松、华山松、板栗等9种大乔木；核桃、玉兰2种小乔木；3种地被植物。而现状树种过于单一，仅有银白杨和刺槐2种大乔木。

(2)花坛与修剪圆柏

养雀笼东面轴线两侧有对称布局的花坛2块，栽植萱草等2种花卉，外围栽植修剪圆柏共12株。现状无序栽植刺槐若干，路两侧以黄杨绿篱勾边强调轴线。

2.2.4 方外观－五竹亭景区植物景观配置模式

(1)盆花

方外观建筑的栏杆上摆有传统名花盆景，突出皇家尊贵的氛围。

(2)列植修剪圆柏

中轴路两侧以及水边列植修剪圆柏，强调一种几何构图的节奏感。

(3)与建筑结合的自然式种植

方外观主体建筑东西两侧以及殿后植高大树木，起到衬托建筑、丰富构图，兼以荫蔽的作用。主要植物有国槐、油松、华山松3种大乔木。现状建筑周边以黄杨绿篱围合成几何图案，中间栽植刺槐、油松、圆柏、绦柳。

(4)花坛

方外观建筑前庭院布局非对称性，西侧为水系，东侧有一西式花坛，边缘以铺砖围合铺以草坪，其上再种植花卉，有牡丹、菊科植物等3种花卉。

(5)荷花池

五竹亭位于方外观对面，由西洋竹式重檐亭5做、竹式游廊4座十八间组成。五竹亭北设圆形喷水池，左右为荷花池。现状对北侧的圆形喷水池及荷花池进行了复原修复，并未蓄水，没有水生植物。

(6)与假山石结合的自然式种植

荷花池两侧草坪至假山石与水边，栽植花卉地被植物。主要植物有凤仙、玉簪等4种。

2.2.5 海晏堂景区植物景观配置模式

(1)与假山石结合的自然式种植

海晏堂西侧的石山与汉白玉西式栏杆结合，完美消化了台阶产生的高差，起过渡作用。假山石中少量栽植具有观赏性的园景树，既作为阶梯的背景，又为拾级而上的游园者驻足观赏的景观节点。加强了建筑与前方喷泉的空间层次。主要植物有油松、七叶树、元宝枫、旱柳等6种大乔木。现状北侧假山石上生长有山桃1株。

(2)轴线布局的规则式种植

海晏堂蓄水池南北两侧对称布局景观道与海晏堂平行，自西向东依次设有龙爪槐树池、植物雕塑喷泉池、休息台、雕塑喷泉池、龙爪槐树池。龙爪槐树池周围盆景罗汉松与露地栽植的月季间隔摆放。道路两侧均为缀花草坪，栽植萱草等3种花卉。修剪圆柏沿建筑、道路列植。现状以黄杨绿篱仿照景观道布局围合了空间，并按照铜版图所示位置补植了部分圆柏，但是大部分位置缺失。

2.2.6　大水法景区植物景观配置模式

(1)建筑前对植的圆柏

远瀛观为西洋钟楼式大殿，建筑采取中轴对称的严整布局形式，并以宽阔的庭院及广场相衬托，殿前的植物景观也相应地采用对植和列植的方式，8棵未作整形修剪的圆柏呈“L”型对称布局，与庄严肃穆的皇家氛围相协调。

(2)修剪高篱

常绿树修剪的高篱作为建筑与草木之间的一种中介体存在，其形态上与建筑呼应，而肌理与质感依旧属于植物(滕云，2009)。大水法、观水法宝座两侧的圆柏高篱与围墙共同围合成中心对称的4个封闭空间，其中观水法两侧的高篱与围墙上各开“巴洛克”式西洋门2个。现状为侧柏修剪的高篱。

(3)与假山石结合的自然式种植

大水法南侧的石山上的植物景观配置与海晏堂处类似。但植物虽为自然式种植，亦未作整形修剪，但沿建筑轴线为中心两侧对称布局，主要植物白皮松、圆柏、臭椿。

(4)水边列植旱柳

远瀛观建筑北侧围墙外有带状水系经过，水边靠近外侧围墙列植一排旱柳。现状水系不复存在，被道路取代，路边列植白皮松、油松，以黄杨绿篱勾边，并配置银杏、梧桐、白蜡、圆柏、早园竹等植物。

(5)对植修剪的柏树

大水法前方东西两侧，各有一座大型西式喷水塔，中间位置对称配置一对经过修剪的柏树，其枝叶修剪成九段，称“九节松”，这种修剪成型的乔木，是欧洲规则式园林的重要内容。现状此处栽植了一对龙柏。

(6)花坛

修剪的柏树下方，有对称布局了花坛一对。以铺砖勾勒纹样，其间栽植牡丹花若干，由于牡丹根系不耐积水，牡丹花栽植于高起的基座上。

(7)盆花

大水法喷泉池两侧对称摆放罗汉松盆景各5盆。观水法围屏两侧各列有汉白玉方塔一座，其两侧各摆放修剪成三层塔状的盆栽2盆。

(8)庭院中自然式种植

高篱围合的空间中以自然式种植方式栽植大乔木若干，主要有国槐、油松、圆柏、七叶树、梧桐、元宝枫等9种。现状此处多栽植君迁子、黄栌、山桃、杏、榆叶梅、紫薇、珍珠梅、锦带花、紫叶李等小乔木与花灌木，虽然种类丰富，但高度整体较低，几乎完全被侧柏高篱遮挡。

2.2.7　线法山景区植物景观配置模式

(1)修剪圆柏树阵

共两处，线法山西门与线法山东门。线法山正门(西门)所在地段栽满经过修剪的圆柏，树阵呈斜45度规则方阵栽植。线法山东门处呈对称栽植14株圆柏，由沿路列植逐渐过渡到假山石脚下。现状西门处依照铜版画位置栽植了2组圆柏树阵，但大小规格差异较大，并且有部分位置缺失，未能达到历史风貌；东门处仅有无序栽植的刺槐。

(2)修剪绿篱

线法山东西两侧各有西式雕花门柱与植物结合的绿墙1面。现状门柱只剩基座部分，侧柏绿篱也仅与基座高度齐平，约60cm，与绿墙的效果相去甚远。

(3)土山结合的自然式种植

线法山为一座高8m的圆形土山，筑环状盘旋登道，三折可登山顶。山丘上栽满油松，强调了山势。现状土丘上遍植刺槐，但普遍树龄较小，多势不良。山脚有白蜡、钻天杨、油松、栾树、紫叶桃、榆叶梅、玫瑰、金叶女贞等植物。

(4)与建筑结合的攀缘植物

线法山东门处螺蛳牌楼3个门两侧各有2株爬山虎，共6株爬山虎呈对称布局。

(5)与假山结合的自然式种植

线法山东门处的假山与螺蛳牌楼共同组成一组景观。由于石山体量较大，植物种类多样、层次丰富。种植模式：大乔木－小乔木－地被植物。主要植物有国槐、七叶树、油松、白皮松等8种大乔木；核桃等2种两种小乔木；爬山虎1种地被植物。现状树种有刺槐、钻天杨、栾树、元宝枫、银杏、七叶树、油松、丝棉木、黄栌、连翘、爬山虎，与历史的风貌相近。

2.2.8　方河－线法画景区植物景观配置模式

(1)水边树列植圆柏

方河南北两侧列植未修剪的圆柏，强调方河的几何构图感。现状方河四周栽植修剪做绿篱状的黄杨、紫叶小檗、金叶女贞，北岸围墙上栽有多花蔷薇，南岸列植一行银杏。

(2)与建筑结合的自然式种植

线法画为十三面断墙呈八字排列，植物呈自然式种植，中间为花灌木－地被，两侧为高大乔木，主要有七叶树、旱柳、元宝枫等5种大乔木；1种花灌木以及玉簪等2种地被植物。线法画现状已划分于圆明园景区围墙外，并改建为停车场，栽植毛白杨24株，加杨46株。

2.3　西洋楼景区植物景观与遗址现状

园林植物多依据建筑及山体进行种植，而西洋楼景区内绝大部分建筑已毁坏，部分植物生长于建筑基址之上或距离建筑基址过近，植物根系有可能对建筑地基造成破坏，对未来的考古及建筑修复工作有一定的影响。在本次调查中，对西洋楼景区内距离基址10m内的树种做统计，结果如表2。

表2　西洋楼景区距离建筑基址10m内的树种统计表

Table 2　Plants in European Palace area within 10m of ruins

景点＼树种	刺槐	杏	山桃	海棠	金银木	绦柳	酸枣	油松	加杨	丝棉木	君迁子
谐奇趣	2*	1*		1*	1*						
蓄水楼	6										
迷宫北侧建筑	4*	1*	1*								
北山凉亭	4*										
养雀笼	3								3		
方外观南面凉亭	1					1					
海晏堂西面			1**								
海晏堂锡海							20*				
大水法喷水池								1*	1*		
大水法西侧水塔									2		
观水法									3	1	1
线法山凉亭	4*										
螺蛳牌楼	3										

注：* 生长于建筑遗址之上；** 生长于假山之上。

西洋楼景区共有建筑遗址共18处，其中9处遗址10m距离内有植物生长。谐奇有大量建筑残迹遗存，刺槐、杏、海棠、金银木生长其上；海晏堂锡海的巨大灰土基础上生长大量酸枣；迷宫北侧建筑、黄花阵北山凉亭与线法山凉亭的地上建筑部分完全毁坏，地基范围内分别生长4株刺槐；方外观南面凉亭、海晏堂西面、大水法喷水池、大水法西南侧水塔和观水法地基附近10m内生长有植物，其中绦柳、加杨、丝棉木、山桃规格较大，根系发达甚至裸露地面，极有可能对建筑遗址迹部分造成危害（王一兰等，2015）。

3　结论

3.1　植物多样性

圆明园西洋楼景区植物景观相对单一，植物种类以大乔木为主，数量最多的2个树种刺槐、加杨与历史植物不符，严重影响西洋楼景区的整体风貌。小乔木和花灌木相对较少，景观效果较差。地被植物仅有麦冬、萱草、爬山虎，且并未覆盖所有区域，大部分土地属于裸露状态，水土流失严重，并伴有扬尘的情况。建议增加小乔木、花灌木等中间层次的植物种类，丰富景观层次；提高地被植物的使用比例，完善植物配置结构，控制游人进入遗迹范围，同时改善扬尘及水土流失情况。

3.2　景观多样性

从西洋楼铜版图的记录来看，盛时的植物景观多样性十分丰富，达到了中国古典园林与欧洲古典园林手法的和谐统一。传统的花木配置常采用自然式，多与土山、假山、水系结合，而建筑前庭与道路两旁多做规则式种植；西方园林的规则式园林主要手法有树木修剪、排列整齐的树阵、花坛等。多处景区均为2种园林形式的结合，构思精巧。而现状的植物景观缺少整体规划，建议参考历史上的植物景观配置模式，重新规划景区建筑遗址周边的植物景观，以丰富的植物景观反衬建筑残迹，在展现皇家园林艺术水准的同时兼顾爱国教育功能。

3.3 植物景观与遗址的保护和发展

早期的景区规划没有充分尊重历史原貌，部分植物未按照历史进行栽植，如谐奇趣北侧花园广场；线法山东门、方河及线法画划于西洋楼景区围墙外，且疏于管理，野生灌草及乔木萌蘖茂盛生长，甚至在线法画遗址范围修建停车场。部分植物生长于建筑遗址之上，或过于靠近建筑遗址，植物根系过于发达有可能伸入建筑地基造成破坏，不利于建筑的保护以及后续的考古研究。

3.4 植被修复建议

根据现状调查结果，建议对西洋楼景区现状植被进行分批次处理。第一批去除对遗址有危害的植物，生长于遗址之上以及距离建筑遗址10m内的植物，由于发达的植物根系对于建筑地基以及遗址有较强的破坏力，急需进行伐除或移栽。第二批去除长势不良的植物，如枯稍、偏冠以及死亡的植物。第三批对于非圆明园原有树种且栽植过密的区域进行逐步伐除，如刺槐、加杨等。保证合理种植间距，为乔木生长提供足够空间，避免出现偏冠、枯稍等情况。在此基础上，参考西洋楼盛时植物景观种类与配置模式，增加历史树种如臭椿、榆树、核桃、玉兰等，丰富遗址周边山体植被；对于规则式种植的植物种类，如线法山西门树阵以及海晏堂南北两侧圆柏，可以根据西洋楼铜版图所示位置进行补植，以达到更好的景观效果。

参考文献

1. 长春园西洋楼铜版画二十图[A].//中国圆明园学会．中国建筑工业出版社[C]．中国建筑工业出版社，1984：91－112.
2. 何重义，曾昭奋．圆明园园林艺术[M]．北京：中国大百科全书出版社，2010：92－154.
3. 孟宇飞，等．长春园西洋楼景区历史植物景观研究[A].//中国风景园林学会年会论文集[C].2015.
4. 李约翰．乾隆皇帝的西洋景圆明园西洋楼里的线法与透视画[A].//中国圆明园学会，张文彬[C]．2008：114－123.
5. 滕云．十八世纪中国古典园林与欧洲古典园林比照研究[D]．沈阳：沈阳农业大学，2009.
6. 王一兰．圆明园九州五岛树种调查及历史资料分析的初步研究[D]．北京：北京林业大学，2014：36－38.
7. 王一兰，沐先运，陈瑞丹，等．长春园西洋楼景区植物资源与景观现状[A].//中国风景园林学会年会论文集[C].2015.
8. 于健，赵佳．圆明园西洋楼建筑装饰艺术的源流及其变异[J]．艺术评论，2011(4).
9. 圆明园管理处．圆明园百景图志[M]．北京：中国大百科全书出版社，2011：2－290.
10. 张天麟．园林树木1600种[M]．北京：北京建筑工业出版社，2010.
11. 张懿藻，符毓秦．我国的杨树引种[J]．陕西林业科技，1979(3).

附表《西洋楼二十景图》铜版画辨析植物种类

景区	植物种类	生活型/应用形式	等级	识别特征
谐奇趣	圆柏	大乔木	a	
	旱柳	大乔木	b	
	国槐	大乔木	b	
	七叶树	大乔木	b	
	油松	大乔木	b	
	榆树	大乔木	b	
	未知1	大乔木	d	叶三裂
	核桃	小乔木	b	
	未知2	小乔木	d	点云状画法
	未知3	花灌木	d	丛生垂枝状
	未知4	花灌木	d	簇生，卵状披针叶

（续）

景区	植物种类	生活型/应用形式	等级	识别特征
	未知 5	地被植物	d	团状画法
	未知 6	地被植物	d	卵形叶
	未知 7	地被植物	d	短线画法
	未知 8	地被植物	d	五小叶
	牡丹	花卉	b	
黄花阵	旱柳	大乔木	a	
	七叶树	大乔木	b	
	油松	大乔木	b	
	华山松	大乔木	b	
	未知 1	大乔木	d	叶三裂
	龙爪槐	大乔木	b	
	山桃	小乔木	b	
	玉兰	小乔木	b	
	未知 9	小乔木	d	簇生，六小叶
	未知 3	花灌木	d	丛生垂枝状
	未知 4	花灌木	d	簇生，卵状披针叶
	未知 10	地被植物	d	长披针叶
	未知 11	地被植物	d	丛生直立，细叶
	未知 12	地被植物	d	基生叶，轮生
	未知 13	地被植物	d	总状分枝
	未知 14	地被植物	d	头状花序
	未知 15	地被植物	d	丛生细长叶
	罗汉松	矮墙上	c	修剪三层塔状
养雀笼	旱柳	大乔木	b	
	国槐	大乔木	b	
	七叶树	大乔木	b	
	臭椿	大乔木	b	
	元宝枫	大乔木	b	
	油松	大乔木	b	
	华山松	大乔木	b	
	板栗	大乔木	c	
	未知 1	大乔木	d	叶三裂
	玉兰	小乔木	b	
	核桃	小乔木	b	
	未知 9	小乔木	d	簇生，六小叶
	未知 10	地被植物	d	长披针叶
	未知 12	地被植物	d	基生叶，轮生
	未知 15	地被植物	d	卵状小叶互生
	萱草	花卉	b	
	未知 16	花卉	d	五瓣花

（续）

景区	植物种类	生活型/应用形式	等级	识别特征
方外观	国槐	大乔木	b	
	油松	大乔木	b	
	华山松	大乔木	a	
	圆柏	大乔木	b	
	未知 15	地被植物	d	丛生细长叶
	牡丹	花卉	b	
	菊科	花卉	b	
	未知 16	花卉	d	五瓣花
	未知 17	盆花		
五竹亭	旱柳	大乔木	b	
	圆柏	大乔木	b	
	油松	大乔木	b	
	国槐	大乔木	b	
	白皮松	大乔木	b	
	七叶树	大乔木	b	
	元宝枫	大乔木	b	
	未知 1	大乔木	d	叶三裂
	未知 18	大乔木	d	三小叶下垂
	未知 19	大乔木	d	团状
	未知 9	小乔木	d	簇生，六小叶
	凤仙	花卉	b	
	玉簪	花卉	b	
	荷花	花卉	b	
海晏堂	圆柏	大乔木	a	
	油松	大乔木	a	
	国槐	大乔木	b	
	旱柳	大乔木	b	
	元宝枫	大乔木	b	
	梧桐	大乔木	b	
	榆树	大乔木	b	
	未知 1	大乔木	d	叶三裂
	未知 19	大乔木	d	团状
	未知 20	大乔木	d	长卵状叶互生
	龙爪槐	小乔木	b	
	未知 9	小乔木	d	簇生，六小叶
	牡丹	花卉	b	
	月季	花卉	b	
	萱草	花卉	b	
	未知 21	喷泉中间		披针叶互生
	罗汉松	盆栽	c	修剪三层塔状

（续）

景区	植物种类	生活型/应用形式	等级	识别特征
大水法	旱柳	大乔木	a	
	圆柏	大乔木	a	
	白皮松	大乔木	a	
	油松	大乔木	a	
	国槐	大乔木	b	
	元宝枫	大乔木	b	
	臭椿	大乔木	b	
	梧桐	大乔木	b	
	核桃	大乔木	c	
	未知 1	大乔木	d	叶三裂
	未知 19	大乔木	d	团状
	未知 22	大乔木	d	密生小叶
	未知 23	大乔木	d	开花大乔木
	牡丹	花卉	b	
	圆柏	绿篱	c	
	罗汉松	盆栽	c	修剪三层塔状
	未知 24	盆栽	d	修剪三层塔状
线法山	圆柏	大乔木	a	
	国槐	大乔木	b	
	旱柳	大乔木	b	
	油松	大乔木	b	
	未知 1	大乔木	d	叶三裂
	未知 23	大乔木	d	开花大乔木
	未知 25	大乔木	d	
	核桃	小乔木	b	
	未知 9	小乔木	d	簇生，六小叶
	圆柏	绿篱	c	
	爬山虎	地被植物	b	
	爬山虎	攀缘植物	b	
方河－线法画	圆柏	大乔木	b	
	元宝枫	大乔木	b	
	旱柳	大乔木	b	
	未知 1	大乔木	d	叶三裂
	未知 18	大乔木	d	三小叶下垂
	未知 23	大乔木	d	开花大乔木
	未知 9	小乔木	d	簇生，六小叶
	未知 26	花灌木	d	丛生，团状
	玉簪	地被植物	c	
	未知 10	地被植物	d	长披针叶
	未知 27	地被植物	d	团状

注：a 代表与老照片吻合的种类，b 代表文献中考证出的种类（孟宇飞等，2015），c 代表笔者考证出的种类，d 代表未考证出的种类。

文化景观遗产生态系统服务功能评估方法探讨*
——以杭州西湖为例

章银柯[1,2] 俞青青[3] 章晶晶[4] 王 恩[2] 张鹏翀[2] 陈 波[4]①
（[1]北京林业大学园林学院，北京 100087；[2]杭州植物园，杭州 310013；
[3]中国美术学院建筑艺术学院，杭州 310024；[4]浙江理工大学建筑工程学院，杭州 310018）

摘要 生态系统服务功能是人类生存与现代文明的基础，维持与保护生态系统服务功能是实现整个社会可持续发展的基础。生态系统服务功能是近年来生态学研究的热点领域。作为一种生态系统，文化景观是连接自然与文化遗产的纽带，体现系统与整体的综合价值，发挥着巨大的生态系统服务功能。以著名的世界遗产——杭州西湖文化景观为对象，针对国内外生态系统服务功能价值评估中缺乏综合创新评估体系、指标计量方法混乱、指标参数针对性差等问题，在对其主要生态系统服务功能进行定点长效监测的基础上，构建先进、合理、创新的专家和公众信息相融合的文化景观生态系统服务功能评估指标体系，探索适合、有效的创新评估指标模型、计量方法和相关参数，从而为文化景观遗产的保护、管理提供启示和借鉴。

关键词 文化景观；世界遗产保护；生态系统服务功能；评估指标体系；杭州西湖

Construction of Assessment Methods of Ecosystem Services of Cultural Landscape Heritage, Illustrated by the Case of Hangzhou West Lake

ZHANG Yin-ke[1,2] YU Qing-qing[3] ZHANG Jing-jing[4] WANG En[2] ZHANG Peng-chong[2] CHEN Bo[4]
（[1]*College of Landscape Architecture*; *Beijing Forestry University*, *Beijing* 100083; [2]*Hangzhou Botanical Garden*, *Hangzhou* 310013; [3]*College of Architecture*, *China Academy of Art*, *Hangzhou* 310024; [4]*School of Architectural & Civil Engineering*, *Zhejiang Sci-Tech University*, *Hangzhou* 310018）

Abstract Ecosystem services is the foundation of human existence and modern civilization, maintaining and protecting of ecosystem services is the foundation for realizing sustainable development of the whole society. The study about ecosystem services is the hot area of ecology studies in recent years. As a kind of ecological system, cultural landscape is a connecting link between the natural and cultural heritage. It embodies the value system and the overall, and plays a huge ecosystem services. For some bottleneck problems, such as the lack of public assessment and general innovative assessment system, disorder of index measurement, weakness in index parameter pertinence and sophisticated measurement methods, an advanced, reasonable and innovative assessment index system for ecosystem services of cultural landscape is proposed in this study by integrating information from experts and the public, exploring appropriate and efficient innovative assessment index model, measurement methods and relevant parameters, while taking Hangzhou West Lake, the famous world cultural landscape heritage as a subject, to carry out the elaborate dynamic classified integrated quantitative assessment for the evaluation of ecosystem services, based on the data from long-term monitoring, thus to provide inspiration and experience on protection and administration for cultural landscape.

Key words Cultural landscape; World heritage protection; Ecosystem services; Assessment index system; Hangzhou West Lake

---

* 国家自然科学基金项目：基于生态系统服务功能监测与价值评估的文化景观遗产保护研究——以杭州西湖为例（51408172）；浙江省自然科学基金项目：基于3S技术的遗产廊道生态系统健康与环境影响评价研究（LQ16E080010）。

① 通讯作者。
第一作者简介：章银柯，男，高级工程师，北京林业大学在职博士研究生，杭州植物园园林科技科科长，主要从事园林植物材料引进利用及景观生态交叉领域的研究和实践。E-mail：zyk1524@163.com。

1 前言

杭州作为著名的风景旅游城市和历史文化名城，自古拥有卓越的山水风景基础与深厚的历史文化积淀。纵观5000年杭州建城史、2000多年西湖发展史，可以清楚地看到，杭州倚湖而兴、因湖而名、以湖为魂。没有西湖，杭州的兴盛就失去了依托，历史文化名城就失去了“根”和“魂”，西湖的普世价值已深刻地体现在杭州城市的发展长河之中，充分体现在杭州文脉的发展与嬗变之中。正如北宋大文豪苏轼所说：“杭州之有西湖，如人之有眉目，盖不可废也……使杭州无西湖，如人而去其眉目，岂复为人乎?”可见，西湖之于杭州具有非常特殊的意义。

据浙江省古建筑设计研究院院长、国际古迹遗址理事会专家黄滋介绍说：“西湖的真正价值，在于人与自然的互动，文化与景观的互动。”[1]杭州西湖文化景观于2011年6月正式列入《世界遗产名录》，杭州西湖申遗获得成功。杭州西湖被批准成为世界遗产，不仅是一种荣誉，更是一种责任，是对世界文化景观遗产的保护、发展和传承，而并非简单地注重经济效益。处于“后申遗时代”的西湖文化景观是否坚持了世界遗产的真实性、完整性和延续性的原则；是否处理好了遗产保护与发展的关系；是否具备可持续发展的科学机制条件……这些“后申遗时代”西湖文化景观可持续发展问题值得我们深入的思考。

笔者认为，要想实现西湖文化景观的有效保护与利用，使其完好地保存而不遭到破坏，必须以生态学理论作为指导，从生态系统角度入手，对西湖文化景观进行全面系统的生态系统服务功能长效监测与价值评估，从而实现文化景观资源的优化配置与合理利用，最终实现西湖的可持续发展。同时，也为中国其他的世界文化景观遗产地保护提供参考，为世界遗产理论的发展及完善做出贡献。

2 文化景观生态系统价值评估与监测的缺失

文化景观是连接自然与文化遗产的纽带[2]，文化景观体现了系统与整体的综合价值。一个文化景观往往由多个遗产要素组成，并且这些要素不是简单的相加关系，而是一个有机的整体。不同于那些单层次保护的世界遗产，文化景观着眼于体现文化区域所特有的文化要素的整体，它侧重于对区域的整体保护。如果从某个要素或某个地点看，或许一个文化景观并不出众，只有从系统、整体的角度来看，世界遗产的普世价值才能彰显。同样，如果文化景观中的某个具体景观脱离了系统和整体，也会大大降低其价值[3]。因此，必须将文化景观作为一个系统来进行研究。

事实上，几乎所有遗产的价值都依存于产生它们的土地，而土地即意味着景观[4]。这揭示了遗产与土地、景观不可分离的本质，而土地与景观是生态学研究的范畴。因此，有必要从生态学角度去认识文化景观，将其看作独立的生态系统。生态系统是在一定的空间和时间范围内，在各种生物之间以及生物群落与其无机环境之间，通过能量流动和物质循环而相互作用的一个统一整体。文化景观作为一种生态系统，体现了人、土地与自然相联系而产生的文化多样性，体现了人类与他们所处的自然环境之间存在的长久而亲密的关系[5]。

从生态系统的角度看，任何文化景观要素的丧失都会影响到生态系统的结构变化、能量循环。由于科学技术的高度发展，人类活动在更大范围和更深程度上改变自然界面貌的同时，也会导致遗产的破坏。因此，如果仅从经济学的“成本—收益”角度分析，文化景观的价值便无法得到正确估量。文化景观的价值是不以人的意志为转移的客观存在，它的不可再生性决定了其无与伦比的独特价值，人们尚未有效地对其生态价值、美学价值、经济价值等进行评估，更谈不上长效监测了。为此，有必要从生态系统理论入手，开展文化景观的生态服务功能价值评估与长效监测，以期实现文化景观遗产的有效保护和可持续发展。

3 西湖文化景观生态系统服务功能评估方法研究

3.1 西湖文化景观概况

杭州西湖具有“三面云山一面城”的地理特征，自唐代至清代(618—1800年)，西湖的“两堤三岛”经多次疏浚而成。其自然山水与诗画文学有机结合，并与众多寺庙、古塔、亭台楼阁等浑然天成，成为“人间天堂”。自南宋起，“西湖十景”被认为是“天人合一”最理想、最经典的景观体现，将中国景观美学的理念表现无遗，激发了人们“寄情山水”的情怀，西湖也成为文人骚客的精神家园。

杭州西湖风景名胜区总面积近60km²，文化景观遗产区总面积3322.88hm²，为西湖风景名胜区主体部分。西湖文化景观由西湖自然山水、“三面云山一面城”的城湖空间特征、“两堤三岛”景观格局、“西湖十景”题名景观、西湖文化史迹、西湖特色植物6大要素组成[6]。涉及面之广，要素性质之复杂为国内遗产所罕有。同时，西湖风景名胜区是杭州城市绿地系统的重要组成部分，不仅是维护城市生态平衡的基地，也承担着城市公园和旅游胜地的功能，是名副其实的城市“绿肺”。

3.2 生态系统服务功能概述

生态系统服务功能一般指人类直接或间接从生态系统得到的利益，主要包括向社会经济系统中输入有用物质和能量、接受和转化来自社会经济系统的废弃物，以及直接和间接向人类社会成员提供服务[7]。生态系统服务功能研究已成为生态学研究的热点领域。

总的说来，目前国内外生态系统服务功能的研究主要集中在对自然生态系统服务功能进行定量评价[8-11]。但由于生态系统及其服务功能的复杂与多样性，导致评价指标不全面、不统一，各指标之间的关系不明确[12]。然而我们应该看到，即使是这样一种粗略的估计，也有利于人们对生态系统服务功能的重要性有更为直观的认识，并为生态环境保护政策的制定及可持续发展提供参考。

3.3 西湖文化景观生态系统服务功能研究内容

鉴于国内外生态系统服务功能长效监测与价值评估工作中缺乏公众评估、缺乏综合创新评估体系、指标计量方法混乱、指标参数针对性差[13]、游憩价值评估有待研究、尚未有人从文化景观遗产角度开展生态系统服务功能研究等问题，本文从如下两方面开展研究。

3.3.1 西湖文化景观生态系统服务功能监测因子确定

根据杭州西湖文化景观的发展和组成的特征，结合国内外相关研究，在全面调查文化景观分布状况的基础上，对文化景观要素所在地主要生态系统服务功能(归纳为健康度、舒适度、美景度、游憩度4方面)进行长效监测，监测数据一方面用于了解西湖文化景观的生态效益状况，另一方面为西湖文化景观的生态系统服务功能评估提供依据。

具体的监测因子包括：

健康度相关因子：根据《环境空气质量标准》(GB3095－2012)，参与评价的污染物为细颗粒物(PM2.5)、可吸入颗粒物(PM10)、二氧化硫(SO_2)、二氧化氮(NO_2)、臭氧(O_3)、一氧化碳(CO)等6项；加上绿地的特殊生态效益，如释放负氧离子[$O_{2^-}(H_2O)_n$]、降低噪声；

舒适度相关因子：与人体感受相关的小气候环境，如温度、湿度、风速、光照强度；

美景度相关因子：构建遗产区特色景观的各类特色植物，包括：桃、荷、桂、梅、茶、古树名木(香樟、银杏、苦槠等)；

游憩度相关因子：游人对遗产区的使用状况，以及游人的心理健康状况。

3.3.2 西湖文化景观生态系统服务功能评估指标筛选

确立科学、合理的评估指标体系是文化景观生态系统服务功能物质量和价值量综合评估的前提和关键。本文根据文化景观的内涵、基本特征和主要监测内容，构建一个层次分明、结构完整、科学合理的生态系统服务功能综合评估指标体系(表1)。在实际的综合评估中，并非是评估指标越多越好，但也不是越少越好，评估指标过多，有可能存在重复性、干扰性等；评估指标过少，有可能所选的指标缺乏足够的代表性，会产生片面性。因此，综合评估指标体系的构建要遵循系统性、针对性、可比性、可操作性、层次性、定量与定性相结合等原则[14]。

表1 文化景观生态系统服务功能评估初步筛选指标

服务类别	指标类型	指标评估因子
生态效益	健康度指标	滞尘(细颗粒物、可吸入颗粒物)、吸收污染物(二氧化硫、二氧化氮、臭氧、一氧化碳)、释放负氧离子、降低噪声
	舒适度指标	调节气温、调节空气湿度、调节风速、遮阳
经济效益	游憩度指标	游憩、保健
社会效益	美景度指标	美化环境

3.4 西湖文化景观生态系统服务功能评估方法

3.4.1 评估指标重要度计算与指标体系构建方法

参考国内外相关文献结合预调查的专家和公众的建议，合理设计相关内容的调查问卷，设计中文和英文版本，通过纸质问卷调查、知名网站调查、电子邮件调查3种方式对国内外专家和公众进行超大样本的问卷调查。

文化景观生态系统服务功能的重要度模糊评估、文化景观生态系统服务功能中公众评估所占比例(公式1)和公众评估重要度模糊评估等以问卷调查的形式进行基础数据的收集，并以重要度频度分析法和模糊数学法进行相关分析。

其中，文化景观生态系统服务功能中公众评估所占比例计算公式如下：

$$R = \frac{\sum_{i=1}^{n}(K_i \times R_i)}{\sum_{i=1}^{n} K_i} \times 100\% \qquad (公式1)$$

式中，R为文化景观生态系统服务功能中公众评估所占比例；K_i为公众评估重要度分级样本统计数；R_i为不同重要度公众评估所占比例量化转化值。

专家和公众角度的文化景观生态系统服务功能评估指标的重要度调查等以问卷调查的形式进行基础数据的收集。采用理论分析法、文献查找法、专家咨询法、公众咨询法、指标属性分组法五种方法综合进行文化景观生态系统服务功能评估指标的初步筛选，初步筛选的指标注重指标对文化景观生态系统服务功能评估的适用性和指标种类的完善性。最终确定的指标采用专家咨询法、公众咨询法和重要度频度分析法(公式2、公式3)3种方法构建综合评估指标体系。

其中，指标重要度评估的频度计算公式如下：

$$P_i = \frac{X_i}{S} \times 100\% \qquad (公式2)$$

式中，P_i为文化景观生态系统服务功能指标重要度评估中单个指标的频度；X_i为该指标被选择的样本数；S为参与评估的有效样本总数。

指标重要度评估的相对频度计算公式如下：

$$R_i = \frac{P_i}{\sum_{i=1}^{n} P_i} \times 100\% \qquad (公式3)$$

式中，R_i为文化景观生态系统服务功能指标重要度评估中单个指标的相对频度；P_i为该指标的频度。

3.4.2 游客心理健康的评价方法

对研究对象心理健康的评价主要采用心理学研究方法中的测验法，即通过心理学量表对研究对象进行心理测验。评价的程序为，先通过心理学量表对研究对象进行心理测验以获得其心境状态的情况，再由其心境状态的好坏程度评价其心理健康状况。

心境是指一种使人的所有情感体验都感染上某种色彩的较持久而又微弱的情绪状态，其特点是具有非定向的弥散性[15]。良好的心境或不良的心境会使人在心理上形成一种淡薄的背景，对心理健康有直接的影响，可以反映个体的心理健康状况[16]。

游客心境状态的测定采用国内外应用广泛的《简式心境状态量表》(POMS)，是由华东师范大学祝蓓里教授根据澳大利亚学者格罗夫(Grove)的量表修订而来，其信度在0.60~0.82之间，平均为0.71。它共有40个形容词，包括紧张、愤怒、疲劳、抑郁、精力、慌乱和自尊感等7个情绪分量表，均采用5级量表法答题(从几乎没有~非常地)，记分相应地以0~4分。每个分量表的最高原始得分分别为24、28、20、24、24、20、20；最低得分均为0分。心境状态总分(POMS指数)的计算方法是：5种消极情绪得分(紧张、愤怒、疲劳、抑郁、慌乱)的总分减去2种积极情绪得分(精力、自尊感)，最后再加100做进一步的修正。POMS指数越高，表明其心理健康状况越差[17]。

3.4.3 文化景观游憩使用状况的研究方法

本项研究中，文化景观的游憩功能主要通过使用状况评价方法(Post Occupancy Evaluation, POE)进行研究。使用者的基本资料、文化景观的使用情况及其与健康的关系等内容采用问卷调查的方法获取。问卷调查的前期设计主要参考国内外现有相关研究的问卷设计，在现有研究的基础上，根据项目的实际情况与特点确定研究所需的基本信息资料，并对问卷问题进行设计与选择。

问卷包括文化景观使用情况的调查和游客心境状态量表两大部分。针对不同季节、时段游客的流量变化，在研究对象选择上力求做到被调查者在年龄、性别、居住地、文化程度、职业差别和收入情况等各方面的人数比例符合游客的实际情况。

4 结语

本文以著名的世界遗产——杭州西湖文化景观为对象，在对其主要生态系统服务功能进行定点长效监测的基础上，针对国内外生态系统服务功能价值评估中缺乏综合创新评估体系、指标计量方法混乱、指标参数针对性差等问题，构建先进、合理、创新的专家和公众信息相融合的文化景观生态系统服务功能评估指标体系，探索适合、有效的创新评估指标模型、计量方法和相关参数，从而为文化景观遗产的保护、管理提供启示和借鉴。

目前在生态系统服务功能监测和评估方面，主要集中于森林、城市绿地等，尚未针对文化景观开展有效研究，文化景观生态系统与城市绿地、森林等生态系统在生态系统服务功能的指标效益量方面不可能完全相同，而且一个指标有多种计量方法，大多是科研人员根据研究需要，在不同区域和尺度上开展的相对独立的研究，缺乏公认性和可比性，价值评估结果很难指导实践，难以为管理和决策部门应用，因而缺乏一个具有普遍意义的、适合文化景观遗产的生态系统服务功能价值评估指标的计量方法。本研究对产生直接生态效益和经济价值的价值计量评估采用3种方式：对现有计量方法的选优、对现有方法的转化和改进、原创建模；对不产生直接生态效益的价值计量进行条件价值评估法(CVM)为主的有效计量探索。

目前已有的生态系统服务功能价值评估仍处在宏观粗旷评估阶段，缺乏精细化微观评估和动态评估，主要表现在：直接使用某一范围的地域总面积作为基数进行评估，没有将不同类型的用地进行分类评估；文化景观的形成是一个动态发展的过程，面积和不同用地类型的分布日新月异，目前进行的生态系统服务功能价值评估缺乏不同时期的动态变化评估研究。本研究首先选择不同类型的监测因子，对其进行长效监测，各因子监测内容各不相同，将多年监测结果进行生态系统服务功能价值的精细化动态分类综合量化评估实证，并定性、定量地分析各项功能价值的动态变化及其原因，弥补了这一研究领域的不足。

参考文献

1. 吴存海．西湖“文化景观”成功申遗开启后申遗时代[N]．中国商报，2011年7月19日，第C01版．
2. 单霁翔．实现文化景观遗产保护理念的进步(一)[J]．北京规划建设，2008(05)：116－121.
3. 单霁翔．文化景观遗产保护的相关理论探索[J]．南方文物：2010(1)：1－12.
4. 蔡晴．基于地域的文化景观保护[D]．东南大学．2006.
5. 贺作超．基于文化景观保护的旅游游憩[J]．绿色科技，2011(1)：129－131.
6. 孙喆．论西湖文化景观的真实性和完整性[J]．风景园林，2012，(1)：150.
7. 张永利，杨锋伟，王兵，等．中国森林生态系统服务功能研究[M]．北京：科学出版社，2010.
8. Daily. G C. eds. Nature's Service：Social Dependence on Natural Ecosystems [M]. Island Press，Washington D. C. 1997.
9. Costanza R，d'Arge R，deGrootR，et al. The Value of the world's ecosystem services and natural capital [J]. Nature，1997，387：253－260.
10. 李少宁．江西省暨大岗山森林生态系统服务功能研究[D]．中国林业科学研究院，2007.
11. 李延．乡村生态系统服务功能评估与研究[D]．河南农业大学，2011.
12. 付晓，王雪军，孙玉军，等．我国森林生态系统服务功能质量指标体系与评价研究[J]．林业资源管理，2008(2)：32－37.
13. 武文婷．杭州市城市绿地生态服务功能价值评估研究[D]．南京林业大学，2011.
14. 田照军，马丽娜，王磊，等．论城市区域投资环境评估指标体系构建[J]．辽宁经济职业技术学院学报，2011(2)：10－11.
15. 杨小芳，黄文英．考前心境水平对体育高考成绩影响的研究[J]．体育科技文献通报，2010，18(1)：80.
16. 霍芹，何万斌．社区居民的体育参与及其与心理健康效益的关系研究[J]．台州学院学报，2007，29(3)：80－84.
17. 房城．城市绿地的使用与城市居民健康的关系初探[D]．北京林业大学，2008.

自然草甸对花卉混播群落建植的启示

符木　刘晶晶　高亦珂[①]
（花卉种质创新与分子育种北京市重点实验室，国家花卉工程技术研究中心，
城乡生态环境北京实验室，园林学院，北京林业大学，北京 100083）

摘要　自然草甸群落结构层次丰富，外貌华丽优美，生态效益显著，是花卉混播群落建植的主要学习对象。对我国北方典型的自然草甸进行调查，发现中生环境中草甸群落的植物种类和数量最多，群落形成典型的三亚层结构。干旱环境和湿生环境中禾本科植物和莎草科植物所占比例更大，群落结构分为两个亚层。因此在建植花卉混播群落过程中，一定要根据不同的生境条件在群落物种构成、群落密度和群落层次结构等方面进行不同的设计，构建适应具体生境条件的具备各自特色的混播植物群落。

关键词　自然草甸群落；花卉混播；建植；启示

Enlightenment of Natural Meadows for the Establishment of Flower Meadow

FU Mu　LIU Jing-jing　GAO Yi-ke
(Beijing Key Laboratory of Ornamental Plants Germplasm Innovation & Molecular Breeding, National Engineering Research Center for Floriculture, Beijing Laboratory of Urban and Rural Ecological Environment and College of Landscape Architecture, Beijing Forestry University, Beijing 100083)

Abstract　Natural meadows have the advantages of magnificent appearance, rich structures and remarkable ecological benefits. A typical natural meadow on North China was investigated and analyzed to explore the guidance of natural meadows on flower meadows establishment. It was found that the plant species and numbers are largest in the meadow communities of model environment, which the structure is divided into three layers typically. The meadow communities being divided into two sub layers in arid and humid environment own great proportions of grasses and sedges. In order to establish flower meadows possessing characteristics which adapt to specific habitation in gardens, the communities' species composition, density and structure should be designed according to different habitations.

Key words　Natural meadow community; Flower meadow; Establishment; Enlightenment

1　引言

花卉混播(Flower Meadow)于20世纪后半叶兴起于西方园林，是一种草本花卉应用模式，人为地筛选一二年生和多年生花卉植物，通过混合播种建植起模拟自然并富于景观效果的人工草本植物群落(方翠莲等，2012)。近年来，由于海绵城市建设和生态园林建设步伐的大力推进，具有物种丰富、景观优美、自然野趣感强、建植维护成本低廉等优点的花卉混播群落在我国园林建设中开始广泛应用(符木，刘晶晶等，2015)。然而在当前城市园林应用中，建植花卉混播群落通常是照搬或者模仿国外组合，甚至会出现一种组合应用于不同的立地条件之中的情况，群落建植不稳定，景观效果和生态效益大打折扣，长时间下去会阻碍花卉混播的发展。

我国幅员辽阔，气候类型多样，孕育了丰富的草甸群落，根据优势种的生活型和片层结构差异可分为典型草甸、高寒草甸、沼泽化草甸、盐生草甸等四大类型(王伯荪，1987)。其中典型草甸在我国北方分布普遍，群落结构复杂，物种构成多样，群落外貌优美并且在时空尺度上都具有丰富的变化，是花卉混播群落最为主要的学习和模拟对象。本文对塞罕坝国家森林公园中典型草甸进行了调查，发现不同生境条件下自然草甸群落在植物种类构成、植株数量分布、群落层次结构等方面都存在着较大的差异。基于调查结果，总结了不同生境条件下自然草甸群落的结构特点

① 通讯作者。

和规律，由此讨论自然草甸群落对于在园林中不同生境条件下建植花卉混播群落的启示，这对于进一步扩大花卉混播的应用范围，丰富花卉混播的应用形式具有借鉴意义。

2 研究方法

2.1 调查地点，时间和方法

调查地点位于河北省塞罕坝森林公园内。于2015年8月在森林公园内进行踏查，在不同的生境条件选取自然草甸群落进行样方调查。生境条件主要分为干旱环境(山坡中段及顶部、远离水源的高原台地)、中生环境(山坡低段，缓坡及平地)、湿生环境(沼泽、阴坡谷底及河流湖泊边缘)，每个生境分别在地形均匀处随机铺设3个10m×10m的大样方，在大样方内4角铺设4个1m×1m的小样方，共计36个样方(杨持，2008)。

2.2 调查内容

调查每个样方内植物的种类和每种植物的数量。对于单种植物，随机选取3株，测量其株高、冠幅。

3 结果与分析

3.1 群落植物构成分析

3.1.1 群落植物平均种类与植株密度

图1显示了在不同生境条件中，自然草甸群落的植物平均种类和植株密度都是不同的。中生环境下草甸群落的植物平均种类和植株密度最多，分别为30种和266株/m^2，显著高于干旱环境和湿生环境的草甸群落。干旱环境和湿生环境草甸群落的植物平均种类和植株密度没有显著差异，干旱环境下草甸群落植物平均种类为22种，植株密度为216株/m^2，湿生环境下草甸群落植物平均种类为20种，植株密度为211株/m^2。这说明生境条件会影响草甸群落的植物种类和植株密度，中生环境下植物平均种类和植株密度最高，干旱和湿生环境中草甸群落的植物种类和植株密度则会有所下降。

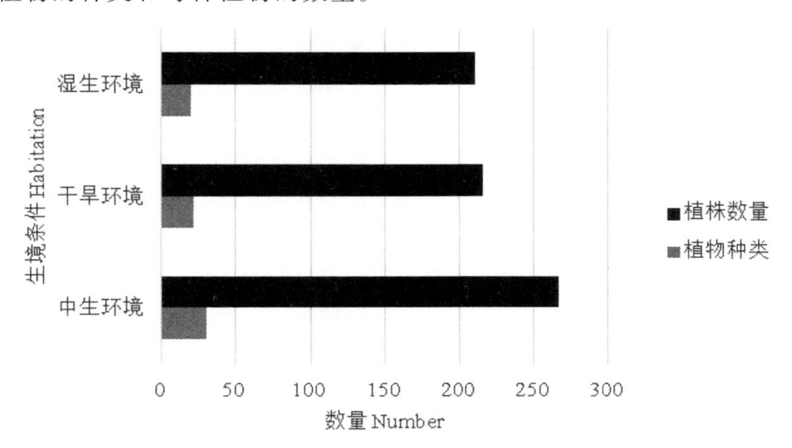

图1 不同生境条件下草甸群落的植物平均种类、植株密度

Fig. 1 The mean plant species and plant density in meadows under different habitations

3.1.2 草甸群落中花卉植物与禾本科、莎草科植物的比例

自然草甸群落与人工建植的花卉混播群落一个非常明显的区别就在于，花卉混播群落几乎全部由花卉植物构成，而自然草甸群落的植物组成中，有一类并不具有高观赏价值花朵的植物类群——禾本科植物如针茅(*Stipa capillata*)、鹅观草(*Roegneria kamoji*)和莎草科植物如披针叶苔草(*Carex lanceolate*)，它们在群落中同样占据着重要的地位，发挥着不可替代的作用。

图2显示了在不同的生境条件下，自然草甸群落中花卉植物与禾本科、莎草科植物的种类和数量比例都是不同的。从花卉植物与禾本科、莎草科植物的数量比值看，湿生环境草甸群落(4.18)要显著高于中生环境(2.11)和干旱环境的草甸群落(1.52)。从花卉植物与禾本科、莎草科植物的种类比值看，中生环境草甸群落(8.45)要显著高于干旱环境(5.13)和湿生环境的草甸群落(5.33)。这说明，不同的生境条件对于草甸群落中花卉植物和禾本科、莎草科植物的比例具有不同的影响。

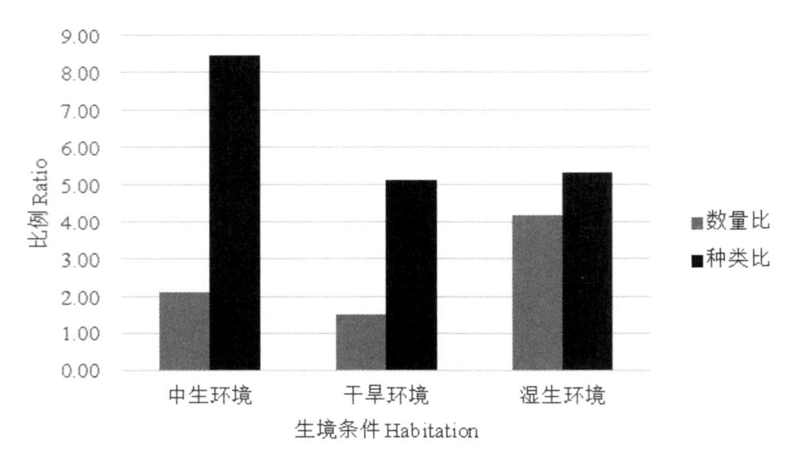

图 2　不同生境条件下草甸群落中的花卉植物与禾本科、莎草科植物比例

Fig. 2　The ratio of forbs and plants of Gramineae, Cyperaceae proportion in meadows under different habitations

3.2　群落结构层次分析

群落的垂直结构是群落结构层次最重要的组成部分，是构成植物群落的植物个体在照地上部分的高度在群落垂直空间上的配置方式。自然草甸群落虽不如森林群落的垂直结构在高度上落差强烈，但依旧可以按照高度划分结构亚层。依据调查结果，群落内植物的株高数值会集中分布于3大区域，以此将群落植物分为3个结构亚层，分别是地被层(株高40cm以下)、中层(株高40～80cm)、上层(株高80cm)以上(白伟岚，高亦珂等，2014)。

图3显示了不同生境条件下自然草甸群落的分层情况以及各亚层的植物种类和植株数量的比例关系。不同生境条件下，自然草甸群落的分层情况是有差异的，中生环境的草甸群落植物能够明显的分成地被层、中层和上层三个亚层，干旱环境和湿生环境的草甸群落植物则只能分成两个亚层，分别是地被层和中层以及中层和上层。不同的生境条件下，自然草甸群落中各亚层的植物种类、植株数量比例也是不同的。中生环境中，群落各亚层的植物种类和植株数量比例分别为9∶15∶6，8∶13∶6，中层的植物种类和植株数量最高，地被层次之，上层最少。干旱环境中，群落地被层和中层的植物种类及植株数量比例分别为7∶4，3∶2，地被层多于中层。湿生环境中，群落中层和上层的植物种类以及植株数量比例分别为3∶2，5∶3，中层多于上层。

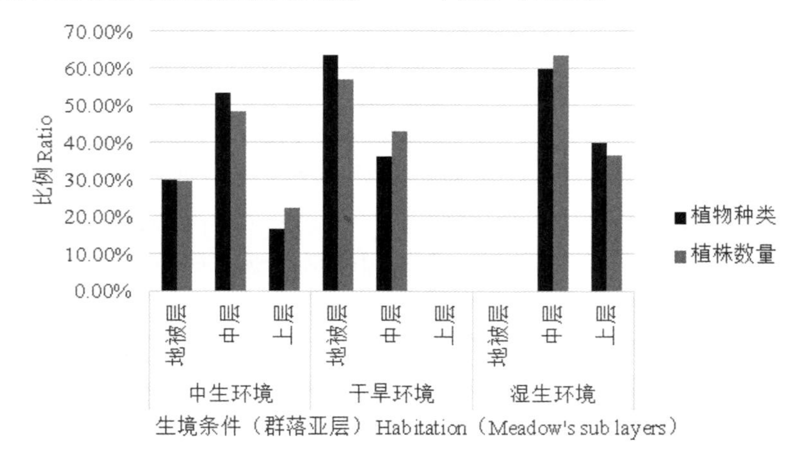

图 3　不同生境条件下草甸群落各亚层植物种类、植株数量比例

Fig. 3　The ratio of plant species and plant number of each sub layer in meadows under different habitations

4　结论与讨论

在城乡园林建设中，花卉混播的应用越来越广泛，但是对国外应用模式和配置组合的泛滥模仿和生搬硬套似乎偏离了花卉混播追求生态可持续性、群落稳定性以及降低建植维护成本和碳消耗的设计初衷

(刘晶晶，符木 等，2015)。花卉混播的本意就是通过对自然草甸植物群落组成和结构的模拟和学习，建植相似的人工群落，实现相应的生态过程，从而真正将生态学思想落实到景观设计中来(Köppler M R, Hitchmough J D., 2015)。因此通过学习本土的自然草甸群落来获得在不同立地条件建植花卉混播群落的启示，是促进我国花卉混播发展的一条重要途径。

4.1 群落植物构成的启示

不同生境条件下土地对于植物的承载量是不同的(Westbury D B, Dunnett N P., 2008)，不同生境条件下的自然草甸群落的植物平均种类和植株密度是不同的，中生环境由于土壤含水量适中，排水良好，富含有机质，因此具有最高的植物平均种类和植株密度，干旱环境和湿生环境，由于环境胁迫的作用，植物平均种类和植株密度都有所下降(Leger E A, Goergen E M, Queiroz T F D., 2014)。而在实际的园林应用中，大部分的建植环境与中生环境类似，因此在混播组合的设计中，平均植物种类可选择25种左右，植株密度在每平方米220～250株。而在一些极端立地条件比如无法进行灌溉浇水的建筑废弃地、荒山坡地或者是河流湖泊等水边绿地进行花卉混播建植时，应该将植株平均种类和植株密度相应地减少。

禾本科、莎草科植物虽然不具有高观赏价值的花朵，但在自然草甸群落中仍然占据重要的位置，发挥重要的作用。它们不仅能够在花期前后为开花植物提供绿色的背景，丰富景观的质感结构，延长观赏期，还能在花期中为高大的开花植物提供支持作用，并且能够填充群落中裸露的土地空隙，充分利用资源，从而达到防治杂草入侵的作用，它们还是优质的食用资源，具有很好的适口性，吸引野生动物，从而提高群落的生态多样性价值(Pillar V D, Duarte L D S, Sosinski E E, 2009)。因此在花卉混播的植物组合中，加入一定比例的禾本科、莎草科植物是很有必要的。一般设计组合的时候可按照植株数量比例来进行控制(Kołos A, Banaszuk P., 2013)，例如中生环境中，花草比以2～2.5为最佳。干旱环境中，由于土壤水分匮乏，会导致花卉植物的数量的消减，因此加入较多的更为耐旱的禾本科植物能够保证群落结构的丰满，防止杂草的入侵，花草比以1.5左右为好。湿生环境中，水饱和的土壤环境会不利于禾本科植物的生长，但是适于一些喜湿的莎草科植物例如苔草类、灯芯草类等，在提供绿色背景的同时对于高大的植物也起到了支撑作用，花草比在4左右。

4.2 群落结构层次的启示

在模仿自然草甸群落进行花卉混播群落设计时，群落层次结构也是十分重要的模拟对象，通过不同高度植物的组合，形成高低错落的群落外貌，主要的观赏层面也在一年中变化于不同的层次结构，形成动态的花卉混播群落(高亦珂，吴春水 等，2011)。

不同的生境条件之间，群落结构的分层情况和各亚层植物种类和植株数量是不同的。中生环境中，群落植物能够明显的分成地被层、中层和上层三个亚层，地被层植物主要是在早春和早秋进入花期，作为群落观赏期的开端和结尾，例如小红菊(*Dendranthema chanetii*)、白头翁(*Pulsatilla chinensis*)、梅花草(*Parnassia palustris*)、堇菜(*Viola verecunda*)；中层植物在春夏进入花期，中层是景观结构的主体，例如华北蓝盆花(*Scabiosa tschiliensis*)、阿尔泰狗娃花(*Heteropappus altaicus*)、秦艽(*Gentiana macrophylla*)、兴安柴胡(*Bupleurum sibiricum*)、柳穿鱼(*Linaria vulgaris*)、黄芩(*Scutellaria baicalensis*)、瞿麦(*Dianthus superbus*)、蓝花棘豆(*Oxytropis coerulea*)、火绒草(*Leontopodium japonicum*)等；上层植物则在夏季进入花期，是景观结构的骨架，起到点睛的作用，例如地榆(*Sanguisorba officinalis*)、蓝刺头(*Echinops sphaerocephalus*)、金莲花(*Trollius chinensis*)、野罂粟(*Papaver nudicaule*)、瓣蕊唐松草(*Thalictrum petaloideum*)、拳蓼(*Polygonum bistorta*)等。因此在设计该类花卉混播植物组合时，地被层应包含30%的早春和早秋开花的植物种类和30%的植株数量，中层应包含53%的春夏开花植物种类和50%的植株数量，上层应包含17%的夏季开花植物种类和20%的植株数量，在确保层次结构的同时，能够保证三季花期的相对平均。

干旱环境中，由于水资源的匮乏，植物株高普遍较矮，较为高大的植物种类难以存活，因此群落植物只划分为地被层和中层，地被层植物主要提供填充、支撑、稳定，以及中层植物幼苗储备的作用，例如风毛菊(*Saussurea japonica*)、瓦松(*Orosta chysfimbriata*)、桃叶鸦葱(*Scorzonera sinensis*)、草地早熟禾(*Poa pratensis*)等；中层植物则主要负责景观效果的构建，例如石竹(*Dianthus chinensis*)、裂叶荆芥(*Schizonepeta tenuifolia*)、翠雀(*Delphinium grandiflorum*)、山韭(*Allium senescens*)、灯芯草蚤缀(*Arenaria juncea*)等。在设计该类花卉混播植物组合时，地被层应包含63%的早春和早秋开花植物种类和56%的植株数量，中层应包含37%的春夏开花植物种类和44%的植株数量。

湿生环境中，丰富的水资源使得植株高度普遍高大，上层植物基本都是高大的湿生花卉类，提供华丽的景观外貌，例如乌头（*Aconitum carmichaeli*）、柳兰（*Epilobium angustifolium*）、白芷（*Angelica dahurica*）、酸模叶蓼（*Polygonum lapathifolium*）、水杨梅（*Adina rubella*）、鼻花（*Rhinanthus glaber*）等；而中层则多为喜湿的莎草科植物，如披针叶苔草，为开花植物提供支持和背景。高大植物的强烈荫蔽以及过湿的土壤使得几乎没有地被层的植物存在。在设计该类花卉混播组合时，中层应包含60%的植物种类和65%的植株数量，高层应包含40%的夏季开花植物种类和35%的植株数量。

综上所述可以看出，中生环境下三亚层结构的群落景观效果最为丰富，能够营造三季景观均衡的效果，干旱环境和湿生环境下二亚层结构的群落景观观赏期则相对较短，景观效果集中在两季或一季中。

5 结语

自然草甸群落植物种类丰富多样，不同的生境条件中，群落的植物的种类构成、植株数量分布以及群落结构层次等都有所区别，因此会形成丰富多彩且各具特色的草甸花海群落景观。在建植花卉混播群落的过程中，学习自然草甸群落，在不同的立地条件中构建含有不同群落的层次结构，各层次具有相应的主导植物种类，在垂直梯度上的景观效果富于变化的混播群落，是扩大花卉混播应用范围和丰富其应用形式的重要途径。在接下来的研究中，不应只着眼于模拟自然草甸，还应在群落稳定性，群落生态效益，群落可持续发展性等方面做进一步的研究，真正的实现用生态学的思想指导景观设计，为推动海绵城市建设，实现"美丽中国"宏伟蓝图贡献力量。

参考文献

1. 白伟岚，高亦珂，方翠莲，等．一种复层景观草本植物群落的构建方法[P]．北京：CN103875416A，2014－06－25.
2. 方翠莲，高亦珂，白伟岚．花卉混播的特点与研究应用[J]．广东农业科学，2012，24：53－55.
3. 符木，刘晶晶，高亦珂，等．花卉混播在低影响开发的城市雨水生态系统中的应用[A]．中国园艺学会观赏园艺专业委员会、国家花卉工程技术研究中心．4 中国观赏园艺研究进展2015[C]．中国园艺学会观赏园艺专业委员会、国家花卉工程技术研究中心：，2015：6.
4. 高亦珂，吴春水，袁加．北京地区草花混播配置方法研究[A]．中国风景园林学会．中国风景园林学会2011年会论文集（下册）[C]．中国风景园林学会：，2011：3.
5. Köppler M R, Hitchmough J D. Ecology good, aut－ecology better; improving the sustainability of designed plantings[J]. JoLA-Journal on Landscape Architecture, 2015, 10(2): 82－91.
6. Kołos A, Banaszuk P. Mowing as a tool for wet meadows restoration: Effect of long-term management on species richness and composition of sedge-dominated wetland[J]. Ecological Engineering, 2013, 55(3): 23－28.
7. 刘晶晶，符木，高亦珂，等．以低成本花卉混播的方法构建雨水花园景观[A]．中国园艺学会观赏园艺专业委员会、国家花卉工程技术研究中心．中国观赏园8. 艺研究进展2015[C]．中国园艺学会观赏园艺专业委员会、国家花卉工程技术研究中心：，2015：6.
9. Leger E A, Goergen E M, Queiroz T F D. Can native annual forbs reduce Bromus tectorum, biomass and indirectly facilitate establishment of a native perennial grass? [J]. Journal of Arid Environments, 2014, 102(2): 9－16.
10. Pillar V D, Duarte L D S, Sosinski E E, et al. Discriminating trait-convergence and trait-divergence assembly patterns in ecological community gradients [J]. Journal of Vegetation Science , 2009(20): 334－48.
11. 王伯荪．植物群落学[M]．北京：高等教育出版社，1987.
12. Westbury D B, Dunnett N P. The promotion of grassland forb abundance: A chemical or biological solution? [J]. Basic & Applied Ecology, 2008, 9(6): 653－662.
13. 杨持．生态学实验与实习[M]．北京：高等教育出版社，2008.

北京市居住区园林植物景观特色研究*

韩 晶[1] 王超琼[1,2] 张皖清[1,3] 董 丽[1]①
（[1]花卉种质创新与分子育种北京市重点实验室，国家花卉工程技术研究中心，
城乡生态环境北京实验室，园林学院，北京林业大学，北京 100083；
[2]北京市山水心源景观设计院有限公司，北京 100098；[3]城市科学规划设计研究院，北京 100835）

摘要 以北京市植物景观效果良好的7处居住区园林为研究对象，对居住区内公共绿地、宅旁绿地、道路绿地和配套公建所属绿地实地调研。结合北京地域特点对其植物选择及配置应用进行分析，针对调查区内植物物种构成特征、运用特点及4类绿地植物景观的构建方式展开研究。结果表明：调查到的居住区园林植物共96种，隶属40科64属，落叶与常绿种数比为5∶1，乡土植物与外来植物的种数比为2.6∶1。居住区园林植物景观具有核心区域重点绿化、充分利用乡土树种、适当运用大规格苗木、注重季相变更效果等特点。本研究在明确各类型绿地植物景观特征的基础上，归纳出18种典型植物配置模式，为今后北京地产建设中的植物景观营造提供理论指导与参考。

关键词 植物景观；居住区园林；植物配置模式；特色；北京

Research on the Plant Landscape Characteristics of Real Estate Gardens in Beijing

HAN Jing[1] WANG Chao-qiong[1,2] ZHANG Wan-qing[1,3] DONG Li[1]
([1]*Beijing Key Laboratory of Ornamental Plants Germplasm Innovation & Molecular Breeding, National Engineering Research Center for Floriculture, Beijing Laboratory of Urban and Rural Ecological Environment and College of Landscape Architecture, Beijing Forestry University*, *Beijing* 100083; [2]*Beijing Source Heart Landscape Design Institute*, *Beijing* 100098; [3]*Chinese Institute of Urban Scientific Planning and Design*, *Beijing* 100835)

Abstract Through field survey method, 7 real estate gardens which achieve good results of plant landscape in Beijing were selected as the main research objects. 4 types of green spaces, including public green space, green space next to buildings, roadside green space, green space attached public infrastructures were analyzed in detail. Combined with the characteristics of the environment in Beijing, plant selection and configuration was summarized from the aspects of forming features of plant species, application features and the way to build plant landscapes in 4 green space types. The results showed that there were 96 species in total in the survey of garden plants, which belong to 40 families and 123 genera. The proportion of deciduous and everygreen species is 5∶1 and the proportion of native and foreign species is 2.6∶1. The plant landscape of real estate gardens keep characteristics such as focusing on the core region, making full use of native trees, using large－scale plants properly, valuing the seasonal change effect and so on. Then 18 typical plant configuration modes were suggested based on defining the landscape features of different types of green spaces, to provide a reference for the future construction of the plant landscape in real estate gardens in Beijing.

Key words Plant landscape; Real estate gardens; Mode of plant configuration; Characteristic; Beijing

居住区在人类日常活动和栖居场所中扮演重要的角色，其生态环境的好坏直接影响人类生活质量的高低。因此居住区园林是直接服务于居民的，其需求的植物景观效果更加多元化，同时需要兼顾生态效益。随着人类环境意识的不断增强，更多人在选择居住环境时关注景观和生态系统的和谐，植物景观的营建逐渐成为地产景观设计的核心内容（杨纪军，2010）。良好的植物生态群落构成将极大地赋予空间活力，提高人与环境的融合感和互动感，这些都对居住区园林的植物景观建设提出了更高的要求。

本研究通过实地调研，对北京市居住区园林植物的应用材料进行分析，对调查区内公共绿地、宅旁绿地、道路绿地、配套公建所属绿地的植物景观营造特点进行探析，总结出其中具有特色的植物景观模式，

* 项目名称：北京市共建项目专项资助；北京园林绿化增彩延绿植物资源收集、快繁与应用技术研究（CEG-2015-01-4）。
作者简介：韩晶，女，在读硕士，研究方向：园林植物应用与园林生态。Email：15201449105@163.com。
① 通讯作者。董丽，女，博士，教授，研究方向：园林植物资源及应用。Email：dongli@bjfu.edu.cn。

以期为今后北京地产植物景观的营建提供参考。

1 材料与方法

1.1 调查地点概况

北京位于中纬度地带，39.91°N，116.42°E，地处华北平原北部，总面积16410.54km²，平均海拔43.5m，属典型的暖温带半湿润季风大陆性气候区，四季分明。夏季高温多雨，冬季寒冷干燥，春秋短促；年平均气温12.2℃，1月平均气温最低，为-3.5℃，7月平均气温最高，为26.5℃；降水有一定的区域差异，年平均降水量598.1mm，其中夏季降水量占全年的74%，冬春降水较少；风向有明显的季相变化，夏季盛行东南风，冬季盛行西北风，年平均风速可达2~3m·s⁻¹；全年多次出现较明显的霾过程。

1.2 调查方法

在北京市朝阳区挑选出植物景观效果良好的地产园林，优先挑选建成年代较近，大型地产企业开发的楼盘，共获得25个居住区的资料。在全面踏查比较的基础上，确定了7个典型居住区（表1）作为研究对象（图1）。根据CJJ/T 85—2002《城市绿地分类标准》将各居住区绿地划分为公共绿地、宅旁绿地、道路绿地和配套公建所属绿地4类。各绿地类型分别设置400m²（20m×20m，14个样方）、200m²（10m×20m，14个样方）、200m²（5m×40m，14个样方）、200m²（5m×40m，14个样方），共计56个样方，即7个居住区的每类绿地各设置2个样方进行调查。样方调查内容包括居住区4种绿地类型造景的植物种类、植物景观空间效果、植物配置模式等。

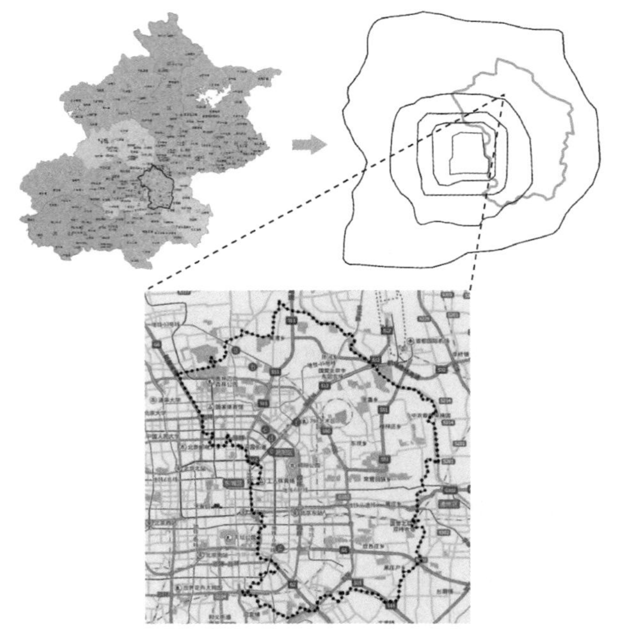

图1 样地居住区位置分布示意图

Fig. 1 The distribution of residential areas in the study

表1 样地居住区基础信息普查表

Table 1 The basic information of residential areas in the study

序号	居住区	物业类型	建筑类别	建筑年代	占地面积/m²	绿地率	容积率
a	莲葩园	住宅	板楼，高层	2003	9380	40%	2.45
b	青年城	住宅，普通住宅	板楼，小高层	2005	200000	36%	1.57
c	太阳星城金星园	住宅	板楼，塔楼，高层	2005	110000	35%	2.81
d	华远裘马都	住宅	塔楼，高层	2008	66736	35%	2.5
e	三元国际公寓	住宅，别墅，商住	塔楼，高层	2011	50000	30%	0.42
f	银河湾	住宅	板楼，高层	2011	57000	30%	2.7
g	美景东方	公寓	塔楼，板塔结合，高层	2013	114800	38%	2.99

1.3 数据处理及分析

采用Excel 2013进行数据处理，并对居住区园林造景植物种类构成、相对频度和不同层次的物种应用频度进行对比分析。同时对不同类型绿地的植物景观特征进行分析，筛选出北京居住区园林典型的植物配置模式。

2 结果与分析

2.1 植物材料的应用分析

2.1.1 植物物种构成特征

本次调查统计的7处地产景观的主要造景植物共96种，隶属40科64属，其中乔木树种有22科48种，灌木树种12科29种，草本植物8科14种，藤本植物3科3种，竹类1科2种。落叶乔灌木的种及变种数量明显高于常绿乔灌木，落叶与常绿的种数比达5:1，常绿乔灌木种类较少，主要由圆柏、油松、雪松、沙地柏等针叶乔灌木和大叶黄杨、小叶黄杨等阔叶灌木组成。常绿乔木、落叶乔木、常绿灌木、落叶灌木、草本分别占6.3%、43.8%、6.3%、24.0%、14.6%，藤本和竹类分别仅占3.1%和2.1%（图2）。另外，尽管国内外其他地区的栽培品种正在不断地被引入北京，但居住区园林造景植物仍以乡土树种为主，充分体现本土的地域特色，外来植物种类仅占28%（图3）。

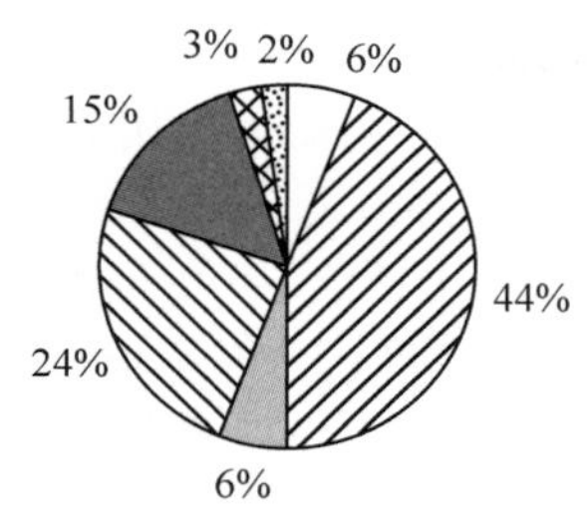

图2 物种生活型分析

Fig. 2 The analysis of living form of species

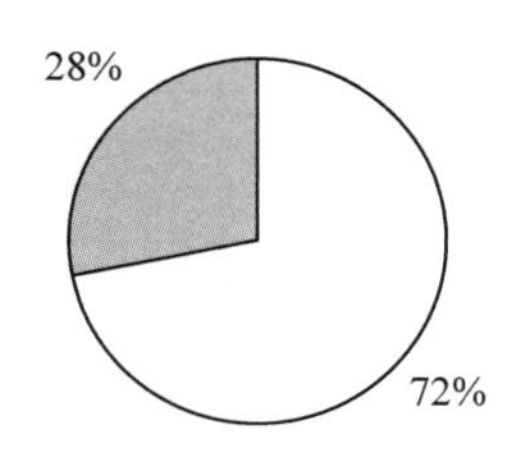

图3 乡土与外来植物分析

Fig. 3 The analysis of native and foreign species

表2所示为基于种数统计的排名前10的科及其所占比例，蔷薇科包含的种数最多，所占比例达到20.8%，其丰富度显著高于其他科，其次是禾本科占8.4%，木犀科占7.3%，蝶形花科、松科和杨柳科分别占6.2%、5.2%和4.2%，柏科、槭树科、木兰科和卫矛科的种数相等，占3.1%。表3所示为基于物种相对频度的排名前10的科及其所占比例，蔷薇科植物相对频度显著高于其他科，占比达到17.2%，其次是木犀科占11.7%，禾本科占9.0%，松科占8.4%，杨柳科占6.6%。结果表明，蔷薇科植物资源的丰富度和相对频度都是最高的，主要涵盖了李属、苹果属、山楂属的小乔木和蔷薇属、绣线菊属、珍珠梅属的花灌木；木犀科与禾本科植物的丰富度和相对频度是较高的，禾本科主要是早熟禾属、结缕草属、羊茅属、苔草属等的草本和刚竹属、箣竹属的竹类，木犀科涵盖了白蜡属的乔木和丁香属、连翘属、茉莉属的花灌木。

表2 基于种数的科构成分析(单位:%)

Table 2 The constitute analysis of families based on species number (Unit: %)

	蔷薇科	禾本科	木犀科	蝶形花科	松科	杨柳科	柏科	槭树科	木兰科	卫矛科
常绿乔木	0.00	0.00	0.00	0.00	5.21	0.00	1.04	0.00	0.00	0.00
落叶乔木	10.42	0.00	2.08	5.21	0.00	4.17	0.00	3.13	3.13	0.00
常绿灌木	0.00	0.00	0.00	0.00	0.00	0.00	2.08	0.00	0.00	0.00
落叶灌木	10.42	0.00	5.21	0.00	0.00	0.00	0.00	0.00	0.00	2.08
草本	0.00	6.25	0.00	0.00	0.00	0.00	0.00	0.00	0.00	0.00
藤本	0.00	0.00	0.00	1.04	0.00	0.00	0.00	0.00	0.00	1.04
竹类	0.00	2.08	0.00	0.00	0.00	0.00	0.00	0.00	0.00	0.00
小计	20.84	8.33	7.29	6.25	5.21	4.17	3.12	3.13	3.13	3.12

表3 基于物种相对频度的科构成分析(单位:%)

Table 3 The constitute analysis of families based on the relative frequency of species (Unit: %)

	蔷薇科	木犀科	禾本科	松科	杨柳科	柏科	卫矛科	蝶形花科	黄杨科	小檗科
常绿乔木	0.00	0.00	0.00	8.44	0.00	3.85	0.00	0.00	0.00	0.00
落叶乔木	10.64	2.94	0.00	0.00	6.61	0.00	0.00	5.14	0.00	0.00
常绿灌木	0.00	0.00	0.00	0.00	0.00	1.65	5.14	0.00	3.85	0.00
落叶灌木	6.61	8.81	0.00	0.00	0.00	0.00	0.00	0.00	0.00	2.75
草本	0.00	0.00	8.07	0.00	0.00	0.00	0.00	0.00	0.00	0.00
藤本	0.00	0.00	0.00	0.00	0.00	0.00	0.18	0.00	0.00	0.00
竹类	0.00	0.00	0.92	0.00	0.00	0.00	0.00	0.00	0.00	0.00
小计	17.25	11.75	8.99	8.44	6.61	5.50	5.32	5.14	3.85	2.75

从植物配置层次上看，乔木层丰富度最高，且优势明显，共有 22 科 48 种植物，灌木层丰富度次之，有 12 科 29 种植物，彩叶植物较多，色彩缤纷；草本、藤本和竹类植物的丰富度均不高。另外，乔木、灌木和草本植物在居住区的应用频度较高，藤本及竹类的应用频度偏低。乔木树种应用频度前 15 位的是圆柏、油松、旱柳、西府海棠、雪松、国槐、绦柳、洋白蜡、紫叶桃、银杏、玉兰、栾树、碧桃、白皮松和金叶槐，其中 87% 都是乡土树种，圆柏应用频度最高，为 75%，油松应用频度为 64%，旱柳和西府海棠应用频度均为 61%。灌木树种应用频度前 15 位的是大叶黄杨、小叶黄杨、金叶女贞、紫叶小檗、连翘、金银木、月季、沙地柏、榆叶梅、棣棠、紫丁香、迎春花、白丁香、凤尾兰和紫叶矮樱，乡土树种的比例高达 93%，大叶黄杨应用频度最高为 93%，小叶黄杨和金叶女贞次之，应用频度分别为 75% 和 71%。草本植物应用频度前 10 位的是草地早熟禾、结缕草、鸢尾、黑麦草、高羊茅、二月蓝、马蔺、蒲公英、萱草和崂峪苔草，其中草地早熟禾的应用频度显著高于其他草本，达 79%。藤本及竹类植物中，美国地锦和早园竹的应用频度最高，分别为 21% 和 14%(图 4)。

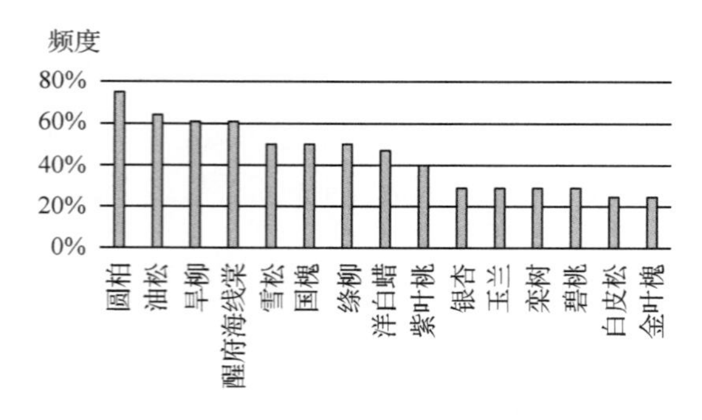

图 4(a)　乔木层常用植物应用频度分析

Fig. 4(a)　The application frequency of arborous layer

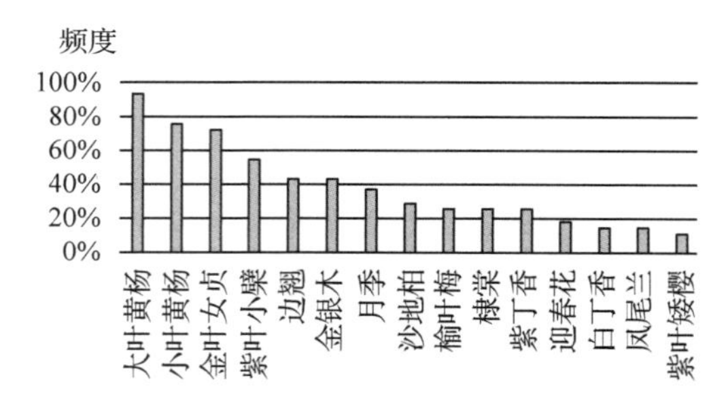

图 4(b)　灌木层常用植物应用频度分析

Fig. 4(b)　The application frequency of shrub layer

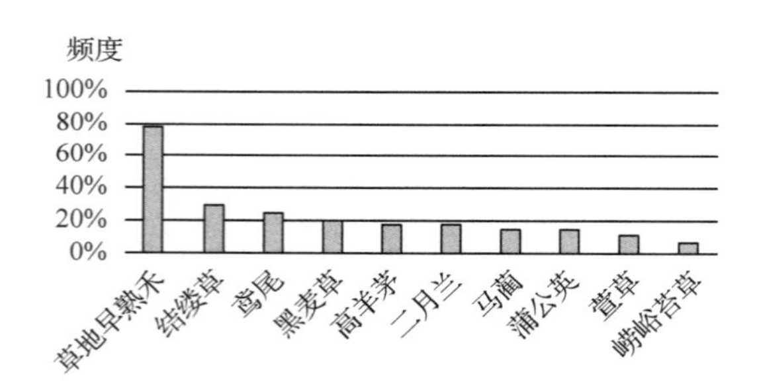

图 4(c)　草本层常用植物应用频度分析

Fig. 4(c)　The application frequency of herbaceous layer

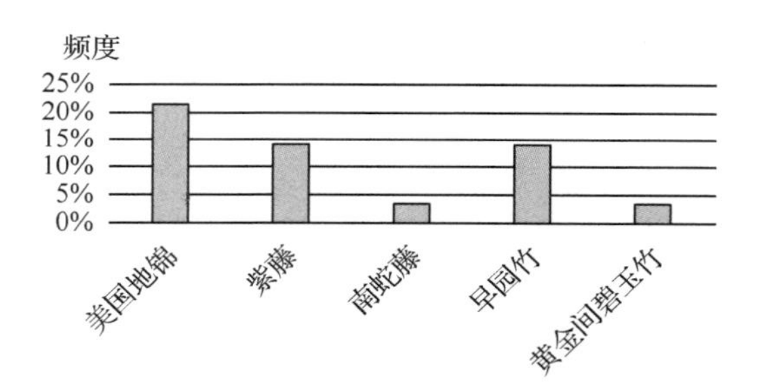

图 4(d)　藤本及竹类常用植物应用频度分析

Fig. 4(d)　The application frequency of vine and bamboo

2. 1. 2　植物运用特点分析

7 处地产景观选用的造景素材大多是北京的乡土植物，在植物的选择与搭配、景观的营造等方面体现出共有的特色，通过良好的植物配置体现出园林景观的地域特色、艺术性与自然性(赵博，2013)。

(1)核心区域重点绿化，提升生物多样性

根据居民的使用情况，4 类绿地类型可分为核心景观区域和次要景观区域。7 处居住区园林中，莲葩园、青年城、太阳星城金星园、银河湾的公共绿地和宅旁绿地的植物丰富度显著高于道路绿地和配套公建所属绿地；华远裘马都、三元国际公寓的公共绿地、宅旁绿地和道路绿地的植物丰富度较一致，均高于配套公建所属绿地的植物丰富度，只有美景东方 4 类绿地的植物丰富度比较一致，没有明显差别(图 5)。所以整体来看，在地产景观中，公共绿地、宅旁绿地较其他绿地类型功能性强，占地面积较大，人均利用率高，是居住区的核心绿化区域，因此植物种类丰富，生物多样性高，景观形式丰富；道路绿地和配套公建所属绿地作为非重点活动区域，占地面积小，配置相对简单，物种丰富度偏低。

(2)基于乡土树种造景，突出地域特色和本土文化

各地产景观中用于绿化造景的树种中，乡土植物的比例高达 72%，同时不同层次应用频度较高的植

物中，乡土树种也占据绝对优势。这些都表明，北京市居住区园林是立足于乡土树种的，运用当地植物营造生活空间的意境美，是居住区人文关怀的体现，也是对地方文化的继承与发扬(曾丽娟，2007)。这样在充分体现地域特色的同时，提高了植物群落的抗逆性，树种不易发生病虫害，减少了因树种不适应性导致绿化效果削弱的问题，既保障了居住区的景观效果，还增强了地域的可识别性(张新旺 等，2008)，又利于节约养护管理的成本。

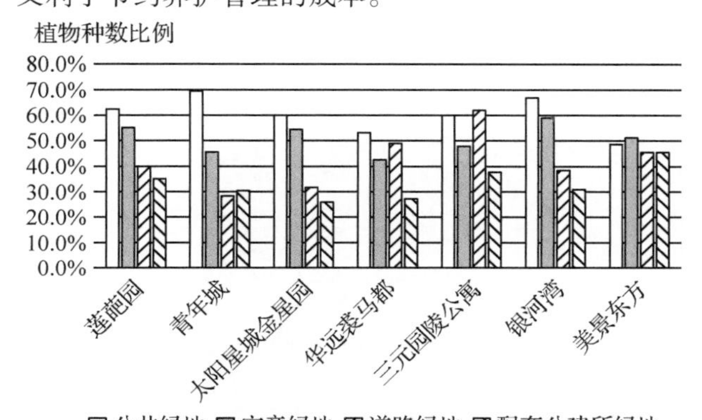

图5 样地居住区不同类型绿地植物种数比例

Fig. 5 The percentage of species number in different green spaces of residential areas

(3)适当使用大规格苗木，提升美景度

适当利用大规格苗木可以有效提升居住区的美景度。调查发现，7处地产景观都使用了一定数量的大规格苗木用于主要造景，乔木胸径粗，树冠大而饱满，分杈均匀，灌木形态优美，蓬径大，枝条开展，在增加绿量的同时能实现较好的观赏与隔离效果(Terry，C，2000)。K. H. Grego－ry等(1993)在研究中发现造林苗木胸径的增加可以有效提升植物景观的美景度，而景观中过多低径级苗木会影响整体的绿化效果。另外周美玲等(2006)也在建立居住区美景度评价模型的过程中发现，冠幅是影响居住区美景度的一大重要因子，某种程度上单株植物冠幅的大小比总林冠面积更能影响观赏者对景观的喜好程度。所以，适当使用大规格苗木是建设优质居住区园林成功的保障，但也要注意不要过度选用大规格苗木，因为其移栽要求高，养护成本高，会在大幅度增加建设成本的同时对环境造成不必要的负担。

(4)季相景观变化明显，合理应用彩叶植物

居住区是居民一年四季栖居的环境，通过考虑季相变更的效果进行植物配置是非常重要的，这使居民在直观上看到园林植物在不同节气的不同面貌，体验到季相景观交替更迭的韵味。表4列举了此次调查不同季节中季相特征明显的植物，整体来看，7处居住区园林大量选择季节观赏性强的植物，营造季相变化明显的群落，季相特征明显的植物有73种，占调查植物种数的76%。春观繁花似锦、新叶泛红，夏观绿树成荫、暗香浮动，秋观霜叶似火、硕果累累，冬观翠绿绵延、枝干迷人。另外，罗茂婵等(2005)研究表明，色泽鲜亮的植物对居住区园林美景度的影响甚大，因此色彩明亮、层次丰富的彩叶植物景观备受公众喜欢。图6体现了7处居住区园林中春秋色叶植物和常年异色叶植物的应用频度。常用的春秋色叶植物主要有洋白蜡、银杏、栾树、美桐、英桐、臭椿、香椿、白蜡、元宝枫、五角枫、鸡爪槭、柿树、杂种鹅掌楸和石榴，洋白蜡应用频度最高为46%，银杏和栾树次之，应用频度均为29%。常年异色叶植物主要有金叶女贞、紫叶小檗、紫叶桃、金叶槐、紫叶李、紫叶矮樱、美人梅、金焰绣线菊和金山绣线菊，其中金叶女贞、紫叶小檗和紫叶桃的应用频度较高，分别为71%、54%和39%。运用彩叶植物的造景优势丰富园林色彩、营造景观氛围在居住区植物设计中已成为一种必然的趋势。

表4 调查居住区季相植物应用表

Table 4 The application of seasonal appearance of plants in residential areas

季节	季相植物应用
春季	臭椿、香椿、石榴、紫荆、玉兰、二乔玉兰、碧桃、山桃、紫叶桃、紫叶李、美人梅、山杏、日本晚樱、西府海棠、垂丝海棠、山楂、紫叶矮樱、榆叶梅、大花蔷薇、棣棠、珍珠绣线菊、白丁香、紫丁香、迎春花、连翘、红王子锦带、大花溲疏、鸢尾、马蔺、早开堇菜、二月蓝、蒲公英等
夏季	国槐、刺槐、红花刺槐、合欢、栾树、杂种鹅掌楸、紫薇、石榴、金山绣线菊、金焰绣线菊、木槿、月季、珍珠梅、金银木、小花溲疏、凤尾兰、醉鱼草、萱草、大花美人蕉、紫藤等
秋季	银杏、柿树、栾树、杂种鹅掌楸、美桐、英桐、洋白蜡、白蜡、臭椿、香椿、石榴、元宝枫、五角枫、鸡爪槭、金银木、垂丝海棠、山楂、月季等
冬季	圆柏、雪松、白皮松、油松、青杆、白杆、铺地柏、沙地柏、早园竹、黄金间碧玉竹、棣棠、龙爪槐、紫薇、红瑞木、凤尾兰等

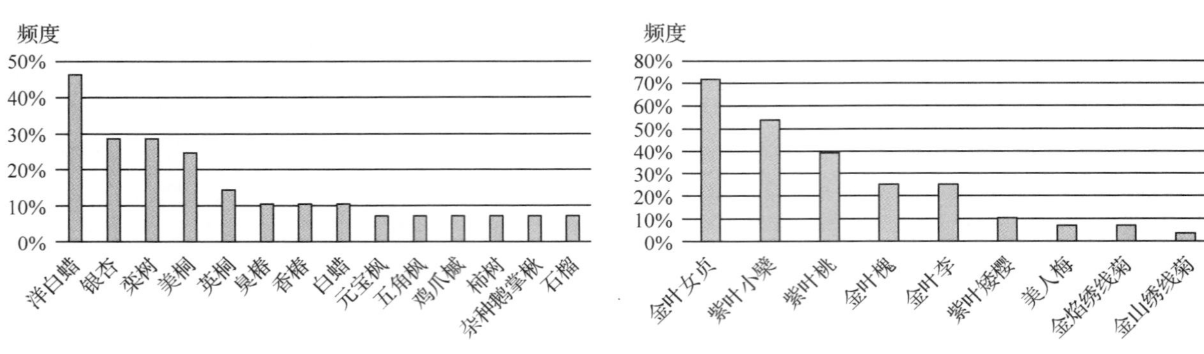

图 6(a) 春秋色叶植物应用频度分析

Fig. 6(a) The application frequency of spring and autumn color-leaved trees

图 6(b) 常年异色叶植物应用频度分析

Fig. 6(b) The application frequency of annual color-leaved trees

图 7 样地居住区公共绿地

Fig. 7 The public green space in residential areas

图 8 样地居住区宅旁绿地

Fig. 8 The green space next to buildings in residential areas

图 9 样地居住区道路绿地

Fig. 9 The roadside green space in residential areas

2.2 不同绿地类型植物景观设计分析

居住区的不同绿地类型对植物设计的景观与功能需求是不尽相同的。针对7处居住区园林的公共绿地、宅旁绿地、道路绿地和配套公建所属绿地展开分析，归纳出不同区域植物景观的空间特征。

2.2.1 公共绿地

居民区的公共绿地是居民活动最频繁的地方，应满足集散、游憩和交流的功能，植物的配置原则是在不影响人们活动空间的同时，尽可能更多地形成丰富、漂亮的景观。居住区公共绿地的空间应变化丰富，视野开阔，树种搭配多样(郑尧 等，2014)，多使用花坛、绿篱、廊架等围合场地营造休息区域，同时植物选择上以阔叶大乔木、观花观果乔、灌木为主，应季节变化增加草本花卉的装点。这种模式可最大限度地提高植物总叶面积，对于营造稳定的植物群落和减少日后的养护管理费均有益处(郑芷青 等，2010)。调研的7处居住区园林公共绿地多采用植物围合开阔草地或水域的形式，合理地营造了开敞空间与半封闭空间，乔灌草结合的复层搭配达到较高的绿量，贯彻了宜居性植物景观的艺术性、亲和性和观赏性原则(图7)。

2.2.2 宅旁绿地

宅旁绿地作为居民使用的半私有空间，兼有晨练、交往、休息功能，是最接近居民生活的空间。植物景观的设计应充分考虑建筑环境与植物的相互影响，具有简洁明快、丰富而独特的特点。调查发现，上层植物不宜选用过高、规格过大的乔木，避免植物因根系生长或枝叶茂密对住户生活造成不便，中层多采用较耐阴的小乔木和灌木，如二乔玉兰、西府海棠、紫叶桃、金银木等，种植在楼宇北侧或树荫下。在楼宇南侧适当种植观赏性强的灌木，如绣线菊类、连翘、月季等(Akbar, K. F. et al, 2003)。另外，由于宅旁绿地连接度不强，较分散，故在一连串绿地中选用季相、花色、叶色等为变化主题来进行配置，植物种植“和而不同”，道路、水体也都各具特点，从而增加居民对栖居空间的归属感与自豪感(王敏 等，2013)，使每一块宅旁绿地与楼宇结合得更有价值(图8)。

2.2.3 道路绿地

小区内道路绿地的植物配置不同于城市街道的行道树，根据小区道路的主次走向、住宅建筑群的排列形式等情况采取不同的植物配置方法。主干道的绿化在体现引导、遮阴功能的同时强调小区的景观轴，故上层多选用冠大荫浓、株高及枝下高适中、无针刺、飞絮及异味的树种沿道路列植，乡土树种为宜(王水琦，2009)，中层配植观赏性优良的花灌木强化视觉轴线；次干道作为连接各楼宇间的纽带，在有机串联公共绿地、宅旁绿地时，在选择植物时需注意树木对居住的采光、遮荫、挡风等的影响，同时增加时令开花植物、色叶植物的应用，从而因季相变更形成系统有序的廊道，强调韵律感与节奏感(图9)。

2.2.4 配套公建所属绿地

配套公建所属绿地是居住区内各类公共服务设施所属的绿地，主要包括居住区边界处的带状绿地、入口处的景观节点和其他设施所属的绿地，营造植物景观时要充分考虑到周边环境与之协调。调研的7处居住区配套公建所属绿地多选择叶密度较高的针叶乔木、阔叶小乔木和灌木形成相对浓密的复层混交林或绿篱、绿墙，从而实现围合防护空间、防风减噪滞尘的作用(Aylor, D. et al, 1972)，同时视觉上与整体环境相融合，突显居住区特有的风格(图10)。

图10　样地居住区配套公建所属绿地

Fig. 10　The green space attached public infrastructures in residential areas

表 5 居住区园林典型植物配置模式

Table 5 The typical modes of plant configuration in residential areas

类型	配置模式	景观类型	实际效果
公共绿地	毛白杨＋绦柳＋雪松－山杏＋西府海棠－紫叶小檗＋金叶女贞－早园竹－草地早熟禾	生态复层类	不同质感的植物组成，营造细腻景观
	绦柳＋圆柏－紫叶李＋山楂－棣棠＋迎春＋沙地柏－紫藤－草地早熟禾	观花观果类	层次饱满，种类丰富，形成半疏朗空间
	洋白蜡＋栾树＋青杆－玉兰＋二乔玉兰－西府海棠－紫丁香＋连翘－二月蓝	观花观果类	层次分明，形成疏朗的遮荫空间
	旱柳＋银杏＋金叶槐＋油松－紫叶桃－大叶黄杨＋紫叶小檗－高羊茅	彩叶乔灌类	种类多样，色彩明快，形成半疏朗空间
	美桐＋油松＋鸡爪槭－紫叶李＋紫叶矮樱－紫丁香＋棣棠＋金叶女贞－草地早熟禾	彩叶乔灌类	色彩丰富，对比明显，组团丰盈
宅旁绿地	旱柳＋红花刺槐－紫叶桃—金银木＋红王子锦带＋小叶黄杨＋月季－蒲公英	观花观果类	上层乔木作孤赏树，下层灌木层次饱满
	银杏＋油松－紫丁香＋迎春＋金叶女贞＋大叶黄杨－崂峪苔草	观花观果类	结构简单，层次通透，色彩鲜明
	香椿－玉兰＋二乔玉兰－紫叶矮樱＋榆叶梅－金叶女贞＋沙地柏－草地早熟禾	彩叶乔灌类	层次饱满，色彩鲜明，形成半疏朗空间
	刺槐＋元宝枫－玉兰＋西府海棠－白丁香＋棣棠＋大花蔷薇－早园竹－马蔺	生态保健类	层次分明，选择芳香植物，具保健作用
	绦柳＋白皮松＋龙爪槐－山杏－大叶黄杨＋小叶黄杨＋紫叶小檗＋金叶女贞	修剪整形类	植物造型美观，富于变化，景观多样化
道路绿地	毛白杨(雄株)＋绦柳＋龙爪槐－大叶黄杨＋沙地柏－早园竹－黑麦草	生态复层类	层次分明，形成景观轴线
	国槐－二乔玉兰＋西府海棠－贴梗海棠＋迎春－草地早熟禾	观花观果类	层次分明，形成疏朗的遮荫空间
	绦柳－紫叶矮樱＋白丁香＋金银木－早园竹－鸢尾＋高羊茅	观花观果类	层次饱满，种类丰富，形成半疏朗空间
	银杏－紫叶李－金叶女贞＋大叶黄杨－黑麦草＋蒲公英	彩叶乔灌类	色彩丰富，对比明显，组团丰盈
配套公建所属绿地	加杨－紫叶李＋紫叶桃－紫丁香＋紫叶小檗＋金叶女贞－五叶地锦－鸢尾	彩叶乔灌类	层次饱满，色彩对比强，具滞尘效益
	圆柏－美人梅－大叶黄杨＋紫叶小檗＋金叶女贞＋沙地柏	修剪整形类	植物造型美观，兼具滞尘减噪效益
	英桐＋油松－紫叶李－棣棠＋大叶黄杨＋金叶女贞－草地早熟禾	防污绿化类	枝叶茂密的植物，具滞尘减噪效益
	毛白杨＋圆柏＋油松－紫薇－金银木＋棣棠＋大叶黄杨－紫羊茅	防污绿化类	枝叶茂密的植物，具滞尘减噪效益

2.3 典型植物配置模式总结

经过对7处地产景观的实地调研对比，筛选出4类绿地类型的18种典型植物配置模式，根据群落的层次和植物主要观赏特点的不同，将其分为生态复层类、观花观果类、彩叶乔灌类、生态保健类、修剪整形类和防污绿化类，并对每种模式的实际效果作说明(表5)。

3 结论

作为城市环境的有机组成部分，舒适宜人的居住区环境能提升城市的区域环境质量(刘华钢 等，2002)。居住区植物景观如何设计能发挥最大的生态效益，达到最好的景观效果，应该是设计师们不懈追求的目标。

研究通过对北京居住区园林的实地调研和相关设计理论的分析，从植物选择、配置应用、空间效果3方面对营造优质地产植物景观的手法进行了总结，在植物选择上充分利用乡土树种资源，适当使用大规格苗木，注重季相变更的效果，合理运用色彩明亮的彩叶植物；在植物造景中区分景观区域的主次，兼顾生态与景观效益；明确不同类型绿地植物景观的空间特征，从而筛选出18种典型植物配置模式供设计师借鉴。

北京居住区园林植物景观特色的研究，为当地居住区植物景观规划设计提供科学的参考依据，能够更好地解决城市居住区的绿化现存问题，满足城市居民的栖居需求，达到人类与自然和谐相处的良好效果。

参考文献

1. Akbar K F. , and Hale W H G. , Headley A D. 2003. Assessment of scenic beauty of the roadside vegetation in northern England[J]. Landsacpe and planning, 63: 139 - 144.

2. Aylor D. 1972. Sound transmission through vegetation in relation to leaf area density, leaf width, and breadth of canopy [J]. Journal of the Acoustical Society of America, 51 (1B): 197 - 205.

3. Gregory K J. , and Davis R J. 1993. The perception of riverscape aesthetics : an example from two bampshire rivers[J]. Environmental Management, (39): 71 - 85.

4. 刘华钢，肖大威 . 2002. 从小区绿化到景观生态——珠江三角洲城市居住区环境的发展[J]. 中国园林，2002 (5): 56 - 58.

5. 罗茂婵，苏德荣，韩烈保，等 . 2005. 居住区园林植物美景度评价研究 . 林业科技开发，19 (26): 81 - 83.

6. Terry C. 2000 . Daniel Whither scenic beauty Visual landscape quality assessment in the 21st century[J]. Landscape and Urban Planning, 54: 267 - 281.

7. 王敏，段渊古，马强，等 . 2013. 城市旧居住区环境改造的思考[J]. 西北林学院学报，28 (3): 230 - 234.

8. 王水琦 . 2009. 浅议城市居住小区绿化的植物造景[J]. 中国农学通报，25 (01): 132 - 136.

9. 杨纪军 . 2010. 现代居住区室外环境设计中的误区以及原因[J]. 科技信息，21: 893, 927.

10. 曾丽娟 . 2007. 深圳居住区绿地园林植物景观探析[J]. 艺术与设计(理论)，(6): 79 - 81.

11. 张新旺，王浩，李娴 . 2008. 乡土与园林——乡土景观元素在园林中的运用[J]. 中国园林，24(8): 37 - 40.

12. 赵博 . 2013. 城市住宅区景观设计中植物配置的问题与对策[J]. 陕西农业科学，(6): 122 - 123.

13. 郑尧，刘正刚，王晓炜，等 . 2014. 乌鲁木齐市地产植物景观特色营建探析[J]. 西北林学院学报，30 (5): 214 - 220.

14. 郑芷青，杨颖仪，周平德 . 2010. 广州居住区园林植物景观配置模式探讨[J]. 广州大学学报(自然科学版)，9 (4): 50 - 55.

15. 周美玲，张启翔，孙迎坤 . 2006. 居住区绿地的美景度评价[J]. 中国园林，(4): 62 - 67.

风景区地域性植物文化与植物资源初探*

——以岳阳市君山公园为例

张文彦　王晓红①
（中南林业科技大学风景园林学院，长沙 410004）

摘要　以君山公园植物景观为调研对象，基于场地植物景观现状与规划定位，以植物文化概念与地域性内涵的相关理论为基础，探讨运用自然植物文化，民俗植物文化与乡土植物文化来塑造君山公园风景区地域性特色植物景观的方法，为合理利用植物资源，构建融入园林植物景观文化地域特色明晰的风景名胜区提供指导。

关键词　植物文化；植物资源；地域性；风景区；君山公园

A Preliminary Study on the Regional Plant Culture and Botanical Resources in Scenic Resort：Taking Junshan Park in Yueyang as an Example

ZHANG Wen-yan　WANG Xiao-hong
（*College of Landscape Architecture*，*Central South University of Forestry and Technology*，*Changsha* 410004）

Abstract　Picked Junshan park as the research object，based on the status quo of plant landscape situation，planning orientation，plant culture concept and regional connotation，discussed the relevant theories on the basis of natural plant culture，folk plant culture and native plant culture to shape regional characteristics plant landscape in Junshan park scenic area，provided guidance for reasonable utilization and building the garden plant landscape culture into clear regional characteristic scenic area.

Key words　Plant culture；Botanical resources；Regional feature；Scenic resort；Junshan Park

风景名胜区是指具有科学研究价值和观赏等功能并且可供游人进行休闲游玩与科研等一系列活动的环境条件十分秀丽的景区。植物景观是在一定的地域范围内自然因素和人文因素之间相互作用的结果，是地域特色中一个生命力极强的要素。君山公园作为历史文化名城岳阳的风景名胜区之一，公园内的植被群落为湖中岛屿原始次生林经人工改造后的产物，古树名木与奇花异草种类繁多，植物资源丰富，具有很高的科研和美学价值。运用历史文献研究与实地调查相结合的方法，深入研究君山公园已有的园林植物景观文化，分析现状的不足和改善方法，将其与风景区规划建设相结合，对于保持君山公园园林植物景观文化地域性特色，维持风景区园林植物景观的可持续发展至关重要。

1　研究区域概况

君山原名湘山，位于湖南省东北部长江中游的东洞庭湖中，四面环水，面积 0.96km^2。传说舜的二妃娥皇与女英居于此山，因二妃被称为湘君，故后人称之为君山。所在区域气候属华中地区亚热带湿润气候，四季分明，日照多，热量充足，雨少风劲，具有明显的湖区气候特点。君山公园土壤多为微酸性沙壤。园内古迹众多，1976 年后政府陆续修复遭战乱毁坏的名胜古迹并新建景点，与千古名楼岳阳楼隔湖相望，“未到江南先一笑，岳阳楼上对君山”，岳阳楼——君山岛旅游区于 2011 年荣获国家 5A 级景区。

2　研究方法

文献查阅：为研究君山公园风景区植物的文化内涵及其在园林植物造景中的应用，首先查阅各类文献资料并整理和分析，总结出下一步实地考察时重点观察研究的对象。

---

* 基金项目：国家林业局 948 项目（20150417）。

作者简介：张文彦，女，在读硕士研究生，研究方向：园林植物与观赏园艺。Email：ssswork@ yeah. net。
① 通讯作者。王晓红，女，副教授，博士，研究方向：园林植物及景观应用。Email：wxhznl@ 126. com。

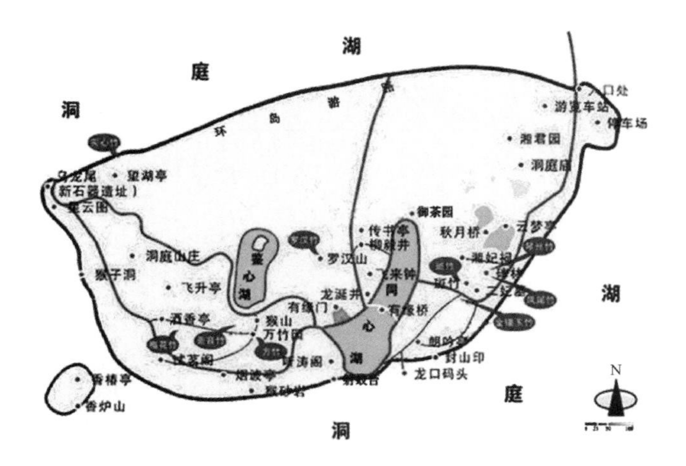

图1　君山公园景点及游线示意图(据原景点导览图绘)

Fig. 1　Sketch map of scenic spots and tourism line in Jun Shan park(by original attractions tourist map)

实地考察：通过多次对君山公园风景区的实地考察，根据已经开发的游览路线考察自然植被保护区及34个景点(图1)，重点考察祠庙、遗址和新建景点的植物景观。

综合分析：将前期文献查阅分析的结论与实地调研的结果进行比较和归纳总结。

3　君山公园植物资源与景观文化地域性特色分析

随着现代景观业与旅游业的发展，游客不仅满足于特地地域环境内风景区自然景观的优美，对于文化景观的追求也应运而生(游荣盛，2011)。植物景观的地域性文化已成为文化景观规划设计的新热点，因为植物是园林景观的基础，是园林构成要素中具有生命力的元素，探讨植物资源的景观应用准则、把握植物景观的地域性，通过植物选择和种植设计表达植物文化，在生态旅游区绿地中构建具有丰富文化意蕴的植物景观，从而使游览者在旅游休闲中感受到富有地域性特色的植物文化。

3.1　自然植物文化

在地域植被中，自然的植物群落结构是具有相当稳定性且最能够表现地域自然特色的。

君山公园自然植被群落属亚热带绿阔叶林，植物种类繁多，含44科102属142种(胡娟 等，2009)。经文献查阅与实地考察得出：优势科有榆科、卫矛科和忍冬科，基调树种有山杜英(*Elaeocarpus sylvestris*)、青冈栎(*Quercus glauca*)和盐肤木(*Rhus chinensis*)等。自然植物群落中竹类也占一定的比重，君山公园72峰，异竹丛生，峰峰有竹，形成了斑竹岭、罗汉竹山、方竹山等景点(图1)。通过对多种自然群落结构进行研究分析，基于生态稳定性与可持续性原则，筛选出5种较常见自然植物群落见下表(表1)。在君山公园地域性植物景观的设计中应当保持一定比例的自然群落结构组成以符合生态性原则。

表1　君山公园自然植物群落构成

Table 1　Natural plant community composition in Junshan Park

序号	自然植物群落类型	优势科	自然植物群落结构
1	常绿落叶阔叶混交林	榆科	朴树－青冈栎＋山杜英＋盐肤木
2	针阔叶混交林	卫矛科	马尾松－香樟＋矩叶卫矛－丝棉木
3	落叶阔叶灌丛	忍冬科	黄檀－女贞＋蒴藋－忍冬
4	竹林	禾本科	湘妃竹－桂竹＋罗汉竹－箬竹
5	草丛	禾本科	芦苇－荻－白茅＋淡竹叶－麦冬

古树指树龄在100年以上(含100年)的树木，名木指国内外稀有以及具有历史价值和纪念意义及重要科研价值的树木。古树名木形态苍劲古拙，美学价值高，具有不可替代的历史文物价值，是园林中的活文物。据岳阳园林局2012年统计，君山公园已识别名称的主要古树名木有20株，结合笔者实地考察后整理如下表(表2)。

表2　君山公园主要古树名木统计表

Table 2　The statistical tables of the primaryancient and famous trees in Junshan Park

序号	名称	拉丁名	科名	树高(m)	胸径(cm)	冠幅(m)	树龄(y)
1	椤木石楠	*Photinia davidsoniae*	蔷薇科	8.5	22	6×6	110
2	华山矾	*Symplocos chinensis*	山矾科	3.5	17	3×3	110
3	矩叶卫矛	*Euonymus alatus*	卫矛科	7	19	5×5	110
4	女贞	*Ligustrum lucidum*	木犀科	12	52	6×6	130
5	山杜英	*Elaeocarpus sylvestris*	杜英科	12	47	10×10	140
6	无患子	*Sapindus mukurossi*	无患子科	13	82	10×12	310
7	朴树	*Celtis sinensis*	榆科	12	40	8×7.5	150
8	算盘子	*Glochidion puberum*	大戟科	10.5	14.7	6×6.5	150
9	山杜英	*Elaeocarpus sylvestris*	杜英科	14	52	12×12	150
10	三角枫	*Acer buergerianum*	槭树科	8	38	6×6.5	160

（续）

序号	名称	拉丁名	科名	树高（m）	胸径（cm）	冠幅（m）	树龄（y）
11	紫弹朴	*Celtis biondii*	榆科	13	44	7.4×7	160
12	山杜英	*Elaeocarpus sylvestris*	杜英科	15	54	13×13	160
13	朴树	*Celtis sinensis*	榆科	13	72	6×6	180
14	榔榆	*Ulmus parvifolia*	榆科	10.5	42	8×8.5	180
15	女贞	*Ligustrum lucidum*	木犀科	11	66	6×5	190
16	黑壳楠	*Lindera megaphylla*	樟科	3.5	27	3.5×3.5	310
17	黑壳楠	*Lindera megaphylla*	樟科	5	40	4.5×4.3	380
18	椤木石楠	*Photinia davidsoniae*	蔷薇科	8	68	6×6	280
19	木犀	*Osmanthns fragrans*	木犀科	14	42	8×8	300
20	樟树	*Cinnamomum camphora*	樟科	根基围 7.65m，直径 2.46m			2200

古树名木是极其珍贵的历史文化遗产和种质资源。在君山古树名木中历史最为悠久的秦皇火树传说是秦始皇火烧君山劫后余生之树（何林福和李翠娥，2002），实为樟树（*Cinnamomum camphora*）据传至清末尚是"大可数围，腹中半焦"，后遭砍伐，今仅存次生林。

君山岛封山造林时曾引进了外来树种，在古树资源的构成上呈现古树外来树种较多的特性。如生长在原崇胜寺后院中有 1 株树高 14m，胸径 0.42m，树龄 300 年的金桂（*Osmanthus fragrans*），相传此树为南宋农民起义军领袖杨么所栽。金桂为桂花秋桂类品种，与银桂和丹桂是平行起源（赵宏波 等，2015），既可以作为优异种质直接开发利用，也是选育新品种的良好中间材料。

图 2　古树名木植物景观（黑壳楠）

Fig. 2　Plant landscape ofancient and famous trees (*Lindera megaphylla* Hemsl.)

目前景区导游古树名木解说中仅宣传了岛南部飞来钟景点的 2 株黑壳楠（*Lindera megaphylla*），这一对树的基部均仅剩约 8cm 厚半边树壳，但 6m 高的树干上缀满绿叶（图 2）。其余的仅有 2011 年设立的古树名木标牌，或是仍处于公园未对游客开放的区域如岛之北、西北方向和中部山林。由上文图 1 可见仅有一条主游览路线贯穿君山岛南北，路旁的自然植被疏于管理恣意生长，道路系统缺乏指向标识，游客不便徒步游览。为了合理开发和保护景区内的古树名木，应在其周侧开辟便利游览线路使之能独立成景，设护栏隔离游人避免践踏，立解说牌科普其价值。

3.2　民俗植物文化

与生活、宗教与礼俗相关的植物为民俗植物。民俗植物文化是地域性文化的组成部分。与植物相关的文化体系，既包括与其食用和药用价值相关联的物质层面的文化，同时包括以植物为载体，反映出的传统价值观念、审美情趣、哲学意识和文化心态等精神层面（余江玲和陈月华，2007）。人们对植物景观的欣赏常常以个体美及人格化含义为主，有许多植物被赋予了人格化的品格或独特的象征意义。运用各种民俗植物资源在君山公园风景区特定的环境中进行植物造景，使其具有相应的文化环境氛围，从而使游览者产生各种共鸣和联想。

茶（*Camellia sinensis*）是我国的传统民俗植物之一，君山出产的银针、毛尖与黄茶名扬天下，茶文化在景区茶园中可与景观规划相结合，体现在茶的栽培、采摘、烤制和销售等过程的场所设计中。在景区内利用已有的茶山茶园进行适当改造，提供集制茶品茶、茶艺表演以及茶类食品于一体的服务项目，从中发掘出民俗植物景观文化性。游览者可在同心湖北的君山御茶园参与体验君山银针茶叶商品的生产过程，环山而植的层层茶树形成了富有特色的民俗植物景观（图 3）。

祠庙类宗教建筑外部的植物造景多依附建筑形制采用对称式种植，如湘妃祠入口区道路两旁列植龙柏（*Sabina chinensis*），苍劲古雅的龙柏隔离了两侧的视线形成夹景（图 4），营造出古朴、凝重的空间氛围；松柏作为正义神圣的象征，渲染了寺庙庄严肃穆的气氛。

位于君山秋月岭山麓的洞庭庙附近以对称式种植黑松（*Pinus thunbergii*）、银杏（*Ginkgo biloba*）和香樟（*Cinnamomum camphora*）这类长寿树种文化寓意根深蒂固，银杏树植于殿堂前后以示威严。橘有灵性，传说可应验事物。橘性因地气而应变。《周礼・考工

图 3　民俗植物景观—君山茶叶基地

Fig. 3　The base of Junshan silver needle tea for folk plant culture

图 4　湘妃祠前列植龙柏

Fig. 4　*Sabina chinensis* (L.) planted in rows in front of Xiangfei Memoral Temple

记》中说："橘逾淮北而为枳……此地气然也"。据《柳毅传》记载从君山通往海底的井旁原有一株能帮柳毅通传消息的大橘树故称橘井。而后橘树枯死了，人们便称之为柳毅井，如今在柳毅井旁为了纪念柳毅已在原址重植一株橘树(*Citrus reticulata*)(图 5)。

图 5　柳毅井现有橘树

Fig. 5　*Citrus reticulata* existed in Liuyi Well

相对于具有民俗风情的传统景点，景区内复建或新建景点人工栽植形成的植物群落相对单一，草坪上多为小乔木构成上层空间，如洞庭庙前游客集散广场植物景观(图 6)为开敞式植物栽植方式，以规整式草坪和红叶石楠灌木丛及少量特置的整形观赏乔木组成的植物群落层次简单，形态缺乏自然美感，游客除了拍照极少逗留。植物景观空间构图上相对空旷，缺乏遮阴休憩的植物围合空间，建议配植特色观花观果植物，丰富植物群落空间，营造体现植物民俗文化的人文环境。可运用自然植物资源营造自然式植物景观丰富植物景观层次，恢复为疏林草坪植物群落景观，借酒香藤等民俗传说运用岛上藤蔓植物资源营造竖向植物景观，形成游客参观游览的新热点。

图 6　洞庭庙前开敞空间植物景观

Fig. 6　The plant landscape in wide open space in front of Dongting Temple

3.3　乡土植物文化

乡土植物分布具有一定地域性，在园林植物景观设计中大量应用一个地方的乡土树种，可以形成具有地域性特色的园林景观。

山杜英和斑竹是岳阳的乡土植物。君山公园各处多见岳阳市市树山杜英(*Elaeocarpus sylvestris*)，生长的最久的山杜英树龄已超过 160 年。岳阳人喜爱山杜英选其为市树，因为它干形高大，蓬勃向上，老叶在凋落之前变成红色，四季如此，颇有"红花绿叶春常在"之感，人称"老来俏"。文人雅士为山杜英起了一个雅号，叫丹青树。掉落的红叶久不褪色，可作书签，是一种独特的旅游纪念品。洞庭山庄用于举办户外婚礼的露天草坪上有一株孤植的山杜英特名"君山红绿叶"，树叶红绿相偎象征永恒的爱情。在君山斑竹山西头的二妃墓旁自然式栽植着斑竹(*Phyllostachys bambusoides*)。斑竹之神奇在于这一身斑是君山特殊地理环境的产物，具有地域性特色。在 1986 年北京紫竹园公园曾在君山引种的 10 多株斑竹的斑点出现逐步退化的现象，若再移植回来，斑又会恢复。从生物学的观点来看，斑竹的花纹是真菌腐蚀幼竹而成的，在民间传说中斑竹是二妃在君山怀念舜流下的眼泪染成的，人们把自己的感情思想寄托在斑竹上，赋予其多情的品格特征。历代文人雅士对此多有题咏，唐代诗人高骈曾写有《湘浦曲》："虞帝南巡去不还，二妃幽怨水云间。当时垂泪知多少，直到如今竹尚斑。"如今在虞帝二妃墓景点，唯有数块大理石牌树立在竹丛旁展示建墓历程，游客自行浏览时仅能感受到竹林的自然之美，而难以获取更多竹子科普知识以及无法了解二妃哭舜的斑竹文化传说。因此建议将这些反映竹类文化的诗句制成文化景墙展览并辅以竹类植物造景。已有的部分斑竹成林稀疏，林下地被存在斑秃、缺绿问题。在公园游道无护栏处补植后仍有可能被游客损坏，可通过增设护栏或更换栽种其他灌木类园林植物进行隔离来改善此现象。以适生竹类营造绿竹成荫的竹林景观，种植高大乔木和补充栽植地被植物形成围合空间（李永红 等，2008），以创造湘妃墓肃穆的纪念和祭祀氛围。在路旁、建筑周围和山前广植竹丛，每片竹丛的面积不等，湘妃竹、方竹、罗汉竹一类在竹种识别方面具有明显的科普教育功能和植物景观文化中具有美学价值的名贵竹类只需点睛，应有疏有密、反复出现，营造奇竹点翠绵延不绝的印象。在竹类观赏区制作完整的简介标识牌与指向牌（康晋 等，2015），为观赏者提供更多竹类知识信息。

君山公园园林植物景观要充分体现地域特色，在植物的选择上也应以乡土植物为主，以适地适树的原则为指导，避免盲目追求新奇特的景观效果，如现有热带植物苏铁在草坪上的配置略显突兀（图6），影响地域特色的一致性。君山公园入口第一个园中园湘君园内栽满了月季（*Rosa chinensis*），缺乏植物景观地域特色且与湘君主题不符，而木槿（*Hibiscus syriacus*）为被舜帝解救赐名为舜华、舜英、舜姬三位花神化身的故事由来已久，且舜帝后被尊称为湘君，因此建议湘君园改建为木槿专类园，栽植湖南本地的常见木槿品种与引种国内外优良观赏性状的木槿新品种。在环境复杂的风景区进行植物配置时不论是栽培野生花卉还是引种外来花卉，可借助于计算机和模糊识别的手段，选择适宜引种栽培地，而得到良好的植物景观效益（张德舜，1990）。岳阳乡土植物品种丰富，在进行风景区植物景观设计时合理搭配可形成季相变化丰富地域特色明显的植物景观。挖掘自然植物资源，展现人文精神、结合地方风土人情、提高人们的文化归属感，将植物文化与其他各种社会文化相交融，形成鲜明的地方特色和可识别性，更好地树立园林形象进而提升城市形象。

4 讨论

君山植物文化体现出的包容性与多元化，表现在君山岛上儒、释、道与民俗的兼收并蓄。受儒家思想影响下的文人以植物来托物言志；道和佛以特定植物代表其修行；民俗以植物文化体现地域性特色。植物景观受儒家思想、宗教和民俗等影响，植物不单以其自身的文化属性来熏陶整体园林风格，它同时作为构成园林的一个要素而和其他要素相结合来共同营造和谐的景观环境。为了保护君山景区的植物资源与景观文化，应重点保护其特有原生植被与古树名木，合理开发旅游路线，稀疏、间伐部分杂木，组织风景视线引导浏览者认知不同的文化景观空间，对已被破坏的植被进行恢复，保护风景区生态系统的稳定性、完整性和生态进程的延续性。

植物景观中的文化内涵的形成与演变，深受当时社会背景、文化基础与科技水平的影响，随着时间的推移，每个时期不断赋予原有景观新的文化内涵。风景区植物景观的建设离不开植物资源的合理利用与植物文化的恰当应用，以植物地域文化指导君山公园风景区具体的景点植物景观配置，可彰显地域性格与文化底蕴，运用乡土树种营造风景区植物景观对弘扬地域性特色文化具有重要意义。君山公园风景区植物资源的保护与文化发展将是可持续性地发展，岳阳市树山杜英作为基调树种已经在景区内成熟应用栽植情况良好，而市花栀子花（*Gardenia jasminoides*）还有应用推广空间，君山公园近年来确立的爱情文化主题具有新意，可利用岳阳市树与市花在爱情文化方面的象征意义结合其他植物、园林小品或建筑物配置营造爱情文化氛围。对君山公园风景区植物资源与文化的保护与创新将有机结合，互相促进，为风景区的地域特色植物景观规划建设提供指导。

参考文献

1. 何林福，李翠娥 . 2002. 君山纪胜[M]. 北京：文津出版社 .
2. 胡娟，李亚雄 . 2009. 洞庭湖君山公园地标性植物群落研究[J]. 中国城市林业，7(3)：49－51.
3. 康晋，季晓莲，弓弼，等 . 2015. 竹子专类园设计研究——以楼观台百竹园提升改造规划为例[J]. 西北林学院学报，30(1)：275－280.
4. 李永红，韩炳越 . 2009. 风景资源保护与景区可持续发展——以岳阳市君山景区详细规划为例[J]. 中国园林，25(7)：49－52.
5. 游荣盛 . 2011. 园林植物文化解读体系的研究[D]. 福州：福建农林大学硕士论文 .
6. 佘江玲，陈月华 . 2007，中国植物文化形成背景[J]. 西安文理学院学报，10(1)：33－35.
7. 张德舜 . 1990. 花卉适宜栽培地的模糊识别[J]. 园艺学报 17(3)，233－237.
8. 赵宏波，郝日明，胡绍庆 . 2015. 中国野生桂花的地理分布和种群特征[J]. 园艺学报，42(9)：1760－1770.
9. 孙超，车生泉 . 2010. 古树名木景观价值评价——程式专家法研究[J]. 上海交通大学学报：农业科学版，28(3)：209－217.

长沙市公园中践踏行为的调查与分析*

罗 娟 吴 菲 张雨朦 黄琛斐 廖飞勇①
（中南林业科技大学风景园林学院，长沙 410004）

摘要 公园绿地中经常有践踏行为的发生，严重影响了公园景观和植物的生长。论文对长沙市 7 个公园中践踏行为进行了调查。结果表明，7 个公园中道路沿线践踏行为的频率最高，达 100%；道路交汇处和绿地中间践踏频率达 85%；大片区域秃斑和节点绿地中被践踏的频率达 70%。道路尽头、花境前和沿线各绿地内的践踏占有率达 28%。分析了践踏发生的原因，设计、施工和植物配置不合理，游人缺乏自我约束。并针对性提出建议：一是合理规划设计，使公园更符合游人的要求；二是合理配置植物，以满足公园的功能需求；三是加强对草坪草和地被植物的养护管理；四在合适位置改造下垫面；五是建立防护设施；六是加强宣传和劝导。
关键词 公园；践踏；长沙市；植物

Investigation and Analysis of the Trample Behavior in the Park in Changsha City

LUO Juan WU Fei ZHANG Yu-meng HUANG Chen-fei LIAO Fei-yong
(*College of Landscape Architecture*, *Central South University of Forestry and Technology*, *Changsha* 410004)

Abstract The occurrence of frequent trample in the park green seriously affected the plant growth and the landscape quality. The tramples in four parks in Changsha city were investigated. The results show that the trample frequency along the road in the park was the highest, reaching 100 percent. The trample frequencies of the road interchange and the middle of the green space were 85 percent. The trample frequencies of the patch and the nodes in the park were 70 percent. The trample frequencies of at the end of the road, before the flower border and along the greenbelt in the parks were 28 percent. The reasons of trample were analyzed, unreasonable design, unreasonable construction, unreasonable plant configuration and lack of self constraint of visitors. Suggestions were put out. First, reasonable planning and design was put out for the requirements of visitors. Second, rational allocation of plants was put out for the functional requirements of the park. Third, the maintenance and management of grass were strengthened. Forth, reconstruct the surface at suitable position. Fifth, establish protection facilities. Sixth, strengthen propaganda and persuasion to the tourist.
Key words Public parks; Trampling; Changsha city; Plants

城市综合性公园是市民休闲娱乐的主要场所，受到人们的欢迎[1-3]。在游玩过程中，公园绿地中经常有践踏行为的发生，严重影响了公园景观和植物的生长，有较多学者对此进行了研究，但是主要集中在耐践踏植物方面[4-6]。但是游人的行为往往受到多种因素的影响，因而不同时间、不同地段的游人行为往往需要进行综合分析[7-11]。长沙市位于我国中部，城市中综合性公园位于市中心地段，游人较多，在调查过程中发现公园中践踏行为较为严重。为了提高长沙市公园绿地质量，降低后期维护成本，促进景观可持续发展和为公园设计提供理论指导，对长沙市 7 个具有代表性的公园行了实地调查。

* 基金项目：湖南省教育厅重点项目(15A195)和湖南省"十二五"重点学科(风景园林学)(湘教发[2011]76 号)资助。
作者简介：罗娟，女，1989－，中南林业科技大学风景园林学院在读硕士，研究方向为植物景观，吴菲现在在陕西西安市园林建设公司工作。
① 通讯作者。廖飞勇，男，1973 年生，男，博士，中南林业科技大学风景园林学院教授，研究方向为园林生态及植物景观，E-mail：xylfy@163.com。

1 长沙市公园绿地概况

长沙市位于湖南省东部偏北，地域范围为东经111°53′～114°15′，北纬27°51′～28°41′。2005年底长沙市全市建成区绿地率成达33%，绿化覆盖率达到37.96%，人均公共绿地达到7.9m^2。长沙市目前现有公园绿地37处，其中综合公园7处，社区公园11处，专类公园4处，带状公园5处，一定规模的街旁绿地10处。公园绿地面积1377.33hm^2[12]。在公园绿地建设方面，烈士公园、晓园公园和省森林植物园因其公园性质、地理位置、占地面积等因素，代表着长沙城市公园绿地发展的典型形象，在长沙市城市公园绿地建设中起着至关重要的作用。

2 样地选择及调查方法

2.1 样地选择

根据建成公园时间的长短、景观状况及游人使用情况，选择了7个公园作为调查对象，分别是烈士公园、岳麓山公园、南郊公园、橘子洲公园、月湖公园、红星社区公园和三湘社区公园。

长沙烈士公园是一个以纪念湖南革命先烈为主题，以自然山水风光为特色，集纪念、游憩、休闲于一体，富含地域文化的综合性开放式现代公园。公园面积达46.6hm^2，整个公园共分为“二区六园”[13]。

岳麓山景区面积6km^2，主峰海拔300.8m，滨临湘江，依江面市。植物资源丰富，革命烈士墓葬群集。岳麓山春天满山葱绿，夏日幽静凉爽，秋天枫叶流丹、层林尽染，隆冬玉树琼枝、银装素裹[14]。

南郊公园位于长沙市猴子石大桥桥东，公园于1986年5月对外开放，占地面积为37hm^2，绿化覆盖率为92.5%[15]。园内亭台楼榭造型各异，游乐设施齐全，还备有大面积的烧烤场地。

橘洲公园位于湘江长沙段江心，四面环水，绵延数十里，被誉为“中国第一洲”。橘子洲陆地面积达91.64hm^2，植物资源丰富，全园绿化率达86%[16]。主要景点有毛泽东诗词碑、枕江亭、揽岳亭、盆景园等。

月湖公园位于浏阳河畔，占地66.8hm^2。月湖公园是以“水”为核心，以“月”为主题塑造的特色人文景观，有月湖十景。月湖公园各景点各具特色又相互呼应。

红星社区公园，位于新韶路与中意一路的交会处，占地3.2hm^2，是长沙修建面积最大、配套最为齐全的社区公园。公园以红星湖为中心，形成自然丰富的水景空间。

三湘社区公园位于长沙市雨花区三湘社区内，建设面积0.45hm^2。

2.2 调查方法

调查方法采用的通过实地调查法，通过拍摄，记录实际情况，得出调查结果。主要调查内容包括公园内绿地建设的现状、地被植物的生长状况及后期的养护管理现状、地被植物被践踏的实际情况。

3 结果与分析

3.1 被践踏情况类别

通过对7个公园的地被践踏情况调查，总结出被践踏地被植物情况周边用地性质主要有6种：道路、大片绿地（林地）、景观节点、休息处、标识和管理用房（图1～图9）。地被植物践踏情况主要包括道路沿线被践踏、绿地中间被踩出支路和休息处周边绿地被严重践踏3种情况。并且践踏的程度较为严重，植被破坏严重，基本上露出土地的面积较大。常见践踏宽度在0.3～0.5m。践踏宽度较宽的时候可达1～2m，主要出现在主路两侧（或一侧）、花境前、节点性景观和标示牌前。

图1 道路沿线绿地的被践踏

Fig. 1 Greenbelt trampled along the road

图2 道路尽头绿地的被践踏

Fig. 2 Greenbelt trampled at the end of road

图3 绿地中间的被践踏

Fig. 3 Greenbelt trampled in the middle

图4 山顶大片绿地被践踏

Fig. 4 Greenbelt trampled on the mount top

图5 景石周围绿地被践踏

Fig. 5 Greenbelt trampled around the landscape rock

图6 座椅周边绿地被践踏

Fig. 6 Greenbelt trampled around the seat

图7 景亭周边绿地被践踏

Fig. 7 Greenbelt trampled around the pavilion

各公园被践踏情况略有不同。烈士公园集游憩、休闲、观赏于一体的综合性开放公园。相比较其他公园，其观赏功能更加突出，节点附近的植物配置注重色彩，形状的搭配，更是在节庆期间举办大面积的花卉展。于是容易引导游人在花境拍照留念，发生践踏行为。岳麓山景区属山地景观，以自然植被为主，游人的主要活动为登高远眺，植被被践踏的情况中林间践踏出支路和山顶大面积区域裸露为其特征。南郊公园虽也为山地公园，但其高度远低于岳麓山景区，休

图8 花池绿地被践踏

Fig. 8 Greenbelt trampled at the flower beds

图9 办公用房周边绿地被践踏

Fig. 9 Greenbelt trampled around the office accommodation

闲功能为主，突出特色的践踏情况为活动区附近绿地每隔几米就会被践踏出支路，而林间被踏出支路的情况不明显。橘子洲景区是以生态、文化、旅游、休闲为主题的滨水风景区，是长沙著名景点之一，游客量较大，多数游人喜爱拍照留念，使得景区大面积绿地被践踏和绿地中间踏出支路情况表现突出。月湖公园也属于滨水景观，相较于橘子洲景区，游客量较小，多为临近市民休闲、散步的场所，其道路沿线被践踏及林间践踏出支路的问题较严重。红星社区公园是居民休闲、健身的主要场所，园区多为大面积草坪绿地，其被践踏情况以种植池和绿地中间被践踏的最为明显。三湘社区公园供居民休息、活动，以大片绿地区域裸露和树池周边被践踏情况为主要问题。

调查表明，道路沿线践踏行为的比例最高，达100%，每个公园中都有被践踏。其次是道路交汇处和绿地中间践踏出的小路，存在的情况也比较高，达85%。其次是大片区域秃斑和节点绿地中被践踏，有70%的存在率。道路尽头、花境前和沿线各绿地内的地被植物被践踏的情况也存在，但是不高，只有28%。

表 1 长沙市公园地被植物践踏情况调查表

Table 1 The survey of trampled cover plant in garden in Changsha

被践踏地被周边用地	践踏情况描述	践踏宽度	公园名称						
			烈士公园	岳麓山公园	南郊公园	橘子洲公园	月湖公园	红星社区公园	三湘社区公园
道路	道路沿线：由道路边缘向两侧逐渐减弱(图1)	主路1～2m；支路0.3～0.5m	√	√	√	√	√	√	√
	道路尽头：严重践踏(图2)	道路宽度	√			√			
	道路交汇处：地被植物几乎全部死亡，成裸地	0.3～0.5m	√	√		√	√	√	√
大片绿地、林地(山体)	绿地中间践踏出小路(图3)	0.3～0.5m	√	√	√	√	√	√	
	花境：前面地被植物遭践踏	1～2m	√			√			
	大片区域秃斑(图4)	—	√	√	√	√			√
节点处	节点性景观：绿地中被践踏出支路(图7)	1m		√	√	√	√	√	
	线性景观：沿线各方向绿地内地被植物被严重破坏	0.3～0.5m		√					
	活动区域：周边绿地内每隔几米被践踏出支路	0.3～0.5m		√	√	√	√	√	
可供休息处	单、多面座椅：前侧地被植物被践踏情况严重(图6)		√	√	√	√	√		
	景石：周边地被植物被践踏情况严重，特别是近路侧(图5)	—	√		√	√			
	种植池：周边地被植物被践踏情况严重(图8)						√	√	
标示牌	前侧绿地被严重踩踏	1m	√	√	√	√			
管理用房	绿地中间践踏出支路(图9)	0.3～0.5m	√		√				

3.2 被践踏原因分析

表2表明，践踏行为发生的原因包括几个方面：一是原有的设计中对人流量考虑不足，导致了践踏的发生，如道路过窄而人流量过大，导致了游步道两边被人为践踏，如图1、图3、图4、图6；二是设计时游步道没有考虑到游人的需求或游人走直线的心理，导致了许多践踏的发生，如图3、图7、图9；三是施工过程中不完善，导致了践踏的发生，如图2、图7，支路应当和主路相连接，路未连通导致了践踏的发生；四是绿地中植物的功能还不能满足游人的需求导致了游人改变设计线路而发生践踏，如夏天阳照过强，游人在绿地中的乔木下休息；五是设计过程中绿地其功能未考虑，如景观很漂亮很多摄影留念，人过多导致了践踏的发生；六是游人缺乏对环境保护的意识而发生，如图8，种植池中间的被践踏。

总体来看，道路的人流量、道路线型、道路的连通性、道路网络密度和功能的设计的不合量是导致践踏发生的主要因素。践踏宽度较大的区域主要在人流集中且流速较慢的区域，例如主园路交汇处和景观节点处。

表 2 样地被践踏情况原因分析表

Table 2 The trample reason of cover plant in garden in Changsha

被践踏部位周边用地	践踏情况简述	原因分析
道路	道路沿线	I 道路宽幅难以负荷现有人流量 II 行道树不能为道路完全遮阴，行人走入道路旁边的绿地内
	道路尽头	未联通主路，出现断头路
	道路交汇处	I 大型灌木球遮挡道路通行(图10) II 直角道路没有钝角道路行走方便舒服，下意识走对角线 III 曲路拐弯半径设计不合理，走直路省路程(图11)

（续）

被践踏部位周边用地	践踏情况简述	原因分析
大片绿地、林地（山体）	绿地中间践踏出小路	I 为了不绕道去景观道或景观节点 II 道路与相邻观景道路距离太近，行人就近看景 III 缩短上山距离（图 15） IV 有冒险精神，走没有人走过的路
节点处	花境	结婚拍照、摘花
	大片区域秃斑	在绿地中玩耍、休憩、野餐（图 14）
	节点性景观	周围少有紧挨或直通的道路，加上节点处人流量大，造成周围绿地地被植物严重破坏
	线性景观	I 踏过绿地直接进入开放型线性景观 II 沿线两侧有护栏等阻隔设施，为图方便顺着线性景观两侧绿地而行
	活动区域	便于从周边道路通向活动区域
可供休息处	单、多面座椅	休息桌椅周围人流量较大，当周围绿地不设有铺装时将遭到游人较为严重的践踏
	景石	把景石当做休息的石座椅，践踏周围绿地
	树池	在树池台阶上休息时践踏周围绿地
标示牌	前侧绿地	不愿绕过指示牌前面绿地，直接站在绿地中（图 13）
管理用房	绿地中间践踏出支路	进出道路不便

图 10　灌木遮挡处绿地被践踏

Fig. 10　Greenbelt trampled at the place hided by the shrub

图 11　道路交汇处绿地被践踏

Fig. 11　Greenbelt trampled at road meeting place

图 12　花境前绿地被践踏

Fig. 12　Greenbelt trampled before the flower border

图 13　标士牌前绿地被践踏

Fig. 13　Greenbelt trampled before the nameplate

图 14　林下绿地被践踏

Fig. 14　Greenbelt trampled under the tree

图 15　山坡绿地被践踏

Fig. 15　Greenbelt trampled on the hillside

3.3　分析与对策

对于践踏行为发生，我们应针对性采取相应的措施与对策：

（1）合理规划设计，使公园更符合游人的要求

设计的目的是为游人提供服务，因而在施工和后期管理过程中，发现不合理的设计应当调整，如拓宽道路宽度，增强道路的连通性，改造接点的容量等；

（2）合理配置植物，以满足公园的功能需求

I 植物不仅具有观赏性、改善环境的功能，同时也有阻断和引导游人的和组织游览线路的功能，因而在保证安全禁止游人游览或进入的地段，种植荆棘类植物代替原来普通的灌木，如枳 *Poncirus trifoliata*。

II 在游人活动较多的地段或草坪可更换草本植物的种类，种植一些耐踩而又不会产生生物入侵现象的草坪草。如结缕草属的物种，根茎强大，叶子粗糙且坚硬，弹性好，耐践踏，而且生长缓慢，管理粗放，费用低，抗杂草侵入，抗病虫害能力也很强。

III 可以运用木本、藤本地被替代部分草本地被。能够作为地被植物应用的低矮灌木和藤本植物大约有800种，大大扩充了地被植物的选择。同时，木本地被植物在养护管理和生态效益方面优于一般草本地被植物。

IV 用耐践踏地被植物替换原来种类　如白三叶、印度蒲公英等；国外常用的有通泉草属的通泉草 *Mazus japonicus*、珍珠菜属的金叶过路黄 *Lysimachia nummularia* ‘Aurea’、纽西兰球果属的小叶猬莓 *Acaena microphylla*，仙女木属的仙女木 *Dryas octopetala*，蔓虎刺属的越橘 *Vaccinium vitis-idaea* 等。

（3）加强对草坪草和地被植物的养护管理

I 对于地被植物常被人践踏的区域要进行养护管理，比如适当施加氮、磷、钾肥等增加地被植物的耐践踏性，注重灌溉的水量和方式，通常灌溉水量以使土壤湿润达到 15cm 深为宜。当天气炎热时，灌溉时间最好选在 8：00 以前或 16：00 以后，灌溉不应过量，践踏后的水分管理以少量多次为宜。

II 对于已经践踏的绿地，可派人翻动已踏实的土壤，增大土壤的孔隙度以提高植物的生命活性，使草本植物茁壮成长。另外，打孔也是改善土壤通气性的一项有效作业，通常通过打孔机完成。而对于已经裸露土壤的绿地，尽早补种草本植物或者铺设草皮，避免山坡的水土流失。

III 在植被生长敏感期，如初春植物萌发期，采取适当措施来规范旅游活动有序开展。通过限制游客数量和对脆弱景点采取保护措施（如禁止通行等），保护植被免受破坏。

（4）在合适位置改造下垫面

I 在过度践踏的草坪上，可用铺设材料（草坪凝固网）或其他吸收动能的方法来提高草坪草的耐磨性及恢复率，避免日后地被植物被践踏后的养护管理费用。

II 可在土路旁铺设石子。这样既减少了践踏，也减少了水土流失，还可以使草本植物在石子的孔隙中生长。并且，石子还可以起到一定持水和通气的作用，利于植物的生长。

（5）建立防护设施

在位置合适的绿地旁，建造高度在 20～40cm 的木质护栏，既与周围的自然环境相和谐，又可以避免践踏现象的发生。

（6）多宣传和劝导

在景点附近，或经常被践踏的区域竖立警示牌，制作文明标识牌，告诫游人不要践踏绿地。

城市绿地是为广大游人服务的，设计、植被配置的合理与否直接影响践踏行为在绿地中的出现频率和影响程度，后期的养护和管理水平同样也影响践踏行为。因而为了提高景观质量，从公园的规划设计到后期的养护管理都必严格要求，以维持公园高水平的景观质量。

参考文献

1. 吕红，赵明远，赵兰勇．城市公园绿地游憩者行为调查研究——以山东济南、泰安城市公园为例[J]．山东林业科技，2015，(5)：44 －47 +64.
2. 衡浩．城市公园空间结构对区域微气候影响的调查研究——以安康市综合性公园为例[J]．北京农业，2015，(11)：2.
3. 李冰．上海城市综合性公园座椅规模与布局特征调查研究[D]．上海：上海交通大学，2014.
4. 姬承东，陈平，周芸芸．践踏胁迫对匍匐翦股颖生理特性的影响[J]．安徽农业科学，2015，(12)：59 －61.
5. 郑扬帆，奇凤，宋桂龙．践踏处理下高羊茅分蘖与内源激素的关系[J]．草业科学，2014，(3)：388 －392.
6. 张旭，杨有俊，郑明珠，等．人工践踏对无土草坪基质的影响[J]．草业科学，2013，(9)：1349 －1353.
7. 周敏丽．风景区游人行为特征调查及引导策略研究[D]．杭州：浙江农林大学，2014.
8. 张惠．游人行为与城市公园景观环境相互关系研究[D]．乌鲁木齐：新疆农业大学，2014.
9. 杨书简，闫红伟，佟玲，等．长春南湖公园冬季使用者游憩行为研究[J]．中国园艺文摘，2015，(3)：73 －75 +226.
10. 王丹，章俊阁．杭州西湖风景名胜区游憩行为特征研究[J]．中国城市林业，2015，(1)：46 －49.
11. 赵阳，刘雅琨．香山公园绿地人为践踏的调查分析[J]．北京园林，2008，(1)：41 －45.
12. 付璐．长沙市公园绿地植物景观研究[D]．长沙：中南林业科技大学，2009.
13. 曾灿，何韶瑶，陈舒，等．基于现代景观设计元素的城市公园人性化设计—以长沙市烈士公园为例[J]．中外建筑，2014，11：105 －108.
14. 张维梅，郎丽琼．湖南省生态旅游者的生态意识调查研究——以长沙市岳麓山景区为例[J]．特区经济，2007，(11)：194 －195.
15. 廖飞勇．药用观赏植物在长沙市南郊公园应用探讨[J]．中国科技论文在线，2007，2(2)：158 －160.
16. 蒋维才，杨柳青．长沙市橘子洲公园生态景观现状及存在的问题[J]．现代农业科技，2013，(1)：181 －182.

长沙洋湖湿地公园植物应用调查分析

肖 蒙　黄琛斐①
（中南林业科技大学风景园林学院，长沙 410004）

摘要　城市湿地公园除了供市民娱乐休闲，还具有科普教育和湿地资源保护的功能。论文以长沙洋湖湿地公园的十个植物群落作为调查对象，通过查阅文献和实地踏查，结果表明洋湖湿地公园植物景观存在以下问题：①缺少“野趣”，人工修剪痕迹过于明显；②乡土植物种类应用过少；③秋冬季植物景观情况较差，远离游人可达地域景观不够重视；④群落层次不够，其植物群落配置大多局限于草本植物，普遍存在立面效果不佳、空间层次不够丰富、无区域植被特色等情况；⑤后期养护管理不到位，许多植物群落即便初期营造效果较好，但植物的生长状态不佳同样影响观赏的整体效果。并针对性提出建议：①保留植物的自然生长状态，多采用乡土植物；②多增加具有湿地特色的乔灌草的群落配置，不仅可增加景观的立面效果、还可强化植物空间和丰富季相景观，营造独特的湿地公园的园林意境；③加强后期的养护管理，建立防护设施。
关键词　洋湖湿地公园；植物群落；应用

Wetland Plant Application Research and Analysis of Yanghu Wetl and Park in Changsha

XIAO Meng　Huang Chen-fei
（*College of Landscape Architecture*，*Central South University of Forestry and Technology*，*Changsha* 410004）

Abstract　The urban wetland park is supposed to not only offer a place to citizen for relaxing，but also offer the function of science education and wetland resource protection. The dissertation regards ten plant communities in the ChangSha YangHu Wetland Park as investigation object. After consulting references and launching investigations，the results indicated that there are several shortages in the ChangSha YangHu Wetland Park as follows：①Lack of “wild interest”，and excessive manifest artificial shearing scent. ②Lack of native plant species application. ③Short of the flora landscape in the Autumn and Winter，and neglect of the plant landscape creation in the area far from visitors. ④Lack of plant community levels，while its plant community arrangement confined mostly to the herbs，and the ubiquity of no good vertical face effect，lack of rich spacial layer or no regional plant features. ⑤Imperfect follow-up maintenance. Even though many plant communities were arranged well at the beginning，their awful growth status also do harm to the whole watching effect. At the same time，the dissertation has put forward several solutions accordingly as follows：①Retain the natural growth situation of plants，and apply more native plant species. ②Add more wetland characterized ways of arbor-shrub-grass compound plant community arrangement，which not only can strengthen the vertical face effect，but also can intensify the plant space，enrich the seasonal phenomena，and create distinctive garden poetic imagery of wetland park. ③Enhance the follow-up maintenance and management，and establish protection facilities.
Key words　Yanghu Wetland Park；Plant Communities；Application

城市湿地公园是城市公园的特殊表现形式，既具有城市湿地的水文、生物、生态等特征，还体现审美、观赏、休闲的公园的特征[1]。城市湿地公园是建造于城市或其周边的，具有一定自然生态系统特征、科学的研究特性和美学价值特性的湿地生态系统，具有一定科普教育意义以及娱乐休闲的公园地域[2-6]。湿地公园内的植物配置，不仅仅是一个观赏效果问题，同时也是一个关乎水体是否稳定的问题，视觉往

① 通讯作者。

往比较短暂，利用美学原理和生态学原理进行的湿地公园内的植物配置，是现代公园中人工湿地绿化的主导思想[7]。湿地公园内的植物群落的多样性能够反映湿地的自然性和水分条件，同时也可以作为衡量珍稀水鸟栖息地状况的指标。[8]本文选取长沙洋湖湿地公园作为研究对象，了解现存于洋湖湿地公园的植物配置情况，探索更多改进植物种类选择和配置方式的可能性，希望对其他的城市湿地公园的植物景观种类的选择、配置等方面有一定的借鉴作用[9-10]。

1 长沙洋湖湿地公园概况

长沙市洋湖湿地公园位于湖南省长沙市洋湖垸片区，公园被北部的岳麓山大学城、西部的含浦新城、南部的平塘开发区包围，东临湘江，北接靳江河，坐落在猴子石大桥和黑石铺大桥之间。整个湿地占地约 4.85km² 由湿地科教区、湿地生物多样性展示区、湿地生态保育区、湿地休闲区以及公共服务区组成。由于地处长株潭两型社会交界处，该地不仅是大河西先导区的重点建设地，还是湘江风光带的重要景观节点。公园地形地貌为中间低、四周高，建设前生境较为单一，以水稻田、沼泽地和鱼塘为主，中间有水渠纵横相连[11]。洋湖垸片区在历史上是个泄洪区，其水系主要以灌溉和养鱼两种功能为主；农田是以葱及韭菜为主的经济作物，其他作物有辣椒、茄子、玉米、萝卜、包心菜及青菜等，约占 70%，另外还有橘子、石榴等经济林。单季的稻田占 2/10，其他的占 1/10。水生植物以芦苇及芦笋等挺水植物为主，还有藻类等一些沉水植物。区域内除垦地和农居点，植被主要以观赏植物为主，水池边和人工水渠边上以 20 世纪 60 年代后人工栽培的水杉为主，局部生态不良，人工林导致的局部林相单一，局部地区农田土地存在撂荒现象[12]。该湿地公园于 2010 年 7 月 29 日正式开工建设，并于 2011 年 6 月 22 日正式开园，免费向市民开放。该园开园至今已有 5 年时间，其内部栽植的植物生长状况也相应地随着发生变化。

2 调查方法及群落的选择

2.1 调查方法

（1）文献调查法：查阅相关文献，收集整理资料。

（2）实例调查法：以洋湖湿地公园为调查对象，通过实地踏查，了解洋湖湿地公园植物应用种类；选取 10 个具有代表性的植物群落，进行样地标记，并对植物数量统计。

2.2 群落的选择

植物群落是指在一定地理区域内的单种或多种植物经过长期的历史发展，而形成具有一定的外貌和种类配合的植物集合体，在这个集合体中，植物与植物、植物与环境之间存在复杂的关系[13]。本文依据群落不同功能选取 10 个典型群落，其中岸际群落 4 个、水面岛屿群落 1 个以及陆地群落 5 个[14]。拍摄每个群落的不同观赏面，以表格形式记录每个群落的种类季相、色彩，从群落功能角度出发分析植物配置方式优劣，并得出结果：每个群落的主要植物种类，季相变化，外貌结构，不同生境类型的植物配置模式。

3 结果与分析

3.1 洋湖湿地公园群落特点

通过对洋湖湿地公园的十个不同功能的典型群落（图 1 ~ 图 21），包括岸际群落 4 个、水面岛屿群落 1 个以及陆地群落 5 个，根据植物群落的种类、组成，季相色彩，配置方式、不同观赏角度等调查内容，得到了以下结论：

3.1.1 群落一 科普小径

（1）群落一共运用 10 种植物，乔木 4 种，其中樟[15-16]3 棵，水杉 5 棵，梅 3 棵，桂花 7 棵；灌木仅迷迭香 1 种；草本植物 5 种（图 2、图 3）。

图 1 洋湖湿地公园十个群落选点标记图

Fig. 1 The group of Yanghu Wetland Park voted ten point signature

图 2　群落一现状图

Fig. 2　The first community's status map

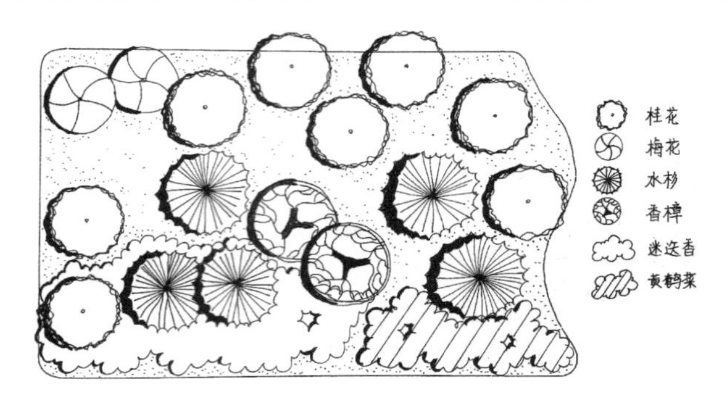

图 3　群落一平面图

Fig. 3　The first community's plan

(2)春季以嫩绿和黄色调为主，颜色相对单一，虽有彩色但面积不大，难以形成整体的色彩丰富的景观效果。夏季以绿色、黄色、蓝紫色和白色为主，故群落一夏季观赏效果较好，色彩丰富。秋季水杉叶色变为棕红，酢浆草花黄色，桂花开放有清香，迷迭香也有芳香气味，色彩虽然不够丰富，但结合嗅觉的景观体验可以弥补视觉体验的不足。冬季水杉落叶，可观干，常绿的樟树成为主景，梅花开放时可赏红色景，草本植物以绿色为主，虽有彩色，但梅花观赏时间较短，难以形成相对稳定的色彩结构，景观体验相对单调(表 1)。

表 1　群落一色彩季相表

Table 1　The first community's seasonal color table

植物名称	春 3 ~ 5 月	夏 6 ~ 8 月	秋 9 ~ 11 月	冬 12 ~ 2 月
水杉	嫩绿	绿	棕红	
樟树	绿	绿	绿	绿
梅	嫩绿	绿	绿	红花
桂花	叶深绿	叶深绿	淡黄花、深绿	深绿
酢浆草	黄、嫩绿	黄、嫩绿	黄、嫩绿	
棒头草	绿	绿	绿	
迷迭香	深绿	深绿、蓝紫	深绿	深绿
扬子毛茛	黄、嫩绿	黄、嫩绿		
野老鹳草	绿、淡紫	绿、淡紫	绿	
空心莲子草	绿	绿、白	绿	

(3)植物配置方式：采用了自然的种植方式，突出小径亲近自然的特色，乔木和底层草本植物构成，缺少灌木的点缀。

(4)改造建议：从功能来看，群落一为科普小径，应该种植具有特色的植物种类，如选择树形具有特色的龙爪槐，这样能够引起游人的注意；另外，科普小径可针对儿童进行一些植物配置上的考虑，具有一定趣味性，如采用叶形奇特的鹅掌楸；同时也要丰富感官体验，从视觉、嗅觉、触觉、听觉等角度出发，综合考虑植物群落的配置，如种植色彩变化丰富的南天竹、开花时有香蕉味的含笑，或是种植触摸时树体摇晃的“痒痒树”——紫薇，又或者选择雨滴拍打声声作响的八角金盘等。

3.1.2　群落二　花仙子甜品站

(1)群落二共运用 11 种植物，乔木 4 种，垂柳 3 棵、樟树 1 棵、梅花 3 棵、桂花 4 棵；灌木 3 种，其中红叶石楠 6 棵、紫薇 4 棵、红花檵木 1 棵；其他植物 4 种，其中包括竹类、藤本和草本植物(图 4、图 5)。

图 4　群落二现状图

Fig. 4　The second community's status map

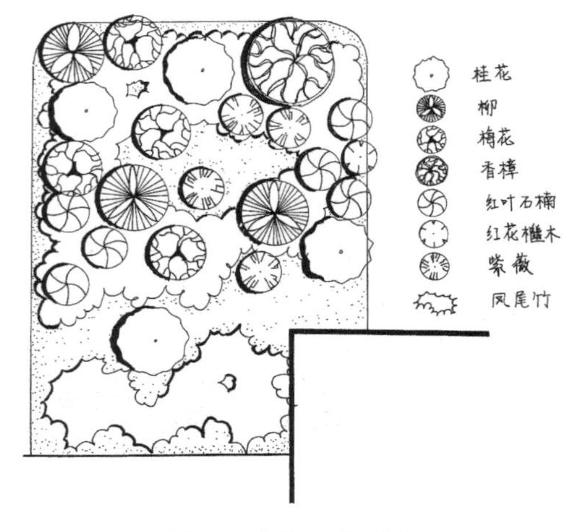

图 5　群落二平面图

Fig. 5　The second community's plan

(2)群落二春季可赏红花檵木、二月蓝和早春的梅花，分别为紫红色、紫色和粉红色，紫薇嫩叶和红叶石楠叶色偏红，垂柳萌芽呈嫩绿色，其他有绿色的樟树和亮绿的洋常春藤以及黄绿色的凤尾竹，总体上色彩丰富，且绿色更有鲜明的变化，多如嫩绿、亮绿、黄绿等颜色，视觉效果良好。夏季紫薇花开呈淡红或紫色，八仙花呈淡蓝色，二月蓝的花仍然开放，红叶石楠和红花檵木呈现红色，其他绿色部分与春季无较大差异，景观效果依然丰富，色彩较多，搭配合理。秋季桂花开放，芳香四溢，可有嗅觉体验，除此之外，群落三的秋景别无特色，颜色以绿和红为主，可以改进一番。冬季垂柳枯败，枝干有一定的观赏价值，梅花开放，呈紫色且有芳香气味，景观效果相对平庸(表2)。

表2　群落二色彩季相表

Table 2　The second community's seasonal color table

植物名称	春3~5月	夏6~8月	秋9~11月	冬12~2月
垂柳	叶嫩绿，花絮白	叶绿	叶绿	
樟树	绿	绿	绿	绿
梅	红花、嫩绿	绿	绿	红花
桂花	深绿	深绿	淡黄花、深绿	深绿
红叶石楠	红、绿	红、绿	红、绿	红、绿
紫薇	绿	绿、花淡红或紫	绿	
红花檵木	暗红、紫红	暗红	暗红	暗红
八仙花	绿	花色多变	绿	
二月蓝	绿、紫	绿、紫	绿	绿
凤尾竹	黄绿	黄绿	黄绿	黄绿
洋常春藤	亮绿	亮绿	亮绿	亮绿

(3)植物配置方式：从配置方式来看，群落二选择半规则式种植，灌木修剪为球状，整齐统一，群落底层和上层的植物呈现自然形态。从植物层次来看，群落二层次处理较好，乔灌草搭配合理，色彩和季相结合较佳，且各个观赏面的景观无明显盲点；色彩变化主要集中于群落的中下层，近距离观赏较好。

(4)群落评价：从功能来看，群落三是位于某甜品店旁的植物群落，主要服务于建筑旁的休息廊架，应满足遮阴和观赏的需求；群落三种植有高大的乔木樟树和柳树，枝叶浓密，遮阴效果较好；紫薇、八仙花、二月蓝等植物的种植，提高了群落三的观赏效果，凤尾竹更增加了景廊建筑雅致的趣味。

3.1.3　群落三　岸际水杉林

(1)群落三共运用13种植物，乔木7种，其中水杉数量较多，另有樟树2棵、木芙蓉1棵、桂花2棵、鸡爪槭4棵、紫叶桃1棵、红枫1棵，灌木2种，分别为火棘和接骨木，其他植物4种，分别为花叶芦竹、美丽月见草、白车轴草和菊科的某草本植物(图6、图7)。

图6　群落三现状图

Fig. 6　The third community's status map

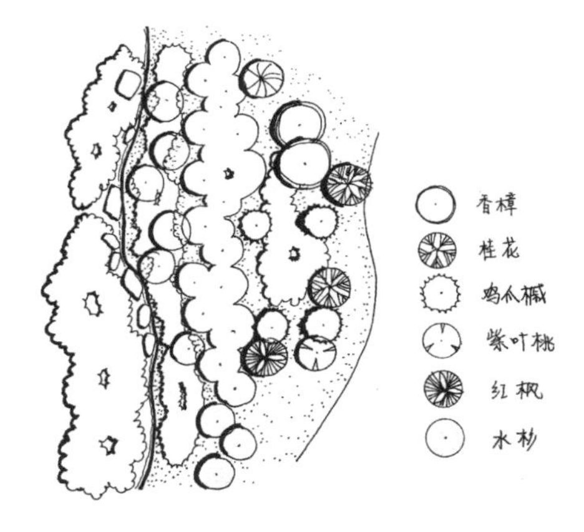

图7　群落三平面图

Fig. 7　The third community's plan

(2)群落三春季可观赏红枫和紫叶桃、白车轴草和菊科草本，分别为红色、白色和黄色，还可观赏嫩绿的水杉和鸡爪槭，以及白色的火棘花和接骨木花，白色条纹与绿色相间的花叶芦竹别具特色，春季群落三观赏效果较佳，色彩丰富。夏季美丽月见草开花，花呈粉色，接骨木挂果，果为红色，配合红色的红枫和紫叶桃，以及嫩绿的水杉、鸡爪槭，景观不亚于春季的效果。秋季水杉叶渐渐由嫩绿转为棕红色，为群落三增加了新的颜色，木芙蓉在秋季开花，花色会随时间渐变，花初白或淡红色，后深红色，嫩绿的鸡爪槭开始挂果，翅果红色，叶色变红，独具特色，火棘也在秋季挂果，果橘红或深红，菊科草本依然有黄色花，桂花开放气味芳香，群落三秋季整体景观效果极佳，同时具备了视觉和嗅觉体验，且色彩较丰富，另外还具有一定的野趣。冬季景观则差强人意，除了紫叶桃的花开放能为群落增加一些红色，其他植物或枯败或呈现绿色的基调，实则需要改进(表3)。

表 3 群落三色彩季相表

Table 3 The third community's seasonal color table

植物名称	春 3~5 月	夏 6~8 月	秋 9~11 月	冬 12~2 月
水杉	叶嫩绿	叶绿	叶棕红	
木芙蓉	叶绿	叶绿	叶绿、花初白或淡红色，后深红色	
鸡爪槭	叶绿、花红	叶绿	翅果红、叶红	
火棘	叶绿、花白	叶绿	叶绿、果橘红或深红	绿
紫叶桃	叶暗红	叶暗红	叶暗红	花淡粉红色
红枫	叶红	叶红	叶红	
美丽月见草	叶绿	叶绿、花粉色	绿	
花叶芦竹	叶绿间白色条纹	叶绿间白色条纹	叶绿间白色条纹	
樟树	叶绿	叶绿	叶绿	叶绿
桂花	叶深绿	叶深绿	淡黄花、叶深绿	叶深绿

(3)群落评价：从植物层次来看，群落三处理较好，疏密有致，作为水边群落，避免过密，同时也可以遮住一些景观，这样可以使游人有若隐若现的景观体验，在观赏中体会步移景异的妙处。从配置方式来看，水杉采用了片植的方式，以形成统一的水边植物基调，火棘丛植于群落中层，增加了野趣和层次。

3.1.4 群落四 交通岛

(1)群落四共运用 8 种植物，乔木 4 种，其中银杏 4 棵、池杉 3 棵、杨梅 3 棵、鸡爪槭 3 棵；灌木 3 种，包括红叶石楠、锦绣杜鹃和八角金盘，其他植物 1 种，为蒲苇(图 8、图 9)。

图 8 群落四现状图

Fig. 8 The fourth community's status map

(2)春季赏锦绣杜鹃，花色紫红，较艳丽；除此之外的彩色植物为红叶石楠，其余植物皆为绿色基调；春季景观普通，无明显特色。夏季杨梅挂果，果呈红色，八角金盘虽然在夏季开花，但观赏效果不理想，因此群落四夏季景观仍有待改进。秋季银杏叶色变黄，池杉由绿变为棕红，鸡爪槭叶色变红，且有红色翅果，故群落四景观效果较前两季有所改观。冬季乔木多为落叶植物，故上层只有杨梅，下层有红叶石楠和锦绣杜鹃以及八角金盘，景象萧条(表 4)。

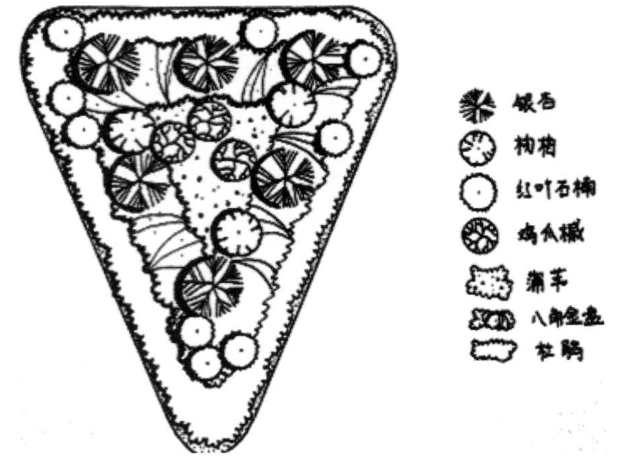

图 9 群落四平面图

Fig. 9 The fourth community's plan

表 4 群落四色彩季相表

Table 4 The fourth community's seasonal color table

植物名称	春 3~5 月	夏 6~8 月	秋 9~11 月	冬 12~2 月
银杏	嫩绿	绿	黄	
池杉	嫩绿	绿	棕红	
杨梅	叶深绿	叶深绿、红果	叶深绿	叶深绿
鸡爪槭	叶绿、花红	叶绿	翅果红、叶红	
红叶石楠	红、绿	红、绿	红、绿	红、绿
蒲苇	绿	绿	叶绿，花、颖果白色偏黄	
锦绣杜鹃	绿、紫红	绿	绿	绿
八角金盘	绿	乳白色花、绿	乳白色花、绿	绿

(3) 群落评价：群落四整体观赏效果不佳，蒲苇的种植使群落看起来较杂乱，季相与色彩的综合考虑也有待改进。从植物层次来看，群落四层次较丰富，乔灌搭配相对合理，但缺少草本，底层为锦绣杜鹃，灌木占比较大。从功能来看，群落四为洋湖湿地公园中的一处交通岛，主要起到引导和分流的作用，故配置方式采用了规则式种植，以使群落具有整体统一的效果，群落还运用了修剪整齐的绿篱和灌木球，在平面上为左右对称布置，进一步体现了规整的配置原则。

3.1.5 群落五 自然滨水平台

(1)群落五运用了 11 种植物，乔木 3 种，其中乌桕 6 棵、垂柳 4 棵、水杉 8 棵，其余 8 种均为底层草本植物，包括空心莲子草、香菇草、萍蓬草、茭白、日本鸢尾、千屈菜、看麦娘和白车轴草(图 10、图 11)。

图 10　群落五现状图

Fig. 10　The fifth community's status map

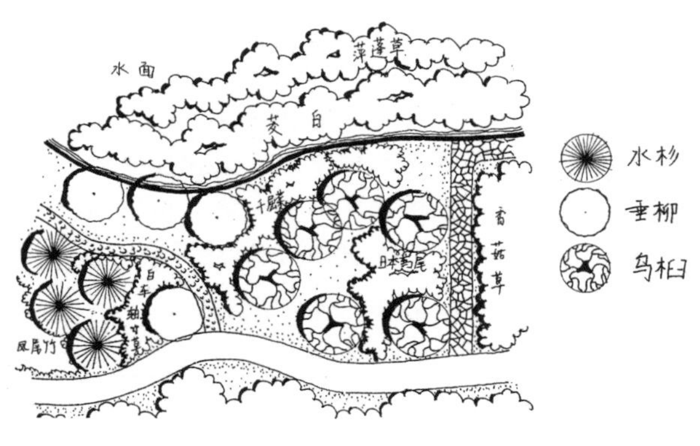

图 11　群落五平面图

Fig. 11　The fifth community's plan

(2)群落五春季可观赏日本鸢尾、白车轴草；夏季可观赏空心莲子草的白色花，千屈菜的紫色花，萍蓬草的黄色花；秋季水岸乌桕叶色变红，茭白有略带紫色的花序，独具特色；冬季景观萧条(表 5)。

表 5　群落五色彩季相表

Table 5　The fifth community's seasonal color table

植物名称	春 3～5 月	夏 6～8 月	秋 9～11 月	冬 12～2 月
水杉	叶嫩绿	叶绿	叶棕红	
垂柳	叶嫩绿，花絮白	绿	绿	
乌柏	叶红	叶绿	叶红，种子被白色蜡质假种皮	种子被白色蜡质假种皮
空心莲子草	绿	绿、白	绿	
香菇草	叶绿	叶绿	叶绿	
萍蓬草	叶绿、花黄	叶绿、花黄	叶绿	
茭白	叶绿	叶绿	叶绿、花带紫色	
日本鸢尾	花淡蓝或蓝紫色、叶绿	叶绿	叶绿	叶绿
千屈菜	叶绿	叶绿、花紫	叶绿	
看麦娘	绿，花药橙黄色	绿，花药橙黄色	绿，花药橙黄色	
白车轴草	叶绿、花白	叶绿、花白	叶绿、花白	叶绿

(3) 群落评价：植物群落层次呈现出乔木和草本结合的特点，无中层植物，由于没有灌木从而使得视线通透，水边的景致一览无余。水际种植茭白突显了湿地的特色，较好地实现了水体与陆地之间的过渡。水面萍蓬草呈小片区域分布，黄色的花点缀了以绿色为主色调的水面。岸边陆地种植了许多香菇草，这是一种原产于欧美的多年生挺水或湿生观赏植物，生长迅速，成形较快。香菇草繁殖能力强，国内多用做观赏植物用。但是其同时具有侵占能力很强，根除难度大的特性，选择其做湿地造景装饰植物时应当谨慎。乌桕的选择十分巧妙，因其叶形和叶色都独具特色，种植在水边大大丰富了群落五的景观。配置的方式为疏林草地，突出水景的层次感，高大的乔木和低矮的草本植物搭配，水平视线通透，行走在水边也可欣赏脚边的花，游玩体验多样，令人印象深刻。

3.1.6　群落六　水中岛屿

(1)群落六选用了 8 种植物，乔木仅垂柳 1 种，数量为 9 棵；陆地草本植物 2 种，包括空心莲子草和香菇草；水生草本 5 种，包括萍蓬草、茭白、千屈菜、狐尾藻和梭鱼草(图 12、图 13)。

图 12　群落六现状图

Fig. 12　The sixth community's status map

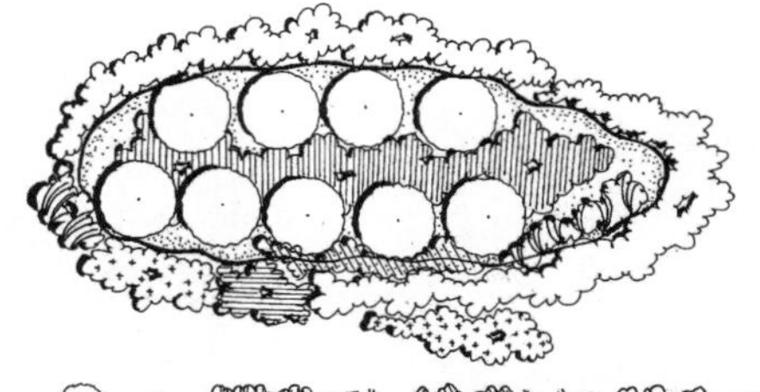

图 13　群落六平面图

Fig. 13　The sixth community's plan

(2)群落六春季可观赏萍蓬草、垂柳、狐尾藻，色彩偏绿和黄；夏秋季可观赏萍蓬草、梭鱼草、千屈菜、茭白和空心莲子草，主要为白色、绿色、黄色、紫色，色彩较丰富；冬季景观不佳，唯一的乔木种类垂柳在冬季枯败，景象荒凉(表6)。

表6 群落六色彩季相表

Table 6 The sixth community's seasonal color table

植物名称	春3~5月	夏6~8月	秋9~11月	冬12~2月
垂柳	叶嫩绿，花絮白	绿	绿	
空心莲子草	绿	绿、白	绿	
香菇草	叶绿	叶绿	叶绿	
萍蓬草	叶绿、花黄	叶绿、花黄	叶绿	
茭白	叶绿	叶绿	叶绿、花带紫色	
千屈菜	叶绿	叶绿、花紫	叶绿	
狐尾藻	嫩绿到金色	嫩绿到金色	嫩绿到金色	
梭鱼草	叶深绿色	叶深绿色、花蓝紫色	叶深绿色、花蓝紫色	

(3)改造建议：该群落的特色在于岛屿岸线种植了一圈金色的狐尾藻，具有良好的景观价值，形成了“镶边”的效果。作为水中岛屿，群落六主要应该突出远距离观赏效果，故在色彩和季相的考虑上，所选择的植物应形成面积较大的色块，还要注重挑选树形姿态具有特色的植物种类，避免使用单一种类的落叶乔木，否则游人从远处无法观赏到良好的冬季景观。水中岛屿具有丰富水面景观层次的作用，因此植物配置应结合透景线综合考虑；另外，水中岛屿还具有生态功能，能够为鸟类提供栖息地，避免人类的干扰，因此岛上可种植果树，从而达到诱鸟的目的。

3.1.7 群落七 城市干道隔离绿化

(1)群落七选用了13种植物，乔木4种，其中朴树12棵、杜英3棵、木芙蓉1棵、桂花8棵；灌木5种，其中包括八角金盘、火棘、锦绣杜鹃、南迎春、软条七蔷薇；草本植物3种。榆科在上层植物中占主导地位，蔷薇科在中层植物中占主导地位(图14、图15)。

图14 群落七现状图

Fig. 14 The seventh community's status map

(2)群落七春季可观赏火棘、锦绣杜鹃、南迎春、软条七蔷薇、白车轴草以及菊科某草本，景观主

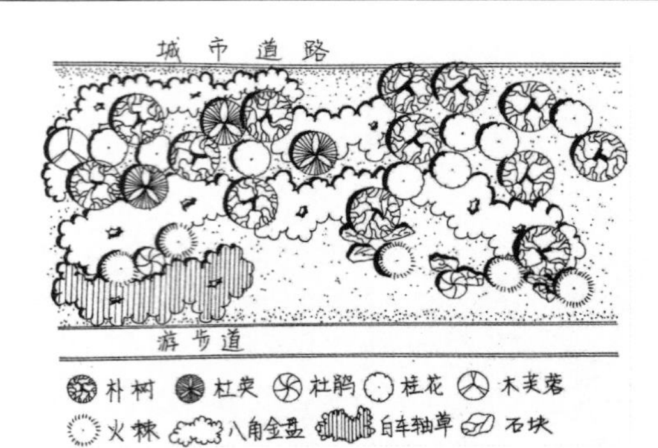

图15 群落七平面图

Fig. 15 The seventh community's plan

要呈现为绿色、白色、黄色和紫红色，色彩较丰富；夏季可观赏杜英的红叶、南迎春的黄花，朴树的树荫浓密，景观虽较春季有所逊色，但总体依然郁郁葱葱；秋季可观赏木芙蓉、火棘和桂花，冬季上层植物中的朴树落叶，可观赏其枝干，杜英和桂花形成群落上层，灌木形成中层植物无落叶，草本植物为白车轴草，总体来看，秋冬两季有景可观(表7)。

表7 群落七色彩季相表

Table 7 The seventh community's seasonal color table

植物名称	春3~5月	夏6~8月	秋9~11月	冬12~2月
朴树	叶绿	叶绿	叶绿	
杜英	叶绿色间或有红色叶片	叶绿色间或有红色叶片	叶绿色间或有红色叶片	叶绿色间或有红色叶片
木芙蓉	叶绿	叶绿	叶绿、花初白或淡红色，	
桂花	叶深绿	叶深绿	淡黄花、叶深绿	叶深绿
八角金盘	绿	乳白色花、绿	乳白色花、绿	绿
火棘	叶绿、花白	叶绿	叶绿、果橘红或深红	绿
锦绣杜鹃	绿、紫红	绿	绿	绿
南迎春	叶绿、花黄	叶绿、花黄	叶绿	
软条七蔷薇	叶绿、花白	叶绿	绿	
白车轴草	叶绿、花白	叶绿、花白	叶绿、花白	叶绿
禾本科草本	绿	绿	绿	
菊科草本	绿、花黄或白色	绿	绿	
野燕麦	绿	绿	绿	

(3)配置方式：采用了自然式种植，且运用石组与火棘、南迎春等植物搭配，突显出群落的自然质朴和野趣，形成前景，八角金盘等大量种植，形成了背景，这样加深了植物群落景观的水平层次，使群落七景观效果更具多样性。

(4)群落评价：从植物层次来看，群落七乔灌草搭配合理，植物种类丰富，上层植物为朴树、杜英，中上层植物为木芙蓉，中层植物包括火棘、八角金盘、桂花、锦绣杜鹃、南迎春、软条七蔷薇，下层植物包括白车轴草、野燕麦、禾本科草本和菊科草本。从功能来看，群落七为洋湖湿地公园与城市干道之间的绿化隔离带，主要用于阻隔公园外部的噪声、灰尘和视线，故群落层次丰富，且枝叶浓密，视线受到阻隔，形成一道天然屏障，使得公园景观更加整体，避免公园景观的协调性被外部景观破坏。

3.1.8 群落八 水岸木栈道

(1)群落八共有11种植物，乔木2种，包括5棵旱柳，3棵枫杨；灌木2种，包括南迎春和火棘；水生植物5种，包括水竹芋、睡莲、茭白、黑藻和芦苇；陆生草本植物2种，包括红花酢浆草和白车轴草。该群落为岸际群落，故水生植物占有一定比例，其中禾本科占主导地位(图16、图17)。

图16 群落八现状图

Fig. 16 The eighth community's status map

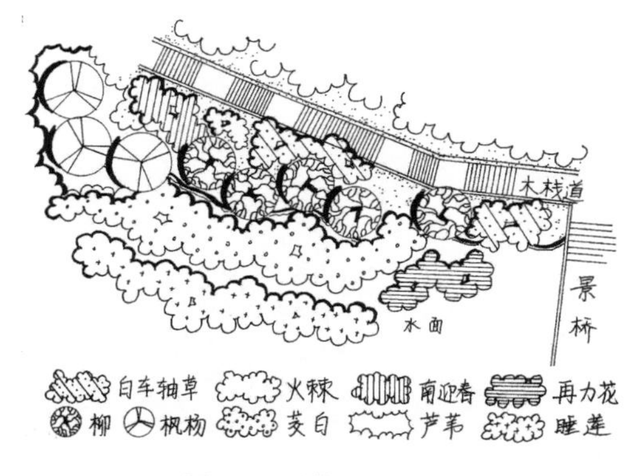

图17 群落八平面图

Fig. 17 The eighth community's plan

(2)群落八春季赏柳树的姿态、红花酢浆草的红花和白车轴草的白花，以及南迎春的黄花和火棘的白花，水竹芋叶浅灰色，花紫色，群落春季景观较丰富，色彩搭配多样；夏季睡莲开花，水竹芋的紫色花和红花酢浆草的紫红色花依然健在，水面、水岸和陆地底层色彩丰富，上层景观为旱柳和枫杨，形成浓密树荫；秋季可观赏火棘的果和芦苇的花，景观具有湿地景观特色，并有一定的野趣，茭白花略带紫色，模仿农耕景观；冬季景观不佳，落叶植物占有一定比例，故可观赏的植物不多，整体效果也呈现萧条的景象(表8)。

表8 群落八色彩季相表

Table 8 The eighth community's seasonal color table

植物名称	春3~5月	夏6~8月	秋9~11月	冬12~2月
旱柳	叶嫩绿,花絮白	绿	绿	
枫杨	嫩绿	绿	绿	
茭白	叶绿	叶绿	叶绿、花带紫色	
红花酢浆草	紫红花、嫩绿	紫红花、嫩绿	紫红花、嫩绿	
南迎春	叶绿、花黄	叶绿、花黄	叶绿	
火棘	叶绿、花白	叶绿	叶绿、果橘红或深红	绿
水竹芋	叶浅灰蓝色、花紫色	叶浅灰蓝色、花紫色	叶浅灰蓝色	
睡莲	绿	绿、花白	绿	
白车轴草	叶绿、花白	叶绿、花白	叶绿、花白	叶绿
黑藻	深绿	深绿	深绿	
芦苇	绿	绿	绿、白	

(3)从植物层次来看，群落八上层植物包括旱柳、枫杨两种，中层包括茭白、水竹芋、芦苇、南迎春、火棘，其中水生植物占3种，陆地下层植物为白车轴草、红花酢浆草，水面生长有浮水植物睡莲和沉水植物黑藻。

(4)从配置方式来看，群落八采用了自然式种植，陆地部分种植柳树形成统一的基调，丛植灌木南迎春和火棘以增加自然气息，水面小片区域种植睡莲和黑藻，水岸成片种植茭白和芦苇，形成湿地景观的野趣。

(5)改造建议：从群落功能来看，群落八为水际群落，主要用于衔接水体和陆地景观，形成良好自然的过渡，同时满足游览小径的植物种植需求，故水面植物、岸际植物种植和陆地垂直层次应兼顾，即群落的水平层次和垂直层次都应得到较好的体现。

3.1.9 群落九 岸际群落

(1)群落九包括13种植物，乔木3种，其中枫杨2棵、绦柳12棵、香樟1棵；灌木3种，其中凤尾兰2棵、紫荆2棵，丛植软条七蔷薇；水生植物包括芦苇、睡莲；其他草本植物有五节芒、白车轴草、野老鹳草、蛇莓和空心莲子草。植物的科属主要分布在豆科的紫荆属和车轴草属、蔷薇科的蔷薇属和蛇莓属、禾本科的芦苇属和芒属等(图18、图19)。

(2)群落九春季观赏紫荆、软条七蔷薇、白车轴草，色彩为紫色、白色，底层草坪有红色蛇莓和绿色野老鹳草等野草点缀其间，一派郊野绿地的景象；夏

图 18 群落九现状图

Fig. 18 The ninth community's status map

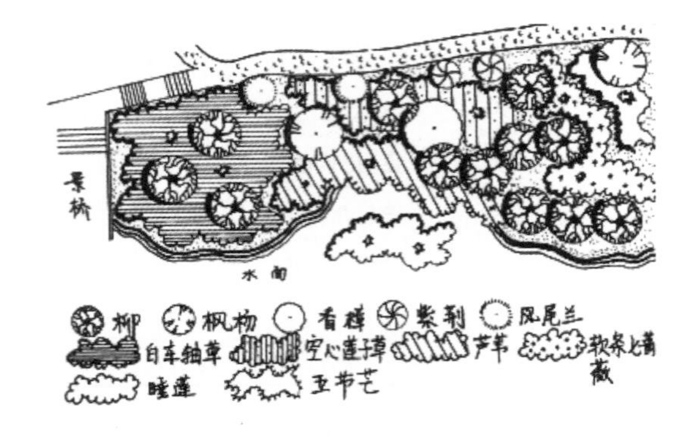

图 19 群落九平面图

Fig. 19 The ninth community's plan

季凤尾兰、空心莲子草都开出白色花，水面睡莲也开白花，蛇莓有红果，野老鹳草淡紫色花，没有颜色鲜明的大面积色块，总体基调为绿色和白色，景观效果无明显特色；秋冬季节景观不佳，秋季芦苇白花，但数量不多，难以形成整体的效果，冬季景象萧条，难以形成特色，植物配置有待改进(表 9)。

表 9 群落九色彩季相表

Table9 The ninth community's seasonal color table

植物名称	春 3~5 月	夏 6~8 月	秋 9~11 月	冬 12~2 月
香樟	叶绿	叶绿	叶绿	叶绿
旱柳	叶嫩绿，花絮白	绿	绿	
枫杨	嫩绿	绿	绿	
凤尾兰	叶绿	叶绿、花白	叶绿、花白	叶绿
空心莲子草	绿	绿、白	绿	
紫荆	紫红花、嫩绿	嫩绿	嫩绿	
软条七蔷薇	叶绿、花白	叶绿	叶绿	
芦苇	叶绿	叶绿	叶绿、花白	
五节芒	叶绿、花果淡黄色	叶绿、花果淡黄色	叶绿、花果淡黄色	叶绿
睡莲	绿	绿、花白	绿	
白车轴草	叶绿、花白	叶绿、花白	叶绿、花白	叶绿
蛇莓	绿、黄	绿、红	绿	
野老鹳草	绿、淡紫	绿、淡紫	绿	

(3)配置方式为自然式种植，群落立面变化较丰富，树形姿态多样。

(4)改造建议：从植物层次来看，无论是乔木层、灌木层还是草本层，群落九的植物种类应用都较丰富，欠缺考虑的部分是常绿与落叶的搭配，以及秋冬季节植物景观的营造。从功能来看，群落九同群落八一样，都是水边植物群落，因此也要考虑结合水体景观和陆地景观，打造合理的水陆过渡空间。

3.1.10 群落十 游览小径

(1)群落十选用了 15 种植物，乔木 5 种，包括银杏、樟树、夹竹桃、木芙蓉和一种竹类植物；灌木 5 种，包括红花檵木、女贞、伞房决明、南迎春和爬行卫矛；其他植物有 5 种，包括黄金菊、白车轴草、红花酢浆草、空心莲子草和乌蔹莓。植物分布于木犀科女贞属和素馨属、豆科番泻决明属和车轴草属等(图 20、图 21)。

图 20 群落十现状图

Fig. 20 The tenth community's status map

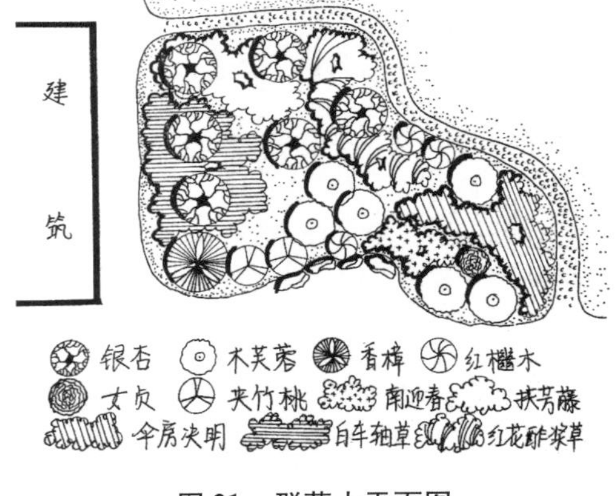

图 21 群落十平面图

Fig. 21 The tenth community's plan

(2)春季可赏红花檵木、南迎春、白车轴草和红花酢浆草，色彩为暗红、黄、白和紫红；夏季可观赏黄金菊、伞房决明、夹竹桃和空心莲子草，色彩为黄、红和白；秋季观赏银杏、木芙蓉、伞房决明、夹竹桃，色彩为黄、粉红和紫红；冬季一片常绿植物呈现绿色配上红花檵木，四季有景可观（表10）。

表10 群落十色彩季相表

Table 10 The tenth community's seasonal color table

植物名称	春3~5月	夏6~8月	秋9~11月	冬12~2月
银杏	嫩绿	绿	黄	
香樟	叶绿	叶绿	叶绿	叶绿
木芙蓉	叶绿	叶绿	叶绿、花初白或淡红色	
红花檵木	暗红、紫红	暗红	暗红	暗红
女贞	绿，花白色偏黄	绿，花白色偏黄	绿，花白色偏黄	绿，花白色偏黄
黄金菊	叶绿	叶绿、花黄	叶绿	
伞房决明	绿	绿、花黄	绿、花黄	绿
南迎春	叶绿、花黄	叶绿、花黄	叶绿	
夹竹桃	叶绿	叶绿、花红或白	叶绿、花红或白	叶绿
白车轴草	叶绿、花白	叶绿、花白	叶绿、花白	叶绿
竹类	绿	绿	绿	
红花酢浆草	紫红花、嫩绿	紫红花、嫩绿	嫩绿	
空心莲子草	绿	绿、白	绿	
爬行卫矛	绿	绿，花白绿色	叶绿或带黄色，蒴果熟时粉红色，假种皮鲜红色	绿
乌蔹莓	墨绿	墨绿	墨绿	墨绿

（3）种植方式为自然式和规则式相结合，修剪整齐的灌木球使群落视觉上统一，丛植的竹类和双荚决明以及底层满坡的白车轴草、红花酢浆草为群落增加了自然质朴的野趣。

（4）群落评价：群落十位于洋湖湿地公园中一处幽僻的小径旁，旨在给人带来安静、舒适的游览感受，三两株种植的乔木形成了群落的上层空间，群落十整体立面变化多样，色彩变化丰富，季相明显，植物种类丰富，植物层次鲜明，观赏效果较佳。

3.2 洋湖湿地公园群落存在的问题与对策

通过实地调查与分析，对于长沙洋湖湿地公园群落的基本现状，我们得到以下结论：

（1）缺少"野趣"，即缺少反映湿地的自然植物景观，集中体现在群落中的植株人工修剪痕迹过于明显，应该保留其自然生长状态。

（2）乡土植物种类应用过少，查阅相关文献可知长沙市可利用的适合湿地公园的乡土植物种类颇为丰富，但目前洋湖湿地公园的乡土植物的利用是极少数的，在满足景观功能和生态功能的基础上应增加具有长沙特色的适合湿地生长的乡土植物，体现洋湖湿地的地域特色。

（3）相较于春夏景观，植物群落中可供观赏的秋冬季植物景观相对较差，应增加秋冬季节可供观赏的植物种类，丰富秋冬季节的景观。

（4）可供游人玩赏的植物景观相对丰富，远离游人可达地域景观不够丰富，应该加强远距离景观的营造。

（5）群落层次不够丰富，忽略水边乔木的精心配置，洋湖湿地的植物群落配置大多局限于草本植物，普遍存在立面效果不佳、空间层次不够丰富、无区域植被特色等情况，多增加具有湿地特色的乔灌草的群落配置，不仅可增加景观的立面效果、还可强化植物空间和丰富季相景观，营造独特的湿地公园的园林意境[17]。

（6）后期养护管理不到位，许多植物群落即便初期营造效果较好，但植物的生长状态不佳同样影响观赏的整体效果，加强后期的养护管理，建立防护设施，应通过关注植物生长姿态变化，避免几何形状的修剪，在人为干预与自然景观间达到平衡。

城市湿地公园的湿地景观营造中，湿地公园内植物的选择和配置还有待进一步研究和探索，其中还包括对于湿地公园内的植物应用范围的研究，乡土植物的挖掘和驯化工作。湿地景观营造是多学科结合的工作，其中生态学占主要地位，针对目前呈现出的问题，应结合生态学和景观效果提出相应的解决对策。随着社会的进一步发展，湿地公园的应用前景将会越来越广阔，功能也会越来越完善，关于湿地公园内植物的研究将进一步深入到植物微观结构与分子系统研究。如何提高城市湿地公园的湿地生态系统稳定性及提供更富有吸引力的景观，成为社会人士和专家关注的热点，而景观设计在湿地设计中发挥愈发举足轻重的作用[18]。

参考文献

1. 陆健健，等．湿地生态学[M]．北京：高等教育出版社，2006.07.
2. 徐行．昆明泛亚城市湿地公园植物多样性研究及植物景观分析[D]．华中农业大学，2013.
3. 胡阳阳．长沙市水生植物园林应用研究[D]．中南林业科技大学，2009.
4. 江婷．南京城市湿地公园植物造景研究[D]．南京林业大学，2007.
5. 俞青青．城市湿地公园植物景观营造研究[D]．浙江大学，2006.

6. 郑惟洪．普者黑喀斯特国家湿地公园内的植物调查[J]．林业调查规划，2015，01：63－67＋74.
7. 卜梦娇，冯雪冰，杨小静，等．北京市再生水补水公园湿地水生植物群落调查[J]．湿地科学，2012，02：223－227.
8. 刘蔚娴．湿地公园在城市景观中的功能与审美研究[D]．中国艺术研究院，2012.
9. 祝琳．南四湖区湿地公园植物景观研究[D]．北京林业大学，2015.
10. 王巧灵．长沙市洋湖垸湿地公园的植物配置模式研究[D]．中南林业科技大学，2014.
11. 奉艳萍．城市湿地公园景观设计初探[D]．湖南农业大学，2012.
12. 吴瑶．洋湖湿地公园植物的群落特征与景观评价研究[D]．中南林业科技大学，2015.
13. 那晓铨．北京湿地公园景观季相变化下的植物配置研究[D]．中国林业科学研究院，2015.
14. 罗伟．南海子湿地自然保护区植物区系与植物群落特征研究[D]．内蒙古农业大学，2015.
15. 张天麟．园林树木1600种[M]．北京：中国建筑工业出版社，2010.
16. 陈有民．园林树木学[M]．北京：中国林业出版社，2014.
17. 邓沛飞．广东湿地木本植物资源调查及应用研究[D]．仲恺农业工程学院，2014.
18. 李玉霞，胡希军，干领．城市湿地公园观赏草植物选择及优化配置[J]．北方园艺，2014，15：88－92.

广州云台花园植物种类和应用调查分析

于慧乐　金晓玲　胡希军①
（中南林业科技大学风景园林学院，长沙 410004）

摘要　广州云台花园是一个设计和植物配置都非常优秀的公园。通过实地调查，了解广州云台花园的植物种类和应用特点，为公园设计和植物应用提供借鉴。结果表明，云台花园共有观赏植物 262 种（温室内植物除外），隶属于 50 科，其中乔木 101 种，灌木 73 种，草本 76 种，水生植物 12 种。植物选择特点主要有以南亚热带或热带树种作骨架，地域特色明显；植物花色和叶色丰富多样；选择的植物花期长、花季交错，做到四季有花。
关键词　云台花园；植物种类；骨干树种

The Investigation of Plant Species and Configuration in Yuntai Garden

YU Hui-le　JIN Xiao-ling　HU Xi-jun
(*College of Landscape Architecture*, *Central South University of Forestry and Technology*, *Changsha* 410004)

Abstract　Yuntai Garden of Gunagzhou is an excellent garden in plant configuration and design. It was building in 1995. To found the plant species and growing situation, we field worked the Yuntai garden. It was showed that it has 262 ornamental plants (besides in greenhouse plant). Include 50 families, 101 trees, 73 shrubs, 76herbal, and 12 aquatic plants. The plant select features were using south subtropical or tropical plants as dominant tree species, region characteristic was obviously, the flower and leaf color were rich and varied, long florescence and different blossom season. There are flowers of the four seasons.
Key words　Yuntai garden; Plant species; Dominant tree species

随着中国城镇化速度的加快，原有的自然风光正逐渐消失，取而代之的是越来越多的由钢筋混凝土等建造的硬质景观，生活环境也逐渐恶化（朱玲，2010）。“公园绿地”是城市中向公众开放的、以游憩为主要功能，有一定的游憩设施和服务设施，同时兼有健全生态、美化景观、防灾减灾等综合作用的绿化用地。是城市中一处人工创造的自然场所，符合当今城市居民的需求（郭卓，2012）。云台花园位于广州市内，以著名的加拿大布查特花园为蓝本，结合了中国古典园林的精髓，主要表现植物种类丰富，植物景观具有浓郁的岭南特色。本文主要通过对云台花园的实地调查与研究，分析云台花园经过 20 年后，其植物的生长状况和品种选择特色上的优势和存在的问题，为公园绿地的营造提供一些依据和借鉴。

1　研究区域概况和方法

1.1　研究区域概况

云台花园坐落在广州市白云山风景区南麓的三台岭内，南临广园路，东倚白云索道，北靠连绵群山。第一期总面积约 12 万 m^2，绿化面积达 85% 以上，1995 年建成，由广州林建筑规划设计。该设计分别于 1996、1997 年被评为广州市和广东省优秀工程设计一等奖，1998 年评为建设部优秀工程二等奖（梁心如 等，1998）。

1.2　研究方法

采用实地踏勘法，对云台花园所用的植物进行全面调查，拍照记录，将植物分为乔木、灌木、草本、水生植物四大类，绘制完成植物名录表。分析各类植物的生长状况和景观表现。

① 通讯作者。胡希军，男，1964 年生，园林植物与观赏园艺教授，博导。主要从事园林规划设计和生态修复等方面的教学和研究工作。

2 结果与分析

2.1 云台花园的植物种类多样

经过实地踏查，有观赏植物 262 种（温室内植物除外），隶属于 58 科，其中乔木有 101 种 38 科；灌木有 73 种 39 科；草本 76 种 39 科；水生植物 12 种 12 科。

根据调查结果显示，乔木树种应用数量排在前 5 位的科依次是棕榈科、桑科、豆科、木兰科和桃金娘科。其中，棕榈科有大王椰子、银海枣、国王椰子、假槟榔、短穗鱼尾葵、老人葵、美丽针葵、狐尾椰子、三药槟榔、霸王棕，占乔木树种的 9.8%；桑科有细叶榕、垂叶榕、高山榕、橡胶榕、黄葛榕、厚叶榕、花斑垂叶榕和面包树，占 7.8%。乔木树种应用较多的是大王椰子、美丽针葵、细叶榕、羊蹄甲、红千层。灌木树种应用数量排在前 5 位的科是大戟科、棕榈科、茜草科、百合科、夹竹桃科，其中大戟科有变叶木、红桑、肖黄栌、红乌桕、一品红、花叶木薯、雪花木、红背桂、琴叶珊瑚、红背山麻杆、绿玉树；棕榈科有散尾葵、细叶棕竹、鱼骨葵、棕竹、鱼骨桄榔、桄榔、袖珍椰子。应用频率最高的是叶子花，其次是散尾葵、朱樱花、杜鹃、金叶假连翘。草本植物多为广州常用地被植物，主要包括百合科、菊科、天南星科、石竹科、竹芋科及蕨类植物。其中蕨类植物和竹芋科应用得最为频繁，其次是时花、春羽、红花卧背竹芋、花叶艳山姜。12 种水生植物使用较多的是以观花为主的睡莲、黄菖蒲、荷花、水生美人蕉。

2.2 南亚热带或热带树种作骨架，具有地域特色

云台花园地处我国南亚热带，该园在植物选择上充分体现了南亚热带地域特色。选择棕榈科植物为骨架树种，搭配具有热带风情的桑科榕树属、南洋杉类、桃金娘科、苏木科中的植物。园内有棕榈科植物 18 种，其中单干生长、高大挺拔，属于乔木的棕榈科植物有 11 种，分别是：大王椰子、银海枣、国王椰子、假槟榔、短穗鱼尾葵、蒲葵、老人葵、美丽针葵、狐尾椰子、三药槟榔、霸王棕；无明显主干，呈丛生状属于灌木的棕榈科植物有 7 种，分别是：散尾葵、细叶棕竹、鱼骨葵、棕竹、鱼骨桄榔、桄榔、袖珍椰子。这些棕榈科植物采用孤植、对植、丛植、列植、群植等配植方式布局于园区的 60% 地段，形成一派椰林风光。园区内的桑科榕属类植物有 8 种，这些植物属于典型的热带树种，适应热带气候而形成的气根悬挂或入土生根后，地上部分经过扶持，逐渐形成一木多干现象，具有一树成林的景观，达到一定树龄后还会产生板根现象。苏木科的凤凰木、红花羊蹄甲、宫粉羊蹄甲、洋金凤、双荚决明，和桃金娘科的红千层、白千层、串钱柳、蒲桃、方枝蒲桃等都以大花、丰花植物为主，这种用主体树种为骨架来体现地域特色的造景方法应用得非常成功。

2.3 植物色彩丰富

云台花园植物色彩相当丰富，这是该园造景重要特色之一，无处不是色彩斑斓，一幅名符其实的彩色画面，这些色彩主要通过植物的叶、花、果、枝干颜色来体现。园区内种植有以观花为主的花色涵盖红色、粉色、黄色、白色、蓝紫色的大花乔灌木和草本，详细种类见表 1 观花植物花色统计表。总共有 128 种，占园区所有植物种类的 50%，其中以红色花系居多，占半数以上，这与红色的寓意，代表着活力、激情、胜利，能够给人带来幸福感不无关系，花园中这么多的红色系观花植物能够给花园增添更多的活力，红色作为中国的传统颜色，更能赢得游人们的喜爱。其次是黄色，以蓝紫色系最为稀少。

花园内观植物叶色的主要是彩叶植物，园内有彩叶植物 46 种，详细种类见表 2 彩色叶植物统计表（温室除外）。不光种类丰富，每个种类还有许多品种，其中变叶木有 20 余个品种，最多的是撒金变叶木、彩霞变叶木、仙戟变叶木、龟甲黄变叶木、琴叶变叶木、嫦娥绞变叶木、流星变叶木等。红桑有 5 个以上品种，用得最多的是红桑、彩叶红桑、撒金红桑、红边桑。栽培较多的其他彩叶植物，还有大叶红草、蚌兰叶、吊竹梅、黄金叶、黄榕、锦叶扶桑、银纹沿阶草等。这些彩叶植物以灌木和草本居多，其高度在人的视线范围内，利于人们观赏。利用这些彩叶植物做成模纹花坛、花带，或丛植、片植于林下、建筑旁、草坪上，极大地丰富了花园内的植物景观。

2.4 四季有花

云台花园植物除了花色丰富外，还有一个很大的特点是四季有花。这里观花植物花期长，几乎全年陆续开放的有叶子花、悬铃花、大红花、马缨丹、四季秋海棠、大花玫瑰、月季等，其他如黄槐、夹竹桃、软枝黄蝉、龙船花、新几内亚凤仙、睡莲等也长达四五个月以上，其他植物的花期也大都能持续两三个月，从而使得花园一年四季花落花起、花开不败。

表1 观花植物花色统计表

Table 1 The list of flower plants in Yuntai garden

花彩	分类	植物名称
红色	乔木	凤凰木、红花羊蹄甲、刺桐、龙牙花、木棉、火焰木、串钱柳、大花紫薇、红千层、吊瓜树、火焰树、红花鸡蛋花、鸡冠刺桐、佛肚树
	灌木	紫薇、石榴、悬铃花、红檵木、琴叶珊瑚、红花龙船花、希美莉、红花马缨丹、炮仗红、一品红、红掌、野牡丹、叶子花
	草本	中华石竹、非洲凤仙、狗尾红、四季秋海棠、一串红、金鱼草、宿根福禄考、红掌、鸡冠花、千日红、红花酢浆草、大花芦莉、水生美人蕉
粉色	乔木	桃花、美丽异木棉、木芙蓉、粉花夹竹桃、宫粉羊蹄甲、大腹木棉
	灌木	杜鹃类、山茶、使君子、叶子花
	草本	大花玫瑰、康乃馨、日本星花、新几内亚凤仙、蜀葵、裂叶秋海棠、醉蝶花、夏堇、波斯菊、红背卧花竹芋、月季、长春花、蝴蝶兰、荷花、睡莲
黄色	乔木	方枝蒲桃、铁西瓜、洋金凤、腊肠树、黄槐、洋蒲桃、黄槿、台湾相思、大叶合欢、杧果、桂花、黄花风铃木、枸骨冬青
	灌木	双荚决明、软枝黄蝉、米兰、黄花龙船花、云南黄馨、炮仗花、五色梅
	草本	文殊兰、黄金菊、三裂蟛蜞菊、万寿菊、向日葵、百日菊、孔雀草、射干、黄菖蒲
白色	乔木	白千层、海杧果、盆架子、尖叶杜英、荷花玉兰、白兰、白花洋紫荆、水石榕、白玉兰、白花鸡蛋花、九里香、蒲桃、马拉巴栗、南洋楹、醉香含笑、山指甲、含笑、乐昌含笑
	灌木	栀子、灰莉、福建茶、茉莉、狗牙花、白花杜鹃、珊瑚藤
	草本	蜘蛛抱蛋、白掌、野慈姑
蓝紫色	乔木	苦栗
	灌木	鸳鸯茉莉、假连翘、紫藤
	草本	马缨丹、猫脸花、矮牵牛、再力花、梭鱼草、千屈菜

表2 彩叶植物统计表(温室除外)

Table 2 The list ofcolor – leafed plants in Yuntai garden

颜色	植物名称
红色	红檵木、锦叶扶桑、红桑、红乌桕、一品红、大叶红草、蚌兰叶、吊竹梅、红背桂、红背山麻杆、南天竹、红车肖黄栌、五彩千年木、秋海棠、裂叶秋海棠、羽衣甘蓝、朱蕉、红背卧花竹芋、箭羽竹芋、红宝石喜林芋、果子蔓、凤梨
紫色	紫背万年青、印度橡胶榕
黄色	变叶木、金边虎尾兰、金边龙舌兰、黄心龙舌兰、花叶万年青
黄绿色	雪花木、黄金榕、黄金香柳、金叶女贞、洒金东瀛珊瑚、金边吊兰、天鹅绒竹芋、花叶芋
银灰色	银纹沿阶草、假金丝马尾、银边山菅兰、银边草
花叶类	花叶木薯、花叶冷水花、花叶鹅掌柴、花叶艳山姜、金叶假连翘

2.5 外来树种多

花园中外来树种很多，有33种，分别是美丽针葵、假槟榔、白千层、串钱柳、南洋杉、大叶相思、假连翘、悬铃花、人心果、桃花心木、龙牙花、大王椰子、鸡蛋花、黄花夹竹桃、美丽异木棉、叶子花、洋蒲桃、石栗、南洋楹、腊肠树、夹竹桃、洒金榕、杧果、米兰、刺桐、花斑垂叶榕、印度橡胶榕、银海枣、凤凰木、琴叶榕、火焰木、散尾葵、红桑等，这些外来树种虽然为花园的植物景观增色不少，但与此同时带来的虫害、冻害等问题也无法忽视。

3 讨论

云台花园是以观花、观景为主的园林式花园，植物种类呈现多样化。以南亚热带和热带树种为基调树种，并种植有大量的大花树种、丰花灌木、时花地被，形成四季有花的景观效果；大量的彩色叶植物勾勒出了植物丰富的色彩(李传霞，2004，2005)；除常规观赏植物外，还有很多热带沙漠、原产地大洋洲、美洲、非洲等地的奇特植物(谢晓蓉，2005)。

云台花园是一个设计与施工都比较成功的公园。经过20年的生长，植物已经表现出了其最佳生长状态。但也存在一些不足，主要表现在：①花园中绝大多数植物为外来种类，缺少本地特色的植物，如本地很有观赏价值的山茶科的茶属；金缕梅科的阿丁枫、壳菜果；桃金娘科的红鳞蒲桃；蝶形花科的白花油麻藤；胡桃科的黄杞等都没有应用。②部分乔、灌、草的配置未注意到植物的生物学、生态学特性。如花园在榕树下栽植彩叶朱蕉，因光照不足，生长细长，色彩不艳；山坡的林下栽种春杜鹃，因过于荫蔽，开花较少。③花坛、花境植物种类还可多样化。花园的花坛、花带较多，所利用的植物种类缺少变化，植物造景显得有些雷同，如观花植物以矮牵牛、四季海棠、非洲凤仙占绝对优势，观叶植物以黄金叶、大叶红草、红绿苋为绝对优势。实际上广州市有许多可供造景的植物，如果能充分利用变叶木类、朱蕉类、彩叶草类、以及爵床科、天南星科等科的观叶植物进行造景，同时注意造景形式的多样性，以上情况完全可以避免。④水生植物、湿地植物少。山、水、石、林、路是公园必须具有的要素。公园内有水区，但水生植物单调，统计只有9种，没有见到水中常见的观赏性强的水鳖、眼子菜、草养、香蒲、水葱等，藻类也少。湿地景观对生活在城市中和部分农村的居民是比较生疏的，这类景观不但意义重大，也很有观赏价值，但公园中很少设计，完全可以在公园的水面尾部或池塘边建设一定面积的湿地，种植湿地植物，放养小鱼、虾、螃蟹等水生动物(李欣，2009)。

参考文献

1. 郭卓．城市生态公园的植物景观设计[D]．西安建筑科技大学，2012.
2. 李传霞．广州市四大公园观赏植物造景的初步研究[D]．中南林业科技大学，2004.
3. 李传霞，张毅川，乔丽芳．广州市云台花园植物造景特点[J]．安徽农业科学，2005，33(12)：2321. 2333.
4. 李欣．广州公园植物配置模式研究及信息系统建立[D]．东北林业大学，2009.
5. 梁心如，孟杏元，沈虹．等．广州市云台花园规划设计[J]．中国园林，1998，55 (1)：18 – 21.
6. 谢晓蓉．岭南园林植物景观研究[D]．北京林业大学，2005.
7. 朱玲．城市公园植物景观季相设计探讨[D]．西南大学，2010.

长沙市月湖公园植物配置及群落调查分析

朱 婷 廖飞勇①
（中南林业科技大学风景园林学院，长沙 410004）

摘要 本课题针对长沙市月湖公园植物配置及群落进行了实地调查，调查出公园的植物种类，并从生态习性、观赏习性和生态效益三方面进行分析，从整体对公园的植物配置方式、景观和空间进行分析，进行并针对公园不同的功能分区进行具有代表性的样地抽取，对样地的植物配置及群落构成进行功能分析、美学分析及生态分析等方面详细分析。探究公园中植物配置及群落构成的优缺点，指出公园植物配置不仅要考虑美观艺术性，还要结合群落研究满足生态要求。通过总结公园中植物配置及群落构成的优点和存在的问题，为公园中植物配置和群落构成提供理论指导。

关键词 月湖公园；植物配置；群落；景观；生态

Investigation and Analysis on Lake Park Plant Configuration and Changsha City Community

ZHU Ting LIAO Fei-yong
（*College of Landscape Architecture*，*Central South University of Forestry and Technology*，*Changsha* 410004）

Abstract This topic in Changsha City on Lake Park plant configuration and the community of on-the-spot investigation，to investigate the plant species in the park，and from ecological habits，viewing habits and ecological benefit analysis，in the whole of the park's plant configuration，landscape and the space analysis，and the park's different function partition has a representative sample extraction，the kind of plant configuration and community composition analysis function，aesthetics analysis and ecological analysis，a detailed analysis. To explore the advantages and disadvantages of plant configuration and community composition，and points out that the park plant configuration should not only consider artistic beauty，but also meet the ecological requirements of community research. By summarizing the advantages and problems of plant configuration and community composition in the park，the theoretical guidance is provided for the plant configuration and community composition in the park.

Key words Lake Park；Plant community；Landscape ecology；Configuration

公园作为现代城市中最重要的绿色基础设施，是人们社会生活和精神文明的重要载体[1,2]。同时也是城市居民回归自然，休息以及活动的重要场所[3,4]。另外，也是人们了解自然的主要窗口，公园对美化城市和平衡城市生态环境等有着十分重要的作用[5,6]。随着我国经济的发展，公园的环境和设施都在不断地建设和完善，但是植物配置和群落构成方面仍存在很多问题[7-10]。

1 公园概况和调查方法

1.1 长沙市月湖公园概况

长沙月湖公园位于金鹰文化城片区（东经 E113°04′34.76″，北纬 N28°24′39.28″），2006 年 12 月 28 日正式开园。位于三一大道与规划的火星北路交汇处西北边，工程兵大道以南，东临湖南省广电中心，北接长沙学院，交通便利[11,12]。

1.2 调查方法与样地选择

选取 9 个典型样地，采用实地踏查法进行植物的种类组成、个体数量、观赏特性、空间形式等，并对景观的层次结构、功能需求、季相变化、生态功能等进行详细的调查。样地面积为在 25m×25m。

2 结果与分析

2.1 月湖公园植物种类

对长沙市月湖公园进行了生态资源调查研究，共调查统计月湖公园植物 217 种。其中被子植物占绝对优势，为169 种，如香樟、桂花、广玉兰等，占植物种

① 通讯作者。

类总数的77.9%；共观测分析观花、观果植物141种，如紫叶李、石榴、木芙蓉等，占全部植物总种类数的65.0%。

调查表明月湖公园不同花色观花植物中，开花最多的为白色、红色和黄色，是月湖公园观花植物的基调花色。主色调为白色的植物种类最多。随着季节更替，月湖公园开花植物的数量在春季逐渐增多达65种，占所有观花植物总数的29.0%，以白色、黄色花为主色调的植物较多。到夏季色彩逐渐丰富，以鲜艳的红色为主色调的花色最多，其他颜色种类的花在5、6、7月份种类数达到最大，其中5月份开花植物种类数最多，到6、7月份，开花数量达到一年之中的最高点。到秋冬季开花植物种类逐渐减少，秋季花色以红黄为主。到冬季开花植物逐渐减少的趋势[13,14]。

2.2　植物景观分析

植物的美学功能通常由植物的色彩、姿态、气味等共同构成，色彩在不同季节其花色、果色、叶色均可展现不同的美，姿态又可分为树干、树枝、树形等，这些都是植物本身所具有的特征，当然在与其他植物、建筑、小品或是水等景观元素搭配时，又会以不同的植物配置方式，给人不同的环境体验，这些都是植物配置的美学功能，总结起来可归纳为形态美、色彩美、意境美3种类型。

2.2.1　形态美

月湖公园的植物就形态归纳起来就有15种之多，如尖塔形(雪松、水杉)、卵圆形(广玉兰、樟树)、伞形(龙爪槐、合欢)、垂枝型(垂柳)、拱枝形(金钟花、迎春)、并丛形(刺槐、朴树等)、偃卧形(铺地柏、沙地柏等)。树皮也各具特色，树皮光滑细腻有紫薇，树皮片状剥落有木瓜、法国梧桐、榔榆，槐树沟裂树皮雄劲沧桑。树的根也是形态美的一大特色，爬山虎的攀缘吸盘状根，吸在建筑墙上有一种形态美。如近水堤岸多植垂柳，如图1所示，不仅因为柳性近水，而

图1　近水处垂柳的柔条

且“柔条拂水，弄绿搓黄大有逸致”，人行其间，微风吹拂，亦与人相亲。紫薇老树则枝干苍虬，如图2所示，常植于草坪或是以粉墙为背景，极具画意。

图2　苍虬的紫薇枝干

2.2.2　色彩美

月湖形成了春色满园、柳叶成荫、枫林如火、傲霜斗雪的四季自然风光，使游人感到大自然的生息，给游人身临其境心旷神怡的感觉。公园春季万物复苏、繁花似锦，迎春花一定是最先知道春天来了的花儿，柳树、玉兰也迫不及待地绽放。夏季绿荫浓浓，广玉兰是最骄傲的常绿大乔木了，马褂木黄色的花朵亭亭玉立，杨梅火红的果子让人垂涎欲滴。秋季叶色绚烂，复羽叶栾树的叶色变为金黄,更有它的累累硕果为其加分,银杏挺拔笔直的树干换上了一身金黄的装备,红枫自打入春来就开始展现出叶色的紫红,但更想在夏季红得更加艳丽。冬季清净素雅,大多植物都已剩下光秃秃的枝干或是只有深绿的叶片还没精打采地挂在枝头,只有少数树木还开着花,山茶就是这少数之一。

2.2.3　意境美

在秋月湖的一处水边就有以垂柳、桃花配置的景观，如图3所示，桃花枝干的苍劲与柳树垂下的丝绦相互映衬，在春季桃花盛开时节更能品味出王维《田园乐》中“桃红复含宿雨，柳绿更带朝烟”的一片清新含蓄之美，让人享受一片宁静之地。在公园东门入口，琴丝竹规则地在景观树池种植成排，如图4所示，配以黑色的大理石景观树池，与入口标志景石相互陪衬，相得益彰，给人以刚正不阿之感，创造出有格调的景象。

2.3　植物空间分析

月湖公园植物配置层次丰富，有单层、两层、三层植物结构，甚至更多层。园林空间营造具有非常重要的意义，巧妙运用不同高度、不同种类的植物，通过控制种植形式、空间布局及其在空间范围内的比重等，形成不同类型的空间，能给人带来丰富的视觉享受和强烈的空间感。

2.3.1　开敞空间

湖光岛处的草坪疏林层次简单，只有香樟、银杏

和广玉兰组成的乔木层与马尼拉形成的开阔草坪，创造出舒朗的开阔感。此处植物与微地形相结合，更营造了生动的环境空间，增加了景观层次，将大尺度的环境细化，巧妙地避免了因为空间尺度过大植物稀疏而带来的平淡和空洞感，如图3所示。从草坪处可望向秋月湖，在此休憩想必是件极为惬意的事了。

2.3.2 半开敞空间

空间的一面或者多面受到较高植物的封闭，限制了视线的穿透。开敞程度小，方向性指向封闭程度较差的开敞面。

在公园的西南停车场旁一园路处，植物群落为：香樟+杨梅—红檵木+侧柏+紫薇—马尼拉，封闭面由小乔木杨梅及紧促的杜鹃构成，开敞面则由马尼拉地被与低矮的圆柏及高大的樟树构成，丰富的植物层次可以给人带来隐蔽的宁静之气但又不过于死板和封闭，如图4所示。

2.3.3 覆盖空间

在公园长堤春柳东侧一游道处利用植物营造出覆盖空间，此处植物群落为：樟树+苦楝—洒金东瀛珊瑚—马尼拉，用樟树和苦楝庞大的树冠形成上层的覆盖空间，阳光只能从树冠的枝叶空隙及侧面渗入，因此在炎热的夏季，浓密的树荫使人行走在这条路上会感到不少清凉，而冬季苦楝树叶凋落后只有香樟的树叶，人行走在其中，还可欣赏秋月湖的景色，不会显得很阴暗，同时又有景可观，如图5所示。

2.3.4 封闭空间

图3 植物营造的开敞空间(右图来源《风景园林设计要素》)

图4 植物营造的半开敞空间(右图来源《风景园林设计要素》)

图5 植物营造的覆盖空间(右图来源《风景园林设计要素》)

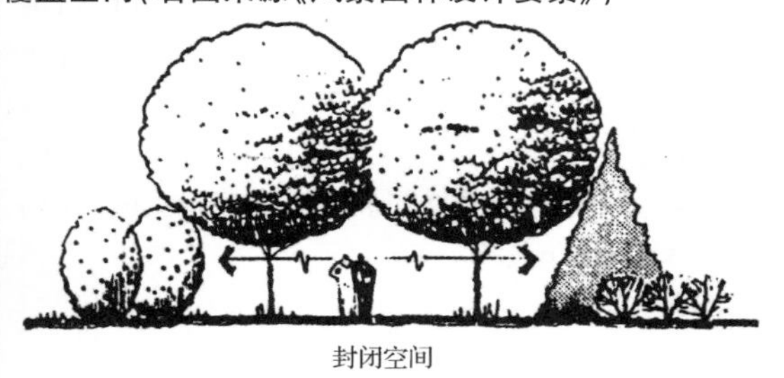

图6 植物营造的封闭空间(右图来源《风景园林设计要素》)

图6为公园西侧入口后的植物景观群落，植物配置为：马褂木＋香樟＋红枫—杜鹃＋南天竹＋茶梅—白车轴草＋马尼拉。植物种植密度高，层次多，将空间限定，形成了极为静谧的休息场所。

2.4 月湖公园植物景观存问题

调查表明，月湖公园植物景观存在以下问题：

（1）植物生长状况差。在月湖公园的植物配置调查过程中，很多地方均有植物生长状况不佳的情况，原因有多种，如后期人工管理不到位，环境不符合植物的生态习性。

（2）乔木种类使用不均。公园使用樟树、广玉兰和桂花3种占乔木总数的50%，使用频率极高。这3种树种均为常绿乔木，因此生态效益可观，但景观效益就大打折扣，一年四季均为绿色，景观效果变化弱，季相不分明，不能让人体验四季分明的感受。

（3）不同色彩的观花植物及观赏季节不均。在月湖公园树木种类调查及发放问卷调查时，都发现月湖公园观花树种存在花色分布不均、色彩不够艳丽等问题。

（4）水生植物种类少。水生植物集中的地方主要在观鹭亭和荷塘月色两处，观鹭亭主要运用香蒲、旱伞草、花叶芦竹、水菖蒲等植物，荷塘月色主要应用睡莲和荷花，其他滨水景观主要应用芦苇和矮菖蒲，水生植物种类过少，滨水景观乏味。

（5）文化内涵未突出。月湖公园以“月”为主题突显人文景观特色，取意于“平湖秋月”，建设之初在主题定位上要求“弘扬湖湘文化，彰显时代精神”。公园整体设计规划基本满足了人们的审美及休憩要求，自然环境宜人，但从文化角度出发，却未能体现其想要表达的主题，略显空洞[15]。

3 相关建议

根据存问题，提出相应的整改意见。

注重养护管理；合理使用乔木种类及数量；适当增加水生植物种类和提升月湖公园文化内涵[16]。

月湖公园是以“月”为主题塑造的特色人文景观，全园是以秋月湖为主景建设，突出“秋月湖”的“秋”和“月”两点，可通过植物的选种及配置方式等手段，用植物景观突显文化。“秋”字最容易让人联想到的便是秋季，因此公园可适当增加秋季观花、观果或观叶等有观赏性的植物，使“秋”得以突出。“月”易联想到夜晚，晚上由于光线较暗，植物形态及色彩对人的视觉体验有所阻碍，因此可通过发挥植物其他特点，给人以嗅觉、听觉等感官体验，可通过增加芳香植物，达到嗅觉的体验效果，比如桂花、含笑、栀子等，可通过园林植物的听觉景观设计给人带来听觉体验，复羽叶栾树风吹后沙沙作响，松柏可形成“松风”景观效果，“雨打芭蕉”、“留得残荷听雨声”等景观效果可用芭蕉、荷花等植物营造，也可通过植物间接地吸引动物，营造出“明月别枝惊鹊，清风半夜鸣蝉”、“听取蛙声一片”等意境。

参考文献

1. 袁喆，翁殊斐，杭夏子．广州公园落叶植物及其景观特色探讨[J]．中国园林，2013，(01)：3－4
2. 韩庆军．沙市中山公园植物配置与生态功能分析[D]．荆州：长江大学，2013.
3. 王思琦．杭州太子湾公园园林植物色彩及其应用研究[D]．临安：浙江农林大学，2013.
4. 董延梅．杭州花港观鱼公园57种园林树木固碳效益测算及应用研究[D]．临安：浙江农林大学，2013.
5. 刘晓曦．观叶植物在城市园林中的应用研究[D]．福州：福建农林大学，2013.
6. 贺然，叶萌．绿色的老山——记北京市石景山区老山城市休闲公园[J]．国土绿化，2014，(6)：48－49.
7. 蔚海花．佳木斯沿江湿地植物景观规划设计的研究[D]．长春：吉林农业大学，2013.
8. 丁风华，胡希军，熊奇志．城市公园植物造景初探[[J]．湖南林业科技，2006，33(6)：65－66
9. 石磊．长沙市公园绿地植物配置的现状与对策[D]．长沙：湖南农业大学，2007.
10. 颜玉娟．湖南阳明山森林公园植物景观评价研究[D]．长沙：中南林业科技大学，2012.
11. 徐媛媛．汉中市主要公共绿地植物景观现状调查与发展前景分析[D]．杨陵：西北农林科技大学，2012.
12. 刘维斯．长沙城市公园绿地植物群落景观研究[D]．长沙：中南林业科技大学，2009
13. 许筠．长沙市月湖公园的植物应用现状与分析研究[D]．长沙：中南林业科技大学，2013.
14. 付璐．长沙市公园绿地植物景观研究[D]．长沙：中南林业科技大学，2009.
15. 高菡．成都浣花溪公园植物群落特征及观赏特性研究[D]．成都：四川农业大学，2011.
16. 何伟．城市森林公园林相更新改造研究[D]．南京：南京林业大学，2012.

长沙市综合公园芳香植物的应用调查

潘磊磊　廖飞勇①
（中南林业科技大学风景园林学院，长沙 410004）

摘要　本文针对长沙市 3 个综合公园绿地的芳香植物的应用进行了实地调查，主要包括：芳香植物种类、分类、花色、花期、香味来源、观赏效果等，及对五类公园绿地芳香植物的种类、配置方式等进行的详细分析。长沙市公园芳香植物的种类：长沙市公园绿地所用芳香植物共计 112 种。包括乔木 48 种，灌木 34 种，藤本植物 7 种，草本植物 23 种。其中常绿植物 45 种，落叶植物 43 种，一年生草本 4 种，二年生草本 1 种，多年生草本 18 种。综合公园绿地芳香植物的应用特点：①拥有较多的大乔木和灌木芳香植物景观；②芳香藤本及草本应用种类较少。芳香植物的景观特点：①常绿芳香植物景观丰富；②观花小乔木和灌木芳香植物景观丰富；③广泛应用的芳香植物种类较少；④芳香植物的作用发挥不足；⑤嗅觉景观的营建不够合理；⑥应用配置不合理；⑦养护管理不足。
关键词　公园；芳香植物；植物配置；长沙市

Investigation on the Application of Ornamental Aromatic Plants in Changsha City Parks and Greenbelts

PAN Lei-lei　LIAO Fei-yong
（*College of Landscape Architecture*，*Central South University of Forestry and Technology*，*Changsha* 410004）

Abstract　This article investigated on the application of Ornamental aromatic plants in Changsha City Park，Mainly including：Ornamental aromatic plant species，classifications，flower colors，flowering time，source of aroma，ornamental characteristics，and so on，and analyzed the types and configurations of Ornamental aromatic plants in five kinds of parks in detail. Basing on the theoretical study and investigation，the research results showed as follows：Ornamental aromatic plants in the park of Changsha City：112 kinds of ornamental aromatic plants in Changsha parks. Including trees 48 species，shrubs 34，7 species of vines，23 species of herbaceous plants. And including 45 species of evergreen plants，43 species of deciduous plants，4 species of annual herbs，1 species of biennial herbs，18 species of perennial herb. Application characteristics of aromatic plants in Changsha park：①There are many trees and shrubs ornamental aromatic plant landscape in Comprehensive parks；②Climber and herbal were limited. Explored their advantages and disadvantages in the application of ornamental aromatic plants：①The evergreen ornamental aromatic plant landscape is rich；②the small flower trees and shrubs of ornamental aromatic plants landscape is rich；③The widely applied aromatic Plants species are less；④Native ornamental aromatic plants application has not been seriously paid attention to；⑤The smell landscape construction is not reasonable enough；⑥The application and configuration is improper；⑦The maintenance and management is inadequate.
Key words　Park；Ornamental aromatic plant；Plant configuration；Changsha City

芳香植物作为公园绿地植物种类的重要成分，其应用于公园绿地中不仅能实现绿化、美化、香化、净化环境的目的[1,2]。而且芳香植物景观具有独特的意境美和深厚的园林艺术内涵[3,4]。但我国城市公园绿地对芳香植物的应用主要集中体现在视觉效果上，而忽视了嗅觉、听觉上的感受[5-7]。本文针对长沙市公园绿地芳香植物的应用进行了实地调查，主要包括：芳香植物种类、分类、花色、花期、香味来源、观赏效果等，及对 5 类公园绿地芳香植物的种类、配置方式等进行详细分析[8,9]。

1　调查对象和调查方法

选取 3 个综合公园：烈士公园、南郊公园、晓园公园为调查对象进行芳香植物的详查。经过对长沙市公园绿地的绿化情况的了解，通过对公园中的所有植物进行调查，统计芳香植物的种类、应用状况。在调查的基础上，对芳香植物的应用状况进行分析。选取具有代表性的芳香植物配置及群落构成进行具体调查，同时拍摄大量的植物景观照片。分析当前芳香植物配置及群落的特点。并根据现状结合基础理论资料探讨现存的问题[10]。

2 结果与分析

2.1 芳香植物种类组成

综合公园是一个国家和地区城市园林绿地系统的重要组成部分，是城市文明程度的标志。它不仅为市民提供广阔的绿地空间，而且提供人们交往、游憩、运动、娱乐的设施，是城市居民日常文化生活不可缺少的一项重要内容。

根据我国的分类标准，综合公园在城市中按其服务范围可分为两类：全市性公园、区域性公园[11]。对长沙的3个综合公园：烈士公园、南郊公园和晓园公园调查发现，芳香植物分别有92种、49种和37种。目前长沙市应用于综合公园的芳香植物中，常绿植物48种占总数的52%，落叶植物32种占总数的35%，藤本3种占总数的3%，草本9种占总数的10%。可看出长沙市综合公园中应用较多的芳香植物类型为常绿乔木，其次为常绿灌木及落叶乔木，其中在所有芳香植物种类中，乔木的使用数量最多，芳香藤本及草本应用种类较少。

2.2 芳香植物的景观特色

2.2.1 常绿芳香植物景观丰富

长沙市综合公园应用的芳香植物中，常绿芳香植物种类多、应用形式多样、景观丰富[12]。如图1烈士公园入口主干道，常绿植物雪松和杜鹃花配置，简洁、雄伟，突出道路尽头的主题景观。如图2烈士公园大草坪上及草坪的背景都是常绿芳香植物为主调，如雪松、香樟、桂花，彩叶植物红花檵木点缀了整个草坪，色彩美丽、树姿多样。

图1 烈士公园主干道芳香植物景观

图2 烈士公园大草坪芳香植物景观

如图3晓园公园水景边缘：上层乔木为常绿芳香植物香樟；中层为常绿芳香植物南迎春、桂花、杜鹃花、红叶石楠、海桐、茶梅；下层为结缕草。中层常绿芳香植物景观极丰富。如图4南郊公园主干道边缘：上层乔木为常绿芳香植物广玉兰、香樟；中层为常绿芳香植物杜鹃花、红叶石楠；下层为小叶女贞。其中层芳香植物景观极丰富。

图3 晓园公园水景芳香植物景观

图4 南郊公园主干道芳香植物景观

2.2.2 观花小乔木和花灌木的芳香植物景观丰富

据调查，长沙市综合公园植物群落中层大多选择芳香植物中的观花小乔木和花灌木，如樱花、碧桃、石榴等，且其四季景观丰富，季相变化明显。如图5烈士公园次干道：芳香植物樱花、海棠丛植于道路两旁的绿地中，香樟作为背景，春季赏花、夏季观叶、秋季观树干。四季景观丰富；如图6烈士公园大草坪边缘，利用草坪边缘较高的地势，种植了大量的芳香植物碧桃、樱花、石榴、梅等，加强地势的高耸之势，起到了围合空间的作用。同时季相变化明显，四季景观丰富。

图5 烈士公园次干道芳香植物景观

图6 烈士公园大草坪芳香植物景观

2.3 芳香植物群落配置方式

长沙市综合公园芳香植物的配置方式主要可分为以下几类：

2.3.1 乔木—灌木

根据对烈士公园、南郊公园、晓园公园的调查，芳香植物的配置类型比较丰富，调查的3个公园共有15种类型。其配置特点主要是：大多以高大的乔木或观花的芳香小乔木为主景，下层搭配观花及常绿的灌木，视野比较开阔，形成较为通透的空间。主要应用于园路或主干道两侧(图7)；大面积空旷的草坪；水域边缘；建筑边缘；广场边缘(图8)。这种配置方式一方面起到了分割空间的作用，另外也起到了弱化建筑边缘的作用。

图7 晓园公园芳香植物群落景观

图8 烈士公园芳香植物群落景观

2.3.2 乔木—灌木—地被

根据对烈士公园、南郊公园、晓园公园的调查，该配置方式有11种类型。配置特点：该配置结构可分为上中下3层，其中上层大多数是高大的芳香乔木，其中应用较多的芳香植物有香樟、广玉兰、雪松等；中层则是观花或观叶的小乔木或灌木，其中应用较多的芳香植物有紫叶李、含笑、桃、杜鹃花等；下层则是较为低矮的花灌木、观叶灌木、草本或藤本，其中应用较多的芳香植物有杜鹃花、雀舌栀子、金盏菊、夏堇、鸢尾、石竹等。该配置结构层次分明，空

图9 烈士公园芳香植物群落景观

图10 烈士公园道芳香植物群落

间隐蔽性较强，起到了分割空间及限制视线的作用，同时观赏期较长。主要应用于主干道及园路两侧；大草坪的边缘；道路交叉口(图9、图10)等。

3 芳香植物在长沙城市综合公园中应用存在的主要问题

(1)芳香植物种类较少：根据实地调查，应用于长沙市综合公园的芳香植物种类较少，在上层乔木中应用较多的主要为香樟、广玉兰、雪松、乐昌含笑等；在中层灌木及小乔木中应用较多的为紫叶李、桂花、海桐、杜鹃花、小叶女贞、金叶女贞等；在下层地被中应用较多的为麦冬、沿阶草、鸢尾、雀舌栀子[13]。

(2)芳香植物的嗅觉景观营造不合理：在长沙市综合公园的芳香植物应用中，在利用芳香植物进行造景的过程中，很少考虑到芳香植物的香味类型、香味的持续时间，以及当地的风向、与其他芳香植物的配置等问题，导致嗅觉景观无法到达预期的效果。空间较大的场所，可选用香气较浓的植物，或以丛植、群植等形式种植，而空间小又较为郁闭时，可选用淡香型植物，或避免大片种植的配置方式[14]。

(3)水景芳香植物景观不丰富：根据调查，长沙市综合公园的水边芳香植物景观不丰富，季相变化不明显。其中调查的3个公园中都有水景，但是水景周围芳香植物的配置种类少，空间序列变化没有秩序。且水边植物配置忌等距种植及整形式或修剪，以免失去画意。

(4)草本地被芳香植物景观有待改善：据调查，3个综合公园，晓园公园的地被芳香植物景观相对较丰富，应用了大量的草本花卉，应用形式多样，观赏期长，但是总体的芳香植物地被景观季相变化不明显；观赏期短；烈士公园地被芳香植物种类较少，形式较单一；南郊公园草本地被芳香植物种类较少，在公园中，只有入口处的中心广场上有应用。

(5)缺乏养护管理：俗话说："三分栽，七分管"，所以公园中的植物设计，不仅要使其成活、生长，还要通过养护管理充分发挥其观赏特性，让人最大限度地得到美的享受[5]。在南郊公园群落中层的山桃，其为阳性树种，由于种植于群落中下层，上层乔木比较茂盛，所以导致山桃无法获取阳光进行正常的生长而死亡，因此无法充分展现其最佳的观赏姿态，一方面影响园林的整体景观效果，另一方面影响经济效益[16]。

参考文献

1. 陈雷．芳香植物专类园植物配置及景观营造探析[D]．杨凌：西北农林科技大学，2013.
2. 高菡．成都浣花溪公园植物群落特征及观赏特性研究[D]．成都：四川农业大学，2011.
3. 韩庆军．沙市中山公园植物配置与生态功能分析[D]．荆州：长江大学，2013.
4. 冯丽，颜兵文．芳香植物在园林中的应用[J]．热带生物学报．2010，(3)：261－264.
5. 张晓玮．观赏芳香植物在园林绿化中的作用与应用[J]．安徽农业科学．2009，(33)：16632－16635.
6. 张知贵．观赏性芳香植物在四川地区植物造景中的应用探析[J]．广东农业科学．2013，(22)：63－66.
7. 李颖．芳香植物的保健功能[J]．农业科技与信息(现代园林)，2012，(2)：20－23.
8. 卢嘉．长沙市落叶树种的园林现状调查与分析[D]．长沙：湖南农业大学，2012.
9. 彭慧．长沙市主要城市公园初步研究[D]．北京：北京林业大学硕士论文，2006.
10. 张凤宇．长沙市园林芳香植物群落分析及植物配置研究[D]．长沙：中南林业科技大学，2014.
11. 中华人民共和国国家标准(CJJ/T85－2002)．城市绿地分类标准[5]．北京：中国建筑工业出版社，2002.
12. 丁丰华，胡希军，熊奇志．城市公园植物造景初探[J]．湖南林业科技．2006，(6)：65.
13. 权美平，师雯．芳香植物的功能及其在园林中的应用[J]．北方园艺，2013，(6)：86－89.
14. 叶美金．成都市观赏性芳香植物种质资源及园林应用调查研究[D]．成都：西南交通大学，2010.
15. 陈辉，刘煜．海南大学芳香植物调查及应用研究[J]．安徽农业科学．2012(18)：9778－9781.
16. 金晨．芳香植物在高校校园景观中的应用研究[D]．长沙：湖南农业大学，2014.

移动性植物景观的应用与创意设计*

胡 丹[1,2] 朱永莉[1]①
（[1]上海商学院，上海 201400；[2]上海交通大学，上海 200240）

摘要 随着生态绿化的理念不断深入，移动性植物景观作为植物应用的一种新概念和新形式，具有可移动、摆放简便、造型灵活及应用形式丰富等特点和优势，将被越来越多地用来装饰和绿化空间。本文主要从移动性植物景观的概念与功能、应用现状、创意设计以及应用前景等方面来解析，为移动性植物景观更好的发展与应用提供借鉴。
关键词 移动性；植物景观；应用；创意设计

Application Status and Creative Design of Movable Plant Landscape

HU Dan[1,2] ZHU Yong-li[1]
（[1]*Shanghai Business School*，*Shanghai* 201400；[2] *Shanghai Jiao Tong University*，*Shanghai* 200240）

Abstract With the spreading of the idea of living in an ecological environment，movable plant landscape will be used to decorate and reforest our living space as a new concept and form of plant application. Movable plant landscape has many obvious features and advantages，for example，it is mobile and can be placed conveniently. Furthermore，it has diverse modalities and application forms. This thesis analyzed the movable plant landscape from four aspects of concept & function，application status，creative design and application prospect in order to offer some reference to its better application in future.
Key words Mobility；Plant landscape；Application；Creative design

1 移动性植物景观的概念与功能

1.1 概念

移动性植物景观是指将具有观赏价值的植物按照艺术审美法则种植于可移动的容器中，摆放在一定的空间环境中起到装饰美化、净化空气等作用的一种新型植物景观应用形式。移动性是这种新型植物应用形式的重要特点，植物景观的位置可以随需要进行移动，而非固定不变，它能够较为灵活地改变环境空间的视觉印象，打破空间景观固定的单一性，在空间上、时间上增加景观的丰富度和可变性。

1.2 主要功能

移动性植物景观主要有生态、心理和建造等多种优势功能，这些功能为它的推广和使用起到了重要的促进作用。

1.2.1 生态功能

随着空气污染的严重加剧，PM2.5 含量值增大，人们越来越重视植物的应用，植物可以起到净化空气、调节室内湿度、滞尘、抑制杀灭空气中的微生物等生态作用已成为共识[1],[2]。移动性植物景观不同于一般植物的生态作用的优势在于，它具有放置简便，不受利用空间范围大小限制的特点，以此增加空间内的植物量和生态绿化面积，加强了空间环境的净化度，例如在白领办公桌、教室讲桌、卫生间等狭窄受限空间就可以摆放移动性植物景观。

1.2.2 心理功能

移动性植物景观具有装饰环境、美化空间的作用，人们可以通过植物本身和移动容器的艺术感来获取美感，陶冶情操，同时，由于不同植物具有不同的

* 项目资助：2015 年上海高校本科重点教学改革项目；2013 年度上海商学院教育教学改革研究重点项目。
作者简介：胡丹(1991－)，女，上海交通大学农业与生物学院研究生。
① 通讯作者。女，副教授，上海商学院艺术设计学院副院长，从事园林植物与观赏园艺研究，E-mail：juliesh@163.com。

审美观赏特点以及不同的花文化，这些鲜明的特征又会给观赏者带来不同的心理审美感受[3]。首先从色彩上来看，具有不同观赏色彩的植物能够带给人不同的心理感受，暖色系的植物给人带来温馨、喜悦、欢快之感，冷色系植物给人冷静、理智、寒冷之感[4]，不同色系的植物因为色彩的色相、纯度、明度之间的差异也会给人带来不同的心理感受，加之由于性别、年龄、教育背景及经历的不同，对于同样色彩的植物人们也会引发不同的心理感受。其次，不同的植物具有不同的文化象征内涵，可以启迪人的思考，引发联想的空间。中国自古就有“君子比德”的审美思想，人们根据不同植物的习性特征赋予植物不同的精神象征内涵，以此来表明自己的志向和精神情操。此外，植物的季相变化也能够给人带来某种启示性的心理暗示作用。植物的春发、夏长、秋实、冬枯的季相变化启示人们事物发展的规律，周而复始，生命的轮回，自然永恒的规律。

1.2.3 建造功能

移动性植物景观的建造功能主要是指植物围合空间的功能，利用种植在可移动容器中的植物来围合空间，可以增加空间的绿化度和营造清新的氛围。在室外一些露天餐吧中，可以利用具有一定株高的植物以及具有一定艺术美感的容器来围合空间，也可以用枝条稀疏的灌木和蔓生藤本相搭配，种植在50cm高的移动花箱中来分割空间，可保证休憩空间私密性的同时，又可透过枝干形成透景，让空间在分割中相互交融，合为一体。在一些适当的空间中，例如餐饮空间，移动性植物景观在围合分割空间方面的建造功能比实体矮墙具有优势，实体墙体不仅占据空间，而且易造成空间的滞厚感，让人产生压抑的感觉。移动性植物景观也可以采用垂挂方式来进行空间顶部的装饰和绿化，不仅可以增强视觉美感，而且起到净化空气，改善小气候的生态作用。

2 移动性植物景观的应用空间与形式

2.1 应用空间

移动性植物景观应用的空间主要分为室内空间和室外空间，可以根据不同空间的特点采取不同的应用形式，发挥其体积大小灵活多样、可自由改变、可移动等特点，使其在不同的空间中能够灵活改变应用形式来装饰美化环境。

2.1.1 室内空间

移动性植物景观应用的室内空间主要有餐饮空间（如美食店、餐厅等）、购物空间（如超市、各种商场、室内商业街、专卖店、家居体验店等）、办公空间（如办公室、图书馆等）、休息空间（如宾馆、家居卧室、病房、机场候机空间等）。

在餐饮空间中，移动性植物景观多用在需要吸引顾客眼球，或是顾客视线能够到达并需要美化的视觉空间。在餐饮空间中，商家多在店铺入口放置具有一定观赏美感、色彩明亮的植物用来吸引顾客眼球，达到招揽更多客人的目的，如在上海IPAM商城中的蛋糕店铺入口处的移动性植物景观，将醒目的红色凤梨、红掌放置在典雅的褐色移动盆器中，并且一高一低组合，形成错落美感，以及一些餐厅的传统式封闭入口处的盆栽移动性植物景观。在餐饮空间中，多数顾客希望能够在充满绿意的自然空间中用餐，植物的绿色也能缓解长期面对电脑、手机的“屏幕一族”的视觉疲劳[5]，因此在用餐空间中，尽可能在空间布置移动性植物景观，营造舒适用餐空间，如在上海美罗城室内商业街中的美食店铺墙壁上放置的移动性植物景观，以及在上海田子坊茶吧桌上的移动性植物景观，能够让人们在用餐时充满绿意，放松身心。

在购物空间中移动性植物景观主要是放置在吸引顾客眼球的位置，例如在上海IPAM商场中的收银台就放置了色彩明亮的移动性植物景观，用花大色艳的蝴蝶兰以及观赏特点鲜明的马蹄莲放置在现代感极强的玻璃容器中，用来起到提示顾客付款位置以及美化环境的作用。多种植物组合，并且采用高低错落放置的方式而成的移动性植物景观也为像IPAM这样高端的商场注入现代时尚的气息，符合商场主题品位的定位；移动性植物景观也放置在一些起到引导视线作用的空间中，例如在IPAM商城中每一层电梯旁的空间，多放置2～3盆移动性植物景观，植物多用发财树、橡皮树等常绿植物，种植在极简风格、单一色彩的容器，起到引导视线、缓解人流的作用，这种移动性植物景观的应用形式是一种自然的方式，即是利用植物引导划分来保障商场井然有序，是为了装饰美化环境，让顾客在充满绿意的购物空间中得到放松，给人一种自然之感。

在办公空间中的移动性植物景观，多起到装饰美化以及净化环境的作用，一般多放置在办公桌、电脑旁，在植物选择方面，多选用观叶为主的常绿植物，例如发财树、橡皮树、一叶兰、万年青、龟背竹等，并且多选用净化空气、吸收辐射强的植物，如虎尾兰、仙人掌、仙人球等，给充满压力的繁忙工作环境注入生命的活力，起到调节心理、缓解压力等作用。

移动性植物景观也多用在室内休憩空间中，用来装饰、围合或者分割空间，营造一定的空间私密感，符合人们在公共空间中的安全心理需要，植物的绿色也能起到抚平心灵的作用。

2.1.2 室外空间

移动性植物景观应用较多的室外空间主要是需要装饰美化，人群聚集并且人流量大的空间，主要有绿地空间(如公园、街头绿地等)、聚集交往空间(广场、商业街等)、人行道等不断发展美化的空间，相对室内空间，移动性植物景观在室外空间中的应用更加广泛，形式更加丰富。

在绿地空间中，移动性植物景观主要是放置在一些醒目，起到引导视线以及疏散人流的空间中。公园是人们经常性放松游览的休闲地，在公园中利用移动性植物景观的空间较多，应用形式也丰富多样，如在公园景观桥栏杆两侧，可以用移动性植物景观来进行装饰美化；也有在节假日，或者举行花展的时候，利用移动性植物景观进行布展以及公园中一些景观中心的观赏空间中的群花展示，以及利用移动性植物景观来进行竖向立面的景观布置；在一些街头绿地中，用一些造型美观的移动性植物景观来分隔开绿地与车流道路，引导视线，美化环境。

移动性植物景观也多放置在一些室外聚集交往的空间中，用来吸引视线及引导人流，起到装饰美化空间，强调中心景观空间的作用。例如一个水池喷泉，为了强调水池喷泉景观点，可以在水池周围放置一些盆栽的移动性植物景观进行围合强调，突出景观中心的作用和位置，吸引游客视线。

人行道是室外空间中重要的一部分，人行道空间中的人流量大而且相对狭长，移动性植物景观的应用具备很大的优势，可以根据人行道空间狭长的特点进行设计，利用线状景观来布景，不仅起到美化环境的作用，也不影响人流通行的需要。

2.2 应用形式

移动性植物景观在空间中的应用，主要是放置在空间中需要装饰美化，视线聚集的景观中心点，它的应用形式多样，主要应用形式有平地放置式、顶面悬垂式、立面贴壁式、立面垂挂式等，例如立面贴壁式，随着植物幕墙概念的兴起，可以合理利用移动性植物景观进行立面景观装饰；立面垂挂式的应用形式，如在桥两侧的立面上垂挂移动性植物景观，增加空间的景观面积；顶面悬垂式是利用在顶平面上，可以在在覆盖限定空间的同时，增强空间顶面的观赏价值与效果[5]。移动性植物景观具有其他固定式植物景观不具备的优势，就是它具有移动方便，不受空间大小的限定等特点，因此它的空间应用范围广、形式多，在空间中可以用多种形式来装饰难以常规绿化的特殊空间。

3 移动性植物景观的创意设计

随着绿化生态理念的不断深入，越来越多的移动性植物景观将会出现在人们的生活空间，但随着人们审美观念的不断改变，传统单一的移动性植物景观已经不能满足人们的需要，因此只有不断创意设计新型的移动性植物景观才能满足现代人日益多元化的审美需求。移动性植物景观的创意设计可以从创意设计理念、开拓利用空间以及丰富组景形式等三方面来进行。

3.1 创意设计理念

好的创意理念能够更加吸引人们对于新鲜事物的注意力以及增加它的接受认可度，本文主要根据现代人的生活观念并结合移动性植物景观的特点，概括出"3R"的创意设计理念，即是 Requiring(应需求)、Reuse(再利用)、Recombination(多重组)。

3.1.1 Requiring(应需求)

Requiring(应需求)是指在设计移动性植物景观时，应根据人们的多元需求来进行创意设计。随着生活的多元化发展，人们的需求也在不断多元化，主要有需求主题化及需求体验化两种趋向。需求主题化是因为随着人们主题娱乐意识的增加，越来越多的娱乐休闲项目都在朝着主题化发展。移动性植物景观作为一种供人欣赏，让人身心得以恢复的植物休闲产品，它的创意设计自然应朝着主题化方向发展，不断满足现代人的需求。需求体验化也是移动性植物景观的创意设计发展的另一个方向，体验化的创意设计可以满足人们 DIY 的动手制作需求，调动人们的参与性，增加人们对移动性植物景观的深入了解与喜爱。

3.1.2 Reuse(再利用)

Reuse(再利用)的设计理念是指在创造设计移动性植物景观的过程中，尽量使用环保材料或者改造废弃物再利用来制作新型环保栽培容器，这也正好符合当今生态环保的理念。绿色材料，例如秸秆，是一种来源丰富、价格低廉的天然可降解高分子材料，是农业生产的副产品[6]，可以使用秸秆制成一次性可降解秸秆花盆，就是一种具有环保化概念的花盆；改造废弃物再利用，例如可以利用生活中的废弃钢制铁罐，涂上色彩不同的油漆装饰，用来种植植物；又如矿泉水塑料瓶削掉瓶口，以及生活中喝饮料剩下来的玻璃瓶，废弃的旧轮胎，也都可以作为旧物循环利用种植植物；还可以循环加工废弃物成新材料制成容器，可以将生活中的废弃混纺纤维，即"白色垃圾"，例如利用纺织厂等企业生产的废丝、下脚料、边角料等各种废弃物采用共混塑炼法制备花盆的复合材料[7]。

3.1.3 Recombination（多重组）

Recombination（多重组）是指在创作移动性植物景观时，首先重视引进新型造景元素以及不同元素的相互组合，新型元素例如灯光、音效、石材、木材、玻璃等，可以引入移动性植物景观的造景，与观赏植物相互映衬，丰富移动性植物景观的视觉感受，营造特定的审美意境。例如移动性植物景观可以打造成微缩植物景观，充分有选择的结合灯光、音效、石材、木材、塑胶等景观元素，依据以小见大，以一见十的审美标准来进行元素组合，打造出外型上吸引视线，功能上满足需求，审美上极具创意的移动性植物景观，这种审美标准正如中国古典园林中“一石则太华千寻，一勺则江河万里”的审美标准，将审美从物相提升到意相的意境高度。另外，在不同元素重组造景中，可以借鉴一些艺术创作手法来进行创意设计，这样有利于打破原有单一的惯性思维。例如在移动性植物景观中，可以改变传统的植物和土壤的单一元素组合，可以用植物与沙石组合，借鉴日本“枯山水”中用白色细沙来代替水的模拟艺术手法，在移动性植物景观的打造中进行创意设计。

其次，在植物种类的选择上，随着家庭园艺概念的深入，多肉植物作为一种室内绿色植物走进了人们的生活。多肉植物具有种类繁多，样式新颖奇特，外观微小精致，色彩丰富，种植简便等特点，被越来越多的人所喜爱，并且被以 DIT 的方式组合成微型“群植”植物景观，这种微小多样的多肉组合可以放置在任何位置对空间进行装饰，是未来室内绿饰的重要材料。通过将不同色彩、质感、大小的多肉植物组合，打造出更多具有艺术美感的“微型组合式”生态艺术品。随着都市农业的推广与应用，人们希望能够在自己的生活空间中种植一些绿色蔬菜与水果[8]，这些果蔬不仅可以起到绿化装饰空间的作用，还是绿色健康食品，所以未来移动性植物景观可以发展演化成为具有较高观赏价值的果蔬组合盆栽[9]。还有药用植物的引入使用，例如灵芝、红豆杉均含有抗癌物质，具有较强的保健作用，通过种植这些药用植物，不仅可以增强人们的保健意识，而且增加移动式植物景观的经济价值。再次就是朝着园艺疗法、康复景观的方向发展，康复景观诞生在物质文明高度发达的现代社会，生活在城市中的人们远离了自然，他们内心浮躁，身心疲惫，康复景观旨在帮助现代人增强体质，缓解紧张情绪并获得幸福感，最终实现整体性健康[10]，结合园艺疗法的概念，使用一些芳香植物来代替传统的园林植物[11]，让植物分泌释放出来的物质能够舒缓人紧张的神经，起到放松的作用，康复景观的概念与移动性植物景观的融合将会是未来植物景观发展的一大趋势。

3.2 开拓利用空间

移动性植物景观的创意设计还体现在不断开拓出新的利用空间，利用移动性植物景观大小可改变，可移动等优势特点来挖掘出更多适合放置移动性植物景观的潜在空间，也可以根据需要装饰和绿化的空间特点来对移动性植物景观进行创意设计，让更多的空间可以利用移动性植物景观。一些需要美化绿化的空间，由于受到面积大小的限制，种植常规绿化植物会受到限制，例如卫生间、窗台、走廊等狭窄空间，可以结合这些空间的特点对移动性植物景观进行设计加以利用。例如在进行屋顶绿化时，可以根据屋顶空间中排水困难的特点来对移动性植物景观的容器进行设计，可在容器底层设置蓄水装置用来排水。开拓移动性植物景观使用空间时，还可以根据空间的功能属性来进行开发利用，例如在养老院，会有越来越多的植物 DIY 的活动来丰富老年人的生活，移动性植物景观在设计中，可以结合养老院空间的功能需求来进行，装饰美化环境，同时考虑方便老年人种植。

3.3 丰富组景形式

移动性植物景观的组景形式是指景观形成以及展现出来的方式。丰富组景形式可以从立意上来创意构思，例如可以从“小盆景大景观”的立意来进行组景形式的创意设计，旨在通过以一见十、移天缩地的设计手法将内容丰富的大尺度景观高度概括后重新组合景观元素，放置在一个一定尺度的移动式容器中，这种“小盆景大景观”的概念可以衍生出更多的移动便携式的移动性植物景观，如家居装饰产品、旅游纪念产品、节日礼物等；丰富组景形式也可以从电影、小说中的故事寻找创意构思灵感，例如以日本著名动画大师宫崎骏的动画电影《龙猫》为主题创作的微缩移动性植物景观，就是在一个玻璃球中放置龙猫电影中的角色泥像小品来再现电影故事，展现电影场景，唤起人们对电影的喜爱之情和儿时的童年乐趣；又如以童话故事美人鱼为创作载体的微缩植物景观，上述这些移动性植物景观的组景形式都是从传统的单一的视觉印象组景形式升级到想象层面的组合形式。移动性植物景观的组景形式还可以根据使用功能来进行创意构思，例如在贺卡礼物中，可以将植物元素与贺卡相互结合，贺卡相当于移动性的容器，这样就在移动性植物景观的组景形式中融入礼品使用功能。

4 结语

移动性植物景观具有可移动、摆放简便、造型及应用形式丰富等特点，可以结合新型材料进行创意组合，将其放置在可移动的载体上进行组景欣赏，具有多种应用模式，在未来植物应用新形式的开发中，创意性的移动性植物景观将会有更广泛的应用。随着科技的进步，例如3D技术广泛应用，可以结合先进的技术对移动性植物景观进行创造应用，让消费者自行利用3D技术打印出自己喜欢的植物，或者自己创造设计的植物，增强消费者在移动性植物景观中的参与性与体验感；也可以结合现代5D技术，用屏幕化的方式模拟植物生长的动态过程，让消费者参与到见证植物生长的过程中去，增强大家对移动性植物景观的植物材料从种子萌发到长成植物体的真实感受，增强移动性植物景观的趣味性。移动性植物景观的创意设计形式将会启迪和改变更多空间中的植物绿化与装饰。

参考文献

1. 任照阳，邓春光．植物对环境的净化作用[J]．微量元素与健康研究，2007，55－57.
2. 刘娜．八种室内观叶植物对环境的改善作用研究[D]．四川农业大学，2008，17－18.
3. 彭阳陵．园林植物配置心理暗示效应应用调查与研究——对城镇及乡村环境中植物应用心理暗示调查[J]．湖北林业科技，2012，70－73.
4. 贾雪晴．园林植物色彩的心理反应研究[D]．浙江农林大学，2012，11－14.
5. 江婷．现代商业空间的展示设计[D]．东南大学，2006，41－42.
6. 滕翠青，杨军．一次性可降解秸秆花盆的研制[J]．工程塑料应用，2002，30－32.
7. 王伟，于永玲．基于废弃混纺纤维的花盆复合材料的成型工艺[J]．安徽农业科学，2011，113－119.
8. 辛永清．果蔬盆景的发展及产业化初探[J]．青海农林科技，2007，33－34.
9. 丹妮．果蔬盆景DIY[J]．绿色中国，2008，1－2.
10. 张金丽．道教生态伦理和养生理论在康复景观设计中的应用研究[D]．东北农业大学，2010，36－47.
11. 金紫霖，张启翔．芳香植物的特性及对人体健康的作用[J]．湖北农业科学，2009，1246－1247.

26 种园林植物对臭氧响应的研究*

刘东焕　赵世伟①　施文彬
（北京市植物园，北京市花卉园艺工程技术研究中心/城乡生态环境北京实验室，北京 100093）

摘要　通过人工模拟臭氧环境，对 26 种园林植物进行臭氧响应性的研究，总结出不同园林植物臭氧伤害的症状，并对 26 种园林植物进行抗臭氧能力的评价，筛选出抗臭氧能力强的植物 14 种，包括 9 种木本植物（圆柏、白皮松、油松、紫藤、小叶扶芳藤、构树、木本香薷、荆条和月季）和 5 种宿根花卉（马蔺、鸢尾、萱草、荆芥和'蓝梦'玉簪）。

关键词　园林植物；臭氧；人工模拟环境

The Studies on the Ozone Response of 26 Landscape Plants

LIU Dong-huan　ZHAO Shi-wei　SHI Wen-bin
(*Beijing Floriculture Engineering Technology Research Centre*, *Beijing Laboratory of Urban and Rural Ecological Environment*, *Beijing Botanical Garden*, *Beijing* 100093)

Abstract　The ozone response of 26 landscape plants were studied in various ozone levels environments (200ppb, 300ppb, ck). The damage symptoms and leaf damage ratio induced by ozone were observed and recorded. Then, 26 landscape plants were comprehensively valuated according to anti－ozone characteristics. Finally, 14 landscape plants were screened out including 9 woody plants (*Sabina chinensis*, *Pinus bungeana*, *Pinus tabuliformis*, *Wisteria sinensis*, *Euonymus fortunei* var. radicans, *Broussonetia papyrifera*, *Elsholtzia stauntoni Vitex negundo* var. *heterophylia*, *Rosa* 'Rouge Meilland') and 5 perennial plants (*Iris lactea var. chinensis*, *Iris tectorum*, *Hemerocallis fulva*, *Nepeta cataria*, *Hosta*. 'Blue Vision').

Key words　Landscape plants; Ozone; Controlled environments

近年来，由于在工业上大量使用化石燃料，在农业上大量使用含氮化肥以及汽车数量的急剧增加，大气中氮氧化物和氧有机挥发物的含量剧增，导致近地层大气臭氧浓度的日益升高。监测表明，全球近 1/4 的国家和地区生长季近地层臭氧浓度高于 60ppb，而且臭氧目前仍以每年 0.5%～2.0% 左右的速率持续升高。按照此速度，至 2100 年前后臭氧浓度将超过 70ppb[1-2]。有些大城市，如北京和上海臭氧浓度甚至达到过 200ppb 以上[3-4]。其对环境的污染甚至可能超过了 PM2.5。

近地层臭氧作为重要的大气污染物之一，已成为当今世界研究者及公众密切关注的重要问题。在 2012 年 3 月颁布实施的新的《环境质量标准》中，臭氧与 PM2.5 一同纳入到空气质量指标之中。臭氧是强氧化剂。研究表明，臭氧对包括农作物和野生植物在内的很多种野生植物造成明显危害。臭氧通过气孔进入植物，在植物体内产生脂质过氧化反应，破坏细胞膜结构，改变植物生理生化过程，造成植物叶片出现色斑、褪绿、变黄等可见的叶片伤害特征，还会导致幼叶脱落、光合降低以及根茎叶生物量的减少[5-8]。

最早在 1958 年 RICHDS[9] 等对葡萄属植物叶片在高浓度臭氧条件下近轴面出现深色斑点的典型伤害特征进行了描述，随后被 SKELLY(2000)[10] 所证实，并作为典型臭氧伤害特征确定下来。DAVIS 在对远郊野生生物保护区的植物进行研究时，在黑莓、马利筋、

* 项目资助：北京市科技计划"高效抗逆园林植物新品种的选育与推广"(Z141100006014036)；"北京市共建项目专项资助"。
第一作者简介：刘东焕，女，现北京市植物园植物研究所副所长，高级工程师。主要从事园林植物引种、驯化和生理生态学研究。邮箱：ldh1166@163.com　TEL：　13693254464。
① 通讯作者。

黄樟以及野葡萄等植物上也发现了相同特征，同时在少数美国接骨木和一些荚蒾属植物上也发现的相同特征[11]。熏气实验也证明臭氧浓度升高可以造成小麦，水稻和油菜等农作物的叶片出现受害症状和减产以及生长迟缓等特征[12-13]。我国许多地区的臭氧浓度已经超过植物受伤害的临界浓度，但缺少对植物生长的长期观测。

前期人们就臭氧对植物的影响研究主要针对农作物、森林植物等，对园林植物很少涉及。本论文将对北京臭氧浓度进行分析并就高浓度地区进行对植物调查，并通过人工熏气实验得到验证，建立评价体系，并筛选抗臭氧植物，将为北京城市抗臭氧园林植物的筛选提供参考依据，对提高空气环境质量，减轻臭氧危害，具有重要的理论和实际意义。

为排除自然环境下臭氧与其他环境因素交叉对园林植物的影响，本研究通过搭建人工气候室，通过臭氧发生器对气候室进行臭氧熏蒸，通过臭氧监测仪对气候室的臭氧浓度进行监测，研究不同园林植物对臭氧的响应差异。

1 材料与方法

1.1 实验材料

以三年生的26种园林植物为实验材料，包括18种木本植物，即油松(*Pinus tabuliformis*)、白皮松(*Pinus bungeana*)、圆柏(*Sabina chinensis*)、小叶黄杨(*Buxus sinica* var. *parvifolia*)、连翘(*Pinus tabuliformis*)、花叶锦带(*Weigela florida*,)、金亮锦带(*Weigela florida* ‘Goldrush’)、醉鱼草(*Buddleja lindleyana*)、荆条(*Vitex negundo* var. *heterophylia*)、接骨木(*Sambucus williamsii*)、构树(*Broussonetia papyrifera*)、木本香薷(*Elsholtzia stauntoni*)、栾树(*Koelreuteria paniculata*)、丁香(*Syringa chinensis*)、现代月季品种(*Rosa* ‘Rouge Meilland’)、平枝栒子(*Cotoneaster horizontalis*)、紫藤(*Wisteria sinensis*)和小叶扶芳藤(*Euonymus fortunei* var. *radicans*)；8种宿根花卉，即马蔺(*Iris lactea* var. *chinensis*)、荆芥(*Nepeta cataria*)、鸢尾(*Iris tectorum*)、萱草(*Hemerocallis fulva*)、白玉簪(*Hosta plantaginea*)、东北玉簪(*Hosta ensata*)、紫萼(*Hosta ventricosa*)和蓝梦玉簪(*Hosta* ‘Blue Vision’)。于2015年7月选取长势均一的每种植物植入花盆。花盆直径30cm、高27cm，基质为草炭和园土(3:1)。每个种类18盆。移入3个人工气候室进行过度适应，每个气候室每种植物6盆。进行正常的水、肥管理。

1.2 臭氧熏蒸处理：

采用开孔的人工气候室、模拟自然动态的熏气箱进行熏气[13]。利用臭氧发生器提供臭氧，臭氧检测仪(Model202，美国生产)监测臭氧浓度。臭氧熏蒸实验于7月10~30日，设背景浓度CK(50~100ppb)、200ppb、300ppb三个处理；每天臭氧熏蒸7小时(9：00~16：00)。熏蒸过程种进行正常水、肥管理，且每天将气候室内的花盆随机移动，确保消除室内因小气候可能导致的差异。每隔2天，停熏1次，进行伤害症状的观察记录。熏蒸结束进行各种指标的测定。人工气候室的臭氧浓度控制情况如下图：

气候室的臭氧浓度范围分别为50~100ppb；150~200ppb；300~400ppb。基本与控制的臭氧浓度相一致。

1.3 植物叶片伤害症状的观察：

植物熏气处理后，每2天停熏1次，分种类记录不同臭氧浓度处理下的叶片伤害症状，统计受伤叶片

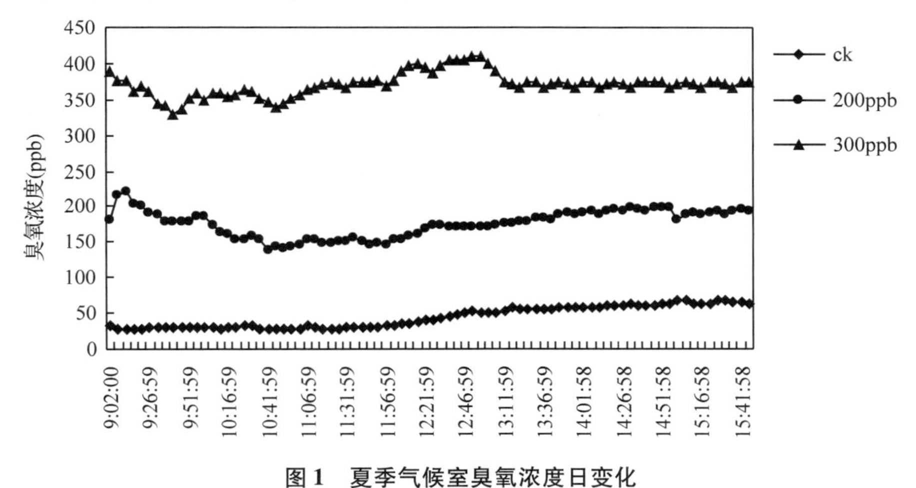

图1 夏季气候室臭氧浓度日变化

Fig. 1 The daily changes of ozone concentration in controlled environments in summer

的数量和受伤的面积。并依照以下公式，计算出叶片伤害率。叶片伤害率 = 植物伤害比率 × 叶片面积的伤害比率。

依照伤害率的大小，将伤害等级划分为 5 级。0 无伤害；1 级 0 ~ 15%；2 级 15% ~ 30%；3 级 30% ~ 50%；4 级 50% ~ 75%；5 级 75% 以上。

2 结果与分析

2.1 不同园林植物对臭氧敏感性的差异

由表 1、图 2 和图 3 可知：臭氧伤害最典型的特征：伤害症状主要表现在叶片的近轴侧，即上表面。首先伤害下部的老叶，逐渐伤害到成熟叶，最后伤害当年生新生叶。不同的植物遭受臭氧伤害的症状不同。有的呈现褪绿的斑点，如油松、白皮松、鸢尾、萱草、玉簪等；有的呈现棕红色，如接骨木、荆条、平枝栒子、构树、醉鱼草、木本香薷等；有的呈现褐色，如连翘；有的呈现砖红色，如金亮锦带、花叶锦带等；有的叶片表现出非正常脱落，如小叶黄杨、小叶扶芳藤、荆芥等。而且随臭氧浓度的升高，伤害症状越明显。

根据 200ppb 和 300ppb 下每种植物受伤害的临界天数，分析 26 种园林植物臭氧敏感性的差异：

①在 200ppb 臭氧浓度处理下的临界天数是 2 天的：花叶锦带、连翘、小叶黄杨、小叶扶芳藤、白玉簪、‘蓝梦’玉簪、荆芥。

②在 200ppb 臭氧浓度处理下的临界天数是 4 天的：荆条、接骨木、平枝栒子、醉鱼草、木本香薷、栾树、月季、金亮锦带、萱草、东北玉簪和紫萼。

③在 200ppb 臭氧浓度处理下的临界天数是 10 天的：油松。

④在 200ppb 臭氧浓度处理下 14 天都没表现出明显伤害症状的：马蔺、鸢尾、圆柏、白皮松、丁香、紫藤和构树。

⑤在 300ppb 臭氧浓度处理下的临界天数是 2 天的：白玉簪、蓝梦玉簪、荆芥、花叶锦带、连翘、小叶黄杨、小叶扶芳藤、荆条、接骨木、构树、平枝栒子、醉鱼草、木本香薷、栾树、东北玉簪和紫萼。

⑥在 300ppb 臭氧浓度处理下的临界天数是 4 天的：油松、丁香、月季、金亮锦带、萱草。

⑦在 300ppb 臭氧浓度处理下的临界天数是 10 天的：白皮松、鸢尾。

⑧300ppb 臭氧浓度处理下临界浓度为 14 天的：紫藤。

⑨在 300ppb 臭氧浓度处理下没有表现明显伤害症状的：圆柏。

综合 26 种园林植物臭氧处理下的临界天数，得出结论：从 18 种木本植物的臭氧伤害临界天数来分析：抗臭氧能力强的是圆柏、白皮松、油松、紫藤、构树；其次是荆条、接骨木、平枝栒子、醉鱼草、栾树、月季、金亮锦带；对臭氧敏感性的植物为花叶锦带、连翘、小叶黄杨、小叶扶芳藤。从 8 种宿根花卉的臭氧伤害临界天数来分析：抗臭氧能力强的宿根花卉为马蔺、鸢尾；其次是萱草、东北玉簪和紫萼；对臭氧敏感性的植物为：白玉簪、蓝梦玉簪和荆芥。

表 1　26 种园林植物的臭氧伤害症状

Table 1　The damage symptoms induced by ozone of 26 landscape plants

植物种类	臭氧处理浓度	2 天	4 天	10 天	14 天
白玉簪	200ppb	老叶变黄	成熟叶褪绿白色斑点	白色斑块	白色斑块
	300ppb	老叶变黄	白色斑块	白色斑块	叶片透明状
蓝梦玉簪	200ppb	老叶变黄	老叶脱落	白色斑点	白色斑点
	300ppb	老叶变黄	老叶脱落，成熟叶褪绿	白色斑块	白色斑块
荆芥	200ppb	老叶轻微枯黄	下部老叶枯黄	下部老叶枯黄	下部老叶枯黄
	300ppb	老叶轻微枯黄	下部老叶枯黄	叶片枯黄，出现非正常脱落	下部叶片脱落
马蔺	200ppb	无	无	无	无
	300ppb	无	无	无	无
花叶锦带	200ppb	老叶轻微红色斑点	下部叶片呈现红褐色斑点	红色斑块状	叶片由下至上依次呈现红褐色斑点
	300ppb	老叶明显的红色斑点	叶片由下至上依次呈现红褐色斑点	红色斑块状	整个叶片红褐色

（续）

植物种类	臭氧处理浓度	2 天	4 天	10 天	14 天
连翘	200ppb	老叶叶缘变黄	老叶呈现棕色斑点	老叶棕黑色斑点	老叶棕黑色
	300ppb	老叶叶缘变黄	老叶呈现棕色斑块	斑点数量增多变成褐色斑块	成熟叶和老叶棕黑色，新生叶褪绿斑点
小叶黄杨	200ppb	叶片变黄	叶片变黄	叶片开始非正常脱落	叶片脱落 30%
	300ppb	叶片变黄数量多	叶片变黄数量多，且有脱落	叶片脱落 75%	叶片脱落 90% 以上
小叶扶芳藤	200ppb	老叶轻微枯黄	老叶轻微枯黄	老叶脱落	成熟叶开始脱落
	300ppb	老叶枯黄明显	老叶变红或脱落	成熟叶开始脱落	成熟叶脱落严重
油松	200ppb	无	无	叶从中部到叶尖呈现不连续褪绿斑	叶从中部到叶尖呈现不连续褪绿斑
	300ppb	无	叶下端枯叶脱落	从叶中部到叶尖部位逐渐干枯	从叶中部到叶尖部位全部枯焦
圆柏	200ppb	无	无	无	无
	300ppb	无	无	无	无
荆条	200ppb	无	成熟叶棕褐色斑点	成熟叶呈现棕褐色斑块	成熟叶棕红色
	300ppb	成熟叶棕褐色斑点	由上到下依次受害，叶片变成棕褐色	成熟叶棕红色，幼叶变黄	成熟叶褪绿变黄，有坏死斑
接骨木	200ppb	无	叶呈现褪绿的斑点	叶褪绿变白色	成熟叶呈现棕红色
	300ppb	成熟叶褐色斑点	由上到下依次受害，叶片漂白至白色	成熟叶干枯脱落，幼叶开始受伤害	成熟叶呈现棕红色斑块，幼叶开始受害
构树	200ppb	无	无	无明显受伤害	无
	300ppb	褪绿的斑点	成熟叶和老叶褪绿变白色至红色斑块	叶片呈现紫红色斑块	成熟叶呈现红色斑块，幼叶无伤害
平枝栒子	200ppb	无	成熟叶棕褐色后黄色	叶片有黄变棕色，老叶脱落	叶片脱落 1/3～2/3
	300ppb	成熟叶红棕色斑点	成熟叶由棕褐色变黄色，部分叶片脱落	叶面由棕红色变黄色至脱落	叶面呈现棕黄色斑块，最后脱落死亡
醉鱼草	200ppb	无	叶片褪绿变白色	叶面呈现白色斑块	叶面呈现棕红色
	300ppb	老叶红棕色斑点	叶片褪绿变白至棕红色	叶面由白色斑块变成棕红色	叶面呈现棕红色的坏死斑
木本香薷	200ppb	无	老叶褪绿成红褐色斑点	成熟叶褪绿成白色斑块，老叶棕红色	成熟叶呈现红棕色
	300ppb	褪绿色斑	老叶脱落，成熟叶呈现紫红色斑块	成熟叶呈现棕红色	成熟叶呈现棕红色坏死斑至脱落
栾树	200ppb	无	成熟叶褐色斑点	成熟叶棕红色斑点	成熟叶呈现红色斑块
	300ppb	褐色斑点	褐色斑块	成熟叶呈现棕红色，卷曲干枯	成熟叶干枯死亡，幼叶开始受害
白皮松	200ppb	无	无	无	无
	300ppb	无	无	当年生叶从中间出现褪绿斑点	坏死斑向叶缘延伸
丁香	200ppb	无	无	不明显	不明显
	300ppb	无	叶缘褪绿变黄	叶缘干枯，叶面棕褐色斑块	叶缘干枯，叶面褐色至干枯死亡
月季	200ppb	无	有红色斑点出现	叶片褪绿变黄	叶片变成金黄色
	300ppb	无	红斑数量多	叶面紫红色斑点，叶脉变成金黄色	老叶干枯死亡，成熟叶呈现棕褐色斑块

（续）

植物种类	臭氧处理浓度	2天	4天	10天	14天
金亮锦带	200ppb	无	成熟叶红褐色斑点	叶面棕红色斑点，由上到下依次加重	叶片呈现棕红色的斑块
	300ppb	无	老叶砖红色，成熟叶红褐色斑块	叶片砖红色，由上到小依次加重	叶片呈现砖红色的坏死斑，除新叶外，都有坏死斑现象
紫藤	200ppb	无	无	不明显	无
	300ppb	无	无	不明显	幼叶褪绿成黄色
鸢尾	200ppb	无	无	无	无
	300ppb	无	无	叶缘开始干枯，叶面呈现褪绿的斑点	老叶干枯死亡，成熟叶的中间呈现褪绿的斑块
萱草	200ppb	无	老叶褪绿成黄色斑点	叶缘变黄，老叶干枯	老叶脱落，叶缘变黄
	300ppb	无	老叶变黄脱落，成熟叶无变化	成熟叶变黄干枯	成熟叶干枯死亡
东北玉簪	200ppb	无	成熟叶褪绿的斑点	成熟叶由黄色斑点变成斑块	成熟叶坏死斑块扩大
	300ppb	叶褪绿斑点	成熟叶褐色斑块	成熟叶叶缘干枯，幼叶开始褪绿漂白	成熟叶干枯，幼叶开始受害
紫荨	200ppb	无	老叶出现褪绿斑点	成熟叶叶缘干枯，幼叶无伤害	成熟叶干枯，幼叶无伤害
	300ppb	叶褪绿变黄色斑点	老叶叶缘全部干枯	成熟叶干枯死亡，新叶叶缘开始漂白	成熟叶干枯死亡，幼叶褪绿变黄呈现坏死斑

2.2 不同园林植物对臭氧的抗性

表2 不同园林植物对臭氧的抗性

Table 2 The anti-ozone characteristics of 26 landscape plants

植物种类	臭氧处理	叶片伤害率%	伤害等级
白玉簪	200ppb	8.44	1
	300ppb	91.06	5
蓝梦玉簪	200ppb	3.67	1
	300ppb	48.97	3
荆芥	200ppb	34.85	3
	300ppb	50	3
马蔺	200ppb	0	无伤害
	300ppb	0	无伤害
连翘	200ppb	56.49	4级
	300ppb	94.43	5级
花叶锦带	200ppb	59.5	4级
	300ppb	84.93	5级
小叶黄杨	200ppb	50	3级
	300ppb	87.5	5级
小叶扶芳藤	200ppb	10	1
	300ppb	35	3
油松	200ppb	0	无伤害
	300ppb	10	1

（续）

植物种类	臭氧处理	叶片伤害率%	伤害等级
圆柏	200ppb	0	无伤害
	300ppb	0	无伤害
荆条	200ppb	60	4级
	300ppb	76	5级
紫荨	200ppb	67	4级
	300ppb	100	5级
栾树	200ppb	70	4级
	300ppb	100	5级
白皮松	200ppb	0	无伤害
	300ppb	12.5	1级
丁香	200ppb	0	无伤害
	300ppb	95	5级
东北玉簪	200ppb	47	3级
	300ppb	85.5	5级
接骨木	200ppb	32.5	3级
	300ppb	85	5级
构树	200ppb	0	无伤害
	300ppb	30	2级
木本香薷	200ppb	49	3级
	300ppb	67.5	4级
金亮锦带	200ppb	30	2级
	300ppb	85.5	5级

（续）

植物种类	臭氧处理	叶片伤害率%	伤害等级
月季	200ppb	15	1 级
	300ppb	100	5 级
平枝栒子	200ppb	40	3 级
	300ppb	90	5 级
醉鱼草	200ppb	30	2 级
	300ppb	100	5 级
鸢尾	200ppb	0	无伤害
	300ppb	15	1 级
紫藤	200ppb	0	无
	300ppb	0	无
萱草	200ppb	4	1 级
	300ppb	8	1 级

由表 2 可知，在 8 种宿根花卉中，马蔺在 200ppb 和 300ppb 的臭氧处理下，都没有出现伤害症状，是抗臭氧能力最强的植物；其次是鸢尾和萱草，在 200ppb 臭氧处理下没有出现伤害症状，在 300ppb 臭氧处理下出现 1 级伤害；荆芥和‘蓝梦’玉簪，在 300ppb 臭氧处理下出现 3 级伤害，是稍抗臭氧的植物。白玉簪、东北玉簪和紫萼，在 300ppb 臭氧处理下出现 5 级伤害，是臭氧敏感性的植物。

在 18 种木本植物中，圆柏、白皮松、油松和紫藤在 300ppb 臭氧处理下没有表现出伤害症状或遭受 1 级伤害，是抗臭氧能力强的植物；构树、木本香薷和小叶扶芳藤在 300ppb 臭氧处理下遭受 3 级或 4 级伤害，是稍抗臭氧的植物；其他的植物，如荆条、月季、金亮锦带、丁香、接骨木、栾树、醉鱼草、平枝栒子、小叶黄杨、花叶锦带和连翘在 300ppb 臭氧处理下遭受 5 级伤害，是臭氧敏感性的植物。

3　结论

综合不同园林植物的臭氧伤害症状、叶片伤害率和伤害等级，可以得出结论：在 18 种木本植物中，抗臭氧能力强的植物为圆柏、白皮松、油松、紫藤；稍抗臭氧的植物为：小叶扶芳藤、构树、木本香薷、荆条和月季；臭氧敏感性的植物为：醉鱼草、金亮锦带、丁香、接骨木、栾树、小叶黄杨、花叶锦带和连翘。

在 8 种宿根花卉中，抗臭氧能力强的植物为马蔺、鸢尾和萱草；稍抗臭氧的植物为荆芥、蓝梦玉簪；不抗臭氧的植物为白玉簪、东北玉簪和紫萼。

根据以上结果：在空气污染严重的区域，可以推荐的植物种类为：9 种木本植物（圆柏、白皮松、油松、紫藤、小叶扶芳藤、构树、木本香薷、荆条和月季）和 5 种宿根花卉（马蔺、鸢尾、萱草、荆芥和‘蓝梦’玉簪）。

参考文献

1. Sitch S, Cox PM, Collins WJ, Huntingford C. 2007. Indirect radiative forcing of climate change through ozone effects on the land – carbon sink. Nature, 448: 791 – 794.
2. Zeng G, Pyle JA. 2008. Influence of EI Niño southern oscillation on stratosphere/troposphere exchange and the global tropospheric ozone budget. Geophysical Research Letters, 32: 1814.
3. 殷永泉，单文坡，纪霞，等. 2006. 济南市区近地面臭氧浓度变化特征[J]. 环境科学与技术，29：49 – 51.
4. 漏嗣佳，朱彬，廖宏. 2010. 中国地区臭氧前体物对地面臭氧的影响[J]. 大气科学学报，33：451 – 459.
5. Gravano E, Giulietti V, Desotgiu R, Bussotti F, Grossoni P, Gerosa G, Tani C (2003). Foliar response of an Alianthus altissima clone in two sites with different levels of ozone – pollution. Environ Pollut, 121: 137 – 145.
6. 许宏，杨景成，陈圣宾，等. 2007. 植物的臭氧污染胁迫效益研究进展[J]. 植物生态学报，31：1205 – 1213.
7. Mastyssek R, Wieser G, Ceulemans R. 2010. Enhanced ozone strongly reduces carbon sink strength of adult beech resume from the free – air fumigation study at Kranzberg Forest [J]. Environ Pollut, 58: 2527 – 2532.
8. 张巍巍. 2011. 近地层 O_3 浓度升高对我国亚热带典型树种的影响[D].
9. Richards, B. L., J. T. Middleton, and W. B. Hewitt. 1958. Air pollution with relation to agronomic crops. V. Oxidant stipple of grape[J]. Agronomy Journal 50: 559 – 561.
10. Skelly, J. M. 2000. Tropospheric ozone and its importance to forests and natural plant communities of the northeastern United States[J]. Northeastern Naturalist 7: 221 – 236.
11. Donald D. Davis. 2007. Ozone injury to plants within the seney National Wildlife Refuge in Northern Michigan [J]. Northeastern Naturalist, 14(3): 415 – 424.
12. 白月明，郭建平，刘玲，等. 2001. 臭氧对水稻叶片伤害、光合作用及产量的影响[J]. 气象，27(6)：17 – 22.
13. 白月明，郭建平，王春乙，等. 2003. 大气臭氧变化对油菜影响的模拟实验[J]. 中国环境科学，23(4)：407 – 411.

中国花卉产业 SWOT 分析与对策研究*

王 佳　程堂仁　于 超　潘会堂　张启翔①
（花卉种质创新与分子育种北京市重点实验室，国家花卉工程技术研究中心，
城乡生态环境北京实验室，园林学院，北京林业大学，北京 100083）

摘要　当今世界花卉产业竞争日趋激烈，全球花卉产业链和利益格局悄然生变。中国的花卉种植面积和产量已跃居世界首位，但由于起步晚、底子薄、积累不足，与世界花卉业发达国家相比还存在很大差距，单位面积产值和出口份额远远低于发达国家。为面对和参与国际竞争，谋划和设计中国花卉产业的科学发展路径，本文在分析中国花卉产业发展基本数据的基础上，对中国花卉产业发展的优势、劣势、机会和威胁进行具体分析。研究结果表明，中国花卉产业发展迅速，资源、气候、劳动力等比较优势明显；但国际竞争力差，缺乏自主产权品种、原创技术、专业化人才，研发投入少和品质保障体系薄弱等对花卉产业的健康发展形成制约；政策利好、发展机遇与产业转型、金融危机、国际竞争等并存。立足全产业链创新体系建设，提出了中国花卉产业转型升级的发展策略——加强品种、技术创新，重视人才培养、协同创新与发展，规范制度建设，强化服务与配套，是发展中国创新型花卉产业，实现资源优势向品种优势转变，生产大国向产业强国转变的有效途径。

关键词　SWOT 分析；花卉产业；比较优势；竞争优势

SWOT Analysis and Countermeasures of Chinese Flower Industry

WANG Jia　CHENG Tang-ren　YU Chao　PAN Hui-tang　ZHANG Qi-xiang
（*Beijing Key Laboratory of Ornamental Plants Germplasm Innovation & Molecular Breeding*，
National Engineering Research Center for Floriculture，*Beijing Laboratory of Urban and Rural Ecological Environment and College of Landscape Architecture*，*Beijing Forestry University*，*Beijing* 100083）

Abstract　Nowadays，since the flower industry becoming increasingly competitive worldwide，global flower industrial chain pattern of interests is changing rapidly. China has ranked the first in the world in total flower acreage and production，but because of the late start and lack of experience，there still exists a big gap，with a much lower average output and export rate，compared with other developed countries in flower industry. How to deal with and participate in international competition，planning and designing scientific development path for China flower industry is the aim of this study. Based on the statistical data of China' s flower industry，SWOT method is applied in the analysis of advantages，weaknesses，opportunities and threats in the flower industry development. The results showed that the Chinese flower industry has developed rapidly，but export products are still uncompetitive. China has great advantages in resources，climate，and labor，but the lack of flower varieties with our original intellectual properties，techniques，professional talents，investments and quality assurance systems，constrained the healthy development of the industry. China flower industry is now facing the beneficial opportunities with favorable policies and the environment of ecological civilization construction in China，but also threats，like industry structure transition，financial crisis and peer competition as well. Based on the construction of the innovation industry chain system，a development strategy of the transformation and upgrading of China flower industry is proposed in this paper. It suggested that the implementation of variable innovative methods，such as flower varieties innovation with seed access，technological innovation and modern production，talent innovation and intensive management，organizational innovation and collaborative development，systematical innovation and standardization management，service innovation and strengthened discipline，is an effective way to the development of innova-

* 基金项目："十二五"国家科技支撑计划（2012BAD01B07），北京市共建项目专项资助。

① 通讯作者：张启翔，教授，博士研究生导师，主要从事园林植物资源与育种研究。E-mail：zqxbifu@ 126. com。

tive China flower industry, promoting the transition from the advantage in resources and production to the advantage in product varieties and quality.

Key words SWOT analysis; Flower industry; Comparative advantage; Competitive advantage

花卉产业是现代高效农业的重要组成部分，被誉为"朝阳产业"和"黄金产业"。当今世界花卉产业竞争日趋激烈，全球花卉产业链和利益格局正发生一系列重大变化。一方面，世界主要花卉生产国由于土地、劳动力成本提升，花卉业发展空间日渐缩小；另一方面，由于花卉生产与采后贮运技术的发展，使得花卉生产向比较优势明显的欠发达地区转移，中国、肯尼亚等发展中国家由于气候、地理等自然环境优势和相对廉价的土地和劳动力成本逐步成为全球的花卉种植中心。抓住"十三五"机遇，推进新型城镇化建设，把创新、协调、绿色、开放和共享的发展理念贯穿始终，以新的发展理念促进四化同步发展、快速发展的新型城镇化，正在成为中国经济增长和社会发展的强大引擎。推进"一带一路"建设，中国将充分发挥国内各地区比较优势，实行更加积极主动的开放战略，加强东中西互动合作，全面提升开放型经济水平。在京津冀一体化、长江经济带等国家发展战略指导下，协同改善生态环境，推动花卉科技创新一体化发展。上述国家发展战略的提出为中国花卉产业的发展提供了良好的发展机遇。如何抓住机遇，如何面对和参与国际竞争，如何实现资源、气候、劳动力等比较优势向品种优势、产品优势和产业优势转变，是中国花卉业在转型期面临的重大课题，也是关系到中国花卉产业未来走向和发展的关键。本研究在分析中国花卉产业发展基本数据的基础上，运用SWOT方法对花卉产业发展的优势、劣势、机会和威胁进行了具体分析，以期为中国花卉产业的科学发展提供依据和参考。

1 中国花卉产业现状

改革开放以来，中国的花卉产业发展迅速。2011年全国花卉种植面积首次突破百万公顷，销售额首次突破千亿元；2014年，全国花卉生产面积达127万 hm^2，比2013年(122.7万 hm^2)增加了3.4%，比1980年的1万 hm^2增长了127倍，是1992年(4.5万 hm^2)的28倍，花卉销售额达到1279亿元，比2013年(1288亿元)略有降低。

目前，中国的花卉种植面积和产量均居世界首位，表现出良好的发展态势，但由于起步晚、底子薄、积累不够，中国的花卉产业与荷兰、德国、美国等世界花卉业发达国家相比还相差甚远。中国用世界1/3的花卉生产面积，仅创造约1/20的商品价值，单位产值仅为世界平均水平的15%，是荷兰的1.7%、以色列的5.9%、哥伦比亚的7.7%；出口仅占世界的2%。因此中国只能是花卉种植大国，而非产业强国和贸易强国[1-4]。

2 中国花卉产业SWOT分析

2.1 S(strengths)——优势

(1)种质资源优势

中国素有"世界园林之母"之称，拥有丰富的野生花卉和栽培花卉资源，是多种观赏植物的世界分布中心，拥有牡丹、银杏、珙桐、水杉等中国特产属(或种)。全国的野生观赏植物有7 930种，能够直接应用的有千种以上，有开发潜力的花卉有数千种，将为新花卉开发和新品种培育提供丰富材料和基因资源[5]。

(2)气候资源优势

中国幅员辽阔，地跨热带、亚热带、温带等多个气候带，加上地形、海拔、降水、光照等的不同和变化形成多种生态类型和气候类型，为中国不同地区发展多生产类型、多品种的花卉提供了良好的条件。已形成洛阳、菏泽的牡丹，大理、楚雄、金华茶花，长春君子兰，漳州水仙，开封菊花，鄢陵、北碚蜡梅等花卉知名品牌。

(3)劳动力资源优势

中国是农业大国，有1.5亿剩余劳动力，且中国农村劳动力成本仅为荷兰、意大利等的1/5～1/2。

(4)市场潜力优势

中国凭借巨大的人口基数每年消费切花20亿枝，但人均不足2枝，而发达国家人均年消费量要高得多，日本和以色列为300枝、法国100枝、荷兰80枝、美国40枝，中国花卉业蕴藏着巨大的商机和潜在市场[6]。

(5)花文化优势

自古以来，国人就有种花、养花、赏花、爱花的传统，花与生活、民俗、环境、艺术(诗词歌赋、曲牌唱和、戏曲舞蹈、绘画摄影、雕塑工艺、对联谜语、服饰装饰、插花盆景)、情感等息息相关。经五千年历史积淀成厚重的花文化。截至清代，仅咏花的诗词达3万多首。中国培育出梅花、牡丹、菊花、兰花、月季、杜鹃花、山茶、荷花、桂花、水仙等十大传统名花，并赋予了人文精神，如"花中四君子"(梅、兰、竹、菊)、"岁寒三友"(松、竹、梅)等。

目前，花卉已成为办公、家居、公共场所必不可少的装饰。花文化丰富的精神内涵为中国花卉业的发展奠定了深厚的文化底蕴。

如何把上述五方面的比较优势转变成产品优势、产业优势，是目前中国花卉产业发展中应首先要考虑解决的重大课题。

2.2 W(weakness)——劣势

(1)原始创新能力差

缺乏自主知识产权品种和商品化生产技术是制约我国花卉产业持续快速健康发展的主要"瓶颈"。

品种方面，商业生产的主流品种绝大部分依靠进口，以切花月季为例，2009~2011年云南昆明花卉拍卖中心销售前10名的全部是国外品种，占销售量80%以上[7]；另外，引不来最好的花卉品种，但产生了巨额专利费用，中国仅仅充当"世界花工"的角色，在全球花卉产业链利益分配中，始终处于被"剥削"的地位[4]。

生产技术方面，尤其是种苗工厂化生产、盆花设施化栽培、生产自动化调控等技术仍主要靠引进，再结合国内的气候、土壤、水质、温度、光照等自然地理条件进行适应性配套、加工、改造、集成，几乎是完全的引进和模仿[3]。

(2)产业化程度低

生产设施落后，主要以日光温室、大棚以及阴棚为主，现代化连栋温室仅占1/10，难以保证花卉品质和实现周年化生产；缺乏专业技术人才，专业技术人员仅占从业人员的1/20，花农依然是产业中的主体力量，从业人员整体素质难以满足技术密集型的现代花卉产业发展要求；产业集聚程度低，大中型企业仅占1/5，缺乏具有国际竞争力的企业自主品牌。

(3)产业链结构不合理

产业链布局呈现出两端小、中部大的橄榄形结构。由于缺乏专业的花卉育种、制种企业，前端原创性强的育种和种苗方面所占份额很少；末端的流通环节由于从事的企业太少、规模有限，对产业的专业化发展形成了相当大的制约；产业链中部是我国花卉产业的主体，大部分企业和花农还是集中在园林绿化苗木、盆花、切花、草花的生产上，仅园林苗木就占据了整个花卉产业的一半以上的份额[2]，同时由于缺乏"良种"的权威认定和准入，导致产品良莠不齐。目前全国绿化苗木生产的总体情况可以概括为"四个不足、四个过剩"，即：总量过剩，大规格苗木不足；低品质过剩，高质量不足；传统苗木过剩，新品种不足；常规苗木过剩，乡土植物不足。

(4)研发投入不足

现代花卉业呈现高科技、高投入、高产出、高风险、高回报的产业特征。科技投入不足，自主创新能力弱，基础研究薄弱，缺乏长效投入机制，成果转化不畅，转化率低，是我国发展创新型花卉产业的软肋所在。

(5)缺乏市场引导

行业的供需信息、市场信息不能通过畅通的传播渠道及时反馈给生产企业和花农，生产缺乏科学的决策依据，盲目性、随机性、趋同性很强，低水平重复、产品质量低、恶性竞争加剧，出现产品的区域性、季节性、结构性过剩或短缺，造成资源浪费严重、产品价格大幅度波动频繁、市场秩序紊乱。

(6)保障体系不健全

在流通环节，由于专业从事花卉物流的公司少，在产品采收、分级、保鲜、包装、冷藏、运输、配送等环节缺乏技术标准、缺乏标准化的器材、缺乏无缝冷链保障体系、缺乏行业的运行规范，导致花卉的运输成本高、损耗大、商品价值大大缩水。

2.3 O(opportunities)——机会

(1)政策利好

近年来，国家一系列相关产业政策相继出台。《林业产业政策要点》将花卉和林木种苗产业作为林业重点发展产业，《林业发展"十二五"规划》将花卉苗木产业列为现代林业十大主导产业之一，《"十二五"农业与农村科技发展规划》将花卉列入"生物种业"和"林业资源培育与高效利用"两个重点领域，《推进生态文明建设规划纲要(2013~2020年)》将花卉苗木产业作为着力发展的一项绿色富民产业，《全国现代农作物种业发展规划(2012~2020年)》将花卉作为重点发展的15种重要经济作物之一，明确提出到2020年全国花卉种植用种子自给率达到30%的目标，《全国农村经济发展"十二五"规划》把花卉苗木产业作为发展现代农业的重要内容。这些政策对花卉产业的快速发展起到了积极的推动作用。

(2)市场空间大

"十八大"提出建设生态文明，建设美丽中国，给花卉苗木产业注入了全新的活力。随着城镇化进程的加快和城镇化水平的提高，城市生态环境面临着巨大的压力，建设"森林城市"、"园林城市"、"生态城市"、"绿道网络"，保障和提升城市人居环境质量，城市园林绿化迎来了巨大的发展机遇，从而给园艺、苗木和花卉产业带来巨大的市场需求空间，这也是园林行业可能出现"井喷式"发展的外在动力。

2.4 T(threats)——威胁

(1)产业转型期面临的挑战

我国花卉产业的发展大体可以分为四个阶段：1980～1990年恢复阶段，1991～2000年发展阶段，2001～2010年高速发展阶段，2011～2020年稳定发展和调整阶段。前三个阶段以数量发展为重点，目前所处的第四阶段是以质量与高效作为发展重点。随着社会的快速发展和城镇化进程的加快，劳动力由种植业向加工业、制造业转移，中国的人口红利期即将结束，"刘易斯拐点"已经到来，花卉苗木行业的生产成本大幅度增长，如土地租用价格2011年比2000年提高了80%～200%，劳动力成本提高了80%～180%，能源费提高了50%～100%，水资源费提高了20%～30%，其他成本费提高了50%～100%，园林绿化也从传统的数量增长向提高绿化质量转变。目前花卉业已经到了从数量到质量转变的重要转型期，提高单位面积的产量、产值及产品质量是花卉业发展的必然选择。

(2)人民币升值和花卉价格下滑的双重压力

亚洲金融危机爆发后，中国政府实行人民币不贬值政策，人民币汇率大幅度升值，对中国经济成功地实现软着陆做出了重要的贡献。同时，人民币升值对中国经济增长也形成了巨大冲击，是中国经济增长速度下滑和出现严重通货紧缩的重要原因之一。前所未有的通货紧缩给国民经济特别是农民增收带来了一些不利的影响，中央政治局《关于改进工作作风、密切联系群众的八项规定》颁布实施后，盆栽作物、切花及观赏苗木价格有所下降，对盆栽作物冲击最大。2012年，全国盆栽植物种植面积4.29万hm^2，2013年盆栽面积为6.18万hm^2，增长率44%，2012年盆栽植物销售额为322.7亿元，2013年为140.0亿元，减少了56.3%，对花卉苗木产业产品结构调整提出新的要求。

(3)加入91版《UPOV公约》的挑战

《UPOV公约》现在执行的有1978年和1991年两种文本。目前有72个国家加入了《UPOV公约》，加入1978版的有19个，加入1991版的有53个(原来加入1978版有41个国家，现多转为1991版)，中国于1999年4月23日正式加入《国际植物新品种保护公约》1978年文本。1978版和1991版的主要不同之处在于物种全覆盖、实质性的派生品种、农民特权和追溯机制四个方面，提高了对育种人的权益保护，这对生产中应用的商业品种多数是国外品种的中国来说面临更为严峻的挑战。

国外非常注重对植物新品种的培育和保护，截至2013年8月UPOV数据库显示，月季、菊花等7种切花与盆花的授权新品种达到35725个，英国、法国、荷兰、德国、丹麦、美国等6个国家培育的月季品种就多达2万多个，培育出很多花色奇特艳丽满足市场需求的突破性品种。

与花卉业发达国家相比，中国的新品种培育缺乏原始积累，知识产权保护意识淡薄。据统计，1999～2009年10年间，农业部共申请花卉新品种保护293个，其中162个为国外育种商申请(占55%以上)；2004～2009年五年间国外品种在我国授权新品种保护的数量占59%。如果我们加入91版，未来在中国申请的国外新品种将会井喷，我们的很多重要商品花卉如月季、百合等将受到国外育种商更大的制约。

3 发展中国创新型花卉产业的对策建议

花卉业发达国家已进入品种良种化、经营集约化、生产规模化、技术高新化、育苗工厂化、栽培设施化、调控自动化、管理标准化、产品优质化、品位高档化、信息网络化、服务一体化、供应周年化的现代化发展时期[8]。实施全产业链创新工程，是发展中国创新型花卉产业，实现资源优势向生产优势转变，生产大国向产业强国转变的有效途径。

3.1 品种创新，加强保护

充分利用和发掘我国丰富的花卉基因资源，实施花卉种业创新工程，开展我国重要名花的基因组学等组学水平研究，挖掘重要性状的功能基因，为花卉育种技术水平提升奠定基础，提高定向育种效率；建立重要花卉的育种基地，选育一批自主知识产权的品种；实施新花卉开发计划，不断向国际花卉市场提供新的花卉品种和种类。加大新品种保护力度，加大市场监督和执法力度，提升我国花卉产业的国际竞争力。

3.2 技术创新，现代生产

实施花卉生产技术创新工程，结合我国的自然地理条件、气候条件等实际情况，研发与品种相配套的种苗工厂化生产、水肥精准管理、环境精准调控、花期调控、容器苗标准化生产、病虫害防治等标准化生产关键技术，提升花卉产业的现代化水平。

3.3 人才创新，集约经营

实施花卉人才创新工程，有计划地培育有国际影响的大师级人才、一批对国内行业有重要影响的高级研发人才、一大批高级技术、企业管理人才和专业化技术骨干，提高行业从业人员整体素质，实现生产方式由传统生产向机械化和工厂化方向转变，生产主体以农户为主向大型企业为主转变，经营方式由粗放经营向集约化经营转变。

3.4 组织创新，协同发展

实施花卉产业协同创新计划，以国家花卉工程技术研究中心、国家花卉产业技术创新战略联盟为依托，坚持“共创、共赢、共享”的发展理念，构建以政府为主导，企业为主体，研发为支撑的联合体，集成优势，联合攻关，形成“校、企、地”共建、“产、学、研”合作、“农、工、贸”一体、“产、运、销”互动的产业网络，提升产业的整体竞争力。同时实施龙头企业培育工程，推动产业集聚，打造具有民族品牌的世界著名花卉企业。

3.5 制度创新，规范管理

首先是标准化建设。围绕产业链的各个环节，建立质量标准和评价体系，建立全过程、全方位的质量监控体系。其次是制度建设。建立健全完善的知识产权保护制度和成果转化体系；规范种质资源出口，规范国外引种程序和建立引种生态风险评价机制；制订向企业倾斜的研发政策，建立研发后补助制度，实施高新技术企业的土地、税收优惠政策，鼓励企业开展自主创新；完善市场经营和交易规则建设，营建公开、公平、公正的发展环境，倡导有序竞争、合法竞争；建立健全企业信用制度等。三是成立专门机构，加强标准和制度的监管、检查和执行力度，加大对违规、侵权、违法行为的惩处力度。

3.6 服务创新，强化配套

完善花卉信息网络建设，搭建花卉产业电子商务平台，推出花卉交易指数，为花卉生产和销售提供准确及时的市场供求信息，实现订单式生产。建立专业营销公司，创新销售模式，完善拍卖市场，鼓励网上交易、连锁经营，建立花园中心，注重培育以文化为导向的消费市场，鼓励出口创汇。完善研发、生产、流通、销售等各环节需求的配套产业和现代服务业。

结论

中国现代花卉产业经过短短 30 年的发展历程，已经到了由粗放经营向集约经营转变、由“多、散、小”向“规模化、专业化、集团化”转变、由劳动密集型向技术密集型转变、由资源依赖型向创新驱动型转变、由数量扩张型向质量效益型转变的发展拐点，机遇和挑战并存。准确把握生态文明建设的战略机遇，把花卉产业作为建设“美丽中国”的基础产业来做，把花卉产业作为实现“中国梦”的事业来做，共同助推中国花卉产业的科学发展、创新发展和美丽发展，中国花卉业的大国崛起将指日可待。

参考文献

1. 朱世威．福建省漳平市花卉产业化发展研究[D]．福州：福建农林大学图书馆，2009.
2. 李奎，田明华，王敏．中国花卉产业化发展的分析[J]．中国林业经济，2010(1)：54－58.
3. 程堂仁，王佳，张启翔．发展我国创新型花卉产业的战略思考[J]．中国园林，2013(2)：73－78.
4. 林燕，庚莉萍．我国花卉出口的 SWOT 分析[J]．园林科技，2010(3)：40－44，12.
5. 张启翔．关于植物多样性与人居环境关系的思考[J]．中国园林，2012(1)：33－35.
6. 李爱莉．卖“草”阶段的中国花卉业[J]．农经，2011(8)：32－34.
7. 程堂仁，王佳，张启翔．发展我国创新型花卉种业的思考[J]．北方园艺，2013(10)：170－175.
8. 孔海燕，李晓丽．江泽慧．在第四届花卉产业高峰论坛上阐述发展现代花卉业转型构想从种植大国跨向现代花卉产业强国[N]．中国绿色时报，2007 年 08 月 17 日 A01 版.